工程建设国家级工法汇编

（2009~2010 年度）

第二分册

本书编委会　编

2009~2010 年度国家二级工法

目 录

第二分册

2009~2010 年度国家二级工法

刚—柔性桩复合地基施工工法 GJEJGF001—2010 ┄┄┄┄┄┄┄┄┄┄┄ 1329

浅水位栈道木桩施工工法 GJEJGF002—2010 ┄┄┄┄┄┄┄┄┄┄┄ 1337

长螺旋钻孔压灌混凝土桩施工工法 GJEJGF003—2010 ┄┄┄┄┄┄┄ 1343

大直径嵌岩灌注桩潜孔锤同步跟管成孔施工工法 GJEJGF004—2010 ┄┄ 1350

管桩水泥土复合基桩施工工法 GJEJGF005—2010 ┄┄┄┄┄┄┄┄┄ 1355

水泥土搅拌桩加固旋挖成孔软弱孔壁施工工法 GJEJGF006—2010 ┄┄┄ 1365

搅拌水泥土锚杆施工工法 GJEJGF007—2010 ┄┄┄┄┄┄┄┄┄┄┄ 1371

联动作业式锚杆施工工法 GJEJGF008—2010 ┄┄┄┄┄┄┄┄┄┄┄ 1380

复杂环境下深基坑联合支护施工工法 GJEJGF009—2010 ┄┄┄┄┄┄ 1386

悬挂式基坑支护施工工法 GJEJGF010—2010 ┄┄┄┄┄┄┄┄┄┄┄ 1395

卵石层深基坑环状闭合支护体系施工工法 GJEJGF011—2010 ┄┄┄┄ 1403

新型钢盖板盖挖逆作施工工法 GJEJGF012—2010 ┄┄┄┄┄┄┄┄┄ 1413

深厚淤泥软土地区抗沉陷地基基础施工工法 GJEJGF013—2010 ┄┄┄ 1426

液压双轮铣削深搅拌施工工法 GJEJGF014—2010 ┄┄┄┄┄┄┄┄┄ 1432

含黏性土卵石地层转盘式钻机钻进施工工法 GJEJGF015—2010 ┄┄┄ 1441

深基坑钢支撑支设预加轴力施工工法 GJEJGF016—2010 ┄┄┄┄┄┄ 1451

装配式可回收锚索施工工法 GJEJGF017—2010 ┄┄┄┄┄┄┄┄┄┄ 1459

沙漠地区沟槽开挖单排轻型密布井点降水施工工法 GJEJGF018—2010 ┄ 1464

自然灾害应急事件中彩钢夹芯板房快速施工工法 GJEJGF019—2010 ┄┄ 1472

予力劈裂压浆增强型复合地基施工工法 GJEJGF020—2010 ┄┄┄┄┄ 1479

建筑基底可控减压排水抗浮施工工法 GJEJGF021—2010 ┄┄┄┄┄┄ 1491

淤泥质地层井点降水施工工法 GJEJGF022—2010 ┄┄┄┄┄┄┄┄┄ 1501

软弱土层大面积满布密集管桩静压施工工法 GJEJGF023—2010 ┄┄┄ 1508

预应力抗浮锚杆逆作法施工工法 GJEJGF024—2010 ┄┄┄┄┄┄┄┄ 1516

近浅基础旁多层地下室悬挑结构施工工法 GJEJGF025—2010 ┄┄┄┄ 1525

长套筒泥浆护壁旋挖钻孔灌注桩施工工法 GJEJGF026—2010 ┄┄┄┄ 1529

JX-F-05 型渗透结晶型防水材料施工工法 GJEJGF027—2010 ┄┄┄┄ 1535

长螺旋钻孔压灌混凝土后插型钢支护桩施工工法 GJEJGF028—2010 ┄┄ 1541

静压锚杆桩地下室纠偏加固施工工法 GJEJGF029—2010 ┄┄┄┄┄┄ 1553

现浇混凝土楼板外侧模板支架施工工法 GJEJGF030—2010 ┄┄┄┄┄ 1559

钢筋混凝土烟囱壁单侧软模板提升施工工法 GJEJGF031—2010 ┄┄┄ 1564

钢骨混凝土高位连体结构悬挂式模板系统施工工法 GJEJGF032—2010 ┄ 1570

RAPID 早拆型模板施工工法 GJEJGF033—2010 ┄┄┄┄┄┄┄┄┄┄ 1578

混凝土梁板组装桁架模板支撑施工工法 GJEJGF034—2010 ┄┄┄┄┄ 1588

铝合金模板系统及施工工法 GJEJGF035—2010 ┄┄┄┄┄┄┄┄┄┄ 1594

可调式独立支撑模板体系施工工法 GJEJGF036—2010 ┄┄┄┄┄┄┄ 1603

框架柱新型塑料模板安装施工工法 GJEJGF037—2010 ································· 1610

大空间门架式模板支撑体系施工工法 GJEJGF038—2010 ···························· 1617

内伸外挂脚手架施工工法 GJEJGF039—2010 ···································· 1625

建筑用脚手架短钢管光电控制自动焊接施工工法 GJEJGF040—2010 ················· 1630

螺栓连接型钢悬挑脚手架施工工法 GJEJGF041—2010 ···························· 1639

挑拉混合式悬挑脚手架施工工法 GJEJGF042—2010 ······························ 1651

景观造型清水混凝土施工工法 GJEJGF043—2010 ······························· 1658

承重混凝土砌块短肢墙结构施工工法 GJEJGF044—2010 ·························· 1669

清水防火墙工法 GJEJGF045—2010 ·· 1678

钢筋混凝土窗台压顶逆作施工工法 GJEJGF046—2010 ···························· 1688

钢筋桁架模高精度混凝土现浇板施工工法 GJEJGF047—2010 ····················· 1694

型钢预应力钢筋混凝土桁架施工工法 GJEJGF048—2010 ·························· 1700

内置 BZS 模盒现浇钢筋混凝土楼板施工工法 GJEJGF049—2010 ··················· 1705

钢-聚丙烯混杂纤维混凝土增强增韧阻裂防渗工法 GJEJGF050—2010 ··············· 1711

空间多折面薄壁型现浇混凝土围护结构施工工法 GJEJGF051—2010 ··············· 1720

高空悬挑混凝土结构施工支架平台技术施工工法 GJEJGF052—2010 ··············· 1728

FR 轻集料混凝土空心隔墙板安装施工工法 GJEJGF053—2010 ····················· 1736

耐热混凝土施工工法 GJEJGF054—2010 ······································ 1746

液压劈裂剥离无粘结预应力筋表层混凝土施工工法 GJEJGF055—2010 ············· 1752

混凝土框架梁体外预应力加固施工工法 GJEJGF056—2010 ······················ 1758

连续跨环形预应力梁施工工法 GJEJGF057—2010 ······························ 1767

有粘结和无粘结二合一组合预应力梁施工工法 GJEJGF058—2010 ················· 1772

转换层支模"逆作法"整体浇筑施工工法 GJEJGF059—2010 ····················· 1786

拱板屋架高空预制及成组滑移施工工法 GJEJGF060—2010 ······················ 1793

全预制装配整体式剪力墙结构（NPC）体系施工工法 GJEJGF061—2010 ············· 1801

自然毛石与页岩实心砖混搭砌筑施工工法 GJEJGF062—2010 ····················· 1813

地下交通枢纽钢管柱逆作定位安装浇筑施工工法 GJEJGF063—2010 ··············· 1819

塔吊超高外附着设计、安拆、周转施工工法 GJEJGF064—2010 ··················· 1832

卵形消化池伞形模架施工工法 GJEJGF065—2010 ······························ 1844

超长清水混凝土雨篷施工工法 GJEJGF066—2010 ······························ 1851

钢筋混凝土网格墙现浇磷石膏二次填充施工工法 GJEJGF067—2010 ··············· 1868

自流平抗裂耐磨再生混凝土地面施工工法 GJEJGF068—2010 ····················· 1877

框架结构楼内增设钢筋混凝土核心筒施工工法 GJEJGF069—2010 ················· 1882

气密性熏蒸仓滑模施工与检测工法 GJEJGF070—2010 ·························· 1889

大跨度快拆小径木支撑系统施工工法 GJEJGF071—2010 ························· 1905

斜拉式高空大悬挑工作平台施工工法 GJEJGF072—2010 ························· 1911

高密度纤维水泥平板轻质灌浆墙施工工法 GJEJGF073—2010 ····················· 1918

含相变合金材料抗裂保温砂浆施工工法 GJEJGF074—2010 ······················ 1925

一种复合生物法中水处理站施工工法 GJEJGF075—2010 ························· 1931

钢大梁液压同步提升与高空平移施工工法 GJEJGF076—2010 ····················· 1941

拉索式点支承玻璃幕墙施工工法 GJEJGF077—2010 ···························· 1945

水池池壁整体支模施工工法 GJEJGF078—2010 ································ 1952

复合灌注聚氨酯硬泡外墙外保温系统施工工法 GJEJGF079—2010 ················· 1960

4

筒中筒结构"内滑外倒"施工工法 GJEJGF080—2010 ················· 1968

内浇外挂式外墙 PC 板施工工法 GJEJGF081—2010 ················· 1975

大型破碎机房高大漏斗（钢·混凝土组合结构）施工工法 GJEJGF082—2010 ················· 1989

重木结构施工工法 GJEJGF083—2010 ················· 1998

填充墙墙面粉刷石膏薄抹灰施工工法 GJEJGF084—2010 ················· 2005

剪力墙结构外墙外侧定型大钢模空中不落地周转施工工法 GJEJGF085—2010 ················· 2011

高层建筑电气竖井膨胀型有机防火堵料施工工法 GJEJGF086—2010 ················· 2020

PVC 中空内模水泥隔墙施工工法 GJEJGF087—2010 ················· 2025

无比钢轻钢建筑施工工法 GJEJGF088—2010 ················· 2034

大型体育场馆巨拱结构高空倾斜偏转提升施工工法 GJEJGF089—2010 ················· 2044

大跨度曲线钢箱梁焊接施工工法 GJEJGF090—2010 ················· 2052

带狗骨式阻尼器的张弦梁结构施工工法 GJEJGF091—2010 ················· 2059

空间曲面钢结构管桁架屋盖安装施工工法 GJEJGF092—2010 ················· 2070

多高层钢结构非压型板组合楼盖施工工法 GJEJGF093—2010 ················· 2081

大型折叠升降 LED 显示屏风帆架施工工法 GJEJGF094—2010 ················· 2087

体育馆轮幅式张拉梁屋盖同步分级张拉整体提升施工工法 GJEJGF095—2010 ················· 2098

大跨度管桁架拼装施工工法 GJEJGF096—2010 ················· 2117

装配式钢结构试水装置施工工法 GJEJGF097—2010 ················· 2127

混凝土框架转换钢结构节点施工工法 GJEJGF098—2010 ················· 2134

高强螺栓预张拉施工工法 GJEJGF099—2010 ················· 2142

高铁大型交通枢纽动荷载框架结构制作工法 GJEJGF100—2010 ················· 2150

木结构古建施工工法 GJEJGF101—2010 ················· 2161

青砖小瓦花格窗施工工法 GJEJGF102—2010 ················· 2166

古建筑木梁柱嵌肋加固施工工法 GJEJGF103—2010 ················· 2172

仿古建筑屋面劈开砖施工工法 GJEJGF104—2010 ················· 2180

大面积水隐舞台施工工法 GJEJGF105—2010 ················· 2187

带金属装饰网架的球体网壳结构施工工法 GJEJGF106—2010 ················· 2196

沿海、台风地区工业厂房压型钢板屋盖施工工法 GJEJGF107—2010 ················· 2205

仿古建筑斜坡屋面现浇混凝土施工工法 GJEJGF108—2010 ················· 2213

穹顶钢结构双向旋转累积滑移施工工法 GJEJGF109—2010 ················· 2217

多维、铰接、管支撑结构体系的制作、安装施工工法 GJEJGF110—2010 ················· 2239

大型场馆钢管桁架结构安装施工工法 GJEJGF111—2010 ················· 2247

"平桥"施工超高大空冷塔筒壁施工工法 GJEJGF112—2010 ················· 2258

开放式陶板（陶管）幕墙施工工法 GJEJGF113—2010 ················· 2268

预制外墙外侧保温节能装饰挂板施工工法 GJEJGF114—2010 ················· 2278

地采暖纤维钢筋混凝土楼地面施工工法 GJEJGF115—2010 ················· 2292

既有建筑物围护结构节能改造施工工法 GJEJGF116—2010 ················· 2298

椭圆外倾建筑异型外挂人造石板材施工工法 GJEJGF117—2010 ················· 2306

现场喷涂塑胶场地施工工法 GJEJGF118—2010 ················· 2312

粘钉一体化外墙外保温系统施工工法 GJEJGF119—2010 ················· 2316

加气混凝土砌块内墙薄抹灰施工工法 GJEJGF120—2010 ················· 2317

玻璃幕墙横梁立柱新型连接结构施工工法 GJEJGF121—2010 ················· 2323

博物馆场景仿真树施工工法 GJEJGF122—2010 ················ 2331

GF-3 型防辐射涂料施工工法 GJEJGF123—2010 ················ 2338

GYGD 保温隔热装饰一体板外墙外保温施工工法 GJEJGF124—2010 ·· 2344

组合一体式工具顶棚吊筋钻孔施工工法 GJEJGF125—2010 ········ 2354

建筑外立面超长金属花槽与节水滴灌系统安装施工工法 GJEJGF126—2010 ·· 2361

防氡涂料施工工法 GJEJGF127—2010 ···················· 2373

框架结构外墙防裂施工工法 GJEJGF128—2010 ·············· 2378

超高大跨度天棚藻井系统分层施工工法 GJEJGF129—2010 ········ 2393

观赏水体水下景观施工工法 GJEJGF130—2010 ·············· 2404

半圆攒尖螺旋屋面瓦作施工工法 GJEJGF131—2010 ············ 2411

刚—柔性桩复合地基施工工法

GJEJGF001—2010

温州东瓯建设集团有限公司

毛西平　朱奎　金文

1. 前　言

由于在荷载作用下，地基中附加应力随着深度增加而减小，地基应变也逐渐减小，所需"地基刚度与强度"也相应变小。为了更有效地利用复合地基中桩体的承载潜能，可以通过调整竖向增强体复合地基的桩土刚度与强度分布来适应附加应力由上而下减小的特征。刚—柔性桩复合地基这种新型地基处理形式便应运而生。刚-柔性桩复合地基是通过刚性桩、柔性桩和桩间土体协调变形，共同承担荷载的复合地基。公司通过产学研相结合，从理论分析、试验验证、数理统计全面研究了刚—柔性桩复合地基的特性，提出了较成熟的设计方法和施工工法，取得了显著的社会经济效益，其关键技术于2006年9月24日经浙江省科技厅鉴定为国际先进水平，并获得了建设部科技推广项目、浙江省科技进步奖三等奖、浙江省创业创新项目银奖及国家华夏建设科学技术三等奖等奖项。为了更好地推广这项技术，公司还主编了现行国家标准《刚—柔性桩复合地基技术规程》。

2. 工 法 特 点

2.1 施工器械与传统器械并无差异，工艺实施简单，安全可靠性高。

2.2 可使地基基础工程工期缩短1/3~1/4时间。

2.3 可使地基基础工程成本节约20%~35%，节约了投资。

2.4 处理后的地基沉降更加均匀，减少了因不均匀沉降产生的裂缝。

2.5 可有效地处理复杂的地基情况，减少传统桩基挤土桩不良的环境效应，有利于保证施工质量。

3. 适 用 范 围

3.1 地质土层中具有两个不同埋深持力层的情况。

3.2 有深埋地下室，且整体性较好的建筑物。

3.3 疏桩设计时天然地基补偿量不足的情况。

3.4 因特殊原因不宜采取单一桩型进行地基处理的情况。

3.5 工程进度要求较快而承载力要求较高的多层或小高层建筑物。

4. 工 艺 原 理

由于刚性桩荷载传递能力较强，可把刚性桩桩端置于较深的持力层，把上部大部分荷载传递到土质较好的持力层，从而大大减少了加固土层的压缩，达到了控制沉降的目的。柔性桩荷载传递能力较差，可以把柔性桩桩端置于较浅的持力层，承担部分荷载，发挥柔性桩参与承载的作用。通过合理安排刚性桩和柔性桩的施工顺序，加之褥垫层的作用而形成刚-柔性桩复合地基，使刚性桩、柔性桩和桩间土体变形协调共同承担荷载。

5. 施工工艺流程及操作要点

5.1 施工工艺流程（图 5.1）

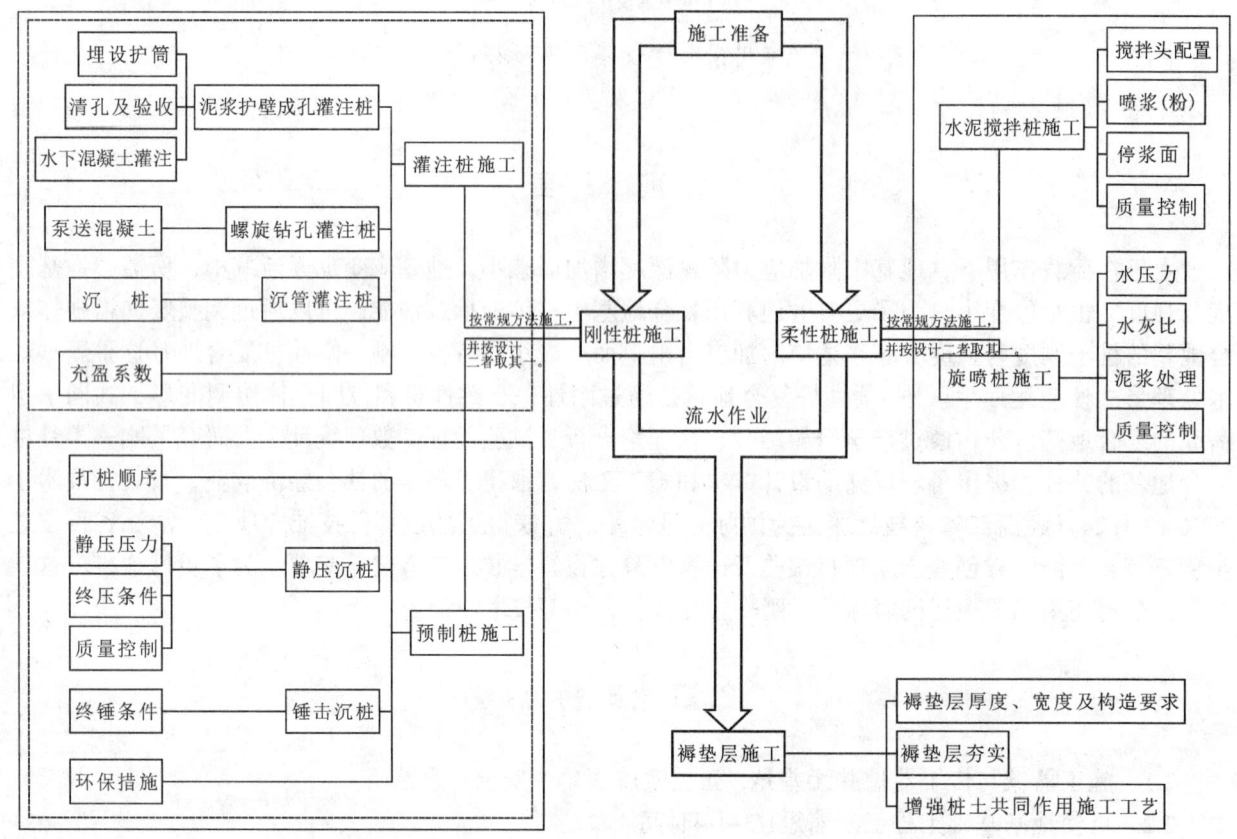

图5.1　刚—柔性桩复合地基施工工艺流程及要点

5.2 施工工艺

5.2.1 施工准备

1. 刚–柔性桩复合地基施工应具备下列资料：

1）建筑场地岩土工程勘察报告。

2）施工图及图纸会审纪要。

3）建筑场地和邻近区域内的地下管线、地下构筑物、危房、精密仪器车间等的调查资料。

4）主要施工设备条件、制桩条件、动力条件以及对地质条件的适应性等资料。

5）施工组织设计。

6）水泥、砂、石、钢筋等原材料及其制品的质检报告。

7）有关荷载、施工工艺的试验参考资料。

2. 施工现场事先应予平整，必须清除地上和地下的一切障碍物。遇明浜、池塘及场地低洼时应抽水和清淤，应分层夯实回填黏性土料，不得回填有机杂填土或生活垃圾。

3. 刚–柔性桩复合地基施工用的供水、供电、道路、排水、临时房屋等临时设施，应在开工前准备就绪，保证施工机械正常作业。

5.2.2 刚性桩施工

刚性桩是刚度较大的竖向增强体，包括灌注桩和预制桩。

1. 灌注桩施工要点

1）泥浆护壁成孔灌注桩施工时应符合下列规定：

① 施工期间护筒内的泥浆面应高出地下水位1.0m以上，在受水位涨落影响时，泥浆面应高出最高水位1.5m以上。

② 清孔及验收：在清孔过程中，应不断置换泥浆，直至浇筑水下混凝土。浇筑混凝土前，孔底沉渣厚度不应大于100mm，孔底500mm以内的泥浆比重应小于1.25；含砂率不得大于8%；黏度不得大于28s。

③ 水下灌注的混凝土必须具备良好的和易性，配合比应通过试验确定；坍落度宜为180~220mm；水下灌注混凝土的含砂率宜为40%~50%，并宜选用中粗砂；粗骨料的最大粒径不应小于40mm；导管埋入混凝土深度不应小于2m。严禁将导管提出混凝土灌注面，并应控制提拔导管速度，应有专人测量导管埋深及管内外混凝土灌注面的高差，填写水下混凝土灌注记录。

④ 灌注混凝土必须连续施工。应控制最后一次灌注量，超灌高度宜为0.8~1.0m，凿除泛浆高度后必须保证暴露在桩顶的混凝土强度达到设计强度。

2）长螺旋钻孔灌注桩施工时应符合下列规定：

采用泵送混凝土时，钻至设计深度后，应先泵入混凝土并停顿10~20s，再缓慢提升钻杆。提钻速度应根据土层情况确定，且应与混凝土泵送量相匹配，保证管内有一定高度的混凝土。桩身混凝土的泵送压灌应连续进行。混凝土压灌结束后，应立即将钢筋笼插至设计深度。

3）沉管灌注桩施工时应符合下列规定：

打桩时应根据土质情况和荷载要求，分别采用单打法、复打法、反插法等。单打法可用于含水量较小的土层，且宜采用预制桩尖；反插法及复打法可用于饱和土层。

2．预制桩施工要点

1）打桩顺序采用如下：对于密集桩群，自中间向两个方向或四周对称施打；当一侧毗邻建筑物时，由毗邻建筑物外向另一方向施打；根据基础的设计标高，宜先浅后深；根据桩的规格，宜先大后小，先长后短。

2）静压沉桩静压压力应符合下列规定：

① 采用静压沉桩时，场地地基承载力不应小于压桩机接地压强的1.2倍，且场地应平整。

② 最大压桩力不宜小于设计的单桩竖向极限承载力标准值，必要时可由现场试验确定。压桩机的最大压桩力应取压桩机的机架重量和配重之和乘以0.9。

3）静压沉桩静终压条件：

① 应根据现场试压的试验结果确定终压力标准。

② 终压连续负压次数应根据桩长及地质条件等因素确定。对于入土深度大于或等于8m的桩，负压次数可为2~3次；对于入土深度小于8m的桩，负压次数可以为3~5次。

③ 稳压压桩力不得小于终压力，稳定压桩的时间宜为5~10s。

4）静压沉桩时第一节桩下压时垂直度偏差不应大于0.5%；宜将每根桩一次性连续压到底，且最后一节有效桩长不宜小于5m；抱压力不应大于桩身允许侧向压力的1.1倍。

5）锤击沉桩终止锤击的条件应以控制桩端的设计标高为主，贯入度为辅。

5.2.3 柔性桩施工

1．水泥搅拌桩施工应符合下列规定：

1）搅拌头翼片的枚数、宽度、与搅拌轴的垂直夹角、搅拌头的回转数、提升速度应相互匹配，以确保加固深度范围内土体的任何一点均能经过20次以上的搅拌；搅拌头的直径应定期复核检查，其磨耗量不得大于10mm。

2）所使用的水泥均应过筛。喷浆（粉)量及搅拌深度必须采用经国家计量部门认证的监测仪器进行自动记录。

3）停浆（灰)面应高于桩顶设计标高300~500mm。开挖时应将搅拌桩顶端施工质量较差的桩段用人工挖除。

4）可采用提升或下沉喷浆（粉)的施工工艺，但必须确保全桩长上下至少再重复搅拌一次。

2. 旋喷桩施工应符合下列规定：

1）旋喷桩的施工参数应根据土质条件、加固要求通过试验或根据工程经验确定，并在施工中严格加以控制。单管法及双管法的高压水泥浆和三管法高压水的压力应大于20MPa。

2）水泥浆液的水灰比应按工程要求确定，可取0.8~1.5，常用1.0。

3）施工中应做好泥浆处理，及时将泥浆运出或在现场短期堆放后作土方运出。

4）旋喷桩施工完毕，应迅速拔出喷射管。为防止浆液凝固收缩影响桩顶高程，必要时可在原孔位采用冒浆回灌或第二次注浆等措施。对需要局部扩大加固范围或提高强度的部位，可采用复喷措施；在施工过程中出现压力骤然下降、上升或冒浆异常时，应查明原因并及时采取措施；水泥土搅拌桩和旋喷桩施工的垂直度偏差不得超过1%，桩位偏差不得大于150mm。

5.2.4 刚性桩和柔性桩流水作业

1. 根据桩施工工艺及地质条件，要对刚性桩和柔性桩施工顺序统筹安排。

1）刚性桩为挤土桩，则应先施工刚性桩再施工柔性桩。

2）刚性桩为非挤土桩，可按施工实际情况安排，宜先施工刚性桩再施工柔性桩，因为刚性桩施工会使土体受到扰动，而后续柔性桩施工可使扰动的地基得到加固，提高了地基的整体强度。

2. 一般情况下，为了缩短工期，刚性桩和柔性桩可形成流水作业，当部分刚性桩或柔性桩施工完毕留出工作面后，便可组织另一种桩型进行施工。

1）刚性桩为灌注桩时，柔性桩施工与灌注桩成桩的时间间隔必须大于24h。

2）刚性桩为预制桩时，柔性桩施工必须在预制桩沉桩完毕15d之后，且不应在未施工的或者龄期在15d之内的预制桩周围一倍桩长范围内施工。

5.2.5 褥垫层施工

褥垫层是在桩体复合地基和上部结构基础之间设置的垫层。褥垫层施工前，基坑开挖应确保基坑内刚、柔性桩体不受损坏，因此必须合理安排基坑挖土顺序和控制分层开挖的深度，挖出的土方不得堆置在基坑附近。褥垫层施工前，桩间浮土必须清除干净；预留桩伸出长度使桩伸入上部承台长度能够符合规范规定。

1. 褥垫层的厚度、宽度及构造要求

1）褥垫层厚度。褥垫层厚度宜取100~300mm，并考虑虚铺厚度。土质较差或上部结构刚度不大、沉降要求严格时，取小值。虚铺完成后根据褥垫层的厚度及分布面积采用静力压实法选用机械或者人工夯实。

2）褥垫层宽度。褥垫层设置范围宜大于基础范围，每边超出基础外边缘200~300mm。

3）褥垫层构造。当复合地基采用流动性强、厚度大的褥垫层（如厚砂垫层）时，为了防止褥垫层在上部荷载作用下侧向挤出造成建筑物沉降过大，可在褥垫层两侧做砖胎模或者采用带翻口的基础（图5.2.5-1、图5.2.5-2）。

2. 褥垫层夯实

褥垫层铺设宜采用静力压实法，当基础底面下桩间土的含水量较小及垫层厚度大于300mm时，也可采用动力夯实法。

3. 增强桩土共同作用施工工艺

为了增强桩土共同作用效果，根据工程具体情况可采取以下措施：

1）适当减低刚性桩的标高，增加刚性桩上部的褥垫层厚度。

2）柔性桩上部的褥垫层可采取相对流动性较强的褥垫层材料（如刚性桩上部采用碎石加粗砂的褥垫层，柔性桩上部采用粗砂褥垫层），使柔性桩能刺入褥垫层，从而有效发挥柔性桩的承载作用。

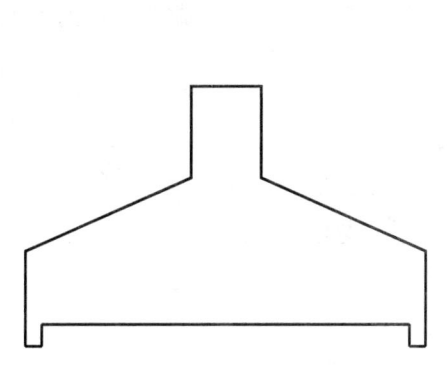

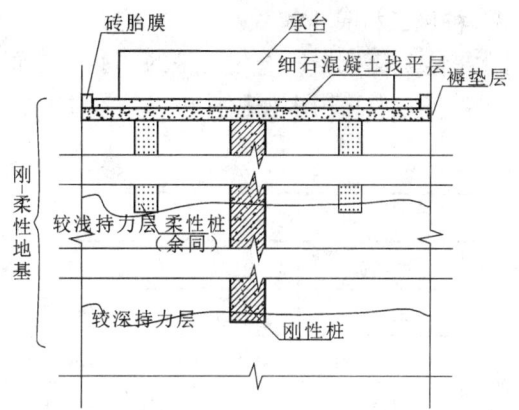

图5.2.5-1　带翻口基础施工示意图　　　图5.2.5-2　刚—柔性桩复合地基砖胎膜示意图

3）在地质较软的土层及地下水位较高的区域铺设褥垫层时，应采用片石做褥垫层，片石铺设时，下层片石大面朝下，上层片石大面朝上，以达到较好的承载效果。

5.3　劳动力安排（表5.3）

人员数可按现场桩基工程规模灵活调配变动，具体可参考表5.3。

劳动力安排　　　　　　　　　　　　　　　　表5.3

桩　型		主要人员数（按每个机组）	备　注
刚性桩	灌注桩	钻机设备操作工 3 人 灌灰设备操作工 2 人 钢筋工 2 人 杂工 3 人	
	预制桩	操作工 3~4 人 沉桩技术工 2 人	
柔性桩	水泥搅拌桩	湿法施工每个机组由 8~10 人组成 干法施工每个机组由 5~7 人组成 其中：班长 1 名 　　　操作人员 1~2 人 　　　司泵工 1~2 人 　　　送料工 2~4 人等	
	旋喷桩	操作工 3~4 人 灰浆搅拌 2 人	

6. 材料与设备

6.1　褥垫层材料

褥垫层材料宜采用中砂、粗砂、级配良好的砂石等，最大粒径不超过20mm，密实度不小于0.94；应采用片石不宜采用天然砂卵石，片石最小直径不宜小于100mm。

6.2　桩基材料（表6.2）

桩基材料　　　　　　　　　　　　　　　　表6.2

桩　型		材　料	备　注
刚性桩	灌注桩	预拌混凝土、钢筋等	
	预制桩	预应力管桩、方桩、钢管桩等	
柔性桩	水泥搅拌桩	水泥、砂等	
	旋喷桩	水泥、砂等	

6.3 桩施工机具（表6.3）

刚性桩施工应根据所选用的桩的类型不同而选用不同类型的桩机，桩机具体参数可根据地区经验选取。柔性桩一般采用水泥搅拌桩机。具体实物图见图6.3-1~图6.3-3。

桩施工机具 表6.3

桩 型		主 要 机 具	备 注
刚性桩	灌注桩	钻孔灌注桩机、沉管灌注桩机等机具及其配套设备	
	预制桩	静压桩机或锤击桩机等机具及其配套设备	
柔性桩	水泥搅拌桩	深层水泥搅拌机、灰浆搅拌机、灰浆泵、冷却泵等机具及其配套设备	
	旋喷桩	旋喷钻杆、高压柱塞泵、浆液搅拌机等及其配套设备	

图6.3-1 预制桩机　　　　图6.3-2 钻孔灌注桩机　　　　图6.3-3 水泥搅拌桩机

7. 质 量 控 制

7.1 施工中要认真执行和遵守的主要规程和规范有

《刚—柔性桩复合地基技术规范》JGJ/T 210-2010；

《建筑地基基础工程施工质量验收规范》GB 50202-2002；

《建筑地基处理技术规范》JGJ 79-2002；

《建筑桩基技术规范》JGJ 94-2008。

7.2 施工过程质量控制

7.2.1 机械设备调试完，施工前宜试打，以校对勘察报告所提供的地质资料。同时，检验桩施工设备性能，确定各项工艺参数及保证工程质量的技术措施。

7.2.2 受旧基础和杂填土及其他地下障碍物影响，易造成桩位偏移，控制时发现要及时消除影响，重新定位。若不能消除影响，经建设单位、监理单位、设计单位共同研究处理方案，重新确定桩位，方可施工。

7.2.3 褥垫层施工质量控制：

1）褥垫层铺设应在复合地基检验（静载荷试验和低应变检测)完成且满足设计要求后再进行。

2）褥垫层施工中应注意防止出现"橡胶土"或"翻浆"现象，若出现应将褥垫层以及受干扰的下卧层挖掉，重新处理。褥垫层底面通常应设在同一标高上，如深度不同，可挖成台阶或斜坡搭接，搭接处充分夯压密实，并按先深后浅的顺序进行。褥垫层分段施工时，接头处做成斜坡，每层错开0.5~1.0m长度，并夯压密实。

8. 安 全 措 施

8.1 桩施工前应处理高空和地下障碍物，作业区无高压线路，施工场地平整，周围排水畅通。

8.2 桩施工设备就位后，必须平正、稳固，确保在施工中不发生倾斜、移动。为准确控制桩施工深度，应在机架或桩管上标注醒目的深度标记。施工区域内严禁非工作人员靠近。

8.3 桩机械必须有验收合格证，桩基指挥工必须持证上岗，桩施工过程中操作人员不得擅离岗位。

8.4 施工过程中，如遇暴雨、六级以上大风等不良气候时应停止施工。为确保施工安全和质量，不宜在夜间施工。

9. 环 保 措 施

9.1 挤土型刚性桩施工时，如邻近有建筑物或构造物，应采取适当的隔振措施，如开挖防挤沟等，在邻近河岸或斜坡上打桩时，应观测对边坡的影响；注意打设顺序，宜中间向两个方向或向四周对称、分段施工，避免向同一个方向打桩，防止发生挤密不匀而造成不均匀沉降。

9.2 禁止污水乱排乱放，应采取有效处理措施。在钻孔灌注桩施工时在合适地点安排泥浆池，不得将泥浆直接排入河流；水泥搅拌桩施工时应设置沉淀池等。

9.3 锤击桩等高噪声施工禁止夜间施工。

9.4 水泥的运输机搅拌过程中，应采取有效地措施防止风尘飞扬。

9.5 施工现场应设合格的卫生环保设施，施工垃圾集中分类堆放，严禁垃圾随意堆放和抛撒。

10. 效 益 分 析

刚—柔性复合地基改变了软土地区单一桩型的局面，增加了复合地基基础的类型。刚-柔性桩复合地基基础减少了刚性桩的数量，可以显著减少挤土桩的挤土效应，避免出现缩径、断桩等质量问题；此外，刚-柔性桩复合地基总体沉降均匀，有效地减少了上部结构和砌体出现裂缝几率，具有很好的社会效益。

刚-柔性桩复合地基有明显的经济效益。刚-柔性桩复合地基基础减少了刚性桩的数量，还可以使工程造价节省20%~35%。下面用一个具体的工程优化来说明：

温州汇昌河商住楼工程系六层框架结构，上部荷载传到基础底面标准值为62000kN，原设计采用ϕ426沉管灌注桩，有效桩长为36m，桩数为168根，设计承载力标准值为370kN，基础采用独立承台。根据刚-柔性桩复合地基进行优化后，ϕ426沉管灌注桩数量减少为85根，增加水泥搅拌桩数量为267根，基础形式由承台基础改为条形板带基础。通过表10比较可以发现工程造价节省21.7%。

工程造价比较　　　　　　　　表10

	单位造价	常规桩基础	刚-柔性桩复合地基
沉管灌注桩ϕ426mm（36m）	2340 元/根	393120 元	198900 元
水泥搅拌桩ϕ500mm（13m）	370 元/根		98790 元
桩基础混凝土量	500 元/m³	127500 元	110000 元
合计造价		520620 元	407690 元
节约造价		112930 元	
节约百分比		21.7%	

该工程共监测6个沉降观测点，累计沉降最大量18mm，最小量16mm，相邻两点沉降差不大于2mm。

通过上部结构施工过程以及结顶以后的沉降观测数据，可以看出刚-柔性桩复合地基整体沉降均匀，沉降也能满足规范要求。

11. 应用实例

11.1 温州市豪锦佳园工程

温州市豪锦佳园工程用地为60亩，总建筑面积为60000 m^2。

本工程原计划采用钻孔灌注桩基础，预算总费用为982万元，经建议设计修改后采用刚-柔性桩复合地基，刚性桩采用钻孔灌注桩，柔性桩采用水泥搅拌桩，基础和地基之间设置褥垫层，褥垫层厚度为200mm，褥垫层材料采用碎石灌粗砂。修改后实际费用仅731万元，比原设计节省251万元，节约了25.6%左右的投资。

该工程监测10个沉降观测点，累计沉降最大19mm，最小13mm，沉降方差2.3 mm^2，达到了沉降均匀的良好效果。

11.2 温州市金乐花苑工程

温州市金乐花苑工程用地30亩，总建筑面积58000 m^2。该工程原设计采用钻孔灌注桩基础，预算总费用为893万元，经建议设计修改后采用刚-柔性桩复合地基，刚性桩采用钻孔灌注桩，柔性桩采用水泥搅拌桩，基础和地基之间设置褥垫层，褥垫层厚度为200mm，褥垫层材料采用碎石灌粗砂。实际费用仅646万元，比原设计节省247万元，节约了27.7%的投资。

通过监测发现有褥垫层刚-柔性桩复合地基刚性桩、柔性桩和桩间土共同作用良好，各自的承载能力都得到了充分发挥，是一种经济可靠的基础形式。沉降观测结果也表明工程结构稳定，满足规范要求，本工程共监测8个沉降观测点，累计沉降最大20mm，最小16mm，相邻两点沉降差不大于3mm。

11.3 温州市西堡锦园安置房工程

温州市西堡锦园安置房工程位于温州市瓯海区新桥镇，用地55000 m^2，总建筑面积90000 m^2。该工程原设计采用预应力混凝土桩基础，预算总费用为1159万元，经建议设计修改后采用刚-柔性桩复合地基，刚性桩采用预应力混凝土桩，柔性桩采用水泥搅拌桩，基础和地基之间设置褥垫层，褥垫层厚度为250mm，褥垫层材料采用碎石灌粗砂。实际费用仅906万元，比原设计节省253万元，节约了21.8%的投资。

该工程共监测9个沉降观测点，累计沉降最大 22mm，最小19m，相邻两点沉降差不大于3mm，沉降均匀，有效地减少了出现裂缝等一系列问题。

浅水位栈道木桩施工工法

GJEJGF002—2010

福州第七建筑工程有限公司　　福州建工（集团）总公司

张孝松　林元明　刘越生

1. 前　言

近几年，随着园林景观工程的增多，园林、公园中水上木栈道的木桩施工随之增多。然而，园林、公园中的池水或湖水水深大都非常浅，平均水深在0.7~2.5m之间，一般木桩截面大（边长或圆径200~300mm），单节桩自重达300~500kg，而施工现场吃水浅不适合通常的水上打桩船进场施工，这就造成对水上木栈道木桩施工的困难。在福州西湖千米木栈道工程前，福州市尚无此类工程的施工经验。我们曾考察过其他城市类似木栈桥，其压桩方法有的采用水上挖泥船的液压斗进行压桩作业，有的采用原始的人工锤击压桩，发现这些方法对桩身垂直度及压桩力都无法得到有效控制。公司通过综合考察及福州西湖千米木栈道的施工实践，针对浅水位条件下木桩的施工方进行研究，形成了浅水位条件下水上木桩施工工法，并总结形成本工法。本工法由福州第七建筑工程有限公司2008年在"福州西湖环湖路福建会堂至左海段景观工程"水上木栈道中首次应用。

2. 工 法 特 点

2.1　本工法施工的木桩单桩承载力较普通的水上挖泥船的液压斗进行压桩作业或人工作业有明显提高。因为桩按承载性状分类，属以磨擦力为主的端承磨擦桩，它不但桩侧摩阻力大（桩周面积大）。同时，在沉管过程中，由于重锤产生巨大的冲击能对土层的强夯作用，使持力层变形模量值大大提高。一般单桩设计承载力标准值能达到3000~4500kN。

2.2　较水上挖泥船的液压斗进行压桩作业具有施工周期短（平均20min打一根桩），经济合理，可降低工程造价，且施工场地不存在泥浆污染的优点。

2.3　桩身质量能得到充分保证。因为利用重锤垂直施打木桩，其桩身垂直度与其他方法对比有很大的提高。

3. 适 用 范 围

本工法适用于水深0.5~2.5m，一般成型的打桩船无法进入的湖（池、河）水的施工环境，桩端持力层较为坚硬的粉黏土层或残积土层。

4. 工 艺 原 理

浅水位水上木桩施工工法工艺原理是采用配重平衡的浮（船）体在浅水位（水深可浅至50cm）作为施工平台进行打桩作业，通过浮（船）体上的主卷扬机提升重锤，到达高度后松锤，让其在垂直的导槽内垂直落下对木桩产生冲击力，克服桩身与土体的摩擦力、端承力，打入木桩，达到贯入度标准后实现打桩作业，达到设计要求的桩端竖向承载力并实现木桩的垂直度控制。

5. 施工工艺流程及操作要点

5.1 工艺流程

浅水位水上木桩施工工艺流程如下：

施工准备——木桩加工与运输——固定打桩船——吊桩就位——锤击首节沉桩——接桩——锤击沉桩——终桩——截桩。

5.2 操作要点

5.2.1 施工准备

1. 调查湖（池）底和邻近区域内有无影响施工的地下管线、地下构筑物、设备等，并采取预防措施。

2. 施工前，做好湖（池）底平整工作，应预先进行查探，挖除桩位处的大的旧基础、石块、废铁块等障碍物。

3. 根据建设方提供的测量基准点，用全站仪和钢卷尺引测桩基轴线。轴线坐标及标高水准点应设在不受施工影响的地方，并在施工中经常复测。轴线和桩位放样应经复核无误后才能施工。

4. 正式施工前应进行试打桩，以了解地层对施工的影响和确定桩端持力层贯入度与收锤标准。收锤标准由设计院、建设方、施工方和监理在现场确定，并形成试桩纪要以指导工程施工。

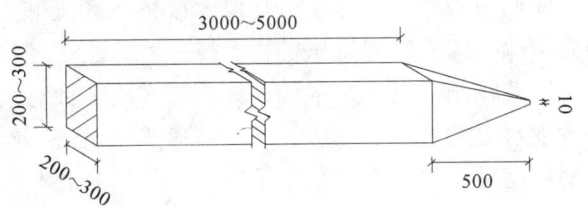

图5.2.2 木桩桩尖示意图

5.2.2 木桩加工与运输：木桩尖加工成锥型，并装船。木桩如图5.2.2所示。

5.2.3 固定打桩船

待打桩船导杆对准桩中心位时就可固定打桩船。简洁的方法是用4个船工在船体的四周角点，用撑槁钉入土体以固定，只有当这根桩压桩结束后才可拔除。

5.2.4 吊桩就位

1. 采用打桩船上的副卷扬机将木桩吊起，并令其垂直对准桩位中心。将木桩套上的桩帽，并加好缓冲垫材，解除吊钩木桩徐徐松下，检查并使桩锤、桩帽与桩三者处于同一轴线上，且垂直插入水下表土中。

2. 在拟打桩的侧面或桩架上设置标尺，以控制贯入度。采用桩锤在木桩上低锤轻击，使木桩入土一定的深度，以调整固定木桩的垂直度。

5.2.5 锤击首节沉桩

1. 起锤1m轻压或锤击，使桩保持垂直插入表土约50cm。固定桩身后，即可正式沉桩。

2. 施工顺序原则上横向多排桩的由湖岸往湖心退打，纵向由一个方向向另一方向依次施打，不允许跳打，以保证邻桩桩身不被碰撞，影响质量。

3. 施工员要认真填写打桩各项记录，施工记录应包括每米锤击数和最后1m的锤击数，必须准确记录最后三阵，每阵10击的贯入度及落锤高度。

4. 沉桩过程中若发现木桩未达设计桩长且反弹严重，往往是桩尖遇到了孤石，应将情况提请有关部门研究。

5.2.6 接桩

1. 当沉桩接近打桩船体操作平台，即可停打。用同样方法吊起上节桩，与下节桩对正后，进行接桩。

2. 接桩采用8厚双面热浸锌钢板如图5.2.6（a）所示，φ12热浸锌螺栓对夹木桩进行接桩。接桩大样如图5.2.6（b）所示。

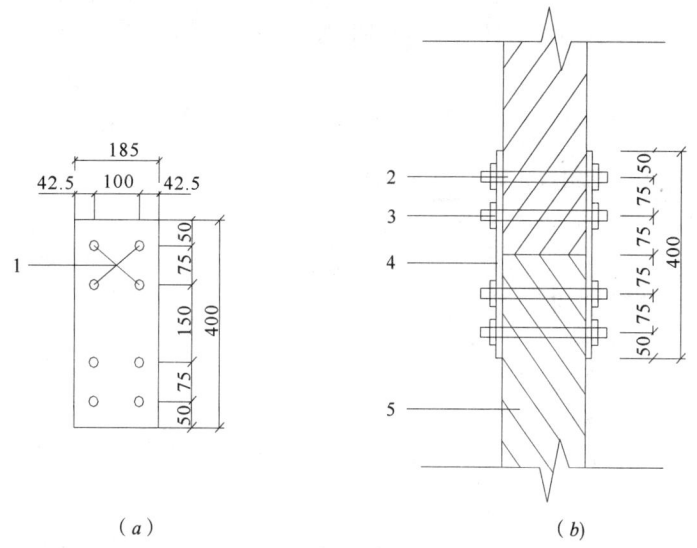

（a）   （b）

图5.2.6　木桩接桩大样图

（a)接桩钢板正面大样图；（b)木桩接桩侧面大样图

1—直径14孔；2—φ12热镀锌螺栓；3—弹簧垫片；4—110μm镀锌钢板；5—方木桩

5.2.7　锤击沉桩

接桩完毕后，应进行隐蔽验收，验收合格，即可进行打桩作业，工艺同5.2.5。

5.2.8　终桩

1. 沉桩收锤应由施工单位代表、建设方代表、监理工程师在现场按下列要求确定：

1）最后三阵，每阵10击的贯入度应在规定落锤高度条件下符合试桩纪要规定的收锤标准。

2）达到设计要求的持力层。

3）桩顶标高应大于设计标高。

4）若遇异常情况应报设计单位会同处理。

2. 移机：打桩结束后，船工松开撑稿，退出桩位，移至新桩位。

5.2.9　截桩

每流水段施工结束后，由测量员统一测设桩顶标高，并逐一在木桩上进行标记，用锯木电锯进行切割。严禁用斧凿、砍。

5.3　劳动力组织

水上浮体锤击木桩施工人员劳动组织：

每台班10人组成，其中：

1. 指挥1名。负责桩的起吊及喂桩，调整插桩时桩的垂直度（在两台经纬仪的配合下），并指挥打桩船移位及桩的定位，及时组织力量排除施工中出现的故障。

2. 桩机司机1名。负责桩机的操作及日常维修保养，正确操纵机械进行桩的定位，调整桩的垂直度，压桩。在指挥下，正确进行桩的起吊、运输及喂桩。

3. 电工1名。负责现场全套施工机械电器设备的安装及其安全使用。

4. 吊桩及接桩工2名。在指挥下，负责桩的起吊运输及喂桩，并配合桩机司机进行桩的定位，上下节桩的接桩。

5. 施工员1名。负责桩基的定位及校正桩的垂直度，根据试桩标准进行压桩施工，施工中及时作好各种原始记录，并及时解决施工中出现的技术问题。

6. 船工4名。负责打桩船的移位、定点。

6. 材料与设备

本工法所需机具设备如表6。

水上浮体锤击木桩施工主要机具配备表　　表6

序号	机 具 名 称	型号、规格	数量	备　注
1	桩锤	300kg	1台	铁圆柱体（导杆从中穿过）
2	水上船体，桩架		1台	如图6所示
3	卷扬机	JM	1台	桩的起吊、运输及喂桩
4	卷扬机	JKL	1台	提升桩锤
5	发电机	FX30GF	1套	随船提供电力
6	经纬仪	J2	2台	定桩位、校正桩垂直度
7	水准仪	DS3	1台	测定高程及控制桩顶标高
8	导杆	35mm	1根	根据木桩长度选定其长度

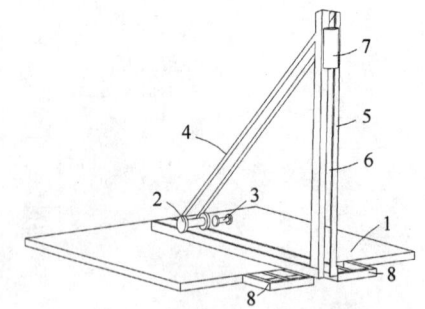

图6　水上船体、桩架示意图

1—船体；2—主卷扬机；3—副卷扬机；4—桩架；
5—柱体；6—导槽；7—桩锤；8—接桩工作台

7. 质 量 控 制

7.1 质量控制标准

7.1.1 本工法执行以下标准：

1. 《建筑桩基技术规范》JGJ/T 94-2008。

2. 《木结构工程施工质量验收规范》GB 50206-2002。

3. 《桩基检测技术规范》JGJ 106-2003。

4. 《地基与基础工程施工及验收规范》GB 50202-2002。

5. 其他有关规范、标准和设计图纸的要求。

7.1.2 成桩允许偏差应符合下列规定：

1. 桩位偏差：　桩位偏差依据木桩的规格尺寸由设计单位具体确定，一般不得大于上部横梁的短边尺寸。

2. 垂直度：允许偏差小于1%。

7.2 质量保证措施

7.2.1 正式施工前，组织设计、监理、甲方、施工单位有关人员到现场做1~2 根试打桩的试验，根据试验的实际情况，指导和确定施工的技术参数，并向施工作业班组进行技术交底。

7.2.2 将木桩垂直对准桩位中心，缓缓放下插入表土中，待桩位置及垂直度校正后即可将锤连同桩帽压在桩上，同时应在桩的侧面或桩架上设置标尺，并做好记录方可击桩。

7.2.3 沉桩时应用适用桩头尺寸的桩帽和弹性衬垫，发现损坏应及时修整或更换。以缓和打桩时的冲击和打桩应力均匀分布，延长撞击的持续时间以利桩的贯入。

7.2.4 沉桩过程中，要经常注意桩身有无位移和倾斜现象，如发现问题及时纠正。

7.2.5 桩将沉至要求深度或到达硬土层时，应控制好落锤高度，以免打烂木桩头。

7.2.6 沉桩过程中做好施工记录，至接近设计要求时，即可对贯入度或入土标高进行观测，至达到设计要求为止。

7.2.7 打桩过程中出现贯入度突然剧变，则可能木桩已穿过硬土进入软土层，或碰到孤石，此时应对照地质资料进行检查。若穿过硬层进入软土层，则继续施打；若桩打不下去，桩锤严重回跳，可能是桩尖顶到孤石，这时应减小桩锤落距，慢慢下打，待桩尖穿过障碍后再加大落距。如无法穿过障碍则应请潜水员进行清障，有困难的应报设计单位会同研究处理。

7.2.8 锤击不宜偏心，开始落距要小。

7.2.9 对于不同的持力层，贯入度标准与单桩极限承载力的对应，应分别试验（试桩）后确定（单桩极限承载力的确定可采用打桩船的桩锤用"大应变"的试验方法予以确定）。

8. 安 全 措 施

8.1 施工人员必须经过技术培训，并取得合格后方可安排上岗操作。施工中要经常对操作人员进行安全教育，使施工人员树立安全第一的思想。

8.2 进入施工现场人员必须戴安全帽，穿工作鞋（上船工作不准穿硬度鞋），在作业时必须穿救身衣，对桩接桩爬上桩架时必须戴安全带。

8.3 各种设备转动外露部分均应设置安全防护罩。开工前各岗位操作人员必须检查设备完好情况，特别要定期对桩架进行检查，确认桩机性能良好才能使用。

8.4 移动桩机时要确保桩架与高压电线等障碍物有足够的安全距离，并设专人负责监护收放随机电缆线。

8.5 遇有六级以上强风、浓雾等恶劣气候，不得进行水上作业。应停止施工并下锚固定打桩船，并用揽风绳固定桩架，以免打桩船体倾覆。

8.6 起吊木桩时卷场机司机、指挥员必须检查施工现场人员所在位置是否安全。现场没有指挥人员时严禁擅自进行吊装。

8.7 水上作业平台周边，必须设置防护栏杆，如设置防护栏杆有困难的，工人作业必须系安全带，设置警示圈。

8.8 乘坐交通船在水上作业的人员必须穿戴救生衣，各施工作业点和交通船上必须有足够的救生设备和救生衣。

8.9 应做好水上安全作业应急预案。

8.10 其他安全生产规定参照桩基有关施工规程。

9. 环 保 措 施

9.1 施工期间的主要污染源为施工中产生轻微噪声。

9.2 严格执行《建筑施工场界噪声限值》GB 12523，控制和降低施工机械和运输车辆造成的噪声污染。

9.3 合理安排作业时间，尽可能将作业安排在白天施工，避免夜间施工，使施工噪声对周围环境影响减少到最低程度。

10. 效 益 分 析

10.1 社会效益

1．本工法具有单桩承载力高、桩身垂直度高的特点，桩身质量得到充分保证。且在施工中基本不产生污染源，是非常环保的一种施工方法，且能耗低效率高。

2．由于质量稳定可靠，所施工的木栈道的使用寿命周期大为提高，既能减少资源消耗又延长自然资源的使用，为此具有广泛的社会效益。

10.2 经济效益

本工法打桩质量稳定，且采用本工法施工可以挤开小粒径的块石，不用因此频繁地调整桩位，或下水清障，节约了工期与成本。施工进度有明显提高：对比人工成桩（或挖泥船压桩）15~20根/天，本工法施工效率提高到30~35根/天。工效提高约2~3倍，从而节约了费用。以福州市西湖公园环湖木栈道工程1500根桩为例，由于工效提高，结算可以节省544911元施工费用。

11. 应用实例

福州市西湖公园环湖木栈道工程、福州左海公园景观改造工程水上木栈道，工程质量满足规范要求。现以福州市西湖公园环湖木栈道工程为实例。

11.1 工程概况

福州市西湖公园环湖木栈道工程由福州市西湖公园管理处筹资兴建，工程位于福州市西湖公园。本项目内容主要包括：木栈道长约1000m^2，3000 m^2，工程造价约1000万，为福州市第一条水上木栈道，是福州市重点工程之一。本工程由福州市政府投资建设，福州市规划设计研究院设计，由福州第七建筑工程有限公司施工。该工程合同工期短，施工紧张，特别是在西湖水上浅水位打木桩，施工难度大，无可借鉴的成熟经验：由于福州西湖常水位至湖底高度只有0.7~2.0m之间；工程桩采用203mm×203mm方形进口南方松木，约1500根桩，施工现场吃水浅且工程桩采用松木，不适合通常的水上打桩船进场施工。

11.2 施工情况

经过攻关，采用"浅水位水上木桩施工工法"进行打桩作业，成功解决了西湖浅水位打桩的难题，为类似环境的打桩作业提供了一种实用的施工方法，并与"福建建筑科学研究院"配合利用打桩浮体本身的桩锤采用"大应变"试验方法进行单桩极限承载力的测定，既经济又快捷。经过检测，所抽检的桩其单桩极限承载力全部大于到设计要求的40kN。桩身垂直度合格率大于98%，取得了满意的效果。

在施工中开展QC活动，其成果分别获得2009年福州市、福建省工程质量协会一等奖、中国建筑业协会优秀奖、全国质量协会及中国科学技术协会等五部委联合授予的优秀奖。

11.3 工程评价

福州西湖木栈道的施工取得良好效果，通过本工法的实践，为这类工程提供了一种成熟可靠的施工方法，单桩承载力及桩垂直度都达到或超过了设计要求，且施工工期快，可广泛适用于园林、公园中水上木栈道工程。

长螺旋钻孔压灌混凝土桩施工工法

GJEJGF003—2010

江西中恒建设集团有限公司　南昌市建筑工程集团有限公司
聂吉利　曹开伟　何丹　胡琪　李运华　杨东海

1. 前　言

复合地基主要是通过在天然地基中植入的加强体,以加强体和桩间土共同承担上部荷载,根据加强体材料或施工工艺的不同,衍化出多种处理方法,如散体系列(如振冲碎石桩)、水泥土系列(如深层搅拌桩)、灰土系列(如石灰桩)、水泥系列(如CFG桩)等。这些方法各有所长,特点鲜明,适用范围也不尽相同,有时不能互相取代。为了提高加固效果,我们进行系统地深入探索和研究,研发了长螺旋钻成孔压灌混凝土桩。这种桩属于水泥系列范畴,它克服了振动碎石桩施工振动强烈的缺点,弥补了深层搅拌桩强度偏低的不足,避免了石灰桩受地下水限制的施工缺陷,加上简单的施工工艺又比CFG桩更能保证桩身质量,它的单桩承载力高,施工过程快捷、成本低、适用范围广、用途也较多,具有较高的社会效益与经济效益。该技术经过公司长期深入细致的调查、试验和应用,经不断积累,不断进步,使该技术水平应用达到较高水平,在公司施工的桩基工程中采用效果显著,经总结整理形成本工法。

2. 工 法 特 点

2.1　利用流态混凝土流动性好、稠度高的特点,将混凝土通过压力压入,使护壁和成桩合二为一,根本排除了泥浆污染和泥浆处理问题,做到环保施工,放入钢筋笼容易。

2.2　混凝土利用高压泵压灌式浇捣,桩尖无虚土,也不会产生离析,防止了断桩、缩径、塌孔等施工通病,施工质量容易得到保证。

2.3　穿硬土层能力强,单桩承载力高、施工效率高,操作简便。

2.4　低噪声、不扰民、不需要泥浆护壁不排污、不降水、施工现场文明。

2.5　桩端和桩侧与桩身周围土壤结合紧密,无泥皮现象。这就根本上改变了基础桩的承载力和变形,对桩的抗拔受力性能的改善起到重要作用。钢筋笼不会沾黏泥浆,握裹力能够充分保证。

2.6　综合效益高,工程成本与其他桩型相比比较低廉。

3. 适 用 范 围

3.1　本工法适用于建(构)筑物基础桩和基坑、深井支护的支护桩。

3.2　适用于填土层、淤泥土层、沙土层及卵石层,亦适用于有地下水的各类土层情况,可在软土层、流沙层等不良地质条件下成桩。

3.3　桩径一般采用400~800mm,桩长不超过28m,随着机械能力的加强,桩径可达到1000mm以上。

4. 工 艺 原 理

长螺旋钻孔压灌混凝土桩由长螺旋钻孔桩演变而来,与普通长螺旋钻孔桩不同,利用长螺旋钻机钻孔至设计标高，停钻后在提钻的同时通过设在钻杆及钻头上的混凝土孔，用高压混凝土泵向桩内压灌流态混凝土，连续压灌至设计桩顶标高后，移开钻杆将插入钢筋笼而形成的桩体。采用此法能提高桩的承载力，抗拔力；其原因是由于成桩时土体在混凝土压力作用下对周围土体有一种前推的作用，强迫周围的土体向周边运动，相应地也就增加了桩的半径。随着半径的增大，土体被挤密，土的压缩模量E逐渐增大。这种挤压的结果使得周围土体的密度变大，形成合理结构；土体密度的增大，使侧摩阻力增大；也使土的本构关系发生变化，原来均质的结构变成一种复杂而又合理的状态。土的内摩擦角也增大，变形模量增大，端部承载能力也相应增大。该工法施工程序简化，效率提高；应用广泛，不受地下水位限制；所用混凝土摩擦系数低，流动性强，骨料分散性好，所用螺旋钻机即可钻孔又可压灌混凝土，操作简便，混凝土灌注速度快，成桩质量好，降低造价。

5. 施工工艺流程及操作要点

5.1 施工工艺流程

5.1.1 材料准备

首先对进厂材料进行二次检测，对不符合要求的材料不能进厂，做好混凝土配合比和制作好钢筋笼，保证成孔合格后能及时浇筑混凝土，桩身混凝土浇筑完成后能及时安放钢筋笼，不影响下道工序施工。

5.1.2 施工工艺流程（图5.1.2）

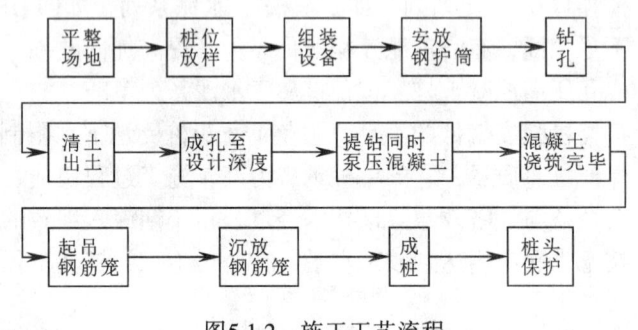

图5.1.2 施工工艺流程

5.2 操作要点

5.2.1 施工准备工作

1．设计图优化核对。工程勘察报告，桩基工程施工图纸及图纸会审记录，熟悉施工图纸。

2．场地平整，修建施工便道确保施工机械正常通行。

3．施工测量：测量现场高程，定轴线，定出桩心、桩位。

4．桩基工程中所用的原材料必须进行复验，只有经过复验合格的原材料才允许使用。

5．施工前熟悉建筑场地和邻近区域内地下管线、地下构筑物、周边建筑等必须调查清楚，以便采取相应的加固和保护措施，进而保证桩基顺利施工。

5.2.2 施工工艺

1．检测桩孔口标高，确定钻孔深度后移机至桩位点。检查钻杆与地面垂直度（垂直度偏差不大1%），当其不符合要求时，应结合场地实际情况铺设枕木或钢板，调整钻机，使钻机支撑稳定，钻杆垂直度满足要求。接着用钻头对准桩位，启动钻机入钻；观察钻机电流表，根据电流大小控制下钻进尺，一次性钻到预定深度。为准确控制钻孔深度，在桩架式钻杆上作出控制深度的标尺，以便在施工中进行观测、记录，必须保证桩孔进入硬土层达到设计要求的深度。钻进中若发现不良地质情况或地下障碍物时应立即停钻，并通知建设单位与设计单位确定处理方法、修改工艺参数或重改桩位、桩长等。

2．用混凝土泵完成钻孔中心压灌混凝土成桩，钻进到设计深度后，略提钻杆20~50cm，以便混凝土将活门冲开；边提钻边压灌混凝土，提钻与压混凝土速度相匹配，始终保持泵入孔中混凝土量大于钻杆上提体积量。混凝土的灌注高度应高于设计桩顶标高50cm，多余的部分后期凿去，以保证桩顶混凝土强度满足要求。

3．待钻孔中心泵压混凝土形成桩体后，钻杆拔出孔口前，先将孔口浮土清理，然后将已吊起的钢管及钢筋笼垂直对准孔口，把钢筋笼下端插入混凝土桩体中，采用不完全卸载方式使钢筋笼下放到设计高度。钢筋笼到位后，振动拔出钢管，放置地面，待下一桩施工备用。

5.2.3 钢筋笼制作与安装

1. 钢筋笼在制作前应检查钢筋机械性能，合格后才能下料。所用钢筋规格、数量、间距、下料长度必须满足设计要求。钢筋笼主筋与加劲箍筋必须焊接，用HRB335级钢做主筋时可不设弯钩，用HPB235级钢筋做主筋时桩顶应设弯钩，弯钩长度不小于钢筋直径的6.25倍。加工好后的钢筋笼做好标识后分区堆放，放置在平整的地面上，防止变形；离地15~30cm，并注意防潮、防湿。搬运时应采取适当措施，防止扭转、弯曲。钢筋笼制作数量必须满足施工用量要求，同时又不宜过多，因为实际施工中常遇到无法达到设计要求，需要设计变更的情况。

2. 钢筋笼制作质量必须满足《混凝土结构工程施工质量验收规范》GB 50204-2002的要求，按规定制作安装。

3. 由于钢筋笼一般较长，吊放时为防止起吊时笼体变形，要做到调直、对中。起吊时，要合理布置吊点，吊起钢筋笼头部的同时人工抬起钢筋笼底部。吊直扶稳过程中，至少由2名技术人员远距离垂直双方向控制指挥，严禁撞孔壁，确保钢筋笼保护层为50mm。钢筋笼依靠自重沉入混凝土中应连续，如遇下沉阻力过大，可在端头以带配重的振动器振动压入，并用水平仪监控桩顶标高。钢筋笼下放到设计位置后，应立即固定。两段钢筋笼连接时，应采用焊接。

5.2.4 成孔灌注

1. 混凝土的原材料必须经过2次复验合格后方可投入使用，根据流态混凝土的配合比设计配制施工混凝土。水泥宜选用硅酸盐水泥和普通硅酸盐水泥，强度等级不得低于32.5MPa；最小水泥用量330kg/m³、水灰比宜为0.5~0.6，外加剂的选用应保证坍落度达到18~22cm，且事先应做试验，满足强度与和易性等要求后方可使用，拌制投料时其添加顺序宜滞后于水和水泥，石子粒径宜采用5~20cm，充盈系数一般控制在1.1~1.5；混凝土配置时不宜采用高强度等级水泥，应加大水泥用量，以提高混凝土的和易性和稠度，避免混凝土离析，减少钢筋笼下沉时的黏阻力。

2. 提钻压灌混凝土泵送施工时，混凝土输送泵设定的排量应超过提钻所形成桩孔混凝土量的20%以上，保证钻杆及叶片对混凝土有一定的挤压作用，按输送泵的排量标准严格控制钻杆提升速度，确保提钻速度与混凝土浇筑速度相协调。提钻杆前，要求钻杆内的混凝土高度高出地面，同时要计算每盘泵入混凝土方量。

3. 桩身混凝土必须留有试块，每桩不少于1组、每组3件，用于成桩后对混凝土强度等级进行检验。

5.2.5 施工中应注意的问题

1. 钻机就位前对桩位进行复测，即复测所埋设的钢护筒中心与桩中心重合情况。施工时钻头对准桩位点，稳固钻机，通过水平尺及垂球双向控制螺旋钻头中心与钻杆垂直度，确保钻机在施工中平正。钻杆下端距地面10~20cm，对准桩位，压入土中，使桩中心偏差不大于10mm。

2. 施工过程中要求边旋转钻杆边清除孔边渣土，以防止提升钻杆时土块掉入，钻孔过程要用经纬仪校正垂直度（≤1%）。

3. 桩顶保护措施：冬期施工时，桩完成后应立即覆盖保温，防止混凝土裸露在负温中散失热量。7d后方可开槽，并剔除桩头超灌混凝土至设计标高。桩头清理应采用小型机械配合人工处理，槽底留100mm人工清理。

4. 钻进的过程中应根据地层变化及时调整钻进速度，一次达到设计深度，确保桩长和桩径，在易缩地段随时检查泵管密封情况，以防漏水造成局部坍落度损失，造成断桩和缩颈。

5. 浇筑混凝土前对每车混凝土进行测量坍落度并做好记录，根据泵排量及桩直径确定泵压一次钻杆提升量；匀速提钻，保证桩头尖始终埋在混凝土内，防止断桩；保证连续浇筑混凝土，避免中间停顿，成桩后应监视桩顶标高和成桩质量。

6. 成庄后注意保护桩头，24h不得扰动，7d后方可进行小应变测试，桩体在28d后方可以进行单桩承载力试验。

6. 材料与设备

6.1 材料

一般桩身混凝土强度不低于C20，浇筑混凝土时细骨料选用中粗砂，粗骨料最大粒径不宜大于2cm，水泥强度等级不低于32.5。

6.2 机械设备

本工法主要机械设备是长螺旋钻机和混凝土输送泵，目前国产钻机型号为ZZSH480，钻机功率为110kW，钻杆直径有400mm、600mm、800mm等规格，根据施工实际情况选用；混凝土输送泵规格由泵送混凝土高度和泵送距离来确定，保证泵送混凝土时有足够的压力的同时，保证单桩混凝土灌注量和连续灌注的时间满足设计及施工规范要求，具体机械配置见表6.2。

主要机械设备配备表   表6.2

机械设备名称	规格型号	单 位	数 量	作业项目
钻机	ZZSH480	台	1	钻孔施工
混凝土运输车	ZL50C	台	1	混凝土输送
装载机	ZL50C	台	1	运料，场地平整
电焊机	BX1-500	台	1	钢筋焊接
钢筋切割机	J3G2	台	1	钢筋切割
吊车	50T	台	1	起重配合、钢筋笼吊装
全站仪	GTS301D	台	1	测量放线
经纬仪	J6	台	1	测量放线
水平仪	DS3	台	1	测量放线

7. 质量控制

7.1 质量验收标准

7.1.1 本工法质量标准按《建筑地基基础工程施工质量验收规范》GB 50202-2002及《混凝土结构工程施工质量验收规范》GB 50204-2002执行。钢筋笼制作应对钢筋规格，焊条规格和品种、焊缝长度、焊缝外观质量及主筋与箍筋制作偏差等进行检查，质量标准见表7.1.1。

钢筋笼质量允许偏差及检验方法   表7.1.1

项 次	项 目	允许偏差（mm）	检测方法
1	主筋间距	±10	尺量
2	箍筋间距	±20	尺量
3	钢筋笼直径	±10	尺量
4	钢筋笼长度	±100	尺量
5	钢筋笼保护层	±20	尺量

7.1.2 标高允许偏差≤±5cm，桩垂直度允许偏差≤桩长的1/100，桩位偏移允许偏差≤10cm。

7.2 工程质量保证措施

7.2.1 施工过程严格控制程序质量，现场成立质量监控小组，严格按照国家有关规范、规程要求施工，实行全面质量管理。建立三级质量管理制度，钢筋、混凝土等材料进场后及时按照施工规范要求进行质量检验，施工前由施工、技术负责人结合图纸进行详细技术交底，明确质量控制标准。

7.2.2 随时检查施工记录，对每根桩进行质量评定；抽样开挖桩体周围土层，检查桩的外观质量和整体性，如发现不合格的桩根据实际情况采取补救措施。

7.2.3 所用的原材料和混凝土强度必须符合设计要求和施工规范的规定。

7.3 单桩承载力检测

7.3.1 桩静载荷实验时，在同一施工条件下的试桩数量不小于总桩数的1%，且不小于3根；工程桩总数在50根以内时不应少于2根。

7.3.2 确保桩身质量，宜选用低应变检测桩完整性，抽检数量不少于总桩数的10%，且不少于5根；

7.3.3 试桩前应进行同条件强度等级试验，在桩身强度达到设计强度的100%时准许试桩。从成桩到开始试验的时间间隔为：砂类土≥10 d，粉土和黏性土≥15 d，淤泥质土≥25 d。

7.4 成桩质量检查

施工过程中要求对成孔中心位置、孔深、孔径、垂直度、钢筋笼安放实际位置进行检查，并填写相应质量检查记录；混凝土搅拌应对原材料质量、计量、混凝土配合比、外加剂及坍落度等进行检查；桩头开挖时应及时检查桩数、桩位及桩头外观质量；成桩后对混凝土强度等级进行检验。

8. 安 全 措 施

8.1 认真贯彻"安全第一，预防为主"的方针，坚持管生产必须关安全的原则。根据国家有关规定、条例，结合施工实际情况和工程实具体特点，组成专职安全员和班组兼职安全员，以及工地安全用电负责人参加的安全生产管理网络，执行安全生产责任制，明确各级人员的责任，抓好工程的安全生产工作。

8.2 施工现场的布置必须符合防火、防风、防雷、防触电等安全规定及安全施工要求，现场用电必须严格执行《施工现场临时用电安全技术规范》的有关规定，电缆线路应采用"三相五线"接线方式，电气设备和电气线路必须绝缘良好，场地内挂设的电力线路的悬挂高度和线间距离必须符合安全规定，并挂在专用电杆上。

8.3 上岗人员坚守岗位，各司其职。对施工场地附近的建筑和地下管线要认真查清，采取有效措施，以避免震坏原有建筑而发生伤亡事故；夜间作业有充分的照明，高空作业要系安全带。

8.4 室内配电柜、配电箱要有绝缘垫，并安装漏电保护装置。

8.5 作业区内应无高压线路，作业区应有明显的标志或围栏，非作业人员不得进入。

8.6 施工过程中如遇大雨、暴雨或六级以上大风时必须立即停止施工。

8.7 每台班前必须对螺旋钻机、汽车吊、振动锤等进行检查，发现存在安全隐患的地方立即进行修理、更换，严禁机械设备带着安全隐患使用。起吊钢筋笼前应检查钢筋笼起吊处焊接是否牢固，吊绳、挂钩是否存在问题，发现异常情况应立即处理；在吊钢筋笼的过程中，吊车臂及钢筋笼下严禁站人。

9. 环 保 措 施

9.1 建立环境保护管理体系，成立现场环境保护与文明管理机构，切实贯彻国家及地方环保法规。实行环保责任制，保持施工区域和生活区域的环境卫生，及时收集各种生活、生产垃圾，按要求进行处理。生活污水处理纳入市政污水处理系统，工地排水实行雨水、污水分流制度，且所有排放的污水应符合国家标准《污水排入城市下水道水质标准》和《污水综合排放标准》。

9.2 施工场地及道路应该硬化，并经常洒水保持清洁，工地出入口应设置洗车槽，进出工地车辆要清洗后才能上路，确保市区环境不受污染。

9.3 施工中噪声较大的工序，要选择在合适的时间进行施工，并在工程中采用响应的噪声隔声降噪措施，降低施工噪声对环境的影响。

10. 效益分析

长螺旋钻孔压灌混凝土桩施工工法经过多年的实践证明，该施工方法钻孔过程噪声低、振动小。在成孔过程中采用护壁和中心泵压灌注成桩，桩体材料一次完成的方法，排除了大量泥浆处理和运输工作，从根本上避免了由此对施工现场和周边环境污染。在放钢筋龙的过程中，由于设备振动能量小，又是在流塑性混凝土中施加作用力，因此不会产生较强烈的振动和冲击反响，其振动和噪声完全控制在施工允许的范围之内。所以该工法对环境影响小，是一种环境保护型的绿色施工方法。

采用该施工方法能使基础获得较高承载力和减少沉降量，是降低成本，产生经济效益的有效途径。因此可以将桩数桩径减少，既满足设计和施工要求，又能达到降低成本的结果。机械化程度高，施工进度快，综合经济效益好。与成孔灌注桩相比，虽然混凝土费用略高，但在同一地质条件下，每立方米混凝土承载力可提高0.55倍，施工工期可缩短50%以上；在地下水位以下施工时，可省去泥浆护壁，综合费用可节省15%~20%。

11. 应用实例

11.1 乐平市交通局运政、票证中心大楼桩基工程

11.1.1 工程概况

乐平市交通局运政、票证中心大楼工程建筑面积约6006m²，框架6层。勘察报告揭示场地土层为回填土、耕植土地、粉质黏土、强风化砂岩。

11.1.2 工程施工情况

工程于2007年10月10日开始施工，2007年10月20日结束施工，总桩数为93根，最长桩22.5m。

11.1.3 效果检验

施工后为检验桩基强度，采用了单桩静载荷实验等检验，检验结果符合设计要求。采用该工法施工全过程处于安全、稳定、快速、优质的可控状态，工程质量优良率达到98%以上，无安全生产事故发生，未产生大量废水、废气、废物等，得到了各方的一致好评。

11.2 乐平市大地豪城住宅小区桩基工程

11.2.1 工程概况

乐平市大地豪城住宅小区工程建筑面积约12000m²，框架6层。勘察报告揭示场地土层为回填土、耕植土地、粉质黏土、粉砂、强风化砂岩。

11.2.2 工程施工情况

工程于2007年3月25日开始施工，2007年4月30日结束施工，总桩数为289根，最长桩16.8m。

11.2.3 效果检验

施工后为检验桩基强度，采用了单桩静载荷实验等检验，检验结果符合设计要求。采用该工法施工全过程处于安全、稳定、快速、优质的可控状态，工程质量优良率达到98%以上，无安全生产事故发生，未产生大量废水、废气、废物等，得到了各方的一致好评。

11.3 景德镇昌邮公寓桩基工程

11.3.1 工程概况景德镇昌邮公寓楼工程建筑面积约40000m²，砖混7层。勘察报告揭示场地土层为回填土、耕植土地、粉质黏土、细砂、圆砾、强风化砂岩。

11.3.2 施工情况

工程于2007年12月2日开始施工，2008年3月30日结束施工，总桩数为1500根，最长桩16.1m。

11.3.3 效果检验

为检验桩基强度，采用了单桩静载荷实验等检验，检验结果符合设计要求。

施工全过程处于安全、稳定、快速、优质的可控状态，工程质量优良率达到98%以上，无安全生产事故发生，未产生大量废水、废气、废物等，得到了各方的一致好评。

大直径嵌岩灌注桩潜孔锤同步跟管成孔施工工法

GJEJGF004—2010

山东万鑫建设有限公司　　山东新城建工股份有限公司

王庆军　于可猛　李永峰　宗可锋　崔殿和

1. 前　言

目前，我国桩基施工中成孔方法有沉管成孔、钻孔成孔两大类。沉管成孔受沉管设备、地质条件限制，桩长、直径满足不了大的设计承载力要求。钻孔成孔一般有冲击、长短螺旋、正反循环、旋挖、人工挖孔等方法，施工大直径桩基遇到地层有漂石、块石、卵石等巨粒土时，以上方法均不能有效克服。此外，松散砾砂层的稳定也以浪费混凝土增加充盈系数来解决，硬质岩层的成孔效率也造成造价大幅提高、工期延长，富含地下水的松散地层采用冲击、正反循环、旋挖方式施工往往产生大量泥浆且孔底沉渣减小单桩承载力。

该技术于2010年通过山东省科学技术厅鉴定，并获得了淄博市科学技术进步三等奖。同时形成了复杂地层下大直径嵌岩灌注桩潜孔锤同步跟管成孔施工工法，该技术具有施工质量可靠、成孔速度快、成孔率高、适应性强等特点，大大缩短了工期，噪声低、污染少、保护了环境，具有显著的社会效益、经济效益和环保效益。

2. 工 法 特 点

2.1 本工艺对地层有漂石、块石、卵石等巨粒土地层能有效克服石块的塌落卡钻、垂直度偏斜的难题，施工速度快，费用低。

2.2 在复杂地质条件下，大直径嵌岩灌注桩潜孔锤同步跟管成孔施工工艺能有效控制成孔质量；对松散回填土、砂层等地层，外套管同步跟进，能更有效地控制桩身塌孔现象的发生，有效降低混凝土的浪费。其他成孔方法在以上所述的地层中不能很好地、有效地控制塌孔现象的发生，塌孔导致桩身充盈系数加大，提高材料成本。

2.3 本施工工法不需要进行造浆护壁，同步跟进套管不仅能有效防止塌孔，而且钢套管同步跟进能及时嵌入岩层，对地下水渗漏到桩孔内起防护作用，成孔后孔内无水。

2.4 本技术成孔时产生的沉渣利用高压空气通过螺旋钻杆排到孔外，能够彻底清除孔内沉渣，不需进行二次清孔，实现了成孔与清孔同步施工。

3. 适 用 范 围

本工法适用于松散砾砂层，较厚回填土层，有漂石、块石、卵石等的巨粒土地层，硬质岩石等地层，直径≥800mm大直径嵌岩灌注桩桩成孔。

4. 工 艺 原 理

大直径嵌岩灌注桩潜孔锤同步跟管成孔施工技术，利用双动力头分别驱动钻杆加底部潜孔锤、外部钢套管。钻杆动力头带动长螺旋钻杆及下部潜孔锤顺时针转动，潜孔锤在高压空气的作用下破碎岩层，同时套管动力头驱动钢套管逆时针旋转，钢套管下部环状合金钻头切割岩层与潜孔锤同步跟进成孔。穿管过程中形成的渣土利用驱动潜孔锤的高风压空气从套管与内螺旋杆之间向上吹起，通过螺旋钻杆的转动将其导至套管外，实现成孔与清孔同步施工。

5. 施工工艺流程及操作要点

5.1 施工工艺流程（图5.1）

5.2 施工准备

5.2.1 了解施工场区土层分布及土层的物理力学性能，选择合适的设备机具。

5.2.2 对所用的机械设备提前进行维护、保养，确保在施工时正常运转。

5.2.3 根据现场实际情况进行科学合理的布置，提前做好"三通一平"工作。清理施工现场地下、地面及空中障碍物，确保顺利施工。

5.2.4 组织施工设备、机械进场，并组装调试，购置易损配件。

5.3 操作要点

5.3.1 桩位放样

根据设计的桩位图，按施工顺序将桩逐一编号，依桩号对应的轴线，利用全站仪进行桩位放

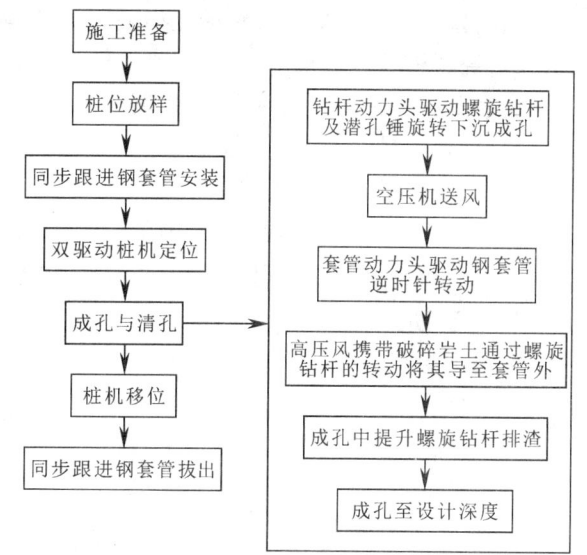

图5.1 施工工艺流程图

样，放好桩点后用0.5m钢筋头打入地坪，距桩点1m设置护点，桩位放样允许误差<10mm，并在打桩前进行复核。

5.3.2 同步跟进钢套管安装

在套管动力头下端安装相应长度的钢套管。安装时将钢套管与套管动力头用钢丝绳连接，提升套管动力头，将钢套管吊起并立于地面，然后缓慢下放套管动力头使钢套管上端的卡块与套管动力头下端的套管插座接口对准并插入，逆时针旋转套管动力头使钢套管卡块进入套管插座的卡槽内，连接完成。

5.3.3 双驱动桩机定位

将桩机移至桩位，缓慢下放套管动力头，使套管中心与桩位对齐，利用自身垂直仪器调整钻机立柱的垂直度。

5.3.4 成孔与清孔

1. 启动钻杆动力头，潜孔锤在钻杆动力头及钻杆的带动下按顺时针方向旋转，启动高压空气压缩机，使空气压缩机气压达到2.4MPa，向潜孔锤供气，潜孔锤在高压空气的作用下开始成孔，然后启动套管动力头使之按逆时针方向旋转，缓慢下放装配钢套管，钢套管下部环状合金钻头切割岩层与潜孔锤同步跟进成孔。为防止偏孔，开孔时要采取慢速冲击；套管随潜孔锤进尺而跟进至基岩面后关闭套管动力头，跟管停止，钻杆动力头带动潜孔锤继续冲钻入岩至设计孔深。

2. 冲钻过程中采用匀速慢进，遇阻力大时潜孔锤向上提升，提升距离约0.3~0.5m，再次旋转振动冲击进尺，在成孔作业过程中为输送出成孔产生的渣土，需2~3次反复提起和下放钻杆动力头。

3. 成孔达到设计孔深后，通过气压清孔2~3min，通过螺旋钻杆提升排除沉渣，经检测沉渣厚度≤50mm时停止。凿除的渣土可利用压力风为介质由排渣通道排到长螺旋钻杆上，随长螺旋钻杆提升，钻出的渣就可直接排至孔外，完成钻孔的清孔。通过高压高速压力风的清理后，孔底被清理干净，不存在沉渣。当检测沉渣厚度>50mm时，应将潜孔锤再次下入孔内进行第二次清孔，直到满足

实际要求。

5.3.5 桩机移位

成孔完毕后，桩机移至下一桩位继续施工。

5.3.6 同步跟进钢套管拔出

1. 拔管前大直径嵌岩灌注桩混凝土施工

1）下钢筋笼

钢筋笼采用现场加工，钢筋笼吊装时严禁弯折变形，钢筋笼四周设定位器以满足设计要求。

2）浇筑桩身混凝土

钢筋笼就位后，可将导管或者串筒吊入孔内，吊入时要有专人监护调正防止刮挂钢筋笼，超灌高度要根据钢管壁厚及土质估算混凝土充盈系数后确定，防止拔管后混凝土面低于设计桩顶高度。

2. 同步跟进钢套管拔出

当桩基混凝土浇筑完成，用100t履带式起重机配合DZJ-180型振动锤将套管拔出。先开启振动锤振动1min后再起吊拔管，自浇筑完成后振动拔管时间控制在30min完成，最长不得超过60min。

5.4 劳动力组织

劳动力组织情况表见表5.4。

劳动力组织情况表 　　　　　　　　　　　　　　　　　　　　　　　　　　　表5.4

序　号	单 项 工 程	所需人数（人）	备　　注
1	测量员	2	
2	质检员	1	
3	司机及机械操作维修人员	4	
4	成孔辅助壮工	4	
	合　计	11	

6. 材料与设备

本工法无需特别说明的材料，采用的机具设备见表6。

机具设备表 　　　　　　　　　　　　　　　　　　　　　　　　　　　　表6

设 备 名 称	规 格 型 号	产 地	数 量	用　　途
桩机	DH608-120M	日本	1	冲钻成孔
潜孔锤	D520-770	韩国	1	凿岩
钢套管	直径≥800mm		1	防止桩孔塌孔、卡钻或埋钻
履带式起重机	QUY100T	徐州	1	辅助起吊、拔管
挖掘机	WYL-80c	山东	1	清理排出渣土
空气压缩机	PDSJ1000S	日本	2	为潜孔锤提供工作介质
全站仪	NTS-442	南京	1	桩位定位
自动安平水准仪	NAL120	上海	1	标高控制
振动锤	DZJ-180	浙江	1	拔管

7. 质 量 控 制

7.1 质量控制标准

7.1.1 执行《建筑地基基础工程施工质量验收规范》GB 50202-2002，《建筑桩基技术规范》JGJ 94-2008，大直径嵌岩灌注桩潜孔锤同步跟管成孔施工检验的主控项目应符合下列规定：

1. 成孔深度大于设计要求，允许大于设计深度300mm。
2. 桩位允许偏差值应符合表7.1.1的要求。

桩位质量检验标准

表7.1.1

检查项目	允许偏差或允许值		
	单位	数值	
		桩位允许偏差	
桩位	mm	1~3根、单排桩基垂直于中心线方向和群桩基础的边桩	条形桩基沿中心线方向和群桩基础的中间桩
		100	150

7.1.2 大直径嵌岩灌注桩潜孔锤同步跟管成孔施工检验的一般项目应符合下列规定：

1. 成孔垂直度偏差不得大于1.0%。
2. 成孔直径不得小于设计直径，成桩后局部直径允许偏差值为-20mm。
3. 孔底沉渣厚度端承桩不得大于50mm，摩擦桩沉渣厚度不得大于100mm。

7.2 质量保证措施

7.2.1 严格控制桩位和桩身垂直度，打桩前需复核建筑物轴线、水准基点、场地标高；在桩位复核正确、地坪标高已测定的基础上，桩机才能就位；桩机定位要准确、水平、垂直、稳固。桩机就位后，利用自动控制系统调整其垂直度，桩位对中偏差不超过20mm。

7.2.2 成孔前必须检查钻头直径、钻头磨损情况，施工过程对磨损超标的钻头及时更换；根据地坪标高、桩顶设计标高及桩长，计算出桩底标高，以便钻孔时加以控制。成孔深度必须大于根据地面标高和设计桩底标高在套管上做好的标记，至设计深度时用水准仪进行复测。

7.2.3 成孔至设计深度后，多次提升钻杆动力头清除沉渣，根据内螺旋钻杆和外套管之间的差值验测沉渣厚度。

8. 安 全 措 施

8.1 针对本工程的特点，制定各项施工技术安全措施，并组织全体施工人员进行专项交底会议，并做书面交底。坚持做好工人入场三级安全教育并考试取证，做到安全上岗证持证率100%。

8.2 施工现场的临时用电严格按照《施工现场临时用电安全技术规范》JGJ 46-2005的有关规定执行。

8.3 电缆线路应采用"三相五线"接线方式，电气设备和电气线路必须绝缘良好，场内架设的电力线路其悬挂高度和线间距除按安全规定要求进行外，还必须将其布置在专用电杆上。

8.4 各种机械设备进场时必须经过验收，合格后方可使用。机械设备严格按操作规程进行操作，严禁非定岗司机动用机械设备。各种机械有专人负责维修、保养，并经常对机械的关键部位进行检查，预防机械故障及机械伤害的发生。

9. 环 保 措 施

9.1 在建设施工的全过程中，根据客观存在的粉尘、污水、噪声和固体废物等环境因素，实施全过程污染预防控制，尽可能的减少或防止不利的环境影响，达到环保要求。采取预防为主，加强宣传，全面规划，合理布局，改进工艺，节约资源，为企业争取最佳经济效益和环境效益。严格遵守国家和地方政府部门颁发的环境管理条例、法规和有关规定。

9.2 排水设施的建设应当遵守国家和地方规定的技术标准，区域内实行雨水、污水分流制的，雨水和污水管道不得混接。

9.3 空压机需设置隔声棚，隔声棚外噪声测量小于<55dB。

9.4 成孔排出渣土需单独存放，集中用封闭货车倒运出场地，防止撒漏。

10. 效 益 分 析

10.1 本施工工法在任何岩层或不易成孔的地层，都可以进行成孔，比起常规的岩石成孔工艺，成孔速度快，潜孔锤同步跟管成孔时间40min左右，而旋挖成孔工艺耗时14h左右，本施工技术与传统施工相比提高施工功效20倍，节省了施工工期及人工费，经济效益显著。

10.2 常规施工工艺在使用原土造浆、膨润土造浆进行护壁时，需开挖泥浆池，造成安全隐患的同时，也加大了其储存空间，对环境造成不利影响。本施工工法采用钢套管同步跟进，解决了桩孔塌孔、卡钻或埋钻的问题，其持续跟进套管及时嵌入岩层，对地下水外泄到孔内起到防护作用，不需使用膨润土等化学物质进行造浆护壁，可保护环境，符合国家现阶段绿色施工政策，环保效益显著。

11. 应 用 实 例

自2008年公司引进韩国设备应用于大直径桩基施工，先后在芬兰美卓造纸机械有限公司淄博服务中心项目、淄博客运中心、临沂市文化广场、临沂恒大城等桩基础工程中使用。

11.1 芬兰美卓造纸机械有限公司淄博服务中心项目设计552棵嵌岩桩，要求桩端进入中风化石灰岩1.5m，岩石单轴抗压强度在60~105MPa，招标文件要求工期为105d，采用大直径套管同步跟管成孔自2008年3月10号至4月3号25d完成全部施工任务，节省了设备、人工费35万元，节省了排污费10万元。

11.2 淄博客运中心位于昌国路南侧，共布设钻孔灌注桩523棵，2009年9月11日开工，2009年11月6日竣工，要求桩端进入中风化砂岩1.8m，持力层以上为7m厚混砂卵石层，采用大直径套管同步跟管成孔，混凝土充盈系数约为1.1，较常规工艺节约了1000m³混凝土，综合节约造价30余万元。

11.3 临沂市文化广场工程共布设钻孔灌注桩728棵，2010年8月1日开工，2010年10月25日竣工，进入中风化砂岩1.5m，土层中局部存在块石，采用常规成孔工艺极易塌孔。采用大直径套管同步跟管成孔后顺利完成施工任务，综合节省施工费用58万元。

管桩水泥土复合基桩施工工法

GJEJGF005—2010

山东省建筑科学研究院　　山东聊建集团有限公司

宋义仲　赵西久　王庆军　马凤生　卜发东

1. 前　言

水泥土桩等柔性桩具有侧阻力大而自身强度低的特点，灌注桩与预制桩等刚性桩具有自身强度高而侧阻力低的特点，这些均会造成其自身优点得不到充分发挥而导致承载力低、材料浪费与环境污染等问题。为了提高单桩承载力、节约资源、保护环境，非常有必要寻求一种综合柔性桩与刚性桩优点的高承载力复合桩。

山东省建筑科学研究院联合山东聊建集团有限公司、山东鑫国基础工程有限公司开展了科技创新，取得了"管桩水泥土复合基桩技术"这一国际领先的科研成果，于2011年通过山东省科学技术厅鉴定，获得了国家发明专利。同时，形成了管桩水泥土复合基桩新颖的国家级施工工法。由于在提高单桩承载力、降低工程造价、节约资源、环境保护方面效果明显、技术先进，故有显著的社会效益和经济效益。

2. 工 法 特 点

2.1　利用在大直径水泥土桩中植入高强预应力管桩（PHC），使水泥土桩与管桩复合在一起形成一种新型基桩，它能有效综合水泥土桩与高强预应力管桩优点，提高单桩承载力、降低造价、减少环境污染。

2.2　采用水泥土桩与高强预应力管桩施工一体化机具，并将实时监测数据反馈指导施工，动态调整施工参数，确保了施工快速、质量安全。

2.3　采用新型水泥土桩钻具及实时监测系统，减少了水泥浆浪费量，降低了工程造价及环保费用。

2.4　采用高强预应力管桩作为芯桩，降低了单位承载力含钢量，实现了节能减排，降低了工程造价及环保费用。

3. 适 用 范 围

淤泥、淤泥质土、冲填土、杂填土、粉土、黏性土、松散~中密砂土或其他中高压缩性土等软弱地基中桩基施工。

4. 工 艺 原 理

利用特制钻具、高压力大流量泥浆泵系统，在地基中直接钻进施工水泥土桩，综合高压喷射与搅拌两种方法的优点，施工出大直径、桩身质量均匀、低返浆量的水泥土长桩。然后利用一体化桩机，水泥土凝固前在水泥土桩中心位置植入尺寸匹配的高强预应力管桩，形成管桩水泥土复合基桩，综合水泥土桩侧阻力高与高强预应力管桩自身强度高的优点，使高强度预应力管桩与水泥土桩共同承担上部荷载，达到比灌注桩等刚性桩更高的性价比。

通过全程实时监测，监视各深度水泥用量、钻进难易程度、压桩力等，随时调整施工参数，使桩身质量均匀，减少水泥浆浪费量，降低工程造价及环保费用。

5. 施工工艺流程及操作要点

5.1 施工工艺流程
施工准备→工艺性试桩→测量放线→外围水泥土桩施工→高强预应力管桩施工。

5.2 操作要点

5.2.1 施工准备
1. 图纸会审：熟悉设计参数及施工要求；
2. 施工条件：三通一平，地下地上障碍物清理；
3. 材料购置：根据设计购置材料并进行相关检测试验；
4. 施工机具调试：机具检修，防止安全及质量事故发生；
5. 施工方案编制：编制详细的施工工艺、施工参数、质量控制措施及应急方案。

5.2.2 工艺性试桩
管桩水泥土复合基桩施工前应根据设计进行工艺性试桩，数量不得少于3棵。工艺性试桩目的是：提供满足设计要求的各种施工参数，包括喷嘴直径、喷嘴间距、水泥浆压力、空气压力、钻头钻进与提升速度、钻杆转速、水泥掺入量等；验证成桩质量均匀性及成桩直径；了解钻进及压桩阻力并采取相应措施；验证单桩承载力是否满足设计要求。

工艺性试桩与管桩水泥土复合基桩正式施工工艺流程相同，将在5.2.4与5.2.5条中详述。

5.2.3 测量放线
利用精度为2+2ppm的全站仪进行桩中心水平位置测量放线，桩位放线偏差不得大于1cm。

5.2.4 外围水泥土桩施工
外围水泥土桩施工综合高压喷射与机械搅拌两种方法的优点，利用高压大流量泥浆泵系统及特制的钻具，可以根据设计要求施工成不同直径的水泥土桩（外围水泥土桩施工工艺流程参见图5.2.4-1，特制钻具钻头结构示意图参见图5.2.4-2），施工中的具体要求有如下几点：

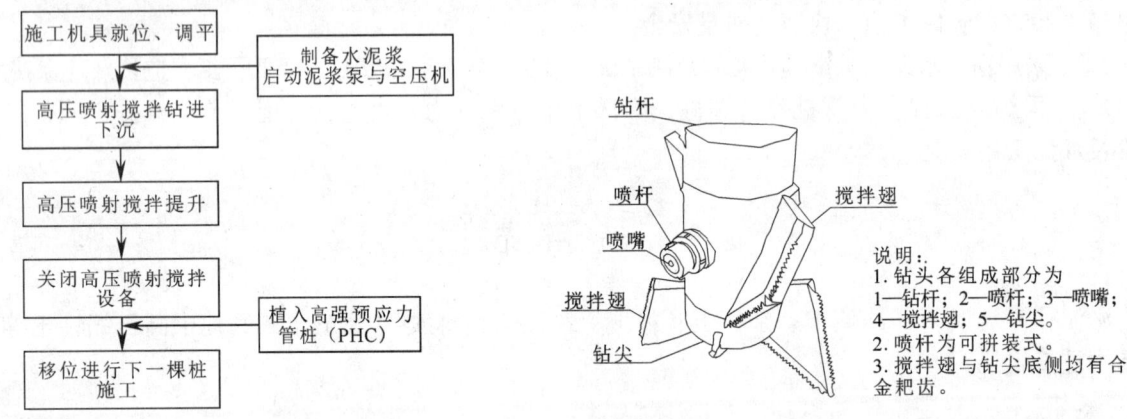

图5.2.4-1　水泥土桩施工工艺流程图　　　　图5.2.4-2　特制钻具钻头结构示意图

1. 水泥土桩桩位施工偏差不得大于3cm，垂直度偏差不得超过0.5%。
2. 水泥土桩顶、底标高利用精度为DS3级的水准仪控制，桩顶标高偏差不得大于5cm，桩底标高不得大于设计值。
3. 所使用水泥均应过筛，制备好的浆液不得离析，泵送须连续，水泥用量及泵送时间应有专人记录；喷浆量、喷浆压力、施工深度、钻进与提升速度等应采用自动监测仪器进行自动记录，并反馈指导施工参数调整。
4. 施工中如因故停浆，应将喷嘴提升或下沉至停浆点以上或以下1m处，待恢复供浆后再喷浆钻进或提升；如因故停气则必须立刻停止喷浆，待恢复喷气后再行施工。若停机超过3个小时，宜清洗输浆管路。

5. 水泥土桩施工时应对桩顶标高以下3m及底部无管桩段进行复搅复喷。

5.2.5 高强预应力管桩施工

高强预应力管桩是施工在外围水泥土桩中心的，为了使二者合理复合，有效提高承载力，则必须保证二者中心重合、合理掌握高强预应力管桩压入时机等。高强预应力管桩施工工艺流程图见图5.2.5，施工中几点具体要求如下：

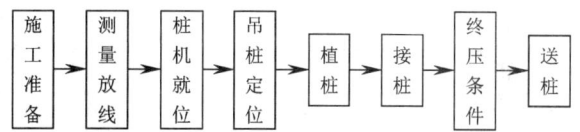

图5.2.5　高强预应力管桩施工工艺流程

1. 清除外围水泥土桩施工后桩顶返浆，露出水泥土桩头轮廓，以方便高强预应力管桩植入时中心位置确定；管桩两端用薄铁皮等封闭。

2. 采用精度为2+2ppm的全站仪进行外围水泥土桩中心水平位置测量校核，以确定高强预应力管桩植入位置，偏差不得大于1cm。

3. 回转桩架，使管桩植入设备处于外围水泥土桩上方，并调整桩架与高强预应力管桩垂直度偏差不得超过0.5%。

4. 植入高强预应力管桩与水泥土桩施工完成时间间隔为0.5~1.0h，最大不宜超过2h。

5. 实时监测压桩力，并采取措施防止高强预应力管桩掉入外围水泥土桩中。

6. 管桩顶标高与设计值偏差不得大于5cm。

5.3　劳动力组织（表5.3）

劳动力组织情况表　　　　　　　　　　　　　　　　　　　　　　表5.3

序号	单项工程		所需人数	备注
1	管理人员		2	项目经理、总工
2	技术人员		4	
3	外围水泥土桩施工	水泥土桩机操作人员	3	
		水泥浆与高压空气泵操作人员	2	
		水泥浆拌制人员	4	
4	高强预应力管桩施工		3	
5	杂工		5	
	合　计		23人	

6. 材料与设备

本工法无需特别说明的材料，采用的机具设备见表6。

机具设备表　　　　　　　　　　　　　　　　　　　　　　表6

序号	设备名称	设备型号	单位	数量	用途
1	一体化桩机	自制	台	1	复合基桩施工
2	高压泥浆泵	GZB100	台	2	外围水泥土桩施工
3	空压机	VF-6/7-A	台	1	
4	立式搅拌筒	$\phi150 \times 120$	台	2	制备水泥浆
5	正铲装载机	ZL30F-I	台	1	运返浆
6	电焊机	ZX7400	台	1	机具维修

续表

序号	设 备 名 称	设备型号	单位	数量	用 途
7	CO_2保护焊机	NBC-500	台	1	管桩接桩
8	全站仪	NTS-662R	套	1	测量定位
9	光学经纬仪	J2-2	台	2	管桩垂直度控制
10	水准仪	DS3	套	1	标高控制

7. 质 量 控 制

7.1 工程质量控制标准

7.1.1 管桩水泥土复合基桩施工除按上述施工工艺严格操作控制外，还应满足相关标准、规范如下：

1.《建筑地基基础设计规范》GB 50007-2002；

2.《建筑桩基技术规范》JGJ 94-2008；

3.《建筑地基处理技术规范》JGJ 79-2002；

4.《预应力混凝土管桩基础技术规程》DBJ 14-040-2006；

5.《建筑地基基础工程施工质量验收规范》GB 50202-2002；

6.《建筑工程施工质量验收统一标准》GB 50300-2001；

7.《建筑工程质量检验评定标准》GB 50301-2002；

8.《建筑基桩检测技术规范》JGJ 106-2003。

7.1.2 外围水泥土桩施工质量控制按表7.1.2执行。

外围水泥土桩施工质量控制表　　　　　　　　　　　　　　　　表7.1.2

序号	项 目	允许偏差	检查频率	检验方法
1	水泥质量	设计要求	每200t	产品合格证及送检
2	水泥用量	设计要求	每根桩	检查施工记录
3	桩位	±30mm	每根桩	钢尺量
4	桩径	−0mm	每根桩	钢尺量
5	桩顶标高	±50mm	每根桩	水准仪
6	桩底标高	−0mm	每根桩	测量钻头深度
7	垂直度	0.5%	每根桩	经纬仪
8	桩身均匀性	设计要求	1%且≥3点（有怀疑时）	取芯
9	桩身强度	设计要求	1%且≥3点（有怀疑时）	取芯

7.1.3 高强预应力管桩施工质量控制按表7.1.3执行。

高强预应力管桩施工质量控制表　　　　　　　　　　　　　　　　表7.1.3

序号	项 目	允许偏差	检查频率	检验方法
1	外观质量	规范要求	每根桩	产品合格证及尺量
2	桩位	±30mm	每根桩	钢尺量
3	桩顶标高	±50mm	每根桩	水准仪
4	桩长	设计要求	每根桩	钢尺量
5	垂直度	0.5%	每根桩	经纬仪

7.1.4 管桩水泥土复合基桩承载力采用静载试验检测，检测数量宜取施工总桩数的1%，且每个单体工程不少于3棵。

7.2 质量保证措施

7.2.1 必须按照设计参数进行施工，并根据实时监测资料反馈指导施工。

7.2.2 各单项工程人员必须相互配合协调，保证外围水泥土桩与高强预应力管桩之间施工连续，防止出现外围水泥土桩桩身质量不均匀、高强预应力管桩难以压入等人为造成的问题。

7.2.3 在每棵桩施工过程中必须进行水泥用量、位置偏差、桩长、垂直度等指标的测量控制，确保满足规范及上述质量控制指标要求。

7.2.4 严密注意地层变化情况，及时调整水泥浆压力及钻杆转速等。

7.2.5 必须按隐蔽工程要求做好施工记录。

8. 安 全 措 施

8.1 认真贯彻"安全第一，预防为主"的方针，根据国家有关规定、条例，结合施工单位实际情况和工程的具体特点，组成专职安全员和班组兼职安全员以及工地安全用电负责人参加的安全生产管理网络，执行安全生产责任制，明确各级人员的职责，抓好工程的安全生产。

8.2 建立完善的施工安全保证体系，加强施工作业中的安全检查，确保作业标准化、规范化。

8.3 施工现场的临时用电严格按照《施工现场临时用电安全技术规范》的有关规定执行。施工现场使用的手持照明灯应采用36V的安全电压。

8.4 施工现场按符合防火、防风、防雷、防触电等安全规定及安全施工要求进行布置，并完善各种安全标识。

8.5 施工作业区内应无高压线路；施工机械的任何部位与架空输电导线（电压60~110kV）的安全距离：沿垂直方向不得少于5m，沿水平方向不得少于4m。

8.6 电缆线路应采用"三相五线"接线方式，电气设备和电气线路必须绝缘良好，场内架设的电力线路其悬挂高度和线间距除按安全规定要求进行外，将其布置在专用电杆上。

8.7 室内配电柜、配电箱前要有绝缘垫，并安装漏电保护装置。

8.8 施工人员须经培训合格后持证上岗，施工前必须对施工作业人员进行技术及安全交底，进入施工场地人员必须佩戴安全帽，严禁酒后作业。

8.9 水泥、管桩的运输、现场堆放必须严格按照规程要求进行，防止浸水变质、滑落伤人等质量与安全事故发生。

8.10 施工过程中，所有机械设备必须严格按相关操作规程操作，严禁违规操作。

8.11 机械设备应定期检修，不得带病作业，严禁在机械运转中加油和维修。

8.12 经常检查输浆、输气管路磨损情况，防止浆、气外泄事故发生。

8.13 复合基桩施工完成后设置明显标志或及时覆盖，防止人员调入管桩内径或水泥土中。

9. 环 保 措 施

9.1 成立对应的施工环境卫生管理机构，在工程施工过程中严格遵守国家和地方政府下发的有关环境保护的法律、法规和规章，加强对施工燃油、工程材料、设备、废水、生产生活垃圾、弃渣的控制和治理，遵守有防火及废弃物处理的规章制度，做好交通环境疏导，充分满足便民要求，认真接受城市交通管理，随时接受相关单位的监督检查。

9.2 将施工和作业场地限制在工程建设允许的范围内，合理布置、规范围挡，做到标牌清楚、齐全，各种标识醒目，施工场地整洁文明。

9.3 对施工中可能影响到的各种公共设施制定可靠的防止损坏和移位的实施措施，加强实施中的监测、应对和验证，一旦发现桩机施工有影响环境现象，必须停止施工，立即查找原因。尽量采取设立隔声墙、隔声罩等消声措施降低施工噪声到允许值以下，同时尽可能避免夜间施工。

9.4 设立专用排浆沟、集浆坑，对废浆、污水进行集中，认真做好无害化处理，从根本上防止施工废浆乱流。

9.5 定期清运沉淀返浆，做好返浆、弃渣及其他工程材料运输过程中的防散落与沿途污染措施，废水除按环境卫生指标进行处理达标外，并按当地环保要求的指定地点排放。弃渣及其他工程废弃物按工程建设指定的地点和方案进行合理堆放和处治。

9.6 对施工场地道路进行硬化，并在晴天经常对施工通行道路进行洒水，防止尘土飞扬，污染周围环境。

10. 效益分析

10.1 社会效益

我国东南沿海及河流冲积平原地区分布着广阔的深厚软土，硬土层埋藏较深，软土基本呈软塑~流塑状态，承载力低、压缩性高。在这种地层条件中建筑基础必须采用桩基或复合地基处理。灌注桩或预制桩由于侧阻力低，桩身强度不能充分发挥；水泥土桩由于材料强度低，侧阻力不能充分发挥。因此则必须采用侧阻力高、桩身材料强度高的新型复合桩-管桩水泥土复合基桩。该桩型施工噪声小、水泥返浆少，施工中挤土及振动等公害得到最大限度降低，有利于文明施工，各种资源能较好地利用，能确保周围既有设施完好无损，而且施工速度快、造价低、承载力高。新颖的工法技术将促进建筑地基基础施工技术进步，社会效益明显。

10.2 经济效益

山东省建筑科学研究院北厂、聊城金柱月亮湾B区1号、4号楼等工程管桩水泥土复合基桩应用分析表明，管桩水泥土复合基桩单位承载力造价相比灌注桩、管桩、水泥土桩分别降低了77.9%~89.1%、25.2%~56.1%、6.3%~58.3%，见表10.2-1。

灌注桩、管桩、水泥土桩、复合基桩经济效益对比表 表10.2-1

桩型	桩截面/mm	桩长/m	桩数/根	工程量	综合单价	总造价/元	极限承载力/kN	承载力造价/元/10kN
灌注桩	φ800	12	1	7.72m³	1200 元/m³	9296	1377	67.5
灌注桩	φ1000	16	1	15.80m³	1200 元/m³	18960	2400	79.0
灌注桩	φ1200	21	1	29.57m³	1200 元/m³	35484	4250	83.5
灌注桩	φ1500	25	1	54.70m³	1200 元/m³	65640	7000	93.8
管桩	φ400	16	1	16m	110 元/m	1760	900	19.6
管桩	φ500	21	1	21m	165 元/m	3465	1680	20.6
管桩	φ600	25	1	25m	240 元/m	6000	2400	25
水泥土桩	φ800	12	1	6150kg	0.33 元/kg	2029.5	1280	15.9
水泥土桩	φ1000	16	1	8400kg	0.33 元/kg	2772	1440	19.3
水泥土桩	φ1200	21	1	16500kg	0.33 元/kg	5445	2800	19.4
水泥土桩	φ1500	25	1	24200kg	0.33 元/kg	7986	2400	33.3
复合基桩	φ800	12	1	8000kg 300mm~6m	0.39 元/kg 75 元/m	3570	2583	13.8
复合基桩	φ800	12	1	8300kg 300mm~8m	0.39 元/kg 75 元/m	3837	2570	14.9
复合基桩	φ1000	16	1	8100kg 400mm~9m	0.39 元/kg 110 元/m	4149	3429	12.1

桩型	桩截面/mm	桩长/m	桩数/根	工程量	综合单价	总造价/元	极限承载力/kN	承载力造价/元/10kN
复合基桩	φ1000	16	1	7700kg 400mm~12m	0.39 元/kg 110 元/m	4323	5040	8.6
复合基桩	φ1200	21	1	19000kg 500mm~12m	0.39 元/kg 165 元/m	9390	6100	15.4
复合基桩	φ1200	21	1	16200kg 500mm~16m	0.39 元/kg 165 元/m	8958	7674	11.7
复合基桩	φ1500	25	1	34100kg 600mm~15m	0.39 元/kg 240 元/m	16899	11700	14.4
复合基桩	φ1500	25	1	27500kg 600mm~18m	0.39 元/kg 240 元/m	15045	10800	13.9

注：工程量栏中混凝土按 m³，管桩按 m，水泥按 kg。复合桩工程量 300mm~6m 表示管桩直径 300mm，桩长 6m。

聊建金柱月亮湾B区1、4号楼基础工程分别采用灌注桩和管桩水泥土复合基桩进行设计，通过经济对比分析，管桩水泥土复合基桩比灌注桩降低造价1275966.9元，是灌注桩造价的64.8%。详见表10.2-2。

月亮湾B区1号、4号灌注桩与复合桩经济分析对比表　　　　表10.2-2

桩型	1号楼		4号楼	
	灌注桩	复合基桩	灌注桩	复合基桩
规格	D600，22m	D1000.21m D500（100AB）-14m	D600，22m	D1000.21m D500（100AB）-14m
数量	286 棵	104 棵	373 棵	136 棵
工程量	1778.12m³	1796.08 m³	2319.02m³	2348.72 m³
单价	885 元/m³	567 元/m³	885 元/m³	567 元/m³
造价	1573636.2 元	1018400 元	2052332.7 元	1331600 元
总计	灌注桩 A	3625968.9 元		
	复合基桩 B	2350000 元		
	A-B	1275966.9 元		
	B÷A	64.8%		

10.3　节能环保效益

管桩水泥土复合基桩与灌注桩、管桩、水泥土桩相比，相同承载力的桩可大量节省钢材、砂石、水泥建材，减少硫及CO_2排量。灌注桩、管桩、水泥土桩、复合基桩节能环保效益对比见表10.3。

灌注桩、管桩、水泥土桩、复合基桩节能环保效益对比表　　　　表10.3

桩型	桩截面/mm	桩长/m	单桩材料含量 kg			单位承载力材料含量 kg/10kN		
			钢材	水泥	砂石	钢材	水泥	砂石
灌注桩	φ800	12	86.35	2647.96	14529.04	0.627	19.230	105.512
灌注桩	φ1000	16	162.09	5419.40	29735.60	0.675	22.581	123.898
灌注桩	φ1200	21	272.70	10142.51	55650.74	0.642	23.865	130.943
灌注桩	φ1500	25	336.13	18762.10	102945.40	0.480	26.803	147.065
管桩	φ400	16	69.37	384.44	1293.78	0.771	4.272	14.375
管桩	φ500	21	137.70	832.99	2803.34	0.820	4.958	16.687
管桩	φ600	25	210.28	1328.4	4471.06	0.876	5.535	18.629

续表

桩型	桩截面/mm	桩长/m	单桩材料含量 kg			单位承载力材料含量 kg/10kN		
			钢材	水泥	砂石	钢材	水泥	砂石
水泥土桩	φ800	12	/	6150	/	/	48.047	/
水泥土桩	φ1000	16	/	8400	/	/	58.33	/
水泥土桩	φ1200	21	/	16500	/	/	58.929	/
水泥土桩	φ1500	25	/	24200	/	/	100.833	/
复合基桩	φ800	12	32.57	8144.78	487.25	0.126	31.532	1.886
复合基桩	φ800	12	40.31	8488.94	635.87	0.157	33.031	2.472
复合基桩	φ1000	16	69.37	8484.44	1293.78	0.214	26.114	3.982
复合基桩	φ1000	16	87.68	8198.03	1676.06	0.174	16.266	3.326
复合基桩	φ1200	21	137.70	19832.99	2803.34	0.226	32.513	4.596
复合基桩	φ1200	21	175.17	17270.95	3904.14	0.228	22.506	5.087
复合基桩	φ1500	25	210.28	35428.40	4471.06	0.180	30.281	3.821
复合基桩	φ1500	25	246.17	29051.46	5221.26	0.228	26.900	4.835

从表中可见，管桩水泥土复合基桩单位承载力相比钻孔灌注桩可节约钢材52.5%~81.3%，节约砂石95.2%~98.7%，水泥用量基本相等，减少CO_2排量60%。该工法完全满足国家关于建筑节能工程的有关要求，有利于推进能源与建筑结合配套技术研发、集成和规模化应用，此基桩是典型的绿色基桩。

11. 应 用 实 例

11.1 山东省建筑科学研究院北厂工程

11.1.1 工程概况

山东省建筑科学研究院北厂位于济南市天桥区大桥镇，地处典型黄河冲积平原深厚软土区域，为研究管桩水泥土复合基桩，于2009年10月11日开始，对比施工了灌注桩4棵、管桩3棵、水泥土桩4棵、复合基桩8棵，并进行取芯、静载试验等测试项目，桩位平面布置见图11.1.1。

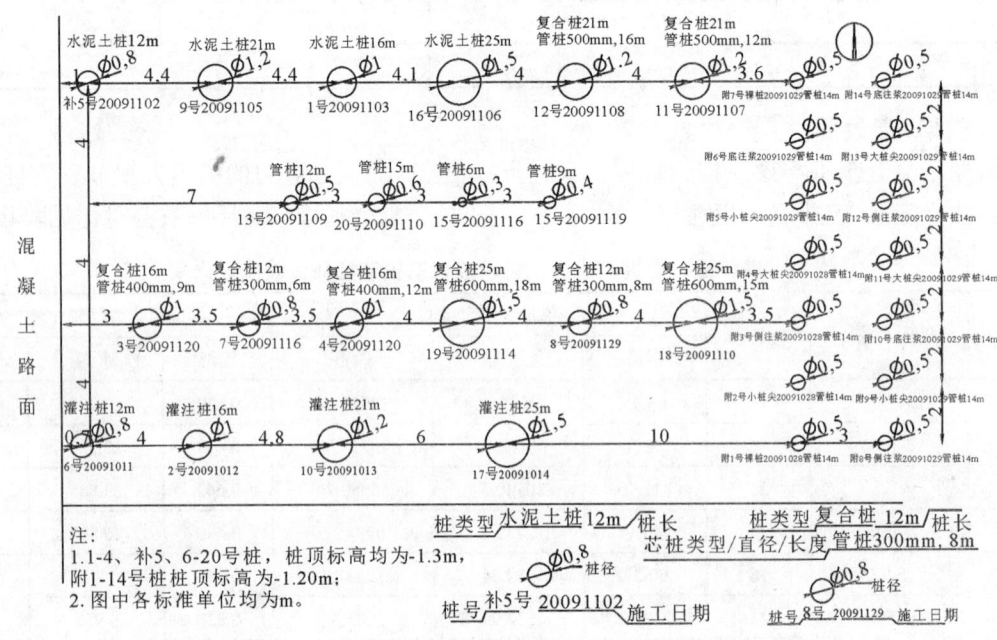

图11.1.1 山东省建筑科学研究院北厂桩位布置

11.1.2 施工情况

严格按照前述施工工艺，先进性外围大直径水泥土桩施工，再进行中心高强预应力管桩静力压入，减少了挤土效应，提高了施工速率，施工情况见图11.1.2。

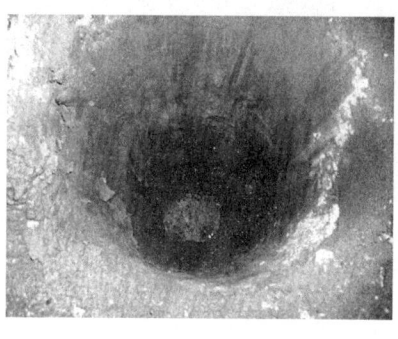

（a）　　　　　　　　　　（b）　　　　　　　　　　（c）

图11.1.2　管桩水泥土复合基桩施工情况

（a）外围水泥土桩施工；（b）中心高强预应力管桩施工；（c）施工完成后复合基桩顶面

11.1.3 效果评价

施工完成后通过取芯及抗压强度试验，发现桩身成桩质量较均匀；通过静载试验测试，发现复合基桩单桩承载力比相同规格尺寸的灌注桩承载力提高了0.35~1.10倍；比相同规格尺寸的水泥土桩承载力提高了1.01~3.88倍。

11.2 聊建金柱月亮湾B区1号、4号楼工程

11.2.1 工程概况

聊建金柱月亮湾1号、4号楼位于聊城市振兴路与向阳路交叉口，均为主体地上21层，主楼地下二层，基底标高−7.200m，剪力墙结构，结构使用年限50年，抗震设防烈度为7度，地基基础设计等级为乙级，建筑桩基设计等级为乙级，采用管桩水泥土复合基桩，直径1.0m，工程桩有效桩长21m，芯桩采用PHC-AB500（100)-14。工程于2010年9月29日施工，总桩数为240棵。桩位平面布置见图11.2.1。

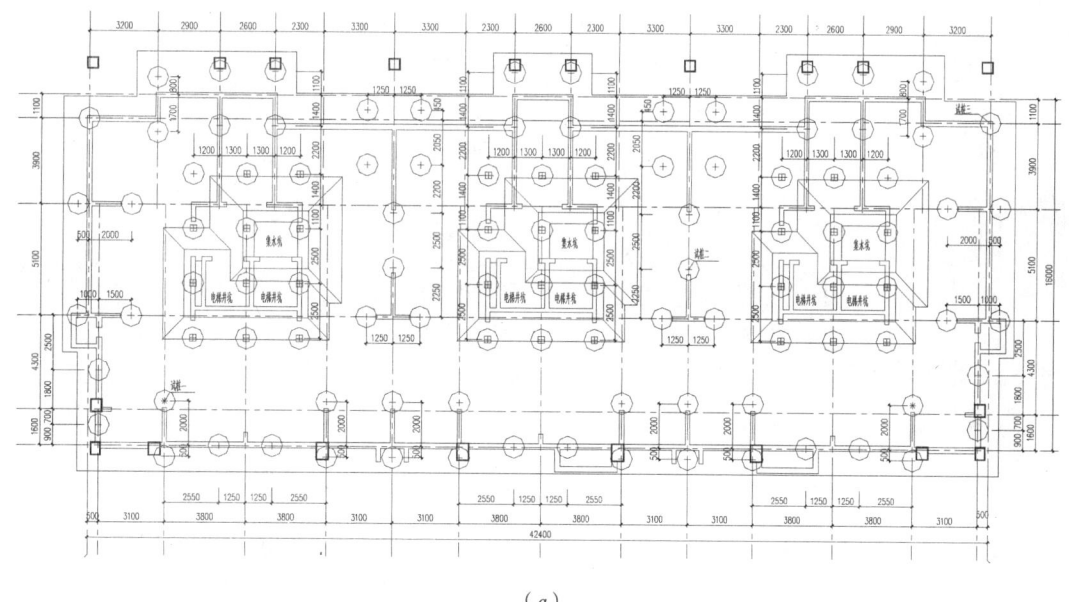

（a）

图11.2.1　聊城金柱月亮湾1号、4号楼（一）

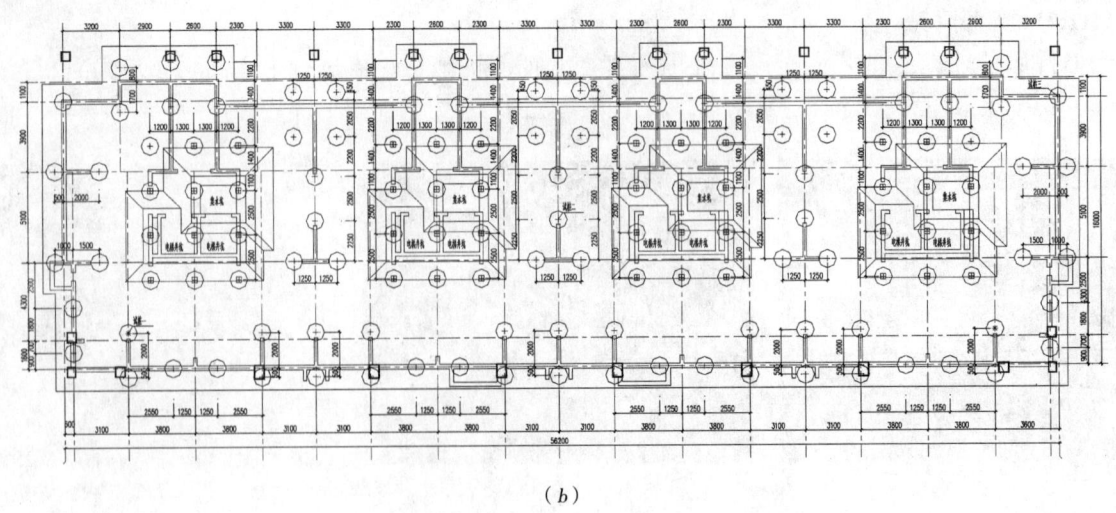

（b）

图11.2.1 聊城金柱月亮湾1号、4号楼（二）

（a）1号楼；（b）4号楼

11.2.2 应用效果

严格按照前述施工工艺，先进性外围大直径水泥土桩施工，再进行中心高强预应力管桩静力植入，减少了挤土效应，增强了管桩贯入能力，提高了施工速率。

根据工艺性试桩开挖及静载荷试验检测，发现桩身成桩质量较均匀，承载力满足设计要求。

水泥土搅拌桩加固旋挖成孔软弱孔壁施工工法

GJEJGF006—2010

陕西建工集团机械施工有限公司

李存良 刘睿 贾新发 缑百强 赵文英

1. 前 言

旋挖成孔灌注桩近年在建筑工程中得到了广泛应用，但在施工过程中也遇到了一些问题，如拟施工地层上部土质软弱，造成孔壁坍塌、成孔困难、混凝土灌注充盈系数偏大等，因此必须采取相应的固壁措施才能保证顺利成孔。

陕西建工集团机械施工有限公司在总结工程实践基础上形成了《水泥土搅拌桩加固旋挖成孔软弱孔壁施工工法》，通过在陕西省日报社太乙路经济适用房小区3号楼桩基工程施工过程中的实际应用，取得了良好的经济效益和社会效益。

2. 工 法 特 点

2.1 钻孔桩施工前，先采用水泥土搅拌桩对桩孔周边地基土进行预处理，提高地基土抗剪强度，解决了传统旋挖钻孔施工方法无法在软流塑层成孔的难题，提高了成孔的速度和质量。

2.2 水泥土搅拌桩成桩速度快，对周围土层扰动小、振动小、污染少，适合在市区内使用。

2.3 提高了灌注桩承载力，综合效益显著。

3. 适 用 范 围

本工法适用于旋挖钻孔桩施工时地层上中部夹有软弱土层时的孔壁加固。

4. 工 艺 原 理

在拟成孔的桩孔周围，设置水泥土搅拌桩，以水泥作为固化剂的主剂，通过特制的深层搅拌机械，将固化剂和地基土强制搅拌，使桩孔周边软土硬结成具有整体性、水稳定性和一定强度的环状固体，使旋挖钻孔灌注桩施工可顺利进行。

图 4.1 水泥土搅拌桩与灌注桩平面布置图

4.1 计及桩平面布置参数

沿混凝土灌注桩桩周均匀布设 ϕ500mm 水泥土搅拌桩，水泥土搅拌桩与灌注桩施工平面布置示意图见图4.1，水泥土搅拌桩与灌注桩平面布置参数见表4.1。

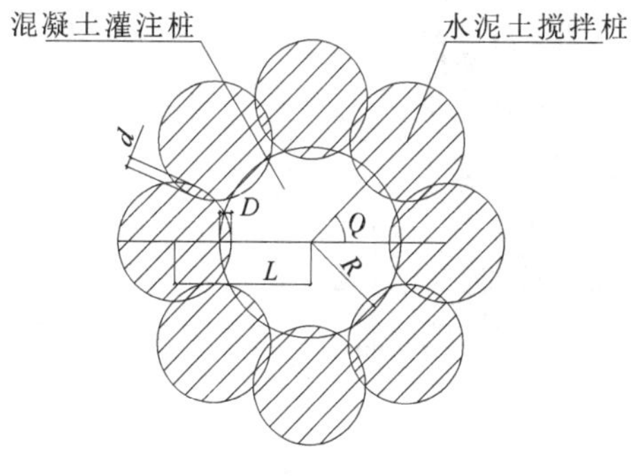

4.2 施工参数

水泥土搅拌桩桩身水泥掺量为7%~12%，桩长以处理至软流塑层以下1m处为宜。

室内水泥土抗压强度检测，试块尺寸70.7mm×70.7mm×70.7mm，P.O32.5水泥掺量为10%，7d平均抗压强度为500kPa，施工现场折减后取400kPa。

水泥土搅拌桩与灌注桩的平面布置参数表　　　　　　表4.1

灌注桩桩径 R（mm）	600	700	800
桩中心距离 L（mm）	500	550	600
每根灌注桩周边搅拌桩数量（根）	7	7	8
搅拌桩之间的夹角 a（°）	51.43	51.43	45
搅拌桩与灌注桩搭接长度 D（mm）	50	50	50
搅拌桩之间搭接长度 d（mm）	66.12	22.73	40.78

　　室内试验与现场固化施工同时进行，保证在钻孔桩成孔时水泥土搅拌桩固化满足7d以上且现场水泥土抗压强度400kPa以上。

5. 施工工艺流程及操作要点

5.1 施工工艺流程见图5.1

5.2 操作要点

5.2.1 施工准备

1. 技术准备

1）收集现场的工程地质和水文地质资料，结合现场情况编制详细的施工组织设计或施工方案。

2）对现场人员进行图纸和施工方案交底，专业工种应进行短期培训。特殊工种人员必须持证上岗。

2. 物资准备

水泥、水等原材料进场并经检验质量合格。

3. 施工设施准备

1）主要施工机械：深层搅拌机、旋挖钻机、供粉泵、泥浆泵等。

2）水泥土搅拌法（干法）施工机械必须配置经国家计量部门确认的具有能瞬时检测并记录出粉量的粉体计量装置及搅拌深度自动记录仪。

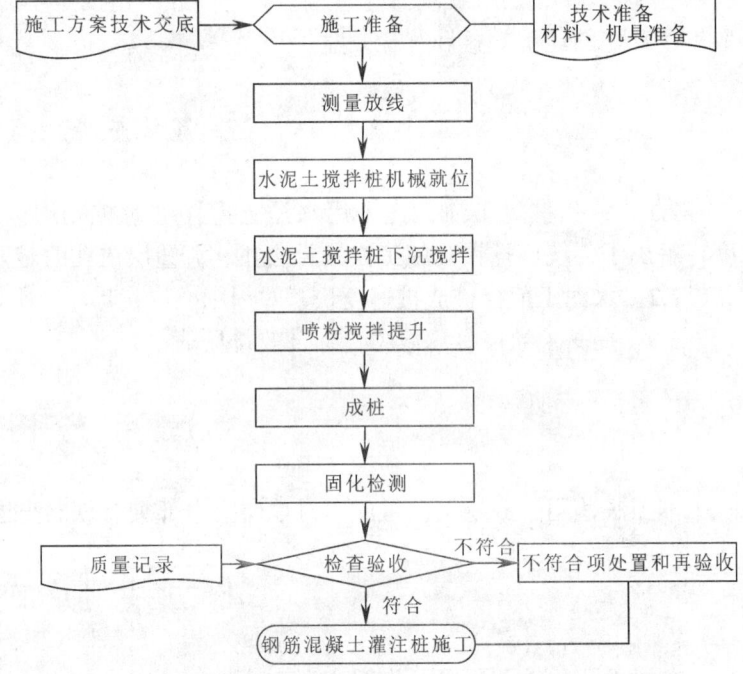

图5.1　水泥土搅拌桩加固旋挖钻机成孔孔壁施工工艺流程图

3）主要施工工具：手推车、导管、储料斗、水箱、铁锹、扳手、管钳等。

4. 作业条件准备

1）现场搭建临设，具备作业环境。

2）现场已完成三通一平。

3）各种机械已组装并试运转完毕。

4）测量控制网已建立。

5.2.2 测量放线

要准确地施放拟施工的混凝土灌注桩桩位，桩位测放偏差小于20mm，以保证其周围水泥土搅拌桩桩位偏差小于30mm。

5.2.3 水泥土搅拌桩机械就位

移动深层搅拌机到指定位置，对准桩位，对位偏差不得大于30mm，并应使搅拌机保持水平，导向架垂直度偏差＜1%。

5.2.4 水泥土搅拌桩下沉搅拌

深层搅拌机启动前，应仔细检查搅拌机械、供粉泵、送气（粉）管路、接头阀门的密封性、可靠性，送气（粉）管路的长度不宜大于60m。启动搅拌机电机，用卷扬机将搅拌机下放，使搅拌机沿导向架搅拌切土下沉，为了使土体充分破碎，应控制搅拌机的电流、电压和下沉速度。

5.2.5 喷粉搅拌提升

深层搅拌头下沉到设计桩底以上1.5m时，应即开启喷粉机提前进行喷粉作业，喷粉过程中一般以0.5m/min的速度匀速提升，水泥掺量为7%~12%。成桩过程中因故停止喷粉，应将搅拌头下沉至停灰面以下1m处，待恢复喷粉时再喷粉搅拌提升。

5.2.6 水泥土搅拌桩成桩

深层搅拌机提升至设计加固深度的顶面标高时，为使软土和水泥搅拌均匀，可再次将搅拌机头旋转沉入土中，重复作业至成桩。每根灌注桩周围的搅拌桩施工经检查验收后移位进行下一根桩的施工。

5.2.7 钻机就位

在已经过水泥土搅拌桩预处理7d以上的地面重新测放灌注桩桩位。

钻机就位时，必须保持钻机平稳、不倾斜，就位误差小于10mm，为控制钻孔深度，应对每根桩位地面测设标高，以作为施工控制的依据。

5.2.8 旋挖钻机成孔

钻孔开始时应轻压慢钻，经前期水泥土搅拌桩处理后的地层强度较大，应控制钻进速度，并在钻进的过程中随时观察成孔的垂直度，以保证成孔的质量。成孔后除按钻杆控制深度外还应用测绳测量孔深，以确保孔深满足要求。

5.2.9 水泥土搅拌桩施工注意事项

1. 水泥土搅拌桩水泥用量要严格控制在7%~12%以内，既要保证有一定的强度又不能过高。
2. 加固深度一定要穿过软弱土层1m以上。
3. 每根灌注桩周围的搅拌桩施工时应连续紧邻施工。

5.3 劳动力组织情况（表5.3）

劳动力组织情况表 表5.3

序　号	工　　种	人　数	职　责
1	管理人员	2	综合生产
2	技术质量管理人员	2	质量、技术
3	施工员	1	生产
4	安全、环保员	1	安全、环保
5	司机	4	驾驶车辆
6	测量工	1	测量放线
7	记录员	1	记录
8	普工	10	配合

6. 主要机具和设备

主要机具和设备见表6。

主要机具和设备表　　　　　　　　　　　　　表6

序号	机 械 名 称	出厂型号	备 　 注
1	水泥土搅拌机	单搅拌头	固化护壁
2	供粉泵		供水泥粉
3	旋挖钻机	SD10	成孔
4	起重机		垂直运输
5	泥浆泵		成孔护壁

7. 质 量 控 制

7.1 本工法必须遵照执行下列标准、规范

《建筑地基基础工程施工质量验收规范》GB 50202-2002；

《建筑地基处理技术规范》JGJ 79-2002；

《建筑地基基础工程施工工艺标准》DBJ/T 61-29-2005。

7.2 检验标准

7.2.1 水泥土搅拌桩质量检验标准见表7.2.1。

7.2.2 灌注桩成孔质量检验标准满足表7.2.2要求。

水泥土搅拌桩质量标准　　　　　　　　　　　　表7.2.1

项	序	检 查 项 目	允许偏差或允许值
主控项目	1	水泥质量	设计要求
	2	水泥用量	参数要求
一般项目	1	机头提升速度	≤0.5m/min
	2	桩底标高	±200mm
	3	桩位偏差	<50mm
	4	垂直度	≤1.5%

灌注桩成孔质量检验标准　　　　　　　　　　　　表7.2.2

项目	序号	检 查 项 目	允许偏差或允许值	
			单位	数值
主控项目	1	桩位	mm	±50
	2	孔深	mm	+300
一般项目	1	垂直度		<1%
	2	桩径	mm	±50

7.3 质量控制措施

7.3.1 材质检查：对所有使用的主要原材料，包括钢筋、水泥、砂、石应做材质检验；各项指标必须符合规范要求，其中钢筋、水泥应具有出厂合格证明和试验报告。

7.3.2 水泥土搅拌桩满足抗压强度400kPa以上方可进行灌注桩成孔施工，水泥土搅拌桩水泥用量要严格控制在7%~12%以内，既要保证有一定的强度又不能过高。

8. 安 全 措 施

8.1 深层搅拌桩机、旋挖钻机等施工机械操作应严格遵守操作规程。

8.2 当遇到暴风雨天气时，施工须格外注意，特别是当风速达到20m/s 时，应采取停钻措施，将钻头或负荷放在地面，动力头驱动器移到桅杆的下部。

8.3 避免钻机起重机械在10°以上的斜坡上作业，不能在斜坡上旋转机器、转向，不宜在丁字方向上行驶，以防发生倾覆危险。钻机上、下坡道如坡度超过允许范围应拆开分别装车通行。

8.4 未浇筑的桩孔要采取跳板铺盖或围栏等保护措施。

8.5 确认施工现场无电缆、光缆、地下管道等掩埋物，设备安装距高压线不得少于25m。

8.6 多台搅拌机、钻机等在同一现场相邻或相近作业，要有防止设备及人员伤害的措施。

8.7 机械设备在软弱的地面上行走、钻孔应采用钢制路基箱。

9. 环 保 措 施

9.1 施工时应尽量封闭施工现场，减少对周围环境的影响。

9.2 易于引起粉尘的细料或松散材料运输时应用帆布等遮盖物覆盖，以防粉尘污染。

9.3 降低施工噪声，机械设备应配备适当的降噪装置，以防噪声污染。

9.4 机械修理时防止油污污染环境。

9.5 施工期间在现场出口处应设洗车台，以防出场车辆带泥对场外道路的污染。

9.6 工程完工后，将所有临时设施拆除，拆除后产生的垃圾和材料应运到指定地点，恢复环境原貌，避免对环境造成污染。

10. 效 益 分 析

10.1 经济效益

陕西日报社太乙路经济适用房小区3号楼桩基工程，采用了水泥土搅拌桩加固旋挖成孔孔壁施工工法后，缩短工程桩桩长、减少塌孔、缩短工期等项共计节约费用388687元。

10.2 技术效益

采用水泥土搅拌桩法固化桩周土体，提高了桩周土的摩阻力，成孔质量良好，成孔旋切无障碍，达到了预期目的。

10.3 社会效益

采用水泥土搅拌桩固化孔壁施工技术，使旋挖成孔工艺在遇到上部软弱土层时能顺利进行，水泥土搅拌桩固化孔壁的同时可以大幅度提高桩侧阻力，桩长缩短，节约投资，缩短工期。工程应用实例中在地质条件复杂的情况下，施工质量和工期均满足要求，得到建设单位的一致好评，为单位赢得了信誉，并为在该类工程施工提供了可以借鉴的经验，取得了较好的社会效益。

10.4 节能和环境效益

采用水泥土搅拌桩对原软流塑性土加固，减少了混凝土的用量，节约了能源且对环境污染小。

11. 应 用 实 例

陕西日报社太乙路住宅小区地基处理工程位于西安市环城南路东段1号，基础采用钢筋混凝土旋挖成孔灌注桩，试桩桩长40m，桩径700mm，试桩3根，锚桩12根，工程桩193根。桩身混凝土强度等级：试桩为C45，锚桩及工程桩为C35，单桩竖向极限承载力要求8000kN。

本工程施工期为2007年3月15日~2007年5月30日。

11.1 试桩施工情况

试桩3组，按常规方法施工3根桩后发现成孔塌孔现象较为严重，混凝土实际充盈系数达1.46；且成孔时间长，完成1根桩的成孔时间为8~9h。

在原3组试桩所剩余12根试验桩桩周加固处理7d后即开始进行旋挖成孔施工，钻进过程基本正常，未出现塌孔现象，钻进速度也趋于正常土层，完成1根桩的成孔时间由原来的8~9h降至3h，混凝土实际充盈系数由1.46改善为1.12~1.15，达到了正常水平，只用4d时间即完成了其余12根试桩的施工。

试桩检测情况：对试桩承载力进行检测，结果显示3组试验桩承载力均达到了9300kN，超过了设计要求，经设计院验算后确定工程桩桩长缩短为38m，比原设计缩短2m，共计减少总桩长386m。

11.2 工程桩施工情况

开始工程桩的施工，25d即完成了193根7334m工程桩的施工任务。

经对工程桩的桩身完整性、桩的承载力进行了检测，所有工程桩桩身完整、桩的承载力达到8000kN的设计要求。

11.3 施工工期

试桩施工（含试桩加固处理）15d，试桩养护检测35d，工程桩加固25d在试桩养护检测期进行，不占用工期，工程桩施工25d，总工期75d，满足合同工期要求。

采用本工法施工后，经现场检测灌注桩单桩竖向极限承载力满足设计要求8000kN。该工程经建设方、设计单位及勘察单位等验收后，达到设计质量要求。

搅拌水泥土锚杆施工工法

GJEJGF007—2010

江西中煤建设集团有限公司　宁波建工股份有限公司

刘红艳　廖军云　俞建波　李水明　沈学毅

1. 前　　言

随着城市土地资源的日益紧张，地下空间的利用也愈发引起重视，因此不断涌现的地下室基坑也自然朝着面积大、深度深的趋势发展。如何确保深基坑土方开挖施工安全，基坑支护体系的选择和设计自然就成为首先考虑的问题。而对广布深厚软土层的东南沿海一带城市和内陆湖泊周边附近地区而言，深基坑支护方案的确定还需考虑软土土层深厚以及土性很差等不利因素，因此支护体系的合适选择就显得尤为必要。

搅拌水泥土锚杆作为一种新的基坑支护技术，其采用新的锚桩成型工艺和加筋体留置工艺，使用特定的锚固钻机将前端带有多组搅拌叶片的普通脚手架钢管作为钻杆以设计角度旋转打入土层，在推进过程中注入水泥浆液，通过叶片切削土体并与水泥浆液搅拌形成水泥土固结体。对比其他型式的支护结构，更体现出技术合理、质量稳定、安全可靠、造价经济、机械挖土施工方便等优势。自2007年以来先后应用于宁波市盛世天城二期、宁波市新江厦商城、新天地南侧1号地块、宁波市蓝庭花园等几十个基坑围护工程，取得了显著的经济效益和社会效益，具有广泛的推广应用价值。

搅拌水泥土锚杆作为新技术已申报实用新型专利，国家知识产权局已经授权，专利号为ZL200820085263.7。关键技术于2009年4月20日经浙江省住房和城乡建设厅组织专家技术验收，认为达到国内领先水平。此外，搅拌水泥土锚杆的研究课题已向宁波市建设委员会申报科技攻关项目，已被列为2007年科技项目并顺利结题，获得一系列丰硕的成果。

2. 工 法 特 点

2.1　施工参数易控制且可提供较大且稳定的抗拔力。借鉴水泥搅拌桩施工工艺，视锚杆为斜向的水泥搅拌桩，用特定的施工机械将前端带有叶片的钢管以一定的角度（一般取10°~25°）旋转打入土层，在推进的过程中同时进行注浆，到预定深度后，钢管即作为加筋体留置在土中，起到加筋作用。由此在土中形成强度显著提高，直径可以控制的水泥土桩体，与桩体中的钢管形成搅拌水泥土锚杆。由于直径一定，水泥土性质较均匀，土的抗拔强度可保持相对稳定。

2.2　施工全过程采用机械施工，质量易保证。整个过程采用特定的施工机械实现钻孔、注浆、搅拌、加筋一次性完成，可大大减少人为影响因素，保证施工质量。

2.3　施工参数可根据场地情况灵活选择且满足工程要求。锚杆长度在场地受限时，可以减短而代之以直径的扩大，由此可以提供较大的抗拔力。

2.4　经济效益和社会效益显著，推广应用价值较高。采用的一次性钻杆为普通钢管，取材方便，费用经济。此外，根据多项工程对比该锚杆技术与常用基坑支护技术的费用，证明其具有工程造价低、效益明显等优势。

3. 适 用 范 围

搅拌水泥土锚杆可应用于开挖深度5~7m的基坑支护，或以排桩锚杆支护形式应用于开挖深度更大的基坑支护，也可作为地下结构的抗拔锚固桩和边坡加固支护。

4. 工 艺 原 理

该工法借鉴水泥土搅拌桩施工工艺，视锚杆为斜向的水泥土搅拌桩。采用普通脚手架钢管作为一次性钻杆，将前端带有3组共6片搅拌叶片的钻杆通过特定的锚固钻机以一定的角度旋转打入土层，在推进过程中同时注入水泥浆液，叶片切削土体并与水泥浆液混合，在土中形成直径可以控制的水泥土固结体。到预定深度后，钻杆及叶片作为加筋体留置在土中，与水泥土固结体共同形成可承受拉力的锚固体，从而形成强度显著提高的搅拌水泥土锚杆。整个施工过程可实现钻孔、注浆、搅拌、加筋一次性完成。机械化程度高，施工速度快，可减少人为影响因素，质量有保证，见图4。

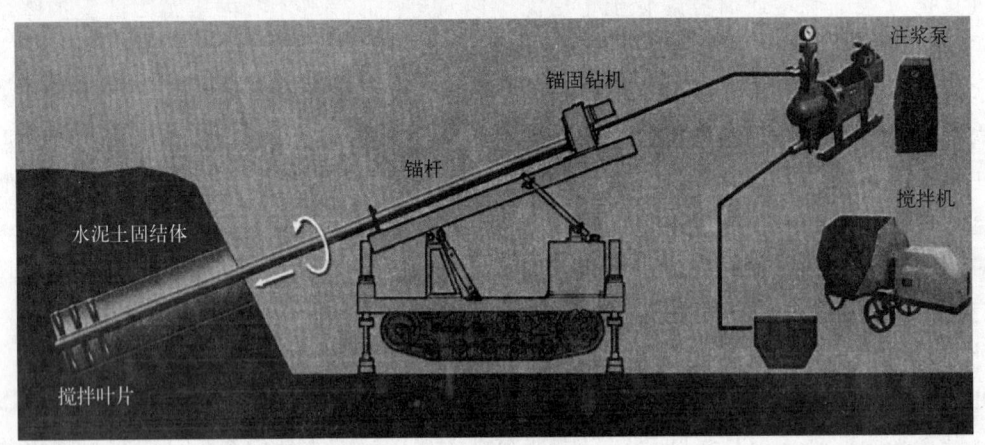

图4 搅拌水泥土锚杆工艺图

5. 施工工艺流程及操作要点

5.1 施工工艺流程（图5.1）

5.2 操作要点

5.2.1 准备工作

为了给锚固钻机提供必要的施工场地，施工前应在施工段内开槽，槽宽约为10m，开槽深度根据锚杆的设计高度确定，高于环梁顶标高约600mm。基坑支护桩需凿至桩顶设计标高，以便锚杆施工定位，如图5.2.1所示。

5.2.2 钻机就位

对基坑内土体情况在锚固钻机进场前进行考察，估算地基承载力是否满足钻机荷载作用要求。若不符，应在槽底铺设路基板或木垫板以确保施工过程中不会出现地基塌陷或沉降过大情况。钻机定位后利用液压支腿进行找平找正。调整钻机轨道角度至锚杆要求入土倾斜角度并固定，调整动力头的加压速度和转速，要求钻进速度不大于1.5m/min。

5.2.3 锚杆定位

将前端与实心锥形堵头焊接，6m长带有搅拌叶片的普通脚手架钢管（首段锚杆，打入土中作为加筋体，图5.2.3-1示）与主动钻杆连接（图5.2.3-2示），根据支护桩桩顶标高进行定位，钢管（加筋体）放置角度应与钻孔倾角保持一致。锚杆定位和钻进角度应准确，可制作相应模具辅助定位。

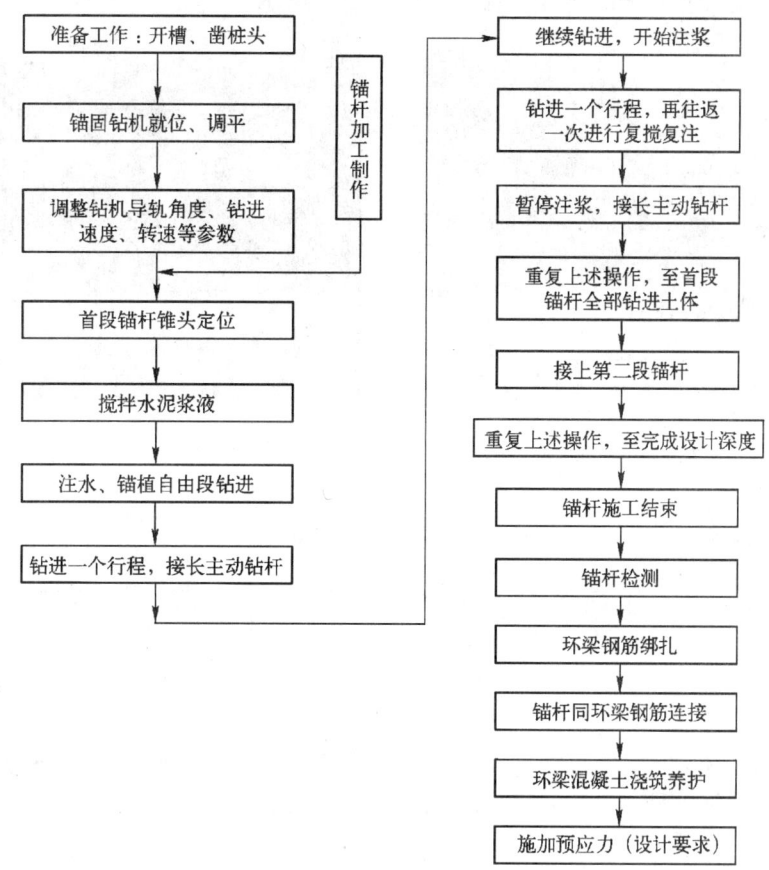

图5.1 搅拌水泥土锚杆施工工艺流程

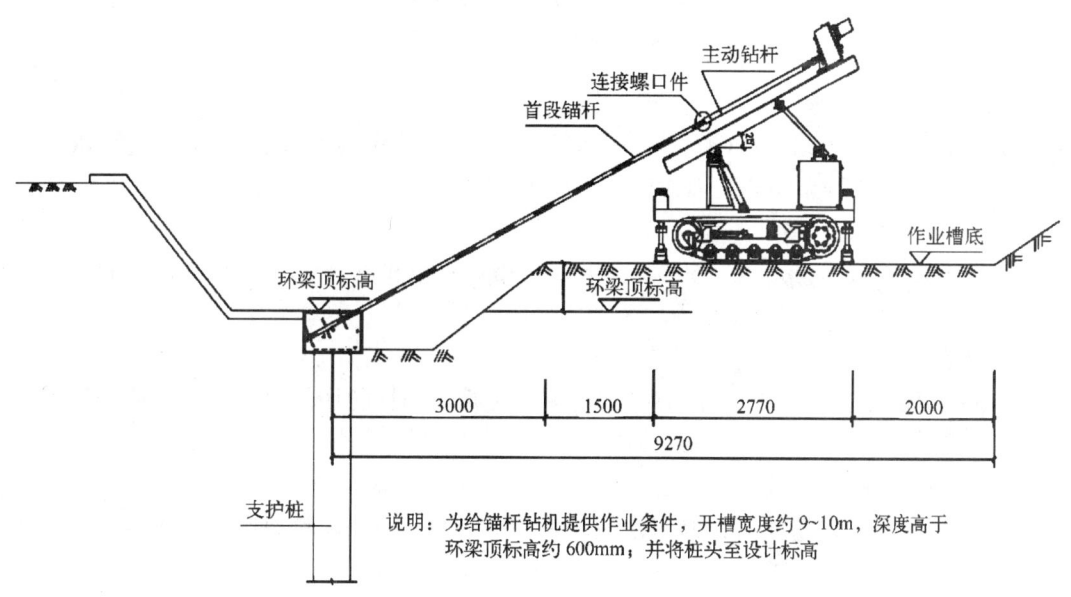

图5.2.1 锚固钻机位置定位图

1. 锚杆搅拌叶片制作

每根锚杆前端应焊接实心锥形堵头，焊缝应饱满，以防止浆液从焊缝处漏出，导致前方出浆口浆液压力不足，影响浆液的搅拌效果。

再焊接3组叶片，叶片尺寸100mm×50mm×5mm，每组间距250mm，相邻组之间成90°角错开，叶片与锚杆焊接处应切割成弧形以保证连接紧密，如图5.2.3-3所示。

图5.2.3-1 钻杆前端实物图   图5.2.3-2 钢管与主动杆连接

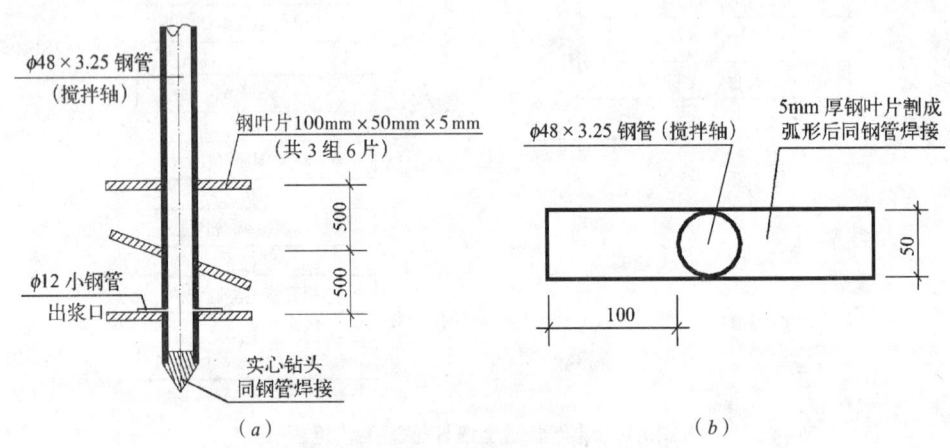

图5.2.3-3 锚杆搅拌叶片与出浆口示意

（a）锚杆剖面图；（b）搅拌叶片示意图

2. 出浆口制作

锚杆出浆口设置在第一组叶片后，做法：焊接φ12小钢管作为出浆管，每边长度70mm，焊接处应保持通畅，防止因焊渣等杂物堵塞而影响浆液的流出。

3. 主动钻杆与钢管的连接

采用螺纹连接，连接长度应大于30mm。接口处螺旋公扣和母扣应咬合紧密，不能出现松动及滑口等现象。

5.2.4 搅拌浆液

按照0.6~0.8水灰比进行拌浆，浆液应搅拌均匀，过筛，随拌随用，浆液应在初凝前用完。注浆管道应经常保持通畅。浆液通过液压泵泵送到钻机。

5.2.5 首段锚杆自由段钻进

通过注浆泵泵送清水，搅拌头开始出水后，钻机开始以1.0m/min转速向前缓慢推进，钻进1.5m后暂停，改送水泥浆液（因输送管路中有部分存水，所以未钻到2 m即开始送浆）。

1. 锚杆的钻进

锚杆应采用专用的锚固钻机打入，而不能采用其他简易电动工具打入。为保证锚杆的打入角度固定，锚固钻机应具备可调水平角度的底盘。锚固钻机边钻进边搅拌。钻进速度不大于1.5m/min，搅拌转速应控制在60~90转/min，钻进过程中应保持重要参数的恒定。

2. 水泥浆注入

注浆材料采用强度等级32.5R级普通硅酸盐水泥，水泥掺入量35%。在淤泥质土中则对应的水泥用量不小于25kg/m。水灰比0.6~0.8，则对应的水泥浆液为23~28L/m。为此应选择满足上述泵送流量的注浆泵。

浆体应经过搅拌机充分搅拌均匀后才能开始压注，并应在注浆过程中不停缓慢搅拌，搅拌时间应小于浆液的初凝时间。浆液在泵送前应经筛网过滤，注浆应注意检测注浆泵的流量和钻进速度是否匹配，通过核准每根锚杆的水泥用量检查是否达到了设计的注浆量；注意观察注浆机的压力表，防止注浆管路堵塞导致发生爆裂。

5.2.6 接杆

在锚固钻机钻杆推进完成一个行程（1.5m）后，停止注浆，将主动钻杆与首段锚杆拧松脱离，下一根锚杆端部接入到首段锚杆，末端则与主动钻杆连接。

1. 换接钻杆

在施工中应停钻换接钻杆时，要停止注浆，重新钻进时应立即开始注浆以防止出现断桩。因施工现场钻进注浆点和搅拌泵送点往往有一定距离，为保证上述工艺的实施，宜由钻机操作人员同时控制注浆泵，或者在两点间采用良好的通讯手段（对讲机设备）。

2. 钻杆连接

采用连接螺口件连接每段钢管，其采用厚度不小于7mm钢材制作。接口处螺旋公扣和母扣应咬合紧密，不能出现松动及滑口等现象，避免出现已打入的杆件部分不能通体搅拌，降低搅拌质量。

5.2.7 重复5.2.4~5.2.6步骤，直至完成设计的锚杆长度。

锚杆的打入长度和间距均应满足设计要求，并要经监理工程师进行技术复核。

5.2.8 若设计要求锚杆施加预应力，则按以下程序进行：

绑扎环梁钢筋→锚杆端部绑扎固定好PVC套管→环梁混凝土浇筑完成并到养护龄期后，即可准备施加预应力。

1. 锚杆与环梁连接

锚固和检测要求锚杆末端应深入环梁不小于500mm，并与主筋牢固焊接；锚杆的养护时间不少于7 d，抗拔力检测数量不少于总数的5%。检测加荷到轴向设计值的1.2倍。

为保证检测的顺利进行，需预留出略大于计划检测数量的锚杆，在环梁浇筑前套管进行隔离，并连接出ϕ20以上的钢筋供检测器具夹持，该连接点应确保牢固可靠，检测合格的锚杆再与环梁进行锚固。

2. 施加预应力

锚固体与台座混凝土强度均大于15MPa时，方可进行张拉。张拉预应力顺序：

1）锚杆张拉前至少先施加一级荷载（即1/10的锚拉力），使各部紧固密贴和杆体完全平直，保证张拉数据准确。

2）锚杆张拉至0.5~0.6倍设计轴向拉力值时，保持15min，然后卸载至锁定荷载进行锁定作业。锁定时应采用符合技术要求的锚具。

3）锚杆锁定后，若发现有明显预应力损失时，应进行补偿张拉。

5.2.9 若基坑支护仅仅是锚杆支护形式，其施工顺序与其他锚杆施工流程相同：先撑后挖，分层开挖。对于多排锚杆支护形式，待上排锚杆强度达到设计要求才能进行下层土体的开挖。

6. 材料与设备

6.1 主要材料

锚杆（搅拌杆件）采用ϕ48×3.5钢管，壁厚应严格控制不小于3.0 mm；首根锚杆长度为6.0m。

旋转叶片：5mm厚的钢板制作。

连接螺口件：用于连接每段钢管，用厚度不小于7mm钢材制作。

水泥：注浆材料采用强度等级42.5R级普通硅酸盐水泥。

6.2 主要施工设备和机具（表6.2）

主要施工机具表
表6.2

设 备 名 称	型 号	功 率	说　明
履带式锚固钻机	XPL-20	23.6kW	输出扭矩：2500N·m 动力头加压力：15kN 动力头行程：1800mm 钻孔角度：0~90°
灰浆搅拌机	UJW200	3kW	工作容量：200L 搅拌时间：60s
液压注浆泵	SYB50/50-Ⅱ	4kW	冲程：0~50次/min 流量：0~50公升/min 压力：0~32kg/cm²
挤压式灰浆泵	UBJ2	2.2kW	最大水平输送距离：80m 最高垂直输送距离：20m

6.3 履带式锚固钻机和搅拌轴

为了更好地满足搅拌水泥土锚杆的设计要求，保证施工质量，搅拌水泥土锚杆采用特定的XPL-20履带式锚固钻机，见图6.3。

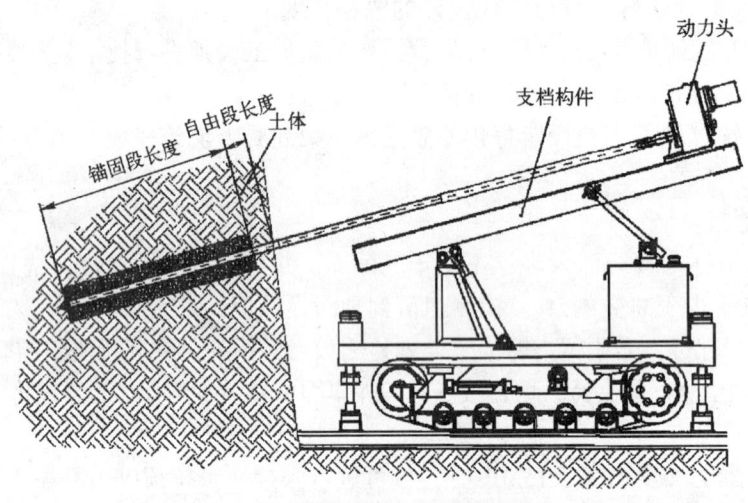

图6.3 履带式锚固钻机和搅拌轴

7. 质 量 控 制

7.1 施工前应熟悉地质资料、设计图纸及周围环境，组织各工种负责人、主要操作人员对施工图纸进行全面系统的技术交底。

7.2 严格把好原材料质量关，所有材料进场都必须经过现场验收，合格后按规格、型号进行分批堆放。坚决杜绝不合格的材料应用在工程中。

7.3 搅拌杆件的制作、存储应在施工现场的专门作业棚内进行。加工完成的杆体在储存、搬运、安放时，应避免机械损伤、介质侵蚀和污染。

7.4 对每个施工环节严格把关，对成孔深度、锚杆制作质量、水泥浆配合比、注浆饱满程度、锚杆养护时间等进行严格监督检查。

7.5 锚杆的质量检验应符合表7.5的规定。

7.6 搅拌水泥土锚杆抗拔力检测数量不少于总数的5%，检测分级加荷到轴向拉力设计值的1.2倍。

搅拌水泥土锚杆工程质量检验标准　　　　　　　　　　　表7.5

项目	序号	检查项目	允许偏差或允许值	检查方法
主控项目	1	锚杆杆体长度（mm）	+100 −30	用钢尺量
	2	锚杆拉力设计值	设计要求	现场抗拔试验
一般项目	1	锚杆位置	±100	用钢尺量
	2	钻孔倾斜度（°）	±1	测斜仪
	3	浆体水泥掺量	设计要求	现场抽检
	4	注浆量	大于理论计算浆量	检查计量数据
	5	杆体插入长度	不小于设计长度的95%	用钢尺量

8. 安 全 措 施

8.1 锚固钻机、灰浆搅拌机、电焊机、泵送机等施工机械、机具必须符合《建筑机械使用安全技术规程》JGJ 33-2001的有关规定。施工中应定人定期对其进行检查。

8.2 锚杆件加工，电焊必须要在工作棚屋中进行，防止风吹雨淋。电焊工必须穿电焊工作服、鞋、手套、戴面罩作业。

8.3 锚固钻机在正式开钻前，安装要稳定，支腿要牢固，防止倾覆。特别在软土地基中，一定要垫上钢板或木垫板。严禁随意开钻。

8.4 在钻机工作台上工作人员，必须穿雨靴并戴好手套、戴好安全帽。

8.5 一般情况下，应遵循分段开挖、分段支护的原则，不宜按一次挖就再行支护的方式施工。

8.6 每段支护体施工完后，应检查坡顶或坡面位移，坡顶沉降及周围环境变化，如有异常情况，应采取措施，恢复正常后方可继续施工。

9. 环 保 措 施

9.1 严格遵循国家有关环境保护的法律法规及地方环保部门的文件规定。

9.2 现场设置有防护装置散装水泥罐，灌放水泥时，防护设施能防止水泥灰污染大气。

9.3 现场污水应集中排入污水池，污水经沉淀后排入市政排水管网。

9.4 运输车辆出大门进入外面马路时要冲洗，防止把泥土带入市区，污染环境。

9.5 施工场地内主要的施工通道要浇筑混凝土路面，施工用的材料堆放整齐，生活垃圾和建筑垃圾分开堆放。生活垃圾要按卫生制度规定及时处理。

9.6 锚杆必须在工棚内加工，加工棚做好围挡和封闭，防止噪声对周边的影响。

10. 效 益 分 析

10.1　经济效益分析

搅拌水泥土锚杆是一种针对软土地基特点开发的一种新型土层锚固形式。特别适用于基坑面积较大深度在5~7m深基坑支护结构，对于此类基坑的支护结构型式一般有以下几种：

1）水泥搅拌桩复合土钉方案。

2）分级放坡+搅拌桩重力式挡墙方案。

3）排桩（沉管灌注桩）+内支撑方案。

4）排桩（沉管灌注桩）+拉锚方案。

通过多个工程实例的经济效益分析，排桩（沉管灌注桩）+拉锚方案比起其他几种支护结构型式工程造价低，经济效益比较明显。从后面的实例经济效益分析中可以很明显的体现出来。

10.2 社会效益

10.2.1 搅拌水泥土锚杆特别适用于无法采用内支撑结构、放坡条件有限的超大面积基坑的支护结构，其适应城市地下空间开发利用不断发展的趋势。

10.2.2 搅拌水泥土锚杆比土钉和钻孔式锚杆的抗拔力更大、抗拔性能更稳定，基坑的安全系数更高。

10.2.3 施工机械化程度高、施工速度快，能大大缩短施工工期，由于中间没有内支撑，机械挖土施工面积大，施工方便、安全。

11. 应 用 实 例

11.1 宁波市盛世天城二期工程

该工程位于宁波市鄞州区贸城东路与钱湖北路交叉口，地下室基坑面积约为92000m²，属于大面积基坑，基坑开挖深度4.2~6.2m，支护结构总延长米为1580m。基坑面积很大，长向最长为610m，宽度为150~175m。支护结构设计方案共有2个，分别由不同的设计单位设计，其支护结构型式和造价见表11.1–1和表11.1–2。

支护结构形式   表11.1–1

方案 基坑部位	方 案 1	方 案 2
东边	排桩（沉管灌注桩、局部钻孔灌注桩）+搅拌水泥土锚杆	排桩（钻孔灌注桩）+钻孔成土锚杆
南边	二级放坡+水泥搅拌桩重力式挡墙	二级放坡+水泥搅拌桩重力式挡墙
西边和北边	排桩（沉管灌注桩）+搅拌水泥土锚杆	水泥搅拌桩重力式+坑底水泥搅拌桩加固
西北角	排桩（沉管灌注桩）+钢筋混凝土角支撑	

从表11.1–1可以看出，方案1大量采用了排桩（沉管灌注桩）+搅拌水泥土锚杆的支护结构型式，而方案2大量采用了水泥搅拌桩重力式挡土墙+坑底搅拌桩加固的支护结构型式。因此两方案的造价是不同的。

二个支护结构造价比照表   表11.1–2

工作内容	方案1			方案2		
	工程量 （m³）	单价 （元/m³）	费用 （万元）	工程量 （m³）	单价 （元/m³）	费用 （万元）
钻孔灌注桩	276	1120	30.912	1201	1200	144.1188
沉管灌注桩	1740	805	140.07	61.5	850	5.2275
水泥搅拌桩	10530	120	126.36	36218	135	488.943
搅拌水泥土锚杆	9660m	75元/m	74.45	/	/	/
钻孔式土锚杆	/	/	/	4590m	100元/m	45.9
压顶梁、支撑	434.6	810	35.2026	189	600	11.34
混凝土面层	984.2	275	27.0655	958	300	28.74
土方	9535	40	38.14	/	/	/
总造价			470.2			724.2693

从表11.1-2可以看出，两个方案的造价相差250万元左右，除了钻孔灌注桩和沉管灌注桩的差价和单价差异外，采用沉管灌注桩+搅拌水泥土锚杆的造价比采用水泥搅拌桩重力式挡土墙节约很多，其经济效益十分明显。

11.2 宁波市世纪花园工程

该工程位于宁波市鄞州区永达路，基坑开挖面积约6万m²，支护结构将近1000延长米，基坑挖深5.6m左右，东、西、北3个方向因放坡条件限制，不能采用放坡+水泥搅拌桩型式。因此所设计的两个方案分别为沉管灌注桩+搅拌水泥土锚杆方案和复合土钉墙方案。两种方案的经济比较见表11.2。

两种方案经济比较表　　　　　　表11.2

	方案 1		方案 2	
	支护型式	单价（元/m）	支护型式	单价（元/m）
东、西、北边	沉管灌注桩+搅拌水泥土锚杆	4100	复合土钉墙	4120
南边	放坡+水泥搅拌桩	3300	放坡+水泥搅拌桩	3300

从表11.2中比较沉管灌注桩+搅拌水泥土锚杆方案和复合土钉墙方案，二者的单价比较接近，但方案1的支护结构型式的质量可控性更高，基坑的安全稳定度高。因此通过有关专家组的论证，采用了沉管灌注桩+搅拌水泥土锚杆方案。

11.3 宁波市蓝庭花园工程

该工程位于宁波市高新园区，地下室建筑面积23429m²，计算开挖深度1.5~11.25m，电梯井坑中坑二次开挖深度为1.60~2.4m。基坑围护大部分采用排桩+拉锚（搅拌水泥土锚杆）形式，局部采用二道或三道拉锚。按设计要求布置搅拌水泥土锚杆507根，合计8241m，完工后对25根锚杆进行了抗拔检测，锚杆提供的抗拔力稳定，强度满足设计要求。在基坑开挖过程中各项监测指标均未出现异常情况，整个基坑工程顺利完成。

11.4 宁波市永和居易住宅小区I标段工程

该工程位于宁波市海曙区丽园北路，基坑整体呈长方形，东西向最大跨度130m，南北向最大跨度306m，基坑总开挖面积约为40000m²，开挖深度4.6~7.6m。支护结构只有西侧和南侧，总延长米约450m，围护为排桩加土锚杆形式，施工锚杆268根。由检测结果，锚杆抗拉设计值为80~100kN/根，完全满足设计要求。

联动作业式锚杆施工工法

GJEJGF008—2010

深圳市鹏城建筑集团有限公司　　广东金辉华集团有限公司

詹前进　陆观宏　卢文权　李甫　周宇

1. 前　　言

现有的普通锚杆施工技术中一般都是先用钻机钻孔或洛阳铲成孔，然后清孔，下锚筋，灌注水泥砂浆或纯水泥形成锚杆。这是目前绝大部分锚杆的施工方法，该方法成熟、简单。但对于富水性好的砂层，该施工方法难以实施，主要原因是成孔困难，砂层容易塌孔，以至于无法下锚筋。此外，在软土地区，由于软土的摩阻力小，锚杆需要设计较长才能具有一定的抗拔力，软土层容易缩孔，下锚筋也非常困难。这些都需要采取复杂的工艺及工序才能完成锚杆的施工，既增加成本，又延迟工期。

为了解决这些问题，在锚杆施工中采用联动作业式锚杆施工方法。该施工技术能在成孔的同时下锚筋以及灌注水泥浆，把成孔、下锚筋和注浆3个过程合在一起进行，实现了成孔扩孔、下锚筋和注浆过程的联动作业，可有效地解决砂层中锚杆施工时下锚筋困难的问题以及软土地层中锚杆抗拔力小的问题；同时省却了普通锚杆施工技术所需的注浆管，并且在用钢绞线作为锚筋时，可以较方便的下锚，而不需要借用其他杆件作为辅助，扩大了适用范围。

该技术是依据发明专利"土木工程中的锚杆施工方法"编制的，专利号为ZL 2004 1 0027454.4。2010年11月29日，广东省住房和城乡建设厅组织有关专家鉴定一致认为该技术达到国内领先水平。

2. 工　法　特　点

2.1 施工工序少，速度快，实现了成孔扩孔、下锚筋及注浆工序的联动作业。

2.2 所需配件较少，不需要专门的注浆管和辅助下锚杆件。

2.3 可施工扩大头的搅拌锚杆，扩大锚固体的直径，提高锚杆的抗拔力，方便在钢板桩、搅拌桩、混凝土桩或地下连续墙上等其他支护结构上开孔施工锚杆。

2.4 在软土层或砂层中施工时，不会出现塌孔或者缩孔问题，容易下锚。

3. 适　用　范　围

软土及砂土地区中的支护工程。

4. 工　艺　原　理

联动作业式锚杆施工工法是让钻杆与钻头固接，钻头或钻杆上套有活动挂勾，活动挂勾与锚筋为搭扣式连接，钻头向前钻进时，带动锚筋向前跟进，通过钻杆向孔内灌注水泥浆等固化物，到达预定孔深后，拔出钻杆及钻头等部件，仅留下锚筋与固化物共同形成锚杆。

锚杆结构示意见图4-1，锚杆锚固示意图见图4-2。

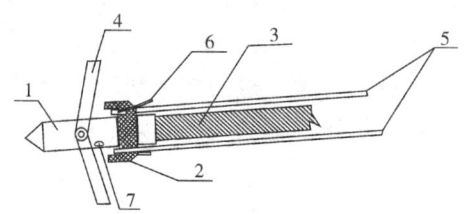

图4-1 锚杆结构示意图

1—钻头；2—活动挂勾；3—钻杆；4—钻片；
5—钢绞线；6—钢丝线；7—出浆孔

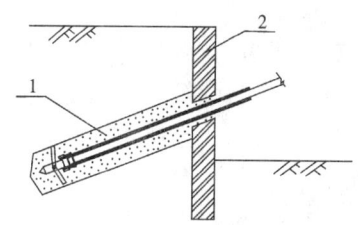

图4-2 锚杆灌浆示意图

1—水泥浆；2—支护桩；

5. 施工工艺流程及操作要点

5.1 施工工艺流程

施工工艺流程见图5.1-1。

工程施工时，先在基坑的支护桩上开φ120孔，把活动挂勾套接在钻头的后端，该活动挂勾可相对钻头自由转动，但不能自由移动，即活动挂勾需随钻头前后移动；把钻片铰接于钻头上，该钻片位于活动挂勾的前段；把2根7φ5钢绞线前端的各钢丝线拆散并反折，把钢丝线搭扣在活动挂勾上，即活动挂勾向前移时，锚筋被带着往前移，活动挂勾向后移时，锚筋可与活动挂勾分离，把钻杆与钻头用螺纹连接固定，各部件的连接关系见图4-1所示。合拢钻头上的钻片，将钻头、钻片、活动挂勾及钢绞线等穿过支护桩的φ120孔，旋转钻头，使钻片在离心力作用下展开切削搅拌土层，同时通过钻杆的中腔孔及钻头上的出浆孔向钻孔内灌注水泥浆，边灌注水泥浆边搅拌边向前推进，形成直径φ500的水泥土体，如图4-2所示；钻进到预定深度后，

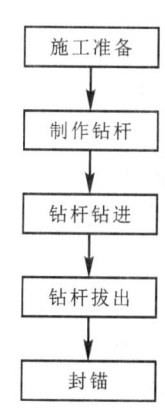

图 5.1-1 施工工艺流程图

拔出钻杆、钻头、钻片及活动挂勾，活动挂勾自动与钢绞线脱离，钻片合拢，拔出钻杆及钻头等的同时，不停地向钻孔内灌注水泥浆，直至钻头、钻片及活动挂勾等被拔出孔口，钢绞线留置于钻孔内，与水泥浆共同形成搅拌式锚杆，如图5.1-2。

在前面的步骤中，还可以用φ25钢筋取代钢绞线，在钢筋的前端焊接两条反折钢筋，把反折钢筋搭扣在活动挂勾上，活动挂勾的伸出臂设置为可折叠式，即向前钻进时伸出臂伸出展开，向后移出时回缩，以减少钻杆等拔出时的阻力。其余部件的连接同前面步骤；开动钻机，采用泥浆循环液，旋转钻头向前钻进并通过活动挂勾带动φ25钢筋跟进，钻至预定深度后，清孔，然后边灌注水泥浆边继续向前钻进，如图5.1-3所示；达到锚杆设计长度后，拔出钻杆、钻头、钻片及活动挂勾，活动挂勾自动与钢筋脱离，钻片合拢，拔出钻杆及钻头等的同时，不停向钻孔内灌注水泥浆，直至钻头、钻片及活动挂勾等被拔出孔口，钢筋留置于钻孔内，与水泥浆共同形成钻杆。

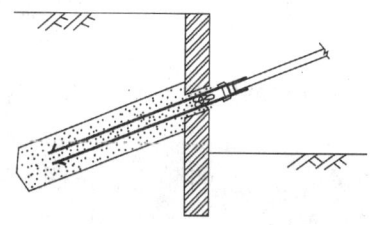

图5.1-2 钢绞线锚杆锚固示意图

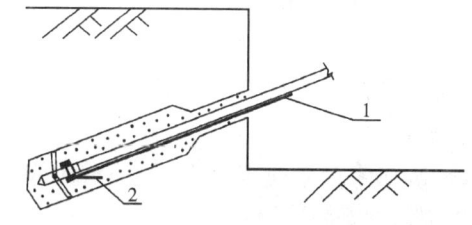

图5.1-3 钢筋锚杆锚固示意图

5.2 操作要点

5.2.1 施工准备

1. 施工前，根据图纸、地质报告以及技术规范编制专项施工方案，进行技术交底。

2. 根据设计要求、土层条件和环境条件，合理选择材料、设备、器具，布置水、电设施。

3. 搭设施工工作平台。

4. 测量定位，设置水准点、变形观测点。

5.2.2 锚杆制作

制作钻杆时，钻杆与钻头固接，钻头或钻杆上套有活动挂勾，该活动挂勾可相对钻头或钻杆自由转动，但不能自由移动，即活动挂勾需随钻头、钻杆前后移动；活动挂勾与锚筋采取搭扣式连接，即活动挂勾向前移时，锚筋被带着往前移，活动挂勾往后移时，锚筋可与活动挂勾分离。

在本步骤中，钻头上可以铰接有用于扩孔的钻片，该钻片位于活动挂勾的前端。还可以将锚筋弯曲变形或在锚筋上焊接、绑扎锚固加强件，以增强锚筋与钻孔内固化物的粘结力。此外，此锚筋尚可根据其他使用需要设计成不同的结构形式。

5.2.3 钻孔

1. 在钻机安放前，按照施工设计图采用全站仪进行测量放样确定孔位以及锚孔方位角，并做出标记。钻机就位后，应保持平稳，导杆或立轴与钻杆倾角一致，并在同一轴线上。

2. 为了确保锚固工程施工不致于恶化边坡岩土工程地质条件和保证孔壁的粘结性能，锚孔钻进应采用无水干钻。钻孔速度应根据使用钻机性能和锚固地层严格控制，防止钻孔扭曲和变径，造成下锚困难或其他意外事故。

3. 在钻进过程中，合理掌握钻进参数及钻进速度。

4. 通过钻杆旋转钻头向前搅拌钻进时，通过钻头或钻杆上的活动挂勾带动锚筋向前跟进，通过钻杆上的出浆孔或钻头上的出浆孔向钻孔内灌注水泥浆等固化物。若出浆孔设在钻头上，则该出浆孔需与钻杆的中腔孔相连通。

5.2.4 钻杆拔出与灌浆

1. 浆体配制

按设计规定选择水泥浆体材料。注浆材料应根据设计要求确定，一般宜选用水灰比0.45~0.50的纯水泥浆，必要时可加入一定量的外加剂或掺合料。灰浆搅拌必须采用机械强制拌合，注浆浆液应搅拌均匀，随拌随用，浆液应在初凝前用完，并严防石块、杂物混入浆液，以避免堵住出浆孔。

2. 灌浆

1）灌浆采用压力活塞式注浆泵，灌浆压力一般不得低于0.4MPa，亦不宜大于2MPa。

2）将水泥浆经钻杆内的出浆孔推入孔内，在孔端注入锚浆。灌注压力一般为0.4MPa左右，随着水泥浆的灌入，应逐步将钻杆向外拔出自至孔口，在拔管过程中应保证出浆孔始终埋在砂浆内。灌浆时，压力不宜过大，以免吹散浆液，待浆液回流到孔口时，用水泥袋纸等捣入孔内，再用湿黏土封堵孔口，并严密捣实，再以0.4~0.6MPa的压力进行补灌，补灌时稳压2min，浆液冲破第一次灌浆体，向锚固体与土的接触面之间扩散，使锚固体直径扩大，增加径向压应力。由于挤压作用，使锚固体周围的土受到压缩，孔隙比减小，含水量减少，也提高了土的内摩擦角。稳压数分钟后即可完成。

3. 注浆作业宜连续进行，尽量避免中途停止作业的情况，中途停止作业时，要采取措施保证钻杆内砂浆不发生凝结。

4. 当孔中存有积水时，一定要使积水全部排出，待溢出浆液的稠度与注入的浆液的稠度一样后再抽出注浆管。

5. 每次注浆结束都应稳压15~20min，以使注浆充分。注浆结束后，将钻头、钻杆等清洗干净。施工过程中，做好注浆记录。

6. 当注浆量不得小于计算量，其充盈系数为1.1~1.3时，浆液不能充满锚固体时，应进行补浆，补浆时以0.4~0.6MPa的压力进行补灌，灌时稳压2min，使补灌的浆液挤密第一次灌浆体，或向锚固体与土的接触面之间扩散，从而增加锚固体与周围土体的摩擦力。注浆完毕应将外露的锚筋清洗干净，并保护好。

7. 钻进到预定孔深后，将上述钻杆、钻头及活动挂勾从钻孔内拔出，活动挂勾与锚筋分离，锚筋与钻孔内固化物形成锚杆。

在本步骤中，宜边将钻杆、钻头及活动挂勾从钻孔内拔出，边向钻孔灌注水泥浆等固化物。

5.2.5 封锚

张拉达到设计要求后，用砂轮切割机切掉张拉端多余的锚筋，锚筋的外露长度不宜小于其直径的1.5倍，且不宜小于30mm，用环氧树脂涂封锚具及外露锚筋，封闭前应将锚具周围的混凝土凿毛、冲洗干净，凸出式的锚头宜配置钢筋网片，用微膨胀细石混凝土进行封闭。

5.3 劳动力组织

现场施工可根据工作面大小及工期要求分为若干作业组进行，工种包括钢筋工、机械操作手及普工等。劳动力组织情况见表5.3。

劳动力组织情况表 表5.3

序 号	工 种	人 数
1	钢筋工	2
2	机械操作手	2
3	普工	2
4	合计	6

6. 材料与设备

6.1 材料

6.1.1 锚杆材料

根据锚杆长度可采用钢绞线，也可以采用钢筋代替钢绞线，钢筋表面不得有结疤和横向裂纹。钢筋进场时，应按有关规定抽取试件作力学性能检验，其质量必须符合有关标准的规定。

6.1.2 浆体材料

水泥宜使用普通硅酸盐水泥，必要时采用抗硫酸盐水泥，其强度为42.5MPa，不宜使用高铝水泥。拌合水中不含有影响水泥正常凝结与硬化的有害物质，不得选用污水。

6.1.3 防腐材料选用无水黄油。

6.2 机具设备

钻机1台、空压机1台、砂轮切割机2台、穿心式液压千斤顶1台、油泵1台、注浆泵1台和灰浆搅拌机1台以及锚具、夹具、连接器若干等。

7. 质 量 控 制

7.1 质量控制标准

7.1.1 锚杆施工技术指标应符合标准《锚杆喷射混凝土支护技术规范》GB 50086、《建筑边坡工程技术规范》GB 50330、《岩土锚杆设计与施工规范》CECS 22：90的规定。

7.1.2 现场抽检的锚杆数量不少于锚杆总数的5%且不得少于3根进行抗拔力试验。

7.1.3 锚筋组装、安装的允许偏差应符合表7.1.3-1、表7.1.3-2。

锚筋组装的允许偏差	表7.1.3-1
项　目	允许偏差
锚筋长度	±50mm
锚固段长度	±50mm

锚筋安装的允许偏差			表7.1.3-2
项次	项　目		允许偏差
1	入孔方向	倾角	±1.0°
		方位	±2.0°
2	入孔深度		±200mm

7.2 质量保证措施

7.2.1 根据设计文件要求编制详细的施工方案，严格按技术要求进行施工，每道工序合格后，方可进行下道工序作业。

7.2.2 锚筋、水泥、锚具等材料应有产品合格证及相应的检验、试验报告。

7.2.3 锚筋表面不应有污物铁锈或其他有害物质。

7.2.4 用仪器测定钻机导向架的倾角，在钻进过程中随时检查倾斜度。

7.2.5 在钻进过程中根据实际地层变化情况，随时调整钻进参数，以防止造成孔斜偏差。

7.2.6 钻孔的孔深、孔径均应符合设计要求，钻孔深度不宜比规定值大200mm以上，钻头直径不应比规定的钻孔直径小3.0mm以上。

7.2.7 灌浆后，浆体强度未达到设计要求前，锚筋不得受扰动。

7.2.8 锚杆基本试验的地质条件、锚杆材料和施工工艺等应与工程锚杆一致，数量不得少于3根。

8. 安 全 措 施

8.1 施工操作人员在用电及机械使用时应遵守《施工现场临时用电安全技术规范》JGJ 46及《建筑机械使用安全技术规程》JGJ 33的有关安全规定。

8.2 施工前应认真进行技术交底，施工中应明确分工，统一指挥。

8.3 拱部或边墙进行锚杆施工时其下方严禁进行其他作业。

8.4 注浆管路应畅通，防止塞泵、塞管。

8.5 机械设备的运转部位应有安全防护装置。

9. 环 保 措 施

9.1 严格执行《建筑施工场界噪声限值》，控制和降低施工机械和运输车辆造成的噪声污染。

9.2 合理安排作业时间，避免夜间施工，使施工噪声对周围环境影响减少到最低程度。

9.3 适当控制机械布置密度，条件允许时拉开一定距离，避免机械过于集中形成噪声叠加。

9.4 粉尘的作业环境中作业，除洒水外，作业人员还配备劳保防护用品。

9.5 工程完工后，及时进行现场彻底清理，并按设计要求采用植被覆盖或其他处理措施。

10. 效 益 分 析

10.1 利用联动作业式锚杆在软土和砂土中应用，可有效地解决砂层中锚杆施工时下锚筋困难的问题以及软土地层中锚杆抗拔力小的问题。

10.2 与其他施工方法相比，联动作业式锚杆施工技术提供了一种方法简单、施工工序少的方法，该方法能在成孔的同时下锚筋以及灌注水泥浆，把成孔、下锚筋和注浆3个过程合在一起进行，实现了成孔扩孔、下锚筋和注浆过程的联动作业，减少工序，缩短工期，降低成本。

11. 应 用 实 例

11.1 深圳市福岸新洲名苑工程

深圳福岸新洲名苑工程，为一栋商业办公楼建筑，建设用地面积3441m²，总建筑面积35917.36m²，该工程地下室3层，基坑深度为12.9m左右，该工程的基坑支护施工采用了联动作业式锚杆施工技术进行施工，经济效益显著，节省省了施工成本40.5万元，并缩短了工期16d。

11.2 深圳市英郡年华二期工程

深圳市英郡年华二期工程，总建筑面积132832m²，该工程地下室2层，基坑深度约9m左右，该工程的基坑支护施工采用了联动作业式锚杆施工技术进行施工，经济效益显著，节省了施工成本70.8万元，并缩短了工期15d。

11.3 河源市御水花园一期工程

河源市御水花园位于河源市源城区红星西路，一期建筑面积为42691.4m²，其中包含地下室部分，建筑为框支剪力墙结构，其中地上18层，地下1层，建筑高度为57.6m，地下室埋深为5.4m，基坑支护采用了锚杆支护方式，通过采用联动作业式锚杆施工技术，为该工程节省了约60万元施工成本，并缩短了工期将近15d。

复杂环境下深基坑联合支护施工工法

GJEJGF009—2010

山东新城建工股份有限公司　济南城建集团有限公司

伊功善　崔佃和　岳可江　孙杰　张磊

1. 前　言

当周边环境复杂、施工现场狭窄、地下水位较高、基坑较深时，建筑工程的施工难度较大。常规的基坑周边管井降水、放坡、锚喷均不适宜，采用自钻式预应力锚杆、高压旋喷桩截水帷幕加插型钢支护，地下水位线以上1.5m至基坑上口采用锚喷支护，配合坑内管井降水，即"复杂环境下深基坑联合支护施工工法"。满足了基坑边坡直立开挖及基础、地下工程施工的需要，保证了工程施工安全、质量和工期，节能降耗效果显著，其关键技术通过省级科技成果的鉴定，达到国内领先水平。施工的国际馨居工程2007年被评为山东省建筑业新技术应用示范工程，并于2010年获得山东省技术创新奖。

2. 工 法 特 点

2.1　在建筑物密集且地下水位较高的区域施工时，采用该工法，可减免基坑周边的降水，防止周边建筑因降水而产生的沉降、开裂等不利影响。

2.2　基坑开挖占地面积小，无需放坡便可进行开挖。

2.3　采用的自钻式预应力锚杆技术属于新的先进施工工艺，其技术水平目前在国内处于领先地位。

2.4　采用的高压旋喷桩加插工字钢截水帷幕，既起到了止水作用又起到了加固基坑边坡的用途，在目前具有较成熟的实施工艺和设备，技术可行，经济实用，便于推广。

3. 适 用 范 围

该工法适用于市内规划区建筑工程密度大、周边环境复杂、施工现场狭窄、地下水位较高的深基坑工程的施工支护。

4. 工 艺 原 理

4.1　自钻式预应力锚杆：该工艺钻杆和钻头本身即为锚杆杆体，钻至设计深度后钻杆直接置入孔内，不抽出钻杆，后通过钻杆直接注浆，浆液通过钻头处出浆口自孔底泛浆。根据工程特点对基坑周边有建筑物的地段使用该工艺，能有效地加速施工进程，尽快消除隐患。见图4.1。

4.2　锚喷支护：其原理是天然土体通过锚杆的就地实施和加固，与喷射混凝土所形成的面板相结合，形成一个类似重力墙式的挡土结构。该工艺使用于基坑边坡。见图4.2。

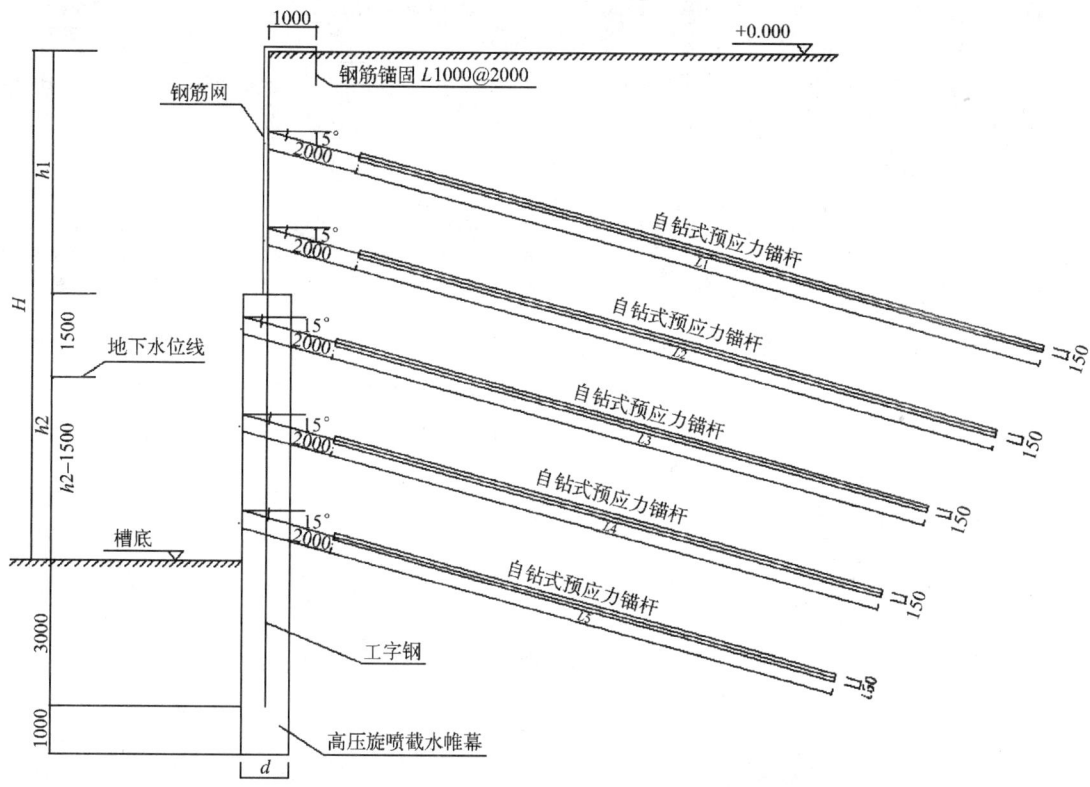

图4.1 自钻式预应力锚杆支护剖面示意图

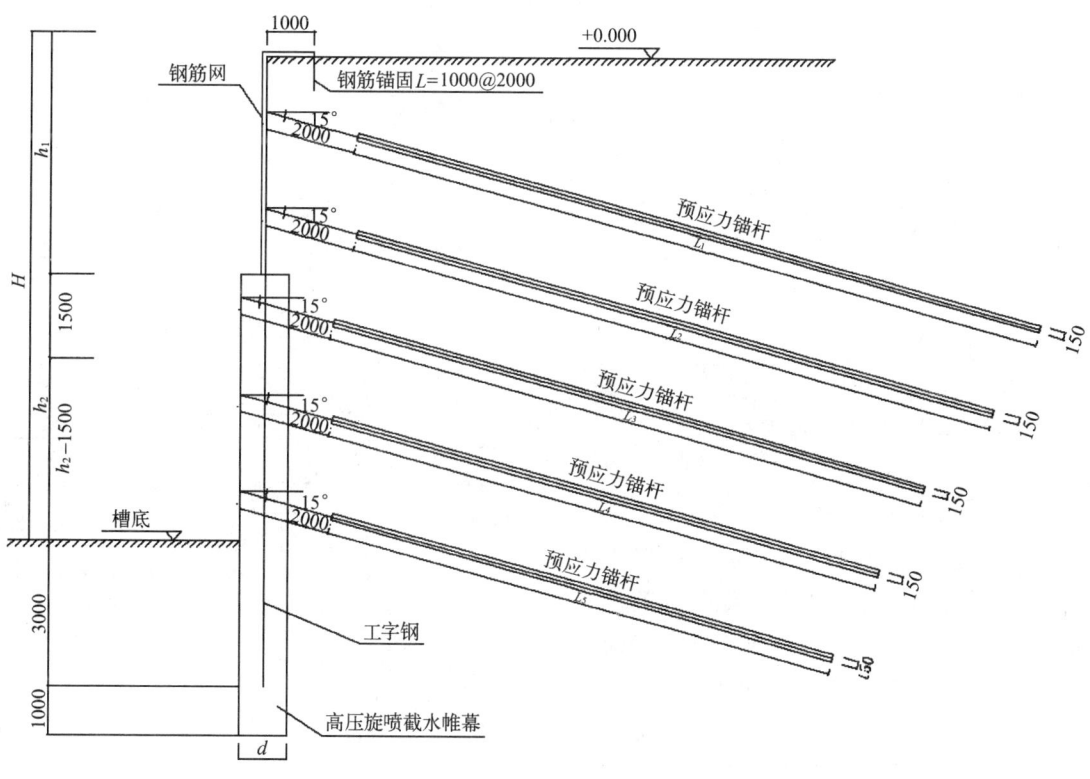

图4.2 预应力锚杆支护剖面示意图

4.3 腰梁（槽钢制作）通过锚杆与旋喷桩内加插的型钢连接，防止边坡土体坍塌变形。见图4.3-1~图4.3-3。

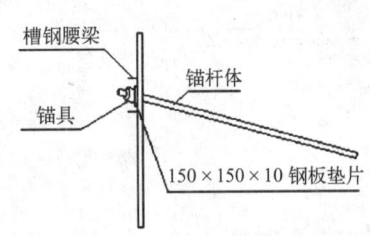

图4.3-1 腰梁杆体连接大样侧视

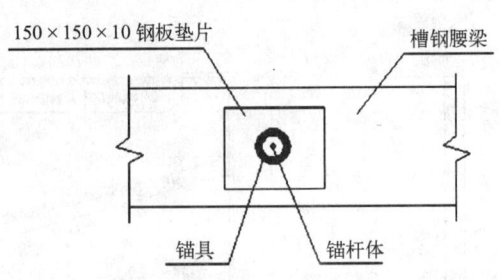

图4.3-2 腰梁杆体连接大样图

4.4 高压旋喷截水帷幕：即两管法高压喷射灌浆施工工艺是通过将高压水泥浆和压缩空气两种介质输送至设计深度，经切割、搅拌、置换等作用，形成水泥土防渗墙以达到强化地基和止水。该工艺使用于地下水位线以上1.5m至设计槽底以下4m范围内；坑内管井降水，为防止降水对周边临近建筑物的影响，采用坑外回灌井回灌技术。见图4.4。

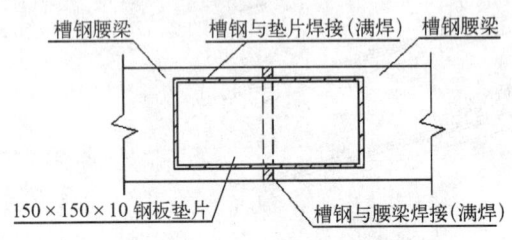

图4.3-3 槽钢连接大样图

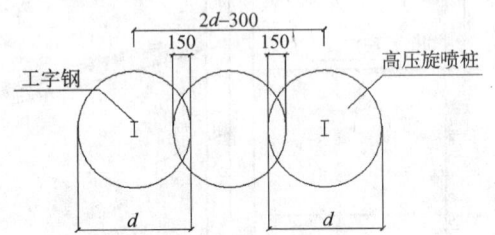

图4.4 高压旋喷截水帷幕大样

5. 施工工艺流程及操作要点

5.1 工艺流程（图 5.1）

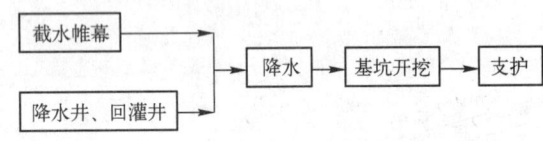

图5.1 工艺流程图

5.2 施工操作要点

5.2.1 两管法高压旋喷截水帷幕

1. 旋喷桩单桩工艺流程见图5.2-1。

2. 具体参数

1）水泥浆：用强度等级32.5R普通硅酸盐水泥；桩径：旋喷桩直径1000mm，桩间距850mm咬合不小于150mm；喷射水泥浆水灰比$W/C=0.8$，水泥掺入量不小于25％，即450kg/m；高压水泥浆：压力≥40MPa，流量70L/min；压缩气：压力0.65~0.75MPa，流量60~80m³/h，提升速度：15~20cm/min，转速：10~20r/min。

2）钻孔位置与设计位置偏差不大于50mm，孔深误差不大于200mm，桩体直径误

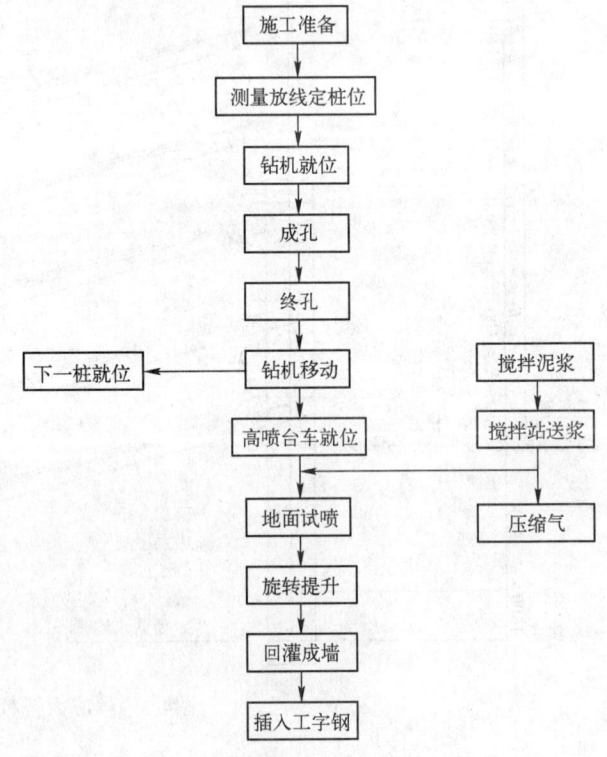

图 5.2-1 旋喷桩单桩工艺流程图

差不大于50mm。

3. 工程基坑周边为高压旋喷桩，喷至地下水位线以上1500mm，基槽底以下4000mm，单排连续咬合布置形成截水帷幕。

4. 经地面试喷，高压水、压缩气等各项参数调试达到设计要求后方可下喷射管。

5. 喷射管未下到设计深度前，先按规定参数进行原位试喷，待浆液返出孔口、情况正常，经监理工程师认可后方可开喷。

6. 浆液比重每半小时检测一次，确保浆液比重不低于设计数值。

7. 喷射过程中，如果发生中断现象，中断时间超过30min以上，要在中断部位复喷500mm。

合理利用回浆，做好沉淀过滤工作，防止浆管堵塞。注浆前10min必须搅拌好浆料，配置浆液原料必须用法定计量器，搅拌时间不小于5min，在30min内必须完成。

8. 回灌：每孔终喷后，立即进行回灌，保证孔内浆液面高度不再下降。

9. 插工字钢：回灌完成后应立即插型钢，型钢吊放必须垂直，垂直误差小于0.3%，保证型钢插入桩中心。

10. 邻桩施工时间间隔不宜超过24h，以保证桩与桩之间的搭接质量。

5.2.2 坑内管井降水

1. 施工工艺流程如图5.2.2。

图5.2.2 施工工艺流程图

2. 工程基坑内降水管井贯穿于基坑中心，如基坑为长方形时管井可呈一字形布置，基坑呈方形且边长较大时管井可呈方形布置；回灌井在相邻建筑物一侧布置。井径均为600mm，单井井深降水井及回灌井均根据工程的实际情况经计算确定。

3. 成井前要核实孔位，钻机安装要平稳，机上钻杆要垂直。采用清水钻进，成井后要及时洗井。

4. 下管前要检查井管的质量和数量，井管下到设计深度后要将井管固定在孔的中间，不得偏斜，以保证填料厚度均匀，井管高出地面约0.2m。

5. 填料前要检查滤料的质量，直径<5mm，达到料净无杂质和土混入。填料时要边填边测量孔深的变化，核对填料数量与孔深的变化是否相符。

6. 下潜水泵洗井至水清为止。降水过程中应定时观测抽水量及观测孔的水位等，并做好记录。

7. 现场材料设备要整齐排放，有专人管理，严格执行操作规程。

5.2.3 土钉墙施工

1. 施工工艺流程如图5.2.3。

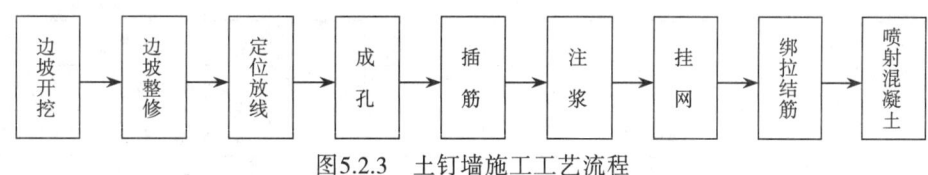

图5.2.3 土钉墙施工工艺流程

2. 基坑开挖：采用反铲挖掘机挖土，严格按照支护设计分层分段开挖。每层的开挖深度超出该层土钉设计竖向间距值控制在300mm以内，预留人工修坡的厚度，坡面平整度偏差不大于20mm，开挖宽度保证10m以上，以确保土钉成孔的工作面。在完成的上层作业面土钉及喷射混凝土的强度达到设计强度后再进行下一层土方的开挖。

3. 边坡修整：采用人工清理，挂线定位确保面层平整。

4. 定位放线：按设计图纸要求的钉位，测量人员用φ6.5mm、长300mm的钢筋钉入标识。

5. 成孔：采用钻机成孔。成孔直径150mm。成孔后进行清孔检查，对孔中出现的局部渗水塌孔或掉落松土立即压浆处理，并及时安设土钉钢筋并注浆，对出现的钻孔缩径、塌孔采取跟管钻进或水泥浆护壁钻进。成孔时隔孔施工，及时安放主筋、注浆。

6．安插主筋：主筋按设计长度加200mm下料。每隔2m设一个对中支架，以保证主筋在孔内居中；安放主筋时，将二次注浆导管与主筋捆绑在一起同时下入。一次注浆管口离孔底0.5m左右。二次注浆管口用胶带封好。主筋2.0m自由段用塑料管套好，并用胶带封住。

7．注浆：采用搅拌机造浆，注浆材料采用水泥浆，严格控制水灰比，$W/C=0.45\sim0.5$；注浆采用注浆泵。二次压力注浆在一次注浆完成24h内完成。起压压力控制在2~4MPa，亦可用注浆量控制。

8．挂网及绑扎拉筋：钢筋网与坡面间隙30~40mm，不应小于20mm，搭接时上下左右一根对一根设置弯勾搭接绑扎，搭接长度不应小于300mm。纵横拉筋与钢筋网和主筋均绑扎牢固。

9．喷射混凝土：喷射作业时，空压机风量不小于9m/min，气压0.5MPa，喷头水压不应小于0.15MPa，喷射距离控制在600~1000mm，喷头与受喷面应尽量垂直，喷射厚度80mm（设计要求）。喷射混凝土的强度为C20，其配合比为水泥：碎石：砂：水=1：2：2：0.5。

10．养护：采取喷水覆盖的养护方法。

5.2.4 自钻式锚杆施工

1．施工工艺流程（图5.2.4）

2．基坑开挖、边坡修整、定位放线、挂网、喷射混凝土要求与土钉墙一致。

3．自钻式锚杆施工前，先检查锚杆体中孔和钻头的出浆孔是否通畅，发现异物堵塞，及时清理。

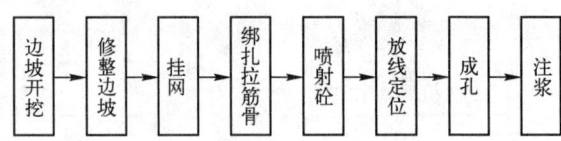

图5.2.4 自钻式锚杆施工流程图

4．成孔：采用自钻式锚杆机成孔，成孔后钻杆与钻头直接放入孔内成为土钉杆体。成孔后，利用钻机水力或空压清理干净孔内浮土。2.0m自由段用塑料管套好，并用胶带封住。

5．注浆：成孔后将孔口用速凝水泥砂浆封住，5~10min后，采用$W/C=0.45\sim0.5$纯水泥浆注浆，注浆量不小于成孔体积的3倍，压力控制在2~4MPa。注浆完毕浆体强度达到5.0MPa后套上载板，锁上螺母。

6．养护：采取自然养护方法。

6. 材料与设备

6.1 工程主要材料规格及用量（表6.1）

工程主要材料规格及用量 表6.1

材料名称	规　　格	单位	数　　量
钢材	工字钢	t	根据工程支护设计方案
	槽钢	t	根据工程支护设计方案
	自钻式锚杆	m	根据工程支护设计方案
	Q235钢板	t	根据工程支护设计方案
	钢绞线	t	根据工程支护设计方案
	钢筋	t	根据工程支护设计方案
水泥	PO32.5	t	根据工程支护设计方案
砂子	中砂	m³	根据工程支护设计方案
石子	石屑	m³	根据工程支护设计方案

6.2 施工设备及工器具的选型配套表（表6.2）

施工设备及工器具的选型配套表 表6.2

序号	名　　称	规格型号	数量	额定功率（kW）	用　　途
1	空压机	12m/min	1		喷射混凝土
2	喷射机	PZ-5	1		喷射混凝土
3	钻机		5		成孔
4	注浆泵	ZSNS	1	30	注浆
5	切割机	GJ51-32	1	20	切割钢筋
6	自钻式锚杆机		2	10	成孔
7	高喷台车	YGP-18	1台	17	
8	高压泥浆泵	GZB-40	1套	75	泵送水泥浆
9	钻机	XY-2	1台	22	旋喷桩成孔
10	空压机	VF-6/7	1台	37	旋喷桩介质输送
11	水井钻机	SY-200	1台		管井成孔
12	潜水泵		根据需要		抽水回灌
13	钢管	φ150	根据需要		排水
14	全站仪	GTS602/LP	1台		测放桩位
15	水准仪	OP3000	1台		沉降观测
16	钢尺	50m	2把		测量
17	钢尺	5m	4把		测量校核
18	相对密度计		1个		测试水泥浆相对密度
19	试块模	100mm	3组		制作试块

7. 质 量 控 制

7.1 依据

《岩土工程勘察报告》；《建筑边坡工程技术规范》GB 50330-2002；《建筑基坑支护技术规程》JGJ 120-99；《基坑土钉支护技术规程》CECS 96-97；《锚杆喷射混凝土支护技术规程》GB5 0086-2001的有关规定施工，满足《建筑地基基础工程施工质量验收规范》GB 50202-2002；《工程测量规范》GB 50026-99；《普通混凝土用砂石质量及检验方法标准》JGJ 52-2006；《钢筋焊接及验收规范》JGJ 18-2003的标准要求。

7.2 高压旋喷桩质量标准（表7.2）

高压旋喷桩质量标准 表7.2

内　　容	标　准	检　验　方　法
钻孔位置的允许偏差	≤50mm	用钢尺量
钻孔垂直度允许偏差	≤1.5%	经纬仪测钻杆或实测
孔深允许偏差	±200mm	用钢尺量
注浆压力值	≥40MPa	查看压力量
桩体搭接值	>200mm	用钢尺量
桩体直径允许偏差	≤50mm	开挖后用钢尺量
桩身中心线允许偏差	≤0.2D	开挖后桩顶下500mm处用钢尺量 D 为桩径
插工字钢垂直度允许偏差	0.3%	经纬仪

7.3　锚杆及土钉墙支护质量标准（表7.3）

锚杆及土钉墙支护质量标准　　　　　　　　　　　　　　　　　表7.3

内　容	标　准	检　验　方　法
锚杆土钉长度	±30mm	用钢尺量
锚杆或土钉位置	±100mm	用钢尺量
钻孔倾斜度	±1°	测钻机倾角
土钉墙面厚度	±10mm	用钢尺量
坡面平整度的允许偏差	±20mm	挂线测量
孔深允许偏差	±50mm	用钢尺量
孔径允许偏差	±5mm	用钢尺量
孔距允许偏差	±100mm	用钢尺量
钢筋保护层厚度	≥25mm	用钢尺量

7.4　技术措施和管理方法

7.4.1　加强现场质量控制和质量检查，发现问题及时解决，从根本上杜绝质量事故的发生。

7.4.2　严格执行设计图纸及技术规范要求，完善检测设备和手段，各种原材料计量、检验数据必须准确、真实，测量精度满足要求。

7.4.3　施工前，项目总工向所有施工人员进行技术交底，施工人员必须熟悉施工图纸、规范及技术要求，严格按支护方案的工艺步骤进行施工，严禁擅自施工作业。

7.4.4　加强各个工序质量控制点的检查与落实，实行"三检"（自检、专检、共检）制度，确保各项质量指标达到规定要求。

7.4.5　认真做好施工记录和交接班记录，当班记录当班整理汇总。

8. 安 全 措 施

8.1　执行标准

《建筑基坑支护技术规程》JGJ 120-99；《基坑土钉支护技术规程》CECS 96-97；《锚杆喷射混凝土支护技术规程》GB 50086-2001；《建筑施工现场临时用电安全技术规范》JGJ 46-2005的有关安全规定，同时满足《建筑施工安全检查标准》JGJ 59-99的标准要求。

8.2　安全技术措施

8.2.1　配齐各种安全防护设施，进入施工场地必须穿工作服、戴规定颜色的安全帽，落差大于2 m作业必须系好安全带。

8.2.2　设备搬迁、安装、拆卸必须分工明确，专人负责，统一指挥。

8.2.3　钻进过程，必须根据地层情况，调节钻进速度，预防钻进事故。

8.2.4　经常检查卷扬机钢丝绳固定端的松紧情况，移动设备时，特别注意精心操作，严禁用手或工具拨动运行中的钢丝绳，各种设备上的钢丝绳超过报废标准必须及时更换。

8.2.5　人员严禁接触机械运转的任何裸露部件，不得靠近、跨越、拆卸和擦洗运转中的设备。在启动任何动力和关闭动力前，必须确认无误，并通知相关操作人员。

8.2.6　处理故障、更换部件、设备局部调整，清洗设备，调整皮带时均要停车断电，并由专人看护。

8.2.7　线路拆、装一律由专业电工负责，其他人员不得随意拉设线路和接用电气设备。

8.2.8　氧气瓶、乙炔气瓶要隔离存放，且保证动火距离大于10m，各种燃料要远离烟火。

8.3　安全生产措施

8.3.1 实行24h安全巡回值班制，定期开展安全生产活动，定期检查，查出隐患，立即整改。

8.3.2 安全管理领导小组定期召开例会，研究解决施工中存在的安全问题，做好安全检查记录和安全会议记录。

8.3.3 特种作业人员（电工、电焊工、装载机司机、挖掘机司机）必须持有效证件上岗。

8.3.4 做好开工前的安全检查工作，列出检查内容对策表，达不到安全生产要求的，立即整改，杜绝发生责任事故。

8.4 安全预警事项

8.4.1 基坑变形过大，基坑顶部出现裂缝

应急措施：首先加大检测密度，密切注意其变化趋势，并随时用水泥浆封闭缝隙，避免地表水渗入边坡土体；必要时增加土钉及采取其他措施，如局部加筋等；情况严重时对基坑进行局部回填或坑顶卸载。

8.4.2 土体局部破坏或变形过大

应急措施：可在土体内打入 $\phi50$ 花管，进行高压注浆加固局部土体，并进行预应力张拉。

8.4.3 若基坑出现险情时，立即安排坑内所有人员撤离；坑顶10m范围内设置警戒线，周边道路路口设专人疏导行人，车辆远离边坡。

9. 环 保 措 施

9.1 物料堆放：设备、工器具、材料摆放整齐，管材摆放方向一致，油桶注明油号，用后盖严；易燃、易爆物品分类堆放。

9.2 现场施工：施工前，平整场地，做到场地平整，施工道路畅通；施工机械布设整齐，过路电缆架设或深埋；及时做好废品回收；定时对场区及场区内外施工道路洒水降尘，保持清洁。

9.3 噪声的控制执行《建筑施工场界噪声限值》GB 12523-90。

10. 效 益 分 析

10.1 以金昌大厦工程为例，该工程采用了"复杂环境下深基坑联合支护施工工法"，大大缩短了降水过程与工期，降低了支护费用，保证了施工安全，节能降耗，经济效益显著。

1．高压旋喷桩施工至自然地坪下5m，以上部分采用锚喷可节约水泥474.785t。

2．高压旋喷截水帷幕阻止了基坑周边水向基坑底的涌入，只需对基坑底范围内实施降水就能满足施工要求，减少了降水量，累计节省降水2005台班。

3．与常规的放坡开挖比较，相对减少土方挖运量4240.4m³。

4．自钻式预应力锚杆与传统的微型桩预应力锚杆施工工艺比较，取消了二次孔内放置锚杆工序，使计划工期由80d调减为65d，提前15d。

10.2 加插工字钢至自然地坪，达到了挡土与加固边坡的目的，通过锚杆，型钢腰梁与土钉墙锚为一体后，效果更为显著。

10.3 边坡直立开挖未占用和破坏周边的交通道路，解决了施工现场狭窄问题，对周围居民的生活也无大的影响。

通过以上效益分析，累计节约资金为64.3万元；经测算，若采用灌注桩总价为288万元，该工法总价为227万元，节省资金为61万元，与以上效益分析值相吻合。

10.4 该工法所用型钢回收利用率达70%以上，节能效果显著。

11. 应用实例

应用实例见表11。

应用实例

表11

工程名称	潘成大厦	高分子材料产业创新园学术交流中心	金昌大厦	宝龙大厦	国际馨居
建设地点	山东省淄博市张店	山东省淄博市张店	山东省淄博市张店	山东省淄博市桓台	山东省淄博市张店
结构形式	框架－剪力墙	框架	框架	框架－剪力墙	框架－剪力墙
开竣工日期	2009.8~2011.7	2008.12~2010.4	2008.8~2009.12	2005.3~2007.4	2004.4~2006.7
建筑面积/层	29201m²/23层	17195m²/18层	25336m²/19层	62000m²/22层	33280.17m²/25层
实物工作量	基坑深：11.7m 土方量：57110.63m³ 旋喷桩：336根，约2587.5m³ 锚喷面混凝土：1680m²，137.5m³ 型钢、钢板：65.45t 钢筋：3.75t 钢绞线：26.691t 自钻式预应力锚杆：190根，约3174m	基坑深：9.8m 土方量：22610.95m³ 旋喷桩：232根，约1780.2m³ 锚喷面混凝土：1156m²，94.6m² 型钢、钢板：45.03t 钢筋：2.58t 钢绞线：18.364t 自钻式预应力锚杆：131根，约2184m	基坑深：10.50m 土方量：31878m³ 旋喷桩：269根，约2070m³ 锚喷面混凝土：1344m²，110m³ 型钢、钢板：52.36t 钢筋：3t 钢绞线：21.353t 自钻式预应力锚杆：152根，约2539m	基坑深：10.90m 土方量：27492.17m³ 旋喷桩：321根，约2470m³ 锚喷面混凝土：1585m²，130.9m³ 型钢、钢板：62.31t 钢筋：3.57t 钢绞线：25.41t 自钻式预应力锚杆：181根，约3022m	基坑深：10.13m 土方量：18963.36m³ 旋喷桩：220根，约1693m³ 锚喷面混凝土：1075.2m²，90.2m³ 型钢、钢板：42.94t 钢筋：2.46t 钢绞线：17.51t 自钻式预应力锚杆：125根，约2082m
应用效果	通过以上工程的应用证明该工法成熟可靠，大大缩短了降水过程与工期，降低了支护费用，保证了施工安全，节能降耗，经济效益显著				

悬挂式基坑支护施工工法

GJEJGF010—2010

郑州市第一建筑工程集团有限公司　郑州市市政工程总公司

吴纪东　罗付军　刘炜嶓　常红星　商卫中

1. 前　言

随着社会的发展，人们对施工所带来的社会影响越发关注，因此非开挖及逆做式施工技术得到了迅速发展，作为非开挖施工技术的重要一环——竖井的制作及施工，是决定非开挖施工是否能顺利完成的关键步骤，其中以井体本身作为支护结构的施工方法较为先进，如沉井施工。但传统的沉井施工在井体下沉过程中易扰动周围土体，造成井体周围地面塌裂，在城市建筑密集区、特别是沉井附近有重要的构筑物时难以采用。

为改善传统非开挖施工技术中竖井施工的缺点，郑州市市政工程总公司及郑州市第一建筑集团有限公司的技术人员在研究筒体结构及深基坑拟作法施工的基础上，开发出将深基坑支护和结构主体融为一体的逆作式施工的地下结构形式——悬挂式基坑支护，创新出一种新型的地下空间施工技术。

该技术编制成工法后，先后应用于非开挖工程工作井和新老大口径管道连接的工作井结构施工，施工速度快，质量容易保证，环境及交通影响小，安全可靠，以该工法施工的郑州市马头岗工程竣工后被评为中国金杯示范工程。

该技术获得发明专利授权（专利号：ZL 2009 1 0065838.8）及实用新型专利授权（专利号：ZL 2009 2 0092488.X）。

该工法2010年被评为河南省建设科技一等奖。

2. 工 法 特 点

2.1 占用的场地小，适用于毗邻建筑物多而近，且周围施工地界极其狭窄的工程。

2.2 利用较少工程桩作为结构的竖向支撑体系，保证了结构能自上而下悬挂施工，提高了施工的安全度，对周围环境的影响较小。

2.3 利用工作井的筒体结构作为水平支撑，将支撑体系同结构自身连成一体，工程造价低，工期短，质量容易保证。

2.4 采用分段预制钢筋混凝土筒体结构，承受顶力较大，可以满足机械顶管大吨位顶力的要求。

3. 适 用 范 围

本工法适用于非开挖工程竖井、地下构筑物逆作式工程和地下管线复杂工程施工。

4. 工 艺 原 理

依据基坑（竖井）平面尺寸和市政管线工程施工工艺的要求，确定开挖位置和竖井工艺尺寸，沿工艺轴线布设必要的支护结构（桩基），如图4-1，通过结构包裹桩基承重和井壁同周围地质摩擦力悬挂分节施工筒体地下结构，直至底板混凝土浇筑，完成的一种将围护和地下结构融为一体的新型地下工程，开挖顺序如图4-2。

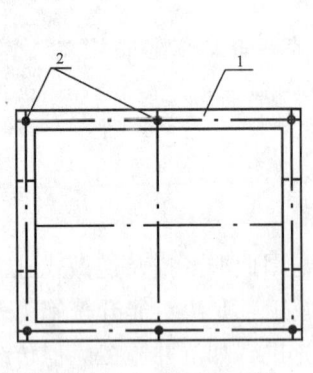

图 4-1　竖井平面布置图

1—竖井井壁；2—桩基

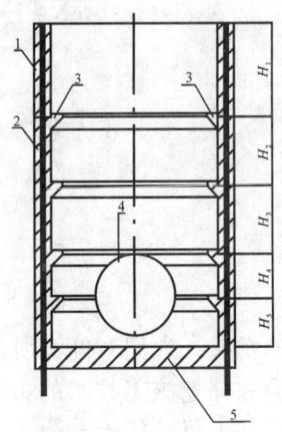

图 4-2　竖井立面结构图

1—竖井井壁；2—桩基；3—分层浇筑混凝土扩大头；

4—机械设备出洞口；5—竖井底板

5. 施工工艺流程及操作要点

5.1　施工工艺流程（图 5.1）

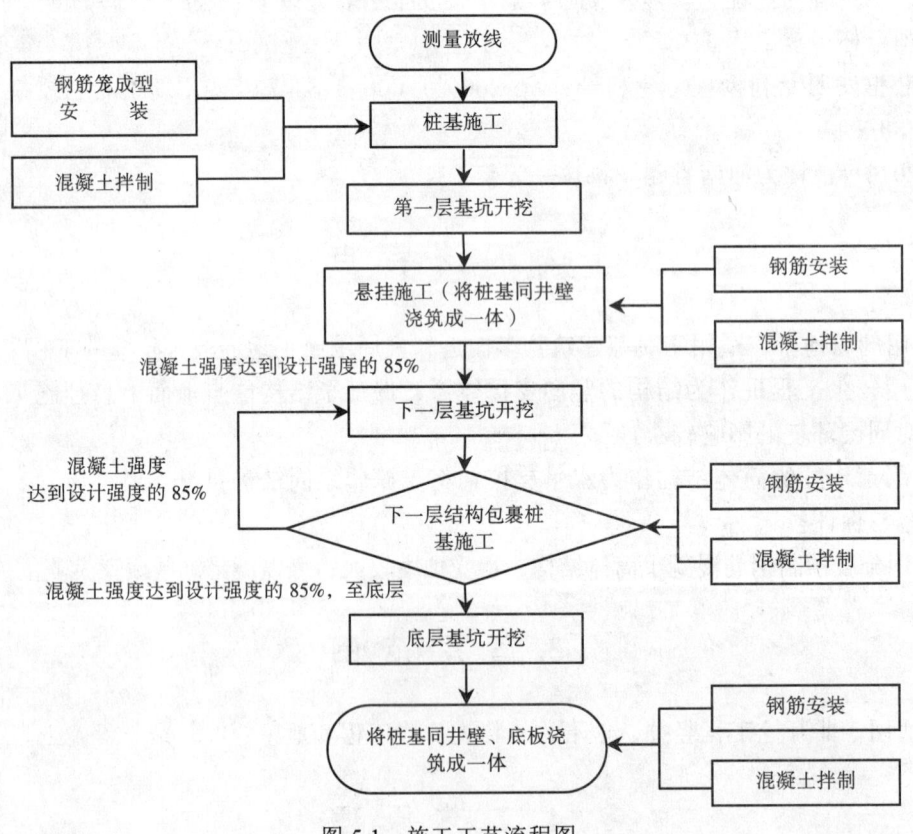

图 5.1　施工工艺流程图

5.2　操作要点

5.2.1　测量控制

1. 测量作业必须由两人以上进行，且应进行相互检查校对并作出测量和检查核对记录。

2．按三角网平面控制测量等技术指标建立施工控制网。

3．根据工艺要求，放出基坑或竖井位置线。

4．放出桩基位置线。

5．桩基施工高程控制。

6．基坑（竖井）混凝土墙壁高程施工监控。

5.2.2 桩基施工

1．桩基设计

1）本工法桩基施工的目的是作为竖井施工时的承重结构，基坑围护或竖井施工完毕，桩基及报废。桩基设计宜优先考虑采用灌注桩，其优点是施工工艺简单，桩基与护壁连接容易，桩基施工重点需考虑垂直度、倾斜度和桩基的偏移量，其偏移量不宜超过井壁的厚度。

2）桩的直径$D \leqslant 1/3$护壁（竖井）壁厚，数量以能满足承受上部荷载的需要为依据，桩体承受的上部荷载为新浇混凝土的重量（即每一开挖层浇筑钢筋混凝土的重量）+上部竖井克服摩擦力的重量，即：

开挖第一层，桩与周围土体的摩擦力+桩顶力≥第一层开挖深度竖井钢筋混凝土的重量；

开挖第二层，桩与周围土体的摩擦力+桩顶力+第一层竖井与周围土体的摩擦力≥第二层开挖深度竖井钢筋混凝土的重量；

以此类推开挖至底层，桩与周围土体的摩擦力+桩顶力+上部竖井与周围土体的摩擦力≥底层开挖深度竖井钢筋混凝土的重量。

2．灌注桩施工

1）采用钢板加工制作护筒，钢板厚一般不小于8mm，护筒高度高出水面1m，内径比钻头直径大100mm，其偏差应不大于50mm。

2）钻孔时使用的泥浆用优质黏土制作，当钻孔至黏土层时可原土造浆，泥浆相对密度的控制：在一般地层采用1.05~1.20，在松散易塌地层采用1.2~1.45。泥浆黏度在一般地层为16~22 Pa·s；在松散易塌地层为19~28 Pa·s。泥浆含砂率不大于8%，胶体率不小于96%；在每个桩位附近挖坑砌筑集浆池，并砌筑泥浆沟与桩孔护筒出浆口互相连通，泥浆循环系统各部分均采用泥浆胶管连接相通，并使用泥浆泵作为泥浆循环的动力。

3）所有泥浆均采用管道输送至泥浆池进行二级过滤后，再送至净化系统集中处理，再生泥浆继续使用，土渣用车运输走。

4）桩孔钻至设计深度后，会同现场监理工程师对孔深、孔径进行检查，符合要求后进行清孔工作。

5）安放钢筋笼，进行二次清孔，清孔后，从孔底提出泥浆试样，进行性能指标检验，试验结果符合相对密度1.03~1.10，黏度17~20 Pa·s，含砂率<2%，胶体率>98%。

6）复测孔底沉淀物厚度，符合要求灌注水下混凝土。混凝土灌注如图5.2.2。

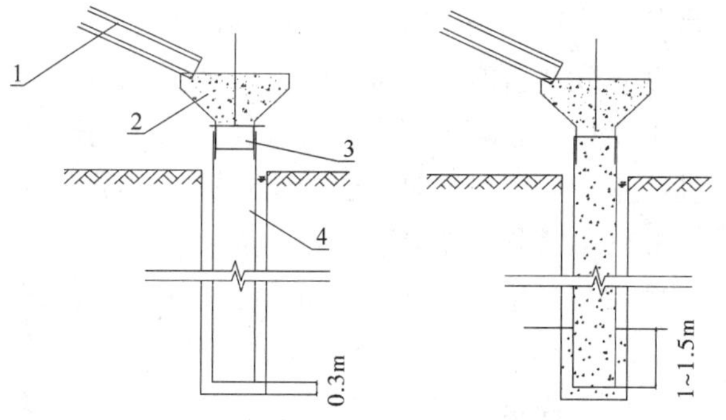

图5.2.2　灌注桩混凝土灌注程序示意图

1—混凝土滑槽；2—漏斗；3—球栓；4—导管

5.2.3 基坑开挖

根据设计基坑的地质资料，确定每层基坑的开挖深度，基坑的开挖需考虑地质的时效性及地小水对基坑的影响。开挖采用人工配合机械开挖，基坑的开挖深度按公式（5.2.3-1）、（5.2.3-2）确定。如开挖过程中遇到地下水，需采取降水或注浆帷幕等防水措施。

$$H = \frac{2c}{v\sqrt{K_a}} \qquad\qquad (5.2.3-1)$$

$$K_a = \tan^2(45° - \frac{\theta}{2}) \qquad\qquad (5.2.3-2)$$

式中　H——基坑开挖深度（m）；

　　　c——开挖土体的内聚力（kN）；

　　　ϕ——开挖土体的内摩擦角（°）。

开挖出来的土堆于基坑外侧，堆土坡脚距槽边1.0m以外，堆土高度不超过1.5m，堆土坡度不宜陡于自然休止角。

基坑断面尺寸较大时，则需确定基坑开挖顺序，分层进行开挖。土方开挖工程中，严格控制两边的边坡坡比，根据不同的土质，不同的开挖深度，以保证坡体不滑动为原则进行放坡。如在开挖时出现滑坡现象，必须立即停止开挖，并对坡体进行加土（或堆砂包）护坡处理。开挖过程中需严格控制每段土方开挖长度，上下两层土体交界处均应放坡，不能超挖成竖直面，以防止塌方。

5.2.4　井壁施工

1. 灌注桩与护壁的连接

悬挂式基坑支护的关键点之一是剥离的灌注桩同混凝土基坑护壁的有效结合，为此我们采用植筋法增加桩基同护壁的连接力，确保桩基同护壁的连接，为保证护壁将来作为结构物的整体质量，要求桩基必须冲洗干净，不能有夹杂现象的发生。

2. 上、下护壁的连接

护壁的连接采用直接法+注浆法。

1）直接法

在模板上部设置高30cm的漏斗型的浇筑口，先浇混凝土下方，当混凝土浇筑至封口高度时，依靠浇筑压力（需$0.4kg/cm^2$）和振捣器将混凝土缝隙填充密实。待漏斗部分的混凝土硬化后，表面修凿平整。

2）注入法

为提高接缝处的严密性，对上、下混凝土护壁接缝处采用注入法进一步加强施工。

注入材料宜采用水泥基渗透结晶型防水材料，该种材料是主要用于地下混凝土结构的自防水，其防水的主要原理是：防水材料中的活性化学物质在水的作用下促使硅酸二钙与水泥水化过程中产生的$Ca(OH)_2$发生反应，在混凝土毛孔内部生成不溶于水的枝蔓状结晶体硫铝酸钙（$3CaOAl_2O_3CaSO_4 \times 32H_2O$），以此来堵塞混凝土毛细孔，从而提高混凝土的抗渗性。此类材料适用于所有混凝土结构的永久性防水、防潮，同时它还能起到提高混凝土强度和保护钢筋的作用。

5.2.5　底板与桩基、井壁的连接

底板与桩基的钢筋采用植筋法连接，底板与井壁预留筋采用绑扎连接。混凝土坍落度一般控制在$12 \pm 2cm$为宜。一次混凝土浇筑高度以50cm为宜，并力求四周混凝土均匀上升。

混凝土浇筑完成12h内，应进行覆盖，湿润养护14d以上。

6. 材料与设备

6.1　材料

本工法所用材料应满足下列要求。

1. 水泥：宜采用强度等级42.5级普通硅酸盐水泥，应有出厂合格证，并经见证取样复试合格。

2．钢管桩或钢筋：符合设计要求和国家现行标准规定，应有出厂合格证，并经见证取样复试合格。

3．砂：宜用中粗砂，含泥量不应超过2%，不得含有草根等杂物。

4．石子：粒径5~15mm，含泥量不应超过1%。

5．掺合料：磨细矿粉、粉煤灰等。

6．外加剂：按有关技术规定执行，并由试验室试配确定。

7．水：应用自来水或不含有害物质的洁净水。

6.2 设备（表6.2）

机具设备表 表6.2

序号	名　称	需 用 量		备　注
		单 位	数 量	
1	打桩机	台	1	
2	吊车	台	1	
3	泥砂泵	台	2	
4	抓土机	台	1	
5	装载机	台	2	
6	自卸车	台	4	
7	发电机组	台	1	
8	混凝土搅拌站	套	1	
9	混凝土搅拌机	台	1	
10	混凝土输送车	台	2	
11	混凝土振动棒	台	10	
12	潜水泵	台	6	
13	钢筋加工机械	套	1	

7. 质 量 控 制

7.1 质量标准

1．《建筑桩基技术规范》JGJ 94。

2．《给水排水管道工程施工及验收规范》GB 50268。

3．《给水排水构筑物施工及验收规范》GB 50141。

4．《混凝土结构工程施工质量验收规范》GB 50204。

5．《混凝土强度检验评定标准》GB/T 50107。

6．其他现行的与本工法有关的规范标准技术规程等。

7.2 质量控制要点

7.2.1 测量放线所用的仪器等须经检验校核，误差在允许范围内方可使用。

7.2.2 桩基同护壁的连接前，桩基必须冲洗干净，植筋法连接时，要严格按照操作规程进行。护壁浇注混凝土坍落度控制在12±2cm为宜。一次混凝土浇筑高度以50cm为宜，并力求四周混凝土均匀上升。

7.2.3 混凝土浇筑完成12h内，应进行覆盖，湿润养护。

7.2.4 悬挂法施工基坑护壁或竖井的允许偏差（表7.2.4）。

悬挂法施工基坑护壁或竖井的允许偏差 　　　　　　　表7.2.4

序号	检查项目			允许偏差（mm）	检查数量		检查方法
					范围	点数	
	井尺寸	矩形	每侧长、宽	不小于设计要求	每座	2点	挂中线用尺量测
		圆形	直径				
	进、出井预留洞口		中心位置	±10	每处	1点	用钢尺量测
			内径尺寸	±10			
	井底板高程			±30	每座	4点	用水准仪量测
	井壁垂直度			0.1%H	每座	1点	用垂线、角尺量测
	水平扭转度			0.1%B			
	预埋件中心线位置			±10	每件	1点	用钢尺量测

注：H 为竖井的高度（mm）；B 为后背墙的长度（mm）。

8. 安 全 措 施

8.1 建立完善的施工安全保证体系，进行现场危险源调查，制定管理方案和应急计划，落实安全检查整改制度，制定奖罚措施。

8.2 本工法实施前应由专职安全员对操作人员进行安全技术交底。

8.3 拌合、运输、起重等设备的操作人员必须经过培训考核，持证上岗且在使用前均应检查其性能是否可靠，确保设备运行安全。

8.4 施工现场内的一切电源、电线路的安装与拆除，必须由专职持证电工作业，电器严格接地、接零和使用漏电保护开关。

8.5 测量定位操作时，操作人员应穿戴安全帽及反光背心，在道路上操作时，必须指派专人观察交通，引导车辆，操作人员禁止随意跑动。

8.6 钻机就位前，作业范围内无障碍物，施工现场与架空输电线路的安全距离符合规定。钻机就位时，钻机架基础需夯实、整平，轮胎式钻机的钻架下应铺设枕木，垫起轮胎，钻机垫起后应保持整机处于水平位置。钻机作业范围内无障碍物，高空障碍物应及时予以移出。提钻、下钻时，轻提轻放，在钻机下和井孔周围2m以内及高压胶管下不得站人。地质变化时转速加以控制，以保证安全运转。泥浆池、成孔待灌桩周围必须设置1.2m高的安全护栏。已埋设护筒未开钻或已成桩护筒尚未拔除的，应加设护筒顶盖或铺设安全网遮盖。夜间施工时，在泥浆池周围悬挂红灯进行警示，闲杂人员不得进入泥浆池周围，施工人员必须穿戴夜间反光背心。起吊作业时指派专人统一指挥，参加起重安全的起重工。

吊装作业范围内设安全警戒线，非操作人员禁止入内。一旦挂钩完成，则所有人员撤离吊装物的影响范围，由绳索控制，吊装物的位置。所有钢筋笼的吊装点进行钢筋绑焊固定，防止开焊发生事故。

8.7 基坑开挖时严格控制基坑开挖深度，派专人进行观测，一旦基坑立面无法自立，需立即采取加固措施。当井壁上有涌水时，预埋胶管，把水引入积水坑，抽排出井外，并对涌水点周围排管注浆堵水。基坑开挖出土弃至基坑边线外至少1m处，堆土不超过1.5m，应尽可能将土方倒运至远离基坑的位置以方便施工并保证安全。

8.8 植筋操作时操作人员要按要求佩戴防护用具，严格按照植筋操作规程进行植筋操作。

8.9 浇筑混凝土前要再次检查模板质量，确保模板安全可靠。进行混凝土浇筑施工时，操作人员需佩戴绝缘防护用品以防振捣器具漏电。

9. 环 保 措 施

9.1 建立、健全施工期间环境管理体系和各项环境管理规章制度，如调查环境因素，制定环境管理方案和应急计划，落实环境交底制度和检查制度，制定奖罚措施等。

9.2 施工场地合理布局、优化作业方案和运输方案，保证施工安排和场地布局，在居民区施工时应采取隔声降噪措施，并应尽可能避开夜间施工。

9.3 施工人员的生活污水要排入市政排水系统，禁止随地乱排。

9.4 配备专用洒水车，在施工过程中随时对场区和周边道路及时洒水降尘。

9.5 超标严重的施工场地安设必要的噪声控制设施，施工现场应设立噪声隔声棚较少混凝土搅拌产生的噪声。

9.6 自备发电机做隔声处理，有电力供应时不许使用自备发电机。

9.7 施工产生的渣土要集中堆放，必要时覆盖防尘。

9.8 土方运输选择合格的运输车辆，做到运输过程不散落，车辆出场冲洗车轮，减少车辆携土，保证施工现场及道路的清洁。

10. 效 益 分 析

10.1 采用悬挂式施工，井壁与土体之间粘结力和摩擦力不仅可利用来承受垂直荷载，而且还可充分利用它承受水平风力和地震作用所产生建筑物底部巨大水平剪力和倾覆力矩，从而大大提高了抗震效应；采用了悬挂式竖井结构施工，可以利用结构本身作内支撑。由于结构本身的侧向刚度是无限大的，可以从根本上解决维护墙的侧向变形，从而使周围环境不至出现因变形值过大而导致路面沉陷、基础下沉等问题，保证了周围建筑物的安全。

10.2 由于悬挂式施工的竖井，采取井筒结构自身支撑体系，底部施工的作业方法，可以在竖井周围道路继续通车的情况下，进行道路地下作业，从而避免了因堵车绕道而产生的损失。由于悬挂式施工是先施工少量的桩基，再向下挖土施工基坑护壁，故其在施工中的噪声大大降低，从而避免了因夜间施工噪声问题而延误工期。扬尘方面：通常的地基处理采取开敞开挖手段，产生了大量的建筑灰尘，从而影响了城市的形象；采用悬挂式施工，由于其施工作业在封闭的地表下，可以最大限度的减少扬尘。

11. 应 用 实 例

11.1 工法在郑州市马头岗污水处理厂厂外干管工程中的应用

郑州市马头岗污水处理厂厂外干管工程于2004年11月开工，整体工程结束于2007年3月。工程毗邻沙化干沟河流和污水泵站，且在15号接收井交汇D2400、D1800、D1600三条管道，局部施工难度很大。

经现场调查，认为常规的开槽或沉井施工工艺无法进行施工，虽决定采用悬挂式基坑支护工程进行了该构筑物的施工。

由于施工工艺选择准确，故该构筑物施工速度快、质量得到保证，施工安全程度高，防止了周围地基出现下沉，工程顺利完工。

11.2 工法在郑州市107国道污水工程中的应用

郑州市107国道污水工程2001年7月开工，2003年6月竣工，该工程施工时8号井位置东边有一道

DN1400给水管和一道热力管道，距离2m左右；西邻一栋7层居民楼，距离2.5m左右，环境对施工非常不利。

经现场调查，认为常规的开槽或沉井施工工艺无法进行施工，经研究决定采用悬挂式基坑支护进行该构筑物的施工，以确保周围环境不受较大影响。

工法实施后工程得以顺利实施，施工工期也有一定程度缩短，工程造价相应有明显降低，同时还有效防止了周围地基出现下沉，工法实施情况表明该工法技术是一种很有发展前途和推广价值的深基坑支护技术。

11.3 工法在济源市五三一工业集聚区高新园一号线二标段道路及排水管网工程中的应用

该工程位于济源市五三一工业集聚区高新园，2008年4月开工，2008年8月竣工。开工伊始，园区内已有大量建筑，排水工程施工受场地限制的情况非常严重，同时该工程工期又非常紧。

在施工过程中，项目部技术人员经过现场调查及方案对比，决定用悬挂式基坑支护施工工法进行排水工程构筑物的施工。

该工法的应用解决了施工中的难题，加快了施工进度，实用有效且安全可靠，保证了施工质量，应用效果良好。

卵石层深基坑环状闭合支护体系施工工法

GJEJGF011—2010

甘肃省建设投资（控股）集团总公司

王世新　蒲小平　黎粤桥　徐成贤　何霁耀

1. 前　言

随着城市的不断发展和大规模兴建，高层和超高层建筑不断涌现，深基坑工程的建设越来越多。目前国内基坑支护已形成多种施工工艺方法，不同的施工方法具有不同的适用条件，甚至个别施工方法不能很好地与场地相适应。因此，如何因地制宜地选用经济、安全、可靠的支护方法就显得尤为重要。

环状闭合支护体系就是针对特殊的工程地质构造、场地不能进行放坡和地下水位较高的条件，在基坑侧壁这一立体空间上将土钉墙技术、支护灌注桩技术和预应力锚杆技术等有效的组合应用，改变了一桩到顶或一墙到顶的支护结构形式：一是在基坑上部土体采用土钉墙支护，缩短了土钉墙以下灌注桩的悬臂长度，减少了桩的嵌入深度；二是土钉墙以下按基坑形状布设支护灌注桩，桩顶冠梁闭合贯通，设置预应力锚杆锚入桩顶共同作用；三是研制开发 "水下灌注混凝土桩顶标高控制器技术"，精确控制了混凝土灌注量，减少了混凝土桩头破除的建筑垃圾，解决了水下灌注混凝土桩顶标高控制难点。该工法通过甘肃建工−瑞景1号楼、甘肃省肿瘤医院门诊综合楼、兰州凯地·华丽家族住宅楼等基坑工程进行了成功的应用，取得了显著的社会效益、经济效益和环境效益。其关键技术于2011年2月26日通过了甘肃省住房和城乡建设厅组织的由张嘉亮、藤文川等专家组成的专家委员会的鉴定，鉴定 "卵石层深基坑环状闭合支护体系施工应用技术" 达到国内领先水平，并于2011年3月15日，被甘肃省建筑业联合会评审为甘肃省省级工法，具有广阔的推广和应用前景。

2. 工 法 特 点

2.1 为确保基坑上部土体的稳定，基坑上部应用土钉墙支护技术。该技术具有工程造价低；场地适应能力强；施工机具轻便，噪声小的优点。

2.2 为控制水下灌注混凝土的标高，研制开发水下混凝土灌注桩顶标高控制器技术，如图2.2所示。

2.3 土钉墙以下按基坑形状布设支护灌注桩，桩顶冠梁与桩刚性连接、闭合贯通，主要承担抵抗土体侧压力。灌注桩施工简便，可用机械钻（冲）孔或人工挖孔，施工中不需要大型机械，且无打入桩的噪声、振动和挤压周围土体带来的危害，具有成本低的优点。

2.4 桩顶冠梁内设置预应力锚杆锚入桩顶，并施加预应力，减小下层土体对桩的推力。

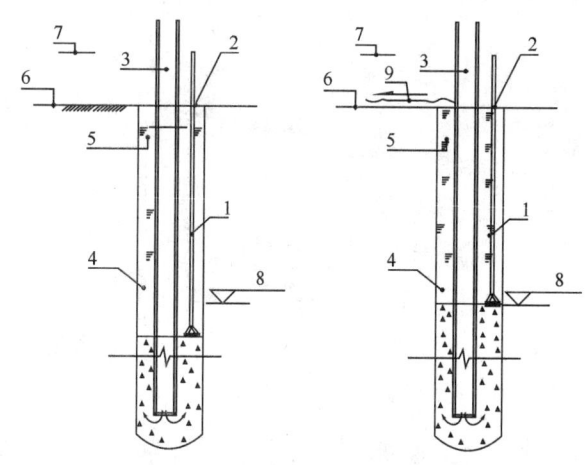

图2.2　桩顶标高控制器图

1—桩顶高程控制器；2—控制器限位器；3—导管；4—支护桩；5—泥浆；6—自然地面；7—室内地坪；8—混凝土面；9—溢出的泥浆

2.5 支护桩外露侧立面，安装单层双向钢筋网片与桩连体，混凝土喷面，稳定桩间土；使支护桩、闭合冠梁、预应力锚杆、钢筋混凝土面层形成一个环状闭合支护体系。

3. 适 用 范 围

本工法适用于工程建设场地狭窄、无放坡场地、施工条件差，地下水位高、降水深度大、黄土、淤泥、含砂、卵石及强风化砂岩层等复杂地质条件下的深基坑工程。

4. 工 艺 原 理

采用基坑整体结构分析模型（该模型考虑土钉墙、支护灌注桩与应力锚杆和冠梁组成的体系）进行分析。土钉墙可根据上部土体的厚度，对土钉长度、竖向、横向间距，面层混凝土厚度进行计算确定；支护桩与应力锚杆的长度、间（排）距、直径可根据上部土体和下部卵石层的深度进行分析计算确定。

4.1 土钉墙工艺原理

土钉墙是一种原位土体加筋使土体牢固粘结形成的复合体以及面层构成，用于深基坑支护与天然土坡的稳定，是基坑边坡加固，经济、快捷而又行之有效的技术方法。

4.2 支护灌注桩工艺原理

支护桩是嵌固于土钉墙底部以下的悬臂受力构件，它是支护结构中抵抗侧压力的主要受力构件，桩顶冠梁将单桩刚性连接成整体的框架受力结构。

4.3 预应力锚杆工艺原理

桩顶最大位移随着坡顶超载和桩间距的增大而增大，通过锚杆的主动受力增强了桩的抗推力，减小桩顶位移，与桩体共同作用抵抗基坑侧壁主动土压力。

4.4 桩间土面层工艺原理

桩体外露侧立面安装钢筋网片与桩连体，混凝土喷面，有效地稳定桩间土。工艺原理如图4.4所示。

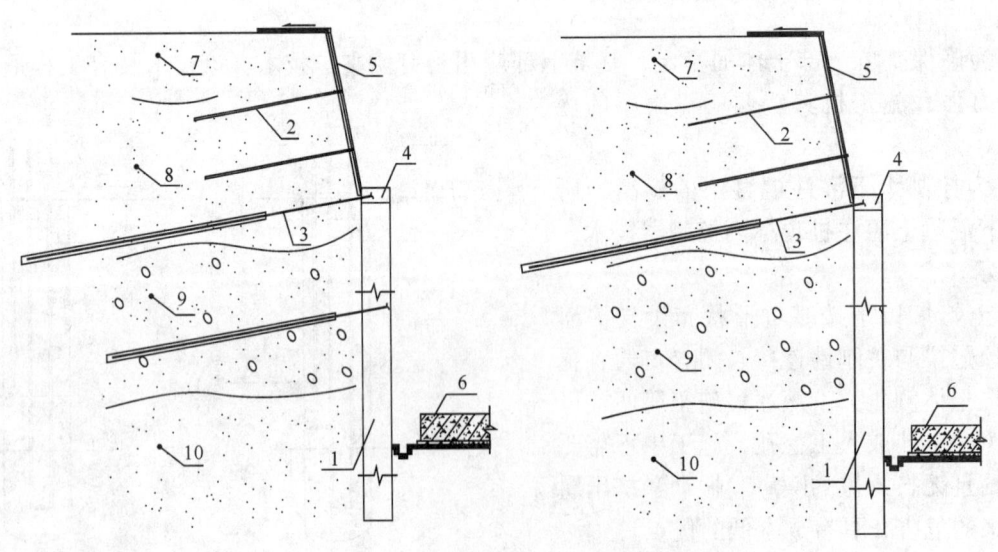

图4.4　工艺剖面示意图

1—支护桩；2—土钉；3—锚杆；4—冠梁；5—混凝土护面；6—筏板；
7—杂填土；8—粉状土；9—卵石层；10—强风化砂岩

5. 施工工艺流程及操作要点

5.1 工艺流程

场地平整→支护桩、降水井布点→支护桩、降水井施工→降水→土方分层开挖→土钉墙施工→清理桩头→锚杆施工→冠梁施工→土方分层开挖→支护桩侧立面钢筋网片、混凝土施工→面层混凝土养护→下一层土方开挖。

5.2 操作要点

5.2.1 土钉墙施工

基坑放线→开土方开挖→修整边坡→土钉成孔→安放土钉→孔内注浆→钢筋网片安装→喷射面层混凝土→养护→下一层土方开挖。

1. 基坑放线

场地平整，用测量仪器准确定出基坑坡顶外边线，用木楔和白灰做出开挖线标记。

2. 土方开挖

土方按设计深度分层开挖，平整土钉墙操作面层。

3. 修整边坡

土方开挖同时修整边坡，坡面平整符合要求。

4. 土钉制作、成孔

1）钢筋土钉采用HRB335级钢筋制作，每间距1.5~1.8m设置对中支架。钢筋土钉采用钻孔机预先成孔，再放入土钉。

2）钢管土钉选用3.5mm厚DN48钢管，土钉花钢管按长度的1/3制成花眼，花眼为$\phi 8 \sim \phi 10mm$的梅花点3排布置，间距300mm，前端制成尖形用锚杆机直接钉入。

5. 土钉孔注浆

土钉注浆时，采用底部注浆法，即用注浆导管将水泥浆送到底部，直至口部流浆后，封堵、加压。注浆压力0.4~0.6MPa，土钉孔返浆后即可停止注浆。水灰比控制在0.45~0.5范围内。

6. 安装钢筋网

按设计要求绑扎钢筋网，土钉端头加焊螺纹钢井字压筋。

7. 喷射混凝土

钢筋网安装完成后，按施工层次、层厚喷射混凝土。

8. 养护

喷射混凝土终凝2h后，应喷水养护，养护时间根据气温确定，宜为3~7h。

9. 下一层土方开挖

当上一层支护强度符合要求后，开挖下一层土方。

5.2.2 支护灌注桩施工

桩点定位→桩机就位→安装钢护筒→制备泥浆冲击成孔至预定深度→清孔、置换泥浆至比重符合要求→下钢筋笼→下导管灌注混凝土达到标高要求→封孔、养护→桩机移位进行下一根桩的作业。

1. 桩机就位，安装钢护筒

在自然地面确定支护桩平面位置，布点，桩机就位，试打，加钢护筒，避免因打桩过程中水的冲刷导致塌孔，护筒位置应埋设正确和稳定，护筒与坑壁之间应用黏土填实。

2. 冲击成孔至预定深度

用冲击式钻孔架悬吊冲击钻头（又称冲锤）上下往复冲击，将土层或岩层破碎渣和泥渣挤入孔壁中。

3. 清孔、置换泥浆、测泥浆相对密度

1）清孔分两次进行。孔至设计深度后，射入较稀泥浆或清水，使孔中较浓的泥浆能置换或稀释出来，进行第一次清孔。

2）第二次清孔是在下放钢筋笼和导管安装完毕后进行。清孔过程中应测定泥浆的相对密度，清孔后的泥浆相对密度小于1.15，清孔结束后应测定孔底沉渣，其值应符合规范和设计要求。

3）清孔结束后用水平尺测量垂直度（不大于1%），合格后 应立即进行混凝土浇筑。

4. 下钢筋笼

钢筋笼验收合格后，采用吊车下钢筋笼，控制好笼顶标高。钢筋笼的吊装采用双点起吊，保持钢筋笼中心线与桩孔中心线重合。钢筋笼安放时应避免碰撞桩孔孔壁，采用慢起慢落逐步下放的方法；放入桩孔时，始终保持垂直状态，对准桩孔孔位徐徐下放。

5. 下导管

导管使用前须确保无堵塞，无漏水、渗水，经验收合格后方能使用，接头连接处须加密封圈，并上紧丝扣。待导管下完后，利用导管进行第二次清孔，在混凝土灌注前须再次用测绳量测孔深、孔底的沉渣厚度，同时须放好隔水栓，导管距孔底符合要求后才应允许灌注。

6. 灌注混凝土

1）混凝土灌注时，应检查隔水栓是否放置，首盘混凝土量应根据孔径进行计算，保证首盘混凝土埋管深度宜在0.8~1.2m，在混凝土灌注过程中，卸管时须测量混凝土面标高，以控制卸管节数，防止导管拔脱，造成断桩。

2）在混凝土的灌注过程中，必须抽样检测混凝土的坍落度，并对现场混凝土试块进行见证取样，并编号。

3）混凝土的灌注是确保桩质量的关键工序，单桩混凝土的灌注时间不易超过3h，并应连续灌注。

7. 利用水下灌注混凝土桩顶标高控制器技术

由于支护桩浇筑混凝土是在水下泥浆中进行，标高难以控制，针对这一难点，单位研制开发了水下灌注混凝土桩顶标高控制器技术，利用泥浆、混凝土密度的不同，其浮力也不同的特性，解决了这一难题。见图2.2桩顶标高控制器。

8. 封孔、养护

浇筑后的支护桩顶离地面约一定的深度，要封好井口自然养护，严防意外发生。

5.2.3 预应力锚杆施工（图5.2.3）

1. 施工桩顶冠梁时，应凿除桩头部分混凝土，露出钢筋，让桩顶与桩顶冠梁相互锚固，使整排护坡桩连为一个整体。

2. 成孔采用钻机、洛阳铲成孔的方法进行，锚杆采用普通预应力钢筋，设对中支架，注浆管随锚杆进入孔内，注浆管距孔底适宜深度。

3. 灌浆采用压力注入，压力为0.4~0.6MPa。锚杆注浆分二次注浆，一次注浆时，浆液水灰比1：0.5，二次高压注浆水灰比1：0.50~1：0.55；一次注浆终凝后5~10h后方可进行二次高压注浆。

4. 锚杆在锚固体强度达到15.0MPa以上并达到设计强度75%以上后，逐根张拉，稳定5~10min后进行锁定，张拉锁定值须达到设计要求。

5.2.4 桩间土面层施工

土方开挖→桩间土修整→网筋固定点安装→钢筋网片安装→水平加强筋通焊→喷射面层混凝土→养护→下一层土方开挖。

1. 土方开挖

土方按设计深度分层开挖，平整操作面层。

2. 桩间土修整

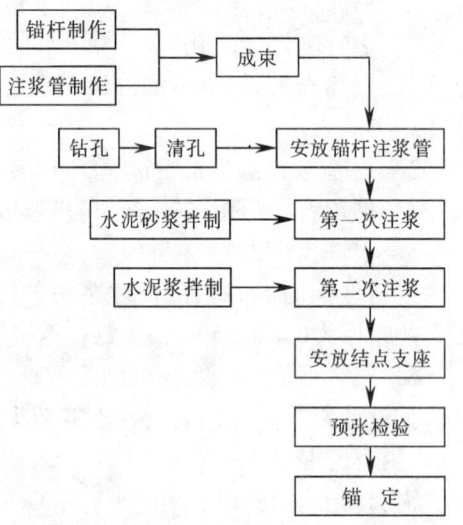

图 5.2.3 预应力锚杆施工工艺流程图

土方开挖同时修整桩间土面，面层平整符合要求。

3．固定点安装

钢筋网片上端固定点在桩顶冠梁面，采用 ϕ16膨胀螺栓，锚固深度不小于100mm，间距按桩距布设；桩体外露侧立面竖向间距1500mm，横向间距间距按桩距布设。

4．安装钢筋网

按设计要求绑扎钢筋网，横向与固定点加焊井字压筋。

5．喷射混凝土

钢筋网安装完成后，按施工层次、层厚喷射混凝土。

6．养护

喷射混凝土终凝2h后，应喷水养护，养护时间根据气温确定，宜为3~7h。

7．下一层土方开挖

当上一层支护强度符合要求后，开挖下一层土方。

5.2.5　监测技术与动态信息化施工

监测是确保工程建设安全的关键，是在施工过程中建立的动态设计体系。基坑施工受多种因素的影响复杂多变，通过监测测量各主要工序施工阶段的动态沉降、变形位移数值，进行逐次分析比较，及时修改反馈指导设计和施工。监测项目汇总表见表5.2.5。

监测项目汇总表　　　　　　　　　　　　　　　　　　　　表5.2.5

序号	监测内容	监测仪器	监测频率	监测目的
1	坡顶水平位移	欧波 FDT2GCL 电子经纬仪	初期：±0.00~-4m，观测 1 次/2d；中期：-4~-16m，观测 1~2 次/1d；后期：回填前 观测1~2 次/3d	基坑支护结构以及土钉墙水平侧移、沉降情况，对周边环境的影响情况
2	坡顶竖向位移	苏一光 DS05 水准仪	初期：±0.00~-4m，观测 1 次/2d；中期：-4~-16m，观测 1~2 次/1d；后期：回填前 观测1~2 次/3d	基坑支护结构以及周边环境、建筑物影响程度和范围
3	桩竖向位移	苏一光 DS05 水准仪	初期：±0.00~-4m，观测 1 次/2d；中期：-4~-16m，观测 1~2 次/1d；后期：回填前 观测1~2 次/3d	基坑支护结构以及周围土体的侧向位移
4	桩水平位移	欧波 FDT2GCL 电子经纬仪	初期：±0.00~-4m，观测 1 次/2d；中期：-4m~-16m，观测 1~2 次/1d；后期：回填前 观测1~2 次/3d	基坑支护结构以及周边环境、建筑物影响程度和范围
5	地下水位监测	卷尺、量绳	降水井试抽时量出深度初始值；基坑开挖时，每 2d 测一次；基坑开挖至槽底，每 1d 量测一次	随时了解基坑水位情况，保证最高水位点低于基坑底面 500mm

5.2.6　降水要求

采用基坑井点超前降水，保证在无水条件下施工，降水期间严格控制砂土流失（抽水含砂量小于等于0.5‰)，避免抽水过度引起周边地表下沉。

5.3　劳动力组织情况表（表 5.3)

劳动力组织情况表　　　　　　　　　　　　　　　　　　　表5.3

序　号	单项工程	所需人数	备　注
1	管理人员	5	
2	技术人员	5	
3	支护桩施工	40	
4	土钉墙施工	40	
5	锚杆施工	10	
6	杂工	4	
	合计	104	

6. 材料与设备

6.1 材料

6.1.1 进入施工现场的原材料均须有出厂合格证或质量保证书。

6.1.2 现场所用的钢筋、水泥、砂、石子等原材料及钢筋焊接接头进行见证取样，送检测中心进行复试，合格后方可使用。

6.1.3 使用商品混凝土，需考察商品混凝土厂家及其质量保证体系，每次灌注混凝土需提供混凝土配合比通知单。

6.2 设备（表6.2）

机具设备表　　　　　　　　表6.2

机械或设备名称	型号规格	数量	用于施工部位
电焊机	ZS7-200	1	钢筋焊接
空压机	LZ-13	1	土钉墙
锚杆机	PH150	1	土钉墙
水泥砂浆注浆泵	3SNS200L	1	土钉墙
小型搅拌机	GJW180	1	土钉墙
混凝土喷射机	GSP-7	1	土钉墙
钻机	CZ--22	6	灌注桩
钻机	CZ--60	4	灌注桩
测力设备	DY-2000	1	测力设备
吊车	10t	1	吊车

7. 质量控制

7.1 质量控制标准

工程质量控制标准见表7.1-1~表7.1-4，并严格按《建筑基坑支护技术规程》JGJ 120-99、《建筑地基基础设计规范》GB 50007-2002、《混凝土工程施工质量验收规范》GB 50204-2001、《锚杆喷射混凝土支护技术规范和标准》GB 50088-2002、《建筑基坑工程监测技术规范施工》GB 50497-2009，确保工程质量。

灌注桩质量检验表　　　　　　　　表7.1-1

项 目	序号	检查项目	允许偏差值		检查方法
			单位	数值	
主控项目	1	水泥及外加剂质量	设计要求		查商混产品证书和抽样送检
	2	水泥用量	参照指标		查看流量、计录
	3	桩身强度和完整性检验	设计要求		小应变全检
一般项目	1	桩底标高	mm	±200	测桩头深度
	2	桩顶标高	mm	+100、-10	水准仪
	3	桩位偏差	mm	<50	用钢卷尺
	4	桩径	mm	<0.04D	用钢卷尺
	5	垂直度	%	≤0.5	经纬仪

坑支护结构位移允许值（mm） 表7.1-2

基坑类别	控 制 值		
	桩顶水平位移（累计值）	相对基坑深度（h）的水平控制值	桩顶最大沉降量
一级基坑	30	0.3%	20
二级基坑	50	0.6%	30
三级基坑	70	0.7%	40

注：h——基坑开挖深度

基坑支护结构的表观效果要求表 表7.1-3

序号	项 目	表观效果要求	检测方法
1	侧壁渗漏	局部有渗漏	观察
2	坑底稳定	无塑性隆起	观察
3	环境影响	对周边建筑物、构筑物未造成影响，无明显变化	监测

土钉墙及锚杆质量检验表 表7.1-4

项 目	序号	检查项目	允许偏差值		检查方法
			单位	数值	
主控项目	1	锚杆土钉长度	mm	±30	用钢尺量测
	2	锚杆锁定力	按设计要求		现场实测
一般项目	1	锚杆或土钉位置	mm	±100	用钢尺量测
	2	钻孔倾斜度	℃	±1	测锚杆机角度
	3	浆体强度	按设计要求		试样送检
	4	注浆量	大于理论计算量		检查计量数据
	5	土钉墙面厚度	mm	±10	用钢尺量测
	6	墙体强度	按设计要求		试样送检

7.2 支护灌注桩质量控制措施

7.2.1 工程采用冲击成孔泥浆护壁水下混凝土灌注桩，成孔后要重新用钢卷尺复测桩位，保证桩顶误差不大于50mm。

7.2.2 施工定位打桩机到达桩位时，使桩锤、钢丝绳与桩位成同一条垂直线，调正桩架，保证施工定位误差和桩身垂直度偏差在允许值范围内。

7.2.3 桩身采用商品混凝土浇筑，进场商混每车均需检测坍落度，将水灰比控制在0.5左右，并留置试块。

7.2.4 钢筋笼验收合格后，采用吊车下钢筋笼，控制好笼顶标高。钢筋笼的吊装采用双点起吊，保持钢筋笼中心线与桩孔中心线重合。

7.2.5 导管使用前须确保无堵塞、无漏水、渗水，经验收合格后方能使用，接头连接处须加密封圈，并上紧丝扣。待导管下完后，进行二次清孔，量测孔深、孔底的渣厚度，放好隔水栓，导管距孔底300~500mm，符合要求后才应允许灌注。

7.2.6 混凝土灌注时，应连续均匀，卸管时须测量混凝土面标高，控制卸管节数，防止导管拔脱，造成断桩。一次拆管不得超过6.0m，标高控制器显示达到预计高度时停止灌注。混凝土充盈系数要求大于1。

7.3 土钉墙质量控制措施

7.3.1 土钉施工需分层开挖，开挖深度在该层土钉下0.3~0.5m，一次性开挖长度不超过15m，开挖时尽量减少对土体的扰动，并预留5cm厚土体采用人工修理。

7.3.2 注浆时要严格按配比搅浆，并随成孔随注浆，注浆渗漏较多时，要进行二次、三次补浆直到注满，锚杆注浆后，一定长时间（2h内）内必须进行二次补浆，以确保锚固段长度来作为竣工验收的依据。

7.3.3 喷混凝土时，由专人检查网长及标志杆的安装，留置试块，以便检验混凝土施工质量。

7.3.4 横竖压筋要双面满焊，不得有气孔、咬肉。

7.4 预应力锚杆质量控制措施

7.4.1 进场的材料要有出厂合格证并做复试。

7.4.2 钻孔时遇有障碍物或异常情况应及时停钻、待情况清楚后再钻进或采取措施。

7.4.3 下锚杆前应隐蔽工程检查记录，下完后应注意锚杆的外露部分是否满足张拉要求的长度。

7.4.4 注浆要满实，要求对每根锚杆的水泥注入量进行记录。

7.4.5 注浆管要求绑扎牢固，防止插锚体时滑落。

7.4.6 锚杆成孔后应及时插入锚杆注浆，防止塌孔。

7.4.7 浆液搅拌必须严格按配比进行，不得随意改变。

7.4.8 注浆由孔底开始，边注边外拉浆管，并缓缓拔管，直至浆液溢出孔口后停止注浆。

8. 安 全 措 施

8.1 针对本工程的特点，制定各项施工技术安全措施，并组织全体施工人员进行专项交底会议，并做书面交底。坚持做好工人入场三级安全教育并考试取证，做到安全上岗持证率100%。

8.2 建立完善的施工保证体系，加强施工作业中的安全检查，确保作业标准化、规范化。

8.3 严格遵守施工操作规程和施工工艺要求，严禁违章施工。

8.4 对将要较长时间停工的开挖作业面，不论地层好坏应作网喷混凝土封闭。不得向基坑内投掷任何物品，进场施工人员必须佩戴安全帽。

8.5 临时用电应采用"三级配电、两级保护"的接线方式，电气设备和电气线路必须绝缘良好。

8.6 机械设备进场时必须经过验收，合格后方可使用。机械设备严格按操作规程进行操作，持证上岗。

9. 环 保 措 施

9.1 现场重大环境因素主要从水、气、声、渣、光5个方面进行控制。在施工过程中，实施全过程污染预防控制，尽可能地减少或防止不利的环境影响，达到环保要求。

9.2 施工前，对基坑附近建筑物、构筑物进行调查，以便采取相应保护措施。

9.3 施工中产生的废水、泥浆应排入泥浆池中，不得随意排放。降水井中抽出的地下水，经三级沉淀处理后，确认达标后排入市政管网，严禁不达标排放。

9.4 对施工场地道路进行硬化，施工现场应制定洒水降尘措施，指定专人负责现场洒水降尘和清理浮土。

9.5 现场运送各种材料、预拌混凝土、垃圾、渣土等采用有遮盖和防护措施，保证在运输过程中不污染道路和环境，不影响市容卫生。

9.6 夜间施工不超过22点，积极采取措施，控制施工噪声，做到施工不扰民。

10. 效 益 分 析

本工法根据地质构造形式，工程建设场地局限，在深基坑侧壁这一立体空间上将土钉墙技术、支护灌注桩技术和预应力锚杆技术等有效的组合，成功应用于深基坑工程建设中，保证了周边道路及建筑物的安全稳定，不仅降低了工程成本，取得了显著的经济效益同时也提高社会环境效益。 其优势特点为：

10.1 深基坑上部采用土钉墙技术是用于土体开挖和边坡稳定的一种新的挡土技术具有工程造价低；场地适应能力强；经济、可靠且施工快速简便的优点，与其他桩墙支护相比，工期可缩短50%以上，节约造价60%左右；而且土钉支护可以紧贴已有建筑物施工，从而省出桩体或墙体所占用的地面。

10.2 深基坑上部采用土钉墙支护，缩短了深基坑下部悬臂桩的长度，相应减少了桩的嵌入深度， 工期可缩短10%以上，降低工程成本25%左右。

10.3 深基坑下部采用灌注桩支护，施工简便，可用机械钻（冲）孔或人工挖孔，施工中不需要大型机械，且无打入桩的噪声、振动和挤压周围土体带来的危害，成本与其他工艺相比节省费用28%以上，工期可缩短35%以上。

10.4 开发应用水下灌注混凝土桩顶标高控制器技术，精确控制了桩顶标高，准确掌握了混凝土的灌注量，节约了成本1%以上，减少了破除混凝土桩头的建筑垃圾环节。

综合上述，在深基坑工程建设中应用本工法，工期平均可缩短35%以上，节约造价30%左右；工艺简便、操作快速、场地适应能力强、施工难度小，具有广阔的推广应用价值。

11. 应 用 实 例

甘肃建工·瑞景住宅1号楼基坑工程

11.1 工程概况

该工程建筑面积51280m²，地下3层，地上一层、二层为商铺，上部由两座33层塔楼组成。地质构成：①杂填土，层厚0.7~3.2m；稍密，稍湿；②粉质黏土：厚0.9~3.2m，层面埋深0.7~3.2m，湿~饱和，软塑；③卵石层：厚6.9~11.8m，层面埋深4.1~4.5m，局部为园砾或细砂；④强风化砂岩：层面埋深10.3~15.3m。地下水位埋深3.9~4.6m，类型属地下潜水。采用井点降水施工方法，施工期间要求水位保持在-16.50m以下。

11.2 设计与施工

基坑开挖深度16m；地质构造复杂，基坑侧壁安全等级为一级，筏板基础，南北长宽84.0m，东西宽44.0m。基坑东侧距离兰州市平凉路主干线人行道2.50m，南侧距二层办公房4m，北侧距离二层民房裙楼8m，西临住宅小区围墙6m。

根据地质构造形式及周边环境情况，支护设计确定：基坑四周-4.00m范围内应用土钉墙支护技术，1∶0.2放坡。东侧、西南角及西北角-4.00 m以下按基坑形状布设支护灌注桩@2000；桩顶设400mm×800 mm冠梁，设置预应力锚杆，并施加

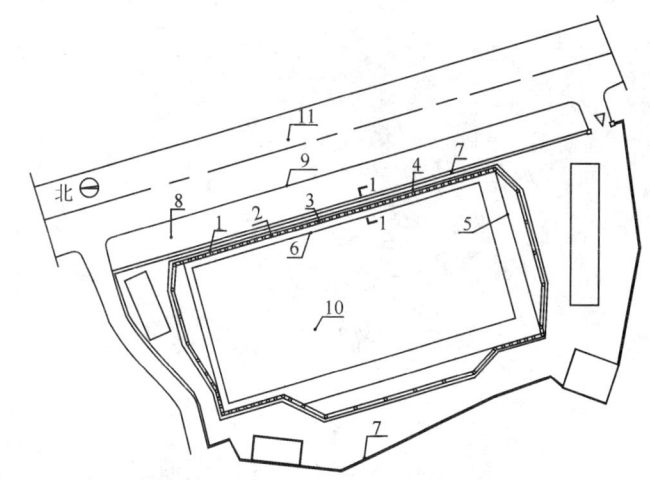

图11.1 基坑支护平面示意图

1—土钉墙；2—支护桩；3—冠梁；4—坡顶线；5—坡脚线；6—建筑物外墙线；
7—围墙；8—人行道；9—马路道牙；10—基坑底；11—城市主干道

预应力；桩外露侧立面安装 ϕ6@250 mm×250 mm单层双向钢筋网片，连接于桩体，混凝土喷面，稳定桩间土。该工程应用本工法，工期平均缩短了35%以上，节约造价30%左右。见图4.4基坑剖面。

工程施工时，由于支护灌注桩混凝土是在水下泥浆中进行，标高难以控制，单位技术人员利用泥浆、混凝土密度的不同，其浮力也不同的特性，发明了水下灌注混凝土桩顶标高控制器技术，解决了这一难点，准确的控制了混凝土的浇筑量，节约了成本10%以上，减少了混凝土桩头破除的建筑垃圾。见图2.2桩顶标高控制器。

本工程基础埋深16m，已穿透卵石层进入砂岩，地下水在卵石层与砂岩层接合部–10m处渗出，进入砂岩层面，造成桩间砂岩层塌陷，影响到了基础稳定，加大了支护难度，单位技术人员结合降水方案，在渗水处增设溢流管、暗沟、二次明沟、明坑降水等技术，解决了施工降水问题，有效地控制了坡体变形。

11.3　工程监测与结果评价

本工法在深基坑支护中的成功应用，保证了周边道路及建筑物的安全稳定。基坑施工自2010年6月5日开工，2010年9月10日完工，经监测组对施工全过程监测，基坑周边地表最大水平位移23mm，平均水平位移21mm；最大沉降值23.2mm，平均沉降值21.2mm，监测结果均在报警值范围以内、符合规定要求，在施工过程中未发生安全生产事故，加快了工程进度，取得了良好的社会经济效益。

新型钢盖板盖挖逆作施工工法

GJEJGF012—2010

腾达建设集团股份有限公司　　浙江舜江建设集团有限公司

卿淞　朱俊峰　金秋　王玲才

1. 前　　言

城市地铁车站及地下通道等大多设置于地面道路及地面建（构）筑物下面，且基坑深度越来越深。如采用常规的明挖顺作法进行施工，将面临阻断交通、市政管线搬迁复杂以及影响工程施工安全的难题，对社会影响较大。

新型钢盖板盖挖逆作法就是利用组合型钢盖板体系作为基坑顶部的临时交通通道，该工法由于在基坑顶部设置的专门用于社会交通的临时通道，通过合理施工组织及交通疏导可以做到基本上不影响交通施工，同时新型钢盖板又可重复利用，既可减少对地面交通和周围环境的影响和缩短工期，又可节省造价。

腾达建设集团股份有限公司2004~2010年期间在上海轨道交通6号线21A标上南路站、上海轨道交通10号线9标水城路站及上海轨道交通12号线5标东兰路站基坑开挖工程成功应用本工法，取得了显著的经济效益和社会效益。

2. 工 法 特 点

2.1　对地面交通的影响小。借用基坑顶部设置的专门用于社会交通的临时通道，可不封闭地面道路，减轻了因施工而造成交通拥堵的压力。

2.2　有利于地下管线的改排。地下管线情况选用合理的临时盖板，可减少管线改排的次数，减小了基坑施工过程中对管线的影响。

2.3　由于半盖挖基坑开挖占用的施工场地小，基坑内施工处于半封闭状态，能够很好的控制施工中的噪声、扬尘等污染。

2.4　一次性投入较高，但可重复利用，综合效益显著。

3. 适 用 范 围

本工法适用于基坑开挖深度大、处于交通繁忙且不可封闭交通以及周边环境保护要求较高区域的地铁车站或其他建（构）筑物地下结构施工。

4. 工 艺 原 理

利用基坑第一道钢筋混凝土支撑作为路面主梁，在上面铺设组合型钢钢盖板作为社会交通或施工便道，然后在路面系统下进行地下结构的施工，在半盖挖的基础上结合内部部分结构板逆作。在基坑开挖中，地下内部结构板部分逆作，每隔一跨或两跨板留置工艺洞用于出土及材料运输。逆作的结构板将基坑的围护结构连接成整体，同时兼作基坑支撑体系。

5. 施工工艺流程及操作要点

5.1 施工工艺流程

5.1.1 施工工艺流程（图5.1.1）。

5.1.2 施工工艺流程剖面示意（图5.1.2）。

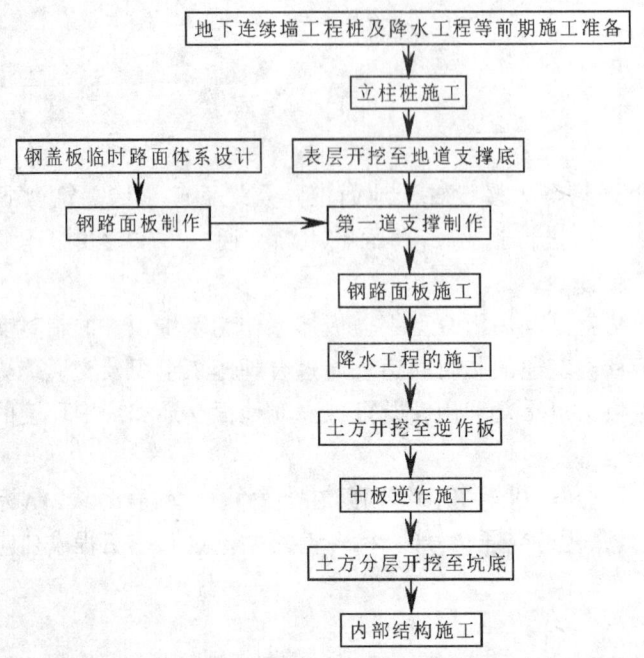

图5.1.1 新型钢盖板盖挖逆作施工工艺流程图

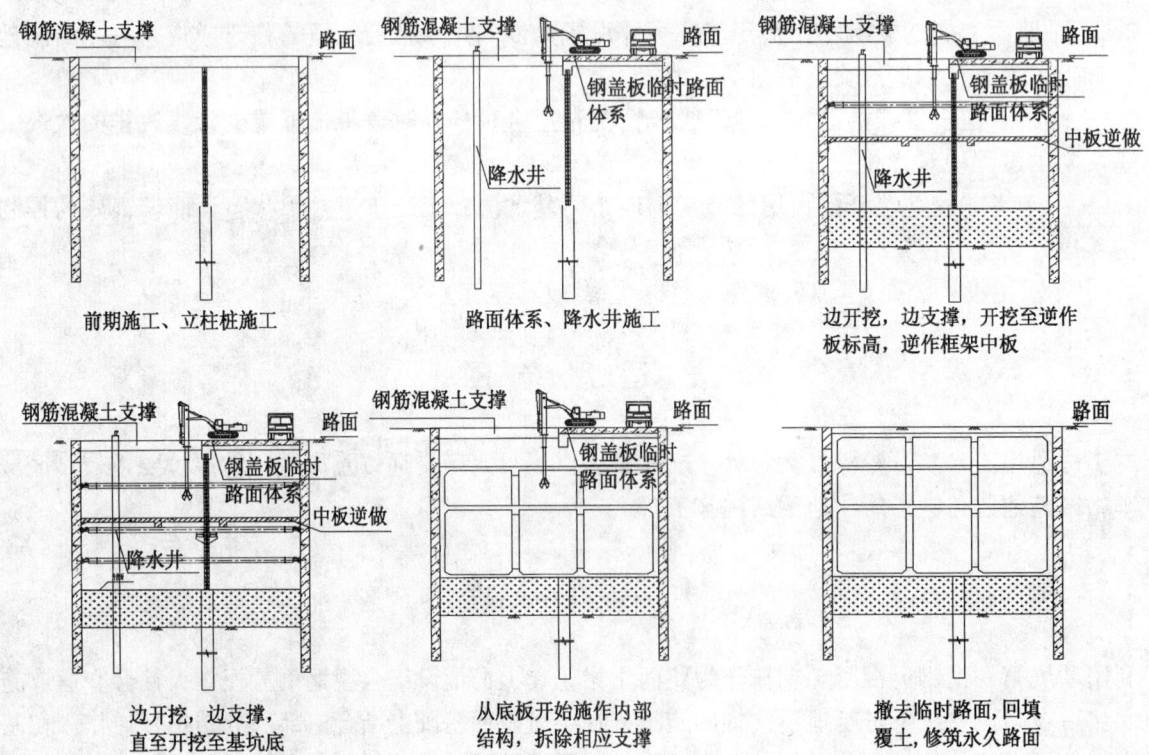

图5.1.2 新型钢盖板盖挖逆作施工工艺流程剖面示意图

5.2 设计及操作要点

5.2.1 立柱桩的设计与施工

1. 立柱桩的设计要求

立柱结构设计时，应根据施工过程中立柱的支承方式，合理选择其结构类型。以保证立柱的强度、刚度、稳定性，以及荷载能有效地传递给柱下基础。立柱桩下部一般采用钻孔灌注桩，上部设置钢格构柱或H型钢柱。

2. 格构柱的制作与安装

1）严格按焊接工艺要求进行施工。焊接设备应性能良好，焊接施工时，要加强质量监理。

2）格构柱的安装：格构柱校正架定位时除四边中心刻有"十字"线记号，用于对准桩孔中心外，还须将格构柱校正架各边与轴线垂直或平行。

3）将格构柱校正架与两块行车道板或钢板连接牢固，调整校正架保证水平，下放格构柱，插入钻孔桩设计顶标高以下设计标高位置。

4）格构柱每侧面与两根主筋焊接牢固，焊接采用双面焊，焊缝长度不小于5d，并用定位钢筋将格构柱固定在桩孔中心处。为保证下放过程中钢筋笼不变形，在笼顶第一道加强筋位置采用两根加强箍筋对笼顶易变形位置进行加强，然后将格构柱与钢筋笼用吊车整体起吊下放。下放过程中，用两台经纬仪双向观测控制，使安装后的格构柱上口居于中心，待上下二点垂直后入孔。确保一柱一桩钢立柱垂直度控制在1/300以内，中心偏差不大于20mm。

5）格构柱顶标高控制及固定：格构柱标高控制，预先用水准仪测定桩孔处校正架顶标高，然后根据插入孔内深度，在钢立柱上用红油漆标出柱顶标高位置，当钢立柱下放到位时，在格构柱两侧用L160×16角钢焊接固定在校正架上，格构柱标高控制为±20mm。

6）H钢桩的定位与安装：钻孔灌注桩施工时，在浇灌好下部混凝土之后40min内，经过孔口钢框架定位（定立柱桩的H型钢的轴线和标高），利用型钢的自重，在经纬仪和电水平仪跟踪下，准确插入H型钢，使型钢锚入灌注桩混凝土内至设计标高。见图5.2.1-1。

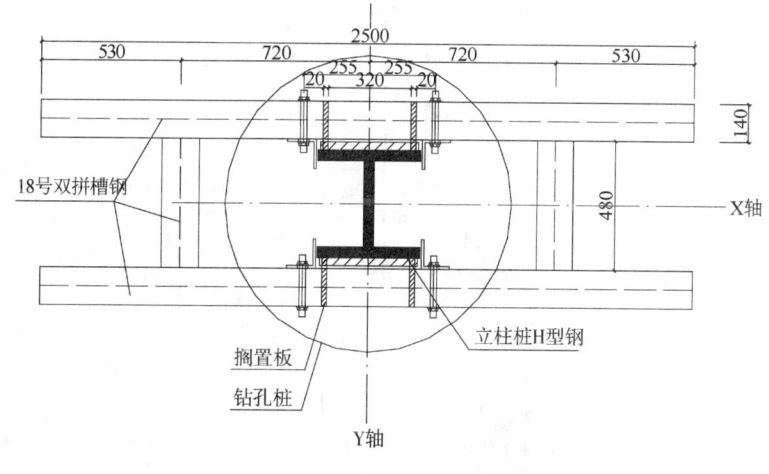

图5.2.1-1 H型钢定位示意图

3. 立柱与盖板梁连接节点处理

在基坑开挖后，为增加立柱的稳定性，在每一道支撑标高处，设置纵向联系梁与支撑、立柱形成稳定的空间约束，以保持立柱的稳定。由于第一道支撑兼作盖板的主梁，第一道纵向联系梁采用钢筋混凝土联系梁，立柱（以H型钢为例）与盖板主梁连接（图5.2.1-2）。

5.2.2 钢盖板路面施工

1. 钢盖板路面体系的设置

利用基坑第一道钢筋混凝土支撑作为路面主梁，采用双拼H型钢作为次梁，在上面铺设组合型钢钢盖板作为路面交通或施工便道。组合型钢盖板体系盖板尺寸根据覆盖宽度进行计算，如上海轨道交通6号线21A标上南路站工程采用2000mm（SBR-1）和3000mm（SBR-2）两种型号，SBR-1及SBR-2钢路面板结构及外形尺寸（图5.2.2-1、图5.2.2-2），钢盖板临时路面体系（图5.2.2-3、图5.2.2-4）。

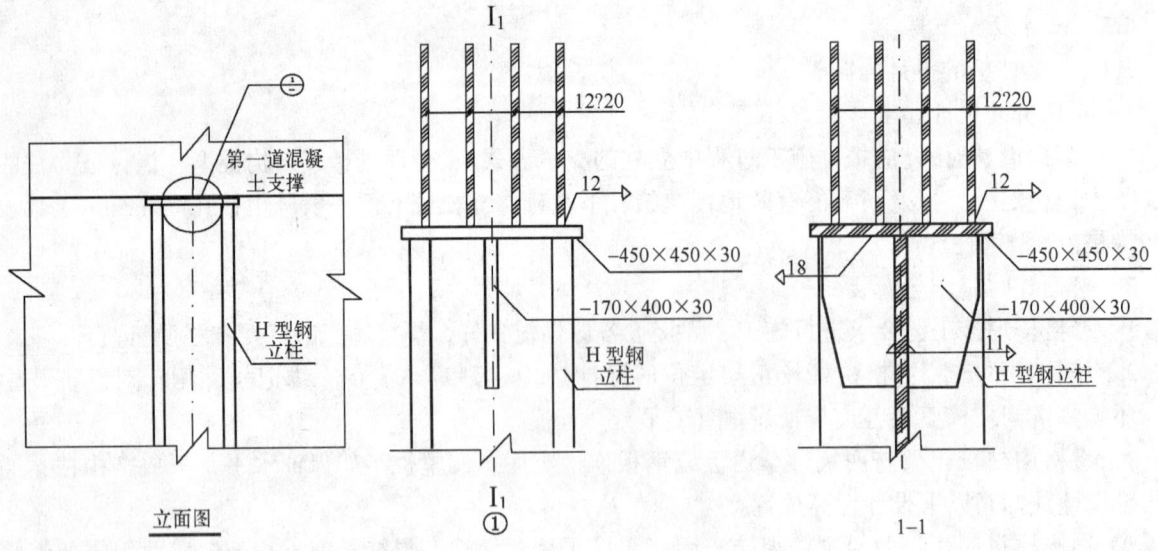

图5.2.1-2　立柱与盖板梁连接节点详图

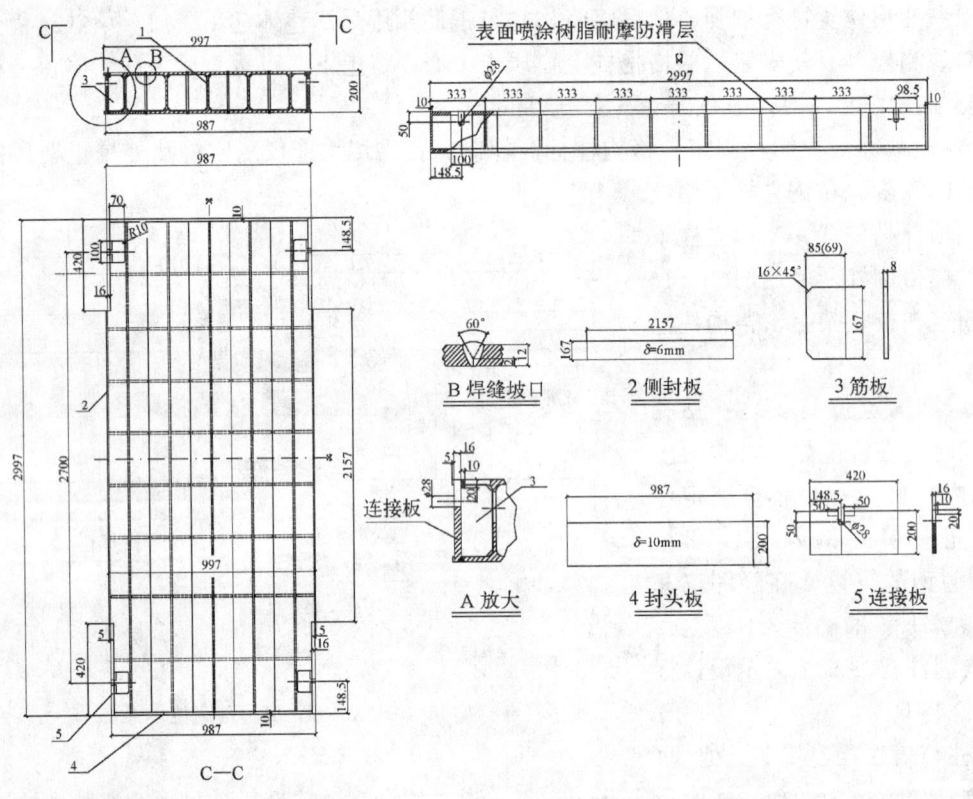

图 5.2.2-1　3m×1m钢路面板详图

2．钢路面板的制作

钢路面板的主材采用热轧压延H型钢，H型钢按设计长度切断后由5根横向并排焊接形成一整体，在其两侧用钢板补强，最后形成一长方形钢路面板，在其面板做纤维混凝土防滑层，具体见图5.2.2-5及图5.2.2-6。

钢路面制作流程：钢材矫正→放样和好料→构件标识→切割→制孔→组装，钢路面制作过程中应重点注意以下要求：

1）钢板选料应符合设计要求，为保证尺寸的准确，钢结构构件及节点应经实际放样号料后方能下料制作。

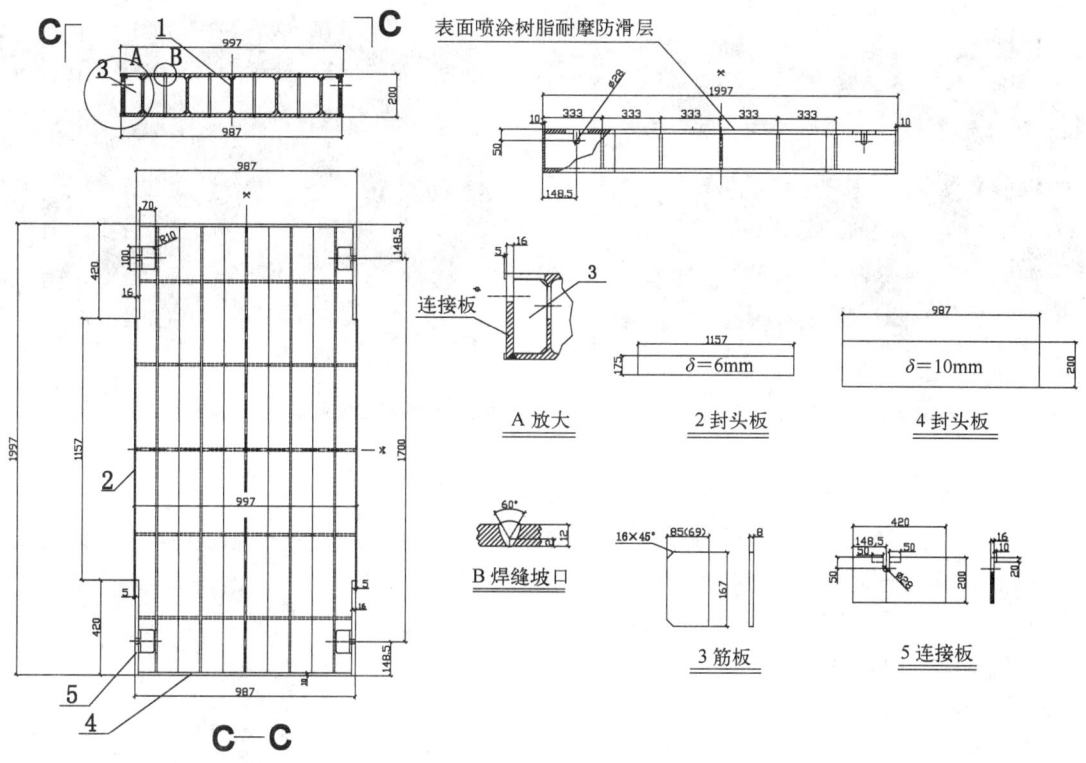

图 5.2.2-2 2m×1m钢路面板详图

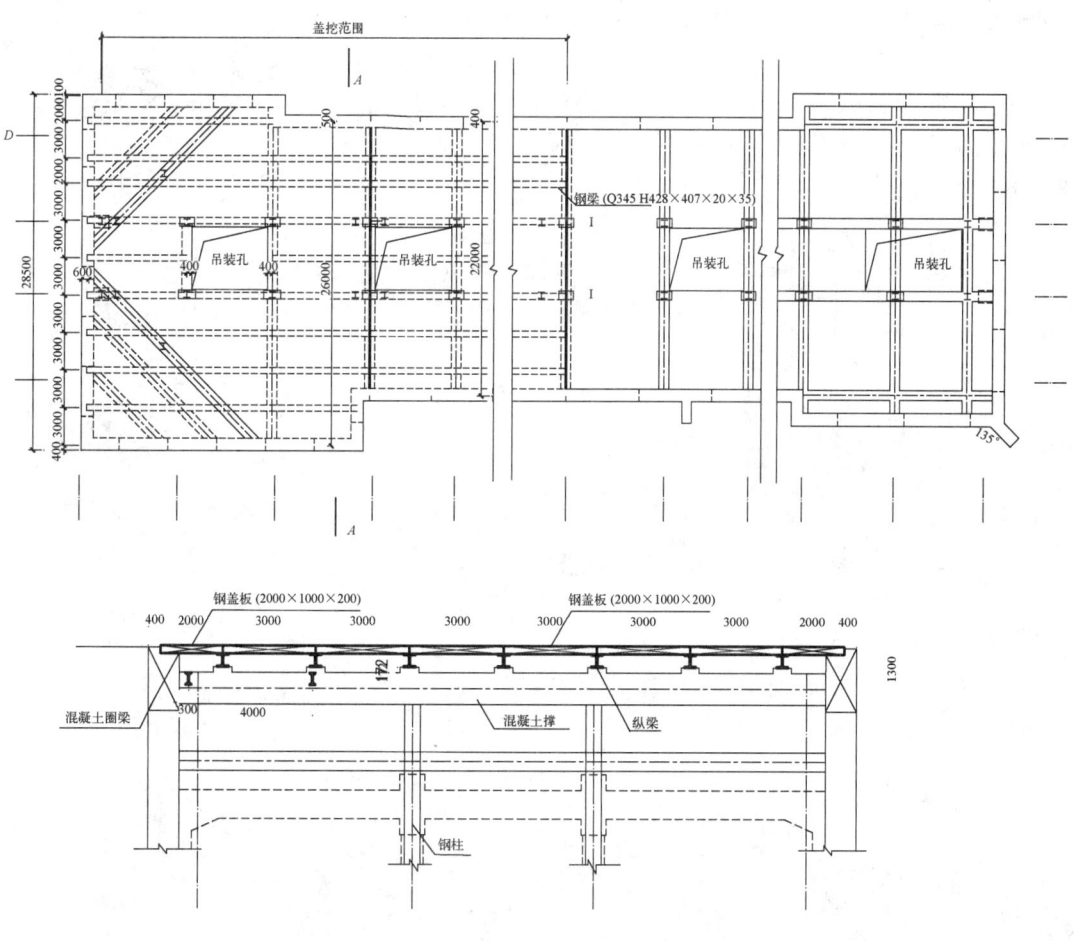

图 5.2.2-3 钢盖板临时路面示意图

图5.2.2-4　钢盖板临时路面实例

图5.2.2-5　钢路面板未上防滑层

2）组装前，零件、部件应检查合格，合格后开始组装。焊接连接组装的允许偏差应符合《建筑钢结构焊接规程》JGJ 81-2002要求，焊缝质量检验按照国家标准《钢结构工程施工及验收规范》GB 50205-2008执行验收。

3．连接系统

连接系统夹具（图5.2.2-7）。

4．钢路面板的铺设

在第一道混凝土横支撑上架设纵梁，纵梁规格H502×470×20×25或H500×300×11×18双拼成箱形纵梁，纵梁中心线间距为路面板的宽度。如管线搬迁采用盖板下管线悬吊则纵梁高度为600mm。钢纵梁对接和钢纵梁与砼横撑间的联系节点及施工（图5.2.2-8、图5.2.2-9）

图 5.2.2-6　钢路面板已做防滑层

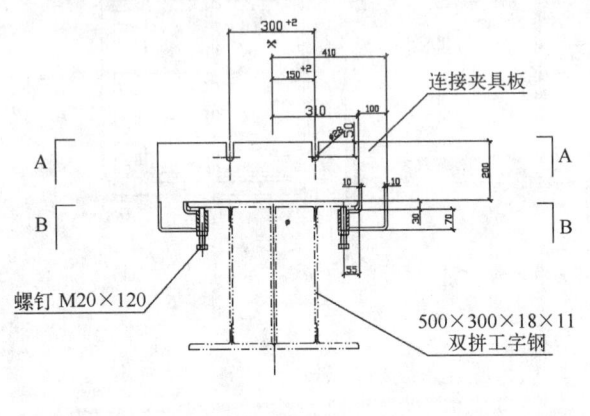

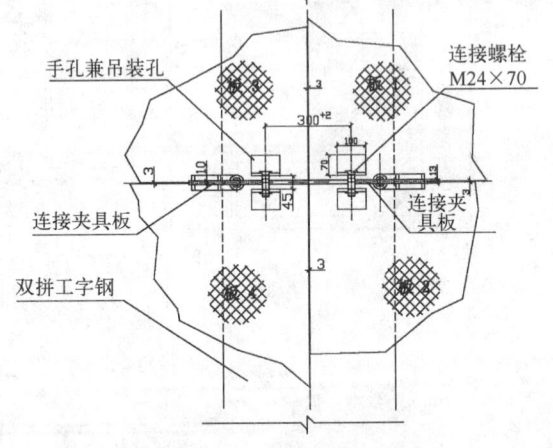

走道板安装连接点平面图

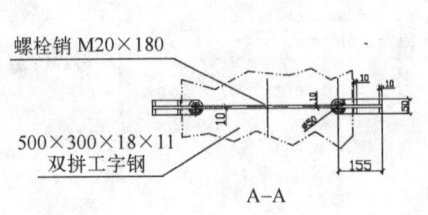

A—A

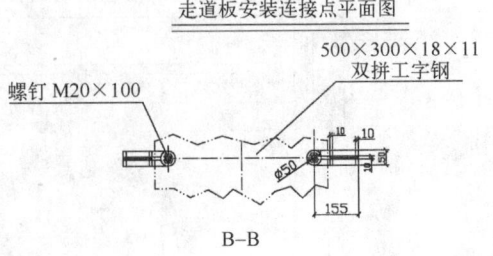

B—B

图5.2.2-7　连接夹具详图

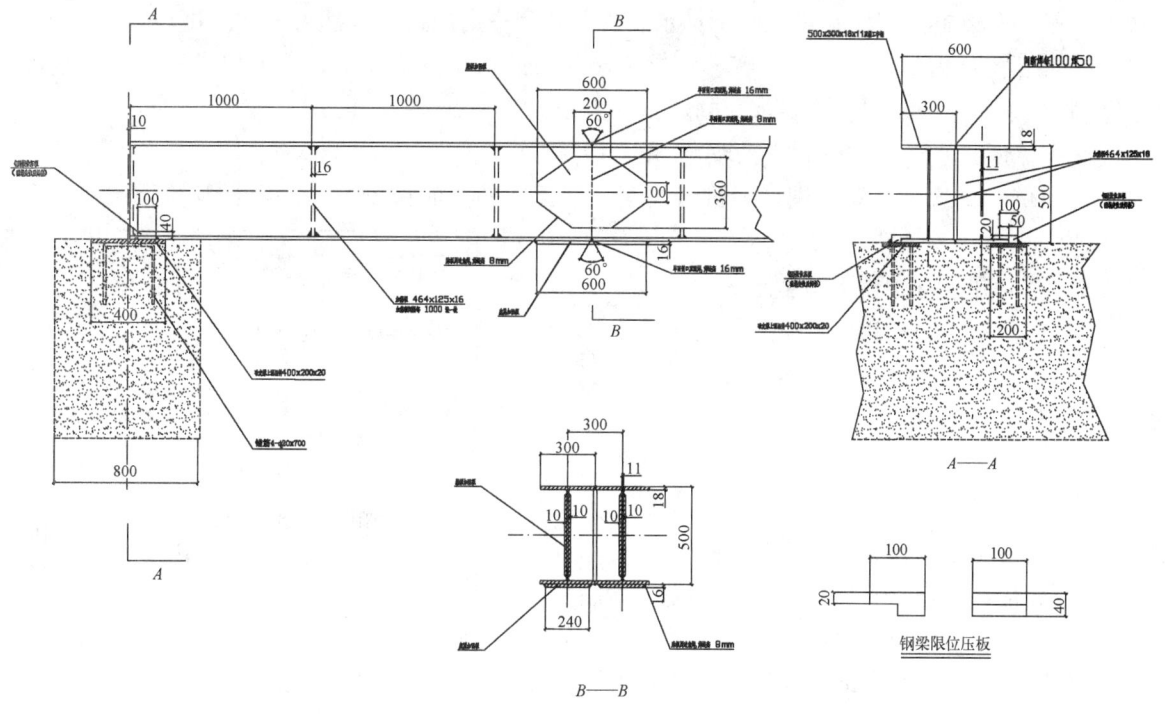

图 5.2.2-8　钢梁安装图

图5.2.2-9　钢路面现场安装实例

钢盖板的安装铺设流程：施工准备→构件进场→吊机进场→纵梁安装→橡胶皮带铺设→面板安装→面层施工。

钢盖板施工中应注意以下要求：

1）安装前的准备工作：安装前应对第一道混凝土支撑轴线、标高、预埋间位置进行检查，达到要求后方可进行安装。准备好所需的吊具、吊索、钢丝绳、电焊机及劳保用品以及为调整标高所需的各种规格的垫片。

2）起重机械的选择：根据钢盖板及纵梁的重量要求及现场的条件进行选择，16t汽车吊即可满足起重要求。

3）纵梁安装完成后须在纵梁表面铺设一层1cm厚的橡胶皮带，以减小振动。

4）钢板吊装：吊点采用四点吊运。

5.2.3　降水工程的施工

1. 降水管井的位置、井的结构和施工方法严格按照设计要求进行。

2. 减压井全部施工完成，现场整个排水系统安装完毕后应进行一次群井抽水试验。

3. 基坑开挖过程中，要随时了解、掌握减压井内的水位变化情况，根据坑内外水位和基坑开挖深度调整减压井群，按照"按需降水"的原则开启或关闭井点。

4. 坑内减压井在降水结束后应采取专门的封井措施。

5. 采用信息化施工，对周围环境进行监测，发现问题及时调整抽水井数量及抽水流量，以指导降水运行。

5.2.4　基坑开挖与支撑工程施工

1. 基坑开挖及支撑应综合考虑各基坑深度、尺寸、周边环境、支撑情况等因素，合理安排基坑开挖的流水分段。

2. 基坑开挖应分段、分层、分单元实施，基坑分段以设计分段（根据施工缝、变形缝位置）为准，深度方向按每道支撑分层，以2~3根支撑为1单元。每一单元应在8h内开挖完成，此后6h内支撑制作完成，尽量减少基坑暴露时间。

3. 基坑开挖时，要求每个开挖单元交界处施工坡面放坡比1：2.5。

5.2.5　中板逆作施工（图5.2.5）

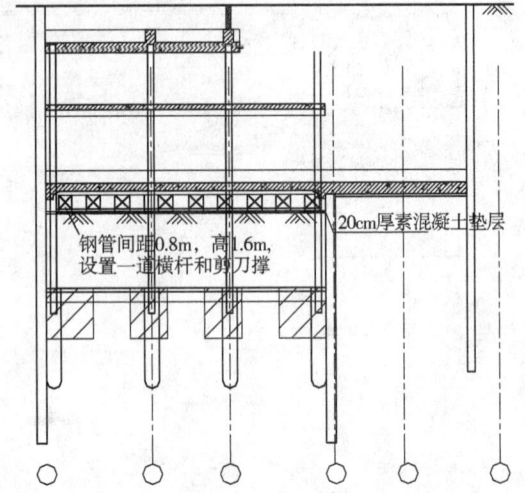

钢管间距0.8m，高1.6m，设置一道横杆和剪刀撑

20cm厚素混凝土垫层

图5.2.5　中板逆作示意图

1. 基坑开挖至逆作板下1.8m位置，凿除地下墙顶劣质混凝土，浇筑200mm素混凝土垫层，养护一定时间后搭设1.6m高的短排架作为制作逆作板支撑系统。

2. 绑扎钢筋及立封头模板，根据设计图纸预留下不结构内衬浇捣孔。

3. 浇筑混凝土及养护至设计强度后拆除排架。

5.2.6　内部结构施工

1. 根据内部结构设计情况，基坑半盖挖至底板后，依次施工底板→依次施工各层侧墙→各层立柱→逆作板板洞口封堵→逆作板上各层立柱、侧墙→顶板及下一层侧墙。

2. 结构钢筋混凝土按照从下至上逐层施工，为配合结构施工，支撑应从下至上逐层拆除或换撑，此时应处理好拆支撑、换支撑和结构混凝土施工的关系，施工中待结构混凝土有了足够的强度后才能拆除或替换支撑。

5.2.7　劳动力组织

所需操作人员主要有：桩工、安装工、机操工、木工、钢筋工、焊工、电工、混凝土工、普工。按照施工程序进行分工操作，其中安装工、焊工、电工等工种必须持证上岗。

6. 材料与设备

6.1　材料

6.1.1　钢材：角钢、钢板、型钢等钢材满足设计要求。

6.1.2　混凝土：满足设计要求，质量要求应符合《混凝土结构工程施工质量验收规范》GB 50204—2002的规定。

6.2　主要机械设备

主要机具机械设备见表6.2。

主要机具机械设备表 表6.2

序号	机械或设备名称	规格型号	用途
1	钻机	根据灌注桩设计直径选用	立柱桩施工
2	静压桩机	根据灌注桩设计直径选用	
3	插入式振动器	通用产品	
4	平板式振动器	通用产品	
5	钢板切割机	通用产品	钢盖板制作
6	电焊机	通用产品	
7	减板机	通用产品	
8	矫正机	通用产品	
9	履带起重机	50t	
10	液压挖掘机	0.25~1.2 m³ 各类型	基坑开挖
11	履带起重机	50t	
12	对焊机	UN－100	结构施工机械
13	硅整流焊机	ZXG－300	
14	钢筋成型机	GC40－1	
15	钢筋切断机	GQ40－A	
16	木工锯	MS109	
17	木工平刨	MB504－1	
18	振捣器	ZN—50	
19	轻型井点及深井井点设备	自制	降水机械

7. 质 量 控 制

7.1 质量控制标准

7.1.1 本工法必须符合《混凝土结构工程施工质量验收规范》GB 50204-2002、《钢结构工程施工质量验收规范》GB 50205-2001、《建筑地基基础工程施工质量验收规范》GB 50202-2002、《钢结构工程施工及验收规范》GB 50205-95、《基坑工程设计规程》DGJ 08-61-97、《市政地下工程施工质量验收规范》DG/TJ 08-236-2006、《建筑工程施工质量验收统一标准》GB 50300-2001有关规定。

7.2 施工质量控制允许偏差（表7.2）

施工质量控制允许偏差表 表7.2

序号	分部工程	分项工程	主要质量控制点	允许偏差（mm）	检测方法
一	桩基	立柱桩	立柱中心线	20	经纬仪和卷尺测量
			立柱顶面标高	±20	水准仪
二	土方工程	基坑开挖	基坑开挖宽度	50	卷尺测量
			基坑开挖底标高和平整度	50	水准仪
三	盖板工程	制作	平整度	5	卷尺测量
			外部尺寸	2	卷尺测量
		安装	连接孔中心误差	±2	卷尺测量

序号	分部工程	分项工程	主 要 质 量 控 制 点	允许偏差（mm）	检 测 方 法
四	结构工程	钢筋工程	受力钢筋间距	±10	卷尺测量
			箍筋、构造筋间距	±20	卷尺测量
			弯折位置	±20	卷尺测量
			箍筋内净尺寸	±5	卷尺测量
			预埋件位置	5	卷尺测量
			预埋件标高	+3，0	卷尺测量
		模板工程	模板的轴线位置	5	卷尺测量
			模板的标高	±5	水准仪或拉尺
			模板的平整度	5	靠尺
			相邻两板表面高低差	2	卷尺测量
		混凝土工程	配合比质量		检查质保书
			混凝土运输时间		检查送货单
			混凝土强度性能		强度试验

7.3 施工质量控制措施

7.3.1 各种技术工种和专职技术人员必须持证上岗，工程实施前，对参与施工的现场施工施工作业人员应进行技术质量要求交底。

7.3.2 工程实施时，严格按照经过审定的施工组织设计和保证质量的施工技术措施的要求进行施工。

7.3.3 每道工序施工完毕，先由班组自检，认定达到要求后填单，然后由施工队初验，认定达到要求后再由施工单位专职质量员会同建设单位代表和施工监理正式验收，符合要求后方可进入下道工序。

7.3.4 原材料进库检验：对准备进库的原材料要查明是否有厂家的产品合格证，无合格证的不准进库。

8. 安 全 措 施

8.1 采用本工法时，除应严格执行现行的相关建筑施工安全规程及规定外，尚应遵守下列规定。

8.2 认真贯彻"安全第一，预防为主"的方针，根据国家有关规定、条例，结合工程实际情况和具体特点对项目重大危险源编制包括监控措施、应急方案以及紧急救护措施等内容的专项施工方案，认真贯彻安全生产责任制，明确各级人员的职责。做好安全技术交底，并有书面记录和签字，使作业人员掌握专项施工方案的技术要领。

8.3 施工现场按符合防火、防触电等安全规定及要求进行布置，并完善布置各类安全标识。

8.4 机械、人工立体交叉施工时，严禁在挖土机回转半径范围内有多余人员停留，以免造成事故。操作人员应密切注意挖土过程中的变化情况随时采取必要的措施。

8.5 在基坑工程施工中，对安全施工重点部位的地下墙钢筋笼吊装、钢支撑拼接与安装、基坑开挖与支撑、基坑边坡稳定等。施工单位在确定危险重点部位的前提下，对各工序排出不利于安全因素的环节，作为重点控制的施工工序安全管理点，落实监控人员，确定监控的措施方案和方式，实施重点监控。

8.6 在吊装区域内应设安全警戒线，非工作人员严禁入内，同时起吊过程应由专人指挥，统一行动，起重臂下严禁站人。

9. 环 保 措 施

9.1 施工前应根据该项目的《环境影响评价报告》，针对周围实际环境状况，编制环境保护措施。

9.2 施工期间，办理或协助业主办理以下工程项目可能需要的各类政府主管部门许可证及申报；主要包括： 施工许可证；掘路执照；公路、城市道路施工许可证；临时占路许可证；渣土处置证；封堵原排水管道报批手续；夜间施工许可证；水上水下施工作业安全许可；取水许可证等。

9.3 排水设施的建设应当遵守国家规定的技术标准，如区域内实行雨水、污水分流制的，雨水和污水管道不得混接。

9.4 根据施工现场排放废水的水质情况，采用以明沟、集水池为主的临时三级排放系统。各类土方、建筑材料运输车辆在离开施工现场时，为保持车容应清洗车辆轮胎及车厢，清洗废水应接入施工现场的临时排水系统。

9.5 由于施工产生的扬尘可能影响周围正常居民生活、道路交通安全的，应设置防护网，以减少扬尘及施工渣土的影响。

9.6 合理安排施工机械作业，高噪声作业活动尽可能安排在不影响周围居民及社会正常生活的时段下进行。

10. 效 益 分 析

在上海轨道交通6号线21A标上南路站等工程建设中，采用地铁车站新型钢盖板盖挖逆作法施工取得了显著的经济效益和社会效益。采用新型钢盖板盖挖逆作法施工与常用施工方法效益对比见表10。

效益分析表 表10

施工方法	占路时间	最小占路范围	优 点	缺 点	费 用
明挖顺作	长	全基坑宽度	施工速度快，造价低，质量易保证	管线二次改排，占用地面时间长	一般
传统逆作	较长		有利于基坑周边环境保护	施工难度大，结构质量较难控制，施工速度慢	很高
新型钢盖板盖挖逆作	短	半基坑宽度	钢盖板可多次重复使用，对地面交通影响小，基坑变形小，文明施工程度高，工期和质量类似明挖法	临时路面初期投资大	前期费用较高，整体投资较低

11. 应 用 实 例

11.1 上海轨道交通 6 号线 21A 标上南路站北施工区基坑开挖

11.1.1 工程概况

上海轨道交通6号线21A标上南路站位于上南路华夏西路路口，车站沿上南路布置，横跨华夏西路，为地下二层岛式站台车站。换乘段为预留与R4线换乘节点，为地下三层结构。南北端头井开挖深度分别为16.758m、17.157m，标准段外包宽度20.8m，平均开挖深度为15.36m。内部结构均采用现浇钢筋混凝土。端头井及标准段围护结构均为800mm地下连续墙，埋深分别为31m、29m，换乘段为1000mm的地下墙，埋深为40m。

北施工区基坑周围高层建筑密集，16层林荫大楼，其基础为箱基+桩基（桩长30m），距基坑最近距离为2.1m；上南路1221弄14层居民楼，其基础也是箱基+桩基（桩长25m），与基坑最小距离11.5m；大林路190号17层居民楼，同样是箱基+桩基（桩长30m），与基坑最小距离为13.7m（见图11.1.1）。由于这些桩基又较浅，小于地下墙深度；且桩断面较小，抵抗水平变形能力差，因此，将林荫大楼附近33m长度的基坑定为一级保护基坑。

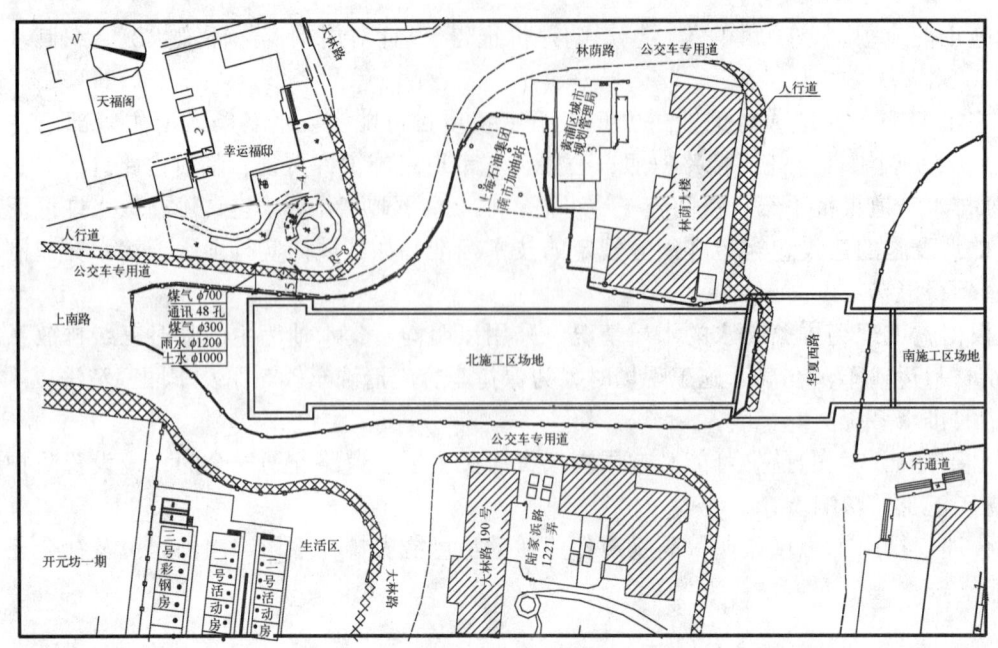

图11.1.1　6号线21A标上南路站工程总平面布置示意图

11.1.2　施工方案

为解决基坑开挖无施工便道的问题，并使上南路不是全封闭，考虑社会交通、施工进度、成本控制等因素，经过方案比较，认为采用新型钢盖板盖挖逆作法施工是教为合理的方案，本盖挖法是在车站主体部分采用新型钢路面盖板的盖挖，下二层板框架逆筑施工工艺。这样既解决了无交通和施工便道的问题，又增强了基坑的整体性，达到了减少基坑变形的效果。

11.1.3　工程监测及评价

施工过程中对墙体位移、地面沉降及周边房屋沉降进行重点监测，监测成果如下：

1）地下墙的水平位移

经过监测数据分析基坑变形大大低于二级基坑允许最大位移变形46.1mm，证明施工方案从整体上讲是成功的，特别是一级基坑施工采取的多个措施取得显著的成效。

2）周边建筑物沉降观测

当北施工区结构封顶时，临近建筑物沉降最大的为林荫大楼的F39点为-10.9mm，但大大低于允许沉降值，周边建筑物未发现明显裂缝，整个基坑开挖结束地面沉降最大点为9.82mm。路面未发现明显的沉降。

11.1.4　本工程自2004年4月20日开工，于2006年12月30日竣工。

11.2　上海轨道交通10号线9标水城路站基坑开挖

11.2.1　工程概况

车站主体外包尺寸为157.2m（长）×22.8m（宽），顶板覆土厚度约4.736m，标准段基坑开挖深度约24.3m，端头井基坑开挖深度约25.9m。共有21根轴线，设5条诱导缝。整个车站均采用地下墙与钢筋混凝土内衬结构结合承载的形式，在使用阶段地下墙和内衬两墙合一，成为车站结构的主体部分。

工程所处区域属上海市中心地带，交通十分繁忙。施工期间水城路交通不能中断，且必须保证现状水城路交通能力，主体结构基坑距离东侧赛华公寓最近3.6m、距离西侧最近居民住宅3.3m，基坑两侧均不能满足场内外组织交通的要求，因此水城路部分社会交通道路和场内施工便道须在基坑上通行。

11.2.2 施工方案

为加强对周边环境和地铁区间的保护，同时为满足水城路交通组织要求，车站主体部分采用新型钢路面板盖板的盖挖、下二层板框架逆筑施工工艺.。

11.2.3 工程监测及评价

施工过程中经过监测，基坑变形及周边建筑物沉降均在控制范围内，同时满足了水城路上的交通要求。

11.2.4 本工程自2006年12月15日开工，于2007年10月15日竣工。

11.3 上海轨道交通 12 号线 5 标东兰路站基坑开挖

11.3.1 工程概况

东兰路站主体采用二层双柱三跨钢筋混凝土箱形结构，车站主体结构总长178m，其中标准段长约151.8m，净宽19.6m，开挖深度约16.759~16.779m；北端头井净宽13.256m，净长26.307m，开挖深度约18.588m；南端头井净宽13.242m，净长24.385m，开挖深度约18.369m。车站主体结构采用叠合双墙形式，地下墙与内衬墙共同组成永久性结构的外墙。

工程所处区域属上海市中心地带，交通十分繁忙。施工期间万源路交通不能中断，且必须保证现状万源路交通能力，主体结构基坑距离多层建筑只有3.6m左右，基坑两侧均不能满足场内外组织交通的要求，因此万源路部分社会交通道路和场内施工便道须在基坑上通行。

11.3.2 施工方案

为加强对周边环境和地铁区间的保护，同时为满足万源路交通组织要求，车站主体部分采用新型钢路面板盖板的盖挖、下二层板框架逆筑施工工艺.。

11.3.3 工程监测及评价

施工过程中经过监测，基坑变形及周边建筑物沉降均在控制范围内，同时满足了万源路上的交通要求。

11.3.4 本工程自2008年12月15日开工，于2010年12月25日竣工。

深厚淤泥软土地区抗沉陷地基基础施工工法

GJEJGF013—2010

广东金辉华集团有限公司　内蒙古兴泰建筑有限责任公司

唐业清　李甫　卢文权　韩平　余志文

1. 前　　言

已建或拟建于具有深厚淤泥软土地基上的多层建（构）筑物，因软土层太厚，没有预制桩基础，而采用条形基础、十字基础、筏形基础。对已发生的过量沉降进行控制或为控制其将发生的过量沉降，可采用抗沉陷地基基础结构施工工法，形成人工持力层复合地基，能有效地控制其过量沉降，确保建（构）筑物的安全使用。在海口市龙景小区共11栋居民楼沉降控制加固工程和开平市三埠镇荻海管区三栋宿舍楼沉降控制加固工程中采用了抗沉陷地基基础施工技术，均取得了圆满成功。本工法是在总结以上工程实践经验的基础上依据"一种抗沉陷地基基础结构"实用新型专利而编制的，该实用新型专利是国家专利局2007年1月13日批准，专利号为ZL 200520112314.7。

2. 工 法 特 点

抗沉陷地基基础施工工法的特点如下：

2.1　本工法就是提供一种有效、简便、造价低的抗沉陷地基基础结构施工技术，以防止建造在深厚淤泥饱和软土地基上6层及6层以下房屋的过量下沉。

2.2　施工操作简便。取代了以往的深长桩基础，无须大量制作和运输桩，操作起来更简便。

2.3　造价较低。本技术中，筏板的设计与以往不同，在本技术的设计里筏板是与室内地坪结合起来的，这就降低了工程造价，而且避免采用深长桩基础，大大减少了工程中买桩所占的工程款，也进一步降低了工程造价。

2.4　效果显著。本技术通过特殊的基础结构，使得一定深度的土层不受到建筑的荷载，只受土的自重应力，如此一来就解决了软弱地基土承载能力低下的问题，避免了建筑物的过量下沉，保证其安全可靠地投入使用。

3. 适 用 范 围

3.1　在海边、湖边、河边、沼泽地等深厚淤泥饱和软土地基上修建的6层及6层以下房屋。

3.2　具有10m以上的深厚泥、饱和软土地基，建筑物一般不高于6层，基底土承载力特征值在120kPa以内时，经过技术经济比较，采用其他方案造价过高或难于实施，选用本工法即可满足承载力和变形的要求。

3.3　既有建筑物发生过量沉陷时，也可采用本技术对地基进行有效加固，使该建筑物免于拆除即能恢复建筑物的正常使用功能。

4. 工 艺 原 理

4.1　通过双灰桩的挤密、吸水、膨胀、发热的综合作用，新成新的人工持力层，地基承载力可提高一倍以上，可以通过调整桩距、桩长和桩径，满足建筑物作用荷载的要求。地基持力层的刚度明显增大，地基的变形降低，人工持力层下的下卧层不受附加应力影响，且周边有水泥土桩墙的约束，难于侧向挤出，使得建筑物就不会产生过量沉降。

4.2　机理示意图（图4.2）

图4.2中9为作用于基底的有效附加应力图，横坐标P_0表示基底处的有效附加压力，8为土的自重应力分布图，O为附加应力图的零点，h'为O点至地面的高度，双灰桩5的下端至O点以下至少1m处，h作为确定双灰桩5长的参考值，11为硬壳层下的软弱下卧层侧向受水泥土搅拌桩墙围护结构约束不产生侧向变形示意图。

附加应力图是表示建筑荷载在单位面积地基上所产生的压力，即附加压力。其应力值的大小是随深度而递减的，到零点以下的土层已不受附加应力的影响。

自重应力图是表示该软土层在自重作用下单位面积上所承受的由土的自重产生的压力，是随深度而增加的，是常驻应力。

由图可见，在附加应力为零点以下是常驻的自重应力在起作用，房屋的载荷已经不起作用。

筏板与室内地坪结合，即可降低造价，也方便施工，褥垫层15~30cm，可使桩土共同工作。

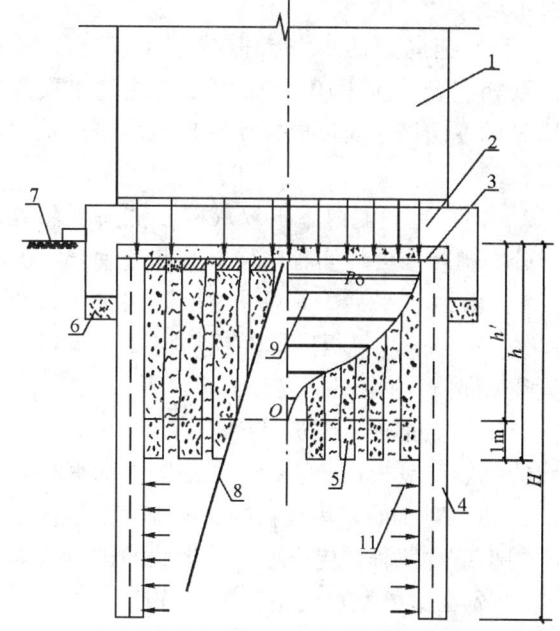

图4.2　技术机理示意图

1—不超过6层的上部房屋建筑；2—带侧垂护板的钢筋混凝土筏板；
3—碎石、砂砾石褥垫层；4—外围双排水泥土旋喷搅拌桩围护墙体；
5—双灰桩；6—碎石垫层；7—地面；8—自重应力图；
9—附加应力图；11—围护墙抗侧向变形的约束作用力

5. 施工工艺流程及操作要点

5.1　施工工艺流程（图5.1）

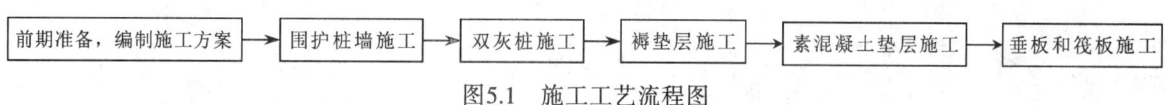

前期准备，编制施工方案 → 围护桩墙施工 → 双灰桩施工 → 褥垫层施工 → 素混凝土垫层施工 → 垂板和筏板施工

图5.1　施工工艺流程图

5.2　操作要点

5.2.1　本工法施工技术总体特征

通过在建筑物位于深厚软土或淤泥地基上的筏板基础周边，设置钢筋混凝土下垂1m左右的护板，再在垂板内构筑搅拌桩体（或旋喷桩）构成的围护墙体，在该围护墙体内设置具有挤密、吸水、膨胀、发热等综合效应的、密排的双灰桩，在由旋喷搅拌桩构成的围护墙体和双灰桩的顶端与筏板间设有15~30cm厚褥垫层，旋喷（或搅拌桩）的桩长可选为双灰桩形成的硬壳厚度2倍，一般为15m左右，桩径不小于50cm，垂直施工不可歪斜，桩体互相咬合不小于15cm，防止软土、淤泥质土及水外泄。采用本工法完成后的抗沉陷地基基础结构如图5.2.1所示。

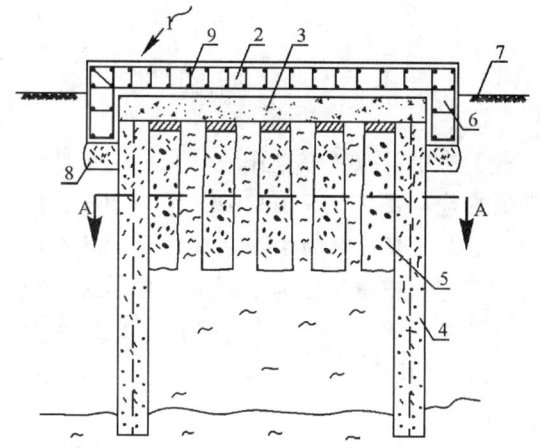

图5.2.1　抗沉陷地基基础结构示意图

1—不超过6层的上部房屋建筑；2—带侧垂护板的钢筋混凝土筏板；
3—碎石、砂砾石褥垫层；4—外围双排水泥土旋喷搅拌桩围护墙体；
5—双灰桩；6—垂板；7—地面；8—碎石垫层；9—筏板钢筋

5.2.2 对于新建工程，其施工的合理工艺流程应按设计要求进行：

1）预施周边的水泥土搅拌桩（或旋喷桩）2排或3排，互相咬合不少于10~15cm，并视地基土质情况，桩身可插筋或不插筋，先形成封闭围护桩墙，围护墙体示意图见图5.2.2。

2）再在维护墙内施工双灰桩，桩头顶面处理后铺沙砾石碎石褥垫层并压实，垫层厚基底处理15~30cm。

3）场地整平后，沿围护桩墙外围构筑深1.0m左右（厚约30~50cm与筏板同厚）钢筋混凝土重板，与围护桩墙紧密相贴，约束围护墙顶倾向变形。然后铺10cm混凝土垫层，架立钢筋，浇筑筏板基础混凝土，要求周边垂裙褥墙的钢筋与筏板钢筋连接。做好筏板的养护。

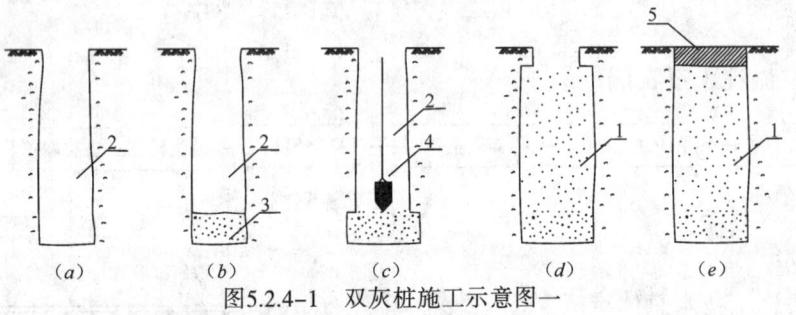

图5.2.2　水泥土桩围护墙施工示意图
1—外围双排水泥土旋喷搅拌桩围护墙体；
2—搅拌器；3—桩孔内的水泥土

5.2.3 对于既有建筑物抗沉陷加固处理时，其工艺流程不同于新建工程，应视原有结构状况进行合理安排施工工艺流程：

1）先在室外散水处施工围护桩墙，根据现场的施工空间选择成孔机具，做水泥土桩或混凝土桩墙以及其外围的筏板基础混凝土结构至设计深度。

2）在首层室内开挖，如是筏板基础时，需对其按桩位凿孔，并施工双灰桩至预定深度，如为条形基础或其他基础则应在完成双灰桩施工后考虑将其改为筏板基础的相关问题。

3）已有筏板上应预留注浆孔，以便最后注水泥、粉煤灰、黏土和石灰粉配制的填充密实料，填实筏板下空隙，使筏板与桩土密实接触。

5.2.4 双灰桩施工，如图5.2.4-1和图5.2.4-2所示。

图5.2.4-1　双灰桩施工示意图一

1—双灰桩；　2—双灰桩成孔；3—填料；4—夯锤；5—素土挤实桩头

本工法中的双灰桩是作为硬壳层的主要桩体，桩长应大于地基附加应力图零点下1m，一般为7~8m左右，桩径40cm，桩距1.5~2.0m，双灰料为生石灰块（不大于5~10cm无杂质）、粉煤灰，其配料按重量比为生石灰：粉煤灰：粗砂=6：3：1。施工时先用打入钢管或机械成桩孔，每次填料50~100cm，用100kg夯锤在孔内夯实后再继续施工，桩顶为密夯1m的黏性素土层。

双灰料中生石灰大块应预先砸碎成块，不大于5~10cm，不含石块或有机物，不可受潮或浸水；粉煤灰应干燥，无杂质，含水量不超过5%；中砂应干净不含泥（也可用石屑或低标号水泥代替）。

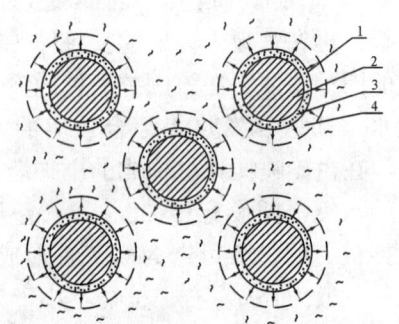

图 5.2.4-2　双灰桩施工示意图二
1—双灰桩；2—双灰桩中间夯入材料的桩体；
3—双灰桩膨胀发热层；4—双灰桩的挤密层

通过挤扩施工后桩径可达60cm以上，由于双灰料膨胀、挤密、吸水、发热等综合加固特性，使被加固土层形成一个硬结挤密的持力层，承受房屋荷载，压密变形很小，附加应力传到硬壳层底部已为零，对其下的软土层不再发生影响。但下卧层不能侧向挤出或排水，否则会导致硬壳层下陷，外围的水泥土搅拌桩墙即可起到防止下卧土层的挤出，确保地基稳定。建筑物修建后，上下部结构剖面示意图如图5.2.4-3。

5.2.5 钢筋混凝土筏板和侧垂护板施工

钢筋混凝土筏板和侧垂护板的厚度相同可选30~50cm，混凝土等级不低于C30，应根据楼层数最后决定板内配筋和板厚度。筏

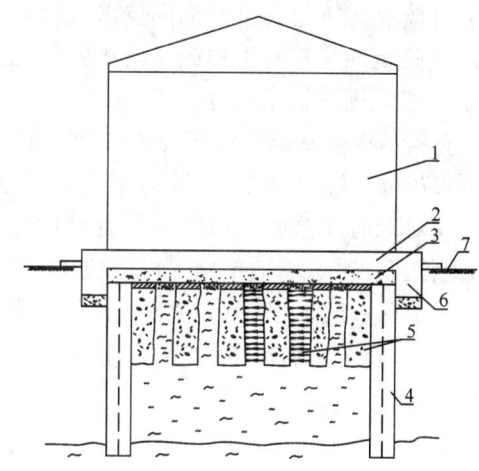

图5.2.4-3 采用抗沉陷地基基础结构工法上下部结构示意图
1—不超过6层的上部房屋建筑；2—带侧垂护板的钢筋混凝土筏板；
3—碎石、砂砾石褥垫层；4—外围双排水泥土旋喷搅拌桩围护墙体；
5—双灰桩；6—垂板；7—地面

板周边为连续下垂约1m的侧垂护板有需要时可延长，但不小于1m。筏板顶面为室内地面标高，筏板与地坪结合。褥垫层分层采用碎石、粗砂或砂砾石等填压，可用振动压实机或压路机碾压压实。在压实的褥垫层上先铺10cm素混凝土垫层，上铺筏板钢筋，再浇筑筏板混凝土，周边的垂板也要按构造要求配筋。养换28d后方可在其上继续施工，施工时应注意量测筏板顶面标高（即室内地面标高），不宜产生大于±2cm的误差。

6. 材料与设备

6.1 旋喷桩或搅拌桩机。

6.2 混凝土搅拌机。

6.3 混凝土配制的材料如：水泥、砂、石子、工程用水。

6.4 钢筋。

6.5 新鲜双灰桩用的生石灰，生石灰块不大于5cm。

6.6 粉煤灰，含水量不大于5%。

6.7 砂或碎石。

6.8 水泵。

6.9 挖土机具及人工挖土设备。

6.10 双灰桩夯实设备，包括三角架、吊链、100kg夯锤。

6.11 填桩孔用的黏性土料等。

6.12 监测测量仪器。

以上材料设备的数量和规格在满足质量要求的前提下按照具体的工程量和工程强度确定。

7. 质 量 控 制

7.1 建筑物沉降控制工程应执行国家辐射井7.1条各规范相关技术标准：

7.1.1 《建筑物移位纠倾增层改造技术规范》CECS 225：2007。

7.1.2 《建筑地基基础设计规范》GB 50007。

7.1.3 《建筑地基处理技术规范》JGJ 79。

7.1.4 《既有建筑地基基础加固技术规范》GBJ 123。

7.1.5 《建筑地基基础工程施工质量验收规范》GB 50202。

7.1.6 《建筑桩基技术规范》JBJ 94。

7.2 应满足地基基础坑沉降控制设计规定的质量要求。

7.3 双灰桩、旋喷桩（搅拌桩）成桩质量必要时还应通过现场试验检验。

7.4 在对既有建筑物抗沉陷加固处理的过程中，应对建筑物整体变位情况进行监测，发现异常情况应马上停工，采取有效措施对应解决再行施工。

7.5 竣工后一般工程应3~6个月内继续监测，重要工程应在1~2年内继续监测，直到稳定为止。

7.6 竣工后建（构)筑物残余倾斜量应符合相关技术标准规定，对于新建工程或既有建筑工程的要求标准不同。

8. 安 全 措 施

8.1 在编制施工组织设计时，有关施工安全应有专项措施安排，开工前应对全体参与人员进行安全教育，制定安全守则。

8.2 建筑物二层以上有人居住时，要求有专人严密监视主要结构构件的变化情况，有异常时及时报告。

8.3 生石灰料应当每天进货，当天加工用完，用不完时应妥为遮盖、适度防潮，防止粉化失效，防止烧伤工人。

8.4 根据信息化施工监测，应及时研究场地变化情况，发生异常时应有紧急处理预案遵循解决。

9. 环 保 措 施

9.1 在编制施工组织设计时，应加强环保措施，严防施工污染，提倡文明施工。

9.2 遵守当地政府部门有关环保的规定。

9.3 旋喷桩（搅拌桩）施工防护墙时，应严格管理机具和材料，不得随意堆放，影响环境卫生。特别是楼内还有居民居住时，施工单位更应注意环境整洁、出入方便。

9.4 生石灰桩体材料应入库有人专管，不得无遮盖，随风飘散，有害健康，有害环境，尤其儿童不得靠近，以免烧伤。工人作业时也应严加保护。

10. 效 益 分 析

本项工法对于既有建筑物发生过量沉降时，采用本工法对建筑物地基基础进行加固即可恢复该建筑物的正常使用功能，使该建筑物免于拆除，同时可挽回的经济损失相当于重建该建筑物造价的70%~80%。

对于新建工程，可大量降低工程造价，避免采用深长桩基础，通过采用本工法建造人工持力层，能有效利用软弱地基承载能力，且可少占耕地，其经济效益也是相当可观的。

11. 应 用 实 例

11.1 海口市龙景小区共11栋居民楼沉降控制加固实例

该住宅小区的有病害的11栋住宅楼均为砖混结构，条形基础，地基为粉喷桩加固，桩长8m，持力层为淤泥质土，承载力严重不足，建筑物分别有不同程度的不均匀沉降和过量沉降，建筑物下深层淤泥软土厚达29m。加固施工时，倾斜建筑物先用辐射井纠倾扶正处理，其抗沉陷处理均采用双灰桩挤密加固，形成新的人工持力层，并将原条基础改为筏板基础，人工持力层为8 m长双灰桩，桩径40cm，采用生石灰、粉煤灰、粗砂和水泥按5：3：1：1配制桩料，周边做成重裙，桩顶铺15~30cm碎石（砂层）褥垫层。

通过上述方法加固处理，制止了建筑物下沉，人工持力层确保了建筑物的稳定，抗沉地基基础结构新技术在这11栋建筑加固施工上取得圆满成功。

11.2　开平市三埠镇荻海管区3栋宿舍楼沉降控制加固实例

该工程位于开平市三埠镇荻海区，建于1991年，总建筑面积为3168㎡，3栋宿舍均为4层砖混结构，条形基础，地基持力层为淤泥质土，进行加固前3栋建筑分别出现不同程度的不均匀沉降和过量沉降，其中最大的一处沉降达32.8cm，严重影响到建筑物的正常使用。针对该工程的实际情况，采用抗沉陷地基基础施工技术对其进行加固处理，在加固处理时，采用双灰桩进行挤密加固，形成新的人工持力层，其中双灰桩长为7.5m，桩径为40cm，桩料采用生石灰、粉煤灰、粗砂和水泥按5：3：1：1配制。

通过采用抗沉陷地基基础施工技术进行加固处理，制止了3栋宿舍楼的下沉，恢复了建筑物的正常使用。抗沉陷地基基础施工技术在该建筑建筑加固工程中的应用取得成功。

11.3　珠海市金海岸永南食品有限公司C区办公楼加固工程

珠海市金海岸永南食品有限公司位于珠海市金湾区三灶镇，靠近海边，由于该地区的淤泥土层较厚，该公司C区办公楼在建成使用不到3年时间里就发生较大沉降，通过对该建筑物的基础结构和周边地质情况详细了解，决定采用抗沉陷地基基础施工技术对其进行加固处理，在处理时，通过采用双灰桩进行挤密加固，形成新的人工持力层，有效地制止了建筑物的沉降。

该工程加固费用约为32万元，只相当于该建筑物总造价的8%左右，节约了大量的费用，经济效益较好。

液压双轮铣削深搅拌施工工法

GJEJGF014—2010

江苏弘盛建设工程集团有限公司　启东建筑集团有限公司

陈福坤　师永生　薛峰　孙刚　蒋云昌

1. 前　　言

由液压双轮铣槽机和传统深层搅拌技术特点相结合起来的新型施工设备和工艺——液压双轮铣削深搅地连墙机及其施工工艺［简称HCSCMW机（Hydraulic Cutter Soil Cement Mixing Wall）及其HCSCMW施工工艺］，由于其刚性大、整体性、防渗性和耐久性好、施工不需放坡等优点，该项技术在近50年来得到了迅速发展，并且逐渐成为地下深基坑支护、挡土及防渗安全有效的施工方法的主力军。HCSCMW施工技术及其施工工法在国内还是空白。

2. 工法特点

2.1　工法先进

HCSCMW机采用下沉、提升、注浆、供气、铣、削、搅拌一次成墙技术，不设导墙限制成墙，基土不出槽并和注入的固化剂（一般为水泥）混合，共同构成地下连续墙墙体。

2.2　切削能力强，成墙单幅宽且深度大

HCSCMW地连墙成墙设备的主要工作部分是位于下部的铣轮和与其相连的凯式方形导杆，由液压马达直接驱动，可以同时正反向相向旋转，无级调速。由于HCSCMW地连墙机可以装备多种不同辅助支撑机上（如吊车、抓斗、旋挖钻机），一次成墙的长度可达到2800m，成墙的最大深度可达到55m。其中采用凯式方形导杆式最大深度为36m，采用钢索吊挂系统形式最大深度可达到55m。

2.3　跟踪纠偏，槽形规则，成墙垂直精度高

HCSCMW地连墙机的铣头部分安装了一定数量的、用于采集各类数据的传感器，操作人员可以在控制室通过触摸屏，很直观地观察到双轮铣槽机的工作状态（铣头的偏直状况、铣削的深度、铣头受到的阻力），并进行相应的操作。操作员可以针对不同土层设定铣头的下降速度。对于凯式杆系统的垂直度由支撑凯式杆的三支点辅机的垂直度来控制；而对于钢索吊挂系统则通过安装在沿高度方向的左右两侧导向板和前后两侧纠偏板进行纠偏控制。操作员通过触摸屏，控制液压千斤顶系统伸出或缩回导向板、纠偏板，调整铣头的姿态，并调慢铣头下降速度，从而有效地控制了槽孔的垂直度。其墙体垂直度可控制在3‰以内。

2.4　保槽技术简单，运用成本低

HCSCMW成墙设备在施工过程中，在下沉成槽中通常通过注浆系统注入泥浆（膨润土或黏土，如果地层中黏粒含量高，可不用或少用膨润土），泥浆主要起到护壁，防止槽壁坍塌的作用。

2.5　稳定性好，安全度高

HCSCMW地连墙机和铣削搅拌头位于凯式方形杆或悬索系统的下端，整机重心低，安全度高。

2.6　运转灵活，操作方便

支撑HCSCMW地连墙机的履带式辅机可自由行走，不需要轨道，在控制室可方便安全操作。

2.7　适用范围广，工效高

采用铣削搅三位一体实现一种机型既可穿过复杂地层（如砾石、卵石）施工，也可使墙体入岩，特

别是入岩成墙和穿砾、卵石层成墙；做到一机一序（成墙）一步到位。更换不同类型的刀具辅以高压气体的升扬置换作用，减小机具在掘进过程中的摩阻力，便于在淤泥、砂、砾石、卵石及中硬强度的岩石中开挖。钻进效率高，在松散地层中钻进效率$20m^3/h$~$40m^3/h$，在中硬岩石中钻进效率1~$2m^3/h$。

2.8 避让地下管线

采用HCSCMW工法，它可以在地下管线宽度不超过2m的范围内，使地下管线的下部能连续成墙。

2.9 环境影响小

低噪声、低振动，可以贴近建筑物施工。

3. 适 用 范 围

液压双轮铣削深搅地连墙机的研发及其技术的研究和应用（HCSCMW）的研发成功可广泛应用于工业与民用建筑领域。此工法适用于在淤泥、砂、砾石、卵石及中硬强度的岩石、混凝土中开挖。既可用于挡土和支护结构——防止边坡坍塌、坑底隆起，地基加固或改良——防止地层变形、减少构筑物沉降、提高地基承载力；又可用于还可用于盾构掘进工作井、煤矿竖井、城区排水和污水管道、路基填土及填海造陆的基础等多项工程；还可用于防渗帷幕——截流防渗，江、河、湖、海等堤坝除险，污水深化处理池和建造地下水库；对多弯道、小半径的堤坝有较好的适应性。

4. 工 艺 原 理

由液压双轮铣槽机和传统深层搅拌的技术特点相结合起来，在下沉注浆、供气、铣、削和搅拌的过程中，两个铣轮相对相向旋转，铣削地层；同时通过凯式方形导杆施加向下的推进力或由悬索挂吊HCSCMW机而依靠自重，向下沉入切削。在这个过程中，通过供气、注浆系统同时向槽内分别注入高压气体、固化剂和添加剂（一般为水泥和膨润土），其注浆量为总注浆量的70%~80%，直至要求的设计深度。此后，两个铣轮作相反方向相向旋转，通过凯式方形导杆或悬索向上慢慢提起铣轮，并通过供气、注浆管路系统再向槽内分别注入气体和固化液，其注浆量为总注浆量的20%~30%，并与槽内的基土相混合，从而形成由基土、固化剂、水、添加剂等形成的混合物（图4）。

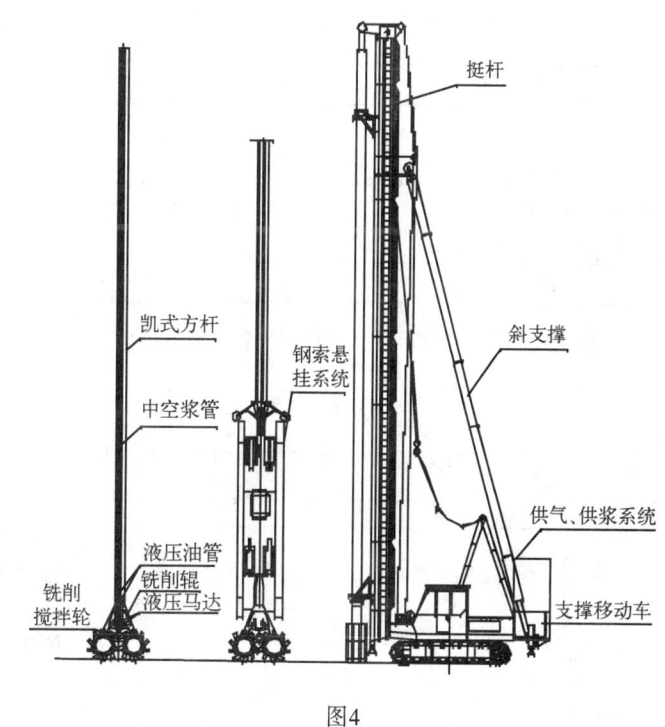

图4

5. 施工工艺流程及操作要点

5.1 工艺流程（图5.1）

工艺流程包括清场备料、放样接高、安装调试、开沟铺板、移机定位、铣削掘进搅拌、回转提升、成墙移机、安装芯材等。

5.2 施工操作要点

5.2.1 施工准备

1. 清场备料。平整压实施工场地，清除地面地下障碍，作业面不小于7m，当地表过软时，应采取防止机械失稳的措施。备足水泥量和外加剂。

2. 测量放线　按设计要求定好墙体施工轴线，每50m布设一高程控制桩，并作出明显标志。

3. 安装调试。支撑移动机和主机就位；架设桩架；安装制浆、注浆和制气设备；接通水路、电路和气路；运转试车。

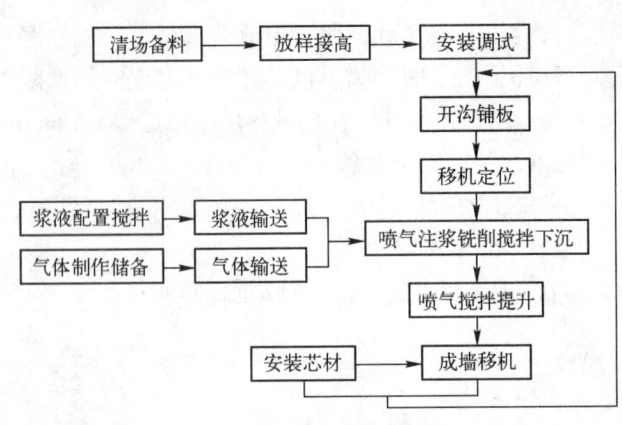

图5.1　工艺流程

4. 开沟铺板。开挖横断面为深1m、宽1.2m的储留沟以解决钻进过程中的余浆储放和回浆补给，长度超前主机作业10m，铺设箱形钢板，以均衡主机对地基的压力和固定芯材。

5. 测量芯材高度和涂减摩剂。根据设置的需要，按设计要求测量芯材的高度并在安装前预先涂上减摩剂（隔离剂）。

6. 确定芯材安装位置。在铺设的导轨上注明标尺，用型钢定位器固定芯材位置。

5.2.2 挖掘规格与造墙方式

1. 挖掘规格、形状见表5.2.2和图5.2.2-1。

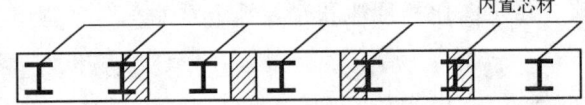

图5.2.2-1　挖掘形状、规格及内置型钢

挖掘规格表　　　　　　　　　　　　　　　　　　　　　　　表5.2.2

型　　　号	HCSCMW-1	HCSCMW-2
支撑方式	凯式方杆	悬索吊挂
挖掘深度（m）	36	55
轴间距离 L（mm）	1600	1600
标准壁厚 D（mm）	550-1000	550-1000
内置型钢	可	可

2. 挖掘顺序。挖掘顺序见图5.2.2-2、图5.2.2-3。

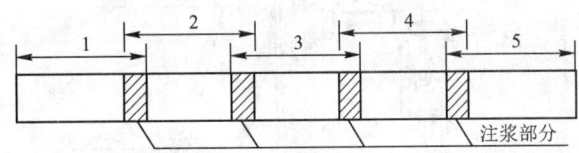

图5.2.2-2　顺槽式单孔全套打复搅式套叠形

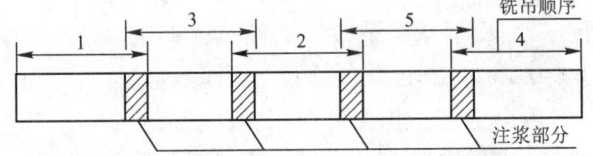

图5.2.2-3　往复式双孔全套打复搅式标准形

3. 芯材安装　根据设计需要插入H型钢、钢筋混凝土预制桩等，如图5.2.2-4所示。

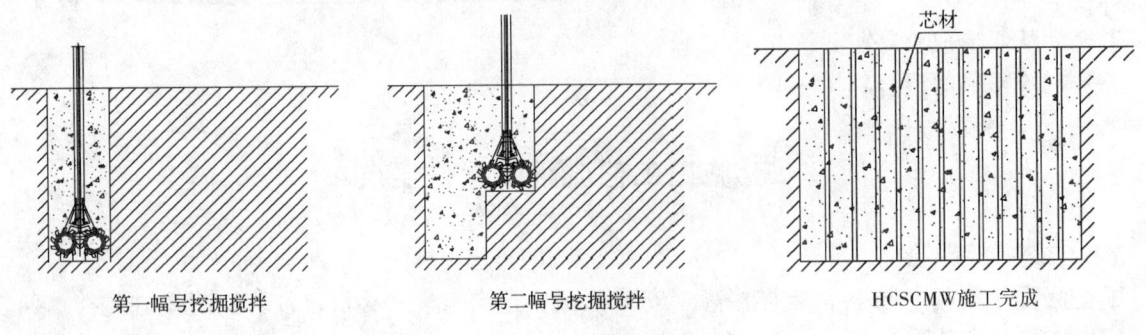

第一幅号挖掘搅拌　　　　　　　第二幅号挖掘搅拌　　　　　　　HCSCMW施工完成

图5.2.2-4　成墙剖面图

5.3 造墙管理

5.3.1 铣头定位

将HCSCMW机的铣头定位于墙体中心线和每幅标线上。偏差控制在±5cm以内。

5.3.2 垂直的精度

对于凯式杆系统的垂直度，采用经纬仪作三支点桩架垂直度的初始零点校准，由支撑凯式杆的三支点辅机的垂直度来控制；而对于钢索吊挂系统则安装在铣头沿高度的左右两侧的2块导向板和前后两侧的4块纠偏板来控制。操作员通过触摸屏，控制调整铣头的姿态，从而有效地控制了槽形的垂直度。其墙体垂直度可控制在3‰以内。

5.3.3 铣削深度

控制铣削深度为设计深度的±0.2m。为详细掌握地层性状及墙体底线高程，应沿墙体轴线每间隔50m布设一个先导孔，局部地段地质条件变化严重的部位，应适当加密钻进导孔，取芯样进行鉴定，并描述给出地质剖面图指导施工。

5.3.4 铣削速度

开动HCSCMW（HCSCMW）主机掘进搅拌，并徐徐下降铣头与基土接触，按规定要求注浆、供气。控制铣轮的旋转速度为22转/min左右，一般铣进控速为0.5~1.0m/min。掘进达到设计深度时，延续10s左右对墙底深度以上2~3 m范围，重复提升1~2次。此后，根据搅拌均匀程度控制铣轮速度在0~28转/min之间，慢速提升动力头，提升速度不应太快，一般为1.0~1.5 m/min；以避免形成真空负压，孔壁坍陷，造成墙体空隙。搅拌时间~钻进、提升关系图见图5.3.4。

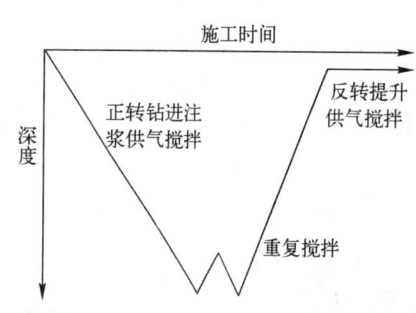

图5.3.4 搅拌时间~钻进提升关系图

5.3.5 注浆

制浆桶制备的浆液放入到储浆桶，经送浆泵和管道送入移动车尾部的储浆桶，再由注浆泵经管路送至挖掘头。注浆量的大小由装在操作台的无级电机调速器和自动瞬时流速计及累计流量计监控；一般根据钻进尺速度与掘削量在80~140L/min内调整。在掘进过程中按规定一次注浆完毕。注浆压力一般为1.8~3.0MPa。若中途出现堵管、断浆等现象，应立即停泵，查找原因进行修理，待故障排除后再掘进搅拌。当因故停机超过半小时时，应对泵体和输浆管路妥善清洗。

5.3.6 供气

由装在移动车尾部的空气压缩机制成的气体经管路压至钻头，其量大小由手动阀和气压表配给；全程气体不得间断；控制气体压力为0.4~0.6MPa左右。

5.3.7 成墙厚度

为保证成墙厚度，应根据铣头刀片磨损情况定期测量刀片外径，当磨损达到2cm时必须对刀片进行修复。

5.3.8 墙体均匀度

为确保墙体质量，应严格控制掘进过程中的注浆均匀性以及由气体升扬置换墙体混合物的沸腾状态。

5.3.9 墙体连接

每幅间墙体的连接是地下连续墙施工最关键的一道工序，必须保证充分搭接。在施工时严格控制桩位并做出标识，确保搭接在10cm以上，以达到墙体整体连续作业。

5.3.10 水泥掺入比

水泥掺入比视工程情况而定，一般为15%~20%或按设计要求。

5.3.11 水灰比

一般控制在2.0左右；或根据地层情况经试验确定分层水灰比。

5.3.12 浆液配制

浆液不能发生离析，水泥浆液严格按预定配合比制作，用相对密度计或其他检测手法量测控制浆液的质量。为防止浆液离析，放浆前必须搅拌30s再倒入存浆桶；浆液性能试验的内容为：相对密度、黏度、稳定性、初凝、终凝时间。凝固体的物理性能试验为：抗压、抗折强度。现场质检员对水泥浆液进行比重检验，监督浆液质量存放时间，水泥浆液随配随用，搅拌机和料斗中的水泥浆液应不断搅动。施工水泥浆液严格过滤，在灰浆搅拌机与集料斗之间设置过滤网。浆液存放的有效时间符合下列规定：

1）当气温在10℃以下时，不宜超过5h。

2）当气温在10℃以上时，不宜超过3h。

3）浆液温度应控制在5~40℃以内，超出规定应予以废弃。浆液存放时间过超过以上规定的有效时间，作废浆处理。

5.3.13　特殊情况处理

当遇较大石块或地下构筑物时，用人工、机械方法清除或采取高喷灌浆对构筑物周边及上下地层进行封闭处理。当两幅间施工时间间隔过长而不能充分套接时，必会出现施工接头。沿原定的施工轴线或在施工轴线的任意一侧，相距两有效墙体（不到设计深度的墙体不作有效墙体）边缘3~5cm处连续成墙，中间3~5cm不连续处用钻孔灌注水泥砂浆连接或采用其他方法进行搭接；

5.3.14　施工记录与要求

及时填写现场施工记录，每掘进1幅位记录一次在该时刻的浆液相对密度、下沉时间、供浆量、供气压力、垂直度及桩位偏差。

5.3.15　发生泥量的管理

当提升铣削刀具离基面4~5m时，将置存于储留沟中的水泥土混合物导回，以补充填墙料之不足。若仍有多余混合物时，待混合物干硬后外运至指定地点堆放。

5.4　芯材垂直安装（图5.4）

为了确保精度，芯材的插入必须准确、垂直，其垂直度应用经纬仪进行观测、控制，插入深度由标高控制，插入位置由导轨上标线确定。

5.4.1　H型钢的吊放　起吊前在距型钢顶端0.07m处开一个中心孔，孔径约为4cm，装好吊具和固定钩，然后起吊，起吊时型钢必须保持垂直度。

5.4.2　H型钢定位　在槽沟定位型钢上将型钢定位卡固定，定位卡必须牢固、水平，然后将型钢底部中心对正并沿定位卡徐徐垂直插入水泥土地下连续墙内，其垂直度用经纬仪控制。当型材下插到设计深度时，挂好定位钩。

5.4.3　H型钢成型　待水泥土地下连续墙达到一定硬化时间后，将吊筋以及沟槽定位卡撤除。

5.4.4　芯材的回收　为节约工程造价，钢制芯材应尽可能拔出回收。芯材的引拔阻力为隔离材的剪切阻力和芯材与隔离材的摩擦阻力之和。通常采用油压千斤顶或吊车拔出。

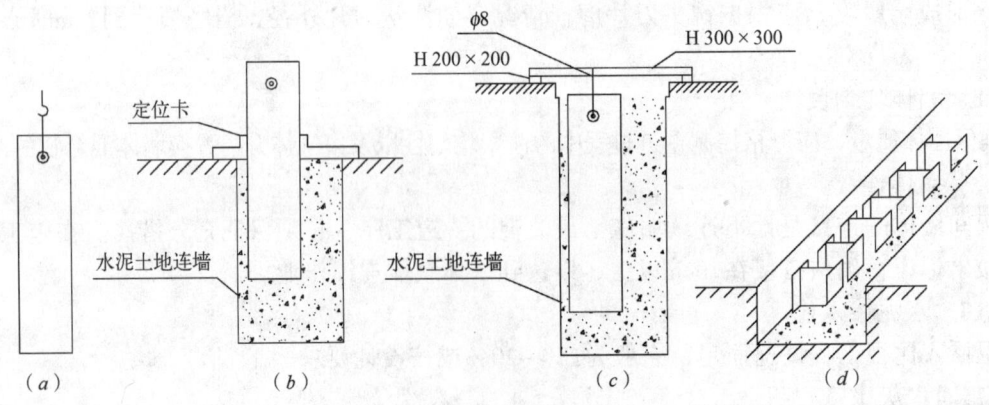

图5.4　芯材的安装

（a）H型钢的吊放；（b）H型钢的定位；（c）H型钢的固定；（d）H型钢成型

5.5 劳动力组合见表 5.5

劳动力组合   表5.5

工种	岗 位 内 容	人数 HCSCMW 机	技术要求
领班	全面负责施工质量、安全、进度，贯彻岗位责任制，协调各岗位有序施工	1	持有助工以上证书
主操作员	按规程操作主机，视工况调节好水泥浆量和气量，对运行中的非正常情况能作出应急处置	1	需经岗位培训
起重工	按规程操作吊车，负责芯材安装	1	需经岗位培训
制浆员	按规程操作制浆机，根据要求配制好浆液	2	需经岗位培训
机电员	负责机械发电、供电，机器和电气系统的维护和保养	2	持有电工上岗证
普工	负责开挖储留沟、回浆储存、回注和修复场地、布置导轨、安装芯材	6	需经岗位培训
合计每台班劳动组合人数		12	

6. 材料与设备

6.1 材料

1. 固化剂

通常使用强度等级32.5（或其他强度等级）普通硅酸盐水泥。在寒冷地带施工，必须缩短工期的时候，才使用快凝水泥。在含有机物多的地基中使用，事前必须做掺合实验，决定种类配合比。

2. 水

通常使用自来水，如采用当地自来水以外的水源时，必须进行水质判断。海水致使土壤膨润，助长土壤的透水性。

3. 添加剂

黏土、膨润土、减水剂、速凝剂等。

4. 芯材

H型钢、钢筋混凝土预制桩等。

6.2 设备

6.2.1 主要施工机械组成（表6.2.1）

施工主要机械   表6.2.1

类别	设备名称	规格型号	单位	数量	配套功率（kW）	用 途
主机	动力		套	1	330kW	为挖掘提供动力源
	铣削动力头	2×280L/MN	套	1	330kW	为挖掘提供动力源
	凯式方管底杆	12m	根	1		支撑动力头
	凯式方管接杆	10m	根	2		支撑动力头
	凯式方管接杆	5 m	根	1		支撑动力头
	悬索		套	1		悬挂动力头
	铣削箍	500~1000	套	1		搅拌用
支撑机	液压履带式移动车	50t 级	台	1	117.6	装载主机
辅助设备	螺旋式水泥输送机	φ200mm	台	1	3	制、供浆
	制浆机桶	φ1300mm	台	1	3	
	储浆桶	φ1300mm	台	2	2×3	

类别	设备名称	规格型号	单位	数量	配套功率（KW）	用 途
辅助设备	注浆泵	HBW140/3	台	3	3×7.5	制、供浆
	送浆泵	ϕ65mm	台	1	11.0	
	水箱	1.5m³	台	1		
	送水泵	ϕ80mm	台	1	7.5	
	空气压缩机	3m³/min	台	2	2×22	供气辅助挖掘
其他	电源	500kW	台	1		驱动装置、制浆、供气系统、照明、维修动力
	高压清洗机	1/2英寸喷嘴	台	1	2.2	清洗钻杆
	挖掘机	0.5m³	台	1		挖储留沟、挖弃土
	自卸卡车	5t	辆	1		运输泥土
	垫板	120×18×650cm³	块	6		液压履带式移动车行走
	拔取芯材液压设备	40MPa、2×100t	套	1		拔取芯材
	吊车	16t	台	1		吊装芯材

6.2.2　主要检测设备和配置（表6.2.2）

主要检测设备和配置　　　　　　　　　　　　　　　表6.2.2

序号	设备名称	规格型号	单位	数量	用途	应遵循标准
1	导杆立柱倾斜仪	Angelstar电子角度仪、MZQ-1型载荷倾角监测仪	只	2	指示导杆立柱垂直度	相关技术标准
2	流量计	MLF-1型深层搅拌桩监测仪、IFM4080F	只	3	测量输浆量	相关技术标准
3	经纬仪	DJ2	台	1	校核导杆立柱垂直度	相关技术标准
4	水准仪	钟光DS3	台	1	量测水平度	相关技术标准
5	压力表	1.5MPa	只	5	量测供气、供浆压力	相关技术标准
6	钢卷尺		把	2	测距	相关技术标准
7	相对密度计		支	按需	测量浆液密度	相关技术标准

7. 质 量 控 制

7.1　为确保该工程的质量优良，对工程施工进入全面质量管理，从组织上建立施工织管理网络，成立分项工程经理部，配备专职质检工程师，各班组配备质检员。

7.2　按设计和规范要求制定科学合理的施工方案和安全操作规程、安全文明管理措施及岗位职责。

7.3　严格控制主要大宗材料水泥的质量，坚持材料验收合格证制。

7.4　单元工程的质量评定执行初检、复检、终检的三级质量检查制。

7.5　施工质量检查内容：

7.5.1　墙顶、墙底高程，墙体垂直度，墙体水泥掺入比，浆液水灰比等墙体施工作业全过程进行检测。

7.5.2　采用标准试模采集试样、钻孔取芯、开挖检查、围井、注、抽水试验及无损伤探测检验进行墙体质量检查；作为防渗墙时其检测28d试样其无侧限抗压强度是否大于0.5MPa、渗透系数小于10^{-6}量级或达到设计要求。

7.5.3　施工质量控制点和控制标准见前面操作要点中所述。

8. 安 全 措 施

8.1 安全生产

本工程主要为机械作业，在施工中应认真贯彻"安全第一、预防为主"的方针，坚持管生产必须管安全的原则，根据国家有关规定，结合本工程实际情况和具体特点，执行安全生产责任制，明确各级人员的责任。

严格遵守国家现行的有关安全技术规程、文件，认真执行工程施工招标文件规定的施工安全要求和规定，针对本工程特点，制定安全防护管理措施，如防洪、防火、救护、警报、治安管理等。

加强安全教育，做到安全教育制度化、经常化，对职工进行安全技术培训，对新进场工人进行三级安全教育。特殊工种持证上岗，不准无证操作，严格按操作规程操作。定期进行安全教育和安全大检查，发现隐患及时预以清除，定期进行班组安全活动，树立高度安全意识。

制订安全考核奖罚制度，安全考核与班组、个人经济责任制挂钩，做到分工明确，职责分明，实行安全否决权。

机械设备操作人员经过专门训练，熟悉机械性能，取得操作证后方可上机。机械操作人员和指挥人员严格遵守安全操作技术规程，机械设备发生故障后及时检修，严禁带故障作业。

起重机械必须规定，安全限位装置必须安全有效，操限吊装设备应制订切实可行的吊装方法和安全技术措施，保证吊装安全。严禁超载吊装，满载工作时，左右回转范围不得超过90°，禁止横吊，以免倾翻。严禁机械带病运转、超负荷作业，夜间作业应有足够的照明设备。在吊装过程中，如因故中断，则必须采取措施进行处理，不得使重物悬空过夜。

在施工过程中，施工人员必须具体分工，明确职责。在整个吊装过程中，要切实遵守现场秩序，服从命令听指挥，不得擅自离开工作岗位。

有吊装过程中，应有统一的指挥信号，参加施工的全体人员必须熟悉此信号，以便各操作岗位协调动作。吊装时，整个现场由总指挥指挥调配，各岗位分指挥应正确执行总指挥的命令，做到传递信号迅速、准确，并对自己职责的范围内负责。

在整个施工过程中要做好现场的清理，清除障碍物，以利操作。施工中凡参加登高作业的人员，必须经过身体检查合格，操作时系好安全带，并系在安全的位置。工具应有保险绳，不准随意往下扔东西。

施工人员必须戴好安全帽，如冬期施工，应将防护耳放下，以利听觉不受阻碍。带电的电焊线和电线要远离钢丝绳，带电线路距离应保持在2m以上，或设有保护架，电焊线与钢丝绳交叉时应隔开，严禁接触。缆风绳跨过公路时，距离路面高度不得低于5m，以免阻碍车辆通行。

8.2 文明施工

加强工地的精神文明建设，在工地现场设立固定宣传栏，用于进行文件的宣传。

通过会议、板报等活动对职工进行职业道德、职业纪律的教育，结合工程实际开展现场练兵等岗位培训，提高职工思想道德和业务素质，使工地现场干部职工形成良好的精神风貌。

经常进行现场文明施工检查活动，发现隐患，及时预以消除。抓好现场容貌管理，划定责任区域，明确施工设备停放场地，施工机械设备停放整齐，建筑材料及周转材料分类堆放整齐。

保持进场道路的通畅、平坦、整洁，进场施工道路派专人养护，防止粉尘飞扬。

9. 环 保 措 施

施工时按环境法有关规定做好施工弃渣的治理措施，保护施工开挖边坡的稳定，防止料场、永久建筑物基础和施工场地的开挖弃渣冲蚀河床或淤积河道。

施工过程中按国家和地方有关环境保护法规和规章的规定控制施工的噪声、粉尘和有毒气体，保障工人的劳动卫生条件。

施工过程中保护施工区和生活区的环境卫生，定时清除垃圾，并将其运至批准的地点掩埋或焚烧处理。在施工区和生活区设置足够的临时卫生设施，定期清扫处理。

施工机械的废油集中处理，不得随地泼洒。

在工程完工后的规定期限内，拆除施工临时设施，清除施工区和生活区及其附近的施工废弃物，并按环境保护措施计划完成环境恢复。

10. 效 益 分 析

液压铣削深搅地连墙机及其施工工艺的研发成功解决了大型深基坑支护、挡土及承重技术问题，为大深度构造物的支护方式提供了行之有效的手段，使深层搅拌的深度达到世界最先进国家成墙深度的55m，超过国内"十五"国家重大技术装备研制项目成果只能达到26.5m深度的水平。作为基坑支护方法之一是利用特殊的成墙施工设备在地下构筑连续墙体的一种基础工程新技术，具有挡土、截水、防渗和承重等多种功能；既可以作为施工过程中的支护设施，也可以作为结构的基础。

在经济效益方面大大降低施工成本：实现从原价1000~1500元/m³降至300~500元/m³，一次成墙效率达一到33m³/h；一次施工单元幅长2800mm；有利于大面积推广应用。若一年推广3万m³，即可节约成本2400万元。

在产品生产制造方面，本产品属于中（重）型机械的生产规模，就我国目前机械制造技术和设备水平，可成规模地生产出与国外产品相媲美的、符合中国国情的完全国产化产品。由于该产品不仅在性能上更符合国情，而且在价格上适中，所以其不仅可介入国家重点工程中拟引进国外设备的部分市场，而且拥有在我国一般基础工程中普及应用的价格水准和强劲的市场竞争力。因此它的研发成功一是可以减少进口二手机或用昂贵的价格进口原装机的数量，为国家节省大量的外汇；二是为更多的工程需采用先进工法施工而无力购置国外先进设备而提供了经济安全且可靠的施工机械；三是可逐步取代那些传统和过时的工法。

11. 应 用 实 例

具体实例见表11。

运用液压双轮铣削深搅施工工法实例表　　　　　　　　　　表11

序号	工程名称	工程地点	深度（m）	面积（万m²）	土质	评定等级
1	南京军区军代局老干部经济适用房项目地基处理工程	南京	18	1.0	黏土、粉质壤土	优良
2	苏州新苏德基广场地基处理工程	苏州	19.5	2.8	砂土、粉质黏土	优良
3	南水北调中线兴隆水利枢纽泄水闸地基处理工程	湖北	17	1.1	砂土、粉土	优良

含黏性土卵石地层转盘式钻机钻进施工工法

GJEJGF015—2010

方远建设集团股份有限公司　宁波建工股份有限公司

陈日鑫　阮冠华　李伟　陈黎明　刘用海

1. 前　　言

近几年来随着城市高层建筑不断涌现，钻孔灌注桩具有满足不同承载力要求的特点，因而得到广泛应用。转盘式钻机是一种传统的钻孔桩施工设备，配备三翼钻头或牙轮钻头，在不同地层中成孔。该钻机配备施工劳动力少，成孔效率高。

传统三翼钻头是一种由后三翼钻削部和前三翼钻削部构成的组合钻头，后三翼钻削部和前三翼钻削部均是由排列成棱锥形的三根翼杆及固定于这三根翼杆上的钻刀组成，并且后三翼钻削部的前钻削口径大于前三翼钻削部的后钻削口径，在实际钻削时，前三翼钻削部先将中心土层搅松，接着后三翼钻削部钻削周边土层，促使周边土层剥落，通过注入泥浆使剥落的土渣排出孔外，使桩孔成型。

但是钻孔灌注桩在钻孔过程中经常遇到含黏性土卵石地层，此地层往往呈密实状，由于前三翼钻削部的前端面呈锥尖状，而锥尖处的作用力小，且卵石容易打滑，导致钻进困难，施工难度大。

为此，公司开发了含黏性土卵石地层转盘式钻机钻进施工工法，对钻头的结构形式进行改进，将三翼钻头的钻尖部位改装成直径为$\phi 219 \sim \phi 325$mm，长度为250~350mm的筒钻，形成一种新型的组合式钻头。该组合式钻头已获得了国家实用新型专利，专利号：ZL2010 20158242.0。经浙江省科技信息研究院科技查新，这种新型的组合式钻头属于填补国内空白的新技术。改进后的转盘式钻机在含黏性土卵石地层中施工，达到了很理想的效果，比传统三翼钻头可缩短工期20%左右，在实际工程应用中获得很好的经济效益。

2. 工 法 特 点

2.1　提高成孔速度，缩短工期。组合式钻头的筒钻易将密实状的卵石层搅松，从而提高成孔速度。

2.2　提高成桩质量，发挥桩周土的摩擦力。成孔速度提高，减少了泥浆在孔内的循环时间，减少了孔壁泥皮厚度，从而减少了成桩后泥皮对桩周土摩阻力发挥的影响。

2.3　减少施工成本。成孔时间缩短，则会相应地减少施工过程中的施工用电费用及相应的现场管理费用。

2.4　节能环保。缩短工期，节约施工用电，对周围环境影响将大幅降低，节能减排效益明显。

2.5　改进后的组合式钻头可在现场加工制作，操作简便（图2.5–1、图2.5–2）。

图2.5–1　传统的三翼钻头　　　　图2.5–2　改进后的组合式钻头

3. 适 用 范 围

本工法适用于含黏性土卵石层、卵石层和一般黏性土层等地层的钻孔灌注桩钻进施工。

4. 工 艺 原 理

4.1 将本组合式钻头的中心杆连接到转盘式钻机上，转动时由转盘式钻机带动中心杆旋转，位于筒钻上的各个钻齿先钻削进入中心土层，各个钻齿的刀刃垂直作用于土层上，形成水平的钻削面，容易钻进含黏性土卵石地层。钻进时使中心土层松动，搅松的钻渣被注入的泥浆悬浮起来而排出孔外，当筒钻部位全部进入该地层后，后钻削部上的三翼钻齿切削周边土层，促使该土层剥落，同样通过泥浆的提携作用将钻渣排出孔外，从而达到局部突破，全面推进的效果（图4.1）。

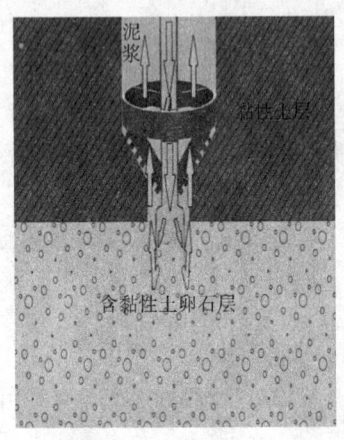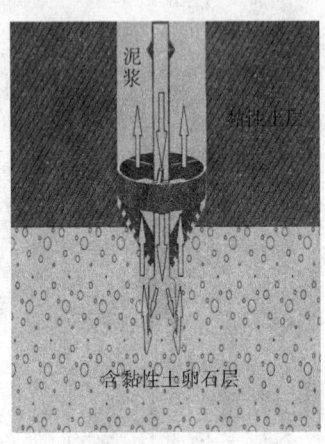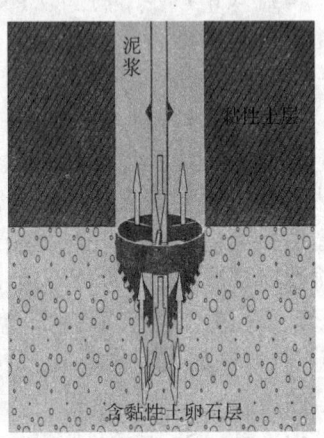

图4.1　组合钻头在含黏性土卵石地层钻进示意图

4.2 新式灌注桩用组合钻头，是在传统三翼钻头的基础上，将三翼钻头前钻削部改成筒钻，筒钻呈圆筒形，前端焊有合金钻齿，各个钻齿以钻筒的中心为圆心呈圆周排列。本结构一方面使得同一水平面上的钻削力均匀，另一方面可保证各个钻齿形成的钻削面与刀架上的三翼钻头钻齿形成的圆台形钻削面同心，使得成孔的同心度好。

4.3 再在筒钻的内壁和外壁上加焊合金钻齿，本结构可减少钻筒壁面的磨损，还起到辅助搅松土层的作用。

5. 施工工艺流程及操作要点

5.1 施工工艺流程（图5.1）

5.2 操作要点

5.2.1 施工准备

1. 根据施工组织设计，合理安排泥浆池、沉淀池的位置与容量，以及各台桩机的施工顺序。

2. 钻头改造制作

根据工程地质及桩径情况，设计制作组合式钻头。组合式钻头中的筒钻部分采用$\phi219~\phi325$mm焊接钢管、天王星牌桩机合金钻头等材料制作，其余部分的构造与制作同传统的三翼钻头，（图5.2.1）。

根据桩径的大小，将三翼钻头的钻尖部位改装成不同直径的筒钻，筒钻所选用的焊接钢管为：桩直径为$\phi600$mm、$\phi700$mm的钻头用$\phi219$mm焊接钢管，壁厚为18~20mm，长度为250mm左右；桩直径为$\phi 800mm$、$\phi 900mm$的钻头用$\phi 245mm$焊接钢管，壁厚为20~22mm，长度为280~300mm；桩直径为$\phi 1000mm$、$\phi 1200mm$的钻头用$\phi 299$~$\phi 325mm$焊接钢管，壁厚为22~25mm，长度为320~350mm。筒钻顶端镶嵌合金钻齿（合金钻齿伸出钢管顶端长度及间距根据地质报告中卵石粒径确定）。另外，在距钢管顶端适当位置的钢管内、外壁上均布置合金钻齿，主要起保护筒钻管壁磨损及辅助搅松卵石层的作用。

3．钢筋笼制作

钢筋笼制作应严格按设计图纸及现行规范的要求施工，制作允许偏差：主筋间距±10mm，箍筋间距±20mm，钢筋笼直径±10mm，钢筋笼长度±100mm。制作钢筋笼时主筋焊接接头连接区段的长度大于35d（d为主筋直径）且不小于500mm，同一连接区段焊接的接头面积不得超过该区段主筋截面积的50%，箍筋与主筋连接采用点焊。

5.2.2　桩位测量定位

根据规划坐标控制点、水准点数据，由测量员用全站仪在现场内设立控制网点，并依照设计施工图建立轴线控制网，埋设半永久性标志，再依据施工图用坐标法进行桩位放样，桩位放样误差小于5mm。

5.2.3　埋设护筒

1．护筒具有防止孔口坍塌、抬高孔内静压水头、隔离地面水渗入孔内和控制桩位等作用。

2．护筒采用钢板制作，厚度一般为4~5mm，内径宜大于桩径100mm，长度一般为1.0~1.5m。护筒上端设置一排浆口20cm×30cm，护筒的上、下端各加焊一道加劲筋，顶端焊接两个对称的吊环，并在顶端刻痕正交四道槽，以便挂十字线之用。

3．埋设时，先放出桩位中心，在护筒外大于1m的位置过桩位中心的正交十字线上打入控制桩，然后挖出比桩径大50cm左右的坑，深度约为1~1.5m左右，再将护筒放入坑内，并用正交十字线法找出护筒中心，再将桩位中心引回，移动护筒，使护筒的中心与桩位中心重合。

4．护筒周围用黏土回填，分层夯实，防止护筒偏斜。

5．护筒埋设后，测定护筒口标高及护筒中心偏差，桩位中心与护筒中心的误差不得大于5cm。

5.2.4　钻机就位

钻机移位至转盘中心与桩位中心重合处，再找平使机座稳固，就位后使天车、转盘中心和桩位中心三点成一垂直线，放入钻头，接上主动钻杆，连接好泥浆循环系统（图5.2.4-1和图5.2.4-2）。

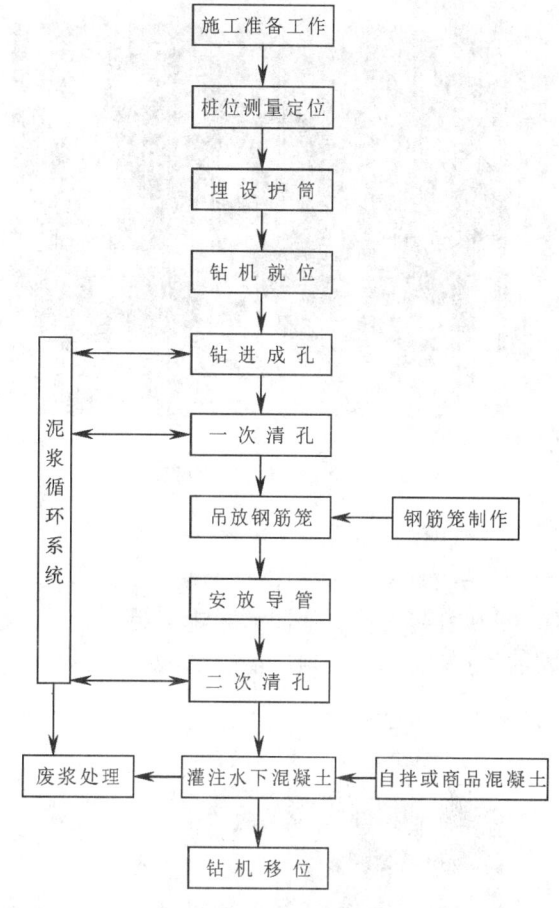

图5.1　工艺流程图

图5.2.1　组合式钻头

图5.2.4-1　钻机就位　　　　　　　　　　　图5.2.4-2　泥浆泵供浆

5.2.5　钻进成孔

开钻时轻压慢钻，待钻至护筒底下2m左右时方可用正常参数钻进。正常钻进参数受地层、孔深、桩机性能等多方面因素影响与制约。因此在钻进过程中应根据具体情况随时调整钻进参数以获取较快的钻速（图5.2.5-1和图5.2.5-2）。

图5.2.5-1　钻孔　　　　　　　　　　　　　图5.2.5-2　接钻杆

粉质黏土层钻进时，因原状土自然造浆较强，泥浆返出时，在孔口适当加入清水，防止泥浆稠化，影响钻进速度。但是，如果下部地层为圆砾石及卵石层时，则泥浆相对密度应控制在1.30以上，以便携带砾石等，并可抑制漏浆，保证孔壁稳定。

含黏性土卵石层钻进时，该地层呈中密至密实状，不易钻进，应采用相对密度大（相对密度在1.30以上）的优质泥浆护壁，增大排砾（卵）、岩屑的能力，保证钻进速度，并能在孔壁形成薄而致密的泥皮，使孔内产生较大的静水压力来平衡承压水头，以维持孔壁稳定。为保证在该类地层施工中有优质的泥浆可用，采用自制的方法，泥浆的主要性能指标应满足以下要求：

相对密度：1.30~1.50；黏度：22~30s；含砂率：小于6%；胶体率：大于90%~95%。

钻进过程中应根据不同的地层情况，随时调整泥浆性能指标，保证成孔质量及成孔速率。

5.2.6　一次清孔

钻进到设计孔深后，应进行第一次清孔，清孔时应将钻具提离孔底0.3~0.5m，慢速回转，同时换入相对密度较小（1.10~1.20）的泥浆，并每隔10min左右停泵一次，将钻具提高3~5m来回串动几次，然后将钻具放回至离孔底0.3~0.5m处，再开泵清孔，确保第一次清孔后将孔内悬浮的钻渣和相对密度较大的泥浆换出。清孔完成后，拆除钻杆（图5.2.6）。

5.2.7 吊放钢筋笼

钢筋笼安装前，在自检合格后通知监理进行质量验收，合格后方可下放钢筋笼。钢筋笼接长焊接在孔口进行，具体做法如下：首先将末节钢筋笼挂在孔内，吊高上一节钢筋笼进行接长焊接；逐节焊接逐节下放；上下节笼接长焊接以前，必须使上下笼各主筋位置相对应校正，并保持上下笼垂直状态，焊接时应两边对称施焊，避免变形。

下放钢筋笼时必须保持垂直状态对准孔位缓慢放下，避免碰撞孔壁，防止坍孔及切削孔壁泥土入孔内。

为确保钢筋笼就位准确及保证钢筋保护层厚度，沿笼长间距3m左右设置一道混凝土保护块，每道混凝土保护块数量按笼直径大小确定，一般为3~6块。

图5.2.6 拆钻杆

5.2.8 安放导管

根据桩孔直径，可选用不同直径的导管，通常用直径为φ250mm的导管。

导管使用前应进行水密、承压试验，保证在混凝土灌注过程中不漏水、渗水。导管接头连接处需加密封圈并箍上紧丝扣。

导管长度根据孔深进行调整，要求导管上口高出地面500mm以上，下口离孔底300~500mm。

5.2.9 二次清孔

当钢筋笼、导管安装完毕后，在灌注混凝土前应再次测定孔底沉渣厚度，当沉渣厚度超标时，用导管进行第二次清孔。第二次清孔须在测定孔底沉渣厚度符合设计规定要求时方可停止清孔，且必须控制泥浆相对密度在1.15~1.20之间。

5.2.10 灌注水下混凝土

二次清孔完毕后，应立即进行水下混凝土灌注。灌注混凝土前，先从导管上部放入隔水塞，放入深度以临近水面为准。当储料斗内的混凝土储量满足首次灌注时，即保证导管底端埋入混凝土中的深度不小于8~1.3m时，即可剪栓和开启料仓门（混凝土灌注情况如图5.2.10-1和图5.2.10-2）。

图5.2.10-1 准备灌注

图5.2.10-2 灌注过程中

随着混凝土灌注，孔内混凝土面不断地上升，应及时提升和拆卸导管，并严格控制使导管底端埋入管外的混凝土面以下2~6m之间。

为保证混凝土连续灌注、导管底端不脱离混凝土面并要有一定的埋置深度，须详细计算混凝土灌注料、储料斗及导管的体积，再根据不同的成孔桩径，推算导管每次上拔的高度，避免导管脱离混凝土面。

导管的提升高度不应大于3m，保证导管底端埋入混凝土面以下2~6m。

为保证桩顶混凝土质量，混凝土的灌注高度应比桩顶标高高出80cm以上。

提升和拆卸导管必须有专人测量导管埋深及导管内外混凝土面的高差。

灌注过程中各工种应紧密配合，灌注必须连续进行，每根桩的灌注时间按初盘混凝土的初凝时间控制，并尽量缩短灌注时间。

6. 机 具 设 备

主要机具设备见表6。

主要机具设备表　　　　　　　　　　　　　　表6

序号	设 备 名 称	型号、规格	功率	数　　量
1	转盘式钻机	GPS—10型	37kW	根据工程量、工期配置
2	转盘式钻机	GPS—15型	30kW	根据工程量、工期配置
3	泥浆泵	3PNL	22kW	根据桩机台数配置
4	泥浆泵	2PNL	11kW	根据桩机台数配置
5	潜水泵	QX型	1.1kW	根据桩机台数配置
6	交流电焊机	XB—350	15kW	根据工程量、工期配置
7	柴油发电机		75kW	配备一台
8	组合式钻头			根据桩径及桩机配置
9	导管	$\phi 250 \times 4 \times 2500$mm		根据桩机及桩长配置
10	钢护筒	4mm厚钢板		根据桩径及桩机配置
11	坍落度筒			配备一只
12	泥浆相对密度称	WTF115—00		配备一台
13	钢卷尺	50m		配备一把
14	测绳	50~100m		根据桩长配备若干根
15	试模盒	15cm³		根据每天完成桩数配置
16	全站仪	NTS—302B		配备一台
17	水准仪	DS₃		配备一台

7. 质 量 控 制

7.1　质量标准

7.1.1　《建筑桩基技术规范》JGJ 94-2008。

7.1.2　《建筑工程施工质量验收统一标准》GB 50300-2001。

7.1.3　《建筑地基基础工程施工质量验收规范》GB 50202-2002。

7.1.4　《混凝土结构工程施工质量验收规范》GB 50204-2002。

7.1.5　《钢筋焊接及验收规程》JGJ 18-2003。

7.1.6　设计施工图中的具体要求。

7.2　关键部位、关键工序的质量要求

7.2.1　钻孔垂直度误差<1%桩长。

7.2.2 桩位允许偏差（mm）:

1. 桩径≤1000mm

1~3根、单排桩基垂直于中心线方向和群桩基础的边桩，允许偏差≤$D/6$，且不大于100。

条形桩基沿中心线方向和群桩基础的中间桩，允许偏差≤$D/4$，且不大于150。

2. 桩径＞1000mm

1~3根、单排桩基垂直于中心线方向和群桩基础的边桩，允许偏差≤$100+0.01H$。

条形桩基沿中心线方向和群桩基础的中间桩，允许偏差≤$150+0.01H$。

（注：H为施工现场地面标高与桩顶设计标高的距离，D为设计桩径。）

7.2.3 桩径允许偏差：±50mm。

7.2.4 孔底沉渣厚度必须控制在规范要求范围以内。

7.2.5 原材料如钢筋等必须有出厂合格证明及复检合格证。

7.2.6 钢筋笼制作允许误差：

主筋间距允许偏差：±10mm；箍筋间距允许偏差：±20mm。

钢筋笼直径允许偏差：±10mm；钢筋笼长度允许偏差：±100mm。

7.2.7 钢筋笼安装深度允许偏差：±100mm。

7.2.8 混凝土坍落度应控制在160~220mm。

7.2.9 桩身混凝土充盈系数＞1。

7.2.10 每浇灌50m³混凝土必须有一组试件，小于50m³的桩，每根桩做一组试件。

7.2.11 桩身混凝土连续完整，无断桩、缩颈、夹泥及桩头混凝土疏松等现象。

7.3 质量控制措施

7.3.1 测量定位控制措施

1. 用于测量定位的全站仪、水准仪等相关测量器具需经有关部门检验合格后方可使用。

2. 开工前，会同建设、监理单位做好测量定位及复核工作，把控制点设立在不受施工影响的地方，建立测量控制网。

3. 桩位定位，采用三次校正措施，保证定位误差控制在5mm内。第一次用全站仪放样定出桩位中心，并用十字交叉法确定护筒的挖掘位置；第二次校正护筒位置，再用全站仪复测桩位，并打入桩位定位钢筋后请监理复核；第三次钻机就位时，使用重锤校正，使转盘中心与桩位中心重合。

7.3.2 成孔施工质量控制措施

1. 钻进过程中，根据桩机性能及土层状况，合理地选择施工参数。钻进中应经常检查转盘的水平状况和钻杆的垂直度，发现偏差及时调整；对弯曲钻杆应及时更换，确保成孔垂直度。

2. 根据不同地层，合理调配泥浆性能。在黏土和亚黏土中成孔时，应采用低黏度、相对密度小的泥浆，排渣泥浆的相对密度应控制在1.1~1.2；在易塌孔的砂土层和较厚的夹层中成孔时，应采用高黏度、相对密度1.15~1.3的泥浆护壁；在穿越卵石层或含黏性土卵石层时，应采用高黏度、相对密度大于1.3的泥浆护壁。在钻进过程中，每隔2h测定一次进浆口和出浆口的泥浆相对密度、黏度、含砂率等指标，发现泥浆性能指标不符相关地层的钻进参数时应及时加以调整，以防缩颈和坍孔，减少孔壁泥皮厚度，提高桩身侧摩阻力。

3. 开孔或钻进换层时，采取轻压慢钻，发现有暗井、块石等地下障碍物时，立即采取合理措施，不盲目钻进。

4. 经常检查钻头直径，发现磨损的及时修复，确保成孔桩径符合设计要求。

7.3.3 桩径和桩形保证措施

1. 开孔时，施工技术人员要用卷尺测量钻头直径，符合要求才能开孔。

2. 埋设护筒时，护筒四周用黏土填实，防止护筒底部向周边漏水而造成孔内泥浆水头下降引起塌孔。

3．采用优质泥浆护壁，防止缩颈和坍孔。

4．根据不同地层的可钻性和护壁特点，选择合理的钻进技术参数和相应的操作技术，如开孔时低档慢速钻进，淤泥地层低档慢速稠泥浆钻进，黏土地层中高速稀泥浆钻进等。

7.3.4　含黏性土卵石层的钻进保证措施

1．检查组合式钻头中的合金钻头是否完好，确保钻头中的各切削片（刃齿）受力均匀。

2．钻入该地层时，回转阻力会增大，钻机跳动明显加大，因此应采用慢速钻进，以防损坏钻杆等设备。

3．由于该地层中的卵石含量较大，相应的钻渣量将增大，因此采用优质泥浆（相对密度在1.30以上）护壁，以维持孔壁的稳定，并提高排渣能力，保证钻进速度。

4．钻进中出现漏水、漏浆，可采用惰性材料，如黏土球、草秸、锯末粉等充填堵漏。

5．经常检测泥浆性能，一旦发现承压水侵入泥浆，应立即在泥浆中加入膨润土和化学试剂改善泥浆的性能，确保护壁效果。

7.3.5　桩端进入持力层（卵石层）保证措施

1．施工前认真研读工程地质勘察报告，作出持力层顶面等高线图，以此作为各桩孔的深度控制的参考依据，指导施工。

2．通过桩机的跳动、声音、现场取样等判断是否进入持力层。

3．钻头进入持力层时应取出渣样，经监理验收、确认定出持力层界面。终孔时再取一个渣样。每根桩的渣样要编号封存备查。

7.3.6　清孔质量保证措施

1．成孔到设计要求深度后，利用钻杆在原位进行第一次清孔，慢速回转，并逐步换入相对密度较小的泥浆，将孔内悬浮的钻渣排出，直到孔口返浆的相对密度持续小于1.20，且孔底沉渣厚度符合要求。

2．由于孔内的泥浆在下放钢筋笼及导管的过程中，原处于悬浮状态的钻渣会再次沉到孔底，利用导管进行第二次清孔，清孔时应经常移动导管在孔底的位置，以便使孔底边缘处沉渣被排出，直至泥浆相对密度及沉渣厚度均符合设计及规范要求。

7.3.7　钢筋笼质量控制措施

1．建立钢筋进场验收制度。所有进场钢材的材质、规格型号必须符合设计要求，并有出厂质保书和合格证。按规范要求进行复检。

2．钢筋笼制作。钢筋笼应根据设计配置长度分段制作，主筋分布与加劲箍连接在专用胎模上点焊成形，主筋分布应均匀、平直，确保其成形质量，箍筋按螺距螺旋缠绕，并与主筋点焊。点焊时要合理控制电流，既要保证点焊牢固，又要防止烧伤主筋。

3．现场制作成形的钢筋笼，使用前进行制作质量检查。检查项目：钢筋笼长度、直径、主筋根数和主筋、加劲箍、箍筋的间距，同时还要检查其焊接质量。

4．钢筋笼定位标高控制。为确保其定位的准确性，安装前用水准仪测量桩位地面标高，计算吊筋长度，用吊杆（或钢筋）将钢筋笼定位，并把吊杆（或钢筋）固定在机台上，可有效压制灌注混凝土时产生的钢筋笼上浮。

7.3.8　水下混凝土灌注质量控制措施

1．开始灌注水下混凝土时，导管底端距孔底的距离应为0.3~0.5m。

2．灌注过程中确保埋管深度控制在2~6m。

3．混凝土灌注应紧凑连续进行，中途不得停工；灌注过程中经常检查混凝土的坍落度、和易性，注意观察导管内混凝土下落和孔口返浆等情况，经常探测混凝土面上升高度，及时拆卸导管，保持导管合理埋深，严禁将导管拔出混凝土面，以防断桩等事故的发生。

4．混凝土灌注时，为防止钢筋笼上浮，必须对钢筋笼采取足够的压制力，同时，在混凝土面接近钢筋骨架时，放慢灌注速度，减小混凝土对钢筋骨架的冲击力及混凝土上升时对钢筋骨架的摩擦力。

5. 每根桩浇灌时，须做好混凝土取样，取样组数按规范规定执行，并做好试块的养护工作。

8. 安 全 措 施

8.1 施工现场各类机械设备、用电线路、管线、道路、料场、泥浆池、钢筋笼制作棚及生活设施等要按审核批准后的施工组织设计要求进行布置。工地内的危险区域做好相关警示标识，重要部位做好防护工作。

8.2 各种施工机电设备用电必须采用三级配电三级保护，并用三相五线制绝缘电缆，严禁乱拉乱接，并由专职电工按时检修。

8.3 桩机操作人员、电工、电焊工等相关特殊工种必须持证上岗作业。

8.4 进入施工现场必须戴好安全帽，上班不准穿拖鞋、不准喝酒。

8.5 夜间施工应配有安全的照明设施。

9. 环 保 措 施

9.1 加强设备保养，确保设备正常运行，将施工产生的噪声降低到最低限度。

9.2 夜间施工在获得有关管理部门审批后，方可组织夜间施工，并公告附近居民。夜间施工时应尽量避开产生高噪声的混凝土灌注施工工序，将此工序尽量安排在白天施工，以减少对周围居民的影响。

9.3 施工现场设置冲洗平台，对驶离现场的工程车辆进行冲洗，以免污染环境。

9.4 施工中产生的泥浆，必须在经当地主管部门批准后采取相应措施处理，杜绝随意倾倒泥浆的现象发生。

10. 效 益 分 析

实践证明，用组合式钻头在含黏性土卵石层中成孔比传统的三翼钻头成孔至少快2~3倍。若按进入此地层3m计算，用组合式钻头成孔一般只需4h左右时间；而用传统的三翼钻头成孔则至少需10~12h的时间。按完成一根桩径800mm，桩长60m（包括进入含黏性土卵石地层3m）的桩考虑，按传统的三翼钻头施工，成桩所需约40h左右；用组合式钻头施工，可节省时间8h以上，即可节约时间20%以上，故在相同桩机台数施工的情况下，可缩短工期至少20%。按一台桩机完成一根桩来考虑，用组合式钻头施工，每根桩可节约施工用电［单价按0.874元/kW·h计算］至少为400元；相应地现场管理费用每天至少可少支出800元。在工期缩短20%以上的同时，对周围居民的环境污染（主要指施工时桩机产生的噪声、工程车辆产生的噪声及道路的污染等）天数也相应地减少20%以上；在节约用电费用的同时，对能源的消耗及环境污染也将相应地减少。根据国家发改委提供的数据可知，1吨标准煤可以发3000度电，则施工上述的桩不足7根就可节约1吨标准煤，据查证有关资料，工业锅炉每燃烧1吨标准煤能产生二氧化碳2620kg、二氧化硫8.5kg、氮氧化物7.4kg，以上这些废气都是大气的主要污染物。因此，在当今社会大力提倡节能减排、环境保护的前提下，本工法对社会产生的效益显得尤为突出。

因此，用组合式钻头成孔，既加快了施工进度，缩短了工期，又节省了施工用电费用及管理费用，成功地改善了传统钻头在该类地层施工中的弊端；同时，对节能减排、环境保护等方面效益显著。

11. 应 用 实 例

11.1 台州市路桥区公安指挥中心大楼工程，采用钻孔灌注桩基础，桩径为 $\phi 600mm$、$\phi 800mm$、$\phi 1000mm$，总桩数为328根，有效桩长54.9~67.08m（成孔深度60.1~72.88m），其地质条件：含黏性土卵石层呈中密~密实状，根据颗粒分析资料，其中卵石含量为51.4%，砾石为28%，砂为8.9%，黏性土为18.9%；卵石粒径5~40mm，少数大于50mm，层厚为1.30~10.3m。该工程桩基于2009年2月6日开工，至2009年3月24日完工。

11.2 台州市椒江区瑞景名苑工程，采用钻孔灌注桩基础，桩径为 $\phi 600$~$\phi 1200mm$，总桩数为1829根，有效桩长48.3~63.2m，其地质条件：含黏性土卵石层呈中密~密实状，卵石含量50%~60%，砾砂10%~30%，填充物以砂粒为主，少量黏性土胶结，卵石粒径一般为10~40mm，少量大于60mm，层厚4.8~15.35m。该工程桩基于2008年11月20日开工，至2009年1月20日完工。

11.3 台州市路桥区南洋小区工程，采用钻孔灌注桩基础，桩径为 $\phi 600mm$、$\phi 700mm$，总桩数为962根，有效桩长60~65m，其地质条件：含黏性土卵石层呈中密~密实状，卵石含量55%~60%，填充物以砂粒及粉粒为主，少量黏性土胶结，卵石粒径一般为20~40mm，少量大于50mm，层厚2.8~4.8m。该工程桩基于2009年2月10日开工，至2009年5月6日完工。

以上3个工程的灌注桩均采用组合式钻头在含有黏性土卵石地层中成孔，在工程施工中均取得了较好的社会和经济效益。

深基坑钢支撑支设预加轴力施工工法

GJEJGF016—2010

湖南长大建设集团股份有限公司　广东省建筑工程机械施工有限公司

李和平　李天成　李盛　李志强　陈健平

1. 前　　言

深基坑施工技术发展至今,支撑结构的形式有多种。常用的有钢结构支撑和钢筋混凝土支撑两类。钢结构支撑除了自重轻、安装和拆除方便、施工速度快以及可以重复使用等优点,安装后能立即发挥支撑作用,对减少由于时间效应而增加的基坑位移是十分有效的,因此在有条件的情况下应优先采用钢结构支撑。但是钢支撑预加轴力及轴力的传递比较复杂,钢支撑只能承受轴向压力,不能过多的受弯或受扭。如处理不当,会由于受力变形或节点传力的不直接而引起基坑过大的位移。因此,提高节点的整体性和施工技术水平是至关重要。

湖南长大建设集团股份有限公司企业技术中心针对以上问题,开展了科技创新,经过反复的工程实践,取得了"深基坑钢支撑支设预加轴力控制法施工技术"这一国内领先的新成果,形成了"深基坑钢支撑支设预加轴力施工工法"。

2. 工 法 特 点

2.1　运用仪器对支撑高程平面及坐标平面进行控制,保证轴力传递与连续墙三维空间上尽量接近90°夹角。

2.2　通过三线定位法对钢支撑进行定位,保证支撑托架的位置精度,使各层水平支撑与围檩的轴线标高应在同一平面上,从而确保轴力的直接传递,避免中途出现应力集中的现象。

2.3　钢支撑架设时用液压千斤顶施加预应力,分多次施加预应力,保证钢支撑与钢围檩接触面的完整接触,确保预加轴力质量,从而提高基坑的安全性。

3. 适 用 范 围

适用于高层建筑深基坑、地铁站深基坑施工中的内支撑系统中的钢支撑工程。特别对于软土地区基坑面积大、开挖深度深的情况,内支撑中钢结构支撑系统由于具有无需占用基坑外侧地下空间资源、可提高整个围护体系的整体强度和刚度,自重轻、安装和拆除方便、施工速度快以及可以重复使用等优点以及可有效控制基坑变形的特点而得到了大量的应用。

4. 工 艺 原 理

水平支撑系统中内支撑与围檩必须形成稳定的结构体系,有可靠的连接,满足承载力、变形和稳定性要求。支撑系统的平面布置形式众多,从技术上,同样的基坑工程采用多种支撑平面布置形式均是可行的。但科学、合理的支撑布置形式应兼顾基坑工程特点主体地下结构布置以及周边环境的保护要求和经济性等综合因素的和谐统一。

当完成护壁挡土结构以后,要进行基坑土方开挖时,基坑四周的土体必然产生压力作用于基坑的支护结构上，其力的方向近似于水平，力的大小取决于不同土质的压力值。这种水平压力通过对护壁结构的作用传递给钢围檩梁，再通过支撑把力集中到钢管支撑梁上去。从力学的观点分析可知，钢管支撑梁的受力是以轴向受压为主，这样就充分利用了钢管具有较高的抗压强度；同时，又把支撑梁设计成基坑内对撑的形式，形成大小相等、方向相反、相互抵消的力，构成稳定的支撑体系。每跨的宽度和支承桩的距离，由地下室基础桩分布、支撑受力大小、支撑截面、自重和稳定性等来确定。如果深基坑需要设置多道支撑的，其支撑的道数和位置则要根据基坑深度、地下室层数、楼板位置、挖土的方法、挡土的结构材料和形式、挡土结构的配筋、土压力值大小而定。因此，钢管支撑梁的设计，要经过假设支撑梁的道数、跨度和截面，确定基坑开挖深度、挡土结构材料厚度，计算出围檩梁上单位长度分布的水平压力。根据单位长度水平压力大小，计算出集中在支撑梁上的轴向力，然后，根据这个轴力的大小和支撑梁的自重进行钢管支撑体系稳定性验算，经过反复的假设和验算后才确定。

钢支撑实施过程中用水准仪定好钢围檩高程，安装钢围檩应处理好钢围檩与围护结构的空隙问题，然后用全站仪在钢围檩上定好托架的位置，这样就可以在三维空间定好支撑轴力的两端受力点。选择适合的时间，在托架上放置钢支撑后，采用三次预加压法，确保钢支撑加压能达到设计的要求，从而保证发生的轴力变化能按设计的工况实施。

5. 施工工艺流程及操作要点

5.1 工艺流程（图 5.1）

5.2 操作要点

钢支撑的轴力控制法根据流程安排一般可分为围檩定位、安装钢围檩、二次定位、核查温度及检查管体、架设钢支撑、三次预加压法以及检查等施工步骤。

5.2.1 围檩定位

钢支撑施工之前应做好围檩定位工作。钢围檩定位工作主要通过施工场区内高程控制网，用水准仪测出该一层钢支撑的平面高程。然后在围护结构上做好标识。钢围檩的高程确定，同时也是钢支撑托架高程的确定，控制好钢围檩在同一高程平面上，就能很好的控制钢支撑能架设在同一高程平面上。

5.2.2 安装钢围檩

1）钢围檩在基坑内的拼接点由于受操作条件限制不易做好，尤其在靠围护墙一侧的翼缘连接板较难施工，影响整体性能。设计时应将接头设置在截面弯矩较小的部位，并应尽可能加大坑内安装段的长度，以减少安装节点的数量。

2）安装钢围檩应遵循"先长后短，减少接头数"的原则，优先使用较长围檩，特别是优先使用标准节（长12.0m）的钢围檩，以减少接头数。

3）首道水平支撑和围檩的布置宜尽量与围护墙结构的顶圈梁相结合。安装钢围檩的过程中，要特别注意角撑与钢围檩的连接，如钢围檩未连续闭合，同时尚未与地下连续墙有效地锚连好，仅仅吊挂在地下连续墙上，则会无法有效地承受角撑传来的水平剪力，严重影响钢支撑的传力。

4）钢围檩接头位置宜放置在主内撑及其附近。其接头应采用气割割平，必要时应磨平，采用结422焊条焊接、焊满。安装钢围檩的过程中，同时需要处理好钢围檩与围护结构的接触面。由于围护结构面不平整，需要填塞高强、速凝的细石混凝土，以保证抗压强度。当缝隙≥30mm时，还需要先塞2mm钢板再浇筑高强、速凝的细石混凝土，以防止钢支撑传力的应力集中，如图5.2.2所示。

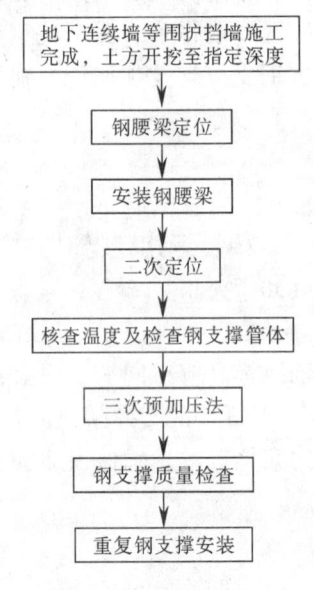

地下连续墙等围护挡墙施工完成，土方开挖至指定深度

↓

钢腰梁定位

↓

安装钢腰梁

↓

二次定位

↓

核查温度及检查钢支撑管体

↓

三次预加压法

↓

钢支撑质量检查

↓

重复钢支撑安装

图5.1 施工工艺流程图

5.2.3 钢支撑的二次定位

在钢围檩上用全站仪定好托架位置，利用平面坐标系内轴线控制测量，为了精确定位，我们采用三线定位法进行定位，定好托架三线位置再安装钢支撑托架，来保证支撑托架的位置精度。各层水平支撑与围檩的轴线标高应在同一平面上，且设定的各层水平支撑的标高不得妨碍主体工程施工。水平支撑构件与地下结构楼板间的净距不宜小于300mm；与基础底板间净距不小于600mm。且应满足墙、柱竖向结构构件的插筋高度要求。

三线定位法示意图如图5.2.3所示。

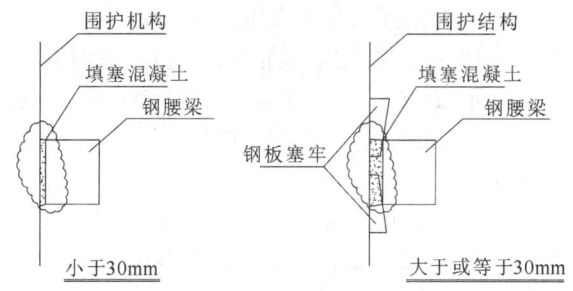

图5.2.2　钢围檩与围护结构接触示意图

5.2.4 核查温度及检查钢支撑管体

加钢支撑要控制好时间及温度，一般施工钢支撑的时间为18：00~22：00为宜。这样能减低热胀冷缩的影响，又能避开基坑底下工人施工的高峰期，趋于安全。如果预加力施工时如在升温较大的时间进行，则应就预加力在减去温度应力的基础上加以改正。支撑温度应力应按公式（5.2.4）计算：

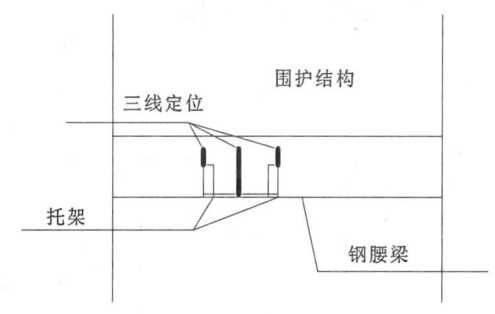

图5.2.3　三线定位法示意图

$$\delta_c = E_\alpha \triangle T = E_\alpha(T_2 - T_1) \tag{5.2.4}$$

式中　$\triangle T$——变温差

T_1——支撑计算预压前的瞬时温度（℃）；

T_2——支撑计算预压后的瞬时温度（℃）；

$E = 2.06 \times 10^5 MPa$；

$\alpha = 12.5 \times 10^{-6}$（/℃）。

在施加抵抗温度预应力前，应对支撑管体加以检查，管体检查主要为锈蚀、螺栓松脱等。

5.2.5 架设钢支撑

从受力可靠角度，纵横向钢支撑一般不采用重叠连接，而采用平面刚度较大的同一标高连接。以下针对后者对钢支撑的起吊施工进行说明。

第一层钢支撑的起吊与第二及以下层支撑的起吊作业有所不同，第一层钢支撑施工时，空间上无遮拦相对有利，如支撑长度一般时，可将某一方向（纵向或者横向）的支撑在基坑外按设计长度拼接形成整体。其后1~2台吊车采用多点起吊的方式将支撑吊运至设计位置和标高，进行某一方向的整体安装，但另一方面的支撑需根据支撑的跨度进行分节吊装。分节吊装至设计位置之后，再采用螺栓连接或者焊接连接等方式与先行安装好的另一方向的支撑连接成整体。

第二及以下层钢支撑在施工时，由于已经形成第一道支撑系统，已无条件将某一方向的支撑在基坑外拼接成整体之后再吊装至设计位置。因此当钢支撑长度较长，需采用多节钢支撑拼接时，应按"先中间后两头"的原则进行吊装，并尽快将各节支撑连起来，法兰盘的螺栓必须拧紧，快速形成支撑。长度较小的斜撑在就位前，钢支撑先在地面预拼装到设计长度，再进行吊装。

支撑钢管与钢管之间通过法兰盘以及螺栓连接。当支撑长度不够时，应加工饼状连接管，严禁在活络端处放置过多的塞铁，影响支撑的稳定。

5.2.6 三次预加压法

钢支撑预加力采用千斤顶加设，施加预加力的钢支撑一端应设计为活络头形式。千斤顶应配备压力表并经实验室标定。

经多次试验，常规的两次加压，最大加至设计预加力110%的预加方法，会由于打入钢楔块时造成预加力损失。因此我们采用新的三次预加压法。

第一次先施加20%的预加力，使钢支撑与钢围檩之间很好地接触；第二次施加至预加力的120%，然后等10min，看读数表指针稳定打入楔块；第三次是在打入楔块后，读数表指针往回走，然后施加预加力至120%，二次打紧楔块。在读数稳定在预加力的120%时，卸下液压千斤顶。在支撑预加力加设后的各12h之内，加密监测频率，发现预加力损失或围护结构变形速率无明显收敛时，复加预应力至设计值。

以广州梅花园地铁站深基坑钢支撑为例，设计该道钢支撑预加力为700kN，其钢支撑施工加预加力对照如表5.2.6所示，不同加压方法对比如图5.2.6所示。

钢支撑施加预加力对照表 表5.2.6

加压次数	钢支撑编号	第一次加压	第二次加压	第三次加压	泄压后轴力
常规加压法	GZC$_{45}$	142kN	845kN		683.8kN
	GZC$_{15}$	145kN	841kN		687.4kN
	GZC$_{13}$	143kN	847kN		690.6kN
	GZC$_{53}$	141kN	840kN		694.1kN
	GZC$_{32}$	144kN	850kN		698.3kN
三次预加压法	GZC$_{95}$	141kN	842kN	845kN	697.8kN
	GZC$_{111}$	145kN	840kN	843kN	703.4kN
	GZC$_{87}$	143kN	848kN	840kN	707.7kN
	GZC$_{63}$	145kN	843kN	857kN	707.7kN
	GZC$_{75}$	145kN	850kN	850kN	710.4kN

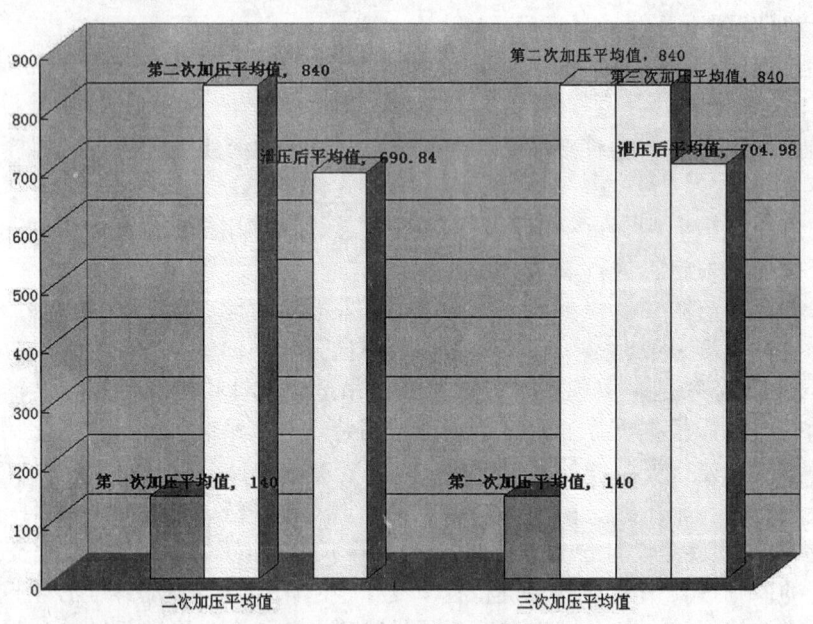

图5.2.6　不同加压方法对比图

5.2.7　检查

定期检查预先埋设的轴力计，当气温比较低时，要每天检查楔块是否松动，反复打紧楔块或千斤顶预加补偿力，以补偿钢支撑的冷缩，冬天的时候把楔块再次打紧。用锤子不定期敲打钢支撑管身，听声音，如声音沉闷，则钢支撑楔块楔紧不需打紧；如声音清脆，则钢支撑楔块未楔紧应打紧楔块。

5.2.8　在支撑施工的时候，要考虑到以后的拆除。建议在设备中板预先留好吊钩，方便吊装。

5.2.9 在拆除时,应隔一拆一,避免延一个方向拆,产生应力集中;洞口部位要先拆除,避免旁边的钢支撑拆完后,应力集中在洞口部位。

6. 材料与设备

6.1 材料

钢管($\phi600$,$t=14$)、设计的2I50C钢围檩、各型高强度螺栓、钢支撑顶端预应力活动头、千斤顶、压力表、轴力计。

以上材料的选用应符合设计和施工方案的要求,其备用数量满足施工要求。

6.2 采用的机具设备见表6.2

施工机具设备表 表6.2

序号	设 备 名 称	设备型号	数 量
1	反铲挖土机	PC200	2台
2	汽车起重机	QY50A	4台
3	交流电焊机	BX-500	2台
4	液压千斤顶		20台
5	全站仪	S311	1台
6	弦式反力计	XHL1/2	2台
7	经纬仪	J2	1台
8	水平仪	S3	2台
9	激光经纬仪	JD-2	1台
10	数控多头火焰切割机		1台
11	埋弧自动焊机		2台
12	H型钢组立机		2台
13	CO_2气体保护焊机		5台
14	8抛头抛丸机		1台
15	台式钻床	$\phi32$	2台
16	剪板机	12×2500	1台
17	超声探伤仪		1台

7. 质 量 控 制

7.1 钢支撑根据设计要求做到先撑后挖,和挖土密切配合,工序搭接要稳妥,在确保安全的前提下加快进度。

7.2 上、下各层水平支撑的轴线应尽量布置在同一竖向平面内,主要目的是为了便于基坑土方的开挖,同时也能保证各层水平支撑共用竖向支承立柱系统。此外,相邻水平支撑的竖向净距不宜小于3m,当采用机械下坑开挖及运输时应根据机械的操作所需空间要求适当放大。

7.3 电焊工均持证上岗,钢支撑结构焊接均应遵照规范进行,焊缝长度、厚度应满足设计要求,做到丰满牢固,并随时加强电焊的质量检查。

7.4 每贯通一根钢支撑,根据设计要求施加预应力,检查构件安装节点焊接质量,若有问题,应整改好加焊，待全部节点检查合格后，方可施加预应力，再重新检查结构节点一遍，确认安全可靠后，才可继续挖土工序。预应力施加采用超高油压泵站控制油压千斤顶，预应力精度值±30kN，预应顶力值根据设计要求。施加预应力时应做好记录，并请甲方和监理及有关人员到场监察。

7.5 支撑结构应做到安装节点紧密，法兰盘在连接前要进行整形，不得使用变形法兰盘，螺栓连接控制紧固力矩，严禁接头松动，支撑安装允许偏差满足设计要求，并力求完好。

7.6 支撑安装完毕后有使用阶段，派专人值班，加强检查围护位移情况，做好维修服务工作及按工程技术要求采取必要的应急措施。

7.7 整个施工过程中和基坑监测单位保持密切联系，做到信息化施工。

7.8 基坑周围堆载控制在20kPa以下，每天派专人对支撑进行1~2次检查．以防支撑松动。

7.9 钢支撑工程质量检验标准为：支撑位置标高允许偏差30mm；平面允许偏差100mm；预加应力允许偏差±50kN；钢内撑梁轴线允许偏差15mm；梁长度允许偏差-10mm；梁高度允许偏差±15mm；梁起凸允许偏差±5，允许下凹15mm，梁侧弯控制在$L/2000$以内，梁面倾斜控制在20mm以内；焊缝应沿长度满焊，焊缝应均匀，不得有裂缝、夹渣、焊瘤、烧穿弧坑等缺陷。

7.10 支撑的拆除：按照设计的施工流程拆除基坑内的钢支撑，支撑拆除前，先解除预应力。

8. 安 全 措 施

8.1 切实加强"三级安全教育"，深基坑开挖是具有一定危险性的施工作业，参加深基坑开挖的工人必须熟悉深基坑开挖的施工方案，对工人要进行安全操作规程和操作技能教育，并且要对工人进行安全技术交底，安全技术交底要有总体全局的交底，也要有分部、分项的全面细致的交底，要及时、细致、切合现场实际情况进行交底，不可无的放矢，应付差事，酿成责任事故。再就是要对工人进行应急预案的宣贯和演练；并且对接受以上培训教育过工人必须逐一签字确认，并建卡存档。而所有工人在接受安全教育、技术交底和应急预案的宣贯和演练后都必须进行严格的考核，合格才能上岗，不合格必须重新教育、考核。

8.2 对于基坑开挖必须并遵循"先撑后挖、限时支撑、分层开挖、严禁超挖"的原则进行施工，尽量减小基坑无支撑暴露的时间和空间，保证基坑的稳定。

8.3 建立和完善应急预案来源，由于深基坑施工具有一定的危险性，针对深基坑施工的特点，施工企业应当建立和完善应急救援预案，防止突发事故的发生。

1）必须坚持常备不懈的原则。常备不懈是事故应急救援工作的基础，在深基坑施工时，应根据深基坑作业的特点及可能发生的事故，做好事故的预防工作，避免或减少事故的发生率，落实好救援工作的各项准备措施，做好预防准备。

2）坚持统一指挥，分级负责的原则。施工企业应建立从企业到项目部再到作业组的应急救援体制，从人、财、物上全面落实，充分发挥事故单位及施工所在地的优势作用。深基坑施工是一项专业性很强的工作，并且容易引起群死群伤的事故，所以应当根据施工的各工种、各工序，有针对性地作好事故防范及应急救援准备。必须充分发挥各方面的主动性和力量，形成统一、高效的救援指挥部，一旦有事故发生，能迅速启动救援机制，迅速有效地组织实施救援，尽可能避免伤亡事故发生。

8.4 加强日常的检查和监督管理，由于深基坑施工具有一定危险的施工作业，在日常的施工安全检查和监督中，必须严格执行《建筑施工安全检查标准》JGJ 59进行检查和监督。对于深基坑来说，必须做好基坑变形监测的工作，就要按照规范规程的要求经常观察周围建筑是否产生裂缝，周围地面是否发生异常情况，而且要使用必要的仪器，工具观测支护结构的位移，周边的沉降度，并建立一套相关的数据库，分析其数据的规律，突变原因。当深基坑支护结构或周边土体变形到一定的程度时，必须根据施工规范的要求，断然采取技术措施，保证基坑的安全。

8.5 确保支护结构安全的关健，挖掘过程中，抓斗距围护体至少30cm以上，避免撞击。

8.6 挖掘机、运输车只能停在路基箱上，不宜直接停在水平支撑上。场内运输道路应按设计要求制作。

8.7 对围护体和管线进行监测，发现问题及时采取措施。

8.8 夜间施工要有足够的照度，进出口处专人指挥，避免发生交通事故，挖机回转范围内不得站人，尤其是土方施工配合人员。

8.9 基坑周边用钢管扣件成高度900mm的拦杆。

8.10 施工现场的电动建筑机械、手持电动工具和用电安全装置必须符合相应的国家标准、专业标准和安全技术规程，并应有产品合格证和使用说明书。工具的电源线、插头和插座应完好，电源线不得任意接长和调换，工具的外绝缘应完好无损，维修和保管应由专人负责。

8.11 电焊机使用规定：

1）电焊机应单独设开关，并设漏电保护装置。

2）电焊机应放置在防雨、防砸的地点，下方不得有堆土和积水。周围不得堆放易燃、易爆物品及其他杂物。

3）焊机一次线长度应小于5m，二次线长度应小于30m，两侧接线应压接牢固，并安装可靠防护罩，焊机二次线宜采用YHS型橡皮护套铜芯多股软电缆。中间不得超过一处接头，接头及破皮处应用绝缘胶布包扎严密。

（1）电焊机把线和回路零线必须双线到位，不得借用金属管道，金属脚手架、钢盘等作回路地线。二次线不得泡在水中，不得压在物料下方；

（2）焊工必须按规定穿戴防护用品，持证上岗。

9. 环保措施

9.1 成立对应的施工环境卫生管理机构，在工程施工中严格遵守国家和地方政府下发的有关环境保护法律、法规和规章。

9.2 加强对施工燃油、工程材料、设备、废水、生产生活垃圾、弃渣的控制和治理，遵守有关防火及废弃物处理的规章制度。

9.3 将施工场地和作业限制在工程建设允许的范围内，合理布置、规范围挡，做到标牌清楚、齐全，各种标识醒目，施工场地整洁文明。

9.4 装运土方的车辆应用加顶盖的自卸车辆装运，以免泼撒污染施工道路和施工现场。

9.5 噪声排放必须达到当地建设主管部门规定的噪声标准要求。

9.6 现场施工扬尘排放必须达到建设主管部门的排放标准要求。

9.7 设立专用排浆沟、集浆坑，对废浆、污水进行集中，认真做好无害化处理，从根本上防止施工废浆乱流。

9.8 对施工场地道路进行硬化，并在晴天经常对施工通行道路进行洒水，控制扬尘污染。

10. 效益分析

10.1 钢支撑预加力采用千斤顶加设，经多次试验，按常规的两次加压方法，最大加至设计预加力110%，此预加方法未考虑温度应力的修正，同时会由于打入钢楔块时造成预加力损失，造成实际预加力与所需的预加力差别大。我们采用改进的三次预加压法，通过试验证明将更加符合设计预加力的要求，保证了基坑边坡的稳定性。

10.2 与混凝土支撑对比，钢结构支撑除了自重轻、安装和拆除方便、施工速度快以及可以重复使用等优点安装后能立即发挥支撑作用，对减少由于时间效应而增加的基坑位移是十分有效的，因此如有条件应优先采用钢结构支撑。

10.3 以"广州地铁三号线北延段梅花园站"项目为例，根据原设计要求工程采用混凝土支撑支护形式；后经设计院同意改为采用本技术，采用钢支撑轴力控制法施工。原设计方案中房屋保护费用（风险费22.5万）、安全措施费（基坑安全措施部分占50%，57.29万元）共计79.79万元。由于采用钢支撑轴力控制法施工，提高了基坑的安全可靠性，减少了对周边环境的影响。最终，房屋修补费用为6.38万元，基坑安全措施费用为18.69万元，合计使用25.07万元，共节约54.72万元。

11. 应用实例

11.1 "广州地铁三号线北延段梅花园站"项目

该项目在施工过程中广泛运用了深基坑钢支撑支设预加轴力施工技术。该项目为车站站台施工项目，其基坑有效站台中心底板埋深23.4m。属超大型深基坑。通过采用本技术，保障了施工的顺利进行；同时，保障了基坑的稳定性，保障了质量，取得了显著的经济效益。

11.2 "广州地铁四号线黄村站"项目

该项目在施工过程中运用了深基坑钢支撑支设预加轴力施工技术。该车站围护结构为地下连续墙加内支撑形式，墙厚为800 mm，连续墙之间采用6 mm厚燕尾形钢板接头，砂层较厚的地方接头位置的背土侧必要时采用单管旋喷桩止水。围护结构的支撑系统采用钢筋混凝土支撑和钢管支撑，共设三道。第一道采用钢筋混凝土支撑，第二、第三道采用钢管支撑。连续墙顶设钢筋混凝土冠梁，第二、第三层支撑采用工字钢腰梁。该技术的成功运用，保障了基坑的稳定性，保障了质量，取得了显著的经济效益。

11.3 "广州地铁六号线天平架站"项目

该项目在施工过程中运用了深基坑钢支撑支设预加轴力施工技术。该工程附属结构出入口及风道围护结构均采用地下连续墙加内支撑形式。主体围护结构采用1000mm地下连续墙，连续墙深度为29~31m。采用一道钢筋混凝土支撑和四道钢支撑以维护地下连续墙稳定和安全，第一道支撑支顶在连续墙顶冠梁上，其余支撑支顶在钢围檩上。

装配式可回收锚索施工工法

GJEJGF017—2010

广东金辉华集团有限公司　广东省第四建筑工程公司

詹前进　陆观宏　卢文权　李甫　周宇

1. 前　言

在现代建筑施工中，临时性支护用普通锚索在支护功能失效后无法回收，与构筑物一起长埋于地下，形成地下垃圾，造成地下环境污染，对相邻地块的施工和城市的长远规划及可持续发展都造成了严重的影响。限制临时性支护用普通锚索的使用将是必然趋势。

依据国家专利"土木工程的可回收锚索"研发了"装配式可回收锚索施工工法"，该工法可以回收锚索，节约钢材，避免锚索占用地下空间，节约土地；并很好地解决了建设工程地下环境保护问题，直接实现了节材节地的效果以及解决了环境保护问题，间接达到节能的效果，因此装配式可回收锚索施工工法很好地响应了"四节一环保"的国家政策。

装配式可回收锚索是一种专门制作的锚索，整个装置是可拆装搭配的，它包括一种经过改造的、结构简单、使用方便且可回收利用的可回收锚索和一种使用方便的用于回收锚索的握线器，其中可回收锚索的锚固段的连接件和锚固件可以选择多种连接和分离方式，连接方式一般采用可拆式连接，推荐采用螺纹连接，也可以采用旋扣式连接，分离方式采用扭转，也可以采用切除的方式。该锚索大部分部件都可以回收。

该锚索结构简单，操作容易可靠，回收速度快。随着人们对土地市场化和地下建筑空间产权意识的提高，地下施工对超越"红线"建设的现象也日益重视。因此，在地下建筑施工中当锚索和锚杆使用功能完成后对其进行回收，减少地下建筑垃圾已成为今后城市建筑和环保的重要课题。为了适应我国城市地下工程建设发展的需要，开展可回收式锚索（锚杆）的研究和推广应用具有现实意义。该技术具有很广泛的应用前景。

该技术是依据广东金辉华集团有限公司的国家专利 "土木工程的可回收锚索"编制的，专利号为ZL 2004 2 0046600.3。2010年11月29日，该技术被广东省住房和城乡建设厅鉴定为国内领先水平。

2. 工 法 特 点

2.1　结构简单，操作容易可靠，回收速度快，回收时一般情况下可由人工完成，不会造成施工噪声或扰民问题，也没有使用或排出对周边环境有侵蚀性等有害物质。

2.2　不需要专门的回收索，节省材料。而现有技术中，除工作索外，一般都设有专门的回收索。

2.3　可设计成单索式回收式锚杆，即锚索只为一根钢绞线，这对应用于喷锚支护及软土地区锚杆支护很有意义。而现有技术中，一般都为二索以上，有的现有技术甚至只能设为双数锚索。

2.4　锚索可回收重复使用，降低成本。

3. 适 用 范 围

本工法适用范围较广，可适用于各种类型的土钉墙支护和其他短锚索支护工程。

4. 工艺原理

1）装配式可回收锚索由回收锚具、钢绞线、塑料套管及水泥砂浆体组成。钢绞线穿越于塑料套管内，与水泥砂浆体完全隔离。回收锚具包括连接件和锚定块，于锚索端部与砂浆体粘结在一起，传递钢绞线的张拉力。其结构示意图如图4-1所示。

2）可回收锚索的工作原理是：工作索的拉力传递给回收锚具，再由回收锚具传到水泥砂浆体，然后传递到周围岩土层中，从而形成端部承压式锚索的受力体系。回收时，通过握线器扭转钢绞线，使连接件与锚定块分离，促使回收锚具失去锚固作用，钢绞线等构件即可拔出，达到回收的目的。

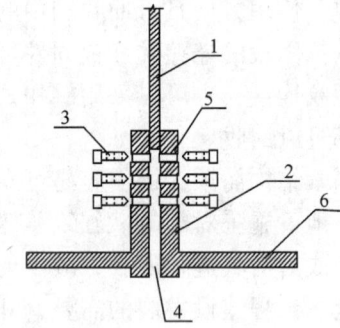

图4-1 装配式可回收锚索使用状态示意图
1—钢绞线；2—塑料套管；3—连接件；
4—锚定块；5—水泥砂浆

回收锚具是装配式可回收锚索技术的重要组成部分，其锚固端由钢绞线、套管、连接件以及锚定块组成，钢绞线的一端与连接件固定连接，连接件与锚定块之间可拆式连接，其中锚定块外侧还可以加设锚固增强件，提高回收锚具的锚固强度；套管套在钢绞线、连接件以及连接件与锚定块的连接处上；回收端则使用握线器，该握线器由管状体、螺杆组成，管状体的内孔略大于钢绞线，在管状体侧边设有用于固定钢绞线的螺孔，螺杆设在螺孔内，为了提高握线器的扭转能力，可让握线器外接动力机械装置。锚固端结构组成如图4-2所示，回收端结构组成如图4-3所示。

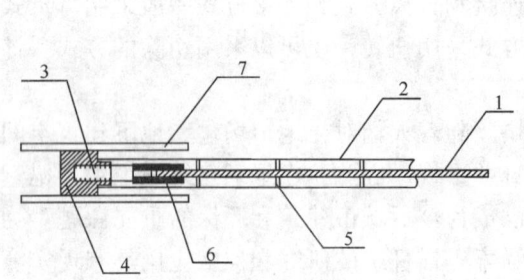

图4-2 回收锚具锚固段结构示意图
1—钢绞线；2—塑料套管；3—连接件；4—锚定块；
5—限位器；6—OVM-P型锚具；7—锚固增强件

图4-3 回收锚具回收端握线器结构示意图
1—钢绞线；2—管状体；3—螺杆；
4—内孔；5—螺孔；6—把手

5. 施工工艺流程及操作要点

5.1 施工工艺流程（图5.1）

5.2 操作要点

5.2.1 锚索成孔质量控制措施

1. 钻进设备就位前，需对锚索位置进行测定，保证钻机定点水平误差不大于50mm，垂直误差不大于100mm，确保锚索在同一水平线上。

2. 钻进设备就位时，需对钻孔工作面进行清理，确保钻机安装达到"正、平、稳、固"要求，使钻机钻进后不摇摆、不移位。

3. 钻进设备就位后、钻进前要检查钻杆倾斜角度，其误差不得大于±2°，确保倾斜角度符合设计及规范要求。

5.2.2 锚索制作及安放

1. 钢绞线杆体加工制作前，先对钢绞线进行质量检验。

2. 截取钢绞线的长度应比设计锚索有效长度长1.0~1.5m，便于回收。

3. 钢绞线杆体端部安装挤压套，安装挤压前，应根据锚索设计要求，应对挤压套与钢绞线之间的摩擦力进行试验，符合设计要求后，方可批量制作。

4. 锚索安放时，应防止锚索扭曲、弯曲，注浆管、排气管随锚索一同放入孔内，注浆管端部距孔底宜为50~100mm，锚索放入角度应与钻孔角度保持一致，锚索外端部应露出锁定结构物长度不小于1000mm。安放时，可采用偏心夹管器、推进器与人工相结合的方式，平顺缓缓推进。推送时，严禁上下、左右抖动、来回扭转和串动。

5. 该可回收锚索的连接件与锚定块之间的可拆式连接以螺纹连接为佳，方便回收钢绞线，可拆式连接也可以采用旋转式扣接连接，在锚定块上还可以设有锚固增强件。

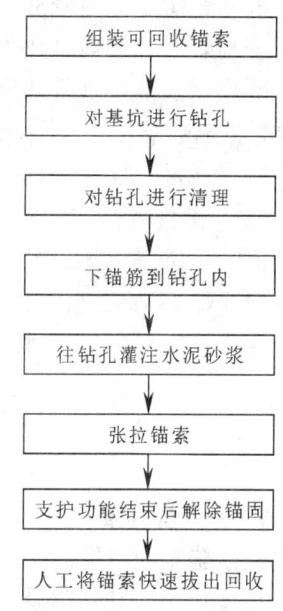

图5.1 施工工艺流程示意图

5.2.3 锚索注浆

1. 水泥砂浆材料：采用水泥砂浆和水泥浆；采用中砂，使用前应过筛。

2. 水泥砂浆液的配制：水灰比宜为0.4~0.5；当浆体为水泥砂浆时，灰砂比为1：1~1：2，且砂子粒径不得大于2mm；二次高压注浆材料宜选用纯水泥浆。

3. 孔口溢出浆液或排气管停止排气时，可停止注浆。

4. 从注浆管注入拌合好的水泥浆或水泥砂浆，从孔底开始，直至孔口溢出浆液，注完后静置待凝。

5. 二次注浆时，应在锚索锚固段界面上设置隔离塞，注浆压力不宜低于2.5MPa。

5.2.4 锚索张拉

1. 待水泥砂浆达到设计强度以后才进行张拉操作。

2. 锚杆张拉和锁定是锚杆施工的最后一道工序，也是检验锚杆性能最直接的方式。对张拉预紧、锚具的选型等方面进行控制，可满足锚杆张拉的需要。正式张拉前，取0.1~0.2倍设计拉力值对各钢绞线预紧十分重要，有利于减缓张拉过程中各钢绞线的受力不均匀性以及减少锚杆的预应力损失。

5.2.5 锚索回收

1. 卸下孔口处钢绞线的锚定装置，放松钢绞线。

2. 把钢绞线尾端套入握线器的内孔内，拧紧螺杆。

3. 用人工操作握线器的手柄，使握线器拧转钢绞线，通过钢绞线旋转连接件，使连接件与锚定块分离。这一步也可以让握线器的主体与动力机械连接使用，以增加握线器的扭转能力。

4. 拔出钢绞线及连接件，实现钢绞线的回收。

6. 材料与设备

6.1 材料

1. 锚索材料

根据锚索长度采用钢绞线，钢筋表面不得有结疤和横向裂纹。钢筋进场时，应按有关规定抽取试件作力学性能检验，其质量必须符合有关标准的规定。

2. 浆体材料

水泥宜使用普通硅酸盐水泥，必要时采用抗硫酸盐水泥，其强度等级为42.5MPa，不宜使用高铝水泥。细骨料选用粒径不大于2mm的中细砂，砂的含泥量按重量计不大于3%；砂中所含云母、有机质、硫化物及硫酸盐等有害物质的含量，按重量计不宜大于1%。拌合水中不含有影响水泥正常凝结与硬化的有害物质，不得选用污水。

3. 防腐材料选用无水黄油。

6.2 设备

本工法所需设备如下：

握线器、钻机1台、特制钻杆钻头、空压机1台、砂轮切割机2台、穿心式液压千斤顶1台、油泵1台、注浆泵1台和灰浆搅拌机1台以及锚具、夹具、连接器若干等。

7. 质量控制

7.1 质量标准

锚索施工质量控制应执行相关技术标准

1.《建筑地基基础设计规范》GB 50007。

2.《建筑地基处理技术规范》JGJ 79。

3.《锚杆喷射混凝土支护技术规范》GB 50086。

4.《建筑边坡工程技术规范》GB 50330。

5.《岩土锚杆设计与施工规范》CECS 22：90。

7.2 质量保证措施

7.2.1 根据设计文件要求编制详细的施工方案，严格按技术要求进行施工，每道工序合格后，方可进行下道工序作业。

7.2.2 锚筋、水泥、锚具等材料应有产品合格证及相应的检验、试验报告。

7.2.3 锚筋表面不应有污物铁锈或其他有害物质。

7.2.4 用仪器测定钻机导向架的倾角，在钻进过程中随时检查倾斜度。

7.2.5 在钻进过程中根据实际地层变化情况，随时调整钻进参数，以防止造成孔斜偏差。

7.2.6 钻孔的孔深、孔径均应符合设计要求，钻孔深度不宜比规定值大200mm以上，钻头直径不应比规定的钻孔直径小3.0mm以上。

7.2.7 灌浆后，浆体强度未达到设计要求前，锚筋不得受扰动。

7.2.8 锚杆基本试验的地质条件、锚杆材料和施工工艺等应与工程锚杆一致，数量不得少于3根。

7.2.9 应满足锚索护壁质量要求。

7.2.10 锚索必要时还应通过现场试验检验。

8. 安全措施

8.1 施工操作人员在用电及机械使用时应遵守《施工现场临时用电安全技术规范》JGJ 46及《建筑机械使用安全技术规程》JGJ 33的有关安全规定。

8.2 施工前应认真进行技术交底，施工中应明确分工，统一指挥。

8.3 拱部或边墙进行锚杆施工时其下方严禁进行其他作业。

8.4 机械设备的运转部位应有安全防护装置。

9. 环 保 措 施

9.1 严格执行《建筑施工场界噪声限值》，控制和降低施工机械和运输车辆造成的噪声污染。

9.2 合理安排作业时间，避免夜间施工，使施工噪声对周围环境影响减少到最低程度。

9.3 适当控制机械布置密度，条件允许时拉开一定距离，避免机械过于集中形成噪声叠加。

9.4 粉尘的作业环境中作业，除洒水外，作业人员还配备劳保防护用品。

9.5 工程完工后，及时进行现场彻底清理，并按设计要求采用植被覆盖或其他处理措施。

10. 效 益 分 析

装配式可回收锚索技术中，除锚定块等少数部件外，其余的都可回收，回收锚具其余部分可多次重复使用，保护好的钢绞线可重复使用1~3次。装配式可回收锚索施工方法能显著节约工程总造价，一般可节约15%~30%。

本工法可以回收锚索，节约钢材，避免锚索占用地下空间，节约土地；并很好地解决了建设工程地下环境保护问题，有利于我国将来地下空间开发及工程建设的可持续发展，直接实现了节材节地的效果以及解决了环境保护问题，间接达到节能的效果，因此装配式可回收锚索施工工法很好地响应了"四节一环保"的国家政策，具有重大的社会意义。

11. 应 用 实 例

11.1 珠海市格力香樟美筑建安工程（Ⅱ标段）

本工程位于拱北九洲大道西北侧，总建筑面积63913.3㎡（含地下室），共4栋单体建筑、2层裙楼及2层地下停车场，地面以上高度89.8~95.8m，地下室埋深9.0~9.2m，混凝土框支剪力墙结构，基础形式为预应力管桩，基坑采用地下连续墙加锚索支护方式。

该工程通过采用装配式可回收锚索技术，基坑支护总造价约为600万元，比普通锚索的施工方案节省了近100万元。

11.2 东莞帕萨迪纳二期抗浮工程

本工程位于东莞市南城区，二期总建筑面积为84567.2m²，建筑最大高度为70.2m，基坑深度为9.0m。本工程的基坑支护原设计采用，造价约850万元。后采用装配式可回收锚索，总造价降低为约700万元。相比原设计方案降低造价约150万元。

11.3 天富豪庭富丽 10-11 号工程

天富豪庭富丽10~11号工程位于开平市良园路35号西侧，建筑总面积为34936m²，总体高度为58.25m，其中地下1层，地上17层，地下室建筑面积为3829m²。本工程应用了装配式可回收锚索施工技术，该技术现场施工效果良好，采用该技术后，总造价比原来降低了70万元，经济效益非常明显。

沙漠地区沟槽开挖单排轻型密布井点降水施工工法

GJEJGF018—2010

重庆城建控股（集团）有限责任公司　　长江航道局

于海祥　丁纪兴　祁刚　肖喻峰　何跃

1. 前　　言

重庆城建控股（集团）有限责任公司从2008年开始在阿联酋邻近海边沙漠地区进行地下管网项目的施工。由于该沙漠地区土体透水性好，施工区域又临近海边，地下水补给来源丰富，地下水位一般在地面标高以下0.5~1.0m。因此，如何降低地下水位成为该地区进行沟槽开挖施工的技术难题。为此，我们开展了"沙漠地区沟槽开挖单排轻型密布井点降水施工技术"研究，研究成果通过了重庆市城乡建设委员会组织的科技成果鉴定，其技术达到国内领先水平。该技术获得了国家实用新型专利《一种新型的轻型密布井点降水系统》，专利号：ZL201020500858.1。形成的轻型密布井点降水施工工法，有效地解决了沟槽开挖中难以降低地下水位的技术难题，并获得了明显的经济效益。工程施工进度和质量控制得到了外方监理和业主的一致好评。工程实际应用证明该方法技术成熟，经总结形成本工法。

2. 工 法 特 点

2.1　以沟槽开挖每200m构成一个施工作业段，每100m构成一个降水工作单元；降水所需的设备、材料通用性强，具有良好的推广应用性。

2.2　各种规格、型号的降水管材的配套便于标准化制作。井点管、端滤管、弯联管、总管构造简单，采用装配式连接，安拆简便，密闭和滤水效果好，材料重复利用率高。

2.3　降水系统适用性强，只需根据地下水的渗透情况设计井点布置间距，而不必更换设备和材料。

2.4　井点成孔快、方法简单，冲洗井点孔所使用的水可循环利用，环保节能。

2.5　本工法可由一级轻型井点系统扩展至二级轻型井点系统，适应不同深度的降水要求。

3. 适 用 范 围

适用于高地下水位、高渗透性土层地区的浅层沟槽开挖降水施工，尤其适用于邻近海边沙漠地区的沟槽开挖降水施工。

4. 工 艺 原 理

4.1　根据水文地质资料，现场测定地下水渗透系数等相关参数，设计单排轻型密布井点降水方案设计（高程布置设计、井点平面布置设计、抽水设备确定等）。

4.2　选择典型沟槽区段进行试抽水试验，验证所设计方案的可行性。

4.3　沿基槽走向密布小直径井点管于蓄水层内，井点管的上端通过弯联管与总管相连接，利用抽水设备将地下水从井点管内连续抽走，使抽水量和涌水量达到平衡，将地下水位降低到作业面以下，从而实现沟槽干施工作业。

4.4 对抽取的地下水进行合理的处理和排放，防止环境污染。

沟槽工程轻型密布井点降水的工艺原理如图4.5所示。

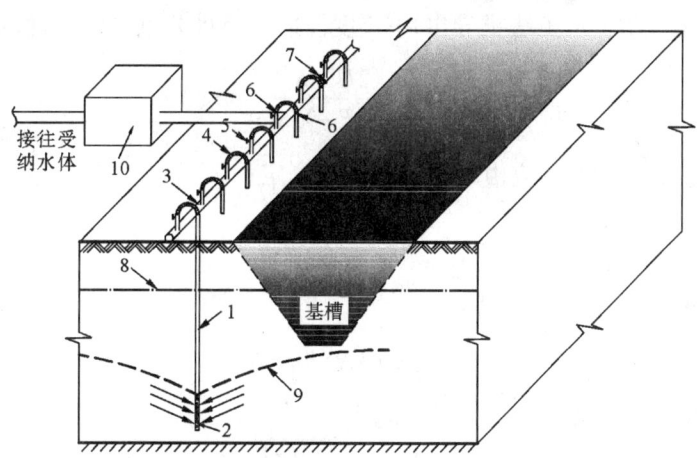

图4.4　单排轻型密布井点降水法工艺原理图

1—井点管；2—端滤管；3—总管；4—弯联管；5—井点管阀门；6—弯联管箍；
7—总管连接箍；8—原有地下水位线；9—降低后地下水位线；10—水泵系统

5. 施工工艺流程及操作要点

5.1　工艺流程

沟槽开挖单排轻型密布井点降水的工艺流程如图5.1所示。

5.2　操作要点

5.2.1　施工准备

根据地勘及水文资料或在施工区域自行钻孔勘测，以获取地下水位及土质构成等资料，地勘钻孔深度一般要达到不透水层。布置降水系统之前应先按照图纸放出沟槽开挖线和井点布置线，标出井点管布置位置。

5.2.2　现场抽水试验

现场布置有代表性的抽水试验井点，进行抽水试验测定土层渗透系数等参数。根据获取的地质水文资料进行单排轻型密布井点降水系统方案设计。

本工法采取在典型施工区段的同一直线上钻设三个抽水孔（深度达到不透水层）的布置方法进行抽水试验。

5.2.3　单排轻型密布井点系统设计参数计算

井点系统设计包括：涌水量、井点管间距和抽水设备功率等的计算。受水文地质和井点设备等多种因素的影响，理论计算值只能作为

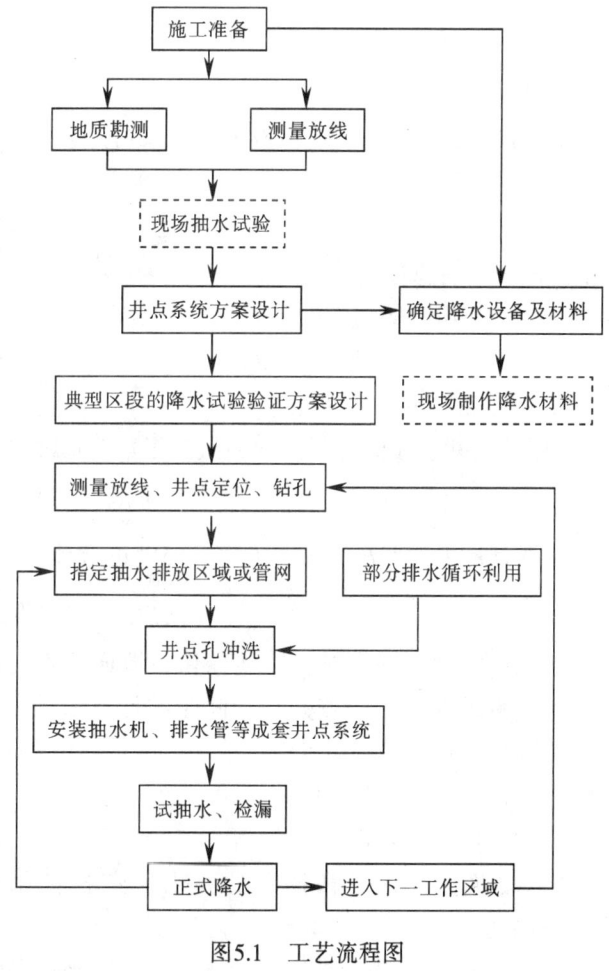

图5.1　工艺流程图

近似值。

1. 涌水量计算

本工法所针对工程对象为砂土质地区的浅层降水，因此对应的井型均为无压非完整井。根据达西定律，假设抽水影响半径为R，本工法推导出$10R$长度段内的单排井点系统的涌水量计算公式为：

$$Q = 0.683K\frac{(2H-S)S}{\lg R - \lg x_0} \ (\text{m}^3/\text{d}) \qquad (5.2.3-1)$$

式中 K——土层渗透系数（m/d），应由现场抽水试验测定；

$\quad H$——含水层厚度（m）；

$\quad S$——水位降低值（m）；

$\quad R$——抽水影响半径（m），计算公式为：

$$R = 1.95S\sqrt{HK}$$

$\quad x_0$——环形井点的假想半径（m），计算公式为：

$$x_0 = \sqrt{20/\pi}\,R$$

其中H由地勘资料确定，S由井点管高程布置确定，渗透系数K的取值对计算结果的影响性很大，可采用现场抽水试验测定渗透系数值，方法为：在现场设置抽水孔，在距离抽水孔为x_1（m）和x_2（m)处设置两个观测井（三者在同一直线上），抽水稳定后，记录观测井的水深y_1（m）和y_2（m)和抽水孔相应的抽水量Q（m³/d），按式（5.2.3-2）确定渗透系数K：

$$K = \frac{Q\lg(x_1/x_2)}{1.366(y_2^2 - y_1^2)} \ (\text{m}/\text{d}) \qquad (5.2.3-2)$$

2. 单井最大出水量

单井最大出水量q，主要取决于土层的渗透系数、井点管的端滤管构造与尺寸，按式（5.2.3-3）计算：

$$q = 65\pi rl\sqrt[3]{K} \ (\text{m}^3/\text{d}) \qquad (5.2.3-3)$$

式中 r——端滤管直径（m）；

$\quad l$——端滤管长度（m）；

$\quad K$——土层渗透系数（m/d）。

3. 单排密布井点管间距

$10R$长度井点段内，井点管的最少根数为$n_{\min}$，按式（5.2.3-4）计算：

$$n_{\min} = 1.2Q/q \ （根） \qquad (5.2.3-4)$$

井点管最大间距$D_{\max}$按式（5.2.3-5）进行计算：

$$D_{\max} = 10R/n_{\min} \ （m） \qquad (5.2.3-5)$$

本工法实现了降水材料的标准化，地面总管上留设的密布井点管接口间距设为固定值1m。井点总管上留设的预留接头按井点管间距的计算值预留，未设置井点管的总管预留孔用专用的橡胶塞堵孔。实际操作中，密布井点管的间距为1m，建议不超过3m；因此，根据不同的计算结果，为便于标准化作业，密布井点管的间距可确定为固定值。

4. 抽水设备功率

1）按照抽水流量和扬程的要求，选择抽水设备。$10R$长度段内抽水设备的功率计算式为（5.2.3-6）：

$$W_0 = 1.134 \times 10^{-4}kQH_0/\eta_1/\eta_2 \ （\text{kW}） \qquad (5.2.3-6)$$

式中 H_0——包括扬水、吸水以及由各种阻力所造成的水头损失在内的高度总和（m），引进η_1后可将H_0近似为H_A；

    k ——安全系数，一般取为2；

    η_1——水头损失系数，取0.4~0.5；

    η_2——水泵效率系数，取0.75~0.85。

2）本工法按每100m降水单元设置一台抽水设备。根据式（5.2.3-6）可以得到每100m降水单元井点系统的抽水机功率为式（5.2.3-7）：

$$W=10W_0/R \qquad\qquad (5.2.3-7)$$

如果抽取的地下水须输送到较远的距离，为补偿水头损失，可根据地势关系在适当的位置增设中转加压水泵。

5.2.4 单排轻型密布井点系统布置

1. 平面布置

密布井点管布置在距离沟槽边坡开挖线1.0m以外，避免因边坡变形导致井点管发生局部漏气。井点管间距按式（5.2.3-1）~式（5.2.3-5）进行计算，并结合现场抽水试验确定。当地质条件和地下水位发生变化时可适当加密或变疏井点布置。

地下管道基槽开挖一般分布较长，需采用多套降水系统（一台水泵带动的一组降水设备称之为一套系统），分段后的各井点系统长度应大致相等，分段点设在检查井孔的位置为宜，井点系统布置还应考虑经济性、可操作性和工程进度。本工法选取100m为一个降水单元，每200m构成一个施工作业段，每个作业段间组织流水施工；对于每套井点系统，抽水泵应布置在降水单元总管的中部，以保证两边降水水流平衡。一级单排轻型密布井点系统的平面布置图如图5.2.4-1所示。

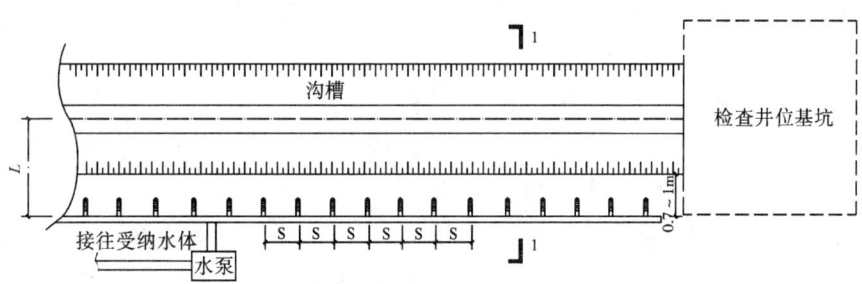

图5.2.4-1 一级单排轻型密布井点系统平面布置图

2. 高程布置

在确定井点管的埋置深度H_A时，可根据工程的具体情况按公式（5.2.4）计算：

$$H_A \geqslant H_1+h+iL+l \qquad\qquad (5.2.4)$$

式中 H_A——总管平台面至井点管端滤管底部的距离（m）；

    H_1——总管平台面至基坑底面的距离（m）；

    h ——基槽中心线底面至地下水位降低后水位线的距离，一般取0.5~1.0m；

    i ——降低后地下水位线的坡度，根据经验，单排井点系统取为1/4；

    L——井点管至基坑中心线的距离（m）；

    l——端滤管的长度。

一级单排轻型密布井点系统的高程布置图如图5.2.4-2所示，二级井点降水高程布置方法原理

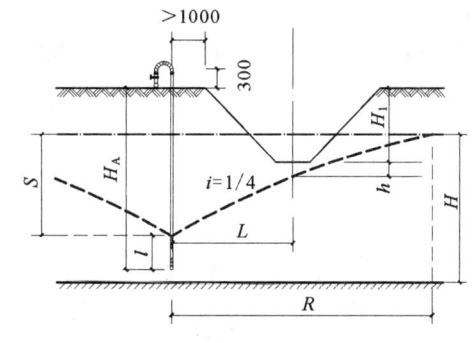

图5.2.4-2 一级单排轻型密布井点系统高程布置图

同上。

5.2.5 单排轻型密布井点成孔

轻型井点降水成孔方法很多，本工法采用的方法是将挖掘机的挖斗换为螺旋钻头钻孔。钻杆可根据钻孔深度 H_A 接长，钻杆一般每节长度1.5m为宜，钻孔深度不小于按照式（5.2.5-7）的计算结果。

5.2.6 单排轻型密布井点孔冲洗

洗孔泵和水箱放置在现场适当的位置，接好输水软管及冲洗钢管，将锥头钢管水枪插入井点孔内部冲洗泥砂，以便于将井点管插入井点设计孔底。洗孔水可从场外输入，也可就地开挖集水坑收集地下水，将水抽至沉淀水箱内沉淀后作为洗孔水，使用过的洗孔水经收集沉淀后作为后续井点孔洗孔循环利用。

5.2.7 埋设井点管

在冲洗完成50~100m沟槽长度段内的井点孔后，开始安装井点管就位，将粒径4~10mm的细石倒入孔底，使滤水细石包围井点管，滤水层的高度为1.5m。滤水层的上部用砂土回填密实，起到封堵的作用，井点管露出地面300mm以便连接弯联管。

该工法不需要在井点管末端安装端滤管或滤水装置，直接在管壁上开设细槽并与滤水细石形成滤水装置，避免了在井点管壁内外侧安设金属丝或尼龙丝布、塑料纱布，也无需设置井点管与滤管间的连接管套。端部滤水管的详细构造如图5.2.7所示，所开滤水槽宽2.5mm、长6mm、间距30mm，上下两排相邻槽端距离30mm，两排成交替梅花状排列。

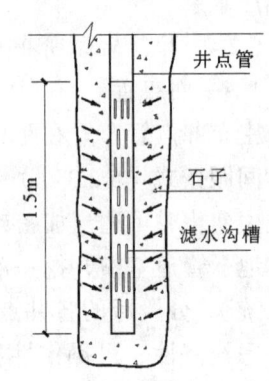

图5.2.7 端滤管构造详图

为随时观察抽水过程中地下水位变化情况，在每100m降水单元内留设一个不设置井点管的观察井孔。

5.2.8 安装井点弯联管、总管形成抽水系统

在井点管安装及滤水层回填完后，安装降水材料前，应检查降水管材及配件的完好性。将弯联管一端用管箍连接到井点管上，另一端用扳扣承插式连接头与地面总管相连。

总管为标准化配件，每节长度一般为6m或12m，总管段之间利用扳扣承插式连接头相互连接。每一降水单元的总管端头用扳扣式端帽封闭，以保证每一降水单元的工作独立性和气密性。

5.2.9 单排轻型密布井点降水

在每段井点系统安装完毕后，进行抽水试验，检查井点管各连接处及井点孔的气密性。如发现有井点不涌水或气泡明显多、发出嗞嗞声，表明该井点存在漏气现象，应重新连接管箍，并将该井点管周围的土再次压实。若仍然漏气则可用橡胶塞将总管上的开口堵上，关闭该井点。检漏完成后，记录时间，井点系统进入连续降水工作阶段。在降水过程中每隔4~6h至少观察一次地下水位变化情况，以便于及时调整降水系统的布置。

当该降水单元地下水位降低到沟槽底标高以下时，即可进行沟槽管网干施工。在沟槽管网安装完成，并按设计要求回填沟槽后，该降水单元抽水系统方可停止抽水并拆除该作业段内的降水系统。

6. 材料与设备

按每200m构成为一个降水施工作业段，其降水材料配备如表6-1所示。每个施工作业段所需的机械设备列表如表6-2所示。

每200m区段所需降水材料列表　　　　　　　　　　表6-1

序号	名　　称	品种、规格	数量	备　　注
1	承插总管	钢制，φ150mm×6.0m	33	
2	PVC井点管	φ50mm×6.0m，外包ABS材料	198	端部自带开槽滤管，可现场制作或厂家订制
3	弹簧塑料弯联管	φ50mm×6.0m	198	
4	弯联管管箍	φ50mm	396	
5	总管承插连接锁紧环扣	φ150mm	32	
6	总管橡胶接头密封垫圈	φ150mm	32	
7	承插连接橡胶吸水管	φ150mm×6.0m	2	用于连接总管和水泵
8	输水软管	φ120mm×100m	2卷	软管长度根据排水距离确定，并适当配Y形接头
9	弯联管橡胶密封垫圈	φ50mm	198	
10	井点管端堵头	φ50mm	60	
11	橡胶弯管接头	90°弯头，φ150mm	2	用于连接吸水管和水泵
12	洗孔滤水石子	粒径4~10mm级配合理		配合端滤管滤水

每个施工段所需的机械设备列表　　　　　　　　　表6-2

序号	名　　称		规　　格	单位	数量
1	测量仪器	水准仪	DS型	台	2
2		经纬仪	J6型	台	1
3	钻孔设备	挖掘机	CAT320	台	2
4		配φ100mm×1.5m螺旋钻杆、钻头	钻杆数量根据钻孔深度确定	套	1
5	洗孔设备	高压水泵		台	1
6		φ50mm×7.5m洗孔钢管	长度由孔深确定	根	1
7		洗孔橡胶水管	φ70mm	m	30
8	排水设备	沉淀水箱	3m³	个	2~3
9		增压水泵		个	按需

7. 质 量 控 制

7.1　保证井点管与沟槽开挖线的净距不小于1.0m。

7.2　井点管端滤管应该用细石充分包裹，避免泥砂堵塞端滤管；在端滤管上部用沙土回填密实，以免漏气。

7.3　井点洗孔充分将泥砂冲出，井点系统的各部件安装前进行检查，其连接要紧密，防止局部的漏气。

7.4　检查井点弯联管、总管及抽水泵的出水情况和气密漏性，定时观测地下水变化情况。

7.5　配备必要的备用抽水泵和材料，工艺操作须进行技术培训。

7.6　每个降水作业段在沟槽管道安装且回填完成后方可拆除该工作段内的降水系统。

8. 安 全 措 施

井点成孔过程中涉及到钻孔机作业，同时，降水过程一般与其他施工过程（如沟槽开挖、管道安装等）交叉、平行作业，施工过程中应防止大型机械设备伤害，避免深基槽坠落伤害以及边坡垮塌造成的伤害等。

8.1 作业必须佩戴安全帽、穿施工鞋；井点管及总管安装过程中，避免管箍卡紧时伤手，操作人员必须戴安全手套。

8.2 钻孔机成孔过程中，要有专人指挥，防止机械对人的伤害。

8.3 降水作业完成，移除井点管之后，及时将井点孔回填，避免人员受伤。

9. 环 保 措 施

9.1 应遵守当地相关环境方面的法律、法规及行业有关规定。

9.2 在开工前应与工程所在地环境保护部门协调联系，确定所抽取的地下水的排放事宜。严禁无组织散排造成的盐碱危害或者水土冲刷流失。

9.3 施工过程中损坏的降水器材，不得随意丢弃，应优先考虑在现场维修车间维护后继续投入使用，以提高材料的重复利用率。

9.4 将不能使用的材料集中回收，按当地环境保护部门的规定处理。

10. 效 益 分 析

10.1 该轻型密布井点降水施工工法，在阿联酋阿布扎比3个农业排水管道项目中成功应用，有效解决了降低地下水位实现沟槽管道干施工的技术难题，保证了沟槽施工质量和安全。

10.2 工程实践证明采用本套工法，可以有效地解决近海沙漠地区地下水位难以降低的技术难题，对中国建筑企业在海外类似项目的施工有着很好的借鉴作用，具有广泛的推广应用前景，其经济效益和社会效益显著。

1. 本工法所用的材料和设备均为通用产品，便于现场制作或厂家订制。

2. 降水材料标准化程度高，通用性强，可批量采购、制作，材料成本较低。

3. 成套降水设备、材料可多次周转使用，损耗量小，重复利用率高，经济效益显著。

4. 相对于传统的采用独立端滤管井点降水方法，采用本套施工工法，有着材料循环利用率高、工艺操作掌握容易、工期短、井点系统降水效率高、沟槽开挖一次性成型等方面的优点，在近海沙漠地区施工地下管网工程中，每米地下管网可节约施工成本约人民币100元。

11. 应 用 实 例

在阿联酋阿布扎比3个农业排水管道项目编号分别为482、484/2、Khalifa-B。3项工程业主均为阿布扎比市政厅，总承包单位均为海湾工程承包公司，监理咨询公司为Dorsch工程咨询公司。

11.1 482工程管道总长度43km，其中汇水支管为ϕ160~ϕ225的打孔PVC-U筛管，长度26km，埋深1.5~2.4m；排水主管为ϕ280~ϕ450的PVC-U管，长度17km，埋深2.5~11.4m。总工期18个月，2007年11月开工，2009年5月竣工。项目开始阶段，采用国内传统的井点降水方法，降水系统成型慢，降水效果差，效率低，工程进展缓慢。采用本套施工工法后，有效解决了地下水难以降低的难题，保证了工程质量和进度，获得了外方业主、监理的好评。

11.2 484/2工程管道总长度39km，其中汇水支管为 $\phi 160 \sim \phi 280$ 的打孔PVC-U筛管，长度23km，埋深1.5~3.0m；排水主管为 $\phi 335 \sim \phi 500$ 的PVC-U管，长度16km，埋深2.5~9.0m。总工期18个月，2007年11月开工，2009年5月竣工。采用本套施工工法，在管道埋深在5m以下按一级轻型密布井点降水方法，埋深在5m以上采用二级轻型井点降水方法，均取得了较好的降水效果。

11.3 Khalifa-B工程管道总长度17km，其中汇水支管为 $\phi 160 \sim \phi 280$ 的打孔PVC-U筛管，长度11km，埋深1.5~3.0m；排水主管为 $\phi 335$ 的PVC-U管，长度6km，埋深2.5~7.0m。工期9个月，2008年4月开工，2009年1月竣工。采用本套施工工法，在管道埋深在5m以下按一级轻型密布井点降水方法，埋深在5.0m以上采用二级轻型井点降水方法，均取得了较好的降水效果。

自然灾害应急事件中彩钢夹芯板房快速施工工法

GJEJGF019—2010

甘肃省建设投资（控股）集团总公司

王世新　张春效　雒世芭　黎粤桥　罗金兰

1. 前　言

2008年5月12日14时28分04秒，四川汶川、北川，8级强震突然袭来，大地颤抖，山河移位，满目疮痍，生离死别……这是新中国成立以来破坏性最强、波及范围最大的一次地震。这次汶川地震造成的直接经济损失8451亿元人民币，甘肃占到总损失的5.8%。在财产损失中，房屋的损失很大，居民住房的损失占总损失的27.4%，包括学校、医院和其他非住宅用房的损失占总损失的20.4%。

"5.12"大地震后，甘肃省抗震救灾工作得到了国际社会的广泛关注。甘肃省建设投资（控股）集团总公司依照国务院、省建设厅抗震救灾的部署要求，在30d之内建成彩钢夹芯板救灾过度安置房17362套，共计39.6万 m²。完成沙特国捐赠的文县、康县过度安置房基础及地坪施工3.33万 m²。这17362套过度安置房分布在甘南、陇南、平凉等1206个安置点上。在时间短、任务重、地点分散、山大沟深以及在靠人背肩扛、运输困难的情况下，圆满顺利地完成了任务，受到住房和城乡建设部、甘肃省住房和城乡建设厅领导高度赞扬。

抗震救灾任务快速、顺利地完成，离不开正确的领导，更离不开科学技术的创新。在彩板房施工中，集团总公司技术人员通过现场实践、技术攻关，将彩板房基础由"湿法作业"施工改进优化为"干法作业"，加快了施工进度，保证了工程质量，环保安全使用，节约了费用，具有显著的经济、社会和环境效益。其关键技术于2011年2月26日通过了甘肃省住房和建设厅组织的由张嘉亮、滕文川的专家组成的专家委员会的鉴定，鉴定"自然灾害应急事件中彩钢夹芯板房快速施工技术"达到国内领先水平，并于2011年3月15日被甘肃省建筑业联合会评审为甘肃省省级工法，具有广阔的推广和应用前景。

2. 工 法 特 点

2.1 地震、洪水、泥石流、山体滑坡等自然灾害发生后，受灾面积往往很大、受灾人口众多，而且常常伴随着次生灾害的发生，如交通、通信、水电、建材、设备、专业人员等不能及时到位，受灾群众无法得到及时安置，影响社会稳定和生产自救等问题。本工法形成了一套完整的彩钢夹心板房快速的"干法作业"施工方法，高效、快速地解决了灾区人民的居住和生活急需。

2.2 彩钢夹芯板房采用"干法作业"施工，用 ϕ48微型钢管桩，2L50×5型钢地圈梁与钢管桩通过150mm×150mm×8mm钢板承台连接，并对彩钢夹芯板墙体进行固定，与传统的现浇钢筋混凝土基础、地圈梁相比，全部采用型钢装配式"干法作业"的特点是易施工、进度快、效率高、用料省、整体性好。

2.3 钢管桩顶钢板承台与墙体内型钢暗柱连接，墙内型钢暗柱与顶部型钢圈梁连接，形成空间受力骨架，提高了轻质板房的整体稳定性，避免了余震等二次灾害造成的危害。经多次余震验证，是安全可靠的。

2.4 钢管桩"栽置"在土体中，通过地圈梁、暗柱、梁、檩条形成整体结构与土体协同工作、抵抗竖向和水平地震、风荷载作用。

2.5 彩钢夹芯板房不受地域限制，山巅坡边均可建设，板房可大可小，任意组合，即建即住，快捷高效。

2.6 微型钢管桩、2L50×5型钢地圈梁、彩钢夹芯板使用完毕可全部回收利用，实现了全程的节能环保，符合国家可再生能源综合利用政策，不像传统的混凝土基础、地圈梁拆除后要产生大量建筑垃圾，破坏生态环境。

2.7 彩钢夹芯板房轻质、高强、高效，承重、隔热和保温、防水、自装修效果好，适合于抢险救灾，为受灾群众提供了较为舒适的居住环境。

3. 适 用 范 围

本工法适用于地震、洪水、泥石流、山体滑坡等自然灾害应急事件、野外工作、简易仓库等各种临时性用房及各种不同的地质条件。

4. 工 艺 原 理

彩钢夹芯板房采用"干法作业"施工，在地基土内打入 ϕ48微型钢管作为板房基础，2L50×5型钢作为地圈梁，钢管桩与型钢地圈梁采用150mm×150mm×8mm钢板承台连接，每一钢板承台处均立型钢暗柱与顶部型钢圈梁连接，形成受力骨架，然后安装彩钢夹芯板墙、屋顶、门窗、电气照明后即可投入使用。

5. 施工工艺流程及操作要点

5.1 工艺流程

场地平整→房屋地基平整→测量定位→打入钢管桩→钢板承台焊接→型钢地圈梁→墙内暗柱→型钢顶圈梁→安装彩钢夹芯板→室内外地面→门窗安装→电气安装→交付使用。

5.2 操作要点

5.2.1 场地平整：场地确定后，对场地内原有的杂物进行清理，整理出建筑地基。

5.2.2 测量定位：根据给定的基准点，对钢管桩、地圈梁、彩板墙进行放线定位。

5.2.3 基础施工：钢管桩顶焊150mm×150mm×8mm的钢板承台，将钢管桩（ϕ48钢管）定位，人工打入土中，打入土中的深度，根据工程场地的工程地质条件确定，但最小深度不得小于500mm，如遇软弱土或不密实土时，钢管桩周围需进行打夯处理，以保证钢管桩的稳定性。彩钢房基础平面布置示意图5.2.3-1、图5.2.3-2。

5.2.4 地圈梁施工：钢板承台顶焊接型钢2L50×5地圈梁，焊缝高度10mm，单面满焊。

5.2.5 墙内暗柱、砖铺地面、顶圈梁、檩条施工：金属面夹芯板基层钢结构连接时应先按设计要求，弹出基准线、确定连接点。暗柱、顶圈

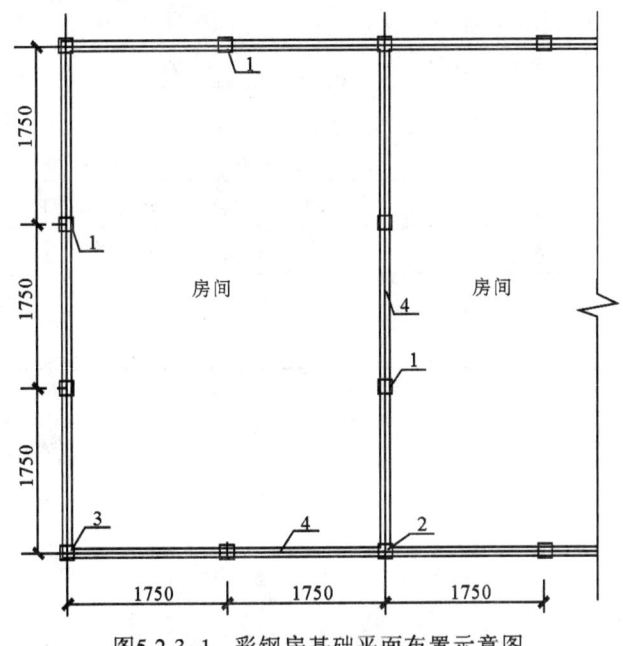

图5.2.3-1 彩钢房基础平面布置示意图

1——形节点；2——T形节点；3——L形节点；4——型钢地圈梁

梁、檩条采用手工电弧焊进行焊接。避雷设施与钢结构可靠连接，不得用金属夹芯板作为接地导线。砖铺地面的最大特点就是施工速度快，为提前完工争取了宝贵的时间。

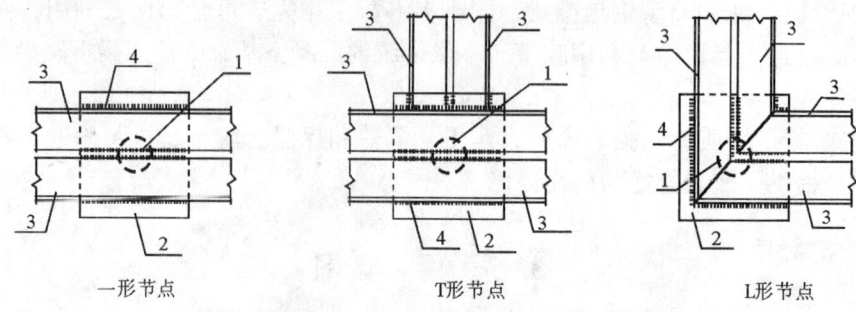

一形节点　　　　T形节点　　　　L形节点

图5.2.3-2　彩钢房节点示意图

1—钢管微型桩；2—钢板承台；3—角钢；4—焊缝

5.2.6 彩钢夹芯板选用安装。

1．选用：除考虑外部效果外，主要应考虑其抗风变形能力。

2．存放：尽可能保留出厂时的包装，存放于室内。

3．安装：一般采用活动脚手架，保证施工脚手架的承载能力和安全稳定。

4．搬运：应两头同时抬起，以免损坏表面氧化膜或涂层。

5．嵌缝密封：固定收边板和泛水板，须用耐候胶嵌缝密封，防止气体渗透和雨水渗漏。

6．安装结束：从上到下逐层将表面的保护胶纸撕掉，逐层同步拆架。

7．保养与维护：对板墙定期检查和维护保养，保证正常使用。

5.2.7 电气安装

室内配电：配线管、槽采用明装敷设，接地装置良好。配电设总箱（进户箱)和分配电箱，配电施工由电工进行。

5.3　劳动力组织（表5.3）

劳动力组织情况表　　　　　　　　　　表5.3

序号	单项工程	所需人数	备注
1	管理人员	2	根据各点受灾现场情况、受灾人数，保证在最短的时间内完成各分部分项工作，配备足够数量施工技术人员及操作工人
2	技术人员	2	
3	基础微型钢管桩及地圈梁施工	10	
4	墙内暗柱、型钢顶圈梁施工	10	
5	安装彩钢板施工	10	
6	普工	10	
7	合计	42	

6. 材料与设备

6.1　材料

聚苯乙烯彩钢夹芯板、ϕ48钢管、型钢、拉铆钉、自攻螺丝、耐候胶、装潢用硅酮密封胶等材料。

6.2　设备（表6.2）

机具设备表 表6.2

序号	设 备 名 称	规 格	数量	备 注
1	彩板切割机	CM1325	30	根据各点受灾现场情况、受灾人数，保证在最短的时间内完成各分部分项工作，配备足够施工机具和设备
2	手电钻	D9-10	60	
3	拉铆枪	LG-801	60	
4	自攻枪	ZQ45A	60	
5	角磨机	DW803	30	
6	咬口锁边机	475型	30	
7	电焊机	M337606	30台	

7. 质 量 控 制

7.1 质量控制依据

7.1.1 《建筑用压型钢板》GB/T 12755-91。

7.1.2 《钢结构施工规范》GB 50205-2001。

7.1.3 《彩钢结构工程施工质量验收规范》GB 50205-2001。

7.1.4 《建设工程施工质量验收规范》GB 50300-2001。

7.1.5 《建设工程临建房屋应用技术标准》DB 11/ 693-2009。

7.2 质量控制

本工法中，质量控制的重点是微型钢管桩的制作与安装、地圈梁、型钢暗柱与顶圈梁彩钢夹芯板。

7.2.1 在彩钢夹芯板房屋施工和加工质量管理上应严格执行规范；柱子、梁和檩条等钢构件加工应精细，否则易造成安装时错位等问题。墙板安装精度：立面垂直度2mm，表面平整度3mm，接缝平直度0.5mm。

7.2.2 屋面水平支撑、檩条（梁）的安装：采用手工电弧焊进行焊接，组装（组立）前严格控制钢板的平整度；必须有定位设施，进行组装。屋面系统结构安装的允许偏差规定为：跨中垂直的允许偏差不超过15.0mm檩条弯曲允许偏差不超过20.0mm。

7.2.3 连接和固定：钢构件的连接接头，要经检查合格后方可紧固连接或焊接，螺栓孔不准采用气割扩孔。安装焊缝的质量要求符合设计的要求和规范的有关规定。

7.2.4 彩钢压型屋面板安装：安装前首先检查彩板在运输途中有无损坏或涂层划痕，如发现损坏者应及时修复或校正，无法修复的应更换原材料不得安装变形彩板。

7.2.5 屋面板安装：底板安装在屋面檩条的上面，从每个间距的一端依次向另一端铺设，每次移动平台前，将所有的屋面底板擦拭干净。屋面板依次安装，后面伸出外墙边200mm，前面伸出外墙边1250mm。

7.2.6 明确质量责任，项目经理全面负责质量，对全部管理和施工人员明确规定相应的质量职责，进行全过程质量监控。

7.2.7 房屋设施单组长度不宜超过30m，幢与幢之间的间距不得小于6m，组与组之间的间距不得小于10m。

7.2.8 钢结构材料应符合设计要求。

所有型钢（角钢、圆钢和圆管）等均采用现行国家标准《碳素结构钢》GB 700-88中规定的Q235钢对焊接结构用钢，应具有含碳量的合格保证。

7.2.9 彩钢板材料要求：

1. 金属面夹芯板所采用的金属面材、芯材、胶粘剂等原材料应符合相应现行国家及行业标准及相关标准的要求。

2. 金属面岩棉夹芯板的外观质量、尺寸偏差及物理力学性能等技术要求应符合《金属面硬质聚氨酯夹芯板》JC/T 868-2000的要求。

3. 连接件及密封材料质量要求，金属面夹芯板施工安装所用连接件应符合相应的国家及行业标准的要求。安装所用螺栓，自攻钉应符合相应的国家及行业标准的要求。

7.2.10 固定螺钉选用：应该按照结构的使用寿命选择固定件，而且特别注意外覆材料的寿命与指定的固定件寿命是否一致。同时注意钢檩条厚度不能超过螺钉的自钻能力。除暗扣固定用螺钉外，其他螺钉均带有防水垫圈，而且针对采光板和特殊风压下的情况均配有相应的专用垫圈。

7.2.11 拉铆钉应符合相应的标准要求。

7.2.12 连接插板应使用无机材料或难燃材料制作，其抗拉强度应符合使用要求。

7.2.13 密封垫圈应与紧固件配套，如有特殊要求按设计规定执行。

7.2.14 密封膏或密封胶的抗老化、耐候胶等性能符合相应的标准要求。

7.2.15 收边包角及验收　房屋各种板材、配件安装完成后，对内外墙转角，收边进行检验和加固，对凸起的包边，用4mm×12mm拉钉连接后用玻璃胶封口。验收时，首先对门窗进行自检，工地负责人确定门窗达到公司规范后加以确认，其次对包边手角进行自检，对碰坏的油漆必须加以补漆，对拉钉固定不够的必须加以固定。

7.2.16 桩定位、桩长度、配合比、浇筑，锚杆钻孔长度、注浆、张拉，喷射混凝土厚度为质量重点。由项目技术负责人、质量员全过程从严监控。

8. 安 全 措 施

8.1 施工前需要认真观察周边地质地貌情况，选取没有活断层、滑坡、泥石流、断裂地貌等不良地质的区域建房，保证施工安全及居住安全。

8.2 认真执行国家和安全生产方针、政策、法令、规章制度，建立安全责任制，不能因进度而忽视安全、麻痹大意，严防变"救灾"为"受灾"。抓好安全生产和劳动保护工作，不得违章冒险作业。

8.3 重点检查周边环境安全、现场安全，严防滑坡、滚石、裂隙等造成次生危害。搞好场地竖向排水，以防水流入住房。

8.4 材料堆放场地应设置明显的禁止烟火标志。

8.5 经常检查电动工具有无漏电现象，确保机、电、架"三宝"漏电保护的完整、齐全、有效。

9. 环 保 措 施

9.1 保护原有地形地貌，施工中不许乱砍乱挖，破坏植被，严禁削弱稳定边坡，扰动稳定地基。

9.2 在施工前，认真学习地方各级政府有关水土保护、环境保护的方针政策和法令，强化环保意识，加强环保宣传。在施工中，认真贯彻执行公司环保体系，施工、生活垃圾要进行分类处理，严禁随意焚烧，污染环境，进行定期与不定期环保检查，及时处理违章事项，做到文明施工。在施工后，做到工完场清。

9.3　保持周围水源清洁，不得随意排放、污染水源，场地废料、弃土要及时清场回收，运往指定的弃土现场，并做好防护工作。

10. 效　益　分　析

10.1　工期效益

10.1.1　在自然灾害应急事件中，由于受灾条件的制约，按"湿法作业"的要求，各类建筑设备及材料难以运至受灾安置点，再则钢筋混凝土基础按工序、强度要求、工期长使救灾工作进展缓慢，影响灾居入住。

10.1.2　微型钢管桩"干法作业"技术，在地基土内打入 ϕ48钢管作为板房基础，2L50×5型钢作为地圈梁，钢管桩与型钢地圈梁采用150mm×150mm×8mm钢板承台连接，形成受力骨架，然后安装彩钢夹芯板墙、屋顶、门窗、电气照明后即可投入使用。

10.1.3　本工法施工快速、即建即住、适用范围广，集团总公司克服安置过渡房分布点多、面广、山大沟深以及靠人背肩扛、运输困难的情况下，采用"干法作业"，加快了施工进度，在30d之内建成安置过渡房17362套，提前450d完成，缩短工期94%，节约费用3159.884万元，降低成本55%。

1. 以基础部分5人进行施工为例，根据施工图纸一套房子面积为15.75 m²，传统"湿法作业"基础部分施工工序：场地平整→测量定位→挖基槽→原土回填、夯实→基础垫层模板→基础垫层素混凝土浇筑→地梁钢筋绑扎→地梁模板支设→地梁混凝土浇筑，由于"湿法作业"工序多、混凝土养护时间要达到设计强度值时间长，完成需4d/套；而 "干法作业"基础部分施工工序：场地平整→测量定位→原土夯实→打入钢管桩→型钢地圈梁，"干法作业"施工工序少，不受材料时间限制，完成只需0.25d/套。可以得出基础部分采用"干法作业"比传统"湿法作业"减少3.75d/套，缩短工期94%。

2. 在这次抗震救灾施工过程中，集团总公司投入施工人员高峰期达1200人，在1206个受灾安置点上，采用本工法施工仅用30d完成17362套安置过渡房，比原钢筋混凝土基础"湿法作业"提前450d完成，减少了施工工序，避免了受灾情造成的施工、材料运输的局限，提高了劳动效率，在应急事件中有着不可比拟的优越性。

10.2　经济效益

仅基础部分和原施工图计算比较后（原图189.42元/m，本做法85.87元/m），每米基础建造费用节约104元，基础成本节约55%。其中：陇南救灾基础建造费用节约1965.6万元，平凉救灾基础建造费用节约399.126万元，临夏救灾基础建造费用节约574.028万元，庆阳基础建造费用节约221.13万元，基础建造费用共计节约3159.884万元。

10.3　社会、环保效益

10.3.1　微型钢管桩"干法作业"技术在汶川抗震救灾安置过渡房中成功应用，经过两年验证，该技术满足使用要求，高效保质地完成了过渡房的安装，确保灾民及时入住，稳定了灾区群众的情绪，安定了社会秩序。

10.3.2　使用微型钢管桩"干法作业"技术建成的安置过渡房使用完毕后，钢材可全部回收利用，实现了全程的节能环保，符合国家可再生能源综合利用政策。而常规的混凝土基础、地圈梁施工、拆除都要产生大量建筑垃圾，破坏生态环境。故本工法具有显著的经济、社会和环境效益，且施工难度较小，具有较高的推广应用价值。

11. 应 用 实 例

甘肃陇南、甘南、平凉、临夏、庆阳灾区过度安置房

11.1 工程概况

"5.12"大地震中，甘肃省甘南、陇南、平凉、庆阳受灾点多达1206个。集团公司依照国务院、省住房和城乡建设厅抗震救灾的部署要求，在30d之内要建成彩钢夹芯板救灾过度安置房17362套，共计39.6万m²。完成沙特国捐赠的文县、康县过度安置房基础及地坪施工3.33万m²。在时间短、任务重、地点分散、山大沟深以及在靠人背肩扛、运输困难的情况下，圆满顺利地完成了任务。

11.2 施工情况

11.2.1 陇南救灾

1. 工程地点：陇南市成县、礼县、西和县、徽县。
2. 总工期：28个日历天（干法作业）；448个日历天（湿法作业）。
3. 实物工程量：10800套。
4. "干法作业"比"湿法作业"缩短工期420个日历天。
5. 基础建造费用节约1965.6万元。

11.2.2 平凉救灾

1. 工程地点：平凉市。
2. 总工期：15个日历天（干法作业）；250个日历天（湿法作业）。
3. 实物工程量：2193套。
4. "干法作业"比"湿法作业"缩短工期225个日历天。
5. 基础建造费用节约399.126万元。

11.2.3 临夏救灾

1. 工程地点：临夏回族自治州。
2. 总工期：17个日历天（干法作业）；272个日历天（湿法作业）。
3. 实物工程量：3154套。
4. "干法作业"比"湿法作业"缩短工期255个日历天。
5. 基础建造费用节约574.028万元。

11.2.4 庆阳救灾

1. 工程地点：庆阳市西峰区。
2. 总工期：11个日历天（干法作业）；176个日历天（湿法作业）。
3. 实物工程量：1215套。
4. "干法作业"比"湿法作业"缩短工期165个日历天。
5. 基础建造费用节约221.13万元。

11.3 工程监测与结果评介

本工法通过陇南、平凉、临夏、庆阳、甘南等抗震救灾安置过渡房工程中进行了成功的应用，其关键技术达到了国内领先水平，具有易施工、进度快、高效、用料省、整体性好等特点，取得了显著的社会效益、经济效益与环境效益，具有广阔的推广和应用前景。集团公司于2008年9月获得中华人民共和国住房和城乡建设部颁发的"抗震救灾先进集体"，又于同年12月获得甘肃省住房和城乡建设厅颁发的"抗震救灾先进集体"。

予力劈裂压浆增强型复合地基施工工法

GJEJGF020—2010

宁夏伊斯兰地质工程公司　江苏省建筑工程集团有限公司

韩选江　周晶　高宝俭　訾兵　杨军平

1. 前　　言

国内外的软基加固处理方法有几百甚至上千种，对于加固处理新建、扩建港口码头陆域堆场的大面积吹填软土，传统处理方法多采用堆载预压法或超载预压法，但那样处理的周期太长，不能满足近年来快速新建或扩建深水港的要求。而一般振冲、强夯、碾压等施工方法的效率偏低，处理深度也受到限制，根本无法满足快速建造大型深水港等现代化集装箱码头的要求。加固不均匀杂填土地基，常用碾压法、振冲法、强夯法等，虽然可用，但在城区内施工，振动、噪声、排污等干扰环境因素会影响市民的正常生活，加上城区场地条件的限制，以上方法一般不便采用。

应用予力劈裂压浆增强型复合地基施工工法加固砂质吹填土和杂填土可克服以上方法的缺点和不足。它是靠施加足够的、能产生劈裂效应的高压作用力，以及凭借足够的挤密充填注浆量来达到改善土体密实度标准的新工法。它能保证松散不均匀土质在不同深度土层中的挤密充填加固效果，并利用浆液配比调控以适应工艺特征去实现高效、快速的加固。

予力劈裂压浆增强型复合地基施工工法适用于加固处理不均匀砂质吹填土及杂填土地基，虽然多次压浆充填挤密，但凝胶快速，费用较低，且施工周期短，加固效果明显。应用本工法加固地基，施工既节能又环保。施工主要依靠机械化操作，节省了劳动用工；施工操作容易，符合"经济、实用"和"建筑机械化"的国家基本建设原则，因此具有广泛的应用前景和推广价值。

软弱地基的加固处理，其实质就是对软弱土体施加一种广义的、能够改善地基土性的影响力。这种影响力，无论从时间上、空间上、数量上，还是在可控性、可调性方面，都可以由设计人员在设计时予以综合考虑并进行优化。这种由工程技术人员主动给予的、对地基土体的广义影响力，通过优化安排施工工艺和精心施工，将使地基土性达到最佳的改良状态。

2. 工 法 特 点

2.1　予力劈裂压浆增强型复合地基施工工法依靠施加足够的、能产生劈裂效应的高压作用力，以及凭借足够的挤密充填注浆量来达到改善土体密实度标准的目的。该工法通过施加高压予力作用于土体中，去劈开压浆深入的通途路径，实现充填土体孔隙并使周围土体压缩，从而在土体中形成割裂脉状与连珠状浆包结石体或壁柱状浆包结石体，最终形成一种高压密、非均匀型复合地基。

2.2　该工法根据预变形作用原理，多次施加予力作用，并适应松软土质特点，不断调整外力作用效果以达到相应予力度控制标准；通过连续推进的高压硬质浆液不断去充填土体孔隙，促使土体产生相应的预变形，同时利用置换与挤密双重作用，快速减小和封闭土体孔隙以增加其密实度，达到产生相应的预沉降量并消除大部分后期沉降量，使之形成纵横向快速加固的复合地基。

2.3　该工艺可以形成两大类复合地基形式：一类是直接在软基中单独布孔压浆，成为单一的压密注浆型复合地基；另一类是复合布孔在已有加固桩体的间隙中，成为复合的压密注浆型复合地基，该复合地基土受到了两次挤密效应作用。

2.4 该工法适用于加固处理不均匀砂质吹填土及杂填土地基，虽经多次压浆充填挤密，但压浆快速，费用较低，且施工周期短，加固效果明显（通常采用本工法加固后的地基承载力可提高30%以上）。对吹填土和杂填土地基的处理深度可达15m以上。

2.5 对于已建建筑物的基础加固，采用此工法还可形成新的修复加固型复合地基。这种加固型二重复合地基需要通过直、斜孔联合布置和超压浆量的施工工艺来实现。它可有效消除严重的不均匀沉降病理事故。

3. 适 用 范 围

本工法属于软弱地基加固处理方法范畴。特别适合于加固砂质吹填土和杂填土地基。它是一种劈裂挤密置换型高压注浆且快速胶凝的地基土加固新工法；同时，它也是处治已建建筑物基础工程病理事故和方便基础托换技术应用的快速、高效、易行的新工法。

4. 工 艺 原 理

4.1 予力劈裂压浆增强型复合地基施工工法，用于加固砂质吹填土和杂填土地基，其特征是利用钻机和专门设计的套筒型高压注浆设备以实施对土体连续施加予力作用；通过事先配制的粒状混合型浆液，并按照精心设计的直、斜孔位插入注浆管进行脉状劈裂连续注浆，使之在土体的适当部位形成割裂脉状与连珠状浆包结石体以及壁柱状浆包结石体，并与原土体构成高压密、非均匀的复合地基，将被加固土体承载后可能产生的绝大部分沉降量消除在加固处理产生的预变形中。

4.2 对于加固砂质吹填土地基而言，其予力度标准可控制在0.78~0.92范围内；对于加固杂填土而言，其予力度标准可控制在0.82~0.94范围内。

4.3 本工法的技术关键点是：要针对拟加固处理场地的地质条件和拟建工程的荷载条件、使用要求等，设计和控制好该工法所施加的予力度标准及施工工艺过程。对于实施的予力度匹配控制标准，可用处理前后土体的孔隙比指标来加以具体反映，并通过选择试验场地进行试验性施工以获取确保予力施加的机械匹配功率、施工工艺控制参数和质量检测指标，从而达到处理目标所需的予力度控制标准。这其中以注浆材料的选用及配比为中心，做好钻机和压浆设备功率的匹配是最重要的，它能调控予力作用实施效果以满足工程加固要求；其次是浆液配比，这是实现快速加固的重要条件；对于施工工艺过程，应坚持"因地制宜、实事求是"的原则，选型匹配好施工机械设备，并在试验中对比选择好施工参数以及在试验性施工中优选好施工参数，凭借充填置换与二次挤密双重作用效应，使之形成符合予力度要求及密实度标准的加固浆包结石体，满足工程使用的承载变形要求。

5. 施工工艺流程及操作要点

5.1 施工工艺流程（图5.1）。

5.2 工艺操作指导图示（图5.2-1~图5.2-3）。

5.3 操作要点

5.3.1 进行全面分析，通过计算、试验得出相关参数，确定最佳施工方案

首先进行全面、细致的调查分析，掌握拟建场地、道路等设施的荷载标准及设计要求，明确拟建场地的加固处理等级标准（包括设计要求达到的各项指标）。同时，熟悉拟建场地的工程地质勘察资料和砂质吹填土层、杂填土层形成的技术条件与施工过程，认清土性、土质特征，掌握处理深度及处理范围，制定好工艺流程及合适的予力度控制标准。

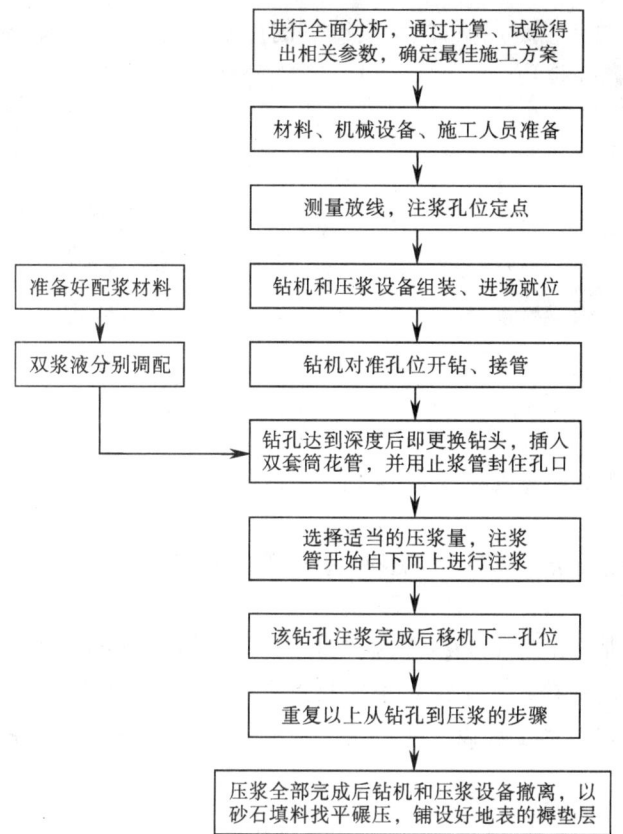

图5.1　予力劈裂压浆增强型复合地基施工工艺流程

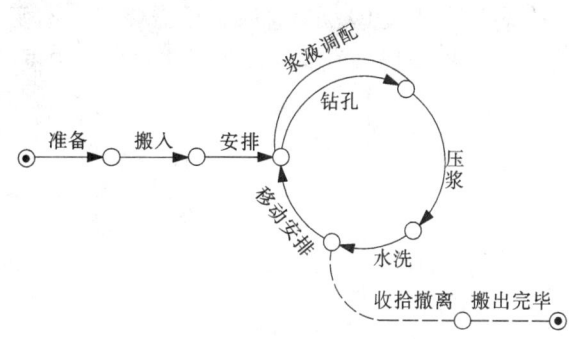

图5.2-1　压浆施工工序循环图

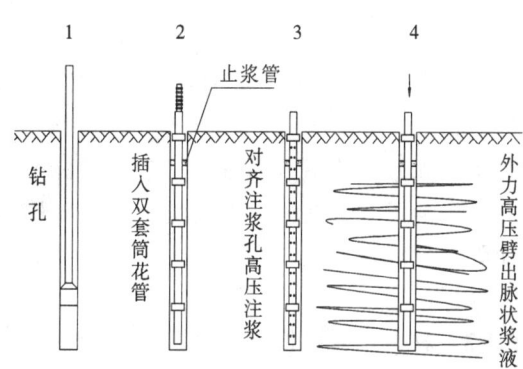

图5.2-2　予力劈裂压浆增强型复合地基压浆
施工流程示意图

这里需要引入"予力"和"予力度"两个概念。"予力"（the given force）是人们为了改善工程结构体系或部件的受力性能而对其主动施加的广义影响力，包括预应力（如先张法、后张法）、预位移（如屋架"起拱"）、预变形（如加固地基的"预沉降"）和预应变（如木桶加钢箍）等。它更能显现其主动性、能动性和时效持久性，以实现对结构体系受力的可控可调和人性化管理。为满足建筑结构承载变形和稳定性要求，事先使用人为处理方法以改良软弱地基承载性状。

予力复合地基的予力度是表示施加在地基中以改善地基土性能的影响力程度，它影响着加固处理和改善地基土性能的好坏程度。地基土性的改良，其主要目标是为了减

图5.2-3　予力劈裂压浆示意图
1—浆液（双浆液型）；2—注浆孔；3—注浆劈裂面；
4—渗透的浆液（通过劈裂面和钻孔边缘）

小地基土的压缩性和渗透性以提高地基承载力，去满足承受上部作用荷载的要求。因此，用土体体积变化的孔隙比公式可以直观的表达予力复合地基的"予力度"概念。

根据基础工程予力技术作用原理［可参考《大型地下顶管施工技术原理及应用》和《现代予力混凝土结构设计理论及应用》（中国建筑工业出版社）］，地基处理工程的予力技术施加具有独立性、迭加性和互补性，它是地基处理工程中的予力调控设计原则精髓。为了确保地基处理的质量，在处理过程中须认真贯彻予力调控设计原则，并采取有效措施调控好予力度标准。由于地基土体具有的散粒性、多相性和自然变异性，它们对予力作用施加更具适用性，使得地基处理中的予力度调控设计更能挖掘出地基土体的承载性状潜力。

在表述予力度（λ_s）概念时，还需要引入不变予力度（λ_{s1}）和可随深度改变的可变予力度（λ_{s2}）两个概念。本工法的技术关键也正在于这两个予力度的调控技巧。

$$\lambda_s = \lambda_{s1} + \lambda_{s2} \qquad (5.3.1-1)$$

$$\lambda_{s1} = e_{f挤密}/e \qquad (5.3.1-2)$$

$$\lambda_{s2} = e_{f置换}/e \qquad (5.3.1-3)$$

式中　λ_s——予力度；

　　　$e_{f挤密}$——振冲挤密的孔隙比；

　　　$e_{f置换}$——置换效应产生的孔隙比；

　　　e——加固前地基土在使用荷载下的稳定孔隙比。

对于不变予力度（λ_{s1}）的施加，可以根据地基处理深度以及地基土所受恒载与活载的比例两个方面进行初选，然后在试验施工时再予以微调。

对于可变予力度（λ_{s2}）的施加，应视土层深度、土质条件变化及地基承载力和变形要求，由设计人员确定。

对于加固砂质吹填土而言，其予力度标准可控制在0.78~0.92范围内；对于加固杂填土地基而言，其予力度标准可控制在0.82~0.94范围内。土质越软越疏松，予力度标准越接近上限。予力度控制标准应沿加固土层深度范围，视具体土质条件特点及不均匀程度加以变化匹配，以确保土体加固密实度控制的总目标。

5.3.2　材料、机械设备、施工人员准备

根据加固方案设计情况并结合现场实际，及时组织足够的砂石等原材料、施工机械设备及施工人员进场。施工人员宜选用经岩土工程基本知识相关培训的熟练工。

5.3.3　测量放线，注浆孔位定点

根据场地土质条件及加固工程需要，可采取直、斜孔布置压浆孔。一般直孔布置在新建工程场地上，斜孔需配合直孔应用在已建工程的地基基础加固中。直孔间距一般为1.0~1.8m（孔隙比大时取小值，反之取大值），呈等边三角形布置。如果是在加固桩体之间布置，应布置在矩形布桩或三角形布桩的中心点；对于斜孔布置，一般可靠近基础1.0m远，以小倾角（15°~40°）深入到基础下。斜孔可布置为1~2排，每排点位之间的间距一般为1.0~1.2m，排距为0.8~1.0m（土的孔隙比大时或加固等级要求高时均取小值）。

5.3.4　钻机和压浆设备组装、进场就位

施工过程中，选用的施工机械有钻机、套筒型高压注浆设备等。套筒型高压注浆设备一般选用ϕ50mm的双套筒花管，里外两层花管圆周上钻有均布3排注浆孔，两管注浆孔的钻孔位置一样，见图5.3.4。

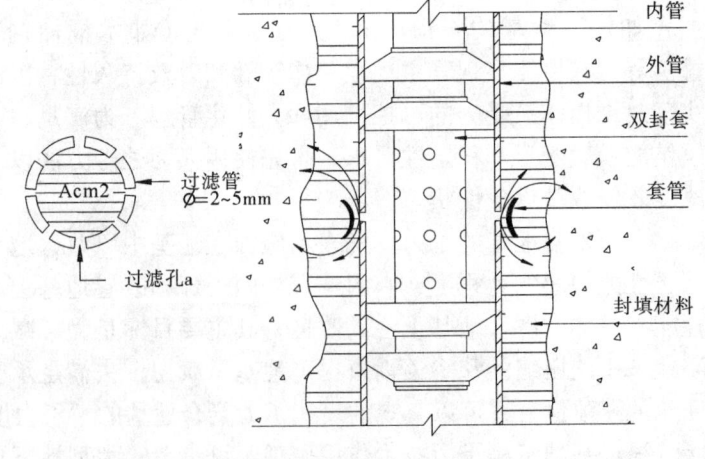

图5.3.4　高压浆包压浆示意图

高压压浆的施工顺序应能方便人员和机械设备的撤出，同时还应方便砂石原材料的供给。施工顺序宜沿平行直线逐点进行。

5.3.5　钻机对准孔位开钻、接管

钻探机选用主轴旋转式钻探机，就位且对准孔位后即可开钻。如钻孔深度较深，可接管后继续钻孔。钻孔直径为 $\phi 73mm$。

5.3.6　高压压浆的浆液配比（双浆液型）

浆液配比是实现快速加固的重要条件。施工中浆液配比按100∶（40~50）∶（2~4）（水泥∶水∶水玻璃）进行。水灰比及水玻璃掺量须视要求加固深入的路径长度和凝固时间长短加以选择，可通过室内试验进行确定。通常水玻璃型号可选择 20~30 °Bé，应参照具体施工条件及室内试验结果进行选定。当工程场地需要速凝加固时，往往还要掺加水泥用量 0.3%~0.6%的AF型减水剂。对于加固杂填土地基，在每立方米浆液中还应掺加 20~30kg的细砂，以提高加固充填效果和浆包结石体的强度。

5.3.7　钻孔达到深度后即更换钻头，插入双套筒花管，并用止浆管封住孔口

当钻机钻孔达到要求的深度时提起，随即更换钻头，插入高压注浆套管（双套筒花管），同时在接近地面1.2m处另压入止浆管以防高压注浆时外溢冒浆。

5.3.8　选择适当的压浆量，注浆管开始自下而上进行注浆

当要压浆时，旋转双套筒花管，使之里外两层管的注浆孔对齐，浆液就在高压予力作用下压出注浆孔深入到周围的土层中。施工过程中借助注浆孔口止浆管的逆止阀封口作用，施加予力作用的压力控制在0.4~2.5MPa范围，确保浆液沿劈裂路径深入到加固土体径向范围中，形成完整的浆包结石体。对于加固砂质吹填土而言，其予力度标准可控制在0.78~0.92范围内；对于加固杂填土而言，其予力度标准可控制在0.82~0.94范围内。只有通过予力作用达到相应的压浆量才能确保劈裂压浆的增强效果。

压浆量的计算可采用以下公式确定：

$$Q = v\lambda \qquad\qquad (5.3.8-1)$$

式中　Q——予力劈裂压浆的压浆量（m^3）；

　　　v——注浆对象土体的体积（m^3）；

　　　λ——注浆率，它表示单位土体中注入多少注浆材料。影响λ的主要因素有被加固土体的孔隙率n、压缩指数C_c、注浆压力和压浆方式等。

对于加固砂质吹填土地基，劈裂压浆主要是打通挤密通道去排除土体中的自由水和封闭气体，则（5.3.8-1）式可变成：

$$Q = v\lambda = V_g n_g f \qquad\qquad (5.3.8-2)$$

式中　n_g——压浆可深入的有效孔隙率，也是注浆材料可置换的土体中容积；

　　　f——施加的予力加压系数，可取1.3~1.6之间数值。它主要受注浆压力和凝胶时间的影响。

对于（5.3.8-2）公式中的有效孔隙率n_g，其大小是在土体的贮水率s_w和孔隙率n之间，即$n \geqslant n_g \geqslant s_w$。而处于地下水位以下土体的贮水率$s_w$等于孔隙比$n$与持水率（不可能排出水的容积）$s_r$之差，即：

$$s_w = n - s_r \qquad\qquad (5.3.8-3)$$

$$s_w + s_r \geqslant n_g \geqslant s_w \qquad\qquad (5.3.8-4)$$

对于加固杂填土地基，劈裂压浆主要是打通挤密通道压缩土体并填满土中孔隙，则（5.3.8-1）式可变为：

$$Q = V_\lambda = V_g f_g \frac{C_c}{1 + e_0} \lg \frac{p_0 + \Delta p}{p_0} \qquad\qquad (5.3.8-5)$$

式中　e_0——拟加固土体注浆前的孔隙比；

　　　p_0——拟加固土体的压缩屈服荷载MPa，根据土的天然重度γ、天然含水量w和初始孔隙比e_0等因素确定；

　$p_0 + \Delta p$——设计加固的注浆压力（MPa），须保证劈裂注浆效果；

　　　C_c——拟加固土体的压缩系数；

　　　f——加压系数，其意义和取值同于公式（5.3.8-2）。

公式的其他符号与上面公式意义相同。

5.3.9 依次钻孔，连续钻进到注浆设计深度，对土体连续施加予力作用进行高压注浆

利用施加高压予力作用，在土体中劈开压浆深入的通道，将事先调配好的硬质浆液强行挤密充填到砂质吹填土或杂填土层中，形成高压挤密和填充置换的浆包结石体，去减小和封闭土体孔隙并增加其密实度，特别是依靠实施过程中的予力度调控手段，可消除该不均匀土质的大部分后期沉降量，形成一种增强型复合地基。

予力劈裂压浆增强型复合地基的施工操作要求如下：

1．施工现场事先应予平整，并沿钻孔位置开挖沟槽与集水坑，以保持场地的整洁干燥。

2．注浆工程系隐蔽工程，对其施工过程等相关情况必须如实、准确记录。

3．按照测量放线位置，在注浆孔上架设钻机。如注浆孔有设计倾斜角度，应预先调节好钻杆角度，此时钻机必须用锚栓等进行牢固固定。

4．注浆前应充分做好有关准备工作，包括机械设备、仪器仪表、管路、注浆材料、水、电等的检查及必要的试验，注浆一经开始应连续进行，努力避免中断。

5．当钻机的钻孔深度达到加固要求深度时提起，在接近地面1.2m处另压入止浆管以防高压注浆时外溢冒浆，然后更换钻头插入双套筒套管，实施高压注浆。

注浆完毕后，应用清水冲洗套管内的残留浆液，以利于下次重复注浆再用。

6．浆体必须经过高速搅拌机搅拌均匀后才能开始压注，并应在注浆过程中不停顿地缓慢搅拌，以确保浆体在泵送过程中具有流动可灌性。

7．当日平均气温低于5℃或最低温度低于−3℃的条件下注浆时，应在施工现场采取适当的措施，以保证浆体不会在注浆管中冻结。

8．在炎热条件下注浆时，用水温度不得超过30~35℃，并应避免将盛浆桶和注浆管路暴露于阳光下，以免浆体凝固丧失流动性。

予力劈裂压浆后，双浆液的胶凝时间根据地基条件和注浆目的决定。针对砂质吹填土地基注浆，浆液的胶凝时间一般为2~3min；针对粉土、杂填土地基注浆，浆液的胶凝时间一般为5~6min；针对黏性土地基注浆，浆液的胶凝时间一般为1~2h。

5.3.10 铲运填料找平、碾压，铺设好复合地基表层褥垫层

在所有增强型复合地基施工完成后（通常在施工完成后的1~7d内），地基表层用推土机及铲运机进行场地平整，并在其上做300~500mm厚（或根据设计厚度）碎石或砂石垫层，选择合适能量的振动碾压机械，通过分层填料进行找平和碾压，形成该复合地基表层的褥垫层。

铺筑碎石或砂石的每层厚度，一般为150~200mm，不宜超过300mm。碎石或砂石的底面宜铺设在同一标高上，如地表高差有不同深度时，高差处土面应挖成踏步或斜坡形，搭接处应注意压（夯）实。施工应按先深后浅的顺序进行。分段铺设时，接搭处应做成斜坡，每层接岔处的水平距离应错开0.5~1.0m，并应充分压（夯）实。铺筑的砂石应级配均匀。如发现砂窝或石子成堆现象，应将该处砂子或石子挖出，分别填入级配好的砂石料。

洒水：级配良好的砂石褥垫层在夯实碾压前，应根据场地干湿程度和气候条件，适当地洒水以保证砂石层施工时接近最优含水量W_{op}，该值一般为塑限含水量$W_p+1\%$。

地基表层的褥垫层铺设完成后，即可将荷载作用上去后的的绝大部分沉降量消除掉，使得经加固处理后的砂质吹填土层或杂填土层能更好的满足工程使用阶段的承载及变形要求。

6. 材料与设备

6.1 材料选择

6.1.1 水泥：宜采用硅酸盐水泥、普通硅酸盐水泥或矿渣硅酸盐水泥，其强度等级不低于32.5，过期或受潮水泥不得使用。

6.1.2 砂：砂应清洁无杂质，含泥量应小于3％，宜用细砂，使用前必须过筛。

6.1.3 水：应是可以饮用的河水、井水及其他清洁水，不宜采用pH值小于4的酸性水和工业废水。

6.1.4 为了改善浆液的性能，应在浆液搅拌时加入如下外加剂：

1. 加速浆体凝固的水玻璃：模数宜为2.5~3.3，浓度以20~45 °Bé合适，参照具体施工条件及室内试验数据进行选定。

2. 提高浆液扩散性能和可泵性能的表面活性剂（或减水剂），其掺量为水泥用量的0.3%~0.5%。

6.2 机械设备、仪器仪表选择

6.2.1 钻孔及注浆用的施工配套机械见图6.2.1。

6.2.2 钻孔及注浆用机械设备、仪器仪表的种类和性能要求见表6.2.2。

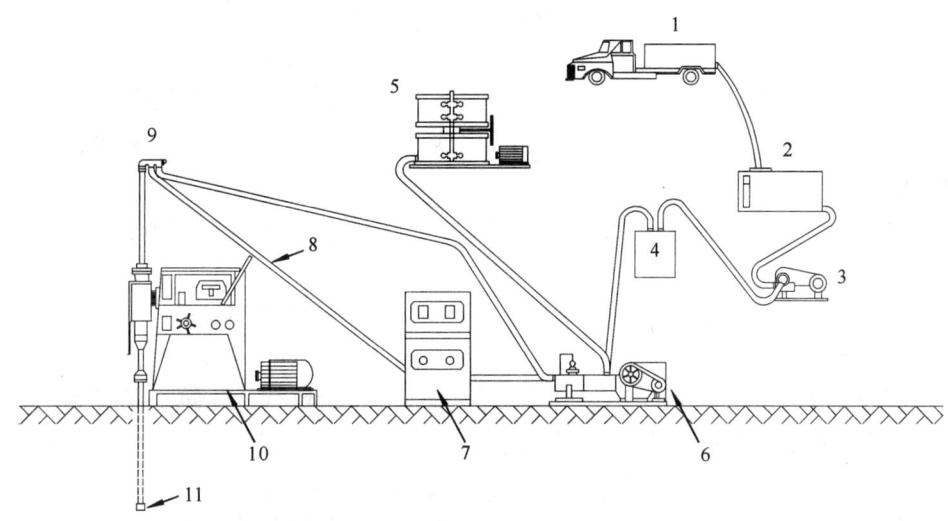

图6.2.1 予力劈裂压浆增强型复合地基压浆施工配套机械布置

1—水车；2—主剂槽；3—输液泵；4—调和器；5—搅拌机；6—注浆泵；7—自动记录流量计；
8—注浆软管；9—旋转接头；10—钻机；11—钻头或双套筒花管

钻孔及注浆用机械设备、仪器仪表的种类和性能要求　　表6.2.2

设备种类	型　号	性　　能	重量（kg）	备　　注
钻探机	主轴旋转式 D–2 型	340 给油式；旋转数：160、300、600、1000r/min；马力：7.5；钻杆外径：40.5mm；轮周外径：41.0mm	500	钻孔用
注浆泵	卧式二连单管、复动活塞式、BGW 型	容量：16~60L/min；最大压力：3.628 MPa；马力：5	350	注浆用
水泥搅拌机	立式、上下两槽式、MVM5 型	容量：上下槽各 250L；叶片旋转数：160 r/min；马力：3	340	不含有水泥时的化学浆液不同
化学浆液混合器	立式、上下两槽式	容量：上下槽各 220L；搅拌容量：20L；手动式搅拌。	80	化学浆液的配置和混合
齿轮泵	KI–6 型 齿轮旋转式	排出量：40L/min；排出压力：0.1 MPa；马力：3	40	从化学浆液槽往混合器送入浆液
流量、压力仪表	附有自动记录仪、电磁式、浆液 EP	流量计测定范围：40 L/min；压力计：3 MPa（布尔登管式）；记录仪双色—流量：蓝色；　　　　　　—压力：红色	120	—

注：1 马力=0.735kW。

6.2.3 辅助工具

1．振动碾压机：可选用滚动式或垂直振动碾压机。
2．铲运机：可选用胶轮式铲运机，方便场内铲运工作。
3．汽车吊、拖车：用于吊运、转移钻机、高压注浆设备等。
4．喷洒器：用于洒水湿润砂石褥垫层。
5．手推车：用于场内小型、零星材料的运输。
6．相关测量仪器：包括激光经纬仪、水准仪、标竿、钢卷尺等。
7．筛子、铁锹等。

7. 质 量 控 制

7.1 施工前应检查有关的技术文件，包括：注浆点的位置、浆液的配合比、注浆施工技术参数（注浆有效范围、凝胶时间、注浆量、注浆压力、注浆顺序、浆液流量等）、检测要求等，并对浆液组成材料的性能和注浆设备进行检查。

7.2 施工过程中应经常检查浆液配合比及主要性能指标、注浆的施工顺序、注浆过程中的予力控制等。

7.3 施工结束后，应检查注浆强度、承载力等。检查孔数为总量的2%~5%，不合格率大于或等于20%时应进行2次补孔注浆。检验应在15d（对砂土、松土）或30d（对黏性土）后进行。

7.4 予力劈裂压浆增强型复合地基的质量检验标准应符合现行《建筑地基基础工程施工质量验收规范》GB 50202中主控项目和一般项目的规定。

予力劈裂压浆增强型复合地基质量检验标准 表7.4

项目	序	检查项目		允许偏差或允许值		检查方法
				单位	数值	
主控项目	1	原材料检验	水泥	设计要求		查产品合格证书或抽样送检
			注浆用砂：粒径 细度模数 含泥量及有机物含量	mm	<2.5	试验室试验
					<2.5	
				%	<3.0	
			粉煤灰：细度 烧失量	不粗于同时使用的水泥		试验室试验
				%	<3.0	
			水玻璃：模数	2.5~3.3		抽样送检
			其他化学浆液	按设计要求		查出厂质保书或抽样送检
	2	注浆体强度		按设计要求		取样检验
	3	地基承载力		按设计要求		按规定方法检验
一般项目	1	各种注浆材料称量误差		%	<3.0	抽 查
	2	注浆孔位		mm	±20.0	用钢尺量
	3	注浆孔深		mm	±100.0	量测注浆管长度
	4	注浆压力（与设计参数比）		%	±10.0	检查压力表读数

7.5 保证施工质量的技术措施

7.5.1 施工前必须熟悉图纸、水文地质资料及施工验收规范等。

7.5.2 测量人员应提前熟悉图纸和施工现场情况，施工队伍一进场，测量人员应马上布设放样控制点。

7.5.3 把好布孔质量关，做到布孔要检查，复核要统一，孔位布置准确、醒目。注浆孔的布置应能使被加固土体在平面和深度范围内连成一个整体。

7.5.4 加强施工环节的质量管理，经常检查钻机及注浆设备的运转情况；压浆前的封孔一定要密实；要严格控制压浆时双套筒花管的旋转停留时间、上拔速度、压浆量等。

7.5.5 注浆顺序不宜采用自注浆地带一端开始单向推进的压注方式，应隔孔注浆以防窜浆，提高注浆孔与时俱增的约束性。

7.5.6 注浆应采用先外围、后内部的施工方式，以防浆液流失。如注浆范围外有边界约束条件时，也可采用自内侧开始顺次往外侧推进的方法。

7.5.7 地基表层的褥垫层处理必须符合图纸及施工验收规范的要求。

7.5.8 加强对压浆效果的跟踪检查，包括：统计计算注浆量、抽水试验测定加固土的渗漏系数、标准贯入试验测定加固土体的力学性能、静力触探测试加固前后土体强度指标的变化等。发现问题应及时解决。

7.5.9 认真做好施工记录，建立健全施工技术档案。技术档案中必须有注浆竣工图、注浆成果统计表、量测成果表及分析报告、注浆竣工报告等。

8. 安 全 控 制

安全是施工质量和进度的前提，是生产的关键。施工中应始终贯彻"安全第一、预防为主"的方针，做到安全生产，杜绝不安全事故的发生。应认真制定值班制度、岗位责任制度，遵守机械设备操作规程，积极开展安全活动。

8.1 施工过程中应严格执行安全技术操作规程，特别要加强安全用电管理，同时应注意管道的稳固与保护。

8.2 施工操作人员应熟悉机械性能，熟练操作，能排除机械故障并能进行机械的日常维修与保养。

8.3 施工作业人员应严格遵守劳动纪律，履行自己的岗位职责，工作中不得擅自离岗，不得打闹、睡觉，班前不得饮酒。

8.4 施工作业人员进入现场必须穿戴劳动保护用品，清除浆体堵塞时应戴防护眼罩，防止高压浆体喷到眼中。

8.5 机架必须安放在平整、较硬的场地上施工。如果场地松软，施工中液化会导致钻机不稳，应在钻机底部加垫枕木，确保钻机操作中不发生塌陷、倾斜。

8.6 钻机周围5m以内不得有高压线路，作业区内应有明显标志或围栏，严禁闲人进入。

8.7 施工现场电气设备的外壳必须保护接零，开关箱与电气设备必须实行一机、一闸、一保险。

8.8 从事地基加固的施工作业人员应进行安全培训，合格后方可上岗操作。

8.9 防止机电伤人事故

8.9.1 所有机电设备均应制定切实可行、符合要求的操作规程，每个岗位的值班人员均应考试合格方能上岗。

8.9.2 各种机电设备检修、维护时应停电、停运转，如要试运转，应有针对性的保护措施。

8.9.3 施工现场电气设备的外壳必须保护接零，开关箱与电气设备必须实行一机、一闸、一保险。

8.9.4 必须对现场各种设备进行经常性的安全检查，尤其须对钻机、钻头、双套筒花管、注浆泵等更应注意维护和检修。

8.10 其他

8.10.1 进入施工现场应戴安全帽。

8.10.2 做好安全防范工作，杜绝治安事件发生。

8.10.3 做好安全防火工作，制定防火、灭火措施。

9. 环 保 措 施

予力劈裂压浆增强型复合地基施工工法所使用的材料、机械设备等较简单，工艺过程也不复杂，施工完成后阀管中残留的浆液必须及时清洗干净，保持管壁清洁。冲洗场地必须及时清理、疏通，下水道要进行污水处理，避免对环境造成污染。

场地平整时，地面的高低差要小于100mm，并做成单向排水坡。施工中还应做好周边环境卫生，组织好交通线路，并注意减少施工噪声和粉尘污染，做到文明施工。进出现场的施工机械也应做到及时清洗，以保持环境整洁。

10. 效 益 分 析

予力劈裂压浆增强型复合地基施工工法适用于加固处理不均匀砂质吹填土及杂填土地基，虽然多次注浆充填挤密，但注浆快速，费用较低，且施工周期短，加固效果明显。对吹填土和杂填土地基的处理深度可达15m以上。

应用本工法加固地基，施工既节能又环保。施工主要依靠机械化操作，因此节省了劳动用工。

应用本工法加固地基，符合"经济、实用"和"建筑机械化"的国家基本建设原则，施工操作也较容易，因此具有广泛的应用前景和推广价值。

11. 应 用 实 例

11.1 扬州港码头转运储库吹填土地基加固

11.1.1 工程概况

该场地上有一块3.9~5.0m厚的吹填土，刚吹填完不到一年时间，就建造了码头转运储库。该吹填土地表面还覆盖有0.1~3.1m的素填土，以下是砂土、粉土和粉质黏土，土层条件参见下表。

拟建场地土层条件一览表　　　　　　　　　　　　　　　　　表11.1.1

分层号	土层名称	层厚（m）	重度γ（kN/m³）	孔隙比e	含水量W（%）	压缩模量E_s（MPa）	承载力f_{ak}（kPa）
①-1层	素填土	0.1~3.1	17.1	0.802	30.5	4.09	70
①层	吹填土	3.9~5.0	17.8	0.781	35.8	4.81	80
②-1层	粉砂	4.0~6.0	18.6	0.682	32.1	6.50	115
②层	粉土	12.5~16.0	18.4	0.680	30.1	6.70	120
③层	粉砂	10.2~14.4	18.8	0.664	28.2	8.11	136
③层	粉质黏土	未穿	18.8	0.605	25.4	10.88	150

注：地下水的混合水位为3.40~3.80m左右，受潮汐影响有约1.0m的升降变化。

该场地上建造码头、转运储库及堆场，地基承载力要求达到120kPa。

11.1.2 加固方案

考虑到主要加固深度为4.0~8.1m，且场地组成情况较好，决定采用予力劈裂压浆增强型复合地基施工工法加固表层素填土和吹填土。加固范围沿该储库外围各边均扩大3m，实施房屋室外地面的普通布孔注浆加固。

双浆液配比：水泥：水：水玻璃=100：（45~50）：（3~4），即水灰比W/C为0.45~0.50，视场地潮汐变化而改变，涨潮时取0.50，落潮时取0.45；相应水玻璃用量在涨潮时取水泥用量的4%，落潮时取水泥用量的3%。水泥选用32.5号普通硅酸盐水泥，水玻璃选用20′Be20℃，型号。室内配比试验结果：初始凝胶时间为5min，凝固时间为8h10min。

试验区压浆孔ϕ73mm布置为1.1m间距的等边三角形（图11.1.2），注浆深度为15m，注浆压力为0.55MPa，予力度控制标准为0.83~0.86（表层素填土薄时取小值，厚时取大值）。

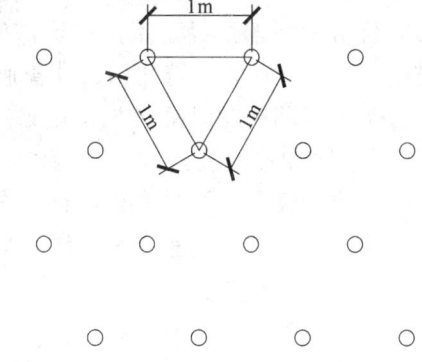

图11.1.2　试验区压浆孔正三角形布置平面图

11.1.3　实施效果

储库加固区劈裂注浆自2006年8月16日开始，2006年9月2日结束。施工完成一周后进行现场载荷板试验，地表层承载力f_{ak}=122~135kPa，完全满足工程设计要求。该储库使用一年多后原来的开裂缝闭合，同时在其他部位也未发现新的裂缝。通过沉降观测，平均沉降小于15mm，差异沉降小于6mm。

11.2　南京唐山路材料仓库加层改造工程地基加固

南京唐山路材料仓库为40m×15.6m的矩形平面，4层框架结构，采用400mm厚筏板基础，建造在6.5m厚的杂填土地基上，其下为粉土和粉质黏土。采用了ϕ500的水泥搅拌桩复合地基，桩距为1.5m×1.5m，桩长为12m，深入到承载力为120kPa的粉质黏土层。

该楼建成一年后使用良好，因扩大业务能力需要，建设单位决定将该仓库加层到6层。地基承载力要求提高40%达到150kPa。经过方案比较后决定选用予力劈裂压浆增强型复合地基施工工法进行地基补强加固。

经过室内配比试验，其配比为：水泥：水：水玻璃=100：45：4。选用32.5号普通硅酸盐水泥，水玻璃选用30′Be20℃型，同时考虑每立方米浆液中掺加20kg细砂，以提高浆液在杂填土中的凝固强度。

压浆孔布置在原1.5m×1.5m的搅拌桩中心，即也是1.5m×1.5m的方形布孔。钻孔ϕ73mm穿过400mm厚混凝土筏板，深入到12m深土层中。注浆压力为0.65MPa，予力度控制标准为0.88。该高压注浆孔平面布置图如图11.2所示。

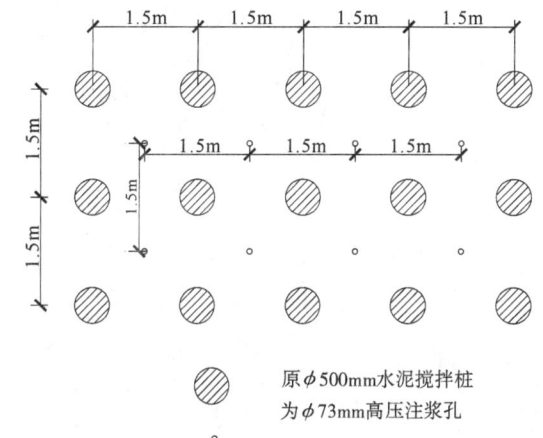

原ϕ500mm水泥搅拌桩
为ϕ73mm高压注浆孔

图11.2　南京某材料仓库加层改造工程地基
加固高压注浆布孔平面布置图

该仓库大楼加层所需的地基加固施工自2007年6月25日开始，2007年8月6日结束。大楼加层竣工投入使用一年后实测，基础平均沉降约5mm，最大差异沉降才3mm，说明本工法的加固效果显著，确保了该加层改造工程的荷载使用要求。

11.3　江阴市裕丰织染有限公司住宅楼纠偏工程地基加固

江阴裕丰织染有限公司住宅区有多幢住宅楼建造在软硬交界素填土场地上，因施工的挖填碾压不到位，竣工后使用还不到一年，其中倾斜开裂的有10多幢住宅。其中有一幢住宅楼为三层砖混结构别墅，该楼东南角最大倾斜已达0.63%，正好该楼沿东北到西南角对角线分界，其西北、东南部分的地基承载力分别为130kPa和80kPa。

经过方案比较后，决定选予力劈裂压浆增强型复合地基施工工法就行房屋纠偏。经过室内配比试验，设计配比为水泥：水：水玻璃=100：40：4。选用32.5号普通硅酸盐水泥，水玻璃选用30′Be20℃型，同时考虑每立方米浆液中掺加20kg细砂，以提高浆液在素填土中的凝固强度。

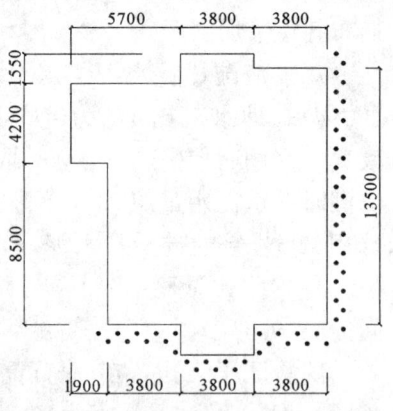

图11.3　别墅高压注浆孔平面布置图

设计的注浆孔沿该楼东侧和南侧分两排布置，间距为1m，钻孔深入到1m深土层中，重点是压注到2.0~8.0m土层中，以确保纠偏扶正效果。注浆压力为0.68MPa，予力度控制标准为0.90。该高压注浆孔平面布置如图11.3所示。

该楼纠偏加固施工于2007年8月26日开始，2007年9月7日结束。纠偏后实测外墙的倾斜角度为0.15%（水平纠偏距离达240mm），使用至今效果良好，墙体开裂缝隙经修复后未出现新的裂纹。

11.4　工法形成前的工程实例

本工法形成早期，曾在镇江国贸大厦基坑工程中应用。该项目地下室3层，深基坑深度达到13.2m，基坑采用土锚支护。在土锚加固工程中，应用了增强型高压浆包复合体加固技术，使得该土锚的锚固力提高了32%。

建筑基底可控减压排水抗浮施工工法

GJEJGF021—2010

中国京冶工程技术有限公司　中冶天工集团有限公司

刘波　张慧东　隋作刚　李旭强　许佳

1. 前　言

　　城市可用土地面积日趋缩小，建筑结构体只有向上增高、向下加深以增加可用的内部空间，同时利用现代建筑技术及新式建材，尽量减少柱、梁、墙、板的体积，使外部体积相同的结构体能有更多的内部空间，又有效降低了整体的建筑、施工成本。然而这类建筑虽然增加空间、降低成本，却产生以下问题：结构整体重量轻，当地下水位较高时，结构体的重量无法平衡地下水位的向上浮力，使结构体的基础底板承受过大的浮力，当超过临界荷载时，有结构体整体上浮的问题，或将造成基础底板的破裂，产生渗水问题；地下水位坡降、孔隙水压及地下水的上浮力大小不均，使基础底板所承受的上浮力不同，长时间将造成基础底板及结构体的倾斜。

　　传统的建筑抗浮技术通常采用被动抗浮方案如增加结构自重、上部压重、抗拔桩、抗浮锚杆或主动抗浮方案如基坑持续降排水等方式。被动抗浮方案具有其固有的优势和适用范围，但共性是地下水位是变动的，就常态而言，运行时的地下水位较低，浮力较小，无需抗浮，而偶然状态下可能水位会迅速升高，而若按较小概率发生时的水位来确定抗浮设计水位，其成本较高，难以协调经济性与安全性。降水抗浮设计通过集水井汇集地下水，采取自流排水或泵水的方式永久排水降低地下水位，造价低但会过量降低水位甚至造成地下水采空区，引起周边地层沉降，对环境和附近建筑物产生不良影响。近年来出现的标准静水压力释放系统采用基底排水层汇集地下水到集水井中，待集水井内水量达到一定程度再泵出井外排走，从一定程度上缓解了永久排水对地下水位的不良影响。

　　建筑基底减压排水抗浮施工工法延续主动抗浮建筑基底减压排水理念，采纳标准静水压力释放系统的优势，并结合泄压阀系统，进而对集水井汇水方式进行改进，利用低透水性地层的特性，在基础底板下满铺人工透水层，通过集水管将经过基底低透水性地层中渗出至基底的地下水汇入集水井，积累一定水量后由泵排出。该工法实现了地下水位较低时不集水，水位升高时再集水，即改变永久排水为必要时才排水。不仅节省工期、节约造价，而且避免了过分降排水引起的地面或建筑物的沉降问题。

2. 工 法 特 点

　　与传统的建筑抗浮方法相比较，本工法有以下特点：

　　1）本工法的实施，不仅可以有效地解决建筑物在施工过程中不同工况的抗浮要求，而且可以解决建筑物正常使用过程中对抗浮的要求。

　　2）本工法的实施，在使用过程中当基底水压力达到一定压力值后，设置于集水井入水口处的单向阀开启并集水，否则不集水排水。

　　3）通过在基底设置与地下水连通的泄压阀系统，进一步增强该抗浮系统的可靠性。

　　4）基底设置的带压力传感器的泄压阀和集水井中入水口所设置的压力传感器与单向阀（或带压力传感器的泄压阀）共同配合工作，可以有效减少建筑物排出地下水对周边环境的影响。

　　5）该减压排水系统通过滤水集水系统将基底地下水集入集水井中，再通过集水井中所布设的自动排水设备泵出他用。

6）对于地下水位常态稳定，但是瞬态可能超限的情况，减压系统的设置不仅可以有效减少瞬态高浮力对结构的破坏，同时又能免于设置防范性措施如抗浮锚杆、抗浮桩，从而节省成本。

3. 适 用 范 围

建筑基底可控减压排水抗浮系统可应用于临海、临江、临河、临湖等近水域建筑地下室、地铁车站、城市下沉广场的抗浮设计与施工；可应用于常态地下水位较低，又需要考虑抗浮而难以确定抗浮设计水位的各类工程；也可应用于高层建筑裙房抗浮工程；尤其适用于不便使用增加结构自重及桩锚抗浮的情况。

4. 工 艺 原 理

当建筑物基底压力达到一定限值时，安装于集水井中的带压力传感器的单向阀开启，此时基底水由PVC管汇至集水井中，当集水井中水位达到一定值时，排水泵启动将集水井内的水排出。当基底水压力小于某一限值时，单向阀闭合，此时停止汇水。通过带压力传感器的单向阀控制基底水的排放，可以有效保持基底地下水的正常水位，从而减小排水对周边建筑物的影响。

当地下水位急剧增加，建筑物基础底板所受水压力迅速增加，单靠设置于集水井中的单向阀不能满足底板泄压要求的时候，这时设置于底板上的带压力传感器的泄压阀开启，基底地下水经由底板泄压阀排出，将基底压力迅速释放。该压力释放阀的压力传感器限值略大于集水井中所设置的单向泄压阀的压力传感器的压力值，通过底板压力释放阀与集水井中的单向泄压阀相互协调工作，一方面可以有效地减少基底水压力对结构的影响，另一方面可以有效地保持基底地下水位的正常高度，最大限度地减小因地下水的排放而产生的对周边建筑物的影响。

5. 施工工艺流程及操作要点

系统剖面如图5所示。

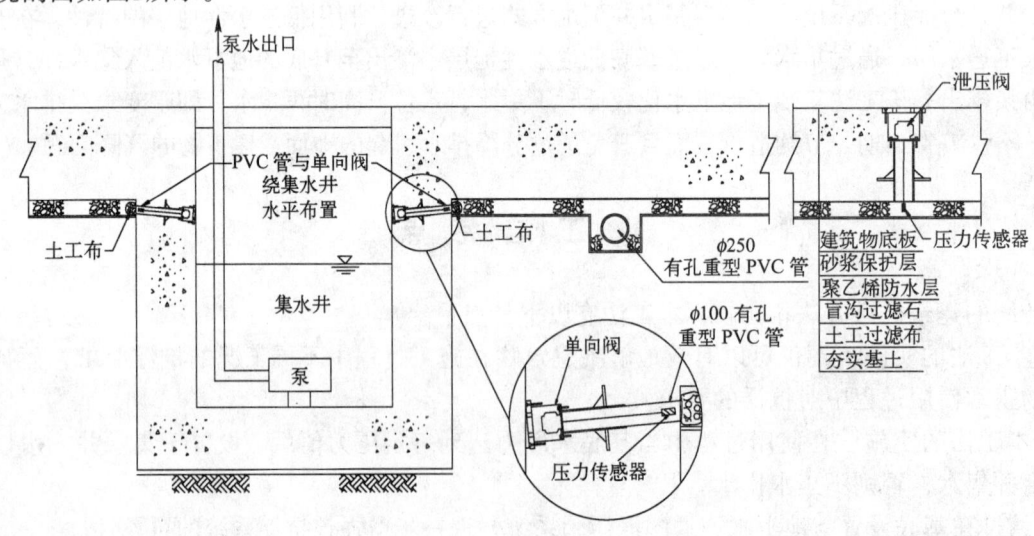

图5 系统剖面

5.1 滤水集水系统的施工

整个滤水系统由滤水盲沟，盲沟连接点和反滤层组成。滤水盲沟按照设计要求布设于建筑物地下室周边。

1）应将预铺设盲沟部位的土体夯实找平，待标高确认后铺设土工布，铺设时应注意其搭接长度不应小于300mm。

2）根据地下水流入盲沟的水量，选择适当的砾石，其粒径为6~25mm。

3）在盲沟中埋置多孔PVC管，其排水坡度为1：250，以增大集水能力，PVC管的直径按照水量大小一般取为100~200mm。

4）在砾石或PVC管埋设完毕后，将聚乙烯防水层铺设于其上，同时浇筑混凝土保护层。

5）为增强排水盲沟的排水效果，应在盲沟一定间隔处布设小型集水井，其深度应低于滤水盲沟200~300mm，并通过排水管将该集水井与排水泵连接。

5.2 集水井的施工

5.2.1 在基底适当位置布设集水井，通过PVC管与滤水集水系统相接，PVC管出水口设置压力传感器及单向阀，集水井内设置悬挂式压力传感器与抽水泵水。

5.2.2 为防止排水管堵塞，集水井入水管入水口应设置装有砾石的粗麻布包。

5.3 泄压阀系统施工

泄压阀系统为建筑物抗浮提供必要的安全储备，其主要由压力传感器，带有法兰盘的排水管道及泄压阀组成。

1）根据设计要求在建筑物中布设泄压阀系统，布设根据地下水的涌水量，将压力探测器埋设于盲沟中，并通过导线与泄压阀相连。

2）压力传感器设置于带有法兰的排水管内，排水管埋设于建筑物的底板中，并通过安装于其顶端的泄压阀与地面相通。

3）泄压阀设置于低于地面的凹槽中，凹槽顶部设置易于开启的铸铁保护盖以便运行过程中的日常维护检查。

5.4 系统维护

建筑基底可控减压排水抗浮系统所选用的材料均具备较好的耐久性，使用寿命能够满足建筑物整体使用寿命的需要，日常使用中的维护主要针对自动控制电路系统的检修维护、过滤集水系统防阻塞检修维护、抽水泵与泄压阀系统检修维护。

过滤层由砂砾材料和土工布组成。土工布利用了无纺布的良好渗透性和过滤性，在工厂生产，质量有保证。砂砾材料根据土层级配曲线、垂直渗透系数K_v、水平渗透系数K_h、土层内是否含有承压水、是否有暗浜相接等因素选用合理级配的优质砂砾集料。用土工布包裹过滤层中埋置的多孔管，以免管体小孔被堵塞。泄压阀带有先导循环系统，可以起到过滤作用，从而降低堵塞、磨损和损坏的概率。泄压阀和抽水泵各部件通常由各种优质不锈钢、船用青铜、优质橡胶、树脂、铜镍合金等性能优异的化工材料加工而成，因此即使在强腐蚀性条件的海水恶劣环境中，也能够持续稳定工作。

使用过程中，一旦抽水泵或泄压阀发生故障或损坏，因均留设人孔，可以方便地进行维修或彻底更换。一旦过滤集水系统发生阻塞，可对集水井入水管加压送水，逆向回冲，以清理阻塞的管道、管孔或土工布及砂砾材料的孔隙。

5.5 工艺流程

5.5.1 工法施工工艺流程图见图5.5-1所示。

5.5.2 工法完成后抗浮系统运行流程图见图5.5-2所示。

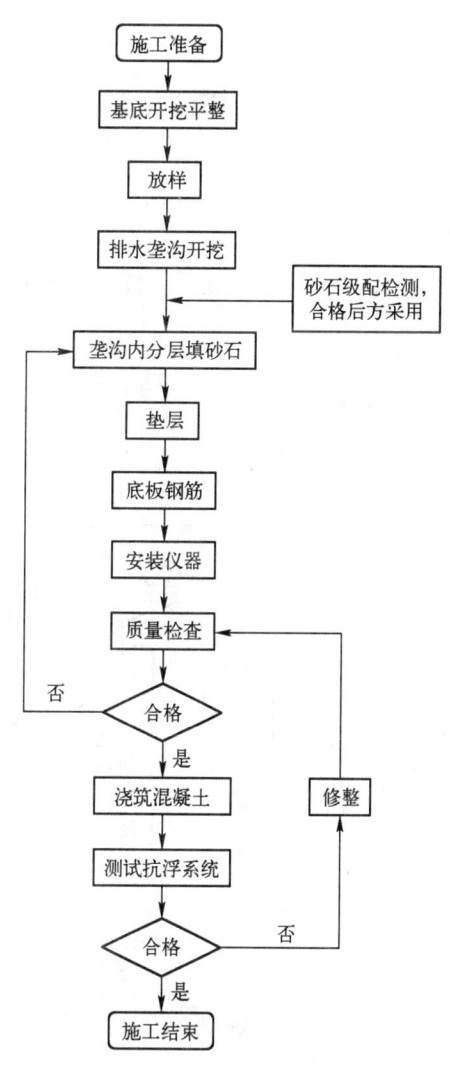

图5.5-1　施工工艺流程图

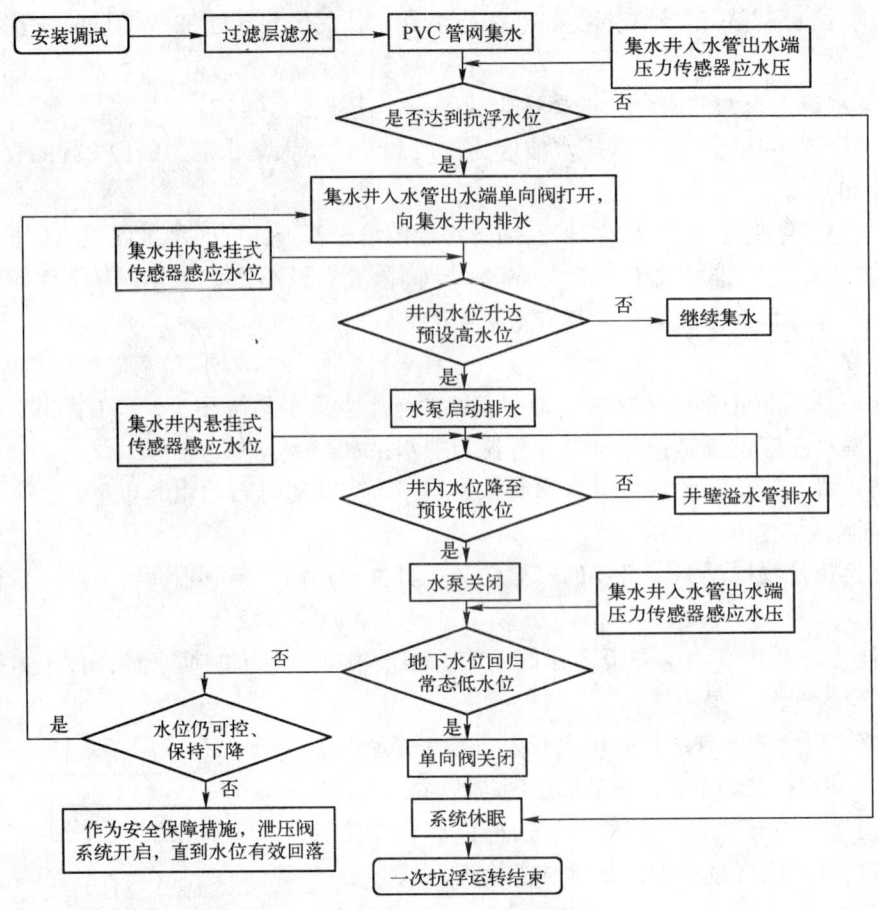

图5.5-2 系统运行流程图

5.5.3 工法完成后抗浮系统维护流程图见图5.5-3所示。

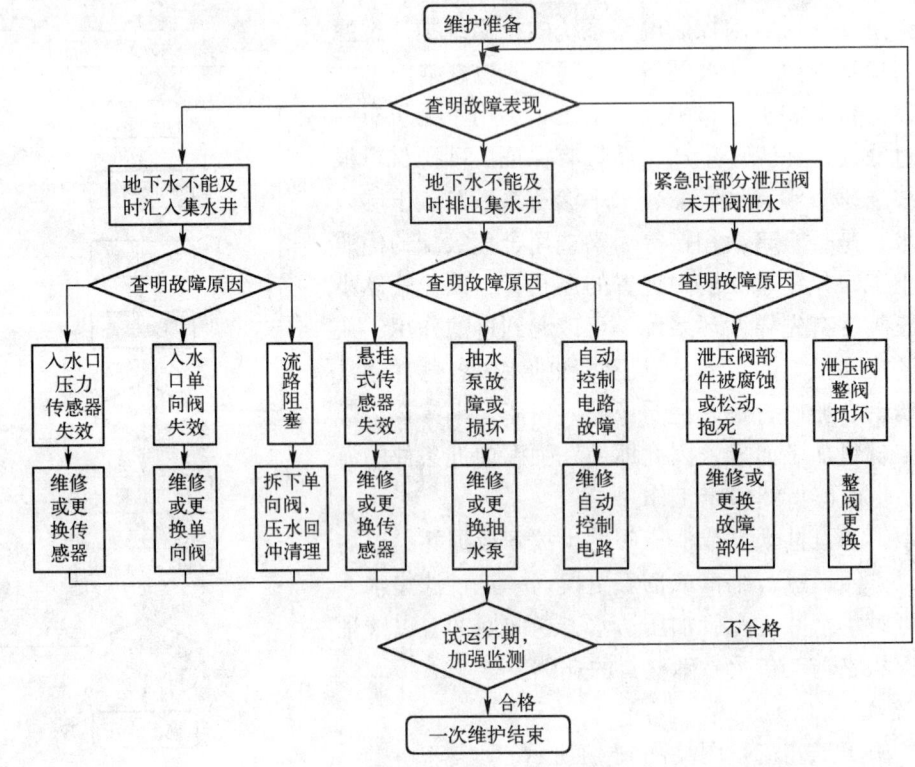

图5.5-3 系统维护流程图

6. 材料与设备

6.1 滤水系统材料

本工法中的滤水材料主要是砾石骨料、有孔PVC管，土工布及聚乙烯防水材料，本工法采用的主要材料均为高品质材料，确保系统能够长期防腐抗蚀，正常运转。个别材料正常使用下寿命均大于60年。

6.1.1 反滤层

本工法设置的集水反滤层为加密型土工布与高质量砾石。其中土工布选用热熔型土工布，孔隙大小固定，透水性良好，符合FHWA（美国联邦公路协会）的不阻塞准则。防腐年限大于60年，且施工性良好。设计时配合剪切试验做到选材良好，可达到永不堵塞的条件。世界各国已有多处重力式水坝及垃圾填埋场采用这种材料，证明其透水性不会随使用年限增加而产生物理或化学性堵塞。

6.1.2 有孔PVC集水管

有孔PVC集水管抗压强度大于2500kg/m，埋设于pH值3~10的地层中，在无紫外线照射情况下，寿命可达60年以上。

参数见表6.1.2。

主要施工材料 表 6.1.2

序号	名　　称	参　　数
1	砾石骨料	粒径 6~25mm
2	多孔 PVC 管	直径为 100~200mm
3	土工布	透水性（1/sec）≥0.25
4	聚乙烯防水材料	抗渗透性 0.25MPa、30min 不渗漏

6.2 设备参数

环球影城基底减压排水系统布置了3个特别设计的集水井，每个集水井连接着一个泵井（3m×3m×3m），泵井内设有抽水泵两台，当泵井内水深达到1m，抽水泵启动开始抽水。根据对基底下排水层平面不同位置概估出的流量的差异，对抽水泵进行优化布置。各集水井及其内抽水泵参数见表6.2，平面图见图6.2。

集水井及抽水泵参数 表6.2

序号	流量（l/sec）	扬程（m）	输入功率（kW）	断路电流（A）	所在集水井尺寸
1	10	20	6	25	6m×5m×2.5m（深）
2	13	20	8	30	6m×6m×3.3m（深）
3	11	20	7	25	6m×5m×2.5m（深）

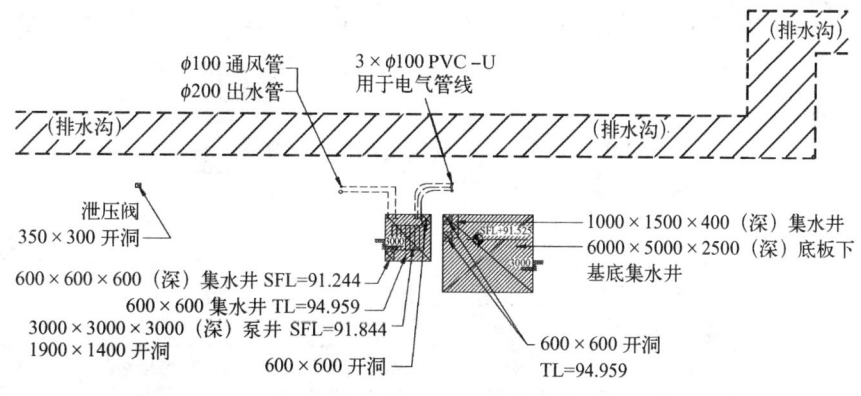

图6.2 集水井及泵井平面图

6.3 压力释放系统参数

新加坡环球影城地下室选用的压力释放系统为海水泄压阀，如图6.3-1、图6.3-2所示，其布设原则按50m×50m间距布置，当水压达到或超过安全限值时，泄压阀自动开启，安全限值设为10kPa。泄压阀的部分关键参数见表6.3：

本工法泄压阀参数 表 6.3

序号	名称	参数
1	最大泄压能力	400 psi（磅/每平方英寸）
2	最大压差	连续150psid；间歇225psid
3	容许温度范围	32°F到185°F；
4	维氏管接头额定值	最大300psi

图 6.3-1 泄压阀井盖

图 6.3-2 井内泄压阀

7. 质 量 控 制

7.1 减压排水系统的各组成材料、设备的性能应符合图纸要求及响应的国家标准。

7.1.1 检查材料设备的出场合格证以及进场安装前的验收记录。

7.1.2 对于该系统所用材料，按进场批次，每批随机抽取3个试样进行检查，检验方式应按照出厂合格证所列内容进行核查。

7.2 对于土工布、聚乙防水材料、聚氯乙烯管，进场时应对下列性能进行复验，复验应为见证取样送检：

7.2.1 土工布的透水率、有效孔径、纬向断裂强度及纬向断裂延伸率。

7.2.2 聚乙烯格网的导水率及纵向抗拉强度、长期抗压强度。

7.2.3 聚氯乙烯管的抗压强度。

7.3 排水系统的管路、阀门的连结件、泄压阀等部分应符合连接可靠，有效防腐等相关规定。

7.4 施工过程中应注意土工过滤布、聚乙烯防水材料以及设备部件的制作安装偏差，其施工偏差见表7.4。

材料设备部件允许偏差值和检验方法 表 7.4

序号	项 目	允许偏差（mm）	检查方法
1	土工布搭接宽度	±20	尺量
2	聚乙烯防水卷材搭接宽度	±20	尺量
3	盲沟填充过滤石标高	±30	尺量
4	滤水管道排水坡度	其正负偏差不超过设计要求坡度值的1/3	尺量
5	泄压阀安装	±10	尺量

8. 安 全 措 施

减压排水系统的安装，由于其过程技术要求高，密闭空间的作业多，且牵涉各种专业，给安全生产增加了一定的难度，故要求在施工过程中不失时机地采取各种有效的安全措施，以保证安全生产。

本系统主要安全技术工作有：

8.1 工前一定要编制好施工组织设计或施工方案，并针对具体情况制定安全技术措施。如吊装设备时应准确掌握该设备的重量，以防起重机械超负荷吊装等。

8.2 熟悉施工地点周围环境，有针对性地提出预防措施。如在现场要进行电焊、气焊时，应了解四周是否有易燃、易爆物品，否则应有专门防护措施。

8.3 在从事可能有腐蚀品、粉尘的作业时，施工前要认真检查防护措施是否落实，劳保用品是否齐全，并对施工人员进行安全教育，患皮肤病或有过敏反应者不宜参加。

8.4 施工前应详细检查所用机械、工具，其传动和危险部位都要安装防护装置。

8.5 设备安装须进行交叉作业的，必须设置安全网或其他隔离措施，否则不许施工人员在同一垂直线的下面工作。

8.6 集水井处于结构地面以下，且空间较为狭窄，应属密闭空间，因此在集水井施工过程中应注意：

8.6.1 进入集水井作业，操作者应得到具有相关经验的作业负责人的准许；施工前应做好集水井作业的风险评估、安全操作规程并制定应急救援预案，同时做好上岗前和在岗期间的卫生安全培训，确保操作者掌握在该集水井空间较为狭窄的环境下安全操作的知识和技能；作业时至少有一名有相关经验的监护者在集水井外负责监护操作者。

8.6.2 进入集水井作业前，应采取净化、通风等措施，对集水井充分清洗，进入前应当再用新鲜空气通风，以保证空间内有足够维持生命的氧气。

8.6.3 在作业过程中应持续保持强制性通风，保证能稀释作业过程中释放出的有害物质，并满足呼吸需要，强制通风时应把通风管道延伸至集水井底部。

8.6.4 集水井周边应布设安全护栏，做好安全警示。

9. 环 保 措 施

9.1 污染源控制

9.1.1 现场施工剩余的废弃材料应在每天工作结束后进行清理，并放入专用垃圾箱，现场所用材料应堆放整齐。

9.1.2 对有毒有害材料应集中堆放并进行现场标示。

9.1.3 可燃液体必须存放于防火容器中，并配好灭火设备。

9.1.4 所有挥发性液体必须密封保存，使用完毕后即使清离现场。

9.2 人员防护

现场施工人员需要配备必要的防护用品，如安全带，安全马甲、安全鞋、护目镜、防毒面具及防腐手套等。

9.3 宣传教育

施工现场应做好环保教育工作，可以采用张贴宣传材料，班前会议宣讲等教育手段，对每位操作人员进行环保知识教育，使得每位施工人员都明确现场材料、设备的使用特点及可能存在的污染隐患，掌握正确的施工方法。

9.4 现场跟踪监测

对于现场，特别是密闭空间的空气进行检测，发现有毒有害物质含量超标，应立即停止工作，人员迅速撤离，并及时采取处理措施，保证空气质量要求。

10. 效 益 分 析

该工法与传统抗浮技术相比，具有显著的经济优势。尤其对于较大规模的建筑或建筑群，若采用增重抗浮方式，将增加钢筋混凝土或铁屑、覆土等材料的材料成本、运输成本，采用本项技术则省去了这些成本。

10.1 在日常运行成本方面，假设环球影城3个集水井内抽水泵同时全部连续满负荷运转一年，且流量始终保持最大，设电机效率为0.5，所耗电费为9.81×20×24×365×0.2356×（0.01＋0.013＋0.011）/0.5=27535新元（约合137675元人民币），此费用为理论上限，事实上既不会持续最大流量，抽水泵也不可能长年持续运转，根据对环球影城排水减压系统投入使用以来的观测，抽水泵运转时间非常少，耗电费用达到理论上限的可能性极小。根据观测统计，抽水泵运转负荷低于满负荷情况的1/3，故全年运行费用不超过9178新元（约合45890元人民币）。这笔因本工法而增加的费用远远小于本工法节省的各类费用。

10.2 在施工成本方面，若采用传统的抗拔桩抗浮方式，将增加大量抗拔桩成桩成本和增加工期成本，而采用本工法可以省去这些成本，经初步估算，采用本项技术比采用抗拔桩可以节省造价30%以上，工期则至少节省4个月。

本工法具有环保、节能、减碳及减废的优势，采用本工法可取得如下节能环保效益：

1）节能：节约总能耗的20%左右。

2）减废：减少土方处理量约30000 m^3。

3）减碳：混凝土约28260 m^3，相当于减排约5500tCO_2；钢筋约1200t，相当于减排约2800tCO_2。减排CO_2总量约相当于28公顷森林一年的吸收量。

综上所述，考虑到该抗浮体系的运行与施工成本，本工法经济社会效益非常显著，环球影城项目通过本工法的应用，可节约工程及运行综合造价30%左右。

11. 应 用 实 例

新加坡环球影城项目位于新加坡南部的世界著名旅游胜地——圣淘沙岛（Sentosa）。圣淘沙岛位于新加坡本岛以南500m，吉宝港南岸，是新加坡本岛以外的第三大岛，面积3.47km^2。

环球影城场地延至圣淘沙岛北部海岸，海水高低潮差平均统计3.3m。岩土覆盖层主要有近2~3年新近海岸回填碎石土、砂土层；分布范围及深度不确定的海相饱和软黏土层；全风化残积土层；强风化至中风化的破碎粉土岩、黏土岩或砂岩，其物理参数见表11。

环球影城场地岩土覆盖层物理性能指标　　　　　　表 11

性能指标	液限（%）	塑性指数（%）	含水率（%）	粘聚力（kPa）	内摩擦角（°）
取值范围	35~87	18~57	11~36	6~10	0~37

地下水经PVC管汇集后进入集水井（图11-1），集水井内悬挂有压力传感器（Sensor），如图11-2所示。集水井与溢流井连通，图11-4为溢流井内底部开孔，来自集水井的水从该开孔进入溢流井，两井内水位一致。当传感器感应到集水井内水位达到1m深时的水压时，抽水泵启动，直到传感器通过感应水压确定水位降至某较低水位时，抽水泵停止。从图11-3可以清晰地看到井内墙壁上有一道清晰

分明的界线，界线上下墙壁颜色显著不同，此界线即为启动抽水泵时的水位留下的痕迹。

图11-1　实地照片

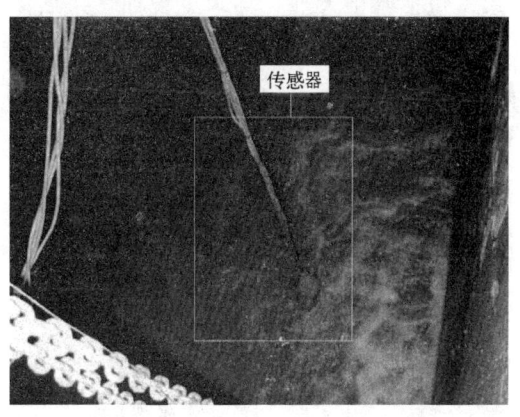

图11-2　集水井内悬挂式传感器

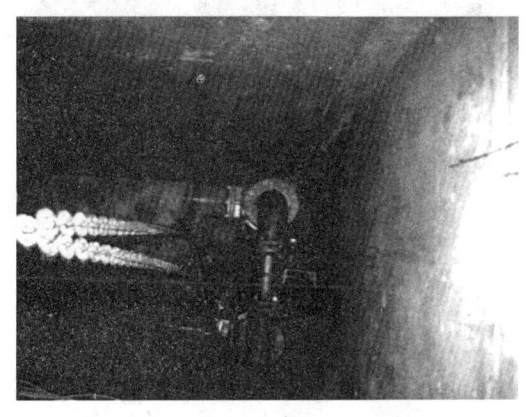

图11-3　集水井内部可见水位痕迹

图11-4　溢流井底部开孔

当地下水水位升高过快，抽水泵排水速率小于集水井入水管进水速率时，水位难以有效下降，甚至继续上升。在溢流井墙壁上靠近顶部处，设有溢流管，如图11-5所示。

水位若仍然升高，一旦达到预设警戒水位，地面自动控制系统控制面板将启动报警，如图11-6所示，蜂鸣报警直到人为解除或进行排水系统维修或启动应急预案后报警自动解除。此类情况可适用于抽水泵损坏且备用泵也未启动引起的水位升高，以及地下水位突涨引起的井内水位迅速升高。

图11-5　井壁溢流管

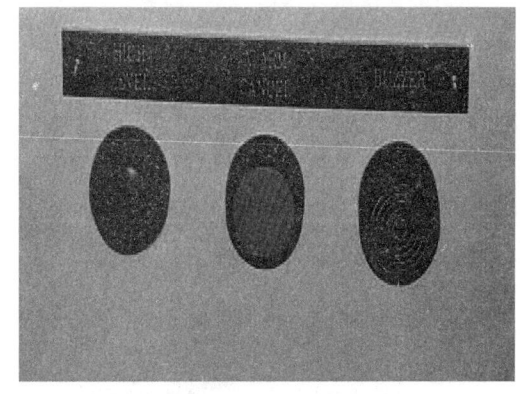

图11-6　控制面板高水位报警灯

自2010年3月18日新加坡环球影城正式投入运营至今，地下室工作状态良好，各集水井内水量较少，表明基底减压系统运行稳定，将地下水位稳定控制在了地下室底板以下。7月9日至7月16日连续观察7天，包括晴雨天气，均未见各抽水泵启动，表明集水井内水位仍较低。7月17日降雨量较大，地下水位上涨较快，环球影城地下室1号集水井持续运转，自14：00到16：00持续开井观察状态，可见集水井进水量稳定，水色较浑浊，如图11-7所示；水泵运转时控制面板如图11-8所示。

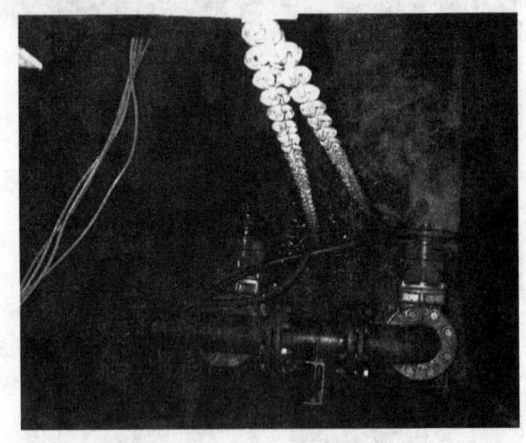

图11-7　地下水正汇入集水井

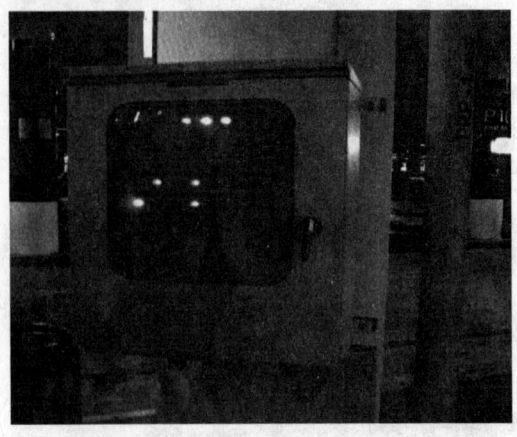

图11-8　抽水泵运转状态时的控制面板

淤泥质地层井点降水施工工法

GJEJGF022—2010

中铁十九局集团第一工程有限公司

许爱军　许爱峻　邵云帆　韩士钊　贾常志

1. 前　　言

近年来，东南沿海地区沿海岸线陆续修建了多座大型火力发电厂，而其循环冷却水系统的提水泵房普遍采用不排水下沉的沉井施工方案，为解决当地淤泥质地层所带来水下取土安全风险高、水中封底周期长和下沉井位不易控制等问题，从而将淤泥质地层大口径井点降水方案作为排水下沉方案中重点研究项目之一。

中铁十九局集团在浙江大唐乌沙山电厂一期工程4×600MW燃煤机组循环水泵房小间距大型双沉井施工中，为保证业主按期发电的目标，采取了排水下沉方案，通过技术攻关，大胆采用了井点降水及地基加固辅助技术措施，高效安全地完成了施工任务，其中通过研究的淤泥质地层大口径井点降水工艺起到关键作用，并经技术总结形成本工法。该工法具有将成熟工艺通过专项设计，具备操作简单、安全可靠、质量易于控制、对环境影响小和降低成本的特点。为解决地基承载力低、含水率高的沉井工程提供了成功的经验

总结的《软基超大双沉井成套施工技术》于2006年10月24日通过了宁省科学技术厅科技评审，专家组一致认为其综合施工技术达到国内领先水平，为我国软基超大沉井提供了成功的范例。该工法分别应用于浙江乌沙山电厂和福建宁德电厂等工程，推广应用效果显著。

2. 工 法 特 点

2.1 采用大口径井点降水较小导管真空降水工艺降水效果好。单眼井抽水量29m³/h，可快速降低地下水位，作业深度大、影响范围大，作业半径40m。

2.2 工艺成熟，技术可靠、安全质量可控。其井点制作、降水设备及操作工艺、维护均较简单，通过有效降低水位而使排水下沉施工安全和质量可控。

2.3 节约工期，降低成本。减少了水下作业人员投入，且具有经济合理、劳动强度低和对环境影响较小等优点。

3. 适 用 范 围

本工法适用于渗透系数大（10~250m/d），土质为淤泥质土、砂类土，地下水丰富、降水深、面积大等需降水的工程。

4. 工 艺 原 理

4.1 大口径井点降水通过分析施工地点水文地质情况，进行专项设计，确定井点深度、降水井口径、潜水泵规格和井距。

4.1.1 大口径井点的构造原理

大口径井点由井管和水泵组成（图4.1.1）。井管由滤水管、吸水管和沉砂管构成，通过钻孔、成孔、洗孔和安设抽水设备达到降水要求。

4.1.2 降水设备计算依据

本工程井群设置为承压完整井。为了确保沉井下沉过程中的安全，以降低基础承载层土中的承压水头，每口井深至该层中，根据 $Q = 2.73KMS/\lg\left(1+R/r_0\right)$ 和 $q = 120\pi r_s l\ K^{1/3}$ 计算承压完整井计算基坑涌水量和每井出水量。根据 $n = 1.1Q/q$ 和 $S = 0.366Q\left[\lg R_0 - \lg\left(r_1 r_2 r_3 \ldots\ldots r_n\right)/n\right]/MK$ 计算降水井管数量和承压完整井稳定流时基坑中心水位降低深度。按此种方法布置降水井，能将水位降低到设计深度，以满足施工要求。

4.2 大口径井点降水设计充分考虑了沉井地板稳定性条件，防止沉井下沉到设计位置发生土涌和突水现象发生，确保封底施工安全和质量。沉井底板的稳定条件：沉井底至承压含水层顶面间的土压力应大于承压水的顶托力。即：$H \cdot \gamma_s \geqslant F_s \cdot \gamma_w \cdot h$。沉井底至承压含水层顶面间的土压力小于承压水的顶托力，沉井下沉中底板处于不稳定状态，基坑会发生突涌现象，故在沉井下沉前必须降低承压含水层的水头压力，才能满足沉井底板稳定性的要求。

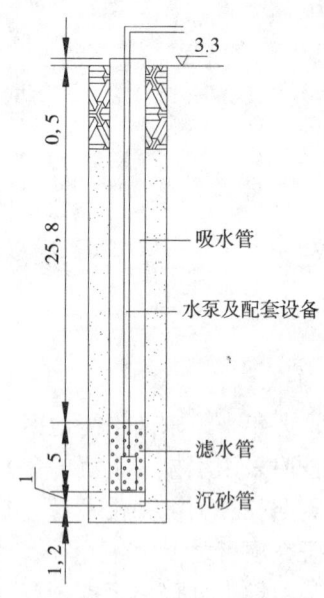

图4.1.1 大口径井点构造（单位：m）

5. 施工工艺流程及操作要点

5.1 工艺流程（图5.1）

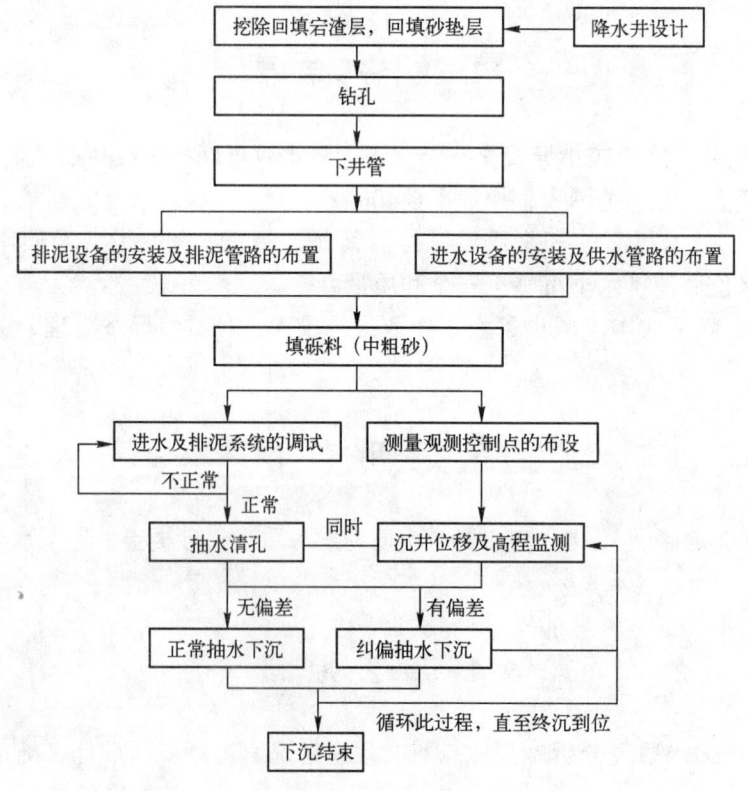

图5.1 工艺流程图

5.2 操作要点

井点施工工艺（见图5.2）

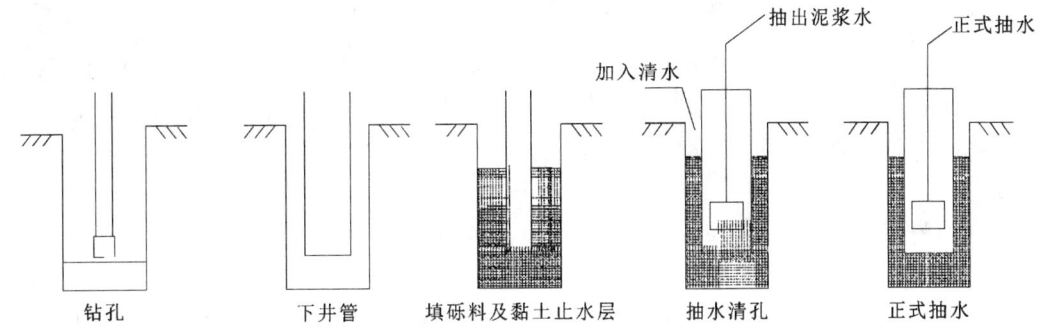

图5.2 井点施工工艺流程

5.2.1 降水井设计

1. 根据承压完整井计算基坑涌水量：

$$Q=2.73KMS/\lg（1+R/r_o）$$

式中 Q——流量（m^3/d）；

K——含水层渗透系数，为10~15m/d，取15m/d或0.0001m/s；

M——承压含水层的厚度，取7.5m；

S——井群中心点水位降深（m），取将水位降至刃脚底以下0.5m，即16.5+0.5+0.5=17.5m；

R——承压井影响范围，由经验公式 $R=3000\times s\times k^{0.5}=525m$；

r_o——基坑等效半径，$r_o=0.29（a+b）$，a、b分别为基坑长短边，$r_o=0.29\times（55.6+81.3）=39.7m$。

则 $Q=2.73KMS/\lg（1+R/r_o）=2.73\times15\times7.5\times17.5/\lg（1+525/39.7）=4674m^3/d$。

2. 计算每井出水量：

$$q=120\pi r_s l\,K^{1/3}$$

式中 r_s——过滤器半径，取0.15m；

l——滤管长，取5.0m；

则 $q=120\pi r_s l\,K^{1/3}=120\times3.14\times0.15\times5.0\times15^{1/3}=697m^3/d=29m^3/h$。

根据 $H=1.1（H_1+h）$ 计算潜水泵扬程，H_1 为井内动水位至扬水管出口的高度，取33m；h 为扬水管管路摩擦损失，取3m；则 $H=1.1（H_1+h）=1.1（33+3）=40m$。

根据以上计算选择150QJ32-54/9型潜水泵，流量32m^3/h，扬程54m。

3. 计算降水井管数量

$n=1.1Q/q=1.1\times4674/697=7.4$口。

在两只泵房井周围打设降压井8口，每口井深33m，井点呈近似的正八边形布置，边长34m，每口井到基坑中心的距离亦保证在34m左右。井管平面布置见图5.2.1。

4. 对井管布置情况验算

计算承压完整井稳定流时基坑中心水位降低深度：

$$S=0.366Q\left[\lg R_0-\lg（r_1 r_2 r_3……r_n）/n\right]/Mk$$

式中 S——基坑中心处地下水位降低深度；

R_0——基坑等效半径与降水影响半径之和，$R_0=R+r_o=525+39.7=564.7m$；

r_1、r_2、r_3……r_n——各井距基坑中心的距离，即 $\lg（r_1 r_2 r_3……r_n）/n=\lg（34^8）/8=1.53$

图5.2.1 井管平面布置（单位：m）

则$S=0.366Q$ $[$ lgR_0-lg（$r_1r_2r_3……r_n$）/n $]$ /MK=0.366×4674×（lg564.7-1.53）/（7.5×15）=18.55m

按此种方法布置降水井，能将水位降低18.55m（标高为-18.05m），大于13.8m，完全能够满足施工要求。

5.2.2 钻孔：根据降水井井位平面布置图测放井位，埋设护筒，选用GPS-10型工程钻机及其配套设备，进行钻孔施工。开孔孔径为ϕ650mm，轻压慢转，以保证开孔钻进的垂直度1%；钻进至设计标高后，进行清孔，清至泥浆相对密度为1.15，孔底沉渣厚度小于30cm，清孔完成后应立即下入井管，防止塌孔。

5.2.3 下井管：采用管径为300mm钢管，分节焊接而成，管口高于地面0.5m，井管长32.3m。滤水管长5.0m，在井壁上按80mm间距开孔，梅花布置，外包一层30~40目尼龙网，并外包一层钢丝网，用铁丝扎牢。滤水管下接沉砂管，长1.0m，沉砂管对吸进管内的砂起沉淀作用，下端用钢板封底。吸水管连接滤水管起挡土、贮水作用。下管前，检查滤水管的尼龙网、钢丝网是否牢固有无破损，下管时在滤水管上下两端各设一套直径小于孔径5cm的扶正器（找正器），以保证滤水管能居中，井管焊接要牢固，垂直，不透水，下到设计深度后，井管口固定居中。

5.2.4 填砾料（中粗砂）及黏土止水层：下入井点管后，立即向孔内填入砾料，并随填随测填砾料的高度，直至砾料下入预定位置为止。而后围填黏性土，应将块状的黏性土碾碎（粒径≤3cm）后填入，下入速度不宜太快。为防止泥浆及地表污水从管外流入井内，在地表以下1.00m范围内采用优质黏性土掺水泥封孔。

5.2.5 抽水清孔：填完砾料及黏土止水层后的井点管要即刻抽水洗井，可利用空压机吹起管底沉渣，用水泵一并抽出井外，直到水清不含砂为止。

5.2.6 正式抽水：洗井完成后，在降水井内及时下入潜水泵、排水管道、电缆等设备，开始试抽水。本工程在沉井下沉至-9.0m时开始抽水，以保证水位降至设计高度。

5.2.7 运行之前，准确测定各井口和地面标高、静止水位，然后开始试运行，以检查抽水设备、抽水与排水系统能否满足降水要求。降水井抽水时，应保证潜水泵能连续工作，并做好各井的水位观测工作，及时掌握地下水水位的变化情况，做好降水运行记录。经过观测，该套设备可降水至-13.3m以下，能够满足沉井下沉施工。

5.2.8 沉井下沉：本沉井从下沉开始到下沉结束，分为初沉、正常下沉、终沉及封底4个阶段。

1. 初沉阶段为沉井进尺在5.0m以内施工过程，初沉阶段主要调整沉井结构预制时产生的偏沉，注意控制取土速度，井点降水可不参与施工。

2. 正常下沉时可虑施工进度和安全，开动降水井潜水泵，降低周围地下水水位，减少周围地下水汇入井室的水量和因水压产生的渗透压而使淤泥对沉井的侧向推力，保证沉井下沉方向、排土数量和减少土反力来降低下沉的阻力。

3. 沉井下沉离设计标高2m左右时就进入到终沉阶段，这时要严格控制降水井抽水量，以防止周边地下水水位发生变化导致井的突沉、超沉和倾斜。

4. 沉井封底时加大深井降水抽水量，使井体水渗漏量小于6mm/min，确保空气灌注封底成功。混凝土浇筑封底时，为防止底板下面的水上冲而使底板混凝土产生孔隙，在底板混凝土浇筑时预留泄水孔，并采用水泵及时排水，以保证封底混凝土的浇筑质量，待混凝土达到一定的强度再进行封堵。

5.3 劳动组织

劳动组织见表5.3。

施工劳动组织表 表5.3

井点降水施工					
组长	电工	测量	技术员	钻机工	抽水工
1	2	5	1	6	4

6. 材料及设备

主要设备详见表6。

主要设备表

表6

序号	设备名称	型号规格	单位	数量	备注
1	潜水泵	150QJ32-54/9	台	8	流量 32m³/d
2	井管	管径 300mm 钢管	m	50	
3	钻机	GPS-10	套	4	ϕ650mm
4	空压机	BLT-7A	台	2	
5	大配电箱		套	2	
6	小配电箱		套	8	

7. 质量控制

7.1 执行标准

严格执行国家有关的质量标准和规范。如《建筑工程质量检验标准》CBJ 301-88（一般沉井工程)、《给水排水构筑物施工及验收规范》GBJ 141-90、《火电施工质量检验及评定标准（土建工程篇)》、《地基与基础工程施工及验收规范》GBJ 202-2002等有关规定执行。

7.2 控制措施

7.2.1 运行之前，准确测定各井口和地面标高、静止水位，然后开始试运行，以检查抽水设备、抽水与排水系统能否满足降水要求。

7.2.2 降水井抽水时，应保证潜水泵能连续工作，并做好各井的水位观测工作，记录抽水量，及时掌握地下水水位的变化情况，做好降水运行记录。

7.2.3 沉井下沉过程中，应每8h至少测量降水井内和周边观测井的水位，使沉井下沉沉降速率稳定，防止突沉或超沉。

7.2.4 发现沉井周边刃角和泥浆增多，应及时加大抽水量或更换大功率潜水泵。

7.2.5 当下沉接近设计标高2m左右（终沉阶段）和封底时，要加强抽水量监控，及时将测量数据汇总分析报作业班组，调整作业程序，防止抽水量超出控制范围，而影响下沉施工安全和质量。

7.2.6 抽水作业严格按施工技术交底进行，做到统一，防止随意蛮干，特别是在淤泥质和有流沙的粉砂土层施工，必须按测量和技术要求的作业程序来进行，以防因抽水不力而使地下水水位变化而引起突沉、偏位过大和倾斜等质量问题发生。

8. 安全措施

8.1 执行标准

8.1.1 严格执行国家有关安全的法律法规，安全生产责任制度、安全教育培训制度、安全防护制度、安全评比制度、机械设备安全管理制度。如《建筑安装工程安全技术规程》、《建筑施工安全标准汇编》（综合卷）和《实用建筑施工安全手册》等安全标准执行。

8.1.2 特殊工种严格执行《特种作业人员安全技术考核管理规则》GB 5306-85。

8.2 安全措施

8.2.1 在施工开始前应对各种机电设施进行全面安全检查。

8.2.2 将场地整平夯实，在钻机作业前检查一遍，符合要求后方可允许机械操作，防止因地基承载力不能满足要求而发生机械侧翻的重大安全事故。

8.2.3 钻机作业时在其作业半径内严禁站人，防止碰伤。洗孔时减少周边土体扰动，防止孔体坍塌造成安全事故。

8.2.4 抽水前要检查设备是否安设漏电装置，确保带水作业安全。

9. 环 保 措 施

9.1 执行标准

严格遵守环境保护法及相关的法律、法规、规章制度，如《中华人民共和国环境保护法》及地方相关的环保规定。

9.2 环保措施

9.2.1 该工法对外界环境影响的就是降水井成孔和洗井时的水泥浆的排放问题，在场地设置泥浆沉淀池，泥砂运走，水可再次利用；利用泥浆车、船运到指定泥浆排放点，做到泥浆不污染环境。同时对各种管道要经常检查，有跑冒的及时更换，确保现场整洁。

9.2.2 施工产生的各种废弃物统一回收交当地垃圾处理部门负责处理。

9.2.3 机械会产生大量尾气和噪声，要及时维护保养，使设备保持良好状态，降低或减少噪声污染。机械都可能会产生漏油现象，要及时维护保养，并在使用中注意随时观察，发现漏油现象后，要及时处理，对用过的擦拭抹布送至统一的处理场所进行处理，以免对环境产生影响。

10. 效 益 分 析

10.1 经济效益

10.1.1 通过大口径井点降水而采取的排水下沉较有水下沉，提高了进度，工期缩短了2个月，同时降低了大量的施工成本，为业主电厂节约资金约220万元，为电厂按时发电创造了条件。

10.1.2 大口径井点工艺成熟，可操作性强，成本较其他降水方案节约80万元。

10.2 环保效益

10.2.1 井点降水抽水作为排水下沉压力水重复使用，减少能源浪费。

10.2.1 通过有效地环保措施，确保污染物按照要求进行处理和排放，减少作业强度，安全维护和职工健康措施费用减少，取得了较好地环保效益。

10.3 社会效益

淤泥质地层大口径井点降水施工方案为结构施工降水安全可靠、工艺简单实用、作业操作方便、施工进度快、环保无污染和方法易于掌握等。提前2个月完成任务，为电厂顺利发电争取了宝贵的时间，取得了显著的社会效益，为今后在软土地区的类似大型沉井工程施工提供了成功的施工经验，具有一定的推广价值。

11. 应 用 实 例

11.1 工程概况

浙江大唐乌沙山发电厂一期工程（4×600MW）循环水泵房及雨水泵房沉井设计：循环水泵房尺寸为50m×30m×20.5m，两座并列，两井之间净距12.4m；雨水泵房尺寸为36m×18m×16m，一座。

井底地质均为淤泥质土，采取了大口径井点降水工法。于2004年10月开工，2005年3月竣工。

11.2 施工情况

浙江大唐乌沙山电厂循环水和雨水泵房沉井施工采用该施工工法。循环水泵房尺寸为50m×30m×20.5m，两座并列；雨水泵房尺寸为36m×18m×16m，一座。沉井分别按三节和两节制作，两项目井底地质均为淤泥质土，采用本工法施工后，降水效果明显，实现了沉井无水下沉和干封底。循环水泵房于2004年底下沉施工，在48d内下沉到位，平均下沉量为34.4cm／d，相应的排土量为567m³／d，沉井封底完成后标高比设计值高5cm，沉井对角最大高差仅0.9cm；雨水泵房于2005年3月下沉施工，在16d内下沉到位，平均下沉量为87.5cm／d，相应的排土量为713m³／d。沉井封底完成后标高比设计值高3cm，沉井对角最大高差仅0.5cm。

11.3 应用效果及结果评价

11.3.1 施工进度快，提前2个月完工。循环水泵房在48d内下沉到位，平均下沉量为34.4cm／d，雨水泵房在16d内下沉到位，平均下沉量为87.5cm／d。

11.3.2 安全性高，质量有保证。通过明排水下沉，施工过程未发生安全事故，下沉偏位控制在设计及规范范围内。刃角差值±5cm，沉井对角最大高差仅0.9cm。

11.3.3 经济和社会效益明显。节约工程造价约220万元，其中设备费120万元，工费80万元，其他20万元。工程进度和质量受到业主好评，为承揽下步工程提供良好的信誉。

软弱土层大面积满布密集管桩静压施工工法

GJEJGF023—2010

广州市恒盛建设工程有限公司　湖南长大建设集团股份有限公司

陈卫文　赖惠清　邓迎芳　李和平　黄自强　李天成

1. 前　言

我国有较多的沿海（江、河、湖）地区及湿地地区，淤泥层普遍较厚，承载力不足，这些地区进行大型厂房等地面承载力高的建（构）筑物在设计上多采用密集管桩基础，对于此类在软弱土层上大面积的密集管桩的施工，极易出现挤土效应，主要表现为：后压桩对先压桩的挤压，从而造成先压桩的偏移、倾斜或隆起，或是造成周边地面隆起及建（构）筑物的开裂，对管桩施工质量及周边环境影响的控制较为困难。

本工法针对此类管桩的静压施工，着重采用新型桩尖及改良工艺以增加管桩内部返土，同时控制施工部署及综合采用外部措施来削弱挤土效应，以达到规范施工、保证工程质量及周边环境安全的目的。

以本工法研究为核心的"超深软基大面积密集桩基础综合施工技术"获得2009年度中国施工企业管理协会科学技术奖技术创新成果二等奖。

2. 工 法 特 点

2.1　采用设计的新型"锯齿形筒状开口桩尖"（专利号：2010201331757），配合管桩自引孔、控制压速等工艺改良，有效地增大管桩内部返土。

2.2　除工艺的改良外，系统地考虑施工部署，同时采取泄压沟（孔）等措施，有效地控制挤土效应。

3. 适 用 范 围

本工法适用于软弱土层（淤泥、中砂等天然含水量过大、承载力低、在荷载作用下易产生滑动或固结沉降的高压缩性土层平均厚度占管桩桩身设计长度的1/3以上）上，大面积（一般在10000m²以上）满布密集（程度不小于100条/1000m²或管桩以外径计算的面积累计占场地面积6%以上或管桩桩心距平均不大于3m）的管桩施工（注：软土厚度、施工面积、管桩密集程度等低于本范围要求但挤土效应明显或控制要求严的工程，也可根据实际情况选用本工法内的部分或全部指导性部署及工艺）。

4. 工 艺 原 理

静压桩作为挤土桩，压桩过程容易使软土中超孔隙水压力升高、周围土层被压密并挤开，使土体产生水平移动和垂直隆起，可能令邻近已压入的桩产生上浮、偏移和桩身折断；周边土体也会因超空隙水压力的不断传播和消失而蠕变，从而导致土体的垂直隆起和水平位移。

本工法针对以上情况，主要从以下三点考虑：

4.1　管桩下压的挤土的方向虽然是向四周扩散，但其主要前锋线是与施工方向一致且成扇形展开的（可参看图5.2.4-1），所以在施工部署上，整体施工方向应与拟挤土方向一致；此外，流塑状态的软弱土层的流动是非常缓慢的，必须以保证有足够的时间使得应力消散，所以对每天的施压量进行控制。

4.2 挤土量的多少，直接影响到挤土效应的大小，而利用管桩开口空心的特点，通过改良桩尖及工艺使其在桩内尽量返土，从而使对周边的挤土量减少。

4.3 对余下不能内部消化、必须挤向外部的泥土或水，采取阻拦上引的方法，利用场地内及周边的沟、孔，将挤土（水）在引至地表后排除，以保证对周边的挤土效应得到尽量的削减。

5. 施工工艺流程及操作要点

5.1 施工工艺流程

在软弱土层上大面积满布密集管桩静压施工工艺流程见图5.1。

5.2 操作要点

5.2.1 场地平整等施工准备

施工前，场地平整应完成。由于软土上行走大型桩机易塌陷、下沉，可在场地表面铺设碎石，场地应能保证桩机能正常就位及顺利行走。同时，场地面应设置通畅的施工道路，保证管桩的运输能够到桩机近旁。

临时用电等按相关要求进行设置。

5.2.2 确定桩机数量

桩机的数量由所需施工的管桩的数量及工期决定，本工法适用大面积区域的管桩施工，为利于应力消散，在工期允许范围内一般允许不大于15条桩/机·d（按土层地质流塑状态的高低，可适当降低或加快施工速度）的施压量。

若工期宽松，可按每台桩机施工6000m²或1200条的工作能力计算（一般在4台以上）；若工期紧张，可按每台桩机施工4000m²或800条的工作能力计算。

同时，场地面积及单向宽度对桩机数量可能

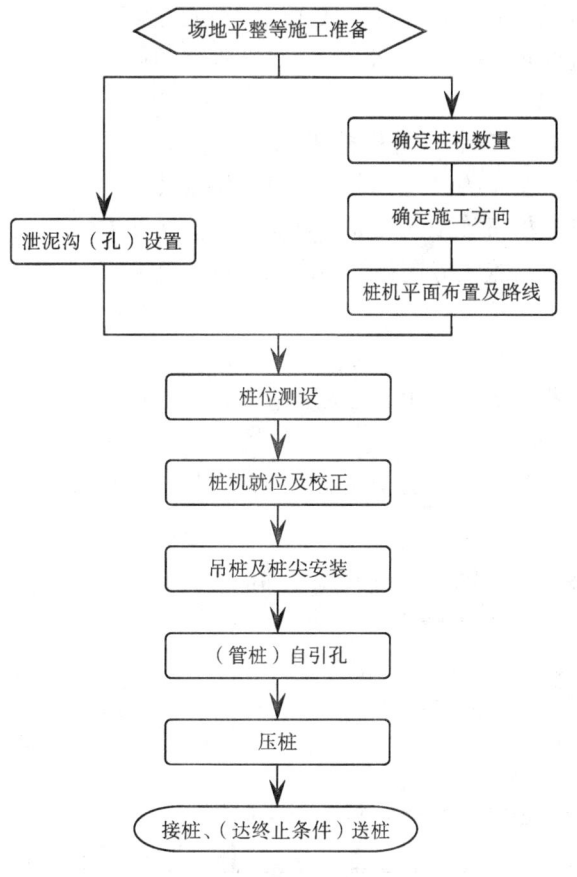

图5.1 施工工艺流程图

有所限制，应满足桩机平面间距不宜低于30m（若同时施工的桩机过多过密，不利于桩施工挤土效应的消散）。

5.2.3 确定施工方向

施工方向是指整个场地的桩完成的推进方向，施工方向可按以下原则顺序确定（即当施工场地条件等不能满足所有原则时，应优先满足前一原则）：

1）当建（构）筑物外围设支护桩时，宜先打工程桩，再打外围支护桩。

2）施工应由已建建（构）筑物一侧向无建（构）筑物一侧进行。

3）施工应向着江（塘、泽、河、海）的一侧进行。

4）当施工场地较开阔，宜从中间向四周对称施打；当场地狭长（一般情况下指桩满布的区域长宽比大于2），宜从中间向两端对称施打。

5）根据桩的入土深度，宜先深后浅（一般指不同持力层桩）。

6）根据管桩的规格（桩径等），宜先大后小（成片大量管桩桩径不同时方予考虑，且可使用不同桩机或夹具以保证施工同步性及挤土方向）。

7）根据场地不同标高时，宜先高后低。

5.2.4 确定桩机平面布置及桩机路线

在桩机平面布置上，桩机阵列应与施工方向垂直设置，且在路线行走上设置时间差（即各平行路线开动时相隔2~3d）。

施工路线是指桩机的行走整体路线，基本为"之"字或"弓"字形（只有在桩机施工区域为一条直线时，桩机路线与施工方向始终相同），见图5.2.4-1。

密集管桩的施工，采用跳压，跳压可相隔2条桩为宜。跳压基本方式如图5.2.4-2所示。

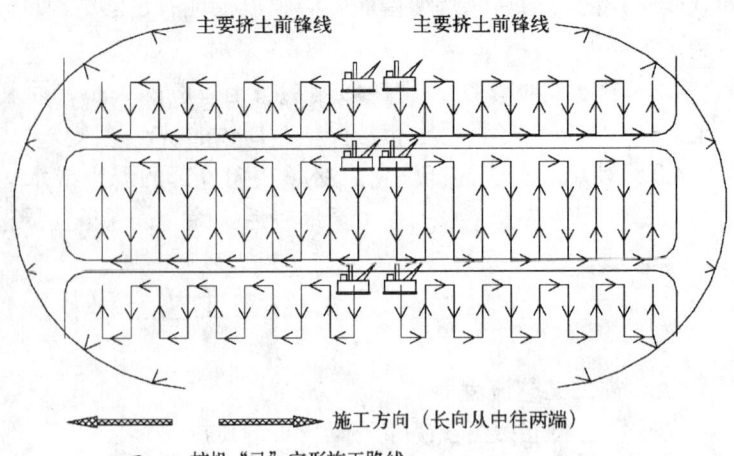

➤➤➤➤ 施工方向（长向从中往两端）

◆—— 桩机"弓"字形施工路线

🏭 桩机，中间两台可提前施工2 d后，上下4台紧接施工

图5.2.4-1 施工方向、路线及桩机平面布置示意（普通矩形场地为例）

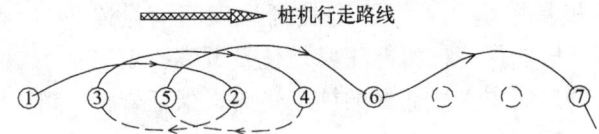

➤➤➤➤ 桩机行走路线

图5.2.4-2 跳压平面示意（跳2桩为例）

5.2.5 泄泥沟及泄泥孔的设置（图5.2.5-1~图5.2.5-3）。

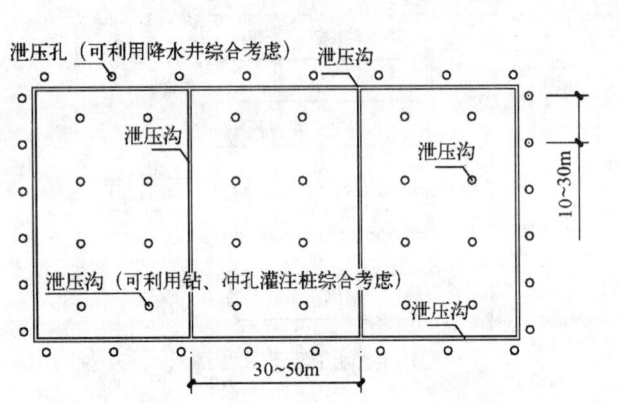

图5.2.5-1 泄泥沟（孔）平面布置示意（普通矩形场地为例）

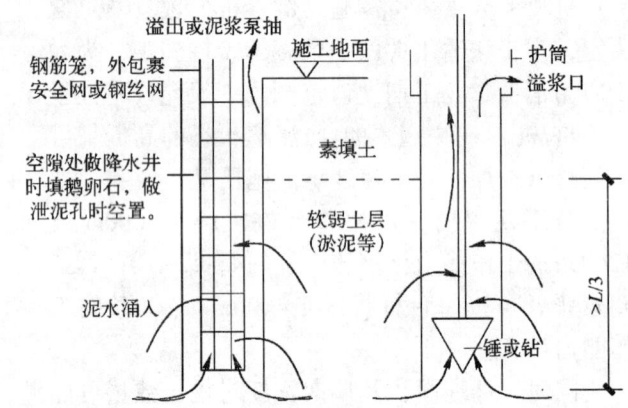

图5.2.5-2 利用降水井或钻（冲）孔灌注桩孔作为泄泥孔

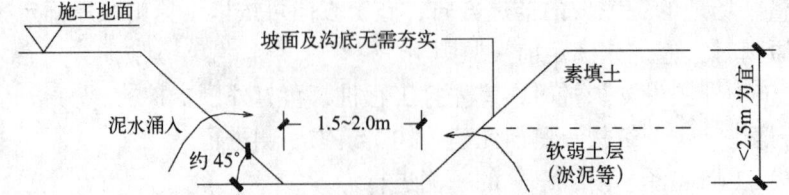

图5.2.5-3 利用排水沟挖深作为泄泥沟

泄泥沟也叫做泄压沟、防挤沟，本技术考虑其同排水沟综合设置，设置区域为环场及平行场地短向设置（长向超过100m时，考虑每隔30~50m设置一道）。泄压沟截面通常为梯形，沟底标高通常与软

弱土层（淤泥层等）顶标高持平或略低（小于5m，且通常不宜大于3m，需做好围栏、警示牌等安全措施），沟壁及沟底无需夯实，沟壁以1：0.6~1：1放坡。

泄泥孔也叫做排泥孔、泄压孔，本工法考虑利用降水井及工程其他钻（冲）孔灌注桩施工时的成孔综合设置（单独设置时，由于其使用的机械及人工、排泥方式处理、回填等均会对成本及施工便利性造成影响，推荐在泄泥沟及降水井改造成泄泥孔均不能满足泄泥要求时，在成本核算后使用）。设置位置为环场（每隔10~30m）及场内（间距以30~50m为宜），设置孔应以大径（推荐ϕ800mm）孔为主，按地质资料考虑深度宜深入软土土层的长度为桩身设计长度的1/3为宜，泥浆采用溢满自流入环场泥浆泄压沟，必要时，利用泥浆泵抽排。如果是利用钻（冲）孔灌注桩成孔时泄泥的，在管桩施工数量完成1/3时，按管桩施工方向进行成孔施工。

沟内及孔内排（抽）出的泥浆，经由统一设置的环场沟排至场边或场外（允许排放）的池塘、江河等或者外运。

5.2.6 桩位测设

本工法所适用的工程，所需确定桩位较多，先用全站仪精确放出轴线位置，按每天工作量提前1~2d用全站仪放出（各分区、各桩机）近期施工所需桩位。当天施工前，用卷尺对桩位按到轴线距离进行复核，桩位放线允许偏差为20mm。

5.2.7 桩机的就位、校正

确定平面布置后，进行桩机就位安装，安装必须按有关程序或说明书进行。利用桩机的沿十字轴线运行的特点快速对准桩位。

5.2.8 吊桩及桩尖安装

预应力混凝土预制桩每节长度一般在12m以内，施工前先用起重机吊运或用汽车运至桩机附近，再利用桩机上自身设置的工作吊机将桩吊入夹持器中，使桩尖垂直对准桩位中心。

安装普通钢板制备简易管桩的"锯齿型开口桩尖"（桩尖的制备按本工法所采用实用新型专利制备，基本方法为：将钢板中央锯齿形切割开，然后分别将各块弯曲成圆筒对焊）。桩尖采用焊接安装在管桩上。如图5.2.8。

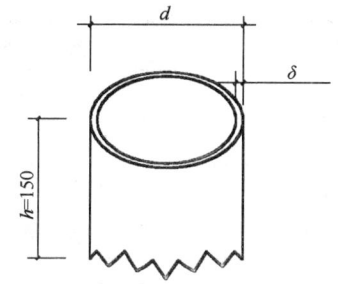

说明：

桩尖材料采用钢板切割制作，

壁厚δ=12~16mm（按地质条件选用）；

桩尖外径$d=D-2×35$mm（D为管桩外径）；

桩尖高度h=150mm，锯齿齿宽及齿高以30mm为宜。

图5.2.8 管状开口型锯齿桩尖示意图

5.2.9 （管桩）自引孔

引孔的主要目的是防止表层填土堵塞管口从而影响桩芯内返土。桩机对准桩位就位、调平后，用管桩自引孔，引孔孔径比桩径略大（宜大于50~100mm），引孔深度约L/5~L/3（L为设计桩长，至少至软弱土层面）。

5.2.10 压桩

利用夹持油缸将桩夹紧，开动压桩油缸，先将桩压入引孔深度后停止，调正桩在两个方向的垂直度后，压桩油缸继续伸程把桩压入土中，伸长完后，夹持油缸回程松夹，压桩油缸回程，重复上述动作可实现连续压桩操作，直至把桩压入预定深度土层中。

由于软弱地基上桩施工压入一般比较顺利，但为增大返土量及接桩时桩自沉，应控制压入速度，一般为1~2m/min。

在压桩过程中要认真记录桩入土深度和压力表读数的关系，以判断桩的质量和承载力。当压力表读数突然上升或下降时，要停机对照地质资料进行分析，判断是否遇到障碍物或产生断桩、飘桩现象等。

5.2.11　接桩及（达终压条件时）送桩

当桩顶被压至距地面0.8~1m，应根据配桩长度要求，吊放第二节桩驳接，尽可能达到或接近设计桩长的要求。接桩可以采用二氧化碳保护电焊接、硫磺砂浆锚接或预制快速接头。

对于焊接，接桩时要把两桩面上的杂物泥土清除干净，焊接完毕检查满焊，不得出现夹渣或气孔等缺陷，焊缝应冷却8~12min后方可继续施压（接驳桩处是否需要沥青防腐涂料处理及焊缝探伤按图纸要求）。

达到压桩终止条件时，可利用送桩器进行送桩；为使施工方便，也可采用一节标准管桩进行送桩。

6. 材料与设备

6.1　材料

管桩进料应综合设计桩长、地质资料及试桩桩长来确定，单段桩桩长一般为9~12m，短桩桩长为3~6m。按照"15条/机·d"的施工能力，综合桩机数量及工期进行备料。

此外，桩尖、接桩焊条等相关材料也应按桩数相应配备。

6.2　设备

预应力混凝土管桩施工方法主要为静压、锤击以及振动沉桩，其中静力压桩又可分为顶压及抱桩压。本工法主要适用于抱桩静压施工，根据施工方法的不同，选择相对应的桩机。桩机数量根据工程量及工期确定。桩机进场后需进行相关合格证查验及检修。

测量、泄压沟开挖所需全站仪、挖掘机等设备按分部工程所需配备，见表6.2。

施工主要机械设备配备表　　　　　　　　　　　　　　　　表6.2

序号	种　类	单　位	数　量	备　注
1	（液压抱桩）压桩机	台	/	按工期及工作量确定
2	交流电焊机	台	/	按桩机数×2确定
3	普通挖掘机	台	1~4	按土方量计算
4	钢筋加工设备	套	1~5	按桩尖量计算
5	泥浆泵	台	4~20	按泄泥量考虑
6	全站仪	台	1~3	
7	水准仪	台	1~3	
8	吊机及运输车	辆	/	用于管桩运输

7. 质 量 控 制

7.1　质量控制标准

管桩作为基础工程的重要组成部分，其施工质量（含承载力、偏移及隆起偏差）按《建筑地基基础工程施工质量验收规范》GB 50202-2002要求。

7.2 质量保证措施

7.2.1 管桩、焊条等材料应该要求进行送检，施工前做好材料质检。

7.2.2 妥善保护好桩基轴线和标高控制桩，不得碰撞和振动，以免引起位移。

7.2.3 在压桩过程中要认真记录桩入土深度和压力表读数的关系，以判断桩的质量和承载力。当压力表读数突然上升或下降时，要停机对照地质资料进行分析，判断是否遇到障碍物或产生断桩现象等。

7.2.4 各节桩间的连接必须按图纸要求进行施工及检测。

7.2.5 超载压桩时，一般不宜采用满载连续复压法，但在必要时可以进行复压，复压的次数不宜超过2次，且每次稳压时间不宜超过10s。

7.2.6 为防止受外力造成桩的偏移，在终压后，桩机离开后及时将外露桩切割；若送桩留下的桩孔，应立即回填密实。

7.2.7 压桩完毕的基坑开挖，应制订合理的施工顺序和技术措施，防止二次土体挤压引起的位移和倾斜，甚至断裂。

8. 安 全 措 施

8.1 场地内基本安全措施、临时用电安全等按照相关要求施行。

8.2 做好场地内坑洞（特别对于泄泥沟、孔），需进行不少于1.2m的围栏，由于沟孔随时泄泥，其边坡和孔壁是不稳定的，其周边按基坑顶部的要求处理（堆载区域及量）。

8.3 桩施工前采用探测仪探明地下管线位置（包括泄压沟位置），对施工有影响的电缆等，做好记录标记清楚。施工前向施工人员进行安全技术交底，现场指明并标识地下管线位置，施工过程中由施工员和安全员现场监督指挥施工，确保压桩不会影响管线。如管线较近，则应采取防护措施，保护好管线不受影响。

8.4 预制桩在起吊和搬运时，必须做到吊点符合设计要求；设计未有要求的，必须进行起吊验算。

8.5 管桩口施工完成后用木板等覆盖，尽量少的外露，并做好标识。

8.6 作业前应检查桩机等相关机械的性能及完好情况。

8.7 压桩作业时，非工作人员必须离桩机10m以外，任何人员严禁站在起重吊臂的正下方，其他人不得碰触桩身，非操作人员不能进机室。机械司机在施工操作时，必须听从指挥信号，不得随意离开岗位。应经常注意机械的运转情况，发生异常立即检查处理。

8.8 起重机在起吊桩到卸落桩的过程中，桩机严禁行走和调整。

9. 环 保 措 施

9.1 按照环保及文明施工的要求，对材料、固体废弃物（含管桩桩头、废弃桩尖等）等要归类存放。

9.2 场地内外泄泥沟、孔内的泥水要及时清理运输，保持现场相对整洁。

9.3 建筑垃圾（含泄出的泥水、废管桩头等）等的堆放和丢弃应按政府部门有关规定进行管理，外运泥土需将车辆冲净后方许开出工地。

9.4 做好施工噪声控制，对于夜间和午休时间作业，要与周围居民作好沟通工作。

10. 效 益 分 析

10.1 经济效益

10.1.1 由于挤土效应的削弱，对先压桩纠偏、复压工作量的减少（含废桩的材料损失）是本工法带来的最大的直接经济效益。此部分经应用工程实践，可达到减少总桩量约3%的二次工作量（含节省材料）。

10.1.2 新创制的"简易锯齿形开口桩尖"相较于传统B形桩尖用钢量有所减少（特别对于直径600mm及以上的管桩，桩尖用钢量可节省约1/3）。

10.1.3 由于泄泥沟（孔）是与场地排水沟、灌注桩孔综合考虑，增加费用极少，与以上两点带来的直接经济效益统筹考虑，可将管桩施工的综合造价节省3.23%左右（参看第11点应用实例的分析）。

10.1.4 由于二次工作量的减少，带来了节省工期等的间接经济效益。

10.1.5 由于对周边环境的影响减少，节省了修复围墙等构筑物裂缝、清理周边水域增排淤泥等费用，是本工法带来的不可忽视的间接经济效益。

10.2 社会效益

10.2.1 通过各种措施降低了对周边的挤土对，减少了工程建设对周边的影响，带来了良好的社会影响。

10.2.2 对周边水域环境的排淤的减少，也利于良好的生态环境的保持。

10.2.3 由于对桩纠偏、复压等二次工作量的减少，极大的提高了桩施工的一次合格率，对于施工公司的技术实力信誉等有较大的提升。

11. 应 用 实 例

本工法在"广州南沙丰庭商务中心一期工程"、"东方电气出海口基地三期联合厂房二土建工程"、"同德新社区项目泽德花园二期A5、A6、F-4a、F-4b栋住宅楼工程"中得以应用，工程基桩全部检测合格。现以"东方电气出海口基地三期联合厂房二工程"为例做介绍。

11.1 工程概况

"东方电气出海口基地三期工程联合厂房二土建工程"主要为厂房±0.000以下工程，包括基础工程（混凝土灌注桩、预制钢筋混凝土管桩、承台和地梁）、地坪及各类设备基础。

根据钻孔地质资料，本场地地层自下而上，由人工冲填土层（Qml）、第四系海陆交互相沉积层（Qmc）、风化残积土层（Qel）及加里东期花岗片麻岩（Pt）组成：其中淤泥层分布广泛，发育较厚，厚度13.10~24.40m，平均19.17m；饱和，流塑，局部混较多粉细砂或夹薄层淤泥质粉细砂；另有局部中砂层存在，含少量泥质及砂砾，平均厚度近2m。

工程地坪约5.7万m²，采用预应力高强混凝土管桩（PHC），分为直径600mm、500mm两种，持力层为全风化花岗片麻岩层，桩长24~36m（平均桩长30m），共计7445支。

11.2 施工情况

根据工程施工的实际情况，本工程管桩施工以厂房12轴（长向中心轴线）为中轴线向两端施工，共采用7台液压抱桩静压桩机，每台机工作量控制在每天15条左右；经设计同意后将原设计B形桩尖（按标准图集为带筋板的圆筒桩尖）改用本工法研制并试验确定的管桩锯齿型开口桩尖；并在场地四周设置平均深度2.5m的泄压沟，同时在管桩施工完1/3时候，插入灌注桩施工的冲击成孔，形成泄压孔，共同作用形成对挤土效应的释放。

11.3 完成情况及效益

本工程采用软弱土层大面积满布密集管桩施工工法，已检测管桩全部合格，质量控制良好，取得了较好的经济效益，也因此得到业主和监理单位的一致好评，社会效益显著。

加上对消除周边环境影响（如修补临时围墙及地面裂缝等）其他费用的总和，本工程取得经济效益将近100万元，见表11.3。

实际应用工程经济效益总表

表11.3

项　目	经济效益盈亏（元）	说　明
桩质量控制	985621.63	按原3%复压损失
泄压沟多余土方	–77763.68	普通方形排水沟增加
另作排水（泥）泄压孔	–165571.02	增设孔及泥浆泵台班
桩尖改良盈余	231056.81	相较普通B型桩尖
总计	973343.74	

综合考虑不同类型桩的长度（直径600mm管桩按1.2的系数将工程量折算成直径500mm的管桩），则每米管桩施工经济效益为约7.76（元/m），约占其综合单价的3.23%。

预应力抗浮锚杆逆作法施工工法

GJEJGF024—2010

中建八局第一建设有限公司　中国建筑第六工程局有限公司

赵海峰　孙俊杰　秦家顺　赵小柱　蒋勇

1. 前　　言

筏板基础下的抗浮锚杆施工工艺相对比较成熟,主要分为预应力抗浮锚杆和非预应力抗浮锚杆两种,预应力锚杆更具优势,施工中多采用该工艺。常规做法是在底板垫层完成后,开始该分项工程的施工。但是由于抗浮锚杆施工工艺复杂,并且大部分工程量较大,该工序的持续时间很长,严重制约了上部结构的施工进度。

针对预应力抗浮锚杆的上述问题,必须寻找更加合理的新工艺,确保能在利用该工艺优点的同时,尽可能避免工期过长的负面作用。中建八局第一建设有限公司通过对预应力抗浮锚杆常规施工工艺的创新和改进,研究出一种以多种特殊钻机组合为基础的新型施工工艺,在地下室结构完成后再进行预应力抗浮锚杆的逆作法施工方法,避免了抗浮锚杆较长的持续时间对上部结构的工期影响,并形成了预应力抗浮锚杆逆作法施工工法,并在济南万达广场、长春红旗街万达广场、沈阳太原街万达广场等工程中成功应用。该工法的关键技术,经专家鉴定达到了国内领先水平,相关的科技成果获得了中建八局科技进步奖。

2. 工 法 特 点

2.1　缩短工期
先施工地下室结构,再施工抗浮锚杆,同时可以进行上部结构施工,缩短整体工期。

2.2　避免扰动地基
抗浮锚杆是在地下室施工完成后进行施工的,相对于常规做法(垫层完成后施工锚杆),可以有效地避免锚杆施工过程中对地基的扰动。

2.3　适合狭小空间
通过应用新型的钻机设备,设备高度可以调整,适合地下室有限、狭小的空间。

2.4　不受天气影响
预应力锚杆的施工在室内进行,各种天气情况下均能正常施工。

3. 适 用 范 围

本工法适用于地下室抗浮锚杆的施工,尤其适用于工期紧、抗浮锚杆施工工期长的工程。

4. 工 艺 原 理

在垫层施工前,安装抗浮锚杆的钢套筒,在底板上预留出锚杆的预留孔,但是暂不施工抗浮锚杆,待地下室结构施工完并拆除模板后,再在地下室内进行抗浮锚杆后续工序的施工,使抗浮锚杆的施工与主体结构的施工同步进行。

5. 施工工艺流程及操作要点

5.1 施工工艺流程

本工法主要的施工程序为：

钢套筒安装→地下室结构施工→抗浮锚杆成孔→放置预应力锚杆→注浆→张拉、锁定→锚头处理。

详细施工工艺流程见图5.1。

5.2 操作要点

5.2.1 施工准备

1. 锚杆杆体加工场、水泥堆放场、机械设备场地布置

地下室外料场一处，用于堆放水泥、锚杆等材料；地下室内锚杆加工场一处，用于预应力钢绞线的制作和加工。场地应平整、无积水、无杂物，其实际位置根据工程施工进度适当调整。

2. 水泥浆搅拌站布置

按每1000根锚杆一个搅拌站的比例设置移动式水泥浆搅拌站，随锚杆施工工作面的变化而移动。

3. 对钻机及设备进行改造

把部分钻机的履带行进装置拆除，通过钻机的液压装置和导轨实现钻机的移动和定位。加工2m长的钻杆2~3套，以适应地下室的狭小空间。

4. 预应力抗浮锚杆在正式施工前，先进行锚杆试验，测定锚杆的抗拔承载力实际值，为全面施工做参考。

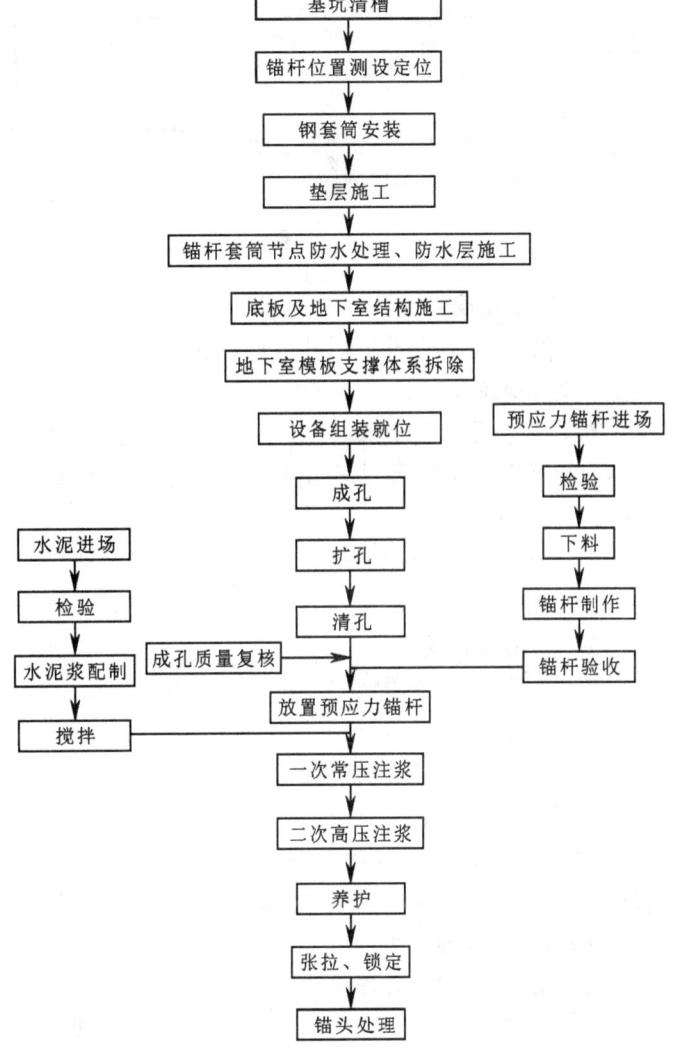

图5.1 施工工艺流程图

5.2.2 清槽及钢套筒定位、安装

1. 基坑清槽完成后，根据抗浮锚杆的间距设计好各个抗浮锚杆的精确位置，并进行定位放线，做好标记。

2. 将钢套筒就位并安放牢固。

5.2.3 垫层及防水层施工

1. 固定好钢套筒后，浇筑混凝土垫层。

2. 施工地下室底板防水层。钢套筒节点的防水层应上翻至钢套筒止水钢板。钢套筒节点的做法见图5.2.3。

5.2.4 底板及地下室结构施工

1. 绑扎底板钢筋，浇筑底板混凝土。底板混凝土浇筑时，应保护好钢套筒，防止其移位，并严格控制底板混凝土标高。

2. 地下室结构施工，待结构混凝土强度达到要求后，拆除模板及支撑体系。

5.2.5 锚杆成孔

1. 钻机就位，安装钻头钻杆，将钻头放入底板上的钢套筒内，开始钻孔。

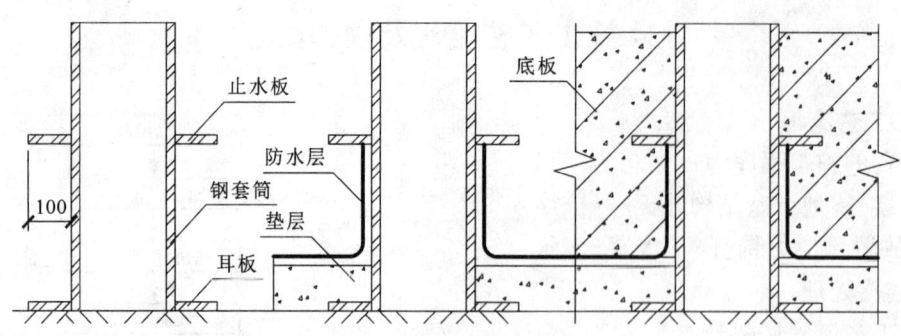

图5.2.3　钢套筒节点施工示意图

2．非扩孔段的成孔

采用潜孔锤气动冲击成孔或回钻钻机成孔的方法钻孔，孔深根据设计要求确定。

对普通土层，采用湿法回转钻进，采用的机械为MGJ-50、HXY-500回转钻机，钻头采用新型三翼钻头。新型三翼钻头见图5.2.5。

对中风化及强风化岩层，回转钻进的效率较低，因此采用气动冲击钻进，采用的机械为YG-50型冲击钻机。

3．扩孔段的成孔

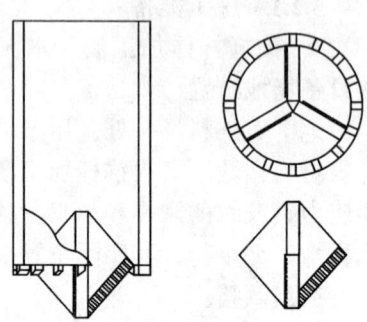

图5.2.5　新型三翼钻头

根据实际地层土质情况，扩孔采用两种方法：

1）普通土层采用机械回转钻机或冲击钻机配锚杆扩孔器钻头进行扩孔。

2）当钻到地下水位较高的全风化或强风化土层时，采用高压喷射扩孔技术进行孔底扩孔。

4．狭小空间施工

对于高度小于3m或宽度小于2m的狭窄空间，采用改造后的钻机进行施工。根据现场情况调整钻机的高度和钻杆长度，钻机采用导轨作为移动装置，配合支撑装置进行就位和固定。

5.2.6　放置预应力锚杆

锚杆的制作和放置步骤为：

钢绞线除锈 → 喷涂（涂抹）防腐剂 → 穿塑料套 → 塑料套端部扎紧 → 装配隔离支架 → 将组装好的锚杆放入孔内。

锚杆按设计要求的根数进行组装，组装时需将钢绞线和注浆管绑扎在一起，装配隔离支架的间距为1.5m。自由段的塑料套管端部必须扎紧，确保自由段与与锚固段交界处严格密封、不漏浆。已经组装好的锚杆应放置在干燥处保存。

5.2.7　注浆

采用注浆泵配以搅拌机注浆，注浆材料采用纯水泥浆，水灰比0.45~0.5，水泥选用强度等级42.5普通硅酸盐水泥。锚杆成孔后应立即进行注浆，避免长时间未注浆而塌孔。从孔底开始注浆，随着水泥浆的注入，水泥浆会从钻孔孔口溢出，待孔口出现纯水泥浆时，停止注浆。

一次注浆初凝后（3~4h），根据孔内情况进行二次高压注浆，注浆管插入预留注浆管内进行二次注浆，注浆压力不小于3MPa。

5.2.8　张拉、锁定

根据预先留置的试块试验结果，判定孔内浆体强度达到设计强度后，开始进行锚杆的张拉工作。锚杆张拉采用穿心千斤顶，张拉后的锁定荷载不小于特征值的70%。

5.2.9　锚头处理

张拉锁定后，先用无齿锯把裸露在外的多余的钢绞线切除，然后对锚头和锚杆上部的空隙填充无收缩灌浆材料，最后采用C30无收缩性混凝土封口，混凝土保护层厚度不小于50mm。锚头的处理过程见图5.2.9。

张拉锁定　　　　预应力筋切割完成　　　　锚头封闭

图5.2.9　锚头处理

5.2.10　废渣处理

在施工区段内，废弃泥浆采用倒排方式排到指定的泥浆沉淀池（集水坑）进行沉淀，然后采用高压泵将泥浆抽至地面泥浆池中，最后用专用泥浆车辆运出施工现场，并进行集中无害化处理。

6. 材料与设备

6.1　主要材料

6.1.1　水泥

注浆采用M30水泥浆，水泥强度等级应不小于42.5MPa，水灰比在0.45~0.5之间，宜采用普通硅酸盐水泥。

使用之前应进行检测，其质量应符合现行国家标准《硅酸盐水泥普通硅酸盐水泥》GB 175的规定。

6.1.2　水

注浆材料采用的拌合水的水质应符合现行行业标准《混凝土拌合用水标准》JGJ 63的要求。

6.1.3　砂

水泥砂浆中砂的最大尺寸应小于2mm，砂的含泥量按重量计不得大于3%。砂中云母、有机质、硫化物和硫酸盐等有害物质的含量，按重量计不得大于1%。

6.1.4　钢材

钢材采用Q235材质。

根据设计要求选用相应的钢绞线，其预应力标准值应符合设计要求。

6.2　主要机具设备

主要施工机具设备见表6.2。

主要施工机具设备　　　　　　　　　　　　　　　　　　表6.2

序号	机械名称	型号	单位	数量	用　途
1	电焊机	BX3-500	台	1~2	
2	锚杆机	MGJ-50	台	2~3	钻孔
		HXY-500	台	1~2	钻孔
		YG-50	台	1~2	钻孔

序号	机 械 名 称	型 号	单位	数量	用 途
3	无齿锯	3120K	把	2	钢绞线切除
4	注浆泵	BW-250	台	1~2	注浆、排泥浆
		3SNSA	台	1	注浆、旋喷冲击
5	切割机	D42-1	台	1~2	钢绞线切割
6	手推车		辆	1	材料运输
7	潜水泵	8NQ20-50.1	台	3	
8	配电箱	二级	个	1~2	
9	配电箱	三级	个	4~6	
10	千斤顶	YCW250B	台	1~2	锚杆张拉锁定

7. 质 量 控 制

7.1 质量控制依据

《建筑地基基础工程施工质量验收规范》GB 50202；

《岩土锚杆（索）技术规程》CECS 22；

《建筑工程施工质量验收统一标准》GB 50300；

《硅酸盐水泥普通硅酸盐水泥》GB 175；

《混凝土拌合用水标准》JGJ 63。

7.2 原材料和半成品控制

1. 工程施工所需物资的采购要按照有关程序执行，确保进场的物资质量合格。

2. 原材料按要求进行送检，检验合格后方可投入使用，确保施工时使用合格的材料。

3. 锚杆必须具有质量证明书，每批进货应按批号、规格分批验收，并进行有关检验，确认其是否满足规范要求。

7.3 测量控制

1. 用于桩位测量的仪器必须经过鉴定部门检定，具有检定证书，锚杆位测设前要编制定位放线单，计算人和复核人履行签字手续。

2. 根据测量定位布置钢套筒，并且在垫层施工前进行复核，垫层施工后进行二次复核，确保锚杆位置。

7.4 锚杆施工质量控制

1. 锚杆的位置、数量、长度必须符合设计要求和施工规范的规定。

2. 锚杆注浆质量要求：

1）第一次注浆采用孔底压浆，直到孔口流出纯水泥浆为止。

2）二次注浆采用高压注浆，压力为大于3.0MPa，直到流出纯水泥浆。

3）注浆要求多次补浆，直到与底板顶面齐平为止。

3. 钢绞线下放前应清除油污、锈斑，严格按设计尺寸下料，每根钢绞线的下料长度误差不大于200mm。

4. 采用防腐油脂对锚杆自由段进行防腐处理，下端部做好密封处理。

5. 钢绞线应平直排列，沿杆体轴线方向每隔1.5m，设置一个隔离架，注浆管与钢绞线用铁丝绑扎牢固。

6．锚杆的张拉和施加应力的要求：

锚固段水泥浆强度达到设计强度后方可进行张拉。锚杆张拉锁定值不小于标准值的70%，张拉应力应分三级或四级进行，并派专人做好张拉记录。

7．下钻前按照设计孔位处的地下室高度进行设备调整、使钻头对准孔中心、高度满足施工要求。

8．钻孔过程中对孔深、扩孔位置做好定位工作，确保孔深达到设计要求。

9．插入锚杆，孔口外预留长度0.8~1.0m。

10．水泥浆用搅拌机搅拌均匀，且搅拌时间不小于2min，水泥浆随用随搅拌，不得有灰水离淅现象。

11．施工需要时，水泥浆液内可适量参入早强剂。

7.5 质量验收标准

1．锚杆的成孔质量标准见表7.5。

锚杆成孔质量标准 表7.5

序号	项　目	允许误差（mm）	检验方法
1	孔深	-300~+500	钢尺检查
2	孔径	-10~+10	

2．通过锚杆的性能检测检查锚杆的抗浮性能。预应力抗浮锚杆的性能检测主要为锚杆的拉拔承载力特征值的检测。可根据锚杆的施工进度情况，分批进行锚杆的检测试验，抽检的锚杆数量不少于总数的5%。

7.6 资料整理要求

1．原始资料必须齐全、准确、真实，并及时整理提交。主要包括：

1）施工记录（包括成孔、下放锚杆、注浆）和竣工图。

2）原材料出厂合格证书，材料检测或试验报告。

3）设计变更、技术洽商记录。

4）隐蔽工程检查验收记录。

2．原材料进场时，要求供应商提供产品的合格证或质保书。

3．对定位放线、套筒埋设、成孔、下锚杆杆件、注浆、张拉锁定、锚头处理等一系列工序，分别准确、及时检查并记录在册。

4．对质量监控及其他各项原始记录报表及时整理，定期会同业主、监理进行抽检。

8．安全措施

8.1 机械设备使用主要安全措施

1．钻机停靠位置应远离地下室集水坑、电梯坑及有明显高差的降板边缘，钻机就位前提前将该位置平整好，保证钻机正常工作。

2．钻孔时如遇卡钻，应立即停钻，在查明原因前，不得强行启动。

3．钻孔时，如遇机架摇晃、移动、偏斜或钻斗内发生有节奏的响声时，应立即停钻，经处理后方可继续钻孔。

4．施工现场机械同时作业时，应保持安全距离。

5．机械操作人员必须具备相应资格证书，并能熟练操作机械设备，对突发事件有处理能力，并严禁疲劳作业。

8.2 施工用电安全措施

1. 建立现场临时用电检查制度，按现场临时用电管理规定对各种线路和设施进行定期检查，并将检查、抽查记录存档。

2. 施工机具、人员，应与内、外电线路保持安全距离。达不到规范规定的最小距离时，必须采用可靠的防护措施。

3. 配电系统必须实行分级配电，电闸箱内电器系统须统一式样、统一配制，并按规定设置围栏和防护棚，流动箱与上一级电闸箱的连接，采用外插连接方式。

4. 配电系统必须采用三相五线制的接零保护系统，各种电气设备和电力施工机械的金属外壳、金属支架和底座必须按规定采取可靠的接零保护措施。

5. 电焊机应单独设开关，电焊机外壳应做接零保护，施工现场内使用的所有电焊机必须加装电焊机触电保护器。

6. 电焊机一次线长度应小于5m，二次线长度应小于30m。接线应压接牢固，并安装可靠防护罩。焊把线应双线到位，不得借用金属管道、钢筋等作回路地线。焊把线应无破损，绝缘良好。

7. 泥浆泵、电焊机等电线必须采取架空措施，防止机械碰压造成漏电事故。

9. 环 保 措 施

9.1 防止对已完成地下室结构污染的措施

预应力抗浮锚杆的施工是在地下室模板及支撑体系拆除后进行的，因此，需对已完成的结构采取保护措施。

1. 后浇带、集水坑、电梯坑及降板区域地面的保护

在后浇带、集水坑、电梯坑及降板区域周围砌筑200mm挡水台，防止锚杆钻孔施工过程中泥浆流入，造成污染。

2. 墙面及顶棚的保护

锚杆施工前应对附近区域已施工完的剪力墙、柱及顶板做好充分的防护，以防止泥浆飞溅对其造成的污染。当飞溅的泥浆污染地下室结构时，及时采用高压水枪进行清理，恢复结构的原貌。

9.2 防止水污染的措施

1. 现场交通道路和材料堆放场地统一规划排水沟，控制污水流向，设置沉淀池，污水经三级沉淀后再排入市政污水管线，严防施工污水直接排入市政污水管线或流出施工区域污染环境。

2. 加强对现场存放油品的管理，对存放油品库房进行防渗漏处理，采取有效措施，在储存和使用中，防止油料跑、冒、滴、漏污染水体。

9.3 防止施工噪声污染的措施

1. 所有运输车辆进入现场后禁止鸣笛，以减少噪声。

2. 加强环保意识的宣传，采用有力措施控制人为的施工噪声，严格管理，最大限度地减少噪声扰民。

3. 锚杆钻机在成孔过程中，对于螺旋钻头，可采取将钻头反方向旋转卸去钻头上的土，以达到降低噪声的目的。

4. 由专人负责扰民协调工作，现场设置居民接待室，负责接待和解决周边居民的投诉。

9.4 废弃物回收利用措施

1. 对现场材料堆场进行统一规划，对不同的进场材料设备进行分类合理堆放和储存，并挂牌标明标示，重要设备材料利用专门的围栏和库房储存，并设专人管理。在施工过程中，严格按照材料管理办法，进行限额领料。

2. 当泥浆、废渣到达一定的规模后必须及时清理出地下室并运出现场。

3. 对切除的钢绞线的废料，集中存放管理，全部回收再利用。

10. 效 益 分 析

预应力锚杆按常规施工，该工序是关键工序，而且其施工周期长，制约了工程进度。预应力抗浮锚杆逆作法施工工艺则将该工序变成了非关键工序，预应力锚杆的施工与主体结构同时进行，不占用单独的工期，从而缩短了工程的总工期，节省了各种费用。同时通过预埋的锚杆套筒，采用新型钻头和扩孔器，使成孔和扩孔的效率更高、质量更容易保证。

由于先施工地下室结构，后施工锚杆，该工艺还避免了锚杆成孔时对地基的扰动，一定程度上保证的地基的承载力。

以济南万达广场项目为例，采用本工法比常规方法提前工期70d，成为保证该工程如期开业的重要措施，直接经济效益达390.75万元。

另外，相对采用抗拔桩或增加基础底板结构尺寸的抗浮方法，预应力抗浮锚杆工艺的造价更低，可节约大量的社会和自然资源，社会效益良好。

11. 应 用 实 例

11.1 济南万达广场

11.1.1 工程概况

济南万达广场工程位于山东省济南市经四路以北，建筑面积420000m²，地下2层，地上25层，包括5栋写字楼，1栋酒店，裙房为商业建筑，主体高度99m。

该工程商业建筑部分为筏板基础，预应力抗浮锚杆2317根，锚杆长度为18m。施工中采用先施工地下室结构后施工预应力锚杆的逆作法工艺。

该工程2009年11月8日开工，2010年11月18日竣工。

11.2 施工情况及应用效果

该工程地表以下18m左右范围土质主要为黏土、胶结岩层、全风化闪长岩、强风化闪长岩和中风化闪长岩，复杂的地质构造增加了工程桩成孔的难度，成孔机械损耗也较大。

针对实际情况，现场采用了自行研制的新型三翼钻头，适应上述地质条件下的锚杆施工，提高了钻机成孔的效率。另外，本工程预应力锚杆施工中还采用了适合狭小工作环境的钻机，各个零件都是现场组装，运输方便，施工灵活。

采用逆作法施工技术，提前70d进入地下室主体结构的施工，使地上结构提前开始施工，直接缩短了工程的总体工期。

通过最终的锚杆抗拔承载力检测，所有锚杆全部合格。通过对建筑物的沉降观测，未发现有上浮迹象，锚杆的抗浮效果良好。

11.3 长春红旗街万达广场

长春红旗街万达广场位于长春市红旗街省医院南侧，建筑面积316000m²，其中两栋30层公寓，一栋31层住宅，两栋33层住宅，所有楼间地下部分均为车库。该工程基础底板埋深12m。在基础底板处采用永久性预应力抗浮锚杆来解决基础底板的抗浮问题，抗浮锚杆数量3358根。

该工程商业建筑部分2009年7月2日开工，2010年12月30日竣工。由于采用了预应力抗浮锚杆逆作法施工技术，使基础施工工期缩短了68d，确保了长春红旗街万达广场的顺利开业。

预应力抗浮锚杆的抗拔承载力检测全部合格，达到了预期效果。

11.4 沈阳太原街万达广场

沈阳太原街万达广场工程，建筑面积930000m²，是由住宅、写字楼、酒店、购物中心、商街及公共广场为一体的综合体项目。在基础底板处采用永久性预应力抗浮锚杆来解决基础底板的抗浮问题，抗浮锚杆数量2513根。

该工程商业建筑部分2008年3月15日开工，2009年12月30日竣工。采用了预应力抗浮锚杆逆作法施工技术，使基础施工工期缩短了54d，确保了沈阳太原街万达广场的如期开业。

通过对预应力抗浮锚杆的抽样检测，所有锚杆的抗拔力全部符合规范和设计要求，应用效果非常好。

近浅基础旁多层地下室悬挑结构施工工法

GJEJGF025—2010

南京建工集团有限公司　江苏双楼建设集团有限公司

鲁开明　张怡　张明　陈克荣　苏斌

1. 前　言

"十一"五期间，我国国民经济保持持续稳定增长，全国建设小康社会的进程进一步加快，城市化迅速推进，城乡基础设施建设需求量巨大，地下结构和空间施工显著增多。进入"十二五"，面对产业升级和转型，地下空间施工技术的节能、节地、环保方面的优势，将成为建筑业的新兴投资热点。

悬挑结构在建筑工程中较为常见，施工技术并不复杂，当悬挑结构出现在地下部位时，如多层地下室上面的一层比下面的一层向外挑出一部分或地下室下层需让过隧道、构筑物等情况，其施工难度就要比地上复杂得多，主要是由于多层地下室需要钢筋混凝土支护桩或地下连续墙的部位，既要考虑在地下部位，涉及悬挑部位下面地下室防水的问题，又要考虑钢筋混凝土支护桩的换撑问题。本工法采用"近浅基础旁多层地下室悬挑结构施工方法"将对悬挑部位进行处理，合理解决了这个问题。

2. 工法特点

本工法特点及优越性如下：

2.1　充分利用地下空间，建成的地下空间作为连通地位，与地铁、地下商场或其他地下建筑的口部连接，可增加工程地下室的面积，提高建筑物的可利用率。

2.2　有效解决地下室外墙挑出结构下面的防水处理不好产生渗漏的问题。

2.3　有效解决含有内支撑的基坑外围护桩的换撑问题。

2.4　降低工程成本，缩短施工工期，提高社会经济效益。

3. 适 用 范 围

适用于周边有浅基础或深层地下建（构）筑物的深基坑地下室悬挑结构施工。

4. 工 艺 原 理

下层地下结构施工时，按正常施工程序，在结构的顶板上伸出钢筋混凝土换撑构件。拆除基坑的支撑后，降低钢筋混凝土围护至结构的板顶，在换撑的板上做一定厚度的悬挑结构底板，并通过与叠合结构连接。先后浇筑的混凝土通过全长遇水膨胀止水条进行防水。

5. 施工工艺流程及操作要点

5.1 工艺流程（图 5.1）

5.2 扩大部位以下结构及换撑施工

5.2.1 扩大部位以下结构施工，按正常钢筋混凝土结构施工程序进行施工。

5.2.2 扩大部位以下楼板浇至支护桩边，顶紧支护桩，以此作为支撑的换撑。外墙墙内预留与挑出部位连接的锚固钢筋。

5.2.3 楼板在与挑出部位搭接叠合的部位，埋设两道通长的遇水膨胀止水条，作为先后浇筑混凝土的结构防水措施。

5.3 扩大部位以下地下室外墙保温防水施工

防水层做至挑出板下位置，保证连接部位的防水效果。

5.4 扩大部位以下回填土

回填前要抄好标高，清除杂物，素土逐层回填，回填土中有机物含量不得超过5%，土质过筛，其粒径不大于50mm，含水率符合要求，压实系数不应小于0.94，灰土回填保证拌后均匀及厚度、夯实要求。每步回填土要取样试验测定，按规定检测回填土的干重度。悬挑板下方及挡土墙外侧均填50cm厚度3：7灰土。

5.5 拆除支撑梁和支护桩

5.5.1 待换撑的楼板混凝土强度达到70%后，即可拆除钢筋混凝土支撑梁。其作法为人工凿除，利用起重机械分段吊离基坑。

5.5.2 拆除支撑梁后，即可拆除影响悬挑部位施工的支护桩，采用风镐或钻岩机进行施工。拆除至悬挑部位下层的楼板面标高即可。

5.6 挑出部位的结构施工

5.6.1 按施工图纸标注的挑出部位的尺寸，进行挑出部位支护桩外的土方开挖，挖至设计的垫层底部。

5.6.2 垫层按设计的要求施工。

5.6.3 钢筋与原结构预留的钢筋进行锚固，要求锚固长度不小于挑出部位板钢筋的40d。

5.6.4 浇筑挑出部位的结构底板混凝土，混凝土底板面标高比原结构标高高，楼板高差处采用设置台阶的方式解决。

5.6.5 施工缝的处理

挑出部位的底板与原结构交接处设置2道遇水膨胀止水条。在原结构混凝土表面上，应清除水泥薄膜和松动石子以及软弱混凝土层，并加以充分湿润和冲洗干净，且不得积水。即要做到：去掉乳皮，微露粗砂，表面粗糙。混凝土应细致振捣密实，以保证新旧混凝土的紧密结合。

5.6.6 挑出部位的上部结构按正常钢筋混凝土结构施工程序进行施工。

5.7 挑出部位防水和回填土施工

按设计要求进行施工。

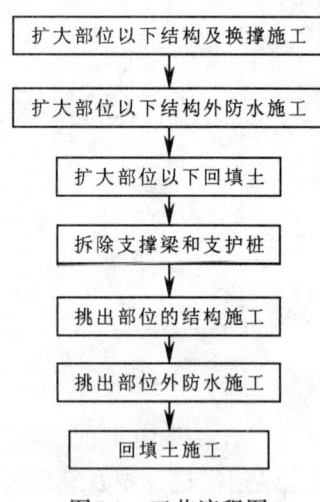

图5.1 工艺流程图

6. 材料与设备

6.1 材料

防水卷材、钢筋、模板、混凝土等。

6.2 设备

钻岩机、装载机、铁锹（尖头与平头两种）、风镐、手推车、蛙夯机；油毛刷、铁桶、汽油喷灯或专用火焰喷枪、手持压滚、剪刀；钢筋机械、电焊机；振捣棒（高频）、铁锹、木抹子等。

7. 质 量 控 制

7.1 质量标准

《地下防水工程质量验收规范》GB 50208-2002；

《混凝土结构工程施工质量验收规范》GB 50204-2002。

7.2 质量控制

填土方工程应分层填土压实，每层都应测定压实后的最大干密度，检验其密实度，符合设计要求后才能铺摊上层土，未达到设计要求部位应有处理方法和复验结果。

外墙防水卷材及辅助材料应具有出厂合格证，材料进场后，要按规定取样复试。外墙防水卷材作业时，基层应充分干燥，卷材铺贴均匀压实，若铺贴时排气不彻底也易窝气而产生空鼓。

本工法施工尤其要注意挑板叠合部位的的施工，保证遇水膨胀止水条安装到位。

钢筋施工重点控制好后浇板预留钢筋位置，挑板施工时认真做好焊接连接。

钢筋绑扎完后设专人看护。闲杂人员不得入内损坏钢筋，浇筑时派专人看筋，发现破坏及时修整。

8. 安 全 措 施

操作人员进入施工现场执行本公司《建筑工程施工现场安全规程》，严格按安全规程要求施工，必须戴安全帽，禁止吸烟。现场有专职安全员监督检查。

各种电动机械设备，必须有可靠有效的安全接地和防护装置，方能使用。

在拆除支护桩过程中，要随时注意边坡土及周围道路的变化，对周围有开裂、下沉或塌方的危险时，应采取适当的措施。

总分配电箱应有漏电保护装置，且有防雨措施，门锁齐全，线路应架空。

机械操作应持证上网，严禁酒后操作，严禁拆散除安全装置和示警装置，不准设备带病运行和超负荷使用。

机械司机在施工操作时要思想集中，服从指挥信号，不得随便离开工作岗位，并经常注意机械运转情况，发现异常情况及时纠正。

发生重大事故必须及时上报，按照"三不放过"的原则认真查处。

9. 环 保 措 施

施工现场土方和拆除下来的桩基应集中堆放，用密目网满覆盖或采取固化等措施，避免大风天气造成扬尘。

支撑梁和护桩拆除过程中尽量在白天，避免钻岩机的噪声对工地周边居民的休息产生影响。

施工现场经常洒水降尘，配备专用洒水设备并指定专人负责。

10. 效 益 分 析

采用该工法施工，既解决了在地下部位，涉及悬挑部位下面地下室防水的问题，又要解决钢筋混凝土支护桩的换撑问题。保证了工程质量；而且，与正常施工相比，由于保证了其余部位施工的正常进行，从而缩短了总施工工期40d，机械和模板脚手架租赁费相应减少。另外还确保了深基坑的安全，保证了工程的顺利进行，取得了良好的社会经济效益，见表10。

效益分析对比表 表10

类　别	正 常 施 工	逆 作 施 工	节　约
经济效益	模板摊销 108.54 万元	模板摊销 102.2 万元	6.34 万元
	塔吊使用费 8.704 万元	塔吊使用费 7.344 万元	1.36 万元
	脚手架摊销 38.5 万元	35.6 万元	2.9 万元
	地下室工期 105d	地下室工期 65d	40d
社会效益	不增加工程地下室的面积	可增加工程地下室的面积	
	不能解决地下室外墙挑出结构下面的防水处理不好产生渗漏的问题	有效解决地下室外墙挑出结构下面的防水处理不好产生渗漏的问题	
	不能解决含有支撑的基坑外围护桩的换撑的问题	有效解决含有支撑的基坑外围护桩的换撑的问题	

11. 应 用 实 例

同曦大厦工程，位于江宁区双龙大道，建筑面积53135m²，地下3层，地下一层局部为挑出结构，挑出部位于2010年12月开始施工，于2011年元月施工完毕。该工程负二层部位有部分挑出，部位采用本工法进行施工，支护桩的拆除及地下室防水问题均处理的较好，施工过程中未出现任何问题。

同曦大都会工程，位于双龙大道以东，校园路以南的商业地块，地下3层，地上5层，总建筑面积约64853m²。该工程由于场地有限，与地铁相邻，其相邻的通道部位地下室外墙采用"近浅基础旁多层地下室悬挑结构施工工法"进行施工，该工法操作工艺简便，施工过程安全可靠，缩短工期，有效节约成本，地下室施工质量良好。

深圳南方航空飞行大厦工程，位于深圳市南山区南山大道与桂庙路交汇处西北角，由中国南方航空股份有限公司建设。工程地下2层，地上30层，总建筑面积为36211m²，工程施工场地极小，周边有支护桩，负一层部位挑出，采用"近浅基础旁多层地下室悬挑结构施工工法"进行施工，该工法操作工艺简便，施工过程安全可靠，缩短工期，有效节约成本，地下室施工质量良好。

长套筒泥浆护壁旋挖钻孔灌注桩施工工法

GJEJGF026—2010

福建二建建设集团公司　厦门源昌城建集团有限公司

徐惠民　陈知奋　林渝榕　陈斌　黄跃森

1. 前　　言

旋挖钻孔是近年来发展最快的一种新型成孔施工方法，具有机动灵活、成孔速度快、施工精度高、环境污染少等优点，主要应用于市政建设、公路桥梁、工业和民用建筑等基础工程施工。在易坍塌、摩阻力大的土层（如砂层）中钻进时，采用长套筒泥浆护壁旋挖钻孔工艺不仅能较一般的全套筒护壁形式节约造价和工期，降低作业难度，而且不影响旋挖钻孔自身固有优势的发挥，是一种经济实用的成孔施工工艺方法。经过多项工程实践，形成本工法，综合效益良好。

2. 特　　点

2.1 长套筒泥浆护壁旋挖钻孔工艺由于采取了非水介质取土，不依靠泥浆输送钻渣，大大减少了泥浆的需求和排放，减少了环境污染，降低了施工成本。

2.2 利用旋挖钻机自身动力加压装置和套筒驱动器可以精确方便地压入套筒，而且动力头能给钻头施加更大的给进压力，钻进能力强，加快了成孔速度。

2.3 旋挖钻机机动灵活，对桩孔的定位非常准确、方便。通过桅杆垂直度自动调平系统和钢套筒相结合控制桩身的垂直度，保证钻孔偏差小、质量好。

2.4 安放钢筋笼、灌注水下混凝土及拔除钢套筒等工序由起重机单独完成，可与旋挖钻机成孔工序形成流水施工，大大提高了工效。

3. 适 用 范 围

适用于地下水位以下的黏性土、粉土、砂土、填土、碎石土及风化岩层，特别适用于易塌孔的深厚砂层，以及对垂直度、桩位、桩径的偏差和工期有较高要求的两墙合一基坑支护的排桩施工。

4. 工 艺 原 理

长套筒泥浆护壁旋挖钻孔工艺是在旋挖钻（回转）斗钻孔的基础上，综合吸取长套筒护壁与泥浆护壁工艺的特点发展起来的一种新型成孔工艺。施工时采用旋挖钻机钻孔，在成孔过程中采用钢套筒跟进护壁至上半部桩长或需要的土层，其余部分桩长采用静态泥浆护壁成孔，套筒的埋设深度通常为桩长的1/3~2/3。

5. 施工工艺流程及操作要点

5.1 工艺流程（图5.1）

5.2 操作要点

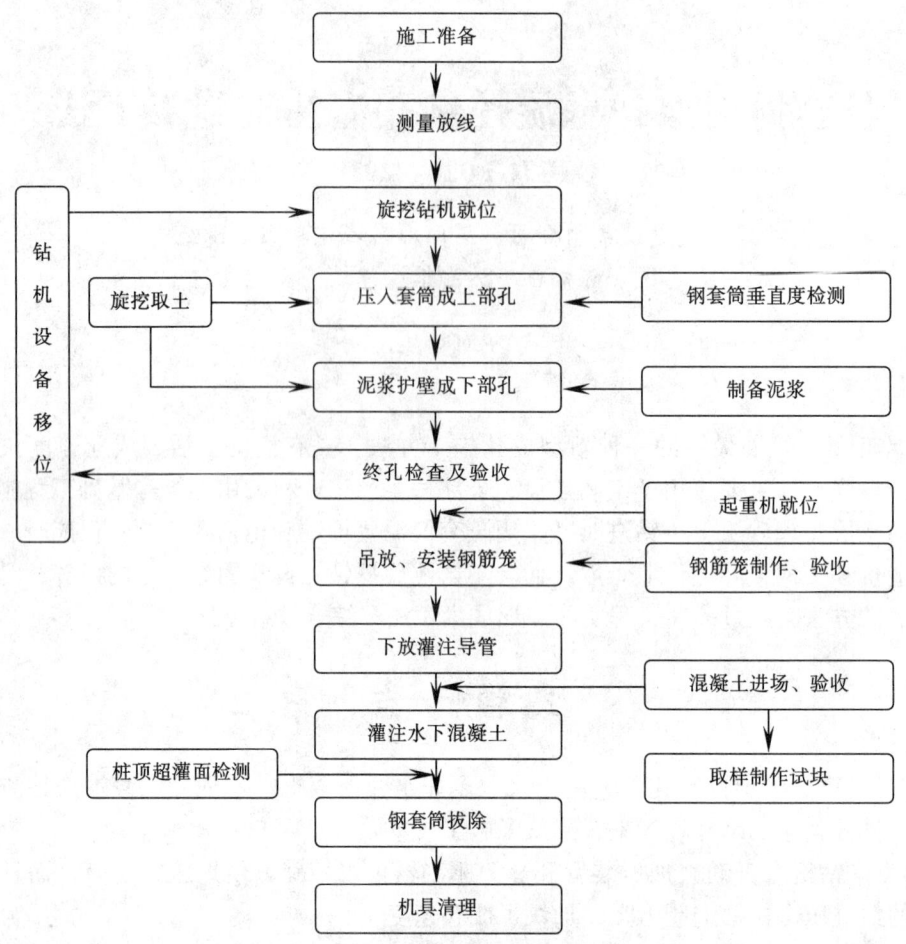

图5.1 长套筒泥浆护壁旋挖钻孔灌注桩施工工艺流程图

5.2.1 施工准备

1. 施工作业面距地下水位应大于1.5m以上。

2. 施工前应做好场地平整工作，对施工场地进行硬化，雨期施工应做好排水措施。

3. 在建筑物旧址或杂填土区域施工时，应预先清除桩位处的地下障碍物。

4. 合理布置施工便道和施工顺序，满足各种施工设备的进出场及施工要求。

5.2.2 测量放线

场地整平后，布设测量控制网并进行各桩位的定位测量。为了确保各桩位定位的准确以及便于施工，宜将桩位统一引测到场地内混凝土硬化路面上并用红漆标志，施工时根据红漆标志还原桩位。

5.2.3 旋挖钻机就位

旋挖钻机行驶到待施工的桩位，将钻机的钻杆中心与桩位中心对准，并依照驾驶室仪表盘的垂直度显示，调整三脚架油缸，保证导杆垂直度。

5.2.4 上部桩孔套筒压入跟进成孔施工

1. 将套筒对准桩位缓慢下放就位后，由测量员使用水平靠尺在套筒外壁上进行双向垂直度复核，并应调整套筒的垂直度偏差在允许的范围内方可开钻成孔。

2. 先用旋挖钻机的套筒驱动器驱动第一节套筒（每节套筒长约6m)压入土中1.5~2.5m，然后用钻斗一边钻进取土，一边继续下压套筒。

3. 当前一节套筒按要求压入土中后，露出地面以上1.2~2.0m时，开始连接下一节套筒。重复以上步骤，直到全部套筒压入到预定的标高成孔。

4. 最后一节套筒顶面宜高出地下水位2.0m左右，并应高出施工地面0.3~0.5m。

5.2.5 下部桩孔泥浆护壁成孔施工

1. 泥浆制备应根据施工机械、工艺及穿越土层情况进行配合比设计，应选用高塑性黏土或膨润土，并可根据土层土质情况需要掺入纤维素CMC或重晶石粉。

2. 为了便于泥浆制备材料的充分溶解，现场宜选用转速大于200r/min的泥浆搅拌机。材料的投放顺序为：先注入规定数量的水，边搅拌边投放高塑性黏土或膨润土，高塑性黏土或膨润土大致溶解后，均匀地投入纤维素CMC，最后投入重晶石粉，并在搅拌过程中随时检验泥浆的黏度和相对密度。

3. 泥浆在现场泥浆池（箱）中制备完毕后，需膨化24h以上方可使用。泥浆在使用前应再次进行各项性能指标的检测，不符合要求的重新制配。

4. 将泥浆直接泵入孔内，并应根据旋挖钻进的速度同步进行泥浆量的补充，保证泥浆面始终高于地下水位1m以上。

5.2.6 终孔检查及验收

当钻孔达到设计终孔标高后，应将钻斗留在原处继续旋转数圈，清除干净孔底虚土。施工单位首先应进行自检，然后会同监理单位对成孔质量进行验收，确定终孔。

5.2.7 钢筋笼的制作与安装、下放灌注导管及灌注水下混凝土

具体要求与一般水下灌注桩相同。由于旋挖钻机成孔速度快，钢筋笼的制作与安装、下放导管及灌注水下混凝土的施工组织必须与之相匹配，才能充分发挥旋挖钻机的工作效率。

5.2.8 钢套筒拔除

1. 混凝土灌注导管安置完毕后，钢套筒应进行试拔，目的在于检查套筒起拔是否顺畅，起拔量一般控制在100~200mm。

2. 水下混凝土灌注完毕后，在混凝土初凝前使用起重机起拔钢套筒，在起拔过程中应随时控制起重机吊臂的角度以确保钢套筒垂直起拔。

5.3 劳动力组织

5.3.1 旋挖钻孔

指挥1人，旋挖钻机司机1人，吊车工2人，测量、记录2人，泥浆制作及泵工2人。

5.3.2 钢筋笼制作安装、灌注水下混凝土以及拔除钢套筒

指挥1人，履带式起重机司机1人，钢筋（电焊）工2~3人，导管安拆及混凝土灌注3人，记录1人。

以上劳动力组织为1个施工班组人员，不含土方清理、电工、修理工等辅助工种。

6. 材料与设备

6.1 材料

6.1.1 混凝土：使用泵送混凝土，坍落度180~220mm。

6.1.2 泥浆主要制备材料：

1. 高塑性黏土或膨润土；

2. 纤维素CMC：羧甲基纤维素钠盐，增加黏度；

3. 重晶石粉：主要成分为硫酸钡，增加泥浆相对密度。

6.2 设备

6.2.1 施工机具设备：旋挖钻机、造浆及泵浆设备、钢筋笼加工机械、履带式起重机、泵送混凝土运输及灌注设备、铲车。

6.2.2 测量仪器的配备：全站仪、经纬仪、水准仪、井径仪、钢卷尺、水平靠尺、相对密度计、黏度仪、秒表、含砂率仪、沉渣仪或重锤、pH试纸。

7. 质 量 控 制

7.1 本工法应按国家现行标准：《建筑地基基础工程施工质量验收规范》GB 50202和《建筑桩基技术规范》JGJ 94的有关规定要求进行验收。

7.2 长套筒泥浆护壁旋挖钻孔灌注桩质量标准应符合以下要求：

1. 钢筋笼制作允许偏差应符合下列规定：

1）主筋间距：±10mm；用钢尺量。

2）箍筋间距：±20mm；用钢尺量。

3）钢筋笼直径：±10mm；用钢尺量。

4）钢筋笼长度：±100mm；用钢尺量。

2. 灌注桩施工的允许偏差或允许值应符合下列规定：

1）桩位的放样允许偏差：群桩20mm，单排桩10mm；用钢尺量；

2）桩位的允许偏差应符合表7.2的规定；

桩位的允许偏差   表7.2

桩径	1~3 根桩、条形桩基沿垂直轴线方向和群桩基础中的边桩	条形桩基沿轴线方向和群桩基础的中间桩
$d \leqslant 1000mm$	$d/6$，且不大于100mm	$d/4$，且不大于150mm
$D > 1000mm$	$100mm + 0.01H$	$150mm + 0.01H$

注：H为施工现场地面标高与桩顶设计标高的距离，d为设计桩径。

3）孔深允许偏差：+300mm；只深不浅，用重锤测；

4）垂直度允许偏差：<1%；测套筒或钻杆，或用超声波探测；

5）桩径允许偏差：±50mm（桩径允许偏差的负值指个别断面)；井径仪或超声波检测；

6）泥浆相对密度（黏土或砂性土中）：1.15~1.20；用相对密度计测；

7）泥浆面标高（高于地下水位）：1.0m；目测；

8）沉渣厚度：对端承型桩不应大于50mm，对摩擦型桩不应大于100mm，对抗拔、抗水平力桩不应大于200mm；用沉渣仪或重锤测量；

9）钢筋笼安装深度允许偏差：±100mm；用钢尺量；

10）混凝土充盈系数：>1；检查每根桩的实际灌注量；

11）桩顶标高允许偏差：-50mm~+30mm；水准仪，需扣除桩顶浮浆层及劣质桩体。

7.3 施工质量控制要点

1. 为避免干扰邻桩混凝土的凝固，旋挖钻机成孔应采用跳挖方式。

2. 在下沉套筒过程中，每下沉1.5m必须复核套筒及钻杆垂直度一次，若有偏差应及时调整。

3. 泥浆的制备能力应大于钻孔时的泥浆需求量，每台套钻机的泥浆储备量不少于单桩体积。

4. 泥浆护壁钻孔时为防止塌孔、缩颈，钻斗的上下提升速度宜均匀，控制在10~20m/min，不得过猛或骤然变速。

5. 钻机因故停止钻孔时，应设专人值班补浆，防止塌孔事故。

6. 钻孔成孔后要及时灌注，以免造成缩径和塌孔。

7. 钢筋笼宜为整笼吊装，以尽可能缩短泥浆护壁时间。

8. 在确定混凝土最后补灌量时，除超灌高度外还应考虑钢套筒和灌注导管拔除后需填充的混凝土量。

8. 安 全 措 施

8.1 为了确保旋挖钻机、重型起重机和商混凝土运输车辆的安全,宜在整个施工区域内设置钢筋混凝土施工便道。

8.2 定期检查卷扬机、钢索、滑轮及钻头钻杆连接件,磨损超过有关规定的应及时更换。

8.3 钢套筒拔出后宜平放在坚实的地面上。若因场地空间不足需要竖立放置时,必须将套筒底部置于水平的混凝土路面上,并派专人监护,避免因外力碰撞而导致钢套筒的倾覆。

8.4 桩身混凝土灌注完毕后遗留的空孔,要立即回填粗骨料或砖渣土,并压实至与地面平,严禁使用遇水软化的回填料。

8.5 钻机因故停钻或闲置时须将钻具提出孔外并着地停置。

9. 环 保 措 施

9.1 施工现场的主要道路应进行硬化处理,钻斗卸出的弃土应集中堆放、及时清运,并有防止扬尘措施。

9.2 水泥和膨润土的易飞扬的细颗粒建筑材料应密闭存放或采取覆盖措施。

9.3 混凝土灌注结束后,应及时清理溢落的拌合料,并派专人清扫施工现场,保持施工现场的整洁卫生。

9.4 施工现场设置排水沟、沉淀池和废浆池,施工污水经沉淀后方可排入市政污水管网;废浆须由专用密闭式泥浆车抽取运出场外,并在有关环保部门规定的地点集中排放。

9.5 施工现场存放的油料和化学溶剂等物品需设有专门的库房,地面做防渗漏处理。

10. 效 益 分 析

10.1 社会效益

采用长套筒泥浆护壁旋挖钻机成孔施工,装机功率大、输出扭矩大、轴向压力大,解决了高水位砂层中快速施工的难题,该工法机械化程度高,劳动强度低,加快施工进度,节省工期;不必安设泥浆循环系统,泥浆排放少,场地利用率高,且旋挖钻机自带柴油动力,不占用现场配电资源,施工现场文明、环保、节地。

10.2 经济效益

长套筒泥浆护壁旋挖钻孔灌注桩施工工艺较传统的泥浆循环冲钻孔工艺节省工期一半以上,比全套筒旋挖钻孔灌注桩施工工艺节约造价约1/3。

11. 应 用 实 例

本工法成功地应用于福州市茶亭街地下交通配套工程、福州市茶亭街地下停车及配套服务用房工程和厦门翔安区建设管理服务中心和防空防灾调度指挥中心等工程,工程质量满足规范和合同要求。现以福州市茶亭街地下交通配套工程为实例。

11.1 工程概况

福州市茶亭街地下交通配套工程位于福州市八一七中路路中,骑跨群众路,设计为地下二层岛式车站(地铁1号线群众路站),车站两端延伸矩形区间,北段至高桥路口,南段至茶亭公园湖侧,两端设置盾构工作井,采用明挖顺作法施工,基坑支护结构影响深度范围内的土层以砂为主。

11.2 施工情况

该工程车站主体及两端基坑的围护排桩、抗拔桩、格构柱桩及站台桩，总桩数1086根，桩径1000mm，桩长20~42m，均采用长套筒静态泥浆护壁旋挖钻孔灌注桩施工工艺，施工机械为德国宝峨BG25C型旋挖钻机，其中长套筒的埋设深度为12~17m。

11.3 工程评价

该工程于2009年1月16日开工，并于2009年4月8日竣工。经福州市建筑工程检测中心站和福建省建设工程物探试验检测中心进行抗拔、低应变及钻芯检测，均达到设计要求。

JX－F－05型渗透结晶型防水材料施工工法

GJEJGF027—2010

吉林天宇建设集团股份有限公司　　长春建工集团有限公司

俞明　蔡英淑　李洪植　姜哲　刘红

1. 前　言

JX-F-05型渗透结晶型防水材料是由水硬性胶凝材料、精制级配石英砂、复合活性物质、助剂等所组成的水泥基渗透结晶型防水材料。此材料自愈混凝土微小裂缝，且保护钢筋，防水效果长效，是无毒、无味、无污染环境的绿色环保型防水材料。本工法用工程实例介绍了如何采用先进的JX-F-05型防水涂料、简单的施工工艺进行防水施工及细部结构的防水处理，防止地下水渗漏问题，达到充分利用地下室的使用功能的目的。

2. 工法特点

2.1　施工工艺简单，操作方便。

2.2　传统的防水材料是以找平层为基础，在找平层上做防水，而JX-F-05型防水材料无需做找平层，减少了抹找平层、找平层干燥等必需的工期，大大缩短了施工工期。

2.3　施工使用劳动力少，省力省料省资金。

2.4　材料先进，使用效果良好。

3. 适用范围

本工法适用于人防工程、地下工程、隧道、水池、游泳池、屋顶广场等工程的防水施工。

4. 工艺原理

JX-F-05型防水材料在混凝土的防水界面以借助水为载体，渗透到混凝土毛细管及微孔中传输，起物化反应，形成不被水溶解的枝蔓状结晶体，成为封闭的防水整体，堵塞来自任何方向的水流、液体的侵蚀，达到永久防水的目的。

5. 施工工艺流程及操作要点

5.1　施工工艺流程（图5.1）

5.2　操作要点

5.2.1　混凝土基层处理

1. 混凝土界面的裂缝、蜂窝、麻面等缺陷均应凿修、清理干净、无松动部位。

2. 混凝土防水界面必须是无灰尘、无涂料层，油污要清除，应保持清洁、干净，并用水湿润。

3. 用JX-F-05防水材料浆填刮灰浆。

5.2.2　防水层施工

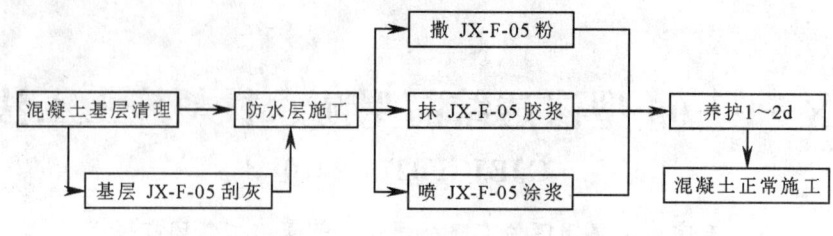

图5.1 施工工艺流程示意图

1. 混凝土底板防水层施工（图5.2.2-1）

1）混凝土垫层打完后，进行基层处理并绑扎底板钢筋，待进行防水层施工。

2）浇筑底板混凝土前30min，把JX-F-05型防水材料干撒在绑扎钢筋后的混凝土垫层上，其量为1.5~2.0kg/m²为宜；干撒厚度大于等于0.8mm；在保证其撒量与厚度情况下一次撒完。

3）在JX-F-05型防水材料上现浇混凝土，底板防水施工随混凝土施工的结束而结束，其防水施工在混凝土中直接得到了养护。

2. 混凝土剪力墙（外墙）防水层施工（图5.2.2-2）

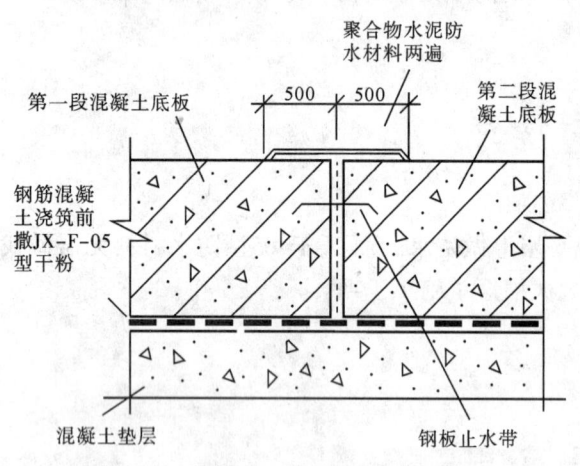

图5.2.2-1 底板防水示意图

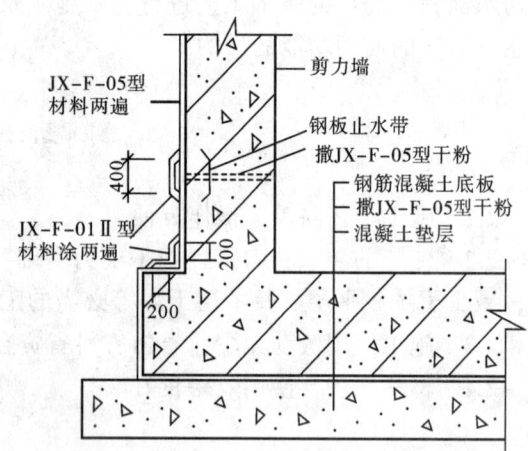

图5.2.2-2 大放脚、剪力墙防水示意图

1）混凝土摸板拆除，即可涂刷或喷涂，喷涂无压力要求，达到喷涂目的即可。

2）JX-F-05型粉料和水按质量比1：0.4~1：0.5混合，用电动搅拌器搅拌稀浆（涂料）后涂刷，按1.5~2.0kg/m²量涂刷两次，涂层总厚度大于等于0.8mm。

3）湿养1~2d。

4）涂刷后48h即可回填土，不需做保护层。

3. 混凝土施工缝加强防水层处理

1）施工缝衔接处浇筑混凝土前，撒JX-F-05型防水材料粉料，按1.5~20kg/m²的量撒开之后即可浇筑混凝土施工。

2）等摸板拆除后，清理施工缝衔接部位的蜂窝麻面等。

3）填刮JX-F-05型水泥基渗透结晶型防水材料腻浆。

4）涂刷该JX-F系列产品JX-F-01Ⅱ型聚合物防水涂料，与30g/m²聚酯无纺布加强涂刷处理。

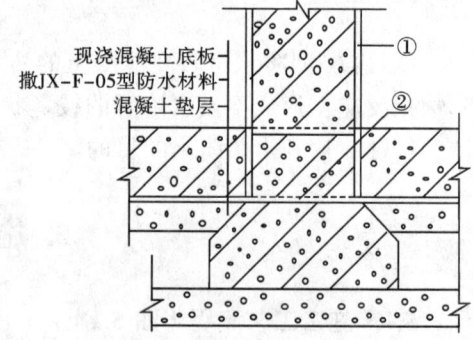

图5.2.2-3 独立柱防水示意图

4. 独立柱与底板的衔接部位处理（图5.2.2-3）

1）现浇混凝土柱时，混凝土垫层混凝土柱高1.5m柱四周涂刷JX-F-05型水泥基渗透结晶型防水材料涂两遍，总涂层厚度大于等于0.8mm。

2）底板混凝土浇筑后，衔接混凝土柱时，混凝土底板与现浇混凝土柱底面撒JX-F-05型水泥基渗透结晶型防水材料1.5~2.0kg/m²，并浇筑混凝土柱。

5. 后浇带的加强处理

1）后浇带部位的模板拆除后，清理后浇带与原混凝土衔接部位的蜂窝麻面。
2）涂刷JX-F-05型水泥基渗透结晶型防水涂料。
3）再涂该防水材料系列产品JX-F-01Ⅱ型与无纺布加强涂刷处理。

6．水池、水槽（沟）及集水坑部位的防水（图5.2.2-4）
1）水槽、集水坑部位用JX-F-05型撒粉。
2）涂刷后用JX-F-01Ⅱ型涂料和聚酯无纺布。
3）再涂JX-F-01Ⅱ型涂料。
4）最后抹JX-F-06型聚合物防水砂浆。

7．穿墙管部位的加强防水处理（图5.2.2-5）

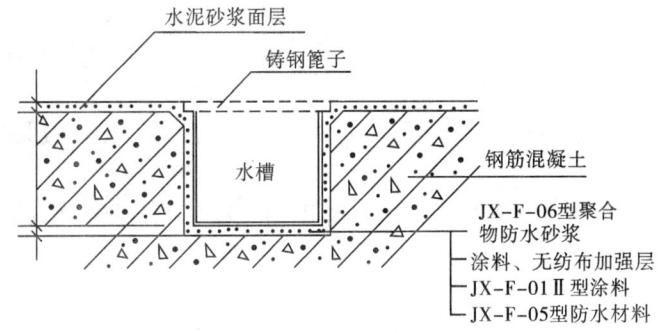

图5.2.2-4　水沟、水槽防水示意图

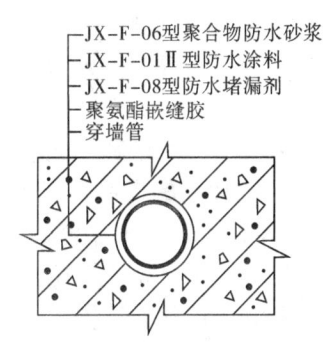

图5.2.2-5　穿墙管根防水示意图

1）穿墙管根部周围，用凿子凿开V形槽。
2）用聚氨酯嵌缝材料灌满。
3）用JX-F-08型防水堵漏剂刮圆。
4）再用涂JX-F-01Ⅱ型涂料。
5）用JX-F-06型聚合物防水砂浆涂抹处理。

6. 材料与设备

6.1 材料性能

JX-F-05型渗透结晶型防水材料物理性能见表6.1。

JX-F-05型渗透结晶型防水材料物理性能指标　　表6.1

序号	试验项目 GB 18445-2001 CCCW-Ⅱ			性能指标	
				Ⅱ	实测值
1	安定性			合格	合格
2	凝结时间	初凝时间（min）	≥	20	45
		终凝时间（h）	≤	24	1.55
3	抗折强度（MPa）	≥	7d	2.80	3.20
			28d	3.50	4.80
4	抗压强度（MPa）	≥	7d	12.0	19.0
			28d	18.0	28.0
5	湿基面粘结强度（MPa）	≥		1.0	1.2
6	抗渗压力（28）（MPa）	≥		0.8	1.2	1.6
7	每二次抗渗压力（56d）（MPa）	≥		0.6	0.8	1.4
8	渗透压力比（28d）	≥		200	300	360

6.2 材料形状

JX-F-05型渗透结晶型防水材料原始形状，粒度为70~120目的灰色颗粒，其重度为1350~1400kg/m³。

6.3 材料特点

6.3.1 在混凝土面涂刷两次时能承受1.2MPa以上水压力。

6.3.2 在混凝土面涂刷所产生的物化反应渗透到混凝土结构内部，渗透深度可达100mm。

6.3.3 在混凝土界面涂刷该材料，形成不被水溶解的结晶体，将缝隙密实，堵塞渗漏水路，小于0.4mm的混凝土裂缝都可填补与自我修复。

6.3.4 在混凝土界面涂刷该材料后，pH3.0~11.0，温度-30~120℃时作用保持不变，并能保护钢筋及提高混凝土强度。

6.3.5 在混凝土界面涂刷该材料后，与其他材料兼容性好，其防水层表面随意涂刷水泥砂浆、白灰膏、油漆、树脂等材料。

6.3.6 防水施工方法简单，省工省力，该材料对混凝土界面不需做找平层，涂刷后无须做保护层。

6.4 材料的使用状态

6.4.1 JX-F-05型渗透结晶型防水材料可以粉状直接使用，如地下室底板等平面防水的施工。

6.4.2 也可以与水搅拌后使用。如墙面等立面的防水施工。

6.4.3 该材料使用后效果在-30~120℃情况下保持不变。

6.4.4 该工法涉及的JX-F-01（Ⅰ、Ⅱ型）、06型、08型等均为该材料的系列辅助产品。

6.5 主要机具设备（表6.5）

主要机具设备   表6.5

序号	材料设备名称	主 要 用 途	规格、型号
1	电动搅拌器	搅拌防水材料	手持
2	电动角磨机	界面处理	手持
3	空压机	喷涂	喷浆系列
4	秤	现场配比	/
5	液体计量容器	现场配比	视使用量大小而定
6	推料车	水平运输	视使用量大小而定
7	锤子、凿子	界面处理	/
8	钢刷、笤帚	界面清理	/
9	抹子、压子	防水抹面施工	/
10	滚涂刷、毛刷	防水施工	/

7. 质 量 控 制

7.1 规范及标准

7.1.1 《地下防水工程质量验收规范》GB 50208-2002。

7.1.2 《地下防水工程技术规范》GB 50108-2008。

7.1.3 《种植屋面工程技术规程》JGJ 155-2007。

7.2 质量控制措施

7.2.1 在撒JX-F-05型渗透结晶型防水材料时，其撒层厚薄应均匀，不允许漏撒和露底。

7.2.2 JX-F-05型渗透结晶型防水材料的防水施工应在正温、无雨下施工。

7.2.3 基层有混凝土垫层时，进行防水处理的混凝土界面清理应注意保护好已经绑扎的钢筋，防止被踩踏。

7.2.4 三合一牛皮纸袋、塑料桶包装时，在阴凉干燥处保存保持期12个月。

8. 安 全 措 施

8.1 进入施工现场人员必须穿戴工作服，佩带安全帽，手套等。

8.2 使用设备仪器时注意人身、机械安全操作规程。

8.3 施工人员必须听从现场管理人员的指挥。

8.4 防水施工必须安全第一，安全施工，文明施工。

9. 环 保 措 施

9.1 施工操作人员及现场人员必须配戴口罩、手套。

9.2 为防止灰进入眼内，工作人员需佩戴防护眼镜。

9.3 建立废旧物品回收，保留和处理制度，及时回收废旧筒、牛皮纸袋。

9.4 严格遵守国家及地方有关环保法规和规章制度，加强防尘、设备噪声、废水弃浆的控制管理。

10. 效 益 分 析

　　JX-F-05型水泥基渗透结晶型防水施工方法简单，省工、省料、省资金，综合造价比较低，具有较好的经济效益及社会效益。

　　10.1 节省工期。由于传统的防水材料是以找平层为基础，在找平层上做防水，而且必须进行保护层的施工，而JX-F-5型防水材料无需做找平层、保护层，减少了抹找平层、保护层、找平层干燥等必需的工期，大大减少了施工工期，同时也节省了大量劳动力。

　　10.2 节省材料。与传统的防水材料的施工相比，由于减少了多道工序的施工，节省了大量的原材料，仅在材料方面可比传统的材料每平方米节省22.00~26.00元（表10.2）。

地下室防水SBS卷材与JX-F-05型渗透结晶型防水材料对比表　　　　　　　表10.2

序号	SBS 防水卷材	均价（元）/㎡	序号	JX-F-05 型渗透结晶型防水材料	均价（元）/㎡
1	**底板：混凝土垫层**	/	1	**底板：混凝土垫层**	/
2	20mm 厚水泥砂浆找平层	12.00	2	按设计铺钢筋	/
3	涂冷底子油乳液一层	6.00	3	撒渗晶粉 1.5~2.0kg	30.00/35.00
4	2mm 厚 SBS 防水卷材	20.00	4	现浇抗渗混凝土	/
5	40mm 厚细石混凝土保护层	15.00	5	合计	30.00/35.00
6	加湿养护 7d	1.40			
7	按设计铺钢筋	/			
8	现浇抗渗混凝土	/			
9	合计	54.40			
	外墙：混凝土墙	/		**外墙：混凝土墙**	/
1	10mm 以上水泥砂浆找平	9.00	1	清理及嵌缝蜂窝麻面	最多 3.00
2	养护 7d	1.40	2	涂两边渗晶防水涂料	35.00/40.00
3	涂冷底子油乳液一层	7.00	3	养护最多 48h	0.20
4	2.5mm 厚 SBS 防水卷材	22.00	4	回填土或粘保温板	/
5	20mm 厚水泥砂浆保护层	12.00	5	合计	35.20/40.20
6	或 120mm 墙砖保护墙	13.50			
7	合计	51.40/57.90			

10.3 省资金。与传统的防水材料的施工相比之下，既节省了工期又节省了劳动力，自然节省了不少资金，而且防水效果良好。

11. 应 用 实 例

11.1 天宇生态花园小区工程自2003年第一期工程2003年开工至2007年共完成了6栋高层、10栋多层，近10万㎡的小区住宅。小区地面以下是地下车库，地上是建筑物及小区花园及景观建设。其中地下车库、地下室底板、剪力墙、地下室顶棚等9800㎡的防水施工是采用JX-F-05型水泥基渗透结晶型防水材料及工艺进行防水施工的。该小区工程2003年开工2007年12月份全部竣工，至今该防水工程使用状况良好。

11.2 延吉市光宇组团3号4号工程（目前使用单位名称为延边州人力资源和社会保障局）于2006年开工，2007年及2008年陆续进行工程竣工验收。工程竣工面积23800㎡，其中地下车库、地下室底板、剪力墙等防水施工面积2300㎡。至今无防水效果投诉，其使用性能较好。

11.3 延吉市第三中学教学楼工程，地上6层，地下1层，其工程地下室、混凝土底板、剪力墙、电梯井、集水坑等防水施工面积约4000㎡。该工程2010年11月份已竣工验收。建设单位的项目负责人、现场监理工程师及施工项目部进行防水效果检查，目前尚未发现渗漏现象。

长螺旋钻孔压灌混凝土后插型钢支护桩施工工法

GJEJGF028—2010

泛华建设集团有限公司　北京六建集团有限责任公司

王鹏　刘培培　张鹏飞　王瑞清　吕艳红

1. 前　言

随着我国城市化进程的加速，地下空间和设施也得到空前的发展。目前在建筑物高耸密集的城市，可供建筑施工使用的场地越来越小，加上工程周围环境复杂，使得传统的基坑支护工艺及技术已经不能满足现代城市地下空间建设的需要。针对基坑工程的特点，尤其是环境复杂、空间狭小、深度较大的基坑工程，我们发明了长螺旋钻孔压灌混凝土后插型钢支护桩工艺。

长螺旋钻孔压灌混凝土后插型钢支护桩工艺（以下简称：后插型钢支护桩）是近年来在工程实践中探索发明的一种新的混凝土灌注支护桩施工技术，该工艺是利用长螺旋钻机钻孔至设计深度，在提钻的同时向桩孔内压灌混凝土，混凝土灌注到设计标高后，利用型钢自重并借助振动设备将型钢插入混凝土中，形成的混凝土灌注支护桩。该施工工艺经科技查新，未见相关工艺报道，已申请发明专利并受理、初审合格，填补了小直径支护桩（直径200~400mm）施工工艺的国内空白。

传统的长螺旋钻孔压灌桩后插钢筋笼施工技术与本施工技术的最大的区别在于它们后置入的材料制作、桩体配筋安装工艺及适用范围不同：长螺旋钻孔压灌桩后插钢筋笼工艺一般适用于直径400mm及以上的桩基，对于直径小于400mm的桩基，钢筋笼容易变形，且受钢筋笼下放导杆（直径100mm）的限制，其施工工序复杂，成桩质量不易控制。后插型钢支护桩一般适用于直径400mm以下的桩基，用型钢代替钢筋笼，用研制的连接设备振动下放型钢，施工工序简化，占用场地小，具有施工效率高、成桩质量容易保障、成本较低等特点，解决了空间狭小场地基坑支护工程的难题。

2. 工 法 特 点

2.1　工序少，操作简便，施工速度快

长螺旋钻孔压灌混凝土后插型钢支护桩工艺，在钻机成孔和压灌混凝土方面与传统工艺完全一致。与后插钢筋笼灌注桩相比，型钢在现场加工制作容易，采用特制的型钢下放设备安放型钢简便，整个过程简单明了，工艺容易被操作人员掌握。由于省去了传统钢筋笼的下料、焊接、绑扎等过程，施工速度大大提高。

2.2　型钢整体稳定性好，成桩质量有保障

型钢自身的整体稳定性较好，不容易变形，在型钢后插入桩孔混凝土的过程中，专业人员只负责型钢下沉高度和垂直度校正，就能确保型钢能够准确定位，成桩质量易达到设计要求。

2.3　低噪声，无泥浆制备，施工环保

采用长螺旋钻机成孔，施工过程中噪声低，无须制备泥浆，对环境无污染。

2.4　材料机具设备类型少，方便备料和保管

型钢代替钢筋笼，省去了钢筋的加工、绑扎、焊接的过程，减少了设备，节省了材料加工和堆放场地，方便现场材料采购和保管。

2.5　施工操作场地基本不受限制

由于成桩直径小，受施工场地范围制约影响少，对于空间狭小的基坑护坡工程，尤为适用。

2.6 施工成本低

由于桩径相对较小，且桩体受力状态好，材料用量少，成本费用较低。

3. 适 用 范 围

本工法适用于小桩径（桩径范围：200~400mm）混凝土灌注支护桩的施工，桩长在5~30m范围，同时也可作为建筑物桩基。不受地下水位条件限制，地层适应性强，可用于黏性土、粉土、砂土、素填土、非密实的碎石类土等地层。

4. 工 艺 原 理

本工法在长螺旋钻孔后插钢筋笼灌注桩施工工艺的基础上，用型钢代替传统的钢筋笼，并对型钢做简单的加工，在钻孔混凝土压灌到设计标高后，通过特制的连接器上附着振动打桩锤，下端连接型钢，通过型钢自重和振动力将型钢振动插入混凝土桩体中，将型钢送至桩设计标高，并将混凝土振捣密实。

型钢可选用工字钢、H型钢、钢轨等，一般常选用工字钢。由工字钢的截面力学特性可知，X-X轴方向的抗弯刚度大、受力特性好，所以在工字钢插入混凝土灌注桩体的方向应如图4所示。

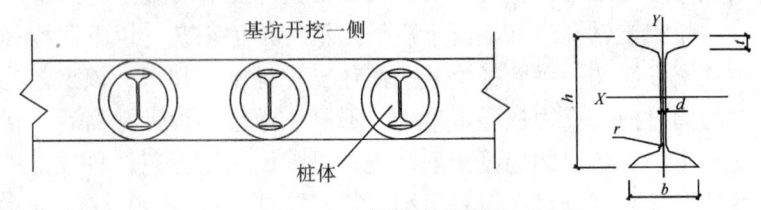

图4　后插入工字钢在桩体中位置图示

5. 施工工艺流程及操作要点

5.1 施工工艺流程

长螺旋钻孔压灌混凝土后插型钢支护桩施工工艺流程如图5.1。

5.2 操作要点

5.2.1 施工准备

1. 清理平整施工场地，按照总体场地施工平面布置图划分场地各施工功能区，达到"三通一平"，施工用的临时设施及材料均准备就绪。

2. 合理安排钻机的进出路线和钻孔顺序，制定施工方案，做好技术交底。

5.2.2 桩位放线

1. 根据平面控制点和高程控制点，在施工区域内布置并测设施工基线和水准点：

1）复核平面控制点和水准点。

```
施工准备
  ↓
桩位放线
  ↓
型钢及振动连接器制作 → 钻机就位
  ↓
技术人员复测 → 钻进成孔
  ↓
原材料检测 → 混凝土制备 → 压灌混凝土
  ↓
插入型钢
  ↓
清理钻具及土方
  ↓
桩顶水平位移监测
```

图5.1　长螺旋钻孔压灌混凝土后插型
钢支护桩施工工艺流程

2）布置并测设施工基线和水准点，基点应布设在通视良好、不易被干扰和损坏的地方，并能有效覆盖整个施工区域。基点应用混凝土墩制作，点位以十字铜头标记，并设置明显的保护标志。

3）施工期间定期对基线及水准点进行复核。

2. 根据设计图纸的要求，用全站仪进行放线、定桩位，在地面做好标记，桩位误差应符合《建筑桩基技术规范》JGJ 94的规定。桩位测放完毕后，由技术负责人组织质检员、施工员、班组长共同对桩位进行检查，确认无误后方可与监理或甲方办理预检签字手续。将水准仪架设在桩位附近，以便施工过程中控制钻孔压灌混凝土后插入型钢的标高。

5.2.3 型钢及振动连接器的制作

1. 型钢选择：型钢一般选用工字钢，选用型钢时应根据基坑稳定和变形的要求，计算截面弯矩和剪力，同时还应考虑桩身保护层厚度，型钢的规格、桩长度等因素，并符合设计规范要求。

2. 保护层的设置：桩身保护层的设置方法是用扁钢弯成园环并与工字钢焊接，然后在圆环上焊接钢筋保护层支撑，保护层支撑与桩土壁留20mm间隙，在工字钢的上中下分别设置保护层支撑，保护层支撑间距不大于5m。以20a的工字钢为例，工字钢保护层设置见后插型钢桩体剖面图5.2.3-1。后插型钢桩常用型钢规格表及其相应力学性能见表5.2.3。

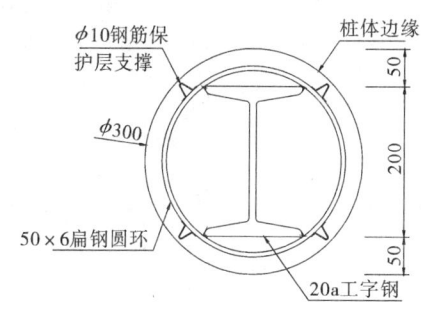

图5.2.3-1　后插型钢桩体剖面图

桩直径为200~400mm的对应工字钢（热轧普通）规格表　　　　　　表5.2.3

型号	尺寸（mm）					截面面积（cm²）	对应桩径（mm）	截面特性					
	h	b	d	t	r			X–X 轴			Y–Y 轴		
								I_z cm⁴	W_z cm³	i_z cm	I_y cm⁴	W_y cm³	i_y cm⁴
10	100	68	4.5	7.6	3.3	14.3	200	245	49	4.14	32.8	9.6	1.51
12.6	126	74	5	8.4	3.5	18.1	—	488	77.4	5.19	46.9	12.7	1.61
14	140	80	5.5	9.1	3.8	21.5	—	712	101.7	5.75	64.3	16.1	1.73
16	160	88	6	9.9	4	26.1	250	1127	140.9	6.57	93.1	21.1	1.89
18	180	94	6.5	10.7	4.3	30.6	—	1699	185.4	7.37	122.9	26.2	2.00
20a	200	100	7	11.4	4.5	35.5	300	2369	236.9	8.16	157.0	31.6	2.11
20b	200	102	9	11.4	4.5	39.5	—	2505	250.2	7.95	169.0	33.1	2.07
22a	220	110	7.5	12.3	4.8	42	—	3406	309.6	8.99	225.9	41.1	2.32
22b	220	112	9.5	12.3	4.8	46.4	—	3583	325.8	8.78	240.2	42.9	2.27
25a	250	116	8	13	5	48.5	350	5017	401.4	10.17	280.4	48.4	2.40
25b	250	118	10	13	5	53.5	—	5278	422.5	9.93	297.3	50.4	2.36
28a	280	122	8.5	13.7	5.3	55.45	—	7115	408.2	11.35	344.1	56.4	2.49
28b	280	124	10.5	13.7	5.3	61.05	—	7481	534.4	11.08	363.8	58.7	2.44
32a	320	130	9.5	15	5.8	67.05	400	11080	692.5	12.85	459.0	70.6	2.62
32b	320	132	11.5	15	5.8	73.45	—	11626	726.7	12.58	483.8	73.3	2.57

表中符号表示为：I——截面惯性矩；W——截面抵抗弯矩；i——截面回转半径；x、y——型钢轴，见图4。

3. 加工起吊孔：在型钢腹板中间距离顶端30~50mm处，加工一直径50mm圆孔，用于起吊，见图5.2.3-2。

4. 振动连接器的制作：送桩器由振动锤、连接器组成。连接器制作方法是：连接器上部为一段工字钢，长约1500mm，下部为一段钢管，长约700mm。连接器中的工字钢分别与连接器钢管和法兰盘焊接在一起，连接器构造见图5.2.3-3。距钢管上端200mm处制作一贯通的60mm×30mm的矩形孔，配合用直径20mm的钢筋制作的丁字形插销吊装工字钢（图5.2.3-3、图5.2.3-4、图5.2.3-5）。

5. 型钢倒角：对型钢下端翼缘处加热后进行加工向内倒角，使其不易与桩边缘产生刮蹭，避免影响成桩质量（见图5.2.3-6、图5.2.3-7）。

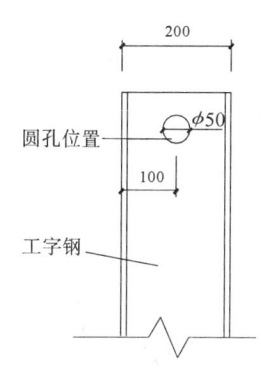

图5.2.3-2　起吊孔加工大样图

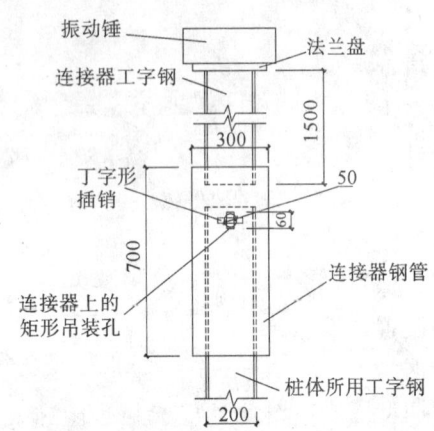

图5.2.3-3　连接器构造大样图

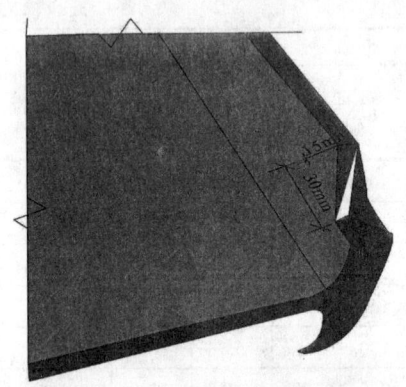

图5.2.3-4　连接器、振动锤结合图

图5.2.3-5　工字钢与连接器钢管的结合图

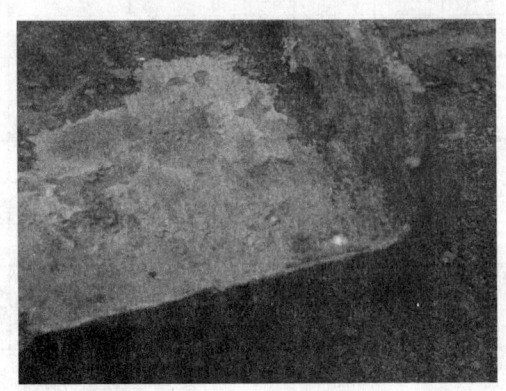

图5.2.3-6　加工后的工字钢底端翼缘

图5.2.3-7　加工后的工字钢底端翼缘实物图

5.2.4　钻机就位

1. 桩位放线后，钻机应立即就位进行试钻。钻进时确保钻杆的连接牢固，钻机支撑平稳，钻机钻头中心点保证和桩位点垂直。钻机启动前应将钻杆、钻尖内清理干净。

2. 钻机就位时必须保持机身平稳，不发生倾斜和位移。为准确控制钻孔深度，应在机架上做出控制的标尺，以便在施工中进行观测和记录。

3. 钻机定位后，应进行桩位复测，钻头中心与桩位点偏差符合规范要求。

5.2.5　钻进成孔

1. 技术人员复测桩位后，钻机开始钻进成孔。在型钢支护桩钻孔施工前，宜先进行现场试钻，根据试钻的地质情况、钻进速度等相关参数确定钻孔控制标准。如需要穿越老黏土、厚层砂土、碎石土以及塑性指数大于25的黏土时，应进行试钻。

2．开始钻孔时，关闭钻头阀门，向下移动钻杆至钻头触及地面时，启动马达钻进。

3．开孔时下钻速度应缓慢；在钻进过程中，不宜反转或提升钻杆；当遇到卡钻、钻机摇晃、偏斜或发生异常声响时，应立即停钻，查明原因，采取措施后方可继续作业。

4．当钻头钻至设定标高时，在动力头停留位置处对应钻机机身上做醒目标记，作为施工时控制桩长的依据。

5.2.6　制备、压灌混凝土

1．混凝土的制备要求：

1）压灌用混凝土的强度等级应符合设计要求，混凝土和易性和流动度要求较高，一般情况下坍落度200±20mm。

2）拌制的混凝土所采用的骨料要清洁，不得含有泥土、草等杂物。

3）碎石级配要符合要求；中砂级配合理，质地坚硬，颗粒清洁。

4）严格按照申请批复的混凝土配合比执行。

5）混凝土投料偏差：水泥：±2%、骨料：±3%、水：±2%。

2．压灌混凝土：

1）无论是采用商品混凝土还是现场制备混凝土，均应在开钻前准备完成。钻孔到达设计孔深后应立即向孔内压灌混凝土。混凝土开始压灌时，宜先提升钻杆200~300mm后，开始泵送混凝土。在确认钻头阀门打开后方可提钻，提钻速率按试桩工艺参数控制，提钻速率与混凝土泵送量要相匹配，保持料斗内混凝土的高度不低于400mm，并保证钻头始终埋在桩内混凝土面以下1000mm以上。钻头提升到设计标高时停止压灌，利用钻杆内贮存的混凝土来排出桩顶上浮渣。

2）压灌桩的充盈系数一般土为1.1，软土为1.2~1.3。为保证成桩质量，桩顶混凝土超灌高度不宜小于0.5m。

3．钻机移位

1）压灌混凝土完成后，钻机应迅速移位，为吊放型钢腾出场地。

2）钻机移位应由专人指挥，确保安全。

3）由于钻孔时排出的土较多，经常将临近的桩位点覆盖，有些还会出现钻机支撑脚压住未施工的桩位点，因此在下一根桩施工前，还应对桩位点进行复核，确保桩位准确。

5.2.7　插入型钢

1．吊车起吊型钢时，先在原地调整，利用型钢自重使其垂直于地面。

2．移位至桩顶后，进行型钢就位、调直控制；在插入钻孔混凝土前的过程中，吊车吊绳要保持一定的张力，确保型钢准确就位，型钢惯性矩较大的一面与护坡面保持一致，见图5.2.7-1。

3．型钢接近混凝土面时，开动振动器，使型钢缓慢沉入混凝土至桩顶标高，吊车同时仍要保持一定的拉力。

4．在型钢插入桩体混凝土的过程中，由专人采用两台经纬仪控制其垂直度，用水准仪控制其顶标高，控制就位准确（图5.2.7-2、图5.2.7-3）。

5．在型钢缓慢沉入混凝土至桩顶标高后，振动器应再振动2~3min，以保证混凝土的密实度。

6．混凝土压灌完成、钻机移位后即进行后插型桩施工，如遇特殊情况，间隔不得超过2h，应在混凝土初凝前安插型钢完毕，否则应重新钻孔或者补桩。

5.2.8　清理钻具和土方

中途停钻或者施工完成，及时清理钻具上的土以及钻管内的残留混凝土，清除型钢桩连接器上附着的混凝土，以免影响机具性能。

桩体混凝土达到设计强度值的60%~70%（常温下，一般是在压灌混凝土后3~5d）后，方可进行桩上部的桩间土挖除等清理工作，宜采用人工清运；桩体砼达到设计强度时，才能进行基坑开挖。

图5.2.7-1　吊放型钢

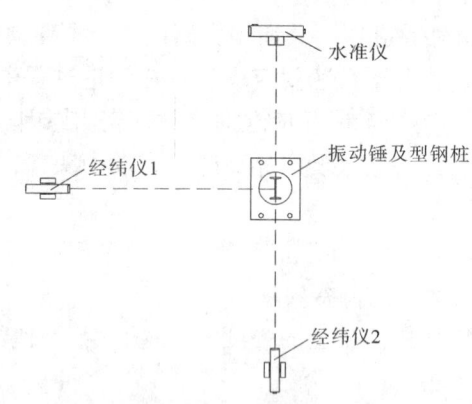

图5.2.7-2　型钢下沉控制（仪器与型钢相对位置）图示

图5.2.7-3　型钢下沉控制实景

5.2.9　桩顶水平位移监测

根据基坑侧壁安全等级、周边环境及设计要求等制定切实可行的施工监测方案，经监理、设计、业主认可后实施。

对桩体结构水平位移进行监测，监测点的设置、监测方法和频率均应满足相关规范要求。

6. 材料与设备

6.1　施工材料（表 6.1）

施工材料
表6.1

序号	材料名称	用途	要　求
1	混凝土	混凝土灌注桩桩体	符合设计要求及相关规范规定
2	型钢	混凝土灌注桩配筋	符合国家现行标准、规范规定

6.2　施工机具设备（表 6.2）

施工机具设备一览表
表6.2

序号	设备器材	型号	功率（kW）	数量	用　途
1	长螺旋钻机	KLB600	55	1 台	灌注桩成孔
2	振动锤	DZ30	30	1 台	振动下沉型钢
3	吊车	QY20/QY 25		1 台	吊装型钢

序号	设 备 器 材	型 号	功率 （kW）	数量	用 途
4	电焊机	BX3–330	28	2台	型钢加工
5	混凝土运输泵	HBT40/HBT60	55/90	1台	压灌混凝土
6	振动连接器			1套	连接振动锤及型钢

7. 质 量 控 制

7.1 执行的标准规范

《建筑桩基技术规范》JGJ 94、《建筑桩基检测技术规范》JGJ 106、《混凝土结构工程施工及验收规范》GB 50204。

7.2 质量控制措施

7.2.1 施工前应对型钢、混凝土等原材料进行检测，质量应符合国家标准规定，规格、强度等级应符合设计要求和施工规范的规定。主要试验项目及配备检测仪器见表7.2.1。

7.2.2 型钢加工过程中，检查型钢上部腹板的吊装孔、连接孔的尺寸和型钢底端的翼缘板倒角处理，使其满足施工要求。

7.2.3 施工前要合理确定钻机行走路线图，避免钻机碾压已完成的支护桩，造成质量隐患。

7.2.4 施工过程中应对钻机成孔、混凝土灌注、型钢的安装等进行全过程检查、监控。

7.2.5 混凝土的灌注必须连续，严禁出现中途间歇，造成断桩。严禁将土及杂物和混凝土一起灌入孔中。

7.2.6 桩顶超灌高度不宜小于0.5m，桩间土宜采用人工清运。

7.2.7 质量标准的主控项目应满足表7.2.7的规定。

主要试验项目及配备检测仪器（采用现场制备混凝土时） 表7.2.1

类别	名 称	检 测 项 目	主要设备名称
原材料物理力学性能指标	水泥	标准稠度和凝结时间	标准稠度和凝结时间
		安定性	雷氏夹
		稠度	负压筛
		比表面积	比表面积测定仪
		胶砂强度	标准试模 4×4×16
		相对密度	相对密度瓶
	钢材	力学性能及压弯性能	万能材料试验机
		焊接性能	万能材料试验机
	砂	表观密度和堆积密度	李氏相对密度瓶和测量筒
		颗粒级配筛分	摇筛机和分析筛
		含泥量和有机质含量	玻璃器皿
	碎石	粒径级配	分析筛
		针片状含量	石针、片状规准仪
		压碎指标	压碎指标测定仪
		含泥量及泥块含量	玻璃器皿
		表观密度和堆积密度	相对密度瓶和测量筒

续表

类别	名称	检测项目	主要设备名称
施工质量控制	混凝土	混凝土配合比设计	搅拌机、试模、压力机
		混凝土 3d、28d 抗压强度	抗压强度试模
		坍落度	坍落度筒
		初（终）凝时间	电动阻力贯入仪
		含气量	含气量测定仪
		保护层厚度	探测仪
		其他	标准养护室、电动取芯仪等

主控项目   表7.2.7

项目	序号	内容	允许偏差或允许值	检测方法
主控项目	1	型钢长度	±50mm	用钢尺量
	2	桩位	支护桩沿基坑侧壁方向 100mm，垂直基坑侧壁方向 150mm	用钢尺和全站仪量测
	3	孔深	+300mm	测钻杆长度
	4	混凝土强度	设计要求	试块报告或钻芯取样送检
	5	桩身质量	按桩基检测技术规范	按桩基检测技术规范
	6	承载力	设计要求	按桩基检测技术规范

7.2.8 质量标准的一般项目应满足表7.2.8的规定。

一般项目   表7.2.8

项目	序号	内容	允许偏差或允许值	检测方法
一般项目	1	型钢安装深度	±100mm	用钢尺量
	2	桩径	0，+50mm	用钢尺量
	3	垂直度	不大于1%	用经纬仪/钻机水平尺
	4	桩顶标高	+30mm，−50mm	用水准仪测量
	5	保护层厚度	±20mm	用钢尺量
	6	混凝土坍落度	180~220mm	坍落度仪
	7	混凝土充盈系数	1.0~1.3	检测每根桩的实灌量

8. 安 全 措 施

8.1 施工人员严格执行"安全第一、预防为主、综合治理"的方针，严格执行国家和地方有关安全施工规范、规程。

8.2 对作业人员做好安全技术交底工作，树立良好的安全意识。

8.3 进入施工现场的人员必须正确戴好安全帽，按照规定正确使用个人防护用品。

8.4 夜间作业时，应有充足的照明措施。夏季作业时，应注意避开高温、雷雨和大风天气。冬季作业时，应避免雨雪天气。

8.5 从事特种作业的人员，必须持证上岗，严禁无证操作，禁止操作与自己无关的机械设备。

8.6 电工负责施工现场全部用电设施、用电设备的接拆工作和现场安全用电检查工作，对发现的用电安全隐患应及时上报项目部并提出整改措施。

8.7 钻机操作人员应了解钻机结构，熟悉钻机性能，掌握钻机操作技术，熟练掌握钻机出现故障时的紧急处理措施。

8.8 钻机安拆时，应先立钻架后装机，先拆机后拆钻架；立架应从下而上，拆架应从上而下。钻机运转中，回转范围内不得有人，同时操作者身体要避开并防止钻具突然落下伤人。钻机电源必须架空，照明器具与机架绝缘，遇暴风、雷雨时切断电源停钻机。

8.9 混凝土输送泵应停放在平整坚实的场地上，支腿底部应设置垫木，支架应平稳。

8.10 吊车起吊型钢时，必须由专人指挥。起吊时起重臂下不得有人停留或行走。起重臂、物件必须与邻近的架空电线保持安全距离。起吊完毕后，起腿、回转臂不得同时进行。行驶时，应将臂杆放在支架上，吊钩挂在保险杠的挂钩上，并拉紧钢丝绳。

9. 环 保 措 施

9.1 在施工交底和班前会议中，应明确环保措施和奖罚制度，并在施工过程中加强监管和落实。

9.2 减少噪声

严格按照夜间、白天施工噪声控制标准控制作业；进入现场的挖土机、汽车不准鸣笛，现场大门处基槽坡道入口处，设置"不准鸣笛"的明显标志。采用低噪声、低振动的施工机械施工，减轻噪声扰民。保护现场围墙不被破坏，以阻挡噪声扰民。

9.3 防止粉尘

桩间土挖运应派专人洒水，外运土方车辆设洗车池。桩体弃土要及时运送到指定地点堆放，运土时要及时清理被污染的路面，避免产生扬尘。

9.4 合理处置生活和建筑垃圾，保证不污染地方环境，注意保护绿地和现有植被。

9.5 工程完成后，按要求及时拆除工地安全防护设施和其他临时设施，并将工地及周围环境清理整洁，做到工完、料净、场地清。

10. 效 益 分 析

10.1 经济效益分析

与传统的后插钢筋笼混凝土灌注桩比较，采用本工法进行混凝土灌注桩的施工，现场无钢筋笼加工制作过程，无加工原料损耗和绑扎钢筋的人工费用，可缩短约1/4的施工工期。对狭窄施工场地效益更加明显，成本相对较低。

经济效益分析表 表10.1

序号	项目	后插钢筋笼	后插型钢	对比分析
1	材料	钢筋加工量大，损耗较多	基本无损耗	材料费约减少5%
2	进度	施工速度一般	施工速度快	缩短约1/4工期
3	劳动力	需要大量人力进行钢筋下料、绑扎、焊接作业	只需对型钢进行简单加工，投入的人员设备少	劳动力成本减少15%
4	综合比较	投入大、施工进度一般、造价较高	投入少、施工进度快、造价低	节约约30%的工程投资

10.2 质量效益分析

对于小孔径长螺旋钻孔压灌混凝土后插钢筋笼支护桩工艺，其钢筋笼的制作是一个比较复杂的过程，质量控制难度较大。小直径钢筋笼力学性能差，刚度低，在钢筋笼的起吊和插入桩内的过程中容易产生变形，质量隐患较多。而本工法的实施过程中不存在类似问题，成桩质量容易得到控制。

10.3 社会效益分析

本工法解决了空间狭小护坡工程中小直径（200~400mm）混凝土支护桩施工难题，应用空间非常广泛。与传统钢筋笼加工大量焊接相比，本工法基本无焊接作业，对环境无污染、低碳环保。无需降水，不影响地下水系，减少了设备投入。

11. 应 用 实 例

11.1 西安绿色家园住宅小区Ⅱ标段工程，总建筑面积174840m²，由地下车库、6栋住宅楼、1栋商业楼组成。

本工程地下2层，基坑深度为10.65m，由于基坑南侧空间狭小，且距离已有建筑物较近，根据场地条件，基坑南侧全部采用长螺旋钻孔压灌混凝土后插型钢支护桩工艺进行护坡施工，共计167根。本工程所处地理位置土质较差，属弱湿陷性土质地区。护坡桩施工由2010年6月30日开始至7月21日全部完成。经过对桩顶位移观测，水平最大位移为1.2cm，满足设计要求。

11.2 中国科学院电子学研究所科研综合楼基坑支护工程，位于北京市海淀区中科院中关村3号园区内，中关村北二街与中关村北二条交叉路口西南角。建筑面积约24124.01m²，±0.00相当于绝对标高51.75m，室外自然地面标高约为51.40m，基坑开挖深度为10m。基坑西侧邻近电子所总装技术楼，楼高4层，其底板外边缘距离本工程地下室结构外墙皮为1.35m（局部约18m范围内为0.51m），基础埋深-5.80m，底板厚度800mm，底板伸出采光井外墙500mm。地下防水层厚度为40mm，此建筑物建于2002年。基坑南侧为电子所试验楼，楼高3层，其结构外皮距离本工程地下室结构外皮为4260mm，基础埋深-2.00m，建于20世纪50年代，为砖混结构。

本基坑支护的难点和重点在西侧和南侧。西侧电子所总装技术楼的底板外边缘距离本工程地下室结构外墙皮为1.35m（局部约18m范围内为0.51m），施工空间极其有限（图11.2-1）。南侧电子所试验楼的结构外皮距离本工程地下室结构外皮为4260mm，

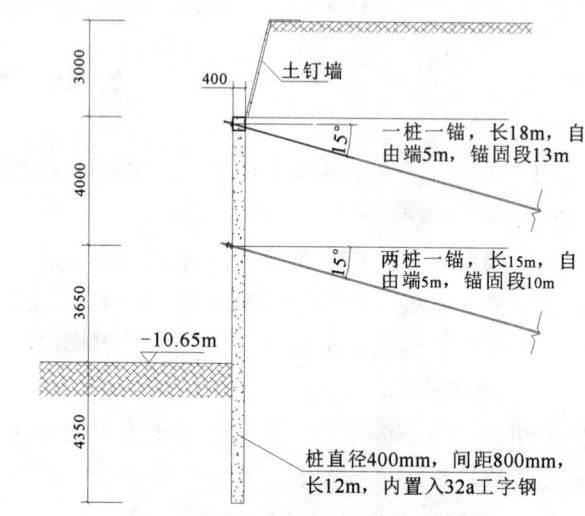

图11.1 基坑支护结构图

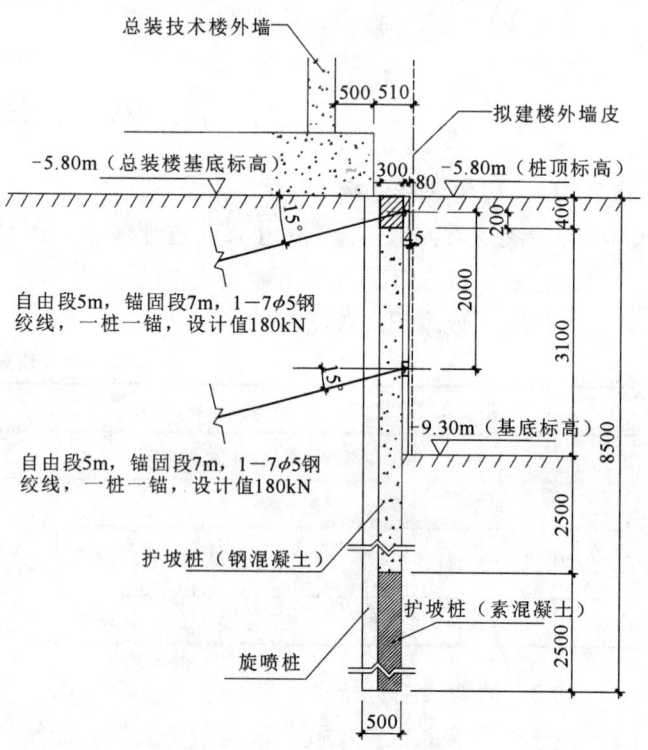

图11.2-1 基坑支护设计剖面图

且为砖混结构，对差异沉降比较敏感。因此，西侧和南侧支护不仅要保证现存建筑物的绝对安全，而且同时要考虑总装技术楼与拟建科研综合楼距离太小带来的施工困难，在设计上该范围内的基坑边坡应按变形控制进行，施工工艺上应尽可能控制振动和噪声。

基坑西侧采用长螺旋钻孔压灌混凝土后插型钢施工工艺，桩径300mm，桩身采用20b工字钢。设置2排预应力锚索，基坑施工完成后，对桩顶进行了位移观测，水平最大位移量0.5cm，满足了基坑变形要求，施工现场及效果见图11.2-2、图11.2-3。

图11.2-2 施工现场状况

图11.2-3 完成支护后效果

11.3 北京合生马驹桥商业金融E1区项目位于北京市通州区马驹桥，北临姚村南路，东依小白村西路，南靠国家环保园区大道，西邻环科大道。

拟建工程包括E11、E12、E15~E18高层公寓、E13地下车库及附属裙房，E11、E12、E15~E18地上14层，地下2层；E13车库地下2层；其中高层公寓为框架剪力墙结构，筏板基础；其余为框架结构，独立基础。本工程±0.000=27.400m。根据勘察报告显示，场地平均地面标高约为25.90m，相当于±0.000以下1.50m。

E13号地下车库基坑底标高原设计为-9.06m，基坑开挖支护已经完成后，由于设计变更。E13号车库东侧16轴交A-N轴发生变更，原设计基底标高-9.06m变更为-11.06m，原设计基坑支护方案不能满足安全要求，但该部位基坑支护已按原设计方案施工完毕，故需要对该部位基坑支护重新进行设计加固。

基坑工程原设计深度7.7m，采用土钉墙支护，土钉长度4.0~6.0m，1:0.3放坡。目前本工程基坑深度加深至9.7m，且加深2m高度不允许放坡，只能采取直立边坡，故在原边坡坡脚部位设置一排微型护坡桩，采用长螺旋钻孔压灌混凝土后插型钢施工工艺，桩径300mm，桩长4.0m，桩身采用20a工字钢。嵌入深度1.44m，并在-5.5m和-8.4m标高各设置预应力锚杆一排，见图11.3。

　　基坑施工完成后，对桩顶进行了位移观测，水平最大位移量1.1cm，满足设计要求。

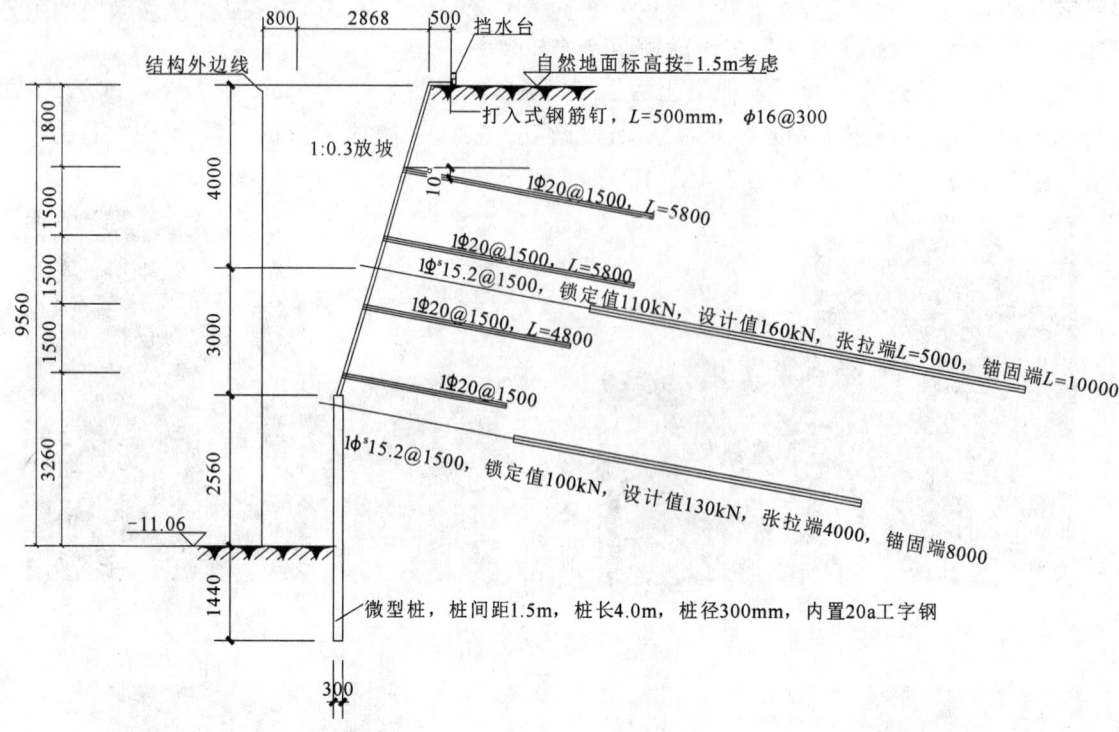

图11.3　基坑支护设计剖面图

静压锚杆桩地下室纠偏加固施工工法

GJEJGF029—2010

新疆七星建设股份有限公司　温州东瓯建设集团有限公司

金文　许宗国　胡明大　毛西平

1. 前　　言

在桩基施工过程中由于土体位移、设计更改或者放线错误等因素造成现有轴线与新轴线之间有一定的偏差，致使柱子需要移位，基础需要补桩。对于补桩，传统做法是在柱位设计位置补打工程桩，对于工程桩机已撤出施工现场或由于现场条件限制，补打工程桩难度较大，采用锚杆静压桩能很好地解决这一问题。本工法采用锚杆压顶补桩法，有效地解决地下室桩位偏差问题，纠偏后的柱子美观，承载力完全满足设计要求。

2. 工 法 特 点

2.1　质量有保证，锚杆静压桩的下沉式用油压值来控制的，成桩质量可靠。

2.2　可以在主体施工的同时进行锚杆桩的施工，不单独占用施工工期。

2.3　锚杆静压桩采用油压压桩，噪声小，无污染，环保文明。

2.4　设备投入少，能耗低，消耗材料少。

3. 适 用 范 围

适用于新旧轴线偏差不超过1m且结构层数不大于5层的框架或框剪结构纠偏工程；且上部已有建筑或已施工的部分自重大于要施工的锚杆桩基合力；适用的土质为淤泥、淤泥质黏土、黏性土、粉土和人工填土等。

4. 工 艺 原 理

利用静压锚杆桩加固已做好地下室的建筑物基础，使柱子能通过植筋立在正确的轴线上，在柱下形成符合设计要求承载力的基础，最大限度地减少轴线偏差带来的受力偏心问题，使纠偏后的柱子传力路径与原设计无异，在不削弱结构稳定性的前提下使柱子纠偏过来。

5. 施工工艺流程及操作要点

5.1　工艺流程（图5.1）

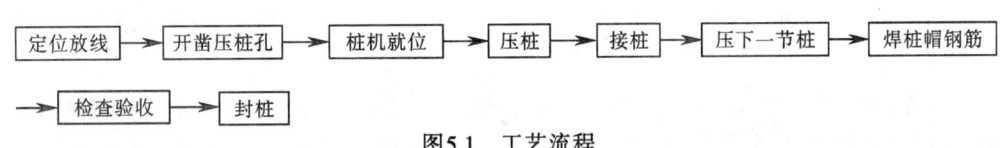

图5.1　工艺流程

5.2 操作要点

5.2.1 定位放线，根据设计图纸放出桩位轴线。

5.2.2 开凿压桩孔：按设计轴线位置以及设计孔径，在地下室底板上面开凿压桩孔，压桩孔呈锥形方孔，下大上小。孔壁应凿毛，提高封桩后混凝土与原有混凝土的粘结力。底板钢筋从开凿桩孔裸露的钢筋中部割断并且上反，待压桩后焊接，见图5.2.2。

（a） （b）

图5.2.2 开凿压桩孔

5.2.3 桩机就位：使压桩机对准压桩孔，就位以后，将压桩孔内上反的钢筋与压桩机焊接；为了进一步保持压桩反力架稳定性，在桩机上撑木杆，木杆顶在地下室顶板下。在顶木杆的过程中应用水平尺控制压桩反力架的水平，并用铅锤控制压桩机头的千斤顶垂直度。桩机在施工过程中不能发生倾斜、移动。固定后的压桩反力架必须保持垂直，千斤顶与桩节及压桩孔轴线必须重合，不得压偏，见图5.2.3。

图5.2.3 桩机就位

5.2.4 压桩：压桩时，桩顶应垫30~40mm厚的木板或多层麻袋，套上钢桩帽再进行压桩，防止千斤顶压碎接触面的桩身。桩入土一个行程后用铅锤校验锚杆桩是否保持垂直，双向校正，垂直度偏差不得超0.5%，上、下节桩的中心线偏差不得大于10mm，节点折曲矢高不得大于1%桩长。压桩施工不得中途停顿，应一次到位，如必须中途停顿时，桩尖应停留在软土层中，且停歇时间不宜超过24h。如遇到压力急剧增加，可能遇到碎石障碍物或压入硬土层，这时千斤顶可采用稍压入，持荷，再压入，再持荷的方式压桩。

5.2.5 接桩：接桩采用硫磺胶泥接桩，钢筋接头总长度不小于500mm，伸出桩身长度不小于250mm。将预制桩头清理干净，上节桩就位后将钢筋接头插入筋孔，检查接头与插筋孔是否对齐无误，间隙是否均匀。检查完毕后将上节桩吊起10cm，装硫磺胶泥夹箍，浇筑硫磺胶泥，立即将上节桩保持垂直放下，充分粘结，待硫磺胺泥固化后，才能开始压下一节桩，见图5.2.5-1、图5.2.5-2。

图5.2.5-1　熔解硫磺胶泥

图5.2.5-2　硫磺胶泥接桩

5.2.6 压桩：硫磺胶泥固化以后便可开始压下一节锚杆桩。桩达到设计压桩力要求后持荷时间不应小于5min，若5min内不能稳定，必须再持荷5min，一直到稳定为止（稳定标准为5min内沉降不超过0.1mm），该压桩工作完成。

桩顶压到设计标高时，对于外露的桩头需经过设计单位同意后方可切除。切割桩头前应先用楔块从两边把锚杆桩固定住，然后用凿子开出30~50mm深的沟槽，摘除桩头。严禁在悬臂情况下乱砍桩头。锚杆桩进入承台50~100mm。

5.2.7 焊桩帽梁钢筋：地下室底板或原有承台厚度大于350mm时可不做桩帽梁，当地下室底板或原有承台厚度小于350mm时，应在压桩孔上部设置桩帽梁，将2φ16钢筋制作成门字型和锚杆焊接成十字交叉形状，并在封桩后桩孔面以上浇筑桩帽，厚度不得小于150mm。具体构造如图5.2.7。

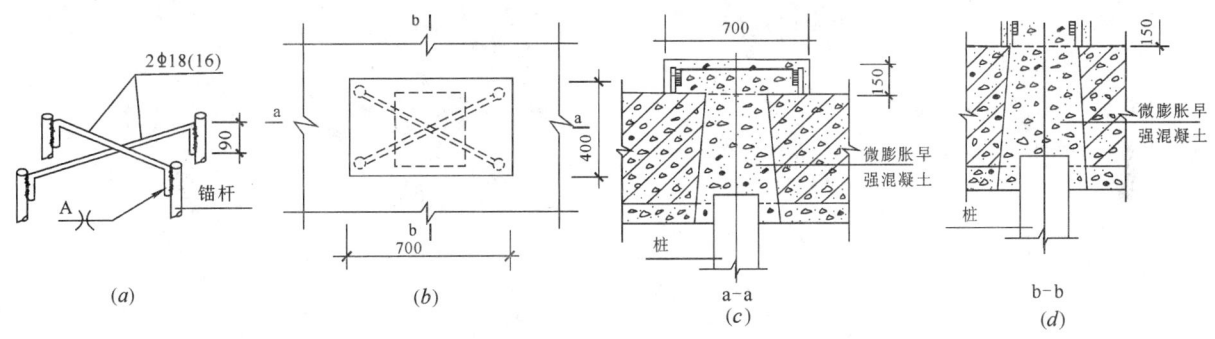

图5.2.7　桩帽梁构造及封桩后桩帽

5.2.8 检查验收：每根桩应以设计最终压桩力为主，桩入土深度为辅加以控制，压到满足设计要求停压，进行中间验收，符合设计要求后，填好施工记录。封桩前必须经过抽检，抽检结果必须符合设计要求，经设计同意后方可封桩。

5.2.9 封桩：将锚杆与底板交叉钢筋焊接，加强封口的锚固力。封桩前，压桩孔应清理干净，排除积水，凿毛和刷洗干净桩顶侧表面，然后在孔壁及桩头面涂刷混凝土界面剂或纯水泥浆，以增加粘结力。

封桩可采用不施加预应力和施加预应力两种方式。当采用不施加预应力方式封桩时，锚杆桩达到设计深度或者设计压力后即可使千斤顶卸载，拆除压桩反力架清理后，

图5.2.9　预应力方式封桩

与桩帽梁一起浇筑高一强度等级的微膨胀早强混凝土。当采用施加预应力方式封桩时，应在千斤顶不卸载的情况下，使用型钢托换支架，清理干净压桩孔后，用高一强度等级的微膨胀早强混凝土浇筑，当封桩混凝土达到设计强度后，方可卸载。

5.2.10 后续工序。锚杆桩施工与植筋等施工过程并非紧前紧后工作关系，在实际施工过程中，锚杆桩施工是与上部结构施工同时进行的。植筋过程也可以在锚杆桩施工之前。

5.2.11 劳动力安排（表5.2.11）

劳动力安排　　　　　　　　　　　　　　　　　表5.2.11

工　种	工　作　内　容	人数	备　注
风动凿岩机操作人员	开孔	1~2	
压桩机操作人员	压桩	2/台	
焊工	焊接	1	
普工	搬运锚杆桩、熔解硫磺胶泥等	1~2/台	
合计		5~7人	

6. 材料与设备

压桩材料及设备

1. 主要机具：锚杆静力压桩机、风动凿岩机、运桩小车、2t电动葫芦、千斤顶、索钢丝绳、桩钢帽、硫磺胶泥熔解炉等。

2. 主要材料

1）预制钢筋混凝土锚杆桩（图6）。

2）硫磺胶泥（接桩用)：性能符合设计要求，并有出厂合格证书。

3）型钢（接桩用)：材质、规格符合设计要求，宜用低碳钢。

4）锚杆：材质、规格符合设计要求，当压桩力小于400kN时，用M24锚杆，当压桩力在400~500kN时，采用M27锚杆。

图6　锚杆静压桩

7. 质 量 控 制

7.1 锚杆桩桩身强度应符合设计要求，硫磺胶泥性能应符合国家现行标准《地基与基础工程施工及验收规范》GBJ 202-83。

7.2　锚杆桩施工过程中的质量控制

7.2.1 压桩前，压桩机压力表应经质量鉴定部门检测合格后方可使用。

7.2.2 做好技术交底与施工检查工作，作业过程严格按施工方案进行。

7.2.3 开工时请设计、监理共同到场，试压第一根桩并认真填写记录。

7.2.4 压桩施工时不应数台压桩机同时在一个独立柱基上施工。施工期间，压桩力总和不得超过该基础上部结构所能发挥的自重，以防止基础上台造成结构破坏。

7.2.5 压桩过程中遇见下列情况应暂停，并及时与有关单位研究处理：

1. 压入力剧变。

2. 桩身突然发生倾斜、位移。

3. 桩顶或桩身出现严重裂缝或破碎。

8. 安 全 措 施

8.1 配置专职安全员建立健全生产管理组织和管理制度，加强安全教育，贯彻"安全第一，预防为主"的方针。

8.2 岗位分工明确，不混岗作业，特种作业人员必须持证上岗。施工人员必须戴好安全帽。

8.3 钻孔施工人员必须佩带绝缘手套，穿好绝缘鞋。

8.4 硫磺胶泥配置人员必须戴好防毒面具。

8.5 电焊作业时工人必须使用防护面罩，戴防护手套，穿绝缘鞋。雨天施工、焊接要采取防雨措施，若雨量较大，应停止焊接工作。

9. 环 保 措 施

9.1 基层处理时，必须作好防尘、降尘，在电锤钻孔和清理时必须先用喷雾器喷水湿润，防止扬尘。

9.2 用角磨机处理钢筋时，必须在硬化好的场地内，以便于清理钢筋的锈渣。

9.3 风动凿岩机钻成孔时必须设置隔声屏，防止噪声污染；水钻成孔时，必须在成孔操作面下用塑料布设置集水槽，将污水收集排放到专门的沉淀池内。

9.4 应充分考虑沉桩挤土对周边环境的影响。

10. 效 益 分 析

10.1 社会效益：桩机采用油压千斤顶，噪声小，节能降耗，无污染，环保文明。锚杆静压桩压桩过程对周边建筑影响很小。同时能发挥复合地基的承载能力，节省地基处理费用。

10.2 经济效益：锚杆桩价格低，加上植筋的费用，比补工程桩节省很多。

锚杆桩成本测算：

锚杆：（M24~M27）15~18元/个；

预制桩：C30—850元/m³；

接桩：硫磺胶泥—15~20元/单桩；

压桩：35元/m；

总计单桩：200mm×200mm的锚杆桩，180~190元/m。

从以上成本可以看出，锚杆桩是一项经济的纠偏加固措施。

11. 应 用 实 例

11.1 南塘风貌区1号楼地下室纠偏加固工程

该工程地下室基础底板已施工完成。在桩基工程施工中由于施工单位桩位放线错误，造成桩基平面位移，导致设计施工图轴线与桩实际施工轴线偏差较大，部分桩承载力超过设计值。根据业主方多次专家论证会结论，要求基础偏差部位必须复原，为此经设计复算出具设计纠偏加固图，对基础进行纠偏处理，以满足其设计要求。

该工程采用部分基础补桩、基础部分框架柱偏位纠偏和部分底板延伸补救处理的方案，使地下室柱纠正到原来设计位置。

目前该工程纠偏完毕，达到了预期效果，监理及业主较满意。

11.2 新明国际家居生活广场三标段

位于浙江台州椒江区中山西路与台州大道交汇处，该工程采用钻孔灌注桩，框架2~5层。由于甲方功能上的要求，设计单位改动了局部的柱子位置，柱子偏移量为200~500mm不等。而现场桩基已全部施工完毕，底板已浇好。经与设计院讨论，采用本工法施工，凿开地下室底板，打进锚杆桩并在新柱子位置植筋。该工程已经完成预验收，沉降及周边结构裂缝监测值均在正常范围内。

11.3 温州红翔汽车服务公司龙湾展厅及维修车间工程

温州红翔汽车服务公司龙湾展厅及维修车间工程，由于甲方功能上要求的改变，设计单位改动了局部的柱子位置。而现场桩基已全部施工完毕，底板已浇好。经与设计院讨论，采用本工法施工，凿开地下室底板，打进锚杆桩并在新柱子位置植筋。该工程已经完成预验收，沉降及周边结构裂缝监测值均在正常范围内。该工程经过纠偏以后，基本满足了设计要求。

现浇混凝土楼板外侧模板支架施工工法

GJEJGF030—2010

北京金港机场建设有限责任公司
白立斌

1. 前　　言

现浇混凝土楼板外侧模板的支设是一道关键工序，直接决定混凝土的成型质量，反映工程质量管理控制的有效性。但是，支设的方法有许多种，最为通常的做法，就是采用穿墙螺栓，依靠紧固竖向木龙骨来支撑模板的方式，支设楼板外侧模板，支设步骤多、操作质量不易控制，模板拆除后混凝土的观感质量不均衡，施工应用不当还会产生一些混凝土错台等质量通病。通过使用工具式的模板钢支架，来加固楼板外侧模板，优化了模板支设的方法，减少了人工投入，提高了混凝土的成型质量。为便于推广应用，将此定型工具式模架支设编制施工工法。

2. 工 法 特 点

2.1 重量轻、刚度好、不变形，周转使用，环境保护优势突出。

2.2 可以用于木模板、钢模板支设。适用于不同的墙体厚度，适用性广。

2.3 钢支架制作的原材料来源丰富，生产加工方便。

2.4 钢支架替代木龙骨，以钢代木节约资源。

2.5 操作简单、提高施工效率。

3. 适 用 范 围

适用于多层及高层建筑的全现浇剪力墙结构的现浇楼板外侧模板的支设。

4. 工 艺 原 理

利用全现浇结构墙体施工的大钢模板螺栓孔，穿过预先加工制作的定型模架，支设楼板外侧模板，保证模板安装的质量，提高混凝土的成型质量。简化模板安装的操作步骤、减少操作人员，提高施工效率。

5. 施工工艺流程及操作要点

5.1　工艺流程（图 5.1）

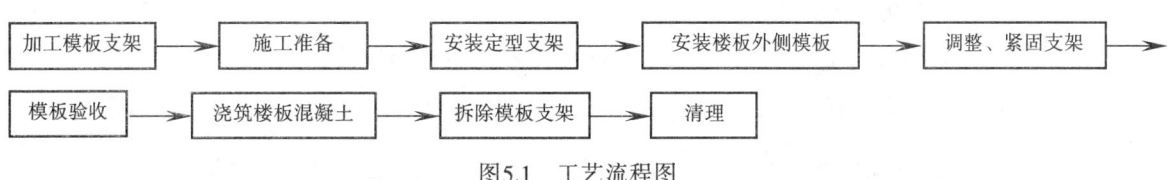

图5.1　工艺流程图

5.2 作业条件

5.2.1 确定螺栓孔的间距、螺栓的直径。间距≤1200mm为宜，螺栓的直径≥20mm为宜。

5.2.2 熟悉图纸，根据设计要求的顶板厚度及上端大模板螺栓孔的位置，计算出上肢角钢的高度。

5.2.3 熟悉图纸，根据设计要求的外侧墙体厚度，计算出穿墙螺栓的长度。

5.2.4 顶板侧模选型，通常情况下选为木龙骨、多层板；也可以优选钢制模板。确定模板的厚度。

5.2.5 做好技术交底，将支架的具体数据详细说明。

5.2.6 做好安全交底，电气焊人员必须持有上岗证。

5.3 操作要点

5.3.1 加工模板支架

1. 加工制作模板支架，使用切割机将角钢加工成所需尺寸，使用E43焊条，将角钢焊接成图5.3.1中形状，角度为90°。上肢角钢330mm高度（根据相应工程的模板螺栓孔的位置和楼板混凝土的厚度，据实调整），下肢角钢200mm高度不变。

2. 加工直径≥20mm的螺栓，螺扣通长，长度700mm（根据墙体厚度调整）。加工配套的6mm厚垫板和螺母（图5.3.1）。将螺栓的一端穿过立面角钢，与水平角钢焊接成一体，焊接长度≥100mm。螺母、螺栓、垫板同大模板配套加工。

3. 使用直径≥16mm的螺纹钢筋与角钢内侧焊接，保证钢筋与角钢的角度为45°（图5.3.1）。焊接的平直段的长度为50mm。钢筋焊接完成后，保证立面角钢与水平角钢的角度为90°。模架制作成型，检查验收合格后使用。

图5.3.1 支架制作图

5.3.2 施工准备

1. 检查支架的加工质量；检查多层板模板的加工质量。

2. 做好支架安装、紧固、拆除工作等详细技术交底。

3. 弹线定位：按图纸要求，在墙体弹好模板的标高控制线。楼梯间墙体和楼四周墙体外侧抄平、弹模板线。

4. 混凝土的施工缝软弱层已经剔除，露出石子。

5. 粘贴海绵条。距墙顶10mm位置弹线，按线使用聚乙烯片材单面胶条，贴在混凝土墙面上，胶条要顺直，不脱落，防止漏浆。

5.3.3 安装定型支架

墙体混凝土的强度，达到1.2MPa以后。利用墙体的螺栓孔，安装模板定型的固定支架，间距为1200mm，并保证每道墙体不少于3个模架。参见图5.3.3。

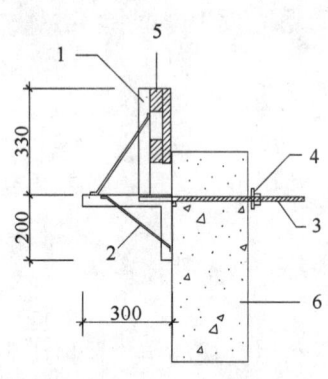

图5.3.3 定型支架安装

1—角钢∠40×3.0；2—螺纹钢筋≥16mm；
3—直径≥20mm的螺栓；4—垫板和螺母；
5—木龙骨和多层板；6—混凝土墙体

5.3.4 安装模板

1. 使用多层板和木方配制楼板的侧面模板，经检验合格后，吊装至施工作业层，安放在支架上，初步紧固（侧面模板也可以适用钢制模板）。

2. 按照层间+50标高线，拉线使用钢尺测量模板高度。调整模板的上口标高，符合设计要求的尺寸。

5.3.5 紧固支架

模板上口的高度调整合格后，最终拧紧螺母，使模架具有足够的强度、刚度。

5.3.6 模板验收

安装完毕后，必须经施工员、质检员检验，检查侧模的垂直度、平直度、标高，板缝的缝隙及海绵条封闭情况，合格后进行下道工序。

5.3.7 浇筑楼板混凝土

清理板内的杂物，钢筋检验合格以后，开始浇筑顶板混凝土。混凝土浇筑完成后，看护模板的人员，逐一检查模板的垂直度、平直度，模板的松紧度，保证混凝土的成型质量。

5.3.8 拆除模板支架

混凝土的强度达到1.2MPa或拆模时混凝土不发生缺棱、掉角现象，将模架卡具松开，撤出模板，卸下模架。

5.3.9 清理混凝土面的海绵条及模板上的杂物。拆除的模板支架、木模板集中存放，周转使用。

6. 材料与设备

6.1 材料要求（表6.1）

材料表 表6.1

	名 称	型号、规格
1	等边角钢	∠40×3.0
2	螺栓、配套螺母	直径20mm、45号钢
3	钢垫板	100mm×100mm×6mm、45号钢
4	钢筋	HRB335、直径16mm
5	焊条	E43
6	木方	50×100mm
7	多层板	15mm、18mm
8	圆钉	2.5mm×40mm

6.2 机具设备

6.2.1 机械（表6.2.1）

机械表 表6.2.1

	名 称	型号、规格
1	切割机	SQC-400
2	电焊机	BX6-250
3	角磨机	S1M-FF-100A
4	台钻	ZJ4113-A

6.6.2 工具：手锯、锤子、托板、靠尺、卷尺、楔形尺、小线。

7. 质量控制

7.1 执行标准

《混凝土工程施工质量验收规范》GB 50204-2002。

7.2 质量标准

7.2.1 主控项目

安装及其支架必须具有足够的强度、刚度和稳定性。其支架的支撑部分必须有足够的支撑面积。

7.2.2 一般项目

1．模板的接缝不应漏浆。

2．板面清理干净。

3．浇筑混凝土前，模板内的杂物清理干净。

4．模板一般尺寸的允许偏差应符合表7.2.2的规定：

现浇结构模板施工质量允许偏差　　　　　　　　　　　表7.2.2

项　　目	允许偏差（mm）	检 验 方 法
模板上表面标高	±3	用钢尺检查
垂直度	2	吊线、钢尺检查
表面平直度	3	拉线检查
相邻两板面高低差	2	拉线、钢尺检查

7.3 质量通病及注意事项

7.3.1 墙体的表面粘连：由于模板清理不好或拆模过早所造成。

7.3.2 上下层接茬有错台：支模垂直度不好或螺栓紧固力不到位松脱所致。

7.3.3 模板缝漏浆：模板拼装时缝隙过大，连接固定措施不牢固。

7.3.4 模板下口漏浆：海绵条粘贴不牢固有脱落造成或模板变形不直与墙体有缝隙所造成。

7.3.5 模板支架变形不垂直，造成模板的垂直度不好。

7.3.6 模架支设好以后，施工人员行走时，不得踩踏模架，防止变形。

8. 安 全 措 施

8.1 安装时应注意预防倒塌、坠落等安全事故发生；安装支架时，操作人员应系好安全带。

8.2 模板裁割时应注意用电锯安全，以防电锯伤人。

8.3 焊接支架时，应为专业电焊工，并佩戴齐全劳保防护用具、用品。

8.4 切割钢材时应注意用切割机安全，防止伤人。

8.5 角钢锯口平齐，将边角锋利边缘打磨成圆滑状态，防止人员磕碰造成伤害。

9. 环 保 措 施

9.1 使用的废旧海绵条、电焊条，及时回收集中处理。

9.2 切割角钢时，严禁在夜间操作，并设置防护罩，减少噪声扩散。

9.3 焊接支架时，设置挡光板，避免弧光扩散，保护周围作业人员的眼睛。

9.4 支架和模板拆除后，清理干净周转使用，减少材料投入。

10. 效 益 分 析

10.1 减轻工人劳动强度，减少人工投入，提高支模效率。每流水段节约工时1h，节约人工2人。

10.2 减少资源的浪费，节约原材料：钢支架代替木方支撑和木龙骨，做到以钢代木，节约木材。

10.3 钢支架可以应用于不同厚度的墙体，循环应用多个工程，减少模具费用和加工费用。

10.4 混凝土成型质量好，楼层间无错台，不需要剔凿和抹灰修理，减少人工费、材料费、垃圾清运费的支出。减少固体垃圾的产生，保护环境。

11. 应 用 实 例

11.1 望京A1区C4、C5住宅楼，剪力墙结构，建筑层数为27层，建筑面积19303m²，开工日期2007年10月30日，竣工日期2010年9月20日。应用模板支架20个。工程质量与应用效果良好，被评为结构长城杯工程。

11.2 望京K7区B0、B1、B3号楼，剪力墙结构，建筑层数为21层，4.9万m²。开工日期2006年12月30日，竣工日期2009年5月20日。应用模板支架40个。工程质量与应用效果良好，被评为结构长城杯工程。

11.3 单店C区C01号楼等8项、C15、C16住宅楼，剪力墙结构，建筑层数为6~9层，建筑面积53917m²，开工日期2008年10月30日，竣工日期2010年6月20日。分为两区流水施工，应用模板支架80个。工程质量与应用效果良好，被评为结构长城杯工程。

钢筋混凝土烟囱壁单侧软模板提升施工工法

GJEJGF031—2010

河北省第四建筑工程公司

王彦航　张秀华　田丽敏　姚立国　游月娟

1. 前　　言

钢筋混凝土烟囱广泛应用于建材、电力、煤焦化等大型工业建筑中，结构高度20m以上，其壁厚及结构内径从上至下逐渐变小，内衬隔热保温层。其施工技术难点有：长细、施工安全、要求高、施工工期长。如按以往施工工法（一般采用钢模板倒模和液压滑动模板施工技术），在施工完烟囱后再施工内衬保温隔热层的顺序进行，混凝土观感质量差，工期较长，难以满足现代项目建设要求。

河北省第四建筑工程公司在多项钢筋混凝土烟囱施工中，利用技术创新手段，首创并完成了"钢筋混凝土烟囱壁单侧软模板提升施工技术"课题，攻克了该类结构施工中的技术难点，并于2009年3月通过河北省住房和城乡建设厅鉴定，其技术达到国内领先水平。同年荣获河北省建设行业科学技术进步一等奖及2009年度河北省省级工法、中华人民共和国国家知识产权局实用新型专利授权（专利号：ZL 2008 2 0227736.2）、2009年度中国施工企业管理协会科学技术创新成果一等奖。该工法将钢筋混凝土烟囱内衬隔热层经砌筑并安装板块式隔热保温层后形成的结构体系作为内侧模板与烟囱混凝土外壁混凝土施工有机结合，利用内衬材料作为现浇混凝土结构模板体系的内胎模，具备柔性特征的薄镀锌钢板作外模，形成烟囱混凝土模板体系，使烟囱外观达到清水混凝土效果，且施工操作简便，安全可靠，具有技术先进、质量可靠、施工速度快、施工成本低等突出特点。

2. 工 法 特 点

2.1 改变传统施工作业顺序，即将烟囱内衬隔热保温层与烟囱外壁施工有机结合，利用内衬材料作为现浇混凝土结构模板体系的内胎模，柔性薄镀锌钢板作外模，形成烟囱混凝土模板体系，施工操作简单，安全可靠，有效地保证了施工质量。

2.2 本工法技术先进，主体结构施工速度快，工程成本低，能很好的满足项目快速，节约的建设目标要求。

3. 适 用 范 围

适用于内衬采用板块式隔热层与砌体相结合的钢筋混凝土烟囱的主体结构整体施工。

4. 工 艺 原 理

利用烟囱内衬材料作为模板体系的内胎模，薄镀锌钢板为外模，形成混凝土模板体系。升高时，利用烟囱内搭设的井架提料和柔性模板的垂直提升完成混凝土的浇筑作业。

5. 施工工艺流程及操作要点

5.1　工艺流程

软模板、提升架制作→砌筑内衬（保温隔热材料）→烟囱壁钢筋绑扎、验收→烟囱壁软模板安装→混凝土浇筑→内井架搭设、物料与软模板提升→模板体系提升。

5.2 操作要点

5.2.1 软模板、提升架制作

软模板宜采用不多于4块的软模组成，采用1.4mm厚、1200mm高的镀锌钢板制作效果最佳，也可选用类似材料。软模板外侧均匀焊接用 $\phi6$ 钢筋制作的"Ω"形状的加固卡环，竖向间距为100mm，水平排间距1000mm，"Ω"形状的加固卡环应便于所选用钢丝绳穿过并绕模板固定。在每块模板上侧焊接2个 $\phi25$ 的提升环（提升环与"Ω"形状的加固卡环在软模板的外侧面上沿轴向交错排列），用于每步混凝土浇筑完成后的提升作业（软模板、提升架构造见图5.2.1）。

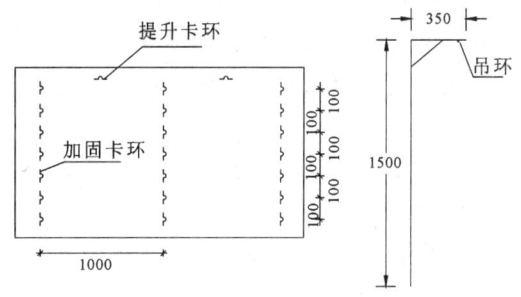

图5.2.1 软模板、提升架构造示意图

5.2.2 砌筑内衬

1．内衬材料及砌筑用砂浆配合比按设计要求采用。

2．内衬分层砌筑，不许留直槎。水平灰缝的饱满度不得低于90%，垂直灰缝宜采用挤浆法使其灰缝饱满，内衬的内表面均应勾缝。

3．内衬厚度为1/2砖时，用顺砖砌筑，互相交错半砖；厚度为1砖时，用丁砖砌筑，互相交错1/4砖。

4．筒壁与内衬之间填充的板式隔热材料，应在内衬每砌好10层砖后填充一次，砌筑内衬每步不大于1000mm，用扫帚仔细清理落地灰，并及时用清水冲洗干净。

5.2.3 软模板安装

1．安装前应按照图纸要求在基础上放线，并经复核合格后进行软模安装。软模上口用定位卡子（或木方）进行锁口固定，以控制软模上口具备必要的刚度原则，间距同外壁竖向主筋间距，并固定于主筋上。

模板间采用镀锌拉铆钉或自攻螺钉进行连接，拉铆钉或自攻螺钉的竖向间距一般不超过100mm，连接长度应根据烟囱底部的最大直径确定。

2．在软模外侧焊好的"Ω"形状的加固卡环内穿钢丝绳，均衡施力固定。以保证软模板刚度。在所有钢丝绳均施力完成后用紧线器进行细微调试。紧线器设在操作爬梯的两侧，相互错开布置，操作爬梯随每步软模板高度，一般不超过1000mm焊接接长，以方便紧线器调整。安装示意见图5.2.3。

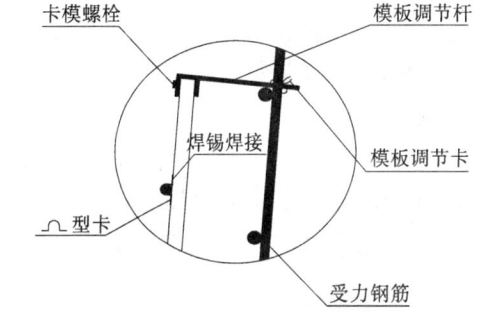

图5.2.3 软模板安装示意图

以后每步提模施工时，软模下口与已浇筑成型的筒壁混凝土搭接不小于50mm，且在搭接的混凝土外侧与软模接触部位粘海绵条。

5.2.4 混凝土浇筑

1．筒壁混凝土宜选用同品种、同强度等级的普通硅酸盐水泥或矿渣硅酸盐水泥配置，每立方米的混凝土最大水泥用量不应超过450kg，水灰比不宜大于0.5。

2．浇筑混凝土应采用每层不超过200mm的厚度沿筒壁圆周均匀地顺逆时针循环交替方式浇筑，每层浇筑时间不超过2h，并用振动器振捣密实。

3．振捣混凝土时，振动棒的插入深度不应超过前一层混凝土内50mm。

4．根据经验，一般用手指按压触摸的混凝土有轻微的指印且不粘手时，可进行滑升作业。

5. 筒壁施工时尽量减少施工缝。对无法避免的施工缝处理，应先清除松动的石子、浮浆、冲洗干净，再铺20~30mm厚的1：2水泥砂浆层，然后继续浇筑上层混凝土。

5.2.5 内井架搭设、物料与软模板提升

采用烟囱内部搭设的井架安装定滑轮，利用卷扬机进行物料提升。

软模提升前应确保烟囱内部的保温隔热层施工完成、烟囱壁钢筋绑扎和隐蔽验收通过、混凝土施工缝面层进行有效处理完成后方可进行。提模施工时应注意对已成型混凝土的保护，并及时对出模混凝土的缺陷进行处理。脱模的混凝土面层及时涂刷养护液。

软模板提升时，操作人员在每个提升环上搭接一个手扳葫芦，同时摇动手扳葫芦，整体模板系统便被提起来，提升到下一步要求的高度，即可由下往上调节紧线器固定模板，固定模板后撤除提升葫芦开始下一步循环施工。提升模板组装截面图见图5.2.5所示。

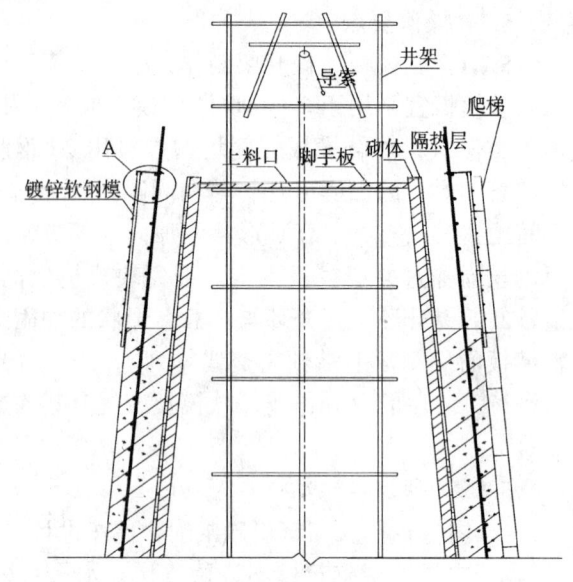

图5.2.5 提升模板组装截面图（A节点见图5.2.3）

6. 材料与设备

6.1 材料要求

6.1.1 水泥选用强度等级32.5、42.5级矿渣或普通硅酸盐水泥，符合《通用硅酸盐水泥》GB 175标准要求，水泥使用同一批次。

6.1.2 粗骨料选用结构致密强度高的5~32.5连续级配石子，针、片状颗粒含量应≤15%。含泥量不得大于1%，泥块含量不得大于0.5%。压碎指标值不得大于16%。

细骨料优先选用中砂，砂的含泥量不大于3%，泥块含量不大于1.0%。

6.1.3 粉煤灰不应低于Ⅱ级，以球状颗粒为佳，并符合《用于水泥和混凝土中的粉煤灰》GB 1596的规定。

6.1.4 混凝土外加剂质量应符合《混凝土外加剂》GB 8076、《混凝土外加剂应用技术规范》GB 50119等标准的规定，泵送剂应具有良好的减水效果和适应性，减水剂的减水率不低于20%。

6.2 主要施工机具（表6.2）

主要施工机具设备表　　　　　　　　　　　　　　　　　　表6.2

序号	施工机具名称	型号规格	数量	用途
1	镀锌钢板	厚 1.4mm	30m²	做软模板
2	镀锌钢丝绳	φ6mm	420m	加固软模板
3	紧线器	3.5mm²	15个	调节钢丝绳
4	架管	φ48×3.5mm	3400m	搭设脚手架
5	手扳葫芦	0.5t	30个	用于提升模板
6	卷扬机	2t	1台	提升设备
7	搅拌机	JS500	1台	混凝土拌制
8	滑轮	2t	2组	提升物料

7. 质 量 控 制

7.1 工程质量控制标准

7.1.1 软模板应满足必要的刚度条件，与钢丝绳、上口卡环等组成的模板体系应具备足够的强度和稳定性。

7.1.2 烟囱混凝土壁施工质量应符合现行《烟囱工程施工及验收》GBJ 78、《混凝土结构工程施工质量验收规范》GB 50204的相关规定。

7.1.3 烟囱中心线垂直度允许偏差见表7.1.3-1，烟囱筒壁尺寸允许偏差见表7.1.3-2。

烟囱中心线垂直度的允许偏差　　　　　　　　　　　　　　　　表7.1.3-1

项次	筒壁标高（m）	允许偏差（mm）	检验方法
1	≤20	35	用线垂直吊尺量或用经纬仪
2	40	50	
3	60	65	
4	80	75	
5	100	85	
6	120	95	
7	150	110	
8	180	120	
9	210	130	
10	240	140	
11	270	150	
12	300	165	

注：①表中允许偏差值系指一座烟囱在不同标高的允许偏差；
　　②中间值用插入法计算；
　　③烟囱中心线的测定工作，应在风荷载和日照温度较小的情况下进行。

烟囱筒壁尺寸的允许偏差　　　　　　　　　　　　　　　　表7.1.3-2

项次	检 查 项 目	允许偏差（mm）	检验方法
1	筒壁的高度	筒壁全高的0.15%	经纬仪
2	筒壁的厚度	20	尺量
3	筒壁任何截面上半径	该截面筒壁半径1%，不超过30	尺量
4	筒壁内外表面的局部凹凸不平（沿半径方向）	该截面筒壁半径1%，不超过30	靠尺和塞尺
5	烟道口的中心线	15	拉线
6	烟道口的标高	20	尺量
7	烟道口的高度和宽度	+30，−20	尺量

7.2 质量保证措施

7.2.1 首先，工长、班长及施工技术人员要看透图纸，搞清设计意图，做好各方面准备工作，施工前要组织施工人员进行图纸学习，工长对班组进行文字技术交底，明确分工并搞好协助配合。

7.2.2 每步模板拆除后，必须及时清理干净，涂刷隔离剂。

7.2.3 内模板的支撑必须牢固，外模环箍必须拉紧。

7.2.4 半径丈量必须内外模板都拉尺寸，钢尺拉力要均匀，且保持水平，质检人员跟班验收。

7.2.5 竖向钢筋沿周围布置，间距均匀，钢筋减根时应注意调整间距保持均匀，不得有倾斜及螺旋扭转。

7.2.6 配合比必须由试验人员提供，并由试验员根据砂含水率对其进行调整，施工时必须保证准确计量。

7.2.7 混凝土浇灌时必须对称进行，每步混凝土浇灌前，必须由质检员验收合格后方可浇灌。

7.2.8 混凝土的养护必须按规定要求，浇水养护不得少于7d，或在拆模后刷养护剂。

8. 安 全 措 施

8.1 提模施工前，对参加烟囱软提模工程施工人员，必须进行技能培训和安全教育。

8.2 提模施工中，应经常了解天气预报，遇雷雨和六级及以上的大风天气，必须停止施工，并做好应对措施，对操作平台的各种材料进行整理和防护，同时人员迅速撤离。

8.3 在烟囱提模施工的区域范围内划出危险警戒区，设置明显标志，防止高空坠落及物体打击。警戒线距构筑物边线一般不小于10m，警戒区内的构筑物的入口、地面通道及机械设备的操作场所应搭设高度比低于3.5m的防护棚。操作平台的周围应设置围栏和保护网，工作台的底部应搭设兜网防止操作人员坠落，操作平台及吊三角架下面周围应满铺5cm木板，木板之间用钉子钉好连成一个整体。

8.4 垂直运输系统上下滑轮应设有防止钢丝绳脱槽的装置，并应有专人检查和维护。夜间施工时，在工作台、井架内、卷扬机房、搅拌机（搅拌站）以及各运输通道等处，应有充足安全照明。

8.5 在烟囱底部，操作平台和卷扬机之间，设信号联系。

8.6 内井架应接地，接地电阻不应大于10Ω。照明系统采用36V低电压，软提模施工振捣设备及照明要有备用电源，提模装置、电缆及辅助设备等采取防护措施，保证停电时的正常施工及人员的安全。

9. 环 保 措 施

9.1 贯彻执行国家、各省、市有关部门的环境保护法令、法规和有关文件，切实搞好施工现场的环境保护，以减少各种污染。

9.2 建立健全组织体系。本项目施工的环保工作由该项目经理负责，并设立环保员一名，负责日常工作。

9.3 设立专用排浆沟、集浆坑，对废浆、污水进行集中，防止施工废浆乱流。

9.4 施工现场实现垃圾分类存放，定期清运，并做好清运中的放散落与沿途污染措施。

9.5 对施工场地道路进行硬化或洒水降尘。

10. 效 益 分 析

10.1 本工法将烟囱内部隔热保温层与外侧的钢筋混凝土壁同时施工，在显著缩短工程总的施工工期同时，较好的处理了隔热保温层与外侧钢筋混凝土壁的连接；烟囱的内部隔热保温层与外侧钢筋混凝土软模协同工作，共同组成钢筋混凝土的模板系统，最大程度节约模板系统的施工投入。

10.2 本工法软提模系统属于一次性投入，比滑模所需材料的投入减少70%，所需人力减少1/3，施工工期可缩短1/3。同时由于没有使用液压提升设备，减少了动力维护人员，节约了各种辅材，施工成本降低明显，单位工程造价可降低5%左右。

10.3 采用此工法施工钢筋混凝土烟囱的混凝土壁结构，工程施工周期明显缩短，且具有施工操作简单方便、安全可靠、施工质量稳定等优点，成型混凝土的外观光滑、整洁。采用此施工技术，有利于缩短工程的建设周期，减少建设投资成本，社会效益明显。

11. 应 用 实 例

本工法技术在山东泉兴水泥有限公司3号生产线、葡诚（枣庄）水泥有限公司山亭5000t/d熟料新型干法旋窑水泥生产线、河北鑫跃焦化有限公司等工程中应用。

11.1 工程概况

11.1.1 山东泉兴水泥有限公司3号生产线烧成窑头钢筋混凝土烟囱工程，主体混凝土强度等级C30，结构高度为42m，基础为直径9.0m的钢筋混凝土筏板。该工程±0.000以下内径为4.80m，以上结构的内径从4.80m渐变至3.06m，变径率1.4%。烟囱混凝土壁厚从700mm渐变至450mm，烟囱内衬材料采用耐火砖砌体，240mm厚。采用本工艺，节约施工成本14余万元，创造了良好的经济效益。工期比原计划提前20d。

该工程交付甲方使用后，经过实践证明：采用此工艺与传统工艺相比工期可以提前，成本下降，工程质量稳定，无安全生产事故发生，赢得建设单位、监理的好评。该工艺在类似工程施工中可以推广。

11.1.2 葡诚（枣庄）水泥有限公司山亭5000t/d熟料新型干法旋窑水泥生产线原料粉磨及废气处理烟囱工程，其基础、主体为钢筋混凝土结构，混凝土强度等级为C25。烟囱基础底标高-4.5m，直径13.5m，主体高80m，烟筒内壁每隔一段（14m，20m，以上每隔10m）设有类牛腿结构的内衬支托。内衬为普通MU10黏土砖，由耐火砂浆砌筑。烟道口处有耐火砖120mm厚设计。内衬与混凝土筒壁间填充珍珠岩制品隔热材料。筒壁外侧有直爬梯，20m、40m、75m设有环形钢平台。

烟囱底部直径9.136m，0～20m缩径率3%（直径差与高度的比值），20～60m为2.5%，60～75.5m为2%，75.5m处达到直径最小值5.45m，以上为烟囱冠，80m处为冠部最高直径6.34m。

本工程筒身混凝土约500m³，内衬200m³，隔热层120m³。

采用本工艺后，实际工期比计划工期提前22d，创造了良好的经济效益。工程质量稳定，无安全生产事故发生，受到业主方及监理单位的好评，社会效益明显。

11.1.3 河北鑫跃焦化有限公司烟囱高度90m，筒身底部1.25m，标高处外径3.9m，90m标高处外径2.215m，变径率2%，壁厚底部320mm，每分段壁厚减少20mm。外爬梯设在东南方向，烟囱内采用耐酸胶泥砌筑耐火砖，隔热层采用增水性膨胀珍珠岩。采用本工艺施工，节约施工成本17.5万元，创造了良好经济效益。工期比计划提前25d。

11.2 效果评价

采用此项工法技术施工，能够明显缩短施工周期，同时出模后的烟囱混凝土外壁表面光滑、洁净，达到清水混凝土的质量效果，赢得建设单位、监理单位的一致好评。

钢骨混凝土高位连体结构悬挂式模板系统施工工法

GJEJGF032—2010

南京大地建设集团有限责任公司　　江苏南通三建集团有限公司

仓恒芳　刘亚非　耿裕华　张赤宇　曹光中

1. 前　　言

　　近年来，我国高层建筑立面设计采用门式造型的工程越来越多。连体结构将两座（或两座以上）高层建筑连为一体，既增加了建筑使用功能，又因其独特造型带来的强烈视觉效果，实现环境的通透和视觉的变化，以立面的明暗和空间的虚实，突出建筑物的雄姿风韵，使建筑外型更具特色。连体结构类型一般为钢筋混凝土结构和钢结构，部分工程亦为钢骨混凝土结构。连体转换层结构施工工艺复杂，高空作业安全防护要求高，具有较大的施工难度。

　　广州天誉花园工程地下6层，地上38层，裙楼6层，地面以上高度为172.9m，建筑面积143199㎡。裙房上矗立的南、北两座塔楼相距20m，并于134.2m（第32层）的高度通过大型钢骨混凝土连体转换层结构（转换梁截面0.8m×2.6m）将两座塔楼连为一体，形成巨大的门形建筑，是目前国内最高的预应力钢骨混凝土连体结构工程之一（图1）。

　　南京大地建设集团有限责任公司在施工过程中，运用施工技术集成创新的方法，将"大型钢结构高空安装"、"钢骨混凝土连体转换梁自承重模板"和"无粘结预应力混凝土抗裂"等新技术，以及"在转换层下悬挂钢结构避难层作为施工阶段操作平台"这一新颖构思，经整合后形成"钢骨混凝土连体结构施工成套技术"，于2005年12月成功应用于工程实践，确保了工程进度、质量和施工安全。该成套技术于2006年11月通过了江苏省建设厅组织的专家鉴定，成果达到国内领先水平，并获2007年度江苏省建设科技进步二等奖。《高位连体结构悬挂式模板支撑施工方法》2011年被国家知识产权局授予发明专利；《高位连体结构悬挂式模板支撑结构》2011年被国家知识产权局授予实用新型专利。"广州天誉花园超高层建筑134.2m高空大型连体结构施工技术"论文获江苏省建筑施工学术优秀论文一等奖。现将该工程连体结构的模板技术和管理方法总结后形成本施工工法。

图1　工程全景图

　　本工法自2005年成功应用于广州天誉花园工程后，又在张家港国泰广场和济南东环国际广场（嘉恒商务广场）等工程中得到应用。

2. 工 法 特 点

　　2.1　由钢骨混凝土连体转换层和其下方的悬挂钢结构避难层组成连体承力结构。悬挂钢结构楼承板在施工阶段作为临时操作平台，在使用阶段作为高层建筑避难层，完善了使用功能，增加了建筑面积；H型钢主梁作为连体转换层结构劲性配筋，悬挂钢结构避难层作为永久性结构，不增加结构用钢量，降低了工程成本。

2.2 由钢骨混凝土连体转换梁自承重模板和搭设在悬挂钢结构避难层上的支模架，组成悬挂式模板支撑系统，共同承受连体结构施工阶段的全部荷载，无需搭设落地超高支模架，无需安装高空重型临时作业平台，无需大型吊装机械设备，减少大量的周转材料、人工和机械设备投入，减轻工人劳动强度，加快施工进度，技术经济效益显著。

2.3 自承重模板通过焊接在钢主梁腹板的钢拉杆，将转换梁模板、钢筋、混凝土自重及施工荷载向上传递给钢主梁，充分利用钢主梁足够大的承载能力承受连体结构自身重量。

2.4 在悬挂钢结构避难层上搭设转换层楼板支模架，避难层结构自重及全部施工荷载由钢吊柱向上传递至钢主梁，传力明确，工艺合理，施工简便；钢结构避难层悬挂在连体转换层下方，形成连体结构施工阶段的高空作业防护屏障。

3. 适 用 范 围

本工法适用于高层及超高层建筑钢骨混凝土连体结构施工。

4. 工 艺 原 理

采用焊接H型钢作为混凝土连体结构转换层主次梁的劲性配筋，并在转换层下悬挂一层钢结构楼承板作为施工阶段的操作平台（图4-1）。充分利用H型钢主梁自身足够大的承载能力，在连体转换层施工阶段，独立承受连体转换层自承重模板和结构自重、梁下悬挂的钢结构避难层自重以及楼板支模架等施工荷载；在连体转换层上部结构施工阶段，该钢主梁作为劲性配筋参与钢骨混凝土连体结构工作，共同承受其上部各层逐渐增加的结构自重和施工荷载。

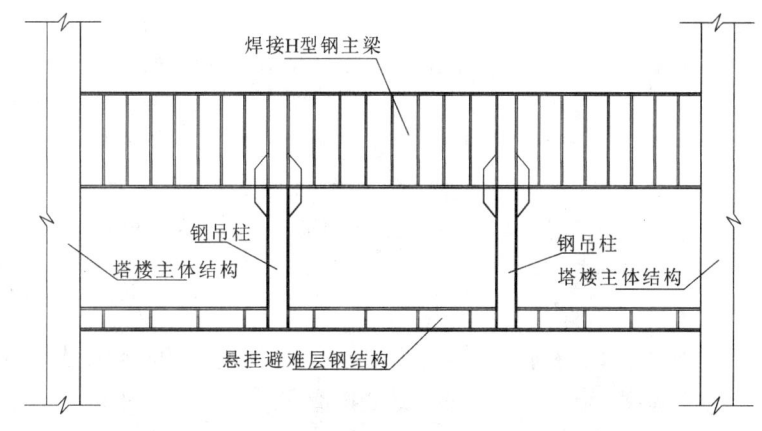

图4-1 转换层钢主梁及悬挂避难层钢结构

钢骨混凝土连体转换层悬挂式模板支撑系统由两部分组成（图4-2）：

1）转换层混凝土主、次梁采用自承重模板，其混凝土、钢筋和模板重量以及施工活载通过多对均匀分布的钢拉杆传递至钢主梁。

2）转换层混凝土楼板采用常规支模架，由转换层下部通过数根钢吊柱悬挂的钢结构避难层承受支模架的各项荷载。

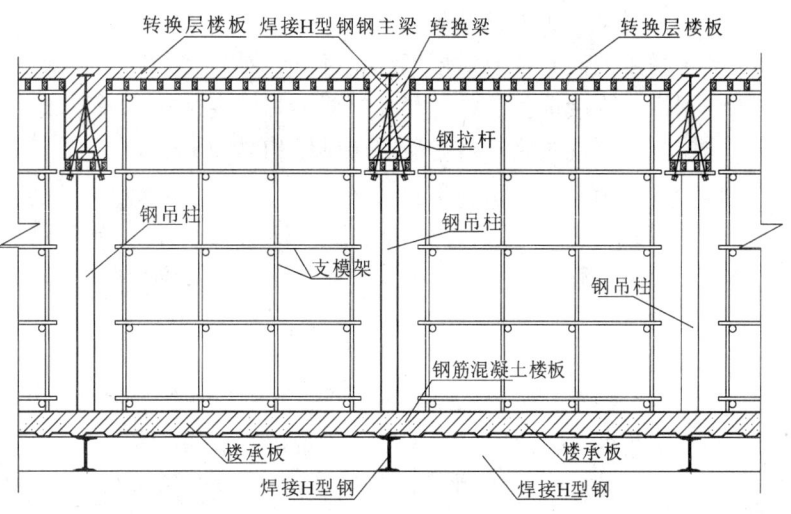

图4-2 连体转换梁自承重模板和搭设在悬挂避难层上的支模架

5. 施工工艺流程及操作要点

5.1 施工工艺流程

施工工艺流程图如图5.1所示。

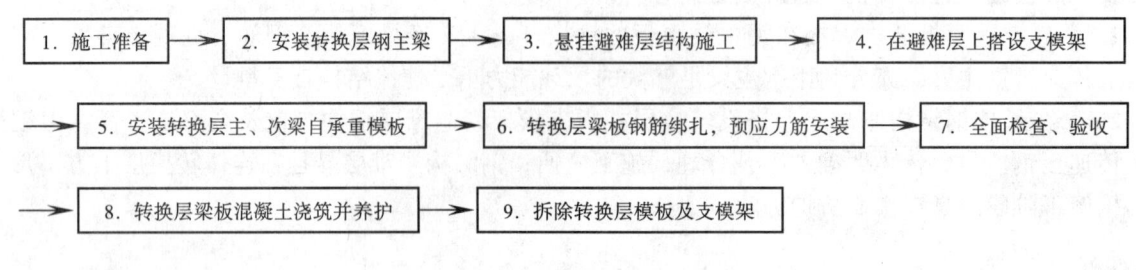

图5.1 施工工艺流程图

5.2 操作要点

5.2.1 施工准备

1. 应用有限元理论分析方法，对钢主梁进行各种施工工况下的强度、刚度及出平面稳定验算，验算结果表明钢主梁具有足够大的承载能力，完全可以承受悬挂式模板支撑系统传来的施工荷载。

2. 对转换梁自承重模板系统进行设计和验算，选择钢拉杆钢号、直径及间距，并根据主梁混凝土侧压力，选择梁侧模的背楞及对拉螺栓间距；对转换层楼板支模架进行设计和验算，选择立杆纵、横向间距、步高，支模架整体稳定经验算满足要求。

3. 应用ANSYS有限元结构分析软件，对连体结构钢骨混凝土转换梁施工过程中的各种工况进行模拟计算，根据计算结果换算相应的构件应力、应变控制值，实行施工全过程跟踪监测。

4. 对钢主梁吊装方案和悬挂式模板支撑系统专项方案进行专家论证。

5. 转换层及避难层钢结构构件在工厂制作，焊缝经超声波探伤符合设计和规范要求，验收合格后，运抵现场。

5.2.2 安装转换层钢主梁

连体转换层为钢骨混凝土结构，主体施工时两座塔楼均预留了与连体结构相连接的钢牛腿。利用转换层上端相应位置的钢牛腿悬挂滑车组，用双机抬吊的方法将钢主梁逐根提升至设计位置并及时校正和焊接，其余钢次梁用塔吊安装。对安装完成的钢主梁进行检查验收，焊缝经超声波探伤符合设计和规范要求。

5.2.3 悬挂避难层结构施工

利用塔吊安装悬挂避难层的钢吊柱和钢结构楼承板，其施工工序为：安装箱型钢吊柱→安装钢梁→压型钢板→焊接抗剪栓钉→绑扎钢筋网片→浇筑楼承板混凝土。

连体转换层钢主梁及悬挂避难层钢结构见图5.2.3。

5.2.4 在避难层上搭设支模架

按批准的专项方案在悬挂楼承板上搭设支模架，支承转换层楼板模板。支模架用门式架（图5.2.4），也可用碗扣架和扣件、钢管搭设。支模架应与两端塔楼主体结构实行有效拉接，并在临空面处满挂安全网。

5.2.5 安装转换层主、次梁自承重模板

1. 在钢主梁腹板两侧的加劲肋处焊接钢筋作为钢拉杆，当梁宽为800mm时，设置一对ϕ18的钢筋，当梁宽为800~1200mm时，设置两对ϕ20钢筋。

2. 在钢拉杆下端设置槽钢横楞，用直螺纹套筒调节固定，槽钢横楞上安装梁底模板，混凝土转换梁自重和全部施工荷载由钢拉杆向上传递给钢主梁（图5.2.5）。

3. 在主、次梁两侧安装侧模、背楞及对拉螺栓。

图5.2.3　钢主梁下的悬挂避难层钢结构　　　　图5.2.4　在避难层上搭设的支模架

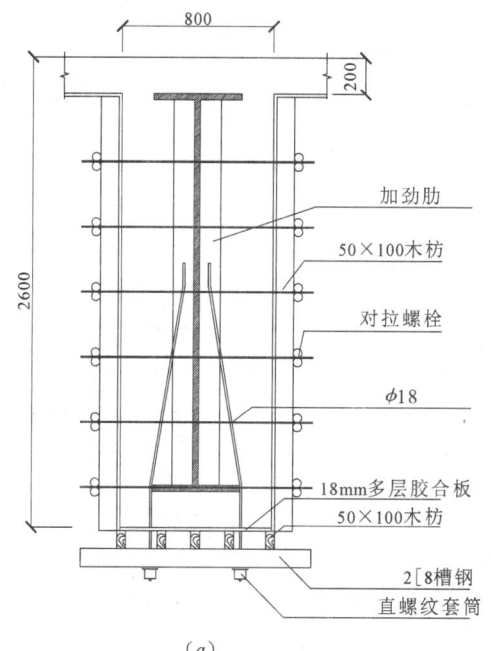

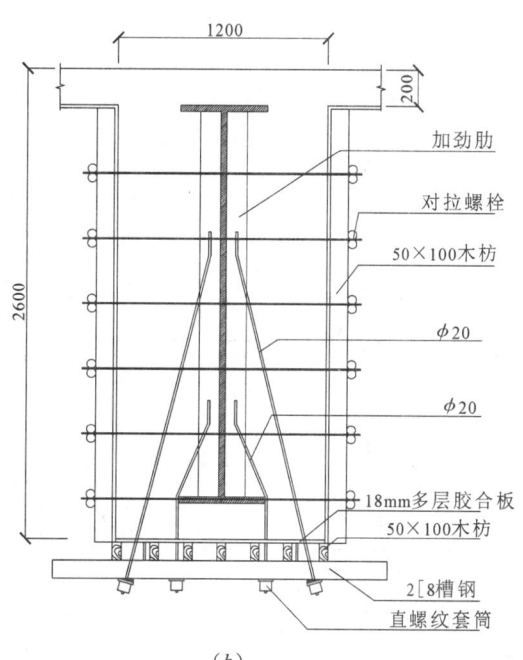

（a）　　　　　　　　　　　　　　　　（b）

图5.2.5　转换梁自承重模板图

（a）梁宽800mm；（b）梁宽1200mm

5.2.6　转换层梁板钢筋绑扎、预应力筋安装

混凝土转换梁纵向受力钢筋$\phi 32$与钢柱相互交错布置，穿筋和绑扎施工难度大。对穿过钢柱的纵向钢筋，预先在钢柱腹板上定位钻孔，粗直径钢筋采用套筒冷挤压工艺进行连接。

转换层楼板钢筋为双层双向配置，为增加连体结构的整体刚度和楼板抗裂度，楼板设计采用了无粘结预应力技术。

5.2.7　全面检查、验收

转换层混凝土结构自承重模板及悬挂避难层上的支模架搭设完成后，对模板支撑系统和钢筋绑扎质量进行全面检查、验收，符合设计和规范要求。

5.2.8　转换层梁板混凝土浇筑并养护

由于转换层钢主梁与钢筋布置密集，混凝土施工较为困难。采用内外结合的振捣方法：内部振捣用小振动棒，外部采用"挂振"，同时用橡皮锤敲击梁侧和梁底模板，确保混凝土振捣密实。混凝土初凝后即保湿养护，养护期不少于14d。

5.2.9　拆除转换层模板及支模架

转换层梁板混凝土同条件养护试件强度达到100%设计强度后，方可拆除梁底模板及支模架。

5.3 劳动力组织（表5.3）

劳动力组织情况表

表5.3

序号	单 项 工 程	所需人数	备　　注
1	技术管理人员	4人	
2	电焊工	6人	
3	起重工	6人	
4	指挥	1人	
5	架子工	10人	
6	木工	18人	
7	钢筋工	10人	
8	混凝土工	14人	

6. 材料与设备

6.1 材料

模板工程所需主要材料见表6.1。

模板工程主要材料表

表6.1

序号	材料名称	规　　格	用　　途
1	门架	$\phi 48 \times 3.5$mm	搭设支模架
2	胶合板	厚度不小于18mm	模板工程
3	木枋	50×100mm	模板工程
4	钢拉杆	$\phi 18$和$\phi 20$螺纹钢	传递转换梁荷载
5	槽钢	8号以上槽钢	自承重模板吊拉龙骨
6	直螺纹套筒	与钢拉杆配套	调节与固定钢拉杆
7	钢丝绳	$\phi 28 \times 6000$	吊装钢构件
8	钢丝绳	$\phi 10$	安全围护
9	安全网	密目安全网	安全防护

6.2 机具设备

主要机具设备见表6.2。

主要机具设备表

表6.2

序号	设备名称	设备型号	单位	数量	用　　途
1	测量仪器	S3、DJ2、莱	台	各1	测标高、轴线及垂直度
2	卷扬机	5t	台	4	吊装钢主梁（2台吊装、2台备用）
3	滑车组	5t	组	8	吊装钢主梁
4	交流焊机	36kW	台	2	焊接柱梁接头
5	二氧化碳焊机	36kW	台	2	焊接柱梁接头
6	气割设备		套	2	安装钢构件
7	木工圆盘锯	MT500	台	2	模板工程
8	电刨		台	1	模板工程
9	电钻		台	1	模板工程
10	活动扳手		把	10	模板工程
11	直螺纹套丝机	GY-40C	台	2	加工直螺纹

7. 质量控制

7.1 执行标准

《建筑工程施工质量验收统一标准》GB 50300-2001；《混凝土结构工程施工质量验收规范》GB 50204-2002；《钢结构工程施工质量验收规范》GB 50205-2001；《建筑钢结构焊接技术规程》JGJ 81-2002；《型钢混凝土组合结构技术规程》JGJ 138-2001；《钢筋机械连接通用技术规程》JGJ 107-2003；《建筑施工门式钢管脚手架安全技术规范》JGJ 128-2010；《建筑施工扣件式钢管脚手架安全技术规范》JGJ 130-2001。

7.2 质量控制措施及指标

7.2.1 质量控制措施

1. 施工方案经论证完善后，应在操作前及时组织施工管理人员和操作工人进行技术交底，并作好交底记录。

2. 认真执行施工方案，严格控制转换层和避难层钢结构的焊接质量，以及悬挂式模板支撑系统的安装质量。

3. 现场技术管理人员应对钢构件的加工制作至悬挂式模板支撑系统拆除全过程实行监控，及时调整偏差，保证每道工序都能满足施工方案和规范的要求。

4. 型钢、压型钢板、钢筋、套筒、门架等钢材必须具有出厂合格证，并按规范要求进行抽样复检，合格后方可使用。

7.2.2 质量控制指标及要求

1. 对接焊缝及完全熔透组合焊缝尺寸允许偏差应符合《钢结构工程施工及验收规范》GB 50205-2001标准中的相关规定。

1）一、二级焊缝 $B<20mm$：对接焊缝余高C允许偏差为0～3.0mm。

2）一、二级焊缝 $B\geq20mm$：对接焊缝余高C允许偏差为0～4.0mm。

2. 焊接H型钢的允许偏差应符合《钢结构工程施工及验收规范》GB 50205-2001标准中的相关规定。

1）截面高度（$h>1000mm$）允许偏差为 ±4.0mm。

2）截面宽度（翼缘板宽度）允许偏差为 ±3.0mm。

3）腹板中心偏移允许偏差为 2.0 mm。

4）扭曲允许偏差为h/250，且不应大于 5.0mm。

3. 门式钢管支模架搭设的允许偏差应符合《建筑施工门式钢管脚手架安全技术规范》JGJ 128-2010标准中的相关规定，见表7.2.2-1。

支模架搭设垂直度与水平度允许偏差   表7.2.2-1

项 目		允许偏差（mm）
垂直度	每步架	h/1000及 ±2.0
	支模架整体	H/600及 ±50
水平度	一跨距内水平架两端高差	±L/600及 ±3.0
	支模架整体	±L/600及 ±50

注：h—步距；H—支模架高度；L—脚手架长度。

4. 连体转换层现浇结构模板安装的允许偏差应符合《混凝土结构工程施工质量验收规范》GB 50204-2002标准中的相关规定，见表7.2.2-2。

项　　目	允许偏差（mm）
轴线位置	5
底模上表面标高	±5
梁截面内部尺寸	+4，−5
层高垂直度（$h<5m$）	6
相邻两板表面高低差	2
表面平整度	5

现浇结构模板安装的允许偏差　　　　表7.2.2−2

8. 安 全 措 施

8.1　认真贯彻"安全第一，预防为主"的方针，组成由施工负责人、专职安全员和各班组兼职安全员参加的安全生产管理网络，落实安全生产责任制度，明确各级人员的职责，抓好落实工作。

8.2　施工现场的布置应符合防火、防坠落、防触电、防机械伤害、防高空坠物等相关安全规定与要求，完善各种安全标识。

8.3　支模架搭设人员必须是专业架子工，并经国家标准《特种作业人员安全技术考核管理规则》GB 5036考核合格。上岗人员应定期体检，合格者方可持证上岗。

8.4　吊装及高空焊接操作人员必须按规定穿戴劳动防护用品，并采取防止触电、高空坠落和火灾等事故的安全措施；焊接作业结束，应切断焊机及其他机械设备的电源，并检查操作地点，确认无起火隐患后，方可离开。

8.5　在悬挂避难层上搭设支模架，以及浇筑转换层结构混凝土时，应按照设计要求严格控制施工荷载，并不得将混凝土泵管固定在支模架体上，确保支模架体和转换层结构安全。

8.6　高空安装与拆除模板，应加强安全防护措施，必要时须搭设脚手架并设防护栏杆，尽量避免在同一垂直面上下同时操作。

8.7　高处作业应严格执行《建筑施工高处作业安全技术规范》JGJ 80相关规定要求。做好临时防护，防止高处坠落或坠物：连体结构区域下方满张阻燃型安全网，转换层支模架周边满挂阻燃型密目安全网。

8.8　临时用电严格按照《施工现场临时用电安全技术规范》JGJ 46 的有关规定执行；电焊机等用电设备应有完善的防漏电、防触电绝缘措施；施工现场临时照明采用36V低压安全照明。

8.9　当遇六级及六级以上大风和雾、雨、雪天气时应停止支模架搭设与拆除作业，雨、雪过后上架作业应有防滑措施。高温季节应注意防暑降温工作。

9. 环 保 措 施

9.1　实行全面管理和专项治理，认真执行国家、省、市等政府、部门有关建筑领域环境保护和治理的法律法规和文件的要求。

9.2　建立现场文明施工管理网络，制定各项文明施工管理制度，明确各级管理人员的职责；充分辨识与评价环境因素，落实环境因素管理与控制措施方案；采取措施控制施工现场的各种粉尘、废水、固体废弃物以及噪声、振动对环境的污染和危害。

9.3　在易产生扬尘的场所采用围挡、覆盖措施，或经常洒水降尘，避免尘土飞扬，污染环境。

9.4　在高空作业场所，配备适量的移动厕所，并安排专人及时清理。

9.5　施工现场内外整洁，通道通畅，污染废弃物处置得当，物料堆放有序，施工人员衣容整洁；及时清理作业过程中产生的垃圾和废料，并按规定分类集中堆放。

9.6 优先选用先进的低噪声环保设备，对于木工车间、机械切割场所等产生较大噪声的区域应采用封闭隔声处理，最大限度地降低噪声干扰，同时尽可能避免夜间施工。

9.7 应按照规定对机械设备进行日常保养，保证处于完好状态，避免设备使用时意外漏油污染环境。

10. 效 益 分 析

10.1 悬挂式模板支撑系统施工费用和工期分析

在悬挂钢结构楼承板上搭设转换层支模架，层高4.8m，搭设面积570m²，所需门式支架租赁、装拆费用约5万元；转换梁自承重模板所需的钢拉杆、槽钢、直螺纹套筒等材料及人工费约10万元；合计费用15万元。施工工期1个月。

10.2 传统的承重满堂支撑架施工费用和工期分析

若采用在裙房屋面搭设满堂支撑架进行转换层结构施工，需采取措施加固裙房屋面，然后在屋面上搭设高度约100m、面积570m²、重量约4000t的承重满堂支模架，支撑材料用量大，搭拆工期长，加固费用高，施工成本大。按施工工期4个月考虑，需投入各项费用约270.74万元。

10.3 经济和社会效益

采用此工法节约施工费用270.74－15＝255.74万元。工程主体结构约提前3个月封顶。

作为施工阶段操作平台的悬挂楼承板，施工结束无需拆除，使用阶段作为建筑避难层，为业主增加570m²建筑面积。

10.4 环保效益

采用此工法节省了超大量的钢管和扣件等周转材料，避免现场周转材料的堆放占用施工用地状况，减少了施工噪声污染，减少了施工活动对周边环境的影响，有利于环境保护，现场施工更加文明。

11. 应 用 实 例

11.1 广州天誉花园工程地下6层，地上38层，裙楼6层，地面以上高度为172.9m，建筑面积143199m²。裙房上矗立南、北两座塔楼，其中南楼为超五星级酒店，北楼为高级办公写字楼。两楼相距20m，于134.2m（第32层）的高度通过大型钢骨混凝土转换层结构将两座塔楼连成整体，形成一座巨大的门形建筑。该工程主体结构于2005年2月开始施工，2006年1月封顶。采用此工法确保了结构施工的安全和工程质量，节约施工费用255.74万元，主体结构约提前3个月封顶，同时为业主增加570㎡建筑面积，取得了显著的技术经济效益和社会效益。

11.2 济南东环国际广场（嘉恒商务广场）A、B座工程，位于济南市二环东路、山大南路路口，是集商务、办公、娱乐、住宅于一体的的综合性高层建筑，楼高96m，建筑面积65896m²。该工程地下2层，基础形式为箱基；地上30层，主体结构形式为框筒结构。1~4层由裙房相连，裙房上设两幢塔楼，两楼相距16.4m，20~25层设置钢骨混凝土连体结构：4根断面为600mm×1150mm的焊接H型劲性主梁，梁底标高为66.05m。该工程主体结构于2005年12月开始施工，2007年1月封顶。采用此工法确保了结构施工的安全和工程质量，节约施工费用26.5万元，主体结构约提前15d封顶，取得了较好的技术经济效益和社会效益。

11.3 张家港国泰广场工程地下1层，地上24层，裙房3层，塔楼高度为99m，建筑面积约78000m²。裙房上设东、西两幢塔楼，两楼相距20m，在9~12层、18~24层两处部位设置连体结构，并将第19层设计为大型钢骨混凝土转换层结构，建筑立面亦形成门式造型，成为张家港市标志性建筑。该工程主体结构于2005年8月开始施工，2006年6月封顶。采用此工法确保了结构施工的安全和工程质量，节约施工费用102万元，主体结构约提前1个月封顶，取得了明显的技术经济效益和社会效益。

RAPID早拆型模板施工工法

GJEJGF033—2010

中厦建设集团有限公司　浙江众立建筑工程有限公司
慕翔　金开建　张爱花　金小刚　吴劲松

1. 前　　言

近年来，随着建筑事业的飞速发展，作为建筑工程之一模板支撑体系分项工程，得到了国内外各科研单位、建筑企业的重视。模板支撑体系工程中，独立支撑柱早拆支撑系统是主要项目，占结构工程成本的10%以上。因此，如何提高水平模板及支撑系统的利用率与周转次数、减少投入是控制模板费用支出，降低工程非实体性消耗，节约施工成本的关键，因此公司对RAPID早拆型模板体系进行了改进，并形成了RAPID早拆型模板施工工法，取得了良好的经济效益与社会效益（图1）。

图1　RAPID早拆体系新型模板系统

2. 工 法 特 点

2.1　钢材选用材料性能符合《普通碳素结构钢技术条件》GB 700中Q235A级钢的规定，弹性模量为2.06×105MPa。

2.2　面板、主次梁和支撑等相互匹配，产品标准化、系统化，便于使用和市场推广。

2.3　轻便、简洁、灵活，适用性强，施工操作技术要求低；是一早拆模板系统，与传统模板相比，节约钢材50%，除面板外不需要其他木材。

2.4　主次梁及支撑杆都是钢构件，结构紧凑，连接可靠，使用寿命长，长期效益明显；

2.5　施工操作方便，搭设工作量小，所需人工费用仅为碗扣架的1/3，无水平连杆，模板支设状态下其下部可以通行或进行其他工序的施工，施工现场整洁有序，更易管理，全面提升工程形象。

3. 适 用 范 围

适用于住宅楼、办公楼、酒店等，尤其适用于开敞无梁楼板的模板。

4. 工 艺 原 理

RAPID早拆体系新型模板系统由水平金属结构、支撑系统、面板三个部件组成。

4.1　水平金属结构由主梁、可重复使用的头、次梁组成（图4.1-1、图4.1-2）。

图4.1-1 水平金属结构

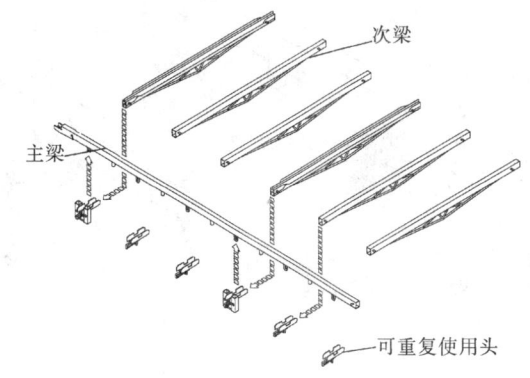

图4.1-2 水平金属构件分解示意图

4.2 支撑系统由外管、内管、可调螺母、插销等组成，均由碳钢加工而成，总长度在2000~3500mm之间调节。施工操作简单、快捷、受力合理，比普通钢管脚手架或碗扣架节省时间20%~30%，其效果图见图4.2，支撑立柱规格见表4.2。

图4.2 支撑系统整体效果图

支撑立柱规格	表4.2
立柱规格	
普通立柱	1.75 / 3.1
普通立柱	2.1 / 3.5
加强立柱	2.1 / 3.65

4.3 面板 TRIMAX-TRI，这是一种三层木面板，由3层实木胶结在一起构成，见图4.3-1、图4.3-2。

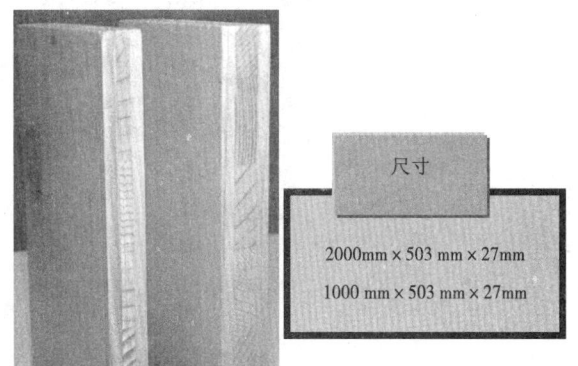

图4.3-1 面板 TRIMAX – TRI（1）

图4.3-2 面板 TRIMAX-TRI（2）

5. 施工工艺流程及操作要点

5.1 RAPID早拆体系新型模板系统安装施工工艺流程

把可重复使用头放在主梁上→提升主梁并用铁丝绑定立柱或墙体→放置次梁→放置辅助头→在混凝土柱区域放置面板→放置和安装新主梁→放置次梁→水平调节→安装剩余立柱→铺设面板→预检。见图5.1-1~图5.1-10。

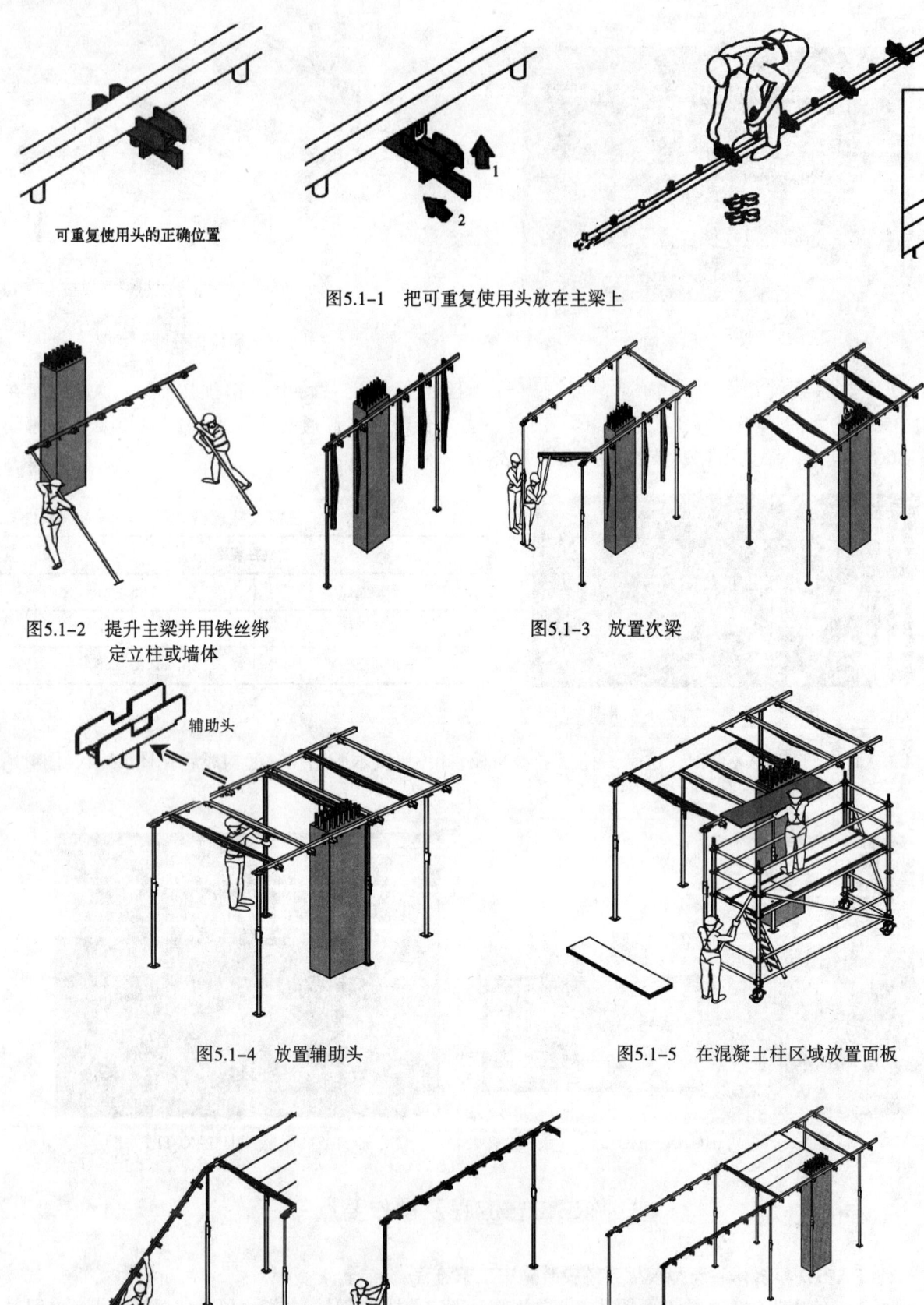

可重复使用头的正确位置

图5.1-1 把可重复使用头放在主梁上

图5.1-2 提升主梁并用铁丝绑
定立柱或墙体

图5.1-3 放置次梁

辅助头

图5.1-4 放置辅助头

图5.1-5 在混凝土柱区域放置面板

图5.1-6 安装新主梁

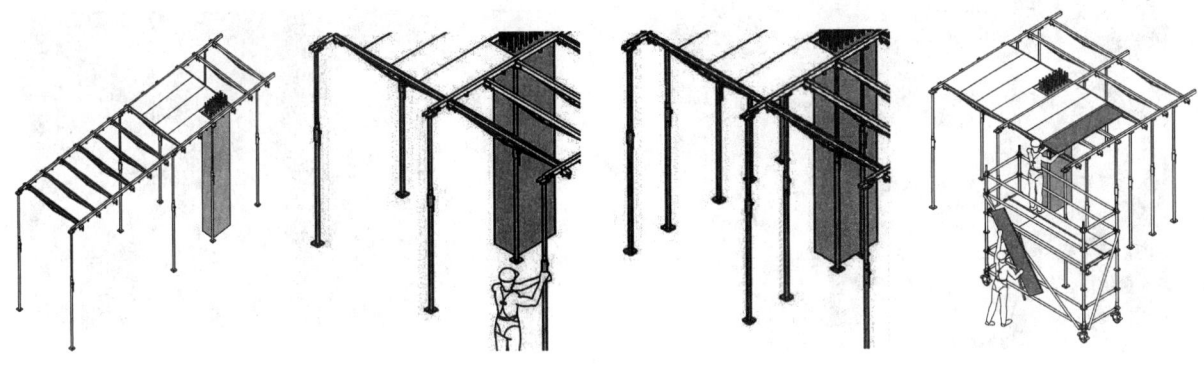

图5.1-7 安装新次梁　　图5.1-8 水平调节　　图5.1-9 安装剩余支柱　　图5.1-10 铺设面板

5.2　RAPID早拆体系新型模板系统拆除施工工艺流程

松开可重复使用头 →早拆卸次梁 →早拆卸面板 →后回收主梁与支撑材料，见图5.2-1~图5.2-3。

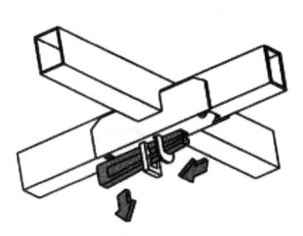
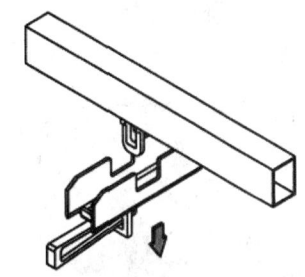

图5.2-1 松开可重复使用头

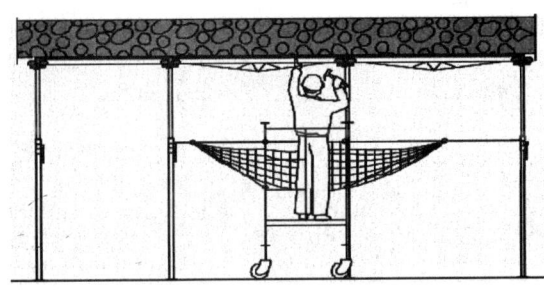

图5.2-2 早拆卸次梁

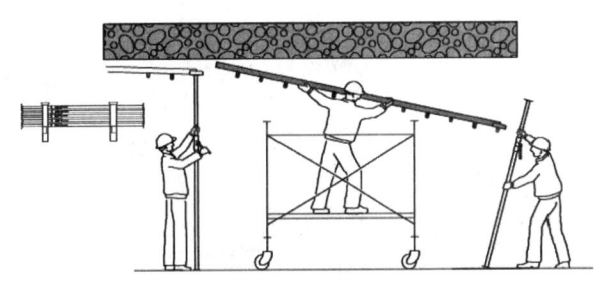

图5.2-3 后回收主梁与支撑材料

5.3　操作要点

5.3.1　首先与设计进行沟通联系，根据工程特点进行荷载计算，支撑类型的确定，查表选择支撑型号行进验算，最终确定支撑型号，编制方案，方案审批后实施搭设，见图5.3.1。

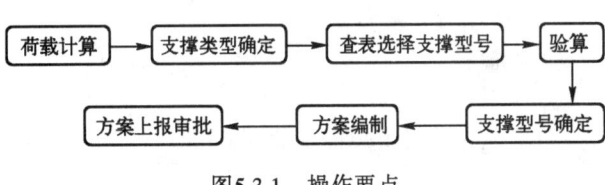

图5.3.1 操作要点

5.3.2　RAPID早拆体系新型模板系统支撑柱由外管、内管、可调螺母、插销等组成，均由碳钢加工而成，总长度在2500~3500mm之间调节，实现平面模板工程早拆。施工操作简单，快捷，受力合理，比普通钢管脚手架或碗扣架节省时间20%~30%，见图5.3.2。

5.3.3　RAPID早拆体系新型模板系统支撑连续性问题

模板的支设从一墙角开始，第一块模板支设完毕调整好标高后，其他模板按此标准进行支设。当楼层较低时，操作者可直接站在楼面或活动操作平台上进行顶板模板支设；当楼层较高时，操作者需站在所支设好的顶板模板上进行其他顶板模板的连续支设，见图5.3.3。

图5.3.2 搭设RAPID早拆体系新型模板系统

图5.3.3 连续性搭设RAPID早拆体系新型模板系统

5.3.4 RAPID早拆体系新型模板系统是一种工具式的模板系统。其主要优点：自重轻、强度高、刚度大；标准模数化，工具系列化，技术配套化，可3人小组操作。

5.3.5 RAPID早拆体系新型模板系统在工程应用中，主次梁端部还能进行伸缩调节，装拆效率高、工程质量好，见图5.3.5。

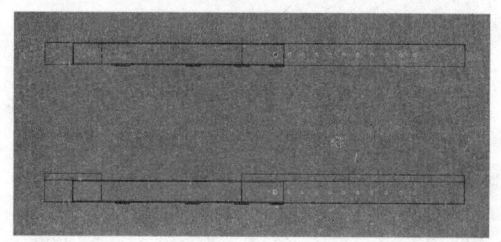
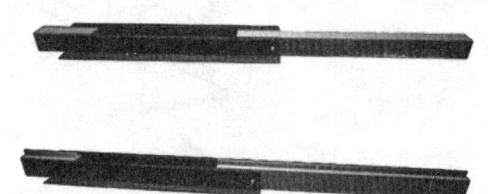

图5.3.5 主次梁调节伸缩

6. 材料与设备

6.1 施工材料

RAPID早拆体系新型模板系统主要有以下材料：主梁、可重复使用的头、次梁组成、外管、内管、可调螺母、插销、面板（TRIMAX–TRI）。

6.2 施工机具

橡胶榔头。

7. 质 量 控 制

7.1 主材选用规格（表7.1）

RAPID早拆型模板系统规格选用表　　　　　　　　　　　　　　　　　　表7.1

序号	单根允许条件		钢管支撑规格（单位：mm）						
	允许荷载（kN）	允许高度（mm）	插管（1）		套管（2）		插销（3）	顶板（4）钢板厚度	底板（5）钢板厚度
			外径	壁厚	外径	壁厚			
1	40	2700	76	3.5	89	3.5	圆18	δ 14	δ 18
	15	3800	76	3.5	89	3.5	圆18	δ 14	δ 18

续表

序号	单根允许条件		钢管支撑规格（单位：mm）				插销（3）	顶板（4）钢板厚度	底板（5）钢板厚度
	允许荷载（kN）	允许高度（mm）	插管（1）		套管（2）				
			外径	壁厚	外径	壁厚			
2	60	2700	89	3.5	108	3.5	圆20	δ16	δ20
	40	3800	89	3.5	108	3.5	圆20	δ16	δ20
3	40	3800	89	4	108	4	圆18	δ14	δ18
	15	5600	89	4	108	4	圆18	δ14	δ18
4	60	3800	108	4	120	4	圆20	δ16	δ20
	40	5600	108	4	120	4	圆20	δ16	δ20
5	45	2800	76	4	89	4	圆18	δ14	δ18
	15	4500	76	4	89	4	圆18	δ14	δ18
6	60	2800	89	4	108	4	圆20	δ16	δ20
	40	4500	89	4	108	4	圆20	δ16	δ20
7	45	4500	100	4	120	4	圆18	δ14	δ18
	15	6500	100	4	120	4	圆18	δ14	δ18
8	60	4500	108	4	120	4	圆20	δ16	δ20
	40	6500	108	4	120	4	圆20	δ16	δ20

7.2 搭设参考技术参数（表7.2）

RAPID早拆型模板系统参考技术参数　　　　表7.2

混凝土厚（cm）	总荷载（kN/m²）	给定次梁间距时，主梁最大允许间距（mm）				给定主梁的受力宽度时，钢支撑的最大允许间距（mm）				
						给定最大间距时，单根钢支撑负载（kN）				
		400	500	600	700	2200	2500	2700	3000	3200
14	7.88	3300	3100	2900	2700	1900 34.23	1800 37.05	1800 39.46	1700 42.10	1700 44.32
16	8.49	3100	2900	2800	2600	1800 35.51	1800 38.18	1700 40.84	1700 43.53	1600 45.78
18	9.08	3000	2800	2700	2500	1800 36.81	1700 39.53	1700 42.49	1600 44.99	1600 47.55
20	9.69	2900	2700	2600	2500	1700 38.16	1600 40.94	1600 43.70	1600 46.51	1500 49.44
22	10.29	2900	2700	2500	2400	1700 39.37	1600 43.58	1600 45.29	1500 48.17	1500 50.85
24	10.90	2800	2600	2400		1600 40.45	1600 45.29	1500 46.44	1500 49.68	1400 52.76
26	11.50	2700	2500	2300		1600 41.91	1500 44.55	1500 48.02	1400 51.05	1400 54.18
28	12.10	2600	2400	2300		1500 43.02	1500 46.28	1400 49.58	1400 52.63	1400 55.84
30	12.70	2600	2400	2200		1500 44.30	1500 47.63	1400 51.00	1400 54.49	1300 57.80

续表

混凝土厚（cm）	总荷载（kN/m²）	给定次梁间距时，主梁最大允许间距（mm）				给定主梁的受力宽度时，钢支撑的最大允许间距（mm）				
						给定最大间距时，单根钢支撑负载（kN）				
		400	500	600	700	2200	2500	2700	3000	3200
35	14.20	2500	2300	2100		1400 47.31	1400 50.56	1400 54.70	1300 58.40	1300 61.88
40	15.71	2400	2200			1400 50.56	1300 54.61	1300 58.34	1300 62.23	1200 65.88
45	17.22	2300	2100			1300 53.56	1300 57.69	1300 62.04	1200 66.13	1200 69.96
50	18.73	2200	2100			1300 56.54	1300 60.86	1200 65.40	1200 69.66	1200 74.25

7.3 注意事项

7.3.1 地基（回填土）要碾实：分别沿南北、东西方向分2次碾实至承载力 $f=4t/m^2$。

7.3.2 严格控制施工荷载，上料时要分散，不要集中；在浇筑混凝土时，混凝土的堆积高度不得大于50cm。

7.3.3 在搭设排架时，竖管的竖直度偏差不得大于2cm。

7.3.4 浇筑混凝土之前要派人进行现场检查验收，并要有记录。

7.3.5 在浇筑混凝土的过程当中，要派人随时对现场进行监护：控制好操作面上的施工荷载；防止施工器具撞击操作面，以免集中荷载过大，造成支撑破坏。在施工过程当中要随时观察模板及其支撑的工作情况，如发现问题，及时停止施工，采取有效措施后方可继续施工。

8. 安 全 措 施

8.1 模板支撑不得使用腐朽、扭裂、劈裂的材料，顶撑要垂直，底端平整坚实。

8.2 采用RAPID早拆型模板系统应严格检查，发现RAPID早拆型模板系统严重变形、松动等应及时修复。

8.3 为了防止RAPID早拆体系新型模板系统由于插销质量问题下滑，保险起见采用双插销保险。

8.4 RAPID早拆型模板系统应按工序进行，模板没有固定前不得进行下道工序。禁止利用RAPID早拆型模板系统支撑攀登上下。

8.5 RAPID早拆型模板系统支模时，支撑不准连接在门窗、脚手架或其他不稳固的物件上。在混凝土浇灌过程中，要有专人检查，发现变形、松动等现象要及时加固和修理，防止塌模伤人。

8.6 在现场安装模板时，所用工具要装入工作袋，防止高处作业时工具掉下伤人。

8.7 搭设两层或以上的RAPID早拆型模板系统，应先搭设脚手架或挂好安全网。

8.8 拆除模板时应严格遵守各类模板拆除作业的安全要求。

9. 环 保 措 施

9.1 严格执行《建筑施工现场环境与卫生标准》等规范的绿色施工要求，建立健全工作制度：每星期召开一次"施工现场环境保护"工作例会，总结前一阶段的施工现场环境保护管理情况，布置下一阶段的施工现场环境保护管理工作。

9.2 防止施工噪声污染，施工现场提倡文明施工，建立健全控制人为噪声的管理制度。增强全体施工人员防噪声扰民的自觉意识，选用低噪声橡胶榔头进行RAPID早拆型模板系统的校准与调直。

9.3 废弃物管理施工现场设立专门的废弃物临时贮存场地，废弃的RAPID早拆型模板系统配件应分类存放，设置安全防范措施且有醒目标识。废弃物的运输确保不散撒、不混放，对可回收的废弃物做到再回收利用。

10. 效 益 分 析

10.1 与传统支撑体系相比较，该体系有如下优点：1.提高效率：操作简单易懂，效率是传统体系的3~5倍，可小组独立操作；2.省耗材：不用铁钉、钢丝、木材等材料，减少机械工具的用量，降低了大量成本；3.安全度高：完全钢结构，标准件紧固，结构严密连接紧凑，安全更可靠；4.美观整齐：施工现场整洁有序，更易管理。因其周转使用次数约在3000次左右，大大高于扣件式模板体系结构（1000次），所以其实际使用成本只占传统方法的二十几分之一。

10.2 施工操作方便，搭设工作量小，所需人工费用仅为碗扣架的1/3，无水平连杆；模板支设状态下其下部可以通行或进行其他工序的施工，施工现场整洁有序，更易管理，全面提升工程形象。

10.3 采购成本分析（图10.3-1、图10.3-2）

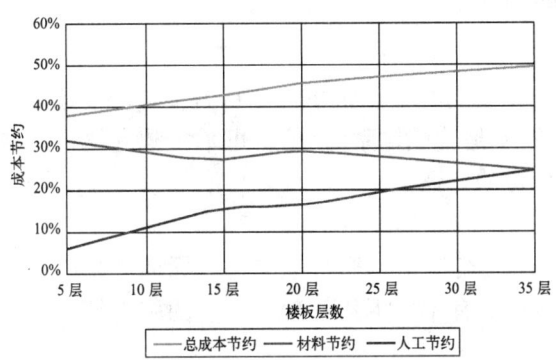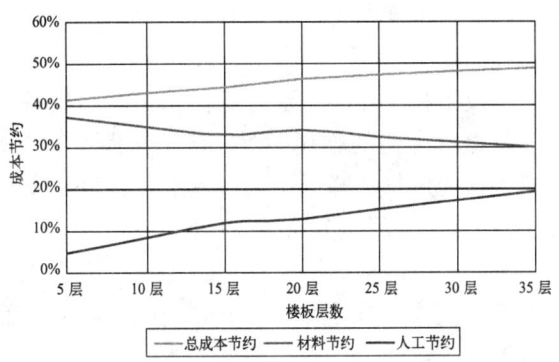

图10.3-1　钢管、扣件+木方、胶合板系统与　　　　图10.3-2　碗扣架+木方、胶合板系统与
　　　　　　ULMA-RAPID成本比较　　　　　　　　　　　　　ULMA-RAPID系统成本比较

10.4 租赁成本（图10.4-1、图10.4-2）

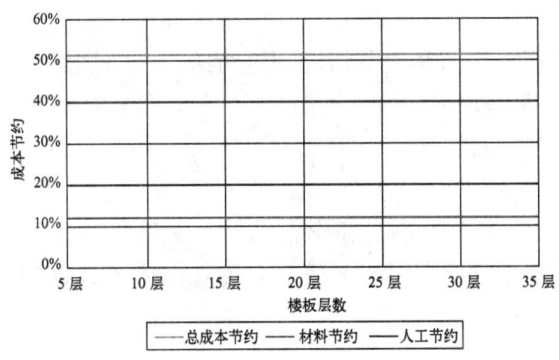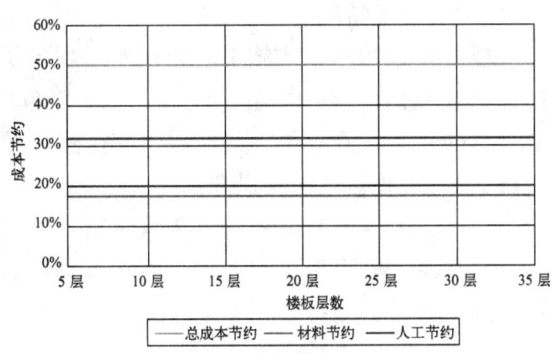

图10.4-1　钢管、扣件+木方、胶合板系统　　　　　图10.4-2　碗扣架+木方、胶合板系统与
　　　　　　与ULMA-RAPID成本比较　　　　　　　　　　　　ULMA-RAPID系统成本比较

10.5 5层建筑楼板模板成本（图10.5-1、图10.5-2）

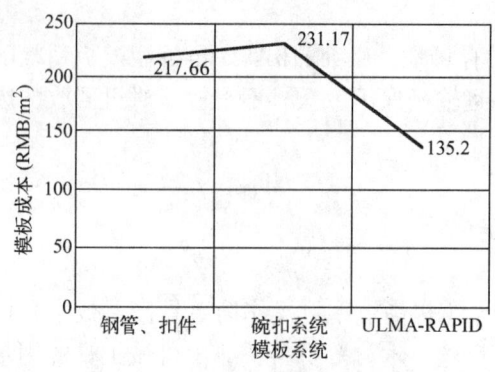

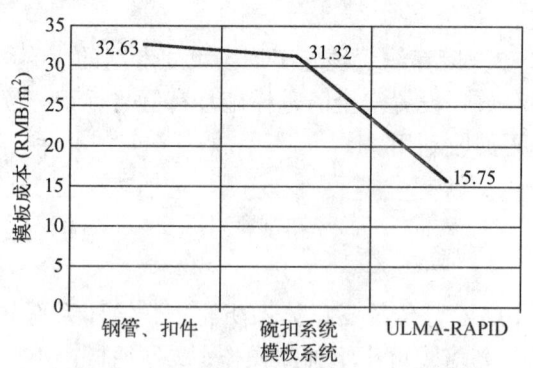

图10.5-1　5层建筑楼板模板销售成本　　　　图10.5-2　5层建筑楼板模板租赁成本

11. 应 用 实 例

11.1　中南财经学院8号住宅楼工程

11.1.1　工程概况

工程总建筑面积为67606.12m²，建筑结构高度主楼87.98m，裙楼21.3m。结构型式主楼为框剪结构，裙房为框架结构，地下1层；地上主楼27层，裙房5层。

11.1.2　施工情况

模板工程采用本工法施工。公司专门配备了施工班组，与其他班组协调进行施工，协同建设、监理单位组成专门的验收小组，该工法操作简单易懂，效率是传统体系的4倍，可单人独立操作，减少机械工具的用量，降低了大量成本，获得建设及监理单位的好评。

11.1.3　工程监测与结果评价

采用RAPID早拆型模板施工工法，有两大优点：1. 安全度高：完全钢结构，标准件紧固，结构严密连接紧凑，安全更可靠；2. 美观整齐：施工现场整洁有序，更易管理。专业的施工技术和良好的施工队伍素质，获得了各方主体的一致好评。

11.2　柯桥兴银大厦工程

11.2.1　工程概况

工程总建筑面积为45690m²，建筑结构高度主楼69m，裙楼21.3m。结构型式主楼为框剪结构，裙房为框架结构，地下1层；地上主楼22层，裙房5层。

11.2.2　施工情况

模板工程采用本工法施工。公司专门配备了施工班组，与其他班组协调进行施工，协同建设、监理单位组成专门的验收小组，该工法操作简单易懂，效率是传统体系的4倍，可单人独立操作，减少机械工具的用量，降低了大量成本，获得建设及监理单位的好评。

11.2.3　工程监测与结果评价

采用RAPID早拆型模板施工工法，有两大优点：1. 安全度高：完全钢结构，标准件紧固，结构严密连接紧凑，安全更可靠；2. 美观整齐：施工现场整洁有序，更易管理。专业的施工技术和良好的施工队伍素质，获得了各方主体的一致好评。

11.3　昌隆·都市春天商业中心工程

11.3.1　工程概况

位于绍兴柯桥，是绍兴县"2007年十大工程项目"，柯桥"611计划"城市建设的有机组成部分，其东临笛扬路，南接兴越路，西濒管墅直江，北绕上温渎，为柯桥笛扬商圈核心地脉。本工程地下1层，地上27层，剪力墙结构，总建筑面积69792m²。工程于2007年12月开工，2008年12月主体封顶。

11.3.2　施工情况

模板工程采用本工法施工。公司专门配备了施工班组，与其他班组协调进行施工，协同建设、监理单位组成专门的验收小组，该工法操作简单易懂，效率是传统体系的4倍，可单人独立操作，减少机械工具的用量，降低了大量成本，获得建设及监理单位的好评。

11.3.3 工程监测与结果评价

采用RAPID早拆型模板施工工法，有两大优点：1．安全度高：完全钢结构，标准件紧固，结构严密连接紧凑，安全更可靠；2．美观整齐：施工现场整洁有序，更易管理。专业的施工技术和良好的施工队伍素质，获得了各方主体的一致好评，为昌隆·都市春天申报浙江省"钱江杯"优质工程打下基础。

混凝土梁板组装桁架模板支撑施工工法

GJEJGF034—2010

山东德建集团有限公司　山东兴华建设集团有限公司

胡兆文　金佐明　赖忠楠　荆建明　周兆伟

1. 前　言

混凝土梁板结构模板支撑一般多采用满堂脚手架支撑系统，利用扣件式、碗扣式或承插式钢管脚手架搭设模板支撑体系，工作量大，费工费时费料。为改进混凝土梁板模板支撑的传统施工工艺，山东德建集团技术中心开展了混凝土梁板桁架式模板支撑技术研究工作，于2010年9月由山东省建筑工程管理局组织了专家论证，鉴定结论为达到同类技术的国内领先水平。通过对该科技创新成果的总结，申请并获得了《组装式模板桁架支撑》、《空间组装式可调节模板支撑桁架》两项国家实用新型专利（专利号分别为ZL 2010 2 0195386.3 、ZL 2010 2 0195397.1）。本工法是在德州市新城高中教学楼、德州市政务中心办公楼、来仪·凤华天城3号楼等工程施工应用后总结形成的。

2. 工 法 特 点

2.1 本工法利用可组装桁架（平面或空间）支撑代替混凝土板的满堂脚手架模板支撑，通过设置在桁架支撑端部的短柱将其荷载传递到梁模板竖向支撑结构上。

2.2 钢桁架上下弦及腹杆采用成品节点利用螺栓连接而成，通过现场一次组装多次使用的平面或空间桁架具有传力明确、结构安全可靠、施工工艺简单的特点。

2.3 减少了模板满堂支架的大量投入，降低了模板支撑架体周转费用；节省了人工，减轻了劳动工作强度；缩短了模板支撑体系搭设与拆除时间。

3. 适 用 范 围

本工法适用于工业与民用建筑中水平现浇梁板混凝土工程模板支撑施工，特别是开间尺寸较大（跨度6~8m）的梁板结构及高支模支撑架体的搭设。

4. 工 艺 原 理

4.1 混凝土梁板结构模板支撑体系主要由现浇楼板模板支撑桁架、纵向梁模板两侧立柱支撑系统、横向梁模板支撑桁架、模板立柱支撑系统的空间剪刀撑等组成。混凝土梁板结构模板支撑体系组成见图4.1。

4.2 通过在桁架端部所设置的短柱将混凝土梁板在浇筑施工过程中所产生的竖向及水平荷载传递到与桁架结构垂直的纵向梁模板支撑架体上，梁板桁架模板支撑体系梁端部剖面图见图4.2。

图4.1　混凝土梁板结构模板支撑体系

4.3 混凝土梁板结构模板支撑体系设计

4.3.1 根据工程开间与进深、建筑平面确定桁架布置方向及梁模板支撑体系尺寸，进而根据桁架跨度、楼板厚度进行桁架设计计算确定桁架所用材料规格。

4.3.2 钢桁架及梁模板支架的设计

1. 根据工程结构梁柱轴线尺寸确定桁架布置方向，通过支撑桁架的梁模板支撑立柱间距及桁架端部可调节杆伸缩量确定桁架规格。

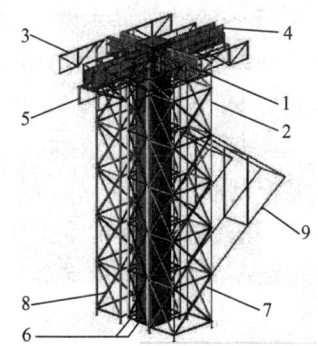

1—纵向混凝土梁；
2—纵向梁模板支撑立柱；
3—支撑板模板桁架；
4—横向混凝土梁；
5—支撑横向梁模板桁架；
6—横向梁模板桁架端部立柱及斜撑；
7—梁下支撑系统横向剪刀撑；
8—梁下支撑系统纵向剪刀撑；
9—梁立柱支撑体系空间剪刀撑

图4.2 梁板桁架模板支撑体系梁跨端部剖面图

2. 桁架规格按6000mm跨梁、150mm厚现浇板的施工荷载进行杆件规格、组装节点设计计算，桁架上下弦节点按600mm、1200mm轴间距为主模数。小于6000mm跨梁桁架按此设计的杆件规格、节点尺寸进行各跨度梁桁架组装，个别跨度增设节点与杆件；大于6000mm跨梁桁架根据工程需要，另行单独设计。组装桁架见图4.3.2。

3. 在确定了桁架规格后进行施工荷载验算，验算步骤如下：

桁架间距确定（与梁模板支撑立柱等距）→钢桁架杆件规格、梁模板立柱选型→施工荷载计算→桁架及梁模板立柱支撑内力、变形验算→梁模板立柱规格调整→桁架节点验算→完善梁板支撑布置图。

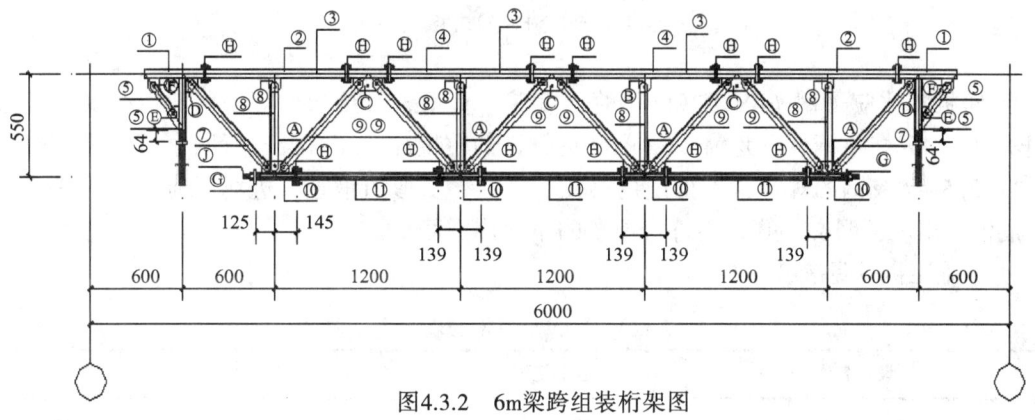

图4.3.2 6m梁跨组装桁架图

5. 施工工艺流程及操作要点

5.1 工艺流程

混凝土梁板结构模板支撑体系设计→钢桁架制作与验收→混凝土梁板结构模板支撑体系搭设→混凝土浇筑→施工安全检测→混凝土养护→桁架支撑拆除。

5.2 模板支撑系统搭设操作要点

根据混凝土梁板结构模板支撑设计计算结果绘制混凝土梁板结构模板支撑平面图，确定桁架布置方向与间距、桁架跨度与标高、梁模板支撑立杆高度、纵横向间距、水平杆距离、剪刀撑布置等技术数据。

5.2.1 模板支撑系统搭设

根据混凝土梁板结构模板支撑设计平面图进行测量放线确定纵向梁模板支撑立柱位置→在立柱中心铺设50mm厚木通长垫板→根据板厚、桁架端部短柱长度、可调节杆调节高度确定梁模支撑立柱高度→分段搭设立柱至设计高度→在搭设梁模支撑立柱同时连接其上下水平杆→搭设立柱纵横向斜撑→

根据设计标高安装梁底模板水平杆→铺设梁底木愣、模板→梁侧模、固定模板用木方（钢管）、楞木安装加固→安装桁架短柱可调节杆并调整螺栓至设计标高→安装钢桁架及木方、面板→搭设横向梁模板端部立柱支撑、安装支撑桁架→安装梁模板→纵横向梁柱节点封模→根据设计要求安装立柱支撑空间剪刀撑→梁板支模系统自检、自查→专项检查验收→安全监护。

5.2.2 梁模板立柱支撑高度控制

根据楼板设计标高与桁架端部短柱高度确定梁模板支撑立柱搭设高度，不同长度的钢管采用对接连接，搭设完毕的梁支撑立柱上端高度应在桁架端部短柱底标高下100mm范围内，该高度用可调节螺栓找平。

5.2.3 平行桁架方向的梁模板及其桁架支撑按设计搭设，桁架上设钢管承担该梁模板系统荷载。

5.2.4 建筑物外边梁模板支撑外侧立柱应倾斜，立柱底部在梁轴线外100mm，并在木垫板上设防滑装置抵抗立柱底部水平推力。

5.2.5 通过张拉桁架下弦管内预应力筋降低混凝土浇筑后的桁架竖向变形，有效地保证混凝土板底部平整度。

5.3 混凝土模板支撑钢桁架的拆除

混凝土强度达到设计要求→拆除梁立柱支撑间平行于桁架的横向空间剪刀撑→反向旋转桁架短柱可调节杆螺栓→降低桁架使之脱离受力状态→钢桁架、木方模板拆除→按设计计算确定的时间拆除梁模板立柱。

6. 材料与设备

6.1 梁模板支撑应采用 $\phi 48 \times 3.0$ 的钢管、旋转、直角、对接扣件等，桁架上弦受压杆为 $\phi 48 \times 3.0$、腹杆采用 $\angle 45 \times 5$ 角钢、下弦为 $\phi 36 \times 3.0$ 钢管，其质量标准应符合现行国家《碳素结构钢》GB/T 700标准中 Q235－A级钢的规定，不得使用打孔、锈蚀、变形的钢管。进场前应检验材料的出厂合格证、检验报告、出厂证明文件等，不符合要求的不允许进场。

6.2 主要施工机具见表6.2。

机具设备表　　　　　　　　　　　　　　　　　　　　表6.2

序号	设备名称	设备型号	数量	用　途
1	电焊机	BX-300	2台	桁架制作
2	切割机	GX-315AC	2台	桁架制作
3	电锯	MJ105	2台	模板制作
4	平刨	MQ442	2个	模板制作
5	力矩扳手	MXTA-33	30把	架体搭设
6	手工木锯		20个	模板制作
7	塔吊	QTZ40	1台	材料运输
8	全站仪	SET2010	1台	测量放线
9	水准仪	DSZ2	1台	测量放线

7. 质 量 控 制

7.1 应执行的规范

7.1.1 本工法必须执行《建筑结构荷载规范》GB 50009-2001、《建筑施工模板安全技术规范》

JGJ 162-2008、《建筑施工扣件式钢管脚手架安全技术规范》JGJ 130-2001。

7.1.2 施工和验收应符合《混凝土结构工程施工质量验收规范》GB 50204-2002、《钢结构工程施工质量验收规范》GB 50205-2001。

7.2 质量要求

7.2.1 主控项目

1. 现场所用原材料的品种、规格、性能应符合现行国家产品标准和设计要求，并应按规定进行抽样检查试验。

检查数量：所有品种，全数检查。

检验方法：检查产品质量合格证明文件及检验报告等。

2. 焊工必须经考试并取得合格证书，持证焊工必须在其考试合格项目及其认可范围内施焊。

检查数量：全数检查。

检验方法：检查焊工合格证及其认可范围、有效期。

3. 钢桁架的垂直度和侧向弯曲矢高的允许偏差应符合设计及规范规定。

检查数量：按同类构件抽查10%，且不少于3个。

检验方法：用吊线、拉线、经纬仪和钢尺现场实测。

4. 桁架端部短柱应对准梁模板支撑架的立杆中心线，并通过插入可调节螺栓连接牢固。

检查数量：全数检查。

5. 桁架节点焊缝要求为二级焊缝。

检查数量：50%检查。

检验方法：超声波检测。

7.2.2 一般项目

1. 钢桁架的轴线允许偏差不得大于2.0mm，钢桁架结构成品节点错位的允许偏差不得大于3.0mm，钢桁架上弦标高允许偏差不得大于2.0mm。

检查数量：按构件数抽查20%，且不应少于5个，每个构件按节点数抽查20%，且不应少于5个。

检验方法：尺量检查。

2. 模板架体支撑系统上的扣件螺栓拧紧力矩应不少于65N·m。

检查数量：按立杆、纵横向水平杆、剪刀撑各抽查10%，且不应少于5处。

检验方法：采用力矩扳手，按随机分布原则进行，不合格的必须重新拧紧，直至合格为止。

3. 对于跨度大于4m的梁板，其模板应按设计要求起拱，当设计单位无要求时，起拱高度宜为跨度的1/1000～3/1000。

检查数量：在同一检验批内抽查构件数量的10%，且不应少于3件。

检验方法：用水平仪或拉线，钢尺检查。

8. 安 全 措 施

8.1 施工操作应遵循《建筑安装工人安全技术操作规程》关于钢结构的制作、安装和混凝土工程施工的内容，并遵循《建筑机械使用安全技术规程》中有关垂直运输机械和电动工具的操作规定。

8.2 电焊工、架工等工种应具备相应的职业资格证书，持证上岗。职工上岗前与更换工种前，对其进行专业安全知识培训，合格后方可上岗。

8.3 横向混凝土梁两侧间隔一定距离设桁架支撑承担该梁施工荷载，该桁架端部支撑在该梁端部所设立柱上，相同立柱支撑间形成空间不变体系。

8.4 支撑纵向梁模板的立柱按构造要求对每道长度大于4m的梁沿跨度方向两端各设一道剪刀撑，垂直跨度方向每隔两立柱增设一道剪刀撑，在梁立柱支撑间设平行于桁架的横向空间剪刀撑。

空间剪刀撑设置原则为模板支架高度小于8m的采用双杆平面剪刀撑，高度大于8m的采用四杆空间剪刀撑，剪刀撑的尺寸、位置以满足模板支架上部水平位移控制为准。

8.5　桁架端部短柱上端用扣件通过水平钢管连接成整体，保证桁架侧向稳定；桁架上的木方间隔1200mm用铅丝与桁架上弦绑扎固定，保证桁架稳定性。

8.6　如为泵送混凝土施工应采取相应构造措施，架体整体稳定性根据泵管在输送混凝土过程中对模板支架作用力，经有限元空间位移分析施工过程中楼板模板水平位移不得超出15mm。

8.7　桁架支撑体系中的立柱在施工阶段对下层结构的安全影响应进行分析计算，确定下层梁模板立柱拆除时间。

8.8　各种配件应放在工具箱或工具袋中，严禁放在模板或脚手架上，各种工具应系挂在操作人员身上或放在工具袋内，避免掉落。

8.9　装拆模板时，上下应有人接应，随拆随运走，并应把活动部件固定牢靠，严禁抛掷或堆放在脚手板上。

8.10　支撑体系拆除之前，应由项目部技术负责人发出书面拆除通知，并召开拆前技术安全交底会。

9. 环 保 措 施

9.1　在工程施工过程中严格遵守国家和地方政府下发的有关环境保护的法律、法规和规章，加强对工程材料、设备、废水、生产生活垃圾、弃渣的控制和治理。

9.2　将施工场地和作业限制在工程建设允许的范围内，合理布置、规范围挡，做到标牌清楚、齐全，各种标识醒目，施工场地整洁文明。

9.3　对施工中可能影响到的各种公共设施制定可靠的防止损坏和移位的实施措施，加强实施中的监测、应对和验证。同时，将相关方案和要求向全体施工人员详细交底。

9.4　设立专用垃圾处理坑，对生活垃圾、废物、污水集中进行无害化处理，从根本上防止施工垃圾乱堆乱放。

9.5　定期清理工程废弃物，达到本地区环境卫生标准。

9.6　优先选用先进的环保机械，设立隔音墙、隔声罩等消声措施降低施工噪声到允许值以下，同时尽可能避免夜间施工。

9.7　对施工场地道路进行硬化，并在晴天经常对施工通行道路进行洒水，防止尘土飞扬，污染周围环境。

9.8　构件应分类堆放，分别编号，做好标识。

9.9　施工现场使用的油手套、机油、废涂料、清洗液等有害废弃物不得随意丢弃，防止污染土地、水体。

10. 效 益 分 析

10.1　经济效益

采用钢桁架与梁立柱支撑梁板模板可减少钢管使用量1/2左右，周转材料费可节省45%，比传统的满堂脚手架搭设梁板模板支撑人工费可节约30%，工期每层可提前2d。

10.2　社会效益

10.2.1　有效地提高了工程施工进度，节约了工程成本，加快了工程的交付使用，实现了工程的价值。为本地区的建筑业发展积累了技术经验，并作为新技术进行推广应用，受到了建设单位、监理单位和业内人士的一致好评，提升了企业的知名度，创造了良好的社会效益。

10.2.2 桁架组装实现了现场作业工厂化、分散作业集中化，大量减少了现场施工作业量，同时保证了安装精度，为今后类似工程施工提供了实际操作方法。

10.3 节能环保效益

使用该体系大量减少了周转材料的使用量，节材效果显著。

11. 应 用 实 例

11.1 德州市新城高中教学楼北临新河路、东临康博大道，建筑面积18000m²，框架结构，地上5层，是经济开发区内重点中学。工程开工日期为2009年10月，竣工日期为2010年10月，主体施工期间梁板模板支撑采用混凝土桁架式支撑，比预计施工计划提前13日封顶，其中人工费、材料租赁费等比采用扣件式满堂脚手架节省约25%，有效地控制了工程成本。

11.2 德州市政务中心办公楼工程位于新城综合楼东侧，建筑面积52000m²，框架结构，地上5层，地下1层，工程开工日期为2010年1月，竣工日期为2011年5月，是一座集社保服务中心、行政审批大厅、招投标中心及办公等多功能于一体的综合性建筑，是德州市可再生能源利用的示范工程及服务高效的便民工程。主体施工中采用了混凝土梁板组装桁架模板支撑系统，钢桁架采用场外制作、现场安装方式，大大节约了施工工期，并提高了施工现场的利用率，主体施工实际工期比计划工期提前12d。大量减少了钢管、扣件、垫板及顶托等的使用数量，从而节约了工程成本近30%，施工实体质量得到充分的保证，得到建设单位及监理单位的一致好评。

11.3 来仪·凤华天城3号楼工程，总建筑面积15732m²，剪力墙结构，地上13层，地下一层，2010年3月开工，计划于2011年5月竣工，是一座高档住宅工程。该工程主体结构采用了混凝土梁板结构模板支撑，取得了良好的效果。

以上3个项目采用本工法取得了良好的经济效益和社会效益。

铝合金模板系统及施工工法

GJEJGF035—2010

广东建星建筑工程有限公司

王爱志　疏杰　林少锋　程敏　向勇

1. 前　　言

改革开放以来，随着高层、超高层建筑的迅速发展，模板技术已成为建筑施工中量大面广的重要的施工工具。特别是我国南方地区，由于建筑结构设计复杂（外墙飘窗多而大、外立面线条多、室内梁墙多）的特点，不便使用工业化模板系统，目前我国房屋建筑工程使用的模板系统大部分都是木方加胶合板模板系统。2009年木胶合板模板市场规模为3亿m²，需砍伐1600万棵直径为30cm的大树即10000公顷森林面积来满足木胶合板模板的生产，随着建筑工程开发量的不断增加，每年还将以9%的速度递增。在我国政府积极倡导应对气候变化、大力推行节能减排的形势下，广东建星建筑工程有限公司为响应国家政策研发、生产的铝合金模板，以其周转次数多、安装方便、成本低、节约木材资源、提高现浇结构的工程质量等特点替代传统的木模板系统。

广东建星建筑工程有限公司就新型模板开展了科技创新，取得了"铝合金模板系统及其施工技术"这一国内领先的新成果，于2011年1月通过了广东省住房和城乡建设厅鉴定，同时形成了铝合金模板系统新颖的施工工法。由于铝合金模板以其周转次数多节约了木材资源、重量轻和安装方便而提高了安装工效、刚度高不易变形而提高现浇结构的工程质量，技术先进，故有明显的社会效益和经济效益。

2. 工 法 特 点

2.1　以铝合金模板代替传统的木模板，节约森林资源。

2.2　把建筑施工图转化为模板图，在工厂加工后，以1∶1的比例在工厂预安装并进行编号，减少施工过程中的错误，加快了施工进度，实现了模板制作工厂化。

2.3　铝合金模板系统刚度高、不易变形，混凝土表面质量平整光洁，基本达到清水混凝土的要求，提高了现浇结构的质量。

2.4　铝合金模板系统周转次数多（120次），与传统的木模板系统比（45层建筑）可节约8元/㎡，可节约用工30%。

2.5　由于铝合金模板系统施工操作层在模板下方（在已浇筑混凝土层），故相对传统模板系统施工安全。

3. 适 用 范 围

主要用于高层、超高层房屋建筑、公共建筑及基础设施项目的标准层模板工程施工。30层以下以及地下室、非标准层建筑考虑到成本投入不建议使用。

4. 工 艺 原 理

根据施工图设计出模板安装图，根据铝材的特点及铝合金模板受力要求和模板配置要求，设计、

1594

浇筑出各种铝合金模板型材；再通过加工生产出各种规格、形状的铝合金模板。将生产出来的铝模板通过连接附件、支撑和紧固系统按照一定的规则有效的组合在一起，形成稳定的整体结构，为钢筋绑扎、混凝土浇筑提供可靠的工作面，保证混凝土结构良好的成型。

5. 施工工艺流程及操作要点

5.1 施工工艺流程

施工准备→模板图设计→模板生产→工厂试拼装及编号→模板运输→模板现场安拆→运回工厂、评估残值或再周转利用。

5.2 施工操作要点

5.2.1 模板图设计

1. 模板图设计的内容及程序

1）绘制模板设计图、附件系统、支撑系统、紧固系统布置图，以及细部结构、异形模板和特殊部位详图纸。

2）根据结构构造形式和施工条件，对模板和支承系统等进行力学验算。

3）制定模板及配件的使用计划，根据模板和配件的规格、型号、数量编制明细表。

4）制定模板安拆工艺及安全技术措施。

2. 模板强度和刚度的验算依据

1）模板承受的荷载参照《混凝土结构工程施工质量验收规范》GB 50204-2002、《建筑施工模板安全技术规范》JGJ 162-2008的有关规定进行计算的。

2）组成铝合金模板系统的铝合金模板、支撑、紧固系统均采用组合荷载验算其刚度，其容许挠度应符合表5.2.1。

部件容许挠度　　　　　　　　　　表5.2.1

部件名称	容许挠度	部件名称	容许挠度
单块铝合金模板	1.5mm	背楞	$L/500$
柱箍	$b/500$	支撑系统	4.0mm

注：L为计算跨度，b为柱宽。

5.2.2 模板设计应重点处理的问题

1. 在模板的转角处理上专门研发了特殊的铝型材，根据不同的部位制定各种规格尺寸，有效地提高混凝土的成型观感质量，通过专用的插销铆片连接，提高模板系统的稳定性，尽量减少小构件的数量，方便安装，并使安装场地整洁。特殊转角铝型材主要应用部位有：墙柱与梁底转角处、墙柱与楼板转角处、墙柱与墙柱转角处，梁侧与墙柱转角处、梁侧与楼板转角处等，节点如图5.2.2-1、图5.2.2-2。

2. 梁模板：梁底支撑位排列主要以1200mm为间距，当梁宽大于400mm时需设计两个支撑点位。

3. 楼面模板：标准楼面模板型材为1100mm×400mm，支撑点位根据1200mm×1200mm方阵进行排列，方向平行于楼面的长边，宽度小于1200mm的楼面板，无需设计支撑，转角件均设计斜口接缝，方便安装和拆模。楼面小转角，双转角采用异型板设计。

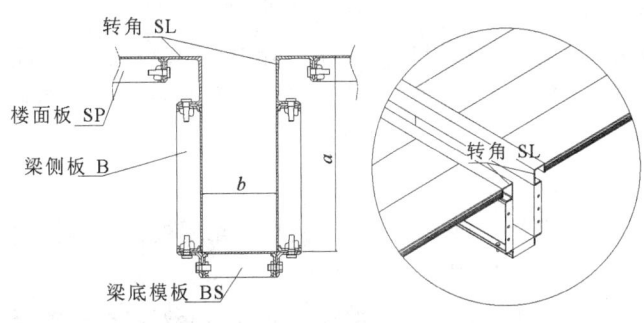

图5.2.2-1 梁侧与楼面板节点

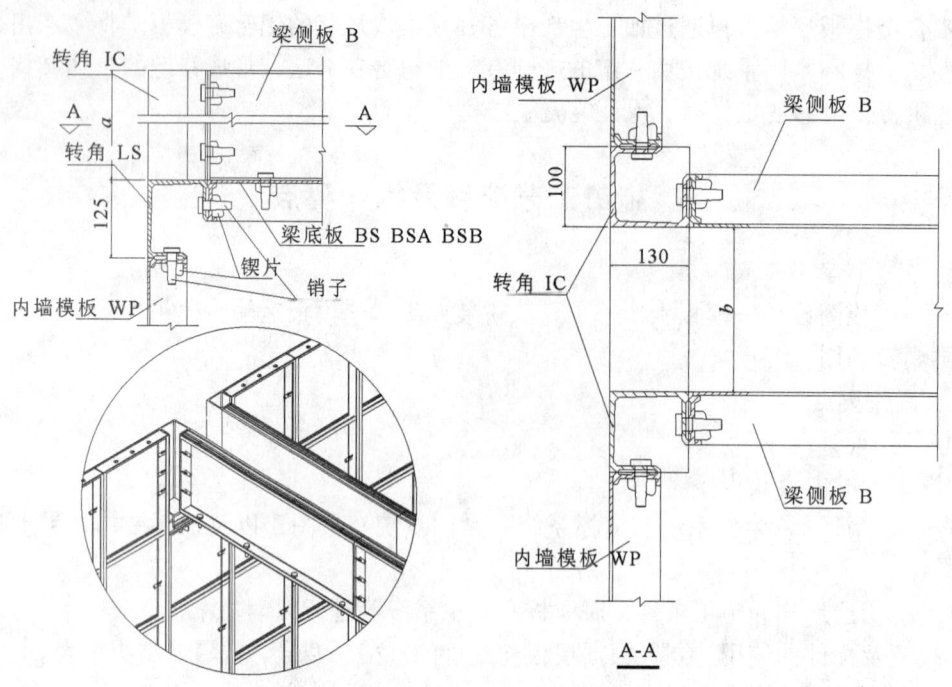

图5.2.2-2 梁墙交接节点

4．窗台模板：注意上、下两窗台支撑位要设计在同一位置上，受力位置相同，从而保证窗台板强度，窗台板转角件连接处需设计斜口，方便安装和拆模，内处转角，小转角处设计异形模板，减少小件模板数量，保证构件整体稳定性。

5．吊模模板：吊模主要有卫生间，阳台吊模，在设计过程中主要保证吊模整体的稳定性，不易变形，易安装，易拆模，吊模底部需设计角钢支撑加强，间距为800mm，以防止吊模底部变形。

5.2.3 铝合金模板安装拆除

放墙柱位线 → 标高抄平 → 安装墙柱模板 → 安装梁模板 → 安装楼板模板 → 检查垂直度 → 检查平整度 → 检查销子是否正确地楔入 → 移交绑扎钢筋。

1．施工前准备工作

楼层主要控制轴线及标高点引测已完成，并通过复核；墙、柱钢筋绑扎完毕，水电管及预埋件已安装，并通过验收；模板安装前，必须涂刷隔离剂。

2．模板安装的一般要求

需保证所有模板接触面及边缘部已进行清理和涂油，安装模板时拼缝不能漏浆，模板内的材料杂物应及时清理干净，使混凝土的观感质量达到设计要求。

3．墙、柱模板安装

墙、柱模的安装必须紧靠预先弹好的墙柱墨线，由没面墙的阴角或者阳角位开始；封闭模板之前，需在墙模连接件上预先外套PVC管，同时要保证套管与墙两边模板面接触位置要准确，以便浇筑混凝土后能收回对拉螺丝；当外墙出现偏差时，必须尽快调整至正确位置。

4．梁模板安装

梁模板安装节点，见图5.2.3-1。

梁模及楼面板安装必须依托转角铝模，转角铝模为90°，连接墙模及梁底模板或者楼面模板。

5．板模板安装

在梁模板及梁底支撑安装完后马上安装楼板模板，见图5.2.3-2。

（a）

（b）

图5.2.3-1　梁模板安装节点图

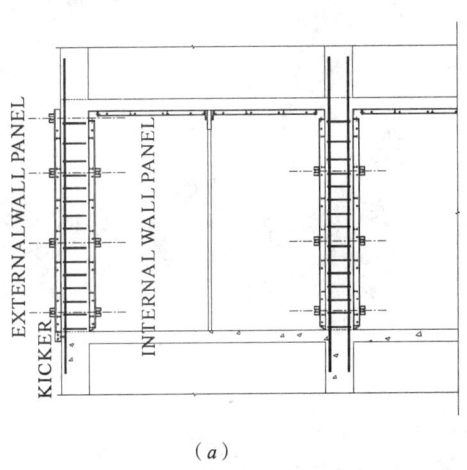
（a）

（b）

（c）

图5.2.3-2　安装完楼面模板后，模板底的支撑布置

6. 楼梯模板安装

　　一般的高层框剪结构，楼梯间的墙体多为混凝土结构，考虑到结构的整体性，一般楼梯与墙柱混凝土一起浇筑。由于楼梯结构一般比较复杂，因此在安装时必须重点控制。为保证混凝土有良好的成型质量，需在踏步板上预留检查孔，以便浇筑混凝土时控制混凝土的振捣，见图5.2.3-3、图5.2.3-4。

图5.2.3-3 只安装梯步侧板的楼梯

图5.2.3-4 已安装楼梯盖板的楼梯踏步

7. 预埋件和预留孔洞设置

为保证材料的传递运输，需在楼面上预留一定数量的传料孔，传料孔及其他预埋孔洞一样，用铁或铝板制作而成，与铝合金模板通过插销、锲片连接。连接大样见图5.2.3-5。

8. 外墙K架板安装

K架板主要是用M16螺丝固定在外墙混凝土内，对安装下一层模板起定位稳固作用，一般采用型材125U制作，具体形式见图5.2.3-6。

图5.2.3-5 连接大样图

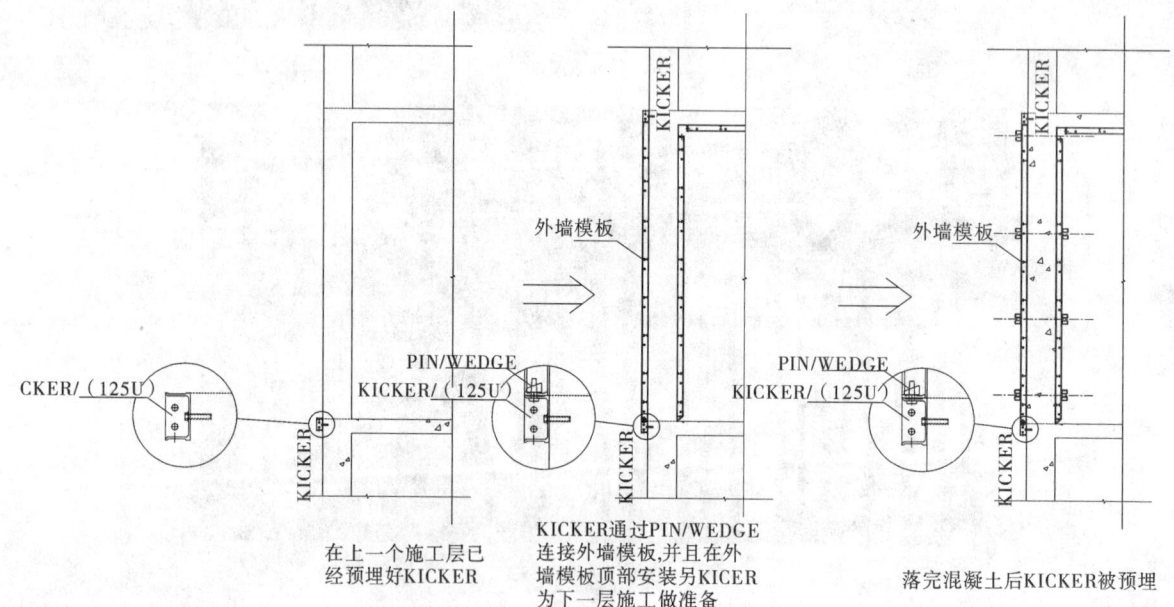

在上一个施工层已经预埋好KICKER

KICKER通过PIN/WEDGE连接外墙模板，并且在外墙模板顶部安装另KICER为下一层施工做准备

落完混凝土后KICKER被预埋

图5.2.3-6 K架板安装图

K架板上开26mm ×16.5mm 的长形孔，浇筑之前，将M16的低碳螺栓安装在紧靠槽底部位置，这些螺栓将锚固在凝固的混凝土里。浇筑后，如果需要可以调整螺栓来调节平模外围护板的水平度，这也可以控制模板的垂直度（见图5.2.3-7）。

9．混凝土浇筑完成后，模板的拆除控制

1）12h后拆除梁侧模、墙模和柱模（非承重）。

2）36h后拆除梁、板底模（支撑不拆）。

3）10d后拆除板底支撑（非承重）。

4）14d后拆除梁底支撑（非承重）。

5）25d后拆除悬挑2m的悬臂底支撑。

5.2.4 模板的运输、维修和保管

楼层间模板的运输主要靠上下层之间的传料孔人工传递。

图5.2.3-7 螺栓安装图

6．材料与设备

本工法中，铝合金模板系统由4部分组成——模板系统、附件系统、支撑系统、紧固系统。模板使用 6063-T5铝材，背楞、支撑、连接件等均采用Q235钢材制成，其中支撑壁厚3.0mm，背楞壁厚为2.5mm。

6.1 系统各部分的主要作用

6.1.1 模板系统构成混凝土结构的施工所需的封闭面，保证混凝土浇灌时建筑结构成型。

6.1.2 附件系统为连接模板的构件，使单件模板连接成整体，组成系统。

6.1.3 支撑系统在混凝土结构在施工过程中起支撑作用，保证楼面，梁底及悬挑结构支撑稳固。

6.1.4 紧固系统保证模板成型结构的宽度尺寸，在浇筑混凝土过程中不产生变形，模板不出现涨模、爆模现象。

6.2 模板标准构件及编号（表6.2）

构件标准列表		表6.2
序号	构 件 名 称	标准号
1	WPE、W 系列墙模	JH01A
2	WP、WPC 系列墙模	JH01A
3	SP、BS、BSA、BSB 系列模板 楼面及梁底板	JH02A
4	B 系列模板 梁侧板	JH03A
5	BC 系列模板 梁转角模板	JH04A
6	SL、LS、SN、LN 系列附件 连接墙、梁、楼板构件	JH05A
7	SLR、LSR、SNR、LNR 系列附件 连接墙、梁、楼板构件	JH06A
8	SC、LC 系列附件 连接墙、梁、楼板构件转角	JH07A
9	SCE、LCE 系列附件 连接墙、梁、楼板构件转角	JH08A
10	LSA 系列附件 连接墙、梁、楼板构件转角	JH09A
11	K 系列附件 承接上下层模板	JH10A
12	KR 系列附件 承接上下层模板	JH11A
13	KC 系列附件 承接上下层模板阴角转角	JH12A
14	KCE 系列附件 承接上下层模板阴阳角转角	JH13A
15	IC 、ICA 系列附件 阴角转角	JH14A
16	EC 、ECD 系列附件 阳角连接铝转角	JH15A

续表

序号	构 件 名 称	标准号
17	SS 楼面顶	JH16A
18	BB 楼面顶固定构件	JH17A
19	EB 系列附件　龙骨构件	JH18A
20	MB 系列附件　龙骨构件	JH19A
21	50 圆销（50PIN）　紧固件	JH21A
22	130 圆销（130PIN）　紧固件	JH22A
23	楔片（WEDGE）　紧固件	JH23A
24	R 系列附件　　　K 板固定构件	JH24A

6.3 模板安装工具

系统模板安装一般不需要专用大型机械设备，所用工具多为自制，见表6.3。

模板安装工具　　　　　　　　　　　　　　　　表 6.3

序号	工具名称	规　　格	备　　注
1	Y 叉	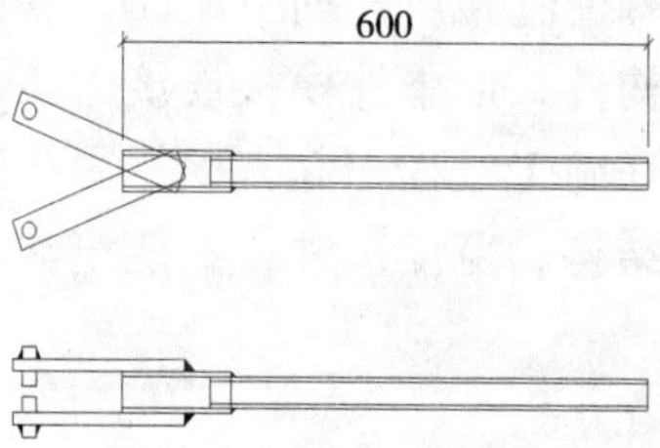 600	拆模工具
2	铁锤	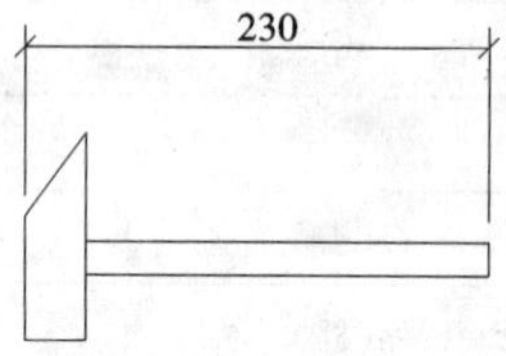 230	紧固销子、锲片
3	手提式焊机	ZX7-315/400ST	维修工具
4	弯仔	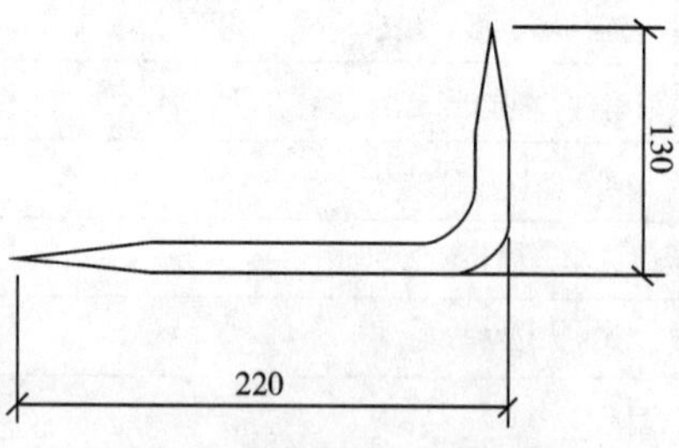 130　220	拆模工具

注：机械设备无需特别说明。

7. 质 量 控 制

7.1 工程质量控制标准

7.1.1 铝合金模板系统施工质量执行部分高于《混凝土结构工程施工质量验收规范》GB 50204-

2002。铝合金模板施工质量标准，见表7.1。

铝合金模板施工质量标准

表7.1

项　目	允许偏差（mm）	检验方法
两块模板之间拼缝	≤2.0	钢尺检查
相邻两板表面高低差	≤2.0	钢尺检查
组装模板板面平整度	≤2.0	2m靠尺和塞尺
组装模板板面长度	≤长度和宽度的1/1000，≤4.0	钢尺检查
组装模板两对角线长度偏差	≤对角线长度的1/1000，≤5.0	钢尺检查

7.2 质量保证措施

7.2.1 所有模板应清洁且涂有合格隔离剂。

7.2.2 安装模板之前，应在装配位置上进行混凝土水平测量及水平修正工作，所有水平测量都以临时水平基点为基准。

7.2.3 混凝土面高出基准点8mm以上的，必须打磨至正确水平度。

7.2.4 确保墙模按放样线安装，当外墙出现偏差时，必须尽快调整至正确位置。

7.2.5 检查全部开口处尺寸是否正确并无扭曲变形；检查全部水平模（顶模和梁底模）是水平的。

7.2.6 保证板底和梁底支撑杆是垂直的，并且支撑杆没有垂直方向上的松动。

7.2.7 检查墙模和柱模的背楞和斜支撑是否正确，检查对拉螺丝、销子、楔子保持原位且牢固。

8. 安 全 措 施

8.1 保证已安装的悬挂脚手架处在最佳状态且没有损坏。

8.2 保证平台上全部甲板和踏脚板以及扶手安装完毕。

8.3 楼板上所留的用于搬运模板的开口在不用时必须盖上，直至混凝土浇筑完毕。

8.4 任何在平台上工作的工人必须系安全带并固定在预留钉子上。

8.5 拆除外建筑物上的销子和楔子时尤其要小心，防止拆模工具及跌落。

8.6 禁止把模板叠放在脚手架。

9. 环 保 措 施

铝合金模板体系采用可循环再用的铝合金作为原材料，代替了传统的木模板，模板可多次周转利用，利于环保、节约木材、保护森林；尺寸误差最小，减少了水泥砂浆的浪费，节约了能源；在施工过程中几乎没有二次垃圾的产生，有利于文明施工及周围环境的保护。

10. 效 益 分 析

铝合金模板以其安装轻便、快捷，拆模后混凝土表面质量平整光洁，基本达到清水混凝土的要求；工效高，比一般模板施工可提高30%的工效；由于周转次数多（120次），与木模板比可节约36.00元/㎡（建筑面积），在我国政府积极倡导应对气候变化，大力推行节能减排、低碳建筑环保的形势下，推广铝合金模板系统，其环境效益、社会效益、经济效益无疑是巨大的，具有广阔的应用前景，见表10。

各类模板系统性价比

表10

类　别	铝模板系统	钢模板	木模板	结论
模板系统通用可使用次数	100~120 次	30~40 次	5~8 次	经济指标优势
非通用模板使用次数	按结构相同重复使用		5~8 次	
	使用次数同楼层数			
模板系统造价（含所有配件）	1500 元/m²	800 元/m²	100 元/m²	
平均安装人工	17 元/m²	20 元/m²	20 元/m²	
安装机械费用	1 元/m²	5 元 m²	1 元/m²	
单栋高层比较（30 层）	63 元/m²	52 元/m²	45 元/m²	木模
单栋高层比较（60 层）	47 元/m²	48 元/m²	45 元/m²	基本相同
单栋高层比较（90 层）	38 元/m²	52 元/m²	45 元/m²	铝模
单栋高层比较（120 层）	33 元/m²	52 元/m²	45 元/m²	铝模

11. 应 用 实 例

11.1　澳门林茂塘'PS1'地段住宅发展项目

项目与2003年7月开工，2004年10月完工，楼层高度3m，层数55层，面积（展开）2450m²，每座大楼模板工人数量为30人。该项目共4栋大楼，每栋大楼奇数层、偶数层窗台有变化，实际每工人每天完成模板安装25m²，大楼施工进度为4d每层。

11.2　澳门环宇天下项目

项目与2005年7月开工，2006年11月完工，楼层高度3m，层数48层，面积（展开）2500m²，每座大楼模板工人数为30人。澳门寰宇天下住宅项目，共有大楼4栋，预制楼梯，外墙基本无变化，剪力墙每15层变化一次（递减50mm），施工进度为4~5d每层。

11.3　珠海华发新城四期

项目与2006年12月开工，2008年6月完工，楼层高度3m，层数28层，面积（展开）2200m²，每座大楼模板工人数为30人。该项目共有大楼4栋，外墙基本无变化，多飘窗阳台，施工进度为4~5d每层。

11.4　珠海华发新城五期

项目与2008年3月开工，2010年6月完工，楼层高度3m，层数30层，面积（展开）1900m²，每座大楼模板工人数为26人。该项目共有大楼4栋，外墙基本无变化，多飘窗阳台，施工进度为4~5d每层。

11.5　珠海中信红树湾一期

项目与2010年5月开工，2010年12月完工，楼层高度3m，层数33层，面积（展开）2450m²，每座大楼模板工人数为40人。珠海中信红树湾一期共有大楼5座，其中2、5号楼采用系统模板施工，每座大楼奇数层、偶数层窗台有变化，并且偶数层有建筑线，实际每工人每天完成模板安装18m²，大楼施工进度为4~5d每层。

可调式独立支撑模板体系施工工法

GJEJGF036—2010

中国建筑第八工程局有限公司　四川省晟茂建设有限公司
马荣全　赵亚军　李栋　陈俊杰　程晓波

1. 前　言

模板支撑架是建筑工程施工中量大面广的重要施工工具，传统模板体系以扣件式钢管脚手架、门式钢管脚手架和碗扣式脚手架为主，为我国建筑工程的发展做出很大的贡献，但随着时代的发展，特别是房地产业的迅猛发展，传统模板支撑体系由于笨重、复杂、耗材多、周转慢、操作复杂，已不能适应现代化施工。

在欧美等发达国家，独立支撑体系由于劳动消耗小、操作方便、工效高，被广泛应用于房屋建筑工程中。中国建筑第八工程局有限公司在消化国外独立支撑体系施工工艺的基础上，自主研制、开发了可调式独立支撑体系，该体系由可调式独立支撑杆和工具式水平模板钢结构托架组成，3项实用新型专利"可调式独立支撑装置"、"应用于模板水平支承系统的定型化钢梁"和"可调式梁卡具"获得授权。该工法关键技术《CECEC-8 工具式水平模板钢结构托架的研发与应用》于2010年11月通过了专家鉴定，成果整体达到国际先进水平。可调式独立支撑体系成功应用于多个项目，通过总结、提炼，形成了《可调式独立支撑模板体系施工工法》，在房屋建筑工程水平结构模板支撑施工中施工工艺先进、技术成熟，具有显著的社会和经济效益。

2. 工 法 特 点

2.1 采用独立支撑架替代传统支撑体系，与传统支撑架相比，耗钢量小，操作方便，提高了施工效率，缩短了施工工期。

2.2 采用工具式水平模板钢结构托架作为水平结构模板水平支承梁，代替传统木梁，以钢代木，提高支承梁周转次数，降低了施工成本。

2.3 实现产品标准化，面板、主次梁和独立支撑杆等相互匹配，方便使用，可以避免现场操作的偶然性，保证工程质量和安全。

2.4 国外体系如多卡等需要特制的立杆零件（早拆头）实现早拆，国内钢梁系统由于次梁安装时从上向下卡在主梁上，必须同主梁一同拆除，无法实现早拆。本工法次梁与主梁的连接采用下挂的方式，拆除时先拆次梁，主梁可仍然保持支撑状态，可以很方便的实现早拆。

3. 适 用 范 围

本工法适用于层高为2.0～3.3m的水平结构模板体系施工，特别适用于高层剪力墙住宅楼水平模板体系施工。

4. 工 艺 原 理

4.1 通过在独立支撑杆上设置销孔和插销实现支撑高度可按100mm的模数进行粗调，通过在独立支撑杆上设置微调装置（即套管上设置外螺纹，微调螺纹套筒内侧设有与套管外螺纹相配合的内螺纹）实现支撑高度在0～100mm范围内微调。见图4.1。

4.2 采用工具式水平模板钢结构托架作为水平结构模板水平支承梁，通过一字形主次梁接头、十字形主次梁接头实现次梁与主梁连接，通过主梁接头实现主梁连接，通过主、次梁的伸缩梁实现主、次梁长度可调，使得工具式水平钢结构托架可适用于各种尺寸的房间。伸缩梁安装见图4.2。

4.3 本工法主梁间距1800mm，拆模时松掉一字形主次梁上的楔子，可先拆除次梁，实现早拆。次梁拆除后，主梁直接接触顶板混凝土，在顶板模板拆除后主梁保留，继续对顶板模板起支撑作用，保留部分跨度≤2m，满足非悬挑构件50%强度的拆模条件。

4.4 模板安装前，主、次梁尚未形成纵向和横向双向体系，在立杆底部间隔设置三脚架，增大立杆与楼板接触面积，提高立杆稳定性。

4.5 主、次梁高差20mm，以便与20mm厚多层板配套使用。靠近竖向结构的主梁的安装高度比其余主梁低，次梁直接搁置在主梁上面，以利于模板沿墙布置。除去靠墙主梁以外，其余主梁均比次梁安装高20mm，中间主梁的顶面直接接触混凝土表面。见图4.5。

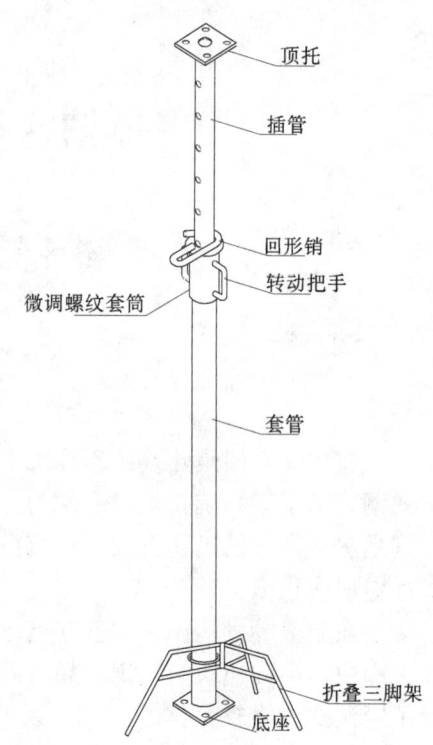

图4.1　可调式独立支撑杆

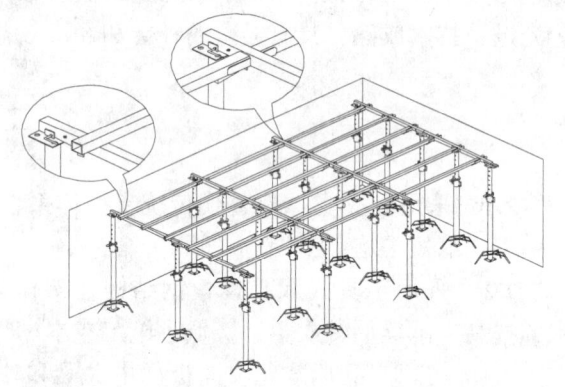

图4.2　伸缩梁安装　　　　　　图4.5　主、次梁安装示意图

5. 施工工艺流程及操作要点

5.1　施工工艺流程

施工准备→定位放线→主梁端部独立支撑杆安装→活动托头及主梁接头安装→三脚架安装→主梁安装→主梁中部独立支撑杆及十字形主次梁接头安装→一字形主次梁接头安装→次梁安装→混凝土梁模安装→伸缩梁安装→靠墙边主梁下翻安装→铺设模板→起拱→拆除主梁中部独立支撑杆、次梁以及面板→拆除主梁、其他独立支撑以及混凝土梁模板。

5.2　操作要点

5.2.1　施工准备

1. 搭设前认真查看图纸，核对房间尺寸与房型尺寸是否吻合。

2. 仔细查看房型布置图，并核对房型中支撑杆与主次梁的位置是否与现场相符。

3．根据房型图备好该房型中所需独立支撑杆、主次梁材料及配件。

4．施工前熟悉各种配件的使用方法及主次梁接头、伸缩梁的连接安装方法。

5.2.2　主梁端部独立支撑杆、活动托头及主梁接头安装

根据房型图中独立支撑杆排列方案在顶板上放线确定立杆位置，并以房间一角为基准按榀搭设独立支撑脚手架，先按照1800mm×1800mm间距设置。在靠墙立柱（垂直于主龙骨方向）上安装活动托头，在其他柱上安装主梁接头。安装好立柱后，在其底部按照1800mm×1800mm间距安装三角支架。见图5.2.2。

5.2.3　主梁安装

在活动托头与主梁接头之间安装主梁，采用主梁接头实现主梁接长，见图5.2.3-1、图5.2.3-2。

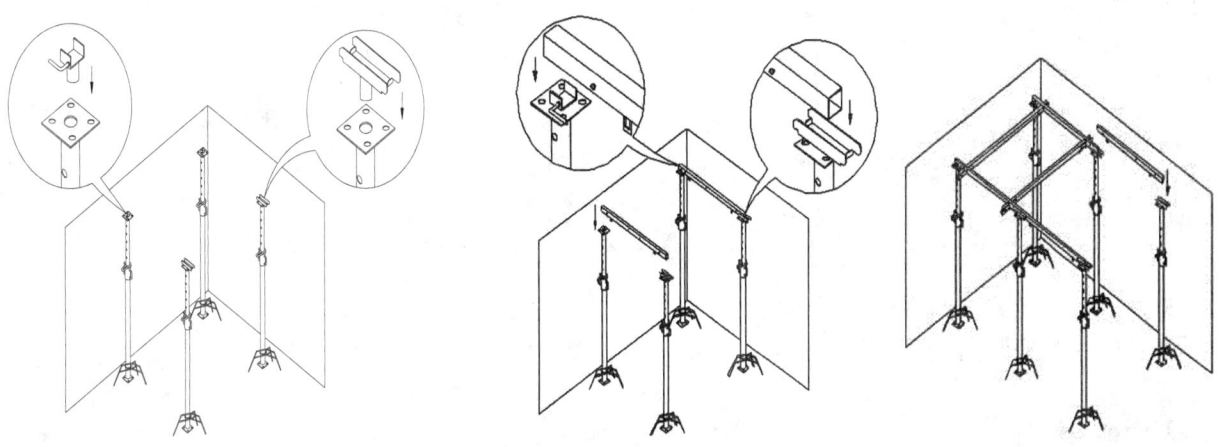

图5.2.2　安装端部独立支撑杆、活动托头及主梁接头　　图5.2.3-1　主梁安装　　　　　图5.2.3-2　主梁接长

5.2.4　主梁中部独立支撑杆及十字形主次梁接头安装

在主梁中部安装主梁中部独立支撑杆及十字形主次梁接头，使得立柱间距由1800mm×1800mm变成900mm×1800mm，见图5.2.4。

5.2.5　一字形主次梁接头安装

在主梁连接耳上安装一字形主次梁接头，见图5.2.5。

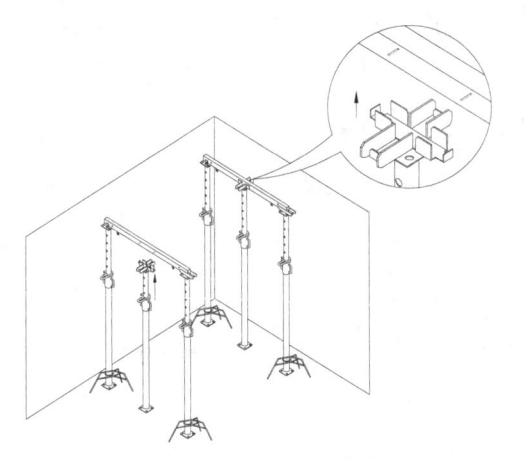
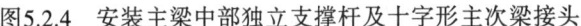
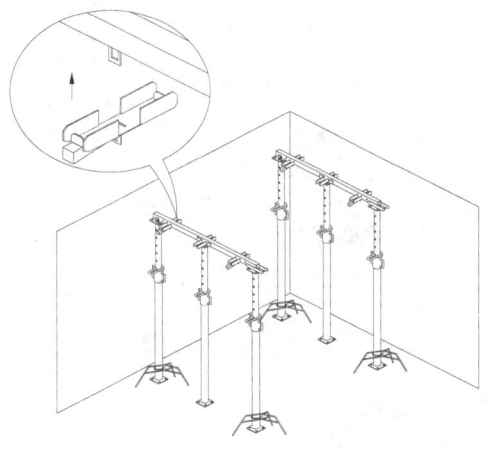

图5.2.4　安装主梁中部独立支撑杆及十字形主次梁接头　　　　图5.2.5　安装一字形主次梁接头

5.2.6　次梁安装

在一字形主次梁连接头之间以及十字形主次梁连接头之间安装次梁，见图5.2.6。

5.2.7　混凝土梁模安装

房间内如有混凝土梁，其模板体系的梁底模、侧模龙骨仍为木方，垂直支撑体系为独立支撑杆（梁底由两根独立支撑杆支撑，沿混凝土梁长按照1800mm间距布置），梁侧模采用可调式梁卡具支撑。

5.2.8 伸缩梁安装

主次梁安装完成后安装伸缩梁，伸缩梁抵住梁侧帮方木后紧固，见图5.2.8。

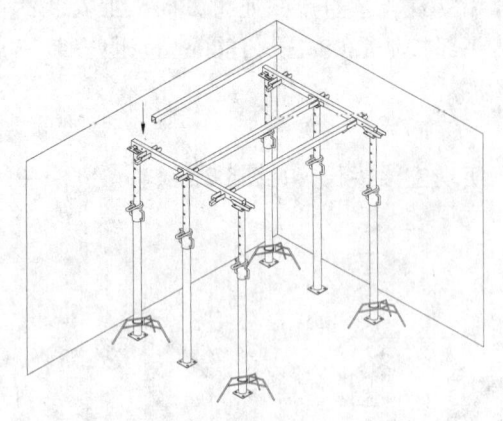

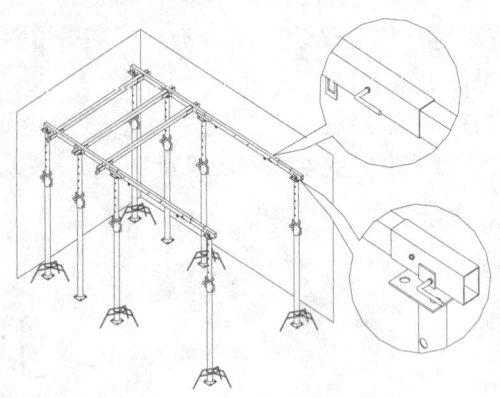

图5.2.6 次梁安装 　　　　　　　　　　　　　图5.2.8 主梁伸缩头安装

5.2.9 靠墙（梁）边主梁下翻安装

靠墙边主梁安装高度低于其他主梁，次梁一端直接搁置在此道主梁上，以便模板靠紧墙边或梁侧帮，见图5.2.9。

5.2.10 铺设模板

主次梁安装完成后，拆除三脚架，铺设20mm厚多层板，多层板从立杆所在的一边向另一边铺设，铺设过程中先铺583mm×1200mm的标准板，最后不符合模数的部位用1220mm×2440mm的大板裁取。梁板交接处顶板多层板压住梁侧模15mm多层板。多层板铺设过程中对于边缘及拼缝不严密的部位用海绵条塞紧。模板铺设见图5.2.10。

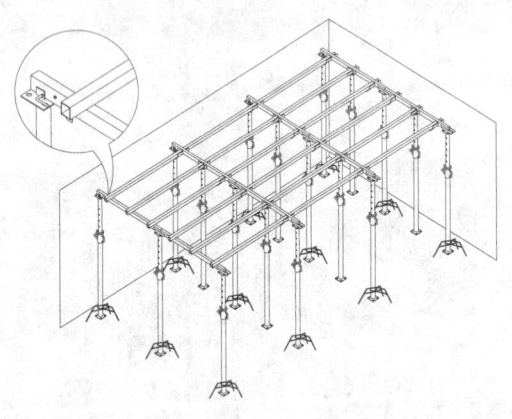

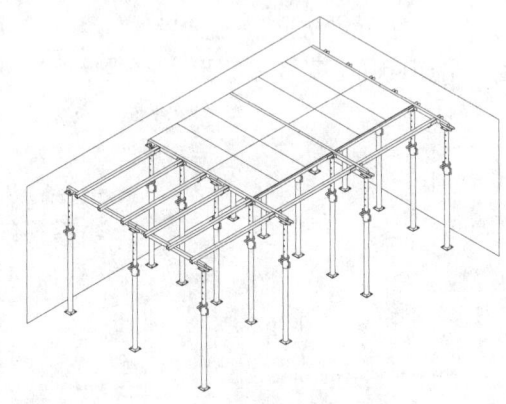

图5.2.9 靠墙边主梁下翻安装 　　　　　　　　图5.2.10 模板铺设

5.2.11 起拱

多层板铺设完毕后，对需要起拱的部位从中间调节主梁下立柱微调装置，将主梁接头升高，满足起拱高度后固定，对于跨度大于4m的顶板模板起拱2‰。同时拆除临时三脚架。

5.2.12 拆除主梁中部独立支撑杆、次梁以及面板

根据顶板混凝土同条件试块，顶板混凝土强度达到50%时，敲动主次梁接头，拆除次梁、主梁中部独立支撑杆以及面板。

5.2.13 拆除主梁和其他独立支撑

待顶板混凝土强度满足拆模条件中的要求,拆除主梁和其他独立支撑。

6. 材料与设备

6.1 材料要求

本工法施工所需材料见表6.1。

材料一览表 表6.1

序号	材料名称	规格型号	单位	数量	备注
1	独立支撑杆	套管 φ60mm×3.5 插管 φ48mm×3.5	m	若干	
2	主梁	50×70×3.5 钢方管	m	若干	
3	次梁	50×70×3.5 钢方管	m	若干	
4	伸缩梁	/	m	若干	
5	主梁接头	一字形	个	若干	
6	十字形主次梁接头	十字形	个	若干	
7	一字形主次梁接头	一字形	个	若干	
8	活动托头	U 形	个	若干	
9	锁紧螺栓	/	个	若干	
10	三脚架	/	个	若干	
11	20厚多层板	583mm×1200mm 1220mm×2440mm	m²	若干	

6.2 设备要求

本工法施工所需要的机械设备见表6.2。

机械设备表 表6.2

序号	设备名称	设备型号	单位	数量	用途
1	塔式起重机	/	台	1	材料垂直运输
2	激光经纬仪	苏州一光 LT202L	台	1	测量
3	水准仪	苏州一光 NAL 232	台	1	测量
4	5m 卷尺	/	把	10	测量
5	30m 钢卷尺	/	把	1	测量
6	游标卡尺	/	把	1	检查壁厚
7	锤子	/	把	10	安装、拆卸

7. 质 量 控 制

7.1 应满足的国家和地方有关规范、标准

《建筑工程施工质量验收统一标准》GB 50300;

《混凝土结构工程施工质量验收规范》GB 50204;

《建筑施工模板安全技术规范》JGJ 162。

7.2 质量控制项目(表7.2)

质量控制项目表　　　　　　　　　　　　　　　表7.2

项　目	允许偏差	检 验 方 法	备　注
轴线位置	5	钢尺检查	独立支撑（主控项目）
垂直度	3	经纬仪或吊线、钢尺检查	独立支撑（主控项目）
轴线位置	5	钢尺检查	模板
底模上表面标高	±5	水准仪或拉线、钢尺检查	模板
相邻两板表面高低差	2	钢尺检查	模板
表面平整度	3	2m靠尺和塞尺检查	模板
起拱度	±3	拉线、钢尺量跨中	模板
插销松紧度		目测	主次梁连接处
楼板跨中挠度	$L/200$	标杆和水准仪	楼板（主控项目）

7.3 细部要求

7.3.1 梁板交接处多层板压住梁侧模板的同时，用钉子将20mm多层板与梁侧帮木方背楞钉紧，防止多层板移动。

7.3.2 敲击主梁起拱后，对于可能出现的板拼缝变大的现象，用海绵条塞紧。

7.3.3 主梁拉伸头伸出后与主梁错台的部位（主梁壁厚3.5mm)用3.5mm厚板片塞紧找平。

7.3.4 模板支设完成后，浇筑混凝土前涂刷隔离剂，直接接触混凝土的主梁涂刷油性隔离剂。

7.3.5 模板安装完成清理干净经验收合格后方可铺设顶板钢筋。

7.4 质量保证措施

7.4.1 施工前，对施工人员进行技术培训，培训后发放上岗证，持证上岗。

7.4.2 加强原材料的进场检测，尤其对套管、插管、主梁和次梁的壁厚，必须采用游标卡尺进行检查。

7.4.3 顶板混凝土施工前，对独立支撑模板体系进行专项验收，经检验合格后方可进行下一道工序。

8. 安 全 措 施

8.1 多层板堆放及加工区要做好防火准备，防火设施齐全。

8.2 拆模时应按照先支的后拆、后支的先拆顺序；先拆非承重模板，后拆承重模板及支撑；拆除活动模板时，必须一次连续拆除完，方可停歇，严禁留下不安全隐患。

8.3 模板加工、堆放区及施工现场应严禁烟火。

8.4 拆模前必须拿到审批后的拆模令方可进入施工。

8.5 拆模人员必须健康，反应灵敏，并戴好安全帽，临边操作时要系安全带。

8.6 拆模时应按照先里后外，边拆边运的原则。

8.7 在支模、拆模的下方要把洞口堵好，防止发生坠入洞内的事故。在临边要有专人看守，阻止人员从危险区通过或停留等。

8.8 在楼板面吊运应少吊轻放下部垫好脚手板，不得破坏混凝土面层，混凝土结构不得扰动。

9. 环 保 措 施

9.1 快拆系统所用配件及多层板的堆放必须在现场指定位置放置，堆放时分类码放，并标明编号。地面应平整坚实,堆放高度不超过2m。

9.2 拆除的模板支撑等材料,必须边拆、边清、边运、边码垛,楼层高处拆下的材料,严禁向下抛掷。

9.3 禁止向下扔工具或物料,模板上堆料和施工设备应合理分散堆放。

9.4 施工场地噪声严格按照规范规定指标执行,使用环保机械。木工加工设备设降噪封闭措施,防止噪声污染环境。

9.5 模板、脚手架支拆时,做到轻拿轻放,严禁抛掷。

10. 效 益 分 析

10.1 经济效益分析

相同平面结构尺寸下,水平模板工程使用扣件式钢管脚手架的费用为45.11元/m²,使用独立支撑模板体系的费用为21.8元/m²,费用节省23.31元/m²。本模板体系在天津泰达R5地块1号楼应用了12500m²,节约了29.14万元;在中石油A区科研办公楼等四项工程裙楼地上部分应用了19067.3m²,节约了44.45万元;在怡泰花园拆迁安置房工程一标段工程应用了24760m²,节约了57.83万元。

10.2 社会效益分析

采用本体系除面板以外几乎不需木材,能节省大量的木材消耗,减少了碳排放,环保效益好。

11. 应 用 实 例

实例一:天津泰达R5地块1号楼工程位于天津市红桥区关下五号地块。工程于2009年4月开工,2010年8月竣工,建筑面积共14925m²,标准层面积452m²,建筑高度99.6m,标准层层高3m,地下1层、地上32层,采用钢筋混凝土剪力墙结构。

实例二:中石油A区科研办公楼等四项工程裙房位于北京市昌平新城沙河组团西北部地区。工程于2009年7月开工,2010年12月竣工,裙房工程建筑面积19067.3m²,层高3m,建筑高度12.6m,采用框架剪力墙结构。

实例三: 怡泰花园拆迁安置房工程一标段工程位于成都市武侯区晋阳街道办事处果堰村十一组。工程于2009年12月开工,2011年2月竣工,建筑面积共32146.69m²,标准层层高2.9m,地下2层,地上16层,采用钢筋混凝土剪力墙结构。

在以上3项工程中的水平结构模板施工中采用了本工法组织施工,模板垂直支撑系统采用独立支撑杆,模板水平支承系统采用了工具式水平模板钢结构托架(即定型化钢梁),实现了支撑架高度可调、支承系统长度可调,并且以钢代木,拆模后楼板混凝土达到了普通清水混凝土效果,取得了良好的经济和社会效益,获得了建设单位和监理单位的一致好评。

框架柱新型塑料模板安装施工工法

GJEJGF037—2010

陕西建工集团第五建筑工程有限公司

韩伟　王锦华　张国华　曹拥军　屈磊

1. 前　　言

近年来，随着建筑业的发展和国家政策引导，建筑工程施工中倡导节能、环保的绿色施工理念。绿色施工是在工程建设中最大限度地节约资源和减少对环境负面影响的施工活动，其强调的是从施工到工程竣工验收全过程的四节一环保，在工程建设中极力推广绿色施工，实现节能、节地、节水、节材，高效地利用资源，就是以塑代木降低对环境的影响，实现绿色施工。

建筑工程中所使用的新型节能环保型建筑塑料模板，不仅降低了施工成本而且提高了施工功效，更重要的是缩短了施工工期，提高了质量，确保了工程质量的一次成优，框架柱拆模后色泽一致、线角顺直、方正，无蜂窝、麻面，达到清水混凝土质量效果；塑料模板可100%回收利用，减少资源浪费，给企业带来良好的经济效益和社会效益。

本工法由陕西建工集团第五建筑工程公司总结形成，具有实用性、经济性、创新性和推广性。应用该工法的中国电子科技集团公司第二十所研发楼实验楼工程获得陕西省"优质结构示范工程"，并荣获全国QC优秀质量管理小组二等奖；采用该工法施工的陕西省科技资源中心工程被确定建筑业首批"绿色施工示范工程"；应用该工法的西部文化广场及雅苑4号、5号楼工程获得"陕西省文明工地"等荣誉，其中雅苑4号、5号楼工程为2010年陕西省省级文明工地现场会观摩现场。该工法由陕西省住房和城乡建设厅组织专家进行关键技术评估，具有技术先进、应用推广前景广阔的特点，总体水平达到国内领先水平。

2. 工 法 特 点

本工艺具有较强的实用性、经济性、创新性、安全性，具有以下特点：

1. 塑料模板取代传统木料、板料、以塑代木，在600mm宽截面尺寸内可以任意加工制作，裁切量小，对施工现场污染少，环保节能效果明显。

2. 塑料模板采用添加高分子材料的PVC硬质塑料，增加了模板强度、刚度，在正常使用下可以周转30次以上，而且能100%回收再利用，极大的节约了施工成本。

3. 塑料模板质轻、几何尺寸标准、作业难度小、劳动强度低、施工速度快，缩短了施工工期。

4. 施工是不受温度、湿度等环境影响，且拆模时模板与混凝土自然分离，降低了施工难度。

5. 施工中采用创新工艺，柱角模板由三角形模板改制成L形模板，拼缝处增加防漏密封板，解决了接缝漏浆的质量通病，拆模后达到清水混凝土效果。

6. 有阻燃、防腐、抗水、抗化学品腐蚀的功能及电绝缘性能，保证了施工安全。

3. 适 用 范 围

本工法适用于各种截面、高度的混凝土结构工程中的矩形框架柱施工。

4. 工 艺 原 理

框架柱塑料模板施工的工艺原理：首先根据框架柱的几何尺寸进行塑料模板的配模与制作，然后进行框架柱模板施工的操作架搭设、依据框架柱边线安装定位卡，依次安装框架柱平板、防漏密封板、连接角模，然后用专用连接件连接固定，进行垂直度校正，用加固件加固，最后对垂直度再次校正及检查验收。

5. 施工工艺流程及操作要点

5.1 框架柱塑料模板施工工艺流程（图5.1）

5.2 操作要点

5.2.1 施工准备

1. 技术准备

1）根据工程结构形式及施工部位编制施工方案，施工前施工人员必须要熟悉图纸。

2）组织施工人员进行技术培训和交底，做好安全教育。

2. 材料准备

1）塑料模板的技术性能指标见表5.2.1。

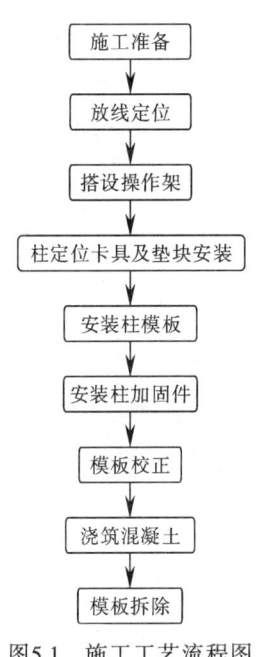

图5.1 施工工艺流程图

塑料模板的技术性能指标　　　　　表5.2.1

序　号	名　　称	性　能　要　求
1	软化点温度	87.3℃
2	抗弯曲强度	40.63MPa
3	弯曲弹性模量	3096.7 MPa
4	拉伸强度	26.34 MPa
5	断裂伸长率	5.08 MPa

2）根据施工图和施工方案，认真编制材料需求计划表，进行材料采购，组织材料进场和验收，按照标准检查规格、型号、数量并核查质量证明文件和技术资料等，并作好记录。

5.2.2 放线定位

1. 抄平：用检测合格的水准仪，放出框架柱施工的控制标高。

2. 放线：根据控制线，放出框架柱的轴线、边线和模板控制线。

5.2.3 搭设操作架

按照施工方案中确定的架体搭设方案，进行操作架体搭设。

5.2.4 柱定位卡具及垫块安装

按照框架柱的边线在柱钢筋根部安装定位筋，每一侧不少于两点，以控制模板位置；同时安装柱保护层垫块，防止加固时模板截面尺寸减小。

5.2.5 安装柱模板

柱模安装时应先安装柱平板模板，待平板模板安装完后，再安装防漏密封板及连接角模，用塑料模板专用连接件连接。

5.2.6 安装柱加固件

柱模板加固件应根据施工方案进行确定，施工中宜采用面接触材料，加固件间距按计算要求来确定且不宜大于500mm，首道柱加固件距地宜为150mm。

5.2.7 模板校正

模板安装完后应立即进行垂直度校正，通排柱时应拉通线检查，将误差控制在质量要求范围内。

5.2.8 浇筑混凝土

浇筑混凝土前必须检查框柱模板加固是否可靠、螺丝是否松动，并由模板支设班组设专人看模，随时检查。

5.2.9 模板拆除

1．模板拆除的顺序和方法遵循先支后拆，以及自上而下的原则，严禁用大锤和撬棍硬砸硬撬，不得从高处向下抛掷模板。

2．混凝土强度应能保证其表面及棱角不因拆模而受损坏。

3．柱模板拆除：柱模拆除时，先将柱加固件由上到下逐一拆除，待柱加固件拆除完后，拆除模板专用连接件，柱连接角模、防漏密封板，最后再拆除柱平板模板。

5.3 劳动组织

应根据工程的塑料模板安装面积、施工进度的情况合理安排劳动力（劳动工效约15㎡／工日）。

现以塑料模板安装400㎡，2d一层的标准层施工为例，对劳动力进行分配、组织见表5.3。

模板安装所需劳动力计划　　　　　　　　　　　　　　　　表5.3

序号	工　种	数量（人）	工作内容
1	技术员	1	依据图纸编制施工方案及配置模板下料单
2	质量员	1	跟踪检查模板安装质量
3	劳务管理人员	1	跟踪检查模板安装质量
4	模板安装人员	10	模板安装
5	架子工	6	模板操作架搭设

6. 材料与设备

6.1 工程所采用的塑料模板必须符合标准要求，并具备产品出厂合格证，表面应清洁，见表6.1。

塑料模板规格型号表　　　　　　　　　　　　　　　　表6.1

序　号	名　称	规格型号（mm）	图　示	备　注
1	平板	50、100、200、300、500、600（宽）		塑料模板厚度为3mm，模板肋厚度为5mm。模板长度可根据施工要求任意裁割
2	连接角膜	50×150（阴角模）		
3	连接角膜	150×50×45（阳角模）		

序 号	名 称	规格型号（mm）	图 示	备 注
4	防漏浆密封板	46×12×10（T形）		
5	大连接件	30×100		
6	小连接件	30×50		

6.2 机具设备

手提电锯、扳手、小铁锤、打眼电钻等。

6.3 测量设备

经纬仪、水准仪、卷尺、靠尺、线锤。

7. 质 量 控 制

7.1 施工质量验收标准

7.1.1 工程的施工质量验收应符合以下规范要求：

《建筑工程施工质量验收统一标准》GB 50300-2001；

《混凝土结构工程施工质量验收规范》GB 50204-2002。

7.1.2 主控项目

1．塑料模板性能必须符合表5.2.1的要求。

2．塑料模板外观质量、尺寸偏差等应满足施工要求。

7.1.3 一般项目

模板的拼缝要严密，堵缝措施要牢固，不得漏浆。模板面应清理干净，保证拆模后混凝土色泽一致。

7.1.4 框架柱模板安装的允许偏差及检验方法见表7.1.4。

模板安装的允许偏差及检验方法　　　　　　　　　　表7.1.4

项 目	标准允许偏差（mm）	检 验 方 法
轴线位置	5	用钢尺量检查
截面尺寸	±2	用钢尺量检查
垂直度（全高≤5m）	3	用2m托线板检查
垂直度（全高＞5m）	5	用2m托线板检查
平整度	2	用2m托线板检查和卷尺检查
相邻模板拼缝高低差	2	用靠尺检查

注：检查轴线位置时，应沿纵、横两个方向测量，并取其中较大值。

7.2 模板加固质量要求

模板加固件安装位置、间距应严格遵循设计及计算要求执行。

7.3 过程控制

7.3.1 施工中，要求施工班组加强自检和工序交接检，并安排专职质检员进行跟班检查，对每一施工工序均全数检查。

7.3.2 浇筑混凝土前必须检查框柱塑料模板加固是否可靠、螺丝是否松动。并有检查验收合格的记录文件。

8. 安 全 措 施

8.1 现场安全管理，必须执行以下规范

《建筑施工安全检查标准》JGJ 59-99；

《建筑施工高处作业安全技术规范》JGJ 80-91；

《施工现场临时用电安全技术规范》JGJ 46-2005。

8.2 安全管理的内容及要求

8.2.1 施工前对所有操作人员进行班前安全交底，增强职工自我保护和安全生产意识，做到不违章指挥，不违章作业，确保安全生产。

8.2.2 架子工等作业人员必须持证上岗，且配备完善的防护用具。

8.2.3 所有的机械设备必须专人使用，安全防护措施到位。

8.2.4 模板安装及支撑体系严格按照专项方案及相关安全操作规程施工，确保模板支撑体系稳定牢固。

8.2.5 对现场临时用电加强检查，发现问题及时整改。

8.2.6 施工中施工现场应配备灭火器材，灭火器材必须放在通道处且要有明显的标识。

8.2.7 安全员对整个施工过程做好安全跟踪检查和督促工作。

8.3 编制安全管理预案

包括：《预防高空坠落事故紧急预案》和《预防漏电伤害事故紧急预案》。

9. 环 保 措 施

9.1 环保主要指标

9.1.1 噪声控制：白天施工噪声≤70dB，夜间施工噪声≤55dB。

9.1.2 粉尘控制：施工现场目测无扬尘，塑料锯沫随时装袋回收。

9.1.3 建筑垃圾处理：施工现场建筑垃圾应分类处理。塑料模板所产生的废料应及时回收入库。

9.2 环保检测项目

对施工现场的噪声、塑料制品，均须达到国家环保标准要求。

9.3 环保措施

9.3.1 减少施工噪声措施有：物体搬运轻起轻落；减少施工作业的敲击噪声。

9.3.2 建筑垃圾处理措施有：建筑垃圾分区或密闭堆放，及时由有资质的垃圾清运公司清运。

9.3.3 现场扬尘控制措施有：对施工现场局部硬化及绿化，每天安排专人清扫。作业面做到工完场清，文明施工。

10. 效 益 分 析

10.1 经济效益

根据层数为7层，层高为4m，框架柱塑料模板每层安装面积400m²进行施工成本分析后，进行了竹胶板、镜面板模板和塑料模板对比并作出了经济分析（见表10.1-1）。

木模板和塑料模板经济分析对比表 表10.1-1

序号	商品名称	售　价	周转次数（次）	摊销价
1	方木	1350 元/m³	40	33.75 元/m³
2	镜面板	31 元/m²	7	4.4 元/ m²
3	竹胶板	50 元/ m²	13	3.8 元/ m²
4	塑料模板	145 元/ m²	30	4.8 元/ m²

新型塑料模板按145元/m²来计算，厂家按原价的40%回收，周转次数按30次计算，

即：$145 \times 60\% \div 30 = 2.9$ 元/次m²。

按照我国现有的结构体系来说，框架结构单层展开面积一般为本层（标准层）建筑面积为2~2.5倍。其中柱每平方米需配用方木0.05m³。

按照以上数据计算，每平方米（展开面积）框架柱每次的摊销（周转）费用（见对比表10.1-2）

木模板和塑料模板经济分析对比表 表10.1-2

部位　　摊销费用	镜面板+方木（次）	竹胶板+方木（次）	塑料模板（次）
柱	4.4+33.75×0.05=6.1 元/㎡	3.8+33.75×0.05=5.4 元/㎡	145×60%÷30=2.9 元/㎡

由以上数据可得出以下结论：见表10.1-3。

使用塑料模板每平方米每周转1次要比使用镜面板板每平方米每周转1次节省：

框架柱塑料模板与方木、镜面板比较：6.1元/m²/次－2.9元/m²次=3.2元/m²次

框架柱塑料模板与方木、竹胶板比较：5.4元/m²/次－2.9元/m²次=2.5元/m²次

经济分析对比成果表 表10.1-3

产品名称	产品规格（mm）	材料每平方米全价（元/㎡）	回收率	实际使用价格（元）	备　注
镜面板+方木	1220×2440	38.15	0	6.1	周转 7 次
竹胶板+方木	1220×2440	37.55	0	5.4	周转 15 次
塑料模板	600×6000	145	按原价 40%回收	2.9	周转 30 次以上

10.2 社会效益

塑料模板的应用减少了施工材料的投入与消耗，增加模板的周转使用，缩短工期，因而对周围环境影响时间也缩短。作业难度小、劳动强度低、工序少、速度快、质量效果好。与传统木模板及钢模板比较，本工法具有安全可靠、工期短、成本低等特点，在各种截面、高度的框架结构施工中具有实用性、经济性、推广性。现阶段该工法已在我公司大规模推广使用。

10.3 环保、节能方面

10.3.1 塑料模板以塑代木、耐热、耐寒、抗老化、光洁度高，正常使用下可周转30次以上，可在低温、高温、潮湿环境下正常施工。塑料模板采用PVC硬质塑料为基体，添加高分子材料增加模板强度、刚度，而且能100%回收，回炉后重新压制循环再利用，可取代方木和木板。

10.3.2 施工中模板的裁切量极小对施工现场污染少。也减少了建筑垃圾。锯、裁量小，故噪声小，粉尘少。

11. 应 用 实 例

目前，该工法已在雅苑4、5号楼工程、中电二十所研发实验楼及西部文化广场工程中应用，实践证明该工法无论在经济、环保、节能方面皆优于传统施工方法，具有工期短、支撑效果好、施工安全、施工成本低、大大提高了施工工效。

实例一：雅苑小区4号、5号住宅楼工程，为公司自建工程，建筑面积43200m²，框架剪力墙结构，地下1层、地上32层，该工程采用框架柱新型塑料模板，应用面积480m²，目前工程施工质量良好，施工质量符合设计及规范要求，达到清水混凝土效果。

实例二：西部文化广场工程，建筑面积约50000m²，框架剪力墙结构，地下1层、地上28层，该工程采用框架柱新型塑料模板，应用面积550m²，目前工程施工质量观感好，施工质量符合设计及规范要求，达到清水混凝土效果。

实例三：中国电子科技集团第二十研究所研发实验楼工程，位于西安市白沙路1号，建筑面积26594.07m²，框架剪力墙结构，地下1层、地上13层，该工程采用框架柱新型塑料模板，应用面积450m²，目前工程施工质量观感好，施工质量符合设计及规范要求，达到清水混凝土效果。

实例四：陕西省科技资源中心工程，位于西安市丈八五路10号，建筑总面积44422m²，本工程分8个区、结构类型：一区、七区为框架-剪力墙结构，地上9层。该工程采用框架柱新型塑料模板，应用面积1500m²，目前工程质量观感好，施工质量符合设计及规范要求，达到清水混凝土效果。

大空间门架式模板支撑体系施工工法

GJEJGF038—2010

陕西建工集团第五建筑工程有限公司

韩伟　王双林　张国华　高云飞　王娟平

1. 前　　言

　　大空间建筑由于具有跨度大、层高高、荷载大的特点，在施工过程中，对模板支撑系统的承载能力以及安全可靠性也就提出了更高的要求，采用传统架子体系不能完全满足结构技术要求。同时，由于大空间建筑工程施工过程中，模板支撑系统的架子工程量非常巨大，不仅工程造价增大，而且施工进度缓慢。因此，对于大空间建筑结构施工，科学地选用模板支撑体系和施工方法，对施工企业来说具有很大的技术创新空间。

　　由陕西建工集团第五建筑工程有限公司编制的《大空间门架式模板支撑体系施工工法》，利用高性能、高强度的材料作为主要杆件，采用了桁架与垂直架结合的门形架的搭设方式，节省了材料，降低了成本，适用于桥梁、工业和民用建筑等大空间模板支撑体系施工。本工法于2010年5月27日经陕西省住房和城乡建设厅组织专家对关键技术进行评估，认为本工法施工技术先进，是一项具有创新性的新型模架体系，值得推广，总体水平达到国内领先水平。

　　本工法依托先进的施工技术和新型的材料，在多个大空间建筑工程中应用，取得了良好的经济效益。应用的法门寺合十舍利塔工程已通过"詹天佑"奖评审、"全国建筑业新技术应用示范工程"、"省级文明工地"及全国工程建设优秀质量管理QC小组二等奖等荣誉；

2. 工 法 特 点

　　2.1　本工法针对大空间结构大梁和楼板构件的荷载相差比较悬殊的特点，对大梁和楼板分别采用不同的支撑方法并使其组合成一体，从而在满足安全可靠性的前提下，实现了支撑体系的优化设计，与常规施工方法相比，大幅度地减少架子工程量和架子材料用量，具有很好的推广应用价值。

　　2.2　本工法中的模板支撑系统主要杆件为高强度的金属材料，所组成的模板支撑系统结构合理，具有较高的承载能力，能够满足大空间荷载的施工需要。

　　2.3　本工法中的模板支撑系统的立杆、横杆和斜拉杆，采用标准模块式按单元组拼，通过高强度的专用连接件，组成整体的支撑架体，操作方便，施工快捷，能够大幅度加快工程施工进度，并能够有效地消除因操作不当引起的架体功能失效。

3. 适 用 范 围

　　本工法适用于100m以下和承受荷载15t/m²以下的各类大空间工业和民用建筑的模板支撑体架体和门架工程施工。

4. 工 艺 原 理

　　4.1　在荷载比较大的主梁部位，采用承载能力比较大的杆件材料，沿主梁纵向搭设落地式多排支撑架体，用以承受大梁荷载。当次梁荷载较大时其支撑架体与主梁相同；当次梁交接处搭设格构柱形式的支撑架体，在格构柱之间则采用承载能力较小的杆件材料，沿次梁纵向搭设桁架形式支撑架体。在楼板部位，则以周边主次梁下的落地式排架或格构柱架体为依托，搭设桁架形式支撑架体，从而在梁板下组合形成多跨门架式模板支撑体系。

4.2 大梁部位的落地式多排支撑架体在承受大梁所产生的竖向荷载时，还要在上部承受楼板部位的桁架式支撑架体所产生的水平荷载，然而由于梁下架体整体自身刚度好，周边墙柱可以借用，并且大梁混凝土先浇筑后会进一步增大该架体抗水平荷载的能力。

4.3 多跨门架式支撑系统受力原理（图4.3）：

横杆——用于水平方向连接的杆件，主要承受水平方向的拉力和压力；

立杆——用于垂直方向连接的杆件，主要承受垂直方向荷载和自重力；

斜杆——桁架竖向平面内对角连接杆件，主要承受水平荷载；

可调底座——桁架底部可进行高度方向调节的丝杠；

可调顶托——桁架顶部用于支撑，可进行高度方向调节的丝杠。

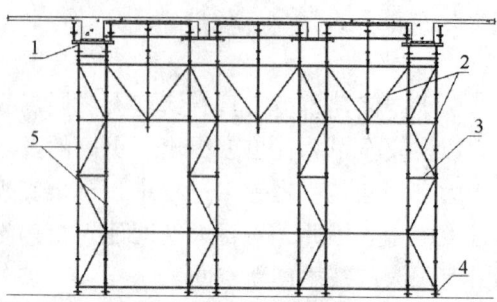

图4.3 多跨门架式支撑系统受力图
1—可调顶托；2—48系列斜拉杆；3—横杆；
4—可调底座；5—60系列立杆

4.4 大空间门架式模板支撑体系计算方法：

结构计算采用SAP2000（V9.09）软件进行，立柱与地面之间采用铰接；立柱之间刚接，横梁与立柱以及斜杆与立柱铰接。按《钢结构设计规范》GB 50017、《冷弯薄壁型钢结构技术规范》GB 50018中关于长细比的规定，斜杆按拉杆考虑，计算中考虑几何非线性。

5. 施工工艺流程及操作要点

5.1 施工顺序（图5.1）

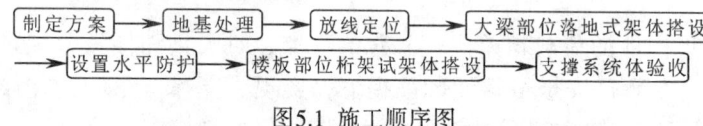

图5.1 施工顺序图

5.2 工艺流程（图5.2）

5.3 技术准备——制定方案

根据施工荷载情况和以往的施工经验，初步确定各部位支撑架体形式、组合方法，明确架体构造。立杆间距和水平杆步距，要尽量符合模块式标准形制门架的定制（模数）要求，实在无法满足时要单独加工相关杆件。

5.3.1 荷载计算：根据施工图纸和施工组织方式，对梁板所产生的荷载以及施工过程中的其他荷载进行计算，明确支撑系统各部位的承载能力。

5.3.2 架体杆件选用：依照荷载计算和施工方案得出的结果，参照以往施工经验，初步选定标准形制架体的各类受力杆件的规格。

5.3.3 强度验算：依照初步确定的支撑架体技术数据绘制架体支撑系统的施工图纸，然后使用专用支撑系统受力分

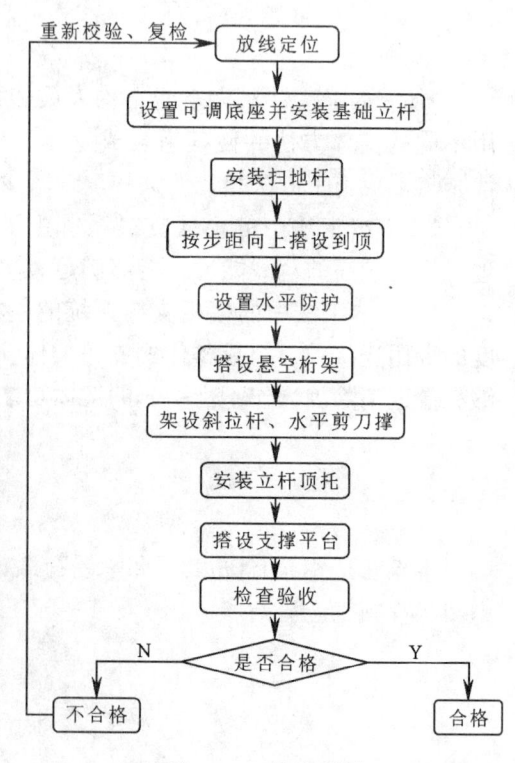

图5.2 工艺流程图

析软件,对支撑系统的强度、变形等性能进行验算。

5.3.4 根据变形分析,确定桁架部分起拱值=架体起拱值+结构设计起拱值,其他部位起拱值=结构设计起拱值。

5.3.5 架体优化:根据强度验算结果,对模板支撑系统进行进一步的优化设计,并完善支撑系统施工图纸。

5.3.6 确定施工方案:依照优化设计后的支撑系统施工图纸,编制模架系统施工方案,并按照程序进行进一步的审查论证,并根据审查论证意见进行修订。

5.4 材料准备

5.4.1 根据施工图纸和施工方案,计算统计各类门架工程材料用量,编制材料需用计划。

5.4.2 进行各类门架工程材料的加工、采购事宜,并按照施工进度计划的要求提前组织进场。

5.4.3 材料使用部位的说明(图5.4.3)。

5.5 地基处理

5.5.1 大空间模板支撑系统可直接座落于混凝土满堂基础上。

5.5.2 大空间模板支撑系统座落于混凝土楼板上时,要根据各部位施工荷载,在楼板下进行加固,其加固措施要编入施工方案。

5.5.3 大空间模板支撑系统座落于地面时,地面承载能力必须满足支撑系统安全性的要求,必须能够长时间抵抗环境变化带来的不利影响。地基要采用灰土垫层

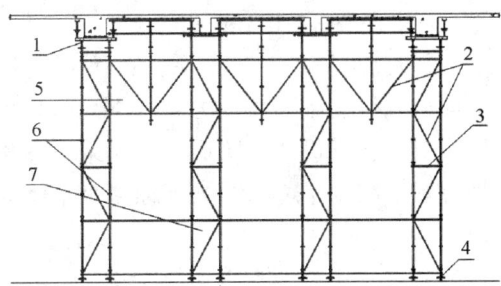

图5.4.3 材料说明图

1—可调顶托;2—48系列斜拉杆;3—横杆;4—可调底座;
5—悬空桁架;6—60系列立杆;7—格构柱

和混凝土垫层,表面高差不能超过3cm,并按3‰分区域留置排水坡度,在地基四周和地基内分区域设置排水沟和集水坑,防止地基雨水浸泡发生沉陷。

5.6 门架式支撑系统搭设要点

5.6.1 放线定位:根据建筑物的控制轴线弹放出梁、柱等重要构件的位置线及边线,弹出架体立杆中心位置十字线。

5.6.2 设置可调底座并安装基础立杆:依照弹出的控制线,先根据立杆位置铺放50mm×300mm通长木垫板,垫板要与地面或楼板面紧密接触。为了加大立杆受力面积,采用200mm×200mm可调立杆底座放置在垫板上。

5.6.3 安装扫地杆:沿主梁纵向一定长度范围内,先将两排四根首步立杆置于可调底座上,然后随即将扫地杆、第一步横杆和斜杆锁定在立杆上,形成标准模块架体。

5.6.4 按步距向上搭设到顶:门架式支撑系统搭设时,要先搭设主梁下的多排落地门架和次梁交接点下的格构柱,到一定高度时,再搭设次梁和楼板下的桁架部分。架子搭设时,要以相邻两个主梁之间的区域作为一个施工段,从大梁的一端向另一端搭设。面积较大时,可以多个施工段同时作业。

5.6.5 设置水平防护:第一步设置水平防护,随着门架搭设的增高,每不超过10m设置一道水平防护,搭设至门架底部时,再设置一道水平防护。

5.6.6 搭设悬空桁架:落地架搭设完以后,就可以依托落地架搭设悬空桁架。先在桁架底部高度的落地架体上搭设十字水平剪刀撑,每增加4m的高度增加一道十字水平剪刀撑提高架体稳定性。搭设悬空桁架时,要先从一侧的落地架上部开始,向相邻的另一侧落地架进行延伸。

5.6.7 架设斜拉杆、水平剪刀撑:依照标准模块架体,可以向上、向四周逐步延伸,直至落地架或格构柱搭设完成。在搭设过程中要及时装设连墙件和剪刀撑,随时检查和校正架体的垂直度,垂直度控制在3‰内。

5.6.8 安装立杆顶托:支撑架体搭设完后,要在架体立杆顶部安装可调顶托。可调顶托既用于支撑模板主龙骨,又能实现模板按照设计进行起拱,顶托的自由端高度要小于20cm。

5.6.9 搭设支撑平台：通过可调底座调节立杆顶端高度，使相邻立杆顶端高度差控制在允许范围，以利于保证整个架体搭设精度控制，随着搭设高度增加，根据施工的需要搭设上人步梯、脚手板和临边安全网，以便于行走和后续作业。

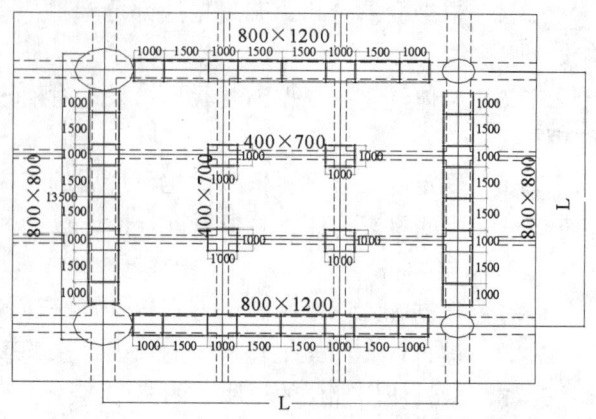

图5.7.1-1　典型单元梁板支撑方式平面示意图

5.7 操作要点

5.7.1 支撑系统构造基本要点

1. 根据结构梁板模板荷载相差悬殊的特点，整个梁板支撑系统采用落地与桁架悬空相结合的方式搭设，从而形成多跨门架式模板支撑系统。见图5.7.1-1和图5.7.2-2。

2. 落地立杆一般均采用60系列立杆，桁架部分采用48系列立杆方式。立面内采用斜拉杆，架体在搭设至悬跨底层位置采用48扣件钢管设置十字水平剪刀撑来保证整个架体的三维稳定性。

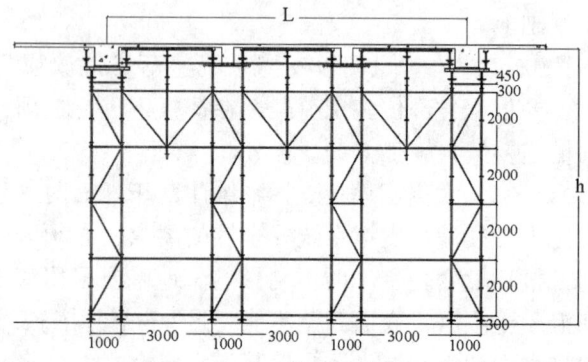

图5.7.1-2　多跨门架式支撑系统示意图

5.7.2 主梁下支撑系统布置

标准单元格主梁下支撑架一般均采用60系列立杆落地搭设，采用1m宽，间距1m和1.5m间隔，次梁交接处一般采用1m×1m的60系列立杆设置格构柱，次梁和楼板下采用桁架形式搭设。实际施工时应根据工程具体情况通过施工方案确定。

5.7.3 次梁下支撑系统布置

次梁支撑采用局部落地部分桁架的形式，在次梁与次梁相交处架体落地，其余部分为桁架形式。架体搭设高度满足楼板支撑，次梁支撑的主龙骨采用48/60扣件在60或48立杆上连接48钢管，高度满足次梁支撑。在次梁与主梁相交处，采用普通钢管扣件在下部架体节点处设置48立杆，在顶部设置可调顶托，满足楼板支撑，并在次梁下采用钢管扣件设置垂直于次梁的横杆，以满足次梁支撑。

5.7.4 结构板下支撑系统布置

结构板支撑均采用桁架形式，在次梁两侧均与次梁支撑采用60立杆，在次梁与主梁交接处，采用普通钢管扣件在下部架体节点处设置48立杆，在顶部设置可调顶托，满足楼板支撑。楼板支撑主龙骨采用10号槽钢或是双5号槽钢，次龙骨采用5号槽钢200~300mm密排设置。利用三角塔架施工外部悬挑结构，如图5.7.4。

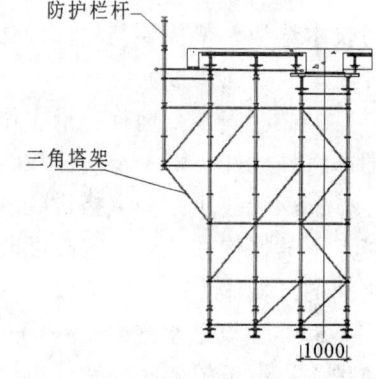

图5.7.4　悬挑结构示意图

5.8 支撑系统拆除要点

5.8.1 门架拆除前应派专人检查门架上的材料、杂物是否清理干净，门架拆除前必须划出安全区，并设置警示标志。派专人进行警戒，架体拆除时下方不得有其他人员作业。

5.8.2 门架拆除顺序与安装顺序相反。遵循后搭设的先拆，先搭设的后拆原则。要先松动立杆顶部可调顶托与模板脱离，然后拆除顶部附属杆件和模板。

5.8.3 门架拆除时，为使架体保持稳定，拆除的最小留置区段的高宽比不准大于2∶1，拆除的每根杆件都用安全绳和安全钩放置地面，决不能抛掷。在每个步距内要先拆除斜杆，其次是横杆，最后将立杆拆除，以此类推直至结束。

5.9 劳动力组织

支撑架体搭拆作业时，本工法劳动工效为150m³/d，按照10000m³工程量考虑，需要人数如表5.9。

劳动力组织情况表   表5.9

序号	单项工程	所需人数	备 注	
1	架子工	67	具有特殊工种上岗证	
2	配合工种	25		
3	管理人员	18	质量员	1人
			安全员	1人
			材料员	1人
			工长	1人
			劳务公司现场负责人	1人

6. 材料与设备

6.1 材料要求

6.1.1 杆件材料

材料采用的是低碳合金钢（Q345B），具体机械性能指标：屈服强度≥345N/mm²、延伸率≥21％。

6.1.2 连接件

1．U形卡和C形卡，其材料用WL510，机械性能指标：屈服强度355~475N/mm²、抗拉强度为420~560N/mm²、延伸率最小值为24％。

2．楔形扣件、锁销材质采用45号钢制做，通过热模锻压成型。

6.1.3 材料外观质量

1．杆件表面质量材料外表要求光洁，不允许有裂缝、焊渣飞溅物等明显缺陷。

2．扣件应完整，焊缝不能有裂纹；横杆的锁销不能弯曲变形，C形卡不能变形；斜杆的锁销不得变形；立杆的接口不得变形。

3．所有检查出的不合格杆件均做标记打包出场。所使用的普通钢管也要符合上表的要求，普通扣件必须是正规厂家生产的合格产品。

4．材料进场外观质量允许偏差，见表6.1.3。

材料构件搭设前检验允许偏差   表6.1.3

名称	规 格		允许偏差（mm）	其 他 要 求
1	杆件弯曲	φ48系列		杆件的焊接配件必须齐全、无明显变形、焊缝无裂纹
		3m	≤8	
		2m	≤5	
		1m	≤3	
2	杆件弯曲	φ60系列		杆件的焊接配件必须齐全、无明显变形、焊缝无裂纹
		2m	≤6	
		1m	≤3	

6.1.4 材料焊接要求：目测合格率要达到100%，焊缝高度不低于4mm，焊入卡内侧2mm，两侧

焊缝高度不小于3mm。

6.1.5 安全帽要求：安全帽要求能承受5m钢管自1m高度自由落下的冲击，帽衬须具有缓冲、消耗冲击力的作用、保护头部免受伤害。

6.1.6 安全带要求：采用可卷式安全带，可卷和缓冲装置有效。

6.2 主要机具

水平尺、梅花扳手、棕绳、锚钩、上料悬臂、小推车、墨斗、红蓝铅笔、50m钢卷尺、5m钢卷尺、小线儿、锤子。

7. 质 量 控 制

7.1 质量控制标准

《建筑施工高处作业安全技术规范》GB 50204-2002；

《建筑施工门式钢管脚手架安全技术规范》JGJ 128-2000；

《建筑施工安全检查标准》JGJ 59-99。

大空间门架式模板支撑体系施工质量按表7.1执行。

大空间门架支撑体系允许偏差　　　　　　　　　　　　　　　　　　　　表7.1

项　　　　目		允许偏差（mm）
垂直度	每步架　　$\phi48$ 系列	62.0
	门架整体　　$\phi48$ 系列	$H/1000$ 且650
水平度	一跨内水平架两端高差　　$\phi48$ 系列	$6l/600$ 且63.0
	门架整体	$6L/600$ 且650

注：h—步距；H—门架高度；l—跨度；L—门架长度。

7.2 质量保证措施

7.2.1 门架应在下列阶段进行检查、验收：

地基处理完成后、门架杆件搭设前、每搭设10m高度时、达到标高时、遇到6级以上大风和大雨时、寒冷季节开冻后、停用1个月以后均需要进行安全检查。

7.2.2 门架使用中需要定期检查的内容：杆件的设置、连接、支撑、踏板安装是否牢固、地基是否下沉、底托是否松动、立杆是否悬空、楔形件是否松动、立杆是否垂直、防护是否有破损、施工是否超载。

7.2.3 检查斜拉杆的锁销是否锁紧，横杆是否垂直于立杆；检查各种杆件安装的部位、数量、形式是否符合设计要求。

8. 安 全 措 施

8.1 安全实施的法规

《中华人民共和国安全生产法》、《特种作业人员安全技术培训考核管理办法》。

8.2 对操作人员必须进行入场安全教育和安全交底，操作人员必须持证上岗，操作人员必须进行登记。

8.3 严格控制实际施工荷载不超过设计荷载，对超过最大荷载要有相应的控制措施。物资堆放整齐，在门架上的施工物料应堆放有序；为防止架体超重，施工用料随用随上，操作层上不留浮动的物料，消除安全隐患。作业中所用的物料，均应堆放平稳。

8.4 给每个作业人员配备防滑手套、防滑鞋和放置工具的安全钩或工具袋；高空作业必须正确使用安全带，所有进场人员必须正确佩戴安全帽。

8.5 高处作业人员必须经过体检，凡患有高血压、贫血病、心脏病及其他不适于高处作业者，一律不得上架操作。严禁酒后上架作业，施工作业要求精力集中，禁止开玩笑和打闹。

8.6 雨雪天应停止高处作业，当必须施工时，必须采取可靠的措施。当风速达到6级以上时，停止施工作业。

8.7 混凝土输送管、布料杆及塔架拉结缆风绳等不得固定在门架上。浇筑过程中，应派人检查支架和支承情况，发现下沉、松动和变形情况及时解决。

8.8 严禁在门架基础及邻近处进行挖掘作业。

8.9 经常检查保证架体几何不变形的斜拉杆及水平剪刀撑等设置是否完善。随时检查基础的沉降，立杆底座与基础面的接触有无松动或悬空情况。检查门架斜拉杆的锁销是否打紧，是否平行于立杆；横杆的锁销是否垂直于横杆；检查各种杆间的安装部位、数量、形式是否符合设计要求。门架立杆、横杆、斜杆的搭钩、锁销、楔形销必须处于锁住状态。

9. 环 保 措 施

9.1 环境指标主要包括：白天施工噪声≤70dB（夜间55dB）。

9.2 减少施工噪声措施有：物体搬运轻拿轻落、减少施工作业的敲击噪声。

9.3 施工现场对操作工人进行必要的防护措施。

10. 效 益 分 析

10.1 经济效益

本工法先后在法门寺合十舍利塔工程、陕西宾馆13号院落地改造项目以及西安咸阳国际机场二期扩建工程T3A航站楼中应用，取得了良好的经济效益，不但能够直接降低工程成本，还能加快施工进度缩短工期，大幅度减少间接费用开支。实践证明，越是大空间、大跨度结构，所取得的经济效益越显著。

应用实例1：法门寺合十舍利塔工程

长度54m，宽度54m，高度148m，工期320d考虑；按照传统的碗扣需要13500t碗扣，租赁费5元/t·d；运输费100元/t；装卸费16元/t；人工费7.5元/m³；顶托租赁费0.06元/个·d；合计：（13500×5×320）+（13500×100）+（13500×16）+（54×54×148×7.5）+（40000×0.06×320）=2717.08万元

按照大空间门架式支撑体系施工需要4500t，租赁费10元/t·d；运输费100元/t；装卸费16元/t；人工费6.5/m³；顶托租赁费0.06元/个·d；合计：（4500×10×320）+（4500×100）+（4500×16）+（54×54×148×6.5）+（15000×0.06×320）=1801.52万元

传统的碗扣式支撑体系和门架式支撑体系进行比较，本工法节约了2717.08万元–1801.52万元=915.56万元

应用实例2：陕西宾馆13号院落地改造项目

建筑面积1703 m²，层高为23.55m，工期240d考虑；按照传统的碗扣1200t，租赁费5元/t·天；运输费100元/t；装卸费16元/t；人工费7.5元/m³；顶托租赁费0.06元/个·d；合计：（1200×5×240）+（1200×100）+（1200×16）+（40105.65×4.5）+（5000×0.06×240）=183.17万元

按照大空间门架式支撑体系施工需要420t，租赁费10元/t·d；运输费100元/t；装卸费16元/t；人工费6.5/m³；顶托租赁费0.06元/个·d；合计：（420×10×240）+（420×100）+（420×16）+（40105.65m³×6.5）+（1500×0.06×240）=133.9万元

传统的碗扣式支撑体系和门架式支撑体系进行比较，本工法节约了183.17万元–133.9万元=49.27万元

应用实例3：西安咸阳国际机场二期扩建工程T3A航站楼

长度138m，宽度118m，高度19.45m，工期135d考虑；按照传统的碗扣需要12000t碗扣，租赁费5元/t·d；运输费100元/t；装卸费16元/t；人工费7.5/m³；顶托租赁费0.06元/个·d；合计：（12000×5×135）+（12000×100）+（12000×16）+（138×118×19.45×7.5）+（30000×0.06×135）=1202.94万元

按照大空间门架式支撑体系需要4000t，租赁费10元/t·d；运输费100元/t；装卸费16元/t；人工费6.5/m³；顶托租赁费0.06元/个·d；合计：（4000×10×135）+（4000×100）+（4000×16）+（138×118×19.45×6.5）+（20000×0.06×135）=808.48万元

传统的碗扣式支撑体系和门架式支撑体系进行比较，本工法共节约了1202.94万元–808.48万元=394.46万元

10.2 社会效益

由于本工法能够大幅度缩短施工工期，有利于工程建筑尽早投入使用，使投资方尽块取得投资回报。

本工法符合国家节能工程的要求，已经从技术领域转移到产业化、规模化生产发展领域，可在企业内部开展承包、设计咨询、销售租赁等业务，为建筑、路桥和文化体育等提供专业的支撑解决方案。

10.3 环保、节能效益

由于本工法所采用的模板支撑系统，能够大幅度减少工程材料用量，而且所用材料周转次数非常高，因此能够达到节能减排的目的。

11. 应 用 实 例

法门寺合十舍利塔–山门工程由正圣门、大圣门、光圣门、明圣门4个门洞及连廊组成，法门寺合十舍利塔工程是法门寺文化景区的主体建筑，总高度148m、长54m、宽54m。舍利塔四周的裙楼呈塔基造型，为佛教中的坛城。本工程采用大空间门架式支撑体系共计搭设143856m³。工程开工日期为2007年6月，竣工日期为2009年4月。

陕西宾馆13号院落地改造项目，其中包括贵宾楼和贵宾楼附属设施（网球馆）。工程位于陕西宾馆院内，框架剪力墙结构，总建筑面积12989m²，地下建筑面积1703 m²；贵宾楼附属设施（网球馆）地下一层为贵宾楼的设备层，地下室层高为23.55m；采用大空间门架式支撑体系共计搭设40105.65m³。工程开工日期为2010年1月，计划竣工日期为2010年10月。

西安咸阳国际机场二期扩建工程T3A航站楼，西安咸阳机场，框架剪力墙结构，主楼地下2层，地上4层，长度约为140m，宽约为110m。+10.000标高以上钢管混凝土柱形成纵横两个方向为36m柱网的大空间结构，本工程采用大空间门架式支撑体系共计搭设 211149.2m³，具有先进性、适用性、经济性，为陕西省建筑行业提供了具有创新性的施工方法。该工程得到民航总局、省政府的好评，实施日期为2009年9月1日至2010年3月20日。

内伸外挂脚手架施工工法

GJEJGF039—2010

江苏省建工集团有限公司　中设建工集团有限公司

陆建彬　陈晓寅　施建军　沙学政　徐玉萍

1. 前　　言

高层施工采用挂脚手架技术越来越普遍。但是，多种形式的挂脚手架没有一套完善的防脱施工方法，存在一定的安全隐患。为了克服此类问题，公司组织工程技术人员研发了一种内伸外挂脚手架施工工法。此施工工法通过在太阳星城E区9号楼工程、济南华夏金色阳光7号和8号工程以及对外经济贸易大学学生公寓项目中的应用，取得了比较好的经济效益和社会效益并且均获得省级文明安全工地和省优质工程。本工法关键技术获得了国家专利，专利证书号为ZL200720151527.X，并获江苏省省级工法。

2. 工 法 特 点

2.1　原挂架技术施工特点

2.1.1　原大部分采用螺杆挂钩，此种挂钩极易翻转架体坠落，引发安全事故。

2.1.2　由于是螺杆挂钩，不便设置保险装置，在外力作用下，易脱落。

2.1.3　螺杆挂钩操作时需要操作人员站在室外安装且在脚手架提升时，需室内、室外操作人员同时装拆螺杆挂钩才能进行。操作复杂、费时费力，存在人员高空坠落隐患（图2.1）。

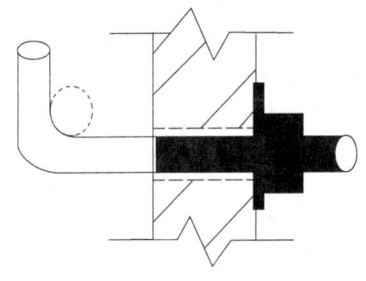

图2.1　传统的挂架技术

2.2　本工法施工特点

2.2.1　采用16mm厚钢板挂钩，设置防脱保险杆，安全可靠。

2.2.2　作业人员操作时，只需站在墙里从预留孔洞里向外穿出钢板挂钩，挂脚手架由吊车提升，直接挂在钢板挂钩上。操作简单，安全经济、操作时间短。

2.2.3　挂钩固定件尾部采用10mm厚钢板直接焊接在挂钩钢板上，依靠固定钢板与墙体固定。不需要设螺帽固定，防止挂钩固定件移动或脱落而引起事故。

2.2.4　常规脚手架在地面组装后吊至建筑施工外墙的安装点，操作工人可以在室内将防脱挂钩穿入墙体预留套管，为高空作业者提供安全及方便；脚手架吊杆钢管通过附墙连接板上的∪形凹槽和防脱钩保险杆定位，避免吊杆钢管的失稳和脱落。

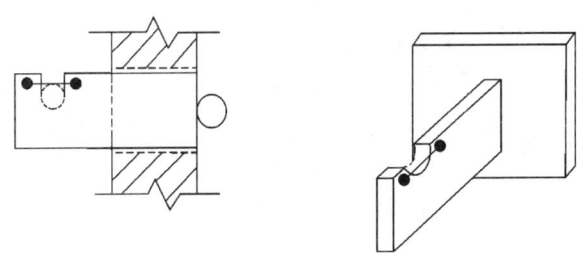

图2.2　钢板防脱挂钩挂脚手架技术

3. 适 用 范 围

本工法适用于外墙为剪力墙结构的高层建筑施工。

4. 工 艺 原 理

脚手架在地面组装后吊至建筑施工外墙的安装点，操作工人可以在室内将防脱挂钩穿入墙体预留套管，为高空作业者提供安全及方便。脚手架吊杆钢管通过附墙连接板上的∪形凹槽和防脱钩保险杆定位，避免吊杆钢管的失稳和脱落。

5. 施工工艺流程和操作要点

5.1 施工工艺

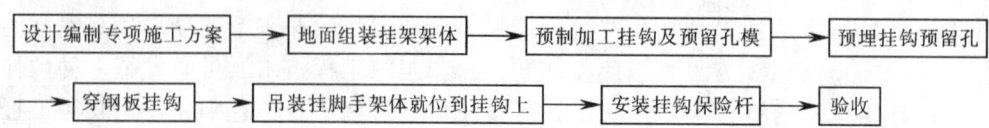

设计编制专项施工方案 → 地面组装挂架架体 → 预制加工挂钩及预留孔模 → 预埋挂钩预留孔

→ 穿钢板挂钩 → 吊装挂脚手架体就位到挂钩上 → 安装挂钩保险杆 → 验收

5.2 操作要点

5.2.1 设计编制挂脚手架方案：

根据现场结构形式和楼层高度、平方尺寸，设计挂脚手架，编制专项施工方案，并进行专家论证。

5.2.2 地面组装挂脚手架架体：

1. 根据设计和专项施工方案，专家论证意见，在施工现场塔吊回转半径有效起重范围内，搭设标准规范脚手架。

2. 挂脚手架搭设完毕后，应根据挂脚手架的重心位置，设置起重吊点，并按规范标准要求，设置塔吊吊钩连接件，连接件采用不小于ϕ12的钢丝绳（必须经过计算），不少于3个绳卡固定连接，并在相应位置处加双扣件保护。

3. 挂脚手架搭设完成后，应根据专项方案，设计图纸规范要求以及专家论证意见进行挂脚手架组装验收。

5.2.3 预制挂钩并预埋挂钩套管：

1. 根据挂钩尺寸和设计要求预制钢板预留孔，钢板预留孔长度根据结构墙厚尺寸略缩小1~2mm。

2. 钢板预留孔安装前，套管内应填塞泡沫或锯末，防止水泥浆渗入，堵塞预留孔洞。套管应根据楼层结构标高线，按设计和方案进行安装。所有套管均必须安装在同一标高线上，并进行有效连接。

3. 套管安装完毕后，应组织专职人员对安放位置进行验收，合格后方可进行模板安装。

5.2.4 穿钢板挂钩：

1. 墙模板拆除后，清理套管内泡沫等杂物。

2. 手提钢板挂钩拉环，对准预留孔洞，从室内向室外穿出。

5.2.5 挂架子吊装就位

采用塔吊吊装挂架子，检查各吊装节点受力情况，缓缓提升挂架子到挂钩所在部位上方约300mm处，然后对准挂钩部位，缓缓下落，使挂脚手架中的受力杆件搁置在钢板挂钩上。

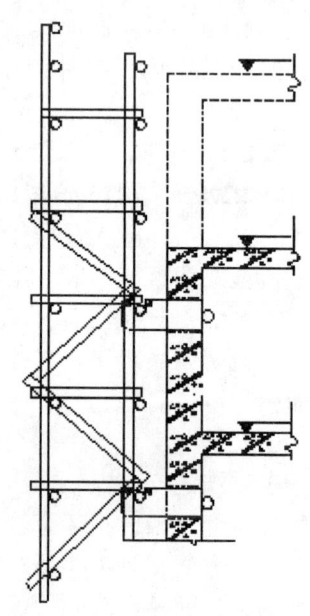

图5.2.5 挂架子吊装就位

5.2.6 安装挂钩保险杆

采用ϕ12制的螺栓保险杆，固定住挂脚手架架体。

5.2.7 验收

1. 挂脚手架在投入使用前，应在接近地面做荷载试验，加荷时间最少持续4h，以检验悬挂点的强度，焊接及预埋件的质量，经检验合格，方可正式使用。

2．安装和升降过程中，应严格把好检查验收关，注重各节点的加固。按脚手架施工规范要求，认真检查每道工序的完成情况，并及时填写统一的检验表格，存档备查。

6. 材料与设备

6.1 主要材料

6.1.1 搭设挂脚手架架体钢管扣件应符合《钢管脚手架扣件》GB 15831-95的技术要求；钢管采用外径48mm，壁厚3.5mm的Q235的焊接钢管，有严重锈蚀、弯曲、压扁、损伤和裂纹者不得使用。

6.1.2 附墙连接板：采用16mm厚钢板，应符合《普通碳素结构钢技术条件》中Q235A级的规定，并设有防脱保险杆。

6.1.3 挂钩固定件：采用10mm厚的钢板直接固定在附墙连接板上，其材质应符合《普通碳素结构钢技术条件》中Q235A级的规定。

6.1.4 钢板预留孔：采用2mm厚的钢板弯折焊接而成。

6.1.5 架体吊装采用钢丝绳连接，不小于$\phi 12$，具体根据计算确定。

6.2 主要机具设备

塔吊、电焊机、专用扳手、水准仪、墨斗、红漆、钢卷尺等。

7. 质 量 控 制

7.1 本工法执行的规范标准

7.1.1 《建筑施工安全检查标准》JGJ 59-99。

7.1.2 《建筑施工扣件式钢管脚手架安全技术规范》JGJ 130-2001。

7.1.3 《钢结构工程施工质量验收规范》JGJ 130-2001。

7.1.4 《建筑钢结构焊接技术规程》JGJ 81-2002。

7.2 本工法防脱挂钩质量验收标准

防脱挂钩质量验收标准 表7.2

序号	项　　目	允许偏差（mm）	备　注
1	钢板宽度、长度	±3.0	
2	焊缝外观未焊满	≤0.2+0.02t 且≤1.0	
3	U形凹槽深度	±5	
4	U形凹槽位置	±5	

7.3 其他质量技术措施

7.3.1 防脱挂钩焊接完成后应在焊件冷却到工作环境温度后再进行焊缝质量检验。

7.3.2 焊缝外观质量及尺寸允许偏差应达到《建筑钢结构焊接规程》对二级焊缝的要求。

7.3.3 根据挂钩尺寸和设计要求预制钢板预留套管，套管长度根据结构墙厚尺寸略缩小1~2mm。

7.3.4 预留套管安装完毕后，应组织专职人员对安放位置进行验收，合格后方可进行模板安装。

7.3.5 架体搭设和吊装必须经过验算，而且经专家论证通过后，方可实施。

8. 安 全 措 施

8.1 建立安全生产组织机构，落实岗位安全责任制。

8.2 要求施工人员树立安全第一、预防为主的思想，加强安全生产的意识教育，认真执行班前安全教育。

8.3 安全员进行监督检查，发现问题及时整改。

8.4 施工前必须进行安全技术交底，交底要具体，针对性要强。

8.5 操作工必须按规定穿戴劳保用品，电焊作业人员和架工必须经过安全技术培训考核合格持证上岗。

8.6 电焊机用电必须符合《施工现场临时用电安全技术规范》JGJ 46-2005的要求。

8.7 施焊场地周围10m以内不准堆放易燃、易爆品，应办理动火证，有防火措施。

8.8 挂脚手架的吊装、升降应统一指挥，定员定岗，指挥人员命令果断明确，操作人员动作准确迅速。

8.9 施工人员不得随意拆除脚手架上的钢管、扣件、螺栓、安全网等，尤其不能拆除附墙拉接杆。

8.10 在脚手架上的施工人员尽量避免上下交叉作业。

8.11 挂脚手架在投入使用前，应在接近地面做荷载试验，加荷时间最少持续4h，以检验悬挂点的强度，焊接及预埋件的质量，经检验合格，方可正式使用。

9. 环 保 措 施

9.1 施工现场应遵照《中华人民共和国建筑施工场界噪声限值》GB 12523-90的规定。

9.2 制订降噪措施和管理制度，并进行严格控制，最大限度的减少噪声扰民。增强全体施工人员防噪声的自觉意识。

9.3 加强施工现场环境噪声的长期监测，采取专人监测、专人管理的原则，根据测量结果填写建筑施工场地噪声测量记录表，对不符合《中华人民共和国建筑施工场界噪声限值》标准的，要及时对施工现场噪声超标的原因进行分析并进行整改，达到施工噪声不扰民的目的。

9.4 现场堆场进行统一规划，对不同的进场材料设备进行分类合理堆放和储存，并挂牌标明，重要设备材料利用专门的围栏或库房储存，并设专人管理。

9.5 对废料、旧料做到每日清理回收。

10. 效 益 分 析

10.1 与当前国内同类技术综合比较（表 10.1）

与当前国内同类技术综合比较   表10.1

	现在常规做法	本项目做法
安全方面	螺杆挂钩安装时，工人必须站在高空室外操作，存在安全隐患	操作工可以在室内将防脱挂钩穿入墙体预留套管，安全可靠
施工用时	占用的工期长	安装便捷，用时较短
周转利用	使用材料量大	使用材料少，周转方便
工艺做法	操作复杂，用工量大	操作简单方便

10.2 经济效益

10.2.1 太阳星城E区9号楼项目工程：

经核算：每个人工费按80元，应用本工法技术共节约1440个人工，节约资金115200元；总工期缩短20d，降低周转材料租赁费40000元（脚手架0.1万/d，柱墙模板0.1万/d），减少现场管理经费20000

元。

合计共节约175200元。

10.2.2 济南华夏金色阳光7号、8号工程：

经核算：每个人工费按80元，应用本工法技术共节约876个，节约资金70080元； 总工期缩短36d，降低周转材料租赁费20000元。（脚手架0.1万/d，柱、墙模板0.1万/d），减少现场管理经费10000元。

合计共节约100080元。

10.2.3 对外经贸大学学生公寓工程：

经核算：每个人工费按80元，应用本工法技术共节约620个，节约资金49600元； 总工期缩短20d，降低周转材料租赁费38000元（脚手架0.1万/d，柱、墙模板0.1万/d），减少现场管理经费20000元。

合计共节约107600元。

10.3 社会效益

本工法的推广应用，在施工安全方面得到了提高，太阳星城E区9号楼工程、对外经济贸易大学学生公寓，济南华夏金色阳光7号、8号工程分别获得了省市级文明安全工地称号和省市优质工程称号。

本工法在施工工艺上得到了简化，工人的劳动强度降低了，并节省了人力，施工效率得到了大大提高，在一定的程度上降低了成本。

本工法的实施得到了业主、监理等相关单位的好评，为企业赢得了信誉。

11. 应 用 实 例

11.1 太阳星城E区9号楼工程，总建筑面积22000m²，总造价5400万元，全现浇混凝土框架剪力墙结构，开工日期2005年8月，竣工日期2007年7月，外墙施工采用该工法技术，降低了工人的劳动强度，提高了施工效率，降低了成本。施工安全得到了保证，此项目获得了"市文明安全工地"和北京市"长城杯"杯优质工程奖。

11.2 济南华夏金色阳光7号、8号工程，总建筑面积22656m²，总造价3820万元，全现浇剪力墙结构，开工日期为2005年9月，实施完工日期为2006年9月，外墙施工采用该工法技术，降低了工人的劳动强度，提高了施工效率，降低了成本。施工安全得到了保证，此项目获得了江苏省"扬子杯"优质工程。

11.3 对外经贸大学学生公寓工程，总建筑面积93628㎡，总造价22000万元，全现浇框架剪力墙结构，开工日期为2004年4月，竣工日期为2005年11月，外墙施工采用该工法技术，降低了工人的劳动强度，提高了施工效率，降低了成本。施工安全得到了保证，此项目获得了北京市"长城杯"和"北京市文明安全工地"称号。

随着我国城市化进程的加快及节地节材要求，高层剪力墙结构逐渐增多，内伸外防脱挂脚手架施工工法，其操作简便灵活，周转率高、安全经济等特点符合工厂式施工的施工趋势。巨大的市场需求为本工法的推广应用提供了良好的广阔的市场前景。

建筑用脚手架短钢管光电控制自动焊接施工工法

GJEJGF040—2010

中国华西企业有限公司

张洪　刘新玉　邱云胜　戚岷　龙绍章

1. 前　言

在建筑工程施工中，普遍采用 $\phi 48 \times 3.5mm$ 钢管作外脚手架及支模架材料。为满足使用需要，搭设架体时难免不切割钢管，久而久之，施工单位的短钢管不断增加，长短钢管比例不配套，甚至导致短料闲置、积压以致浪费，由于一直没有一个好的解决办法，形成了一个普遍存在的老大难问题。

施工单位于2006年开始调研、立项、研究、实践，最终研制和研发出自动对焊钢管的成套设备及光电控制晶体管脉冲钨极氩弧焊自动对接钢管技术，形成了成套生产线。与传统手工电弧焊对接技术采用内置钢衬套筒相比，机械化程度高，工效大大提高，经济效益显著，钢管的通用性好，焊接质量可靠。经抽检，对焊钢管100%符合钢管力学性能要求，各项性能指标达到母材钢管水平，能替代非焊接钢管使用。已成功应用于卓越时代广场（二期）、圣·莫丽斯C区花园、德阳深国投商业中心、前海豪苑（一期）、哈尔滨大厦、深圳职业信息技术学院Ⅵ标、奥特迅电力大厦、东莞美爵花园、深圳首创八意府、雍景湾等多项工程的外脚手架和内支模架搭设施工，到目前为止，已应用焊接短钢管2802t，实践证明，焊接钢管性能良好、安全可靠，满足工程施工要求。

本工法关键技术获2008年度中国施工企业管理协会科学技术奖技术创新成果二等奖、2009年度深圳市质量协会质量技术奖，获授权实用新型专利一项（光电控制的氩弧焊接钢管设备，专利号：ZL200820049407.3），获授权发明专利一项（建筑用脚手架短钢管自动控制焊接工艺，专利号：ZL200910185302.X），2009年通过科学技术成果鉴定，关键技术国内领先。

2. 工 法 特 点

2.1 采用光电控制晶体管脉冲钨极氩弧焊自动对接钢管技术，自行研制的自动对焊钢管成套设备性能先进，成本低、工效高、质量可靠、操作简单。

2.2 焊接过程中，自动焊接机床转盘控制组对钢管均速同步转动，焊口受热均匀，焊剂分布匀称。钢管端部开口60°坡度，用氩气保护，工件自动旋转焊接，焊液分布均匀，不易产生气孔，焊口表面平整光滑，机械化程度高，焊接质量好。

2.3 焊接中采用光电技术控制钢管焊口几何尺寸，克服了传统手工电弧焊质量不稳定和几何尺寸难控制的问题，防止了焊缝超焊。

2.4 可按工程施工实际需要长度焊接定尺钢管，能有效避免现场施工中将长钢管锯短和增加搭接的现象，节约扣件，使用方便，省工省料。

2.5 焊接钢管通用性好，符合建筑施工脚手架钢管材质要求。

2.6 短钢管对焊接长，可实现短料长用，以及废料再利用，符合国家节能减排政策要求。

3. 适 用 范 围

主要适用于建筑工程施工外脚手架和模板支撑架搭设用 $\phi 48 \times 3.5mm$ 钢管的对接焊接；并可广泛用于壁厚、直径、材质均相同且可焊性好的金属圆管大批量对接焊接。

4. 工 艺 原 理

4.1　光电控制的钨极氩弧焊自动对接焊接钢管由一系列新型设备组合而成，形成成套流水作业工序。脉冲钨极氩弧焊机控制气泵对自动焊接机床输入保护氩气，自动焊接机床上的自动程序控制装置可实现对焊枪、送丝机构、氩气流量、焊接工艺参数、工件转速等的自动控制，达到自动焊接目的，并且对钢管对焊环形焊缝起焊点有记忆功能，保证焊接终点与起点能自动重合，防止局部超焊。

4.2　自动焊接机床上装设一组光电开关，通过控制电路上装设的收光器接收发射电路发出的光信号，控制钢管焊口几何尺寸。施焊中，焊缝的几何尺寸小于或等于钢管直径时，电路畅通；焊缝大于钢管直径时，电路自动断开。采用脉冲钨极氩弧焊，在氩气保护下，使钨极端头、电弧和熔池金属不与空气接触，电弧燃烧稳定，热量集中，有利于形成致密的焊接接头，性能良好（熔化与非熔化极氩弧焊示意图如图4.2-1所示；自动焊接机床控制示意图如图4.2-2所示）。

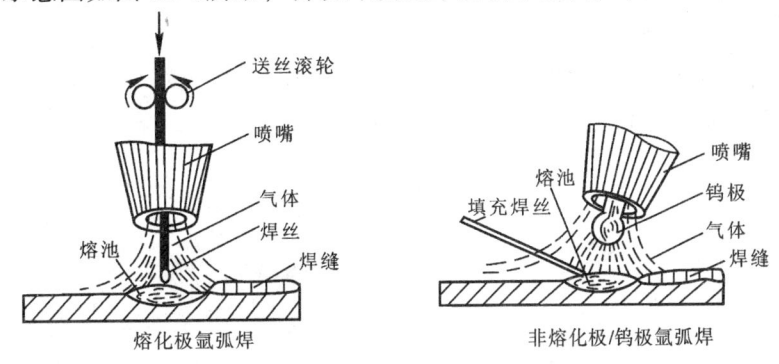

图4.2-1　熔化与非熔化极氩弧焊示意图

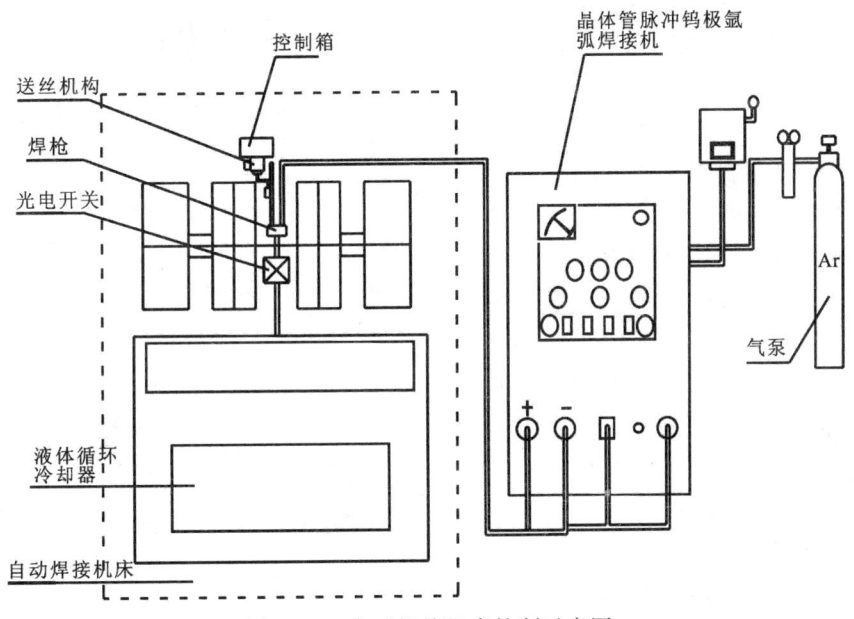

图4.2-2　自动焊接机床控制示意图

5. 施工工艺流程及操作要点

5.1　钢管对焊施工工艺流程

5.1.1　钢管对焊施工工艺流程（图5.1.1）

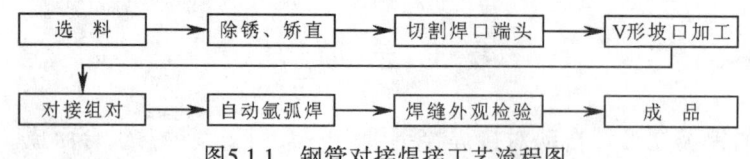

图5.1.1　钢管对接焊接工艺流程图

5.2　焊接施工要求

5.2.1　技术准备

1. 焊接工艺评定及焊工培训、考核

施工前参照现行《焊接工艺评定规程》DL／T 868中有关规定进行焊接工艺评定，并根据评定结果编制焊接工艺说明书，指导焊工培训。焊工培训考试按国家质检总局颁发的《建筑钢结构焊接焊工考试与管理规则》的有关规定进行，考试合格后方可上岗施焊。

2. 施工前安全及技术交底

施工作业前严格按照现行《氩弧焊安全技术操作规程》、《建筑钢结构焊接技术规程》JGJ 81和焊工特种作业安全管理规定等要求，对机操工、焊工等作业人员进行安全技术和环境及职业健康要求交底。

5.2.2　钢管选料

焊接钢管筛选：满足直径φ48、壁厚3.5mm。根据施工需用的钢管长度要求，选择两根短钢管总长度略大于所需长度，且2条组对钢管壁厚相同。

5.2.3　钢管除锈、矫直

采用脚手架管专用矫直机对筛选出的待焊钢管进行表面清理、除锈和调直。

5.2.4　切割钢管焊口端头

用金属圆锯机垂直切割待焊钢管的端部。锯切时，采用手工方式按所需切割的长度将钢管端头送入切割夹具，启动自动控制开关，由自动气缸控制刀具进行切割。须保证钢管焊接端口切平，切口平面与钢管中心线垂直。如图5.2.4所示。

图5.2.4　金属圆锯机自动切割短钢管端头

5.2.5　坡口加工及检查

1. 用端面加工倒角机对切割好的钢管焊接端口开60° V形坡口，如图5.2.5-1所示。

2. 加工完的坡口应进行外观检查，要求切面光滑，不得有裂纹和分层，否则应重新切割并开坡口。

3. 坡口加工完毕，要对母材端面进行清理，焊口端部20mm内和坡口面不得有油（油漆）、水、锈等杂质，防止焊缝产生气孔、夹渣、裂纹等缺陷，如图5.2.5-2所示。

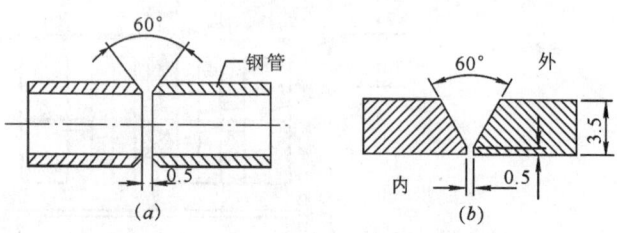

图5.2.5-1　钢管对焊V形坡口示意图
（a）钢管对接大样；（b）V形坡口大样

5.2.6　焊接工艺

1. 钨极氩弧焊二次输出回路采用直流正接。工件接正极，钨极为负极。阴极区发射电子，温度低，钨极不容易烧损，使用寿命长，可以使用较大的焊接电流。采用该焊接工艺，焊缝熔深大而熔宽窄，生产率高，工件的收缩和变形也小，形状保持良好，适合焊接碳钢等，能够形成稳定均匀的焊缝。

图5.2.5-2　用端面加工倒角机给钢管焊接端开60° 坡口

2．TIG焊（钨极惰性气体保护焊）时，由自动焊接机床双卡盘带动一组对接钢管等速同步旋转，采用焊枪相对由焊件接缝的右端向左端移动的左向焊法，气体保护效果好，焊缝成型美观。

3．钨极伸出喷嘴的长度，一般取1～2倍钨极直径；钨电极与焊件距离（弧长）一般取1.5倍以下钨电极直径；钨极氩弧焊喷嘴孔径为5～20mm，对应保护气体流量为5～25L / min，焊接碳钢可选用4～5号喷嘴。焊接电流增大，所对应的喷嘴孔径和气体流量取值也随之增大。

4．钨极氩弧焊电极为纯钨或活化钨为材料，其特征在于电极的一端削尖，要求尖端部位位于电极的轴心线上。电极尖端部常加工为圆锥形，圆锥顶角的夹角为20°～30°或90°，最大限度的消除钨极尖端形状对电弧稳定性的影响，提高焊接稳定性和焊缝质量，并延长钨电极的使用寿命。

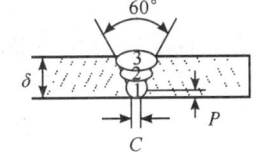

图 5.2.6-1　分层焊接顺序图

5．对于Q215脚手架用无缝钢管，通常壁厚 δ =3.0～3.5mm，选取相同壁厚钢管进行组对，对单面60° V形坡口对接焊应由基层开始向外分层焊接，保证对接焊缝完全焊透，表面平整，如图5.2.6-1所示。

6．钨极氩弧焊的规范参数值与被焊材料种类、板厚及接头型式有关。脚手架钢管对接焊接工艺参数的选择见表5.2.6。

自动钨极氩弧焊接工艺参数表　　　　　　　　　　　　　　表5.2.6

焊接电流（A）	电弧电压（V）	焊接速度（cm/min）	氩气流量（L/min）	提前送气时间（s）	滞后停气时间（s）	电流上升时间（s）	电流下降时间（s）
150～160	13～15	8～12	5～10	0.5～5	1～12	0.5～4	1～5

7．晶体管脉冲钨极氩弧焊机对脉冲电流控制精确，能全面地控制脉冲电流的各项参数。TIG自动氩弧焊接电流控制波形如图5.2.6-2所示。通过自动程序控制系统可对相关焊接工艺参数进行大范围无级调节，且各项参数调节时均保持独立，不相互影响。

图 5.2.6-2　焊接电流波形图

8．选用小直径钨极，圆锥形尖端夹角30°，且选择短时大电流焊接脉冲（窄脉冲），可得到深宽比接近2∶1的焊道；能将根部焊道或薄件熔透，并在焊接熔池明显下陷之前凝固。通过适当选择大电流脉冲高度（电流）和脉冲时间（脉宽）及小电流脉冲高度和脉冲时间的比例，可以把热影响区的尺寸减至最小。

5.2.7　钢管对接组对

使用自动焊接机床对待焊钢管进行焊接前组对定位，见图5.2.7，要求组对钢管壁厚相同；两段钢管分别固定在焊接机床两边三爪卡盘上，保证2条对接钢管同一轴心。自动焊接机床技术参数见表5.2.7。

图 5.2.7　用自动焊接机床三爪卡盘固定组对短钢管

自动焊接机床技术参数　　　　　　　　　　　　　　表5.2.7

工作台		焊枪调节范围			送丝机构		主机控制角
工件夹持	主轴转速	上下	前后	左右	适用直径	调速范围	
ϕ6～60mm	0.1～3转/min无级调速	50mm	50mm	50mm	ϕ0.8～1.6mm	0.2～2m/min无级调速	任意角度调控

5.2.8 自动氩弧焊

1. 自动接管专用机床与晶体管钨极氩弧焊机配合，通过自动机床上配置的智能化（焊缝自动跟踪调节系统）装置，可实现焊缝自动跟踪焊接，提高焊接自动化。同时机床具有脉冲检测功能，通过设置，即可实现任意焊接长度的自动焊接。见图5.2.8-1。

2. 自动焊接机床操作程序：开启焊枪冷却器→开启氩气、压缩空气→开启焊机电源→开启机床电源→开启机床控制面板电源→设置各项焊接参数→试焊→参数修正→转入成批自动焊接。见图5.2.8-2。

图5.2.8-1 用自动焊接机床焊接接长短钢管

5.2.9 焊缝检验

1. 外观检测

通过机床上的控制开关控制激光信号，对钢管焊缝的几何尺寸、表面平整度进行自动控制。焊接过程中，焊缝的几何尺寸小于或等于钢管直径时，电路畅通；焊缝大于钢管直径时，电路自动断开。焊缝在氩气保护下，钨极端头、电弧和熔池金属不与空气接触，形成致密的焊接接头，表面平整。如图5.2.9-1所示。

2. 抽样检验

焊接的钢管接头按规范进行抽样，经拉伸、弯曲试验，压扁试验，磁粉检测，宏观酸蚀性试验等各项检测，结果证明焊接接头的各项性能均达到母材的水平。检验试件如图5.2.9-2所示。

5.2.10 焊接施工环境条件

1. 焊接设备输入电源为380V，要求电压波动范围为±5%。

2. 环境温度范围：-25~40℃，并保证环境空气流通。

3. 钨极氩弧焊，要求风速应小于20m/min。

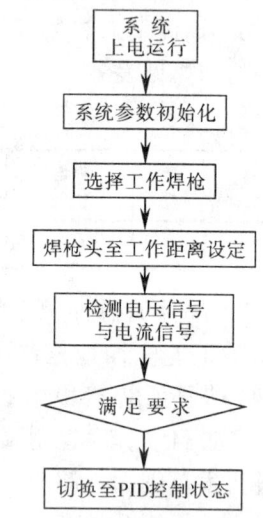

图5.2.8-2 自动氩弧焊接机床工作程序图

图5.2.9-1 焊接好的钢管接头

图 5.2.9-2 焊接接头弯曲试验

4. 空气相对湿度应小于85%。

5. 作业场地应平整，无严重振动，保证机床安装时床身平面尽量放平，最大允许误差0.15mm。

6. 焊接场所应有防风、雨、雪措施。

5.2.11 劳动力组织情况见表5.2.11

劳动力组织情况表   表5.2.11

序号	工 种		人数	分 工 与 职 责
1	操作组	焊工	1	负责自动机床上钢管组对氩弧焊接
2		调直机操工	1	原材料钢管调直、除锈
3		切面机操工	1	焊口端面金属切割
4		倒角机操工	1	焊口端面V形坡口机械加工
5		电工	1	施工作业现场设备用电操作
6	管理组	技术主管	1	负责钢管氩弧焊接工艺技术
7		质检员	1	根据技术规范和工艺评定作业指导书对焊接工作进行全面检查监督
8		安全员	1	对作业现场安全、文明施工、职业健康进行监督
9		材料员	1	根据客户所需尺寸，确定原料钢管尺寸配对，并组织材料转送至加工现场
合 计			9	

6. 材料与设备

6.1 焊接材料

6.1.1 钢管

钢管材质应符合现行国家标准《碳素结构钢》GB/T 700中Q235－A级钢的规定；钢管力学性能应符合现行国家标准《直缝电焊钢管》GB/T 13793或《低压流体输送用焊接钢管》GB/T 3091的要求；钢管长度不小于3000mm，外观尺寸符合现行《建筑施工扣件式钢管脚手架安全技术规范》JGJ 130的要求。

6.1.2 氩弧焊焊丝

选用牌号：THT50-G；型号：GB-ER50-6实心焊丝（如：唐山神钢MG-51T），规格为ϕ1.6mm，且各种化学性能及技术指标与国内Q235材质接近。

6.1.3 保护气体

选用氩气，纯度Ar≥99.9%。

6.1.4 钨极选用铈钨，规格为ϕ2.4×175mm耐高温钨棒。

6.2 机具设备

6.2.1 脚手架钢管自动钨极氩弧对接焊接所需主要机具设备见表6.2.1。

主要机具设备   表6.2.1

序号	名 称	规格型号	数量	备 注
1	脚手架管矫直机	GJC-48A	1台	用于钢管的表面清理、除锈、调直
2	自动管焊机床	WDGH-02	1台	配合TIG自动氩弧焊可实现自动管-管对接环缝焊接，提高焊接精度和生产效率
3	晶体管脉冲钨极氩弧焊机	WSM-250	1台	采用CMS集成电路QH-ARC 160电弧控制系统，高频引弧系统，提前送气、滞后停气等自动程序控制系统
4	液体循环冷却器	WDYL-X	1台	氩弧焊焊枪专用冷却装置
5	金属锯切机	ML-275AC	1台	半自动金属锯切机床，配$\phi_外$≤275mm，$\phi_内$=32mm锯片
6	端面加工倒角机	DJ-50SQ	1台	人工送料，自动进、退刀，速度快，刀片规格化，调整方便；适合ϕ19~50mm圆管内外倒角
7	锯片研磨机	MSG-450	1台	用于金属圆锯机切割片修复加工
8	空压机	FW80012	1台	为金属切锯、端面加工倒角机提供气源

7. 质 量 控 制

7.1 质量标准

7.1.1 钢管对接焊接应符合现行《建筑钢结构焊接技术规程》JGJ 81。

7.1.2 抽检焊缝的磁粉无损探伤应符合现行《无损检测–焊缝磁粉检测》JB/T 6061。

7.1.3 产品试件拉伸、抗压、冷弯力学性能试验应符合下列现行标准：

拉伸试验：《焊接接头拉伸试验方法》GB/T 2651。

抗压试验：《金属管—压扁试验方法》GB/T 246、《焊接接头弯曲及压扁试验方法》GB/T 2653。

弯曲试验：《焊接接头弯曲及压扁试验方法》GB/T 2653。

7.1.4 焊接后的成品钢管应符合现行《建筑施工扣件式钢管脚手架安全技术规范》JGJ 130。

7.2 技术措施

7.2.1 严格按《建筑钢结构焊接焊工考试与管理规则》和《钨极氩弧焊技术规程》的有关规定进行焊工培训与考试，考试合格并熟练掌握钨极氩弧焊技能的方能上岗。

7.2.2 焊前技术员应按工艺指导书的要求对焊工进行技术交底。

7.2.3 严格按照焊接施工的各项技术要求进行施工。

7.2.4 焊工施焊前应对焊件、焊丝表面进行清理，保证焊口组对质量。

7.2.5 及时反馈焊缝质量检验评定结果，技术员应针对焊缝中所出现的缺陷认真查找原因，提出预防措施。

7.2.6 焊机性能应满足焊接施工工艺要求。

7.3 管理措施

7.3.1 各工序工作分工明确，落实到人。

7.3.2 合理安排施工进度和焊接工作量，严格控制焊接质量，协调好焊缝检验与施工进度之间的关系。

7.3.3 焊工应对焊机定期进行保养，确保焊机处于完好状态。

7.3.4 严格控制作业环境条件，当环境条件不能满足焊接环境要求时，应采取一定的防范措施。

8. 安 全 措 施

8.1 焊工上岗施焊应穿戴好劳动保护用品，防止电弧光中的紫外线和红外线灼伤、烫伤和触电事故发生。

8.2 焊接手把的绝缘性能要经常检查。钨极氩弧焊接时，应加强焊接区的通风。在不能进行通风的局部空间施焊时，应戴供给新鲜空气面罩或防毒面具。

8.3 焊机外壳要可靠接地，接地电阻不得大于10Ω；设立单独开关，拉合闸刀时要戴好绝缘手套，脸部侧向操作。

8.4 施工现场不得有易燃、易爆物品。

8.5 每次施焊工作结束后，应切断焊机电源，并检查操作地点，确认无火灾隐患后方可离开现场。

9. 环 保 措 施

9.1 氩弧焊的引弧与稳弧措施应采用晶体管脉冲装置，不得用高频振荡装置，防止高频电磁场辐射。应定期对焊接工作场所进行电磁辐射检测，不得超过卫生标准规定的8h接触允许辐射强度：20V/m，并采取防电磁辐射措施。

9.2 氩弧焊电极不得用钍钨棒而用铈钨棒或钇钨棒，防止产生放射线伤害。

9.3 磨削电极钨棒应配备专用砂轮，砂轮机要安装除尘设备，砂轮机地面上的磨屑要经常作湿式扫除，并集中深埋处理。操作时应戴防尘口罩，磨削完毕后应以流动水和肥皂洗手，并经常清洗工作服和手套等。

9.4 焊接时选择合理、规范的参数，避免钨棒过量烧损产生大量焊接金属粉尘，以及臭氧、氮氧化物、一氧化碳和氟化氢等有毒气体。应加强作业场所通风和个体防护，防止中毒。

9.5 待焊钢管端头切割后的余料和V形坡口加工产生的金属碎屑应集中回收；金属切割设备冷却液、机油等应防止洒漏，避免污染土壤；对洒漏油料应即时用砂进行收集处理。

10. 效 益 分 析

10.1 如焊接钢管价格按新钢管价格70%计算，新钢管与焊接钢管相比较：新钢管单价5300元/t；短钢管单价3710元/t，焊接费用200元/t；焊接钢管可节约1390元/t。至今施工单位已完成短钢管焊接2802t，创造经济效益669.678万元，取得了良好的经济效益（表10.1-1、表10.1-2）。

旧短钢管与焊接钢管经济效益对照表　　　　　　　　　　　　表10.1-1

材料名称	重量（t）	租　赁		产生经济效益（万元）	备　注
		单价（元/t·月）	回收租金（万元）		
旧短钢管	2802	无	无	无	长期库存积压
焊接钢管	2802	100	280.2	280.2	租金以10个月计

焊接短钢管与新钢管费用开支对照表　　　　　　　　　　　　表10.1-2

材料名称	重量（t）	焊接费用（元/t）	单价（元/t）	节省开支（元/t）	共节省开支（万元）	备　注
新钢管	2802	无	5300	无	无	
焊接钢管	2802	200	3710	1390	389.478	按新钢管单价70%计

以上焊接钢管经济效益合计：280.2万元+389.478万元=669.678万元。

10.2 利用氩弧焊焊接技术对接钢管，可为用户提供满足各种施工层高要求的定尺钢管，减少接头扣件，避免现场钢管的切割，提高工作效率，其良好的接头性能和与母材同等的通用性，受到了用户的好评，取得良好的社会效益。

10.3 通过对大量闲置、积压短钢管以及部分废旧余料的对接焊接再利用，降低了材料报废率，提高了钢管单位重量利用率，符合目前国家节能降耗政策要求。

11. 应 用 实 例

目前施工单位累计完成$\phi 48 \times 3.5$mm短钢管焊接2802t，成功应用于卓越时代广场（二期）、圣·莫丽斯C区花园、德阳深国投商业中心、前海豪苑（一期）、哈尔滨大厦、深圳职业信息技术学院Ⅵ标、奥特迅电力大厦、东莞美爵花园、深圳首创八意府、雍景湾等多项工程的外脚手架和内支模架搭设施工，见表11。经工程实践证明，焊接钢管性能良好、安全可靠，满足工程施工要求。

工程应用实例表　　　　　　　　　　　　　　　　　　　　　表11

序号	工程名称	建筑面积	使用焊接钢管数量	使用时间
1	卓越时代广场（二期）	111119.13m²	403t	2007年10月~2009年01月
2	圣·莫丽斯C区花园	85757.25m²	455t	2007年12月~2009年11月
3	德阳深国投商业中心	43701m²	175t	2006年12月~2007年5月
4	前海豪苑（一期）	39311m²	186t	2009年6月~2010年4月
5	哈尔滨大厦	52956m²	122t	2009年5月~2010年1月
6	深圳职业信息技术学院Ⅵ标	94255m²	310t	2009年7月~2009年12月
7	奥特迅电力大厦	32320m²	166t	2009年12月~2010年11月
8	美爵花园一期	33726m²	180t	2010年6月~2010年11月
9	深圳首创八意府	93468m²	385t	2010年2月~2011年1月
10	雍景湾工程	约17.8万m²	420t	2010年6月~2011年3月
11	合计		2802t	

11.1　卓越时代广场（二期）工程概况

卓越时代广场（二期）由深圳市祈年建业投资有限公司投资开发，工程位于广东省深圳市福田中心区6-2地块，是一座集高档商业、酒店、办公于一体的建筑综合楼。框剪结构，地下建筑3层，地上建筑22层（两栋塔楼），总建筑面积111119.13m²，建筑高度99.65m，结构层高4.53~7.0m不等。2007年4月1日开工，2010年6月1日竣工，施工阶段使用焊接钢管403t，安全可靠。

11.2　圣·莫丽斯C区花园工程概况

"圣·莫丽斯花园"C区工程由深圳市华来利实业有限公司开发，位于广东省深圳市龙华二线扩展区玉龙路西侧，框剪结构，地上7栋高层住宅（25~30层），建筑面积85757.25m²，建筑高度80.5~97.3m。2007年9月15日开工，2010年2月5日竣工，施工阶段使用焊接钢管455t，安全可靠。

11.3　哈尔滨大厦工程概况

哈尔滨大厦工程由深圳市冰成置业有限公司开发，位于广东省深圳市福田区，框支框架剪力墙结构，建筑面积52956m²，1栋地上33层，地下3层，建筑总高度105m。2009年5月20日开工，2010年10月26日竣工，施工阶段使用焊接钢管122t，安全可靠。

本工法集合了其他领域成熟的先进技术，在建筑工程周材使用方面应用是一种独创，解决了多年来困扰施工企业短钢管积压严重、占用场地、利用率不高的难题。在施工单位内部应用成熟，已具规模，工效高、质量可靠、性价比优异、省工省料、节能降耗、环保无污染、极易推广应用。目前已有多家企业有意向与施工单位合作，寻求技术咨询服务，本工法在全国范围内具有广泛的推广应用前景。

螺栓连接型钢悬挑脚手架施工工法

GJEJGF041—2010

海南省建筑工程总公司　标力建设集团有限公司

郭泽文　汪吉明　童万和　倪志正　陈宝弟

1. 前　　言

随着高层与超高层建筑的发展，高层建筑外脚手架施工技术越来越受到广泛的重视和研究。悬挑式脚手架是住房和城乡建设部推广的建筑业十大新技术之一，由于具有一次投入少（节省大量的周转材料）、适用范围广、不受层高和场地限制、有利于现场文明施工管理等特点，在高层建筑施工中应用日益广泛。为进一步提高外墙防渗施工质量，节约外架施工成本，根据以往多项工程施工经验，积极开展技术攻关，在现有住房和城乡建设部推广的悬挑式脚手架技术基础上进行创新，并通过现场实物堆载实验加以验证，最终形成本工法。

本工法在施工便利性、外墙防渗、施工成本节约等方面与传统外脚手架相比均有了很大程度提高，经数项工程应用，深受项目部欢迎和主管部门赞扬。

几年来，工法在应用过程中，我们不断总结经验成果，在国内公开刊物上发表论文，如《螺栓连接型钢悬挑脚手架施工技术》一文发表在《浙江建筑》杂志上。本工法关键技术获得国家专利一项，（专利号：ZL200920241525.9）关键技术通过浙江省住房和城乡建设厅验收，达到国内领先水平。

2. 工 法 特 点

2.1　本工法相对于普通悬挑脚手架的优点有：

1. 节约一半的型钢材料、装拆方便，所有材料均可重复使用，节约大量成本。

2. 墙体不留孔洞，不影响砌体施工，有利于外墙防渗。

3. 由于钢梁固定在混凝土墙梁外侧，基本不影响室内装饰施工，外墙装修施工也一定程度得到改善，为保证质量和工期创造了条件。

4. 搭设灵活、尺寸不受限制、适应性强等特点。

2.2　螺栓连接型钢悬挑脚手架基于普通的悬挑脚手架，将伸入楼层内的型钢部分取消，用螺栓将悬挑型钢固定在结构框架梁的外侧，节约大量钢材。

2.3　建筑结构施工时，采用特制"L"形预埋螺栓埋设于结构外框架梁。悬挑型钢与连接钢板采用工厂化加工，检验合格后运到现场与"L"形预埋螺栓连接固定，实现工厂化生产。

2.4　脚手架立杆与结构间连墙件采用工具式连墙装置（专利技术的产品），能可靠传递脚手架水平荷载，使脚手架与主体结构形成可靠连接，增强架体整体稳定性。

3. 适 用 范 围

当工程具有下列条件之一的，可采用本工法：

1）地下室结构施工完成后，回填土不能及时回填，而主体结构工程必须立即进行时，可在二层面开始悬挑。

2）高层或超高层建筑采用落地架搭设不能满足要求时。

3）高层建筑主体结构有裙房，而脚手架又不宜搭设裙房上时，可从裙房上一层面开始搭设悬挑架。

4）对于外立面变化较大的建筑，如圆弧形等则有更强的适用性。

4. 工 艺 原 理

4.1 传统悬挑脚手架的悬挑钢梁设置方法为：悬挑的工字钢或槽钢放置楼面结构上，悬挑钢梁的长度为悬挑长度2.5倍或以上，钢梁的锚固段以不少于两个锚固筋固定，悬挑钢梁的外侧以钢丝绳与上层拉结。本工法与传统悬挑脚手架不同之处在于：悬挑钢梁只需保留悬挑部分，悬挑钢梁通过改造增加腿板和加劲板，采用两根预埋于梁内的螺栓将悬挑钢梁固定于建筑结构梁的外侧面（约于梁全高度一半的位置)。除此连接部位外，其他处的设置相同与传统悬挑脚手架。

悬挑钢梁的设置如图4.1所示。

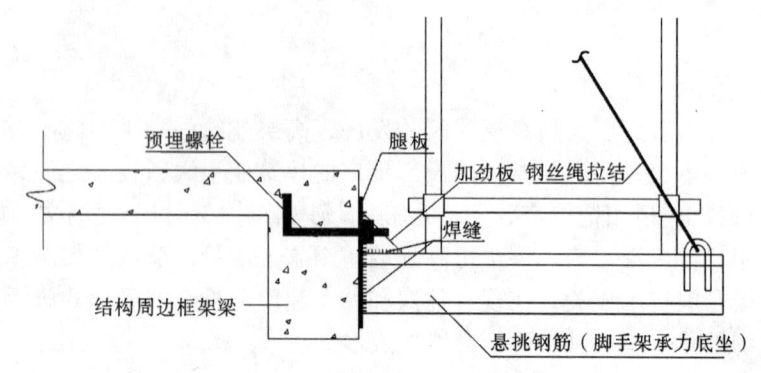

图4.1 悬挑钢梁

注：预埋螺栓在结构施工时埋入，在拉结上节点（一般为上层）混凝土强度达到设计值后拉结钢丝绳。

4.2 连墙件布设

为保证脚手架不影响室内工程施工，同时方便装拆，复重使用，脚手架的连墙件采用专利工具式连墙装置。其制作图如图4.2所示。从悬挑梁所在结构层的上一层开始，层层布设，水平间距≤4.5m。当混凝土结构强度达到C15以上时，即可安装连墙装置。工具式连墙装置采用4M10金属胀锚螺栓，钢管一侧以扣件与脚手架连接，一侧以配套的螺栓与焊接在连墙钢管上的钢板连接。根据建筑施工手册，混凝土强度达到C15以上时，M10金属胀锚螺栓钻孔直径$\phi14.5$、钻孔深度60mm、允许拉力达7kN、允许剪力5.2kN。此时连墙件抗拉承载力28kN，完全大于旋转扣件的抗滑承载力8kN（连墙件制作见图4.2）。

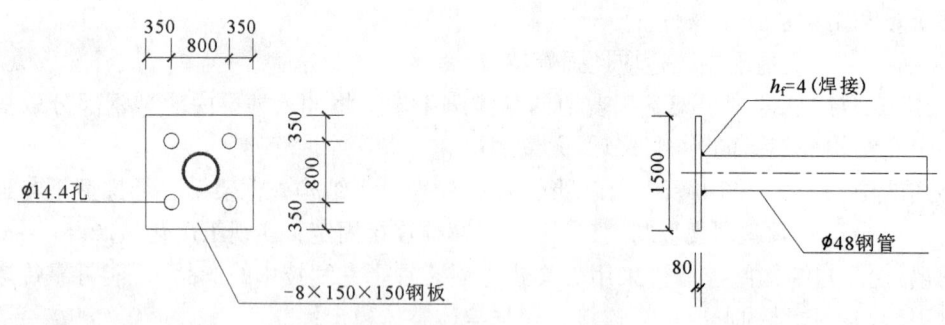

图4.2 连墙件制作详图

4.3 安全计算

以常用脚手架搭设规格为例进行计算，其主要参数如下：

搭设高度：15.0m。

立杆纵距：1.50m；立杆横距：0.85m；立杆步距：1.80m；内立杆距墙面：200mm。

连墙件：采用2步3跨，竖向间距3.60m，水平间距4.50m。

施工均布荷载：3.0kN/m²，同时施工2层，脚手板共铺设8层。

悬挑水平钢梁：采用16号工字钢，外悬挑长度1.20m。

悬挑水平钢梁采用钢丝绳与建筑物拉结，最外面钢丝绳距离建筑物1.10m（图4.3-1）。

1．脚手架荷载

1）恒荷（标准值）

（1）钢管脚手架每米立杆承受的结构自重=0.1248kN/m。

（2）竹笆脚手片=0.05kN/m²；栏杆、踢脚杆自重标准值=0.14kN/m。

（3）密目安全网自重标准值取0.002kN/m²。

2）活荷载（标准值）

（1）施工活荷载（按结构脚手架取值，并考虑2层同时作业）取3kN/m²（查《建筑施工扣件式钢管脚手架安全技术规范》JGJ 130-2001表4.2.2）则3×2=6kN/m²

（2）作用于脚手架上的水平风荷载：

$$\omega_k=0.7\mu_z \cdot \mu_s \cdot \omega_o。（见JGJ 130-2001 4.2.3式）$$

式中　ω_k——风荷载标准值（kN/m²）；

　　　ω_o——基本风压，台州市椒江洪家取0.55 kN/m²；

　　　μ_z——风压高度变化系数，按现行国家标准《建筑结构荷载》GBJ 9规定，按脚手架顶部高度采用；

　　　μ_s——风荷载体型系数，$\mu_s=1.3\phi=1.3×0.089=0.1157$（$\phi$的取值按步距1.8m，立杆纵距1.5m，查JGJ 130-2001表A-3，取$\phi=0.089$）。

则：$\omega_k=0.0445\mu_z$。

2．钢丝绳未安装时

挑梁在此时为纯悬挑梁。其脚手架高度可按一整根立杆长度6m计。挑梁承受6m高的脚手架结构自重标准值、脚手片、栏杆、挡脚板、安全网和二层施工荷载。

1）荷载计算：

（1）脚手架自重标准值产生的对每根立杆压力：$N_{G1K}=0.1248×6=0.75$（kN）。

（2）脚手片、栏杆、挡脚板、安全网产生的压力：$N_{G2K}=$（0.85×1.5×0.05×0.5+0.14×1.5+1.5×1.8×0.002）×4=0.99（kN）。

（3）二层施工荷载产生的对立杆压力 $N_{QK}=2×3×1.8×0.85×0.5=4.59$（kN）。

立杆轴向力设计值为：$N=1.2$（$N_{G1K}+N_{G2K}$）$+1.4N_{QK}=8.51$（kN）。

2）构件受力计算：此状态下，挑梁受力简图如图4.3-2所示。

3）焊缝计算：

以I16工字钢做悬挑梁，按悬挑梁计算，对内侧锚板产生的弯矩为$M=8.51×$（0.2+1.05）$=10.64$（kN·m），剪力$Q=8.51×2=17.02$（kN）。

此弯矩对上翼缘焊缝产生拉力，对下翼缘焊缝产生压力。对上翼缘焊缝产生的拉力为10.64÷0.16=66.5（kN）。

上翼缘焊缝高度按6mm计，焊缝长度按80×2=160mm计（以16号工字钢为例，其上翼缘宽度是88mm，实际制作时，要求工字钢与锚板间周边围焊，焊缝高度≥6mm），角焊缝抗拉强度设计值取160N/mm²。则上翼缘焊缝可承受的拉力为：

图4.3-1　悬挑水平钢梁采用钢丝绳与建筑物拉结图

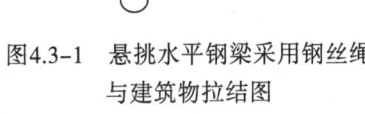

图4.3-2　钢丝绳安装前受力简图

$160 \times 0.7 \times 6 \times 160 = 107520$（N）$=107.52kN > 66.5kN$，安全。

4）螺栓计算：

对两根预埋螺栓产生的拉力66.5kN，预埋螺栓采用Q235钢、公称直径22mm的普通粗制螺栓，其单根螺栓的抗拉承载能力为：$N_t^b = \dfrac{\pi d_e^2}{4} f_t^b = \dfrac{\pi \times 19.655^2}{4} \times 170 = 51578N = 51.578kN$。两根穿梁螺栓可以抵抗103.2kN的拉力，远大于66.5kN，安全。

单个螺栓的抗剪承载力设计值：

$$N_v^b = n_V \frac{\pi d^2}{4} f_v^b = 1 \times \frac{\pi \times 22^2}{4} \times 140 = 53191.6N = 53.19kN；$$

$$N_c^b = d \sum t f_c^b = 22 \times 10 \times 305 = 67100N = 67.1kN；$$

取最小值为53.19kN。

两个螺栓可以承受：$53.19 \times 2 = 106.38kN$，远大于17.02kN，安全。

5）工字钢计算：

由于钢管脚手架立杆底部纵向水平杆具有阻止工字钢悬挑梁侧向位移的作用，可以视作侧向支承点。侧向支承点间的距离为850mm，与16号工字钢上翼缘宽度88mm之比为9.66<16，根据钢结构设计规范规定，不需计算悬挑梁的强度和整体稳定性，但应计算悬挑梁的刚度。本工法中16号工字钢悬挑梁的刚度计算如下：

因脚手架内立杆距结构边梁外侧的距离为200mm，内外立杆间距850mm，则外立杆距结构边梁外侧的距离为1050mm，悬挑梁总长度为1200mm。查结构静力计算用表之悬挑梁，可知：

内立杆产生的挠度为：

$\omega_1 = (F \times 200^2 \times 1200/6EI) \times (3-200/1200)$；

外立杆产生的挠度为：

$\omega_2 = (F \times 1050^2 \times 1200/6EI) \times (3-1050/1200)$；

16号工字钢的惯性矩：$I = 1130cm^4 = 11.3 \times 10^6 mm^4$；弹性模量：$E = 2.06 \times 10^5$；立杆轴向力：$F = 8.51kN = 8510N$；

分别代入上式可以求得：$\omega_1 = 0.082mm$；$\omega_2 = 1.29mm$；

总挠度 $\omega = \omega_1 + \omega_2 = 1.37mm < [\omega] = 2400/400 = 6mm$，符合要求。

6）钢丝绳安装后，考虑悬挑架全部荷载下安全计算。

此状态下，挑梁受力简图如图4.3-3。

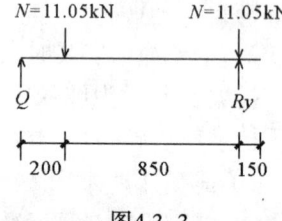

图4.3-3

钢丝绳拉结后，增加的荷载仅为三层的架体自重，受力状态则是螺栓连接端变为铰支，钢丝绳拉结端为简支。内侧锚板和连接螺栓主要承受剪力及很小的压力。经计算水平悬挑钢梁最大剪力为 $V_{max} = 8.95kN$，均小于6m高时的最大剪力，故能满足要求，不需详细计算。钢丝绳、连墙件等计算均同普通外挑脚手架，故不详细叙述。通过安全验算可知，脚手架非常安全。

5. 施工工艺流程及操作要点

5.1 二肢螺栓连接型型钢悬挑脚手架的工艺流程（图5.1）

在本流程中有几个时间点需要重点掌握，混凝土结构初期强度较低应避免安装脚手架，应控制在混凝土强度达到50%时再受力。

5.2 操作要点

5.2.1 悬挑脚手架方案设计

1. 熟悉施工图纸：主要熟悉建筑平面、立面图，结构平面图。需了解建筑周边梁板的结构、周边的线条、阳台、隔板等的设计。

2．初步设计：包括悬挑脚手架起步位置、每次悬挑高度、悬挑钢梁悬挑长度。考虑到现代建筑设计追求个性，平面与立面有较多变化，给脚手架布置增加了难度。所以在方案初步设计时，应有针对性选择脚手架悬挑方案，对于在梁侧面不易悬挑时可选择传统悬挑方案，如建筑周边为悬挑构件（如阳台等)、独梁式的构件。此时，本工法与传统悬挑脚手架结合采用，取长补短。见图5.2.1–1、图5.2.1–2。

3．施工方案设计

脚手架施工专项方案设计应包括以下内容：

1）悬挑脚手架的平面、立面、剖面图。

2）预埋件布置图及其节点详图。

3）连墙件的布置图及构造详图。

4）悬挑架特殊部位处理（转角、通道口处等），必须在专项方案中提出详细技术要求，绘制节点详图指导施工。

5）悬挑脚手架施工荷载限值。

6）悬挑脚手架的主要构件的受力验算。

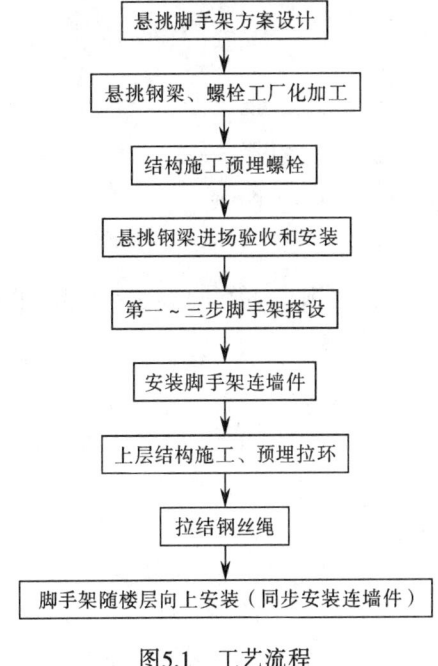

图5.1　工艺流程

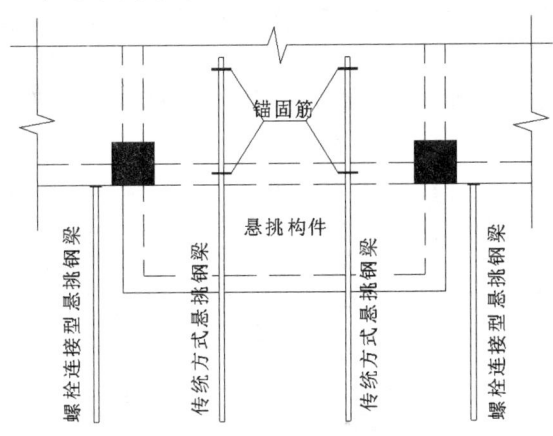

图5.2.1–1　悬挑部位布置示意图

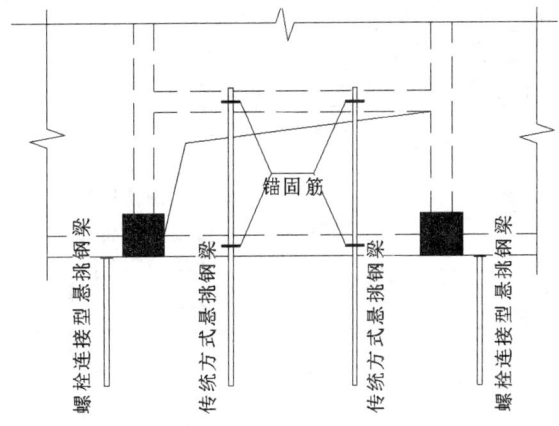

图5.2.1–2　独梁式部位布置示意图

7）悬挑脚手架对主体结构相关位置的承载能力验算。

5.2.2　工厂化加工悬挑钢梁、螺栓（图5.2.2–1～图5.2.2–4）

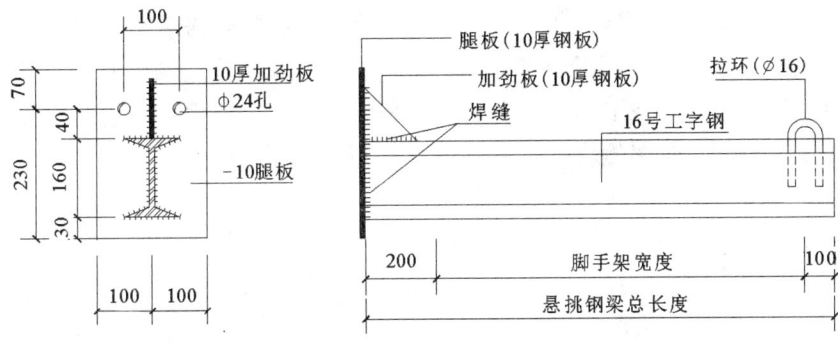

图5.2.2–1　标准钢梁制作示意图

注：脚手架距外墙距离一般为200mm，当采用幕墙工程或其他情况时按实定。材料规格为示意，实际按计算与经验取值。下同。

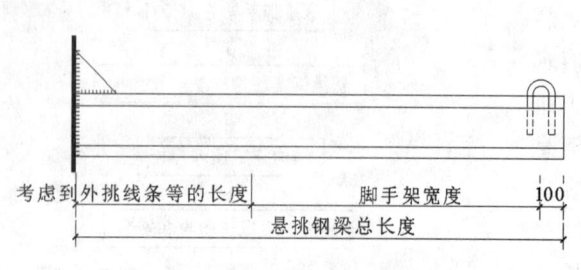

图5.2.2-2 非标准节钢梁制作示意图

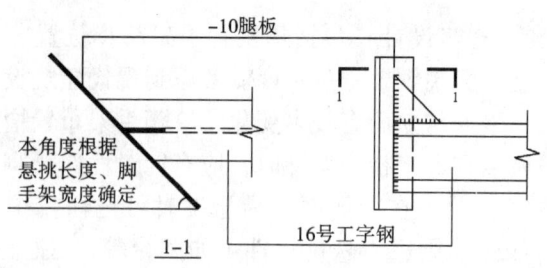

图5.2.2-3 转角处钢梁制作示意图

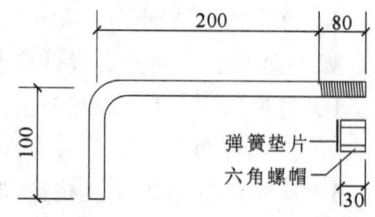

图5.2.2-4 预埋螺栓制作示意图

注：螺栓直径按计算取值，建议采用$\phi 22$。

考虑到悬挑钢梁为钢构件，宜委托有资质的钢结构生产厂家加工制作。当施工单位自己加工时，应由专业资质的电焊人员进行。钢梁的长度和根数按方案及施工图计算，要保证脚手架的底座尺寸。钢梁加工后由质量检测人员进行外观检查，检查焊缝厚度，焊缝厚度不均匀、不饱满的应补焊。协同监理单位按标准抽样送至专业检测机构进行焊缝密实度检测。均符合要求后，悬挑钢梁方可运至施工现场。

螺栓制作预埋螺栓采用圆钢制作。

5.2.3 结构施工预埋螺栓

于悬挑层预埋螺栓，螺栓预埋位置按施工方案要求，每组螺栓之间的间距以≤1500mm为度，每组螺栓为2根，位于梁高度方向的上部。螺栓埋设于梁钢筋的内部，并于梁筋点焊固定，点焊时点到即止，避免烧伤主筋。见图5.2.3-1。

螺栓应埋于梁高度方向的中上部，不得埋于梁下部。因为当埋于梁下部时，将导致悬挑钢梁挂到梁下，无法有效传递荷载。见图5.2.3-2。

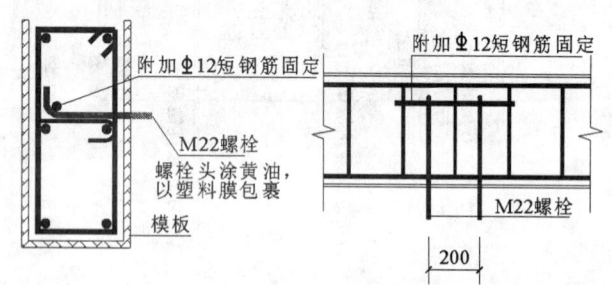

图5.2.3-1 螺栓预埋示意图一

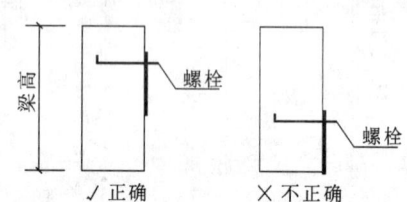

图5.2.3-2 螺栓预埋示意图二

螺栓预埋后应经质检人员与技术人员检查验收通过后方准浇筑混凝土。

5.2.4 悬挑钢梁进场验收和安装

悬挑钢梁进场后，应根据设计尺寸要求进行全数验收，验收合格后方可安装。

悬挑层结构混凝土浇筑后，混凝土养护满5d时，在常规条件下混凝土可达到50%的强度，此时开始安装悬挑钢梁。安装人员站在下层脚手架的操作平台上安装，避免悬空作业与探头作业。

安装前对钢梁接触部位的梁侧混凝土进行检查，梁侧混凝土必须密实，表面平整、垂直，当此部位混凝土不能符合安装要求时，应进行混凝土修补、打磨等。

当预埋螺栓不能满足安装要求或螺栓预埋遗漏时，可局部采用传统方式悬挑。在梁上植筋，或在板上对穿锚筋等方法增设锚固钢筋。

5.2.5 第一～三步脚手架搭设

悬挑钢梁安装后，于第二层施工时搭设三步脚手架，第三层施工时再搭设二步脚手架。

5.2.6 上层结构预埋拉环、拉结钢丝绳

本步骤同传统的悬挑脚手架。

对应于悬挑钢梁的位置，于上层混凝土结构的外周预埋拉环，拉环必须埋设于梁的主筋内。见图5.2.6。

钢丝绳的拉结时间按悬挑钢梁的安装时间，即在本层混凝土浇筑后满5d时进行。

5.2.7 安装连墙件

连墙件的间距一般按二步三跨进行，考虑到现行的建筑层高在2.9m及以上，应按一层三跨的距离设计。连墙件均设置在楼面结构上。在每层结构施工时，按间距要求将连墙件的螺母套管预埋进结构梁内。见图5.2.7。

5.2.8 脚手架搭设

脚手架按常规方法搭设，程序如下：立杆基础处理→放置纵向扫地杆→立柱→横向扫地杆 →第一步纵向水平杆→第一步横向水平杆→连墙件→ 第二步纵向水平杆→第二步横向水平杆…… 按上述顺序逐步提升，同时在外侧做好剪刀撑。其中立杆基础处理方式为：在悬挑钢梁面的立杆落点，带线焊结短钢筋头，以固定脚手架的位置。

每层脚手架搭设后，在外侧满铺密目式的安全网。每层脚手架、安全网施工结束后，应组织人员进行验收，验收通过后方准使用。

属于常规的施工方法，本工法内不再叙述。

5.2.9 本工法的部分节点图（图5.2.9-1、图5.2.9-2）

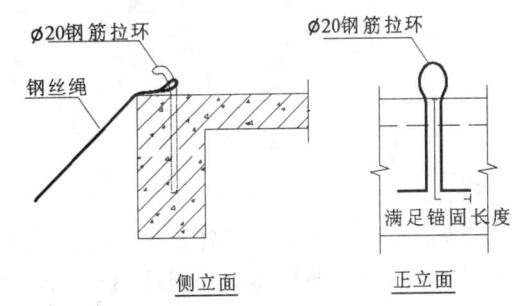

图5.2.6 钢丝绳拉环埋设示意图

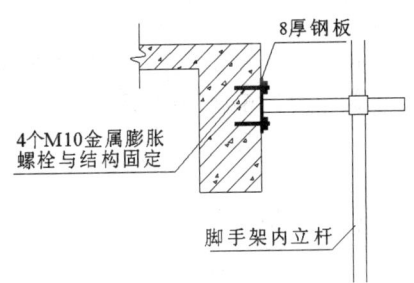

图5.2.7 连墙件示意图

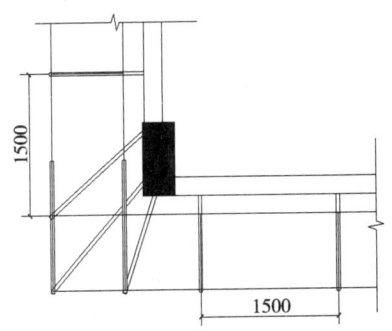

图5.2.9-1 转角处平面示意图

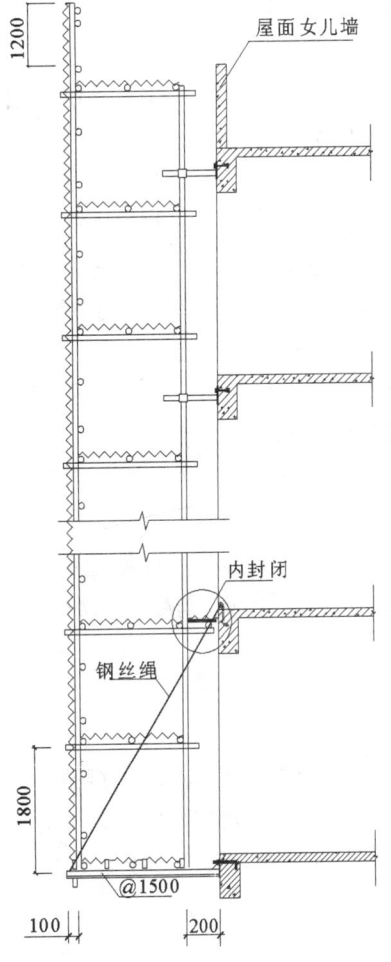

图5.2.9-2 脚手架剖面图

6. 材料与设备

6.1 材料

6.1.1 钢管

钢管包括立杆、大横杆、小横杆、剪刀撑、附墙杆等。

国标钢管的外径48mm，壁厚3.5mm。因部分地区钢管质量较差，主要是壁厚较薄，实际施工时应采取措施，按实际量取的规格进行计算。严禁使用壁厚在3.2mm以下的钢管。

钢管材质符合《普通碳素结构钢技术要求》GB 700-79中 Q235钢的技术要求。弯曲变形、开裂、锈蚀的材料不得使用。钢管使用前应进行检测，检测合格后方准使用。

6.1.2 扣件

扣件包括直角扣件、旋转扣件、对接扣件及其附件 T形螺栓、螺母、垫圈等。

扣件及其附加应符合《可锻铁分类及技术条件》GB 978-67的规定，机械性能不低于KT33-8 的可锻铸铁的制作性能，其附件的制造材料应符合 GB 700-79 中 A3 钢的规定，螺纹应符合《普通螺纹》GB 196-81的规定，垫圈应符合《垫圈》GB 95-76的规定。扣件与钢管的贴合面必须严格整形，保证钢管扣紧时接触良好，扣件活动部位应能够灵活转动，旋转扣件的旋转面间隙小于1mm。

6.1.3 钢丝绳

钢丝绳选用光面钢丝绳，强度极限与抗拉力符合标准要求，钢丝绳的直径符合设计与标准的要求。断股、锈蚀严重的钢丝绳不得使用。

6.1.4 型钢

悬挑外架型钢采用16号工字钢，钢板的厚度为10mm、8mm。型钢具有出厂合格证，外形尺寸符合标准要求，无锈蚀、变形。型钢加工后应在表面除锈后喷涂防锈漆。

6.1.5 连接螺栓：其材质应符合现行国家标准的相应规定。

6.1.6 密目式安全网：脚手架外立面采用合格的绿色密目式安全网，安全网的技术要求必须符合《安全网国家标准》GB 5725-85、《安全网力学性能试验方法》GB 5726-85相关条目的要求。

6.1.7 其他材料符合相关的标准与规范要求。

6.2 机械与检测工具

本工法采用的设备主要有：钢梁制作用的电焊机、垂直吊运钢管钢梁用的塔吊、安装连墙件用的冲击钻等。

主要的检测工具有：现场配备测试扣件的专用扭力扳手，其测量范围为20～100N·m；5m、30m钢卷尺；检测钢管直径与壁厚的游标卡尺（测量范围0～100mm）；检测垂直度的线锤等。

7. 质 量 控 制

7.1 本工法使用的标准、规范

《建筑施工扣件式钢管脚手架安全技术规范》JGJ 130-2001；

《建筑施工安全检查标准》JGJ 59-99；

《建筑施工高处作业安全技术规范》JGJ 80-91；

《建筑结构荷载规范》GB 50009-2001；

《钢结构设计规范》GB 50017-2003；

《钢结构工程施工质量验收规范》GB 50205-2001。

7.2 材料的质量要求

7.2.1 重点控制悬挑型钢的规格尺寸、连接螺栓的直径与抗拉与抗剪强度、钢管的壁厚等。

7.2.2 连接螺栓与悬挑钢梁由专业加工厂加工制作，进场前对构件进行取样抽检，主要检测项目为焊缝的质量、螺栓的抗拉强度与抗剪强度等。

7.2.3 使用前应对每个杆件进行外观检测与实测实量，主要内容有：焊缝的外观质量（有无气泡、裂缝与咬边，厚度是否均匀等），螺栓的直径、长度，型钢的长度与断面尺寸等。对于第六章内列出的要求必须遵守。

7.3 施工中的质量要求

7.3.1 连接螺栓预埋于梁的主筋之内，梁的截面应 $\geqslant 250 \times 500\text{mm}^2$。悬挑梁内不宜预埋。实践表明，独梁式的构件当梁截面 $\geqslant 300 \times 800\text{mm}^2$ 时可按本工法悬挑。

7.3.2 预埋螺栓与拉环应进行可靠的固定，混凝土浇筑时应作保护，避免振动棒直接接触。螺栓头在不使用时，应进行保护。

7.3.3 螺栓预埋控制间距与标高，以确保脚手架的立杆间距与底部水平。

7.3.4 悬挑钢梁与混凝土梁侧面的接触处应平整无阻碍。

7.3.5 悬挑钢梁的悬挑长度应严格按设计方案要求控制，禁止任意加长悬挑长度。

7.3.6 严格控制脚手架开始搭设时间与钢丝绳拉结时间，过早会破坏混凝土结构而导致脚手架不安全，过迟会影响高处作业安全。

7.3.7 脚手架立杆间距、水平杆步距、连墙杆件间距严格按方案与相关标准要求。关于脚手架本身质量要求同常规脚手架要求。

7.4 验收标准

7.4.1 脚手架悬挑底坐分项工程检验批验收标准（记录表）（表7.4.1）。

检验批验收标准　　　　　　　　　　　　　　　　　　　　　　　　　　表7.4.1

工程名称		检验批部位		工程名称
施工单位		项目负责人		施工单位
监理单位		总监理工程师		监理单位
主控项目	合格质量标准	施工单位检验评定记录或结果	监理（建设)单位验收记录或结果	备注
1　原材料	品种、规格与性能等符合现行国家产品和方案的要求			
2　螺栓加工材料的复检	每批次（不大于 300 只)每规格进行一次复检，复检合格			
3　焊接材料	品种、规格与性能符合现行国家产品和方案的要求			
4　焊缝	焊缝表面不得有裂纹、焊瘤等缺陷，达到二级焊缝的要求			
5　焊工资质	焊工持证上岗，在其认可的范围内放焊			
6　连接螺栓的锚固	锚固长度、形式与固定方法等符合方案要求			
一般项目	合格质量标准	施工单位检验评定记录或结果	监理（建设)单位验收记录或结果	备　注
1　加工件	厚度、规格尺寸等符合产品标准的要求			
2　加工件的表面外观质量	锈蚀、划痕的深度不大于负允许偏差的 1/2，锈蚀等级符合 GB 8923 的 C 级及以上要求			
3　焊缝尺寸	焊缝尺寸偏差符合 GB 50205-2001 中的 5.2.9 及附录二 A 表 A.0.3 的规定			

续表

	一般项目	合格质量标准	施工单位检验评定记录或结果	监理（建设)单位验收记录或结果	备注
4	加工件尺寸	螺栓孔径允许偏差：0~+2mm			
		螺栓孔相对偏差：±2mm			
		其他尺寸偏差：±5mm			
5	螺栓预埋尺寸	一对螺栓相对偏差：±2mm			
		每对螺栓间距：±10mm			
6	立杆落于悬挑底坐的位置偏差	不大于：±50mm			
施工单位检验评定结果		班组长： 或专业工长： 　　　年　月　日	质检员： 或项目技术负责人： 　　　年　月　日		
监理（建设)单位验收结论		监理工程师（建设单位项目技术人员）：　　　年　月　日			

7.4.2 脚手架架身部分验收标准见《建筑施工扣件式钢管脚手架安全技术规范》JGJ 130-2001。

8. 安 全 措 施

8.1 悬挑脚手架开始搭设前，楼层施工时周边安全应有防护措施。当下层有脚手架，应将下层脚手架暂先升上来一段以达到防护高度的要求。待悬挑脚手架具体条件搭设时，再将下层脚手架超高部分拆除。当下层没有脚手架时，可采用模板的外侧支撑架（钢管立杆)加高来作为防护栏杆。

8.2 悬挑钢梁与底部脚手架的安装时，操作人员应在可靠的操作平台上进行，应避免悬空作业，禁止探头作业。悬空作业时必须配带安全带。

8.3 脚手架安装与拆除时，立体交叉作业的下方禁止同时作业，并设专业巡视。连墙件的安装随脚手架的搭设及时跟进，禁止遗漏。脚手架拆除时，禁止先大面积拆除连墙件。

8.4 脚手架安装与拆除，必须由取得上岗证书的架子工进行。遇六级或六级以上的大风和雾、雨、雪天应停止脚手架作业，雨、雪后上脚手架子应有防滑措施。

8.5 脚手架上的堆载应符合设计方案的要求，严禁脚手架作为承重构件或与承重架混搭的现象。

8.6 脚手架必须有良好的避雷接地装置，接地电阻不大于10Ω。

8.7 脚手架与建筑物的间距应控制在200mm以内，当超过时，应每三层设一道封闭层。

8.8 脚手架在搭设后，必须组织验收后才能投入使用，每层验收合格后挂上验收合格牌。

8.9 脚手架使用时应经常性维护，对架体上的建筑垃圾应及时清运，易锈部件应及时清理并补刷防锈漆。螺栓外露部分宜用塑料膜包裹，以避免混凝土或砂浆污染。

9. 环 保 措 施

9.1 材料进场后按《施工现场平面布置图》的位置分规格、品种集中堆放。堆放场地应有防水防潮措施，并设标识牌。

9.2 钢管表面应涂刷油漆分类标示、钢梁制作后涂刷油漆保护，在涂刷油漆过程中，作业人员不但要注意自身的健康防护，也要注意不要污染周围环境。

9.3 钢梁、螺栓等构件制作过程中，电焊作业有电弧光污染，作业人员要戴防护罩，同时在周围设防护遮挡，避免电弧光污染周围环境。

9.4 安全网应定期对网眼内和表面的灰尘进行清除，破损的应及时更新。悬挑架拆除时，脚手架上应先洒水，再将建筑垃圾清理后拆除脚手片，以免造成尘土飞扬而污染环境。

9.5 拆除的脚手架杆件应及时清运汇集。脚手架材料随工程进度有秩序有计划的进场或出场。

10. 效 益 分 析

本工法的脚手架完全具有普通悬挑脚手架的效益优势，在高度方向可分段搭设、分段拆除，以减少材料租赁费与使用成本。相对于普通悬挑脚手架，本工法更具有的显著优点在于脚手架底座材料的节约。本悬挑部件由梁外侧悬挑出去，节省了建筑物内部的锚固段，相对于普通悬挑脚手架，悬挑部件节约了一半的材料用量。

以外周长100m的建筑物为例，脚手架底坐的悬挑长度按1.5m，脚手架立杆间距为1.5m，各部件的用量如表10.1示（因脚手架身、钢丝绳张拉的施工方法相同，本表未列出）。

部件用量表   表10.1

脚手架形式 \ 施工材料	悬挑钢梁（按16号工字钢）(t)	锚固钢筋（t）	连接螺栓（个）	钢板（t）	其他
普通悬挑脚手架	4.25	0.994			
本工法的悬挑脚手架	2.12	/	140	0.396	M22 螺帽 138 个
节约量	2.13	0.994	-140	-0.396	

折合成本地区当前水平的施工费用如表10.2。

施工费用表   表10.2

脚手架形式 \ 施工材料	悬挑钢梁（按16号工字钢）（元）	锚固钢筋（元）	连接螺栓（元）	钢板（元）	其他（元）
普通悬挑脚手架	85000	5964	0		
本工法的悬挑脚手架	42400	0	1400	2376	
成本节约量	85000+5964-42400-1400-2376=44788 元				

由上可见，本工法具有相当的经济效益，尤其在如今建筑施工微利的情况下，更具有较为显著的经济价值，值得推广。

11. 应 用 实 例

11.1 海岸壹号（四期）商住楼工程，位于海口市金贸区滨海大道北侧的海滨地带。工程建筑面积为56100m²，框剪结构。地下1层、地上28层，建筑高度95.20m。工程于2007年6月开工，2009年10月竣工。 本工程外脚手架施工中应用了《螺栓连接型钢悬挑脚手架施工工法》，自三层板面处开始悬挑，每六层悬挑一次。脚手架宽度为0.85m，立杆间距为1.5m，步距为1.8m，连墙件距离为一层三跨。施工过程安全，实施方便，成本较低。

11.2 台州黄岩耀达大酒店为大型五星级酒店工程，总用地面积为10283.36m²，总建筑面积为

53928m²，其中地上建筑面积为40728㎡，地下建筑面积为13200m²。为框架剪力墙结构，地下室2层，地上26层（裙楼5层）。工程位于浙江台州黄岩世纪大道3号。工程于2006年开工建设。本工程采用《螺栓连接型钢悬挑脚手架施工工法》（图11.2），自裙房屋顶或二层处开始悬挑，每六层悬挑一次。脚手架宽度为0.85m，立杆间距为1.5m，步距为1.8m，连墙件距离为一层三跨，施工过程安全，实施方便，成本较低。

11.3 黄岩凯亚城85~90号楼工程，位于黄岩区北城浦西，南面为滨江路，永宁江，北面为村民住宅。由85~90号6幢22~31层高层住宅及一层连体地下车库组成，工程总建筑面积为87243.2m²，其中地上面积71654.1m²，地下面积15589.1m²，建筑总高度99.950m，框剪结构。工程于2007年5月开工，2009年9月竣工。本工程外脚手架施工中应用了《螺栓连接型钢悬挑脚手架施工工法》（图11.3），自二层处开始悬挑，每五层悬挑一次。脚手架宽度为0.85m，立杆间距为1.5m，步距为1.8m，连墙件距离为一层三跨。施工过程安全，实施方便，成本较低。

11.4 另外还有台州永源大厦、黄岩巨鼎港湾名府等工程均采用本法施工，均取得了良好的效果。

图 11.2

图 11.3

挑拉混合式悬挑脚手架施工工法

GJEJGF042—2010

甘肃省建设投资（控股）集团总公司

王世新　　王跃军　　黎粤桥　　潘存瑞　　张渭军

1. 前　言

随着我国建筑业的不断发展，高层建筑施工日趋增多，挑拉混合式悬挑脚手架因不受场地和楼高的限制，并能节省大量的周转材料和缩短工期而得到广泛应用。但我国尚无完整的有关挑拉混合式悬挑脚手架施工的技术规程或行业标准，因此，施工单位在挑拉混合式悬挑脚手架的实际搭设过程中做法不一，甚至出现不规范和设备材料浪费严重的现象，针对架体搭设中存在的一系列实际问题，甘肃省建设投资（控股）集团总公司成立了专门的课题组，在进行受力分析的基础上对各种特殊部位做了对比计算，通过几个工程的实践总结出了挑拉混合式悬挑脚手架施工技术，本技术于2011年2月26日通过甘肃省住房和城乡建设厅组织的专家委员会的鉴定，鉴定意见为"达到了国内领先水平"。本技术通过在多个高层建筑施工中的实际应用，形成了挑拉混合式悬挑脚手架施工工法和甘肃省地方标准——《型钢悬挑扣件式钢管脚手架施工工艺规程》。

2. 工法特点

2.1　挑拉混合式悬挑脚手架不必搭设在地基上，无需对场地地基土进行处理，架体使用过程中不受冬雨期地基沉降、冻胀的影响，不影响基础外防水施工和回填，还可根据施工需要分段搭设和拆除，安全可靠，可缩短工程工期，降低安全防护成本。

2.2　本工法使用纵梁解决了架体阳角、剪力墙中暗柱、框架结构角柱、楼梯间等部位内外立杆悬空的问题，菱形布置刚性连墙件规范了大开间、高空间结构连墙件设置，使悬挑扣件式钢管脚手架更安全、更经济。

3. 适用范围

本工法适用于小高层、高层及超高层建筑物主体结构安全防护架体或装饰作业架体的搭设施工，尤其适合建筑物周边场地受限而无法搭设落地式脚手架的工程。

4. 工艺原理

用固定在主体结构楼层梁板上的型钢悬臂梁做支承，将架体荷载通过钢管、扣件和型钢传递到建筑主体结构。

5. 施工工艺流程及操作要点

5.1　施工工艺流程（图5.1）

5.2　操作要点

5.2.1 预埋拉环：依据建筑物平面特点，作出拉环布置平面图的设计，按图在现浇板模板上定位放线。在建筑物主体结构上按拉环平面布置图设置两道预埋拉环，一道设置在离外墙面500mm处，另一道设置在距悬挑梁端100mm处，应锚固在楼板的结构受力钢筋的下方。当垂直拉环部位板上部无钢筋时，垂直拉环增设配筋 6ø10@200 和 ø6@100 钢筋网片，长度2000mm，如图5.2.1。两个预埋拉环应在一条直线上。

5.2.2 悬挑梁搭设：

1．一般部位：型钢上表面悬挑端距端部焊接钢管底座，用于固定脚手架立杆，在挑梁尾部锚固点，中部搁置点，前部脚手架立杆搭设点应用钢板加劲肋加强如图5.2.2-1。型钢一端悬挑，另一端固定在楼面结构上，如图5.2.2-2。

上部悬挑层的水平悬挑梁平面位置应错开150mm，避免与下部悬挑层的水平悬挑梁上的立杆相碰。

2．飘窗部位：悬挑长度大于1.8m，必须用钢丝绳进行斜拉卸荷。其型钢悬挑梁悬挑端下表面靠端部处用长50mm的ø16钢筋焊两防滑焊件以便拉型钢用。型钢侧面和钢丝绳接触点用柔性材料进行保护，钢丝绳和钢梁应基本在同一垂直平面内，同阳角部位图5.2.2-4。另一端固定在楼面结构上的做法同一般部位做法。

3．阳角部位：型钢悬挑梁上表面悬挑端距端部处焊角钢用于固定纵梁，另一端固定在楼面结构上的做法同一般部位做法。在纵梁与悬挑梁交接处的纵梁下部焊接角钢防止纵梁滑移，如图5.2.2-3。卸荷如图5.2.2-4。

4．楼梯部位：悬挑梁设在楼梯间与两侧房间的分隔墙处的结构板上。再在悬挑端上搁置纵梁。

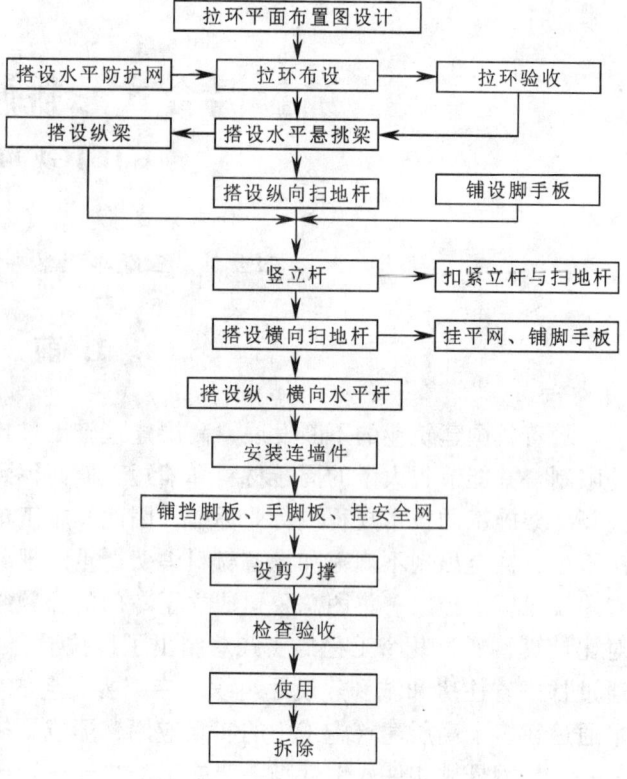

图5.1　挑拉混合式悬挑脚手架搭设工艺图

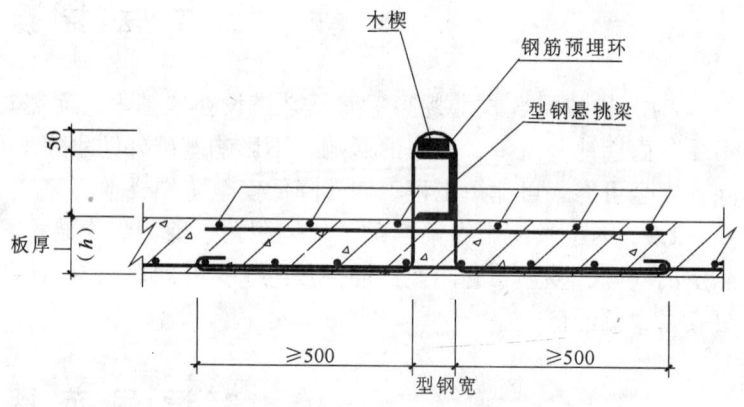

图5.2.1　预埋拉环大样图

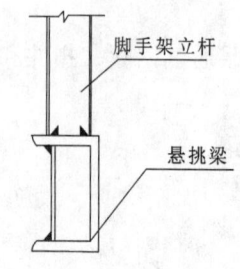

图5.2.2-1　立杆与悬挑梁连接详图

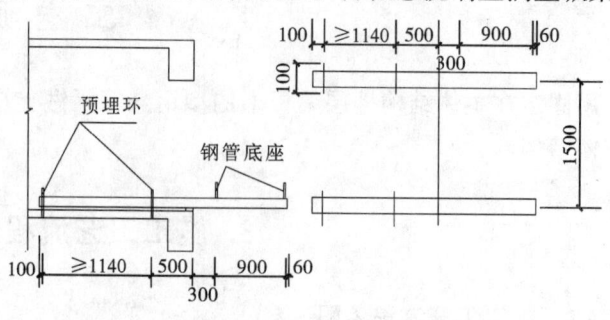

图5.2.2-2　一般部位悬挑梁详图

5.2.3 纵向、横向扫地杆搭设应符合《建筑施工扣件式钢管脚手架安全技术规范》JGJ 130的规定。

5.2.4 立杆搭设应符合《建筑施工扣件式钢管脚手架安全技术规范》JGJ 130规范的规定外，还应符合下列规定：

1. 在搭设立杆和第二步小横杆后应每隔6跨设置一根抛撑，直至连墙件安装稳定后，方可根据情况拆除。

2. 凡有连墙件的部位，在搭设完该处的立杆、纵向水平杆、横向水平杆后，应立即设置连墙件。

5.2.5 纵、横向水平杆搭设应符合《建筑施工扣件式钢管脚手架安全技术规范》JGJ 130规范的规定外，还应符合下列规定：

1. 在封闭型脚手架的同一步中，纵向水平杆应四周交圈，用直角扣件与内外角部立杆固定。

2. 横向水平杆的靠墙一端至墙的装饰面距离不宜大于100mm；横向水平杆的两端必须与里、外排大横杆扣牢，以确保空间结构整体受力。当使用竹笆脚手板时，横向水平杆两端应固定在立杆上，大横杆搁置在小横杆上固定，大横杆间距≤40cm。

5.2.6 剪刀撑、横向斜撑等的搭设应符合《建筑施工扣件式钢管脚手架安全技术规范》JGJ 130规范的规定外，还应符合下列规定：

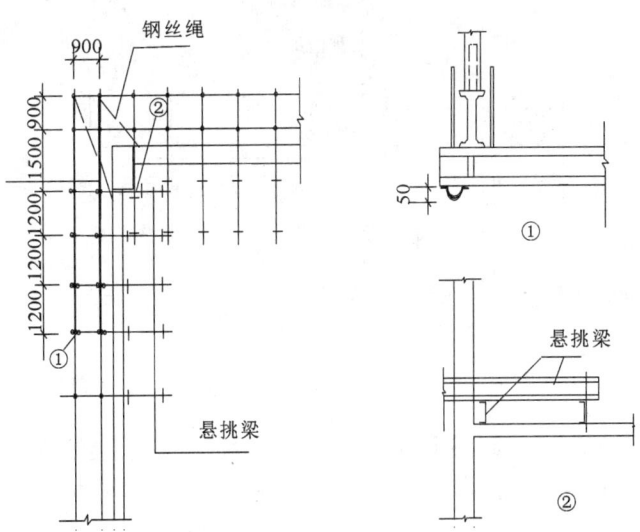

图5.2.2-3 阳角部位悬挑梁及纵梁布置平面图

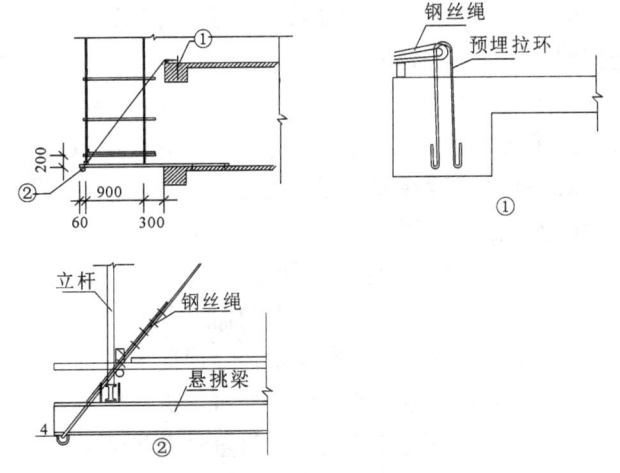

图5.2.2-4 阳角部位挑梁及纵梁立面图

1. 剪刀撑斜杆的接长必须采用搭接，搭接长度不小于1.0m，应设置两个旋转扣件。

2. 脚手架外侧立面应在整个长度和高度上连续设置。

5.2.7 连墙件

1. 当脚手架施工操作层高出连墙件二步时，应采取临时稳定措施，直到上一层连墙件搭设完后方可根据情况拆除。

2. 连墙件宜水平设置，框架结构采用钢管与框架柱连接的方式，如图5.2.7-1；剪力墙结构及门窗洞口部位的连接如图5.2.7-2、图5.2.7-3。

3. 大跨度、高空间连墙件易采用菱形布置，如图5.2.7-4。菱形的上下节点处与建筑物的连接采用刚性连接，如图5.2.7-5。

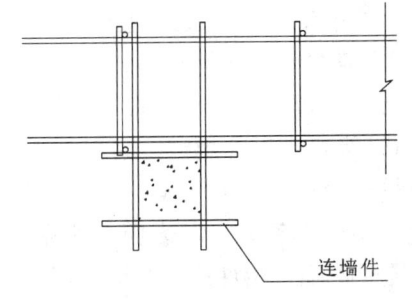

图5.2.7-1 连墙件与框架柱

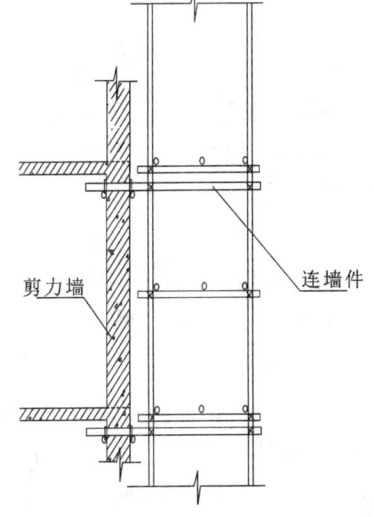

图5.2.7-2 剪力墙与连墙件连接图

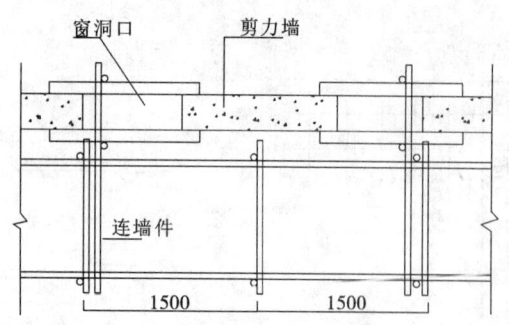
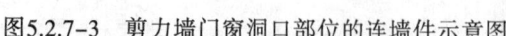
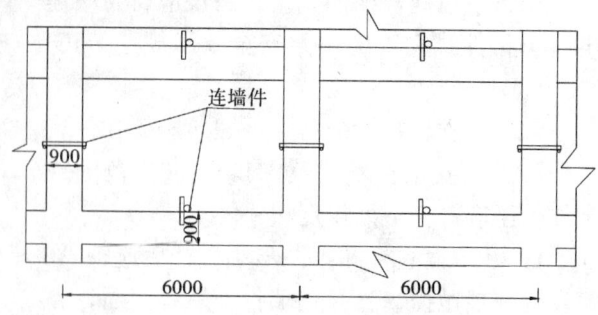

图5.2.7-3 剪力墙门窗洞口部位的连墙件示意图　　　图5.2.7-4 大跨度、高空间连墙件菱形布置图

5.2.8 卸料平台进料口的搭设应符合《建筑施工扣件式钢管脚手架安全技术规范》JGJ 130规范中门洞搭设的构造规定。

5.2.9 扣件安装、作业层、栏杆和挡脚板的搭设以及脚手板的铺设应符合《建筑施工扣件式钢管脚手架安全技术规范》JGJ 130的规定。

5.2.10 脚手架拆除应符合《建筑施工扣件式钢管脚手架安全技术规范》JGJ 130的规定。

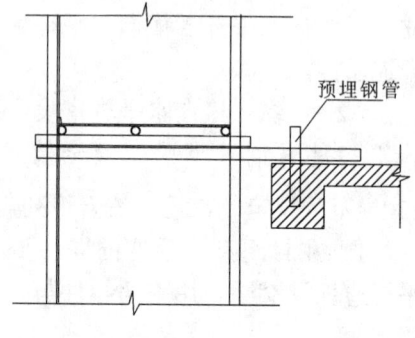

图5.2.7-5 刚性连墙件连接图

1. 应全面检查脚手架的连接、支撑体系等是否符合构造要求，经按技术管理程序批准后方可实施拆除作业。

2. 脚手架拆除前项目技术负责人应对在岗操作工人进行针对性的安全技术交底。

3. 脚手架拆除时必须划出安全区，设置警戒标志，派专人看管。

4. 拆除前应清理脚手架上的器具及多余的材料和杂物。

5. 拆除作业应从顶层开始，逐层向下进行，严禁上下层同时拆除。

6. 连墙件必须拆到该层时方可拆除，严禁提前拆除。

7. 拆除的构配件应成捆用起重设备吊运或人工传递到地面，严禁抛掷。

8. 脚手架采取分段、分立面拆除时，必须事先确定分界处的技术处理方案。

9. 拆除的构配件应分类堆放，以便于运输、维护和保管。

6. 材料与设备

6.1 构配件

6.1.1 型钢悬挑架主要由型钢悬挑梁、钢管、扣件、脚手板、挡脚板、密目式安全网、安全平网等构配件组成。

6.1.2 悬挑梁：应采用16号及以上的槽钢或14号及以上工字钢。应采用符合现行国家标准《碳素结构钢》GB/T 700中的Q235A级普通钢，应按设计选择长度，且不小于3m，应采用通长整料。

6.1.3 钢管：钢管采用48mm×3.5mm的焊接钢管，每根钢管的最大质量不应大于25kg，材质还应符合《碳素结构钢》GB/T 700中的Q235A级普通钢的规定，钢管上严禁打孔。

新钢管应有产品质量合格证、质量检验报告；钢管表面应平直光滑，不应有裂缝、结疤、分层、错位、硬弯、毛刺、压痕和深的划道。对于旧钢管，其表面锈蚀深度应小于0.5mm，端部弯曲应小于5mm，钢管应进行防锈处理，应符合《建筑施工扣件式钢管脚手架安全技术规范》JGJ 130的规定。

6.1.4 扣件：应采用可锻铸铁制作的扣件，材质应符合现行国家标准《钢管脚手架扣件》GB 15831的规定。在螺栓拧紧扭力矩达65N·m时，不得发生破坏；扣件外观质量要求：

1．有裂缝、变形或螺栓出现滑丝的扣件严禁使用。

2．新、旧扣件均应进行防锈处理。

采购、租赁的钢管、扣件必须有产品合格证和法定检测单位的检测检验报告，生产厂家必须具有技术质量监督部门颁发的生产许可证。没有质量证明或质量证明材料不齐全的钢管、扣件不得使用。

6.1.5 连墙件采用钢管和扣件进行刚性连接。

6.1.6 搭设脚手架用的钢管、扣件，使用前应进行抽样检测，抽检数量按《建筑施工扣件式钢管脚手架安全技术规范》JGJ 130的规定执行。未经检测或检测不合格的不得使用。

6.1.7 脚手板应符合《建筑施工扣件式钢管脚手架安全技术规范》JGJ 130的规定。

6.1.8 采用安全网和密目式安全网，应有产品生产许可证和质量合格证，选用绿色密目式安全网，要求阻燃，并应符合《密目式安全网》GB 16909和《安全网》GB 5725的规定。

6.1.9 拉环及吊环钢筋，应符合《钢筋混凝土用钢》GB 1499中的HPB235级钢的规定，直径≥16mm。

6.1.10 螺栓、螺母、垫圈应符合《碳素结构钢》GB/T 700的规定。

6.1.11 钢丝绳应符合《圆股钢丝绳》GB 1102的规定。

7. 质 量 控 制

7.1 进入现场的材料应具备以下证明资料：

7.1.1 主要构配件应有产品标识及产品质量合格证。

7.1.2 供应商应配套提供管材、零件等材质、产品性能检验报告。

7.2 脚手架搭设质量应按阶段进行检验：

7.2.1 首段以高度为6m进行第一阶段的检查与验收。

7.2.2 架体应随施工进度定期进行检查；达到设计高度后进行全面的检查与验收。

7.2.3 遇6级以上大风、大雨、大雪后特殊情况的检查。

7.2.4 停工超过1个月恢复使用前。

7.3 搭设高度在20m以下（含20m）的脚手架，应由项目负责人组织技术、安全及监理人员进行验收；对于高度超过20m脚手架应由其上级安全生产主管部门负责人组织架体设计及监理等人员进行检查验收。

7.4 脚手架验收时，应具备下列技术文件：

7.4.1 施工组织设计及变更文件。

7.4.2 脚手架专项施工方案。

7.4.3 周转使用的脚手架构配件使用前的复验合格记录。

7.4.4 搭设的施工记录和质量检查记录。

7.5 悬挑架安装后的允许偏差与检查方法应符合《建筑施工扣件式钢管脚手架安全技术规范》JGJ 130的规定。

7.6 安装后的扣件螺栓拧紧扭力矩应采用扭力扳手检查，抽样方法就按随机分布原则进行。抽样检查数目与质量判定标准，应符合《建筑施工扣件式钢管脚手架安全技术规范》JGJ 130的规定，不合格的必须重新拧紧，直至合格为止。

7.7 外脚手架分段验收严格按《建筑施工扣件式钢管脚手架安全技术规范》JGJ 130及《建筑施工安全检查标准》JGJ 59中"悬挑脚手架检查评分表"所列项目和施工方案要求的内容进行检查。填写验收记录单，并由方案编写人员、搭设人员、安全员、施工员、项目经理、监理单位签认，方能交付使用。

7.8 架体内应做到每层封闭（即进行隔离)，且不能大于4步，宜做到每步一封闭。

8. 安 全 措 施

8.1 型钢悬挑扣件式钢管脚手架施工方案应由施工总承包企业技术负责人批准，并报总监理工程师批准。

8.2 架体高度20m及以上悬挑式脚手架工程应当组织专家论证。

8.3 脚手架搭设人员必须是经过按《建筑施工特种作业人员管理规定》考核合格的建筑架子工。上岗人员应定期体检，合格者方可持证上岗。搭设人员必须取得建筑架子工操作资格证书，作业时随身携带。

8.4 搭设脚手架人员必须戴安全帽、系安全带、穿防滑鞋。

8.5 当有六级及六级以上大风和雾、雨、雪天气时应停止脚手架搭设与拆除作业。雨、雪后上架作业应有防滑措施，并应清除积雪。

8.6 安装悬挑梁时，操作人员可在下层脚手架上操作。如无下层脚手架，应先搭设安全平网，并设置安全可靠的临时性操作平台。

8.7 临街搭设脚手架、高层建筑的脚手架，外侧应有防止坠物伤人的防护措施。

8.8 在钢梁上立第一根立杆时，应至少2人配合，立好立杆后，迅速搭设斜撑杆及扫地杆，防止立杆倾倒。

8.9 型钢悬挑扣件式钢管脚手架不得与井架、升降机及其他架体一并拉结，不得截断架体。确保其整体稳定性。

8.10 脚手架使用期间，严禁擅自拆除架体结构杆件，如需拆除必须报请技术主管同意，确定补救措施后方可实施。

8.11 作业层上的施工荷载应符合设计要求，不得超载。不得将模板支架、缆风绳、泵送混凝土和砂浆的输送管等固定在脚手架上；严禁悬挂起重设施。

8.12 在脚手架上进行电、气焊作业时，必须有防火措施和专人看守。

8.13 工地临时用电线路的架设及脚手架接地、避雷措施等，应按现行行业标准《施工现场临时用电安全技术规范》JGJ 46的有关规定执行。

8.14 钢梁拆除时，应先用绳子拉住钢梁悬挑端，再解开楼层固定点。

8.15 当天离岗时，应及时加固尚未拆除部分，防止存留隐患造成复岗后的人为事故。

8.16 搭拆脚手架时，地面应设围栏和警戒标志，并派专人看守，严禁非操作人员入内。

8.17 使用后的脚手架构配件应清除表面粘结的灰渣，校正杆件变形，表面作防锈处理后待用。

8.18 为防止架体对结构的不利影响，设计时需对结构进行复核。复核的内容包括：结构的局部承压、结构的承载力等，以确保结构安全。

9. 环 保 措 施

9.1 在架体底部铺设一层密目网防止灰尘及小垃圾从架体上向下飘落。

9.2 及时清理架体上和安全网内的垃圾，防止建筑扬尘。

9.3 搭设架体的钢管、扣件、连墙件等材料统一刷油漆。

9.4 挡脚板按要求制作好后，统一刷油漆。

9.5 封闭架体的安全网，选用统一颜色，统一尺寸的密目安全网。

9.6 安全网重复进行使用前，必须进行清洗。

9.7 拆除时不得乱扔乱敲，防止产生噪声。

10. 效益分析

挑拉混合式悬挑脚手架与常用的落地式脚手架和整体提升式脚手架相比，更加安全可靠，可减少设备材料的投入，工期缩短30%，节约成本45%，并可循环使用，经济效益显著。落地式脚手架操作简单，但搭设所需的周转材料用量较大，且受施工条件和高度限制。整体提升脚手架搭设安全性较好，使用方便，但设备投入较大，受建筑造型限制。挑拉混合式悬挑脚手架经实践验证，能促进工程施工质量和施工效率的提高，具有很高的社会效益和经济效益。

11. 应用实例

甘肃省建筑运输公司定西南路商住楼工程。

11.1 工程概况

甘肃省建筑运输公司定西南路商住楼工程钢筋混凝土框剪结构，本工程层高2.8m，总高98 m，总建筑面积23497.66m²。地下1层，地上33层。施工单位在主体工程施工阶段，建筑物主体外围安全防护架采用了型钢悬挑钢管扣件式脚手架，架体搭设采用了"挑拉混合式悬挑脚手架施工技术"，从四层楼面开始分段悬挑，共悬挑5次。

11.2 施工情况

本工程主体外围安全防护架从四层楼面开始分段悬挑，每段架体高度18m，共悬挑5次。架体用16号槽钢作悬挑梁，钢管采用48mm×3.5mm的焊接钢管，扣件采用可锻铸铁扣件，连墙件用钢管和扣件进行刚性连接，架体外围采用密目式安全网封闭，架体内做到每层封闭（即进行隔离)。在架体搭设前，项目部根据现场实际进行了架体设计并编制了专项施工方案，方案中对架体的立杆间距，水平杆步距及连墙件的数量进行了验算。施工前，结合专项方案对搭设人员进行了详细的交底。架体搭设完毕后，组织了检查验收，特别是对"挑拉"部位进行了专项的验收和总结。

本工程外防护架于2009年5月8日开始搭设，于2010年12月6日拆除。

11.3 工程使用结果评价

本工程架体搭设采用了"挑拉混合式悬挑脚手架施工技术"，在使用过程中，架体布格合理、安全可靠，无安全事故发生，技术应用成熟，创造了良好的社会效益和经济效益，受到各方好评。

景观造型清水混凝土施工工法

GJEJGF043—2010

北京市第三建筑工程有限公司

曹勤　王京生　徐伟　郭彦玉　崔桂兰

1. 前　言

1.1　随着社会的发展，采用清水混凝土制作公共建筑物的景观造型已经越来越普遍。造型与清水混凝土的相互结合，形成独特的景色。清水混凝土景观造型具有非常丰富的艺术性，其空间几何形态复杂，有平面造型、抽象雕塑、镂空花墙等多种形式，一般为三维装饰清水混凝土构造实体。朴实无华、厚重清雅的韵味，通过不同形式的景观造型，丰富地表达了投资方和建筑师赋予建筑物的地域政治文化情感、经营理念所映射出的建筑艺术效果，形成不同建筑物的鲜活个性，在形成一定可见经济效益的基础上，蕴含无限的社会效益和品牌效益。

1.2　景观造型清水混凝土是清水混凝土技术应用的新领域。内坚外美，纹理细腻、美感独特、质感朴实的景观造型，在对文化和理念的表达深度和广度上具有普通清水混凝土所不具备的独特性，随着推广绿色工程的进程，其应用必将日益广泛。

1.3　本工法的核心是根据设计意图对清水混凝土造型进行建筑效果的深化设计，将建筑师赋予造型的整体艺术效果充分体现出来，塑造建筑物的鲜活个性。同时，通过对模板拼缝、螺栓孔等细部节点进行改进，突出造型的动感；优化施工工艺，解决水平或非水平施工缝与明缝或禅缝不易统一的难题；采用GPS或全站仪进行造型节点模板的三维测量校正；采用混凝土浇筑定向振捣等施工工艺；类似问题在国内还鲜有详细研究。

1.4　《景观造型清水混凝土施工工法》是北京市第三建筑工程有限公司在原有清水混凝土施工工法的基础上研究和改进而成。2007年5月，建筑装饰造型清水混凝土施工技术通过了北京市科技成果鉴定，结论为：研究成果在总体上达到了国内清水混凝土设计、施工的领先水平，具有推广应用价值。2008年《造型清水混凝土施工技术》获中国施工企业协会科技创新二等奖，同年《造型清水混凝土施工工法》被批准为北京市级工法。

2. 工　法　特　点

2.1　按照清水混凝土景观造型设计的主题、形态进行深化设计，塑造建筑物的鲜活个性，充分表达建筑物所蕴含的文化和理念，让置身其中的人群能够强烈地感受到这种气息。

2.2　设计合理的模板体系和工艺做法。

2.3　分析清水混凝土构件组合及内力分布特点，合理划分流水段或留置施工缝，改进结构施工工艺和节点施工做法，使施工缝留置与明缝或禅缝有机结合，并实现非水平斜向施工缝与明缝或禅缝的和谐统一。

2.4　应用三维空间定位技术，控制或检核造型（模板）的空间位置。

2.5　通过配合比设计改进清水混凝土的施工性能。

2.6　采用导向振捣工艺实现斜向构件的浇筑振捣。

2.7　选择具有代表性的复杂节点，通过采用1∶1比例的样板试验，对深化设计效果及施工工艺进行验证，最终确定各方认可的深化设计方案和施工方案。

3. 适用范围

本工法适用于建筑工程景观造型、装饰造型清水混凝土施工。

4. 工艺原理

利用造型清水混凝土表达概念的独特性，通过对建筑造型构件及模板体系的深化设计，选择禅缝、明缝、螺栓孔的最优排布和组合，塑造建筑物的鲜活个性，充分表达造型的文化内涵和艺术效果。通过主要节点的细部处理和施工过程的控制，保证造型清水混凝土结构的安全性和稳定性，从细部和整体实现深化设计的效果，充分表达建筑物所蕴含的文化和理念。

5. 施工工艺流程及操作要点

5.1 工艺流程（图5.1）

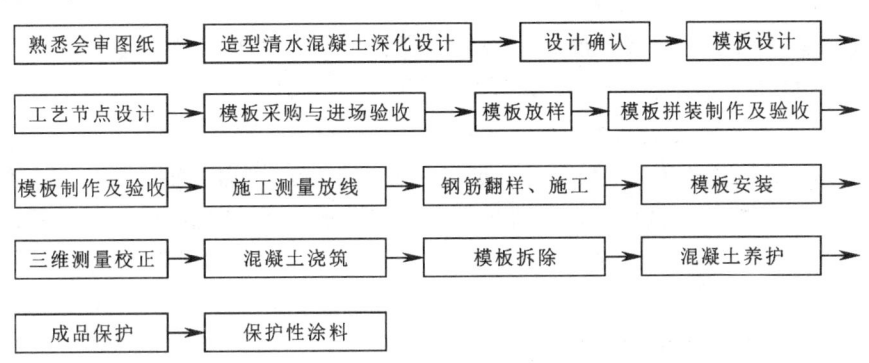

图5.1 工艺流程图

5.2 操作要点

5.2.1 熟悉会审图纸

1. 熟悉及会审图纸，全面领会建筑设计理念及特点，全面理解设计要求，了解建筑、景观造型的主题和表达的语言，确定深化设计要点和施工关键工序，明确深化设计及施工基本原则。

2. 组织相关专业结合图纸会审，综合建筑、结构、机电、园林等进行深化设计前施工工序的对接。

3. 组织相关技术人员及作业人员进行技术培训。

4. 进行所需物资的市场调研，为下一步深化设计和施工工艺制定奠定基础。

5.2.2 造型清水混凝土深化设计

1. 结合造型构件的动、静形态，尺寸大小以及构件之间的联接等情况，确定主构件或每个构件的主躯干（主线条）。

2. 以主构件或主躯干为基准，运用三维CAD技术，确定构件水平、竖向或斜向禅缝的宽度、间距以及可能需要的假禅缝的位置，突出清水本质和隐约、明暗效果；确定各节点不同角度、维度禅缝的变化方向和相交位置，形成自然过渡、封闭交圈。

3. 根据螺栓孔是否通透和可使用的模板材料，确定螺栓孔位置、间距和大小，实现与禅缝的设置匹配。

4. 确定水平、竖向或斜向明缝的位置，形成封闭交圈，合理解决收缩、温度应力的释放和部分施工缝的留置。

5．通过多种方案设计，选择禅缝、明缝、螺栓孔的最优组合排布，塑造建筑的鲜活个性，充分表达建筑物所蕴含的文化和理念。见图5.2.2-1、图5.2.2-2。

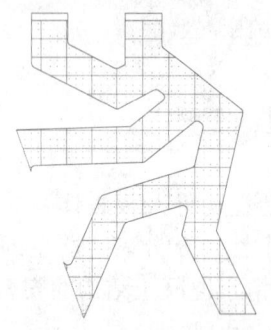 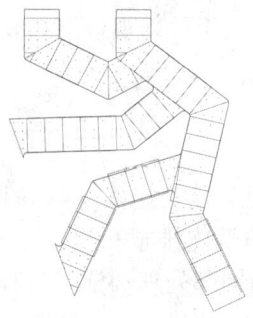

图5.2.2-1　初步设计方案　　　　　　　　　　图5.2.2-2　优化后的方案

5.2.3　设计确认

深化设计完成后，报送建设、设计、监理单位进行确认。

5.2.4　模板设计

1．设计原则：紧密结合造型清水混凝土深化设计、施工工艺要求及市场资源的符合性，制定模板体系和选定模板材料，使其在满足造型形态的前提下实现可塑性，同时符合经济性与合理性，模板的配置数量应同流水段划分相适应，满足施工进度要求。

2．流水段划分及施工缝留置：模板设计根据造型构件组合、内力分布的结构特点和混凝土施工的要求，确定水平和竖向流水段，竖向流水段高度一般不宜大于5m。施工缝的留置位置和留置方法应设置在明缝或禅缝处。当造型构件超长时，为释放构件的应力，应与设计协商以明缝形式设置变形缝。

3．模板体系选择

1）宜选用定型钢框木质模板、定型全木质模板单元组合式拼装体系。

2）模板的规格应根据造型的构造特点、施工缝的留置位置、留置方法和便于施工的原则来确定，一般不宜过大。

3）由于造型构件的形态变化一般都比较大，所以模板的周转率往往很低，在模板设计时应尽可能地使用可周转的标准模块，在无法使用标准模块的特殊部位可采取一次性周转进行设计。

4）模板的结构构造要合理，强度、刚度满足施工要求，施工时便于组装和支拆。模板要在吊装设备起重力矩允许范围内，模板的分块力求定型化、整体化、模数化、通用化。

4．模板板材的选择

1）模板板面宜采用木质或相似于木质板材，其要求质地均匀、表面光滑平整、厚度均匀，并有足够的刚度，膨胀率小，模板的吸水率应控制在5%～10%，；模板的选材要综合考虑质量、工期、成本等因素。金属板面影响造型表面质感的要求，一般不宜采用。

2）当造型（局部）为两维曲面且不允许留缝时，应在粗糙的木模板表面上粘铺一层可弯曲的板面面板层，一般选用3mm厚，其表面质感应与所用模板材料相似。

5．龙骨选定：龙骨材质可采用木质或钢质，其规格应结合施工进行设计确定，当采用木质龙骨时，主、次龙骨一般采用100mm×100mm、50mm×100mm方木，也可采用方钢、槽钢作为主龙骨。

5.2.5　模板节点工艺设计

1．禅缝：禅缝应根据造型清水混凝土深化设计，考虑模板拼缝设置的合理性、均匀对称性、分格比例协调和与造型构件相互衬托，确定模板的组合形状及尺寸；模板的板面拼缝须均匀，禅缝的宽度应根据深化设计确定。禅缝宽度一般为0.3～0.5mm，当需要用禅缝来增加造型的质感时可以放大至0.8mm。见图5.2.5-1。

2．明缝：明缝设置一般根据图纸设计或结合结构施工工艺进行设置，明缝分格尺寸要满足建筑整体效果。明缝条采用等边梯形，断面尺寸结合建筑整体效果而定，一般情况采用20mm×15mm×15mm。

3. 孔眼

1）孔眼的设计结合建筑造型理念，与建筑造型的体量或面积相协调，同时应满足模板安装施工工艺要求，并起到控制构件尺寸的作用。孔眼一般分为通透孔眼和非通透孔眼，孔眼完全依托于穿墙套管而形成。穿墙套管的材质宜采用PVC管材或金属管材，管径根据孔眼直径设计要求而定，壁厚应根据模板所需的支撑刚度确定。穿墙套管外表面材质应光滑，易剔出周转。

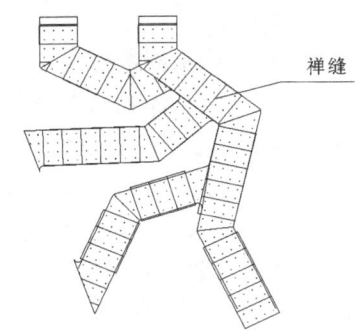

图5.2.5-1 禅缝组合示意图

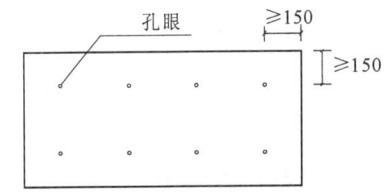

图5.2.5-2 孔眼排布示意图

2）孔眼的排布应纵横对称、间距均匀，距构件边缘不小于150mm，在满足设计的排布时，对拉螺栓还应满足侧向受力要求。见图5.2.5-2。

4. 采用模板托件使接高模板与混凝土构件表面接触严密、牢固。

5. 在禅缝处非水平施工缝模板配置：当造型构件为空间三维状态时，其施工缝需根据构件几何形态留置，即施工缝为非水平状态。配置模板时，将禅缝或明缝与施工缝有机地结合在一起，通过压条在混凝土保护层处将混凝土施工缝分为内外两部分，两者形成高差3～5cm的错台（内高外低）；保护层以内的混凝土用盖板形成施工缝。

6. 斜向构件顶面模板混凝土排气孔留置：对于四面均为清水做法的斜向构件，模板顶面需设置模板，并实施同步支模。顶部模板需留置振捣排气孔，排气孔的孔径和布设应与孔眼设计相似。

5.2.6 模板采购与进场验收

模板采购应为同一厂家、同一品种，各项技术指标相同的产品。模板原材料进场后需进行全面检验，检验项目：产品检验报告、出厂合格证、规格及观感质量。外加工定型模板进场前进行检验，检验项目：模板加工材料的材质证明资料、材料规格、加工的尺寸、焊接等。

5.2.7 模板放样

施工现场应设有拼装场地，场地地面应硬化平整。按照模板的几何尺寸，在拼装场地放样出每块单元模板的平面形状及尺寸，同时确定龙骨、拼缝（禅缝）、明缝条和螺栓孔的平面位置。

5.2.8 模板拼装制作及验收

1. 根据模板拼装制作放样，依次完成每块单元模板的龙骨、面板、打孔等模板拼装制作工作，模板拼装应严格按照设计方案进行。

2. 模板板面裁截，应严格控制加工精度，保证模板拼缝方正、均匀，裁截边应刨平直，并做封边处理。

3. 墙体模板拼装时，龙骨之间、龙骨与板面之间、相邻板面连接处面应刨平、直，保证接触严密。木质面板与龙骨的连接，宜采用沉头螺钉连接，沉头进板1～2mm，并用金属腻子将凹坑刮平。

4. 当设计模板拼缝大于0.5mm时，模板面板的拼缝应在模板外侧进行防漏浆处理，保证清水混凝土及禅缝的质量效果。

5. 模板拼装完成后，应按照检验项目进行验收，检验项目见表7.3.2。

5.2.9 样板制作和验证

1. 样板的选定设计应结合工程施工的实际特点，选择结构复杂、施工工艺及效果能充分体现的单元组合体构成样板。样板的制作比例宜为1:1。若结构较为简单，也可在工程实体中选择适当部位进行。

2. 样板完成后，应会同业主、设计、监理等相关单位共同对深化设计方案、施工工艺、混凝土配比、质量标准等进行确认。

5.2.10　施工测量放线

1. 以建筑整体测量基准为基础，设置单独的测量体系，用全站仪或GPS-RTK三维坐标测量进行控制，确定支撑模架的位置、高度，完成模板安装胎架的制作。

2. 对于相对简单的墙体造型定位控制，宜采用简便的测量方式进行，首先将造型的空间的各个变化点投影到水平面上，然后将控制点投影到施工架体上，（以架体作为投影参照面），变空间三维为立面两维，借助参照系使用线坠、钢尺等简单的测量工具，完成造型的空间定位。

1）在造型基础顶面做混凝土找平层，作为造型定位放线的基准面。

2）以控制桩为依据，将模板控制线及造型构件各拐点的横向坐标点投影到找平层上。

3）以搭设的脚手架内侧作为投影面，将各拐点的横坐标和高程投测这个面上（一般是在拐点标高处搭设水平杆，再将拐点的横坐标标示到水平杆上）。

4）由于构件各异、标高不同，对每个控制点都必须做校核复测，模板安装过程中跟踪测量，发现误差及时调整。

5.2.11　钢筋加工与安装

1. 加工

1）属常规型建筑构件，钢筋翻样一般遵循《混凝土结构工程施工质量验收规范》GB 50204有关规定。

2）当建筑构件为异型、斜向或超高、超长时，翻样应结合混凝土一次浇筑段的划分，合理确定钢筋施工段的连接部位，并通过设计认可。

3）当构件几何形状比较复杂时，翻样中必须考虑钢筋的叠放位置和穿插顺序，确定钢筋下料及加工尺寸，要考虑钢筋的所在位置及避让关系。

2. 安装

1）钢筋连接：钢筋连接形式按照设计要求。当影响施工时，宜采用机械连接。

2）钢筋安装：钢筋安装时，应避开模板对拉螺栓位置。

3）钢筋绑扎：绑扎时绑丝应在钢筋侧面形成绑扣，多余部分应向构件核心部位方向弯折，绑扣朝里，以免因绑丝外露造成锈斑。钢筋绑扎时禁止使用顶模筋或梯子筋。

4）钢筋保护层：造型清水混凝土保护层厚度一般按照设计要求。当设计无要求时，保护层厚度宜30~50mm。混凝土保护层控制，应设置相适应规格的塑料卡具（垫块），塑料卡具应与混凝土颜色一致，呈梅花形布置，间距不大于800mm×800mm。底部钢筋可采用相应规格的混凝土预制垫块，垫块材料及配合比，应与浇筑构件混凝土相同，保证颜色一致。

5.2.12　模板安装

1. 安装流程

竖向构件（图5.2.12-1）：

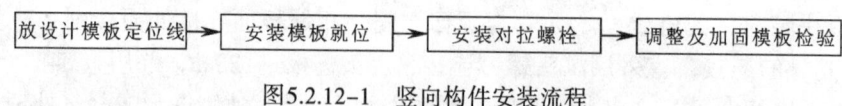

图5.2.12-1　竖向构件安装流程

水平与斜向构件（图5.2.12-2）：

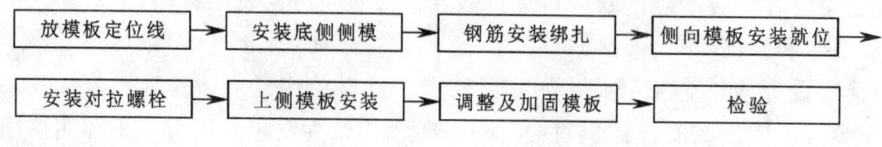

图5.2.12-2　水平与斜向构件安装流程

1）根据图纸放模板位置线，若在空中位置应采取措施进行定位。

2）根据造型模板的安装位置线和模板编号，将准备好的模板吊装入位。

3）将模板吊装到位，在最后一面模板安装就位前，对拉螺栓逐个穿入，并将塑料套筒及两端堵头按顺序装好，安装最后一面模板，初步固定。

4）安装主龙骨，调整单元模板的接缝、模板的方正、整体垂直度及对拉螺栓位置准确，加固完成。

5）检验：

按照模板就位线及控制线，检查模板安装的准确性。

模板安装检验常规项目应按照《建筑工程大模板技术规程》JGJ 74-2003和《混凝土结构工程施工质量验收规范》GB 50204检验，单元模板接缝允许偏差见表7.3.2。

5.2.13 三维测量校正

1. 安装完模板后，为防止模板安装偏差和支撑架体变形对模板位置的影响，应通过三维测量方法来检验、调整模板的空间位置。模板的几何形状、标高、截面尺寸、平整度、垂直度，确认合格后方可进行下道工序。对于荷载较大构件的支撑架体，应进行支撑架体的水平位移和竖向位移的监测。

2. 三维测量校正采用全站仪或GPS进行，将全站仪的棱镜或RTK直接放置在造型的变化点或约定点处，测量出它的实际坐标，并与理论坐标进行比较，求解出校正数据，并对校正过程实施过程监控。校正精度±3mm。

3. 当支撑架体需要进行竖向变形监测时，监测精度不得低于四等水准，监测分模板安装、混凝土浇筑两个阶段进行。

5.2.14 混凝土浇筑与振捣

1. 混凝土浇筑前应对每批混凝土进行现场检验，检验项目：坍落度、流动性、和易性、泌水性。

2. 常规的水平或竖向构件混凝土浇筑及振捣与常规的工艺相同。

3. 造型构件的几何形态为异型或斜向时，常规的振捣工艺难以保证混凝土浇筑质量，采用导向振捣工艺，满足施工及质量要求。

1）是将振捣棒固定在D>50mm半圆形弧形管槽上，管槽长度为构件浇筑高（长）度+300mm，沿构件浇筑方向对振捣棒进行定向引导振捣，达到混凝土密实程度。

2）在浇筑前需将振捣棒定向引导到正确位置，振捣棒的排布、数量以构件的截面尺寸和振捣棒的工作半径来确定，排布方法可采用单排或双排"一"字形。振捣棒全部就位开动后，再进行混凝土浇筑，管槽随混凝土浇筑一定高度同步向上提升。

4. 当造型构件的侧表面积较大时应在模板侧面适当增设附着式振捣器进行辅助振捣。对钢筋间距较小或断面小于150mm的构件，应使用ϕ30振捣棒。

5. 浇筑混凝土施工前，应关注天气预报，做好用电、用水应急准备工作。

5.2.15 模板拆除

1. 模板拆模严格按照施工方案组织施工，其方法与常规拆模方法相同。

2. 各种构件拆模严格按照《混凝土结构工程施工质量验收规范》GB 50204-2002中的有关规定执行。竖向构件侧模拆除应按强度进行控制，常温施工为3.0MPa，冬期施工为4.0MPa。

3. 模板拆除后应及时进行清理涂刷隔离剂。隔离剂宜采用专用油性隔离剂或清机油（配比：新机油：柴油=1：1，冬季可适当加大柴油掺量），涂刷时应均匀。

4. 模板拆除后，立即进行堵头和穿墙套管拆除。穿墙套管从构件的一端向另外一端轻轻剔出，及时收集避免丢失或损坏。

5.2.16 混凝土养护

1. 组织混凝土养护和保护班组，负责日常养护和保护。

2．造型清水混凝土拆模施工完成后，应立即浇水湿润，随即包裹塑料布进行封闭，不得直接用草帘或带色物质覆盖。局部不便封闭处采用喷涂养护膜进行养护。

3．每天定期对构件进行浇水湿润，保持塑料布内有凝结水。连续养护不少于14d。

5.2.17 成品保护

1．模板成品保护

1）模板面板不得污染、磕碰；胶合板面板切口处必须涂刷两遍封边漆，避免因吸水翘曲变形；螺栓孔眼必须有保护垫圈。

2）成品模板存放于专门制作的钢管架上，且模板必须采用面对面的插板式存放，上面必须覆盖塑料布，存放区做好排水措施，注意防火防潮。

3）模板入模前必须涂刷隔离剂，入模时，先用毛毯隔离钢筋和模板，避免钢筋刮碰面板。

4）模板拆卸应与安装顺序相反，拆模时轻轻将模板撬离墙体，然后整体拆除，严禁直接用撬杠挤压，拆下的模板轻轻吊离墙体。

5）模板拆后及时清理，木模板面板破损处用金属腻子修复，以免在混凝土表面留下痕迹。

6）穿墙螺栓、螺母等相关零件也应清理、保养。

2．清水混凝土保护

1）制作过程中需要洁净的施工操作现场，各个施工环节不许将带有杂物、污物的材料带入操作现场，过程中出现废物立即清理。

2）造型清水混凝土构件拆模后，应在阳角处立即采取硬防护，可用50mm×100mm方子或木板条进行围挡。清水混凝土墙面采用塑料布进行包裹，其上口边用胶带封堵。

5.2.18 保护性涂料

1．喷涂前应充分做好清水混凝土表面的缺陷处理工作。对于没有通透要求的螺栓孔需进行封堵，孔眼封堵于距表面深度8mm处，要求平整圆润光滑。

2．采用具有耐老化、耐化学腐蚀、粘结力强、不易污染的保护性涂料。涂料要求绿色环保、高装饰性、超耐候性、高耐污染性、易施工；提高清水混凝土的抗渗、抗冻、抗透气、抗风化性能，防止混凝土开裂。施工前需要在样板墙（构件）上试涂，确认符合工序做法后大面积施工。

6. 材料与设备

6.1 材料准备

钢筋、模板、混凝土、50mm×100mm和100mm×100mm木方、槽钢、乳胶、钉子、金属腻子、模板封边漆、架子管、各种卡扣、水泥、砂、石子、砂纸、管槽。

6.2 机具、设备准备

6.2.1 钢筋工程：切割机、调直机、弯曲机、砂轮切割机、钢筋钩子、钢筋刷子、撬棍、扳子、钢卷尺、钢筋连接机具设备。

6.2.2 模板工程：电锯、电钻、电刨、压刨、手锯、专用扳手、盒尺、锤子、钢卷尺、直角尺、线坠、白线、开刀、毛质滚筒。

6.2.3 混凝土工程：混凝土运输车、混凝土输送泵、布料杆、棒式振捣器、附着式振捣器、抹子、喷雾器、胶皮管。

6.2.4 涂料工程：喷枪、空压机、高压水枪、角磨机、刮刀、抹子刮刀、抹子、堵孔工具、砂纸、滚筒、毛刷。

6.2.5 其他设备：塔吊、施工吊篮、全站仪、GPS、经纬仪、水准仪、钢卷尺、电子测温仪、试验检测设备。

7. 质 量 控 制

7.1 质量标准

执行的主要规范、规程、标准:《混凝土结构工程施工及验收规范》GB 50204-2002、《混凝土质量控制标准》GB 50164-92、《预拌混凝土》GB 14904-92、《建筑工程清水混凝土施工技术规程》DB11/T 464-2007。

7.2 主要材料质量控制

7.2.1 模板及龙骨

1. 模板面板要求板材强度高、韧性好、加工性能好、并具有足够的刚度。模板表面光滑平整、无裂纹和接缝,胶合板覆盖膜要求强度高,耐磨性、耐水性好,物理化学性能均匀稳定,厚而均匀。

2. 龙骨顺直、规格一致。长度方向表面用3m靠尺检查误差不超过2mm。

7.2.2 混凝土及原材料

1. 预拌混凝土生产厂应选定一家负责供应。

2. 混凝土浇筑前应进行现场检验,用于浇筑竖向构件混凝土坍落度宜为140±20mm,浇筑斜向构件的坍落度宜为180±20mm。同时具有良好的流动性、和易性,无离析泌水现象。

3. 原材料控制

1）水泥:应选择同一厂家、同一品种、同一强度等级普通硅酸盐水泥。

2）砂、石:应选择相同产地、厂家、规格的材料。砂宜选用中粗砂;石子粒径宜为5～25mm连续级配。

3）粉煤灰:宜为一级。符合《高强高性能混凝土用矿物外加剂》GB/T 18736-2002的规定。

4）外加剂:选择低碱、保坍落度和保水性强的产品。

5）混凝土中的各种原材料使用前应按照规定检验和收集材质证明及试验报告。

6）混凝土所使用的各种材料确定后,应立即留样封存。

7.3 模板制作与安装

7.3.1 检验单元模板制作尺寸准确,足够刚度,拼缝均匀及平整,板面平顺清洁无破损,脱模剂涂刷适度均匀。

7.3.2 模板面板拼缝、明缝条和孔眼的位置、数量、尺寸应与设计方案相同,并符合质量标准要求（表7.3.2）。

模板制作允许偏差 　　　　　　　　　　　　　　　　　　　　　　　　　　　表7.3.2

项次	项　　　目	允许偏差（mm）	检 验 方 法
1	模板拼缝	±1	钢板尺
2	相邻两表面高低差	1	尺量
3	板面平整	5	2m靠尺、塞尺
4	明缝条位置	2	钢板尺
5	孔眼位置	3	钢板尺

7.3.3 单元模板的连接缝应大小均匀,明缝条顺直,并符合质量标准要求。

7.3.4 模板安装完成依据《混凝土结构工程施工及验收规范》GB 50204-2002的有关检验项目进行验收。

7.4 混凝土质量标准

7.4.1 观感质量

1）清水混凝土在同一视觉空间内,表面颜色一致,色泽颜色要求色泽均匀无明显色差。

2）混凝土表面密实、整洁、无污染；棱角清晰、顺直；各节点间交角、线、面自然。

3）禅缝、明缝流畅、贯通，孔眼排布均匀、合理、无残缺。

7.4.2 结构实测质量（表7.4.2）

外形尺寸允许偏差　　　　　　表7.4.2

项次	项　目		允许偏差（mm）	检查方法
1	轴线位移		5	尺量
2	截面尺寸		±2	尺量
3	垂直度	施工段高	5	线坠
		全高	25	
4	表面平整度		3	2m靠尺、塞尺
5	角、线顺直		2	线坠
6	预留洞口中心线位移		3	拉线、尺量
7	构件悬挑、凹凸位置		±2	尺量
8	分格条（缝）直线度		3	拉5m线，用钢尺检查
9	施工缝错台		2	尺量
10	禅缝错台		1	2m靠尺、塞尺
11	禅缝交圈		2	尺量

8. 安 全 措 施

8.1 模板及支撑应结合施工特点，保证其牢固及稳定，必要时应设计计算确定，要留有可靠的安全系数。鉴于造型的集合形态复杂，在设置模板支撑架体时要充分考虑造型构件的重心和支撑架体的承载安全系数，支撑立杆应尽可能地与构件保持垂直，同时具有足够的垂直和水平支撑与之平衡。当立杆与模板或支撑面无法保持垂直时，应采取相应措施防止立杆滑移，从而影响施工的安全度。当造型的高度较大时，需要搭设脚手架，来保证造型构件竖向位置的正确性、安全性和牢固程度，所以，造型支撑架体需制定单独的专项方案，并根据施工安全风险进行不同级别的专家论证。

8.2 施工前要制定安全技术措施，并对施工工人进行安全技术交底。

8.3 施工中负责安全人员要随时对模板体系进行安全检查，发现问题，及时纠正，以消除不安全的隐患。

8.4 每次吊装前，应检查模板的吊钩装置是否符合要求，模板的结构是否牢固。

8.5 脚手架及防护措施必须到位；施工所使用的机械、设备必须遵守操作规程规定。

8.6 拆除模板时要严格按照拆模顺序进行，一定要避免模板整体坍落现象的发生。

8.7 施工前应关注天气预报，当天气遇有6级以上大风、雪、雨等，应延期施工。

8.8 作业高度2m以上时应搭设作业平台，不得站在模板或支撑上操作，不得直接在钢筋上踩踏、行走。

8.9 使用输送泵输送混凝土时，应由2人以上人员牵引布料杆。管道接头、安全阀、管架等必须安装牢固，输送前应试送，检修时必须卸压。混凝土浇筑前要调试混凝土泵、振捣器。调试不合格，严禁浇筑混凝土施工。

9. 环 保 措 施

9.1 工程施工前，应科学合理对现场进行场地规划设计，合理布设加工场区，加工区应集中分类布置，成品堆放应符合有关规定。

9.2 模板加工成品存放应防雨、防变形，废料应集中堆放，并做好防火措施，可考虑再利用。

9.3 施工中所使用的化工材料应集中存放，存放环境应符合材料的储存要求。剩余化工材料不可随意处理，应集中回收处理。

9.4 混凝土浇水养护应采用喷雾器或喷洒装置。

10. 效 益 分 析

10.1 景观造型清水混凝土施工技术的成功应用，开拓了清水混凝土施工技术与景观造型艺术相互结合的施工应用领域，丰富了清水混凝土的施工实践。造型与清水混凝土的相互结合，形成独特的景色。朴实无华、厚重清雅的韵味，通过不同形式的景观造型，丰富地表达了投资方和建筑师赋予建筑物的地域政治文化情感、经营理念所映射出的建筑艺术效果，形成不同建筑物的鲜活个性，蕴含无限的社会效益和品牌效益。这是景观造型清水混凝土施工技术的核心价值。

10.2 景观造型清水混凝土施工技术利用清水混凝土直接构成建筑装饰效果，节省了建筑外表用其他材料的装饰做法，减少了建筑垃圾的产生，降低了能耗和对环境的污染，是一种绿色建筑理念的重要体现。

10.3 采用清水混凝土材料制作景观造型与采用装修饰面材料相比可以减少投入约15%～25%；清水混凝土虽然在结构造价上略有增加，但在装饰、装修上可以节约投入。尤其从后期维修、二次装修的费用能节省更多的能源、材料、人工和资金费用。

11. 应 用 实 例

11.1 启明星辰大厦位于北京市海淀区中关村软件园，建筑面积23990m²，框架剪力墙结构。建筑外立面和室内公共部分均为清水混凝土，其中建筑入口两侧的弧形城墙、大月亮门洞及庭院等多处均采用不同类别的清水造型来体现北京建筑传统的城池文化，力求建筑与绿色环境的和谐，传递出网络安全企业"诚信、质朴、低调"的文化理念，置身其中有强烈的震撼感，已成为企业品牌的代言形象。以月亮门为代表的大型独立墙体造型门洞直径9m，为全国之最；大半径（$R=50m$）圆弧双面城墙造型清水混凝土模板技术对于解决弧形造型、墙体的模板设计具有创新性突破；通过设置构造导墙将两条水平施工缝与装饰明缝三者合为一体，将混凝土水平施工缝成功地留置在明缝处。启明星辰大厦工程从2005年7月开始施工，2005年12月完成清水混凝土结构，获得"北京市结构长城杯金质奖"。该工程2006年12月完成竣工备案，获得2007年第七届"詹天佑土木工程大奖"。见图11.1-1、图11.1-2。

图11.1-1 启明星辰室内大厅格栅装饰墙实景图　　　图11.1-2 启明星辰月亮门造型实景图

11.2 龙湖体育馆工程位于安徽省蚌埠市大学城，建筑面积 13209m²，主体结构为框架，开工日期2007年5月，竣工日期为2008年12月。该工程外围结构为造型清水混凝土，每面均以不同人体运动形态组成长360m、高20m的透空大型群雕主题造型墙，混凝土总方量4200m³。原设计为普通清水混凝土，当时建设方大胆提出采用景观造型清水混凝土施工技术，应用本工法进行了造型深化设计，赋予了各种运动形态强烈的动感，深刻地传递出"重在参与"的和谐体育精神，成为京沪高铁沿线的一道风景线，给人以无限遐想。工程赢得了设计、甲方的认同和高度评价，获得2008年"北京市结构长城杯金质奖"。见图11.2-1，图11.2-2。

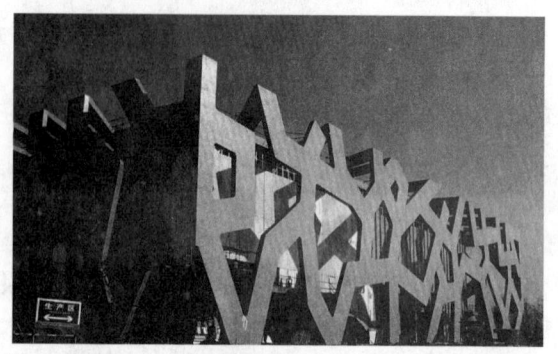

图11.2-1　龙湖体育馆工程实景图　　　　　图11.2-2　龙湖体育馆人体造型实景图

11.3　新和成总部办公、研发大楼位于浙江省新昌县，总建筑面积29260m²，结构类型全部为框架剪力墙，2010年10月开工。该工程立面建筑设计采用造型清水混凝土外墙，层间由清水混凝土条带（明缝）突出横向线条，结合外窗有垂直感的竖向木线条，突现了建筑的气势和标识性；在建筑正立面、内侧庭院及室内均有机结合了功能和周边环境，设计了造型清水混凝土椭圆柱、文化墙，突出了设计理念，营造了建筑风格。办公楼、实验楼和培训中心之间围合成庭院，庭院内独立于建筑体外的楼梯间、廊桥成为建筑活跃的因素和视觉中心。整个工程充分体现了以"创新、和谐、竟成"为发展理念的现代民营浙江医药企业的文化。该工程造型清水模板、混凝土等施工方案已制定完成，并正在实施中，赢得甲方、设计及监理单位的认同。见图11.3-1，图11.3-2。

图11.3-1　新和成总部办公楼效果图　　　　图11.3-2　新和成总部办公楼庭院造型效果图

承重混凝土砌块短肢墙结构施工工法

GJEJGF044—2010

黑龙江省建工集团有限责任公司　龙建路桥股份有限公司

王玉林　王君　邓冬梅　于彩峰　孙雪飞

1. 前　　言

随着国家"禁实"工作的进展，混凝土小砌块成为取代黏土烧结砖砌体的一种有效替代产品，在我国已应用多年。黑龙江省有近400万m²的建筑应用了混凝土小砌块，这些建筑为混凝土砌块配筋砌体结构。黑龙江省建工集团有限责任公司、龙建路桥股份有限公司与哈尔滨工业大学在此基础上，经过多次试验联合研发了承重混凝土砌块短肢墙结构，即利用砌块本身的强度及结构特点，通过水平暗梁和竖向芯柱形成整体竖向短肢砌体剪力墙竖向承重体系，这种结构受力更合理，建筑成本降低，加速了混凝土小砌块的推广应用。在黑龙江省多项工程的施工实践基础上，经过多年的研发应用总结形成本工法。承重混凝土砌块短肢墙结构建筑施工技术经过黑龙江省查新咨询中心查新及黑龙江省住房和城乡建设厅科学技术委员会技术鉴定，结论为该技术达到国内领先水平。

2. 工 法 特 点

2.1 混凝土砌块本身质量稳定，强度高，耐久性好，节约能源，保护国土，净化环境。

2.2 短肢砌体剪力墙结构与砌块配筋砌体结构相比受力更合理。

2.3 短肢砌体剪力墙墙体减少砌块砌筑量及混凝土浇筑量，施工速度快。

2.4 短肢砌体剪力墙墙体混凝土减少了模板工程施工，节省施工费用。

2.5 短肢砌体剪力墙墙体质量更易于控制。

2.6 短肢砌体剪力墙结构与砌块配筋砌体结构相比钢筋用量降低。

3. 适 用 范 围

本工法适用于17层以下的住宅工程及办公楼工程。

4. 工 艺 原 理

利用混凝土小砌块本身的强度和结构特点，先砌筑砌块短肢砌体墙，通过混凝土小砌块芯孔布设水平及竖向钢筋，浇筑混凝土形成水平暗梁和竖向芯柱与墙砌体共同作用的承重混凝土砌块短肢墙，作为建筑竖向承重结构，与现浇钢筋混凝土梁、板共同作用，形成整个建筑物承重结构。

5. 施工工艺流程及操作要点

5.1 工艺流程（图5.1）

5.2 操作要点

5.2.1 小砌块砌筑

1．小砌块排列原则

1）小砌块排列应根据小砌块模数做到孔对孔、肋对肋、错缝搭接。

2）第一皮砌块采用侧面开口砌块，以便于砂浆清除和钢筋连接。

3）小砌块排列图上应标明砌块型号，以及门、窗、预留洞、水电表、开关和插座位置、尺寸；排列时尽量采用主规格砌块（390mm×190mm×190mm）以提高工效。

4）排列图上应标明砌体的竖向钢筋和水平筋的规格、位置和连接方式。

2．小砌块砌筑

1）砌筑砂浆应符合《混凝土小型空心砌块砌筑砂浆》JC 860的规定。

2）砌筑前应对轴线和标高进行复核、核正。

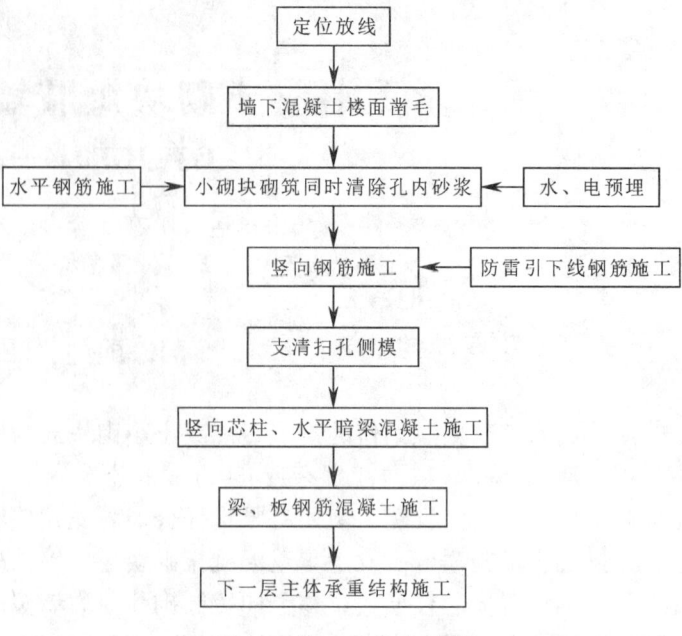

图5.1　施工工艺流程图

3）电器开关、插座和预留洞所处位置砌块应在施工现场用切割机加工成功能块备用。

4）第一皮砌块采用侧面开口砌块，第二皮以上水平暗梁处采用肋上开槽砌块（图5.2.1-1）。

5）从转角或定位处开始，内外墙同时砌筑。每日砌筑高度不宜大于1500mm。

6）水平灰缝采用坐浆法，砂浆饱满度要求不低于90%；竖向灰缝砂浆饱满度要求不低于80%。灰缝厚度控制在8~12mm之间，严禁出现瞎缝和透缝。

7）随时进行墙体的原浆勾缝工作，勾缝深度3~5mm；随时清扫墙面（图5.2.1-2）。

8）小砌块的相对含水率应符合设计要求。砌块砌筑前一般不需浇水湿润。当天气干燥炎热时，可在小砌块上洒水润湿。雨天当雨量较大时应停止砌筑，并用防雨材料对墙体进行遮盖。继续施工时，须复核墙体的垂直度。

9）已砌好的砌块不得再调整松动，否则重新砌筑。

10）小砌块不得与普通黏土砖等其他墙体材料混砌。

11）严禁使用断裂和不符合质量要求的小砌块。

5.2.2　钢筋施工

1．水平钢筋施工与墙体砌筑交叉作业，两根水平钢筋间距控制在6cm，要求随绑随验收。

图5.2.1-1　墙体砌筑图

图5.2.1-2　墙体勾缝图

2．竖向钢筋在楼板面连接，采用绑扎连接，搭接长度不应小于40*d*（近期又研发了新型连接方法及配套的专用工具，正在申报国家专利，见图5.2.2）。

5.2.3　水平暗梁、灌芯混凝土施工

1．专用混凝土配合比设计应符合《混凝土小型空心砌块灌孔混凝土》J 861的规定。

2．专用混凝土配合比应根据现场施工经验和试验室试配来设计，试配值应根据砌体试验和混凝土试块试验来确定，并应满足以下条件：

1）坍落度控制在230±20mm；

2）混凝土流动性好、保水性、黏聚性好；

3）混凝土与砌体共同工作性好。

3．混凝土浇筑（图5.2.3）。

1）混凝土浇筑在梁、板模板施工完，钢筋施工前进行。

2）芯柱孔洞内的垃圾清除干净。

3）芯柱的竖向钢筋检验合格。

4）砌筑砂浆强度平均值须大于1.0MPa后，方可浇筑混凝土。

5）混凝土浇筑前，宜先浇入适量的与混凝土配合比相同的水泥砂浆。

6）混凝土振捣时采用微型插入式高频振捣器，直径30mm以下。

5.2.4　水暖、电气施工

1．开关、插座及预留孔，在小砌块砌筑过程中预先留好，严禁在砌好的砌体上打洞或开槽。

2．电气水平预埋管从圈梁、楼板中布设；电气竖向预埋管布设在小砌块孔洞内，待一层墙体砌好后再穿管，开关盒、接线盒安装在功能块侧壁缺口处（图5.2.4-1）。

3．一个芯孔只允许穿一根电气预埋管，电气预埋管只可在水平钢筋与砌块内壁之内缝隙通过，禁止在两根水平筋之间穿过（图5.2.4-2）。

4．工程的防雷接地系统通过每层的芯柱钢筋作防雷接地引下钢筋，防雷接地须焊接。防雷接地钢筋施工完毕，应及时进行接地电阻测试。

5.2.5　梁、楼板施工

钢筋混凝土梁、楼板施工模板施工完成后，先施工砌块剪力墙混凝土，然后施工梁、板钢筋、混凝土，按照相关标准执行。

5.2.6　脚手架选用

1．砌筑用内脚手架一般采用工具式高凳；外脚手架一般采用双排钢管脚手架。

2．双排钢管脚手架施工应符合规范《建筑施工扣件式钢管脚手架安全技术规程》JGJ 130的要求，连墙件在圈梁上预埋。

图5.2.2　钢筋连接及专用工具

图5.2.3　浇筑芯柱混凝土

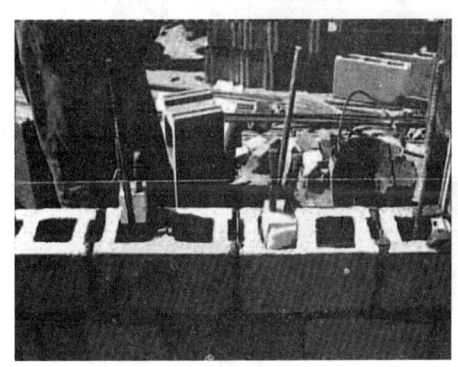

图5.2.4-1　电气预埋图

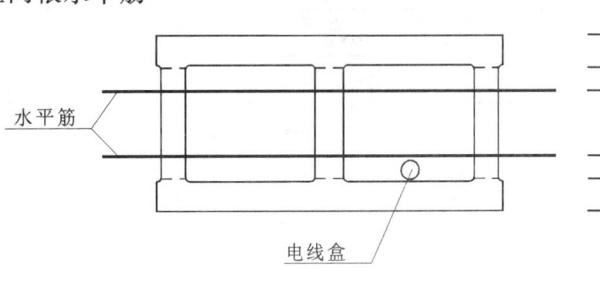

图5.2.4-2　芯孔内电线管位置图

5.2.7 劳动组织

承重混凝土砌块短肢墙结构工程施工时，除正常土建各工种配合施工外，水暖、电气、通风空调各工种应随时配合砌筑及灌芯的施工，避免预埋管、线盒或预留孔洞的漏设。

5.2.8 季节性施工

1．雨期施工

1）现场应设置排水沟，以便于排水。

2）小砌块堆放应有防潮垫层和防雨遮盖措施。

3）施工遇雨时，应停止砌筑，并对砌体采取遮雨措施；继续施工时，须复核砌体垂直度，合格后方可继续施工。

2．冬期施工

1）不得使用水浸后受冻的小砌块。砌筑前应清除冰雪等冻结物。小砌块工程冬期施工不得采用冻结法施工。

2）砌筑砂浆宜采用普通硅酸盐水泥拌制；砂内不得含有冰块和直径大于10mm的冻结块。拌合砂浆时，水的温度不得超过80℃；拌合抗冻砂浆使用的外加剂，掺量需经试验确定，不得随意变更掺量。

3）当日最低气温低于-15℃时，不得进行砌块的组砌。

4）每日砌筑后，应使用保温材料覆盖新砌砌体。

5）解冻期间应对砌体剪力墙结构进行检查，当发现问题应分析原因并采取应对措施。

6）混凝土工程冬期施工应符合《混凝土工程施工及验收规范》GB 50204要求。

6. 材料与设备

本工法无需特别说明的材料，工程所应用的材料执行相关标准的要求（表6.1）。

机具设备表　　　　　　　　　　　　　　　　　表6.1

序号	设 备 名 称	单位	用　途
1	塔吊	台	垂直运输
2	升降机	座	垂直运输
3	搅拌机	台	砂浆、混凝土搅拌
4	砂浆泵	台	砂浆楼层输送
5	混凝土泵	台	混凝土楼层输送
6	小型插入式高频振捣器	台	砌块剪力墙混凝土振捣
7	手提切割机	台	功能砌块加工
8	钢筋切断机	台	钢筋加工
9	钢筋弯曲机	台	钢筋加工
10	电焊机	台	焊接

7. 质 量 控 制

7.1 砌体质量标准

7.1.1 保证项目

1．砌块的品种、强度等级必须符合设计要求，外观质量符合表7.1.1规定。检验方法按《普通混凝土小型空心砌块》GB 8239的要求进行检验，且检查产品质量合格证。

砌块外观质量标准 表7.1.1

检 验 项 目		指标（mm）		
		优等品（A）	一等品（B）	合格品（C）
尺寸的允许偏差	长度、宽度	± 2	± 3	± 3
	高度			+3、−4
最小外壁厚度		30		
最小肋厚		25		
弯曲（变形值）不大于		2	2	3
缺棱掉角	个数不多于	0	2	
	3个方向投影尺寸最小值	0	20	30

注： 不应有贯穿壁肋的竖向裂缝。

2．砌筑的砂浆品种、强度等级必须符合设计要求，并应符合下列规定：

1）同品种、同强度等级砂浆各组试块的平均强度值不得低于设计要求。

2）砂浆的分层度不宜大于20mm。

3）任意组试块的强度等级不得低于设计强度的75%。

4）每一楼层或250m³的砌体，每种强度等级的砂浆至少制作两组试块。

7.1.2 基本项目

1．砌块应对孔错缝搭接。

合格：组砌方法正确，基本符合设计要求。

检查数量：外墙按楼层（或3.6m高以内)每20.0m检查一处，每处为3.0延长米，但不少于3处；内墙按有代表性的自然间随机抽查10%，但不少于3处。

检查方法：观察或尺量检查。

2．接槎施工应正确。

合格：接槎处灰缝应饱满、密实，缝与小砌块平直，每个接槎处的水平灰缝厚度不小于8mm或透明缝不超过5个。

检查数量：外墙按楼层（或3.6m高以内)每20.0m检查一处，每处为3.0延长米，但不少于3处；内墙按有代表性的自然间随机抽查10%，但不少于3处。

检查方法：观察或尺量检查。

7.1.3 允许偏差项目

砌体尺寸、位置的允许偏差及检查方法应符合表7.1.3的规定，且每层垂直偏差大于15mm时，应进行处理。

检查数量：外墙按楼层（或3.6m高以内)每20.0m抽查一处，每处3.0延长米，并不少于3处；内墙按有代表性自然间抽查10%，但不少于2间，每间不少于2处。

小砌块砌体的尺寸和位置的允许偏差 表7.1.3

序号	项 目			允许偏差（mm）			检 验 方 法
				基础	墙	柱	
1	轴线位移			10			用经纬仪及钢尺检查
2	基础顶面和楼面标高			± 15			用水准仪检查
3	墙面垂直度	每层		—	5		用2m托线板检查
		全高	≤10m	—	10		用经纬仪或吊线、尺检查
			>10m	—	20		

续表

序号	项目		允许偏差（mm）			检验方法
			基础	墙	柱	
4	砌体顶面的水平度		—	±2	—	用1.0m长水平尺检查
5	表面平整度	清水墙、柱	—	6		用2.0m直尺和塞尺检查
		混水墙、柱	—	6		
6	水平灰缝平直度	清水墙≤10m	—	7	—	用10.0m拉线和尺量检查
		混水墙≤10m	—	10		
7	水平灰缝厚度 （连续五皮砌块累计）		—	±10	—	用尺量检查
8	竖向灰缝厚度 （连续五皮砌块累计）		—	±15	—	吊线和尺检查，以每层 第一皮砌块为准
9	洞口	宽度	—	±5	—	用尺检查
		高度	—	±5	—	
10	外墙上下洞口偏移		—	20		用经纬仪或吊线检查以 底层窗口为准

7.2 混凝土质量标准

7.2.1 主控项目按《混凝土结构工程质量验收规范》GB 50204中第七章主控项目条文执行。

7.2.2 一般规定

1. 孔洞（混凝土内部缺陷），用超声波检测仪进行检测，每层随机检查两片墙，墙上任何一处孔洞不大于100cm，累计不大于200cm。如超过，增测两片墙；再超出，则逐片墙进行检测。

2. 缝隙夹渣层：指底皮砌块清扫口有缝隙或夹有砂浆等杂物。缝隙夹渣层长度不大于60mm，深度不大于50mm，且不多于2处，每层随机按有代表性的自然洞抽查10%。

3. 灌芯的允许偏差和检查方法，见表7.2.2。

灌芯的允许偏差和检查方法 表7.2.2

项次	项目	允许偏差	检查方法
1	灌芯高度	10mm	用尺量
2	封口平整度	5mm	用靠尺和直尺检查
3	孔洞	<100cm^2，累计<200cm^2	超声波检测

7.2.3 钢筋施工质量标准

1. 主控项目按《混凝土结构工程质量验收规范》GB 50204中第五章主控项目条文执行。

2. 一般规定按《混凝土结构工程质量验收规范》GB 50204中第五章有关条文执行。钢筋的允许偏差和检查方法见表7.2.3。

钢筋的允许偏差和检查方法 表7.2.3

项次	项目		允许偏差（mm）	检查方法
1	竖向钢筋相对于砌体空洞中心	沿轴线方向	40	用尺量
		垂直轴线方向	10	用尺量
2	水平钢筋长度		±10	用尺量
3	两水平筋的间距		20	用尺量

7.3 质量保证措施

7.3.1 项目部建立健全质量管理组织机构，明确职责，使整个施工过程质量处于受控状态。

7.3.2 施工前应编制详细的施工方案，对管理人员和操作人员进行详细的技术质量交底工作。

7.3.3 施工前仔细核对排块图，明确水暖、电器等专业的预埋管线及预留洞口位置、数量，确定现场加工的功能块。

7.3.4 龄期不满28d、相对含水率大于40%、断裂的砌块严禁用于工程砌筑。

7.3.5 严格控制砌筑砂浆的配合比，保证砂浆的稠度。

7.3.6 在砌筑过程中，其他专业施工人员要密切配合，保证水平钢筋得准确安放及预留线、管、盒的位置准确。

7.3.7 砌筑过程中应随时勾缝，随时检查质量偏差，严禁对施工完的砌块进行敲击、撬动。

7.3.8 砌筑过程中，应及时通过清扫孔清理落入的砂浆。

7.3.9 进行梁、板模板施工时，严禁撞击墙砌体。

7.3.10 砌筑砂浆强度平均值须大于1.0MPa后，方可浇灌混凝土。

7.3.11 混凝土施工时应严格控制配合比，保证混凝土质量；要认真振捣，保证混凝土的密实。

7.3.12 混凝土施工时，应保证下层预留钢筋位置的准确。

7.3.13 雨期、冬期施工，应严格按照雨期、冬期规定执行。

8. 安 全 措 施

8.1 认真贯彻"安全第一，预防为主"的方针，严格执行国家有关规定、条例，认真执行安全生产责任制。

8.2 建立完善的安全生产保证体系，加强生产作业中的检查，确保安全生产的规范化、标准化。

8.3 施工现场应按照安全规定进行布置，完善布置各种安全标识。

8.4 严格执行防火、防爆安全规定，库房内不堆放易燃、易爆物品，随时清除现场易燃杂物；氧气瓶、乙炔瓶隔离存放。

8.5 施工现场的临时用电要严格执行《施工现场临时用电安全技术规范》的规定，电缆线路采用"三相五线"接线方式，配电柜（箱）安装漏电保护装置，照明用电使用36V安全电压。

8.6 特种机械操作人员要持证上岗，严格按操作规程作业，定期对机械设备进行检查、保养。

8.7 根据工程的实际情况，编制详细、可行的安全技术措施，并进行详细的交底。

8.8 小砌块运输时，严禁翻斗车倾倒和抛掷，装车高度不宜超出车顶面一整皮砌块的高度。

8.9 堆放在脚手架、楼（屋）面上的各种荷载不得超过脚手架、楼（屋）面板的允许施工荷载值。

8.10 在楼面或脚手架上装卸和堆放小砌块时，严禁倾卸或抛弃小砌块撞击楼板和脚手架。

8.11 在小砌块砌筑施工中严禁施工人员站在墙体上操作。

8.12 在梁、楼面模板施工时，严禁撞击墙砌体，以免墙体倒塌伤人。

9. 环 保 措 施

9.1 严格遵守有关环境保护的法律、法规和规章，成立职业健康与环境保护组织机构，制定详细的措施，随时接受相关单位的检查指导。

9.2 施工现场布局合理，围挡规范，标识齐全、清楚、醒目，场地整洁。

9.3 现场道路硬化，晴天洒水，防止尘土飞扬，污染周围环境。

9.4 加强生产废渣、生活垃圾的控制，及时筛分、清除，运送到指定处理地点。

9.5 设立专用的生产废水、生活污水沉淀过滤池，对生产废水、生活污水进行集中，并认真做好无害化处理，从根本上防止生产废水、生活污水对环境的污染。

9.6 选用先进的环保机械，设立隔声墙、隔声罩等措施降低噪声，使施工噪声控制在允许值之内；同时要在有关部门允许的时间段内施工作业。

10. 效 益 分 析

10.1 经济效益

承重混凝土砌块短肢墙结构与混凝土砌块配筋砌体结构比较，承重墙体砌块砌筑量减少，墙体混凝土灌注量减少，总体钢筋用量降低，总工期缩短；通过哈尔滨市北鸿花园小区A、B、C栋、大庆市祥阁花园04、05、06栋、大庆市沿湖城小区F、G、H栋等工程应用，施工造价9981.5万元，节约资金499.08万元，节约工程总造价5%，具有可观的经济效益。

10.2 社会效益

混凝土砌块是取代黏土烧结实心砖的理想替代品，承重混凝土砌块短肢墙结构是一种新型建筑结构体系，结构受力更合理，质量稳定，强度高，耐久性好，节约能源，保护国土，净化环境，具有巨大的社会效益，更有利于混凝土砌块在我国建筑上的推广应用，推进节能减排工作，具有广泛的社会效益。

11. 应 用 实 例

11.1 工程实例1

黑龙江省哈尔滨市北鸿花园小区A、B、C栋工程，（图11.1）建筑面积26000m²，地上7层，A、B栋工程由黑龙江省建工集团有限责任公司承建，C栋工程由龙建路桥股份有限公司承建。夯扩桩基础，承重混凝土砌块短肢墙结构，墙体厚190mm，外墙保温采用粘贴100mm厚苯板。2005年9月开工，2006年11月竣工，质量可靠，获黑龙江省新技术应用金牌示范工程；工程造价790元/m²，与混凝土砌块配筋砌体结构比较工程主体施工缩短工期25d，节约工程造价约5%。

11.2 工程实例2

黑龙江省大庆市祥阁花园04、05、06栋工程均为12层住宅建筑（图11.2），建筑面积34000m²，由黑龙江省建工集团有限责任公司承建。本工程为超流态混凝土灌注桩基础；短肢砌体剪力墙结构，墙体厚190mm；外墙保温采用粘贴100mm厚苯板。该工程2006年10月开工，2007年10月竣工，获黑龙江省新技术应用金牌示范工程及大庆市甲级优质工程。工程造价1200元/m²，与混凝土砌块配筋砌体结构比较工程主体施工缩短工期20d，节约工程造价约5%，使用多年，无质量问题。

图11.1 哈尔滨市北鸿花园小区A、B、C栋工程立面图

图11.2 黑龙江省大庆市祥阁花园04、05栋工程外立面图

11.3 工程实例3

大庆市沿湖城小区F、G、H栋工程（图11.3），建筑面积28500m²，地上12层，由黑龙江省建工集团有限责任公司承建。超流态混凝土灌注桩基础；短肢砌体剪力墙结构，墙体厚190mm；外墙保温采用粘贴100mm厚苯板。该工程2008年10月开工，2009年9月竣工，获黑龙江省新技术应用金牌示范工程及大庆市甲级优质工程。工程造价1350元/m²，与混凝土砌块配筋砌体结构比较工程主体施工缩短工期15d，节约工程造价约5%。

图11.3 大庆市沿湖城小区F、G、H栋工程外立面图

清水防火墙工法

GJEJGF045—2010

苏州二建建筑集团有限公司　江苏省盐阜建设集团有限公司

周建中　韩树山　周成永　叶国山　魏义生

1. 前　言

1.1　近年来，中国经济蓬勃发展，配套变电所施工项目很多，对施工质量要求越来越高，特别对建筑产品提出了"全寿命质量保障"的要求，即使用过程中避免对产品维修。因为变电所项目投入使用后，建筑构件一旦需要维修，施工人员将带电施工，施工难度大，安全保障要求高。

1.2　变电所项目防火墙较多，防火墙施工要求达到"清水"质量效果，构件表面不粉刷，不上涂料。防火墙常规采用砖墙砌筑，表面粉刷，面层涂料的施工工艺，砂粉刷浆在自然条件下，无法避免表面开裂的质量通病，雨水渗入后可引起表面挂浆，影响观感，严重的可引起粉刷层空鼓，部分会局部脱落，伤及路人，见图1.2。

图1.2　传统防火墙施工技术（墙面粉刷并外刷涂料）

1.3　在500kV苏州东变电站项目中（图1.3），项目部及公司骨干组建了QC活动小组，通过研发攻关，在清水防火墙施工中进行了技术革新，并结合其他相关工程的施工总结，特编制本工法。

图1.3　清水防火墙成品

2. 工 法 特 点

清水防火墙工法，经过了多个项目施工实践，并证明是属于技术先进、效益显著、经济适用、符合节能环保要求的施工方法。本工法重点对框架柱施工、墙体圈梁施工、压顶施工革新了施工工艺，解决了长期以来框架柱与墙体连接处出现明缝的难题、混凝土结构外露阳角保护的难题、混凝土结构侧面不平整的难题、中间圈梁及压顶结构施工混凝土浇筑挂浆影响观感的施工难题。

3. 适 用 范 围

本工法适用于变电所项目防火墙、围墙、电缆沟等清水墙体施工，也可广泛使用于业主要求较高的类似项目的墙体施工。

4. 工 艺 原 理

4.1 电脑翻样框架柱与墙体材料的模数关系，微调设计尺寸，避免出现非半块或非整块的非模数的情况。

4.2 框架柱与墙体连接处框架柱预留凹槽，彻底解决了框架柱与墙体连接处易出现墙柱垂直裂缝的弊端。

4.3 采用舒布洛克圈梁砖，彻底解决了圈梁与墙体施工混凝土浇筑挂浆影响观感的施工难题。

4.4 结构外露阳角采用圆角技术代替方形棱角，改善了结构外露阳角的成品保护，避免棱角被破坏。

4.5 混凝土结构侧模拼接采用木方水平设置，螺栓串联木方，木方封闭交圈的施工技术，保证模板之间拼接的平整度。

4.6 混凝土压顶采用自制木模系统，在混凝土压顶侧模内侧使用1cm半圆木条固定在拼缝处，浇筑后形成凹槽，与清水墙灰缝保持一致，并可防止漏浆，解决了与墙体施工混凝土浇筑挂浆影响观感的施工难题。

5. 施工工艺流程及操作要点

5.1 施工工艺流程（图5.1）

5.2 操作要点

5.2.1 电脑翻样

首先根据设计蓝图及砖块尺寸，利用AutoCAD软件进行清水防火墙排版，出现非半块或非整块的非模数的情况时，微调框架柱位置，保证砖块半块或整块的模数工况。

5.2.2 结构阳角施工革新技术

结构阳角部位，包括框架柱、圈梁及压顶等混凝土构件，采用圆角工艺，利于成品保护。模板制作完毕后，在模板的上口以及模板的阴角部位钉上25mm×25mm的圆角木线条，3根线条对接时，割成45°角拼接。见图5.2.2。

5.2.3 框架柱施工

1. 框架柱与砖墙连接处预留凹槽施工

柱子靠墙面设计为25mm深凹槽（砌块砌筑时将砌块嵌进凹槽内），柱

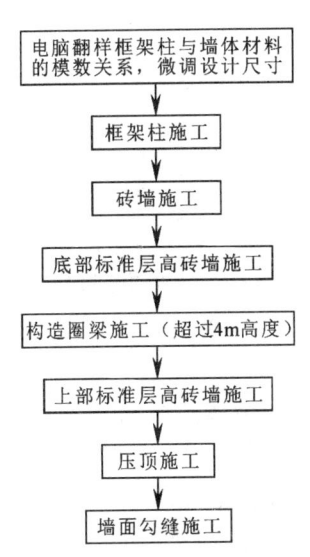

图5.1 施工工艺流程

子与墙体形成无缝链接，从根本上解决了柱子与墙体之间变形不一致引起的墙柱垂直裂缝的质量通病见图5.2.3-1。

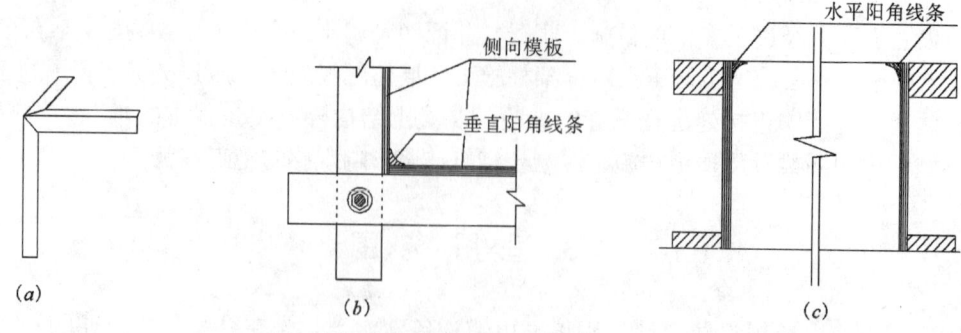

图5.2.2　结构阳角处理图示

（a）阳角线条接头示意图；（b）阳角连接平面示意图；（c）阳角连接剖面示意图

柱模制作时，在模板上弹出中心线及边线，在模板的反面两边缘钉上55mm×95mm木方，并突出模板边缘各15mm（模板厚度），再在中间加一根55mm×95mm木方，最后将25mm×300mm预留凹槽板钉在模板上，同时将25mm×25mm的圆角木线条分别沿模板两边缘钉在模板上。见图5.2.3-2。

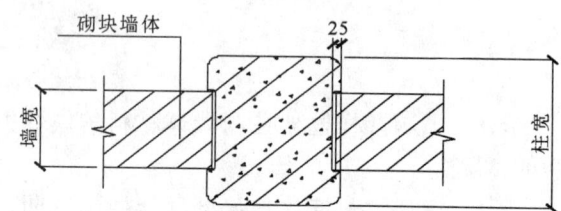

图5.2.3-1　柱墙连接处示意图

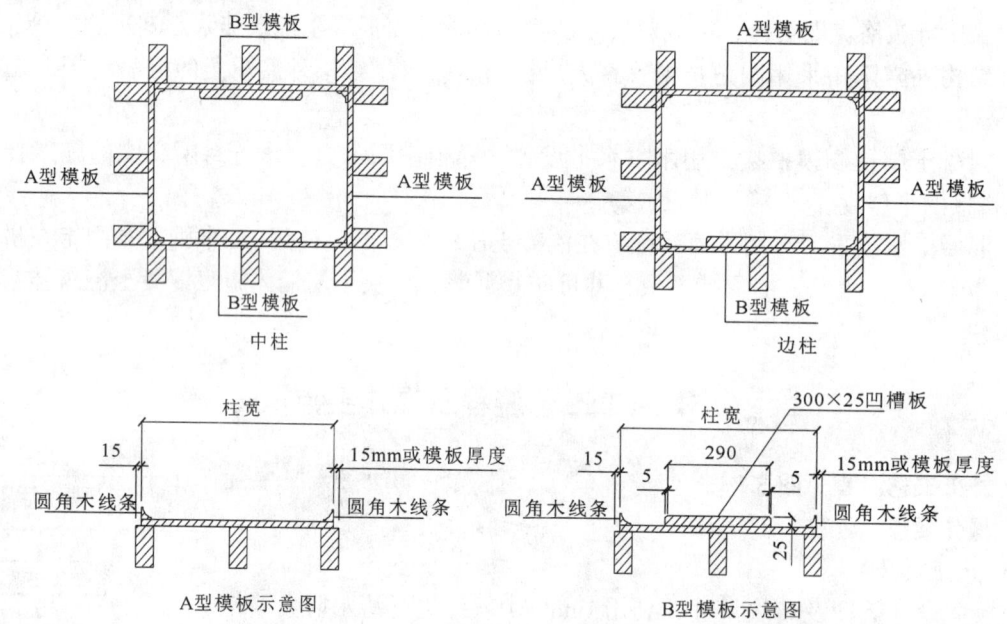

图5.2.3-2　柱模示意图

2. 侧模平整度控制

侧模平整度通过模板拼接革新技术来保障。

竹夹板与木方连接方式：竹夹板采取钻孔用木螺丝与木方连接，不得使用元钉连接。

木方拼接方式：采用55mm×95mm木方楞水平设置。木方加长拼接方式：外侧模较长时，模板需要接长，中间连接采用上下两根夹接方式连接。采取55mm×95mm、长800mm的木方，钻 φ13 孔，用 φ12 螺栓夹接（图5.2.3-3、图5.2.3-4）。

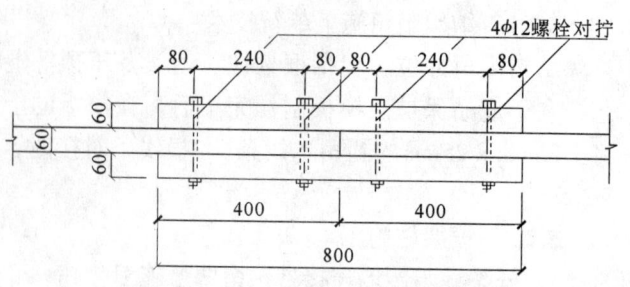

图5.2.3-3　木方接长连接示意图

木方转角拼接方式：模板组装采取短向模板封长向模板，短向的木楞搁置在长向的木楞上，木楞两端伸出模板各200mm长。伸出模板200mm的相交段上下60mm厚两根木楞均需割去1/2厚度，长向的割去上部1/2厚；短向的割去下面1/2厚，使其模板交圈时，上面与底面保持平整且在同一水平面上。模板封闭连接采用φ12螺栓连接，首先将模板临时拼装，在长、短模板的上下木楞外伸段相交处钻φ13孔洞。

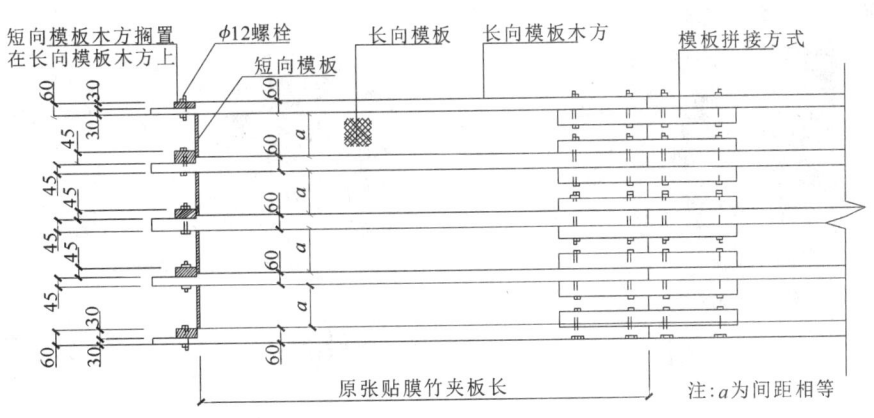

图5.2.3-4　木方连接侧视图

3. 清水混凝土施工

钢筋绑扎：绑扎铅丝多余部分均向构件内侧弯曲，以免铅丝外露形成锈斑，影响清水混凝土的外观。

水泥：优先选用普通硅酸盐水泥，强度等级42.5级。水泥原材料必须质量稳定，含碱量低，强度富余系数大，活性好，标准稠度用水量小，水泥原材料色泽均匀。

骨料：粗骨料选用强度高，连续级配好且同一颜色的碎石，针片状颗粒含量不大于15%，骨料不带杂物。

掺合料：掺入一定比例的掺合料，改善混凝土的流动性和后期强度，可选用磨细Ⅱ级粉煤灰，且不得含有任何杂物。

混凝土浇筑工艺：先在根部浇筑30～50mm厚与混凝土相同配合比的水泥砂浆。振捣棒采用"快插慢拔"、均匀的梅花形布点，并使振捣棒在振捣过程中上下略有抽动，均匀振动，使气泡充分上浮消散，以提高混凝土的密实性并减少混凝土表面气泡。清水混凝土成品见图5.2.3-5。

混凝土结构养护采用两层塑料薄膜包裹起来并用透明胶带临时粘紧，以确保不出现裂缝，并在四周设置隔离保护，养护不少于7d。见图5.2.3-6。

图5.2.3-5　清水混凝土成品

图5.2.3-6　混凝土柱成品养护

5.2.4　拉结筋设置

拉结筋设置可以采用预埋或后植筋技术。拉结钢筋的数量为每120mm墙厚放置1φ6拉结钢筋（240mm厚墙放置2φ6拉结钢筋），间距沿墙高不应超过500mm；埋入长度从留槎处算起每边均不应小于

500mm。见图5.2.4。

5.2.5 砖墙施工

1. 砖墙施工

砖墙采用上、下错缝施工，不得出现通缝。顶头缝采用"护浆钩"护浆，水平缝和顶头缝砂浆饱满度均不得低于90%，严禁出现瞎眼缝、透明缝。见图5.2.5-1。

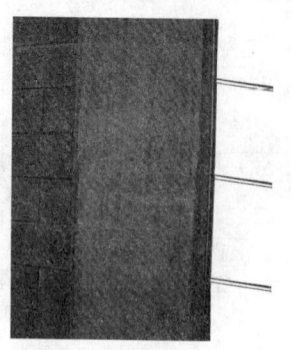

图5.2.4 拉结筋设置图

图5.2.5-1 样板砖墙图

2. 圈梁施工

砖墙圈梁采用舒布洛克砌块砌筑，在砌块槽内绑扎钢筋，然后浇筑混凝土，混凝土与砌块面齐平，在立面上保持与清水防火墙统一的对缝效果。见图5.2.5-2。

3. 压顶施工

为防止胀模，侧模采用对拉螺栓固定，压顶底面往下2皮砖中预留PVC套管，间距800mm，侧模采用木模，压顶模板内侧使用1cm半圆木条固定在拼缝处，浇筑后形成凹槽，与墙体灰缝保持一致，同时可防止漏浆。见图5.2.5-3、图5.2.5-4。

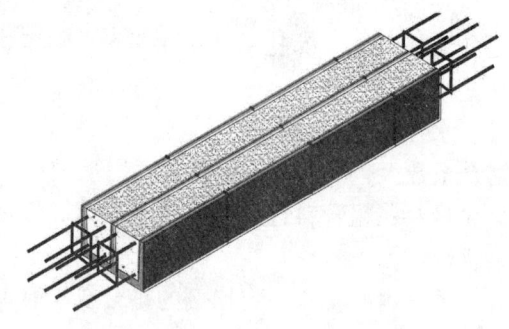

图5.2.5-2 构造圈梁示意图

（a）

（b）

图5.2.5-3 压顶施工示意图
（a）PVC套管预留；（b）压顶模板系统

常温下，混凝土强度必须达到1.2MPa，拆除时应防止模板对已浇筑混凝土的碰撞。模板拆除后，将螺栓取出，并采用水泥砂浆进行修补。

4. 勾缝施工

清水砌块墙体必须进行二次勾缝。二次勾缝前，要嵌补密实各类墙面缝隙，用钢丝刷清除浮灰，浇水冲洗干净后勾缝，保证二次勾缝砂浆与原砂浆结合良好。勾缝砂浆用1:1水泥砂浆掺适量的颜料和微膨胀防水剂拌合而成。勾缝采用里口6mm、外口8mm的专用楔形勾缝

图5.2.5-4 压顶浇筑后成品

条操作，如设计无要求时，勾凹缝深度控制在4～5mm。勾缝顺序应由上而下，先勾水平缝，后勾立缝。勾缝结束24h后将舌头灰刮平扫净，用喷水壶对灰缝进行喷水养护不少于7d。见图5.2.5-5。

图5.2.5-5　勾缝施工图

6. 材料与设备

混凝土结构模板采用15mm厚贴膜竹夹板，55mm×95mm木方楞组合，根据外模的高度、长度配料合理使用材料。

墙体材料建议采用舒布洛克砌块及专用圈梁砖。

水泥：采用强度等级32.5普通水泥或矿渣水泥，应用于同品种、同强度等级、同批号进场的水泥。

砂：采用细砂，使用前过2mm孔径的筛或纱绷筛。

主要机具：扁凿子、锤子、粉线袋、托灰板、长溜子、短溜子、喷壶、筛子、小平锹等。

7. 质 量 控 制

7.1 混凝土质量控制
混凝土施工参照《清水混凝土应用技术规程》JGJ 169-2009进行质量控制，见表7.1。

混凝土允许偏差项目　　　　　　　　　　　　　　　　　表7.1

项　　　目	控制偏差（mm）
轴线位移	≤8
截面尺寸偏差	+6～-3
表面平整度	≤6

混凝土表面密实整洁，面层平整，无漏浆、无跑模和胀模，无烂根、无明显错台，无冷缝，无明显的气泡、砂带和黑斑现象。

7.2　砌体质量控制
砌体施工参照《砌体工程施工质量验收规范》GB 50203-2002进行质量控制，具体控制项目及指标如表7.2。

用于清水防火墙、柱表面的砖，应边角整齐，色泽均匀。

墙面勾缝应做到横平竖直，深浅一致，十字缝搭接平整、压实、压光，对窄缝和瞎缝要先进行开缝处理，操作者应反复查找，发现漏勾及时补勾。

砌体施工控制项目及指标　　　　　　　　　表7.2

控 制 项 目		偏 差 控 制	检 查 方 法
砌体水平灰缝的砂浆饱满度		不得小于90%	用百格网检查，每检验批不少于5处，每处3块砖，砖底面砂浆痕迹的面积，取平均值，不小于90%为合格
砖砌体组砌方法应正确		上、下错缝，内外搭砌	清水防火墙不得有通缝
砖砌体的灰缝应横平竖直，厚薄均匀		水平灰缝厚度宜为10mm，但不应小于8mm，也不应大于12mm	每20m查1处，量10皮砖砌体高度折算，按皮数杆10皮砖的高度计算
轴线位置偏移		8mm	经纬仪、尺量及吊线测量
墙身表面平整度偏差		5mm	
垂直度	每层	3mm	2m托线板测量
	全高 ≤10m	8mm	
	>10m	10mm	

8. 安 全 措 施

8.1　脚手架防护

及时搭好脚手架，搞好安全防护，搭拆人员要持证上岗正确佩戴和使用安全防护用品，脚手架与施工进度同步搭设、每层作业面做到同步防护到位。

8.2　高处作业防护

2m及以上高处作业对人身必须实行百分之百保护，安全带要打在作业人员上方牢固的主材上，移动过程中据实际情况使用攀登自锁器、速差自控器、水平防坠器。严禁高空处抛掷任何物件。见图8.2。

图8.2　安全防护图

总配电箱、分配电箱及开关箱装设总分断开关。开关箱与分配电箱的直线距离不宜超过40m，开关箱与其控制的固定式用电设备的直线距离不宜超过5m。

中、小型机械必须做到定人、定机、定岗位，操作人员必须持有效证件上岗按规定搭设机械防护棚，机械设备的防护装置必须齐全有效，严禁带病操作；机械设备必须接地或接零，随机开关灵敏可靠；机操人员做好定期检查、保养及维修工作，并做好运转保养工作。

9. 环 保 措 施

9.1　扬尘污染控制

采用本工法施工的清水构件，不用粉刷砂浆，减少了砂浆搅拌造成的环境污染。经过排版微调后，所有砌块均不需切割，避免了扬尘污染及噪声污染。

施工现场全部使用商品混凝土；砌筑砂浆全部集中在搅拌堆场统一搅拌，再由小推车运至施工点。施工现场易飞扬、细颗粒散体材料，如水泥、外加剂等其他易飞扬细颗粒材料，采用密闭库存放，搭设专门存放水泥的仓库进行分类集中堆放，运输过程中轻拿轻放并遮盖严密，防止遗撒、扬尘。

施工过程中遇有四级以上大风天气，不得进行砂浆搅拌以及其他可能产生扬尘污染的施工。

9.2 污水处理控制

搅拌场设置污水沉淀池，搅拌机出料口2m以内连续设置沉淀池2座（规格1.2m×1.0m×1.4m，采用混凝土垫层，24墙砌筑，5×5以上角钢焊盖板），将洗机水经二次沉淀后再利用，以达到环保施工循环用水，节约用水的目的。

10. 效 益 分 析

本工法效益见表10。

效益分析表 表10

对比项目	防火墙传统施工方法	清水防火墙工法
经济效益	砖墙表面需粉刷及施涂涂料，时间一长难以避免裂缝，影响观感及使用，表面需修补围护	通过本工法施工的清水构件，表面不用粉刷，面层不需喷涂，避免了使用粉刷砂浆、涂料，节约了材料费用，全寿命使用周期中不会出现粉刷裂缝，节约了维修费用
环保、节能效益	砌块需要现场切割，扬尘较大，损耗较大	经过排版及技术处理后，所有砌块不需切割，避免了扬尘污染，降低了材料损耗，符合"绿色施工"的指导思想
社会效益	目前建筑市场竞争激烈，业主要求越来越高，传统施工方法无法体现企业技术优势，难以中标	目前建筑市场竞争激烈，业主要求越来越高，企业通过核心技术攻关创造出"同价质优"的产品，可大大提升企业形象，提高企业竞争力

11. 应 用 实 例

11.1 500kV 苏州东变电站（图11.1-1、图11.1-2）

500kV苏州东变电站土建工程所址位于昆山市正仪镇姜巷村，距离北面沪宁高速公路仅430m，西侧邻近界浦河，距南面最近的村庄350m。所址总用地面积68364m²，所址区域主要建构物包括主控楼、500kV继电器室、220kV继电器室、所用电室、室外附属工程、安装工程等。工程开工日期2009年2月，竣工日期2010年4月。

图11.1-1 500kV苏州东变电站效果图　　　　图11.1-2 清水防火墙完工成品

江苏省电力公司把该工程确定为"两型一化"变电站建设试点工程，即建设"资源节约型、环境友好型、工厂化"的电网工程。为响应国网公司基建标准化管理要求，积极开展"两型三新"（资源节约型、环境友好型，新技术、新材料、新工艺）的建设，公司成立了"创国家电网公司安全质量流动红旗竞赛领导小组"，并积极贯彻落实国家电网公司施工工艺标准要求，结合本工程特点，专门制定《500kV苏州东变电站土建工程施工工艺标准》。对混凝土道路、清水防火墙、电缆沟、设备基础清水混凝土施工等重点施工工艺制作施工样板，设立独立样板区，并在施工过程中先施工小样板，总结、推广施工技术要点，统一施工工艺标准，再进行大面积施工，确保工程一次成优，并获得了"2009年度国家电网公司安全质量流动红旗"（全国一共2个项目）。

11.2 500kV昆太开关站（图11.2-1、图11.2-2）

500 kV昆太开关站工程位于太仓市双凤镇新立村内，占用征地面积50026.28 m²，共分为主控通信楼、35kV所用站、消防泵房、污水泵房、500kV场地及室外场地。工程从2006年6月开工，于2007年5月18日通过省供电公司竣工验收。

为实现达标投产并创优的目标，在各项工作中必须充分体现出苏州二建建筑集团公司"信誉至上，质量第一"的企业宗旨，成立了以分公司经理挂帅的达标投产、创精品工程领导小组并制定了工程项目管理目标。

在施工过程中，充分发挥项目部质保体系的作用，加强施工准备工作，针对变电站工程特点详细编制《施工组织设计》、《技术作业指导书》和《500 kV昆太开关站创优规划》，优化施工方案，采取合理的技术措施，同时强化质量自控机制。

工程中构支架基础及墙体较多，工作量很大，我们对于电缆沟、防火墙及围墙提出了清水要求，对模板体系进行大胆的改革。项目部采用了定型竹夹板模板支撑体系的支模方法，拼缝处用双面胶贴缝，使混凝土浇筑过程中的常见的漏浆现象得到了有效控制，提高了混凝土表面平整度和外观质量。

建筑物砖砌体施工中，提出了清水墙的砌筑要求。首先对砌墙用砖进行严格筛选，不符合要求的坚决不用。在砌筑过程中，项目部根据轴线尺寸组砌得当。头缝、水平缝严格按施工规范，先砌小样板墙，组织学习交流，再全面推广。对墙体灰缝和水平灰缝厚度及墙体标高，采用皮数杆和拉线控制，严格做到上跟线、下跟棱、反手要持平。质量小组随时检查砌筑质量，把检查结果和操作人员的名字直接标注在每一堵墙上，达不到清水墙要求的，就算是局部问题也拆掉重砌。因此，全部墙体垂直度、表面平整度、灰缝饱满度、头缝顺直、基本达到了预期的目的。

图11.2-1 500kV昆太开关站工程效果图

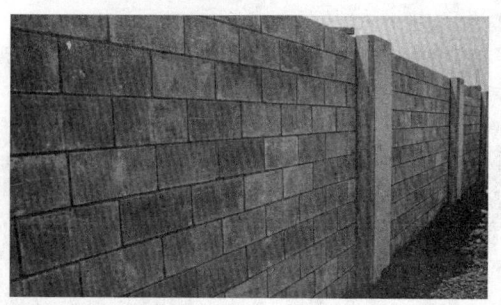

图11.2-2 清水墙图

11.3 500kV苏州西变电站土建工程（图11.3）

500kV苏州西变电站土建工程位于苏州吴中区藏书镇，所址区域主要建构物包括内容如下：主控制楼、进所道路、构架场地、消防泵房、交流电源室、所变室、500kVGIS配电装置、220kVGIS配电装置室、主变基础。2006年9月开工，2007年11月竣工。

本工程质量控制要远高于国家标准，以高标准达标投产，打造精品工程。整个施工过程，达标投产、创精品的要求容入每一道施工工序，无时不提醒着每一个施工人员，全力以赴地奋战在第一线，为本工程交上一份满意的答卷。

本工程重点控制了电缆沟施工及清水墙施工。工程亮点：电缆沟方正平直，采用清水混凝土做法，压顶内实外光，表面平整，色泽一致简洁大方。

图11.3 清水墙图

11.4 35kV周庄变升压输变电土建工程

35kV周庄变升压输变电土建工程位于江苏省盐城市阜宁县阜城镇，所址区域主要建构物包括内容如下：主控制楼、进所道路、构架场地、消防泵房、交流电源室、所变室、35kV配电装置、主变基础。2009年2月开工，2009年8月竣工。

本工程质量控制要远高于国家标准，以高标准达标投产，打造精品工程。在施工过程中，充分发挥项目部质保体系的作用，加强施工准备工作，无时不提醒着每一个施工人员，全力以赴地奋战在第一线，为本工程交上一份满意的答卷。

本工程重点控制了电缆沟施工及清水墙施工。工程亮点：采用清水混凝土做法，压顶内实外光，全部墙体垂直度、表面平整度、灰缝饱满度、头缝顺直，色泽一致，简洁大方。

钢筋混凝土窗台压顶逆作施工工法

GJEJGF046—2010

温州中城建设集团有限公司　三箭建设工程集团有限公司
陈林　潘一中　王新华　叶锡国　潘烈侠

1. 前　　言

在房屋建筑工程中，钢筋混凝土窗台压顶起着防止窗台下部两角出现45°裂缝、窗台渗水进入窗台下墙体而引起墙体浸水等质量问题的作用。传统的一般做法有：其一，在砌筑墙体时，砌筑到窗台位置时先浇筑钢筋混凝土窗台压顶，待钢筋混凝土压顶浇筑完毕继续砌砖，但墙体砌筑间歇时间长，影响施工工期；其二，在砌筑墙体时，砌筑到窗台位置时，先用支撑块进行支撑，直接在其上砌筑上部墙体，待浇筑钢筋混凝土窗台压顶时，拆取支撑块再浇筑混凝土窗台压顶，拆取支撑块时给窗台压顶上部悬挑部分墙体质量带来一定的影响，钢筋混凝土窗台压顶混凝土浇筑时，容易引起嵌入墙体部分的混凝土浇捣不到位，导致窗台压顶渗漏水，施工繁琐造成人工和材料的浪费；其三，预制窗台压顶受窗台长度的限制，成品不宜保护，施工操作繁琐。

钢筋混凝土窗台压顶逆作施工技术，是利用窗台压顶钢筋混凝土预制砌块，在砌筑墙体时直接砌筑到窗台压顶两端墙体内，随时可以浇筑窗台压顶。在工程实践中较好地解决上述一系列问题，并总结完善了钢筋混凝土窗台压顶逆作法施工技术成套施工工艺，完成了钢筋混凝土窗台压顶逆作施工工法的编制。可利用施工现场商品混凝土余料、模板边角料及钢筋短料制作钢筋混凝土预制砌块，节能环保，具有很大的市场推广和应用前景。核心技术经浙江省住房城乡建设厅组织的专家鉴定，达到国内领先水平。申报发明专利和实用新型专利各1项，其中《钢筋混凝土窗台压顶预制块》201020145991.X已获授权。

2. 工　法　特　点

2.1 不受窗台压顶长度的限制，方法简单，操作方便，施工衔接紧凑，大大提高施工进度和窗台压顶的施工质量。

2.2 安装模板时，采用海绵胶带或1：2~1：3水泥砂浆填充墙体与模板之间的缝隙，保证了窗台压顶在浇筑过程中不漏浆，保证了较好的观感质量。

2.3 钢筋混凝土窗台压顶钢筋绑扎过程中加设自制加长横向撑脚，保证了钢筋位置，防止混凝土窗台压顶收缩开裂而引起渗水问题。

2.4 钢筋混凝土窗台压顶预制块制作可利用施工现场商品混凝土余料、模板边角料及钢筋短料制作，节能环保，也可工业化生产。

2.5 采用步步紧卡具对模板进行固定，取代了传统的钢丝捆绑法，既能节省工作时间，提高工作效率，还节约施工成本。

3. 适　用　范　围

本工法适用于房屋建筑工程中有窗间墙砖砌体的钢筋混凝土窗台压顶施工。

4. 工 艺 原 理

本工法是采用自主研发的钢筋混凝土预制砌块，砌块端部采用多断面的接槎方式，保证窗台压顶二次浇筑接缝质量，解决接缝处渗水问题。在砌筑墙体时直接砌筑到窗台压顶两端墙体内，待砖砌体施工完毕后，利用窗台压顶钢筋与混凝土预制砌块预留钢筋进行绑扎或焊接连接，绑扎钢筋的同时加设自制加长撑脚，以确保钢筋位置，然后安装窗台压顶两侧模板，采用步步紧卡具对模板进行对拉固定，模板与砌体采用海绵胶带或1：2～1：3水泥砂浆填塞缝隙，最后浇捣混凝土，在混凝土中掺入适量膨胀剂，以弥补混凝土的收缩裂缝。用小型平板震动器振捣密实，用抹子对新浇混凝土进行二次压模。混凝土强度达到1.2N／mm²即可拆模养护。

5. 施工工艺流程及操作要点

5.1 施工工艺流程（图5.1）

5.2 操作要点

5.2.1 窗台压顶砌块制作

1．钢筋混凝土窗台压顶钢筋混凝土预制砌块尺寸，宽度同墙厚，有窗台线则另加窗台线宽度，长度和厚度根据设计要求窗台压顶嵌入墙体的长度及窗台压顶厚度而定（嵌入墙体长度不小于250mm，厚度不小于60mm），接槎尺寸和形状按图5.2.1执行。钢筋混凝土预制砌块预留钢筋保护层为15±5mm，绑扎连接不小于35d（d为窗台压顶钢筋直径），焊接连接预留长度不小于10d（d为窗台压顶钢筋直径）。窗台钢筋混凝土预制砌块可以在施工现场制作，也可由厂家制作。

2．混凝土强度同窗台压顶混凝土强度，根据设计施工图纸要求确定。

3．待钢筋混凝土预制块混凝土强度达到1.2N／mm²即可拆模。

4．钢筋混凝土预制砌块的养护，养护时间不少于7d。

5．钢筋混凝土预制砌块龄期达28d后方可使用。

5.2.2 标高控制

根据工程的实际特点，在各楼层结构（墙）柱子上进行0.5线测量标注，标注误差控制不大于1mm。

5.2.3 砌筑砌体

1．在墙体砌筑过程中，按《砌体工程施工质量验收规范》GB 50203-2002执行控制。控制内容为砌体的轴线、标高、平整度、垂直度、标高及灰缝厚度。

2．在砌体施工过程中，窗台压顶底部砌丁砖一皮，砌体平整度偏差不得超过5mm。

3．钢筋混凝土预制块埋设见图5.2.3-1、图5.2.3-2（注：图中b为墙体宽度）。

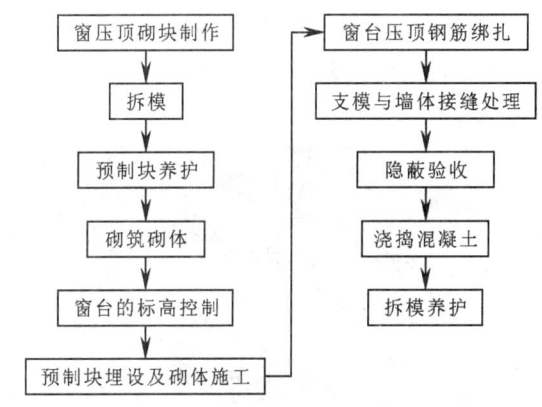

图5.1 钢筋混凝土窗台压顶逆作施工流程图

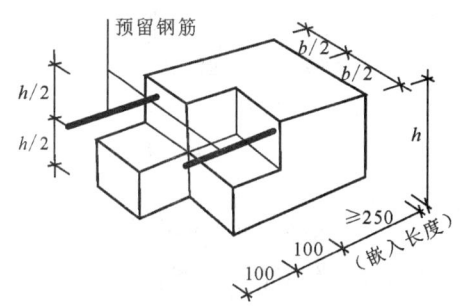

图5.2.1 钢筋混凝土窗台压顶预制砌块

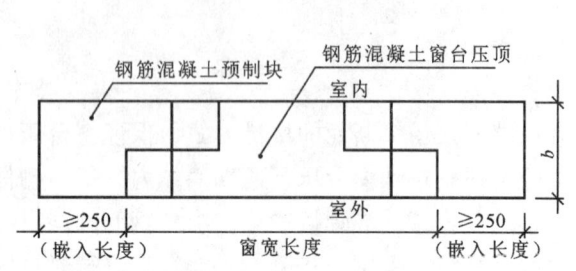

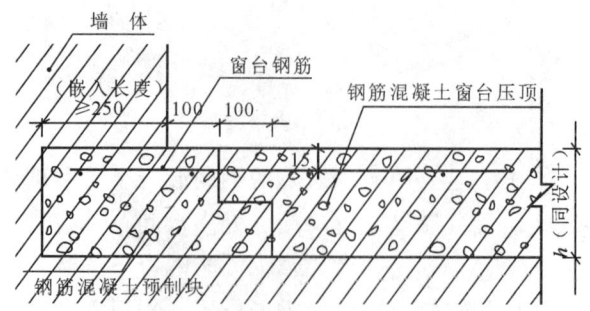

图5.2.3-1　钢筋混凝土窗台压顶平面布置示意图　　　图5.2.3-2　钢筋混凝土窗台压顶预制块埋设节点示意图

5.2.4　窗台的标高控制

砌筑预埋块及窗台两端上部墙体按照皮数杆制定的窗台压顶位置进行钢筋混凝土预制块砌筑，砌筑标高误差不大于5mm，埋设水平位移动偏差不大于5mm。待预制块砌筑完毕直接砌筑窗台压顶两端上部墙体（图5.2.4）。

5.2.5　窗台压顶钢筋绑扎

1. 窗台压顶钢筋采用焊接与钢筋混凝土预制块预留的钢筋连接，其绑扎搭接长度为35d，焊接长度单面焊不小于10d，双面焊不小于5d（d为窗台压顶的钢筋直径）。

2. 绑扎连接或焊接连接完毕后根据设计要求绑扎窗台压顶分布筋，同时按间距不大于500mm设置加长撑脚（图5.2.5）。

图5.2.4　预制块及窗台两端上部墙体砌筑　　　　　图5.2.5　横向加长撑脚

5.2.6　支模与墙体接缝处理

1. 根据窗台压顶的厚度另加模板与墙体的搭接面150~200mm宽度。

2. 为了更有效保证窗台压顶两侧的平整度，在窗台压顶上口加设25mm×80mm方楞。

3. 安装模板时应根据设计的散水坡度、设计的窗台压顶形状安装模板，如果设计无要求散水坡度的，则按地方相关标准设置窗台散水坡度。

4. 步步紧卡具对模板加以对拉固定，步步紧间距不大于600mm，模板上口标高偏差不大于±5mm（图5.2.6）。

5. 缝隙采用海绵胶带或1∶2~1∶3水泥砂浆填塞墙体与模板之间缝隙，当采用水泥砂浆填塞缝隙时，达到一定强度后即可浇筑混凝土。

图 5.2.6　加设步步紧卡具设备

5.2.7　隐蔽验收

对窗台压顶的钢筋规格、搭接长度以及窗台压顶模板的尺寸和散水坡度进行检查验收。

5.2.8　浇捣混凝土

1. 提前2h对混凝土浇筑窗台接触部位的砌体及模板浇水湿润。

2. 根据设计要求配置混凝土强度，掺入适量膨胀剂，混凝土骨料粒径控制在5~20mm之间，砂子采用中砂，混凝土粗细骨料含泥量应符合国家规定要求，坍落度控制在80~130mm，混凝土在运输中不宜发生分层、离析现象，否则应在浇筑前进行二次搅拌。

3．混凝土浇捣，采用小型平板振动器浇筑捣实。

4．浇捣完毕用抹子进行二次压平，以避免出现伸缩裂缝。

5.2.9　拆模养护

1．拆模

混凝土强度达到1.2N／mm²即可拆模，拆模时应注意混凝土强度表面及棱角不受损坏（图5.2.9）。

图5.2.9　窗台压顶拆模成型

2．养护

正常条件下采用浇水养护，用水管、水桶等工具浇水，保证混凝土的湿润度，养护时间不少于7d。

5.2.10　劳动力组织

主要劳动力计划表　　　　　　　　　　　　　　　　　　　　　表5.2.10

序号	工种名称	人数	工作内容
1	项目经理	1	对施工整个过程进行全面管理
2	技术负责人	1	施工技术指导
3	质量员	1	质量管理工作
4	安全员	1	安全管理工作
5	木工	10	模板安装
6	泥工	10	浇捣、压平
7	钢筋工	12	钢筋绑扎及焊接
8	普工	10	材料运输、基层养护

6. 材料与设备

6.1　主要材料

钢筋、模板、水泥、石子、砂、膨胀剂等。

6.2　施工机具

脚手架、水准仪、皮数杆、木工原盘锯、电焊机、混凝土搅拌机、小型平板振动器、计量器、步步紧卡具、海绵胶带、壁纸刀、抹子、2m靠尺、钢卷尺等。

7. 质量控制

7.1　施工中要认真执行的主要规范

《混凝土结构工程施工质量验收规范》GB 50204-2002、《砌体工程施工质量验收规范》GB 50203-2002)，如有地方相关标准时则应按地方标准执行。

7.2　施工过程质量控制

7.2.1　采用水泥强度等级为不低于32.5MPa的普通硅酸盐水泥，进场时应对其品种、级别、包装和散装仓号、出厂日期等进行检查，并对其强度、安定性和其他必要的性能指标进行复验，其质量必须符合现行国家标准规定，并提供生产厂家应提供检测报告和出厂合格证。当在使用中对水泥质量有怀疑或水泥出厂超过3个月时，应进行复验，并按复验结果使用。复验数量，按袋装水泥按每200t为一个检验批进行取样测试，散装水泥按每500t为一个检验批进行取样测试，取样结果应符合国家规定要求。

7.2.2　对进场的钢筋应检查原材料进场合格证和复试报告，成型加工质量、钢筋连接及操作合格证。验收合格并按有关规定填写"钢筋隐蔽工程检查记录"签章后方可浇筑混凝土。

7.2.3 对于使用的模板应保证模板具有足够的强度、刚度和稳定性，以保证施工过程中窗台压顶不变形、不破坏；模板与混凝土接触面应清理干净并涂刷隔离剂，但不得采用影响影响结构或妨碍装饰工程施工的隔离剂。

7.2.4 混凝土配合比应经有资质的实验室进行计算试配，并经调整后确定；混凝土搅拌一般宜由场外商品混凝土搅拌站或现场搅拌站搅拌，应严格掌握混凝土施工配合比，确保各种原材料合格，计量偏差符合标准规定要求，投料顺序、搅拌时间合理、准确，最终确保混凝土质量满足设计施工要求。

7.2.5 按《混凝土结构工程施工质量验收规范》GB 50204-2002留置混凝土试件。

7.2.6 预制砌块运输过程中加强成品保护。

7.2.7 混凝土在运输不宜发生分层、离析现象：否则，应在浇筑前进行二次搅拌。

7.2.8 混凝土养护时间不少于7d。

7.2.9 保证窗台压顶不破损，待混凝土强度达到1.2N／mm²，即可拆除。

7.2.10 冬期施工应有保证混凝土施工质量保证措施。

7.2.11 窗台压顶模板安装允许偏差和检验方法应符合表7.2.11的规定。

窗台压顶模板安装允许偏差和检验方法 　　　　　表7.2.11

项　　目	允许偏差（mm）	检 查 方 法
轴线位移	5	钢尺检查
截面尺寸	+4，−5	钢尺检查
相连板接缝偏差	2	钢尺检查
侧模顶部标高	±5	钢尺检查

7.2.12 窗台压顶混凝土构件尺寸允许偏差和检验方法应符合表7.2.12的规定。

窗台压顶构件尺寸允许偏差和检验方法 　　　　　表7.2.12

项　　目	允许偏差（mm）	检 查 方 法
轴线位移	5	钢尺检查
表面平整	8	用2m靠尺和钢卷尺检查
截面尺寸	+8，−5	钢尺检查
标高	5	钢尺检查

7.2.13 混凝土每盘称量的偏差应符合表7.2.13。

原材料每盘称量的允许偏差 　　　　　表7.2.13

材 料 名 称	允 许 偏 差
水泥、掺合料	±2%
粗、细骨料	±3%
水、外加剂	±2%

8. 安 全 措 施

8.1 设专职安全员，班前班后对吊篮、脚手架等施工机具做安全可靠性检查；施工现场严禁打闹，经常巡视监督操作人员的不安全行为。

8.2 施工人员应遵守国家及地方操作规程和施工现场有关安全规定，施工人员进入施工现场必须戴好安全帽，正确佩带好劳动保护用品。

8.3 如突发人身安全事故或火灾，应进行紧急抢救，同时立即报告有关部门前来现场救助。

8.4 电器、机械设备等必须由持上岗证的技师、技工操作和维修，并严格按操作规程操作。

8.5 脚手架上的材料、工具应分散堆放，不得超载，禁止与其他工种垂直交叉作业。

8.6 不准随意拆除、斩断脚手架上的软硬拉结，不准随意拆除脚手架上的安全设施。

8.7 模板安装施工时，严禁从脚手架上丢扔东西，操作使用工具应妥善存放，防止坠落伤人，施工脚手架上的施工垃圾应及时打扫清除。

8.8 切割模板时，应在地面加工成型，再运至楼层作业面上进行拼装。

8.9 现场焊接时，焊接下方应有防火设置。

9. 环 保 措 施

9.1 坚持对职工进行环保教育，树立"人人重视环境保护"意识。

9.2 施工垃圾使用封闭的专用垃圾道吊运，严禁随意抛洒造成扬尘。

9.3 施工现场的废弃物应随时清理干净，保持现场整洁、文明。

9.4 窗台压顶施工时，应控制粉尘、污染物、噪声。

10. 效 益 分 析

钢筋混凝土窗台压顶逆作施工工法与传统施工工艺相比，施工衔接合理，大大提高施工进度，特别在砖混结构房屋建筑中缩短施工工期尤为突出，有效保证窗台压顶混凝土施工质量；可利用施工现场商品混凝土涂料、钢筋短料及模板边角料制作钢筋混凝土预制砌块，节能环保，减低窗台压顶施工成本。经过数据分析，每樘窗台压顶单项施工成本节约3.5元，施工进度缩短节约施工综合管理费用，经过3个工程项目实践工程应用，节约施工综合成本分别为91200元、95200元、85600元，取得了良好的经济效益和社会效益。

11. 应 用 实 例

11.1 万康锦绣城E04～E06地块工程，西为龙湾行政中心，施工建筑面积为104827 m²，于2006年7月1日开工，2009年4月17日竣工，主体结构为框架结构，填充墙采用蒸压加气混凝土砌块，外墙采用烧结黏土多孔砖，窗的数量为4630樘，窗台压顶均采用钢筋混凝土窗台压顶逆作施工工法，砌体施工工期提前3d，投入使用以来，未出现窗台开裂、渗漏水等现象。

11.2 上海花园工程位于浙江省乐清市中心区滨海片区，东至30m滨江路，南至30m滨江路，西至已建旭阳路，北至规划银溪路边绿化带。总建筑面积约110000m²，由独栋、双拼高档别墅构成，是乐清市第一个低密度大型生态住宅社区，框架结构，2004年10月20日开工，2007年11月12日竣工。填充墙采用蒸压加气混凝土砌块，外墙采用烧结黏土多孔砖，窗的数量为6320樘，窗台压顶均采用钢筋混凝土窗台压顶逆作施工工法，砌体施工工期提前3d。投入使用以来，未出现窗台压顶开裂、渗漏水等现象，达到预定的效果，监理单位、设计单位、施工单位各方责任主体评价较好。

11.3 乐清香格里拉海景园工程，工程位于乐清市蒲岐镇北门街村，开工时间2008年9月26日，工期690d。总建筑面积94211m²（地下室面积18550m²），共由A～G7栋楼组成，地下1层，地上16～21层，结构类型为框架-剪力墙结构，填充墙采用混凝土多孔砖，窗的数量为2530樘，2009年主体施工过程中，窗台压顶均采用钢筋混凝土窗台压顶逆作施工工法进行施工，砌体施工工期提前4d，达到预定的效果，得到业主和监理单位一致好评。

钢筋桁架模高精度混凝土现浇板施工工法

GJEJGF047—2010

安徽华力建设集团有限公司

赵学军　吴银国　陈文生　赵利明　梁月波

1. 前　言

多层大型钢结构的迅猛发展对结构混凝土板平整度和成型质量提出了更高的要求，而楼板钢筋桁架模混凝土的施工方法是影响工程质量的主要因素。

目前，多高层钢结构建筑楼板多采用钢筋桁架模混凝土现浇组合结构，这种结构有增加建筑物净高、楼板下表面平整、钢筋绑扎量小等优点。采用常规混凝土现浇板施工方法，混凝土易出现平整度精度控制不好、成型差等缺点。

安徽华力建设集团有限公司开展了科技创新，取得了"钢筋桁架模高精度混凝土现浇板施工技术"这一国内领先和首创的新技术成果，于2011年1月通过安徽省住房和城乡建设厅专家鉴定；其核心技术《大面积钢筋桁架模混凝土平整度控制方法》已于2010年9月10日申报发明专利，专利申请号：2010102823113。同时形成了钢筋桁架模高精度混凝土现浇板施工工法。由于在控制钢筋桁架模结构混凝土成型平整度精度方面效果明显，技术先进，具有明显的社会效益和经济效益。

2. 工 法 特 点

2.1 通过在钢结构次梁上安装角钢导轨，再利用专制紧线器绷紧钢丝线控制标高，最后将角钢导轨焊接安装在竖向支撑上，形成完整的控制混凝土平整的体系，能使混凝土成型平整度达到2mm/2m以内的精度要求。

2.2 水平角钢单面朝上，通过调直（打磨），再以专制紧线器带钢丝精确测量控制导轨标高，使角钢与钢结构次梁连接牢固，能有效避免混凝土现浇板平整度不易控制的问题，提高钢筋桁架模现浇混凝土平整度的精度。

2.3 竖向支撑、专制紧线器控制、水平角钢导轨、专业整平机械及相关辅助测量共同构成钢筋桁架模混凝土现浇板的平整度控制体系，具有结构混凝土控制精度高、混凝土结构板成型质量好、增加投入较少、安装牢固、易于施工且施工效率高等特点。

3. 适 用 范 围

适用于一般工业与民用建筑工程中大型多层钢结构工程中，楼层结构采用钢筋桁架模做结构支撑的混凝土现浇板，且对混凝土现浇板的平整度精度控制有非常高要求的楼层结构板工程。

4. 工 艺 原 理

采用水平角钢导轨控制方式，在钢结构与钢筋桁架模安装完成后，通过在钢结构次梁上分幅（幅宽一般为5~6m）焊竖向支撑，用专制紧线器带22号钢丝控制水平度，再安装焊接水平角钢控制导轨；在钢筋桁架模板上沿钢结构次梁方向形成幅宽5~6m的水平导轨，构成了钢筋桁架模混凝土板平整度控制体系。

施工时再采用较长的滚筒顺着导轨来回碾压混凝土以初始平整，进而在混凝土初凝过程中配合整平机械进一步精确控制混凝土平整度，避免人为控制的随意误差，使大面积钢筋桁架模混凝土结构板的成型平整度达到较高的精度要求。

5. 施工工艺流程及操作要点

5.1 施工工艺流程

施工准备→钢筋桁架模安装检查验收→分布钢筋安装→测量放线→角钢材料进场验收→竖向支撑下料→紧线器绷紧水平钢丝→角钢导轨安装、验收→分区浇筑混凝土→混凝土振捣、滚压密实→机械收光、成型→养护及成品保护。

5.2 操作方法和要求

5.2.1 施工准备

1. 根据工程项目具体情况编制专项施工方案，经公司相关部门审批，业主、监理等部门批准后实施。

2. 钢结构钢筋桁架模板安装结束，经质量验收合格，工种之间应办好交接手续，钢筋桁架模应做好封边处理。

3. 现场施工机具准备并就位（包括垂直运输机具、工具、安全防护网、施工电源等）。

5.2.2 钢筋桁架模安装检查验收

清除模板上的垃圾、焊接剩余材料。检查钢筋桁架模的整体平整度要符合要求，栓钉是否牢固到位（如果偏差过大，应先进行标高调整及质量处理，以确保结构层的成型质量）。

5.2.3 分布筋安装

1. 根据图纸进行钢筋下料，控制钢筋的制作下料长度准确。

2. 分布筋绑扎时，要确保搭接接头的位置正确，控制区域接头数量，以及钢筋间距、保护层厚度等。

3. 在钢筋桁架模端头连接处，除按照图纸设计附加钢筋外还因控制钢筋间距不宜过大，以不超过150mm为宜，满扣绑扎，必要时电焊加固。

5.2.4 测量放线

1. 标高控制线：根据已给出的标高和楼层高度，先用水平仪在二层内墙面及钢结构柱四周测设封闭水平线，作为楼层结构标高控制线。

2. 分幅边线：根据钢结构次梁的间距确定分幅浇筑宽度，一般以5～6m为宜。用经纬仪配合钢卷尺测设出导轨安装位置，然后弹上墨线。

3. 根据楼层混凝土结构设计的特点，应在后浇带、膨胀带等后浇混凝土两侧增加测设角钢导轨安装控制线。

5.2.5 角钢材料进场验收

作为导轨的角钢材料要求达到国标要求。在材料进场后应进行外观质量检查，外观顺直，不得有弯曲、变形、扭曲等缺陷；必要时对作为导轨的角钢一个边进行打磨处理。并做好验收记录。见表5.2.5。

5.2.6 竖向支撑下料

1. 利用导轨的废弃料制作。

2. 要求上下切口平顺，垂直于角钢；长度控制低于导轨上口3～5mm，以不影响后续滚筒操作。

5.2.7 紧线器绷紧水平钢丝

1. 改良制做、安装钢丝紧线器。

角钢允许尺寸偏差 表5.2.5

项　　目	允许偏差（mm）
厚　　度	0～0.5
长　　度	±5.0
翼　　宽	±0.5
翼 边 平 直	±0.5
翼 面 平 整 度	1.0

2. 控制水平导轨安装标高，带上钢丝，用紧线器绷紧固定。

5.2.8　导轨安装、验收

1. 将符合要求的角钢导轨，按照分幅边线进行摆样。
2. 按要求焊接安装竖直短角钢支撑（间距1000mm），确保整体稳定性。
3. 带钢丝线，用专制的紧线器绷紧，电焊安装水平导轨。
4. 根据标高要求，安装、控制导轨水平精度（偏差在1mm/2m）。
5. 对安装完成的导轨的标高、水平度进行复核、检查和验收，做好记录。

5.2.9　分区浇筑混凝土

1. 对角钢导轨上边沿进行涂刷环氧树脂防腐处理（高度10mm范围）。
2. 协调钢结构安装单位配合浇筑方案的要求，预留汽车泵浇筑行走空间。
3. 采用汽车泵送混凝土浇筑施工方法，避免拖泵浇筑对结构层的冲击。
4. 按照设计好的浇筑方案，分区浇筑混凝土（分区宽度5~6m），混凝土性能要求见表5.2.9。

混凝土的性能要求 表5.2.9

强度等级	坍落度（mm）	水灰比	入模温度（℃）	运输时间	坍落度偏差（mm）
C20以上	120~160	符合设计要求	≥5	符合规范要求	20

5.2.10　混凝土振捣、滚压密实

混凝土施工先使用插入式振捣器振捣密实，再用6.5m长滚筒，以两人拉两端沿角钢导轨来回滚压，4遍以上，确保混凝土滚压密实。

5.2.11　机械收光、成型

用机械收光机，在结构混凝土终凝前进行磨压收光、成型，根据混凝土和易性情况，必要时增加磨压遍数；以控制结构收缩裂缝的出现。

5.2.12　养护及成品保护

1. 在结构混凝土浇筑完毕12h内，采用塑料薄膜进行覆盖保湿养护7d以上。
2. 用九厘板进行大面积覆盖作为成品保护措施。

6. 材料与设备

6.1　主要采用的机具设备及材料的性能要求应符合表6.1的要求

机具设备表 表6.1

序号	设备名称	设备型号	单位	数量	用途
1	台式切割机	JIG-FF02-355	台	1	角钢下料
2	电焊机	BX-300	台	4	钢筋、支撑安装
3	紧线器		个	10	控制安装水平度
4	钢筋弯曲机	GW40	台	1	钢筋加工
5	钢筋切割机	GJ40	台	1	钢筋加工

序号	设 备 名 称	设备型号	单 位	数 量	用 途
6	6.5m 滚筒		台	1	滚压整平
7	振动棒	35	部	4	振捣密实
8	混凝土收光机	PP915	台	2	成型整平
9	自动安平水准仪	DSZ2	台	2	测量控制
10	光学经纬仪	J2-2	台	1	测量控制
11	钢卷尺		把	6	测量控制
12	橡皮锤		把	6	测量控制
13	水平尺	JK09	把	1	测量控制

6.2 其他附件

钢筋桁架模高精度混凝土现浇板施工工法所采用的附件，包括短角钢、E43焊条等应符合相应的产品标准要求。

7. 质 量 控 制

7.1 工程质量控制标准（表7.1-1～表7.1-3）

导轨安装允许偏差表　　　　　　　　　　　　　表7.1-1

序号	检 查 项 目		允许偏差	检 查 方 法
1	上表面平整度	水平度	≤1mm/2m	用水平尺测量
		标 高	≤2mm	
2	导轨与导轨连接符合要求			观察
3	导轨安装间距符合方案设计要求			钢尺测量

分布钢筋绑扎允许偏差表　　　　　　　　　　　表7.1-2

项次	项 目		允许偏差（mm）	检 验 方 法
1	绑扎钢筋网	长、宽	±10	钢尺检查
		网眼尺寸	±20	钢尺量连续三档，取其最大值
2	绑扎钢筋骨架	长	±10	钢尺检查
		宽、高	±5	钢尺检查
3	受力钢筋	间距	±10	钢尺检查
		排距	±5	钢尺量两端，中间各一点，取最大值
		钢筋保护层　板	±3	钢尺检查
4	预埋件	中心线位移	3	钢尺检查
		水平高差	+3，-0	钢尺和塞尺检查

混凝土施工允许偏差表　　　　　　　　　　　表7.1-3

项 目		允许偏差（mm）	检 验 方 法
标高	层高	±8	水准仪或拉线、钢尺检查
截面尺寸		+8，-5	钢尺检查
表面平整度		2	2m靠尺和塞尺检查
预埋设施中心线位置	预埋件	10	钢尺检查
	预埋螺栓	5	
	预埋管	5	
预留洞中心线位置		15	钢尺检查

7.2 质量保证措施

7.2.1 短角钢在切割时会附着切割屑，会造成切口不平整，因此切割后须用布将切割屑擦掉。

7.2.2 焊接应确保整个系统牢固可靠，保证竖向支撑竖直。

7.2.3 在安装导轨时，紧线器要绷紧钢丝线，并要和水平检测密切配合，随时调整高程偏差。安装完成，立即进行水平度复测，控制误差在1mm/2m范围内。

7.2.4 对外表有较大缺陷，变形的角钢不得做导轨使用。

7.2.5 结构混凝土浇筑时，要加强模板检查，防止漏浆；振捣时，要防止模板移动，预埋件位移。

7.2.6 做好钢筋桁架模板的封边处理，防止漏浆和边缘成型不好；出现成型不好缺陷，要及时修补。

7.2.7 滚筒滚压时，两边操作人员应互相配合用力一致，不要来回扯动，造成对导轨的水平冲击，进而影响成型质量。

7.2.8 做好季节性施工措施，冬期无保温、防冻措施则不得浇筑结构混凝土。混凝土浇筑完毕，应有专人负责按要求及时覆盖薄膜养护，防止混凝土脱水、疏松，降低构件强度。

7.2.9 在结构板混凝土强度达到1.2N/mm²后，加盖九厘板做好成品保护措施。

8. 安 全 措 施

8.1 建立安全责任制，进入现场前，对工人进行安全专项技术交底和培训工作。对施工机械、吊车等操作进行培训，专职安全员做好检查工作。

8.2 进入施工现场并在施工时，要带好安全帽，系好安全带，现场严禁吸烟，严禁酒后施工。

8.3 在安装过程中，严格按照相关操作规程进行安装。

8.4 在施工焊接时，应做好绝缘措施，防止发生触电危险。

8.5 高处作业人员必须按照要求正确佩戴安全防护用品；有高处作业禁忌症的人员严禁从事高处作业。

8.6 安全装置在安装前必须进行检测合格，且必须保证安全措施齐全、有效，动作灵敏。

8.7 对作业人员加强安全教育，增强作业人员的自我保护意识。吊装操作人员必须经过培训合格后方上岗，吊装过程中必须由专人按照操作规程谨慎操作。

8.8 严禁操作人员在酒后作业；在高处操作的所有人员必须佩戴安全带，安全带挂在保身绳锁扣上，锁扣套在保身绳上随保身绳上下。

9. 环 保 措 施

9.1 施工现场四周必须有围护设施，出入口设门卫、非施工人员不得擅自进入施工现场。

9.2 施工现场、暂设工程井然有序，室内外清洁卫生。焊条及施工废料等建筑垃圾集中堆放，及时清理。材料、机具设备、周转材料定点整齐堆放。

9.3 材料、工具应及时回收归库，做到工完料净场清。

9.4 现场严禁焚烧会产生有毒、有害烟尘和恶臭气体的物质。

9.5 垃圾应采用密闭的措施进行转运处理，不准从高空向下直接倾倒。

9.6 减少施工噪声，合理安排夜间施工，处理好与周围单位、居民的公共关系，尽量做到施工不扰民。

10. 效 益 分 析

10.1 本工法与国内同类钢筋桁架模混凝土板的工法相比，混凝土平整度精度控制效果明显

本工法具有极好的平整度控制效果，施工成型平整度达到2mm/2m的精度要求。与目前国内普遍采用的混凝土施工控制工艺（规范要求8mm/2m标准）相比，控制效果提高60%以上。独特的导轨设计消除了人为控制随意性的影响，经现场检测，钢筋桁架模混凝土结构板平整度合格率达到90%以上。

由此可见，钢筋桁架模高精度混凝土现浇板施工工法能保持良好的精度控制性能，避免了混凝土成型平整度偏差大后期处理的高额费用以及工期损失，据公司财务部门统计每平米经济效益达10元以上。

10.2 安装简便，调整灵活

钢筋桁架模混凝土质控系统由国家标准∟25角钢作为平整度控制导轨，同时辅以竖向同型号短角钢作为竖向支撑，带上钢丝线用紧线器带紧控制标高能够满足特定混凝土结构现浇板施工中对成型平整度的较高要求；分幅宽度可以按照钢结构设计的次梁间距，灵活调整。解决了目前建筑混凝土现浇板施工中质量控制人为因素随意性大、现浇板成型平整度合格率不高的普遍问题。

10.3 适用范围广，市场前景广阔

它适用于大型多层钢结构，也适用于新建钢结构工民建建筑。

10.4 施工效率高，综合成本低廉

在施工前不需要对钢筋桁架模板进行繁琐的预处理，采用导轨控制混凝土平整度成型施工，不易受人为因素控制的影响，安装工具、施工方法简单方便，对施工环境无污染。15名施工工人1d可以不间断施工5000 m²的结构混凝土现浇板（包括完成所有的辅助性工作），施工效率高、施工周期短、质量控制可靠。

11. 应 用 实 例

11.1 安徽鑫昊公司101号厂房工程，建筑面积88000㎡，建筑层数2层，大型钢结构，工程位于合肥市新站区新蚌埠路与礼河路交口。两层结构采用钢筋桁架模混凝土现浇结构板体系，结构板板厚度为150mm，两层整个施工面积43248㎡，该工程于2009年6月开工，于2010年4月竣工。

经验收，楼层混凝土平整度合格率达到92.9%（允许误差在2mm/2m以内），得到各方的好评。

11.2 合肥雪公科技有限公司2号工业厂房工程，建筑面积18300㎡，建筑层数2层，钢结构，工程位于合肥市蜀山产业园。两层结构采用钢筋桁架模混凝土现浇结构板体系，结构板板厚度为150mm，整个施工面积9300㎡，该工程于2009年9月开工，于2010年8月竣工。经综合验收，本工程楼层混凝土平整度合格率达到91.2%（允许误差在2mm/2m以内），取得较好的社会经济效益。

11.3 安徽华鑫公司的瑞德工业厂房工程，建筑面积12800㎡，建筑层数2层，钢结构，工程位于合肥市高新开发区。两层结构采用钢筋桁架模混凝土现浇结构板体系，结构板板厚度为150mm，施工面积6500㎡，该工程于2010年2月开工，于2010年9月竣工。经综合验收，本工程楼层混凝土平整度合格率达到92.4%。控制效果明显，为后期设备安装创造一个基础性条件，业主评价很高。

型钢预应力钢筋混凝土桁架施工工法

GJEJGF048—2010

福州市第三建筑工程公司

余贤英　郑自强　林一苏　余少月　肖斯昕

1. 前　　言

　　厦门观音山公寓为2幢联体30层高层建筑，总建筑面积8.2万多平方米，总高为99.05m，局部104.15m，地下室1层为社会停车场，上部1～3层为公共汽车站，4层为服务用房，5层架空，6层以上为住宅。由于公共汽车站需要大开间，高层住宅有一排外柱落在柱距14.8m的开间上，外排高柱传递重量大，设计上在第3层楼面开始设型钢预应力钢筋混凝土桁架转换层。桁架为三角形，跨度为14.8m，高度分别为8.1m、5.4m，共18榀。三角型钢预应力钢筋混凝土桁架承担5层以上总计26层的巨大荷载。三角桁架支撑的两根柱设：钢柱下过渡层高度6m；上过渡层高度为8.1m和5.4m。上、下过渡层柱为型钢混凝土柱，柱与斜杆最大断面为1200mm×2000mm；型钢为"王"字形，断面最大为800mm×1500mm；水平拉杆为型钢预应力混凝土，断面为1000mm×1500mm，型钢为"王"字形，断面为600mm×1000mm。该桁架钢构件为非标型钢，工厂用36mm厚特厚板加工制作，钢构件自重大须现场分片吊装。与钢筋混凝土及预应力钢筋混凝土组合施工工艺难度大、施工程序复杂、质量要求高、工作量大。

　　施工过程认真规划、组织技术攻关，对型钢制作、吊装及混凝土、预应力施工开展了多项质量攻关QC活动，取得明显效果，其中《提高型钢混凝土中钢构件吊装质量》成果获得2009年福州市年工程建设质量协会第18次优秀成果一等奖，2009年福建省工程质量协会二等奖，2009年中国建筑业协会授予的优秀奖。对工程实践认真总结，吸收QC活动成果，编制本工法。

2. 工 法 特 点

2.1 转换层大跨度桁架承载力大，型钢制作质量要求高。

2.2 型钢与钢筋混凝土结合及型钢与预应力钢筋混凝土结合的杆件施工工艺技术复杂。

2.3 型钢结构须在整个钢筋混凝土结构中埋设、吊装，施工程序难度大。

2.4 桁架构件截面大，施工程序多，作业中安全防护事项多。

2.5 同构件多工种交叉作业，质量管理要求严。

3. 适 用 范 围

　　适应于大跨度、高承载力的型钢钢筋混凝土结构施工。

4. 工 艺 原 理

　　4.1 利用桁架作转换层，构造简单，主要构件受力明确，可充分利用建筑空间。采用型钢结合充分发挥各自材料优势，既能提高钢筋混凝土结构的承载力，又可对钢结构进行防火保护。

　　4.2 桁架中拉杆使用预应力，结构变形小，并且使上部结构达到稳定安全可靠。

4.3 通过工程实践解决了：桁架钢构件自重大、需在结构上立体就位拼装组合，实行顶板预先加撑定位吊车安装；节点部位钢筋构造复杂、实行绘制钢筋大样图，确定安放绑扎顺序；斜杆采用预拼随浇支模；高斗喂料细棒频振等复杂、高难度的施工难点，从而使该结构顺利实现。

5. 施工工艺流程及操作要点

5.1 工艺流程

钢构件制作→下过渡层钢柱安装→下过渡层钢筋混凝土柱浇筑→上过渡层钢柱及钢桁架吊装拼接→桁架、钢筋混凝土柱浇筑→桁架预应力钢筋混凝土施工→后续钢筋混凝土结构施工。

5.2 钢构件制作要点

5.2.1 学习图纸了解设计的基本要求，明确使用材料和预埋要求。熟悉预埋件、连接件的设计要求，以及结构连接部位节点做法、焊接要求等。

5.2.2 按图纸进行加工件足尺放样，并制作加工件样板（金属板制作），上述工作要经技术负责人、质检员核验备用。

5.2.3 根据拼装要求及和钢筋混凝土、预应力钢筋混凝土相组合的要求，将需要留置的穿筋孔、栓筋、连接板及高强螺栓孔等构造联结的具体部位逐根（孔）放样标识。

5.2.4 钢构件的钢材与连接材料，高强度螺栓、焊条、焊丝、焊剂等，应符合设计的要求，并应有出厂合格证。

5.2.5 材料矫正：下料前应以矫正，制作钢结构的钢材矫正应用平板机、型钢矫直机矫正和人工矫正，矫正后钢材表面，不应有明显的凹面或损伤，划痕深度不大于0.5mm。

5.2.6 材料加工：要消除切割后钢材硬化或产生淬硬层，以保证构件连接接触严密、平整和其焊接坡口的加工质量，需要对切割后钢材的边缘进行加工，以确保加工的精度。边缘加工的宽度、长度、边直线度、相邻两边夹角、加工面垂直度以及加工面表面粗糙度都必须符合《钢结构工程施工质量验收规范》GB 50205-2001的规定。

5.2.7 构件焊接要求

1. 根据现有焊接设备进行焊接试验，检验合格后修订焊接工艺。

2. 采用气体保护自动焊。

3. 构件焊缝等级依设计要求（不低于二级），按规定进行焊缝检测。

4. 焊工持证上岗。

5.2.8 制孔应在钻床上进行，要确保制孔的质量应预先在零件上冲成或钻成小孔，依照样板将孔扩钻至设计孔径并确保孔壁不受损伤。所有制孔的质量应符合《钢结构工程施工质量验收规范》GB 50205-2001的规定。

5.2.9 钢构件预组装：根据施工图、施工方案及其下料单，清点和检查加工件的材质、规格、数量和加工质量，并将组件按图试拼、测量、组合、检验，检验合格的将各分件按组合进行编号。对连接接触部位和沿焊缝边缘每边30～50mm范围内的铁锈、毛刺、污垢等清除干净，已检验的组件按指定运输堆放。

5.3 下过渡层柱施工要点

5.3.1 在下过渡层柱钢筋绑扎后安装钢柱预埋板，预埋板应用型钢或钢筋支承在已浇筑的混凝土上，其周围应用钢筋顶靠在柱模板上。

5.3.2 柱模板安装要作到逐根检查其轴线位置准确，并用钢管架交叉支撑以保证混凝土浇筑过程不变位。

5.3.3 柱模板安装后逐根校对钢柱预埋板是否正确，出现偏差及时纠正。

5.3.4 柱混凝土浇筑后，再对钢柱预埋板是否正确进行核验，出现偏差及时纠正。

5.3.5 柱混凝土强度达到 C15 时，安装下节钢柱（安装方法参见 5.4 节有关各条），就位校正后再将各柱间用钢管搭设的临时架支撑，使其空间位置准确。

5.3.6 下过渡层柱钢筋安装、混凝土浇筑按程序仔细进行。

5.4 钢桁架、钢柱拼装要点

5.4.1 吊装准备

1. 根据构件重量及吊装高度可能的吊装位置选择液压吊车。

2. 绘制吊车行走路线、吊装位置图，并计算出行走及吊装位置的吊车轮压。

3. 在吊装层（地下室顶板）支模时根据吊车行走及吊装位置的吊车轮压进行支撑验算并加固。

4. 根据吊装需要确定桁架层以下楼板需要留置的安装通道，安装通道两侧楼板应按规定设置加强构造措施。

5. 吊装时该层混凝土强度应达到设计值（由试块试验确定）。

5.4.2 吊装顺序：上过渡层钢柱→水平拉杆→斜杆。

5.4.3 构件吊装时吊装绳的吊挂位置及长度，应保证构件吊装空间状态与构件安放位置一致，其吊绳长短调节可附加手工葫芦完成。

5.4.4 吊装时先保持构件空间位置正确，而后缓慢滑落吊钩使构件平稳就位。

5.4.5 构件就位后放垫板穿上高强螺栓，待整体就位后再拧紧高强螺栓。

5.4.6 高强螺栓按设计要求最终用压力扳手校正，而后方可按设计进行构件拼接焊。

5.4.7 拼接焊以手工直流焊为主，其操作技工应持证上岗。

5.4.8 钢结构吊装就位拼接过程要保证两个下过渡层钢柱上端与水平拉杆拼接正确，为此要反复校正两柱之间的水平度和净距离，即在安装过程中校对后要用刚性支撑顶紧，在下过渡层柱混凝土浇筑后再次校正后再将各柱间用钢管搭设的临时架支撑，使其空间位置准确。

5.5 钢筋混凝土及预应力钢筋混凝土施工要点

5.5.1 钢筋与型钢的联结按设计图纸进行，作到穿筋正确、箍筋完整、钢筋断面中心与型钢中心一致。

5.5.2 绘制钢筋大样图，给每一根钢筋编号，确定绑扎顺序，避免漏绑、错绑、返工事故的发生。

5.5.3 模板支撑根据上层荷载需要验算设置。

5.5.4 构件模板中心应符合设计要求，并和型钢相吻合。

5.5.5 斜撑上模板应整体预装、编号，伴随混凝土浇筑边安装边浇筑。

5.5.6 混凝土浇筑根据布筋情况和部位，需要时应配置小直径高强细石混凝土，设置喂料口（高于构件平面）。

5.5.7 斜撑混凝土浇筑应在水平撑浇后接近初凝时方可开始，并在斜撑下端开始对水平撑上面加钉 1m 长盖模，防止斜撑浇筑时混凝土从水平杆上部溢出。

5.5.8 构件上部应采用小直径振捣棒，多遍仔细振捣以保证构件完整密实。

5.5.9 水平杆与楼板同浇，应先浇高强度等级水平杆混凝土，让高强度混凝土向楼板延伸一段。

5.5.10 水平杆 4 束预应力筋可采取对角线顺序进行，以保持杆件平衡。

5.5.11 预应力构件应在混凝土达到设计强度后方可张拉，应采用超张程序，张拉应力校正后及时进行锚固，预应力孔道灌浆，预应力钢筋端部处理。

5.5.12 预应力钢筋按设计放置，并设置弧线定位卡，使该卡与型钢点焊固定。

5.5.13 预应力锚板按规定和钢柱联结，以保证浇筑后锚板不变形。

5.5.14 对结束预应力张拉的孔道应及时灌纯水泥浆，其水泥强度等级不低于 42.5，水灰比不大于 0.5，可掺入适量的减水剂或微膨胀剂。

5.5.15 模板支撑拆除应根据上部荷载许可方允许进行。

5.5.16 吊装需要的预留楼板施工通道的封闭施工，须待3层楼板拆除后再施工。

5.5.17 楼板预留通道的封闭施工钢筋需要焊接或直螺纹连接，混凝土强度要提高一级。

5.6 劳动组织

5.6.1 钢结构制作作业组一般由10人组成，技工8人，辅助工2人。

5.6.2 吊装作业组为8人小组，其中司机1人，技工5人，辅助工2人。

5.6.3 架设、钢筋、模板、混凝土浇筑、预应力各专业组根据现场情况指派。

6. 材料与设备

6.1 材料要求

6.1.1 钢结构制作与安装需用的钢材、钢筋、预应力筋必须严格遵守国家有关的技术标准，由供应部门提供合格证明及有关技术文件。

6.1.2 配件、连接材料（焊条、焊丝和焊剂、高强度螺栓等）均应具有质量合格证，并应符合设计要求和现行国家技术标准的规定。

6.1.3 模板与支撑必须达到现场施工方案要求。

6.1.4 商品混凝土等级满足设计要求。

6.2 工具设施

6.2.1 主要机械及配套设施：吊车、电焊机、手动葫芦电焊机、千斤顶、压力扳手、钳工机具、灰浆搅拌机、灰浆泵等。

6.2.2 质量控制仪器具：水准仪、经纬仪、卷尺、塔尺、垂球等。

7. 质 量 控 制

7.1 质量标准

7.1.1 型钢执行《钢结构工程施工质量验收规范》GB 50205-2001的规定。

7.1.2 《混凝土结构工程施工质量验收规范》GB 50204-2002。

7.1.3 预应力混凝土施工的相关技术规程。

7.2 质量保证措施

7.2.1 施工过程要把握钢结构制作、吊装拼接、焊接。混凝土细部施工、预应力施加等关键作业的质量控制。即要做到深度规划、精心组织，全面检查、验证并留存记录。

7.2.2 要做好焊接样品试验，并根据样品试验结果制定焊接细则，组织考核持证上岗。

7.2.3 钢结构吊装承载面支模前要认真进行加荷支模验算，绘制模板支撑图，严格照图施工。吊装过程要进行变形观测，防止钢筋混凝土结构超量变形。

7.2.4 钢筋混凝土细部要配置高强细石混凝土，并指派责任心强、技术全面的技工操作，通常要手工扦插和机械振捣相结合，保证浇筑质量。

7.2.5 预应力混凝土施工要由专业班组执行。

8. 安 全 措 施

8.1 作业用电应符合安全规定，开关箱与设备实行一机一闸一漏电保护器。

8.2 作业人员应佩戴个人安全防护用品（如安全帽、护镜、用电作业有防护手套和胶靴）。

8.3 脚手架依现场施工进度确定，做到各种作业均有架子，脚手架的使用材料必须满足搭设要求，作业台端头应按规定设封闭栏杆，并加封闭网。

8.4 所有机械装置均应有防护装置及保险装置，机械操作人员开工前应按操作规程进行试运转和检查。

8.5 高空作业人员要进行体检并经培训，持证上岗。

8.6 高空吊装作业人员应在脚手架、扶梯或吊篮平台上作业。

8.7 吊装现场一切服从同一指挥，并保证信息沟通。吊车司机一切动作要服从指挥指令，做到慢起轻落，防止撞击事故的发生，吊装均应绑溜绳以控制构件空中位置。

9. 环 保 措 施

9.1 施工过程应遵守《建筑施工现场环境与卫生标准》JGJ 146-2004。

9.2 机械设备施工安排应遵守城市噪声控制要求。

9.3 夜间施工应按当地环保规定。

10. 效 益 分 析

型钢预应力钢筋混凝土桁架转换层可以充分利用结构空间，节省结构材料，节约土地，方便群众生活，其社会效益十分显著。

11. 应 用 实 例

型钢预应力钢筋混凝土桁架转换层在厦门观音山公寓2幢联体30层高层建筑中应用，总建筑面积8.2万多平方米，总高为99.05m、局部104.15m，该公寓地下室1层为社会停车场、上部1~3层为公共汽车站、4层为服务用房、5层架空、6层以上为住宅。高层住宅有一排外柱落在柱距14.8m的开间上，外排高柱传递重量大，设计上在第3层楼面开始设型钢预应力钢筋混凝土桁架转换层。桁架为三角形，跨度为14.8m，高度分别为8.1m、5.4m，共18榀。三角型钢预应力钢筋混凝土桁架承担5层以上总计26层的巨大荷载。施工中严格按照结构要求的程序搭接，钢结构制作中除本身构件设计及拼装要求外，按照和钢筋混凝土及预应力钢筋混凝土组合联结的需要，许多高强度螺栓连接孔、连续钢筋穿孔工艺要求严格，栓钉众多和普通钢结构比更加复杂。构件分解后单个重量达14.923t，在制作中翻身、运输难度大。为了钢结构吊装拼接，需要在地下室顶板上运输吊装，并在1层、2层楼板留施工通道；根据吊装运输需要，经过严格计算加强地下室顶板模板立柱，做到吊装顺利进行。由于钢筋密集，绘制大样图，给每一根钢筋编号，确定绑扎顺序，避免了漏绑、错绑、返工事故的发生。混凝土浇筑入口小、钢筋密、质量要求高，精心施工得以完成。认真进行预应力施工，使桁架完成后上部共计26层住宅施工后结构沉降小，与一般同类结构一样得到各方的好评。

内置 BZS 模盒现浇钢筋混凝土楼板施工工法

GJEJGF049—2010

江西中恒建设集团有限公司　贵州梦真建材研发有限公司

聂吉利　邓燕华　周清云　熊信福　谢孟

1. 前　　言

目前商场、办公楼、仓库等大跨度建筑物的钢筋混凝土楼板进行结构设计时，多采用实心钢筋混凝土梁板结构。当采用该类结构时，由于楼面荷载较大，所以设计的梁板的截面较大，配筋量较多。因此该类结构不但需使用大量的钢筋混凝土材料，且楼板的隔热、隔声、防火性能较差，成为高能耗建筑物。这不符合我国目前大力倡导的发展节能建筑，崇尚低碳经济的潮流。

为了解决上述问题，通过多年的研究和试验，研制出BZS模盒复合楼板。该复合楼板是采用BZS模盒作为施工内模，并将BZS模盒永久性地填埋于混凝土楼板内的一种由混凝土空心结构与BZS模盒相结合所形成的一种复合楼板结构。BZS模盒是一种预制构件，采用轻质防火保温材料制作而成。该工艺构造出高承载力的空心无梁楼板结构，节省大量的钢筋混凝土材料，从而降低造价，组合成高性能的复合楼板，具有较好的隔声、隔热、防火、节能效果。因而该工艺具有显著的经济效益和社会效益。与传统技术相比较，综合造价可节省50～100元/m²。BZS模盒2001年获得国家实用新型专利；2006年12月30日被列为贵州省建设新技术推广项目；2007年11月荣获"贵州省土木建筑工程科技创新奖"三等奖。内模式钢筋混凝土空间楼板结构2009年获国家实用新型专利。该技术在多个工程中应用，施工工艺成熟，形成了BZS模盒复合空心楼板施工工法。

2. 工 法 特 点

2.1 采用无梁平板结构，使设计、加工制作的模板及其支撑系统结构简单，大大减少了模板的用量及损耗，缩短了工期，降低了成本。

2.2 板底平整，便于管线穿行，方便施工，同时简化施工程序，提高施工效率；占用空间小，操作方便，经济实用，能保证板底的混凝土表面质量。

2.3 楼板内置空心模盒形成空心楼板，提高刚度、降低自重，抗震性能好；同时增加了基础承载的安全性、可靠性，抗震性能好。

2.4 板底部为大平板，精密测量及监控施工过程中，能确保各工序施工精度在有效控制之中。

2.5 节能、节材：采用BZS模盒与空腹混凝土结构复合而成的空腹楼板，保温隔热性能优良，可降低能耗。楼板混凝土用量可节约10%～30%、钢筋用量可节约40%～50%；建造总工期缩短10%～15%；建筑层高降低200～300mm、综合造价节省50～100元/m²。

2.6 保护环境：BZS模盒采用工业废料磷石膏、脱硫石膏为主材，避免了磷石膏、脱硫石膏作为工业垃圾对环境的污染，也符合循环经济的基本国策。

3. 适 用 范 围

适用于大跨度和大载荷、大空间的多层和高层建筑，如商住楼、办公楼、图书馆、展览馆、教学楼、商场、宾馆、写字楼等工业与民用建筑。适用经济跨度为6～10m，最大跨度一般不宜超过12m。

4. 工艺原理

该复合楼板采用预制的BZS模盒为内模，填埋于混凝土楼板内所形成的复合空心楼板。模盒是一种预制构件，采用磷石膏或脱硫石膏为主材，玻璃纤维增强进行制作而成。施工时起到内模板的作用，施工完成后永久性地埋设在钢筋混凝土楼板内形成空心复合楼板；将传统的有梁楼板改成现浇无梁空心平板楼板，同时在楼板内形成工字形密肋梁板式结构，密肋梁设计成工字形，使其具有更高的经济指标、更好的受力性能、更长的耐火极限，大大提高楼板的隔声、隔热、减振、节能及环保性能。

5. 施工工艺流程及操作要点

5.1 施工工艺流程（图5.1）

5.2 BZS 模盒空心复合楼板操作要点

5.2.1 施工前应该熟悉设计图纸，了解设计特点及施工中的难点和重点，采用BZS模盒空心复合楼板时在支座两侧各1/5跨范围内布置为箱形板带，板底部和上部混凝土厚度各为50mm厚；跨中3/5跨度范围的密肋板带板底部不设置混凝土，顶部混凝土厚度设计为50mm；框架梁侧面采取附加现浇梁与密肋梁相接。按照设计要求进行梁轴线定位，安装梁底模、侧模及板底模板。

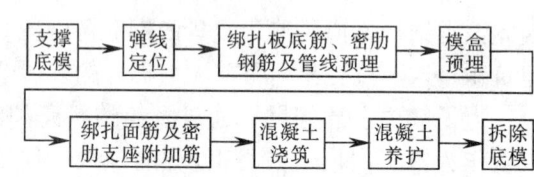

图5.1 复合楼板施工工艺流程图

5.2.2 肋梁和模盒安放位置线：按照设计图纸要求，在楼板模板上放线，保证后续肋梁钢筋绑扎和模盒安装的位置准确。依据轴线放出纵横向肋梁控制线，肋梁间即是安放模盒位置。在模板上放线可采用白涂料等代替墨汁，以保证所放线的清晰牢固。

5.2.3 绑扎楼板底筋和肋梁钢筋：按照模板上弹线的位置，依次绑扎楼板底筋和模盒边肋梁。楼板肋梁帮扎好后再铺设楼板底筋；绑扎完毕后，拉线检查并调整好肋梁的位置、顺直。注意保证区格板周边和柱周围楼板设计实心部分的尺寸。

5.2.4 铺设预埋管线：楼板内的各专业预埋管线等，应尽量沿着肋梁布置在肋梁截面内，避开模盒位置；外径15mm以下的小直径管线也可铺设在模盒下部，但不超过一层，不得在模盒下交叉，以免影响模盒位置。对局部管线密集、管径大的部位，应尽可能集中布置在空心模盒同一模盒跨内，在此部分换用薄一规格的模盒或换用聚苯板代替。当预留预埋设施无法避开模盒时，可对模盒采取锯口或断开等措施，但事后应用胶带和聚苯板等封堵严密。

5.2.5 模盒安装：模盒吊运可采用焊接好的敞口钢筋笼（内侧四边和底面用多层板封闭）或其他箱式工具。在每个肋梁空格内依次摆放，每个空格内排放两个模盒，放置第一个模盒时小面朝下、大面朝上，控制好与周边肋梁的间距相等，前后、左右，对齐、对正。放置平稳后接着放置第二个模盒，模盒，大面朝下，小面朝上，上下模盒边线对齐。

5.2.6 安装模盒下部垫块：在空心模盒下设置垫块，以保证模盒下部的混凝土厚度，所以垫块厚度要符合模盒下部混凝土的设计厚度要求。垫块一般放置在模盒的四角，一般每区格内不少于四块，并根据需要增减，以能保证模盒下部混凝土厚度为准。

5.2.7 绑扎楼板面筋：空心模盒安放完成后，即可开始绑扎楼板面筋。此时，肋梁上筋已绑扎完成，只剩下肋梁中间的楼板面筋。楼板面筋应与肋梁面筋位于同一层，并与肋梁钢筋绑扎牢固。楼板面筋绑扎完毕后，在每个空心模盒顶和楼板面筋之间加设垫块（垫块的高度应符合混凝土的设计厚度要求，尺寸一般为20mm×20mm）放在模盒上表面，每个模盒上不少于一块，以保证楼面面筋的位置正确。

5.2.8 遇楼板吊挂时，应提前埋设。楼板上吊挂重物应满足设计要求，吊挂点应选择肋梁或楼板实心部分位置。

5.2.9 模盒固定：由于施工过程中，模盒将随混凝土振捣位置具有向上抬升的趋势，所以必须固定好模盒位置，设置抗浮点。施工时采用12～14号钢丝，用手枪钻在楼板上打孔，钢丝穿过模板与模板龙骨一侧拧紧，将板底筋与模板一起固定好。确保模盒在混凝土浇筑时不上浮、不移位。位置准确，固定牢固可靠。

5.2.10 搭设施工便道、架设混凝土输送管：模盒本身有一定的强度，但频繁踩踏也容易造成损坏，尤其加完顶部垫块后，受力集中，易损坏。施工中，应用脚手板搭设架空施工便道，方便施工人员操作、通行，并保护模盒和楼板钢筋成品。

混凝土输送泵管不应直接架在楼板钢筋上，可搭设短管架子或垫木方等将泵管架高，布料杆等安放位置应提前安排好，布料杆应用脚手板和架子架高，不得直接压在箱模上。施工机具等不得放置在模盒上，施工人员不得踩踏模盒。

5.2.11 隐蔽验收：钢筋绑扎、模盒安装等工序完成后，再进行检查验收，重点加强对抗浮点设置的检查。验收合格后，方能浇筑混凝土。

5.2.12 混凝土浇筑：现浇混凝土空心楼盖结构浇筑用混凝土，其坍落度应比普通实心楼盖稍大，可取18～20cm，不宜小于16cm；粗骨料粒径宜选择不超过5～25mm，且不应大于模盒与模板间距的1/2，也不应大于肋梁宽的1/4。由于模盒本身属于吸水较大的材料，在混凝土浇筑前应先洒水润湿（冬季不应洒水）。混凝土浇筑宜采用泵送。浇筑沿楼板跨度方向从一侧开始，顺序依次进行，布料尽量均匀，避免混凝土在同一位置堆积过高损坏模盒。振捣棒沿肋梁位置顺浇筑方向依次振捣，比实心楼盖应适当加大振捣时间和振捣点数量，振捣同时观察空心模盒四周，直至不再有气泡冒出，表示模盒底部混凝土已密实；振捣棒应避免直接触碰空心模盒。混凝土振捣时应采用50及30棒配合使用，对较小的密肋及板底应采用30棒振捣，面层混凝土可采用平板振动器振捣。凡振动棒能到达的地方均应振捣到位，振捣时间应较普通楼板适当延长5～10s，确保混凝土密实。浇筑过程中如遇空心模盒损坏，必须及时处理。可用聚苯板、尼龙编织袋等轻质物品塞入损坏处封堵严密，注意不要使后塞物品露出模盒表面，造成混凝土夹渣。

5.2.13 养护、拆模：混凝土的养护和拆模及混凝土试块的留置均与与实心楼盖相同，夏季采用浇水养护，冬季可用塑料布和草帘进行覆盖保温养护。

5.2.14 后浇带：模盒排图应考虑后浇带位置，后浇带位置按照模盒尺寸的整数倍调整、留置，一般为1～2块模盒的宽度。板的上部钢筋在后浇带处搭接，肋梁钢筋应通过。模盒应在后浇带到达浇筑时间后再安放，以免损坏。

5.2.15 冬期施工：冬期施工空心模盒存放宜遮盖，安放时表面和内部不应有冰雪杂物，否则必须清除干净。冬季施工现浇空心楼盖模盒上不应浇水，混凝土浇筑完成后及时覆盖保温养护。

5.2.16 成品保护：模盒运输过程中注意避免扔、砸损坏。模盒安装就位后，避免人员踩踏损坏。尤其在楼板上铁绑扎完，垫好模盒上部垫块后，应用脚手板铺设施工便道，供人员操作、通行。泵管、布料杆等不得直接放置在钢筋和模盒上。

6. 材料与设备

6.1 材料

主要材料为BZS模盒，辅助材料有12～14号钢丝、宽胶带、50mm厚聚苯板、废旧编织袋等，其他均同普通实心现浇楼盖。

6.2 机具设备

机具包括木工手枪钻、钳子、锯、吊运模盒用钢筋笼等，其他均同普通实心现浇楼盖。

7. 质 量 控 制

7.1 工程质量控制标准

7.1.1 模盒质量标准

模盒不允许油污，否则将影响与混凝土的粘结性。表面直径10~20mm的气孔不多于3处，不允许有大于20mm的气孔，具体外观质量要求见表7.1.1-1。

外观质量 表7.1.1-1

检查项目	裂 损	裂 纹
质量要求	不得多于两处，尺寸应小于30mm×30mm	不得有贯通裂纹，非贯通裂纹不得多于1条，裂纹长度应小于50mm

模盒平整度偏差应≤4mm，表观密度≤1000kg/m³，具体尺寸允许偏差见表7.1.1-2。

模盒尺寸允许偏差 表7.1.1-2

项 目	长度（mm）	高度（mm）	宽度（mm）	承重荷载（kN）
允许偏差（mm）	-30	±4	±4	≥1

7.1.2 钢筋混凝土复合楼板施工质量执行《混凝土结构工程施工质量验收规范》GB 50204-2002。

7.2 模盒安装质量要求

7.2.1 模盒规格、数量应符合设计要求。

7.2.2 安装位置应符合设计要求，允许偏差±5mm；内模底部和肋部定位措施符合要求。

7.2.3 抗浮技术措施正确。模盒固定是关键点，设置不牢、不足，均会引起模盒上浮，造成质量隐患。必须经检查合格后方能进行下道工序施工。

7.2.4 如模盒出现破损时应及时更换或封堵。损坏的模盒要在钢筋绑扎前及时更换，否则会加大更换难度。浇筑现场备好编织袋、胶带、聚苯板等修补物品，已备损坏时能及时修理。对破损严重的应当废弃，对破损不严重的可现场修复后继续使用，修复时可采用石膏浆或专用胶粘剂粘贴3min后即可使用。

7.2.5 区格板中内模的整体顺直度允许偏差3/1000，且不应大于15mm。

7.2.6 区格板周边和柱周围楼板实心部分的尺寸应满足设计要求，允许偏差±10mm。

7.3 楼板施工质量保证措施

7.3.1 模板要求平整、干净；安放位置偏差不得大于5mm；板底管道吊挂应固定在混凝土结构上。

7.3.2 楼板上小的开洞应避开密肋，预留洞可在模盒上钻孔后加塑料套管，并用砂浆填实缝隙。大的开洞不应截断密肋，若必须截断密肋梁时，应通知设计进行处理。

7.3.3 模盒的设计强度能承受施工人群踩踏及浇灌混凝土时的振动棒荷载，但不能承受吊装冲击荷载及商混凝土输送管的冲击荷载，因此，施工中的吊装重物应降落在垫板上，商混凝土输送管的支承处应设垫板，并将垫板支承在架立的钢筋骨架上。

7.3.4 密肋内的箍筋尺寸在加工时应严格按设计图计算准确，尤其是弯钩的半径应严格控制，以免影响主筋的位置及模盒的安装质量。

7.3.5 由于空腹楼板密肋宽度（一般60~100mm）及面层（一般40~50mm）均较小，为保证混凝土浇灌质量，对混凝土粗骨料尺寸有严格要求，最大粒径不宜超过30mm。

7.3.6 为保证施工质量，有条件的地方应尽量采用泵送商品混凝土浇灌。采用现场搅拌混凝土时，应认真控制混凝土的坍落度（18~20cm）。

7.3.7 混凝土振捣时应采用50及30棒配合使用，对较小的密肋及板底应采用30棒振捣，面层混凝土可采用平板振动器振捣。凡振动棒能到达的地方均应振捣到位，振捣时间应较普通楼板适当延长，确保混凝土密实。混凝土振捣从一侧逐步推进，避免丢棒、漏振，确保模盒底部混凝土密实、充满。

8. 安 全 措 施

8.1 模盒吊运时，要设专人指挥，必须绑扎牢固，以防止高空中滑落伤人损物；放置楼面时应轻放、平稳，防止对楼面模板和钢筋造成损坏。

8.2 外防护架搭设和模板支撑系统应有方案和交底，经验收合格后方可以下道工序施工；应特别注意楼面周边模盒的施工安全。

8.3 非机械操作人员不准上机操作，做到一人一机一闸。各种电器应有漏电保护，上架人员应穿绝缘防滑鞋。

8.4 立体交叉作业量比普通楼面大，应加强个人安全防护意识，戴好安全帽。

8.5 施工现场按符合防火、防风、防雷、防洪、防触电等安全规定及安全施工要求进行布置，并完善布置各种安全标识。

8.6 施工用电采用"三相五线"接线方式，电气设备和电气线路必须绝缘良好，场内架设的电力线路其悬挂高度和线间距除按安全规定要求进行外，将其布置在专用电杆上。

8.7 施工现场使用的手持照明灯使用36V的安全电压。

8.8 建立完善的施工安全保证体系，加强施工作业中的安全检查，确保作业标准化、规范化。施工中应遵守《建筑安装工程安全技术规程》和地方有关施工现场安全生产管理的规定。

9. 环 保 措 施

9.1 工程施工过程中严格遵守国家和地方政府下发的有关环境保护的法律、法规和规章，加强对施工燃油、工程材料、设备、废水、生产生活垃圾、弃渣的控制和治理，遵守有防火及废弃物处理的规章制度，做好交通环境疏导，充分满足便民要求，认真接受城市交通管理，随时接受相关单位的监督检查。

9.2 将施工场地和作业限制在工程建设允许的范围内，合理布置、规范围挡，做到标牌清楚、齐全，各种标识醒目，及时将施工现场的垃圾清理出场，保证施工场地整洁文明。

9.3 对施工中可能影响到的各种公共设施制定可靠的防止损坏和移位的实施措施，加强实施中的监测、应对和验证。同时，将相关方案和要求向全体施工人员详细交底。

9.4 施工过程中可能出现模盒损坏而报废处理，报废的模盒应集中堆放，不得乱堆乱放，尽早清理出场，运至模盒加工制作处进行重新加工制作。做到无害化处理，同时符合发展循环经济的要求。

9.5 做好泥砂、弃渣及其他工程材料运输过程中的防散落与沿途污染措施，废水除按环境卫生指标进行处理达标外，并按当地环保要求的指定地点排放。弃渣及其他工程废弃物按工程建设指定的地点和方案进行合理堆放和处治。

10. 效 益 分 析

10.1 社会效益

BZS模盒内置于混凝土楼板的实施有着极大的社会意义，不仅能降低工程造价，缩短施工工期，减轻了结构自重，改善结构性能；同时利用密肋梁或双向板受力，不需大梁承重，增大了建筑净高，且隔墙可任意设置。提高楼面使用性能有着重要意义。通过该工法的实施，能够提升国内大跨度无梁楼板的施工水平。

10.2　经济效益

10.2.1　降低建筑物整体的混凝土、钢筋用量，缩短施工工期，减少管理费用，降低工程造价。

10.2.2　楼面板为平板，施工简便；与传统有梁板相比，可降低模板用量，节约周转材料费用和机械费用。

10.2.3　BZS模盒采用工业废料磷石膏、脱硫石膏为主材，避免了磷石膏、脱硫石膏作为工业垃圾对环境的污染；BZS模盒与板形成的封闭空腔，减少了建筑物上下层间声音和热能的传递，改善楼板的隔声、隔热性能，节能效果明显。

11.　应　用　实　例

11.1　六盘水师范学院教学楼

11.1.1　工程概况

六盘水师范学院教学楼为5层框架结构，总高度为19.4m，一层层高5m，二至四层3.8m，总建筑面积12915m²，标准层建筑面积为1287m²。建筑用作教室及实验室使用。

11.1.2　施工情况

工程于2008年9月开工，2009年11月竣工，施工采用该工法，整个施工过程进行较为顺利。

11.1.3　效果检验

原设计楼板用钢33.56kg/m²，混凝土用量0.214m³/m²，改用BZS模盒用钢9.1kg/m²，混凝土用量0.12m³/m²。通过采用BZS模盒施工，减少了钢筋和混凝土用量，混凝土没有出现温度裂缝，有效的防止混凝土裂缝的产生，保证了工程质量。较原结构降低结构造价41%，降低结构单方造价156.06元/m²，较原结构缩短工期10%~15%。

11.2　兴义烟草公司仓库

11.2.1　工程概况

设计柱网间距为8.4m双向，5层，楼面使用荷载12kN/m²，原设计为有梁板结构。

11.2.2　施工情况

工程于2005年2月开工，2005年12月竣工，施工采用该工法，整个施工过程进行较为顺利。

11.2.3　效果检验

原设计楼板用钢25.93kg/m²，混凝土用量0.191m³/m²，改用BZS模盒用钢10.54kg/m²，混凝土用量0.178m³/m²。通过采用BZS模盒施工，减少了钢筋和混凝土用量，混凝土没有出现温度裂缝，有效的防止混凝土裂缝的产生，保证了工程质量。

11.3　贵州省环保科技园

11.3.1　工程概况

设计柱网间距为12m双向，4层（地面2层），商场楼面使用荷载3.5kN/m²，原设计为有梁板结构。

11.3.2　施工情况

工程于2006年3月开工，2007年5月竣工，施工采用该工法，整个施工过程进行较为顺利。

11.3.3　效果检验

原设计楼板用钢60.93kg/m²，混凝土用量0.35m³/m²，改用BZS模盒用钢12.58kg/m²，混凝土用量0.22m³/m²。通过采用BZS模盒施工，减少了钢筋和混凝土用量，混凝土没有出现温度裂缝，有效的防止混凝土裂缝的产生，保证了工程质量。

钢-聚丙烯混杂纤维混凝土增强增韧阻裂防渗工法

GJEJGF050—2010

青岛市胶州建设集团有限公司　　科达集团股份有限公司

郭道盛　姜焕胜　张德光　刘执圣　黑增武

1. 前　言

在混凝土中分别掺入钢纤维和聚丙烯纤维，弹性模量高的钢纤维可提高混凝土的初期断裂性能，但对混凝土裂后变形能力提高有限；弹性模量与混凝土相当的聚丙烯纤维，能提高混凝土的裂后变形能力，但不能从根本上提高混凝土的强度和抗裂性能。在混凝土中同时掺入钢纤维和聚丙烯纤维，这两种纤维在不同的受荷阶段和不同的结构层次发挥增强增韧作用，比不掺或单掺某种纤维具有更高的抗压、抗拉、抗折强度和更好的抗冲磨性能、耐久性。在掺量（体积比）分别为0.6%（钢纤维）和0.3%（聚丙烯纤维）时，混凝土强度可提高10%~20%，混凝土压缩破坏时的延性得到显著提高，抗折强度提高25%，劈拉强度提高17.3%；在初裂、终裂和出现3mm裂缝时的冲击次数分别是素混凝土的2.2、3.1、7.2倍，是聚丙烯纤维混凝土的1.3、1.8、2.5倍，是钢纤维混凝土的1.5、1.9、2.3倍。2008年以来，青岛市胶州建设集团有限公司、科达集团股份有限公司在所施工的青岛小埠东旧村改造1~5号楼、青岛东盛花园A5~A12号楼、青岛兴旺花园AB地块1~3号商住楼、沿海高速七合同段青锋盐场卤水沟大桥桥面铺装等工程中对钢-聚丙烯纤维混凝土的施工技术进行了应用和研究，编制了本工法。通过在多个工程中的应用，取得了良好的经济效益和社会效益。该工法的关键技术：钢-聚丙烯混杂纤维混凝土防止纤维结团技术（纤维分散技术、三次投料搅拌技术）、混凝土的振捣抢平技术，经山东省建筑工程管理局组织专家鉴定，达到国内领先水平。其中"三次投料搅拌技术"经青岛市科学技术信息研究所组织科技查新，填补国内空白。

2. 工法特点

2.1 充分利用钢纤维和聚丙烯纤维的优点，使这两种纤维在不同的受荷阶段和不同的结构层次发挥增强增韧作用，使混凝土的各种物理力学性能得到最大限度的提高。

2.2 利用聚丙烯纤维代替部分钢纤维，减少了钢纤维的用量，降低工程造价。

2.3 采用混杂纤维后混凝土的强度提高10%~20%，可减小构件截面，降低工程造价。

2.4 混凝土的抗裂性能得到显著提高，防止了裂缝和渗漏现象，减少了修补维护费用和用户投诉和索赔。

2.5 掺入钢-聚丙烯纤维后混凝土的抗变形能力显著增强，可实现超长超大结构的无缝施工，省略变形缝、后浇带等构造措施，缩短工期，并减少变形缝、后浇带的处理费用。

2.6 钢-聚丙烯纤维混凝土的施工工艺根据常规混凝土的常规工艺稍加改进即可，不必增加特殊的设备，易于掌握，施工质量容易保证。

2.7 钢纤维、聚丙烯纤维均是定量包装，易于计量，混凝土配比容易控制。

2.8 提高施工效率，缩短施工周期15%以上。

2.9 钢-聚丙烯混杂纤维混凝土可提高结构的使用寿命，节约后期运行成本和维护成本。

3. 适 用 范 围

本工法适用于对混凝土的抗压、抗拉（抗裂性、抗渗性）、抗折强度、耐冲磨和耐久性有较高要求的地下工程、水池、人防工程、大体积混凝土工程、高层建筑、水工工程、公路桥梁、隧道、机场跑道等各种工业与民用工程的高强高性能混凝土。

4. 工 艺 原 理

弹性模量高的钢纤维主要起增强材料的作用，当混凝土的微小裂纹在外荷载作用下发生扩展时，缓解了裂缝尖端的应力集中，增加了裂缝的扩展阻力，提高了混凝土的初期断裂性能和抗拉、抗压、抗折强度，但因为钢纤维掺量的限制，在没有钢纤维分布的部位不能对混凝土的开裂产生阻滞作用，因此对混凝土裂后变形能力作用不大；弹性模量与混凝土相当的聚丙烯纤维，虽然不能从根本上提高混凝土的强度和抗裂能力，但因为众多聚丙烯纤维在混凝土中的乱向分布，在初裂发生后使较大的裂缝转变为多个细小的裂缝，即形成所谓的多点开裂，能显著提高混凝土的裂后变形能力。在混凝土中同时掺入钢纤维和聚丙烯纤维，这两种纤维在不同的受荷阶段和不同的结构层次发挥增强增韧作用，比不掺或单掺某种纤维具有更高的抗压、抗拉、抗折强度和更好的抗冲磨性能和耐久性。

5. 施工工艺流程及操作要点

钢–聚丙烯纤维混凝土施工的关键技术是防止纤维在混凝土中结团，因此要在纤维的分散、配料、振捣等施工过程中采取一定的技术措施。

5.1 工艺流程（图 5.1）

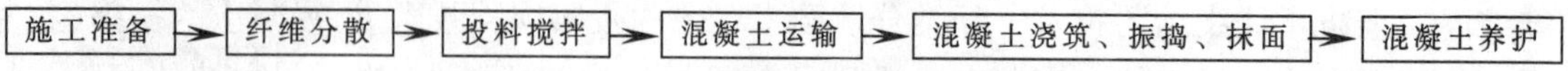

施工准备 → 纤维分散 → 投料搅拌 → 混凝土运输 → 混凝土浇筑、振捣、抹面 → 混凝土养护

图5.1 工艺流程图

5.2 施工操作要点

5.2.1 施工准备

施工准备主要包括配合比设计、拌合物试验、模板支设与验收、钢筋安装与验收、材料与设备准备、施工人员安排、方案编制、培训与交底。

1. 配合比设计

根据具体工程的结构和使用功能要求进行配合比设计，一般可根据混凝土强度等级确定水泥、砂、石、外加剂、掺合料和水的配比，然后根据不同的使用要求（抗裂性、抗冲磨性或耐久性）侧重点确定钢纤维和聚丙烯纤维的掺入量。根据实验研究和工程经验，混杂纤维混凝土的各组分中，混杂纤维、水胶比、粉煤灰的掺量变化对混凝土的工作性、强度和耐久性影响较大，减水剂、砂率、用水量对混杂纤维混凝土的强度及耐久性影响较小，可在允许范围内取较大值，以获得较好的施工性能即工作性。为保证钢、聚丙烯纤维与基体有效结合，宜选用较小粒径的骨料，一般最大粒径10~20mm。

从综合提高混凝土的抗压、抗拉、抗折强度和抗冲磨性、耐久性来考虑，经工程试验研究，混杂纤维混凝土的最优配合比为：

混杂纤维掺量（体积比）：钢纤维0.8%（折合每m³混凝土掺量62.4kg）；

聚丙烯纤维0.1%（折合每m³混凝土掺量0.91kg）；

水胶比：0.34；

粉煤灰掺量（重量比）：15%；

砂率：40%；

用水量：190kg/m³；

减水剂：1.2%（高效减水剂FDN，主要成分为萘磺酸甲醛缩合物）。

聚丙烯纤维与铣削型钢纤维混杂时的综合作用效果优于与其他类型的钢纤维混杂。

2. 拌合物试验

正式浇筑钢–聚丙烯纤维混凝土前应按《普通混凝土拌合物试验方法》GB/T 50080-2002进行拌合物试验，拌合物试验的内容为纤维对拌合物的含气量、坍落度随时间变化特性、初凝和终凝时间以及泌水速度等的影响。通过拌合物试验确定混凝土拌合物的性能指标，作为确定施工工艺的依据。

3. 模板支设与验收

模板支设按常规做法，要保证模板及其支撑系统的强度和稳定性，模板的几何尺寸和平整、垂直度按照现行《混凝土结构工程施工质量验收规范》GB 50204-2002进行验收应达到合格标准。

4. 钢筋安装与验收

钢筋制作与安装按常规做法按照现行《混凝土结构工程施工质量验收规范》GB 50204-2002进行验收应达到合格标准。

5. 材料与设备准备

见本工法第6节《材料与设备》。

6. 施工人员安排

根据浇筑工程量和浇筑速度安排施工人员，每个施工班组要保证有1个专门的纤维分散和投料工。具体的施工班组组成如下：

搅拌机操作工1人，水泥、掺合料、外加剂投料工1人，砂投料工1人，石子投料工2人，纤维分散、撒布工1人，混凝土输送泵操作工1人，指挥工1人，混凝土布料工2人，混凝土摊铺工3人，振捣工2人，抹面工3人，养护工1人。

7. 方案编制、培训和交底

施工前编制钢–聚丙烯纤维混凝土专项施工方案，对工人进行培训和交底，使工人熟练掌握钢–聚丙烯纤维混凝土施工与普通混凝土施工的不同之处，如纤维的分散和撒布工艺、混凝土投料顺序、混凝土的搅拌时间、输送、浇筑、振捣、收面等工序应注意的问题。

5.2.2 纤维分散

纤维分散工艺是保证钢–聚丙烯纤维混凝土中纤维不结团、在混凝土中分布均匀的关键环节。

1. 钢纤维分散

宜使用水融性胶水粘结成排工艺的佳密克斯钢纤维，必要时采用分散机进行分散。

钢纤维在现场采用钢纤维分散机振动分散，将待分散的钢纤维放在钢纤维分散机的活动筛上，钢纤维在摇动、振动、拨散和碰撞作用下，陆续穿过两层筛的筛条间隙而分散下落，将振动分散好的钢纤维收集后存放待用。分散机的功率宜为0.75~1.0kW，分散力宜为20~60kg/min。

也可采用自行走钢纤维分散撒布机进行分散的撒布，将待分散的钢纤维按配合比称量后放在钢纤维分散机的存放料槽中，钢纤维通过分散机分散后均匀撒布在强制式搅拌机内。

2. 聚丙烯纤维分散

采用聚丙烯自分散纤维，出厂时经过特殊的防静电及抗紫外线处理，使用时拆开包装直接投入混凝土拌合料中，经过搅拌使纤维在混凝土中分散均匀。

5.2.3 投料搅拌

投料顺率和时间与施工条件及钢、聚丙烯纤维的形状、长径比、体积率等有关，应通过施工现场搅拌试验确定，以搅拌过程中钢、聚丙烯纤维不产生结团和保证一定生产率为原则。一般情况下可采用以下顺序：

加入石子→加入1/3钢纤维→加入砂→加入1/3钢纤维和1/2聚丙烯纤维→干拌0.5 min→加入水泥、掺合料（粉煤灰等）→干拌0.5 min→加入剩余钢纤维和聚丙烯纤维、水、外加剂，边加边搅拌

2~3 min。

钢-聚丙烯纤维混凝土搅拌应采用强制式搅拌机，最好采用水平双轴型搅拌机。总共搅拌时间约3~4min，但最长不应超过5min，否则可能因搅拌时间过长而引起结团。当纤维掺量较高或坍落度较小时，为不使搅拌机超负荷工作，搅拌机的利用率不应超过额定功率的80%。严格控制各种材料的计量，按重量比进行控制，钢纤维和聚丙烯纤维的计量误差应控制在1%以内，其他各种材料的计量误差应符合现行《混凝土结构工程施工质量验收规范》GB 50204-2002的规定。

5.2.4 混凝土运输

通过拌合物试验表明，同样条件下混凝土掺入钢纤维和聚丙烯纤维后坍落度降低约10%~30%且坍落度随时间损失较快，特别是在30 min后损失速度加快，所以应尽量缩短混凝土的运输时间，优先选用现场集中搅拌，如选用商品混凝土应控制混凝土搅拌站与浇筑现场的距离，使混凝土自搅拌机出料至浇筑现场的运输时间不宜超过30 min。严禁在拌合料中二次加水。运输过程中如出现离析现象应进行二次搅拌。

5.2.5 混凝土浇筑、振捣、抹面

钢-聚丙烯混杂纤维混凝土的浇筑、振捣、抹面与普通混凝土基本相同。通过拌合物试验表明，混凝土中掺入钢纤维和聚丙烯纤维后，混凝土的初凝时间提前1~1.5h，终凝时间也有所提前，同时纤维的掺入减少了塑性混凝土表面的析水，表现为泌水率下降，泌水推迟20min开始，提早30min结束，混凝土的坍落度降低约10%~30%，且随时间损失较快，特别是30min后损失速度加快。针对钢-聚丙烯纤维的以上特点，对混凝土的浇筑、振捣、抹面工艺做以下改进：

1. 对第一车混凝土要进行开盘鉴定，满足设计要求后方可大面积浇筑。

2. 采用地泵或汽车泵浇筑。混凝土的坍落度因为掺入钢纤维和聚丙烯纤维而有所降低，但这并不表示混凝土的和易性降低了，因为坍落度指标不能全面的表征和易性。坍落度降低现象是由纤维掺入产生特殊触变效果，会影响拌和物的静态流变现象，如坍落度降低、泌水性降低、黏聚性提高。由于纤维并不增大混凝土的摩擦系数，掺纤维的混凝土虽然坍落度降低，但仍可保持与同配合比普通混凝土相似的泵送性，所以不必特意增大混凝土的塌落度，特别是严禁加水。如混凝土的可泵性较差时，可在征得建设单位、监理单位工程师的同意下，适当增加减水剂的掺量。

3. 在浇筑第一盘钢-聚丙烯纤维混凝土前，应用水将运输罐车、塔吊的料斗、滑槽、串筒、泵管、原浇筑面和模板进行湿润，尽量保证混凝土的工作性能。

4. 混凝土下料不宜太快，一般将混凝土堆高2~4cm，用插入式振动器振捣后，再用平板振动器振动、抢平。一般采用一刮、二滚、三纵、四抹的方法，确保表面的平整度。混凝土入模后应停留10~20min，再进行振捣，这样混凝土平整度和密实度较好，且混凝土浆充分泛出，把纤维埋在混凝土中。振捣器应比浇筑普通混凝土时多1~2个，振动棒的操作要做到"快插慢拔"，以便更有效地排出混凝土中的气体，使之更加密实；振动棒插点应均匀有序，插点间距宜为500mm左右，每点振捣时间宜为5~15s，以混凝土面不再下降，表面出现浮浆为止。

5. 钢-聚丙烯纤维混凝土较为粘稠，表现在插入式振捣器振捣时的穴坑复平时间较长，收面要适当加强。在纤维混凝土浇筑1~2h，必须对混凝土进行二次振捣，并对纤维混凝土表面拍打振实。收浆是钢-聚丙烯纤维混凝土很关键的施工工艺。在施工过程中，应根据当时天气的冷热状况，风力大小等具体情况进行收浆，收浆过早或过晚，都有可能影响平整度或出现早期裂缝等。最后一次抹面应在刚初凝，并在终凝前完成，目的是将表面裂纹全部消除。

6. 钢-聚丙烯纤维混凝土必须连续浇筑，不得出现冷缝。每次倒料必须相压15~20cm，使钢-聚丙烯纤维混凝土的浇筑保持整体连续性。

5.2.6 混凝土凝固前应保持表面湿润状态，防止水分蒸发。在终凝后立即用塑料薄膜覆盖养护，施工放样后，也必须立即浇水并覆盖养护。纤维混凝土浇水养护的时间不得少于14d。浇水次数应能保持混凝土始终处于湿润状态，并做好混凝土养护记录。竖向构件应带模养护不少于3d，拆模后应浇水养护或刷养护液，养护时间不少于14d。

6. 材料与设备

6.1 材料要求

6.1.1 水泥

配制钢-聚丙烯纤维混凝土所用水泥应符合《通用硅酸盐水泥》GB 175-2007中的规定。

6.1.2 掺和料

采用硅酸盐水泥或普通硅酸盐水泥配制钢-聚丙烯纤维混凝土时，可掺入粉煤灰、矿渣微粉、硅粉等矿物掺合料。掺合料的性能应符合现行《高强高性能混凝土矿物外加剂》GB/T 18736-2002及相关应用技术规范的规定，其掺量应通过试验确定。

6.1.3 骨料

配制钢-聚丙烯纤维混凝土时，砂的性能指标应符合《普通混凝土用砂质量标准及检验方法》GBJ 52的规定。粗骨料的性能指标应符合《普通混凝土用碎石或卵石质量标准及检验方法》GBJ 53的规定。砂的细度模数要适中，宜采用中细砂，砂的级配应符合要求。粗骨料粒径不宜大于20mm或钢纤维长度的2/3。

6.1.4 化学外加剂

钢-聚丙烯纤维可与化学外加剂同时使用，化学外加剂的性能指标应符合《混凝土外加剂》GB 8076-2008或《混凝土外加剂应用技术规范》GB 50119-2003等国家标准的有关规定，钢-聚丙烯纤维混凝土宜采用主要成分为萘磺酸甲醛缩合物的高效减水剂（FDN），严禁掺加氯盐外加剂。

6.1.5 水

钢-聚丙烯纤维混凝土拌合用水必须符合国家《混凝土拌合用水标准》JGJ 63-2006的规定，不得采用海水。

6.1.6 聚丙烯纤维的技术要求

钢-聚丙烯纤维混凝土所用的聚丙烯纤维技术参数及物化性能指标应符合《混凝土、砂浆聚丙烯纤维》Q/320106 PF001的有关标准。

聚丙烯纤维主要品种有单丝、网状、粉状、聚脂纤维、防爆纤维等，用于钢-聚丙烯纤维混凝土的应为出厂时经过特殊的防静电及抗紫外线处理的自分散的束状单丝聚丙烯纤维。聚丙烯纤维为定重塑料袋包装，每包0.9kg，每箱（袋）15包。束状单丝聚丙烯纤维的物理化学性能指标如表6.1.6。

束状单丝聚丙烯纤维的物理化学性能指标 表6.1.6

纤 维 类 型	束 状 单 丝	密　　　　度	0.91g/cm³
线 密 度	14.5 ~ 18.9dtex	熔　　　　点	165 ~ 175℃
断 裂 强 度	≥300MPa	燃　　　　点	590℃
断 裂 伸 长 率	15% ~ 20%	纤 维 规 格	5、12、15、19mm
弹 性 模 量	≥3500MPa	耐 酸 碱 性	强
截 面 形 状	Y形	相 量 直 径	0.048mm

推荐使用于混凝土的聚丙烯纤维长度为15~19mm。

6.1.7 钢纤维的技术要求

1. 钢纤维类型、钢纤维掺量、钢纤维长径比是影响钢-聚丙烯纤维混凝土性能的主要因素，应合理选择与基材强度相适应的钢纤维。

2. 钢纤维的极限抗拉强度应大于500MPa，能承受一次弯折900而不断裂。

3. 圆直和熔抽钢纤维适宜配制中低强度混凝土，铣削型钢纤维、切断型钢纤维、剪切型钢纤维适合配制高强度混凝土。钢纤维的最小直径不应小于0.4mm，一般控制在0.45~0.70mm，钢纤维的长度应控制在25~60mm，在正常搅拌机拌合时，长径比应控制在50~70。

4. 实验和工程实践证明，铣削型钢纤维与聚丙烯纤维的混杂对提高混凝土综合性能的作用优于其他类型的钢纤维，因此工程上应优选铣削型钢纤维。铣销型钢纤维的技术指标：长度25~60mm，直径0.25~1.25mm，最佳长径比50~70，抗拉强度不小于600MPa，宜使用水融性胶水粘结成排工艺的佳密克斯钢纤维。

5. 钢纤维外观必须洁净、无油污、无锈，并不含其他杂质和碎屑。

6.2 机具设备

钢-聚丙烯纤维混凝土与普通混凝土的施工机具设备基本相同，不同之处包括使用了钢纤维分散机，混凝土搅拌最好使用强制式搅拌机。主要机具设备如表6.2。

钢—聚丙烯纤维混凝土主要施工机具设备　　　　　　　表6.2

序号	机具名称	主要技术指标	用途
1	强制式搅拌机	水平双卧轴强制式搅拌机	搅拌混凝土
2	钢纤维分散机	功率 0.75~1.0kW 分散力 20~60kg/min	振动分散钢纤维
3	混凝土输送泵		泵送混凝土
4	混凝土振动棒		振动混凝土
5	平板振动器		振动混凝土

表6.2中未列设备同普通混凝土施工机具。

7. 质 量 控 制

7.1 质量标准

7.1.1 《混凝土结构工程施工质量验收规范》GB 50204-2002。

7.1.2 《混凝土、砂浆聚丙烯纤维》Q/320106PF001。

7.1.3 《钢纤维混凝土结构技术规程》CECS38：2004。

7.1.4 《聚丙烯纤维混凝土、砂浆施工指导规程》。

7.2 质量检验内容及检验标准

7.2.1 原材料进场质量检验

1. 水泥、砂、石、掺合料、外加剂、水的检验按《混凝土结构工程施工质量验收规范》GB 50204-2002进行。

2. 聚丙烯纤维：按《混凝土、砂浆聚丙烯纤维》Q/320106PF001的要求进行检验。

用于钢-聚丙烯纤维混凝土的应为出厂时经过特殊的防静电及抗紫外线处理的自分散的束状单丝聚丙烯纤维。束状单丝聚丙烯纤维的物理化学性能指标如表6.1.6。聚丙烯纤维长度宜为15~19mm。

检验数量：按进场的批次和产品的抽样检验方案确定。

检验方法：检查产品合格证、出厂检验报告、现场目测和测量。

3. 钢纤维：按《钢纤维混凝土结构技术规程》CECS38：2004的要求进行检验。

钢纤维的极限抗拉强度应大于500MPa，能承受一次弯折900而不断裂。

圆直和熔抽钢纤维适宜配制中低强度混凝土，铣削型钢纤维、切断型钢纤维、剪切型钢纤维适合配制高强度混凝土。钢纤维的最小直径不应小于0.4mm，一般控制在0.45~0.70mm，钢纤维的长度应控制在25~60mm，在正常搅拌机拌合时，长径比应控制在50~70。

工程上应优选铣削型钢纤维。铣销型钢纤维的技术指标：长度25~60mm，直径0.25~1.25mm，最佳长径比50~70，抗拉强度不小于600MPa，宜使用水融性胶水粘结成排工艺的佳密克斯钢纤维。

钢纤维外观必须洁净、无油污、无锈，并不含其他杂质和碎屑。

检验数量：按进场批次和产品的抽样检验方案确定。

7.2.2 配合比计量检验

1. 水泥、砂、石、掺合料、外加剂、水的计量检验按《混凝土结构工程施工质量验收规范》GB 50204-2002进行。

2. 钢纤维、聚丙烯纤维计量检验

检验钢纤维、聚丙烯纤维的掺量，要求钢纤维、聚丙烯纤维掺量误差不超过1%。

检验数量：检验频率每一工作班不少于两次。

检验方法：现场复称。

7.2.3 拌合物中钢纤维、聚丙烯纤维含量、分散性检验

拌合物的钢纤维和聚丙烯纤维掺量，与设计配合比相比较误差不超过±15%。

检验数量：每一班工作不少于两次。

检验方法：现场称取混凝土拌合物，水洗后称量钢纤维、聚丙烯纤维的含量。

7.2.4 检验钢-聚丙烯纤维混凝土质量，应根据工程要求分别进行抗压强度与抗拉强度或抗压强度与抗折强度试验，如有特殊要求时应做抗冻、抗渗等性能试验。钢-聚丙烯纤维混凝土强度检验的试件制作、数量，对强度的评定方法应参照现行有关混凝土工程施工验收规范及国家标准《混凝土强度检验评定标准》的规定执行。

7.3 质量控制要点

7.3.1 施工前应编制钢-聚丙烯纤维混凝土专项施工方案，对工人进行培训和交底，使工人熟练掌握钢-聚丙烯纤维混凝土施工与普通混凝土施工的不同之处，如纤维的分散和撒布工艺、混凝土投料顺序、混凝土的搅拌时间、输送、浇筑、振捣、收面等工序应注意的问题。

7.3.2 应根据具体工程的结构和使用功能要求进行配合比设计，根据不同的使用要求（抗裂性、抗冲磨性或耐久性）侧重点确定钢纤维和聚丙烯纤维的掺入量。

7.3.3 钢-聚丙烯纤维的各种材料应计量准确，采用重量比进行计量，各种材料的计量允许偏差不得超过以下规定：水泥、掺合料±1%，粗、细骨料±3%，水、外加剂±1%，钢纤维、聚丙烯纤维±1%。

7.3.4 应保证钢纤维和聚丙烯纤维在混凝土中的分散性及均匀性，水洗法检测的钢纤维、聚丙烯纤维含量偏差不应大于设计配合比掺量的±15%。

7.3.5 钢纤维应选用水融性胶水粘结成排工艺的佳密克斯钢纤维，进入搅拌机前应采用分散机进行分散；聚丙烯纤维应选用出厂时经过特殊的防静电及抗紫外线处理的自分散的束状单丝聚丙烯纤维。

7.3.6 应合理选择投料顺序，保证钢纤维、聚丙烯纤维均匀分布，防止结团。

7.3.7 钢、聚丙烯纤维混凝土应采用水平双卧轴型强制式搅拌机搅拌。混凝土搅拌现场与浇筑现场的距离应尽量缩短，自搅拌机出料至浇筑的间隔时间不应大于30min。混凝土拌合物中严禁随意加水。

7.3.8 尽量采用平板式振动器进行振捣，如构件截厚度较大时可先用插入式振捣棒振捣，后用平板振动器振平，已振实的钢-聚丙烯纤维混凝土中，不得遗留振捣棒插捣后局部无钢纤维、聚丙烯纤维的空洞、坑穴或沟槽。在纤维混凝土浇筑1~2h，必须对混凝土进行二次振捣，并对纤维混凝土表面拍打振实。

7.3.9 钢-聚丙烯纤维应连续浇筑，不得出现冷缝。

7.3.10 其他质量保证措施同普通混凝土。

8. 安 全 措 施

8.1 混凝土施工机械操作人员须经专门培训，持证上岗，对工人进行安全教育和安全交底。

8.2 聚丙烯纤维投料人员要戴防护眼镜，防止纤维进入眼睛，施工中不宜从高空抛洒，一旦进人眼睛，千万不能揉眼，要翻开眼睑用大量清水冲洗后就医。

8.3 钢纤维分散和撒布作业时工人要带手套，防止扎伤。

8.4 模板支撑系统必须经计算设计确定，荷载选取时，应适当考虑泵送混凝土的高度和堆载作用，混凝土浇筑时的堆料高度和施工荷载不得超过设计取值。

8.5 设专人随时检查架子及模板稳定情况，发现问题应及时汇报并处理。

8.6 浇筑平台应满铺架板，四周搭设防护栏杆。

8.7 混凝土输送泵应由专人操作，严格按照混凝土输送泵安全操作规程进行操作。

8.8 使用振动器的作业人员，应穿胶鞋、戴绝缘手套。振动器应设有漏电保护器。

8.9 接拆泵管要先停泵，再接拆泵管。泵送期间不得进行接管工作。堵管时严禁在管正前方用手掏管内的混凝土，操作人员头部、脸部不要正对该部位，以免突然喷出的混凝土伤人。

9. 环保措施

9.1 成立环保和文明施工领导小组，严格按照国家、省、市的有关文明施工和环保政策安排施工，按照标准化施工现场的要求安排施工现场。施工现场采用彩钢板围挡，各种材料按照施工平面布置图排放整齐，施工现场根据要求硬化和绿化。

9.2 水泥应存放在库房中，堆放场地应平整、干燥，排水良好，堆放应高出地面不小于30cm。砂子碎石要有专用堆场，防止污染。钢纤维、聚丙烯纤维要分类存放，防止撒漏。

9.3 施工污水排放到沉淀池中，不得随意流淌，防止污水污染环境。

9.4 搅拌现场要搭设搅拌机棚，周围进行围挡，防止水泥、砂石抛洒造成扬尘和噪声污染。

9.5 混凝土搅拌运输车要封闭严密，混凝土不要装的太满，以免混凝土漏出污染道路。

9.6 应准确计算混凝土的用量，多余的混凝土不得随处乱放。

9.7 现场设洗车装置，车辆出场前要对车轮进行冲洗，防止工地污泥带入市政道路。

9.8 混凝土振捣应采用低频振动棒，尽量减少噪声。

10. 效益分析

10.1 经济效益

10.1.1 利用聚丙烯纤维代替部分钢纤维，减少了钢纤维的用量，降低工程造价。

正常钢纤维混凝土中钢纤维掺量为1.6%（每m^3混凝土用量124.8kg），费用为124.8×7.5=936元。

混杂纤维混凝土中钢纤维掺量为0.8%（每m^3混凝土用量62.4kg），费用为62.4×7.5=468元。

混杂纤维混凝土中聚丙烯纤维掺量为0.1%（每m^3混凝土用量0.91kg），费用为0.91×15=13.65元。

综上所述，与钢纤维混凝土相比，每立方米混凝土节约造价：936-468-13.65=454.35元。

10.1.2 采用混杂纤维后混凝土的强度提高10%~20%，可减小构件截面，降低工程造价。

10.1.3 混凝土的抗裂性能得到显著提高，防止了裂缝和渗漏现象，减少了修补维护费用和用户投诉和索赔。

10.1.4 掺入钢-聚丙烯纤维后混凝土的抗变形能力显著增强，可实现超长超大结构的无缝施工，省略变形缝、后浇带等构造措施，并减少变形缝、后浇带的处理费用，缩短工期25%。

10.1.5 钢-聚丙烯混杂纤维混凝土可提高结构的使用寿命，节约后期运行成本和维护成本。

10.2 社会效益

10.2.1 节约混凝土和钢材用量，减少资源和能源消耗，对于节能环保，建设节约型社会具有重要意义。

10.2.2 提高工程质量，减轻建筑物的开裂、渗漏等质量通病，提高建筑物的使用寿命，有利于提高人民生活水平。

10.2.3 可用于配制高强高性能混凝土，满足建筑结构向大体积、大跨度、超高层方向发展的需要以及水工工程、公路桥梁、隧道、机场跑道等特殊的功能要求。

11. 应 用 实 例

11.1 青岛小埠东旧村改造1~5号楼，位于青岛市崂山区海尔路西，同安路与辽阳西路之间，工程地下室为车库，建筑面积为：54778.8㎡。结构类型为：框架剪力墙结构。开工日期2008年10月1日，竣工日期2010年9月18日。人防地下室底板厚1.2m，面积3713m²，采用了钢-聚丙烯混杂纤维混凝土，总计约4455m³。混凝土在商品混凝土搅拌站集中配制，钢纤维掺量63.1kg/m³，聚丙烯纤维掺量0.9kg/m³。为了尽量缩短混凝土的运输时间，选择了与浇筑现场距离最短的青岛新型建材商品混凝土搅拌站，并对混凝土厂家进行了钢-聚丙烯纤维混凝土配制技术交底。严格按照本工法要求的操作工艺进行浇筑、振捣、抹面，进行二次振捣和二次抹压。混凝土终凝后即进行养护，养护时间14d。经过长时间的观察，未发现混凝土有开裂、渗漏等现象。通过采用钢-聚丙烯混杂纤维混凝土，节约造价202.44万元，节约工期50d。取得了良好的经济效益和社会效益。

11.2 青岛兴旺花园AB地块商住楼1~3号楼工程，位于青岛市四方区黑龙江南路24号。总建筑面积39911.52m²，结构形式为框架剪力墙结构。地下室一层。开工日期为2009年5月25日，竣工日期为2010年10月20日。本工程基础为钢筋混凝土筏板基础，主楼伐板厚1.2m，面积3800m²，采用了钢-聚丙烯混杂纤维混凝土，总计约4500m³。混凝土在商品混凝土搅拌站集中配制，钢纤维掺量63.1kg/m³，聚丙烯纤维掺量0.9kg/m³。为了尽量缩短混凝土的运输时间，选择了与浇筑现场距离比较短的青岛路桥商品混凝土搅拌站，并对混凝土厂家进行了钢-聚丙烯纤维混凝土配制技术交底。严格按照本工法要求的操作工艺进行浇筑、振捣、抹面，进行二次振捣和二次抹压。混凝土终凝后即铺草袋并浇水养护，养护时间14d。经过长时间的观察，未发现混凝土有开裂、渗漏等现象。通过采用钢-聚丙烯混杂纤维混凝土，节约造价205万元，节约工期40d。取得了良好的经济效益和社会效益。

11.3 青岛东盛花园A5~A12号楼，位于青岛市劲松九路西侧，辽阳西路南侧，总建筑面积96896m²，工程地下室为车库，建筑面积为：18132m²；局部为人防，建筑面积为4533m²。结构类型为：框架剪力墙结构。开工日期2008年3月21日，竣工日期2009年8月30日。人防地下室底板厚1.2m，面积4533m²，采用了钢-聚丙烯混杂纤维混凝土，总计约5440m³。混凝土在商品混凝土搅拌站集中配制，钢纤维掺量63.1kg/m³，聚丙烯纤维掺量0.9kg/m³。为了尽量缩短混凝土的运输时间，选择了与浇筑现场距离最短的青岛金冠商品混凝土搅拌站，并对混凝土厂家进行了钢-聚丙烯纤维混凝土配制技术交底。严格按照本工法要求的操作工艺进行浇筑、振捣、抹面，进行二次振捣和二次抹压。混凝土终凝后即进行养护，养护时间14d。经过长时间的观察，未发现混凝土有开裂、渗漏等现象。通过采用钢-聚丙烯混杂纤维混凝土，节约造价247.17万元，节约工期50d。取得了良好的经济效益和社会效益。

11.4 沿海高速七合同段位于沧州市渤海新区和海兴县境内，其中青锋盐场卤水沟大桥跨越青锋盐场卤水沟，中心桩号为K53+450，跨径为21~30m预应力混凝土连续小箱梁，起点桩号K53+131.5，终点桩号K53+768.5，全长637m。2008年11月开工，2010年5月完工。该桥在桥面铺装中运用了《钢-聚丙烯混杂纤维混凝土增强增韧阻裂防渗工法》，混凝土用量1274m³，严格按照该工法要求的操作工艺进行浇筑、振捣、抹面和养护。检测结论为混凝土处于健康工作状态，耐久性能良好，节约造价5万元，节约工期3d，取得了良好的经济效益和社会效益。

空间多折面薄壁型现浇混凝土围护结构施工工法

GJEJGF051—2010

武汉建工股份有限公司

吴建军　王爱勋　黄昕　李文祥　江筠

1. 前　　言

随着我国建筑行业的不断发展，钢—混凝土混合结构不仅在公共建筑物的适用性、合理性以及技术先进性和经济优越性都体现地较为突出，而且可以完成各种新颖独特的建筑空间造型，其复杂的外装饰面必须结合建筑材料特性分层设置，采用多层复合构造围护结构来满足保温、隔热、隔声、防水防潮、耐火以及耐久等多种使用功能的要求。本工法是利用现浇混凝土良好的和易性以及与其他材料成熟的结合工艺，采用一种薄壁型现浇混凝土墙体来完成建筑物围护结构成型面呈空间多折面的造型。为此公司成立了科技攻关小组，通过试验研究、探索实践和创新总结，形成了一套涵盖不同节点构造、成熟、快捷和经济的施工技术，解决了模板及支撑系统的空间精确定位、混凝土与钢结构柔性连接施工以及薄墙体的混凝土浇筑等问题，并在辛亥革命博物馆新建工程得到了成功应用。公司结合该工程实践编制本工法，以指导今后类似工程的施工。

2. 工 法 特 点

2.1　精确三维定位
采用钢绞线和多个立面或弯折角控制点进行空间精确定位，完成空间多折面的造型。

2.2　保证现浇围护结构成型质量
结合设计特点，重点解决空间多折面薄壁型现浇混凝土围护结构与钢结构连接的问题，同时在施工中采用先安装墙体定位模板以及非定位模板逐步成型的方式，确保了现浇围护结构成型质量。

2.3　工艺简洁实用
在进行混凝土浇筑、振捣、拍实及养护等方面采用帆布袋等简洁而实用的施工工艺和技术措施，解决了因多个倾斜折面存在而导致薄壁型墙体在混凝土振捣过程中易产生混凝土滑落、离析等混凝土振捣密实性问题及后期处理结构渗、漏隐患等难题。

3. 适 用 范 围

本工法适用于大型公共建筑中外围护结构空间呈不规则几何体的薄壁型现浇混凝土围护结构的施工。

4. 工 艺 原 理

通过对围护结构的模板及支撑系统空间精确控制，混凝土与钢结构柔性节点的特殊处理，以及在外造型围护结构的钢筋铺设、绑扎、安装中采取的特殊稳固措施，同时对混凝土工程采取有效的措施等方法达到提高工程质量、减少工程成本投入、缩短工期的目的。

5. 施工工艺流程及操作要点

5.1 施工工艺流程（图 5.1）

5.2 操作要点

根据空间多折面薄壁型现浇混凝土围护结构完成面主结构是否成形将围护结构的节点构造施工分为两大类，一是薄壁型现浇混凝土围护结构完成面主结构已成型，二是薄壁型现浇混凝土围护结构完成面主结构未成形。前者相对简单，主要完成主结构形成各个面的填充即可，而后者需要对空间多折面薄壁型现浇混凝土围护结构成形面重新进行空间精确定位。

5.2.1 施工前的准备工作

1．熟悉图纸，研究外挂板围护结构的构造，完成计算书，并编制施工方案。

2．装幕墙的主龙骨（钢结构、钢筋混凝土结构工程等）已完成，并通过验收。

3．现场安装作业人员进行培训和安全技术交底，清理场地，为下一步的工作提供平台。

```
          施工准备
完成面已成形        完成面未成形
搭设外围护架体      测量放线定位成型面
                  外幕墙龙骨安装成型面
柔性节点钢板焊接面
（安装岩棉板）      架体模板定位放样型

  搭设支撑架体并安装定位模板

  绑扎钢筋（柔性节点钢筋焊接）

  逐步安装墙体非定位模板并加固模架体系

         浇筑混凝土

         模板拆除
```

图5.1 施工工艺流程

5.2.2 空间多折面薄壁型现浇混凝土围护结构的定位

对于主结构完成面已成型的空间多折面薄壁型现浇混凝土围护结构，参照围护结构与钢结构柔性节点施工，无须空间定位；而对主结构完成面未成形的空间多折面薄壁型现浇混凝土围护结构，这里以多折面倒倾斜几何体为例（其他几何体只是角度不同，施工方法类似）：依据设计结构外模型控制面结合外装饰幕墙内龙骨控制面投影完成围护结构空间分割面关键控制点的测量定位和固定，防止空间中幕墙内龙骨与结构外边重叠，然后采用$\phi 8$的钢绞线连接多个空间关键控制点完成其空间的控制面，还原其现浇混凝土围护结构的设计空间模型（其定位方法如图5.2.2所示）。

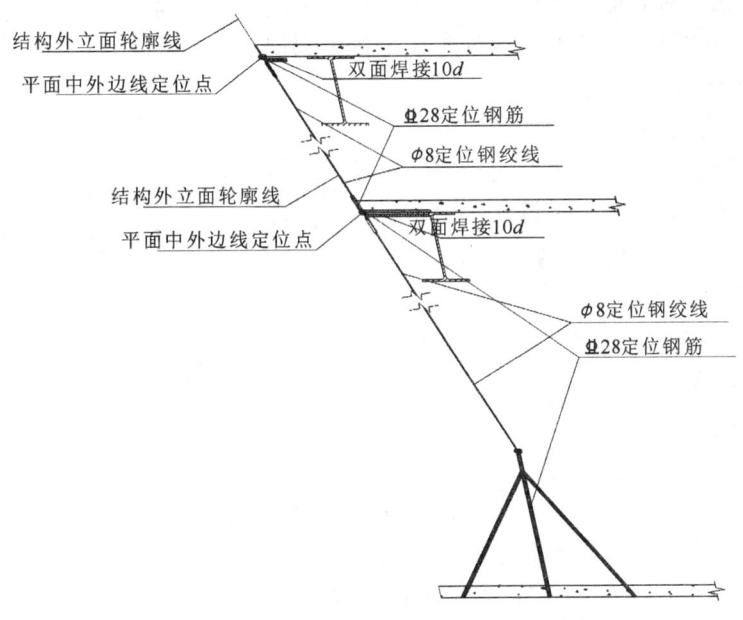

结构外立面轮廓线
平面中外边线定位点
双面焊接10d
$\Phi 28$定位钢筋
$\phi 8$定位钢绞线

结构外立面轮廓线
平面中外边线定位点
双面焊接10d
$\phi 8$定位钢绞线
$\Phi 28$定位钢筋

图5.2.2 空间多折面薄壁型现浇混凝土围护结构定位图

5.2.3 空间多折面薄壁型现浇混凝土围护结构与钢结构柔性节点

对于主结构完成面已成形的现浇混凝土围护结构，参照柔性连接大样图进行止水钢板、钢筋和岩棉板安装工程操作，依据设计多层复合构造围护结构的区域结合主钢结构空间模型，找出与之对应的钢结构区域。其为薄壁型现浇混凝土围护结构的填充区域，随着主钢结构完成面进行施工（主钢结构与混凝土围护墙体柔性连接如图5.2.3）。

主钢结构与混凝土围护结构间柔性连接大样在进行止水钢板、钢筋和岩棉板安装等关键工序的操作要点如下：

1. 止水钢板必须参照柔性连接大样图与钢结构进行满焊，禁止出现断点焊，以满足钢板止水作用。钢板与钢板交接处也要满焊，钢板的焊接工艺必须满足设计要求，钢板处的混凝土保护层厚度不小于15mm。

2. 混凝土与钢结构的柔性隔断采用人工将岩棉板（不燃）在止水钢板内外进行粘接填充。

3. 由于围护结构空间多折面的造型，导致其钢筋在铺设、绑扎和安装的过程中采取防止变形、倾覆和滑移的稳固措施，用粗铁钉（≥20mm）按照钢筋排距每10cm间距与模板固定，对于无法固定的局部板面采取反十字扣双股扎牢钢筋。为确保钢筋受力性能的发挥，最后钢筋与止水钢板进行焊接，焊接长度为10d（d为钢筋直径)。

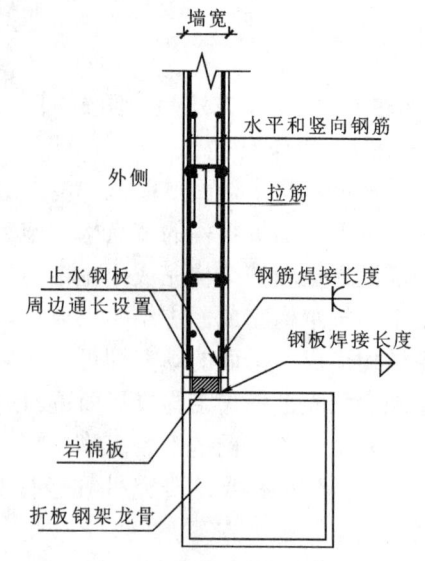

图5.2.3 主钢结构与薄壁型现浇混凝土围护结构柔性连接大样图

5.2.4 空间多折面薄壁型现浇混凝土围护结构模板及支撑系统操作要点

1. 首先，搭设支撑架体安装围护结构定位模板到与由钢绞线形成的围护结构空间控制面水平距离最近的位置；待其固定后，然后不断调整模板和架体，使外支撑模板体系紧贴于钢绞线控制面外边，与钢绞线无缝代换，并对外模板成型面反复微调，直至完全重合。依此法对其他面进行还原定位。支撑架体搭设过程中，预留混凝土垂直运输通道和振捣操作平台（围护墙体支撑架体剖面图如图5.2.4）。

2. 模板支撑系统须有足够的稳定性，故先采用sap2000进行支撑体系模拟工况计算，确定支撑体系的稳定性要求。然后方案模拟结果对支撑体系中立杆和水平拉杆集中受力的部位进行加强，选用满足要求的材料，使用对拉螺栓加强模板刚度。

3. 对于围护结构不同倾斜面模板支撑体系无法通过常规计算得到的水平推力（钢筋混凝土倾斜构件在自重及施工荷载的作用下，除产生向下的压力外，还产生较大的水平推力，而且随着倾斜角度的增大而增大），采取以下技术措施：

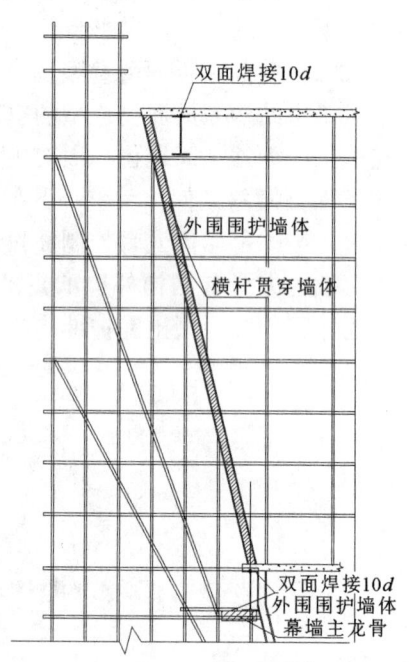

图5.2.4 薄壁型现浇混凝土围护结构支撑架体剖面图

1）首先在施工工序上进行调整，先完成外挂幕墙主龙骨施工，将外模板填充到幕墙主龙骨的区域，形成外模板搁置与幕墙主龙骨之上，并且外模板支撑钢管锁住主龙骨，从而在浇筑混凝土时形成外模板支撑体系与幕墙主龙骨和主结构整体受力的工况。

2）将模板支撑架体与主体结构相连：柱子附近的支撑架体按照计算书和构造要求的间距双扣件抱柱，边钢梁水平方向外的支撑架体大横杆全部与其边钢梁焊接（单面焊10d），焊接长度满足计算书和构造要求。

3）由于模板支撑架体随高度增加，其抵抗倾斜围护结构水平推力也随之下降，其围护结构外模板支撑架体按照计算书和构造要求的间距与主结构内支撑架体水平大横杆穿越围护结构进行通长连接。

4）最后在浇筑混凝土时，一次浇筑高度不能超过18m。

5）施工中采用的胶合模板，应具有足够刚度，保证模板平整、接触混凝土面光洁并涂刷隔离剂。因围护结构的混凝土振捣是施工过程中的难点，应特别注意外幕墙内龙骨和外面钢梁与外模板拼缝质量，以避免漏浆。

通过以上5种方式确保围护结构在进行混凝土浇筑时，其水平推力不会造成外模板支撑架体的变形、位移和倾覆。

5.2.5　空间多折面薄壁型现浇混凝土围护结构钢筋安装工程操作要点

1．围护结构的钢筋铺设、绑扎、安装除采取柔性连接大样中的稳固措施外，应确保钢筋受力性能，其垫块纵向间距控制在1m内。

2．外造型围护结构的上、下层钢筋受到人为踩踏和重力影响后易弯曲、变形、下垂，可加设并焊接ϕ8铁马凳，防止其下陷和踩踏变形，铁马凳纵模向间距不大于700mm，与上、下层钢筋接触点采用焊接，以加强钢筋网整体稳定性。

3．钢筋安装后须注意保护，严禁浇筑混凝土时直接将施工机具安置在钢筋上，以注意避免施工机具直接冲击钢筋造成其变形。

5.2.6　空间多折面薄壁型现浇混凝土围护结构混凝土施工操作要点

1．现浇混凝土围护结构应在长度方向设置伸缩缝，其间距≤30m；同时宜采用聚丙烯纤维膨胀细石混凝土，满足混凝土的抗渗和抗裂要求。

2．对混凝土粗骨料应严格限制，必须采用粒径为5~10mm的瓜米石保证混凝土流畅入模，同时对于现场的混凝土水灰比也要控制，其坍落度≥22cm且≤25cm为宜。

3．混凝土浇筑：浇筑前先放同等强度的砂浆→细振捣棒插入外造型围护结构底→放混凝土浇筑（少量放混凝土，随振捣随提棒，每上升1.8m时暂停浇筑混凝土）→振捣棒再次插入振捣→再放混凝土振捣。施工时由于围护结构混凝土分层浇筑、分层振捣，一次浇筑的高度不能超过1.8m，计算好浇筑时间，保证围护结构每一个混凝土浇筑点在初凝前完成下一次混凝土浇筑，避免混凝土搭接前产生冷缝。

4．现浇混凝土围护结构混凝土浇筑的留置口与混凝土随重力作用下自然流动的方向成一定的夹角，所以由吊斗装载的混凝土进入模板留置口时，应通过一定长度的双层帆布带（直径=留置口宽度）完成混凝土入模，帆布带内设ϕ10@1000龙骨与模板支撑架体固定（双层帆布袋浇筑混凝土如图5.2.6所示）方便其转换角度。浇筑高度采用尺杆配手电灯加以控制。振捣棒不得直接触动钢筋和幕墙龙骨，模板外侧应有人随时敲打模板检查是否漏振。

5．混凝土浇筑完成后

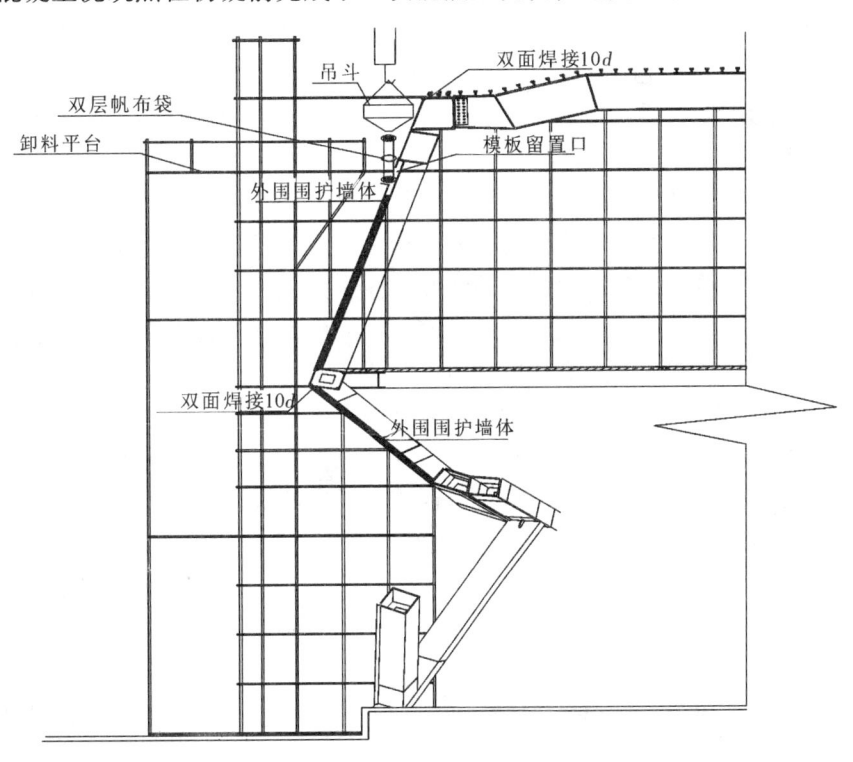

图5.2.6　双层帆布袋浇筑混凝土示意图

要做好养护，外造型围护结构浇水养护过程使用湿水养护，以防止混凝土因暴晒而碳化和缩水龟裂，浇水养护应超过14d。

6．操作平台应提前搭设，宽度采用300~500mm竹条板，长度宜选用4m左右。操作平台有两种作用：一方面便于操作人员站在平台上浇筑和振捣；另一方面防止混凝土在浇筑施工中未入模就滑落出去。

7．浇筑混凝土时应经常观察模板、钢筋、预留孔洞、插筋等位置有无移动变形。

5.3 劳动力组织

每班配置人数如下：现场指挥2人、混凝土工10人、值班电工2人、看模木工5人、振捣手4人、照看钢筋5人、混凝土验收1人、其他人员12人（按照2班倒配置）。

6. 材料与设备

6.1 模板预制安装设备：锯木机、电刨机、锤子、扳手、墨斗。

6.2 钢筋加工、安装设备：切断机、弯曲机、切割机、电焊机、弯曲机。

6.3 混凝土浇筑设备：铁铲、小锤、小型插入式振式器4套（备用4套）、计量器具、试件制作器具。

6.4 运输及起吊设备：混凝土运输用小翻斗车、塔吊、混凝土吊斗、双层帆布袋。

6.5 塔吊操作平台靠近楼座侧设立4个5kW的镝灯，随着混凝土浇筑每个浇筑段还配置一个1000W的碘钨灯，供夜间照明。

6.6 各种质量检测工具。

7. 质 量 控 制

空间多折面薄壁型现浇混凝土围护结构质量应遵照国家标准《混凝土结构工程施工质量验收规范》GB 50204-2002、《建筑施工模板安全技术规范》JGJ 162-2008、《工程测量规范》GB 50026-2007、《普通混凝土长期性能和耐久性能试验方法标准》GB/T 50082-2009、《混凝土耐久性检验评定标准》JGJ/T 193-2009及其他有关规范。

7.1 主控项目

7.1.1 围护结构所用材料的品种、规格、性能和等级，应符合设计要求及国家现行标准和工程技术规范的规定。

7.1.2 围护结构在进行混凝土浇筑时，其抵抗水平推力的技术措施严格按照上述方案执行。

7.1.3 围护结构与钢结构及各构造之间必须无缝联结，无脱层、空鼓及裂缝。

7.1.4 围护结构的钢板必须参照柔性连接大样图与钢结构进行满焊，禁止出现断点焊。

7.1.5 围护结构混凝土分层浇筑、分层振捣，一次浇筑的高度不能超过1.8m。

7.1.6 振捣棒不得直接触动钢筋和幕墙龙骨，模板内外侧应有工人随时敲打模板检查是否漏振。

7.1.7 围护结构拆模以后，混凝土外观应平整、光滑、无明显裂缝。

7.1.8 支撑系统及附件应安装牢固，模板应安装严密，保证不变形、不漏浆。

7.1.9 模板要刷涂隔离剂，以保护模板增加周转次数。

7.1.10 拆模控制时间应以同条件养护试块强度等级为依据，并符合规范及相关规定。

7.2 一般项目

7.2.1 浇筑混凝土时应经常观察模板、钢筋、预留孔洞、插筋等位置有无移动变形，发现问题立即处理，并应在混凝土初凝前修整完毕。

7.2.2 应根据策划要求，做好混凝土的保湿养护，以提供保证混凝土强度和抗裂缝性能所需要的环境条件。

7.2.3 拆模应小心谨慎，对构件要认真清理、修复、保养。

7.2.4 质量控制标准及检验方法见表7.2.4。

薄壁型现浇混凝土围护结构操作几何尺寸和安装尺寸允许偏差及检验方法　　　表7.2.4

序号	检 验 项 目		标准（mm）	检 验 方 法
1	高（≤8m）		±3	钢尺检查
2	厚（150mm）		±2	钢尺检查
3	折线偏差		2	钢尺检查
4	翘曲		L/1000	调平尺在两端测量
5	侧向弯曲		3	拉线、钢尺量最大侧向弯曲部位
6	表面平整		3	2m靠尺配合塞尺检查
7	空间定位预埋件中心偏移		2	钢尺检查
8	饰面		样板标准	目测
9	伸缩缝接缝高差		3	2m靠尺配合塞尺检查
10	各层基准线与围护结构距离		±5	拉通线配合钢尺检查
11	总高垂直度	小于10m	10	经纬仪
		大于10m、不大于30m	15	经纬仪
		大于30m、不大于60m	20	经纬仪
		大于60m	25	经纬仪
12	外观		符合设计要求	目测

8. 安 全 措 施

认真贯彻落实安全第一、预防为主的方针，遵守国家和行业安全标准规范。采用定量评价（LEC法），对现场危险源进行分析和评价，制定对策。

8.1 对模板支架体系进行设计，报相关部门及监理单位审核，经专家论证后实施。

8.2 操作班组就位前，针对本分项工程施工操作特点，进行安全和技术交底，施工中加强安全巡检，着重检查配件牢固情况，特别应做好外架的封闭及防护工作。

8.3 现场使用的钢管扣件材料有材质合格证件。在脚手架施工过程，应随时对脚手架杆件间距、步距、垂直度、扣件拧紧程度进行检查；高处作业所用的物料应堆入平稳，不可置放在临边或洞口附近。在作业中的走道中不得将物件任意乱扔或向下丢弃。

8.4 在模架施工过程中，模板堆高小于设计的施工荷载，并按要求同步搭设剪刀撑；在混凝土施工过程中组织专人对模架进行观测，并在现场安排5~8人架子工对模架进行维护，同时根据监测结果对模架进行补强。

8.5 遇有6级以上大风、浓雾灯恶劣天气，不得进行露天攀登与悬空高处作业。模板支撑拆下后，应及时进行清理，并分类堆放整齐。

8.6 模板拆除前应有混凝土强度报告，并报监理同意方可拆除，拆除模板时应设置警戒线，悬挂警戒标志，专职安全员应现场监督看护。严格执行"三级动火审批制度"，模板工程作业面动焊施工，要配备金属隔板及灭火器。

8.7 木工车间严禁烟火，张挂禁烟、禁火安全标志牌，按每25m²配10升灭火器。施工现场动火作业，需在木工车间下风处，且保持10m以上安全距离。

9. 环 保 措 施

9.1 合理安排施工时间，使用低噪声的振动棒，减少对周边居民生活环境的干扰。

9.2 由于空间多折面薄壁型现浇混凝土围护结构是空间不规则几何体，因此在浇筑及养护的过程中做好对废渣废水的合理处理及排放。

10. 效 益 分 析

10.1 多层复合构造围护结构中采用钢筋混凝土现浇墙体是发挥了混凝土相对于建筑幕墙在隔热、隔声、防水防潮、耐火耐久等优异材料性能，而薄壁型现浇混凝土围护结构采用本工法的技术措施，增加了混凝土的抗拉强度，控制围护墙体的裂缝能确保工程的防水防潮要求，满足了本工程钢筋混凝土耐久性100年以及一级耐火等级的要求，同时加之其良好的热阻系数与传统外装饰做法相比可提高15%，结合55mm的岩棉板［导热系数≤0.045W/cm·K）］，使其防火保温隔热特性更佳，达到了节能减排的要求，所以具有很好的绿色环保效益。

10.2 采用本工法，成功的解决了空间多折面薄壁型现浇混凝土围护结构的空间定位以及与钢结构柔性连接的问题。避免了围护结构施工时混凝土滑落、离析、振捣密实性以及后期结构渗、漏隐患等问题，避免了日后投入大量渗漏修补费用。

10.3 本工法相比采用其他围护结构（预制混凝土板、铝镁合金板以及氟碳板等）综合单价相比节约30%以上，总造价节约了252万元。

10.4 该工法成功应用于辛亥革命博物馆新建工程，首次实现了在国内系统的应用和总结薄壁型现浇混凝土围护结构，自主研发了多项技术专利，为同类型工程及其他相似工程的施工提供了技术支持和技术保障，从而可产生巨大的经济效益和社会效益。

11. 应 用 实 例

由武汉建工股份有限公司承建的辛亥革命博物馆工程是为迎接辛亥革命爆发100周年盛典而新建的，位于湖北省武汉市武昌区阅马场首义文化区的中心位置，总建筑面积22138 m²。博物馆共分四层，建筑总高度为22.5 m。其设计融合了中国传统建筑和现代手法，在正面看，高台加大屋顶的架构，传承了中国建筑"双坡屋顶"和飞檐翘角的特质；从侧面看，3块几何形拼出"破土而出"的意象，颂扬了敢为人先的首义精神。

该工程从二层到屋面外装饰面的多层复合构造围护结构内有约7000m²的混凝土结构墙体，该薄壁型现浇混凝土围护结构外立面呈空间异型多折面的造型，立面标高7.15~21.4m，由于墙体厚度为120mm，直线长度超过100m，为了控制混凝土早期裂缝，采用改性聚丙烯纤维膨胀混凝土，强度等级C25（P6）。本工程分两个施工段施工，首先完成东西两面混凝土围护结构的施工，再完成折板部分的施工。由于东西两侧混凝土围护结构的完成面并非与钢结构成型面一致，需要重新进行6个空间折面的三维定位（见图11-1）。

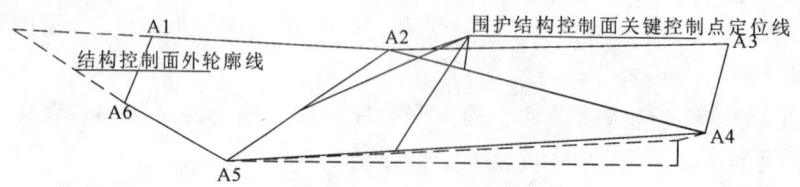

图11-1 东西两侧现浇混凝土围护结构

　　而折板部分采用柔性连接大样共完成25个空间折面薄壁型现浇混凝土围护结构的填充（图11-2)。采用空间多折面薄壁型现浇混凝土围护结构施工工法进行了施工，保证了外围护结构在1个月浇筑完成，施工质量也达到了较高的水平，基本未出现漏浆、空浆现象。通过结构实体检测，混凝土结构密实，外观美观，无任何质量通病，达到了预期的效果。

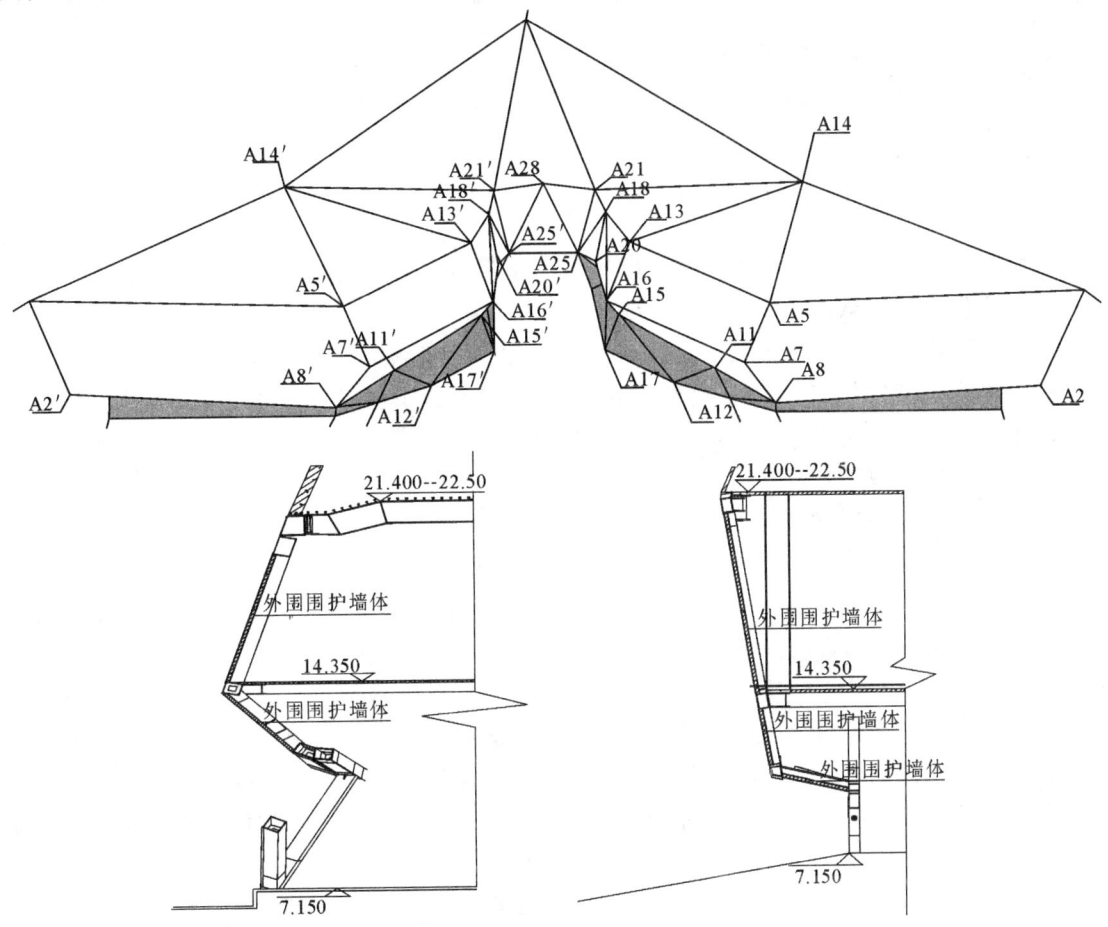

图11-2 折板部分现浇混凝土围护结构

高空悬挑混凝土结构施工支架平台技术施工工法

GJEJGF052—2010

广州机施建设集团有限公司　　佛山市新一建筑集团有限公司

雷雄武　冯少鹏　肖志举　肖焕詹　潘梅胤

1. 前　言

广东省公安厅出入境制证中心大楼位于广州市东风路边，总建筑面积57753m²，建筑物73m标高处周边均为悬挑梁板结构，悬挑投影面积947.93 m²。

悬挑混凝土结构的施工，通常利用落地式满堂红脚手架或悬挑脚手架作为支顶架体系。高空悬挑混凝土结构施工支架平台与传统的纯钢管支顶架相比，具有以下优点：占用的空间较少，能减少对屋面以下外墙施工现场的影响，节省现场施工的资源投入。采用满堂红落地式钢管支顶体系，外墙幕墙施工只能在悬挑结构完成后才能进行，不能与悬挑结构同时施工。因为原搭设外脚手架与支模重合部分不符合高支模要求，须拆除重新搭设高支模。在天面悬挑板结构及装饰工程完成，高支模拆除后，重新搭设外脚手架，才能进行幕墙施工（高支模立杆、水平杆密度大，装修作业人员无法操作）。仅考虑天面混凝土养护时间及外脚手架搭拆时间，幕墙工期比正常延长约50d以上。采用悬挑式脚手架支顶体系受力不明确，难以建立合理受力模型，容易产生侧向挠度，刚性小，节点强度无法保证，且搭设该支撑体系高空悬空作业量大，危险性高，对安全措施的要求及工人安全操作意识较高。而采用悬挑斜拉式型钢支撑体系可有效避免与外墙施工的相互影响，有效减少施工工期，且搭设成本比满堂红落地式脚手架节约75%，同时，悬挑斜拉式型钢支撑体系装拆简单快捷，大大减少施工搭设的悬空作业量，危险性较小，并有利于建立合理的受力模型。高空悬挑混凝土结构施工支架平台技术施工工法是一种技术含量较高、环保节能、具有广阔应用前景的工法。

高空悬挑混凝土结构施工支架平台，其施工难题主要有：①斜拉式型钢支撑体系设计；②现场钢结构的吊装；③环境保护等。斜拉式型钢支撑比采用传统满堂红脚手架更具灵活性，但现场施工场地条件差，缺乏高空悬挑作业的经验，需解决上述施工难题。为此，广州市建筑机械施工有限公司组织有关部门开展专项施工技术创新，通过公司、分公司、项目部等各方努力，成功完成了高空悬挑混凝土结构施工支架平台，总结出该项工法成果。

2. 工 法 特 点

2.1 实现钢结构在现场就地吊装，避免传统满堂红脚手架搭设工期的制约，同时减少了钢管材料的投入，有利于产品保护。

2.2 利用斜拉式型钢支撑体系，不占用外墙施工的脚手架，最大限度减少了对周边环境的影响。

2.3 斜拉式型钢支撑体系安装简单方便，对大型吊装设备需求不高。

3. 适 用 范 围

适用于30m以上高空悬挑混凝土结构的支撑，同时对大型悬挑构件支顶等施工有借鉴作用。尤其适用于高空悬挑结构的支顶施工。

4. 工 艺 原 理

根据75m高空悬挑混凝土结构的设计特点，考虑现场操作的简易性和安全性，利用36a工字钢作为支撑体系的主受力梁，16号工字钢作为传力横梁，同时利用2条8号槽钢与36a工字钢组合三角形的斜拉式受力体系；在型钢支撑体系下设置独立的钢管悬挑安全操作平台（与外脚手架分离），有效降低了型钢施工过程中的施工人员的操作危险性。采用斜拉式型钢支撑体系形式；减少了钢管材料的使用量和大型吊装设备的投入，同时确保了悬挑梁板的施工质量。

5. 施工工艺流程及操作要点

5.1 施工工艺流程
高空悬挑混凝土结构施工支架平台工艺流程图详见图5.1。

5.2 施工要点

5.2.1 搭设安全操作平台
本工程在70多米高空进行大量钢结构安装作业，工人操作环境安全要求很高，同时，该悬挑结构北侧下方为城市主干道人行路，人流密集，东南侧下方为工地内场地通道，对安全防护要求也很高。为确保施工操作中的安全，增加搭设安全平台，作为安装钢梁的操作及防护平台（图5.2.1）。

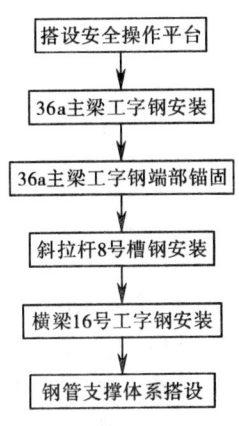

图5.1 工艺流程图

该平台采用钢管作为主要材料，在混凝土柱加3度钢管箍，并在天面层楼面浇筑混凝土时预留钢丝绳抽吊环。平台挑柱借助外墙脚手架排栅挑出，采用钢管大横杆连接，并根据外墙脚手架柱距设挑柱尺寸。伸出尺寸每1.5m设挑柱一条，平台距离钢梁底1.4m。

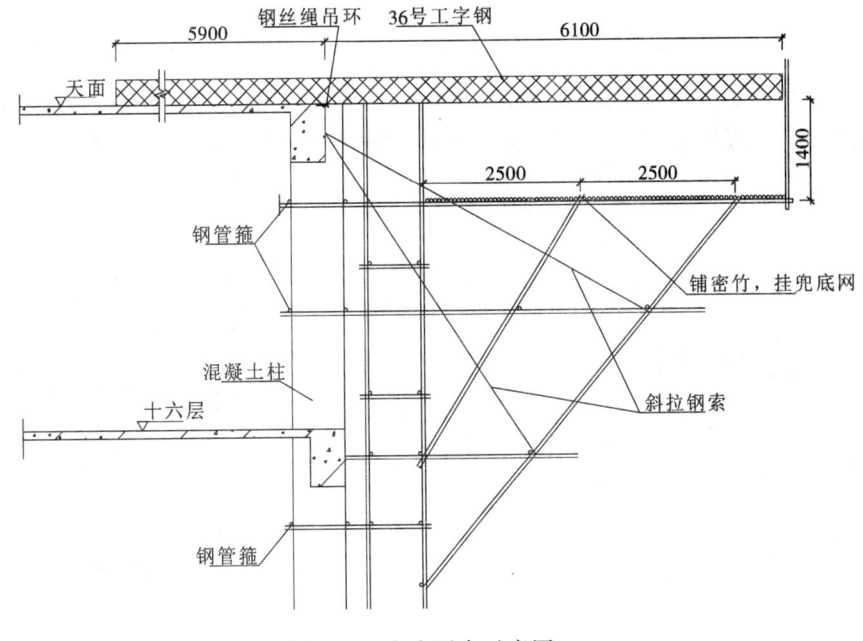

图5.2.1 安全平台示意图

5.2.2 36a主梁工字钢安装、锚固
根据现场实际情况，在施工层的下一结构层按水平距离每隔2～3m悬挑1条12m长的I36a的工字钢作为悬挑支撑体系的主梁，梁后端部用φ25钢筋与楼板（梁）锚固（图5.2.2-1）。

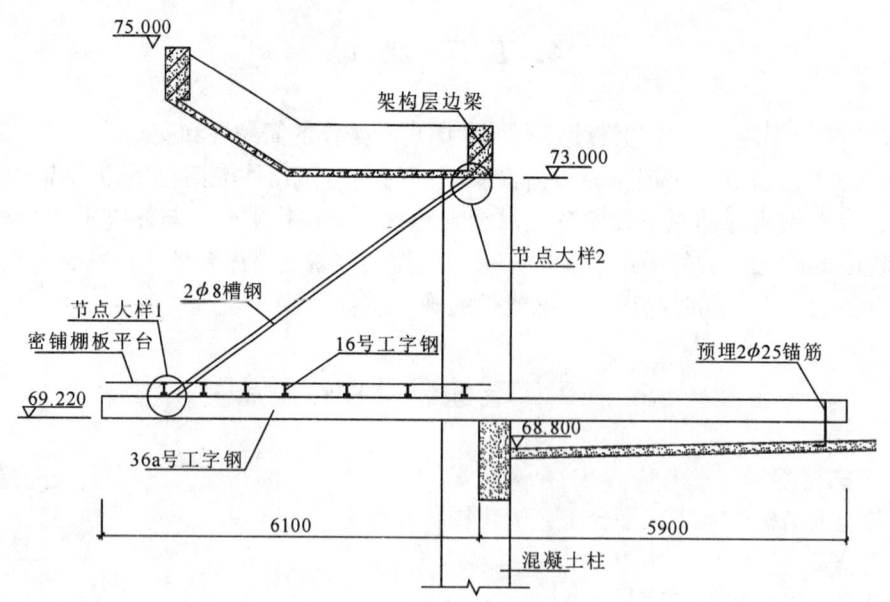

图5.2.2-1 悬挑斜拉支撑体系示意图

主梁工字钢安装以人工安装为主，采用纵向推移法施工：工字钢主梁推出楼面时，前端用手动葫芦吊住（因主梁工字钢为用每根长12m的原材，使型钢中心在楼面内，有效防止了主梁工字钢安装过程产生倾覆），然后将工字钢沿端部的钢筋锚固座逐步向外推出；在推出过程中，利用建筑物边梁预埋的钢筋锚环和拉索调整工字钢水平角度及保证操作安全；当工字钢推出达到设计要求时，在工字钢尾部用钢筋烧焊固定（锚固大样见图5.2.2-2）。

5.2.3 斜拉杆8号槽钢安装

每条主梁前端利用2-[8作为斜拉杆，分别与主梁的外端部和施工层边梁预埋钢板焊接，组成三角形受力体系。斜拉槽钢与主梁工字钢连接大样见图5.2.3-1，与结构连接大样见图5.2.3-2

图5.2.2-2 主梁工字钢端部锚固大样

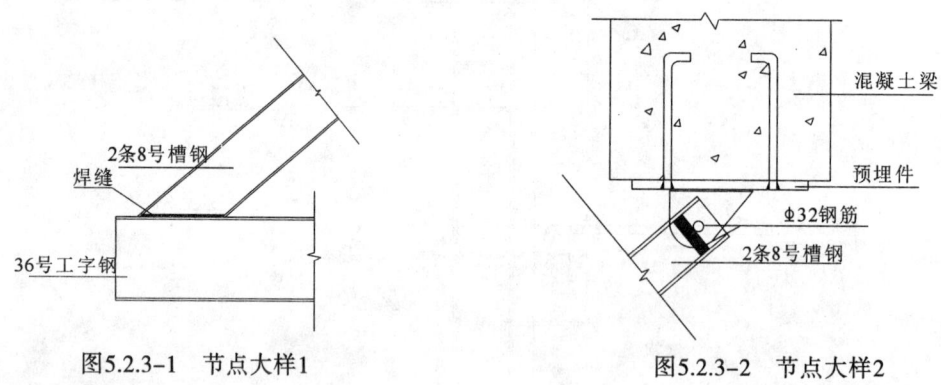

图5.2.3-1 节点大样1　　　　　　　图5.2.3-2 节点大样2

5.2.4 横梁16号工字钢安装

主梁工字钢安装就位后，人工将16号的横梁工字钢垂直主梁推出，达到设计位置时，烧焊与主梁工字钢连接固定。

5.2.5 钢管支撑体系搭设

当整个悬挑斜拉型钢体系安装完毕后，对所有焊缝进行验收，确保焊缝均达到合格后，选择局部进行1.4负荷试压，经检查确保符合要求后才进行钢管支顶架搭设。16号工字钢面至悬挑结构的板底距离为3.26m，至斜板最高点为4.46m，采用支撑于16号工字钢面的钢管作为模板支撑体系，钢管间距沿横梁方向间距1 m，沿主梁方向间距按16号工字钢间距，钢管下端利用顶托支承于横梁工字钢上。钢管支撑体系如图5.2.5所示。

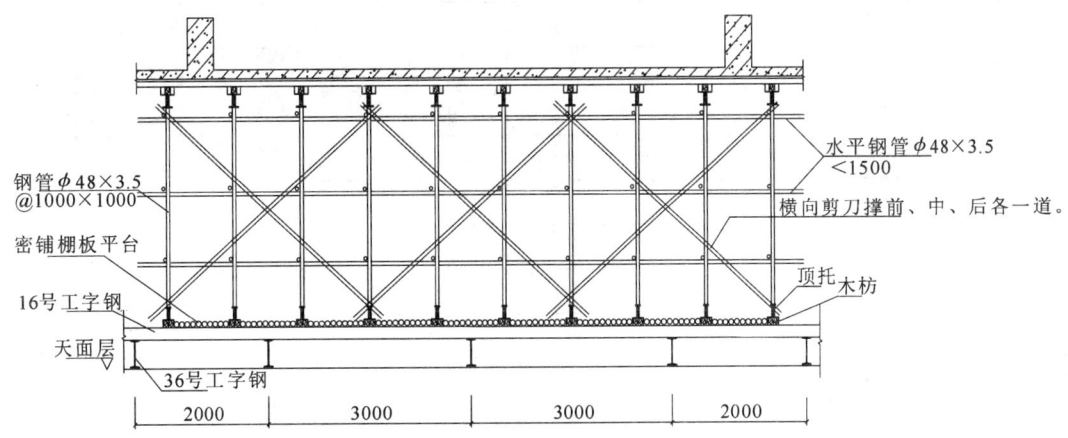

图5.2.5　钢管支撑体系立面示意图

5.3　劳动力组织（表5.3）

劳动力组织情况表　　　　　　　　　　　　　　　　表5.3

序号	工　人	人数	主　要　工　作　内　容
1	钢结构安装工	10人	
2	焊工	5人	节点焊接
3	架子工	8人	钢管支顶架搭设
4	木工	15人	模板安装
5	钢筋制安	8人	钢筋开料、加工、绑扎，安装保护层垫块
6	捣混凝土	20人	浇筑拱板混凝土
7	搅拌站及混凝土运输	12人	生产混凝土和运输混凝土
8	电工	2人	生产场地用电架设、维护
9	机修	2人	模具、机械维护
10	测量组	4人	现场测量；使用软件计算线形标高控制参数

6. 材料与设备

本工法主要材料表见表6.1，采用的机具设备见表6.2。

主要材料表　　　　　　　　　　　　　　　　　　表6.1

序号	名　　　称	规　　格	单　位	数　量
1	多层板	15mm	m²	24.5
2	木方	5×10	m³	0.56
		10×10	m³	0.22
3	碗扣架立杆	$\phi 4.8 \times 3.5$	根	415
	碗扣架横杆	$\phi 4.8 \times 3.5$	根	366
4	立杆顶托	600可调	个	5648
5	工字钢	I32a	t	45.2
		I16a	t	31.26
6	槽钢	8	t	12

机具设备表

表6.2

序号	设备名称	数量	规格型号 主要性能指标	备注
1	结构计算软件	1		用于钢结构稳定性计算
2	精密水准仪	1台	S1级，0.01mm	用于测量准确定位
3	经纬仪	1台	J2级，2s	用于测量准确定位
4	小型插入式振动器	2台	振动8000次/min	
5	平板式振动器	1台	振动10000次/min	
6	钢筋切断机	1台		用于钢筋制作
7	钢筋对焊机	1台		用于钢筋制作
8	液压钢筋冷拉机	1台		用于钢筋制作
9	钢筋弯曲机	1台		用于钢筋制作
10	混凝土搅拌站1000L	2台	37kW 50m³/h	
11	小型运输车	6辆	2t	
12	交流电焊机	5台	33kW	
13	发电机	1台	250kW	备用

7. 质量控制

7.1 严格执行以下相关技术规范标准

《钢结构设计规范》GB 50017-2003；《钢结构工程施工质量验收规范》GB 50205-2001；《建筑钢结构焊接技术规程》JGJ 81-2002；《设备安装工程施工及验收规范》J 218-2002；《机械设备安装手册》；《建设工程质量管理条例》；《建筑工程施工质量验收统一标准》GB 50300-2001。

7.1.1 模板施工应符合表7.1.1的要求。

允许偏差及检验方法

表7.1.1

序号	项目	允许偏差（mm）	检查方法
1	长度	±10	用钢尺量下弦板两长边，取其中较大值
2	宽度	+2，-5	用钢尺量两端及上下弦板中部，取其中较大值
3	整体顶面高低差	+2，-5	水准仪分别测两端和中点的高差
4	侧向弯曲	L/1500且≤15	拉线，钢尺量最大弯曲处
5	板的表面平整度		2m靠尺和塞尺检查
6	设计起拱	3	拉线，钢尺量跨中

7.1.2 钢筋加工绑扎

1. 钢筋制作质量应符合表7.1.2-1的要求

钢筋制作允许误差

表7.1.2-1

项目	允许误差
受力钢筋长度	±10mm
弯起钢筋的弯折位置	±20mm
箍筋的部位长度	±5mm

2．钢筋骨架安装质量应符合表7.1.2-2的要求。

钢筋安装位置的允许偏差和检验方法　　表7.1.2-2

项　　目		允许偏差（mm）	检 验 方 法
绑扎钢筋网	长、宽	±10	钢尺检查
	网眼尺寸	±20	钢尺量连续三档、取最大值
绑扎钢筋骨架	长	±10	钢尺检查
	宽、高	±5	钢尺检查
受力钢筋	间距	±10	钢尺量两端、中间各一点，取最大值
	排距	±5	
	保护层厚度	±3	钢尺检查
绑扎箍筋、横向钢筋间距		±20	钢尺量连续三档、取最大值
钢筋弯起点位置		20	钢尺检查

7.2 质量保证措施

7.2.1 钢管支顶加设钢管水平拉杆和剪刀撑，增加整体稳定性，使支撑体系均匀受力。

7.2.2 楼面模板安装后，派专职质安员检查支顶、斜撑、拉杆是否牢固。确保支撑系统有足够的强度和稳定性。

7.2.3 楼面模板安装时要保证几何尺寸准确，符合设计和规范要求，模板制作安装要接缝严密、平整和不漏浆。

7.2.4 梁、柱接头的模板要用线称调校垂准，保证模板垂直度、平整度。梁模必须放线调正，通线取直。

7.2.5 模板支撑体系必须经过监理工程师的验收后才进入下一道工序施工，并办理报验手续。

7.2.6 模板安装完成后派专人清扫干净才能进行钢筋安装。

7.2.7 混凝土浇筑前，应经常检查模板、木枋、水平拉杆、纵横斜撑、支顶是否有变动，发现问题及时采取措施进行处理。

7.2.8 支模时，支柱应垂直，上下层支柱应在同一竖向中心线上。

7.2.9 模板必须在混凝土强度达设计强度的100%方可拆除。

8. 安 全 措 施

8.1 严格执行以下相关技术规范标准

《建筑施工扣件式钢管脚手架安全技术规范》JGJ 130-2001；《建筑施工模板安全技术规范》JGJ 162-2008；《危险性较大的分部分项工程安全管理办法》；《施工现场临时用电安全技术规程》JGJ 46-2005；《建筑施工高空作业安全技术规范》JGJ 80-91；《中华人民共和国建筑法》；《中华人民共和国安全生产法》；《建筑工程安全生产管理条例》。

8.2 脚手顶架搭设人员必须是经过国家现行标准《特种作业人员安全技术考核管理规则》考核合格的专业工人，上岗人员应定期体检，体检合格者方可上岗。

8.3 搭设脚手顶架人员必须戴安全帽、安全带，穿防滑鞋等。

8.4 操作层上的施工荷载应符合设计要求，不得超载；严禁任意悬挂起重设备。

8.5 在支撑体系顶层外围搭设1.5m高的栏杆，材料选用钢管，间距按照支撑立杆的间距，栏杆上铺设密闭的安全网。

8.6 为了加强支撑体系的稳定性和整体刚度，防止倾倒，利用支撑体系的水平杆与原有结构柱锁扣连系，起到拉顶作用。

8.7 组织专门监测小组，在工字钢安装、支顶架搭设及混凝土浇注期间对支撑进行沉降监测，观测点布置图附后，用经纬仪或吊锤线称观测支撑立杆的垂直情况，一旦发现偏移情况，立刻停止作业，疏散作业人员，检查原因，及时采取措施抢险加固支撑体系。

8.8 六级和六级以上大风、雨天应停止支顶架作业。

8.9 设专人负责对顶架进行经常检查和保修，在模板安装及混凝土浇筑过程也必须进行，发现险情立刻通知现场负责人停止作业，疏散作业人员，启动应急救援程序。

8.10 支顶架使用期间，严禁任意拆除主节点处的纵、横向的水平杆和扫地杆，支撑，栏杆及挡脚板，如要拆除，则应采取安全措施，并报主管部门批准。

9. 环 保 措 施

9.1 在悬挑梁板的洒水养护过程中，采用节水喷淋头进行喷水养护，并在屋面设置砖砌沉淀池，收集多余水量并循环利用，有效降低污水排放量。

9.2 由于整个施工过程均采用露天作业，在工人作业区设置可伸缩的防雨、防晒棚架，以改善施工人员的工作环境。

9.3 运送混凝土小型机动车不得过满溢出，混凝土残渣及时清除干净。

9.4 在工程施工过程中加强对施工焊接、工程材料、废水及弃渣的控制和治理。

9.5 制定固体废弃物控制措施。定期清运弃渣及其他工程材料运输过程中的散落物与沿途污染物，弃渣及其他工程废弃物按指定的地点和方案进行合理堆放和处理。

9.6 制定施工噪音控制措施。选用先进环保的施工工艺，采取有效措施降低施工噪声到允许值以下，同时尽可能避免夜间施工。

9.7 对施工场地道路进行硬化，并在晴天经常对施工通行道路进行洒水，防止尘土飞扬，污染周围环境。

10. 效 益 分 析

10.1 经济效益

该支撑体系中所使用的36a工字钢和16号工字钢均以租赁解决（约160~180元/t），而8号槽钢则利用本工程幕墙骨架的原料，大大节约成本费用的支出，该支撑体系总成本造价约为15万元；若采用落地式满堂红钢管支撑体系，支顶架钢管、扣件使用量大，经估算需投入钢管约570t，扣件约95000只，搭设工程量约67000m³，按造价约需67万。悬挑斜拉式型钢支撑体系对比落地式满堂红钢管支撑体系节省约52万。

10.2 节能效益和社会效益

10.2.1 安全可靠。整个安装及拆卸过程没发生安全事故，达到预期要确保安全的设想。

10.2.2 有利于文明施工。由于投入钢管等材料相对减少，占用施工堆场也明显减少，从而为现场文明施工创造了条件。

11. 应 用 实 例

广东省公安厅出入境制证中心大楼位于广州市东风路边，总建筑面积57753m²，其中地下室4层，建筑面积20160m²；地面16层，建筑面积36950m²；建筑总高度68.8m，建筑最高点75m，长80m，宽30m；主体结构为钢筋混凝土框架—剪力墙结构。建筑物73m标高处周边均为悬挑梁板结构，悬挑部位投影面积947.93m²。该工程2005年10月开始安装，至2006年1月20日完成全部钢结构拆除。

广州大北枢纽站场工程施工位于广州市越秀区站南路西南、环市西路南侧，总建筑面积87718.2m²。本工程地下建2层地下室，地面上部分为两部分：客运站场为3层，配套办公楼为地下2层、地上10层；整个建筑物为钢筋混凝土框架结构，结构最高点47.30m。建筑物47m标高处周边均为悬挑梁板结构，悬挑部分投影面积688.24m²。该工程2006年12月开始安装，至2007年2月10日完成全部悬挑部分模板拆除。

萝岗区行政办公用房及萝岗中心区人防工程一期施工总承包（一标段）工程位于萝岗区开创大道以北，水西环路以南。本工程为钢筋混凝土框架结构，建筑面积约36000m²。其中地上行政办公楼3栋（最高5层），建筑面积约24000m²，地下室连成整体，建筑面积约12000m²，结构最高点为31.17m标高的悬挑梁板结构，悬挑部分投影面积594.25m²。该工程2007年12月开始安装，至2008年2月5日完成全部悬挑部分模板拆除。

高空悬挑混凝土结构施工支架平台技术施工工法成功运用于广东省公安厅出入境制证中心大楼工程、广州大北枢纽站场工程、萝岗区行政办公用房及萝岗中心区人防工程一期施工总承包（一标段）工程。悬挑部分态体良好，质量合格，经有关部门组织验收，符合国家验收标准。进度和服务得到业主好评，创造良好经济效益、环保节能效益和社会效益。

FR 轻集料混凝土空心隔墙板安装施工工法

GJEJGF053—2010

成都建筑工程集团总公司　成都芙蓉新型建材有限公司
贾佐铭　王础　杨金渝　杨洪波　游铎章

1. 前　言

随着建筑业的不断发展，在工程中对环保型轻质材料的使用越来越多，对其经济性、适用性以及环保要求也越来越高。如何更好利用这类建筑材料既环保又经济、适用的特性，并加以充分的推广和使用，是新型建筑材料发展的重要课题和必由之路。我们在多年FR轻骨料混凝土空心隔墙板的施工过程中不断总结、完善，最终形成本工法。

在我国积极倡导节能降耗、可持续发展的时代背景下，建筑新型轻质隔墙已大量应用，且品种繁多。但现阶段，各种轻质隔墙板的安装过程中还存在着安装不规范、不统一，且板缝容易开裂等诸多缺点，造成产品安装质量不易得到保证，引起多次返工，对人力、财力、物力和时间都造成很大浪费，尤其是经二次装修后的返修还要引起诸多不必要的纠纷，墙板制作和安装单位也会承担大量的经济损失。

现阶段，FR轻骨料混凝土空心隔墙板作为新型的环保、优质隔墙材料已大量投入使用，为了保证安装质量，避免返工浪费，形成一套成熟、可靠、规范的施工工艺就显得尤为重要。FR轻骨料混凝土空心隔墙板安装施工技术的应用，从材料的选用、安装以及节点构造等方面进行了统一和规范，克服了轻质隔墙容易产生裂缝的缺点，从而发挥其轻质、高强、隔声、防火等优越的性能。同时，通过废弃材料的回收再加工，避免了材料的浪费和建筑垃圾的产生，完全符合国家鼓励发展的循环经济、环保经济政策。

我们生产、安装的FR轻骨料混凝土空心隔墙板已获得"四川省建设行业应用技术推广项目证书"、"成都市墙材革新建筑节能办公室产品认定证书"以及四川省住房和城乡建设厅"科学技术成果鉴定证书"。经过不断探索和更新后的带C形槽对接口的隔墙板生产安装技术还获得了专利。

采用本工法施工省去了常规内墙外抹灰施工工序，节约人力、工期以及相关费用。本工法对各个工序均作出了具体要求，施工工艺操作简单，易于掌握，同时能保证施工质量。

2. 工 法 特 点

2.1 环保：FR轻骨料混凝土空心隔墙板主要利用粉煤灰、炉渣和经粉碎的废砖块等工业废料经挤压振动揉抹成型技术和干湿蒸养技术制成，符合国家鼓励发展的循环经济、环保经济政策。

2.2 节能：根据《绝热、稳态传热性质测定、标定防护热箱法》GB/T 13475-2008标准检验，120mm厚FR轻骨料混凝土空心隔墙板传热系数为1.967W/（m²·K），满足国家环保、节能要求。

2.3 轻质：90mm厚FR轻骨料混凝土空心隔墙板面密度仅为78kg/m³。其单位面积重量比常用的页岩砖砌体轻。

2.4 安装简便、实用，避免质量通病。

FR轻骨料混凝土空心隔墙板在厂家生产时两块板材间接口作成C形槽，在施工时采用胶结砂浆填实，形成连接键，有效避免了板间裂缝的质量通病。由于FR轻骨料混凝土空心隔墙板在制作过程中是机械挤压成型，几何尺寸、表面平整度精度较高，因此成品墙体表面可直接做装饰面层，省去了墙面的抹灰层施工，达到省工、省料的目的。此工法的推广、使用，对建筑墙体的革新具有重大意义。

3. 适 用 范 围

本工法适用于FR轻骨料混凝土空心隔墙板作为新建、改建、扩建公共建筑和居住建筑工程中的非承重内隔墙、内部隔断及框架结构填充墙的施工。

4. 工 艺 原 理

FR轻骨料混凝土空心隔墙板材料自身以炉渣、粉煤灰、河砂、废砖块等为主要原料，以水泥为主要胶凝材料，使用科学的配方及先进的工艺流程，经挤压振动揉抹成型技术和干湿蒸养技术形成本产品。安装时，在普通混凝土隔墙板安装方法的基础上，将原有的凹凸企口接头改进为两边C形接口，中间用胶结砂浆挤压密实，有效地解决了板缝容易开裂的质量通病。板孔内加筋灌注混凝土作为过梁，不必按常规填充墙做法制作过梁，省时、省工，从而降低工程造价。在墙板与梁柱交接处采用L形钢卡进行固定，提高了墙体稳定性。

5. 施工工艺流程及操作要点

5.1 施工流程
现场清理→定位弹线、排板（留出门窗洞口位置）→隔墙板安装、校正、固定→（安装完成5~7d以后）→安装水电管线→交付验收→装饰面层施工。

5.2 安装顺序
隔墙板安装一般先安装大面，从柱边或剪力墙端头位置开始，向另一边安装收口。若隔墙上有门窗洞口时，应从门窗洞口两侧开始安装，在柱边或剪力墙端头收口。

5.3 安装工艺
5.3.1 现场清理、分档弹线
隔墙板安装前须用钢丝刷将安装部位清理干净，并根据施工图纸在地面弹出定位线，留出门窗洞口位置。剪力墙及结构柱与隔墙板连接处表面应作打毛处理。

5.3.2 隔墙板安装
1. 运板、润水

隔墙板采用手推车运至施工位置，并对接头位置用毛刷刷水（可采用掺入5%的805胶水的水泥浆）湿润，以增强砂浆与C形槽位置的粘结力，避免开裂（运板、润水见图5.3.2-1）。

图5.3.2-1 运板、润水

2. 抹接缝砂浆

安装的第一块板为定位板。在板的顶面、底面和靠墙柱的连接面以及柱、剪力墙、梁板等与FR隔墙板交接部位均应均匀满刮厚度不少于5mm的接缝砂浆（楼地面接缝砂浆厚度控制在15~20mm）。同时，板侧面C形槽内应将砂浆刮满（抹接缝砂浆见图5.3.2-2）。

图5.3.2-2　抹接缝砂浆

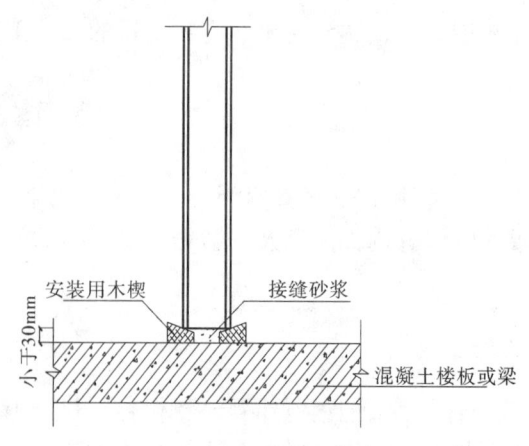

图5.3.2-3　板下部固定

3. 竖立就位

1）板材安装应对准墨线，用撬杠将板向上顶紧，板顶与混凝土楼板或梁的接缝砂浆厚度控制在5~10mm之间，下端离地面控制在20~25mm之间，用木楔楔紧，打入木楔的位置应选择在板的实心肋位置（板下部固定示意见图5.3.2-3，板竖立就位见图5.3.2-4、图5.3.2-5）。

图5.3.2-4　第一块板竖立就位

图5.3.2-5　检查校正

2）第二块板安装前，在两块板的板缝连接位置均匀抹上胶结砂浆。在根据以上顺序安装第二块板时，应保持第二块板与第一块板的紧密连接，安装时须用撬杠将板上下摇动并挤压，使接缝砂浆挤压密实，并把挤出的砂浆刮平；接缝宽度应控制在6~10mm之间，着重调整好垂直度和相邻面的平整度（板缝拼接见图5.3.2-6）。相邻两块板接长水平缝高度应错开，其间距不应小于300mm（板立面排列方式参见图5.3.2-9）。

3）由于对两板接缝位置的凹凸形榫头拼接方式进行了改进，采用双C形接口拼接，在拼缝砂浆凝固

图5.3.2-6　板缝拼接

后，自然形成连接键，将两块板相互锁紧，避免板间裂缝的产生（带C形槽FR轻骨料混凝土空心墙隔参见图5.3.2-7，两板竖向接缝做法示意见图5.3.2-8）。

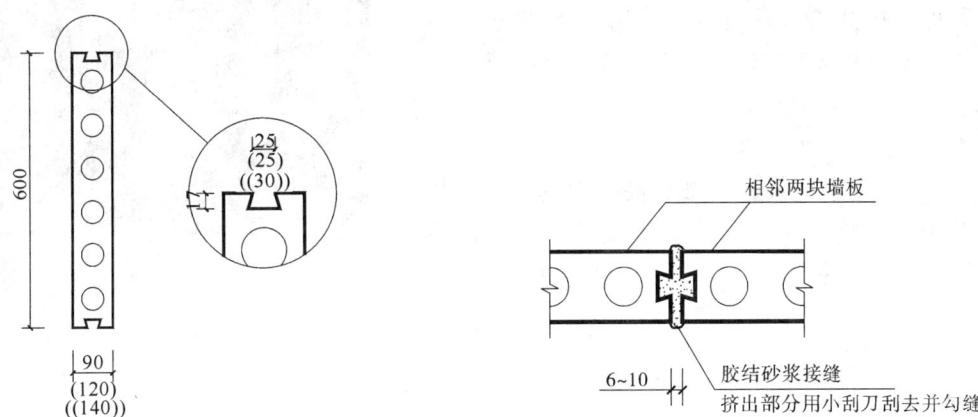

图5.3.2-7　带C形槽FR轻骨料混凝土空心隔墙板　　图5.3.2-8　两板竖向接缝作法示意图

4）其施工工序为：两板打灰→墙板拼合→用撬杠将板上下摇动并挤压→刮去挤出砂浆→勾缝。

5）墙板安装后，板间接缝须在安装完成后用勾缝小刮刀勾缝，将接缝砂浆压填密实。

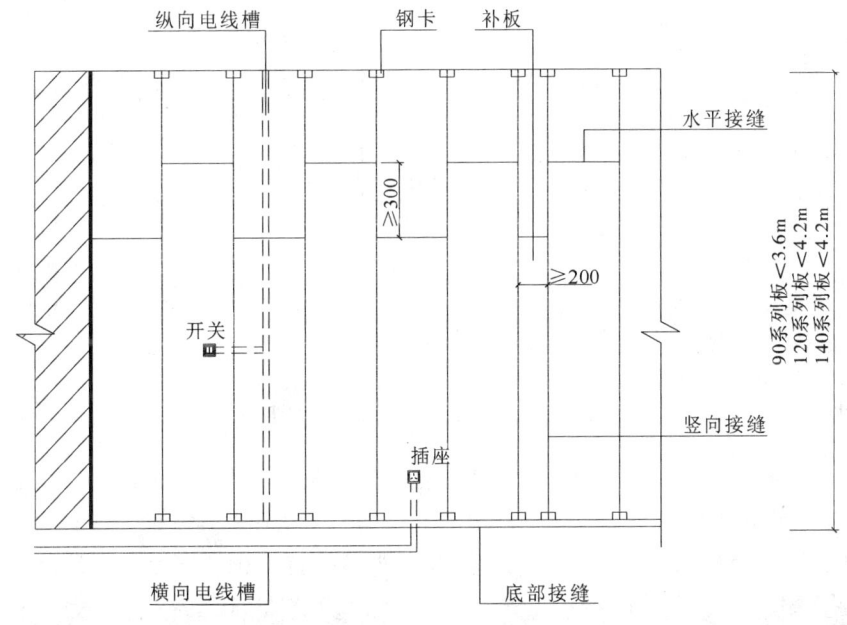

图5.3.2-9　墙板立面排列示意图

5.3.3　补板

补板的制作应根据排板实际尺寸用整板划线切割，补板的切割采用手提式电动切割机加水切割，确保不产生扬尘污染。安装前要将切割处的浮尘清理干净。安装时应先安装整板后安装补板。补板宽度不得小于200mm。

5.3.4　门窗洞口安装

1．门窗洞口顶板采用FR墙板横向搁置作为过梁。

2．当洞口宽度≤600mm时，采用宽度不小于300mm的墙板直接横向搁置在两侧墙板上，在搁置前须用C20细石混凝土将横向搁置墙板靠近洞口的第一个通孔填实，板两边的搁置长度不小于150mm。连接位置四周一定要做到连接砂浆均匀密实，同时要控制好板面的垂直度和平整度。

3．当洞口宽度在600~1200mm之间时，横向搁置墙板靠近洞口的第一个孔内应配置1根直径8mm的一级钢筋，并用C20细石混凝土填实。

4．当洞口宽度≥1200mm且≤2100mm时，横向搁置墙板靠近洞口的两个孔内应各配置1根直径8mm的一级钢筋，并用C20细石混凝土填实（洞口过梁板加筋灌混凝土见图2.3.4-1，门窗过梁安装示意见图5.3.4-2）。

5.3.5 养护

养护主要是对接缝砂浆和细石混凝土的养护。待砂浆和混凝土养护5~7d后，检查连接处有无凹凸不平、空鼓和裂纹，并进行修补处理，同时退掉木楔，用同强度等级细石混凝土将木楔留下的孔洞塞实。

5.3.6 钢卡安装

图5.3.4-1 洞口过梁板加筋灌混凝土

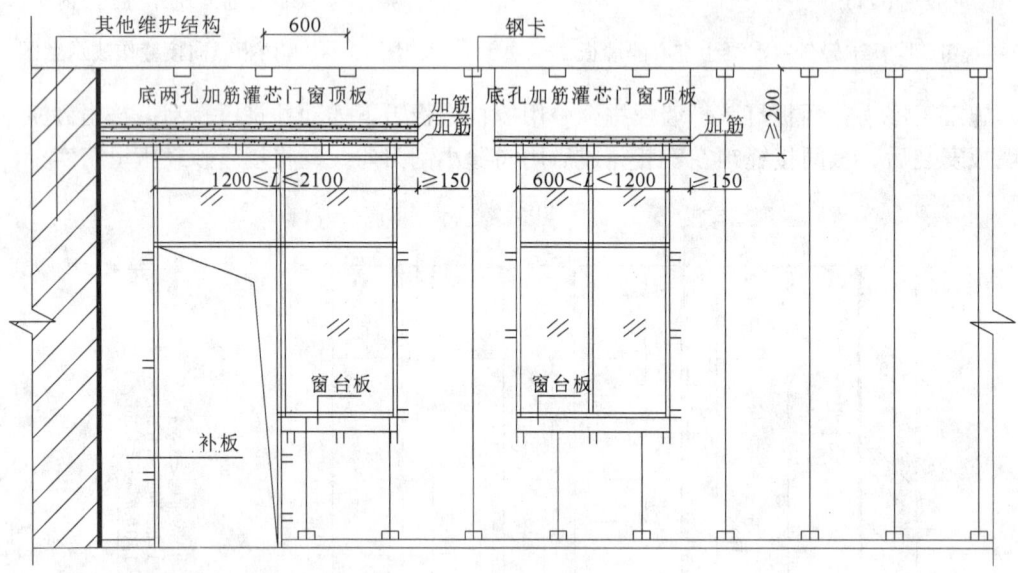

图5.3.4-2 门窗过梁安装示意图

在每块板安装完成后应在板的上下两端设置钢卡。钢卡采用厚度不低于1.5mm的镀锌铁片轧制而成，宽度为20mm，每边长度不低于100mm（钢卡见图5.3.6-1）。钢卡采用射钉枪与主体结构进行连接，其安装位置应设置在板侧面与梁板的交界处，钢卡安装间距同板宽（钢卡安装见图5.3.6.2）。

图5.3.6-1 钢卡

图5.3.6-2 钢卡安装

5.3.7 水电安装

水电气等管线安装必须与墙板密切配合，墙体养护期间只能进行安装划线，不得切割及受荷载冲击振动。水电气管线，吊挂件等敷设安装完毕，修补砂浆养护3d以后，再次检查墙板各连接处有无裂纹、空鼓及掉角等，并及时修补（水电管道预埋示意见图5.3.7-1）。

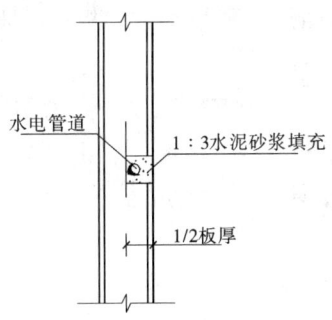

水电管道

1：3水泥砂浆填充

1/2板厚

图5.3.7-1 水电管道预埋示意图

6. 材料与设备

本工法无需特别说明的材料，采用的材料与设备见表6（以安装90型墙板100m²计算）。

材料与设备表 表6

序号	材料与设备名称	单 位	数 量
1	FR 轻骨料混凝土空心隔墙板	m²	103
2	胶结砂浆	kg	200
3	手推车	辆	2
4	射钉枪	把	1
5	平铲	把	2
6	铁抹子	个	2
7	监测尺	把	1
8	线锤	个	1
9	手持切割机	台	1
10	软毛刷	把	2
11	橡皮锤	把	2
12	勾缝小刮刀	把	2
13	灰桶	个	2
14	撬杠	把	2
15	木楔	个	20

7. 质 量 控 制

7.1 墙板安装施工前，应编制具体施工方案，应包括施工安装人员、机械机具的组织调配、墙体材料的运输、储存，辅助材料的制备；墙体的安装顺序、工期进度要求、安装质量、安全措施要求。

7.2 墙体安装施工前，应对施工人员进行培训，施工人员应熟悉施工图及其相关的技术文件；项目技术负责人应对施工班组操作人员进行技术交底。

7.3 施工现场环境温度不应低于5℃。

7.4 板材及配套材料进场时，应有专人验收，生产企业应提供产品合格证和有效的检验报告。

材料和板材进场验收记录和实验报告应归入工程档案。不合格的板材和配套材料不得进入施工现场。

7.5 板材、配套材料应分别堆放在相应的安装区域，按不同种类、规格堆放，板材下面应放置垫木；板材应侧立堆放，高度不得超过两层。现场存放的板材不得被水冲淋和浸湿，不应被其他物料污染。板材露天堆放时，应做好防雨淋措施。

7.6 施工中各专业工种应密切配合，合理安排工序，严禁颠倒工序作业。

7.7 施工安装时，要注意清扫连接处浮尘、油渍，保证接缝刮浆处干净，抹面要平整美观。

7.8 安装埋件时，应用手提切割机切割或手电钻扩孔，再用扁铲修理四周，不得乱凿、乱击，以免破坏板缝的结合。

7.9 在混凝土楼地面施工时，应防止砂浆等溅涂墙板。

7.10 墙板安装完成后，7d 内不得在墙板上斜靠物品，以免挤、顶墙板，影响质量。

7.11 严禁运输小车等碰撞墙板及其门窗口。

7.12 现场质检人员要跟班随时检查安装质量，发现问题及时处理，避免安装完成后再返工。

7.13 墙板安装允许偏差应符合表 7.13 的规定。

墙板安装允许偏差表　单位：mm　　　　　　　　　　　　　　　表7.13

项次	项　目	允许偏差	检验方法
1	轴线偏差	7	用钢尺检查
2	表面平整	3	用2m靠尺和塞尺检查
3	垂直偏差	3	用2m托线板检查
4	接缝高差	2	用直尺和塞尺检查
5	转角偏差	3	用角尺和塞尺检查
6	门窗洞中心偏差	3	用钢尺检查
7	门窗洞口尺寸偏差	宽度 ± 5 高度 ± 5	用钢尺检查

8. 安 全 措 施

8.1　组织管理措施

8.1.1 建立健全有系统、分层次的安全生产保证体系和安全监督体系，成立由项目经理为首的"安全生产管理委员会"，组织领导施工现场的安全生产管理工作。

8.1.2 项目部设专职安全员，各作业队和班组设兼职安全员，根据作业人员情况成立 2~3 人的现场安全纠察队，开展日常安全生产检查工作。

8.1.3 项目部、各施工单位、作业班组逐级签订安全生产责任书，使安全生产工作做到责任到人，落实到岗。

8.2　技术管理措施

8.2.1 各分部、分项工程施工前，逐级对作业队、班组有针对性进行全面、详细的安全技术交底，双方保存签字确认的安全技术交底记录。

8.2.2 操作人员必须熟悉本工种安全技术操作规程，掌握本工种操作技能，对变换工种的工人实施新工种的安全技术教育，并及时做好记录。

8.2.3 对操作人员的安全要求是：没有安全技术措施，不经安全交底不准作业；没有有效的安全措施不准作业；发现事故隐患未及时排除不准作业；不按规定使用安全劳动保护用品的不准作业；非特殊作业人员不准从事特种作业；机械、电器设备安全防护装置不齐全不准作业；对机械、设备、工具的性能不熟悉不准作业；新工人不经培训或培训考试不合格不准上岗作业。

8.2.4 成立以专业监控单位为主的监控部门，编制完善的监控方案，对拼装、拖运等实施全程监控，及时发现安全隐患，及时采取措施消除。

8.3 行为控制措施

8.3.1 进入施工现场的人员必须按规定正确佩戴安全帽，并系下颌带。

8.3.2 凡从事 2m 以上无法采用可靠防护设施的高处作业人员必须系安全带。

8.3.3 施工人员上岗前由安全部门负责组织安全生产教育。

8.4 安全防护措施

8.4.1 夜间施工必须有足够的照明，并应有专职电工值班。

8.4.2 立体交叉作业时，层间搭设严密牢固的隔离层，要注意高空落物伤人。

8.4.3 施工现场设置足够和适用的灭火器及其他消防设施。

8.5 临时用电管理措施

8.5.1 建立现场临时用电检查制度。

8.5.2 临时配电线路必须按规范架设，架空线必须采用绝缘导线，不得采用塑胶软线，不得成束架空敷设，也不得沿地面明敷设。

8.5.3 施工现场临时用电工程必须采用TN-S系统，设置专用的保护零线，使用五芯电缆配电系统，采用"三级配电，两级保护"，同时开关箱必须装设漏电保护器，实行"一机，一闸，一漏电保护"。

8.5.4 总配电箱、分电箱、现场照明、线路敷设等必须符合国家标准的规定。

8.5.5 各类施工机械、电动机具必须要有良好的接地保护装置，皮线无破损，操作应按规定进行。

8.5.6 集体宿舍严禁乱拉电线，乱用电炉和取暖设备。

9. 环 保 措 施

9.1 环保材料

主要利用炉渣、粉煤灰、废砖块等工业废料，符合国家鼓励发展的循环经济、环保经济政策。

9.2 废弃材料全部回收，二次加工

工程所使用板材、砂浆等废料均可在施工完成后收集回收，利用运输车辆运回生产厂区作为板材原料进行二次加工，可有效避免材料浪费和环境污染。

10. 效 益 分 析

10.1 社会效益

该工法的实施既能满足国家环保节能要求，又能保证外保温系统的可靠性和安全性，同时还有利于建筑内部的装饰装修。同时，也减少了黏土砖的使用，节约了有限的土地资源。

10.2 技术效益

FR轻骨料混凝土空心隔墙板不仅在材料的选用上优于其他同类产品，其C形槽接缝的处理方式更是多年来隔墙板安装的一个重大突破。该做法在安装简便的基础上，有效地避免了板间裂缝的产生。

10.3 经济效益

采用本工法进行墙体施工，较原有砖砌体内隔墙施工，在工期上和成本上都具有明显的优势（经济效益分析见表10.3）。

10.4 工期效益

传统的砖砌体施工，每个技术工人每天可砌筑完成10~15m²，而FR轻骨料混凝土空心隔墙板施工每个技术工人每天可完成20~30m²，同时还可减少抹灰施工时间，大大提高了工作要率，从而缩短建筑内隔墙施工工期50%以上。

经济效益分析表　　　　　　　　　　　　　　　　　　**表10.3**

项目		200空心砖每平方米费用			FR隔墙板每平方米费用
		每立方米 M5 混合砂浆空心砌体直接费用			金额（元）
		用量	单价	金额（元）	
主墙体材料费用	空心砖	0.927m³	160 元/m³	148.32	60 元/㎡（90mm 板）
	每平方米空心砖材料费	148.32×0.2=29.66			
	合计（对比）	29.66 元/㎡			60 元/㎡
辅助材料费用	砌筑墙体砂浆 0.02m³ → 水泥	17.576 kg×0.4 元/kg		7.03	5 元/㎡（90mm 板）（含防裂砂浆、伸缩缝材料、板卡及其他材料）
	石灰膏	0.016m³×210 元/m³		3.36	
	细砂	0.121m³×95 元/m³		11.5	
	每平方米墙体所需砂浆费用	21.89×0.2=4.38			
	抹灰砂浆 0.046m³ → 水泥	1101.98 kg×0.4 元/kg		440.8	
	中砂	2.63m³×95 元/m³		236.7	
	水	1.49m³×4.2 元/m³		6.26	
	其他材料			5	
	每平方米墙面双面抹灰所需砂浆费用	6.88 元×2 双面=13.76			
钢筋加固（砌体，拉结、门过、窗过筋）	人工费	12.2 元/10m³	0.244	0.24	
	材料费	0.024t/10m³	1.88	1.88	
	机械费	6.6/10m³	0.13	0.13	
	合计	2.25			
材料总合计（对比）		50.05			65
人工费	砌砖人工费	1m²	28	28	25 元/㎡（90mm 板）
	抹灰人工费	1m²	8.5×2	17	
	合计	45			
其他费用	水电费用	1m²	1.5	1.5	运输费用 5 元/㎡（90mm 板）
	脚手架费用	1m²	0.25	0.25	
	构造柱	1m²	2.5	2.5	
	机具费用	1m²	0.1	0.1	
合计		4.35			
总合计		99.4			
管理费（5%）		5.16			95
规费		4.95			
税金		3.21			
利润率（5%）		5.86			
总成本		117.83			

11. 应 用 实 例

11.1 工程应用概况

　　该工法已应用于成都市西区医院扩建一期工程、四川省中医医院、郫县林湾家园中心广场、成都市锦江创意大厦以及成都丽悦酒店等多处不同使用功能要求的建筑中。其中西区医院扩建一期工程建筑面积55313m²，地下3层，地上26层，建筑总高度99.95m。四川省中医医院建筑面积约100000m²。郫县林湾家园中心广场建筑面积约150000m²。工程应用实例见表11.1。通过多个工程时实际施工应用，采用本工法安装的FR轻骨料混凝土空心隔墙板在工期、造价、质量等各个方面均得到业主单位的好评，同时也带来了良好的社会效益和经济效益。

工程应用实例表　　　　　　　　　　　　　表11.1-1

工 程 名 称	工 程 地 址	隔墙板施工工程量	工法应用时间
成都市西区医院扩建一期工程	成都市金牛区二环路西三段	20000m²	2009年3月~7月
四川省中医医院	成都市十二桥路	6600 m²	2010年5月~6月
郫县林湾家园中心广场	郫县望纵寺	4600 m²	2009年4月~5月
成都丽悦酒店	成都市西玉龙街	30000 m²	2009年4月~8月
成都市妇女儿童医学中心	成都市青羊区培风村	4500 m²	2009年5月~6月

11.2　施工情况

实际施工情况见图11.2-1～图11.2-4。

图11.2-1　材料到位

图11.2-2　测量、弹线图

图11.2-3　管线安装

图11.2-4　墙板安装

耐热混凝土施工工法

GJEJGF054—2010

云南省第二建筑工程公司　江西中恒建设集团有限公司

甘永辉　洪洁　舒永华　付艳梅　李建平

1. 前　言

随着云南冶金行业经济的发展，工业厂房新建、改建、扩建工程大幅度增加，各种新型材料不断涌现，耐热混凝土的应用也成为必然。耐热混凝土应用于炉窑基础、外壳、烟囱等位置替代耐火砖，其施工比较方便、增加使用寿命、减少维修时间和费用、提高生产能力等优势得到广范应用。

耐热混凝土是指能够长期承受高温（250～1300℃）作用高温下保持工作所需要的物理力学性能的特种混凝土，耐热混凝土主要用于工业窑炉基础、外壳、烟囱及原子能压力容器等处，长时间承受高温作用外，还会承受加热冷却的反复温度变化作用。

云南省文山斗南锰业股份公司技改工程1×2500kVA电炉厂房项目电炉基础部分采用耐热混凝土结构，要求耐热度为900℃。要保证耐热混凝土强度、耐热度、线变量和混凝土构件加热冷却反复作用后的完好性满足要求是一个技术难题。

云南二建通过耐热混凝土骨料选择和试配，多次进行耐热混凝土试件试验，结合云南省文山斗南锰业股份公司技改工程1×2500kVA电炉厂房项目电炉基础施工，总结出耐热混凝土施工工法。由于耐混凝土代替了耐火砖，其施工方便、增加使用寿命、减少维修时间和费用，具有明显的社会效益和经济效益。

2. 工 法 特 点

2.1 生产工艺简单，通常仅需搅拌机和振动成型机械即可。

2.2 施工简单，并易于机械化。

2.3 可以建造任何结构形式的窑炉，采用耐热混凝土可根据生产工艺要求建造复杂的窑炉形式。

2.4 耐热混凝土窑衬整体性强，气密性好，使用得当，可提高窑炉的使用寿命。

2.5 建造窑炉的造价比耐火砖低。

2.6 可充分利用工业废渣、废旧耐火砖以及某些地方材料和天然材料。

3. 适 用 范 围

耐热混凝土适用于冶金、化工、石油、轻工和建材等工业的热工设备和长期受高温作用的构筑物，如工业烟囱或烟道的内衬、工业窑炉的耐火内衬、高温锅炉的基础及外壳。

4. 工 艺 原 理

耐热混凝土是一种能长期承受高温作用，并在高温下保持所需的物理力学性能（较高的耐火度、热稳定性、荷载软化点以及高温下较小的收缩等）的混凝土、是由耐火骨料（粗细骨料）与适量的胶结料和水通过计算、试配确定配合比配制而成的特种混凝土。影响混凝土耐热性的因素主要有骨料、混凝土基体空隙率、各成分耐热性能、胶凝材料等，材料本身的性能是决定耐热混凝土高温性能的主要因素，其施工工艺原理和普通混凝土基本相同。

5. 施工工艺流程及操作要点

5.1 施工工艺流程

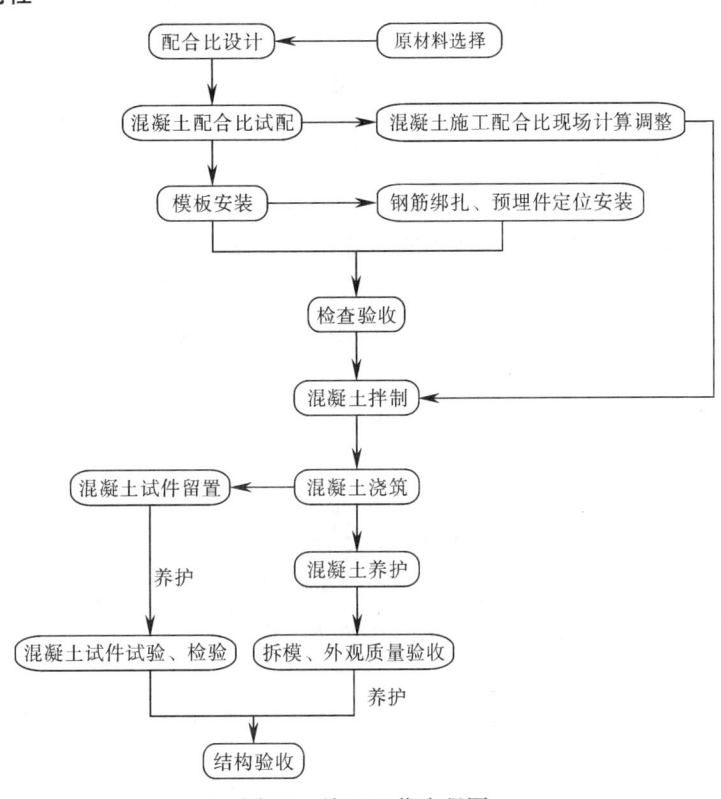

图5.1 施工工艺流程图

5.2 操作要点

5.2.1 水泥耐热混凝土搅拌时，水泥和掺合料必须搅拌均匀，投料顺序是先将粗、细骨料、水泥与掺合料搅拌2min再按配合比加入水搅拌2~3min，至颜色均匀为止。

5.2.2 耐热混凝土的用水量在满足施工要求条件下应尽量少用，其坍落度应比普通混凝土相应的减少10~20mm，如用机械捣固时可减少40mm左右，用人工捣固时宜减少20mm左右。

5.2.3 浇筑应分层进行，每次厚度为250~300mm。

5.2.4 拌好的混凝土应立即进行分层均匀浇筑，宜一次连续浇筑完成，不留施工缝。

5.2.5 由于耐热混凝土初凝时间较短，拌制完成后40min内用完并浇灌密实。

5.2.6 混凝土捣固采用插入棒时，应快插慢拔，移动间距不大于振捣棒作用半径的1.5倍；用平板式振捣器的移动间距，应保证平板能覆盖已振实部分的边缘。

5.2.7 混凝土浇筑如有间歇，必须留施工缝时，需要下次浇筑前将施工缝表面凿毛，清理干净后，涂一层同类型的水泥粉料配成的胶泥后，再继续浇筑。

5.2.8 水泥耐热混凝土浇筑后，宜在15~25℃的潮湿环境中养护，其中普通水泥耐热混凝土养护不少于7d；矿渣水泥耐热混凝土不少于14d，矾土水泥耐热混凝土不少于3d。气温低于7℃时，可采用蓄热、电热或蒸气加热等方法养护，加热温度：普通混水泥和矿渣水泥耐热混凝土不得超过60℃；矾土水泥耐热混凝土不得超过30℃，并不得掺用化学促凝剂。

5.2.9 当用于热工设备的衬里时，必须在混凝土强度达到70%后进行烘烤。烘烤制度见表5.2.9。

耐热混凝土的热处理（烘烤）制度

表5.2.9

烘烤温度（℃）	常温~250（升温）	250~300（恒温）	300~700（升温）	700~使用温度（降温）
升温速度（℃/h）	15~20		150~200	
加热时间占总烘烤时间百分率（%）	45	40	10	5

5.2.10 其他操作要点同普通混凝土。

6. 材料与设备

6.1 耐热混凝土的原材料要求

普通混凝土结构受热时容易遭受破坏，主要原因包括水泥浆体失水、骨料膨胀以及水泥浆体与骨料、钢筋的热膨胀不协调等，热梯度的存在导致结构破坏。

影响混凝土耐热性的因素主要有骨料、混凝土基体空隙率、各成分耐热性能、胶凝材料等，耐热混凝土的配合比不但应满足耐热性能要求，还必须满足强度和和易性的要求。材料本身的性能是决定耐热混凝土高温性能的主要因素。

在耐热混凝土中，以硅酸盐水泥为胶结材料用的最多。细磨的矿物掺合料和具有必要耐火度的骨料是耐火混凝土所必需的组成材料。

6.1.1 胶凝材料

一般情况下，骨料的耐火度都比胶结料高些，胶结料的用量超过一定范围时，随着胶结料用量的增加，混凝土的荷载软化点降低，残余变形增大，耐火性能降低。为了提高耐火混凝土的高温性能，在满足施工和易性和常温强度的要求下，尽可能减少胶结料用量。

6.1.2 细磨的矿物掺合料

耐火粉料可以改善混凝土的高温性能，提高施工和易性，同时还可减少水泥用量，而且烧后抗压强度降低少。比较常用的有高铝细粉、耐火黏土、水渣粉、矿粉、粉煤灰、磨细熟料粉等。

6.1.3 耐火骨料

骨料用量约占耐热混凝土混合料总量的80%，是影响其耐热性能的关键。只有选用耐热性能良好的骨料才能配制出达到设计要求的混凝土，而改善骨料级配对提高混凝土密实度和高温特性也十分有效。因此，在选择骨料时必须注意骨料的类别和耐火度，使其与水泥材料相适应，同时还应选择合适的粒度、颗粒级配及砂率等。若粗骨料粒径过大或用量过多，则会造成混凝土混合料和易性较差而难以成型，密实度降低，高温下易分层脱落等现象。

常用的有：耐火砖块、高炉重矿渣、天然火成岩质地的砂石等。

6.2 常用耐热混凝土配合比（表6.2-1、表6.2-2）

C30耐热混凝土，耐热温度：900℃材料组成

表6.2-1

水泥		粗骨料		细骨料		粉料	
等级	产地	类别	产地	类别	产地	类别	产地
高铝水泥CA-50	郑州鸭牌水泥	高铝质粗骨料	昆鹏耐火材料厂	高铝质细骨料	昆鹏耐火材料厂	高铝质粉骨料	昆鹏耐火材料厂

配合比设计

表6.2-2

材料	铝酸盐水泥	水	高铝质粗骨料	高铝质细骨料	高铝质粉料
每立方米用是（kg）	450	250	770	630	250
重量比	1	0.55	1.71	1.40	0.55

注：W/C 为水与水泥+粉料之和之比。

6.3 主要机具

6.3.1 混凝土搅拌机宜优先采用强制式搅拌机，也可采用自落式搅拌机。

6.3.2 计量设备有手推车、双轮车、铲车、装载机、砂石（耐火砂、耐火砖块）配料机等及配套设备。

6.3.3 插入式振捣器、铁锹、木抹子、水桶、胶皮水管。

6.3.4 现场试验器具，如坍落度测试设备、试模、钢板尺、干燥箱等。

7. 质 量 控 制

7.1 工程质量控制标准

7.1.1 耐热混凝土施工质量执行《混凝土结构工程施工质量验收规范》 GB 50204-2002。混凝土结构尺寸允许偏差按表7.1.1执行。

耐热混凝土结构尺寸偏差表　　　　　　　　表7.1.1

项次	项　　目		允许偏差（mm）	检 查 方 法
1	轴线位置	基础 墙	15 5	钢尺检查
2	垂直度	高5m及5m以下 全高	8 30	经纬仪或吊线和钢尺检查
3	标高	层高 全高	±10 ±30	水准仪或拉线、钢尺检查
4	截面尺寸		+8，-5	钢尺检查
5	表面平整度		8	2m靠尺和塞尺检查
6	预埋件施中心线位置	预埋件 预埋管	10 5	钢尺检查
7	预留洞中心线位置		15	钢尺检查

7.1.2 水泥混凝土的耐热力学性能检验项目和技术要按表7.1.2执行。

水泥耐热混凝土的耐热力学性能检验项目表　　　　　　　　表7.1.2

极限使用温度（℃）	检 验 项 目	技 术 要 求
<700	混凝土强度等级	≥设计强度
	加热到极限使用温度并经冷却后的强度	≥45%烘干抗压强度
900	混凝土强度等级	≥设计强度
	残余抗压强度：（1）水泥胶结料耐热混凝土 　　　　　　　（2）水玻璃耐热混凝土	≥30%烘干抗压强度不得出现裂缝 ≥70%烘干抗压强度不得出现裂缝
1200～1300	混凝土强度等级	>设计强度
	残余抗压强度 （1）水泥胶结料耐热混凝土 （2）水玻璃耐热混凝土 （3）加热到极限使用温度后的线收缩： 　甲、极限使用温度为1200℃时 　乙、极限使用温度为1300℃时 （4）荷重软化温度（变形4%）	 >30%烘干抗压强度不得出现裂缝 ≥50%烘干抗压强度不得出现裂缝 ≤0.7% ≤0.9% ≥极限使用温度

7.2 质量保证措施

7.2.1 施工条件允许的前提下，要尽可能降低水灰比，减少用水量。这是因为耐火混凝土在高温下水分容易散失，致使混凝土孔隙增加、强度降低。

7.2.2 在满足和易性和常温强度的前提下，要尽可能减少胶结材料和水泥的用量。这是因为通常骨料的耐火程度要高于胶结材料，高温胶结材料先于骨料发生软化、变形。

7.2.3 加入适当的掺合材料可提高混凝土的耐火性，同时可改善和易性并减少水泥用量。常用掺合材料有黏土熟料、黏土耐火砖、黄土、矾土熟料、镁砂、铬铁矿、粉煤灰、高铝砖的磨细粉料。

7.2.4 骨料要选择适当的级配使密度达到最大，还要注意与胶结材料的匹配与适应。砂率控制在40%~60%。配合比设计一般以经验合比为基础，通过试配调整后确定。耐火混凝土一般不配钢筋，因为钢筋的热膨胀系数与耐火混凝土差别很大，高温下会导致混凝土开裂剥落，钢筋氧化、软化失去增强作用。必须配筋时要采取特殊措施，如钢筋表面渗铝抗氧化、用型钢或埋入冷却水管等。

7.2.5 拌制耐热混凝土时，水泥和参合料必须搅拌均匀，应采用机械搅拌。

7.2.6 耐热混凝土浇灌时应分层进行，每层厚度控制在250~300mm。

7.2.7 由于耐热混凝土初凝时间较短，拌制完成后40min内用完并浇灌密实。

7.2.8 耐热混凝土浇筑后，宜在15~25℃的潮湿环境中养护，其中普通水泥耐热混凝土养护不少于7d；矿渣水泥耐热混凝土不少于14d，矾土水泥耐热混凝土不少于3d，气温低于7℃时，可采用蓄热、电热或蒸气加热等方法养护，加热温度普通混水泥和矿渣水泥耐热混凝土不得超过60℃；矾土水泥耐热混凝土不得超过30℃，并不得掺用化学促凝剂。

8. 安 全 措 施

8.1 混凝土搅拌开始前，应对搅拌机及配套机械进行无负荷试运转，检查运转正常，运输道路畅通，然后可开机工作。

8.2 搅拌机运转时，严禁将锹、耙等工具伸入罐内，必须进罐把混凝土时，要停机进行。工作完毕，应将拌筒清洗干净。搅拌机应有专用开关箱，并应装有漏电保护器，停机时应拉断电闸，下班时电闸箱应上锁。

8.3 搅拌机上料斗提升后，斗下禁止人员通行。如必须在斗下清渣时，须将升降料斗用保险链条挂牢或用木杠架住，并停机，以免落下伤人。

8.4 采用手推车运输混凝土时，不得争先抢道，装车不应过满；卸车时应有挡车措施，不得用力过猛或撒把，以防车把伤人。

8.5 使用井架提升混凝土时，应设制动安全装置，升降应有明确信号，操作人员未开提升台时，不得发生降信号。提升台内停放手推车要平稳，车把不得伸出台外，车轮前后应挡牢。

8.6 使用溜槽及串筒下料时，溜槽与串筒下料时，溜槽与串筒必须牢固的固定，人员不得直接站在溜槽帮上操作。

8.7 混凝土浇筑前，应对振捣器进行试运转，振捣器操作人员应穿胶靴、戴绝缘手套；振捣器不能挂在钢筋上，湿手不能接触电源开关。

9. 环 保 措 施

9.1 成立施工环境卫生管理机构，在施工过程中严格遵守国家和地方政府下发的有关环境保护的法律、法规和规章，加强对工程材料、废水的控制和治理。

9.2 将施工场地和作业限制在工程建设允许的范围内，合理布置、规范施工，做到标牌清楚、齐全，各种标识醒目，施工现场整洁。

9.3 工程材料在运输过程中用帆布遮盖，以防遗洒污染道路。

9.4 混凝土搅拌站处设置沉淀池，产生的污水经沉淀后排入排水沟，定期清运沉淀泥砂。

9.5 优先选用先进的环保机械，以降低施工噪声到允许值以下，同时尽可能避免夜间施工。

9.6 对施工现场道路进行硬化，并在晴天经常对施工通道进行洒水，防止尘土飞扬，污染周围环境。

10. 效 益 分 析

使用耐热混凝土比耐火砖寿命提高3倍。耐热混凝土的应用不仅提高了炉的运转率，降低了耐火材料的消耗，节约能源，并为提高窑炉台时产量和组织生产创造了条件。

11. 应 用 实 例

11.1 云南省文山斗南锰业股份公司技改工程
11.1.1 工程概况
1. 工程名称：1×2500kVA电炉厂房项目。
2. 建设地点：建设地点为云南省文山州砚山现平远街。
3. 建筑面积：10000m²；工程造价：4930万元，厂房为5层现浇框架结构，总高36.8m，副跨21m、18m为排架结构。
4. 本工程电炉部分采用耐热混凝土结构，混凝土标号为C30，耐热度为900℃，混凝土量为120m³。
5. 开工2006年3月16日、竣工时间2007年12月30日。
11.1.2 应用情况
该工程采用本工法施工，确保了工程质量，至今已竣工投产3年多，未发生质量问题。

11.2 会理昆鹏铜业公司10万t/a阳极铜项目——转化工段
11.2.1 工程概况
1. 项目名称：会理昆鹏铜业公司10万t/a阳极铜项目——转化工段转化器基础。
2. 建设地点：四川凉山州会理县黎溪黎州村羊地河。
3. 转化工段转换器基础为圆形基础，半径5.75m。
4. 开工日期：2008年6月，竣工日期：2010年7月。
11.2.2 应用情况
该工程采用本工法施工，确保了工程质量，竣工投产至今未发生质量问题。

11.3 云南源鑫炭素有限公司600kt/a炭素项目阳极焙烧车间
11.3.1 工程概况
1. 工程名称：云南源鑫炭素有限公司600kt/a炭素项目阳极焙烧车间。
2. 建设地点：云南省红河州建水县羊街。
3. 建筑面积：17400m²；工程造价：6000万元，厂房为单层36m跨钢筋混凝土排架结构，钢吊车梁、T形钢屋架，墙、屋面为压型铝瓦，总高：25.7m（至通风器支座处）。
4. 本工程焙烧炉部分采用耐热混凝土结构，混凝土强度等级为C35，混凝土量为13500m³。
5. 开工日期：2009年12月28日，计划竣工日期：2010年12月30日。
11.3.2 应用情况
该工程采用本工法施工，确保了工程质量，竣工投产至今未发生质量问题。

液压劈裂剥离无粘结预应力筋表层混凝土施工工法

GJEJGF055—2010

中国华西企业有限公司　永升建设集团有限公司

王晓波　缪建国　崔苗　赵建雷　黎规梅

1. 前　　言

　　随着现代城市建设的日益完善，通过对既有建筑的改造来满足新的功能要求的工程实例日益增多。这其中，无粘结预应力框架结构的改造一直是工程中的难点。这主要因为相对于其他结构体系，无粘结预应力混凝土框架结构主要通过无粘结预应力筋承载结构中的高预加应力。而无粘结预应力筋在框架中与混凝土之间没有黏结作用，完全通过端部锚具承载的特性，导致框架中预应力具有全长传递的性能。无粘结预应力框架结构在改造中，为解决结构预应力整体失效以及预应力集中释放产生的巨大冲击可能导致的安全风险，必须在框架拆除前对框架中的预应力筋进行放张。

　　预应力筋放张前其表层混凝土的剥离工作，因结构安全方面的限制，不能采取大型机械以破坏性的破碎方式实施；而人工剔除方式虽能保证对框架不产生大的损伤，但功效低，成本高，难以满足大面积改造项目施工组织的工期要求和造价要求。施工单位通过在金福瑞购物广场改造工程中，采用液压劈裂法对暨有无粘结预应力混凝土结构预应力筋表层混凝土进行静力破碎和剥离，圆满完成施工任务并形成本工法，同时成功应用于花园城百安居改造工程、万象城PRADA改造工程。"预应力改造工程预应力梁混凝土剥离方案研制QC成果"荣获2010年深圳市工程建设优秀QC小组成果一等奖、2010年广东省工程建设优秀质量管理小组一等奖、2010年度四川省工程建设系统优秀质量管理小组一等奖、2010年全国工程建设优秀质量管理小组等奖项。本工法关键技术2010年通过广东省住房和城乡建设厅组织的科学技术成果鉴定，关键技术国内领先。

2. 工 法 特 点

2.1　采用切割机、钻孔机、液压劈裂机等设备对预定区域内的混凝土进行切割、钻孔和液压劈裂破碎，剥离预应力筋表层混凝土，工艺操作简单、功效高、成本低。

2.2　本工法为静力作业，不会对既有结构产生震动损伤，噪声低，粉尘少，安全环保。

3. 适 用 范 围

适合于无粘结预应力混凝土结构的改造拆除。

4. 工 艺 原 理

　　通过切割设备在构件表面选定区域，切断非预应力钢筋，解除钢筋骨架对混凝土的约束，形成破碎区；在破碎区内钻孔布点，将液压劈裂机的枪头放入孔内，利用液压泵形成的超高压，经分裂器放大后，使破碎区内的混凝土按预定方向劈裂破碎；采用小型空压机剥离预应力筋表面已破碎的混凝土，使预应力筋充分暴露后切割。

5. 施工工艺流程及操作要点

5.1 施工工艺流程

施工准备──→确定预应力筋断筋点──→确定切割位置及深度──→静力切割非预应力筋──→液压劈裂破碎预应力筋表层混凝土──→清除预应力筋表层混凝土。

5.2 操作要点

5.2.1 施工准备

1. 编制液压劈裂法破碎施工专项方案，并按程序审批。
2. 编制搭设拆除构件的支撑架专项方案，并按程序审批。
3. 对操作人员进行技术交底。
4. 清理施工现场，保证操作空间。
5. 操作设备就位和调试，保证设备运转正常。
6. 搭设拆除区域内构件的下部支撑。

5.2.2 确定预应力筋断筋点

根据原结构施工图及施工方案，确定无黏结预应力混凝土结构中预应力筋的断筋点。

5.2.3 确定切割位置及深度

根据设计图纸要求，确定无粘结预应力筋断筋点的位置，从断筋点起向破碎方向延伸800～1000mm（一般为满足设备操作空间的要求为宜）作为剥出钢绞线的区域，区域端部作为切割线。查看图纸，根据切割线下无粘结预应力筋表层混凝土的厚度确定切割深度，目的是将需剥出的钢绞线上面非预应力筋全部切断，使该区域形成可实施液压劈裂的破碎槽。切割深度应比切割线下无黏结预应力筋表层混凝土厚度适当减少10～20mm，避免切断预应力筋损伤设备或引发其它事故。切割线设置如图5.2.3所示。

5.2.4 静力切割非预应力筋

根据放好的切割线，确定切割设备安装就位后，启动切割设备，沿切割线的一端开始切割，当达到设计要求的切割深度时，设定切割设备进行水平切割，以保证切割线下的切割深度保持一致，当切割完成，并确定结构中非预应力筋均被切断，达到形成破碎槽的目的后，拆下切割设备，为下一道工序做准备。

5.2.5 静力破碎

1. 在破碎槽内开孔：安装好钻孔机，根据施工方案中的设计孔位布置图（见图5.2.5-1），在破碎区域内进行开孔，孔的深度比计算的切割深度适当加深100mm，孔径不应小于46mm。

2. 清孔并安装劈裂装置：当一处破碎区域内的破碎孔布置完成后，清理破碎孔。按照液压劈裂设备的使用要求，按设计预定的破碎方向，将分裂头放入破碎孔内，连接液压劈裂装置。见图5.2.5-2。

3. 液压劈裂破碎：检查各连接是否到位，确定无误后，启动液压系统，慢慢加压直至混凝土开裂破碎。由于破碎前非预应力筋已经切断，因此液压劈裂设备加压不应超过40MPa，如超压应立即停

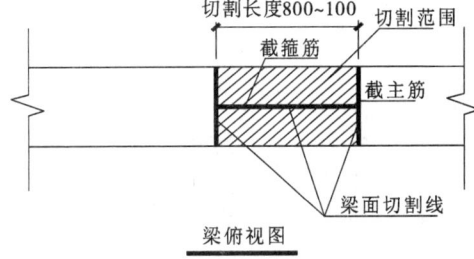

切割长度800~100 切割范围

截箍筋 截主筋

梁面切割线

梁俯视图

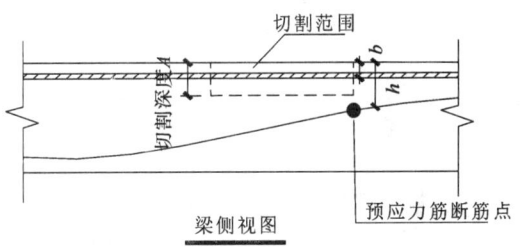

切割范围

切割深度A

预应力筋断筋点

梁侧视图

注：b——梁面至梁面非预应力筋筋底的距离
h——梁面至预应力筋的距离
A——切割深度
$A=h-20mm$ 且 $A>b$

图5.2.3 切割线设置示意图

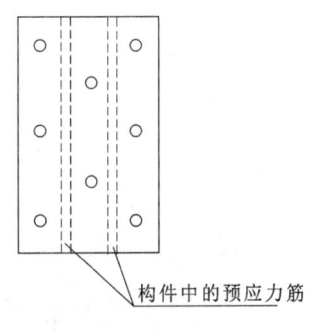

构件中的预应力筋

图5.2.5-1 构件中孔位布置及与预应力筋关系图

机检查原因。见图5.2.5-3。

图5.2.5-2　劈裂机就位工作图片

图5.2.5-3　液压劈裂机劈裂破碎混凝土效果实景

5.2.6　清除预应力筋表面混凝土

液压劈裂破碎后，对预应力筋表面的破碎混凝土进行清理，剥离混凝土碎块及钢筋，露出钢绞线。见图5.2.6。

5.2.7　劳动力组织

以一套液压劈裂设备为例配置劳动力，劳动力组织见表5.2.7。

图5.2.6　混凝土清理现场

劳动力组织　　　　　　　　　　　　　　　　　　　　　表5.2.7

序号	岗　位	数量	职　责
1	液压切割机操作工	2	负责操作切断非预应力钢筋
2	钻孔操作工	1	破碎区域钻孔
3	液压劈裂机操作工	3	操作液压劈裂机，其中 1 人操作液压劈裂泵，2 人操作液压劈裂枪头
4	混凝土清理操作工	2	操作小型空压机剔除和清理劈裂破碎后的混凝土
5	合　计	8	

6. 材料与设备

主要机具设备见表6，具体实物图见图6.1-1、图6.1-2。

图6.1-1　劈裂机油泵

图6.1-2　液压墙锯切割系统

主要机具设备   表6

序号	名　　称	规格型号	数量	备　　注
1	液压劈裂机	QL-PT10	1台	用于液压劈裂混凝土，配2个枪头
2	液压切割机	液压墙锯切割系统 HILTI-D-LP32/TS32	1台	用于切断非预应力钢筋
3	钻孔机	HILTI-DD160	1台	钻孔
4	空气压缩机	KA15型活塞式	1台	破碎清除混凝土

7. 质 量 控 制

7.1 质量标准

7.1.1 预应力混凝土结构改造应符合《混凝土结构工程施工质量验收规范》GB 50204。

7.1.2 预应力混凝土结构施工应符合《建筑工程预应力施工规程》CECS 180。

7.2 质量控制措施

7.2.1 静力切割非预应力筋质量控制

1. 现场施工必须严格按施工方案画出切割线。

2. 严格控制切割深度，确保区域内非预应力筋均被切断。

3. 静力切割前，需检查切割设备是否安装牢固，控制系统是否灵敏。

7.2.2 液压劈裂破碎质量保证

1. 按施工方案中各类结构的设计孔位布置要求进行测量布孔，严格控制孔深、角度等技术参数。

2. 劈裂块的安装位置和方向必须符合设计要求。

3. 液压劈裂前，需检查设备控制系统的可靠性。

7.3 管理措施

7.3.1 进行专题技术交底，各工序分工明确，责任落实到人。

7.3.2 混凝土液压破碎的过程控制，各分裂枪头及高压油泵操作人员需配合紧密、各劈裂枪头应同时启动，避免出现操作不一致，造成混凝土破碎不彻底。

7.3.3 设备需定期维护保养、调试，确保在施工过程中运行正常。

8. 安 全 措 施

8.1 建立健全项目部各级人员的安全生产责任制，项目经理部建立定期安全检查制度，配备专职安全员，负责施工现场的安全管理工作。

8.2 结构拆除施工应符合《建筑拆除工程安全技术规范》JGJ 147。

8.3 建筑施工、安装所使用的机械要按其技术性能要求正确使用，缺少安全装置或安全装置已失效的机械设备不得使用。

8.4 机械操作人员和配合操作人员，都必须按规定穿戴劳动保护用品，长发不得外露。高空和临边作业必须系安全带，不得穿硬底鞋和拖鞋。

8.5 施工现场施工的各类施工机械，必须一机一闸一漏电，做好接零保护。处在运行和运转中的机械严禁对其进行维修、保养或调整等作业。

8.6 有关HILTI-D液压电动切割系统、QL-PT10静力破碎液压劈裂设备、DD160钻石钻孔机等的操作步骤，以及操作时安全注意事项，除按上述几点操作外，并需依据原厂技术手册指示说明进行安全操作。

8.7 按照专项方案搭设拆除构件的支撑架并经验收合格，施工区域应设置分割围栏，避免上下交叉作业。

9. 环保措施

9.1 采用静力施工设备进行施工，使切割、钻孔到破碎分离混凝土，均为静态施工过程，震动、冲击、噪声、粉尘、飞屑较少，对周围环境影响小。

9.2 选择噪声较小的切割、钻孔设备。

9.3 清理梁上混凝土碎块时，在拆除区域喷水，降低粉尘污染。

9.4 剥离后的混凝土及时清理到指定地点收集装运。

10. 效益分析

以金福瑞购物广场拆除改造工程为例，实施255处混凝土破碎对比传统人工破碎法的直接经济效益分析见表10。

金瑞福购物广场液压劈裂法对比人工破碎法经济效益分析表 表10

序号	项目	人工破碎法	液压劈裂法	备注
1	人工费	100元/d·人×4人×4d=1600元	100元/d·人×2人×0.25 d=50元	指每处混凝土破碎
2	设备摊销	工具摊销10元	液压劈裂机：220元 切割机：360元 电锤：5元	
3	电费	—	4kW×2h×1元=8元	
4	措施费	50元	10元	
5	小计（1+2+3+4）	1660	653元	
6	造价	1660×255=423300元	653×255=166515元	共255处破碎点
7	节约	423300-166515=256785（元）		

从以上分析表中可以看出，在金瑞福购物广场工程中，采用液压劈裂法相比人工破碎法节约直接成本256785元，成本降低率达到60.66%，直接经济效益非常可观。同时采用本工法大大减少人工数量，显著缩短施工工期，减少管理费用开支和措施费用开支，经测算采用本工法和传统人工破碎法相比，节约工期约90d，工期节约超过70%，间接经济效益同样非常可观，进一步提高了本工法的综合经济效益。

另一方面，采用本工法施工显著降低了施工现场的灰尘和噪声污染，施工设备仅需常规电力供应即可运转，减少人工临边作业，安全、环保、节能，具有良好的社会效益。

11. 应用实例

金福瑞购物广场拆除改造工程位于广东省深圳市南山区南山图书馆对面，该工程建筑面积32667.68m²，6层框架结构，地下一层至屋面层结构平面的主次梁均为无黏结预应力梁，设计拆除并重建结构面积约6100m²，需放张（切断）的预应力筋2500余根，需静力破碎剥离的预应力筋表层混凝土约200m³，改造工程施工开工时间为2009年1月，竣工时间为2009年8月。施工单位在施工中采用液压劈裂法对预应力筋表层混凝土进行破碎剥离，不但大幅度节约了施工直接成本，降低了工程造价，同时安全、优质、快速地完成了既定拆除任务，为该工程更安全、更环保、更快速地拆除无粘结预应力混凝土结构积累了丰富的施工经验，取得了良好的经济效益和社会效益。见图11-1、图11-2。

花园城百安居改造工程位于广东省深圳市南山区蛇口南海大道东、工业八路以北，该工程为框架结构，设计拆除并重建结构面积约5200m²，地下二层至地上三层结构平面的部分主梁为无粘结预应力梁，需静力破碎剥离的预应力筋表层混凝土约337.82m³，改造工程开工时间为2009年1月，竣工时间为2009年5月。施工单位在施工中采用液压劈裂法对预应力筋表层混凝土进行破碎剥离，不但大幅度节约了施工直接成本，降低了工程造价，同时安全、优质、快速地完成了既定拆除任务，取得了良好的经济效益和社会效益。

万象城PRADA改造工程位于广东省深圳市罗湖区南山图书馆对面万象城内，该工程为框架结构，结构改造面积约625m²，局部无粘结预应力梁需静力破碎，静力破碎剥离的预应力筋表层混凝土约30m³，改造工程开工时间为2009年5月，竣工时间为2009年7月。施工单位在施工中采用液压劈裂法对预应力筋表层混凝土进行破碎剥离，不但大幅度节约了施工直接成本，降低了工程造价，同时安全、优质、快速地完成了既定拆除任务，取得了良好的经济效益和社会效益。

图11-1　金福瑞购物广场改造施工中的现场实景

图11-2　金福瑞购物广场改造完成后现场实景

混凝土框架梁体外预应力加固施工工法

GJEJGF056—2010

新七建设集团有限公司　新疆城建（集团）股份有限公司

刘炳元　易登猛　江涛

1. 前　　言

体外预应力技术是现代预应力体系中的重要组成部分，该技术首先在桥梁结构中得到大量应用。随着科学技术的不断发展，在房屋建筑施工、改造过程中，体外预应力技术也逐渐得到充分认可和应用。

该技术对结构荷载变化较大、结构变形较大等不利条件下，采用常规加固方法不能解决问题的情况下，体外预应力加固方法体现出不可替代的优势。体外预应力加固混凝土梁参见图1。

图1　体外预应力加固混凝土梁

2. 工 法 特 点

2.1　因受力构件正截面承载力不够，当采取粘贴钢板加固法、粘贴纤维复合材加固法加固时，在规范容许粘贴厚度情况下仍满足不了加固要求，体外预应力加固法有效地解决了此类构件加固的难题。

2.2　加固采用的预应力筋自重小，由加固引起的自重荷载小。

2.3　由于体外预应力筋自身材质的特点，可以采用连续跨布置预应力筋，加强了结构的整体性。

2.4　施工工艺简单、工期短。

2.5　对同一构件进行加固，体外预应力工艺较粘钢、贴碳纤维工艺费用低，可节约费用近一半以上。

3. 适 用 范 围

在房屋建筑施工、改造过程中，因使用功能改变、设计和施工不当、原材料不符要求等原因，或为了减小结构变形改善结构使用性能，对原正截面受弯承载力不足的梁，可采用体外预应力工艺进行加固。

4. 工 艺 原 理

体外预应力技术，是在加固构件的实体外侧（一般在构件两侧或底部），采用钢绞线、钢丝、精扎螺纹钢筋等材料作预应力钢筋，通过转向块将预应力筋变向呈折线型布置，以利预应力的传递；预应力筋一端在构件端部锚固，在构件另一端部采取预应力张拉机具进行张拉，达到设计值后采用锚具锚固；从而完成体外预应力筋对加固构件实施的应力，达到提高构件正截面承载能力的效果。

5. 施工工艺流程及操作要点

5.1 施工工艺流程

体外预应力加固梁工艺流程框图见图5.1。

5.2 操作要点

5.2.1 测量放线

依据加固图纸，对应加固梁进行测量放线。确定楼板开洞部位，弹线定出预应力筋在梁侧的折线位置，确定转向块、张拉端、固定端铁件安装位置。

5.2.2 预应力筋下料

预应力筋的下料长度应通过计算确定。计算时应综合考虑锚具长度、千斤顶长度、张拉伸长值、预应力筋折线布置长度。

预应力筋的下料宜采用砂轮机或切断机切断，不得采用乙炔、电焊机进行热切割。

5.2.3 转向块制作安装

依据图纸进行转向块制作，几何尺寸、焊缝高度应严格控制。按照测量放线的位置，精准进行定位。定位的偏差直接会造成预应力张拉应力的损失。转向块与混凝土梁采用结构用A级胶粘剂、化学锚栓进行固定。

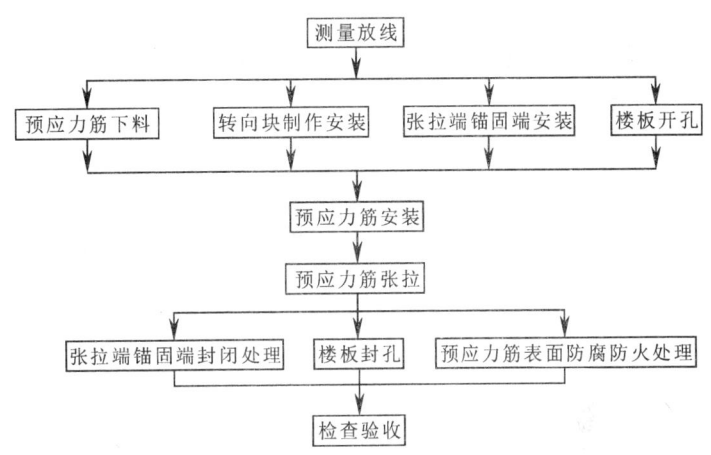

图5.1 体外预应力加固梁工艺流程图

转向块安装前，采用角磨机打磨与混凝土梁接触面，转向块与混凝土接触面打磨至金属本色，且纹路与受力方向垂直；混凝土梁用角磨机将表面碳化层磨掉，露出混凝土硬基面，最后用脱脂棉蘸丙酮擦清洗干净，直至无粉尘。转向块安装前将钢件打磨面用脱脂棉蘸丙酮擦拭干净。

基层处理完毕，将转向块与混凝土的粘贴面分别涂刷结构胶，保证结构胶有一定的厚度，采用适当方式对转向块加压，使结构胶从转向块钢板边均匀挤出为宜，在结构胶初凝前将化学螺栓拧紧。

梁底转向块大样见图5.2.3-1，梁底转向块实物大样见图5.2.3-2，梁顶转向块大样见图5.2.3-3。

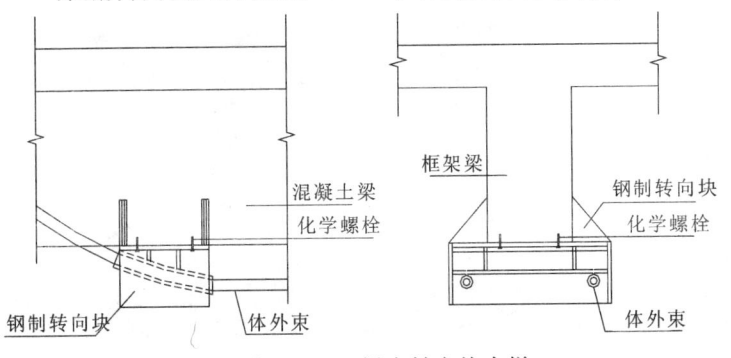

图5.2.3-1 梁底转向块大样

图5.2.3-2 梁底转向块实物大样

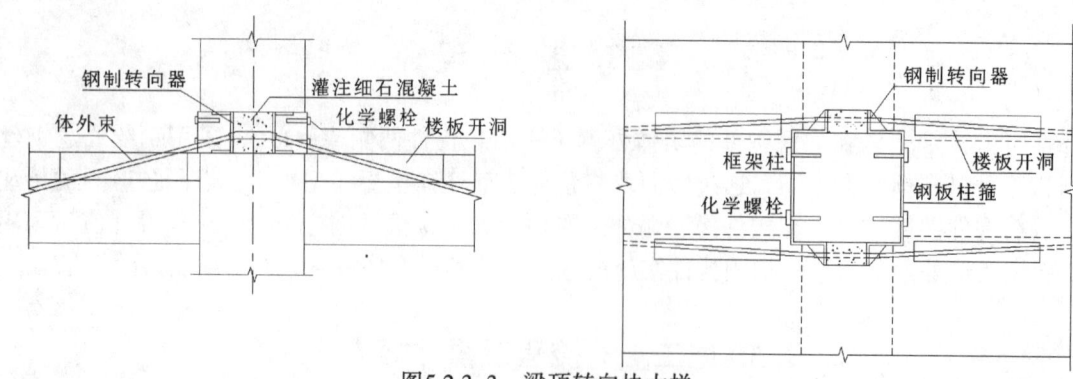

图5.2.3-3　梁顶转向块大样

5.2.4　张拉端、锚固端安装

张拉端、锚固端一般安装在加固梁两端梁面标高柱根处，常用加固大样见图5.2.4-1、图5.2.4-2，实物大样见图5.2.4-3。

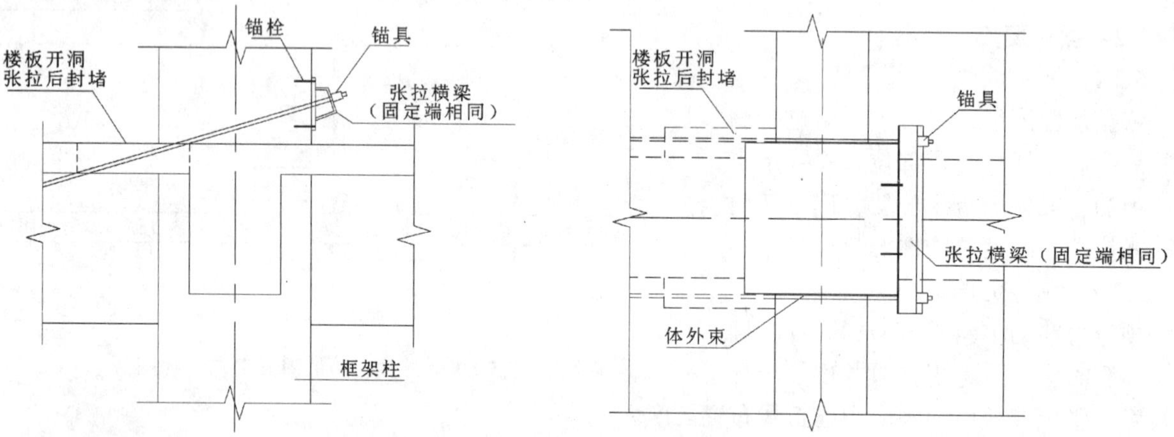

图5.2.4-1　张拉端、固定端大样1

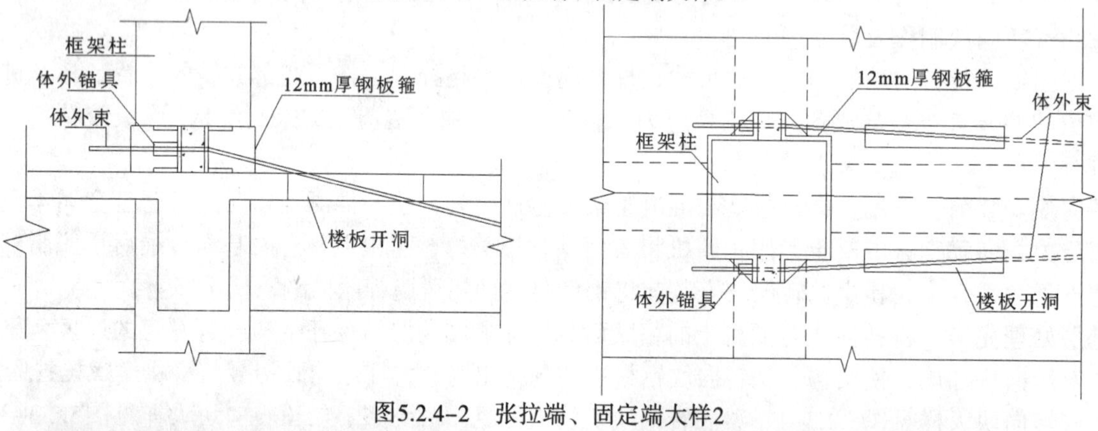

图5.2.4-2　张拉端、固定端大样2

图5.2.4-3　张拉端、固定端实物大样

张拉端、固定端在柱根处设置张拉横梁或钢板柱箍,张拉横梁、钢板柱箍采用粘钢和化学锚栓与混凝土柱固定。

5.2.5 楼板开洞

根据测量放线确定的位置,优先采用无损切割的工艺进行楼板开洞。楼板开洞宜采用钢筋探测仪检测楼板钢筋位置,若无楼板主筋,可采取电锤打孔或取芯机钻孔的方法进行楼板开洞。若遇有楼板主筋,则采用小锤凿洞,成孔后仍保留主筋,预应力筋张拉完毕一并进行封闭处理。

5.2.6 预应力筋安装

预应力筋安装从加固梁一端向另一端穿束,穿束过程中注意排序并采取措施临时固定;在张拉之前对预应筋进行预紧,安装锚具体系之前,实测并精确计算张拉端需剥离的预应力筋外层护套长度,清理表面油脂后安装锚具待张拉。

5.2.7 预应力筋张拉

1.千斤顶和压力表的标定

千斤顶和压力表应配套标定,以确定张拉力与压力表之间的关系曲线。所有压力表的精度不宜低于1.4级,标定千斤顶用的试验机或测力计的精度不得低于±2%。标定时千斤顶活塞的运动方向应与实际张拉工作状态一致。

2.张拉应力控制

张拉程序为:

首先:$0 \longrightarrow 10\% \delta_{com} \longrightarrow 0$(调整锚具及张拉端夹片);

然后:$0 \longrightarrow 20\% \delta_{com}$(测量伸长初始值)$\longrightarrow 50\% \delta_{com}$(暂停片刻)$\longrightarrow 100\% \delta_{com}$(测量伸长终止值)$\longrightarrow 103\% \delta_{com}$(停留2分钟)$\longrightarrow 100\% \delta_{com}$锚固。

张拉应力严格按设计要求执行,最大张拉控制应力不得超过$0.65 f_{ptk}$。

预应力筋采用应力控制张拉时,应以伸长值进行校验。实际伸长值与计算值之差应控制在+6%至-6%以内,否则应查明原因并采取措施予以调整后,方可继续张拉。体外预应力张拉施工参见图5.2.7。

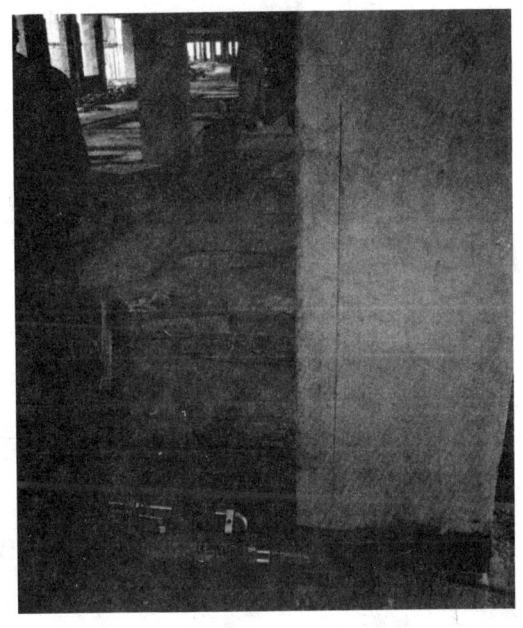

图5.2.7 体外预应力张拉施工

3.张拉注意事项

一端固定,一端多根张拉,千斤顶必须同步顶进以保持张拉横梁、预应力筋均匀受力,分级加载至设计张拉应力。

多跨连续张拉,可一端张拉,另一端补张。

预应力筋张拉时,应对张拉力、压力表读数、张拉伸长值、异常现象等作出详细记录。

5.2.8 张拉端锚固端封闭处理

体外预应力筋张拉锚固完毕,宜采用机械方法切割外露部分预应力钢绞线,严禁采用电弧切割,外露部分长度切至50mm。在锚具及承压板表面涂以防腐涂料,并及时采用C30细石混凝土密封。

5.2.9 楼板封洞

体外预应力筋张拉锚固完毕,对预应力筋穿楼板孔洞,清理混凝土表面并涂刷界面剂后,采用高于原楼板一个强度等级的细石混凝土进行封洞处理。

5.2.10 预应力筋防腐蚀防火处理

1.设置密封防护罩

对不要求更换的体外预应力筋,可采用高密度聚乙烯管或镀锌钢管作为防护罩;并在防护罩内选择灌注水泥砂浆、环氧砂浆或其他防腐蚀材料。

2．在体外预应力筋、转向块、张拉横梁表面直接涂刷防腐、防火涂料，选择的防火涂料应满足不低于原结构设计的耐火等级。

5.2.11 检查验收

1．体外预应力加固工程验收，应在全部加固施工完毕后进行。当设有临时支撑时，应在临时支撑拆除后进行。

2．体外预应力加固施工完成时，应提供下列文件和记录：

1）预应力材料（钢绞线、锚具、转向块用钢材、防腐、防火等材料）质量证明书。

2）钢绞线、锚具等进场复检报告。

3）张拉设备配套标定报告。

4）体外预应力加固工程的设计、变更文件。

5）转向块、张拉横梁与混凝土结构的连接检测记录。

6）预应力筋张拉记录。

7）检验批质量验收记录。

5.3 劳动力组织

体外预应力加固工程，视工程量大小、工期要求、现场实际情况进行劳动力组织。以下按单个构件梁安排劳动力计划，见表5.3。

劳动力需用量计划表 表5.3

序号	工　种	人数	工　作　内　容
1	气割电焊工	1~2人	转向块、张拉横梁制作安装，预应力筋下料、切割
2	辅助工	2~3人	楼板凿洞、封洞，防腐、防火涂料涂刷
3	钢筋工	2~3人	预应力筋制作、安装
4	预应力施工专业工人	2~3人	锚具安装、预应力筋张拉

6. 材料与设备

6.1 材料

本工法采用的主要材料见表6.1。

材料计划表 表6.1

序号	部件名称	规格、型号	适用标准
1	张拉横梁	Q235、Q345	《碳素结构钢》GB/T 700-2006、《低合金高强度结构钢》GB/T 1591-2008
2	转向块		
3	体外预应力钢筋	钢绞线 $f_{ptk}=1860N/mm^2$	《预应力钢绞线规范》GBT 5224-2003
4	精扎螺纹钢	$f_{ptk}=980N/mm^2$ $f_{ptk}=1080N/mm^2$	《钢筋混凝土用钢第2部分：热轧带肋钢筋》GB 1499.2-2007
5	锚具	OVM15-X型	《预应力筋用锚具、夹具和连接器》GB/T 14370—2007、《预应力筋用锚具、夹具和连接器应用技术规程》JGJ 85-2002
6	手工焊接焊条E43、E50	Q235、Q345	《碳钢焊条》GB/T 5117-1995、《低合金钢焊条》GB/T 5118-1995
7	结构胶	A级胶	《混凝土结构加固设计规范》GB 50367-2006
8	化学螺栓		《混凝土结构后锚固技术规程》JGJ 145-2004、《混凝土用膨胀型、扩孔型建筑锚栓》JG 160-2004

6.2 设备
本工法采用的设备见表6.2。

设备计划表 表6.2

序号	名　称	规格	数量	备　注
1	千斤顶	YC-240Q	1台	
2	前卡千斤顶	YDC240Q	1台	
3	油泵	ZB4—500 高压油泵	1台	
4	水泥灌浆机	UB3C	1台	
6	灰浆泵搅拌机	JW180	1台	
7	电焊机	B×1—400	1台	
		B×6—2502F	1台	
8	砂轮切割机	L3GB400	1台	

7. 质 量 控 制

7.1 体外预应力加固质量标准
体外预应力加固质量标准按表7.1中规范标准进行制作安装。

体外预应力加固工程主要相关规程及规范 表7.1

序号	名　　称	文件编号
1	混凝土结构设计规范	GB 50204-2002
2	高层建筑混凝土结构技术规程	JGJ 3-2002
3	钢结构设计规范	GB 50017-2003
4	混凝土结构加固设计规范	GB 50367-2006
5	建筑钢结构焊接技术规程	JGJ 81-2002
6	建筑抗震加固技术规程	JGJ 116- 2009
7	钢筋焊接及验收规程	JGJ 18-2003
8	混凝土结构后锚固技术规程	JGJ 145-2004
9	混凝土结构工程施工质量验收规范	GB 50204-2002
10	钢结构工程施工质量验收规范	GB 50205-2001
11	钢焊缝手工超声波探伤方法和探伤结果等级	GB 11345-89
12	预应力钢绞线规范	GBT 5224-2003
13	钢筋混凝土用钢第2部分：热轧带肋钢筋	GB 1499.2-2007
14	预应力筋用锚具、夹具和连接器	GB/T 14370—2007
15	预应力筋用锚具、夹具和连接器应用技术规程	JGJ 85-2002
16	混凝土结构加固构造	06SG 311-1、2
17	混凝土后锚固连接构造	04SG 308
18	建筑工程预应力施工规程	CECS 180：2005
19	混凝土结构后锚固技术规程	JGJ 145-2004
20	混凝土用膨胀型，扩孔型建筑锚栓	JG 160-2004

7.2 转向块、张拉端固定端柱箍、张拉钢横梁制作安装质量标准按表7.2进行制作安装。

转向块、张拉端固定端柱箍、张拉钢横梁制作安装质量标准 表7.2

序号	项 目	误 差
1	转向块张拉端固定端柱箍、张拉钢横梁安装	平面位置及标高±10mm
2	转向块安装	梁高 $h \leqslant 300$ ±5mm $300 \leqslant h \leqslant 1500$ ±10mm $H \geqslant 1500$ ±15mm
3	预应力钢筋下料长度	≤30mm
4	转向块焊缝	焊缝长度、高度满足设计要求

8. 安 全 措 施

8.1 转向块、张拉端固定端柱箍、张拉钢横梁制作和安装时，所用机具、电器等使用前进行检查，不合要求的不得使用。

8.2 电器设施和线路必须绝缘良好，手持电动工具必须装有漏电保护装置。

8.3 预应力张拉开始前，张拉区应设置明显的标志，禁止非预应力张拉人员进入张拉区域。

8.4 张拉设备使用前，应对高压油泵、千斤顶等进行空载试运转，无异常情况方可正式使用。

8.5 操作高压油泵要平稳、均匀，张拉时两端预应力筋轴线方向不得站人，以防断丝、滑丝伤人，张拉设备在持荷情况下，严禁拆除液压系统的任何零件。

8.6 张拉完成后，及时切断电源，锁好电闸箱。将拉伸设备放在指定地点保养。

9. 环 保 措 施

9.1 本工法实施过程中，执行《建筑施工现场环境与卫生标准》JGJ 146-2004。

9.2 施工操作人员佩戴安全帽及有关劳动防护用品。

9.3 预应力张拉过程中，施工区域设置警界线，防止他人进入作业区内，防止张拉工程中断丝伤人。

9.4 施工过程产生的各种废弃物集中存放，定期运送到指定的废弃物处理站。

10. 效 益 分 析

10.1 以 **650×250mm（长度8400mm）** 同一加固梁进行对比

10.1.1 粘贴钢板加固法（加固大样见图10.1.1）

10.1.2 粘贴纤维复合材加固法（加固大样见图10.1.2）

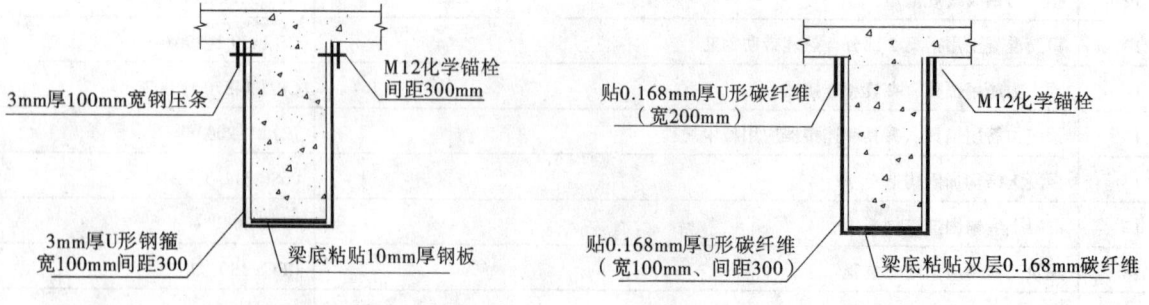

图10.1.1 粘贴钢板加固法加固大样　　　　图10.1.2 粘贴纤维复合材加固法加固大样

10.1.3 体外预应力加固法（加固大样见图10.1.3）

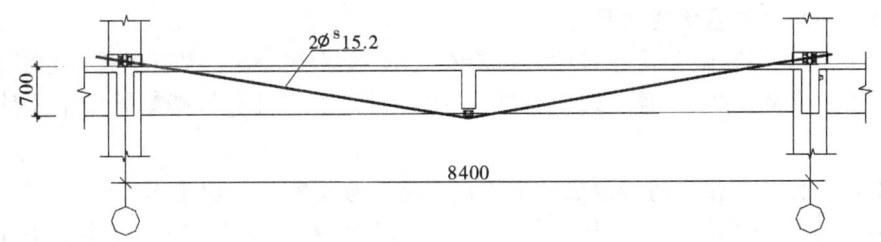

图10.1.3 体外预应力加固法加固大样

10.2 经济比较

三种加固方法进行直接费比较见表10.2。

三种加固方法直接费一览表   表10.2

粘贴钢板加固法			粘贴纤维复合材加固法			体外预应力加固法		
材料名称	单价（元）	金额（元）	材料名称	单价（元）	金额（元）	材料名称	单价（元）	金额（元）
粘钢（含化学螺栓 7.17m²）	1000 元/m²	7170	贴碳纤维 10.66m²	450 元/m²	4800	预应力钢绞线（含张拉）25.32kg	27000 元/t	684
						OVM15-1 型锚具 4 个	40/套	160
						转向块、钢柱箍、张拉钢梁 0.65 ㎡	1000 元/m²	650
合计		7170			4800			1494

由此可见，对同一构件进行加固，体外预应力工艺较粘钢、贴碳纤维工艺费用大为降低，其直接费比粘贴钢板加固法、粘贴纤维复合材加固法降低成本一半以上。

11. 应 用 实 例

11.1 武汉"武汉伊美特服饰生产基地"工程

由武汉伊美特服饰有限公司开发的"武汉伊美特服饰生产基地"工程，建筑面积19554m²，框架剪力墙结构7层。开工日期2008年7月，竣工日期2009年5月。该工程3层结构梁因新增设备重量和试验荷载超过设计承载能力，经设计院复核，对框架梁采用体外预应力进行加固，经近两年的运行，结构安全使用至今效果良好，见图11.1。

图11.1 武汉伊美特服饰生产基地体外预应力加固混凝土梁

11.2 武重行政技术综合大楼工程

由武汉重型机床集团有限公司建设的"武重行政技术综合大楼"改造工程，建筑面积15410m²，框架结构5层。开工日期2009年2月，竣工日期2010年1月。其中部分框架梁采用了体外预应力加固方法，效果良好。

11.3 华中农业大学农作物遗传改良国家重点实验室挂藏室改扩建工程

由华中农业大学建设的华中农业大学农作物遗传改良国家重点实验室挂藏室改扩建工程，建筑面积20338m²，框架4层。工程开工日期2009年3月，竣工日期2010年7月。该工程部分混凝土梁采用了体外预应力加固方法，效果良好。

连续跨环形预应力梁施工工法

GJEJGF057—2010

云南省第二建筑工程公司 云南建工第五建设有限公司

甘永辉 洪洁 舒永华 杨绍坤 钟剑

1. 前 言

随着近年大跨度建筑、高层建筑等的飞速发展，针对大跨度和超重荷载、高腐蚀环境和抗震的实际，产生了一系列的预应力混凝土结构，用以处理结构设计，施工中用常规技术难以解决的各种疑难问题，提高构建的抗裂度和刚度。

云南师范大学呈贡校区体育馆采用环形预应力有粘结，后张法混凝土梁。上部为向内斜柱，使上部看台荷载对下层梁、柱产生向外压力，环形预应力混凝土梁环绕体育馆一圈，对体育馆起到箍紧的作用，有效防止建筑物发生变形破坏具有相当大的作用。

2. 工 法 特 点

2.1 借助变角张拉（张拉腋），将锚索引出槽外张拉，简化了施工设备，提高了施工效率。

2.2 利用现浇预应力梁强度较高，质量易保证，保证整体性，其抗震性能良好。由于混凝土强度等级提高时，体积可缩小，用钢量减少，减小梁的自重、增加结构刚度，造价降低。

2.3 施工场地小，使施工对地面、路面的占用和交通影响极小，能满足高环保要求。

3. 适 用 范 围

圆形预应力混凝土储仓、体育馆，圆形市政工程等的施工；水工压力隧洞、压力井的预应力混凝土结构。

4. 工 艺 原 理

4.1 在同一块开有相同但锥孔方向相反的锚板上，通过变角张拉装置，利用夹片将钢绞线的首尾锚固在该锚板上。通过钢绞线张拉变形挤压管道壁，使结构环受到径向分布的挤压力和切向拖曳力，从而使结构截面形成环行的预应力。

4.2 采用预应力环形梁结构，通过预应力梁的顺序张拉，对建筑物起到加箍的作用，使建筑物形成一个整体，承受上部斜柱、看台传递的荷载，使主体结构安全顺利地建成。

5. 施工工艺流程及操作要点

5.1 施工工艺流程

施工准备→钢绞线下料→波纹管矢高放线→焊波纹管支撑筋→穿波纹管并连接钢绞线先穿束→安泌水管、压板→焊长拉端、固定端锚垫板→浇灌混凝土→预应力筋张拉→孔道灌浆→切割端头钢绞线─→细石混凝土封端头。

5.2 操作要点

5.2.1 钢绞线下料

下料长度根据设计图纸和现场实际测量尺寸下料，下料切割采用砂轮切割机进行。

5.2.2 安装

先在预应力梁中与箍筋焊接架力筋（支撑波纹管）用绑扎丝固定到位。使波纹管曲线平滑无叠痕。在振捣时应避开与波纹管接触。

焊接制作张拉端，固定端埋件，穿束（钢绞线），设备就位于固定端进行挤压，使挤压锚具牢固的与钢绞线通过挤压成一体，从而达到设计要求固定端锚固，安装泌水管对管端封堵好。

5.2.3 预应力张拉

1. 张拉前准备工作：在施工预应力梁端头搭设2m×2m操作平台，护栏高度1.2m左右。要求预应力混凝土梁试验报告，其强度必须符合设计要求，方可张拉。

2. 根据设计张拉控制应力超张拉5%，分五级张拉。

3. 第一级：10kN（初值）；第二级：20%的张拉控制应力；第三级：40%张拉控制应力；第四级：80%的张拉控制应力；第五级：100%的张拉控制应力；超张拉至105%的张拉控制应力保持2min后进行锚固。

4. 预应力梁为2孔每孔8根钢绞线，张拉为单端张拉。

张拉时每段按顺序依次张拉，每段张拉次序见图5.2.3。

预应力梁张拉端部张拉时应随时对比实际伸长值与理论计算值之间的误差，按张拉为主实际伸长值与理论计算值双控的原则进行。

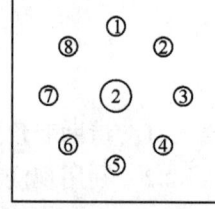

图 5.2.3 张拉顺序图

5. 预应力张拉时应严格做好张拉记录。

6. 张拉结束，核对数据无误，确保达到设计要求后，可将张拉锚固端头多余力筋切除，切除时用砂轮切割机（不可用氧焊、电焊切割端头），留头不少于3cm，然后按要求用细石混凝土封闭锚头。

7. 孔道灌浆：灌浆前先将清水灌入孔道内，将搅拌好的水泥浓浆用灌浆机压入孔道内，使端部出浓浆分三次加压即可，灌浆时随机取试件样。

5.3 劳动力组织（表5.3）

劳动力组织情况表 表5.3

序号	单项工程	所需人数	备注
1	管理人员	2	
2	技术人员	2	
3	安装	10	
4	张拉	6	
5	封锚	8	
6	灌浆	8	
	合计	36人	

6. 材料与设备

材料与机具见表6.1、表6.2。

材料表 表6.1

序号	材料名称	型 号	用于部位
1	预应力筋	15.24	
2	锚具	LUM15-8	张拉端头
3	P形锚具	LUMP-15挤压锚	固定端
4	波纹管	镀锌 80	
5	端锚件	LUM15-8	张拉端头埋件

机具设备表 表6.2

序号	设备名称	设备型号	单位	数量	用 途
1	千斤顶	TWC240Q	台	1	张拉钢绞线
2	高压油泵	ZB4-500	台	1	张拉钢绞线
3	灰浆泵	ZJB-3	套	1	灌浆
4	砂轮切割机		台	2	切割钢绞线
5	电焊机	UN100	台	1	焊支撑等

7. 质 量 控 制

7.1 工程质量控制标准

7.1.1 预应力施工质量执行《预应力施工及验收规范》。

7.2 质量保证措施

7.2.1 钢绞线进场时应附有质量保证书（或质量证明书），并按规定进行机械性能试验，符合有关标准方可使用。

7.2.2 锚夹具进场应附质量保证书（或质量证明书），并经验收合格方可使用。

7.2.3 钢绞线下料尺寸必须计算准确，保留端头，外露端钢绞线长度不得小于300mm。

7.2.4 波纹管支撑筋焊点位置应准确，焊接必须牢固，焊接支撑筋前，梁柱内非预应力筋保护层必须垫起到设计要求高度，以保证波纹管矢高，绑扎钢筋时梁内拉结筋暂不绑扎，待波纹管穿管完成后再安放绑扎，以保证穿管时畅通。

7.2.5 非预应力筋与波纹管，锚垫板及钢板埋件一旦有冲突时前者应让出位置。

7.2.6 波纹管搬运、布置应小心操作；振捣混凝土时，不得伤及波纹管泌水管，并设专人跟班监督。

7.2.7 每个道波应设置灌浆水管，管口露出梁顶面200～300mm。

7.2.8 焊接其他钢筋或埋件时，电焊花不得伤及波纹管及钢绞线。

7.2.9 张拉设备进场前，应送计量检测单位进行检定，并附有关检定合格证明书。

7.2.10 混凝土浇灌完后不能拆除模板支撑，当混凝土强度达到设计强度值后，方准张拉。

7.2.11 操作张拉设备应有专人负责及保管，并设专人记录张拉值。

7.2.12 孔道灌浆：预应力筋张拉结束应即时进行灌浆，灌浆材料采用42.5号普通水泥，水灰比宜在1～0.45左右，流动度在160～180mm。

7.2.13 孔道灌浆前应用清水湿润，并落实供电、水情况，以免出现不必要的质量事故。

7.2.14 孔道灌浆应连续进行，不得中断，直至泌水管出浓浆后用阀门控制泌水管再加压即可。

8. 安 全 措 施

8.1 认真贯彻"安全第一，预防为主"的方针，根据国家有关规定、条例，结合施工单位实际情况和工程的具体特点，组成专职安全员和班组长兼职安全员以及工地安全用电负责人参加的安全生产管理网络，在急性安全生产责任制，明确各级人员的职责，抓好工程的安全生产。

8.2 施工现场的临时用电严格按照《施工现场临时用电安全技术规范》的有关规范规定执行。

8.3 搭设脚手架时，立杆和水平杆应让开张拉端头（或者梁断端头）以免影响张拉设备和安全操作。

8.4 搭设操作平台各连接点必须牢固，不允许有松动现象，操作平台四周必须搭设1.2m高维护架及维护网。

8.5 脚手架板面要满铺，铺放平整，不允许有悬空或者探头板现象产生，用钢丝绑扎牢固。

8.6 高处作业所使用的物料、工具等应堆放平稳，且不得妨碍人员通行。

8.7 高处作业严禁向下乱抛物料。

8.8 应力张拉时，两端头严禁站人，操作人员应站 在侧面操作。

8.9 严格遵守安全操作规程和施工现场的各项规章制度，服从安全管理，做到工完料尽。

9. 环 保 措 施

9.1 成立现场施工环境卫生管理机构，在施工过程中严格遵守国家和地方政府下发的有关环境保护的法律、法规和规章，加强对施工设备、工程材料、废水、生活垃圾、弃渣的控制和治理，遵守防火及废气物处理的规章制度，做好交通环境疏导，随时接受相关单位的监督检查。

9.2 将施工现场地和作业限制在工程允许范围内，合理布置、规范围挡，做到标牌清楚、齐全，各种标识醒目，施工材料堆码整齐，施工场地整洁文明。

9.3 优先选用先进的环保机械，采取设立隔声墙等消声措施降低施工噪音到允许值以下，同时尽量避免夜间施工。

9.4 工程实行封闭施工，施工现场与周边村庄及居住区完全隔离，现场实行严格的保安制度，确保非施工人员不得进入施工现场。所有施工人员不得擅自在施工现场以外的地方乱闯，影响周边村民的工作生活。

9.5 所有运输建筑材料侧车辆设专人负责指挥疏导，严禁鸣笛，严禁乱停乱放。每天派专人负责清扫主要道路、场地并洒水，避免灰尘飞扬，造成空气污染。

9.6 废弃物（包括液体、固体和气体）的处理必须符合环境管理制度的要求：不在施工现场熔沥青或者焚烧油漆、油毡以及其他会产生有毒有害烟尘和恶臭气体的物质；对于高空废弃物必须使用塑料袋或密封式的容器装好用塔吊或井架吊下；现场需设置垃圾池及废料池，以便及时处理现场废物。

10. 效 益 分 析

10.1 本工法避免了施工产生的大量场地占用，消除了对场地的严重影响，施工产生的振动、噪声、粉尘等公害降低到最低。其推广使用的范围和数量，已成为衡量建筑企业技术水平的重要标志。该工法技术将促进建筑施工技术进步，社会效益和环境效益明显。

10.2 本工法工程进度快、干扰因素少、施工人员少、有利于文明施工、各种能源能较好地利用，即增强混凝土结构的抗裂性、抗震，又产生了较好的经济效益。

11. 应 用 实 例

11.1 云南师范大学呈贡校区体育馆

工程概况：云南师范大学呈贡校区体育馆，工程结构为圆形钢筋混凝土+钢结构屋盖，建设用地26266m²，建筑面积9816m²，建筑基底面积5670m²，地上1层，局部3层，建筑高度28.40m，座席总计3832席。在二层框架中设了一根C40的KL2-8（24）400×900（标高4.450m)环形预应力梁。梁内设两个波纹管，每个波纹管内放4根钢绞线，整根环形梁共分为8个张拉段，每3个跨为一个张拉段。锚固端、张拉腋平面如图11.1-1所示，预应力筋平面位置如图11.1-2，钢绞线位置如图11.1-3。

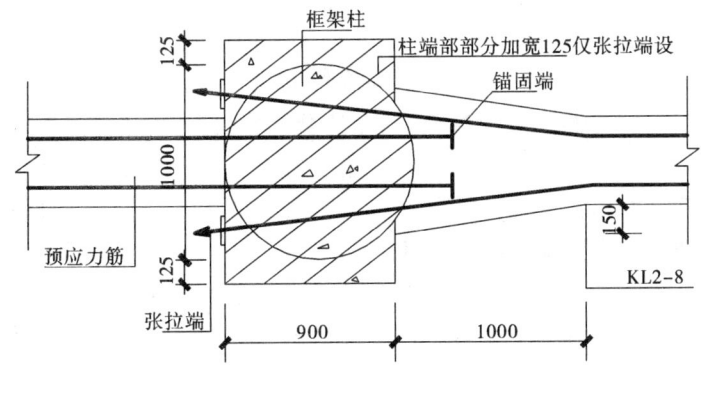

图11.1-1　锚固端、张拉腋平面

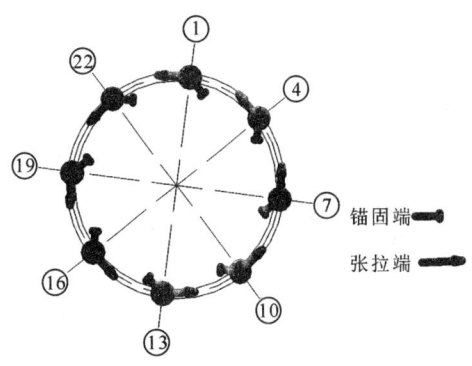

图11.1-2　预应力筋平面位置

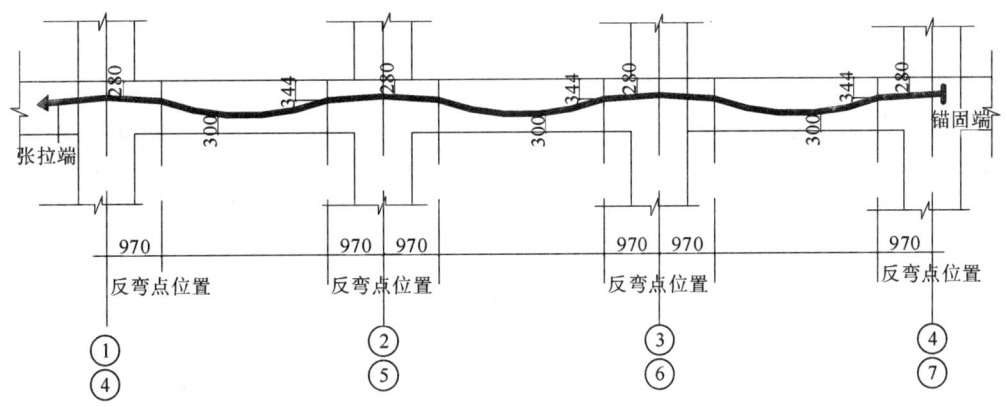

图11.1-3　钢绞线位置

11.2 兰坪金鼎锌业有限公司渣库三期涵洞项目工程

工程概况：兰坪金鼎锌业有限公司渣库三期涵洞项目工程，位于云南省怒江州兰坪县，造价1015万元，2007年4月开工，2008年4月竣工。该项目应用了环形预应力梁施工工法，应用效果较好。

11.3 云南文山斗南锰业股份有限公司技改二期项目工程

工程概况：云南文山斗南锰业股份有限公司技改二期项目工程，位于文山斗南，建筑面积10000m²，2007年3月开工，2007年8月竣工，该项目应用了环形预应力梁施工工法，应用效果较好。

有粘结和无粘结二合一组合预应力梁施工工法

GJEJGF058—2010

中国一冶集团有限公司　济南四建集团有限责任公司

王平　杨建新　刘明周　宫文晋　韩刚平

1. 前　　言

1.1　有粘结和无粘结预应力技术在工程中已得到广泛的应用，但有粘结和无粘结预应力技术仍分别存在一些问题，如有粘结预应力钢绞线因波纹管内的摩擦损失较大，且随时间变化应力损失较大；无粘结预应力钢绞线因为有保护套而应力损失较少，但缺点是对锚具的要求较高、预应力钢绞线强度不能充分发挥作用。因此为解决以上问题，充分发挥有粘结和无粘结预应力各自的优势，在一些工程中采用了在同一根梁内同时采用有粘结和无粘结组合预应力梁的技术，可以进一步减少预应力损失，进一步减少结构的变形和裂缝；充分发挥了有粘结和无粘结预应力各自的优势，扬长避短，施工更加方便，预应力钢绞线布置更加灵活。无论在节约钢材和混凝土的费用上，还是在节能环保上均有较大的社会及环保优势，取得了较好的效果。

1.2　我们在上海外高桥保税物流园区施工了2个堆载铜板坯、铝锭（$40kN/m^2$荷载）的两层重载仓库工程，为解决$40kN/m^2$超重的荷载引起的变形和内力较大的问题，采用了有粘结和无粘结二合一组合预应力梁技术。在济南市质量计量测试中心工程中亦采用了24m跨有粘结和无粘结组合预应力梁施工技术，圆满的实现了设计要求。双层及多层重载仓库和一些大跨度的公共建筑中在同一根框架梁内设有粘结钢绞线和无粘结钢绞线形成组合预应力梁，满足了设计和使用要求，和传统的梁内布设单一的有粘结或无粘结预应力钢绞线的施工方法相比有其特色，取得了良好的经济及社会效益，并总结形成了此工法。

2. 工 法 特 点

2.1　在同一根主梁设置有粘结预应力钢绞线和无粘结预应力钢绞线形成组合预应力梁，可以充分发挥有粘结和无粘结预应力的各自优势，可以减少温度变化和混凝土收缩产生裂缝对结构产生不利的影响，充分发挥预应力的作用。

2.2　预应力钢绞线布置灵活，施工便捷，功效高，施工时间短，施工人员、材料少，不需要大型机械，现场不占用施工场地。

2.3　施工质量容易保证，能通过数据量化，施工安全措施容易控制。

3. 适 用 范 围

3.1　适用于单层及多层厂房、物流仓库、民用建筑及大型公共建筑等。

3.2　适用于荷载大（$\leqslant 40kN/m^2$）、较大跨度结构的预应力工程。

4. 工 艺 原 理

有粘结和无粘结二合一组合预应力梁是在同一根主梁结构内同时布设有粘结和无粘结预应力钢绞

线，组合预应力梁使整个体系各个预应力构件能充分发挥作用，起到扬长避短的效果，可以进一步减少预应力的损失，进一步减少梁在使用荷载作用下的挠度，充分发挥有粘结和无粘结钢绞线各自的优势，补偿各自的劣势。

同一根梁内的两种预应力钢绞线互相作用，使得整个结构体系可以减少因混凝土收缩对结构产生的不利影响；结构超长时可以通过组合预应力的作用，减少结构由于超长引起的一系列问题，充分发挥预应力的作用，进一步提高梁的抗裂性，同时减少梁在使用荷载下的挠度。有粘结和无粘结二合一组合预应力梁在柱转角处、在后浇带组合平面示意图见图4-1~图4-4。

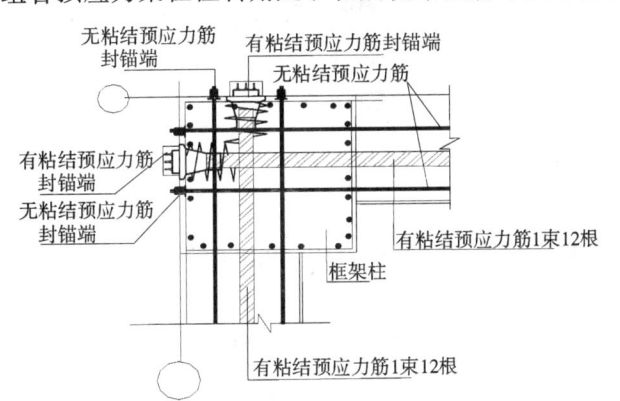

图4-1　有粘结和无粘结二合一组合预应力梁
　　　　在柱转角处组合平面示意图

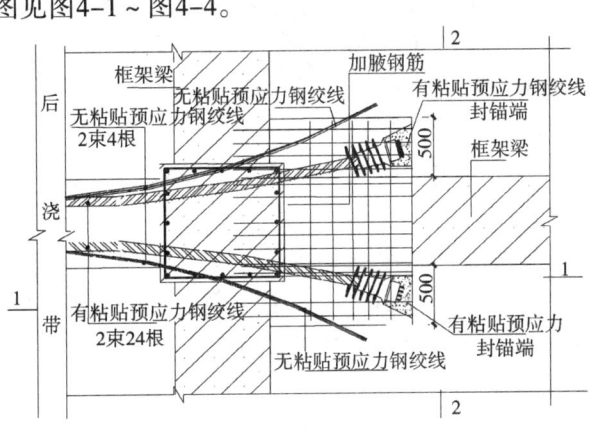

图4-2　后浇带处双向有粘结和无粘结组合预
　　　　应力梁平面示意图

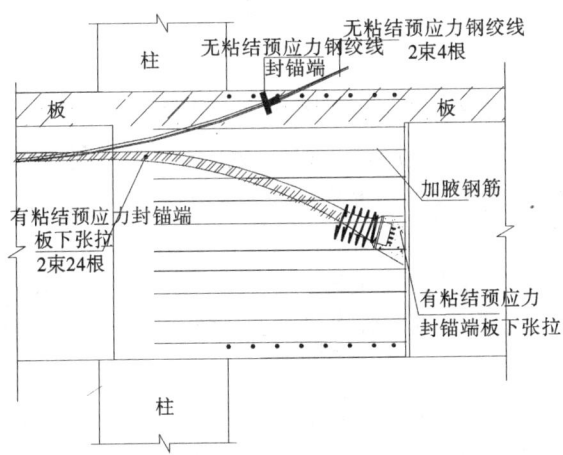

图4-3　1-1剖面示意图（后浇带处双向有粘结
　　　　和无粘结组合预应力梁）

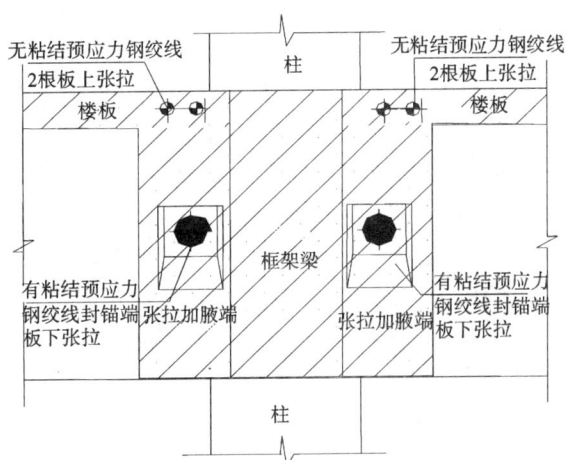

图4-4　2-2剖面示意图（后浇带处双向有粘结
　　　　和无粘结组合预应力梁）

5．施工工艺流程及操作要点

5.1　有粘结和无粘结二合一组合预应力梁施工工艺流程（图5.1）

5.2　组合预应力梁施工工艺

5.2.1　矢量高定位钢筋安装

1．先进行梁的主筋和箍筋的安装，然后根据设计图纸进行矢量高钢筋定位，矢量高定位钢筋的固定应考虑到波纹管及支架钢筋本身的尺寸，间距宜为1000mm。

2．预应力钢绞线定位钢筋采用不小于$\phi 10$的钢筋与箍筋焊接，焊点不宜少于4点。

5.2.2　波纹管安装（有粘结预应力钢绞线）

组合预应力梁应先安设有粘结预应力钢绞线波纹管，再安装无粘结预应力筋钢绞线。

1．矢量高定位钢筋定位后即可布设波纹管，金属波纹管进场需要在现场做渗漏试验，金属波纹管满足要求后才能使用。为保证搬运金属波纹管时不至于变形导致漏浆，波纹管的成品长度原则上不超过6m，布管时在现场直接接长。

2．按照矢量定位钢筋的控制位置进行铺放，布放波纹管时从张拉端头开始，若端头有柱、梁钢筋较密集时，应待波纹管定位后，再将钢筋固定。

3．孔道成型用波纹管道的连接应该符合下列规定：

1）圆形金属波纹管接长时，可采用大一规格的同波型的波纹管作为接头管，接头管长度可取其直径的3倍，两端旋入长度宜相等，且两端应采用防水胶带密封。

2）塑料波纹管接长时，可采用塑料焊接机热熔焊接或采用专用连接管。

3）钢管连接采用焊接连接或者套筒连接。

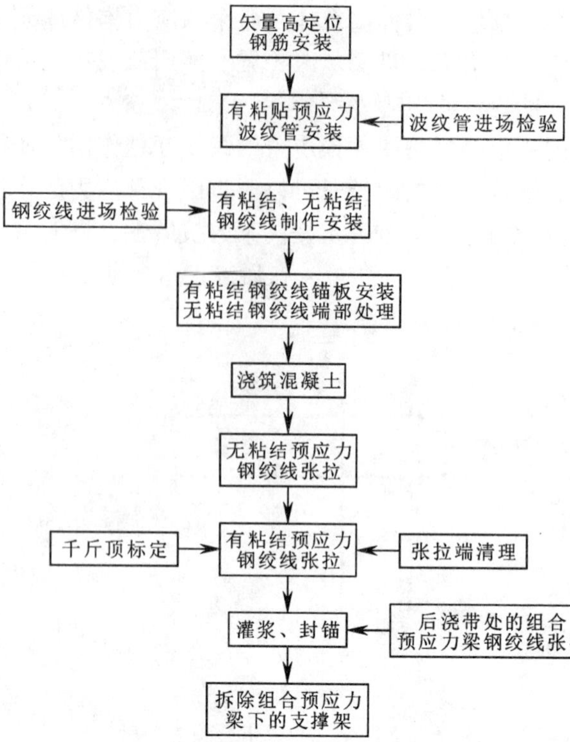

图 5.1　有粘结和无粘结二合一组合预应力梁施工工艺流程

4）波纹管与喇叭口或锚垫板连接处的管道应加强固定。

5）波纹管铺设应保持平顺，对于反弯点处，严禁波纹管产生硬折角，应平滑过度。

4．波纹管安装后，应检查波纹管有无破损，接头是否牢固、严密，如有破损应及时用封箱带进行修补。波纹管露出端部模板不宜小于100mm。为防止金属波纹管在混凝土浇筑时上浮或产生水平位移，应把波纹管固定在钢筋支架上，用钢丝扎牢。同时安装好灌浆用排气管道。

5．预应力钢绞线和预应力孔道的净距离及保护层应符合下列要求：

1）先张法预应力钢绞线最大的净距离不应小于其公称直径或等效直径的2.5倍和混凝土骨料最大直径的1.25倍。

2）对后张法预制构件，孔道之间的水平净距离不宜小于50mm，且不宜小于粗骨料直径的1.25倍；孔道至构件边缘的净距离不宜小于30mm，且不宜小于孔道直径的一半。

3）在现浇混凝土梁中，预留孔道在竖直方向的净距离不应小于孔道外径，水平方向的净距离不宜小于1.5倍孔道直径，且不应小于粗骨料直径的1.25倍；从孔道外壁至构件边缘的净距离，梁底不宜小于50mm，梁侧不宜小于40mm；裂缝控制等级为三级的梁，上述净距离分别不宜小于70mm和50mm。

4）凡制作时需要预先起拱的构件，预留孔道宜随构件同时起拱。

6．预应力孔道应设置排气孔、泌水孔及灌浆孔，排气孔可兼作泌水孔，并应符合下列规定：

1）曲线孔道波峰和波谷的高差大于500mm时，应在孔道顶峰设置排气孔。

2）预埋管道的排气孔间距不宜大于30m，抽拔管道的排气间距孔不宜大于12m。

3）排气孔兼做泌水孔时，其外接管道伸出构件顶面长度不宜小于500mm。

5.2.3　有粘结和无粘结预应力钢绞线制作与安装

1．有粘结和无粘结预应力钢绞线下料采用砂轮锯下料，下料长度由计算确定。

有粘结钢绞线下料长度为：

孔道长度+（工作锚环厚度+限位板厚度+千斤顶长度+工具锚厚度+100mm）×2

无粘结钢绞线下料长度为：与有粘结钢绞线下料长度一致。

1）下料组成钢绞线的每根钢丝应是通长的，不得有接头，钢绞线的张拉端采用夹片锚，锚固端采用挤压锚。

2）由于有粘结钢绞线盘圆有应力，应采用放线架放线，从内圆抽头放线，并使用卷尺量测下料长度，无粘结钢绞线没有弹力，拆捆后从内圆抽头放线。

3）钢绞线应在平坦干燥的场地上直接用砂轮锯逐根切断，严禁用电弧焊切割，同一束钢绞线内的每根钢绞线长度应基本相同。

4）制作好的钢绞线束，应按照规格、型号、长度编号挂牌，分别堆放在垫木上。

5）钢绞线不得产生硬折角，对于有硬折角的钢绞线禁止用于工程，无粘结钢绞线保护套不得损坏。

2．无粘结预应力钢绞线在现场的搬运和铺设过程中，不能损伤其塑料护套，当出现轻微破损时要即时封闭。

3．有粘结预应力钢绞线螺旋钢筋端部螺母应该旋入至露出螺纹钢筋端部。

4．预应力钢绞线和预应力孔道束形定位应符合下列规定：

1）预应力钢绞线及管道与定位钢筋绑扎牢固，定位钢筋的直径不宜小于10mm，间距不宜大于1.5m。

2）凡施工时需要预先起拱的构件，预留孔道宜随构件同时起拱。

5．预应力钢绞线穿入孔道的工艺采用后穿法，并应符合下列规定：

预应力钢绞线传入孔道后至灌浆的时间间隔应符合下列规定，否则应对预应力钢绞线采取防锈措施：

（1）环境相对湿度大于70%或接近海环境时，不宜超过14d。

（2）环境相对湿度40%～70%时不宜超过21d。

（3）环境相对湿度小于40%时不宜超过28d。

6．预应力钢绞线、管道、锚垫板及锚具等安装定位后应封闭锚垫板喇叭口。

7．锚固端挤压头制作

有粘结预应力钢绞线可采用两端后张拉的方式，也可以采用一端固定另一端后张拉的方式。如果采用两端后张拉的方式时不需要制作锚固端头，在张拉时采用夹片锚具；采用一端后张拉时另一端要锚固在混凝土内，需要在下料后制作挤压锚固端头。

端头挤压时采用专用的挤压机，挤压时将钢绞线套上特制的钢丝簧再穿入采用的锚具，并使钢绞线漏出锚具5mm，然后将整个锚具放入挤压套筒前端，开启设备使千斤顶将锚具顶过套筒即完成制作。

8．钢绞线安装

下好料的钢绞线应单根盘卷绑扎后吊运到相应位置。穿管之前需要在钢绞线端头缠绕光滑的胶带，保证在穿管过程中不破坏管壁，同时也减少阻力使穿管更省力。

在穿的过程中不宜停顿，应随其惯性作用一气呵成。在钢绞线穿至最后1m时注意不得穿过了锚固端位置，也不得让锚固端与锚板有较大间隙。安装无粘结预应力钢绞线时，应严格牢固的将其固定在定位钢筋上，并应防止钢筋刮伤、刮破保护套。

5.2.4 锚具和锚板安装

1．进场验收合格后还应按照规范对锚具、夹片等进行见证抽样，送至有检测资质的单位进行全面的检验，合格后方可使用。

2．固定端锚具与安装钢绞线应同时进行，根据图纸要求确定锚固端位置后将锚板绑扎固定在距离波纹管前端约600mm的钢筋上，再将钢绞线从锚板孔中穿过再穿入波纹管。

3．端部的锚垫板的埋设在框架梁、柱边时尽量使锚垫板对称于梁中心轴线，以便于进行各个方向的调整。当柱、梁的纵筋与锚垫板的埋设冲突较大时可调整柱、梁钢筋的位置，为锚垫板的埋设留下位置。当柱、梁钢筋调整后不符合钢筋验收标准的应布置加强钢筋。所有锚垫板在水平方向上允许调整的范围为10mm。

4．为保证张拉端部混凝土的密实和强度，锚板、锚具安装完毕后应仔细检查与模板之间是否有空隙，如有空隙需用软布等填密实，防止漏浆形成孔洞达不到强度。特别在转角处受双向预应力的作用锚固端混凝土容易开裂，应加设附加钢筋和保证混凝土密实。

5．锚垫板和连接器应按照设计规定的位置和方向安装，并应符合下列规定：

1）锚垫板的承压面应与预应力钢绞线（或孔道）曲线末端的切线垂直。预应力钢绞线曲线起始点与张拉锚固点之间的直线段最小长度应符合下表5.2.4的规定。

预应力钢绞线曲线起始点与张拉锚固点之间的直线段最小长度   表5.2.4

预应力钢绞线张拉力（kN）	<1500	1500~6000	>6000
直线段最小长度（mm）	400	500	600

2）预应力接长时应保证连接器在张拉方向有足够的移动空间。

3）内埋式固定锚垫板不应重叠，锚具与锚垫板应贴紧。

5.2.5 混凝土浇筑

1．各项检查验收及隐蔽工程验收通过后方可浇筑混凝土，混凝土施工时应检查模板和支撑的安全性，预先确定好先后工序之间的顺序关系，保证张拉及拆模时混凝土达到设计及施工规范规定的强度。

2．浇筑预应力混凝土工序前，应进行模板检查、钢筋及预应力钢绞线工程的隐蔽工程验收。锚具与模板间的缝隙应填实，锚垫板上有螺纹的灌浆孔宜用黄油掺麻丝堵塞封口。

3．振捣混凝土时，预应力钢绞线的固定端及其他钢筋密集的部位应振捣密实，并避免振捣棒接触和碰弹波纹管、锚具预埋件。在振捣过程中，注意检查模板、管道、固定端钢板及锚垫板的位置和尺寸，发现松动及时整修。

4．浇筑完毕的混凝土应按照规定及时养护，已浇筑的混凝土强度未达到1.5N/mm²以上，不得在其上踩踏或安装模板及支撑。浇筑时留置同条件养护试块，张拉时混凝土的强度不得低于其设计强度值的80%。

5．锚固区混凝土有缺陷时，应在张拉前进行修补，有粘结预应力钢绞线孔道被堵塞时，应凿开孔道，清除漏浆后修复孔道外混凝土，修整应作好记录，修整材料应有强度试验报告。

6．预应力混凝土浇筑时安排人员值班，经常抽动孔道内钢绞线，发现异常情况及时采取措施，以免发生堵管影响预应力钢绞线张拉及孔道灌浆。

5.2.6 无粘结预应力钢绞线张拉

1．无预应力钢绞线张拉前，应进行下列准备工作：

1）计算确定压力表读数及张拉伸长值，明确张拉顺序和方法；

2）拆除锚具周围的模板，对张拉端进行清理，检查混凝土的密实性和强度。切割多余长度的钢绞线，保证能穿过千斤顶即可。切割钢绞线不得使用火焰或电焊，应使用手持式砂轮切割机切割。无粘结钢绞线要剥掉保护套准备张拉。

3）将无预应力钢绞线锚具、锚板清理后，若有生锈的部分要将锈除净并刷少许润滑油。然后在安装无预应力钢绞线张拉锚具。张拉锚具一般安装后须在当天张拉，避免锚具、夹片容易淋水。

4）在进行无预应力钢绞线张拉前，首先应进行张拉设备的标定，应采用误差<1%液压式压力试验机对配套千斤顶、压力表、油泵标定进行标定，标定合格之后才能使用。

2．无粘结预应力钢绞线张拉

无粘结和有粘结二合一组合预应力梁一般布置在框架主梁上，次梁常采用无粘结预应力钢绞线。整个组合预应力系统中张拉顺序为：先张拉次梁无粘结预应力钢绞线，再张拉组合预应力梁内无粘结钢绞线；然后张拉组合预应力梁内的有粘结预应力钢绞线，先张拉分区中的中间梁，再张拉中间梁两边的梁，同时每根梁内的无粘结预应力钢绞线成对称张拉。每根预应力次梁张拉由中间往上下两侧进行，次梁内无粘结预应力钢绞线张拉顺序可为②→⑦→④→⑤→③→⑥→①→⑧或其他对称张拉顺序，见图5.2.6-1～图5.2.6-3。

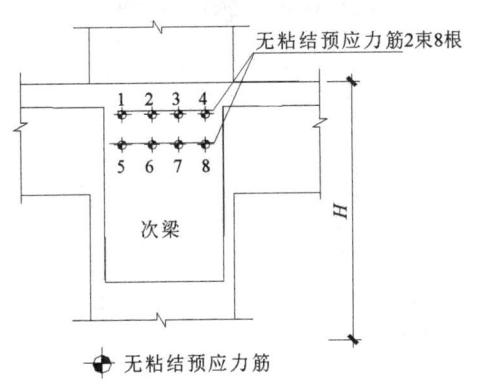

图5.2.6-1 次梁无粘结预应力钢绞线分布图

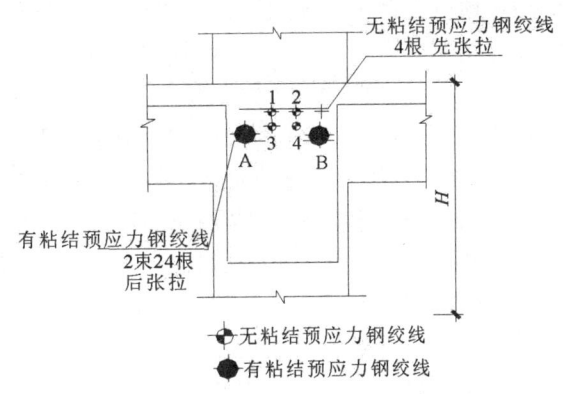

图5.2.6-2 组合预应力梁张拉顺序（一）

每根框架梁组合预应力梁张拉顺序可以为：①→④→②→③→Ⓐ→Ⓑ，即先张拉无粘结预应力钢绞线，然后再张拉有粘结钢绞线。

3. 确定张拉程序和工艺

1）无粘结预应力钢绞线张拉时应做到锚具与千斤顶对中，张拉过程中加压应均匀。张拉完毕放张拉后应检查端部及其他部位是否有裂缝，并填写张拉记录表。张拉最终控制应力 σ_{con} 按设计、规范及施工方案的要求取用。当设计中需要超张拉时，调整后的钢绞线张拉应力 σ_{con} 应满足：钢绞线

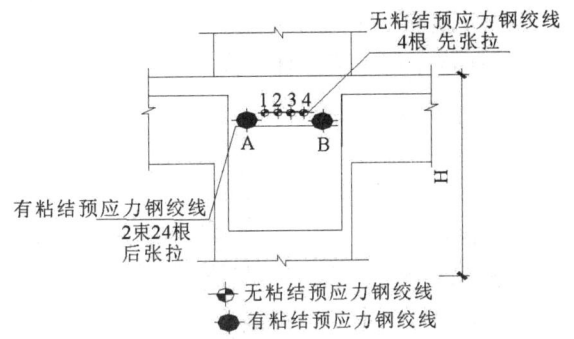

图5.2.6-3 组合预应力梁张拉顺序（二）

$\sigma_{con} \leq 0.8 f_{ptk}$。（ σ_{con} 为预应力钢绞线张拉控制应力；f_{ptk} 为预应力抗拉强度标准值。）

2）预应力钢绞线张拉时，应从零张拉力加载至初张拉力后，量测伸长值初读数，再以均匀速度加载至张拉控制力。对塑料波纹管成孔管道，达到张拉控制力后，宜持荷2～5min。初拉力宜为张拉控制力的10%～15%。为减少钢绞线的松弛损失，采用超张拉3%相应等级控制应力的方法进行张拉；$0 \to 10\% \sigma_{con}$（读初始伸长值L_1）$\to 1.03 \sigma_{con}$（量测伸长值L_2）$\to$锚固。

4. 张拉伸长值的确定

组合预应力梁无粘结预应力钢绞线的张拉：以张拉力和伸长值进行双控，并以张拉力为主，以伸长值为辅。伸长值校验方法如下：$0.1 \sigma_{con}$量测千斤顶活塞伸长值L_1，张拉至$1.03 \sigma_{con}$时量测千斤顶活塞伸长值L_2；张拉伸长值$\Delta L = L_2 - L_1 + L_0$(初应力以下推算伸长值)；初应力以下的推算伸长值根据弹性范围内张拉力与伸长值成正比的关系推算确定。张拉时通过张拉伸长值的校核，可以综合反映张拉力是否足够，以及预应力钢绞线是否有异常。组合预应力梁张拉理论伸长值计算按规范要求进行，即采取分段计算法。

5. 理论伸长值计算时，根据规范要求确定无粘结预应力钢绞线的摩擦系数。无粘结预应力钢绞线在张拉过程中，应尽量避免发生断、滑丝。若出现断、滑丝应暂停张拉，待查明原因采取纠正措施后恢复张拉，断丝、滑丝总量应不得超出该截面总数的3%。

6. 如有个别锚具、夹片失效钢绞线回缩，应松锚更换夹片后重新张拉。

7. 张拉后实际建立的有效应力的确定。

张拉后实际建立的有效应力与设计规定值偏差范围不超过5%，实际有效应力的测试方法应根据张拉时预应力钢绞线伸长值以及油压表读数为准。当实际建立的有效应力与设计值相差较大时，应找出原因并采取措施予以调整后方可继续施工。

8. 预应力钢绞线应在张拉控制应力处于稳定状态下再锚固。锚固阶段张拉端锚具的内缩量不应大于6mm。预应力钢绞线锚固后，夹片顶面应平齐，其错位不宜大于20mm；张拉端外露预应力钢绞线应在张拉后切割。

5.2.7 有粘结预应力钢绞线张拉

1. 有粘结预应力钢绞线的张拉前，应进行下列准备工作：

1）计算并确定压力表读数及张拉伸长值，明确张拉顺序和方法。

2）拆除锚具周围的模板，对张拉端进行清理，检查混凝土的密实性和强度。切割多余长度的钢绞线，保证能穿过千斤顶即可。切割钢绞线不得使用火焰或电焊，应使用手持式砂轮切割机切割。

3）将锚具、锚板清理后，若有生锈的部分应将锈除净并刷少许润滑油，再安装有粘结预应力钢绞线张拉锚具、夹片等构件。由于每个锚具有较多锥形孔，张拉锚具拆除包装前应检查孔道、夹片等质量，且涂有保护油脂，一般安装后应在当天张拉，避免锚具、夹片淋水或人为因素污染，使得施工质量达不到理想效果。

4）在进行有粘结预应力钢绞线张拉前，应进行张拉设备的标定，配套千斤顶、压力表、油泵配套标定采用误差〈1%液压式压力试验机进行标定。标定之后，若发生以下情况时须重新进行标定：

①油压表不归零或损坏、失灵。

②严重断、滑丝。

③伸长值不符合要求对张拉力有怀疑时。

④千斤顶严重漏油或修理后。

⑤使用达到6个月。

2. 有粘结预应力钢绞线张拉

无粘结和有粘结二合一组合预应力梁一般布置在框架主梁上，因此在分区张拉跨内的无粘结预应力筋张拉完毕后，再开始张拉框架主梁内的有粘结预应力钢绞线；先张拉分区中的中间框架梁，再张拉中间框架梁两边的主梁。

3. 有粘结预应力钢绞线张拉步骤

1）有粘结预应力钢绞线张拉时应做到如下几点：

①多孔有粘结预应力工作锚具、千斤顶、工具锚、孔道中心线末端的切线四者中心线重合；保证整束钢绞线穿过张拉锚具的位置正确，不得有扭转、错位现象。

②当有粘结预应力钢绞线较长时宜采用大功率千斤顶整束张拉，张拉行程值将大于千斤顶行程，此时采用分级张拉累计伸长量和张拉力的方法施工。

③张拉有粘结预应力钢绞线过程中控制油泵加压应均匀，保证孔道内张拉完毕放张拉后应检查端部及其他部位是否有裂缝，并填写张拉记录表。

2）张拉最终控制应力 σ_{con} 按设计、规范及施工方案的要求取用。当设计中需要超张拉时，调整后的钢绞线张拉应力 σ_{con} 应满足：钢绞线 $\sigma_{con} \leqslant 0.8f_{ptk}$。（ σ_{con} 为预应力钢绞线张拉控制应力；f_{ptk} 为预应力抗拉强度标准值）。

3）预应力钢绞线张拉时，应从零张拉力加载至初张拉力后，量测伸长值初读数，再以均匀速度加载至张拉控制力。初拉力宜为张拉控制力的10%~15%。为减少钢绞线的松弛损失，采用超张拉3%相应等级控制应力的方法进行张拉；0→10% σ_{con} (读初始伸长值L_1)→1.03 σ_{con} (量测伸长值L_2) →锚固。

4. 张拉伸长值的确定

1）组合预应力梁有粘结预应力钢绞线的张拉时以张拉力和伸长值进行双控，并以张拉力为主以伸长值为辅。伸长值应分级计算，校验方法如下：0.1 σ_{con} 量测千斤顶活塞伸长值L_1，张拉至1.03 σ_{con} 时量测千斤顶活塞伸长值L_2；张拉伸长值 $\Delta L = L_2 - L_1 + L_0$(初应力以下推算伸长值)；初应力以下的推算伸长值根据弹性范围内张拉力与伸长值成正比的关系推算确定。张拉时通过张拉伸长值的校核，检查张拉力是否足够，孔道摩擦损失是否偏大，时刻注意预应力钢绞线是否有异常。

2）实际张拉伸长值与理论伸长值相比较误差不超过 −6% ~ +6%，否则应停机检查原因，查明原因并予以解决后方可继续张拉。组合预应力梁张拉理论伸长值计算按规范要求进行，即采取分段计算法。

5. 理论伸长值计算时，根据规范要求确定有粘结预应力钢绞线的摩擦系数，其孔道和转角摩擦系数宜按规范确定。有粘结预应力钢绞线在张拉过程中，应尽量避免发生断、滑丝。若出现断、滑丝应暂停张拉，待查明原因采取纠正措施后恢复张拉，断、滑丝总量应不得超出该截面总数的3%。每一束钢绞线断丝不得超出1根，否则须重拉。

6. 如有个别锚具、夹片失效钢绞线回缩，应松锚更换夹片后重新张拉。

7. 张拉后实际建立的有效应力与设计规定值偏差范围不超过5%，实际有效应力的测试方法应根据张拉时预应力钢绞线伸长值以及油压表读数为准。当实际建立的有效应力与设计值相差较大时，应找出原因并采取措施予以调整后方可继续施工。

8. 有粘结预应力钢绞线应在张拉控制应力处于稳定状态下再锚固。锚固阶段张拉端锚具的内缩量不应大于6mm。有粘结预应力钢绞线锚固后，夹片顶面应平齐，其错位不宜大于20mm；张拉端外露预应力钢绞线应在张拉后切割。

9. 主梁内有粘结预应力钢绞线在张拉时由于梁内孔道已穿钢绞线，浇筑混凝土时最低点有可能存在泌水，养护混凝土时泌水将凝固，张拉有粘结预应力筋时梁内将发出较小的崩裂声音，应关注梁内部是否发出异常情况。

5.2.8 后浇带处组合预应力梁张拉

1. 为了保证预应力钢绞线在张拉阶段整个框架结构的受力达到最佳状态，根据工程特点，整个预应力楼面按照后浇带分为4块的形式分开张拉。后浇带跨内楼面的张拉顺序采用先张拉次梁，后张拉框架梁；框架梁及次梁均由结构中间向两端张拉的措施；施工作业顺序按照D、A、B、C区的顺序进行。楼面分块布置如图5.2.8。

2. 后浇带处预应力钢绞线张拉前，应进行下列准备工作：

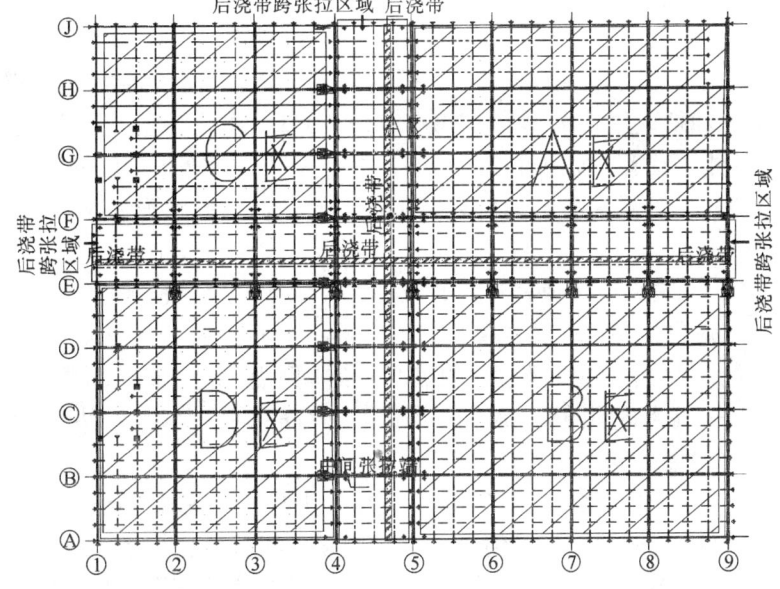

图 5.2.8　组合预应力梁布置图（纵横主框架梁均为组合预应力梁）

1）为保证钢绞线在波纹管内不发生锈蚀，铺设波纹管后可以暂不安装预应力钢绞线，在张拉前再穿管为宜。

2）在非后浇带的混凝土浇筑养护28d后才能施工后浇带处的混凝土。后浇带处混凝土强度达到80%后才能张拉后浇带处预应力钢绞线。

3）先张拉无粘结预应力钢绞线，按照前述的非后浇带处张拉方式进行张拉，后张拉组合预应力梁内的有粘结钢绞线。

4）有粘结钢绞线张拉端位于板底，需要先拆除梁两边的模板，对张拉端进行清理，检查混凝土的密实性和强度。切割多余长度的钢绞线，保证能穿过千斤顶即可。

5）搭设好作业平台，并在靠近张拉端上部楼板位置安装一个膨胀螺栓悬挂张拉设备。

3. 在后浇带处的有粘接预应力钢绞线比较短，采用梁底一端端张拉的方式。

4. 后浇带后浇带处预应力钢绞线张拉工艺流程基本与非后浇带预应力钢绞线相同。在张拉过中须注意以下几点：

1） 张拉端在梁底时，操作平台须搭设牢固，保证能承受施工荷载。

2） 在高空不宜采用大千斤顶作业，可采用单根张拉的方式张拉后浇带处预应力钢绞线。

3） 张拉用的液压设备宜在地面放置，可接长油管至张拉端千斤顶。千斤顶应有悬挂绳，保证千斤顶不坠落。

5.2.9 灌浆、封锚

1. 张拉后应及时检查张拉记录及锚固情况，经认可后再准备灌浆。

2. 灌浆前应全面检查预应力构件孔道及进浆孔，排气、排水孔是否畅通；检查灌浆设备、管道及阀门的可靠性，压浆泵压力表应进行计量校验。

3. 为使孔道灌浆流畅，并使浆液与孔壁结合良好。预埋波纹管的孔道，可用水冲洗，经检验孔道畅通后方可进行孔道灌浆。

4. 构件张拉完毕后，在锚具可能产生漏浆处需用水泥浆封堵。为提高堵漏效果，可采用水溶性建筑胶水或早强剂拌和水泥浆。

5. 水泥浆体进入压浆泵前应经过不大于5mm筛孔筛网过滤。在正常情况下，制浆、灌浆设备连续灌浆能力应使构件中最长的预应力孔道的灌浆时间不超过20min。

6. 灌浆结束后，应仔细清洗浆拌浆机压浆泵、管道及阀门，压力表隔膜盒，以备下次使用。

7. 灌浆质量控制

1） 孔道灌浆采用强度等级不小于42.5及普通硅酸盐水泥配制的水泥净浆。灌浆用水泥须满足规范《通用硅酸盐水泥》GB 175-2007的规定。有外加剂的应满足《混凝土外加剂》GB 8076-2008和《混凝土外加剂应用技术规范》GB 50119-2003，并且不含沙，除非当导管内孔面积超过预应力钢索面积的5倍时，灌浆水泥中可拌入细纱，所有骨料都应通过1.18mm的滤网

2） 水泥浆水灰比不应超过0.45，搅拌后泌水率不大于1%。为改善水泥浆得性能，可掺入外加剂。

3） 水泥浆应保证有足够的流动性，灌浆前应检查水泥浆的黏稠度，稠度通常控制在12~18s，真空压浆时可控制稠度通常控制在15~30s，自由膨胀率不应大于10%。

4） 水泥浆自拌和至灌入孔道间隔时间不宜大于20min，灌浆前应防止浆体沉淀离析。

5） 灌浆时应随机抽取水泥浆制作70.7mm的立方体试块，标准养护28d后强度抗压值不得低于30MPa。

8. 灌浆

1） 预应力钢绞线张拉结束后，应尽快灌浆，一般不宜超过48h，以免预应力钢绞线锈蚀或松弛。

2） 灌浆应缓慢、均匀地进行，并应排气通顺；灰浆泵压力宜保持在0.5~0.7MPa，待孔道上全部排气孔、出浆孔溢出浓浆后，扎紧出浆管或堵塞排气孔及出浆孔并继续稳压灌浆30s以上，方可关闭灌浆喷咀阀门及连接管。卸拔连接管时，不应有水泥浆反溢现象。宜采用带有闸阀的灌浆连接管，在停止灌浆前，关上闸阀，4h后再拆除连接管避免压力下降及浆液流失。

3） 同一孔道灌浆作业应一次完成，不得中断。灰浆泵内不得缺浆，在灌浆暂停时，输浆管喷咀与灌浆孔不得脱开，以免空气进入孔道影响灌浆质量。如遇机械故障，不能迅速修复，则应安装水管冲掉灌入水泥浆，并疏通灌孔预留孔，待第二次重新灌浆。

4） 水泥浆在搅拌机中的温度不宜过高，当夏季气温高于35℃时，灌浆操作应放在夜间或清晨气温较低时进行；冬季宜在48h内气温不低于5℃期间进行灌浆，低于5℃时，应采取适当的抗冻保温措施。

5） 孔道灌浆后在水泥浆初凝后，终凝前应从出浆孔、泌水孔等处用探棒探查孔道密实情况。如有局部不密实之处，可采用人工或机械补浆填实。灌浆过程应如实填写现场施工记录，每个构件均应有灌浆施工记录。

9. 张拉端封锚

有粘结预应力钢绞线张拉端均采用内凹式，张拉端封锚采用比预应力梁高一个强度等级的细石混

凝土。无粘结预应力钢绞线张拉端安装有穴模，在锚具与穴模间的空隙采用防腐油脂涂抹之后再用细石混凝土或高强度等级砂浆封闭穴模。钢绞线切割时应保证钢绞线在锚具夹片外露长度宜大于30mm但不宜超过50mm。

5.2.10 拆除组合预应力梁下脚手架

1. 支撑架拆除应符合施工规范的要求，在拆除前应满足如下几点：

1）即使组合预应力梁的混凝土强度达到100%的设计强度也不能拆除组合预应力梁下的支撑架，当组合预应力梁内的有粘结和无粘结预应力钢绞线均张拉完，并待灌浆材料达到一定强度后才能拆除组合预应力梁下的脚手架。

2）张拉过程没有出现异常情况，检查验收确定可以拆除；

2. 组合预应力梁的模板拆除时需注意后浇带处的脚手架不得拆除。

3. 侧模可在预应力张拉前拆除，但不得松动梁底脚手架；底模脚手架应在预应力结构张拉后拆除。

4. 后浇带的支撑架、模板拆除需要在后浇带混凝土浇筑完毕后，同条件养护试块达到规定值，预应力张拉完毕后才可以拆除后浇带处的支撑。

5.3 施工流程中注意事项

5.3.1 有粘结和无粘结预应力梁是多专业穿插配合施工，在总体施工顺序以及工序间的流水作业方面应与总承包单位及水电专业做好协调配合工作；在预应力钢绞线与非预应力筋及水电管线发生冲突时，应首先保证预应力钢绞线的矢量高度定位钢筋尺寸位置。

5.3.2 在预应力钢绞线铺设前，不应将预应力钢绞线张拉端外模板先支好，以便锚垫板安装时控制质量，主梁梁侧模板待钢绞线铺设完毕验收后才能封闭。

5.3.3 预应力梁底模板在预应力钢绞线张拉前，禁止拆除；底模板的拆除工作应待预应力钢绞线张拉完成之后方能拆除。

5.3.4 固定梁侧模板的拉结筋时应避开波纹管，禁止穿过波纹管。

5.3.5 在配筋稠密的梁、柱节点处，框架梁的负弯矩钢筋在锚固区与锚垫板相碰时，钢筋应让位给预应力钢绞线，钢筋采取避让措施后有的地方需要加设附加筋。

5.3.6 预应力框架梁在端部的锚垫板的埋设，尽量使锚垫板对称于梁中心轴线，在此基础上可以进行水平方向的适当调整，当柱的纵筋与锚垫板的埋设冲突较大时要调整柱纵筋的位置，为锚垫板的埋设留下位置。所有锚垫板在水平方向上允许调整的范围为10mm。

6. 材料与设备

6.1 主要材料

本工程采用的主要材料见表6.1。

主要材料表

表6.1

序号	主要材料名称	型 号	数量	单位	备 注
1	多孔锚板	$200 \times 200 \times 12$	96	个	12孔
2	单孔锚板	$70 \times 70 \times 10$	1000	个	单孔
3	多孔锚具	XM-12	96	套	带夹片
4	挤压锚具（单孔锚具）	HYM15-6	2000	个	带弹簧丝、带夹片
5	弹簧筋		2000	个	
6	波纹管	$\phi 80$	3300	m	
7	有粘结钢绞线	$\phi^s 15.24$	42	t	
8	无粘结钢绞线	$\phi^s 15.24$	68	t	

6.2 主要机具、设备

本工程采用的主要机具、设备见下表6.2。

主要机具、设备表

表6.2

序号	主要设备名称	型　号	数量	单位	备　注
1	电焊机	BX-500	2	台	
2	配电箱	380V	2	台	
3	配电箱	220V	2	台	
4	砂轮切割机	ϕ400	2	台	
5	穿束套		5	只	
6	手动葫芦	0.5t	2	台	
7	穿心式千斤顶	YDC2500	2	台	包括限位、垫板
8	穿心式千斤顶	YDQ280—160	2	台	包括限位、垫板
9	电动油泵	2YZB-50	2	台	
10	精密压力表	1.5级	4	只	0～60MPa
11	手提式切割机	ϕ180	2	台	
12	压力灌浆机	SQ45	2	台	输送45L/min

7. 质 量 控 制

7.1 原材料质量控制

7.1.1 施工质量控制应按照如下主要施工及验收国家规范及规程

1)《建筑结构荷载规范》GB 50009-2001；

2)《建筑抗震设计规范》GB 50011-2001；

3)《混凝土结构工程施工及验收规范》GB 50204-2002；

4)《预应力钢绞线用锚具、夹具和连接器应用技术规程》JGJ 85-2002；

5)《预应力混凝土用钢绞线》GBT 5224-2003；

6)《建筑工程预应力施工规程》CECS180：2005（中国工程建设标准化协会标准）。

7.1.2 有粘结和无粘结预应力钢绞线材料质量控制

1．本工程选用宝钢集团上海二钢有限公司生产的ϕ^s15.24高强低松弛钢绞线，强度等级为1860MPa。

2．进入施工现场的钢绞线应提供出厂质量证明书或试验报告单，钢绞线每盘上都应挂有标牌，标牌上写明钢材品种、直径、强度级别、重量、出厂日期等。钢绞线进场时应按型号、种类分批检验。检验内容包括查对标牌，外观检查，抽取试样作力学性能试验，检验合格后方能使用。

3．钢绞线的外观检查应逐盘进行。钢绞线的捻距应均匀，切断后不松散，其表面不得带有油污、锈斑或机械损伤。

4．每批钢绞线经外观检查合格后，从中任取3盘，在每盘钢绞线端部切除0.5m后再各截取2根试样组成二组，一组封样，一组进行送样检测。检测项目包括钢绞线抗拉强度和延伸率，以上力学性能应符合《预应力混凝土用钢绞线》GB/T 5224标准，若有一项试验结果不符合标准的要求，取样盘为不合格品。再从未取过样的钢绞线中取双倍试样进行检验，如仍有一项试验结果不合格，则该批钢绞线为不合格品。

7.1.3 预应力钢绞线用锚具质量控制

1．锚具选用应符合《预应力钢绞线用锚具、夹具和连接器应用技术规程》JGJ 85-2002的规定。

2．收料进库时须进行外观检验，从每批中抽取10%且不少于10套锚具，检查锚环、夹片外形尺寸及表面质量；锚具表面应无污物、锈蚀、机械损伤和裂纹。当有一套外形尺寸偏差超过产品标准或表面有裂纹时，应逐套检查。

3．硬度检查：由于夹片锚是常规锚具，根据《建筑工程预应力施工规程》CECS 180：2005（中国工程建设标准化协会标准）的要求，应从每批夹片锚具中抽取2%，但不少于3套锚具，按产品标准规定的表面位置和硬度范围做硬度试验。当有一个硬度不合格时，应另取双倍数量重做试验，如仍有一个硬度不合格时，该批锚具不合格。

4．静载锚固性能试验：经上述两项试验合格后，Ⅰ类锚具应从同批中抽取6套锚具，组装成3束预应力钢绞线——锚具组装件进行静载锚固性能试验。如有一束组装件不符合要求，应取双倍数量锚具重做试验。如仍有一束组装件不符合要求，该批锚具为不合格品。

7.1.4 预应力钢绞线用波纹管的质量控制

本工法采用金属波纹管，施工中应满足下列要求：

1．有出厂合格证并在使用前应逐根检查其外观质量，表面不得有油污、引起锈蚀的附着物、孔洞和不规则的折皱，咬口应紧密。

2．外观检查合格后，在厂家提供了关于波纹管性能的相关实验报告后，可以免于检验，在通过外观检查合格后进场使用。外观验收结果应作记录。

3．波纹管搬运时应轻拿轻放，不得抛甩或在地上拖拉，吊装时不得拦腰捆扎成单点起吊。波纹管不得直接堆放在的地面上，应采取措施防止雨露和各种腐蚀性气体和介质的影响；长期保管时应堆放在通风良好的仓库内。

4．根据梁高的不同，波纹管定位矢高定位钢筋及偏位的偏差为10～15mm。

7.1.5 灌浆材料的质量控制

1．孔道灌浆采用强度等级不小于42.5及普通硅酸盐水泥配制的水泥净浆。

2．搅拌后的水泥浆水灰比不应超过0.45，搅拌后泌水率不大于1%。为改善水泥浆得性能，可掺入外加剂，但应严格控制使用量。

3．搅拌后水泥浆应保证有足够的流动性，灌浆前应检查水泥浆的粘稠度。

4．水泥浆自拌合至灌入孔道间隔时间不宜大于20min，灌浆前浆体沉淀离析时不得使用。

7.2 机械设备的质量控制

7.2.1 张拉前设备须配套进行标定：一表一顶（张拉用压力表精度为1.5），标定有效期限为一年一次，超出一年有效期限或压力表损坏及不回零、千斤顶故障修复之后，均须重新进行标定才能使用。

7.2.2 张拉设备检查：

预应力工程张拉之前，张拉设备应事先检查：运转是否正常，油料是否足够洁净及符合气温要求，同时要对设备进行保养，液压油不得有杂物。

7.3 施工过程质量控制

7.3.1 组合预应力梁铺设矢量定位钢筋高度控制的主控点为最高、最低及反弯点；有粘结和无粘结预应力钢绞线的间距控制。

7.3.2 组合预应力梁的安装顺序应先安装有粘结预应力波纹管，后安装无粘结钢绞线。

7.3.3 有粘结和无粘结预应力钢绞线在锚固端的定位应准确，保证施加预应力的效果。

7.3.4 组合预应力梁的张拉顺序应严格按照先张拉无粘结预应力钢绞线，后张拉有粘结预应力钢绞线的顺序进行。

7.3.5 张拉过程质量控制：检查混凝土强度报告、千斤顶校验时效、张拉应力；检查张拉实际伸长值与理论伸长值的相对误差。

7.3.6 拆除组合预应力梁下的模板、支撑架时应严格按照规范施工，灌浆与封锚后，浆体强度达到80%设计强度才能拆除。

7.3.7 灌浆过程：严格控制水灰比，水灰比不得大于0.45。

8. 安 全 措 施

8.1 预应力工程施工中人员安全管理措施

8.1.1 预应力施工过程中操作人员在使用机械、用电设备时，应遵守如下安全措施：

1. 应遵循《施工现场临时用电安全技术规范》JGJ 46-2005及《建筑机械使用安全技术规程》JGJ 33-2001的有关安全规定；在整个施工过程中，由安全负责人定期对全体施工人员进行具体施工安全交底和安全检查；由预应力专业安全负责人定期组织安全学习和教育。

2. 预应力张拉操作过程要严格按照张拉操作规程施工，张拉时千斤顶后严禁站人，防止钢绞线断裂后伤人。张拉预应力钢绞线时其周围及两端应有完善的防护措施，并设置明显的警示标志，非作业人员不得进入作业区域。

3. 用砂轮切割机切割预应力钢绞线及波纹管时，作业人员应配戴防护眼镜。

4. 施工人员在张拉与测量时应在千斤顶两侧操作，严禁在千斤顶后操作与站立。

5. 灌浆时宜穿好工作服并戴上防护镜，灌浆的机械接口应拧紧到位，不得在孔道口喷射方向观察出浆情况。

6. 后浇带的张拉、灌浆封锚等工作应要搭设作业平台，人员上高空带好安全带。

8.2 预应力工程施工中机具设备和材料的安全管理措施

8.2.1 现场设专人负责有关预应力材料的检验、管理工作，保证预应力工程中钢绞线及波纹管等材料合格。

8.2.2 作业面搭设的操作平台应牢固，临空面要有防护措施。所用的材料应满足要求。

8.2.3 有粘结钢绞线原材成捆放置有很大的弹力，需要用下料架夹住。同时人员不得在线头周围1m内作业。无粘结钢绞线没有弹力，但含油脂，不得与火源靠近。所有下料切割不得动火，应采用砂轮切割机。

8.2.4 规范用电管理，所有闸箱、电缆和用电机具应达到安全用电的标准，做到人走断电；在楼面焊接定位钢筋时防止漏电触电伤人。

8.2.5 所有施工机械应由专人负责保管，并且要常保养、常检查、常维修，使其保持良好的工作状态；设备由专人操作，应严格遵守操作规程，防止一切可能的机械伤害。

8.3 预应力工程施工中防火安全管理措施

8.3.1 编制防火技术措施，建立消防组织，经常性的进行防火检查，及时发现和消除存在的火灾隐患。

8.3.2 现场禁止使用明火，动火作业应履行安全监督员审批制度。

8.3.3 切割钢绞线不得用明火或电焊，在切割机边应放置灭火剂。

8.3.4 无粘结钢绞线属于易燃材料，现场放置在库房时做好防火措施。

9. 环 保 措 施

9.1 现场设置边角料堆场，对于多于的波纹管、钢绞线要集中管理，统一出场。

9.2 施工完毕后应清理张拉端，切割的无粘结预应力钢绞线的保护套管为塑料制品，含有大量的润滑油脂，切割后的材料不得随意丢弃，应归堆统一出场。

9.3 千斤顶使用过程中、拆卸过程应要有隔离措施，避免液压油污染环境。

9.4 灌浆过程中，采用在楼面上铺设彩条布防止水泥浆洒落在楼面。

9.5 灌浆过程压浆管道接头应密并布设防护套，防止喷洒水泥浆；在楼面的排气管处加设防护罩，防止喷出水泥浆。

10. 效 益 分 析

10.1 经济效益

通过3个工程的应用对比，采用有粘结和无粘结组合预应力梁比采用单纯的有粘结预应力梁或无粘结预应力梁技术，在结构成本上能下降3%～4%。

10.2 社会效益

有粘结和无粘结二合一组合预应力梁技术可进一步减少预应力的损失，进一步减少结构的变形和裂缝，充分发挥了有粘结和无粘结预应力各自的优势，扬长避短，施工更加方便，预应力钢绞线布置更加灵活。无论在节约钢材和混凝土的费用上，还是在节能环保上均有较大的社会及环保优势。

11. 应 用 实 例

11.1 2007年承建的世天威物流（上海外高桥保税物流园区）有限公司K7-1地块一期工程仓库工程，因为该工程为铝锭堆载场所，荷载非常大（为40kN/m²），因此采用了有粘结和无粘结预应力二合一组合预应力梁技术，按照本工法的工艺流程和质量控制措施实施，结构安全可靠。

11.2 2008年承建的济南市质量计量测试中心工程，建筑面积30000m²，采用24m跨有粘结和无粘结组合预应力梁施工技术，预应力及钢绞线采用1860级钢绞线，施工中预应力钢绞线布置方便，施工方便，圆满的实现了设计要求。

11.3 2010年承建的二期工程为二层钢筋混凝土框架结构仓库，建筑面积19200m²，该仓库的楼面荷载设计为40kN/m²，楼面框架梁采用了有粘结和无粘结组合预应力梁技术。通过此次二层仓库建造施工，更加熟练掌握了有粘结和无粘结组合预应力梁的施工方法，充分发挥了两种预应力的优势，实现了如此大荷载条件下的正常使用，保证了结构的安全。为便于该技术的进一步推广应用，我们总结完成了《有粘结和无粘结二合一组合预应力梁施工工法》，为日后在该施工领域提供技术支撑，以期在施工技术质量、安全、环保、经济等方面获得更大的效益。

转换层支模"逆作法"整体浇筑施工工法

GJEJGF059—2010

山东新城建工股份有限公司　山东天齐置业集团股份有限公司

王玉伦　崔佃和　岳可江　肖华锋　朱立东

1. 前　言

伴随城市化的进程，商住一体化的高层建筑正在掘起，即地上低层为商用，以上楼层为住宅，由于商业用房的平面布局与住宅的平面布局不同，在结构上出现了转换层，即通常所说的架空基础（即住宅部分的基础），作为架空基础的梁，设计断面及配筋量大，施工难度大，通常采用的竖向结构与水平结构分次浇筑、插入柱内的梁锚筋采用支架临时固定的施工方法，难以保证转换层的整体结构质量。采用支模"逆作法"，即柱、梁板整体浇筑的施工工艺，不留施工缝，可保证转换层的整体结构质量，获2项国家专利：建筑结构施工中的门窗洞口模具(专利号：200720028695.X)、可插接式建筑用方木(专利号：200720028696.4)，其关键技术通过省级科技成果的鉴定，达到同类技术的国内领先水平。施工的国际馨居工程被评为2007年山东省建筑业新技术应用示范工程，并获得山东省2010年技术创新奖。

2. 工法特点

支模"逆作法"与传统的支模程序相反（即先支设梁、板模，后支设柱墙模），减少了工序的穿插搭接，可有效地缩短工期，提高效益，整体浇筑不留施工缝，可减少累计误差，保证转换层结构的整体刚度。

3. 适用范围

适用于在同栋建筑中不同使用功能的楼层需在结构上转换的建筑工程。

4. 工艺原理

在楼层放线完成、柱、墙钢筋绑扎完毕且经验收合格后，根据模板布置图，将柱、墙模板运至应用部位待用，然后先搭设梁板模板的支撑系统，支设梁底模板、绑扎梁钢筋、安装梁侧模板、支设顶板模，在绑扎板钢筋的同时、支设柱墙模板，柱墙模板和顶板钢筋施工完毕，进行柱、墙、梁板混凝土的整体浇筑。

5. 施工工艺流程及操作要点

5.1 工艺流程

楼层放（验）线→焊接（绑扎）柱墙钢筋→吊装柱墙模板就位待用→搭设梁板模板的支撑系统→支设梁底模板→绑扎梁钢筋→支梁侧模板→支设顶板模板→绑扎楼面板钢筋、同时支设柱墙模板→整体浇筑混凝土→覆盖、养护→拆柱墙模板、转入上层结构施工。

5.2 施工方法

5.2.1 用经纬仪将轴线控制点，投测到转换层底板外围，用钢卷尺量出墙、柱的轴线、边线和控制线，并弹上墨线，经验线合格后，根据所弹的墙、柱边线，在其竖向钢筋上距楼面30mm处，利用短钢筋焊上控位支点（称为盘根），以控制墙柱模板的位移。

5.2.2 柱钢筋连接与绑扎

1. 工艺流程

套柱箍筋→焊接或绑扎竖向受力筋→画箍筋间距线→绑箍筋→安装保护层卡子。

2. 套柱箍筋：按图纸要求，计算好每棵柱的箍筋数量，先将箍筋套在下层伸出的钢筋上，然后焊接（绑扎）柱的竖向钢筋，柱筋应以层高为限配料，接头应相互错开，错开间距为钢筋直径35d且不小于500mm，有接头的钢筋面积占钢筋总面积的百分率，要符合《混凝土结构工程施工质量验收规范》GB 50204-2002中的相关规定。

3. 绑箍筋：在柱的竖向筋上，按图纸要求用粉笔划分箍筋间距线，按箍筋位置线，将已套好的箍筋往上移动，由上往下绑扎，采用绕缠扣绑扎，箍筋与主筋垂直，箍筋与主筋交接处均要绑扎牢固，箍筋的弯钩叠合处沿柱的竖筋交错布置，并绑扎牢固，柱箍筋的端头应弯成135°，平直部分不小于10d，柱上下两端加密区长度及加密区的箍筋间距、拉筋的数量间距按设计图纸要求。

4. 柱主筋保护层符合设计和规范要求，根部按柱边线，每边焊两条短钢筋，距地不大于30mm，点焊在柱的主筋上，来控制保护层和模板的位置，上面采用同保护层厚度的塑料定位卡卡在柱竖筋上。

5.2.3 剪力墙钢筋绑扎

1. 工艺流程

整理伸出筋→焊接暗柱竖向钢筋→绑扎墙体钢筋→调整验收→吊柱墙模板就位待用。

2. 整理伸出预留筋

根据所弹墙线，调整下层墙体伸出的搭接筋，使其位置正确。

3. 焊接暗柱纵向筋，绑扎暗柱箍筋。

4. 墙体钢筋绑扎：先立2～4根竖筋，并画好水平筋分档标志，然后下部及齐胸处绑二根横筋固定好位置，并在横筋上画好分档标志，绑其余竖筋并扶正，再根据竖向筋上画的水平筋间距绑扎其余水平筋。

5. 吊柱墙模板就位待用

柱、墙钢筋经验收合格后，按照模板布置图的部位、型号、数量，将模板吊运到相应位置，以备待用。

5.2.4 支设梁底模板

1. 工艺流程

梁轴、边线及水平线复核→搭设梁底模板支架（梁底按规定起拱）→安装梁底模板。

2. 根据设计图纸，认真复核梁的轴线位置和梁底标高，达到准确无误。

3. 支柱采用$\phi48 \times 3.5$mm的钢管，支柱下要铺设通长木垫板，板厚不小于40mm，支柱间距要符合模板施工方案的要求（支柱间距经过计算确定），梁底横杆扎设间距应符合模板的设计要求，当跨度大于4m时，应按跨度的1‰~3‰起拱，扣件的拧紧扭力应一致，搭设必须牢固。

4. 梁底模板采用厚不小于40mm的木板或木楞竹胶板，宽度同梁宽，用扣件在横杆上加紧固定。

5.2.5 绑扎梁钢筋、支设梁侧模板

1. 梁钢筋绑扎

1）工艺流程

画主次梁箍筋间距→放主次梁箍筋→穿主梁底层纵筋→穿次梁底层纵筋→箍筋按间距分开→穿主次梁上层纵向钢筋→按箍筋间距绑扎。

2）在梁底模板上画出箍筋间距，摆放箍筋。

3）穿主梁的下部纵向受力钢筋，将箍筋按已画好的间距逐个分开；穿次梁下部纵向受力钢筋，并套好箍筋；放主次梁的架立筋及上部筋；隔一定间距将架立筋与箍筋绑扎牢固；调整箍筋间距使其符合设计要求，绑架立筋，再绑主筋，主次梁同时配合进行。次梁上部纵向钢筋应放在主梁上部纵向钢筋之上，为了保证次梁钢筋的保护层厚度和板筋位置，可将主梁上部钢筋降低一个次梁上部主筋直径加以解决。

2. 梁侧模板安装

安装梁两侧模板，梁侧模板放置在梁底横杆上面，模板上口高度低于一顶模板厚度（即板模压梁侧模），梁侧模板上口要拉线找直，梁内用支撑撑牢，安装上下锁品楞、斜撑楞及腰楞和对拉螺栓，复核梁模尺寸、位置，与相邻模板连接牢固。

5.2.6 支设顶板模板

1. 工艺流程

弹标高线→模架搭设→安主次龙骨→校正龙骨标高→铺模板→校正标高→办预检验收。

2. 模板支撑系统：采用扣件式钢管支撑，配可调式快拆体系，立杆要垂直，上下层立杆要在同一竖向垂直线上，并在立杆底部铺设垫板，支柱间距根据施工方案的要求布置。主龙骨采用$\phi48$钢管，间距同立杆间距，次龙骨采用$48mm \times 80mm$木方，间距为$300mm$，次龙骨中部加设$\phi48$钢管，间距为$150mm$。

3. 模板安装：模板采用覆面竹胶板，将大小龙骨根据水平线找平后，再安装模板，用水准仪测量模板标高进行校正，用靠尺检查平整度，最后将模板上杂物清理干净，办理预检验收。

4. 跨度大于4m的板施工时，按1‰~3‰的要求起拱。

5.2.7 绑扎板钢筋、支设柱、墙模板

1. 绑扎楼面板钢筋

1）工艺流程

清理模板→模板上画线→绑板下受力筋→绑上部筋及负弯矩钢筋。

2）清理模板上面的杂物，画好主筋、分布筋间距线。

3）按划分好的间距，先摆放、绑扎下部筋、后摆放绑扎上部筋或负弯矩钢筋。预埋件、电线管、预留孔等及时配合安装。

4）有板带梁时，先绑板梁钢筋，再摆放绑扎板钢筋。

5）绑扎板筋时一般用顺扣或八字扣，除外围两根筋的相交点和负弯矩钢筋每个相交点均要绑扎外，其余可交错绑扎（等边双向板相交点须全部绑扎）。

6）板为双层钢筋时，两层筋之间采用钢筋马凳，（可用通体马凳或小马凳），以确保上部钢筋的位置。

7）底部钢筋的下面垫好保护层垫块，间距0.8m，呈梅花形布置，垫块的厚度等于保护层厚度。

2. 柱模板支设

1）工艺流程

模板就位→安装上中下卡箍→校正→安装其余卡箍（间距≤450mm）→校垂直及对角。

2）模板组片完毕后，按照模板设计图纸的要求留设清扫口，检查模板的对角线，平整度和外形尺寸。

3）安装第一片模板，并临时固定。

4）随即安装第二、三、四片模板，作好临时支撑或固定。

5）先安装上中下3个柱箍，并用脚手管和架子临时固定。

6）逐步安装其余的柱箍，校正柱模板的轴线、垂直、截面、对角线。

7）按照上述方法安装一个流水段柱子模板后，全面检查安装质量，注意在纵横两个方向上都挂通线检查，并扎好纵横向水平拉杆及剪刀撑。

8）为便于模板拆除，除外侧模板外，坐落在楼层上的模板高度比使用模板净高度短20mm，支模时，临时用楔子垫起，紧固后，将木楔子抽掉，下面空隙用方木补空。

3．剪力墙模板

1）工艺流程

安装前检查→安装门窗洞口模板→安装墙体模板及穿墙螺栓→安装内刚楞→调整模板平直→安装外刚楞→加斜撑并校正→办理预检。

2）墙体模板采用木框竹胶板模板，模板拼接处做成企口，相接处加设10mm宽的密封条，背楞采用48mm×80mm的木方，间距300mm，背楞间填充ϕ48的钢管，间距不大于150mm。

3）安装模板前，先按控制线安装门窗洞口的模板（实用新型专利《建筑结构施工中的门窗洞口模具》，专利号：200720028695.X）。

4）边安装固定、边插入穿墙螺栓和套管，穿墙螺栓的竖向间距为300mm，水平间距为450mm（拆模后，穿墙螺栓孔，用发泡聚氨脂堵塞）。

5）安装好两侧的水平和竖向加固钢管后，将对拉螺栓，用"з"形扣件和螺母锁紧，使其拧紧扭力一致。

6）校正模板垂直，用水平钢管，将墙体模板与顶板支撑连为一体，保证其模板的整体性，模板底部的缝隙用木条或砂浆封堵。

5.2.8　整体浇筑混凝土

1．浇筑前，模板内的杂物必须清理干净、浇水湿润，以便混凝土浇筑时增强其流动性。

2．柱混凝土浇筑前，底部先浇10cm厚同混凝土配比的无石子砂浆，第一次下料高度为30cm，进行振捣，使浆泛到表层，以后每次浇筑高度不能大于50cm，振捣沿柱边进行，四角必须振捣，另外设专人在下边辅助敲击柱模四周，待混凝土浇筑到梁下平后，再与梁混凝土同时浇筑，不留施工缝。

3．梁混凝土浇筑，待柱混凝土浇到规定标高后，沿次梁的方向浇筑，浇筑至次梁的跨中1/3处时临时停止，先浇下一跨柱及主梁混凝土，待混凝土浇筑达到次梁底标高时方可返回继续浇筑次梁与板的混凝土。

4．墙体混凝土浇筑，墙与柱相互贯通的部位，墙与柱的混凝土同时浇筑，墙体混凝土应从钢筋稀疏的部位下料，向钢筋密集处延伸，有洞口的必须从洞口两侧下料，严禁从一侧下料，将洞口模板挤压变形，下料不能一次下满，应与浇柱的方法相同，分层浇筑，形成大的坡向。振捣时，严禁漏振和过振，振动棒要快插慢拔，插入下层已浇筑混凝土的深度不小于50mm。

5．板混凝土浇筑前，首先将板上平的水准控制点抄测在伸出楼面的钢筋上，以便控制混凝土的浇筑厚度；浇筑板混凝土不允许用振动棒铺推混凝土，应进行人工摊平，混凝土虚铺厚度略大于板厚（应按已测的水平点检查板面标高），用平板振动器垂直于浇筑方向来回振捣密实，并用铁插尺或钢尺按标高线测量其厚度，振捣完毕后用杆子刮平和木抹子抹压不少于3遍，抹压时间必须宜时，如有浮浆应进行处理，为防止板面出现裂纹，表面铺塑料薄膜一层封闭保湿。

6．水平结构与竖向结构节点处的混凝土应适时进行二次振捣，以防止节点处由于竖向结构混凝土的沉缩，而产生裂缝现象。

7．采用机械抹压时，应在混凝土初凝前进行，不得在初凝后采用机械抹压，以防止由于机械的振动，导致失去塑性的混凝土产生裂纹。

5.2.9　模板拆除

1．模板支设必须考虑便于拆除，并能达到多次周转使用，拆模一般遵循先支后拆的原则。

2．侧模拆除，混凝土强度能保证表面及楞角不因拆除模板而受损坏时方可拆除，梁板模板拆除强度应达到《混凝土结构工程施工质量验收规范》GB 50204-2002中拆模规定时方可拆除。

3．梁板模板拆除，为保证安全。先将立杆顶端的可调体系下降，然后拆除部分水平拉杆和立柱，将其上部搁置模板的大小龙骨全部拆除，再将顶模板拆除，最后拆除剩余的水平拉杆和立杆。

4．拆下的模板及时清理粘连物，涂刷隔离剂，分类堆放整齐待用。

5．拆模时严禁将模板直接从高处往下扔，以防止模板变形损坏。

6．吊装模板时轻装轻放，不准碰撞，防止模板变形，拆模时不得硬砸或硬撬，以免损坏表面和棱角，减少周转次数，拆下的模板如有变形应及时清理整修。

5.2.10 覆盖、养护

根据当时气温和混凝土强度增长情况，及时进行覆盖和养护，平面养护采用覆盖一层塑料薄膜，覆盖前，预先喷洒水，使塑料薄膜与混凝土面附着牢固，塑料薄膜上面再覆盖棉毡；竖向结构混凝土，拆模后涂刷养护剂，应刷均匀，不得漏刷，并与喷水养护相结合，同时将门窗洞口遮挡，使其室内保持一定湿度。

6. 材料与设备

6.1 材料要求

6.1.1 钢筋规格、型号、级别必须符合设计要求，必须经复试合格后方可应用。

6.1.2 混凝土所用的材料及外加剂、必须符合国家有关材料的规定；应采用塌落度、扩展度较大，工作性能良好，掺加减水剂，使用水灰比小的混凝土。

6.1.3 成品混凝土养护剂经试验合格

6.2 机具设备

6.2.1 钢筋切断机、闪光对焊机、电焊机、弯曲机、调直机、振动棒、混凝土输送泵、塔吊、串筒、水泵、平板震动器、水准仪、经纬仪。

6.2.2 锤子、线坠、刮干、木抹子、铁抹子、橡皮锤等。

7. 质 量 控 制

7.1 钢筋安装工程质量标准及质量控制，遵循《混凝土结构工程施工质量验收规范》GB 50204-2002的标准规定。

7.2 现浇结构外观及尺寸偏差检验控制执行《混凝土结构工程施工质量验收规范》GB 50204-2002中现浇结构分项工程的规定。

7.3 质量保证措施

7.3.1 下发有针对性的技术交底，技术员跟踪验证。

7.3.2 做好管理人员值班安排，做到旁站指导施工，发现问题及时解决。

7.3.3 严格执行自检、专检、交接检制度，质量员及专业工长对任何影响质量的部位不能放过。

7.3.4 严格配合比，做好现场坍落度的测试，不符合要求的混凝土一律退货，同时严禁施工人员现场在混凝土内加水调整配合比。

7.3.5 按规定留置试块，做好标准养护和同条件养护。

7.3.6 钢筋工派专人对钢筋整理到位，木工派专人看模，电工派专人对敷设的管线进行看护。

7.3.7 混凝土浇筑完毕后，在强度达到1.2N/cm²以前，严禁上人作业。

7.3.8 混凝土浇筑完后根据实际情况，现场设专人不间断进行洒水养护。

7.3.9 顶板上存放材料，量要少切不能集中堆放，以防现浇板产生裂纹。

7.3.10 为确保混凝土浇筑的连续性，防止施工中断导致出现冷缝，混凝土输送泵必须性能良好，混凝土运输车辆必须满足泵车的输送能力。

7.4 成品保护

7.4.1 拆除模板严禁硬撬、硬砸，损坏柱墙的表面及楞角，阳角必要时，要采取保护措施。

7.4.2 已浇筑的混凝土板面、楼梯，强度未达到1.2N/mm²前严禁上人，更不允许堆放物料。

7.4.3 板面浇筑混凝土，要铺设马道，严禁施工人员踩踏钢筋。

7.4.4 加强职工成品保护的交底和教育，提高自觉保护意识。

7.5 易产生的缺陷及防治措施

7.5.1 外墙接槎明显

1．原因：检查不到位，使其墙体混凝土上口不直；未粘贴海棉条，模板靠不紧下层墙体混凝土，产生漏浆；浇筑混凝土时，未铺50～100mm同混凝土等级无石子砂浆。

2．防治措施：执行好"三检制度"，模板上口拉线顺直，且固定牢固，支模前，粘贴海棉条，使其模板紧靠下层墙体混凝土，做到不漏浆；浇筑混凝土时，先铺50～100mm同混凝土等级的无石子砂浆，再浇筑混凝土，做到随铺随浇，并做好模外辅振。

8. 安 全 措 施

8.1 脚手架的搭设等必须符合《建筑施工扣件式钢管脚手架安全技术规范》JGJ 130-2001、《建筑施工高处作业安全技术规范》JGJ 80-1991、《建筑施工安全检查标准》JGJ 59-1999中的相关规定和审批后的施工方案，脚手架搭设完毕后，未经专职安全员验收不允许使用，并做好施工过程中的监督管理。

8.2 进入施工现场必须按规定戴好安全帽、高空作业必须系好安全带，"四口"、"五临边"防护到位。

8.3 施工用电必须符合《建筑施工现场临时用电安全技术规范》JGJ 46-2005的规定，线路绝缘良好，保安器灵敏可靠，手持电动工具必须戴绝缘手套。

8.4 建立以项目经理为组长、安全职能部门、工种负责人、班组长、班组工人参加的安全保障体系、组织安全技术培训。

8.5 进一步明确和落实安全规章制度，责任落实到人，张贴安全标语和安全宣传牌，在临边洞口等处悬挂安全警示牌。

8.6 施工前，加强安全技术交底工作，交底人，接收人双方必须签字，施工过程中，专职安全员跟踪督查落实。

8.7 制定奖罚制度，安全生产与经济挂钩，并严格落实兑现。

8.8 塔吊等垂直运输机械的"四限位、二保险"和接地防雷保护装置测试合格，五级以上大风停止塔吊使用。

8.9 工地用电不得刮拉乱接，非专职电工不得接拆和修理电器。

8.10 构件吊装，严格按照安全操作规程施工，钢丝绳必须通过计算选用，吊臂下严禁站人，防止吊物高空坠落伤人。

9. 环 保 措 施

9.1 项目部成立文明施工管理小组，制定具体的管理措施，定期开展文明施工评比活动。

9.2 加强环保意识，严格执行有关文件或有关环保审批手续。

9.3 按照施工总平面图布置现场，材料构件按规格堆放，模板、钢管等要码放整齐。

9.4 场地道路硬化，以保证路面清洁，不得将现场的泥土带入市区道路，并保持畅通无阻。

9.5 施工废水，要经沉淀后，方可排入市政管网或用于现场洒水降尘。

9.6 噪声控制措施

1. 夜间照明用的镝灯和碘钨灯采取低照，并且在脚手架上满挂密目安全网，形成遮光带，以最大限度降低夜间的光污染。

2. 在四周外脚手架作业层上满挂吸声隔声布降低噪声。

3. 现场木工棚和搅拌站采用吸声材料封闭进行降噪处理。

4. 教育职工不得随意敲击钢管、模板，尽量减少人为的噪声。

5. 加强对操作人员的教育，施工中不大声喧哗。

6. 用声级计随时检测现场噪声级数，控制噪声不得超过《建筑施工场界噪声限值》GB 12523-90的规定。

10. 效益分析

10.1 梁柱交接处无施工缝、梁柱节点完整，观感效果好，保证了转换层结构整体质量。

10.2 混凝土结构表面光洁，棱角整齐，无蜂窝麻面，省去了抹灰工序。

10.3 减少了工序，缩短工期，节省了人工，提高工效，节约人工费、设备租赁费、脚手架等费用，与同类工程采用传统的支模工艺相比，对比节约5~6万元。

11. 应用实例

应用实例见表11。

应用实例表 表11

工程名称	齐河富华苑 5号6号商住楼	馥郁1号商住楼	宝龙大厦	国际馨居
建设地点	山东德州市齐河	山东省淄博市张店	山东省淄博市桓台	山东省淄博市张店
结构形式	框架-剪力墙	框架-剪力墙	框架-剪力墙	框架-剪力墙
开竣工日期	2009.11~2011.9	2007.11~2009.9	2005.3~2007.4	2004.4~2006.7
实物工作量 层数	17层	18层	22层	25层
实物工作量 建筑面积	33208.8m²	21844m²	62000m²	33280.17m²

应用效果：采用支模"逆作法"，柱、梁板整体浇筑施工技术，整体浇筑不留施工缝，保证转换层结构的整体刚度，同时施工速度快，缩短工期，提高工效。

拱板屋架高空预制及成组滑移施工工法

GJEJGF060—2010

江苏邗建集团有限公司　江苏环盛建设集团有限公司

徐永海　汪万飞　王刚　盛正文　王贤坤

1. 前　言

该类屋架属于空间薄壁先张预应力拱板结构，具有跨度大、施工简单、保温隔热性能好、经济指标高等其他类屋盖无法比拟的优点，被广泛应用于粮库工程中，但是拱板的壁薄、跨度大、榀数多、预应力张拉吨位大，成为该类屋架施工的技术关键。新工艺的实施，从根本上解决了拱板施工对场地的依赖，彻底避免了搭设满堂脚手架，减少了大量模板及周转材料的投入，节约了工期。以扬州市粮食储运加工中心新建预应力拱板平房仓库工程为例，介绍了24m跨先张法预应力拱板屋架高空预制、整体提升及成组滑移就位安装。经过扬州市粮食储运加工中心的实践表明，预应力拱板屋架高空预制、成组滑移施工，降低了工程造价，社会经济效益显著，推广应用前景广阔。

2. 工 法 特 点

2.1 该施工工法是在高空预制拱板，对施工场地没有要求，不需要大型的运输、吊装机械；仅需搭设部分钢管支架，对屋面局部圈梁进行加强改造处理，模板和支架材料一次投入量少，并可回收、周转使用。

2.2 两榀或两榀以上拱板作为一个预制单元，一起张拉、浇筑和放张，同时产生预应力，使拱板的反拱度均衡，底板平整度协调，裂缝减少，施工质量得到控制。

2.3 精加工的"地坦克滑车"、提升架和滑移轨道传力明确、构造简单、操作方便、机械化程度高；方便多个屋面结构工程间的流水施工，节省工期，适用性强，综合效益高。

3. 适 用 范 围

本工法适用于工业与民用建筑中大跨度预应力拱板屋架结构。

4. 工 艺 原 理

利用屋面经过加强改造处理的圈梁作为预应力张拉固定台座，并在结构的隔墙两边或山墙一侧搭设局部（1/3～1/2跨度）满堂钢管排架和水平顶撑，在高空分批预制，多榀隔榀预制，两榀或两榀以上的拱板作为一个预制单元，待拱板养护到达设计强度后，借助提升架将拱板单元两端部整体提升，在拱板下部安装轨道和"地坦克滑车"，按一定的滑移方法，成组沿圈梁临时轨道滑移就位，安装拱板。最后一次，对其相应隔榀处的拱板进行原位现浇完成。

5. 施工工艺流程及操作要点

5.1 施工工艺流程

预制平台的搭设—→屋面圈梁施工—→隔板制作—→拱板模板制作—→钢筋安装和预应力张拉—→混凝土浇筑—→养护及放张—→提升、滑移及安装。

5.2 操作要点

5.2.1 预制平台的搭设

由于利用屋面的钢筋混凝土圈梁作为先张法的台座，因此，所搭设的平台架既作为拱板的模板支撑架又作为圈梁的顶撑架，对排架的要求高，必须考虑周密。

1. 预制平台搭设的技术关键点

1）拱板的上、下底板厚度仅为40mm，对所搭设的排架平整度要求高，台面的水平误差控制在±5mm以内。

2）预应力张拉时的水平顶撑轴力较大，远高于双扣件抗滑承载力，因此顶撑接长时必须采用对接扣件连接，不能采用旋转扣件搭接，且应先初固定，然后挤紧水平杆，最后再第二次拧紧扣件。

3）为顶撑有效传递轴力，当所有可调托旋紧一遍后，可能开始旋紧的可调托又与圈梁脱离，必须再将可调托旋紧一遍，直至最后检查所有可调托都顶紧圈梁为止。

4）顶撑顶紧顺序：先顶撑刚度大的部位，如圈梁与构造柱的交接部位，后顶撑刚度大的部位，如窗洞上口等。

5）在预应力张拉前，圈梁上下的钢筋拉杆必须处于不松弛状态。

6）圈梁拉筋连接施工顺序：先焊牢上部钢筋，再连接下部圈梁处的钢筋。

2. 钢管排架搭设

1）平台支架

拱板自身荷载不大，钢管排架（图5.2.1-1）的搭设尺寸为：沿横向（24m跨）排架立杆间距为1600mm，两端间距为400mm。沿纵向（72m方向）排架立杆间距为1200mm，顶部加密至间距800mm，扫地杆离地200mm，步高1600mm。

2）钢管顶撑搭设

从中间藑墙处，沿屋面混凝土圈梁分别向两端搭设一定长度的水平顶撑，采用$\phi 48 \times 3.5$钢管，成一排布置，间距200 mm，在拱板肋梁处加密1根撑管，即局部间距100mm。端部用可调托$Tr38 \times 4$（图5.2.1-2），以调整端部长度。顶撑接长时必须采用对接扣件连接，不能采用旋转扣件搭接，且应先初固定，然后挤紧水平杆，最后再第二次拧紧扣件。

图5.2.1-1　钢管排架

图5.2.1-2　可调托支撑

5.2.2 屋面圈梁施工措施（图5.2.2）

1. 为了使圈梁在预应力筋张拉时有足够的强度承受张拉力，对作为张拉台座的圈梁部分，即从藑墙处分别向两边18.0m的圈梁段，其内侧加布6ϕ12（HRB335级）钢筋。

2. 固定预应力筋采用厚度为20mm的垂直锚板，锚板上钢丝孔径为ϕ7mm，垂直锚板背部加10mm厚梯形加劲肋板，横向一道，纵向六道。

3. 在圈梁中预埋ϕ18的锚杆，以固定锚板，承受张拉预应力筋产生的扭矩。

4. 在檐沟和拱板肋部的锚板顶部设置ϕ16的钢筋拉杆，以抵销下部钢筋拉杆的拉力，使檐沟免受较大的弯矩。

5. 在标高+4.600的圈梁处埋设ϕ16钢筋拉钩，此拉钩和檐沟拉筋之间顺次用ϕ16钢筋拉杆连接。两榀拱板中间的预埋ϕ16钢筋拉钩的间距应不小于50mm。

6. 在拱板和圈梁搁置面之间必须设置滑移层，以使预应力筋放张后，在拱板中建立有效的预应力。

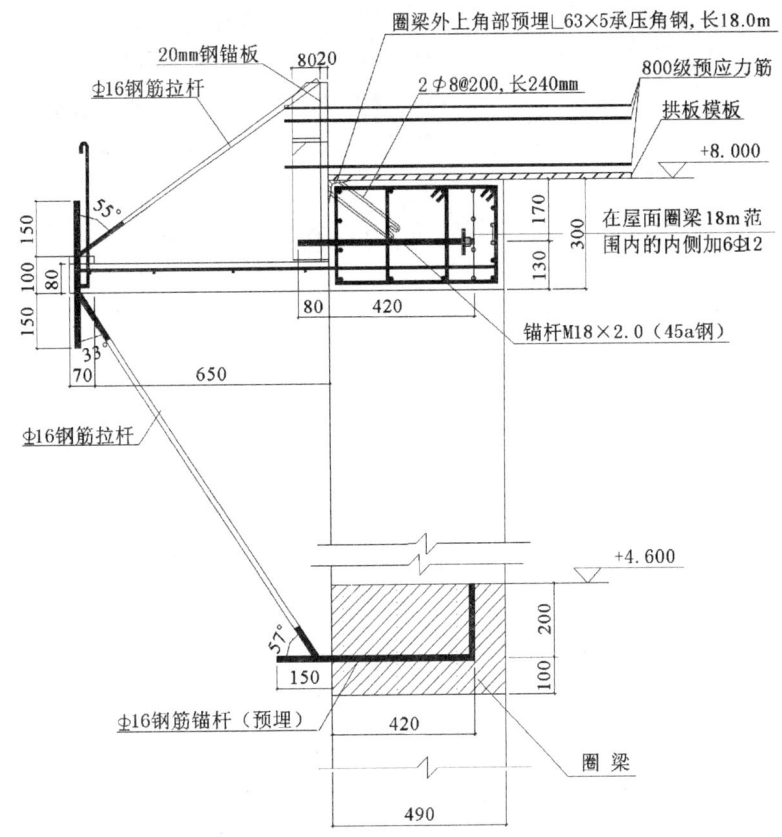

图5.2.2　屋面圈梁构造图

5.2.3 隔板制作

竖向隔板提前在场外预制，场地小时可叠层浇捣，要求模板尺寸准确，混凝土内实外光，隔离均匀，起模时宜在左右侧先起，轻起轻放，为使隔板与拱板上下弦接触良好，隔板上下端应划毛。

1. 放样：根据图纸组织有关人员按1：1放出大样报验，请监理验收。

2. 配料：根据放样图，组织人员配料，要求木料干燥。

3. 模板支设要求：平直、光滑。

4. 脱模措施：

1）模板使用均采用油性隔离剂涂刷一遍。

2）内模角部采用带尖插角。

3）外模做榫插竹梢。

5. 拆模：待其终凝后1~2d，派人拆模。拆模时，应先拆左右侧，后拆上下侧，注意不要损坏角部。

5.2.4 拱板模板制作

1. 配料

曲面支模采用九夹板，每榀上弦分20块，下弦分10块，拼装组成，整块拆模，每块分别编号，集中堆放。为加强其刚度和强度，配置40mm×80mm木枋作为围楞，四周斜边模采用25mm厚木板钉在围楞上。其余底板及顶板的侧模用40mm厚的木板制作。支撑均用钢管扣件，按上弦曲率大样固定出支撑和横楞上钢管扣件位置、固定横楞，并将其编号定位。纵向肋用厚40mm、高80mm木板按大样制作，搁置于钢管上。端模用胶合板锯出齿槽，插于端部。

2. 放样

拱板上弦为二次抛物线，施工前应按曲率1:1实地放出大样。拱板上下弦厚仅40mm，因此制作尺寸必须满足设计及规范要求，确保上弦抛物线几何尺寸，支撑体系有足够的刚度、强度。

3. 模板加固

1）因立杆间距为1200mm，KB板正好设置在立杆上，故采用两KB板中间的上部水平杆上生根，立竖向杆。要求与下部三根水平杆连接，共同传递竖向荷载。

2）立杆在纵、横向均采用钢管和木楔夹紧KB板，防止侧向位移。

3）每个立杆的顶标高应超过底板标高，用来固定肋梁。

4．接缝处理

由于采用拼接，模板间缝隙采用海绵填实，并贴好胶带纸。下弦板同时垫横木，以此防漏浆。

5．拆模

混凝土强度达到拆模强度后，项目部下达拆模通知单。拆模顺序：先拆帮模，后拆底模。

5.2.5　钢筋安装和预应力张拉

1．拱板使用的预应力筋进场前必须经原材料逐盘抽样检验，合格后方可投入使用。冷轧带肋钢筋要实行使用认证制度，未领取"使用认可证书"的冷轧带肋钢筋不得使用。

2．预应力钢丝的张拉采用前卡式液压千斤顶张拉。考虑到所采用的锚具为锥销锚，张拉后应力损失略大，采用超张拉程序为：$0 \rightarrow 1.05\sigma_{con}$锚固。

单根$\phi 5$冷轧带肋钢丝的张拉力为：

$N_{con}=1.05 \times A_s \times 0.7 f_{ptk}=1.03 \times 19.6 \times 0.7 \times 800=11.305\text{kN}$

每块板张拉完成后，其实际张拉力用"钢丝应力仪"及时测试。

3．非预应力钢筋在模板支好后进行绑扎。必要时拱板两端设砂包，以防止滑丝伤人。

4．预应力钢筋锚具做好锚固性能试验。安排有上岗证的张拉工进行张拉工作，操作前由施工员作全面的技术、质量、安全操作规程交底，要达到"懂原理，会操作"，对张拉机具定期做好检测、保养工作。

5．预应力钢丝不得有接头。施工中若发现有断筋应调换，重新张拉。

6．张拉完应尽早浇混凝土。穿筋时台面应垫木横楞，防止脱模油沾污钢丝。混凝土保护层用15mm厚混凝土垫块加垫。

5.2.6　混凝土浇筑

1．拱板屋架属薄壁构件，浇筑时应采用干硬性混凝土，混凝土坍落度控制在1~3cm。水泥采用525号，中粗河砂，碎石粒径控制在5~15mm。混凝土内掺减水早强复合外加剂。

2．用于拌制混凝土的材料应事先做到检测，控制配合比，砂石采用应力计量，每台班浇筑混凝土时做试块两组，其中1组提供剪筋放张参考，且该组试块必须为同条件养护。

3．屋面圈梁混凝土浇筑时需制作两组试块，一组标准养护，一组与圈梁同条件养护。屋面圈梁混凝土达到80%强度后方可张拉预应力筋。

4．浇筑顺序先下弦板，后上弦板。浇底板和顶板应由两端向跨中对称进行。每榀屋架应一次浇筑完成，不得留设施工缝。

5．由于拱板属于薄壁构件，且肋部钢筋密集，宜选用插片式振捣器，沿拱板连续振捣，应在端部和隔板处加强振捣，不可漏振，混凝土表面随捣随抹，多次抹面抹光，直到表面收水硬化。控制混凝土振捣时间，操作时应提起振动器，不得强振预应力筋及模板。上下弦模板交接处用振动器振实后用长柄铁铲抹平。

5.2.7　养护及放张

混凝土浇筑后立即覆盖薄膜加草袋养护，谨防收缩裂缝。冬期施工时，采用塑料薄膜双层覆盖，使养护温度保持在15℃左右，经5~7d同条件养护试块，满足设计强度的75%以上或按设计人员要求后，两榀板同时放张。可先放张拱板一端的预应力筋，再剪断另一端的预应力筋。应从两榀拱板的两侧向中间对称放张，防止拱板侧向弯曲。

5.2.8　提升、滑移及安装

1．顶升起板

拱板混凝土浇筑前，在每榀拱板的两端各预埋1φ18钢筋吊环。混凝土浇筑完成后待混凝土强度达到设计强度后，两端各放置两台30t手动液压千斤顶，由专制的提升架（图5.2.8-1），两端同步将拱板顶起，使拱板脱离台座15cm后，将事先准备好的"地坦克"滑车及槽钢轨道垫于拱板底部，落下拱板后，准备滑移。为防止前后滑车偏离，在滑车的两侧采用10mm厚钢板连接前后两台滑车（图5.2.8-2）放置。

图5.2.8-1 专制提升架

图5.2.8-2 "地坦克"滑车

2. 滑移就位安装

在屋面圈梁两端各安装一条轻型轨道（图5.2.8-3），轨道单根长度为拱板施工单元的宽度，上覆"地坦克"滑车。两端山墙各安装1台小型卷扬机牵引，顶端增加四门滑轮（图5.2.8-4）以调整卷扬机的速度，使滑移速度控制在3m/min，保持两端的协调性，将拱板缓慢滑至设计位置（图5.2.8-5），再利用千斤顶和提升架将拱板上抬，抽去滑车及轨道，板底用1：3水泥砂浆坐浆，纵向圈梁表面应平整，其标高误差控制在±6mm以内。最后放下拱板校正定位和固定（图5.2.8-6），以此类推。

图5.2.8-3 轨道

图5.2.8-4 滑轮

图5.2.8-5 滑移过程

图5.2.8-6 移就位安装

3．板缝处理

根据设计要求将拱板与圈梁、拱板与拱板间预埋件焊接，在上、下弦板缝中灌注膨胀混凝土，并在缝隙上表面灌10mm厚聚氨脂密封膏。

6．材料与设备

本工法无需特别说明的材料，采用的机具设备见表6。

施工主要材料设备 表6

序号	设备名称	用途	数量	备 注
1	卷扬机	滑移用	2台	
2	千斤顶	提升用	4台	
3	钢丝绳	滑移用		根据实际需求
4	槽钢	制作提升架	6m	
5	滑轮	滑移用	4组	
6	吊环	提升用	8套	
7	槽钢	轨道	15m	
8	地坦克滑车	滑车	2台	
9	钢板	连接滑车		根据实际需求
10	电焊机	焊接钢板	1台	

7．质 量 控 制

7.1 尽管施工时主要危险出现在预应力张拉阶段，但此技术成败关键在于土建中脚手架、圈梁、砖墙等施工质量，因此必须增强质量意识，提高素质，严格按照施工方案进行施工，严把质量关。

7.2 平台排架顶层水平支撑杆搭设时，应先初固定，在两端略微顶紧后，再最后拧紧扣件。

7.3 排架顶部钢管端部的可调托应顶撑牢屋面圈梁，但不能用力过大，以杆件不松动为宜，顶撑力要均匀。顶撑顺序：先顶撑刚度大的部位（如有构造柱的部位），后顶撑刚度小的部位（如窗洞上部）。

7.4 屋面圈梁边的纵向水平钢管应使木楞紧靠圈梁，孔隙处用木锲塞紧，且纵向水平钢管与横向水平顶撑钢管双扣件扣牢，使木锲、纵向水平钢管和横向水平顶撑钢管共同支撑屋面圈梁的水平推力。

7.5 根据计算分析，屋面圈梁张拉时位移在4mm范围内较为理想。若超过4mm应加强监测，积极、慎重采取措施减小位移量。考虑到预应力张拉力为临时荷载，在放张后圈梁变形会有所恢复，另外考虑此技术加强圈梁的安全储备，因此屋面圈梁最大位移应控制在5mm范围内。

7.6 由于拱板属于薄壁构件，而肋部钢筋密集，而浇筑的混凝土为干硬性混凝土，因此宜选用插片式振捣器，沿拱板连续振捣，在端部和隔板处加强振捣，不可漏振，否则易出现蜂窝现象。

7.7 在拱板和圈梁之间应设置滑动层。圈梁找平层控制在10mm厚左右，以防止预应力筋放张时使找平层开裂。

7.8 预应力张拉时，屋面圈梁的混凝土强度必须达到100%。预应力放张时，拱板混凝土强度须达到75%以上或达到设计要求。

8. 安 全 措 施

8.1 成立安全领导小组，建立健全的安全生产责任制，将安全生产落实到人，保证项目的顺利实施。

8.2 结合工程特点，制定有效的安全技术措施，进行全面针对性的安全技术交底。

8.3 各种用电装置必须装漏电开关，电焊机、卷扬机等做好可靠的接地装置。

8.4 整体提升时，应有专人指挥，两端同步进行。

8.5 滑移过程中，安排专人严密监视滑移的同步性，确保结构的自身安全。

9. 环 保 措 施

9.1 施工现场地面要进行洒水防尘，水泥库房等粉尘较多的材料库应加设彩布围护；木工操作面要及时清理木屑、锯末；钢筋棚内，加工成型的钢筋要码放整齐，钢筋头放在指定地点，钢筋屑当天清理。

9.2 施工现场的区域施工过程中要作到工完场清，各区域内的建筑垃圾随着区域施工的进展及时清理，要求活完底清，不许将垃圾从高处直接倒入低处，每个区域要设有垃圾区，即时将垃圾运入垃圾站。

10. 效 益 分 析

10.1 拱板屋架高空预制成组滑移施工技术，不需要大型的吊装、运输机械，对施工场地没有依赖；仅需搭设部分钢管支架，对部分屋面圈梁进行加强改造处理，模板和支架材料一次投入量少，并可回收、周转使用，提高了工作效率，节省了材料及人工开支；两榀或两榀以上拱板作为一个预制和滑移单元，整铺模板，整体进行张拉、浇筑和放张，同时产生预应力，使拱板的反拱度均衡，底板平整度协调，混凝土裂缝减少，施工质量得到控制，有利于工程的质量验收；精加工的"地坦克滑车"、提升架和滑移轨道传力明确、构造简单、操作方便、机械化程度高；方便多个屋面结构工程间的流水施工，节省工期，适用性强，综合效益高。

人工费节约：每幢仓脚手架搭设拆除1.5万元，机具租赁费：445元/d；

材料节约：模板35元/m² × 860m²=3万元；

木方1100元/m³ × 30m²=3.3万元；

合计：7.8万元。

10.2 通过对施工过程计算和分析，采用成组滑移技术，每幢仓工期节约3～5d左右，减少了机械设备及管理等费用，扣除滑移施工措施、材料费用，每幢仓合计降低工程成本约7万元左右。

11. 应 用 实 例

11.1 扬州粮食储运加工中心1~8号仓工程位于扬州市邗江区槐泗镇运河村，工程建筑面积13824m²，于2008年8月开工，2009年2月竣工，见图11.1-1、图11.1-2。仓型为24m跨预应力钢筋混凝土拱板屋盖平房仓，预应力拱板高空预制、整体提升、成组滑移的施工技术在扬州粮食储运加工中心工程中成功推广应用，与原来的施工方法相比，该技术具有明显的优越性，有较好的经济效益和社会效益。

11.2 扬州国家储备库二期工程位于扬州市宝塔路7号，工程建筑面积10368m²，于2009年5月开工，2009年12月竣工。该工程相比扬州粮食储运加工中心滑移技术进一步完善与成熟，降低了施工措施费用，协调拱板反拱度，提高了下底板平整度，减少了混凝土拱板裂缝。

11.3 江苏省姜堰粮食储备中心二期工程位于姜堰市新田村，工程建筑面积10368m²，于2009年7月开工，2010年4月竣工。

图11.1-1 竣工后的粮库

图11.1-2 竣工后的粮库

全预制装配整体式剪力墙结构（NPC）体系施工工法

GJEJGF061—2010

南通建筑工程总承包有限公司

张军　董年才　郭正兴　顾春明　陈耀刚

1. 前　言

1.1 为确保各类建筑最终产品特别是住宅建筑的质量和功能，优化产业结构，加快建设速度，改善劳动条件，大幅度提高劳动生产率，保护环境，使建筑业尽快走上技术效益型道路，建筑工业化成为我国建筑业发展的必然方向。建筑工业化，首先应建立新型结构体系，使建筑构件，包括成品、半成品，实行工厂化作业。

1.2 南通建筑工程总承包有限公司引进澳大利亚conrock公司的"全预制装配整体式剪力墙结构（NPC体系）技术"，在南通市海门中南世纪城33号、34号、35号、36号楼实施。该工程地下1层，地上10层，高度32.50m，单位工程建筑面积4556m²，剪力墙结构。基础及地下室采用现浇钢筋混凝土结构，地上部分采用全预制装配整体式剪力墙结构（NPC体系）技术。

1.3 南通建筑工程总承包有限公司、东南大学组成的课题组对该项新技术的试验、设计、生产、施工技术及社会、经济效益等方面开展研究，被列为国家住房和城乡建设部"2009年科学技术项目计划——研究开发项目（新型建筑结构技术），项目编号：2009-K2-20"。其科研成果通过江苏省建设厅组织的专家委员会鉴定，专家委员会一致认为：该技术理论依据充分、结构可靠性好、施工工艺先进、经济合理，具有科学性、先进性和可操作性，构件预制化程度高，对推进我国建筑业绿色施工、节能环保具有重要的示范作用，总体达到国内领先水平。

2. 工 法 特 点

2.1 该体系连接节点整体性好，达到与现浇结构相同的承载能力和抗震耗能能力。

2.2 预制构件采用工厂化制作，产品质量便于控制，构件外观质量满足清水混凝土要求。

2.3 外墙装饰面层、保温层及窗框与外墙板同时预制，降低质量通病的发生。

2.4 施工现场脚手架、模板及支撑体系等周转材料约为同类型现浇结构的15%。

2.5 缩短建设工期，减少用工量，降低工人劳动强度。

2.6 减少施工现场作业量，降低粉尘、噪声等污染，有利于环境保护。

3. 适 用 范 围

全预制装配整体式剪力墙结构（NPC体系）施工工法，适用于抗震设防烈度为7度及7度以下地区总高度不应超过60m，总层数不应超过18层的民用建筑工程。

4. 工 艺 原 理

全预制装配整体式剪力墙结构（NPC体系）施工工法，竖向构件剪力墙、柱、电梯井采用预制，水平构件梁、板采用叠合形式；竖向构件连接节点采用浆锚连接，水平构件与竖向构件连接节点及水平构件间连接节点采用预留钢筋叠合现浇连接，形成整体结构体系。

5. 施工工艺流程及操作要点

5.1 工艺流程（图5.1）

5.2 操作要点

5.2.1 施工准备

1. 现场准备：现场道路应满足大型平板车运输要求，并根据构件数量及施工进度要求对构件堆放场地进行硬化处理。

2. 技术准备：熟悉设计图纸及构件安装构造做法。检查核对进场构件型号、尺寸、外观质量、预埋件位置和尺寸、吊环的规格和位置及构件数量。

5.2.2 定位放线

主控线经校正无误后，采用经纬仪将主控线引测到每层楼面上，根据竖向构件布置图用标准钢卷尺、经纬仪测量出剪力墙、柱轴线、构件边线、剪力墙暗柱位置线、洞口边线及200mm测量控制线，并在结构面上用墨线弹出。

在竖向预制构件下部500mm处弹出标高线，同时将每层500mm标高控制线引测到预留插筋上，并用油漆作出标记。见图5.2.2。

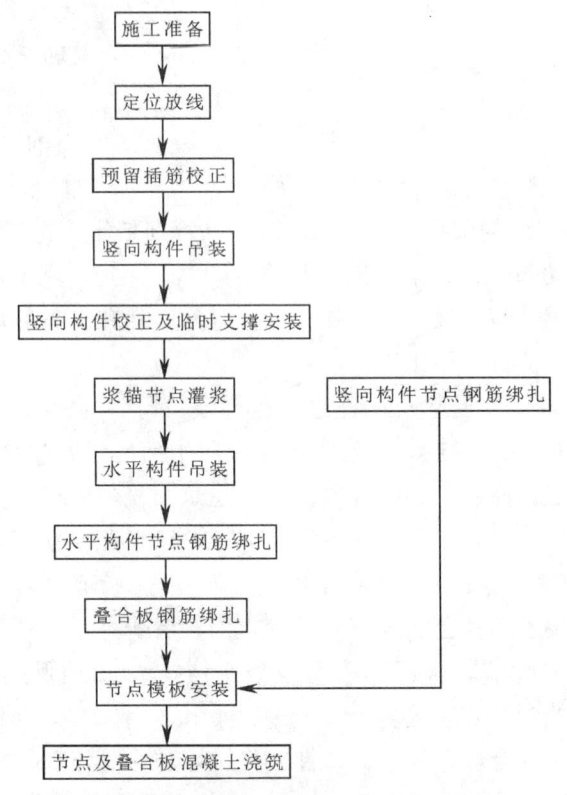

图5.1 工艺流程

图5.2.2 剪力墙定位放线

5.2.3 预留插筋校正

叠合板混凝土浇筑前，采用钢筋限位框对预留插筋进行限位，以保证钢筋位置准确。混凝土浇筑后，对预留插筋进行位置复核，对中心位置偏差超过10mm的插筋应根据图纸进行校正，钢筋校正时应采用1：6冷弯校正，不得烘烤；对个别偏差较大的插筋，应将插筋根部混凝土剔凿至有效高度后再进行冷弯校正，以确保竖向构件浆锚连接的质量。见图5.2.3。

5.2.4 竖向构件吊装

1. 竖向构件包括剪力墙、柱等构件。竖向构件工厂吊装采用行车吊，施工现场吊装采用塔式起重机，塔式起重机的工作半径、起重量应满足吊装要求。

2．平面规则的竖向构件吊装时，应采用两根等长吊索来绑扎起吊，吊索吊钩直接钩在竖向构件的预埋吊环内，吊钩与吊环间不得歪扭或卡死，吊索与水平线的夹角不宜小于45°（图5.2.4-1）。

3．对于无横向对称面竖向构件，应采用两根或四根不等长的吊索来绑扎起吊，每根吊索长度可根据竖向构件重心及绑扎点位置计算确定，必须使绑扎中心（吊索交点）位于通过竖向构件重心的垂直线上。对于无纵向对称面竖向构件，绑扎时应使两吊索和竖向构件重心同在垂直于竖向构件底面的平面内。

图 5.2.3　预留插筋校正

图5.2.4-1　吊索与构件水平夹角

4．竖向构件吊至预留插筋上部100mm时，将预留插筋与竖向构件内注浆管一一对应后，再将竖向构件缓慢下放就位（图5.2.4-2）。

5．竖向构件就位前根据标高控制线在楼面标高误差处设置1～5mm不同厚度的垫铁，使竖向构件安装满足标高要求。竖向构件就位时，根据轴线、构件边线、200mm测量控制线将竖向构件基本就位后，利用可调式钢管斜支撑（简称：斜支撑）将竖向构件与楼面临时固定，确保竖向构件稳定后摘除吊钩（图5.2.4-3～5.2.4-6）。

图 5.2.4-2　预留插筋就位

图5.2.4-3　剪力墙吊装

图5.2.4-4　电梯井吊装

图5.2.4-5　剪力墙标高控制　　　　　　　图5.2.4-6　斜支撑安装

5.2.5　竖向构件斜支撑安装及校正

1. 根据竖向构件平面布置图及吊装顺序图，对竖向构件进行吊装就位，竖向构件就位后立即安装斜支撑，每竖向构件用不少于2根斜支撑进行固定，斜支撑安装在竖向构件的同一侧面，斜支撑与楼面的水平夹角不应小于60°（图5.2.5-1～5.2.5-3）。

图5.2.5-1　剪力墙斜支撑安装1

图5.2.5-2　剪力墙斜支撑安装2　　　　　　图5.2.5-3　电梯井斜支撑安装

2. 检查竖向构件内预埋的M20×70内螺纹套筒，并将紧固螺栓与内螺纹套筒进行连接（斜支撑上部连接点）；根据计算角度在楼面安装斜支撑下部连接固定用M16×150膨胀螺栓。

3. 斜支撑安装时，将斜支撑上、下连接垫板沿开口方向分别卡在竖向构件及楼面上的连接螺栓内，然后用螺丝将斜支撑上、下连接垫板与竖向构件及楼面拧固（图5.2.5-4）。

4. 通过调节斜支撑活动杆件调整竖向构件的垂直度，并用2m长靠尺对竖向构件垂直度进行校正，确保墙面垂直度满足质量要求。

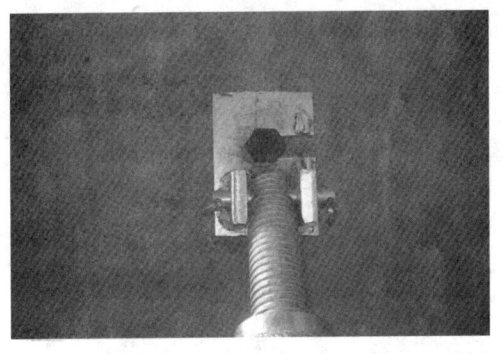

图5.2.5-4 斜支撑上、下段固定点连接示意

5．根据轴线、构件边线、200mm测量控制线，用2m长靠尺、塞尺对墙体轴线及竖向构件间平整度进行校正，确保墙体轴线、墙面平整度满足质量要求，外墙企口缝接缝平整、严密（图5.2.5-5）。

图5.2.5-5 外剪力墙连接企口缝

5.2.6 浆锚节点灌浆

1．灌浆前应全面检查灌浆孔道、泌水孔、排气孔是否通畅。

2．将竖向构件的上下连接处、水平连接处及竖向构件与楼面连接处清理干净，灌浆前24h表面充分浇水湿润，灌浆前1h应吸干积水。

3．采用ϕ30mmPE高压聚乙烯棒对竖向构件的水平及垂直拼缝进行嵌填，棒材嵌入板缝距外表面10mm，然后采用高强水泥浆封堵，封堵材料的抗压强度应大于10MPa。

4．严格按照产品说明书的要求配置灌浆料，先在搅拌桶内加入定量的水，然后将干料倒入搅拌桶内，用手持电动搅拌器充分搅拌均匀，搅拌时间从开始投料到搅拌结束应不少于3min，搅拌时叶片不得提至浆料液面之上，以免带入空气，搅拌后的灌浆料应在45min内使用完毕。

5．浆锚节点灌浆采用机械压力灌浆法（图5.2.6-1），压力不小于0.2MPa，确保灌浆料能充分填充密实。

图5.2.6-1 浆锚管灌浆

6. 灌浆应连续、缓慢、均匀地进行，单块构件灌浆孔或单独拼缝应一次连续灌满，直至排气管排出的浆液稠度与灌浆口处相同，且没有气泡排出后，将灌浆孔封闭。灌浆结束后应及时将灌浆口及构件表面的浆液清理干净，并将灌浆口表面抹压平整（图5.2.6-2、图5.2.6-3）。

图5.2.6-2　外墙浆锚节点灌浆完成

图5.2.6-3　电梯井浆锚节点灌浆完成

5.2.7　水平构件吊装

1. 水平构件包括叠合梁、叠合板、空调板、楼梯等构件。吊装时，应先吊装叠合梁，后吊装叠合板、空调板、楼梯等构件。

2. 水平构件现场吊装采用塔式起重机，塔式起重机的工作半径、起重量应满足吊装要求；吊装时根据水平构件平面布置图及吊装顺序图，对水平构件进行吊装就位。

3. 水平构件吊装前应清理连接部位的灰渣和浮浆；根据标高控制线，复核水平构件的支座标高，对偏差部位进行切割、剔凿或修补，以满足构件安装要求。

4. 根据临时支撑平面布置图，在楼面上用墨线弹出临时支撑点的位置，确保上、下层临时支撑处在同一垂直线上。

5. 水平构件采用专用组合横吊梁（铁扁担）进行吊装，吊装时根据水平构件的宽度、跨度确定吊点数量，并确保各吊点受力均匀（图5.2.7-1 ~ 图5.2.7-4）。

图5.2.7-1　叠合板吊装

图5.2.7-2　空调板安装

图5.2.7-3　楼梯段上、下支撑

6. 吊装时先将水平构件吊离地面约500mm，检查吊钩是否有歪扭或卡死现象及各吊点受力是否均匀，然后徐徐升钩至水平构件高于安装位置约1000mm，用人工将水平构件稳定后使其缓慢下降就位，就位时确保水平构件支座搁置长度满足设计要求，对个别支座搁置长度偏差较大的水平构件用撬棍轻微调整。

7. 水平构件临时支撑安装要求：

1）水平构件就位的同时，应立即安装临时支撑，根据标高控制线，调节临时支撑高度，控制水平构件标高。

2）临时支撑距水平构件支座处不应大于500mm，临时支撑沿水平构件长度方向间距不应大于2000mm；对跨度大于等于4000mm的叠合板，板中部应加设临时支撑起拱，起拱高度不大于板跨的3‰。

3）叠合板临时支撑沿板受力方向安装在板边，使临时支撑上部垫板位于两块叠合板板缝中间位置，以确保叠合板底拼缝间的平整度（图5.2.7-5）。

图5.2.7-4　楼梯安装　　　　　　　　　图5.2.7-5　叠合板临时支撑安装

8. 水平构件安装后，采用干硬性膨胀水泥砂浆将构件拼缝填塞密实。

5.2.8　钢筋绑扎

1. 节点钢筋绑扎

1）预制构件吊装就位后，根据结构设计图纸，绑扎剪力墙垂直连接节点、梁、板连接节点钢筋。

2）钢筋绑扎前，应先校正预留锚筋、箍筋位置及箍筋弯钩角度。

3）剪力墙垂直连接节点暗柱、剪力墙受力钢筋采用搭接绑扎，搭接长度应满足规范要求；钢筋绑扎时，先绑扎构件内侧钢筋后绑扎外侧钢筋（图5.2.8-1～图5.2.8-3）。

4）暗梁（叠合梁）纵向受力钢筋采用帮条单面焊接，焊接时应根据钢筋级别、直径和焊接位置，选择焊条、焊接工艺和焊接参数；焊接时引弧应在垫板、帮条或形成焊缝的部位进行，不得烧伤住筋；焊接过程中应及时清渣，焊缝表面应光滑，焊缝余高应平缓过渡，弧坑应填满。因混凝土在高温作用下易受损伤，焊接时可采用间隔流水焊接或分层流水焊接的方法（图5.2.8-4）。

图5.2.8-1　外剪力墙暗柱钢筋绑扎　　图5.2.8-2　剪力墙T形节点钢筋绑扎　　图5.2.8-3　剪力墙L形节点钢筋绑扎

图5.2.8-4　暗梁（叠合梁）节点纵向受力钢筋焊接

5）暗梁（叠合梁）钢筋绑扎时，应在箍筋内穿入上排纵向受力钢筋，主、次梁钢筋交叉处，主梁钢筋在下，次梁钢筋在上（图5.2.8-5）。

图5.2.8-5　暗梁（叠合梁）节点钢筋绑扎

6）楼梯节点钢筋绑扎时，将梯段锚筋与支座处锚筋分别搭接绑扎，搭接长度应满足规范要求，同时应确保负弯矩钢筋的有效高度（图5.2.8-6）。

2．叠合板钢筋绑扎

1）预制构件吊装就位后，根据结构设计图纸，先绑扎暗梁（叠合梁）钢筋，再绑扎叠合板钢筋。钢筋绑扎前，应先校正预留锚筋位置。

2）叠合板受力钢筋与外墙支座处锚筋搭接绑扎，搭接长度应满足规范要求，同时应确保负弯矩钢筋的有效高度（图5.2.8-7）。

图5.2.8-6　楼梯节点钢筋绑扎

图5.2.8-7　叠合板钢筋绑扎

3）叠合板钢筋绑扎完成后，应对剪力墙、柱竖向受力钢筋采用钢筋限位框对预留插筋进行限位，以保证竖向受力钢筋位置准确。

5.2.9　节点模板安装

1. 节点模板安装前，在模板支设处楼面及模板与结构面结合处粘贴30mm宽双面胶带。

2. 模板使用M12对拉螺栓紧固，对拉螺栓外套ϕ20mm塑料管，在塑料管两端与模板接触处分别加设塑料帽，塑料帽外加设海绵止水垫。

3. 对拉螺栓间距不宜大于800mm，上端对拉螺栓距模板上口不宜大于400mm，下端对拉螺栓距模板下口不宜大于200mm（图5.2.9-1～图5.2.9-3）。

图5.2.9-1　T形节点模板安装　　　　　　　图5.2.9-2　电梯井节点模板安装

图5.2.9-3　梁支座节点模板安装

5.2.10　节点及叠合板混凝土浇筑

1. 混凝土浇筑前，应将模板内及叠合面垃圾清理干净，并应剔除叠合面松动的石子、浮浆。

2．构件表面清理干净后，应在混凝土浇筑前24h对节点及叠合面充分浇水湿润，浇筑前1h应吸干积水。

3．节点应采用无收缩混凝土浇筑，混凝土强度等级较原结构应提高一级。

4．节点混凝土浇筑应采用ZN35型插入式振动棒振捣，叠合板混凝土浇筑应采用ZW7型平板振动器振捣，混凝土应振捣密实（图5.2.10-1～图5.2.10-4）。

5．叠合板混凝土浇筑后12h内应进行覆盖浇水养护，当日平均气温低于5℃时，宜采用薄膜布养护，养护时间应满足规范要求。

图5.2.10-1　叠合板混凝土浇筑

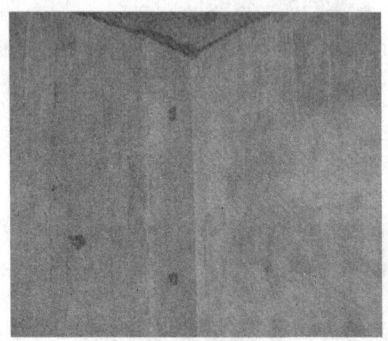

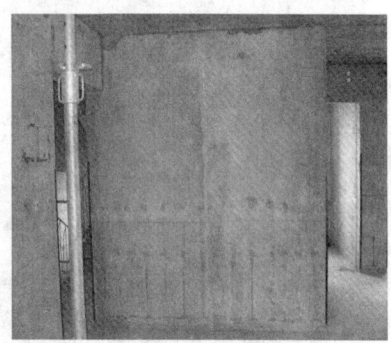

图5.2.10-2　T形节点浇筑后效果　　　图5.2.10-3　梁支座节点浇筑后效果　　　图5.2.10-4　电梯井节点浇筑后效果

6．材料与设备

6.1　材料

6.1.1　本工法所需材料为工程设计施工图所设计使用的材料，包括：普通混凝土、无收缩混凝土、钢筋、高强无收缩灌浆料、金属波纹管等。

6.1.2　本工法施工所需周转材料包括：12mm厚双面覆膜竹胶板、50mm×100mm木方、ϕ12对拉螺栓、30mm宽双面胶带、1～5mm不同厚度垫铁、ϕ30mm PE高压聚乙烯棒等、10mm宽铝角条。

6.2　设备

本工法所需要设备见表6.2。

设备表　　　　　　　　　　　　　　　表6.2

序号	名　称	型　号	备　注
1	经纬仪	J2	
2	水准仪	DS3	
3	塔吊	QTZ80	满足覆盖半径及构件起重量要求
4	独立式钢支撑	ϕ60	用于水平构件支撑
5	可调斜支撑	ϕ60	用于竖向构件支撑
6	组合横吊梁（铁扁担）	10t	
7	构件插放架		用于竖向构件堆放
8	索具		

续表

序号	名　称	型　号	备　注
9	吊钩	3t	
10	内螺纹套筒	M20×70	配紧固螺栓
11	膨胀螺栓	M16×150	
12	手持电动搅拌器	ZY-HM-20	功率：1200W，转速：0～580r/min
13	插入式振动棒	ZN35	
14	平板振动器	ZW7	
15	撬棍	1500mm长	

7．质 量 控 制

7.1　本工法质量控制按照现行国家标准《建筑工程施工质量验收统一标准》GB 50300、《混凝土结构工程施工质量验收规范》GB 50204的有关规定执行。

7.2　本工法施工质量控制除按照上述标准执行外，同时应满足下列要求：

1．浆锚节点灌浆应密实，灌浆料28d抗压强度不应低于50MPa。

2．预制构件装配尺寸允许偏差应符合表7.2的规定。

预制构件装配尺寸允许偏差　　　　　　　　　　　　表7.2

序号	项　目	允许偏差(mm)	检 验 方 法
1	轴线位移	±5	钢尺检查
2	立面垂直度	±5	用2m靠尺检查
3	表面平整度	±5	用2m靠尺和楔形塞尺检查
4	楼层标高	±10	水准仪或拉线、钢尺检查
5	构件安装允许偏差	±5	钢尺检查

3．预制构件运输时，构件间应采用垫木架空，上、下垫木应在同一垂直线上，以确保构件棱角不被破坏（图7.2-1）。

4．室内楼梯踏步、墙面阳角应粘贴10mm宽铝角条保护（图7.2-2）。

图7.2-1　构件运输垫木隔离保护　　　　　　　　图7.2-2　阳角粘贴铝条保护

8．安 全 措 施

8.1　进入施工现场必须戴好安全帽，操作人员在进行高处作业时，必须正确使用安全带。

8.2 吊装前必须检查组合横吊梁（铁扁担）、索具、吊钩等起重用品的性能是否完好。

8.3 起重吊装的指挥人员必须持证上岗，作业时应与起重机驾驶员密切配合，执行规定的指挥信号。驾驶员应听从指挥，当信号不清或错误时，驾驶员可拒绝执行。

8.4 禁止在六级风的情况下进行吊装作业。

8.5 严禁起吊重物长时间悬挂在空中，作业中遇突发故障，应采取措施将重物降落到安全地方，并切断电源后进行检修。在突然停电时，应立即把所有控制器拨到零位，断开电源总开关，并采取措施使重物降到地面。

8.6 起重机吊钩和吊环严禁补焊，当吊钩和吊环表面有裂纹、严重磨损或危险断面有永久变形时应进行更换。

8.7 用电设备必须配备"三级配电两级保护"，做到"一机一闸一漏一箱"。

9. 环保措施

9.1 工人入场前应经过环境保护知识培训教育，具备相应的环境保护意识和能力。

9.2 施工现场内外通道、临时设施、材料堆放场地、加工场、仓库地面采用混凝土硬化，并保持其清洁卫生，避免扬尘污染周围环境。

9.3 施工现场必须保证道路畅通、场地平整，无积水，现场设置连续、畅通的排水系统。

9.4 施工现场各类材料分别集中堆放整齐，并悬挂标识牌，严禁乱堆乱放，不得占用施工便道，并做好防护隔离。

9.5 起重设备清洗时，应设置接油容器，防止油渍污染地面。废弃的棉纱应按有毒有害废弃物进行收集和管理。

9.6 合理安排作业时间，减少夜间作业，以减少施工时机具噪声污染，避免影响施工现场内或附近居民的休息。

10. 效益分析

10.1 经济效益

全预制装配整体式结构房屋与传统现浇结构房屋相比较，目前单幢造价提高约13%，建造成本稍有提高，但建筑品质、建筑质量得到大幅度提高，随着规模化生产后其成本应与传统现浇结构房屋基本相等。当施工面积达到20万m²，单位造价与现浇结构相同，当施工面积达到50万m²，可降低工程造价15%。

预制构件整体装配率达到90%以上，与同类型结构传统施工方法比较施工工期提前1/3，劳动力用量可减少至80%，降低劳动强度60%。

10.2 社会效益

与同类型结构传统施工方法比较，每平方米耗水量减少63%，木模板使用量减少87%，垃圾产生量减少91%。有效降低现场施工噪声、扬尘及建筑垃圾，减轻交通运输压力和垃圾处理成本。

11. 应用实例

南通市海门中南世纪城33号、34号、35号、36号楼，该工程地下1层，地上10层，高度32.50m，单位工程建筑面积4556m²，项目总建筑面积18224m²，剪力墙结构。

基础及地下室采用现浇钢筋混凝土结构，地上部分采用全预制装配整体式剪力墙结构（NPC体系）技术；工程开、竣工日期：2009年7月24日~2010年8月30日。

自然毛石与页岩实心砖混搭砌筑施工工法

GJEJGF062—2010

天津渔阳建工集团有限公司　天津住宅集团建设工程总承包有限公司

周广斌　张海燕　叶红亮　王继峰　刘晨光

1. 前　言

体现建筑物本身特点，显示地域文化与使用的有机结合，"层的地质，叠的历史，层层叠叠建筑，层层叠叠岩石"凸显古朴、层次感鲜明的特色（图1-1）。

天津市蓟县国家地质公园的重点项目——蓟县地质博物馆工程座落于蓟县城北国家地质公园府君山南麓山脚下，有着距今18.5亿年至8亿年中上元古界地层剖面，本工程外观建筑造型及外墙装饰都诠释了这个特点。为保证外墙与主体框架结构的统一完整性，全部采用M10水泥砂浆砌页岩实心砖与毛石内部混搭砌筑形成填充墙体，同等级砌筑砂浆勾缝处理，保证艺术性与结构质量完美结合具有较大的技术难题（图1-2）。

图1-1　地质博物馆远景图片

图1-2　远景效果图

天津渔阳建工集团有限公司，建立项目创新型小组，效果显著，得到了建设、监理单位及各界的好评，同时形成了自然毛石与页岩实心砖混搭砌筑工法，效果显著，复古加现代工艺的产物，社会效益和经济效益显著。

2. 工法特点

毛石与页岩砖搭砌，并在毛石砌体中设有拉结石，两种砌体之间咬缝严密，砂浆饱满，按本工法实施，既保证了工程质量也体现出石材的装饰效果。

3. 适用范围

3.1 适用古朴的施工方法进行施工。

3.2 适用于内外饰墙面施工。

3.3 适用于山区半山区建筑工程。

3.4 适用于无保温材料的保温墙体。

4．工艺原理

利用原始砌筑方法及毛石的原始外观，体现建筑物外饰墙面古朴优雅的格调，使用现代施工工艺与施工建筑材料来体现建筑物外饰墙面古朴的特色。

5．施工工艺流程及操作要点

5.1 工艺流程（图5.1）

5.2 施工要点

5.2.1 基层处理

混搭砌筑墙体砌筑前，基层不平整处可采用剔除或补抹细石混凝土（20mm以下的）铺设砂浆找平措施，待基层清理干净后进行抄平放线工作。

5.2.2 关键做法

1．在毛石砌体两端及中间段设置皮数杆及标高标识。

2．砌筑时严格控制砌体的垂直度和平整度，同时应注意砌体两头皮数杆标高一致，随时检查并校正砌体垂直度及平整度。

3．毛石砌筑方法可采用铺浆法。用较大的平毛石，先砌转角处、交接处和洞口处，再向中间砌筑。砌前应先试摆，使石料大小搭配，大面平放朝下，外露表面要平齐，斜口朝内，各皮毛石间应利用自然形状经敲打修整使其能与先砌毛石基本吻合，搭砌紧密，逐块卧砌坐浆，使砂浆饱满。

4．上下皮毛石应相互错缝，内外搭砌，严禁先填塞小石块后灌浆的做法。墙体中间不得有铁口石（尖石倾斜向外的块石）、斧刃石和过桥石（仅在两端搭砌的石块），灰缝宽度一般控制在大约10～20mm，毛石粘结面砂浆饱满度应大于80%，勾缝深度约为3～5 mm。

5．砌筑时，避免出现通缝、干缝、空缝和孔洞，同时应注意合理摆放石块，以免墙体承重后发生错位、劈裂、外鼓等现象（图5.2.2-1）。

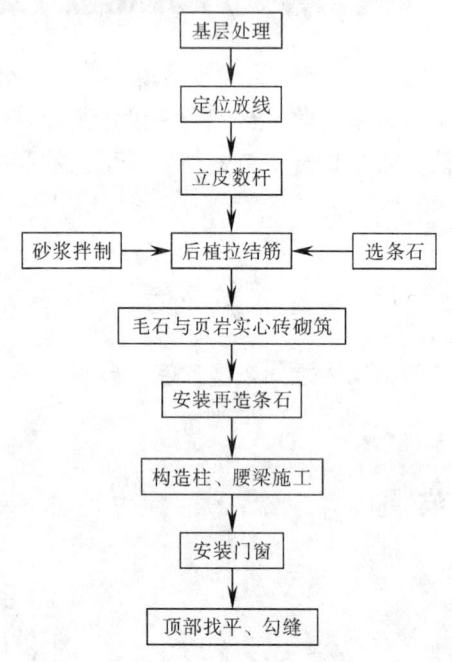

图5.1 自然毛石与页岩实心砖
混搭砌筑施工工艺流程图

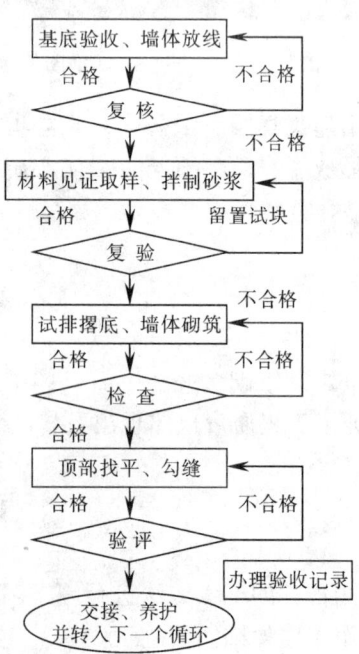

图5.2.2-1 施工质量检查控制图

6．在转角及两端交接处应用较大和较规整的垛石相互搭砌，并同时砌筑，设置拉结筋。

7．在毛石和实心砖的组合墙中，毛石墙体与砖砌体应同时砌筑，并每隔2～4皮砖高度用丁砖与毛石墙体拉结砌合，两种砌体间的空隙应用砂浆填满。

8．毛石墙和砖墙相接的转角处和交接处应同时砌筑。转角处应自纵墙（或横墙）每隔4～6皮砖高度引出不小于12cm条石（或砖）与横墙（或纵墙）相接；交接处应自纵墙每隔4～6皮砖高度引出不小于12cm与横墙相接，见图5.2.2-2。

9．墙体每隔600mm高水平贯通外设再造石一道，见图5.2.2-3。

10．腰梁构造要求

墙体每隔1.8m高度设水平贯通腰梁一道，腰梁两端锚入框架柱或构造柱，腰梁结构、尺寸及混凝土强度必须符合设计要求，见图5.2.2-4。

图 5.2.2-2　毛石与页岩实心砖混搭砌筑图

图5.2.2-3　外墙墙面图

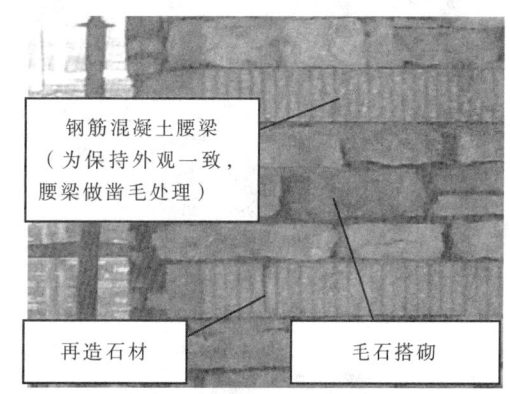

图5.2.2-4　毛石与页岩实心砖混搭砌筑图

11．石墙面的勾缝，砂浆宜采用1:1.5水泥砂浆。毛石墙面勾缝按下列程序进行：

1）清除墙面上粘结的砂浆、泥浆、杂物和污渍等。

2）剔缝，即将灰缝刮深10～20mm，不整齐处加以修整。

3）用水喷洒墙面使其湿润，随后进行勾缝；勾缝线条应顺石缝进行，且均匀一致，深浅及厚度相同，压实抹光，搭接平整。阳角勾缝要两面方整。阴角勾缝不能上下直通。勾缝不得有丢缝、开裂或粘结不牢的现象。勾缝完毕后应清扫墙面或柱面，早期应洒水养护，见图5.2.2-5。

勾缝后

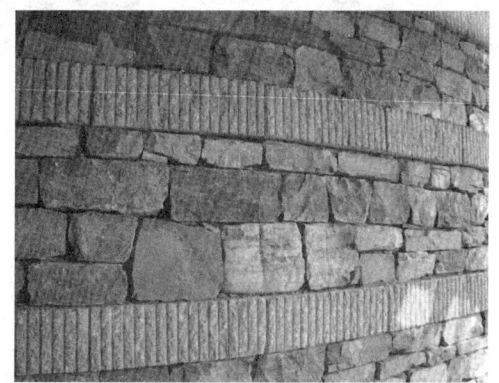

勾缝前

图5.2.2-5　墙面施工前后对比图

12. 拉结钢筋设置：砌体与框架柱交接处应在砌体水平灰缝内预埋拉结钢筋，拉结钢筋沿柱每隔一皮再造石（600mm）设置一道，每道3根直径6mm钢筋（带弯钩），拉结钢筋采取预埋方式设置，砌筑前按实际排砖位置钻孔（深度100mm以上）孔洞清理干净后灌环氧树脂胶进行植筋，后植拉结钢筋需牢固。

13. 需要设置构造柱位置：

1）墙体长度大于4m。

2）墙体转角处。

3）独立墙端。

4）宽度大于1.8m的门窗洞口两侧。

14. 外墙面节点的控制结果，见图5.2.2-6～图5.2.2-10。

图5.2.2-6 外檐窗节点图

图5.2.2-7 外墙面节点

图5.2.2-8 设备安装节点图

图5.2.2-9 外檐楼梯节点图

图5.2.2-10 外墙曲面节点图

6. 材料与设备

6.1 材料

6.1.1 材料的选用：选用平毛石（有两个平面大致平行的石块，毛石应呈块状，其中部厚度不宜小于150mm，选用久露在外面的毛石搭砌，不能使用新破茬的毛石裸露外面）。

6.1.2 材料的质量：石砌体所用的石材应质地坚硬，无风化剥落和裂纹现象。

6.2 设备

6.2.1 毛石与页岩实心砖搭砌外墙工程所需设备分大型机械、手持工具和测量工具3种。

6.2.2 大型工具主要有：砂浆搅拌机、筛砂机、卷扬机等。

6.2.3 手持工具主要有：大铁锹、瓦刀、灰斗、手锤、大锤、手凿、灰槽、勾缝条、手推车、磅秤、线坠、角尺、水平尺、皮数杆、砂浆试模、百格网等。

6.2.4 测量工具：水准仪、水平尺、钢卷尺、盒尺等。

7. 质 量 控 制

7.1 一般规定

7.1.1 毛石墙体的灰缝厚度不宜大于20mm。

7.1.2 砂浆初凝后，如移动已砌筑的石块，应将原砂浆清理干净，重新铺浆。

7.1.3 毛石砌体的第一皮及转角处、交接处和洞口处，应用较大的平毛石砌筑。每个楼层（包括基础）砌体的最上一皮，宜选用较大的毛石砌筑。

7.2 主控项目

7.2.1 毛石及砂浆强度等级必须符合设计要求。

7.2.2 砂浆饱满度不应小于80%。

7.2.3 毛石墙体的轴线偏移不应大于15mm，垂直度允许偏差：每层不应大于20mm。

7.3 一般项目

7.3.1 毛石墙体的墙体顶面标高允许偏差为±15mm，墙体厚度为+20mm 与-10mm之间，墙、柱表面垂直度偏差不应大于20mm。

7.3.2 毛石墙体的组砌形式应符合设计规定：

1）内外搭砌，上下错缝，拉结石交错设置。

2）毛石墙体拉结石每0.7m²墙面不应小于1块。

7.4 技术指标完成情况:搭砌墙体内侧页岩实心砖垂直度、灰缝及砂浆饱满度等各项符合海河杯标准，外侧毛石砌筑与内侧页岩砖合砌咬缝严密完整，拉结石小于0.7m²/块设置。

8. 安 全 措 施

1）砌石用的脚手架和防护拦板应应检查验收，方可使用，施工中不得随意拆除或改动。

2）操作人员应戴安全帽和帆布手套。

3）搬运石块应检查搬运工具及绳索是否牢固，抬石应用双绳。

4）在架子上凿石应注意打凿方向，避免飞石伤人。

5）砌筑时，脚手架上堆石不宜过多，应随砌随运。

6）用锤打石时，应先检查铁锤有无破裂，锤柄是否牢固。大锤要按照石纹走向落锤，锤口要平，落锤要准，同时要看清附近情况有无危险，然后落锤，以免伤人。

7）不准在墙顶或脚手架上修改石材，以免振动墙体影响质量或石片掉下伤人。

9. 环 保 措 施

9.1 防大气污染措施

施工现场临时道路派专人洒水，减少道路扬尘。

9.2 防水污染措施

搅拌机前台必须设置沉淀池，排放的废水必须排入沉淀池内。

9.3 防噪声污染措施

9.3.1 建立健全控制人为噪声的管理制度。

9.3.2 合理安排作业时间。

9.3.3 各种机械尽量设置机械棚。

10. 效 益 分 析

10.1 20世纪90年代初期，以陶瓷、花岗岩大理石、马赛克为代表的传统建筑装修材料已经不能满足市场和人们新思想的新需求，而人们更需要的是那种自然的天然的东西，而石材作为天然材料具有经久耐用、装饰效果自然、复古，适用面广等优势。

10.2 地处山区原材料采购方便，可本地取材，减少材料成本。

10.3 具有高强度、耐久、耐腐蚀的自然石材的外墙面装饰效果自然、复古与质朴，无需后期维护和维修。

10.4 经济效益汇总说明（表10.4）。

经济效益汇总表   表10.4

序号	工 程 名 称	节省百分率	折合人民币（元）	备 注
1	蓟县地质博物馆	12%	370000	
2	大通蓟县山水郡酒店部分装饰墙	12%	280000	

11. 应 用 实 例

装饰性毛石墙在保证墙体质量及稳定性外，还以其自然质朴的特点和具有协调自然的感觉深受众人所推崇。

2007年8月1日至2009年8月31日由天津大学建筑设计研究院设计，天津渔阳建工集团有限公司总承包并施工兴建，地区标志性建筑物——天津蓟县地质博物馆工程，4470m²外墙装饰面采用自然毛石与页岩实心砖混搭砌筑施工工法，施工质量优良，并被评为天津市海河杯工程，外墙面效果和实测结果达到设计要求。

2008年6月6日至2009年11月10日施工的大通蓟县山水郡酒店部，4784 m²装饰墙也采用本工法，受到建设、监理及各方好评。

2008年8月6日至2009年8月31日由天津渔阳建工集团房地产开发有限公司开发的旅游度假村及附属工程，3780 m²外墙应用本工法施工，质量验收一次合格。

地下交通枢纽钢管柱逆作定位安装浇筑施工工法

GJEJGF063—2010

天津三建建筑工程有限公司　山西省第五建筑工程公司

宋红智　陈宝来　齐悦　张志利　刘志军　王伦康

1. 前　言

　　天津站地下交通枢纽工程是普通铁路、京津高铁、地铁2、9号线的换乘站，天津三建公司承建该工程的一标段，一标段长264m，宽73～105m，地下一层层高7m，地下二层层高6.5m，地下三层层高6.7m，采用逆作法施工。由于地下各层均有地铁通过的动荷载，负一层顶板上覆土2m厚，工程南端地上还有京津城际站房的局部基础，所以采用ϕ1000m 的钢管混凝土柱作为地下三层各层板、梁的结构柱。

　　钢管柱下端埋入钢筋混凝土灌注桩2.5m，柱底偏差要求小于5mm。钢筋混凝土灌注桩浇灌混凝土后需将钢柱吊入桩孔定位安装，在地下27m深处准确定位安装钢管柱难度很大。通过技术攻关，我们确定使用钢管柱底式楔形引导式定位器的方法，使钢管柱柱底精确定位。该方法经过了市建委专家反复论证，实施后收到了理想的效果。

　　该工法的核心技术是"盖挖逆作法施工技术在天津站交通枢纽工程中的应用研究"科研项目的内容之一，已通过天津市建委组织的科技鉴定并被评为天津建工集团科技成果一等奖。

2. 工法特点

　　2.1　从地面到27m深度内直径2.2m的桩孔采用了钢护筒护壁，钢护筒埋入灌注桩头2.5m，解决了高水位软土地基条件下大直径桩孔塌方、有水无法进人操作的困难。

　　2.2　灌注桩浇筑完毕后，要将护筒内泥浆、沉渣、桩头超灌部分清除干净，以便人工进入护筒内安装定位器，护筒内泥浆、沉渣、桩头超灌部分最多达50m³，清除工作难度大，为此发明制作了垂直吊运机，卡在钢护筒边上吊运出桩孔内的清除物，简便实用，降低了施工成本。

　　2.3　由人工进入护筒内，在桩头上测定钢管柱中点位置，安装定位器，定位器下半部如埋件，找准位置后可用灌浆料固定在桩头上，定位器上半部是楔形十字钢板，上小下大，吊入钢管柱套在定位器的楔形引导板上，自动滑落到准确位置，实现钢管柱的准确定位安装。

　　2.4　与盲插法相比较，钢管柱（或格构柱）埋入灌注桩的传统做法一般是盲插法，灌注桩浇灌后，将钢管吊入桩孔，插入灌注桩混凝土内，传统做法的定位精度很难达到设计要求。该工法与传统做法相比定位准确，直观，可测量，可确保钢管柱的定位安装质量，保证设计要求的垂直度和钢管底定位精度的要求。

3. 适用范围

　　3.1　该工法适用于软土高水位地区大直径灌注桩桩顶埋入钢管柱的安装施工。

　　3.2　也可适用于钢格构柱埋入钢筋混凝土灌注桩桩顶的安装施工。钢格构柱的定位需改变柱底钢板和定位器的做法，以防止格构柱定位发生的扭转偏差。

4. 工 艺 原 理

大直径桩孔采用钢护筒护壁，在-27m桩顶安装楔形引导式定位，定位器用型钢和钢板制作，钢管柱底焊有钢板圆环，当吊放钢管时，钢管柱底圆环触到定位器的引导板后，钢管柱沿坡型引导板板滑动下落到准确位置。

5. 施工工艺流程及操作要点

5.1 施工工艺流程（图5.1）。

5.2 操作要点

5.2.1 钢护筒的选用、设计、制作和吊装

1. 钢护筒的选用：由于地下水位高（一般在地表下0.5~1.5m）无法带水作业，加上施工安全维护的要求，大直径桩孔采用钢护筒挡水及护壁。

2. 钢护筒的设计：钢护筒根据实际情况，上端高出地面0.7m为宜，下端与钢筋混凝土灌注桩搭接2.5m，以保证不渗水，钢护筒的直径小于灌注桩桩径0.06m为宜。壁厚10mm，内加环形肋板，以保证在土压力下不变形。本工法选用22mm厚40宽的环形肋板。

3. 钢护筒的制作：由于钢护筒长28m，分为底节和上节两节制作，底节与钢筋笼焊接一起吊装，一般长7~7.5m，待钢筋笼和底节护筒吊装入孔后再焊上节护筒。

钢护筒的制作方法及质量要求参照该工法钢管柱的制作方法和质量要求执行。

钢护筒制作见5.2.1-1图，不等截面护筒见图5.2.1-2，用于小直径的钢管柱。底节护筒和上节护筒的上口对称焊接两个吊环，吊环使用Q235（不得选用经过冷拉的钢材），吊环的直径和焊缝根据吊装的重量计算确定。

4. 吊装：先吊装底节钢护筒和灌注桩钢筋笼入孔，起吊情况见图5.2.1-3。

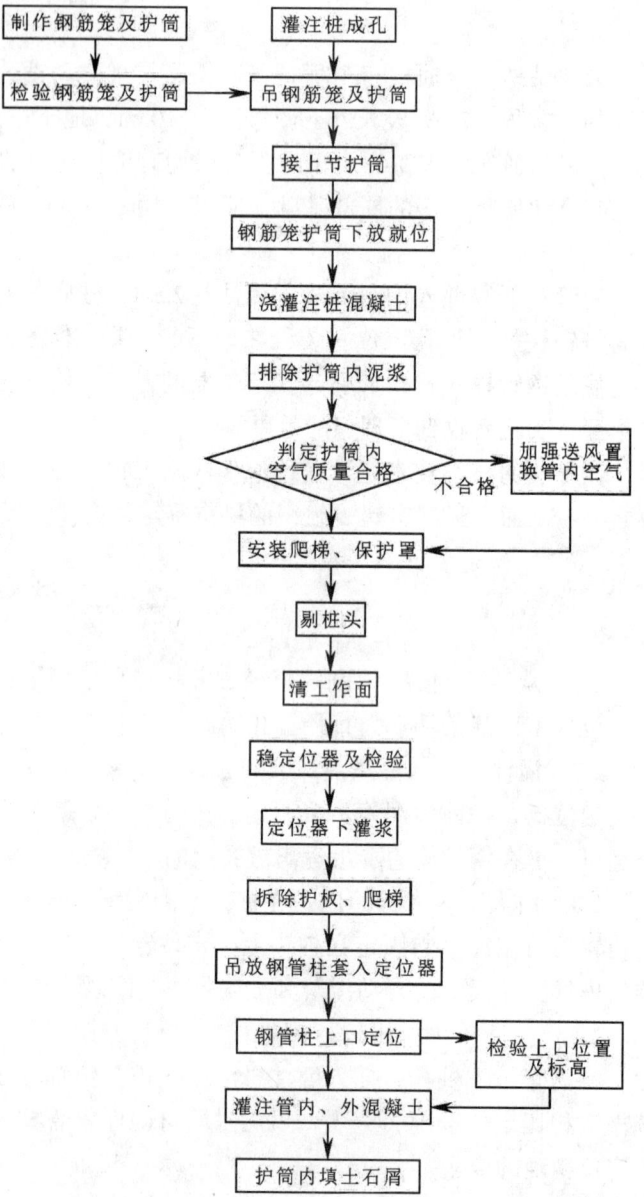

图 5.1 施工工艺流程图

吊装入孔后临时固定。摘取吊钩吊装上节护筒与底节护筒对接，对接后将上、下节护筒焊接牢固且不得透水。临时固定与孔口焊接见图5.2.1-4。当焊接完成后，用相应吨位的起重机吊装护筒和钢筋笼。起吊后，撤除底节护筒临时固定件，缓缓入孔至设计标高固定。钢护筒吊装就位情况见图5.2.1-5。按灌注桩施工的要求检查合格后，浇灌灌注桩内的混凝土。

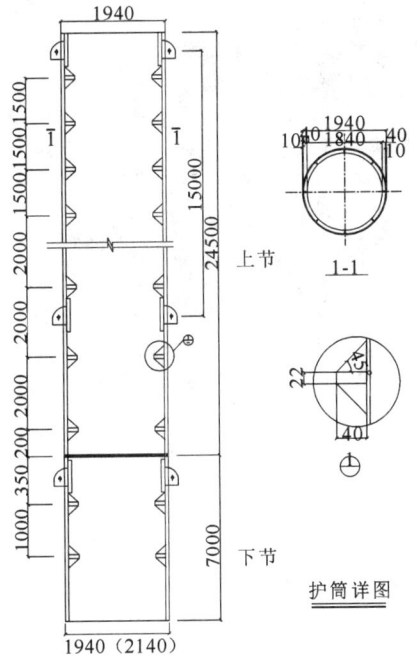

图5.2.1-1 护筒详图

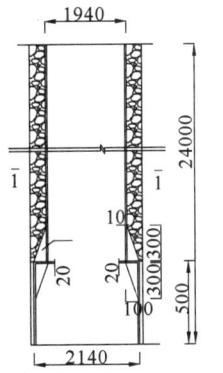
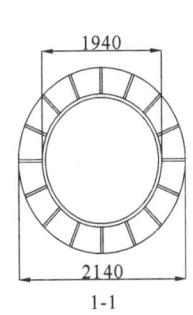

图5.2.1-2 不等截面护筒详图

图5.2.1-3 带钢筋笼的底节护筒吊装

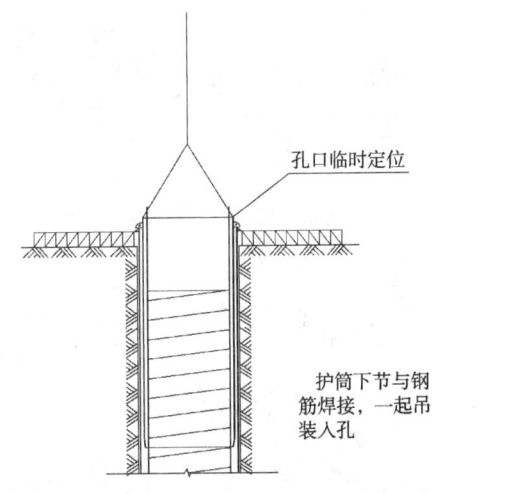
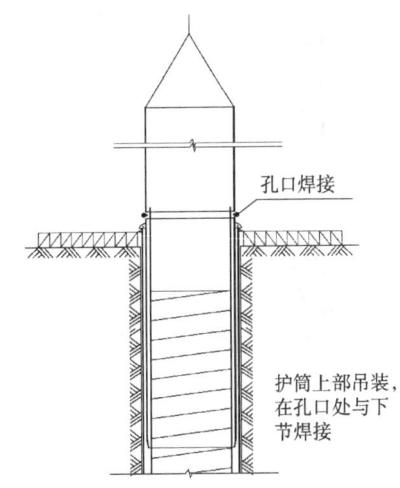

图5.2.1-4 临时固定与孔口焊接

5.2.2 护筒内泥浆、沉渣的清除及剔桩头

1. 护筒内泥浆、沉渣的清除

由于桩的直径过大，桩孔过深，桩孔内的泥浆状况也与常规灌注桩的情况发生了变化，天津站工程现场的实际情况是，泥浆液面高度与自然地坪等高，由此向下 10 ~ 15m 深度内为液态泥浆，再向下至 -25m 范围的泥浆已经沉淀为固化（详见泥浆分层剖面图 5.2.2-1）。桩孔内需要清除的还有桩头上的固化的浮浆，最后是需要剔凿的超灌桩头。

图 5.2.1-5　钢护筒吊装就位固定图

由于灌注桩桩径大，达 2m 和 2.2m，桩深达 80m，该工程通过试验，泥浆相对密度要达到 1.4 ~ 1.5t/m³，黏度控制到 40 ~ 50s 才能达到有效的护壁作用。由于泥浆相对密度和黏度的增大，也增大了孔内泥浆抽排和清掏的难度。桩孔内泥浆面与施工时的地平相平，由此向下 10 ~ 15m 范围为液态泥浆，再向下到 -25m 以下的泥浆已沉淀固化。其泥浆及固化土体大致的情况见 5.2.2-1 图。

灌注桩的混凝土浇灌完成后，应及时抽排泥浆，因为时间越长，桩孔内沉固的越多，可抽排的泥浆越少。相应增加了人工清掏泥浆的工作量。由于普通泥浆泵扬程不超过 10m 且吸不动较浓稠的泥浆，应采用大功率泥浆泵，本工法采用了高 80cm，宽 40cm，重 1t，扬程 20m 的进口泥浆泵。经过使用，该泵能有效地抽排 10 ~ 15m 深处，甚至半固化的泥浆。

筒内沉淀固化的泥浆先用旋挖机挖出一部分，其余部分由人工使用短把铁掀挖除。

2. 剔桩头

设计要求桩头超灌 1.5m 高，为了杜绝"短桩"造成的质量隐患，使用测锤和计算桩混凝土用量相结合的方法，控制超灌量在 3 ~ 5m 之间。对超灌部分的混凝土需进行凿除。

凿除桩头混凝土分为粗凿和细凿两步施工，第一步用风镐、大锤和钢铲钎，剔凿至设计标高以上 50mm 时，用小锤，锋利扁凿精细剔凿到设计标高。设计标高以护筒内弹设的水平线控制。

3. 护筒内土方及碎混凝土的清除

除抽排泥浆和旋挖钻机挖出沉渣外，人工挖土（泥）和剔除桩头的碎混凝土块需运出护筒。按现有工艺使用 8t 汽车吊，由于多台吊作业时的互相影响且吊车荷载对大直径桩孔的护壁有不利影响及高额的租赁费用，本工法专门研制了孔内杂物垂直吊运装置，见图 5.2.2-2。

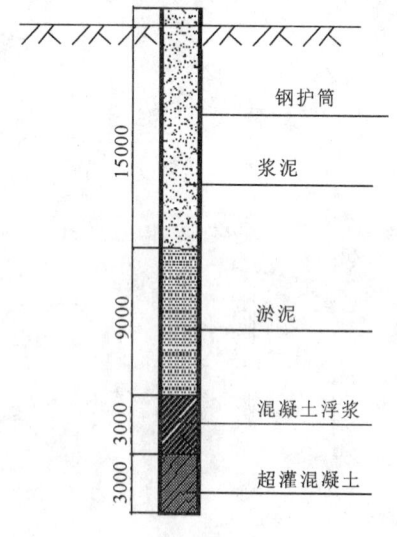

图 5.2.2-1　护筒内泥浆分层剖面图

图 5.2.2-2　护筒内杂物垂直运输装置

垂直吊运机主要组成构件有：1）架体；2）提升机；3）旋转系统；4）转向把手；5）滑轮系统；6）装置固定系统；7）安全限位器；8）钩头；9）钢丝绳；10）控制开关。

该装置提升能力0.5t，固定在护筒筒壁上，不占地，对地面无扰动。有安全限位装置，重量轻，装、拆、移位方便，不耗油，用电少，旋转时人工操作不耗电。与使用汽车吊对比：节省了大量的租赁费用，不耗油，用电省，符合节能，减碳、减排和环保的要求。由于该装置成本低，可制作多台装置同时施工，加快了施工进度。该装置获得了国家知识产权局的发明专利授权，专利号ZL 2007 1 0060403.5。

使用垂直吊运机的操作工艺流程见图5.2.2-3。

5.3 钢管柱制作定位安装

设计采用ϕ1000mm 钢管混凝土柱做为地下三层梁、板及其上部全部荷载的竖向支撑。在柱外进行防火涂料和装饰面层的施工后，外形美观大方且有可观赏性。钢管柱抗震性能好、强度高、施工简便。

5.3.1 钢管柱的加工制作

1．该工程钢管的加工按加工工艺标准的要求，由有资质的加工单位进行加工。钢护筒为临时使用，其加工的质量要求参照永久钢管柱的标准。因其使用情况，临时钢管柱不得有漏水处。

选用的钢材要符合《钢结构设计规范》GB 50017-2003的有关规定。钢管可采用螺旋形焊缝或采用无缝钢管。焊缝采用对接并与母材等强。

卷制钢管时，卷管的方向应与钢板压延的方向一致。卷制钢管前，应根据要求将板端开好坡口。为适应钢管拼接轴线的要求，钢管坡口应与管轴线严格垂直。钢管内不得有油渍等污垢，以保证钢管内壁与核心混凝土紧密粘结。

钢管的焊缝质量应满足《钢结构工程施工质量验收规范》GB 50205-2001二级质量标准的要求。

2．定位器的制作使用Q235钢材，制作详图见图5.3.1-1。

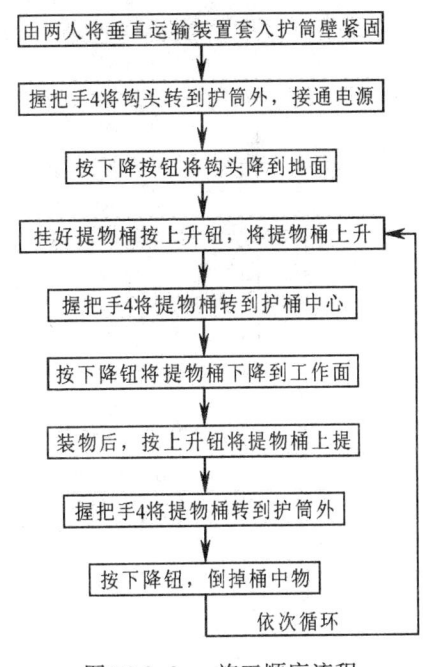

图5.2.2-3　施工顺序流程

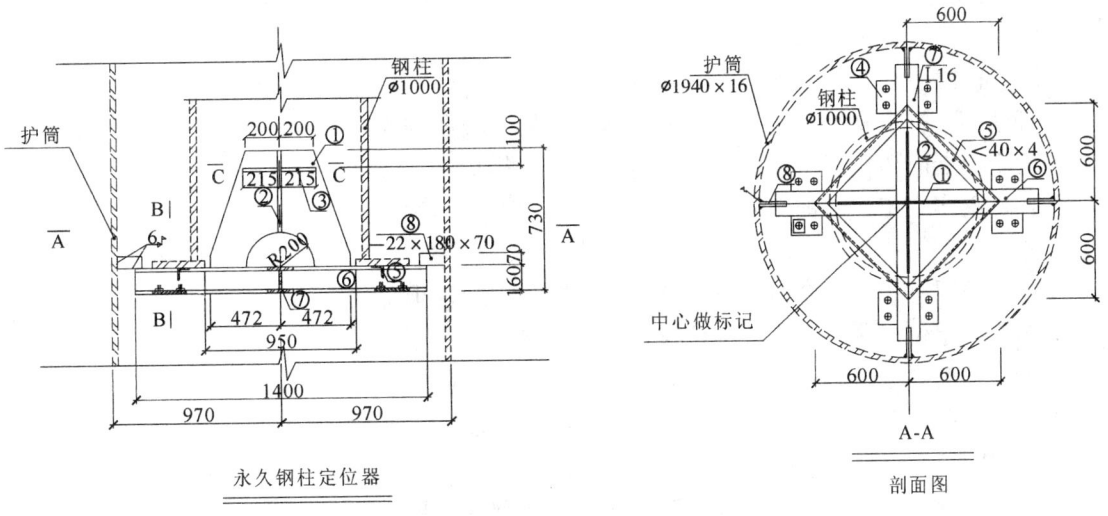

图5.3.1-1　定位器制作详图

其他附件有筒内上、下人的爬梯，筒内安全防护罩和提物筒，筒内安全设施见图5.3.1-2、防护罩制作见图5.3.1-3、提物筒制作见图5.3.1-4。

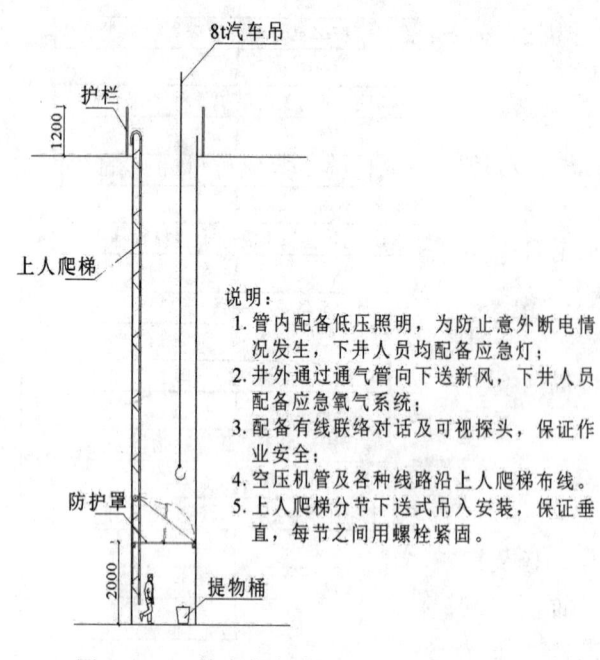

说明：
1. 管内配备低压照明，为防止意外断电情况发生，下井人员均配备应急灯；
2. 井外通过通气管向下送新风，下井人员配备应急氧气系统；
3. 配备有线联络对话及可视探头，保证作业安全；
4. 空压机管及各种线路沿上人爬梯布线。
5. 上人爬梯分节下送式吊入安装，保证垂直，每节之间用螺栓紧固。

图5.3.1-2 筒内安全设施

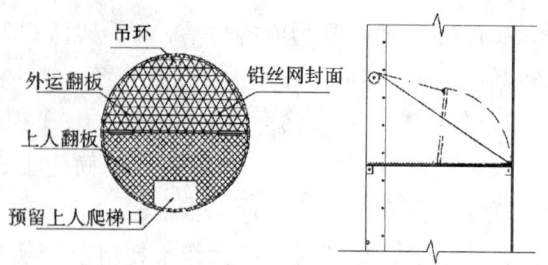

图5.3.1-3 防护罩制作图

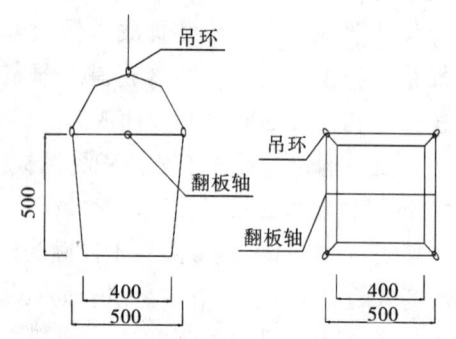

图5.3.1-4 提物桶制作图

5.3.2 定位器的安装

1．准备

稳定位器前，清除剔凿的混凝土碎块和粉末，用清水反复清刷桩头面层和护筒内壁，护筒内壁清洗高度2.5～2.6m（钢管柱埋入灌注桩范围，由钢管柱底向上测量）。

2．安装

定位器顶有钢管中心标点，护筒内壁有标高控制线。按工程控制网用全站仪放出钢管柱中心，在护筒上做出四点标记，挂十字线，从十字线交点挂线坠，用全站仪复测，中心点误差不大于2mm。

定位器按护筒壁标高线确定标高，定位器中心点与线坠尖点对准，用连接钢板将定位器与护筒焊接固定。

定位器底用楔形钢板垫找平至符合标高要求，每点垫板不宜超过两层。焊接固定后，检查标高及位置符合要求，用CGM灌浆料灌满定位器底工字钢与桩头间的空隙（埋设定位器对中图见图5.3.2-1）。

5.3.3 钢管柱吊装就位

1．吊放钢管柱

吊放钢管柱前，拆出爬梯、护罩、照明及清出所有工具和物品。钢管柱底接近定位器时要慢慢下放至底。测定钢管柱上标口高，确认钢管柱底圆环已落实在定位器的工字钢上，如果没落实略起吊钢管柱再次下放至落实。

在不脱钩的情况下，用两个微调校准器呈90°置于钢管柱顶部加强环上，对照十字定位线调整钢管柱顶位置，待位置调准后，用短钢筋将钢管柱顶与护筒焊接连牢，摘去吊具（钢管柱上端校准固定见图5.3.3-1，钢管柱吊装入孔情况见图5.3.3-2、图5.3.3-3，钢筋柱入孔固定后的情况见图5.3.3-4）。

在不脱钩的情况下，用两个微调校准器呈90°置于钢管柱顶部加强环上，对照十字定位线调整钢管柱顶位置，待位置调准后，用短钢筋将钢管柱顶与护筒焊接连牢，摘去吊具。最后浇筑部分混凝土将钢管柱下端固定。

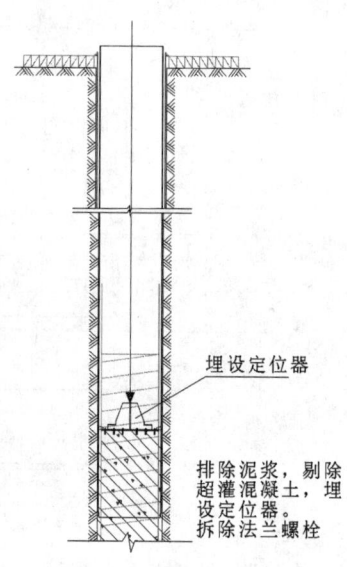

图5.3.2-1 埋设定位器对中图

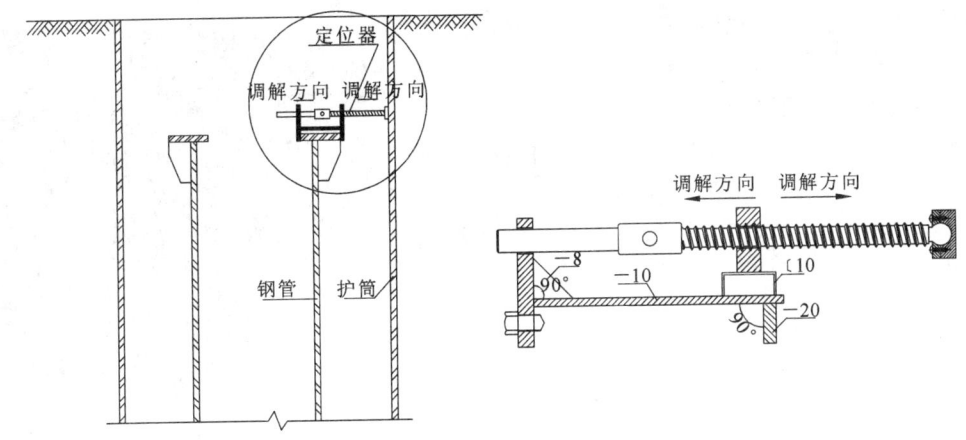

图 5.3.3-1 钢管柱上端校准固定

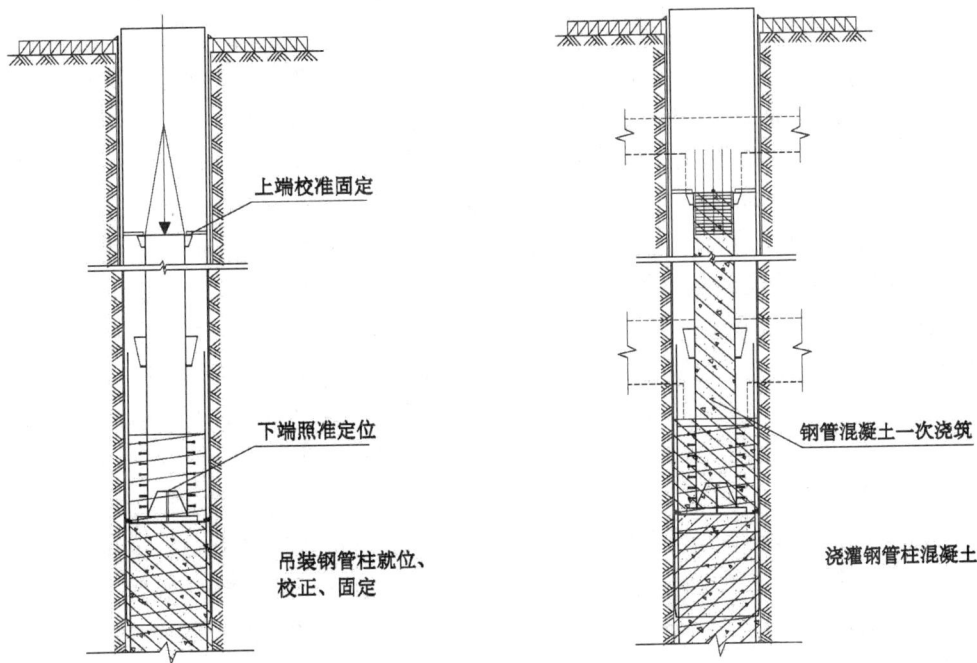

图5.3.3-2 吊放钢管柱示意图

图5.3.3-3 钢管吊装入孔图

5.4 钢管柱 C50 混凝土浇筑施工

5.4.1 C50自密实混凝土浇筑质量试验

在现场，以同实际施工的工况，在直径1000mm、长3000mm的钢管内浇灌混凝土作为试件，对柱内混凝土进行温度测试，超声波检测，柱内混凝土结构均匀密实。对试件解剖，检查管内混凝土的质量和混凝土与管壁的粘结情况，粘结情况良好。

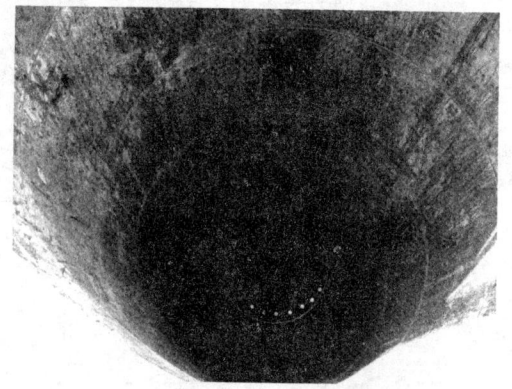

图5.3.3-4　钢管柱入孔固定后的情况

5.4.2 管内浇灌混凝土施工

1. 导管半高抛浇灌管内混凝土：用8t汽车吊将导管架吊到钢护筒上口调正稳固，居中放置，然后接导管。导管直径20cm，每节2m或3m，导管接至距桩顶2.5~3.0m处，通过漏斗，导管灌注钢管内混凝土。在浇灌混凝土时，随时提升、拆管，避免导管埋在混凝土中，以保证半高抛混凝土的密实度。

2. 桩孔直径2~2.2m，钢管柱直径1m，设计要求钢管柱与钢护筒之间、桩顶上返2.5m范围内浇筑C50混凝土进行埋深固定，从而保证钢管柱不会左右摇摆，在桩顶上生根。

钢管柱的直径为1m，在钢管柱负三层节点法兰盘的位置上，周圈外探出30cm法兰盘作为结构支撑，这样钢管柱的最大直径变为1.6m。如直径为2m的桩钢筋保护层为每侧5cm，加上圆32钢筋和直径5cm的声测管，导致井下钢筋内侧直径只剩下1.8m，这样钢管柱下到井底致使钢管柱与桩主筋之间的每侧最小间隙只有10cm，导管无法从钢管柱与钢护筒之间穿过，只能通过钢管柱与桩顶间15cm的缝隙（定位器的高度为15cm），由钢管柱内部通过15cm的缝隙向外部返混凝土。为了防止高抛混凝土没有足够的推力将混凝土顶至2.5m高，在吊装钢管柱之前在距钢管柱底部2m位置处切割10cm×20cm洞口3个（每个间距1m），并且控制C50混凝土坍落度不小于20cm，这样就可以保证外返混凝土顺利达到2.5m的埋深高度。

钢管柱混凝土分两步浇筑。第一步浇筑9 m³混凝土，直接浇筑到钢管柱在灌注桩内埋深标高处，配制的C50混凝土需要10~12h初凝，为了更好的控制标高，防止超灌过多增加下步施工剔凿量；第二步混凝土间隔时间控制在8h左右，底层混凝土无流动性且在初凝前浇筑，导管距离混凝土浇筑液面间距小于1.5m，混凝土坍落度控制在18cm，并且在浇筑混凝土过程中随时使用测绳对钢管柱外侧超灌混凝土标高进行测量。

5.4.3
管内混凝土质量的检验，管内混凝土用超声波检验，普验用小锤轻敲检验。检验不密实时在缺陷处钻孔注浆进行补强，补强后，将钻孔补焊封闭、磨平。

5.4.4
在钢管柱和护筒之间回填石屑，石屑边回填边捣实，回填到略高于地面。

6. 材料与设备

工程对象不同，所使用的材料和设备也不相同。本工法只列出钢管柱精确定位施工及清掏护筒内泥浆，剔桩头等杂物使用的部分仪器、工具和设备，见表6。

材料与设备表 表6

序号	名　称	规　格	单位	数量	备　注
1	全站仪	2" 2+2ppm	套	1	
2	J_2电子经纬仪	2"	台	2	
3	对讲机	1km	对	4	
4	计算机	台式	台	1	数据库管理，软件平台

序号	名 称	规 格	单位	数量	备 注
5	计算机	本式	台	2	现场施工测量计算
6	自制垂直运输装置	0.5t	套	1	每根柱用
7	上人吊笼	2~3人	个	1	应急抢险用
8	物料提升笼		个	2	
9	斜流风机	风量 500m³/h	台	1	每根柱用
10	防毒面具		套	2	每根柱用
11	氧气袋		个	2	每根柱用
12	摄像监控器		套	1	每根柱用
13	安全爬梯		套	1	每根柱用
14	防噪耳塞		套	2	每根柱用
15	安全带、保险绳		套	2	每根柱用
16	空气检测仪		台	1	
17	测锤		套	1	
18	线坠		个	1	
19	汽车吊	8t	辆	2	
20	泥浆泵	大功率	台	1	波兰产

7. 质 量 控 制

7.1 质量控制按表7.1有关规范、标准执行。

相关规范、标准　　　　　　　　　　　　　　　　　　　　　　　表7.1

钢管混凝土结构设计与施工规程	CECS 28:90
混凝土质量控制标准	GB 50164—92
钢结构工程施工质量验收规范	GB 50205—2002
钢筋焊接及验收规程	JGJ 18—2003
建筑钢结构焊接技术规程	JGJ 81—2002
龙门架及井架物料提升机安全技术规程	JGJ 88—2010
建筑基桩技术规范	JGJ 94—2008
超声回弹综合法检测混凝土强度技术规程	CECS 02:2005
超声法检测混凝土缺陷技术规程	CECS 21:2000

　　7.2 要保证钢管柱的定位准准确，首先要保证灌注桩的定位准确，灌注桩钻孔前在桩孔位置设置了定位平台。根据已测定的桩点用十字线法将桩位外引，安放定位平台，并操作丝杠调节水平，重新拉十字线使定位平台中心与桩中心重合，复测，合格后锁定定位平台。

　　7.3 安装护筒以后将十字线引测到护筒四壁上，做好标记。

　　7.4 安装钢管柱时在护筒上十字线，从中点下垂线坠到桩头，将钢管柱中心引测到桩头上和护筒壁上做好标记。

　　7.5 护筒安装要求垂直偏差<1%。平面高于地面20cm，底部进入原始土≥20cm。

7.6 C50自密实混凝土的原材料应满足下列要求：

P.O42.5水泥，要求外加剂与水泥和矿物掺合料的适应性良好。石子要求双级配，最大粒径≤25 mm、针片状颗粒≤10 %、含泥量≤1 %、不含泥块。砂含泥量≤1.5 %、泥块含量≤0.5 %，细度模量不宜小于2.5。

7.7 开盘前需要测定砂石含水率、砂子含石量，根据测试结果提出生产配合比。当遇雨天或疑有不准时，应增加含水率检测次数。混凝土的搅拌时间适当延长，每盘不少于30 s。

7.8 拌制混凝土时，须取样测定其工作性并留置试块，频度为每拌制100m³混凝土（或不足100m³时）至少取样1次，每次至少留置1组试块测定28d标养强度，要求出厂混凝土工作性满足坍落扩展度（600±50）mm。

7.9 混凝土运输车在接料前，须将罐内清理干净。严禁司机中途加水。

7.10 C50自密实混凝土的浇筑施工措施

7.10.1 施工单位需提前通知混凝土送到现场的时间及数量，有周密的计划安排，以确保混凝土到现场后准时浇注。管内不能遗留杂物，将水尽量排干。混凝土运抵现场，经搅拌运输车高速运转30 s后再出料。

7.10.2 检测每车混凝土的工作性，要求运抵现场的混凝土坍落扩展度≥550 mm，混凝土不离析、不泌水。若出现混凝土工作性不足的情况，需在技术人员配合下采用后加外加剂的办法解决，严禁随意加水。若混凝土出现离析、泌水现象必须退回。

7.10.3 混凝土运抵现场后宜在一个半小时内浇筑完毕。如需要使用泵送设备，需用砂浆润滑泵送管道，砂浆不能泵入钢管内。

8. 安 全 措 施

8.1 有健全的安全管理组织体系和严格的管理制度、有严密的安全施工的操作程序，严格按程序施工。

8.2 在井口设有不低于1.2m的护栏杆，井内有安全爬梯、安全防护罩（图8.2-1）。

8.3 井内操作面有摄像头连接地面监视器，不间断地观察井内施工人员的状况。上、下连系使用对讲机。

8.4 井内作业人员备有防毒面具、氧气枕、防噪声耳塞、戴安全帽、安全带、穿防滑鞋。安全带系有安全绳，安全绳系牢在孔口，施工人员上、下爬梯时，由安全监护人随时调整安全绳的悬挂长度。在井内施工时不得摘下安全带，以备井上人员在急救时使用。

8.5 使用自制的垂直运输装置要安装牢固并检验电气、机械均安全合格方可使用。使用垂直运输装置上、下运送材料和工具，严禁向下抛扔材料或工具。

8.6 井内照明使用安全灯变压器，专

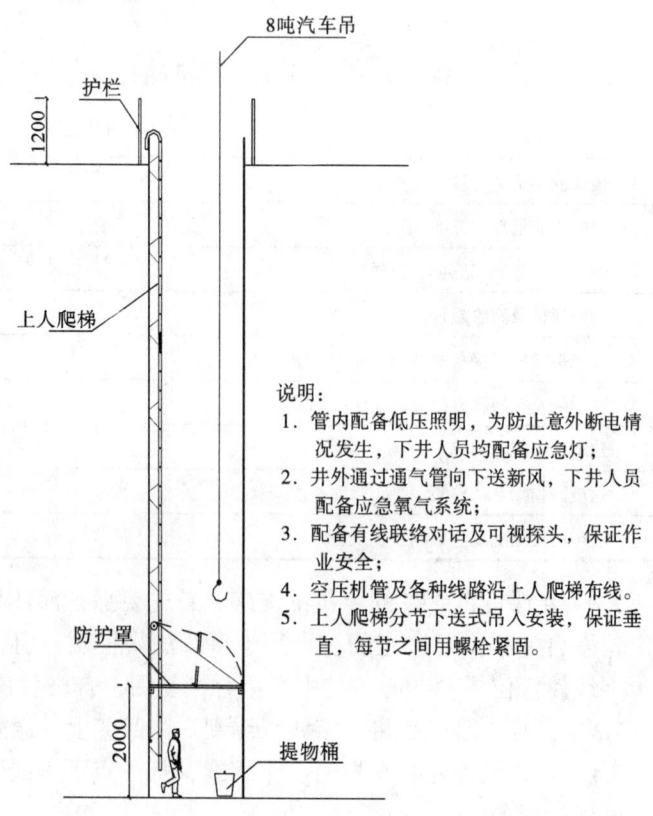

图8.2-1 爬梯及保护翻板示意图

用防爆灯，12V电压供电。井内供电电缆架空与钢护筒绝缘固定。井内用电设备要求一机一闸一漏一箱并做好保护接零。

8.7 施工作业时，井上有专用车随时待命，有专业医护人员，配合各种援救和急救设备、材料。发现异常情况随时组织救援。

8.8 为了预防有害气体中毒和井内缺氧对人的伤害，作业前，使用空气检测仪检测井内空气质量，用装有小鸟的鸟笼放到井底5min以上时间，当小鸟无异常反应时再下井作业。在作业时，用风机不断地向井内送入新鲜空气，置换井内的空气。

8.9 有专人经常检查各种机械设备及钢护筒的安全状态，隐患不除不得下井作业。

8.10 井下作业人员需提前检查身体，患有高血压、心脏病、感冒发烧或有其他身体不适状态及年龄超过50周岁的不准下井作业。

8.11 所有下井施工作业人员必须经过培训，专业技能、安全知识考试合格方可下井作业。下井作业前，有专业工长向施工人员进行书面安全和技术交底并向项目部进行申报，申报内容有下井时间、作业时间、施工人员姓名，由项目部专职管理人员对下井人员身体状况进行验查，安全设施齐全有效后方可下井作业。下井作业为两人，井下作业时间不得超过2h，新的作业人员替换施工，上井人员及时由医护人员检查身体状况。

8.12 在井下，严禁吸烟和动用明火。电焊施工前，进行井内空气检验，符合大气空气质量并加强送风方可电焊施工。

9. 环 保 措 施

钢管柱和护筒的间隙需回填石屑，为了防止回填时的扬尘污染，并考虑石屑的再利用，回填石屑时采取喷淋措施。逆作地下结构时，钢管柱与混凝土结构梁板连接前需去掉护筒。切割护筒时，护筒内的土石屑可回收再利用，也可用于下一层梁板地模土体的加固。

泥浆清运采用封闭的运输车辆，运输车辆出场在门口冲洗干净，严禁携带泥水污染马路。

10. 效 益 分 析

10.1 钢管柱定位：通过工程实践，采用管底引导式定位的施工方法，能使钢管柱柱底精确定位，满足了设计要求不大于5mm的标准。质量效益明显。

10.2 钢管柱采用C50自密实混凝土，解决了超深钢管内混凝土浇筑一次成型问题。通过现场模拟浇灌钢管内混凝土的试验，解剖试件，确定最佳混凝土配合比，使用导管输入法浇筑的施工方法，做到了钢管内混凝土密实，混凝土与钢管的结合良好，符合质量要求。

10.3 设计制作了垂直物料提升机，获得国家专利授权，比使用汽车吊降低了施工成本，节约费用109.05万元。

具体分析如下：该工程桩孔内共有205根钢管柱，在安装钢管柱前需清掏护筒内淤泥和剔凿的混凝土，每根桩孔内泥浆及沉渣146m³，按原方法使用8t汽车吊清掏护筒内淤泥和剔凿的混凝土，每根钢管柱平均10个台班，使用汽车吊车的费用：205×10×600元/台班=123万元。

使用自制的装置研发设计费3000元，每台制作费用为1000元，每台班电费10元，共计做了40套垂直运输装置，该工程使用完还可周转使用，垂直运输装置使用费用按40%摊销，自制装置的费用合计：3000元+1000元×40台×40%+10元×205×10=3000元+16000元+20500=3.95万元。

考虑使用汽车吊也得放专人倒土，操作装置和倒土同一个人操作，因此考虑操作垂直运输装置人工费10万元。

计节约费用：123万元-3.95万元-10万元=109.05万元

11. 应 用 实 例

11.1 天津站交通枢纽工程是集普速铁路、京津城际高速铁路、城市轨道交通、公交和周边市政道路于一体的大型综合项目。集中在以铁路天津站前后广场为核心的区域。工程于2006年2月开工，2009年6月完成了地下主体工程。

本工法主要应用在天津站交通枢纽一标段，本标段地下结构顶板是城际铁路地上站房北部部分站房的基础。该工程长284m，宽73~105m，占地面积23500m²，为地下3层，总建筑面积70000m²，是天津站综合交通枢纽工程后广场区域中心标段，采用盖挖逆作法施工。

结构地下一层层高7m，主要为城际铁路地下进出站厅，地下二层层高6.5m，地下三层层高6.7m，结构顶板上覆土为2m。地下结构埋深为23m，围护结构采用地下连续墙，工程结构抗浮桩采用ϕ2000mm、ϕ2200mm钻孔灌注桩，孔深80~86m，有效桩长53~62m。

由于采用盖挖逆作施工，桩上设207根ϕ1000mm δ18~22mm钢管柱作为竖向支承结构，钢管柱与灌注桩在-30m深处的桩孔内对接安装。

柱内浇筑C50微膨胀混凝土。考虑施工期间的荷载很大，增加48根ϕ1500mm δ16mm空心钢管柱补充竖向支承能力。结构顶板1000mm厚，纵梁900mm×1800mm；中层板600mm厚，板纵梁900mm×1100mm；底板1200mm厚，纵梁1600mm×2700mm。

钻孔灌注桩，桩径分为1.5m、2.0m及2.2m3种，其中2.0m和2.2m上部为永久性钢管柱，共安装、浇筑钢管柱205根，使用C50自密实混凝土6242m³。采用上述工法定位安装浇筑钢管柱混凝土，质量达到了规范和设计要求，通过了主体备案验收，确保了其上部京津高铁站在2008奥运之前投入使用，取得了显著的社会和经济效益。目前正在进行地铁设备的安装。图11-1是该工程地下结构中钢管柱的情况。

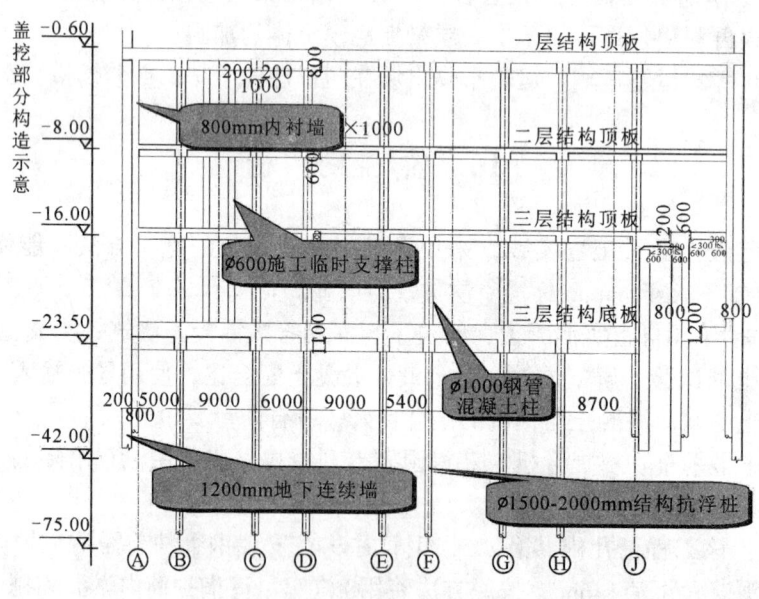

图11-1 天津站地下交通枢纽结构一标段钢管柱的情况

11.2 天津站地下交通枢纽二标段地下3层，位于京津城际铁路站房西侧的地下，南北长230m，东西最长处为150m，占地面积约20000m³，采用盖挖逆作法施工。工程于2007年2月开工，2009年12月完成了地下主体工程。

二标段工程在天津三建公司承建的一标段一年之后开工，由中铁十六局轨道工程公司承建，地下结构采用钢管柱插入灌注桩中。桩直径最大2200mm，钢管柱ϕ1000mm。在市重点工程指挥部、建设单位和监理的组织下，二标段地下钢管柱施工应用了天津三建公司在一标段经反复试验研究成功的"钢管柱逆作定位安装浇筑施工工法"，并借用了该工法中的三建公司的专利设备"清理地下桩孔内凿除物用的垂直式吊运机"，应用该工法解决了超深基坑的施工难题，加快了施工进度，确保了其上部京津高铁站在2008奥运之前投入使用，取得了显著的社会和经济效益。

11.3 天津市小白楼音乐厅及地下开发工程总建筑面积3.5万m^2，与小白楼地铁站相通。地下2层，局部3层，埋深15.4m。地下开发结构采用盖挖逆作法施工，基坑开挖长250m、宽70m、深15m。柱网8.4m×8.4m。地下开发基坑紧邻既有地铁结构，且地铁已经投入运营，其结构安全和运营安全对基坑变形控制要求较高。其中地下钢管柱工183棵，直径800 mm，钢管柱深15.15m，嵌入桩基长度2m。地下钢管柱施工采用了"钢管柱逆作定位安装浇筑施工工法"，保证了钢管柱的垂直度，工程于2006年2月开工，2007年12月完成了地下主体工程。工程按期完工投入使用，取得了良好的社会效益。

塔吊超高外附着设计、安拆、周转施工工法

GJEJGF064—2010

中建三局第二建设工程有限责任公司

黄刚　黄晨光　郑承红　梁贵才　宋文霞

1. 前　言

近年来，建筑的高度屡创新高、结构形式日趋新颖复杂，其施工都离不开塔吊进行施工物料的垂直运输。对于超高框筒结构的建筑物，由于核心筒领先于外框筒施工，通常将塔吊布置于核心筒井道内，然而此种塔吊布置方法吊运区域覆盖较小、对核心筒结构依赖性强。通过在深圳证券交易所营运中心及厦门海峡交流中心等项目改进实践，总结出一套将塔吊布置于外框筒外，并在顶升过程中依附于外框筒柱上，临时附着与固定附着相结合，通过安拆周转达到最终附着的施工方法。本工法关键技术于2011年通过湖北省建设委员会评审鉴定，被评为2010年度湖北省级工法。同时，塔吊附着撑杆交叉节点连接装置成功申请新型实用专利权。

2. 工 法 特 点

2.1　塔机选择面大，节省造价

在超高层框筒结构施工中，通常将塔吊布置于核心筒内，采用内爬的方式逐步上升以满足施工要求，由于塔吊间间距很小，故只能选择动臂式塔吊，而国内动臂式塔吊种类少，性能较低，且采用进口动臂塔吊价格昂贵。而本工法的塔吊结构外布置，使塔机选择面更大，节省造价。

2.2　覆盖面广，提高机械效率

本工法将塔吊布置于外框筒结构外，吊运覆盖面积更大，充分发挥平臂式塔吊的优势，提高了机械效率。

2.3　不受结构强度影响，通过临时附着安拆加快了工程进度，保证安全

本工法塔吊无需以主体结构为基础，故不受结构混凝土养护时间限制，加快了结构施工速度、安全高效。塔吊布置于结构外，通过逐步顶升以满足核心筒施工要求，而外框筒结构落后于核心筒进度，故采用临时附着以保证塔吊安全稳定，通过对临时附着的安拆周转，使之最终成为固定附着。

3. 适 用 范 围

本工法主要适用于在超高框筒结构的建筑物施工过程中，核心筒施工进度超过外框筒，塔吊外附着于外框筒立柱上时，附着体系的设计、周转和安拆。

4. 工 艺 原 理

将塔吊布置于结构外框筒以外，并随着核心筒高度的攀升，逐步顶升塔吊以满足施工需要，当塔吊自由高度达到限制时，采取附着在结构外框筒立柱上以保证塔吊的稳定性和起重能力。由于核心筒施工进度比外框筒立柱施工进度快，塔吊附着根据核心筒和外框筒进度情况及机械性能，规划确定附着点，若需附高度不足附着高度时，采用临时附着，并通过安拆周转成为固定附着。

5. 施工工艺流程及操作要点

5.1 基本施工流程（图5.1）

5.2 操作要点

5.2.1 塔吊附着体系设计

本工法中塔吊以外框筒立柱作为依附结构，因此针对不同的建筑工程，由于塔吊定位、建筑结构型式及塔吊参数等的不同，塔吊附着体系的设计会有所不同。但均可将附着体系分成附着框、附着杆和附着支座埋件这3部分进行设计，并尽量采用栓接的形式连接固定，以便于附着杆件的拆卸周转。

1. 塔吊附着体系的设计：包括附着杆、支座预埋件及连接部位的强度验算。

2. 塔吊附着对基础的影响：塔吊附着后，塔机的受力形式发生改变，因此应对各工况下塔吊对基础受力的影响。

3. 塔吊附着支座验算：塔吊依附于主体外框筒结构柱上，依据不同类型的柱，对其结构承载能力进行验算。

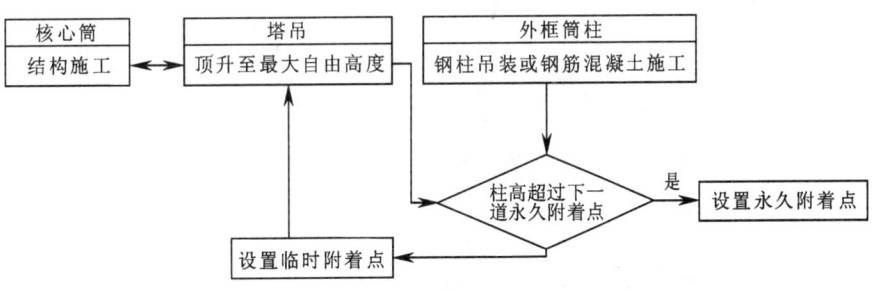

图5.1 超高外附着设计、周转、安拆施工流程图

4. 混凝土柱：需对柱的抗弯、抗剪能力以及混凝土局部承压强度进行验算，由于受施工进度和工期制约，通常情况下，不可能等混凝土达到设计强度后再进行塔吊附着杆连接，因此在进行验算时，应以实际强度进行验算，通常可取7d。

5. 钢柱：需对钢柱的抗弯、抗剪能力、稳定性以及局部承压强度进行验算。

6. 组合结构柱：需针对塔吊附着时柱的施工情况进行承载力验算。

附着装置设计验算完成后绘制制作图及相关说明，并交原塔吊厂或相应能力的厂家进行加工制作。

5.2.2 塔吊附着周转

1. 确定附着点

固定附着点的位置根据塔吊原制造厂的参数确定，结合现场实际情况，可适当调整固定附着点，但其附着杆间距离必须小于最大间距。塔吊附着点按以下基本流程确定（图5.2.2）：

塔吊随核心筒施工顶升至无附着最大自由高度，此时需对塔吊进行附着方能继续顶升，根据外框柱的进度情况确定附着点的形式，若外框柱已施工至第一道固定附着点之上，则可直接设置固定附

图5.2.2 塔吊附着点基本流程图

着点；若未达到高度，则可在柱靠近上端处设置临时附着点；之后进行塔吊的顶升，以保证核心筒的顺利施工，当塔吊顶升至有附着最大自由高度且无法满足核心筒施工时，采用同样方法设置附着点直至达到塔吊最大高度。

2. 附着周转

当每道（除第一道外）附着体系安装完成后，其下侧的临时附着杆便可以拆除并转至上部进行附着，因此准备固定附着所需的附着杆件套数，经过上述方法反复安拆周转便可达到最终的固定附着。

为减少临时附着拆除对结构柱的影响，每次优先拆除最下侧的临时附着杆进行周转。

5.2.3 塔吊附着加节作业

塔吊附着的设置和安拆周转依据前述的塔吊基本要求、施工进度情况、附着及周转规划，遵照各阶段的附着情况进行安装。

塔吊在无附着情况下，顶升至其无附着最大自由高度时，停止顶升，进行第一次临时附着后再继续顶升加节。

当塔吊顶升至吊钩与顶附着之间高差临近其有附着最大自由高度时，停止顶升，根据前述附着设置进行相应附着，当附着点处的钢柱需要加强时，须先安装好加强杆件，再进行附着。重复本步骤完成塔吊的顶升和附着。

在塔吊附着加节作业时相邻附着的间距不得超过其最大间距。

根据周转规划塔吊最终附着图及周转图，进行附着装置的安拆周转，达到最终的固定附着。

图5.2.3以深圳证券交易所项目的MC480和C7050塔吊外附着的安拆周转规划为例进行说明，两台塔吊的标准节及附着形式完全相同，只是永久附着点的高度稍有区别：MC480塔吊进行17次附着，其中5次永久附着，12次临时附着；C7050塔吊进行16次附着，其中5次永久附着，11次临时附着，通过安拆周转最后达到永久附着。

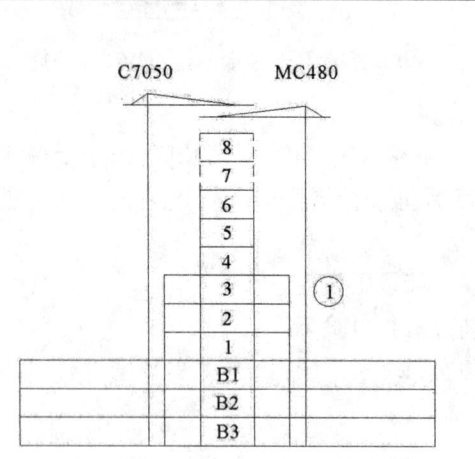

阶段一：塔吊已顶升至无附着状态下最大自由高度，核心筒正施工8层，外框筒施工至3层

阶段二：在3层设置临时附着点，塔吊继续顶升，直至有附着状态下最大自由高度，核心筒可施工至10层，外框筒施工至6层

阶段三：在5层设置临时附着点，塔吊继续顶升至最大自由高度，核心筒可施工至12层，外框筒施工至6层

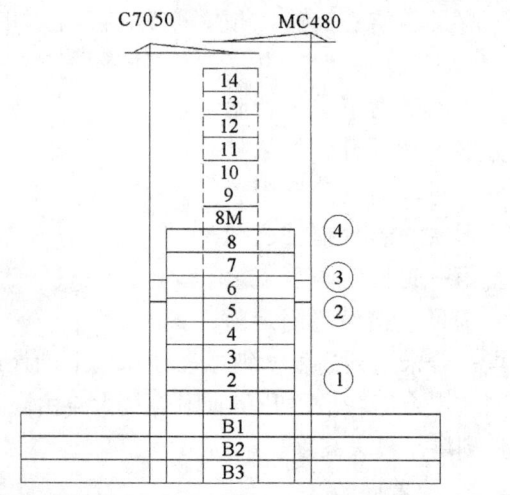

阶段四：为了保证核心筒施工，在6层设置临时附着点，此时将原3层处（①）临时附着拆除并转至6层（③）处安装，从而可继续顶升塔吊，以施工核心筒13、14层

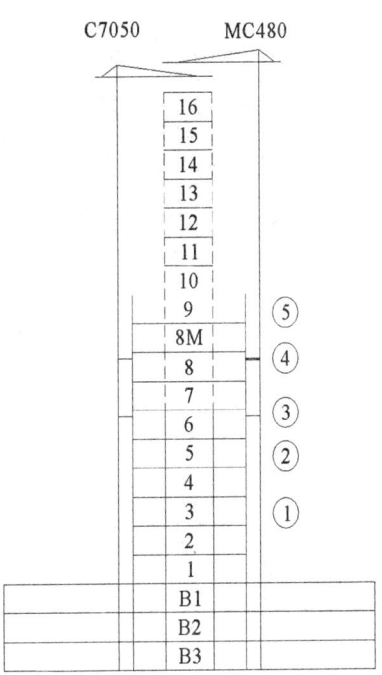

阶段五：将5层（②）的附着杆拆除并转至8层处安装，该附着为MC480的第一道永久附着，并顶升塔吊至最大自由高度，核心筒可施工至16层，外框筒施工至8MF

阶段六：将6层（③）的附着杆拆除并转至8M层安装，该附着为C7050的第一道永久附着，并顶升塔吊至最大自由高度，核心筒可施工至17层，外框筒施工至9层

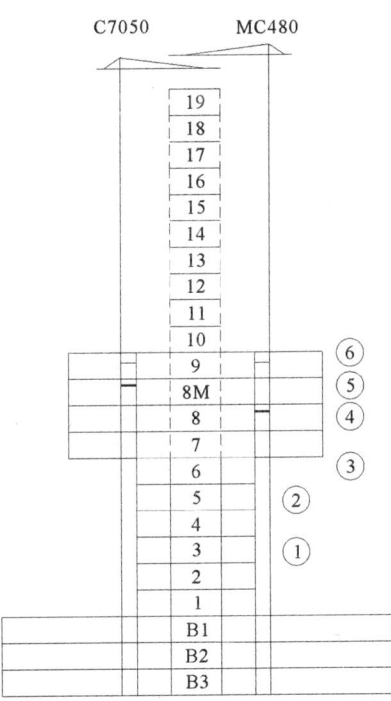

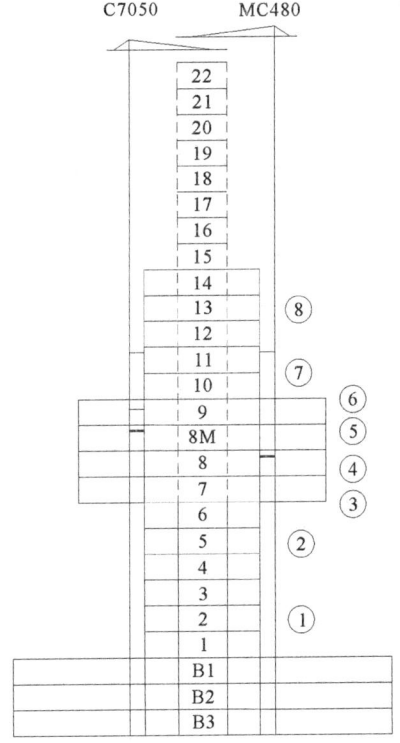

阶段七：为保证核心筒18、19层的施工，在9层设置附着点，对于C7050塔吊，将8层（④）的附着杆拆除并转至9层，对于MC480，安装新的附着杆，并可将8M层（⑤）的附着杆拆除以备周转至上部附着使用

阶段八：为进行核心筒20～22层、外框筒12～14层的施工，在11层设附着点，对于C7050塔吊，安装新的附着杆，并可将9层（⑥）的附着杆拆除备用，对于MC480塔吊，将上阶段的备用附着杆安装于此附着点，并可将9层（⑥）附着杆拆除备用

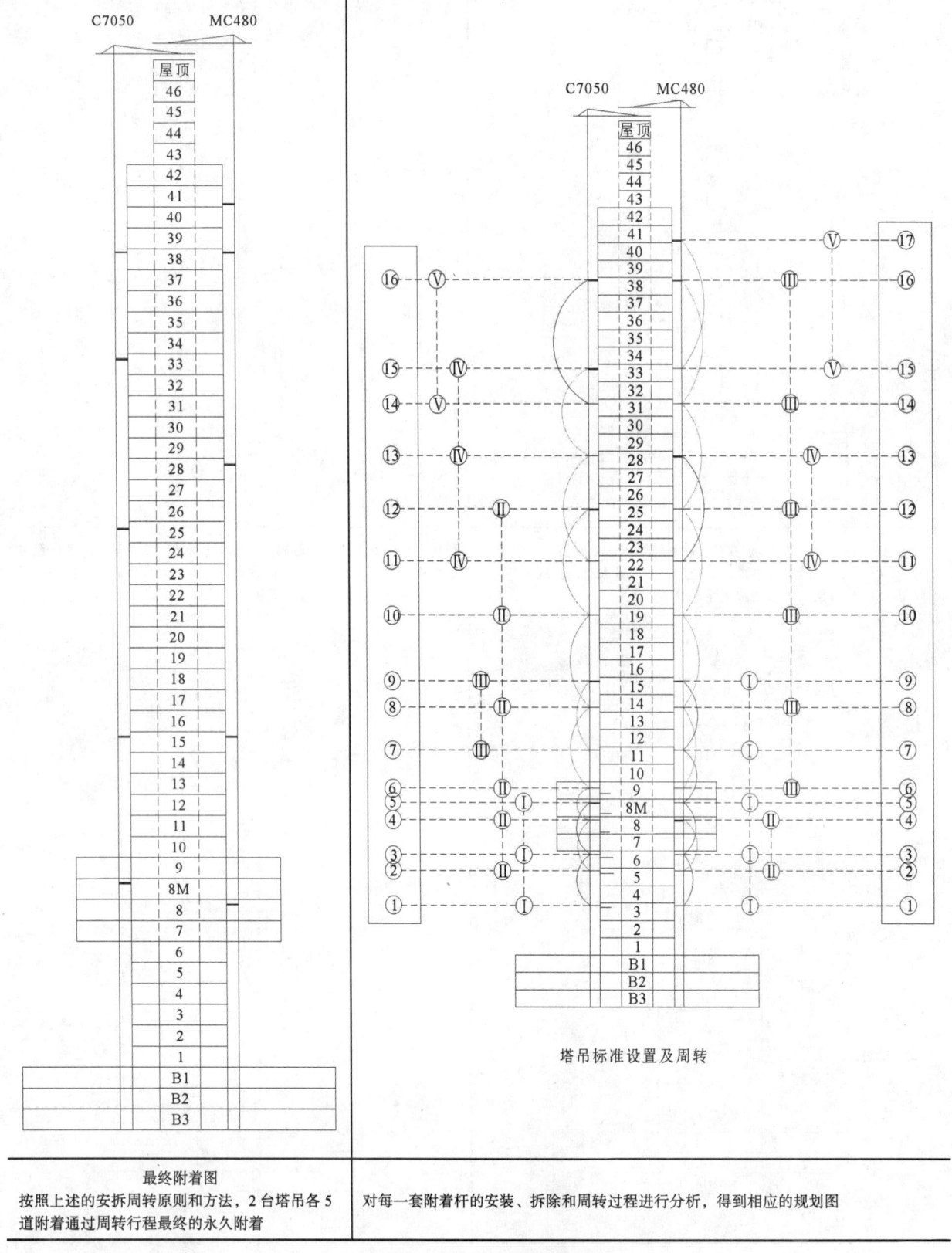

图5.2.3 塔吊安拆周转规划图

5.2.4 塔吊附着的安装（图5.2.4-1～图5.2.4-8）

1. 塔机附着装置中附着杆与预埋件间的连接宜采用栓接，以便于安拆周转，承载力不足或者施工条件受限时，可采用焊接。

2．根据塔机预定的附着点位置，在结构柱施工时，预埋好附着装置预埋件，预埋件需保证定位准确，固定牢靠。若结构柱为钢柱或钢混凝土组合结构柱，应将预埋件与钢柱牢固的焊接在一起；若为钢筋混凝土柱，则应将预埋件与柱筋绑扎或焊接固定，以保证其在浇筑混凝土不会发生偏位。

3．用塔机将附着框吊起，在塔机标准节上与预埋件的等高位置上将附着框用高强螺栓紧紧的抱在标准节主弦杆上，固定在塔身上。

4．用塔机将附着杆逐一吊起，使其一端与附着框用销轴连接起来，另一端与预埋件的耳板栓接或焊接起来。4根附着杆应保持在同一水平面内。

5．调节附着撑杆的调节螺丝，使塔机的塔身满足垂直度≤4/1000的要求。

图5.2.4-1　塔吊附着预埋件

图5.2.4-2　塔吊附着杆安装1

图5.2.4-3　塔吊附着杆安装2

图5.2.4-4　塔吊附着杆安装3

图5.2.4-5　塔吊附着杆安装4

图5.2.4-6　塔吊附着杆安装5

图5.2.4-7　塔吊附着交叉部位连接

图5.2.4-8　塔吊附着情况

5.2.5　塔吊顶升加节作业

1. 加节作业前的准备工作

全面检查塔吊钢结构有无变形、开裂、锈蚀严重等情况，表面油漆完好，机械部完好，运行正常，钢丝绳无过度磨损，扭曲现象，电器部分完整、无破损、绝缘情况良好，安全防护设施齐全，各限位器灵敏可靠。

作业前应先检查塔机技术状况、顶升前的检修要求、各机构是否运转正常。

检查液压顶升机构，并试运行，确认其完好无损。

检查要顶升用的标准节，确认其完好无损，将其连接部位和穿螺栓孔清理干净。

在顶升作业前，将用于接高的全部标准节，用起升机构吊钩吊到塔机顶升时起重臂所处的正方位所能吊到的幅度较小处（10m内），并吊一个标准节在引进梁小车吊钩上，再将起重吊钩移至约15m幅度处，此时塔机上部顶升部分重心通过液压缸的铰点，以保持平衡，顶升时的滚轮摩擦力小。

顶升开始前，液压系统应空车试运转，再操纵手动换向阀，使液压缸无载伸缩数次，排除系统内的空气，并检查各运动件是否有干涉现象，重复调整滚轮间隙，运转正常后，方可进行顶升作业。

2. 顶升加节作业（图5.2.5-1、图5.2.5-2）

图5.2.5-1　塔吊顶升加节过程1

图5.2.5-2　塔吊顶升加节过程2

将一节标准节吊至套架引进横梁的正方，在标准节下端装上4只引进滚轮，缓慢落下吊钩，使装在标准节上的引进滚轮正好落在引进横梁上，然后摘下吊钩。

再吊另一节标准节，将载重小车开至顶升平衡位置。

使用回转制动器，在塔机上部处于制动状态。

卸下塔身顶部与下支座连接的高强螺栓。

顶升塔机上部结构,分二次顶升顶升至塔身上方恰好能引入一个标准节,将套架引进横梁上的标准节引至塔身正上方,稍微收回油缸,将新加标准节落在塔身顶部,卸下引进滚轮,用M39×3×360高强度螺栓将上下标准节连接件连接牢靠,预紧力矩2400kN·m。

再次缩回油缸,将下支座落在新的塔身顶部上,用高强度螺栓将下支座与塔身连接牢靠。标准节引进过程中和缩回油缸活塞杆之前,必须将油缸横梁两端悬挂的撑杆下端置入踏步缺口内。

重复上述步骤至加完所需标准节。

塔机加节达到所需工作高度后,旋转起重臂至不同的角度,这一根主弦杆位于平衡臂正下方时,把这根杆从下至上的所有螺母拧紧。

3.加节后的检查及调试(表5.2.5)

1)加节后检查项目见表5.2.5。

检查项目表   表5.2.5

检查项目	检 查 内 容
基 础	检查输电线距塔机最大旋转部分的安全距离并检查电缆通过情况,以防损坏
塔 身	检查塔身节连接螺栓的紧固情况,检查塔机的垂直度是否符合要求
爬升架	1)检查与下支座的连接情况
	2)检查各滚轮、活动爬爪、销油连接各部件的转动或摆动是否灵活
	3)检查走道,栏杆的紧固情况
上、下支座 司机室	1)检查与回转支承连接的螺栓紧固情况
	2)检查电缆的通行状况
	3)检查平台栏杆的紧固情况
	4)检查与司机室的连接情况
	5)司机室内严禁存放润滑油、油棉纱及其它易燃物品
塔 帽	1)检查扶梯、平台、护栏的安装情况
	2)保证起升钢丝绳穿绕正确
起重臂	1)检查各处连接销油、垫圈、开口销安装的正确性
	2)检查载重小车安装运行情况,载人吊篮的紧固情况
	3)检查起升、变幅钢丝绳的缠绕及紧固情况
吊 具	1)检查换倍率装置,吊钩的防脱绳装置是否安全、可靠
	2)检查吊钩有无影响使用的缺陷
	3)检查起升、变幅钢丝绳的规格、型号应符合要求
	4)检查钢丝绳的磨损情况及绳端固定情况
机 构	1)检查各机构的安装、运行情况
	2)各机构的制动器间隙调整合适
	3)检查牵引机构,当载重小车分别运行到最小和最大幅度出,卷筒上钢丝绳至少应有3圈安全圈
	4)检查各钢丝绳绳头的压紧有无松动
安全装置	1)检查各安全保护装置是否按要求调整合格
	2)检查塔机上所有扶梯、栏杆、休息平台的安装紧固情况
润 滑	检查润滑情况

2)调试

当顶升加节安装完毕后,在无风状态下,检查塔身轴心线对支承面的侧向垂直度,允许偏差为4/1000,再按电路图的要求接通所有电路的电源,试开动各机构进行运转,检查各机构运转是否正确,同时检查各处钢丝绳是否处于正常工作状态,是否与结构件有摩擦,所有不正常情况均应予以排除。

安装检查后，应依次进行下列试验：

（1）空载试验

各机构应分别进行数次运行，然后再做三次综合动作运行，运行过程不得发生任何异常现象，否则应及时排除故障。

（2）负荷试验

在最大幅度处和最大吊重所对应的最大幅度处分别吊对应定额起重量的25%、75%、100%，按（1）条要求进行试验。

6. 材料与设备

6.1 主要材料（表6.1）

主要材料　　　　　　　　　　表6.1

序号	名　称	规格型号	单位	数量
1	附着框	□3120×3120	套	5
2	附着杆	ϕ273×12	根	20
3	预埋件	Q235, t=20mm	个	68
4	销轴	ϕ60	个	20
5	高强度螺栓	M39×3×360	枚	若干

6.2 设备工具（表6.2）

设备工具　　　　　　　　　　表6.2

序号	名　称	规格型号	单位	数量
1	起重设备	C7050/MC480	台	2
1	专用扳手		套	4
2	活动扳手	10~12	把	4
3	大锤	16磅	把	4
4	奶头锤	2.5磅	把	4
5	撬棍	1.5~2.5m	根	4
6	替打		把	2
7	工仪表		套	1
8	机械工具		套	1
9	白棕绳	50mϕ16mm	根	2
10	手动葫芦	5t; 2t	套	各一套
11	千斤头	8mϕ13.5mm	根	2
12	铁丝			若干
13	垫木			若干
14	安全帽		顶	20
15	安全带		套	6
16	绝缘鞋		套	6
17	防护手套		套	6
18	安全网	1800mm×6000mm	床	若干
19	对讲机	3km	部	5

7. 质 量 控 制

7.1 塔吊附着体系的施工必须符合《钢结构设计规范》GB 50017-2003,《建筑钢结构焊接技术规程》JGJ 81-2002、塔吊使用说明书以及其他相关设计要求、国家产品标准和工程技术规范的规定。

7.2 塔吊附着体系的安装质量直接关系着塔吊的安全性和稳定性,本工法中需反复多次的对附着杆体系进行安拆和周转,需采取有效地措施以保证附着的安装质量。

7.3 塔吊附着系统的构件和预埋件必须由塔吊原制造厂或具有相应能力的企业进行设计计算、绘制制作图及编写相关说明,并制作加工,以确保构件质量。

7.4 预埋件在安装前,应通过测量放线将其位置准确定位;安装时,预埋件必须与柱结构可靠地焊接在一起,确保在附着杆安装前及使用中不会发生任何的偏位、松动等现象。

7.5 附着系统安装时,焊接所采用的焊条牌号性能,构件所使用钢筋、钢板及型钢等均应符合设计要求;电焊工应有相应的资质证并经考试合格。焊缝表面焊波应均匀,不得有裂缝、夹渣、焊瘤、烧穿、弧坑及气孔等缺陷。

7.6 附着顶升完成后,对附着部位的焊缝进行探伤及应力监测,确保其承载力达到设计要求;同时对新顶升的标准节及附着构件进行全面的检验,特别是塔机垂直度必须符合规范的要求。

7.7 塔吊司机、指挥人员、丝索人员必须持有有关部门核发的操作证持证上岗。塔吊司机必须熟练掌握塔吊使用操作方法,附着顶升作业要有专人指挥,电源液压系统须专人操作。

7.8 塔吊使用过程中,应定期检查关注附着系统构件是否有过大变形,焊缝是否存在细小裂缝等现象,如有问题应立即解决。

8. 安 全 措 施

8.1 安全技术措施

塔吊附着体系的安拆必须符合《建筑施工塔式起重机安装、使用、拆卸安全技术规程》JGJ 196—2010以及各项安全法规、安全技术规程的各项规定组织施工,做到安全文明施工。

总负责人组织全体作业人员学习塔吊附着方案内容,进行安全技术交底,落实每项工作。

塔吊顶升及附着安装作业之前,组织学习顶升附着安全技术方案,对班组作业人员进行技术方案交底,对分项工作内容、技术要求、安全措施及有关注意事项进行单独交底。

作业人员必须经过培训考核合格,起重工和电工要持证上岗;进入施工现场必须戴安全帽,高空作业时要系好安全带,穿防滑鞋。

所有参与安装作业的人员必须持证上岗,作业区范围内设立安全警戒区,派专职安全员把守,非有关人员不得进入警戒区。

作业人员岗位明确,作业职责清楚,既要坚守岗位,又要相互配合,自觉遵守安全操作规程及安全技术措施规定,集中精力,全神贯注的工作。

油泵、顶升横梁、爪应有专人操作,职责明确。并相互监督、协调,安装、拆除螺栓时,铁锤与扳手要握牢,防止螺栓、螺母、榔头、扳手等物件高空坠落,使用铁锤应由熟练的人承担。

当操作完成一个步骤后,必须相互通气,并互检查后,都已完成好,方可进行下一步作业。

风力大于6m/s时,禁止安装和顶升作业。

严禁酒后作业。

检查吊钩吊索是否可靠。

使用的工具,卸卡及零件必须放稳妥,严禁抛扔。

所有作业人员作业过程中思想集中,听从指挥,禁止违章作业。

8.2 顶升过程中应注意事项

液压顶升和拆卸塔身时，必须严格遵守安全操作规程。

塔机上部顶升部分的重量必须保持平衡。

顶升或拆卸时遇到卡阻或异常现象，必须停机检查，故障未排除不得继续顶升或拆卸。

再次顶升之前，顶升横梁两端的耳轴必须可靠地落入标准节踏步的缺口内，方能进行顶升，防止塔机倾覆。

9. 环 保 措 施

固体、液体废物的存放应采取防渗漏、防流失、防扬散措施，妥善储存。

对废电器、废机油、废油手套、废配件等固体废物，应回收利用，不具备回收利用条件的，不得随意弃置和倾倒，交专门部门回收。

10. 效 益 分 析

10.1 社会效益

该塔吊超高外附着施工工法通过多个项目的应用，达到良好效果，通过规划附着体系的安拆和周转，解决了塔吊外附着时外框筒与核心筒协调施工的难题，为工程顺利竣工提供了充分保障，取得了很好的社会及节能环保效益，给国内类似工程施工提高宝贵经验。

10.2 经济效益

本工法中所述塔吊外附着的施工方法大大提高了塔吊覆盖面积的利用率，使同等面积下所需塔吊数减少，减少了塔吊租赁费用的开支，节约成本；缩短塔吊顶升周期，无需受结构强度限制，缩短了工期，减少塔吊附着对结构的影响。根据核心筒和外框筒进度情况，C7050共需进行16次附着，其中5次永久附着，11次临时附着，MC480共需进行17次附着，其中5次永久附着，12次临时附着。

优化的附着装置每套加工制作费：38125.3元，安装费：2436.0元，拆除费：1914.0元；原附着装置每套加工制作费：32478.2元，安装费：2015.0元，拆除费：1750.0元，则可节约费用：

(32478.2+2015.0+1750.0)×(16+17)−38125.3×(5+5)−(2436.0+1914.0)×(16+17)=671222.6元

11. 应 用 实 例

11.1 深圳证券交易所营运中心项目位于深圳市福田中心区（图11.1）。工程总建筑面积26.7万m²，其地下室3层，主楼地面上共46层，为超高层现代化办公楼建筑。工程主体结构形式为型钢混凝土框架-钢筋混凝土核心筒混合结构，其中地下室、核心筒为现浇钢筋混凝土结构，地面以上塔楼、核心筒之外区域为钢—混凝土压型钢板组合楼盖，抬升裙楼为巨型悬挑钢桁架结构。MC480和C7050型2台塔吊对称布置在主楼框外侧，采用固定外附墙形式，MC480塔吊通过17次附着，其中5次固定附着，12次临时附着；C7050塔吊通过16次附着，其中5次固定附着，11次临时附着，通过安拆周转最后达到固定附着，得到业主和社会的好评！

图11.1 深圳证券交易所营运中心工程

11.2 海峡交流中心工程位于厦门会展北片区（横三路交纵二路交口东南角，图11.2），建筑层数为地上49层，地下3层。建筑总高度212.65m，主要功能为商业及办公。结构形式为劲性钢骨柱钢筋混凝土核心筒——钢管柱混合结构体系。S450L25塔高235m，通过9次附着固定在楼层梁上300mm的钢管混凝土柱上，其中临时附着5道、固定附着4道。通过此项工法的应用，取得了较好的效果，得到了建设单位和监理单位的认可，为企业赢得了信誉。

11.3 建发国际大厦工程位于厦门会展北片区（横三路交纵二路交口东南角，图11.3），建筑层数为地上49层，地下3层。建筑总高度219.4m，49层办公楼，屋顶设有设备层和停机坪。避难层15、32层设置Y向伸臂桁架加强层。整个施工过程中，高塔TC8039要达到252m，低塔STC8039要达到240.6m，塔吊需进行12次临时附着和固定附着交替顶升操作。采用本工法施工，安全高效，取得了较好的经济效益。

图11.2 厦门海峡交流中心工程

图11.3 厦门建发国际大厦工程

卵形消化池伞形模架施工工法

GJEJGF065—2010

中铁四局集团有限公司　中铁上海工程局有限公司

陈军　董燕囡　张立新　杨国新　杨慧丰

1. 前　言

目前，随着环保建设的发展，污水处理卵形消化池具有不易堆积沉砂、易去除浮渣、处理能力大、搅拌效率高等优点，容积10000m³以上的消化池大多设计为卵形钢筋混凝土结构，一般多采用满堂钢管脚手架配用异形钢模的方法施工，但模板和支撑系统复杂，施工缝较多，工期长，池体混凝土质量难以保证。中铁四局集团有限公司及中铁上海工程局有限公司在工程实践中，开发了伞形模架系统，并应用于武汉三金潭污水处理厂卵形消化池工程，其卵形消化池单池容积为13900m³，根据科技查新，其单体规模目前位居亚洲第一、世界第三。应用于工程的伞形模架工艺克服了传统工艺的缺点，取得了显著的经济效益和社会效益，确保了工程质量、工期和安全性，并于2009年获湖北省重大科学技术成果奖；2009年获湖北省襄樊市科技进步一等奖；2010年获中国施工企业管理协会科技进步二等奖；2010年获工程铁路总公司科技进步二等奖，以及"角度可调操作平台挂架"、"一种镶嵌式模板"、"一种旋转式操作平台"3项实用新型专利，该项工艺成果具有良好的推广应用前景，经总结形成工法。

2. 工 法 特 点

2.1 模板系统与支撑结构组成的伞形模架系统，体系简洁，安全可靠。

2.2 模架系统设计为拼装式，装配化程度高，劳动强度低，施工速度快，工期较传统工艺可缩短1/3。

2.3 模板采用后嵌入法安装于模板框架之间，混凝土浇筑实现"随立随浇"，便于混凝土作业，拆模方便，结构曲率拟合好。

2.4 比传统施工工艺减少了大量的池体水平施工缝（传统工艺约需设20~30道水平施工缝，本工艺可只设3~5道水平施工缝），内外模板之间不使用对拉螺栓穿透池壁，提高了池体混凝土的气密性。

2.5 模架系统采用型钢制作，强度、刚度高，整体稳定性好，池体中心线垂直度、壁厚、表面平整度等技术指标得到保证。

2.6 改善施工环境，使安全施工有序控制。

3. 适 用 范 围

本工法适用于钢筋混凝土结构的卵形消化池施工，对于其他类似曲面结构构筑物的施工具有实际借鉴。

4. 工 艺 原 理

4.1 针对消化池三维曲面体的特点，设计制作的专用模架系统，是由模板系统和支撑系统两部分组成。模板系统用来提供混凝土的浇筑空间和施工作业平台；支撑系统设于池内中心，用来定位模板系统并确保其稳定性。

模板系统包括框架、模板和附件三部分。内外框架由纵肋、横肋和环梁组成。模板采用25mm厚胶合板加工成带企口的梯形板块，嵌入相邻两根纵肋之间，内外模板独立上口设临时对拉构件。附件由连接板、连接螺栓、对拉角钢组成工作平台。支撑系统由中心塔架和辐射梁组成，并与内框架连接。

4.2 模架系统根据施工设计分阶段安装。施工人员可通过池外梯架到达工作平台。模架系统由塔吊安装就位。采用汽车泵泵送混凝土。模板安装及混凝土浇筑实现"随立随浇"。 模架系统立面布置图见图4.2。

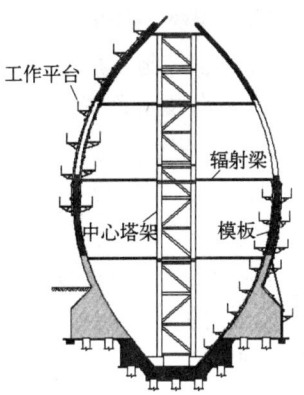

图4.2 模架系统立面布置图

5. 施工工艺流程及操作要点

5.1 施工工艺流程
施工工艺流程见图5.1所示。

5.2 操作要点

5.2.1 模架系统的设计
根据池体结构设计尺寸和施工阶段的划分，进行模架系统的技术设计。荷载主要包括：模板系统自重、施工荷载、浇筑混凝土对模板侧压力（分为满载及偏载两种情况）、浇筑混凝土冲击荷载、风荷载等。阶段的划分按工况进行荷载组合。

5.2.2 模架系统加工制作
1. 模架各构件所用材料应有出厂合格证、质量保证书或试验报告，并按国家有关标准验收，所有焊条的品种、规格、型号应与焊件的材质、规格相适应。

2. 加工模板所用的胶合板厚度应不小于25mm。材料应有出厂合格证和力学性能表，并按《胶合板含水率的测定》规程进行验收。

3. 模板框架系统由型钢制作成骨架，按照作用分为纵肋、横肋和环梁。纵肋使用I20a热轧工字钢弯曲而成，组成模板框架的经向骨架。纵肋之间则由纬向横肋进行连接加固。由于受力情况不同，内模横肋与外模横肋的结构不一样，内模横肋主要承受压力，使用L75 × 75 × 8mm热轧等边角钢作材料，抗弯性能良好。外模横肋则主要承受拉力，采用由两根60mm × 10mm的扁钢板条组成的焊接结构。环梁用来加固模板框架，采用工字钢分段加工，各段环梁相互之间由螺栓连接后形成一个闭合的圆环，确保模板框架的系统稳定性。

4. 模架系统加工完成及运至现场后，认真检查并复核框架尺寸及数量，进行试拼装。

5.2.3 其他

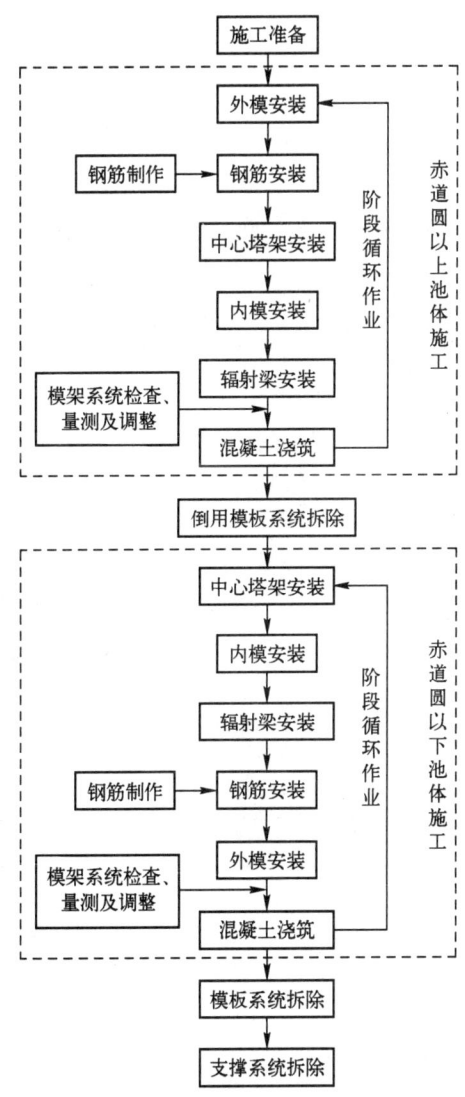

图 5.1 卵形消化池施工工艺流程图

1．模架系统安装前，检查垫层混凝土、外模基础底部混凝土强度。

2．主体施工所需的预埋件、塔吊及加工机具等均要到位，并进行混凝土配合比设计。

3．由技术负责人组织施工相关人员进行技术交底，明确工艺流程和操作要点。

5.3 操作要点

5.3.1 模板安装

1．模架系统总体安装顺序：整个卵形消化池共分为5个阶段组织施工，池体赤道圆以下部分按照水平施工缝分为3个阶段，赤道圆以上部分按照水平施工缝分为2个阶段。池体赤道圆标高以下阶段先外模再内模，赤道圆以上阶段先内模再外模。支撑系统根据施工进度逐步加高接长。分阶段施工模架安装如图5.3.1所示。

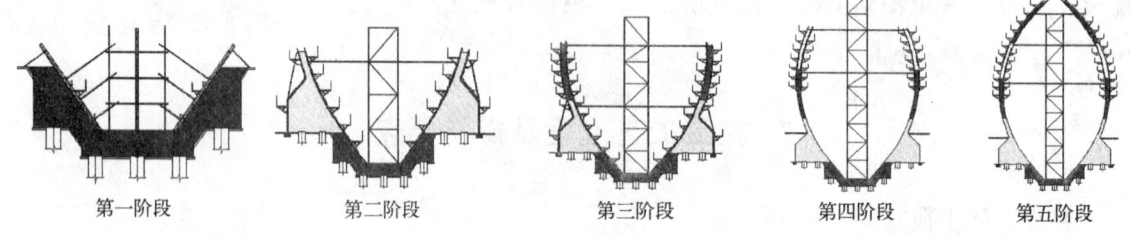

第一阶段　　第二阶段　　第三阶段　　第四阶段　　第五阶段

图5.3.1　分阶段施工模架安装示意图

2．内、外框架划分为多个网片。先将网片组装好，再吊装就位拼接。网片拼装的原则是"先环后纵"，即先将下层网片依次吊装到位，逐一连接后组成封闭的环形框架。塔吊吊装时，两根吊索挂在网片顶部纵、横肋交叉点，以保持对称布置。网片底部设两根牵引绳，引导网片摆正就位。每安装一片网片，要将底部纵肋的对接螺栓和与相邻网片连接的横肋连接牢靠以后，才可解除吊钩、牵引绳及其它临时支撑。

3．调整好框架的几何尺寸，然后将所有的连接螺栓紧固至规定的扭矩。检验框架网片顶端的标高以及到圆心距离是否与设计值相符。通过激光垂准仪将设于消化池底部的中心基准点向上引测并复核校正，以之作为圆心基准。

4．为确保模板连接的严密性，防止混凝土浇筑时漏浆，应在每层模板交界的水平缝处使用胶粘剂填堵。

5．赤道圆分界处预留其下一段模板作为后续模板的支撑，因此在模板框架安装时，需要在纵肋上预留一定数量的锚栓，待浇筑混凝土时锚入池壁。

6．根据池体结构特点并考虑模板设计的经济性，赤道圆上、下部模板部分通用，施工中可进行倒用。

7．制定专项的模架系统施工监测方案。具体见表5.3.1。

模架系统施工监测内容　　　　　　　　　　　　　　　　　　表5.3.1

序号	监测项目	监测内容	仪器配置	监测频率
1	模板框架安装	中心垂直度、半径	激光垂准仪、钢尺	框架闭合后及混凝土浇筑前后
2	模板框架变形	内外环梁、内外纵肋	全站仪、钢尺、应变计	混凝土浇筑前、过程中、浇筑完成后，其他异常情况时

5.3.2 钢筋安装

1．非预应力钢筋在池壁中的定位是关键。在下部壳体段，借助模板框架临时固定钢筋就位，形成笼体骨架并精确控制，然后加密并逐根焊接定位。在上部壳体段，钢筋安装应以池壁内外模板框架为依托，为保证模板系统的稳定，钢筋安装也应以平面圆心对称进行。内外钢筋网片之间采用支撑筋定位，采用砂浆垫块提供保护层厚度。

2．预应力筋整束由人工穿入钢筋骨架内，梳整平顺，用尼龙扎带固定在支架钢筋上，定位后在预应力筋两端安装螺旋筋、锚垫板和张拉槽模板。张拉槽模板与外壁模板应密贴，且在安装和混凝土浇筑过程中注意保护。

3．浇筑前检查

模架系统的检查包括隐蔽工程检查和模板安装检查。隐蔽工程检查包括钢筋（含预应力筋和非预应力筋）、预埋件（含设计预埋件如管道、爬梯、应变计，临时施工措施性预埋件如锚栓、冷却管、测温探头、砂浆垫块等）、预留孔洞（如人孔、管孔、锚具槽）等，若有变形及移位及时纠正。

4．混凝土浇筑

1）施工前制定详细的浇筑方案，确定浇筑点和浇筑顺序，做好浇筑点相向施工，接茬后进行反向循环的施工。

2）池体施工缝处设置止水钢板，按《给水排水构筑物施工及验收规范》相关规定执行。钢筋安装完成后在施工缝处安装止水钢板，混凝土浇筑不超过钢板高度的一半，并在初凝前将混凝土面凿毛。下层混凝土浇筑前清理接缝，并涂刷界面剂以加强新旧混凝土连接。

3）池体混凝土浇筑应分层对称进行，避免偏载，施工时严格控制，最大偏载高度不超过300mm。

4）赤道圆附近模板尺寸较大，必要时采用加固措施以防止较大变形的产生。

5．模板拆除

1）模板系统拆除与网片安装顺序相反，即先拆除环梁，再按网片分片整体拆除。

2）拆除的模板要及时清理修正，提高周转次数。

6．混凝土养护

1）基础为大体积混凝土，施工前计算水化热，设计温控措施。设置降温系统时混凝土内外温差值按25℃控制。

2）池体混凝土养护根据不同部位和不同天气情况采用不同方法。大体积混凝土采用整体保温法，池体段混凝土也可涂刷养护液进行养护。

5.4 劳动力组织

劳动力组织按一座消化池施工考虑，多座消化池施工时可考虑流水作业，部分关键工种增加人数。劳动力组织表见表5.4。

劳动力组织表　　　　　　表5.4

序号	工　种	人数	工　作　内　容
1	混凝土工	12	混凝土振捣、施工缝处理
2	钢筋工	6	非预应力筋及预应力筋制作、安装
3	架子工	4	模架系统安装、拆除
4	木工	6	模板加工、制作、修整，混凝土浇筑时看模
5	电焊工	6	钢筋安装、预埋件制作安装
6	氧焊工	4	模架系统安装、拆除
7	钳工	2	模架系统安装、拆除
8	起重工	2	塔吊司机
9	测工	2	放线、模架系统施工监测
10	试验工	2	现场试块制作、商品混凝土旁站质量监控
11	普工	20	据现场情况机动安排工作
	合计	66	

6. 材料与设备

机具设备配置满足现场吊装，钢筋、模板、金属构件加工、测量、混凝土浇筑、质量控制以及安全施工等方面的需要。具体见表6。

主要机具设备表
表6

序号	名　　　称	型号规格	单位	数量	备　　　注
1	模板系统	自制	套	1	内外双层钢框架
2	支撑系统	自制	套	1	中心塔架以及辐射梁
3	钢筋加工机械		套	1	含调直、弯曲、切断机
4	电焊机	BX1-500	台	3	钢筋及构件焊接、预埋件固定
5	钢筋对焊机	LN-75	台	1	池体环向钢筋对焊
6	钢筋电渣压力焊机	HYS-630	台	3	池体竖向钢筋对焊
7	塔吊	FO/23B	台	1	用于现场平面和垂直运输
8	汽车吊	PY53115Q	台	1	模架卸货及拆除时用
9	发电机组	200GF	套	1	混凝土连续浇筑备用及现场应急
10	木工圆锯	MJ104A	台	1	模板加工修整
11	木工刨床	MB106A	台	1	模板加工修整
12	混凝土振捣器	ZDN800	台	10	混凝土振捣
13	全站仪	NTS-325	台	1	底板中心点测设，施工监测
14	大体积混凝土测温仪	AR-350	台	1	基础混凝土测温
15	激光垂准仪	LV-120	台	1	池体中心线定线、中心点引测

7. 质 量 控 制

7.1 质量标准

模架系统的质量控制从模板安装、施工监测两方面进行。模板安装质量检验标准参照《给水排水构筑物施工及验收规范》（GBJ 141-90）及《混凝土结构工程施工质量验收规范》GB 50204-2002的相关要求进行，见表7.1。

模板的变形、最大应力允许值根据模板设计检算结论进行控制。

模板安装质量检验标准
表7.1

序号	项　　　目	允许偏差（mm）	检 验 方 法
1	高程	±5	水准仪或拉线、钢尺检查
2	直径 R	±R/2000	钢尺检查
3	池壁厚度	±3	钢尺检查
4	垂直度	10	激光垂准仪、钢尺检查
5	表面平整度	5	靠尺或塞尺检查
6	相邻两板表面高低差	2	钢尺检查

7.2 质量控制措施

7.2.1 深入开展质量意识教育，加强标准化管理，建立工程质量保证体系。

7.2.2 所有基础施工的基坑或沟槽不得有积水,并要采取有效排水措施,防止基坑进水浸泡。

7.2.3 消化池模板框架采用定制的型钢框架,其尺寸是依据消化池的双曲面外形设计尺寸而定的。在施工过程中,模板框架的精确定位,保证了池体的外形尺寸。

7.2.4 加强模板框架安装调整和混凝土浇筑过程中的模板体系的监测。

7.2.5 池体中心控制采用激光垂准仪,将激光垂准仪架在底板上,中心对准中心控制盘中心,在与模板框架上表面的同一平面上截取池体的中心点。用钢尺测量从此中心点到四周模板框架的距离,确认符合设计要求,然后将调整好的模板框架与中心支撑架固定。

8. 安 全 措 施

8.1 起重工、电工、焊工、架子工等特殊工种必须持证上岗。施工前先要做好班前安全教育和安全交底。

8.2 根据施工特点配备安全防护用品,并做好安全防护。所有高空施工人员要系好安全带。工作平台设防护栏杆,外侧及下部满挂安全网,脚手板要固定牢固。

8.3 塔吊的安装、运行、保养、拆除等严格遵照其安全操作规程。

8.4 模板框架吊装要用等长的带卡环的双股钢丝绳,不能使用单股钢丝绳。

8.5 混凝土浇筑前及浇筑过程中,经常对模架系统的连接和变形情况进行检查,发现问题及时处理。

8.6 浇筑混凝土要保持对称均匀,速度一致,同步进行,严禁快慢不一,造成偏载过大、剧烈冲击等现象。

8.7 在工作平台和塔架上进行焊接、切割等作业时, 注意防火安全。现场准备足够数量的灭火器并制定防火应急预案。

8.8 安全用电,严格遵守《施工现场临时用电安全技术规范》JGJ 46-2005要求。在模板内作业需照明时,必须使用安全照明电压。

8.9 模架系统拆除要制订专项方案,施工时必须有专人指挥监督,由架子工负责拆除。拆除人员要先检查身体,并参加详细的技术安全交底。

8.10 施工现场设围墙,并按施工组织设计中总平面布置搭建临时设施,设置适当的宣传标语和安全警示标志。

9. 环 保 措 施

9.1 施工现场场地须平整,道路坚实畅通并经常洒水防止扬尘,设专门的排水措施,雨后或排污时及时清污,疏通排水沟渠。

9.2 作业地点和周围必须清洁整齐,做到活完脚下清、工完场地清,各种废弃物集中堆放,定期清理外运。严禁在现场焚烧各种废弃物。

9.3 清运渣土垃圾及流体物口,要采取遮盖防漏措施,运送途中不得遗撒。

9.4 混凝土泵车出料斗下设专用垫板或容器收集漏洒的混凝土,回收利用。

9.5 现场设临时水冲式厕所,污水经沉淀后方可排入管网。

10. 效 益 分 析

武汉三金潭2座消化池制作一套伞形模架,实际耗用钢材约450t,模架加工制作、安装等费用较传统模板工艺节省150万元左右。其经济效益如下:

10.1 节省了大量的脚手架租赁费用和搭拆人工费用。模架为型钢制作而成，大部分可重复利用。

10.2 施工速度快，缩短工期近1/3，节省了塔吊、商品混凝土泵车等大型机械的租赁费和相应的人工费。

10.3 施工安全性提高，质量有可靠保证，社会效益显著。

10.4 作为一种新工艺，对于占领类似结构的建筑市场具有明显竞争优势，市场推广应用前景较好，潜在效益巨大。

试以一座池为例，比较传统脚手架工艺与本工艺模架安装部分的人工费，分析如下：传统脚手架工艺，按外部双排脚手架、内部满堂脚手架考虑，根据湖北省定额计算，人工为1830d，工费44元/d×1830d=80520元。伞形模架工艺，经实测，人工为1200d，工费44元/d×1200d=48000元。节省80520-48000=32520元。经综合分析，与传统工艺相比，本工法可节约人工费用30余万元。

11. 应 用 实 例

实例一：武汉三金潭污水处理厂工程造价1.13亿元。其中，2座卵形消化池为双向曲面体无粘结预应力混凝土结构，单池容积13900m³，规模在目前同类结构中位居亚洲第一，世界第三。消化池采用钻孔灌注桩基础，池体全高45.8m（地上高34.3 m，地下埋深11.5 m），最大内直径26.0m，池壁为500～900mm厚渐变壳体。标高8.35m以下为C35混凝土，以上为C40聚丙烯纤维混凝土，抗渗等级P10。池壁设141道环向和72道纵向无粘结预应力筋，预应力筋采用Φ^s15.2高强低松弛钢绞线。消化池必须满足闭水闭气试验要求。工程施工难度大，质量标准高，工期要求紧。

工程主体于2006年7月开工，应用本工法施工，池体分为5个阶段完成浇筑，单池设置5道水平施工缝，制作了1套模架系统供2座池倒用。2007年2月2号池主体封顶，5月1号池主体封顶。实现了平均每个月浇筑一个阶段混凝土的速度。出模混凝土质量表面光洁平整无裂纹，内外壁圆顺，未发生任何安全事故现场施工监测表明，模板框架的最大径向变形为6mm，池体中心线垂直偏差最大为4mm，均满足施工规范的要求，并取得了显著的经济效益和社会效益。

实例二：上海市白龙港城市污水处理厂为亚洲最大的污水处理厂，其中污泥处理工程中包含8个单池容积12400m³的卵形消化池，工程造价为5.4亿元人民币，开工日期2008年7月10日，计划竣工日期2009年12月30日，施工工期为18个月，施工中采用了"伞形模架施工卵形消化池施工工法"，工程得以快速高效完成，大大缩短了工期，取得了良好的经济效益，工程质量得到了建设单位及同行业的好评。

实例三：鉴于武汉三金潭污水处理厂及上海白龙港污水处理厂中卵形消化池的成功应用及取得的良好的社会经济效益，公司于2010年11月成功中标昆明污水处理厂及南阳污水处理厂工程，其中共计4座卵形消化池，目前正在施工中，各项指标均在可控状态，施工效果良好。

超长清水混凝土雨篷施工工法

GJEJGF066—2010

中厦建设集团有限公司　同济大学

张国荣　陈伟　骆义荣　黄长庆　赵鸣

1. 前　　言

城市发展日新月异，大量项目破土动工。而现代化城市中的大型建筑物不仅要求具有完备的使用功能，而且还必须扮演美化和宣传城市的角色。因此设计人员提出的高标准、高要求的建筑结构方案使施工单位面临着巨大的挑战。

由上海现代建筑设计院和上海天功设计院合作设计的"嘉定长途客运站项目一期工程"中，超长清水混凝土箱形雨篷就是一例，该案例中的雨篷底板和雨篷外立面均采用清水混凝土做法。清水混凝土产生于20世纪20年代，其本身所拥有的原始而朴素的质感被认为具有表达建筑情感的装饰性特征，因而被许多国际级设计大师所衷爱。在我国，清水混凝土是从20世纪70年代开始应用的，但很快由于面砖和玻璃幕墙在外装饰中的广泛应用，导致清水混凝土的应用和实践几乎处于停滞状态。直至1997年，北京市设立了"结构长城杯工程"奖，推广清水混凝土施工，使清水混凝土重获发展。如海南三亚机场，首都机场，上海浦东国际机场航站楼、东方明珠的大型斜筒体等都采用了清水混凝土。更有意义的是清水混凝土属于典型的绿色混凝土，与现在的"低碳、节能"等环保理念十分相符，具有广阔的发展前景。事实也证明我国清水混凝土工程的需求已不再局限于道路桥梁、厂房和机场，在工业与民用建筑中也得到了一定的应用。可以预见清水混凝土会受到愈来愈多的推崇。

目前我国的清水混凝土施工质量标准和质量验收标准尚未统一，给施工单位带来了不少困惑。中厦建设集团有限公司在承接了嘉定长途客运站项目后，联合设计单位和大专院校对清水混凝土构件展开了积极研究和多次试验，最终施工完成的超长清水混凝土雨篷质量上乘，效果显著，受到了各方的一致好评。中厦建设集团有限公司以此为契机，形成一套关于清水混凝土雨篷的施工工法，在同行内相互交流，为促进清水混凝土在我们国家的发展做出贡献。

2. 工 法 特 点

2.1 清水混凝土雨篷对基层坚实性的要求更加严格。清水混凝土雨篷的模板支撑系统采用支架，立杆必须落在坚实可靠的基层上，如地下室刚性顶板或混凝土基层，且混凝土基层下的土层必须挖除淤泥且夯实。

2.2 清水混凝土雨篷对变形要求非常严格，故模板及支撑系统必须具备足够的刚度。模板应选用专用清水混凝土模板，同时清水混凝土一侧的支持系统需选用槽钢作为横向檩条，双拼扣件钢管作为纵向檩条。

2.3 为了保证清水混凝土雨篷的装饰效果，在施工中需采取多种措施来确保模板的清洁无杂物及施工遗迹，阳角线条的平直，接缝的美观，严格控制水泥、石子、砂等原材料，通过实验确定混凝土配合比和坍落度。

2.4 清水混凝土雨篷的钢筋工程特点为钢筋保护层厚度取35mm，较一般钢筋保护层厚度大，钢筋绑扎时钢丝应弯向钢筋内侧，避免露出混凝土面。

2.5 清水混凝土应预先划分施工段，留设明缝，可释放混凝土收缩产生的应力，同时也可以作为处理清水混凝土施工缝的构造措施，并且可以加强清水混凝土的装饰效果。此外，在清水混凝土浇筑完成后，也应采取特殊的养护措施防止裂缝的产生。

2.6 超长清水混凝土雨篷的纵向控制裂缝的措施可以有两种措施，应工程特点而定。

2.6.1 在结构中深化解决纵向雨篷的长度，宜为18m分段为适宜，采用结构钢筋断开，两跨段间留20mm缝隙，底部设置明缝条。

2.6.2 在结构无法断开后的情况下，设置后浇带措施，留置部位应为悬挑梁边1/3部位，两侧设置明缝条作为后浇带与雨篷清水混凝土底板的施工缝，明缝条仍可作为装饰效果。

3. 适用范围

超长清水混凝土雨篷的施工，超长清水混凝土是指长度超过《混凝土结构设计规范》GB 50010规定的伸缩缝最大间距的情形。亦可做其他清水混凝土构件的施工参考。

4. 工艺原理

清水混凝土雨篷是利用混凝土本身的质感产生极强的装饰效果。因此模板拆除后，混凝土表面不得有缺陷，色泽均匀，蝉缝整齐，成活精致。但是混凝土施工是一个非常复杂的过程，需要投入大量的人力物力，各专业相互穿插，很容易对混凝土模板造成破坏，影响混凝土清水效果。为此，支撑脚手架的基层必须坚实可靠，模板及支撑体系必须具有足够刚度从而能够阻止清水混凝土雨篷产生超限变形。同时采取各种措施保持模板清洁，处理模板接缝、模板阳角和对拉螺杆孔，从而产生理想的清水混凝土效果。隔离剂采用精制食用油可以有效地减小清水混凝土的表面色差。此外，混凝土在凝固硬化时会由于大量水分的流失产生收缩裂缝，故除按设计要求留置后浇带外，另外在清水混凝土表面辅以明缝，涂刷养护液加强养护等做法，可以避免收缩裂缝生成。

5. 施工工艺流程及操作要点

5.1 施工工艺流程

施工准备→模板支架工程→模板安装工程（保洁工程）→钢筋绑扎工程（保洁工程）→混凝土工程（后浇带混凝土应在2个月后浇筑）→模板拆除→清水混凝土表面修补→清水混凝土养护及成品保护→保护液涂装。

5.2 操作要点

5.2.1 施工准备

1. 指定专人负责施工气象通报和记录，制定施工工艺卡片，制定施工进度计划。

2. 根据设计要求对清水混凝土雨篷底面和外立面进行模板排布：确定模板标准板块尺寸；按计算结果确定雨篷外立面对拉螺栓孔眼的数量及布置方案；雨篷底面的对拉螺栓孔眼数量和布置方案与外立面相协调；确定明缝的布置，施工缝应与明缝合并设置；明缝间距应沿长度方向均匀设置，且不大于20m，并考虑与伸缩缝的设置相协调。

3. 制作清水混凝土雨篷样板，针对样板曝露问题采取相应技术措施。

4. 清水混凝土粗细骨料应一次性采购入库，质量符合相关标准。所用水泥必须为同一厂家品牌的产品，禁止中途更换厂家品牌。

5.2.2 模板支架工程

1. 支撑脚手架的基层应为地下室钢筋混凝土顶板或混凝土地坪。当基层选择混凝土地坪时，应先夯实地坪以下的土层，遇淤泥时应挖除并以灰土置换。置换后土层压实系数不小于0.90。

2．支撑模板支架的地坪混凝土强度等级不宜低于C20，厚度不小于250mm。

3．模板支架体系采用$\phi 48 \times 3.2$mm钢管组成，按以下原则布置：

1）沿梁跨度方向的立杆间距按≤900mm的原则布置。

2）梁侧立杆距梁边300mm，即梁承重立杆在梁两侧的间距，250宽的梁为850mm，350宽的梁为950mm，400宽的梁为1000mm。

3）立杆在梁边设置后，对结构中间(楼板)的立杆间距平均分布，且间距≤800mm。

4）立杆步距1.5m。

5）梁底模板背面纵向方木支撑根数：250～350mm宽的梁下为3根，350～500mm宽的梁下为4根。

6）梁侧模设置对拉螺杆，水平间距500mm。

7）楼板满堂支模架，立柱纵横向间距800mm。

8）楼板模板底面搁栅方木龙骨，水平间距≤200mm(木龙骨接头要错开)。

9）在承重体系中部必须设置二道水平剪刀撑。

5.2.3　模板安装工程

1．根据《建筑变形测量规范》JGJ 8-2007建立一级平面控制网和标高控制网。

2．模板应统一进行加工，模板四边应人工刨光，模板拼接缝宽度应小于1mm。模板厚度应在安装前分类，高差应小于1mm。

3．雨篷底部模板侧面模板的支撑体系应通过计算确定。

4．雨篷底部模板及侧向外立面模板应选用清水混凝土专用模板，模板表面应平整无翘曲，刚度应符合要求。模板在施工荷载作用下挠度不宜超过3mm。

施工荷载作用下，模板挠度计算按式（5.2.3-1）

$$f_1 = \frac{5\xi q_m l_m^4}{384 E_m I_m} \qquad (5.2.3-1)$$

式中　f_1——清水混凝土模板在施工荷载作用下挠度值（m）；

q_m——作用在清水混凝土模板上的施工荷载（kN/m）；

ξ——考虑动力因素荷载增大系数，1.2～2.0；

l_m——模板净跨度（m）；

E_m——模板的弹性模量（kN/m²）；

I_m——模板横截面惯性矩，取1m宽板带计算（m⁴）。

5．底部模板支撑体系采用方木等间距布置，方木下设等距离角钢，间距不宜大于200mm，并满足下列要求：

$$M \leq f_w W_w \qquad (5.2.3-2)$$

$$f_2 \leq \frac{l_w}{1000} \qquad (5.2.3-3)$$

式中　M——弯矩设计值（N·mm）；

f_w——方木弯曲强度设计值，参见《木结构设计规范》GB 50005-2003 （2005年版）（N/mm²）；

W_w——方木截面受拉边缘弹性抵抗矩（mm³）；

f_2——方木挠度计算值（mm）；

l_w——方木计算净跨度（mm）。

6．侧向模板支撑体系应采用纵横向檩条和对拉螺杆组合而成，且清水混凝土面横向檩条应采用槽钢，纵向檩条采用双拼扣件钢管。非清水混凝土纵向檩条可采用方木，横向檩条采用双拼扣件钢管。清水混凝土面槽钢截面应满足下列要求：

$$M \leq f_s W_s \tag{5.2.3-4}$$

$$f_3 \leq \frac{l_s}{1000} \tag{5.2.3-5}$$

式中　M——弯矩设计值（N·mm）；

　　　f_s——槽钢弯曲强度设计值，参见《钢结构设计规范》GB 50017-2003（N/mm²）；

　　　W_s——截面受拉边缘弹性抵抗矩（mm³）；

　　　f_3——槽钢挠度计算值（mm）；

　　　l_s——槽钢计算净跨度（mm）。

混凝土侧向压力按下列公式计算并取较小值：

$$P_{max} = 0.22\gamma t_0 K_1 K_2 \sqrt{v} \tag{5.2.3-6}$$

$$P_{max} = \gamma h \tag{5.2.3-7}$$

式中　P_{max}——新浇筑混凝土对模板的最大侧压力（kPa）；

　　　h——有效压头高度（m）；

　　　v——混凝土的浇筑速度（m/h）；

　　　γ——混凝土的重度（kN/m³）；

　　　t_0——新浇混凝土的初凝时间，可按实测确定（h）；

　　　K_1——外加剂影响修正系数，不掺外剂时取1.0，掺缓凝作用的外加剂时取1.2；

　　　K_2——混凝土坍落度影响修正系数，坍落度小于30mm取0.85，50～90mm时取1.0。110～150mm时去1.15。

7. 对拉螺栓杆径应通过计算确定，截面应满足下列要求：

$$N \leq f_{s1} A_s \tag{5.2.3-8}$$

$$\triangle_1 = \frac{N l_s}{E_s A_s} \tag{5.2.3-9}$$

式中　N——对拉螺栓杆轴力设计值（N.mm）；

　　　f_{s1}——对拉螺栓杆抗拉强度设计值，参见《钢结构设计规范》GB 50017-2003（N/mm²）；

　　　A_s——对拉螺栓杆横截面面积（mm²）；

　　　E_s——对拉螺栓杆弹性模量（N/mm²）；

　　　l_s——对拉螺栓杆件计算长度，取清水混凝土板厚（mm）；

　　　$\triangle_1$——对拉螺栓杆件轴向变形，不应大于0.1mm。

8. 为了保证雨篷底板的平面变形，底模方木与钢管连接节点为薄弱环节，在浇筑清水混凝土底板时的荷载对底板方木与钢管杆的节点受压后防止方木下沉，采取方木与钢管交叉处用∟50×5角钢长度为50mm垫于钢管方木的交接处，底模板与方木连接采用方木与模板底面用角码（∟50×5×50角铁）用木螺丝连接，使模板与清水混凝土的接触面无钉子眼，保证清水表面的质感，具体做法见图5.2.3-1～图5.2.3-3。

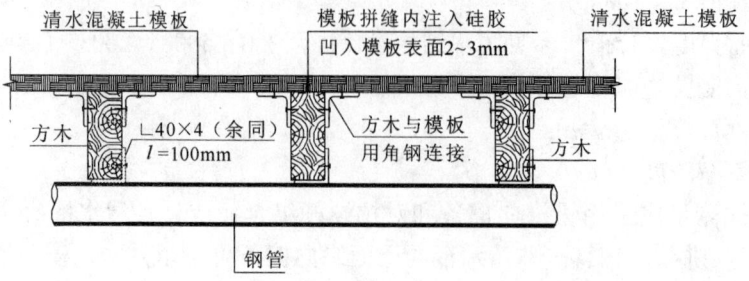

图5.2.3-1　模板平面拼接示意

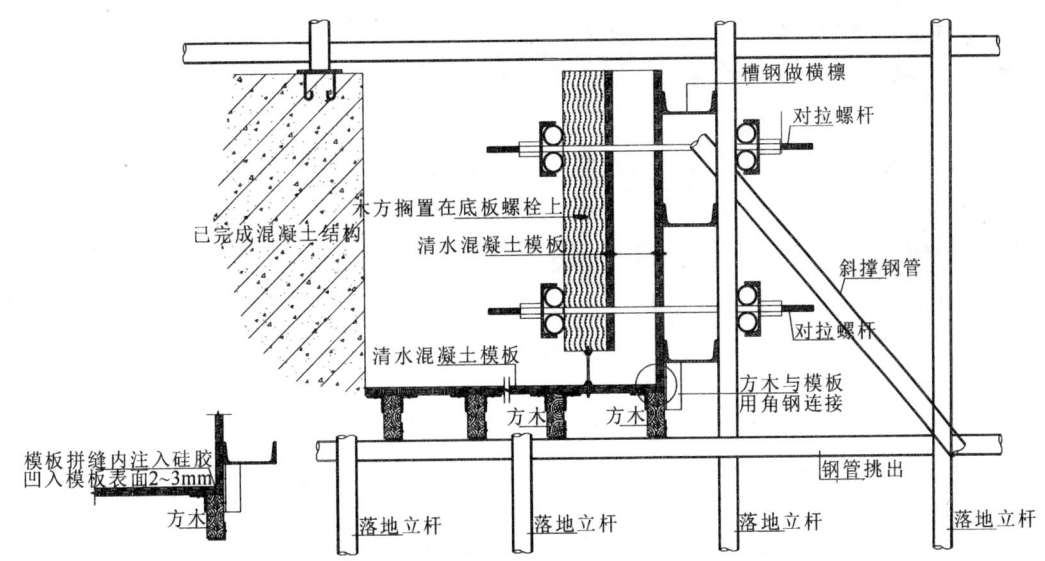

图5.2.3-2　模板阴角拼接示意

9．模板拼缝内应注入硅胶进行密封处理，硅胶表面应低于模板面2～3mm，不得高出或溢出至板面。

10．模板阴角部位应注入硅胶进行密封处理，硅胶表面应低于模板面2～3mm，不得高出或溢出至板面。

11．模板剖切口及螺栓孔开口处使用封边漆封边。

12．留置明缝应采用质地较硬的柳桉木条或其他材料。图5.2.3-4为明缝示意图，线条截面宜为锥形，宽度宜为20～25mm，高度宜为15mm。

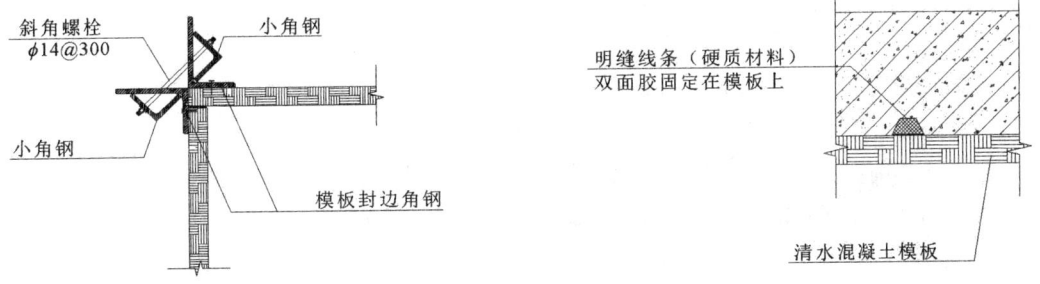

图5.2.3-3　模板阳角拼接示意　　　　　　　图5.2.3-4　清水混凝土明缝示意图

13．后浇带施工缝除采用与明缝相同线条外，另加泡沫模板，与木线条用胶水粘牢，撑杆分布间距不大于400，见图5.2.3-5。

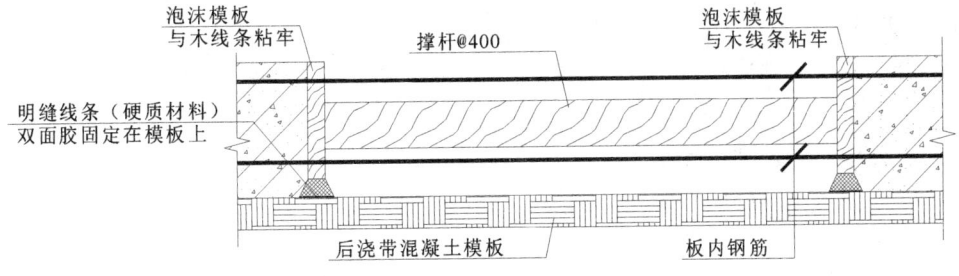

图5.2.3-5　后浇带施工缝示意图

14．模板安装完成后，在浇筑混凝土前，必须使用水准仪抄平，误差为±3mm。

5.2.4　模板保洁工程

1．对拉螺栓孔眼的位置应通过测量、拉钢丝线或其他不会污染模板的方法来确定，禁止在清水混凝土模板上弹线或做其他标记。

2．雨篷的底部模板可利用对拉螺栓孔眼设置排水孔以排除模板内积水，排水孔内需安装套管，凸出底模10mm。

3．雨篷底模的保洁措施：为了保证雨篷底模板的清洁及不被损坏，在安装清水底模板完成后需铺设一层保护材料（PVC地毯或其他材料）施工顺序为铺设方向短向铺设。铺设材料宽度不大于800mm，拼缝用胶带密封，同时在雨篷返梁内侧模板预留80mm高度空隙，为拆除保护材料所用，待钢筋绑扎及雨篷内吊模施工完成后，浇筑清水混凝土前，先将保护材料上的浮灰垃圾用大功率吸尘机清吸干净后，以宽度800mm为拆除单元向模板内侧预留的孔隙拉出，封闭模板并设置保护层垫块后浇筑清水混凝土雨篷底板。

4．涂刷隔离剂时宜使用无纺纱布先沿一个方向涂抹，再沿另一个方向涂抹。要求涂抹均匀，表面光滑，无流坠、成团等现象，不得使用刷子涂抹。

5．钢筋工程绑扎前，应在模板上铺设一层保护层，保护层应具有一定强度，不易受损。

6．模板安装完成后，应针对模板的保护和清洁措施对各专业队伍施工前进行详细交底。

7．钢筋必须清除浮锈后上模板安装。

8．雨天应检查模板是否积水，遇有积水应迅速排除。

9．浇筑清水混凝土时，模板上应搭设工作平台，严禁在模板及钢筋上任意踩踏。

10．浇筑清水混凝土时，应边抽取保护层边冲洗模板，随后完成混凝土浇筑工作。

11．浇筑清水混凝土至后浇带部位时，应安排专人随时冲洗流入后浇带模板区的水泥浆，直至混凝土凝结不再有浆液渗入。

12．在后浇带部位的混凝土未浇筑期间，钢筋网片上应覆盖厚实的保护层，且避免被踩踏。

13．后浇带区泡沫模板宜在浇筑混凝土前拆除。拆除后，应对两侧混凝土板边凿毛，完成后应马上进行模板清理，并应采取保护措施避免模板损伤。

5.2.5 钢筋绑扎工程

1．钢筋在绑扎前应先做好模板清理工作，并在底模上铺设保护层。

2．钢筋在绑扎前必须做好清理工作，清除表面浮锈，禁止使用严重污染锈蚀的钢筋。

3．雨篷底部及侧面外部的钢筋绑扎时，应把扎丝端头弯向钢筋网内侧。

5.2.6 混凝土工程

1．清水混凝土配合比的设计应满足坍落度要求，强度应符合设计要求，且拆模后的清水混凝土表面观感应符合设计要求。

2．清水混凝土的配合比应根据其拌合物工作性和结构设计要求的强度，充分考虑清水混凝土的色泽、亮度、光洁度等，并考虑施工运输及环境温度进行设计，并通过试配、样板经有关专家、业主、监理确认后实施。

3．清水混凝土的试配强度按式（5.2.6）确定，以满足强度保证率：

$$f_{cu,0} \geqslant f_{cu,k} + 3\sigma \qquad (5.2.6)$$

式中　$f_{cu,0}$——混凝土配制强度（MPa）；

　　　$f_{cu,k}$——混凝土立方体抗压强度标准值（MPa）；

　　　σ——混凝土强度的标准差。

4．高效减水剂的品种和掺量应通过水泥相容性试验确定，掺量宜为胶结材料总量的0.4%~1.5%。

5．混凝土的砂率宜为28%~34%，当采用泵送工艺时，可为34%~44%。

6．清水混凝土宜掺入适量的防裂添加剂。

7．清水混凝土浇筑时，混凝土从搅拌完成至现场浇筑时间不得超过1h。

8．每一车混凝土都必须进行坍落度实验，坍落度应符合设计要求。

9. 每一施工单元混凝土不超过25m³。每一施工单元的混凝土必须全部到达现场后方可开始浇捣。浇捣完成后，剩余混凝土不得用于下一个施工单元。

10. 清水混凝土浇筑气温应大于5℃，且入模温度应小于30℃。

11. 清水混凝土宜使用汽车泵送浇筑。

12. 清水混凝土浇筑不宜在雨天进行。若在浇筑过程中遇到雨水天气，在完成一个施工单元后，迅速加保护膜覆盖住混凝土。

13. 清水混凝土在浇筑前，应去掉底模保护层。

14. 清水混凝土振捣棒规格宜为35mm，长度宜为6m。

15. 清水混凝土振捣除符合普通混凝土浇筑规定外，振捣棒严禁触碰模板。

16. 清水混凝土振捣时间应以混凝土表面不再下沉，无气泡逸出为准，一般为12～15s。

17. 清水混凝土振捣较困难的部位，可用木锤敲击模板辅助振捣。

18. 清水混凝土施工段接头以明缝线条为基准，外口边勒齐。

19. 清水混凝土外露面收口处压光，稍做泛水，外口边勒齐。

20. 清水混凝土在浇筑过程中及终凝前必须安排专人监测，对变形异常的部位随时处理。

21. 后浇带部位的清水混凝土应按设计要求掺入适量的膨胀剂。

5.2.7 模板拆除

1. 雨篷底部模板应在混凝土完全达到设计强度后拆除。侧向模板可根据天气及现场实际情况在浇筑完成3d后拆除（图5.2.7）。

2. 模板拆除应按照先螺杆后支撑的顺序逐步进行，不得采用强行敲打扳撬等方式。

3. 后浇带部位的泡沫模板拆除时应保护好木质线条。

5.2.8 清水混凝土表面缺陷修补

1. 清水混凝土修补材料主要采用水泥浆混合料、水泥砂浆和细石混凝土及清水混凝土保护液，组分比例应通过实验确定，调制出的修补材料应与清水混凝土基本无色差。

2. 水泥浆混合料、水泥砂浆和细石混凝土配置需采用与清水混凝土相同的同品种、同批号水泥及粗细骨料。

3. 对清水混凝土表面出现的气泡和孔洞在气泡直径≤4mm时，不需修补。气泡直径＞4mm时，先用水泥砂浆或细石混凝土批嵌并留下1～2mm，待硬化后，采用水泥砂浆混合料进行面层修补。

5.2.9 清水混凝土养护及成品保护

1. 清水混凝土表面经清理修磨后应用水清洗，随后喷涂养护液，以三度为宜。

2. 雨篷侧向外立面应浇水湿润，覆盖专用养护毯。

3. 阴、阳角安装木板条保护。

4. 清水混凝土表面不得做任何标记。

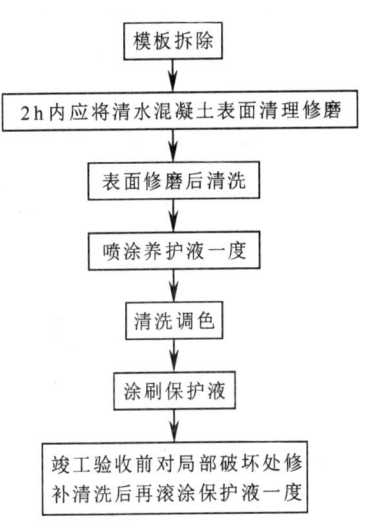

图 5.2.7 模板拆除工艺示意图

6. 材料与设备

6.1 材料

6.1.1 混凝土的配合比设计和原材料质量控制对清水混凝土的质量影响很大，水泥、外加剂和粉煤灰等应使用同一厂家、品牌和批次的产品；砂石应尽量采用同一货源，并保证连续供应。拌制清水混凝土易采用饮用水，当采用其他水源时，水质应符合国家现行标准《混凝土拌合用水标准》JGJ 63-

2006的规定。

6.1.2 清水混凝土模板的材质应符合专项方案及相应的行业规程要求。

6.1.3 清水混凝土模板对拉螺栓的直径、间距等应符合专项模板方案要求。

6.1.4 清水混凝土金属装饰片、图案等应符合清水混凝土施工专项模板方案要求。

6.1.5 钢筋保护层采用的垫块应专项设计或制作，钢筋绑扎的扎丝宜采用防锈镀锌钢丝。

6.1.6 养护液所用材料的品种、型号和性能应符合清水混凝土施工专项模板方案要求。

6.1.7 养护毯应采用吸水性能好的材料，并不得有污染痕迹。

6.2 设备

采用的机具设备见表6.2。

机 具 设 备 表　　　　　　　　　　　　　表6.2

序号	设 备 名 称	设备型号	单位	用　　途
1	压刨机	MB153	台	方木成型
2	木工圆盘锯	MJ-105	台	模板成型
3	手提电刨		台	模板制作
4	手电钻		台	模板成孔
5	电动螺丝钻		台	固定模板
6	钢筋切断机	GQ40-2	台	钢筋加工
7	钢筋调直机		台	钢筋加工
8	钢筋弯曲机	CW6-40	台	钢筋加工
9	混凝土输送泵		台	浇筑混凝土
10	插入式振捣器	HZBx50	台	浇筑混凝土
11	平板振捣器	P-50	台	浇筑混凝土
12	交流电焊机	BX-500	台	焊接固定件

7. 质 量 控 制

7.1 工程质量控制标准

7.1.1 模板制作验收标准（表7.1.1）

模板制作验收标准　　　　　　　　　　　　表7.1.1

项　　　目		允许偏差	检测工具
角 钢	长度	±0.5	钢卷尺
	直线度	≤1	2m靠尺、塞尺
	螺栓孔直径	+0.5	游标卡尺
	焊接螺帽上、下位置	±1	钢卷尺
	销孔直径	±0.5	游标卡尺
插 销	长度	±2	钢卷尺
	弯曲角度	±1	角 尺
吊 耳	长度	±1	钢卷尺
	销孔直径	+0.5	游标卡尺
	螺栓孔直径	+0.5	游标卡尺
面板（切割尺寸）	宽度及高度	-0.5	钢卷尺

项 目		允许偏差	检测工具
单块模板组拼	角钢边框外侧到面板外边侧	无变形	目 测
	角钢上、下端头离面板外侧	±1	钢卷尺
	面板对角线	±1	钢卷尺
	面板挠曲度	≤1	2m靠尺、塞尺
	角钢与胶合板面连接螺栓	无凹凸	目 测
角钢与螺帽焊缝	长度	+1	游标卡尺
	高度	+0.5	游标卡尺
防锈漆外观	油漆涂刷均匀不得漏涂、皱皮、脱皮、流淌		

7.1.2 模板安装允许偏差（表7.1.2）

模板安装允许偏差 表7.1.2

项 目		允许偏差（mm）	检验方法
轴线位置		±5	钢卷尺
底模上表面标高		±5	水准仪或拉线、钢尺检查
截面内部尺寸		2～-3	钢卷尺
层高垂直度	不大于5m	3	钢卷尺
	大于5m	5	J2经纬仪或吊线、钢尺检查
表面平整度		3	J2经纬仪或吊线、钢尺检查
模板面板拼缝宽度和高差		1	塞尺检查
模板间接缝宽度和高差		1.5	2m靠尺和塞尺检查

7.1.3 现浇清水混凝土外观质量验收标准（表7.1.3）

现浇清水混凝土外观质量验收标准 表7.1.3

项 目	检查内容	检查方法
颜色	颜色均匀，无明显色差	距离表面5m观察
修补	少量修补痕迹	距离表面5m观察
气泡	气泡分散，最大直径不得大于4mm，深度不得大于2mm，气泡集中面每平方不大于15cm²	距离表面5m观察，尺量
裂缝	宽度不大于0.2mm，且长度不大于1000mm	尺量
光洁度	无漏浆、流淌及冲刷痕迹，无油迹、墨迹及锈斑	观察
对拉螺栓孔眼	排列整齐，孔洞封堵密室，颜色一致，凹孔棱角清晰圆滑	观察、尺量
明缝	位置规律、整齐，深度一致，水平交圈	观察、尺量
蝉缝	横平竖直，均匀一致，竖向垂直成一线	观察、尺量

7.1.4 现浇清水混凝土结构预埋件及预留孔洞允许偏差（表7.1.4）

预埋件及预留孔洞允许偏差 表7.1.4

项 目		允许偏差（mm）
预埋钢板中心线位置		3
预埋管中心线位置		3
插筋	中心线位置	5
	外露长度	0～+10

续表

预埋螺栓	中心线位置	2
	外露长度	0 ~ +10
预留洞	中心线位置	10
	尺寸	−8 ~ 0
对拉螺栓、凹槽和施工缝中心线位置		4
对拉螺栓外露长度		−10 ~ 0

7.1.5 现浇清水混凝土结构尺寸允许偏差（表7.1.5）

结构尺寸允许偏差 　　　　表7.1.5

项 目			允许偏差（mm）
轴线位置			6
垂直度	层高	≤5m	4
		>5m	5
	全高		H/1000且≤20
标高	层高		±8
	全高		±25
截面尺寸			−4 ~ +6
表面平整度			5
预留孔洞中心线位置			10

7.2 质量保证措施

7.2.1 建立健全组织体系，设置材料组、技术组、翻样组、质量组、施工组等，指定各组负责人员，划定各组负责范围，由项目经理做好领导协调工作。

7.2.2 质量员和木工翻样负责验收进场模板，并填写《清水混凝土模板进场检查表》。

7.2.3 技术员和木工翻样负责模板安装完成后的检查验收，并填写《清水混凝土模板安装检查表》。

7.2.4 施工员负责混凝土浇捣过程中的监控及拆模后修补养护等工序施工，并填写《混凝土施工过程检查表》。

7.2.5 对各道工序如测量放线、模板支架工程、模板安装工程、钢筋绑扎工程、混凝土浇筑工程、混凝土养护及成品保护均制定专项施工方案或施工组织设计，对清水混凝土雨篷样板施工中暴露的问题均采取针对性措施，并实行专人落实，专人检查，专人填写检查记录的制度，确保工程质量。

8. 安全措施

8.1 施工现场应严格执行安全生产的规章制度，健全安全生产责任制，切实做好"安全第一"和"预防为主"的方针，贯彻落实提高操作工人的安全生产意识。

8.2 所以参加施工的作业人员必须经安全技术操作培训合格后上岗。特殊工种必须持证上岗，严禁无证上岗作业。各工种、各工序施工前均应由技术负责人进行书面交底。

8.3 专职安全员应根据本工程施工特点，结合安全生产职责制度和有关规定，经常深入现场进行检查，发现安全隐患，有权暂停施工，并立即报告项目经理。在隐患排除后方可恢复施工。

8.4 严格执行施工现场安全生产及高空作业的有关规定，对施工班组必须进行书面的安全交底。

8.5 严禁任何人擅自拆除施工现场的脚手架、安全防护设施和现场安全标志。

8.6 严格执行《建筑机械使用安全技术规程》和《施工现场机械设备安全管理规定》。

8.7 严格执行施工现场的电气设备及设施的管理制度。现场专职电工必须经常检查电线、电气设备设施，并做好书面记录。对存在的问题及隐患应立即处理。

8.8 现场一切触及或接近带电体的部位，均应采取绝缘保护和保持安全距离的措施。

施工现场的用电设备及线路的绝缘必须良好，电气设备及装置的金属部位和可能由于绝缘损坏而带电的部位必须采取保护性接地或接零措施。

施工现场的用电设备及临时电气线路接电应设置开关或插座，不得任意搭挂。露天设置的电气装置必须有可靠的防雨、防湿措施，电气箱内须设置漏电开关。

施工现场的临时照明用电必须有可靠的接地。引入电源须有二级漏电保护装置。移动照明灯具时必须切断电源，手持式移动行灯应使用低压电，电压不得超过36V。

施工现场的移动电动工具应具有良好的接地，使用前应检查其性能，长期不用的电动工具的绝缘性能应经过测试合格后使用。

手持式电动工具的电源线不得任意加长，使用工具附近必须设置可控电源的配电箱（盘），供应急启闭。

施工现场使用电动工具必须有二人在场操作。

电焊机必须一机一闸、一漏、一箱并装有随机开关，一、二次线接头应有防护装置，二次线应用线鼻子连接，焊机外壳必须有良好的接地装置。

施工现场室外使用的电焊机应有防雨、防潮、防晒的措施，长期停用的焊机在使用前必须检查绝缘电阻，电阻值应不低于$0.5\,\Omega$，接线部分不得有腐蚀和受潮现象。

焊钳与线的连接应牢固紧密，底线（搭铁线）及龙头线都不得搭在易燃、易爆和带有热源的物体上，地线不得接在已运行的管道、机床设备和建筑物金属架或铁轨上。

8.9 施工现场使用的扶梯必须坚实稳固，梯阶间距不大于40cm；人字梯中间需设拉结绳。扶梯倾斜角度以60°为宜。

8.10 施工现场的四口、五临边不准堆放材料。

8.11 施工工具应定期检查性能状况，受力工具应保持完整，以防止脱落、打滑等造成意外人身伤害。

8.12 所以参加施工的作业人员必须经安全技术操作培训合格后上岗。特殊工种必须持证上岗，严禁无证上岗作业。各工种、各工序施工前均应由技术负责人进行书面交底。

施工现场需上下联系的作业必须设指挥人员，设定专门的信号，严格按指挥信号进行作业。

六级风以上或雷电、暴雨天气应停止施工，台风季节安排夜间值班人员。

施工现场的工人都必须配备防护衣服和用品。

发生事故及事故苗子，必须做到"三不放过"，即事故原因分析不清不放过，事故责任者和群众没有受到教育不放过，施工现场不采取防范措施不放过。

脚手架主节点处，各杆件的安装、连墙件、支撑等的构造均要符合设计要求。检查脚手架的整体和局部的垂直偏差，特别要注意脚手架的转角处和断口处的垂直度。如发现问题，应及时消除隐患。

竹笆和脚手架钢管应使用钢丝绑扎牢固。

安排专职安全员对密网、安全隔离设施、外侧挡板、栏杆、登高设施和接地防雷等安全设施进行检查，对存在的隐患及时消除。

定期定员检查脚手架的荷载情况，确保脚手架上的荷载不超过设计要求。竹笆上建筑垃圾必须每日进行清理。

定期检查地基是否积水，脚手架底座是否松动，立柱是否是空，扣件螺栓是否松动，安全防护是否仍符合要求。

脚手架在使用期间，严禁任意拆除下列标件：主节点处的纵横向水平杆，纵横向扫地杆，连墙件，支撑，栏杆，挡脚板。

严禁在脚手架基础及其邻近处进行挖掘作业。

在脚手架上进行电、气焊作业时，必须有防火措施和专人看守。

脚手架上应按规定布置灭火器材。

9. 环 保 措 施

9.1 成立对应的施工环境卫生管理机构，在工程施工过程中严格遵守国家和地方政府下发的有关环境保护的法律、法规和规章，加强对施工燃油、工程材料、设备、废水、生产生活垃圾、弃渣的控制和治理，遵守有防火及废弃物处理的规章制度，做好交通环境疏导，充分满足便民要求，认真接受城市交通管理，随时接受相关单位的监督检查。

9.2 将施工场地和作业限制在工程建设允许的范围内，合理布置、规范围挡，做到标牌清楚、齐全，各种标识醒目，施工场地整洁文明。

9.3 对施工中可能影响到的各种公共设施制定可靠的防止损坏和移位的实施措施，加强实施中的监测、应对和验证。同时，将相关方案和要求向全体施工人员详细交底。

9.4 设立专用排浆沟、集浆坑，对废浆、污水进行集中，认真做好无害化处理，从根本上防止施工废浆乱流。

9.5 定期清运沉淀泥砂，做好泥砂、弃渣及其他工程材料运输过程中的防散落与沿途污染措施，废水除按环境卫生指标进行处理达标外，并按当地环保要求的指定地点排放。弃渣及其他工程废弃物按工程建设指定的地点和方案进行合理堆放和处治。

9.6 优先选用先进的环保机械。采取设立隔声墙、隔声罩等消声措施降低施工噪声到允许值以下，同时尽可能避免夜间施工。

9.7 对施工场地道路进行硬化，并在晴天经常对施工通行道路进行洒水，防止尘土飞扬，污染周围环境。

10. 效 益 分 析

10.1 清水混凝土雨篷的造价高于普通混凝土雨篷的造价，主要是由于工序较多，人工耗费较大，仅人工费用就高出80%左右。比较整个工程造价，二者相差40%左右。但是清水混凝土雨篷是直接采用混凝土材料本身作为装饰面，节省了装修材料，避免了装修费用的产生，因此清水混凝土雨篷的综合造价并不比普通混凝土雨篷的造价高甚至还会略低。见表10.1-1、表10.1-2。

清水混凝土雨篷与普通混凝土雨篷造价对比　　　　　　　　　　　　　　表10.1-1

部位	二层雨篷（高度7.5m）			（底板面积1103.46m²；150mm 厚栏板面积444m²）			
序号	项目名称	单位	单价	清水混凝土雨篷		普通混凝土雨篷	
				数量	合价	数量	合价
	高流态混凝土 C40	m³	405	421.43	170679.15		
	普通混凝土 C30	m³	320			421.43	134857.6
	钢 筋	t	4200	109.57	460194	109.57	460194
	普通模板	m²	30	3832.22	114966.6	5379.68	161390.4

续表

部位	二层雨篷（高度7.5m）			（底板面积1103.46m²；150mm厚栏板面积444m²）			
序号	项目名称	单位	单价	清水混凝土雨篷		普通混凝土雨篷	
				数量	合价	数量	合价
	清水面专用模板	m²	73.77	1547.46	114156.1242		
	支撑底增加角铁	t	4140	0.173	714.83724		
	支撑钢管租赁	d·m	0.01	1719600	17196	859800	8598
	支撑扣件租赁	d·只	0.006	618000	3708	309000	1854
	模板食用油	kg	6.8	104	707.2		
	脱模剂	kg	1.8			104	187.2
	硬木线条	m	3.5	1538.16	5383.56		
	塑料线条	m	0.3			1031.51	309.453
	H形螺帽套	只	2	4268	8536		
	螺栓孔保护套	只	0.3	4268	1280.4		
	PVC地毯	m²	6	1158	6948		
	硅胶	支	16	68	1088		
	浇混凝土人工	m³	45	421.43	18964.35		
	浇混凝土人工	m³	25			421.43	10535.75
	钢筋人工	t	800	109.57	87656		
	钢筋人工	t	400			109.57	43828
	清水面专用模板人工	m²	86	1547.46	133081.56		
	普通模板人工	m²	28	3832.22	107302.16	5379.68	150631.04
	底板钻泄水孔	只	15	179	2685		
	底板预埋泄水孔	只	3			179	537
	清水混凝土保护液	m²	85	1547.46	131534.1		0
	机械费用	项			12000		12000
	合计				1398781		984922

清水混凝土雨篷与普通混凝土雨篷造价对比　　　　表10.1-2

部位	屋层雨篷（高度12.9~19.9m）			（底板面积1234.94m²；150mm厚栏板面积555.75m²）			
序号	项目名称	单位	单价	清水混凝土雨篷		普通混凝土雨篷	
				数量	合价	数量	合价
	高流态混凝土C40	m³	405	480.47	194590.35		
	普通混凝土C30	m³	320			480.47	153750.4
	钢筋	t	4200	124.92	524664	124.92	524664
	普通模板	m²	30	3370.65	101119.5	5161.34	154840.2
	清水面专用模板	m²	73.77	1790.69	132099.20		
	支撑底增加角铁	t	4140	0.155	639.9198		
	支撑钢管租赁	d·m	0.01	4807500	48075	2884500	28845
	支撑扣件租赁	d·只	0.006	1696500	10179	1017900	6107.4
	模板食用油	kg	6.8	120	816		
	脱模剂	kg	1.8			120	216

部位	屋层雨篷（高度12.9~19.9m）			（底板面积1234.94m²；150mm厚栏板面积555.75m²）			
序号	项目名称	单位	单价	清水混凝土雨篷		普通混凝土雨篷	
				数量	合价	数量	合价
	硬木线条	m	3.5	1747.77	6117.195		
	塑料线条	m	0.3			1154.42	346.326
	H形螺帽套	只	2	4622	9244		
	螺栓孔保护套	只	0.3	4622	1386.6		
	PVC地毯	m²	6	1297	7782		
	硅胶	支	16	76	1216		
	浇混凝土人工	m³	45	480.47	21621.15		
	浇混凝土人工	m³	25			480.47	12011.75
	钢筋人工	t	800	124.92	99936		
	钢筋人工	t	400			124.92	49968
	清水面专用模板人工	m²	86	1790.69	153999.34		
	普通模板人工	m²	28	3370.65	94378.2	5161.34	144517.52
	底板钻泄水孔	只	15	198	2970		
	底板预埋泄水孔	只	3			198	594
	清水混凝土保护液	m²	85	1790.69	152208.65		0
	机械费用	项			18000		18000
	合计				1581042		1093861

10.2 清水混凝土雨篷由于不需采用装饰材料，从而减少装修材料在生产施工过程中造成的资源消耗和环境污染，具有更大的社会效益。

10.3 清水混凝土的制作标准高，有利于工程质量的控制，提高工程质量的等级。

11. 应 用 实 例

11.1 嘉定长途客运站项目一期工程——超长清水混凝土雨篷

11.1.1 工程概况

嘉定长途客运站项目一期工程位于上海市嘉定区，东起胜辛路，西至规划红线，南傍菊二路，北枕庞家村河，工程总建筑面积63067.88m²。其中地上建筑面积44550.06m²，地下室建筑面积18517.32m²。工程建设单位为上海市嘉定区长途客运场站管理有限公司；设计单位为上海现代建筑设计院和上海天功设计院；监理单位为上海信达工程建设监理有限公司；总承包单位为中厦建设集团有限公司。

11.1.2 施工概述

根据图纸要求，本工程中的主站楼标高为6.2m处、13.3~19.5m处的悬挑雨篷底面及侧面，辅助楼标高为5.6m处、9.4~13.0m处的悬挑雨篷侧面及底面均为清水混凝土，总面积将近4150m²，平面图见图11.1.2-1。

本工程典型模板排版方式如下：

1）所采购模板尺寸为2440mm×1220mm×18mm，雨篷结构平面布置见图11.1.2-2，雨篷模板布置见图11.1.2-3~图11.1.2-4。

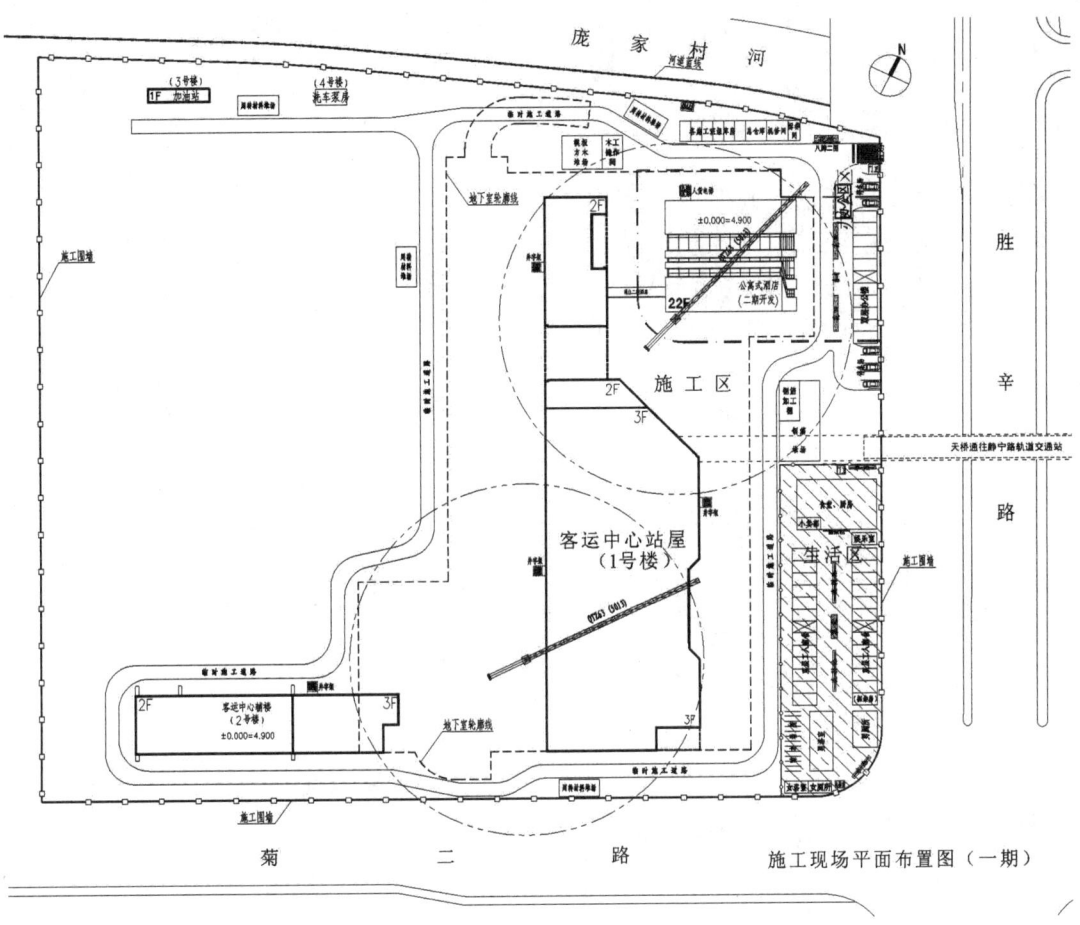

图11.1.2-1　嘉定长途客运站项目总平面图

2）对拉螺栓孔眼横向间距为800mm、纵向间距为600mm，且根据模板尺寸适当调整，由设计院确认。

3）每两跨柱距（每跨柱距为8400mm）设置一道明缝释放混凝土收缩产生的内部应力，并由设计院确认。

在正式开工前，我们做了大量的准备工作，参观了多个清水混凝土工程项目，吸收先进经验，汲取教训，并通过制作样板发现施工过程中会导致清水混凝土缺陷的问题，譬如如何在各种作业交叉进行的情况下保持模板清洁度及不受损伤，我们提出了模板保护层的想法，并在浇筑混凝土时逐步抽掉保护层。其他影响模板清洁度的因素还有施工弹线，钉入模板的钉子等都会影响清水混凝土的表面质量，对此我们通过五金件连接木方和模板，避免采取直接钉入的方式，并且把模板在现场附近先组装好，然后吊装就位，这些方法都可以最大限度地保证清水混凝土制作的质量和效率。另外，通过分析样板，我们还得出以下结论：清水混凝土强度等级宜采用C40以上，可以很好的表现混凝土的质感；清水混凝土原材料及配合比应保持恒定，不得任意改变（清水混凝土配合比见表11.1.2）；以精制食用油作为隔离剂，可以保证清水混凝土不出现大的色差，观感良好。

此外，还有一个不能忽视的问题。混凝土凝结硬化时产生内部应力会导致混凝土表面出现裂缝，这是影响清水混凝土质量的一个致命因素。为此，经过工程技术人员与专家的反复研究，结合工程实际情况，我们采取每16.8m的长度设一条明缝的办法，很好地解决了这个问题。

当然，除了制定完善细致的技术措施，还必须建立一个畅通高效的组织系统，严格贯彻执行每一道工序的规定，发现问题及时汇报，及时处理。

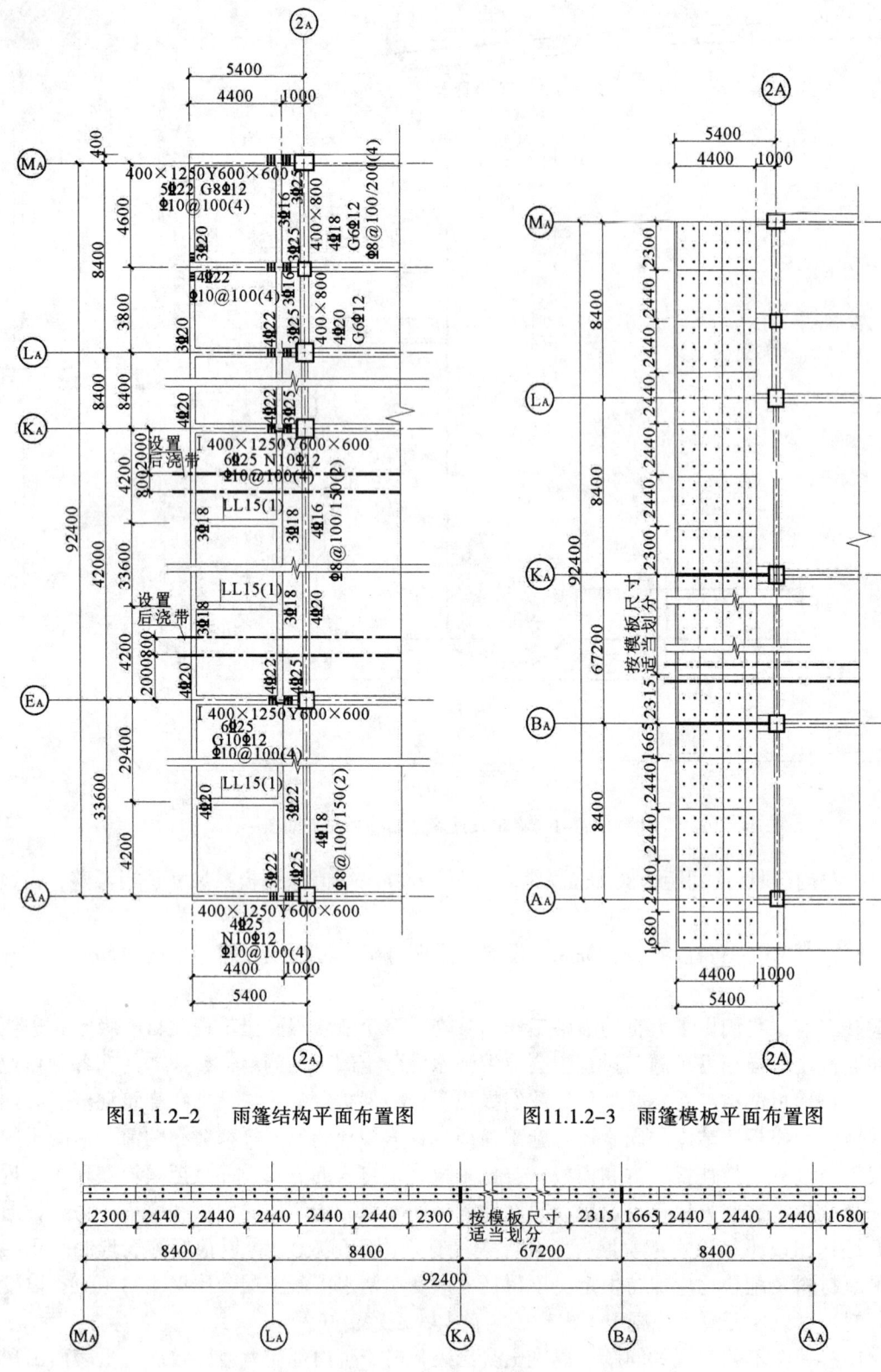

图11.1.2-2　雨篷结构平面布置图　　图11.1.2-3　雨篷模板平面布置图

图 11.1.2-4　雨篷模板立面布置图

清水混凝土配合比表 表11.1.2

原材料	1. 水泥：42.5号普通硅酸盐水泥 2. 砂：中砂 3. 石：5～20mm 4. 粉煤灰：二级粉煤灰 5. 坍落度：120±20mm						
配合比	原材料	水	水泥	石	砂	粉煤灰	HEA	外加剂
	每立方混凝土用量（kg）	180	428	911	776	48	38	6.18
	重量比	0.42	1	2.13	1.79	0.11	0.08	0.014

注：HEA为高效抗裂防水剂（泵送型）；外加剂为减水剂。

　　最终，在嘉定长途客运站项目部全体人员的努力下，在参建各方的鼎力支持下，客运站主楼及辅楼的清水混凝土雨篷在拆模后达到了非常高的标准，远处望去，大楼古朴庄重，气象威严。近处观瞧，墙面光滑平整，色泽均匀，见图11.1.2-5、图11.1.2-6。

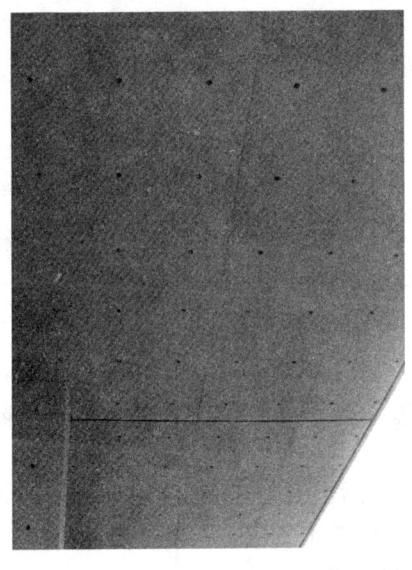

图11.1.2-5　雨篷底板明缝通顺，蝉缝平整顺直

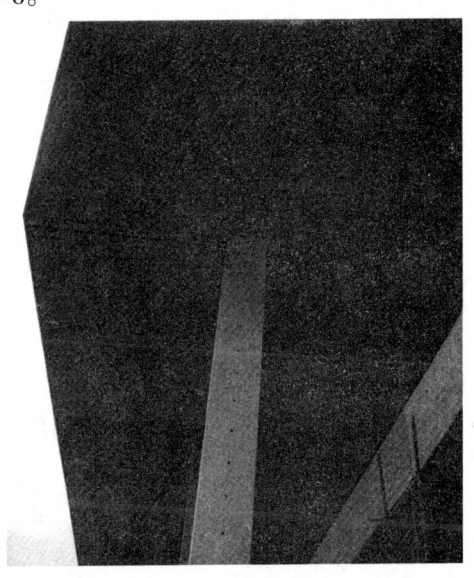

图11.1.2-6　雨篷底板线条清晰，孔眼排布整齐

钢筋混凝土网格墙现浇磷石膏二次填充施工工法

GJEJGF067—2010

贵州建工集团第一建筑工程有限责任公司 贵州建工集团有限公司

廖卫红 王钢 付定鑫 余万江 毛华祥

1. 前 言

贵州省磷矿资源丰富，磷化工业产生的磷石膏渣排放量大，利用率低，其堆放占用了大量的土地资源，且造成污染，破坏环境和生态。

我国开展磷石膏的综合利用，在制取石膏砌块、石膏板等方面都获得了不同程度的成功。结合贵州实际，贵州大学马克俭院士主持开发的专利技术——以磷石膏为节能材料的节能与结构一体化钢筋混凝土网格式框架结构及其制作方法，为磷石膏的有效利用拓展了一个巨大空间。经马克俭院士推荐，贵州建工集团第一建筑工程有限责任公司作为"磷石膏新型节能环保建筑结构体系技术研究与应用试验建筑1、2、5标段"的施工单位，并与贵州建工集团有限公司合作，在施工中针对新结构的特点及磷石膏的材料特性，认真编制施工工艺，不断总结经验，形成了本工法。

2. 工 法 特 点

2.1 根据设计要求，施工时应采用磷石膏、混凝土现场分层分段浇筑的方法。经过实践，将施工方法改进为：先将每一层混凝土网格结构施工完毕，再支模填充磷石膏，减少了结构施工缝的留设，简化了施工程序，提高了施工效率。

2.2 钢筋混凝土墙采用截面尺寸较小的立柱及横梁，在墙平面内形成钢筋混凝土网格；钢筋混凝土网格处模板支设完毕，将现场配制的磷石膏浆浇入，磷石膏将钢筋混凝土网格梁、柱包裹，形成节能与结构一体化的钢筋混凝土网格式框架结构新体系。

2.3 施工中，针对磷石膏浆的物理特性，对磷石膏的搅拌、运输设备进行了改良，并在实际使用中取得了很好的效果。

3. 适 用 范 围

适用于采用"以磷石膏为节能材料的节能与结构一体化钢筋混凝土网格式框架结构及其制作方法"设计的墙体施工。

4. 工 艺 原 理

4.1 在钢筋混凝土网格式框架结构中，竖向承重体系由若干个正交的小截面尺寸横梁和竖向立柱组成，即形成网格结构。

4.2 网格结构施工完毕，通过磷石膏现场浇制，使钢筋混凝土网格式框架结构的每一个构件（横梁、立柱）的外表面均由磷石膏包裹，包裹总厚度为50mm（每侧25mm），其网格空隙均灌满磷石膏，具有保温、隔热、隔声性能，从而形成节能与结构一体化的新型钢筋混凝土结构体系（图4.2）。

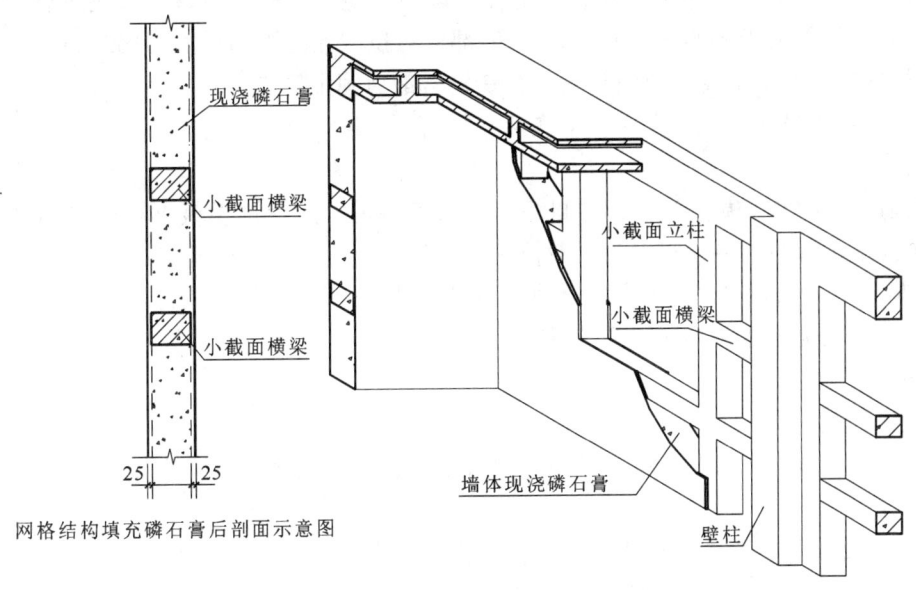

网格结构填充磷石膏后剖面示意图

图4.2 钢筋混凝土网格式框架结构示意图

4.3 与磷石膏具有相同化学、物理特性的天然熟石膏、脱硫石膏，均可通过该施工方法形成钢筋混凝土网格式框架，并具有相同的结构力学特性。

5. 施工工艺流程及操作要点

5.1 施工工艺流程（图5.1）

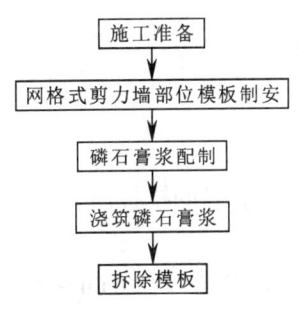

图5.1 施工工艺流程

5.2 施工准备
在钢筋混凝土网格墙填充石膏前，应对已施工完毕的钢筋混凝土网格墙进行验收，确保网格墙施工质量达到设计要求。

5.3 模板制安

5.3.1 安装模板工艺流程
清理基层→弹线→安装第一步模板（两侧）→调整模板平直→安装第二步至顶部两侧模板→沿模板边线贴密封条→安装穿墙螺栓→加固，校正→办预检。

5.3.2 模板及支撑选择
模板全部采用双面覆模防水胶合板，厚度不小于12mm，背面加50mm×100mm木方做竖肋，木方中心间距为300mm，木方在使用前刨平、刨直，保持规格一致。面板采用横向布置，当整块胶合板排列尺寸不足时，宜采用大于600mm宽胶合板补充。支撑体系宜采用钢管扣件式脚手架。

5.3.3 模板制作
根据图纸设计的结构外形尺寸，对胶合板进行配板，根据配板尺寸进行下料。下料时应保持锯边笔直，严格控制尺寸偏差：长宽偏差不大于1.0mm，对角线偏差不大于1.5mm。胶合板下料后应及时将锯边、钻孔处涂刷不少于3遍的耐水酚醛系列油漆，以防变形。

5.3.4 模板安装
1. 支模前，应在地面放出墙的边线，并核对标高、找平。
2. 先将第一步模板立起，用线锤吊直，然后安装背楞和支撑，经校正后固定。
3. 为了控制磷石膏填充墙的厚度，模板内侧用小直径钢筋做顶杆，外侧用对拉螺栓内穿塑料管来控制截面尺寸，以便对拉螺栓重复使用，又能保证磷石膏浇筑的表面质量。每块胶合板周边500mm以内，对拉螺栓间距不得大于500mm×500mm，中间部位对拉螺栓间距不得大于1000mm×1000mm。

4. 调整模板的位置及垂直度，全面拧紧对拉螺栓，最后固定好支撑。

5. 全面检查安装质量并与模板支撑体系连接牢固。

5.3.5　注意事项

1. 模板支设时，应注意模板缝隙处的封堵。模板安装前，应保证模板下口的平整度，可用水泥砂浆找平。为了保证不漏浆，在模板下口、对拉螺栓处均贴密封条以保证缝隙的严密性。

2. 模板安装后，必须对其进行加固，使模板及其加固不应因磷石膏的浇灌而发生变形现象。必要时应进行计算，以保证模板及其加固系统具有足够的强度、刚度和稳定性。

5.4　制备磷石膏浆

5.4.1　工艺流程

确定用水量→水中溶入减水剂、缓凝剂→将混合干物料加入水溶液→搅拌。

5.4.2　配合比

1. 磷石膏浆的配合比均采用重量比。

2. 磷石膏混合干物料的配制必须按设计要求进行。

5.4.3　磷石膏浆的配制

磷石膏浆的配制按以下步骤进行：

1. 根据配合比、拟浇筑磷石膏部位的工程量确定用水量。

2. 将减水剂、缓凝剂等添加剂先溶解于水中。

3. 在水溶液中加入混合干物料，边加混合干物料边用搅拌机搅拌，直至浆料均匀。

5.4.4　搅拌

1. 为保证石膏浆料的性能稳定，应采用清洁的饮用水配制磷石膏浆。

2. 先将经准确称量的水注入搅拌容器，再将石膏料均匀撒布于水面上，同时开动搅拌装置，以免搅拌不匀。要力求均匀、迅速，应在3min以内完成。从加入石膏料之时起，即计算浆料的凝结时间。

3. 搅拌容器设备可每2～3层设置一套。

5.5　浇筑磷石膏浆

5.5.1 磷石膏浆料配制完毕后流入料斗，再输送至石膏专用泵后，浇灌到安装好的模板内。

5.5.2 浇灌时，浆料应平稳地注入，防止卷入空气。

5.5.3 浇灌完毕后，浆料即逐渐凝结、硬化，并发热、膨胀。磷石膏在制成浆料后30min左右基本凝结，12h后可拆除模板。

5.5.4 搅拌好的磷石膏浆一定要在30min内用完，不得反复加水搅拌。

5.5.5 施工后要及时清理工具及容器上硬化的石膏。

5.5.6 施工时，如遇磷石膏堵管，应立即停止施工，将管内尚未凝结的磷石膏倒出后用水冲洗管内，并用粗钢筋等坚硬工具疏通输送管。

5.6　拆除模板

5.6.1 磷石膏浇灌完毕后12h即可拆除模板。

5.6.2 拆除模板顺序与安装模板顺序相反。首先拆下穿墙螺栓，再松开加固钢管，使模板向后倾斜与墙体脱开。如果模板与墙面吸附或粘结不能离开时，可用撬棍撬动模板下口，不得在墙上口撬模板，或用大锤砸模板。应保证拆模时不晃动墙体，尤其拆门窗洞模板时不能用大锤砸模板。

5.6.3 模板吊至存放地点，必须放稳，保持自稳角度呈75°～80°并及时清理板面，涂刷脱模剂。

5.6.4 模板应定期进行检查与维修，保证使用质量。

5.7　成品保护

5.7.1 模板应有存放场地，场地要平整夯实。模板平放时，要有木方垫架；立放时，要搭设分类模板架，模板触地处要垫木方，保证模板不扭曲不变形。不可乱堆乱放或在组拼的模板上堆放分散模板和配件。

5.7.2 工作面已安装完毕的模板，不准在吊运其它模板时碰撞，不准在预拼装模板就位前作为临时椅靠，以防止模板变形或产生垂直偏差。

5.7.3 拆除模板时，不得用大锤、撬棍硬砸猛撬，以免磷石膏墙体的外形和内部受到损伤。

6. 材料与设备

6.1 模板工程

6.1.1 材料准备

按照模板设计图或明细及说明进行材料准备。

6.1.2 主要材料

采用覆面竹、木胶合模板（板材厚度不小于12mm）作为磷石膏二次填充墙体模板，木方做竖肋。竹、木胶合模板质量应符合《建筑施工模板安全技术规范》JGJ 162-2008的要求。

6.1.3 支撑体系

宜采用扣件式钢管脚手架作为模板支撑体系，并采用对拉螺栓加固。

6.1.4 辅助材料

海绵条（用以镶嵌模板间缝隙，防止漏浆）。

6.1.5 主要机具设备

木工电锯、木工电刨、手电钻、铁（木）榔头、活动扳手、水平尺、钢卷尺、托线板、轻便爬梯、脚手板等。

6.2 磷石膏浆浇灌

6.2.1 主要材料

1. 建筑磷石膏：物理性能满足国家标准《建筑石膏》GB/T 9776-2008的指标要求。
2. 磷渣微粉：比表面积380~420m²/kg。
3. 熟石灰：有效CaO≥60%。
4. 减水剂：聚羧酸减水剂（液体状），浓度不低于10%。
5. 缓凝剂：柠檬酸钠（分子式$Na_3C_6H_5O_7 \cdot 2H_2O$，浓度不低于99%）。
6. 产品必须有出场合格证，产品检测报告单。进场需对产品名称、代号、净含量、强度等级、生产许可证编号、生产地址、出厂编号、执行标准、生产日期等进行外观检查，做好进场验收记录。

6.2.2 主要机具设备

1. 主要机具设备参见表6.2.2。

磷石膏浆施工主要机具设备 表6.2.2

设备名称	备注
电动搅拌器	自制，在电机上焊接钢筋作为叶片
搅拌桶	自制，可采用油桶，在其底部设一出料口并用软管接至料槽
料斗	用木枋自制，1.5m×1.5m×0.5m。
离心泵	
输送泵	石膏专用泵。

2. 将制备磷石膏浆的各种原材料按配比和要求的顺序投入搅拌桶中，采用电动搅拌器搅拌均匀

后，通过搅拌桶底部出料口的软管流入料斗内，由料斗中的离心泵送至石膏专用泵，最后由石膏专用泵输送至灌筑部位。

7. 质 量 控 制

7.1 模板安装质量标准

7.1.1 主控项目

1. 模板及其支架应根据工程结构形式、荷载大小、地基土类别、施工设备和材料供应等条件进行设计。模板及其支架应具有足够的承载能力、刚度和稳定性，能可靠地承受浇筑磷石膏的重量、侧压力以及施工荷载。

2. 在涂刷模板隔离剂时，不得沾污墙体。

检查数量：全数检查。

检验方法：观察。

3. 在浇灌磷石膏之前，应对模板工程进行验收。

模板安装和浇灌磷石膏时，应对模板及其支架进行观察和维护。发生异常情况时，应按施工技术方案及时进行处理。

检验方法：检查验收记录和施工日志

7.1.2 一般项目

1. 模板安装应满足下列要求：

1）模板的接缝不应漏浆。

2）浇灌磷石膏前，模板内的杂物应清理干净。

检查数量：全数检查。

检验方法：观察。

2. 固定在模板上的预埋件、预留孔和预留洞均不得遗漏，且应安装牢固，其偏差应符合表7.1.2-1的规定。

检查数量：在同一检验批内，对墙应按有代表性的自然间抽查10%，且不少于3间；对大空间结构，墙可按相邻轴线间高度5m左右划分检查面，抽查10%，且不少于3面。

检验方法：钢尺检查。

预埋件和预留孔洞的允许偏差   表7.1.2-1

项 目		允许偏差(mm)
预埋钢板中心线位置		3
预埋管、预留孔中心线位置		3
预埋螺栓	中心线位置	2
	外露长度	+10, 0
预留洞	中心线位置	10
	尺 寸	+10, 0

注：检查中心线位置时，应沿纵、横两个方向量测，并取其中的较大值。

3. 模板安装的偏差应符合表7.1.2-2的规定。

检查数量：在同一检验批内，对墙应按有代表性的自然间抽查10%，且不少于3间；对大空间结构，墙可按相邻轴线间高度5m左右划分检查面，抽查10%，且不少于3面。

现浇结构模板安装的允许偏差及检验方法　　　　　表7.1.2-2

项　　目		允许偏差(mm)	检　验　方　法
轴线位置		5	钢尺检查
底模上表面标高		±5	水准仪或拉线、钢尺检查
墙截面内部尺寸		+4，-5	钢尺检查
层高垂直度	不大于5m	6	经纬仪或吊线、钢尺检查
	大于5m	8	经纬仪或吊线、钢尺检查
相邻两板表面高低差		2	钢尺检查
表面平整度		5	2m靠尺和塞尺检查

注：检查轴线位置时，应沿纵、横两个方向量测，并取其中的较大值。

7.2 模板拆除质量标准

7.2.1 主控项目

模板及其支架拆除的顺序及安全措施应按施工技术方案执行。

7.2.2 一般项目

1．侧模拆除时的磷石膏强度应能保证其表面及棱角不受损伤。

检查数量；全数检查。

检验方法：观察。

2．模板拆除时，不应对楼层形成冲击荷载。拆除的模板和支架宜分散堆放并及时清运。

检查数量：全数检查。

检验方法：观察。

7.3 磷石膏浆配制

7.3.1 磷建筑石膏、磷渣微粉、熟石灰、减水剂、缓凝剂进场使用前，应检查其品种、级别、包装、出厂日期等。

当在使用中对材料质量有怀疑时，应复查试验，并按其结果使用。

未经设计认可，不得变更使用材料。

7.3.2 各种配料中不得含有有害杂物。

7.3.3 拌制用水，水质应符合国家现行标准《混凝土拌合用水标准》JGJ 63的规定。

7.3.4 磷石膏浆应通过试配确定配合比，并确保磷石膏浆的初凝时间不得少于30min。当磷石膏浆的组成材料有变更时，其配合比应重新确定。

7.3.5 凡在磷石膏浆中掺入的外加剂，应经检验和试配符合要求后，方可使用。

7.3.6 现场拌制时，各组分材料采用重量计量。

7.3.7 磷石膏浆应采用机械搅拌，自投料完算起，搅拌时间不得小于2min。

7.3.8 磷石膏浆应在拌成后30min内使用完毕。

7.3.9 磷石膏浆试块力学性能的测定应符合以下规定：

1．磷石膏试件成型试模应符合《水泥胶砂试模》JC/T 726的规定。

2．磷石膏试件的制备、存放、试验应符合《建筑石膏 力学性能的测定》GB/T 17669.3的规定。

3．检验方法：在磷石膏浆搅拌设备出料口随机取样制作磷石膏浆试块（每一台班制作一组试块），最后检查试块强度试验报告单。

7.4 磷石膏浇筑质量标准

7.4.1 磷石膏墙体成型后，其强度等级应符合设计要求。

检验方法：检查磷石膏浆试块试验报告。

7.4.2 磷石膏墙体一般尺寸的允许偏差应符合表7.4.2的规定。

抽检数量：

1．对表中1、2项，在检验批的标准间中随机抽查10%，但不应少于3间；

2．对表中3、4项，在检验批中抽检10%，且不应少于5处。

磷石膏墙体一般尺寸允许偏差
表7.4.2

项次	项目		允许偏差（mm）	检验方法
1	轴线位移		10	用尺检查
	垂直度	小于或等于3m	5	用2m托线板或吊线、尺检查
		大于3m	10	
2	表面平整度		8	用2m靠尺和楔形塞尺检查
3	门窗洞口高、宽		±5	用尺检查
4	外墙上、下窗口偏移		20	用经纬仪或吊线检查

8．安 全 措 施

8.1 进入施工现场人员必须戴好安全帽，高空作业人员必须佩带安全带，并应系牢。

8.2 经医生检查认为不适宜高空作业的人员，不得进行高空作业。

8.3 模板工程

8.3.1 工作前应先检查使用的工具是否牢固、板手等工具必须用绳链系挂在身上，钉子必须放在工具袋内，以免掉落伤人。工作时要思想集中，防止钉子扎脚和空中滑落。

8.3.2 安装与拆除2m以上的模板，应搭脚手架并设防护栏杆，防止上下在同一垂直面操作。

8.3.3 遇六级以上大风时，应暂停室外的高空作业，雪霜雨后应先清扫施工现场，略干不滑时再进行工作。

8.3.4 两人抬运模板时要互相配合，协同工作。传递模板、工具应用运输工具或绳子系牢后升降，不得乱抛板装拆时，上下应有人接应。高空拆模时，应有专人指挥，并在下面标出工作区．用绳子和红白旗加以围档，暂停人员过往。

8.3.5 支模过程中，如需中途停歇，应将模板、支撑钉牢。拆模间歇时，应将活动的模板、支撑等运走或妥善堆放，防止因踏空、扶空而坠落。

8.3.6 高空作业要搭设脚手架或操作台，上、下要使用梯子，不许站在墙上工作。操作人员严禁穿硬底鞋及有跟鞋作业。

8.3.7 装拆模板时，作业人员要站在安全地点进行操作，防止上下在同一垂直面工作。

8.3.8 拆模必须一次性拆清，不得留下无撑模板。拆下的模板要及时清理，堆放整齐。

8.3.9 拆模时，临时脚手架必须牢固，不得用拆下的模板作脚手板。脚手板搁置牢固平整，不得用空心板，以防踏空坠落。

8.3.10 模板支撑和拆卸模板未固定前不得进行下一道工序。严禁在连接件和支撑上攀登，并严禁在上下同一垂直面上装、拆模板。拆模的高处作业，应配置登高用具或搭设支架。

8.4 手持电动工具的使用

8.4.1 手持电动工具按触电保护措施的不同分为三类。施工时应选用Ⅱ类或Ⅲ类工具。

8.4.2 使用与保管

1．手持式电动工具必须有专人管理、定期检修和健全的管理制度。

2．每次使用前都要进行外观检查和电气检查。

3．手持电动工具在使用场所应加装单独的电源开关和保护装置。

4．电源开关或插销应完好，严禁将导线芯直接插入插座或挂钩在开关上。特别要防止将火线与零线对调。

5．操作手电钻或电锤等旋转工具，不得戴线手套，更不可用手握持工具的转动部分或电线，使用过程中要防止电线被转动部分绞缠。

6．手持式电动工具使用完毕，必须在电源侧将电源断开。

8.4.3 检修

手持式电动工具的检修应由专职人员进行。修理后的工具，不应降低原有防护性能。对工具内部原有的绝缘衬垫、套管，不得任意拆除或调换。

8.5 预防机械伤害措施

8.5.1 容易造成机械伤害的设备均应设保护保险装置：

1．机械工具所有外露的旋转部分都必须设置防护装置，防护装置必须安装牢固，并且性能可靠。

2．机械设备应设置可靠的制动装置，以保证接近危险时有效的制动。

8.5.2 防止机械伤害事故的防范措施

1．检修机械必须严格执行断电挂禁止合闸警示牌和设专人监护的制度。机械断电后，必须确认其惯性运转已彻底消除后才可进行工作。机械检修完毕，试运转前，必须对现场进行细致检查，确认机械部位人员全部彻底撤离才可取牌合闸。

2．人手直接频繁接触的机械，必须有完好紧急制动装置，该制动钮位置必须使操作者在机械作业活动范围内随时可触及到；机械设备各传动部位必须有可靠防护装置；作业环境保持整洁卫生。

3．操作各种机械人员必须经过专业培训，能掌握该设备性能的基础知识，经考试合格，持证上岗。上岗作业中，必须精心操作，严格执行有关规章制度，正确使用劳动防护用品，严禁无证人员开动机械设备。

9．环保措施

9.1 为防止噪声的危害，保障工人身体健康，促进生产建设的发展，施工中应严格按国家《工业企业噪声卫生标准》要求，白天不超过65dB，夜晚不超过55dB。

及时将生产及安装过程中所产生的废渣、废气、废水清理干净，阻止污染大气、水体及土壤。

9.2 存放建筑磷石膏的料棚应具备有效的防雨、防水、防潮措施；库门上锁，专人管理；堆码整齐，离墙不少于100mm，严禁靠墙；垛底架空垫高，保持通风防潮，垛高不超过10袋；抄底使用，先进先出。临时露天存放应具备可靠的苫、垫措施，搭盖严密，下垫高度不低于300mm。

9.3 防止大气污染

9.3.1 垃圾必须搭设封闭临时专用垃圾道，严禁随意高空抛撒。

9.3.2 施工垃圾及时清运，适量洒水，减少扬尘等粉细散装材料，采取室内或封闭存放，卸运时要采取遮盖措施，减少灰尘。

9.3.3 对施工现场设置的搅拌设备，应安设除尘装置。

9.4 防止水污染

设置搅拌沉淀池，废水经沉淀后，排入污水管内。施工现场的生产污水采用两级沉淀措施后，排出场外下水道。

9.5 防止噪声污染

9.5.1 在施工过程中应尽量减少扰民的噪声，对容易产生噪声的搅拌机、模板拆除等，采取措施，降低噪声。

9.5.2 严格控制人为噪声，进入施工现场不得高声喊叫、无故甩打模板、乱吹哨，最大限度地减少噪声扰民。

9.5.3 搅拌机工作时应采用隔声屏障。

9.5.4 模板拆除时应轻拆轻放，以减少碰撞。

9.6 粉尘防护

佩带合适的防尘口罩。防尘口罩要求滤尘率、透气率高，重量轻，不影响工人视野及操作。注意个人卫生习惯，不吸烟。遵守防尘操作规程，严格执行未佩带防尘口罩不上岗操作的制度。

9.7 定期对施工人员进行体检，并建立个人卫生档案，防止传染病的发生和传播。对从事粉尘作业工人，必须进行健康检查，发现有不宜从事粉尘作业的疾病时，及时调离。

10. 效 益 分 析

10.1 社会效益

我国制造磷酸排放的磷渣每年约1亿m³以上，不仅侵占了大量良田好土，且造成污染，破坏环境和生态，对"可持续性发展"不利。将磷渣通过焙烧后，改变水的结晶体，形成与天然熟石膏同性的半水石膏，俗称"磷石膏"，按黏土砖550块/m³计算，相当黏土砖550亿块，按一般黏土砖砌体结构250块/m²计算，每年可取代黏土砖建造2亿2千万m²住宅。

10.2 经济效益

10.2.1 以一栋采用"以磷石膏为节能材料的节能与结构一体化钢筋混凝土网格式框架结构"设计的12层的建筑为例，其结构的混凝土用量23.8cm/m²，磷石膏21.3cm/m²，钢材43.8kg/m²；若采用常规框架结构，其主要材料用量为：混凝土25.4 cm/m²，钢材57.5 kg/m²。通过对比可知，其材料用量前者比后者可降低10%~15%，但前者力学特性优于后者。

10.2.2 磷石膏按现行市场价100元/m³考虑，相当于每平方米墙体单价21元/m²，比常规框架结构的外墙保温体系造价最少低50元/m²。且网格式框架结构外包裹一层磷石膏节能外衣，其节能性比采用常规外墙保温体系的建筑要好。

11. 应 用 实 例

磷石膏新型节能环保建筑结构体系技术研究与应用试验建筑1、2、5标段，位于福泉市马场坪瓮福生活区内，总建筑面积25670m²，由4栋地下1层，地上11层，建筑高度39.57m的高层建筑组成，均采用"以磷石膏为节能材料的节能与结构一体化钢筋混凝土网格式框架结构"。

这3个标段于2009年5月1日开工。在施工中针对新结构的特点及磷石膏的材料特性，组织专家组进行技术攻关，经反复试验确定施工参数，调整施工方法，在实际操作中不断总结经验，确保了施工质量。以上工程于2010年8月顺利通过贵州省住房和城乡建设厅专家组的验收。

自流平抗裂耐磨再生混凝土地面施工工法

GJEJGF068—2010

湖南望新建设集团股份有限公司　湖南拓展建设工程有限公司

汤彦武　李九苏　刘月升　叶群山　夏艺红

1. 前　言

废旧混凝土经过破碎、筛分等工序制备得到骨料，称为再生骨料。利用再生骨料生产得到的混凝土称为再生混凝土。再生混凝土具有工作性差、强度下降、耐磨性较差等特点，限制了其推广应用。作为一种再生技术，在对旧的材料进行再生利用时，混凝土的自密实、自流平特性，将极大地方便地面施工作业，从而有利于再生混凝土技术的推广应用。本工法结合华润置地凤凰城等工程项目施工实践表明：具有施工速度快、体积稳定、容易施工等特点，特编写本工法。

2. 工法特点

2.1 运用自流平水泥基材料的自流平特性，来解决再生混凝土施工时工作性差的问题。对废旧混凝土进行再生利用，用于修建地面，再生粗骨料可以100%加以利用，不仅环保，而且具有显著的经济效益。

2.2 通过采用优化的自流平水泥基材料配方，克服了传统自流平水泥基材料抗裂性较差的问题。

2.3 通过在再生混凝土上浇筑添加有耐磨组分的自流平材料，从工艺上解决了再生混凝土耐磨性较差的问题，而且由于自流平层和再生混凝土之间具有较好的层间结合，不需涂刷界面剂，节省工序，降低了工程成本。

2.4 由于自流平材料不与吸水性强的下承层直接接触，减少了收缩裂缝的出现，通过在自流平材料中添加抗裂组分，使抗裂性进一步提高。同时，减少了自流平材料浇注后产生的浆料和麻面，保证了工程质量。

2.5 本工法不需要使用大型施工设备，施工工艺简便，施工速度较快，有利于节约设备投资和节省工时。

3. 适用范围

3.1 本工法适用于工业厂房、仓库、学校、医院、停车场地面等的新建和维修。

4. 工艺原理

4.1 自流平抗裂耐磨再生混凝土地面的工法原理主要是对下承层基层施工验收完毕后，在其表面浇筑再生混凝土，然后浇注耐磨自流平水泥基材料，形成具有抗裂能力的自流平地面结构。

4.2 关键工艺通过再生混凝土地面进行两层材料的连续施工来实现，其核心是在浇注再生混凝土后连续浇筑添加有耐磨组分的自流平材料，使二者之间具有较好的层间结合，不需要涂刷界面剂。另外，自流平材料只接触新浇注的再生混凝土，不与吸水性强的下承层直接接触，因此具有较高的抗裂性。最后，添加有耐磨组分的自流平材料提供了再生混凝土所欠缺的耐磨性。

5. 施工工艺流程及操作要点

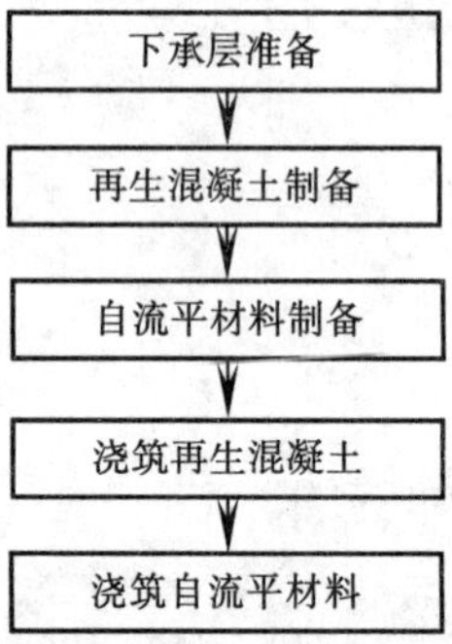

```
下承层准备
   ↓
再生混凝土制备
   ↓
自流平材料制备
   ↓
浇筑再生混凝土
   ↓
浇筑自流平材料
```

图5 自流平抗裂耐磨再生混凝土地面施工工艺流程图

1）工艺流程。自流平抗裂耐磨再生混凝土地面的施工主要分为5个阶段，其工艺流程如图5所示。

2）再生混凝土制备包括生产再生骨料、原材料（再生骨料、水泥、砂、减水剂）分析、再生混凝土配合比设计、再生混凝土生产等4项内容。

3）自流平材料制备包括自流平水泥基材料原材料性能检验、基础配合比设计、加入耐磨组分的配合比优化、自流平材料生产等四项内容。

4）自流平材料的浇筑，可按照下承层的施工面积计算材料用量后，进行小面积浇筑或大面积泵送施工。

6. 材料与设备

6.1 原材料要求

自流平抗裂耐磨再生混凝土地面所用的原材料主要有再生粗骨料、水泥、砂、自流平剂。

6.1.1 再生粗骨料

再生粗骨料的技术要求，目前尚没有制定相关的国家和行业标准。用于本工艺的再生粗骨料的质量等级不宜低于Ⅱ级，具体采用的标准见表6.1.1。

再生骨料的质量等级和质量标准　　　　　　　　　　　　　表6.1.1

项 目	Ⅰ级	Ⅱ级	Ⅲ级
表观密度(kg/m³)	≥2550	≥2400	≥2250
表观密度变异系数(%)	≤1	≤3	≤5
压碎值(%)	≤10	≤17	≤22
洛杉矶磨耗损失(%)	≤27	≤31	≤35
吸水率(%)	≤4	≤7	≤10

6.1.2 水泥

再生混凝土中所用的水泥采用普通硅酸盐水泥，其技术指标要求必须满足《通用硅酸盐水泥》GB 175-2007中的规定。

6.1.3 砂

应采用洁净的中砂或粗砂，具体技术指标要求需要满足国家标准《建筑用砂》GB/T 14684-2001中的技术规定。

6.1.4 自流平剂

自流平剂的质量必须满足中华人民共和国建材行业标准《地面用水泥基自流平砂浆》JC/T 985-2005中的规定。

6.2 施工机械

再生混凝土层的施工可以采用三棍轴机组施工、滑模摊铺施工、小型机具施工等多种方式进行，根据具体施工方式的不同，必须配备足够的拌合、运输、振捣等施工机械和配件，施工前对施工机具必须进行必要的保养和调试，从设备上确保施工的顺利进行。自流平层的施工需要用到齿状刮板、切割机等设备。

另外，质量检测仪器见表6.2。

主要质量检测仪器表

表6.2

序号	仪器名称	数量
1	压碎值仪	1
2	洛杉矶磨耗仪	1
3	静水天平	1
4	烘箱	1
5	标准筛（方孔）	2
6	压力机	1
7	烘箱	1
8	坍落度仪	2
9	振动台	1

7. 质 量 控 制

7.1 工程质量控制标准

7.1.1 自流平抗裂耐磨再生混凝土地面的水泥、砂分别按《通用硅酸盐水泥》GB 175-2007、《建筑用砂》GB/T 14684-2001等规范和标准中所规定的抽检项目和频度进行检查。再生粗骨料按照表6.1.1中的规定进行检查。自流平剂按照中华人民共和国建材行业标准《地面用水泥基自流平砂浆》JC/T 985-2005中的要求进行检查。

7.1.2 再生混凝土的质量检测：如果用于公路工程中路面，其质量必须满足《公路水泥混凝土路面施工技术规范》JTG F30-2003中的规定；如果用于建筑部门等其他部门，其质量需要满足相应的国家或行业标准。

7.1.3 水泥基自流平材料的检测：如果用于室内地面，参照现行《地面用水泥基自流平砂浆》JC/T 985-2005中的要求进行。如果用于室外，需增加抗冻融、抗滑、抗碳化等性能的测定。

7.2 施工质量管理

施工过程中主要控制原材料质量、再生混凝土层和水泥基自流平层的施工质量。原材料质量应满足6.1.1、6.1.2、6.1.3和7.1.1中的规定。再生混凝土层和自流平层的施工质量应分别满足7.1.2和7.1.3中的规定。

7.3 施工质量控制技术措施

7.3.1 加强再生粗骨料品质的检验，不满足技术标准的再生粗骨料不能使用，或进行强化处理满足技术标准后才可使用。严格控制自流平材料的质量，添加耐磨、抗裂组分，改善自流平砂浆的抗滑、抗裂性能。

7.3.2 对再生混凝土配合比进行优化，获得再生混凝土浇筑性能、力学性能优良的施工配合比，并严格执行。

7.3.3 再生混凝土层施工后，及时进行水泥基自流平层的施工，以减少自流平层的收缩裂缝，并加强层间结合。

7.3.4 做好自流平层的施工：对于小面积施工，可用齿状刮板协助自流平层摊平；对于大面积施工，宜采用自流平搅拌机及泵送机械施工。

8. 安 全 措 施

8.1 本工法严格遵守《中华人民共和国安全生产法》、《建筑机械使用安全技术规程》和《建筑施工安全检查标准》等跟地面施工和养护施工安全有关的各项规定。

8.2 再生混凝土和水泥基自流平材料中均不含有毒、有害物质，对人身安全和健康没有妨碍。施工时，施工人员配备口罩，做好防止灰尘入口等的必要的防护工作。

9. 环保措施

9.1 文明施工措施

9.1.2 现场布置:根据场地实际情况合理地进行布置，施工设备按现场布置图规定设置堆放，并随施工不同阶段进行场地布置和调整。

9.1.3 施工现场场地清理:各施工作业班组必须做好操作后场地清理，随作随清，物尽其用。在施工作业中，设置防止扬尘的措施。

9.2 环境保护措施

9.2.1 编写施工组织设计时，把环境工作作为施工组织设计要求的组成部分，并认真贯彻执行于施工的全过程。

9.2.2 加强环保教育。组织职工学习环保知识，加强环保意识，使大家认识到环境保护的重要性和必要性。

9.2.3 贯彻环保法规。认真贯彻各级政府的有关水土保护、环境保护方针、政策和法令，结合本工法特点，制定相应施工项目的环保要求和措施。

9.2.4 强化环保管理。定期进行环境检查，及时处理违章事宜，主动联系环保机构，请示汇报环保工作，做到文明施工。

9.2.5 消除施工污染。对材料的运输、堆放应注意避免扬尘等污染。施工废水、生活污水源要采取妥善措施处理。

10. 效益分析

10.1 经济效益

10.1.1 自流平再生混凝土地面与传统自流平地面比较，具有一定的成本优势。由于再生混凝土层替代了普通混凝土下承层，减少了废旧混凝土填埋处置费用。再生粗骨料替代天然骨料，由于再生粗骨料加工生产较为简单，生产成本较低，因此较天然碎石或卵石更为便宜。另外，由于浇筑再生混凝土层后直接浇筑自流平层，再生混凝土中再生骨料具有更为粗糙的表面特征，节约了涂刷界面剂的费用。

10.1.2 自流平抗裂耐磨再生混凝土地面与花岗石地面比较，具有很强的经济优势：花岗石地面造价一般为500元/m²，而自流平抗裂再生混凝土地面造价一般仅为50元/m²左右。与传统自流平地面相比，也有较明显的比较优势，每平方米节约资金20%~40%左右，以10cm混凝土下承层另加3cm砂浆为例进行计算，计算结果见经济效益分析表10.1.2。

经济效益分析表　　　　　　　　　　　　　　　　　　　　　　　　　表10.1.2

	自 流 平 地 面	
	抗裂耐磨再生混凝土地面	水泥基自流平地面
产生费用项目	①3cm 抗裂耐磨自流平层 ②10cm 再生混凝土下承层	①3cm 水泥基自流平地面 ②10cm 普通混凝土下承层 ③涂刷界面剂
单价比较	①25 元/m² ②25 元/m² ∑50 元/m²	①20 元/m² ②35 元/m² ③10 元/m² ∑65 元/m²
再生混凝土自流平地面每平方米节约（65-50）/65=23.1%		

10.2　社会效益

10.2.1　目前每年我国废弃的混凝土至少达到1亿t。到2010年，废弃混凝土的数量将达到2.39亿t。到2020年，这一数字更将达到惊人的6.38亿t。采取传统的填埋处置方式，不利于可持续发展战略的实施。本工法能对废旧混凝土实现再生利用，不需要消耗碎石或卵石资源，减少了开山采石对环境的破坏。

10.2.2　本工法施工简便，既可用于小面积人工浇筑，也可用于大面积机械泵送施工。劳动强度降低，施工速度快捷，大幅度缩短工期，从而能大幅提高企业的经营效益。

10.2.3　本工法施工过程没有任何废弃物，封闭施工，属于环保工程项目。

11．应　用　实　例

具体应用实例见表11。

应用实例 表11

时　间	项　目　名　称	应用位置	面积（m²）	应用效果
2008.9	锦璨家园	一层地面	4600	良好
2009.5	华润置地凤凰城	一层地面	3785	良好
2009.8	长沙县一中	风雨操场	2700	良好

框架结构楼内增设钢筋混凝土核心筒施工工法

GJEJGF069—2010

浙江舜杰建筑集团股份有限公司　深圳市建工集团股份有限公司
朱炎成　邵卫平　赵蓉

1. 前　　言

1.1 随着城市建设的不断发展和城市功能的进一步提升，需要对一些旧建筑进行改造，来适应城市中心功能提高、调整的要求。在旧楼内增设核心筒是改善建筑使用功能的一个很好的方法。它一方面能尽量保持原有建筑的外部风格，延续老建筑和周围环境的协调性，另一方面通过内部改造实现对建筑整个生命周期的全程利用。

1.2 在上海市静安区的创展大厦改造工程中，通过基础托换，结构无损拆除、粘钢加固等施工技术在原建筑中部增设16.8m×19.9m的钢筋混凝土核心筒，形成新的钢筋混凝土框剪结构体系。经过总结、研究，形成了本套施工工法。

1.3 本工法采用的关键技术"框架结构楼内增设钢筋混凝土核心筒施工技术"于2008年 8月22日通过了上海市建设交通委科技委组织的科技成果鉴定，专家组认为该技术对旧楼改造有明显效果，其技术总体上达到国内先进水平，对类似工程的实施有借鉴作用。

2. 工 法 特 点

2.1 本工法通过锚杆静压桩托换、加大基础托换，部分结构无损拆除、加固施工技术，在老建筑内增设剪力墙，作为楼梯、电梯间等使用，形成钢筋混凝土核心筒，提高了老建筑的抗震等级。

2.2 在增设核心筒施工过程中，采用切割、植筋、粘钢、界面处理使新老结构联成一体，实现结构体系的转换，工艺成熟、简便、可靠。

2.3 本工法通过增设核心筒对合理使用寿命内的建筑物进行改建，施工进度快、工期短，有效地利用了资源和保护环境。

3. 适 用 范 围

适用于多层钢筋混凝土框架结构建筑的改造工程。

4. 工 艺 原 理

4.1 根据使用功能调整后的荷载，在老建筑改造工程中，逐步进行基础托换施工，结构无损拆除施工，新增剪力墙结构施工，来保证施工阶段的体系稳定。

4.2 在施工过程中，安全准确地拆除部分老结构，应用新老结构联接处理技术使新增设的核心筒剪力墙、梁板等和老结构联成一体，形成新的结构体系。

5. 施工工艺流程及操作要点

5.1 工艺流程（图5.1）

5.2 操作要点

5.2.1 施工准备

1. 搭设外墙脚手架,外围用密目网封闭;安装施工电梯和塔吊。

2. 设置全封闭的垃圾井道以控制扬尘。

3. 拆除原建筑室内装修、门窗、内隔墙、机电管线、设备。

4. 封闭所有外墙门窗洞口,减少声、尘对周边环境影响。

5. 布设沉降观测点及环境保护监测点。

6. 对结构拆除过程中,原结构不同工况条件下的安全性进行评审,并采取相应措施,以保证施工阶段的体系稳定。

7. 在结构拆除区域弹线及标识。

5.2.2 老建筑基础加固

1. 抽排积水后,采用镐锤机械拆除老建筑基础上的地面块状面层、现浇混凝土基层、预制钢筋混凝土架空板、砖基等。

2. 尽量采用人工进行基坑内的垃圾清理,以保护原有建筑的基础承台、柱脚、基础梁。

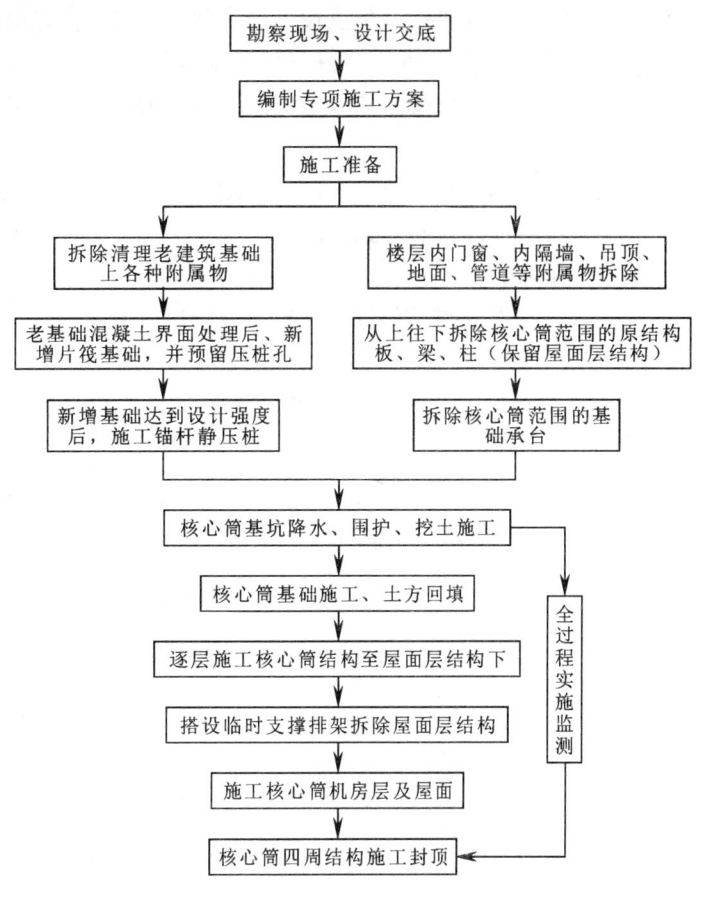

图5.1 工艺流程图

3. 在基坑内设置砖砌集水井,然后用高压水冲洗老基础表面,冲洗的污水排放至集水井,沉淀后由水泵抽至市政下水道。浇筑基础混凝土前集水井用黄砂回填夯实。

4. 在老基础上新做钢筋混凝土片筏基础将原承台联成一体并预留压桩孔,新老基础联接采用先将老基础表面凿毛,将筏板钢筋种植于老基础中并在其表面种植抗剪钉,经冲刷干净并界面剂处理后一并浇捣,见图5.2.2。

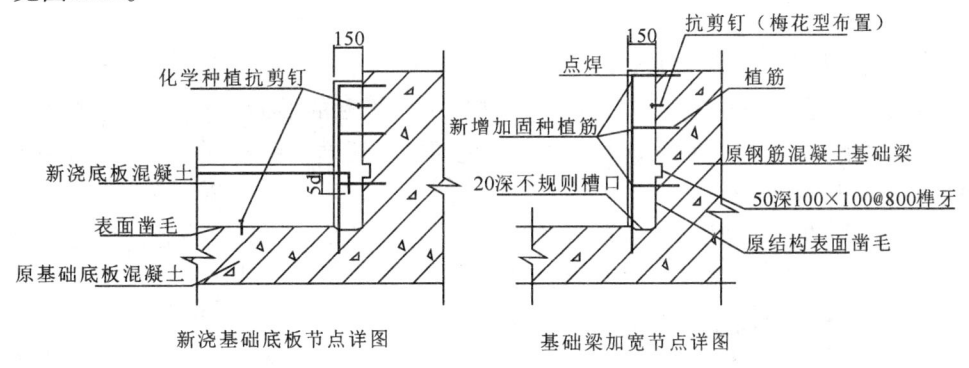

图5.2.2 新老基础结合示意图

5.2.3 基础下锚杆静压桩加固

1. 根据加桩施工图在基础底板面划定桩位、孔径,然后对预留桩孔进行复核或采用吸附式金刚石钻孔机钻孔。

2. 锚杆埋设:采用金刚石薄壁钻或风钻开凿锚杆孔,植入锚杆,再浇注硫磺胶泥。锚杆螺栓的锚固深度一般为13~15d。

3. 逐节压入预制桩，根据设计要求和规范规定做好接桩，以设计桩长或压桩力作为压桩控制标准。

4. 静压桩桩顶设置锚筋，封桩采用微膨胀混凝土，经封桩后桩孔不得渗水。

5.2.4　新增核心筒区域原结构的无损拆除

1. 总体拆除顺序：

楼层结构从上到下进行拆除→基础承台拆除→屋顶结构的拆除。

2. 老建筑的屋顶结构保留至最后拆除，有利于控制扬尘和噪声，有利于防范恶劣气候，从而减少污染，缩短工期。

3. 在上部楼层结构拆除后，再将原结构柱下的基础承台拆除，然后进行核心筒基础底板的施工。

4. 楼层结构拆除

按照设计要求，在老建筑的中部增设剪力墙，作为楼梯、电楼间等使用，形成钢筋混凝土核心筒。该部位的原结构柱、梁、板拆除，由上往下逐层进行，见图5.2.4。

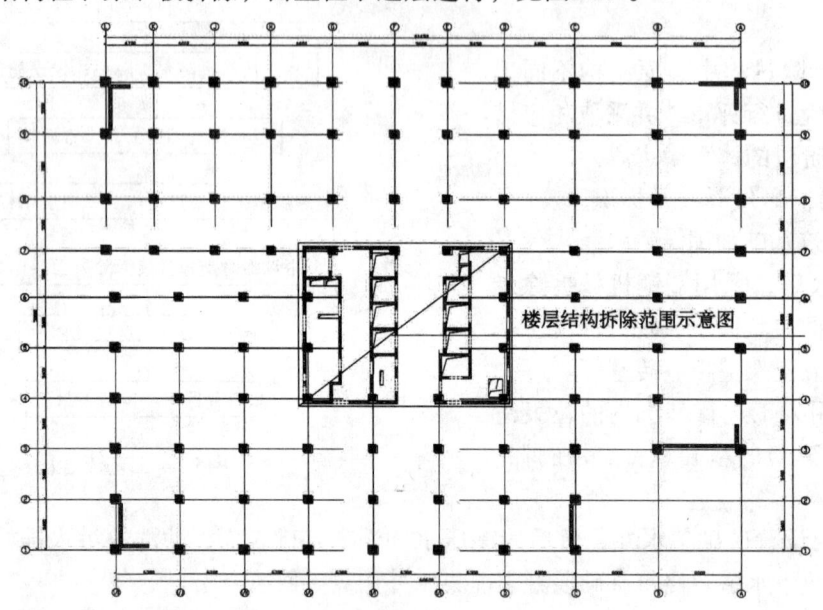

图5.2.4　楼层结构拆除范围示意图

1）在拆除开始前，严格按照设计图纸对每层结构拆除范围进行弹线及标识，明确机械和人工作业范围。

2）在楼层面砌挡水槽，布设排水系统，使切割结构构件的冷却污水有序排放至地面。

3）在拆除楼层的下部搭设钢管支撑平台，以防止切割后的混凝土块下坠，并可供施工人员站立。在钢管平台与结构结合处，采用垫木缓冲，避免切割机切割到钢管。支撑平台应两层同时搭设，搭设完毕后才能进行切割施工。

4）每个楼层结构的拆除原则是：机械切割拆除先进行，人工剔凿拆除后进行。在拆除过程中，按照剪力墙→楼板→次梁 →主梁→柱的顺序进行。

5）针对楼层结构的不同结构形式，采取不同的拆除方式。

（1）对于钢筋混凝土墙体及楼板等直线切割厚度小于600mm的构件，采用金刚石碟式切割机，该设备切割能力强、效率高，且切口平直。剪力墙、楼板切割成块体，块体尺寸和重量与吊运设备的负载能力相适应。

（2）对于梁、柱等体积较大的构件，采用金刚石链式切割机，该设备体积小，切割能力强，可任意调节钻石线的长度和切割方向，梁切割成块体，块体尺寸和重量与吊运设备的负载能力相适应。

（3）对于设计要求保留接出的梁、板、柱节点，本着尽量减少损害原结构的原则，采用专业石工剔凿拆除。

（4）对于原楼层结构中主次梁为钢筋混凝土预应力结构的楼面，采用的拆除方式为：先在楼层下满层搭设钢管支撑平台，然后拆除楼板和非预应力联系梁，凿除预应力主、次梁两端混凝土封锚将锚具放松，预应力梁自上向下分两层同步拆除，上层拆除由支座处向跨中进行，下层拆除由跨中向两边支座处进行，每隔2m将负、正弯矩处的钢铰线剪断。

6）拆除阶段的水平运输和垂直运输方式

在楼层结构的拆除阶段要解决大量的建筑垃圾水平运输和垂直运输问题。水平运输采用在被拆楼层上部设门式钢支架，支架上设吊点，用卷扬机将切割机分解成块的梁、板、柱构件吊运到拆除区域外的楼面上，然后运至通道口，用人货梯和塔吊运至地面；采用搭设专用垃圾通道的方式，在每个楼面设投料口，来解决楼层结构碎块垃圾的垂直运输。

5.2.5 新增核心筒区域的底板置换

1．待新增核心筒区域的楼层板、梁、柱结构拆除后，然后将柱下原钢筋混凝土承台拆除。

2．由于核心筒底板有电梯井坑等，挖土较深，且四周紧邻原建筑基础及桩基，为防止挖土时坑壁坍方，应针对不同的地质条件采取排水或降水措施并对边坡进行支护。

3．新老混凝土结合处应凿成和主筋垂直的面，松动部位应剔除至实处，表面用钢丝刷清理后，涂刷界面剂。

4．按设计要求用植筋方式补配钢筋，并种植抗剪钉。

5．加强对新浇筑底板混凝土的养护，防止收缩裂缝的产生。

5.2.6 新增核心筒区域的结构施工（图5.2.6）

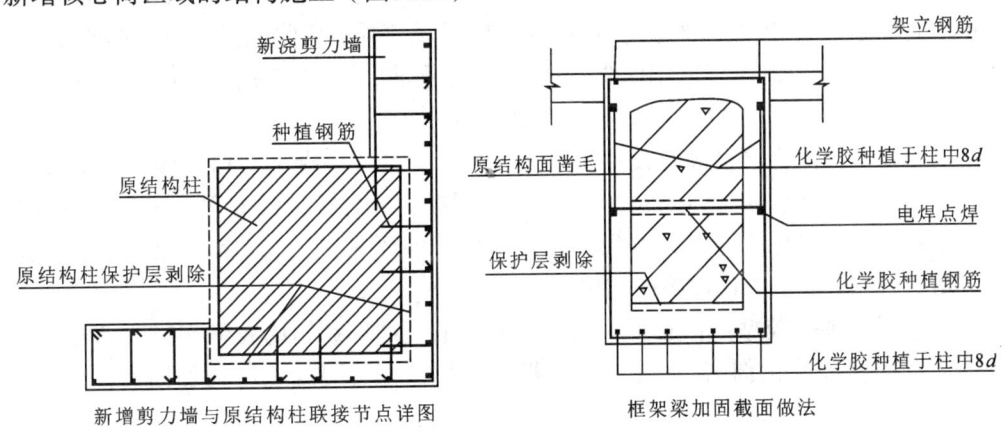

新增剪力墙与原结构柱联接节点详图　　框架梁加固截面做法

图5.2.6　新老结构联接示意图

1．底板置换后混凝土强度达到设计要求，及时进行基坑回填，将核心筒结构逐层向上施工至顶层。

2．新老混凝土界面处理：先将老构件表面保护层剥除，经冲刷干净用界面剂处理，将钢筋和抗剪钉种植其中，然后浇筑混凝土。

3．新做钢筋混凝土剪力墙时，在混凝土中掺加膨胀剂，使其与原钢筋混凝土框架有效联合为一体。

4．新老钢筋混凝土框架梁或连续次梁相接部位除界面处理外，还须待新浇混凝土达到一定强度后，在负弯矩部位粘贴钢板。

5.2.7 原建筑屋面结构的拆除

1．在核心筒以及四周梁板加固施工至屋面层下，开始屋面结构的拆除施工。

2．拆除前对于核心筒区域的电梯井道、楼梯间等洞口作封闭处理。

3．在要拆除的屋面结构层下满层搭设钢管支撑平台，以防止拆除过程中构件下坠，并可供作业人员站立。

4．屋面结构的拆除顺序按照：屋面板→次要构件→主要构件的顺序进行。

5. 切割或分解下来的屋面构件可放置在钢管平台上，然后用塔吊或人货梯运载到地面。

5.2.8 新增核心筒机房、屋面结构及原建筑屋面结构的恢复施工。

1. 做好新老结构结合处的清理、界面处理，按设计要求进行植筋，设置抗剪钉的加固处理。

2. 做好新浇混凝土的养护工作，防止裂缝产生。

5.2.9 劳动力组织

所需要操作人员主要有：架子工、木工、混凝土工、钢筋工、电焊工、电工、机操工、普工、专业工人等。按照施工程序进行分工合作操作。架子工、电工、机操工等特殊工种必须持证上岗。

6. 材料与设备

6.1 材料

6.1.1 静压桩：静压桩采用钢管桩，也可采用混凝土预制桩，其质量符合《建筑桩基技术规范》JGJ 94-2008的规定。

6.1.2 钢管、扣件：钢管采用$\phi 48 \times 3.5$规格，扣件种类有：直角型扣件、旋转式扣件、对接式扣件。采购和租赁的钢管、扣件有产品合格证、质量技术监督部门颁发的生产许可证和法定检测机构的检测报告，其质量符合《建筑施工扣件式钢管脚手架安全技术规范》JGJ 130-2001、《钢管脚手架扣件》GB 15831-95的规定和技术标准要求。

6.1.3 木楞、模板：木楞采用60mm×80mm松木方楞，模板采用九夹胶合板，其质量符合《木结构工程施工质量验收规范》GB 50206-2002、《混凝土结构工程施工质量验收规范》GB 50204-2002的规定。

6.1.4 钢材：型钢、钢板等采用Q235、Q345钢，钢筋、抗剪钉采用235HRB、335HRB、400HRB钢，其质量符合现行国家标准《碳素结构钢》GB/T 700的规定。

6.1.5 混凝土：混凝土强度满足设计要求，其质量符合《混凝土结构工程施工质量验收规范》GB 50204-2002、《预拌混凝土》GB 14902-2004、《普通混凝土配合比设计规程》JGJ 55-2000的规定。

6.1.6 粘贴钢板的胶粘剂：必须采用专门配制的改性环氧树脂胶粘剂，其安全性能指标必须符合《混凝土结构加固设计规范》GB 50367-2006的规定。

6.1.7 种植锚固件的胶粘剂：必须采用专门配制的改性环氧树脂胶粘剂或改性乙烯基酯类胶粘剂（包括改性氨基甲酸酯胶粘剂），其安全性能指标必须符合《混凝土结构加固设计规范》GB 50367-2006的规定。

6.2 机具设备和劳动力

1. 施工所用的机具设备有：塔吊、人货两用梯、商品混凝土运输车、混凝土泵车、插入式振动机、静压桩机、交流电焊机、调直机、弯曲机、手刨机、金刚石碟式切割机、金刚石链式切割机、液压钳、空压机、金刚石钻孔机、手持式钻机、电锤、卷扬机、磨光机、火焰切割机、行走式多头破碎机、灌浆注浆器、搅拌器等。

2. 检测所用的仪器有：水准仪、经纬仪、裂缝观测仪、钢筋探测仪、小型台称、钢卷尺、坍落度筒、试模等。

7. 质量控制

7.1 质量控制标准

7.1.1 本工法施工质量应符合《建筑桩基技术规范》JGJ 94-2008、《建筑施工扣件式钢管脚手架安全技术规范》JGJ 130-2001、《钢结构工程施工质量验收规范》GB 50205-2001、《建筑钢结构焊接规程》JGJ 81-2002、《混凝土结构工程施工质量验收规范》GB 50204-2002、《混凝土结构加固设计规范》GB 50367-2006。

7.2 施工操作中的质量控制

7.2.1 严格控制静压预制桩的制作质量，采用的原材料及成品应符合设计要求，并有出厂合格证和试验报告

7.2.2 静压桩的制作允许偏差以及桩位允许偏差，均应符合规范中有关桩型的规定。

7.2.3 混凝土预制桩采用硫磺胶泥锚接桩，为保证质量应做到：

1. 锚筋应刷清并调直。

2. 锚筋孔内应有完好螺纹、无积水、杂物和油污。

3. 接桩时接点的平面和锚筋孔内应灌满胶泥。

4. 灌注时间不得超过两分钟。

5. 胶泥试块每班不得少于一组。

7.2.4 钢桩接桩的焊接质量应符合国家钢结构施工与验收规范和建筑钢结构焊接规程，每个接头除应按规定进行外观检查外，还应按接头总数的5%做超声或2%做X拍片检查，在同一工程内，探伤检查不得少于3个接头。

7.2.5 对于结构拆除的施工进行前，加强对施工人员的技术和质量交底，提高他们的质量意识，严格按施工方案规定的拆除范围及拆除方式进行施工，施工管理人员在施工过程中对操作人员所施工的内容、过程进行检查，防止对保留的原结构钢筋和混凝土的损坏，以确保施工质量。

7.2.6 新增核心筒结构施工质量控制

1. 核心筒结构模板以九夹板为面板，内楞采用木方，外楞及支撑采用扣件钢管，所有模板均由木工翻样翻出模板图，经施工、技术人员复核。

2. 钢筋绑扎施工时，钢筋接头要互相错开，搭接长度和钢筋搭接接头面积百分率、钢筋级别、直径、根数和间距均符合设计规定和施工规范要求。钢筋绑扎完成后，质量员进行全面复核，并进行隐蔽工程验收，做好隐检记录。

3. 混凝土所用原材料，包括水泥、砂、石、外掺剂等，有质保书和复检资料，并按国家规范和有关规定检验，每项技术指标符合要求后方能使用。

4. 浇捣柱、墙板混凝土时，应严格分层作业，控制沉实时间，对于梁、柱以及梁、墙交接位置，钢筋密集，应有措施使之浇灌密实。

5. 混凝土浇捣完成后，由专人负责混凝土养护，混凝土终凝后进行浇水养护，以防收缩裂缝出现。

8. 安 全 措 施

8.1 拆除楼层结构和屋面结构时搭设的钢管扣件承重支撑架周边和内部同步设置剪刀撑，立杆底部设扫地杆。

8.2 在拆除工程施工前，应先检查结构内各类管线情况，确认全部切断后方可施工。

8.3 拆除工程施工时，在危险区域设围栏和警戒标志，并派专人看守，严禁一切非操作人员入内。

8.4 楼层结构的拆除，按照剪力墙→楼板→梁→柱的顺序依次从上到下拆除，保证未拆除部分的稳定性；水平作业时，各作业面之间保持一定安全距离；作业人员施工时，注意随时挂牢安全带。

8.5 结构拆除采取逐段逐块分解的方式，分解后的构件每块重量不能大于起吊允许荷重；分解后的构件块应及时运出拆除区域进行破碎，破碎后的建筑垃圾应通过垂直运输到地面，严禁集中堆放在楼层内，以保证楼层结构的安全。

8.6 楼层结构拆除过程中，应及时在临边、洞口设置围栏，围绳及标志。

8.7 室内钢管平台拆除时，按后装先拆的原则进行，拆除前，清除平台上的工具、碎块和杂物，拆除下来的钢管、扣件应及时请运至地面，不能集中堆放在楼面。

9. 环 保 措 施

9.1 认真学习环境保护法，执行当地环保部门的有关规定，会同有关部门做好环境监测工作。

9.2 结构拆除中，优化拆除方式，采用机械切割与人工拆除相结合，切割成块后再运出现场后破碎，可以分散作业面，减少拆除的集中声源；在拆除作业面四周外墙及外脚手外围采用二道全封闭防护措施，有效减少拆除过程中的噪音对周边环境的影响。

9.3 通过专门设置的全封闭垃圾井道进行混凝土碎块的运输；在拆除过程中，采用水冲式切割机械减少扬尘；在所有作业点，采取拆除和洒水同步作业方式；作业面外墙门窗洞口采用硬封闭加塑料薄膜，外脚手采用双层密目网围挡，屋面保留暂不拆除；最大限度控制粉尘的飞扬。

9.4 在地面设集水井、楼面设排水系统，将切割构件的冷却水以及冲洗构件的高压水有序排放至地面集水井，沉淀后再排放至市政下水道。

9.5 合理调节作业时间，尽量减少在夜间施工时间，不影响施工场地周围居民的正常休息。

9.6 建筑垃圾、混凝土碎块运输车辆的车厢确保牢固、密闭化，严禁在装运过程中沿途散落，落实施工现场门前三包制，每次清运车辆出工地现场前清扫车辆，保持驶出车辆无沾污；每日清运结束后，清扫冲洗出入口通道及门外路面，保持路面整洁。

10. 效 益 分 析

10.1 在旧建筑的设计使用年限前将之拆除重建，使旧建筑的使用价值大大减少，浪费大量资源。

10.2 全部拆除重建耗工、耗料、耗时大，对环境影响大，拆除工程量大，重建工作量大，施工周期长，经济效益远低于旧建筑的局部改造。

10.3 在旧建筑内增设核心筒，在完善旧建筑使用功能的要求下，做到了拆除量小，新增工程量小，施工周期短，对周边环境影响小，能尽快做到改变旧建筑功能投入使用，发挥经济效益，性价比高。

11. 应 用 实 例

框架结构楼内增设钢筋混凝土核心筒施工工法于2006年应用于上海市静安区的创展大厦改建工程。

创展大厦位于上海市静安区西康路、安远路口，由东、西、南楼组合而成，工程建筑面积30883m^2、地上10层（局部12层），地下局部一层，总高度53.8m。原建筑房屋作为娱乐场所（99大舞台）使用。上海岳顺置业发展公司购置了99大舞台整幢房屋，将该幢房屋改造成综合楼，功能有办公、商场、停车库等。

原建筑为钢筋混凝土框架体系，改建后在中部设剪力墙，作为楼梯、电梯间、卫生间等使用，形成钢筋混凝土核心筒，同时在适当部位增设剪力墙，形成钢筋混凝土框剪结构体系。

原建筑基础加固在东、西楼新做700mm厚片筏基础将原承台联成一体并预留压桩孔；南楼原片筏基础经开孔压桩后，浇筑300mm厚钢筋混凝土；核心筒范围原基础承台拆除，新浇1000mm厚钢筋混凝土底板。原建筑桩承载合力为613678kN，根据使用功能调整后的荷载，采用272根$\phi325 \times 9$钢管静压桩加桩。

本工程于2006年3月1日开始施工，锚杆静压加桩于4月20日完成，基础加固于5月25日完成，结构拆除工程于7月30日完成，结构的切割、植筋、粘钢加固工程于8月5日完成，增设核心筒主体工程于8月30日完成。

气密性熏蒸仓滑模施工与检测工法

GJEJGF070—2010

大连金广建设集团有限公司 大连阿尔滨集团有限公司

冯亮亮 刘显全 魏勇 王伟 张炯

1. 前 言

1.1 熏蒸仓的作用是隔一定时间，将粮食通过翻仓进入熏蒸仓内，用CO_2/PH_3混合气体进行加压熏蒸，降低粮食作物的含水率，杀灭可能孵化的菌孢虫蛹，使粮食可以长时间（一般2~3年）的良好储存，一般在放置粮食的筒仓群中都有设置。由于要用CO_2/PH_3混合气体进行长时间加压熏蒸，所以对熏蒸仓的气密性要求很高，如果压力下降过快将起不到很好的熏蒸与杀菌杀虫效果。传统的保证熏蒸仓气密性的施工方法是待熏蒸仓主体施工完成后，用内壁涂刷聚酰胺环氧树脂涂料的方法来保证其气密要求。聚酰胺环氧树脂的综合施工成本很高，需要搭设满堂脚手架进行施工，涂刷时对人的身体健康不利，熏蒸时也易对粮食造成污染，还延长了施工工期。早期的聚酰胺环氧树脂需要从国外进口，综合施工成本更加昂贵。

1.2 大连金广建设集团有限公司在1998年承建大连南关岭国家粮食储备库扩建工程时遇到3个熏蒸仓，此项目中的熏蒸仓原设计采用内壁涂刷聚酰胺环氧树脂涂料的方法来保证其气密要求。经过综合考虑，决定采用已在地下防水工程中得到广泛应用的依靠混凝土自身抗渗能力的自防水混凝土来保证熏蒸仓的气密性。公司先后攻克了加入防水等外加剂以后，模板和混凝土容易粘连、混凝土的出模强度不易掌握以及滑升时间、速度的设定、夏季滑模混凝土配合比的设计等一系列难题。同时公司自主研发了一整套检测熏蒸仓气密性的质量检验设备及检测方法，并通过该质量检验设备和方法对大连南关岭国家粮食储备库扩建工程的熏蒸仓的气密性进行了严格检测。检测结果表明该熏蒸仓的气密性完全达到了设计要求。该工程的主体结构以及整个单位工程的质量都符合国家标准要求，该项目最终也荣获了2001年度中国建筑工程鲁班奖。

1.3 本工法在大连南关岭国家粮食储备库扩建工程取得成功以后，公司又先后施工了多个筒仓工程项目的熏蒸仓，从单个熏蒸仓的滑模施工到最多8个连体熏蒸仓的同时施工、同步提升，从夏季滑模施工到一年四季滑模施工都取得了成功，并创造了良好的经济效益和社会效益。从长期的工程实践中，我们经过认真总结形成了该工法。经专家鉴定，其关键技术水平达到了国内领先水平。

2. 工 法 特 点

2.1 本工法的特点是将原来的熏蒸仓筒仓壁的混凝土由C30普通混凝土改为密实度较高的C30S6自防水抗渗混凝土。取消原设计的为保证熏蒸仓气密性而在仓壁内侧涂刷聚酰胺环氧树脂涂料这一工序。

2.2 公司在本工法中自主研发了一整套检测熏蒸仓气密性的质量检验设备及检测方法，并成功通过该质量检验设备和方法对施工过的熏蒸仓的气密性进行了严格检测。

2.3 该工法比传统保证熏蒸仓气密性的施工工艺（传统施工工艺为在熏蒸仓仓壁内侧涂刷聚酰胺环氧树脂涂料）降低了工程造价，缩短了工期，环保安全，有着良好的应用前景。

2.4 本工法调整了传统的C30S6自防水抗渗混凝土的配合比，使之更加适应不同熏蒸仓滑模工程、不同季节的滑模工艺要求。

2.5 本工法采用顶杆内置式液压提升平台爬模系统，其爬架刚度大，操作平台稳定、可靠，不易发生扭转，墩身线形易于控制，能有效保证施工质量。并且从单个熏蒸仓的滑模施工发展到最多8个连体熏蒸仓的同时施工，同步提升，都能够满足滑模工程质量标准要求。

2.6 为确保筒仓不扭曲变形，在内圈钢模板上设置"止扭键"，其作用是当因下料不均或凝固时间不同产生阻力不均而有产生扭转的趋势时，该键槽便会产生与扭转方向相反的阻扭力，保证滑升模板只能垂直向上滑升。

3. 适 用 范 围

本工法适用于建筑工程中有严格气密性要求的熏蒸仓或其他筒仓的施工，也可用于对防水性能要求较高的水塔、烟囱等构筑物的施工。

4. 工 艺 原 理

4.1 本工法的基本工艺原理是取消原设计的为保证熏蒸仓气密性而在仓壁内侧涂刷聚酰胺环氧树脂涂料这一工序，而将原来设计的熏蒸仓筒仓壁混凝土由C30普通混凝土改为密实度较高的C30S6自防水抗渗混凝土，以防水混凝土自身的抗渗能力和改进混凝土筒仓壁二次抹压工艺来满足熏蒸仓对气密性的要求。

4.2 本工法调整了传统的C30S6自防水抗渗混凝土的配合比，尤其解决了夏季高温条件下模板与混凝土粘连、混凝土出模强度不易控制等的施工难题，使之更加适应不同熏蒸仓滑模工程、不同季节的滑模工艺要求。

4.3 公司自主研发了一整套检测熏蒸仓气密性的质量检验设备及检测方法，并顺利采用该质量检验设备和方法对公司施工的熏蒸仓的气密性进行了严格的检测。

5. 施工工艺流程及操作要点

5.1 施工工艺流程（图5.1）

5.2 操作要点

5.2.1 滑模系统制作设计

熏蒸仓滑动模板施工系统由液压提升系统、模板系统和操作平台系统组成，这3个系统与提升架连成整体，布置成适合与本次滑模施工的施工装置。液压提升系统包括液压控制装置、输油及调节设备和提升设备3大部分，其中所使用的装置有支撑杆、液压千斤顶、油管、分油器、液压控制装置、油液和阀门等。液压提升系统是液压滑升模板施工装置中的重要组成部分，是整套滑模施工装置中的提升动力和荷载传递装置。其工作原理是由控制台的电动机带动高压油泵，使高压油液通过电磁换向阀、分油器、针板和操作平台沿着支撑杆往上爬升。当控制台是电磁换向阀换向回油时，油液由千斤顶内排出并回入油泵的油箱。如此反复进油和回油，便使液压千斤顶带动滑升模板和操作平台不断地上升。

1. 液压控制装置即液压控制台，是整套滑模装置中的控制中心，由电动机、齿轮泵、电磁换向阀、调压阀、分油器、针形阀和压力表、油箱等的起动和指示等电器线路所构成。当操作人员按动电钮后，电动机驱动齿轮泵将机械能传递给液压油，高压油液通过电磁换向阀、分油器、针形阀和输油管路进入千斤顶，使千斤顶爬升。当电动机停止转动，换向阀转向回油位置，液压油压消失，千斤顶内弹簧回弹，使千斤顶内液压油流出，油液流回油泵的油箱内。

1) 在液压滑模中，油路布置原则上力求管路最短，并使从总控制台至每个千斤顶的管路长短尽量一致。油路的布置形式为串联、并联及串并联结合的混合布置油路3种。其中串联布置的优点是回路简单，回油时间较短，油管和针形阀量较少；缺点是容易出现阶段升差，千斤顶的行程调平比较困难。分组并联布置的优点是容易调整升差，便于纠偏，更换千斤顶时不必断开油路；缺点是用油管量较多，回油时间较长。串联与并联相结合的混合油路，是在并联油路上分别串联油路，这样可以避免或弥补以上两种布置的缺点，做到既可节省油管数量，又可避免滑升过程中过大的升差，因此本工程采取混合油路的布置方式。

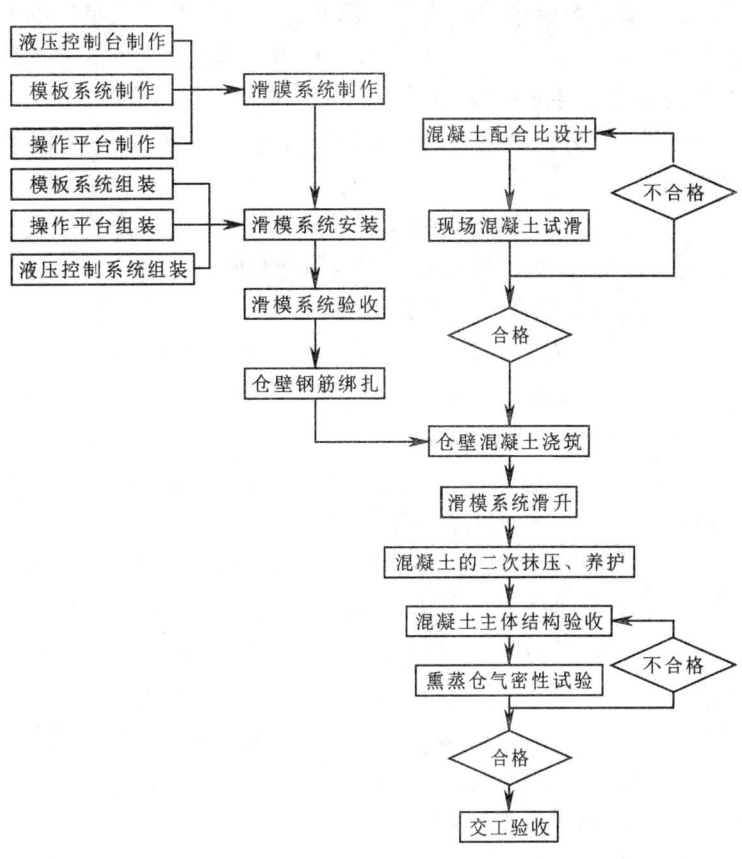

图5.1　滑模施工工艺流程图

2）油管选用：液压滑模系统的油管分主油管、分油管和支油管3种。主油管采用内径为19mm的无缝钢管，分油管和支油管则采用内径为8mm的高压橡胶管。油管接头是接长油管、连接油管与液压千斤顶或分油器用的部件，油管接头所承受的压力应与所连接的油管相适应。无缝钢管油路的接头采用卡套式管接头，高压橡胶管的接头外套将胶管与接头芯子连成一体，然后再用接头芯子与其他油管或部件连接。

3）针形阀：在油路中的作用是调节管路或千斤顶的液压油流量，常用针形阀来调节千斤顶的行程，调整滑模操作平台的水平度。针形阀在油路中一般设置在分油器上以及千斤顶与油管连接处，一般要求工作压力为14MPa。

4）支撑杆：支撑杆也称爬杆，是滑升模板滑升过程中千斤顶爬升的轨道，也是整个滑模装置及施工荷载的支撑杆件，一般由钢筋制作而成，用于本工程的支撑杆采用HPB235级钢的φ25钢筋。用作支撑杆的钢筋，在下料加工前必须进行冷拉调直，冷拉时的延伸率控制在2%～3%。为避免支撑杆接头处于同一标高位置，第一皮的支撑杆应加工成3.0m、3.5m、4.0m、4.5m 4种不同长度，其他位置处的支撑杆则统一加工成4.5m。

5）支撑杆的连接采用丝扣连接，将钢筋支撑杆的上下段加工成公母丝，丝扣长度为30mm。在滑升过程中，模板的滑空或由于支撑杆穿过门窗孔洞等原因使支撑杆脱空长度过大，在这种情况下，支撑杆容易失稳而弯曲，因此必须采取加固措施，常用的加固措施为：将支撑杆两侧各增加一根φ25钢筋，在水平向用φ16钢筋进行焊接固定。

6）根据实际工程情况，滑模采用GYD-35型千斤顶，液压控制台采用YKT-36、56型。爬杆采用φ25圆钢，公母对接丝扣联接。千斤顶应为油压装置，每升高一次以25 mm 为度，并可调整升高量。本工程拟采用GYD-35型液压千斤顶，其主要技术参数详见表5.2.1。

技术参数表　　　　　　　　　　　　　　　　　　　　　　　　表5.2.1

理论行程	实际工作行程	最大工作压力	内排油压力	最大起重量	工作起重量
35mm	＞20mm	8MPa	0.3MPa	3.5t	1.5t

2．模板系统包括模板、围圈和提升架，其作用是根据滑模工程的平面尺寸和结构特点组成成型结构用于混凝土成型。其在滑升过程中，承受新浇混凝土的侧压力和模板与混凝土之间的摩擦阻力，并将荷载传递给支撑杆。

1）仓壁外模采用专用滑动模板其型号为P6012；内模采用组合钢模板，型号为P1012、P2012、P3012。

2）围圈：围圈又称围檩，用于固定模板，传递施工中产生的水平与垂直荷载和防止模板侧向变形，因此围圈采设计要求有足够的强度和刚度。本工程围圈采用∟75×8角钢，提升架间距约为1.3m。

3）提升架又称千斤顶架或门字架，提升架的主要作用是防止模板侧向变形，在滑升过程中将全部垂直荷载传递给千斤顶，并通过千斤顶传递给支撑杆，把模板系统和操作平台连成一个整体，因此提升架必须有足够的刚度，本工程采用的提升架为双横梁的开字架。

3．操作平台系统：操作平台系统包括施工操作平台、内外吊脚手架。施工操作平台是滑模施工的操作场地，是绑扎钢筋、浇筑混凝土的工作场所，也是油路控制系统等设备的安置台，其所承载的荷载较大，必须有足够的强度和刚度。

1）操作平台应高过滑动模板上缘50mm，且需涵盖全部模板组合内外部周边。还需设置连续扶手及跳板，内外工作台上应装设铰链开口盖板，以便梯子可随时和悬吊脚手衔接。

2）滑模操作平台系统的吊脚手架是用于仓壁脱模后进行表面整修和检查等使用的，故要求其装卸灵活，安全可靠。一般内吊脚手架挂在提升架和操作平台的桁架上，外吊脚手架挂在提升架和外挑平台的三角架上。在吊脚手架的外侧应设置防护栏杆，满挂安全网。在采用喷水养护混凝土时，喷水管也可附在吊脚手架上。

5.2.2 滑模系统安装

1．滑模组装顺序如下：绑扎提升架以下的钢筋→立开字架→摆放安装围圈→安装内模板→安装内桁架平台→安装外模板→搭设外操作平台→安装千斤顶→安装液压控制台系统→试运转→连接支撑杆→内外悬挂脚手架→内外安全网，见图5.2.2-1。

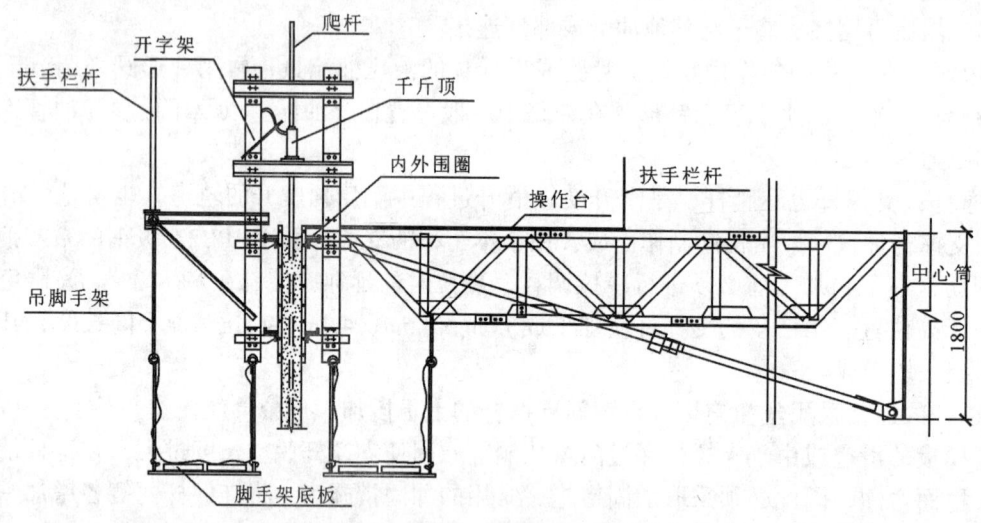

图5.2.2-1 滑模装置组装图

1）模板组装：仓壁外模采用专用滑动模板其型号为P6012；内模采用组合钢模板，型号为P1012、P2012、P3012。用螺栓固定在内、外围圈上，通过用模板与围圈的薄铁垫调整成上口小、下口大的梢口，上下梢口差为4~5mm，或单面倾斜模板高度的0.2%~0.5%，以便混凝土顺利出模，内外围圈在用螺栓固定在沿筒壁圆周对称均匀布置24个开字提升架上，并将模板校正、固定。其中筒仓与筒仓相切处用宽腿距开字架，并用双千斤顶，应大致均等。

2）外桁架则用三角架形成，外伸1m，铺板后形成宽1m的外环形操作平台。组装时注意以下几点：基础施工时，混凝土表面确保平整度，达到组模平整度要求，然后先绑扎提升架以下的钢筋；模板单面斜度0.2%，上口小，下口大，上下梢口差为4～5mm，模板1/2高度处与设计截面等宽。

2. 操作平台组装

1）在将底层钢筋、水平钢筋绑扎1.2m高度以后，进行模板组装，在已形成的中心筒桁架系统上用木方做龙骨满铺3m宽、2.5cm厚板材，形成内操作平台，利用开字架及三角架搭设1000mm宽的外操作平台，操作平台高过滑动模板5cm。

2）悬挂脚手架设于内外模板的下缘以下1800m处，并设有连续的防护栏杆及脚手板，吊装于滑模架上，以便从事仓壁修补工作。悬挂脚手架的铺板宽度为600mm。

3）仓内满挂安全网，置于悬挂脚手架之上。滑模开始后，内外安全网将做到外网在外吊架侧封严，内网可吊在内架下方，沿仓内径全部封满。

4）在操作平台上布设水、电、通信、观测装置，分别每组筒仓操作平台上各设置两台电焊机及一台水泵、备用水箱，以便冲洗模板，灭火用。现场备用发电机两台。

5）支撑杆安装：支撑杆也称爬杆，本工程爬杆均采用$\phi 25$圆钢，打入混凝土内，每一水平端面处接头数不应超过总数的25%（图5.2.2-2），故第一节支撑杆要有四种长度，即3.0m、3.5m、4.0m、4.5m四种，再往上采用4.5m标准支撑杆。安装的支撑杆要保证垂直，支撑杆按提升架位置放好后，液压系统又经检查合格，此时可将千斤顶穿入各自的支撑杆，整个滑模提升装置完毕，最后进行检查，使之保证在允许偏差内。支撑爬杆要保证垂直，爬杆接头应采用M16丝扣连接，连接长度约为30mm。

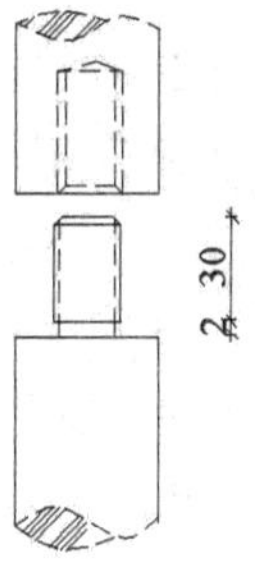

图5.2.2-2 支撑杆接头

3. 液压控制系统：液压控制系统由液压控制台、油管、阀门、千斤顶组成，经试验合格的千斤顶（GYD-35型），安装在筒仓周围上的"开"型提升架上。

用水平尺和线坠校正固定，再插入提升爬杆（$\phi 25$钢筋），将液压控制平台（YKT-36、52）与油管、千斤顶相互联结一体，进行通电试运转，设液压油压机，每台油压机均应试至15MPa，对液压系统进行认真检查，保证正常作业，油泵应有油液过滤的装置，油箱的有效容量应为千斤顶和油管总容油量的1.5～2倍。

5.2.3 滑模系统验收：滑模系统验收按照国家有关规范进行系统性的验收，有焊接钢结构的部位要按照钢结构有关的规范要求进行探伤验收，其整体安装质量的允许偏差见表5.2.3。

滑模装置安装的允许偏差　　　　　　　　　　　　　　　　表5.2.3

内　　　容		允许偏差(mm)
模板结构轴线与相应结构轴线位置		3
围圈位置偏差	水平方向	3
	垂直方向	3
提升架的垂直偏差	平面内	3
	平面外	2
安放千斤顶的提升架横梁相对标高偏差		5
考虑倾斜度后模板尺寸的偏差	上口	−1
	下口	+2
千斤顶位置的偏差	提升架平面内	5
	提升架平面外	5
圆模直径的偏差		5
相邻两块模板平面平整偏差		2

5.2.4 混凝土配合比设计

1. 通过试验室的混凝土配合比设计，找出不同条件下混凝土强度发展规律，并在实际施工时根据各种情况及时调整配合比以及外加剂掺量来适应不同气候条件下的滑模工艺要求。其试验过程主要包括以下几个方面：

1）根据普通外加剂的水平确定基准C30S6混凝土配合比，以达到好的抗渗性能。

2）掺粉煤灰，采用不同的取代水泥率进行测试，以节约水泥用量、降低水化热。

3）变换外加剂及其用量进行测试。

4）同一配合比在不同气温条件下进行测试。

2. 我们经多次试验确定混凝土的配合比，当混凝土等级为C30 S6自防水抗渗混凝土时，一般水泥采用42.5号普硅水泥，砂子采用中砂，石子采用石灰石，最大粒径 D_{max} = 31.5mm(连续级配10~31.5mm)，外加剂采用UEA活性膨胀剂，掺量一般为50kg/m³左右，水灰比一般为0.54，并且适量掺加粉煤灰或硅灰，坍落度控制在160~180mm（夏季）、120~140mm（冬季）、140~160mm（春秋两季）。再根据季节的不同加入适量的早强、缓凝或防冻剂等外加剂。

5.2.5 现场混凝土试滑

1. 制作滑模模型。滑模和液压系统模型根据筒仓施工图及总体施工方案进行设计和制作，经业主、监理及有关专家审定后开始制作安装。

2. 在每个具体的滑模工程正式开始滑升前，应按试验室确定的配合比，根据设计和规范进行试滑，试滑高度为1.2m，以确定实际的混凝土浇筑时间和速度、混凝土出模强度、模板滑升时间和速度，并根据工程实际施工季节特点、试验室设计的混凝土配合比结果以及外加剂的参量调整滑模时间。

3. 根据试滑结果提出具体工艺改进方法及向试验室提出混凝土配合比要求。通过施工前的模拟试滑试验，一是对试验室的结果进行验证，二是针对实际施工中的各种变化，由试验室和施工技术工程师对外加剂掺量、滑模施工工艺进行动态调整和改进，直至满足现场施工要求。

5.2.6 仓壁钢筋绑扎

1. 钢筋制作、绑扎：钢筋在制作过程中，应按图纸要求进行，应将筒仓按不同标高内的竖向钢筋间距骨架焊接好，并分门别类标识准确堆放。首段钢筋绑扎，可在外模安装前进行，其后钢筋则需随模板的提升穿插进行（即浇筑混凝土时不绑扎钢筋，绑扎钢筋时不浇筑混凝土）。为确保水平钢筋的设计位置，在环向每隔3m设置一道两侧平行的焊接骨架即"小梯"。此焊接骨架位置应与提升架位置错开。水平筋与竖向筋采用绑扎连接，但不允许在水平筋上焊接其他附件，以防局部应力集中无法传递。首段钢筋绑扎还应保持拖茬绑扎，为便于施工竖向钢筋应在6m为好，可在外模安装前进行，其后钢筋则随滑模的不断提升，随之绑扎钢筋骨架和竖向水平筋，钢筋骨架每2m或3m设一道，见图5.2.6。

1）横向的钢筋长度不宜大于7m；竖向的钢筋长度不宜大于6m；加工好的钢筋应分类别堆放好，并挂好标示牌。

2）钢筋绑扎时应符合下列规定：每层混凝土浇筑完毕后，在混凝土表面上至少应有一道绑扎好的横向筋；竖向钢筋绑扎应在提升架上部设置钢筋定位架，以保证位置准确；应有保证钢筋保护层措施，可在模板上口设置带钩的圆钢筋进行控制；双层钢筋之间绑扎后应用拉接筋定位，钢筋的弯钩应背向模板。

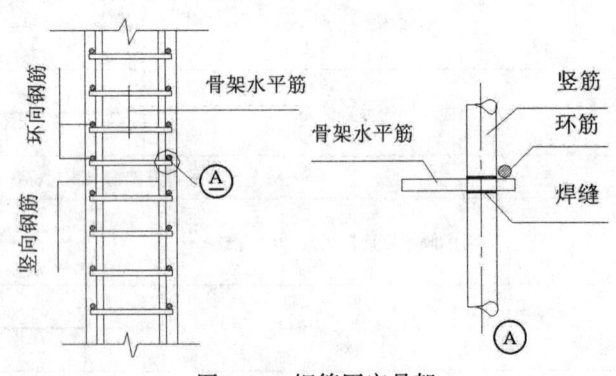

图5.2.6　钢筋固定骨架

2. 仓壁预埋件：按照施工图纸提前做好预埋件提料计划，预埋件的留设位置与型号必须准确，滑模过程中须设专人负责铁件的埋设。预埋件的固定，采用短钢筋与结构主筋或绑扎等方法连接固定，不得突出模板表面，模板滑过予埋件后，应立即清除表面的混凝土，使其外露，其位置偏差不应大于20mm。

3．钢筋在后台加工成型后，按规格、长度、使用顺序分别编号堆放。钢筋（包括支承杆）吊运时，重量不要超过1t，只准吊到内操作平台上，并分两处对称落放。

4．钢筋搭接长度要严格按设计和规范规定，在任何情况下，筒仓滑模施工时，在混凝土面上至少要能见到已绑扎好的两层水平筋（为此规定提升架下横梁应高出滑模顶面0.5m以上）。

5.2.7 仓壁混凝土浇筑

1．浇筑混凝土前，升起的滑动模板表面应彻底清理。在一般情况下，筒壁必须要连续浇筑，不允许留施工缝。如遇到特殊情况，如停电时间过长、机械出现严重故障无法及时修复更替时等，应按规范留施工缝。在施工缝上续浇混凝土时，应将施工缝彻底湿润，再浇一层与原混凝土水灰比一致的水泥浆（添加防水剂）。浇筑混凝土要分层进行，每层为0.25m，混凝土顶面应低于模板面5cm。

2．一般情况下通常采用泵送混凝土和专用布料机相配合的方法浇筑混凝土，根据实际情况也可采用塔吊配合0.8m³卧式吊罐上料，先将混凝土吊送到内操作平台上，再用人工均匀分送入模内。混凝土入模后，严格按照混凝土滑模工艺加强混凝土的振捣，可使骨料以最佳的排列，最大程度的驱除混凝土内的气泡。并且要及时进行二次振捣，进一步提高混凝土的密实度。每层浇筑250mm左右，振捣器应插入下层混凝土内，深度50mm左右，以利结合。

3．混凝土浇筑和振捣。浇筑混凝土应按一定的顺序进行，从连体筒仓相交壁处开始，先厚壁，后薄壁，先里边或阴面，后浇外面，最后浇太阳直射面，以弥补混凝土强度因温度影响而产生的时间差。严格分层浇筑，混凝土顶面应低于模板面50mm。每层灌完后，顶面标高误差应控制在±30mm以内。混凝土入模与振捣要紧密结合，入模混凝土数量要适中，振捣紧跟，用直径50mm的插入式振捣器振实，振捣器应插入下层混凝土内50mm左右，以利结合。严格控制振捣时间，做到不漏振、不过振。滑升时不进行振捣。

4．混凝土浇筑速度。在高空滑模的作业面设置温度计，随时观察大气温度来确定浇筑厚度。滑模上升速率当视气温、混凝土的坍落度及其他偶发因素而定，在35～40℃之间进行滑模施工时平均每小时浇筑200mm，在30～35℃时每小时浇筑150mm，25～30℃时每小时浇筑120mm，25℃以下时浇筑100mm，但具体的控制应以出模混凝土强度来控制。原则上要保证出模时混凝土不致坍塌或因混凝土附着模板过牢而带起造成裂缝。对已经出模的混凝土在内外表面要及时进行二次抹压，用木镘刀消除升模痕迹及其他不均匀处，以减少气泡和细小裂纹，使表面更加密实。

5.2.8 滑模系统滑升

1．滑模上升速率应当视气温、混凝土的坍落度及其他偶发因素而定，原则上要保证出模时混凝土不致坍塌或因混凝土附着模板过牢而带起造成裂缝，一般可按2h内滑升模板高度0.25～0.3m计算，即上升速率为0.125m/h左右。从混凝土入模到出模历时1.2÷0.25×2=9.6h（根据气温不同一般在6～10h之间），混凝土强度可以达到要求的出模强度（即0.2～0.4N/mm²）。仓壁的滑升一般分为初始滑升、正常滑升和完成滑升3个阶段。

2．初始滑升阶段：当操作平台、模板及液压系统完成之后，且经过检查验收，满足滑模施工要求，开始进行首层混凝土浇灌，首先，均匀浇筑一层同强度等级混凝土的砂浆，然后分层均匀对称浇捣混凝土，振捣方法每层300mm浇至模板高度低50mm即停止。

1）待混凝土达到出模强度（0.2～0.4MPa，或贯入阻力3～10MPa），开始初提升，初滑时将全部千斤顶缓慢升起50～100mm，出模的混凝土依据实践经验用手指按压有轻微指印（这时为0.2～0.4MPa）即具备滑升条件，在进入正常滑升阶段，分层浇筑的混凝土高度为300mm左右，浇筑完后混凝土顶面应比模板的上沿低30～50mm，振捣混凝土时振捣器不能直接接触支撑杆、钢筋，当振捣器插入前一层混凝土内，深度不宜超过50mm，模板在滑升时不能进行振捣，滑升高度根据天气温度，调整配合比的坍落度和外加剂参数，满足施工要求。

2）混凝土出模经压光后，要进行养护，一般不超过12h，气温高于28℃时应每小时一次，喷水养护时，水压不能过大，应采用自流方式浇水养护。

2．正常滑升阶段：混凝土主要利用地泵并辅以塔吊输送混凝土，先将混凝土放到内操作平台上，再用人工均匀分送入模内。分层浇筑的混凝土高度为300mm左右，每次浇筑完成的混凝土顶面应比模板的上沿低50mm，应随时清理平台上的和粘在模板上沿的混凝土，对漏油的千斤顶应及时更换。模板的滑升速度依混凝土达到出模强度的时间确定，施工中要加强检查，避免出模强度过高或过低。

1）正常滑升阶段，施工工作循环为：钢筋绑扎（500mm高）→浇筑混凝土（300mm高）→提升→钢筋绑扎。

2）在滑升过程中，操作平台应保持水平，各千斤顶相对标高差不得大于40mm，相邻两个提升架千斤顶的升差，不得大于20mm。通常情况下每天可平均滑升约3米左右。

3．完成滑升阶段：当模板滑升至距顶部标高1.5m左右时，滑模及进入完成滑升阶段。此时应放慢滑升速度，并进行准确的抄平和找正工作，保证顶部标高及位置准确。

5.2.9　混凝土的的二次抹压

滑出模板的混凝土表面无捣固缺陷时不需附加抹面材料，将原混凝土内外表面进行二次抹压，用木镘刀消除升模痕迹及其他不均匀处，以减少或消除气泡和细小裂纹，使表面更加密实。如遇施工缺陷，则筛取混凝土原浆进行修抹。滑出模板的混凝土表面应在0.5h内抹压完。

5.2.10　混凝土的养护

在每个筒仓操作平台内放置一个大铁桶，根据养护方案及气温情况，随时洒水养护，但应注意水不得过多进入混凝土模内，以免引起混凝土积水、离析。同时洒水养护的时间应控制在出模混凝土强度达到1～1.5MPa时进行。在大风或高温天气中应增加洒水养护次数。

5.2.11　主体结构验收：筒仓主体结构封顶，待28d以后，按国家规范要求对主体结构进行检测，然后由监理单位组织建设、勘察、设计、施工单位，并在工程所在地的质量监督机构的监督下进行筒仓主体结构的质量验收。

5.2.12　熏蒸仓气密性试验

1．目前我国尚无对熏蒸仓气密性要求的统一国家标准。一般设计院均沿用国外的有关规定，其标准是在500mm水柱压力（相当0.005MPa）作用下，20min后压力下降值不超过300mm水柱压力，即要求仓内仍保持有200mm的水柱压力（相当0.002MPa）为合格。

2．将熏蒸仓内原来所有洞口（如进人孔、进粮孔、出粮口、测温孔、通气孔等）用10mm厚Q235钢板封闭，钢板与设备埋件上口之间须设置橡胶密封圈，周边配置U形卡，用螺栓紧固。对孔径在 ϕ 100以下的孔口则可用橡皮塞进行封堵（橡皮塞做成截锥形）。

3．为保证筒体安全，不致压力过高引起意外，须控制筒内压力不超过600mm水柱，为此，在筒仓顶部设置一个容积1m³左右，高900mm以上的水箱，箱内注水高度要严格控制在600mm。用卸压管（普通胶管）按图示虹吸式摆放，使管口埋入于水箱内600mm水深处，这样一旦筒内气压超过600mm水柱时，气体即可自管口处排出，从而起到卸压作用。

4．一切准备工作做完，即可开动空压机，进行加压试验，如此反复进行3次，将试验结果记录在列表中，参照设计对气密性要求的质量标准判定气密性是否合格。

5．公司会同建设、监理、设计单位共同对熏蒸仓工程做了气密试验，试验方法是利用空压机通过高压输气软管自锥斗口处输气加压，当筒顶板处两个 ϕ 10cm管口

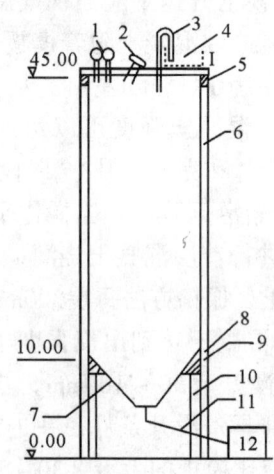

图5.2.12　熏蒸仓气密性试验示意图

1—压力表；2—密封钢板；3—卸压管；4—1m³水箱；
5—上环梁；6—仓壁；7—钢锥斗；8—堵塞防水材料；
9—下环梁；10—扶壁柱；11—输气软管；12—空压机

压力表压力达到550mm水柱时，关闭阀门停止加压，待压力降至500mm水柱时，开始计时，记录20min后的压力数值，若此时仍能保持200mm水柱压力为合格（此标准根据当时的图纸设计而确定）。根据我们的试验结果，我们施工过的熏蒸仓在施压20min过后，气压仅降低100mm水柱左右，气密性很好。具体见下图5.2.12。

6. 材料与设备

6.1 材料（表6.1）

材料配置表　　　　　　　　　　　　　　　　　　表6.1

序号	名　称	型　号	用　途
1	定型组合钢模板	P1012、P2012 P3012	仓壁内模
2	滑动模板	P6012	仓壁外模
3	角钢	∟75×8	制作桁架式弧形围檩，固定模板。
4	开字架（又称千斤顶架）	根据实际情况用钢结构制作	将全部垂直荷载传递给千斤顶，并通过千斤顶传递给支撑杆，把模板系统和操作平台连成一个整体
5	混凝土	C 30 S 6	主体结构
6	光圆钢筋	HPB φ25	支承杆
7	钢丝绳	φ12	构件连接

6.2 设备（表6.2）

设备配置表　　　　　　　　　　　　　　　　　　表6.2

序号	设备名称	设备型号	用　途
1	游标卡尺	0～300	测量长度、厚度等
2	游标角度尺	0～360°	测量角度
3	钢卷尺	5～100m	测量长度
4	直角尺	0～300、500	测量直角、垂直度
5	焊接检验尺	0～40	测量焊缝尺寸
6	超声波探伤仪	PXUT-27	对焊缝内部缺陷的检测
7	水准仪	DS₃	测量水平及标高
8	经纬仪	J₁、T₂	测量水平及竖直尺寸
9	螺纹环塞规	M16-M64	测量螺纹
10	激光铅垂仪	JC100	测量垂直度
11	气密性试验仪	YEJ-101	测量气密性
12	液压千斤顶	GYD-35 型	提升模板
13	液压控制台	YKT-36、52	控制平台
14	空气压缩机	VWD-0.22/7 型	给空气加压
15	水箱	1m³	装水

7. 质量控制

7.1 该工法应满足以下质量标准的要求

7.1.1 《滑动模板工程技术规范》GB 50133-2005。

7.1.2 《混凝土结构工程施工质量验收规范》GB 50204-2011。

7.1.3 《钢筋混凝土筒仓设计规范》GB 50077-2003。

7.1.4 《混凝土质量控制标准》GB 50164-2011。

7.1.5 其仓体质量标准如表7.1.5。

仓体质量标准　　　　　　　　　　　　　　表7.1.5

项目内容	允许偏差（mm）
筒仓垂直度	不得大于高度的1/1000，也不应超过30mm
仓　径	+5mm 或−5mm
仓壁厚度	+8mm 或−5mm
表面平整度	5mm

7.1.6 熏蒸仓气密性质量标准：目前我国尚无对熏蒸仓气密性要求的统一国家标准。一般设计院均沿用国外的有关规定，其标准是在500mm水柱压力（相当0.005MPa）作用下，20min后压力下降值不超过300mm水柱压力，即要求仓内仍保持有200mm的水柱压力（相当0.002MPa）为合格。

7.2 质量控制措施

7.2.1 滑模水平度的控制

1. 在滑升过程中，保持整个模板系统的水平同步滑升是保证滑升模板施工质量的关键，也是影响建筑物垂直度的一个重要因素。由于千斤顶在滑升过程中的不同步现象，使模板系统各个部分之间产生升差，以致造成操作平台的倾斜、移位以及产生建筑物垂直度偏差，影响工程质量。可以用标尺法或液体联通管法来测量整个模板系统的水平度，当测量发现各千斤顶的升差后，可以采取行程调节控制法进行处理。

2. 行程调节控制法：由于在滑升过程中每个千斤顶承受荷载不尽一致，千斤顶的行程损失的数值也随荷载的大小而不相同，从而使千斤顶的爬升速度发生差异，造成升差。升程调节法就是根据升差变化情况，通过调节在千斤顶顶部的行程调节帽调整千斤顶的行程来实现。即把高位千斤顶的行程帽旋入缸盖，顶住活塞的上端，使活塞的复位量减少。这样就缩短了千斤顶的活塞行程，千斤顶的爬升值就会减少。经过几次爬升动作之后，会使原来较高位的千斤顶逐渐与原来低位的千斤顶趋于一致，达到调平的目的。采用这种方法调平，可以采取在每根支撑杆上测量画出标高水平线。利用上述标尺法原理，测定千斤顶升差值，以作为调平升差的依据。

7.2.2 滑模垂直度的控制

1. 在滑模施工中，用铅垂仪和经纬仪来测量熏蒸仓的垂直度。熏蒸仓的垂直度与滑模操作平台的水平度有直接的关系。当熏蒸仓向某一方向位移有垂直偏差时，其操作平台的同一侧，往往就会出现负的水平偏差。因此在一般的情况下，对熏蒸仓出现的垂直偏差可以通过调整操作平台的水平偏差来解决。但是，诸如风力的影响、滑模操作平台上的荷载不均匀、浇捣混凝土的方法不合理以及其他原因产生作用在滑模系统上的水平荷载等都会影响滑模施工的垂直度。在筒仓滑模施工中，垂直度的控制通常采取调整水平度高差控制法。

2. 调整水平度高差控制法：滑模施工时，当熏蒸仓出现向某侧位移有垂直偏差时，操作平台的同一侧一般会出现负水平偏差。此时应立即将较低标高一侧的千斤顶升高，使该侧的操作平台高于其他部位千斤顶的标高，然后，将整个操作平台滑升一个高度，使垂直偏差随之得到纠正。对于千斤顶高差的控制，可以采取前面所述的几种水平度控制方法来解决。

7.2.3 滑模的纠偏纠扭控制

1. 在筒壁内侧底部平面对称设置8个控制点，铅垂仪监控筒体垂直度及模板径向尺寸的偏差。用上述方法定时检查各点沿内壁割线上的位置偏差,用经纬仪在外壁上定时检查圆周切线方向的位置偏差。

1)做局部滑升,将偏移倾斜一侧平台升高,促使整个平台做定向滑升,提升后使平台处于"微倾"状态。

2)利用双千斤通过关闭双千斤顶来使提升架偏心受力达到纠扭措施。

3)为确保筒仓不扭曲变形,我们认为除以上常用的止扭措施之外,在内圈钢模板上设"止扭键"也是个既简单又有效的方法。所谓"止扭键"是在内圈钢模板上点焊L25×25或 L30×30的等肢角钢,内壁均匀设置,间距在8～10m之间。其作用是:当因下料不均或凝固时间不同产生阻力不均而有扭的趋势时,该键槽便会产生与扭转方向相反的阻扭力,保证滑升模板只能垂直向上滑升。形成的V形键槽缺口,可待混凝土滑出后抹压时用混凝土原浆补平。

2. 在滑升过程中,遇到支撑杆在混凝土内部发生弯曲时,应立即停止使用该处的千斤顶,然后将支撑杆弯曲处的混凝土清除,若弯曲程度不大时,可采用钩头螺栓加固,若发现支撑杆有严重弯曲时,可割除弯曲部分,再用钢筋绑条焊接。

3. 千斤顶安装前认真检查、校正,满足同步要求。须使用足够的千斤顶以承受全部组合重量及千斤顶推力的80%,且千斤顶系统的布置,须能平衡分配负荷至各千斤顶。

4. 在滑升过程中,应派专人负责检查筒体结构的垂直度及结构截面尺寸等偏差,并做好记录,筒体的纠偏、纠扭措施应符合下列规定:

1)在混凝土滑升时,每滑升1m至少应检查记录一次。

2)在纠正结构垂直度偏差时,应缓慢进行,避免出现硬弯。

3)当采用倾斜操作平台的方法纠正垂直度偏差时,操作平台的倾斜度应控制在1%之内。

4)在滑升过程,应随时检查操作平台,支撑杆的工作状态及混凝土的凝结状态,如发现异常,应及时分析原因并采取有效的处理措施。

7.2.4 混凝土质量控制措施

1. 混凝土出模强度的控制。在气温高于30℃的情况下,本工法采用的是依据试验的配合比,选用强度等级适当的水泥,通过掺入粉煤灰数量的多少来代替水泥以达到控制水化热。同时加入缓凝型高效减水剂来延缓混凝土的初凝时间,保证混凝土的出模温度和强度达到要求。对钢模板采用洒水降温,派专人用水桶绕筒仓循环对钢模洒水。在冬期施工时则要根据实际温度情况重新调整配合比,加入适量的防冻剂和早强剂,并要对钢模板的外部填塞苯板或草袋进行保温。在常温条件下可按照正常混凝土的工艺进行施工。原则上要保证出模时混凝土不致坍塌或因混凝土附着模板过牢而带起造成裂缝,一般可按2h内滑升模板高度0.25～0.3m计算,即上升速率为0.125～0.15m/h。这样情况下混凝土强度一般可以达到要求的出模强度(即0.2～0.4N/mm²)。

2. 滑模施工期间,应密切注意天气预报,一般小雨可以正常浇筑,中到大雨时要准备防雨苫布,雷、暴雨时应暂停浇筑。当受到飓风暴雨侵袭时,应立即停止作业,设置施工缝并做必要保护措施,复工前须做损坏鉴定及记录,并依监理指示办理。

3. 雨天滑模施工,要求混凝土浇筑必须平于模板,滑模每次提升高度减至150mm左右,快速浇筑混凝土,混凝土采用凝结较快的配合比。混凝土浇筑时从一侧沿周围顺序浇筑,将底层积水挤到一边后用海绵吸出。如遇大雨只能停滑,待雨小或雨停再提升,如原浇筑面被雨淋,混凝土有跑浆现象,用混凝土原浆找一层再浇筑混凝土,将浆振到返浆为止。如遇大雨将至,应该立即组织人力将混凝土浇筑至模板一平,待雨停经技术处理后再迅速提升施工。

4. 在滑模浇筑混凝土过程中,应特别注意预埋件的埋设,为了不使漏埋,应事先作出预埋件分布图,由专人埋设并及时消号。当埋件出模后要及时剔出使表面明露。

5. 滑升过程中如果仓壁出现轻微裂缝应予彻底清除并修补好,用以修补裂缝的混凝土须与原浇筑时所用材料配合比相同,使色泽均匀一致。内墙应全部平整美观,空隙须补好,坑洼应抹平,不得有凹陷或突起。在施工缝处的外表面抹掺加纤维的混凝土浆，以防止透水、透气。

6. 应加强混凝土的养护。在内外操作平台下方靠近混凝土筒壁处各吊设一圈扎孔塑料水管，由地面水箱通过高压水泵和水管泵至操作平台，供消防和养护之用，要严格按混凝土养护方案进行喷水养护。

7. 为保证商品混凝土能够及时连续供应，应就离工程最近的地方联系至少两家搅拌站，以保证混凝土的供应。为保证混凝土观感，要求水泥、石子、沙子必须是同一厂家或场地。

8. 应严格保证混凝土不出现裂缝，混凝土裂缝是筒仓达不到气密性要求的主要原因，而裂缝的成因主要有干缩、凝缩、温度收缩、冻胀裂缝、混凝土拉裂等。针对上述裂缝原因可采取以下措施：

1）采用较高强度等级（例如42.5号）的水泥，适量掺加粉煤灰，这样既可减少水泥用量，又减少了水化热升温，可大大防止混凝土的温度收缩，使混凝土有较强的抗拉强度，使之足以抵御产生的温度应力。

2）采用低水灰比，即干硬性混凝土，尽可能减少混凝土中起水化作用外的多余水分，防止因失水过多造成干缩裂缝。

3）采用适当的外加剂，减少用水量，既可提高流动性又可提高密实性，从而提高抗渗性和抗冻性。采用活性膨胀剂，例如常用的UEA等，它的作用是在混凝土干缩、凝缩时体积不但不减少，反而产生微膨胀，这就可大大减轻温度裂缝与收缩裂缝。

4）采用良好级配的砂石骨料，可大大减少骨料之间的空隙。严格按滑模工艺中的操作要点进行施工，可防止混凝土拉裂现象的出现。

9. 当在施工中遇到不良天气不得不停工时，除应立即停止作业，设置施工缝，并做必要的防护外，于复工前须做损坏的签定及记录，应按照设计人员及技术专家会同监理工程师的鉴定结论办理。停工时，必须设置施工缝，以便继续浇筑，新旧混凝土间有良好的粘结，其位置宜设于影响结构物安全最小之处，易于施工且长度最短，方向与主筋垂直且不得有钢筋在施工缝上中断。在已硬化的混凝土面上继续浇筑混凝土时，须将已硬化的混凝土表面加以特殊处理，以获得良好的粘结性及不透水性，可利用喷水枪或喷砂枪冲刷表面。

10. 如果混凝土产生了水平裂缝，其一般原因如下：模板倾斜角度太小或上口大、下口小的倒倾斜度时而产生硬性提升；纠正垂直偏差过急，使混凝土拉裂；模板不光洁，摩擦力太大。处理办法如下：

1）纠正模板倾斜度，使其符合要求。

2）加快提升速度，并在提起模板的同时，用木锤敲打模板背面，以此清除混凝土与模板的粘结物。

3）纠正垂直时，应缓慢进行，以防止混凝土弯折。

4）经常清除粘在模板表面的脏物及混凝土干渣，保持模板表面光洁，停滑时，可在模板表面涂刷一层隔离剂。

11. 混凝土最容易在滑模的提升阶段出现局部坍塌现象，其主要原因是提升过早或混凝土没有严格地按分层交圈方法浇筑，因为当模板开始滑升时，虽大部分混凝土已开始凝固，但最后浇筑混凝土与前次浇筑混凝土相差1~2.5h，仍处于流动或半流动状态。其处理办法是在已坍塌的位置处及时清除干净，然后在坍塌处补以比原强度等级高一级的干硬性混凝土，并将表面用原浆抹平，做到颜色与平整度一致。

12. 混凝土的浇筑应满足下列规定：

1）必须分层均匀浇筑，每一浇筑层的混凝土表面应在一个水平面上，并应有计划匀称的变化浇筑方向。分层浇筑的厚度以250~300mm为宜，各层浇筑的间隔时间应不大于混凝土的凝结时间（相当于混凝土达0.35kN/cm²贯入阻力值）。

2）在气温高的季节，宜先浇筑内墙，后浇筑阳光直射的外墙，先浇筑较厚的墙，后浇筑薄墙。

预留孔、门洞口两侧的混凝土，应对称均衡浇筑。

3）正常滑升阶段的混凝土浇筑，每次滑升前，宜将混凝土浇筑至距模板上口以下50 mm，并应将最上一道横向钢筋的绑扎好。浇筑上层混凝土前，应将下层混凝土表面的杂物等清除干净。

4）混凝土的振捣：混凝土入模后及时用插入式振动棒振捣，操作时按"快插慢拔"、"棒棒相接"，采用"并列式"振捣；每点振捣时间20～30s，当混凝土表面不再显著下沉不出现气泡，表面泛浆方能停止振捣；振捣棒在振捣上层混凝土时插入下层混凝土不大于5cm，消除两层之间接缝，严禁漏振、过振现象发生。

5）混凝土的振捣应满足下列要求：振捣时，振捣器不得直接触及支撑杆、钢筋和模板；振捣器插入前一层混凝土内，但深度不宜超过50mm；在模板滑动过程中，不得振捣混凝土。

6）混凝土按规范标准留置试块，即每一工作班，不超过100m³，至少留两组，其中一组标养，一组同构件养护。为保证出模强度，现场设贯入阻力仪一台，检测出模混凝土强度和提模时间。

13. 筒仓为清水混凝土结构，仓壁外表面不做涂料粉饰，因此仓壁混凝土外表面效果好坏是影响整个工程美观性能的关键。混凝土的质量好坏和处理工作是否合理是影响混凝土表面效果的主要因素。应选派具有多年滑模外墙粉饰工作经验的技术工人从事本项工程的施工，施工前进行技术交底，明确仓壁粉饰操作规程，施工中派专人对操作规程进行控制，保证仓壁混凝土处理工作的合理性。施工中要求搅拌站加大对混凝土配合比、坍落度、初凝时间等严格控制，保证混凝土出模强度的一致性。现场对每车混凝土均进行混凝土坍落度测试，不符合要求的混凝土一律退场，加强对混凝土泌水的监控力度，一经发现马上利用海绵条进行处理，并与搅拌站和试验室取得联系要求调整混凝土配合比。

8. 安 全 措 施

8.1 本工法应遵循以下国家、行业有关现行标准、规范的要求：

《液压滑动模板施工安全技术规程》；《建筑机械使用安全技术规程》；《施工现场临时用电安全技术规范》；《建筑施工高处作业安全技术规范》；《建筑施工安全检查标准》；《建筑施工扣件式钢管脚手架安全技术规程》；《建筑施工模板安全技术规范》；《职业健康安全管理体系规范》；公司有关职业健康安全体系文件的有关规定与要求。

8.2 开工前要认真组织施工人员熟悉施工图纸、技术资料和有关验收规范及施工组织设计，每道工序都要有安全技术交底，交底人员及施工班组负责人要签字见证。凡参加本工程施工的工人（包括学徒工、实习生、民工），要熟知本工种的安全技术操作规程，在操作中，应坚持工作岗位，严禁酒后操作。对每一个职工必须经过三级安全教育，对特殊工种如电工、电气焊等操作工必须持有安全操作合格证。

8.3 坚持安全周活动，每天施工安全技术责任工程师根据当天施工特点交待安全注意事项。集体操作的工作，操作个人应分工明确，操作中应有专人统一指挥，协调配合。操作人员应佩戴安全带、安全帽，下设安全网。

8.4 没有安全防护措施，禁止在网架上的上下弦、支撑、桁架上等未固定的构件上行走或作业，高空作业与地面联系，应设通信装置，并设专人负责。施工时与现场施工的无关闲杂人员，不得进入现场。吊运构件时，用专用的保险吊钩，钢管严禁单点起吊，吊物下面严禁站人。

8.5 电气焊注意勤换手套，防止汗多触电，同时注意温度变化，保证焊接质量。若遇有暴雨、台风前后，高空作业安全员要检查工地临时设施，如脚手架、机电设备及临时线路，发现倾斜、变形下沉、漏雨、漏电等现象，应及时修补加固，有严重危险的立即排除。

8.6 所有机具设备必须安全可靠，并设专人负责，定期检修。雨季、露天所存放的卷扬机、电焊机等，要上有盖不漏雨，下有垫不水淹，操作者使用前检查电的接地情况，电修检查员定期检查绝缘情况。

8.7 现场内的电气线路（临时线路）和电气设备，装拆和接线等工作，应由电工负责，他人不得乱动。使用电动工具必须装设漏电保护器。室外的电动机具的外壳接地必须良好，并采取防雨、防潮措施，使用时必须站在绝缘板上，生活区设置足够数量的防火设施。

8.8 遇有恶劣气候（如风力六级以上，风速10.8m/s，温度40度以上）影响操作安全时，禁止进行露天高空作业，吊车禁止行驶。

8.9 从事高空作业，要定期体检，经医生诊断，凡患有高血压、心脏病、贫血病、癫痫病以及其他不适合高空作业的，不得从事高空作业。高空作业者，衣着要灵便，禁止穿硬底和带钉易滑的鞋。高空作业时，临时搭设的脚用架、梯子一定要牢固，且有防滑措施，禁止二人同时在梯子上作业，梯子马道应设有监护围栏。

8.10 高空作业时所用工具应随手放入工具袋内，作业中走道、通道和登高用具，应随时清扫干净，拆卸下的物料和废料均应及时清理运走，不得任意乱置或向下丢弃。传递物禁止抛掷。钢丝绳在卷扬上，应按顺序排列，并符合《圆股钢丝绳》标准，使用时电修安全员应防止打结或扭曲，经常进行检修，包括对端部的固定和连接，平衡滑栓处的检查。

8.11 特殊事件的应急预案

1. 可能导致停滑的因素：

1）风力过大，导致垂直运输无法进行（即塔吊无法正常进行运转）。

2）雨量过大，导致混凝土浇筑无法正常进行施工。

3）雾过大导致能见度过低，塔吊无法正常进行施工。

4）因停电导致所有施工机械无法正常施工。

2. 以上原因均可以导致仓壁滑升无法正常进行，为此特制定以下应急预案：

1）成立应急事件领导小组：应急事件领导小组将对滑模前、中、后的所有事件，负有全部责任，并领导项目部全体人员进行应急处理。

2）为了应对停电引起的停滑，现场将配备一台柴油发电机，以满足平台板上滑模的用电需求。

3）因无法进行混凝土浇筑时，为了保证混凝土不与模板粘结在一起而导致停滑，需要根据当时的气温，来确定活动模板的时间（即每隔一定时间提升模板一次）。

4）与混凝土搅拌站取得联系，尽量避免现场剩余过多的混凝土。

5）对所有的人员及机械进行妥善的安置，以保证人员及机械的安全。

9. 环 保 措 施

9.1 严格按照环境管理体系标准（ISO14001）及公司的环境管理体系文件进行工程管理和施工操作，自觉遵守国家、省、市及地方有关环境保护的规定。

9.2 外加剂使用后包装材料的牛皮纸或塑料桶应存放在固定的地方，按照危废进行处理，并派专人进行管理。

9.3 混凝土运罐车每次出场应清理下料斗，防止混凝土遗洒。运输车辆清洗处应设置沉淀池，废水应排入沉淀池内，经二次沉淀后，方可排入市政污水管网或回收用于洒水降尘。未经处理的泥浆水，严禁直接排入城市排水系统。

9.4 要办理准许夜间施工的有关手续，要有夜间施工防扰民措施，应在操作平台外侧设置隔声板等。

9.5 现场使用照明灯宜用定向可拆除灯罩型，使用时应防止光污染。食堂应建立滤油池，生活废水应经过滤、沉淀后方可排入市政污水管网。

10. 效 益 分 析

10.1 经济效益

每立方米混凝土中掺入了60kg左右的粉煤灰和35kg左右的矿粉，节省水泥约50kg。在上海外高桥筒仓工程中，筒仓（3×10排列，2组，内径12m，高度40m）共需混凝土13500m³。一次性节约水泥13500×50=675000kg。

该工艺施工方法成熟，对有气密性要求的筒仓适量的掺加膨胀剂，容易保证工程质量，气密性效果很好，完全满足使用要求。并且根据设计院要求进行气密性试验，在未涂刷聚酰胺环氧树脂的情况下，经试验气密性超过设计院标准（建设单位、设计院、监理、施工单位现场共同试验认定），因此取消涂刷聚酰胺环氧树脂，其中单个筒仓内壁最大表面积为7800 m²，未涂刷聚酰胺环氧树脂每平米节约成本约为90元，而利用混凝土自防水掺入外加剂增加费用每平方米约25元，同时节约脚手架的材料和人工费用约20元每平方米。这样单个筒仓共计节省费用为7800×（90−25+20）=663000元。平均每项工程缩短工期10d左右。节省现场施工管理成本为10×2万=20万元；由于提前竣工，得到甲方的工期奖励10×1万=10万元。

10.2 环保效益

该工法比原设计更加环保，施工方法简便易行，技术成熟，省工、省力、省时。混凝土中掺加粉煤灰和矿粉，大量节省了水泥。对粉煤灰和矿粉等的工业废料实现了二次利用，同时内壁取消了涂刷聚酰胺环氧树脂，避免了该项工艺对人身体、环境及粮食的伤害和污染，更低碳、环保、节能。

10.3 社会效益

该工法已经被成功应用在大连南关岭国家粮食储备库扩建工程、大连北良30万t钢筋混凝土筒库扩建工程、上海外高桥粮食储备库等多个滑模项目的熏蒸仓当中，综合效益显著。大连南关岭国家粮食储备库扩建工程更是荣获了中国建筑工程鲁班奖。

11. 应 用 实 例

11.1 大连南关岭国家粮食储备库

1. 工程概况：

大连南关岭国家粮食储备库位于大连市南关岭，库区占地62.2万m²，南北总长2.5km，建筑面积9.9万m²，储备能力110万t，机械化吞吐量1万t/h。工程包括立筒仓106个，内径10m，高38.6m。浅圆仓12个，内径30m，高19.1m，仓顶为钢结构。A、B型平房仓17栋，排架结构，跨度分别为36m和30m，72m跨度平房仓3栋。工程开、竣工日期为1998年10月1日和2000年9月30日。

2. 工法应用情况

该项目中熏蒸仓工程为2×3排列，装粮高度18.0m，内径12m，壁厚200mm，总仓容9000t。工程对气密性要求较高，公司首次采用该工法（筒仓内壁取消涂刷聚酰胺环氧树脂涂料）严格保证气密性符合要求。并且根据设计院要求进行气密性试验，在未涂刷聚酰胺环氧树脂的情况下，经试验气密性达到了国家、行业有关现行标准的要求（建设单位、设计院、监理、施工单位现场共同试验认定）。

3. 经济效益与社会效益

该工法在本工程中得到成功应用，共缩短工期10d左右，节省现场施工管理成本为10×1万=10万元。由于提前竣工，得到甲方的工期奖励10×1万=10万元。取消涂刷聚酰胺环氧树脂，一次性为业主单位节约建设资金近70万元。取消采用该工法施工综合降低成本为900000元。该工程2001荣获中国建筑工程鲁班奖。目前该工程使用状况良好，没有出现质量问题，使用功能满足设计要求，业主非常满意。

11.2 上海外高桥粮食储备库及码头设施项目

1. 工程概况

本项目位于上海浦东新区长江口南岸5号沟地区，距上海市中心约22km，到长江出海口约25km。工程内容包括：筒仓（3×10排列，2组，内径12m，高度40m）、工作塔（7层，建筑面积9849m²）、熏蒸仓（2×4排列，内径10m）、转接塔（8层，建筑面积1577m²）以及7~10号栈桥。工程开、竣工日期为2005年7月10和2006年9月30日。

2. 工法应用情况

本项目中熏蒸仓工程为2×4排列，总高度32.3 m，装粮高度17.0m，内径10m，壁厚200mm，总仓容1万t。工程对气密性要求较高，公司采用该工法严格保证气密性符合要求。并且根据设计院要求进行气密性试验，在未涂刷聚酰胺环氧树脂的情况下，经试验气密性达到了国家有关现行标准的要求（建设单位、设计院、监理、施工单位现场共同试验认定）。

3. 经济效益与社会效益

因采用该工法同样可以达到设计对熏蒸仓气密性的要求，因此设计取消涂刷聚酰胺环氧树脂，一次性为业主单位节约建设资金近100万元（其中涂料节省7800m²×90元/m²=702000元，脚手架节省7800m²×40元/m²=312000元，混凝土自防水增加费用40000元，共节省974000元）。整个工程因此缩短工期10d，节省现场施工管理成本为10×2万=20万元。由于提前竣工，得到甲方的工期奖励10×1万=10万元，综合产生经济效益为1274000元。目前该工程使用状况良好，没有出现质量问题，使用功能满足设计要求，业主非常满意。

11.3 大连北良30万t钢筋混凝土筒库扩建工程

1. 工程概况

项目位于大连市北良港园区内，由A、B、C三组筒仓组成，均为4×4排列，内径15m，筒壁厚度260mm，仓顶板高度为54m。工程开、竣工日期为2002年6月30和2003年6月30日。

2. 工法应用情况

本项目中熏蒸仓工程为2×2排列，装粮高度27.0m，内径12m，壁厚260mm，总仓容8000t。工程对气密性要求较高，公司采用该工法严格保证气密性符合要求。并且根据设计院要求进行气密性试验，在未涂刷聚酰胺环氧树脂的情况下，经试验气密性超过设计院标准（建设单位、设计院、监理、施工单位现场共同试验认定）。

3. 经济效益与社会效益

该工法在本工程中得到成功应用，共缩短工期12d左右，节省现场施工管理成本为12×1万=12万元。由于提前竣工，得到甲方的工期奖励12×1万=12万元。取消涂刷聚酰胺环氧树脂，一次性为业主单位节约建设资金近50万元。取消采用该工法施工综合降低成本为740000元。目前该工程使用状况良好，没有出现质量问题，使用功能满足设计要求，业主非常满意。

大跨度快拆小径木支撑系统施工工法

GJEJGF071—2010

黑龙江省建工集团有限责任公司　　浙江昆仑建设集团股份有限公司

张厚　丁永明　张旭东　王玉辉　孙雪飞

1. 前　　言

建筑工程施工过程中，模板工程支撑体系是施工主要内容之一，在工程项目总造价中占比重越来越大。因此，采用先进的模板支撑技术，对于提高工程质量、加快施工速度、降低工程成本和实现文明施工，都具有十分重要的意义。

黑龙江省建工集团有限责任公司和浙江昆仑建设集团股份有限公司在传统现浇混凝土支撑体系基础上发展创新，并通过工程实践，总结出快拆小径木支撑系统施工工法。

小径木是指小头直径在8～10cm的树木，是林业间苗弃材，属可再生资源。由于实施了近30年的三北防护林体系工程和林区及国家提倡的天保工程已进入到了间伐期，在我国三北地区市场上有大量适用于施工用材的小径木。本技术以东北落叶松小径木为例编制，该树种在北方地区资源丰富，价格低廉且承载力较高。

小径木支撑体系使可再生资源在建筑行业得到大规模使用，满足国家有关建筑节能的要求，节约了资源，简化了施工方法，降低工程总造价。目前该技术已在多个项目上使用，收到了良好的效果，证实其可减少建筑工程施工过程中模板支撑材料的投入。本工法中的关键技术已获得国家专利4项（见国家级工法申报资料之九），2008年通过黑龙江省建设厅科学技术委员会鉴定，该技术处于国内领先水平。

2. 工法特点

2.1　该工法实现了小径木支撑体系节点稳固联结和早拆功能，达到了替代传统钢管支撑体系的目的。

2.2　该工法使用的小径木价格低廉，竖向承载力高。工具式组合木梁跨度为2.4m，单根梁承载力可达1.5t。该工法充分利用了组合木梁和小径木的承载力，实现2.44m跨支模，减少了竖向支撑的投入。

2.3　该工法合理的利用了林业间苗弃材，在保证工程质量的同时降低了工程造价。

2.4　施工速度快，节省劳动力，工作效率高。

2.5　节省支撑材料、周转频率高。

3. 适用范围

本工法适用于各种类型的公共建筑、住宅建筑的楼板和梁，以及桥、涵等市政工程的结构顶板模板的施工。

4. 工艺原理

4.1　快拆小径木支撑体系是使用价格低廉、单根承载力高的可再生资源—小径木替代传统钢管脚手架作为现浇混凝土结构施工的模板支撑体系（图4.1）。该小径木需要进行开孔使用，快拆小径木支撑体系应依据《木结构设计规范》（GB 50005-2003）进行设计。

4.2 开孔小径木上方放置U形托或早拆头，见图4.2，用于支撑组合木梁，组合木梁作为该模板体系的主楞，每1.22m一道主楞，上方按设计放置次楞，次楞上铺设模板面板。

4.3 快拆小径木支撑体系配以2.4m跨的组合木梁实现模板大跨度支模和早拆。该组合木梁由三层木方叠合而成，下部配以直径12mm圆钢，见图4.3。

4.4 设计、制造了小径木的专用联结构件——木脚手架绑扎器，改变了小径木立杆和水平杆节点的受力模式，实现了小径木支撑体系节点的可靠稳固连结，见图4.4。

4.5 快拆小径木支撑体系力的传递路径：

混凝土自重及施工荷载→模板→次楞→组合木梁→小径木。

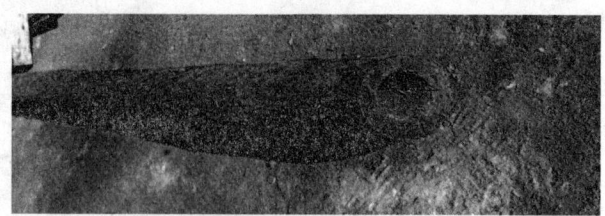

图4.1　开孔小径木支撑

图4.2　小径木上安装早拆头

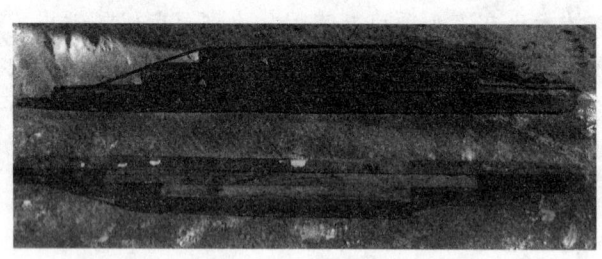

图4.3　工具式组合木梁

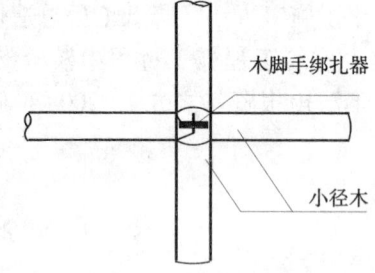

图4.4　小径木绑扎节点

5. 施工工艺流程及操作要点

5.1 施工工艺流程（图5.1）

5.2 操作要点

5.2.1 支撑体系设计：根据设计图纸设计支撑体系，计算出小径木、组合木梁的规格和数量。

5.2.2 配件加工制作：根据支撑体系设计图纸，计算、加工、制作早拆头和木脚手架绑扎器，构件加工制作过程中严格控制构件质量。

5.2.3 测量定位：根据施工图纸放线确定支撑体系边线、中心线和水平控制线，以保证支撑体系位置的准确性。

5.2.4 支撑体系安装：早拆小径木支撑体系支立模板支架时，立杆位置要准确，立杆、横杆形成的支撑格构要方正，木脚手架绑扎器安装牢固。斜向木支撑的安装必须牢固，底模板安装时将标高、相对位置调节准确。支撑完成后进行安全检验，以保证整个体系的强度、刚度和稳定性，见图5.2.4。

5.2.5 组合木梁安装：按模板设计安装组合木梁，组合木梁安装时应控制木梁顶标高，减少后续调整模板标高的工作量，见图5.2.5。

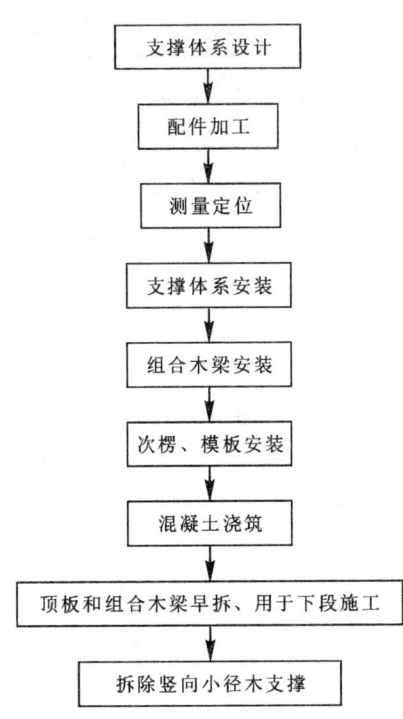

图 5.1 施工工艺流程图

图5.2.4 竖向支撑体系

图5.2.5 组合木梁安装

5.2.6 次楞、模板安装：安装次楞和模板时应按照模板设计进行施工，控制好次楞间距和模板之间的缝隙。早拆节点处接缝要严密，标高要统一，见图 5.2.6。

5.2.7 混凝土的浇筑：采用该工法施工浇筑混凝土时无特殊要求。

5.2.8 顶板和组合木梁的早拆：当混凝土的强度达到设计强度的60%时，可根据模板设计的早拆位置，将早拆头两翼退下，拆除组合木梁和次楞木方和顶板。拆模时要两侧均匀退下早拆头两翼，一人在上，一人在下，相互接应，不要进行抛掷。

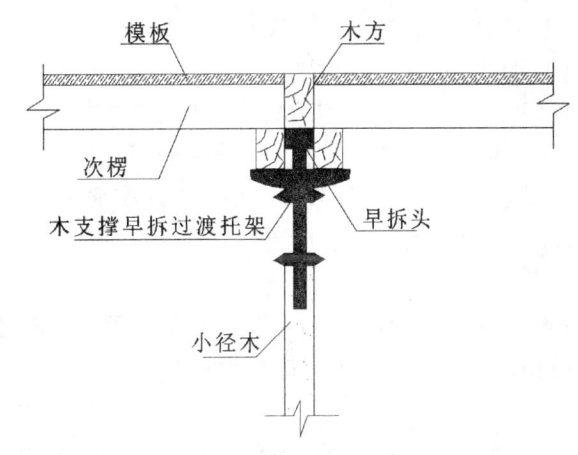

图 5.2.6 支撑体系节点

5.2.9 拆除小径木：当混凝土强度达到施工规范的拆模强度时，退下早拆头，拆除竖向支撑小径木。

6. 材料与设备

6.1 材料规格和性能

本工法中小径木选用的是东北落叶松，树种木材的强度设计值和弹性模量（N/mm²），见表6.1-1、表6.1-2。

树种木材的强度设计值和弹性模量E（N/mm²）　　　　表6.1-1

| 强度等级 | 组别 | 适用树种 | 抗弯 | 顺纹抗压及承压 | 顺纹抗拉 | 顺纹抗剪 | 横纹承压f_c, 90 | | | 弹性模量 |
							全表面	局部表面及齿面	拉力螺栓垫板下面	
TC17	B	东北落叶松	17	15	9.5	1.6	2.3	3.5	4.6	10000

木支柱允许荷载参考表（N/根） 表6.1-2

最小断面（mm）	高度（mm）				
	2000	3000	4000	5000	6000
φ80	18000	8400	4800		
φ100	45600	20400	12000	7800	
φ120	84000	42000	24000	18000	12000

6.2 设备（表6.2）

快拆小径木支撑体系设备 表6.2

序号	装备名称	额定功率（kW）	序号	装备名称	额定功率（kW）
1	电弧焊机	15	5	圆锯	1.5
2	交流焊机	36	6	经纬仪	
3	电焊条烘箱	8.1	7	水准仪	
4	剪板机	30	8	手锯	

7. 质 量 控 制

7.1 快拆小径木支撑体系依据《木结构设计规范》GB 50005-2003、《木结构工程施工质量验收规范》GB 50206-2002、《钢结构设计规范》GB 50017-2003、《钢结构工程施工质量验收规范》GB 50205-2001、《混凝土结构工程施工质量验收规范》GB 50204-2002进行设计、施工。

7.2 快拆小径木支撑体系应根据工程结构形式、荷载大小、施工设备和材料供应等条件进行设计。工程施工前先要进行技术交底，技术交底要逐级落实到操作工人。

7.3 小径木表面应平直光滑，不应有贯穿裂缝、结疤和深的划痕。小头径、腰径和大头径应符合规范要求。

7.4 快拆小径木支撑体系支立模板支架时立杆位置要准确，立杆、横杆形成的支撑格构要方正，钢丝绳扣件安装牢固。木支撑早拆过渡托架的安装必须牢固，底模板安装时将标高、相对位置调节准确。

7.5 支撑完成后进行安全检验，以保证整个体系的强度、刚度和稳定性。

8. 安 全 措 施

工程施工时，切实做好安全工作，应符合以下安全要求：

8.1 施工前组织施工人员进行安全教育，加强施工安全管理，严格遵守各项安全生产规章制度。

8.2 快拆小径木支撑体系搭设人员必须是经过按现行国家标准《特种作业人员安全技术考核管理规则》GB 5306考核合格的专业架子工，上岗人员应持证上岗。

8.3 作业层上施工荷载应符合设计要求，不得超载。

8.4 在快拆小径木支撑体系使用期间，严禁拆除下列杆件：

1. 主节点处的纵横向水平杆，纵、横向扫地杆；

2. 连墙件。

8.5 快拆时要保证小径木支撑立杆及木支撑早拆过渡托架的位置不移动、不倾斜。

8.6 支撑体系装拆时，必须采用稳固的登高工具。装拆施工时，除操作人员外，下面不得站人。

8.7 模板及支撑体系拆除的顺序和方法，应按照配板设计的规定进行，遵循先支后拆，先非承重部位、后承重部位以及自上而下的原则。

9. 环 保 措 施

遵守国家及项目所在地的环境法律和地方性法规及其它要求。编制环境保护技术措施。增强全员环保意识，不断推进环境管理体系的完善与持续改进。

9.1 降低噪声

合理安排施工活动，采用降噪措施。支模板及清理模板时，作业人员严禁随意敲击模板，拆除时严禁向下抛掷模板。

9.2 正确处理垃圾

尽量减少施工垃圾的产生，产生的垃圾在施工区内集中存放，并及时运往指定垃圾场。运输车辆要封闭良好，保证道路的清洁卫生，不得在运输过程中沿途丢弃、遗撒固体废物。

9.3 提高废旧物再循环利用率

对废旧物本着先内后外、先利用后处理的原则管理， 提倡修旧利废、节约代用。

10. 效 益 分 析

本工法是对传统模板支撑体系工艺进行了改进，缩短了工期，增加了模板周转次数，降低成本，实现文明施工。本工法具有技术先进、结构稳定可靠、综合经济效益显著的突出特点。主要表现在以下几方面：

10.1 工程造价低

快拆小径木支撑体系施工工法与传统模板支撑体系工艺相比较，一次性投入费用降低了约40%，周转次数增加。同时提高了工人的工作效率，降低了工程总体成本。

10.2 工程工期短

本工法与传统模板支撑体系工艺相比较，安拆速度快，可以节省安拆所占用的工时，大大缩短了工程工期。同时也节省了因延长工期所必须的工程开支。

10.3 符合可持续循环经济

本工法是采用北方地区资源丰富的林业间苗弃材，节约资源，又可再生，满足国家有关发展循环经济的要求，使可再生资源在建筑行业得到规模应用，推动社会可持续发展。

11. 应 用 实 例

11.1 亚布力大冬会运动员村1号楼工程

2007年6月公司承建了黑龙江省尚志市亚布力大冬会运动员村1号楼工程，该工程地下二层，地上五层，总建筑面积34000m²，框架结构。本工程顶梁板使用了快拆小径木支撑体系施工工法，在使用中实现了模板快拆，加快了模板的周转，缩短工期，保证工程质量。

11.2 大庆靓湖国际花园E1-2栋项目

公司于2006年4月承建了大庆靓湖国际花园E1-2栋项目，该项目位于大庆市东风新村，剪力墙结构，总建筑面积42000m²，地下一层，地上三十三层，建设单位为大庆恒基房地产开发公司，设计单位为大庆规划建筑设计研究院，已于2007年7月竣工。该工程顶梁板应用了快拆小径木支撑体系施工工法，保证工程质量，缩短工期，降低造价。

11.3 哈尔滨爱建滨江社区 SOHO 公寓 B 栋工程

2005年8月公司承建了哈尔滨爱建滨江社区SOHO公寓B栋工程，该工程位于哈尔滨市道里区友谊路与上海街交汇处，框架结构，地下一层，地上二十二层，建筑面积36000m²。建设单位为哈尔滨爱达投资置业公司，设计单位为哈尔滨工业大学建筑设计研究院，于2007年12月竣工。该工程应用了快拆小径木支撑体系，减少模板的投入量，保证工程质量和工期。

在以上工程实例施工过程中快拆小径木支撑体系具有足够的承载能力、刚度和稳定性，能可靠地承受浇筑混凝土的重量及施工荷载，没有产生变形、破坏、倒塌现象。

斜拉式高空大悬挑工作平台施工工法

GJEJGF072—2010

江苏扬建集团有限公司　江苏弘盛建设工程集团有限公司

祝寿均　张迎春　孔祥峰　徐柔　袁树翔

1. 前　　言

随着我国经济的发展，大型、高层建筑越来越多，人们对建筑产品的使用功能、立面效果的新颖和时尚有了更高的要求，建筑物增添上各式悬挑结构以达到大空间、大跨度满足使用要求，同时建筑物造型丰富多彩。这些结构往往是高空大跨度悬挑结构，在给建筑物添加亮点的同时，也给现场施工带来了很大难度。

江苏扬建集团有限公司承建扬州曙光电缆有限公司750kV超高压交联电缆及配套项目1a立塔工程，在87m高空周边伸出3.4m长悬挑结构；扬州市地方税务局综合办公大楼在83m处有悬挑屋面网架，前方向外悬挑最长处8.25m；这几个工程悬挑结构的特点是：高度高、悬挑长度长、施工荷载复杂、施工难度大。为了做到技术先进、工艺合理、保证质量安全、经济合理，通过几项工程的实践，公司开展了科技创新，取得了"斜拉式高空大悬挑工作平台施工技术"这一新成果。

本工法关键技术于2009年8月30日经江苏省建筑工程管理局组织专家评审委员会审定，整体水平达到国内领先水平；经南京理工大学信息中心进行科技查新，认为本工法高空长钢梁安装临时支撑技术、控制型钢梁下挠的技术措施与相关文献报道不同；编写论文"78m高空悬挑结构外脚手和支模体系设计与施工"获得2008年度扬州市建筑施工学术委员会优秀论文一等奖，QC 成果"78m高空悬挑结构模板支撑及外脚手施工平台的研制与应用"获得2009年度全国工程建设优秀质量小组二等奖、江苏省工程建设优秀QC小组活动成果二等奖、扬州市工程建设优秀QC小组活动成果一等奖；"高空悬挑结构施工平台"2010年获国家新型专利（证书号：ZL 2009 2 0255923.6）。

2. 工 法 特 点

2.1　本工法利用斜拉式高空大悬挑工作平台，既能满足结构高支模施工又能满足上部脚手架的搭设需要。

2.2　斜拉式工字钢平台受力明确、工艺合理、安全可靠，且型钢回收率高，经济性好。

2.3　承力平台装拆方便，单一构件的重量较小，便于高空操作，施工更加快速、方便。

2.4　通过合理安排施工顺序，使得模板支撑体系和外脚手架不同时使用，计算上属于两个体系，满足安全要求。

3. 适 用 范 围

本工法适用于高空悬挑结构的施工。

4. 工 艺 原 理

4.1　通过建立"悬挑钢梁拉绳反拉体系"工作平台，满足高空混凝土结构模板支撑体系和外脚手架搭设需求。

4.2 高空悬挑梁板的施工，完全依托钢平台，平台由工字钢组成，在平台上搭设钢管脚手架、排架、支立模板。

4.3 钢梁悬挑端部通过焊接拉环与钢丝绳连接，且通过预埋拉环固定在上层结构梁上；搁置在楼面的部分通过预埋螺栓与结构锚固在一起。

4.4 由于钢丝绳弹性较大，采取预紧措施，施加预应力消除钢丝绳的部分合股弹性，使之不影响平台上搭设模板支架；具体方法为：平台铺设完后，拉紧钢丝绳，使钢梁的悬挑端部向上拉起，拉起量根据平台具体尺寸和上部荷载而定，以消除钢丝绳的弹性，减小钢梁变形，使工作平台满足使用要求。

4.5 采用临时支撑措施，解决长钢梁高空安装的问题。

5. 施工工艺流程及操作要点

5.1 施工工艺流程（图5.1）

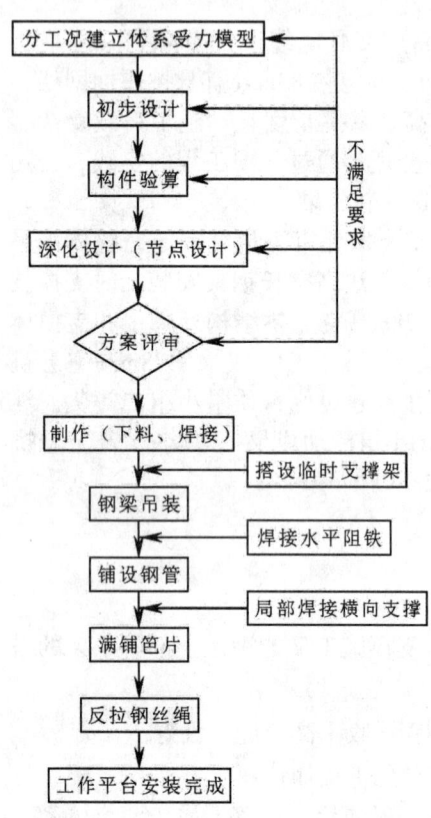

图5.1 工作平台施工工艺流程图

5.2 工作平台基本构造

工作平台的基本构造如图5.2-1、图5.2-2所示，钢梁悬挑端部通过焊接拉环与钢丝绳连接，搁置在楼面部分通过预埋螺栓与结构锚固在一起，钢丝绳通过拉环以结构连接。

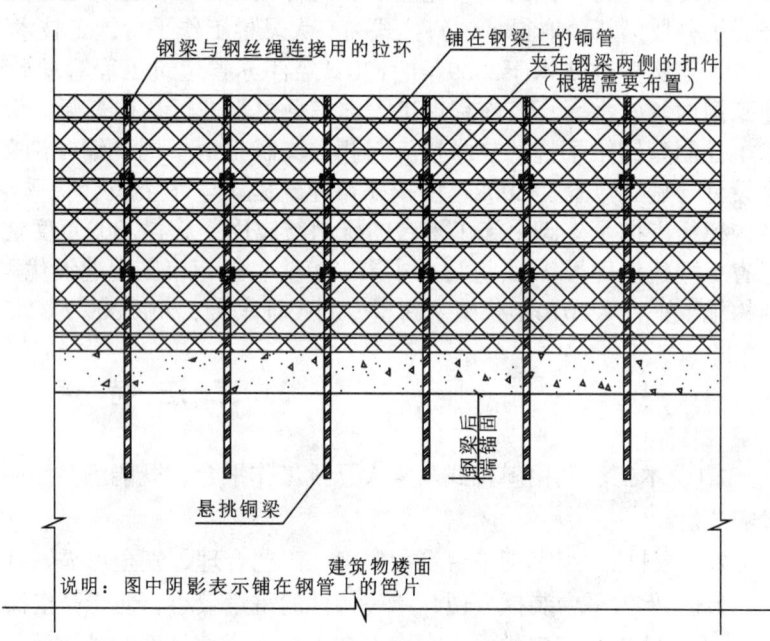

说明：图中阴影表示铺在钢管上的笆片

图5.2-1 工作平台平面示意图

5.3 操作要点

5.3.1 编制方案

编制专项方案，建立力学模型，进行计算和验算，绘制施工节点大样图，并请专家对方案进行论证，按照论证意见对方案作进一步优化和完善。

5.3.2 制作钢梁

1. 根据方案和施工详图，制作钢梁，焊接拉环。

2. 焊接用圆钢规格以及焊缝高度和长度由计算确定，施工中的具体要求如下：

1）首先对材料进行严格检查，确保材料符合要求。

2）施焊时，保证足够的熔深，主焊缝与定位焊缝应结合良好，无气孔、夹渣和烧伤缺陷。

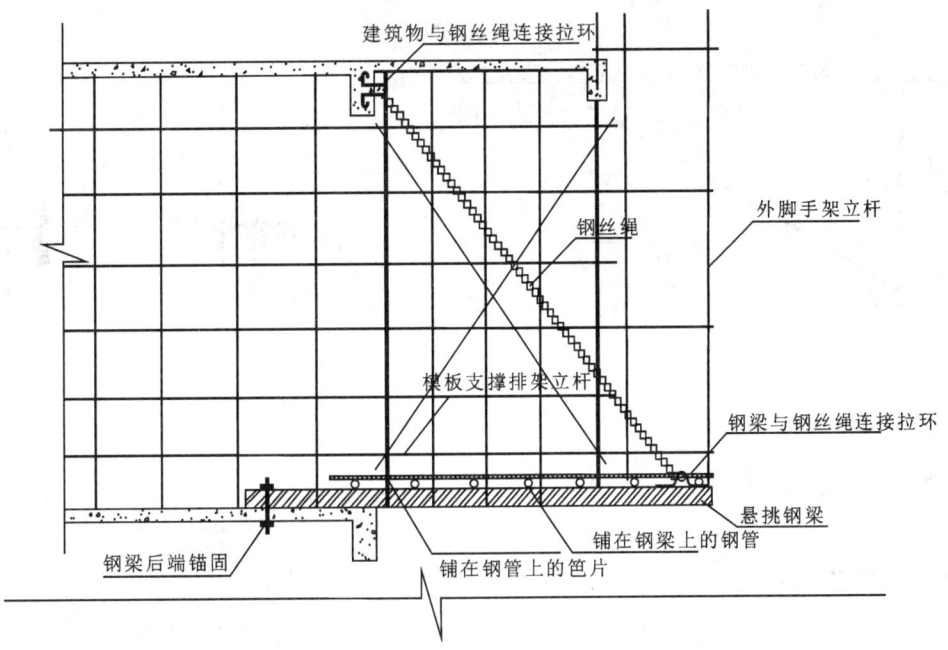

图5.2-2 工作平台侧面示意图

3）应分层施焊，每焊一层后，清理完焊渣后再焊接下一层，确保焊缝的高度和长度。

5.3.3 钢梁吊装、铺设

1. 当楼面混凝土强度达到10MPa后才能进行钢梁吊装。

2. 吊装前应检查预埋件或预留孔的位置是否准确，必要时应调整悬挑梁的长度等措施保证钢梁准确就位。

3. 吊装时，操作人员可在下层脚手架上操作，如无下层脚手架时，应先搭设临时操作平台。

4. 完成一根钢梁吊装后，应按规定检验并校正，才能进行下一根钢梁吊装。

5. 工字钢梁逐根就位后，由于楼面平面偏差，所以各钢梁之间的平整度仍需调整。

6. 根据计算得知，钢梁最大水平力较大，为避免钢梁在巨大水平力作用下，沿钢梁自身方向不发生位移，采用14号工字钢作为阻铁（长度为100mm），与20号工字进行焊接，以阻止钢梁水平向位移。

7. 为保证阻铁位置准确，经多次商讨决定待钢梁就位后，现场焊接。焊接时，采用小电流短弧焊接，第一层焊缝用短电弧作前后推拉动作，焊条与焊接方向成8°~90°角。其余各层焊条横摆，并在坡口侧略停顿稳弧，保证两侧熔合。

8. 由于角部钢梁是埋入混凝土中，在楼面固定的钢梁很短，只有不到800mm，故在安装工字钢时，需设置临时支撑，支撑不参与悬挑平台受力计算，只承受平台上钢管及钢笆自重和操作人员荷载。经验算，临时支撑杆选用4根钢管组合截面，临时支撑详图见图5.3.3。

5.3.4 平台铺设

各工字钢梁之间选用φ48×3.5钢管加以连接，吊装完成后，即可铺钢管，钢管由里向外依次铺设，可用扣件在钢梁两侧将钢梁夹牢，然后满铺竹笆，使钢平台形成。

钢平台四周应设置安全防护栏杆，并随着排架、脚手架的搭设，及时设置安全网进行安全围护。

5.3.5 拉钢丝绳

钢平台铺设完毕后，用手拉葫芦拉紧钢丝绳，使钢梁的悬挑端部向上拉起，根据事先确定的拉起量控制钢丝绳的拉紧，确保每根钢梁的拉起量和钢丝绳的预紧满足要求。

5.3.6 钢梁沉降观测

为保证工作平台在使用过程中万无一失，必须及时测量钢梁下挠变形，严格控制钢梁下挠值，确保其在允许范围内。

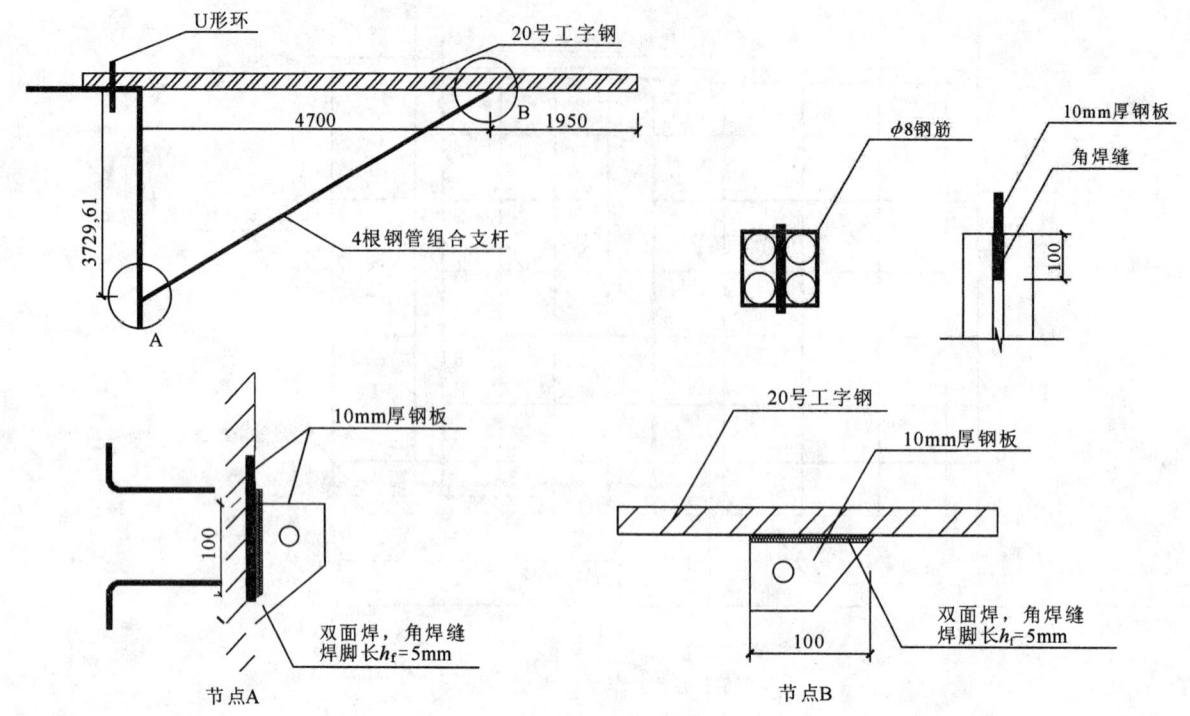

图5.3.3 临时支撑构造详图

在钢梁完成安装时，将每根钢梁进行编号，观测每根钢梁梁端的初始标高并记录。当有荷载作用在平台上时，必须及时再次观测钢梁梁端标高，计算沉降值，并与允许值进行比较，若钢梁变形值达到或接近允许值时，必须收紧钢丝绳，控制钢梁的下挠。

5.4 劳动力组织（表5.4）

劳动力组织情况表   表5.4

序号	分 项 工 程	所需人数	备　注
1	管理人员	4	
2	钢梁制作	8	
3	钢梁吊装	6	
4	平台铺设	8	
5	钢丝绳反拉	4	
6	沉降观测	3	

6. 材料与设备

6.1 材料

本工法所需材料见表6.1。

主要材料表   表6.1

序号	材 料 名 称	型　号	备　注
1	型钢	工字钢或槽钢	宜采用 Q235 等级 B、C、D 碳素钢
2	钢丝绳		计算后定 符合《一般用途钢丝绳》GB 20118
3	骑马夹		
4	钢管	$\phi 48 \times 3.5$	符合《碳素结构钢》GB/T 700

序号	材料名称	型号	备注
5	扣件	直角扣件、旋转扣件、对接扣件	符合《钢管脚手扣件》GB 15831
6	苊片		
7	螺栓		规格按计算定

6.2 机具

本工法所需主要机具、设备见表6.2。

主要机具设备表   表6.2

序号	设备名称	规格型号	数量	备注
1	焊机	BXI-135	2	制作钢梁
2	塔吊	QZT-25	1	吊装钢梁
3	手拉葫芦	30t	2	拉钢丝绳
4	力矩扳手		2	
5	水准仪	DS3	1	控制标高

7. 质 量 控 制

7.1 工程质量控制标准

《钢结构设计规范》GB 50017;《钢结构工程施工及质量验收规范》 GB 50205;《建筑施工扣件式钢管脚手架安全技术规范》JGJ 130;《建筑施工安全检查标准》JGJ 59。

7.2 质量要求

7.2.1 原材料质量要求:所有材料必须经过抽样检验,符合国家标准,并应具有质量合格证。

7.2.2 焊工须经考试合格后持证上岗,焊缝须经超声波检测。

7.2.3 工字梁安装后允许偏差必须符合表7.2.3。

悬挑梁安装后允许偏差及检查方法   表7.2.3

序号	项 目	允许偏差	检查方法
1	悬挑梁上弦标高	±200	水准仪测量检查
2	悬挑梁上弦水平度	2L/100且不得下翘	
3	悬挑梁垂直度	H/200	用经纬仪检查
4	悬挑梁侧向弯曲	L/100	用拉线和钢尺检查
5	悬挑梁中线与定位线偏移	10	用钢尺检查

注:L为悬挑梁上弦弦长,H为悬挑梁全高。

7.2.4 钢梁下挠不超过19mm($L/500$)。

7.3 质量保证措施

7.3.1 焊接时必须按设计要求控制焊缝长度和高度。操作人员必须持证上岗,根据焊接环境调整焊接参数,保证焊接质量。

7.3.2 钢梁制作时,严格按《钢结构工程施工及质量验收规范》GB 50205施工。

1. 下料时各杆件按模具统一下料,确保杆件尺寸准确。

2. 孔眼不得歪斜。

3. 钢梁制作完成后,按《钢结构工程质量检验评定标准》的规定,逐根验收,合格后方可使用。

7.3.3 平台钢丝绳的拉紧,在施工过程中并设专人监测,控制好拉起量,及时调整。

7.3.4 钢丝绳反拉时，每个端头锚固用的夹头数（根据钢丝绳直径定）应符合规定。

7.3.5 工作平台安装完成后，经验收方可投入使用。

7.3.6 工作平台投入使用后，设专人对平台进行日常检查，检测型钢的挠度变化，并作相应记录以便采取措施。

8. 安 全 措 施

8.1 施工前，各级负责人逐级进行施工组织设计、施工方案技术交底，严格按方案、技术交底、安全技术交底等的要求进行脚手架的搭设。

8.2 建立完善的施工安全保证体系，加强施工作业中的安全检查，确保作业规范化。

8.3 操作人员必须持证上岗，佩带安全带、安全帽、工具袋，穿防滑鞋，严格按防护标准进行防护。

8.4 高空工作平台安装时，必须划定工作区域，设专人监护，禁止一切非操作人员出入。对各类构配件（钢管、扣件、工具）上下传递采用人工传递，严禁抛掷。

8.5 使用过程中，特别是浇筑混凝土时，应派专人观测工作平台，若出现较大变形时，必须停止一切施工。

8.6 定期清理工作平台上的建筑垃圾，保证工作平台不超载，确保安全。

8.7 经常检查检修，尤其是大风、雨天后，经检查无异常情况后，方可上人作业，每次检查均做好记录。

9. 环 保 措 施

9.1 成立施工环境卫生管理小组，文明施工，合理节约材料与能源，施工场界噪声满足《建筑施工场界环境噪声排放标准》GB 12523标准要求，公司每月组织一次巡查，并在当月公司工程例会上公布检查结果。

9.2 必须根据场地实际合理地进行布置，进场的钢梁、钢丝强等大宗材料按现场布置图规定设置堆放并标识，施工场地整洁文明。

9.3 建立健全控制噪声的管理制度，尽量减少人为的大声喧哗、机械敲击，增强全体施工人员防噪声扰民的自觉意识。采取在建筑物四周用竖向隔声围幕全封闭遮挡的技术措施，减少施工噪音。

9.4 工地建立洒水降尘制度，配备专用洒水设备，设专人负责，干燥天气，大风天气、施工现场采取洒水降尘。工作平台定期派人清理并洒水减尘。

10. 效 益 分 析

10.1 本工法采用型钢外挑承力平台支撑技术，型钢受力明确、性能可靠，操作安全方便，便于质量控制。

10.2 此法比用普通下撑式高支撑架，减少了型钢的用量，提高了型钢的回收率，大大节约了周转材料、降低了施工成本，并加快了施工进度。

10.3 从安全角度看，由于型钢受力明确且性能可靠，比其他施工方法更具安全性；且本工法施工工艺合理无特殊要求，安装拆除方便，占用场地少，有利于文明施工，具有很强的实用性。

11. 应 用 实 例

11.1 扬州曙光电缆有限公司 750kV 超高压交联电缆及配套项目工程 1a 立塔

11.1.1　工程概况

工程位于扬州北郊菱塘填，结构为纯剪力墙筒体结构，地下1层，地上16层，层高6~8m，总高达114.18m。从第12层中间+80.500m处（12层楼面标高为+78.000m）开始向四周悬挑扩大平面，最大挑出长度为3.4m，在建筑物东北和西南角楼面标高处挑出长度为1.6m，东南和西北角楼面标高处挑出长度为2.4m，东南和西北角楼层中间标高处挑出长度为3.4m（图11.1-1、图11.1-2）。

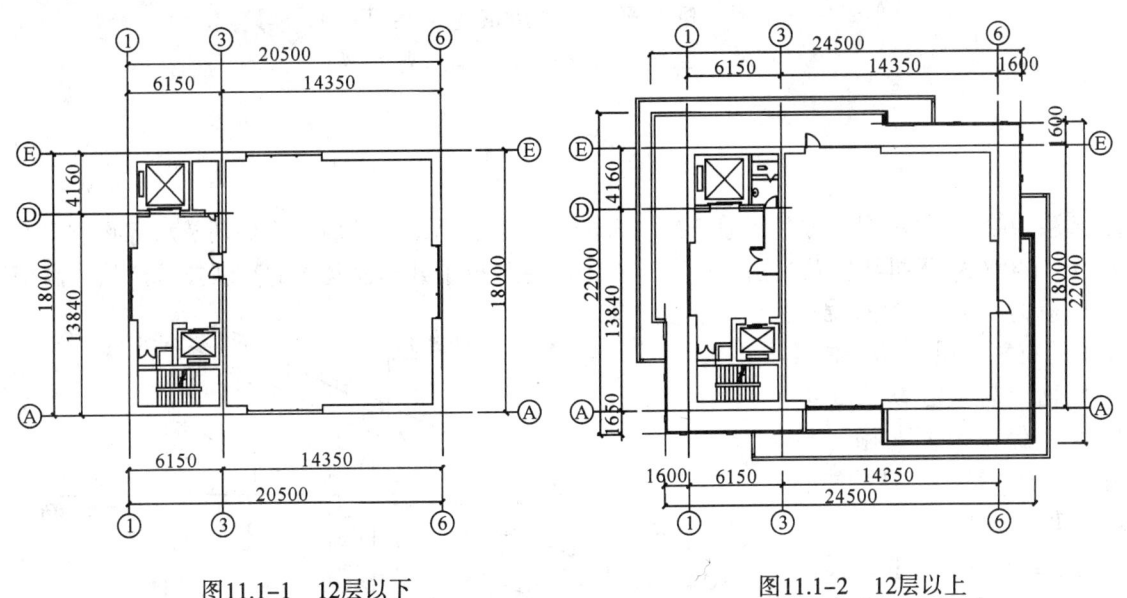

图11.1-1　12层以下　　　　　　　　　　图11.1-2　12层以上

11.1.2　应用情况

施工过程中，工作平台处于安全、可控的状态，施工进度几乎未受影响，2008年7月27日至2008年7月30日钢梁吊装至平台铺设完毕，用4d时间，12层结构（+84.000m）施工完成后，2008年8月20日至2008年8月22日反拉钢丝绳完毕用3d时间，整个体系施工工期共7d，立塔结构于2008年10月24日顺利封顶，比目标工期提前7d，实现施工进度目标；此施工平台总造价13.6万元，由于采用本施工工法，节约了工期，材料、人工费等，合计节约施工成本约为4.3万元，取得了良好的经济和社会效益。

11.2　扬州市地方税务局综合业务用房

11.2.1　工程概况

扬州市地方税务局综合业务用房工程总建筑面积为26310m²（地下建筑面积2810m²，地上建筑面积23500m²），建筑占地面积为2370m²；综合业务用房地下1层，地上21层，局部22层，建筑物檐口高度为73.30m，建筑物总高度为91.60m，在建筑标高83m处，有一屋面网架向外悬挑，最大处达8.25m。

11.2.2　应用情况

由于本工程悬挑长度长，高度高，采用了斜拉式型钢悬挑平台，满足悬挑结构的施工，工作平台向外最大悬挑长度9m，悬挑钢梁采用了12m的25a工字钢，顺利完成了上部结构的施工，工程于2006年4月28日竣工，并获得了鲁班奖。

11.3　高邮市公安指挥中心大厦工程

11.3.1　工程概况

高邮市公安指挥中心大厦工程，位于高邮市珠光路东侧，本工程为框剪结构，地上15层（局部16层），地下1层，建筑面积为17500m²。

11.3.2　应用情况

在建筑物顶标高处，有一向外悬挑的屋面网架，此施工平台采用了斜拉式高空大悬挑工作平台，满足施工要求，上部结构施工质量满足规范要求。工期于2009年6月竣工，获得业主及各方一致好评。

高密度纤维水泥平板轻质灌浆墙施工工法

GJEJGF073—2010

华太建设集团有限公司　浙江海滨建设集团有限公司

颜可琴　竺炜江　林萍　潘磊　俞浩军

1. 前　　言

高密度纤维水泥平板是以原生木浆纤维、硅酸盐水泥、精细石英砂、添加剂及水等物质，经电脑精确配料、14000t液压机压实及高温高压蒸压养护等特殊技术处理而制成的高新技术产品。高密度纤维水泥平板为100%不含石棉、甲醛及苯的有害物质，具有高强度、大幅面、轻质、防火、防水、隔声、保温节能、施工快捷、易于饰面处理等优良性能的新型环保建筑板材。

高密度纤维水泥平板轻质灌浆墙施工工法是用优质轻钢龙骨作为框架，用高密度纤维水泥平板作为覆面板，在龙骨框架与高密度纤维水泥平板所形成的隔墙空腹中灌入轻质混凝土而形成的实心轻质隔墙，是一种新型的、具有高强度、大幅面、防火、防水、隔声、保温节能、抗震性能好的绿色环保轻质隔墙（图1）。

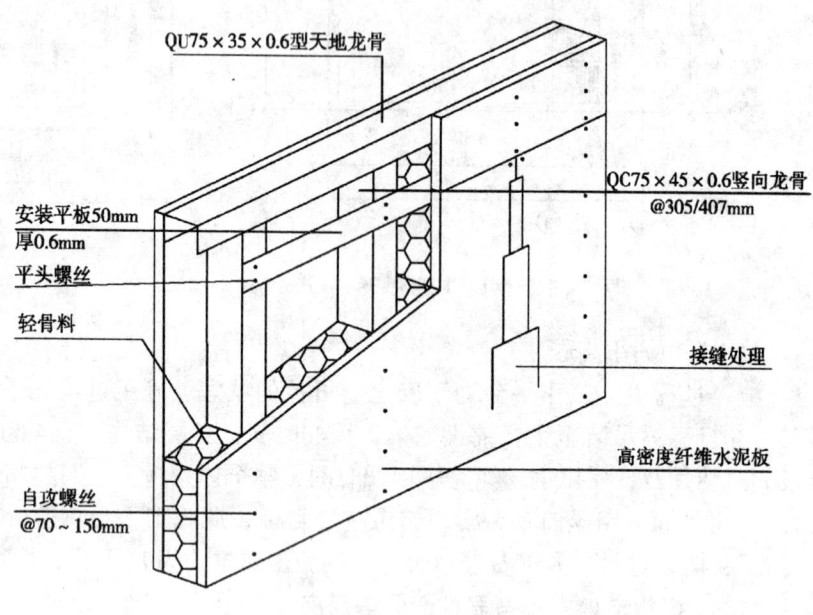

图1　灌浆墙构造图

2. 工法特点

本施工工法是在龙骨框架与高密度纤维水泥平板所形成的隔墙空腹中灌入轻质混凝土而形成的高密度纤维水泥平板轻质灌浆墙的施工方法，具有高强度、大幅面、防火、防水、隔声、保温节能、抗震性能好、可增加空间面积，并且施工快捷、简便，易于饰面处理等特点。

3. 适用范围

适用于墙体高度不大于4m，对防火、耐撞击有较高要求的建筑物的外墙及非承重内隔墙。

4. 工艺原理

高密度纤维水泥平板轻质灌浆墙用优质轻钢龙骨作为框架，用高密度纤维水泥平板作为覆面板，在龙骨框架与高密度纤维水泥平板所形成的隔墙空腹中灌入轻质混凝土即可形成的实心轻质隔墙，是一种新型的环保非承重墙体。

5．施工工艺流程及操作要点

5.1 工艺流程（图5.1）

5.2 操作要点

5.2.1 施工准备

1．检查安装工作面是否清理完毕，保证安装不受干扰的进行；有足够的材料放置场地，零件有库房存放。

2．安排好水、电供应和安装机具。

3．检查结构主体的施工是否满足施工规范的要求，如果结构尺寸偏差过大，应采取补救措施。

5.2.2 材料选择及进场存放

1．材料选择时，应充分考虑材料的尺寸、厚度、数量、规格等内容。

2．轻钢龙骨、高密度纤维水泥平板、水泥、砂、EPS颗粒等材料的存放应考虑起重机的操作范围。水泥、接缝腻子应防止受潮结硬。

3．轻钢龙骨运输、堆放过程中应尽量避免挤压，以防止龙骨变形。轻钢龙骨可在施工现场的库棚或露天存放。露天存放时，必须采取防止生锈的包装或覆盖措施。

4．高密度纤维水泥平板应在干燥、坚实、平整的地面上存放；存放时应采用防水油布将其覆盖，且应保证板周围的空气流通。板材应按不同规格、等级分别齐整地堆放，每垛板最大高度为0.8m，如果两个或两个以上的货盘堆放在一起，它们的高度不能超过3.2m，见图5.2.2。

右侧流程图：

施工准备 → 材料选择及进场堆放 → 测量放线 → 轻钢龙骨安装 → 门框固定 → 纤维水泥平板安装 → 灌浆料的填充 → 面层处理

图5.1 施工工艺流程图

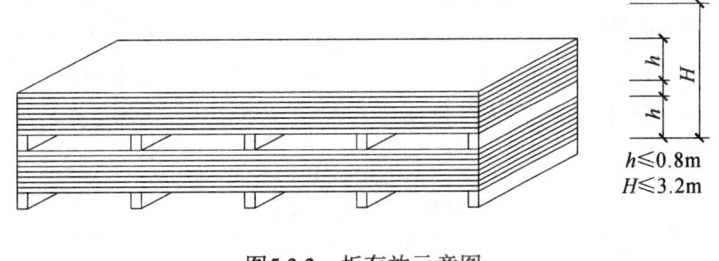

$h \leqslant 0.8m$
$H \leqslant 3.2m$

图5.2.2 板存放示意图

5.2.3 测量放线

1．依据设计图示及经现场工程人员核实，工地先放置水平、垂直基准线，再依据现场水平、垂直基准线画出墙体及门樘位置墨线。

2．在符合设计图原意的原则下，注意结构及现场尺寸调整。

5.2.4 轻钢龙骨安装

1．轻钢龙骨切割、加工，应严格按照设计要求尺寸，并保证加工后的龙骨平整、光滑、无变形，如有变形，需修复。

2．按照墨线，用射钉或膨胀螺栓固定天地龙骨，射钉或螺栓间距一般为500～600mm，呈交错分布，天地龙骨两端须离端点50mm处固定第一支。

3．在天地龙骨固定好后，将C形竖向龙骨卡入天地龙骨槽内，间距依据现场状况和材料而定，一般为300mm。竖向龙骨的开口方向必须一致，最末支则反向，此为最后一块板材锁固用。

4．竖向龙骨的高度应比天地龙骨腹板间的净距小5mm。对于有顶部偏移要求的隔墙，竖向龙骨的顶端到U形天龙骨腹板间的净距最大为25mm。

5．C形竖向龙骨需要截断时，应从同一端截断，且切割端一律向上，让H形冲孔高度保持在同一水平线上，以便管线的穿越。

6．门上樘和窗上下樘用附加横龙骨制作，在附加横龙骨与上下横龙骨之间插入竖龙骨，其间距应与隔墙其他竖龙骨保持一致。将加强木龙骨扣入附加横龙骨内，并用自攻螺钉与附加横龙骨固定。

门口开洞位置的沿地龙骨应断开。

7. 竖向龙骨与墙、板面保留10mm的弹性间隙，因为室内隔墙为非载重墙，若与楼地板直接接触，将造成承载力的转移，而影响灌浆墙本身品质并预防潜变时灌浆墙产生裂缝。

8. 竖向龙骨的管线孔高度尽量保持一致，龙骨安装完成后，立即装配机电管线。

5.2.5 门框固定

1. 门窗两侧的竖向龙骨应增加一根，且距门窗两侧的竖向龙骨不大于150mm，并且要和天地龙骨固定。

2. 水平座板的C形横槽两翼剪折成直角使侧翼重叠，以螺栓固定全高间柱上，做成门樘门孔之粗骨架，并于开孔上方中央另行立短间柱补强，其数目依门宽而定。

3. 门窗洞两侧附加龙骨开口背向门窗洞，通过加强木龙骨扣入附加龙骨内，并用自攻螺栓与附加龙骨固定，见图5.2.5。

5.2.6 纤维水泥平板安装

1. 在施工过程中，必须小心搬运放置高密度纤维水泥平板，不得相互撞击和任意抛掷。搬动时，需要两名工人一起将板抬起，每次1~2块，双臂分开抬住板的长边以支撑住板体，以防过度弯曲。

2. 从隔墙的一端向另一端逐板安装。安装时应注意对准缝位，相邻板间应留有不大于3mm的缝隙，不同层的板应错缝排列。门框部位的板安装成"刀把"形，不能将接缝留在门框部位的龙骨上。

3. 平板应按长边方向与竖向龙骨方向垂直安装。用自攻螺栓将平板固定在龙骨上，自攻螺栓间距70~150mm，螺栓离平板边间距：楔形边10~15mm，直角边15~20mm。自攻螺栓要稍稍沉入板面，不可损坏板面。

4. 门框上方以开L形或H形平接方式封板，门板与RC交接处留5~10mm空间填缝，以防裂缝。

5. 隔墙上设置的各种附属设备的连接件，应准确地在板面上切割出小孔。根据门窗处的尺寸割开相应的空洞。

6. 在板的顶部、底部和墙体连接处均应施以连续且均匀的密封胶。阳角处用金属护角条进行处理，阴角处用接缝纸带进行处理，隔墙与梁连接示意见图5.2.6。

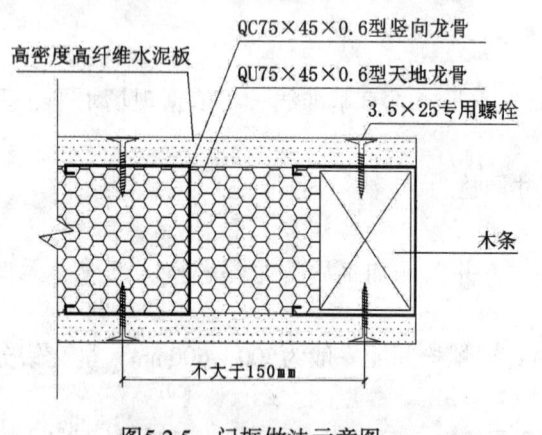

图5.2.5 门框做法示意图

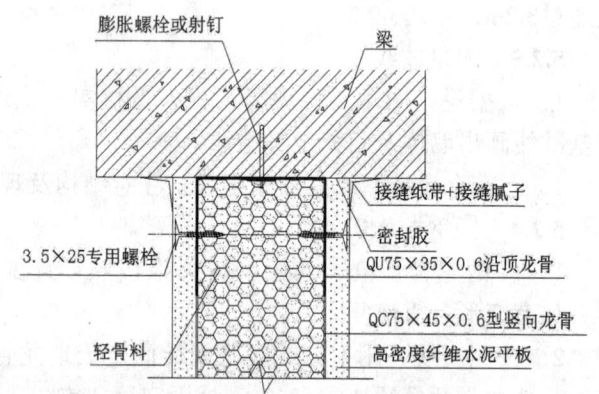

图5.2.6 隔墙与梁连接示意图

5.2.7 灌浆料的填充

1. 每堵墙的一侧应分别预留两组填充孔（直径50mm），排列在每根龙骨的的中心位置。为方便操作，下排孔一般距地面1000~1200mm处开孔，最上排孔应紧靠天龙骨的下端。

2. 灌浆料配制必须按说明书配和比进行，充分搅拌均匀。

3. 浇筑前检查螺栓是否稳固、管线输出端口是否密封，在封板前务必确保水管的水压测试已先期完成。

4. 灌浆料应分段灌浆，灌浆高度以1600～1800mm为基准，超过高度须视实际情况分次灌浆施工，下层灌浆完成0.5～1.0h后始可灌上层灌浆料依此类推。灌浆时把浆体打入墙体预留的每个填充孔中直至空腔完全填满。在一些不能灌注浆体的地方，用泥铲填满。

5. 在灌浆料填充过程中如有短期的停顿时，应保持搅拌机和漏斗的运行状态。如果停顿时间超过30min，应反向转动泵以保持在输送管中灌浆料的搅拌。如果停顿时间超过60min，泵和输送管中的灌浆料不能使用。

6. 灌浆完成应立即将板面用湿海绵或湿布擦拭干净，并保持现场清洁。

7. 灌浆完成日7d后方可进行击钉及批灰工作，使浆体能完全凝结，避免击钉时浆体与板材产生剥离现象。

8. 各部位墙体施工节点示意见图5.2.7-1～图5.2.7-3。

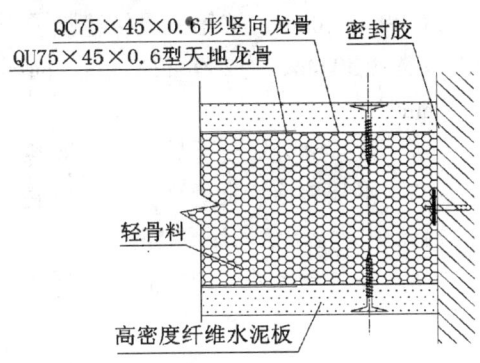

图 5.2.7-1　隔墙与墙体连接示意图

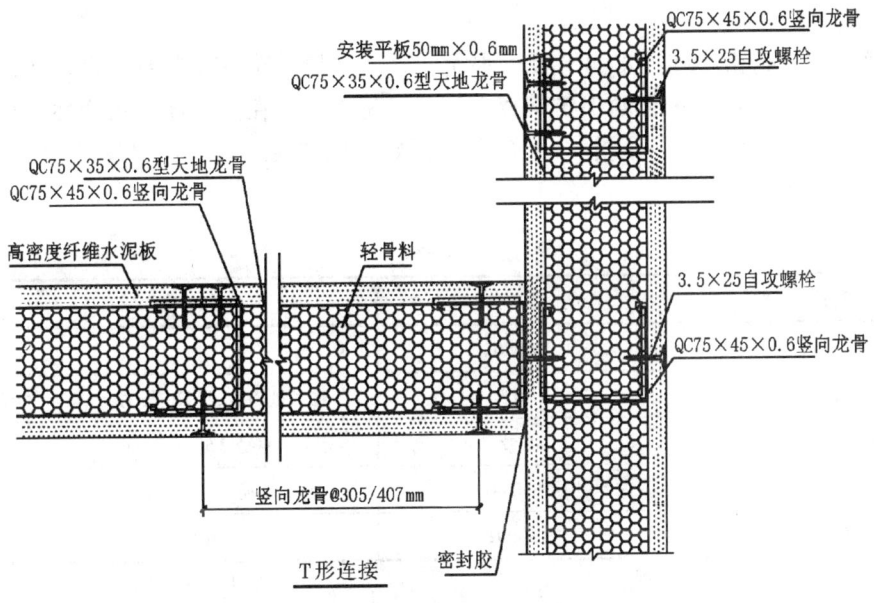

5.2.7-2　隔墙与墙体连接示意图

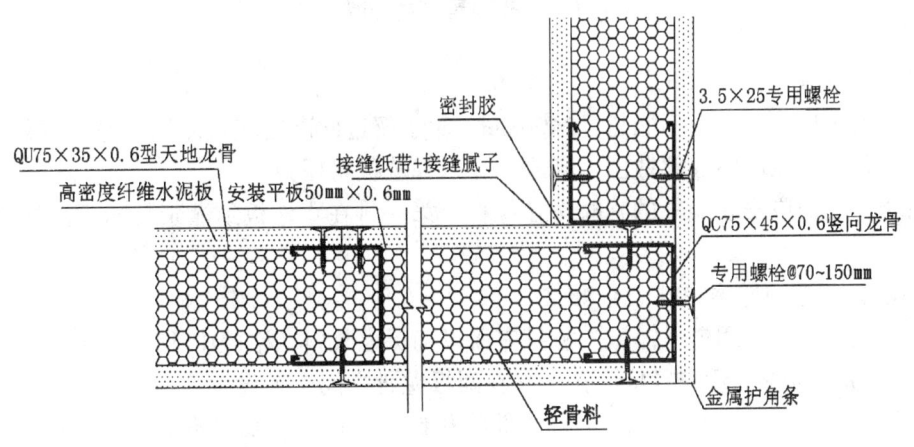

图5.2.7-3　L形连接示意图

5.2.8　面层处理

1. 在接缝处先用调制好的接缝材料将缝隙部位及钉眼（需做防锈处理）部位补平，待其干燥。

2. 将自粘式接缝纸带略微浸水后直接粘贴在接缝部位，压紧压实，待其干燥后，在高密度纤维水泥平板板面及接缝处涂刷底面处理液，待其干燥。

3．用刮刀将接缝腻子涂抹在纸带上，刮去纸带板面多余腻子，注意平整。第一层接缝的处理宽度为100~120mm。待第一层接缝腻子干燥后涂抹第二层接缝腻子，第二层接缝处理的宽度比第一层两边各宽出50mm，为200~220mm。同样至干燥后涂抹第三层，比第二层两边各宽出50mm，为300~320mm。

4．待接缝处完全干燥后用砂纸磨光，批刮预混腻子。

5．平板表面满批处理宜进行两遍，第一遍批刮厚度约为2mm，第二遍批刮厚度约为1mm。待两遍满批处理完全干燥后用砂纸磨光。

6．经过满批处理的板面可进行乳胶漆、墙纸、贴铝塑板等表面装饰处理。

6. 材料与设备

6.1 材料

6.1.1 镀锌龙骨、高密度纤维水泥平板、水泥、砂、轻骨料灌浆料颗粒、自攻螺栓、专用接缝腻子、自粘式接缝纸带、31×31mm阳角保护镀锌金属条、密封胶（在潮湿地区用弹性防水密封胶）。

6.1.2 灌浆料以水泥：砂：保丽龙（1：3：4）固定比例调浆。

6.2 设备（表6.2）

设备表 表6.2

序号	设备名称	型号	规格	备注
1	搅拌机	JW350		
2	混凝土灌浆泵	UBL3	输送量3m³/h、工作压力≥2MPa	
3	混合钻	45号	直径2.5~4（mm）	
4	手电钻	GBM500	直径10~25（mm）	
5	专用龙骨钳	HN-002	10寸	

7. 质量控制

7.1 防止膨胀措施

7.1.1 灌浆料单层填充高度不能超过2400mm，对于超过此高度应重复灌浆操作过程。

7.1.2 在灌浆时，在墙体底部钻压力释放孔，以释放板材压力。

7.1.3 在墙体表面应安装额外的临时对拉螺杆，第一排在距地板到灌浆孔的距离的1/3处，第二排在2/3处。

7.2 避免灌浆料空洞措施

7.2.1 在填充过程中，用塑料锤敲击板材表面以确保灌浆料在空腔中流动畅通。

7.2.2 间距600~900mm设安置检测孔，并在两根龙骨之间交错设置来检测灌浆料的填充情况。

7.2.3 在每个孔洞完全灌注完后马上将顶部的孔封住，直至灌浆料不会因重力作用从孔中漏出来为止。

7.3 外观效果

7.3.1 龙骨稳定牢固、开口方向一致、间距统一、立面垂直，无锈蚀、无变形。

7.3.2 高密度纤维水泥平板表面平整、立面垂直、无破裂、无损坏、接缝整齐。

7.3.3 灌浆料填充密实饱满、不膨胀、不空洞。

7.3.4 面层处理后板面均匀、整洁、光滑，接缝整齐。

7.4 质量标准

质量标准   表7.4

项次	项 目		允许偏差值（mm）	检 查 方 法
1	竖向龙骨安装	垂直度	2	用2m托线板检查
2		平整度	2	用2m靠尺和塞尺检查
3	平板安装	垂直度	2	用2m托线板检查
4		平整度	2	用2m靠尺和塞尺检查
5		接缝高低	1	用2m靠尺和塞尺检查

7.5 成品保护

7.5.1 隔墙轻钢龙骨及罩面板安装时，应注意保护隔墙内装好的各种管线。

7.5.2 施工时对已施工完的地面、墙面、门窗、窗台等注意保护、防止损坏。

7.5.3 轻钢龙骨和高密度纤维水泥平板，在进场、存放、使用过程中应妥善管理，使其不变形、不受潮、不损坏、不污染。

8. 安 全 措 施

8.1 进入施工现场要正确穿戴安全防护用品，施工现场严禁吸烟。

8.2 各种机械设备均由专人操作，并100%持证上岗。定期进行机械设备检查，严禁违章作业。

8.3 所有用电设备及配电柜应安装漏电保护装置，定期进行安全用电检查，定期进行安全用电检查。

8.4 施工用汽油应密封且妥善保管，配备灭火器材。

8.5 过程中加强安全教育、安全交底和安全检查，实施旁站监督，对安全隐患及时进行整改，确保作业环境的安全和人的安全。

9. 环 保 措 施

9.1 切割加工龙骨、板材，灌浆料生产、配料，面层处理等产生的废料桶、纸带、砂纸等，要清理干净，放入现场专用垃圾箱；残留的废渣、尘土等垃圾，采用塑料口袋装好封口，并注意工完场清。

9.2 灌浆时洒落在地板上的轻质灌浆料，应用料铲铲入搅拌机继续使用，避免浪费，但不可直接灌入墙体；洒落在地板上超过30min的灌浆料不可铲入搅拌机或直接灌入墙体空腔内，应当做垃圾清理。

9.3 在施工过程中应防止噪声污染，在施工场界噪声敏感区域宜选择使用低噪声的设备，也可以采取其他降低噪声的措施。

10. 效 益 分 析

10.1 高密度纤维水泥平板轻质灌浆墙容重只有650~800kg/m³，荷载较轻，比同等厚度砖墙和砌块墙体轻，有利于结构抗震，并可以有效降低基础、结构的成本。

10.2 采用高密度纤维水泥平板灌浆墙同砌块墙体相比较，高密度纤维水泥平板轻质灌浆墙一般厚度为80mm（加刮腻子为5mm）与一般砌筑墙为120mm（加两边抹灰为30mm）两个相比较相差65mm，可增加了使用面积。高密度纤维水泥平板灌浆墙补缝按2元/m²，一般混合砂浆抹灰按7.8元/ m²两个相比较可节约5.8元/ m²。

10.3 可以有效降低工程和装修成本，高密度纤维水泥平板轻质灌浆墙外观颜色均匀、表面平整，直接使用可使建筑表面色彩统一。

10.4 灌浆料一般使用EPS聚苯颗粒，具有良好的保温性能，使灌浆墙保温节能非常优异。

10.5 干作业方式，龙骨与板材的安装施工简单，速度快。深加工的产品也具有施工简便及性能更优的特点。

11. 应用实例

11.1 温岭市重点工程"温岭九龙大酒店"工程

温岭九龙大酒店位于温岭市经济开发区内，总占地面积7.6公顷，场地东临万昌北路，南接曙光中路，西靠保收河，北通向游艇码头，交通便利。酒店主楼为框架结构九层，主楼分A、B、C、D、E 5个区域，呈H形分布，总建筑面积70615m²。

本工程的墙体采用了用了高密度纤维水泥平板轻质灌浆墙，该墙体具有轻质、防火、防水、隔声、保温节能、施工快捷、易于饰面处理等优良性能，其施工质量经检测证明质量符合现行国家标准要求。受到业主和监理等有关单位的一致好评。

11.2 荆门锦绣·紫荆城一期工程1号、2号楼

本工程为荆门川汇置业有限公司锦绣·紫荆城一期工程1号、2号楼，该工程位于荆门市掇刀区深圳大道东段军分区新营院内。为框架7层结构住宅，总建筑面积约7635m²。

该工程的墙体施工采用了高密度纤维水泥平板轻质灌浆墙施工工法，该工艺施工快捷，与传统加气混凝土墙体相比，缩短了施工工期8d。墙体具有保温、防火、轻质、施工快捷、易于饰面处理等优良性能，用户参观时取得了良好的口碑，为公司带来了良好的社会效益。

11.3 华富欧典花园—欧凯苑工程

本工程为温岭东方威尼斯商业广场有限公司华富欧典花园·欧凯苑工程，地处浙江省温岭市松门镇高新技术产业基地内，位于松门镇滨海大道以东、松盛路以北，由台州市城乡规划设计研究院设计，温岭东方威尼斯商业广场有限公司投资，温岭市正意工程监理咨询有限公司监理，华太建设集团有限公司承建。

本工程框架结构5~9层，地下1层，总建筑面积57926m²。砌体工程采用高密度纤维水泥平板轻质灌浆墙施工，施工过程中先进的工艺水平得到建设单位及监理单位的一致好评。

含相变合金材料抗裂保温砂浆施工工法

GJEJGF074—2010

浙江舜江建设集团有限公司　浙江国泰建设集团有限公司

陈国庆　朱俊峰　严中海　洪昌华

1. 前 言

近年来随着我国在工程建设中落实可持续发展的原则，对于建筑保温的要求日益提高，在节能保温施工方面涌现出许多新颖的材料和方法，其中建筑外墙外保温的施工方法更是层出不穷，总体来说不外乎浆料类和板材类，各有优缺点。相变合金材料抗裂保温砂浆是一种新颖的保温材料，具有与结合层结合可靠的特点，且在室外环境下耐久性好，具有广泛应用的价值。

将含相变合金材料加热至液态，在保持液态的情况下与玻化微珠填充材料在拌合器中拌合约1h，将玻化微珠滤出，与纤维等其他材料一起与水泥等主材拌合制成抗裂保温砂浆。制备后的砂浆应在2h内按抹灰工序抹于外墙水泥砂浆基层表面，然后待其初凝后再在表面满铺纤维网格布抹3mm普通抗裂砂浆抹平，最后是外墙表面装饰。

含相变"合金"材料为高级脂肪族醇类、高级脂肪烃类、脂肪酸酯类、脂肪族羧酸类、醚类（包括脂肪族饱和醚及芳醚）、酮类（包括脂肪族酮及芳香族酮）、酰胺类中的两种或两种以上的共混物。

2008年12月含相变合金材料施工开发和在砂浆运用，通过上海市科委组织的专家鉴定评估验收，鉴定该技术达到国际领先先进水平；2010年3月31日经浙江省住房和城乡建设厅组织有关专家验收为：该技术达到国内领先水平；同时2008年12月获得上海市科学技术奖——三等奖；一种含相变材料保温节能砂浆的制备方法已获得国家发明专利证书。

2. 工 法 特 点

含相变合金材料抗裂保温砂浆施工工法的特点：

2.1 含相变合金材料抗裂保温砂浆施工简单方便，易操作；砂浆与墙体的粘结强度较高，改变过去传统保温材料与墙体的粘结不牢，易脱落的质量通病。

2.2 含相变合金材料抗裂保温砂浆的保温技术解决现有外墙保温体系在工程完成一段时间后产生裂缝的通病，并改善普通混凝土小砌块墙体的保温隔热性能，从而起到调节室温、使环境舒适并可达到降低空调能耗的作用。

3. 适 用 范 围

含相变合金材料抗裂保温砂浆技术主要适用于住宅、普通厂房等建筑墙体的外保温或内保温体系。

4. 工 艺 原 理

通过在砂浆中加入相变材料以提高砂浆的储热能力，即当环境温度由低于到高于相变材料的相变温度时吸收环境中的热量，发生固液相转变，直至全部由固态转变为液态；而当环境温度低于相变材料的相变温度时，放出吸收的热量，发生液固相转变，这种吸热和放热功能可使建筑物表面的温度在一定时间内保持相对恒定，以起到调节室内温度、降低空调能耗、改善居住舒适性的功效，起到"智能"空调的作用。相变温度范围：25.1~43.6℃。

5. 施工工艺流程及操作要点

5.1 主要工艺流程

拌合含相变合金材料与玻化微珠→倒入拌和器与纤维等其他材料搅拌成抗裂保温砂浆→将砂浆抹于外墙水泥砂浆基层上→放置纤维网格布→抹3~5mm普通抗裂砂浆→表面装饰层施工。

5.2 操作要点

5.2.1 施工准备

制定施工方案并进行技术交底，每次施工前应编制详细的施工方案，并对施工人员进行技术交底，使整个相变合金材料保温砂浆施工过程有组织、有分工、连续有序的进行。现场施工最好实行分段分区挂牌负责。

掌握天气季节变化情况 加强与气象预测预报的联系，在相变合金材料保温砂浆施工阶段掌握天气的变化情况，以保证施工连续浇筑顺利进行，确保相变合金材料工程质量。

含相变合金材料施工准备工作主要包括相变合金材料砂浆成分配制、内外墙体相变节能保温砂浆的施工。

5.2.2 含相变合金材料保温砂浆与墙体施工操作要点

根据已配制好的相变合金材料保温砂浆，在建筑砌块或混凝土墙体上进行涂抹施工，相变合金材料在和玻化微珠拌和时必须处于液态，最好能适当加热使其温度保持在50℃以上，这样玻化微珠对其的吸收率相对较高。拌合时间可控制于1h左右。拌合好后稍稍静淀5min，然后用滤网将玻化微珠滤出，剩余的相变合金材料收集后另外贮存。在外墙或内墙土上施工相变合金材料时，应清除淤泥和杂物，设置排水、防水措施、造成环境污染。

墙体和楼板上的孔洞、门窗框和墙连接处的缝隙应用相变合金材料分层嵌塞密实。平整光滑混凝土的表面，可不抹灰，用刮腻子处理，墙体表面如需抹灰时，需对混凝土表面进行"毛化"处理，一是将光滑的表面用尖钻剔毛，二是在光滑表面上甩一层1：1稀粥状水泥细砂浆（内掺20%107胶水拌制），使其凝固在光滑的混凝土表面，直到用手掰不动为止。

施工后完毕后，在其上面无液体流出时，就立即覆盖塑料薄膜，并覆盖麻袋一层养护。如局部有干白现象，应喷淋湿润后再覆盖塑料薄膜。根据测温情况，随时调整厚覆盖度，控制相变合金材料保温砂浆内外温差不大于25℃。养护重点为底板与外墙交接处。此处同底板容易形成较大的温差而引起外墙裂缝，因此要覆盖严密。

5.2.3 抗裂保温砂浆制备要点

玻化微珠滤出后应尽快与纤维等材料与水泥等主材拌和制备成砂浆。一般情况下包括以下材料：普通硅酸盐水泥425号、粗砂、细砂、生石灰、Novena28、MC(6万稠度)（可再分散乳胶粉）、PP纤维5mm、PP纤维10mm。有时也可再加入适当的硬脂酸钙起增稠作用。

5.2.4 抹灰操作要点

含相变合金材料的抗裂保温砂浆充分拌合后2h内抹于外墙水泥砂浆基层之上。外墙水泥砂浆基层在抹灰前应注意在混凝土与砖墙等不同结构材料的交接面处布置钢丝网片，水泥砂浆基层如果做毛面则保温砂浆直接抹于其上即可，如果水泥砂浆基层为光面则保温砂浆和基层间应加喷界面剂。通常该抗裂保温砂浆厚度为20mm，可以一次抹灰成形，也可分两次每次10mm。

大面积抹底灰时，每遍厚度不超过8mm，操作时需用力抹压，然后用刮尺刮抹顺平，再用木蟹磨平，要求平整即可，不必光滑，但不要过于粗糙，不许有凹陷深痕。

5.2.5 表面抗裂层操作要点

虽然该保温砂浆具有很好的抗裂性能，但是为了和表面装饰层的结合可靠等考虑，最好在表面再做一层普通抗裂砂浆面层，面层主要以纤维网格布抗裂，注意网格布在墙拐角，门窗洞口拐角等处的固定。表面层厚度应控制在3mm左右，不要太厚。

通过实验以及工程实践，含相变合金材料的抗裂保温砂浆的主要技术指标如下：

导热系数：0.102W/（m·K）；

抗压强度：0.41MPa；

粘结强度：0.51MPa；

伸缩率：0.19%；

裂缝控制率：98%。

如果将其按20mm厚抹于建筑物外墙作为外保温，以240mm厚多空黏土砖墙体而言整个墙体的主要节能指标为1.43 W/（m²·K）（传热系数），小于国家规定标准，符合节能保温的要求。

5.3 劳动力组织

5.3.1 本施工中，主要使用木工、泥工、抹灰工、钢筋工、水电工等工种；在相变抗裂砂浆施工时候指派8名左右泥工和10名抹灰工进行控制，设置一名专职技术工进行现场指挥施工。

6. 材料与设备

由项目部根据对施工所用机械设备进行整理、维修，保证如期进场，根据工期需要合理安排机械设备。

本工法所需主要辅助材料品种及机械设备见表6-1、表6-2，数量需根据工程具体情况确定。

成孔所需主要辅助材料品种表 表6-1

序号	材料名称	备注
1	玻化微珠	散热透气保温用
2	砂	配制用
3	水泥	增强粘结性或抗裂用
4	生石灰	抹灰用
5	可再分散乳胶粉	增强粘结性用
6	相变合金材料	起调节温度作用
7	纤维网格布	增强整体性

机械设备配备表 表6-2

序号	名称	型号与规格	单位	数量	备注
1	砂浆搅拌机	CZ-30型	台	≥5	搅拌合金材料
2	加热用液化气瓶	100MI	个	3	保持温度
3	手推车		台	10	运输
4	测量尺	10m	台	4	平整度
5	抹子		台	8	刮平抹灰
6	灰铲		台	8	抹灰用

7. 质量控制

在工程质量控制上除执行国家相关节能规范、设计施工图纸、有关设计文件的要求外，还应做好以下几点要求：

7.1 含相变合金材料与玻化微珠的拌合质量

检查微玻化微珠的各项技术指标，尤其是干密度不得超标。计算每立方玻化微珠的掺入量，通常每立方米掺入玻化微珠40~45kg。

注意控制材料进入拌合机的速度，不宜过快，要均匀，拌合机开动后将材料倒入，不得带料启动。搅拌均匀无块状物和干料后仍需要继续搅拌，以利于玻化微珠充分吸收相变合金材料。搅拌1h左右后立即将玻化微珠以滤网滤出并进入砂浆的制备工序。剩余的相变合金材料不得在施工现场随意丢弃，应收集回拢后预料仓库贮存。

7.2 抗裂保温砂浆的制备质量

检查各主要材料的各项技术指标，尤其是水泥的强度等级等指标、粗细砂的级配、含泥量等等。

将吸收了相变合金材料的玻化微珠倒入砂浆拌合机与水泥等主材拌合，然后分次加入纤维材料，注意不要一次将纤维材料加入，那样容易发生纤维材料打结，应缓缓加入，一边加入一边搅拌使其分布均匀。搅拌均匀成稠状后的抗裂保温砂浆应在2h左右抹灰到位为好。

7.3 抹灰施工质量

在进行抗裂保温砂浆的抹灰以前应切实检查外墙水泥砂浆基层的施工质量，切实保证基层的密实平整。基层表面如果为扫毛，则保温砂浆可直接抹灰，否则应使用界面剂。

抗裂保温砂浆施工时应注意外墙阴阳拐角，门窗洞口拐角等处的施工质量。抹灰可一次成型，也可分两次成型，但必须做到厚度符合要求，且厚薄均匀，表面平整。最后的面层3mm抗裂砂浆可意不使用保温砂浆，但是其网格布满铺必须均匀平直，固定可靠。面层厚度控制在3~5mm，不可太厚。

7.4 质量检验

含相变合金材料抗裂保温砂浆在施工同时制备同条件养护试块，在监理旁证下取样送检，其保温性能则按照节能部门要求现场测定。网格布等以现场实际观感质量检查为主，所有材料必须经过进场检验并具备必须的书面资料。

8. 安 全 措 施

8.1 所有用电设备及配电柜应安装漏电保护装置，并张贴安全用电标识，严禁无电工操作证人员进行电工作业。

8.2 施工现场要定期进行安全用电检查，电工每天对现场的线路、电气设备进行检查，不符合要求的立即整改。

8.3 施工场区内危险区须挂警示牌，场区内配备足够的灭火器材。

8.4 各种设备必须严格按安全操作规程进行操作，严禁违章作业。

8.5 定期对各种设备进行调试、保养和维修，保证施工设备安全可靠。

8.6 所有作业人员需配备必备的劳动保护用品。

9. 环 保 措 施

9.1 施工区与生活区应分隔开，生活区整齐统一，室内外场地干净整洁，宿舍内生活用品摆放整齐，施工区建材、机具设备堆放有条不紊，由现场安全员每天进行检查。

9.2 施工区便道平整、畅通、无坑塘积水等现象，以便施工现场物资的驳运，也方便施工人员安全作业。

9.3 施工中作好排水工作，严禁将施工用水排到道路上。

9.4 施工人员举止文明，在施工过程中互相间不吵闹，对待上级部门的检查应态度谦虚、礼貌，对指出的缺点应及时改正。

9.5 做好食堂、厕所的卫生工作，有专人负责打扫，遵守卫生制度，包括食堂卫生制度、厕所卫生制度等。

9.6 要有明确的防火责任制度，建立以项目经理为主的防火领导小组。

9.7 施工时操作设备噪声小，不会对周围居民环境造成不良影响。

9.8 玻化微珠包装一旦打开就应该尽快倒入拌合机与其他材料拌合，因其密度小质量轻，容易散落四处影响施工现场的环境形象。

10．效 益 分 析

含相变合金材料抗裂保温砂浆的制备和施工成本综合起来看比使用聚苯类保温材料的外墙外保温工程成本稍低，成本节约并不明显，但是随着时间的推移，相信其施工成本会逐渐下降。而其保温节能，一次成型施工便利且无环境污染的社会效益是明显的。

含相变合金材料抗裂保温砂浆与普通聚苯类保温材料相比质地坚实，施工方便，不仅可以用于外墙外保温，也可以用于内墙内保温，这就给部分不便于进行外保温施工的情况带来了更好的选择余地，且该施工方法对于墙角，门窗洞口等处的处理比之聚苯类产品明显可靠便捷，这都是无形的效益。

11．应 用 实 例

11.1 上海正阳世纪星苑二期。该项目位于上海奉贤地区，由多层高层和低层住宅混合而成。总建筑规模超过3万m²，总平面布置如图11.1。

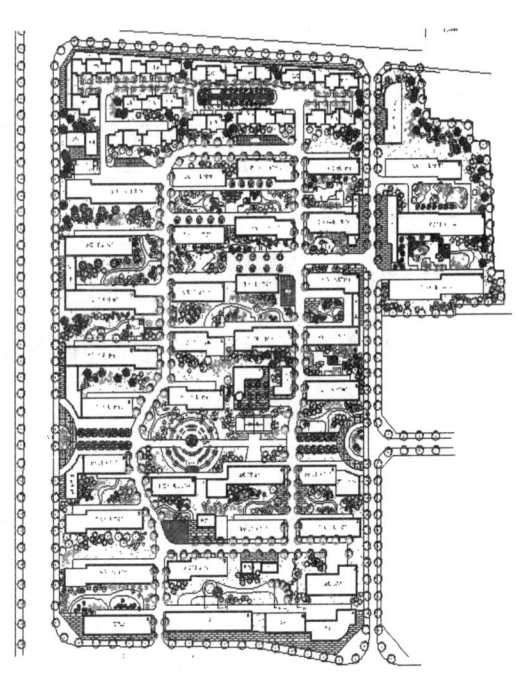

图11.1 上海正阳世纪星苑二期总平面布置

施工中使用的玻化微珠的技术指标见表11.1。

玻化微珠的技术指标　　　　　　表11.1

性能指标	单 位	
堆积密度	kg / m³	260
浆体密度	kg / m³	680
导热系数	W / (m·K)	0.06
抗压强度	kPa	350
压剪粘结强度	kPa	120
体积收缩率	%	10

在部分多层住宅以及高层住宅部分层面的外墙外保温中试用了含相变合金材料的抗裂保温砂浆，得到了东华大学材料科学和工程学院的专家的指导和支持，工程效果良好。实际工程检测的结果如下：

导热系数：0.103W/（m·K）；

抗压强度：0.42MPa；

粘结强度：0.52MPa；

伸缩率：0.20%；

裂缝控制率：100%。

将其按20mm厚抹于建筑物外墙作为外保温，高层以250mm厚轻质混凝土砌块墙体为填充墙，多层为240mm黏土多孔砖，现场实测的整个墙体的主要节能传热指标如下：高层1.37，多层1.4，二者均小于国家规定标准，符合节能保温的要求。

小区建筑的外墙外立面部分为面砖，部分为涂料，施工完成至今外墙表面完好，没有裂缝，该砂浆的抗裂性能完全能够满足有关的技术规范要求和业主的心理需求。

11.2 新建社区幼儿园

该工程总建筑面积9100m²，是虹桥枢纽工程地区社区配套的重要组成部分，对地上建筑的部分层面尤其是弧形的建筑采用了含相变合金材料抗裂保温砂浆的施工方法，见图11.2。

图11.2 新建社区幼儿园

所用微玻颗粒的主要性能指标见表11.2。

微玻颗粒的主要性能 表11.2

性能指标	单位	
堆积密度	kg／m³	258
浆体密度	kg／m³	679
导热系数	W／(m·K)	0.057
抗压强度	kPa	348
压剪粘结强度	kPa	117
体积收缩率	%	10

该工程地下混凝土强度等级为C30，按照设计要求墙体厚度240mm，取微玻颗粒掺入量40%，采用现场制备的方法抹灰。

将其按20mm厚抹于建筑物外墙作为外保温，传热指标1.4，小于国家规定标准，符合节能保温的要求。

一种复合生物法中水处理站施工工法

GJEJGF075—2010

安徽鲁班建设投资集团有限公司　安徽建工集团有限公司

张联合　徐根旺　程进　陈刚

1. 前　言

为了推动社会可持续发展，水环境问题是关键问题之一，水环境保护对于维持生态平衡和生态环境健康，具有重要意义。

在水环境保护中，由于我国现有农村居住人口密度较高，工农业生产较为集中，排水和水处理等基础设施缺乏，村镇所产生的大量生活污水、生产废水都直接排入村镇水体；同时村镇周围都是农业生产集中的区域，所产生的面源污染也通过暴雨径流汇入村镇水体，造成村镇水环境的严重污染。而村镇水体通常较小，环境容量有限，在长期的污染下，基本已经丧失了自净功能，水体的其他功能也丧失怠尽，成为"污水沟"或"污水塘"，因此需要更好地解决村镇污水排放。

芜湖市南陵县大浦新农村试验区是国家新农村试验区，需解决生活污水直接排放，造成地表水质水体恶化的问题。因此，为了完成大浦新农村试验区的总体建设目标，在发展经济的同时，加快区内污水集中处理，采用先进实用的污水分散处理技术和工艺，对区内所产生的污水进行处理和资源化利用，形成了一种复合生物法中水处理站施工工法。污水处理效果明显，使水环境得到根本改善，改变了大浦新农村试验区居民以及农村的饮水条件，确保了当地人民的身体健康，且区域的土地价值也随之升高，故有明显的社会效益和经济效益。该技术已于2009年6月通过了安徽省住房和建设厅组织的新技术成果鉴定，达到国内领先水平，并已向国家知识产权局申报了" 一种中水回用循环系统"发明专利（申请号：2010101002773），该技术2010年获芜湖市科学技术奖，并被评为安徽鲁班建设投资集团2010年度"科技进步奖"一等奖。

2. 工 法 特 点

2.1　本工程采用了低能耗复合生物滤池＋高负荷人工湿地生物生态污水处理工艺，处理效果好，运行稳定，管理方便，低能耗。技术应用的经济与社会效益明显。

2.2　与传统人工湿地相比，该人工湿地负荷较高，占地面积较小，且全部地埋，地面可作绿化用，大大增加了绿化面积。

2.3　从已建的几个工程实际运行情况来看，处理系统噪音小，无嗅味，系统环节良好，节能减排效果好。

3. 适 用 范 围

适用于无污水管网且集中居住的新农村小区或风景旅游区区域的污水处理，处理能力1000t/d以下。不适合建有污水管网的新小区、别墅小区、风景旅游区等分散型区域的生活污水的处理。

4. 工 艺 原 理

污水经收集系统进入集水井，在格栅沟内通过木格栅（木质格栅通过电机控制打开或闭合）除去污水中较大的悬浮物，然后流入调节池，对污水水量和水质进行调节，污水经提升泵进入复合生物滤池处理系统，利用复合滤料中长有丰富生物膜的微生物来吸附、降解污水中的大部分有机污染物、磷、部分氨氮等，复合生物滤池系统处理后的水进入中间水池，沉淀去除复合生物滤池系统脱落的生物膜后经分配井分配后进入水平潜流人工湿地系统，经过配水系统分配，均匀进入根区基质层，基质层由特殊填料构成，表层土壤栽种耐水植物，如芦苇。这些植物有发达的根系，可以深入到表层土以下0.6~0.7m的填料层中，这些根系交织成网，与填料一起构成一个透水的系统。同时这些根系具有输氧功能，在根的周围水中溶解氧浓度较高，适宜于好氧微生物的活动。通过附着在填料和植物地下部分（即根和根茎）上的好氧微生物的作用分解废水中的有机物；一部分有机物（如氮和磷）还可被水生植物吸收，转化为植物体生长所必需的物质。同时远离根系周围的厌氧区可以通过反硝化作用而脱氮，使污水得到净化；此外，人工湿地还可降解去除污水中残留的有机物污染物（BOD、COD）、悬浮物和微量金属、病原体等，最后人工湿地系统将处理后的净化水体直接排入就近河道中。

中水回用循环系统构造情况见图4。

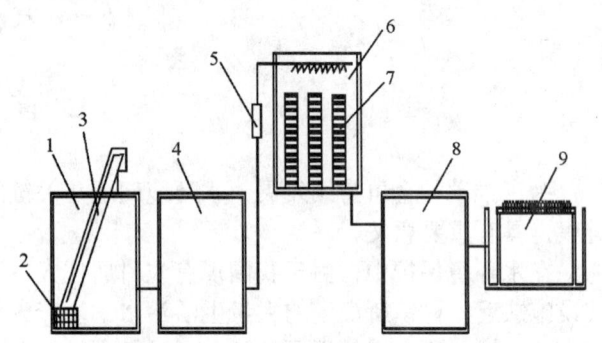

图4 中水回用循环系统结构示意图

1—集水井；2—格栅沟；3—木质格栅；4—调节池；5—提升泵；6—生物滤池房；7—复合生物滤池系统；8—中间池；9—人工湿地

5. 施工工艺流程及操作要点

5.1 施工工艺流程（图5.1）

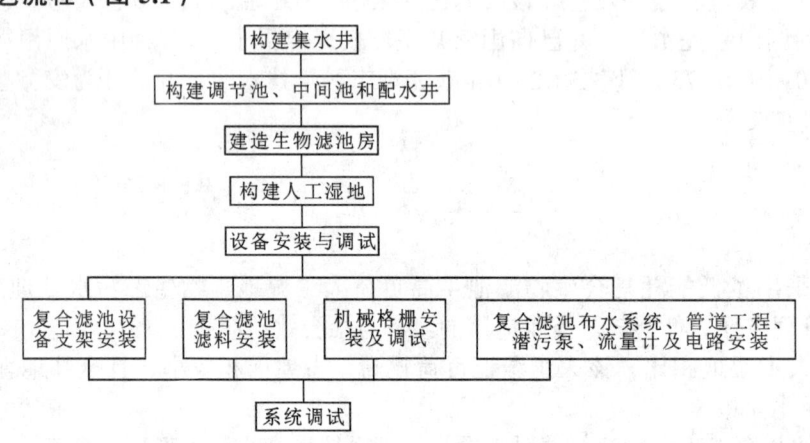

图5.1 复合生物法中水处理站施工流程图

5.2 操作要点

5.2.1 构建集水井

集水井为钢筋混凝土结构，用以收集污水并去除较大的悬浮物作用。工程具体做法参见施工示意图（图5.2.1）。

5.2.2 构建配水井、调节池和中间池

1. 调节池和中间池

调节池用于调节污水水量和水质。中间池用于沉淀去除复合生物滤池系统脱落的生物膜，其工程具体做法参见施工示意图（图5.2.2-1）。

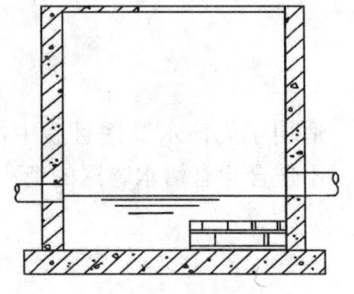

图5.2.1 集水井示意图

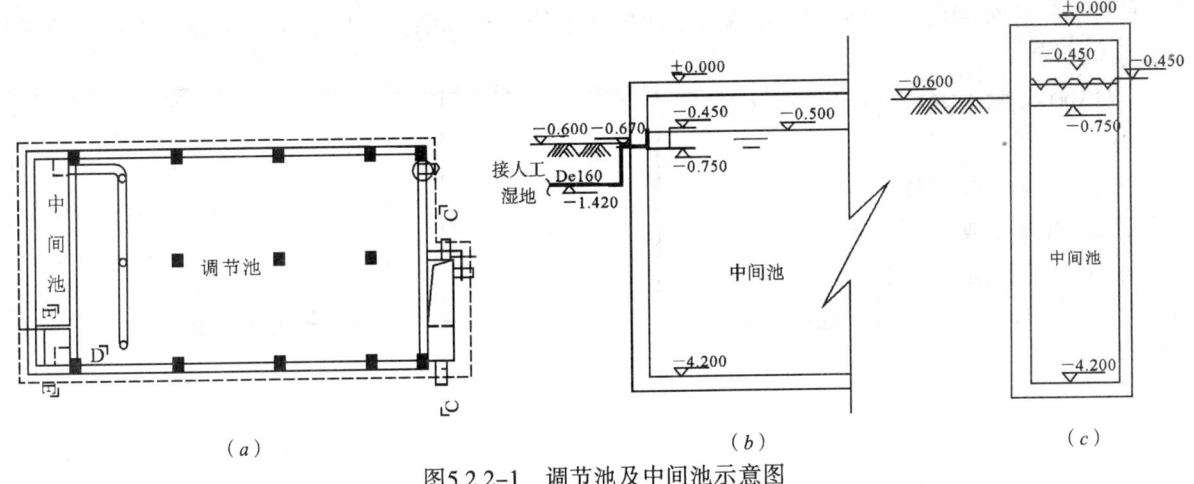

图5.2.2-1 调节池及中间池示意图

（a）池底平面图；（b）D-D剖面图；（c）E-E剖面图

2. 分配井

经中间水池净化后的污水再经分配井分配进入水平潜流人工湿地系统，进一步去除水中污染物。配水井工程具体做法参见施工示意图（图5.2.2-2）。

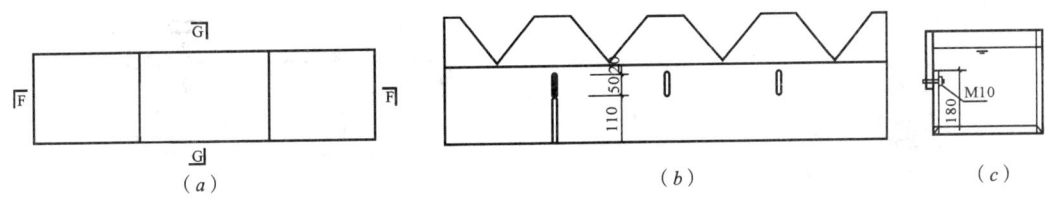

图5.2.2-2 分配井示意图

（a）配水井平面示意图；（b）F-F部面示意图；（c）G-G剖面示意图

5.2.3 建造生物滤池房

生物滤池房内设置复合生物滤池系统用以去除污水中的主要污染物如有机物、氮、磷等。生物滤池房建筑平面，见图5.2.3。

1）集水井和隔栅与滤池房集中建设，中间池和配水井合建。

2）生物滤池房内的复合生物滤池设为3组，结构基本采用分层框架形式。

5.2.4 构建人工湿地

1. 人工湿地施工

人工湿地采用混凝土基础，砖砌墙体，混凝土强度等级：垫层C10，其他C25。

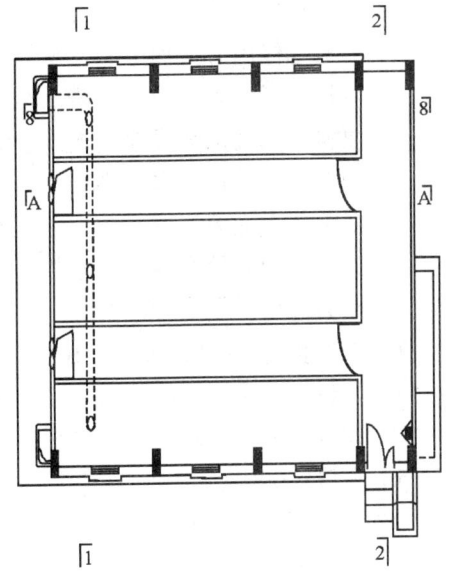

图5.2.3 生物滤池房建筑平面示意图

人工湿地池体中，自下而上依次施工为：

1）素土夯实。

2）50mm厚细沙。

3）防渗土工膜一道：人工湿地采用土工膜防渗，土工膜采用两布一膜（PE膜），膜重量每平方米不少于150g，土工膜垂直渗透系数小于10^{11}cm/s，外墙内外沙浆M75抹面。

4）700mm厚填料。

5）透水纤维布一层：土壤和湿地填料之间用透水纤维布隔断，以防止土壤渗滤到填料，造成填料堵塞。

6）覆300mm厚土壤：采用当地土壤，上植草坪。

2. 人工湿地系统划分

整个湿地被分成6座并列运行的子系统，每座子系统处理水量为总水量的1/6，采用配水井分水，由12个De160进水管输水管道输水。每座子系统内包含1～2个湿地处理单元。每个单元独立设置布水和出水设施，采用花墙布水，均匀出水，明渠收集。湿地底坡设为5‰，在单元格内严格地保持均匀一致。

人工湿地施工示意图参见图5.2.4-1、图5.2.4-2。

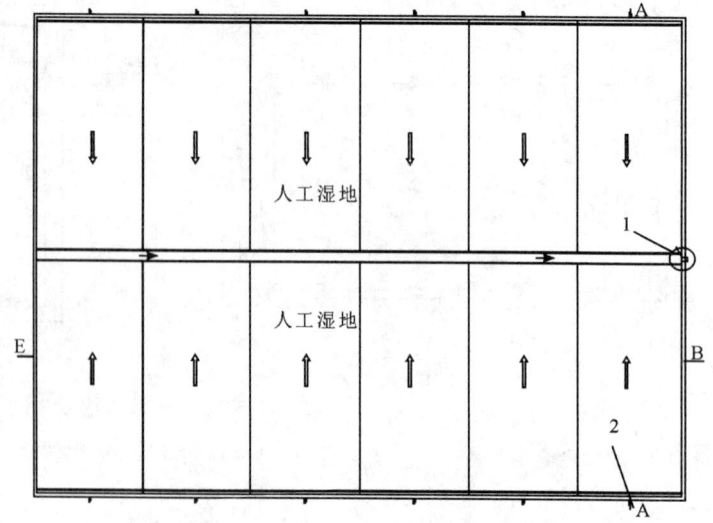

图5.2.4-1　人工湿地平面布置图

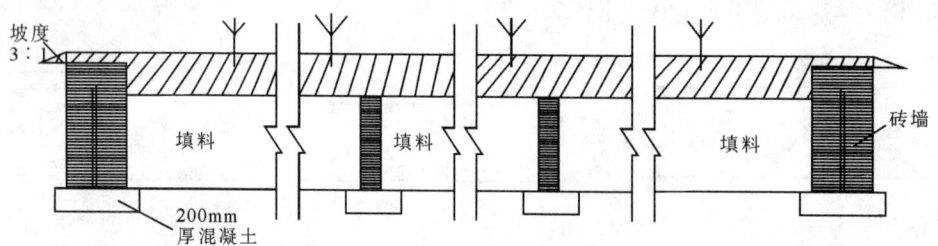

图5.2.4-2　人工湿地剖面示意图

3. 人工湿地填料的安装

1）填料选用：碎石、火山岩生物填料和多孔气块砖进行混填。

2）湿地池体内应清理干净，平整无杂物。

3）填料粒径应均匀统一，粉末杂质含量不超过10%。

4）填料充填高度为湿地底板以上0.7m。

5）填料之上铺设透水纤维布一道，要求全面覆盖填料，防止土壤进入填料层内。

6）纤维布上回填土壤30cm，表面绿化，绿化要求由业主决定。

4. 人工湿地系统主要工艺参数

1）水力停留时间（HRT）：1.8d。

2）水力负荷：0.45m^3/($m^2 \cdot$ d)。

3）填料：火山岩生物填料、多孔气块砖和碎石进行混填。

4）有机负荷：50kgCOD/(104$m^2 \cdot$ d)。

5）床深：0.8m。

5.2.5　设备安装与调试

1. 滤池设备的安装

1）滤池设备分3组，每组内设不锈钢支架9个，材料为304不锈钢。

2）单个支架高2.7m。中间滤池格单个支架单层安装滤料屉8个，两侧滤池格单个支架单层安装滤料屉6个，滤池设滤料屉7层，共1260个滤料屉。

3）单个滤料屉尺寸为610mm×430mm×360mm。滤料装填量不小于滤料屉总体积的95%。

4）滤池间过道两边设PVC挡水墙，高度不低于3.6m。以不锈钢做为龙骨。

2. 复合滤池滤料安装

滤料选用火山岩生物填料、自主开发的陶粒和除磷填料，其主要工艺参数如下：滤速：0.8m/h；有机负荷：1.4kgCOD/(m³·d)；滤床高度：3.0m。

3. 格栅除污机的安装与调试

1）安装前的准备

（1）检查设备的规格、性能是否符合图纸的要求，以及说明书、合格证和试验报告等是否齐全。

（2）检查设备外表如框架、格栅条等是否受损，零部件是否齐全完好。

（3）复测土建工程实测数据是否与格栅框架外形尺寸及角度相符，以及检查预埋件是否符合安装要求。

2）格栅安装

（1）将格栅除污机吊入井内，设备安装定位准确，其安装角（格栅与水平线的夹角）偏差不大于20mm，标高偏差应在±20mm以内，机组的水平偏差应不大于2/1000。

（2）格栅机必须与井口预埋钢板可靠固定。

（3）连接固定后用混凝土二次灌浆，格栅在垂直面的投影应为一铅垂线，允许偏差不大于1/1000。

（4）耙齿与栅条动作时应无卡阻，且间隙不大于0.5mm，咬合深度不大于35mm。

（5）在需润滑处加注润滑油脂。

3）调整和试运转

（1）调试步骤如下：

按要求加油→调整链条→调整链条托板→使耙齿进入格栅间隙内→调整耙架限位轮→调整清耙位置→注入润滑脂→负荷运转。

（2）重点检查部位如表5.2.5。

重点检查项目和结果 表5.2.5

项　目	检　查　结　果
左、右两侧钢丝绳或链条与齿耙动作	同步动作；齿耙运行时保证水平；齿耙与格栅片开合动作位到；并与差动机构协调
齿耙与格栅片	啮合时，齿耙与格栅片间隙均匀，保持3~5mm，齿耙与格栅水平，不得相碰
各限位开关	动作及时，安全可靠，不得有卡住现象
导轨与二侧枪攀	间隙5mm左右，运行时不应有导轨抖动现象
滚轮与导向滑槽	两侧滚轮应同时滚动，至少保持有2只滚轮在滚动
机械格栅的进退机构(小车)	应与齿耙动作协调
钢丝绳	在绳轮中位置正确，不应有缠绕、跳槽现象
链轮	主、从动链轮中心面应在同一水平上，不重合度不大于两轮中心距的2/10000

（3）调整和试运转过程中，重点把握以下环节：

设备运转过程中应运行平稳，无卡滞跑偏现象；检测电气系统对地电阻，以满足整机受电要求及运行安全性；检测空载与负载运转时的电机电流；负载试验时，检查清污效果，栅片上的垃圾应无回落渠内现象；复核运行负载。

4. 潜污泵的安装与调试

潜污泵的安装与调试参照现行国家规范和标准及行业规范和标准执行。

5. 管道阀门的安装

管道阀门的安装参照现行国家规范和标准及行业规范和标准执行。

1）电磁流量计的安装

（1）安装位置要避免夹附气体所引起的测量误差以及有真空引起的对 PTEE 和橡胶衬里的损害，一般应安装在稍上升的管道区，在有落差的地方，在流量计的下游最高位置上装自动排气阀，以防止真空，不能在泵抽吸侧安装流量计，以防真空。

（2）传感器的接地：为了使仪表可靠的工作，提高测量精度，不受外界寄生电势的影响，传感器应有良好的单独接地线，接地电阻＜10Ω，在连接传感器的管道内涂有绝缘层，传感器两侧应需装有接地环。

（3）信号电缆要用说明书中规定的屏蔽电缆，不得用其他电缆代替，信号线和励磁线要分开敷设，并避免二者平排，尤其注意远离动力电缆。

（4）信号电缆两端接头的外露部分要保持短，屏蔽层剥除到只能与接线端子相连就够了。信号线越短越好，转换器应尽量靠尽变压器。

（5）流量计最好垂直安装，使流体自下而上流过，以消除电极表面可能有的固体粒子沉淀和气泡影响。当水平安装时，也应使一对电极处于同一平面。

2）电气照明安装

电气照明的安装参照现行国家规范和标准及行业规范和标准执行。

6. 材料与设备

6.1 土建施工材料

主要有：C25混凝土、预制钢筋混凝土板、M5水泥砂浆、MU10标准机制砖、自防水混凝土等。

6.2 设备安装施工辅料

主要有：设备基础二次灌浆的混凝土；设备基础垫铁的钢板；连接螺栓、膨胀螺栓；机械设备水上部分涂刷的三道樟丹底漆、三道酞青205磁漆面漆，以及设备水下部分涂刷的三道铁红环氧树脂漆、三道环氧沥青漆。

6.3 复合生物滤池滤料

选用火山岩生物填料、自主开发的陶粒和除磷填料。其中火山岩生物滤料规格为3~5mm，其中粒径小于3mm的含量占2.36%，粒径大于5mm的含量占3.56%，破损率与磨损率之和占1.82%，密度为2.26g/cm^3，表观密度为1.86 g/cm^3，堆积密度为0.83 g/cm^3，空隙率为55.38%，含泥量为0.34%，盐酸可溶率为1.13%，比表面积是6.8767×104 cm^2/g，有效粒径为3.8mm，均匀系数为1.22，不均匀系数为1.37。

6.4 人工湿地填料

选用火山岩生物填料、多孔气块砖和碎石进行混填。

6.5 土建工程主要设备及参数（表6.5）

土建工程主要设备及参数　　　　　　　　　　　　表6.5

序　号	项目名称	单　位	数　量
1	格栅（栅宽3cm）	座	根据需要确定
2	集水池	m^3	根据需要确定
3	复合滤池房	m^2	根据需要确定
4	中间池	m^3	根据需要确定
5	配水井	座	根据需要确定
6	潜流湿地土建	m^2	根据需要确定

6.6 复合滤池工程设备及参数（表6.6）

复合滤池工程设备及参数 表6.6

序 号	项 目 名 称	单 位	数 量
1	不锈钢支架材料	t	根据需要确定
2	滤料屉	个	根据需要确定
3	滤池滤料1	m³	根据需要确定
4	滤池滤料2	m³	根据需要确定
5	特制除磷滤料	m³	根据需要确定
6	布水箱及支架	套	根据需要确定
7	小布水槽	m	根据需要确定
8	大布水槽及支架	m	根据需要确定
9	挡水墙	m²	根据需要确定

6.7 工艺管道设备工程及参数（表6.7）

工艺管道工程设备及参数 表6.7

序 号	设 备 名 称	单 位	数 量
1	集水井机械格栅	台	根据需要确定
2	潜污泵	台	4
4	污泥提升泵	台	1
5	集水池排砂泵	台	2
6	耦合装置	套	4
7	排水管道 DN300	m	根据需要确定
8	排水管道 DN225	m	根据需要确定
9	排水管道 DN110	m	根据需要确定
10	管道配件	套	根据需要确定
11	管道阀门	个	根据需要确定
12	液位自动控制仪	只	根据需要确定
13	电磁流量计	台	根据需要确定

注：表中所述提升泵规格为 $Q=25m^3$，$H=10mm$，$N=1.5kW$，一备一用。

6.8 电气工程设备及参数（表6.8）

电气工程设备及参数 表6.8

序 号	设 备 名 称	单 位	数 量
1	计量柜	台	根据需要确定
2	设备控制箱	台	根据需要确定
3	动力配电箱	台	根据需要确定
4	照明配电箱	台	根据需要确定
5	电源检修箱	台	根据需要确定
6	防腐、防水、防尘灯	只	根据需要确定
7	控制电缆	批	1
8	避雷带	m	根据需要确定
9	开关、插座等	批	1
10	通风机	台	根据需要确定

7. 质 量 控 制

7.1　土建工程施工质量检验与验收应按《建筑工程施工质量验收统一标准》GB 50300-2001的有关规定进行。

7.2　设备安装质量要求

7.2.1　钢丝绳牵引式格栅除污机定位允许偏差：

平面位置偏差≤20 mm，标高偏差≤20 mm，轨道重合度允许偏差≤3mm，轨距允许偏差±2mm，倾斜度允许偏差1／1000。

7.2.2　潜污泵的安装定位允许偏差（表7.2.2）。

水泵安装允许偏差和检验方法　　表7.2.2

项次	项　目	允许偏差（mm）	检验方法
1	安装基准线与设计轴线	±10	用钢卷尺检查
2	安装平面位置与设计平面位置	±10	用水准仪和钢尺检查
3	安装标高与设计标高	±10	

7.2.3　管道安装允许偏差：

管道安装允许偏差参照现行国家规范和标准及行业规范和标准执行。

7.3　污水处理站设计进水水质要求（见表7.3）：

设计进水水质主要指标　　表7.3

项　目	COD_{Cr} (mg/L)	BOD_5 (mg/L)	SS (mg/L)	NH_3-N (mg/L)	TN (mg/L)	TP (mg/L)	pH
设计进水水质	350	180	180	25	40	3	6~9

根据所确定的污水处理站进水指标，控制在$BOD_5/COD=0.51>0.4$。

7.4　污水处理站设计出水水质要求（表7.4）

出水水质严格执行国家有关环境保护的各项规定，污水处理后各项出水水质指标均达到《城镇污水处理厂污染物排放标准》GB 18918-2002一级B标准。污水处理站排放指标如表7.4所示。

设计出水水质主要指标一览表　　表7.4

项　目	COD_{Cr} (mg/L)	BOD_5 (mg/L)	SS (mg/L)	NH_3-N (mg/L)	TN (mg/L)	TP (mg/L)	pH
设计出水水质	60	20	20	8(15)*	20	1	6~9

注：*括号内数值为水温低于12℃时的控制指标。

根据《城镇污水处理厂污染物排放标准》GB 18918-2002一级B标准污水排放要求，系统对COD、BOD的去除率应达80%以上，对SS的去除率在90%以上，对NH_3-N和TP的去除率在70%左右。

7.5　人工湿地填料的要求

7.5.1　湿地池体内应清理干净，平整无杂物。

7.5.2　填料粒径应均匀统一，粉末杂质含量不超过10%。

7.5.3　填料充填高度为湿地底板以上0.7m。

8. 安 全 措 施

8.1　土建施工作业时除严格遵守《建筑工程安全技术规范》，进入施工现场，戴好安全帽，注意现场的安全标志，高空作业带好安全带。

8.2 设备安装作业时注意以下几点：

8.2.1 吊装工作前，应对索具严格检查，确认符合规范要求后方可使用。作业人员严格遵守施工现场的机械、用电的规程。

8.2.2 吊装时，应对吊装环境进行检查，并划出安全区域，无关人员不得进入，确保安全。

8.2.3 吊装时，作业施工人员必须坚守岗位，统一信号，统一指挥，吊装过程中，重物下和受力绳索周围人员不得停留。

8.2.4 在设备安装工作与其他工序交叉进行时，须特别注意人身安全和防止设备事故的发生。

8.3 系统维护时注意以下几点：

8.3.1 半年至1年，需对集水池、中间池内的积泥进行清理，清理出的污泥要经过混合堆肥或晾晒等无害化处理后再使用。定期检查检查口的盖板是否盖好，池体有无损坏，出水管阀门、溢流管是否有堵塞并及时做好维修工作。

8.3.2 格栅网拦截的杂物由塑料袋包装后定期外运。

8.3.3 人工湿地种植的植物，要定期对其进行、收割、病虫害防治、种植和生长管理等。其中设备运转、设施维护与其他污水处理厂的运行管理基本相同。

8.3.4 处理设备故障时，必须先断开电源。向设备送电时，应先通知有关人员。

9. 环 保 措 施

9.1 由督查员全面负责对污水处理厂的总量减排责任进行监督管理，及时汇报相关情况。

9.2 坚持定期检查制度。每周对污水处理厂进行例行检查，主要通过翻阅监测台帐、查看污水处理厂的控制系统、现场检查污水池等形式，准确掌握污水处理厂运行情况。

9.3 不定期进行监测。除每季度对污水处理厂处理后的外排废水进行一次全面分析外，该环境站还不定期对主要污染物进行抽检，及时掌握出水口水质情况。

9.4 定期检测污水处理站的出水口水质的氮、磷等元素，严格控制该水体元素的含量，防止排放后的水体出现富营养化。

9.5 实时请环保部门对出水口水质抽样检测，严格执行国家有关环境保护的各项规定，污水处理后各项出水水质指标均要达到排放标准。

10. 效 益 分 析

10.1 工程的实施，使区域的水环境得到根本的改善，必将对环境与社会经济等方面产生巨大的影响，促进区域的全面发展。

10.2 工程的建设将改变了区居民以及农村的饮水条件，确保当地人民的身体健康。

10.3 工程的实施，充分体现了区域加强污水治理，改善生态环境、投资环境的决心，同时也对加强当地居民环保意识起到很好的宣传效果。

10.4 污水处理站的建设解决了区域的污水出路问题，水环境将得到改善，区域的土地价值会随之得到提高，同时也减少了水污染对农业、渔业的收成的影响。以及因生活饮用水污染导致农村居民身体健康受到严重损害的隐患。

10.5 污水处理站建成以后，树立了地区的新形象，提高了试验区基础设施的水平，改善了投资环境，增强了招商力度，潜在的经济效益也是十分巨大的。

11. 应 用 实 例

11.1 工程概况

11.1.1 安徽芜湖大浦新农村试验区生活污水处理站工程

该工程位于芜湖市与南陵县中段，大浦新农村试验区内。设计日处理污水能力为1000m³/d。工程于2009年1月开工，2009年3月竣工，经验收合格后投入使用。

11.1.2 安徽芜湖大浦新农村安置区污水处理站工程

该工程位于芜湖市与南陵县中段，大浦新农村安置小区内。设计日处理污水能力为1000m³/d。工程于2009年7月开工，2009年12月竣工，经验收合格后投入使用。

11.1.3 合肥丰乐农业生态园污水处理站工程

该工程位于合肥双凤工业区工业大道东段，合肥丰乐农业生态园区内。设计日处理污水能力为1000m³/d。工程于2009年7月开工，2010年2月竣工，经验收合格后投入使用。

11.2 工程结果评价

从上述3项应用实例来看，该项目具有运行稳定、管理方便、低能耗的优点；人工湿地负荷高、占地面积小、地面可绿化；处理系统噪声小、无臭味，不影响周边居民的正常生活；妥善地解决了应用区域污水排放的问题，保护了应用区域的水环境，节约了水资源。

该项目的关键技术成果鉴定表明：其整体技术在同类技术中达到了国内领先水平，具有重要的推广应用价值。

钢大梁液压同步提升与高空平移施工工法

GJEJGF076—2010

福建二建建设集团公司

徐惠民　陈文广　周宝华　郑定鸿　黄跃森

1. 前　言

随着大跨度、多功能大型公共建筑物的增多，大跨度的钢梁在工程中得到广泛的应用。这些构件具有体积大、重量大、安装在建筑物中间精度要求高等特点，且安装时周边结构均匀施工，故一般大型起重机械设备无法进入建筑物内部进行作业。

福建二建建设集团公司联合设计单位和有关大专院校开展了科技创新，采用液压同步提升与高空平移技术完成钢大梁的安装作业，取得显著的社会效益和经济效益，该技术通过福建省住房和城乡建设厅的鉴定技术水平达到国内领先水平，获得了福建省科技进步三等奖，同时经过多个工程项目的实践形成了钢梁液压同步提升与高空平移施工工法。

2. 工 法 特 点

2.1 可在较为狭小的室内空间内进行安装。

2.2 技术先进，安全可靠，工艺成熟。

2.3 对主体结构施工的影响小，有利于其他工序平行施工，节省工期。

3. 适 用 范 围

本工法适用于当大型起重机械无法进入建筑物内部，又须在建筑物内进行整体起吊安装的一般工业与民用建筑工程的大跨度钢梁施工。

4. 工 艺 原 理

4.1 当建筑物内安装空间窄小，场地条件只能满足大型钢构件逐根进场、定点拼接、逐根提升的情况下，构件从一个固定的位置采用液压同步提升到安装高度，然后再分别高空平移到各安装位置，使液压同步提升与高空平移技术两项技术有机结合，如图4.1所示。

4.2 液压同步提升技术是利用两台套的液压提升设备分别安装于两个承力平台上，采用钢绞线承重、计算机控制、液压同步提升的工作原理。该系统的核心设备是液压提升设备，它主要由

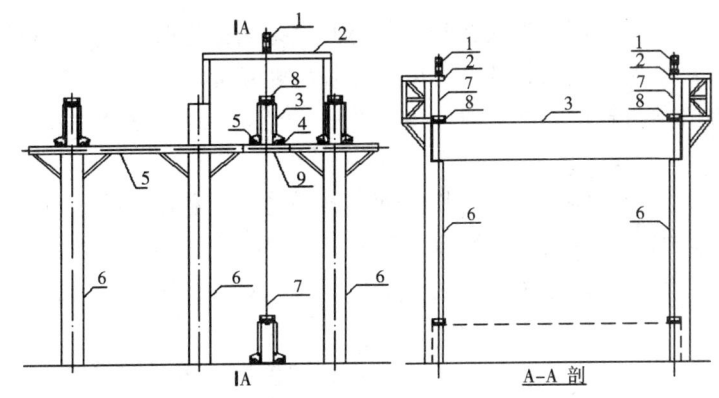

图4.1　钢梁提升及高空平移示意图

1—提升油缸；2—提升平台；3—钢梁；4—卸载千斤顶；5—平移轨道；
6—结构柱；7—钢绞线；8—锚具；9—可拆卸轨道

钢绞线承重系统、液压提升油缸、液压控制系统、传感器检测系统和电气控制系统组成。

4.3 高空平移就是在钢梁的两端设置4个平移滚轮，钢梁提升到预定高度后滚轮落座在轨道内，再利用手拉葫芦或慢速电动卷扬机进行牵引，使钢梁两端同步平移至安装位置，待钢梁安装就位后拆除平移滚轮。

5. 施工工艺流程及操作要点

5.1 工艺流程（图5.1）

5.2 操作要点

5.2.1 施工准备

1. 提升承力平台安装：由柱、悬臂梁、横梁及操作平台组成的提升承力平台，其上放置液压提升机，泵站及计算机控制系统等，其安装高度应高于构件就位后的顶面高度约2.5m。承力平台的预埋件安装在结构受力允许的混凝土柱上，平台的柱、梁等构件应与预埋件电焊连接，整个平台焊接结束后应进行焊缝检测。

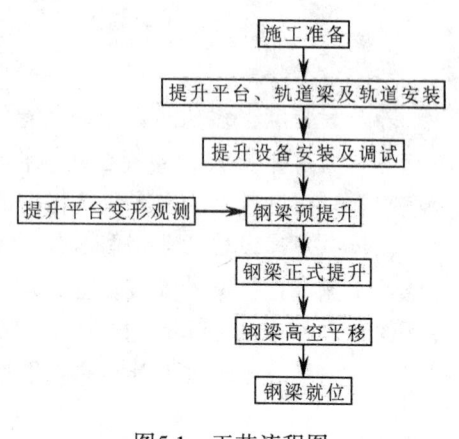

图5.1 工艺流程图

2. 高空平移轨道安装：高空平移用的钢制轨道梁须经强度、刚度、稳定性验算复核后才能使用，相关预埋件安装在结构受力允许的混凝土柱上，并采取有效的加固措施提高其整体稳定性，焊接安装结束后应进行焊缝检测；钢制轨道梁安装结束后在其面上进行钢梁平移轨道安装，轨道安装应成一条直线，接头应平滑保证移动时顺利通过，轨道末端设置挡块防止平移时钢梁冲出轨道。

3. 液压提升机应安装在承力平台的前端接近中间位置，两端提升机的中心连线应保证位于钢梁提升区域的中间位置，防止提升时单向偏移。

4. 对钢梁进场路线与焊接组装区域的路面、楼板进行验算，并采取有效的加固措施，防止路面或楼板坍塌、断裂。

5. 对拼焊成型的钢梁按要求进行无损检测，检测合格后安装行走滚轮及吊点锚具。锚具、滚轮的安装位置应根据现场液压提升机中心位置、轨道位置及安装轴线进行实测后确定。

5.2.2 钢梁预提升：第一根钢梁在正式提升前应进行预提升，将钢梁提升悬空50~100mm，并在空中悬停，同时对各系统进行调试，对承力平台的变形及钢梁的挠度进行实测，并重复提升下降循环2~3次。

5.2.3 钢梁正式提升：在提升设备调试检验完毕后，拆除轨道梁的可拆装梁段，钢梁开始正式提升，当钢梁正式提升至梁底面比平移轨道面高时200~300mm时安装可拆装梁段；用高强螺栓将可拆装轨道梁与轨道梁固定段连接，而后将提升的钢梁逐渐下降，使钢梁下端平移滚轮进入预先设置的轨道上。

5.2.4 钢梁高空平移：钢大梁平移时可利用手拉葫芦或慢速电动卷扬机进行牵引，在钢梁前进方向两端各设一台牵引装置，后方设反向缆风绳随移随放。在钢梁安装位置上安设两台激光测距仪，根据定时测量的距离，由两个指挥员通过对讲机协调移动的速度，做到两端同步平移，不同步时应及时调整。

5.2.5 钢梁就位：钢大梁平移到位后，由4台千斤顶将钢梁托起，拔出平移滚轮后将钢梁徐徐放下就位，完成一根钢梁安装就位。

5.3 劳动力组织

起重工4人、电焊工2人、指挥工2人、测量工2人、电工1人、辅助工4人、电脑操作员2人。

6. 材料与设备

所需设备见表6。

所需设备表

表6

设 备 名 称	数 量	设 备 名 称	数 量
二氧化碳保护焊机	2套	水准仪	2台
气割机	2套	激光测距仪	2台
手拉葫芦	4台	千斤顶	4台
液压提升设备	2套	钢尺	2把

7. 质 量 控 制

7.1 本工法必须遵守《钢结构工程施工质量验收规范》GB 50205和《建筑钢结构焊接技术规程》JGJ 81等相关的国家规范、标准。

7.2 平移滚轮实际安装位置应准确,与设计位置允许偏差 ± 5mm。

7.3 可拆装梁中点应位于提升钢梁的中心线上,允许偏差 ± 5mm。

7.4 可拆装梁应加工成下长上短,上翼缘比下翼缘宜短40mm,以利于装拆。

7.5 两侧轨道轨距偏差应控制在 ± 10mm以内。

7.6 钢梁安装偏差应符合《钢结构工程施工质量验收规范》GB 50205要求。

8. 安 全 措 施

8.1 施工过程应严格按照《高空作业机械安全规则》JG 5099等有关规定执行。

8.2 液压系统的安全措施:

1. 在钢绞线承重系统中增设多道锚具,如上锚、下锚、安全锚等。

2. 每台提升油缸上设液压锁,防止失速下降。

3. 液压系统 设置溢流阀,控制每台提升油缸的最高负载。

4. 设置节流阀,控制提升油缸的缩缸速度,确保下放时的安全。

5. 液压泵站上设置安全阀,通过调节安全阀的设定压力,防止液压系统超过规定压力。

8.3 计算机控制系统的安全措施:

1. 液压和电控系统采用联锁设计,通过硬件和软件闭锁,以保证提升系统不会出现由于误操作带来的不良后果。

2. 控制系统具有异常自动停机、断电保护停机、高差超差停机等功能。

3. 控制系统采用容错设计,具有较强抗干扰能力。

8.4 提升与平移结构体系必须经过严格的设计计算,其强度、刚度应满足相关规范的要求。

8.5 提升安装作业的安全措施:

1. 在提升平台上安装避雷装置,对提升设备进行防雷保护,提升时,风力不应大于6级,雨天禁止提升作业。

2. 提升时提升区域下面严禁站人,提升与悬停期间应防止电焊、气割对钢绞线的损伤。

3. 对操作技术人员和现场工人进场前要进行安全技术交底,加强管理,统一指挥。

4. 在提升过程中应对提升系统进行全面跟踪检测,确保万无一失。

9. 环 保 措 施

9.1 严格执行国家和地方有关环境保护的规范和规章制度。

9.2 承力平台和平移轨道等焊接作业应采取防光和隔声降噪措施。

9.3 提升油缸作业时应采取防油污污染和隔声降噪措施。

10. 效 益 分 析

10.1 社会效益

采用液压同步提升与高空平移技术施工无噪声，对环境无污染，且施工作业面小，不影响其他工种施工，可确保工期；该技术安全系数高，可确保安全。

10.2 经济效益

从施工的几个项目测算，采用以上技术吊装费用约占钢结构总造价6%左右，与采用超大型起吊设备在建筑物外安装相比，费用减少一半以上，经济效益良好。

11. 应 用 实 例

本工法成功地应用于福建会堂、白马河大桥和龙岩市会展中心等工程，工程质量满足设计和规范要求。现以龙岩市会展中心池座大型屋面工程为实例。

11.1 工程概况

龙岩市会展中心位于龙岩市新罗区西歧区陈歧村，会展中心池座屋面（1-15）~（1-30）轴交（1-m）轴~（1-j）轴之间设置的3根梁为焊接钢箱梁，钢箱梁的单根重量约103t，安装高度为16.95m，梁面高度20.1m，钢箱梁的外形尺寸大：长×宽×高为43.6m×1.2m×3m~3.66m。

11.2 施工情况

由于钢箱梁位于会展中心建筑物中央，安装时剧场池座钢筋混凝土楼板已经完成，且剧场四面裙房框架结构已施工完，大型起重机械设备无法进入现场进行钢箱梁安装作业。钢箱梁自重大，长度长、考虑受场外运输及场内运输的制约，将每根钢箱梁分成3段运抵安装现场，采取牵引机拉滑的方法将钢箱梁由（1-M）轴~（1-L）轴运入剧场池座的指定位置，就地进行整体拼接，再逐根进行液压同步提升和高空平移就位，先后的安装顺序依次为（1-J）轴、（1-L）轴、（1-M）轴。高空平移是利用在框架柱顶面设置高空平移用的轨道梁及轨道，采用手拉葫芦平移就位。

11.3 工程评价

3根钢箱梁分别在2009年1月9日、15日、19日顺利提升到位，与其余钢构件组合形成大型屋面骨架系统，经相关单位检测安装精度符合设计与规范要求，2010年该钢结构工程获得福建省"闽江杯"优质工程奖。

拉索式点支承玻璃幕墙施工工法

GJEJGF077—2010

福州建工（集团）总公司　福州第七建筑工程有限公司

念保镖　黄健　庄国强　郭晓　张孝松

1. 前　言

拉索式点支承玻璃幕墙是近几年国内发展较快的一种新型幕墙体系，是建筑物外观现代化的标志之一，集建筑、结构、功能、艺术于一体，结构轻巧，承载力强，空间通透，造型美观，极富有时代感和生命力。福州建工（集团）总公司承建的福州电力调度指挥中心工程中，在超长拉索以及大、厚、重玻璃幕墙施工技术应用中取得了较好的成果，总结形成了本工法，并且该工程也荣获2010年度中华人民共和国住房和城乡建设部颁发的第六批全国建筑业新技术应用示范工程奖，其中工程主要先进施工技术包括了本工程采用的拉索式点支承玻璃幕墙施工技术。以本工法为指导开展的题目为《精确安装拉索式点支承玻璃幕墙》QC活动成果荣获了2010年度中国质量协会颁发的优秀奖以及2010年全国工程建设优秀质量管理小组称号。

2. 工法特点

2.1 施工效率比传统工艺提高20%。

2.2 安装方法简便，与传统室外吊篮安装更为安全可靠。

2.3 对拉索拉力大小控制较为精确，减小拉索伸长率的变化对幕墙安装质量的影响。

2.4 大大改善了柔性支承体系上幕墙拼缝的感官质量。

3. 适用范围

适用于钢筋混凝土框架结构外墙面采用多根竖向承重索和横向稳定索组成的平面索网支承体系，以四点X形驳接件为连接点连接拉索与玻璃的柔性支承结构。建筑高度不大于180m，单索长度不大于40m，单片玻璃重量小于450kg且抗震设防烈度为6～8度的民用建筑。

4. 工艺原理

本工法主要原理是通过不锈钢爪件以点连接的形式将幕墙玻璃与拉索体系相连接，将幕墙的各种荷载和作用传到拉索体系，再由拉索体系传到主体结构。整个幕墙的内骨架为由经计算选定了型号的主索、横锁组成的网格式框架；面板则由若干片大、厚、重的钢化玻璃拼装而成，单片玻璃四角开孔，通过驳接件与主索连接，玻璃与玻璃之间用硅酮耐候胶密封。

5. 施工工艺流程及操作要点

5.1 工艺流程（图5.1）

5.2 施工准备

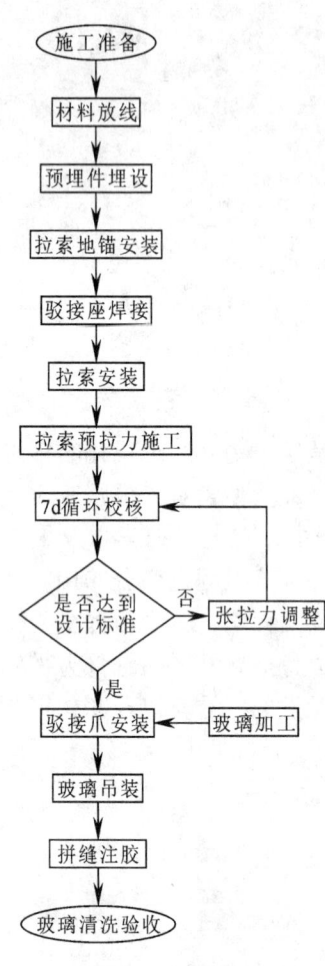

图5.1 工艺流程

熟悉图纸，研究节点构造及与其他外墙饰面的链接，编制施工方案和应急预案。

5.3 测量放线

根据设计图纸用经纬仪在墙面上放出纵横轴线，可在建筑物上弹出墨线再用花篮螺丝固定钢丝绳进行定位。具体放出玻璃幕墙竖向索和横索框架线后确定预埋件和驳接座位置后用油漆标出。

5.4 预埋件埋设

连接铁件的预埋可采用整体预埋或植化学螺栓预埋。①整体预埋法：在主体混凝土浇筑前放线定位出预埋钢板的位置，待混凝土浇筑完毕后，钢板上的锚筋埋于混凝土内，钢板"贴"于混凝土表面。锚筋的数量及长度由经计算确定。②植化学螺栓法：测量放线定位出预埋件位置后按设计要求在梁混凝土面钻孔植入化学螺栓，再与开孔的钢板用螺栓连接。

5.5 拉索地锚安装

在主体混凝土柱，楼板面的预埋件上，焊接拉索座地锚、耳板，形成倒T形连接件，焊接前要进行测量放线定位，所有耳板位置定位误差在5mm以内，拉索座耳板是拉索系统的直接受力件，焊接必须饱满密实，焊接完毕后喷涂氟碳漆两道。

5.6 驳接座焊接

驳接件的焊接前需要精确定位出主索与横索的位置。在预埋钢板上弹出的墨线位置处焊接驳接座，驳接座的中心线与所弹墨线重合。所有驳接座的焊接必须垂直于混凝土结构面且竖向偏差小于5mm。焊接完成后以网格控制其尺寸，并对尺寸线进行技术复核。确认无误后对驳接件进行防腐处理喷涂氟碳漆，见图5.6。

5.7 拉索安装

根据现场实际测量的尺寸，绘制出索具尺寸汇总表，并通知索具厂家按汇总表格下料加工。安装索具前应对预埋件做拉拔实验，达到设计要求后才能安装索具。安装竖索应从顶层逐层向、分区段向下。待竖索与横索均安装完毕后再进行张拉。

5.8 拉索预拉力施工

拉索的张拉应采用专业的张拉工具以及合格的拉索测力仪器。在张拉施工前应对所使用测力仪器进行标定，明确其使用范围、量程、测量精度等参数，未标定的仪器不得使用。使用张拉工具进行张拉时每一次施加的拉力不宜过大，边张拉边旋紧锚具的螺母，两者应同步进行。切不可

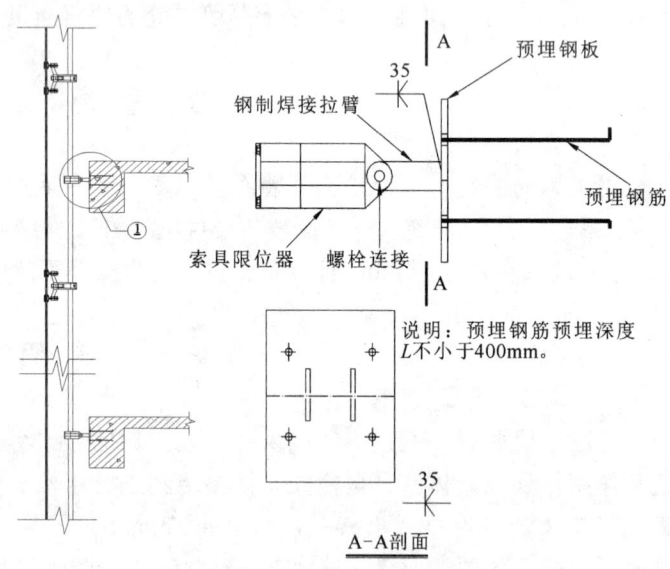

图5.6 驳接座链接示意图

使用蛮力旋紧螺母，以防螺纹滑丝。在张拉过程中需配合拉索测力仪的使用来准确控制张拉力。张拉值的大小应严格控制在设计范围内，且尽量使同一区段内的每根竖索拉力值相等。待竖索张拉完毕后再进行横索的张拉，当横索只起到稳定作用时，可用人工旋紧锚具的方式进行张拉，拉力值的大小同样需用测力仪控制。

5.9 7d循环校核

拉索张拉完毕后由于金属材料自身特性在长度上会产生一定量的徐变，拉力值也会随之下降，所以竖向拉索和横向拉索采用7d循环校核、张拉，即7d后再次对拉索测力，所测数值超出设计范围的应及时予以张拉调整，一般进行两次7d循环校核以保证拉力值稳定在设计范围内。

首先对竖索进行测力，一个区段平均在不同的3个标高位置取点，并对同一标高处的每根竖索测力，记录结果。对每根索的测量结果进行对比，确定同一标高点各竖索的受力差值。对拉索重新进行张拉调整，拉力值小于设计值的进行张紧，超出设计值的进行卸力。使得同一标高处各个索的拉力值均等且差值不超过5kN。7d后再次进行测力检查调整。

5.10 驳接爪安装

驳接爪为不锈钢钢制爪件，按形状为X形。其固定是通过拧紧中心固定螺栓使之与夹具连接，而夹具是通过4个今古螺栓将竖索与横索夹紧固定。由于横索与竖索成90°直角，所以夹具固定完毕后拨接爪的轴心是垂直于索网平面的，如果轴心与索网平面不垂直应在拨接爪与夹具间加坡垫片调平。

5.11 玻璃加工

拨接爪安装完毕后应准确测量出所需玻璃的尺寸，根据驳接爪件的类型精确定位出玻璃开孔的位置，并绘制玻璃尺寸加工图编号标注，对进场待装的玻璃进行编号，对号入座以防位置错乱导致的尺寸偏差。

5.12 玻璃吊装

玻璃安装前应调整脚手架与建筑外墙的间距保证有足够的吊装空间。吊装前应先测量玻璃的孔距是否与驳接爪（图5.12）孔相符，玻璃尺寸是否符合实际安装尺寸。起吊前将玻璃的四角用胶皮包裹，以防磕碰。清洁玻璃及吸盘上的灰尘，采用单侧双吸盘吊装。安装顺序应从上往下分区段进行。当玻璃被吊起后，由人工将玻璃推送至索网外侧进行固定。安装同一驳接爪件上的玻璃时应按从左往右从上往下的顺序进行，发现驳接爪发生偏转的应及时纠正，切不可待该驳接爪上的四面玻璃都安装完毕后再调整。

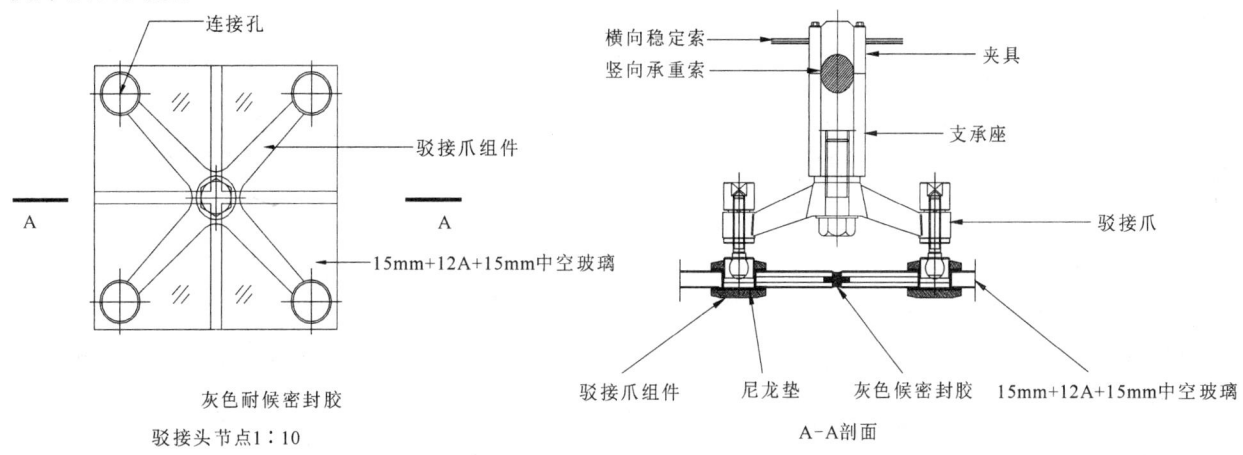

图5.12 驳接爪大样图

5.13 拼缝注胶

注胶宜选在晴朗的白天进行，雨天禁止打胶施工。注胶前应在拼缝两边粘贴胶带纸，保护玻璃表面不被胶液污染同时也可保持胶缝顺直美观。拼缝注胶前应在拼缝内挤入略宽于拼缝的聚苯乙烯条，用二甲苯清洗液清洗黏胶表面后再打胶，胶缝应顺直饱满，无起泡空鼓。注胶顺序为：竖向胶缝，由下向上，横向胶缝从左向右。胶带纸应在胶液初凝前撕去。

5.14 玻璃清洗及验收

待胶缝24h完全凝固后方可撕去胶带纸并用二甲苯对玻璃表面进行清洗、擦拭，有积胶的部位用刀片清刮，验收前再用清水全面清洗。严禁使用强酸、强碱等腐蚀性液体清洗幕墙。

5.15 劳动力组织（表5.15）

劳动力组织情况表 表5.15

序号	单项工程	所需人数（人）	备注
1	管理人员	1	
2	技术人员	1	
3	复核人员	2	
4	安全人员	1	
5	安装工人	5~7	

6. 材料与设备

6.1 玻璃要求：选用15mm+12mm+15mmLow-E中空钢化玻璃，强度、密封性、色泽、节能指标等满足规范要求。

6.2 索具：4点X形不锈钢驳接爪、驳接座、不锈钢索头拉杆、直径30mm不锈钢绕丝钢索（承重索）、12mm不锈钢绕丝钢索（稳定索）。

6.3 耐候胶：硅酮耐候密封胶用于玻璃板块间的拼接缝。

6.4 防腐涂层：氟碳漆。

6.5 施工中所使用的机具设备见表6.5。

机具设备一览表 表6.5

序号	设备名称	数量	用途
1	电动葫芦	2	玻璃吊装
2	玻璃吸盘	4	玻璃吊装
3	钢制吊装架	1	玻璃吊装
4	空气压缩机	1	喷涂氟碳漆
5	电焊机	2	驳接座焊接
6	经纬仪	1	测量放线
7	水平卡尺	2	抄平
8	钢卷尺	2	测量
9	液压千斤顶	1	拉索张拉
10	电子测力仪	1	测量拉索张拉力
11	扭力扳手	2	张拉
12	活动扳手	2	螺栓紧固
13	套筒梅花扳手	2	螺栓紧固
14	打胶枪	2	注胶
15	游标卡尺	1	测量

7. 质量控制

7.1 型材表面应清洁，色泽均匀。不应有裂纹、起皮、腐蚀斑点、气泡、划伤、擦伤、电灼伤、流痕、毛刺等缺陷。驳接爪件、玻璃质量应符合《点支式玻璃幕墙工程技术规程》CECS 127：2001要求。

7.2 钢拉索的性能应符合现行国家标准《钢丝绳》GB/T 8918规定，钢丝绳从索具中的拔出力不得小于钢丝绳90%的破断力，应由生产厂家提交测试合格报告及质量保证书。

7.3 钢拉索采用的钢丝绳应进行预张拉，在张拉过程中需配合拉索测力仪的使用来准确控制张拉力。张拉值的大小应严格控制在设计范围内，且尽量使同一区段内的每根竖索拉力值相等，其制作符合《点支式玻璃幕墙工程技术规程》CECS 127：2001要求。

7.4 玻璃幕墙采用的聚乙烯发泡填充材料，其性能要符合《玻璃幕墙工程技术规范》JGJ 102规定。

7.5 钢结构安装过程中的组装、焊接和涂装等工序均应符合《钢结构工程施工及验收规范》GB 50205的有关规定。

7.6 幕墙所使用的中空钢化玻璃，应进行厚度、边长、对角线、色差和边缘密封处理情况的检查。边长、对角线、厚度允许偏差见表7.6-1～表7.6-3。

长方形平面钢化玻璃边长允许偏差（mm） 表7.6-1

玻璃公称厚度	边长（L）允许偏差			
	L≤1000	1000<L≤2000	2000<L≤3000	L>3000
3、4、5、6	+1	±3	±4	±5
8、10、12	+2			
15	±4	±4		
19	±5	±5	±6	±7
>19	供需双方商定			

注：L为玻璃板块的边长。

长方形平面钢化玻璃对角线允许偏差（mm） 表7.6-2

玻璃公称厚度	对角线允许偏差值		
	L≤2000	2000<L≤3000	L>3000
3、4、5、6	±3.0	±4.0	±5.0
8、10、12	±4.0	±5.0	±6.0
15、19	±5.0	±6.0	±7.0
>19	供需双方商定		

注：L为玻璃板块的边长。

玻璃厚度及其允许偏差（mm） 表7.6-3

玻 璃 公 称 厚 度	厚 度 允 许 偏 差
3、4、5、6	±0.2
8、10	±0.3
12	±0.4
15	±0.6
19	±1.0
>19	供需双方商定

7.7 硅酮耐候结构胶的注胶宽度、厚度检验：采用分度值为1mm的直尺测量，实测结果应符合设计要求，且宽度不得小于7mm，厚度不得小于6mm。固化程度检验采用探针检测，注胶面不同部位的测点不少于3个。

7.8 硅酮耐候密封胶的宽度、厚度检验：采用分辨率为0.05mm的游标卡尺测量，注胶表面应细腻、均匀膏状或粘稠液体，不应有气泡、结皮和凝胶。

7.9 驳接爪、钢索、锚具、螺栓等不锈钢制组件表面光洁、无砂眼、无划痕、泛黄，可用磁铁检测组件的材质，有吸附力的为非不锈钢制品。螺栓轴承部位可用手动实验的方法检测其活动性能。

7.10 点支玻璃幕墙面安装质量应符合《玻璃幕墙工程技术规范》JGJ 102-2003规范要求，见表7.10。

点支承幕墙允许偏差表

表7.10

项　　目		允许偏差	检 查 方 法
竖缝及墙面垂直度	高度不大于30m	10mm	激光仪或经纬仪
	高度大于30m	15mm	
平面度		2.5mm	2m靠尺、钢板尺
胶缝直线度		2.5mm	2m靠尺、钢板尺
拼缝宽度		2mm	卡尺
相邻玻璃平面高低差		1mm	塞尺

8. 安 全 措 施

8.1 安装过程必须认真执行国家有关劳动安全、环境保护等法律、法规，根据行业标准《建筑施工高处作业安全技术规范》JCJ 80-91结合现场实际条件编制安全施工方案以及应急预案，经审批后方可施工。

8.2 玻璃尺寸的加工应根据现场实际测量而定，机具设备应经过严格检验后明确设备的使用范围、精度等参数后方可使用。

8.3 喷涂氟碳漆的工人在喷漆操作时应佩戴口罩和眼镜。

8.4 安装时应由专人指挥负责，所有在场人员应佩戴安全帽，在外架及高处施工的工人应佩戴安全带，物件吊装时应捆绑牢固并用胶皮做好棱角及棱边的防护，固定电动葫芦的钢制吊装架强度应经过计算。

8.5 玻璃吸盘应进行吸附重和吸附持续时间试验。

8.6 现场焊接时，应在焊件下方设接火斗，二甲苯、氟碳漆溶剂等化学液体应远离热源。

9. 环 保 措 施

安装过程中产生的废弃物，如废胶、剩余的二甲苯、氟碳漆，应及时清理密封后分类储存回收，并远离火源，严禁随意堆放倾倒。用于包装的聚苯乙烯材料应清理回收，禁止乱扔和燃烧，防止有害气体对人体的侵害。

10. 效 益 分 析

10.1 由于在施工过程中采用了本工法玻璃幕墙施工质量控制效果好，安装精度大大提高，使得该结构体系更加稳固可靠，从而得到了建设单位、省质检站及监理单位的一致好评。工作效率也大大提高，可比原定工期提前20%完成。福州电力调度指挥中心项目在2008.8至2009.1期间所施工的幕墙中，取得直接经济效益9000元。福建省国家安全厅"616"工程在2010.1至2010.4期间所施工的幕墙中，取得直接经济效益4800元。海峡汽车文化广场汽车超市工程在2010.12至2011.2期间所施工的幕墙中，取得直接经济效益11000元。

10.2 由于整个安装过程为低噪声施工,没有使用电锯等高分贝施工工具,对周边环境的噪声影响降至最低。整个安装过程均在施工脚手架内完成,与传统吊篮安装相比既保证了施工人员的人身安全又防止高空坠物对路人的伤害。在拉索幕墙的使用过程中减少了因担索伸长率不均匀变化导致的幕墙拼缝错位、开胶、渗漏甚至玻璃相互挤压碎裂的现象。

11. 应 用 实 例

在福州电力调度指挥中心大楼主楼外墙安装了拉索式点支玻璃幕墙共计3973m²,其中点支幕墙最高点标高为164.2m,竖向承重索共分为三段分,最长段为39m,跨越11个楼层。单片玻璃最大面积为2.56m²,重量达到450kg。通过采用该工法,保证了安装质量,得到了建设单位、监理单位以及质检站的一致好评。

福建国家安全厅"616"工程、海峡汽车文化广场汽车超市工程参照本工法对点支承高透单层钢化玻璃玻璃幕墙进行施工,施工效率和安装精度都得到了较大提高,其中为海峡汽车城项目在2011年5月18日前顺利竣工争得了宝贵时间,得到了建设单位、监理单位的一致好评,取得了良好的社会效益和经济效益。

水池池壁整体支模施工工法

GJEJGF078—2010

中设建工集团有限公司　江西省发达建筑集团有限公司
陈生贤　胡幼香　吴伟峰　韩永水　徐丰昌

1. 前　　言

目前，钢筋混凝土结构水池池壁浇筑普遍采用分层、分段施工，其模板支撑系统也只能分层分段进行搭设，造成其整体稳定性能差，池壁出现逃模、涨模等现象，容易出现渗水等质量问题，严重影响了水池的使用效果和观感质量，且在混凝土浇筑时施工人员由于作业平台较小，容易发生安全事故。"水池池壁整体支模施工工法"是一种新的适合该种池壁结构特性的支模工艺，可以有效解决了上述问题，既保证了水池模板支撑系统的安全性、稳固性，又能减少施工缝处易出现渗水等情况，有效地提高了施工作业人员安全系数，又确保了水池的使用功能，降低了工程成本、缩短工期，提高经济效益和社会效益。此技术在污水池的运用中效果显著，因此申报了专利，现在已被批准为国家发明专利，专利号为：ZL200810059280.8。

2. 工　法　特　点

2.1　采用本工法支模施工，在模板支撑系统整体性稳定上，能有效保证水池模板浇筑施工的安全性和稳固性，扩大了施工人员的作业面，降低了施工安全风险，消除了重大安全危险源，确保施工安全。

2.2　采用整体支模、整体一次性浇筑，杜绝分层分次浇筑，对水池的抗渗、防漏有相当好的效果。

2.3　采用本工法施工的水池，既能合理安排劳动力又能减少劳动力的投入；加快施工进度，缩短施工工期，提高生产劳动率。

2.4　采用整体支模浇筑施工，减少了因渗漏现象而发生的各类维修费用；模板、钢管等材料周转快、利用率高、成本降低。

3. 适　用　范　围

本工法适用于各种污水池、清水池以及其他对池壁抗渗性能要求较高的（除后浇带处另行浇筑）池体。若采用预应力无伸缩缝整体水池施工技术，池体长度最长可控制在180m，最高11m之内。

4. 工　艺　原　理

4.1　利用整体支模施工技术，一次性浇筑完成，避免了二次浇筑时因接浆不好而导致混凝土离析或振捣不实而产生裂缝和渗漏。施工中设置的施工缝在使用过程中，因材料收缩应力不同和老化作用而产生裂缝和渗漏，池壁不设置水平施工缝和竖向施工缝，消除了构筑物最易产生渗漏的薄弱点，同时加强了构筑物的整体性和刚度，增强构筑物的抗震能力；靠近池壁处的水平杆顶端紧贴池壁模板能有效控制逃模、涨模现象，提高池壁整体观感质量。

4.2　充分利用可脱卸止水螺杆的作用，对螺杆洞周边的混凝土无扰动，且避免了修补时，由于不同强度等级、配比的混凝土之间粘结性不佳、收缩应力不同的情况，使池壁表面出现裂缝及渗漏的几率大大减少。

5. 施工工艺流程及操作要点

5.1 施工工艺流程（图 5.1）

5.2 操作要点

5.2.1 轴线施工放线

当底板混凝土浇筑完毕并具有一定强度之后（用手按不松软、无痕迹），方可上人开始进行轴线测设，按照站区内固定的临时性水准点和轴线控制桩，用经纬仪和水准仪等测量仪器，根据轴线位置放出池壁截面位置的尺寸控制线，并用墨线弹出池壁模板的内线、边线以及外侧控制线，施工前必须对三线进行仔细复核，待准确无误后，方可进行下步的钢筋绑扎和内侧支撑系统搭设模板安装，钢筋绑扎完毕，经验收符合要求后才能再进行外侧模板安装。

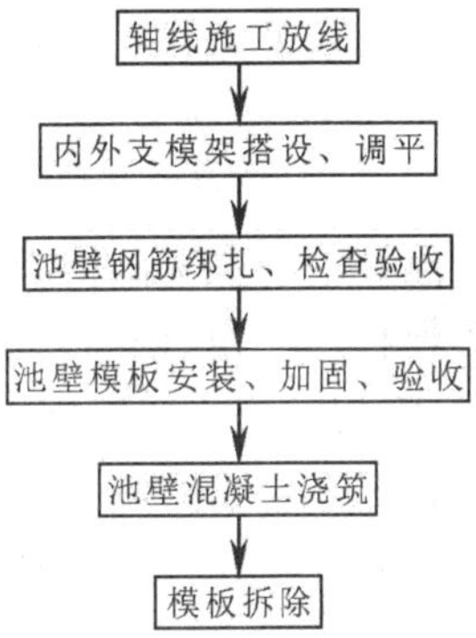

5.2.2 内外支模架搭设

1. 立杆布置：靠近池壁第一跨处的内立杆直接安装在池的基础混凝土底板上，离池壁不大于15mm，紧靠池壁的支模架立杆纵距为1000mm，横距1000mm，第一步步距为1200mm，第二步起为1800mm，沿池壁连续搭设。

2. 第二跨、第三跨立杆纵横距为1000mm，第一步距为1200mm，第二步步距起为1800mm，沿第一跨连续搭设。

3. 第四跨起立杆纵横距可视池内径宽度适当放宽。纵横距可控制在2000mm，步距与第1～第3跨相同。

4. 水平杆（小横杆）沿横距统长设置，长度不够可对接，大横杆沿纵距连续设置。

5. 立杆、水平杆、大横杆应对接错位布置，同一断面不得超过50%。

6. 紧靠池壁处的内外支模架水平杆顶端在模板位置校正后紧抵模板，第1～第3跨立杆底部沿纵向、横向连续设置统长扫地杆，离底板混凝土150mm为宜。

7. 内外支模架搭设至池壁高度要求后，第二跨外立杆应高出池壁高度1300mm。设栏杆三道，安全网或脚手片围护。第一跨、第二跨平面满铺脚手片，供施工操作浇筑用。

8. 外支模架搭设横距宽度控制以二跨为宜，按上述第1～第2跨要求搭设；第二跨外侧从转角处起自底向上设置剪刀撑，后沿外立杆纵向每8根设置一组剪刀撑，角度则以45°～60°为宜。同时沿立杆纵向每4根立杆设一根抛撑，以提高外支撑架的稳定性。（按实际现场情况设置，角度以45°角为宜）

5.2.3 池壁钢筋绑扎（图5.2.3）： 横竖筋的规格、尺寸、间距位置应符合设计图纸规范要求；绑扎完毕后，在班组自检、项目专检、报监理及相关部门验收合格后方可进入下一道施工工序。

5.2.4 池壁模板安装、加固、验收

1. 木（竹）胶板接缝处应平整顺直牢固，不得有空隙、透光缝。外侧模用4cm×6cm方木固定。

2. 采用可脱卸穿墙止水螺杆见图5.2.4-1，螺杆的长度及直径需根据图纸尺寸计算制作，为了确保连接螺杆的稳固，模板外的螺杆固定应用双螺帽进行固定，安装尺寸一般应按600mm×600mm的间距设置

图5.1 施工工艺流程

```
轴线施工放线
    ↓
内外支模架搭设、调平
    ↓
池壁钢筋绑扎、检查验收
    ↓
池壁模板安装、加固、验收
    ↓
池壁混凝土浇筑
    ↓
模板拆除
```

图 5.2.3 池壁钢筋绑扎

（图5.2.4-2）。视设计池壁厚度进行调整螺杆布置间距。

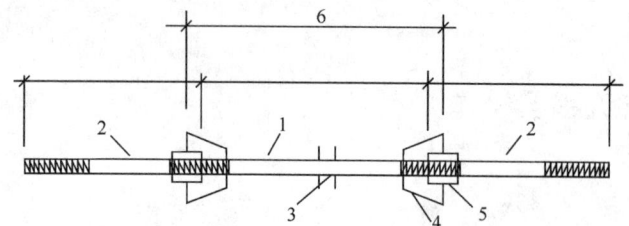

图5.2.4-1 可脱卸穿墙止水螺杆示意图
1—内杆；2—外杆；3—止水片（间距为3cm）；
4—锥形螺套；5—内牙六角螺帽；6—结构厚度

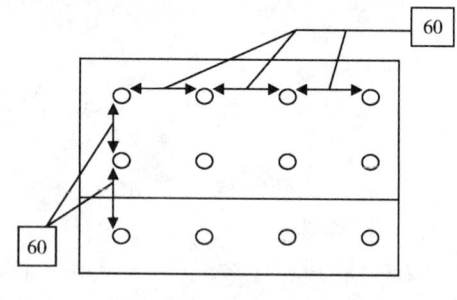

5.2.4-2 螺杆布置图

3．模板的平整度、轴线位置、垂直度和内部尺寸均应满足设计及有关规范的要求。

4．模板应满足浇筑混凝土的强度要求，浇筑混凝土前应湿润，清除模腔内的积水和杂物。内、外侧模板应与钢管支架连接牢固，以防跑模和涨模的现象发生。

5．施工平台周围应设置安全防护网等安全设施，确保施工安全。

6．模板交角处，内外侧模和底板交接处应密封，严防漏浆。

7．在模板加固后，先由班组自检，然后进行交接检，最后报监理进行复核、检查，检查合格后，方可进行下步工序。

5.2.5 池壁混凝土浇筑

1．应选用能满足施工要求的商品混凝土供应商。保证浇筑过程顺畅。

2．水泥和外加剂应使用同一品牌和规格，保证单个池体的材料收缩应力一致，减少裂缝的产生。

3．单池所用的材料和生产配合比应保持一致，可以根据浇筑时的情况（天气、材料含水量等）对用水量进行微调。防止和减少各种应力裂缝的产生。

4．严格控制混凝土初凝时间，大于每层混凝土浇筑时间1~2h（延时）。

$$初凝时间 = \frac{每层混凝土工程量}{浇筑速度} + 延时$$

混凝土最佳初凝时间5~6h。

5．泵送混凝土的顺序：先下后上、先远后近、先慢后快、连续浇筑。分层高度小于2m。

6．导管选用φ120mm壁厚3mm的PVC硬塑料管或壁厚1mm铁皮管，2m一节，顺插口到池顶与混凝土漏斗相连接。导管底口平面离混凝土浇注平面距离0.5~0.8m，浇筑过程中逐渐提高，逐节拆除。根据混凝土坍落度情况，导管中心的水平间距控制在2~4m。（避免混凝土骨料的离析）。

7．混凝土振捣顺序：先下后上、先深后浅、快插慢提、控制间距。振动棒插入的水平距离（40cm左右）和振捣时间（15~30s）。严防过振、漏振现象，保证混凝土的密实度和强度。

8．振动棒不得碰击钢筋，以防钢筋网松动、变形。

5.2.6 模板拆除

1．为保证混凝土在规定龄期内达到设计的强度要求和构筑物的稳定，防止混凝土在固化过程中因各种收缩应力产生的裂缝，养护工作十分重要。

2．根据分层浇注顺序在混凝土浇筑12h内对模板及混凝土进行浇水养护。

3．保湿养护时间不得少于14d。在条件许可的情况下，延迟拆模时间。

4．混凝土养护期间，严禁一切有损于混凝土强度的工序施工。

5．螺杆端部清理工作应在混凝土浇筑28d后进行。

6．螺杆端部清理（图5.2.6）见后及时用M15微膨胀砂浆抹面

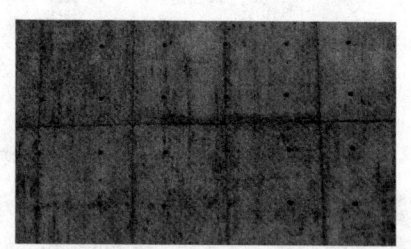

图5.2.6 螺杆洞清理后

修补，并保湿养护14d。

7．后浇带在整体支模架拆除后进行单独搭设；但必须稳定牢固、可靠，浇筑时间按规范要求。

6．材料与设备

6.1 混凝土：强度C40；抗渗指标：P8。

6.1.1 选用商品混凝土，水泥强度等级不低于32.5MPa， 优先选用普通硅酸盐水泥或硅酸盐水泥，每立方米混凝土中水泥用量应大于320kg。

6.1.2 砂：采用中砂，无潜在碱活性，细度模数2.6~2.8；碎石最大粒径2.5cm，无潜在碱活性。含泥量等均应符合《普通混凝土用碎石或卵石质量标准及检验方法》JGJ 53-92和《普通混凝土用砂质量标准及检验方法》JGJ 52-92的要求。

6.1.3 外加剂：按《混凝土外加剂应用技术规范》GB 50119检验。为了延迟初凝时间，保证分层浇筑质量，减少混凝土收缩裂缝的产生。混凝土外加剂应选用高效碱水，而且具有增稠、缓凝等功能的复合型外加剂，不准使用任何有膨胀成份和含有氯化物的外加剂。

6.1.4 水质应符合《混凝土拌合用水标准》JGJ 63-89的规定。

6.1.5 混凝土的水灰比：0.4~0.45。

6.2 可脱卸穿墙止水螺杆：ϕ12的螺杆及配套的螺帽、止水片，质量应符合现行国家标准的规定。

6.3 钢管、扣件：ϕ48×3.5钢管，质量应符合现行国家标准《碳素结构钢》GB/T 700中Q235—A级钢的规定。扣件式钢管支模架应采用可锻铸铁制作的扣件，材质应符合现行国家标准《钢管脚手架扣件》GB 15831的规定，钢管与扣件均需经过检测合格之后才能在工程中应用。

6.4 钢筋：按照图纸要求的均采用HRB335级钢，HRB400新Ⅲ级钢，应符合《热轧钢筋》GB 1499-2007，有出厂合格证、质量保证书和检测报告。

6.5 施工设备、仪器（表6.5）

施工设备仪器表　　　　　　　　　　　　　　表6.5

名　称	规格型号	数量	备　注
混凝土汽车泵	DC-S115B	2	
混凝土搅拌运输车	MR60-S	12	
混凝土固定泵	BSA2100HD	1	
插入式振动棒	HZ6X-60	30	
混凝土试块模	150×150×150	50	
经纬仪	J2	2	
高精度水准仪	苏光 DBZ2	3	
卷尺	5m	8	
全站仪	拓普康 GBS-100N	1	
千斤顶	YCQ-20	5	
挤压机	JY-45	2	
切割机	ϕ300	3	
电动油泵	ZB4-500	4	
游标卡尺	0~150（0.05）	2	

7. 质 量 控 制

7.1 施工验收规范

《钢筋焊接及验收规程》JGJ 18-2003；《钢筋焊接接头试验方法标准》JGJ/T 27-2001；《建筑施工扣件式钢管脚手架安全技术规范》JGJ 130-2001；《建筑施工高处作业安全技术规范》JGJ 80-2001；《建筑工程大模板技术规程》JGJ 74-2003；《普通混凝土力学性能试验方法标准》GB/T 50081-2002；《混凝土强度检验评定标准》GB/T 50107-2010；《混凝土质量控制标准》GB 50164-92；《混凝土结构工程施工质量验收规范》GB 50204-2002；《建筑工程施工质量验收统一标准》GB 50300-2001；《城市污水处理厂工程质量验收规范》GB 50334-2002；《混凝土泵送施工技术规程》JGJ/T 10-95；《建筑工程冬期施工规程》JGJ 104-97。

7.2 主要工序的质量控制

7.2.1 支模架的施工质量控制：

1. 支模架应采用 $\phi 48 \times 3.5$ 钢管，质量应符合现行国家标准《碳素结构钢》GB/T 700中Q235—A级钢的规定。扣件式钢管支模架应采用可锻铸铁制作的扣件，材质应符合现行国家标准《钢管脚手架扣件》GB 15831的规定。支模架采用的扣件，在螺栓拧紧扭力短达65N·m时，不得发生破坏。

2. 支模架搭设应符合相关的规范规定要求，严格执行《建筑施工扣件式钢管脚手架安全技术规范》JGJ 130-2011技术规范要求，且特殊工种人员必须持证上岗。

7.2.2 钢筋工程的质量控制

1. 钢筋原材料的质量必须符合《热轧钢筋》GB 1499-84，有出厂合格证、质量保证书和检测报告。

2. 钢筋的焊接绑扎必须符合相关要求和国家强制性标准。

7.2.3 模板安装的质量控制：模板的安装应符合相关规范要求，在施工中要按照表7.2.3进行复核验收。

模板质量验收要求 　　　　　　　　　　　　　　　　　　　　　表7.2.3

项　目			允许偏差(mm)
轴线位置			5
截面内部尺寸（柱、墙、梁）			+4，−5
垂直度	≤5m		6
	>5m		8
相邻两板表面高低差			2
表面平整度			5
预埋钢板中心线位置			3
预埋管、预留孔中心线位置			3
预埋螺栓	中心线位置		2
	外露长度		+10，0
预留洞	中心线位置		10
	尺寸		+10，0

7.2.4 混凝土的质量控制

1. 混凝土配合比的控制：混凝土应采用连续级配，目的是为了减少孔隙率增加密实度，防止裂缝，提高抗渗性。为了使混凝土浇筑顺利，坍落度选用120~150mm，必要时可作微调。

2. 严格控制混凝土的初凝时间和每层浇筑高度：为了保证分层连续浇筑的质量和防止水平冷缝的发生，混凝土的初凝时间应严格控制，比每层浇筑时间迟1~2h为宜，有利于上下层之间的良好结合。混凝土必须分层连续一次浇筑到池顶，每层高度根据混凝土的初凝时间控制在1.5~2m，上层混凝土浇筑时间控制在下层混凝土初凝前完成，防止出现水平冷缝，发生渗漏。

3. 认真做好养护工作：养护工作对大容积预应力混凝土薄壁成品质量影响很大。由于大量的混凝土表面都在模板的围护之中（98%以上），混凝土内部水化热产生的温度不易散发，而大面积混凝土的表面降温较快，内外温差大易产生温度裂缝。所以正确的养护方法可以减少混凝土内部受不同应力产生的收缩裂缝，提高混凝土施工的质量。混凝土底板及两侧壁板采用保湿养护，使用双层麻袋覆盖浇水养护（冬季负温除外），浇水养护次数应使混凝土表面处于足够的润湿状态，养护时间应在14d以上。

4. 为保证混凝土浇筑质量，确保内外侧模支撑的牢固稳定，支模方案必须根据现场实际情况和规范要求进行编制，方案必须经专家论证后实施并严格督促检查。

8. 安全措施

8.1 操作人员应熟知安全操作技术规程，工地安全员作业前应对操作人员进行安全教育和指导性操作。

8.2 施工人员进入作业现场必须要戴好安全帽，扣好帽扣，作业区四周应设警戒区，并有专人负责看守，严禁与作业无关的人员进入作业现场。

8.3 在高处作业时，操作人员必须系好安全带。严禁穿高跟鞋、拖鞋或硬底带钉易滑鞋作业，工具及零件应放在工具包内，服从指挥、集中思想、相互配合，拆除下来的材料不乱抛、乱扔。支模架作业下方不准站人，作业人员不准在支模架上打闹、嬉笑。

8.4 班前必须检查施工机械不得装设倒顺开关，控制开关一闸一机，一箱一漏电开关，由专人操作控制。

8.5 作业人员必须戴好绝缘手套，严防触电事故的发生；严禁雨、雪、超六级大风的施工作业。

8.6 所有施工机具必须为合格产品，均有合格证，严禁使用"三无"产品和假冒伪劣产品。

8.7 安全网、脚手井绑扎必须牢固可靠，拆除必须经项目技术负责人审批同意后方可拆除。

9. 环保措施

9.1 施工现场应遵照《中华人民共和国建筑施工场界噪声限值》GB 12523-90制定降噪制度。尽量减少人为的大声喧哗，增强全体施工人员的防噪意识。

9.2 对人为的施工噪声应有降噪措施和管理制度，并进行严格控制，最大限度的减少噪声扰民。

9.3 现场堆场进行统一规划，对不同的进场材料设备进行分类，合理堆放和储存，并挂牌标明，重要设备材料利用专门的围栏或库房储存，并设专人管理。

9.4 在进行混凝土连续浇筑时，如要在夜间进行施工，必须首先取得夜间施工许可证，然后在周边居民区张贴安民告示，争取得到周边居民的理解。

10．效 益 分 析

10.1 经济效益

10.1.1 由于水池池壁为整体支模，相对于分段支模浇注，可加快施工进程约20%左右，按照容积计算，节省各种管理费、材料租赁费、清理费用约为5元/m³左右。

10.1.2 按一个5850 m³水池为例，长度30m，宽25m，高7.8m，可脱卸螺杆按600mm×600mm的间距设置。节省费用为3058.71元，计算如下：

1. 钢筋混凝土结构水池所需要的螺杆数量为：

30m÷0.6m/根=50根

25m÷0.6m/根≈42根

7.8m÷0.6m/根=13根

（50+42）×2×13=2392根

一根螺杆单边操作需要的长度为24cm，两边的长度为48cm，螺杆直径为12的圆钢。

2392×0.48×0.888=1019.57kg

采用可脱卸穿墙双重止水螺杆其两边操作区的螺杆可重复利用，而常规的螺杆只能割掉当废品，两者差价按现在市场价在3元/kg左右。

此项费用可以节约成本约为1019.57kg×3元/kg=3058.71元。

2. 采用可脱卸穿墙止水螺杆，其螺杆拆除一般普工就可以了，且一天可以拆除清理约1000根左右，而常规的割除只有500根左右，且必须为特种工，按照现在的人工来讲，普工为60元/d，电焊工按100元/d计算，因此从人工方面来讲：

采用可脱卸穿墙止水螺杆的人工费：2.5d×60元/d=150元；

采用常规的螺杆拆除的人工费：5d×100元/d=500元；

因此采用可脱卸穿墙止水螺杆可节省人工费：500元–150元=350元。

3. 上述两项计算得：采用可脱卸穿墙止水螺杆可节省费用3058.71元+350元=3208.71元。

10.1.3 采用可脱卸穿墙止水螺杆之后，螺杆洞的渗漏水现象大大减少，可以节省人工费及注浆费用约1000元左右。

10.1.4 综上所述，采用可脱卸穿墙止水螺杆之后，总共可以节省费用为：

5元/m³+4208.71元÷5850 m³=5.72元/m³

10.2 社会效益

采用本工法施工，拆除后的螺杆能够重复使用，材料的周转使用率大大提高，节约了大量的钢材，这符合当前节能降耗、低碳的社会发展大趋势；且整体支模架上的操作平台比常规的操作平台的工作面要大很多，增加了施工操作人员的安全系数，也符合我们当前"以人为本"的建筑理念，社会效益比较大。

11．应 用 实 例

浙江省重点环保工程—绍兴污水处理三期工程（图11.1），是浙江省2007年度重点环保工作，绍兴市人民政府的重点建设工程。地处绍兴滨海工业区，占地105000m²，采用二级生化处理工艺，日处理污水能力20万m³的现代化大型环保工程项目。工程总投资9亿元，共有水池25.70×25.70×7.50×8座、20.40×28.70×7.0×4座，采用"水池池壁整体支模施工工法"效果显著，施工工艺达到国内领先水平。该工程被中国市政行业协会评为2009年度"中国市政金奖示范工程"。

其他工程实例见表11。

工程实例					表11
工程名称	地点	结构形式	工程量	开竣工日期	效果和存在问题
海盐县城乡供水一期工程（图11.2）	海盐县沈荡镇聚金村	混凝土结构	27.75×29.65×7.80×4座	2008.2~2008.11	防、渗水效果显著
广丰县污水厂厂区构筑物工程	芦林街办五里居田莲自然村	混凝土结构	24.40×20.40×7.60×3座	2008.12~2009.7	效果显著

图11.1　绍兴污水处理三期工程运行图

图11.2　海盐县城乡供水一期工程运行图

复合灌注聚氨酯硬泡外墙外保温系统施工工法

GJEJGF079—2010

河南红旗渠建设集团有限公司　林州建总建筑工程有限公司

郝卫增　王凤青　冯俊昌　栗荣喜　郭军林

1. 前　　言

　　复合灌注聚氨酯硬泡外墙外保温系统是用快干胶粘剂将XPS复合面板粘贴于基层上；采用专用的浇筑设备，将聚氨酯混合液料注入XPS复合面板与基层间预设的空腔内，发泡后在空腔中形成饱满连续的聚氨酯硬泡体，并与XPS板条及基层紧密地结合在一起，形成完整无接缝的复合灌注聚氨酯硬泡外墙外保温系统（图1）。

　　复合灌注聚氨酯硬泡外墙外保温系统由郑州大学综合设计研究院研究开发，河南红旗渠建设集团有限公司、林州建总建筑工程有限公司根据施工经验编制本工法。

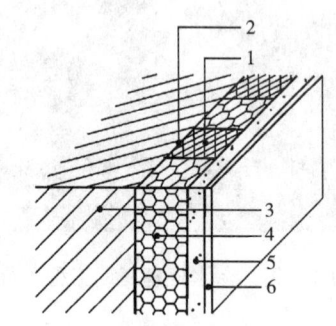

图1　复合灌注聚氨酯硬泡外墙外保温系统
1—XPS板条；2—快干胶粘剂；3—基层；
4—聚氨酯硬泡；5—面板；6—饰面层

2. 工 法 特 点

　　2.1　在国内外首次提出以XPS挤塑板为构造骨架，聚氨酯现场灌注的外墙外保温体系，并获得了国家专利。

　　2.2　该保温系统与基层粘贴牢固、表面不易开裂、保温性能优良。

　　2.3　保护层与保温层之间、保温层与建筑物墙体之间采用胶粘剂粘贴XPS板条，空腔内灌注的聚氨酯依靠发泡时受物理、化学变化双重作用产生的高强度粘结特性，实现系统内被粘面百分之百的粘结，并且达到粘结拉伸强度不小于0.2MPa，满足外饰面粘贴陶瓷面砖的推荐强度值，克服了现有保温体系中易开裂、起鼓、脱落等缺陷。

　　2.4　系统中的保护层采用水泥薄板多块拼装做法，能有组织释放因热胀冷缩产生的应力变形，解决因温度变化产生裂缝的问题。有效提高外墙外保温系统的耐久性。

　　2.5　该系统为无空腔构造，稳定性好，保温层均为憎水材料，块与块之间的所有缝隙全部采用聚氨酯灌注现场发泡技术进行封闭，能完全阻断渗水通道，有效保证外墙防湿防潮，提高抗冻融能力。

　　2.6　采用XPS板条为系统中构造骨架，能有效解决因聚氨酯膨胀、收缩引起的板面变形，保证了平整度。

　　2.7　可以进行工业化生产，减少现场湿作业，易于保证工程质量。

　　2.8　施工工艺简单，便于操作。采取灌注聚氨酯能减少现场污染和材料浪费。

3. 适 用 范 围

　　本工法既适合新建、扩建、改建的民用建筑的外墙外保温构造，又适合工业建筑、既有建筑节能改造。

4. 工 艺 原 理

以XPS挤塑板板条与水泥加压板形成骨架，用胶粘剂粘贴于基层上，在骨架空腔内现场灌注硬质聚氨酯泡沫塑料形成外墙外保温体系。

XPS挤塑板和硬质聚氨酯泡沫塑料为保温层，水泥加压板为表面保护层。XPS挤塑板、硬质聚氨酯泡沫塑料导热系数≤0.03 W／(m·k)，保温性能优良；水泥加压板面层采用多块拼装做法，能有效释放因热胀冷缩产生的应力变形，解决了因温度产生裂缝的问题，提高了外墙外保温系统的耐久性。空腔内灌注聚氨酯依靠发泡时受物理、化学变化双重作用产生的高强度粘结特性，实现系统内被粘面百分之百的粘结，并且达到粘结拉伸强度不小于0.2MPa。

5. 施工工艺流程及操作要点

5.1 施工条件

5.1.1 基层墙体已验收合格；外门窗洞口已通过验收，复合外保温施工条件。

5.1.2 基层应坚实、平整、干燥、突出物应剔除铲平，基层表面浮灰清扫干净。

5.1.3 施工及施工后24h内施工现场环境温度和工件表面温度应为5～45℃；施工现场风力不宜大于5级。

5.1.4 夏季施工应避免阳光直射，必要时在脚手架搭设临时遮阳设施。

5.1.5 雨天时应停止施工，被雨水浸泡的墙体，必须干燥后才能灌注聚氨酯。

5.2 施工工序流程（图5.2）

5.3 施工操作要点

5.3.1 基层处理

1. 清除基层墙体表面的浮灰、油污、隔离剂、空鼓层及风化物等影响粘结强度的材料。

2. 对既有建筑保温改造工程，应将不适合作粘贴面或空鼓、风化的原有外饰面层清除，基层墙体修补平整。

5.3.2 为增加XPS与基层墙体的粘结力，XPS板条被粘面应做打毛处理并涂刷专用界面剂。

5.3.3 分格设计

1. 外墙面应设分格缝，分格缝的设置由设计确定，设计没有明确时，可由系统材料供应商提供方案，经设计、监理、建设方同意确定。

2. 外墙面分格缝设置应有详细图纸，照图施工。无论采用宽缝或窄缝，横、竖两个方向的缝间距均不宜大于1200mm。

3. 分格缝设置以合理、美观为原则。

5.3.4 吊垂直、套方、弹控制线

按照分格缝设计详图对墙面、柱面和门窗套用线坠从上至下吊垂直（高层应用经纬仪等仪器找垂直），拉水平通线，套方作口，弹出主要控制线。

5.3.5 裁切面板预粘XPS板条

1. 按照分格缝设计详图，控制线实测尺寸，分层计算出面板排列分块尺寸，绘出分块图与节点加工图并编号，作为加工和安装的依据。

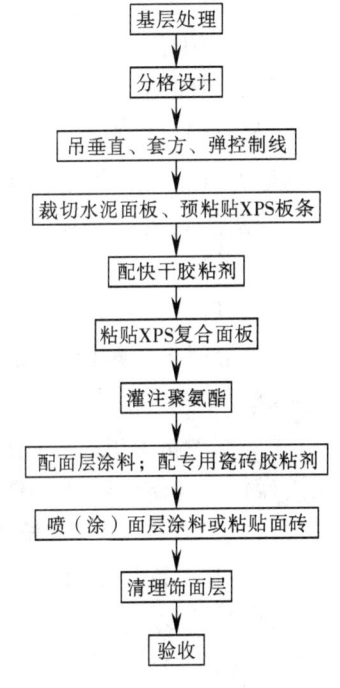

图5.2 施工工序流程图

2. 根据需要在工厂或在施工现场，按照统计表和加工图，使用专用切割机或手提电锯对面板进行切割并编号。切割好的面板边长、对角线允许偏差不应大于2mm。

3. 在面板上粘贴XPS板条（图5.3.5），XPS板条的厚度由设计确定，标准宽度宜为80mm，根据实际情况可在50~100mm之间调整；长度根据使用要求切割，单条长度不够时可以拼接；XPS板条之间净间距控制在50~100mm之间，单块面板上粘贴XPS板条的面积不应大于面板面积的60%。

4. 将专用粘结胶满涂XPS板条被粘面，粘贴在面板上，粘贴12h后的粘结强度不得小于0.10MPa。

图5.3.5 XPS复合面板粘贴示意图

5.3.6 配制专用快干胶粘剂

配制快干胶粘剂应按照材料供应商提供的使用说明书操作，建议使用机械搅拌，按每次所需用量配制，随搅随用，宜在20min内用完。

5.3.7 安装XPS复合面板

1. 按照分格缝设计详图及编号选择复合面板，每块复合面板在粘贴前应先试贴一次，确定涂抹快干胶粘剂的厚度。

2. 将配置好的快干胶粘剂沿XPS板条长方向居中涂抹形成通长条带，涂抹胶粘剂的宽度应为XPS板条宽度的1/2，涂抹厚度应以粘贴后没有多余灰浆挤出为准。

3. 将抹好胶粘剂的复合面板迅速粘贴在墙面上，以防止表面结皮而降低粘结强度。复合面板的粘贴应从下而上沿水平方向横向铺贴（高层建筑可以分段施工）。分格缝为宽缝时，采用木楔和塞尺调整控制缝隙间距；为窄缝时应在板间缝隙内嵌入2mm厚泡沫条或弹性密封膏。

4. 复合面板贴在墙上后，随即用2m靠尺检查垂直度和平整度，用方尺找阴阳角方正，对局部不平整的地方可用橡皮锤轻轻敲击，每贴完一块复合面板应检查每道预留空腔内是否通畅，对粘贴时挤出较大的灰流应及时清理。

5. 本系统中采用胶粉聚苯颗粒保温浆料作局部保温处理的部位，应在复合面板安装完毕及聚氨酯灌注完成后进行施工。

6. 复合面板粘贴12h后或满足灌注聚氨酯发泡时产生的膨胀应力要求时，方可进行下道工序。

5.3.8 聚氨酯灌注

1. 灌注聚氨酯的机械应选用符合标准的专用混合灌注机械，计量误差不应大于5%，由专业操作工负责操作，并做好安全、卫生防护工作。

2. 聚氨酯灌注前，应检查、封堵向外的通透缝隙，防止聚氨酯灌注时液料溢出；分格缝宽缝可采用泡沫棒临时嵌填密封。

3. 灌注聚氨酯使用的原料应为灌注料，不得使用喷涂料。灌注聚氨酯前在设备枪嘴上安装相匹配的塑料管，并将塑料管插到空腔内进行注料，保证聚氨酯从底部向上发泡填充。控制注料量，每次发泡高度宜300~500mm。

4. 采取交叉灌注法：在第一道空腔内注完料后，应间隔1~2道空腔进行下一道空腔注料，以此类推。采取分段交叉灌注的方法，目的是分散聚氨酯发泡时产生的膨胀力。灌注下一道时应在上一道灌注发泡完全定型后进行。

5. 聚氨酯灌注完成后，应逐块检查，取出分格缝内嵌填的泡沫棒，并将挤出的聚氨酯发泡体清除干净。凡因聚氨酯发泡时产生变形、开裂、空鼓的面板应及时剔除,重新粘贴、灌注。

5.3.9 沉降缝、伸缩缝、抗震缝处施工

1. 墙身变形缝处的施工应与金属盖缝板安装相结合。

2. 在变形缝金属盖缝板内侧缝隙内填塞100mm厚低密度聚苯乙烯泡沫板。

5.3.10 饰面层的施工

1. 饰面层采用涂料饰面层,应优先选用水溶性涂料。当必须采用溶剂型涂料时,应选用相容型的溶剂型涂料。

2. 饰面层采用面砖时,面砖饰面应确保与墙体的粘贴牢固性,应符合《外墙饰面砖工程施工及验收规程》JGJ 126-2000的规定,并应采取相应安全措施。当外保温高度超过30m时,应在面板上增加锚栓辅助固定,每平方米不少于4个,单块面板面积大于0.35m时不少于2个,使用数量及布点位置由设计确定。锚栓的技术性能要求应符合《复合灌注聚氨酯硬泡外墙外保温技术规程》DBJ 41/T073-2008第3.2.1.4条的规定。

施工前应进行面板与面板的排版设计,应优先采用面砖横、竖对缝粘贴方式,面砖缝与面砖缝应尽量对齐一致,采用面砖错缝粘贴方式时,面砖缝与面砖缝也应尽量对齐一致。

粘贴面砖应采用专用面砖粘结剂,以3~5mm厚为宜。面砖应采用柔性粘结砂浆勾缝,且厚度应比面砖厚度薄2~3mm。

面砖背面凹槽应采用燕尾槽式构造,面砖厚度不宜超过6mm,面砖及粘结层材料总重量应小于35kg/m²。用于高层建筑时,面砖重量≤20kg/m²,且每块面积≤0.01m²。

6. 材料与设备

6.1 主要材料

XPS板、聚氯酯硬泡的性能指标见表6.1-1,纤维水泥平板性能指标见表6.1-2,快干胶粘剂性能指标见表6.1-3。

6.2 主要施工机具设备

聚氨酯灌注机、手提切割机、电动搅拌机、手锯、手推车、滚推、刮板,灰桶、橡皮锤、灰铲、金属靠尺、水平尺、阴阳角器、线坠、经纬仪、钢尺、墨斗、喷壶。

XPS板、聚氨酯硬泡性能指标表   表6.1-1

检验项目	性能要求		试验方法
	聚氯酯泡沫塑料	XPS	
密度(kg/m³)	≥32	≥32	GB 6343
导热系数[W/(m·k)]	≤0.03	≤0.03	GB 3399
拉伸粘结强度(MPa)	≥0.1	—	DBJ41/T 073-2008 附录A
压缩性能(MPa)	≥0.1	≥0.2	GB/T 9641
尺寸稳定性(70℃,48h)(%)	≤1.5	≤2.0	GB/T 8811
断裂延伸率(%)	≥5	≥2	GB/T 9641
吸水率(V/V,%)	≤3	≤2	GB 8810
氧指数	≥26	≥28	GB/T 2406
燃烧性能	阻燃型	阻燃型	GB/T 50411-2007

注:1. 聚氨酯硬泡性能检验取样,可在现场灌注300×300×300(mm)立方泡体中切割芯材试样。

2. 保温材料导热系数的修正系数取1.1。

纤维水泥平板性能指标　　　　表6.1-2

序号	项　目		性能要求	试验方法
1	厚度（mm）		≥5	GB/T 7019
2	表观密度（kg/m³）		>1100	GB/T 7019
3	抗折强度（MPa）	气干	≥16	DBJ41/T 073-2008 附录 C
		饱水	≥13	
4	湿膨率（%）		<0.25	GB/T 7019
5	吸水率（%）		<30	GB/T 7019
6	耐冻融性能（25次）		无起层和龟裂现象	GB/T 7019

界面剂性能指标　　　　表6.1-3

序号	项　目		性能指标	试验方法
1	可操作时间（min）		10～20	
2	拉伸粘结强度（kPa）（与水泥砂浆）	原强度	≥600	DBJ41/T 073-2008附录D
		耐水强度	≥400	
3	拉伸粘结强度（kPa）（与XPS板）	原强度	≥150	
		耐水强度	≥100	

注：快干胶粘剂必须具有早强的特点；标准条件养护下，12h抗压强度不低于10MPa。

7. 质 量 控 制

7.1 质量控制标准

7.1.1 复合灌注聚氨酯硬泡外墙外保温系统施工质量遵照《建筑工程施工质量验收统一标准》GB 50300-2001、《外墙外保温工程技术规程》JGJ 144-2004、《建筑装饰装修工程质量验收规范》GB 50210-2001、《建筑节能工程施工质量验收规范》GB 50411-2007和《复合灌注聚氨酯硬泡外墙外保温系统技术规程》DBJ 41/T073-2008规定。

7.1.2 复合灌注聚氨酯硬泡外墙外保温系统工程分部工程、子分部工程和分项工程应按表7.1.2进行划分。

外保温工程分部工程、子分部工程和分项工程划分表　　　　表7.1.2

分部工程	子分部工程	分 项 工 程
外保温	复合灌注聚氨酯硬泡外墙外保温系统	基层处理、粘贴XPS复合面板、灌注聚氨酯、分格缝、变形缝、饰面层

7.1.3 分项工程应以每500至1000m²划分为一个检验批，不足500m²也应划分为一个检验批；每个检验批每100m²应至少抽查一处，每处不得小于10m²。

7.1.4 主控项目

1. 外保温系统及主要组成材料性能必须符合设计要求和《复合灌注聚氨酯硬泡外墙外保温技术规程》DBJ 41/T073-2008的规定。

检查方法：检查型式检验报告和出厂合格证、材料检验报告、进场材料复检报告。

2. 门窗洞口、阴阳角、勒脚、檐口、女儿墙、变形缝等保温构造，必须符合设计要求。

检验方法：观察检验和检验隐蔽工程验收记录。

3．保温层厚度应符合设计要求。

检查方法：插针法或钻孔法检查。

4．纤维水泥平板上粘贴XPS板条应符合设计要求或《复合灌注聚氨酯硬泡外墙外保温技术规程》DBJ 41/T073-2008的规定。

检验方法：测量检查和检查隐蔽工程验收记录。

5．现场检测聚氨酯硬泡、XPS板条的拉伸粘结强度。

检验方法：按《复合灌注聚氨酯硬泡外墙外保温技术规程》DBJ 41/T073-2008附录A的规定进行。

6．现场检测聚氨酯硬泡密度，其性能指标应符合设计要求或《复合灌注聚氨酯硬泡外墙外保温技术规程》DBJ 41/T073-2008规范。

检验方法：按《复合灌注聚氨酯硬泡外墙外保温技术规程》DBJ 41/T073-2008附录B的规定进行。

7.1.5 一般项目

一般项目的验收应符合表7.1.5。

一般项目验收的允许误差和检验方法 　　　　　　表7.1.5

序号	检查项目	允许误差（mm）		检 验 方 法
		涂料饰面	面砖饰面	
1	平整度	4		用2m靠尺和塞尺检查
2	垂直度	4		用2m靠尺和塞尺检查
3	阴阳角方正	4		用只交检查尺检查
4	分格（宽）缝直线度	2		拉5m线，不足5m拉通线，用钢直尺检查
5	分格（窄）缝直线度	3	6	拉5m线，不足5m拉通线，用钢直尺检查
6	接缝宽度（宽缝）	1		用钢直尺检查
7	聚氨酯灌注饱满度	每处空鼓面积不得大于0.01m²，每块板不得多于1处，10m²内不得多于5处		灌注过程，监理旁站，对疑似出现空鼓部位，采用锤敲法或钻孔法检查

7.1.6 外保温系统主要组成材料复检项目应符合表7.1.6的规定。

外保温系统主要组成材料复检项目 　　　　　　表7.1.6

组 成 材 料	复 检
XPS板	表观密度、压缩强度、尺寸稳定性
灌注聚氨酯泡沫塑料	表观密度、断裂延伸率、尺寸稳定性
纤维水泥面板	抗折强度

7.2 质量保证措施

7.2.1 熟悉设计意图，合理编制复合灌注聚氨酯硬泡外墙外保温工程施工方案。

7.2.2 严格按施工方案进行复合灌注聚氨酯硬泡外墙外保温系统施工。

7.2.3 在施工全过程开展QC活动，把质量问题克服在萌芽状态。

7.2.4 认真完成对XPS板正面和背面进行打毛处理的工序，增加XPS板与基层、面层的粘结力。

7.2.5 严格控制外墙面分格缝，横、竖两个方向的缝间距应控制在1200mm之间。

7.2.6 胶粘剂应注意限量配制，随搅随用，并严格控制胶粘剂涂刷面积。

7.2.7 及时清理胶粘剂粘贴时挤出的灰浆混合物，确保后续工序的施工质量。

7.2.8 灌注聚氨酯应控制塑料管注料位置在空腔内底部，保证聚氨酯从底部向上发泡填充，并严格控制每次注料量和发泡高度。

7.2.9 应采取交叉灌注法进行施工，分散聚氨酯发泡时产生的膨胀力，保证灌注质量。

7.2.10　面砖饰面应确保与墙体的粘结牢固性。

8. 安 全 措 施

8.1　施工人员必须戴好安全帽，2m以上作业必须系好安全带及安全扣。

8.2　施工人员身体健康，无高血压、心脏病等不适合高空作业的疾病。不准酒后上岗，不准带病作业。

8.3　施工人员认真学习安全操作规程，提高安全意识，重点狠抓违章操作的现象，坚持做到每道工序有安全交底。

8.4　电器设备使用前进行检查，电源线使用前进行摇测，有故障的设备及破皮、漏电的电源线必须修好后使用。电路控制严格按照一机一闸一保护进行控制。

8.5　施工作业面上码放材料按150kg/m²计算，不准超荷堆放，防止破坏结构。

9. 环 保 措 施

9.1　材料运输车辆严格管理，不超载、不遗洒、不扬尘，文明驾驶，遵守交通法规。

9.2　板材切割在地面进行，施工时注意减少扬尘，完工后将材料堆码整齐，工作现场清理干净，电器设备及工具回收入库，锁好电源闸箱。

9.3　现场散落的硬质聚氨酯泡沫塑料和XPS板的废料应回收集中，供再生后重复利用。

10. 效 益 分 析

10.1　经济效益分析

"十一五"期间，全国将累计建设节能建筑面积21.46亿m²，其中外墙外保温工程约7.15亿m²，工程造价约572亿元。复合灌注聚氨酯硬泡外墙外保温系统具有节能效果好、施工方便、性价比高等特点。复合灌注聚氨酯硬泡外墙外保温系统的造价分析见表10.1-1。部分外墙外保温系统造价比较见表10.1-2。

造价分析表（单位：100m²）　　　　　　　　　　　　　　表10.1-1

序号	材料名称	单位	数量	单价(元)
1	水泥加压平板	m²	105	13.00
2	XPS板	m³	2.3	400.00
3	发泡聚氨酯	m³	2.16	1000.00
4	胶粘剂	kg	100	5.00
5	橡胶条、密封膏	m	100	2.00
6	安装费	m²	100	15.00
7	合计			6645.00

注：保温层厚度按40mm计算。

部分外墙外保温系统造价比较　　　　　　　　　　　　　　表10.1-2

序号	外墙外保温系统名称	直接费(元/m²)
1	复合灌注聚氨酯硬泡外墙外保温系统	66.45
2	胶粉聚苯颗粒保温浆料外墙外保温系统	69.50
3	聚苯乙烯泡沫塑料薄抹灰外墙外保温系统	60.20

注：满足郑州地区建筑节能65%标准。

10.2 社会效益分析

复合灌注聚氨酯硬泡外墙外保温系统是一种性价比高的建筑节能新技术，既适合新建节能建筑，又适合既有建筑进行节能改造，在全国推广应用将大大降低建筑能耗，节能意义重大。系统中使用的XPS板及硬质聚氨酯的废料均可回收再生，可促进资源再生利用，环境意义重大。

11. 应用实例

11.1 济源市新城花园22号楼住宅楼工程位于济源市黄河路与文昌路交叉口东南。总建筑面积16917.92m²，地下1层，地上18层。建筑主体总高度59.30m。

11.2 洛阳奥体花城18号楼住宅楼工程位于洛阳市新城区区小事古城路以南。总建筑面积12500.33m²，地下1层，地上11层。建筑主体总高度30m。

11.3 锦绣园小区位于山西省太原市，西邻体育路，东至北张村污水渠，南邻南中环路。1号、4号、5号，总建筑面积51480m²，最高楼层30层，建筑高度91m，3栋楼共计采用外墙外保温面积28960m²。

工程外墙外保温采用了复合灌注聚氨酯硬泡外墙外保温系统，施工过程中采用了河南红旗渠建设集团有限公司、林州建总建筑工程有限公司编写的"复合灌注聚氨酯硬泡外墙外保温系统施工工法"指导施工，施工工艺简单，易于操作，环境得到了良好的保护，施工后用户普遍反映保温隔热效果明显。

筒中筒结构"内滑外倒"施工工法

GJEJGF080—2010

二十三冶建设集团有限公司

周乃云　范险峰　李剑

1. 前　言

随着城市建设的发展，电视塔等观赏型超高构筑物相继在城市出现，这类建筑物具有结构复杂，造型独特，外观质量要求高的特点。用传统的滑动模板施工、爬升模板施工、滑框倒模施工等工艺均无法满足设计和施工要求。本工法采用创新性筒中筒"内滑外倒"施工工艺，有效地解决了施工中的技术难题，提高了施工效率，保证了筒中筒结构工程的安全性和可靠性。经过对安徽蚌埠电视发射塔工程、宁夏青铜峡技改电厂烟塔工程和山东魏桥铝电有限公司电解铝三分厂烟塔工程等多项工程的探索和研究，逐步形成了本工法。本工法被评定为2010年度湖南省省级工法，工法编号：HNJSGF 18-2010；2010年成为二十三冶建设集团有限公司企业级技术标准，标准编号：23QBTJ 02-2010。本工法关键技术由湖南省住房和城乡建设厅组织有关专家进行了鉴定，专家组认为其关键技术研究与应用属于国内领先水平，"用于钢筋混凝土支筒施工中的无井架液压滑模装置"获国家实用新型专利，专利号：ZL 2009 2 0063712.2。

2. 工 法 特 点

安徽蚌埠电视发射塔主体为筒中筒结构，外筒为双曲线形状；内部结构复杂，并带有电梯井，外形坡度变化大，加上内隔板多、环梁与电梯井相连接，与常规的滑模施工方法相比较，本工法具有以下特点：

2.1　通过对原有液压滑模和倒模机具进行改进、创新，合二为一，设计一套内滑外倒施工机具，实现了内筒和外筒的同步施工。

2.2　利用内滑外倒施工机具，解决了因结构截面变化大常规液压滑模难以解决的施工难题。

2.3　利用内滑外倒施工机具，较好地解决了常规爬升模板施工时因筒体结构设置中间隔板等特殊部位难以解决的施工难题。

2.4　通过内滑外倒施工机具的应用及滑模和倒模两种施工工艺的组合，便于内外筒的尺寸控制。中心复测方便，能保证预埋铁件、预留孔洞的安放准确，能保证混凝土外观质量，使外表光洁平整。实现了内筒、外筒的一次性测量控制，确保了工程的质量。

2.5　"内滑外倒施工工艺"兼有滑模和倒模的优点，克服了各自的缺点，能更好的保证工程施工质量。

3. 适 用 范 围

本工法适用于电视塔、双曲线筒中筒、烟塔等结构复杂以及截面变化大的构筑物。

该工法也可为类似的双筒和多筒筒中筒结构工程提供技术支持。

4. 工 艺 原 理

内滑外倒施工工艺原理：滑模机具组装完毕后，内外筒利用液压滑升机具组装成施工操作平台，操作平台受力于内外筒支撑杆上，内筒采用滑升模板施工工艺，外筒采用滑框倒模施工工艺，内筒滑升三次，外筒倒模一次，浇灌一次，以此"滑三"、"倒一"、"浇一"循环施工，达到整体提升的一种新型施工工艺。

5. 施工工艺流程及操作要点

以安徽蚌埠电视发射塔项目施工为例。

5.1 机模具设计（组装图见5.1）

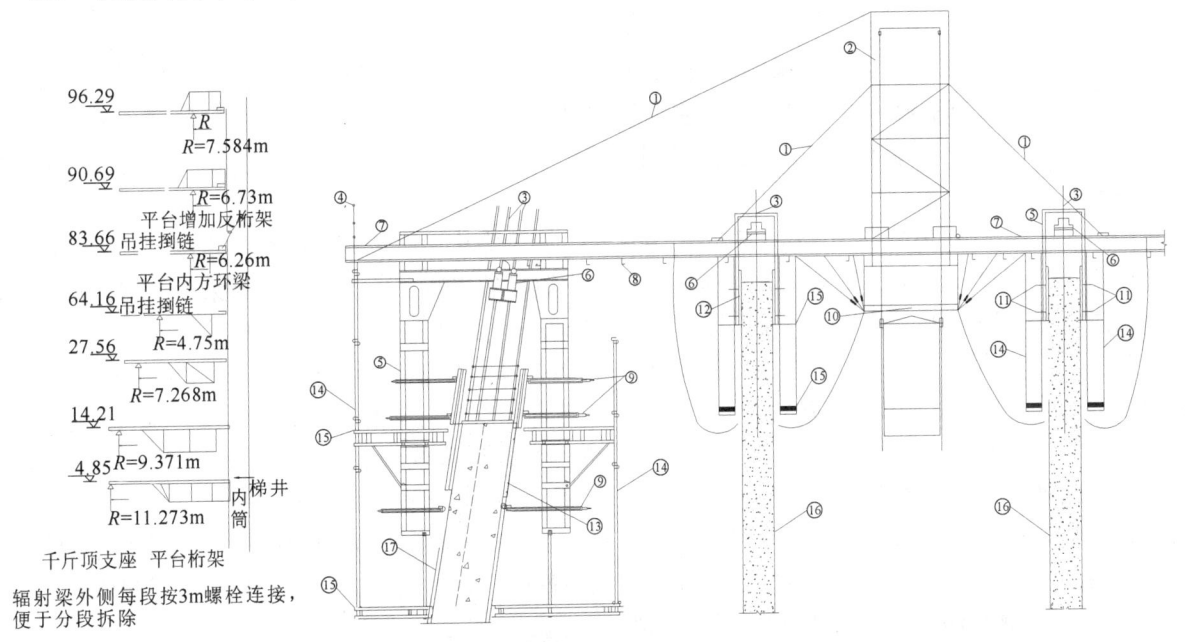

图 5.1 内滑外倒机具示意图

1—钢绞线；2—随升井架；3—支撑杆；4—安全栏杆；5—提升架；6—液压千斤顶；7—辐射梁；
8—环梁；9—变径丝杆；10—花鼓筒；11—花篮螺栓；12—滑升模板；13—倒模模板；
14—吊架；15—操作平台；16—内筒混凝土；17—外筒混凝土

5.2 在滑升机具安装前首先对滑升机具的各零部件，进行仔细的检查和验收，经检查合格后再分件在电视塔内进行组装。

5.3 提升架安装，外筒提升架由型钢焊接成"开"型，高4.5m，宽2.2m，按7.5°分为48榀，提升架的下横梁的下部设有可调角度的千斤顶座，外筒每榀提升架安装4台液压千斤顶，内筒每隔1.4m设一个提升架，安装1台液压千斤顶，内外筒支撑杆均采用$\phi48 \times 3.5$的钢管，在钢管上安装限位卡，可以有效的控制每次滑升的高度。在外筒提升架的每侧支腿上设3层围圈托架，该托架通过可调节丝杠与提升架连接，以便于通过径向移动围圈来调整筒壁的厚度。内筒支撑杆和滑升提升架与外筒安装相同。

5.4 围圈组装，外筒围圈为支撑模板的横向主龙骨（∠100×8等边角钢），模板背面用50mm×100mm木方作次龙骨，主、次龙骨之间通过钩环连接。围圈为直线形，两个提升架之间设置上下各一个围圈，通过900mm×100mm的钢模板拼装成弧，围圈一端固定，一端可伸缩，用M20螺栓连在托架上，利用螺栓在围圈活动端的长孔内滑动并转化在模板上，由模板成弧来实现混凝土面的圆弧度。滑升钢模板（∠100×8等边角钢）直接支撑内筒围圈在上，利用环钩连接。见图5.4。

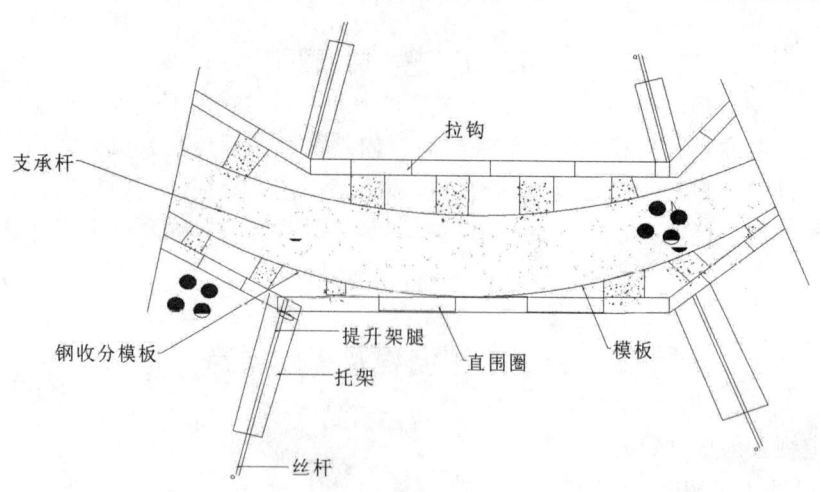

图5.4 外筒滑框倒模平面示意图

5.5 液压系统布置，内外筒采用216台GYD-60型液压千斤顶，外筒192台，内筒24台，所有千斤顶由一台HY-56型控制台集中控制。设立主油管一根，分布在内筒和外筒之间的操作平台下面，内外每台液压千斤顶分别安装相对应的油管和控制阀门，HY-56型控制台对每台液压千斤顶可以单独控制，便于调节水平高度。

5.6 内筒采用模板高度为900mm高的滑升模板，测量完毕后，内筒模板组装定位，并进行加固处理。外筒操作平台、围圈、支架安装完毕后进行倒模模板的安装，外筒倒模模板采用三节，每节模板也采用高度为900mm高的钢模板，每节另配8块木锲型板进行拼装。

5.7 当所有机具、模板和加固措施完毕后。进行内滑外倒施工，内筒900mm高的模板分3次滑升完成，当内筒第一次滑升至300mm高时，外筒的钢筋可以绑扎至600mm高；当内筒第二次滑升至600mm高时，外筒900mm高的钢筋绑扎完成，并进行组装倒模模板；当内筒第三次滑升至900mm高时，内外筒就可同时浇筑混凝土，混凝土浇筑完毕后，即可循环施工，在滑升过程中，注意中心点的控制，每滑升一次，利用激光铅直仪对中观察，每倒模一次，进行激光对中一次，并用钢卷尺测量控制外筒到中心点的距离。同时注意标高的控制，利用每层平台的层高，选择合理的模板配置，尽量减少每层平台的空滑高度。外筒壁施工时，在外筒壁中预埋预制的混凝土套管，通过穿入混凝土垫块的对拉螺栓，将内外模板固定；套管的预制利用与筒壁相同强度等级的混凝土制做。

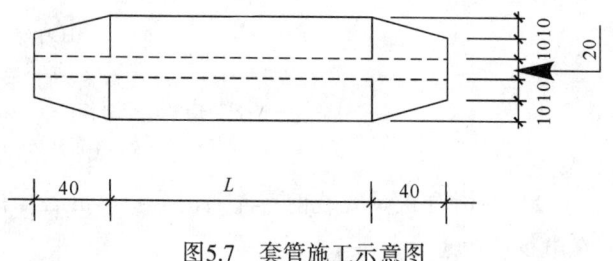

混凝土套管的截面采用正6角形（图5.7）。套管的长度与数量按照技术指示图表的要求制作。加工时应严格控制其长度尺寸。

图5.7 套管施工示意图

5.8 关于滑升过程中支撑杆的稳定性：正常施工时，浇完混凝土即扎绑千斤顶底座至混凝土面900mm高度内的钢筋，钢筋绑扎完后即滑升最后一层300 mm高，为防止失稳，当滑升到600mm高时，然后将4根一组的支撑杆与结构主筋通过拉接筋进行点焊连接，使稳定性更好。

5.9 缩径与收分：外筒每倒一模，所有提升架都要沿平台辐射梁的刻度向圆心收缩，收缩一般采用牵挂捯链向内收缩或向外扩径。

5.10 纠偏纠扭措施分为两种。

5.10.1 当平台偏移时，通常采取在千斤顶下加塞垫块的方式来处理。

5.10.2 由于平台直径大，千斤顶升差和支撑杆自由度大，外加荷载不均，受风力影响等诸多因素的干扰，滑升架平台容易出现漂移和扭转时，可在千斤顶提升过程中用1个或多个捯链斜拉，或关闭部分千斤顶控制阀门方法调整回来。

6. 材料与设备

主要材料与设备见表6

主要材料与设备 表6

序号	名　称	规格、型号	功率(kW)	数量
1	塔吊	QTZ—630	46	1台
2	混凝土搅拌机	500L		2台
3	砂浆搅拌机	250l	3.0	1台
4	施工提升井架			1台
	滑升机具			1套
	滑升模板			1套
	倒模模板			3套
	液压千斤顶			240个
5	混凝土平板振动器	PZ-501	0.5	2台
6	混凝土插入式振动器	HZ6X-30	1.1	10台
7	电焊机	2×G1-300	20.0	4台
8	电渣压力焊机	MHS-36	40	2台
9	钢筋切断机	GJ5-40	1	2台
11	钢筋弯曲机	GJ40-1	1	2台
12	钢筋调直机	GJ4/4~14	5.5	1台
13	台式电锯	MJ104	5.5	2台
14	砂轮切割机	ϕ40m/m	3	2台
15	高压水泵			1台
16	云石切割机			2台
17	汽车吊	16T		1台
18	压光机			1台
19	激光铅直仪			1台

7. 质 量 控 制

7.1 工程质量控制标准

《混凝土电视塔施工技术规程》 CECS 58-94；

《混凝土结构工程施工及验收规范》GB 50204-2002；

《工程测量规范》GB 50026-2007。

7.2 质量保证措施

7.2.1 施工前施工技术人员应严格按程序将内滑外倒专项施工方案、操作规程以及可能出现的安全风险对操作人员进行交底和答疑，并做好交底记录。

7.2.2 质检员在设备进场时对滑升设备进行仔细检查，对质量合格证明文件进行审查。检查辐射梁是否安装稳固，千斤顶是否有漏油和顶程不足等现象。

7.2.3 技术员及时、清楚、准确的记录好标高、设备运转情况，发现问题应及时停止滑升作业，并对现场情况进行报告，同时提出可行的整改方案。

7.2.4 滑模施工质量检查项目、内容、标准和方法（表7.2.4）

检查项目、内容、标准和方法　　　　　　　　　　表7.2.4

检查项目	名　称	检查内容	允许偏差（mm）	检查方法及标准
滑模机具组装	轴线	模板结构与相应结构轴线位置	3	用经纬仪尺量检查
	围圈位置偏差	水平方向	3	用水平尺塞尺检查
		垂直方向	3	用水平尺塞尺检查
	提升架垂直偏差	平面内	3	用吊线尺量检查
		平面外	2	用吊线尺量检查
	千斤顶与提升架横梁	安放千斤顶的提升架横梁相对高度偏差	5	用水平尺、楔形塞尺检查
	模板倾斜度	上口	-2	用尺量检查
		下口	+2	用尽量检查
	千斤顶安装位置偏差	提升架平面内	5	用吊线尺量检查
		提升架平面内	5	用吊线尽量检查
	圆筒直径		5	用钢皮尺检查
	相邻两块模板平面平整度		2	用弧度尺检查
滑模工程验收	轴线间的相对位移		5	用尺量检查
	圆形筒壁结构	直径偏差	该截面筒壁直径的1%不得超过+40	用钢皮尺测量检查
	标高	每层	+10	用经纬仪或吊线检查
		全高	+30	用经纬仪或吊线检查
		每层 层高≤5m	5层高的0.1%	用经纬仪或吊线检查
		层高≥5m		
		全高 高度≤10m	10高度的0.1%并不得大于50	用经纬仪或吊线检查
		高度≥10m		
	壁厚尺寸偏差		+10，-5	用尺量检查
	表面平整	抹灰	8	用2m靠尺检查
		不抹灰	5	用2m靠尺检查
	门窗洞口及预留洞的位置偏差		15	用吊线尺量检查
	预埋件位置偏差		20	用尺量检查

8. 安　全　措　施

8.1 严格执行安全生产的有关规定，工地要设安全负责人，班组要设安全员，认真执行塔吊起吊、井架搭设、脚手架搭设的验收制度。

8.2 为了保证施工人员在升板时的安全和防止吊篮提升时物体坠落伤人，须在井架四周挂安全网。井架出入及建筑物进门口须搭设双层防护棚，保证进出人员的安全。

8.3 为提高千斤顶爬升的可靠性，支撑杆采用 $\phi48\times3.5$ 的钢管。

8.4 滑升过程中应有保证支撑杆稳定的技术措施，其板、柱不允许作为其他施工的支撑点或缆风支点。

8.5 施工用电严格执行项目编制的临时用电专项施工方案。

8.6 在高空中拆除工作台时，应按编制的程序和方法，在统一指挥下进行作业。

8.7 在筒壁施工过程中，随着筒身高度的增加而直径变小时，应及时缩小工作台，减少迎风面，卸下的部件及模板应及时运至地面，以减轻重量。

8.8 在施工中应掌握气象预报，如遇恶劣气候或五级以上大风，必须采取停工措施。

8.9 施工中要做好机模具的防雷接地，在滑升机模具上安装避雷针，达到防雷的标准。

8.10 设置足够的消防器材，并严加管理。

8.11 高空作业要确保通信畅通，并有专人负责。

9. 环 保 措 施

9.1 在工程施工过程中严格遵守国家和地方政府下发的有关环境保护的法律和规章，加强对工程材料、设备、废水、生产生活垃圾的控制和治理，遵守有防火及废弃物处理的规章制度。

9.2 施工噪声控制措施：施工现场应遵守《建筑施工场界噪声限值》规定的降噪限值，制定降噪制度。在施工过程中应尽量选用低噪声或备有消声降噪的施工机械，最大限度地减少噪声扰民。

9.3 污染控制：统一规划排水管线，在工程开工前完成工地排水和废水处理设施的建设，设置足够的污水沉淀池；在施工过程中做到现场无积水、排水不外溢，不堵塞、水质达标；施工现场设置专用油漆料库，库房地面做防渗处理，储存、使用、保管设专人负责，防止油料跑、冒、滴、漏污染土壤、水体。

9.4 防尘措施：对易产生粉尘、扬尘和遗洒的作业面和装卸、运输过程，应制定具体的操作规程和洒水降尘制度。

9.5 固体废弃物控制：定期清运沉淀泥砂，做好泥砂、弃渣及其他工程材料运输过程中的放散落与沿途污染措施，弃渣及其他工程废弃物按工程建设制定的地点和方案进行合理堆放和处治。

9.6 在施工过程中，节约能源，降低消耗。

10. 效 益 分 析

安徽蚌埠电视塔工程，通过本工法的实施取得了较好的效益。

经济效益：按传统的施工方法，主体工程工期需要300d，筒身模板材料需要7000m²，采用滑模倒模施工后，主体工程只需要200d，工期缩短100d，模板材料需要1400m²，模板材料可节约5600m²。

社会效益：能适应狭小的施工场地，减少施工噪声，对周围居民影响小。同时减少周转材料用量，达到节能环保的目的。

技术效益：通过利用创新设计的内滑外倒施工专用机具实现滑模和倒模两种施工工艺相结合，成功地解决了筒体结构截面变化大及存在中间隔板、环梁、牛腿等构件而导致常规滑模及倒模无法施工的技术难题。

因此，施工一座普通的电视塔可节约人工费约60000元，节约材料费约380000元左右。合计节约费用约440000元。

11. 应 用 实 例

11.1 安徽蚌埠电视塔发射塔工程，是截面变化大的筒中筒结构，高度173m，130m以下为混凝土结构，130m～172m为钢结构桅杆，工程施工合同工期为495d，采用本工法实际工期为424d，节约工期67d，施工过程中，质量控制共检测数据260组，分项工程一次性合格率达98%，分部工程优良率100%。

11.2 宁夏青铜峡技改电厂烟塔工程，外筒为双曲线筒体结构，高110m；内筒为120m高的烟囱。工程施工合同工期为460d。采用本工法实际工期为370d，节约工期90d。施工过程中，质量控制共检测数据110组，分项工程一次性合格率达99%，分部工程优良率100%。

11.3 山东魏桥铝电有限公司电解铝三分厂烟塔工程，外筒为双曲线筒体结构，高70m，内筒为80m高的烟囱。工程施工合同工期为380d。采用本工法实际工期为300d，节约工期80d。施工过程中，质量控制共检测数据70组，分项工程一次性合格率达99%，分部工程优良率100%。

本工法在安徽蚌埠电视塔发射塔工程、宁夏青铜峡技改电厂烟塔工程和山东魏桥铝电有限公司电解铝三分厂烟塔工程实践后，降低了成本，减少了周转材料的用量，工期缩短近1/5。本工法的内滑外倒施工工艺是在滑模工艺基础上的一次创新和改革，拓宽了滑模施工的应用范围，得到了业主、监理单位的一致称赞。

内浇外挂式外墙PC板施工工法

GJEJGF081—2010

深圳市鹏城建筑集团有限公司　深圳市建设（集团）有限公司
李世钟　麻利　费权　田原　陈志龙

1. 前　　言

住宅产业化是房地产行业发展的必然趋势，可有效解决建筑行业劳动力不足，提高工程效率缩短工期，提高建筑物的质量和性能等诸多难题，目前国内已有万科等房地产领军企业已在实施工业化住宅项目的开发。

2009年，万科东莞住宅产业化基地6号实验楼委托深圳市鹏城建筑集团有限公司施工。该工程为万科住宅产业化基地第一个采用内浇外挂的工业化住宅项目，为此深圳市鹏城建筑集团有限公司联合深圳市建设（集团）有限公司共同组成研究小组，重点研究装配式外墙PC板的施工技术，解决了外墙PC板与内浇结构的连接紧固，并保证外墙PC板安装的位置、标高、垂直度等诸多难题，顺利完成了6号楼的施工，初步形成了企业内浇外挂式外墙PC板施工工法，并在后续的万科双城水岸·如日苑工程和龙华二线扩展区0008地块保障性住房工程项目得到了成功应用，进一步完善形成了此内浇外挂式外墙PC板施工工法。

2. 工法特点

2.1 外墙PC板统一在工厂加工制作，质量可靠。外墙的窗框、涂料或瓷砖均在构件厂与外墙同步完成，很大程度上解决了窗框漏水和墙面渗水的质量通病。

2.2 制作精度高。外墙PC板的制作要求构件截面尺寸误差控制在0～-3mm以内，钢筋位置偏差在±5mm以内，螺栓套筒位置偏差在±2mm以内，外墙PC板安装垂直度偏差控制在±3mm以内，相邻两块板的高低差不大于2mm。

2.3 标准化施工。外墙PC板形式统一，生产过程标准化，现场安装工艺也标准化，大大提高了施工效率。

2.4 外墙PC板安装的位置、标高、垂直度调校以及与内浇结构的连接紧固均通过调节紧固件完成，施工简便快捷，质量易控制。

2.5 节能环保，节约工期。外墙采用预制混凝土外墙，取消了砌体抹灰工作，同时涂料、瓷砖、窗框等外立面工作已经在加工厂完成，标准化、统一化的加工减少了材料的浪费，节能环保效果突出，且施工快，并大大减少了外墙施工工期。

3. 适用范围

本施工工法适用于工业化住宅内浇外挂式外墙PC板的施工。

4. 工艺原理

内浇外挂体系是外墙、楼梯、阳台采用预制构件，内柱、梁板采用现浇的结构体系。外墙PC板统一在工厂标准化生产，外墙的窗框、涂料或瓷砖均在构件厂与外墙同步完成。外墙PC板的加工计划、运输计划和每辆构件运输车的装车顺序紧密的与现场施工计划相结合，确保每块外墙PC板严格按计划时间进场、检查、验收，全面保证外墙PC板构件的质量和施工的连续性。

利用计算机进行绘制PC板构件图并模拟安装，详细标注各外墙PC板螺栓套筒的位置，做到制作与安装的协调统一。

现场采用塔吊进行吊装（根据构件重量选择塔吊型号），安装时外墙PC板与内浇结构的连接紧固以及外墙板位置、标高、垂直度的调校均通过调节紧固件完成。每块外墙PC板底部两边各设一组标高调节紧固件(A紧固件)和一组位置调节紧固件(B紧固件)，根据控制线和标高线对调节件螺栓进行旋进与旋出便可调校PC板的内外位置和标高。调节PC板中部设一组垂直度调节紧固件（由C紧固件和斜撑杆件组成），利用斜撑杆调节垂直度。

每层外墙PC板安装好后再支模施工与外墙PC板相接触的边梁、柱结构，PC板作为边梁的外模，通过在外墙PC板制作时预埋的内置式套筒，用于模板的对拉螺栓，解决与外墙PC板相接部位现浇内柱单侧支模的难题。

5. 施工工艺流程及操作要点

5.1 工艺流程

5.1.1 PC板制作工艺流程（图5.1.1）

5.1.2 PC板施工工艺流程（图5.1.2）

5.2 操作要点

5.2.1 PC板制作要点

1. PC板尺寸根据结构特点及便于生产、运输、安装等相关要求设计，应标准化、系列化和模数化的要求，形式尺寸尽量统一，较少不同类型，以方便制作和安装。

2. 模具采用钢模板，模具安装应牢固、严密、不漏浆，并符合构件精度要求，有合理定位装置确保门窗框不会因混凝土的浇捣而变型、移位，更不能因模具拆装受到损伤。

3. PC板预埋件包括用于PC板安装、吊运、装饰用的螺丝套及预埋铁件，为室内电线布置埋设在PC板中的电线管、开关盒、空调预留孔洞，及厨房和卫生间预制外墙中埋置在墙体的给排水管出入孔洞或接头等。构件制作前必须对构件图中的各种预埋件进行认真核对，确保无遗漏、无错误。预埋件安装应采取可靠的固定措施，确保满足精度要求。

4. PC板浇筑成型前，模具隔离剂涂刷、钢筋成品（骨架）质量、保护层控制措施、预留孔道、配件、埋件等，应逐件进行隐蔽验收，符合有关标准文件和设计文件要求后方可浇筑混凝土。

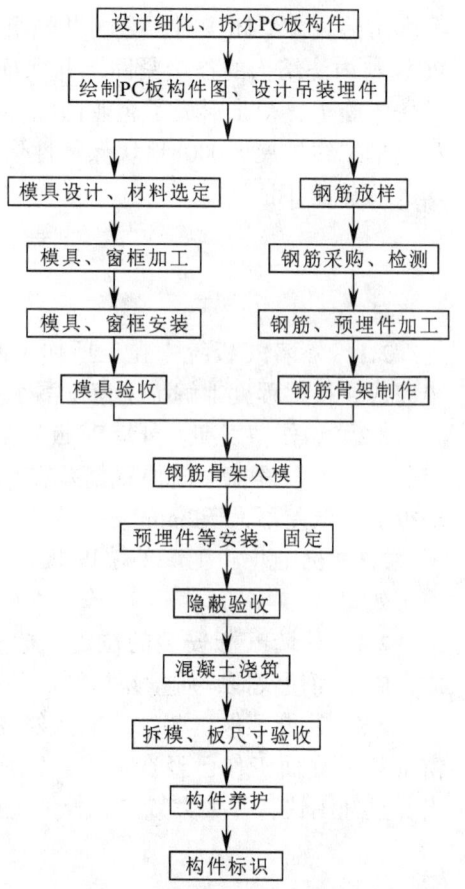

图5.1.1 PC板制作工艺流程图

（流程图内容：设计细化、拆分PC板构件 → 绘制PC板构件图、设计吊装埋件 → 模具设计、材料选定 / 钢筋放样 → 模具、窗框加工 / 钢筋采购、检测 → 模具、窗框安装 / 钢筋、预埋件加工 → 模具验收 / 钢筋骨架制作 → 钢筋骨架入模 → 预埋件等安装、固定 → 隐蔽验收 → 混凝土浇筑 → 拆模、板尺寸验收 → 构件养护 → 构件标识）

5. 混凝土浇捣采用插入式振动棒振捣，逐排振捣密实，应尽量避免振动棒触及到模具、钢筋、预埋件。混凝土浇筑过程应连续进行，同时应观察模具、门窗框、预埋件等是否有变形和移位，如有异常应及时采取纠正措施。PC板构件与内浇结构梁、柱接触部位混凝土终凝前应进行毛面处理。

6. PC板构件混凝土浇筑完毕后，应及时进行养护。构件拆模起吊前应检查其同条件养护的混凝土试块强度，达到设计强度75%后方可拆模起吊。

7. 脱模后应及时在混凝土预制构件表面印刷产品编号，在指定位置标识墨线便于预制外墙的现场安装。

8．在PC板构件进场之前，应当在构件厂事先进行PC板构件的检查，PC板截面尺寸误差控制在 0～－3mm 以内，钢筋位置偏差在±5mm 以内，螺栓套筒位置偏差在±2mm 以内。

5.2.2　吊装准备措施

1．配套工具的制作、配备：

1）PC板结构预留吊点采用拉环和预留M20/16套筒两种起吊模式，根据PC板预留M20/16套筒的特点，采用合理的起吊模式，加工相应的起吊工具。配备3～4m长钢丝绳（6×37+1）2条，2m长钢丝绳（6×37+1）2条、8.5t卸扣4个、钢扁担、溜绳、5t捯链、经纬仪、水准仪、电焊机、千斤顶5t、千斤顶10t、水平尺、吊线锤各一套，各种紧固件、固定脚码件一批。

2）加工吊具（图5.2.2-1），要求焊缝饱满符合规范要求。

图 5.1.2　PC 板施工工艺流程图

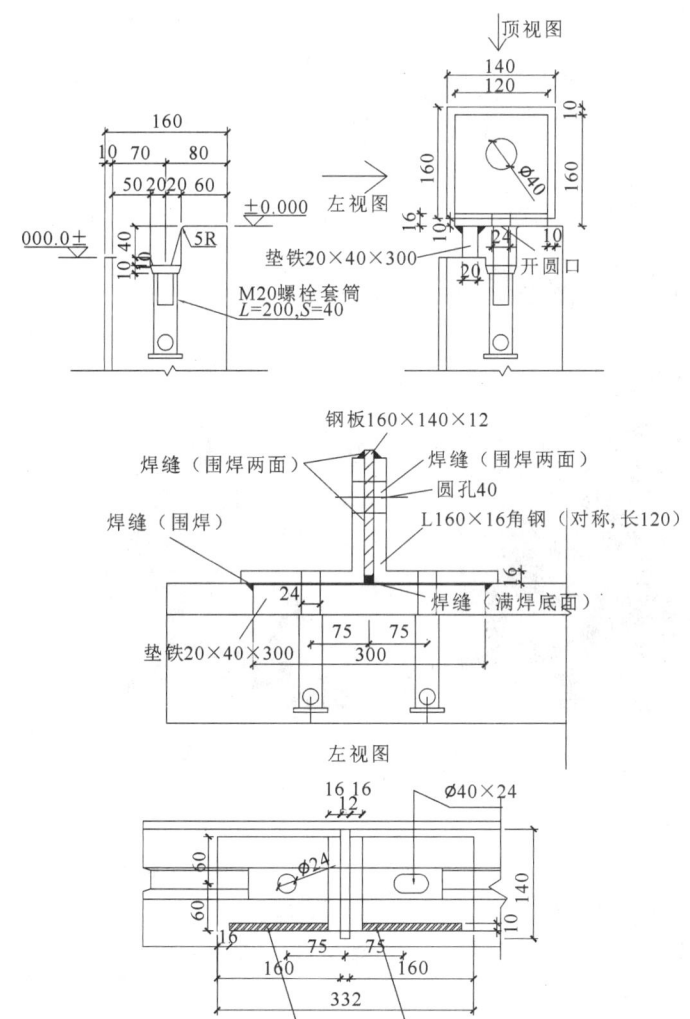

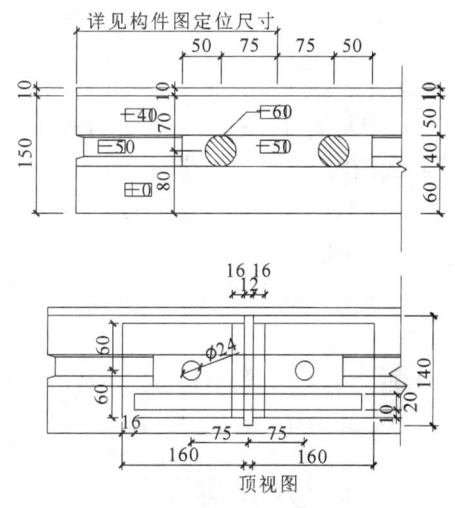

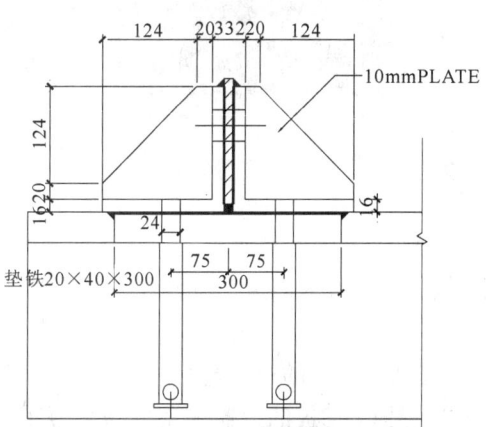

1.所有材质均为Q235
2.焊缝高度均为h=10mm
3.焊缝长度均为满焊

图 5.2.2-1　吊具图

2．加工制作紧固件

1）标高调节紧固件（A紧固件，图5.2.2-2）

（1）A紧固件和PC板连结成一个整体，下面的大螺栓为调整PC板标高所用，下面所垫的钢板，根据调整标高所需进行增加或减少。

（2）A紧固件下面的大螺栓，在使用之前，需要将端部磨圆，这样可以避免端部垒丝，影响使用。

（3）A紧固件立面为φ22螺孔，φ20高强度螺栓穿过螺孔，与PC板内预埋的带丝套筒连接，固定PC板和A紧固件，所加的钢板垫片主要是考虑螺栓的长度。

2）位置调节紧固件（B紧固件，图5.2.2-3）

A 紧固件　　　　　固定PC板的A紧固件状态　　　　　　B紧固件　　　　　固定PC板的B紧固件状态

图5.2.2-2　A紧固件图　　　　　　　　　　　图5.2.2-3　B紧固件图

（1）B紧固件是将PC板与预埋在结构梁内的钢板预埋件连结成一个整体，φ20高强度螺栓穿过螺孔，与预埋在结构梁内的带丝套筒连接。

（2）B紧固件立面的高强度螺栓穿过螺母，来调节PC板的内外位置，中间的螺栓在PC板内外位置调整之后，用螺母来固定PC板与紧固件。

（3）B紧固件立面的高强度螺栓，在使用之前，需要将端部磨圆，这样可以避免端部垒丝，影响使用。

3）垂直度调节紧固件（C紧固件，图5.2.2-4）

C紧固件　　　　　　　　　　固定PC板的C紧固件状态

图5.2.2-4　C紧固件图

（1）C紧固件是通过预埋在结构板内的带丝套筒，通过高强度螺栓和斜撑的连接与PC板连接。

（2）PC板内同理，也预埋带丝套筒，通过高强度螺栓和斜撑的连接与结构。

（3）车丝长度符合设计要求，进套筒最小长度为3cm，强度符合规范要求，有出厂合格证。

5.2.3　PC板的运输及存放

1．外墙PC板的运输采用低跑平板车，PC板竖直立放于运输架上，每一个运输架上放置两块预制构件。为保护预制构件外立面，构件插筋向内，正向放置，构件放置角度不应小于30° 以防止倾覆

（图5.2.3-1）。为防止运输过程中构件的损坏，运输架应设置在枕木上，预制构件与架身、架身与运输车辆都要进行可靠的固定。

2．在运输外墙PC板前后，检查吊装螺栓丝口是否存在损坏，对于出现丝口咬伤、拉痕不均匀的吊装螺栓立即更换，不得再使用。

3．施工现场PC板堆放场地应进行硬地化，并有排水措施，确保地面平整、坚实，不得积水或沉陷。PC板的存放采用插放架立放，吊点位置朝上，便于吊运（图5.2.3-2）。

图5.2.3-1　PC板的运输

图5.2.3-2　PC板的存放

5.2.4　PC板的吊运

1．PC板采用平板车运送至工地指定位置，PC板上留有预留套筒和吊环。每次吊装先将吊具安装在PC板顶预留套筒位置，吊具采用螺栓连接，中间垫上木方和塑料垫块（图5.2.4-1），避免吊装过程损坏构件。采用平吊模式使PC板水平离开平板车，利用钢扁担（图5.2.4-2），依靠顶端吊具四个螺栓（8.8级M20）受力进行安装。

图5.2.4-1　木方和塑料垫块

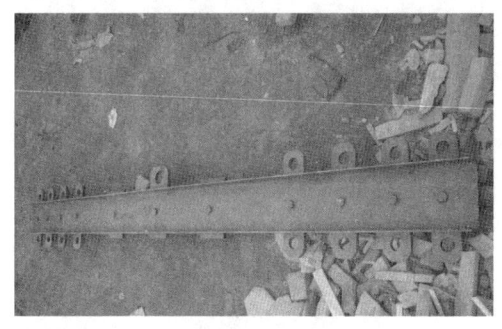

图5.2.4-2　钢扁担

2．PC板起吊时必须在构件的混凝土达到设计强度的75%以上才能进行，PC板在吊环上的绳索要求等长，起吊点要求对称设置，使PC板起吊后保持水平。

3. 将PC板运至施工现场放置在预先准备的墙板存放架上面，将PC板用φ20高强度螺栓通过吊具与吊钩连接，然后开始准备吊装，吊车先用4根等长钢丝绳将PC板平行于地面吊起。起吊到一定的高度之后，吊车松开连接在PC板正面的两根钢丝绳，另外两根继续起吊，直到前面两根钢丝绳完全自由之后，松开吊具，下一步将PC板徐徐吊起来，高度超过外架之后，徐徐下降，在该过程当中需要工人扶住PC板配合吊车将PC板移至相应位置（图5.2.4-3）。

图5.2.4-3　PC板的吊运

5.2.5　PC板的安装

1. 当PC板吊到指定位置之后，在现场技术人员的指挥下，工人将PC板上预留钢筋插入现浇梁内，如图5.2.5-1，然后将PC板缓缓移至结构面上，测量员、质检员核定标高和垂直度，工人协助进行进行初调使PC板基本到位，如图5.2.5-2，（此时钢丝绳不可以拆除）。

图5.2.5-1　PC板安装图1　　　　　　　　　　图5.2.5-2　PC板安装图2

2. 当PC板构件安装就位后，将构件与混凝土结构通过斜支撑，进行螺栓连接如图5.2.5-3、图5.2.5-4。

图5.2.5-3　斜支撑安装图1　　　　　　　　　　图5.2.5-4　斜支撑安装图2

3. 用扳手拧紧A、B紧固件，对PC板进行临时固定，如图5.2.5-5、图5.2.5-6。

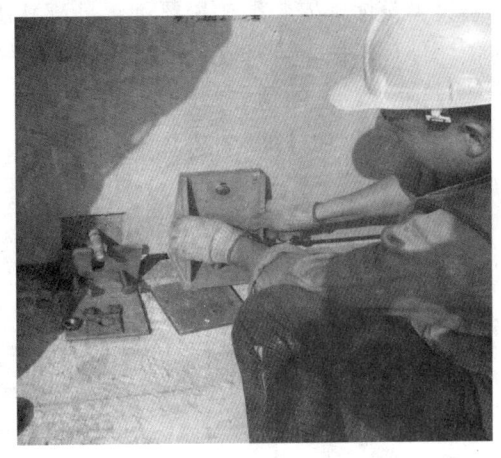

图5.2.5-5　PC板临时固定图1　　　　　　　图5.2.5-6　PC板临时固定图2

4. 根据已弹好的控制线和标高，精确调整PC构件的位置、标高、垂直度，如图5.2.5-7、图5.2.5-8。

图5.2.5-7　PC板构件调整图1　　　　　　　图5.2.5-8　PC板构件调整图2

5.2.6 PC板校正及紧固

1. 当PC板构件重量较大，PC板安装固定以后难以再做调整，要求在吊装过程中边吊装边校正。吊车充分配合，在吊装就位的时候及时复核轴线位置、垂直度、平整度，均应符合规范及设计要求。PC板构件垂直度允许偏差为3mm，用靠尺、线锤检查。

2. 对PC板标高及垂直度反复进行复核，确认没有问题之后，将紧固件完成固定。

5.2.7 内浇梁板配套预埋件的定位、安装

1. 预埋件的定位、安装

1）预埋件安装须弹控制线，由控制线来定位预埋件，板上套筒（M20、M16、M12等）待板上钢筋绑扎完毕后将套筒尾部孔内按设计要求穿入锚固钢筋，与构件钢筋骨架焊牢，套筒上口用沾少许机油棉布条塞紧，避免混凝土浇筑时水泥浆进入套筒孔影响螺栓的连接。板上套筒主要作用是保证PC板等的吊装、调整、斜拉预埋件与结构楼板间的有效连接并安装斜拉支撑，为避免斜拉支撑被满堂架钢管干扰，尤其是为了避免扫地杆对斜拉杆与PC板连接的防碍，所以在作业前根据施工方案利用计算机模拟绘图布置，避免扫地杆与斜拉杆冲突情况的发生。

2）梁上预埋件由A（B、C）组紧固件组成，梁上预埋件的固定采用螺栓、连接，B组件待内浇混凝土结构浇筑完成且混凝土达到强度后，拆下后用L形钢筋采用焊接进行永久固定，该部位预埋件安装的允许偏差为±2mm。梁上预埋件与板上预埋套筒类似，在楼板上弹好控制线来确定预埋件位置，等混凝

土浇筑完成且混凝土强度达到上人条件后，由测量放线人员、在放线过程中对预埋件进行二次复核。

首层梁上预埋件安装待该层梁上钢筋绑扎固定完毕，按设计要求安装预埋件，第二层开始在PC板件上的预埋件预留位置进行安装连接，先由螺栓与PC板上预留套筒连接（图5.2.7-1、图5.2.7-2）。

2．浇筑完混凝土的预埋件的状态

1）板、梁内预埋件如图5.2.7-3。

图5.2.7-1 　　　　　　　　　　　 图5.2.7-2 　　　　　　　　　　　 图5.2.7-3

2）板、梁内预埋件 ，在浇注混凝土之前，用海绵塞近套桶内，以免混凝土灌进。

3）在浇筑混凝土之后，对预埋套桶内的污染物采用镊子夹浸过酒精的棉花球进行内部清洁，保证螺栓的进深不小于3cm。

4）梁内预埋件，在浇注混凝土之后要对其进行清理，保证预埋件全部裸露出来。

5.2.8　与PC板连接边梁及柱单侧模板的加固

在PC板外挂边梁及柱的对应处埋置M12预留套筒，边梁及柱模板支模对拉采用车丝机将直径12钢筋加工成端头长100mm的套丝，将加工好的钢筋螺杆拧入M12预留套筒内。钢筋螺杆套直径20mm的PVC套管，比便钢筋螺杆的周转使用。钢筋螺杆出PC板以外部分长度根据梁、柱截面尺寸确定，保证模板加固需要。

图5.2.8-1 　　　　　　　　　　　　　　　　　　　图5.2.8-2

图5.2.8-3 　　　　　　　　　　　　　　　　　　　图5.2.8-4

5.2.9 PC板与木模板之间的防漏浆处理

1．PC板与木模板之间采用黏贴泡沫双面胶板进行防漏浆处理。

2．在与PC相连接的梁柱等构件封模前首先在PC板相应位置上黏贴双面泡沫胶，待安装木模板时将木模板紧挤泡沫胶，以达到封堵拼缝防止混凝土浇筑时漏浆的发生（图5.2.9-1、图5.2.9-2）。

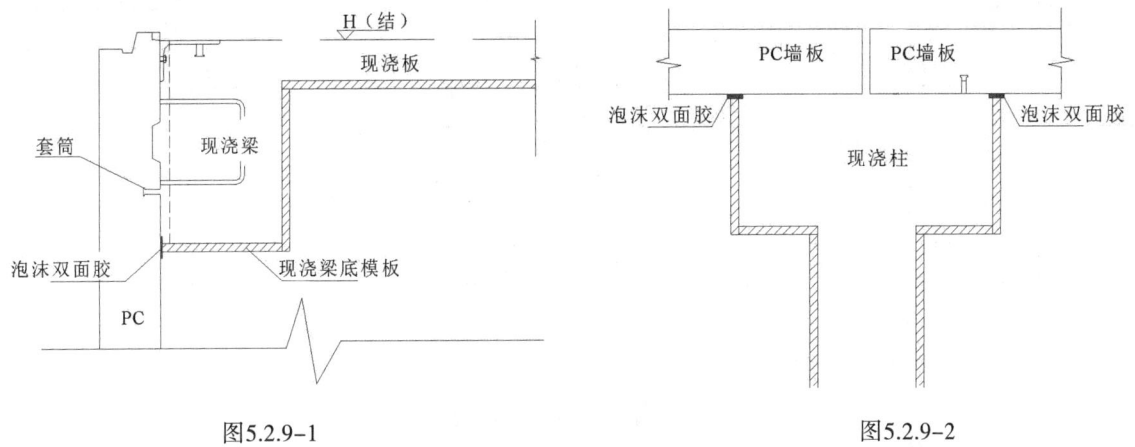

图5.2.9-1   图5.2.9-2

5.2.10 PC板与PC板之间的防漏浆处理

1．在现浇结构梁柱封模前需对PC板与PC板之间的横竖向拼缝进行封堵。

2．一般部位PC板与PC板之间的横竖向拼缝采用20mm厚60mm宽XPS板进行黏贴封堵（图5.2.10-1）。

3．个别阴角部位无法采用XPS板封堵时，采用ϕ30mm的PE棒塞缝进行封堵（图5.2.10-2）。

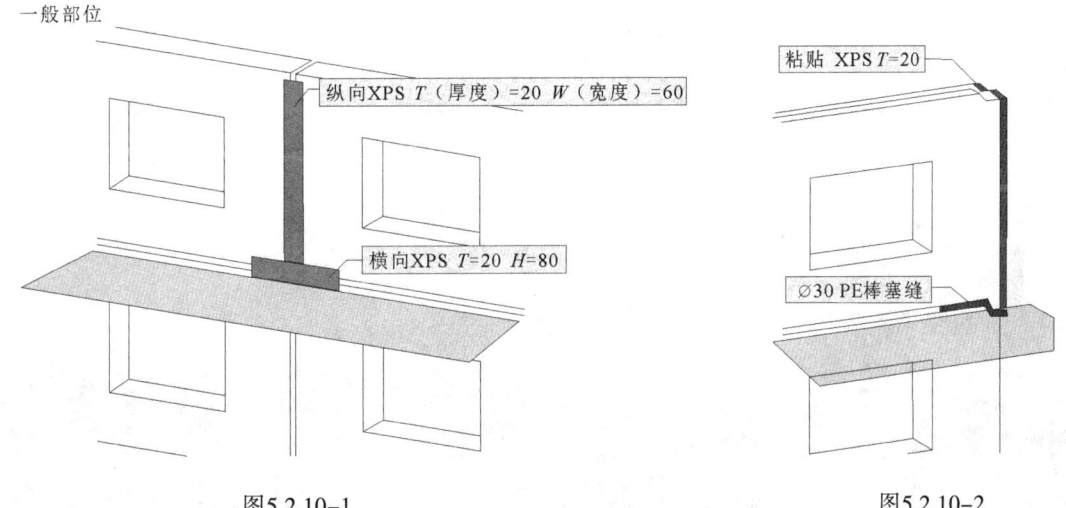

图5.2.10-1   图5.2.10-2

5.2.11 PC板拼缝外防水处理

1．在现浇结构完成且达到龄期后再对PC板拼缝进行打胶处理（图5.2.11）。打胶前，侧壁应清理干净，保持干燥，先嵌塞填充棒衬垫材料，后打胶。施工时不得堵塞防水空腔，注胶应均匀、顺直、饱和、密实，表面应光滑，不得有裂缝现象。

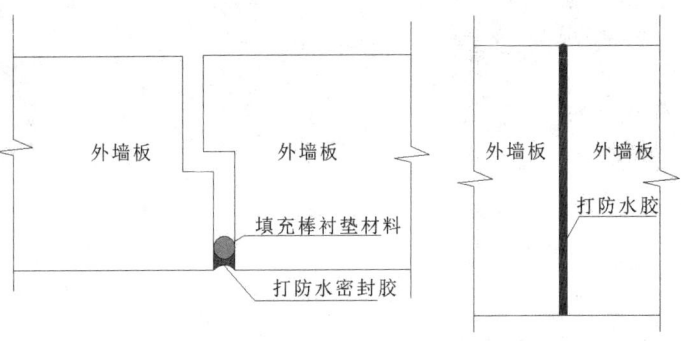

图5.2.11　PC板外防水示意图

2．密封防水胶应采用有弹性、耐老化的密封材料，衬垫材料与防水结构胶应相容。

5.3 劳动力组织
5.3.1 预制加工厂劳动力组织（每套模具）

预制加工厂劳动力组织表（每套模具） 表5.3.1

序号	工 种	所需人数（人）	备 注
1	管理人员	1	
2	放线工	2	弹控制线
3	木工	4	技工
4	钢筋工	2	技工
5	混凝土工	3	技工
6	焊工	1	技工
7	电工	1	技工
	合计	14	

5.3.2 现场吊装劳动力组织（每个组）

现场吊装劳动力组织表（每个组） 表5.3.2

序号	工 种	所需人数（人）	备 注
1	管理人员	1	
2	放线工	2	弹控制线
3	木工	2	技工
4	吊机司机	1	技工
5	指挥工	2	技工
6	起重工	8	技工
7	焊工	2	技工
	合计	18	

6. 材料与设备

6.1 材料
6.1.1 紧固件及斜撑杆：分A、B、C三种紧固件（图6.1.1）。

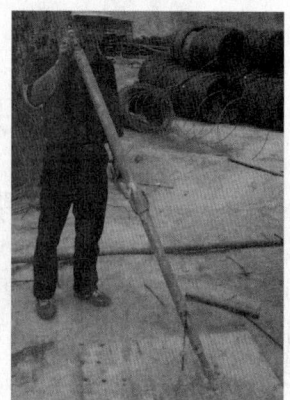

A紧固件　　　　　　B紧固件　　　　　　C紧固件　　　　　　斜撑杆

图6.1.1　紧固件及斜撑杆

6.1.2 高强度螺栓：8.8级M20、M16，用于连接角钢吊具与PC板。

6.1.3 垫片：规格70mm×70mm×12mm钢板，垫片中心处钻ϕ22孔，便于高强螺栓能够顺利拧紧。

6.1.4 角钢：规格∟200×200×16。

6.1.5 废旧轮胎：主要是利用废旧外轮胎的可变形性，防止与PC板发生碰撞，产生缺棱掉角等情况的发生。

6.1.6 橡胶垫片：用于粘贴在结构预埋套筒周围，在吊装过程中，减少吊具在吊装过程中因应力集中对PC板结构产生损坏。

6.2 机具设备

每个安装小组采用的机具设备详见表6.2。

每个安装小组设备表　　　　　　　　　　　　　　　　　表6.2

序号	名　称	型号规格	单位	数量
1	吊机	塔吊或汽车吊	台	1
2	平衡钢梁	2×20号槽钢	条	1
3	葫芦	5t	个	2
4	钢丝绳	6×37+1	条	4
5	梅花扳手		把	4
6	对讲机		台	4
7	电焊机		台	1

7. 质 量 控 制

7.1 工程质量控制标准

7.1.1 钢筋混凝土结构的施工质量验收执行现行国家标准《混凝土结构工程施工质量验收规范》GB 50204的规定，PC板构件的门窗子分部工程、饰面板（砖）子分部工程执行现行国家标准《建筑装饰装修工程施工质量验收规范》GB 50210的规定。

7.1.2 外墙PC板制作的尺寸允许偏差按表7.1.2执行。

外墙PC板制作尺寸允许偏差表（mm）　　　　　　　　　表7.1.2

项　　目		允许偏差	检　验　方　法
长度		0～−3	钢尺检查
宽度		0，−3	钢尺量一端及中部，取其中较大值
高（厚）度		0，−3	钢尺量一端及中部，取其中较大值
侧向弯曲		$L/1500$ 且≤ 10	拉线、钢尺量最大侧向弯曲处
对角线差		4	钢尺量两个对角线
表面平整度		2	2m靠尺和塞尺检查
翘曲		$L/1500$	调平尺在两端量测
预埋钢板	中心线位置	2	靠尺和塞尺检查
	安装平整度	3	
插筋	中心线位置	5	钢尺检查
	外露长度	+8，0	
预埋套筒	中心线位置	2	钢尺检查
	外露长度	+3，0	
预留洞	中心线位置	3	钢尺检查
	尺寸	+8，0	
紧固件内置螺栓位置		2	钢尺检查

7.1.3 外墙PC板安装的允许偏差按表7.1.3执行。

外墙PC板安装允许偏差（mm） 表7.1.3

项 目	允许偏差（MM）	检 验 方 法
轴线位置	3	钢尺检查
底模上表面标高	0～-3	水准仪或拉线、钢尺检查
每块外墙板垂直度	3	2m拖线板检查（四角预埋件限位）
相邻两板表面高低差	2	2m靠尺和塞尺检查
外墙板外表面平整度（含装饰层）	2	2m靠尺和塞尺检查
空腔处两板对接对缝偏差	±2	钢尺检查
外墙板单边尺寸偏差	±2	钢尺量一端及中部，取其中较大值
连接件位置偏差	±2	钢尺检查
斜撑杆位置偏差	±8	钢尺检查

7.2 质量保证措施

7.2.1 进入现场的预制墙板，其外观质量、尺寸偏差及结构性能应符合设计及相关技术标准要求。

7.2.2 外墙PC板安装前应核查PC板构件编号，并核查PC板构件上的预埋螺丝套筒及连接钢筋是否齐全，位置是否正确，丝扣有无损伤，外观质量是否符合要求。

7.2.3 严格控制测量放线的精度，轴线放线偏差不得超过2mm，外墙PC板吊装前须对所有吊装控制线进行认真复检。

7.2.4 吊装前对外墙分割线进行统筹分割，尽量将现浇结构的施工误差进行平差，防止PC板吊装产生累积偏差。

7.2.5 外墙PC板吊装应沿顺时针或逆时针顺序依次吊装，不得间隔吊装。

7.2.6 工序检验到位，工序质量控制必须做到有可追溯性。

7.2.7 吊装前准备工作充分到位，做好班前安全技术交底，明确吊装顺序。

7.2.8 吊装过程中应注意的事项：

1. 起吊应垂直、平稳，绳索与构件的夹角不小于60°，各吊点受力均匀，构件在提升、转臂、运行过程中，应避免振动与撞击。

2. 构件就位时应对准定位线，应一次就位，如就位偏差大于3mm，应将构件重新吊起调整，构件就位后，用靠尺、水平尺、激光水平仪等检查PC板和板立缝的垂直度，并检查相邻两块板接缝是否平整，墙板水平以墙板上口为准，如有偏差用角码进行调整至允许范围内（±2mm），校正PC墙板立缝垂直度时，宜采用在墙板底部垫铁楔的方法。

3. 建筑物的大角，需用经纬仪由底线校正，以控制山墙的垂直度。吊装第一块墙板时，要严格控制轴线和垂直度，以保证后续安装的准确性。

4. PC板吊装过程中，如出现偏差时，可以在偏差允许范围内进行调整：

1）外墙PC板的轴线、垂直度和接缝平整三者发生矛盾时，以轴线为主进行调整。

2）外墙PC板不方正时，应以竖缝进行调整，外墙板接缝不平时，应先满足墙面平整，外墙板立缝上下宽度不一致时，可均匀调整，相邻两板错缝，应均匀调整。

3）山墙与相邻板立缝的偏差，应以保证大角垂直度为准。

8. 安 全 措 施

8.1 严格执行国家行业标准《建筑施工安全检查标准》JGJ 59-99、《建筑工安全检查标准》JGJ

59-99、《建筑施工扣件式钢管脚手架安全技术规范》JGJ 130-2001（2002年版）、《建筑机械使用安全技术规程》JGJ 33-2001、《建筑施工高处作业安全技术规范》JGJ80-91等规范规程。

8.2 PC构件吊装前，应进行各项安全措施的检查落实，设置吊装作业半径的警戒区，严禁立体垂直交叉作业，构件起重作业时，必须由起重工进行操作，吊装工进行安装，绝对禁止无证人员进行起重操作，安装吊点螺栓的人员必须相对固定，以确保吊点螺栓的紧固到位。

8.3 吊装前必须检查吊具、钢梁、葫芦、钢丝绳等起重用品的性能是否完好，并设置吊点防脱落安全绑带。

8.4 吊装开始前，应先进行试吊，先将构件吊起离开地面200～300mm时，停止提升，检查起重机的稳定性、制动器的可靠性，构件的平稳性，索具的牢靠性等，确认无误后方可继续起吊，为防止构件产生晃动应拴溜绳。为防止塔吊大臂力矩过载，应根据构件重量设定行程限位标示。

8.5 在吊装的过程中，要随时检查吊钩和钢丝绳的质量，当吊点螺栓出现变形或者钢丝绳出现毛刺，必须将其及时更换。

8.6 在吊装的过程当中，必须至少安排两个信号工人跟吊车司机沟通，下面起吊的时候，以下面的信号工发令为准。上面安装的时候，以上面的信号工发令为准。

8.7 吊运作业时，下方禁止站人。必须待外墙板降落到离地1米左右，方准靠近，就位固定后，方准脱钩。

8.8 严格遵守现场的安全规章制度；进入施工现场必须戴安全帽，操作人员要持证上岗，严格遵守安全操作规程。所有人员必须参加大型安全活动。

8.9 专业电工持证上岗。电工有权拒绝执行违反电气安全的行为，严禁违章指挥和违章作业。

8.10 遇到雨、雾天气，或风力大于6级时，不得进行吊装作业。

9. 环 保 措 施

9.1 本工法应执行以下环保法规和规范：《建筑与施工现场环境与卫生标准》JGJ 146-2004、《建筑施工场界噪声限制》GB 12523-90、《建设项目环境保护管理条例》。

9.2 施工中必须注意控制噪声，在城市建成区内，禁止中午和夜间进行产生噪声的建筑施工活动（中午12时至下午14时，晚上23时至第二天早上7时）。由于施工不能中断的技术原因和其他特殊情况，需在中午或夜间连续施工作业时，应提前向建设行政主管部门和环保部门申请并通过后方可进行。

9.3 施工现场必须保证道路畅通、场地平整，无大面积积水，场内设置连续、畅顺的排水系统。工地临时道、临时设施、材料堆放地、加工场、仓库地面等进行硬地化，配备洒水车并保持清洁卫生，避免扬尘污染周围环境。

9.4 施工现场各忠材料分类堆放、码放整齐并悬挂标识牌，严禁乱堆乱放，不得占用临时道路和施工便道。

9.5 外墙PC板运输过程中，应保持车辆的整洁，防止对成品PC板的污染。

9.6 加强施工现场废弃物、污水的管理。废弃物运到指定点统一处理，污水经沉淀处理后排到市政管网中。

10. 效 益 分 析

10.1 经济效益

10.1.1 外墙PC板采用机械化吊装，大大减少了现场用工工时，节约了人工费，但增加了机械台班费，工厂制作及运输预制板费用也比现场浇筑略高，经测算，每平方米成本约增加15%～20%左右。

10.1.2 工期方面，外墙板的外墙面砖、窗框等已在工厂里做好，局部打胶、涂料等工序仅用吊篮就可以进行，外装修不占用总工期。就一座 20 层左右的楼而言，可节约工期约 3 个月。由于建造速度快、周期短，能使资金早日回笼，提高资金的周转率，减少房地产企业的融资成本。

10.1.3 质量方面，由于窗框、瓷砖在工厂里就和混凝土牢固地粘结在了一起，基本上杜绝了脱落现象。根治了外墙渗漏、裂缝的通病，减少了工程质量维修费用。

10.1.4 综合考虑直接效益和间接效益，采用装配式外墙板仍具有一定优势，在未来面临劳动力资源短缺，劳动力成本大幅提升的情况下，装配式外墙板的优势将更加明显。

10.2 社会效益

该项技术操作简便、安全可靠，节能环保，可确保工程质量，采用机械化吊装施工，施工效率显著提升，安装时间显著缩短，较之传统施工方法节约人工 30%；节约常规周转材料约 8%；内外装饰工期短，竣工时间可缩短约 20%；减少了现场湿作业，减少建筑垃圾约20%，节约施工用水约20%，大量减少了噪声污染，在节能环保方面优势明显。

11. 应 用 实 例

11.1 万科东莞住宅产业化基地 6 号实验楼

本工程位于东莞市松山湖高新产业园区，为万科东莞住宅产业化基地建造的一栋三层工业化实验楼，采用内浇外挂体系，梁、板、内柱采用混凝土现浇结构，外墙采用预制PC板构件。建筑高度为9.2m，总建筑面积334m²。工程开工日期为2009年11月，主体结构工程于2010年1月30日完成，竣工日期为2010年3月。本工程采用内浇外挂式外墙 PC板施工技术，取得了显著效果，工程工期约节省1个月，外墙平整度、垂直度、观感明显提高，完全杜绝了窗框渗水现象。

11.2 万科双城水岸·如日苑

该工程位于广东省东莞市塘厦镇，为6栋3层别墅，建筑面积3965m²，采用内浇外挂体系，梁、板、内柱采用混凝土现浇结构，外墙采用预制PC板构件。工程开工日期为2010年1月，主体结构工程于2010年6月30日完成，2010年12月30日竣工。本工程采用内浇外挂式外墙 PC板施工技术，取得了显著效果，外墙平整度、垂直度、观感明显提高，完全杜绝了窗框渗水现象，得到了业主、监理的一致肯定。

11.3 龙华二线扩展区 0008 地块保障性住房二标段

2010年6月，万科与中建三局、深圳鹏城建筑集团有限公司组成联合体中标了龙华二线扩展区0008地块保障性住房项目，深圳鹏城建筑集团有限公司负责其中二标段的施工，二标段总建建筑面积约6万m²，包括9~10号楼（27层）、11~12号楼（27层），建筑高度约80m。采用内浇外挂体系，梁、板、内柱采用混凝土现浇结构，外墙、楼梯、走道板采用预制构件。本工程外墙采用内浇外挂式外墙PC板施工技术，外墙平整度、垂直度、观感明显提高，外墙施工进度明显加快，得到了业主、监理的一致肯定。

大型破碎机房高大漏斗（钢·混凝土组合结构）施工工法

GJEJGF082—2010

广西建工集团第五建筑工程有限责任公司　广西建工集团第一建筑工程有限责任公司

芦继忠　梁伟　海涛　肖玉明　孙富达

1. 前　言

近年来，随着水泥行业的快速发展，全国各地新建了一批大型水泥厂，其中矿山石灰石破碎、砂土破碎、石膏破碎等生产线需安装大型的破碎机，其结构较复杂，且有高大的下料钢漏斗，尤其是石灰石破碎机的钢漏斗最大（重达32t）。矿山钢漏斗投料为水泥生产线投产使用的重要标志。钢漏斗结构除承受自重作用外，还要承受原料投放的冲击力以及破碎机的震动荷载等荷载的作用，因此必须确保下料漏斗钢·混凝土组合结构的施工质量，以保证结构安全稳定。钢漏斗与剪力墙、斜板与梁板混凝土结构还要共同受力，这必然要求高大漏斗钢·混凝土组合结构中体积厚大的钢筋墙板混凝土、大型钢漏斗安装及厚大支承梁板混凝土的施工密切配合，这是一项较复杂的施工技术。

我们通过开展技术攻关，取得了"大型破碎机房高大漏斗(钢·混凝土组合结构)施工技术"这一国内领先的施工技术，于2009年通过了广西住房和城乡建设厅的鉴定，同时形成了"大型破碎机房高大漏斗(钢·混凝土组合结构)施工工法"。主要用于指导工业厂房中大型破碎机房漏斗钢·混凝土组合结构的施工，其效果明显，所需的材料设备简单、操作简便、技术先进，有较好的社会效益和经济效益。

2. 工法特点

2.1　模板安装高度达8m，最大框架梁高2.5 m，属于高大模板施工范畴。因此需对模板支撑体系进行设计、计算、制定模板专项施工方案，确保模板支撑体系的稳定性、质量和安全。

2.2　大型钢漏斗总重32t，钢漏斗下口尺寸为2.2m×4.65m，底标高为2.63m，上口尺寸（7.852～10）m×9m，顶面标高10m，由3个斜面拼装焊接而成，分两段制作成型，在施工现场进行高空拼装，支模、绑扎钢筋和吊装穿插进行，并分层连续浇捣斜板及梁板混凝土，避免施工缝的出现。

2.3　本工法施工工期短、采用设备简单、质量容易保证、施工安全可靠、技术先进、经济效益较好。

3. 适用范围

3.1　特别适用于工业破碎机房高大漏斗钢·混凝土组合结构工程的施工。

3.2　可适用于普通高大模板工程的施工。

4. 工艺原理

施工前先要制订科学合理的工艺流程，明确施工顺序和施工方法。通过对高大模板支撑体系受力分析，并按建筑施工模板安全技术规范的有关规定进行设计、计算；垂直荷载由竖向立杆承受；水平荷载用对拉螺杆承力并附加内外水平支撑支承；编制模板专项施工方案，按方案来组织施工，确保模板支撑体系的稳定性，钢漏斗安装前须完成其下部的剪力墙混凝土的浇捣，32t钢漏斗分两段制作，在斜板钢筋绑扎完后分两段进行钢漏斗的吊装，并现场高空拼装，其中钢筋绑扎、支模和钢漏斗吊装均应穿插进行，钢漏斗的直接受力结构——斜板及梁板混凝土须分层连续浇捣密实，避免施工缝的出现，以确保钢漏斗的受力结构密实稳固，使钢漏斗能发挥使用效果。

5. 施工工艺流程及操作要点

5.1 施工工艺流程

施工±0.000m以上800厚混凝土墙板（施工至7.8m）→搭设满堂承重支撑脚手架→绑扎斜板钢筋→吊装第一段钢漏斗→焊接钢漏斗锚筋→支斜板底模→吊装第二段钢漏斗、焊接第二段钢漏斗锚筋→支其余斜板底模→支2.5m厚混凝土顶板的模板及绑扎顶板钢筋→分层连续浇捣斜板及顶板混凝土。

5.2 操作要点

5.2.1 混凝土墙板施工方案

绑扎墙板钢筋时，应按规定设拉结筋，钢筋位置及间距应符合设计及施工规范要求。墙模采用木模板，墙模沿水平和垂直方向每间隔600mm安装ϕ14对拉螺栓拉结模板。支墙板模板前，先将基础施工缝混凝土凿毛，清扫干净，捣混凝土前先将施工缝处混凝土表面湿润，并浇捣25mm厚与混凝土成分相同配合比的水泥砂浆，然后开始浇灌混凝土，混凝土采用泵送商品混凝土，浇混凝土时采用分层交圈连接浇捣，分层高度约800mm，上层混凝土振捣时振动棒必须插入下层100~150mm，连续浇完不留施工缝。混凝土墙顶距上层板底约200mm处，留水平混凝土施工缝，进行上部结构的施工。墙板混凝土浇灌完后12h开始淋水养护，养护时间不少于7d。

5.2.2 搭设承重支撑脚手架

先在±0.000m混凝土底板上相应位置，按模板专项方案的要求搭设落地式满堂钢管支撑脚手架，作为漏斗钢结构、斜板及2.5m厚混凝土顶板的支撑架体。支撑脚手架搭设高度约8m（最大高度），支撑立杆间距双向均为500mm，立杆步距1.4m，底部离地200mm高处设纵横双向扫地杆，立柱置于2000mm×200mm×50mm厚的硬杂木垫板上，传力至混凝土楼板上。支撑架体沿立杆每步设置纵横水平杆且纵横两向均无缺杆，立杆顶端向下200mm设置一道纵横向水平杆和水平剪刀撑；水平方向沿全平面从上向下每隔两步设置一道水平剪刀撑；竖直方向沿纵、横向全高全长从两端开始每隔4排立杆设一道竖直剪刀撑，剪刀撑宽≥6m且最少4跨，剪刀撑最多跨越杆数：45°角时7根，50°角时6根，60°角时5根。为加强支架的整体性，所有剪刀撑必须顶到楼面或与施工好的主体结构拉结支顶牢固。

支撑系统采用ϕ48×3.5mm的钢管，钢管檩条间距500mm，斜板及顶板采用单钢管搁栅，其间距为250mm。支撑架体搭设详见图5.2.2-1和图5.2.2-2，钢漏斗支撑架体和模板支撑架应相互结合，并确保钢漏斗临时固定牢固。

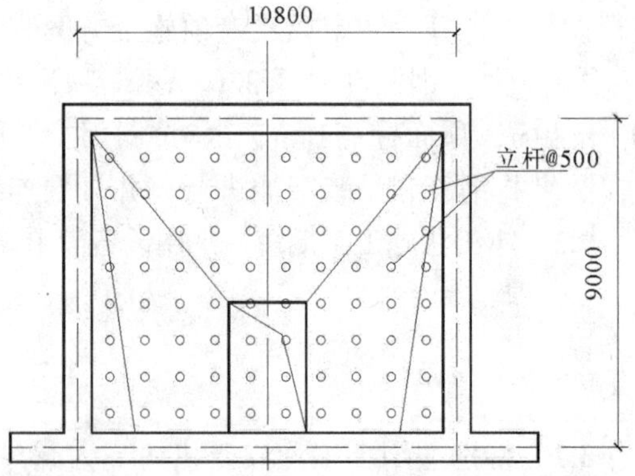

图5.2.2-1 支撑架体搭设平面示意图

5.2.3 绑斜板钢筋

考虑到钢漏斗锚筋的焊接需要，底模不便提前安装，所以斜板的钢筋位置应准确控制并确定牢固。斜板为双层钢筋网，四周两行钢筋交叉点应每点扎牢，中间部分交叉点可相隔交错扎牢，但必须保证受力钢筋不位移。绑扎时应注意相邻绑扎点的铁丝扣要成八字形，以免网片歪斜变形。绑扎双层钢筋网时，应逐层进行绑扎，在每层钢筋之间应设置撑铁（即拉结筋ϕ12@600，梅花形布置），以固定钢筋间距，并相互错开排列。撑铁与上、下层钢筋接触点宜采用点焊固定，同时在其周边2~3道范围内的上、下层钢筋网也采取点焊，以加强钢筋网整体稳定性。

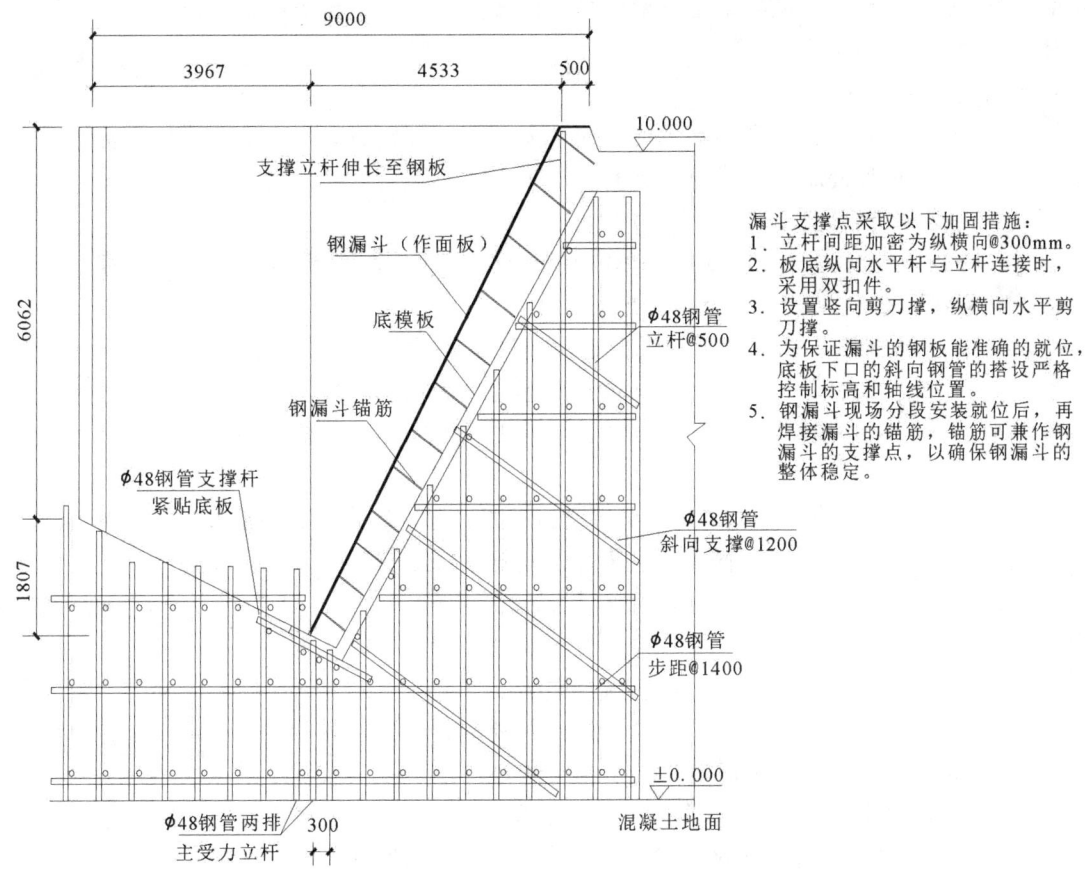

图5.2.2-2　支撑架体搭设及钢漏斗固定示意图

5.2.4　钢漏斗安装

钢漏斗的制作方案应与其吊装方案相适应，考虑到钢漏斗的锚筋提前焊接会影响钢漏斗的安装及斜板钢筋的绑扎，锚筋改在漏斗现场吊装就位后再进行焊接，因此需在钢漏斗制作时提前定位并钻好锚筋孔位，即采取穿孔焊接锚筋。钢漏斗分两段在车间内制作成型后，再运至现场安装，分段处须采取坡口双面焊。

钢漏斗分两段进行吊装，吊装采用1台70t的汽车吊进行。

起吊方法：主要采用两点起吊。先在地面上绑扎70t汽车吊的两根吊索，吊索长度应控制准确，然后把吊钩挂在70t汽车吊的吊钩上，跟着慢慢收紧汽车吊的钢丝绳。起吊钢漏斗时应超过混凝土墙顶面，标高约10m处。漏斗就位好后用70t汽车吊缓慢匀速地降至安装位置。吊装时应防止钢漏斗旋转碰撞墙壁和支撑架体，整个吊装过程中，吊车的吊钩应始终保持工作状态，直至钢漏斗安装位置校正好并全部固定在承重支撑架且稳定后才允许脱钩。

5.2.5　斜板及2.5m厚混凝土顶板施工

斜板与顶板的模板安装高度均达8m，且顶板的厚度较大，均属于高大模板施工范畴。斜板只需安装底模，钢漏斗为斜板的面板，斜板采用单钢管搁栅，其间距为250mm。

2.5m厚混凝土顶板的支撑立杆间距为双向500mm，步距1.4m，钢管檩条间距500mm，搁栅采用ϕ48×3.5单钢管，间距250mm。立杆底部离地200高处设纵横双向扫地杆，立柱置于2000mm×200mm×50mm厚的硬杂木垫板上，传力至混凝土楼板上。立杆顶部采用可调顶撑，顶撑螺栓的伸出长度≤300mm。剪刀撑搭设要求见5.2.2内容。顶板底部采用18mm厚胶合板，模板工程经联合组织验收合格后方可浇捣混凝土。

5.2.6　斜板与梁板混凝土施工

1. 钢漏斗钢·混凝土组合结构混凝土方量较大，须按大体积混凝土浇捣工艺进行施工。斜板与顶板混凝土应一次性连续浇捣密实。

2. 混凝土的制备与运输

现场混凝土采用商品混凝土，每车装料时，罐体要高速搅拌，运输途中低速搅拌，防止混凝土离析；混凝土供应速度应保证混凝土连续施工要求。

3. 混凝土的泵送和浇捣施工

严格控制进场混凝土的质量，进场的每车混凝土必须经目测无离析，现场实测坍落度符合要求后，才能入泵。混凝土采用1台固定式泵机入模。

1）斜板混凝土浇筑时须用插入式振动器仔细振捣密实，尤其是斜板混凝土下难较困难，振动器不易振捣密实，必须选派责任心强、混凝土振捣经验丰富的混凝土工来操作，对于钢筋排列较密的斜板，可采用直径 $\phi 30$ 小型振动棒来振捣，浇筑过程中要采用小锤敲击模板以检查混凝土是否已浇筑密实。

2）顶板混凝土采用全面分层连续浇筑，不留设施工缝，分五层浇筑，每层高度约500mm，以利于水化热排放。顶板混凝土浇筑时先用插入式混凝土振动器振捣密实后，其表面还要用平板振动器振捣密实，表面再用木抹子抹平搓毛两遍，并且两遍间的时间要错开1h以上，以防止表面产生收缩裂缝。

4. 混凝土养护措施

由于顶板的面积不大，混凝土浇捣时间宜选择在当天气温较低的时候，同时在混凝土中应采用低水化热的水泥与掺合料，混凝土配合比应优化设计，并控制骨料质量和含泥量及水灰比，骨料要用凉水冲洗降温，以降低混凝土入模时的温度。

在墙和梁板混凝土浇筑完成2h后，要拆除妨碍覆膜的钢管和杂物，顶板混凝土表面用塑料薄膜全面封闭，外围再用麻袋覆盖，然后浇水养护，须始终保持其表面湿润。墙板混凝土浇筑完成2h后，要对模板表面浇水养护；混凝土浇筑完成12h后，要松开对拉螺杆及内外龙骨，但模板不能过早拆除，通过模板缝隙使水渗至墙板混凝土表面，并使混凝土表面始终保持湿润。混凝土保湿养护时间控制在14d以上。

5.3 劳动力组织（表5.3）

劳动力组织情况表   表5.3

序号	工 种 名 称	所需人数	备 注
1	管理人员	6	
2	钢筋工	20	
3	混凝土工	20	
4	木工	40	
5	电焊工	8	
6	吊装工	6	
7	杂工	10	
	合计	110	

6. 材料与设备

6.1 材料

所采用的钢筋、水泥等材料必须有产品合格证、出厂检验报告和进场复试报告。混凝土采用强度等级不低于32.5且低水化热的水泥；细度模数不小于2.3mm中砂，砂含泥量不大于3%，粒径5~31.5mm

连续级配的碎石，石子含泥量不大于2%；Ⅱ级以上粉煤灰；选用木质素磺酸钙减水剂。商品混凝土：混凝土配合比应进行优化设计，其砂率应在40%~45%之间，在满足可泵性前提下，尽量降低砂率。坍落度在满足泵送条件下尽量选用小值，以减小收缩变形。

Q235B钢板的焊接材料选用J422电焊条。Q345B钢板焊接时，焊接材料选用$\phi 4.0$的E506电焊条。焊条必须在烘干箱内进行350~400℃烘干2个小时，然后150℃保温后放置保温筒，保温筒拿至施工现场，随焊随取。

6.2 施工机具设备（表6.2）

施工机具设备表 表6.2

序号	设备名称	设备型号	单位	数量	用途
1	圆盘锯木机		台	2	模板制作
2	电钻		台	2	模板开孔
3	钢筋弯曲机	WJ40-1	台	1	钢筋制作
4	钢筋截断机	ST5-40	台	1	钢筋制作
5	电焊机	BX1-330	台	4	钢筋焊接
6	泵机		台	1	泵送混凝土
7	混凝土运输车	8m³	台	4	混凝土运输
8	砂轮磨光机		台	3	漏斗拼装
9	插入式振动器	HZ-50	台	6	混凝土振捣
10	平板式振动器	PZ2-20	台	2	混凝土振捣
11	水准仪	SD3	台	1	测量标高
12	电子经纬仪		台	1	测量垂直度
13	半自动气体保护焊机	NSC-200	台	2	漏斗制作
14	汽车吊	70t	台	1	漏斗吊装

7. 质 量 控 制

7.1 质量标准

钢筋混凝土施工质量执行《混凝土结构工程施工质量验收规范》GB 50204-2002。

7.2 质量保证措施

7.2.1 模板工程质量保证措施

1. 当跨度≥4m时，梁板的模板应按设计要求起拱，起拱高度宜为全长跨度的1/1000~1/3000。

2. 模板安装须按照专项施工方案的要求进行，特别是内外龙骨、搁栅、对拉螺栓以及支撑等对模板的强度、刚度、稳定性等有显著影响的构件的尺寸、间距等必须严格控制。

3. 模板安装和浇筑混凝土时，应对模板及其支架进行观察和维护。发生异常情况时，应按技术方案及时进行处理。

7.2.2 钢筋工程质量保证措施

1. 钢筋绑扎时，受力钢筋的品种、级别、规格和数量必须符合设计要求，钢筋及预埋件必须做好隐蔽验收记录。

2. 钢筋绑扎时，应采取措施保证底板、墙板与顶板的多层（或双层）钢筋之间相互位置的正确，钢筋的安装位置的偏差应符合施工质量验收规范的要求。

3. 钢筋连接时，其连接接头的位置应相互错开，并符合设计和规范的要求。

7.2.3 钢漏斗安装质量保证措施

1. 严格按照设计要求、施工规范、施工方案和技术交底组织施工。

2. 安装前按图纸再次核对钢构件编号与方向，确保准确无误。吊装时严格按专项方案规定的吊装顺序进行吊装作业。

3. 安装过程中要严格工序管理，做到检查上工序，保证本工序，服务下道工序。

4. 钢结构制作安装焊接质量应符合《钢结构工程施工质量验收规范》的规定。

5. 钢漏斗安装时，要对构件的轴线位置偏差、标高偏差、垂直度偏差等测量控制，即要采用测量仪器随时跟踪安装施工全过程。

6. 钢漏斗安装就位后，应先临时固定、经反复校正无误后再进行固定。

7. 钢漏斗安装前后及安装过程中，应随时对承重支架架体的底座水平沉降、架体垂直度偏差等进行监测，以确保支撑架体的稳定。

7.2.4 混凝土工程质量保证措施

1. 采取原材料降温措施控制混凝土出料温度。

2. 采用双掺技术，如在混凝土中掺入优质粉煤灰和缓凝减水剂。

3. 保证混凝土连续均衡供应。

4. 混凝土浇筑施工

1）混凝土浇筑施工时间宜选择在室外气温较低时施工。

2）斜板与顶板混凝土必须连续分层浇捣，且应对称浇捣密实，并严格控制混凝土浇捣的停歇时间，确保不出现施工冷缝，混凝土施工一次成型。

3）振捣泵送混凝土时，振动棒插入的间距一般为400mm左右，振捣时间一般为15~30s，并且在20~30min后对其进行二次复振。底板、顶板混凝土表面，应适时用木抹子磨平搓毛两遍以上；必要时，还应用铁滚筒压两遍以上，以防止产生收缩裂缝。

5. 拆模和养护

1）顶板混凝土采用覆盖薄膜及麻袋湿水养护，墙板混凝土采用模板覆盖养护，养护时间不低于14d。

2）非承重侧模在能保证混凝土表面及棱角不受损时方可拆除，底模拆除时的全部构件混凝土强度均要求达到100%。

3）梁板模板拆除必须执行严格的拆模工作程序，并按要求填写拆模申请单。

4）拆除时遵循先支后拆，后支先拆，先非承重部位后承重部位及自上而下的原则，并严禁用大锤和撬棍硬砸硬撬。

6. 混凝土施工过程，应采取有效措施，保证现浇结构的外观质量不出现严重缺陷，也不出现一般缺陷。且现浇结构不应出现有影响结构性能和使用功能的尺寸偏差。

8. 安 全 措 施

8.1 建立和健全安全保证体系

建立安全保证体系，强化安全监督机制的落实。

8.2 施工安全技术交底

安全技术交底的安全措施要全面，要有针对性，特别针对重大危险源预防进行交底。安全技术交底的签字手续必须由交底者和接受交底者本人进行签字，绝对不允许代签。

8.3 安全检查

项目实行日检制，并有记录，整改应做到"三定一落实"即定人、定时间、定措施，落实整改。

8.4 安全用电和机电设备的措施

施工现场的临时用电应严格按照《施工现场临时用电安全技术规范》的有关规范规定执行。临时用电采用电源中性点直接接地的三相四线制220/380V电力系统。电气设备的金属外壳必须与专用的保护零线连接。每台用电设备应有各自专用的开关箱,实行"一机一闸一漏一箱"。

8.5 模板支撑系统搭设施工安全措施

8.5.1 高大模板 满堂支撑架施工完毕后,须按《高大模板支架安全要点检查表》(表8.5.1)进行检查验收,经监理验收合格后才能进入下道工序的施工。

8.5.2 建筑物临边必须搭设临边防护,临边防护架必须高于工作面1.2m并满封安全网,并且工作面临边及预留洞口必须满铺脚手板,脚手板必须固定好,严禁出现探头板。

8.5.3 要避开雷雨天施工。装、拆模板时,必须采用稳固的登高工具,高度超过2m时,必须搭设脚手架。装、拆模板应随拆随运转,扣件和钢管严禁抛掷,严禁堆放在脚手板上。

8.5.4 高大模板从支撑架开始搭设到混凝土浇捣完毕整个施工过程均要求专项工长旁站监督管理。

8.6 钢筋工程安全措施

钢筋加工机械的操作人员,须经过一定的机械操作技术培训,掌握机械性能和操作规程后,才能上岗。

钢筋加工机械在停止工作时应断开电源。机械使用前,应先空运转试车正常后,方能开始使用。

安装悬空结构钢筋时,必须站在脚手架上操作,不得站在模板上或支撑上安装。

高大模板支架安全要点检查表　　　　　　　　　　　　表8.5.1

工程名称					支架材质	钢管□
施工单位				监理单位		
资 料 检 查						
有专项方案	□	由施工单位组织不少于5人的专家组论证专项方案并出具论证意见	□	论证后经修改的方案	经施工单位技术负责人审批	□
有计算书(纵横双向步距、跨距取值,立杆稳定计算)	□				经总监理工程师审批	□
	□				杆件、扣件进场按品牌抽样检测合格	□
					有施工、监理整架难收合格记录	□
现 场 检 查						
整架稳定	设置纵横双向扫地杆		□	连墙件(刚性)	竖直方向每2个步高或每层楼面或沿柱高每4m设置	□
	沿立杆每步均设置纵横向水平杆且纵横向均无缺杆		□			
	立杆顶端必须设置纵横向水平杆和水平剪刀撑		□		水平方向至少每3跨设置	□
	竖直方向沿纵向全高长从两端开始每隔4排立杆设一道剪刀撑	剪刀撑宽≥6m且最少4跨	剪刀撑最多跨越杆数:45°时7根50°时6根60°时5根	□	如周边无既有建筑物,应采取其他有效措施	
	竖直方向沿横向全高长从两端开始每隔4排立杆设一道剪刀撑			□		
	水平方向沿全平面每隔2步且不高于4.5m设一道剪刀撑			□		
立杆支承	支于地面时,须在混凝土地面上支立杆		□	建筑物悬挑部分的模板支架	立杆支在坚实的地面上	□
	支于楼面时,加支顶,楼面下不少于两层时至少支顶两层		□		从楼面挑出型钢作上层悬挑模板的立杆支座,型钢梁搁置在楼板上的长度与挑出长度之比≥2,型钢梁的末端、前端均与楼板有可靠锚固	□
	底座和顶托螺栓的伸出长度不大于300mm		□			
禁止事项	钢立杆必须对接,禁止搭接		□	其他问题		
	禁止用钢管代替型钢梁从楼层挑出作为立杆支座		□			
	禁止用钢管从外脚手架上伸出斜支悬挑模板		□			
	禁止用木杆接长作立杆		□			
	禁止使用分层搭设的支撑体系		□			
检查结论	□1.通过　　□2.改进　　□3.停用 改进或停用范围如下:				检查单位:施工□　监理□　监督□　层级监督□	
					检查人签名:	
					检查日期:　　年　　月　　日	

8.7 钢漏斗吊装安全措施

8.7.1 汽车吊吊装时必须严格按本方案的起吊半径及起吊高度吊装，严禁超吊。构件起吊的半径任何情况下均不得超过吊车起吊性能规定，以确保安全。

8.7.2 起重机起吊构件严禁斜拉、斜吊、旋转过猛，应保持吊索垂直。

8.7.3 起吊构件时，应先吊离地面500mm，并对起重机支腿倾覆边稳定性校核，严禁超工况使用。在四级风以上严禁吊装作业。

8.7.4 绑扎构件的吊索、吊环、吊具必须良好，绑扎方法应正确、牢靠，以防吊索断或构件滑脱。

8.7.5 吊车司机、起重指挥必须持有效证件上岗作业，作业前由项目技术负责人进行安全、技术交底。

8.7.6 严禁吊重物长时间悬挂空中。每次吊装工作开始前，汽车吊应进行试运转，发现转动不灵活或有损磨，应立即修理，经检查汽车吊的性能完好，相关人员书面签字确认，方可开始吊装，就位工作。

8.8 混凝土浇捣安全措施

混凝土泵机与输送管连接后，应按要求进行全面安全检查，符合要求后方能开机进行空运转。泵管移动时应有专人负责指挥，扶持泵管应有2人同时对称进行。

混凝土浇筑前，应对振动器进行试运转，振动器操作人员应穿胶靴、戴绝缘手套；振动器不能挂在钢筋上，湿手不能接触电源开关。

8.9 现场防火措施

施工现场要有明显的防火宣传标志，并设置一定数量的灭火器材。电工、焊工从事电气设备安装和电、气焊切割作业，要有操作证和用火证。动火前，要清除附近易燃物，配备看火人员和灭火用具。材料的存放、保管应符合防火安全要求。易燃易爆物品应专库储存，分类单独存放，保持通风，用火应符合防火规定。

9. 环保措施

9.1 在施工过程中要严格遵守有关环境保护的法律、法规和规章制度，加强对施工材料、机械设备、建筑垃圾、生活垃圾、废水弃渣等的控制和管理。

9.2 现场实行封闭式管理，合理布置施工现场，使材料、设备按现场平面布置图堆放整齐。施工现场设专人负责卫生保洁，保持现场整洁卫生、文明。

9.3 运送土方、垃圾、设备及建筑材料时，不得污损场外道路。对现场易飞扬物质采取有效措施，如洒水、地面硬化、围挡、密网覆盖、封闭等，防止扬尘产生。

9.4 施工中选择功率与负载相匹配的施工机械设备，避免大功率施工机械设备低负载长时间运行。合理安排工序，提高各种机械的使用率和满载率，降低各种设备的单位耗能。

9.5 采取有力措施防尘、防毒、防辐射，保障施工人员的职业健康。

10. 效益分析

通过公司近年来对几个大型破碎机房高大漏斗钢·混凝土组合结构工程的施工分析，本工法具有较好的社会效益和经济效益。

10.1 本工法将钢漏斗的安装、钢筋绑扎、模板安装及混凝土浇捣等工序密切配合，可保证施工一次成活，避免返工现象，节省人工费、机械费、管理费等工程费用约5%，且提高工效，缩短施工工期约20%~30%，取得较好的经济效益。

10.2 采用本工法施工过程进展顺利、工艺技术完善、确保了工期、质量和施工安全，且采用泵送商品混凝土施工，避免了现场搅拌混凝土产生的粉尘、噪声以及污水、废渣的排放，大大减少了对周边环境的污染，取得较好的社会效益和环境效益。

11. 应用实例

11.1 华润水泥（平南）有限公司一期矿山石灰石破碎工程

2004年3月开工至2005年9月竣工的华润水泥（平南）有限公司一期矿山石灰石破碎工程，为框架剪力墙结构。钢漏斗总重量约25t，钢漏斗下口尺寸为1600mm×3250mm，上口尺寸为7200mm×5000mm。破碎机房钢漏斗·混凝土组合结构采用本工法施工，实施效果良好，未出现任何质量、安全问题，获得了业主及监理的一致好评。

11.2 华润水泥（平南）有限公司二期石膏破碎工程

2005年9月开工至2005年12月竣工的华润水泥（平南）有限公司二期石膏破碎工程，为框架剪力墙结构。钢漏斗总重量约27t，钢漏斗下口尺寸为1800mm×3760mm，上口尺寸为7800mm×6100mm。破碎机房钢漏斗·混凝土组合结构采用本工法施工，实施效果良好，未出现任何质量、安全问题，获得了业主及监理的一致好评。

11.3 华润水泥（平南）有限公司四、五期矿山石灰石破碎工程

2008年5月开工至2008年12月竣工的华润水泥（平南）有限公司四、五期矿山石灰石破碎工程，为框架剪力墙结构。钢漏斗总重量约32t，钢漏斗下口尺寸为2200mm×4647mm，最底标高为2.63m，上口尺寸为（7852～10000）mm×9000mm，顶面标高为10m。

破碎机房漏斗钢·混凝土组合结构采用本工法施工，实施效果良好，未出现任何质量、安全问题，获得了业主及监理的一致好评。

重木结构施工工法

GJEJGF083—2010

浙江舜江建设集团有限公司　陕西建工集团第二建筑工程有限公司

严忠海　朱俊峰　刘建明　刘建国　谢慧珍

1. 前　言

在加拿大和美国，很多大型的展示厅或者大型会所都采用重木结构，这种结构已经被成功地引进到其他一些国家和地区，如新加坡、上海和广州。

多年来，浙江舜江建设集团有限公司在建造木结构房屋方面积累了丰富的经验，并拥有木结构公认的完整的房屋建筑施工体系。

2. 工法特点

木结构房屋能提供高质量的居住条件，且满足严格的性能指标，其特性包括：

2.1 设计灵活：可根据业主的实际需要调整结构布局和空间分布，不必局限于传统的混凝土框架结构体系。

2.2 建造简便快速：所有结构构件都是经过精确设计计算后在厂家预制，现场只需要按图拼装，没有传统的土建结构大量湿作业和周转材料设备的使用和进出场，大大缩短了施工的工期。

2.3 结构完整性：各种不同规格、不同强度的木结构构件通过钢节点、钢卯件等配件相连接，形成整体的力学体系。在节约材料的同时尽可能的发挥各种构件的受力强度。

2.4 抗震性能好：由于木结构是弹性很大的材料，在抗震方面有其他类似钢筋混凝土结构无法逾越的优势，此类重木结构在日本、台湾等地区被广泛应用就是很好的例子。

2.5 耐久性：经过防腐熏蒸处理的结构构件，免去了类似钢结构进场要防腐防锈处理的麻烦，其耐久性达到钢筋混凝土的水平，在国外，此类重木结构经常被用来制作户外的候车亭或者桥梁等。

2.6 环保节能：结构所用的胶合木和LVL梁使用可再生的木材，并能充分使用木材加工后的边角料，在不同的受力区域所用不同强度、材质的木料，做到物尽其用，充分利用木材的每个部分。

施工完成的木结构的房屋保温性好，通透性好，能有效降低空调的使用率，达到节能减排的目的同时增强房屋居住的舒适性。

3. 适用范围

该工法适用于各类重木结构建筑，主要广泛用于单跨梁柱结构、连续梁柱结构、悬臂结构等木结构建筑中。如单跨梁柱结构（图3-1），连续梁柱结构（图3-2），悬臂结构（图3-3）。

还有变截面曲线梁结构、桁架梁结构、附加受拉弦杆梁结构、门架结构、拱结构、网架结构、复合结构等多种重木结构体系的建筑。

图3-1　单跨梁柱结构

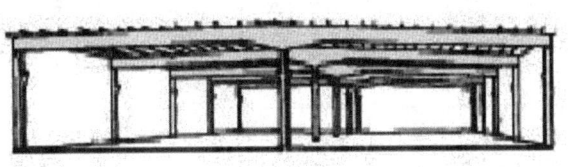

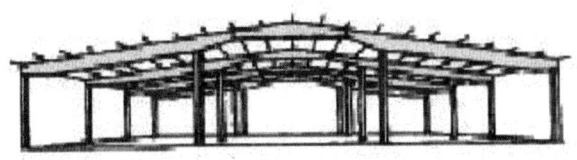

图3-2 连续梁柱结构

悬臂结构

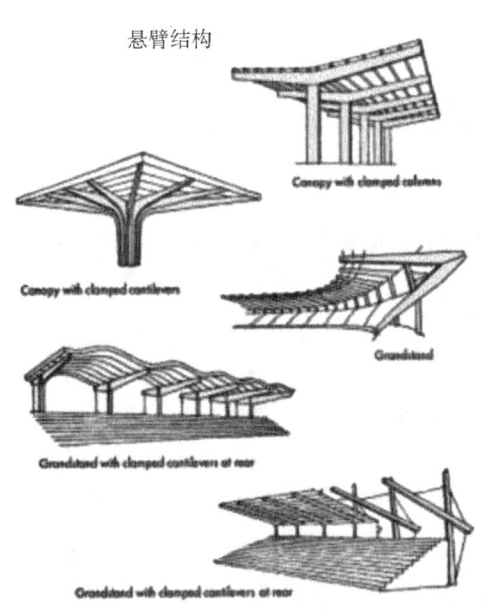

图3-3 悬臂结构

4. 工 艺 原 理

4.1 在钢筋混凝土基础上安装重木结构,利用重型木结构构件的抗拉、抗压性能,以及钢连接件的机械强度,通过螺栓、销钉等紧固件系统的拼接,形成整体系统的受力体系。

4.2 不同纹理的规格材经过胶合后机械强度比原木的机械强度大幅提高(图4.2)。

4.3 不同的受力构件在不同的受力区域可以用不同强度等级的规格材,这样可以充分利用每一根木

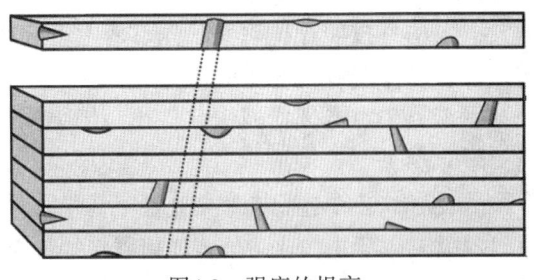

图4.2 强度的提高

材，做到物尽其用（图4.3）。

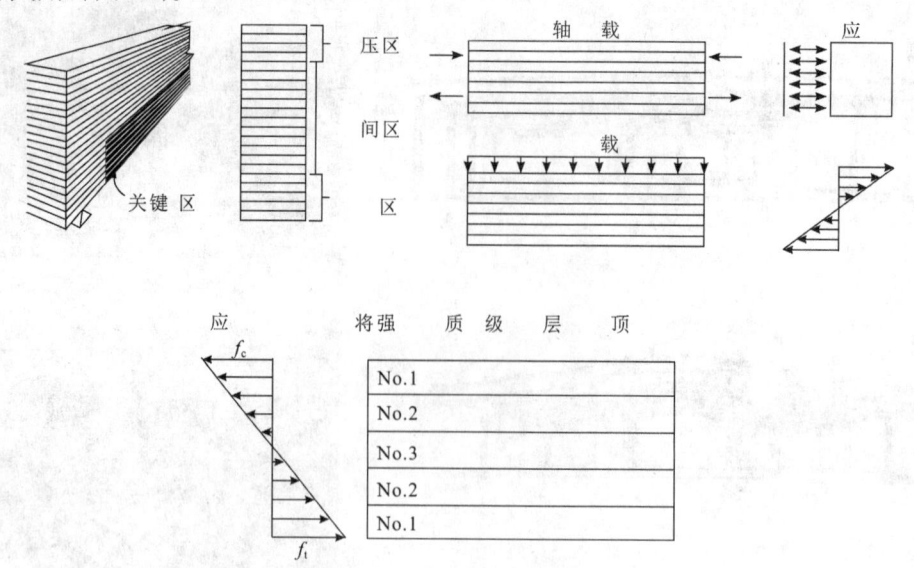

图4.3 结构胶合木构件截面上的应力分布

4.4 构件和连接件通过螺栓，销钉等紧固件连接处，尽量采取化整为零的做法，即用钉要多，分布面积尽量要大，螺栓、销钉等直径不宜太大，使应力尽量分散，避免应力集中。

5. 施工工艺流程及操作要点

5.1 工艺流程
工人预制构件、连接件、紧固件→验收合格进场→基础预埋件预埋→基础上放线定位→构件拼装吊装设备进场→构件吊装固定→精度调整固定→质量检查验收。

5.2 操作要点
5.2.1 预埋件的预埋
在基础混凝土浇捣前，要精确定位预埋件的轴线位置和标高。

5.2.2 基础上放线定位
在基础上精确弹出各梁柱的投影线和标高，以便梁柱吊装时就位测量。

5.2.3 构件分类拼装
根据施工图纸和施工方案，把能在地面作业组装的构件和连接件先行拼装。以下是工人拼装实例（图5.2.3）。施工前：由专人工厂进行采购木构件，按照施工图纸拼接，完成一个整体后进行吊装作业，进行拼装时候采用专门的铆钉进行固定，防止脱落。

5.2.4 吊装设备进场
根据构件的重量和规格尺寸，安排轮式吊车进场。

5.2.5 构件吊装固定
把各构件按照先柱后梁、先下后上、先大后小的顺序吊装固定，大型的构件要安排两台吊车两点起吊，以确保安装精度和吊装安全。

吊车施工有专人指挥作业，小心拼装构件损坏，不得超重超长施工作业。下图是重木构件吊装实例（图5.2.5）。

吊装前，必须进行技术交底签字记录；吊装过程中，指派一名专职人员进行指挥，严禁超重进行作业，六级大风禁止作业；吊装的荷载选择安全合适的吊索吊具，在吊装前要严格检查，如有擦毛现象要更换新钢索，不得勉强使用；吊机到位后支脚要稳固，如果地基松软要采取加固措施后方可吊装。

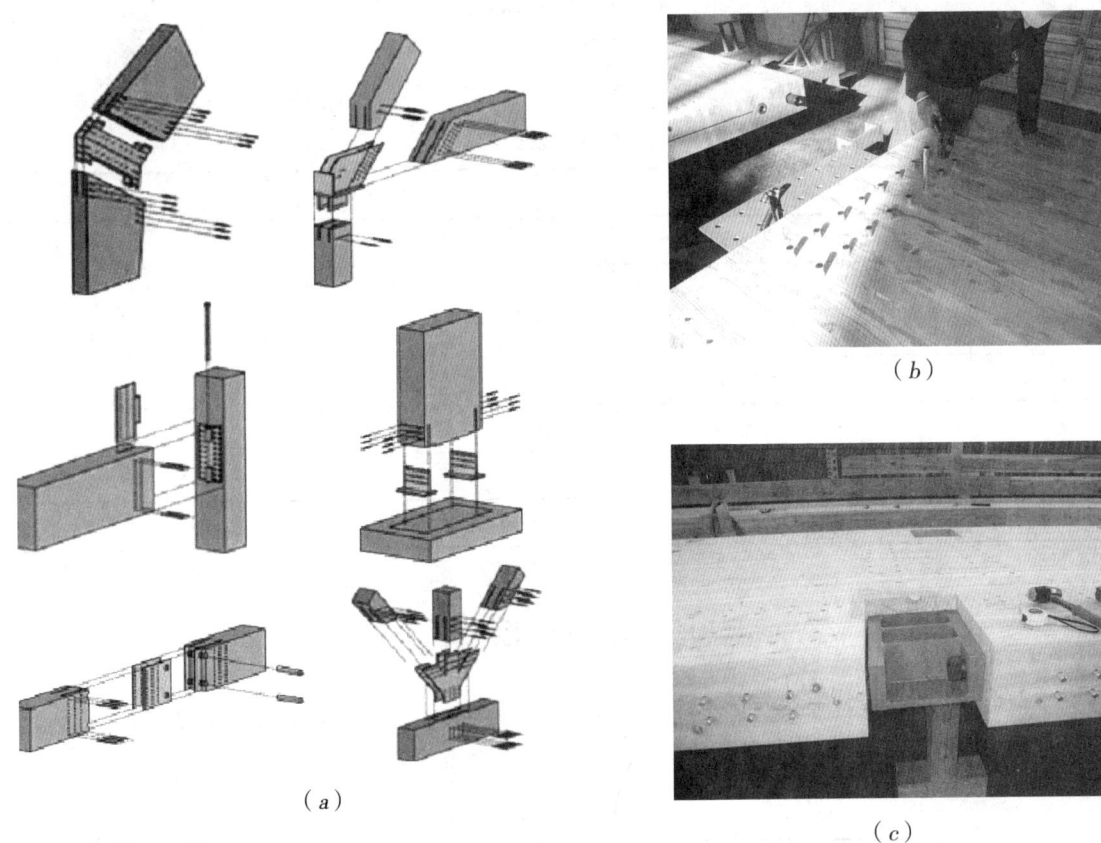

（b）

（c）

（a）

图5.2.3 拼装实例

图5.2.5 重木构件吊装实例

5.2.6 精度调整、紧固

利用经纬仪、水准仪等仪器对安装好的构件进行检测，超过安装精度要求的要调整到位，并用力矩扳手紧固。

5.2.7 劳动力组织

本施工中，主要使用木工、泥工、起吊工、钢筋工、水电工等工种；在基础施工时候指派10左右泥工，在上部木结构施工时候指派12左右木工进行拼装组合。设置一名专职指挥工进行现场指挥吊装。水电管理安装时候安排两名水暖工时行布置埋管施工，普工若干（依据实际需要）。

6. 材料与设备

所需材料与设备见表6。

材料与设备表　　　　　　　　　　　　　　　　　　　　表6

序号	设备名称	型号	数量
1	轮式吊车	QTC235	2
2	10t 捯链	20M	2
3	激光经纬仪	JZ350	1
4	自动水准仪	JW230	1
5	50m 卷尺		1
6	对讲机		3
7	混凝土搅拌机	QTD420	2

7. 质 量 控 制

重型木结构施工质量主要参照《木结构工程施工质量验收规范》GB 50206-2002进行检验评定。具体安装要求见表7。

安装要求　　　　　　　　　　　　　　　　　　　　　表7

项　目	允许偏差
柱脚定位（mm）	5
垂直度(mm)	H/1000
扭转角度(°)	±20'
柱底标高(mm)	±3
柱顶标高(mm)	±5
梁标高(mm)	±5

8. 安 全 措 施

8.1 吊装前构件要水平运输到位，不得用吊机拖拽构件，以防吊机倾覆。

8.2 吊机到位后支脚要稳固，如果地基松软要采取加固措施后方可吊装。

8.3 安排专人负责吊机的指挥，利用对讲系统以及信号旗，不得随意比划。其他安装工人及吊车工要严格听从指挥人员的指挥，不得随意操作。

8.4 根据吊装的荷载选择安全合适的吊索吊具，在吊装前要严格检查，如有擦毛现象要更换新钢索，不得勉强使用。

8.5 吊装作业严禁在夜间操作，风速超过6级禁止吊装作业。

8.6 所有临时固定的钢索等固定构件不得随意拆除，如需拆除必须经过技术部门的统一安排，同意后方可拆除。

8.7 在吊装前对施工人员进行安全技术交底，做好交底记录。

9. 环 保 措 施

9.1 噪声排放达标。主要是控制运输车辆进出、吊车吊装、电锯电刨、混凝土浇捣、制模拆模的噪声控制。

9.2 现场无场尘。主要做到道路硬化、散装水泥封闭、锯末及时清理、垃圾车覆盖。

9.3 使用环保产品。各种材料及设备不产生二次污染。

9.4 节约能源。节水节电节约材料。

确定运输车辆进出的大门，不得随意从其他地方进出，设置车辆清洗台，对出场车辆要清洗干净，严防车辆携带泥沙出场污染道路。构件材料堆放要平整有序，不得随意丢放。

10. 效 益 分 析

10.1 重木结构建筑的保温性能较好，采用墙体自保温，不需重复做外墙保温，节约墙体保温材料，而且木结构通透性好，较一般的建筑来比较，空调节能约省20%～30%，保温材料节约60%左右。

10.2 重木结构使用的材料大多都是可再生的木材，只有少量的连接件和紧固件是钢材，在倡导低碳经济的今天，将会被市场广泛接受。

10.3 重木结构施工工期短，和传统的结构相比，节省人工费约30%，脚手架租赁费50%。

10.4 由于目前重木结构在国内施工的不多，因此材料成本和传统结构相比没有太大的优势，但从长期的效益考虑。由于重木结构环保节能，每年的使用成本能节约20%以上。

11. 应 用 实 例

11.1 实例一

工程名称：加拿大木业协会梦家园木结构展示厅（图11.1-1、图11.1-2）。

工程结构：重木结构。

工程面积：6800m²。

图11.1-1 加拿大木业协会梦家园木结构展示厅实景

图11.1-2 加拿大木业协会梦家园木结构展示厅内部

11.2 实例二

工程名称：松江泰晤士小镇原石会所。

工程结构：重木结构。

工程面积：1980m²。

11.3 实例三

工程名称：西安市舜江广场售楼馆（图11.3-1、图11.3-2）。

工程结构：重木结构， 直径跨度37m。

工程面积：8500m²。

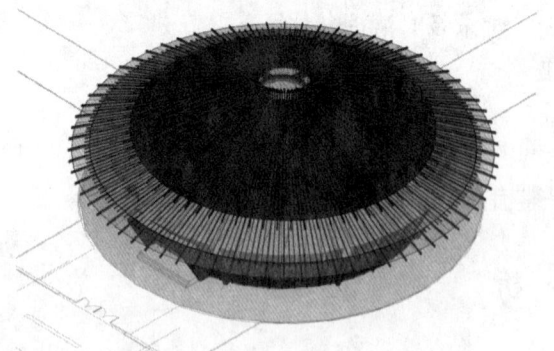

图11.3-1 西安市舜江广场售楼馆1

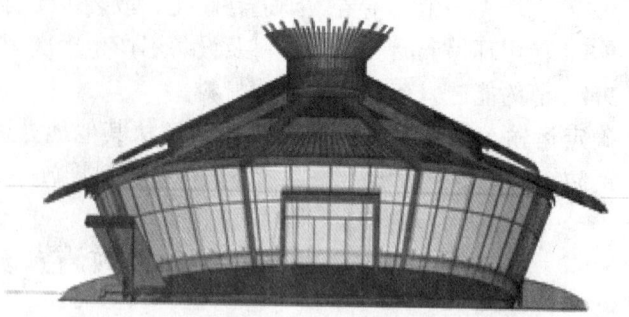

图11.3-2 西安市舜江广场售楼馆2

填充墙墙面粉刷石膏薄抹灰施工工法

GJEJGF084—2010

陕西建工集团第五建筑工程有限公司

王锦华 张玉峰 蒋伟鹏 王慧英 王蓉

1. 前 言

随着建筑节能要求的提高和墙体改革的深入发展，蒸压加气混凝土砌块、轻骨料混凝土空心砌块等新型墙体材料越来越广泛的应用于填充墙。随之而来的墙面粉刷质量也越来越被人们所重视，传统水泥砂浆或混合砂浆抹灰与填充墙墙面易产生空鼓、开裂等现象，影响墙面粉刷的质量和观感。为了保证施工质量，陕西建工集团第五建筑工程有限公司在长期的施工过程中不断探索和不断完善、总结，针对填充墙砌块的特点，采用粉刷石膏对墙面进行薄抹灰，形成了一套先进、成熟、能充分指导现场施工的工法。粉刷石膏是最早的预拌砂浆，符合国家发展绿色环保材料的要求。通过实际应用，该工法施工简便、可行，有效地克服了以往施工当中粉刷墙面空鼓、开裂等质量通病，工程质量明显提高，并且加快施工进度和节约费用。该工法采用粉刷石膏解决了施工中难以克服的墙面开裂问题，并保证墙体的平整度达到高级抹灰的水平，施工中采用一系列创新技术，保证工程质量，对实际操作具有较强的指导作用，总体水平达到国内领先水平，被认定为陕西省省级工法。采用该工法施工的西北电力设计院C幢高层住宅楼工程荣获陕西省第11次安全文明施工现场会观摩会场以及国家优质工程鲁班奖；采用该工法施工的通达国际大厦工程荣获陕西省第13次安全文明施工现场会观摩会场。

2. 工 法 特 点

填充墙墙面薄抹灰施工工法具有较强的实用性和推广性。该抹灰抹灰层厚度为3～5mm，与传统抹灰相比，克服了由于基层粘结不牢固、粉刷厚度大等导致的粉刷层空鼓、开裂等以往施工的质量通病，保证了施工的质量，并且由于粉刷石膏薄抹灰厚度小、粘结牢固，取消了墙面甩浆，降低了工程成本。

3. 适 用 范 围

本工法适用于建筑物内采用蒸压加气混凝土砌块、轻骨料混凝土空心砌块等机制块材填充墙。
本工法不适用于多水房间、室内湿度比较大的房间以及墙面勒脚等部位的粉刷。

4. 工 艺 原 理

粉刷石膏是以二水硫酸钙经脱水或无水硫酸钙经煅烧和（或激发），其生成物半水硫酸钙（$CaSO_4·1/2H_2O$）和Ⅱ型无水硫酸钙（Ⅱ型$CaSO_4$）单独或两者混合后掺入外加剂，也可加入骨料制成的一种白色粉料。经与水拌合水化生成二水石膏晶体和少量的硫铝酸盐，这些晶体相互交叉连接，形成网络结构，使粉刷石膏浆体失去流动性而凝结，随着水化的深入，凝结后水化产物继续生成，晶体也逐渐变大，网络结构在短时间内密实，从而产生较高粘结强度及抗折与抗压强度。待粉刷石膏硬化体内的自由水分通过表面蒸发及与墙体缓慢吸收完成后，具有很高的强度。由于粉刷石膏干缩性小在整个干燥收缩过程中收缩率不超过0.06%，同时粉刷石膏还具有良好的保水性和粘结性，抹灰浆料中的水份不会被填充墙砌块在短时间内吸走，为抹灰浆料的完全水化过程提供了足够的时间，从而保证抹灰层不开裂。

5. 施工工艺流程及操作要点

5.1 工艺流程

施工工艺流程（图5.1）。

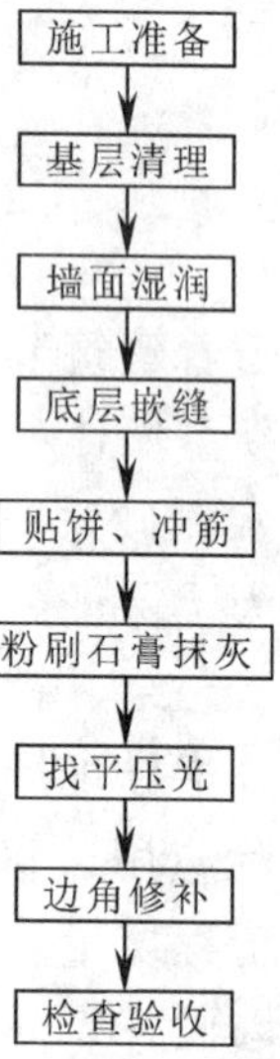

5.2 操作要点

5.2.1 施工准备

1. 审核施工图纸，编制施工方案：抹灰前应认真熟悉图纸，审核施工图纸，并根据施工图纸及施工规范要求编制施工方案、技术交底、安全交底。

2. 校验施工测量工具及对进场材料进行复试：施工前应对施工所用的测量工具进行校验，并且委托有资质的单位对进场材料进行复试。

3. 基层墙面

1）对基层墙面的平整度、垂直度进行测量，测量结果应符合表7.1.1的质量要求，对超出允许偏差的墙面应进行修整。

2）抹灰前水电或其他各种管线必须安装完毕，并堵好管洞（包括脚手架孔洞）。

3）对各类相关部位的预留洞，应进行临时性封堵，并做出标志。

施工准备 → 基层清理 → 墙面湿润 → 底层嵌缝 → 贴饼、冲筋 → 粉刷石膏抹灰 → 找平压光 → 边角修补 → 检查验收

图5.1 施工工艺流程图

5.2.2 基层清除

施工前对基层墙面上的浮灰进行清理，对砂浆残渣、油漆等污垢必须清除干净。用水泥砂浆填补基层墙面上的凹坑、缺棱掉角等缺陷。

5.2.3 墙面湿润

对墙面进行均匀喷水湿润，墙面湿润时应根据不同的墙体进行湿润，如蒸压加气混凝土砌块墙体因加气混凝土块吸水速度很快，所以要进行反复的喷水，喷水次数以3次为宜，以保证其吸水不影响粉刷石膏浆料的水化。轻骨料混凝土空心砌块墙可以均匀的喷水，在粉刷开始前，墙面上不应有明水或水珠。

5.2.4 底层嵌缝

用底层型粉刷石膏将基层墙面的灰缝处嵌缝，嵌缝时应从墙面自上而下进行，并且在基层墙面与其他材质墙体之间、墙踢脚线部位粘贴塑料胶带隔离。

5.2.5 贴饼、冲筋

用靠尺向墙面引出垂直线，在粉刷之前根据垂直线的位置，在砌体墙面上做灰饼，并用面层粉刷石膏进行冲筋作为标筋。冲筋的厚度应根据墙面基层平整度及抹灰层厚度的要求，一般控制在3~5mm。每次的施工高度不宜超过3m，如超过3m宜增加一道水平标筋。墙体阳角按每边50mm宽作水泥砂浆护角。

5.2.6 粉刷石膏抹灰

1. 粉刷石膏拌制：抹灰前，根据粉刷石膏的使用说明书及计划完成量确定每次搅拌粉刷石膏的量，粉刷石膏必须在初凝之前使用完毕；使用过程中不得再添加水；对已凝结硬化的浆料不得再次使用。拌制粉刷石膏砂浆时应根据灰量陆续向灰内加水控制浆料的黏稠度，在5min内拌匀。一般宜静置5min左右再次搅拌后即可使用。

2. 粉刷石膏抹灰：抹灰时，操作人员用托灰板盛浆料，以30°的倾斜角用抹子从左到右，从下向上把浆料涂于墙上，随后用铝合金刮杠紧贴标筋表面，将多余的浆料刮去，然后将不平的部分补平，

本工序在浆料初凝前可反复多次，直至达到墙面平整度与垂直度的要求。

5.2.7 找平压光

在抹灰层抹灰完毕60min左右（现场可用手指按压，当略感干硬，但仍可压出指印时），即可对抹灰面进行压光收面，压光收面过程中浆料硬化、出现石膏毛刺时，可用油漆刷蘸水，对面层边刷边压光。注意压光收面时，铁抹子不能在一个部位揉压时间过长，避免将浆料中的石膏浆提出，造成墙面掉粉、脱落。

5.2.8 边角修补

在电盒、门窗洞口等部位应进行找方处理，需保证线盒位置在同一标高，在墙体的阴阳角部位、预留洞口边角必须保证方正、顺直。

5.3 劳动力组织

应根据工程的抹灰面积、施工进度的情况合理安排劳动力。本工法综合劳动效率约15m²/d。

现以抹灰工程量400m²/层，3d一层的标准层施工为例对劳动力进行分配、组织（表5.3）。

劳动力分配表　　　　　　　　　　　　表5.3

工　种	劳动力（人）
工长	1
质量员	1
普工	3
抹灰工	6
合计	11

6. 材料与设备

6.1 材料

6.1.1 粉刷石膏

用于填充墙墙面薄抹灰的粉刷石膏的技术性能，应符合现行行业标准《粉刷石膏》JC/T 517–2004的有关技术指标要求（表6.1.1）。

粉刷石膏主要性能指标　　　　　　　　　表6.1.1

项目名称	技术指标
外观	粉状无结块
保水率	大于90%
细度	0.4mm方孔筛
抗裂性	24小时无裂纹
强度	抗折大于3MPa，抗压大于6
凝结时间	初凝大于60min，终凝大于8h
可操作时间	大于60min

6.1.2 水：市政自来水。

6.2 机具设备

6.2.1 施工机具

垂直运输设备、电动搅拌器、钢抹子、扫帚、灰刀、阴阳角器、塑料或木质托灰板、2m长铝合金刮尺、线锤、油漆刷、喷水器、灰桶。

6.2.2 测量仪器

水准仪、靠尺、卷尺、线绳等。

7. 质 量 控 制

7.1 基层砌体验收标准

施工质量必须高出《砌体工程施工质量验收规范》GB 50203（表7.1-1）、《建筑装饰装修工程质量验收规范》GB 50210（表7.1-2）等有关规定。

砌体的位置及垂直度允许偏差　　　　　　　　　　　　表7.1-1

项次	项　目		允许偏差（mm）	检 验 方 法
1	轴线位置偏移		3	用经纬仪和尺检查或用其他测量仪器检查
2	垂直度	墙高 $H \leq 3m$	3	用2m托线板检查
		墙高 $H > 3m$	4	用经纬仪吊线和尺检查或用其他测量仪器检查
3	平整度		4	用靠尺或用其他测量仪器检查
4	门窗洞口高、宽（后塞门）		±3	用尺检查

粉刷石膏薄抹灰质量控制　　　　　　　　　　　　　表7.1-2

项次	项　目	允许偏差（mm）	检 验 方 法
1	立面垂直度	2	用2m垂直检测尺检查
2	表面平整度	2	用2m靠尺及塞形尺检查
3	阴阳角方正	2	用直角检测尺检查
4	分隔条顺直	2	拉5m线，不足5m拉通线，用钢直尺检查

7.2 质量保证措施

7.2.1 粉刷石膏在运输与贮存时不得受潮和混入杂物，底层粉刷石膏和面层粉刷石膏应分别贮运，不得混杂。

7.2.2 粉刷石膏自生产之日算起，贮存期为6个月。

7.2.3 抹灰时应清理基层墙面的浮灰，并喷水湿润。

7.2.4 粉刷石膏内的外加剂要充分溶解，保证充分静置时间，避免上墙后因拌合不充分使抹灰层出现气泡、空鼓等质量问题。

7.2.5 在粉刷石膏抹灰层未凝结硬化前，应封堵窗口，时间宜掌握在初凝时间以内，避免通风墙面水分过快损失水份，但在墙面凝结硬化以后，应保证通风良好，使其尽快干燥，达到使用强度。

7.2.6 施工的环境温度不低于5°，浆料不得有结冰现象。

7.2.7 应防止粉刷石膏受潮，如发现有少量结块现象，可过筛将块状物除去。

8. 安 全 措 施

8.1 应遵守的规范标准

《建筑施工安全检查标准》JGJ 59-99；《施工现场临时用电安全技术规程》JGJ 46-2005。垂直运输机械相关操作、管理安全规程。

8.2 粉刷石膏进场堆放时应分规格堆放，且堆放高度不应超过1.8m。

8.3 粉刷石膏采用施工电梯运输时，应用专用运输工具，不得随意在施工电梯内堆放。

8.4 对施工人员做好技术及安全交底工作，专业工长和安全员必须做好现场指导和安全巡视检查工作，确保施工安全措施到位。

9. 环保措施

9.1 环境保护指标

白天施工噪声不大于70dB，夜间施工噪声不大于55 dB；施工现场目测无扬尘；废水达标后排放，建筑垃圾分类处理。

9.2 环保措施

搬运粉刷石膏袋装料时轻起轻放；设置污水沉淀池和过滤筛网；运输车辆车辆进行密闭处理；垃圾分类堆放及覆盖，运输由有相应资质的单位处理；对施工现场进行硬化处理、安排专人清扫、进出车辆进行冲洗；材料堆放整齐，做到工完场清。

9.3 施工现场环保措施

施工现场的操作工人戴口罩，避免石膏粉尘的吸入。浆料搅拌现场铺设彩条布等，避免对楼地面的污染。

10. 效益分析

采用该工法施工的填充墙墙面粉刷，优化施工方案，严格控制填充墙施工质量，保证薄抹灰厚度，克服墙面粉刷层容易空鼓开裂的问题，提高工程质量，节省二次修补费用。

10.1 经济效益

10.1.1 采用填充墙墙面粉刷石膏薄抹灰施工工艺，减少了粉刷层厚度，节约了水泥、沙子的使用量。

10.1.2 填充墙墙面粉刷石膏薄抹灰，抹灰面一次成型，取消了墙面甩浆及墙面刮槽，节约了工期。

10.1.3 采用粉刷石膏薄抹灰克服了墙面容易空鼓开裂的质量问题，减少了二次修补费用（表10.1.3）。

经济效益对比表　　　　　　　　　　　　　　　　　　　表10.1.3

水泥砂浆抹灰		混合砂浆抹灰		粉刷石膏薄抹灰	
基层处理	1.5 元 / m²	基层处理	1.5 元/m²	基层清理	0.2 元/m²
砂浆费用	4.5 元 / m²	砂浆费用	4 元/m²	砂浆费用	4 元/m²
人工费用	8 元 / m²	人工费用	8 元/m²	人工费用	6 元/m²
机械租赁费用	1.5 元 / m²	机械租赁费用	1.5 元/m²	机械租赁费用	1 元/m²
合计	15.5 元 / m²	合计	15 元/m²	合计	11. 2元/m²

10.2 节能效益

10.2.1 薄抹灰粉刷厚度小，节约粉刷材料。

10.2.2 粉刷石膏薄抹灰，减少了水泥用量，节约能源。

10.3 社会效益

由于填充墙墙粉刷石膏薄抹灰克服了传统抹灰容易空鼓开裂的问题，为业主以后装修解决了后顾之忧，为推进建筑施工质量起到了积极作用，现阶段该工法已在公司大规模使用。

11. 应 用 实 例

实例一：西北电力设计院C幢高层住宅楼工程，位于金花北路28号院内，剪力墙结构，建筑面积35255m²，在公共部分及室内隔墙部分采用空心砖砌块薄抹灰进行施工，施工时间为2006年9月至2008年10月，取得了良好的社会和经济效益。施工过程中对填充墙及抹灰面的各项指标进行了跟踪观测及检测，其施工质量均达到设计要求，工程使用至今也未出现任何质量问题，并且于2009年获得国家优质工程鲁班奖，证明了该工法的可行性。

实例二：目前正在施工的通达国际大厦工程，位于西安市唐延路，建筑面积46746m²，框架-剪力墙结构，地下2层，地上28层，1~5层为办公，6层以上为公寓式住宅，从地上1~28层填充墙部分全部为蒸压加气混凝土砌块墙，规格为600mm×290mm×240mm、600mm×230mm×240mm、600mm×190mm×240mm，墙面抹灰面积2.9万m²，严格按照本工法进行施工及过程控制。目前工程施工状况良好，过程质量控制满足设计要求。

实例三：陕西五建雅苑小区4号、5号住宅楼，为公司自建工程，建筑面积69270m²，框架剪力墙结构，地下1层、地上32层，共计756户，该工程室内填充墙采用蒸压加气混凝土砌块墙，墙面抹灰面积3.1万m²，采用粉刷石膏薄抹灰，目前工程施工质量良好，施工质量符合设计及规范要求。

剪力墙结构外墙外侧定型大钢模空中
不落地周转施工工法

GJEJGF085—2010

启东建筑集团有限公司　青海省建筑工程总承包有限公司

蒋云昌　陈伟　朱海荣　白永平　李玉宝

1. 前　　言

近年，高层、超高层建筑越来越多，随之伴生的是城市土地资源日趋紧张，绿色施工工程的创建又更加强化了节地和施工用地保护的要求，施工场地愈来愈狭小。由2幢28层公寓楼和32层办公楼、23层宾馆组成的13.64万 m² 的万宝国际广场位于上海市商业中心的繁华地带延安西路，施工场地尤为紧张。2幢公寓楼和1幢办公楼主体结构施工使用外挂架，外墙外侧定型大钢模板的清理、保养、施工均在外挂架平台上实现。为此，我们查阅了有关规定和参考资料，吸收了他人的经验，结合工程实际形成了本工法。经过应用，既节省了施工场地占用面积，又节省了定型大钢模板的吊运时间，技术先进，效果明显。本工法的关键技术通过了青海省住房和城乡建设厅组织的关键技术鉴定，达到国内领先水平。

2. 工 法 特 点

2.1 外挂架平台的设计制作在保证安全的前提下具有足够的操作空间，满足大钢模板"不落地"施工要求。外墙外侧定型大钢模板的清理、保养、施工在外挂架平台上完成，既减少了施工场地的占用，解决了施工用地紧张的问题，节省了在狭小施工场地场外租地和材料倒运的费用，又方便了狭小施工现场的优化布置，提高了施工场地的利用率，有利于文明施工，克服了常规的大钢模板在地面进行清理、保养占用较大施工场地的弊端。

2.2 外墙外侧定型大钢模板"不落地"施工，节约了从地面至作业面的大钢模板重复吊运时间，提高了塔吊的使用效率。既节省了电能消耗，又提高了工效，缩短了主体结构施工工期，节省了施工成本。在高层和超高层建筑结构施工中效果尤为明显。

2.3 主体剪力墙结构施工使用自行研制的外挂架，其荷载通过支撑三角架传递给悬挂件，再通过挂架穿墙螺栓将荷载最终传递给已经施工完成并达到一定强度的钢筋混凝土结构，减少了施工外脚手架的搭设费用。

3. 适 用 范 围

适用于施工现场场地特别狭小、外墙比较规整、变化相对较小、标准层数比例较大的剪力墙结构的高层、超高层主体结构施工。

4. 工 艺 原 理

在剪力墙结构高层、超高层主体施工中，将施工层分为两个或两个以上施工段，形成流水施工；

外墙外侧使用定型大钢模板，其数量按一个施工段配置，外墙内侧和楼板模板使用木模板，混凝土墙、板同步支模、同时浇筑。外墙脚手架使用外挂架，外挂架作业平台作为外墙外侧定型大钢模板清理、保养、存放、支撑和周转平台。

5. 施工工艺流程及操作要点

5.1 施工工艺流程（图5.1）

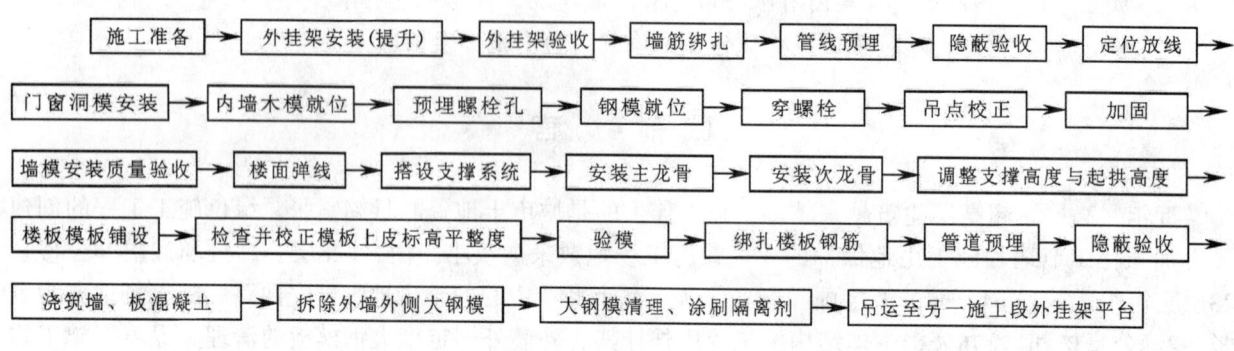

图5.1 施工工艺流程图

5.2 操作要点

5.2.1 外挂架施工

外挂架是通过支撑三角架将荷载传递给悬挂件，再通过挂架穿墙螺栓将荷载最终传递给已施工完成并达到一定强度的钢筋混凝土结构（外挂架施工流程图参见图5.2.1-1，结构示意图见5.2.1-2）的一种提升式脚手架。施工中的具体要求有以下几点：

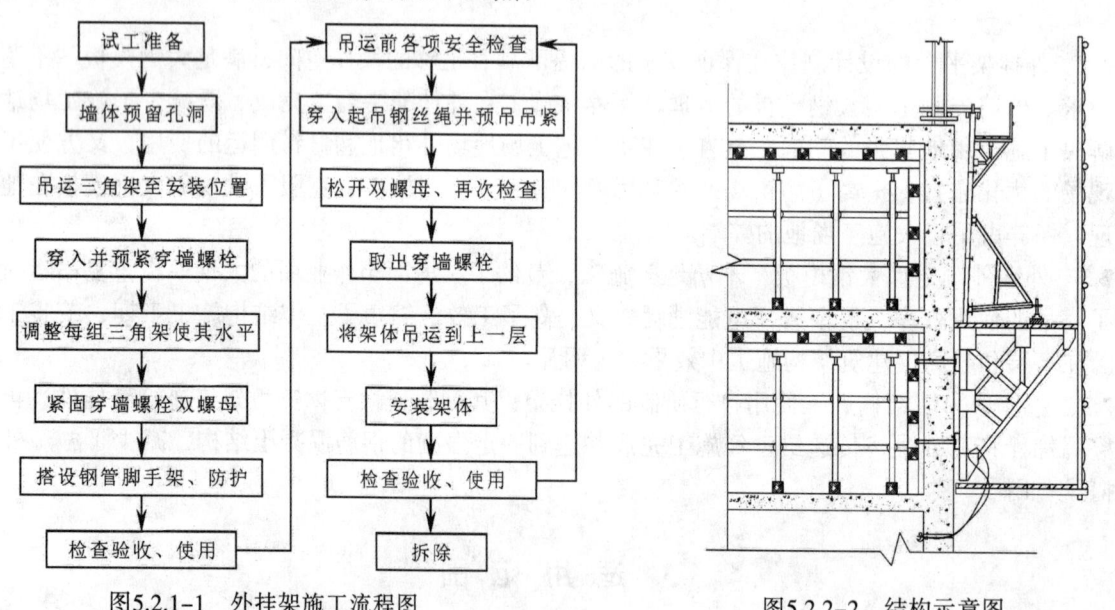

图5.2.1-1 外挂架施工流程图　　　　　图5.2.2-2 结构示意图

1. 外挂架必须经设计计算，能承受所有施工荷载，并有一定的安全系数，平台宽度要比大钢模三角斜撑最外端至钢模正面下端最大宽度大0.3m以上，能满足大钢模清理、保养的操作空间。

2. 悬挂点布置

1）根据建筑物的结构特点，结合外墙尺寸及门窗洞口位置、大小和现场塔吊位置，确定挂架的平面布置及每组长度，由此确定各悬挂点并绘制悬挂点分布图，图中须注明轴线位置和各预留洞位置及尺寸；大钢模斜撑的设置须结合悬挂点位置，应尽可能让大钢模斜撑点靠近三角架水平钢梁。

2）悬挂点处必须是承重墙，螺栓孔与门窗洞口距离以大于0.2m为宜，不得小于0.1m，当小于0.1m时外挂架的连接应另采取加固措施；悬挂点间距必须根据计算确定且不得大于2m。

3．外挂架安装时的外墙混凝土强度不得低于7.5MPa；调整三角架处于铅垂状态，调整三角架挂钩与穿墙螺栓，使同一榀挂架的三角架水平钢梁处于同一水平面上。

4．搭设脚手架

根据施工方案用脚手架钢管、扣件分榀将外挂架连成整体，搭设及管件连接同普通钢管扣件脚手架；架体与支撑三角架相交部份通过扣件与三角架上焊接的短钢管扣接。

操作层及维护层均满铺脚手板，外立面采用平网、密目式安全网各一道封闭，脚手板两侧均需裁切整齐，铺设后板间距≥0.005m，也可以在脚手板上铺设整张多层板，维护层脚手板下方用密目式安全网和平网将底部兜严；操作层、维护层均设0.18m高挡脚板；维护层架体与墙体、相邻两榀外挂架之间的缝隙必须用多层板封闭并用钢丝固定在架体上，外侧立面相邻防护架间用不少于3道钢管进行扣接，并悬挂密目网。

5．用钢丝绳将每个三角架的下端通过原有的大钢模穿墙螺栓孔与结构进行固定。

6．外挂架提升

提升前应对架体进行清理、清扫，对挂架架体及吊点、吊具进行安全检查，提升动作应准确，提升速度应缓慢，防止提升架体与相邻架体或其他物体发生碰撞。

7．外挂架拆除

主体施工完毕后，将外挂架吊到地面拆除解体。

5.2.2 外墙钢木体系模板的安装、拆除及清理保养

在整个工程主体结构施工期间大钢模的拆装、清理、保养工作都是在外挂架平台上完成（大钢模周转流程见图5.2.2-1，清理、保养状态见图5.2.2-2）。施工中的具体要求有以下几点：

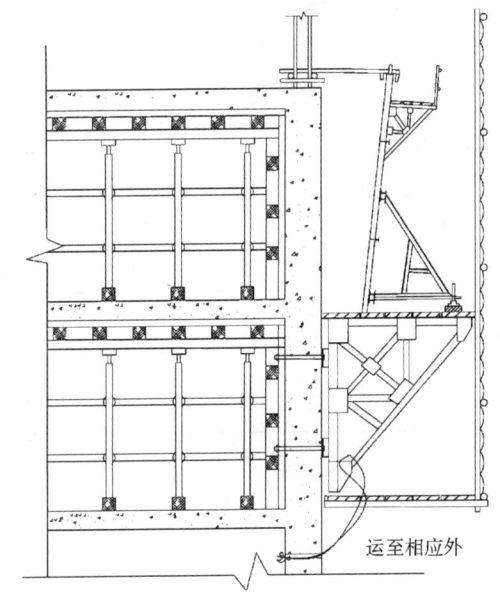

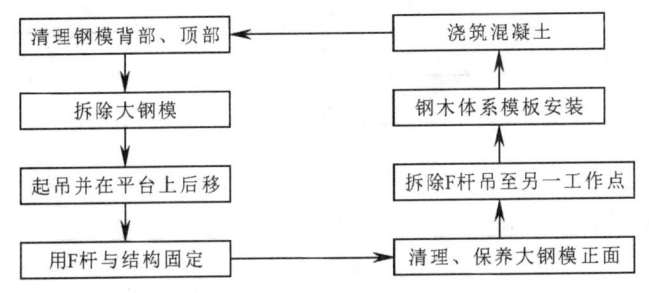

图5.2.2-1 大钢模周转流程　　　　图5.2.2-2 清理、保养状态

1．本工法对外墙钢木体系模板安装无特殊要求，按正常工序流程操作即可；严格按进度计划施工，合理安排不同流水段大钢模拆立模时间。

2．墙、板混凝土浇筑后立即组织人员对大钢模背面及顶部进行清理，此时清理的混凝土残渣尚未凝固，可以进行二次利用或作为垃圾运至项目部固废物存放点。

3．在大钢模拉结点对应处外墙混凝土初凝前插入脚手钢管，该钢管入混凝土内部长度应不小于0.15m、露在混凝土外的长度应不小于0.1m；清理状态时用刚性F杆将每片大钢模与外墙预埋钢管进行刚性拉结。

4．外墙混凝土达到强度后将大钢模拆除，用塔吊将大钢模在外挂架平台上向外侧平移约0.3m、调节大钢模自稳角至合适角度（70°～80°）。

5．组织操作人员按常规方法对大钢模正面进行清理和涂刷隔离剂。清理前必须对外挂架维护层的防护情况进行检查，确保防护可靠、封闭严密；应使用水性隔离剂，既可减少环境污染，同时又能

避免滴洒在外挂架平台上的少量油污致人滑倒受伤。

6. 在下一施工段外墙钢筋绑扎结束完成隐检验收后，用塔吊将大钢模吊运至相应外挂至作业平台，并进行立模作业。

7. 重复以上施工步骤。

6. 材料与设备

本工法采用的主要材料与设备见表6。

材料和机具设备表
表6

序号	材料、设备名称	用　途
1	三角架	外挂架主受力件
2	槽钢	外墙内侧模板主受力件
3	大钢模板	外墙外侧模板
4	胶合板、木枋	制作外墙内侧模板
5	钢管、扣件	外挂架架体
6	脚手板、安全网	外挂架防护材料
7	穿墙螺栓、垫片	外挂架与建筑物结构悬挂点
8	穿墙螺栓、垫片	外墙外钢模与内木模固定件
9	F形连接杆	大钢模防倾覆与结构拉结固定
10	塔吊	外挂架提升及大钢模周转
11	力矩扳手	钢管架体搭设
12	吊索、卡环	钢模板、外挂架吊运
13	钢丝绳	外挂架防倾覆
14	线锤、靠尺	校正钢模垂直度

7. 质 量 控 制

7.1 质量控制标准

7.1.1 外挂架施工质量控制标准

1. 原材料

1）支撑三角架：应用符合设计要求的型钢焊接。

2）钢管、扣件、脚手板外观应符合《建筑施工扣件式钢管脚手架安全技术规范》JGJ 130-2001的有关规定 。钢管材质应采用《直缝电焊钢管》GB/T 13793-2008或GB/T 3092中规定的3号普通钢管，其质量必须符合Q235A钢的规定；扣件质量应符合《钢管脚手架扣件》GB 15831-2006的有关规定；脚手板材质应符合现行国家标准《木结构设计规范》GBJ 5中Ⅱ级材质的规定。

3）穿墙螺栓：直径及材质应符合设计和国家现行有关规定。每只三角架设一道螺栓，配δ0.01m垫片、双螺母。不得用低强度等级材料替代穿墙螺栓及相应的螺母。

4）外挂架吊耳：应使用一级钢制作并不得冷弯，其直径、材质、与三角架的焊接质量应符合设计要求。

5）安全网：平网网眼不得大于0.1m，必须使用维纶、锦纶、尼龙等材料，严禁使用损坏或腐朽

的安全网和丙纶网，其质量符合《安全网》GB 5725-85和《安全网力学性能试验方法》GB 5726-85的
要求。

2．制作、安装质量标准

1）支撑三角架的制作应符合设计要求，尺寸、材质、强度及使用的焊条要符合设计要求，其焊
接质量应达到《建筑钢结构焊接规程》JGJ 81-91的规定和要求，尤其集中荷载节点处焊件不得开裂。

2）每榀外挂架长度不应超过6m，安装前将三角架与设计方案对照核实，确保架体用材、规格、
焊接质量符合要求。两相邻支撑三角架支撑面处的高差应不大于0.02m。

3）用普通钢管搭设的部分应符合设计及《建筑施工扣件式钢管脚手架安全技术规范》JGJ 130-
2001的规定和要求。

4）预留穿墙螺栓孔应垂直于工程结构外表面，其中心误差应小于0.015m；距门、窗洞口不得小于
0.1m×0.1m，距墙体上沿不小于0.3m。

5）穿墙螺栓与工程结构连接时，应采用双螺母固定，螺杆露出螺母应不少于3扣。垫板尺寸应符
合设计并不小于0.1m×0.1m×0.01m。

6）挂钩、穿墙螺栓等重要受力构件，除应有合格材质证明外，还应按规定进行材料复检，合格
后方可使用。

7.1.2　钢木模板体系质量控制标准

1．86系列大钢模板加工设计依据按以下现行国家行业规范执行：

《钢结构设计规范》GBJ 50017-2003；

《混凝土结构工程施工质量验收规范》GBJ 50204-2002；

《高层建筑混凝土结构技术规程》JGJ 3-2002；

《建筑工程大模板技术规程》JGJ 74-2003；

《组合钢模板技术规范》GB 50214-2001。

2．模板设计及质量验收标准

设计及质量验收以《混凝土结构工程施工质量验收规范》GB 50204-2002及有关施工验收规范、
图纸要求为标准。大模板加工制作质量标准见表7.1.2。

大模板加工制作质量标准　　　　表7.1.2

序号	名　称	允许偏差（MM）	检查方法
1	模板高度	±2	钢卷尺
2	模板宽度	±1	钢卷尺
3	模板板面对角线差	≤3	钢卷尺
4	板面平整度	2	2m靠尺，塞尺
5	边肋平直度	2	2m靠尺，塞尺
6	相邻板面拼缝高低差	≤0.5	平尺及塞尺
7	相邻板面拼缝间隙	≤0.8	塞尺
8	连接孔中心距	±1	游标卡尺
9	孔中心与板面间距	±0.5	游标卡尺

7.2　质量保证措施

7.2.1　组织成立由项目技术负责人、质检员等人员组成的质量管理小组，严格执行国家相关规
范、规定、标准。

7.2.2　编制专项方案，并向全体施工作业人员进行详细交底，加强实施过程中的监测和应对，上
一道工序未验收合格前不得进行下一道工序。

7.2.3 大钢模合模前应对轴线的偏差、模板平面内及平面外的垂直度、门窗洞口及其他预留洞、预埋件设置与固定进行检查。合模后应保证整体的稳定性，确保施工中模板不变形、不错位，竖向外露部位不错台、不胀模；大模板的拼缝平整严密，不漏浆；合模后的墙槽内杂物清理干净，隔离剂涂刷均匀，并不得玷污钢筋及混凝土接槎表面。

7.2.4 墙根模板应平整、顺直、标高准确。为防止少量漏浆，应加贴海绵条。

7.2.5 大钢模斜撑上下端分别用两根M16×120螺栓固定于模板肋上，固定要可靠。

7.2.6 大钢模操作平台架上、下两端各用1根M16×70螺栓固定于模板竖肋上，但安装模板两侧第一个平台架时，需考虑模板的使用位置是否和相邻模板平台架"打架"问题。

7.2.7 大模板的支模校正，浇筑混凝土及模板拆除等认真执行"大模板施工工艺流程"，模板没有固定前不得进行下道工序。

8. 安 全 措 施

8.1 认真贯彻执行"安全第一、预防为主、综合治理"的安全生产方针，根据国家有关规范、规定、条例，结合实际情况及工程具体特点，组成以项目安全负责人、技术负责人、专/兼职安全员组成的安全生产管理网络，明确人员职责、严格执行安全生产责任制。

8.2 所有高处作业人员应接受高处作业安全知识的教育；特种高处作业人员应持证上岗，上岗前应依据有关规定进行专门的安全技术交底。高处作业人员应经过体检合格后方可上岗；作业人员必须按规定正确佩戴和使用安全帽、安全带等必备的安全防护用具。

8.3 所有被吊运的物件，应在每次起吊前逐一检查连接的牢固性。

8.4 外挂架安装或提升时混凝土强度必须达到设计要求；全部支承点的设置、安装应符合设计规定，严禁少装穿墙螺栓或使用不合格螺栓；各种安全防护设施齐全并符合设计要求。

8.5 安装外挂架平台应确保每一个钩头螺栓全部入槽后再脱钩，避免出现钩头未入槽现象。

8.6 进入高空作业时，用钢丝绳将每个三角架的下端通过原有的下一层大钢模穿墙螺栓孔与结构进行固定，防止高空涡流造成外挂架倾覆现象的发生。

8.7 外挂架必须设有护栏，高度不得小于1.2m；挂架防护层必须封闭严密，防止混凝土碎块及其他物体从高空坠落；在外挂架下方按要求搭设水平防护网。

8.8 外挂架平台起吊前必须把平台上的各种物料清理干净，先系好吊索再解除防倾覆钢丝绳、拆除穿墙螺栓螺母，确认上述工作完成后方可起吊。

8.9 外挂架组装或每次提升后，应根据专项施工方案和相关规范要求进行检查验收，验收合格后方可交付施工班组使用；验收时应特别注意架体是否有变形、开焊或扣件松动现象，发生异常时必须立即采取纠正措施。

8.10 不得在风力大于五级时、夜间或光线不充足时进行外挂架的提升；外挂架升降时应在下方设立警戒区域，并设专人进行监护。

8.11 拆模起吊前应反复检查穿墙螺栓是否拆净，在确定无遗漏且模板与墙体完全脱离时方可吊起。

8.12 大钢模板拆模进入清理位置时必须调好自稳角，用F杆将大钢模与预埋钢管固定后方可摘除吊索，防止模板倾覆；完成清理保养进行吊运操作时，必须先系好吊索并预紧后方可拆除F杆。

8.13 当施工楼层超过60m高度，对当日拆下的模板清理后不能连续在下一流水段就位固定时，应用对拉螺栓与结构墙体拉结固定；

8.14 就位找正后的模板应及时固定，就位未找正的模板，下班前必须用对拉螺栓与结构作拉结固定。

9. 环 保 措 施

9.1 成立环境卫生管理机构，严格落实有关环境保护的规范、规定、标准、条例，加强对生产垃圾、养护剂废料的控制和管理。

9.2 模板养护使用水性隔离剂，减少对环境的污染。

9.3 合理组织施工，减少生产垃圾；外挂架下层防护严密，保证清理模板时不造成高空飘落扬尘。

9.4 外挂架上的生产垃圾应随时清理并用密封容器吊运到至指定存放点。

9.5 使用低噪声振动棒，在外挂架防护架上设立隔声屏等消声措施降低施工噪声，同时尽可能避免夜间施工。

10. 效 益 分 析

与同类工程普通施工程序相比，大钢模板直接随挂架提升，有效减少了模板的吊运时间、提高塔吊的使用效率，避免模板的堆放占用地面场地，降低操作工人的劳动强度。

10.1 本工法由于将大钢模的清理、维护工作由地面转入外挂架平台上进行，避免了对场地面积的大量占用。在场地较小的情况下避免了租赁场地现象，节约了场地租赁费用以及材料的倒运费用。

10.2 本工法的应用使场地更易于布置，各种资源能较好的组合利用，对工程干扰因素小、工程进度快且有利于文明施工。

10.3 本工法与同类超高层建筑相比，由于大钢模不落地施工，节约了大钢模从地面至作业层的重复吊运时间。提高了塔吊的使用效率，节约了电能消耗，提高了工效，加快了主体结构工程进度，缩短了施工工期。当在100m高度施工时，本工法的应用使塔吊吊运大钢模的效率能提高一倍，由每小时最多4吊次增为8吊次（以高度100m、塔吊吊重速度为20m/min计算）。

10.4 本工法的应用使模板拆除后短时间内即可进行清理、维护等作业，减少了作业人员的无效工作时间，显著提高了工作效率，降低了人工成本。

11. 应 用 实 例

11.1 上海万宝国际广场东、西2幢公寓楼和1幢办公楼

11.1.1 工程概况

上海万宝国际广场由上海裕昌房屋发展有限公司投资开发，上海建浩工程顾问有限公司监理，工程地点位于上海市延安西路与德宁路交汇处，工程由2幢公寓楼、1幢宾馆、1幢办公楼和购物中心、会所组成，其中东、西2幢公寓楼为框架剪力墙结构，地下2层，地上28层，建筑面积均为27500m²，建筑高度为95.7m。1幢办公楼为框架剪力墙结构，地下2层，地上32层，建筑面积38230m²，建筑高度132m。

11.1.2 施工情况

上海万宝国际广场工程处于周边道路和建筑的包围之中，而且23层宾馆和购物中心、会所由其他二家施工企业负责施工，这对于本来就狭小的施工现场显得更加拥挤、更加紧张。为此，2幢公寓楼和1幢办公楼主体结构施工中采用了"剪力墙结构外墙外侧定型大钢模板空中不落地周转施工工法"，2幢公寓楼2006年8月10日开始主体施工，2006年12月14日封顶；1幢办公楼2006年8月20日开始主体施工，2007年1月30日封顶。既解决了施工场地紧张的问题，又提前了施工工期。

11.1.3 效果分析

本工法在万宝国际广场东、西2幢公寓楼和1幢办公楼主体结构施工中得到了应用。施工外脚手架使用外挂架，减少了脚手架的搭设费用和使用成本；大钢模空中不落地周转，节约了大钢模从作业面至地面的上下倒运时间，提高了工效，与其他同类项目相比，分别缩短了主体结构施工工期70d和60d，节省了人工费用28.11万元；定型大钢模板的清理、保养和存放均在外挂脚手架平台上完成，减少了施工场地的占用，优化了施工现场布置，提高了施工现场的利用率。共计产生经济效益154万元。其中：

公寓楼外挂架平台宽度0.3+3.3×ctg70°+0.3=1.8m；按2.0m设计制作；

长度（2×55+2×18+4×2.0）=154.0m；

实际2幢公寓楼搭设外挂架平台面积均为154.0×2.0=308.0m²；

办公楼外挂架平台宽度0.3+3.6×ctg70°+0.3=1.9m；按2.0m设计制作；

长度为2×60+2×20+4×2.0=168.0m；

办公楼搭设外挂架平台面积168.0×2=336.0m²；

实际节约施工场地为2×308+336=952.0 m²；

根据原计划主体结构施工时间分别为196d和224d，如场外租用场地需要952/667×40×224/365=35.04万元；

材料从场外二次搬运进场费用15.55万元；

节约用电：按大钢模板从地面至作业面重复吊运计算，则每幢公寓楼节约吊运的用电量为15kW×2×28×40×5/60=2800kW·h；

办公楼节约用电为：15kW×2×32×44×6/60=4224kW·h；

共计节约用电：2×2800+4224=9824kW·h，节约电费8841.60元；

节省外脚手架的搭设费用：公寓楼27500×8=22.00万元；办公楼38230×8=30.58万元；

合计外脚手架搭设费用：2×22.00+30.58=74.58万元；

合计：28.11+35.04+15.55+0.88+74.58=154.16万元。

11.2 启东水晶苑商住楼

11.2.1 工程概况

启东市水晶苑商住楼位于江苏省启东市中心地带，西靠江海路，南靠南城河，东邻东珠新村，施工场地狭小。该工程由启东市建都房地产开发有限公司开发，地下1层，地上25层，建筑面积21643m²。

11.2.2 施工情况

由于受周边道路、河流及建筑物的限制，施工场地显得格外狭小，给现场施工带来一定难度。施工中采用了"剪力墙结构外墙外侧定型大钢模板空中不落地周转施工工法"，解决了施工场地紧张的问题。2004年8月21日开始主体结构施工，2004年12月12日结构封顶，主体结构施工只用了114d，比原计划的180d提前了66d。

11.2.3 效果分析

外脚手架使用外挂架，减少了脚手架的搭设费用和使用成本，大钢模空中不落地周转，节约了上下倒运时间，缩短了主体结构施工工期66d，节省人工费12.5万元，减少了施工场地的占用，节约施工场地295m²，共计产生经济效益39.62万元。

其中：外挂架平台面积2.00×（2×52.00+2×17.80+4×2.00）=295.20m²；

原计划主体结构施工场外租用场地时间180d，需要费用：

295.2÷667×20×180÷365=4.36万元；

材料二次倒运费用5.22万元；

节约电费：15×2×25×40×5÷60×0.9=2250.00元；

节省外脚手架的搭设费用21643×8=17.31万元；

合计费用：12.5+4.36+5.22+0.23+17.31＝39.62万元。

该工程先后被评为江苏省建筑施工文明工地、江苏省扬子杯优质工程。

11.3 苏州工业园区都市花园八期 B 标 9 号房

11.3.1 工程概况

都市花园八期B标位于工业园区星海街东、苏春西路南，由五幢高层住宅组成，总建筑面积95000m²，由苏州工业园区华新国际城市发展有限公司开发建设。其中9号房结构层数28层，建筑面积21579 m²。

11.3.2 施工情况

八期B标的5幢高层住宅同时开工，同时竣工，而且项目规划设计相当紧凑，因此施工场地十分紧张，况且5幢楼有3支施工队伍施工，尤其是9号楼夹在中间，施工场地更显紧张。施工中采用了"剪力墙结构外墙外侧定型大钢模板空中不落地周转施工工法"，达到了节地、节电、节约用工、降低施工成本的目的。2006年3月20日主体结构施工，7月5日结构封顶，主体结构施工工期126d，比计划提前了60多天。

11.3.3 效果分析

节省外脚手架搭设费用：21579×8＝17.26万元；

工期缩短，节约人工费：12.1万元；

原计划主体结构施工场外租用场地：312.4÷667×25×196÷365＝6.29万元；

材料二次倒运费用：6.8万元；

节约电费：2450元；

合计节约费用：17.26+12.1+6.29+6.8+0.245＝42.70万元。

该工程先后被评为江苏省建筑施工文明工地、江苏省扬子杯优质工程。

高层建筑电气竖井膨胀型有机防火堵料施工工法

GJEJGF086—2010

中建新疆建工（集团）有限公司　中建八局第一建设有限公司
姜向东　关挺　乔宏刚　秦家顺　赵海峰

1. 前　　言

《高层民用建筑防火规范》GB 50045-95 5.3.3条规定："建筑高度不超过100m的高层建筑，其电缆井、管道井应每隔2～3层在楼板处用相当于楼板耐火极限的不燃烧体作防火分隔；建筑高度超过100m的高层建筑，应在每层楼板处用相当于楼板耐火极限的不燃烧体作防火分隔。电缆井、管道井与房间、走道等相连通的孔洞，其空隙应采用不燃烧材料填塞密实。"

高层建筑的防火就是遵循"预防为主，防消结合"的消防工作方针，针对高层建筑发生火灾的特点，立足自防自救，采用可靠的防火措施，做到安全适用、技术先进、经济合理。通过消防部门对高层建筑验收的情况，我们发现高层建筑电气竖井内防火隔堵出现的问题比较多。施工方法却各不相同，往往发生火灾时，这个部位就成了引火的部位。于是我们就编写了"高层建筑电气竖井膨胀型有机防火堵料施工工法"，以方便各施工单位的施工人员能快速掌握和运用到实际工作中去。

2. 工 法 特 点

本工法的特点是指导性强，适合现场的施工人员掌握，对要施工的内容能清楚的了解，知道要怎样干和干成什么样，并对施工、管理人员提供了检查是否合格的验收依据。

3. 适 用 范 围

本工法适用于10层及10层以上的民用建筑（包括首层设置商业服务的网点的住宅）、建筑高度超过24m的公共建筑（不适用于单层主体建筑高度超过24m的体育馆、会堂、剧院等公共建筑）。

4. 工 艺 原 理

膨胀性有机防火堵料阻燃体系在受热时膨胀并配合树脂体系、填料形成一层质硬多孔的碳层屏障，阻隔了热量的传递、烟气的扩散，抑制了挥发性可燃组份的产生。膨胀形成一定厚度和强度的阻火层，并在膨胀过程中吸收热量释放大量不燃无毒气体，达到阻火、隔热、隔烟、隔毒气的目的，能有效地阻止火势及有毒烟气向四周蔓延。同时体积膨胀及碳层的形成过程可消耗大量的热，有利于体系温度的降低，从而阻止了火焰的传播。

用膨胀性有机防火堵料做隔离，取代了耐火砖、矿棉、矿碴、陶瓷棉等类材料，施工简便易行，且墙体、隔墙还有一定的透气性，检修、更换桥架、电缆也十分方便。

制作耐火隔层：根据电缆竖井的有关间距规定，在需要设置耐火隔层处，用钢架和耐火隔板支撑，将膨胀性有机防火堵料平铺于其上，垒制成隔层。

封堵大的孔洞：应采用大规格膨胀性有机防火堵料（防火泥），将膨胀性有机防火堵料（防火泥）平整地垒制，并和墙体平齐。

5. 施工工艺流程及操作要点

5.1 工艺流程（图5.1）

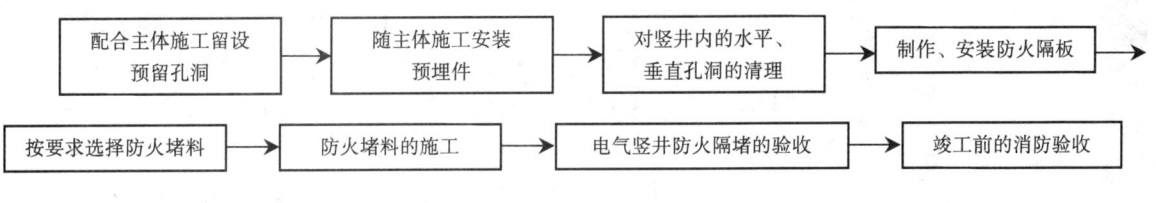

图5.1 工艺流程图

5.2 施工工艺与技术

5.2.1 预留孔洞：根据设计图标注的轴线部位，将预制加工好的木质或铁制框架固定在标出的位置上，并进行调直找正，待现浇混凝土凝固、模板拆除后，撤下框架并清理孔洞口。

5.2.2 预埋件的安装：预埋件可采用∟50×5的角钢或不小于120mm×60mm×6mm的扁铁，其锚固圆钢的直径不应小于8mm。紧密配合土建结构的施工，准确地将预埋件留设到位，水平洞口留设在板底，垂直洞口留设在洞口两边的角上。

5.2.3 清理孔洞：竖井内土建和电气安装完毕后，将孔洞周边的杂物清扫干净。同时将预埋件清理出来，遇到孔洞尺寸偏移的，在孔洞剔凿合适后将预埋件重新加固处理。

5.2.4 制作、安装防火隔板：防火隔板可采用钢板、钢丝网或耐火板，其耐火极限要与原构件耐火极限相同。防火隔板可根据电缆的根数、排数进行制作。防火板安装应牢固，对工艺缺口与缝隙较大的部位要进行防火封堵，外观应平整、美观。防火隔板连接处应有50mm左右的搭接，并用螺栓固定，采用耐火专用垫片。

5.2.5 选择防火堵料：采用的建筑防火封堵材料必须经过国家有关消防产品质量监督检测中心认证合格。

5.3 防火封堵材料的分类

5.3.1 按成份和性能特点分为无机防火堵料、有机防火堵料和阻火包；本工法只重点介绍膨胀型有机防火堵料的施工，耐火极限分为一级（≥3h）。

5.4 防火堵料的施工

5.4.1 膨胀型有机防火堵料（俗称"防火泥"）的施工方法：为保证导电电缆类贯穿物的散热性，使用膨胀型堵料（膨胀5～10倍）施工时可不必封堵严密，当火灾发生时，堵料膨胀将缝隙及孔口封堵严密，有效地阻止火灾蔓延和烟气的传播，起到防火隔离作用，有效耐火时间可达3h。在管道或电线、电缆贯穿孔洞的防火封堵工程中，使用时可封堵有效尺寸100mm（宽）×120mm（厚）。将该堵料揉匀后均匀地嵌满孔洞即可。具体施工详见图5.4.1-1~图5.4.1-2。

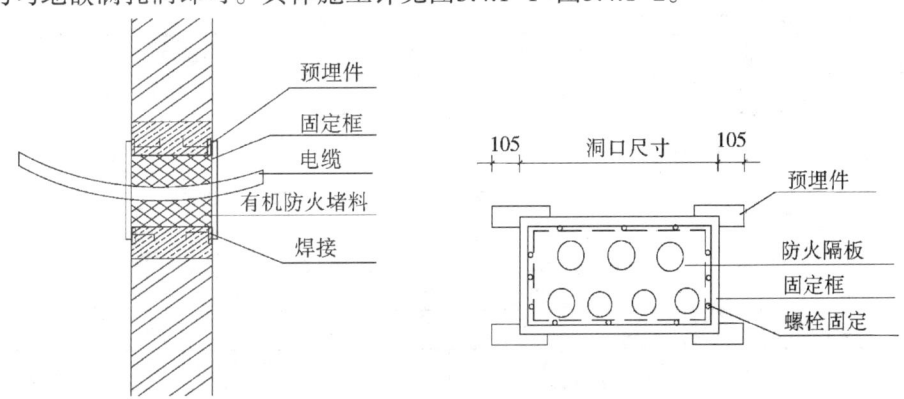

图5.4.1-1 立面防火隔离安装图

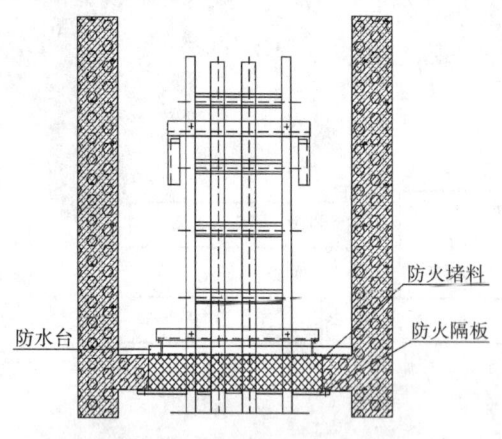

图5.4.2-2　平面防火隔离安装图

5.5　竖井内防火隔堵的验收

5.5.1　施工单位向建设单位提交防火封堵报告、隐蔽工程记录、防火材料出厂检验报告和质量复检合格报告、施工现场质量查验结果等资料。建筑防火封堵验收应由建设单位组织设计、施工、监理单位的技术人员进行，并在验收结论记录上签名盖章。

5.5.2　现场检查防火封堵应符合以下要求：防火封堵后表面无明显的缺口、裂缝和脱落现象；防火隔板安装牢固、无缺口、缝隙，外观平整美观；有机防火堵料封堵应牢固严实、无漏光、漏风、龟裂和脱落现象，表面应平整光洁，不得有粉化、硬化、开裂等缺陷见图5.5.2-1～图5.5.2-3。

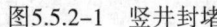
图5.5.2-1　竖井封堵

图5.5.2-2　配电柜封堵

图5.5.2-3　圆形小孔洞封堵

5.5.3　竣工消防验收：由公安消防监督机构验收时（可与工程整体验收同步进行）按各分项数量的5%进行抽查。各分项数少于或等于5处的应全部检查验收。符合有关规定要求的为合格，否则为不合格。

6.　材料与设备

6.1　有机防火堵料：以合成树脂作胶粘剂配以防火剂、堵料等经碾压而成的材料，具有可塑性和柔韧性，长久不固化，可以经过切割、搓揉而封堵各种形状的孔洞，施工维修方便。具体指标见表6.1。

6.2　施工机具：电焊机、切割机、冲击钻、活动扳手、工作台、锯弓、电工工具、堵料切割刀、人字梯、高凳等。

有机防火封堵材料理化性能　　　　　　　　　　　　表6.1

项　目	技　术　指　标
干密度（kg/m³）	—
密度（kg/m³）	≤20×10³
松散密度（kg/m³）	—
耐水性（d）	≥3（无溶胀）
耐油性（d）	≥3 无溶胀
耐蚀性（d）	≥7
抗压强度（MPa）	≥0.1
抗跌落性	—
初凝时间（min）	—
外观	塑性固体，具有一定柔韧性
"—"表示此项未作要求	

7. 质量控制

7.1 防火封堵的施工要求

7.1.1 一般规定：建筑防火封堵施工应按设计文件和有关产品的技术说明进行。建筑防火封堵施工人员应经过专业技术培训，持证上岗。施工前对封堵材料应逐一进行查验规格、型号、数量及出厂检验报告和合格证明，并作详细记录。施工过程中对隐蔽工程应在封闭前由建设、监理等单位检查认可，并做好隐蔽工程施工记录。

7.1.2 贯穿部位防火封堵：不燃材料贯穿孔的防火封堵用相当于穿过分隔体耐火极限的灰沙等无机材料将贯穿物周围的孔洞填充。孔洞较大时应做配筋处理，使其填充部分与分隔体具有相同强度。缝隙用软性的不燃烧材料（有机防火堵料）或砂浆严密填实。水平分隔体贯穿部位缝隙较大且采用非固化不燃材料时，应用与分隔体相同耐火极限的防火板在底部衬托，防火板的固定应满足同样的耐火极限及强度。其表面应平整，填充物应牢固，并在规定的温度作用下不会脱落。

7.1.3 电缆贯穿孔的防火封堵：应严格按相关要求用灰沙或混凝土填充贯穿孔，其余部分孔隙应用软性受热膨胀型有机防火堵料严密封堵。贯穿孔面积较大的应作配筋处理或采用与分隔体相同耐火极限的防火板在底部衬托，其结构强度不得低于分隔体。电缆有桥架保护的，应拆除桥架盖板，将防火堵料填塞至电缆并不得有任何缝隙。软性防护堵料两面应分别用大于其面积的防火板翻盖，防火板与分隔体之间应用高强度螺栓钉紧固连接。用阻火包进行封堵时，施工前应整理电缆，检查阻火包有无破损，施工时在电缆周围宜裹一层有机防火堵料。

7.2 防火封堵的材料要求

设计中所采用的建筑防火封堵材料必须经过国家有关消防产品质量监督检测中心认证合格。防火封堵的生产商对封堵用料、施工质量进行技术指导和培训。

7.3 成品保护

7.3.1 进行防火封堵作业时，应注意保持墙面清洁。

7.3.2 进行防火封堵作业时，不得损坏竖井内的已完成项目。

7.3.3 使用高凳、人字梯时，注意不要碰坏建筑物的墙面和防火门。

7.3.4 竖井内的防火隔堵完毕后，应把竖井的防火门锁好，防止人为破坏。

8. 安全措施

8.1 进行防火封堵的施工人员应进行岗前培训，合格后方可操作。

8.2 由于竖井的孔洞由下至上是贯通的，封堵前应将上一层的孔洞做安全防护，防止高空坠物、物体打击，伤人伤己。

8.3 竖井内通电试运行时，应先将电源切断再进行防火隔堵作业，防止触电事故。

8.4 消防措施：电、气焊及金属切割时，防火、防爆炸，加强劳动保护。

9. 环保措施

9.1 控制噪声污染。

9.2 控制粉尘污染。

9.3 控制化学污染。

9.4 竖井内防火隔堵完毕后应将多余的材料及时清理干净。将污染的地方打扫干净。

10. 效 益 分 析

虽然国家规范对防火封堵有部分规定，但往往在一些工程的清单报价中出现漏项，给企业带来了损失。由此造成有些工程的偷工减料，在质量上不严格执行国家规范和设计要求，给工程在消防上带来隐患，一旦发生火灾后果将十分严重。另外对于建筑中出现的新材料、新工艺，现行规范滞后，且没有明确规定，本工法对此进行了说明，以提供给广大的施工人员作参考。

11. 应 用 实 例

11.1 新疆乌鲁木齐优诗美地A区国税局高住楼，建筑面积57911.97m²；框架结构，层数18层；开工时间2004.9.21，竣工时间2007.11.25；膨胀性有机防火堵料实物用量930kg。

11.2 新疆乌鲁木齐优诗美地A区国税局综合办公楼，建筑面积17655.22m²；框架结构，层数9层；开工时间2005.8.15，竣工时间2006.11.15；膨胀性有机防火堵料实物用量240kg。

11.3 新疆维吾尔自治区党委宣传部高层住宅工程，建筑面积31504.57m²，框架结构，层数23层；开工时间2009.12.10，计划竣工时间2011.9.15；膨胀性有机防火堵料实物用量700kg。

PVC中空内模水泥隔墙施工工法

GJEJGF087—2010

中建四局第六建筑工程有限公司

丁云朝 孙成帅 初善忠 刘芳玲 银克俭

1. 前　　言

1.1　目前各种轻型墙体如轻骨料混凝土小型砌块、陶粒空心砌块及GRC板、岩棉板等不断出现，它们在建筑节能环保、节约土地资源，进行可持续发展方面都发挥了重要作用。在内隔墙墙体方面，各种材料在质轻、壁薄、施工方便、保温隔热、隔声、防火、环保、安全文明施工等方面各有优缺点，尤其是抹灰后面层易出现裂纹是一大质量通病，而PVC中空内模水泥隔墙的出现则解决了上述问题，成为新一代隔墙材料中的佼佼者，是新的节能、环保材料。

1.2　PVC中空内模水泥隔墙作为一种新型墙体材料，具有施工方便快速、重量轻、隔声效果好、防火性能优异、环保节能、水电配管方便等特点，并可做成曲线型、弧型等各种形状，具有其他墙体材料不可比拟的优势，并且由于满挂了钢丝网片，解决了墙体开裂的通病，是目前国内轻质隔墙材料中颇具潜力的产品。

1.3　该项施工技术经安徽省住房和城乡建设厅组织鉴定，其综合水平达到国内领先水平。

2. 工 法 特 点

2.1　门窗洞口等应力集中处的加固加强措施：在门洞口上方及两侧加设门框加强铁件，同时为防止抹灰后门洞口上隔墙下沉，在其上加设2φ6钢筋做吊筋，在中间及两侧各设置一道，共三道，同时在门洞上方两角处45°底角两面均加设200mm×400mm加强网。

2.2　与老工艺不同，不仅在特殊部位加设钢板网片（如交接处、转角墙等），而且在大面墙上加设网片，解决了墙面开裂的质量通病。

2.3　改进传统的施工方法，用甩浆代替喷浆，即用1:1的水泥砂浆（加入801胶），均匀甩在中空内模表面，进行淋水养护。

3. 适 用 范 围

适用于一般工业与民用建筑非承重隔墙，特别适合酒店分户墙、居住户内隔墙、曲线型及弧形墙体。

4. 工 艺 原 理

PVC中空内模水泥隔墙是一种以PVC塑料模板为骨架，外附水泥砂浆且带有垂直长孔的新型墙体，塑料模板是由一排并列带键槽的塑料管及连板组成，施工现场先安装槽铁，然后进行PVC模板拼装，PVC模板安装完毕后满挂钢丝网抹灰成墙。

5. 施工工艺流程及操作要点

5.1　工艺流程

施工准备→测量放线→槽铁安装→模板安装→电气管线安装→满挂钢丝网→甩浆→填缝、打底灰→面层抹灰→成品保护。装完后满挂钢丝网抹灰成墙。

第一步：放线

第二步：槽铁安装

第三步：组装PVC墙板

第四步：电气管线安装

第五步：铺设钢丝网

第六步：填槽、打底灰

第七步：水泥砂浆罩面

成活墙体

图5.1　工艺流程图

5.2 施工工艺及操作要点

5.2.1 施工前准备

1. 队伍准备：由专业施工队伍负责施工，并由施工负责人向班组进行安全技术交底。

2. 材料准备：射钉枪、切割锯、电焊机、壁纸刀、喷枪、中空内模板、射钉、射弹、U形镀锌薄钢板、L形镀锌薄钢板、梗厚度为0.5mm、丝梗宽度为1mm、网眼为25mm×9mm的钢丝网片、18号镀锌扎丝、$\phi6$钢筋。

3. 处理：安装前必须检验地板及顶板的平整度、垂直度，凹凸处进行凿除、修整。

4. 技术准备：在工人进场后，项目部对其进行施工方案和施工技术的交底。

5.2.2 测量放线

施工人员依照施工图纸核对模板排列图与房间实测尺寸是否相符，先核对无误后，再进行地面及顶板放线，放线要弹出双墨线，分别为PVC板线（宽85mm、65mm、45mm）与抹灰成墙线（厚度根据设计要求，此线用于做灰饼以便控制抹灰厚度）。隔墙与柱墙交结处按上述要求同样放线，并在线上标明门洞口位置及宽高。

5.2.3 中空内模的组装

1. 安装前必须检验地板及顶板的平整度，合格后再进行安装。

2. 安装槽铁：根据所放施工线，将U形铁固定在地面及顶板上，用射钉枪固定，射钉间距不大于500mm，要错孔固定，要顺方向安装U形铁固定件，如图5.2.3-1所示。

原墙、柱与PVC内模板连接处处理：隔墙与承重墙或柱子等构件连接处，应在高度方向上每隔500mm设一固定件，固定件用射钉枪固定，固定件为长100mm的U形有孔槽铁。

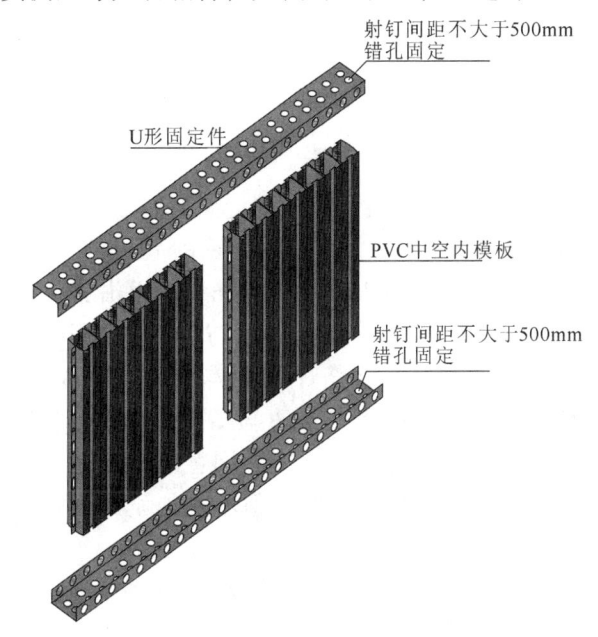

图5.2.3-1 安装槽铁

3. 组装PVC内模板，安装顺序从墙柱一边依次进行拼装，按顺序上下对齐，平衡推进安装，中空内模板的裁割误差不大于10mm，市场上PVC中空内模板宽为310mm，安装相邻两块内模板进行拼装时，应通过结合孔用18号镀锌钢丝绑扎固定，绑扎间距不大于500mm，如图5.2.3-2所示。

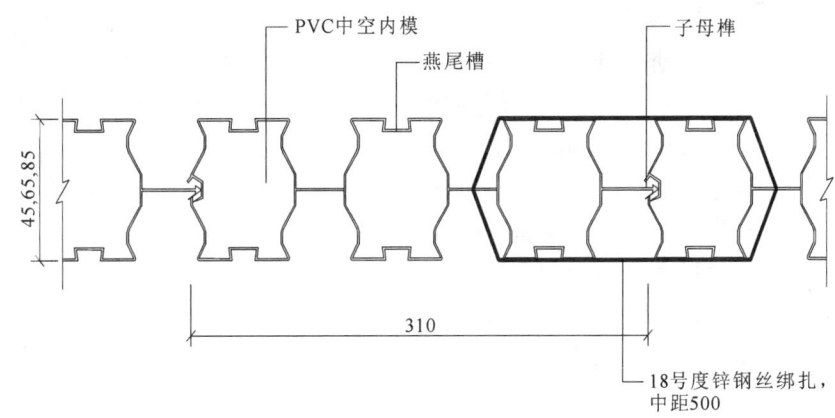

图5.2.3-2 PVC中空内模剖面图

4. 门洞口处PVC隔墙做法：门洞口上方及两侧要加设门框加强铁件，同时为防止抹灰后门口上隔墙下沉，在门洞口上加设2$\phi6$钢筋做吊筋，在中间及两侧各设置一道，共三道，同时在门口上两角处45°底角加设200mm×400mm加强网，正手、反手都要加设，如图5.2.3-3所示。

吊筋与板顶连接方式见图5.2.3-4。

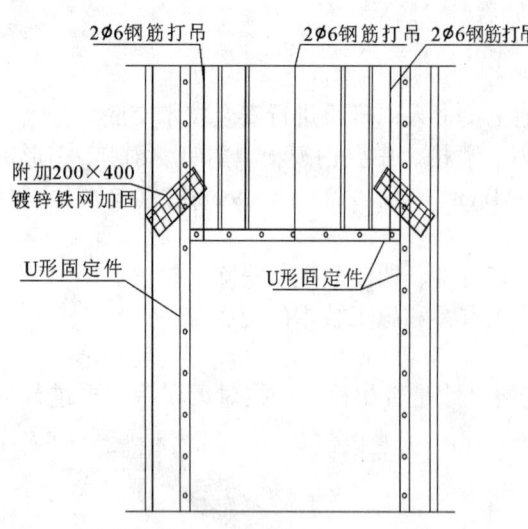

图5.2.3-3 门洞打吊、加强网做法

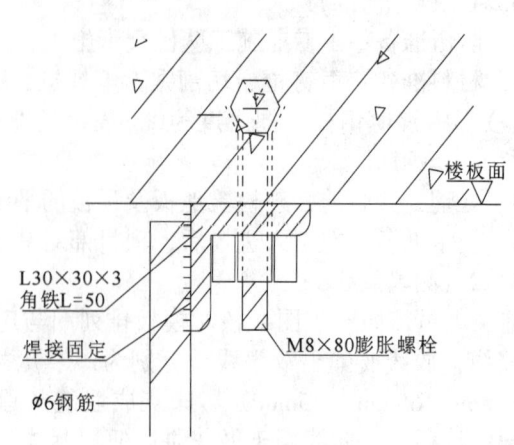

图5.2.3-4 φ6钢筋锚固节点

如进户门为防盗门时，进行如下加固：先在门口左右的第一个凹槽内，两侧各立一根φ10圆钢，圆钢外沿与PVC板外沿一致，圆钢的上下端与顶棚、底板采用上述吊筋锚固方法进行固定，门洞口上方里外横向放两根φ6钢筋，φ6钢筋里沿紧靠门洞口上PVC板外沿，横向φ6钢筋下沿与PVC板专用槽铁下沿在一个标高并与φ10钢筋焊成一体，再用两φ6钢筋长同PVC板宽，沿专用槽铁下边与横向两根φ6钢筋点焊连接，钢筋立完后专用槽铁安装同普通门做法，门洞口上加强网同普通门做法一致，但不用加设吊筋，加强钢筋如图5.2.3-5所示。

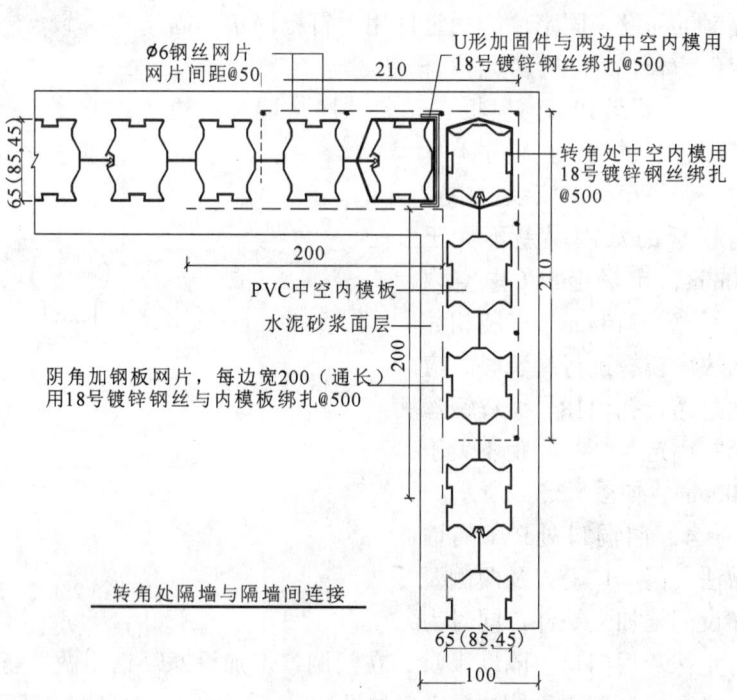

图 5.2.3-5 防盗门钢筋加固方法

窗洞口加强方式：在洞口上方、下方及两侧要加设门框加强铁件，钢丝网满包过加强铁件，洞口上吊筋做法同普通门洞口作法。

5. 转角墙处加强方式：转角处加设U形加固件与两侧中空内模用18号镀锌钢丝进行绑扎@500mm，PVC模板两侧与平面墙一样满挂钢丝网，用18号镀锌钢丝与内模板绑扎@500mm，且阳角处钢丝网两边搭接400mm，即转向每边宽200mm后转进PVC板内与PVC板绑扎牢固，见图5.2.3-6。

6. 隔墙与隔墙T形连接处连接方式：阴阳角处满加钢丝网片，上下左右通长，用18号镀锌钢丝与内模板绑扎@500mm，转角处中空内模用18号镀锌钢丝绑扎@500mm，见图5.2.3-7。

5.2.4 预埋水电线路

图 5.2.3-6 转角处隔墙与隔墙间连接

1．嵌入墙体的开关箱若厚度大于100mm时，应一侧保持平整，另一侧面先覆上一层钢丝网，且绑扎牢固，再进行抹灰处理，凸出墙面部分可做箱套处理。开关箱下方排列密集的管线可采用同样的方法处理。

2．墙上设有配电箱需留设洞口时，预留洞口尺寸要准确，洞口的四周要加设U形加固件加固，洞口上部要设吊筋，作法同门窗洞口。

3．安装各种管件配件时，应埋设在隔墙板内模中，并绑扎牢固；洁具等器具吊挂之处，应先将模板单面割开所需长度，喷浆并铺上钢丝网分层处理，直到达到墙面所需厚度，待砂浆达到一定强度后，再上膨胀螺栓，以便于器具吊挂。

4．竖向电气管件可以绑在PVC板槽内，用18号钢丝与PVC板绑扎在一起；横向配管时，先用

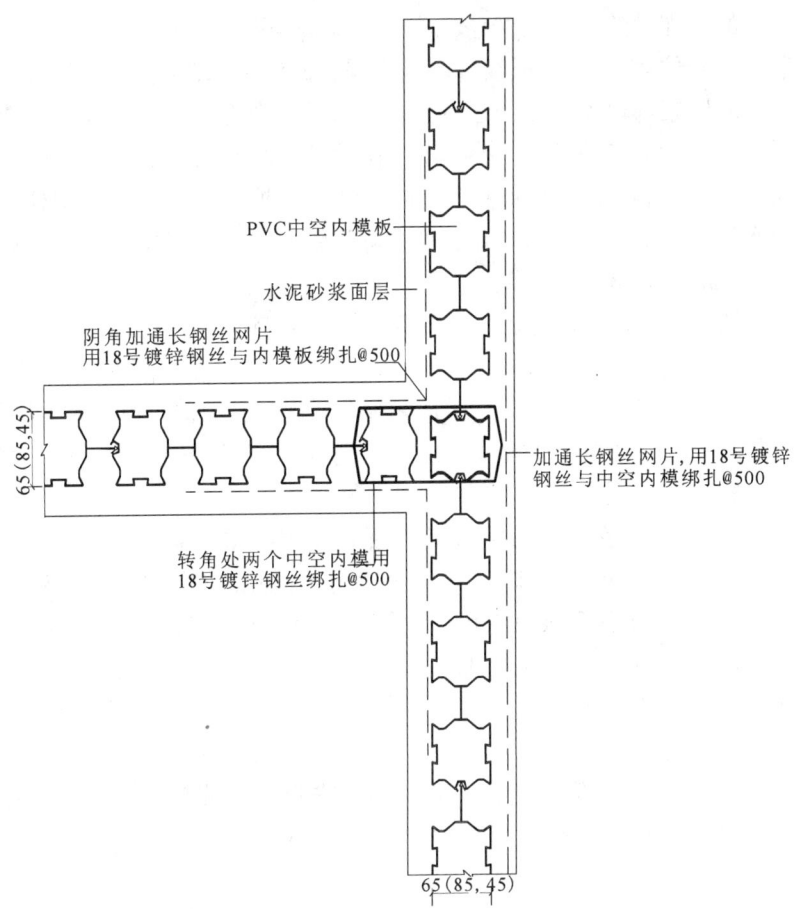

图 5.2.3-7　隔墙与隔墙间 T 形连接

壁纸刀按配管直径尺寸切割PVC板，（深度不准切割中线板）。当同墙两侧都需横向走管时，两侧配管上下间距不小于300mm。电开关盒用壁纸刀切割开口下入，横向配管每隔500mm用18号钢丝固定在墙板上，电气配管定位后用22号镀锌钢丝将两根$\phi 6$短钢筋固定于电开关盒上下两侧。

5．在施工中必需的或人为的破坏了PVC板表面，必须用PVC碎板片将其覆盖好，并绑扎牢固。

5.2.5　满挂钢丝网

此工艺与老工艺不同，老工艺只在特殊部位加设钢板网片，如交接处、转角墙等，大面墙不加设网片，但经过长时间实践证明不满加钢丝网，墙面开裂现象严重，因此墙面需满挂钢丝网片，钢丝网片梗厚度为0.5mm，丝梗宽度为1mm，网眼为25mm×9mm。

钢丝网与PVC中空模板用18号镀锌钢丝绑扎牢固，间距500mm，呈梅花形。中空内模板与梁、柱、顶棚交接处钢丝网要宽出交接处不少于200mm，并用射钉间隔@500mm固定宽出的钢丝网，射钉固定处墙体如为砌筑墙体应先预埋C20混凝土块；模板与墙柱交接处高度方向加设长100mm的U形加固件，间距为500mm，U形加固件用18号镀锌钢丝与PVC板绑扎牢固，具体如图5.2.5所示。

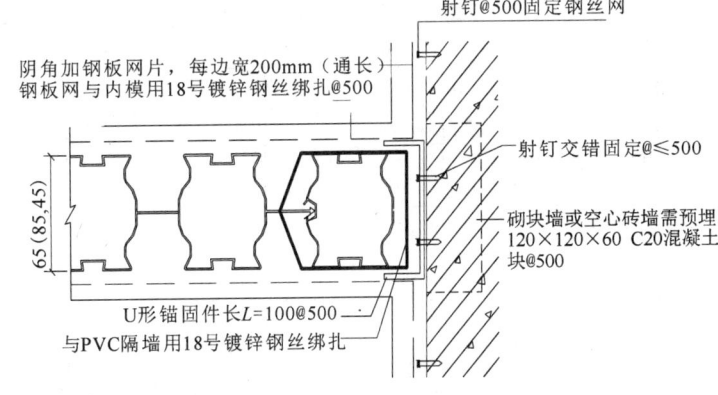

图 5.2.5　隔墙与墙、柱 T 形连接

5.2.6　甩浆

以前PVC中空内模水泥隔墙施工不满挂钢丝网片，因此抹灰之前要用喷枪在模板表面喷洒一层

1：1的水泥砂浆（加入801胶），喷浆要均匀覆盖模板表面，喷嘴大小根据所需疙瘩大小调整。喷浆结束7~8h要淋水养护。但经过调查发现，此法因未满挂钢丝网片，仅用喷浆增强水

泥砂浆与内模的粘结强度，由于现场操作质量差异性大、控制难度大，故易造成墙体开裂现象。所以改进此施工方法，在内模两侧满挂钢丝网片，用甩浆代替喷浆，即用1：1的水泥砂浆（加入801胶），均匀甩在中空内模表面，进行淋水养护；经过验证在两侧满挂钢丝网片后甩浆的做法更切合工程实际，抹灰层也未出现开裂等质量问题，因此可以用甩浆替代喷浆作业。

5.2.7 填缝、打底灰

填缝、打底灰同时施工，使用1：3水泥砂浆，砂浆稠度为50~70mm，砂子用中砂，掺入砂浆塑化剂或减水剂，保证砂浆有一定的和易性，底灰厚度与板面的铁网找平，不宜过厚。门洞口、阴、阳角处，槽内一定用砂浆填实，不允许有空洞现象；表面平整压实、拉细毛。内模板两侧抹灰可同时进行，如分两次抹，必须在一侧抹完24h后，方可进行另一侧抹灰。同一侧两次抹灰的时间间隔不小于4d。

5.2.8 面层抹灰

1．待墙面完全干燥4~6d后（保证每天淋水两遍养护）开始面层抹灰。

2．面层抹灰一次抹灰厚度不应大于10mm，应分遍分层抹灰。

3．因为水泥砂浆具有硬化收缩的特性，所以沿墙面每隔3m留设一道伸缩缝，伸缩缝宽10mm，深至钢丝网，高度同墙高；门口上部根据门过梁的受力特点，设45°斜角伸缩缝，避免门过梁上部抹灰开裂，等到装饰工程施工时用膨胀腻子填缝处理；实践证明墙面开裂基本上都在伸缩缝内，墙面、门口等处未见开裂。

4．墙面抹灰完成后，及时对墙面进行喷水养护，喷水养护在水泥砂浆初凝后进行，每次喷水以墙面湿透为准，每天不少于2次，持续2个星期。

6. 材料与设备

6.1 材料

6.1.1 PVC中空内模水泥隔墙内模板（310型）应符合大连吉天建筑材料有限公司的Q/JT.J02.01-2008标准要求，并满足表6.1.1质量验收标准。

PVC中空内模水泥隔墙内模板质量验收标准 表6.1.1

序号	检验项目		计量单位	标 准 要 求
1	尺寸偏差	长度偏差	mm/m	±5
		宽度偏差		±3
		厚度偏差	mm	±3
		内壁偏差		±0.2
2	外观质量		—	符合Q/JT.J02.01-2008标准4.1
3	拉伸屈服强度		MPa	≥1.40
4	断裂延伸率		%	≥6
5	落球冲击		—	230g钢球1m高自由落下无破裂
6	耐碱性		—	饱和Ca（OH）$_2$溶液泡240h无变化
7	硬度		HRR	≥90
8	面密度		kg/m^2	≥4.2
9	抗折强度		MPa	≥1.0
10	落球冲击性能（隔墙）		—	1kg钢球2m高自由落下无破裂

6.1.2 其他材料：U形槽铁、U形加固件、18号镀锌钢丝、梗厚度为0.5mm，丝梗宽度为1mm，网眼为25mm×9mm的钢丝网、ϕ6短钢筋。

6.2 施工机具及仪器

射钉枪、射钉、射弹、切割锯、小型电焊机、壁纸刀、铁剪子、喷枪、J2经纬仪、水准仪、卷尺等。

7．质 量 控 制

除应遵守《装饰装修工程质量验收规范》GB 50210-2001的规定外，还需满足以下要求：

7.1 检验批划分

中空内模水泥隔墙工程的检验批按下列规定划分：每50间（大面积房间和走廊按轻质隔墙的墙面30m²为一间）划分为一个检验批，不足50间也划分为一个检验批。

每个检验批应抽查房间数的10%，并不得少于3间；不足3间时应全数检查。

7.2 验收标准

7.2.1 主控项目

1．隔墙板材的品种、规格、性能、颜色应符合设计要求。

2．安装隔墙板材所需预埋件、连接件的位置数量及连接方法应符合设计要求。

3．隔墙板材安装必须牢固。现制钢丝网水泥隔墙与周边墙体的连接方法符合设计要求，并应连接牢固。

7.2.2 一般项目

1．隔墙板材安装应垂直平整，位置准确，板材不应有裂缝或缺损。

检验方法：观察；尺量检查。

2．隔墙上的孔洞、槽盒应位置准确，套割方正，边缘整齐。

检验方法：观察。

3．板材隔墙安装的允许偏差和检验方法应符合表7.2.2的规定。

隔墙板安装的允许偏差和检验方法   表7.2.2

项次	项　　目	允许偏差（mm）	检 验 方 法
1	立面垂直度	3	用2m垂直检测尺检查
2	表面平整度	3	用2m靠尺和塞尺检查
3	阴阳角方正	3	用直角检测尺检查
4	接缝高低差	2	用钢直尺和塞尺检查

8．安 全 措 施

8.1 组建安全管理网络

安全管理网络由项目经理牵头负责，由项目安全总监、总工程师分管共抓。项目安全总监分管安全和材料，具体安全措施的制订；总工程师分管工程部门、质检部门，从技术方案角度来落实安全生产措施；财务部门由项目经理直接分管。建立专职安全员责任制度，将安全生产落实到人，保证项目的顺利实施。

8.2 确保安全的主要措施

1．项目部和各施工队设专职安全员，安全员在项目经理和安全总监的领导下，履行保证安全的一切工作职责。

2. 利用各种宣传工具，采用多种教育形式，使职工树立安全第一的思想，不断强化安全意识，使安全管理制度化，教育经常化。施工人员进场先进行安全教育，安全培训考核合格后才能上岗。

3. 在施工前，必须同时下达安全技术措施，提出安全生产要求，把安全生产贯彻到施工的全过程中去。

4. 认真执行定期安全教育、安全检查制度。对事故隐患和危及到工程、人身安全的事项，及时整改处理，并作出记录。分项工程施工前先进行安全技术交底。

5. 技术工人上岗前要进行身体检查和技术考核，合格后方可上岗。安装工施工过程中佩戴防护用品，以免受伤。

6. 施工临时用电按照"三级配电，二级保护"的原则，严格执行"一机、一闸、一漏、一箱"的规定。

7. 各种配电箱应设置在道路通畅便于操作的地方，周围禁止堆放任何杂物、易燃、易爆物品。

9. 环 保 措 施

9.1　加强环保教育

组织职工学习环保知识，加强环保意识，使大家认识到环境保护的重要性和必要性。

9.2　贯彻环保法规

认真贯彻各级政府的有关水土保护、环境保护方针、政策和法令，自觉遵守有关机构对卫生及劳动保护的要求，结合工程特点，及时申报安全环境保护设计，切实按批准的文件组织实施。

9.3　强化环保管理

定期进行环境检查，及时处理违章事宜，主动联系环保机构，请示汇报环保工作，做到文明施工，作业做到晚上10点钟结束，保证不对居民有噪声污染。

9.4　施工产生的废弃物应及时分类清运，保持工完场清

10. 效 益 分 析

北华城2号楼为日本东横集团投资的产权式酒店，2~31层内隔墙全部采用PVC中空内模水泥隔墙，内隔墙板施工面积每层500m²，总面积约15000m²。由于墙体厚度减少，每层增加使用面积约16m²，总共增加使用面积近500m²。PVC中空内模水泥隔墙环保、节能、隔声、低耗能，最大的优点是质轻，减轻了建筑物自重，减小承重混凝土强度等级、减小、减少钢筋用量，间接节约成本、降低能耗，因此其具有其他墙体不可比拟的优势。

PVC中空内模板安装不存在湿作业，不用砌筑、搅拌砂浆等，能够不受冬期施工的影响；并且由于PVC中空内模板质量轻，在运输过程中较混凝土小型空心砌块墙体快约4倍，大大缓解了建筑施工对垂直运输工具（施工电梯）的压力；在施工方面因操作简便、安装快捷，施工一层比砌筑加气混凝土砌块可节省工期1d以上，该工程按30层计算，施工工期缩短约30d。

在同等条件下，PVC中空内模水泥隔墙内模板与安装，每平方米材料费加上人工费总计需69元，北华城2号楼可节约成本约为15万元。

北华城2号楼工程PVC中空内模水泥隔墙施工质量、进度、成本控制等方面得到甲方和监理、质监站的一致好评与肯定，取得较好经济效益和社会效益。

11. 应 用 实 例

11.1　光大大厦工程位于沈阳市金融商贸开发区B-7号，为两栋塔式高层商住楼，建筑面积

11.92万 m²，总层数26层，双塔楼结构形式为钢筋混凝土框架-核心筒结构，裙房和板式楼结构形式为钢筋混凝土框架-剪力墙结构。设计要求6~26层室内隔墙均采用PVC中空内模水泥隔墙，内隔墙施工面积约20000m²。

在施工前技术人员编制了专项施工方案，施工过程中严格控制施工质量，至2007年9月，全部PVC中空内模水泥隔墙安装抹灰施工完毕，无质量、安全事故。该墙体施工速度快、重量轻、隔声效果好、防火性能高、可塑性好、水电配管方便，具有极大的市场潜力，创造了较好的经济效益。

11.2　中油吉利街1号、2号楼工程位于沈阳市于洪区吉利湖街与汪河路西南交叉口，使用功能属于住宅楼。总层数19层，主体结构形式为现浇钢筋混凝土框筒-剪力墙结构体系，总建筑面积约58000m²。设计要求室内隔墙采用PVC中空内模水泥隔墙，内隔墙施工面积约10000m²。至2008年12月，全部PVC中空内模水泥隔墙安装抹灰施工完毕，无质量、安全事故，较其他墙体材料施工速度快，节省了1/3工期。

11.3　北华城2号楼工程位于沈阳市铁西区兴工北街67号，为日本东横产权式酒店，建筑面积18519m²，总层数32层，结构形式为框支剪力墙结构，工程自2008年4月开工至2009年11月份竣工。其中2至31层室内隔墙全部采用PVC中空内模水泥隔墙，内隔墙施工面积约15000m²。工程抹灰完毕至今未发现抹灰面层开裂现象，该工法对克服轻质内隔墙墙体抹灰开裂效果显著。

实践证明PVC中空内模水泥隔墙施工工艺成熟、工法先进、更贴近施工现场实际、具有很大的应用前景。

无比钢轻钢建筑施工工法

GJEJGF088—2010

歌山建设集团有限公司　山西六建集团有限公司

吕国玉　任继连　蒋沧如　李鹏斐　卢国荣

1. 前　言

　　轻钢结构住宅在许多发达国家已普遍采用，也符合我国住宅产业化发展方向和节能环保政策，国家住房和城乡建设部已将其列入十一五建设科技发展规划。无比钢建筑（Web Light-Gauge Steel Joist Structure）简称无比钢（Web steel）是一种超轻型钢结构，是由加拿大英特兰公司（Interlandbank International Corp）开发的专利技术（专利号：92103422.9）。无比钢建筑体系是一套集轻钢结构、建筑节能、保温、防火、隔声、抗震于一体的多层轻钢住宅的集成化综合技术，在北美已应用20多年，是目前世界上惟一能用100%冷弯薄壁型钢建造6层建筑的技术。

　　无比钢建筑在国内是一种崭新的结构形式，近年来在全国多个地方成功地应用于住宅和办公楼。2005年1月建设部科技发展促进中心对英特兰公司和武汉理工大学关于无比钢建筑体系的研究成果进行了评估（建科评[2005]001号），同意无比钢体系在中国实施。歌山建设集团有限公司参与了无比钢建筑体系的研究工作和实际项目的实施工作，并与武汉理工大学联合编制了湖北省地方规程《无比钢结构技术规范》，目前已完成送审稿。《"无比钢"轻钢建筑施工关键技术》（晋科鉴字[2009]第279号）于2010年4月通过山西省住房和城乡建设厅组织的鉴定，达到国内领先水平。通过多项工程的应用，经总结形成本工法。

2. 工 法 特 点

　　2.1　有效地保证建筑质量：构件及相应的配件都在工厂标准化定型生产，利用装配模具组装小桁架，可以有效地控制尺寸的精确度。覆面板材、保温材料都是成品，配套性好，使整个建筑体系的质量能得到很好的保证。

　　2.2　施工速度快、施工现场文明：工地施工基本为构件安装，比传统施工缩短工期1/3以上；施工现场基本没有湿作业，可节约施工用水98%以上，施工垃圾少，噪声低，对环境影响小。

　　2.3　采取综合措施，达到优良的保温效果：本工法在墙柱间及楼板、屋盖搁栅之间填充保温棉，铺设蒸汽隔层，并在外墙设置保温板和呼吸纸，加之无比钢建筑龙骨本身的热量传递渠道狭小，使该体系取得了良好的保温效果，且具有极好的吸声、隔振功能。

　　2.4　安全性能好：结构体系为柔性结构，节点构造合理，受力性能优越，通过变形吸收地震能量，抗震、抗台风能力强，是理想的防灾建筑。

　　2.5　节约材料：无比钢建筑构件可以100%回收，循环利用；构件连接多用锚栓连接，易于拆迁搬运，可以使整个建筑物短期内搬迁，极大地减少了浪费；房屋自重轻，为传统房屋的1/6~1/4，可以降低基础费用；所用配套材料都是高性能、低能耗材料，减少对资源的占用和对环境的破坏。

3. 适 用 范 围

　　无比钢建筑结构适用于建造6层及以下的所有民用建筑和部分商业建筑、工业建筑，尤其在别墅、排屋、城镇拆迁安置住宅、新农村建设等建设领域具有更大的优势。

4. 工 艺 原 理

无比钢建筑体系是一种冷弯薄壁型钢结构，由基础、墙体系统、楼盖系统组成，墙体和楼盖的基本单元都是格构式小桁架。每榀小桁架由两根平行的方形钢管通过V字形连接件组合而成，钢管壁厚0.8~2mm。将竖向桁架（墙支柱）按一定间距排列，墙支柱间安装支撑、内外侧安装墙板，组成墙体；水平桁架梁搁置在墙体上，铺设楼面结构板，组成楼面系统。墙体系统与楼面系统通过连接件形成牢固的整体骨架，由于墙体的蒙皮效应，形成一种新型的"板肋结构体系"。楼层骨架与基础、屋盖系统相连接，辅以围护、装饰材料，就形成了一栋完整的无比钢建筑，构件之间由自攻螺钉和连接件连接。

无比钢建筑构件在工厂制作、拼装，墙体单元既可在工厂装配完后运至现场，也可在施工现场装配。将装配好的墙体单元竖起固定，再安装楼面桁架和楼面板；在楼层平台上继续装配安装墙体单元支撑上一层楼板，以此顺序依次向上施工。

5. 施工工艺流程及操作要点

5.1 施工工艺流程（图5.1）

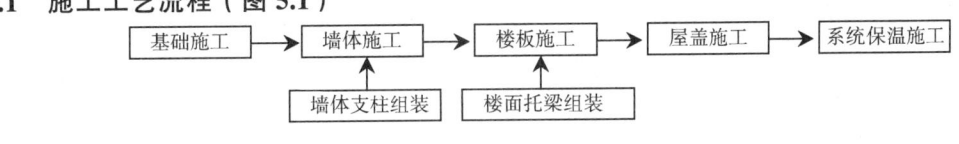

图5.1　施工工艺流程图

5.2 操作要点

5.2.1 基础施工

1. 由于无比钢建筑自重较轻，一般采用混凝土条形基础。施工时必须保证基础顶面的平整度，不平处用水泥砂浆找平，以利于墙支柱底部导轨的安装。

2. 在浇筑混凝土之前，各种预埋件要按图纸设计准确地定位和安装。结构与基础相连接的预埋件用J形地脚螺栓或下部带锚板的螺栓。螺栓规格不宜小于M14，螺杆在混凝土基础中埋置深度不得小于20d，在基础中平直部分的长度不得小于20mm。在浇筑混凝土时，利用支架把螺栓固定在适当的位置防止螺栓偏离。也可在基础浇筑之后，再钻孔并放置环氧树脂固定螺栓。

5.2.2 墙体施工

无比钢建筑的墙体系统由墙支柱、上下导轨、墙体支撑、墙板和连接件组成，墙支柱宽度150~200mm，间距400~600mm。

1. 墙支柱组装

墙支柱（无比钢建筑小桁架）可以在现场组装，也可在工厂预制，都是利用装配模具进行组装。在平整的工作台上设置定位钢管，定位钢管的间距严格等于墙支柱的宽度。根据墙支柱的高度在定位钢管的端部安放挡板，挡板与定位钢管相垂直，组成装配模具。组装时将待装的两根钢管放入模具内，紧靠定位钢管和挡板，然后用自攻螺丝将V字形连接件和钢管相连接。

2. 墙架装配

1）墙架装配可以在平坦的混凝土地面上、楼层平台上或专门制作的板式工作台上进行，若在混凝土地面上装配，需先铺一层保护膜，以免划伤无比钢建筑构件。

2）确认顶部和底部导轨，从导轨一边开始，测量标出每根柱子的位置。根据墙支柱的长度摆放导轨并根据标记在导轨之间安装柱子，使柱子的底部和顶部贴紧导轨的腹板。

3）基本的墙支柱完成后，在轨道和支柱上标出门和窗的开口宽度、高度和门窗支柱的位置。过梁可采用单桁片梁或多桁片组合梁以满足不同承载能力的要求，洞口两边的支柱可采用片柱、双片柱或四方柱，洞口支柱的厚度和尺寸与墙支柱相同，过梁两端和洞口立柱通过连接片装配固定（图5.2.2-1）。

图5.2.2-1　过梁装配构造

3．墙体安装

1）墙体安装前，将基础上预埋的螺栓位置传递到墙体底部导轨上，在螺栓位置处钻孔，使螺栓和螺栓孔对齐。为了便于墙的调整，所有的螺栓孔直径应比螺栓大25%。

2）墙架可以靠人工竖起或机械吊装，较长的墙体应分段组装，然后连为一体。当墙体竖起到垂直位置时，在墙的顶部和楼板之间设临时支撑，支撑角为45°。调整墙体底面与定位线相吻合，然后将底部安装槽固定在楼板上。检查墙边、墙角以及中点平直度，确认无误再固定支撑。墙体安装顺序原则上先立主要的墙体再立较小墙体和其他部分。

3）为抵抗风力、地震作用和确保建筑物在施工期间和建成后的整体稳定性，建筑物承重墙平面内须设置支撑，包括水平支撑、对角支撑、结构面板等类型，根据墙体构造和受力情况采用不同的形式（图5.2.2-2）。

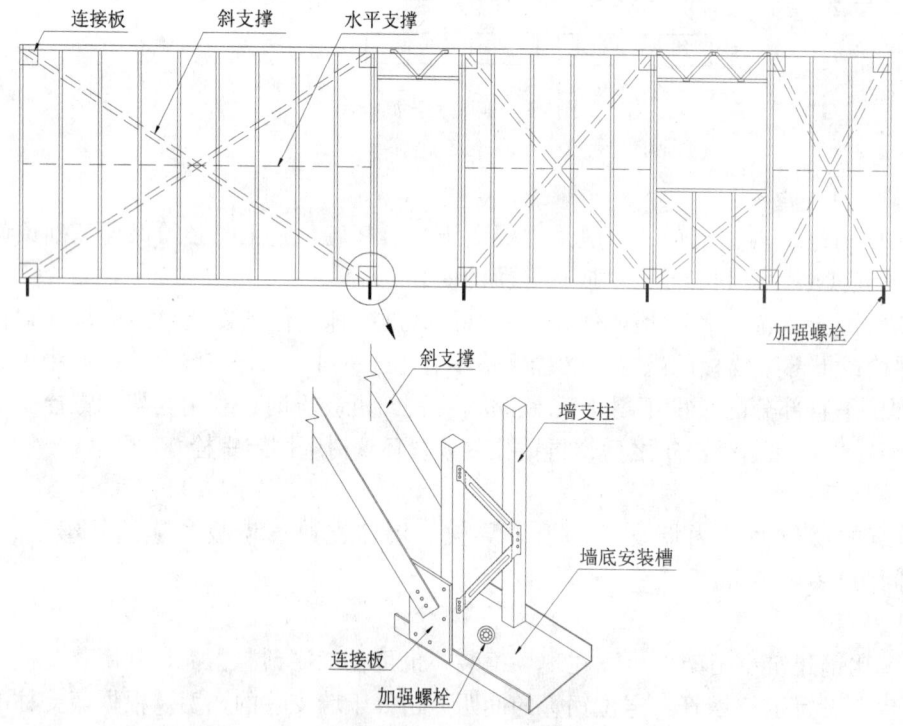

图5.2.2-2　墙体支撑布置图

（1）水平支撑通常采用75mm×0.9mm的薄壁钢带，安装在所有承重墙的两边，钢带应用螺钉在扣件每边固定。高2.7m墙和高3.0m的墙设在1/3和2/3高度处，高3.3m墙和高3.6m的墙设在1/4、2/4和3/4高度处。水平带每边末端应有锚固，以助于螺钉的安装。

（2）斜向支撑必须固定在每片墙末端，与水平线的角度不能大于60°。斜带必须要用螺钉锚固，在墙顶和底板边梁每端双排。斜带在经过墙柱的地方要用螺钉固定。

4）上下层墙体连接

所有外墙上下层墙体在洞口两侧，以及纵横墙相交处须设置钢带可靠地连接。上下墙体相接的导轨用抗拉连接件连接，以抵抗水平荷载作用下上下墙体之间的拉力，螺栓与导轨接触面（承压面）必须设置钢垫圈，垫圈的厚度不小于导轨厚度。对于2层以下的房屋，连接螺栓的规格不小于M14；当房屋的层数为3层以上时，1～2层、2～3层连接螺栓的规格不小于M16，其他各层连接螺栓的规格不小于M14。

5）墙体面板安装

无比钢结构外墙的外侧应安装厚度不小于11mm的定向刨花板（OSB板）或厚度不小于12mm的胶合板，内侧墙板可采用厚度不小于12mm的石膏板。内墙两侧墙板可采用厚度不小于12mm的石膏板。

墙体面板应交错铺设，错开长度为半块板长，用平头自钻自攻螺钉固定在骨架上，螺钉的规格不小于ST5.5，螺钉在面板边缘的间距为150mm，中间区域的间距为300mm。钉头略埋入板内，钉眼用石膏腻子抹平。在安装结构面板时，应在两块OSB板之间留出2mm的间距，以容纳线性膨胀引起的尺寸增量。

所有墙板的长度方向应与柱子平行，墙板的周边和中间部分都应与柱子或上、下导轨连接。墙板的覆盖长度不应小于基础顶面到墙体顶面全长的20%。在外墙的转角处（或端部），墙板的宽度不应小于1.2m。

5.2.3 楼板施工

楼盖系统由楼面梁、楼面结构板、支撑组成，其中楼面托梁是楼盖结构的核心部分，为无比钢建筑小桁架，由上下弦杆（方钢管）和V字形连接件组成。托梁的间距一般为600mm，当跨度较大时，采用较小的间距。楼板形式有3种：满铺定向纤维板；采用压型钢板—现浇轻骨料混凝土组合楼板；高密度木纤维水泥板。

1. 楼板骨架施工

1）楼面托梁的组装和墙支柱基本相同，都是利用装配模具进行组装。

2）搭设临时操作平台作为工作面，在所有的大梁、箱型梁和承重墙都安装好以后，开始安装楼面托梁。

3）仔细核对楼面上楼梯开口、卫生间等处的开口位置和管道位置，避免把楼面托梁放在这些位置处。在下层墙的顶部导轨上，标出每一根托梁的位置，将每道托梁放置在标记点处，使其端部与相连接的构件紧密接触，然后用合适的连接件固定。

4）楼面托梁与墙体连接时，托梁上弦钢管置于墙体上端的导轨上，通过角钢和自攻螺栓使二者连接在一起；托梁下弦方钢管通过角钢和2颗自攻螺栓与墙支柱或大梁下弦连接（图5.2.3）。

5）对于跨度小于2m的较短托梁，不需设置水平支撑；跨度大于2m的托梁，需在托梁下弦设置连续的帽型槽钢作为水平支撑，以防止托梁倾倒，并强化楼板结构。支撑位于板跨的中线，或以最小间距2.5m设置。

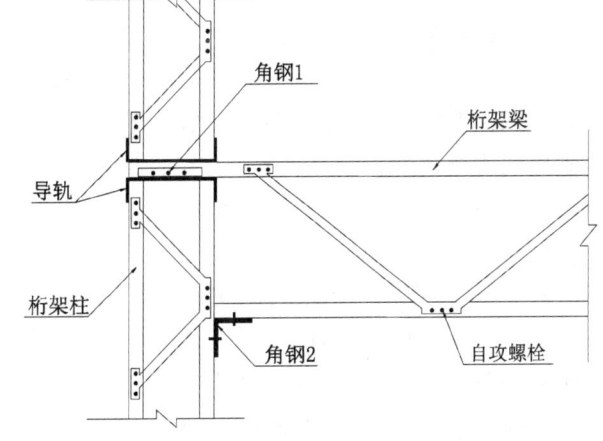

图 5.2.3 梁柱节点

2. 楼面板施工

1）木质板材施工：当连接木制板材到楼板时，通常用自攻螺栓，楼面铺板应交错布置，交错的距离为半块板长，螺钉进入钢托梁至少13mm。在每块板周边的螺钉间距为150mm，中间部分的间距为200mm。当抗震设防烈度为8度及其以上或基本风压为1.5kN/m²（标准值）以上时，每块板周边和中间部分的螺钉间距均为150mm。

2）波纹金属板施工：波纹金属板直接铺设在无比钢建筑楼板托梁上，波纹走向垂直于托梁方向，短向相互之间采用搭接，长向保证接头位置在梁或墙上。钢板铺设完毕后，用自攻螺栓与龙骨或梁固定，螺栓间距不大于600mm，栓钉应与墙或梁结合牢固，可在波纹凹处用自攻螺栓固定。波纹板上的轻质混凝土厚度不小于35mm，或者用12.5mm厚预制混凝土板直接铺在波纹板上，也可以直接在波纹金属板上安装木制板材。

5.2.4 屋盖施工

1. 脊屋顶框架为斜梁时的安装

屋顶斜梁和横梁都采用无比钢建筑小桁架，将两榀小桁架按照屋顶坡度用屋脊构件组装在一起，形成脊屋顶。构造做法参见图5.2.4。

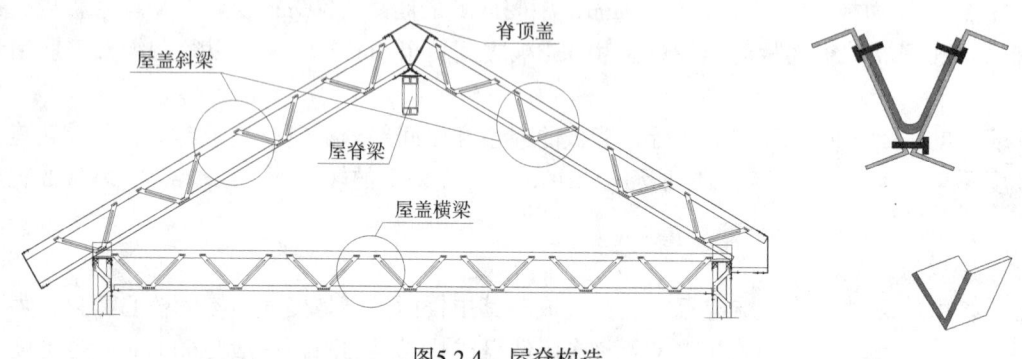

图5.2.4 屋脊构造

1）先进行屋盖斜梁和屋盖横梁放线，检查位置准确无误后，用螺钉将屋盖横梁固定在墙体上，横梁侧面设置临时支撑，以防止横梁破坏和扭曲。

在屋盖横梁的上弦杆设置永久水平支撑，采用厚度不小于0.8mm的U形或C形构件、帽形构件、40mm×0.8mm的扁钢带等，使弦杆的非支撑长度不超过规定的距离，支撑与横梁采用2个ST4.2螺钉连接；

屋盖横梁下弦可采用石膏天花板或通长设置扁钢带起水平支撑作用，石膏板的固定采用ST4.2的螺钉，当采用40mm×0.84mm的扁钢带时，扁钢带的间距不应大于1.2m。

2）升起屋脊安装槽至设定位置，下面设临时支撑。将斜梁提升到楼板梁上，把斜梁用连接件固定到屋脊安装槽上，同时和屋盖横梁连接起来。

3）斜梁安装完毕后铺设屋面板。屋面板和斜梁之间通过压固件用螺栓固定，屋面板之间相互叠压，屋脊和分水脊处用"人"形脊瓦。

2. 脊屋顶框架为桁架时的安装

屋顶桁架是由方钢管构成的三角形桁架，可以在工厂预置或现场组装。当每一个桁架做好后从夹具中取出时，在桁架的两端分别标上记号，两端不能混淆。

先将山墙端桁架吊到端墙上，对齐墙顶板支撑和安装标记，经检验垂直后用临时支撑固定。再逐渐安装中间其他桁架，与墙支柱连接牢固。屋架上每隔600mm横铺一条檩条，然后铺设屋面板。桁架顶部用专用的脊顶盖覆盖，它与屋面的倾斜相吻合，用平锥螺钉与桁架连接。

3. 屋面施工

屋面板铺设之前，先铺设一层成品铝箔纸，以阻挡紫外线并起到隔热作用，铝箔纸相互之间用铝箔胶带纸粘贴。屋面板和檩条之间通过压固件用螺栓固定，屋面板之间相互叠压，屋脊和分水脊处用"人"形脊瓦。

5.2.5 保温系统施工

1. 墙体保温隔热

无比钢建筑的外墙系统从内到外依次为：装饰内板、钢桁架、墙体填充材料、结构面板、单向呼吸纸、复合保温板、外墙装饰板，如图5.2.5所示。

1）墙体填充和蒸汽隔层施工

（1）墙体一侧面板安装后，在墙支柱之间填充松散的隔热材料，在隔热材料外面再蒙上一层聚乙烯隔膜。隔热材料包括玻璃纤维棉、石棉等。

（2）在内外墙交接处，为了在整个房屋的外围形成一个连续的蒸汽隔层，所有与外墙连接的内墙必须在连接处安装一定长度的复合膜。所有的隔热设施都安装完成后，在隔热层表面铺设蒸汽隔层。

图5.2.5　外墙保温构造

2）面板呼吸纸：在外墙面板上安装一层单向呼吸纸（聚乙烯泡沫塑料薄膜），搭接长度不小于100mm，若水平铺设，垂直方向搭接长度不小于75mm。薄膜应连续而密封地铺设，防止冷凝水的产生。

3）保温板施工：用带有塑料垫圈的螺钉固定保温板，螺钉的长度要根据材料的厚度确定，螺钉必须穿透外挂板、保温板、墙体结构面板，在通过墙支柱的地方，螺钉还需固定在墙支柱上。

2. 楼层、屋顶隔热

1）无比钢建筑托梁应在钢管的端部填入玻璃纤维、泡沫材料或其他隔热材料，以防止冷空气沿钢管流动，填塞长度约50mm，端部隔热材料的填充应在托梁安装前完成。楼层托梁安装后，在托梁之间空隙内填充玻璃纤维棉、石棉，减少通过楼层的热传递，并起到隔声作用。

2）对于屋顶为桁架的阁楼保温，将保温材料铺设在安装完的天花板上。对于屋顶框架为斜梁的屋面保温，在屋盖斜梁的空隙内填充玻璃纤维棉等阻隔材料，与屋面结构面板之间留出25mm高的通风空间，在阻隔棉内侧覆盖聚乙烯薄膜蒸汽隔层，并与外墙的蒸汽隔层连为一体。

3. 建筑围护结构中所有的节点、接缝、穿孔、门窗和顶棚嵌入式灯具等空气渗透来源处，应采用密封、填缝、覆盖、包缚或其他措施来限制空气渗透。

6. 材料与设备

6.1 材料

6.1.1 无比钢建筑材料采用镀锌冷弯薄壁型钢，钢板厚度0.8~2mm，镀层要求见表6.1.1。钢材屈服强度符合《冷弯薄壁型钢技术规范》GB 50018。

最小镀层要求　　　　　　　　　　　　　　　　　　　　　　　　　　　表6.1.1

位　置	两层最小镀层重量（g/m²）	每一侧正常厚度（μm）
非承重	120	8.5
承重	180	12.7

6.1.2 面板采用夹层板、定向刨花板（OSB板）、石膏板等。

定向刨花板不低于2级，甲醛释放限量为1级；石膏板的厚度不小于12mm，并具有一定的防水和耐火性能。

6.1.3 保温材料：玻璃纤维棉、石棉、复合膜、聚乙烯泡沫塑料薄膜。

6.1.4 构件连接材料：螺栓、自钻自攻螺钉、自攻螺钉、安装导轨（冷弯薄壁型槽钢）。

普通螺栓的材料应符合《紧固件机械性能　螺栓、螺钉和螺柱》GB/T 3098.1、《六角头螺栓—A和B级》GB/T 5782或《六角头螺栓—C级》GB/T 5780的规定。

自攻螺钉的材料应符合《紧固件机械性能　自攻螺钉》GB/T 3098.5、《自攻螺钉》GB/T 5282~5285、

《墙板自攻螺钉》GB/T 14210的规定；自钻自攻螺钉的材料应符合《紧固件机械性能自钻自攻螺钉》GB/T 3098.11、《自钻自攻螺钉》GB/T 15856.1~4的规定。

6.2 安装工具

6.2.1 紧固工具

1．螺钉枪

可调整离合器螺钉枪：速度范围1~2500r/min，有反转开关。用来连接钢材构件。

干墙螺钉枪：至少为5A电流，速度能达到4000 r/min。用来把石膏板或夹板固定到钢材上。

2．射钉枪：固定夹板到楼层托梁，不能用作钢构件的连接。

3．C形钳子：临时把钢骨架构件紧固在一起。

6.2.2 切割设备与工具

航空剪（切割1.09mm厚的钢材，适合细小切割）、电动剪（切割1.73mm以上厚度的钢构件）、砂轮锯、等离子切割机。

6.2.3 弯曲工具

手动卷边机（鸭嘴老虎钳）、手动压弯机等。

6.2.4 其他工具

磁性水平仪、牛鼻钳、工具腰带、螺丝刀等常用工具。

7. 质 量 控 制

7.1 质量标准

无比钢建筑建筑应遵循以下标准：

《冷弯薄壁型钢结构技术规范》GB 50018-2002；

《轻型钢结构住宅技术规程》JGJ 209-2010；

湖北省地方标准《无比钢结构技术规范》（送审稿）。

7.2 质量要求

7.2.1 基础：严格控制基础顶面标高，不能超过设计标高。当低于设计标高时用水泥砂浆找平。各种预埋件要按图纸设计准确地定位和安装。

7.2.2 墙体

1．所有的承重支柱都应与顶部、底部安装导轨、楼（地）面成90°角。

2．墙体转角处及门侧边需用龙骨做一个与墙体等宽的暗柱；非承重墙开口处的两侧设一根立柱；根据开口宽度的不同，承重墙开口处可设双立柱。

3．墙体在直线长度大于20m时，每10m用100mm宽，厚度不小于0.9mm镀锌钢带加大剪刀撑，剪刀撑处要设加劲地脚螺栓。

4．墙体面板紧固件在面板边缘的间距应为150mm，在支柱上间距应为200mm。

7.2.3 楼盖

1．楼盖系统安装期间，在所有的支撑和楼板就位前，托梁的侧向刚度很小，不能在楼板托梁上行走或堆放荷载，可以设置临时面板作为工作面。

2．托梁、大梁的末端支座长度应和支撑它的大梁、支柱的宽度相等，且在任何情况下支座长度不应小于90mm。如果达不到要求，就必须采用其他的锚固措施。

3．梁端部V形连接件需加强设置，以避免两端自攻螺钉被剪坏或V形连接件被压屈：端部第一个V形连接件必须在两侧同时设置，对于跨度较大或荷载较大的梁，梁端部的第一个和第二个V形连接件必须在两侧同时设置。

4．连接件与弦杆之间每个接触点至少要用3个自钻自攻ST4.8螺钉连接。

5．连接上下弦钢管的V形连接件宜开口朝上连接，连接件间距宜取600～700mm。梁端部第一个连接件上部与墙间隙不超过50mm。

6．楼面梁支承在过梁或大梁上时，梁上（下）弦杆端部必须插入一段外径与上弦杆内径相同的钢管，填充长度或插入钢管长度不小于2倍的过梁宽度或支承长度。

7.2.4 屋面

1．所有的屋顶体系都要锚固在墙体系中，每个屋顶部分的末端至少要用一个锚固夹片和4个螺丝钉。对于风荷载较大的区域，每个屋顶构件的末端要求用两个锚固夹片，至少用8个螺丝钉。

2．屋顶构件的支撑宽度都应为支撑件的宽度，支撑末端不少于38mm。

3．当屋顶开口大于2倍椽子或桁架间距时，开口部位的屋顶构件应为双排构件。

4．屋架的上下弦杆必须采用通长的钢管，不得搭接。

5．单管桁架杆件连接所用的自钻自攻螺钉不小于ST4.8，所有腹杆至少要用3个以上自攻螺钉与弦杆连接，所有弦杆应采用连接板双面连接，每面的螺钉数不少于4个。

双管桁架连接的螺栓孔要比螺栓略小以防止桁架的松弛。桁架中弦杆连接的螺栓数不少于2个。

7.2.5 无比钢建筑制作与安装允许偏差

制作与安装允许偏差控制在表7.2.5中规定范围内。

制作与安装允许偏差 表7.2.5

序号	检 查 项 目			允许偏差(mm)	备 注
1	冷弯型钢长度切割			±1.5	
2	钢构件断面厚度			+0.02	
3	立柱间距			3	
4	螺钉位置			3	
5	墙体轴线			3	
6	立柱沿墙面平整度			3	
7	墙体垂直度	每层	≤3m	3	
			>3m	5	
		全高	≤10m	10	
			>10m	12	
8	门窗洞口尺寸			±5	
9	外墙上下窗偏移			10	

7.2.6 螺钉连接应满足以下基本要求：

1．所有螺钉必须穿透钢材或墙板并露出至少3圈螺纹。

2．螺钉到钢构件的自由边缘的距离（边距）不小于1.5倍的螺钉直径；螺钉到结构板材、石膏板等覆盖物的自由边缘的距离（边距）不小于10mm。

3．相邻螺钉的中心间距不小于3倍螺钉直径，且不小于13mm。

4．所有螺钉镀锌层或其他防锈层的最小厚度是0.8mm。

8．安 全 措 施

8.1 无比钢建筑结构的组装、切割、钻孔等工序需要多种电动工具，工人在操作前，必须经过培训，熟悉工作原理和正确的操作程序。

8.2 工人进场应穿工作服和结实的防滑鞋，谨防在光滑的钢材表面滑倒。

8.3 在切割钢构件时，工人必须佩带护目镜，以免金属火花飞溅伤害眼睛。

8.4 所有的电源线和动力工具都应该接地，用电设备要配备漏电保护器。每天检查电源线是否有切口或损坏，发现问题立即维修。

当金属结构没有直接接触地面时，必须增设1根地线，把地线连接到1根插入土壤中至少1m的金属杆上，保护建筑免遭雷击。

8.5 在多个工作面上展开工作时，应小心操作，以免在下层向上传递材料时，下坠物击中下方的工人。

8.6 利用起重机吊装墙体时，应事先对工人进行技术交底，使工人熟悉现场吊装板材的过程。墙体吊装时，直接在支柱的空挡插入一根承重管，随着墙体尺寸不同，承重管应当穿过至少4～6个空挡，然后在空挡的中间用绳子绑在承重管上。工人必须熟悉起重机工的手势信号。当起重机起吊板材或其他物体时，周围工人谨防吊索伤人和落物伤人。

9. 环 保 措 施

9.1 加强对施工机械的维护和保养，使设备处于良好的运行状态。无比钢构件在现场切割时设置操作棚、隔声罩，以降低噪声，使噪声控制在国家标准范围内。

9.2 施工现场切割下的无比钢建筑余料、废弃的板材、玻璃棉等材料要及时分类回收，严禁用作土方回填，要按环保部门的规定分类处置。

9.3 进场的无比钢建筑构件、连接件、板材、保温材料要全部挂牌标识，分类堆放整齐，存放地点的环境条件符合材料保管要求。

10. 效 益 分 析

10.1 应用无比钢建筑体系，可以为每栋建筑物量身定做，几乎不会造成材料浪费。房子建成后剩余的材料或者拆迁后的材料都可以被回收，制成其他钢构件，使无比钢建筑结构能循环利用，极大地减少了资源浪费，符合国家节能环保政策，有利于建设节约型社会。

10.2 无比钢建筑体系节能效果良好，合理的构造使其能源利用效率大大优于混凝土结构和砌体结构，提高住宅的居住性能，为国家节约大量的能源。试验表明：无比钢建筑建筑墙体热阻系数$R=3.45$，节能指标可达85%。

11. 应 用 实 例

11.1 杭州广业·金禾嘉园工程

杭州广业·金禾嘉园工程位于杭州临安市，其中4栋独立别墅和2栋连体别墅为无比钢建筑建筑，建筑面积3100m²，条形混凝土基础，无比钢建筑骨架，墙支柱厚度150mm，外墙面板为防腐夹层板，装饰面板为纤维水泥板。斜屋面做法为无比钢建筑小桁架斜梁、喷砂粒的金属瓦屋面。工程于2007年5月开工，2007年8月完工。面对此新结构形式，我们邀请多方专家进行论证、指导，并参考国外的规范，不断探索，最终使工程取得了令人满意的效果。

11.2 临汾市东方亚特兰一期工程

临汾市东方亚特兰一期工程主要包括排屋和别墅，其中3栋排屋为无比钢建筑建筑，建筑面积2500m²，材料采用国产材料，钢管壁厚1.5mm，外墙面板为防腐竹胶板，采用阻燃板夹岩棉墙体，内墙面板为纸面石膏板。该工程从2008年6月进行施工，2008年11月完工，此新结构形式受到了有关部门和业主的好评。

11.3 长治长安高速公路 FJ6 合同段

山西长治长安高速公路FJ6合同段工程采用无比钢建筑建筑体系，总面积约3857m²。无比钢建筑方形钢管壁厚1.2mm，墙厚150mm，墙体面板为加拿大进口定向纤维板（OSB板），外装饰为外墙专用装饰材料，内装饰为双层纸面石膏板，楼面板为压型钢板浇筑轻型混凝土，屋面为屋架结构挂屋面瓦。

无比钢建筑墙支柱和楼板托梁都在工厂装配，运至施工现场组装，施工速度快，安装精度高。完工后经检测，具有极好的节能效果。无比钢建筑于2009年5月开工，于2009年10月竣工。

以上工程的实践表明，无比钢建筑体系具有节能、保温、防火、抗震等优良性能，该工法施工速度快、安装精度高、节能效果好，受到有关部门及业主的普遍好评，取得了良好的经济效益和社会效益。

大型体育场馆巨拱结构高空倾斜偏转提升施工工法

GJEJGF089—2010

内蒙古兴泰钢结构有限责任公司　内蒙古兴泰建筑有限责任公司
高海军　贾俊杰　王喆

1. 前　　言

鄂尔多斯市东胜全民健身活动中心体育场造型新颖、气势宏大，其主要受力构件巨拱顶面标高为129m，跨度330m，总重量2600t，拱与垂直面角度呈6.1°。本工程首次将桥梁工程中的索拱结构巧妙地应用到建筑工程当中，且拱与地面垂线倾斜6.1°，受力体系极其复杂，施工难度极大。由于受运输和整体吊装因素限制，只能采取工厂加工现场拼装。若采用常规的分件高空散装方案，需在现场搭设大量的高空脚手架，高空组装，焊接难度大，而且存在较大的质量安全风险。大量脚手架的搭设占用场地、占用工期，对吊装及其他工种的穿插施工造成很大影响。

借鉴国内大型钢结构的成功经验，采用"超大型构件液压同步提升施工技术"吊装主拱结构。将主拱分为5个单元，其中2个边单元采用支撑架使用吊车进行吊装高空焊接。中间3个单元采用地面焊接拼装，组拼完成后用液压同步提升进行吊装提升（长度180m，重1600t），将其提升到设计高度后进行倾斜偏转至设计要求的6.1°，再与2个边单元进行空中拼接合拢及预留后装杆件的安装。此种方法将有效的降低安装施工难度，节约了成本，且质量、安全和工期均能有效保证。此方案经过组织多次专家论证，实施后效果良好，通过认真总结，形成本工法，为今后类似工程施工提供宝贵经验。

2. 工　法　特　点

2.1 巨拱结构在地面分单元整体拼装有利于专业交叉施工，对土建专业影响较小。

2.2 巨拱结构主要的拼装、焊接及油漆等工作在地面进行施工，效率高，施工质量易于保证，减收了交叉作业及空中作业的危险性。

2.3 可最大限度地减少高空吊装工作量，缩短安装施工周期。构件加工运输方便灵活，组装快捷，易于保证质量。

2.4 采用"超大型构件液压同步提升施工技术"吊装钢结构，技术成熟，有大量类似工程成功经验可供借鉴，吊装过程的安全性有充分的保障。

2.5 液压同步提升设备体积小、重量轻，机动能力强，倒运和安装方便、可满足重量大的构件提升要求。

2.6 采用爬升式提升塔架，可减少吊车作业时间，巨拱结构安装完成后，拆卸不受场地影响，液压同步提升动载荷极小的优点，使得临时设施用量降至最小，大大的降低了施工成本。

2.7 构件在地面拼装，使用提升塔架吊装，节约了脚手架的塔拆及租赁费用，节约了占用场地、缩短了工期。

3. 适　用　范　围

适用于公共建筑预应力承重拉索的钢结构，如体育场、图书馆、会展中心等各种钢结构的屋盖，尤其适用大跨度、大空间、施工难度大、较复杂的公共建筑。

4. 工艺原理

利用有限的空间,有限的场地,较少的设备。地面组装与空中拼接相结合,同步提升和不同步的旋转相结合,控制偏转角度,达到整体提升后的高度偏转角度符合6.1°的设计要求。

5. 施工工艺流程及操作要点

场地平整→放线定位焊胎架→组装焊接、检测→涂装、安装提升塔架→巨拱提升、调整角度达到设计6.1°的偏转要求→整体提升达设计高度→主对接合拢段支撑→焊接合拢段→验收涂装。吊装流程详见图5-1~图5-10。

图5-1 鄂尔多斯东胜体育场全景图

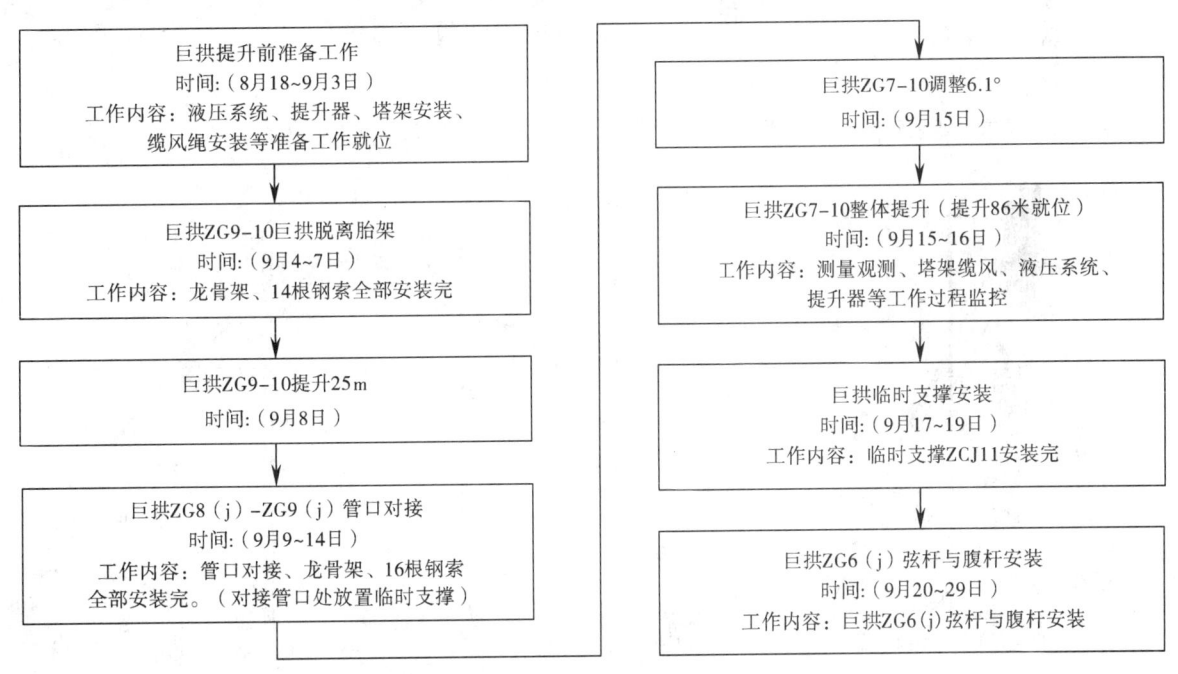

图5-2 鄂尔多斯东胜体育场巨拱提升流程图

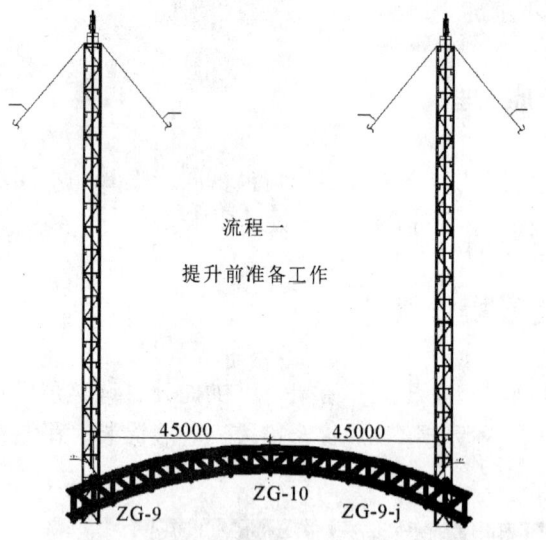

流程一

提升前准备工作

图5-3　鄂尔多斯东胜体育场巨拱提升流程一

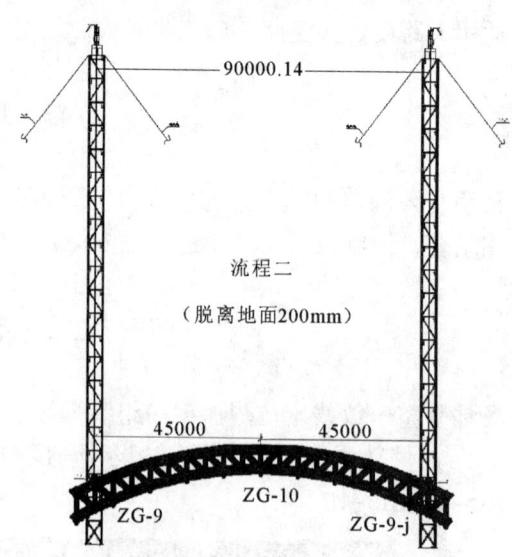

流程二

（脱离地面200mm）

图5-4　鄂尔多斯东胜体育场巨拱提升流程二

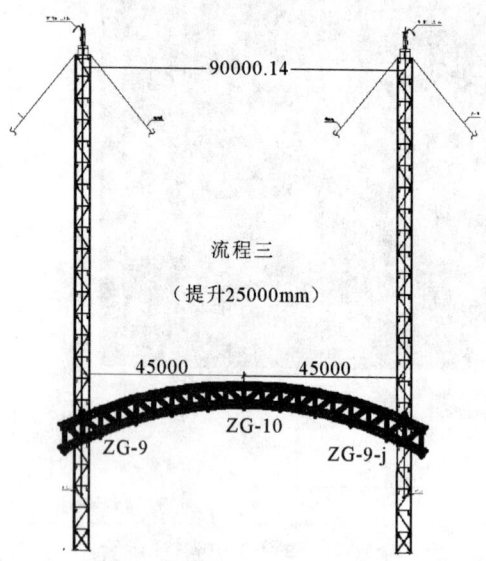

流程三

（提升25000mm）

图5-5　鄂尔多斯东胜体育场巨拱提升流程三

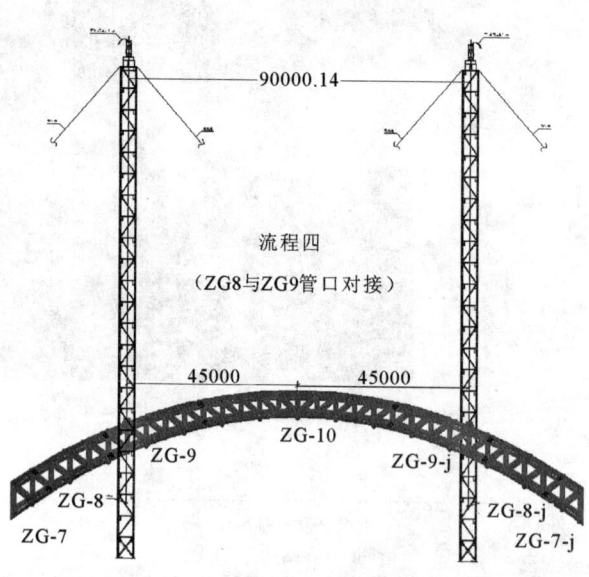

流程四

（ZG8与ZG9管口对接）

图5-6　鄂尔多斯东胜体育场巨拱提升流程四

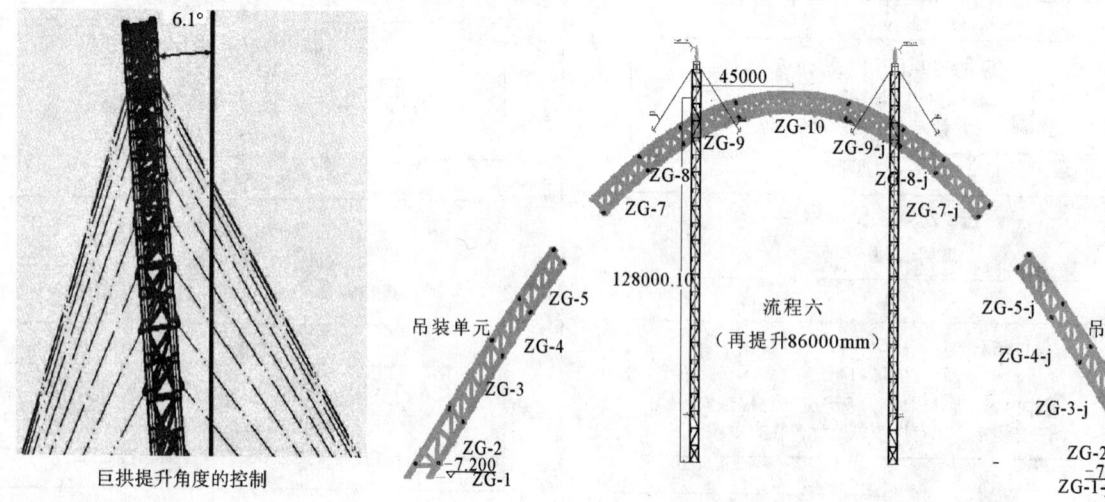

巨拱提升角度的控制

图5-7　鄂尔多斯东胜体育场巨拱提升流程五

流程六

（再提升86000mm）

图5-8　鄂尔多斯东胜体育场巨拱提升流程六

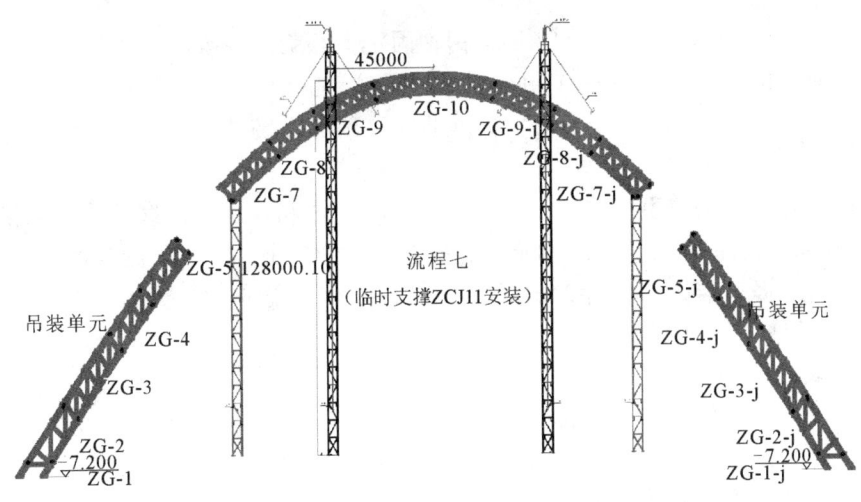

图5-9 鄂尔多斯东胜体育场巨拱提升流程七

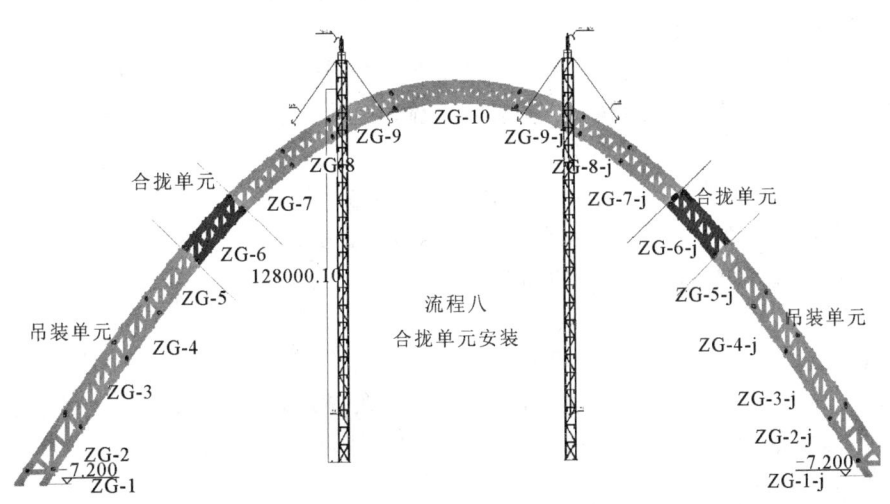

图5-10 鄂尔多斯东胜体育场巨拱提升流程八

5.1 场地平整

根据需拼接巨拱的长度，中间支水平仪，将场地水平标高抄测到四周的水平桩上，人工铺铲平整、夯实，在地面上铺设20mm厚度钢板（沿胎架长度方向）。

5.2 放线定位焊胎架

根据坐标转化后的x、y投影点投放到钢板平台上，测量局拱标高及各交叉点的坐标点。形成田字形控制网，然后竖胎架模板及斜撑。胎架高度最低处应能满足全位置焊接所需的高度，胎架塔设后不得有明显的晃动状。拼装前，对胎架的总长度、宽度、高度等进行全方位测量校正，然后对桁架杆件的搁置位置建立控制网络，对各点的空间位置进行测量放线，设置好杆件放置的限位块，胎架在完成一次拼装后，必须对尺寸进行一次检测复核，符合要求后进行下次拼装。焊接完成24h后对焊接部位进行检测，全部验收合格后打磨刷漆。

5.3 安装提升塔架

5.3.1 根据工程需要安装自爬式提升塔架2组，每组为一个提升单元，每组塔架上布置两台20t吊车（每副塔架1个）。该塔架安装采用自爬式安装，可实现自升自降。安装步骤：1.安装塔架低节→2.安装塔架环梁→3.安装塔架标准节→4.安装套架→5.安装顶升油缸→6.安装塔架顶节→7.安装托梁→8.安装提升大梁→9.安装门座→10.安装回转节→11.塔架组装完成并验收→12.确认上下环梁销轴固定→13.对顶升油缸等设备进行检查→14.标准节起吊至适合高度→15.标准节挂至引进梁→16.牵引小车拖拉

标准节 →17.拔出上环梁销轴顶1.5m→18.环梁销轴固定下环梁销轴拔出收缩1.5m→19.重复上述两个过程直至顶升6m→20.再顶升 300mm→21.用小车拖拉标准节就位→22.收缩300mm，标准节连接 。重复上述过程安装完毕再顶升到第六节（60m）标准节时，顶部安装硬支撑及临时缆风绳，拉设永久缆风绳，油缸吊装。

5.3.2 液压提升承重系统主要有液压提升器、提升地锚和专用钢绞线组成，巨拱提升局域钢结构提升总重量为1600t，配备8台TJJ-3500型（额定提升能力为380t）的液压提升器，配备4台液压泵站，单台TJJ-3500型液压提升器每台内穿24根钢绞线，提升施工前应对提升系统包括承力结构、提升吊点、被提升钢结构等进行详细检查。

5.4 巨拱吊装

5.4.1 将巨拱钢结构分为5个单元，其中两个边单元采用支撑架使用吊车进行吊装，中间3个单元采用液压同步提升进行吊装。为减少支撑胎架高度，将第三单元在地胎架上进行拼装，将第二及第四单元在两测胎架上分别组装，首先将第三单元提升到16.6m，将第二单元及第四单元与第三单元进行连接，然后将三个单元进行整体提升，将其提升至82.27m 预定设计标高后，再与第一单元和第五单元进行对接及预留后装杆件的安装。

巨拱提升采用计算机同步提升控制，为确保巨拱结构提升过程的安全，根据巨拱结构的特性，采用"吊点油压均衡，结构姿态调整，位移同步控制，分级卸载就位"的同步提升和卸载落位控制策略。

提升运行通道上无影响结构提升的障碍物，若存在障碍物应在试提升前全部清除。提升过程中应密切观测结构及提升系统的情况是否正常，若出现异常应立即停止作业，按应急方案处理正常后，才能继续施工。钢结构整体提升到位后，提升设备卸载应采用分级卸载方式，分级卸载应有必要的时间间隔。钢结构提升及卸载过程宜采用应力实时监测手段加以观测。

5.4.2 调整角度

由于钢拱与垂直面呈6.1°，因此在提升过程中，随着提升重量的逐渐增加，必须/不断调整提升钢绞线，使钢拱保持提升状态下与垂直呈6.1°的状态。在提升第三单元时，4个吊点的提升器分级加载，并调整4个吊点的提升油压，使得钢拱整体提升脱离底部拼装胎架，此时测量钢拱与垂直角度，如果钢拱的垂直偏角不为6.1°，则调整四个吊点使得钢拱与垂直面呈6.1°；调整后4个吊点的提升器同步提升；在整体提升中间三单元时，此时，各个提升吊点的反力有所变化，应根据理论计算，设定油压，启动提升器，逐级增加油压，使得钢拱提离地面，此时测量钢拱与垂直面角度，如果钢拱的垂直偏角不为6.1°，则调整4个吊点直至钢拱与垂直呈6.1°。

6. 材料与设备

6.1 主要材料

6.1.1 巨拱原材料为 ϕ1200mm、ϕ299mm、ϕ402mm的钢管，进场钢管材料需满足标准的要求，材质证明与复验报告齐全。

6.1.2 现场所用焊材需满足《碳钢焊条》GB/T 5117、《低合金钢焊条》GB/T 5118、《熔化焊用焊丝》GB/T 14579、《气体保护电弧焊用碳钢、低合金钢焊丝》GB/T 8110等标准的规定。

6.2 主要设备

巨拱的吊装过程中需要的材料与设备见表6.2所示。

巨拱吊装主要材料与设备表   表6.2

表号	材料或机械设备名称	型号规格	数量	用途
1	钢管	ϕ1200mm	数吨	巨拱原材料
2	钢管	ϕ299mm	数吨	巨拱原材料
3	钢管	ϕ402mm	数吨	巨拱原材料

表号	材料或机械设备名称	型号规格	数量	用 途
4	龙门门架 A	额定起重量 2800	1 副	提升门架
5	龙门门架 B	额定起重量 2800	1 副	提升门架
6	150t 履带吊	QUY150	1 台	安装大梁
7	500t 履带吊	QUY500	1 台	管口对接
8	提升油缸	380t	8 台	提升巨拱
9	缆风张拉油缸	100t	12 只	门架 12 道缆
10	液压动力泵站	60 型	4 台	调节油缸油压
11	计算机控制系		1 套	控制提升油缸
12	钢绞线	ϕ18	42t	巨拱提升
13	主梁抗风系统	100t/套	4 套	主梁抗风
14	卷扬机	10t	4 台	主梁抗风
15	千斤顶	50t	4 套	管口调节
16	经纬仪		4 台	巨拱、塔架坐标、转角等测量
17	水准仪		2 台	高差、高程、沉降等测量

7. 质 量 控 制

7.1 主要依据标准

索拱结构施工质量验收国家暂无标准，结合《钢结构工程施工及质量验收规范》GB 50205-2001、《混凝土结构工程施工质量验收规范》GB 50204-2002 和《建筑钢结构焊接技术规程》JGJ 81-2002、等国家相关规范、规程的要求制定了《鄂尔多斯东胜体育场钢结构工程施工质量验收标准》。

7.2 钢结构分包单位资质及无损检测自检必须具备相关资质。

7.3 钢结构分包单位人员必须具备相关的资格证书。

7.4 焊接、测量、无损检测设备计算部门证书及维修记录等资料必须齐全。

7.5 现场焊工必须经考试合格取得合格证书。

7.6 明确各级人员的质量职责、工作程序。

7.7 对参与巨拱拼装、安装、吊装施工等所有人员进行质量技术培训，培训合格者才能上岗，不合格者禁止上岗。

7.8 对所有钢结构的焊缝经外观检查合格后，还须按《建筑钢结构焊接技术规程》JGJ 81-2002 进行检查。

8. 安 全 措 施

8.1 巨拱吊装施工的安全措施应符合《建筑施工高处作业安全技术规程》JGJ 80-91、《施工现场临时用电验收规范》JGJ 46-2005、《建筑施工安全检查标准》JGJ 59-99、《建筑安装工人安全技术操作规程》等标准规定。

8.2 钢绞线安装时，高空应铺设安装、操作临时平台，地面应划定安全区，应避免重物坠落，造成人员伤亡；下降前应进行全面清场，在下降过程中，应指定专人观察地锚、上下吊耳、提升器、钢绞线等的工作情况。

8.3 大拱液压同步提升过程中，注意观察设备系统的压力、荷载变化情况等，现场负责人必须合理安排人员，密切注意所有液压顶的变化情况，并认真做好记录工作。

8.4 提升过程中应密注意液压提升器、液压泵源系统、计算机同步控制系统、传感检测系统等的工作状态。

8.5 各工种人员必须持证上岗，严格遵守本工种安全操作规程。同时高空作业人员还须经医生检查合格，才能进行高空作业，高空作业人员必须带好安全带，安全带应高挂低用。

8.6 起重吊装巨拱时必须严格遵守操作规程。

8.7 制定火灾和高处坠落事故应急响应预案，并进行演练。

9. 环 保 措 施

9.1 大型体育场馆在工程施工过程中，严格遵守国家和地方政府有关环境保护的法律法规，并加强对施工中燃油、工程材料、设备、废水、生产生活垃圾、废弃物的控制和治理。

9.2 施工现场采取封闭作业。

9.3 施工前加强对职工的环保教育，组织职工学习相关环保法律、法规，增加环保意识强化环保管理。制定相关环保措施和奖惩制度，并进行定期和不定期的环保监督。

9.4 制定切实可行的措施，防止施工用燃油、水的"滴、漏、撒"。

9.5 严格控制施工中的噪声、粉尘、废气体、光辐射等的污染，确保周边居民群众的正常生活不受影响。

10. 效 益 分 析

10.1 工效高，管理操作更安全方便。巨拱分5个单元，分别在地面拼装，使用提升塔架吊装，可最大限度地减少高空吊装工作量。而且节约了脚手架的塔拆及租凭费用，减少工程预算。工效提高了30%；每个巨拱单元可节约机械费用 35万元；材料费用节约130万元。

10.2 巨拱结构的拼装、焊接及油漆等工作在地面进行，大幅度提高了工作效率，缩短施工周期，降低施工成本，此部分节约施工成本38万元。

10.3 投入临时设施和人员量大大减少。巨拱采用爬升式提升塔架，可减少吊车作业时间，待巨拱结构安装完成后，拆卸不受场地影响，使得临时设施用量和施工作业人员用量降至最少，极大的降低了施工作业成本。此部分节约施工成本30万元。

10.4 施工速度快，工序衔接紧凑，工期短，质量更易于保证。与传统的大型拱结构高空拼装施工方案相比，工期缩短15%，施工预算降低12%，且环保、节能，节约了大量的时间、人力和物力，创造了巨大的经济效益和社会效益。

10.5 安全系数更高。由于采用了地面进行巨拱钢结构拼装、焊接及油漆等作业，避免了大量的高空作业，大大降低了施工人员的施工难度和施工风险，避免了危险危害因素的发生，确保了施工人员的施工安全和施工质量。

10.6 地面作业焊接质量高，施工质量更易于保证。由于采用了地面进行巨拱钢结构拼装、焊接及油漆等作业，使得焊接质量更高，确保了焊缝内部质量与外部的成型美观，焊缝一次合格率可达99%以上。

11. 应 用 实 例

鄂尔多斯市东胜全民健身活动中心体育场造型新颖、气势宏大，总建筑面积100451m²，设有观众席35107座，地上3层，体育场设有开合屋盖，可以满足全天候使用要求，是我国规模最大的开闭顶体育建筑。建筑方案结合内蒙古草原"弓"造型，巧妙地采用钢管拱桥的设计理念，通过钢索将屋盖大部分重力荷载传给巨拱，使大跨度屋盖桁架高度大大降低，水平荷载则由下部刚度较大的混凝土看台结构承担。钢结构总用钢量1.2万吨，设有46根钢索。其主要受力构件巨拱顶面标高为129m，跨度330m，总重量2600t，拱与垂直面角度呈6.1°。本工程首次将桥梁工程中的索拱结构巧妙地应用到建筑工程当中，且拱与地面垂线倾斜6.1°，受力体系极其复杂，施工难度极大。此种巨拱吊装施工方法方式新颖、施工方便、施工成本低、工期短，是对大型索拱钢结构施工方法的创新，已引起人们越来越多的关注。此种巨拱吊装施工方法在鄂尔多斯东胜区全民健身中心体育场工程应用实践证明，可大大缩短了工期、大幅降低了工程预算和成本、工程质量合格率100%，而且节能、环保效果显著，得到了业内专家及国内同行的一致好评。关键技术成熟可靠，可以广泛推广应用。

大跨度曲线钢箱梁焊接施工工法

GJEJGF090—2010

中国三冶集团有限公司　浙江大东吴集团建设有限公司

那丽　张德利　曾斌　薛福国

1. 前　言

钢箱梁又叫钢板箱型梁，一般用在跨度较大的空间结构中。在桥梁上应用较为广泛，这是因为其外型像一个箱子，故称之为钢箱型梁。如果钢箱型梁外观为曲线，则称之为曲线钢箱型梁，结构示意图见图1。

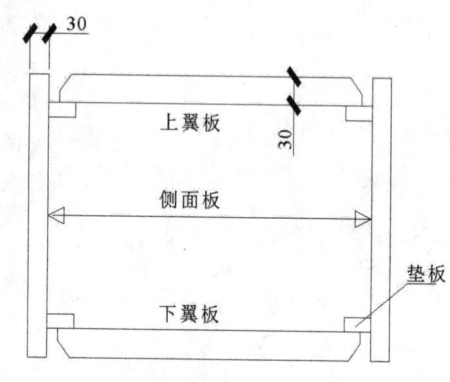

图1　曲线钢箱形梁结构示意图

曲线钢箱型梁结构形式较其他形式复杂，技术含量高，由于焊接热输入是影响变形的关键因素，当焊接方法确定后，在加工制作过程中通过调节焊接顺序和工艺参数来控制焊接的热输入。如果焊接方法、焊接工艺参数及在装配时精度没有掌握好，构件将会出现扭转变形。半成品构件一但发生扭转变形是很难校正的，造成较大的浪费，所以在加工制作时选择合理的焊接顺序，特别是采用"角焊缝倾角焊"的焊接工艺，将曲线箱型梁的焊接变形消除在焊接过程中，从而彻底解决曲线钢箱型梁的焊接变形问题。2011年1月18日工法中关键技术成果通过辽宁省住房和城乡建设厅组织的科技成果鉴定，鉴定结论是工法中关键技术先进，经济效益明显，具有较好的推广应用价值，该技术达到了国内领先水平。

2. 工 法 特 点

采用"角焊缝倾斜焊"的焊接工艺，对曲线钢箱型梁加工过程中产生的变形进行有效地控制，使成品的曲线钢箱型梁产品在各方面均达到设计要求。

3. 适 用 范 围

本工法适用于大空间、大吨位、大直径结构体系及高架桥梁工程中曲线钢箱梁的焊接操作。施工安全性能好，制作造价较低，不受施工场地限制，在钢结构厂房中即可。其他类似大跨度钢箱型吊车梁可参照本工法执行。

4. 工 艺 原 理

将两条主角焊缝按同一加工工艺、同一焊接速度、同一倾斜角度一次焊接完成，这样产生的焊接变形可以相互抵消，可以一定程度消除焊接变型的产生。下一步工作就是要通过制作工艺改进，试验新的"角焊缝倾斜焊"焊接工艺，将曲线钢箱型梁的焊接变形消除在焊接过程中，从而彻底解决曲线钢箱型梁由焊接应力而产生的焊接变形问题。

5. 施工工艺流程及操作要点

5.1 工艺流程

原材料检验→号料→下料→打磨开坡口→肋板组焊→角焊缝CO_2斜角焊（U形组焊）→箱型组装→角焊缝CO_2斜角焊(箱型焊接)→检验→抛丸除锈→涂装→入库。

5.2 组装方面工艺部门在预拼装前应编写出详细的各部位节段构件预拼装工艺。包括场地布置、临时支撑台座、预拼装顺序、安装时模拟三维坐标、检查等方法。

5.3 为了保证构件的几何尺寸，提高劳动生产效率，应在底板上划出中心线和各内肋板的位置线，将已经加工好的内肋板拼装在底板上，组对侧板时先焊垫板，垫板边缘与中心线平行，尺寸允许偏差±1.0 mm以内。利用千斤顶使底板与侧板下部紧贴，并使用侧向夹紧工装使侧板与箱体内肋板贴合，然后进行定位焊，定位焊长度30～50mm，焊角高度3～4mm，间距400～500mm，手工焊接内隔板与箱体底板和两侧盖板的连接焊缝，检查合格后组装箱体上翼缘板，焊缝两端设引弧板和引出板，组装允许偏差为：截面高度在0～3.0 mm，截面宽度控制在0～2.0 mm，截面对角线控制在3.0 mm。

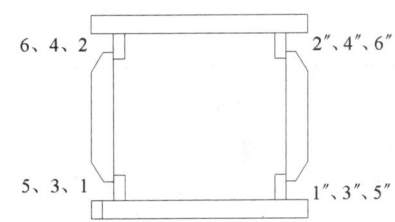

图5.4　焊接顺序示意图

5.4 如图5.4，焊接顺序为：同时、同向、对称焊接两条焊缝1、1″的1～3层，然后焊2、2″的1～3层；回过来焊1、1″的4～6层，然后焊2、2″的4～6层……以此类推。

5.5 4条主纵焊缝主要采用CO_2气体保护焊，焊缝为全焊透T形焊缝，坡口形式为单面V形坡口，焊接时采用双数焊工对称施焊，即底板处的两条主角焊缝同时焊接，焊枪侧向翼板成30°±2左右角，焊接第一遍；焊枪侧向侧面板，即与侧面板成30°±2左右角焊接第二遍，待完全冷却后进行校正，详见图5.5-1、图5.5-2。

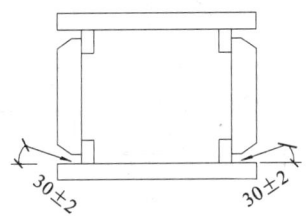

图5.5-1　一遍施焊示意图

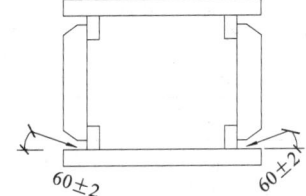

图5.5-2　二遍施焊示意图

5.6 轻微的变形采用冷校正或火燃加热矫正方法。冷校正时应缓慢加力，室温不低于5℃，冷校正的总变形量不得大于2 %。火燃加热矫正就是利用火燃局部加热时产生的压缩性变形，使金属在冷却后收缩，来达到矫正变形的目的。矫正后的构件表面不得有凹痕和其他损伤，焊接过程工艺参数见表5.6。

技术参数表　　　　　　　　　　　　　　　　　　　　表5.6

道次	焊丝直径（mm）	电流（A）	电压（V）	焊接速度（m/min）	气体流量（L/min）
1	ϕ1.2	240～260	25～27	0.35～0.45	30～35
2	ϕ1.2	220～240	31～33	0.33～0.4	20～25
3	ϕ1.2	240～260	32～33	0.33～0.4	25～30
4	ϕ1.6	300～340	33～35	0.3～0.4	25～30
5～21	ϕ1.6	400～460	36～38	0.5～0.6	30～35
22	ϕ1.6	～240	24～26	～0.4	35～40

5.7 内肋板的最后一条焊缝焊接采用熔嘴电渣焊，该焊接选用细直径焊丝，起弧时电压稍高一些，为45～50V，正常焊接时电压为35～40V配用直流电源，电流密度大（取380～460A），可提高焊接速度。

6. 材料与设备

6.1 焊材的选用

CO_2气体保护焊的电弧及熔池处于氧化性气氛中，使用的焊丝必须考虑加入脱氧成分Si并补充母材中Mn、Si的损失，因此对于碳钢和一般低合金结构钢必须使用H08Mn2Si，对焊丝化学成分的要求见表6.1。

焊丝化学成分表 表6.1

型号	化学成分								特点与用途
	C	M_N	Si	S	P	Cr	Ni	Cu	
H08Mn2Si	0.11	≤1.80/2.10	≤0.65/0.95	≤0.030	≤0.030	≤0.20	≤0.30	≤0.20	用于焊接重要的低碳钢及部分低合金钢

6.2 施工设备（表 6.2）

施工设备表 表6.2

序号	设备名称	型 号	规 格	数量(台)	备 注
一	加工设备				
1	2000t 油压机	HP20000kN		1	
2	六轴相贯线切割机	GSV1600DHFG		1	
3	数控平面钻床	PD-16		3	
4	三维数控钻床	SWZ-100		3	
5	空气等离子切割机	LG＜8-40　LGK8-60A	＜10mm	6	
6	半自动切割机	QC12-200　CG-30　XG-120		42	
7	数控火焰切割机	DNG.CNC-400B		1	
8	仿型切割机	CG2-150		3	
9	多头火焰裁条机	HWHG-4000 HWHG-6000		2	
10	电动平车	KP-50-1		2	
11	夹送矫直机	JP-25(6-25)×2500		1	
12	钢板预处理线	QXY-30		1	
13	H 型钢抛丸机	XQB08A6		1	
14	翼缘、H 型钢矫直机	JZ40　EJ30　EJ45		4	
二	焊接设备				
1	钢管焊接机	NEC-2×500KR		1	
2	螺栓焊机	RZN-2000B		1	
3	直流电焊机	AX8-500　TC-1-460		214	
4	交流电焊机	BX3-500　BX-5　BX-7		207	
5	氩弧焊机			13	
6	埋弧焊机	MZ-1000		9	
7	CO_2气体保护焊机	NBC-500　YM-500KR1 NB400		57	
8	逆变焊机	ZX7-500 ZX7-500ST ZX7-400B		44	
9	H 型钢组力焊机	GH-1500H		1	

序号	设 备 名 称	型 号	规 格	数量(台)	备 注
10	门型焊机	MZG2×1000		3	
11	鼓风干燥箱		500℃	12	
12	电热干燥箱			2	
13	空压机	K25-3　RA-2140GH	ZV-6/8　WT-270	429	
三	无损检测检验设备				
1	X射线探伤仪	300BS2　TX-2505	≤60mm　≤30mm	4	
2	超声波探伤仪	CTS-26 CTS-22 CTS-22A		4	
3	全数字超声波探伤仪	PXUT-350		1	
4	γ射线机	Ⅱ-192		2	
5	磁粉探伤机	DEC-ED　DEC-EN　CD-F		3	
6	X光探伤机	300EG-S2　300EG-S3		3	
7	角焊缝探伤机	DCE-C		1	
8	紫外线仪	DVL-125/1		1	
9	试验机	VE-600　JB-30A		1	
10	硬度计	HBX-0.5		2	
11	放电试漏仪		2.5万伏	1	
12	远红外烘干炉	ZYHC30 ZYH60 ZYH-100		10	
四	测量仪器试验设备				
1	经纬仪	J2　T2　JDJ2E		8	
2	水准仪	NA2Q　N2A　DZS3-1　DS3		6	
3	自动铅直仪	TD4-95CDT		1	
4	测距仪	DC2-J		1	
5	材料试验机	WE600		2	
6	冲压试验机	JB30B　JB30A		2	
五	起重运输施工机具				
1	液压式履带起重机	LR1280	280t	1	
2	液压式履带起重机	CCH1500E	150t	1	
3	液压式履带起重机	QUY100	100t	2	
4	液压式履带起重机	QUY50	50t	10	
5	履带起重机	QU25	25t	1	
6	汽车式起重机	QY8　QY8B　QY20H		3	
7	履带式起重机	W1001	15t	1	
8	塔式起重机		40t　20t	2	
9	双梁桥起重机	QE32/5+32/5 QE20+20 等		16	
10	单梁桥起重机	LD5		1	
11	门式起重机	32/5×30　LMD10　LMD5		8	
12	半门式起重机	BMH5×12×9　　BMH5×12×6		6	
13	叉式起重机	CPCD5AⅡ　CPQ3		2	

7. 质 量 控 制

7.1 引用标准

《低合金高强度结构钢》GB/T 1591-1994；《优质碳素结构钢》GB/T 699-1999；《碳素结构钢》GB/T 700-1998；《结构用无缝管》GB/T 8162-1999；《直缝焊管》GB/T 13793-1992；《钢结构焊接外形尺寸》GB/T 7949-1995；《气焊和电弧焊及气体保护焊坡口的基本形式与尺寸》GB 985-1988；《涂装前钢材表面锈蚀等级和防锈等级》GB 8923-1988；《碳钢焊条产品质量分等》JB/T 56102.1-1999；《二氧化碳气体保护焊工艺规程》JB/T 9186-1999；《碳钢焊条》GB/T 5117-1995；《低合金钢焊条》GB/T 5118-1995；《焊接用钢丝》GB/T 1300-1977；《焊接用不锈钢盘条》GB 4241-84；《碳素钢埋弧焊用焊剂》GB 5293-85；《低合金钢焊条产品分类》JB/T 56102.2-1999；《气体电弧焊用碳钢、低合金钢焊丝产品质量分等》JB/T 50076-1999；《钢焊缝手工超声波探伤方法和探伤结果等级》GB/T 11345-1989；《漆膜附着力测定方法》GB/T 1720-1991；《漆膜厚度测定》GB/T 1764-1979；《焊接质量要求、金属材料的熔化焊》GB/T 12467.1-12467.4-1998；《建筑钢结构焊接技术规程》JGJ 81-2002；《质量管理体系要求》GB/T 190001-2000；《钢结构制作安装施工规程》YB 9254-1995；《钢结构工程施工质量验收规范》GB 50205-2001。

7.2 原材料的控制

7.2.1 按公司《原材料外购件采购管理程序》和《外协产品采购管理程序》进行物资的采购、验收、保管等工作的文件执行。

7.2.2 钢材由公司负责人与业主确定的供货方洽谈材料质量，验收规定，并签订供货合同。公司负责人按有关技术标准进行焊接材料，油漆等物资的采购。

7.2.3 技术部门依据焊接工艺评定试验确定焊接工艺规程，规程中对焊材、焊剂以及焊接辅助材料的型号与数量予以明确。

7.3 原材料检验的控制

原材料进厂时必须验证随钢材交付的质量合格证，并根据给定的质量标准，按照国家相关文件规定，对进厂原材料送到具有MA资质的检验单位依据相关标准对钢材的性能进行二次复验，合格方准入库。不合格的原材料要求退回原厂。

7.4 油漆的质量控制

油漆必须在有效期内用完，做到先入库者先使用，严禁使用变质的油漆。

7.5 制作过程控制

组织贯彻执行制作工艺文件，严格工艺纪律，保证生产人员按标准工艺、按图纸进行产生。保证工序处于受控状态，产品质量满足制造规则和图纸要求。钢板下料前应消除轧制应力。

7.6 预拼装质量控制

由技术部门制定预拼装工艺，经总工程师批准后下发执行，生产厂长组织员工严格按照工艺进行拼装作业。

7.7 焊接质量控制

钢结构车间具体负责生产现场焊接质量控制工作。要求焊工持证上岗，并接受焊接工艺文件的技术，严格执行焊接工艺规程。

7.8 特殊过程、关键过程的控制

箱体4条主焊缝为全焊透T形焊缝，焊接时，选用ϕ1.2焊丝打底3遍，从第四遍开始选用ϕ1.6焊丝进行多层多道焊，每一焊道焊接完成后应及时清理焊渣及表面飞溅物，发现影响焊接质量的缺陷时，应清除后方可再焊。在连续焊接过程中层间温度控制在100℃~150℃焊接过程中除盖面层外均用风铲敲击焊缝，减少焊接应力，减少变形量。严禁焊道宽大于10mm，每道焊缝熔敷金属最大厚度3mm。

7.8.1 板块的几何尺寸精度控制

按《钢结构结构工程施工质量验收规范》GB 50205的规定执行。

7.8.2 钢箱梁四条主焊缝的质量控制

按《钢结构结构工程施工质量验收规范》GB 50205的规定执行。焊缝经外观尺寸检查合格，并经100%超声波探伤检查，达到一级焊缝质量要求。

7.8.3 曲线钢箱梁整体组装精度质量控制

1）箱体截面（任一处）几何尺寸允许偏差±2mm。

2）箱体截面翼板与侧板的垂直度≤3mm。

3）单节构件扭曲≤3mm。

4）单节构件长度允许偏差±2mm，构件总长度允许偏差±5mm。

5）桁架对角线偏差±5mm。

6）桁架高度偏差±10mm。

7）曲线钢箱梁的直径偏差±5mm。

8）曲线钢箱梁的平面度（1m范围内）偏差±6mm。

8. 安 全 措 施

组织建立安全组织机构，责任明确、制度健全、管理到位、并要求每一生产人员认真执行本岗位安全操作规程，特别作业人员必须持证上岗。

9. 环 保 措 施

9.1 严格执行国家、地区有关环保的法律、法规、和规章制度。

9.2 实行环保责任制、项目经理是环保第一负责人，各班组设环保负责人。

9.3 施工运输车辆开出施工场地前要冲洗车轮，避免带泥入公路。

10. 效 益 分 析

由于采取了"角焊缝倾角焊"的焊接工艺，大大的减少了构件焊接时产生的变形，节省了吊车的使用、缩短了制作工期、提高了劳动生产率、减少火焰矫正时氧气、乙炔的用量、节约能源并减少废气排放，保护生态平衡，对于我国建筑钢结构制作向高水平发展，无疑会产生非常积极的推动作用。

1. 节约矫正用氧气、乙炔：

氧气： $4 \text{ m}^3/t \times 4$ 元$/\text{ m}^3$=16元；

乙炔： $1.8 \text{ m}^3/t \times 16$ 元$/\text{ m}^3$=28.8元。

2. 节约矫正用起重机机械台班：

10t行车 0.8台班，800元/台班× 0.8×0.25（使用系数）=160元

3. 节约人工：

55元/d×2.85d=156.75元

合计节约：28.8+160+156.75=361.55元/t

1根环型钢箱梁桁架共重63.232t，共节约22861元。

11. 应 用 实 例

11.1 鞍山市体育馆中心加强环是由上、下两个环型钢箱梁与直线钢箱梁组成的桁架体系，其结构尺寸分别为：最大外径 D_1=8.35m；型心轴直径 D_2=8m，桁架总高 H_1=1.84m；轴线高为 H_2=1.6m；总重为63.232t。我们应用本工法进行加工制作圆满的完成了本次施工任务，其质量得到甲方和监理及质检部门的认可和赞许。

11.2 营口鲅鱼圈熊岳河大桥装饰工程，在曲线钢箱梁制作的实际应用中，应用本工法工艺，在质量控制、提高劳动生产率、降低成本方面取得了很好的效果。且产品质量有了很大的提高，完全达到了预期的目的，安全、可靠、经济、快捷地完成了曲线钢箱梁钢结构的制作工作，为钢结构制作领域带来一个新的发展，赢得了良好的社会效益。

带狗骨式阻尼器的张弦梁结构施工工法

GJEJGF091—2010

哈尔滨长城建筑集团股份有限公司

翟文忠　相克位　韩再国　赵书明　白晶

1. 前　言

张弦梁体系是由梁和悬索通过撑杆的连接而优化组合得到的复合结构体系，所以撑杆是保证结构效能的重要构件，它与索和梁的连接方式是决定体系受力合理性的重要条件之一。目前撑杆与梁的连接方式有铰接和刚接；撑杆与索的连接方式有：（1）耳板铰接连接，耳板铰接连接采用U形接头与撑杆耳板螺栓连接。施工过程中采用张拉工装对钢索进行分批张拉，在张拉过程中套筒的调整必须同步跟进，边张拉边上紧套筒。由于采用此连接方式，撑杆与上弦梁所采用的铰接装置连接方式会导致张拉过程中撑杆在跨内方向摆动，因此，为了保证撑杆的竖向精度，必须对索力进行调整，这将导致每跨索力不等，而且索力值在调整后很难确定。（2）套管滑动连接，套管滑动连接采用张拉施工过程中允许钢索在圆管或撑杆端部留有的索通道内部滑动的连接方式，采用此连接方式，撑杆与上弦梁刚性连接，不允许撑杆在跨内摆动，这会导致撑杆与上弦梁的连接处应力过大，存在局部失稳的可能性，而且索与管壁的摩擦力导致索体受力不均。（3）滑轮滑动连接，滑轮滑动连接采用滑轮滑动装置连接索与撑杆，张拉施工过程中允许索在滑轮处滑移。采用这种连接方式，消除了索与撑杆间的摩擦力，索体内受力更加均匀，但是撑杆与上弦梁的连接方式仍要采用刚性连接，这会导致撑杆与上弦梁的连接处应力过大，存在局部失稳的可能性。（4）穿心式索球连接，穿心式索球采用两个半球，球中心留有一通径的索通道，施工穿索后将两个半球用螺栓紧紧相连，将索卡紧，保证索球与索共同工作，即索球与索之间在任何工况下不产生相对位移。由于采用此连接方式的撑杆与上弦梁必须采用铰接装置连接，因此张拉钢索过程中必然会使撑杆在跨内方向朝索张力值大的方向摆动，如果撑杆在结构成型后偏移竖向位置，那么这对结构内部的稳定性将有较大的影响，因此为了保证竖向精度，张拉施工前必须将撑杆偏移竖向位置一段距离，即预先设置偏移量，但偏移量的大小是理论计算的结果，很难保证施工完毕后撑杆是竖直向下的。鉴于此，在哈尔滨工程大学大学活动中心阳光大厅的双索张弦梁张拉中设计了狗骨式阻尼器这种装置（图1-1～图1-3）。该中心屋盖由7榀张弦梁组成，每榀跨度35m，各榀间距5.6m，每榀单重约10t。张弦梁上弦采用箱型钢曲梁，截面呈倒梯形；撑杆选用八字形结构，上端与上弦梁通过耳板单向铰接，下端通过铸钢索球与双索连接，索采用$\phi 5 \times 31$钢丝束外套双层PE护套的成型缆索。撑杆之间用带有狗骨式阻尼器的水平拉杆相连，以确保撑杆的竖直方向。在张拉和恒荷载施加完以前，索与索球不锁紧，索可以自由滑动，保证撑杆处于竖直状态。

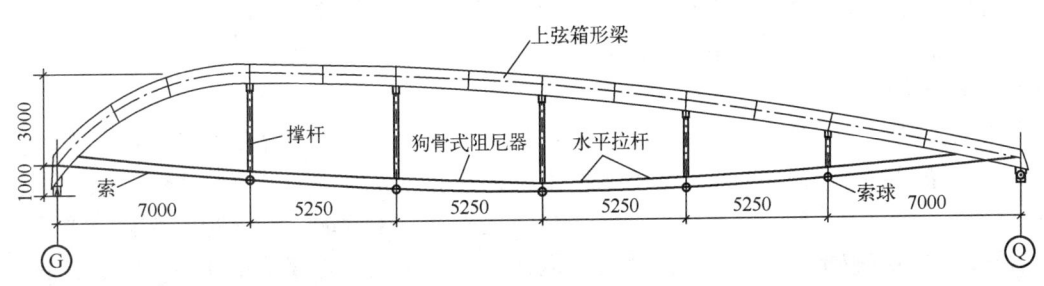

图1-1　张弦梁正立面图

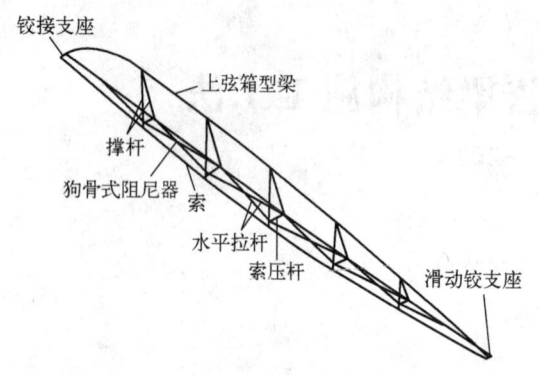

图1-2　张弦梁轴侧示意图

（标注：铰接支座、上弦箱型梁、撑杆、狗骨式阻尼器、索、水平拉杆、索压杆、滑动铰支座）

图1-3　张弦梁实物图

带狗骨式阻尼器的张弦梁结构已于2005年申请了国家发明专利，专利证书号为200510127373.6。该专利技术保证了索体内部受力均匀；与狗骨式阻尼器连接的水平拉杆不但保证了索在张拉过程中撑杆竖直向下的位置，而且保证了结构成型后在活荷载作用下撑杆不会摆动，避免了施工张拉前需预留索球沿索长方向偏移，改变了常规张弦梁钢结构张拉前就锁紧索球的施工方式，解决了现有张弦梁施工中存在的撑杆竖向精度无法保证的问题。其结构节点简单，材料用量经济，受力明确，施工方便。

2. 工 法 特 点

2.1　狗骨式阻尼器既可以在张拉施工过程中调节撑杆竖向精度，又可以在屋面恒荷载作用下很好地转移水平拉杆的拉力到索体上，能够充分发挥高强钢索的抗拉性能。狗骨式阻尼器在张拉结束、恒荷载全部施加到结构上、索球锁紧后，可以拆除，重复利用。

2.2　与狗骨式阻尼器连接的水平拉杆不但保证了索在张拉过程中撑杆竖直向下的位置，而且保证了结构成型后在随机荷载作用下撑杆不会摆动；避免了施工张拉前需预留索球沿索长方向偏移量的问题。

2.3　本工程允许张拉施工过程中索体在索球中滑动，索体内部受力均匀，结构体系受力分布更均匀。

2.4　本结构节点简单，材料用量经济，受力明确，施工方便。

3. 适 用 范 围

该工法适用于空间作业面小，大跨度空间采光屋面。

4. 工 艺 原 理

狗骨式阻尼器是一带弹簧和橡胶垫的双向可调节式阻尼系统，如图4所示。在索张拉施工前可以调节狗骨式阻尼器的正反牙套筒，使撑杆垂直于地面。在索张拉施工过程中，本结构允许索在索球中滑动，因此，索与索球间必将产生摩擦力作用，因为撑杆与上弦梁采用铰接连接方式，节点不能传递水平向力，所以，摩擦力通过水平拉杆直接传递给狗骨式阻尼器。为了克服此摩擦力的作用，撑杆的竖向位置就可以保持不变，因此采用了狗骨式阻尼器的橡胶块与管壁的摩擦力克服了索与索球间的摩擦力的设计思想，保证了撑杆的平面位置；在张拉过程中，由于两端支座向跨中移动，导致内撑杆间距变小，这种运动不应被狗骨式阻尼器所阻碍，因此设计时橡胶块与管壁的摩擦力刚好克服索与索球间的摩擦力，为了防止橡胶块克服管壁的最大静摩擦力后的瞬间滑移所带来的狗骨式阻尼器失效问题的发生，在橡胶块两侧加装了弹簧缓冲系统。在研发过程中，首先确定索球未锁紧时，球与带有护套的索之间的摩擦系数，然后确定阻尼器中橡胶与管壁的最大静摩擦力。

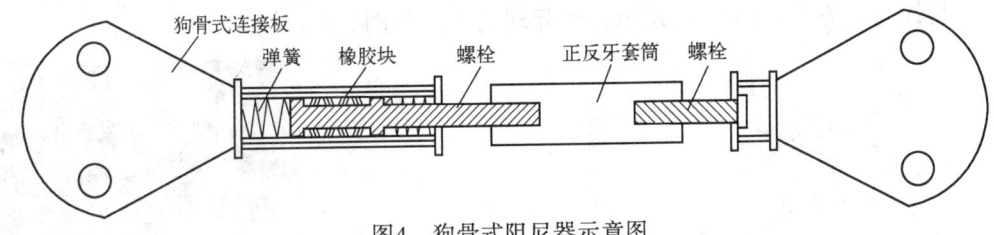

图4 狗骨式阻尼器示意图

4.1 结构静力计算分析

根据索拱结构的特点，采用混合单元有限元法进行分析，即将拱梁近似离散为若干空间直梁元；撑杆视为与拱梁铰接的杆元，索视为不能受压的杆元，支座视为杆单元，支座锚板采用梁单元。模型中利用降温技术对索施加预应力；边界条件是拱梁一端视为铰支座，另一端为可沿着X（水平）方向移动的滑动支座。通过檩条传递至屋架的屋面荷载施加在与檩条连接的上弦节点上；结构自重由程序自动完成。由于张拉过程中索的变形对张拉力影响很大，因此在分析中考虑的几何非线性，采用大变形分析对结构进行几何非线性有限元分析。采用大型通用有限元分析软件ANSYS对结构进行静动力分析。由于阻尼器的作用是克服索球对索的摩擦力，不阻碍张弦梁的起拱和索的张拉，因此设计时忽略阻尼器，只将其重量转换成等效节点荷载施加于结构上。

为了得到索张拉值与起拱值的关系曲线以作为校核理论值和更好地进行以下各榀的张拉控制工作，现对第一榀进行了索张力与起拱值的监测（图4.1）。通过理论值与实测值的比较，可以看出，带狗骨式阻尼器的张弦梁结构工作性能与真正的张弦梁结构没有区别，即狗骨式阻尼器起到了如前所述的作用，将理想化的结构转换成现实结构，突破了理论结构与实际结构之间的瓶颈，张弦梁各构件达到了最佳工作性能状态。

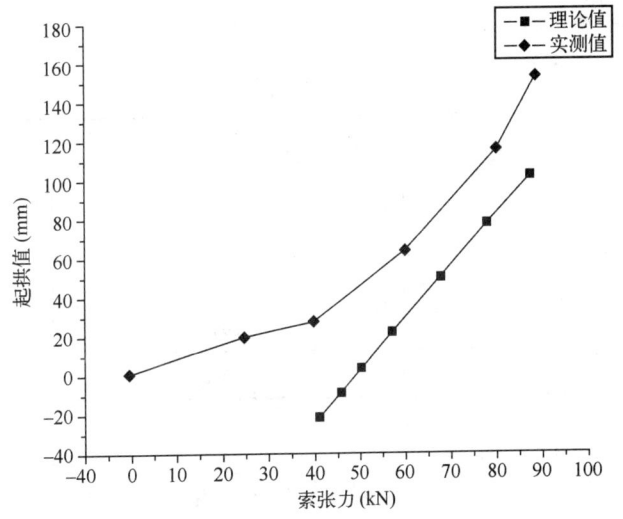

图4.1 索张力与拱梁起拱值的关系

4.2 单榀张弦梁的动力特性计算及检测

大跨度张弦梁结构的动力特性是结构振动的基本特性，是对新型大跨度张弦梁结构进行地震反应分析和设计的基础。因此，研究新型大跨度张弦梁结构的动力特性尤为重要。下面我们按照实际工程尺寸建立有限元模型，进行计算模态和实测模态的对比分析，其结论对同类型的大跨度张弦梁结构的设计、分析及施工都具有参考意义。鉴于此，采用锤击法对其进行了现场实测。测试中，仅对上弦箱型拱梁进行测试。采用702所研制的16通道DSPS动态数据采集系统进行测试，采样频率为128Hz，低通滤波为50Hz，每帧数据包含2048点，频率分辨率为0.0625Hz，触发采集，测试10次。共十个测点，具体布置如图4.2-1所示。

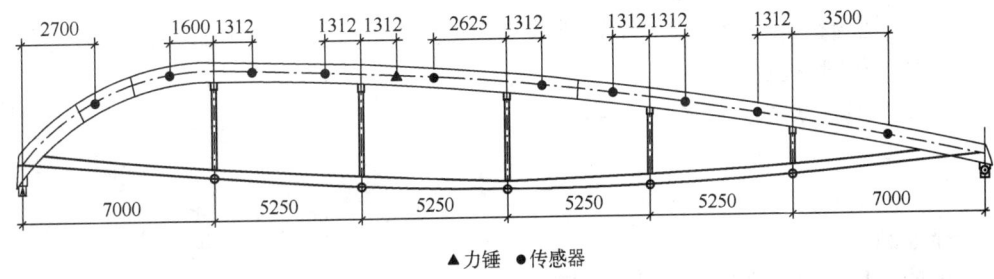

▲力锤 ●传感器

图4.2-1 测点布置图

由于上弦拱梁的下表面并非水平面，因此，安装在传感器前，将∟50角钢点焊于拱梁的测点处，并现场抄平。具体安装方案如图4.2-2所示，实际现场布置如图4.2-3所示。

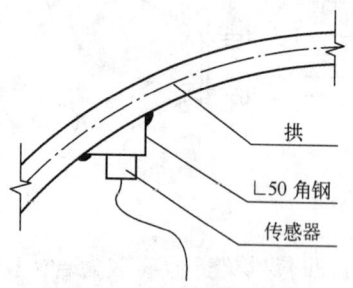

图4.2-2　传感器安装示意图

图4.2-3　传感器现场布置图

采用动态数据采集系统随机携带的动态信号实时分析软件DSPS V5.0进行数据处理，得到各组信号的自功率谱、频响函数及相干函数等。然后利用MAS模态分析软件对各点频响函数的虚部进行处理得到各阶频率及振型，具体如表4.2所示。由此我们可以看出，计算振型与实测振型基本一致，只是各阶振型的节点位置略有些不同，这主要是由于檩条的连接刚度不同所导致的。说明实际结构的柔度比计算的大。

实测频率与计算频率对比
表4.2

阶　数	实测频率（Hz）	计算频率（Hz）	误　差
1	1.602	2.165	35.14%
2	4.419	3.700	16.27%
3	6.012	7.254	17.12%
4	13.051	12.674	2.89%
5	16.996	20.578	21.08%
6	21.062	27.483	30.49%

4.3　结论

通过对带狗骨式阻尼器的张弦梁结构的静力理论与实测分析，得到如下结论：

4.3.1　索张力与拱梁起拱值（实测值）在开始阶段呈非线性变化，其后呈线性变化，斜率与理论值基本相等；最后起拱值迅速增加，斜率大于理论值。

4.3.2　动力实测表明，理论振型与实测振型基本一致。

4.3.3　经过静动力性能的实测与理论的综合分析表明，实际结构的刚度比理论的小。

5. 施工工艺流程及操作要点

5.1　张弦梁屋盖施工工艺工艺流程

胎架制作→现场拼装箱型弧梁→下胎拼装撑杆→挂索球→安装水平支撑及狗骨式阻尼器→穿索→张拉悬索→张弦梁滑移就位。

5.2　张弦梁体系整体工程施工流程图（图5.2）

5.3　操作要点

5.3.1　施工准备

1. 螺栓球制作

1）螺栓球采用45号优质钢，专业锻压而成球坯。毛坯经正火处理，使其硬度达到HB197～225。

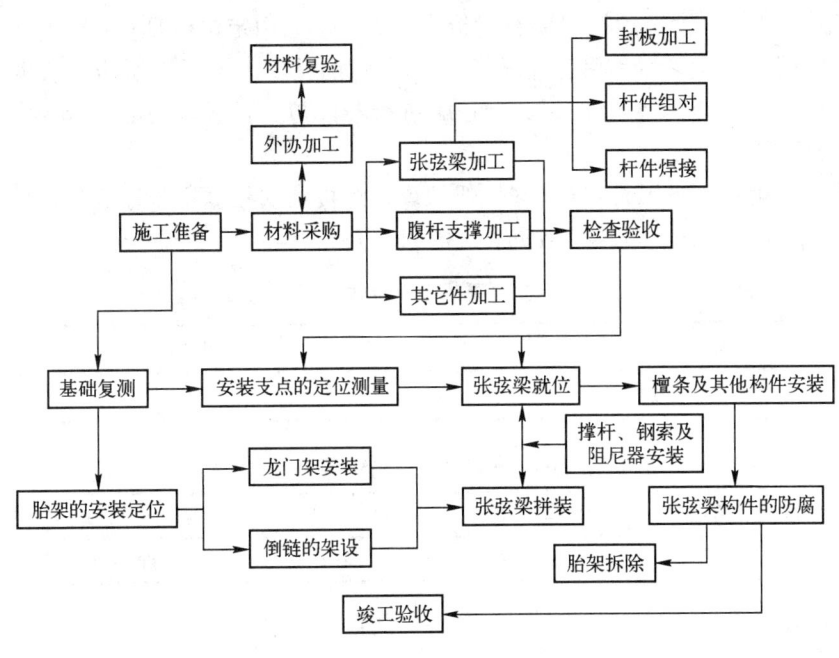

图5.2　施工流程图

2）螺栓球的精加工：螺栓球的精加工在X5032A型立式升降台铣床、ZA5032圆柱立式钻床及ZA3050×16型摇臂钻床上用万能分度头进行加工。

（1）在立式铣床上铣出球的一个基准平面，并在钻床上加工好基准螺孔；然后利用此基准螺孔在X5032A型立式铣床上转动分度头加工出各弦杆孔和腹杆孔的平面。夹具的转动定位偏差为±5′，加工完毕，进行角度检测，符合《网架结构设计与施工规程》JGJ 7-91的规定要求为正品。

（2）采用定位夹具在立式钻床上完成孔的加工。

（3）最后在钻床上进行螺纹的加工，保证各螺纹孔中心轴线夹角误差不大于+30′。

2. 高强度螺栓检查验收

1）定购高强度螺栓厂的高强螺栓，均需有材质单。

2）高强度螺栓材质为20MnTiB钢，符合国家相应标准，强度等级达到8.8级以上。

3）高强度螺栓的螺纹按《粗牙普遍螺纹》GB 196的规定，螺纹的公差带按《普遍螺纹公差》GB 197中的6H级。

4）高强度螺栓进行100%外观及几何尺寸检查。

5）外观及几何尺寸检查合格后，在HR—150A洛氏硬度计上测硬度，按1%抽取，但每批不少于3组，硬度要求达到HRC32—36。

6）采用5倍放大对高强度螺栓逐件进行裂缝检测。

3. 杆件制作

1）圆杆套筒采用优质圆钢，锥头采用普通圆钢，经模锻成坯。

2）圆杆套筒的精加工：在CS6240车床上进行加工。两端面的平行度偏差不大于0.05mm。

3）锥头的精加工：在CS6240车床上进行加工，用三爪卡盘夹住加工端面和内孔。两端面的平行度偏差不大于0.3mm。

4）封板采用冲床冲压成型。

5）杆件下料在管子割断坡口机进行，下料与开坡口一次成型。

6）焊接

（1）参加焊接的所有焊工均持有焊工合格证，每个焊工均有钢印号码，以便监控检查焊缝质量。

（2）杆件与封板或锥头组对。

组对前先将圆杆套筒、紧定螺钉组装在封板或锥头上。采用定位模具对杆件与封板或锥头的组对进行长度控制、两端面与钢管轴线和垂直度控制。先用钢尺定出该杆件所需的长度（包括焊缝收缩量），并将两夹块在导轨上夹紧，然后以此定位，进行杆件与封板或锥头的点焊固定，保证杆件的长度、垂直度偏差在允许范围内。

（3）杆件焊接采用手工电弧焊或CO_2气体保护焊，焊接层次根据钢管厚为1~2层，多层焊时应使各层之间焊接方向，接头错开。具体参数见表5.3.1-1、表5.3.1-2。

手工电弧焊工艺参数 表5.3.1-1

焊条牌号	焊条直径（mm）	焊接电流（A）	焊接电压（v）	焊接速度（mm/min）
E506系列	$\phi 4$	160~190	22~24	130~150

CO_2气体保护焊工艺参数 表5.3.1-2

焊丝牌号	焊丝直径（mm）	焊接电流（A）	焊接电压（v）	焊接速度（mm/min）	气体流量（L/min）
H08Mn2Si	$\phi 1.2$	230±5	35±1	800±20	17

（4）焊缝质量等级为二级焊缝，且所有焊缝均要满焊。

（5）杆件长度偏差不大于±5mm。

（6）锥头（封板）与钢管同轴度偏差不大于0.2mm。

（7）杆件轴线不平等度的允许偏差为杆件长度的1/1000，且不大于5mm。

7）球节点力学性能试验

每种类型按3%（且不少于3组）抽样进行成品破坏试验，并出具报告单。一般取样或抽样，按每一种规格的钢管做1~3组，进行破坏性试拉。试验结果要求管材颈缩，决不能允许焊缝和节点破坏，然后由实验室出具报告。

4. 张弦梁防腐

1）张弦梁的除锈等级要求达Sa2.5级。安装前、后分别涂一道环氧富锌底漆。

2）在未喷砂处理前确定钢材表面质量级数。

（1）A级：钢板表面全被轧制铁鳞盖着，只有很少或甚至没有锈斑可以看到。

（2）B级：钢板表面被轧制铁鳞盖及锈斑盖着。

（3）C级：钢表面全被锈斑盖着，只有很少或甚至没有锈蚀小孔可以看到。

（4）D级：钢表面全被锈斑盖着，可以看到大量锈蚀小孔。

3）注意事项：

（1）油漆涂敷采用喷涂，个别位置可采用刷涂。

（2）在正式喷涂前先试喷，检查喷枪是否正常，将空压机输送压力定为0.3~0.55MPa。

（3）保持配漆工具的清洁，配漆前检查涂料各组牌号，严格按规定的比例进行调配，并充分搅拌均匀，并经200目/英寸的滤网过滤。

（4）经喷砂处理后的金属表面，喷涂层表面（中间层）不得污染或用沾有油脂的手触摸。

（5）张弦梁零部件在运输、安装过程中要注意保管，防止散失及损坏。

5.3.2 现场分段组装张弦梁

整个张弦梁从右至左进行组装：Ⅰ、Ⅱ、Ⅲ、Ⅳ区（图5.3.2）。

张弦梁的组装、滑动就位具体施工程序如下：

1. 把从加工厂分4段制作好的张弦梁，运输到施工现场，使用吊车直接运输到楼面屋顶空处。

2. 然后分别将4段梁，借助龙门架和使用捯链按Ⅰ、Ⅱ、Ⅲ、Ⅳ的顺序分别吊到胎架上进行组装。

3. 组装完毕后，再使用捯链和拉索滑动到支座梁上。

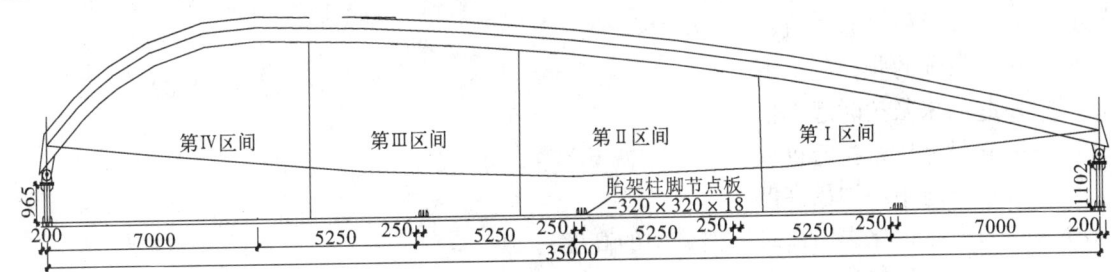

图5.3.2　张弦梁组装图

4. 最后进行腹杆、水平支撑及狗骨式阻尼器的安装，再进行预应力的张拉就位。

5.3.3　预应力的张拉

张拉的施工工艺：预应力钢筋张拉时，将张弦梁从胎架移动到临时加工制作好的支座上，然后把腹杆和水平支撑等钢构件都和钢弦索都安装完毕后，进行张拉。张拉时，采用两个托架（临时焊接的），防止与30mm厚的封板直接接触，防止张拉时产生过大的应力损坏封板或其他钢构件。

第一次张拉施工时，张拉力及索伸长值必须要加以严格控制，因为屋面标准值作用下的索拉力，在第一次张拉时，如果是因为各方面限制的话，只能拉到70%，要考虑二次张拉。期间预应力的张拉时，摩擦力的损失、局部应力的损失、张拉器械的损失以及在张弦梁滑动过程中的种种应力的损失等各种原因，造成应力损失。所以有必要进行二次张拉。

为确保该结构的安全施工，验证设计计算结果，同时获得理论计算无法准确得到的数据，必须对第一榀桁架进行测试。测试完成后，整理出各张拉技术参数的控制指标值，调整理论分析的各个参数（见图5.3.3），使其与实验桁架相符，形成技术文件，用于指导剩余各榀桁架的张拉。

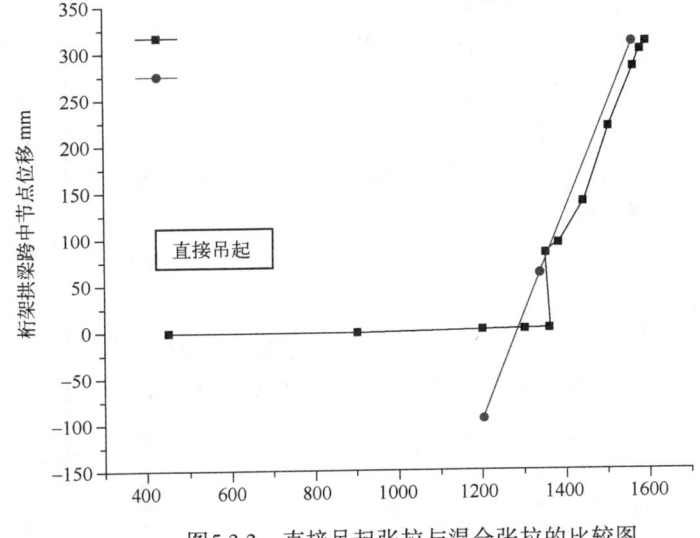

图5.3.3　直接吊起张拉与混合张拉的比较图

从图中可以明显看出，张拉时在对悬索施加预应力过程中，桁架的拱起位移有两个不同阶段。开始阶段，桁架的跨中竖向位移很小。当张拉值达到一定程度，钢弦索直接开始受力时，位移增大，表明屋架开始脱离支座；将张弦梁吊起后，实测值索力经历了回弹与拉伸的变化，说明桁架在未形成整体刚度时吊起张拉跨中产生了下挠，而索力稍有减小，但变化量不大；到拉索在完全承受屋架重量后，跨中节点位移迅速增大，端索张力与跨中节点竖向位移近似呈线性关系。而直接吊起张拉时，端索张力与桁架拱跨中节点的位移基本呈线性关系，且线性部分的斜率与胎架张拉形成整体刚度后的斜率基本相同。这是由于自重所产生的竖向力使索先形成了预张力，所以整榀桁架产生了整体刚度，使得桁架的拱起变形对下弦索的张力增长在开始阶段就非常敏感。在相同的起拱值下，端索张力值虽比混合张拉减少了2%，但位形却变化了很多，所以施工时采用混合张拉。

桁架被吊起时，由于吊点间的距离小于胎架两端部支座支点间的距离，且现场施工时不可能反复进行吊起张拉、落于支座后，测量桁架最终起拱值的过程，这就难以保证起拱值测量的正确性，所以必须进行起拱值的理论分析，以用于实际桁架的张拉测控。

起拱值的计算，最终起拱值 Δ_L 应是桁架在临时支座上张拉完毕，撤掉龙门架后落于支座上的起拱值。因此，混合张拉在施工完毕后桁架起拱值（吊点无高差）：

$$\Delta_d = \Delta H_{h1} + \Delta H_{h2} + \Delta H_{h3} = (h_1 - h_0) + (h_2 - h_1 - h_d) + [h_3 - h_2 + (h_d - h_L)] = h_3 - h_0 - h_L \tag{5.3.3}$$

式中　Δ_d——吊起后最终起拱值；

　　　ΔH_{h1}——起吊前的张拉起拱值；

　　　ΔH_{h2}——起吊未张拉时起拱值；

　　　ΔH_{h3}——起吊完毕张拉起拱值；

　　　h_0——桁架跨中的初始高度；

　　　h_1——胎架张拉完未吊起时桁架跨中的高度；

　　　h_2——吊起后桁架跨中的高度；

　　　h_3——吊起张拉完毕后桁架跨中的最终高度；

　　　h_d——起吊处的吊点高度；

　　　h_L——吊起对起拱值的影响高度（吊起张拉完毕后起吊处最终高度）。

由式上面式子可知，吊起后最终起拱值只与桁架拱跨中节点的初始高度、吊起后最终高度、吊起后起吊处的最终高度有关，而与施工过程无关。这就简化了施工测量过程，提高了施工效率。

5.3.4　张拉流程

1. 两端尽量做到同时张拉，某端锚杆伸长量大时，可以一端先进行张拉。

2. 张拉程序：预紧→调整两端锚杆伸长值→张拉，起拱后每级1t，施工时可依据现场条件适当调整。

3. 张拉过程中，每级加载应尽量将油压稳住在30s以上，将这一级油压稳2min。

4. 测量锚杆伸长量应在油压稳定后量取。

5. 当跨中达到起拱量后，上紧大螺母，倒缸，3min后再量取起拱量，若无异常，收卷尺，张拉结束。

5.3.5　张弦梁的滑动措施

1. 张弦梁在临时的支座上张拉完毕以后，在梁的两端架设2个龙门架，然后在龙门架两端安装两个捯链，两端同时挂在一个耳朵上，同时用力将张弦梁吊起，然后在梁的支座下面，安装上为滑行准备的拍子，具体见图5.3.5。

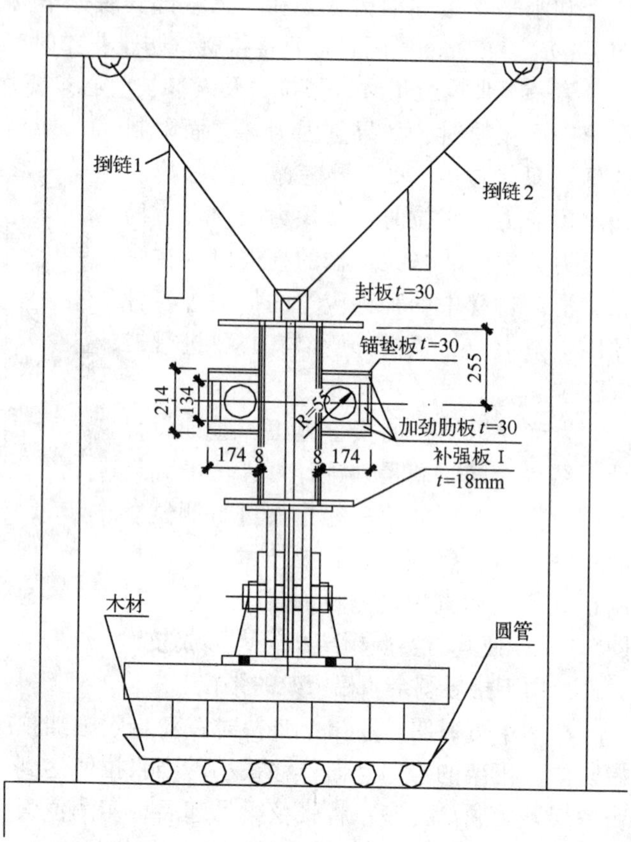

2. 然后同时在张弦梁的两侧绑有揽风绳，如果一侧的揽风绳松，另一侧的揽风绳则收紧。在混凝土梁面上铺垫薄木板，使圆管在木板上移动时防止出现打滑现象。

图5.3.5　龙门架的布置图

6. 材料与设备

6.1　工程材料

ϕ300mm的螺栓球、高强度螺栓、圆杆套筒、锥头、封板、紧定螺钉、E506系列焊条、环氧富锌底漆等。

6.2　工程设备

电焊机、龙门架、张拉千斤顶精密压力表、高精度压力传感器等。

7. 质 量 控 制

7.1 该工法执行相应的标准及规范

《网架结构工程质量检验及评定标准》JGJ 78-91；《钢结构工程施工质量验收规范》；GB 50205-2001；《网架结构设计与施工规范》JGJ 7-91；《钢结构设计规范》GBJ 17-88；《钢网架行业标准》JGJ 75.1～75.3-91；《钢网架螺栓球节点用高强度螺栓》GB/T 16939；《钢结构工程》DB 23/714-2003；

7.2 施工管理

7.2.1 组织规范学习，编写工艺卡，搞好技术交底，使有关人员掌握施工方法和质量标准，按正确的程序和规范施工。

7.2.2 现场配备专职焊接工程师和专职质检员，工序交接与验收必须有质检员签字。重点做好焊缝质量检查及构件组装后与施焊前的交接检查工作。

7.2.3 所有材料设备供应商均需经过合格供方评审。

7.2.4 工程所需的所有材料、设备必须有合格证或材质证明书，并且各类证书应列表登记，并与实物核对无误。若无此文件，可拒绝验收或施工。有疑问的应复核鉴定，合格后方可使用。

7.2.5 树立职工质量意识，形成良好的工作习惯，施工作业精益求精。

8. 安 全 措 施

安全是建筑施工中永恒的主题。因此，必须将安全放在本项目施工过程的首要位置。

8.1 安全管理措施

8.1.1 贯彻执行劳动保护、安全生产、消防工作的法规、条理、规定，工地的安全生产制度、规定、要求等。

8.1.2 施工负责人必须对职工进行安全生产教育，增强法制观念，牢固树立"安全第一"的思想，提高职工的安全生产思想意识及自我保护能力，自觉遵守安全纪律、安全生产制度，服从安全生产管理。

项目执行每天班前教育，班中检查，班后总结的办法，施工负责人应对所属施工及生活区域的施工安全、防火、治安、生活卫生各方面全面负责。

8.1.3 所有的施工及管理人员必须严格遵守安全生产纪律，正确穿、戴和使用好劳动防护用品，进入施工现场必须戴安全帽，高空作业必须系好安全带。下班后严禁在施工场地逗留。

8.1.4 对施工区域、作业环境、操作设施设备、工具用具等必须认真检查，发现问题和隐患应立即停止施工并落实整改，确认安全后方可施工。

8.1.5 机械设备、脚手架、吊具、吊索等设施，使用前需按规定验收或班前检查，并做好验收及交付使用的书面和检查记录，严禁未经验收或验收不合格、未检查或有损伤情况下投入使用。

8.1.6 对于施工现场的脚手架、安全网、钢爬梯等安全设施及安全标志、警告牌等不得擅自拆除、改动；必须拆除时须有书面申请，经项目安全负责人及安全人员同意，并采取可靠的安全措施后由项目的安全班组拆除。

8.1.7 电焊工、气焊工、电工、起重工等特殊工种的人员必须按规定经培训，考核合格后执有效证件上岗作业。起重机吊装人员必须遵守"十不吊"规定，严禁不懂电气、机械的人员擅自操作使用电器、机械设备。

8.1.8 高空作业人员应符合高空作业体质要求，高空作业中应佩带工具袋，工具应放在工具袋中，不得放在钢梁或易失落的地方，所有手动工具（如手锤、扳手、撬棍等），应穿上绳子套在安全带或手腕上，防止失落伤人。严禁酒后作业和高空人员带病作业。

8.1.9 严格遵守安全用电规范，钢结构是良好导体，四周应接地良好。施工用电线必须是胶皮电缆线，施工现场的走线用电必须严格执行"三相五线制"，"一机一闸一漏电保护器"，电器设备在使用前必须先检查合格后方可使用，并严格执行动力用电与生活用电分开制度。

8.1.10 必须严格执行防火、防爆制度。在施工现场及库房严禁吸烟、动用明火。现场必须配备一定数量的灭火器和设置消防水池，落实防火、防中毒措施。消防器材不准挪作它用。使用明火时必须按规定办理动火审批手续，焊接过程中应做好防火措施，氧气、乙炔、油漆等易燃易爆物品必须分库专人保管。

8.1.11 注意劳逸结合，做好班次安排，料理好职工的生活，调节好职工身心，精神饱满地投入施工，保证安全生产。

8.2 吊装中的安全生产技术措施

8.2.1 柱子上的抱箍操作平台必须认真搭设牢固、平稳，以满足柱子对接就位中的安全要求。

8.2.2 柱身上的登高爬梯需与柱子绑扎牢固，只有每个控制段交给土建浇筑混凝土后，方能全部拆除。

8.2.3 吊装中要特别注意塔吊吊钩、钢丝绳以及吊装构件，不得与建筑物、电缆等发生碰撞，必要时在起吊过程中构件端部应栓上尾绳。

8.2.4 在中厅钢结构边缘搭设一个悬挑安全平台；在每个吊装控制段的工作面下方铺设安全网以防物件坠落伤人。

8.2.5 吊装区域要设警示牌，必要时拉设分隔绳。

8.2.6 所有用于安装就位、焊接操作的钢制吊篮必须绑扎牢固。

8.3 安全用电技术措施

8.3.1 施工现场一切用电设备的安装必须严格按施工方案进行。

8.3.2 电器设备的设置、安装、防护、使用、维修、操作人员必须符合《施工现场临时用电安全技术规范》JGJ 46-2005要求。

8.3.3 施工现场专用的中性点直接接地的低压电力线路中，必须采用TN-S接零保护系统。

8.3.4 一切用电的施工机具运至现场后，必须由电工检测其绝缘电阻及检测各部分电器附件是否完整无损，绝缘电阻小于0.5Ω或电气附件损坏的机具不得使用安装。

8.3.5 施工现场的配电箱和开关箱必须配置三级漏电保护器。

8.3.6 漏电保护器只能通过工作线，开关箱应实行"一机一闸一漏保"保护系统。

8.3.7 配电箱和开关箱应配锁，由专人负责，定期检修。

8.3.8 在电器设备相对集中的场所，配置绝缘灭火器材，并严禁烟火。

9. 环 保 措 施

9.1 抓好现场防火工作。氧气、乙炔应按规定存放和使用，焊接区域上下周围应清除易燃物品。

9.2 做好防风、防雷雨工作。要有专人掌握气象资料，做好记录，随时通报，以便合理安排施工及采取预防措施。雷雨、大风来临前，应尽量安装固定一个单元的构件，无法固定时，应采用临时加固措施；同时，应及时将高空人员撤离到安全区，保护好电源、机具、设备、材料等。

9.3 施工现场做到道路畅通，整洁无垃圾，操作地点保持整洁、干净，做到工完场清。

9.4 材料、机具、构件应分类堆放，摆放整齐。现场机具设备应标识明确、整洁。安全装置灵敏可靠。工具棚内外干净整洁，工具摆放整齐，禁止乱丢材料、工具及其他杂物。

10. 效 益 分 析

该工法主要特点就是结构受力明确，造价合理，给用户带来很高的精神享受，具有显著的社会效益。

11. 应 用 实 例

11.1 工程概况

哈尔滨工程大学大学活动中心工程的中空部分的钢结构采用了带狗骨式阻尼器的张弦梁结构，该工程位于哈尔滨工程大学校园内，该工程开工时间为2005年9月1日，竣工时间2006年9月7日，该钢结构工程中共使用了7榀35m跨度钢结构张弦梁，共计钢材85t，施工结束后该钢结构工程达到设计要求，并且取得不错的经济效益和社会效益。

黑龙江省体工队网球馆改扩建工程及大庆油田工程有限公司技术交流中心钢结构工程中的屋面工程均采用了带狗骨式张弦梁结构施工工艺，使得建筑物内部空间开阔，美观，经济合理，取得良好的社会效益。

11.2 结果评价

11.2.1 承载能力高

张弦梁结构中索内施加的预应力可以控制刚性构件的弯矩大小和分布。例如，当刚性构件为梁时，在梁跨中设一撑杆，撑杆下端与梁的两端均与索连接，在均布荷载作用下，单纯梁内弯矩；在索内施加预应力后，通过支座和撑杆，索力将在梁内引起负弯矩。

11.2.2 使用荷载作用下的结构变形小

张弦梁结构中的刚性构件与索形成整体刚度后，这一空间受力结构的刚度就远远大于单纯刚性构件的刚度，在同样的使用荷载作用下，张弦梁结构的变形比单纯刚性构件小得多。

当刚性构件为拱时，将在支座处产生很大的水平推力。索的引入可以平衡侧向力，从而减少对下部结构抗侧性能的要求，并使支座受力明确，易于设计与制作。

11.2.3 结构稳定性强

张弦梁结构在保证充分发挥索的抗拉性能的同时，由于引进了具有抗压和抗弯能力的刚性构件而使体系的刚度和形状稳定性大为增强。同时，若适当调整索、撑杆和刚性构件的相对位置，可保证张弦梁结构整体稳定性。

11.2.4 建筑造型适应性强

张弦梁结构中刚性构件的外形可以根据建筑功能和美观要求进行自由选择，而结构的受力特性不会受到影响。张弦梁结构的建筑造型和结构布置能够完美结合，使之适用于各种功能的大跨空间结构。

11.2.5 制作、运输、施工方便

与网壳、网架等空间结构相比，张弦梁结构的构件和节点的种类、数量大大减少，这将极大地方便该类结构的制作、运输和施工。此外，通过控制钢索的张拉力还可以消除部分施工误差，提高施工质量。

空间曲面钢结构管桁架屋盖安装施工工法

GJEJGF092—2010

五洋建设集团有限公司　浙江昆仑建设集团股份有限公司

张杭生　阮连法　王栋　徐建丰　劳震宇

1. 前　　言

随着社会经济的快速发展，人民群众对于体育活动的需求也日益增多，各种形式各异、功能多样的体育场馆如雨后春笋般的拔地而起。而空间曲面钢桁架结构体系由于具有结构合理、受力均匀、整体重量轻、外观时尚、内部空间大等优点，被越来越多的应用于各类体育场馆的建筑设计中。

传统空间曲面钢结构管桁架安装施工在构件详图深化设计、相贯线节点焊接、不规则屋面板的下料、管桁架的制作与安装等方面都存在一定的难度。本工法在施工之前用MIDAS软件对施工方案进行了分析，施工过程中对关键部位进行应力和变形监测，确保了施工的安全性和精度。本工法应用PRO-E软件对构件进行了深化设计并在施工过程中根据施工误差进行实时调整，使得主次桁架能够顺利焊接。另外，本工法利用AUTOCAD、PRO-E软件进行屋面板放样的方法提高了施工精度，节省了建设成本，值得其他工程借鉴。

2. 工 法 特 点

2.1　施工前用 MIDAS 软件对施工方案进行安全评估

传统工艺在施工前无法预知施工方案的安全性，许多问题在施工过程中才会暴露出来。本工法在施工前用MIDAS软件对施工方案进行了线性施工阶段的有限元模拟，通过模拟观察施工过程中各构件的应力和应变变化，进而评估施工方案安全性，从而指导实际安装施工过程。

2.2　施工过程进行应变位移监测并对施工误差进行实时调整

根据施工前MIDAS软件对屋盖施工方案的分析结果，本工法在施工过程中对各个关键位置进行了应力应变监测、对各主桁架悬臂端进行了位移监测，从而保证了施工阶段的各种杆件承受的应力及变形与设计模型相符。

同时，为了减小管桁架构件在分解构件的制作、安装过程中所产生的累计误差的影响，本工法在施工过程中严密监测已安装完成的主次桁架的位置坐标，与设计值进行比对，及时得到施工误差。然后利用PRO-E软件对未安装构件设计进行实时调整以纠正先前施工误差，使得屋盖结构能够顺利合拢。

2.3　利用 AUTOCAD、PRO-E 软件对各种不同形状屋面板进行放样

空间曲面屋盖形状复杂，屋面板多为扇形且每块扇形板的形状尺寸不一，有些工程选用较硬的彩钢板作为屋面板材料，放样难度非常大。采用传统施工工艺往往会造成放样尺寸不精确、材料浪费等问题。本工法根据现有市场材料，利用AUTOCAD、PRO-E软件，对屋面板进行深化及分解，得出最终的扇形板上下口尺寸，不仅提高了施工精度，同时降低了建设成本。

3. 适 用 范 围

本工法适用于空间曲面钢结构管桁架屋盖的安装施工，对于其他钢结构管桁架体系的安装以及复杂曲面屋面板的放样亦有参考借鉴价值。

4. 工艺原理

4.1 用 MIDAS 软件进行分阶段模拟分析

按照安装施工方案，分安装主桁架构件、安装环形桁架构件和主檩条、卸载主桁架顶部约束三个阶段进行建模。在充分考虑不利工况的条件下，分析各个阶段构件的应力和应变情况，评估施工方案的安全性。

MIDAS分析模型如图4.1-1、图4.1-2所示。

利用上述模型分析主次桁架各构件的应力和应变，发现在主桁架悬臂端的格构式柱子拆除后，整个结构的最大挠度约为10mm，且构件的最大应力约39N/mm²，位于与平台混凝土柱子连接的主桁架的弦杆。

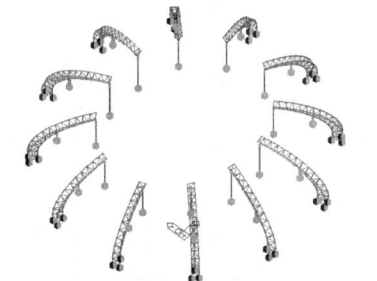 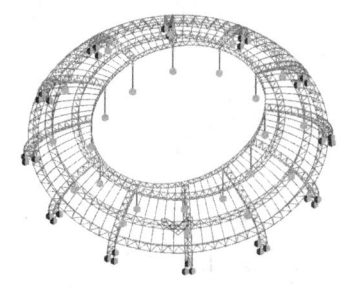

图4.1-1　施工阶段一构件及约束图　　图4.1-2　施工阶段二构件及约束图

从分析结果可以看出，本工程安装施工方案安全可靠，安装过程中应对关键部位的应力和变形进行监测。

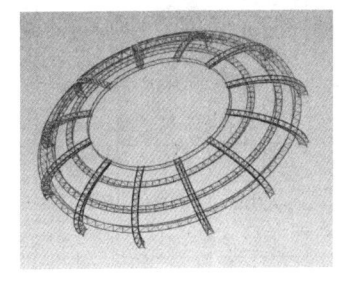

图4.2-1　中心赛场PRO-E模型图

4.2 运用 AUTOCAD、PRO-E 软件对构件进行深化设计以及实时调整

利用AUTOCAD、PRO-E软件，对钢结构屋盖的各个构件进行深化设计。根据实际施工过程中观测到的空间坐标，及时发现施工与设计偏差。运用PRO-E对剩余构件进行实时更新设计，以便满足设计要求见图4.2-1、图4.2-2。

4.3 利用 AUTOCAD、PRO-E 软件进行屋面板放样

本工法根据现有市场材料，利用AUTOCAD、PRO-E软件，分别对圆型半球体的屋面板进行深化及分解（图4.3-1、图4.3-2），对三种软件得出的扇形板上下口尺寸进行比较确定，得出最终的扇形板上下口尺寸。以宁波网球中心项目为例，本屋盖共有15种形状的屋面板，每种72块，具体情况见表4.3。

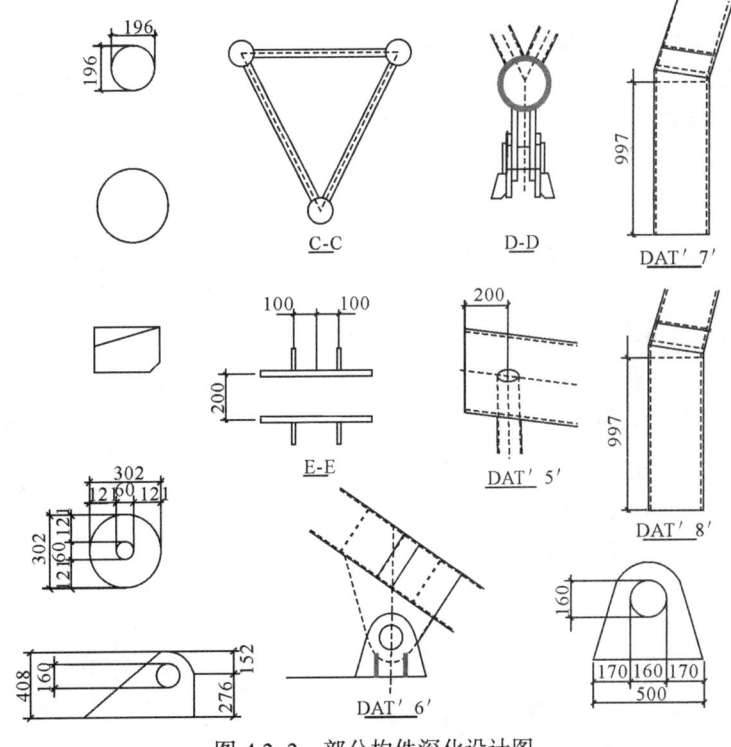

图 4.2-2　部分构件深化设计图

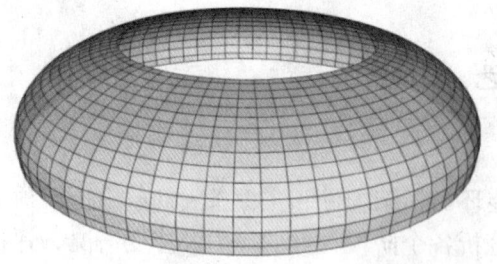

图4.3-1 屋面板放样PRO-E模型侧视图

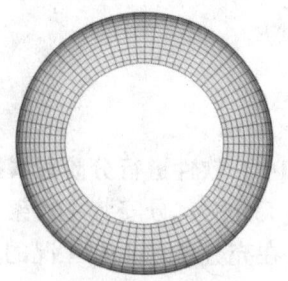

图4.3-2 屋面板放样PRO-E模型俯视图

屋面板放样汇总表 表4.3

序号	上边长(mm)	下边长(mm)	腰长(mm)	个数	放样图	序号	上边长(mm)	下边长(mm)	腰长(mm)	个数	放样图
01	2423	2551	1483	72		06	3272	3442	2168	72	
02	2551	2737	2170	72		07	3442	3606	2137	72	
03	2737	2919	2158	72		08	3606	3772	2270	72	
04	2919	3099	2182	72		09	3772	3932	2374	72	
05	3099	3272	2142	72		10	3932	4073	2368	72	

4.4 对施工阶段构件进行应力应变监测

根据对施工阶段的模拟分析结果，选取控制杆件控制点和应力比较大的杆件作为实测应变测试的位置。位移（挠度）测点主要为各主桁架悬臂端。

以宁波网球中心一期、二期项目为例，应变测点的布置如图4.4-1所示。共对6榀主桁架（如图所示）的应变进行了测试，每榀桁架中测点的布置如图4.4-2所示（以CHJ2为例）。同时，对6榀环形桁架（如图4.4-3所示）的应变进行监测，每榀桁架中测点的布置如图4.4-1、图4.4-2所示（以HHJ1a为例）。

变形的监测主要为对主桁架悬臂端的挠度监测。测试采用高精度的全站仪，利用三角高程差的方法进行。

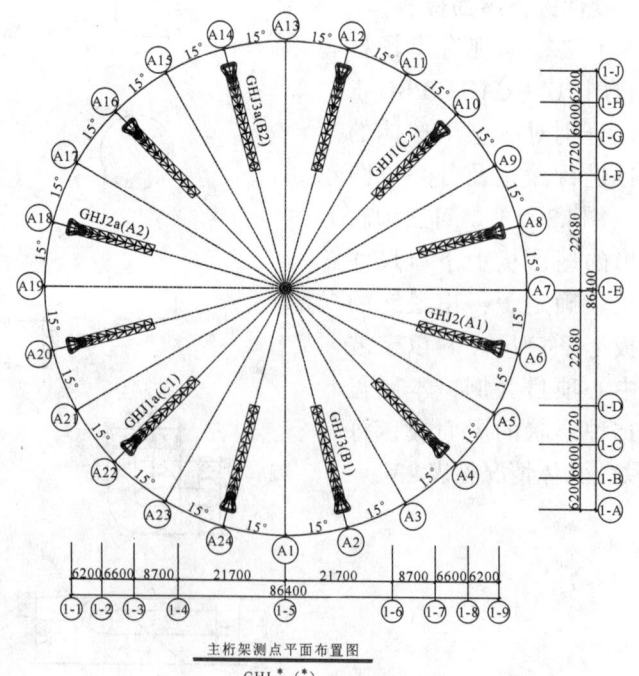

主桁架测点平面布置图

桁架编号 ── GHJ-* (*) ── 测点编号

图4.4-1 主桁架测点布置平面图a

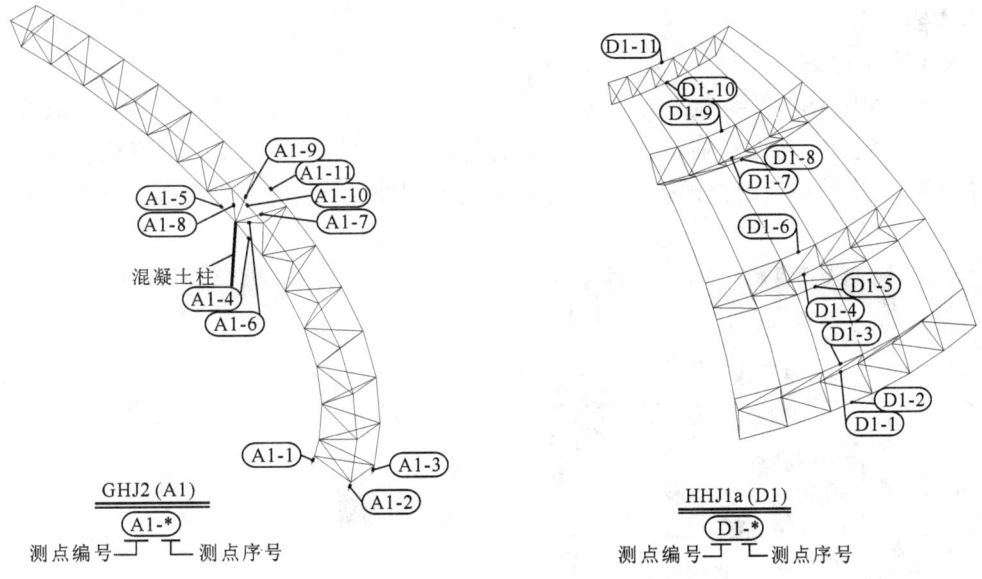

图4.4-2 主桁架测点布置平面图b　　　　图4.4-3 环形桁架测点布置平面图

5. 施工工艺流程与操作要点

5.1 施工工艺流程（图5.1）

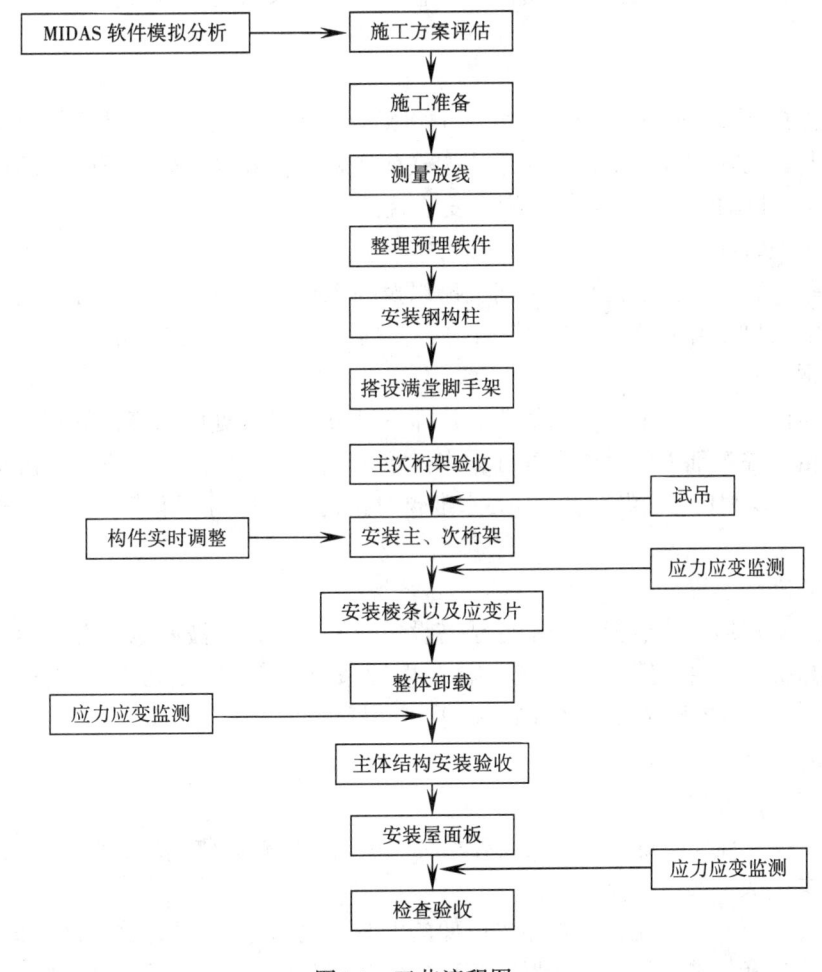

图5.1 工艺流程图

5.2 操作要点

5.2.1 施工方案评估

正式施工前用MIDAS软件对施工方案进行了线性施工阶段的有限元模拟，通过模拟考察施工过程中各构件的应力和应变，从而评估施工方案的安全性。模拟评估确认施工方案安全后方可进入施工阶段（图5.2.1-1）。施工阶段应根据模拟分析结果，对主要构件进行应力应变监测（图5.2.1-2）。

图5.2.1-1　MIDAS软件安全评估

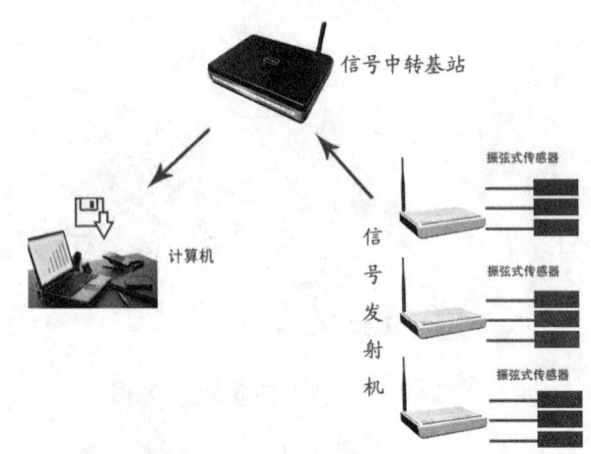

图5.2.1-2　传感器监测示意图

5.2.2 施工准备

平整道路和安装场地，吊机行驶道路必须平整坚实，可采用垫钢质路基箱或道木，以保证吊机负荷行驶中安全。

5.2.3 测量放线

选用Topcon电子全站仪和J2光学经纬仪、SD3水准仪，配合钢尺、角尺等采用极坐标法进行管桁架柱脚、中间支座和格构柱的放样工作。在主桁架柱脚底板上标好主桁架上下弦杆的就位圆尺寸，在中间支座底板上弹出就位轴线位置，方便主桁架安装就位。

5.2.4 整理预埋铁件

根据测量放线，复核管桁架柱脚、中间支座以及施工钢构柱的砼基础或看台上相应位置的预埋铁件位置。对轴线位置和标高不满足要求的铁件进行整理，使其偏差值在允许范围内。

5.2.5 安装钢构柱

根据设计院提供的钢结构主桁架悬臂端下弦杆下口至±0.000处的高度做好每榀主桁架的格构柱并进行标号处理。格构柱基础采用混凝土基础，在满足承载力要求的同时不应产生沉降变形。安装时，选用Topcon电子全站仪和J2光学经纬仪、SD3水准仪对格构柱的标高、角度、垂直度进行校正，校正后拉好揽风绳。

5.2.6 搭设满堂脚手架

脚手架搭设成阶梯形，按照安装需求分层搭设作业平台。以宁波网球中心一期、二期项目为例，第一层至7.5m标高搭设平台，第二层至11.5m标高搭设平台，第三层至15.2m标高搭设平台，第四层至17m标高搭设平台，最后搭设至标高20.6m，脚手架立杆纵横间距1000mm，步距1800mm。脚手架在弦形主桁架就位处应留出位置，具体布置如图5.2.6-1、图5.2.6-2所示。

5.2.7 验收主、次桁架

根据设计要求以及焊接质量验收等相应规范对主次桁架进行验收，通过验收方可进行吊装。

5.2.8 安装主、次桁架

主次桁架安装步骤如下：先进行两榀主桁架的安装，之后进行环形次桁架的分段安装，然后以打圈的方式逐榀安装主桁架并逐段进行环形次桁架的安装，见图5.2.8-1、图5.2.8-2。在正式吊装前进行试吊，以确保吊装的安全。

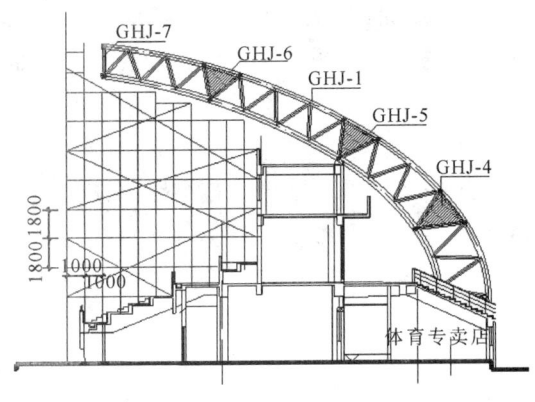

图5.2.6-1 脚手架搭设示意图

图5.2.6-2 满堂脚手架以及钢构柱

图5.2.8-1 主桁架吊装

图5.2.8-2 次桁架吊装

1. 验算主桁架的吊装稳定性

由于空间曲面结构的主桁架跨度往往较大，吊装时在自重及动力作用下，应保证主桁架的安装稳定性。在吊装前，应根据主桁架绑扎吊点及上、下弦杆的最不利截面处的截面惯性矩对平面内外进行吊装稳定性验算。

2. 安装第一榀主桁架

吊机就位后试吊一次弧形主桁架，应用4吊点起吊弧形主桁架，控制好主桁架不翻转，试吊时宜将主桁架吊离地面50cm左右。吊装过程中，通过控制使主桁架先满足格构柱顶端的标高，再满足主桁架柱脚处的标高，最后满足主桁架中段混凝土支撑柱柱顶支座的标高。主桁架就位后，用全站仪测量标高、角度，用屋架校正器校正垂直度等各项指标。屋架校正器由3节组成，首节用 ϕ43钢管制作；尾节包括两部分，一部分用 ϕ43钢管制作，另一部分包括摇把、螺杆和套管卡子；中节用 ϕ48-57钢管制作。18m跨以上的屋架用两根校正器，当使用两根校正器同时校正时，摇手柄的方向必须相同，快慢也应基本一致。

3. 临时固定

采用在桁架两侧各设置两道缆风绳作为临时固定，用缆风绳将桁架作三角形状拉牢以避免桁架向两边倾斜，旋紧预埋螺栓螺母，然后吊车脱钩，主桁架临时就位固定完成。

4. 安装第二榀主桁架

第二榀主桁架安装同第一榀主桁架安装程序相同，应在二榀主桁架之间安装好次桁架，吊钩方可脱钩。

5. 分段吊装环形次桁架

第二榀主桁架安装完成后，为了保证结构的稳定性，立即进行环形次桁架（分段）的安装。由于次桁架是一榀变截面三角环形桁架，3根弦管两端都是一个相贯面U形切割口，主桁架安装完成呈倒V形，上面小下面大，所以为了方便安装，环形次桁架吊装按先上后下的顺序，即先安装上面一榀，后安装下面一榀。

6. 焊接

吊装环形次桁架就位后焊接固定，依次进行。由于主次桁架间焊口集中，相贯线复杂，施焊时间长，因此，焊接热引起的构件变形将严重影响杆架的拼装质量。为了减少这一影响，根据现场的焊接检验报告，以科学的计算分析为指导，施工中通过选择适当的焊接工艺流程、作业方式和作业顺序，并不断地调整工艺参数。

7. 超声波探伤

焊接完毕后，应待冷却至常温后进行超声波探伤检验。经探伤检验的焊缝接头质量必须符合所有杆件对接焊缝为I级，支座II级，其他焊缝为III级质量标准。

8. 测量已安装结构空间坐标

选用Topcon电子全站仪和J2光学经纬仪、SD3水准仪对已经安装的主次桁架关键点空间坐标进行测量，主要测量主桁架悬挑端、主次桁架焊接结点的空间坐标，并与设计值进行比对，得出施工误差。

图5.2.8-3　PRO-E软件深化设计

9. 根据施工误差进行设计调整

根据实际施工过程中的误差，用PRO-E软件对未安装构件重新进行深化设计（图5.2.8-3），并根据新的深化设计图进行下料、焊接，使得主次桁架能够顺利拼装。

10. 依次进行其余主次桁架檩条安装

按照上述步骤进行其余主次桁架的安装。为了减小温度应力对结构的影响，选择傍晚安装最后几榀环形次桁架，实现屋盖管桁架钢结构体系的整体合拢。

5.2.9　安装檩条以及应变片

主次桁架验收合格后，进行檩条及屋面板等安装。钢檩条分为主檩条和次檩条，材质均为Q345B。

在监测过程中，应变测点传感器的安装将随着桁架安装的进度同步进行。为了避免应变仪的损坏，应变传感器的安装需要在各榀桁架的主檩条安装完成之后进行。振弦传感器采用AB胶粘贴方法固定在测点表面，粘结时要求表面平整干燥以传递相应的局部变形。同时，为了防止在现场恶劣的自然条件（如淋雨、阳光强射）对胶水性能的不利影响，在AB胶的外部使用硅胶与外部环境隔离。各测点的数据线需要集中捆绑，沿钢架表面而下，置于便于量测的位置，以便于集中读数，加快测试进程（图5.2.9）。

图5.2.9　应变实时监测

5.2.10　整体卸载

格构式钢柱（以下简称钢构柱）采用整体卸载法撤除。钢结构管桁架的卸载方法：统一指挥12台液压千斤顶同时顶升，每次顶升高度为1mm，可以千斤顶活塞上的标志为依据。应在正式顶升前即主桁架悬臂端下千斤顶脱空时试验两次，以获得同步顶升的经验。第一次顶升1mm后，应检查千斤顶、垫片、钢构柱等情况是否良好。如发现千斤顶偏斜和基础沉降变形及其它异常情况,必须经处理后才能继续顶升工作。如发现基础沉降变形,可以加楔形垫铁处理。千斤顶分3次同步顶升,每次同步顶升1mm,累计顶升3mm即完成顶升工作,即每顶升1mm,应观察主桁架的中间混凝土柱顶焊缝和次桁架与主桁架焊缝情况,防止焊缝拉裂破坏。同步顶升施工以钢管主桁架的下弦位置为标准,一旦发现主桁架的下弦已经脱离基座垫铁即可停止顶升作业。

卸载过程中注意各检测点的应力应变值,如卸载过程中发现某监测点应力应变超过正常值,应立即停止卸载,检查相应部位的构件以及焊缝情况,分析应力应变超常原因,采取相应措施使得应力应变达到正常范围内后方可继续卸载。

5.2.11 主体安装完成后验收

自检合格后请监测单位、监理单位及业主按照相应验收标准对主体结构进行验收。各监测点的应力应变数值以及主桁架悬臂端的挠度数据作为验收依据之一。

5.2.12 安装屋面板

1. 根据现有市场材料,利用AUTOCAD、PRO-E软件,分别对椭圆型半球体的屋面板进行深化及分解,对3种软件得出的扇形板上下口尺寸进行比较确定,得出最终的扇形板上下口尺寸。

2. 根据扇形板上下口尺寸确定购买屋面彩钢板的宽度尺寸,为了保证屋面板的内外观感一致,所有购买彩钢板都进行了双面贴膜。

3. 待屋面板材料运至工地后,切割前,对屋面板加工进行了安全技术交底,采用屋面板自动分条机,把一块屋面板分成两块长度相等的扇形板材料。

4. 把自动分条机加工好的屋面板材料放入屋面压型板成型机内,成型好屋面板。

5. 先对压制好的屋面板进行试验局部滚圆,每局部滚圆一遍,复核一次屋面板的局部滚圆圆弧尺寸,并逐步调整好滚圆机滚圆尺寸,直到正确的屋面板局部滚圆尺寸后,复核无误后,固定好滚圆机的滚圆尺寸,然后进行大批量的滚圆。

6. 为了保证屋面板的内外观感,制作和安装时,在各个环节中的尽量采取保护措施,保护好已经为成品的屋面板。

5.2.13 整体验收

屋面板安装完毕后读取各个屋盖体系安装完毕后先由施工单位进行自检,自检合格后请监测单位、监理单位及业主按照相应验收标准进行整体验收。各监测点的应力应变数值以及主桁架悬臂端的挠度数据作为验收依据之一。

6. 材料与设备

6.1 材料

6.1.1 主要材料

工程型钢、板材、主管桁架及支撑由材质均为Q345,规格为$\phi351$、$\phi114$、$\phi140$、$\phi245$、$\phi194$、$\phi299$、$\phi152$、$\phi180$、$\phi203$、$\phi121$、$\phi102$、$\phi95$、$\phi83$等的无缝钢管和H500×200×10×20、H400×200×8×12、H200×200×8×12的型钢。

6.1.2 屋面檩条

材质均为Q345B,主次檩条分别为C250×80×20×3.0、C250×70×20×2.5。

6.1.3 屋面板

6.1.4 油漆

钢结构油漆材料为环氧富锌底漆、环氧云铁中间漆、超薄型防火涂料及丙稀酸聚氨脂面漆。

6.2 设备(表6.2)

设备列表   表6.2

机械名称、牌号、产地	规 格	数量	计划进场与退场时间
汽车吊	110t	1	从吊装开始进场，桁架吊装完毕退场
汽车吊	50t	1	从吊装开始进场，桁架吊装完毕退场
吊带	5 t	3	从吊装开始进场，桁架吊装完毕退场
活动扳手	8～20寸	30	根据需要随时进场
棘轮扳手	M16～24	10	根据需要随时进场
手动葫芦	5～10T	10	根据需要随时进场
电动扳手	M16—24	4	根据需要随时进场
氧气、乙炔		10	焊接开始时进场，焊接完毕退场
烘箱		1	焊接开始时进场，焊接完毕退场
交流焊机	BX500	15	焊接开始时进场，焊接完毕退场
配电柜		3	整个施工过程
配电箱		若干	整个施工过程
全站仪		1	根据需要随时进场
钢卷尺		若干	根据需要随时进场
千斤顶	QYL8 型	12	钢构柱安装过程中进场，整体卸载后退场

7. 质 量 控 制

7.1 质量控制的参考标准及规范

《钢结构工程施工质量验收规范》GB 50205-2001；《建筑钢结构焊接规程》JGJ 81-2002；《钢结构高强度螺栓连接的设计、施工及验收规程》JGJ 82-9；《低合金高强度结构钢》GB/T 1591-94；《碳素结构钢》GB/T 700-88《焊接H 型钢》YB 3301-92；《工程测量规范》GB 50026-93；《热轧H 型钢》GB/T 9946-88；《钢结构用扭剪型高强螺栓连接副》GB 3632-3633；《钢结构防火涂料应用技术条件》 CECS 24：94；《气焊、手工电弧焊及气体保护焊焊缝坡口形式及尺寸》 GB 985-88；《埋弧焊焊缝坡口形式及尺寸》 GB 986-88；《钢焊缝手工超声波探伤方法和探伤结果分组表》 GB 11345-88；《钢结构工程施工工艺标准》 CECS 150-2000；其它相关现行国家标准、规范和规程；公司质量手册、程序文件及作业指导书。

7.2 主控项目

7.2.1 建筑物的定位轴线、基础轴线和标高、地脚螺栓的规格及其紧固应符合设计要求。

7.2.2 基础顶面直接作为柱的支承面和基础顶面预埋钢板或支座作为柱的支承面时，其支承面、地脚螺栓(锚栓)位置的允许偏差应符合表7.2.2的规定。

支承面、地脚螺栓（锚栓）位置的允许偏差(mm)   表7.2.2

项　　　　目		允 许 偏 差
支承面	标高	±3.0
	水平度	1/1000
地脚螺栓（锚栓）	螺栓中心偏移	5.0
预留孔中心偏移		10.0

7.2.3 钢构件应符合设计要求和本规范的规定。运输、堆放和吊装等造成的钢构件变形及涂层脱落，应进行矫正和修补。

7.2.4 设计要求顶紧的节点，接触面不应少于70%紧贴，且边缘最大间隙不应大于0.8mm。

7.2.5 桁架的垂直度和侧向弯曲矢高的允许偏差应符合表7.2.5的规定。

桁架、梁及受压杆件垂直度和侧向弯曲矢高的允许偏差(mm)　　　表7.2.5

项　　　目		允　许　偏　差
标高水平度		$h/250$，且不应大于15.0
侧向弯曲矢高 f	$l \leqslant 30\text{m}$	$l/1000$，且不应大于10.0
	$30\text{m}<l \leqslant 60\text{m}$	$l/1000$，且不应大于30.0
	$l>60\text{m}$	$l/1000$，且不应大于50.0

7.3　一般项目

7.3.1　地脚螺栓（锚栓）尺寸的偏差应符合规定，地脚螺栓（锚栓）的螺纹应受到保护。

7.3.2　当钢桁架（或梁）安装在混凝土柱上时，其支座中心对定位轴线的偏差不应大于10mm；当采用混凝土屋面板时，钢桁架（或梁）间距的偏差不应大于10mm。

7.3.3　主桁架安装的允许偏差应符合本表7.3.3的规定。

主桁架安装的允许偏差　　单位：mm　　　表7.3.3

项　　　目	允　许　偏　差
主桁架底座中心线对定位轴线的偏移	$h/250$，且不应大于15.0
主桁架基准点标高	+3.0；-5.0
弯曲矢高	$l/1000$，且不应大于30.0

7.3.4　钢结构表面应干净，结构主要表面不应有疤痕、泥砂等污垢。

8. 安 全 措 施

8.1　安全组织措施

8.1.1　建立安全责任制。项目经理为安全第一责任人，执行安全生产三级教育。

8.1.2　建立安全检查和评估制度。施工管理部门和企业要按照《建筑施工安全检查评分标准》JGJ 59-2005定期对现场用电安全情况进行检查评估。

8.1.3　建立安全教育和培训制度。定期对各类专业工进行安全教育和培训，凡上岗人员必须持有劳动部门核发的上岗证书，严禁无证上岗。

8.2　安全技术措施

8.2.1　高空作业必须戴好安全帽、安全带，严禁带病或酒后工作。

8.2.2　钢桁架屋盖上应设置安全扶手和护栏。

8.2.3　吊装时应架设风速仪，风力超过6级或雷雨天气应禁止吊装，夜间吊装必须保证足够的照明，构件不得悬空过夜。

8.2.4　施工现场的总配电箱至开关箱应至少设置两级漏电保护器，而且两级漏电保护器的额定漏电动作电流和额定漏电动作时间应作合理配合，使之具有分级保护的功能。

9. 环 保 措 施

9.1　水污染防治措施

9.1.1　施工现场设置专用油漆油料库，库房地面墙面做防渗漏处理，储存、使用、保管专人负责，防止油料跑、冒、滴、漏污染土壤、水体。

9.1.2　在工程开工前完成工地排水和废水处理设施的建设，并保证工地排水和废水处理设施在整个施工过程的有效性，做到现场无积水、排水不外溢、不堵塞、水质达标。

9.2　大气污染防治措施

9.2.1　对易产生粉尘、扬尘的作业面和装卸、运输过程，制定操作规程和洒水降尘制度，在旱季和大风天气适当洒水，保持湿度。在4级以上风力条件下不进行产生扬尘的施工作业。

9.2.2 严禁在施工现场焚烧任何废弃物和会产生有毒有害气体、烟尘、臭气的物质。

9.2.3 施工用的油漆、防腐剂、防火涂料等易污染大气的化学物品统一管理，用后用盖盖严，防止污染大气。

9.3 噪声污染防治措施

9.3.1 对施工噪声的控制，选用噪声和振动符合城市环境噪声标准的施工机械，同时采用低噪声施工工艺和方法。

9.3.2 作业时间安排在6时至12时、14时至23时，夜间尽量不施工。

9.3.3 钢桁架搬运时轻拿轻放，下垫枕木，并避免夜间施工。

9.4 固体废弃物污染防治措施

9.4.1 施工中产生的建筑垃圾和生活垃圾，应当分类、定点堆放，由环卫公司进行专业化及时清运，不得乱堆乱放；建筑物内的垃圾必须袋清运，严禁向外扬弃。

9.4.2 运输车辆的出场前清洗车身、车轮，避免污染场外路面。

9.4.3 对收集、贮存、运输、处置固体废物的设施、设备和场所，加强管理和维护，保证其正常运行和使用。

9.4.4 教育施工人员养成良好的卫生习惯，不随地乱丢垃圾、杂物，保持工作和生活环境的整洁。

10. 效 益 分 析

10.1 在施工前用MIDAS软件对施工方案进行了线性施工阶段的有限元模拟，确保了施工方案的安全性。同时有限元模拟分析得出了施工阶段应力应变较大的部位，施工过程中对这些部位采取相应的保护措施并进行严密的监测，从而进一步提高了施工方案的安全性以及施工精度。

10.2 环形次桁架与主桁架焊合时，次桁架要同时满足与主桁架相贯线节点的中心位置，每边3个相贯线节点的对接长度以及次桁架中心点的下坠与弯转3个要求。在传统的施工工艺中，由于之前主次桁架的安装存在一定误差，往往导致后续的次桁架难以与主桁架顺利焊合，需要对次桁架进行现场调整，不仅影响施工进度也大大降低了施工精度。本工法运用PRO-E软件根据实际施工误差对构件深化设计进行实调整以纠正先前施工误差，使得主次钢桁架焊合时间大大缩短，施工精度显著提高。

10.3 圆型半球体屋面板多为扇形而且每块屋面板尺寸不一，按传统方法进行放样容易导致扇形板上下口尺寸不对，造成屋面板材的大量浪费。本工法运用PRO-E软件对圆型半球体屋面板进行放样，得出了每块扇形板上下口尺寸，不仅提高了施工精度，同时降低了建设成本。

11. 应 用 实 例

宁波网球中心工程一期、二期工程由中心赛场、网球馆、游泳馆3栋单体建筑组成，总建筑面积22961m²主体框架结构，屋面采用钢管桁架结构。中心网球场为一个由钢管桁架组成的网壳结构，网壳屋盖投影的外圆直径为90.71m，内圆直径为47.83m，投影面积为6176m²。由12榀弯曲的主桁架作为主要受力支柱，再和内外围的四圈同心圆次桁架组合在一起。见图11。

图11 宁波网球中心一期、二期项目

多高层钢结构非压型板组合楼盖施工工法

GJEJGF093—2010

山东德建集团有限公司　青岛市胶州建设集团有限公司

胡兆文　郭道盛　刘世国　杨宪奎　穆立春

1. 前　　言

多高层钢结构现浇组合楼盖是一种钢结构梁板承重体系，其类型主要有现浇钢筋混凝土板组合楼盖、压型钢板混凝土组合楼盖两种。施工中前者需搭设满堂脚手架，搭拆工期长、工序不易穿插；后者压型钢板作为现浇板的受力构件且作为板浇筑成型永久性模板，具有防火性能差、造价高等缺点。山东德建集团有限公司技术中心针对现浇钢筋混凝土板组合楼盖施工进行了模板支撑工艺改进技术研究，确立了《多高层钢结构非压型板组合楼盖模板支撑技术研究》课题，着重研究利用主框架刚接H型钢梁上下翼为混凝土板现浇的模板支撑点，充分利用已安装钢结构梁、柱的承载能力达到取消满堂模板支撑的目的。该技术2010年9月通过了山东省建筑工程管理局组织的技术专家论证，技术鉴定结论是国内领先，并获得2010年山东省建筑业技术创新科研成果三等奖。在工艺改进研究基础上申报并取得了《桁架端部连接装置》、《组装式模板桁架支撑》和《空间组装式可调节模板支撑桁架》3项国家实用新型专利，专利号分别为ZL 2010 2 0195378.9、ZL 2010 2 0195386.3和ZL 2010 2 0195397.1；同时获得《桁架端部连接装置及使用方法》一项发明专利，专利号为ZL 2010 1 01976467.3。

本工法是对德州第二中学教学楼工程、德州恒辉钢铁有限公司办公楼、海克斯康密封垫片项目等工程施工经验总结形成的。

2. 工法特点

本工法利用已安装完毕的钢结构梁柱具有的承载能力，通过设置在钢梁上下翼缘间的桁架连接装置将楼盖施工中荷载传递到钢结构梁上，代替了传统的现浇钢筋混凝土板组合楼盖施工用满堂脚手架模板支撑体系。

2.1 本组合楼盖施工工艺合理地利用了现有结构（H型钢上下翼缘）做为模板桁架支撑点，大量的节省了竖向模板支撑用料。

2.2 利用可组装桁架做满堂模板支撑可做到一次组装多次利用，大大降低了施工强度和工程成本。

3. 适用范围

本工法适用于多高层钢结构非压型板组合楼盖的现浇混凝土工程施工，特别是上下楼多层现浇混凝土板同时施工的钢结构楼盖工程。

4. 工艺原理

4.1 多高层钢结构非压型板组合楼盖结构由钢结构梁、柱、抗剪栓钉、混凝土现浇楼板组成（图4.1）。非压型板组合楼盖施工阶段需要临时模板支撑系统施工措施，该施工工艺模板支撑主要由组装式桁架模板支撑与桁架端部连接装置及钢结构梁、柱组成。

4.2 多高层钢结构非压型板组合楼盖模板支撑体系利用桁架结构承受现浇板施工过程中模板自重、楼板钢筋、新浇混凝土自重及施工荷载，通过在桁架端部所设置的桁架连接装置将上述水平及竖向荷载传递到现有结构钢梁的上下翼缘上，靠钢结构本身的承载力达到支撑楼板施工荷载的目的。见图4.2。

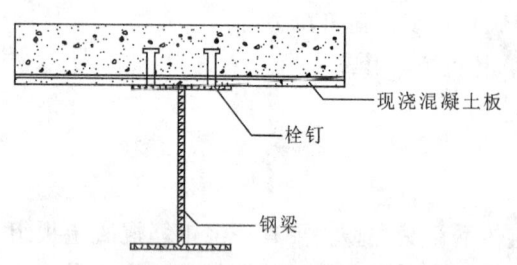

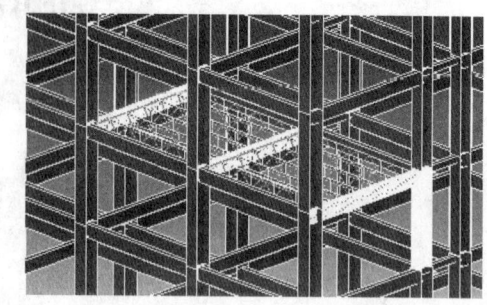

图4.1 非压型板组合楼盖组成示意　　　图4.2 多高层钢结构非承压板组合楼盖桁架模板支撑体系构成

4.3 多高层钢结构非压型板组合楼盖现浇板模板支撑设计

非压型板组合楼盖现浇板模板支撑体系对现有结构梁柱强度、变形分析，采取技术措施保证结构安全。见图4.3。

4.4 钢桁架及连接装置的设计（图4.4-1、图4.4-2）

4.4.1 根据工程结构梁柱轴线尺寸确定桁架布置方向，通过支撑桁架的间距确定桁架规格。

4.4.2 在确定了桁架规格后进行施工荷载验算，验算步骤如下：

桁架端部连接装置间距确定→钢桁架规格选型→施工荷载计算→桁架内力、变形验算→桁架节点验算→子公司、集团公司技术审核。

4.4.3 桁架端部连接装置设计计算，根据桁架端部短柱传递荷载计算确定桁架端部连接装置各部分结构材料规格及端部连接装置抗倾覆验算。

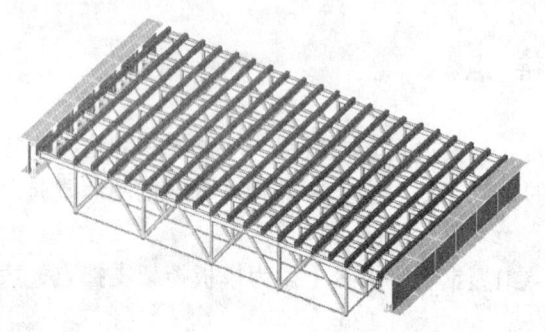

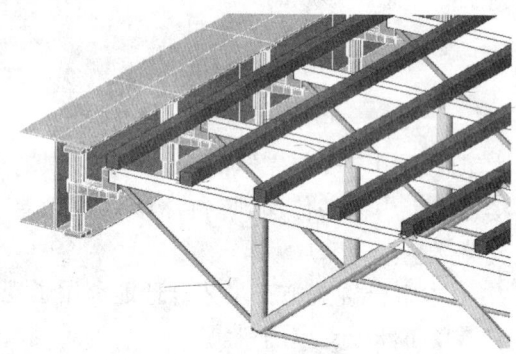

图4.3 多高层钢结构非压型板组合楼盖模板支撑桁架示意图　　图4.4-1 桁架端部连接装置安装示意图

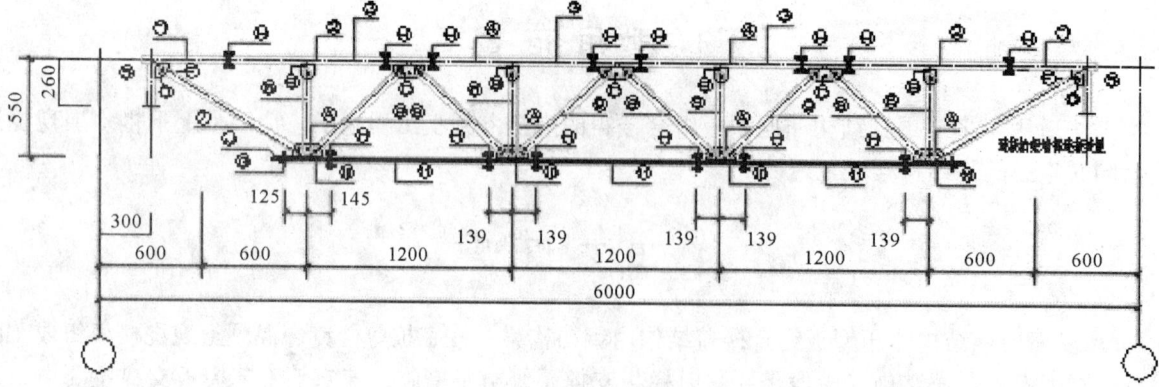

图4.4-2 组装桁架图

5. 施工工艺流程及操作要点

5.1 工艺流程

原钢结构钢梁校正（所有支撑点必须设置在刚接钢梁的翼缘板上）→焊接栓钉→测量放线→在梁两侧安装桁架端部连接装置→调整桁架端部连接装置螺栓标高→安装钢桁架及木方、面板→混凝土钢筋绑扎→钢筋验收→混凝土板支模系统自检、自查→检查验收→安全监护→浇筑混凝土→楼盖混凝土养护。

5.2 栓钉焊接

打点定位→除锈→放置陶瓷护圈→焊接→补焊。

具体操作情况如下：

5.2.1 沿钢梁纵向用粉线弹出栓钉的两条中心线量出栓钉的纵向间距。用钢锥在型钢焊接面上打出栓钉的中心位置。

5.2.2 用电动砂轮机将栓钉端头所在的位置磨光，露出原材本色。

5.2.3 为了防止融化的高温金属液与空气接触产生氧化反应，在栓钉的焊接位置放置与栓钉配套的中22mm陶瓷护圈。

5.2.4 将焊接电流调到1900A的挡次并调整好焊机的提升高度、栓钉伸出长度后沿垂直于焊接面的方向将焊钉压入熔融的H型钢内，压入深度为栓钉周围的焊缝高度(5mm)焊接时间为1.1s，然后松开焊枪。

5.2.5 10min后敲掉陶瓷护圈，将焊缝表面清理干净，检查有无缺陷。

5.2.6 施焊中没有获得完整360°。若其缺陷在20°~90°之间可采用直径4mm或3.2mm的低氢焊条进行补焊，补焊长度应向缺陷方向两端各延长10mm左右。

5.2.7 若缺陷较大，应将栓钉从工件上割掉，并将割除栓钉的地方磨平，磨光后重新补焊。

5.3 模板支撑系统搭设操作要点

5.3.1 根据楼板设计标高与钢结构梁、柱高度确定桁架端部连接装置高度。

5.3.2 桁架上的木方间隔1200mm用铅丝与桁架上弦绑扎固定。

5.3.3 施工浇筑混凝土时在钢结构框架梁下翼缘上加设φ14圆钢拉撑，拉撑间距1.8m，以抵消施工荷载及恒荷载对钢框架梁扭转应力。

5.4 混凝土板钢筋绑扎

划钢筋位置线 → 运钢筋到使用部位→ 绑扎顶板钢筋

5.5 混凝土浇筑

5.5.1 混凝土浇筑前，要检查模板、支架的承载力、刚度、稳定性，检查钢筋及预埋件的位置、规格，并做好记录，符合设计要求后方可浇筑。在原混凝土面上浇筑新混凝土时，相接面应凿毛，并清洗干净，表面湿润但不得有积水。

5.5.2 混凝土一次浇筑量要适应各施工环节的实际能力，以保证混凝土的连续浇筑。

5.5.3 混凝土运输、浇筑及间歇的全部时间不应超过混凝土的初凝时间。

5.6 混凝土模板支撑钢桁架的拆除

混凝土强度达到设计要求→反向旋转桁架短柱可调节杆螺栓→降低桁架使之脱离受力状态→钢桁架、木方模板拆除。

6. 材料与设备

6.1 桁架上、下弦及腹杆均采用φ48×3.0钢管，其质量标准应符合现行国家《碳素结构钢》

GB/T 700标准中Q 235—B级钢的规定，不得使用打孔、锈蚀、变形的钢管。

6.2　设备机具计划详见表6.2。

设备机具计划用表

表6.2

序号	设备名称	规格型号	单位	数量	用途
1	塔式起重机	QTZ—40	台	1	现场安装
2	CO2气体保护电弧焊机	OTC-T400	台	2	桁架制作
3	超声波探伤仪	CTS-2000	台	1	桁架焊缝检测
4	电弧螺柱焊机	DLH-1200	台	2	抗剪栓钉焊接
5	干漆膜测厚仪	/	台	1	桁架漆膜检测
6	力矩扳手	/	台	1	桁架拼装
7	电动切割机	/	台	2	桁架制作
8	手动木工锯	/	套	5	模板施工
9	木工机械	/	套	3	模板施工

7. 质 量 要 求

7.1　应执行的规范

7.1.1　本工法必须执行《建筑结构荷载规范》GB 50009-2001、《建筑施工模板安全技术规范》JGJ 162-2008。

7.1.2　施工和验收应符合《混凝土结构工程施工质量验收规范》GB 50204-2002、《钢结构工程施工质量验收规范》GB 50205-2001。

7.2　质量要求

7.2.1　主控项目

1. 现场所用原材料的品种、规格、性能应符合现行国家产品标准和设计要求，并应按规定进行抽样检查试验。

检查数量：所有品种，全数检查。

检验方法：检查产品质量合格证明文件及检验报告等。

2. 焊工必须经考试并取得合格证书，持证焊工必须在其考试合格项目及其认可范围内施焊。

检查数量：全数检查。

检验方法：检查焊工合格证及其认可范围、有效期。

3. 钢桁架的垂直度和侧向弯曲矢高的允许偏差应符合设计及规范规定。

检查数量：按同类构件抽查10%，且不少于3个。

检验方法：用吊线、拉线、经纬仪和钢尺现场实测。

4. 桁架端部短柱应对准桁架端部连接装置中心线，并通过插入可调节螺栓连接牢固。

检查数量：全数检查。

5. 桁架节点焊缝要求为Ⅱ级焊缝。

检查数量：全数检查。

检验方法：超声波检测。

7.2.2　一般项目

1. 钢桁架的轴线允许偏差不得大于2.0mm、钢桁架结构成品节点错位的允许偏差不得大于3.0mm。钢桁架上弦标高允许偏差不得大于2.0mm。

检查数量：按构件数抽查20%，且不应少于5个，每个构件按节点数抽查20%，且不应少于5个节点。

检验方法：尺量检查。

2. 模板架体支撑系统上安装后的扣件螺栓拧紧力矩应不小于65N·m。

检查数量：按立杆、纵横向水平杆、剪刀撑各抽查10%，且不应少于5个节点。

检验方法：采用扭矩扳手，按随机分布原则进行，不合格的必须重新拧紧，直至合格为止。

3. 对于跨度大于4m的梁板，其模板应按设计要求起拱，当设计单位无要求时，起拱高度宜为跨度的1/1000～3/1000。

检查数量：在同一检验批内抽查构件数量的10%，且不应少于3件。

检验方法：用水平仪或拉线，钢尺检查。

8. 安 全 措 施

8.1 建立完善的施工安全保证体系，加强施工作业中的安全检查，确保作业标准化、规范化。

8.2 特殊工种应具备相应的职业资格证书，持证上岗。职工上岗前与更换工种前，对其进行专业安全知识培训，合格后方可上岗。 垂直运输机械使用中要严格遵守有关安全操作规程，明确职责，统一指挥，密切配合，服从调度。

8.3 施工现场按符合防火、防风、防雷、防洪、防触电等安全规定及安全施工要求进行布置，并布置各种安全标识。

8.4 施工现场的临时用电严格按照《施工现场临时用电安全技术规范》的有关规范规定执行。

8.5 钢结构安装过程中，要注意吊车吊臂下严禁站人，起吊时注意吊物的运行路线。

8.6 钢结构和桁架安装时有高空作业的，操作人员要系好安全带，防止高处坠落。

8.7 模板支设中，各种配件应放在工具箱或工具袋中，严禁放在模板或脚手架上，各种工具应系挂在操作人员身上或放在工具袋内，避免掉落。装拆模板时，上下应有人接应，随拆随运走，并应把活动部件固定牢靠，严禁抛掷或堆放在脚手板上。

8.8 若有多层现浇板同时施工的，垂直施工面高处作业人员要注意随身工具和施工材料，防止掉落砸伤下方施工人员。

8.9 模板的拆除工作应设专人指挥，作业区设围栏，其内不得有其他工种作业，并设专人负责监护。

8.10 遵守施工现场的安全规章制度，认真贯彻执行国家有关的各项法律法规。

8.11 电焊作业前应清理操作区域可燃物，安排专门看火人员，并配备灭火器等消防器材。

9. 环 保 措 施

9.1 工程施工过程中严格遵守国家和地方政府下发的有关环境保护的法律、法规和规章，加强对生产生活垃圾、弃渣的控制和治理，遵守防火及废弃物处理的规章制度。

9.2 将施工场地和作业限制在工程建设允许的范围内，合理布置、规范围挡，做到标牌清楚、齐全，各种标识醒目，施工场地整洁文明。

9.3 设立专用垃圾处理坑，对生活垃圾、废物、污水集中进行无害化处理，从根本上防止施工垃圾乱堆乱放。定期清理工程废弃物，达到本地区环境卫生标准。

9.4 对施工场地道路进行硬化，并在晴天经常对施工通行道路进行洒水，防止尘土飞扬，污染周围环境。

9.5 施工现场使用的油手套、机油、废涂料、清洗液等有害废弃物不得随意丢弃，防止污染土地、水体。

9.6 施工时应严格遵守国家相关职业健康法规，保证场内作业人员的安全，并保证施工现场文明情况。

9.7 现场存放油料，必须对库房进行防渗漏处理，储存和使用都要采取措施，防止油料跑、冒、滴、漏，污染环境和土体。

10. 效 益 分 析

10.1 经济效益

通过多高层钢结构非压型板组合楼盖施工工法应用，施工中可不再使用钢管脚手架，支撑桁架作到一次组装多次使用，并且可以多层同时施工。比传统的满堂脚手架搭设梁板模板支撑人工可节约45%，周转材料费用可节省55%。

10.2 社会效益

在工程施工中应用多高层钢结构非压型板组合楼盖施工工法，合理应用了原建筑结构，节约了大量的人力、物力、财力，收到了明显的效果，使得施工现场布置合理，多层可同时施工，大大缩短了工期，在多个施工项目中应用得到了监理和建设单位的赞扬，受到有关专家的好评。

11. 应 用 实 例

11.1 德州第二中学教学楼工程，建筑面积5600m²，框架梁轴线距离6000mm、进深6000mm，2009年8月15日开工，2010年10月25日竣工，结构设计混凝土独立基础，上部结构全部采用热轧H型钢制作钢框架，楼面采用混凝土现浇楼盖，通过多高层钢结构非压型板组合楼盖施工工法的应用，节约资金212800元，工期比预期提前18d。

11.2 海克斯康密封垫片项目工程，位于青岛胶南市，建筑面积9544m²，地上2层，局部3层，钢框架结构，楼面采用混凝土现浇楼盖，通过多高层钢结构非压型板组合楼盖施工工法的应用，经济和社会效益明显。

大型折叠升降 LED 显示屏风帆架施工工法

GJEJGF094—2010

广州机施建设集团有限公司　中十冶集团股份有限公司

丁昌银　余建洲　黎丁　黄东阳　雷雄武

1. 前　言

目前全世界范围内超大型LED显示屏均为在墙体上固定模式，LED显示屏不能变化、不能折叠，为不可运动显示模式。第16届亚洲运动会开闭幕式主场馆海心沙体育场建造了世界上第一个具备抗风要求、具备折叠升降功能的大型风帆状LED显示屏，开创了超大型LED显示屏折叠升降运动的先河。

大型折叠升降风帆状LED显示屏位于表演场地中央，独特设计的4个风帆状大型LED显示屏宽度达27.4m，安装高度达84.6m，总面达5200m²；最令人赞叹的是此LED显示屏创造性地采取了可分块折叠升降的风帆状显示屏结构，为国内外首创，同时也为工程技术人员提出了新的挑战。本工程更是一个跨学科的大型舞美创意工程，集合了特殊设计研发制造的具有特定表演效果的机械机构，卷扬装置和其他具有舞美效果要求的设备，没有同类或相似工程可作参考借鉴，存在创新性的技术攻关。为了实现LED显示屏可折叠、升降式的表演效果，广州市建筑机械施工有限公司进行了大型折叠升降LED显示屏风帆架施工关键技术研究，通过试验研究和工程实践，解决了大型LED显示屏可折叠升降特定功能要求的风帆架的高精度安装技术难关。通过风帆板块间的铰链连接实现风帆架灵巧、可靠、稳定的运动以及LED显示屏无缝连接，很好地解决了铰链机械强度与LED显示屏断点的矛盾；通过可调提升限位装置辅助控制可折叠升降LED显示屏风帆在提升运动中的帆板间角度，对于保证提升过程安全可靠起到了重要的保护作用。风帆架现场安装采取了"地面平台精确定位预拼装，高空钢桅杆塔平台风帆架精确相贯销接安装，导向小车、限位装置精确调整"的安装工艺，实现风帆架的高质量、快捷安装。同时，由于此项目工期十分紧张，采取了非常规的建造模式，项目中通过各种有效的措施，有效缩短工期，施工安全。在成功实践的基础上，编制形成本工法。

2. 工 法 特 点

2.1　形成了一种创新性的大型折叠升降LED显示屏风帆架施工工法。

2.2　通过试验研究和技术创新，研发出一种既满足帆板连接机械强度要求又满足可折叠升降LED显示效果要求的连接铰链，技术含量高。相邻帆板骨架通过铰链的连接实现风帆架的高空快速精确安装，工效高、可操作性强、安全性好。

2.3　风帆架提升限位系统采用可调限位装置配合弹性带实现帆板间角度要求的限位与各提升钢绳间长度精确调节，操作简单、控制精度高。

2.4　风帆架现场安装采取了"地面平台精确定位预拼装，高空钢桅杆塔平台风帆架精确相贯销接安装，导向小车、限位装置精确调整"安装工艺，安装程序合理，能保证风帆架各构件高空安装销接的精度，实现风帆架的高质量安装，操作方便灵活，安全性高、可靠性好。

3. 适 用 范 围

本施工工法适用于规模宏大的公共建筑，如体育场馆、会展中心、大型广场等采用大型LED显示屏作为背景显示的工程的施工。

4. 工 艺 原 理

在试验研究的基础上，根据工程结构和表演功能要求对风帆架进行深化设计，研发出一种既满足帆板连接机械强度要求又满足可折叠升降LED显示效果要求的连接铰链，风帆架各构件通过铰链实现快速安装。风帆架现场安装采取地面搭设高精度组装平台，通过全过程施工测控实现风帆架地面高精度预拼装，以保证整体风帆架帆板分组吊装到钢桅杆塔平台后再进行销接的精确定位与安装。风帆架提升限位系统采取了可调限位装置配合弹性带的方式，通过调整可调限位装置来实现限位绳的长度的精确控制，同时辅助控制相邻帆板间连接的角度限制要求，保证风帆架在提升运行中的安全。导向小车的安装通过精确定位控制，从滑轨的底部通过手拉链进行定位再与抗风龙骨焊接固定，操作性强。

5. 施工工艺流程及操作要点

5.1 施工工艺流程

本工法的大型折叠升降LED显示屏风帆架工艺流程如图5.1。

5.2 操作要点

5.2.1 深化设计

1. 认真熟悉施工图纸，组织图纸会审，研究总体的风帆架加工工艺方案；结合工程现场的施工环境与实际、工程量、施工部位和工期要求研究可靠的施工方案，明确工程质量、安全控制的关键点。

2. 对风帆架帆板连接铰链进行深化设计，并进行试验研究，在满足工程结构安全、可靠的前提下实现帆板间铰链连接，同时保证LED显示屏的显示效果，解决铰链结构强度、LED显示灭点的相互制约的关系，保证工程的顺利进行。

3. 铰链深化设计

铰链深化设计两个原则：铰链连接强度满足结构安全要求、铰链截面满足LED灯条连续贯通要求，LED显示屏不产生显示灭点，经深化设计后的连接铰链如图5.2.1-1所示（2+1形式铰链），此铰链经试验证明能很好地满足工程结构与表演功能要求。

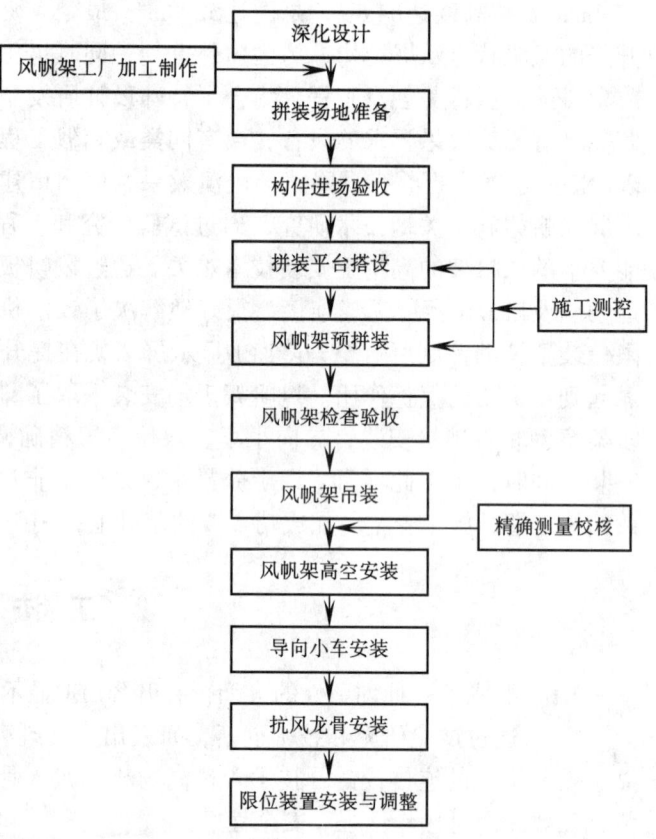

图5.1 施工工艺流程图

4. 提升限位装置深化设计

基于风帆架可折叠升降的表演功能要求和帆板的展开最大角度（帆架平面或LED平面的角度）为160°及帆架变形协调提升要求，同时为了提高限位系统安装时可操作性，实现角度限位绳的微调。提升限位装置由可调限位装置+限位钢绳+弹性带组成，如图5.2.1-2所示。其中限位绳通过限位装置与抗风龙骨相连接，通过调节限位装置上的螺旋实现限位绳长度的精确调节以满足帆板同步协调变形要求，并配合弹性带以控制两帆板铰链连接展开的最大角度，从而保证风帆架在提升过程中的安全、稳定。

(a)　　　　　　　　　(b)　　　　　　　　　(c)

图5.2.1-1　铰链深化设计

（a）深化设计后的铰链；（b）加工制作铰链产品；（c）铰链叠放状态

5.2.2　风帆架工厂加工制作

1．根据风帆架深化设计图并结合施工要求，进行风帆架工厂内加工制作，同时考虑原材料对接和接头在构件中位置。严格控制风帆架的加工制作的质量，并依据相关规范要求做好构件进场验收工作。

2．风帆架的标识工艺

根据钢风帆架工程产品的结构形式，标注主要为构件的中心标识与构件编号。用边长为50mm的等边三角形进行构件中心线和标高位置的标识，其内部填充为白色油漆。所有标记文字的颜色均为白色，对构件的标识，在进行成品终检时，必须进行100%检查，确保各项标记（样冲眼、文字标记等）正确标注。

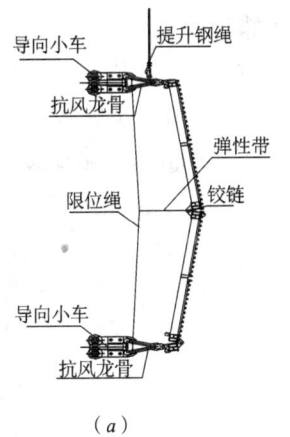

(a)　　　　　　　　　　　　　　(b)

图5.2.1-2　提升系统限位装置

（a）风帆架提升限位系统(单元)；（b）可调限位装置

5.2.3　拼装场地准备

1．为了保证风帆架构件组装的精度，防止构件在组装的过程中由于胎架的不均匀沉降而导致的误差，组装场地要求平整压实。

2．根据风帆架现场吊装的最佳位置和主体钢结构拼装的最大外形尺寸，进行现场拼装场地的合理布置。要处理好拼装平台的平面分布、拼装平台及拼装用吊车通道的布置、材料堆场布置等关系，布局合理。

5.2.4　拼装平台搭设

1．根据风帆帆板平面尺寸和分段重量并综合考虑吊车的起重量，拼装平台框架结构由HW300×200×8×12型钢和C10槽钢组成，其中拼装平台短向为8根C10槽钢，长向为3根HW300×200×8×12型钢，拼装平台区域为6×28m²，如图5.2.4所示，拼装平台放置于拼装区域的木坊上，平台构件采用焊接，搭设后不得有明显的晃动状。

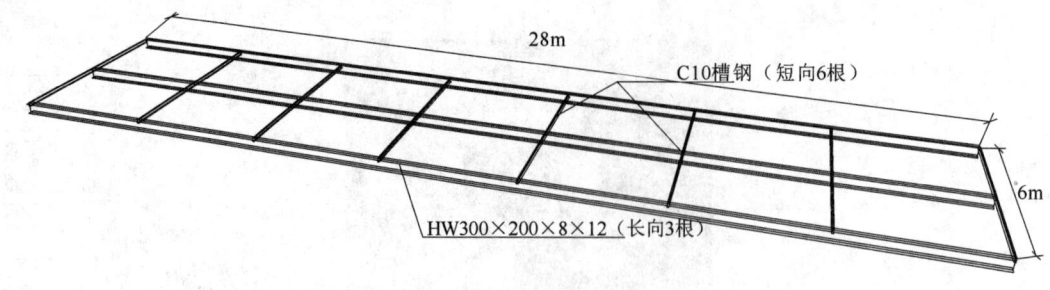

图5.2.4　高精度拼装平台

2．拼装平台的质量控制

1）拼装平台设置完成开始拼装前，采用经纬仪、水准仪、钢尺等对平台的总长度、宽度、高度等进行全方位测量校正。拼装平台在焊接完成后，必须对其尺寸进行一次检测复核，复核结果符合要求后才能进行帆架组装。

2）严格按平台设计要求进行焊缝尺寸控制，不任意加大或减小焊缝的高度和宽度；拼装焊接时，实施多人对称反向焊接，最大限度减少焊接变形。

3）对拼装平台的跨距、中心线及位移、标高、起拱度进行精确的控制测量，及时发现并纠正可能出现的偏差，确保整体拼装精度。

5.2.5　风帆架预拼装

1．基于风帆架高空销接安装方案并综合考虑帆架垂直吊装方案进行风帆架各帆板的预拼装。风帆架拼装以一正一反帆板通过铰接连接为一单元进行对接拼装，相邻帆板间通过8组铰链进行销接，铰链为2对1形式。其中需拼装的帆板为8块，分为4个对接单元进行预拼装，奇数标记帆板为正向帆板单元（需焊接铰链2），偶数标记帆板为反向帆板单元（需焊接铰链1），再由正反帆板单元通过铰链1+铰链2进行销接形成帆架高空安装单元，如图5.2.5所示，从而实现风帆架的整体对接安装。

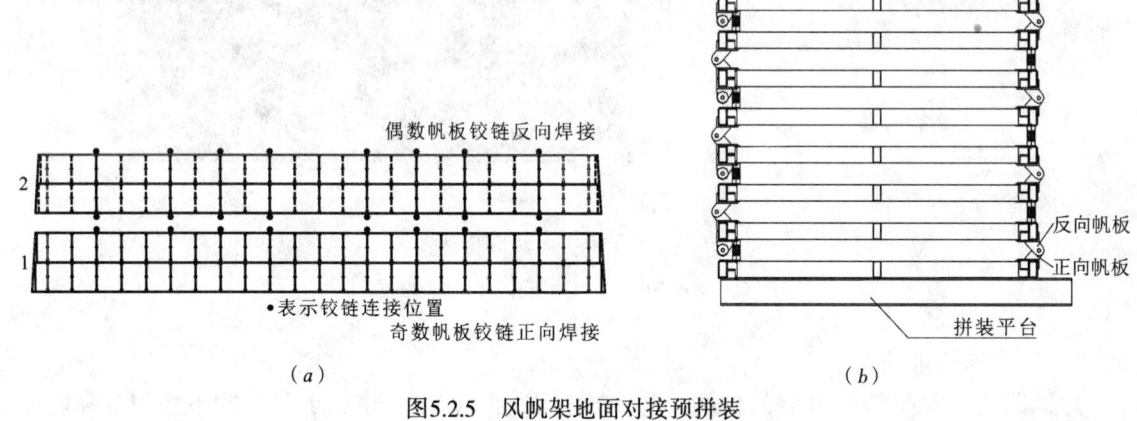

（a）　　　　　　　　　　　　　　　　　　　　（b）

图5.2.5　风帆架地面对接预拼装

（a）风帆架帆板正反对接平面(单元)；（b）风帆架帆板正反对接立面

2．地面运用QY25型汽车吊将每一经进场验收合格并标识好的帆板吊装到拼装平台上，由于帆板整体大而柔，需采取可靠的措施控制吊装中帆板的变形，采用6吊点法并配合人工牵引软绳辅助吊装，实现帆板在拼装平台上的初步就位。

3．基于拼装区域平面布置，建立拼装精确控制施工测控网，采用全站仪、激光经纬仪、水准仪进行帆板对接焊接过程中的对接定位与测控。重点测控风帆架控制点定位轴线及标高、预埋件的定位；其中最为重要的是铰链相贯定位焊接测控，此测控综合运用全站仪、激光对准对孔等措施实现铰链的相贯焊接精确定位，满足绝对精度的要求。

4. 风帆架帆板吊装到拼装平台后，调整好帆板的平整度和位移，基于风帆架安装方案对帆板上铰链进行精确定位，每一铰链先点焊进行初定位；对初定位后的8组铰链相贯中心线进行精确测控复核，采用激光进行穿孔相贯，确保帆板的铰链中心线均处于同一直线上，确认无误后再进行铰链间隔焊接定位，焊缝的长度和宽度需严格进行控制，同时对铰链焊接全过程进行测量控制，确保帆板铰链对接的高精度。

5. 风帆架各帆板正反帆板通过铰链2+铰链1进行销接，风帆架整体铰链连接高精度拼装完成，需对组织各专业人员对整体风帆架的拼装质量进行检查验收，检收合格方可分拆进行高空平台风帆架安装。

5.2.6 风帆架高空吊装

风帆架按正反向两块帆板为一吊装单元，8块帆板共分为4个吊装组，综合考虑现场桅杆及空间限制，采用桅杆塔安装时垂直运输的16t塔式起重机将每组风帆架单元吊装到桅杆塔平台上。风帆架吊装采用六点绑扎加捯链调节法，控制风帆架吊装过程中的变形，按图纸要求吊装到位，按尺寸找正。

5.2.7 风帆架高空整体安装

1. 对建设单位提供的基线水准点、施工导线点、曲线要素点进行埋设和复测，其精度确保满足施工测量规范和设计要求。基于风帆架高空安装方案，具体安装步骤见图5.2.7-1所示。

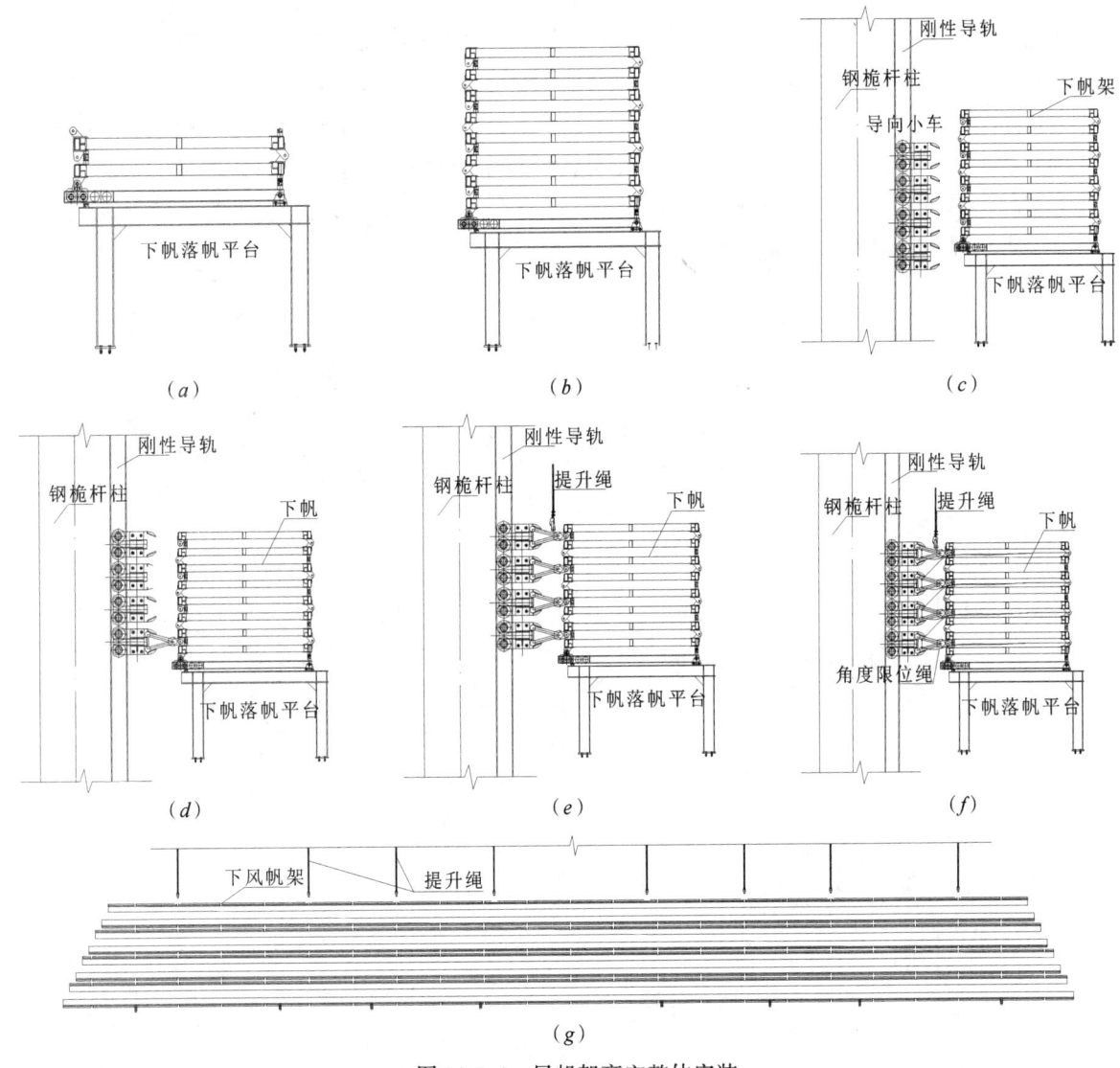

图5.2.7-1 风帆架高空整体安装

（a）安装步骤1（帆板吊装）；（b）安装步骤2（帆架销接安装）；（c）安装步骤3（导向小车安装）；
（d）安装步骤4（抗风龙骨安装）；（e）安装步骤5（抗风龙骨安装完毕）；（f）安装步骤6（限位绳安装）；（g）风帆架折叠状态

2. 风帆架帆板高空销接

风帆架帆板吊装于钢桅杆塔钢平台并按地面预拼装布置方案呈"梯形"放置，见图5.2.7-1（g）所示，对各帆板对接铰链进行测量定位和校正，确保每片帆板上8组对接铰链中心线位于同一直线上，风帆架各正反向帆板单元通过铰链1+铰链2进行销接安装。风帆架帆板销接对接安装过程中，采用激光对准配合穿绳进行销轴相贯对接，同时通过激光经纬仪进行帆板铰链销接全过程施工测控，保证帆板对接的精度。铰链装配与帆板焊接时，以保证间隙为1mm，必要时可临时用垫片控制，但是最终必须取出垫片，并于销接处和铰链内口涂上润滑油，销接完成后的各组铰链应转动灵活。

3. 导向小车安装

钢桅杆柱上两刚性导轨安装完成并经验收符合要求，导向小车经验收合格后，用手拉链把导向小车从导轨底端部拉到滑道位置，并紧固导向小车上的螺栓进行临时固定，待抗风龙骨安装时再与之进行焊接固定，见图5.2.7-3所示。导向小车与刚性导轨安装误差需精确控制在±0.2mm，紧固螺栓安装误差±0.5mm；导轨内侧以及小车导轨轴承需定期加注润滑油，装配好后的小车上下要转动灵活，待风帆架提升系统安装完成再进行最终调试。

4. 抗风龙骨安装

抗风龙骨吊装至钢桅杆平台处，并用捯拉链把抗风龙骨调整至安装位置进行临时固定，然后进行抗风龙骨与帆板间铰链定位连接和导向小车连接钢板与抗风龙骨焊接固定，抗风龙骨支承于导向小车连接钢板与帆板铰链间，见图5.2.7-1（d）、图5.2.7-1（e）所示，将导向小车与风帆架连接成一整体系统，从而控制风帆架平面外变形。抗风龙骨安装过程中要控制好与导向小车连接的垂直度与平行度，其中抗风龙骨腹杆中心线与导向小车导轮中心线的设计允许安装误差为±1mm。最上端抗风龙骨通过连接端头与风帆架提升系统提升绳相连，提升点为8个。

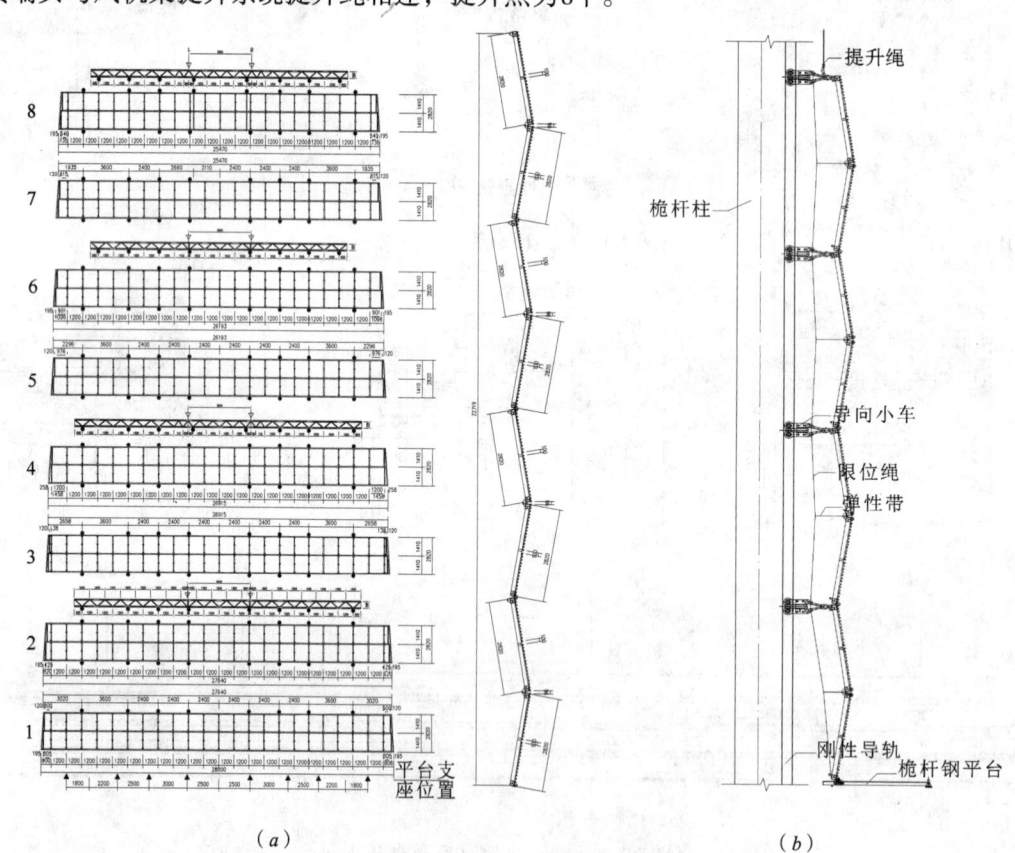

（a）　　　　　　　　　　　　　　　　　　　　（b）

图5.2.7-2　风帆架与提升系统连接

（a）风帆架整体连接1；（b）风帆架整体连接2

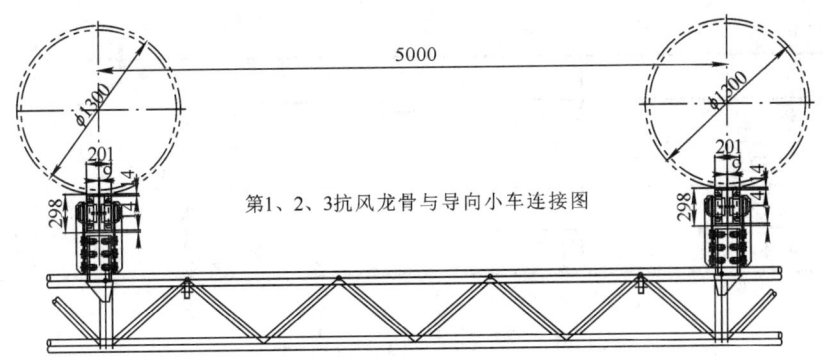

第1、2、3抗风龙骨与导向小车连接图

图5.2.7-3　导向小车与抗风龙骨连接示意

5．限位装置安装与调整（图5.2.7-4）

1）限位钢绳进场验收合格，各根钢绳的长度应一致，满足允许误差要求。

2）根据深化设计图纸，帆板间角度限位钢绳一端可调一端固定，钢绳可调限位装置安装于抗风龙骨的上弦杆，而固定端通过预焊在抗风龙骨下弦杆上的耳板进行固定，如图5.2.7-4所示；弹性带一端位于限位绳的中部，另一端固定于帆板连接铰链上；初步调整限位钢绳的长度，使8组钢绳的安装长度基本一致、协调。

3）角度限位钢绳和弹性带初装完成后，通过人工控制风帆架缓慢提升，当两块帆板完全展开后进行限位钢绳的调节。限位钢绳的长度调整通过端部的可调限位装置进行，可操作性强，8组限位钢绳的长度允许安装误差控制在±2mm，保证限位钢绳的长度一致，协调工作。

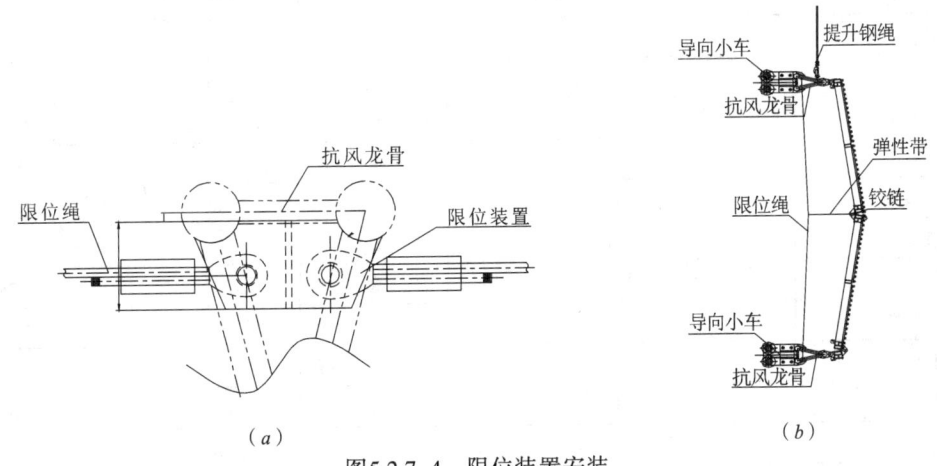

（a）　　　　　　　　　　　　　　　（b）

图5.2.7-4　限位装置安装

（a）限位装置安装示意图；（b）限位绳与弹性带安装示意(单元)

5.3　劳动组织

该工法劳动力人员配置见表5.3。

人员配置表　　　　　　　　　　　　　　　　　　　　　　　　表5.3

序号	工　　种	人数	主　要　工　作　内　容
1	管理技术员	5	负责风帆架安装工程施工管理与技术指导
2	质安员	2	质量及安全检查
3	机械司机	4	构件吊装
4	测量组	6	现场测量、放线
5	焊工	8	构件焊接
6	电工	3	现场地用电加设、检查、维护
7	安装钳工	10	风帆架安装

序号	工　种	人数	主要工作内容
8	机械加工	4	机械构件的加工
9	普通工	10	辅助安装
10	安装技术工	29	风帆架的安装与调试
11	文明环保人员	1	文明施工、环境保护检查与监督

6. 材料与机具设备

6.1 施工现场主要材料见表6.1

施工现场主要材料　　　　　　　　　　　　　　　　　　　表6.1

名　称	规　格	单位	数量	材　质
滑轮装置	非标，起重专用	套	96	\
滑轮支架	非标，起重专用	套	96	Q345B
联轴器、制动轮	非标，起重专用	套	16	\
卷筒轴承座	非标，起重专用	套	16	\
制动器	YWZ5-400/121	套	16	\
提升钢丝绳系统	20NAT6×19W+FC-1870	套	8	\
限位钢丝绳系统	6×19W+IWR-1870-D12-D18	套	256	\
收绳装置		套	256	\
绳卡，紧固件等	非标	套	256	\
帆架体	非标	套	8套（64组）	Q235B
抗风龙骨	非标	套	32	Q235B
导轨调节装置	非标	套	448	Q235B
导轨装置	非标	套	8	Q345B
导向小车	非标	套	64	Q345B
小车缓冲装置	非标	套	192	Q345B
平衡臂	非标	套	64	\
平衡臂小车	非标	套	64	Q345B
限位调节装置	非标	套	256	Q245B
铰链(2)-（7）	非标	件	640	Q345B、40Cr
铰链(1)	非标	件	896	Q345B、40Cr
矩形补强板	非标	件	1280	Q345B
T型补强板	非标	件	1952	Q345B
抗风龙骨吊耳	非标	套	256	Q345B
帆架缓冲垫块	非标	套	1024	\

6.2 施工现场主要机械设备见表6.2

主要施工机具设备表　　　　　　　　　　　　　　　　　　表6.2

序号	机械名称	型号规格	数量	单位	备　注
1	汽车式起重机	QY25	2	台	
2	塔式起重机	16t	2	台	构件吊装
3	手拉葫芦	1~20t	20	副	

序号	机械名称	型号规格	数量	单位	备注
4	台钻	13mm	2	台	机械加工
5	手提砂轮机	J3S-125	5	台	
6	半自动切割机	CG1-30	2	台	构件焊接
7	埋弧自动焊机	MZ-1250	5	台	
8	直流电焊机	AX-500	5	台	
9	交流电焊机	BX-500	5	台	
10	对讲机	JDW-303	10	对	联系通话
11	激光经纬仪	DJ6-1	2	台	测量放线、定位、校核
12	水准仪	DS3	2	台	
13	全站仪	DTM-550	2	台	
14	框式水平仪	0.02mm/m	10	把	
15	桥式水平仪	0.04mm	10	台	
16	游标卡尺	0～500mm	5	把	
17	内径百分表	0.01mm	2	把	
18	钢板尺	150~200mm	10	把	

7. 质 量 控 制

7.1 严格执行以下相关技术规范标准

《钢结构设计规范》GB 50017-2003；《钢结构工程施工质量验收规范》GB 50205-2001；《建筑钢结构焊接技术规程》JGJ 81-2002；《设备安装工程施工及验收规范》J 218-2002；《机械设备安装手册》。

7.2 风帆架矩形管下料切割尺寸公差应符合手工切割小于±1.5mm，自动半自动切割小于±1.0mm，垂直度应不大于钢板厚度的5%，且不大于±1.5mm标准规范，切割周边要求光滑平整。

7.3 焊缝质量要求

1. 定位焊的焊脚尺寸不应大于焊缝设计尺寸的2/3，且不大于8mm，但不应小于4mm。

2. 焊缝尺寸允许偏差（表7.3）。

焊缝尺寸允许偏差（mm）　　　　　　　　　　　　　　　　表7.3

序号	项目	图例	允许偏差	
			一、二级	三级
1	对接焊缝余高 C		$B<20$：$0～3.0$ $B\geq20$：$0～4.0$	$B<20$：$0～4.0$ $B\geq20$：$0～5.0$
2	对接焊缝错边 d		$d<0.15t$，且≤2.0	$d<0.15t$，且≤3.0
3	焊脚尺寸 h_f		$h_f\leq6$：$0～1.5$ $h_f>6$：$0～3.0$	
4	角焊缝余高 C		$h_f\leq6$：$0～1.5$ $h_f>6$：$0～3.0$	

7.4 风帆架高空安装质量控制

1. 建立拼装精确控制施工测控网，进行铰链相贯定位焊接精密测控，此测控综合运用全站仪、水准仪、激光对准对孔等措施实现铰链的相贯焊接精确定位，满足绝对精度的要求。对初定位后的8组铰链相贯中心线进行精确测控复核，确保帆板的铰链中心线均处于同一直线上。

2. 铰链装配与帆板焊接时，以保证间隙为1mm，并于销接处和铰链内口涂上润滑油，销接完成后的各组铰链应转动灵活。

3. 导向小车与刚性导轨安装误差需精确控制在±0.2mm，紧固螺栓安装误差±0.5mm；导轨内侧以及小车导轨轴承需定期加注润滑油，装配好后的小车上下要转动灵活。

4. 抗风龙骨腹杆中心线与导向小车导轮中心线的设计允许安装误差±1mm。

5. 限位钢绳的长度调整通过端部的可调限位装置进行，8组限位钢绳的长度允许安装误差控制在±2mm，保证限位钢绳的长度一致，协调工作。

8. 安全措施

8.1 严格执行各种有关安全法律法规：

《施工现场临时用电安全技术规程》JGJ 46-2005；《中华人民共和国建筑法》；《中华人民共和国安全生产法》；《建筑工程安全生产管理条例》；《建设工程质量管理条例》。

8.2 建立完善的施工安全保证体系，加强施工作业中的安全检查，确保作业标准化、规范化。

8.3 构件吊装及风帆架高空安装的安全保证措施。

1. 吊装过程中需有专人进行指挥作业，吊装过程中，下方禁止站人，吊车司机及指挥工需持证上岗。

2. 起吊前，对起吊风帆架单元组一定要检查核实，按吊装方案设置好吊点，所有钢绳卡扣务必卡牢；当遇上六级以上强风、浓雾和雷雨天气时，严禁进行风帆架吊装作业。

3. 在钢桅杆高空平台上作业时，钢平台临空边缘要做好围护；作业人员应佩戴安全带，穿防滑鞋，所有物品必须系牢，以免附落伤人。

4. 风帆架帆板对接拼装和导向小车与抗风龙骨连接板的焊接质量要满足要求，确保焊缝质量达到设计和施工规范要求。

5. 风帆架高空拼装和提升系统的安装与调试应尽量安排在白天进行，若需夜间进行提升风帆架安装作业，应保证有足够的照明度以确保安全。

9. 环保措施

9.1 施工中遵循"以人为本"的原则，以最大限度地减少施工活动给群众造成的不利影响，同时注意保护城市资源和文化遗产。

9.2 对空压机、发电机等噪声超标的机械设备，采用装消声器、隔声材料、隔声内衬，隔声罩等措施，降低噪声，并尽量选用轻型施工机械，低噪声的机械设备。

9.3 夜间进行焊接作业时，为使过往车辆行人不受强光影响，为安全起见，在密布安全网内设置有效的遮光挡板。

9.4 各类废品分类堆放，定期回收，交设专人看管，建立有害物品领用制度；杂物、施工中产生的废料等不能严禁抛入江河内。

10. 效益分析

10.1 该工法施工科学，施工速度快，可以很好的满足工期要求。

10.2 科学的施工工艺有效减少了施工人员的投入，节省了人力。

10.3 研发了一种具备了工程结构安全与满足表演特定功能的连接铰链；整体折叠升降 LED 显示屏风帆架帆板高空安装采用了铰链销轴对接，施工技术科学合理，并给实践检验，可靠性高、稳定性好。

10.4 大型折叠升降 LED 显示屏风帆架的施工方式，在国内外尚属首次，其风帆架的安装技术科学，可操作性强，质量容易保证，工效高。本工法为该类工程提供了应用实例，可以作为重要的参考依据，具有良好的推广价值。

10.5 社会效益显著。

第16届广州亚运会开幕式的重头戏是由英国著名设计师设计的"启航"，其中4艘具有岭南特色的帆船是整个演出的中心，而帆船上 LED 显示屏将成为全场焦点，必将给世人以振憾视觉享受，同时很好地展示了大型折叠升降 LED 显示屏风帆架的施工技术，社会影响巨大。

11. 应用实例

"激情盛会、和谐亚洲"，第16届广州亚运会开幕式主场馆"亚运之舟"位于珠江新城海心沙岛，其中具有岭南特色的帆船是整个演出的中心。大型折叠升降风帆状 LED 显示屏位于表演场地中央。独特设计的4个风帆状的大型 LED 显示屏宽度达27.4m，安装高度达84.6m，总面达5200m²；最为令人赞叹的是此 LED 显示屏采取了可分块折叠升降的显示屏结构，为国内外首创。

本工程更是一个跨学科的大型舞美创意工程，具有特殊的舞美效果和演出功能，集合了特殊设计研发制造的具有特定表演效果的机械机构，卷扬装置和其他具有舞美效果要求的设备，没有同类或相似工程可作参考借鉴，存在创新性的技术攻关。为了实现其可折叠、升降式的表演效果，项目进行了大型折叠升降 LED 显示屏风帆架施工关键技术研究，解决了大型 LED 显示屏可折叠升降的这种独特的表演功能要求效果；而通过风帆板块间的铰链连接实现风帆架灵巧、可靠、稳定的运动以及 LED 显示屏无缝连接，很好地解决了铰链刚度与显示屏灭点的矛盾；提升限位装置对于保证提升过程安全可靠起到了重要的保护作用，它们更是实现此表现形式的重要载体。通过此项目的技术研究和工程实践，很好地实现了亚运需求与技术供给直接、有效对接，体验科技创新所带来的成果。同时，这些技术的解决对于工程的顺利进行具有得重大的工程应用价值与非凡的社会效益，对于 LED 显示屏的产业化起到了巨大的推动作用。

此工程由广州市机施建设集团有限公司于2010年6月开工，并于2010年9月验收合格并交付亚组委和亚运开幕式表演团队使用。经广州亚运亚运会开幕式实践证明，此大型折叠升降 LED 显示屏完满地实现了亚组委对此工程的要求，达到了工程技术与表演艺术的完美结合，获得了全球观众的良好评价。

体育馆轮辐式张拉梁屋盖同步分级张拉
整体提升施工工法

GJEJGF095—2010

四川省晟茂建设有限公司　浙江东南网架股份有限公司

肖波　杨勇义　周科男　刘永刚　何挺

1. 前　言

目前，在我国大部分大跨度钢屋面张弦梁结构施工中，普遍存在张拉设备投入大、高空穿索作业多，张拉费用大、施工难度大、且安全保障差等特点。

四川省晟茂建设有限公司和浙江东南网架股份有限公司合作开展了科技创新，经工法技术研究，总结提炼集成，形成了"体育馆轮辐式张拉梁屋盖同步分级张拉整体提升施工工法"，这一技术通过技术查新确认为国内领先的新成果；在上述等项目施工中由于其技术先进，使得操作方便、安全可靠、加快了工程进度，成都电子科技大学清水河校区体育馆项目取得了四川省优质结构工程、成都市优质结构工程等；施工质量经业主和质检站验收均得到一致好评，取得了良好的社会效益和经济效益，本工法已申请新型实用发明专利两项，申请号分别为：201020659997.9和201020663950.X。

2. 工 法 特 点

2.1　张弦梁利用葫芦吊装在地面完成穿索，符合安全性要求

内环张弦梁整体吊装的施工方法，其中下弦拉锁及吊挂柱在内环张弦梁刚刚脱离地面时穿好，用手拉葫芦进行调整、固定，张弦梁安装到位后，下弦拉索安装仅在两端头进行精确调整即可。该工艺减少高空作业，符合安全性要求。

2.2　拉索分批次分阶段逐级循环张拉施工符合张拉原理

本工法将所有张弦梁分三批两阶段循环张拉。施工过程中，第一阶段以三批张弦梁均脱离胎架的临界点为完成标志，然后再一次对三批张弦梁进行第二阶段张拉，最终施工完成。

本工法在确保不同组张弦梁进行拉索张拉施工时对相邻组张弦梁的影响最小的前提下，最大限度地降低了施工周期。共需投入的千斤顶为张弦梁数量的1/3，减少了2/3的千斤顶设备投入，经济效益好，且施工质量控制较好，有成熟的可操作性，整个施工过程安全性高。

3. 适 用 范 围

大跨度张弦梁结构体育馆工程施工和其他类似工程施工。

4. 工 艺 原 理

本工法将所有张弦梁分为三批，张弦梁拉索分三批两阶段循环张拉。拉索一批张拉时分为两个阶段共5级：0→25%→50%→72%为第一阶段，第一阶段以张弦梁脱离胎架的临界点为完成标志。第二阶段张拉先对一组进行初始张拉力72%→90%的拉索张拉，再轮换至第二组进行同样的施工操作，直至三组全部张拉至90%的初始张拉力。最后再进行一次循环施工，拉索张拉至初始张拉力的

105%（超张拉5%），预应力张拉施工完成。

5. 施工工艺流程及操作要点

本工法以成都电子科技大学清水河校区体育馆为例，进行阐述。

成都电子科技大学清水河校区体育馆项目，其屋盖为轮辐式张弦梁结构，下弦为预应力拉索，上下弦通过竖向撑杆支撑组成张弦梁结构，屋盖径向共布置30榀张弦箱形梁，屋盖中央设刚性环连接各张弦梁，作为30榀张弦梁端部拉索的节点，主要杆件截面为箱形和H形。屋盖跨度为100m，中央矢高为9.5m，张弦梁上弦为箱形截面，下弦为预应力拉索，用钢量2100t。

5.1 施工工艺流程

施工准备→原材料验收→钢构件制作→钢构件焊接→钢构件成品检验→外圈抗风柱安装→中心刚性环安装→内环张弦梁安装→吊装张弦梁及拉索→张拉拉索→临时支撑拆除。

5.2 操作要点

5.2.1 体育馆钢结构制作

1. 原材料验收

1）材料进场时，必须检查钢材的质量合格证明文件、中文标志及检验报告等，品种、规格、性能应符合国家标准规范和设计技术要求的规定。

2）钢材质量必须均匀，不得有夹层、裂缝、非金属夹杂和明显偏析等缺陷，其表面不得有肉眼可见的气孔、结疤、折叠、压入的氧化铁皮以及其他的缺陷。

3）对钢材进行抽样力学实验。

4）焊条、焊丝、焊剂均要提交检查产品质量保证书，必要时进行抽样化验其工艺性能和化学成分，焊丝还应注意是否有乱丝现象。

5）氧气、乙炔气等也必须检查其纯度、密封性、水分。

6）钢材Q345B和Q345B-Z15其质量符合以下参数要求见表5.2.1-1~表5.2.1-3。

低合金高强度结构钢的化学成分（GB/T 1591-94）　表5.2.1-1

牌号	等级	化学成分（%）								
		C≤	Mn	Si≤	P≤	S≤	V	Nb	Ti	Ai≥
Q345	B	0.20	1.00~1.60	0.55	0.035	0.035	0.02~0.15	0.015~0.06	0.02~0.02	0.015

低合金高强度结构钢的力学性能（GB/T 1591-94）　表5.2.1-2

钢号	厚度（mm）	屈服强度 α_s（N/mm²）	屈服强度 α_b（N/mm²）	伸长率 A（%）	180℃冷弯试验
Q345B	≤16	345	470~630	≥22	D=2a
	>16~35	325			
	>35~50	295			D=3a

低合金高强度结构钢的其他性能指标　表5.2.1-3

性能指标		性能要求
材质要求	t≤40mm	采用 Q345B
	t≥40mm	采用 Q345B-Z15
冲击韧性	B级	20℃冲击功 AkW≥34J
厚度公差	8<t≤30	±0.2mm
	30<t≤80	±0.3mm
抗震性能		抗拉强度/屈服强度（δ_s/δ_b）≥1.2；Q345GJB-Z15 延伸率 δ%≥20%；180℃冷弯试验；合格
平面度		在100mm范围内，允许误差1mm

2. 钢构件制作

钢构件制作工艺流程见图5.2.1-1。

1）画线

主要零件（墙板、翼板、腹板、隔板、底板）采用计算法画线下料，长度丈量时应加弹簧秤统一拉力，其附件（吊耳板、筋板等）采用样板画线下料，其主件和样板应经质检合格方能进行下步工序并在画线两端和交汇处打上冲点标记。

对长度放线画线，应预留焊缝收缩量（一般沿焊缝长度纵向收缩率为0.03%~0.2%）。

2）下料、打坡口

采用数控切割机下料，其切割区域内必须消除铁锈、油污，各零件的初始料必须严格检查其变形情况，以便调整切割方式和参数。

3）单件校正（零部件校正）

对扰曲度形（纵向），采用100t油压机校正；对侧向弯曲、扭曲变形，采用火焰校正，并配合机械校正，根据变形情况确定钢板加热面和位置，校正温度700~900℃（钢材表面呈红色）加热区域呈三角形，三角形高不超过板宽的1/3，宽度50~80mm。

4）接料

因钢板长度不够而需接料时采用开双面坡口对接，用自动埋弧焊焊接，并做无损探伤，达到规范标准要求，为保证制作精度，待板材接好后再进行画线下料，见图5.2.1-2。

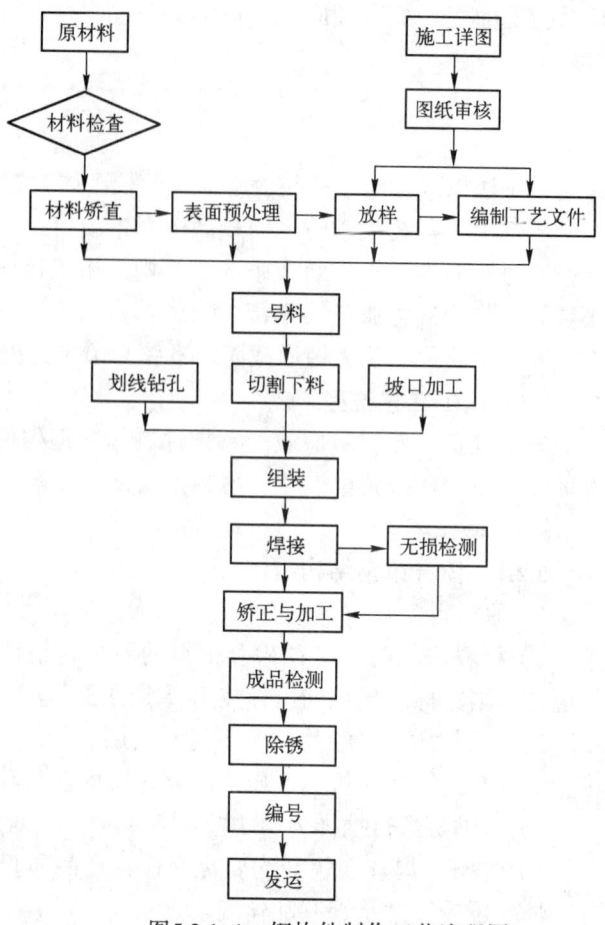

图5.2.1-1 钢构件制作工艺流程图

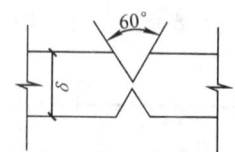

图5.2.1-2

3. 钢构件焊接

1）焊工：选派经考试合格电焊工进行现场焊接工作。并对各自焊缝打上编号钢印，明确所焊内容，做到有据可查，严禁在焊区外母材上打火引弧，焊接工艺参数见表5.2.1-4。

焊接工艺参数

表5.2.1-4

焊接方法	焊材牌号	焊接位置	焊条	焊接条件	
			直径（mm）	焊接电流（A）	焊接电（V）
手弧焊	J507、J422	全位置	3.2	100~130	22~24
			4.0	150~190	23~25
			5.0	180~220	24~26
埋弧焊	H10Mn2SJ101	平焊	5.0	550~650	32~36
气保焊	H08Mn2SiA+CO2~Ar	平焊 横焊	1.2	导电嘴到工件的距5~20（mm）	
				260	29
				290	33
				CO2气体流量 20~25L/Min	

2）根据工程焊缝断面大、焊缝质量高（一、二级焊缝需探伤）、焊接变形大、控制严的特点，采用直流焊机手工点固焊（组合），CO2气体保护打底（基层焊），清根后用全自动埋弧焊成型，附件采用手工焊。由此相互配合保证焊接质量。其手工焊灵活、方便、热变形易于控制，但焊缝外观质量

差，效率不高，自动焊焊接速度均匀，热影响一致，焊接速度快，外观质量好，功效高，但其热变形大，对组合装备质量要求高，焊接环境（如湿度、风力）对焊接质量影响大，尤其是CO_2气体保护焊，同时需要最佳焊接角度和专用旋转胎具。

3）在生产中根据焊接工艺评定的参数（焊接速度、电流、送丝速度等）进行，根据情况必要时进行预热处理，以保证焊接质量。

4）CO_2气体保护焊—基层焊

将工件置于最佳施焊角度位置—应用焊接旋转胎具，使箱形柱焊缝坡口面向上平置，H形柱处于船形焊角度。

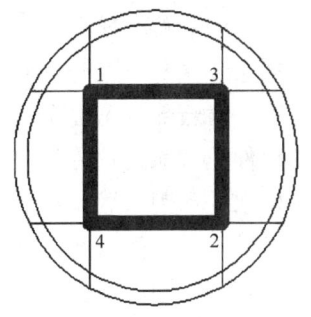

为保证焊接质量，焊接前应除锈清洗，其焊缝坡口及母材边缘20cm处应用砂轮打磨干净，清除铁锈油污。同时设置挡风罩，其焊接次序为1—2—3—4，其船形支撑可以角钢制作，几点支撑保证各支撑面处于同一平面内（图5.2.1-3）。

图5.2.1-3　箱形柱的焊接

在施焊中要严格控制变形，适时调整焊接速度和送丝速度及施焊次序和方式。

CO_2气体纯度要在99.9%以上，水蒸气与乙醇总含量≤0.005%，并不得检出液态水。当瓶中压力<1MPa时，则不能继续使用；含水量高时可将瓶倒置1～2h打开瓶阀，将水放出。

当冬期施工，因环境气温低，湿度大时，焊接前需对焊区用火焰烘烤预热。

5）自动埋弧焊——成型焊

应用旋转焊接胎具，使焊接处于最佳位置和角度。在构件两端部设置同规格材料（长50～100mm）的引弧板和收弧板，以保证焊接质量，同时每道焊缝焊接方向与上道焊缝施焊方向相反，以尽量减少变形。

严格控制其焊接参数（电流、焊接速度、焊丝速度、焊接次序施焊方向），认真执行焊接工艺评定方案，尽量控制减小变形。

焊波均匀，无裂纹、夹渣、咬边、焊穿、气孔、未焊透、弧坑和焊瘤等缺陷，焊区飞溅物清除干净，其外观质量见表5.2.1-5。

焊接施工质量标准　　　　　　　　　　　　　　　　　　　　　　　表5.2.1-5

项目	质 量 标 准		
	一级	二级	三级
气孔	不允许	不允许	每50mm焊缝长度内允许直径≤0.4t且≤3.0mm的气孔2个，孔距≥6倍孔径
咬边	不允许	≤0.05t且≤0.5mm；连续长度≤100mm，且焊缝两侧咬边总长≤10%焊缝全长	≤0.1t且≤1.0mm，长度不限

4．钢材表面处理

1）工程钢构件除锈方法的确定：

钢结构除锈方法很多，一般包括有：动力工具除锈或手工工艺除锈、喷砂除锈、自动抛丸除锈等，其工艺性表见表5.2.1-6。

一般除锈方法公益性对比表　　　　　　　　　　　　　　　　　　　表5.2.1-6

方式　　参数	动力工具除锈或手工工艺除锈	喷砂除锈	自动抛丸除锈等
除锈等级	St2、St3	Sa2、Sa2.5、Sa3	Sa2、Sa2.5、Sa3
表面糙度	10～30	20～80	40～150
表面光洁度	差	良	优
除锈效率	10m²（每人/每天）	20～30t（1台班）	50～60t（1台班）
环境污染	中度污染	中度污染	无尘操作

结论：从以上工艺看出，自动抛丸除锈方法比较符合工程钢结构涂装表面质量要求，同时环保可靠，所以本工法采用自动抛丸除锈方法。但是，对于工程一些复杂工程，或死角部位无法喷到的，采用手动喷方式相结合的方法。

2）油漆喷涂程序

预涂装原材料除锈：喷涂一道底漆（膜厚1.5~2mm，不影响焊接质量）然后进行切割下料；构件成型后，隐蔽部位无法除锈，因此要进行预涂装；关键焊接部位除锈后补油漆。

构件正式涂装：构件完成后，对构件表面进行清洁工作；清洁方式：对于尘土，采用锌盐等，采用高压水龙和钢丝绒，对于油污等，采用有机溶剂。

局部修补：受损部位除锈→除锈部位扩展→底漆及后续涂层。

3）钢材涂装施工工艺

施工气候条件：涂装施工应在5℃以上，相对湿度应在85%以下的气候条件中进行；气候在30℃以上的恶劣条件下施工时，由于溶剂挥发性很快，必须采用加入油漆自身重量约5%的稀释剂进行稀释后才能施工。

基底处理：表面涂装前，必须清除一切油污，以及搁置期间产生的锈蚀和老化物，运输、装配中的部位及损伤部位和缺陷均需进行重新除锈；采用稀释剂除去油脂、润滑油、溶剂，上述作为隐蔽工程，填写隐蔽工程验收单，交监理或业主验收合格后施工。

涂装施工：按顺序进行，先喷底漆，使底层完全干燥后方可进行封闭漆喷涂施工，做到每道工序严格受控。

5.2.2 外圈抗风柱安装

1. 外圈抗风柱锚栓预埋安装

抗风柱柱脚预埋件施工顺序如下：

安装定位螺栓（由角钢整体固定）→绑扎底板钢筋→矩形型钢板调平→浇底板混凝土至距柱脚板底面50mm处→柱脚安装→柱脚标高调整→锚栓螺帽固定→焊接过渡板→浇C50微膨胀混凝土至底板面。

2. 外圈抗风柱锚栓定位架

各锚栓需用上下两层角钢固定相对位置。角钢与锚栓需焊接成垂直的状态。

3. 外圈抗风柱预埋和柱脚安装

利用斜撑及垫块控制锚栓标高，斜撑要将锚栓整体固定牢固。预埋时，保证其埋设质量的关键是固定支架的牢固度。在锚栓固定后，用钢筋将锚栓和周围钢筋焊接牢固。浇筑混凝土之前，应对锚栓进行复测，出现位置和标高偏差应立即校正。浇筑混凝土时，专人看护防止混凝土下落冲击锚栓，造成偏位，做好预埋件保护工作。柱脚大样见图5.2.2-1。

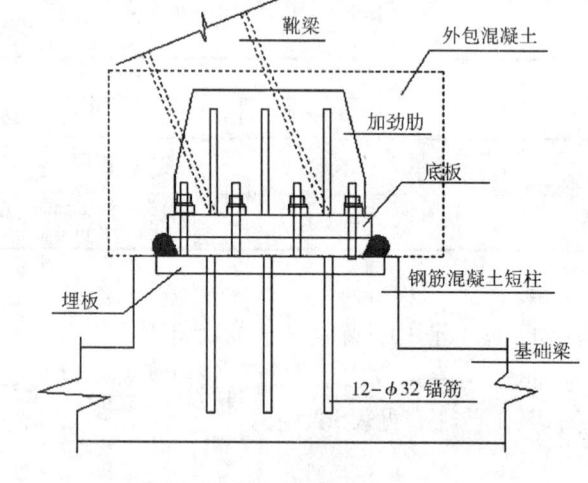

图5.2.2-1 柱脚大样图

4. 二次灌浆

支座底板调整完毕后进行承压灌浆，二次灌浆材料为C50微膨胀混凝土。

5. 焊接过渡板与预埋板，整个柱脚施工完毕。

6. 外圈抗风柱安装

外圈抗风柱安装采用整体吊装施工方法和分段吊装施工方法相结合。整体吊装施工方法吊点设置见图5.2.2-2；分段吊装施工方法吊点设置见图5.2.2-3。

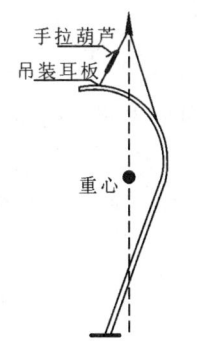

图5.2.2-2　整体吊装施工方法吊点设置图

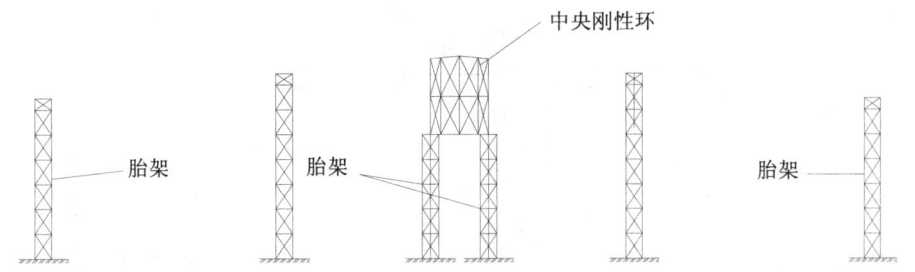

图5.2.2-3　分段吊装施工方法吊点设置图

5.2.3　体育馆钢结构安装

1. 体育馆屋盖主体结构的总体施工流程

1）吊装张弦梁前完成中央刚性环和屋盖外围梁的施工，其中中央刚性环采用胎架进行支撑，见图5.2.3-1。

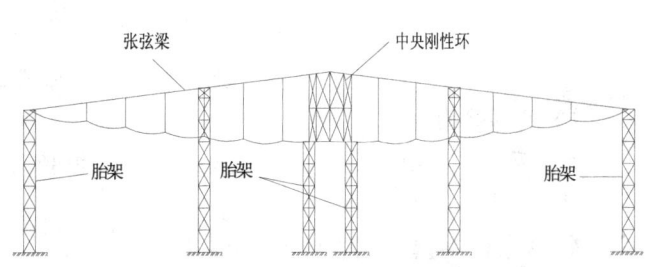

图5.2.3-1　中央刚性环形胎架施工图

2）各榀张弦梁均在地面完成拼装，共30榀，由满足施工性能要求的吊车吊装就位，张弦梁的一端与中央刚性环刚接，另一端与屋盖外围环梁上的滑动支座可靠连接；张弦梁按轴线顺时针或逆时针吊装就位，并同步安装张弦梁之间的环梁和环向支撑，逐步安装完成全部环梁和环支撑，见图5.2.3-2。

图5.2.3-2　张弦梁安装完成图

3）全部拉索分三组两阶段逐级循环张拉，第一阶段分组分级张拉，以张弦梁脱离胎架的临界点为结束标志，见图5.2.3-3。

4）第二阶段分组分级张拉，张拉至初始预张力的105%（超出张拉5%），局部调整，张拉完成，拆除胎体，见图5.2.3-4。

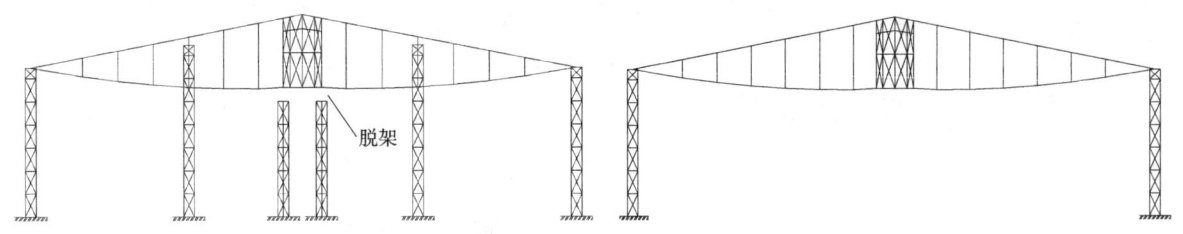

图5.2.3-3　第一阶段张拉完成图　　　　　　图5.2.3-4　第二阶段张拉完成图

2. 中央刚性环安装

1）中央刚性环由不等截面的方钢管焊接而成，整体造型呈"帽子"样式，中央刚性环安装采用设置格构造柱、脚手架高空散装的施工方法。共设置14榀格构柱作为中央刚性换的主受力支撑，采用

80t吊车分散吊装的方式进行组装。

2）刚性环拼装流程

格构柱设置，为便于操作，搭设脚手架至离内环底部约1m位置，拼装内环主圈钢梁→拼装内环侧立面，随侧立面拼装，脚手架逐级上升→内环侧立面拼装完成，脚手架搭设至离外环底面约1m位置，为中性环顶部外圈施工做准备→顶部内外环主圈钢梁拼装→顶部外圈主圈钢梁拼装→整个中央刚性环拼装完成。

3．内环张弦梁安装

内环张弦梁采用整体吊装的施工方法。

1) 吊点设置

为减小张弦梁吊装过程中的下挠变形，这里采用增加两根加强斜撑，并采用辅助吊索具（扁担）进行吊装，见图5.2.3-5。

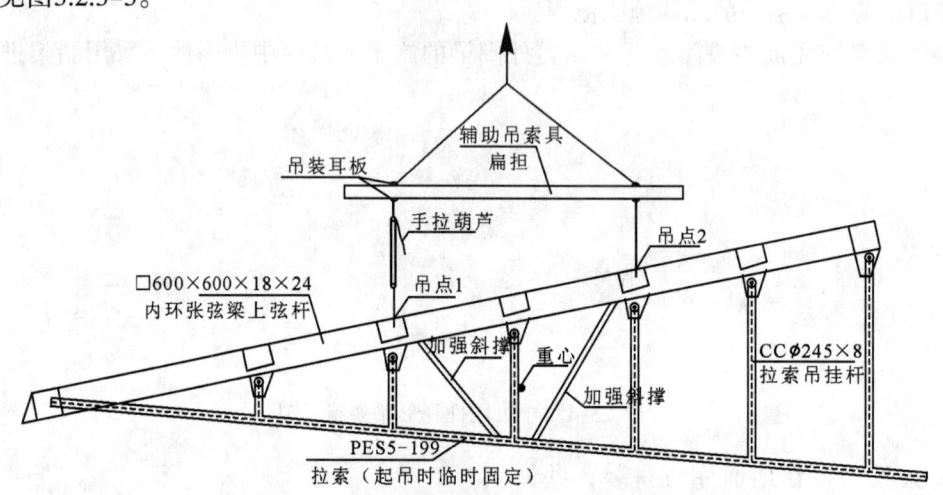

图5.2.3-5　内环张弦梁吊装吊点设置图

2）吊耳受力计算

耳板采用Q235B材质，厚度t=14mm，单耳板受力约70kN，设计尺寸见图5.2.3-6：

受力计算：

F=75kN，S=14×35/1000000=0.00049m^2

δ=F/S=1.53MPa<215MPa，耳板受力满足要求。

3）钢丝绳受力计算

受力分析见图5.2.3-7。

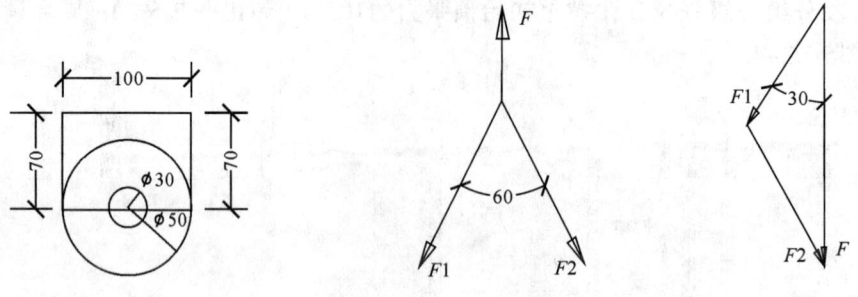

图5.2.3-6　耳板尺寸图　　　　图5.2.3-7　钢丝绳受力分析图

已知F=G=150kN，$F1$=$F2$=F/1.732=86kN，为减小绳子直径，采用绳套形式，因此单根钢丝绳受力[Fg]=F/2=43kN；

由公式[Fg]=$\alpha Fg/K$

α——表示钢丝绳荷载不均匀系数，一般取0.85；

K——钢丝绳使用安全系数，吊装用取$K=8$计算；

所有有钢丝绳断拉力为：

$Fg=43 \times 8/0.85=404.5kN$；

查表（建筑施工计算手册），选用6×37钢丝绳，直径选用$\phi26$，断拉力为426.5kN，满足吊装要求。

4）安装步骤

张弦梁上弦杆拼装，采用"承载吊架"进行预起拱处理→焊接吊装耳板→张弦梁上弦杆脱胎→安装吊挂杆→手拉葫芦调整张弦梁安装位置→张弦梁安装就位。

4．其他杆件安装

其他小型杆件包括内环张弦梁间次杆件、外圈抗风柱间连梁等，该部分杆件重量轻，可采用现场吊车进行安装。

5．檩条安装

张弦梁间设有檩条，檩条通过高强螺栓与张弦梁相连。檩条可在张弦梁张拉前安装，也可待张拉结束后再安装，两者各有优缺点。

若檩条在张弦梁张拉前安装，则檩条两端的高强螺栓孔距离不受张拉的影响，相对来说檩条易于安装，且张拉时张弦梁的稳定性更加容易保证，但中心支撑胎架荷载较大，拉索张拉力增大，另外也会增加张拉时相邻张弦梁间存在相互影响。

若檩条在张弦梁张拉后安装，则支撑胎架荷载较小，拉索张拉力小，相邻张弦梁间不存在相互影响，但檩条两端高强螺栓孔的距离受张拉的影响，相对来说檩条较难安装。

根据对比分析，得到张拉过程各榀张弦梁水平位移较小的特点，同时为了保证张拉过程的整体稳定性，确定支撑在张拉前先安装，檩条在张拉后再安装。在安装过程中使用了"带防坠落装置的快速扳手"。

5.2.4 预应力施工

1．拉索安装

高空穿索不仅对操作人员具有安全性的影响，同时较地面穿索而言，牵引设备的使用效率会降低，拉索的提升也会影响施工进度，大型吊机全过程参与穿索施工会产生较多的施工费用。

因此，提出在屋盖外围环梁支座处搭设施工平台，拉索在地面展开，并完成索夹安装，由葫芦提升将拉索与中央刚性环的安装完成，再通过多台葫芦和牵引装置连接拉索与外围环梁，最后安装索夹，完成穿索施工。即上弦梁和撑杆吊装完毕后，然后再安装拉索，将拉索索头临时锚固，并安装索夹。

1）拉索吊装

吊机将索从运输设备卸下，沿张弦梁轴线方向展开。下索头在中央刚性环下方，上索头在外围环梁下方，在地面按索体表面的标记安装索夹。用吊机将下索头吊起，与中央刚性环连接（图5.2.4-1）。

2）穿索

利用多台葫芦，将拉索中间拎起，缩短索端直线距离，同时葫芦作为临时固定吊住拉索。在上索头安装牵引装置，在牵引装置及吊机和葫芦的辅助下，将上索头牵引穿过外围环梁的索孔（图5.2.4-2）。

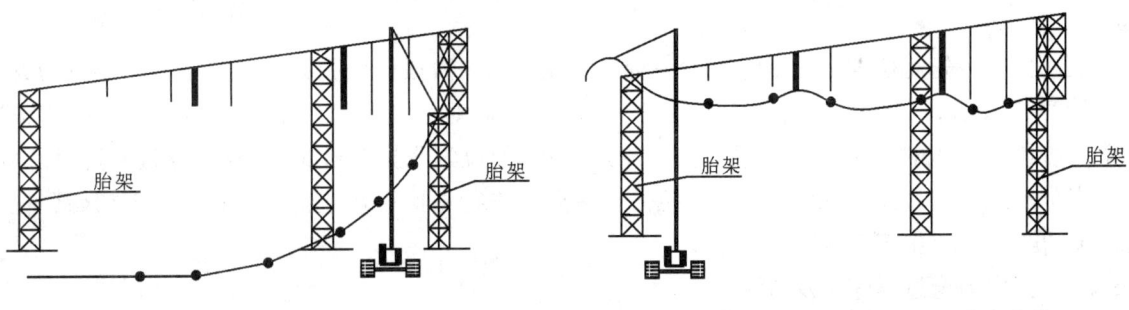

图5.2.4-1　下索头安装　　　　　　　　图5.2.4-2　穿索施工和上索头安装

3）索夹定位安装

拉索穿过上索头的调节的长度应尽量放长，从内向外依次将索头与撑杆下端固定。索夹就位后，预紧拉索，准备张拉（图5.2.4-3）。

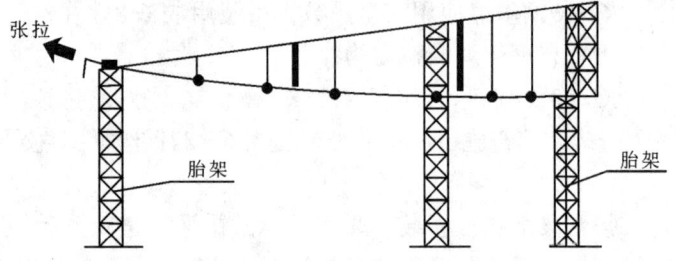

图5.2.4-3　拉索穿索安装完成

2. 张拉索

1）拉索、锚具等构件的选择

张弦梁拉索采用OVM系列的PES5-199拉索，钢丝束面积为3905mm²，钢丝束直径为77mm，钢丝束理论重量为30.7kg/m，破断荷载为6525kN，含双层拉索直径为93mm。拉索采用高强度钢丝束，抗拉强度≥1670MPa，松弛率≤2.5%，屈服强度≥1410MPa，弹性模量$E=（1.95~2.1）×10^5$MPa。

锚具采用与此拉索配套的冷铸锚系列，编号为OVMLZM5-199。

张弦梁撑杆端部采用销栓连接，销栓采用40Cr钢材，销孔直径比栓径大0.5mm，销栓采用精加工制作。

2）拉索张拉时机

在中央刚性环、张弦梁主体（上弦梁、撑杆、拉索）以及支撑安装完毕后进行张拉作业。单根拉索一端张拉，张拉端设置在外围环梁处。

3）拉索张拉控制原则

张弦梁张拉控制的原则，一般分为力和形两部分，其中力主要为索力，形主要为梁的矢高和跨度等。

拉索一次张拉时分为两个阶段共5级：0→25%→50%→72%为第一阶段，72%→90%→105%（超张拉5%）为第二阶段，其中0→25%→50%→72%→90%以控制索力为主，而90%→105%（超张拉5%）则根据结构变形情况对索力进行调整，以控制变形为主。

4）索力均匀性

拉索为圆弧形，且在中央刚性环处断开，设计要求拉索张拉要保证各索段索力均匀。显然，与一般张弦梁不同的是，同一榀张弦梁拉索的索力易出现索力不均匀的可能性。因此，采用张弦梁同步分级张拉的施工方法，并且每一级张拉阶段都要以索力值为控制指标（最后一级同时考虑索力值和监测点位移值为控制指标）。

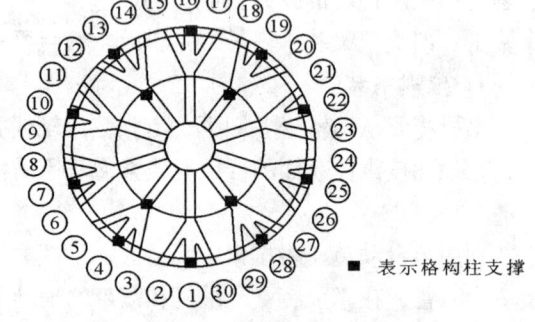

■ 表示格构柱支撑

图5.2.4-4　张弦梁周线图

5）三批两阶段逐级循环张拉方法

将30榀张弦梁分成三组，每组10榀。即第1、4、7、10、13、15、16、19、22、25、28轴为一组，第2、5、8、11、14、17、20、23、26、29轴为二组，第3、6、9、12、15、18、21、24、27、30轴为三组（图5.2.4-4）。

施工过程中，先对拉索张拉一组至第一阶段完成，第一阶段以张弦梁脱离胎架的临界点为完成标志，经计算，该临界点约为初始张拉力的72%左右。随后对第二和第三组进行第一阶段拉索张拉施工。第二阶段张拉先对一组进行初始张拉力72%→90%的拉索张拉，再轮换至第二组进行同样的施工操作，直至三组全部张拉至90%的初始张拉力。最后再进行一次循环施工，拉索张拉至初始张拉力的105%（超张拉5%），施工完成。

5.2.5 预应力全过程施工及监测

1. 索力监测-采用标定的千斤顶

索力控制采用配套标定的千斤顶，现场张拉的千斤顶在有资质的实验室与油压表进行配套标定。

2．位移监测仪器-全站仪

全站仪放样用的主要平面控制网点应纳入高程控制网，统一联测平差，高程控制网的基本网和加密网精度保持一致，复测精度与建网精度相同。并对放样和观测的控制点设强制对中固定观测墩座；对于其他控制点也应尽量设强制对中固定标志杆，以便于精确照准。采用全站仪由控制点进行三维放样，达到很高的精度效果。

3．预应力施工分析的过程

根据施工方案，跟踪施工全过程，分析结构的关键响应随施工过程的变化数据。按照以下11步进行施工过程分析：

1）搭设支撑架，结构的构件安装就位；

2）张拉第一组拉索，张拉分3级加载，张拉值分别为初始张拉力的25%、50%、72%；

3）张拉第二组拉索，张拉分3级加载，张拉值分别为初始张拉力的25%、50%、72%；

4）张拉第三组拉索，张拉分3级加载，张拉值分别为初始张拉力的25%、50%、72%；

5）张拉第一组拉索，张拉值为初始张拉力的90%；

6）张拉第二组拉索，张拉值为初始张拉力的90%；

7）张拉第三组拉索，张拉值为初始张拉力的90%；

8）张拉第一组拉索，张拉值为初始张拉力的105%；

9）张拉第二组拉索，张拉值为初始张拉力的105%；

10）张拉第三组拉索，张拉值为初始张拉力的105%，结构成型；

11）安装屋面系统和永久性马道，屋盖成型。

4．张弦梁索力值见表5.2.5-1。

张弦梁下单索的索力（单位：kN）　　　　　　　　表5.2.5-1

施工过程	未张拉	25%	50%	72%	90%	100%	ZL2 工况
拉索索力		563	915	1192	1289	1337	1752

5．张弦梁施工监测位置及数据

张弦梁变形监控位置为：7轴支座水平滑移以及梁上若干点的竖向位移，单榀张弦梁上共15个点，见图5.2.5-1。每榀张弦梁均监测变形。

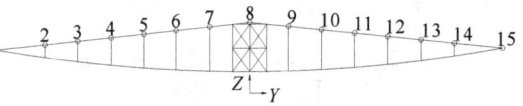

图5.2.5-1　张弦梁变形监控点位置图

1）张弦梁监测点竖向位移值见表5.2.5-2。

张弦梁监测点竖向位移值（单位：mm）　　　　　　表 5.2.5-2

施工过程	72%	90%	100%	ZL2 工况
监测点 2，14	−15.1	13.7	31.3	−92.9
监测点 3，13	−11.3	27.6	53.5	−114.3
监测点 4，12	1.2	42.6	72.9	−103.2
监测点 5，11	6.2	57.0	88.9	−75.6
监测点 6，10	15.4	68.9	100.7	−45.6
监测点 7，9	20.3	77.5	108.5	−22.5
监测点 8	25.3	81.7	112.1	−12.5

2）张弦梁水平位移值见表5.2.5-3。

张弦梁支座纵向水平位移（单位：mm） 表5.2.5-3

施工过程	未张拉	25%	50%	72%	90%	100%	ZL2工况
监测点1	−1.4	0.9	3.0	7.4	11.6	14.4	4.4
监测点15	1.4	−0.9	−3.0	−7.4	−11.6	−14.4	−4.4

6. 单榀张弦梁张拉过程中状态变化曲线

单榀张弦梁张拉过程中，随着张拉力的逐渐增大，结构的跨中竖向位移和滑动支座水平位移也随着变化。

对典型张弦梁的张拉过程进行分析，绘制跨中竖向位移和滑动支座水平位移随张拉力变化曲线（图5.2.5-2）。可见，由于张拉过程中张弦梁逐渐脱架，位移－张拉力关系曲线是非线性的。当拉索（单根）张拉力达到约940kN时，中央刚性环脱离支撑胎架，之后，跨中竖向位移随张拉力的增加而迅速增加。

鉴于当张拉力较大时，中央刚性环跨中位移对于张拉力较为敏感，因此张拉过程中应对跨中位移予以监控，在张拉后期应根据梁变形情况，对最终张拉力予以适当调整，即张拉后期应以变形控制为主，索力控制为辅。

5.2.6 体育馆放线、定位测量

1. 布网方案设计

以场内中心点、控制线作为测站，以场外点作为方向点布设钢结构工程施工用测量控制网。体育馆中布设12个控制点，具体布置见图5.2.6。

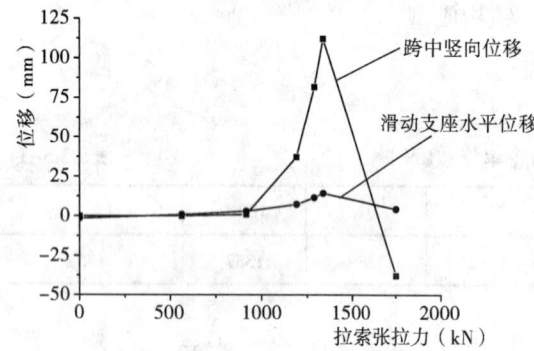

图5.2.5-2　张拉时跨中竖向位移和滑动支座
水平位移随张拉力变化曲线

说明：
1. 本工程钢结构安装测量控制点分场内、场外分别布置。
2. 体育场内布置：1、2两个主要测量控制点，并在混凝土看台上布置3、4、5、6四个辅助控制点；体育场外布置7、8、9、10、11、12六个测量控制点。

图5.2.6　测量控制点布置图

2. 高程测量控制网布设

在施工前期，平面测量控制点兼作高程控制点。

水准测量作业用高空差法，中丝测微器读数法进行往返施测，水准尺选用铟钢尺，并在控制点间控制测量站数为偶数，以消除"零点差"的影响，观测顺序为"后－前－前－后"。

用Ⅱ等水准方法，Ⅲ等水准精度要求，闭合水准路线确定各高程点的高程。高程测量控制网的技术要求见表5.2.6。

3. 高程测量控制网技术要求（表5.2.6）

高程测量控制网技术要点 表5.2.6

测量作业项目	限差项目	限差要求	备注
水准高程	前后视距允差	1m	
	视距累计允差	3m	
	最大视距	30m	
	基辅读数较差	0.2mm	

4．锚固件测量

根据所建立的平面控制网和高程控制网，检查上工序提交的混凝土柱测量资料和锚固件的测量资料。测量资料应包括柱中心线定位及标高测设图、竣工后中心线及标高施测资料和沉降、位移观测资料三部分。上工序移交的柱顶预埋件允许误差为（ +0≥ ， ≥ –3mm ），柱顶预埋件中心线偏差为 ± 5mm，整体水平度小于1mm。

5．桁架垂直度的测量

采用吊线锤和铅垂仪相结合的方法检查。

6．沉降观测

布设沉降观测点，随施工进行定期沉降观测，直至交工验收，移交用户单位，施测方法和精度要求详见变形监测作业。

7．变形监测

平面水平位移的检测采用方向线法或极坐标法，沉降观测按沉降观测标志埋设及观测要求进行，定期观测。沉降点点位的选择必须牢固可靠，保证投产后可以继续使用。点位的埋设最好在+0.500m 处左右，便于观测。

1）观测周期

结构吊装完即需在设计位置焊接正式的沉降观测点，观测周期一般为1个月，可根据现场工程的进展，适当调整观测周期。发现沉降异常，或变形量较大，则应缩短观测周期，一边掌握第一手资料，分项沉降变化的原因。

2）观测要求

在远离施工影响区域外，选择1~2个永久水准点作高程起算点。在观测过程中应保持视距不大于40m，实现高度不小于0.5m，水准路线长度不大于1.6km。同时，应坚持"三定"原则，定观测人员，定水准仪和水准尺，定测站数。

3）资料整理

首次高程应在同期进行两次观测后确定。正式布设沉降点后，应与基础上埋设的临时观测点相互联测，保证沉降资料的完整性、连续性。变形监测的数据应保证正确性、准确性、及时性、连续性。

5.3 劳动力组织（表5.3）

劳动力组织计划表   表5.3

序号	工 种	任 务	人数	备 注
1	现场总指挥	现场统一协调、指挥、管理等	2	
2	技术人员	对现场作业给予技术指导	4	
3	质检员	检查施工质量是否符合要求	4	
4	安全员	检查现场作业安全是否符合要求	4	
5	测量工	测量放线、监测	6	
6	架工	搭拆操作平台脚手架	30	视工程大小和工期要求调整人数
7	木工	搭拆基础模板、操作面	10	
8	电焊工	焊接、加固	20	
9	钢筋工	基础钢筋绑扎	10	
10	吊装工	吊装拆卸	16	
11	千斤顶操作工	操作千斤顶、液压机	20	
12	卸载指挥	统一指挥千斤顶同步升降	4	
13	普工	挖基槽、平整场地等	20	

6. 材料与设备

6.1 材料

大跨度张弦梁结构卸载施工材料有：采用Q235钢材制作的型钢支撑，42.5级普通硅酸盐水泥、E43型电焊条、钢丝绳等。施工周转材料有：脚手板及扣件式钢管脚手架等。

6.2 施工机械设备（表6.2）

主要施工机械设备 表6.2

序 号	名 称	型 号	数 量
1	汽车吊或履带式吊车	50t~80t	4 台
2	美国油漆涂装机	S395	4 台
3	门式埋弧焊机	BOX	4 台
4	直接焊机	AX-320-1	25 台
5	半自动埋弧焊机	DC-1000	8 台
6	液压千斤顶及配套油泵	QYL 型	20 台
7	防爆手拉葫芦	308-1006	10 台
8	美国抛丸除锈机	8×130RK	2
9	全站仪		1 台
10	激光经纬仪		1 台
11	铅垂仪		2 台
12	水准仪		2 台
13	钢钢尺		2 只

7. 质量控制

7.1 工程质量控制标准

7.1.1 本工法施工质量验收依据以下现行国家标准：

《建筑钢结构焊接技术规程》JGJ 81-2002；《钢结构工程施工质量验收规范》GB 50205-2001；《钢结构制作安装施工规程》YB 9254-95；《热轧H型钢和剖分T型钢》GB/T 11263-98；《钢结构防火涂料应用技术规范》CECS 24：90；《预应力钢结构技术规程》CECS212：2006；《斜拉桥热挤聚乙烯高强钢丝拉索技术条件》GBT 18365-2001；《建筑缆索用高密度聚乙烯塑料》CJ/T 3078；《建筑缆索用钢丝》CJ 3077-1998。

7.1.2 钢结构安装施工允许偏差和检验方法如表7.1.2-1、表7.1.2-2：

1. 焊接连接制作组装的允许偏差应符合表7.1.2-1的规定。

钢结构连接制作组装的允许偏差表 表7.1.2-1

项 目	允许偏差（mm）	检 查 方 法
箱形截面高度 h	±2.0	
宽度 b	±2.0	用经纬仪、铅垂仪或吊线和钢尺检查
垂直度	b/200，且不应大于3.0	

续表

项　　目		允许偏差（mm）	检查方法
箱形截面对角线差		5.0	用钢尺检查
箱形截面两腹板到翼缘板中心线距离	连接处	1.0	
	其他处	1.5	
柱脚底座中心线对定位轴线的偏移		5.0	用吊线和钢尺检查
柱基准点标高（a）		+3.0≥a>-5.0	用水准仪检查
弯曲矢高		$H/1200$，且不应大于15.0	用经纬仪或拉线和钢尺检查
柱轴线垂直度	$H≤10m$	$H/1000$	用经纬仪、铅垂仪或吊线和钢尺检查
	$H>10m$	$H/1000$，且不应大于25.0	
主梁与次梁表面的高差		±2.0	用直尺和钢尺检查

2．钢桁架外形尺寸的允许偏差应符合表7.1.2-2的规定。

钢桁架外形尺寸的允许偏差（mm）　　　　　　　　　　表7.1.2-2

项　　目		允许偏差	检验方法
桁架最外端两个孔或两端支承面最外侧距离（a）	$l≤24m$	+3.0≥a>-7.0	
	$l>24m$	+5.0≥a>-10.0	
桁架跨中高度		±10.0	用钢尺检查
桁架跨中拱度（a）	设计要求起拱	±1/5000	
	设计未要求起拱	10.0≥a>-5.0	
相邻节间弦杆弯曲（受压除外）		11/1000	
支承面到第一个安装孔距离		±1.0	用钢尺检查
檩条连接支座间距		±5.0	

7.2　质量保证措施

7.2.1　各工种技术人员必须持上岗资格证。

7.2.2　施工前应认真检查原材料的品种、型号、规格及型钢的质量，应有主要原材料检验报告。

7.2.3　通过火焰切割工艺评定试验，确定切割工艺参数和不同板厚割缝宽度，以及切割面质量和切割面硬度等。

7.2.4　通过工艺试验，对湿膜、干膜厚度和附着力以及外观的检测，确定涂装工艺参数正确性。

7.2.5　构件采用BOX生产流水线装配和自制专用胎架结合施工。

7.2.6　装配前将焊缝处30mm范围内的铁锈、油污等清理干净。

7.2.7　设置刚性支撑、工夹具等进行装配、焊接，保证装配精度和减少焊接变形。

7.2.8　焊接前清除待焊处表面的水、氧化皮、锈、油污等。

7.2.9　对于大于40mm的板在焊接前必须进行焊接预热，预热温度100~150℃；焊后应进行保温处理。

7.2.10　定位焊的焊接材料必须与正式施焊的相同；定位焊的焊缝厚度不应超过设计焊缝厚度2/3，定位焊的长度应大于40mm，间距为500~600mm。

7.2.11　两面施焊的熔透焊缝，在反面焊接前用碳弧气刨止正面完整金属。

7.2.12　引弧板及引出板均采用气割切除，严禁锤击去除。

7.2.13　钻电焊渣焊孔采用摇臂钻，钻孔过程当中应使用空气冷却，不允许用冷水冷却。

7.2.14 喷涂防腐材料应按顺序进行，先喷底漆，底漆完全干燥后方可进行封闭漆的喷涂施工，使每道工序受控。

7.2.15 液压千斤顶及配套油泵应用同一型号，经检验合格，每次顶升最大行程不得超过活塞杆长度的3/4。使用中必须统一指挥，做到同步、同量。

7.2.16 支撑柱拆除前，先用吊机就位用钢丝绳绑扎临时支撑架顶部。然后切割支撑柱柱脚焊缝，使柱脚和基础顶预埋板脱离。采用吊机吊出的支撑柱应运至堆放场地集中。

8. 安 全 措 施

8.1 建立项目安全管理体系，贯彻实施国家和省、市有关安全生产的方针、法规、标准、规范、规程，并通过在施工中认真执行"安全第一、预防为主"的方针，结合工程具体情况，制定严密的安全管理制度组成专职安全管理机构及现场机械设备安全管理负责人，明确各级人员职责，以保证安全生产。

8.2 刚性中心环支架搭设及拆除应严格按照施工方案要求进行。

8.3 吊装施工时应设置警戒区，防止无关人员进入，不得在正在吊装的构件下或起重臂下行走或作业。

8.4 施工现场临时用电应按现行国家行业标准《施工现场临时用电安全技术规程》JGJ 46-2005规定操作，电工持证上岗。

8.5 遇到雨、雪、大风、大雾等天气，应停止施工，做好暂停施工准备。

8.6 高空作业人员使用安全带应做到高挂低用。

8.7 夜间施工的照明设置应齐全，照明灯与张弦梁结构有绝缘措施，照明灯固定稳固，防止倾翻伤人。

8.8 为便于高空操纵人员行走，张弦梁上弦杆设贯通生命线，见图8.8。

8.9 抗风柱当为分段吊装时，应考虑分段点处的调整、焊接作业，采用活动脚手架作为操作平台，保证操作安全，见图8.9。

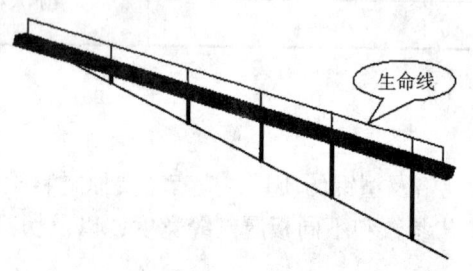
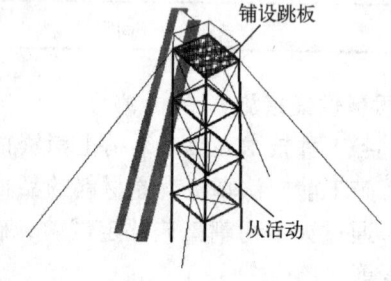

图8.8　内圈张弦梁安装安全措施设置图　　　　　图8.9　分段点操纵平台

8.10 临时支架应用缆风绳进行固定，并在周圈应进行防护，且作业人员在上边操作时必须系好安全带。

8.11 重物起升和下降速度应平稳、均匀，不得突然制动；左右回转应平衡，当回转未停稳前不得作反向动作；起吊在满负荷或接近满负荷时，严禁降落臂杆或同时进行两个动作。

8.12 用两台或多台起重机吊运同一重物时，钢丝绳应保持垂直；各台起重机的升降、运行应保持同步；各台机重机所承受的载荷均不得超过各处的额定起重能力。

8.13 起吊物件应拉溜绳，速度要均匀，禁止突然制动和变换方向；操作控制器时，不得直接变换运转方向。

8.14 当进行高处吊装作业或司机不能清楚地看到作业地点或信号时，设置信号传递人员。在天然光线不足的工作地点或者在夜间进行工作，都应该设置足够的照明设备。

8.15 拆除胎架使用电气焊时，派专职人员做好防护工作，配备料斗防止火星和切割物溅落，并设置防火器材。

9. 环 保 措 施

本工法施工环保，特成立对应的施工环境卫生管理机构，在工程施工过程中严格遵守国家和地方政府下发的有关环境的法律、法规和规章，加强对工程材料、设备、废水、生产生活垃圾、弃渣等的控制和治理，遵守有关防火及处理的规章制度，做好交通环境疏导，且各种施工材料的选用应满足国家有关产品标准的环境保护指标的要求，具体各项环保措施如下：

9.1 扬尘控制

9.1.1 运送土方、垃圾、设备及建筑材料等，不污损场外道路。运输容易散落、飞扬、流漏的物料的车辆，必须采取措施封闭严密，保证车辆清洁。施工现场出口应设置洗车槽。

9.1.2 土方作业阶段，采取洒水、覆盖等措施，达到作业区目测扬尘高度小于1.5m，不扩散到场区外。

9.1.3 在施工期间，对施工区域进行全封闭维护，严格控制噪声及环境污染。粉尘较多的分项工程，单独围护施工，施工时尽力减少粉尘污染，减轻对人身健康的危害，更要避免影响周边环境，造成环境污染。

9.1.4 施工现场非作业区达到目测无扬尘的要求。对现场易飞扬物质采取有效措施，如洒水、地面硬化、围挡、密网覆盖、封闭等，防止扬尘产生。

9.1.5 构筑物、机械拆除前，做好扬尘控制计划。可采取清理积尘、拆除体洒水、设置隔挡等措施。

9.1.6 在现场四周隔挡高度位置测得的大气总悬浮颗粒物（TSP）月平均浓度与城市背景值的差值不大于0.08mg/m³。

9.1.7 各种构件，成品、半成品应尽量安排在预制工场制作，减少现场工作量，减少噪声、粉尘的影响。

9.2 噪声与振动控制

9.2.1 现场噪声排放不得超过国家标准《建筑施工场界噪声限值》GB 12523-90的规定。

9.2.2 在施工现场对噪声进行实时监测与控制。监测方法执行国家标准《建筑施工场界噪声测量方法》GB 12524-90。

9.2.3 控制切割或电焊钢材、吊装钢材等施工中的噪声污染，夜间施工应取得环保部门颁发的许可证。

9.2.4 使用低噪声、低振动的机具，采取隔声与隔振措施，避免或减少施工噪声和振动。

9.2.5 施工班组要合理调整施工工序，一些施工噪声大的工作，应安排在白天进行。为了确保施工进度，晚上安排无噪声施工工序进行施工，并尽量避免噪声大的机具同时施工。施工人员不得进入施工区以外的范围进行与施工无关的活动，不得影响原有建筑的正常使用。

9.2.6 在管理上严格控制人为噪声，进入现场不得无故敲击、吹哨，声源上选用低噪声电动工具，电动空压机、电锯等。

9.2.7 严格按国家监管机构规定工作时间进行施工，尽量在规定的施工时间内进行施工，并尽量避免噪声大的机具同时施工，尽最大努力将噪声降到最低限度以免影响周边环境。

9.2.8 如必须连续作业，在施工前3d向业主、当地有关部门提出申请，在征得同意后进行施工，并制定相对施工措施保证不发生扰民现象。

9.3 光污染控制

9.3.1 尽量避免或减少施工过程中的光污染。夜间室外照明灯加设灯罩，透光方向集中在施工范围。

9.3.2 电焊作业采取遮挡措施，避免电焊弧光外泄。

9.4 水污染控制

9.4.1 施工现场污水排放应达到国家标准《污水综合排放标准》GB 8978-1996的要求。

9.4.2 在施工现场应针对不同的污水，设置相应的处理设施，如沉淀池、隔油池、化粪池等。施工现场的食堂、卫生间、淋浴间的下水管线设置沉淀池，然后排出城市下水管道中，卫生间化粪池设防渗漏措施。

9.4.3 污水排放应委托有资质的单位进行废水水质检测，提供相应的污水检测报告。

9.4.4 保护地下水环境。采用隔水性能好的边坡支护技术。在缺水地区或地下水位持续下降的地区，基坑降水尽可能少地抽取地下水；当基坑开挖抽水量大于50万 m³时，应进行地下水回灌，并避免地下水被污染。

9.4.5 对于化学品等有毒材料、油料的储存地，应有严格的隔水层设计，做好渗漏液收集和处理。

9.5 土壤保护

9.5.1 保护地表环境，防止土壤侵蚀、流失。因施工造成的裸土，及时覆盖砂石或种植速生草种，以减少土壤侵蚀；因施工造成容易发生地表径流土壤流失的情况，应采取设置地表排水系统、稳定斜坡、植被覆盖等措施，减少土壤流失。

9.5.2 沉淀池、隔油池、化粪池等不发生堵塞、渗漏、溢出等现象。及时清掏各类池内沉淀物，并委托有资质的单位清运。

9.5.3 对于有毒有害废弃物如电池、墨盒、油漆、涂料等应回收后交有资质的单位处理，不能作为建筑垃圾外运，避免污染土壤和地下水。

9.5.4 施工后应恢复施工活动破坏的植被（一般指临时占地内）。与当地园林、环保部门或当地植物研究机构进行合作，在先前开发地区种植当地或其他合适的植物，以恢复剩余空地地貌或科学绿化，补救施工活动中人为破坏植被和地貌造成的土壤侵蚀。

9.6 建筑垃圾控制

9.6.1 制定建筑垃圾减量化计划。

9.6.2 加强建筑垃圾的回收再利用。

9.6.3 施工现场生活区设置封闭式垃圾容器，施工场地生活垃圾实行袋装化，及时清运。对建筑垃圾进行分类，并收集到现场封闭式垃圾站，集中运出。

9.6.4 严禁焚烧有毒、有害的物质，装饰垃圾由专人负责，及时清理，统一堆放，统一运送至指定的堆放点。

9.6.5 利用保洁队和班组材料节约奖励的办法，做好材料的回收利用，做到能使用的决不浪费。及时进行现场清理，做到随做随清。每天清理现场、回收、整理余料、做到工完场清。

10. 效益分析

10.1 本工法于2009年9月至2011年5月应用于电子科技大学清水河校区体育馆，在确保不同组张弦梁进行拉索张拉施工时对相邻组张弦梁的影响最小的前提下，且利用地面完成穿索，施工安全和质量控制较好，本工法应用中30榀张弦梁共投入10台千斤顶施工，与拉索同步一次分级张拉方法相比，减少张拉设备千斤顶20台，且结合地面穿索及临时支撑关键技术的应用，共节约费用33.6万元。张拉方案对比见表10.1。

张拉方案效益对比图　　　　　　　　　　　　　　　　　　　　表10.1

张 拉 方 案	设备台数	张拉次数	质量	费用
所有拉索同步一次分级张拉	30	1	优	最高
拉索分三批两阶段循环张拉	10	9	优	最低

10.2 山东省济南奥林匹克体育中心体育场其屋盖为轮辐式张弦梁结构，该工程张弦梁结构安装费用（含试验费）平均价格为1480元/t，与此前我公司同类张弦梁结构安装费用（含试验费）平均价格为1630元/t相比，单方吨位可节约成本150元/t，节约成本合计29.25万元。

10.3 南京奥林中心游泳馆其屋盖为轮辐式张弦梁结构。该工程张弦梁结构安装费用（含试验费）平均价格为1500元/t，与此前公司同类张弦梁结构安装费用（含试验费）平均价格为1630元/t相比，单方吨位可节约成本130元/t，节约成本合计21.7万元。

11. 应 用 实 例

11.1 电子科技大学清水河校区体育馆

成都电子科技大学清水河校区体育馆工程坐落于成都市高新西区，工程南侧紧邻IT大道，工程北侧为学校主楼，东侧为成都市绕城高速公路。体育馆为甲级体育馆，可进行全国性和单项国际体育比赛。该馆集体育项目比赛、练习和群众体育锻炼、师生集会等功能为一体。总建筑面积23852m²，建筑高度为26.090m，室内外高差0.45m。单层，局部4层。结构设计使用年限为50年，钢筋混凝土结构，轮辐式张弦梁结构屋面，抗震设防烈度7度。比赛馆总座席数为7439个，其中固定席5468个，活动席1954个，残疾人席17个。见图11.1-1。

图11.1-1　电子科技大学清水河校区体育馆

该工程屋盖为轮辐式张弦梁结构，下弦为预应力拉索，上下弦通过竖向撑杆支撑组成张弦梁结构，屋盖径向共布置30榀张弦箱形梁，屋盖中央设刚性环连接各张弦梁，作为30榀张弦梁端部拉索的节点，中央刚性环作为张弦梁的拉索和弦杆的最主要的节点，上圆直径为16m，下圆直径为7.0m，高度为9.5m，主要杆件截面为箱形和H形。屋盖跨度为100m，中央矢高位9.5m，张弦梁上弦为箱形截面，下弦为预应力拉索。见图11.1-2、图11.1-3。

成都电子科技大学清水河校区体育馆工程于2009年9月～2010年8月应用体育馆轮辐式张拉梁屋盖同步分级张拉整体提升施工工法。该工程获得了四川省、市优质结构工程；项目轮辐式张弦梁结构一次性验收合格，经检测该工程质量优良，钢结构焊接、拼装成型好，预应力拉索受力均匀，

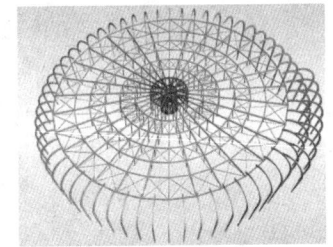
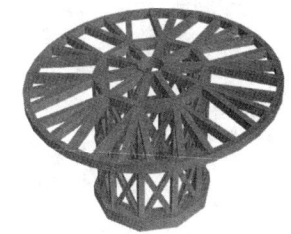

图11.1-2　体育馆屋盖结构图　　　　　图11.1-3　中央刚性环图

现经过一年多年的时间考验，业主对工程质量非常满意，得到了一致好评，并取得了良好的社会效益和经济效益。

11.2 济南奥林匹克体育中心

济南奥林匹克体育中心位于济南市东部新城区龙洞地区，旅游路以北，西邻体育西路，东临体育

中路。济南奥体游泳馆是第十一届全运会主场馆之一，是济南奥林匹克体育中心主体建筑之一，位于奥体中心东区中轴线北侧，与中轴线南侧的网球中心相对，其东侧为体育馆。游泳馆距城区约10km。建筑面积4.2万m²，观众座席4000座，长201m，宽110m。

11.3　南京奥体中心游泳馆

南京奥体中心游泳馆（图11.3）是目前国内最大的游泳比赛馆，高度34.4m，跨度87.3m，由主馆、附馆和门厅钢结构组成，其中主馆钢结构屋盖为桁架结构，节点主要采用相贯焊接节点，桁架下弦钢管内设置预应力钢绞线；附馆钢结构屋盖为四角锥网架结构；门厅钢结构屋盖为桁架结构，其节点主要采用相贯焊接节点。该工程于2002年8月正式开工，2004年8月建成，2005年5月1日交付运行。经过多年的时间和多次赛事考验，业主对工程质量非常满意，得到了一致好评，并取得了良好的社会效益和经济效益。

图11.2　双流体育中心体育馆　　　　　　　　　图11.3　南京奥体中心游泳馆

大跨度管桁架拼装施工工法

GJEJGF096—2010

攀钢集团冶金工程技术有限公司 成都建筑工程集团总公司

周旭 朱明 钟彪 范龙尧 黄良

1. 前 言

随着科技的进步及新材料、新技术的广泛应用，同时伴随着经济实力的增强和社会发展的需要，我国在大跨度及空间钢结构领域得到了迅猛的发展，许多大跨度、大空间建筑如体育馆、大型工业厂房等不断涌现。针对此类结构的施工技术也在不断的完善与提高，由攀钢集团冶金工程技术有限公司与成都建筑工程集团总公司合编的《大跨度管桁架拼装施工工法》，是结合国内现有大跨度空间结构施工技术，经过施工工艺可行性研究，自行开发的具有首创性和先进性的施工工法。该工法中的关键技术《114m跨度巨型空间管桁架式干煤棚施工技术研究》于2010年7月30日通过中国冶金建设协会科技成果鉴定，并获得了攀钢集团公司"2010年度科技进步奖三等奖"，该项技术已申请发明专利，受理申请号为201110049809.X。

本工法成功应用于2010年施工的攀成钢旺苍60万t焦化项目——堆煤场干煤棚工程。该干煤棚是国内目前跨度最大的干煤棚，由六榀单层单跨大型钢管桁架及12榀桁架柱组成，跨度为114m，外形长122m，管桁架自身高11m，宽5.3m，截面为矩形，单榀管桁架重量为75t。干煤棚结构形式见图1。

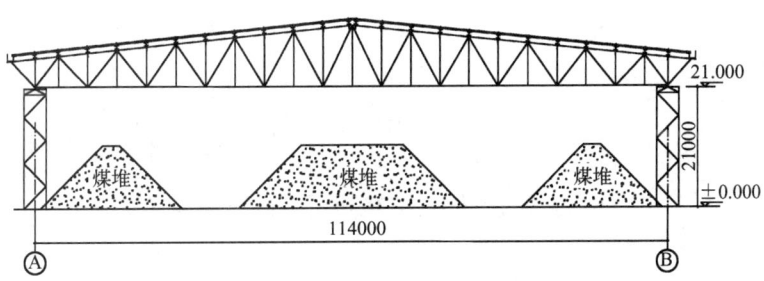

图1 干煤棚结构形式示意图

2. 工 法 特 点

2.1 管桁架的节点全部采用相贯线节点连接，杆件的相贯面切割，采用数控相贯线自动切割机加工成带变化剖口的与主管外表面完全吻合的空间曲线，保证杆件的加工精度和质量要求。见图2.1。

2.2 管桁架体积庞大，采用马凳式钢支撑作为临时拼装平台，可节约大量措施用料；同时，保证了场内已建成的两条皮带机正常运行（图2.2）。

2.3 上下弦平面桁架重叠组对，可有效的保证上下弦外形尺寸及节点的一致性。见图2.3。

2.4 利用门型吊架拼装管桁架，上弦平面桁架采用整体提升、空中位移及调整角度的施工方法，完成与下弦平面桁架的组对。同时，利用门型吊架对管桁架拼装的几何尺寸进行精调，提高了拼装精度。见图2.4。

2.5 通过合理设计破口、焊接顺序、焊接参数，保证了焊接质量，焊接变形得到控制。

2.6 为保证管桁架在安装到位后，拱度满足规范和设计要求，在对管桁架起拱前，采用空间有限元分析技术，通过计算机模拟管桁架安装前后的拱度变化，确保了管桁架拼装满足吊装、使用的需要。

图2.1　加工完成的杆件

图2.2　马凳式钢支撑临时拼装平台

图2.3　上下弦平面桁架重叠拼装

图2.4　门型吊架拼装管桁架

3. 适 用 范 围

本工法适用于同类型或与之相类似的各种大型空间桁架的整体拼装施工。

4. 工 艺 原 理

根据大跨度管桁架拼装难度大、技术要求高等特点，在安装现场搭设临时拼装平台，在临时拼装平台上依次组对上、下弦平面桁架，然后利用门型吊架将上弦平面桁架整体提升、空中位移及调整角度，将上、下弦平面桁架拼装成一体，从而完成单榀管桁架的整体拼装。

5. 施工工艺流程及操作要点

5.1　施工工艺流程
大跨度管桁架拼装施工工艺流程见图5.1。

5.2　操作要点

5.2.1　管桁架的预装
管桁架的节点全部采用相贯线节点连接，由于杆件种类繁多，如果其中一根管件制作错误，与其相关的管件都无法正确拼装，因此对杆件的编号尤为重要，并且在拼装前对管桁架的杆件预装，以检查相贯线节点连接的加工精度。见图5.2.1。

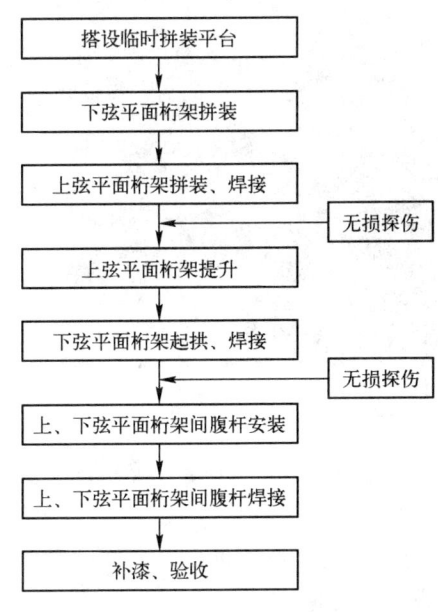

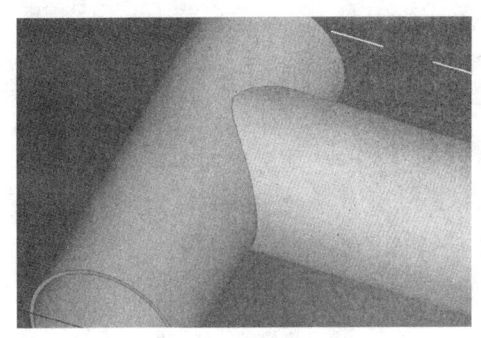

图 5.2.1 管桁架杆件预装

图5.1 管桁架拼装工艺流程图

5.2.2 管桁架的拼装

1. 搭设临时拼装平台

由于堆取料机先于干煤棚形成，为保证皮带运输系统的运行，管桁架拼装、焊接及吊装都需要在皮带机上部完成。由于堆取料机轨道面高出地面1.5m，皮带机高度为1.2m，因此，拼装平台必须高出地面2.8m。由于地面凹凸不平，先采

用枕木在地面垫实，再放置马凳式钢支撑（图5.2.2-1、图5.5.2-2），将钢支撑的上平面统一在一个标高上，形成马登式支撑临时拼装平台，总长度为114m。管桁架构件在临时拼装平台上进行组对焊接，见图5.2.2-3、图5.2.2-4。

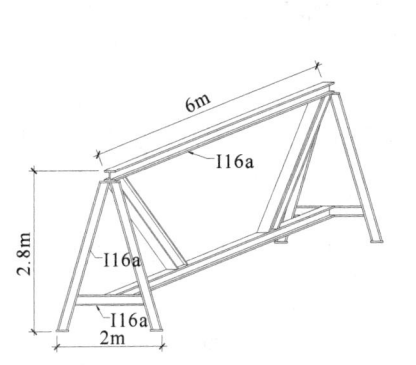

图5.2.2-1 马登式钢支撑示意图一

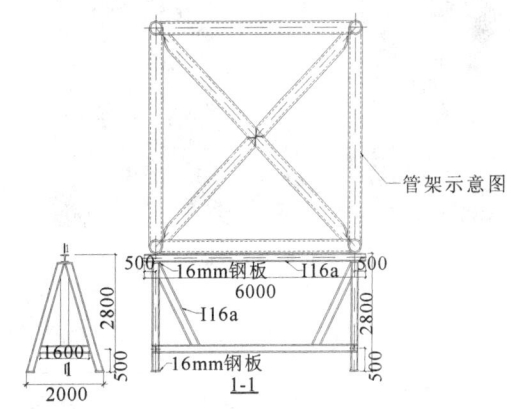

图5.2.2-2 马登式钢支撑示意图二

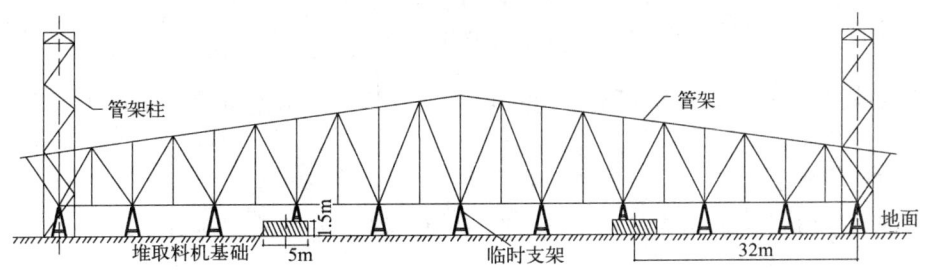

图5.2.2-3 临时拼装平台示意图

整个临时拼装平台由11个马凳式支撑组成，分别放置在管桁架的节点处。马凳式支撑要进行强度、稳定性的校核，以确保拼装平台的安全。

2. 上、下弦平面桁架组对

1）首先进行下弦平面桁架的组对。组对时，主管对接焊缝应与节点位置相错500mm以上。同时，采用全站仪控制下弦外型尺寸，精密水准仪控制杆件的水平度，见图5.2.2-5。

图5.2.2-4　在临时拼装平台上组对管桁架

图5.2.2-5　下弦平面桁架组对

2）下弦平面桁架组对完成，经检查各项尺寸符合要求后，即可在其上部进行上弦平面桁架组对，见图5.2.2-6。

上弦平面桁架比下弦平面桁架长568mm，由管架中心线分成两段组对。组对前，在下弦平面桁架主管上设置20号槽钢作为临时支撑平面，以便于上弦平面桁架的组对，见图5.2.2-7、图5.2.2-8。

图5.2.2-6　上弦平面桁架组对

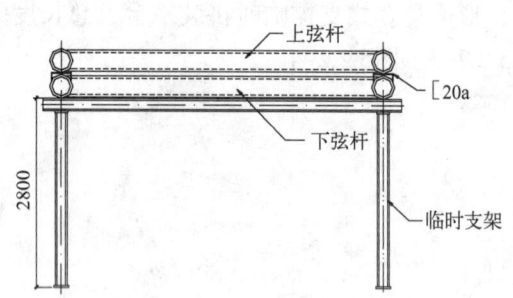

图5.2.2-7　上、下弦平面桁架组对示意图一

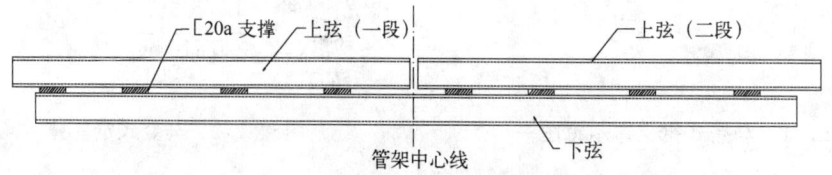

图5.2.2-8　上下弦平面桁架组对示意图二

3）上弦平面桁架组对完成后即可对其进行焊接。下弦平面桁架待上弦平面桁架提升完成后再进行焊接。

3. 上弦平面桁架整体提升

上弦平面桁架拼组对、焊接完成后，将上弦平面桁架整体提升，在空中进行上下弦间系杆的安装。

上弦的提升装置采用6组门型吊架，见图5.2.2-9。制作门型吊架前，对其横梁、立管进行受力计算，采用 $\phi 159 \times 10$ 的无缝钢管制作，其具体形式见图5.2.2-10。为保证门型吊架的稳定，在其两边打上缆封绳，见图5.2.2-11。

上弦平面桁架提升利用门型吊架与捯链配合进行。见图5.2.2-12，在门型架1、2、3上分别挂捯链1、2、3，同时水平提升至指定高度（距地面8.5m处）；然后在门型架2、3上分别再设置捯链2'、3'，提升捯链2'、3'完成上弦平面桁架位移及角度调整，见图5.2.2-13。上弦桁架提升见图5.2.2-14、图5.2.2-15。

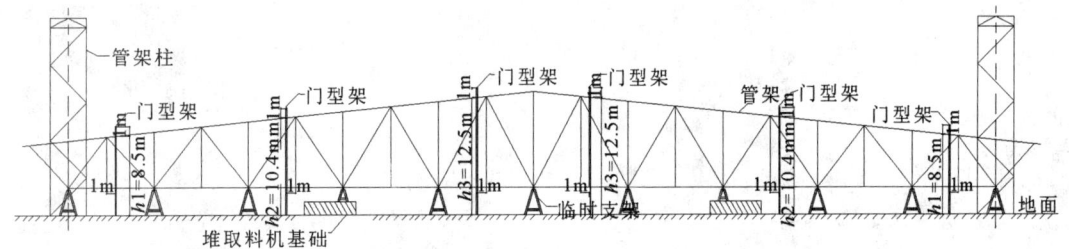

图5.2.2-9　门型吊架布置示意图

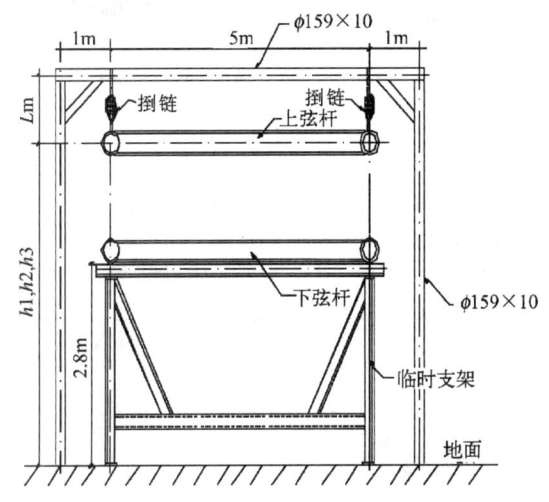

图5.2.2-10　门型吊架提升上弦杆示意图

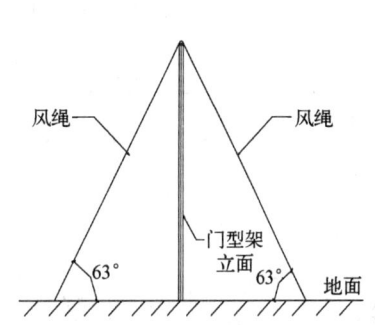

图5.2.2-11　门型吊架固定示意图

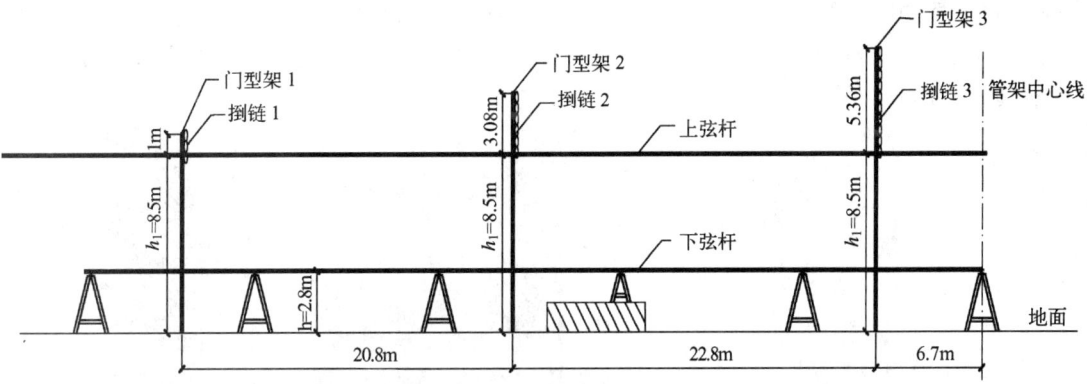

图5.2.2-12　上弦平面桁架整体水平提升示意图

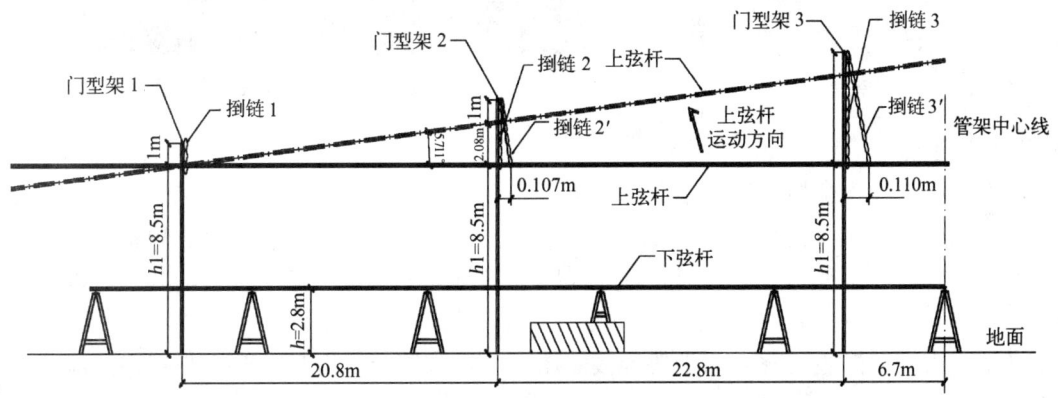

图5.2.2-13　上弦平面桁架角度调整示意图

图5.2.2-14 提升中的上弦桁架

图5.2.2-15 提升到位后的上弦桁架

4. 下弦平面桁架起拱

根据设计要求，选择下弦起拱值，见表5.2.2。

下弦杆件起拱值 表5.5.2

序 号	0	1	2	3	4	5
距离(m)	0	11.4	22.8	34.2	45.6	57
起拱值(mm)	0	144	256	326	384	420

起拱采用千斤顶顶升的方法，在每个节点附近，利用15t千斤顶将下弦平面桁架$\phi 351 \times 10$主管顶升到相应的起拱值，再用钢板垫在马凳式支撑与主管之间，见图5.2.2-16。

5. 上、下弦平面桁架间构件拼装

由于构件节点皆为相贯线节点，因此，在拼装时应注意先后顺序和节点位置尺寸，以保证每根杆件能正确安装到位。安装顺序为先立杆，后斜杆。立杆保证其垂直度，斜杆保证其安装角度。图5.2.2-17为拼装完成的管桁架。

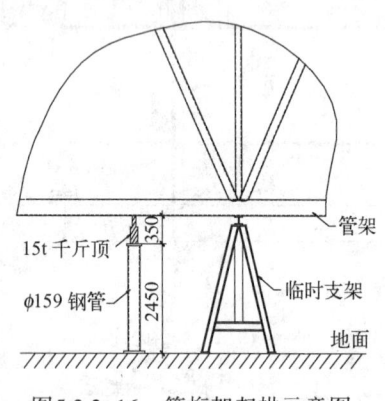
图5.2.2-16 管桁架起拱示意图

图5.2.2-17 拼装完成的管桁架

5.2.3 管桁架焊接

1. 桁架杆件对接焊缝为全熔透焊缝，质量等级为一级。钢管相贯节点的焊接采用部分焊透的组合焊缝，允许在内侧的2~3mm不焊透，但需在外侧增加3mm角焊缝，根部没有刨口。焊缝由二侧的部分熔透焊缝过渡到角焊缝，焊缝尺寸为1.5倍支管壁厚，焊缝质量等级为二级，桁架的其余焊缝等级为三级。

2. 焊接采用由中间往两边对称、同步的焊接顺序，并严格控制线能量，减小焊接残余应力，并使应力分布均匀。

3. 钢管相贯口的焊缝按照A、B、C区不同位置（图5.2.3-1）、不同要求采取相应的坡口形式及工艺进行焊接，见图5.2.3-2。

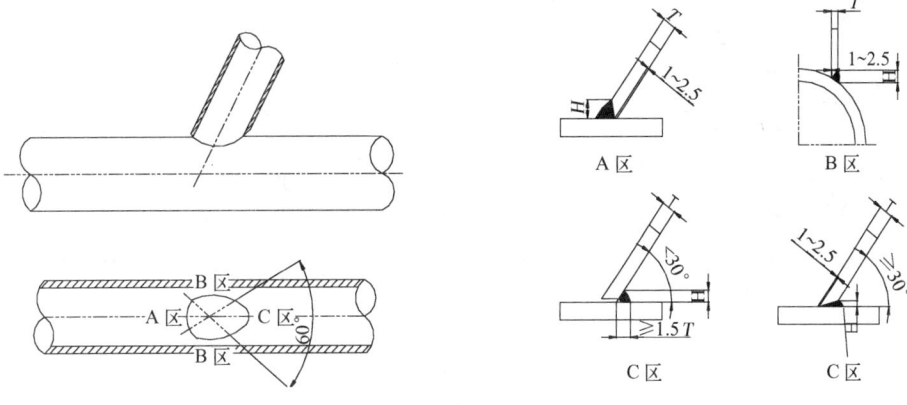

图5.2.3-1 相贯焊缝分区   图5.2.3-2 相贯焊缝分区焊接形式

　　焊接时，先焊接A区趾部焊缝，接着焊接C区根部焊缝，最后焊接B区边侧焊缝。焊工施焊完毕，经自检合格后，交专职焊接检查人员检测，达到标准要求后，打上焊工钢印编号，并保证检查资料中的记录焊工名字与实际施焊杆件钢印号一致。图5.2.3-3为焊接完成的节点，图5.2.3-4为焊接完毕的管桁架。

图5.2.3-3 焊接完成的节点   图5.2.3-4 焊接完毕的管桁架

6. 材料与设备

　　本工法所涉及到的主要材料与设备见表6。

主要材料及设备表一览表   表6

序号	名　称	单位	数量	型　号	备　注
1	电焊机	台	10	BX2-1000	—
2	远红外焊条烘干机	台	1	ZYH-100	—
3	X射线探伤机	台	1	XXQ-3005	—
4	超声波探伤仪	台	1	CTS-22	—
5	经纬仪	台	1	Topcon	—
6	水准仪	台	1	Topcon	—
7	数字式全站仪	台	1	Leica TCRA 1	—

序号	名 称	单位	数量	型 号	备 注
8	磨光机	台	10	—	—
9	手动捯链	把	20	1~10t	—
10	千斤顶	个	16	1~50t	—
11	25t汽车吊	台	2	—	—
12	9m板车	台	2	—	—
13	热轧无缝钢管	t	若干	$\phi 351 \times 10$	主材
14	热轧无缝钢管	t	若干	$\phi 219 \times 6$	主材
15	热轧无缝钢管	t	若干	$\phi 194 \times 6$	主材
16	热轧无缝钢管	t	若干	$\phi 168 \times 5$	主材
17	热轧无缝钢管	t	若干	$\phi 140 \times 5$	主材
18	热轧无缝钢管	t	若干	$\phi 140 \times 4$	主材
19	工字钢	t	若干	I16a	辅材
20	槽钢	t	若干	[20a	辅材
21	钢板	t	若干	$\delta = 6 \sim 20mm$	主材、辅材

7. 质 量 控 制

7.1 本工法执行技术规范及验收标准

《建设工程质量管理办法》；《建筑工程施工统一验收标准》JG 12-1999；《工程测量规范》GB 50026-93；《建筑钢结构焊接规程》JBJ 81-2002；《涂装前钢材锈蚀等级和除锈等级》GB 8923；《钢结构工程施工质量及验收标准》GB 50205-2001；《建筑工程施工质量验收统一标准》GB 50300-2001。

7.2 技术保证措施

7.2.1 现场搭设临时拼装平台及管桁架的拼装过程，均采用数字式全站仪测量定位，确保其精度要求。

7.2.2 在管桁架起拱前，采用空间有限元分析技术，计算机模拟管桁架安装前后的拱度变化，来保证管桁架拱度满足规范和设计要求。见图7.2.2-1、图7.2.2-2。

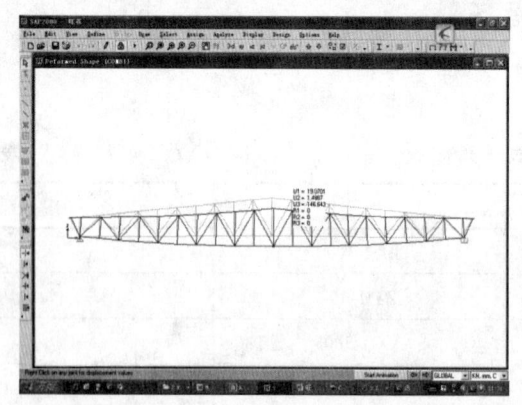 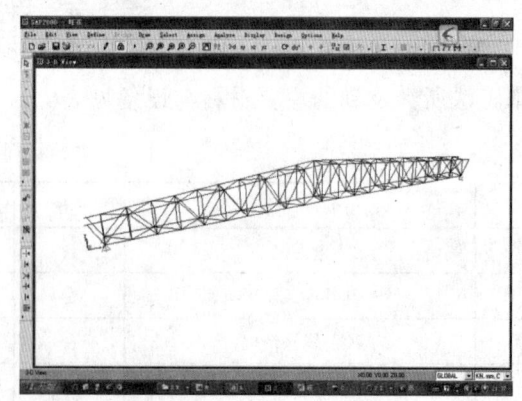

图7.2.2-1 管桁架就位后模型示意图　　　图7.2.2-2 管桁架就位后中点挠度（mm）示意图

7.2.3 通过选择合理的焊接顺序、焊接参数，保证了焊接质量，焊接变形得到控制。

7.2.4 根据工程的实际情况，编写施工作业指导书，并下发到作业人员，同时作好安全、技术交底。

7.2.5 制订和落实各级质量管理责任制，对关键环节（焊接、拼装等）重点控制。

7.2.6 组织好现场工程测量网点的测设和管理。施工放线要由专职人员负责，办理放线测量记录，对轴线、标高控制采取保护措施并定期复核。

8. 安 全 措 施

8.1 认真贯彻国家安全生产的方针政策和法规，加强安全施工管理工作，保障人身和财产安全，预防伤亡事故的发生。

8.2 开展安全技术交底工作。对每一项工序作业进行全面的、有针对性的安全技术交底，交底时要履行签字手续并做好记录。

8.3 建立可靠的安全设施，施工道路、电路、材料堆放、临时设施等要严格按照施工总平面图合理布置，符合安全、卫生、防火要求。

8.4 各种机具、机电设备要牢靠，安全防护装置要齐全，保险设施齐全。工具要经常检查，不可带"病"使用。起吊用机具作为重点检查和维护对象，做到安全、可靠。

8.5 作业人员在工作中要严格遵守劳动纪律和安全守则。现场施工用电必须按《施工现场临时用电安全技术规范》JGJ 46-88及甲方、监理的要求执行。用电设备必须由专职电工进行接电、安装、调试，严禁无证私自操作。

8.6 施工现场设置安全标志，尤其是电源及机械附近。吊装区域内拉好警戒线，非施工人员严禁进入和通行。重大构件吊装时留有备用车辆。

8.7 特种作业人员必须持证上岗，无证人员禁止特种作业。各种施工机械设专人操作，持证上岗。

9. 环 保 措 施

9.1 氧气、乙炔要放在规定的安全处，并按规定正确使用。拼装平台等处要设置数量足够的灭火器材。电焊、气割，先注意周围环境有无易燃物后再进行工作。

9.2 库房材料成堆、成型进库，整洁干净。钢材必须按规格品种堆放整齐。

9.3 焊接所产生的气体对人身及环境有一定的危害，应提高焊接质量，避免重复焊接所产生的污染。

9.4 安装作业执行《工业企业厂界噪声标准》GB 12348-90规定的排放标准。在制定施工计划和进行施工调配时，应避免高噪声设备同时使用，一个工地不同时使用3台以上高噪声设备。噪声排放超过标准的岗位应采取必要的降噪消声措施，为岗位人员配备相应的防护用品，避免噪声伤害。

9.5 固体废弃物管理严格执行《中华人民共和国固体废物污染环境防治法》，使固体废弃物安全存放，及时清理。施工中产生的废弃物要分类堆放到指定场所，清运时采取必要手段防止散落污染环境。

10. 效 益 分 析

该工法成功应用于多个大跨度桁架的拼装施工，并且取得了良好的经济效益和社会效益。以攀成钢旺苍60万t焦化项目——堆煤场干煤棚工程为例，分析采用该工法所取得的巨大经济效益和社会效益。

10.1 经济效益
10.1.1 采该工法仅仅使用两台25t汽车吊拼装，而传统的施工方法需要两台150t履带吊配合施工。管桁架实际拼装过程仅用了60d，25t汽车吊租赁费用按4万元/月，150t履带吊租赁费用25万元/月，使用本工法可节约台班租赁费用：

25万元/月×2月×2台/d-4万元/月×2月×2台/d=84万元

10.1.2 采用本工法提前3个月完成拼装施工，每天出勤人数按60人计，人工工资80元/d，可节约人工费用：

80元/d×60人×90d/人=43.2万元。

10.2 社会效益

采用本工法，使该工程土建设备基础的施工得以提前开展，设备安装提前了3个月完成，使该项目提前投入生产（3个月）。按照攀成钢编写的可行性分析每吨焦煤利润320元计算，可为业主创造直接经济效益：60万t/年×0.25年×320元/t=4800万元。

采用本工法极大的缩短了工期，杆件在低空拼装保证了施工质量，高空作业大幅度减少，降低了安全风险。本工法使用新工艺、新技术，成功的完成了国内跨度最大的干煤棚管桁架拼装，为同类型或与之类似的大跨度管桁架的整体拼装施工积累了新的经验，社会效益显著。

11. 应 用 实 例

本工法成功应用于2005年攀钢3号高炉易地大修工程、2008年攀钢烧结外围皮带工程、2010年攀成钢旺苍60万t焦化项目——堆煤场干煤棚工程等大型工程。使用该施工工法，可以极大的缩短施工工期，节约施工成本，能产生巨大的经济和社会效益。本工法中的关键技术经中国冶金建设协会组织相关专家鉴定，一致认为该技术处于国内领先水平，具有很强的适用价值，可在与之同类型或相类似的各种大型空间桁架的整体拼装施工中全面推广应用。

装配式钢结构试水装置施工工法

GJEJGF097—2010

新疆城建（集团）股份有限公司　新七建设集团有限公司

李忠亮　刘炳元　江涛　易登猛　陈宽城

1. 前　言

随着现代经济社会的高速发展，土地的利用率越来越高，土木建筑已经不仅仅局限于地面和地上；地下建筑物以及构筑物越来越多，地下车库、仓储、商场、设备房等建筑在各大城市已经很普遍了，有的地方地下建筑已经发展到4层地下结构。

虽然这些建筑工程地下室和蓄水构筑物一般采用钢筋混凝土结构，其主要依靠混凝土墙体作为围护结构起到挡土和防水的作用，达到正常的使用功能。那么如何检测这种钢筋混凝土围护结构是否满足防水基本的作用呢？

按照建筑工程验收规范和标准，地下室和蓄水构筑物结构完工后应对混凝土墙体进行灌水防渗检测，以检验混凝土墙体是否渗漏。灌水试验常规的做法是：在抽样的混凝土墙体外砌筑砖挡墙，围成临时蓄水池，然后进行灌水防渗检测。防渗检测完毕后还要花费人力、物力拆除砖砌蓄水池。

装配式钢结构试水装置采用一种可拆卸周转使用的钢结构半圆柱形蓄水箱，该储水箱采取可靠的工艺方法与混凝土墙体连接，蓄水检测渗漏情况，检测完毕后拆除该装置可以转场重复使用（图1）。

图1　装配式钢结构试水装置

2. 工法特点

2.1　工艺简单，传统的蓄水池检测方法工艺流程为：池底土方平整→浇筑池底混凝土→池壁砖墙砌筑→防水砂浆内粉→蓄水→观测→拆除→除渣。装配式钢结构蓄水装置检测方法工艺流程为：钢结构蓄水装置安装→蓄水→检测→拆除转场使用。

2.2　施工周期短，传统的蓄水池要花时间砌筑、粉刷。而该装置属于成品，直接安装即可使用。

2.3　安装、拆卸方便，该装置采用内膨胀螺栓与混凝土墙体连接，安装拆卸自如。

2.4　该装置试水可以加压，传统的蓄水池检测属于蓄水位高度产生的水压试验，不能加压，经过24~48h观察，且只能满足一定蓄水高度下的水压强防渗检测；而装配式钢结构蓄水装置是一种密闭的承压装置，通过空压机对其进行加压，即可满足一定高度下的水压强防渗检测，也可按设计要求进行不同水压强加压防渗检测。

2.5　蓄水高度，传统的砖砌蓄水池的蓄水高度要考虑砖砌体的侧压力，而这种钢结构的装置可以设计成满足任意蓄水高度检测。

2.6　成本低、安全环保，钢结构试水装置安装拆除方便可重复使用，转场后不留遗留物，有利于环保，节约造价；传统的要花费大量的人力和物力做一个蓄水池，检测完后又要花人力物力拆除，且产生建筑垃圾。

3. 适 用 范 围

该装置适用于各种地下建筑工程以及地下蓄水池等构筑物的钢筋混凝土围护结构的防渗漏检测。

4. 工 艺 原 理

装配式钢结构试水装置是采用钢结构制作成的半圆柱形储水箱，储水箱上配置管阀、进出水管阀、压力表、防水密封材料等配件。

试水装置用内膨胀螺栓将其固定在待检测的混凝土墙上，形成可蓄水的容器。通过储水箱进水管阀灌水即可进行一定蓄水高度下的水压强防渗检测。

当按设计要求进行不同水压强加压防渗检测时；用空压机对进水管阀输送压缩空气对试水装置进行加压，当压力表达到设计要求的压强值时，关闭进水阀即可进行稳压防渗检测。装置正立面图见图4-1；侧立面图见图4-2；平面图见图4-3。

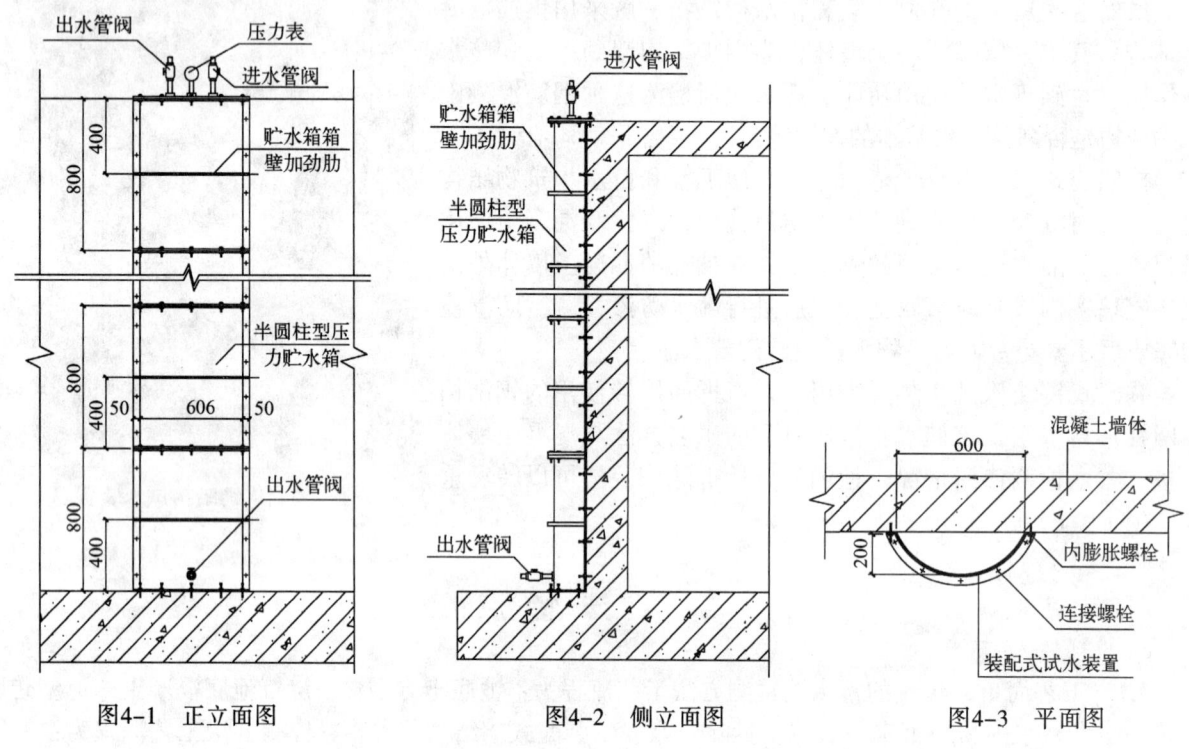

图4-1 正立面图　　　　　　图4-2 侧立面图　　　　　图4-3 平面图

5. 施工工艺流程及操作要点

5.1 施工工艺流程

装配式钢结构试水装置制作→选择试水测试点→电锤打孔→铺衬橡胶密封条→分节安装钢结构蓄水装置→硅酮胶进行密封→注满水后关闭进水阀门、上出水阀门→空压机送气加压→稳压、防渗检测→试水检测完毕打开出水阀门放水→拆除试水装置。

5.2 操作要点

5.2.1 装配式钢结构试水装置制作

试水装置采用Q235钢板在卷板机上加工成半圆形，按设计焊接加劲肋，加工成具有一定刚度的半圆形组件。其大样参见图5.2.1-1。

加工时应保证几何尺寸准确，拼装后接缝紧密，组件互换性强。

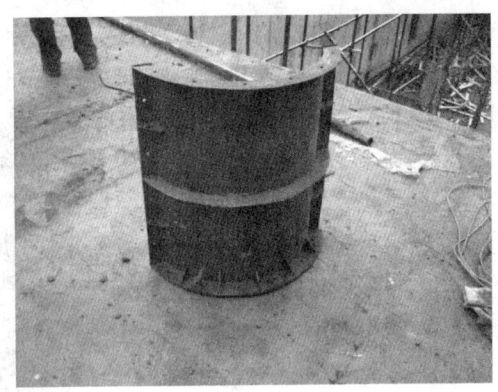

图5.2.1　试水装置半圆形组件

5.2.2　选择试水测试点

根据地下建筑工程"背水内表面的结构工程展开图"选择测试点。测试点的数量依据《地下工程防水工程施工质量验收规范》GB 50208-2002确定。

5.2.3　电锤打孔

根据所用内膨胀螺栓的规格选择电锤钻头的大小，打孔深度要控制在混凝土墙体的钢筋保护层以内，尽量避免打在混凝土墙体受力钢筋上。

5.2.4　铺衬橡胶密封条

按照螺栓孔距在橡胶密封条开好孔，将密封条临时固定在墙面上。

5.2.5　分节安装加固钢结构蓄水装置

该装置分为上、中、下三部分，下段配置有出水阀，中段为标准节可以根据工程测试部位的高度来调整，上段配置有进水管阀、出水管阀、压力表、池顶盖。

安装时先将装置下段固定好，再依次安装中段、上端。安装固定采用内膨胀螺栓，此膨胀螺栓拆除后不留丝杆，可以直接用聚合物砂浆填堵管孔即可。该装置与混凝土墙体连接见图5.2.5-1；节段连接见图5.2.5-2。

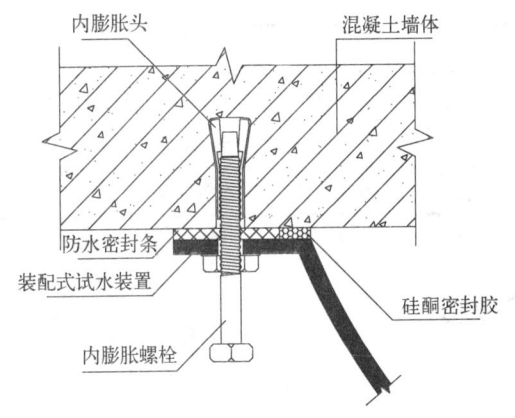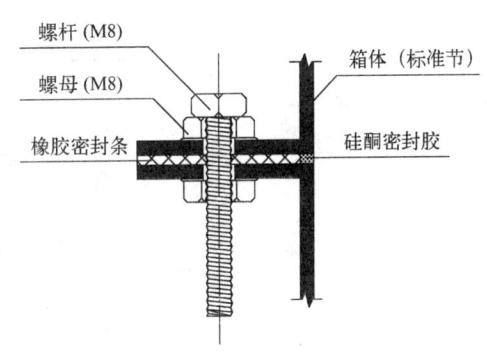

图5.2.5-1　试水装置与混凝土墙体连接大样　　　　图5.2.5-2　试水装置节段连接大样

5.2.6　硅酮胶进行密封

分节安装时，对装置内口与混凝土墙体接触处、装置与装置连接处均采用硅酮密封胶进行密封。若安装高度过高，可随安装随打密封胶。

5.2.7　注水

硅酮密封胶固化后，关闭底部出水阀，打开上部出水阀，通过进水阀进行注水，注满后关闭所有出水阀与进水阀，即可进行蓄水高度与地下室同等高度下的防渗检测。

5.2.8 稳压防渗检测

当按设计要求进行不同水压强加压防渗检测时，注水后关闭上出水管阀和下出水管阀，用空压机对进水管阀输送压缩空气，对半圆柱形储水箱进行加压。当压力表达到设计要求的压强值时，关闭进水管阀即可进行稳压防渗检测（压强值下降时，可用空压机进行补压）。试水装置稳压防渗检测参见图5.2.8。

检查人员可以先用眼睛观察，查看被检测部位混凝土墙体背面有没有水印；再用干手触摸墙面湿斑，有无

图5.2.8 试水装置稳压防渗检测

水浸润感觉，用吸墨纸或者报纸贴附，观察纸的颜色，若有水印就用粉笔画出范围，然后用钢尺、塞尺等测量测量仪器测量测量长度和宽度，并计算面积标示在"展开图"上。

5.2.9 试水检测完毕放水

试水检测完毕，打开上出水管阀和下出水管阀，放空试水装置内的水。

5.2.10 拆除试水装置

装置从上之下进行拆除，先松掉上端与标准节的螺栓，再拆除上端与混凝土墙体的内膨胀螺栓。依次先拆除节段之间的连接螺栓，再拆除与混凝土墙体的内膨胀螺栓。拆除完毕后用聚合物砂浆封堵螺栓孔。

5.3 劳动力组织

装配式钢结构试水装置安装时，劳动力需用量计划见表5.3（钢结构水箱制作劳动力需用量由加工厂酌情安排）。

劳动力需用量计划　　　　　　　　　　　　表5.3

序号	工 种	人 数	工 作 内 容
1	安装拆卸工	2~3人	打孔、安装钢结构蓄水箱、打密封胶
2	水电安装工	1人	接水、接电、空压机操作
3	辅助工	1~2人	作业面清理、操作脚手架搭设

6. 材料与设备

6.1 材料

本工法采用的主要材料见表6.1。

材料计划表　　　　　　　　　　　　表 6.1

序号	部 件 名 称	钢材材质	适 用 标 准
1	钢结构箱体	Q235	《碳素结构钢》GB/T 700—2006
2	膨胀螺栓	A3级	《膨胀螺栓标准》JBEQ 4763—2006
3	橡胶密封条		《建筑橡胶密封垫》HG/T 3099—2004
4	阀门	Q345	《通用金属蝶阀》GB/T 12238—2008

6.2 设备

本工法采用的机具设备见表6.2。

机具设备表 表6.2

序号	名　称	型　号	单位	数量	用途
1	焊机	MZ-1000	台	1	加工钢结构箱体
2	空压机	W-500	台	1	加压
3	压力表	TN-100	套	1	压力读数
4	电锤	/	台	1	打螺栓孔

7. 质 量 控 制

使用的所有材料必须符合国家有关规范，并且有相关出厂报告、合格证以及质检报告等资料。

7.1 钢结构箱体制作质量标准。箱体按以下技术规程和规范制作加工：

《钢结构工程施工质量验收规范》GB 50205-2001；《钢焊缝手工超声波探伤方法和探伤结果等级》GB 11345-89；《建筑钢结构焊接技术规程》JGJ 81-2002；《钢结构高强度螺栓连接的设计施工验收规程》GJ 82-91；《钢结构设计规范》GB 50017-2003；《建筑工程施工质量验收统一标准》GB 50300-2001；《地下工程防水技术规范》GB 50108-2001。

7.2 钢结构箱体制作成品质量要求（表7.2）

钢结构箱体制作成品质量 表7.2

项　　目	质量要求或允许偏差
焊　缝	满足三级焊缝要求
箱体几何尺寸	±4mm
节段之间连接螺栓孔位的几何尺寸	±2mm
上下盖板与侧钢板的焊接	密闭，不渗水

7.3 钢结构箱体安装质量标准

7.3.1 螺栓孔距要按照箱体上的间距，在工程实体上放样后打孔，保证孔位一致误差控制在±2mm以内。

7.3.2 密封条要铺平，避开螺栓孔的位置并临时固定，保证箱体与混凝土墙体接缝严密。

7.3.3 压力表使用前必须校核，安装必须规范。

7.3.4 加压要缓慢而持续，观察读数，达到设计要求立即停止加压，观察过程中如果压力减弱，再持续补压。

7.3.5 避免在阴雨天气进行安装；地下工程有结露现象时不宜进行渗漏检测。

8. 安 全 措 施

8.1 钢结构箱体制作和安装时，所用机具、电器等使用前进行检查，不合要求的不得使用。

8.2 进入现场必须按照规定佩戴安全帽。

8.3 安装试水装置时，应搭设临时架体保证操作人员安全。

8.4 电器设施和线路必须绝缘良好，手持电动工具必须装有漏电保护装置。

8.5 钢结构箱体运输过程中应绑扎牢固，注意成品保护。

9. 环 保 措 施

9.1 本工法实施过程中，执行《建筑施工现场环境与卫生标准》JGJ 146-2004。

9.2 钢结构箱体加工车间设置有通风设备。

9.3 测试设备现场堆放整齐，检测完毕及时运走，做到工完场清。

9.4 测试用水检测完毕后，抽排到指定位置以便充分利用。

9.5 钢结构箱体安装检测过程中，施工区域设置警界线，防止他人进入造成安全隐患。

9.6 施工过程产生的各种废弃物集中存放，定期运送到指定的废弃物处理站。

10. 效 益 分 析

10.1 工艺简便、节约工期

传统的蓄水池检测方法工艺流程为：池底土方平整→浇筑池底混凝土→池壁砖墙砌筑→防水砂浆内粉→蓄水→观测→拆除→除渣。装配式钢结构蓄水装置检测方法工艺流程为：安装→蓄水→检测→拆除转场使用，施工周期短，检测当天可以完成，缩短检测时间3~5d。

10.2 可重复使用，降低成本

钢结构试水装置全部为螺栓连接，安装拆除方便可重复使用，转场后不留遗留物，有利于环保，节约造价；传统的要花费大量的人力和物力做一个蓄水池，检测完后又要花人力物力拆除，且产生建筑垃圾。

11. 应 用 实 例

11.1 乌鲁木齐机械化立体停车库一期工程，位于乌鲁木齐市中山路文化巷85号，南面紧邻中泉广场，是乌鲁木齐市首座也是目前西北地区最大的机械化立体停车库，工程于2009年8月7日开工，2010年12月30日竣工。总建筑面积17126.09m²，其中地上建筑面积5496.94m²，地下建筑面积11629.15m²，建筑层数：地下5层、地上9层。基础底部标高-15.700m，最深处-18.00m，建筑总高度24m。该工程基础为筏板基础，地下室外墙为钢筋混凝土挡土墙（剪力墙），墙厚400~300mm，混凝土抗渗等级为P8，地下防水等级为一级，地勘报告表明，地下水位常年保持在-2.00m左右。

图 11.1　乌鲁木齐机械化立体停车场工程
地下室试水进行中

为确保地下室工程外墙结构的防水不渗漏，项目在施工中除采取了一系列技术措施外，外墙拆模后，在做防水层施工前，又采用"装配式钢结构试水装置"技术，对四面外墙进行试水检测，经试水发现有一处用吸水纸擦拭贴有轻微渗水，经技术处理后，渗水得以解决。应用"装配式钢结构试水装置"技术检测结构防水性能，效果良好，大大缩短了试水检测的时间，受到业主、监理工程师和设计人员的高度赞扬（图11.1）。

11.2 自治区贸易行业办公室高层商住楼，本工程位于乌鲁木齐市新华南路17号，东西长31.3m，南北长55.8m。地下2层，地上25层。总建筑面积为39600m²。地下二层为人防设施，地下一层为停车库。地上1~4层为商业用房，5~25层为住宅。建筑物总高度

83.6m。该工程2006年8月开工，2008年11月竣工。该工程地下室采用"装配式钢结构试水装置"技术进行试水检测，这也是该项技术在我市首次应用，取得了良好效果。同其他技术方法相比该技术具有省工、省料、省时间、无垃圾废料污染环境的优点，得到监理工程师和设计院的充分肯定，经过两年使用，地下室无渗漏现象发生。

11.3 郎月星城6号楼 该工程位于乌鲁木齐市新华南路4号，新疆市政工程公司家属院内，总建筑面积16963m²。其中地上建筑面积16272m²，地下建筑面积691m²，筏板基础底标高-5.3m，混凝土挡土墙。建筑层数22层，地下1层。2008年10月8号开工，2010年8月30日竣工。

该工程地下室采用装配式钢结构试水装置进行试水，效果良好，地下室无渗漏现象发生。

混凝土框架转换钢结构节点施工工法

GJEJGF098—2010

永升建设集团有限公司　江苏广宇建设集团有限公司

何政　徐兴明　王双喜　徐剑刚　朱成慧

1. 前　言

随着混合结构在高层建筑和大跨度公共建筑中的广泛应用，我们常常面临由混凝土框架转换为钢结构的混合结构，其转换节点施工是决定整个结构质量的关键。在奎北铁路克拉玛依站房、克拉玛依雅典娜商业广场、库尔勒百乐小区综合楼等工程施工中，通过施工与设计协作研究、优化创新，总结了一套独特的混凝土框架转换为钢结构时，梁柱节点施工工艺，在成功应用的基础上，编制本工法。

2. 工法特点

2.1 应用CAD三维建模技术，优化钢柱加劲板与框架梁钢筋精确定位排布，提高钢箱柱加工制作的准确性。

2.2 通过组织行业专家和高级技师进行严谨地焊接工艺评定，确定准确的焊接工艺参数和科学的焊接方法，有效保证了转换节点部位不同强度钢材的连接质量。

2.3 合理编排焊接顺序，解决了转换节点部位密集钢筋与钢箱柱加劲板可靠焊接的可施性。

2.4 钢箱柱底部灌浆与内部混凝土同步施工、钢箱柱外部与框架梁混凝土整体浇筑，有效消除了结构冷缝，结合梁钢筋与钢箱柱的可靠连接、钢箱柱内外栓钉与框架梁柱混凝土的可靠粘结，使转换节点部位结构整体性大大提高。

2.5 本工法具有施工简单、快捷、易于掌握，施工综合费用低等特点，有较高的应用推广价值。

3. 适用范围

本工法适用于混合结构中混凝土框架柱—钢箱柱—混凝土框架梁节点施工。

4. 工艺原理

通过钢箱柱在混凝土框架柱中准确定位及钢箱柱内外栓钉与钢筋混凝土的连接，实现混凝土框架柱向钢箱柱的有效过渡；利用混凝土框架梁中钢筋与钢箱柱的可靠连接（焊接）及钢箱柱内外、框架柱和框架梁同时浇筑的混凝土使该节点成为一个安全可靠的结构节点，实现混凝土框架结构向钢结构的顺利转换。

5. 施工工艺流程及操作要点

5.1 施工工艺流程

钢箱柱加工制作→预埋钢柱定位螺栓→钢柱吊装定位→钢柱内混凝土浇筑及养护→钢柱外混凝土浇筑→节点处框架梁底模安装→节点处框架梁钢筋与钢箱柱焊接→框架梁钢筋绑扎安装→框架梁侧模

安装→框架梁混凝土浇筑。

5.2 施工操作要点

5.2.1 钢箱柱加工制作

根据钢结构设计图纸进行深化设计和分解，经原设计单位审定后，确定施工工艺，编制详尽的制作加工、运输和安装施工方案，严格按经论证和批准的专项方案进行人员、机械设备、材料、场地、技术等资源准备和加工制作。

1. 在钢箱柱柱脚板、钢箱柱混凝土进料口至柱脚的箱柱内每块加强板中心开一个$\phi400mm$圆孔作为钢箱柱内混凝土送料及振捣孔；每块加强板四角距柱内侧150mm设4个$\phi40mm$圆孔作为钢箱柱内混凝土浇筑时的排气孔。

2. 根据转换层结构图和钢箱柱的深化设计分解图，结合施工方案和转换层节点梁、柱的位置、截面、配筋（规格、型号、数量、间距、排距、位置等）和保护层厚度，放出钢箱柱柱脚板、加强板、抗剪栓钉、预留孔的位置及装配线。

3. 在板料上采用手工电弧焊进行栓钉、横隔板和加强板焊接。

4. 利用上侧盖板作为组装基准，在其组装面上按样冲标志的隔板及侧腹板装配线进行组装。

5. 在其U形结构装配好并施焊完毕后进行钢箱柱下侧盖板组装。

6. 在钢箱柱柱侧中心线对称设置200mm×200mm方孔，底标高比拟浇柱内混凝土上表面高200mm，作为钢箱柱底和柱内混凝土标高控制、进料、浇捣、养护口。

7. 依次焊接钢箱柱柱身外侧梁端定位板、连接梁主筋和钢箱柱的加劲板、抗剪栓钉及吊装耳板。

5.2.2 预埋钢柱定位螺栓

在混凝土框架柱浇筑前，经精确定位，采用双层$\phi18$钢筋骨架顶紧柱模板，将预埋钢柱脚定位螺栓与定位钢筋点焊，其允许偏差范围为标高：0～+20mm；中心坐标：±2mm。

5.2.3 钢柱吊装定位

根据钢柱吊装施工方案，按拴吊索、拉绳→起吊→对位→临时固定→校正→最终固定的顺序进行钢箱柱的吊装定位。

1. 拴吊索、拉绳：按方案准备好吊索、缆风绳、牵制麻绳和U形绳扣。将吊索和缆风钢丝绳拴扣在钢柱顶端相应的拴吊耳板上；把两根牵制麻绳呈对角拴在钢柱脚上。

2. 起吊：钢柱吊装采用滑行法单机起吊。在钢柱与地面之间铺设钢板滑板并将钢柱和滑板点焊固定在一起，起重机就位后只起吊钩，使钢柱柱脚通过滑板沿地面向前滑行而将钢柱吊立，再配合柱底牵制麻绳，柱底离地前将滑板割除，缓缓起吊到位。

3. 对位：在定位螺栓上套垫铁，与柱底找平混凝土上表面等高；对准相应混凝土柱中心缓慢、匀速下降钢柱，使定位螺栓穿入柱脚板螺栓孔；吊车配合人工进行柱脚微调，使钢柱四面弹出的轴线与混凝土柱面弹出的轴线完全重合，将定位螺栓螺母拧紧。

4. 临时固定：吊车稳住钢柱，4个方向缆风绳挂上花篮螺栓和地锚钢绳并同时张紧花篮螺栓，进行钢柱临时固定。

5. 校正：在地面纵横轴线上同时架两台经纬仪测设钢柱的轴线和垂直度并通过松、紧对称的花篮螺栓进行钢柱校正，把钢柱的轴线和垂直度偏差控制在允许范围内。

6. 最终固定：再次张紧花篮螺栓，拧紧定位螺母，复校无误后在花篮螺栓处加设保险钢丝绳，吊车彻底松钩，取下吊索。

5.2.4 钢柱内混凝土浇筑及养护

钢柱固定、校核无误后，先将柱脚板与混凝土柱面的间隙用模板封严，浇筑柱底二次灌注混凝土，随即浇筑钢箱柱内混凝土，均采用钢柱两侧预留孔一侧送料，另一侧插入振捣器振捣。

养护采用钢箱柱外洒水降温与钢箱柱内灌水保湿相结合的方法。

5.2.5 钢柱外混凝土浇筑

将节点处最低的梁底标高以下钢柱外的混凝土框架柱钢筋绑扎完毕、模板安装合格后即进行钢柱外混凝土浇筑，浇至节点处最低的梁底标高。

5.2.6 节点处框架梁底模安装

1．框架梁支撑体系采用扣件式钢管支撑架，支撑体系地基、垫板、扫地杆、立杆、横杆、顶丝、扣件、斜撑、剪刀撑等严格执行专项方案，均经安全计算软件校核并符合《建筑施工扣件式钢管脚手架安全技术规范》JGJ 130–2011的要求。

2．梁底模板采用木胶合板，按照设计要求和测量放线尺寸进行模板安装。

3．为便于梁主筋与钢箱柱加劲板的焊接，节点处梁端头均留置1m长的梁底模暂不铺设，待梁主筋与钢箱柱加劲板焊接完毕并检验合格后、绑扎框架梁钢筋前补铺。

5.2.7 节点处梁钢筋与钢箱柱焊接

节点处梁钢筋与钢箱柱加劲板的焊接须严格按：焊接施工准备→采取有效措施保证焊接环境条件→试排筋、定位焊→钢筋焊接→焊缝质量检查、检验的工艺流程进行规范施工，确保工序质量。框架梁与钢柱连接节点大样详图5.2.7。

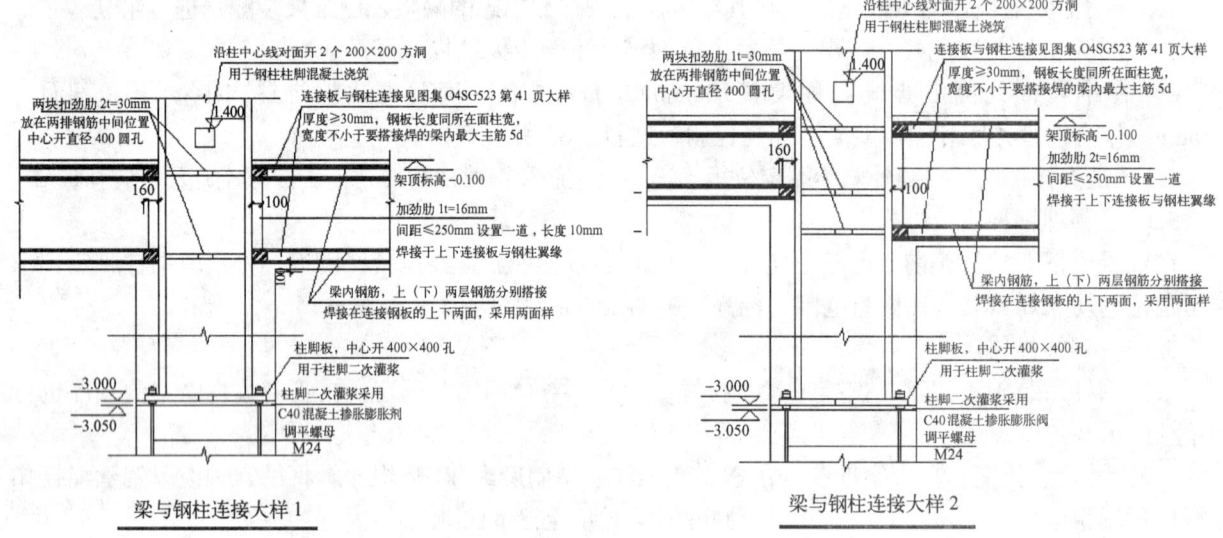

梁与钢柱连接大样1　　　　　　梁与钢柱连接大样2

图5.2.7　框架梁与钢柱连接节点大样

1．焊接施工准备

1）人员、设备和材料准备：按焊接工程量、转换结构的施工进度计划和专项施工方案，组织焊工、钢筋工、试验员及其他配合施工人员进场；按焊接工艺要求，配置钢筋加工、焊接、垂直（水平）运输及检（试）验设备、钢材及焊接材料。

2）技术准备：按施工图纸、图纸会审记录、设计技术交底和焊接工艺评定，编制焊接作业指导书；根据节点处构件的截面大小、结构构造、现场条件等确定最合理的焊接顺序：先中部、后两侧，先仰焊、后平焊；焊接施工前进行详尽交底、有效培训。

3）现场准备：搭设焊接施工的脚手架、操作平台；规范焊接现场配电、照明；做好焊接部位的清理、打磨，点固焊引弧板和引出板。

2．采取有效措施，保证焊接时的温度、湿度、风速等环境条件符合相关规定。

3．试排筋、定位焊（点固焊）：根据拟焊节点框架梁的截面尺寸，框架梁主筋的规格、数量、排距、间距，钢箱柱外包钢筋混凝土柱主筋的规格、数量与实际分布情况进行框架梁主筋试排，如有矛盾，在规范允许范围内进行适当调整；调整定位后先作标记，然后再按标记和确定的焊接顺序穿一根、点焊一根、完成焊接一根，以免造成焊接困难，影响焊接质量。

4．钢筋焊接

1）因钢筋直径大、加劲板厚，需采用多层焊，并连续施焊，每一道焊缝焊接完成后应及时清理焊渣及表面飞溅物。在连续焊接过程中应检测焊接区母材温度，使层间温度的上、下限符合工艺文件要求。

2）焊接过程中，严格执行作业指导书，不得随意改变焊接参数；不得在焊缝以外的母材上打火引弧。

3）焊接完成后，去除引弧板和引出板，将构件上的焊瘤、飞溅物、毛刺、焊疤等清除干净并修磨平整，在相应部位打上焊工钢印。

5. 焊缝质量检查、检验:对焊缝进行100%外观检查、抽样探伤并结合拉拔试验（加劲板内等不易进行探伤的部位进行抽样拉拔试验:以单根钢筋拉拔达到抗拉强度标准值时焊缝完好无损为合格）进行焊缝质量检查，确保焊缝质量合格后进入下道工序。

5.2.8 框架梁钢筋绑扎安装

框架梁钢筋绑扎安装，特别注意主筋焊接前套好准确规格、型号和数量的箍筋，按梁的交接和箍筋分布情况临时架立到位，防止梁两端钢筋焊接后框架梁主筋无法平直或难以增减箍筋数量。

5.2.9 框架梁侧模安装

框架梁侧模采用木胶合板，侧模安装同普通框架梁。

5.2.10 框架梁混凝土浇筑

框架梁混凝土浇筑同普通框架梁:采用预拌混凝土沿次梁方向进行整体连续浇筑，随浇随覆盖塑料薄膜，薄膜表面采用土工布覆盖，12h内洒水保湿养护，养护时间应符合相关规定要求。

6. 材料与设备

6.1 主要材料

6.1.1 钢箱柱制作安装及钢筋焊接主要材料见表6.1.1。

钢箱柱制作安装及其与钢筋焊接主要材料表 表6.1.1

序号	材料名称	规格型号	质量要求	作 用
1	钢板	Q235B	符合现行国家标准	加工钢箱柱、加劲板、耳板、引弧板等
2	抗剪栓钉	$\phi16\times150$	符合现行国家标准	增强与混凝土粘结、抗剪
3	焊条	T43系列	符合现行国家标准	焊接

6.1.2 现浇钢筋混凝土框架施工主要材料见表6.1.2。

现浇钢筋混凝土框架施工主要材料表 表6.1.2

序号	材料名称	规格型号	质量要求	作 用
1	钢筋	HRB335	符合设计要求和现行国家标准	制作安装框架梁、柱钢筋
2	混凝土	预拌混凝土	符合设计要求和现行国家标准	浇筑框架梁、柱和钢箱柱底、内、外混凝土
3	模板	木胶合板	符合现行国家标准	制作安装框架梁、柱模板
4	脚手架钢管	$\phi48\times3.5$	符合现行国家标准	搭设施工脚手架、模板支撑体系和安全防护
5	脚手架扣件	标准铸铁或锰钢扣件	符合现行国家标准	搭设施工脚手架、模板支撑体系和安全防护
6	脚手板	钢制脚手板	符合现行国家标准	搭设施工脚手架和安全防护

6.2 主要机具设备

主要机具设备包括钢箱柱制作及吊装机具设备（表6.2-1）；钢筋加工、连接及安装机具设备，模板加工、安装机具设备，现浇混凝土的运输与浇捣机具设备，和检测、监测设备与器具（表6.2-2）。

钢箱柱制作及吊装机具设备表　　　　　　　　　　　　　表6.2-1

序号	机具设备名称	功能及规格	数量	用　　途
1	数控 H 钢切割机	5000×18000　10kW	1台	钢板切割
2	数控 H 钢自动组立焊机	3500×1200×4000　15kW	1台	钢构件自动组立、焊接
3	H 钢数控龙门式焊接机	2100×2500×3200　6kW	1台	钢构件自动焊接
4	翼缘板矫正机	HYJ-800　7.5kW	1台	钢翼缘板矫正
5	SKG-LQ 数控抛丸机	Q3985　6.5kW	1台	自动抛丸除锈
6	剪板机	12×25008　kW	1台	剪裁钢板
7	埋弧焊机	MD-1000	3台	零星小构件人工焊接
8	二氧化碳气体保护焊机	YM-600	4台	特殊焊接
9	汽车吊	QY-70	2辆	主吊设备
10	汽车吊	QY-120	1辆	吊斜柱
11	载重汽车	20t	1辆	场内倒运
12	螺旋千斤顶	10~30t	4只	制作安装调整
13	手动捯链	2t、3t、5t	10个	制作安装及吊装调整
14	钢丝绳	6×19、φ12.6	3000m	缆风绳
15	钢丝绳	6×37、φ19.5	300m	吊索
16	钢丝绳	6×37、φ32.5	300m	吊索
17	卡环	φ15.9	20个	吊装
18	卡环	φ19.05	20个	吊装
19	卡环	φ25.5	20个	吊装
20	卡环	φ38.25	20个	吊装
21	铁锤	3~5	10磅	埋地锚、制作安装调整
22	铁锤	8~10	10磅	埋地锚、制作安装调整
23	棕绳	φ19	200m	吊装牵引
24	撬杠	φ25，长 1000mm	10根	制作安装调整
25	φ100×4	小滑轮	10件	制作安装调整
26	φ150×5	大滑轮	20件	制作安装调整
27	活动扳手	12寸	8把	制作安装
28	梯子	自制	20个	上下工具
29	对讲机		4对	施工联络
30	指挥旗	红、绿	10副	吊装指挥
31	口哨		10个	吊装指挥
32	钢丝绳卡扣	1.2寸	60个	钢丝绳固定、连接
33	钢丝绳卡扣	1寸	30个	钢丝绳固定、连接

检测、监测设备与器具表　　　　　　　　　　　　　表6.2-2

序号	机具设备名称	功能及规格	数量	用　　途
1	全站仪	拓普康 301D	1台	定位测量放线
2	经纬仪	DJD2-C	4台	定位测量放线
3	水准仪	DZS3-1	4台	标高控制
4	数字温度仪	RKCDP-500	6只	温度测量

序号	机具设备名称	功能及规格	数量	用　途
5	温湿度仪	WHM5	2 只	温湿度测量
6	超声波探伤仪	ECHOPF220	1 台	焊缝探伤检测
7	磁粉探伤仪	DA-400S	1 台	焊缝探伤检测
8	拉拔检测仪	BAX5	1 台	焊接质量拉拔检测
9	数字压力表	YS-1 型	1 个	焊接质量拉拔检测
10	膜测厚仪	345FB-MKⅡ	1 台	膜厚检测
11	数字钳形电流表	DT266	2 只	电流测试
12	焊缝检验尺	KH45 型	2 把	焊缝检验
13	游标卡尺	E0512	2 把	厚度检查
14	水平尺	D32386	4 只	水平度检查
15	钢卷尺	50m、30m、5m	各 2 把	长度检查
16	混凝土坍落度桶	标准	2 只	混凝土坍落度测试

7. 质 量 控 制

7.1 质量标准

本工法涉及钢结构和混凝土框架结构工程施工，施工中必须认真执行和遵守的主要质量标准有：

《钢结构工程施工质量验收规范》GB 50205-2001；《混凝土结构工程施工质量验收规范》GB 50204-2002；《钢筋焊接及验收规程》JGJ 18-2003；《钢筋机械连接通用技术规程》JGJ 107-2003。

7.2 质量控制措施

7.2.1 钢结构焊接质量控制措施

1. 焊条、焊丝、焊剂、电渣焊熔嘴等焊接材料应与母材匹配并符合设计要求和国家现行行业标准的规定。焊条、焊剂、药芯焊丝、熔嘴等在使用前，应按其产品说明书及焊接工艺文件的规定，进行烘焙和存放。

2. 焊工必须持证上岗，并在其许可范围内施焊。

3. 施工单位对其首次采用的钢材、焊接材料、焊接方法、热处理等，应进行焊接工艺评定，并根据评定报告确定焊接工艺。

4. 设计要求全熔透的一、二级焊缝应采用超声波探伤进行内部缺陷的检验，超声波探伤不能对缺陷作出判断时，应采用射线探伤。

5. 焊缝表面不得有裂纹、焊瘤、烧穿、弧坑等缺陷。一级、二级焊缝不得有表面气孔、夹渣、弧坑裂纹、电弧擦伤等缺陷；且一级焊缝不得有咬边、未焊满等缺陷。

6. 对于需要进行焊前预热或焊后热处理的焊缝，其预热温度或后热温度，应符合国家现行有关标准的规定并通过工艺试验确定。预热区在焊道两侧，每侧宽度均应大于焊件厚度的 1.5 倍以上，且不应小于 100mm；后热处理应在焊后立即进行，保温时间应根据板厚按每 25mm 板厚 1h 确定。

7. 加工成凹形的角焊缝，不得在其表面留下切痕，焊缝金属与母材间应平缓过渡。焊缝感观应达到：外形均匀，成型良好，焊道与焊道、焊道与基本金属间过渡平滑，焊渣和飞溅物清除干净。二级、三级焊缝外观质量标准，应符合相关规定。三级对接焊缝，应按二级焊缝标准进行外观质量检验。

7.2.2 钢筋工程质量控制措施

1. 钢筋必须有出厂质量证明书或检验报告单及复试报告。

2. 钢筋加工要准确，形状、尺寸偏差应符合设计及规范要求。

3. 钢筋机械连接和焊接的操作人员必须经过技术培训、考试合格、持证上岗。连接套筒的位置、规格和数量应符合设计及规范要求。带连接套筒的钢筋应固定牢固，连接套筒的外露端应有保护盖。

4. 直螺纹接头的连接应使用长度约400mm的管钳或扳手进行紧固，宜采用力矩扳手检验；应将两个钢筋丝头在套筒中间位置相互顶紧。

5. 焊接用电焊条必须有出厂质量证明书或检验报告单，钢筋焊接头质量必须合格。

6. 钢筋工程在合外模前必须进行隐蔽工程验收。

7.2.3　混凝土工程质量控制措施

1. 混凝土进场要进行开盘鉴定，每班同配合比的混凝土不超过每2h应检查一次混凝土的坍落度。

2. 混凝土浇筑必须连续进行，分层浇筑时每层不超过500mm，应在下层混凝土初凝前，将上层混凝土浇筑完毕，振动棒应插入下层混凝土50～100mm。

3. 混凝土振捣器应快插慢拔，振捣时间以混凝土表面出现水泥浆，不再有显著下沉和大量气泡上冒时即可停止，防止漏振和过振造成混凝土不密实、离析的现象发生。

4. 按规定留置混凝土标养试块及同条件养护试块，并按规定养护、按时送检。

8. 安 全 措 施

8.1　认真贯彻执行国家有关安全生产法规及施工安全规程，制定并实施项目安全生产制度和奖罚条例。施工前进行安全技术交底，施工中进行安全监督检查；高处作业时，应按照《建筑施工高处作业安全技术规范》JGJ 80-91的规定执行。

8.2　严格遵照《建筑施工安全检查标准》JGJ 59-99、《施工现场临时用电安全技术规范》JGJ 46-2005、《建筑机械使用安全技术规程》JGJ 33-2001及经审查、批准的安全专项方案对现场安全进行检查监控。

8.3　项目部根据实际情况对现场危险源进行辨识和控制；对操作人员进行职业、健康、安全培训并考核；加强监管力度，确保劳动防护用品穿戴正确、齐全。

8.4　施工现场各专业工种严格执行安全技术操作规程，特殊技术工种持证上岗，机械设备专人专机。

8.5　模板及支撑系统应经过设计验算，强度、刚度及稳定性符合要求。支模中途停歇，应将就位的支顶、模板联结稳固，不得空架浮搁；拆模间歇时应将松开的部件和模板运走，防止坠下伤人。

8.6　所有电缆、用电设备的拆除、照明等均由专业电工担任，要使用的电动工具，必须安装漏电保护器，值班电工要经常检查、维护用电线路及机具，保持良好状态，保证用电安全。

8.7　氧气、乙炔要放在规定的地点，并按规定正确使用；电焊、气割时，先注意周围环境有无易燃物后再进行工作；施工现场设置足够数量的灭火器材。

8.8　起重指挥必须持证上岗，指令要果断、明确，按"十不吊"操作规程认真执行。

8.9　夜间施工要有足够的照明；夏季、冬季、大风天气，雨雪天气严格按特殊季节或天气的安全施工措施施工；做好防暑降温、防风、防雨和职工劳动保护工作。

9. 环 保 措 施

9.1　工程施工中，认真贯彻"绿色施工"理念，根据工程特点、施工方法、作业条件等情况编制有针对性的环境保护措施，列出重要环境因素并加以控制。

9.2　在施工前，做好施工道路及场地规划，充分利用永久性的施工道路。路面及其场地地面宜硬化，闲置场地宜绿化。

9.3　尽可能防止和减少垃圾的产生，对产生的垃圾应尽可能通过回收和资源化利用；对垃圾的流向进行有效控制，施工垃圾使用专用垃圾道或采用封闭容器吊运，严禁随意凌空抛洒造成扬尘。

9.4 水泥及其他易飞扬的细颗粒散体材料应尽量安排在库内存放。露天存放时应严密覆盖，卸运时防止遗洒飞扬。

9.5 模板、钢筋加工安装和混凝土浇筑时，严格控制噪声污染，必要时，机械设备应置于隔声棚中。

9.6 现场加强对粉尘污染的控制，加工模板产生的锯末、碎料严格按固体废弃物处理程序处理，避免污染环境。

9.7 涂刷油漆等溶剂时，避免遗洒污染环境。

9.8 混凝土运输车每次出场应清理，防止混凝土遗洒。

9.9 现场使用照明灯具宜用定向可拆除灯罩型，使用时防止光污染。

9.10 保持库房整洁干净，成品、半成品、零件、涂料等材料要按规定分别堆放并标识。

9.11 场容整洁，环保宣传标志醒目、文化氛围浓厚。

9.12 废料要及时清理，并在指定地点堆放，保证施工场地的清洁和施工道路的畅通。

10. 效 益 分 析

10.1 经济效益

本工法简单快捷，可同时展开施工、缩短了施工工期，降低了施工费用。与劲钢混凝土过渡和型钢高强螺栓过渡等工法相比，采用本工法进行混凝土框架向钢结构的过渡，可节约综合费用40%以上。

10.2 社会效益

有利于建筑结构的整体性，提高了结构抗震性能。不影响人体健康，能有效减小噪声污染、有效减少建筑垃圾的产生。

11. 应 用 实 例

奎北铁路克拉玛依站房工程。

11.1 工程概况

奎北铁路克拉玛依站房工程位于新疆克拉玛依市西南工业园区，总建筑面积15918m²。建筑结构形式为钢筋混凝土框架结构+钢结构+网架屋面，其中架空层（±0.000以下）为钢筋混凝土框架结构，一层、二层为钢结构，框架梁截面尺寸为1500mm×1300mm，钢箱柱截面尺寸为1000mm×1000mm。

11.2 施工情况

在施工前，项目部对本工程的特点进行了大量的、科学优化设计工作，有效地把握住施工过程中的各个关键点，应用CAD三维建模技术，优化钢柱加劲板与框架梁钢筋定位排布，提高钢箱柱加工制作的准确性；合理编排焊接顺序，解决了转换节点部位密集钢筋与钢箱柱加劲板可靠焊接的可施性。

该工程共有混凝土框架转换钢结构节点28处，如采用常规的劲钢混凝土过渡工艺，则需在梁柱节点处焊接钢牛腿，共需焊接86个钢牛腿，每个钢牛腿约1.85t，合计约159.1t。经过与专家、设计讨论后，决定采用本工法处理节点，保证质量的同时节省钢材70%，减少焊接量30%，缩短工期8d。

11.3 工程检测与结果评价

施工全过程处于安全、优质、快速的可控状态，节点处梁钢筋与钢箱柱焊接完成后，进行现场拉拔试验检测，合格率达100%，混凝土框架梁钢筋与钢箱柱焊接质量可靠，满足设计要求，在确保结构施工质量的前提下，提高了施工工效，缩短了施工工期，大大降低了施工成本，赢得了各方的好评。

高强螺栓预张拉施工工法

GJEJGF099—2010

中建钢构有限公司　中建新疆建工（集团）有限公司

戴立先　陈韬　马人乐　张根宝　尹昌洪

1. 前　言

高耸塔桅结构广泛应用于电力、通信、传媒等各行各业。近年来，综合性的多功能广播电视发射塔建设得到了很大的发展。集聚广播电视信号发射、商场购物、旅游观光于一身的多功能电视塔可以覆盖周边地区的传媒信号，同时可以吸引游客观光，带动一方经济。

电视塔结构中通常采用热浸锌防腐工艺来处理构件，使长期外露于空气中的钢构件具有长效防腐的能力。热浸锌构件之间采用法兰螺栓连接，所使用的高强螺栓亦采用热浸锌处理。

目前国内对热浸锌高强螺栓的使用已近非常广泛，但国内实验室对热浸锌高强螺栓施工的扭矩系数仍然无法通过实验确定，一般所测得的扭矩系数值较大超出了《钢结构工程施工质量验收规范》GB 50205-2001中所规定的范围。

河南省广播电视发射塔钢结构工程中的外框刚架桉叶糖形柱构件、井道通体钢柱构件均采用热浸锌处理，钢柱之间法兰连接采用M30的热浸锌大六角头高强螺栓，该部分螺栓数量8万余套。根据设计要求，外框桉叶糖型柱之间法兰连接节点为刚节点，螺栓紧固质量决定节点刚度大小，直接关系到整个结构的质量、安全。

对此，在本工程高度螺栓施工中，我们采用了预张拉的施工工艺，并结合施工工程中的高强螺栓紧固思路、操作方法和要点进行总结，形成了"高强螺栓预张拉施工工法"，并先后成功申请了中建三局建设工程工法、中建总公司工法。

2. 工 法 特 点

2.1 液压螺栓拉力器的使用

在高强螺栓施工时，液压螺栓拉力器中的张拉杆一端通过厚型螺母与高强螺栓螺杆连接，另一端固定在空心支座梁上，支座梁上油缸产生液压力，带动张拉杆与高度螺栓，从而达到预张拉的效果。

2.2 直接控制螺栓紧固轴拉力值的大小

根据高强螺栓施工验收的国家标准，对高强螺栓紧固轴拉力进行了严格、明确的要求，本工法采取直接控制螺栓紧固轴拉力值的方式进行施工，避免了施加扭矩力紧固高强螺栓时，扭剪应力对螺栓强度的影响。

2.3 不需要确定高强螺栓的紧固扭矩系数

采取直接控制高强螺栓的紧固轴拉力，不需要确定高强螺栓的紧固扭矩系数，仅要求螺栓强度满足要求即可。这样有利于放置时间过长而失去扭矩系数和需要重复使用的高强螺栓的利用，避免了浪费。

2.4 本工法采用的预张拉施工工艺操作简便

本工法采用的高强螺栓预张拉施工工艺操作简便，液压螺栓拉力器配备有油压表，便于施工过程及验收时控制。施工、验收时不必要求扭矩系数，可以为施工和验收提供更多时间。

2.5 施工质量优良，效果显著

消除了扭剪应力对螺栓的影响可提高高强螺栓抗拉强度，准确的控制高强螺栓轴拉力值可提高紧固质量，有利于保证法兰连接刚度，达到更好的效果。

3. 适 用 范 围

3.1 风力发电塔、通信塔、电力塔、电视发射塔等高耸塔桅结构热浸锌高强螺栓紧固施工。
3.2 强度满足要求、无扭矩系数的发黑处理高强螺栓紧固施工。

4. 工 艺 原 理

首先，采用液压高强螺栓张拉器对高强螺栓的螺杆施加预拉力，在达到国家规范要求的拉力值后，用手动扳手拧紧螺母。然后，释放油缸液压力，使高强螺栓连接副自身承受紧固轴拉力，此轴拉力与液压高强螺栓张拉器所施加的预拉力等值。

由于采用高强螺栓预张拉施工工法无扭剪应力存在且可以准确的控制轴拉力值，钢结构设计规范中高强螺栓紧固轴拉力值计算公式的扭剪应力折减系数、超张拉系数应消去，因此高强螺栓预张拉紧固轴拉力值可达到国家规范标准值的120%。

5. 施工工艺流程及操作要点

5.1 施工工艺流程（图5.1）
5.2 施工工艺操作要点
5.2.1 明确目标、制定对策

1. 通过采用高强螺栓预张拉施工工法提高本电视塔高强螺栓紧固质量，验证该工法的实际应用可行性。

2. 选择专项施工作业人员进行操作培训，让每个本专项作业人员了解高强螺栓预张拉施工工法的原理，以及在本工程应用的意义。

3. 选择适合该工法的设备，并根据现场实际需要进行设备的改进，为该工法的推广提供硬件支持。

4. 严格控制现场实际操作流程，做到理论指导实践。

5.2.2 高强螺栓施工平台措施

1. 对桉叶糖形柱进行电脑三维放样，根据其异形特点设计出有针对性的施工操作平台，如图5.2.2-1～图5.2.2-3所示。

2. 按照设计形式制作相应平台并安装用于现场。高强螺栓施工人员利用该抱箍平台安装螺栓、放置液压高强螺栓张拉器、进行螺栓施工，如图5.2.2-4、图5.2.2-5。

5.2.3 理论依据及螺栓试验结论

《钢结构设计规范》GB 50017-2003的条文说明7.2.2中，说明高强螺栓预拉力值采用的计算公式为：

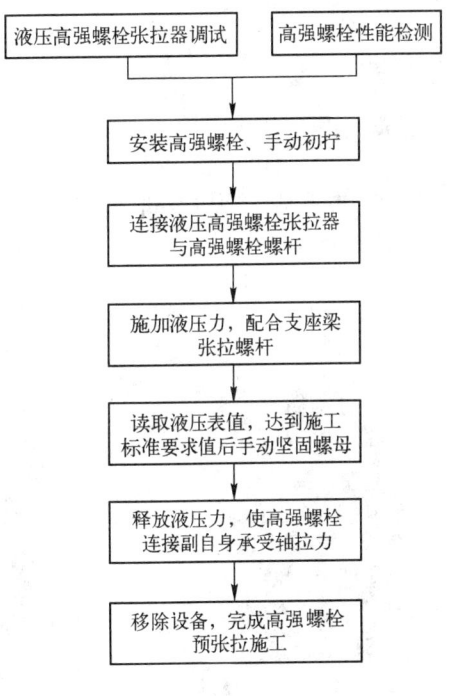

图5.1 施工工艺流程图

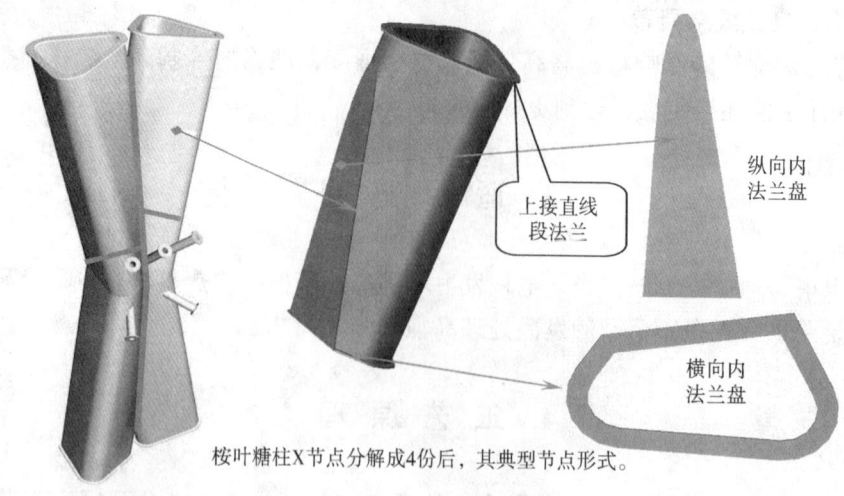

纵向内
法兰盘

上接直线
段法兰

横向内
法兰盘

桉叶糖柱X节点分解成4份后，其典型节点形式。

图5.2.2-1　桉叶糖柱典型节点三维放样示意图

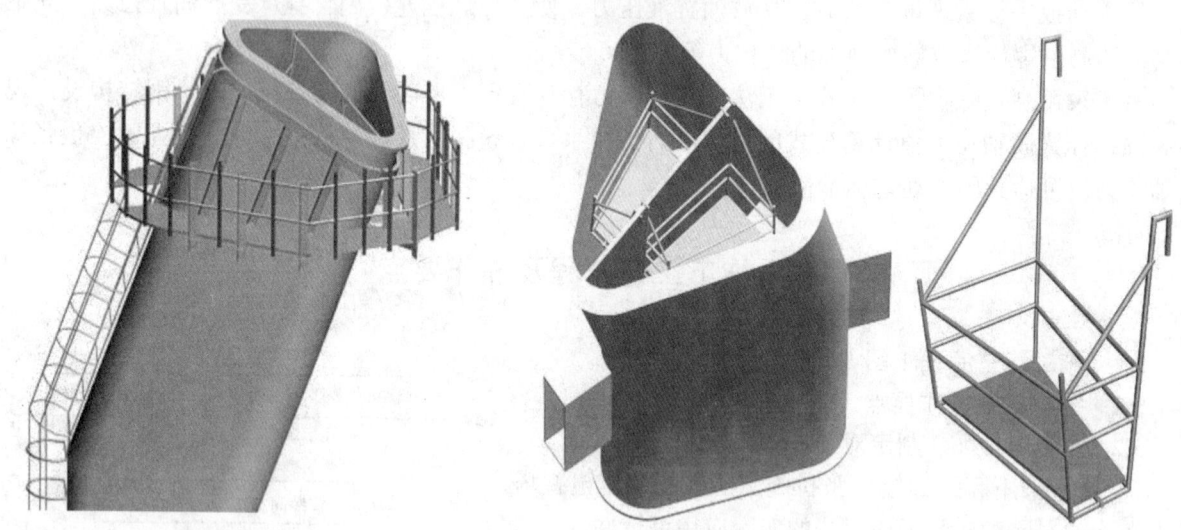

图5.2.2-2　桉叶糖柱折线段外部操作平台设置示意图　　图5.2.2-3　桉叶糖柱内部操作吊篮设置示意图

图5.2.2-4　高强螺栓安装　　　　　　　　图5.2.2-5　液压高强螺栓张拉器

$$P = \frac{0.9 \times 0.9 \times 0.9}{1.2} f_u \cdot A_e$$

系数 "1.2" 为施加扭矩力拧紧螺栓时所产生的剪应力对螺栓的影响系数，其中一个系数 "0.9" 为超张拉系数。

采用高强螺栓预张拉施工工法后，螺栓不再受到扭剪应力的影响，同时不存在超张拉补偿，因此这两方面的系数可以消去不考虑，高强螺栓抗拉强度可以得到很大的提高，预拉力值也相应提高，提升幅度大于20%。

根据工程施工实际需要以及实验室多次试验的结果，拟定高强螺栓预拉力值取国家标准值的120%，即现场高强螺栓预张拉施工时紧固轴拉力值为国家标准值的1.2倍。

5.2.4 施工设备的选用

高强螺栓液压单缸手动高强螺栓张拉器具有体积小，携带方便的优点，利于进入到桉叶糖柱内部进行高强螺栓的施工，故将手动拉力器用于柱内施工。

"一带三" 的液压双缸电动高强螺栓张拉器每次可同时进行3颗高强螺栓张拉施工，电动施加液压速度提高很大，满足施工速度的要求，提高了高强螺栓施工效率。但该型号设备体积较大，移动不便，仅用于外部螺栓的张拉施工。

液压单缸手动高强螺栓张拉器和 "一带三" 的液压双缸电动高强螺栓张拉器分别如图5.2.4-1、图5.2.4-2所示。

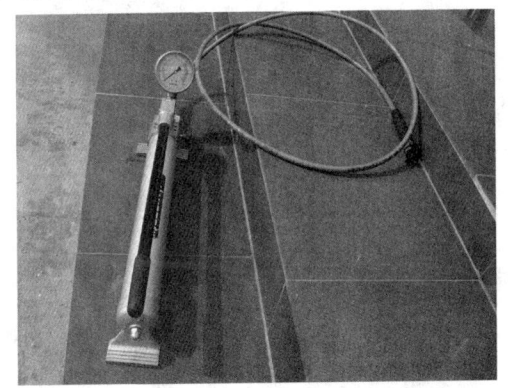

图5.2.4-1 液压手动张拉器

图5.2.4-2 液压电动张拉器

5.2.5 高强螺栓施工操作程序

1. 首先是拉力器在进场前进行拉力值与油压表读数的核准，可以从厂家方面得到确认。

对于高强螺栓预张拉力的值，根据理论指导拟定的系数进行计算、统计列表，按照计算值进行现场施工。计算结果统计如表5.2.5。

高强螺栓预张拉值统计表　　　　　　　　　　　　　　　表5.2.5

螺栓性能	螺栓公称直径（mm）						
等级	M16	M20	M22	M24	M27	M30	M36
8.8S 预拉力标准值（kN）	75	120	150	170	225	275	405
8.8S 预拉力超张拉值（kN）	90	144	180	204	270	330	485
10.9S 预拉力标准值（kN）	110	170	210	250	320	390	510

注：8.8s 预拉力超张拉值是按照 8.8s 预拉力标准值的 120%确定。

2. 液压双缸高强螺栓张拉器现场操作如下流程所示：

1）将高强螺栓自由穿入法兰螺栓空，戴上单个螺母，同时将预张拉器布置就位（图5.2.5-1）。

2）高强螺栓采用双螺母防松，戴上单螺母时外露螺杆较长，将螺杆套筒与螺杆旋合达到设备的要求位置（图5.2.5-2）。

3）启动张拉器油压系统，通过螺杆套筒带动高强螺栓，张拉螺栓同时压紧两块法兰盘（图5.2.5-3）。

4）张拉螺栓达到施工要求值后，用手动扳手拧紧高强螺栓螺母，拧紧程度以操作人员无法拧动为标准（图5.2.5-4）。

5）将预张拉器液压卸载后，让高强螺栓自身承载拉力，拧动螺杆套筒与螺杆分离，完成高强螺栓张拉施工（图5.2.5-5）。

3．施工现场照片（图5.2.5-6、图5.2.5-7）。

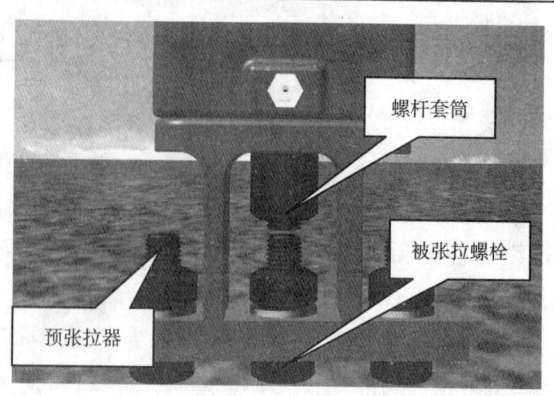

图 5.2.5-1　张拉准备工作

图 5.2.5-2　连接设备和螺栓

图 5.2.5-3　连接设备和螺栓

图5.2.5-4　采用扳手拧紧螺母

图5.2.5-5　单个高强螺栓施工完成

图5.2.5-6　液压手动高强螺栓张拉器到场初次使用

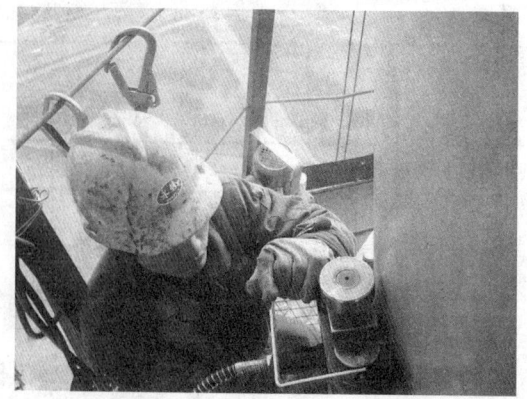

图5.2.5-7　液压电动高强螺栓张拉器现场实际应用

5.3 劳动力组织

施工时根据工程量大小和工期要求，按实际情况配备班组。所需工种主要有架子工、钳工、电工、起重工等。见表5.3。

劳动力配备表　　　　　　　　　　　　　　　　表5.3

序　号	类　别	单　位	数　量
1	架子工	人	6
2	钳　工	人	12
3	电　工	人	2
4	起重工	人	2
5	普　工	人	10
6	合　计	人	32

6. 材料与设备

主要设备见表6。

主要设备使用表　　　　　　　　　　　　　　　　表6

序号	设备机具名称	单　位	数　量	型　号
1	液压单缸手动高强螺栓张拉器	套	2	800kN，1500MPa
2	液压双缸电动高强螺栓张拉器	套	1	1000kN，1800MPa
3	手动扳手	把	6	M30

7. 质量控制

7.1 预先试验

在正式应用高强螺栓预张拉施工方法之前，分别在同济大学实验室、河南广电广电三局项目部进行了高强螺栓预张拉施工的测试。选取与本工程相匹配的高强螺栓和法兰连接板实施预张拉施工，对张拉工程中螺栓情况、长时间静置后螺栓情况、张拉后拆卸下来的螺栓外观和抗拉强度变化等进行了多次测试。测试结果均较好，满足工程施工要求。

7.2 过程控制

高强螺栓预张拉施工过程中，项目质量技术人员全程、全方位的进行过程监测控制。

施工之间对液压高强螺栓张拉器使用技术进行交底，并选择专职人员进行培训，以保证施工人员能正确、熟练的操作设备。对施工人员明确螺栓张拉的紧固轴力值和液压表读数，避免误操作。

现场实际作业时，管理人员到第一线对施工人员作业情况进行抽查，确保高强螺栓紧固过程按照交底内容实施。

7.3 跟踪复查

对施工完成的桉叶糖形柱法兰螺栓进行返回式抽查，每一层法兰经管理人员抽查3次合格后，报监理验收，以此确保高强螺栓施工的质量。

按照以上措施进行高强螺栓施工质量的控制，桉叶糖柱螺栓安装率达到100%，抽查处高强螺栓紧固轴力合格率100%。

8. 安 全 措 施

河南省广播电视发射塔的外框刚架由标高−2.050m盘旋向上延伸至标高+224.500m的位置，施工作业人员必须是有丰富高空作业经验的人员。

桉叶糖型钢柱自身无作业面施工，全部采用抱箍平台作为设备放置、人员通行和施工的作业面。需要注意平台安装的稳定性，确保施工人员的安全，避免高空坠物。

桉叶糖柱内法兰需要施工人员进入到钢柱内部进行高强螺栓的紧固，需要确保自制的桉叶糖柱内平台、钢爬梯挂设的安全性，同时需要确保内部施工人员作业环境安全，派专人进行柱内温度情况、通风情况的监测。

9. 环 保 措 施

钢结构工程在施工过程中不可避免地会产生一系列的环境问题。主要为施工产生的噪声、废气、粉尘和固体废物的环境影响。针对本工程施工期间面临的敏感环境问题和产生的主要环境影响，依照国家、地方环境及相关法规和工程环评报告的要求，确定施工过程中要做的环保工作及具体的工作安排，尽量减少施工过程对周围环境造成的不利影响。

对了本工程该施工阶段的环保措施集中在固体废弃物（如废螺栓）和生活垃圾。控制措施和要求：

1）教育施工人员养成良好的卫生习惯，不随地乱丢垃圾、杂物，保持工作和生活环境的整洁。

2）严禁乱倒、乱卸垃圾。施工现场设垃圾存放处，各类生活垃圾按规定集中收集、分类存放，对一般可回收和垃圾由环卫部门及时清理、清运，一般要求每班清扫，每日清运；对一些危险废弃物，如油漆桶、容器瓶、废油抹布等，项目将与市工业危险废弃物处理站签定处理合同，将收集的危险废弃物交由处理。

10. 效 益 分 析

高强螺栓预张拉施工工法的使用，让高强螺栓一次性完成张拉紧固，避免了对高强螺栓进行第二次紧固。使桉叶糖柱外部抱箍平台、内部挂篮平台及爬梯等措施可以由下向上周转使用，安装措施费用上比原工况约节省30%，减少了施工人员从224.5m高处向下逐层紧固高强螺栓的工序，该部分高强螺栓紧固人工费用约节省50%，该工序的安全措施费用也同时随之节省，为本工程创造了多方面的经济效益。传统高强螺栓施工方法与预张拉高强螺栓施工方法产生的效益对比如表10所示。

新旧高强螺栓施工方法产生的效益对比   表10

序号	工作内容	传统高强螺栓施工方法	预张拉高强螺栓施工方法
1	工期	20 套/d，结构安装完成后须重复紧固一次	48 套/d，一次紧固完成
2	人员	130 万元（含两次紧固螺栓）	70 万元（含预张拉设备费用，一次张拉完成）
3	对其他工序影响	安全操作平台及带护圈的爬梯不能拆除，需投入资金约128 万	一次张拉完成后安全平台等措施可以周转使用，节省材料后投入资金为 76 万
4	经济效益	人工材料费用需用258 万	新工艺使用后投入人工材料资金为146 万，节省经费 112 万元
5	综合评价	两次张拉需增加投入、增大了安全风险	减少人员高空施工作业量，有利于安全控制，材料周转使用对项目成本控制有利

另外，高强螺栓预张拉施工方法的使用，减少了施工人员从224.5m高处向下逐层紧固高强螺栓的工序，有利于安全控制，且使用液压张拉器进行张拉时，基本上没有噪声，体现了环保和人文关怀的理念思想，在同类钢结构工程中起到了示范的作用，对了新工艺的推广有很大的出尽作用，创造了显著的社会效益。

11. 应 用 实 例

高强螺栓预张拉施工工法已成功在河南省广播电视发射塔工程中应用，外框刚架桉叶糖形柱包括20个折线段柱、20个X节点柱、100根直线段柱、5个人字节点，共计7万余套高强螺栓施工完成并验收合格。该项目所有高强螺栓通过本工法安装，不但节约了费用，在质量、安全、进度以及影响其他工序上都达到圆满的结果。所有节点的检测结果均达到了设计及规范的要求，安全上没有发生一起事故，工期进度上满足了总体的工期要求。这使本工法首次在特大型工程中大面积应用得到了验证，为本工法的推广应用提供了事实依据。据了解，山东临沂广播电视发射塔工程及辽宁某风力发电塔也有本工法的应用。

高铁大型交通枢纽动荷载框架结构制作工法

GJEJGF100—2010

上海宝冶集团有限公司　中冶建工有限公司

汪应祥　曹义进　沈涛　赵淑荣　刘春波

1. 前　言

随着国民经济的快速发展和现代化铁路建设技术里程碑式的创新，中国高速铁路（设计时速在300km/h）正努力在未来运输业中确立自己的地位，京津城际铁路、广深港高速铁路、石武高速铁路、京沪高速铁路等一大批高速铁路建设工程都相继动工；通过对京沪高速铁路虹桥站、京沪高速铁路济南西客站、京沪高速铁路南京南站、京沪高速铁路苏州站等高铁大型交通枢纽动荷载框架结构加工制作，积累了大量的宝贵经验，并以此制定出一套完整的高铁交通枢纽动荷载框架结构加工制作工艺，在此基础上形成了本工法。

2. 工 法 特 点

2.1 高铁大型交通枢纽结构由钢骨混凝土柱、钢骨混凝土梁、多腹板箱形桁架、钢帽梁等承受动荷载，钢骨混凝土柱、箱形桁架、钢冒梁自身的结构复杂；梁、柱、桁架等结构件自身焊缝要求高。

2.2 梁柱节点构造复杂，焊缝要求高，焊缝密集，节点区域变形控制，焊接应力释放，焊缝等级控制，结构件尺寸控制。

2.3 本工法先进，采用本工法可提高效率、节约材料、降低成本，以达到安全、节能，确保质量的效果。

3. 适 用 范 围

本工法适用于高铁大型交通枢纽动荷载框架结构的制作及同等受动荷载类型结构的制作技术。

4. 工 艺 原 理

4.1 通过对钢骨混凝土柱、钢冒梁、多腹板箱形桁架的主要拼装、焊接顺序控制及合理焊接方法选用，保证结构内各构件、部件的外型尺寸和焊接质量。

4.2 超宽、长、宽、重构件分段加工制作完成之后采用预拼装的方法，对构件的外形尺寸进行全面有的控制，保证构件出厂的整体质量。

4.3 宽截面矮间隙目字箱体、井字形箱体构件焊接前进行反变形控制，对焊接应力引起变形起到很好的控制，保证井字形构件外形质量。

4.4 构件主焊缝通长全熔透，构件组装时采用适当的装配间隙及截面正公差措施，保证焊接完成后构件截面尺寸。

5. 施工工艺流程及操作要点

5.1 施工工艺流程

5.1.1 框架柱制作工艺流程（图5.1.1）

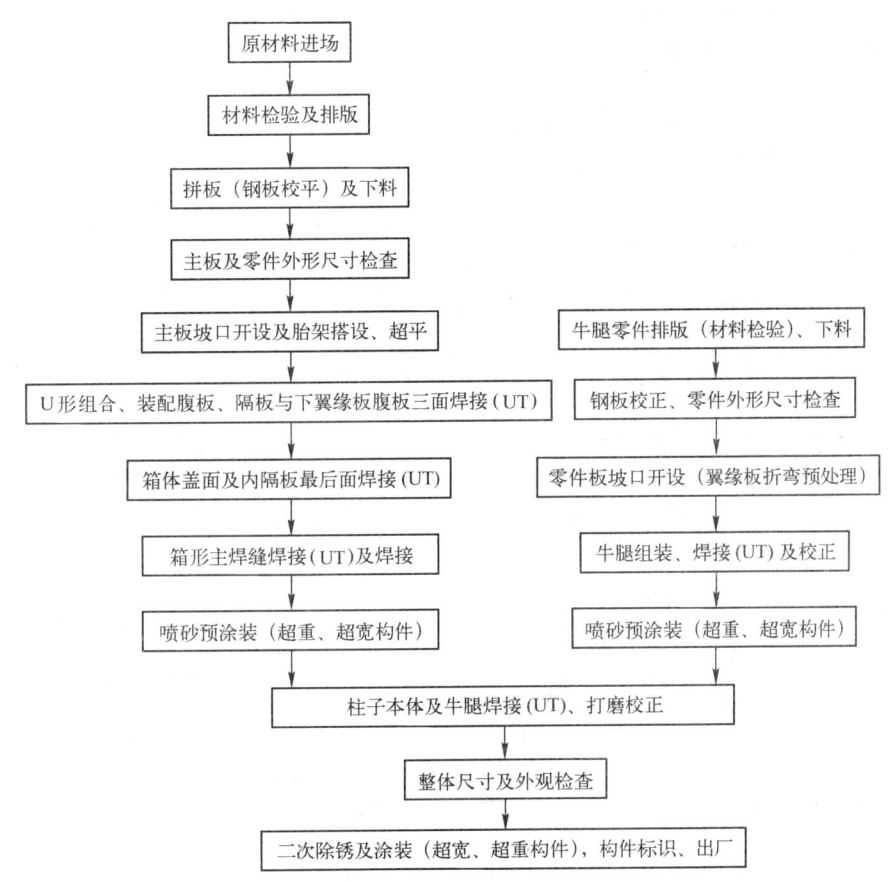

图5.1.1 框架柱制作流程图

5.1.2 宽截面矮间隙后壁箱形桁架的加工流程（图5.1.2）。

5.2 操作要点

5.2.1 框架柱操作要点

框架柱在钢柱方接圆的节点、桁架主弦杆壁厚大于钢柱的壁厚时，都采用梁和牛腿贯通柱的结构形式，因此一根钢柱由5段箱体拼接而成（图5.2.1-1），而且每段箱体内厚板加劲密集。为了保证制作后最小的残余应力，最小的焊后变形，最高的对接精度，最好的焊接质量，我们采用了箱体整体制作，再分段，分段后每一段单独制作，最后再整体拼接。

1. 箱形柱段的制作要点：箱体内纵向加劲非常密集，而且板厚大，焊接空间小，焊缝要求高（全熔透一级焊缝），因此为了保证每条焊缝一次合格率，采用如下加工方法，如图5.2.1-2。

箱形柱内部加劲，按上述工序第4步8块劲焊接完成，探伤合格后，才能进行第5步操作，进行中间4块加劲的组装焊接，否则将造成无法装焊。

2. 圆管柱内纵向加劲的制作要点

圆管柱段的内部空间更为狭小，但是由于圆管柱内有8块加劲板的宽度较窄，其装配焊接的顺序恰好与箱形柱段相反，才能保证每条焊缝一次焊接合格，具体装配顺序如图5.2.1-3。

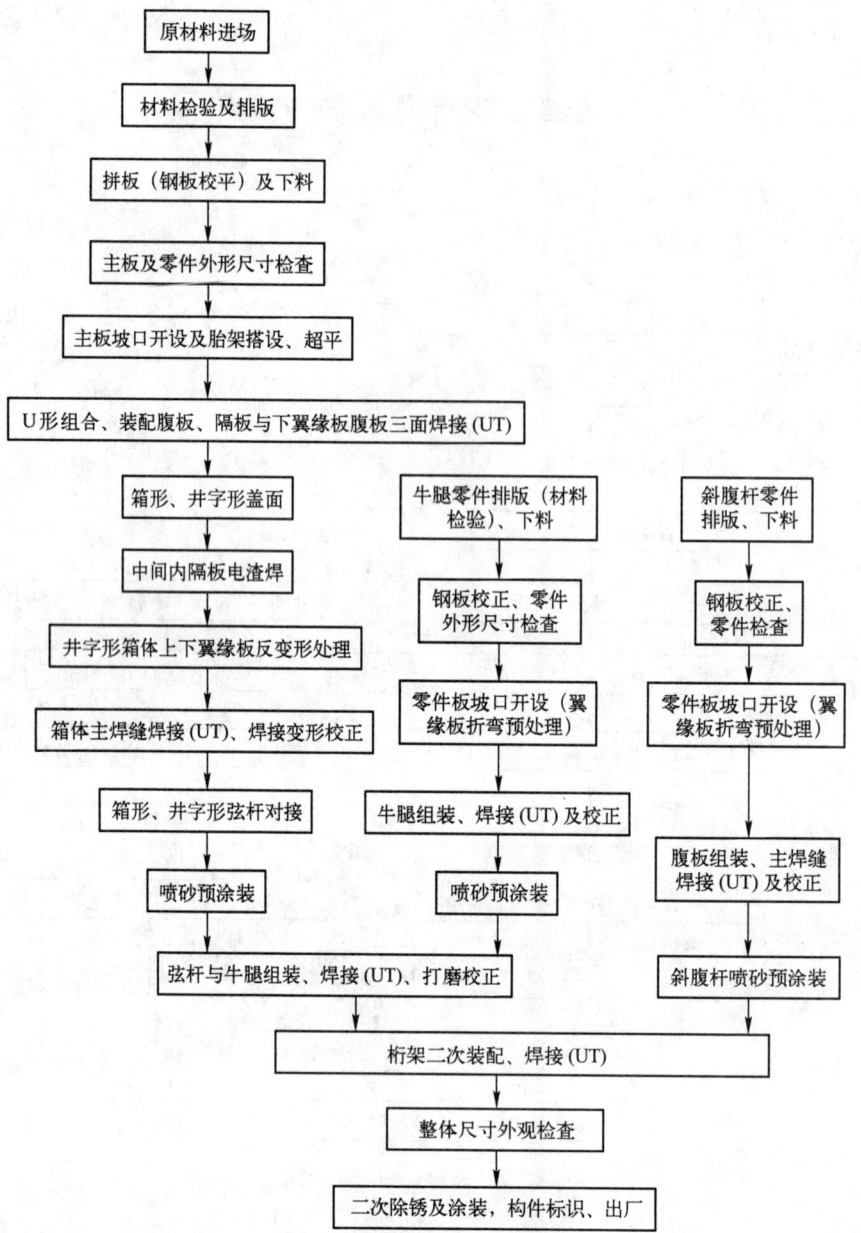

图 5.1.2　宽截面矮间隙后壁箱形桁架的加工流程图

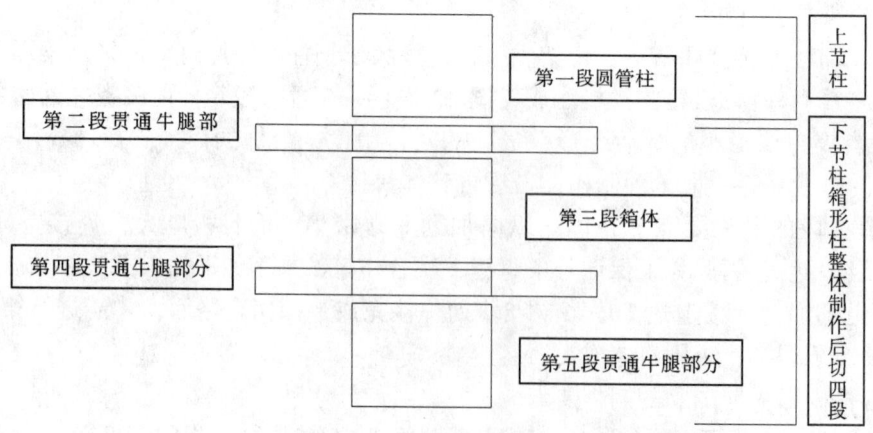

图 5.2.1-1　存在贯通牛腿方圆对接框架柱示意图

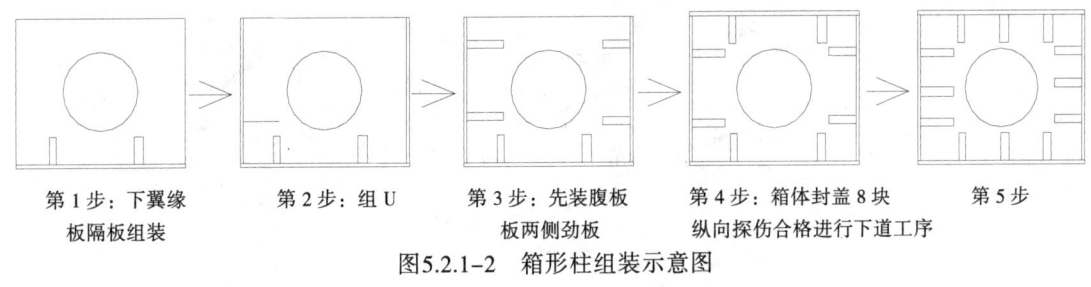

第1步：下翼缘　　　第2步：组U　　　第3步：先装腹板　　　第4步：箱体封盖8块　　　第5步
板隔板组装　　　　　　　　　　　　　板两侧劲板　　　　纵向探伤合格进行下道工序

图5.2.1-2　箱形柱组装示意图

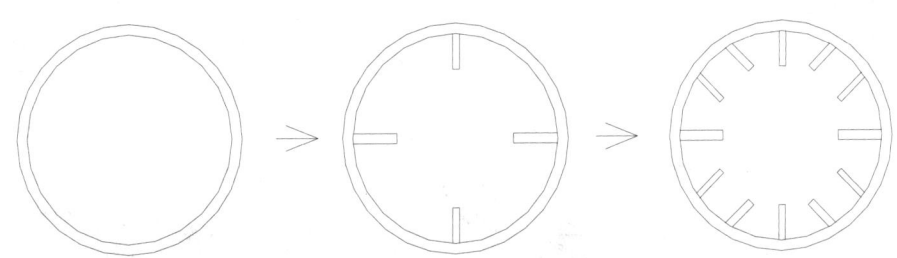

第1步：圆管校正　　第2步：装、焊4条母线上加劲板（UT合格）　第3步：装配其劲板

图5.2.1-3　圆管柱组装流程图

圆管柱如上所示的装配流程中，工序第2步中间4块劲焊接完成，探伤合格后，才能进行第3步操作，进行周围8块加劲的组装焊接。

3．下部箱形柱段整体制作完成后，根据分段需求将箱体分成4段（图5.2.1-1）。

4．贯通牛腿的制作

牛腿内部加劲板十分复杂，且全部为全熔透一级焊缝，合理的装配顺序是控制好焊接变形，保证每一条焊缝一次性焊接合格，减少残余应力的关键。主要制作原则是先焊收缩变形小的焊缝，再焊收缩变形大的焊缝，由里而外退装退焊（贯通牛腿断面图如图5.2.1-4所示）。

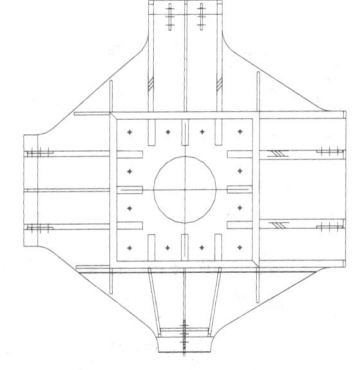

图5.2.1-4　贯通牛腿断面图

5．方接圆柱的整体组装

5段柱体分别单独制作完成，校正合格后，进行整体组装，对接焊缝间隙控制在8mm，每条对接焊缝留2mm的收缩余量。拼装完成后，最后进行外部牛腿的装配焊接，整体制作完成，要对牛腿截面尺寸和牛腿间距进行检查，两者的误差控制在正负2mm。

5.2.2　宽截面矮间隙厚壁箱形桁架的操作要点

箱形桁架结构复杂，厚板量大，主要是由井字形截面上弦，目字形截面下下弦及箱形斜腹杆组成，桁架上的截面主焊缝为100%全熔透焊缝，因此箱形桁架的主要加工难点在于井字形弦杆焊接变形的控制和斜腹杆与上下弦交叉节点的装配顺序。

1．箱体的主焊缝采用CO_2气保焊打底及填充，埋弧焊盖面。

2．井字形、箱形桁架弦杆加工（井字形箱体制作完成后在两侧表面装焊两块腹板即可成为目字形箱体）。

1）内隔板和衬板的组装（图5.2.2-1）

井字形、箱形桁架弦杆组装顺序图（图5.2.2-3）

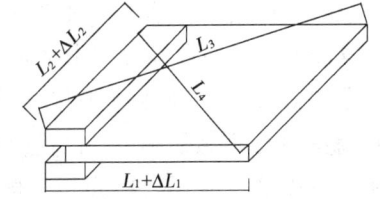

图5.2.2-1　内隔板和衬板零件误差图

注：（1）隔板和衬板或垫板必须组装密贴，间隙小于0.5mm，防止电渣焊漏渣。

（2）隔板四周必须经铣削加工，铣削余量为每边2～3mm，表面精度Ra值小于$6.3um$。

（3）$L_1 + \Delta L_1$、$L_2 + \Delta L_2$　　　　$0 < \Delta L < 1mm$；
$|L_3 - L_4|$　　　　　　　　　　$< 1.5mm$。

（4）下翼板与内隔板的组装如图5.2.2-2所示，隔板和翼、腹板组装间隙≤0.5mm。

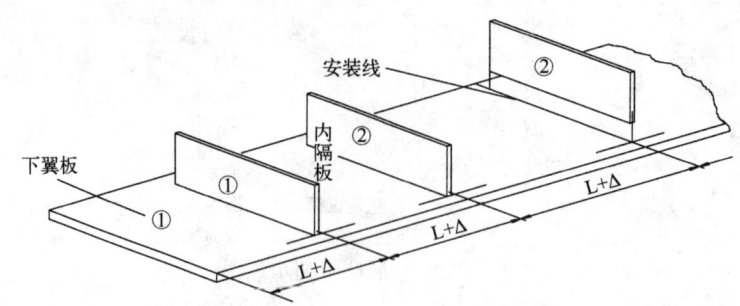

图5.2.2-2　组装下翼缘板和内隔板

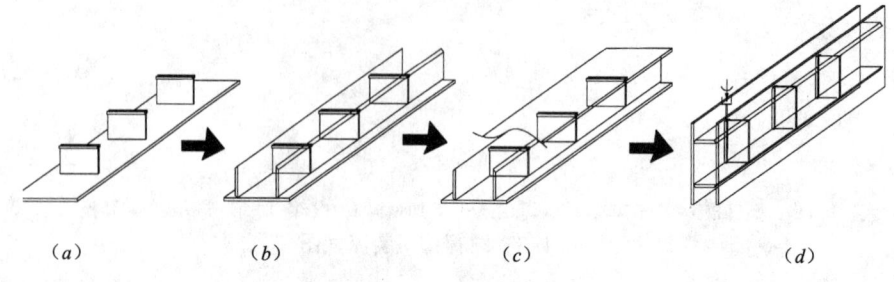

（a）　　　　　　（b）　　　　　　　（c）　　　　　　（d）

图5.2.2-3　井字形梁装过程图

（a）内隔板装配；（b）腹板装配；（c）上翼缘装配；（d）内隔板电渣焊

3．为了防止在焊主焊缝的过程中，翼缘板中间起鼓拱起，需在上下翼缘板上焊接工艺加劲，翼缘板上每隔1.5～2.0m处加矩型工艺加劲，矩型工艺加劲尺寸为20×（翼缘板外皮间距-2×翼缘厚度）×（腹板外皮间距-2×腹板厚度），双面10mm角焊缝。

4．如果箱体端头隔板距端部大于2m，没有隔板的箱体端部加焊十字撑，防止变形，十字撑要有足够的支撑的强度，与箱体的焊接要满足支撑要求。

5．为防止在焊主焊缝的时，上下翼缘焊接变形，在井字组合完成后，用火焰加热进行反变形设置（如图5.2.2-4所示）。

6．井字梁组立时，必须保证箱体腹板

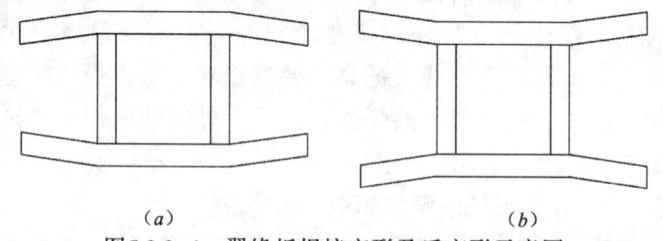

（a）　　　　　　　　　（b）

图5.2.2-4　翼缘板焊接变形及反变形示意图

（a）井字形箱体翼缘焊接变形示意图；（b）井字形箱体翼缘反变形示意图

高度尺寸+4mm，主焊缝间隙控制在8mm；以确保井字梁加工完成后的截面尺寸。

7．4条主焊缝的焊接过程中必须严格遵守同向、同步、同规范施焊，以防止扭曲变形。焊接时应采取合理的焊接顺序及较低焊接线能量进行。先从中间向两边对称施焊上侧两角焊缝至1/2腹板厚度，再翻身对称焊接下侧主角焊缝至1/2腹板厚度；检查上下翼缘焊接变形情况，如果焊接变形较大，有内屈迹象，应再次在腹板外侧进行烘烤，设置反变形；继续采取轮流施焊直至全部焊完主焊缝，直至主焊缝焊平；焊后上下翼缘进行变形检查，对焊后变形进行最后校正，其优点在于可减小焊接变形及防止焊接裂纹的产生。

8．焊后矫正：焊后进行箱形矫正，主要采用热矫正，其矫正温度宜控制在600～800℃（矫正必须避开蓝脆区温度200～400℃）。

9．箱形桁架斜腹杆与上下弦交叉节点的加工：箱形桁架的上弦节点复杂，有5个方向的6个牛腿相交于一个节点，而且焊缝都为全熔透一级，必须按合理的装配顺序，同时保证每一条焊缝一次合格成功。

10．箱形桁架现场对接接口处理［箱形桁架现场坡口分现场桁架拼装坡口和现场吊装焊接坡口（桁架两端）两种］：

1）现场桁架拼装坡口，指的是桁架分段运到现场，在现场整体拼装时焊接的对接坡口，坡口留在桁架断开点上下弦悬挑较短的一侧，散件出厂的斜腹杆，上端不开坡口，下端开坡口，由于桁架的上下弦和腹杆都是箱体，坡口统一朝外开。

2）现场吊装焊接坡口，指的是桁架现场整体拼装完成后，吊装时与钢柱牛腿连接开设的坡口，整体桁架两端上下弦开坡口（钢柱牛腿不开坡口）；桁架端部散件出厂，斜腹杆上端不开坡口（坡口已经开在柱的斜牛腿上），斜腹杆下端开坡口，与下端相连的斜斜牛腿不开坡口。箱性杆件所有坡口都朝外开，H形牛腿为一顺向上的坡口。

3）大跨度桁架分出厂，到现场整体拼装焊接，整体提升，原则左端及上中间段为净尺寸，右端留30mm余量，现场焊接完毕最后切割。

11．厂内预拼装

1）钢桁架厂内拼装在专用的拼装场内进行，桁架拼装采用卧式拼装的方法进行拼装，桁架拼装工艺流程如下：

桁架整体卧式拼装胎架制作→放地样→预起拱设置→上下弦杆定位→腹杆装配→检验→分段焊接→UT检验→焊后校正→装配侧面牛腿→焊接→焊后校正→自检员检验合格→专业检验员检验合格→监理工程师检查→分段涂装→检验合格。

2）桁架拼装胎架设置

（1）胎架设置时应先根据桁架整体尺寸铺设平台，然后进行1∶1放地样，再放标高线、检验线及支点位置（主弦杆长度方向支点不少于7处，斜腹杆支点不少于两处），形成田字形控制网。

（2）胎架设置应与桁架设计、分段重量及高度进行全方位优化选择，另外胎架高度最低处应能满足全位置焊接所需的高度，胎架搭设后不得有明显的晃动状，并经验收合格后方可使用。

（3）为防止刚性平台沉降引起胎架变形，胎架旁端头应建立胎架沉降观察点，主要过程中随时检测。在施工过程中结构重量全部荷载于路基板上时观察标高有无变化，如有变化应及时调整，待沉降稳定后方可进行焊接。

3）桁架拼装工艺要点

（1）桁架预起拱设置：放地样时，必须根据图纸要求设置预起拱地样，放样起拱值为设计要求值+10mm。

（2）桁架上下弦的定位：上下弦水平钢梁定位安装必须定对平台上的水平投影中心线，上下弦组装时先组装中间部分，然后从中间向两端依次进行，这样如果弦杆有偏差，方便余量的调整。定位后将分段处。

（3）钢桁架的腹杆的安装：腹杆的定位安装必须定对平台上的水平投影中心线，并注意与钢柱牛腿以及上下弦上的牛腿的组装间隙，并保证其接口的错边量。

（4）由于构件超重，分段后重量在60～75t，因此整体拼装后需分段焊接，分开在对接处做好中心线定位标识，以便后续预装定位。焊接过程中注意控制焊接顺序和焊接变形。

4）钢桁架预拼装的测量验收

预拼装的质量好坏将直接影响高空分段拼装的质量，测量工作的质量是高精度拼装的关键工作，测量验收应贯穿各工序的始末，对各工序的施工测量、跟踪检测全方位进行监测。测量完成后划出构件的对合标记线，作为现场吊装的标识（表5.2.2）。

5.2.3 焊接工艺操作要点

1．焊接方法

1）埋弧焊-SAW：主要用于拼版焊缝的焊接。

2）CO_2气体保护焊-GMAW：主要用于定位焊、贴角焊缝以及牛腿、筋板等位置的焊接。

表5.2.2

桁架整体预拼装控制尺寸表

序号	项目＼内容	控制尺寸	检验方法	备注
1	拼装单元总长	0 ~ -5	全站仪、钢卷尺	
2	对角线	±5	全站仪、钢卷尺	
3	各节点标高	±3	粉线、钢尺	
4	桁架弯曲	±5	粉线、钢尺	
5	起拱	+5 ~ +10	粉线、钢尺	
6	节点处杆件轴线错位	3	线垂、钢尺	
7	坡口间隙	±2	焊缝量规	
8	单根杆件直线度	±3	粉线、钢尺	

3）手工电弧焊-SMAW：主要用于定位焊、焊接修补、贴角焊、铸钢件的焊接。

4）CO_2气体保护焊+埋弧焊-GMAW+SAW：主要用于框架梁、框架柱的主焊缝焊接。

2．焊接材料及焊接坡口

1）焊接材料的选用见表5.2.3-1。

表5.2.3-1

焊材选用表

序号	母材	焊接材料			备注
		手工电弧焊 SMAW（$\phi 4.0$）	CO_2气体保护焊 GMAW（$\phi 1.2$）	埋弧焊 SAW（$\phi 5.0$）	
1	Q235(A ~ D)	E4303，E4328 E4315，E4316	ER49-1 ER50-6	H08A	
2	Q345(A ~ D)	E5003，E5015 E5016，E5018	ER49-1 ER50-3，ER50-2	H08A，H08MnA，H10Mn2	
3	Q390(A ~ D)	E5015，E5016 E5515/16-D3	ER50-3 ER50-2	H08MnA，H10Mn2，H08MnMoA	

2）焊接坡口（所有坡口开设均需结合焊接工艺评定结果）：所有不等厚板对接时，当板厚差Δt≤4mm时不需要开过度坡口，Δt>4mm时过度坡口采用1：3（图5.2.3-1）。不等厚钢板对接处焊接盖面时应平滑过渡。主要包括柱牛腿上下盖板与桁架上下翼缘连接处、桁架主弦杆节点处翼腹板拼接、节点处牛腿与腹杆连接处等。

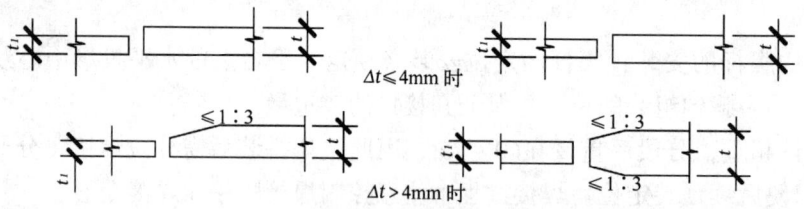

图5.2.3-1 不等厚对接坡口开设图

（1）钢板拼对接的坡口形式（不等厚板对接按较薄板厚开制，图5.2.3-2）。

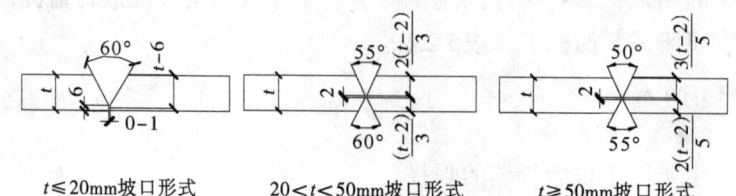

图5.2.3-2 板对接坡口形式

（2）箱形柱主焊缝（5.2.3-3）。

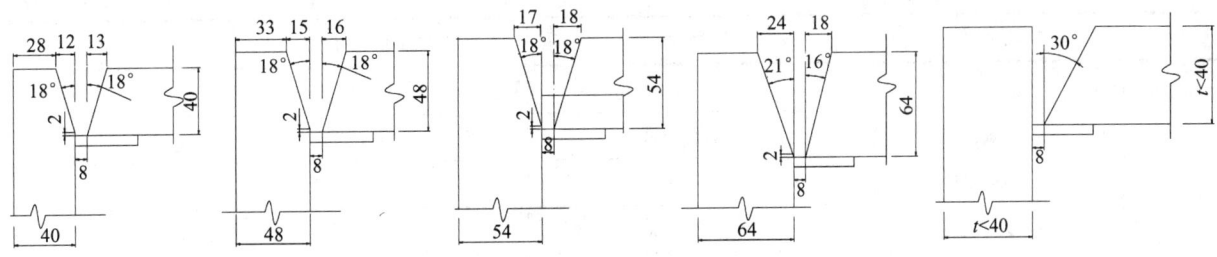

图5.2.3-3　各种板厚箱形柱主焊缝坡口形式

①箱形桁架弦杆及腹杆主焊缝（图5.2.3-4）。
②钢骨混凝土梁的主焊缝（图5.2.3-5）。

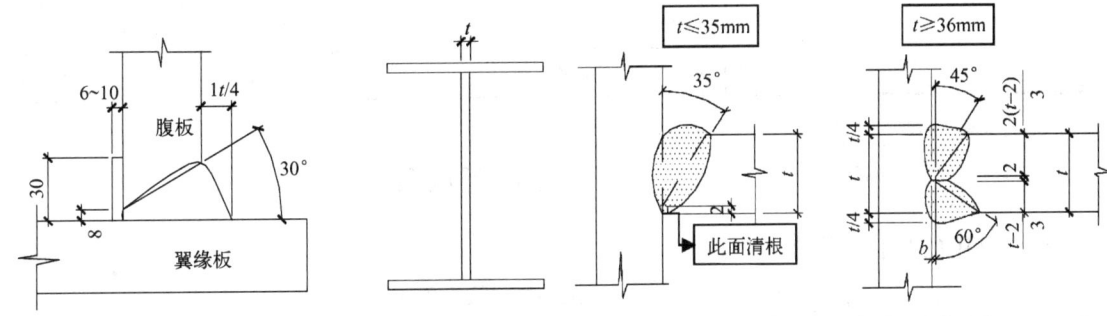

图5.2.3-4　箱形桁架弦杆及腹杆主焊缝　　　　图5.2.3-5　H形钢骨混凝土梁的主焊缝

3．焊接工艺

1）焊接预热：按表5.2.3-2执行。

焊接预热温度表　　　　　　　　　　　　　　　　表5.2.3-2

温度　　　厚度 材质	$t<25mm$	$25≤t≤40mm$	$40<t≤60mm$	$60<t≤80mm$	$t>80mm$	备　注
Q235	$t≥0℃$	$t≥0℃$	$t≥60℃$	$t≥80℃$	$t≥100℃$	
Q345	$t≥0℃$	$t≥60℃$	$t≥100℃$	$t≥100℃$	$t≥140℃$	
Q390C	$t≥20℃$	$t≥80℃$	$t≥120℃$	$t≥140℃$	$t≥160℃$	

2）焊接工艺参数，见表5.2.3-3执行。

焊接工艺参数　　　　　　　　　　　　　　　　表5.2.3-3

焊接 方法	焊接材料		焊接工艺参数				备　注
	型号	规格（mm）	$I(A)$	$U(V)$	$V(cm/min)$	层次	
SMAW	参照表5.3.2	$φ4$	160~190	24~26	6~10	第一、二层	
		$φ5$	200~240	24~28	6~10	其他层	
GMAW	参照表5.3.2	$φ4$	160~190	24~26	6~10	第一、二层	
	参照表5.3.2	$φ1.2$	230~300	30~34	45~50	其他层	
SAW	参照表5.3.2	$φ4$	160~190	24~26	6~10	第一、二层	
	参照表5.3.2	$φ5$	550~600	28~34	42~50	其他层	

5.2.4　构件加工主要尺寸控制如表5.2.4所示。

主要控制尺寸 表5.2.4

序号	构件类型	控制内容	允许误差（mm）	备注
1	框架柱	总长	0 ~ -5	
		侧向弯曲	0 ~ 3	
		扭曲	0 ~ 3	
		牛腿标高	-2 ~ 2	
		截面	-2 ~ 2	
2	桁架	总长	0 ~ -5	
		起拱值	0 ~ 5	
		弦杆截面	-2 ~ 2	
		上下弦杆大对角差	0 ~ 5	
		上下弦杆间距	-2 ~ 2	

6. 材料与设备

本工所用的材料与设备见表6。

主要材料及设备表 表6

序号	名　称	规格型号	用　途	备　注
1	多头直条切割机	CG5000	柱/梁主板下料	
2	数控直条切割机	GS/Z-600	柱/梁主板及零件板下料	
3	刨边机	B81120A	开坡口	
4	B-H 组立机	ZUBH1200	柱/梁的组立	
5	数控平面钻床	DRWC-3	连接板钻孔	
6	CNCX 三维数控钻孔机	DNT1000	H 型钢钻孔	
7	抛丸机	压送式	构件抛丸除锈	
8	门型埋弧电焊机	FABARC	箱形柱主焊缝焊接	
9	ER50-6 气保焊丝		构件焊接	
10	H10Mn2 埋弧焊丝		拼板、主焊缝焊接	

7. 质 量 控 制

7.1 本工法执行的质量标准

《钢结构工程施工质量验收规范》GB 50205；《建筑钢结构焊接技术规程》JGJ 81。

7.2 本工法质量控制措施

7.2.1 质量管理要坚持管理层和作业层相结合，部门与基层相结合，技术人员与操作人员相结合，防治结合，以防为主的方针。严格执行班组自检和质量部门专检相结合的原则。

7.2.2 严格进行焊接（包括电渣焊和主焊缝）的无损检测，保证焊缝质量。

7.2.3 焊接过程严格安装焊接工艺执行，控制焊接变形，保证构件外形尺寸。

7.2.4 提高端铣精度要求，保证构件端面垂直度和现场安装要求。

7.2.5 做好除锈涂装，保证构件外观质量。

8. 安 全 措 施

8.1 本工法执行的主要安全标准

《建筑施工安全技术规范》ZBBZH/GJ 12;《焊接与切割安全》GB 9448;《建设工程施工现场供用电安全规范》GB 50194。

8.2 本工法采取安全措施

8.2.1 认真贯彻"安全第一,预防为主"的方针,根据国家有关规定、条例,结合施工单位实际情况和工程的具体特点,组成专职安全员和班组兼职安全员参加的安全生产管理网络,执行安全生产责任制,明确各级人员的职责,抓好工程的安全生产。

8.2.2 在生产前必须逐级进行安全技术交底,其交底内容针对性要强,并做好记录,并明确安全责任制。严格按规定做好开工前、班前安全交底。

8.2.3 箱形柱的电渣焊和埋弧焊焊接应注意用电安全,严防漏电、触电。

8.2.4 在进行箱形柱箱形内的焊接作业时,应注意焊工的防护和通风。

8.2.5 施工现场使用的手持照明灯使用36V的安全电压。

8.2.6 对于大型箱形柱构件的翻身和倒运,应使用专用吊具,并选择合适吊点,确保安全。

8.2.7 使用起重机应和司机密切配合,严格执行起重机械"十不吊"的规定。

8.2.8 定期按情况可进行安全与文明检查评比,根据评比分数高低给予不同作业班组相应奖罚,把安全与文明工作做好。

9. 环 保 措 施

9.1 本工法执行的主要环保标准、规程

《建筑施工现场环境与卫生标准》JGJ 146;《中华人民共和国环境保护行业标准》HJ/T 126。

9.2 本工法采取环保措施

9.2.1 加强效能建设,不断完善各项制度。对AB角工作制、首问责任制、服务承诺制、社会公示制、限时办结制、绩效考核制、失职追究制等进一步补充完善。从而规范工作程序,量化工作标准,堵塞各种漏洞,完善运行机制,加强内部监督,实现以制度规范行为,以制度管人管事,把破坏环境的因素消灭在萌芽状态。

9.2.2 增强服务意识。在认真执行环评和"三同时"制度、按规定时限办理好各种事项的同时,加强与各部门的沟通,尽量避免一切对环境产生破坏因素。

9.2.3 加强监督,增强工作透明度。在建设项目审批中继续完善公示程序、公示内容,一次性告知制,严格按照ISO14000的要求对新建项目做好记录;公开监理工作中对违法行为的处罚依据、处罚程序及处理结果;对在建项目实行跟踪调查,征求各方意见,杜绝一切破坏环境因素。

9.2.4 优先选用先进的环保机械。采取设立隔声墙、隔声罩等消声措施降低施工噪声到允许值以下,同时尽可能避免夜间施工。

10. 效 益 分 析

通过对京沪高铁虹桥火车站、京沪高铁济南西客站、京沪高铁南京南站、京沪高铁苏州火车站等多个高铁大型交通枢纽动荷载框架结构项目的制作加工,公司积累了大量宝贵的生产制作经验,使公司在高铁大型交通枢纽动荷载框架结构制作上处于领先地位。通过更为合理的制作工艺的编制,和实际操作经验的不断积累、总结,使高铁大型交通枢纽动荷载框架结构的制作工序更为合理化,高铁大型交通枢纽动荷载框架的质量控制更加严格,从而不断降低本公司动荷载结构的加工制作成本,为企业创造更多的经济效益。采用本工法可为企业创造更多的经济效益，由于技术的不断进步，弥补国内高铁大型交通枢纽动荷载框架结构制作与西方发达国家的差距，取得了良好社会效益，采用本工法的项目取得的经济效益如下所示：

10.1 京沪高铁虹桥火车站站房钢结构工程使用新技术，降低了约200元/t的制作成本，加工本工程的钢结构量约33000t，创造直接经济效益如下：

传统加工制作费用：33000t×4000元/t=13200万元

新技术制作费用：33000×3800元/t=12540万元

新技术节约制作费：13200万元−12540万元=660万元

直接创造经济效益660万元。

10.2 京沪高铁济南西客站钢结构工程使用新技术，降低了约150元/t的制作成本，加工本工程的钢结构量约20000t，创造直接经济效益如下：

传统加工制作费用：20000t×3900元/t=7800万元

新技术制作费用：20000×3750元/t=7500万元

新技术节约制作费：7800万元−7500万元=300万元

直接创造经济效益300万元。

10.3 京沪高铁南京南站站房钢结构工程使用新技术，降低了约100元/t的制作成本，加工本工程的钢结构量约6000t，创造直接经济效益如下：

传统加工制作费用：6000t×3800元/t=2280万元

新技术制作费用：6000×3650元/t=2190万元

新技术节约制作费：2280万元−2190万元=90万元

直接创造经济效益90万元。

采用本工法3个项目所节约的经济：660万元+300万元+90万元=1050万元。

11. 应 用 实 例

11.1 京沪高铁虹桥火车站

应用时间：2008年12月~2009年9月；

应用地点：上海；

工程量：33000t；

效果：使用本工法使制作更为简化，质量控制更为严格有效，效益显著增加。构件质量优良，得到业主好评。

11.2 京沪高铁济南西客站

应用时间：2009年10月~2010年9月；

应用地点：济南；

工程量：20000t；

效果：使用本工法，质量控制更为严格有效，为现场安装好本工程项目的总体工期提供了可靠的保障，得到业主好评。

11.3 京沪高铁南京南站工程

应用时间：2009年12月~2010年3月；

应用地点：济南京；

工程量：6000t；

效果：使用本工法，质量控制有效，构件发现场后安装合格率为100%，收到业主及总包一致好评。

木结构古建施工工法

GJEJGF101—2010

上海殷行建设集团有限公司

许培丽　应桢琳　李立民　徐远景　韩华东

1. 前　言

公司经过宝山寺移地改扩建工程中大雄宝殿、藏经阁、天王殿、钟鼓楼、法物流通、观音殿、药师殿、佛堂、僧寮室等多个单体木结构古建建筑的施工，掌握了一套木结构古建建筑的施工方法，在施工过程中不断对该技术进行改善和提高，在实践过程中取得了丰富的施工经验。为了传承和发展木结构古建建筑施工技术，为此编写了此工法。

2. 工法特点

2.1　采用现代计算机仿真技术，模拟施工过程，采用电脑三维总体及构件放样，确定各个构件的精确尺寸，改变了传统施工工艺（即采用1∶1放大样），提高了施工工效。

2.2　构件采用工厂化加工，现场安装，减少木材的损耗，提高了现场施工的防火安全，提高现场施工文明。

3. 适用范围

本工法适用于木结构建（构）筑物及构件的施工。尤其适用于全木结构仿古建筑的施工。

4. 工艺原理

木结构古建建筑施工是根据设计图纸，进行三维施工仿真模拟，确定构件划分及构件尺寸，细部尺寸，并通过计算机构件三维放样后，再进行构件工厂化批量加工制作并进行编号，然后运送至施工现场进行安装，减少了现场安装时细部尺寸调整工作。

5. 施工工艺流程及操作要点

5.1　施工工艺流程（图5.1）

5.2　操作要点

5.2.1　施工准备

根据施工现场条件、构件长度、重量确定吊车选择。

5.2.2　计算机仿真模拟施工流程

采用现代计算机技术对整个木结构施工过程进行仿真模拟，从而确定构件的安装顺序，根据安装顺序对构件进行编号。

5.2.3　工厂构件加工

根据计算机确定的构件三维尺寸，进行工厂构架批量加工制作。

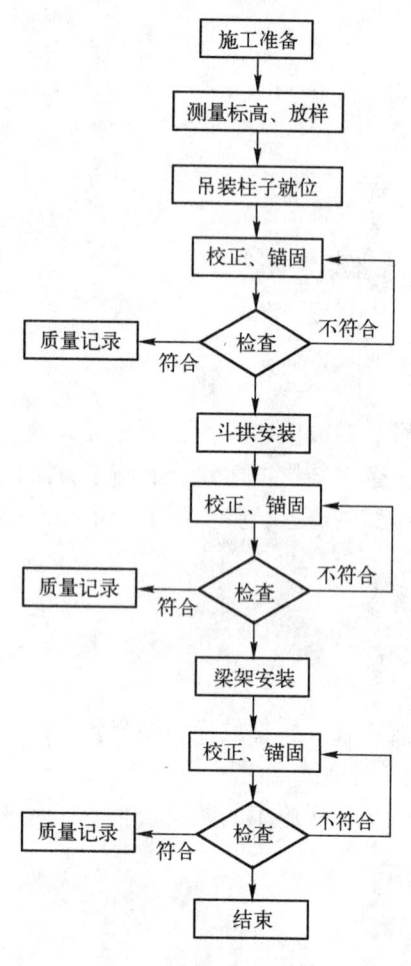

图5.1 施工工艺流程

5.2.4 木柱安装

在木柱上确定垂直线、中心线，按照丈杆及柱位、方向画定榫卯位置与柱脖、柱脚及盘头线，按所画尺寸剔凿卯眼，锯出口子、榫头。在安装过程中采用水准仪、全站仪进行定位和垂直度控制。

5.2.5 斗拱制作安装

采用计算机的三维翻样尺寸，分别将坐斗、翘、昂、耍头，撑头木及朽碗、瓜、万、厢拱、十八斗、三才升等，逐个套出样板，作为斗拱单件画线制作的依据，然后按样板在加工好的规格料上画线并进行制作。按样板在加工好的规格木料上画线，锯解斗拱各个分件。锯凿斗拱分解各部位的榫卯、卡腰、刻袖、卷瓣，头尾按要求雕刻出花饰和刻线，昂嘴刮出凹度。

预拼装：为保证斗拱组装顺利，在正式安装之前要进行预安装。预拼装时，如榫卯结合不严，要进行修理，使之符合榫卯结合的质量要求。

编号：试装好的斗拱一攒一攒地打上记号，用绳临时捆起来，防止与其他斗拱混杂。

组运：正式安装时，将组装在一起的斗拱成攒地运抵安装现场，摆在对应位置。各间的平身科、柱头科、角科斗拱都运齐之后，即可进行安装。

安装：斗拱安装，要以编号为单位，平身、柱头、角科一起逐层进行。先安装第一层大斗，以及与大斗有关的垫拱板，然后再按照山面压檐面的构件组合规律逐层安装。

5.2.6 梁架制作安装

在梁两端画出迎头立线（中线），依据立线方出平水线（檩底皮线）、抬头线、熊背线及梁底线、两肋线（梁的宽窄线）。将两端各线分别弹在梁身各面。按线将梁身去荒刮平，再用分丈杆点出梁头外端线及各步架中线，用方尺勾画到梁的各面。画出各部位榫、卯及海眼、瓜柱眼、檩碗、鼻子和垫板口子线。

5.2.7 各木构件的安装程序

对号入座：必须按木构件上标写的位置号来进行安装。

先内后外，先下后上：先从里面的构件安起，再由里至外；先从下面的构件安起，再由下至上。

下架装齐，验核丈量，吊直拨正，牢固支戗：当主要木构件安装至下架构件齐全以后，要用丈杆认真核对各部面宽、进深尺寸，发现问题及时解决。待尺寸完全与丈杆相符以后，将枋子卯口侧缝内掩上"卡口"，将其节点固定。之后进行吊直拨正和支戗的工作。先拨正，从明间里围柱开始，用橇棍或"推磨"的方法，使柱根四面中线与柱顶石中线相对，拨完里面的金柱，接着拨外围的檐柱，使柱中线对准柱顶石中线，明间柱子拨正后，就可以用戗。

上架构件，顺序安装，中线相对，勤校勤量：安装上架构件，也是由内向外，由下向上顺序进行，先从明间开始，安装五架梁，使梁底中线与柱头中线相对，然后安明间下金垫板，用丈杆校尺寸，安前后下金檩。再安次间五架梁，对中、校尺寸，安次间下金垫板和下金檩。

主要木构件装齐，再装椽望，瓦作完工，方可撤戗：主要木构件完全装齐之后，即可开始安装椽望、连檐等构件。构件全部立架安装工作完成以后，戗杆仍不能撤掉，等瓦工的屋面工程、墙身工程等全部完成以后，再解掉戗杆。

6. 材料与设备

6.1 材料

各种建筑用木材。

6.2 设备（表6.2）

机具设备表   表6.2

序号	设 备 名 称	用　途
1	木材干燥设备	木材干燥
2	自动型榫齿机开榫机	木材的梳齿 开榫
3	木工带锯	木材切割
4	圆盘锯	构间加工
5	木工平刨	细木制作
6	木工压刨	细木制作
7	手电钻	细木制作
8	手持电刨	细木制作
9	吊机	吊装
10	湿度计	监测
11	木工手锯	细木制作
12	木工凿	细木制作
13	木工手斧	细木制作
14	墨斗	放样
15	木材含水率测定仪	监测
16	钢尺	测量
17	水准仪	测量
18	全站仪	测量
19	手拉葫芦	调整
20	撬杠	调整
21	白棕绳	吊装
22	汽车吊	吊装

7. 质 量 控 制

结构加工和质量验收主要参照如下标准和表格（表7-1、表7-2）：

1)《木结构设计规范》 GB 50005；

2)《木结构工程施工质量验收规范》 GB 50206；

3)《古建筑修建工程施工与质量验收规范》 JGJ 159-2008。

梁、柱制作的允许偏差 表7-1

项目		允许偏差（mm）	检验方法
构件截面尺寸	方木构件高度、宽度	−3	钢尺量
	板材厚度、宽度	−2	
	原木构件梢径	−5	
结构长度	长度不大于 15m	± 10	梁、柱全长（高）
	长度大于 15m	± 15	
受压或受弯构件纵向弯曲	方木结构	L/500	拉线钢尺量
	原木结构	L/200	
齿连接刻槽深度		± 2	钢尺量
支座节点受剪面	长度	−10	钢尺量
	宽度 方木	−3	
	宽度 原木	−4	

注：L 为构件长度。

梁、柱安装的允许偏差 表7-2

项次	项目	允许偏差（mm）	检验方法
1	结构中心线的间距	± 20	钢尺量
2	垂直度	H/200 且不大于 15	吊线钢尺量
3	受压或压弯构件纵向弯曲	L/300	吊（拉）线钢尺量
4	支座轴线对支承面中心位移	10	钢尺量
5	支座标高	± 5	用水准仪

注：H 为柱的高度；L 为构件长度。

8. 安 全 措 施

严格遵守国务院发布的《建筑安装工程安全技术规程》、上海市建委《关于加强施工现场安全生产管理若干规定》、上海建筑工程局《安全制度汇编》、《建筑机械使用安全技术规程》，还应根据"木结构"施工的特点，编制施工组织设计，提出安全的注意事项及具体措施。

木结构施工编制防火专项施工方案，并作为危险源进行管理。

木结构吊装做好安全交底工作，且人员相对固定。

现场指定木屑回收处理程序，配备吸尘器，对木屑进行及时回收处理，降低作业人员职业健康隐患。

9. 环 保 措 施

采用计算机仿真技术，并结合构件工厂化加工制作，减少木材的损耗，从而降低了现场加工木材的环境污染。

10. 效 益 分 析

10.1 经济效益：由于采用计算机仿真技术、放大样、工厂化加工，确保构件无返工，工厂化加工构件的精确度高，现场构件处理量少，木材的损耗率大大降低。

10.2 工期：通过现代计算机仿真模拟技术，对施工过程、构件尺寸进行三维模拟分析，形成比较完善的木结构施工流程，木结构安装过程常见的构件过长、过短、接头尺寸不对等问题大大降低，减少了木结构的安装难度，大大加快了木结构的安装速度。

10.3 安全文明：采用工厂化加工，现场木结构加工作业量大大降低，减少了木结构施工安全隐患，现场木屑量也大大降低，提高了作业环境的质量。

11. 应 用 实 例

11.1 宝山寺大雄宝殿

宝山寺大雄宝殿为地上一层，建筑高度15.508m，占地面积1066.18m²，总建筑面积555.23m²，柱径为φ580，最大跨度为9.0m，最大檐口外挑长度为4.0m，柱高5.690m，最大梁高750mm。整个工程的木结构均采用此工法，预先采用计算机技术进行构件翻样，再进行构件编号，现场安装，大大加快现场的安装工期，节约了木材的损耗。根据以往的原木出材率为5～6成，通过该工法使原木出材率提高到6～7成，大大节约了木材的损耗，就大雄宝殿一个单体工程就节约了木材100多立方米。特别是本工程的柱子，从下到顶都是圆形变径的，而且是均是偏心安装的，采用了此工法后就位安装及榫头的位置定位都非常正确，便于现场的安装，大大提高了现场的安装进度。大雄宝殿的斗拱是最大也是最复杂的构件，从下到上共有六七层几十个构件，为了能加快安装进度及提高精度，在工厂内就预先加工、安装、编号，再到现场安装，从而大幅度的缩短安装工期及降低工人安装费用。

11.2 宝山寺藏经阁

宝山寺藏经阁建筑层数为地上二层，建筑高度16.580m，占地面积240.15m²，总建筑面积451.04m²，柱径最大为φ500，最高7.4m，最大跨度为7.0m。在积累了大雄宝殿的工法经验后，该工程采用该工法后的整个项目工期缩短到150日历天，木材也节约了150多立方米，在降低成本和缩短工期方面的效益是比较明显的。

11.3 宝山寺观音殿、药师殿

宝山寺观音殿、药师殿为地上一层，建筑高度10.0m，占地面积772.2m²，总建筑面积565.24m²，材料采用非洲花梨木。最大柱径为φ450，最高柱高6.278m，梁最大跨度为7.0m，最大梁高0.55m。采用该工法后节约木材100多立方米，缩短工期2个月。

11.4 宝山寺钟鼓楼、天王殿

钟鼓楼、天王殿为地上二层，建筑高度14.555m，占地面积679.21m²，总建筑面积798.93m²，材料采用非洲花梨木。最大柱径为φ650，最高柱高7.835m，梁最大跨度为10.0m，最大梁高0.756m。采用该工法后节约木材100多立方米，缩短工期2个月。

11.5 宝山寺佛堂

佛堂为地上一层，建筑高度9.76m，占地面积484.8m²，总建筑面积369.94m²，材料采用非洲花梨木。最大柱径为φ450，最高柱高5.608m，梁最大跨度为6.5m，最大梁高0.54m。采用该工法后节约木材100多立方米，缩短工期1个多月。

11.6 宝山寺连廊、东西入口等

整个宝山寺有10000多平方米，除了僧寮室是半木半混凝土结构外，其他单体工程均为全木结构，都采用该工法制作安装，为整个项目节约了上千立方米的木材，及缩短了整个项目的施工工期，并且保证了整个项目的结构准确性、美观性。

青砖小瓦花格窗施工工法

GJEJGF102—2010

浙江中联建设集团有限公司 中鑫建设集团有限公司

尉烈扬 王保兴 陈国仕 陈玲芬 朱亮

1. 前 言

本施工工法的编写取材源于仿古新建（修缮）的公园、寺庙、古镇、廊亭等工程。这些仿古建筑、粉墙黛瓦、古色古香，较多地使用了青砖小瓦材料，特别是青砖小瓦花格窗，我国古建筑中许多保存下来的青砖小瓦花格窗都烙着它的时代印痕，形象、生动、细腻，体现出厚重的历史文化底蕴。

该工法是以传统手工作业为主，辅以现代施工技术而成的精细工艺。施工原理是在传统工艺烧制的质地细腻的青砖小瓦上，经过切割，水细磨，花格的拼装连接，节点的印花和预制花型的镶贴等技巧的运用，结合现代技术手段，拼装各种形式花样，使工艺更加精湛、多样。并保持了古代花格景窗的内涵与艺术性。

该工法应用于承建的仓桥直街历史街区保护工程（荣获联合国教科文组织亚太地区遗产保护奖）等多项工程，整理编制出了青砖小瓦花格窗施工工法，可供推广应用。浙江省住房和城乡建设厅专家组对该工法通过验收，达到国内领先水平。经浙江省科技信息研究院查新具有国内领先水平。查新报告号：200933B2112083。并被评为国家发明专利，专利号：ZL200910155503.5。

2. 工法特点

2.1 窗框采用水磨青砖镶贴或水泥砂浆抹面，窗内心花格采用传统工艺烧制的质地细腻小瓦，取材广泛，价格低廉，经久耐用。

2.2 窗框外形有长方、六角、八角、扇形等，窗内心结构图案花样十分丰富。

2.3 采用机械切割水细磨加工，改变了人工凿、锯、磨的传统工艺，原材料损耗和用工明显减少，施工精度和速度大为提高，并可拼装各种复杂的图案。

2.4 采用节点印花和预制花型镶贴技术，并配合砂轮水细磨工艺，更使花格窗圆润美观，精细优雅。

2.5 施工简便、无污染、无辐射、健康环保。

3. 适用范围

应用于古镇、古街道、寺庙、名人故居、园林等的修复、改扩建工程等，还适用于仿古的酒楼、茶楼、中式别墅、庭院、公园、影视城、美术馆、博物馆等工程。

4. 工艺原理

按设计图案要求，先放线砌筑墙体，并规好预留窗框尺寸，然后依据图案尺寸抹灰或镶贴好装饰线条，规正窗花的净尺寸，排花格，切割水磨砖瓦，浸泡砖瓦，用1：1：0.5（水泥：中细砂：灰膏）水泥混合砂浆拼装粘贴花格，完成整体花格拼装后采用水泥砂浆抹面印花或镶贴预制花型修饰节点表面，清理干净。构成纵横交替、相互交接，紧密相连的一组完整的艺术整体，给人以艺术美的享受。

5. 施工工艺流程及操作要点

5.1 工艺流程（图5.1）

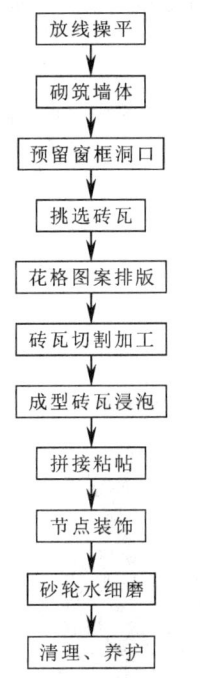

放线操平

砌筑墙体

预留窗框洞口

挑选砖瓦

花格图案排版

砖瓦切割加工

成型砖瓦浸泡

拼接粘帖

节点装饰

砂轮水细磨

清理、养护

图5.1 施工工艺流程图

5.2 操作要点

5.2.1 砌墙施工前，先确定窗内小瓦花格及窗框青砖形状规格和尺寸，然后平面放线、抄平，各窗预留洞设十字线控制。

5.2.2 砌筑墙体（与砌筑工艺一致），在窗台标高处放出预留窗洞的位置，预留洞四周应放大抹灰线条或镶贴装饰线的厚度，如有多线型窗框，注意留置厚度。如图5.2.2所示。

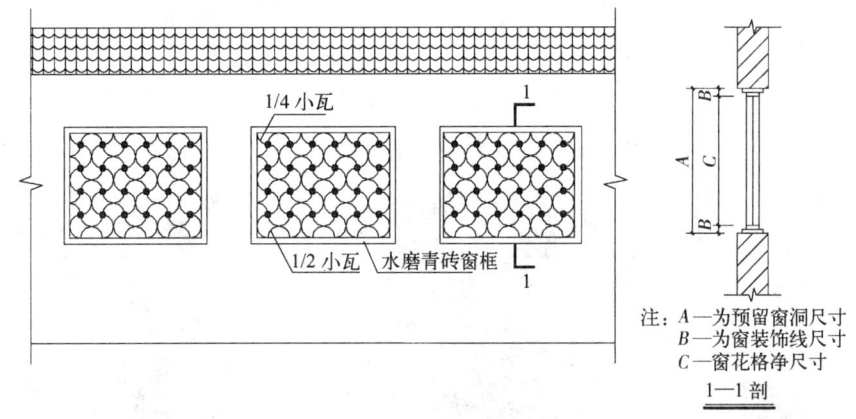

1/4 小瓦
1/2 小瓦 水磨青砖窗框

注：A—为预留窗洞尺寸
B—为窗装饰线尺寸
C—窗花格净尺寸
1—1 剖

图5.2.2 砌筑墙体

5.2.3 规正预留洞口尺寸，采用水磨青砖镶贴装饰线的，规好水磨青砖拼装的位置，切割水磨青砖，湿润水磨青砖，用1∶1∶0.5（水泥∶中细砂∶灰膏）水泥混合砂浆镶贴各道窗框装饰线，如有多道装饰线条的，重复同样操作程序，至各道装饰线镶贴完成，规正花格净尺寸，干硬后（一般3～4d）开始用角向磨光机对装饰线表面进行打磨，然后用人工30号砂石进行水细磨，到表面光滑、线条顺直、接槎平整为止，如采用水泥砂浆装饰线操作与水泥砂浆抹面工艺一致。

5.2.4 花格小瓦应先分类堆放，根据图案要求选用花格的小瓦，选用窗内花格小瓦弧线和尺寸基本一致，厚度相等。不得选用弧形和厚度差大，破角开裂、翘边的小瓦。

5.2.5 依据已定的窗框净尺寸，排花格，从窗中心点向左右上下排格，尽量考虑上下左右一致。如图5.2.5所示。

5.2.6 排好花格尺寸后，根据小瓦的图案尺寸进行切割，划线要准，切割要慢进，必须带水切割，俗称"水切"。如有毛边应用人工水磨修光，切割完的小瓦应在水池中浸泡，程度控制到水泡少量冒出为宜，等稍干时可拼装（表面不得有积水）。

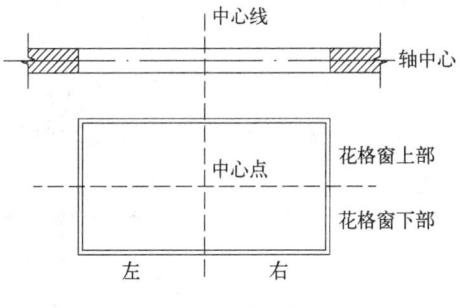

中心线
轴中心
中心点
花格窗上部
花格窗下部
左 右

图5.2.5 窗框位置

5.2.7 拼装粘结，拉好垂直、水平线，先放第一皮小瓦用1∶1∶0.5（水泥∶中细砂∶灰膏）水泥混合砂浆粘结花格小瓦节点，花格小瓦节点部位搓好粘结砂浆，两张小瓦轻轻挤压靠拢节点。双手操作，用力要小，各花格小瓦节点需要控制在规线内。确认无误后拼装第二皮花格，第二皮小瓦应对准第一皮小瓦，填满抹平节点砂浆，随时清理残浆。同时用直尺、自制垂直托线板检查水平和垂直度。如图5.2.7所示。

5.2.8 拼装完成后应及时清理花格表面残浆，花格有凸出的部位用角向磨光机轻轻磨平，用人工砂轮石水细磨光滑。然后对各花格节点进行修饰，采用水泥砂浆抹面印花节点或预制花型镶贴修饰。

印花节点修饰是用1：2水泥砂浆在花格小瓦节点上抹灰一定厚度（一般15～20mm为宜），待8成干后用事先制作好的印花模具印烙到砂浆表面，然后用小插子切割花边砂浆，收光花边即可。预制花型镶贴采用1：2水泥砂浆事先预制花型镶贴在小瓦花格节点上，花型大小一般不大于花格节点。印花或镶贴花型需上下左右拉线操作。完成后花型可涂白或其他颜色。也可采用白水泥作为印花砂浆。如图5.2.8-1～图5.2.8-3所示。

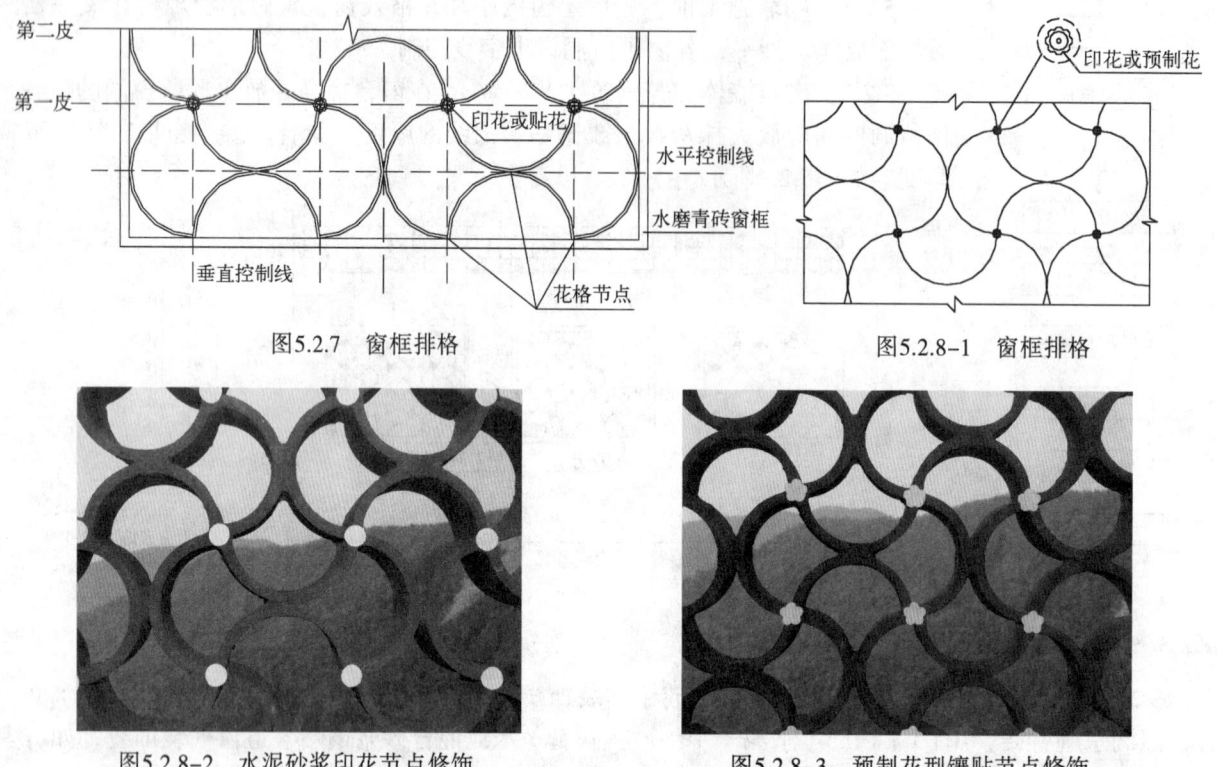

图5.2.7　窗框排格　　　　　　　　　　　　　图5.2.8-1　窗框排格

图5.2.8-2　水泥砂浆印花节点修饰　　　　　　图5.2.8-3　预制花型镶贴节点修饰

5.2.9　全部完成拼装花格后，窗内的花格小瓦也可采用外墙涂料涂刷两遍，颜色一般多用浅灰色或白色。

6. 材料与设备

材料、水泥（白）、中细砂、水磨青砖，规格一般为400mm×400mm×43mm（用于窗框装饰线条）、小瓦规格一般为1／2或1／4圆弧，厚10～15mm（用于窗内花格）。见表6。

主要机具设备表　　　　　　　　　　　　　　　　　　　　　　　表6

序号	名　称	型号	数量	用　途
1	砂浆搅拌机	ZY-mm-80	1	砂浆搅拌
2	手提切石机	CT41	2	切割青砖、水磨线砖瓦
3	手提角向磨光机	AG100	2	磨光青砖瓦，修平花格
4	锤子、凿子	—	3套	修凿拼装水磨砖窗线
5	小插子	—	5套	修饰花格节点
6	水准仪	S3	1	抄平
7	经纬仪	D6	1	放线
8	50cm水平尺	—	2	拼装花格整平
9	自制托线板	—	3	拼装花格垂直控制

7. 质 量 控 制

7.1 工程质量控制标准

严格按《砌体工程施工质量验收规范》GB 50203-2002,《古建筑修建工程质量检验评定标准》CJJ 10-96（南方地区）。

7.2 材料要求

7.2.1 选用材料的砖品种、标号、规格、色泽、等级应符合设计及规范要求。

7.2.2 砖外观应符合《古建筑修建工程质量检验评定标准》CJJ 10-96 5.1.6条规定表面平整、光滑、楞角整齐、无创印、翘曲、裂纹、线脚清楚均匀、色泽均匀一致。

7.3 安装要求

7.3.1 砖细安装符合《古建筑修建工程质量检验评定标准》CJJ 10-96 5.1.7条规定：砂浆饱满、垫层厚度均匀一致、粘结牢固。

7.3.2 砖细安装后表面符合《古建筑修建工程质量检验评定标准》CJJ 10-96 5.1.8条规定：组砌方法正确、灰缝饱满均匀平直，墙面平整、洁净美观。

7.3.3 允许偏差，砖细加工与安装允许偏差和检查方法符合《古建筑修建工程质量检验评定标准》CJJ 10-96 5.1.9条的规定。表7.3.3砖细加工与安装偏差和检验方法。

7.3.4 窗花格

1. 制作窗花格的瓦、砂浆灰等材料的品种、规格质量应符合设计要求及《古建筑修建工程质量检验评定标准》CJJ 70-96 5.7.2条要求，花格的图案、内容、风格应符合设计要求，安装应牢固平稳应符合《古建筑修建工程质量检验评定标准》CJJ 70-96 5.7.3、5.7.4条要求。

2. 花格窗外观应符合《古建筑修建工程质量检验评定标准》CJJ 70-96 5.7.5条规定：线条均匀、光滑流畅、楞角完整、表面洁净。

砖细加工与安装偏差和检验方法 表7.3.3

项　　目	允许偏差（mm）	检 验 方 法
方砖单项对角线（方正）	1	尺量检查
平面尺寸	0.5	尺量检查
缝格平直	3	拉线和尺量检查
各种线脚拼缝	1	尺量检查
砖细平整度	2	直尺和塞尺检查
各异型窗套垂直度	2	吊线或托线板尺量检查
阴阳角方正	2	用量角器检查

3. 花格窗制作安装允许偏差和检验方法符合《古建筑修建工程质量检验评定标准》CJJ 70-96 5.7.6条规定。表7.3.4花格窗制作安装允许偏差和检验方法。

花格窗制作安装允许偏差和检验方法 表7.3.4

项　　目	允许偏差（mm）	检 验 方 法
窗的平面尺寸（直径）	±2	尺量检查
矩形花格窗的对角线	±3	尺量检查
平整度	2	用直尺和楔形塞尺检查
垂直度	2	吊线或托线板尺量检查
位置偏移	2	尺量检查

7.4 成品保护

7.4.1 花格窗用的砖、瓦应堆放整齐，不得乱扔、搬运时注意保护棱角避免磕碰。

7.4.2 花格窗拼装完成后要内外进行保护，不得碰撞。

7.4.3 不得在花格内搁置拉绳。

8. 安 全 措 施

8.1 花格窗拼装用平台应稳固，不得摇晃、不得搁置在窗台上，应设防护栏杆和挂设安全网封闭。

8.2 施工人员进场安全教育、安全技术交底，使操作人员熟知本工法有关的安全防护、重大危险源的防范意识。

8.3 各种电动机械和电动工具都要有"三级漏电保护"，做到一机一闸一漏保。

8.4 交叉作业应搭设防护棚，材料、构件、工具不得抛扔、加强个人安全防护意识，戴好安全帽。

9. 环 保 措 施

9.1 施工现场设置污水排放系统，使切割浆水做到"三沉一排"即三级沉淀，排放城市管网。

9.2 切割砖瓦碎片集中收集点，统一处理，不得乱扔乱放，污染环境。

10. 效 益 分 析

本工法与传统的花格窗制作拼装方法相比，具有下列效益：

10.1 下料准确、连接节点可靠，节点牢固，耐久性高。

10.2 经济合理，施工灵活、简便、环保、节约材料、加快施工进度。

10.3 砖瓦采用机械切割，可减少工作量，加快拼装速度，减少拼装难度。

10.4 经济分析：用传统人工制作拼装法，下料准确率低、材料浪费、人工磨费时，花样变化不多，与本法采用砖瓦机械切割拼装相比，节约制作拼装人工费按每 m^2 计算，人工费800元/m^2，材料费220元/m^2。传统人工制作拼装法与本法经济分析见表10.4。

传统人工制作拼装法与本法经济分析表 表10.4

传统人工制作拼装法	本法机械切割拼装法
1. 拼装每 m^2 工日数：10工日， 100元/工日，计1000元； 2. 损耗 1m^2青砖、小瓦计300元	1. 拼装每 1m^2 工日数：2工日，100元/工日，计200元； 2. 损耗 1m^2青砖、小瓦80元
合计1300元/m^2	合计280元/m^2

11. 应 用 实 例

11.1 大香林风景区龙华寺工程，有山门、钟鼓楼、释迦殿、地藏殿、龙华阁、僧、方丈院等15个单位组成。造价8000万元，从2008年6月开工，2009年12月竣工，目前用本法制作拼装的花格窗36只，共计面积64.8m^2。共节省资金1020元/m^2 × 64.8m^2=66096元，制作精细拼装牢固，采用本法无不良影响。

11.2 仓桥直街历史街区保护工程（荣获联合国教科文组织亚太地区遗产保护奖），从2001年3月开工至2001年10月竣工，本工程采用本法制作拼装的花格窗177只，共计187.5m^2，共节省资金1020元/m^2×187.5m^2=191250元，制作精细、拼装牢固，采用本法无不良影响。

11.3 西小路历史街区保护工程，从2003年3月开工至2003年7月竣工，本工程采用本法拼装的花格窗107只，共计89.3m^2，共节省资金1020元/m^2×89.3m^2=91086元，制作精细，拼装牢固，采用本法无不良影响。

古建筑木梁柱嵌肋加固施工工法

GJEJGF103—2010

成都建筑工程集团总公司　攀钢集团冶金工程技术有限公司

黄良　黄维成　车汪速　涂捷　雷勇

1. 前　言

我国是一个历史悠久的国家，古代建筑多采用木结构。木结构建筑存在耐久性较差的问题，局部的病害不及时治理，将会造成更大的问题，因此，保护性修复成为经常性的工作。

成都建筑工程集团总公司在多年来对古建筑的修复工作中，依据"修旧如旧"保持原貌的原则探索总结出一套嵌肋加固施工技术并形成工法，对古建筑受损较严重的木梁、木柱进行嵌肋加固修复处理，根据科技查新结果，国内外未发现在古建筑木梁柱修复中采用嵌肋加固的施工技术的应用，同时该技术已获得实用新型专利。

古建筑木梁柱嵌肋加固施工工法先后应用到崇州文庙、都江堰灵岩寺、泰安寺等工程加固修复施工中，取得良好的效果。

2. 工 法 特 点

2.1 无需更换原有构件，保持原貌：目前对古建筑修复时，对于木梁、木柱出现腐朽、虫蛀、开裂的情况时，一般采取更换整柱、整梁，或浇筑水泥混凝土填补受损部位，修复后使受损的构件丧失了作为文物的价值。古建筑木梁柱嵌肋加固是在受损部位嵌入不锈钢棒，表面包裹玄武岩纤维布，最大程度地保留受损构件，无需更换木梁柱，保持了古建筑的原貌。

2.2 方便施工，缩短工期：由于只对木梁柱受损部分进行局部修复加固处理，不用更换整个构件，易于施工并节约了工期。

2.3 提高承载力：采用本工法对古建筑的木梁柱修复加固，其受损部位得到修复，提高了承载能力。

2.4 安全性提高：更换梁柱前需对古建筑的木梁柱卸载，其安全隐患比较大，而采用本工法施工时只需部分卸载，即可满足安全施工要求。

2.5 节约造价：与更换新梁柱的施工方法相比，采用本工法可以降低70%的施工成本，大大地节约了修复造价。

3. 适 用 范 围

本工法适用于对古建筑的木梁、木柱出现腐朽、虫蛀、开裂的情况大于表3-1、表3-2所示的评定界限或剩余截面验算不能满足承载力要求时的加固修复。

木柱残损点的检查和评定　　　　表3-1

项次	检查项目	检 查 内 容	残损点评定界限
1	材质	（1）当仅有表层腐朽和老化变质时根据 p 进行评定［p 为在任一截面上腐朽和老化变质（两者合计）所占面积与截面面积之比］	$p > 1/5$ 或按属于截面验算不合格
		（2）虫蛀 沿柱长任一部位	有虫蛀洞，或未见孔洞，但敲击有空鼓音
		（3）木材天然缺陷 在柱的关键受力部位，木节、木扭（斜）纹或干缩裂缝的大小	其中任一缺陷超出《古建筑木结构维护与技术规范》表6.3.3 所要求的限值，且有其他残损时

项次	检查项目	检查内容	残损点评定界限
2	柱身损伤	沿柱长任一部位的损伤状况	有断裂、劈裂或压皱迹象出现
3	柱的弯曲	弯曲矢高 δ	$\delta > L_0/250$

木梁残损点的检查和评定　　　　　　　　　　　　表3-2

项次	检查项目	检查内容		残损点评定界限	
1	材质	（1）当仅有表层腐朽和老化变质时根据部位及 p 进行评定 对梁身		$p > 1/5$ 或按属于截面验算不合格	p 为在任一截面上腐朽和老化变质（两者合计）所占面积与整截面面积之比
		对梁端（支承范围内）		不论 p 大小，均视为残损点	
		（2）虫蛀		有虫蛀洞，或未见孔洞，但敲击有空鼓音	
		（3）木材天然缺陷 在梁的关键受力部位，木节、木扭（斜）纹或干缩裂缝的大小		其中任一缺陷超出《古建筑木结构维护与技术规范》表6.3.3所要求的限值，且有其他残损时	
2	梁身损伤	（1）跨中断纹开裂		有裂纹或未见裂纹，但梁的上表面有压皱痕迹	
		（2）梁端劈裂（不包括干缩裂缝）		有受力或过度挠曲引起的端裂或斜裂	
		（3）非原有的锯口、开槽或钻孔		按剩余截面验算不合格	

4. 工 艺 原 理

4.1　本工法利用不锈钢棒有较高的物理强度和弹性模量，将其嵌入木梁柱，用结构胶粘结，并在表面包裹玄武岩纤维布，使不锈钢棒与原结构成为一体，不锈钢棒将承担较多的荷载效应。

4.2　包裹玄武岩纤维布，可达到如下效果：一是通过"模箍效应"提高构件承载力；二是提高构件的整体性，使不锈钢棒与原有构件更好地结合；三是保护构件免受虫害、环境侵蚀；四是提高包裹部位的防火能力。

5. 施工工艺流程及操作要点

5.1　施工工艺流程（图5.1）

5.2　构造节点

5.2.1　木柱嵌肋加固结构示意图见图5.2.1。

5.2.2　木梁嵌肋加固结构示意图见图5.2.2。

5.3　操作要点

5.3.1　施工准备

1. 施工单位依据勘查与鉴定报告对古建筑的木梁柱进行全面检查，确定受损部位及受损程度。

2. 施工单位根据古建筑勘查与鉴定报告及全面检查的结果，编制施工方案并经文物部门和相关单位认可后方可施工。施工方案应包括工程概况、编制依据、施工计划、加固措施、施工工艺技术、质量保证措施、安全文明、文物及环境保护措施、相关计算与图纸等。计算的相关内容包括不锈钢棒的型号及规格。

3. 加固措施应明确不锈钢棒的规格、长度及嵌入完好部位的长度，玄武岩纤维布包裹的长度与层数。

4. 施工前施工单位应对维修操作人员进行书面的技术交底。

5.3.2　搭设局部支撑架及操作架

1. 支撑架及操作架可采用钢管脚手架、门式脚手架或工具式脚手架。

2. 脚手架搭设前应编写结构局部支撑及操作架方案，方案内容应包括概况、进度、材料计划、搭设参数、工艺流程、安全文明施工并附架体计算书。

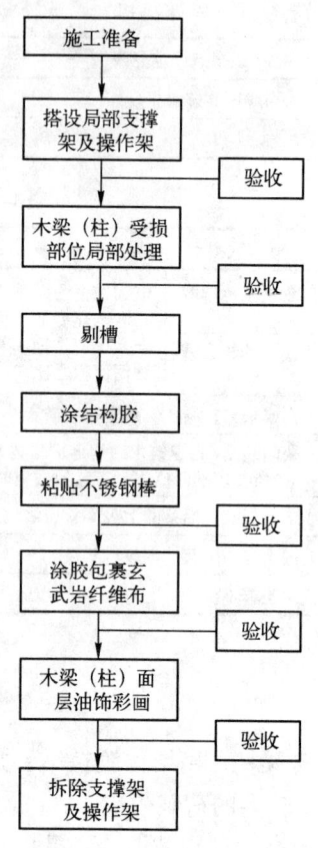

图5.1　施工工艺流程图

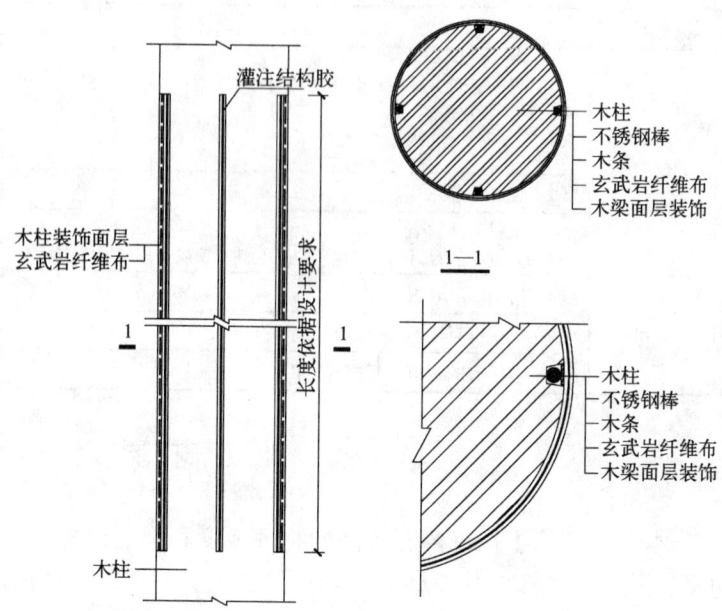

图5.2.1　木柱嵌肋加固结构示意图

3. 对木柱进行修复时，对与柱相连的梁下端搭设支撑架，临时减少木柱的荷载效应。

4. 对木梁进行修复时，在梁下端搭设支撑架，若受损位置在梁与梁的相交处，对相关的梁也应搭设支撑架。

5. 支撑架顶端与木结构接触处用软性材料隔离，避免损坏木结构完好部分表层的油饰彩画。

6. 支撑架搭设完毕后，应由施工单位的技术负责人组织安全员进行检验，验收合格后方可投入使用。

5.3.3　木柱、木梁受损部位局部修补

1. 对木柱的干缩裂缝，用木条嵌补，并用结构胶粘剂粘牢。

2. 当木柱柱心完好，仅有表层腐朽，可将腐朽部分剔除干净，涂刷防腐剂后用干燥木材依原样和原尺寸修补整齐，并用结构胶粘剂粘结。

3. 当木梁有不同程度的腐朽时，先将腐朽部分剔除干净，经防腐处理后，用干燥的木材按所需形状及尺寸，以结构胶粘剂贴补严实。

4. 木梁出现水平裂缝时，用木条和结构胶粘剂将缝隙嵌补粘结严实。

5. 对于木梁、木柱局部虫蛀部位，先清除朽烂木块、碎屑，喷防腐防虫药剂，再用木条和结构胶

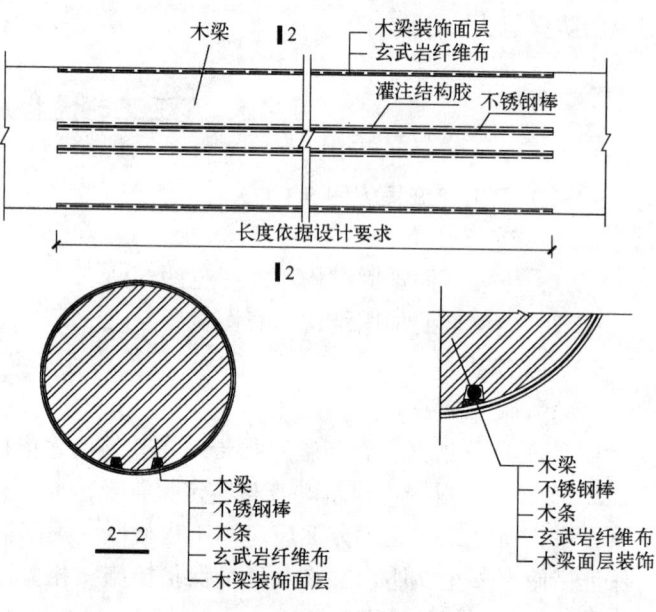

图5.2.2　木梁嵌肋加固结构示意图

粘剂将缝隙嵌补粘结严实。

5.3.4 剔槽

在对木梁、木柱的受损部位进行局部修补后，在受损部位上弹线，先用电钻机沿线钻眼，再手工剔槽。槽为楔形槽，宽度、深度大于需嵌入的不锈钢棒截面2mm，槽长大于需嵌入的不锈钢棒的长度2mm。

5.3.5 粘贴不锈钢棒

1. 嵌埋的不锈钢棒的数量依据设计的要求。一般情况下，木柱在四周嵌四根不锈钢棒，木梁在受弯区嵌2根不锈钢棒。

2. 在槽内先灌注结构胶，不锈钢棒上涂刷结构胶并放入槽内。

3. 嵌入不锈钢棒后，制作楔形木条，在木条上涂结构胶然后埋入槽内将不锈钢棒抵紧，待结构胶固化后再将木条露出的部分刨平。

5.3.6 涂胶包裹玄武岩纤维布

1. 作业条件

嵌好不锈钢棒并待结构胶充分干燥后涂刷包裹玄武岩纤维布。

2. 涂底层胶

1）根据玄武岩纤维布的粘贴部位在木梁柱表面涂刷一遍底层胶。

2）配胶。

根据粘贴胶的标准用量，计算出所涂布面积的需用量，视现场气温等实际情况，确保在适用期内一次用完，按粘贴胶使用说明规定的比例把粘贴胶主剂和固化剂置于配胶容器中，用电动搅拌器搅拌均匀。已配好的粘结胶如超过适用期后不能使用。

3）涂刷。

底层胶涂刷面边界应不小于所粘贴的玄武岩纤维布大小。应注意：施工部位的温度应不低于5℃或高于40℃，相对湿度应小于85%，如遇木结构表面结雾或有水分，应用电吹风将潮湿部位表面处理至干燥后方可施工。

4）底层胶固化。

等底层胶凝胶至充分干燥后，如发现表面有突起毛刺或胶瘤，应用砂布打磨光顺，注意不能将底层胶层打磨穿。如有打磨穿的局部应重复操作以上步骤。

3. 粘贴包裹玄武岩纤维布

1）按木梁柱的修复宽度尺寸裁剪玄武岩纤维布。

2）在已涂好粘结胶的木梁柱表面垂直于剔槽方向铺覆玄武岩纤维布，玄武岩纤维布的铺覆方向符合方案要求，一层中各张布之间的搭接应在纤维方向进行，并且搭接宽度应不小于15cm。铺覆的玄武岩纤维布应平整。

3）用专用胶辊和刮板在玄武岩纤维布上沿纤维方向施加压力，并向一个方向或从中间向两个方向滚动碾压，但不允许来回反复滚动，使胶液充分浸渍玄武岩纤维布，形成复合材料，消除气泡和除去多余胶液，使玄武岩纤维和底层充分粘结。严禁交叉垂直于玄武岩纤维方向滚动碾压施工，以免出现折丝弯丝现象。

5.3.7 油饰彩画

1. 包裹好玄武岩纤维布后，经隐蔽验收合格后在其表面刮腻子，然后依据木构件原有的外观装饰图案进行面层的油饰彩画。

2. 古建筑油饰彩画时，不得改变彩画等级、色彩原状和装饰题材原装。

5.3.8 拆除支撑架及操作架

面层装饰完成后经验收合格拆除支撑架及操作架。

5.4 劳动力组织（表5.4）

劳动力计划表（以崇州文庙为例）　　　　　　　　表5.4

序　号	工　种	人数（人）
1	架工	20
2	木工	5
3	腻子工	10
4	专业漆画工	5
5	专业修补工	10
6	普工	10

6. 材料与设备

6.1　材料（表6.1）

主要材料表　　　　　　　　表6.1

主要材料名称	选用材料种类或型号	备　注
木材	修补木梁柱受损部位所采用的木材的树种应与原件相同，为 I 级材	修补所采用的木材在使用前应经干燥处理
防腐防虫药剂	二硼合剂、氟酚合剂、铜铬砷合剂、菊酯合剂	根据施工现场的具体情况选用
结构胶粘剂	改性环氧树脂胶粘剂	粘结强度为2.5MPa，抗拉强度为30MPa，抗弯强度为40MPa，抗压强度为70MPa。符合国家标准《民用建筑工程室内环境污染控制规范》GB 50325-2001 相关要求
不锈钢棒	依据施工方案确定	依据国家标准《不锈钢棒》GB/T 1220-2007 选用，规格、材质要求应符合国家规范的要求
玄武岩纤维布	300g/m²，厚度 0.111mm，抗拉强度 2140MPa，弹性模量 93GPa，伸长率 2.1%	

6.2　主要机具设备（表6.2）

主要机具设备表　　　　　　　　表6.2

主要施工机具	规格型号	能耗	数量
电锯	235mm	1380W	1 把
电刨	RJ-5030L	500W	1 把
电钻	6411	额定转速：3000r/min	1 把
电动搅拌机	液—液　UT1301	850W	1 把
灌缝注胶器	—	—	2 支
温湿度检测仪	testo610	—	1 台

7. 质 量 控 制

7.1　本工法必须遵照执行的现行标准、规范、规程

7.1.1　《古建筑木结构维护与加固技术规范》GB 50165-92。

7.1.2　《建筑工程施工质量验收统一标准》GB 50300-2001。

7.1.3 《木结构设计规范》GB 50005-2003。

7.1.4 《不锈钢棒》GB/T 1220-2007。

7.1.5 《民用建筑工程室内环境污染控制规范》GB 50325-2001。

7.2 质量要求

7.2.1 每完成一道工序后，施工单位应通知甲方、监理进行验收，验收合格后方可进行下一道工序的施工。

7.2.2 修补木梁柱受损部位所采用的木材及清除后的受损部位应做好防腐防虫处理。

7.2.3 玄武岩纤维布一定要做好防潮处理，避免影响质量。

7.2.4 玄武岩纤维布在运输、储存、裁剪和粘贴过程中应避免受到弯折，每天施工所用的裁剪好的玄武岩纤维应妥善保存，裁剪数量应保证能在当天用完。

7.2.5 已配好的胶粘剂如超过适用期后严禁使用；在胶粘剂中严禁添加任何溶剂，含有溶剂的毛刷或被溶剂湿润了的容器、滚筒等工具在未干燥之前不得使用。

7.2.6 胶粘剂涂刷应均匀、无遗漏，不锈钢棒及玄武岩纤维布粘贴应密实。

7.2.7 粘贴施工完成后的玄武岩纤维布，经自然养护至胶粘剂完全固化后，对玄武岩纤维布粘贴面仔细检查，如果有空鼓或气泡，可以用刀片将顺着玄武岩纤维布的纤维方向将纤维拨开（注意不要划断纤维），然后采用注射器针管将调制好的胶粘剂注入空鼓或气泡内填充至密实。应保证密实粘贴面积达到100%。

7.2.8 玄武岩纤维布粘贴的质量标准

1. 胶粘剂浸润玄武岩纤维布束良好；

2. 玄武岩纤维布不发生弯曲；

3. 顺纤维方向搭接长度不小于15cm；

4. 玄武岩纤维布施工质量验收标准见表7.2.8：

玄武岩纤维布施工质量验收标准　　　　　　　　　　　　　　　　　　　表7.2.8

序号	检验项目	合格标准	检验方法	频数
1	玄武岩纤维片粘贴位置	与方案要求位置相比，中心线偏差≤10mm	钢尺测量	全部
2	玄武岩纤维粘贴量	≥方案数量	根据测量计算	全部
3	粘贴质量	单个空鼓面积＜1000mm² 充胶修复；≥1000mm² 割除修复。空鼓面积之和与粘贴面积之比小于5%	锤击法	全部或抽样

7.2.9 养护固化

1. 每处施工完成后，自然养护24h内应确保不受外力硬性冲击等干扰；

2. 每道工序过程中及完工后，均应采取适当措施保证不受污染或雨水侵袭；

3. 施工过程平均气温一般都高于5℃，自然养护至达到设计要求。

7.2.10 对木柱、木梁修补工程，在油饰彩画之前，应由文物主管部门会同有关单位及时进行检查，并做好检查记录。木梁柱的形制应符合原状或设计要求。

8. 安 全 措 施

8.1 施工现场的施工人员应遵守《建筑施工安全检查标准》JGJ 59-99及《建筑施工高处作业安全技术规范》JGJ 80-91的相关规定。

8.2 施工人员入场应对其进行安全技术交底。

8.3 施工人员在施工现场应正确佩戴安全帽、外架作业系安全带。

8.4 必须严格控制火源，工作现场严禁吸烟、明火取暖，在生活区的炊煮炉灶与烟囱的设置，必须符合防火安全要求。在殿堂内禁止使用碘钨灯等大功率照明灯具和电炉、电水壶等电加热器，所用照明灯具不准靠近可燃物。

8.5 在古建筑保护范围内不准堆放可燃、易燃、易爆物品和搭建可燃建筑，或在殿堂内用可燃材料分隔房间，已有的必须督促尽早拆除或搬迁；对重要古建筑的木构件部分宜喷涂透明防火涂料，以保留其原貌。

8.6 在古建筑范围内应设计、布置消防供水系统。在有消防管道的地区，参照有关规定设置消火栓，或根据地区实际情况修建消防水池，设置消防水缸。同时，应按国家《建筑灭火器配置设计规范》的要求配备轻便灭火器。在不破坏原布局的情况下还要开辟环形消防通道。

8.7 支撑架及操作架应通过检查验收合格后方可使用。

8.8 在操作架上作业时不准随意拆除、斩断架体的软硬拉结，不准随意拆除脚手架上的安全措施，如妨碍施工必须经施工负责人批准后，方能拆除妨碍部位。

8.9 配制与使用胶粘剂时，必须通风良好，操作人员应穿工作服、戴防护口罩、乳胶手套和眼镜，并严禁在现场进食。

8.10 玄武岩纤维布使用中易产生线屑、毛羽，若附着皮肤会产生刺激而瘙痒，若吸入会引起喉咙、气管、肺的伤害。所以施工时应着工作服、手套、口罩、护目镜等。施工完毕用肥皂水将外漏部位清洗干净。

8.11 临时用电的布置应满足《施工现场临时用电安全技术规范》JGJ 46-2005的要求。

8.12 脚手架的搭设应满足《建筑施工扣件式钢管脚手架安全技术规范》（JGJ 130-2001）的要求。

9. 环 保 措 施

9.1 施工现场应做到工完、料尽、场地清。

9.2 设置专人清运建筑垃圾，做好现场文明施工，清扫时做到先洒水，润湿后铲除清扫，将建筑垃圾装入斗车，集中运出施工现场。

9.3 施工材料、机具等必须按施工现场总平面布置图堆放，做到安全、整齐，不得超高。

9.4 胶粘剂的环境污染物浓度限量为：

游离甲醛≤ 0.12mg/m³；苯≤ 0.09mg/m³；氨≤ 0.5mg/m³；TOVC≤ 0.6mg/m³。

9.5 所使用的改性环氧树脂胶粘剂为环保胶粘剂，其添加剂均采用水性材料。胶粘剂即用即配，计算好需用量，避免浪费。

9.6 若配好的胶当天用不完，可适当稀释，并上盖封闭，阴凉处存放，第二天上班时检查有无变浊或凝胶现象，若胶液外观无明显变化，流动性好，则仍可使用，一般可分批少量兑入新配的胶中，若已变质，则通知胶水的生产厂家回收处理。

10. 效 益 分 析

10.1 古建筑木构件因其文物价值是无价的，使用本工法可在古建筑木梁柱不能满足其承载能力要求时保留原有部分，恢复其承载功能，符合"修旧如旧"的原则，对历史文物的保护具有重大的意义。

10.2 与更换新梁柱的施工方法相比，采用本工法降低了70%的施工成本，缩短了施工工期，且节约了木材的用量，利于环保。以崇州文庙为例，其损坏的木梁柱若采用更换新的木梁柱的方法进行修复，其施工成本约为20万元，而采用古建筑木梁柱嵌肋加固施工工法，施工成本为6万元。

10.3 采用玄武岩纤维布包裹木梁柱，比使用碳纤维布有下列优势：

10.3.1 性价比高，单价是碳纤维布的20%。

10.3.2 韧性好，断裂延伸率几乎是碳纤维布的2倍。

10.3.3 弯曲缠绕，可任意剪裁，易粘贴，施工质量易于保证。

10.3.4 具有较好的抗烧蚀性，防火性能强。

11. 应 用 实 例

在下述古建筑加固施工中应用了本工法，取得了工程的施工质量，节约了施工工期，产生了良好的经济效益。

11.1 崇州文庙是四川省境内保存最完好的四座文庙之一。省级重点文物保护单位，中国西部孔子文化中心，占地面积十余亩，现有建筑面积约2400m²。由于建造年代久远，普遍存在失修或维修不到位现象，形成隐患。该文庙在"5·12"大地震中受损严重，梁柱多处裂缝、断裂、变形以及虫蛀腐朽。我公司采用嵌肋加固法后，梁柱功能得到恢复。

11.2 都江堰灵岩寺是我国著名的四大古刹之一，始建于北魏孝文帝年间（479年）。现在的灵岩寺是唐贞观年间（627~649）由高僧慧崇主持重建，以后几经废修，现存的殿宇多为宋代以后建筑。该寺庙在"5·12"大地震中受损严重，梁柱多处裂缝、断裂、变形以及虫蛀腐朽。我公司采用嵌肋加固法后，梁柱功能得到恢复。

11.3 泰安寺座落在青城后山泰安古镇，是青城山现存佛教寺庙最悠久者。该寺庙在"5·12"大地震中受损严重，梁柱多处裂缝、断裂、变形以及虫蛀腐朽。公司采用嵌肋加固法后，梁柱功能得到恢复。

仿古建筑屋面劈开砖施工工法

GJEJGF104—2010

陕西建工集团第一建筑工程有限公司

刘成荫　程华安　丁保安　刘丹洲

1. 前　　言

仿古建筑屋面最具有外观特色，而屋面仿古砖对体现仿古建筑大气、淳朴的特征更起着画龙点睛的作用。近几年，仿古砖的发展势头迅猛，主要源于仿古砖的魅力正在逐渐迸发，产品的可塑性设计运用得到充分发挥。劈开砖作为仿古砖的一种，其形式多样，施工方法也各不相同。

陕西建工集团第一建筑工程有限公司结合近几年的施工经验，总结形成《仿古建筑屋面劈开砖施工工法》，通过应用该工法为仿古建筑屋面劈开砖的使用提供了一套新的思路和方法。此施工方法曾获2008年陕西省优秀QC小组活动二等奖。本工法应用的西安碑林博物馆新建石刻艺术馆工程荣获2011年度陕西省优质工程长安杯奖、2011年度国家优质工程鲁班奖。

2. 工 法 特 点

本工法采用一种全新式样的仿古劈开砖，此砖是由陶土及其他添加材料烧制而成。砖的规格尺寸较大、质地外观特别、仿古气息明显，很好的表达了厚重的历史文化。为了保证此劈开砖的施工质量，施工前对通过对此劈开砖刻槽、绑扎铜丝等二次加工，施工中将铜丝系挂在屋面提前焊接的钢筋网片上，并结合水泥砂浆粘合层，将劈开砖与屋面牢固结合，并保持仿古建筑的耐久性、降低了屋面砖的维修成本。适于在仿古建筑屋面施工中广泛应用。

3. 适 用 范 围

本工法适用于仿古建筑工程中仿古劈开砖屋面施工。

4. 工 艺 原 理

为了体现历史文化，选择了这种规格、质地的仿古砖，为了保证施工质量，增加使用年限，降低维修成本，施工中结合一般屋面砖的铺贴工艺，在屋面防水保护层上增加了人字形焊接钢筋网片，绑扎铜丝，将单一的水泥砂浆粘结改为水泥砂浆粘结和铜丝挂系相结合的方法，施工方法易于操作，保证施工质量。通过一系列控制仿古建筑屋面劈开砖的控制措施，使劈开砖的平整度、粘结强度得到很大提高，并克服了大坡度屋面砖的滑移、脱落等质量问题。

5. 施工工艺流程及操作要点

5.1　工艺流程（图5.1）

5.2　操作要点

5.2.1　施工准备

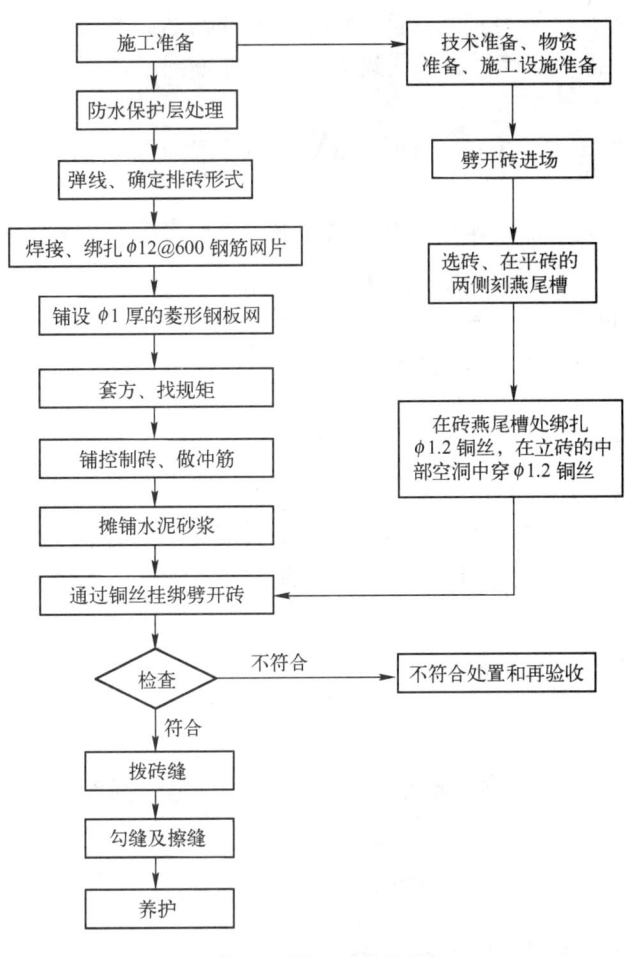

图 5.1 施工工艺流程

1. 基层处理

绑扎钢筋网片前，对粘结在防水保护层上的水泥浆皮等用钢凿子剔凿，钢丝刷刷掉，再用扫帚清扫干净，洒水湿润。

2. 弹出劈开砖的控制线

根据砖的规格和实际铺设面积，计算砖的列数和排数，然后在防水保护层表面弹出周边和中心控制线。

5.2.2 焊接、绑扎钢筋网片及钢板网片（图 5.2.2）

1. 在浇筑屋脊混凝土时，预埋 $\phi 12$ 钢筋，外露15cm，间距600mm。将垂直屋脊方向的 $\phi 12$ 钢筋受力钢筋与预埋钢筋焊接。水平分布筋采用 $\phi 6$ 圆钢，与受力筋通过点焊相互构成 $\phi 12@600+\phi 6@600$mm 的钢筋网片。

2. 铺设 $\phi 1$ 厚的菱形钢板网与钢筋网片牢固绑扎，铺钢板网时要使钢板网垂直于屋脊，由上到下铺，钢板网接槎处搭接宽度不小于50mm。钢板网随铺随用绑扎丝牢固绑扎在钢筋网上，其绑扎间距不大于600mm×600mm，且呈梅花形错开。钢板网接槎处绑扎间距不大于300mm。

5.2.3 选砖、挂铜丝（图5.2.3）

图5.2.2 钢筋及钢板网

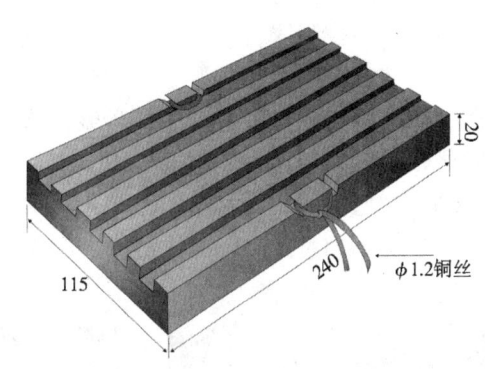

图5.2.3 绑扎铜丝

1. 做好选砖工作和挂铜丝工作，对每块砖开箱后要逐一筛选。选砖要点主要是察看砖的几何尺寸（尺量目测）、颜色及是否翘曲凸凹不平等。

2. 在平砖的两侧刻燕尾槽，并在砖燕尾槽处绑扎 $\phi 1.2$mm铜丝。在立砖的中部空洞中穿 $\phi 1.2$mm铜丝。铜丝预留长度为30cm。

5.2.4 挂铺劈开砖

1. 将基层上所有的杂物清理干净，并洒水湿润。

2. 套方找规矩：以檐口外墙面砖为一条基准线，以阴沟交于檐口边缘为一点向垂直于屋脊的方向（即坡向）找出90°直角边，用同样方法找出另一条垂直于屋脊的直角边并延长至屋脊梁下部，用钢尺由檐口基准线向屋脊梁下部量取同一数值连线即可方正。

3．排砖模数：在找方的坡屋面四边上排砖模数，如不是整砖，就要调整砖缝使其达到整砖，如实际尺寸与砖模数误差较大，无法排成整砖时，尽量将非整砖排在阴沟边上或屋脊梁下部不显眼处，且非整砖不宜小于1/2整砖。

4．错缝排列，即平砖在檐口全部为整砖立砖在檐口为3/4砖（即18cm），平砖与立砖错缝为6cm，砖的平、立砖缝要求在6~8mm之间。

5．铺控制砖饼冲砖筋：在已找好方正的坡屋面四个大角按砖模数贴砖饼并冲（铺贴）出砖筋，平行于檐口的第一行砖与檐口外墙砖模数吻合，且伸出檐口砖外皮28mm作为滴水槽。

6．挂铺砖控制线：以坡屋面四边已冲好的砖筋为标准挂铺砖线，在垂直于屋脊和檐口方向的平、立砖上都要挂线，在平行于屋脊和檐口的立砖上每隔2m（即8块整砖）挂一道控制线用于控制立砖的横向砖缝。

7．冲筋：从+50cm平线下反至底灰上皮的标高（从地面平减去砖厚及粘结砂浆的厚度），抹灰饼，从屋面的一边开始，每隔1m左右冲筋一道。冲筋应使用干硬性砂浆，厚度不宜小于2cm。

8．装档：用1∶4水泥砂浆根据冲筋的标高，用小平锹或木抹子将砂浆摊平，拍实，小刮平，使其铺设的砂浆与冲筋找平，再用大横竖检查其平整度，并检查其标高和泛水是否正确，用木抹子挫平，24h后浇水养护。

9．铺砖：从门口开始，纵向先铺几行砖，找好位置及标高，以此为筋，拉线、铺砖，应从里向外退着铺，每块砖应跟线，铺砖的操作程序是：

1）在底灰上刷水泥浆。

2）砖的背面朝上，抹粘结砂浆。其配合比不小于1∶2.5，厚度不小于10mm，因砂浆强度高，硬结快，应随拌随用，防止假凝后影响砂浆的粘结。

3）将抹好灰的砖，码砌到刷好水泥砂浆的底灰上，砖上楞应跟线找正找直。

4）用木板垫好，橡皮锤拍实。

5）拨缝、修整：将已铺好的砖块，拉线修整拨缝，将缝找直，并将缝内多余的砂浆扫出，将砖拍实，如有坏砖应及时更换。

依照挂好的控制线，按控制线标高摊铺1∶3（体积比）干硬性水泥砂浆。将绑扎有铜丝的劈开砖通过搓揉粘结在砂浆上，位置正确后将铜丝再绑扎在钢板网或钢筋网上，所帮铜丝牢固、顺直并呈受拉状态。在摊铺砖砂浆前应将基层砂浆浇水湿润，严禁将铺砖砂浆直接摊在未浇水湿润的干基层上。铺砖时严禁用脚踩踏在刚铺过的砖面上。

5.2.5 对已铺成的砖用1∶1水泥细砂浆勾缝，要求勾缝密实，缝内平整光滑。砖缝要求基本与砖面平齐，最深不超过2mm，要求缝内砂浆密实、平整、光滑。局部砖面有污染应用清水将污染的砖面擦洗干净。

图5.2.4-1　钢筋及钢板网　　　　图5.2.4-2　挂线铺砖　　　　图5.2.5　砂浆勾缝

5.2.6 浇水养护：在屋面砖铺完6~8h后浇水养护，砖表面应用棉毡之类保水材料覆盖连续养护时间不得小于3d（每天浇水不少于4次）。

5.2.7 劳动力组织

挂铺仿古劈开砖所需劳动力见表5.2.7。

挂铺仿古劈开砖施工所需的劳动力 表5.2.7

序号	工 种	数量	工 作 内 容
1	技术员	1人	依据图纸及相关标准调整排砖模数，水泥砂浆配合比，悬挂控制线，控制屋面整体方正性及砖面标高
2	质量员	1人	专职检查劈开砖的切槽、铜丝绑扎情况。施工过程中检查砖的粘结、挂丝、砖缝的宽度及顺直以及勾缝的密实度
3	工 长	1人	负责各工种协调和施工任务安排，进行安全交底
4	钢筋工	4人	负责绑扎钢筋网片
5	电焊工	2人	负责焊接受力筋及钢筋网片
6	搅拌人员	3人	负责水泥砂浆的拌制及上料
7	挂铺砖施工人员	8人	负责砂浆层的摊铺，砖的挂铺及勾缝
8	养护人员	1人	劈开砖挂铺施工完毕后负责洒水养护7d

6. 材料与设备

6.1 材料

6.1.1 钢筋：主受力筋为直径12mm的二级钢，水平分布筋为直径6mm的圆钢。钢筋经进场复检合格。

6.1.2 水泥：宜采用硅酸盐水泥、普通硅酸盐水泥或矿渣硅酸盐水泥。水泥进场时应对其品种、级别、包装或散装仓号、出厂日期等进行检查，并应对其强度、安定性及其他必要的性能指标进行现场抽样检验。

6.1.3 砂子采用中、粗砂，含泥量不大于3%；砂有检验报告，合格后方可使用。

6.1.4 砖：采用陶土及其他添加材料烧制成的仿古劈开砖。

主要有三种规格，其具体的规格型号及材质技术指标见表6.1.4。

仿古劈开砖规格型号及材质技术指标 表6.1.4

规格型号 （mm）	吸水率 （%）	抗热震性 （%）	抗冻性 （%）	破坏强度 （N）	断裂模数 （N/mm²）	产品 状态
240×115×20 240×80×20 240×53×20	3＜E≤6.0	单值≤6.5	经10次抗冻性试验后，十块试件均未出现变化	平均值≥600	平均值≥20 单个值≥18	灰色，片状，自然干燥状态

6.1.5 嵌缝剂（勾缝剂）：应选用具用抗渗性能的粘结材料，其抗渗性能应符合《砂浆、混凝土防水剂》JC 474技术标准相关规定。进场的产品应有出厂合格证、出厂检验报告及产品定期形式检验报告，生产厂家还应根据使用工程的实际情况提供产品使用说明或相关的施工作业指导文件。材料进场后，应按批量（即同一生产批号）重点进行现场"白化、泛碱"试验和其他指标的抽样复验，合格后方可使用。

6.2 机具设备

6.2.1 砂浆搅拌机、切割机、电动搅拌器、角磨机、手提切割机等。

6.2.2 工具用具：手推车、铁锹、筛子（孔径5mm）、水桶、灰桶（直径300～400mm）、灰斗、木抹子、铁抹子、刮杠、小灰铲、托灰板、勾缝溜子、抹浆漏板、木托板、木拍子、錾子、橡皮锤、线绳、钢丝、水泥钉、墨斗、红蓝铅笔、海绵块、棉纱等。

6.2.3 监测装置：水准仪、经纬仪、水平尺、电子秤、托线板、线坠、钢尺、靠尺、方尺等。

7. 质 量 控 制

7.1 施工验收标准

工程的施工及质量验收。除应达到本工法规定要求外，还必须满足以下规范要求：

《建筑工程施工质量验收统一标准》GB 50300-2001；

《建筑地面工程施工质量验收规范》GB 50209-2002；

《建筑工程冬期施工规程》JGJ 104。

7.2 主控项目

7.2.1 劈开砖的品种、质量必须符合设计的要求，检查出厂合格证，质量检验批报告。

7.2.2 所用钢筋及铜丝应符合设计要求，检查出厂合格证。

7.2.3 砖面层与基层的结合（粘结）必须牢固，无空鼓。

7.2.4 每块砖都必须通过有铜丝与焊接网片连接。平瓦及脊瓦的质量必须符合设计要求。

7.3 一般项目

7.3.1 各种板块面层的表面洁净，色泽一致，接缝均匀，周边顺直，板块无裂纹、掉角和缺楞现象。

7.3.2 外檐口的接缝平整均匀，高度一致，结合牢固，出墙长度适宜，基本一致。

7.3.3 各种面层邻接处的镶边用料尺寸符合设计要求和施工规范规定，边角整齐，光滑。

7.3.4 允许偏差项目（表7.3.4）：

劈开砖允许偏差（mm）　　　　　　　　　　　　　　　　表7.3.4

项次	项 目	允许偏差	检 验 方 法
1	表面平整度	3	用2m靠尺及楔形塞尺检查
2	缝格平直	3	拉5m线，不足5m拉通线检查
3	接缝高低差	0.5	尺量和楔形塞尺检查
4	板块间隙宽度不大于	2	尺量检查

7.4 其他质量控制要求

7.4.1 防止砖空鼓：基层清理不净、洒水湿润不均、砖未浸水、水泥浆结合层刷的面积过大风干后起隔离作用、上人过早影响粘结层强度等因素，都是导致空鼓的原因。

7.4.2 在已铺好的地面上工作时应注意防止砸碰损坏，严禁在其上任意丢扔铁管、钢材等重物。劈开砖挂铺完毕后，注意成品保护，严禁在地砖上拌合砂浆、刷浆时不覆盖等，造成面层被污染。

7.4.3 在找标高、弹线时找好坡度，抹灰饼和标筋时，抹出泛水。脊砖应铺贴正确，间距均匀，封堵严密，屋脊和斜脊应顺直，无起伏现象。

7.4.4 地面铺贴不平，出现高低差：砖的厚度不一致，没严格挑选，或砖面不平劈棱窜角，或铺贴时没铺平，或粘结层过厚上人太早，为解决此问题首先应选砖，不合规格、不标准的砖一定不能用，铺贴时要拍实，铺好地面后封闭门口，常温48h锯末养护。

8. 安 全 措 施

8.1 搅拌机要专人操作，持证上岗。

8.2 屋面临边应有护栏及竖挂安全网进行严密围挡。

8.3 操作工人进岗前应进行三级安全教育。

8.4 对操作工人进行安全技术交底。

8.5 操作工人在屋面作业或清理屋面时严禁乱扔乱抛材料及废弃物。

8.6 操作工人上岗前正确佩戴安全帽并严禁酒后作业,屋面铺砖人员应穿防滑鞋。

8.7 现场临时用电应按照三级配电,二级保护进行设置。

8.8 破损材料应集中运到垃圾堆放区。

9. 环 保 措 施

9.1 施工现场在城区或靠近居民生活区施工时,对施工噪声要有控制措施,夜间运输车辆不得鸣笛,减少噪声扰民。

9.2 车辆运输应加以覆盖,防止遗洒。废弃物要及时清理,运至指定地点。

9.3 水泥应在封闭库房内储存,露天堆放应苫盖,防止扬尘。

9.4 现场搅拌站及砖切割棚应封闭处理,减少噪声和扬尘。搅拌站还应应设置排水沟和沉淀池。

9.5 为降低粉尘,在切槽前,应对砖洒水湿润。给对砖进行切槽处理的人员发放耳罩、口罩,防止噪声和粉尘对人员造成伤害。且工人必须戴绝缘手套。

9.6 废弃的边角料、水泥袋等及时回收处理。

9.7 大风时砂子要进行覆盖或洒水,防止扬尘。

10. 效 益 分 析

10.1 社会效益

将外形古朴的陶粒砖用于仿古建筑屋面,很好的表现了建筑物仿古的特点,使仿古建筑更具有震撼、大气、淳朴、质色等空间效果,对于古建筑屋面的修缮及仿古建筑的复兴具有一定的指导价值。

10.2 经济效益

为仿古建筑砖屋面提供科学思路和施工方法,规范操作、便于施工,使大坡度屋面上的砖不会滑移,增强砖的粘结力,提高了铺砖屋面的耐久性,延长建筑物使用寿命,降低维修成本。

11. 应 用 实 例

工程:西安碑林博物馆石刻艺术展示厅

西安碑林博物馆石刻艺术展示厅工程二层斜屋面为"人"字形框架结构,屋脊高度8.615m,局部高度12.715m,框架柱最大间距8.5m,屋面坡度31°,框架柱最大截面700mm,框架梁最大截面350mm×1200mm,框架梁最大跨度9.9mm,屋面板厚度120mm,混凝土强度等级C40。不上人屋面为坡屋面,具体做法由上至下依次为:

1. 陶砖240×115×20+240×82×53;

2. 40mm厚1:2.5干硬性水泥砂浆;

3. ϕ1厚的菱形钢板网;

4. ϕ12@600+ϕ6@600的人字形钢筋网片(穿透屋脊);

5. 涂刷界面剂后加网格布做25mm厚1:2.5水泥砂浆保护层;

6. 橡胶共混卷材保护层;

7. 3mm厚单组分聚氨酯防水涂料;

8. 25mm厚1:2.5水泥砂浆保护层加设ϕ1厚的菱形钢板网55mmXPS保温层;

图11-1

图11-2

9. 25mm厚1：2.5水泥砂浆找平层；

10. 屋面板结构层。

针对屋面特点，施工中在现场成立了《提高仿古屋面劈开砖施工质量》的QC小组，通过小组活动的顺利进行，将仿古屋面砖的施工质量提到一个新台阶，工程质量得到建设单位及监理单位赞同。该QC活动成果已发布并获二等奖。该工程先后荣获省级文明工地、结构示范工程、陕西省新技术引用示范工程、陕西省优质工程"长安杯"奖、国家优质工程"鲁班奖"。

大面积水隐舞台施工工法

GJEJGF105—2010

广州机施建设集团有限公司　广东浩和建筑股份有限公司

雷雄武　黎丁　黄东阳　彭文海　周岳

1. 前　言

进入21世纪信息时代引发的社会变革几乎改变了人类的一切活动，从我们周围的物质生产到精神创造，某些领域的巨大变化几乎彻底改变了传统存在的性质。时代性地引发人自身存在的各种性质异变，自然也影响到全部舞台艺术的创造形式和艺术家有关个人的创作方向。为了满足人们日益增长的物质文化活动的需要，全国各地相继兴建了许多规模宏大的公共建筑，如体育场馆、会展中心、大型广场等，相应地建造了各种形式的大型舞台，突出体现舞台艺术的灵魂与作为表演的载体。

2010年第16届亚运会在广州举办，而海心沙体育馆作为亚运开幕式之地，为了实现表演艺术的需求，建造了一个总面积达5600m²的水隐舞台，通过控制水位的变化以实现舞台表演的雄伟、壮观的效果，而同时在舞台上安装水下LED彩珠，在夜色的衬托下绚丽多姿。此舞台为目前国内最大的水隐舞台，通过控制水位的变化来实现舞台转换效果，十分独特；同时，此舞台施工要求质量高、工程体量大、承载质量大、接缝构造复杂、工期要求紧，而且如此独特的大面积水隐舞台目前施工工艺尚为空白。

广州市建筑机械施工有限公司在海心沙体育场大面积水隐舞台工程中，开展设计研发与技术攻关，经过科技创新与技术总结，形成了大面积水隐舞台施工工法。此施工工艺先进、施工效率高、舞台质量控制较好，受到亚运表演团队与业主的好评，同时降低了工程造价，具有显著的经济效益与社会效益。

2. 工 法 特 点

2.1　大面积水隐舞台施工工艺是对传统舞台安装工艺的创新，形成了一种安装质量好、承载力高、智能化程度高、施工工效高、经济效益好的水隐舞台安装技术。

2.2　对舞台承载系统进行深化设计，大面积水隐舞台承载系统由预埋钢板、主龙骨、次龙骨、带透水孔钢格栅组成，舞台承载力高；通过带透水孔钢格栅板实现舞台表演排水要求，具备了结构安全性高与水上舞台表演要求的双重效果。

2.3　大面积水隐舞台采用8套大型机械放水装置，舞台面积达5600m²，蓄水位高达100mm的积水于1min内排除干净，实现舞台场景的快速转换。放水装置采用智能液压驱动系统，全部液压液为环保不燃液压液，环保、无污染。

2.4　对舞台钢格栅进行深化设计，采用纵、横向加强筋加强钢格栅由于开透水孔所削弱的结构强度，保证舞台结构的安全；同时，通过深化设计钢格栅板中心LED彩珠透光孔，实现了其快速安装与检修，工效高。

2.5　舞台钢格栅采用工厂单元化制作生产，结合舞台水下LED彩珠的安装位置与安装工艺，舞台钢格栅采用了"生、死"单元化间隔安装。通过固定钢格栅单元与活动钢格栅单元组合，实现了舞台钢格栅的快速安装、拼缝严密，舞台整体质量效果好；更进一步，便于以后舞台水下LED彩珠的检修工作，经济效益高。

2.6　通过制定合理的施工工艺与措施，确保了舞台钢格栅单元接缝、泄水装置钢格栅活动安装、台面与周围地面封边处理等细部施工质量。很好地控制了舞台整体平整度，安装工艺简单，施工效率高，确保施工安全和工程质量。

3. 适 用 范 围

本施工工法适用于体育场馆、大型广场、会展中心、大型表演舞台等采用水上舞台作为表演载体的工程施工。

4. 工 艺 原 理

本工法结合现场水隐舞台工程实际情况，基于钢格栅产品单元尺寸采用计算机对舞台整体平面进行钢格栅铺装布置排位，从而确定钢格栅的安装位置及作为舞台铺装测量放线基础。对钢格栅板进行深化设计，采用加强筋加强钢格栅结构强度以解决舞台钢格栅承载力要求与舞台排水透水率要求的矛盾，并很好地解决了水下LED彩珠快速更换检修的难题。舞台钢格栅台面的安装采用了"生、死"单元的组合，结合水下LED彩珠的安装位置与安装工艺，通过设置固定钢格栅与活动钢格栅的间隔组合，实现钢格栅与LED彩珠的快速安装，舞台整体质量控制良好。根据表演要求对大型放水装置进行深化设计，放水装置采用工厂内加工制作，现场安装工艺。通过制定合理的施工工艺与措施，确保舞台钢格栅单元接缝、泄水装置钢格栅活动安装、台面与周围地面封边处理等细部施工质量，很好地控制了舞台整体平整度，安装工艺简单，施工效率高，环保无污染，确保施工安全和工程质量。

5. 施工工艺流程及操作要点

5.1 施工工艺流程
本工法的大面积水隐舞台施工工艺流程如图5.1所示。

5.2 操作要点

5.2.1 施工准备
1. 认真熟悉施工图纸，组织图纸会审，研究总体的施工工艺方案；结合工程现场的施工环境与实际、工程量、施工部位和工期要求研究可靠的施工方案，明确工程质量、安全控制的关键点。

2. 依据施工进度计划和质量要求，合理科学地做好劳动力、机械设备和材料的进场准备及其他的进场准备工作，特别是钢格栅、水下LED彩珠的生产厂家确定与供货及材料报验工作。

3. 舞台主体结构施工完成，完成基层平整工作；对建设单位提供的基线水准点、施工导线点、曲线要素点进行埋设和复测，其精度确保满足施工测量规范和设计要求。全线的坐标点、水准点、曲线要素点在施工过程中须经常复核检查并加以保护。

5.2.2 舞台钢格栅板平面排位布置
1. 根据舞台钢格栅初步设计图纸，综合考虑舞台平面布置和表演功能要求，对水隐舞台平面进行施工区域划分，确定舞台钢格栅大面积安装区域与细部处理区域，明确舞台区排水装置位置、蓄水池、舞台面与地面周边区域等细部安装区域，为舞台钢格板的排位布置和后续现场施工做好准备。

2. 基于钢格栅单元基本尺寸，采用计算机软件AUTOCAD对舞台钢格栅安装区域进行大面和局部排位布置，以此作为舞台现场施工测量放线基准和确定钢格栅所需工厂加工制作数量。舞台钢格栅排位布置要综合考虑舞台平面布置、舞台面与周围台面接缝关系，以钢格栅单元化加工制作、方便施工为原则，从总体布局上控制后续施工对钢格栅的浪费。海心沙体育场馆水隐舞台钢格栅基本尺寸$0.5 \times 1.0 m^2$，充分结合工程现场舞台平面布置的特点，对舞台钢格栅进行了总体平面排位布置，见图5.2.2所示，明晰了舞台整体钢格栅单元化快速施工与细部接缝处理的施工布局，是取得较好的经济效益前提。

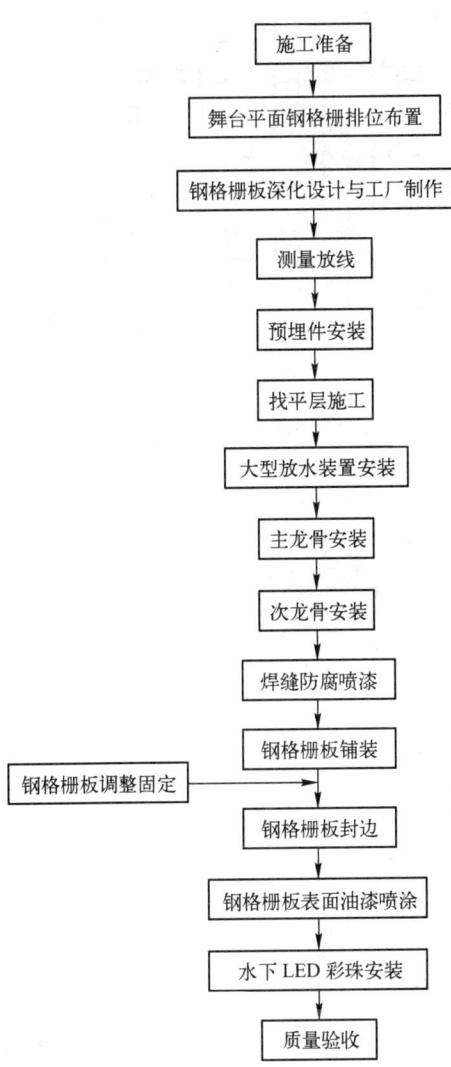

图5.1　施工流程图

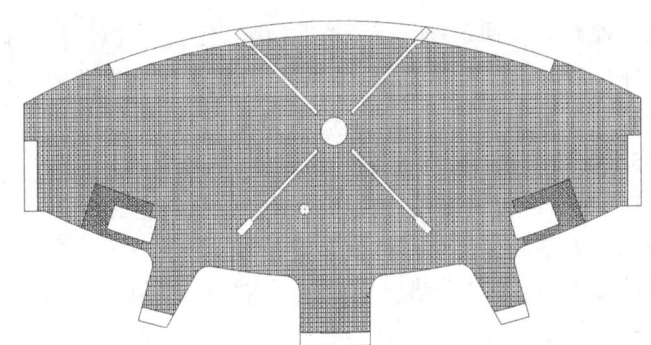

图5.2.2　水中固定舞台平面排位布置

5.2.3　钢格栅板深化设计与工厂制作

海心沙体育场馆大面积水隐舞台根据表演要求,舞台钢格栅使用荷载达到30kN/m²,承载力要求高;而为了实现舞台变化要求,舞台钢格栅板设计了透水率大于20%的透水孔,在表演中间将舞台中心的水按计划在一定时间内排除干净,实现水上舞台效果。基于上述要求,必须解决由于钢格栅板开透水孔削弱了舞台钢格栅板结构强度的安全性要求,同时为了实现钢格栅板下水下LED彩珠以后的维护与检修工作,必须对钢格栅板深化设计。

1. 钢格栅单元加劲肋设计

为了解决舞台钢格栅承载力要求与钢格栅板透水率要求的矛盾,对海心沙体育场馆对钢格栅板进行深化设计,采用纵横向加强肋对钢格栅单元进行结构刚度的加强。其中横向加强肋采用5mm厚热轧钢带、纵向加强筋采用φ10钢筋进行加强,加强肋间距50mm,见图5.2.3-1所示,通过对钢格栅加强肋深化设计,弥补了钢格栅板开孔对结构刚度的削弱缺陷,很好的满足了舞台安全性要求。

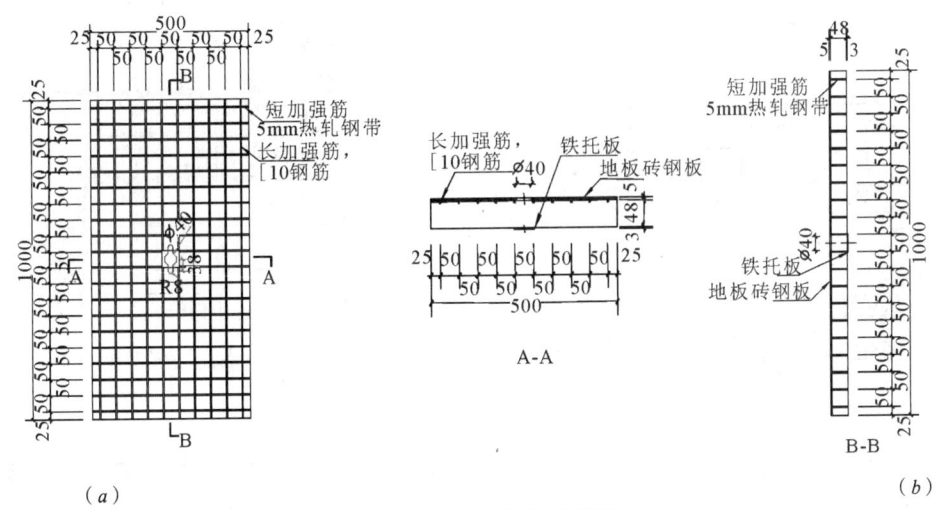

图5.2.3-1　钢格栅深化设计

(a)钢格栅单元平面;(b)钢格栅剖面

2. 钢格栅板透光孔设计

结合舞台水下LED彩珠的安装工艺,钢格栅透光孔加工制作"◁▷"形,见图5.2.3-2,以实现LED

彩珠的检修与快速更换。LED彩珠初装完成后，以后需进行坏掉LED彩珠更换时，只需将LED彩珠从透光孔取出进行整体更换即可，而无需掀起整块钢格栅板。

5.2.4　预埋件安装和找平层施工

1. 根据舞台钢格栅排位布置图，校核舞台结构轴线并以此为基线弹出预埋件安装定位线。为了便于舞台钢格栅施工，施工员在垫层板面把所有轴线控制线和单元钢格栅位置边线弹出墨线并标明，进行钢龙骨施工时再次进行复核调整，保证舞台工程的整体性。

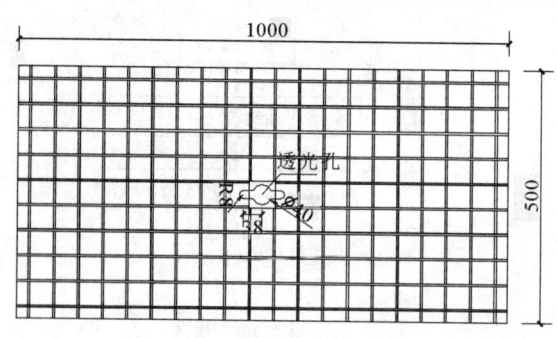

图5.2.3-2　钢格栅板透光孔平面

2. 根据预埋件设计大样图，如图5.2.4-1所示，在施工现场加工厂按规格加工制作好所需预埋件，预埋件由顶面钢板和4根钢筋通过焊接而成，预埋件加工制作过程要严格控制预埋件脚长度，保证预埋件脚嵌固深度满足设计要求，并按照预埋件定位线埋设好，位置要准确并控制好预埋件的顶面标高。

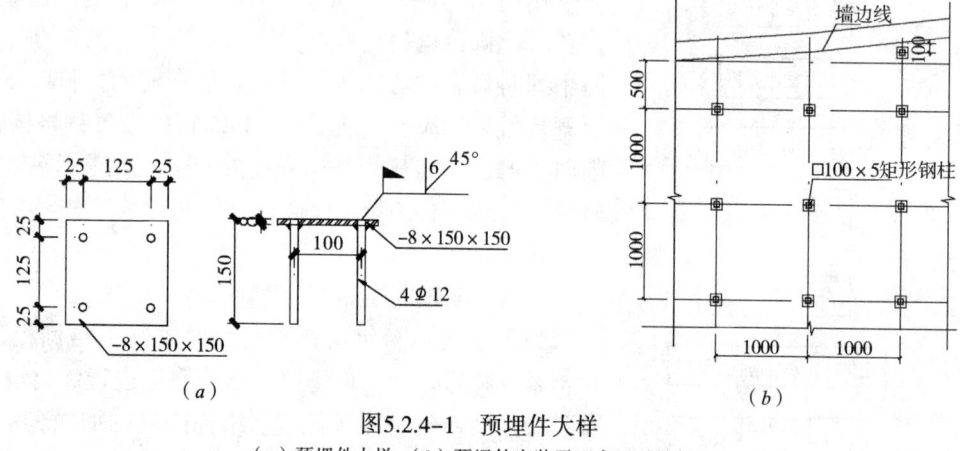

图5.2.4-1　预埋件大样
（a）预埋件大样；（b）预埋件安装平面布置（局部）

3. 预埋件安装好后进行水泥砂浆找平层施工，如图5.2.4-2所示，施工中控制好找平层标高，预埋件顶面与找平层顶面齐平。

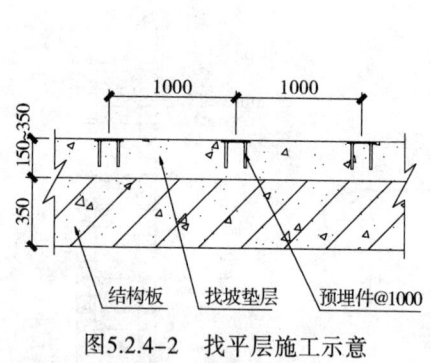

图5.2.4-2　找平层施工示意

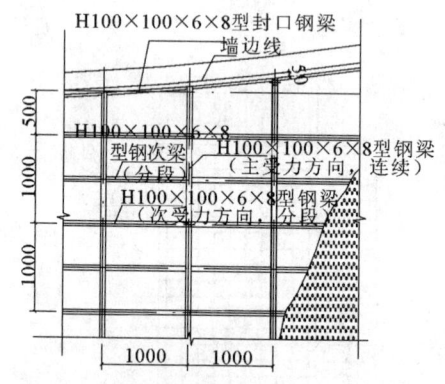

图5.2.4-3　钢格栅局部钢梁布置图

5.2.5　大型放水装置安装

1. 对进场的大型机械放水装置构件进行验收，驱动油缸和摆臂相关参数满足设计要求，油缸行程满足要求，行程385mm。

2. 根据中心舞台放水装置的相对位置，利用测量仪器在基坑内（泄水口处）确定中心舞台放水装置要安装的位置和中心，如图5.2.5所示，并对泄水口处预埋件进行检查、复核，确定预埋件位置在允许误差范围内。

3．根据大型放水装置电气控制设计图安装其动力驱动系统和同步机构。

4．基于机械放水装置深化设计安装图，在地面上进行机械放水装置的组装，按照每套放水装置规格把钢板、摆臂、驱动油缸组装成一个完整的放水装置本体，其中油缸安装在推方向位置的第三个摆臂点，整个排水机构盖板以拉升为主，组装后的放水装置本体各摆臂要转动灵活。

5．对放水装置摆臂和油缸基座安装位置进行定位并安装其基座，摆臂基座为长为300mm的4号角铁，间隔2m一组；油缸基座由300mm长的6号角铁和10号槽钢组成；各基座与排水口处结构预埋件相连接。

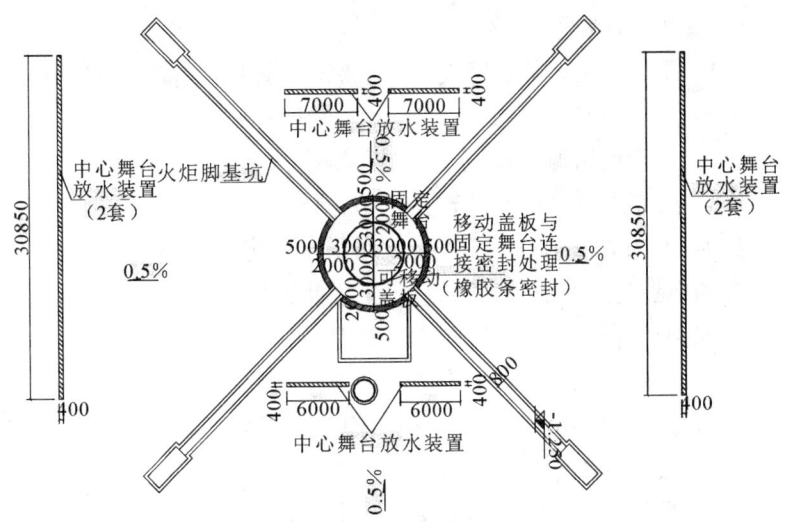

图5.2.5　舞台机械放水装置平面示意图

6．对泄水口周边结构进行清理，并用砂浆进行找平，保证泄水口周边平面平整、无毛刺。进行泄水口周边角钢封边和通长橡胶条安装，封边采用6号角铁，通长橡胶条厚50mm，安装好后的橡胶条要与泄水口接触紧密，表面无毛刺，厚度均匀一致。

7．把地面上组装好的升降机械放水装置本体与其基座通过螺栓与基座进行连接，确保形状与周边橡胶条吻合，紧密接触，无漏水，并对连接的摆臂、驱动油缸进行调节，转动需灵活，确保安装精度。

8．根据放水装置智能控制电气图安装电线，将驱动设备与控制系统连接；根据放水装置的升降高度，初步安装行程开关，并与控制系统连接；调试运行放水装置的升降至升降动作正常，运行平稳无异常噪声，装置与周边紧密贴合，保证不漏水，运行调试到合格状态。

5.2.6　钢龙骨安装

1．根据设计图纸和舞台钢格栅排位布置图，以舞台结构轴线为基准测量放出钢主、次梁中心线，并以墨线在结构找平层上示出，便于施工，钢龙骨中心线过预埋件中心线。

2．按预埋件与钢梁连接大样，如图5.2.6-1所示，主钢梁与预埋件进行点焊固定，焊接固定后再用素混凝土覆盖预埋件并起到辅助固定主钢梁的作用，厚度以覆盖住主钢梁下翼缘为准，长边比预埋件边长50mm以上。

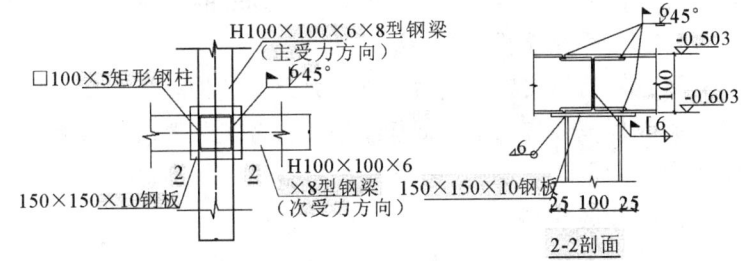

图5.2.6-1　预埋件钢梁连接大样

3．主钢梁安装完成后进行次向钢梁安装，按照钢格栅布置平面图进行，次钢梁直接放置在主钢梁上并进行焊接固定，焊接间距500mm。

4．泄水口处活动钢龙骨处理见图5.2.6-2，活动钢龙骨跨过泄水设置上方，泄水口两侧的钢龙骨处设计一活动套，活动钢龙骨支承在活动套内，方便以后泄水装置的快速检修。

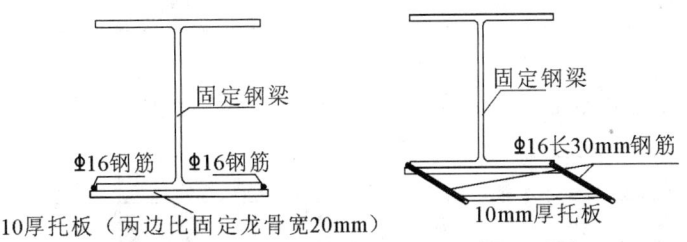

图5.2.6-2　泄水口活动龙骨细部大样

5.2.7　钢格栅安装

1. 舞台钢龙骨安装完成后，复核钢龙骨顶面标高并进行找平和调整，对进场钢格栅进行产品验收，杜绝不合格产品。

2. 基于钢格栅板排位布置图和钢格栅基本单元图纸，进行钢格栅安装施工；舞台钢格栅安装按照"生死单元"相间排列组合进行，如图5.2.7所示，首先在单元钢格栅位置安装4个角部的次钢龙骨上焊接长为50mm的∟40×4的角码，此码用于固定钢格栅单元的限位；然后在次钢梁上放置5mm厚与次钢梁同宽的橡胶垫，钢格栅固定单元置于此橡胶垫上，并调整钢格栅表面平整度，符合要求后，进行焊接固定为死单元；最后安装活动钢格栅，此活动钢格栅内肋与角码紧扣，限制活动钢格栅的平面内运动，但垂直方向可掀起，为活动单元（生单元）。

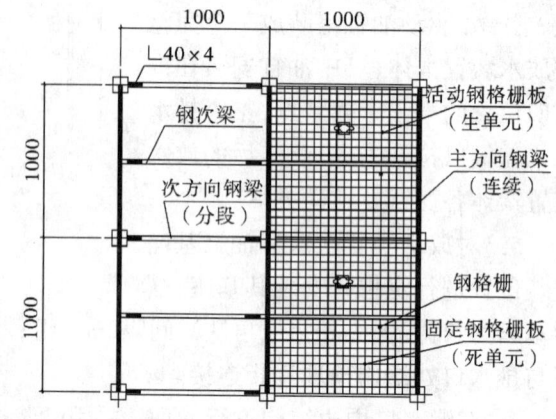

图5.2.7　钢格栅基本单元示意图

3. 舞台面与周围地面相接处异形钢格栅细部处理，根据舞台钢格栅排位布置图并结构现场舞台钢格栅大面安装的实际情况，按照接缝处尺寸进行异形钢格栅的现场切割加工，异形钢格栅安装要保证收口接缝处严密，接缝宽度不能大于5mm。

4. 舞台钢格栅区域整体安装完成后，进行钢格栅台面的调整固定，全部台面均不得有大于4mm阶台高度差，舞台面接缝宽度不大于5mm。

5.2.8　钢格栅封边

1. 钢格栅封边梁与次钢梁进行连接固定，如图5.2.8所示，舞台面与周围地面采用斜坡搭接，坡度1∶20，不可存在台阶，可适当与舞台结构现场配合处理。

2. 根据舞台整体安装的实际情况，封边梁局部可采用角钢进行封边，但需保证搭接位置不得有大于5mm的缝隙。

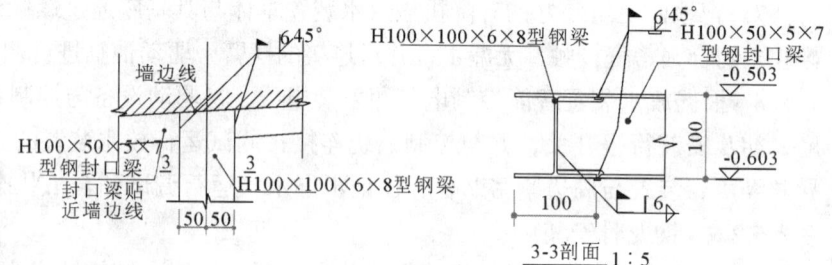

图5.2.8　封边梁连接大样

5.2.9　钢格栅板表面油漆喷涂

舞台钢格栅安装完成后，进行舞台钢结构表面防腐处理。安装完成后的舞台面平整度、垂直度应符合验收规范，表面平整，板缝处理符合工艺要求，板面干净，无金属物处露。在钢格栅板表面喷涂塑胶层以满足防滑要求，喷涂塑胶层要均匀、平整。

5.3　劳动组织

劳动力人员配置见表5.3。

人员配置表　　　　　　　　　　　　　　　　　　　　表5.3

序号	工　种	人数	主要工作内容
1	管理技术员	5	负责舞台安装施工管理与技术指导
2	质安员	2	质量及安全检查
3	综合班组	30	找平层施工、其他辅助施工
4	测量组	6	现场测量、放线
5	焊工	20	钢龙骨安装、钢格栅安装、放水装置安装
6	电工	5	现场地用电加设、检查、维护

序号	工 种	人数	主要工作内容
7	文明环保人员	1	文明施工、环境保护检查与监督
8	切割工	5	钢格栅现场加工制件
9	油漆工	10	喷漆油漆
10	专业安装调试工	10	放水装置安装及调试

6. 材料与设备

6.1 施工现场主要材料（表6.1）

主要施工材料表   表6.1

序号	名 称	型 号 规 格	数量	单位
1	LED彩珠	—	11200	个
2	放水装置	—	8	组
3	主龙骨	方钢 $100 \times 100 \times 8$	118	t
4	次龙骨	方钢 $100 \times 100 \times 8$	236	t
5	预埋件	—	14	t
6	橡胶垫	—	19000	m
7	钢格栅板	—	11200	块
8	角钢	方钢∟50×50	24	t

6.2 施工现场主要机械设备（表6.2）

主要施工机具设备表   表6.2

序号	机 械 名 称	型 号 规 格	数量	单位	备注
1	CO_2气体保护焊机	松下 KRII500	4	台	
2	直流电焊机	象牌 BXI-500-1	5	台	
3	全站仪	GTS-332	2	个	
4	水准仪	DS3	2	辆	
5	普通钢尺	—	若干	辆	
6	2m靠尺	—	5	个	
7	冲击钻	—	5	台	
8	砂轮切割机	—	5	把	
9	手枪钻	0.7kW	2	把	
10	角向磨光机	3kW	2	把	
11	摇壁钻	3kW	1	把	
12	修边机	1.2kW	3	把	

7. 质量控制

7.1 严格执行以下相关技术规范标准：

《钢结构设计规范》GB 50017-2003；

《钢结构工程施工质量验收规范》GB 50205-2001；

《建筑钢结构焊接技术规程》JGJ 81-2002；

《建筑安装分项施工工艺标准》DBJ 01-26-2003等。

7.2 钢格栅所用材料的规格、性能、材料，应符合设计要求及产品标准和工程技术规范的规定。

7.3 预埋件及钢格栅、角钢、钢龙骨表面清理、消除毛刺、油污及附着物。钢龙骨安装允许误差见表7.3。

钢龙骨安装允许误差　　　　　　　　　　　　　　　　　　表7.3

项目内容	钢龙骨进出	钢龙骨左右	钢龙骨错位	钢龙骨平整度
允许偏差	2mm	3mm	1mm	2mm

7.4 舞台整体台面平整度误差不大于10mm；舞台面与周围地面采用斜坡搭接，坡度1：20，不可存在台阶，可与舞台结构现场配合处理，搭接位置不得有大于5mm的缝隙。

7.5 舞台钢格栅全部台面均不得有大于4mm台阶高差，接缝宽度不大于5mm；钢梁上放置的橡胶垫厚度和宽度要满足求，橡胶垫厚度5mm，宽度与钢梁同宽。

7.6 异形钢格栅板切割尺寸公差应符合手工切割小于±1.5mm，自动半自动切割小于±1.0mm，垂直度应不大于钢板厚度的5%，且不大于±1.5mm标准规范，切割周边要求光滑平整。

7.7 机械放水装置安装与泄水口紧密吻合，防水密封达到相关规范要求；放水装置摆臂、驱动油缸安装完成后要转动灵活，油缸有效行程350mm。

8. 安 全 措 施

8.1 严格执行各种有关安全法律法规：《施工现场临时用电安全技术规程》JGJ 46-2005、《焊接与切割安全》GB 9448、《中华人民共和国安全生产法》、《建筑工程安全生产管理条例》、《建设工程质量管理条例》。

8.2 建立完善的施工安全保证体系，加强施工作业中的安全检查，确保作业标准化、规范化。

8.3 焊机带电的裸露部分和转动部分必须有安全罩；施工用氧气、乙炔、油漆等应分类放好并保持一定距离（5m以上）做好警示牌。

8.4 焊件必须放置平稳，牢固才能施焊，不准在天车吊起或叉车铲起的工件上施焊，各种机器设备的焊修，必须停车进行，作业地点应有足够的活动空间。

8.5 喷漆操作人员应戴防护眼镜和防护手套，穿劳保工程服。

9. 环 保 措 施

9.1 施工中遵循"以人为本"的原则，以最大限度地减少施工活动给群众造成的不利影响，同时注意保护城市资源和文化遗产。

9.2 对空压机、发电机等噪声超标的机械设备，采用装消声器、隔声材料、隔声内衬、隔声罩等措施降低噪声，并尽量选用轻型施工机械，低噪声的机械设备。

9.3 夜间进行焊接作业时，为使过往车辆行人不受强光影响，为安全起见，在密布安全网内设置有效的遮光挡板。

9.4 各类废品分类堆放，定期回收，交设专人看管，建立有害物品领用制度；杂物、施工中产生的废料等不能严禁抛入江河内。

9.5 喷涂时，应采取有效措施，防止风速较大时将喷出的涂料颗料吹起飘落而污染环境，增大原料消耗。

10. 效 益 分 析

10.1 该工法施工简单科学，施工速度快，智能化程度高、环保无污染，可以很好的满足工期要求。

10.2 大面积水隐舞台采用"预埋件+钢龙骨+钢格栅"的承载系统，舞台承载力高达30kN/m²，且通过大型液压智能化机械放水装置把舞台面积达5600m²，水位高100mm的积水实现1min内排除干净，可靠性高、操作性强、舞台整体质量好、自动化程度高。

10.3 基于舞台设计和水下LED采珠的安装工艺，舞台钢格栅板安装采用"生死"单元相间安装，钢格栅固定单元与活动单元相结合，很好的解决了LED彩珠后续安装与检测维护的困难。在以后进行LED彩珠安装时只需掀起活动的钢格栅板即可；而对于个别LED彩珠的更换只需在透光孔将其取出进行更换。节省了较多的人工和成本，安装工效高、经济效益较好。

10.4 大面积水隐舞台施工技术，其舞台钢格栅及大型放水装置的安装技术科学，可操作性强，质量容易保证，工效高。本工法为该类工程提供了创新性的示范，可以作为以后大型表演工程舞台重要的参考依据，具有良好的推广价值。

11. 应 用 实 例

2010年第16届亚运会在广州举办，而海心沙体育场作为亚运开幕式之地，为了实现表演艺术的需求，建造了一个总面积达5600m²的水隐舞台，舞台面积水高达100mm，通过控制水位的变化以实现舞台表演的雄伟、壮观的效果，同时在舞台上安装水下LED彩珠，在夜色的衬托下绚丽多姿。此舞台为目前国内最大的水隐舞台，通过控制水位的变化来实现舞台转换效果，十分独特；整体舞台结构主要由预埋件、钢龙骨、钢格栅板、大型放水装置、水下LED彩珠组成。本工程结合现场水隐舞台工程实际情况，基于钢格栅产品单元尺寸采用计算机对舞台整体平面进行钢格栅铺装布置排位，从而确定钢格栅的安装位置及作为舞台铺装测量放线基础。舞台钢格栅台面的安装采用了"生、死"单元的组合，结合水下LED彩珠的安装位置与安装工艺，通过设置固定钢格栅与活动钢格栅的间隔组合，实现钢格栅与LED采珠的快速安装；大型放水装置采用工厂内加工制作，现场安装工艺，舞台整体质量控制良好，自动化程度高。

此工程由广州市建筑机械施工有限公司于2010年7月开工，并于2010年8月验收合格，施工工期仅为25d，经验收合格交给广州亚组委使用，经过表演团队的实地排练与开幕式正式演出的成功实践，得到了全亚洲观众及表演团队的高度评价。

带金属装饰网架的球体网壳结构施工工法

GJEJGF106—2010

福建省第五建筑工程公司　广东金刚幕墙工程有限公司

石清辉　耿天勇　吕建星　郭定国　付志宏

1. 前　言

1.1　随着我国经济的高速发展，城市发展的现代化，建筑成了城市的象征，而建筑师们的创新精神也得到了空前的发挥，每栋建筑都会有一个亮点。网壳的有次序的交错与铝单板混合搭配装饰越来越受到建筑师的青睐，工程施工承包单位联合业主、设计和监理单位通过实验和研究，取得了较好的成果。经过研究和应用，总结了一套成熟的带金属网架的球体网壳结构施工工艺，并形成了施工工法。通过泉州市行政管理服务中心、广交会酒店幕墙工程、杭州湾跨海大桥海中平台改造工程幕墙工程等工程带金属装饰网架的球体网壳结构施工方案的实施和技术研究，施工过程中严格按工法组织施工作业和进行全过程质量控制，解决了带金属装饰网架的球体网壳结构施工中的一系列重要技术难题，不仅加快了工程进度，而且保证了施工质量、取得较好的经济效益的同时促进了建筑装饰施工技术的提高。

1.2　泉州市行政管理服务中心8号楼会议厅采用带金属装饰网架的球体网壳结构，它像一颗黄色宝石悬挂在内庭之中。该工程通过"2010年建设部科技示范工程"验收，包括该施工工法在内的施工技术整体达到国内领先水平，并通过2010年福建省"闽江杯"省优工程验收。

2. 工 法 特 点

2.1　带金属装饰网架的球体网壳结构存在变形较小，但对钢构件、铝单板加工以及安装精度要求较高。

2.2　内圈外侧为铝单板饰面，附在内圈网壳结构上的铝单板钢龙骨采用钢方管，以便铝单板的固定，对铝单板的尺寸的下单精度要求较高。

2.3　下半球部位钢构安装完时，通过对下半球的铝单板饰面尺寸进行现场实测与空间理论模型相结合，将数据处理和信息反馈及时应用于施工，利用监控量测指导施工，动态修正施工方法，确保安装准确、快速。整理后发单给厂家，以便上半球钢构安装完成时，下半球铝板及时到场安装。

2.4　外饰铝单板系统既可拼图又可作曲面变化，充分体现了新材料、新技术在当代建筑装饰中的成功应用。

2.5　施工速度快、精度高。各种构件在工厂提前加工，运至现场装配作业。

2.6　施工工艺先进、可操作性强、工序衔接紧密，工效高。

2.7　采用全站仪、水准仪、经纬仪，利用永久标志的定位点来控制节点的三维空间坐标。

3. 适 用 范 围

3.1　本工法适用于带金属装饰网架的球体网壳结构的施工。

3.2　本工法对于复杂曲面网壳结构施工也具有参考意义。

4. 工 艺 原 理

4.1 球体网壳内圈钢结构采用的是钢构件作为整个的球体的受力体系，外圈的球形网架采用圆钢管加空心球利用钢支架连接到内圈上。外圈纯粹装饰性体系，中圈在支座之间连接钢构件作为铝单板的固定龙骨，见图4.1。

4.2 任何一个球面如果把它水平投影，沿半径方向划分为几个球带，沿球面圆周等分后每环带所得的单元体是相等的，来作为电脑精确放样的依据。

4.3 无论是外圈的高空组焊，还是中心圈的地面组焊，都以小单元为单元体。因此只要提高小单元预制精度，确保其几何尺寸，就能保证组焊后的网壳整体各球节点坐标。

4.4 关于三维空间控制原理，对于球面体，地面圆心控制点是关键。可把原设计的坐标换算成极坐标，对球面径向每个球节点要满足球面方程式（1），对于纬向环状球节点要满足圆的方程式（2）。

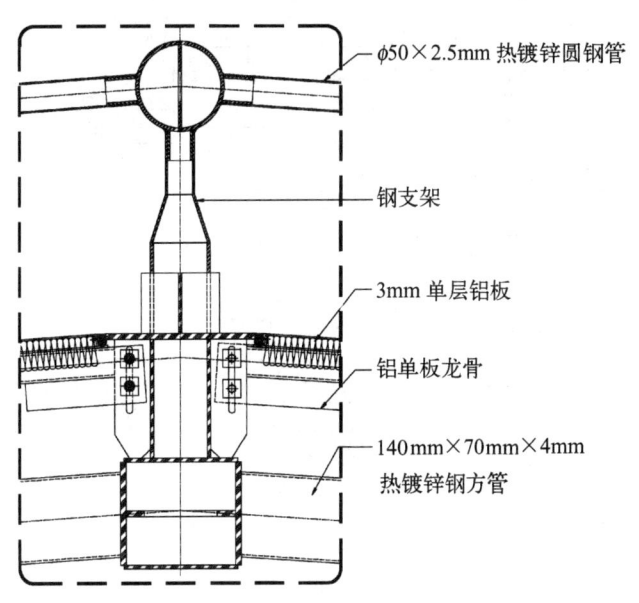

φ50×2.5mm 热镀锌圆钢管

钢支架

3mm 单层铝板

铝单板龙骨

140mm×70mm×4mm 热镀锌钢方管

图4.1　球体网壳节点示意图

（1）　　$x^2+y^2+z^2=R^2$　　　　　　　R——为球的半径

（2）　　$x^2+y^2=R_0^2$　　　　　　　R_0——为圆的半径

4.5 本工法以严格的工程测量为依据，先把球体网壳的球心位置确定出来，以球心点为基准点，外圈带金属装饰网架、内圈球体网壳结构为同心球，对内圈的整体网壳钢构件进行放线分析、组合安装，外圈装饰性网架根据内圈进行安装即可。而铝单板则根据等内圈的钢构安装完成后放线，确定每块铝单板的尺寸，成批下单。

5. 施工工艺流程及操作要点

5.1　施工工艺流程

带金属装饰网架的球体网壳结构的主要施工工艺流程，见图5.1。

5.2　操作要点

5.2.1 施工图纸深化设计。图纸深化前，测量员必须配合设计师进行现场复核，检查屋架施工偏差，发现问题，及时解决。

5.2.2 球心位置的确定

根据土建轴线以及标高先放线确定该球体网架的球心位置，以球心为基准点，放线确定沿轴线的前后左右上下的顶点位置，见图5.2.2。

5.2.3 内圈网壳结构的安装

1. 节点的三维空间定位测量

1）通过计算机建立球体空间理论模型，在进行节点和杆件空间三维定位，将节点和杆件垂直投影到水平面上的同时将节点中心三维坐标（X、Y、Z）分解为平面二维和高程（Z），通过计算机计算出节点和杆件的坐标、标高。

```
图纸深化
   ↓
对建筑物外轮廓线测量放样
   ↓
测量成果绘制
   ↓
施工测量定位、球心位置确定
   ↓
人员准备 ┐
现场准备 ├→ 施工准备 →  材料深化加工
原材料及工艺试验 ┘           ↓
   ↓                     材料运输
内圈网壳安装 ←──────────────┘
   ↓
铝单板尺寸确定 ← 铝单板龙骨安装
   ↓
铝单板加工      外圈网架安装
   ↓
铝单板安装
   ↓
验收拆架
   ↓
完工
```

图5.1　工艺流程图

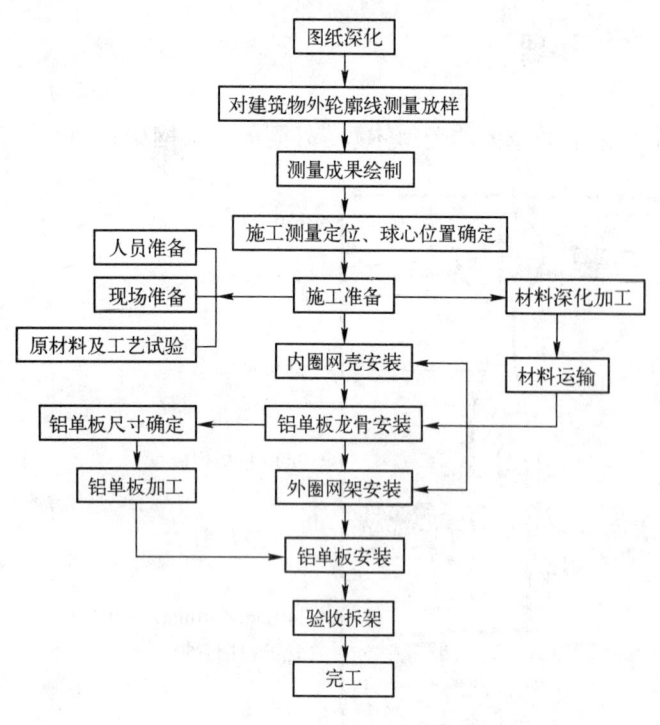

图5.2.2　网壳结构平面、三维透视图

2）采用全站仪自动测量对节点中心进行平面定位：在球心的平面投影点架设全站仪，后视另一控制点，将控制点坐标、放样点坐标等计算数据输入全站仪内存，调用全站仪内置程序自动计算控制点至各放样点的方位角、距离等测量数据，放出经线控制桩，同时在平面上弹出各个纬线在平面内投影的控制线。

3）在各经线控制桩上架设全站仪，测出经线所在位置，利用搭设的脚手架增设钢管小立柱，使小立柱设在各个节点位置，并架设牢固。然后利用水准仪根据各球节点的标高和半径在小立柱上做好标记线。

4）利用计算机算出各个节点和杆件的空间三维坐标（X、Y、Z），将三维坐标输入全站仪，对节点和构件的位置进行校对。

2. 杆件拼装

1）利用计算机三维理论空间模型，对杆件进行编号，将编号的料单发送至厂家进行加工。

2）要求厂家在加工杆件后按料单的节点和杆件编号直接标志在杆件上，以便日后安装。

3）在节点和杆件安装前，按照编号节点和杆件进行安装，保证节点和杆件一一对应安装。

3. 脚手架搭设

在网壳结构的建筑平面上，用水平投影法将网壳各节点位置实样放好，根据脚手架搭设施工图进行搭设，脚手架采用ϕ48钢管搭设。为架设的小立柱在测量节点的时有一定范围的调节余地，每根立柱上部搭接段小钢管来实现放样时标高和方位的调整。

4. 定位调节

采用3中提到的在每根立柱上部搭接段小钢管来实现放样时标高和方位的调整。

5. 构件吊装

将拼装成型的纬线构件分层用吊装机械调至网壳所处的空间位置。根据网壳的特点，为减少构件在吊装时的变形，经过计算确定吊装的吊点，架设全站仪和水准仪根据标高和半径观测每一个节点的位置的准确性。经检测各节点位置准确后，吊装下一层纬线构件，进行点固焊和成型焊，焊缝必须符合设计要求。

6. 杆件安装

横杆、斜杆的安装采用高空散装法施工。横杆、斜杆的安装顺序从下往上，即一圈顺时针方向，上一圈逆时针方向，循序渐进，待二圈或三圈横杆和斜杆点固焊完成后，方可对最底一圈的横杆和斜杆进行焊接，以免变形引起误差。

7．焊接要求

1）点固焊定位。焊3～4点，点固焊长度一般15～25mm，焊缝高3～5mm。

2）成型焊接。为保证焊缝根部焊透和充分熔合，底层焊接采用多层施焊，从管底部向管顶部运弧，前半部分焊完接着焊后半部分。搭接长度为5～8mm，接口处不得有夹渣、焊瘤。中间层焊接根据杆件的壁厚来确定，一般杆件壁厚在6～10mm焊一道中间层，12mm以上焊两道中间层。加面焊采用对接焊缝和贴脚相组合的焊缝形式，焊缝高度5mm。焊缝要注意表面不存在咬肉缺陷并保证焊缝高度。

8．三维空间位置复测校核及误差消除

1）为保证杆件中心线准确通过节点中心，分别复测相邻节点的距离和高差。①使用50m钢尺丈量相邻节点的相对距离，读数精确到mm。②使用水准仪测量相邻节点的高差，读数精确到mm。

2）空间钢结构三维节点测量误差影响因素。①误差累计。在测量过程中，由施工测量人员操作误差、测量仪器本身误差等误差源会传导和累积到定位点。②钢结构焊接。钢结构焊接会引起钢结构构件的尺寸变化，进而产生误差。③日照影响。太阳光的日照对钢结构构件会产生位移变化，产生误差。④温差影响。由于钢构件随着温度变化而出现热胀冷缩现象，影响测量精度，产生误差。

3）误差的消除：①固定测量操作人员和测量仪器，减小测量误差。②测量仪器定期进行检测，减少测量仪器原因造成的误差。③测量时间安排控制。安排好测量外业作业时间，尽量保证前后作业时间段的外界条件一样，如气温、气压、风力等。④剩余误差处理。平面定位误差按照相邻节点和杆件的距离为权值大小进行分配消除，高程定位误差按照各节点之间的高差为权值大小进行分配消除。

4）放线要求。放线不采用墨斗弹线，应采用钢冲打点和钢针划线。

5.2.4　铝单板龙骨安装以及铝单板面板尺寸的确定

铝单板龙骨是依附在内圈钢网壳上，经过局部的放线，逐层的安装，下半球一经安装完毕，根据图纸尺寸校核铝单板的尺寸，确定无误后先行加工该部分铝单板，这样分批加工铝单板能提高铝单板的原板材裁板时的利用率，节约成本。

5.2.5　外圈网架的安装

1．外圈为圆钢的纯装饰性网架结构，先放线确定每个钢支架的位置，先焊接完再连接。

2．空心球

空心球可以自制或定货。空心球的钢材宜采用国家标准《碳素结构钢》GB 700-88规定的3号钢或国家标准《低合金结构钢技术条件》GB 1591-88规定的16Mn钢，产品质量应符合行业标准《钢网架焊接球节点》JGJ 75.2-91规定。

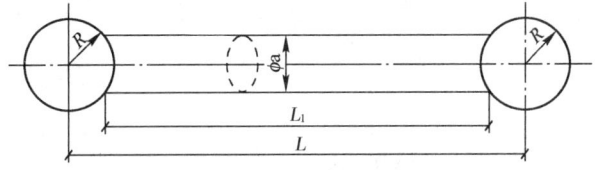

3．钢管杆件长度的计算

根据设计图纸两球中心距，并考虑组对间隙和焊缝收缩量，计算钢管杆件加工长度（图5.2.5），钢管杆件长度计算公式如下：

图5.2.5　钢管杆件加工长度

$$L_1 = L - 2\sqrt{R^2 - \left(\frac{a}{2}\right)^2} - 2b + 2c$$

式中　L——为两球设计中心距；

L_1——钢管件加工长度；

R——空心球外圈半径；

a——钢管杆件内直径；

b——每道焊口组对间隙；

c——每道焊口焊缝收缩量（其值通过试验确定）。

4．钢管杆件的下料加工

焊接球节点的钢管杆件宜采用车床下料并车制坡口，杆件长度允许偏差为±1mm。

5. 钢管的焊接

钢管的焊接拼装应选择合理的焊接工艺顺序，以减少焊接变形和焊接应力。焊接完后进行下道工序。

5.2.6 铝单板的安装

1. 放线

在5.2.4里一经确定了铝单板的放线，对隐蔽部分的钢结构做防锈处理，安装骨架位置准确，结合牢固。安装完检查中心线、表面标高等。为了保证板的安装精度，宜用经纬仪对横梁竖框杆件进行贯通。对变截面处等进行妥善处理，使其满足使用要求。请现场监理做隐蔽工程的验收。

2. 安装铝单板

铝板的安装固定要牢固可靠，简便易行。

1）板与板之间的间隙要进行内部处理，使其平整、光滑。

2）铝板安装完毕，在易于被污染的部位，用塑料薄膜或其他材料覆盖保护。

3. 铝单板胶缝处理

打胶之前，铝单板缝处要进行清洗，对油性污垢用甲苯或丙酮进行清洗，对非油性污垢用异丙醇、水对半的混合溶剂清洗。在打胶过程中，要注意从上而下、先竖向后横向的顺序进行。打好的胶不得有外溢和毛刺的现象；对出现气泡、空心、断缝、表面严重裂纹的胶缝需切除清理后补胶。

5.3 劳动力组织

劳动力组织情况见表5.3。

劳动力组织情况表   表5.3

序　号	工　种	人　数	备　注
1	吊装工	6	
2	安装工	12	
3	电焊工	15	
4	测量工	3	
5	安全员	2	
6	铝板安装工	28	
合计		66	

6. 施工机械设备

主要施工机械见表6。

主要施工机械表   表6

机　械　名　称	规　格　型　号	数　量（台）	备　注
托普康全站仪	GPT-3002N	1	
电子经纬仪	DJD2A	1	
激光垂直仪	DZJ2	1	
托普康水准仪	AT-G6	1	
交流电焊机	BX-260	3	
手提电锯	SF1-3.2	4	
砂轮切割机	KT-971	3	
打磨机	NBJ-4	2	

7. 质 量 控 制

7.1 工程质量控制标准

7.1.1 施工质量控制

《网壳结构技术规程》JGJ 61-2003、J 258-2003；

《网架结构工程质量检验评定标准》JGJ 78-91；

《钢结构工程施工质量验收标准》GB 50205-2001；

《建筑钢结构焊接技术规程》JGJ 81-2002；

《金属与石材幕墙工程技术规范》 JGJ 133-2001。

7.1.2 网壳安装、支座支承面顶板、支座锚栓、焊接球加工、杆件加工允许偏差见表7.1.2-1～表7.1.2-4。

网壳安装允许偏差 表7.1.2-1

序号	项 目	允许偏差（mm）	检查频率	检验方法
1	小拼单元节点中心偏移	2.0	20%	钢尺及辅助量具检查
2	小拼单元杆件轴线的弯曲矢高	$L_1/1000$ 且≤5.0	20%	
3	纵向横向长度	$+L/2000$ 且≤±30.0	100%	
4	支座中心偏移	$L/3000$ 且≤30.0	100%	经纬仪检查
5	支座最大高差	30.0	100%	水平仪检查
6	相邻支座高差	$L_1/800$ 且≤30.0	100%	
7	杆件轴线平直度	$L/1000$ 且≤5.0	每种杆件5%	直线尺量测检查
8	挠度值	不大于设计值1.15	20%	全站仪

支座支承面顶板、支座锚栓允许偏差 表7.1.2-2

序号	项 目		允许偏差（mm）	检查频率	检验方法
1	支承面顶板	位置	15.0	全数抽查，网架安装前完成	用经纬仪、水平仪、水平尺和钢尺检查
		顶面标高	0～-0.3		
		顶面水平度	1/1000		
2	支座锚栓	中心偏移	±5.0		

焊接球加工允许偏差 表7.1.2-3

序号	项 目	允许偏差（mm）	检查频率	检验方法
1	直径	±0.005d ±2.5	各种规格抽查10%，进场安装前完成	用卡尺和游标卡尺检查
2	圆度	2.5		用卡尺和游标卡尺检查
3	壁厚减薄量	0.13t，且≤1.5		用卡尺和测厚仪检查
4	两半球对口错边	1.0		用套模和游标卡尺检查

杆件加工允许偏差 表7.1.2-4

序号	项 目	允许偏差（mm）	检查频率	检验方法
1	长度	±1.0	各种规格抽查10%，进场安装前完成	用钢尺和游标百分表检查
2	端面对管轴的垂直度	0.005r		用百分表V形块检查
3	管口曲线	1.0		用套模游标卡尺检查

7.2 质量保证措施

7.2.1 为保证工程顺利进行应组织一个强有力的项目经理部。组织所有施工人员，学习图纸、规范、规程和施工组织设计，领会设计意图质量要求、操作工艺等，并进行层层交底，发现问题，及时与有关单位协商解决。

7.2.2 对建设单位移交的测量控制点和高程，要认真复核，并办妥交接手续。

7.2.3 所有计量仪器、测量仪器按规定检验，超过使用期限的须经检测单位后方可使用。

7.2.4 脚手架应采取有力的措施防止错位、滑动。地面脚手架防止下沉，并及时调整活动支点。

7.2.5 焊工必须持证上岗，注明焊工的焊接内容的焊工资格证书或岗位证书。施工前进行技术交底、现场考核。

7.2.6 铝单板所用的龙骨、连接件的材质、规格、安装位置、标高及连接方式应符合设计要求和产品的组合要求，龙骨架组装正确连接牢固，安装位置和整体安装符合图纸和设计要求。

7.2.7 铝单板面应做到曲面合理，表面平整，曲面弧线流畅美观，拼缝顺直，分块分格宽度一致，顺直，拼接处平整，端头整齐，胶缝宽度应符合设计要求。

7.3 成品保护

7.3.1 成品堆放控制：

应做到分类、分规格，堆放整齐、平直、下垫木；叠层堆放，上、下垫木；水平堆放，上下一致，防止变形损坏；侧向堆放，除垫木外加撑脚，防止倾覆。成品堆放地做好防霉、防污染、防锈蚀措施，成品上不让堆放其他物件。

7.3.2 成品运输：

做到车厢清洁、干燥，装车高度、宽度、长度符合规定，堆放科学合理；超长构件成品，配置超长架进行运输。装卸车做到轻装轻卸，捆扎牢固，防止运输及装卸散落、损坏。

7.3.3 成品保护：

1. 在拆、改装修架子时，注意架子回转要慢，不要碰到饰面上，架子的扣件不得乱扔，以免伤人和砸坏面板。

2. 已完工的部位应设专人看管，遇有危害成品的行为应立即制止，对于造成成品损坏者应给予适当处理。

3. 每一装饰面成活后，均按规定清理干净，进行成品质量保护工作。

4. 严禁在装饰成品上涂写、敲击、刻划。

5. 架子拆除作业时注意防止钢管碰撞，脚手扳轻放。

8. 安 全 措 施

8.1 工程负责人必须全面承担施工现场的安全责任，并签定《安全责任书》。

8.2 严格遵守有关劳动安全法规要求，加强施工安全管理和安全教育，严格执行各项安全生产规章制度。

8.3 施工班组必须定期每月接受一次安全教育，提高安全意识，必须坚持防火安全培训活动，坚持焊接、油漆等危险作业进行防火安全技术交底制度，及时消除火灾隐患。

8.4 按规范要求设置防火分区"严禁烟火"明显标志，配备足够数量的消防水桶、防火布、接火器等消防器材，消防立管架设到脚手架作业平台，施工现场一切消防设施、装置未经批准不得擅自移动、破坏。

8.5 严格遵守施工用火审批制度。焊接作业等动火前，要清除附近易燃物，配备看火人员和灭火用具，电焊机外壳、焊钳与把线必须接零接地绝缘良好。

8.6 施工层脚手架必须通过验收合格后方可上架作业。

8.7 不准在工程内、库房内调配油漆、稀料，并应设置消防器材和"严禁烟火"明显标志。

8.8 施工现场和仓库禁止吸烟，需要吸烟者应在指定专设有防火措施的吸烟室。

8.9 凡从事电焊作业的人员必须持特种作业上岗证，实行持证上岗，并应使用面罩或护目镜，配戴相应的劳保用品。

8.10 施工人员应配备安全帽、安全带、工具袋，防止人员及物件的坠落。

8.11 施工现场中各种危险设施、临边部位、洞口都必须设置防护设施和明显的警告标志。

8.12 严禁高空抛物。运输吊顶材料时，下方应有专人看护，无关人员不得进入材料运输区。

9. 环 保 措 施

9.1 原材料、半成品堆放场地应平整、干净、牢固、干燥、排水通风良好、无污染。材料的包装袋、包装木箱不得随便遗弃，应统一外运至垃圾处理场。

9.2 在施工过程中对易受污染、破坏的成品、半成品标识"正在施工，注意保护"的标牌。现场的短小钢管余料、废旧油管不得随意丢弃，可回收资源，应充分回收，以节约资源。

9.3 将钢构施工中构件敲打的工作安排在白天进行，夜晚禁止一切发出较大声响的工作。减少夜间施工时间，避免夜间施工时灯光向工地以外的地方照射。夜间电焊施工时要进行遮挡，防止电弧光扰民。

9.4 涂料施工的余料、废旧材料不要随便遗弃，应由环保部门指定的单位回收。以免污染空气。

10. 效 益 分 析

10.1 该工法施工简单科学，施工速度快，可以满足工期紧张的需要。

10.2 通过整体考虑成批下单，使铝单板开料的板材最大利用，严格的测量计算控制和工厂化生产，节省了材料费。

10.3 设计施工简单，安装精度高。

10.4 造型美观大方，成本造价较低，给整个工程带来亮点。

11. 应 用 实 例

11.1 工程概况

1. 泉州市行政管理服务中心位于泉州市东海组团核心区北部，西邻泉州师范学院新校区，本工程地下1层，地上9层，总建筑面积为83017m²，建筑高度47.200m。屋面为钢结构屋架。7、8号楼分别为方形和球形会议室，球形会议室采用带金属装饰网架的球体网壳结构，它被4根大跨度预应力型钢混凝土梁托在空中，造型富有特色。它实现了建筑物内外环境和谐与交融，突出了建筑物与时俱进的现代化气息。

2. 杭州湾跨海大桥海中平台改造项目平台部分，杭州湾跨海大桥位于浙江省境内，长江三角洲地区的东南部，北邻上海，南接宁波市，西有杭州市，东临舟山群岛。杭州湾跨海大桥海中平台改造项目位于杭州湾跨海大桥南航道桥以南约1.7km下游150m，通过匝道桥与大桥主线连接。

3. 广交会酒店幕墙工程总用地面积约100527.6m²，总建筑面积304921m²，位于广州市海珠区新港东路琶洲街PZB1402地块，位于新港东路以南、华南路以东、琶洲塔以西南，琶洲一、二期展馆对面；

该配套设施地下2层，地上43层，其中裙楼5层，建筑总高度为198.800m；是一栋具饮食、娱乐及会议为一体的综合性高级酒店。

11.2　施工情况

以上工程采用本工法施工，在施工过程中，形成了一套行之有效的施工工艺，通过对每一步工序的研究、论证，最终解决了施工中的各种问题，在施工中充分应用电脑精确测量和放样技术，将测量误差分段消化，不得累计，保证了钢构件和铝单板的加工和安装精度，顺利完成安装任务。

11.3　工程评价

工程采用该工法施工，获得建设单位和监理单位的一致好评，大大地降低施工工期，节约施工成本，提高工程质量，确保施工过程中的安全性，经济效益、社会效益明显。

沿海、台风地区工业厂房压型钢板屋盖施工工法

GJEJGF107—2010

海南省建筑工程总公司　方远建设集团股份有限公司

郭泽文　金崇正　周官青　陈方丽

1. 前　言

近几年来，随着各地经济的迅速发展，工业区出现很多大跨度、大空间的工业厂房，而这些工业厂房的屋盖几乎全部采用钢板屋盖，这种屋盖充分体现了施工方便、造价经济等优点。我市地处东南沿海台风多发地区，特别是2004年的"云娜"及2005年的"麦莎"强台风，使这些按照常规施工的工业厂房屋盖遭受了损坏，有的导致设备、产品破坏，迫使工厂停产，灾后修复工作十分繁重、经济损失惨重。因此提高工业厂房防台抗台能力，保障工业厂房质量安全，显得尤为重要。

目前针对台风袭击中暴露出来的问题，我们开发了沿海、台风地区工业厂房压型钢板屋盖施工工法。其中用于该工法的"屋顶用引水板的安装结构（专利号：ZL 201020158682.6）"已获得国家实用新型专利。该工法在全公司乃至同行业范围内已得到广泛应用，并取得了较好的经济效益和社会效益。

2. 工 法 特 点

2.1 采用螺钉式钢板屋盖施工方法，加独特的固定方式增加密封效果，提高屋盖的抗风、抗渗能力。

2.2 采用专用屋脊、天沟、山墙节点做法及固定装置，安装可靠、施工方便、连接牢固，提高了钢板屋盖安装固定方式的施工技术水平，创新了施工工艺。

2.3 采用"屋顶用引水板的安装结构"，提高了屋面系统的抗渗能力。

3. 适 用 范 围

本工法适用于沿海、易受台风影响地区的工业厂房压型钢板屋盖的安装。

4. 工 艺 原 理

4.1 压型屋面板与檩条采用紧固件连接法：采用专用自攻螺丝固定钢板屋盖，螺帽防水圈下增设定制的镀铝锌钢板和防水密封橡胶垫片，提高了屋盖的抗风能力，增加了密封效果，提高了抗渗能力（图4.1）。

4.2 创新天沟、屋脊、山墙节点做法，安装可靠、施工方便、连接牢固（图4.2-1～图4.2-3）。

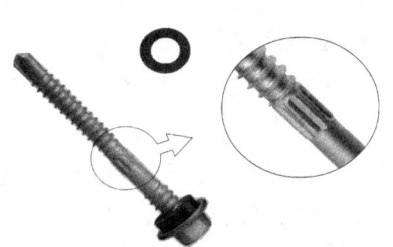

图 4.1　专用自攻螺丝、防水垫片

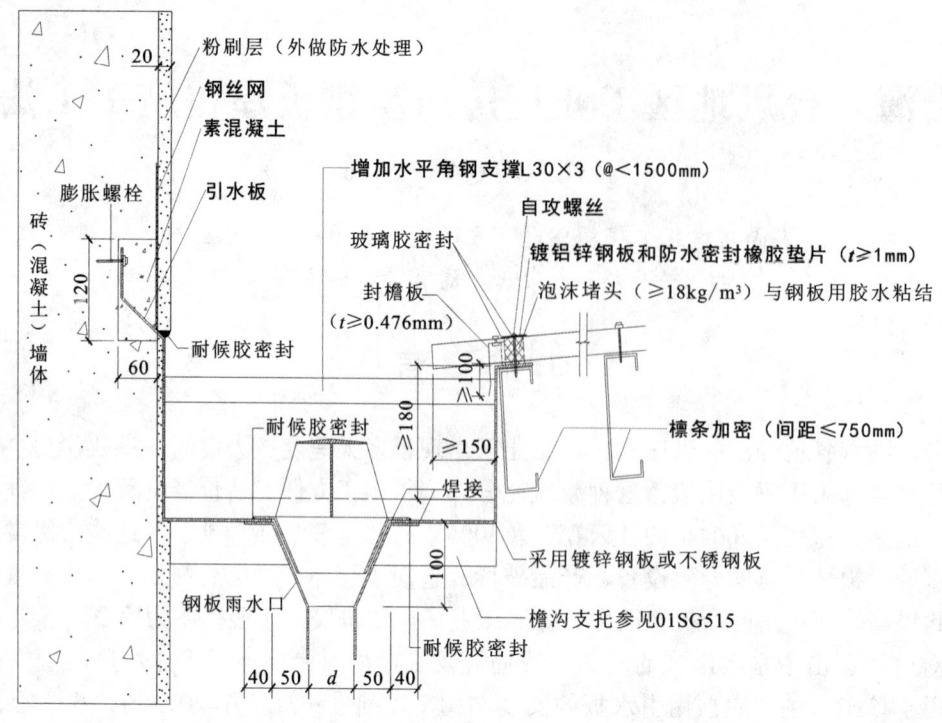

图4.2-1　创新后天沟节点图（黑色字体为创新做法）

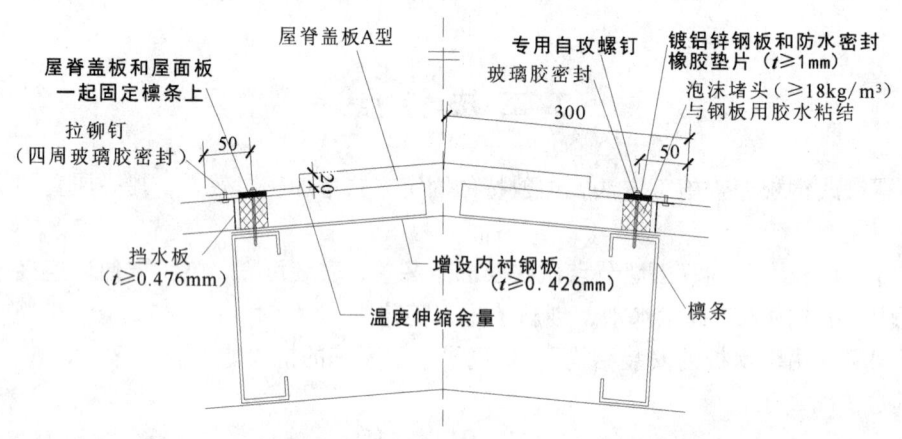

图4.2-2　创新后屋脊节点图（黑色字体为创新做法）

4.3　为了增强压型屋面板系统的抗风能力。采用天沟边两根檩条间距加密，天沟侧板的上口处增加水平角钢支撑；屋脊盖板与压型屋面钢板一起直接固定在檩条上，屋脊处屋面钢板下面增设通长内衬钢板一道；靠近山墙处的端部区间檩条间距加密等措施。

4.4　为了提高屋面的防水能力，改变天沟外侧上口以及山墙泛水板上口与女儿墙墙体连接处的做法：先在墙体（砖或混凝土）的相应位置预留高度大于120mm、深度大于60mm的通长沟槽；天沟外侧以及山墙泛水板制作时上口向外折成折线形（形状、尺寸与预留沟槽相当），安装时将折线形部

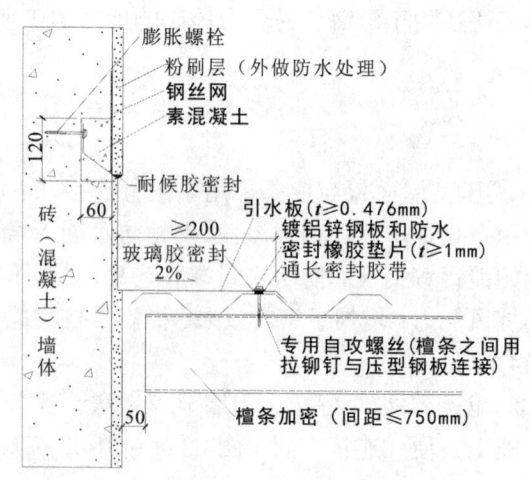

图4.2-3　创新后的屋面山墙节点图（黑色字体为创新做法）

分全部嵌入预留的沟槽中；墙体粉刷时在预留沟槽处增设钢丝网，粉刷后与钢板天沟交界处采用耐候胶进行密封。

4.5 为防止温度伸缩引起的破坏，屋脊盖板制作时在中心线两侧分别预留20mm的伸缩余量。

5. 施工工艺流程及操作要点

5.1 施工工艺流程（图5.1）

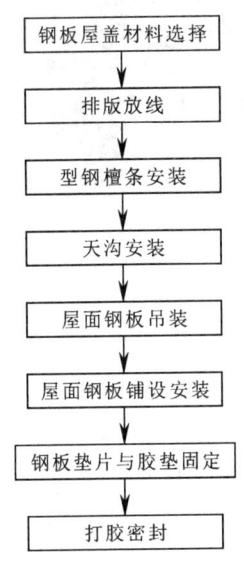

图5.1 施工工艺流程图

5.2 操作要点

5.2.1 排版放线

1. 排版放样

利用计算机在施工前做好屋面钢板排版放样，保证钢板接缝吻合，确保整个尺寸的完整性。

排版设计应保证钢板铺设起始位置与泛边方向平行；屋面板钢板坡度方向垂直于沿沟；屋脊线作为坡水线向二侧坡度方向，保证屋面钢板与立面相协调。

2. 根据计算机设计的排版图纸进行放线

在屋顶桁架上弹线，确定檩条及天沟等节点安装位置，采用全站仪、钢尺等工具进行复核轴线、檩条间距及天沟位置等，水准仪等工具进行复核标高。

1）控制钢构件安装的允许偏差，保证屋面钢梁与屋面檩条安装尺寸偏差在允许范围内。

2）在主体钢构件放样，定出屋面檩条安装位置并做好标记，复核无误后进行下道工序。

3）在檩条上用记号笔作出螺栓位置，保证板面的外观美观，减少钻孔遗漏。

5.2.2 安装

1. 型钢檩条安装：檩条顶部必须在同一平面上，如有偏差，需使用放松檩条螺栓的方式调整檩条位置。

2. 屋面钢板铺设安装：

将第一块屋面板依照与天沟正交方向排放在已固定的固定支架上，在固定螺栓前检查屋面钢板是否平整、位置是否准确。为确保屋面钢板纵横方向顺直整齐，在沿口拉通线平行于屋脊，板峰应与沿口通线相垂直，不得歪斜，校对检查后用螺栓固定，紧接着第二块板安装，方法同前。

3. 屋面钢板固定：螺栓在每个波峰沿着檩条长度方向固定，纵向在每个檩条上固定，第二块屋面钢板安装时边加劲肋与第一块板完全吻合后用螺栓固定，固定的间距和起始位置同第一块板，固定螺栓在波谷上不设置，以避免屋面板在波谷处渗水。

4. 钢板屋盖连接：一般采用搭接，侧向搭接与主导风向一致。对于高坡屋面板搭接，做法要求如下：屋面坡度小于1/10时，搭接长度为250mm；屋面坡度等于或大于1/10时，搭接长度为200mm。再将屋盖钢板与承重构件檩条相连接，用螺栓直接将屋面板与钢檩条固定，用以抵抗风的吸力和下滑力等。

5. 屋面内创新天沟节点（图5.2.2-1）安装：

1）天沟边两根檩条间距加密至750mm以内（图5.2.2-2）。

2）压型屋面板与檩条采用紧固件连接法，其中，镀铝锌钢板和防水密封橡胶黏贴成型，螺帽、防水圈及钢板垫片四周均打玻璃胶进行密封；自攻螺丝的数量按实际计算确定，横向间距每波（波距不宜大于300mm）不小于1个，纵向间距为檩条间距。

图5.2.2-1　创新后的天沟节点图

图5.2.2-2　天沟边檩条加固

3）压型屋面板伸入外挑天沟处的长度不应小于150mm；堵头与钢板应采用胶水粘结；封檐板与天沟搭接的宽度不应小于100mm。

4）钢板雨水口与钢天沟连接处全部满焊后，在所有的焊缝处应采用耐候胶加强密封。

5）钢天沟外侧上口与墙体连接处的做法：先在墙体（砖或混凝土）的相应位置预留高度大于120mm、深度大于60mm的通长沟槽；钢板天沟制作时外侧上口向外折成折线形（形状、尺寸与预留沟槽相当），安装时将折线形部分全部嵌入预留的沟槽中；墙体粉刷时在预留沟槽处增设钢丝网，粉刷后与钢板天沟交界处采用耐候胶进行密封；墙体粉刷后建议对表面再进行防水处理。

6）为了增加天沟（包括雨水口）的使用寿命，宜采用镀锌钢板天沟或不锈钢板天沟。

7）为防止钢板天沟在安装和使用时发生变形，增加天沟的稳定性，在天沟侧板的上口处增加水平角钢支撑，角钢不宜小于∟30×3，间距不宜大于1500mm，角钢两端与天沟侧板焊接（图5.2.2-3）。

8）其余均按相关标准及图纸要求施工。

6. 屋面双坡屋脊节点（图5.2.2-4）安装：

1）将屋脊盖板与压型屋面钢板一起直接固定在屋脊处的型钢檩条上。同时，屋脊盖板制作时应在中心线两侧分别预留20mm的伸缩余量。

图5.2.2-3　创新后的天沟角钢支撑加固节点

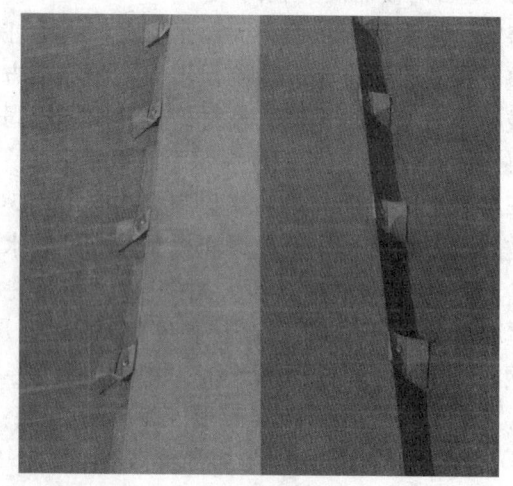

图5.2.2-4　创新后的屋脊节点图

2）屋脊盖板、压型屋面板与檩条采用紧固件连接法，其中，镀铝锌钢板和防水密封橡胶粘贴成型；螺帽、防水圈及钢板垫片四周均打玻璃胶进行密封；自攻螺丝的数量按实际计算确定，横向间距每波

（波距不宜大于300mm）不少于1个。

3）挡水板的尺寸应与屋面板、屋脊板相当；固定挡水板用的拉铆钉四周应打玻璃胶进行密封。

4）屋脊处屋面钢板的下面应增设通长内衬钢板一道；钢板宽度同屋脊两侧的檩条间距；内衬钢板与屋面板一起固定在檩条上（图5.2.2-5）。

5）屋脊盖板安装：屋脊盖板应尽可能在屋面板完工后立即施工，保证其与屋面之间密封可靠。

6）其余均按相关标准及图纸要求施工。

7. 屋面山墙（女儿墙）节点（图5.2.2-6）安装：

图5.2.2-5　创新后的屋脊内衬钢板节点图

图5.2.2-6　创新后的屋面山墙节点图

1）屋面靠近山墙处的端部区间檩条间距加密至750mm以内，见图5.2.2-7。

2）山墙引水板、压型屋面板与檩条采用紧固件连接法，在镀铝锌钢板垫片上设通长密封胶带；螺帽、防水圈及钢板垫片四周均打玻璃胶进行密封；专用自攻螺丝的数量按实际计算确定，纵向间距同檩条间距。

3）引水板与屋面板搭接的宽度不应小于2个波。

4）山墙引水板上口与女儿墙墙体连接处的做法同钢天沟外侧上口与墙体连接处的做法。

图5.2.2-7　山墙檩条加密

5）其余均按相关标准及图纸要求施工。

8. 其他节点要求：

1）房屋端部、屋脊、转角、挑檐、天窗、采光带、钢板端头及其他薄弱部位构造上应进行计算并要求加密处理。

2）专用自攻螺丝（锚钉）安装时，不得用铁锤敲击，而应慢慢拧紧。

3）屋面上尽量避免设置天窗、采光带和在屋面上开孔。如无法避免时，不应大面积开孔和在屋脊处开孔，当屋面开设直径大于300mm和边长大于300mm的孔洞时，应通过计算并采用结构加强。

9. 螺栓防漏处理

1）建筑螺栓经电镀防锈处理后再在镀层外覆盖聚乙烯化合物涂层，经过这样处理的螺栓，经长时间的风雨侵蚀不会造成螺栓本身材质的生锈、腐蚀，提高了螺栓使用年限。

2）选用钻头尺寸比螺栓底径小，这种方法与普通自攻螺丝相比，有更高的工作效率，又能保持较高的紧固力。

3）选用具有良好的物理化学稳定性的EPDM橡胶密封垫圈或橡胶与钢片复合密封垫。

4）螺栓安装施工时将复合密封垫与钢板紧固连接。

5.2.3 注意事项

1. 支撑用的檩条在安装屋面前全面检查，保持顶部在同一平面上。

2. 安装屋面板时应随时检查屋面板是否对正恰当，随时测量屋面板上下两端之边缘及天沟的距离。

3. 安装每块板后立即清理残留在屋面上的碎片、废弃紧固件等金属碎屑，减少引起屋面板的腐蚀。

4. 禁止在屋面上拖拉堆织物，防止划伤面层。

6. 材料与设备

6.1 材料

6.1.1 压型钢板屋盖：采用屈服强度不少于345MPa的Ⅱ级钢，镀铝锌量不小于$165g/m^2$，主要尺寸类型有：宽度为500、600、700mm等规格；长度按工程实际需要任意选择；厚度为50、75、100、125mm等。

6.1.2 螺栓：按计算确定直径大小不少于5.5mm，螺栓抗拉强度和抗拔强度由设计确定，并经现场检测。

6.1.3 垫片：选用镀铝锌的钢板垫片和防水密封橡胶垫片，宽度不小于30mm，厚度不小于1mm，钢板屈服强度不少于345MPa。螺栓经电镀防锈处理后外覆盖聚乙烯化合物涂层。

6.1.4 内衬钢板、山墙泛水板：钢板厚度不小于0.476mm，钢板屈服强度不小于345MPa。

6.1.5 檩条及主结构杆件：材质为C型或Z型冷轧镀锌型钢材Q235和Q345钢。

6.1.6 耐候胶：有厂家合格证和厂家质量证明书。

6.1.7 泡沫堵头的泡沫质量不小于$18kg/m^3$。

6.2 设备

现场安装设备主要包括：手持式冲击钻及钻头，小型剪板机，璃胶压注枪等。

7. 质 量 控 制

压型钢板屋盖必须根据《钢结构工程施工质量验收规范》GB 50205-2001、《压型钢板、夹芯板屋面及墙体建筑构造》01J 925-1图集的标准执行。

7.1 检测数量：按计件数抽查5%且不小于10件。

7.2 钢板屋盖原材料应有生产厂家的质量证明书。

7.3 一般项目

7.3.1 压型钢板泛水板包角板不得有裂缝，板材边缘应平整无毛刺，安装时尽量避免出现漆模裂纹剥落和露出金属基板。

7.3.2 采用专用吊具起吊，严禁直接使用钢丝绳起吊钢板。

7.3.3 每块钢板作业完成时，用松软刷子清理板面上的垃圾，如废弃钉子、废弃紧固件等，防止板上产生锈点。

7.3.4 钢板表面应干净，无油污及明显凹凸和褶皱。

7.3.5 在屋面板的安装过程中，应定段检测，检查两端平直度、板的平直度。

7.3.6 板长度方向搭接在支撑构件上，搭接长度应符合图纸要求。

7.3.7 板面洁净、平整，包角、泛水和其他附件要保持整洁。

7.3.8 钢板屋面安装的允许偏差（表7.3.8）

钢板屋面安装的允许偏差　　　　　　　　　　　　　　　　　　　表7.3.8

项　　目	允许偏差（mm）
沿口与屋脊平行度	12
压型钢板波纹对屋脊的垂直度	$L/800$，且不应大于25
沿口相邻两块板端错位	不应大于6.0

7.3.9　做屋面淋水试验

屋面板安装完毕后应进行雨水或淋水试验，持续时间为2h，进行全面检查观察，各节点细部有无渗水现象，积水和排水系统是否畅通，并做好完整的检查记录。

7.4　质量标准

7.4.1　钢板、螺丝、钢垫片等材质采用屈服强度不少于345MPa的Ⅱ级钢钢板，其钢板的强度、刚度等力学性能指标必须满足设计要求。

7.4.2　钢板与螺丝坚固严密，在台风集中应力反复作用下，钢板不会产生疲劳破坏或撕裂，螺丝被拉出或拉断，从而造成屋盖破坏导致渗漏水发生。

7.4.3　注意螺丝的规格、间距，严格按施工图纸要求施工。

7.4.4　检查所有密封件是否安装完毕，对需要打胶部位一定做好密封。

7.4.5　在屋面板安装过程中尽量减少在已安装屋面板上行走，若确需在已安装屋面板上行走时，避免踩在波峰上，只能踩在波谷上，踩在波峰上会造成板材连接及板材本身的损伤，导致结构上形成薄弱环节。

7.4.6　避免在板上运输和作业，如果无法避免，应在板面上铺木板跳板，板下加设棉织物，且跳板的两端一定支撑在檩条上，运输或作业只允许在跳板形成的通道上进行。

7.4.7　钢板垫片质量要求，屋面板在固定螺丝前在屋面板上下各安装一层厚3mm镀铝锌盖板，定型加工，在螺帽下增设镀铝锌钢板垫片和防水密封胶垫，在螺帽与钢板垫片、钢板垫片与胶垫、胶垫与基材之间应打玻璃胶。

7.4.8　螺丝要求：直径不少于5mm，螺丝抗拉强度和抗拔强度经现场检测并符合要求。

8. 安 全 措 施

8.1　施工人员进入工地施工首先进行三级安全教育和职业健康安全教育，并进行安全技术交底。

8.2　进场设备机具经检验合格登记后使用。

8.3　施工现场临时用电必须执行《施工现场临时用电安全技术规范》JGJ 46-2005标准，做到三级配电三级保护，严禁乱拉乱接。

8.4　屋面钢板及节点施工安装时系好安全带，戴好安全帽，穿防滑鞋。

8.5　合理安排施工工艺，尽量避免立体交叉作业。

8.6　材料堆放整齐、平稳，不要过高。

8.7　工具要随手放入工具袋内，上下传递物件不得抛掷。

8.8　要经常检查使用的电动机具是否有漏电现象，一经发现立即修理。

9. 环 保 措 施

9.1　钢板屋面、屋脊防水板等材料须经厂家加工成型，现场安装的檩条及槽孔由主结构厂家加工成型，减少现场开孔，减少粉尘和噪声。不可避免的在夜间施工需采取降低和制定防扰民措施。

9.2　现场使用的板材经厂家加工成型，可降低材料浪费，节约成本，保证施工现场整洁文明。

9.3 夹芯保温钢板屋面对建筑物起到保温隔热效果，起到节约能源作用。

9.4 现场产生的废料垃圾集中回收，不得随便乱扔。

10. 效益分析

10.1 经济效益分析

在台风频发地区，特别是强台风，常使一些按照常规施工的工业厂房屋盖遭受了损坏。据市建设局统计：2004年"云娜"台风造成工业厂房破损至少756万m²以上，其中公司承建的工业厂房屋面面积约35万m²，需要修理的工业厂房屋面面积约11万m²，其中需要大修（更换屋盖系统）有4万m²左右，需要小修（局部维修补强）约有7万m²。对于在修理破损大面积的厂房，费用相当巨大，比如需更换屋盖系统的维修费用约为90元/m²，局部维修补强的维修费用约为15元/m²。这样不但形成较高的施工成本，而且对企业的信誉度造成一定的影响，且在修理过程中给用户带来停产的不便，影响了用户生产效益和经济效益。虽然现施工的工业厂房在创新节点施工工艺、加强节点做法、增加防水垫片、原材料选用等方面比普通施工屋盖成本高，高出价格为8~10元/m²，但由近几年来经过台风袭击后工业厂房的质量情况统计，创新后的屋盖系统破损现象没有发生，屋面细部节点渗水现象也很少发生，质量明显提高，事后修复、维修保养费用大大减少，具有一定的经济效益和社会效益。现以我公司2004年承建的工业厂房屋面面积约35万m²为例，比较屋盖系统创新前后的工程费用增加情况，如表10.1。

屋盖系统创新前后的增加费用比较一览表　　　　　　　　　表10.1

项　　目		面积（万m²）	费用单价增加（元/m²）	总费用增加（万元）	总计增加费用（万元）
创新前屋盖系统	大修	4	90	360	465
	小修	7	15	105	
创新后屋盖系统		35	8~10	280~350	280~350

从表10.1可知，创新前的屋盖系统的维修直接费用增加高于创新后屋盖系统的增加成本，并且该费用比较还不包括企业用户的生产损失，可见采用本工法施工的工业厂房有一定的经济效益。

10.2 企业品牌效益

当公司开发了沿海、台风地区工业厂房压型钢板屋盖装施工工法，推广实施以后，取得了明显的效果。通过对近几年来台风袭击后工业厂房的质量统计情况表明，创新后的屋盖系统破损现象没有发生，质量明显提高，事后修复、维修保养费用大大减少，说明本工法的推广实施对加强沿海、台风地区工业厂房压型钢板屋盖的抗风和防水取得了显著的效果。更重要的是使"诚信为本"、"为用户着想"的企业理念落到实处，为创造企业品牌赢得了巨大的社会效益。

11. 应用实例

11.1 浙江滨海模塑集团仓库工程，2004年4月开工，2004年8月竣工，建筑面积12200m²，一层，27m跨度，建筑总造价约580万元。该工程经过2004年"云娜"、2005年的"卡努"和"海棠"等强台风的袭击，工程没有出现质量问题。

11.2 博浪柯（浙江）机电有限公司车间工程，位于滨海工业园区，工程于2008年3月开工，2009年1月竣工，建筑面积为11800m²，一层，27m跨度，建筑总造价约650万元。该工程经过2008年"森拉克"、"海鸥"和2009年"莫拉克"等强台风的影响，工程无发生质量问题。

11.3 海口港白糖期货仓库工程，2009年8月25日开工，2010年5月5日竣工，建筑面积7392m²，两栋钢结构仓库，一层，跨度25m，建筑造价1623万元。工程采用了《沿海、台风地区工业厂房压型钢板屋盖施工工法》，提高了屋盖抗风能力和防水能力，取得了良好的经济效益和社会效益。

仿古建筑斜坡屋面现浇混凝土施工工法

GJEJGF108—2010

陕西建工集团第七建筑工程有限公司　陕西建工集团第六建筑工程有限公司

何建升　王瑞良　雷亚军　赵长经　张雪娥

1. 前　言

近年来，在建筑设计上呈现出许多新颖别致、纷呈多样的仿古坡屋面结构，体现出了人们生活多样化选择的需求。仿古坡屋面在混凝土施工过程中由于施工方法选择不当，易造成混凝土浇筑不密实，极易引起渗漏。本工法针对仿古坡屋面的结构特点，采用双层模板安装体系进行施工，取得了良好的效果，在同类建筑工程中得到了广泛的应用。

2. 工法特点

本工法采用竖向定位木龙骨作为控制坡屋面结构的厚度及安装面层模板的依据，面层模板则预先制作好，施工时采用逐级摆放、安装，逐级浇筑，模板安装与浇筑混凝土互不干扰工作面，从低处向高处依次循环进行，操作简单、方便，不仅有利于保证混凝土结构的质量同时还加快了施工进度。

3. 适用范围

本工法适用于设计坡度在25°～60°的现浇钢筋混凝土仿古斜坡屋面结构。

4. 工艺原理

本工法是在按要求安装好坡屋面底层模板后，依据坡屋面的走向沿坡底至坡顶的方向布置竖向龙骨，竖向龙骨与底层模板间通过限位止水螺栓进行夹固、定位，以此来控制结构的厚度及安装面层模板的依据。面层模板则根据放样的结果予以事先分级预制，安装时将面层模板摆放进竖向龙骨之间，通过钩头插销插入竖向龙骨与面层摸板预先钻好的圆孔内固定即可。木工绕坡屋面四周从下至上分级安装面层模板，每安装完一级即可浇筑混凝土，瓦工绕坡屋面四周浇筑已安装好一级模板的混凝土。采用逐级安装、逐级浇筑的方法、相互依次循环进行，直至浇筑结束；详见图4。

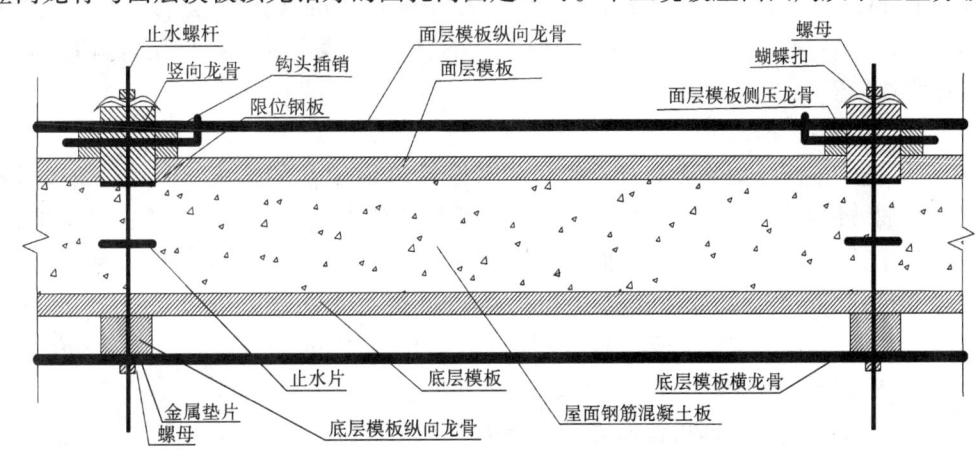

图4　坡形屋面板模板安装断面示意图

5. 施工工艺流程及操作要点

5.1 施工工艺流程

施工工艺流程详见图5.1。

5.2 操作要点

5.2.1 模板应根据混凝土浇筑要求的流水线安装；若为双坡屋面结构，还应考虑对称安装。

5.2.2 底层模板安装

模板安装前，先检查支撑体系是否符合模板方案的设计要求。方木楞应固定牢固，底层模板一般采用木胶合板或竹胶合板，底层模板应钉设牢固，拼缝严密，标高及平整度经检查符合要求。

5.2.3 安装限位止水螺栓

在底层模板上按方案设计尺寸弹划出限位止水螺栓的位置，进行打孔，穿过螺杆，底端螺母固定。止水螺栓规格可采用$\phi10$，止水片规格采用50mm～80mm×50mm～80mm，止水片与螺栓应满焊严密，布设好的止水螺栓，止水片应位于屋面钢筋混凝土板的中心线上。

5.2.4 布设竖向龙骨

竖向龙骨可采用40mm×60mm 或50mm×50mm 方木双拼包裹螺栓上部，双拼间的空隙用小木条夹钉，竖向龙骨的下边缘至底层模板面为屋面结构层厚度的尺寸。

5.2.5 屋面板钢筋绑扎

按照设计图纸进行钢筋绑扎，钢筋相应绑扎牢固，以防止浇捣混凝土时，因碰撞、振动使绑扣松散，钢筋移位。

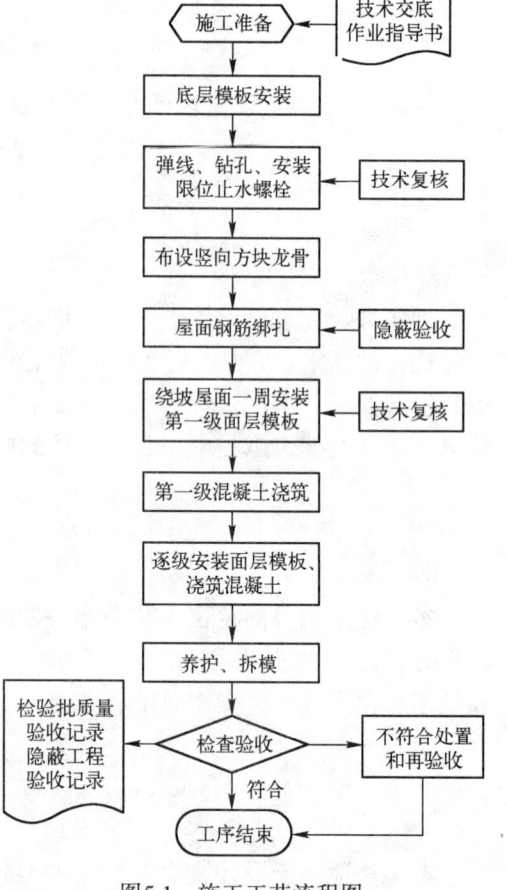

图5.1 施工工艺流程图

5.2.6 面层模板安装

面层模板经放样要求事先预制好，宽度一般采用300～500mm，长度采用900～1200mm为宜，预制时尽量采用同一模数级，不足处经现场放样后确定，这样一方面便于模板安装、周转、节约材料；另一方面也有利于混凝土浇筑及在施工中检查混凝土浇筑是否密实，可适当的减少混凝土上、下层搭接时间，减少冷缝产生。分级面层模板预制时的长度模数应比两侧竖向龙骨之间的净距小10mm（两端各5mm），两侧边加钉300～500mm长，断面为30mm×40mm 的侧压龙骨，并在两侧龙骨长度的一半处均钻直径10mm的水平孔，以便安装时两侧与钻孔的竖向龙骨用8mm直径的钩头插销固定；分级面层模板应逐级逐段安装。

5.2.7 混凝土浇筑

1. 浇筑混凝土时在模板面上口可临时设置500mm 高的挡板，避免浇筑时骨料滑落。对于钢筋排列较密的坡屋面，可采用$\phi30$ 小型振动棒振捣。浇筑过程中可采用小锤敲击检查是否已浇筑密实。

2. 浇筑混凝土时，可以屋面檐口为起点，本着不留直缝，不留冷缝的原则，自下而上，对称逐级逐段浇筑，直至浇筑结束。

3. 混凝土浇筑时的坍落度应控制在160～180mm之间。

5.2.8 养护及拆模

1. 混凝土终凝后即可浇水养护，养护期不少于14d。

2. 面层模板可在混凝土强度达到1.2N／mm² 后拆除，拆模时严禁乱撬，以免造成止水螺栓松动，底层模板则应根据规范中有梁板拆模的规定予以拆模。

3.拆模后同时割掉上下外露的止水螺杆并做防锈处理。

5.3 劳动力组织

5.3.1 架子工6名，主要用于搭设外架。

5.3.2 模板15名，主要用于模板安拆的操作。

5.3.3 测量工2名，主要用于施工放线。

5.3.4 电焊工6名，主要用于焊接作业。

5.3.5 混凝土工30名，主要用混凝土的施工。

5.3.6 钢筋工10名，主要用于钢筋加工和安装。

6. 材料与设备

6.1 主要使用材料

6.1.1 模板采用木胶合板或竹胶合板；竖向龙骨采用40mm×60mm 或50mm×50mm 方木双拼。

6.1.2 止水螺栓规格可采用ϕ10，止水片规格采用50mm～80mm×50mm～80mm，配蝴蝶扣和螺母。

6.1.3 针对坡屋面板厚较小，钢筋较密的特点，粗骨料宜采用10～20mm 碎卵石，易于浇筑密实。砂宜采用中砂。

6.2 本工法主要使用机具设备

6.2.1 模板预制安装设备：木工电锯、木工平刨、锤子、扳手、墨斗（弹线器）。

6.2.2 钢筋加工、安装设备：钢筋切断机、钢筋弯曲机等。

6.2.3 混凝土运输及浇筑设备：混凝土输送泵、铁锹、插入式振动器等。

7. 质 量 控 制

施工验收标准

工程的施工及质量验收，除应达到本工法规定要求外，还必须满足《混凝土结构工程施工质量验收规范》GB 50204-2002的要求。

1．主控项目

1）混凝土配合比必须符合设计要求。

2）支撑系统及附件安装牢固，无松动现象，面板安装严密，不变形、不漏浆。

2．一般项目

1）模板接缝不应漏浆。

2）现浇结构模板安装偏差应符合表7的规定。

现浇结构模板安装的允许偏差及检验方法　　　　　　　　　　　　　　　　表7

项　　目		允许偏差（mm）	检 验 方 法
轴线位置		5	钢尺检查
底模上表面标高		±5	水准仪或拉线、钢尺检查
截面内部尺寸	基础	±10	钢尺检查
	柱、墙、梁	+4，−5	钢尺检查
层高垂直度	不大于5m	6	经纬仪或吊线、钢尺检查
	大于5m	8	经纬仪或吊线、钢尺检查
相邻两板表面高低差		2	钢尺检查
表面平整度		5	2m靠尺和塞尺检查

8. 安 全 措 施

8.1 屋面临边应有护栏及竖挂密目安全网进行围挡，防止高空坠落。

8.2 坡屋面高处作业必须搭设安全操作平台，并系好安全带。

8.3 操作工人上岗前正确佩戴安全帽并严禁酒后作业，防止事故发生。

8.4 屋面作业时使用的工具不能乱放，随手放入工具袋内。

8.5 模板安与拆除严格按照操作规程进行。

8.6 绑扎屋面钢筋时，不得撞坏限位止水螺栓。

8.7 混凝土浇筑时应该搭设操作平台，以免踩坏钢筋或面层模板。

8.8 拆除模板时不得用大锤、撬棍硬砸猛撬，以免混凝土外形或内部受到损伤。

8.9 模板支撑拆下后，应及时进行清理，并分类予以堆放整齐。

9. 环 保 措 施

9.1 限位止水螺栓集中封闭制作，防止因焊接作业引起的光污染。

9.2 模板刷隔离剂时应铺设塑料布，防止污染地面。

9.3 夜间施工严禁大声喧哗；所有金属等构配件或材料应轻拿轻放；清理模板时不得用硬物敲击，以免噪声扰民。

9.4 施工垃圾应集中分类堆放，不得乱扔。

10. 效 益 分 析

采用本工法施工，可提高浇捣混凝土工效，降低混凝土因滑落而造成的损耗。消除了以往施工中给坡屋面混凝土结构留下的渗、漏隐患，避免了因此造成的工期延误及经济损失，保证了混凝土结构质量，具有良好的经济效益和社会效益。

11. 应 用 实 例

工 程 名 称	地 点	开、竣工日期	工法应用时间	应用效果
大唐芙蓉园御宴宫	西安	2004.02～2005.04	2004.10	良好
大唐西市大鑫坊	西安	2007.05～2009.03	2007.11	良好
大唐西市盛世坊	西安	2007.11～2009.05	2008.7	良好

穹顶钢结构双向旋转累积滑移施工工法

GJEJGF109—2010

正太集团有限公司　广州市第三建筑工程有限公司

孟向惠　杨轶　陈年军　刘志强　刘美英

1. 前　言

众所周知，滑移施工是当前钢结构屋盖结构安装采用的主要方法之一，是解决大跨度、吊装构件重的重要方法，该技术具有使用设备简单、地面拼装高效、安全性能好等优点，滑移技术也越来越成熟。公司承建的广州市花都区亚运新体育馆工程，其比赛馆屋架为一个直径为116m，高度为27.8m的穹顶桁架结构，该结构用钢量约3400t。公司采用钢结构双向旋转累积滑移施工方法，充分利用内外双滑移轨道、高空逐段集中拼装、计算机同步控制以及预应力张拉技术，节约了施工场地，缩短了工期，质量和安全得到保证，经济效益显著，具有较高的推广应用价值（本工法的有关数据均以广州市花都区亚运新体育馆工程中的数据为例）。

2. 工 法 特 点

2.1 采用内外双滑移轨道，解决圆形和弧形结构不同标高的滑移技术；滑移跨度大，滑移重量不受限制。

2.2 高空逐段集中拼装，节约施工场地，减少拼装支撑胎架和对其他专业的影响；解决了大型吊装设备吊装半径无法覆盖的问题。

2.3 利用工厂预制和现场地面焊接拼装相结合，减少高空作业量，提高了安全保障。

2.4 累积滑移过程采用计算机同步控制，成功实现在不同标高、不同半径轨道上的同步滑移，保证屋面钢结构单元在整个累积滑移过程中的同步性和稳定性。

2.5 通过逆时针和顺时针同时旋转累积滑移的施工方法，缩短了钢结构安装工期。

2.6 通过对双向累积滑移和预应力张拉过程实施监测，实现桁架变形和关键节点位移双控的目的，有效地保证结构的稳定性和安全性。

2.7 利用对钢管桁架内的预应力索张拉，使钢管桁架中建立一定的预压应力，显著减少使用状态下弦钢管的拉应力，减少钢管的截面积，另外通过张拉拉索，可以使结构反拱，提高结构刚度。

2.8 利用液压同步顶推系统，实现了多点同步滑移。

3. 适 用 范 围

本工法广泛适用于跨度较大、构件重的圆形或弧形桁架穹顶结构屋架施工。

4. 工 艺 原 理

本工法中的环形桁架、径向桁架和中心压力环等钢构件均在工厂内预制完成后运至现场施焊成桁架；根据结构荷载和施工荷载合理设计滑移内轨道支撑系统、外滑移轨道和拼装胎支撑系统，用吊车将中心压力环吊装至滑移内轨道支撑系统顶端，并满足设计标高及轴线要求，在固定位置胎架支撑上焊接、拼装并滑移第一榀滑移单元，接着在第一榀滑移单元处焊接、拼装第二榀滑移单元并进行旋转累积滑移第一、二榀滑移单元，以此类推，累积焊接拼装第三、第四、第五和第六榀滑移单元并进行旋转累积滑移至固定位置；之后补装合拢缝、拼装缝、连接屋盖中心压力环结构；滑移完成后，对外侧环形桁架钢管内的预应力钢绞线进行预应力张拉；最后拆除支撑系统。

5. 施工工艺流程及操作要点

5.1 施工工艺流程

滑移构件厂内预制→现场桁架构件焊接→支撑系统搭设→内外滑移轨道制作→中心压力环安装→焊接拼装第一榀滑移单元→滑移第一榀滑移单元→焊接拼装第二榀滑移单元→累积滑移第一和第二榀滑移单元→焊接拼装第三榀滑移单元→累积滑移第一、第二和第三榀滑移单元→焊接拼装第四榀滑移单元→累积滑移第一、第二、第三和第四榀滑移单元→焊接拼装第五榀滑移单元→累积滑移第一、第二、第三、第四和第五榀滑移单元→焊接拼装第六榀滑移单元→累积滑移第一、第二、第三、第四、第五和第六榀滑移单元→补装合拢缝、拼装缝、连接屋盖中心压力环结构预应力张拉→支撑系统拆除。

5.2 滑移构件厂内预制

5.2.1 本工程原材料采购采取货比三家的方式进行原材料的采购，并派驻厂监理或检查人员，对材料的生产状况、质量标准实时进行监控，并由专门的检测部门对原材料进行检测，确保到场的材料符合设计指标。

5.2.2 厂内预制内容主要为环桁架、劲向桁架、V形柱、人字柱、钢管柱、飘楼及马道等，其构件类型为箱形、H形及圆管构件；构件加工程序为：下料→拼装→弯弧→涂装→组装→发货。

5.2.3 箱形构件制作

箱形构件在BOX制作流水线上加工制作，弧形、箱形构件和H形截面箱形构件在专用胎架上进行加工制作。

1. 下料、拼板

钢板下料前采用钢板矫平机进行矫平，防止钢板不平影响切割质量和下料精度。规则零件采用直条切割机、非规则零件采用数控火焰切割机精切下料，坡口采用半自动切割机精切，下料后进行二次矫平。拼接焊缝余高需磨平。

2. 隔板组立

横隔板、工艺隔板四周采用铣加工，确保外形尺寸，作为箱体组立的内胎；横隔板组装前在内隔板组立机上组立垫板。在BOX生产流水线上依翼板上的定位基准线组立隔板、工艺隔板。

3. 腹板组立、隔板焊接

箱体在BOX生产流水线上采用BOX组立机组立腹板，采用CO_2气保焊施焊隔板与箱体焊缝。

4. 上翼板组装

隐蔽焊缝验收合格后进行上翼板组装，上翼板的组装采用BOX组立机进行。

5. 焊接、矫正

根据板厚按焊接工艺要求进行焊前预热。箱体焊接采用双丝双弧气保焊打底，三丝三弧埋弧焊填充和盖面焊对称焊。采用电渣焊机焊接隔板与翼板焊缝。焊后对构件进行修整及焊缝无损检测。

6. 端面加工

采用端铣机对箱形构件端面铣加工。

7. 标志、入库

将构件编号、定位标记等参数按工艺规定进行标注。入库存放时应注意保护，枕木垫撑、控制堆放层高，以防止变形。

5.2.4 桁架制作

1. 径向桁架制作

第一步：采用锯床进行方管下料，方管内加劲隔板采用数控切割机下料。

第二步：采用塞装法安装内加劲隔板。先划出内加劲隔板位置线并且在隔板位置线上均布四块定位挡铁，然后塞装一块隔板并且焊接完检验合格后，按同样方法装焊另一块加劲隔板，最后，进行方管对接。

第三步：采用火工弯圆工艺或机械弯圆工艺进行弦杆的弯圆。

第四步：箱形腹杆组焊。采用数控切割机对箱形翼、腹板下料并采用数控切割机喷粉功能，在翼缘板上喷出腹板位置线，然后采用卷板机对腹板进行弯弧，依据翼缘板上位置线装配腹板，最后，装配上翼板，并且采用CO_2气保焊接对称焊接。

第五步：径向桁架组焊。

2. 环向桁架制作

第一步：弦、腹杆的制作。采用相贯线切割机对弦杆及腹杆下料，然后采用机械弯圆的方法对上、下弦杆进行弯弧。

第二步：环向桁架组焊，桁架组焊在专用胎架上进行。

5.2.5 圆管构件制作

1. 下料

1）按照下料图与施工工艺的要求，在下料前应充分考虑钢板在压制过程的延伸量，减少合缝后外圆周长增大引起管径的偏差，可用数控气割或直条气割机切割成型，气割对接缝处的坡口。

2）在气割成型的钢板划出钢板压圆的中线及直缝对接的装配依线（即对接缝各向内100mm），均打上洋冲眼。

3）铲除割渣及毛刺，打磨周边坡口面至光洁，由专职检验员检查合格转入下道工序。

2. 预弯

1）将气割成型的钢板复划线，按圆弧周长均分压弯位置线，并用石笔画出压弯位置线。

2）板输送至1200t的预弯机上，用匹配的模具先压制钢板两边缘150~300mm弧度，其弯曲半径应等于实际弯曲半径（用不小于500mm样板检查）。

3. JCOE法电液数控成型工序

1）在压制过程中，应用样板复核每一道压制时的圆弧成型情况，使其均匀圆滑的成型，调整下模扰度补偿参数，使得压制曲面母线直线度符合要求；对于锥形管压制时要考虑到滑块的倾斜量，确保每道压制过程模具的中心线与所划的分度线偏差≤5mm；最后一道压制时应考虑到开口间隙符合工艺要求。

2）钢管在压制成开口管后由输送辊道直接输送至台架上，复核开口管的上下口径的尺寸，合格后方能进入合缝预焊机。

4. 合缝预焊

1）对齐筒体端口的四中线，调整对接位置的错边误差，应控制在±2mm范围内，并用楔子控制对接筒体间的间隙。

2）定位焊：完成经检查符合要求的管体实施定位焊。打底焊：将定位焊焊接完毕后的钢管吊至旋转工装台上，进行连续打底预焊。

3）合缝预焊：进入自动合缝机后，先要调整好合缝压辊的位置并锁死，在钢管合缝的过程中应符合筒体的外圆周长，检查钝边的间隙，径向的错边等应符合工艺要求后，才能连续合缝预焊。

5. 筒体焊接

焊缝的两端头需焊接引弧板，先用埋弧自动焊焊接内侧和外侧焊缝后，预焊缝进行碳刨清根，刨至完整金属，并用砂轮进行打磨除渣再外焊设备焊接成型。

6. 筒体精整

精整校直：待焊接完毕管体完全冷却后，钢管输送至精整机，进行管体通长整圆，直至圆度和外径偏差符合要求；由专检检查合格后转至校直设备进行校直，钢管轴线及母线的直线度应符合工艺要求，由自检、专检复核后才能流至下道工序。

7. 探伤、发货

1）焊缝无损探伤由持有相应资格证书的检验人员进行。

2）外观、外形尺寸检查：在钢管前序完成后最终由终检员检查验收，各项指标符合要求才允许贴合格证入库。

3）在筒体标注标识，发货。

5.2.6　焊接工艺

1. 焊接工艺评定

焊接作业前，将依据《建筑钢结构焊接技术规程》JGJ 81-2002和设计要求，对首次采用的钢材、焊接材料、焊接方法、焊后热处理等进行焊接工艺评定，并根据评定报告确定焊接工艺规程。

2. 埋弧焊焊接工艺

埋弧焊焊接前，用钢丝刷（钢丝刷装于磨光机上）或砂轮机清除焊缝附近至少20mm范围内的铁锈、油污等杂物。

打底焊采用CO_2气体保护焊，焊丝的选择要与母材相匹配，打底焊焊接完毕后，须打磨或刨削接头根部，以保证在无缺陷的清洁金属上熔敷第一道正面埋弧焊缝。

H型钢在焊接工艺上采取气保焊打底，焊接过程应着重注意以下几点：焊接顺序应为：大坡口面打底焊一道，打底厚度根据板厚为10～20mm；反面碳弧气刨清根后，打底焊一道，打底厚度根据板厚为15～30mm，然后，填充、盖面；翻身后进行焊缝的填充、盖面。

埋弧焊焊接参考规范，在具体的施焊过程中，根据实际焊缝的高度、构件的变形情况，加强构件翻身的次数，防止扭曲变形。

3. CO_2气保焊焊接工艺

1）引弧时要将焊枪姿态保证与正式焊接时一致，同时焊丝端头距工件表面距离不超过5mm。注意：焊丝与工件相碰会产生反弹力，焊工应紧握焊枪，克服反弹力，不使焊枪远离工件，保持喷嘴到工件表面的恒定距离。

2）水平角缝单道焊时，当焊脚长小于5mm时，焊枪应指向跟部；焊脚长大于5mm时，焊枪指向距根部1～2mm处，焊接时采用左焊法。

3）当水平角焊脚超过8mm时应采用多层焊：当需焊两层时，在第一层时，焊枪与立板夹角较小，并指向距根部2～3mm处。电流稍大时，可采用左焊法或右焊法，亦可略有小幅度摆动。然后焊第二层，焊枪指向第一层焊道的凹坑处，采用左焊法施工，根据情况采用直线法或小幅摆动法。采用大电流焊接水平角缝时，焊接速度要稍低，同时要适当的做横向摆动，焊接电流和电弧电压均稍高些，不可过分的追求一道就获得太大的焊脚。

4）当要求的水平焊脚更大时，需采用三层或三层以上的焊接法，其中第一层可按单道焊要领施焊，得到6～7mm的焊脚长度；第二和第三层焊接参照二层焊接方法焊接，焊枪指向第一层焊道与底板的焊趾处，可采用直线焊接或小幅摆动焊接法。

4. 铸钢GS-20Mn5N与Q345异种钢材专项焊接工艺

本工程比赛馆的中央压力环、内圈直柱柱顶、内圈V形柱柱顶、人形柱等部位均采用了铸钢GS-20Mn5N，与铸钢件相连构件的材质为Q345B。由于异种钢材间其合金元素含量、力学性能也存在着差异，两者之间焊接容易引起力学性能的不均匀性、界面组织的不稳定性等，确保异种钢材间焊缝质量极为关键。

根据经验以及中国焊接学会《焊接手册》中相关工艺资料介绍，可知GS-20Mn5N与Q345B钢之间在焊接时存在一定的淬硬和产生焊接冷裂纹倾向，故焊接时采取预热、控制线能量、后热缓冷或消除扩散氢等工艺措施，同时根据AWS D1.1《钢结构焊接规范》的规定，焊接结构时设置低合金铸钢最低预热温度为150℃，后热温度定为200~220℃，当操作地点环境温度低于常温时（高于0℃），应提高预热温度15~25℃，具体加热方法是利用火焰加热。

异种钢材焊接时结合构件结构特点及考虑到现场焊接的工艺和设备的使用特点，选用焊接方法为手工电弧焊（SMAW），同时根据低强匹配的原则选用E5015焊条。Q345B+GS-20Mn5N焊接接头的坡口形式和尺寸根据《钢结构设计总说明》、《建筑钢结构焊接技术规程》JGJ 81-2002的全焊透CJP坡口形状与尺寸的要求确定。

按照《建筑钢结构焊接技术规程》JGJ 81-2002标准中的焊接工艺评定项目进行焊接工艺评定试验，并根据合格的焊接工艺评定结果、《焊接手册》和《钢结构焊接规范》等相关内容制定异种钢材的焊接工艺指导书，见表5.2.6。

异种钢材焊接工艺指导书 表5.2.6

部件名称	部件类别	制造编号	工艺评定编号	焊缝代号
铸钢节点	异种金属对接			
材料牌号	GS-20Mn5N+Q345B			
材料规格	20mm			
焊接方法	SMAW			
电源种类	直流			
电源极性	反接			
坡口形式	单边V型			
焊接位置	6G			

焊接参数

焊层	焊材牌号	直径（mm）	焊接电流（A）	电弧电压（V）	焊接速度（cm/min）	备注
1	E5015	3.2	140~160	20~24	25~35	
2	E5015	4.0	160~180	22~26	20~35	
3	E5015	4.0	160~180	22~26	20~35	

焊接预热	加热方式	火焰	层间温度		170~200		焊接记录表		
	温度范围	150~200	测温方法	测温仪	姓名	日期	时间	检验结果	
焊后热处理	种类	—	保温时间	—	操作人				
	加热方式	—	冷却方式	缓冷	操作人				
	温度范围	—	测温方法	—					
技术措施	坡口准备	焊前清理	药皮处理	层间清理	检验人				

5．焊接检验检测

1）焊缝外观检验

所有焊缝均冷却至环境温度后进行外观检查，并以焊接完成24h后检查结果作为验收依据，焊缝外观质量应符合下列规定：

焊缝表面不得有裂纹、焊瘤等缺陷。一级、二级焊缝不得有表面气孔、夹渣、弧坑裂纹、电弧擦伤等缺陷，且一级焊缝不得有咬边、未焊满、根部收缩等缺陷。

焊成凹形的角焊缝，焊缝金属与母材间应平缓过渡。

焊缝感观应达到：外形均匀、成型较好，焊道与焊道、焊道与基本金属间过渡较平滑，焊渣和飞溅物基本清除干净。焊缝外观质量应符合国家相关规范规定。

2）焊缝无损检测

焊缝无损检测在外观质量检验合格后进行，要求全焊透的一、二级焊缝应采用超声波探伤进行内部缺陷的检验，超声波探伤不能对缺陷作出判断时，应采用射线探伤，其内部缺陷分级及探伤方法应符合《钢焊缝手工超声波探伤方法和探伤结果分级》GB 11345–2007或《金属熔化焊焊接接头射线照相》GB 3323–2005的规定。

5.2.7　构件运输及成品保护

1. 构件运输

根据构件尺寸和施工现场需求，采用以公路为主的运输方式，力求快、平、稳的将构件运抵施工现场。

装车时构件与构件、构件与车厢之间应妥善捆扎，以防车辆颠簸而产生构件散落。钢构件在运输车上的支点、两端伸出的长度及绑扎方法等应能保证构件不产生变形、不损伤涂层且保证运输安全。装箱构件在箱内应排列整齐、紧凑、稳妥牢固，不得串动，必要时应将构件固定于箱内，以防在运输和装卸时滑动和冲撞，箱的充满度不得小于80%。运输形式如图5.2.7–1和图5.2.7–2所示：

图5.2.7–1　运输形式一

图5.2.7–2　运输形式二

2. 成品保护

1）工厂制作成品保护措施

工厂生产过程中，制作、运输等均制定详细的成品、半成品保护措施，防止变形及表面油漆破坏等。

成品在放置时，应在构件下安置一定数量的垫木，禁止构件直接与地面接触，并采取一定的防止滑动和滚动措施，如放置止滑块等；构件与构件需要重叠放置的时候，在构件间放置垫木或橡胶垫以防止构件间碰撞。构件放置好后，在其四周放置警示标志，防止工厂其他吊装作业时碰伤本工程构件。

针对本工程的构件有不少管子散件的特点，设计专用的箱子放置散件。在成品的吊装作业中，捆绑点均需加软垫，以避免损伤成品表面和破坏油漆。

2）运输过程中成品保护措施

构件与构件间必须放置一定的垫木、橡胶垫等缓冲物，防止运输过程中构件因碰撞而损坏。散件按同类型集中堆放，并用钢框架、垫木和钢丝绳进行绑扎固定，杆件与绑扎用钢丝绳之间放置橡胶垫之类的缓冲物。在整个运输过程中为避免涂层损坏，在构件绑扎或固定处用软性材料衬垫保护。

3）现场拼装及安装成品保护

构件进场应堆放整齐，防止变形和损坏，堆放时应放在稳定的枕木上，并根据构件的编号和安装顺序来分类。构件堆放场地应做好排水，防止积水对构件的腐蚀。在拼装、安装作业时，应避免碰撞、重击。吊装时，在地面铺设刚性平台，搭设刚性胎架进行拼装，拼装支撑点的设置，要进行计算，以免造成构件的永久变形。

5.3 现场桁架构件焊接

现场桁架构件焊接工艺详见"5.2.6焊接工艺"。

5.4 支撑胎架系统搭设

在土建单位施工完成±0.00层中心区域后，选择一台AC80-2型80t汽车吊机进场吊装支撑胎架，支撑胎架沿圆周方向每隔30°布置一个、共计18个，其滑移轨道支撑胎架12个，中央压力环支撑胎架6个，标准节尺寸为2000×1500×2000。在支撑胎架的中部和顶部分别通过连系桁架和滑移支撑桁架梁将支撑胎架连成整体，其中连系桁架和支撑桁架梁均为直线形桁架，桁架梁的跨度均约8.2m，标准节尺寸分别为2000×2000×1700和2000×1500×1700。轨道梁为圆弧形型钢梁，支撑在桁架梁上（顶标高与桁架梁顶面平齐），轨道采用[16a槽钢，其平放在轨道梁上，通过间断焊缝与轨道梁连接在一起。

由于在内圈轨道的内部设置了中央压力环铸钢件的支撑胎架，考虑内圈轨道承受较大的水平荷载，同时胎架较密，揽风绳拉设困难，因而在胎架顶部通过12榀径向桁架将内圈轨道和中央压力环的支撑胎架连成整体。详见图5.4-1~图5.4-6所示。

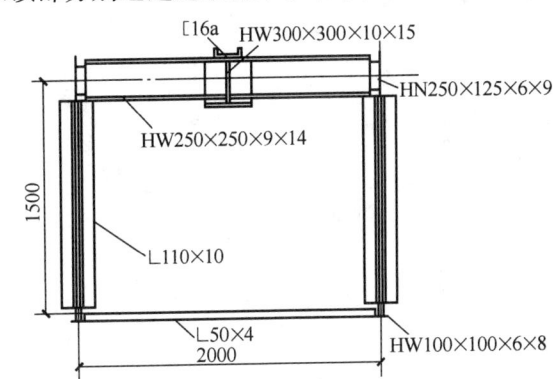

图5.4-1　内滑移桁架梁剖面图

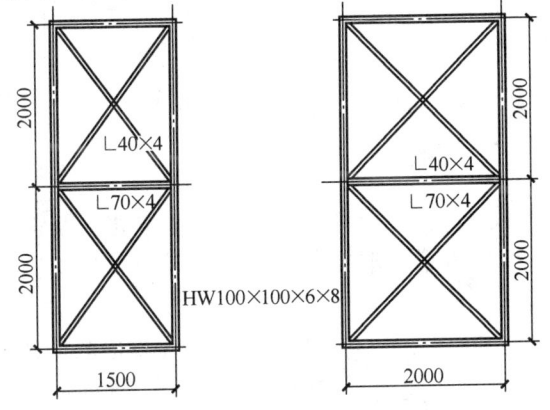

图5.4-2　标准节支撑胎架立面图

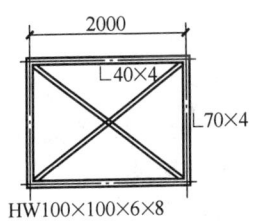

图5.4-3　支撑胎架平面图

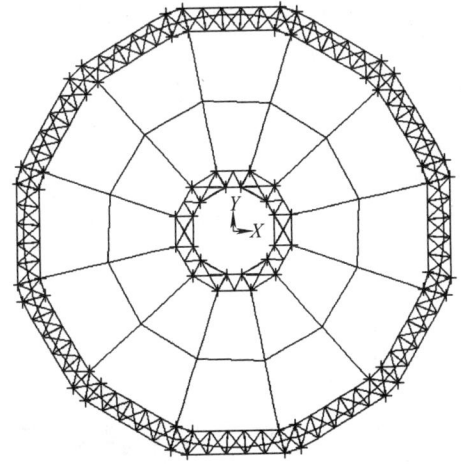

图5.4-4　内圈滑移支撑胎架及中央压力环支撑胎架俯视图

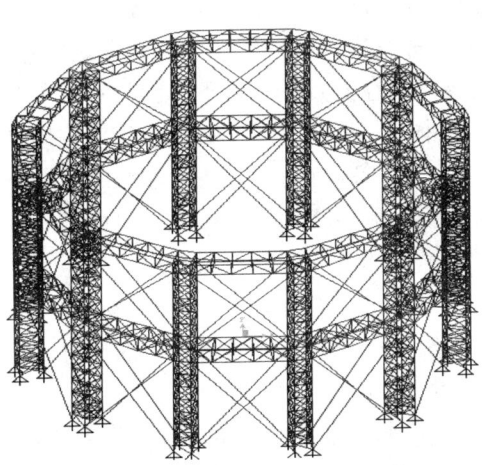

图5.4-5　内圈滑移支撑胎架轴测图

5.5　滑移轨道制作

5.5.1　滑移轨道设置在环桁架1（$R_1=18.0m$）和环桁架5（$R_2=48.6m$）下方，共计两条。滑道选用16a热轧槽钢，与滑移大梁上表面间断焊接固定，滑道侧面对称设置挡板结构，起到对槽钢翼缘加固以及抵抗滑移支座处可能侧向推力的作用。如图5.5.1-1~5.5.1-3所示：

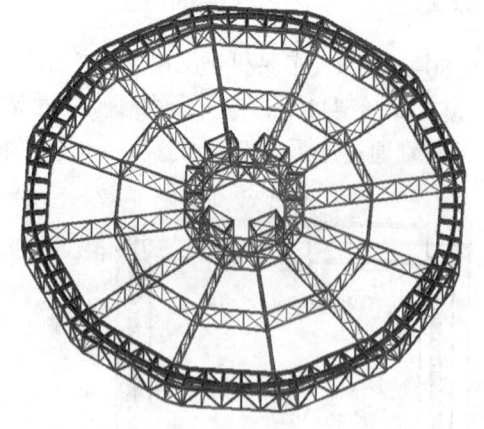

图5.4-6　内滑移桁架梁、轨道梁及顶部平面连系桁架平面图

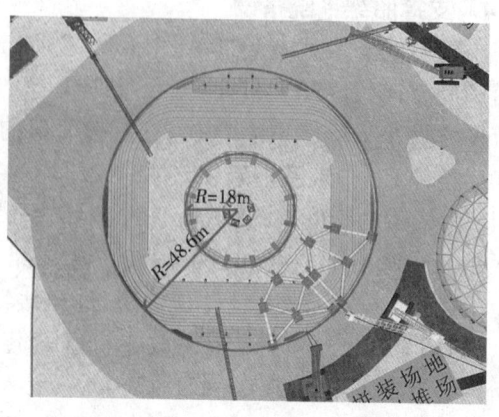

图5.5.1-1　滑移轨道俯视图

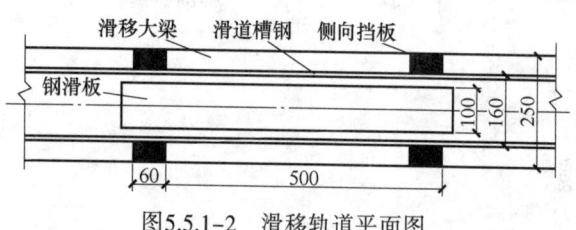

图5.5.1-2　滑移轨道平面图

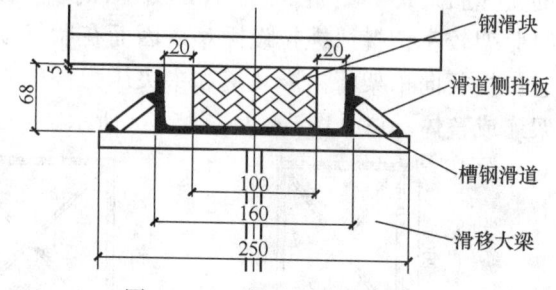

图5.5.1-3　滑移轨道剖面图

外滑移轨道利用柱顶标高为+11.69m的钢筋混凝土立柱，沿环向通过混凝土滑移大梁将24根混凝土立柱连接成通长滑道。外滑移轨道，通过设置预埋件支承在混凝土梁上。在预埋件处设加劲板，焊接在槽钢翼缘上，保证钢梁的侧向稳定。

内圈滑移轨道铺设在支撑胎架系统上，顶部设置环形滑移轨道。滑道中心线与滑移大梁轴线重合，以减小滑移过程中滑移单元自重荷载及水平推进力对滑移大梁的不理影响。

5.5.2　滑道安装要求

由于内圈和外圈两条滑道长度均较大，滑道需进行分段现场拼接施工。为保证滑道内表面的水平度，减少滑移过程中的阻碍、降低滑动摩擦系数，滑道在铺设时，应做到：

1. 滑道槽钢在安装时，其下表面与滑移大梁上表面间的间隙应尽量用薄钢垫板垫实。

2. 滑道中线与滑移大梁中心线偏移度控制在±3mm以内。

3. 一个柱距内，标高偏差控制在4mm以内。

4. 滑道槽钢分段之间的焊接采用单面焊，焊接后进行外观检查，焊缝处应用砂轮打磨平整。

5. 滑道槽钢的接头高差不大于1mm。

6. 两条滑道中心线间距允许偏差控制在10mm之内。

7. 滑道槽钢在滑移之前应涂抹黄油润滑。

5.5.3　滑移临时支座

在外滑道处无法直接利用永久结构作为滑移支座的部位，分别设计临时滑移支座，北侧门口处（即轴线2~23至2~27之间）无混凝土梁，此处设置截面为H700×300×16×25的钢梁作为轨道梁，同时从一层混凝土柱柱顶（标高为+5.500m）向上伸出钢柱作为钢梁的支撑，钢柱截面为P299×8。为保证门口处钢梁的侧向稳定，需要设置斜支撑，斜支撑一端与钢梁焊接，一端通过预埋件与混凝柱连接，斜支撑截面拟为HN150×150×7×10。

5.5.4 防卡轨措施

水平滑移过程中，应严格防止出现"卡轨"和"啃轨"现象的发生。滑移前，将滑移钢滑块前端（滑移方向）设计为"雪橇"式，并将其两侧制作成带一定弧度的形式。通过以上设置，可以有效防止滑移支座与两侧滑道侧壁顶死——"卡轨"，以及滑移支座因滑道不平整卡住——"啃轨"的情况出现。详见图5.5.4。

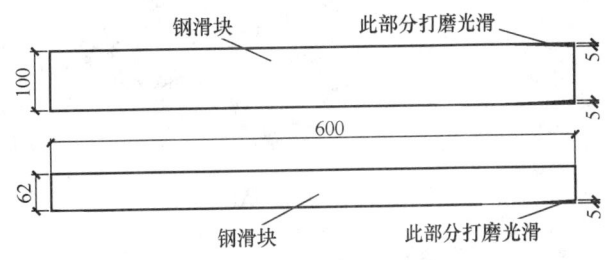

图5.5.4　钢滑块防卡示意图

另外，严格控制滑道安装的顺直度和滑道中心距，防止"卡轨"和"啃轨"现象的发生。

5.6 中心压力环安装

中心压力环位于比赛馆中心处，也是结构的最高位置，标高为33.3m，主要承受径向桁架传来的压力。中心压力环主要是由六段等分的铸钢件组成，每件约重6.8t，共计约41t。铸钢件牛腿与径向桁架对接，对接后屋盖体系形成一个封闭结构，有利于结构的整体刚度和稳定性。

土建±0.000施工完成后，在中心压力环安装中心区域，选择一台AC80-2型80t汽车吊机进场施工，吊机先吊装支撑胎架，然后逐件吊装六段铸钢件，见详图5.6-1、图5.6-2。

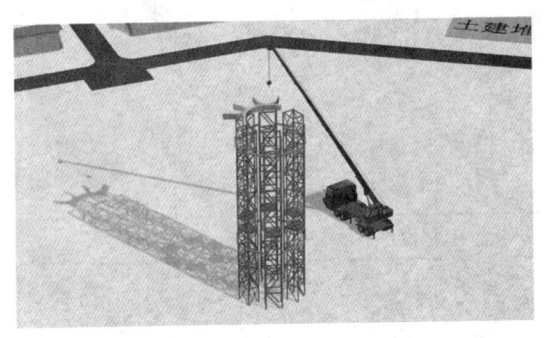

图5.6-1

图5.6-2

5.7 焊接拼装滑移单元

5.7.1 滑移单元的组成及拼装

1. 滑移单元的划分

根据现场条件，每5根轴线位置的构件划分为一榀滑移单元，例如2-3轴至2-7为滑移单元1-1，2-9轴至2-13轴为滑移单元2-1。2-7轴至2-9轴为拼装缝，滑移单元的合拢缝设在2-29到2-31轴之间。以2-7轴和2-31轴为中线，左半部为A区，右半部为B区，A区有6个拼装单元，B区有5个拼装单元，见图5.7.1-1。

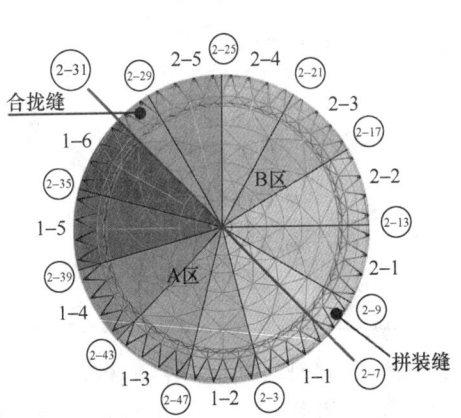

图5.7.1-1　滑移单元的划分示意图

2. 滑移单元的组成

每一滑移单元由3榀径向桁架和5榀环向桁架及1榀钢环梁组成。AB区分的滑移单元有略微的不同，见图5.7.1-2和图5.7.1-3。

3. 拼装顺序

滑移单元的拼装采取"先径向，后环向"的原则，并结合桁架的分段方式进行拼装。在拼装过程中需要保证滑移单元的拼装精度和变形。第一榀滑移单元的滑移到位以后，第二榀的拼装须先拼装靠外的径向桁之间的环向桁架，然后再拼装靠内径向桁架之间的环向桁架。

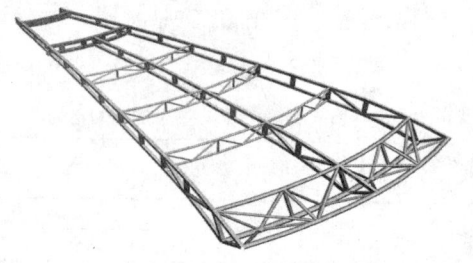

图5.7.1-2　A区滑移单元

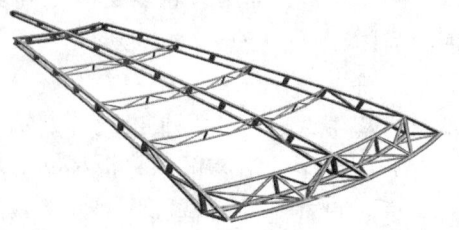

图5.7.1-3　B区滑移单元

根据B区滑移单元的划分方式，钢环梁在第一榀和最后一榀是无法拼装的，需要屋盖结构滑移单位后补装，第一榀滑移单元单位以后，第二榀开始就可以拼装钢环梁了。具体的拼装顺序见表5.7.1。

高空滑移单元拼装顺序表　　　　　　　　　　　　　　　表5.7.1

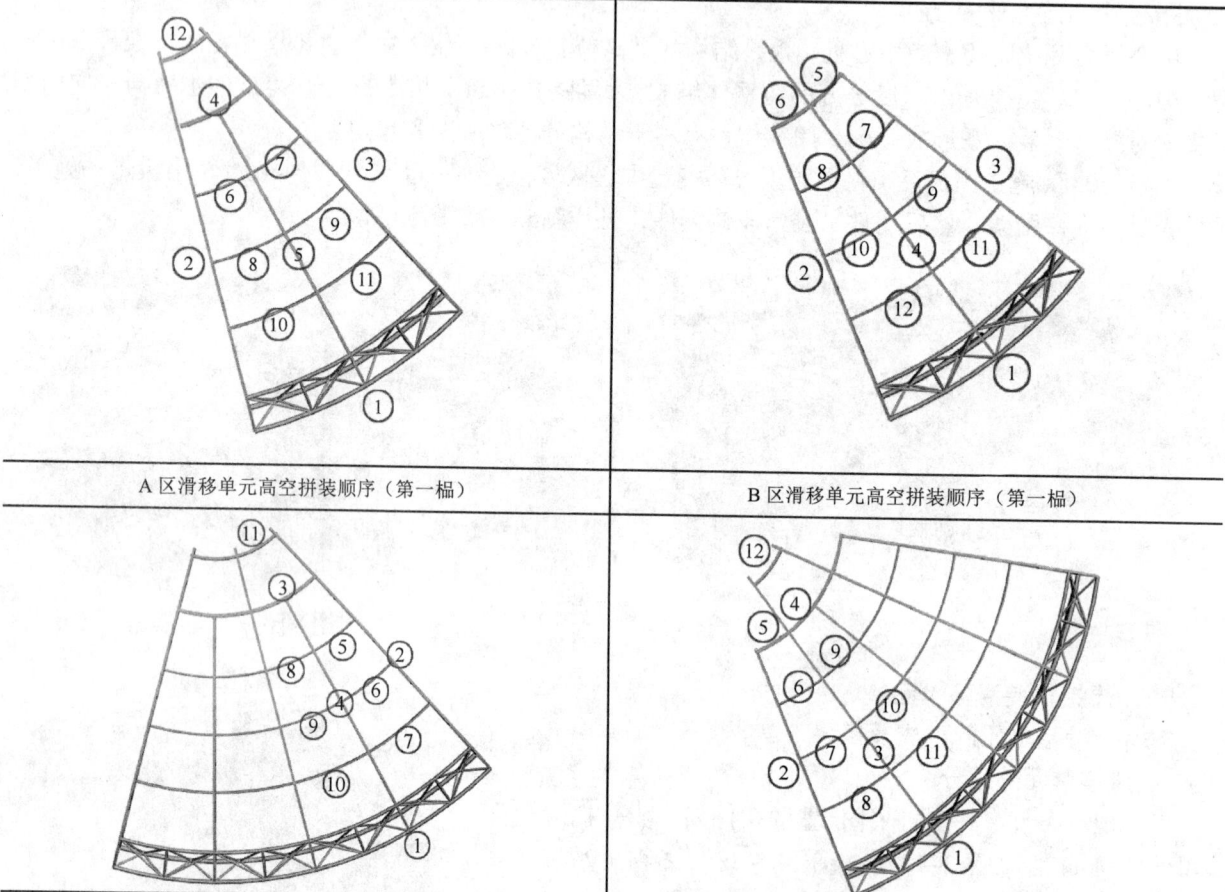

5.7.2　滑移高空拼装平台的搭建

高空滑移拼装平台设置在2-3轴到2-11轴区域。由于两榀滑移单元同时拼装，这样2-7轴位置同时需要满足两条径向桁架的占位，所以需要考虑留设拼装缝。在2-7轴附近留设宽为4m的拼装缝，同时将高空拼装平台的搭建区域延展到11轴偏右4m（圆心偏右旋转约3.75），这样即满足了一榀滑移单元的拼装占位，又节约了拼装空间，详见图5.7.2-1和图5.7.2-2。

在每根径向桁架和环向桁架5下方均各设置两个支撑胎架，内圈滑移轨道的支撑胎架也是拼装平台支撑胎架的一部分，支撑胎架采取格构柱形式，共12支，胎架与胎架之间采用角钢和脚手板搭建施工通道。

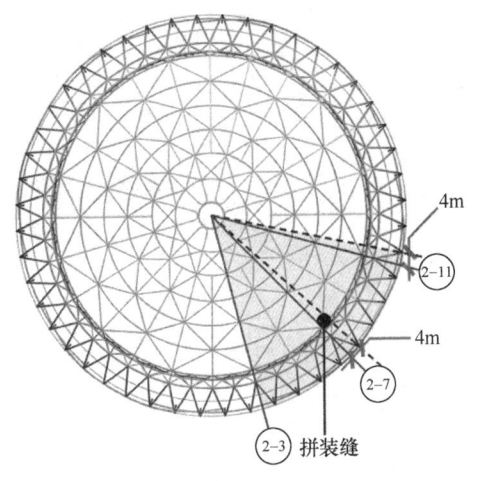

图5.7.2-1 滑移高空拼装平台搭建区域示意图

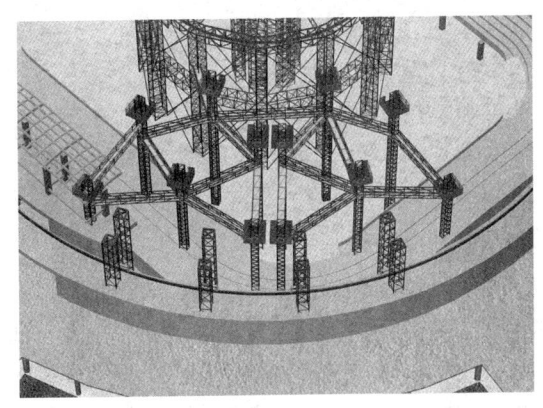

图5.7.2-2 高空拼装平台搭建示意图

5.7.3 滑移单元的拼装方法

1. 拼装方法

滑移单元拼装之前先安装V形柱，滑移单元的桁架均采取地面拼装，高空就位的方法进行拼装；环桁架5和径向桁架都是整段吊装，一次性安装就位。吊装环桁架5时，先在其两端各搭设两个支撑胎架，一端2个，共4个。滑移单元安装拼装完成以后，安装人字形柱。滑移单元的附属结构如斜向支撑、檩条、马道等穿插施工，滑移单元拼装完成，拆除V形柱临时支撑，进行滑移施工，见详图5.7.3-1、图5.7.3-2。

图5.7.3-1 V形柱上下端支撑及滑移节点示意图

图5.7.3-2 吊装示意图

2. 选用机械设备

高空滑移单元吊装半径大，吊装高度高，同时考虑到工期要求紧张，斜向支撑、檩条等次结构散件多等特点，采用1台SCX2500型250t的履带吊机和1台AC80-2型的80t汽车吊进行高空拼装。250t的履带吊机主要进行径向桁架、环向桁架及吊装半径较大处斜向支撑等结构。80汽车吊机主要进行吊装半径较小处次结构构件，见图5.7.3-3。

3. 吊数分析及工期影响

高空滑移拼装区域实际是两个拼装单元，由上述关于拼装顺序的内容可知，A区和B区的滑移单元

图5.7.3-3 250t塔式履带吊机吊装示意图

都需要吊装12吊，共24吊，一台250t履带吊机按每天5吊的工作能力，可知5d可以完成25吊的吊装任务，满足滑移单元的拼装任务。焊接和焊接质量检测工作可紧跟吊装工作进行，同时考虑次结构安装任务

和滑移施工准备工作，留设1d的弹性天数；滑移施工需要1d时间，这样一榀滑移单元滑移到预定位置需要的时间是7d。

5.7.4 液压顶推滑移设备

1. 液压顶推滑移原理

本工程中选用的步进式液压顶推器YS-PJ-50型，是一种通过后部顶紧，主液压缸产生顶推反力，从而实现与之连接的被推移结构向前平移的专用设备。此设备的反力结构利用滑道设置，省去了反力点的加固问题。

其工作原理为该液压顶推器采用组合式设计，后部以顶紧装置与滑道连接，前部通过销轴及连接耳板与被推移结构连接，中间利用主液压缸产生驱动顶推力。液压顶推器的顶紧装置具有单向锁定功能。当主液压缸伸出时，顶紧装置工作，自动顶紧滑道侧面；主液压缸缩回时，顶紧装置不工作，与主液压缸同方向移动。

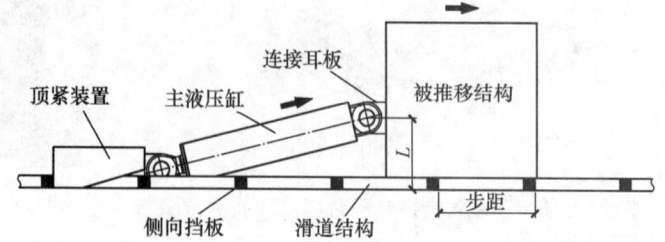

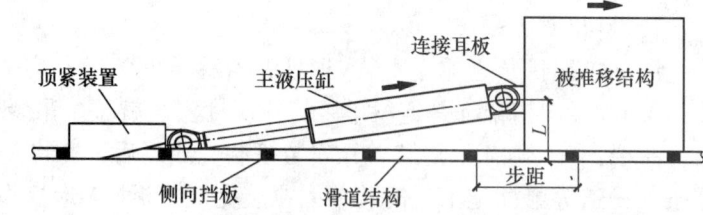

液压顶推器工作流程如下：

第一步：液压顶推器顶紧装置安装在滑道上，靠紧侧向挡板；主液压缸缸端耳板通过销轴与被推移结构连接；液压顶推器主液压缸伸缸，推动被推移结构向前滑移。

第二步：液压顶推器主液压缸连续伸缸一个行程，顶推被推移结构向前滑移一个步距。

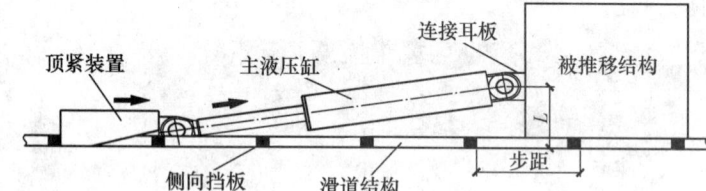

第三步：一个行程伸缸完毕，被推移结构不动；液压顶推器主液压缸缩缸，使顶紧装置与滑道挡板松开，并跟随主液压缸向前移动。

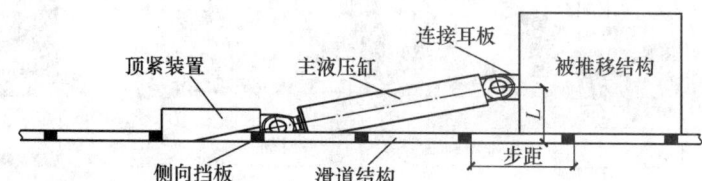

第四步：主液压缸一个行程缩缸完毕，拖动顶紧装置向前移动一个步距，一个行程的顶推滑移完成，循环第一步开始执行下一行程。

2. 液压顶推滑移设备

1）液压顶推器

本工程中采用的YS-PJ-50型液压顶推器，如图5.7.4-1所示：

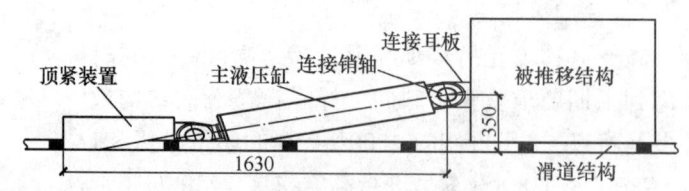

图5.7.4-1 YS-PJ-50型液压顶推器

2）液压泵源系统

钢结构滑移采用YS-PP-60型液压泵源系统为液压顶推器提供动力，并通过计算机对多台或单台液压顶推器进行控制和调整，执行液压同步顶推计算机控制系统的指令并反馈数据，YS-PP-60型液压泵源系统见图5.7.4-2。

3）计算机控制系统

液压同步滑移施工技术采用传感监测和 YS-CS-01 型液压同步计算机（图 5.7.4-3）集中控制，通过数据反馈和控制指令传递，可全自动实现同步动作、负载均衡、姿态矫正、应力控制、操作闭锁、过程显示和故障报警等多种功能。

通过计算机人机界面的操作，可以实现自动控制、顺控（单行程动作）、手动控制以及单台液压顶推器的点动操作，从而达到钢结构双向累积滑移安装工艺中所需要的同步顶推、姿态调整、单点毫米级微调。

图5.7.4-2 YS-PP-60型液压泵源系统

图5.7.4-3 YS-CS-01型液压同步计算机控制系统人机界面

5.7.5 累计滑移施工流程

1. 滑移单元的滑移顺序

A区的滑移顺序为1-6→1-5→1-4→1-3→1-2→1-1

B区的滑移顺序为2-5→2-4→2-3→2-2→2-1

最后补装合拢缝和拼装缝。

2. 根据计算，在内滑移轨道上配置2台YS-PJ-50型液压顶推器，在外滑移轨道上配置4台YS-PJ-50型液压顶推器。内滑移轨道上配置1台YS-PP-60型液压泵源系统，将2台顶推器并联连接，由YS-PP-60型液压泵源系统提供动力；外滑移轨道每个分区各配置一台YS-PP-60型液压泵源系统，共设置2台液压泵源，每个液压泵源分别给2台液压顶推器提供动力。另外设置一套YS-CS-01型计算机同步控制及传感检测系统，使之与YS-PP-60型液压泵源系统和YS-PJ-50型液压顶推器连接。

故屋面钢结构两个分区的总配置为3台YS-PP-60型液压泵源系统、6台YS-PJ-50型液压顶推器和一套YS-CS-01型计算机同步控制及传感检测系统。

3. 双向累积滑移过程

第一步：第一榀滑移单元拼装就位（图5.7.5-1）

第二步：第一次双向滑移完成，第二榀滑移单元拼装就位（图5.7.5-2）

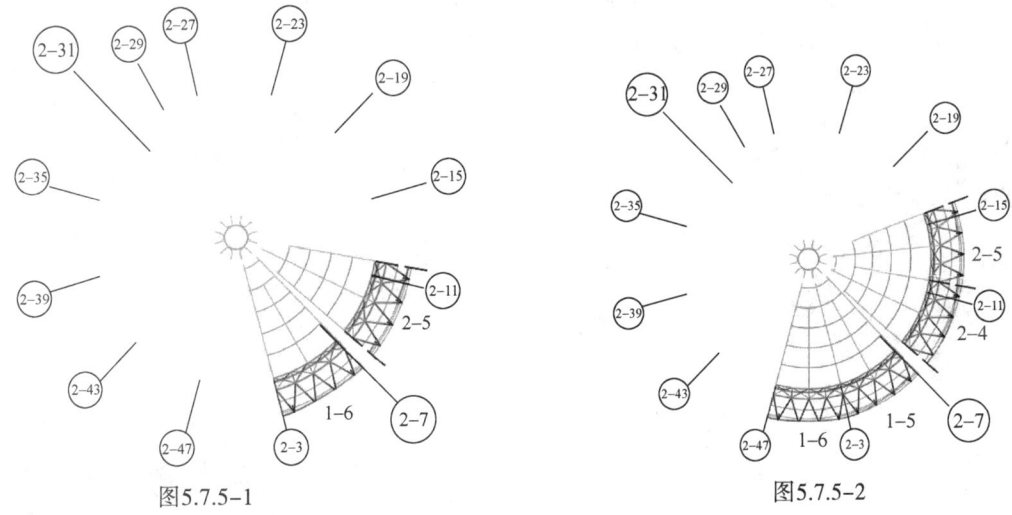

图5.7.5-1   图5.7.5-2

第三步：第二次双向累积滑移完成，第三榀滑移单元拼装就位（图5.7.5-3）

第四步：第三次双向累积滑移完成，第四榀滑移单元拼装就位（图5.7.5-4）

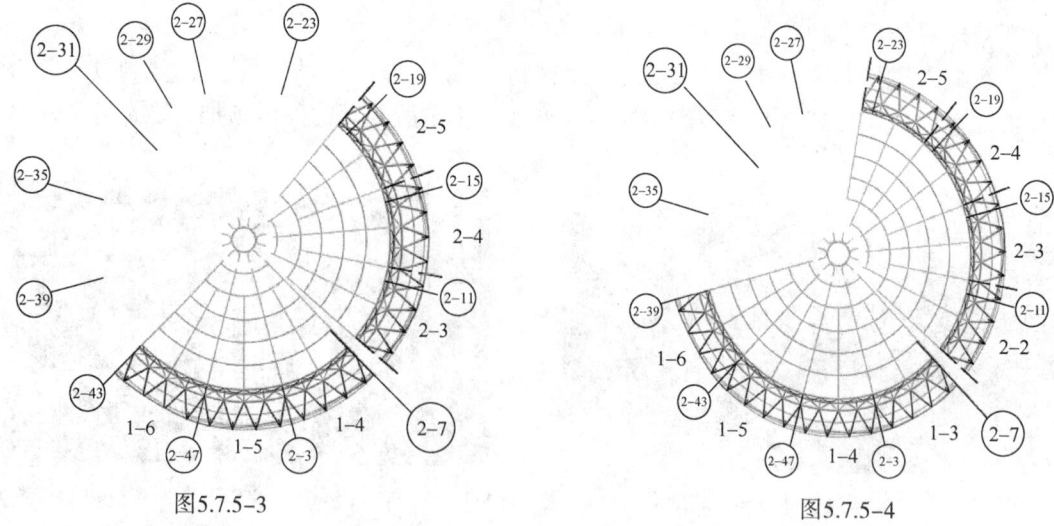

图5.7.5-3　　　　　　　　　　　图5.7.5-4

第五步：第四次双向累积滑移完成，第五榀滑移单元拼装就位（图5.7.5-5）

第六步：第五次双向累积滑移完成，A区第六榀滑移单元就位，B区滑移结束（图5.7.5-6）

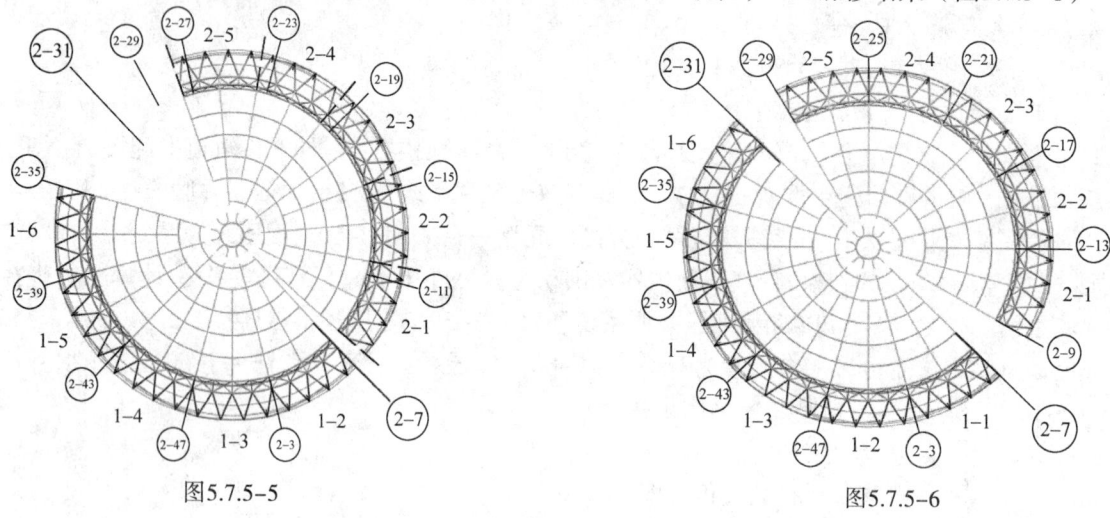

图5.7.5-5　　　　　　　　　　　图5.7.5-6

第七步：A区第六次双向累积滑移完成，补装合拢缝和拼装缝（图5.7.5-7）

第八步：连接屋盖结构和中心压力环，屋盖结构滑移完成（图5.7.5-8）

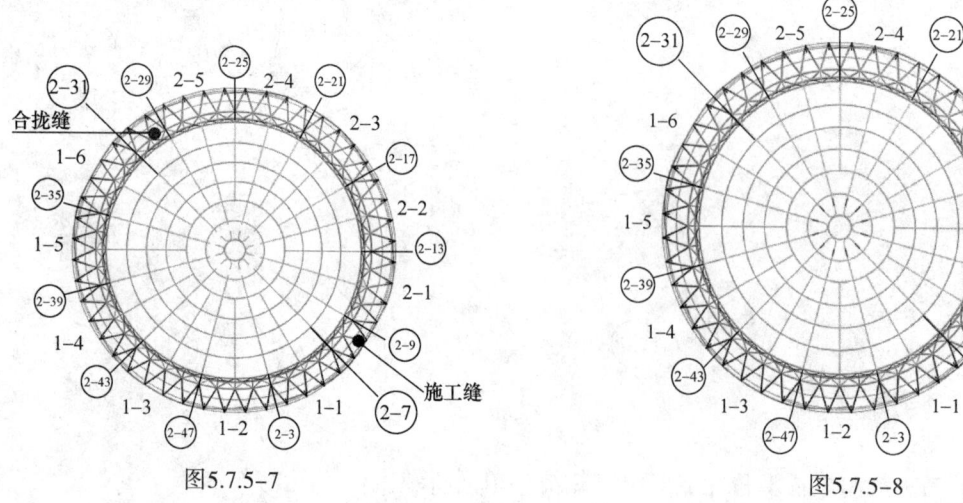

图5.7.5-7　　　　　　　　　　　图5.7.5-8

5.7.6　同步滑移控制策略

1．将内外圈两条滑道上的2/4台液压顶推器分别由3台YS-PP-60型液压泵源独立控制。

2．内外滑移轨道同圆心，不同半径（半径分别为R_2=48.6m和R_1=18.0m，半径的比例为2.7）且不在同一平面上，要实现在不同半径轨道上的同步，必须根据半径的比例进行角速度同步控制，具体到实际对液压顶推器的同步控制，为此采用按角速度同步转换成两条滑道不同线速度的方式实现同步滑移，具体操作如下：

在进行液压泵源系统配置时，将内圈单台液压顶推器的流量设定为外圈单台液压顶推器流量的1/2.7。之后将内圈滑道的一台液压顶推器（主令点）的顶推速度和行程位移值设定为标准值，作为同步控制策略中速度和位移的基准。在计算机操作系统的控制下，其余所有液压顶推器（从令点）以位移量和速度来跟踪比对主令点。根据任意一个从令点与主令点两点间位移量之差ΔL进行动态调整，保证各顶推点在滑移过程中始终保持同步。通过两点确定一条直线的几何原理，保证屋面钢结构单元在整个累积滑移过程中的同步性和稳定性。

5.7.7 累积滑移说明及注意事项

1．开始试滑移时，液压顶推器伸缸压力逐渐上调，依次为所需压力的20%、40%，在一切都正常的情况下，可继续加载到60%、80%、90%、95%、100%。屋面钢结构滑移单元刚开始有移动时暂停顶推作业，保持液压顶推设备系统压力，对液压顶推器及设备系统、结构系统进行全面检查，在确认整体结构的稳定性及安全性无问题的情况下，才能开始正式顶推滑移。

2．由于顶推点距离主桁架之间的水平和垂直结构均有一定距离（钢立柱处特别大）。顶推点的水平顶推力会产生绕其上部节点的附加弯距，此附加弯距将导致相邻两个钢立柱分别朝相反方向的竖向扭转，并将水平力直接传递给上部环桁架结构，产生不易控制的应力应变，对屋面钢结构滑移安装过程的结构安全不利，因此在相邻的滑移支座之间加设临时水平联系杆件，滑移施工完成以后，装上V形柱柱脚销轴节点后，再拆除临时水平联系杆件和滑移支撑架。

5.8 预应力张拉

5.8.1 本工程体育馆钢结构部分最外一环环向桁架为预应力空间钢管桁架结构。预应力空间钢管桁架结构在地面拼装成型吊装至屋架后，在两端支座端部穿入预应力拉索并施加预应力。预应力拉索设在环桁架5的上弦杆和下弦杆中，每圈分八段张拉，上弦杆中设置了12根1860级ϕ15.2（1×7结构钢绞线）无粘结高强低松弛钢绞线，下弦杆中设置了24根ϕ15.2（1×7结构钢绞线）同样材料的钢绞线。锚具采用防松夹片锚，外设密封罩，罩内注入建筑1号油脂防腐；有效预应力值分别为：下弦钢绞线束3350kN（单根140kN）和上弦钢绞线束1565kN（单根130kN）。

5.8.2 预应力锁张拉顺序：

钢屋盖旋转累积滑移安装→上下弦杆穿入预应力钢绞线→结构成型后张拉预应力索→锚具锚固、安装保护罩。

5.8.3 搭设工作平台。

采用型钢（如角钢和槽钢等）焊制拉索安装和张拉所需的操作平台。操作平台不仅要便于拉索施工，也要保证施工安全性。工作平台需能承受千斤顶、张拉工作人员及其他设备等施工荷载。

5.8.4 穿索以及预紧、临时锚固。

1．将钢绞线编束，展开铺设在管桁架外侧。

2．在节点段内安放转向器，并焊接牢固。

3．在拼接段钢管及其两端节点转向器之间安装PVC导管。

4．将拼接段钢管与其两端节点焊接。

5．旋转滑移，钢绞线沿PVC导管穿入钢管内。

6．下一拼接段钢管和节点安装，抽拉PVC导管进入连接该拼接段钢管及其两端节点转向器。

7．从步骤4循环施工，直至合拢段。

8．在合拢段两端的转向器两侧钢管上预留孔，安装合拢段。

9．按照从上至下的原则，逐根将钢绞线穿入合拢段，并从张拉端穿出。当钢绞线头部到达转向器时，通过预留孔人工辅助将钢绞线导入相应的孔道。

10．钢绞线预紧，临时锚固。封闭合拢段的预留孔。

5.8.5　预应力索张拉

1．本工程钢结构张拉部位为环桁架5上下弦管内预应力索，环桁架5上下弦管每圈分八段张拉，因此共有32个张拉点。张拉设备选用YDC240QX型前卡千斤顶。

2．张拉方法

采用分批同步张拉、逐根张拉、单根钢绞线一端张拉，另一端补足的张拉方法。

根据分析张拉顺序并通过计算，将采取先同步张拉下弦环管中的8根钢丝束，再同步张拉上弦环管中的8根钢丝束。

考虑到不具备整束张拉操作空间，本工程张拉采用钢绞线逐根张拉的方法，且单根钢绞线一端张拉，另一端补足。同束内的钢绞线依照对称的原则逐根张拉。

3．等主体钢结构和拉索全部安装完成后进行张拉

4．预应力拉索穿入上下弦管后应先拉紧并做临时固定，在张拉完毕后进行最终锚固，安装防松锚具和保护罩安装，见图5.8.5。

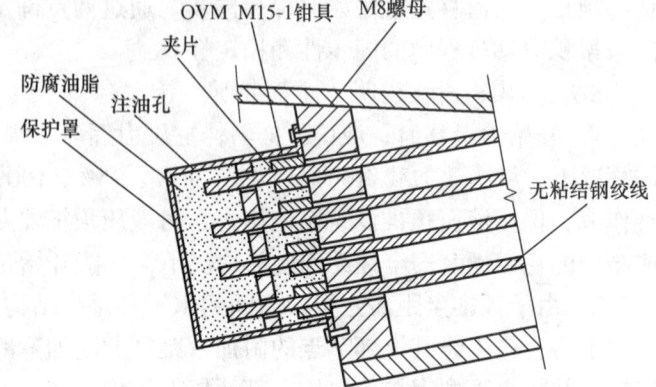

图5.8.5　张拉端防松锚具和保护罩示意图

5．拉索张拉过程控制采用双控原则：控制结构内力和变形，其中以控制张拉点的索力为主。

6．待张拉完成后，切除多余钢绞线，外露长度不小于30mm；安装防松夹板，端部锚具用密封罩，密封罩安装前内涂建筑1号油脂防腐。

5.8.6　张拉施工要点及注意事项

为保证拉索张拉施工顺利实施，确保拉索施工质量，需采取以下几点措施：

1）拉索制作长度应保证有足够的工作长度。

2）穿索应保证同束钢绞线相互平行，不得扭绞。

3）穿索后应立即将钢绞线预紧，并临时锚固。

4）结构形成整体且支座就位后，方可进行张拉。

5）同环的8束钢绞线应同步张拉，在张拉完一次后已张拉的钢绞线数应相等。

6）同束钢绞线张拉顺序应注意对称的原则。

7）直接与拉索相连的中间节点的转向器以及张拉端部的垫板，其空间坐标精度需严格控制。张拉端的垫板应垂直索轴线，以免影响拉索施工和结构受力。

8）千斤顶张拉过程中，油压应缓慢、平稳，并且控制锚具回缩量。

9）千斤顶与油压表需配套校验。标定数据的有效期在6个月以内。严格按照标定记录，计算与索张拉力一致的油压表读数，并依此读数控制千斤顶实际张拉力。

10）张拉过程中，每个张拉点由1～2名工人看管，每台油泵均由1名工人负责，并由1名技术人员统一指挥、协调管理。

11）拉索张拉过程中应停止对张拉结构有影响的其他项目施工。

12）拉索张拉过程中若发现异常，应立即暂停，查明原因，进行实时调整。

5.8.7　施工监测

为保证累积滑移施工和预应力索施工全过程处于可控状态，保证施工过程结构安全，对比理论分析值和实际结构响应的差异，即时掌握各关键施工阶段的结构状态，为下阶段施工和最后的施工验收

提供依据，因此必须对双向累积滑移过程和拉索预应力施工过程予以监测。

1. 监测内容和监测点

1）监测内容：预应力索索力和关键节点位移。

2）监测点：各主动张拉点的索力、结构关键节点的竖向位移和环桁架5的径向水平位移。

2. 监测方法和设备

1）索力控制及监测

采用配套标定的千斤顶进行索力的监测和控制。

现场张拉的千斤顶均在有资质的实验室与油压表进行配套标定。

2）位移控制及监测

利用全站仪全面监测滑移过程和支撑胎架拆除过程中，中心压力环和各个关键节点的位移；

利用全站仪全面监测预应力张拉阶段，环形桁架和径向桁架中关键节点的水平和垂直位移；

若监测过程中出现异常情况，立即停止施工，查明原因，采取有效措施解决问题后方可继续施工。

5.9 支撑系统拆除

屋架主体钢结构滑移安装完成后，逐步拆除支撑胎架，实现由胎架和结构自身竖向支撑系统共同承担荷载的受力状态向由结构独立承担荷载的受力状态转变。支撑拆除过程是一个结构体系转换的过程，结构变形及内力重新分配，支撑胎架的支点反力也都会随着卸载级数、每级卸载位移大小及卸载顺序的不同而发生变化，为了保证结构及胎架在卸载过程中的安全性，必须选择合理的卸载顺序和卸载级数。最终确定卸载方案的原则为：以结构计算分析为依据、以结构安全为宗旨、以变形谐调为核心、以实时监控为手段，施工过程应严格遵循上述原则。

本工程在卸载完成后进行预应力张拉施工。为了保证中央压力环铸钢件的安装精度，安装过程中已在每个铸钢件下设置四个支撑短柱，并均与支撑胎架点焊固定。而在卸载过程中，中央压力环支撑胎架内侧一圈支撑点可能受拉，导致支撑胎架承受较大的偏心荷载，因而在卸载之前就需拆除内侧支撑点及相应的临时支撑杆件。

为了保证结构逐渐均匀的卸载，且在卸载过程中支撑胎架承担的荷载不致过大，确定对支撑胎架进行间隔、对称卸载。

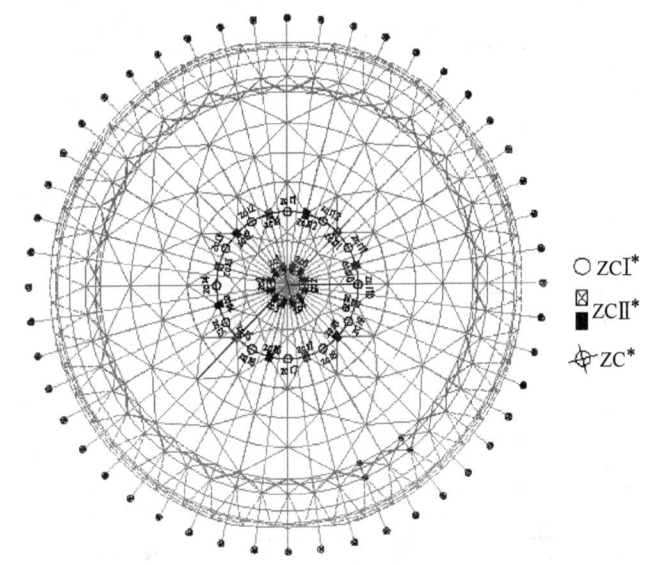

图5.9 支撑胎架编号及布置图

卸载步骤：

第一步：先拆除中央压力环下内侧支撑点，卸载顺序为从轴线2-1、2-25到轴线2-13、2-37，卸载6个支撑点（即图5.9中ZC1~ZC6胎架内侧支撑点）；由于此处胎架上支撑点距离很近，支撑点的卸载位移很小，因而可将其直接拆除。

第二步：接着对中央压力环下外侧支撑点分两次卸载，每次间隔卸载6个点。此处支撑点最大卸载位移为-14mm，第一次的6个点直接拆除，剩余的6个点对称卸载，直至支撑短柱脱离结构。

第三步：对内圈滑移轨道上的支撑点进行间隔对称卸载，共分二级。第一级卸载时首先直接将编号为ZCⅠ1~ ZCⅠ12的12个支撑点拆除。

第1小步间隔对称卸载6个支撑点（ZCⅠ1~ ZCⅠ12奇数编号），卸载顺序为从轴线2-1、2-25到轴线2-13、2-37进行。

第2小步对剩余支撑点中编号为偶数（ZCⅠ2、ZCⅠ4~ ZCⅠ12）的6个支撑点卸载，卸载位移为5mm。

第3小步拆除剩余支撑点中编号为奇数（ZCⅡ1、ZCⅡ3～ZCⅡ11）的6个支撑点。

第二级卸载时对剩余的6个支撑点（ZCⅡ2、ZCⅡ4～ZCⅡ12）进行同时卸载，直至支撑短柱脱离结构。

卸载通过切割支撑点处支撑短柱的方法实现，每次割除高度为切割氧流高度，亦即3～5mm左右。最后，用一辆80t汽车吊将支撑胎架标准节吊装至地面。

6. 材料与设备

6.1 材料

Q345B、Q235B、GS-20Mn5N钢材，1860级ϕ15.2无粘结高强低松弛钢绞线，各种焊接材料，各种角钢、工字钢，[10槽钢等。实际材料根据具体安装情况确定。

6.2 机具设备（表6.2）

主要机具设备　　　　　　　　　　　　　　　　　　　　　表6.2

序号	设备名称	型　　号	单位	数量	用　　途
1	250t 履带吊	SCX2500 型	台	1	起吊桁架
2	80t 汽车吊	AC80-2 型	台	1	起吊桁架、胎架
3	CO_2焊机	CPXS-500	台	20	焊接
4	直流焊机	ZX7-400	台	50	焊接
5	空压机	XF200	台	2	焊接
6	碳弧气刨	ZX5-630	台	6	焊接
7	角向砂轮机	JB1193-71	台	16	焊接
8	焊条筒	TRB 系列	个	100	装储焊条
9	高温烘箱	YGCH-×-400	个	2	烘烤焊条
10	火焰喷枪	SQP-1	把	10	切割构件
11	螺旋千斤顶	—	台	28	提升构件
12	手拉葫芦	—	个	20	提升构件
13	全站仪	TCA2003	台	2	测量
14	经纬仪	J2 级	台	3	测量
15	水准仪	DS1 级	台	4	测量
16	钢卷尺	100m、50m、5mm	把	2	测量
17	磁粉探伤仪	MT-2000	台	3	焊缝监测
18	普通探伤仪	CTS-22B	台	4	焊缝监测
19	液压泵源系统	YS-PP-60	台	3	滑移施工
20	液压同步计算机	YS-CS-01	台	1	滑移施工
21	液压顶推器	YS-PJ-50	台	6	滑移施工

7. 质量控制

7.1.1 拼装及张拉前允许偏差见表7.1.1。

拼装及张拉前允许偏差（mm） 表7.1.1

部 位	项 目	允 许 偏 差	检 查 方 法
地面拼装	节点中心位移	2.0	用钢尺和拉线实测（L_1 为桁架长度）
	焊接节点与钢管位移	1.0	
	矢高	$L_1/1000$ 且不大于 5.0	
	铸钢节点垂直度偏差	每 1m 不大于 7mm	
	桁架跨度	+5.0、−10.0	
高空拼装	钢架节点偏移	± 5.0	用钢尺和全站仪实测
	钢架长度	± 20.0	
	桁架轴线错位	横向桁架 5.0 纵向桁架 3.0	
	支座偏移	30.0	
	纵向总长度	$L/2000$ 且不大于 30 $L/2000$ 且不小于−30	
张拉前	纵向、横向长度	$L/2000$ 且不大于 40、−20.	用钢尺实测（L 为纵向、横向长度）
	支座偏移	30.0	用钢尺和全站仪实测
	支座最高高差	30.0	用水准仪实测
	相邻支座高差	$L_1/800$，且不应大于 30.0	用水准仪实测（L_1 为相邻支座间距）

7.1.2 预应力钢索张拉数值的允许偏差为 ± 8%，钢索张拉伸长值（$\triangle ls$）的允许偏差范围用式（7.1.2）表示：

$$\triangle ls=(1+B)\triangle l \pm C \qquad (7.1.2)$$

式中　$\triangle l$——理论伸长值；

　　　B——取7%；

　　　C——取$L/2000$，且不大于30.0mm。

7.1.3 轨道安装要求

1. 滑道中线与滑移大梁中心线偏移度控制在 ± 3mm 以内。

2. 一个柱距内，标高偏差控制在4mm以内。

3. 滑道槽钢的接头高差不大于1mm。

4. 两条滑道中心线间距允许偏差控制在10mm之内。

5. 滑道槽钢在滑移之前应涂抹黄油润滑。

7.1.4 滑移过程质量控制

1. 上下双滑道不同步控制在15mm以内，最大不超过30mm。

2. 桁架竖向位移控制在5mm以内，钢索预应力偏差控制在10MPa以内。

7.2 质量保证措施

7.2.1 焊接前应先做焊接工艺试验，测出实际焊接收缩系数，指导实际焊接工艺，焊工应随时注意焊接电流、电压及焊接速度，如发现任何问题，应立刻整改，以确保质量。

7.2.2 每一焊道焊完后，应将焊渣、飞溅及焊瘤清除干净。如自检后发现缺陷，应用碳弧气刨清除干净，并返修好后再开始下一焊道焊接。

7.2.3 焊接过程中应控制层间温度，对于Q235B、Q345B钢材，其层间温度应控制在200℃以下。

7.2.4 雨季焊接前应搭设临时防护棚，用氧炔焰烤干加热焊缝处，焊缝在冷却过程中，不得让雨水飘落在炽热的焊缝，防止出现冷脆裂纹。焊条储存应烘烤防潮，同一焊条重复烘烤次数不宜超过两次，并由施工人员做好烘烤记录。

7.2.5 现场胎架支撑系统设置后要根据施工图核对胎模具的位置、弧度、角度等情况，复测后才能进入下一步施工。

7.2.6 采用全站仪对各个节点的坐标进行精确定位。

7.2.7 分离面组装点焊定位后，必须先对网壳进行几何尺寸的检查，确认后方可开始焊接，焊接要严格按焊接工艺要求进行。拼装焊接完毕后进行检查，并采用各类矫正措施，保证产品使用精度。

7.2.8 架在胎架上拼装完成后，应解除桁架上的所有约束，使桁架处于自由状态，预拼装的构件出厂前应进行自由状态预拼装。

7.2.9 为保证拼装支撑胎架的稳定性，拼装胎架四周布置缆风绳，缆风绳与水平面夹角在45°~60°度之间，缆风绳采用16mm的钢丝绳。

7.2.10 雨风天气吊装时，应大力加强防雨防雷及人员操作平台、行走通道等安全设施的检查力度，以确保施工正常进行。

7.2.11 液压滑移设备系统安装完成后，应进行调试、检查液压泵站和传感器等。滑移前，应先启动液压泵站，调节一定的压力，伸缩液压顶推器主油缸：检查A腔、B腔的油管连接是否正确；检查截止阀能否截止对应的油缸，当一切无误后方能开始滑移。

7.2.12 屋面钢结构滑移单元刚钢开始移动时暂停顶推作业，保持液压顶推设备系统压力，对液压顶推器及设备系统、结构系统进行全面检查，在确认整体结构的稳定性及安全性绝无问题的情况下，才能开始正式顶推滑移。

7.2.13 为保证张拉锚固后达到设计有效预应力，在正式张拉前应进行预应力损失试验，测定摩擦损失和锚具回缩损失值，从而确定超张拉系数。

7.2.14 预应力张拉时结构变形、伸长值与设计计算不符，超过20％以上，应立即停止张拉，同时报请设计院，找出原因后再重新进行预应力张拉。

7.2.15 同束钢绞线张拉顺序应注意对称的原则。同环的8束钢绞线应同步张拉，在张拉完一次后，已张拉的钢绞线数应相等。

7.3 质量记录

7.3.1 焊接记录。

7.3.2 安装记录。

7.3.3 张拉记录。

7.3.4 监测资料。

8. 安 全 措 施

除按照执行国家现行标准《建筑施工安全检查标准》JGJ 59-99；《建筑施工高处作业安全技术规范》JGJ 80-1991；《建设工程施工现场供用电安全规范》GB 50194-1993；《建设工程施工现场安全防护、场容卫生、环境保护及保卫消防标准》DBJ 01-83-2003等安全规范中有关规定外，还应注意以下几点：

8.1 加强对现场工人的安全意识和安全知识教育，提高他们的危险防范意识，掌握必要的安全保护知识，并提供必要的安全器具。

8.2 高空作业必须戴好安全帽、穿好防滑鞋、戴好安全带，安全带高挂底用，按照规范要求设置安全网。

8.3 现场登高应借助建筑结构或脚手架上的登高设施，登高设施梯脚底部应垫实，不得垫高使用，梯子上端应有固定措施。

8.4 登高拼装时，两端应设置挂梯；屋架通道上需行走时，其一侧的临时护栏横杆应采用钢索，当改为扶手绳时，绳的自由下垂度不应大于$L/20$，并应控制在100mm以内。

8.5 屋面结构施工时，应设置安全立柱（$\phi48\times2.6$钢管，高1.2m，间距2m，安全立柱上端焊有$\phi12$圆钢烤煨的安全环）和安全钢丝绳（$\phi8$）。

8.6 安全立柱与钢构件采用卡具连接，安全钢丝绳一端应连接在安全立柱上端的安全环上，另一端与法兰螺栓连接，法兰螺栓再连接在相邻一根安全立柱上端的安全环上，安全钢丝绳应布设两道。

8.7 高空行走时，安全带必须挂扣在安全绳上；在同一区段行走的人，同一根安全绳上不宜挂扣4条以上安全带。

8.8 吊装过程中，禁止施工人员在起重设备吊装半径范围内施工和滞留。

8.9 按照规范设置防雷装置，并对避雷装置定期进行全面检查，确保防雷安全。

8.10 施工吊装起重机械行驶道路路基应碾压坚实，确保起重机械出入安全。起重机械行驶道路两旁设排水沟，保证施工道路不滑、不陷、不积水。

8.11 预应力筋放盘应采取有效措施，防止钢绞线弹出伤人。在下料场地放盘时，可用钢管搭设支架（盘架），用竖立钢管挡在成盘的钢绞线四周，并在其前方1m处固定一钢管，让钢绞线从钢管中穿出。下料后的钢绞线运至楼面放盘铺放时，应分别派人握紧两端，多人协作共同放盘。

8.12 使用圆盘锯切割钢绞线时，应站在砂轮两侧，同时不要使用有裂纹的砂轮，防止砂轮碎裂飞出伤人。

8.13 严禁在5级大风天气和雨天进行露天焊接和吊装施工，若要进行焊接施工，必须搭设防雨棚，做好除湿、保温设施；大风大雨过后，对机械设备、脚手架进行复查，有破损及时加固措施。

8.14 施工现场的食品应符合《食品卫生法》，食堂明亮整洁，设置冷冻、消毒器具，生熟食品分开存放，防蝇设施完好；食堂有卫生许可证，炊事员体检合格并持证上岗，确保食堂清洁卫生、无杂物、无四害。

9. 环 保 措 施

除按照执行国家现行标准《民用建筑工程室内环境污染控制规范》GB 50325-2001；《建筑施工现场环境与卫生标准》JGJ 146-2004；《建设工程施工现场安全防护、场容卫生、环境保护及保卫消防标准》DBJ 01-83-2003等环境保护规范中有关规定外，还应注意以下几点：

9.1 防止大气污染的控制措施。

施工生产的建筑垃圾，采用临时专用垃圾坑或采用容器装运，严禁随意凌高抛撒垃圾。施工垃圾及时清运，做到当天的垃圾当天清运，并适量洒水，减少扬尘。工地施工场地道路进行硬化和绿化，并设置专人洒水清扫，减少粉尘污染，保持洁净。

9.2 防止噪声污染的控制措施。

施工现场按照国家有关规定制定降噪的相应制度和措施，严禁在施工区内高声喧叫、猛烈敲击铁器，增强全体施工人员防噪扰民的自觉意识；施工现场的强噪声机械施工作业尽量放在封闭的机械棚内或安排在白天施工，最大限度的降低其噪声，以致不影响工人与居民的休息时间；各项施工均选用低噪声的机械设备和施工工艺，尽量减少施工对居民生活的影响，减少噪声强度和敏感点受噪声干扰时间，晚上10点以后及午休时不允许施工。

9.3 防止对光污染的控制措施。

探照灯选用满足照明要求但不刺眼的新型灯具，施工照明灯的悬挂高度和方向要考虑不影响居民夜间休息，在施工现场周围种植或布置移动绿化，清洁环境、美化生活。

9.4 焊接时应采取有效措施，避免弧光对其施工人员及周边环境影响，焊条、焊丝头以及焊渣等设置专用容器并随时清理，以免污染环境。

9.5 油泵操作手应时刻注意油泵和千斤顶，若出现渗漏油，应停止作业并及时清理干净，防止污染其他物品。

10. 效 益 分 析

10.1 主要构件利用工厂和现场地面焊接拼装相结合的方法，有效的保证了工程质量，减少了高空作业的危险。

10.2 利用胎架支撑系统和高空拼装平台相结合，避免了满堂脚手架的搭设，节省了周转材料70%以上。

10.3 本工法滑移技术比外部多吊机吊装施工方法减少了1台250t履带吊，节约了大型起重设备机械费，单项机械费（包括租赁费和进出场费用）节省约100万元，经济效益显著。

10.4 缩短了钢结构屋架安装工期，比多吊机施工方法提前20多天工程完成。

10.5 利用对钢管桁架内的预应力锁张拉，显著减小使用状态下弦钢管的拉应力，减小钢管的截面积，提高整体结构刚度。

10.6 采用分批同步张拉、逐根张拉以及单根钢绞线一端张拉，另一端补足的张拉方法，减少了预应力张拉设备。

10.7 施工占用场地少，对其他专业的影响小，装修和机电安装可立体交叉施工，加快了施工进度。

10.8 利用钢筋混凝土柱及梁作为外滑移轨道的支撑，节约临时结构用钢量。

10.9 双向旋转累积滑移施工工艺保证了钢结构的安装质量，推动了钢结构安装技术进度，社会效益显著。

11. 应 用 实 例

广州市花都区亚运新体育馆工程，总建筑面积约37000m²，其中比赛馆屋架采用双向桁架构成的球面网壳结构体系，屋架直径为116m，高为27.8m；整个屋架结构由沿圆周均匀分布的24榀径向桁架、6榀环向桁架或环向钢梁、布置于径向桁架根部的24组V字形支撑钢柱和外围的40个人字形钢柱及其间的连系杆件组成。该工程2009年9月开工，2010年5月安装完毕，屋架桁架结构安装质量良好。

多维、铰接、管支撑结构体系的制作、安装施工工法

GJEJGF110—2010

华北建设集团有限公司

邓德胜　刘建强　孙鹏龙　付彬　顾红霞

1. 前　言

对于多维、铰接、管支撑结构体系在我国建筑行业属于新型结构，国家规范中没有明确规定，同时设计院没有管架结构的节点图。其结构形式是传统的简易脚手架结构不能满足的。

华北建设集团有限公司在多年的施工经验中，历经详图设计、制作、安装发现，多维、铰接、管支撑结构体系与其他结构相比较具有经济性好、建设周期短、便于运输、安装等优点，逐步研究出一套独特完善的施工技术和工艺，2009年3月，工法研究成果也通过了河北省鉴定，被审定为国内领先技术。

2. 工法特点

多维、铰接、管支撑结构体系可以在加工厂加工与施工现场基础制作同步进行，有效地缩短了工期；加工厂内采用流水线加工制作，生产效率高；专业人员进行安装能够保证制作质量；安装采用扭矩扳手施拧高强度螺栓，能够保证管架结构安装过程中更加满足设计要求。

同时，管架结构的定型性、通用性可以保证由常规尺寸的连接结构形式在不同的场所使用。

3. 适用范围

多维、铰接、管支撑结构体系是一种新型的建筑结构，可用于看台、剧场等各种对安全性、稳定性、经济性等各方面要求较高的梯形结构中。

4. 工艺原理

多维、铰接、管支撑结构体系由立柱、梁、支撑等组成，期间的连接为高强度螺栓连接，它的制作是在钢管焊接连接板、盖板、筑脚板等各种连接件而成，由于焊接变形的影响，在成型中采用专门的防变形措施及校正工序。

管架结构的吊装采用吊车与人工相结合的方法，根据施工现场的布置情况，超长、超重构件运用吊车吊装，其他构件由人工安装，并用高强度螺栓进行连接。

施工节点是由我国著名钢结构设计师孟祥武博士带队，经大量构思、计算、论证最终确定节点图如图4-1~图4-3。

本加工试件由中冶集团建筑研究总院建筑工程检测中心实验室对其进行破坏性试验（后附试验报告、实物照片），最终证明以上节点设计满足原设计意图，同时能够满足奥运场馆的需求。

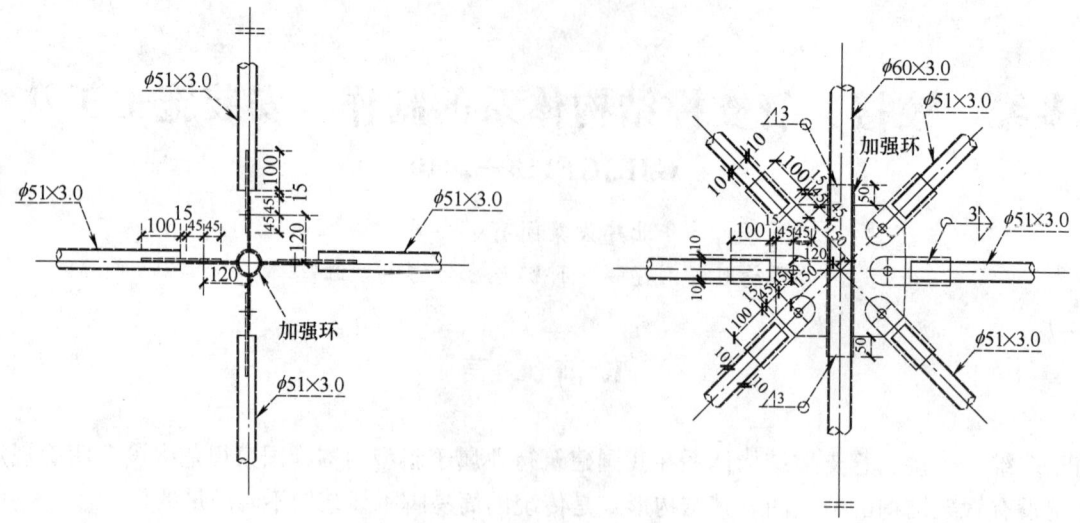

图4-1　中间层连接节点图

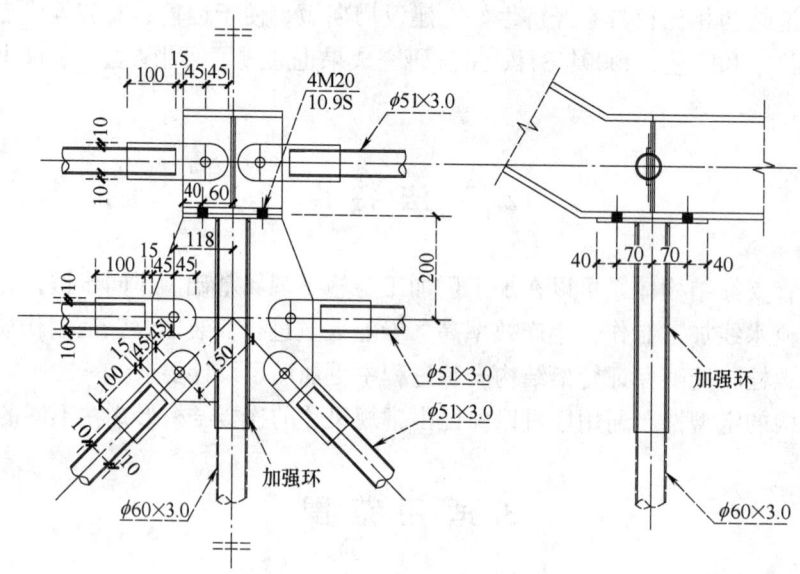

图4-2　管、H型钢连接节点图

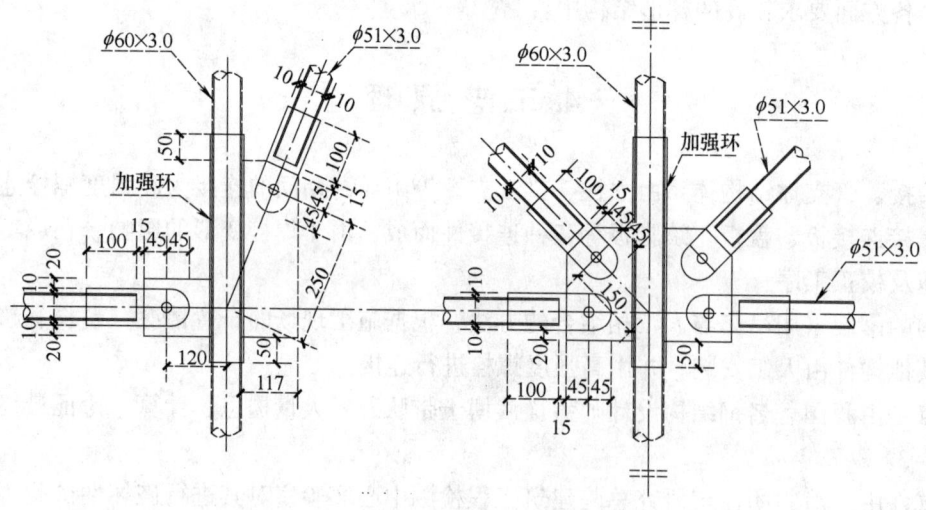

图4-3　一层节点图

5. 施工工艺流程及操作要点

5.1 施工工艺流程

5.1.1 详图设计工艺流程（图5.1.1）。画管架构件详图的难点在于各个构件节点处的连接。首先根据图纸节点、平面布置图、剖面图等绘制构件详图；绘制完毕后，再次按构件布置图、剖面图在电脑上将构件图组装，检查构件的长度、节点形式的对错，同时给出构件数量；然后进入下一道工序。

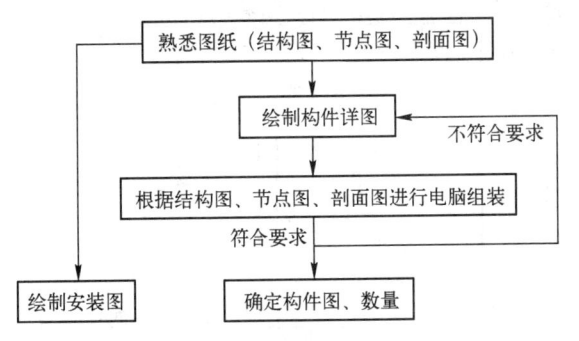

图5.1.1 详图设计工艺流程

5.1.2 制作工艺流程（图5.1.2）。多维、铰接、管支撑结构体系制作的难点为各个节点处连接板的标高位置、角度。为解决此难点，我们根据角度要求设计了制作胎具，控制连接板角度；调节胎具间的距离，控制连接板的标高位置。待标高、角度都确定无误后，将连接板用电焊机点焊在管子上，经再次测量无误后进行焊接。

5.1.3 管结构安装工艺流程。为了提高安装精度和安装时的安全性，可以将整个工程分为若干单元，采用单元安装，各单元安装、调整完毕后，再将各个单元连接，使其成为一个整体至结构安装完毕。

整体工艺流程详见图（5.1.3）：

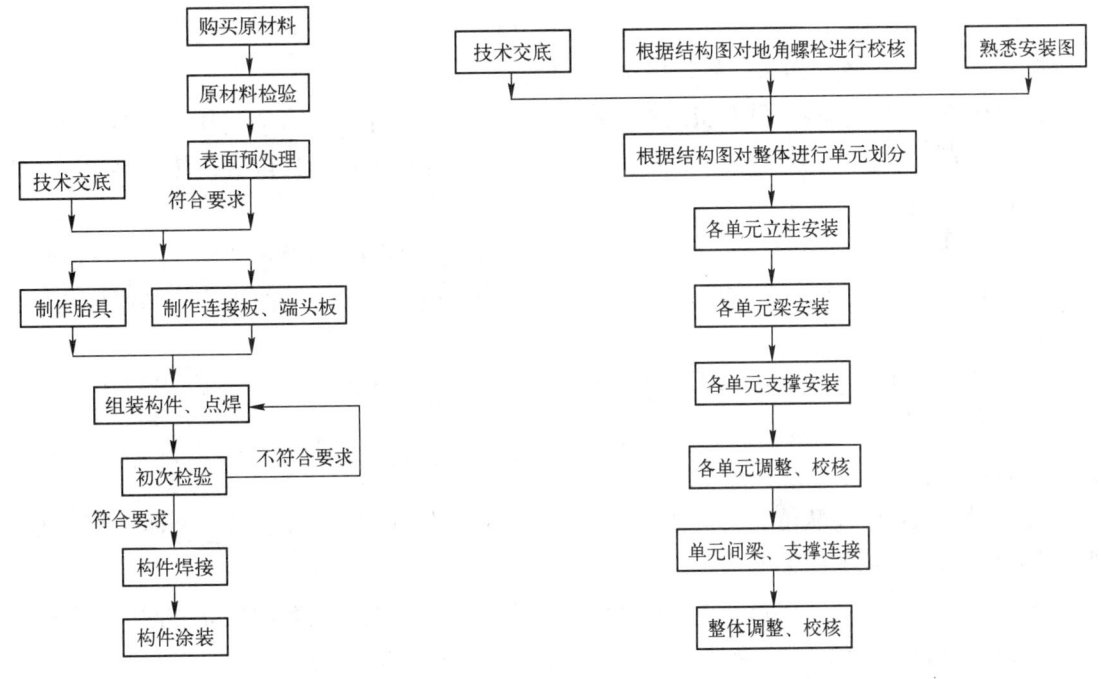

图 5.1.2 管结构制作工艺流程   图 5.1.3 构件安装工艺流程

5.2 操作要点

5.2.1 绘制详图

1. 对设计图纸进行计算，满足建筑要求后进行下一步工序；

2. 依据原设计图纸绘制结构立面图、剖面图；

3. 将节点图加入到立面图、剖面图中；

4．定义、拆解各个杆件，绘制安装图；

5．拆解各个连接件，绘制大样图，交底给施工人员。

5.2.2　连接件制作

1．原材料检验：材料进场时必须附有质检证明书、合格证，并按国家现行的有关标准的规定检验合格后，原材料方可使用。

2．下料：下料前必须进行放样、号料，然后在数控切割机上编写连接件程序，试走一遍，符合要求后进行点火、切割。完毕后将同一种连接件码放在一起，标明连接件编号、数量。

3．钻孔：在切割完毕的连接件上根据图纸的要求量出螺栓孔的位置，选用符合图纸要求的钻头，在摇臂钻上对连接件进行加工。

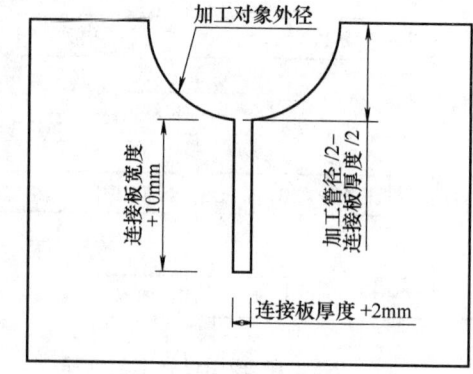

图5.2.3　胎具样式

5.2.3　胎具制作

1．选用刚度大、较厚的钢板；

2．按节点形式绘制胎具样式（图5.2.3）：

3．使用数控切割机放样、切割，根据立柱节点数量确定加工数量；

4．将胎具使用面打磨平整。

5.2.4　构件加工

1．选用平整的钢板作为加工基座；

2．将一个胎具焊接在基座上，另一个胎具放置在立柱节点位置，将加工件放置在两个胎具圆弧上，待测量确定第二个胎具位置无误后，将其焊接在基座上。以此类推；

3．按加工图纸选择连接板，根据图纸点焊在加工件上，待一个轴线方向连接件连接完毕后，将加工件取出，加工件上的连接板放置在卡槽内，由横向控制螺栓确定加工件位置，然后再根据图纸在另一轴线上点焊连接件；

4．对点焊完毕的加工件进行测量，符合图纸要求后，进行焊接，大部分加工件节点处均为"十"字形，选用先焊接同一个轴线上的连接板，再焊接另一个轴线上的连接板的方法控制焊接变形，完毕后对构件根据加工图进行标实、编号；

5．焊接完毕后，再将加强环焊接在节点位置；

6．除锈、喷涂。

5.2.5　构件安装

1．定位测量。依据土建队伍有关资料，安装队伍对基础的轴线、水平标高、间距进行复测，符合国家规范后方可进行下一道工序；

2．口字形单元构件安装。首先安装两根相邻轴线上的立柱，然后安装两根立柱间的横梁，接着安装平面内相邻的、可与安装完毕的立柱组成"口"字形的立柱、横梁；

3．测量。对安装完毕的口字形单元进行复测（标高、轴间距），调整至符合国家标准、图纸要求后，将小单元的高强度螺栓紧固，安装支撑；

4．随后以这个小单元其他方向发展至结构安装完毕。

5.2.6　劳动力组织

根据工程特点，一个工作面的主要劳动力配备情况如表5.2.6。

劳动力配备   表5.2.6

工 种	人 数	职 责
项目经理	1	现场指挥、综合组织协调
专业工程师	1	全面负责制作、安装技术
质检员	1	全面负责制作、安装的质量控制
安全员	1	全面负责工程的安全监督
工长	2	带班、指挥班组作业
采购员	1	各种原材料的采购
电焊工	16	构件加工、安装焊接
机械钳工	4	机械操作、钻孔
起重工	4	钢构件的移动、吊装
油漆工	6	加工件的涂装
电工	2	制作、安装用电
测量员	2	基础复测、测量放线、检查标高、安装轴线
安装工	20	现场钢构件安装、调整

6. 材料与设备

6.1 机具设备配备

对于单班作业在1个月内完成10000m²左右，管结构体系制作安装，需配备的机具设备如表6.1。

机具设备   表6.1

序号	设 备 名 称	数量	规 格 型 号	备 注
1	多头火焰数控切割机	1台		连接板下料
2	剪板机	1台	Q11-8×2500A	肋板加工
3	数控钻床	1台		制孔
4	远红外线焊条烘干机	1台	WHX-200-500	焊条、焊剂烘焙
5	交流焊机	6台	BX3-300	构件焊接
6	半自动切割机	1台	CG1-30	下料
7	空气压缩机	1台	2V-0.5/8	抛丸机使用
8	抛丸机	1台	WRM-2	除锈
9	汽车起重机	1台	QY-25	构件吊装
10	水准仪	1台	DZS2-1	检查标高
11	经纬仪	2台	J2	检查轴线
12	薄膜测厚仪	1台		测量漆膜厚度
13	超声波探伤仪	1台	CTS-22	检查焊缝
14	扭矩扳手	6把	F18D-150	高强度螺栓紧固

6.2 材料

当前钢结构生产中最常用的材料主要有Q235、Q345两种，工程的采用需由设计院原图纸确定。常用规格见表6.2：

材料常用规格 表6.2

序号	名　　称	规　　格	材　　质
1	主材料	$\phi 51 \times 3$、$\phi 70 \times 5$	
2	连接板	8mm、10mm、20mm	
3	高强度螺栓	M18、M20、M22	

7. 质量控制

本工法严格执行《建筑工程施工质量验收统一标准》GB 50300-2001、《钢结构工程施工质量验收规范》GB 50205-2001、《建筑钢结构焊接技术规程》JGJ 81-2002。

7.1 钢构件制作部分允许偏差

1）气割允许偏差（表7.1-1）

气割允许偏差 表7.1-1

项　　目	允许偏差（mm）
零件宽度长度	3.0
切割面平面度	$0.05t$且不应大于2.0
割纹深度	0.3
局部缺口深度	1.0

注：t 为切割面厚度。

2）立柱制作（表7.1-2）

立柱制作 表7.1-2

项　　目	允许偏差（mm）
柱底面到柱端最上一个安装孔距离（L）	$L/1500$ 且不大于15.0
柱脚底平面度	5.0

3）构件预拼装（表7.1-3）

构件预拼装 表7.1-3

项　　目	允许偏差（mm）
跨度最外端两安装孔或两端支承面最外侧距离	+5.0，-10.0
接口截面错位	2.0
预拼装单元总长	-5.0，+5.0
节点处杆件轴线错位	4.0

7.2 钢构件安装部分允许偏差（表7.2）

钢构件安装部分允许偏差 表7.2

项　　目		允许偏差（mm）
柱	柱基准点标高	+5.0，-8.0
	单层柱垂直度　$H \leqslant 10m$	$H/1000$
	单层柱垂直度　$H > 10m$	$H/1000$ 且不应大于25.0
	弯曲矢高	$H/1200$ 且不应大于15.0

7.3 质量保证措施

7.3.1 组织工程技术人员，认真阅读图纸，确定施工中的关键工序，编制施工工艺卡。在制作前，对所有构件均在钢平台上放样，量取实际尺寸。

7.3.2 钢结构制作安装过程中，严格执行自检、互检、专检制度，每道工序必须在自检达到合格标准后，才能进行下一道工序，检查工作落实到人，对不符合质量目标的构件及时标识返修，杜绝不合格品流入下一道工序。

7.3.3 严格按设计图纸施工，认真落实岗位技术责任制的技术交底制度，技术交底工作必须简明易懂，实行施工工艺卡制度。施工工艺卡必须注明单项工程技术要点和注意事项，并标明工序和检测内容、标准，使施工工艺卡成为指导该工程的行为规范。

7.3.4 制定严格的材料管理制度，工程所需的原材料、半成品、构件必须是合格供应商提供的优质产品，无合格证件的产品一律不准进场。

8. 安 全 措 施

8.1 进入施工现场必须佩戴安全帽，高空作业必须系好安全带，穿好防滑鞋，工具应放置在工具包内。

8.2 吊机及各种大型施工机具，使用前要认真检查，确认良好，并经试运转正常后，方可使用。

8.3 吊装作业必须由专人统一指挥，吊装人员坚守岗位，吊装时设警戒线，吊车起吊时大臂作业范围内严禁站人，严禁非工作人员进入施工区。

9. 环 保 措 施

9.1 加强现场管理人员、工人的环保教育，增强现场管理人员、工人的环保意识。

9.2 做好现场排污处理，合理排放生产、生活污水。

9.3 现场施工注意粉尘、噪声污染，尽量降低限度，达到环保要求。

10. 效 益 分 析

如果按本工艺进行施工，其经济效益分析如下：

10.1 经济费用分析

10.1.1 按常规混凝土框架结构施工看台，观众看台在1500人左右，经计算每平方米造价应在1500元/m²左右。

10.1.2 按轻钢结构施工本看台，观众看台在1500人左右，经计算每平方米造价应在1350/m²左右。

10.1.3 如果采用多维、铰接、管支撑体系的施工，观众看台在1600人左右，经计算每平方米造价应在980元/m²左右。

10.2 施工周期分析

10.2.1 框架结构施工工期

观众看台在1500人左右的施工工期90d。

10.2.2 轻钢结构施工工期

观众看台在1500人左右施工工期50d。

10.2.3 多维、铰接、管支撑体系施工工期

观众看台在1600人左右施工工期38d。

10.3 多维、铰接、管支撑体系结构施工有较高的性能价格比。承受相同载荷的H型钢结构与承受

相同载荷的框架结构单位面积造价要低120～150元/m²；多维、铰接、管支撑体系结构与承受相同载荷的H型钢结构相比单位面积造价要低30%左右；且建筑施工周期缩短25%。

11. 应 用 实 例

2006年8月，公司承建奥林匹克公园曲棍球场B场西看台，容纳观众1600人，结构形式为梯形管架结构，构件材质采用Q345-B，工程用钢量约400t。在开工不到40d的时间里，公司完成主体结构的制作和安装，该工程荣获北京市结构长城杯工程。

2006年12月，北京住总钢结构有限公司承建奥林匹克公园曲棍球场A场东、南、北看台，曲棍球场B场东看台，容纳观众3000人，结构形式为梯形管架结构，构件材质采用Q345-B，工程用钢量约700t。顺利完成主体结构的制作和安装，该工程荣获北京市结构长城杯工程。

2006年12月，北京首嘉钢结构有限公司承建奥林匹克公园射箭场看台，容纳观众4700人，结构形式为梯形管架结构，构件材质采用Q345-B，工程用钢量约900t。顺利完成主体结构的制作和安装，该工程荣获北京市结构长城杯工程。

大型场馆钢管桁架结构安装施工工法

GJEJGF111—2010

宁夏建工集团有限公司

李强　刘志刚　张兴宁　王海琳　张德友

1. 前　言

现代工程建筑中钢结构的造型及结构形式越来越复杂，这给钢结构设计和施工带来了新的挑战。一些有影响的钢结构项目，不仅在设计上有所创新和发展，同时在钢结构安装技术方面也取得了新的成就。许多成熟、先进的工艺方法已陆续成为工法，为钢结构行业发展起到了促进作用。

宁夏建工集团在大型体育场馆钢结构吊装施工过程中，积累了大量的施工经验，为便于推广应用，进一步提高钢结构施工总体水平，促进行业发展，从施工组织设计、方案、技术措施等多方面进行研究总结，总结编制了本工法。

该工法于2010年12月14日经宁夏科技信息研究所关键科技查新达到了国内领先水平。2011年3月17日经宁夏住房和城乡建设厅评为区级工法。

2. 工 法 特 点

2.1 有效解决了结构特殊，可利用支承点少，悬挑长度大的钢结构施工难题。

2.2 对重型、超长构件多，桁架节点接头多、构造复杂，制作难度大的钢结构工程提供实践经验。

2.3 钢结构杆件全部利用先进软件电脑建模，模拟安装，无误后机械化准确下料，生产效率高，且杆件精度高，便于施工现场施工就位。

2.4 按照电脑建模下料图，现场制作桁架胎膜，施工现场实际放样焊割，便于检查，且提高桁架的精度。

2.5 主桁架第三段采用临时支撑架，支撑架采用角钢桁架柱支撑，桁架柱支撑尺寸为2m（宽）×2m（宽）×1.5m（高），采用主杆分段焊接、斜撑普通螺栓连接而成，角钢桁架采用125×10号角钢，本角钢桁架柱支撑为标准片式，角钢桁架柱支撑主肢之间采用高强螺栓连接，连接方便，安装快速，承载力大。

2.6 钢管桁架构件节点形状特殊，测量定位精度要求高，对复杂钢结构工程有推广作用。

3. 适 用 范 围

适用于体育场管遮阳（雨）与装饰悬挑钢管桁架结构制作和安装工程。

4. 工 艺 原 理

4.1 主桁架采取"地面分段拼装，履带式起重机直接吊装"的方式进行，主桁架分为三段，第一、二段由于其倾斜角度较小，安装过程不设支撑，由桁架自身进行稳固，减少临时支撑的数量；第三段为水平悬挑段，需要在第三段端部设置临时支撑。

4.2 次桁架采用双榀联立地面拼装，减少吊次和高空补缺杆件数量，可以加快工期和减小后期次杆件高空补缺难度，次桁架双榀联立地面拼装完毕后，采用大型履带式起重机吊装就位。

4.3 装饰造型桁架采取地面整体分片拼装，采用大型履带吊直接吊装就位。

4.4 钢结构卸荷分5轮进行，采用"先顶后割"方式控制钢结构主桁架端部降幅值。

5. 施工工艺流程及操作要点

5.1 施工工艺流程（图5.1）

5.2 操作要点

5.2.1 放线、验线：

1. 柱顶放线与验线：标出轴线与标高，检查柱顶位移，网架安装单位对提供的网架支承点位置、尺寸、标高经复验无误后才能正式安装。

2. 网架地面安装环境应找平放样，网架各支点应放线，标明位置。

5.2.2 主桁架柱脚段吊装：

由于柱脚第一段拼装的时候为水平状态，吊装就位为竖直状态，所以吊装桁架过程中，首先需要将桁架进行脱模和调整姿态。

指挥150t履带式起重机和50t履带式起重机，缓慢配合同时起吊，边起吊边调整钢丝绳，慢慢使钢丝绳均匀受力，直到桁架离开拼装胎架。缓缓提升150t履带式起重机吊臂，将桁架顶部慢慢抬起，直到桁架顶部不能提升，指挥150t履带式起重机沿行走方向缓缓行进，行进过程中，慢慢提升150t履带式起重机吊臂，使桁架顶部再次慢慢抬起，桁架在提升过程中，保持桁架尾部吊车将桁架尾部保持离胎架高约50cm高，吊装示意图见图5.2.2-1。

按照上述过程将桁架顶部慢慢提起直到桁架提升到直立状态，桁架直立后将桁架尾部吊车的钢丝绳解开。

在主桁架姿态调整到安装姿态后，即可进行安装，此时主桁架的第一段，选用150t履带式起重机，60.9m主臂，14m工作半径，可以吊装37t，吊机性能远远满足桁架吊装要求。

主桁架吊装过程见图5.2.2-2：

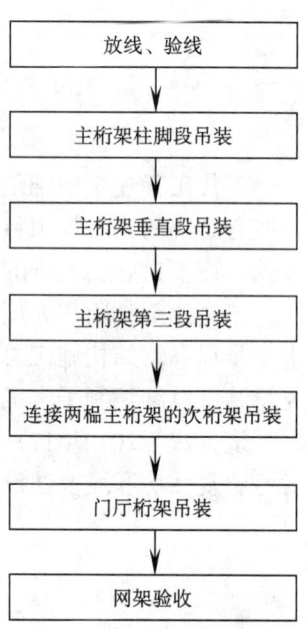

图5.1 施工工艺流程图

流程图内容：放线、验线 → 主桁架柱脚段吊装 → 主桁架垂直段吊装 → 主桁架第三段吊装 → 连接两榀主桁架的次桁架吊装 → 门厅桁架吊装 → 网架验收

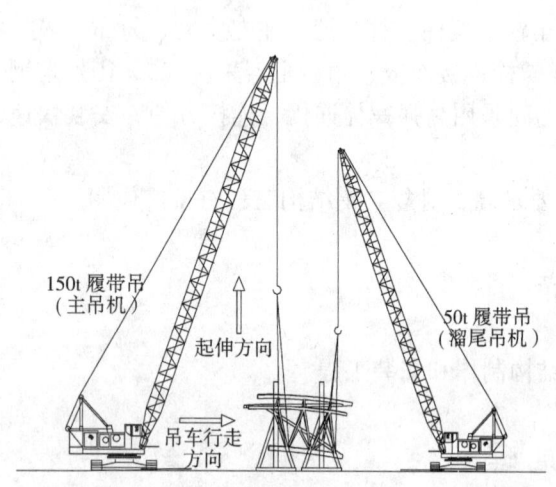

图5.2.2-1 主桁架柱脚首段起吊示意图

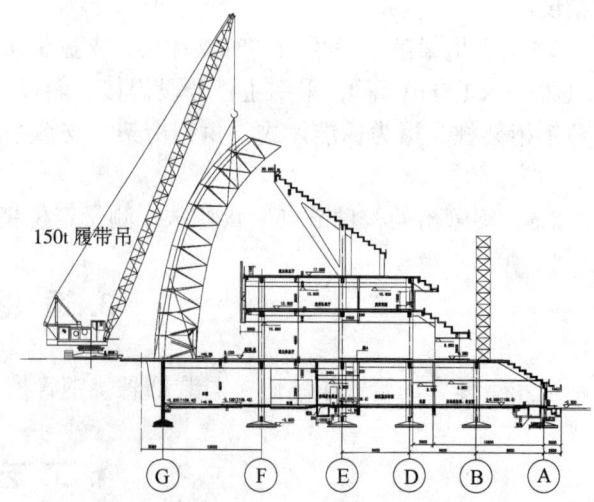

图5.2.2-2 主桁架柱脚首段吊装就位示意图

桁架吊装到位后，将桁架的弦杆在根部对接位置，用连接板与预埋件的钢管定位固定，见图5.2.2-3。

在桁架根部与预埋件钢管连接固定后，桁架顶部拉设缆风绳固定调节，见图5.2.2-4，待桁架调整到位后，即可将吊机松钩。

5.2.3 主桁架垂直段（第二段）吊装：

第二段主桁架的吊装方式同第一段的吊装一样，首先也是由1台150t履带式起重机和1台50t履带式起重机进行桁架的脱模和空中姿态调节，当桁架姿态调节到位后，即可进行地二段桁架的吊装。

第二段桁架的对口和调节方式也是和第一段一样，在和第一段的弦杆对口位置设置连接板进行就位固定，然后再在桁架顶部设置缆风绳，当桁架调整到位后，即可进行焊接，桁架焊接的时候，吊车不松钩，待桁架焊接完成50%～60%左右的时候，吊车即可松钩子。其吊装示意图见5.2.3：

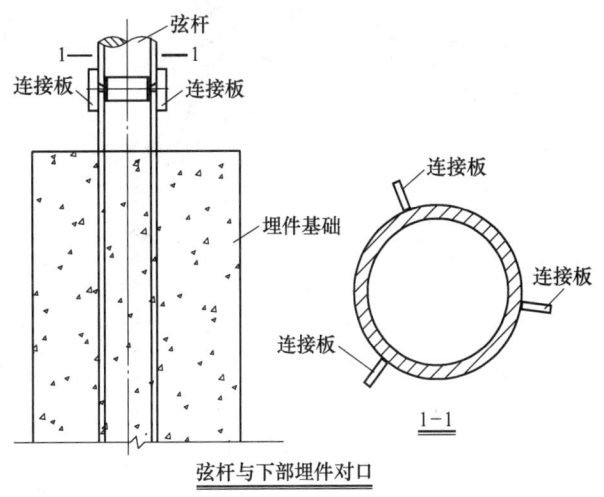

图5.2.2-3 主桁架柱脚首段根部固定示意图

主桁架的第二段吊装，选用150t履带式起重机，在场外进行吊装作业，此时，选用60.9m主臂，18m工作半径，可以吊装31.9t吊机性能满足桁架吊装要求。

5.2.4 主桁架第三段吊装：

第三段桁架的脱模和调整姿态，同第一、二段的脱模和调整姿态有所不同，其调整方式见图5.2.4-1：

桁架姿态调节到位后，即可进行桁架的吊装作业，见图5.2.4-2：

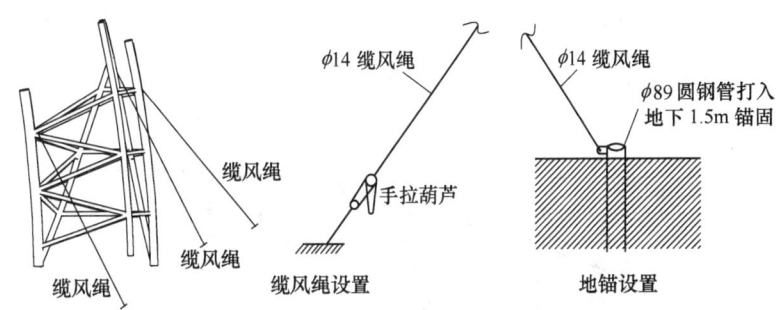

图5.2.2-4 缆风绳的设置及固定示意图

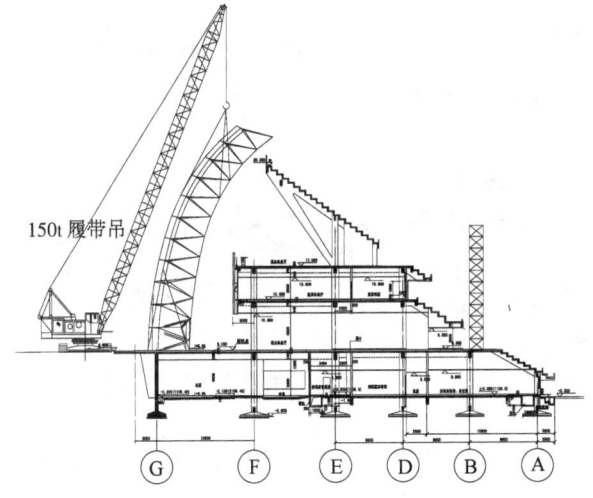

图5.2.3 主桁架垂直段（第二段）吊装示意图

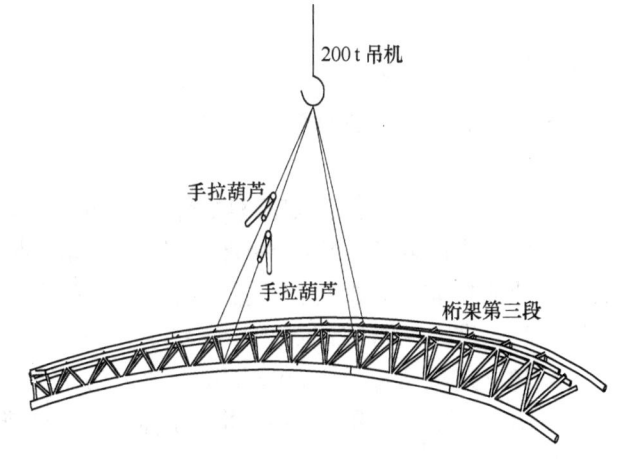

图5.2.4-1 主桁架第三段吊装姿态调整示意图

主桁架的第三段吊装，选用200t履带式起重机，在场内0.00m标高面的地面上，进行吊装作业，此时，选用62m主臂，24m工作半径，可以吊装28.6t，第三段桁架重量约26t，吊机性能满足桁架吊装要求。

桁架吊装到位后，在桁架弦杆对接部位，采用连接板对接，见图5.2.4-3：

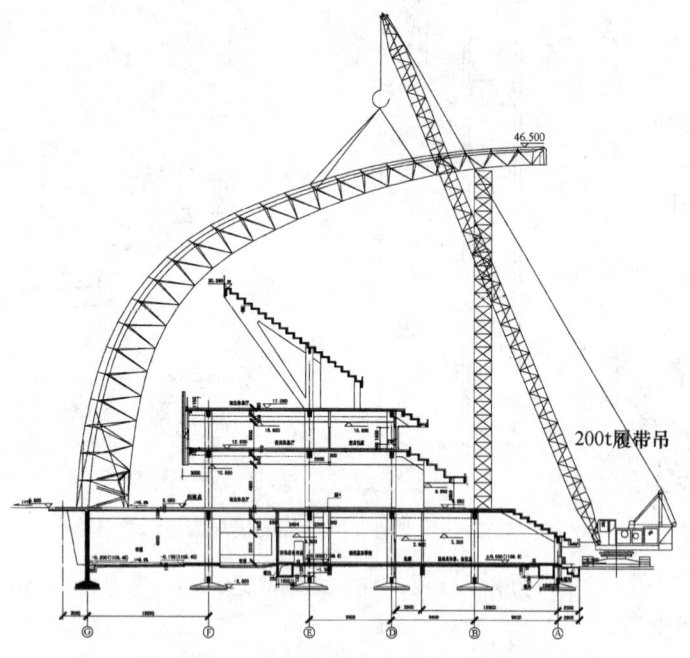

图5.2.4-2 主桁架第三段吊装示意图

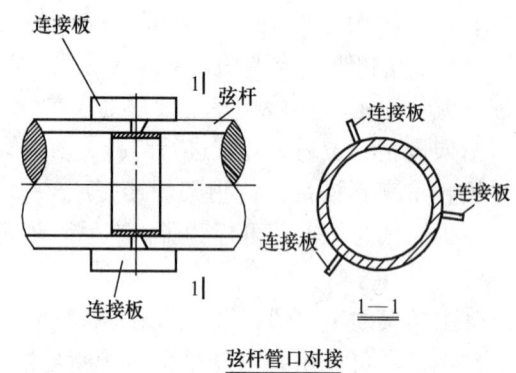

弦杆管口对接

图5.2.4-3 桁架弦杆连接板对接示意图

桁架的端部，用支撑架进行支持，见图5.2.4-4。

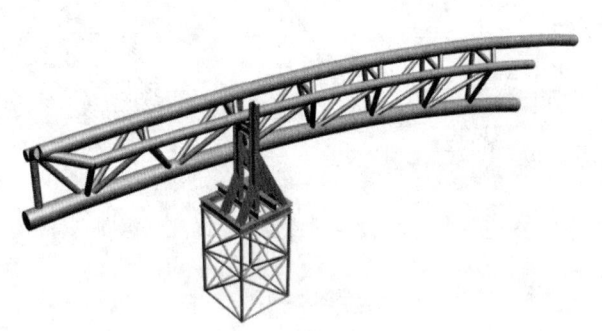

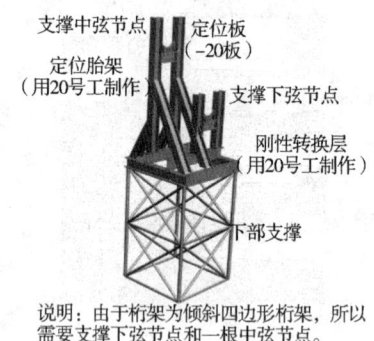

说明：由于桁架为倾斜四边形桁架，所以需要支撑下弦节点和一根中弦节点。

图5.2.4-4 桁架的端部用支撑架支撑示意图

桁架在固定好根部和定位好端部，拉设好缆风后，吊机可以松钩。

第三段桁架对接部位和桁架端部交接部位，为便于人操作，特在第三段桁架端部和尾部设置操作挂架，桁架在地面拼装时，即将操作挂架搭设在桁架上，随桁架一起起吊。见图5.2.4-5。

图5.2.4-5 第三段桁架操作挂架示意图

5.2.5 连接两榀主桁架的次桁架（CHJ）吊装：

CHJ的吊装，采用将两榀次桁架拼装为一个吊装单元的方法吊装，姿态调节方法与第三段桁架相同，见图5.2.5-1、图5.2.5-2。

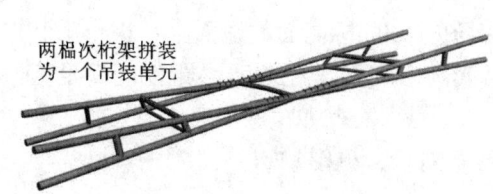

图5.2.5-1 开口区域次桁架（CHJ）吊装单元

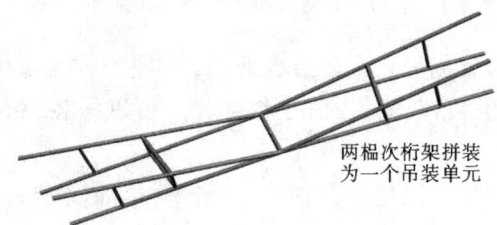

图5.2.5-2 闭口区域次桁架（CHJ）吊装单元

5.2.6 门厅桁架（Arch）吊装：

门厅桁架Arch单片分为4根弦杆，将垂直面得两根弦杆作为一个拼装单元，完成后搭设脚手架操作平台，在操作平台上进行安装，用葫芦拉缆风绳进行临时固定，完成相应的两个单片后进行腹杆的补装工作，整体成型焊接完成后拆除脚手架平台。

脚手架布置见图5.2.6所示：

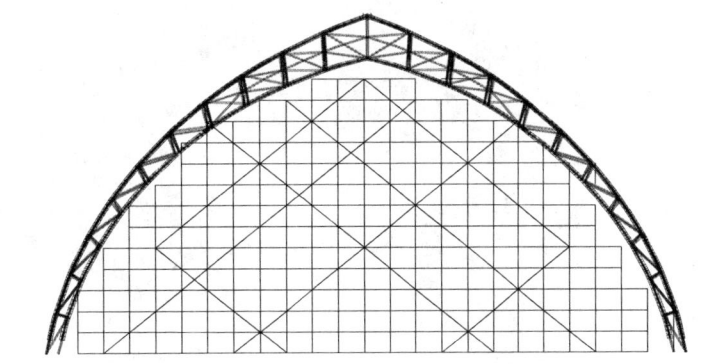

图5.2.6 脚手架采用1.5m×1.5m步距，1.5m步高按照图中所示进行搭设

5.2.7 支撑架体说明及在施工中体现的实际作用：

支撑架采用角钢桁架柱支撑。桁架柱支撑尺寸为2m（宽）×2m（宽）×1.5m（高），采用主杆分段焊接、斜撑普通螺栓连接而成，角钢桁架采用125×10号角钢，本角钢桁架柱支撑为标准片式，角钢桁架柱支撑主肢之间采用高强螺栓连接，连接方便，安装快速，承载力大。

结构在安装就位但未连接固定时，需要采用临时支撑对结构进行支撑，以保证结构的临时稳定。

临时支撑设置在桁架的端部悬挑位置，见图5.2.7-1、图5.2.7-2。

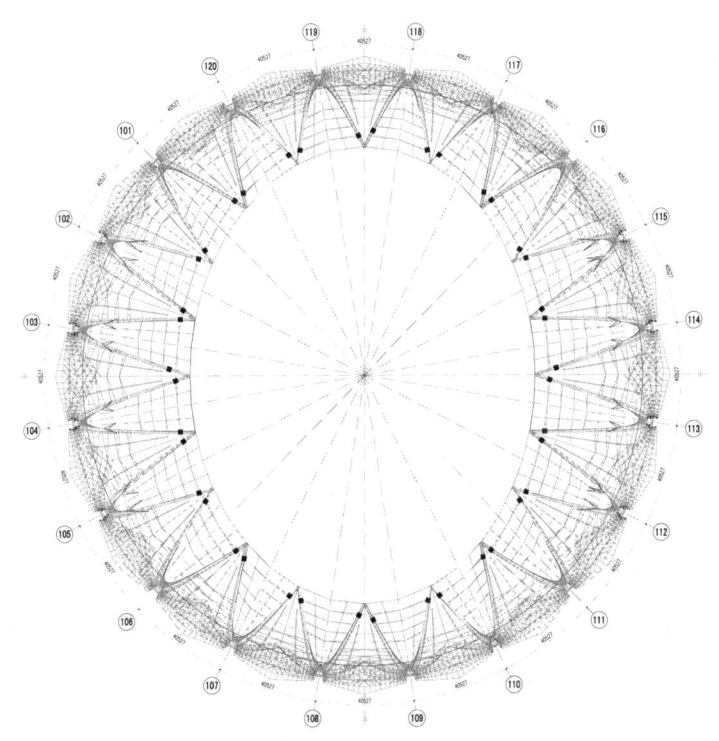

图5.2.7-1 临时支撑在支撑过程中，在支撑顶部设置定位胎架

5.2.8 钢结构卸荷施工工艺及措施：

1. 在临时支撑顶部，设置转换胎架，见图5.2.8-1、图5.2.8-2。

2. 在转换胎架顶部设置调节螺旋千斤顶，将千斤顶与桁架下弦顶紧（为保证千斤顶与桁架下弦顶紧和良好接触，在桁架下弦底部设置垫平钢板），然后将支撑顶部的桁架定位胎架割除，将桁架重量转换到千斤顶→转换胎架→临时支撑，见图5.2.8-3。

3. 支撑位置编号见图5.2.8-4。

4. 准备工作完成后，开始第一轮卸载，每个支撑点全部卸载30mm，即将每个支撑点位置的螺旋千斤顶向下调节30mm（螺旋式千斤顶，因为千斤顶上有刻度，根据刻度可以很有效地控制卸载的

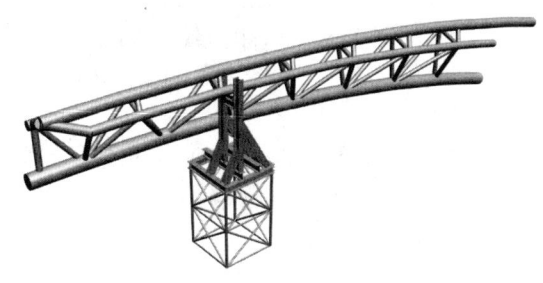

图5.2.7-2

量值），卸载过程中采用顺时针或逆时针方向，一个一个支撑点位置来调节螺丝千斤顶，直到所有支撑位置的千斤顶全部向下调节30mm。

图 5.2.8-1　现场临时支撑顶部
原定位胎架的设置

5.2.8-2　在临时支撑顶部设置转换
胎架（转换胎架采用 20 号工制作）

5.2.8-3　顶紧千斤顶，割除
定位胎架

（一个千斤顶为支撑千斤顶，另一个为
置换千斤顶，防止千斤顶行程不够）

5. 第一轮卸载完毕后，开始第二轮卸载，本轮卸载是先全部拆除编号为A1、B2、C1、D2、E1、F2、G1、H2、I1、J2、K1、L2、M1、N2、O1、P2、Q1、R2、S1、T2（千斤顶同时下降到自由状态，即千斤顶不再支撑桁架，与桁架处于脱离状态），然后其余支撑点在上一步卸载的基础上再卸载10mm，累计卸载40mm，卸载过程中采用顺时针或逆时针方向，一个一个支撑点位置来调节螺丝千斤顶，直到所有支撑位置的千斤顶再全部向下调节10mm。

6. 第三轮卸载——全部拆除编号为B1、D1、F1、H1、J1、L1、N1、P1、R1、T1，其余支撑在上一步卸载的基础上再卸载10mm，累计卸载50mm。

7. 第四轮卸载——全部拆除编号为A2、C2、E2、G2、I2、K2、M2、O2、Q2、S2，其余支撑在上一步卸载的基础上再卸载50mm，累计卸载100mm。

8. 第五轮卸载——全部拆除剩余临时支撑架。

9. 卸载量值控制。

根据测定，本工程选用的50t螺旋式千斤顶，每转动一圈，行程约为4.5mm，具体操作如下：

1）测量未卸载前各千斤顶的螺杆的高度，并记录在案。

2）掌握各次卸载量，并以转数为初步控制量，以测量的螺杆高度为精确控制量。卸载量的允许误差控制在1mm以内。

3）每次卸载后，应测量卸载点的标高，同时纪录，以确定下一次卸载的调整值。

图5.2.8-4　支撑位置编号

5.2.9 钢结构卸荷完毕后测量数据。

钢结构在卸荷前，利用电脑理论主桁架悬挑端部最大降幅数值为254mm，根据现场精心进行五次的卸荷，钢结构卸载完毕后，经过测量，结构主桁架悬挑端部，最大降幅数值为150mm，符合设计要求。

5.2.10 钢结构焊缝质量要求及作业面生命线设置：

1．对于钢结构焊接质量，依据规范要求，一级焊缝需要100%探伤并合格，二级焊缝需要30%探伤并合格，焊缝经检测部门检测全部合格。

2．工人在施工操作过程中，在桁架弦杆上焊接立杆，在立杆上拉设生命线。

5.2.11 桁架验收：

1．桁架验收分二步进行，第一步是桁架仍在吊装状态的验收；第二步是桁架独立荷载，吊装卸荷后的验收。

2．检查桁架焊缝外观质量，应达到设计要求与规范标准的规定。

3．四边塞杆（即合拢时的焊接管），在焊接24h后的超声波探伤报告，以及返修记录。

4．检查桁架支座的焊缝质量。

5．钢桁架吊装设备卸荷。观察桁架的变形情况。桁架吊装部分的卸荷应该缓慢、同步进行，防止桁架局部变形。

6．将合拢用的各种捯链分头拆除，恢复钢桁架自然状态。

7．检查桁架各支座受力情况；检查桁架的拱度或起拱度。

8．检查桁架的整体尺寸。

6. 材料与设备

6.1 材料

6.1.1 钢桁架安装的钢材与连接材料，高强度螺栓、焊条、焊丝、焊剂等，应符合设计的要求，并应有出厂合格证。

6.1.2 钢桁架安装用的空心焊接球、杆件，以及橡胶支座等半成品，应符合设计要求及相应的国家标准的规定。

6.2 主要机具设备见表 6.2

主要机具设备 表6.2

机 具 名 称	数 量	备 注
电焊机	40 台	
氧—乙炔切割设备	20 套	
砂轮锯	50 个	
杆件切割车床	4 组	
杆件切割动力头	20 个	
钢卷尺	60 个	5m、7.5m
钢板尺	26 个	
卡尺	15 个	
水准仪	4 台	
经纬仪	3 台	
超声波探伤仪	1 台	
磁粉探伤仪	1 台	
提升设备	3 组	
铁锤	28 个	用于桁架姿态调整
钢丝刷	100 个	
液压千斤顶	46 个	
捯链	21 套	用于桁架姿态调整

6.3 构件分析

该工程主桁架为四边菱形管桁架，主桁架分为三段吊装，主桁架底部两段在场地外围吊装，顶端在场内吊装，顶端吊装时设置临时支撑，主桁架单体重量分析如表6.3：

主桁架单体重量分析　　　　　　　　　　　　表6.3

序号	编号	截面形式	重量	安装分段数	备注
1	ZHJ-A	四边菱形	56.79t	三段	共4榀
2	ZHJ-B	四边菱形	59.48t	三段	共4榀
3	ZHJ-C	四边菱形	57.11t	三段	共4榀
4	ZHJ-D	四边菱形	59.36t	三段	共4榀
5	ZHJ-E	四边菱形	43.057t	三段	共4榀
6	ZHJ-F	四边菱形	42.625t	三段	共4榀
7	ZHJ-G	四边菱形	38.87t	三段	共4榀
8	ZHJ-H	四边菱形	38.675t	三段	共4榀
9	ZHJ-J	四边菱形	36.401t	三段	共4榀
10	ZHJ-K	四边菱形	37.242t	三段	共4榀

6.4 主要吊装设备见表6.4

主要吊装设备表　　　　　　　　　　　　表6.4

序号	名称	数量	备注
1	150t履带吊	2	主桁架底部两段吊装
2	200t履带吊	1	主桁架顶部及门厅桁架吊装
3	20t汽车吊	6	材料倒运
4	捯链	3	调整桁架姿态
5	千斤顶	2	调整桁架姿态
6	钢锤	2	调整桁架姿态
7	电焊机	4	桁架焊接

7. 质量控制

7.1 质量应符合《钢结构工程施工质量验收规范》GB 50205-2001和《网架结构设计与施工规程》JGJ 7-91的要求，见表7.1-1、表7.1-2。

主控允许偏差表　　　　　　　　　　　　表7.1-1

项　目	规范允许偏差（mm）	项目内控目标（mm）
本建筑总体垂直偏差	$e \leq H/2500+10$ $e \leq 50$	$e \leq 40$
建筑总高度偏差	$-H/1000 \leq e \leq H/1000$ $-30 \leq e \leq 30$	$-25 \leq e \leq 25$
本建筑平面弯曲偏差	$e \leq L/1500$ $e \leq 25$	$e \leq 20$
本建筑定位偏差	$e \leq L/20000$ ± 3	$e \leq \pm 3$
屋盖边线偏移	± 30.0	± 25.0

分项控制允许偏差表 　　　　　　　　　　　　　　　　　　　表7.1-2

项　　　目	工程允许偏差（mm）	项目内控目标（mm）
柱子的底座位移	$e \leqslant 3$	$e \leqslant 3$
上柱和下柱的扭转	$e \leqslant 3$	$e \leqslant 3$
柱底标高	$-2 \leqslant e \leqslant 2$	$-1.5 \leqslant e \leqslant 1.5$
单节柱的垂直度	$e \leqslant L/1000$ $e \leqslant 10$	$e \leqslant L/1200$ $e \leqslant 8$
同一根梁两端水平度	$e \leqslant L/1000$ $e \leqslant 10$	$e \leqslant L/1200$ $e \leqslant 8$
桁架跨中垂直度	$H/250\ e \leqslant 10.0$	$e \leqslant 8.0$
桁架测向弯曲	$H/1000\ e \leqslant 10$	$e \leqslant 8$

7.2 桁架安装质量的控制，在每榀安装的桁架上设置4个以上点位进行测量的控制，全站仪时时进行监控，确保安装的精度符合设计及规范的要求。

7.3 桁架结构节点及杆件外观质量：

检验方法：观察检查，表面干净，无明显焊疤、泥砂、污垢。

检查数量：按节点数量抽查5%，但不应少于5个节点。

7.4 现场所有焊缝按《钢结构工程施工质量验收规范》中一、二级焊缝质量等级及缺陷分级，采用内部缺陷超声波探伤，焊缝评定等级Ⅱ，检验等级B级，一级焊缝探伤比例100%，二级焊缝探伤比例30%。

7.5 吊装前需要先对构件表面的焊疤、毛刺、卡玛遗留物等进行全面打磨清理。在焊接及清理点需进行补涂防腐，底漆及中间漆按主结构防腐要求施工，后补油漆与构件原有漆膜的搭接宽度不小于50mm，涂膜修补需补至破损层。

7.6 雨季焊接时，为避免雨水影响焊缝质量，现场采取保护措施。用角钢在桁架上搭设防雨篷，随用随拆，方便易行。

7.7 弦杆悬挑长度大，须对焊缝变形进行控制，采取的主要措施是严格控制焊接顺序，焊接时按先上下弦杆，再焊接翼缘，最后焊接腹杆。

7.8 原材料必须有出厂合格证，检验报告；全熔透对接焊缝必须开坡口，焊缝必须进行超声波检验，不合格的部位必须剔除重焊；安装摩擦型高强螺栓时，穿孔不得强行敲打、气割扩孔、破坏喷砂摩擦面；柱安装完毕后，顶部必须加盖板，以防止雨水、杂物调入柱内；做好柱脚的防水措施，预防地下水从柱脚与桩承台接口的薄弱处渗漏入室内。

8. 安 全 措 施

8.1 要求施工过程严格执行国家《安全生产法》、《建筑施工安全检查标准》及有关部门、地区颁发的安全规程，执行三合一管理体系要求。制定安全管理目标，完善安全管理制度，建立健全的安全管理体系。

8.2 明确各级管理人员的安全生产责任，严格执行各工种安全技术操作规范。

8.3 制定分项工程安全技术管理措施、各分项工程专项安全施工方案、文明施工保障措施、危险源控制措施及事故的应急预案。

8.4 严格按照各项方案、措施执行安全措施。

8.5 要在施工人员中树立安全第一的思想，认识到安全文明施工的重要性，作到每天班前检查、班后总结，所有施工人员，必须严格遵守现场条令及有关外场作业安全规章制度。施工前逐级进行安全技术交底，其交底内容针对性要强，并做好记录，并明确安全责任制。

8.6　吊装时先进行试吊，高度达1.5m时停30min，检查各受力部位及卷扬机的刹车是否可靠、灵敏，在万无一失的情况下，经批准方可起吊。

8.7　在起吊中，要服从指挥人员统一指挥、统一行动，试吊前现场要开会明确分工，各负其责，通过试吊总结经验，进一步分工明确责任，在各岗位检查没有问题的情况下报告总指挥，方可开始正式起吊。

8.8　加强施工中的安全信息反馈，消除施工中的事故隐患，使安全信息反馈迅速。

8.9　高空作业点下地面不允许站人，并做好安全警戒措施，防止高空坠落事故，高空焊割作业人员必须要配备接火斗，以免焊渣掉落。高空作业焊割人员旁边要拉安全绳，以备吊物使用。安全带要配备全新合格产品，且应为加强双扣，凡在上面操作人员，不允许随便卸安全带扣。

8.10　施工人员熟悉施工程序的同时，技术交底、安全检查和必要的安全设施也是相当重要的。焊接、切割施工部位放置防火设施，对施工人员教授必备的紧急救护措施。

8.11　施工过程中安排专职人员对施工作业进行安全监控。

9. 环 保 措 施

9.1　本工法按照ISO14000 环境管理体系实行项目环境管理。

9.2　工程施工前，对周边居民进行走访，了解居民意见并提出切实可行的解决措施，确保周边居民的正常工作和生活。

9.3　合理安排作业时间，将混凝土施工等噪声较大的工序放在白天进行，在夜间。避免进行噪声较大的工作，夜晚10 点以后停止施工。

9.4　夜间灯光集中照射，避免灯光干扰周边居民的休息。

9.5　对主体工程采用吸声降噪板和密目网进行围挡。吊装指挥配套使用对讲机。高噪声设备实行封闭式隔声处理。

9.6　应当实现围挡、大门标牌装饰化，材料堆放标准化，生活设施整洁化，职工文明化，做到施工不扰民，现场不扬尘，运输垃圾不遗撒，营造良好的作业环境。

9.7　建筑垃圾的处理：建筑垃圾分类堆放（不可利用物、可利用物），垃圾处理时必须向当地环卫部门申报，同时办理建筑垃圾处置证。

9.8　生活垃圾处理：施工前必须与当地环卫部门联系，设立临时生活垃圾堆放点，由环卫部门定期处理。

9.9　设置专职保洁人员，保持现场干净清洁。现场的厕所等卫生设施、排水沟及阴暗潮湿地带，予以定期进行投药、消毒，以防蚊蝇、鼠害滋生。

9.10　建立环保工作自我监控体系，一方面采取有效措施控制人为噪声、粉尘的污染，另一方面采取技术措施控制污水、烟尘、噪声污染，同时协调外部关系，加强与环保部门的联系，解决扰民问题。

9.11　禁止在施工现场焚烧等会产生有毒、有害气体的物质。

10. 效 益 分 析

10.1　采用本工法进行大型体育场馆钢管桁架结构安装经济效益显著，现已宁夏宁夏贺兰山体育场为例进行经济效益分析说明，详见表10.1。

经济效益分析一览表   **表10.1**

评价内容	满堂脚手架安装法	大型吊机直接吊装法
脚手架费用	327 万	12 万
吊装机械费用	188 万	292 万
临时支撑费用	24 万（考虑租赁）	122 万（考虑租赁）
工期效益	采用满堂脚手架预计工期需要 10 个月	采用大型履带吊吊装及临时架体支撑实际工期为 7 个月
合计	539 万	426 万

采用大型起重机直接吊装，可以节省安装费用113万，经济效益明显。

10.2 社会效益

大型体育场钢结构吊装施工工法，为今后同类型结构的施工安装提供了很好的方法和成功经验，为我国建筑业的行业发展，为新结构、新技术的推广作出了贡献。

10.3 环保效益

本工法采用地面拼装，高空吊装的方法进行安装，充分的利用的现场场地，减少了对周边环境的噪声污染，同时由于钢结构作业为干作业，不会产生水污染。

11. 应用实例

11.1 宁夏贺兰山体育场，位于银川市西夏区贺兰山西路南侧、金波北路以东，由银川市工程项目代理建设办公室代理建设，建筑总面积66077m²，地上4层，罩棚采用钢管桁架钢结构施工技术。

11.2 宁夏固原体育馆位于固原市经济开发区，由固原市体育馆建设指挥小组代理建设，建筑总面12490.56m²，地上3层，罩棚采用钢管桁架钢结构施工技术。

11.3 宁夏亲水体育中心位于亲水大街以东、黄河路以南，由宁夏体育局筹建办公室投资建设，建筑面积42664m²，罩棚采用钢管桁架钢结构施工技术。

"平桥"施工超高大空冷塔筒壁施工工法

GJEJGF112—2010

宁夏建工集团有限公司

郑怀祥　李志国　张德友　毛学军　王东红

1. 前　　言

　　火电厂双曲线间接式空冷却塔，其形体比通风冷却塔超高超大，是火电厂的标志性建筑之一。与一般建筑相比具有显著特点，一是形状特殊：外形为典型的双曲线；二是结构特殊：为典型的薄壳结构。而筒壁又是空冷塔施工的主体工程，直径、高度均比常规的冷却塔偏大，垂直运输量、操作台水平运输量大大增加，传统的施工方法很难满足施工要求，特别是设备的经济性、安全性和设备的普遍适用性都不理想，采用液压顶升平桥施工空冷塔解决了超高超大空冷塔施工中施工人员、钢筋、混凝土的输送效率。形成集多用途升降机、塔机、吊桥功能为一体新型专业化垂直运输设备。在国电宁夏石嘴山大武口电厂建设中成功应用并形成工法。

　　本工法于2009年8月20日经宁夏科技信息研究所关键技术查新达到了国内领先水平。2009年9月28日经区建设厅组织的科技成果鉴定，鉴定结果具有创新性，达到了国内领先水平。2009年 12月 25 日经宁夏住房和城乡建设厅评定为区级工法。

2. 工 法 特 点

　　2.1　可为多功能升降机提供附着，又为施工中钢筋和混凝土等物料的储存和水平运输提供平台，使用安全可靠，施工过程中不需要搭设脚手架或其他辅助支撑体系；

　　2.2　可随空冷塔的施工部位和施工进度调整系统高度、调整工作幅度，保证工作面与施工面相平，操作方便快捷；

　　2.3　与传统的施工方法相比大大节约了投资，经济效益显著；

　　2.4　能适合各种塔的施工要求，降低劳动强度，提高工作效率，加快施工进程，施工应用前景广阔。

3. 适 用 范 围

　　本工法适用于空冷塔、冷却塔上部结构施工，还可推广到其他异型高耸建筑主体当中，比如桥梁建设行业的大型桥墩等。

4. 工 艺 原 理

　　"平桥"施工超高大空冷塔筒壁工法是利用平桥前桥和后桥构成工作平面，作为施工人员和物料到达施工面的通道，顶部塔机可以把施工用钢筋吊至前桥或施工面上，平桥的侧面附有1台施工升降机，可以把施工人员运送到工作平面。筒壁混凝土利用附着在平桥上的多功能升降机和加装的拖施泵泵管合理搭配进行垂直运输。平桥轿厢底部储料斗存储混凝土，再由施工人员用小车将混凝土运送到施工面。筒壁采用定型组合式钢模板，带肋处采用定型专用模板。利用3层方框架组成施工作业面，翻转模板施工空冷塔筒壁。如图4。

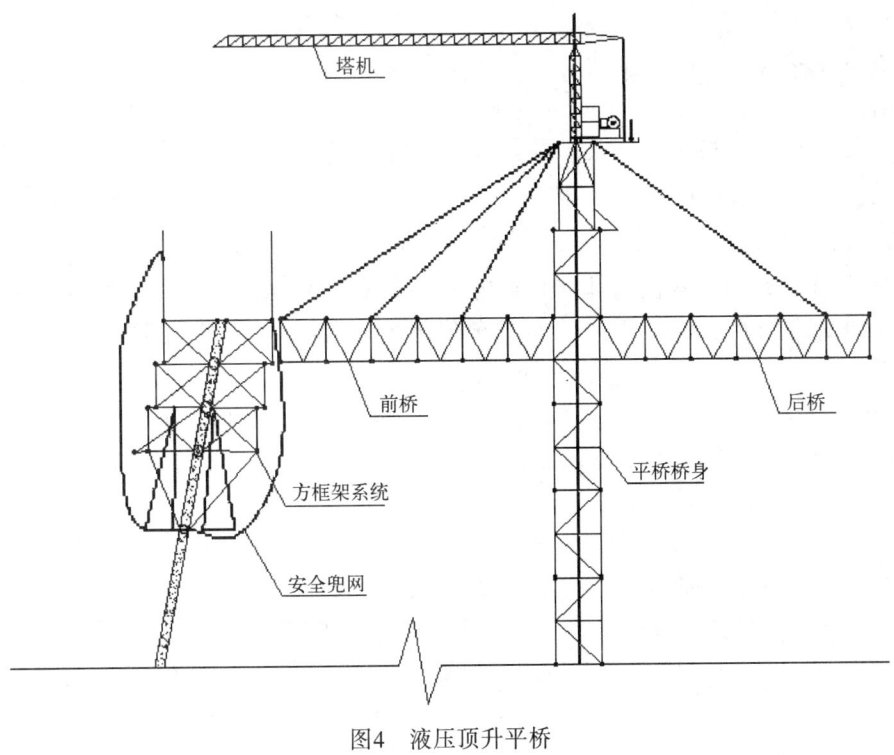

图4 液压顶升平桥

5. 施工工艺流程及操作要点

5.1 施工工艺流程（图5.1）

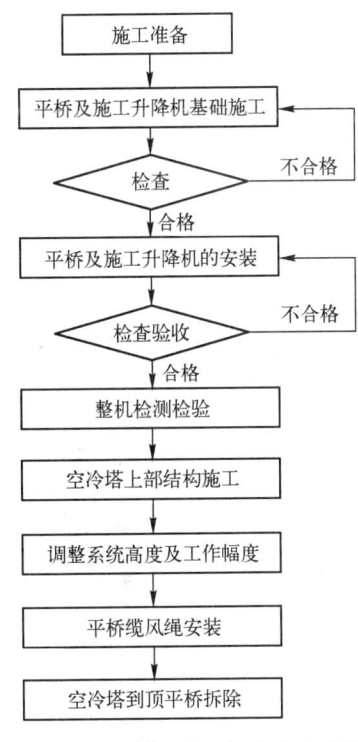

图5.1 "平桥"施工超高大空冷塔
筒壁工艺流程

5.2 操作要点

5.2.1 施工准备

根据施工现场实际情况，结合YDQ2625-7液压顶升平桥的结构特点，确定安装的具体位置。根据平桥在空冷塔内布置位置，清理施工现场，为平桥的安装和施工过程提供必要的场地保证。

5.2.2 平桥及施工升降机基础施工

1. 在浇筑平桥及施工升降机的基础时必须保证平桥基础与升降机的基础中心线必须重合，如果两次中心线相差太多则必将会出现升降机运行到上面以后翻门与平桥走台的护栏干涉不打开。

2. 该平桥的安装距离平桥中心线距塔喉部4.9m+方框架宽度。

3. 浇筑平台基础时必须将一节平桥的标准节与平桥基础的4个支腿用8套高强螺栓连接好以后再进行浇筑，并且标准节带有踏步顶升的一面朝向水塔的中心线方向，如果方向相反，浇筑以后特别难以处理。

4. 在浇筑完成以后一定要保证4条支腿主弦杆的上表面的水平度偏差在1mm以内。

5. 确定两个基础的位置时，在保证平桥的前桥在最大幅度时能够到水塔施工平层，后桥与水塔中心的支柱不发生干涉的前提下，平桥与升降机的基础位置可以向水塔的中心方向偏移，如此在平桥升到水塔喉部位置时，就不必将前桥全部拆除以避免出现后桥过重的工况。

6. 检查已浇筑的混凝土基础，符合上述要求后方可进行平桥和施工升降机的安装，否则调整、返修，直至达到要求。

5.2.3　平桥及施工升降机的安装

1．安装顺序：

4节标准节→套架→回转平台→回转塔身→塔机臂架→塔机配重→后桥→移动平衡重→前桥→前桥拉杆→固定平衡重。

2．垂直度要求：

先安装4节标准节，在高强螺栓全部拧紧到规定的预紧之后，用经纬仪分别测量前后桥方向和垂直于前后桥方向的垂直度偏差。必须保证4个标准节顶部相对于4个支牛腿在两个方向的垂直度偏差都在1mm以内。如果大于1mm必须进行调整。调整方法有两种：

1）第一种松开最下面一个标准节下面的8个紧固螺栓，用吊车整体吊下4个标准节，将水平仪架设在与4个支腿中最矮支腿的主弦杆上表面的同一高度，以此为基准用角磨机将其余3个支腿打磨到同一高度，安装后再测量其垂直度偏差，直至达到要求。

2）第二种松开最下面一个标准节下面的8个紧固螺栓，用吊车整体吊起4个标准节适当高度，根据用经纬仪测量的垂直度偏差，在相应的支腿上加上一定厚度的垫片，同样将高强螺栓紧固到所规定的预紧力后再次用经纬仪测量其垂直度偏差，如此反复进行操作直至达到要求。

3）调整实例：以4个标准节安装完成后向升降机方向偏差21mm的调整为例，可以按第一种方法将远离升降机的两个支腿磨掉3.5mm的垫片。如果不进行调整，因为塔身的垂直度偏差并不是按线性关系发展，那么待平桥接高以后将会导致垂直度偏差过大而无法调整。

3．施工升降机安装要求：

同样在安装施工升降机的底架和3个标准节时也必须调整其垂直度偏差，垫片必须加在底架圆管的正下方。

4．其他构件的安装：

在4节标准节安装精度达到标准后，采用汽车吊安装平桥和施工升降机的。

5.2.4　整机检测检验

整机安装调试完毕后，施工单位进行自查，并申请有关技术监督部门检测检验，合格后方可顶升平桥到筒壁作业面层，施工钢筋混凝土筒壁。

5.2.5　混凝土筒壁施工

1．测量技术

1）前4节筒壁几何测量

把激光测距仪安置在基准点上，在被测点上安放接收靶，用光学测距仪瞄准接收靶，仪器首先反应出斜距，然后按仪器上电脑装置就可知道该基准点和被测点水平距离和垂直距离，根据测出水平距离算出筒壁半径误差，筒壁半径误差=R设计−R实际，R实际=基准点到水塔中心距离+基准点到被测点距离。

2）4节以上筒壁几何测量

4节以上筒壁塔中心点垂直引测采用接受靶利用经纬仪和线坠两种方法。接受靶由4根 ϕ8钢丝绳从4个互相垂直的方向拖拉，钢丝绳穿绕固定在已浇筑完毕的混凝土筒壁上的转向轮。筒壁半径控制方法如下：

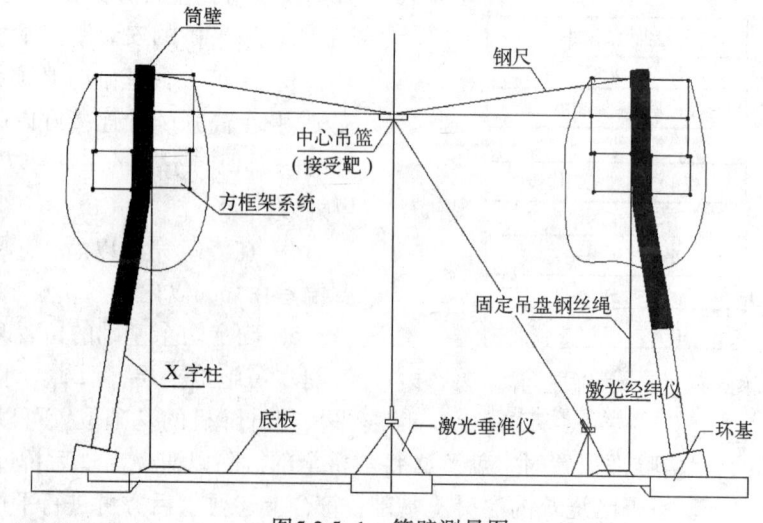

图5.2.5–1　筒壁测量图

（1）在塔心架设经纬仪，经纬仪配弯管目镜将中心打上接受靶，通过调整钢丝绳调整中心，从而将塔心引测到上部。

（2）找塔心宜可采用在接受靶挂线坠，调整接受靶上的钢丝绳，使线坠与塔心重合。

（3）在接受靶上固定钢卷尺，筒壁每板半径用钢卷尺测量控制，钢卷尺测量拉力200N，拉平拉直钢卷尺测量。

（4）采用拉斜长的方法作为施工的控制半径：钢卷尺、钢丝绳、一节模板高度组成三角形，通过钢丝绳的长度和模板高度以及夹角，用三角函数计算钢卷尺的长度，计算出的长度（斜长）为该节模板的上口控制半径。

3）筒壁半径复合

每施工5~8节筒壁，对混凝土筒壁的标高和半径进行校定，如出现施工偏差时，缓缓纠正，每次纠正不宜超过20mm。

4）特殊部位测量

由于平桥所处偏中心的位置，个别区间的模板受平桥的阻挡不能采用钢尺直接拉半径进行控制，但其中一部分模板还是能通过从平桥的孔隙穿过钢尺直接进行半径的控制，其余模板的控制是根据不同模板块数通过量测每一块模板在弦长方向上的位置及弦高的方法来控制，施工前采用计算出不同模板块数的每一块模板在弦长方向上的尺寸及其弦高，作为施工控制的依据，这种方法是比较行之有效的方法。

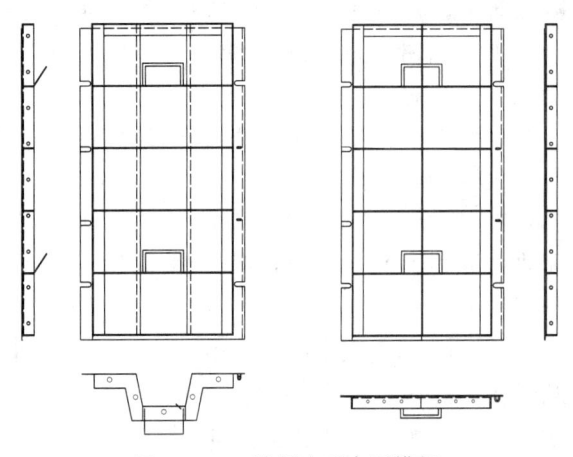

图5.2.5-2 肋部定型专用模板

2. 筒壁模板工程

1）模板设计

（1）由于筒壁为现浇混凝土薄壳结构并均匀设计的80条肋的特殊性。对于80条肋排板时，单独配置特殊的模板，外模板采用专业定型凸肋的钢模板，内模板采用专用定型平面模板拼装，即为0.54m×1.3m专业定型模板为主，每侧挑出50mm的收分量，以保证凸肋的位置及整体效果。带肋专用模板如图5.2.5-2。

（2）对于80条肋与肋之间，排板时内外模板设计为A、B整块定型模板0.65m×1.3m，每侧挑出50mm的收分量，并配以0.45m×1.3m、0.2m×1.3m及0.1m×1.3m型号的定型带收分的钢模板及配套模具，以保证筒壁的整体效果。

（3）下环梁和刚性环处的模板设计：采用50mm厚的木模板根据半径具体加工制作。

2）模板施工

（1）采用方框架架翻模板施工：即将方框架和模板用对拉螺栓（M16）悬挂在已成型的混凝土筒壁上，以此作为操作平台，用调径杆找正，进行其上一层模板、方框架安装和混凝土浇筑等工作。三层方框架、模板循环交替向上使用。在拆除最下面的方框架和模板后，运至顶层的方框架平台上，进行上一节的模板安装和方框架加固。如此周而复始，直至完成整个筒壁施工。

（2）模板安装方法：先安装内模板，后安装外模板，同一部位方框架内外同时安装，根据找好的中心，用调径杆调整筒壁半径及弧度，使外模板上沿口半径符合设计尺寸要求。紧固方框架安装时要通过调节斜撑角度来调整方框架的角度，使安装后的顶面保持水平。

（3）模板拆除方法：模板拆除时要顺着模板插口方向拆模，避免撬坏模板边角。强度要求：浇筑环梁上一节混凝土时，环梁混凝土强度强度达到100%，即不得小于20MPa，方框架翻模时，下二节混凝土强度不得小于5MPa，浇筑刚性环混凝土时，下三节混凝土强度不得小于10MPa。

3. 筒壁钢筋工程

1）钢筋绑扎顺序：钢筋绑扎顺序应为：内层竖向钢筋→内层环向钢筋→安内层垫块→外层竖

向钢筋→外层环筋→拉结筋→安外层垫块→预埋混凝土套管后穿对拉螺栓。内层钢筋绑扎完，进行内模安装。

2）钢筋的安装：①根据规范规定及考虑模板高度、搭接长度，合理计算出每节竖向筋长度，给出筒壁钢筋施工指示图表以满足接头率要求。用水泥砂浆垫块控制钢筋保护层，每块模板至少放3块。②为了防止大风情况下竖向钢筋的晃动影响钢筋位置的准确性及新浇筑混凝土与钢筋间的握裹力，应在模板上方1.5m处左右个绑扎1～2道环向筋，同时用"〰"形钢筋拉钩配合控制保护层和内外层钢筋间距。

3）筒壁钢筋接头：竖向钢筋同一截面接头率33%，水平钢筋同一截面接头率25%。

4．筒壁混凝土工程

1）混凝土的运输与浇筑：

（1）35m以下垂直运输方法：钢筋、模板工程检查合格后进行混凝土的浇筑，筒壁前35m以下用混凝土罐车运输到泵车处，由泵车直接泵送到浇筑位置。

（2）35m以上垂直运输方法：使用施工升降机和安装在平桥塔身上的混凝土拖式泵泵管做垂直运输，保证混凝土在塔上水平运输时均衡连续。拖式泵选用高压型，泵送能力达到150m的高度；拖式泵泵管竖向安装在平桥塔身标准节的斜撑上，地面安装的水平向拖式泵泵管应在拖式泵和平桥处设置混凝土墩台，将泵管牢牢卡住，防止泵送混凝土时泵管对平桥塔身产生水平推力。

（3）水平运输方法：平桥及环型走道板作为水平运输通道，小推车运输布料，人工浇筑。混凝土浇筑从平桥对面点处开始，分别向平桥口处浇筑，最后汇合一处。

（4）浇筑方法：混凝土按模板高度采用斜面分层浇筑，分层厚度500mm，使用50振捣棒，振捣间距不大于300mm。

2）螺栓孔处理：首先将M16对拉螺栓从筒壁中取出，然后用水：水泥和石棉绒搅拌赌孔（此配比无收缩混凝土），由筒壁内外两侧同时填补捣实，进行螺栓孔封堵，确保螺栓孔处筒壁表面与其他部位颜色一致。

3）混凝土采用涂刷养护液养护。混凝土拆模后应及时涂刷混凝土养护液，涂层薄膜均匀、光滑、平整、颜色一致，无气泡、留挂和剥落等缺陷。

5．刚性环施工

空冷塔顶部刚性环外挑1.5m，厚度450mm，较普通的水塔刚性环厚，施工难度大，（见刚性环施工图5.2.5-3）施工时下一板混凝土浇筑完后，直接在方框架上铺设刚性环梁底模，内侧模板采用筒壁专用模板，外侧及底模采用竹胶板，侧模采用对拉螺栓与钢筋围檩进行加固，同时由于悬挑的长度较长，为保证底模的支撑的可靠度，底模支撑又加了一道斜支撑与最下层模板连接。混凝土浇筑后在检修孔和刚性环外侧预埋栏杆埋件上悬挂拆模三脚架拆除模板。

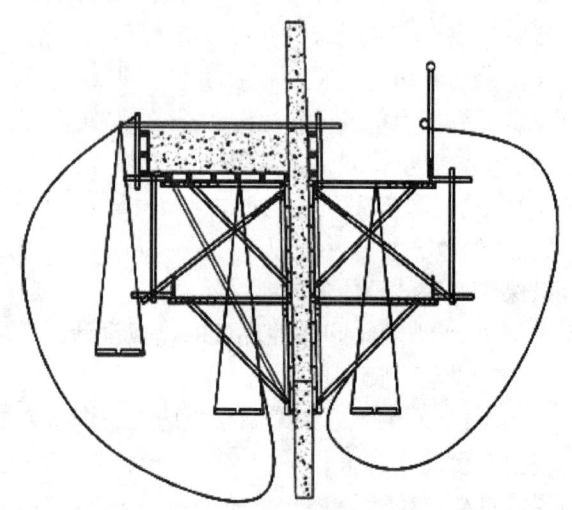

图5.2.5-3 刚性环施工示意图

5.2.6 施工升降机附着与缆风绳装置安装

1．施工升降机附着装置安装：

1）安装要求：当升降机的导轨安装高度超过9m时，应当安装第一套附着装置，该附着架距基础顶面高度为6～9m（也可视具体情况而定），以后每隔6m安装一道附着架，最上面一道附着架（含临时附着）以上的导轨架悬出高度不得超过12m。

2）附着架螺栓的紧固顺序：必须从升降机往平桥方向依次紧固，调节杆最后一步张紧并将调节杆两端的螺母背死。因为附着架同时有调节升降机导轨垂直度的作用，如果反方向紧固附着架装置螺栓，那么附着架不但失去了调节导轨架垂直度的作用，而且会加大升降机导轨架有垂直偏差。

2．平桥缆风绳装置安装

液压顶升平桥独立高度为35m（前桥施工通道平面距基础顶面距离），施工平面高于35m时，必须安装第一道附着装置。第一道附着高度为31m，第二道及以上附着间距为25m，可适用水塔最大高度为180m。平桥附着为缆风绳软附着，附着装置的安装步骤如下：

1）设置预埋件：预埋件布置时必须通过塔身中心呈正"十"字形；筒壁埋件间距不小于1.5m，防止拉力集中，破坏筒壁混凝土结构。预埋件的布置方式如图5.2.6-1：

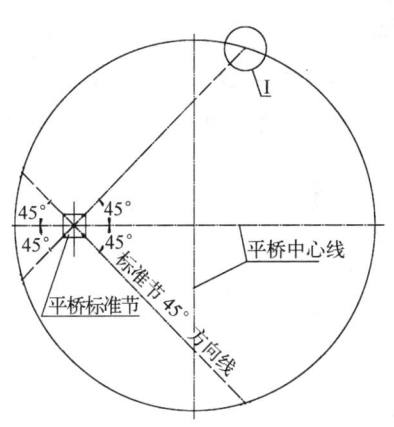 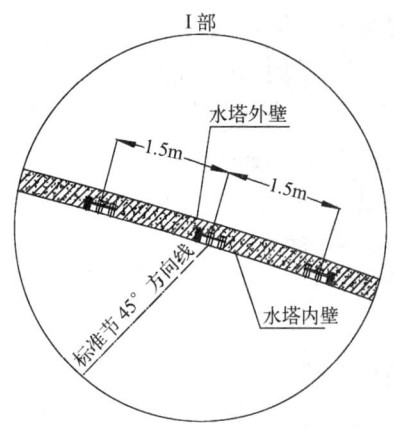

图5.2.6-1　预埋件的布置方式图

2）安装连接耳架和滑轮：在已设置的预埋件上安装连接耳架和滑轮时，两个滑轮必须平放，另一个滑轮必须竖放，竖放滑轮是为了将钢丝绳引向地面。连接耳架和滑轮安装如图5.2.6-2。

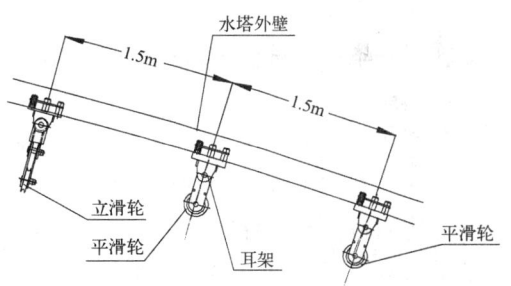

图5.2.6-2　预埋件上安装连接耳架和滑轮图

3）安装抱箍与十字顶杆：标准节的4个抱箍安装在标准节中框处且卡在卡块上，中间顶撑十字顶杆；先将抱箍上的螺栓拧紧并锁紧防松螺母，再将十字顶杆顶紧并锁紧防松螺母。抱箍与十字顶杆安装如图5.2.6-3。

4）穿绕钢丝绳：钢丝绳型号采用18NAT6×19W+FC1670ZZ178.6（GB 8918-88），钢丝绳的单根预拉力1800kg。4个角的穿绕方式相同，首先钢丝绳一端固定在抱箍的锁紧套上，然后穿绕第一个筒壁上的水平滑轮和第二个水平滑轮，经抱箍上的滑轮后与筒壁上的竖向滑轮绕过，最后引向地面。每个角穿绕方式如图5.2.6-4。

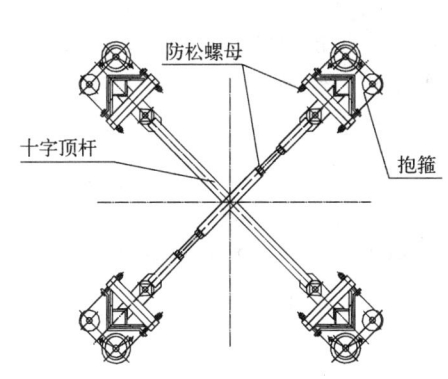 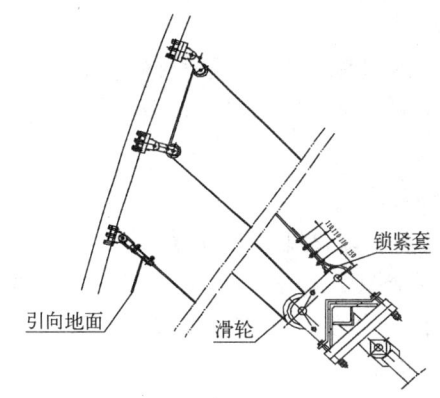

图5.2.6-3　抱箍与十字顶杆安装图　　　图5.2.6-4　穿绕钢丝绳安装图

5）软附着校正塔身垂直度：钢丝绳穿绕完毕后，采用捯链分两步拉紧，每次拉紧均对称同步进行。第一步，4根绳端采用大小相同的拉力拉紧；第二步，采用全站仪或经纬仪测试塔身垂直度，当垂直度达不到要求时，适当增大或减小某侧绳端拉力进行调整，直至达到垂直度的要求。固定好绳端，防止松弛。

5.2.7 调整系统高度及工作幅度

液压顶升平桥的顶升增高是随着水塔施工进度进行加高的，应保证前桥工作面基本与施工面相平。并且前桥长度随水塔内收而拆卸变短，喉部时前桥长度最短。因此平桥在施工工程中随着筒壁的增高不断调整高度、前桥的长度、后桥的配重。

1. 塔身高度的调整方法

本机桥身标准节附带有3个小短节，1节为1.25m，1节为0.9m，1节为0.625m，此3个短节仅作高度调节使用，在安装后须进行下次顶节时必须拆除并吊至地面放好留用。顶升过程与塔吊塔身安装相同。

2. 前桥的调整方法

前桥的长度随着水塔高度增加筒径内收，需要逐渐变短，前桥的长度每次拆卸可变短1.2m，其拆卸操作方法如下：拆去需要拆卸节上表面的铺板；用小吊车吊住需拆卸节并使钢丝绳稍有张力；拆去需拆卸节与后节的三个连接销轴；用人力将需拆卸节与后节分离，然后用小吊车送至地面；用小吊车吊减配重。

3. 后桥的调整

每次顶升前根据现场实际情况调整前桥长度后，必须按规定调整移动配重块与固定配重块的数量，保证平桥整机的平衡。

5.2.8 平桥的拆卸

施工完毕即可进行平桥的拆卸工作，其拆卸步骤为：

1. 降塔

利用液压顶升系统将平桥降到初装高度，标准节的拆卸方法为：将顶升横梁两端的销轴穿入标准节上的踏步孔内（油缸全伸出状态）；拆除桥身顶部套架的8套连接螺栓及需拆卸节与下部桥身的连接螺栓并用引进小车挂住被拆节；启动泵外伸油缸将套架稍顶起10～20mm；找好前后平衡后继续伸油缸使被拆节与下部桥身分离；推出被拆节全部缩回油缸使卡爪卡在标准节踏步上表面上；卡爪受力后拔出顶升横梁两端销轴并使油缸全部伸出插入下一个踏步孔；稍伸油缸使卡爪不受力后翻并锁定；将油缸全部缩回使套架上部与桥身顶部接触；用小吊车将被拆节吊放到地面即完成一个标准节的拆卸重复上述即可实现平桥的下降。

2. 锚固装置的拆卸

在降塔到锚固点时须拆除锚固装置，其步骤为：拆除缆风绳、拆除锚固框、吊移至地面。

3. 缆风绳的拆除

在抱箍紧固套上预留出来的钢丝绳头用麻绳连接牢固，松开紧固套钢丝绳头，人站在地面上拉送绳头，缓慢放下钢丝绳。当钢丝绳全部到达地面后，解开麻绳，缓慢收回。这样依次拆除其他软附着钢丝绳。

4. 整体拆卸

平桥降到初装高度即可进行整体拆卸，其步骤为：

拆除剩余配重 → 移动平衡重到后桥最根部 → 拆卸前桥 → 拆卸移动平衡重 → 拆卸后桥 → 拆卸小吊车配重 → 拆卸小吊车臂架及尾拉杆 → 拆卸小吊车塔身 → 拆卸小吊车转台 → 拆下顶升套架 → 拆下基础标准节。

6. 材料与设备

6.1 主要材料（表6.1）

主要材料   表6.1

序号	材 料 名 称	规　格	数量	备　注
1	定型A模板	0.65×1.3	1920块	大面支模
2	定型B模板	0.65×1.3	1920块	大面支模
3	定型A模板	0.45×1.3	240块	调缝模板
4	定型B模板	0.45×1.3	240块	调缝模板
5	肋劲外模板	0.54×1.3	240块	凸肋专用
6	肋劲外模板	0.54×1.3	240块	凸肋处专用
7	专用方框架系统		1920套	施工作业平台
8	对拉螺栓	M16	根据壁厚确定	安装模板和方框架
9	走道板	厚50	96方	铺设通道
10	钢丝绳	φ18	5500m	平桥软附着

6.2 主要机具设备（表 6.2）

主要机具设备   表6.2

序号	名　　称	规　格	数量	用　途
1	YDQ-26×25 液压顶升平桥	180m 高	1 台	垂直运输设备
2	多功能施工电梯	200m	1 台	垂直运输设备
3	混凝土拖施泵	高压	1 台	输送混凝土
4	拖施泵泵管	φ125	180m	输送混凝土
5	电焊机	1000W	2 台	焊接钢筋用
6	电焊机	500W	2 台	焊接钢筋用
7	电渣压力焊机		10 套	电渣压力焊
8	四轮拖机	1T	1 台	用于地面运输
9	双轮小推车	0.2m³	16 台	塔上水平运输混凝土
10	振捣棒		10 条	振捣混凝土用

7. 质 量 控 制

7.1 组织工程施工人员和质量检查人员，熟悉并掌握空冷塔施工方法以及平桥使用和操作方法。

7.2 编制专项方案进行专家论证；加强技术交底和各道工序的检查验收；及时检查，及时养护；严格执行有关质量验收规范标准。

7.3 加强各级技术复核工作，工长应在筒壁施工中每节进行复核并记录，专职质检员每1节进行一次检查验收。项目部技术负责人每5节进行一次复核。要认真填写复核记录并履行签字手续。

7.4 支模板、浇筑混凝土、堵螺栓孔、翻方框架、找中、量半径等各项工作，每进行一次，均要有记录，并由工长负责。

7.5 健全工序交接检查制，并由工长主持办理交接手续，在混凝土浇筑前必须经检查验收，方可施工，对隐蔽工程及时办理验收手续。

7.6 认真执行班组自检、互检、工序交接检查制度，上一道工序不合格决不能进行下一道工序。重要部位、关键工序严格执行施工员、专职检查员检查、技术员复核制度。混凝土工程执行混凝土浇筑令制度。隐蔽工程要执行甲方监理参与验收制度。坚持施工过程中的检查，以预防为主，及时发现并纠正出现的问题。

7.7 加强教育工作。工程进点前在开工动员会上要向职工宣传工程的质量目标，在工地醒目处挂出质量标语、管理要求等标语牌，造成一种保证基础工程优良的气氛。

7.8 经过精心组织合理安排，空冷塔筒壁施工质量达到了以下结果（表7.8）。

外观质量验收结论 表7.8

序号	检查项目	施工质量验收规范的规定	验收结论
1	外观质量	现浇结构的外观质量不宜有一般缺陷；对已经出现的一般缺陷，应由施工单位按技术处理方案进行处理，并重新检查验收	曲线流畅、颜色均匀、表面光滑密实、无漏浆油迹现象，肋条笔直、无缺损
2	半径偏差	+20～-15mm	+10～-10mm
3	截面厚度偏差	+10～-5mm	+5～-1mm
4	塔总高度偏差	±1/1000 的塔总高度	符合相关规范规定
5	拆模后预埋铁件中心位移	≤10mm	≤5mm
6	中心线垂直偏差	≤15mm	≤8mm
7	表面平整度	≤5mm	≤3mm

8. 安 全 措 施

8.1 对参加施工人员，进行培训和安全教育，使其了解本工程施工特点，熟悉安全规程以及有关的本岗位安全技术操作规程，做到施工人员相对固定。

8.2 液压平桥安装前，必须编制专项安装拆除专项方案，必要时制订使用措施，经专家论证后方可实施。液压平桥安装完毕后，必须经有关部门检测检验后进行备案，方可使用。

8.3 在使用过程中，应经常进行检查维护保养，对传动部分应有足够的润滑油，对桥身标准连接螺栓、回转支撑螺栓等应经常进行检查，如有松动必须及时拧紧。

8.4 液压平桥在调整系统高度时，必须检查所有的顶升设备及液压系统；在顶升过程中停止空冷塔上部结构的施工。

8.5 高空作业人员必须体检，合格者方可进行高处作业。

8.6 施工现场搭设双层防护棚通道，在翻转模板过程时，设置安全禁戒区，专人看护。在出现异常情况下，停止施工作业活动，查明原因后，方可进行。

8.7 平桥必须设有良好的电器接地设施，遇有雷雨天气严禁在底架附近走动。

8.8 工作时桥面载荷必须布置均匀，且严格控制总体载荷。

8.9 施工升降机导轨架顶必须低于小吊车臂下面1m以上；吊运钢筋时严防碰刮缆风绳。

8.10 在非顶升状态，前桥端部必须与空冷塔筒壁拉结。

8.11 定期检查各部连接销轴和螺栓；晃动明显增大时，应及时报告，分析原因。

9. 环 保 措 施

9.1 材料、胶粘剂和油脂类材料集中管理，放在指定场所或容器内，减少散失或漏失，对被污染的土壤及时妥善处理。

9.2 施工作业场所应保持无废料和杂物，所有废料、杂物和垃圾应放置在合适的容器中，统一在指定地点堆放处理。

9.3 所有暂时不用的设备、材料应当封存放起来并保持整洁。

10. 效 益 分 析

通过对单座空冷塔施工，优化施工机械设备及施工方法，比计划提前工期1个月，大大减少了空冷塔的施工工期，节约了人工、电费、防冻设施等费用。

10.1 经济效益

通过经济技术指标对比，采用传统的施工方案，一座井架搭设、拆除、搭设材料、多功能施工电梯等共需要80余万元，采用自购液压顶升平桥折旧费用50万元，节约资金30万元；

人工费用按节约工期一个月计算，一座塔需要作业人员200余人，节约资金60余万元。

电费、防冻剂等原材料节约资金10余万元。

一座塔共节约100多万元。

10.2 社会效益

工期提前1月为安装空冷塔内部结构创造了必要的节余时间，为机组的按期投产发电创造了基础。另外解决了空冷塔施工时物料及人员的安全运输问题，节约了设备投资，提高了施工效率，增强了我国建筑施工企业的装备竞争能力，为施工企业走出国门提供了有力的设备和技术支撑，推广应用前景广阔。

10.3 节能环保效益

不污染土地，使用更便利、更安全、少维修的全新特点。

11. 应 用 实 例

本工法先后应用于：国电大武口电厂上大压下热电联产工程1号、2号空冷塔工程、国电宝鸡第二发电厂扩建工程6号空冷塔工程。

11.1 工程概况

国电大武口电厂上大压下热电联产1号、2号自然通风逆流式空冷塔工程，塔体为双曲线现浇钢筋混凝土薄壳结构。塔高157.80m、出口直径80.215m、喉部高度121.51m、喉部直径76.0m、进风口高度18.0m、进风口直径115.557m、±0.0m处直径121.458m，冷却塔面积各约为8000m^2。

国电宝鸡第二发电厂（2×600MW）扩建工程6号自然通风间接空冷塔工程，塔体为双曲线钢筋混凝土薄壳结构，塔高170m，进风口标高27.5m，直径125.664m，±0.00m直径143.026m，冷却塔面积约为16000m^2。

11.2 施工情况

国电大武口电厂上大压下热电联产工程1号空冷塔工程（进风面积9600m^2），2008年3月开工，2010年4月竣工。

国电大武口电厂上大压下热电联产工程2号空冷塔工程（进风面积9600m^2），2008年4月开工，2010年5月竣工。

国电宝鸡第二发电厂扩建工程6号空冷塔工程（进风面积12000m^2）。2008年10月开工，2011年3月竣工。

11.3 工程评价

实践证明，采取此专业化垂直运输设备施工技术，工艺先进，质量可靠，施工快捷，安全性能好、效果显著。

开放式陶板（陶管）幕墙施工工法

GJEJGF113—2010

北京建工集团有限责任公司　沈阳远大铝业工程有限公司

白玉璞　翟培勇　朱文键　尹中国　吴全义

1. 前　言

在建筑幕墙施工领域，幕墙面板装饰材质多为石材、金属板、玻璃板、瓷板等，常常出现颜色单调、色差较大、易受污染、难以清理等问题。北京饭店二期改扩建工程处于城市中心地带，外装饰幕墙采用色差小、质量轻、具有自洁功能的陶板（陶管）材料，利用传统原料与现代建筑巧妙而完美地结合，不仅实现了设计的建筑美学，而且将建材科技与现代施工技术完美结合，体现了陶板（陶管）所特有的人文艺术气息、天然的色彩、环保的材料及节能防噪的优势。

北京饭店二期改扩建陶板（陶管）幕墙总面积达68850m²，由北京建工集团有限责任公司联合沈阳远大铝业工程有限公司进行施工，在原有陶板幕墙施工技术的基础上共同研究改进挂装系统，通过钢框、铝合金框结合方式增设了三维可调节设计，简化了安装方式，改进了侧滑限位减震设计，改限位螺栓为抗剪钉设计，简化了施工难度。陶板（陶管）幕墙目前应用于北京饭店二期改扩建工程，充分体现了传统建筑材料与现代建筑艺术打造出的古朴、典雅、庄重的建筑风格，获得了业主单位的高度评价。

2. 工 法 特 点

2.1　本工法采用空腔陶板、陶管干挂，有效减少装饰体系自重，幕墙支撑结构成本显著节约，对陶板平板与肋头部位均采用U形钢挂钩装置，拼装缝隙插入EPDM胶条，使得开放式陶板可独立拆卸、维护方便。

2.2　安装的节点进行了优化设计，通过钢框、铝合金框结合方式增设了三维可调节设计，满足施工调整和温差变形的要求。

2.3　采用铝合金挂装系统，引入抗剪钉技术，进一步增强了幕墙系统抗剪强度，简化了施工难度，从而使陶板快速安装成为可能，提高工作效率。

2.4　改进减振胶条设计，通过陶板侧滑限位减振技术从而有效地降低和阻止了结构沉降、地震对陶板的破坏，保持了陶板造型的艺术特点，兼顾了美观和阻水作用。

2.5　针对陶板（陶管）幕墙的施工工艺特点，制定了组装式陶板（陶管）幕墙挂装系统设计与施工、防滑减振设计与施工等方面的质量控制方法和验收标准。

3. 适 用 范 围

本工法适用于建筑物外装饰陶板（陶管）幕墙、艺术陶板幕墙的施工，与玻璃、金属幕墙具有很好的兼容性。此类装饰形式常见于高档公寓、文化娱乐场馆等大型公建项目等。

4. 工 艺 原 理

4.1　本工法在原设计理念的基础上优化了陶板、陶管挂装系统，采用铝合金挂装系统，该系统简易轻巧，不仅保证了设计意图的完美实现，而且节约幕墙配套成本。

4.2 通过钢龙骨、铝合金龙骨相结合的方式实现了陶板幕墙三维可调节设计。

4.3 根据幕墙系统的受力特点，采用EDPA胶条、胶垫，对陶板幕墙进行合理限位，起到减震和对陶板进行限位作用。

4.4 在螺栓连接基础上进一步增加抗剪力螺钉，增加了幕墙竖向抗剪力。

5. 施工工艺流程及操作要点

5.1 工艺流程

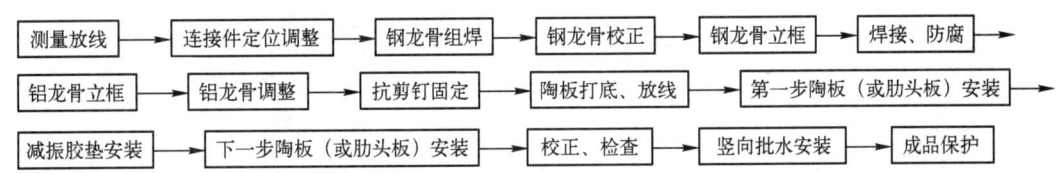

5.2 操作要点

5.2.1 测量放线

首先确定好基准轴线和水准点，再用经纬仪在底楼放出控制线，用激光垂直仪，将控制点引至陶板幕墙安装位置。将土建提供的基准中心线、水平线进行复测。核对无误后，放钢丝定位线，定出幕墙安装基准标线。

5.2.2 连接件定位调整

通过连接件安装和调整解决土建施工的误差，包含埋板的偏位处理、防雷的连接等。连接件通过埋板专用螺栓与埋板连接的。埋板先进行偏差处理，偏差大的必须进行增补后埋件，以确保安全、经济又能满足相关规范要求。安装至少相邻三根竖料后，调平连接件并注意相邻竖料的平整（骨架调平还可利用连接件调节孔进行调整）。

1. 对照钢立柱垂直线

立柱的中心也是连接件的中心线，故在安装时要注意控制连接件的位置，确保其偏差小于2mm。

2. 拉水平线控制水平高底及进深尺寸

拉水平线控制埋件的水平及进深的位置以保证连接件的安装准确无误。

3. 临时固定

在连接件三维空间定位确定后，进行连接件的临时固定即点焊，保证连接件不会脱落。

4. 验收检查

对初步固定的连接件按层次逐个检查施工质量，主要检查三维空间误差，一定要将误差控制在误差范围内，三维空间工地施工控制范围为垂直误差小于2mm，水平误差小于2mm，进深误差小于3mm。

5.2.3 幕墙钢框架的安装

1. 竖龙骨的安装

依据放线的位置进行立柱的安装。安装立柱施工从底层开始，然后逐层向上推移进行。

为确保整个立面横平竖直，使幕墙外立面处在同一垂直平面上。首先将角位垂直钢丝布置好。安装施工人员依据钢丝作为定位基准，进行角位立柱的安装。

立柱在安装之前，首先对立柱进行直线度的检查，检查的方法采用拉线法，若不符合要求，经矫正后再上墙进行安装，将误差控制在允许的范围内，立柱直线度检查如图5.2.3-1。

先对照施工图检查主梁的加工孔位是否正确，然后用螺栓将立柱与连接件

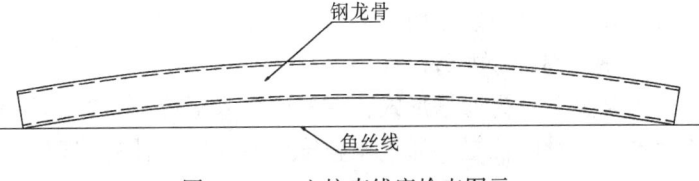

图5.2.3-1 立柱直线度检查图示

连接，调整立柱的垂直度与水平度，然后上紧螺母。立柱的前后和上下位置可利用连接件上的长孔来调节。

立柱就位后，依据测量组布置的钢丝线、综合施工图进行安装检查，各尺寸符合要求后，对钢龙骨进行直线的检查，确保钢龙骨的轴线偏差。钢竖框与预埋件安装如图5.2.3-2。

待检查完毕、自检合格后，填写隐蔽工程验收单，报监理验收。

整个墙面立柱的安装尺寸误差要在控制尺寸范围内消化，相邻立柱误差不得大于1mm，整体不得累计超过3mm。

钢龙骨的安装，竖向必须留伸缩缝，每个楼层间一处，竖向伸缩缝留20mm间隙，采用钢插芯连接。钢立柱钢插芯连接如图5.2.3-3。

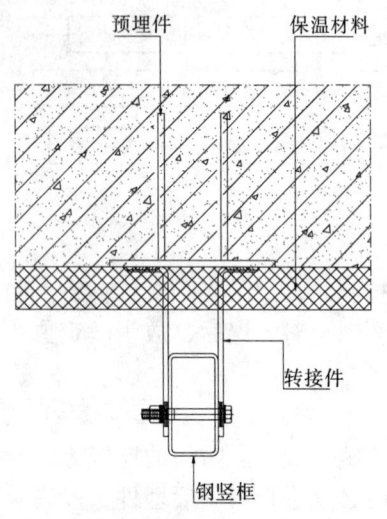

图5.2.3-2　钢竖框与预埋件安装图示

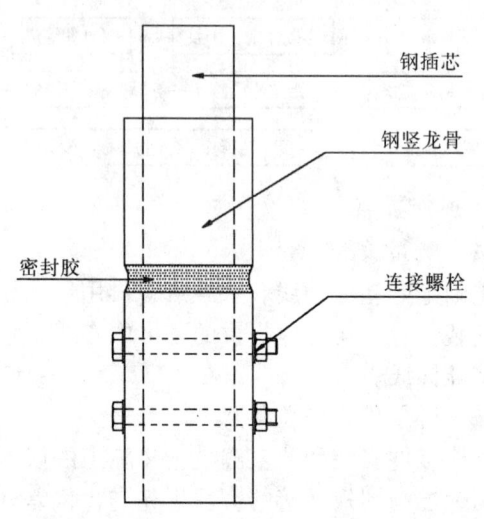

图5.2.3-3　钢立柱钢插芯连接图示

2. 横龙骨的安装

竖框与横框之间通过钢角片和螺栓连接起来。首先根据分格把一组横框套在相邻两根竖框对应的钢角片位置上，横框与竖框接触面垫上1.5mm厚度胶皮垫（避免硬接触，当温度发生变化时，横框与竖框能够自由伸缩）。调整横框的进出位置，使横框外表面与竖框基准面外表面保持在一个垂直平面上；调整横框的上下位置，并用水平仪检测横框的水平度，确保横框的位置符合设计图纸分格尺寸的要求，然后用螺栓将钢角片、横竖框连接在一起。如图5.2.3-4。

5.2.4 不锈钢连接件的安装

按照测量结果在横龙骨（钢横框）上弹线画出不锈钢连接件的安装位置，将不锈钢连接件置

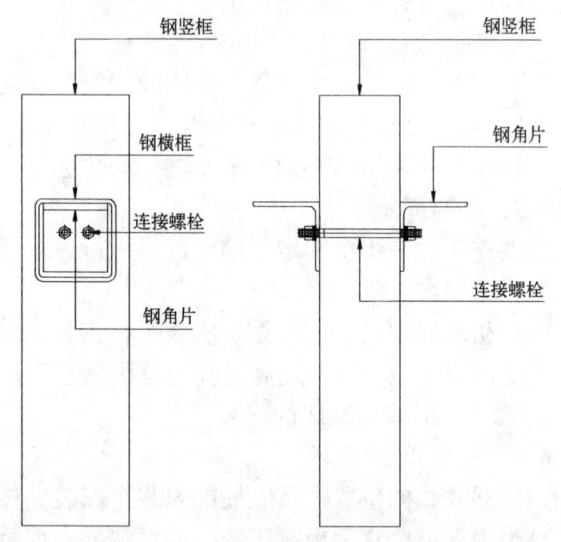

图5.2.3-4　钢龙骨横、竖框安装图示

于横龙骨上，用螺栓连接，不锈钢转接件上有长条孔，可用来调整进出尺寸。先进行初步预紧，检查合格后方可最终固定。如图5.2.4-1、图5.2.4-2。

5.2.5 铝合金龙骨的安装

铝合金龙骨为通槽形式，在槽内穿入螺栓，将螺栓与不锈钢连接件连接到一起。通长槽可用来调整铝合金龙骨的位置，通过调整符合要求后，补打抗剪钉固定牢固，方可最终固定。如图5.2.5-1～图5.2.5-3。

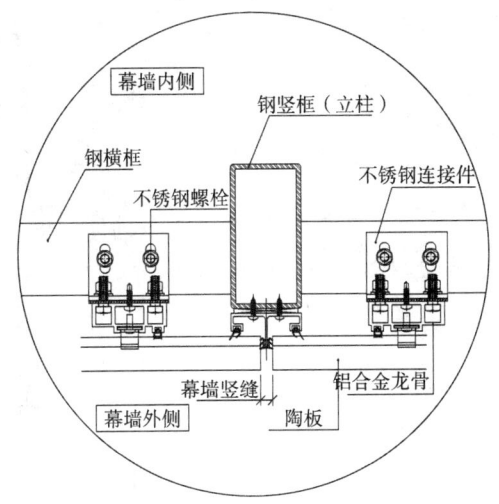

图5.2.4-1　不锈钢连接件与横龙骨连接图示

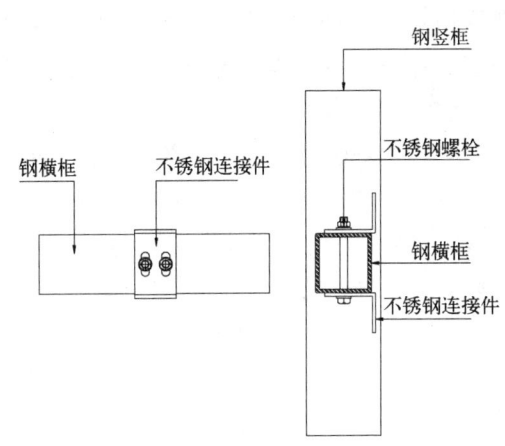

图5.2.4-2　不锈钢连接件与横龙骨连接节点图

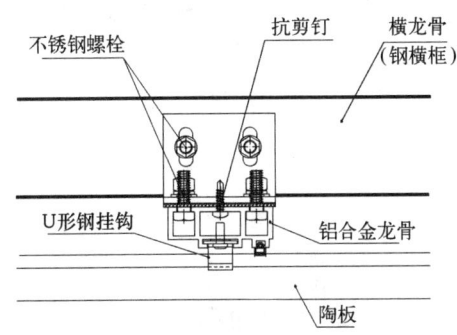

图5.2.5-1　钢横框、不锈钢连接件与
铝合金龙骨连接图示

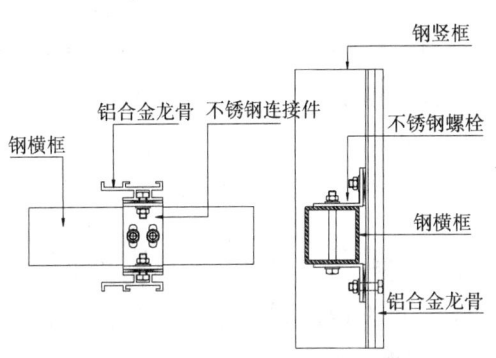

图5.2.5-2　钢横框、不锈钢连接件与
铝合金龙骨连接节点图

5.2.6　陶板的安装

1. 陶板安装前首先对陶板外观尺寸进行测量控制，不合格陶板严禁进入施工场所，确保无尺寸偏差大的陶板影响陶板安装的水平、垂直。

2. 将陶板配套运至施工区域，分类摆放规整、有序。

3. 陶板施工首先应进行定位划线，确定陶板块在外平面的水平、垂直位置。并在框架平面外设控制点，拉控制线控制安装的平面度和各组件的位置。对首层打底陶板进行周圈复核，使整个陶板体系均在同一水平面上。陶板间缝隙为10mm，为保证陶板安装的整体尺寸误差最小，在每层均设立陶板安装

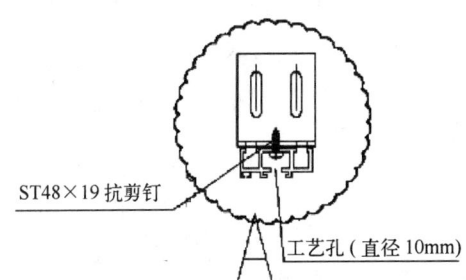

图5.2.5-3　钢横框、不锈钢连接件与
铝合金龙骨连接大样图

控制点，安装到该层后及时与层间控制点校核，发现偏差及时查找原因，不将误差累计。在施工过程中每六块陶板统一拉设通尺控制累计误差。

4. 将不锈钢陶板挂件一正一反挂接到铝合金龙骨的挂钩槽口内，陶板挂件尺寸定位准确后，将下侧不锈钢陶板挂件用2个销钉固定牢固。陶板块通过槽口与挂件连接为整体，现场只需平稳地将陶板板块抬起即可。对于肋头陶板，在安装完成首层后将与陶板同色EPDM胶条平稳放置在肋头陶板上，然后安装上一块肋头陶板，通过胶条槽口及自身摩擦力固定在两块肋头陶板之间。

5. 用靠尺检查并调整陶板的垂直、水平及进出位置，使其符合安装精度要求，调整好上部托板的位置后，进行固定。

6. 陶板幕墙安装剖面图见图5.2.6。

5.2.7 陶管的安装

陶管通过陶板挂件与不锈钢板和铝合金附框连接到一起，铝合金附框与铝合金龙骨或是钢龙骨相连，见图5.2.7。

5.2.8 转角部位及收边收口部位的操作要点

1. 转角部位竖向构件垂直度宜每框复核、转角部位竖向构件分左右相邻两根竖向构件的间距、平面度宜全数复核，偏差应在控制范围内。

2. 转角部位的左右两个板块的尺寸，以及其背面龙骨的位置均应进行复核，超过允许偏差的板块不得上墙。

3. 转角部位的板块安装首先要确定转角两端的板块安装顺序，对于最后安装的板块要留有一定余量，保证立面效果。转角部位先安装一侧板块位置，牢固性等隐蔽验收合格后，方可安装另一侧板块。

4. 收口部位主要为顶、底、边封修等部位，如果设计、施工不能满足要求会造成幕墙渗漏等现象。

5. 收口部位处理须按设计节点大样图认真施工。

6. 由于上封口位于建筑物的高处，承受较大的风荷载，因此应对面板与龙骨，龙骨与主体结构的连接牢固程序严加控制。

7. 收口板的颜色应与幕墙饰面板的颜色相同或接近。

8. 收口板与主体结构的接缝处应打注耐候胶，防止雨水渗透，打胶必须严格按照打胶程序进行。

9. 对各种面材之间的交接处理，确保交界处整齐、无杂物，为后续施工提供方便条件。

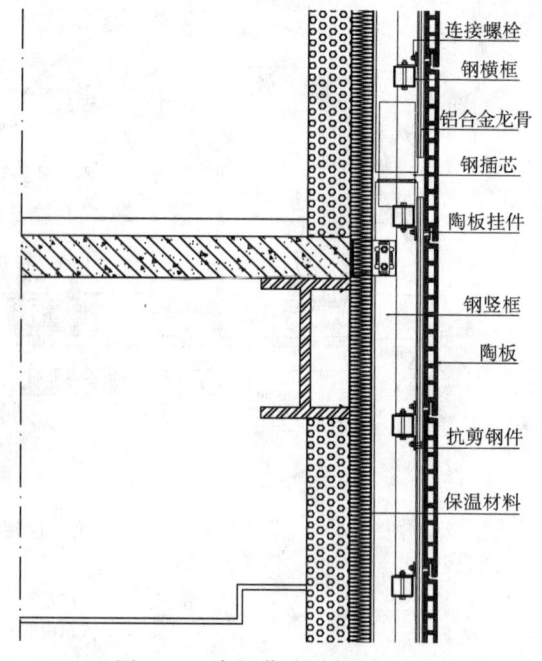

图5.2.6　陶板幕墙安装剖面图

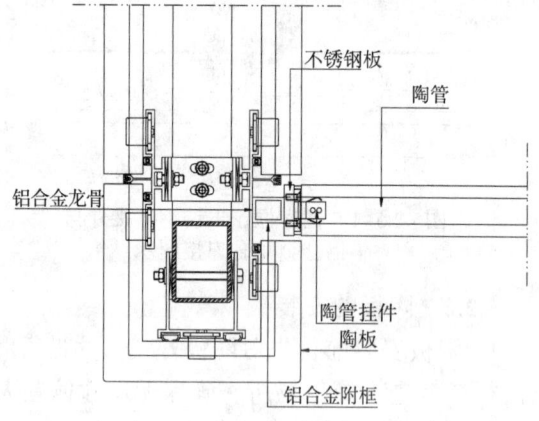

图5.2.7　陶管幕墙安装节点图

6. 材料与设备

6.1　材料准备

6.1.1　方钢、铝合金型材：符合国家规范及设计要求。

6.1.2　陶板、陶管：

1. 陶板类型：陶板采用平面形和沟槽形两种形式，均为空心式。

2. 公称高度（垂直方向上水平缝隙中心距）：不超过500mm。

3. 表面形式：平面形板、条纹槽形板。平面形的厚度和条纹槽形陶板的最大厚度一致，均为28mm；条纹槽形板的槽口规格：宽度10mm×深度≥10mm。

陶板/陶管的断面和系统构造设计须充分考虑北京市的抗震要求。

4. 陶管的基本规格：50mm×50mm。

5. 陶板/陶管的颜色：陶板/陶管为通体颜色，自然烧制而成。

6.1.3　挂件：

陶板、陶管的连接挂件须满足陶板系统的抗风压、温差变形吸收、抗震、抗冲击、抗风化、抗盐溶、抗化学污染、装配精度及50年的寿命系数。

6.1.4 EPDM胶条：

颜色：与陶板同色/黑色。

6.2 机具、设备准备

6.2.1 埋件、转接件阶段：

电锤、电焊机、切割机、等离子切割机、扳手、钢卷尺、毛刷、气筒、锤子、水平仪、经纬仪。

6.2.2 龙骨立框阶段：

切割锯、电钻、台钻、电动葫芦、千斤顶、角磨机、水平仪、经纬仪、专用扳手、盒尺、锤子、钢卷尺、直角尺、线坠、白线。

6.2.3 陶板（陶管）安装阶段：

内六角扳手、电钻、皮锤、靠尺、水平尺、对角线尺、塞尺、游标卡尺、直尺。

6.2.4 其他设备：

脚手架、激光经纬仪、水准仪、钢卷尺、试验检测设备。

7. 质 量 控 制

7.1 陶板、陶管幕墙外观标准

7.1.1 饰面色泽均匀，无明显色差。

7.1.2 饰面表面质量符合要求，无明显划伤、变形、局部压砸等缺陷。

7.1.3 幕墙平面度≤2.5mm。

7.1.4 两相邻板块阶差：平面、抛光面、釉面≤1.0mm；毛面≤1.5mm。

7.1.5 竖缝及墙面垂直度符合内控标准要求（表7.1.5-1~表7.1.5-5）。

幕墙外饰面控制标准　　　　　　　　　　　　　　　　　　表7.1.5-1

序号	项　目		尺寸范围	允许偏差	检测工具
1	竖缝及墙面垂直度 （幕墙高度 H）		$H \leqslant 30m$	≤10mm	激光仪或经纬仪
			$30 < H \leqslant 60m$	≤15mm	
			$60 < H \leqslant 90m$	≤20mm	
			$90 < H \leqslant 150m$	≤25mm	
			$H > 150m$	≤30mm	
2	幕墙平面度			平面、抛光面 < 2.5mm	2m 靠尺，钢板尺
3	竖缝直线度			≤2.5mm	2m 靠尺，钢板尺
4	横线直线度			≤3.0mm	2m 靠尺，钢板尺
5	缝宽度（与设计值比较）			≤ ±2.0mm	游标卡尺
6	两相邻面板之间接缝高低差		平面、抛光面、釉面	≤1.0mm	深度尺
			毛面	≤1.5mm	

陶板/陶管的表面质量要求　　　　　　　　　　　　　　　　表7.1.5-2

项　目		规定内容	质 量 要 求
表面裂纹	正面	最大长度	不允许
	其他面	最大长度	≤10mm，但能影响构件本身的结构强度和安全性
	挂接沟、槽、孔		不允许
	贯通裂纹		不允许

续表

项　　目	规定内容	质量要求
缺棱		不允许
缺角		不允许
斑点		不允许
毛边（局部凸凹度）		不超过 ± 0.5mm
釉裂 *a		不明显
缺釉 *b		不明显
色差		不明显

备注：　*a—只适用于釉面陶板，艺术釉裂釉面陶板除外。　*b—只适用于釉面陶板。
特别说明：缺棱、缺角、斑点满足上述质量标准的缺陷率（同一类型陶板，满足标准的缺陷板块数量/陶板总块数）须≤5%

陶板/陶管的尺寸偏差允许值　　　　　　　　　　　　　表7.1.5-3

项　　目		要　　求
长度		± 1.0mm
厚度		± 0.5mm
公称高度（宽度）	H≤250mm	± 0.5mm
	H≤500mm	± 1.0mm
表面平整度–长度方向		± 0.15% × 长度
表面平整度–高度方向		± 0.15% × 对角线长度
表面平整度–对角线方向		± 0.15% × 对角线长度
翘曲		± 0.15% × 对角线长度
端部垂直度		± 0.2% × 高度
陶板、陶管加工切割角度		± 15′

陶板的物理指标值　　　　　　　　　　　　　　　表7.1.5-4

项　　目	技　术　指　标
吸水率	平均值≤8%
弯曲强度	≥14MPa
干燥密度	2.0~2.4kg/dm³
抗冻性	100次冻融循环实验无破坏
抗冲击性	满足 BS 8200 要求
抗釉裂性 *a	无龟裂
线性热膨胀量	– 20℃ ~ + 100℃，≤0.5mm/1000mm

备注：　*a—只适用于釉面陶板，艺术釉裂釉面陶板除外。

陶板/陶管的化学指标值　　　　　　　　　　　　　表7.1.5-5

项　　目	性　能　要　求
耐盐溶	满足 DIN 105 Part 1 限值要求
抗风化	满足 Nil（BS 3921）要求
抗化学污染	满足 DIN 105 Part 4 要求

7.2　幕墙隐蔽部位检查标准

7.2.1　预埋件的安装

预埋件安装应在主体结构施工时，按设计图纸要求预埋，预埋件应牢固、位置准确，预埋件外表面应与混凝土墙面齐平。

预埋件位置尺寸偏差：±20mm，与理论墙面不平度：±10mm。

预埋件清理后，表面及槽口内不允许有混凝土块等杂质存在，无防腐层的需补加防腐层。

7.2.2　补设埋件安装

补设埋件位置尺寸偏差：±20mm，与理论墙面不平度：±10mm。

补设埋件与墙体应贴合严密，二者间隙≤5mm。

7.2.3　转接件安装

转接件与埋件采用螺栓连接时，不得少于2个螺栓。方垫片要方向一致、整齐划一，螺母要拧紧，不许松动。

转接件与埋件采用焊接方法连接时，不得少于2条焊缝，并且每个转接件有效焊缝总长度要依据设计计算确定，熔透深度≥0.7δ（δ为被焊材料厚度）。焊缝要求美观、整齐，不允许有漏焊、虚焊、焊瘤、弧坑、裂纹等缺陷。

转接件与埋件焊接时，相接部位及相关部位不允许存在其他金属材料焊接。

埋件、转接件及其他的防腐表面、非焊接区不允许用焊弧破坏其防腐表面。

7.2.4　防锈、防腐处理

埋件、转接件、钢结构安装、焊接后应清理，除锈除渣。构件除锈后应露出金属光泽，金属表面不得有灰尘，油渍、鳞皮、锈斑、焊渣、毛刺等附着物。

现场进行的焊接部位，由于电焊破坏了原有的镀锌层或其他防腐层，故要进行二次防腐处理。二次防腐处理时不能单独考虑焊缝的位置，同时要考虑整个结构，检查每个铁件的位置，进行全面防腐处理。处理时要先刷2层防锈漆，再刷1层银粉，要求全部均匀覆盖。

7.2.5　框架安装

1．竖框的安装要求

竖框安装轴线偏差不应大于3mm。

相邻两根竖框安装标高偏差不应大于1mm，同层竖框的最大标高偏差不应大于3mm。

竖框安装就位、调整后应及时紧固。

2．横框的安装要求

横框应安装牢固，横框与竖框间留有间隙时，间隙宽度应符合设计要求。

同一根横框两端或相邻两根横框的水平标高偏差不应大于1mm。

同层标高偏差：当一幅幕墙宽度不大于35m时，不应大于5mm；当一幅幕墙宽度大于35m时，不应大于7mm。

当安装完成一层高度时，应及时进行检查、校正、固定。

7.3　陶板幕墙性能检测

陶板幕墙要对陶板板材及挂装系统性能检测、气密性能、水密性能、抗风压性能（反复加压检测）、抗风压性能（变形检测）、平面内变形性能及陶板的吸水率、干燥密度、弯曲强度、抗冻性进行检测，要求各项性能符合国家强制性标准。

7.3.1　陶板

吸水率：平均值3.3，最大值3.4。

干燥密度：2.1kg/dm^3。

弯曲强度：15.8MPa。

抗冻性：100次冻容循环，无裂纹或剥落。

抗冲击性（恢复系数）：0.81。

线性热膨胀系数：0.4mm/1000mm。

7.3.2　幕墙性能试验

选择具有相应资质的检测单位进行试验检验幕墙各项性能指标。

7.3.3　幕墙挂装系统试验

根据幕墙工程设计计算书，确定的幕墙挂装系统的承重数值。

8. 安 全 措 施

8.1　施工现场安全设施与施工人员的安全技术培训，应按照国家《建筑安装工程安全技术规程》的有关规定。

8.2　本工程钢龙骨、铝龙骨长度均超过5000mm，在垂直运输采用电动葫芦作为垂直运输工具，在运输过程中，尤其注意上方无遮挡物，钢龙骨、铝龙骨要捆绑牢固，并派专人逐层看护，指定专项安全方案。

8.3　脚手架及防护措施必须到位；施工所使用的机械、设备必须遵守操作规程规定。

8.4　天气环境恶劣时（如6级以上大风、大雾、雪、雨等）禁止施工。

8.5　电焊作业时配备必备灭火器材，接火、看火要到位。

8.6　室内临边孔洞要尽量绕行，如无法避让时，采取铺设木板固定牢固。

9. 环 保 措 施

9.1　陶板（陶管）材料无辐射性，废弃破损陶板（陶管）由厂家回收集中储存及时外运。

9.2　采取各种有力措施控制施工中废弃物、噪声、振动对环境的污染和危害。

9.3　垃圾实行分类管理，不可回收垃圾由具有渣土消纳资质的单位运至指定地点，现场垃圾定时拉出现场，确保现场整齐场地清洁。

9.4　对需要现场使用的化学品及有毒有害物品的使用及管理编制作业环保指导书，并对操作者进行相关培训，确保安全环保。

9.5　保证幕墙所使用的材料中如铝材、钢材、玻璃、铝板、不锈钢制品、硅胶、胶条、棉类制品等都必需是绿色环保材料，并可以回收利用。

9.6　材料供应商必需是通过国家环保认证，加强材料进场管理，保证所有进行现场的施工材料无污染、无辐射。

10. 效 益 分 析

10.1　社会效益

大面积开放式陶板、陶管幕墙施工技术的成功为陶板在幕墙领域的应用提供了宝贵的经验，它为陶板这种集现代感与典雅于一体的新型材料大规模应用于幕墙领域提供了可能，丰富了建筑师的艺术设计理念。

10.2　经济效益

1. 采用本陶板、陶管幕墙施工工法可以达到加快施工速度、降低施工成本的目的。同等面积陶板质量只相当于石材质量的1/2，施工快捷，工期缩短明显。

陶板幕墙与石材幕墙施工效益对比分析表 表10.2

对 比 内 容	石 材	陶 板
安装所需工具	电动葫芦提升石材	单人可挂起
一安装班组人数	5人	3人
一日施工量	50m^2	60m^2
每日施工量（安装工人以50人计）	500m^2	960m^2
施工工期（以68850m^{2}计）	137.7d	71.7d

由表10.2可见缩短工期明显；另外，减少用工、节约人力成本十分明显。

2．更换简单：陶板安装过程中不使用石材胶，对饰面无污染，更换简单方便。

3．节约能源：陶板为中空结构，可以有效阻隔热传导，降低建筑空调能耗，节约能源。陶板特有的横缝搭接所形成的开放安装方式，使得面材跟墙体之间的空气层能够"自由呼吸"，比密闭式能够更大程度地降低能耗。

4．降低清洗和维护费用：陶板幕墙表面防静电，不易吸附灰尘；若陶板表面有灰尘，经过雨水冲刷后则很容易保持干净，所以陶板具有一定的自洁功能。自洁功能可以降低陶板幕墙的清洗和维护费用，尤其对于高层建筑来说更是不容小觑。

5．不产生固体垃圾：陶板采用纯天然陶土材料，生产过程中对环境污染小；破损陶板可以采用研磨、重新挤压成型再利用。

11. 应 用 实 例

北京饭店二期改扩建工程位于长安街沿线，王府井大街西侧，位于北京城市的中心地带，陶板、陶管幕墙面积约68850m^2，整个工程均为开放式陶板（陶管）幕墙。工程自幕墙完工以来已成为王府井大街上最亮丽的风景线。其独特的东方气息给人耳目一新的感觉，打开了陶板应用的大门。本工程施工中采用了三维可调节设计，在陶板间采用了减振防滑技术，在龙骨连接中增设了抗剪钉，解决了陶板在幕墙领域应用的瓶颈问题，丰富了幕墙施工工艺。使陶板幕墙的大面积应用提供了可能，极大地丰富了陶板这种极具东方色彩的建筑材料应用领域。

预制外墙外侧保温节能装饰挂板施工工法

GJEJGF114—2010

北京韩建集团有限公司　江苏省第一建筑安装有限公司

贾大虎　张玉海　李云松　刘俭　许锦峰　王勇

1. 前　　言

节约能源是我国的一项基本国策，作为高耗能对象之一的建筑业产品是节能降耗的重点对象。无论是新建建筑还是既有建筑，建筑外墙保温在建筑节能降耗方面占有非常重要的地位。外墙外保温技术，无论在实现外保温层与墙体安全可靠的连接方面，还是在保温层外装饰面或保护层抵抗恶劣环境（风吹雨淋、寒暑冻融、日光暴晒）的耐久性方面，都存在着许多难点，外墙外保温的安全性和耐久性更为关键，尚须妥善解决。外墙外保温挂板是建筑外墙装修材料的一次革新，它将是外墙涂料、瓷砖最佳的替代产品，适合于别墅、小区多层、旧房改造翻新等多种建筑风格。其丰富的颜色、超长的使用年限、安全便捷的施工能够完全达到用户对美观、功能上的要求。

北京百通科技贸易有限责任公司于1994年开始，组织专业科技人员，从事外墙外保温领域的研究与科技攻关，于1997年4月7日获得国家知识产权局颁发的"预制外墙外保温防渗装饰构件"发明专利（专利号：ZL97103938.0），1998年6月获建设部科技成果重点推广项目、国家小康住宅建设推荐产品（编号：984401）。在中科院院士楼外墙外保温施工过程中，由于现场施工安全、高效，1998年获得北京市人民政府颁发的"外墙外保温预制板施工技术"北京市科学技术三等奖（编号：98城—3—011）。

近年来北京韩建集团有限公司在原发明专利和施工技术的基础上，不断进行技术改进和工程实践，并取得了技术突破，将预制外墙外保温挂板的水泥连接柱改为断桥螺栓，阻断了挂板与墙体间的冷热桥，保证了整体节能指标达标；在预制外墙外保温挂板的保温层四周预留空腔设置防火隔离带，使每块小板块都形成了单元式防火隔离带；完成了自上而下的施工技术开发。此技术，先后应用在C区公建人防工程、顺义空港物流中心、北大清华教师住宅小区等外墙外保温节能工程中，解决了外墙外保温的防火、结构安全性、耐久性和外装饰面的色彩单一性问题。北京韩建集团有限公司通过技术改进和工程实践，编制了《预制外墙外侧保温装饰挂板施工工法》。本工法中的节能挂板生产采用普通材料预制，工厂化加工，在施工中安装过程便捷、施工安全、质量可靠、效率高，取得了良好的经济效益和社会效益。具有轻质高强、防火隔热、保温防潮、豪华美观、施工简单方便、性价比显著。

2. 工 法 特 点

2.1　预制外墙外侧保温装饰挂板以混凝土为基材，以镀锌钢丝网和钢筋加强形成刚性骨架，是盒槽型薄框架立体结构，力学性能优良，外装饰面通过断桥螺栓与背面的闭环筋连接，断桥螺栓通过挂件与墙体连接，在施工时背面的闭环筋使用聚合物粘结砂浆与墙体粘结，中间保温层不承重，装饰面不变形、不开裂。

2.2　预制外墙外保温装饰挂板四周设有防火隔离带，符合外墙装饰防火设计要求。

2.3　预制外墙外侧保温装饰挂板色彩丰富、外观可按设计效果定制，由于安装的便捷，更能将施工周期缩短，便于工程的整体进度安排。本工法的设计、施工构造安全可靠，粘挂双重连接更加牢固、耐久，减少现场施工作业环节，施工操作简便，施工速度快，现场湿作业少，施工成本低，使用过程中局部破损，只需更换新挂板，简单迅速，维护方便，大大降低了后期的维护维修成本。

2.4 外墙外保温挂板物美价廉，克服了传统建筑平面呆板和外墙瓷砖线条频密与复杂的缺点，具备很多外墙瓷砖和外墙涂料所不具备的功能和性能，性能价格比远远超过外墙瓷砖和外墙涂料，预制外墙外保温装饰挂板在板间缝防渗处理严密，既有构造防水层，又有材料防水层，不渗不漏。

2.5 外墙外保温挂板施工精度高，误差小，施工安全，工效高，使用期限至少25年，在旧楼外立面改造项目中，更可做到在不完全铲除原有外立面的情况下进行施工，免却了铲除全部原墙面对环境的污染，减少了垃圾清运，大大加快了施工进度，有效降低了工程造价，外保温挂板无论在生产过程中还是在工程实用中对环境均不造成污染，并可再生利用，是理想的环保装饰装修材料。

3. 适 用 范 围

适用于新建建筑、既有建筑，钢筋混凝土外墙及普通混合结构外墙、空心砖外墙、加气混凝土砌块等外墙的外保温工程。

4. 工 艺 原 理

4.1 预制外墙外侧保温装饰挂板以混凝土为基材，以镀锌钢丝网和钢筋加强形成刚性骨架，是盒槽型薄框架立体结构，力学性能优良，外装饰面通过断桥螺栓与背面的闭环筋连接，断桥螺栓通过挂件与墙体连接，采用粘结和外挂相结合的工艺，使其附着在建筑物的外围护结构的外侧面层上，与维护结构共同形成外墙外保温复合构造，满足节能、保温、隔热及耐候性、防风、防水、防结露、抗震、防火等要求。

构造见图4.1-1、图4.1-2。

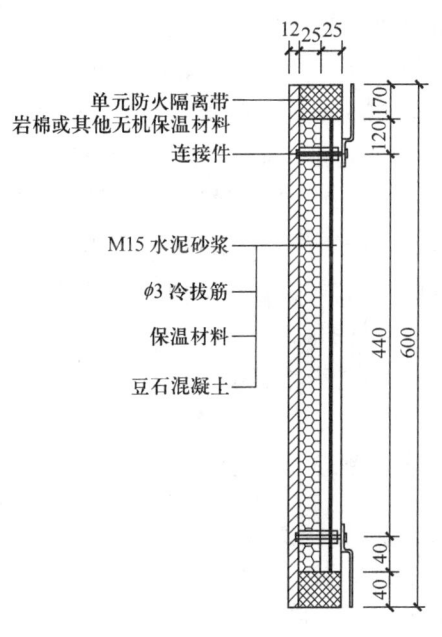

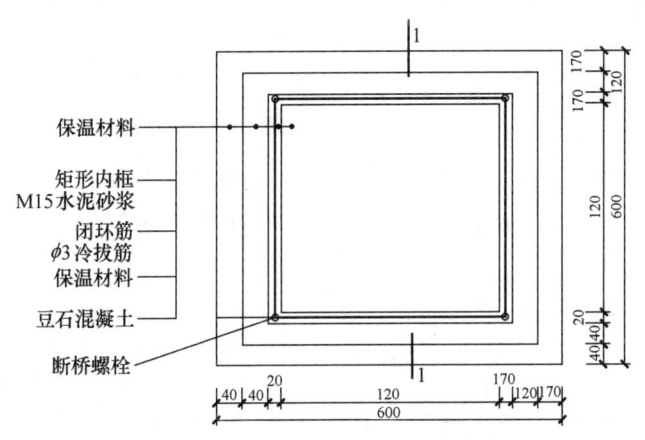

图4.1-1　保温装饰挂板背面构造平面图　　　　图4.1-2　保温装饰挂板1-1剖面图

4.2 预制外墙外侧保温节能装饰挂板采用普通水泥砂浆或仿石材原料为基材，根据工程外立面设计数据和设计要求进行分块，工厂化小板块预制，立体结构的外围设计成盒槽型，用断桥螺栓使外装饰面饰板、背面闭环筋、与外墙连接的挂件组合起来，形成一个盒槽式薄框架立体结构的受力体系，中间保温层不承重，小板块与外墙体的连接部分为一封闭的矩形内框结构，在矩形内框结构上设置与墙体的连接件。由于中间保温层不承重，在预制时保温板材设计成小于外预制板面，安装时保温板材四周填充无机或其他不燃保温材料，形成单元防火隔离带，满足《民用建筑外保温系统及外墙装饰防火暂行规定（公通字[2009]46号文件）》中对防火的要求。

4.3 闭环筋连接4个断桥螺栓，设置在矩形内框中，板块与外墙连接是通过封闭的矩形内框，采用无机胶粘结和机械挂接的方法实现连接，由于是双重连接，预制外墙外保温装饰挂板采用与墙体粘挂连接的施工技术，当内框与外墙粘结后，自然形成薄空气层，更利于保温，在遇到自然灾害时安全性得到了有力的保障。

4.4 外墙外保温装饰挂板的施工粘结固定与外挂机械固定相结合的双重固定系统来进行固定安装，使整个抗拉强度达到0.65MPa以上，具有良好的抗风荷载能力与抗拉拔力，满足了国家规范《外墙外保温工程技术规范》第 6.1.2条"建筑物高度在20m以上时，在受风压作用较大的部位宜使用锚固辅助固定"的要求，同时保证了外观效果。

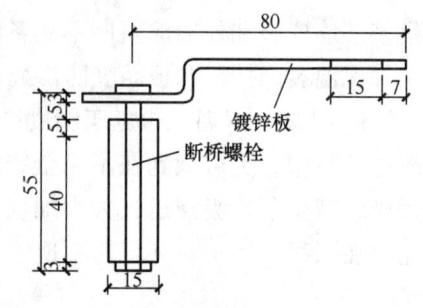

挂件与断桥螺栓侧面图

4.5 分类与规格

4.5.1 分类

1. 按构件类型分为：P形普通板和Y形各类异形配件板。

2. 按饰面类型分为：S形素面板（用于现场做饰面）；T形贴面板；F形浮雕饰面板等五类。

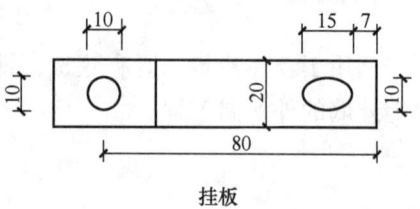

挂板

4.5.2 规格

1. 预制外墙外侧保温节能装饰挂板的板块尺寸根据工程外立面设计数据和设计要求进行分块，在设计外墙外平面保温挂板时最大外装饰板面不能超过600mm×900mm，最小不能小于200mm×200mm；最佳板面尺寸600mm×600mm，最佳矩形内框尺寸440mm×440mm，板块背面矩形内框尺寸小于装饰板面160mm；门窗边口的保温挂板可根据实际情况最长边不能大于600mm，短边小于200mm时改变内框形状采用直槽或十字交叉。小板块可以有效的解决板面伸缩和表面龟裂问题。

构造见图4.5.2。

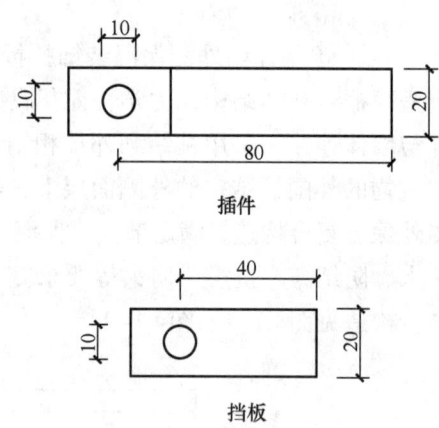

插件

挡板

图4.5.2　构造详图

4.6 预制外墙外保温装饰挂板通过断桥螺栓有4个节点与墙体连接，断桥螺栓的长度根据使用的保温材料可以调整，因其结构，对保温材料不指定，但使用的保温材料一定要符合相关国家法规。

4.7 物理力学性能（表 4.7）

物理力学性能　　　　　　　　　　　　　　　　　　　　　　　　表4.7

面层	干密度（kg/m³）	导热系数 [W/(m·K)]	收缩率（%）	抗折强度（MPa）	芯材	密度（kg/m³）	导热系数 [W/(m·K)]
	约2000	0.930	约0.08	>3.5		16~18	<0.04
板材	面密度（kg/m²）	含水率（%）	当量热阻（m²·K/W）	抗弯荷载（N）	抗冲击性		冻融
	<50	≤10	≥0.762	>800	10kg 砂袋离墙板 1m 撞击 100 次应无异常		30 次无变化

4.8 立面、平面各部位节点构造如图4.8-1～图4.8-3。

4.9 阳角施工根据装饰板厚度按45°切割，加胶、对缝、粘挂。

4.10 阴角施工可采用阳角施工做法，也可采用平墩的方式加胶、顺平、验线、粘挂。

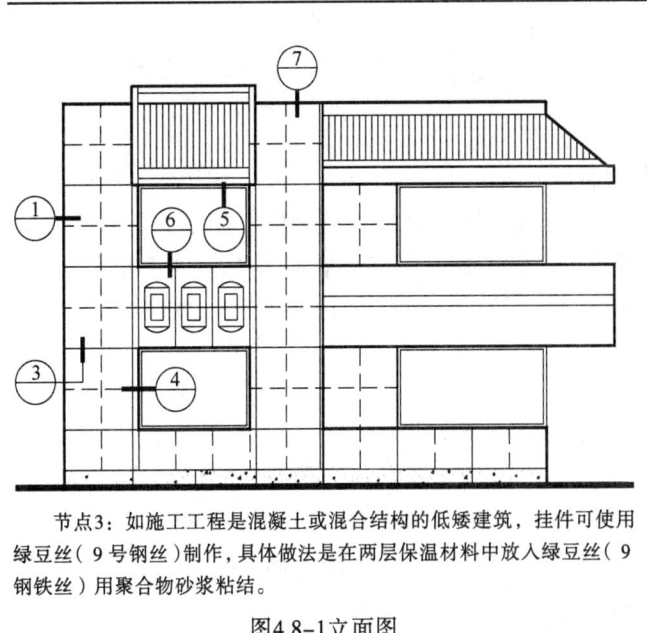

节点3：如施工工程是混凝土或混合结构的低矮建筑，挂件可使用绿豆丝（9号钢丝）制作，具体做法是在两层保温材料中放入绿豆丝（9钢铁丝）用聚合物砂浆粘结。

图4.8-1立面图

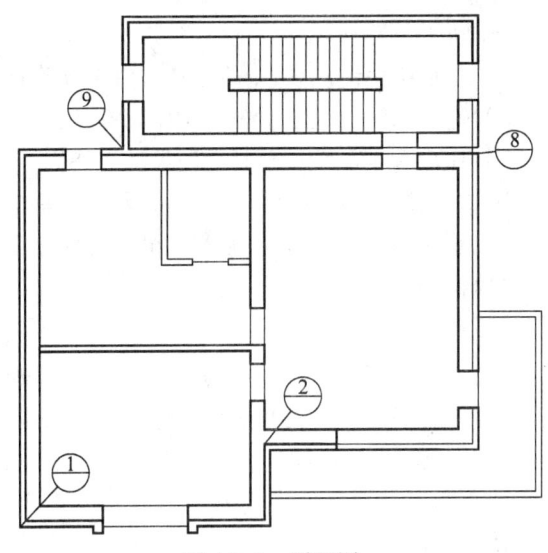

图 4.8-2 平面图

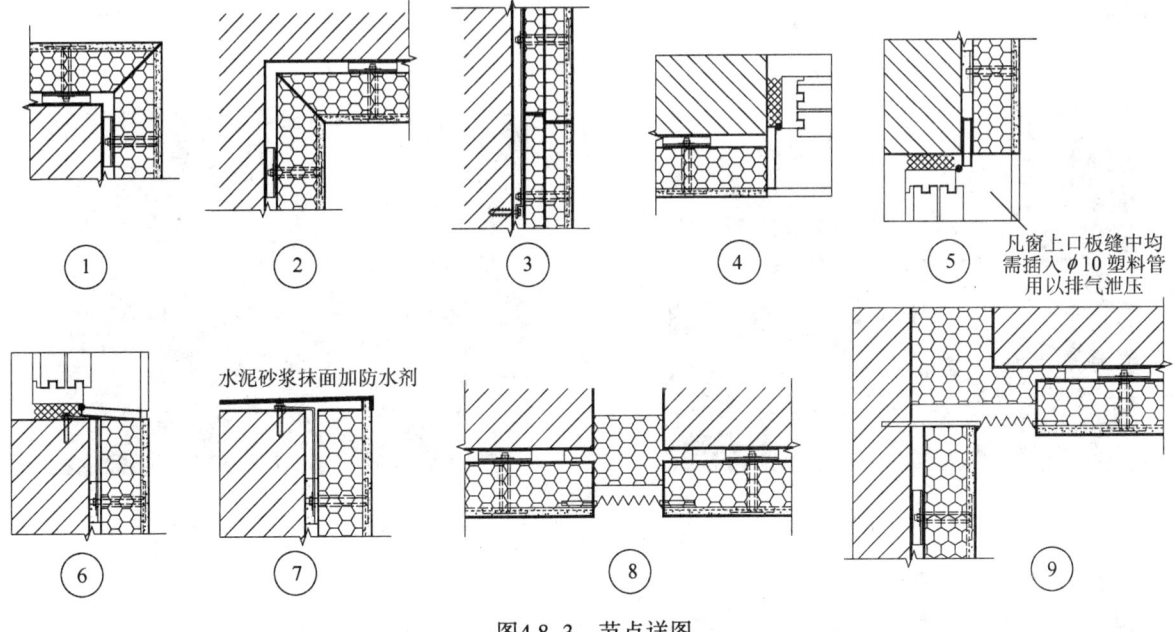

图4.8-3 节点详图

5. 施工工艺流程及操作要点

5.1 工艺流程

施工准备→划线分格→打孔埋入膨胀螺栓→固定挂板上的挂件→摆排首层挂板→调整挂件精确定位→粘结部位刷界面处理剂→保温挂板内框抹聚合物粘结砂浆→粘挂施工。

5.2 混凝土结构、砖混结构施工操作要点

5.2.1 施工前准备

1. 与施工有关的人员，施工前必须认真熟悉施工图纸，并与施工现场进行比对，及时检查现场和图纸变更的情况。

2. 落实施工材料及施工工具存放地点等相关事宜。

3. 检查吊篮或脚手架，不得有任何安全隐患。

4．检查施工用水、电的情况。

5．施工条件

1）对基层墙体的要求依据主体结构验收标准。

2）施工期间及完工后的24h内，环境和基层表面温度均应高于0℃，风力不大于5级。

3）雨天不能施工，施工时如果遇到下雨应将施工层挂板与墙体之间的缝用软性防水材料盖住（如把塑料布剪成条进行遮盖），防止过多的雨水沿墙体贯入，雨后要等到墙体表面无水珠时方可施工。

4）夏期施工因气温较高，要在挂板抹上聚合物粘结砂浆后10min内上墙，防止聚合物粘结砂浆失水影响粘结强度。

5.2.2 划线分格

按照图纸规定弹好挂板底层水平线，在设计伸缩缝处的墙面弹出伸缩缝宽度线，沿水平线根据挂板宽度，加板间缝进行分格，并确定打孔的左右位置，依照水平线根据挂板高度，加板间缝进行上层挂板水平线弹线，依据水平线确定打孔上下位置。如图纸上设计有分格缝，则应在设置分格缝处弹出分格线，标出外保温挂板的就位编号附墙雨水管、电缆架、空调机架等埋件位置，应设于外保温板缝中并做好埋件。在阴阳角拐角的位置设置垂线，用此线检查保温板施工垂直度。

5.2.3 打孔埋入膨胀螺栓

按确定的打孔位置，使用与膨胀螺栓匹配的钻头，用手提式电锤打孔，钻孔深度不小于膨胀螺栓的长度，如果是预埋件，预埋件必须置于板缝之中，锚固深度不应小于120mm。如图5.2.3-1、图5.2.3-2。

图5.2.3-1　墙体打孔　　　　　　　　　　　　　图5.2.3-2　镶入膨胀螺栓

5.2.4 固定挂板上的挂件

取挂件、插板、螺栓分别安装在断桥螺栓上，调整至与挂板垂直用扳手拧紧，注意挂板的粘挂方向。如图5.2.4-1、图5.2.4-2。

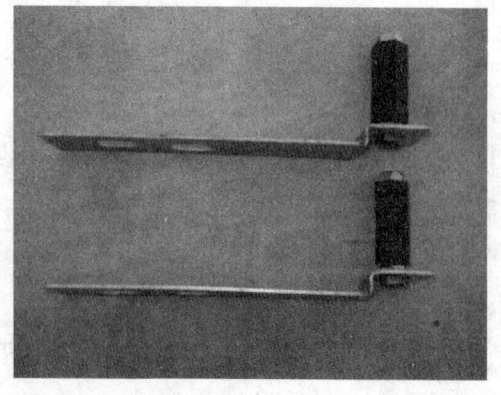

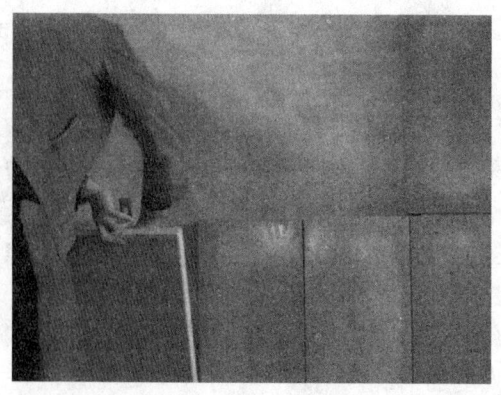

图5.2.4-1　挂件与墙体连接件　　　　　　　　　图5.2.4-2　挂板背面安装挂件

5.2.5　摆排首层挂板

沿挂板底层水平线，根据分格线摆放挂板，用来确定和复验分格线是否准确，保证拐角处施工质量。如图5.2.5。

5.2.6　调整挂件精确定位

根据水平线将预制保温板与外墙分格线对齐，确定挂件与膨胀螺栓的位置是否在可调整范围内，如没有在可调整范围内及时处理。

图5.2.5　摆放首层挂板

5.2.7　粘结部位刷界面处理剂

墙体要处理到可以施工为标准，在粘结部位用刷子均匀涂刷聚合物砂浆专用的界面剂或稀胶，预制外墙保温板内框也同时涂刷。

5.2.8　预制外墙外保温板内框抹聚合物粘结砂浆

将搅拌合好的聚合物砂浆放置在灰浆托板上，用抹子在预制保温板内框上把聚合物砂浆均匀抹放，成条或成饼型，厚度不超过30mm。

5.2.9　粘挂施工

粘挂施工一般是从下向上施工，施工时挂板的插板插入下层连接挂件中，完成安装。这种结构形式也可以从上向下施工，要把保温挂板和从下向上安装的板的方向倒置。安装完一层要把单元防火隔离带两侧用按防火隔离带宽度裁切好的无机岩棉板插入挂板两侧，高度和保温层齐平，然后按上下两块板间防火隔离带宽度裁切好无机岩棉板填实，在进行上一层挂板施工，达到防火效果。

把插件、挂板按照上面是挂板下面是插件的安装要求与保温挂板上的断桥螺栓连接，拧紧后将保温挂板拿起，对准安装墙体上已安装好的膨胀螺栓上的螺丝位置，先把插件插入下挡板中再将挂板上的螺栓孔套在墙体上已安装好的膨胀螺栓上的螺丝上，用手把挂板推向墙体，拧上螺母，使板块初步就位，用硬塑料板或木板插入挂板的板缝调整板块的位置，用橡皮锤轻击板块四周断桥螺栓部位（严禁击打板中部，以防产生裂缝）。随轻击随调整板块的平整度，在保证了外装饰面平整的情况下将螺丝用扳手拧紧，最后用手轻扳，检查是否有虚粘现象，以便发现问题及时返工处理。

安装见图5.2.9-1、图5.2.9-2。

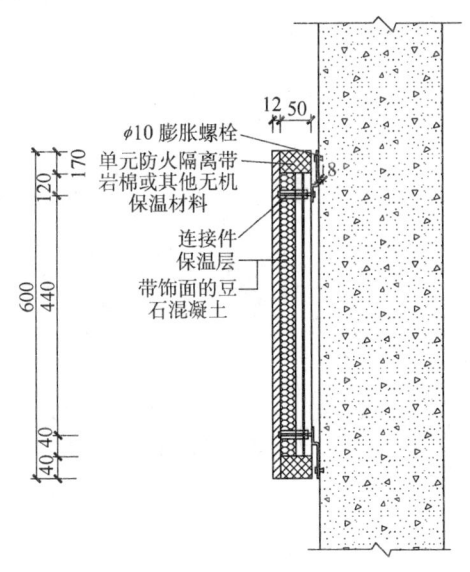

图5.2.9-1　单板安装图

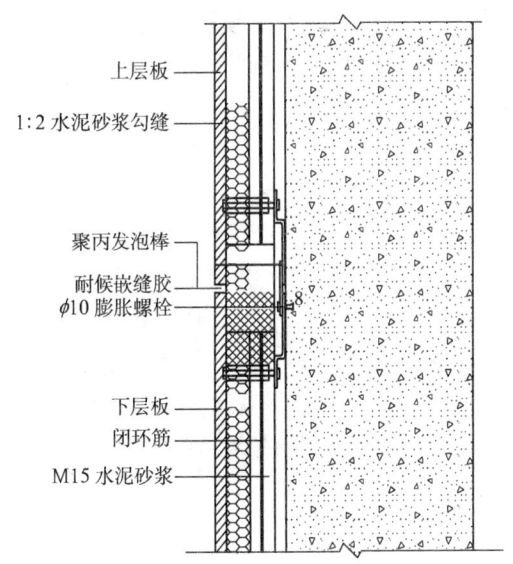

图5.2.9-2　两层挂板安装图（由上向下安装）

1. 施工程序

1）结构墙面应清理干净。

2）按设计要求分档弹线。

3）标出保温挂板就位编号，附墙雨水管、电缆架、空调机架等埋件位置，应设于外保温板缝中并做好埋件。

4）打孔安装挂件和膨胀螺栓。

5）预制外保温挂板就位并确定精确位置。

6）外墙粘结部位刷界面剂，预制外保温板内框上抹上聚合物砂浆进行粘结。用橡胶锤轻轻敲打，以达到就位精确、粘结密实。

7）在较大面积的预制保温挂板粘挂时要注意由于内框与墙体粘结时阻断并形成较大的薄空气层（真空）面积，为防止被密封在内框中的空气膨胀或收缩影响挂板平整度，在上端两挂件和下端插板的任一位置放塑料管或做一插孔。

8）板缝要求留10~15mm之间，在板缝内刷稀胶。贴嵌聚苯盖条，盖条应粘结紧密且不重叠。

9）用专用嵌缝夹在板缝中依次嵌入聚苯条、防水胶泥、勾缝材料，压实揉平并使低于板面5mm。

10）外抹3mm防水胶。

11）清洁板面。

12）墙体与外门窗四周之间的缝隙，应先用发泡聚氨酯填充，然后在门窗与预制外保温板接缝处，嵌入防水胶密缝。

2. 施工要点

1）施工前要对施工墙体进行清扫和淋水。

2）新建工程或已建工程。在安装外保温时应先做好现场安排，严禁颠倒工序。

3）安装时，在没有脚手架的情况下可采用吊篮，但必须取得有关部门的验证许可，必须有可靠的安全保护措施。

4）粘结胶或聚合物砂浆的调制必须按产品说明书的要求操作，不得偷工减料及采用伪劣产品。

5）施工时要保证横平竖直，板面平整，不损伤挂板。

3. 附墙构件配合要点

1）墙外侧设有构件时，必须与外保温挂板的施工密切配合。

2）当需将各种管线及埋件固定在墙体上时，应固定在结构墙体上，不得直接固定在外保温板上。

3）预埋件的预埋位置必须置于板缝之中，并做好防渗水处理。

5.3 空心砖外墙、加气混凝土砌块施工操作要点

5.3.1 施工图纸审核交底，施工人员要充分熟悉施工图，对图纸疑点逐项记录，结合设计交底配合设计，共同完善设计图纸。

5.3.2 实测结构的偏差是保温挂板加工及排板的先决条件，应配足人力在短时间内完成并保证数据准确。

5.3.3 图纸排板与向厂方交底，现场排板过程中要密切与设计结合，向保温挂板厂方交底前应请设计对图纸予以确认，并办理签认手续。

5.3.4 安装施工准备：

1. 搬运、吊装挂板时不得碰撞、损坏和污染挂板。

2. 挂板储存时应依照安装顺序排列放置，放置架应有足够的承载力和刚度，在室外储存时应采取保护措施。

3. 挂板安装前应检查制造合格证，不合格的挂板不得安装。

4. 配电箱需安放在靠近施工的现场，方便施工。

5. 对土建使用的脚手架及时地进行整改，使之符合施工要求。

5.3.5 放线测量：

1. 外墙面水平线以设计轴线为基准。要求各面大墙的结构外墙面在剔除胀模墙体或修补凹进墙面后，使外墙面距设计轴线误差不大于10mm。

2. 放线的具体原则是：以设计各内墙轴线定窗口立线，以各层设计标高+500mm线定窗口上下水平线，弹出窗口井字线并根据二次设计图纸弹出型钢龙骨位置线。每个大角下吊垂线，给出大角直控制线。放线完成后，进行自检复线，复线无误再进行正式检查，合格后方可进行下步工序。

3. 按照设计在底层确定挂板定位线和分格线。

4. 用经纬仪或激光垂直仪将挂板的阳角和阴角引上，并用固定的角落钢支架上的钢丝线作标志控制线。

5. 测量时应控制分配测量误差，不能使误差积累。

6. 测量放线应在风力不大于4级的情况下进行，并要采取避风措施。使用钢垂线作业时，必须严格等待至无风力影响的静止状况才能开始测量。

7. 放线定位后要对控制线定时校核，以确保挂板垂直度和金属竖框位置的正确。

5.3.6 通过对所有外立面装饰工程统一放基准线，根据挂板施工图纸，进行后置预埋件安装，全部安装完后，应在现场做拉拔试验，做好记录。以保证以后抗风压能力。

5.3.7 金属骨架安装：

1. 根据施工放样图检查放线位置。

2. 安装固定竖框的铁板，连接件采用角钢与结构预埋铁三面围焊，为保证连接部位的耐久性，角钢下缘增加一道焊缝，即实际为四面围焊。焊接完成，按规定除去焊渣并进行焊缝隐检，合格后刷防锈漆三遍。连接件的固定位置按连接件弹线位置确定，采取水平跟线、中心对线、先点焊、确定无误后再满焊的方法。

3. 先安装同立面两端的竖框，然后拉通线顺序安装中间竖框。

4. 将各施工水平控制线引至竖框上，并用水平尺校核。

5. 待金属骨架完工后，应通监理公司和建设单位对隐蔽工程检查验收，验收合格后，方可进行下道工序的施工。

6. 所有的立杆、竖梁和角码的连接均采用三面围焊。

5.3.8 挂板钢架安装完成后，进行挂板防雷的安装。

1. 从标高300mm起，手工每三层及所有女儿墙顶用ϕ12的镀锌钢筋侧设置均压环，均压环与本层的所有立柱用40×4镀锌防雷连接码连接，均压环与土建引出线用ϕ12镀锌钢筋连接。

2. 水平方向最大不能超过10m，即每间隔约10根立柱，挂板上下立柱用40×4镀锌防雷连接码连接，形成挂板避雷系统的引下线。

3. 防雷均压环由40×4镀锌扁钢与挂板立柱连接而形成一个有效的防雷体系，并在土建设有避雷引出线的地方与土建防雷体系可靠连接。

4. 位于设有挂板防雷均压环的楼层上的立柱伸缩必须用40×4的镀锌防雷卡码进行上下连接，伸缩缝及变形缝之间的镀锌防雷卡码应弯曲成Ω形状，其半径应大于伸缩的2~3倍，防雷卡码每端连接螺栓个数不少于2个。

5. 挂板避雷系统的引下线最后与土建接地装置要有可靠的连接，挂板防雷系统不单独设置接地装置。

6. 挂板避雷扁钢与圆钢搭接量应大于6d，并采用双面焊接，其表面应按设计要求采取有效的防腐措施。

7. 挂板避雷系统安装完毕，必须进行接地电阻值的测试，并做好记录。

5.3.9 挂板挂件安装，挂件与板面垂直无误，拧紧螺栓。

5.3.10 根据图纸做法干挂板用挂件连接，自下而上分层托挂，按规格按层找平、找方、找垂直，安装时，宜先完成窗洞口四周的石材板镶边，以免安装发生困难，注意调整垂直误差，不要积累。

5.3.11 胶缝是挂板的第一道防水措施，同时也使挂板形成一个整体，所以需用特制板刷清理板缝，将缝内滞存物、污染物、粉末清除干净，以增加密封胶的附着能力。

1. 要按设计要求选用合格且未过期的耐候嵌缝胶。最好选用含硅油少的专用嵌缝胶，以免硅油渗透污染挂板表面。

2. 用带有凸头的刮板刮缝，保证胶缝的最小深度和均匀性，选用的泡沫塑料圆条直径应稍大于缝宽。

3. 装饰板为凹缝。邻接保温层间的间隙，用100mm宽1mm厚的聚丙发泡塑料布折叠后用刮板挤压插嵌到板缝中，也可以随安装随放置聚丙发泡棒，以达到密封效果，外面用1∶2水泥砂浆勾缝、柔压密实，缝深为5mm;外用2mm厚硅酮胶压平。

4. 素面板要求外观为平缝的，缝宽10~15mm，邻接保温层间的间隙做法同上，用1∶2水泥砂浆勾缝、柔压密实，缝与外平，用弹性防水防裂胶泥条填入，其上覆盖涂塑网格布，用腻子将外凹槽抹平。

5.3.12 施工完毕后，用清水和清洁剂将挂板表面擦洗干净，如有要求的，按要求进行打蜡或刷保护剂。

5.4 管理人员配置情况

5.4.1 项目经理

负责从工程准备至安装完工交付全过程的实施和管理，对工程的质量、进度、安全、供应、财务等全面负责；协调和处理甲、乙双方单位的关系，项目部内部各职能机构的关系、以及项目与公司内各部门之间的关系；代表项目部对外签订有关合同；对于重大问题负责向公司主管副总汇报。最终实现工程项目的总目标。项目经理向公司负责。

5.4.2 项目副经理

项目副经理协助项目经理负责监督协调现场的施工、设计、供应、财务控制等各方面的工作，与业主、现场其他施工单位协调处理工程有关问题，监督执行质量检查规程。项目经理不在现场时代理项目经理工作职责。

5.4.3 项目工程师

在总工程师领导下，对工程设计方案图进行深化设计任务，并确保施工图纸完整准确，并报业主及设计师签字，协助质检员监督施工是否符合设计要求及相关规范。

5.4.4 质检员

严格执行设计、工艺质量标准检验制度，组织对工程材料及施工质量的自检、互检、抽检和修检，经常分析质量状况，掌握质量动态；各分项工程开工前做好质量及规范要求布置会；在检查过程中做到各负其责，不错检、不漏检、不拖检，做好各项检查的质检记录并及时归档，对不合格施工及时开出整改通知并监督执行，直到合格。

5.4.5 安全员

协助项目经理做好安全文明生产管理工作，制定相关的规章制度，贯彻执行劳动保护和安全生产方针、政策、法令及规章制度；负责施工过程安全检查，制止违章指挥及违章作业，确保正常施工和人身、财物安全。

5.4.6 施工班（组）长

对本工程队施工范围的工程质量、进度全面负责，领导工人按照图纸、施工规范，并严格按照施工程序组织施工，及时填写施工日志，随时掌握工程质量进度情况；认真组织贯彻落实安全生产、文明施工的规章制度，对所承担的工程安全生产、文明施工工作直接负责。

5.4.7 劳动力使用计划

根据工程需要选派人员，各工种工人既配备齐全，且人数配置合理，以避免施工中出现人员不够或窝工现象。

6. 材料与设备

6.1 生产所用原材料的技术标准必须符合现行国家（或行业）标准要求。

6.1.1 普通硅酸盐水泥应符合《通用硅酸盐水泥》GB 175-2007的规定。

6.1.2 水洗中砂应符合《普通混凝土用砂、石质量及检验方法标准》JGJ 52-2006的规定。细度模数2.0~2.8，含泥量小于1%。

6.1.3 小石子的直径≤0.5，含泥量≤1%。

6.1.4 水泥、砂和小石子的配合比为1∶0.5∶2.5（石子中含石粉量＜10%）。

6.1.5 保温板应符合阻燃自熄型的要求，密度为16~18kg/m³。导热系数应小于0.041W/（m·K），氧指数应大于30%。板厚应根据节能设计要求确定。

6.1.6 镀锌钢丝网，需外加防锈处理，网眼规格12mm×12mm~20mm×20mm。

6.2 产品在出厂前应进行出厂检验，检验合格后，方可允许出厂。

6.2.1 出厂检验的项目为外观质量和结构尺寸。

6.2.2 外观质量应逐年检验，其中有一项不合格则判为不合格品，但允许修补后重新检验，合格后仍判为合格品。

6.2.3 尺寸允许偏差采用成批抽样检验的方式进行，以1000块同样规格的产品为一检验批。

6.2.4 尺寸允许偏差质量的判定以检查的点数达65%以上者，判该批板为合格，否则为不合格，应从该批板中双倍取样进行复验，复验若合格，可判为合格，若不合格则判为不合格。

6.2.5 周期检验并进行检验评定，在周期检验中，板的各项性能检验均合格，则该批产品判为合格，若其中一项不合格则判为不合格，对不合格项目应在同一批产品中重新抽样复查，复检后合格则判为合格，复检后仍不合格则判为不合格。

6.3 运输与储存，产品应侧立搬运，装车时，车槽底面应铺软草垫，并应轻取轻放，车槽前后应用木方填实，防止撞击，避免破损，必要时应有遮篷，防止雨淋。当板面有预制饰面时，应注意保护饰面，必要时中间夹衬纸张等软质材料，并用绳捆绑，以免损坏。产品存放场地应坚实平整，干燥通风，防止侵蚀介质和雨水侵害。产品应按型号规格分类储存，储存可采用侧立式（堆放高度以两侧为宜），也可采用平卧式。露天储存下，雨天时应有遮盖。

6.4 施工材料

符合工程设计图纸要求，对其质量和性能进行抽样检验，产品不得有空鼓和裂纹，且应面平、棱直和外型无损，有出厂合格证，符合防火要求的预制外墙外保温挂板和聚苯盖条（与板缝等宽，厚10mm）、镀锌挂件、施工时使用的工具、吊篮或脚手架、外墙外保温挂板、聚合物粘结砂浆、锚固挂件、伸缩缝塑料条、聚合物粘结砂浆专用界面剂等。见表6.4-1、表6.4-2。

外观质量 表6.4-1

项　　目	内　　容	允 许 偏 差
表面缺陷	外露镀锌钢丝	无
	蜂窝麻面及气孔长径	2mm（数量<10个）
	裂纹	无
外表缺棱掉角	深度×长度	无
板面平整度	板面翘曲变形	1.5mm
板边平直度	两对角线的长度差	3mm
板边侧向弯曲		1.5mm

尺寸允许偏差		表6.4-2

项　目	代　号	允许偏差（mm）
板宽	L	±2
板高	H	±2
板厚	D	±2

6.5　施工工具

1．设备类

配电箱、手提式电锤、安全设备（安全带、安全帽、安全网、安全围栏、指示牌、警告牌）、其他设备（插头、插座、防水电线、对讲机）。

2．工具类

壁纸刀、手锯、钢锯条、剪刀、螺丝刀、扫帚、铁锤、橡皮锤、皮尺、卷尺、2m靠尺、墨线、垂线垂球、水平管、水平尺、绳子、塑料桶、灰浆托板、抹子、阴阳角捆子、砂纸、打胶枪、橡胶手套、刷子。专用工具：嵌缝夹、导管。

7. 质 量 控 制

7.1　预制外墙外保温板的规格、尺寸精度、各项技术指标以及粘结材料的质量性能，必须符合《民用建筑外保温系统及外墙装饰防火暂行规定（公通字[2009]46号文件）》中对防火的要求。

7.2　预制外墙外保温挂板施工必须与结构墙面粘结牢固，挂件拧紧，无松动现象，严格执行《建筑装饰装修工程质量验收规范》GB 50210-2001。

7.3　预制外墙外保温板安装后，平直面的整体表面平坦，拼接横平竖直、缝宽均匀、表面顺畅、异形部位达到设计要求，整体外面应平整，墙角应垂直，依据尺寸允许偏差表（表7.3）进行验收。

	外墙外保温板安装允许偏差及检查方法		表7.3

项次	项　目	允许偏差（mm）	检 查 方 法
1	整体表面平整	2	用2m靠尺与楔形塞尺检查
2	立面垂直	3	用2m靠尺与楔形塞尺检查
3	阴阳角方正	2	20cm方尺、塞尺
4	接缝高差	0.5	钢板矩尺、塞尺

7.4　板缝必须做到细致严实，不应有虚粘、搭空等现象。

7.5　预制外墙外保温板在施工中各专业工种应紧密配合，合理安排工序，严禁颠倒工序作业。

7.6　对安装完毕的预制外保温墙壁，不得进行任何剔凿。

7.7　带有饰面的预制外墙外保温板，应防止污染磨损。

7.8　外墙外保温板的允许偏差应符合表7.3的规定。

7.9　质量保证措施：

7.9.1　基层表面必须粘结牢固，无空鼓、风化、污垢、涂料等影响粘结强度的物质及质量缺陷。

7.9.2　粘结胶浆确保不掺入砂、速凝剂、防冻剂、聚合物等其他添加剂。

7.9.3　预制外墙外保温板到场，施工前应进行验收，是否符合要求。

7.9.4　预制外墙外保温板的粘结，内框粘结胶浆的涂抹面积不应小于内框总面积的80%。

7.9.5　保温板的粘结操作应迅速，安装就位前粘结胶浆不得有结皮。

7.9.6　门、窗、洞口及系统终端的保温挂板，应用整块板裁出直角，不得有拼接，接缝距拐角不小于200mm。

7.9.7 保温板粘结完毕至少静置24h，在这段时间内不得振捣和撞击。

7.9.8 使用泡沫塑料棒及密封胶时须提供合格证以及相关技术资料，泡沫棒直径按缝宽1.3倍采用。

7.9.9 密封膏应完全塞满节点空腔，并与两侧抹面胶浆紧密结合。

7.9.10 预制外墙外保温挂板按照施工技术要求施工，单板粘挂做拉力实验（图7.9.10），在粘挂好的板上加拉重量80kg连续260d没有发生开裂变形。

图 7.9.10　单板粘挂做拉力实验

8. 安 全 措 施

8.1 认真贯彻"安全第一，预防为主"的方针，根据国家有关规定、条例，结合施工单位实际情况和工程的具体特点，组成专职安全员和班组兼职安全员以及工地安全用电负责人参加的安全生产管理网络，执行安全生产责任制，明确各级人员的职责，抓好工程的安全生产，发生事故，都必须按规定上报，按"四不放过"原则处理。

8.2 施工现场按符合防火、防风、防雷、防洪、防触电等安全规定及安全施工要求进行布置，并完善布置各种安全标识。

8.3 各类房屋、库房、料场等的消防安全距离做到符合公安部门的规定，室内不堆放易燃品；严格做到不在木工加工场、料库等处吸烟；随时清除现场的易燃杂物；不在有火种的场所或其近旁堆放生产物资。

8.4 氧气瓶与乙炔瓶隔离存放，严格保证氧气瓶不沾染油脂、乙炔发生器有防止回火的安全装置。

8.5 施工现场的临时用电严格按照《施工现场临时用电安全技术规范》的有关规范规定执行。

8.6 电缆线路应采用"三相五线"接线方式，电气设备和电气线路必须绝缘良好，场内架设的电力线路其悬挂高度和线间距除按安全规定要求进行外，将其布置在专用电杆上。

8.7 施工现场电焊工严格遵守现行标准、规范，认真执行《北京市建筑工程施工安全操作规程》，严格按照安全技术交底内容实施，搞好安全文明施工。作业人员必须经专业安全技术培训，考试合格，持《北京市特种作业操作证》方准上岗独立操作。

8.8 室内配电柜、配电箱前要有绝缘垫，并安装漏电保护装置。

8.9 建立完善的施工安全保证体系，加强施工作业中的安全检查，确保作业标准化、规范化。

8.10 安全教育培训，提高安全意识，高空作业面三面挂拉安全网，施工人员上岗时必须设施齐备，防止高空坠落、高空落物。

9. 环 保 措 施

9.1 成立对应的施工环境卫生管理机构，在工程施工过程中严格遵守国家和地方政府下发的有关环境保护的法律、法规和规章，加强对工程材料、设备、废水、生产生活垃圾、弃渣的控制和治理，遵守有防火及废弃物处理的规章制度，做好交通环境疏导，充分满足便民要求，认真接受城市交通管理，随时接受相关单位的监督检查。

9.2 将施工场地和作业限制在工程建设允许的范围内，合理布置、规范围挡，做到标牌清楚、齐全，各种标识醒目，施工现场天天打扫，施工场地整洁文明，保持整洁卫生，现场平整，各类物品堆放整齐，道路平坦畅通，无堆放物，无散落物，做到无积水、无黑臭、无垃圾。

9.3 对施工中可能影响到的各种公共设施制订可靠的防止损坏和移位的实施措施，加强实施中的监测、应对和验证。同时，将相关方案和要求向全体施工人员详细交底。

9.4 设立专用设施，对废料、污水进行集中，认真做好无害化处理，从根本上防止施工废弃物漂流。

9.5 优先选用先进的环保机械。采取设立隔声墙、隔声罩等消声措施降低施工噪声到允许值以下，同时尽可能避免夜间施工。

9.6 防止尘土飞扬，污染周围环境。

10. 效 益 分 析

10.1 克服了传统建筑平面呆板和外墙瓷砖线条频密复杂的缺点，具有很多外墙瓷砖和涂料所不具备的功能和性能，性能价格比远远超过外墙瓷砖和外墙涂料。特别是在旧楼外立面改造项目中，更可做到在不铲除原有外立面的情况下直接施工，免去了铲除原墙面对环境的污染，减少了垃圾清运，大大加快了施工进度，有效降低了工程造价。预制外墙外侧保温板是工厂化生产，施工现场安装，消除了现场施工的湿作业，大大缩短了施工周期，控制了施工现场保温材料废料污染环境，社会效益突出。

10.2 外墙挂板是建筑外墙装修材料的一次革新，它将是外墙涂料、瓷砖最佳的替代产品，适合于别墅、小区多层、旧房改造翻新等多种建筑风格。其丰富的颜色、超长的使用年限、安全便捷的施工能够完全达到您对美观、功能上的要求。外墙挂板作为一种外墙新型建筑材料，与高档外墙瓷砖、涂料对比优势：外墙挂板系统克服了传统建筑平面呆板和外墙瓷砖线条频密和复杂的缺点，具备很多外墙瓷砖和外墙涂料所不具备的功能和性能，性能价格比远远超过外墙瓷砖和外墙涂料。初始投资可以在日后的使用中通过能源的节省很快回收。工厂化生产降低了生产成本，提高了产品质量，与建筑物同寿命，经济效益明显。

10.3 采用粘挂方法施工，安全性得到了保证，深受使用者欢迎。

11. 应 用 实 例

11.1 应用案例（表11.1）

工法应用案例　　　　　　　　　　　　　　　　表11.1

工 程 名 称	工 程 地 点	外墙外保温面积（m²）
北大清华教师住宅小区	兰旗营	86000
北京市顺义区空港物流办公楼工程	北京市顺义区	1162
C区公建人防工程	马连道	350
亦庄住宅楼	大兴亦庄	2900
中科院院士楼	中关村	1407
经贸大学住宅楼	北京红庙	1600
航天部772所住宅楼	东高	5100
小区3幢22层住宅楼	右佛营	25000
二幢6层住宅楼	回龙观	5200

11.2 工程实例（图11.2）

11.2.1 工程概况

北京市顺义区空港物流办公楼外墙外保温工程；

北京市顺义区空港物流办公楼外墙外保温工程展开施工面积：1162m²；

施工单位：北京百通科技贸易有限责任公司；

施工时间是2009年8月11日进场，2009年8月27日交付使用；

参加施工人员：8名。

11.2.2 施工情况

2009年8月11日：平整场地及施工现场；

8月12日至14日由3名工作人员放线，1人铺设临水临电，4人调运材料；

8月15日分两组开始施工，1人负责门窗处安装，1人负责消防安全；

8月25日安装完毕；

8月26日清理施工现场；

8月27日交付使用。

图11.2 北京市顺义区空港物流办公楼外墙外保温工程

地采暖纤维钢筋混凝土楼地面施工工法

GJEJGF115—2010

天津天一建设集团有限公司　长业建设集团有限公司

赵志强　叶黎明　许丽华　赵喜全　孔祥武

1. 前　　言

低温辐射采暖（后面统称地采暖）楼地面采用细石混凝土做面层时，一般都采取设置分格缝来控制开裂，当建设单位对地面整体性有特殊要求时便无法应用。另外在地采暖填充层上做细石混凝土面层，其裂缝、起砂控制较为困难，普通水泥地面的耐久性较差。

为控制地面开裂、起砂，延长使用寿命，我集团进行了多方案的比选和优化，最终确定用改性聚丙烯纤维混凝土代替了普通细石混凝土，在混凝土上下表面分别加铺了钢丝网和钢筋网，并在上表面施做耐磨层，取得了较好效果。天津市科学技术信息研究所对"地采暖纤维钢筋混凝土楼地面施工技术"提供的《科技查新报告》（报告编号20101201001163）表明，通过对国内"中国科技成果数据库"等9个权威数据库、论文库的检索证明，在上列检索范围中，国内尚未见与本工法技术特点相同的施工技术的文献报道。此技术经数次应用现已成熟，并且申请了专利，已获得受理，申请号为201010279886.X。

为了更好推广应用此技术，在总结施工经验的基础上，最终形成本工法。

2. 工 法 特 点

2.1 工艺简单，易于掌握。

2.2 抗裂能力强，整体性好，适用范围广。

2.3 所用材料无毒无味，安全环保。

2.4 材料价格低、易采购，利于控制成本。

3. 适 用 范 围

本工法适用于面层为细石混凝土的地采暖楼地面。

4. 工 艺 原 理

充分利用改性聚丙烯纤维混凝土优异的抗裂性能，还增加了钢筋网（焊接网片）、钢丝网的抗裂构造措施并结合了耐磨地面的优点（地采暖楼地面找平层以上构造示意参见图4）。

4.1 改性聚丙烯纤维掺入混凝土中，可在其内部构成一种均匀的乱向支撑体系，从而产生加强效果，有效阻碍骨料的离析，保证混凝土早期均匀的泌水性，增强混凝土的韧性，抑制混凝土开裂的过程，减少混凝土凝固收缩引起的裂纹和裂缝。

4.2 铺设的钢筋网和钢丝网可吸收混凝土的收缩应力和温度应力，增加结构层的整体强度，抑制表面裂纹的产生。

4.3 结构层上表面的耐磨骨料可提高结构层的耐磨强度，延长使用寿命。

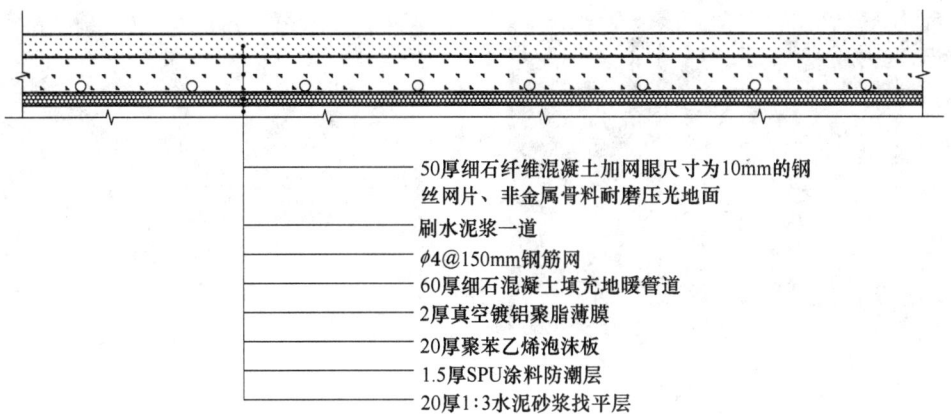

——50厚细石纤维混凝土加网眼尺寸为10mm的钢丝网片、非金属骨料耐磨压光地面
——刷水泥浆一道
——ϕ4@150mm钢筋网
——60厚细石混凝土填充地暖管道
——2厚真空镀铝聚脂薄膜
——20厚聚苯乙烯泡沫板
——1.5厚SPU涂料防潮层
——20厚1:3水泥砂浆找平层

图4　地采暖楼地面找平层以上构造示意图

5. 施工工艺流程及操作要点

5.1　施工工艺流程（图5.1）

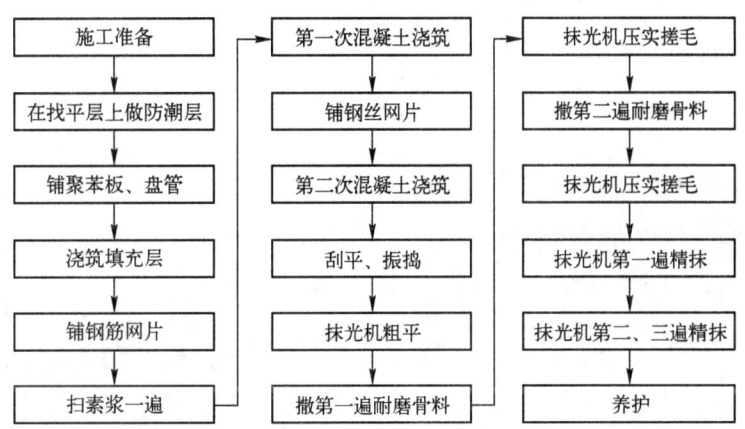

图5.1　施工工艺流程图

5.2　操作要点

5.2.1　施工准备

准备好各种机具和材料，熟悉施工工艺流程，掌握材料特性。

5.2.2　在找平层上做防潮层

在楼地面的找平层上刷1.5mm厚SPU涂料防潮层。

5.2.3　铺聚苯板、盘管及浇筑填充层

此处做法为地采暖地面通用做法，不再赘述。

5.2.4　铺钢筋网片

在基层表面铺设ϕ4@150焊接钢筋网片，钢筋保护层不小于1.5cm。

5.2.5　扫素浆一遍（图5.2.5）

用扫把蘸素水泥浆清扫基层，可增强面层混凝土和基层的结合。

5.2.6　第一次混凝土浇筑（图5.2.6）

细石混凝土面层的厚度为5cm，第一次先浇筑3cm厚，浇筑时注意对钢筋保护层厚度的控制。混凝土内掺入改性聚丙烯纤维，掺量为3.5～4kg/m³。

5.2.7　铺钢丝网片

钢丝网片间相互搭接不小于5cm。

图5.2.5　扫素水泥浆

图5.2.6　第一次混凝土浇筑

5.2.8　第二次混凝土浇筑

第二次混凝土的浇筑厚度为2cm，在第一次浇筑的混凝土初凝后浇筑。

5.2.9　刮平、振捣

混凝土采用2.5m长铝合金方管刮平，并用平板振动器振捣密实。

5.2.10　抹光机粗平

在初凝前，用抹光机圆盘进行粗平，将混凝土表面的石子压平。

5.2.11　撒第一遍耐磨骨料（图5.2.11）

将耐磨骨料均匀撒布在混凝土表面，总厚度为3mm。第一遍铺撒总量的2/3，顺序为由内向外，边撒边退。

5.2.12　抹光机压实搓毛（图5.2.12）

图5.2.11　撒耐磨骨料

图5.2.12　抹光机压实搓毛

在耐磨骨料完全吸收水分充分湿润后，用抹光机圆盘压实搓毛。

5.2.13　撒第二遍耐磨骨料

第二遍铺撒总量的1/3，方法同第一遍。

5.2.14　抹光机压实搓毛

压实搓毛方法同第一遍。

5.2.15　抹光机第一遍精抹

在第二遍压实搓毛完成后30～40min后进行第一遍精抹，此时抹光机卸去圆盘改用叶片（后面两遍精抹也是用叶片）。此次抹光的目的是找平并把浆往上赶。

5.2.16　抹光机第二遍精抹

当混凝土和耐磨骨料强度达到1.2MPa时或上人无脚印时进行第二遍精抹，此次将叶片提高5%的角度进行抹光。

5.2.17 抹光机第三遍精抹

第二遍精抹完成后将叶片调整10%的角度进行第三遍精抹，以消除第二遍精抹时的压痕和毛细孔，使表面光滑美观，成为成品。

5.2.18 养护

混凝土浇筑12h后，用塑料薄膜、自来水进行养护，养护时间每天不少于4次。

6. 材料与设备

6.1 主要材料

主要材料为改性聚丙烯纤维和非金属耐磨骨料，其余均为常规材料。改性聚丙烯纤维主要性能指标见表6.1。

改性聚丙烯纤维单丝主要性能指标 表6.1

纤 维 规 格	3mm、6mm、10mm、19mm
抗拉强度	>450MPa
极限延伸率	15%~20%
熔点	约160℃
燃点	约580℃
导热性	极低
抗酸碱性	极高
分散性，高分散性	商品混凝土无需延长搅拌时间
密度	0.91kg/m³
安全性	无毒、无刺激

6.2 主要设备

采用的主要机具设备见表6.2。

主要机具设备表 表6.2

序号	设 备 名 称	规 格 型 号	单位	数量	用 途
1	电动抹光机	HM-66型	台	2	抹面
2	电动试压泵		台	1	打压
3	平板振动器	ZF18-50	台	2	振捣
4	铝合金方管	2.5m	根	2	混凝土刮平
5	塑料抹子		把	10	角落抹面
6	铁抹子		把	10	角落抹面

7. 质 量 控 制

7.1 工程质量控制标准

本工法施工的混凝土地面质量应符合《建筑工程施工质量验收统一标准》GB 50300-2001和《建筑地面工程施工质量验收规范》GB 50209-2002的规定，并将平整度偏差由5mm提高至2mm。

7.2 质量保证措施

7.2.1 施工中严禁破坏地暖管，并避免地暖施工后的地面开洞、走线，确保地暖管的完好。

7.2.2 认真检查验收进场原材，严格控制原材质量，尤其是砂、石子的含泥块等杂质的含量，含有泥块的砂应过筛，含泥量大的砂、石子不得进入现场。

7.2.3 粗骨料为粒径在5~10mm的碎石，细骨料为中粗砂。

7.2.4 严格按设计配合比配料，保证搅拌时间，使纤维在混凝土内均匀分布，防止结块、结团。

7.2.5 钢筋网和钢丝网重点控制保护层厚度，保护层厚度不够会使其锈蚀而减少使用寿命，厚度过大就失去了其抗裂作用。

7.2.6 抹光机的抹光和压实作用是成品美观耐用的保证，不能为省工而减少抹光的遍数。

7.2.7 抹光机圆盘和叶片的使用顺序不能改变，叶片的角度可根据实际情况进行调整，以使耐磨层表面光滑美观。

7.2.8 遇到边角等抹光机不能到达的地方采取人工抹面。

8. 安 全 措 施

8.1 抹光机使用前应仔细检查电气开关和导线的绝缘情况。导线最好用绳子悬挂起来，不要随机器的移动在地面上拖拉，以防止发生漏电。

8.2 使用前应对机械部分进行检查：叶片以及工作装置是否安装牢固；螺栓、螺母等是否拧紧；传动件是否灵活有效，同时还应充分润滑。然后试运转，待转速达到正常时再放到工作部分。在工作中发现零件松动或有不正常的声响时，必须立即停机检查，防止发生机械损坏和伤人事故。

8.3 机器工作时间长，电机或传动部分过热时，必须停机冷却后再工作。操作工人应穿胶鞋和戴绝缘手套以防触电；工作结束后，要切断电源，将抹光机放到干燥处，防止电机受潮。

8.4 操作机器时，要特别注意伸出地面的管件或类似障碍物，当抹光机的刀片不慎碰到时，会给操作者和机器带来伤害。

8.5 多机作业时，两机之间的安全距离应在3m以上。

8.6 耐磨骨料一旦接触到眼睛，应马上用水冲洗并寻医救治。

8.7 如有对改性聚丙烯纤维过敏者，应使其避免接触材料。

9. 环 保 措 施

9.1 本工法严格遵守国家和地方政府下发的有关环境保护的法律、法规，将环境管理融于企业全面管理之中，加强对设备噪声、废水废料、生产和生活产生的垃圾等的控制和治理。

9.2 改性聚丙烯纤维和耐磨骨料应集中存放，废弃的材料不得随地抛撒。材料用完剩下的包装放入垃圾桶或指定的垃圾存放点。

9.3 对施工过程中产生的废钢筋头、扎丝、钢丝网、聚苯板等应集中收集、处理。

9.4 混凝土运输过程中，抛洒的混凝土及时清理，混凝土运输需经过成品混凝土地面时，地面必须覆盖塑料薄膜和木板或采取其他成品保护措施；混凝土浇筑过程中，必须对临近的墙、柱、设备等采取粘贴塑料薄膜等保护措施。

10. 效 益 分 析

采用本工法施工的楼地面，具有抗裂、耐磨、整体性好、表面平整光洁等优点。施工过程中，主要采用机械提浆抹光，大大提高了工作效率，减少了劳动力投入，加快了施工速度，与传统人工抹面相比可提高工效3倍以上，加快施工速度20%。该工法施工的楼地面与其他方法施工的混凝土楼地面及耐磨地面相比，使用年限可分别提高50%和25%以上，建设费用折算到每年来比较并不高，且还有保养简单（只需偶尔用肥皂水或清水清洗即可，无需打蜡）等优点，取得了较好的社会效益和长期经济效益。

11. 应 用 实 例

11.1 天津市西青区看守所项目工程，位于天津市西青区杨柳青镇柳口路，地采暖楼地面面积11102m²。原设计采用普通细石混凝土楼地面，根据业主要求，楼地面不允许设分格缝。我们分析后认为在不设置分格缝的情况下，原设计无法保证地面不开裂。为满足业主对使用功能的特殊要求，在取得业主的同意后，地面面层做法变更为纤维细石混凝土耐磨楼地面。采用本工法施工后的楼地面平整、美观，色泽一致，且不开裂、不起砂，各项指标均满足业主的要求。该工程于2007年11月开工，2009年10月完工，顺利通过工程验收并荣获了天津市建设工程"海河杯"奖。从工程竣工到现在，使用状态一切正常。

11.2 蓟县揽秀园小区会所工程，位于天津市蓟县宝塔路和迎宾路交口处。该工程部分地面采用地采暖耐磨地面，采用本工法施工后较好解决了面层开裂问题。该工程于2006年10月开工，2007年9月完工。通过工程验收后使用至今一切正常。

11.3 天津静海海馨园小区幼儿园工程，位于静海县东方红路与旭华道交口。该工程部分采用地采暖耐磨地面，应用本工法施工后未发现开裂问题。该工程于2008年8月开工，2009年9月完工，顺利通过工程验收，至今未发现质量问题。

既有建筑物围护结构节能改造施工工法

GJEJGF116—2010

鹏达建设集团有限公司　浙江中南建设集团有限公司

廖永　王剑辉　张观贤　段洪涛　赵士永

1. 前　言

我国与气候条件相近地区的发达国家相比，既有建筑单位建筑面积能耗要高出约2倍以上，问题的关键在于大量没有任何节能措施的既有建筑，其保温隔热性能差，管网、电线、设备系统老化且效率低，导致用电、采暖和制冷能耗浪费严重。我国政府在"十一五"规划中明确规定：到2010年在国内生产总值每年平均按7.5%增长的同时，单位GDP能耗要比2005年降低20%，即在"十一五"期间每年要降耗4.4%，2020年我国大部分既有建筑实现节能改造。可见我国的建筑节能工作存在着巨大的空间和潜力，全面开展建筑节能以及既有建筑的节能改造工作，对改善我国的能源状况有着积极的作用。

"既有建筑物围护结构节能改造研究与实践"是河北省科学技术厅下达的科研项目，鹏达建设集团有限公司与相关单位合作，攻克了一系列的技术难关。通过对我国北方特别是华北地区既有高能耗建筑的各种外围护结构的热工分析和各种保温材料的保温性能研究与实践，确定最佳的适合围护结构的改造方案，同时解决了外墙保温过程中容易出现的技术问题，形成了既有建筑围护结构节能改造工艺。该技术系统经河北省住房和城乡建设厅鉴定，成果总体达到国际先进水平。

2. 工 法 特 点

2.1 以具有优异绝热性能的膨胀聚苯板为保温层，绝热效果好、经济、质优。

2.2 保温材料以及粘结、抹面、加固材料以成品方式进入施工现场，质量便于控制，施工简单、快捷。

2.3 采用专用粘结胶浆和各类专用锚钉固定，完善的细部处理设计，是一套技术成熟的外保温体系。

2.4 EPS板表观密度小，拉伸和剪切强度低，保温性能好。

2.5 施工速度快、工艺简单，可以缩短工期，减少工程的人工费和劳动强度，降低施工成本，绿色环保。

3. 适 用 范 围

适用既有建筑物混凝土和砌体结构外墙外保温改造、屋面保温改造、门窗改造、采暖系统改造工程等。

4. 工 艺 原 理

4.1 基层经界面处理后，墙体采用胶粘剂贴砌EPS板，利用锚栓辅助固定；其后在保温板上涂抹复合耐碱玻纤网格布的抹面胶浆成为抹面层，再以涂料或装饰砂浆为饰面层。各种材料互为搭配和彼此相容，为保温体系提供长期的质量保证和节能效果。

4.2 提高窗的气密性，减少冷风渗透。窗的缝隙约有三类，第一类窗墙之间的缝隙，一般采用岩棉、聚苯、聚氨酯泡沫等保温材料充填，然后用砂浆封严，最后用密封胶封面；第二类是玻璃与窗框之间的缝隙，玻璃两边均用密封胶条镶嵌，用于铝合金门窗的一般是以氯丁、顺丁和天然橡胶硫化制成的橡胶密封条，用于塑料门窗的一般是以丁晴橡胶和聚氯乙烯挤压成型的密封条；第三类是开启扇和窗框之间的缝隙，一般不同开启方式的窗户选择的密封材料不同，一般有空腔式橡胶条、条刷状密封条，目前多采用橡胶与PVC树脂共混技术生产的密封条。

4.3 给窗户增设附加物。主要是考虑到窗的夜间保温能力，这里的附加物主要是指保温窗扇和保温窗帘。

4.4 屋面保温层不宜选用容重大、导热系数高的保温材料，以免屋面重量、厚度过大；二是屋面保温层不宜选用吸水率较大的保温材料，以防屋面湿作业时，因保温层大量吸水而降低保温效果。

5. 施工工艺流程及操作要点

5.1 施工工艺流程

5.1.1 屋面工程

基层清理→保温层施工→保护层施工→竣工验收。

5.1.2 墙面工程

施工流程见图5.1.2。

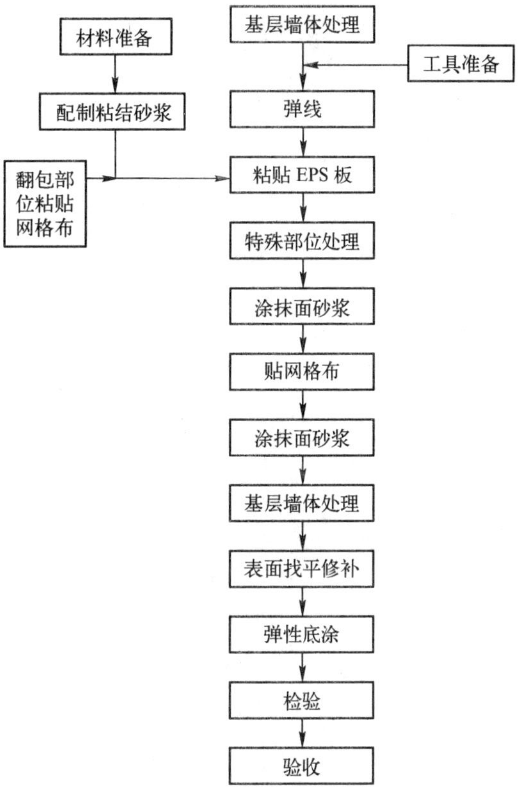

5.2 外墙外保温节能改造

5.2.1 墙体外保温节能改造按照保温层与主体
的结合方式大致分为喷涂式、抹灰式、粘结式、挂装式及混合式，基本的构造形式见图5.2.1。

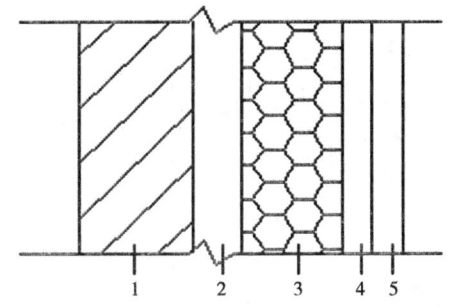

图5.2.1 墙体外保温节能改造构造示意图

1—墙体；2—粘结层，胶粘剂；3—保温层，保温板；
4—保温层，底层抹灰材料+网布；5—饰面层，装饰面层+罩面材料

图5.1.2 施工流程图

5.2.2 墙体外保温节能改造施工前的准备工作

在对墙面状况进行勘查的基础上，施工前应对原墙面上由于冻害、析盐或侵蚀所产生的损害予以修复，油渍应进行清洗；损坏的砖或砌块应更换；墙面的缺损和孔洞应填补密实；墙面上疏松的砂浆应清除；不平的表面应事先抹平；墙外侧管道、线路应拆除，在可能的条件下，宜改为地下管道或暗线；原有窗台宜接出加宽，窗台下宜设滴水槽；脚手架宜采用与墙面分离的双排脚手架。

5.2.3 保温板宜采用标准尺寸的聚苯板600mm×1200mm。非标准尺寸保温板应切割加工至标准板型。保温板应从墙壁的基部或坚固的支撑处开始，自下而上逐排沿水平方向依次安设，拉线校核，并逐列用铅坠校直，在阳角与阴角的垂直接缝处应交错排列。安设时应采用点粘或条粘的方法，通过挤紧胶粘剂层，使保温板有规则的牢固的粘结在外墙面上。保温板安设时及安设后至少24h之内，空气温

度和外墙表面温度不应低于5℃。在保温板的整个表面上，应均匀抹一层聚合物水泥砂浆，并随抹随铺增强网布。抹灰层厚度宜为3～4mm，且应均匀一致。标准网格布搭接宽度应左右大于100mm，上下应大于80mm，布边应对齐。标准网格布铺设至转角处应连续，包转宽度应大于等于200mm。增强网布应全部压埋在抹灰层内不应裸露。遇门窗口、通风口不同材质的接合处（配电箱、水管等），应将增强网布翻边包紧保温板；洞口的四角应各贴一块增强网布，并用聚合物砂浆将网布折叠部分抹平封严。每块保温板宜在板中央部位钉一枚膨胀螺栓。螺栓应套一直径5cm的垫片，栓铆后应对螺栓表面进行抹灰平整处理。应在抹灰工序完成后，进行外装修，宜采用薄涂层。

5.2.4 改造节点部位。

1. 室外勒脚部位及高度在2m以下的墙体，应按图5.2.4-1的要求采用网格布加强做法。

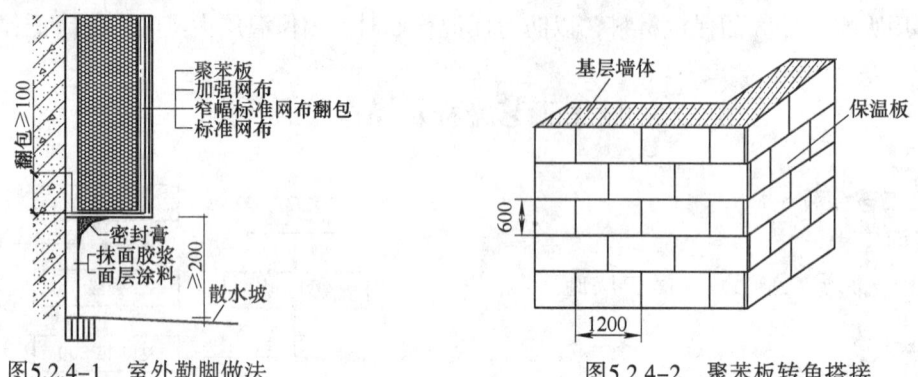

图5.2.4-1 室外勒脚做法　　　　　　　图5.2.4-2 聚苯板转角搭接

2. 转角处对接加强网格布的两边宽度应大于等于200mm，聚苯板错茬搭接，首层阳角采用钢包角（图5.2.4-2～图5.2.4-4）。

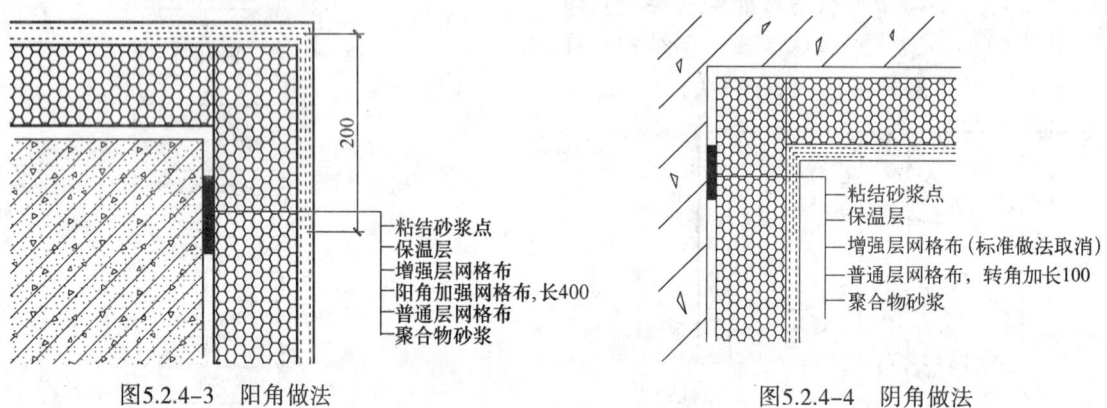

图5.2.4-3 阳角做法　　　　　　　　　图5.2.4-4 阴角做法

3. 变形缝设置。外墙外保温系统本身的特性对变形缝设置要求比较严格，其中包括在基层墙体设有伸缩缝、沉降缝，预制墙板相接处，外保温系统和不同面层相接处或门窗洞口，立面的连续高度、宽度超过23m，结构可能产生较大位移部，其图示见图5.2.4-5～图5.2.4-7。

4. 门窗及洞口做法（图5.2.4-8）。

5. 混凝土挑檐（图5.2.4-9）

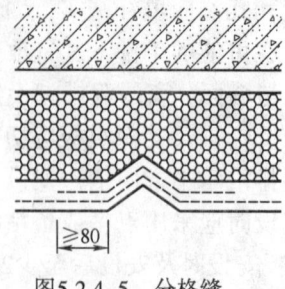

图5.2.4-5 分格缝

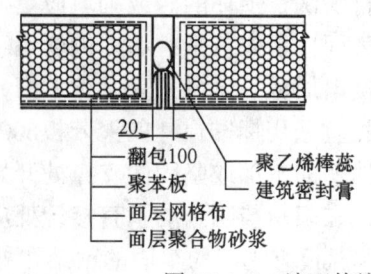

图5.2.4-6 墙面伸缩缝

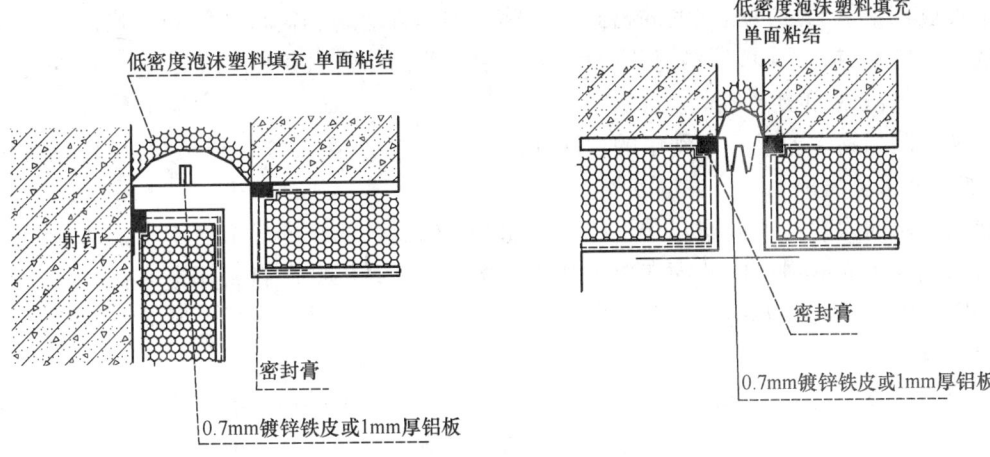

图5.2.4-7 变形缝做法

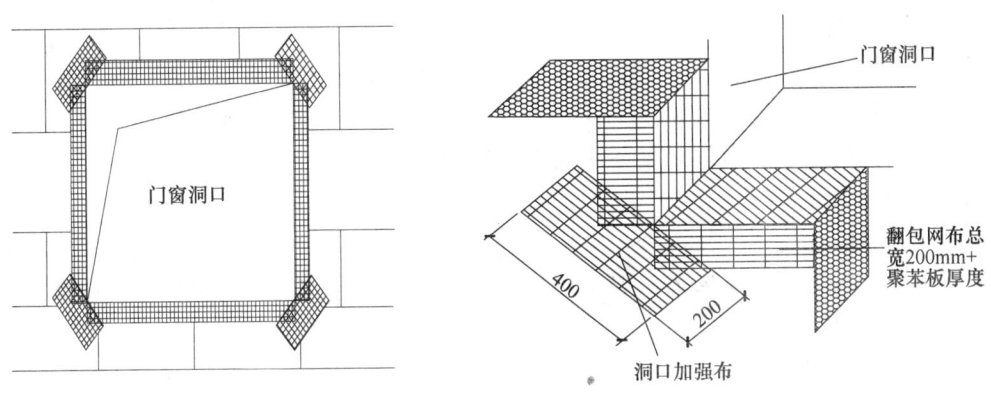

图5.2.4-8 门窗及洞口做法

6. 外墙空调支架做法（图5.2.4-10）

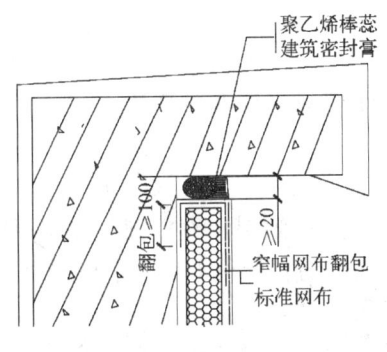

图5.2.4-9 挑檐做法

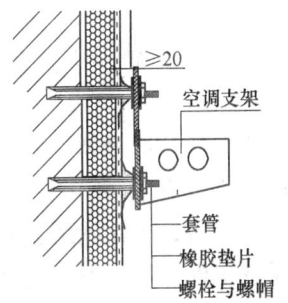

图5.2.4-10 外墙空调支架做法

5.3 外窗节能改造

5.3.1 外窗改造的节点处理

外窗的改造节点主要是框与墙体连接，固定片的间距应小于或等于600mm，框与墙体应连接牢固，缝隙应用弹性材料填嵌饱满，表面缝膏密封，无裂缝。同时在窗框与墙体之间的缝隙增设保温岩棉，并采用高效气密性材料加弹性密封胶进行封堵。

5.3.2 提高窗的气密性，减少冷风渗透

窗的缝隙约有三类。第一类是窗墙之间的缝隙，一般采用岩棉、聚苯、聚氨酯泡沫等保温材料充填，然后用砂浆封严，最后用密封胶封面；第二类是玻璃与窗框之间的缝隙，玻璃两边均用密封胶条镶嵌，用于铝合金门窗的一般是以氯丁、顺丁和天然橡胶硫化制成的橡胶密封条，用于塑料门窗的一般是以丁腈橡胶和聚氯乙烯挤压成型的密封条；第三类是开启扇和窗框之间的缝隙，一般不同开启方式的窗户选择的密封材料不同，一般有空腔式橡胶条、条刷状密封条。

5.3.3 窗户增设附加物

给窗户增设附加物主要是考虑到窗的夜间保温能力，这里的附加物主要是指保温窗扇和保温窗帘。

1. 附加活动保温窗扇

住宅建筑的南向窗户与北向窗户是不同的，北窗是保温的最薄弱环节。南窗活动保温窗扇仅夜间使用，芯材选用不透光材料；而北窗在白天和夜间均需使用，因此芯材采用透光材料，以适应白天的采光要求，实施附加活动保温窗扇技术，用于窗户的夜间保温（北窗全天保温）。

2. 布置保温窗帘

室内可使用镀膜窗帘，冬季镀膜层使热量在室内循环以减少供热用能；夏季可防止强烈的太阳辐射而减少制冷用能。设置节能窗帘，可将纺织物的多孔绝热特点与金属的优良反光特性结合起来，可以制成绝热性能良好的复合材料，有条件的可以在窗外设置活动窗帘，遮阳效果比内置窗帘效果显著。

3. 窗口设置外遮阳

窗口遮阳基本形式有：水平式、垂直式、综合式和挡板式。对于南向附近的窗口宜使用水平式遮阳；对于东北、北和西北向附近的窗口宜使用垂直式遮阳；对于东南或西南向附近的窗口宜使用综合式遮阳；对于东、西向附近的窗口仅以使用挡板式遮阳为宜。

5.4 屋顶节能改造

屋面的能耗占建筑总能耗的7%~8%；一是屋面保温层不宜选用容重大、导热系数高的保温材料，以免屋面重量、厚度过大；二是屋面保温层不宜选用吸水率较大的保温材料，以防屋面湿作业时因保温层大量吸水而降低保温效果。

5.4.1 屋面保温材料

传统屋面按保温层所用材料分，主要分为：加气混凝土保温屋面，乳化沥青珍珠岩保温屋面，憎水型珍珠岩保温屋面，聚苯板保温屋面，水泥聚苯板保温屋面，岩棉、玻璃棉板保温屋面，浮石砂保温屋面，彩色钢板聚苯乙烯泡沫夹芯保温屋面，彩色钢板聚氨酯硬泡夹芯保温屋面，种植屋面和蓄水屋面等。

5.4.2 屋面节能改造技术

常采用的有正置式屋面、倒置式屋面、种植屋面、平改坡等屋面节能技术。

1. 正置式节能改造

平屋面正置式节能改造通常采用的保温材料有岩棉板、玻璃棉板、聚苯板、膨胀珍珠岩等。根据实际情况，改造的方法有两种：直接铺设保温层和设置架空保温层。直接铺设保温层的做法：通常采用的保温材料为岩棉板，在原屋面上满铺一层经过憎水处理的岩棉板（其厚度根据热工计算而定），在保温层上做水泥砂浆保护层，并做防水层，基本构造见图5.4.2-1。

设置架空保温层的做法：通常采用膨胀珍珠岩等保温材料，适用于女儿墙高度较低、且房间进深较小的建筑。在屋面适当的位置采用1∶0.5∶10的水泥石灰膏砂浆卧砌115×115×180（mm）砖墩，纵横中距宜保持为500mm，砖墩应落在相应的承重墙上，并将预制钢筋混凝土架空板卧在砖墩上。铺设架空板前，在原屋面上铺放保温材料（其厚度根据热工计算而定），铺设架空板后，应采用砂浆勾缝，板上应做找坡层、找平层及防水层，基本构造见图5.4.2-2。

2. 倒置式屋面节能改造

将传统屋面构造中的保温层与防水层颠倒，把保温层放在防水层的上面，基本构造见图5.4.2-3。

3. 加设坡屋顶（"平改坡"）

加设坡屋顶为设置架空保温层的改造方式，在原有的建筑平屋顶上铺设保温层（其厚度根据热工计算而定），并在上面加设挂瓦尖屋顶进行保护，这里挂瓦尖屋顶相当于架空保温层改造中的保护层和防水层的作用。通常采用一些轻质保温材料，如聚苯板、岩棉板、玻璃棉板等，分两种情况：

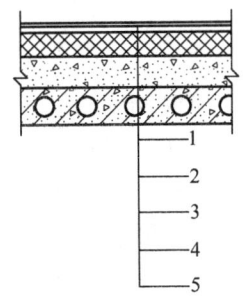

图 5.4.2-1 直接铺设保温层
构造示意

1—防水层;2—找平层;3—憎水岩棉板;
4—找坡层;5—原屋面结构层

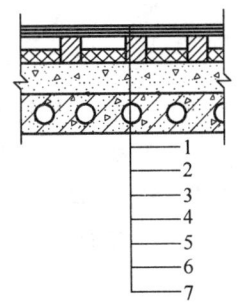

图 5.4.2-2 直接铺设保温层
构造示意图

1—防水层;2—找平层;3—混凝土板,砖墩架空;
4—空气层;5—膨胀珍珠岩;6—找坡层;
7—原屋面结构层

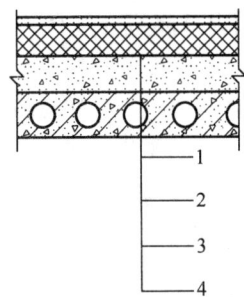

图 5.4.2-3 倒置式屋面节能
改造示意

1—混凝土块保护层;2—挤塑聚苯板;
3—找坡层;4—原屋面结构层

有吊顶的坡屋面:直接在屋顶吊顶上铺放保温材料,其厚度应根据热工计算而定。

无吊顶的坡屋面:应先增设吊顶层,再把保温材料(其厚度根据热工计算而定)铺在吊顶上。

4. 种植屋面

种植屋面是利用屋面上种植的植物阻隔太阳能,防止房间过热的一项隔热措施。它能够与地面绿化和墙体绿化一样调节微气候,当太阳照射到屋顶时,由于覆盖植被的存在,建筑物的得热大大减少。

6. 材料与设备

6.1 聚苯乙烯泡沫板(简称EPS)、强力粘结砂浆、防渗抗裂抹面砂浆、玻璃纤维网络布、岩棉板、玻璃棉等。

6.2 主要机具设备有电热丝切割器、磅秤、壁纸刀、螺丝刀、剪刀、钢锯条、棕刷、大于20粒度粗砂纸、700~1000r/min电动搅拌器、塑料搅拌桶、冲击钻、电锤、抹子、压子、阴阳角抿子、托线板、2m靠尺等。

7. 质 量 控 制

7.1 对外墙、屋面、外窗进行节能改造时,应对原结构进行复核、验算;当结构安全不能满足节能改造要求时,应采取加固措施。

7.2 对墙体外饰面的脱落情况、保温层的起鼓损情况以及基墙的风化程度进行评估,处理原有墙体面层和保温层时,应考虑对周围环境的影响。

7.3 对于不宜全面采用外墙外保温做法的建筑,如文物建筑或其他有历史价值的建筑,应优先改造其屋顶和山墙,对此类建筑的外墙其他部位进行内保温改造时,宜与供暖系统一同改造。

7.4 采用内保温技术时,对混凝土梁、柱等热桥部位应进行保温设计计算,保证整体保温效果,并避免内表面结露。

7.5 外墙外保温的热工设计主要包括保温和防结露性能的设计。对易产生结露的部位,应加强局部的保温性能。为防止保温材料与外墙外表面粘结间隙处的水汽凝结与流窜现象对保温层的破坏作用,宜在保温构造中设置排除湿气的孔槽。

7.6 外墙外保温的热工设计宜采用轻质高效的保温材料,安装时保温材料重量含水率不得大于10%,可采用阻燃型容重大于16kg/m³发泡聚苯乙烯、挤塑聚苯乙烯、聚氨酯或其他无机高效保温材料。

7.7 屋顶保温改造,根据既有建筑屋面防水的情况选择直接做倒置式保温屋面或翻修防水层后做倒置保温屋面。将平屋顶改成坡屋顶时,可在屋顶吊顶内铺放吸水率小的轻质保温材料。为防止平改坡后吊顶内结露宜在坡屋面上加铺保温。

7.8 保温板的粘贴。

保温板必须与墙面粘贴牢固，无松动和虚贴现象。抗裂面层与保温板必须粘结紧密，无脱层、爆灰和裂缝，耐碱玻纤网格布列褶皱翘边外露等现象，搭接宽度左右不得小于100mm，上下不得小于80mm。每块板与基层的总粘结面积为40%。聚合物砂浆保护层厚度不宜大于6mm，首层铺设加强网下砂浆厚度为6±0.5mm。保温板粘贴48h后，敲击检查是否有松动或不实处，必要时可揭下保温板检查是否有虚贴。

表面平整度用2m靠尺检查。表面迎面层为兴料时，误差不大于4mm；阴阳角边处加工与连接必须整齐平顺。用最小刻度为0.5mm的金属直尺检查板缝间隙及高差，高差不得大于1mm。

粘结砂浆与聚苯板必须粘结牢固，无脱层、空鼓。网格布不得外露。检验方法：观察，用小锤轻击检查，检查施工记录。

抹砂浆面层无爆灰和裂缝缺陷，其外观应表面洁净，接茬平整。检验方法：观察，手摸检查。

7.9 网格布的铺设。

用目测检查表观状况，无任何裸露的网格布，以微露网格印为宜。用针扎的方式检查抹面胶浆的厚度。

7.10 面层。

柔性耐水腻子具有柔韧性好，粘贴强度高，耐水、耐碱等特点。满足柔性变形、应力分散的要求，防止面层出现开裂脱落等不良现象。

8. 安 全 措 施

8.1 对作业队伍进行班前安全技术交底和安全教育。

8.2 操作前应检查脚手架和跳板是否搭设牢固，高度是否满足操作要求，经安全检查验收合格后，方可进行操作作业。

8.3 作业人员必须遵守高空作业安全规定，戴好安全帽、系好安全带。凡患有高血压、心脏病、恐高症、贫血病、癫痫病及不适宜高空作业人员不得从事高空作业。

8.4 禁止穿硬底鞋、拖鞋在架子上工作，架子上的人数不得集中在一起，工具要搁置稳定，防止坠落伤人。

8.5 进入施工现场，注意防火，现场不许吸烟、喝酒。

8.6 现场电焊操作业，必须设置看火人，配置相应消防器材。

8.7 现场消防设备应配备齐全，并保证有效、可靠，任何人在任何时候不得以任何理由擅自将消防器材移作它用。

8.8 电源线不得拖地铺设，开关箱必须安装漏电保护器，各种用电设备停止作用应切断电源，锁好闸箱。

8.9 严格执行消防条例，如需动用明火时，必须先报批，再施工。无动火证，则坚决不施工。

9. 环 保 措 施

9.1 建立体系，并持续改进环境和职业健康安全绩效。

9.2 全面遵守国家和地方有关环境和职业健康安全的法律、法规。

9.3 教育员工增强对环境和职业健康安全的意识。

9.4 控制噪声、粉尘、废水、废气、预防污染，进行绿色施工。

9.5 施工现场废水排放符合国家废水排放达标规定。

9.6 施工现场内废弃物统一集中管理，生产、生活和有毒有害废弃物实现分类存放管理。

10. 效 益 分 析

外墙节能改造采用膨胀聚苯板薄抹灰系统，外窗采用新型断桥铝合金中空玻璃平开窗，同时对采暖系统进行了改造，从根本上克服了"南热北冷"的问题，实现了每个房间独立进行温度调节。围护结构改造后的节能包含的一部分是由供热系统改造所产生的，如果不进行供热系统改造，单纯围护结构改造不能满足节能65%要求，因而围护结构改造的同时进行供热系统改造也是非常有必要的。供热系统改造要包括计量和调控手段，否则不能体现改造后的效果。围护结构改造推广以后，将对实现节能减排目标具有重大的现实意义，对实现我国的可持续发展有着重要的现实意义。

11. 应 用 实 例

11.1 河北建筑科学研究院综合办公楼节能改造工程
该办公楼总建筑面积为4500m²，为6层框架结构，建筑总高度为22m。该楼框架部分外墙采用250mm厚加气混凝土，砖混部分外墙为370mm厚实心黏土砖墙，屋顶、外墙和窗户均为改造重点，同时对有大面积玻璃幕墙的西北侧门厅处进行改造，以减少玻璃窗的热损耗，办公楼改造后经济效益非常显著。建筑物改造后耗热量指标节省率67%，该办公楼改造后外观见图11.1。

图11.1 办公楼改造后外观图

11.2 鹿泉市建管处办公楼节能改造工程
鹿泉市建筑业管理处办公楼为5层砌体结构，建筑面积2142.6m²，由于围护结构不能有效保温，每年空调运行时间长，运行温度低，造成很大的能耗。当地采暖期天数为117d，采暖期平均温度计算值为：−0.6℃。外围护结构保温材料为硬泡聚氨酯复合板，窗户保温改造采用双框玻璃窗，同时对窗框与墙体之间的缝隙采用高效气密性材料加弹性密封胶封堵。办公楼外围护结构保温层施工完毕后，对外墙和屋面的传热系数分别进行了检测，根据检测结果，改造后的墙体保温性能能够达到设计要求。

椭圆外倾建筑异型外挂人造石板材施工工法

GJEJGF117—2010

内蒙古兴泰建筑有限责任公司

赵刚　高培义　王瑞林　井谢谢　王峰

1. 前　言

鄂尔多斯市东胜全民健身活动中心体育场（以下简称东胜体育场）是全国较大的综合体育场，为了突出节能环保、外装饰新颖美观的特点，设计将外侧倾曲面全部采用人造石材挂板，外墙人造石材挂板为多块不规则板块、不规则条纹花式和若干个不规则孔洞组成。外墙人造石材挂板面向外倾斜62°，围绕椭圆形体育场排列一圈，形似蒙古族帽子，使东胜体育场更具民族特色。

外倾62°且呈椭圆形是工程的重点和难点。经反复研究试验，采取利用空间定位和地面定位相结合，加密测量点控制外倾62°的椭圆形。缩短运输安装位置，使吊点距安装点最近。配合人工安装的电动吊篮，随垂直运输高度设置，机动灵活。解决了外倾、曲面外挂石挂板的运输安装问题。

此施工工艺在鄂尔多斯市东胜全民健身活动中心体育场、鄂尔多斯市国宾馆、鄂尔多斯市一中体育馆工程中成功应用，总结成本工法供参考运用。

2. 工 法 特 点

2.1 外墙人造石材异型板比天然板材面积大（人造异型板最大板块面积在4m²左右），外倾角度控制用空间定位和地面定位相结合以及采取加密测量控制点的方法来实现。

2.2 安装时不用固化剂、胶粘剂，只用螺栓固定，做到真正的零污染，环保绿色施工。

2.3 再造石材板块具有单元板块室外自由拆换的功能。施工方便快捷，小单元可以根据工地情况自由安装任意一块板材，没有施工方向的限制，而且板材具有最大的互换性；维修拆换方便，施工及使用过程中可以根据需要任意更换板块。

2.4 钢桁架安装采用预留埋件，使安装龙骨变得更加简单安全，设置电动吊蓝安装板材，缩短运输距离。

2.5 外饰面可根据建筑师的想法意图，塑造各种外型，可任意选择凹槽和折线变化或各种曲线造型。

2.6 板与板之间采用相互咬合的搭接方法，可起到有效的防水作用。

2.7 外挂石挂板安装不受季节温度影响，可在冬期施工，可以缩短工期。

3. 适 用 范 围

3.1 本工法适用于各种大型公共场馆和工业建筑的外挂石板材施工中。

3.2 适用于钢筋混凝土、砖墙等各种结构墙体做花岗石板、大理石板、木纹板等饰面板的各种效果的装饰板施工。并可以直接做平面、曲面等各种艺术造型。

3.3 适用于室内吊顶饰面和内墙面有特殊要求的装饰面层施工。

4. 工 艺 原 理

4.1 人造石板材加工时可按设计要求，加工成有条纹等形状多样的块材，还可在加工时在其里面放置埋件，以方便以后安装时使用。

4.2 人造石板材背部钢框架根据石板材形状焊接。板块背部的固定点既满足施工安装的要求，同时也能保证立面、倾斜面及吊顶的安全要求。

4.3 外倾曲面人造石挂板的曲面和外倾角度控制采用空间定位和地面控制相结合；加密控制点，利用钢骨架作为外倾角和椭圆的控制点等方法，保证外形线型流畅、顺滑，倾角达到设计要求。

4.4 外挂石安装使用灵活、可移动的小卷扬机，配合导向轮，人工就位调整采用可移动的电动吊篮。解决了外倾角度与垂直运输的间距和人工就位安装难靠近的难度。

5. 施工工艺流程及操作要点

5.1 施工工艺流程

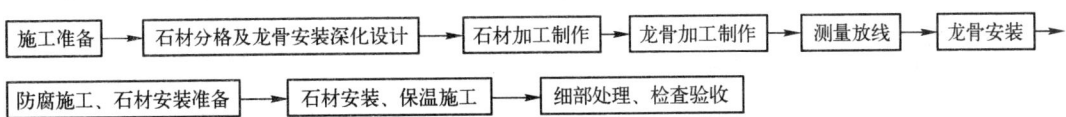

5.2 操作要点

5.2.1 施工准备

结构完成后根据原有设计图的位置找出埋件，并将埋件上砂浆混凝土清理干净，如个别埋件位移较多或漏埋应单独进行处理。

5.2.2 石材分格及龙骨安装深化设计

依据设计图对外墙干挂石材的要求，组织幕墙单位的深化设计人员，根据图纸要求设计主、次龙骨的安装节点；图纸深化设计完成后报设计院审批。

5.2.3 石材加工制作

根据工程特点、石材的几何形状和洞口情况由设计人员绘制板块大样图，并根据板块的面积、重量考虑整体及局部的强度和安装吊挂点的设置。经过计算安装吊挂点的钢筋和板块的次龙骨。板块加工前将次龙骨和钢筋焊接成骨架，放在人造石的基层上，在钢筋部位做加强层，表面再喷面层的碎石颗粒，达到设计厚度。人工养护达到强度处理表面的凹凸面。

人造石外墙采用镀锌方钢管钢桁架为竖向受力骨架，外侧镀锌角钢为次龙骨。外挂石材受力骨架及次龙骨的连接依据《钢结构工程施工质量验收规范》GB 50205-2001的相关要求进行施工及检查验收。

5.2.4 龙骨加工制作

人造石外倾椭圆形外墙干挂石材的受力桁架采用镀锌方钢管焊接面层。每个受力桁架由竖向等高的2根方管和宽度等宽间距1m的短方管焊接。外挂石受力桁架的焊接质量依据《钢结构工程施工质量验收规范》GB 50205-2001的相关内容检查。必须符合《金属与石材幕墙工程技术规范》JGJ 133-2001的要求。

5.2.5 测量放线

根据图纸设计要求的位置厚度和施工结构时的控制线，在沿外墙外侧弹出竖向主龙骨的外边线和分格线。根据图纸设计要求的位置厚度和施工结构时的控制线，在沿外墙体外侧作出竖向受力骨架的外边线和分格线。把镀锌方钢管骨架焊接在预埋板表面，在上环梁埋件处断开加设套管。在椭圆长轴方向将放线的控制点间距增加1倍，并用全站仪测出弧线的位置。确保椭圆的线型。

5.2.6 龙骨安装

根据50水平线，在距地面500mm高焊接第一道水平龙骨（横向龙骨），作为水平分格的基准线（龙骨体系应满足《金属与石材幕墙工程技术规范》JGJ 133-2001。当龙骨全部安装完成后，根据人造板形状在龙骨上安装人造石用镀锌角钢。椭圆的长轴方向安装受力钢桁架时必须依据弧线位置精确安装，确保外挂石的线型顺滑平整。

5.2.7 防腐施工、石材安装准备

焊接完成后，在所有焊接部位涂刷两遍防锈漆，表面刷一道银粉清漆。外挂人造石安装前，需在

安装部位的下方用后置膨胀螺栓将吊运人造石板块的卷扬机四角固定，并在地面和外墙受力竖向骨架上安装导向轮。卷扬机和导向轮作为吊篮的水平动力机械，电动吊篮、卷扬机是石材及主龙骨安装的主要机械设备。

5.2.8 石材安装及保温施工

外挂石材安装前，准备好吊篮、小型卷扬机和电动葫芦，将石材运至作业面。吊篮用钢筋圆环固定在安装部位的竖向方钢管桁架上，吊篮内的人员手扶石材板块入位，将螺栓孔对准穿入螺栓临时固定，将板之间的预留缝隙宽度和板块之间的平整度调到合格后，用扳手将螺栓紧固。

洞口板块随墙面板块一同安装。人造石材板的安装不受区域的限制，但应先核对板块的排列序号，检查花纹的方向，确定符合设计要求。石材板块采用螺栓固定的方式，把板块背面的次龙骨通过连接件与主龙骨用螺栓固定，螺栓固定孔要留有调节偏差的余量。安装时通过调节螺栓的高低和进出，使人造石板块的拼缝宽度和表面平整度都达到设计要求和质量验收规范要求的偏差。板块之间采用相互咬合的搭接方法，可以起到有效的防水作用。

外挂石全部安装完经验收合格后，开始保温层施工，保温层由上至下依次施工，保温板要紧密排列，个别突出部位根据孔洞形状切割，并将边角处填塞密实。

5.2.9 细部处理、检查验收

外挂石安装完成后，对个别破损处进行修补调换，对于板面不平、错缝等部位，调整固定螺栓，使其达到完美效果。缝隙偏小采用切缝处理，缝隙过大的采用补缝处理。局部污染的墙面先用清洗液清洗后刷同配比、同颜色的原浆方式，达到颜色一致。

6. 材料与设备

人造石板材干挂所用的石材、龙骨架材料、连接材料、填充材料、密封材料、石材护理材料应符合现行行业标准《金属与石材幕墙工程技术规范》JGJ 133–2001和相关国家标准、规范规程的要求。

6.1 材料

6.1.1 石材

石材的外观应边缘齐整，不应有缺棱掉角的地方，尺寸允许偏差及物理力学性能应符合《玻璃纤维增强水泥外墙板》JC/T 1057–2007的规定，并有出厂合格证和检验报告。

6.1.2 钢材的技术要求应符合现行国家标准的规定。

型材性能应符合《碳素结构钢》HG/T 700–2006的规定，并做热镀锌防腐处理，且符合《平磨仪技术条件》HG/T 3239–2009的规定。

6.2 主要设备（表6.2）

主要设备一览表　　　　　　　　　　　　　　　　　　　　表6.2

序号	设 备 名 称	规格、型号	备　注
1	电动吊篮	国产	安装板材使用
2	电动葫芦	国产	提升板材使用
3	手动葫芦	国产	
4	捯链	国产	
5	电焊机	国产	
6	砂轮切割机	J3G2–400	
7	钻攻两用机	ZS4112B	
8	台钻	Z51213	
9	经纬仪	J6	
10	水准仪	天宝 DINI	

注：主要设备和机具采购时要符合安全使用要求，计量设备使用时要在计量检定有效周期内。

7. 质 量 控 制

7.1 本椭圆异形外挂人造石板施工质量验收应符合《金属与石材幕墙工程技术规范》JGJ 133-2001、《建筑工程施工质量验收统一标准》GB 50300-2001、《建筑装饰装修工程质量验收规范》GB 50210-2001等国家相关规范、规程的要求。

7.2 质量控制

石材进场后应进行外观检查。检查几何尺寸、连接件的数量位置、企口的宽度、外包装的包裹棱角、石材表面的裂痕、划伤、运输装卸的擦伤等。见表7.2-1、表7.2-2。

石材幕墙安装允许偏差 　　　　　　　　　　　　　　　　表7.2-1

序号	项 目	允许偏差（mm）	检 验 方 法
1	石材的长宽	±2.0	尺量
2	对角线	±3.0	尺量
3	平整度	±1.5	塞尺、水平尺
4	相邻板角错位	1	钢直尺
5	接缝宽度	±3	尺量检查
6	裂缝、明显划痕、污染	不允许	外观检查
7	表面平整度	2.5	用2m靠尺

石材表面的裂痕、划伤，运输装卸的擦伤要求 　　　　　　　　表7.2-2

序号	项 目	质量要求	检 验 方 法
1	裂痕，明显划伤长度	不允许出现	用眼观察
2	长度≤100mm的轻微划伤	≤2条	钢尺检查、用眼观察
3	擦伤总面积	≤500mm^2	钢尺检查

7.3 石材幕墙焊接质量验收（表7.3）

二、三级焊缝外观质量标准及尺寸允许偏差 　　　　　　　　　表7.3

项　　目	允　许　偏　差	
缺陷类型	二级	三级
未焊满（不足设计要求）	≤0.2+0.02t且≤1.0	≤0.2+0.04t且≤2.0
	每100.0焊缝内缺陷总长≤25.0	
根部收缩	≤0.2+0.2t且≤1.0	≤0.2+0.04t且≤2.0
	长度不限	
咬边	≤0.05t且≤0.5t；连续长度≤100.0且焊缝两侧咬边总长≤10%焊缝全长	≤0.1t且≤1.0，长度不限
弧坑裂纹	—	允许存在个别长度≤0.5弧坑裂纹
电弧擦伤	—	允许存在个别电弧擦伤
接头不良	缺口深度0.05t且≤0.5	缺口深度0.1t且≤1.0
	每100.0不应超过1处	
表面夹杂	—	深≤0.2t，长≤0.5t且≤20.0
表面气孔	每50.0焊缝长度内允许直径≤0.4t，且≤3.0的气泡2个，孔距≥6直径	
对接焊缝错边d	d<0.15t且≤2.0	d<0.15t且≤3.0

注：表内t为连接处较薄的板厚。

饰面石板与龙骨体系安装质量应符合《金属与石材幕墙工程技术规范》JGJ 133-2001的规定。

7.4 幕墙工程验收应符合下列规定：

7.4.1 石材幕墙的金属框架竖龙骨与主体结构预埋件的连接、竖龙骨与横龙骨的连接、连接件与金属框架的连接、连接件与石材面板的连接必须符合设计要求，安装必须牢固。

7.4.2 金属框架和连接件的防腐处理应符合设计要求。

7.4.3 石材幕墙的防雷装置必须与主体结构防雷装置可靠连接。

7.4.4 石材幕墙的防火、保温、防潮材料的设置应符合设计要求。并应填充密实、均匀、厚度一致。

7.4.5 石材幕墙表面应平整、洁净、无污染、缺损和裂痕。颜色和花纹协调一致，无明显色差，无明显修理痕迹。

7.4.6 石材幕墙上的滴水线、流水坡向应正确、顺直。

7.4.7 有节能设计的幕墙工程，应符合节能设计的要求

7.5 石材幕墙安装的允许偏差和检验方法应符合表7.5的规定。

石材幕墙安装的允许偏差和检验方法　　　　　　　　表7.5

序号	项　　目	允许偏差（mm）	检 验 方 法
1	石材幕墙上沿水平度	2	用1m水平尺和塞尺检查
2	石材幕墙表面平整度	2	用2m靠尺和塞尺检查
3	相邻石材板角错位	2	用钢尺检查
4	接缝高低差	1	深度尺检查
5	接缝宽度	2	卡尺检查

8. 安 全 措 施

8.1 石材幕墙安装施工的安全措施应符合《建筑施工高处作业安全技术规范》JGJ 80-91、《施工现场临时用电验收规范》JGJ 46-2005、《建筑施工安全检查标准》JGJ 59-99、《建设安装工人安全技术操作规程》等有关规定。

8.2 由专职安全员对施工现场所有安装幕墙人员进行入场教育，落实各级人员的岗位责任制。

8.3 凡进入施工现场的所有人员必须佩戴安全帽，进行高空作业必须挂好安全带，电气焊人员及电动工具操作人员必须穿戴好劳保用品。特种作业人员必须持有上岗证。

8.4 电动吊篮安装完成后必须经过验收、调试合格后才允许使用。电动吊篮必须每日检查其运转情况。

9. 环 保 措 施

9.1 安装前将拆掉的外包装集中堆放、清运出场，不得随便乱扔。施工过程中的废料集中收集、堆放、回收、再利用。

9.2 加强对职工的环保教育，组织职工学习环保知识，增强环保意识。强化环保管理，制定环保措施，进行定期和不定期的环保检查评比，实施环保奖惩制度。

9.3 每天派专人清理现场的杂物和垃圾，现场使用的油漆桶集中存放、集中处理，稀料回收再利用，不得随便泼洒。

10. 效 益 分 析

10.1 外挂人造石材单块面积大、安装速度快，缩短安装工期节约了13%以上的安装费用。

10.2 外挂石采用的原料为石材加工的废料，大大地节约了石矿开采机械设备成本，达到了废物利用，变废为宝的目的。

10.3 安装简单方便，不受顺序和区域的限制，且环保、无污染。

10.4 人造石材价格较天然石材要低，节约成本，且强度高，质地紧密，安全系数高。

10.5 装饰效果好，能满足设计对饰面石材整体效果的要求。

10.6 可塑性强，艺术质感好，主体造型丰富，可根据工程的建筑风格设计出任意的外观效果。

11. 应 用 实 例

11.1 鄂尔多斯市国宾馆开工日期为2008年12月，竣工日期为2009年6月，其中外墙干挂人造石材幕墙为20000m²，采用了这种先进的干挂技术，工程质量合格率均达到了100%，得到了业主和群众一致好评，先后获得了鄂尔多斯市样板工程和内蒙古自治区样板工程的殊荣。

11.2 鄂尔多斯市市一中体育馆开工日期为2009年8月，竣工日期为2010年8月，约12000m²的石材外墙，采用了这种先进的干挂技术，工程质量合格率均达到了100%，得到了业主和群众一致好评，获得了鄂尔多斯市优质样板工程殊荣。

11.3 鄂尔多斯市东胜全民健身活动中心体育场开工日期为2009年3月，竣工日期为2011年8月，建筑面积100451m²，人造石材幕墙干挂工程质量合格率均达到了100%，外观效果非常好，酷似天然。而且环保、节能效果显著，得到了业主的认可，得到了业内专家及同行的一致好评。

现场喷涂塑胶场地施工工法

GJEJGF118—2010

辽宁建工集团有限公司　辽宁建设安装集团有限公司

平玉柱　赵成强　李明　刘美丽　李宏伟

1. 前　言

现场喷涂塑胶场地又称全天候运动跑道是由以甲乙两组分（聚醚或聚酯多元醇与异氰酸酯）和抗老化、耐色变、全天候EPDM橡胶颗粒、颜料、助剂等材料组成；具有一定的弹性和多种色彩，而且表面平整度好、抗压强度高、硬度弹性适当、抗紫外线能力和耐老化能力强、物理性能稳定等特点，有利于运动员速度和技术的发挥，有效地提高运动成绩和降低摔伤率，是国际上公认的最佳全天候室外运动场地坪材料。

2. 工 法 特 点

2.1　施工时不需要运送大量的物料和施工设备，不需占用大片现场储存空间；

2.2　施工操作不复杂，施工技术易掌握，工人经培训合格后即可上岗工作；

2.3　施工现场采用机械化作业，降低了工人劳动强度，提高了工作效率；

2.4　由于采用机械化作业，施工速度快，可随场地形状进行施工，施工周期短，基本上不影响场地正常使用；

2.5　维护便捷，维修成本低，材料可重复利用，节能环保，符合国家提倡的低碳、节能、环保要求。

3. 适 用 范 围

可用于幼儿园、学校场地、游乐场道路铺面、全民健身路径、公园和居民小区等活动场地、专业室内体育馆训练跑道室、内外跑道、网球、篮球、排球、羽毛球、手球等场地。

4. 工 艺 原 理

以甲乙两组分（聚醚或聚酯多元醇与异氰酸酯）和抗老化、耐色变的全天候EPDM橡胶颗粒为原料，在施工现场先将甲乙两组分搅拌均匀再和EPDM橡胶颗粒相混合，通过塑胶场地喷涂机均匀喷在经过碾压成型黑色橡胶颗粒基层表面上，再采用白色面漆划线等一系列工序施工的塑胶面层。

5. 施工工艺流程及操作要点

5.1　工艺流程

清扫场地→局部修补→涂刷防水底漆→黑色橡胶颗粒搅拌→摊铺、压实黑色橡胶粒→喷涂机喷涂面层→测量划线→检测验收。

5.2　操作要点

5.2.1　首先检查基础层的平整度，对凹凸部位进行找平，铺设底胶之前先将基础面层清扫干净，水泥混凝土面层需要进行酸洗。

5.2.2 检测基础层含水率，含水率≤8%可施工程度时，用刷子或滚刷涂刷高渗透型防水底漆（BSF0401），加强基础层同面层粘结的能力，同时起到加强防水的作用。

5.2.3 基层铺设（图5.2.3）

1. 根据工艺要求放好施工作业线，根据施工现场的条件选择施工路线，并保证从施工场地的一侧开始铺设；

2. 在铺设黑色橡胶粒前先涂一层高粘结胶水，在高粘结胶水未固化前，将PU环保固化粘结胶混合环保黑色橡胶颗粒材料按比例搅拌均匀后，倒在摊铺机储料仓内，进行摊铺和压实（施工前按设计要求调整好摊铺和压实的厚度）；

3. 铺设过程中，铺设人员要保证机器行走速度均匀，修边人员要动作熟练，及时对露底、凹陷处进行补胶，凸起的部位刮平，边缘整齐平整，修边人员不少于两名；

4. 铺设的黑色橡胶颗粒固化后进行检查，发现边缘不整齐或有凹凸之处，重新进行削割、打磨、补胶等修整处理。

5.2.4 表面颗粒喷涂（图5.2.4）。

图5.2.3 基层铺设

图5.2.4 底层喷涂

1. 待黑胶粒层固化成型后，方可在其表面喷涂胶浆层，将甲乙两组分（聚迷或聚酯多元醇与异氰酸酯）和抗老化、耐色变之全天候EPDM橡胶颗粒按（甲乙组分混合物∶EPDM胶粒=1.2∶1）比例投料，用塑胶场地喷涂机均匀喷涂在黑色橡胶基层表面上2～3遍，喷涂厚度控制在2～3mm；

2. 喷涂时，随时调整喷枪与基础层的间距，使喷出的颗粒均匀平整附着在基础层上，并保证面漆包裹住EPDM橡胶颗粒，使场地更加耐用。

5.2.5 画线：用BSJX0451白色面漆，依设计尺寸喷涂体育线，保证线宽一致，色泽均匀，无虚边出现。如图5.2.5-1～图5.2.5-4。

图 5.2.5-1 场地画线

图 5.2.5-2 学校操场

图5.2.5-3 室外健身场　　　　　　　　　图5.2.5-4 室内健身场

6. 材料与设备

6.1 材料：甲乙两组分（聚醚或聚酯多元醇与异氰酸酯）、抗老化、耐色变的全天候EPDM橡胶颗粒、PU环保固化粘结胶、防水底漆、高粘结胶水、BSJX0451白色面漆。

6.2 设备：液压翻斗式搅拌机、TPJ-ENG2.5摊铺机、PTJ-120喷涂机、画线机等。

7. 质 量 控 制

7.1 对现场的材料进行抽查检验，每个批号做一块测试试片。发现材料变质、变色应停止使用，如有沉淀，应使其均匀；

7.2 配料区域要清洁卫生，配料过程中要按照配方执行配料，不得随意更改材料配比，任意加减催化剂数量；

7.3 按施工用量进行配料，配料速度要快捷，随配随用，避免出现配料在未铺设情况下发生固化的现象；

7.4 铺设基层之前先将地基基面清扫干净，凸凹部位及时进行修补填平，铺设中要保持机器行走速度均匀，保证基层黑色橡胶粒的厚度一致，接边、接头无痕迹，及时对露底、凹陷处进行补胶，凸起的部位刮平，边缘整齐平整。

7.5 运料动作要干净、快捷，倒料时分多次倒下，桶边的余料及时清理，保持桶外清洁，为喷胶人员创造良好的条件。

7.6 面层喷涂时可根据胶浆的稀稠度加入适量稀料，保证喷涂均匀平整。

8. 安 全 措 施

8.1 塑胶场地在施工中严格执行：《中华人民共和国安全生产法》、《建设工程安全生产管理条例》、《建筑施工安全检查标准》。

8.2 安全措施和预警事项：

8.2.1 认真贯彻"安全第一，预防为主"的方针，根据国家有关法律、法规、条例，结合施工现场实际情况和工程具体特点，按安全管理体系要求进行安全管理；

8.2.2 做好三级安全教育工作，设备使用前要对操作人员进行操作规程及安全知识的培训、教育，考核合格后方可上岗作业；

8.2.3 材料进场，装卸按规定整齐摆放临时库房，保证材料进料、卸料、储存的安全；

8.2.4 施工前要认真的对施工设备进行检查，保证施工设备运行完好率，防止机械伤人和电击伤人；

8.2.5 不违章指挥，不违章作业，不疲劳作业，作业人员佩戴好劳动保护用具，电器施工人员穿好绝缘鞋，施工机具必须具配备漏电保护器，否则不允许施工；

8.2.6 安全条件和环境不达标不准施工。

9. 环 保 措 施

9.1 塑胶场地在施工中严格执行：

9.1.1 《中华人民共和国环境保护法》；

9.1.2 《中华人民共和国环境影响评价法》；

9.1.3 《中华人民共和国固体废物污染防治法》；

9.1.4 《中华人民共和国环境噪声污染防治法》。

9.2 按国家标准环境管理体系要求建立文明施工、环境保护管理机构，加强对职工文明施工、环境保护教育。

9.3 按照国家颁布的生产粉尘、有毒作业、垃圾、噪声分级标准进行测试，不断改善工作环境，防治在施工中产生的废气、废渣、粉尘、放射性物质以及噪声、振动等对环境污染源和危害。

9.4 对施工中产生的固体废弃物，随时回收集中处理，防止固体废弃物污染环境。

9.5 防止噪声污染，设立隔声装置，晚上19时后到凌晨7时之前，噪声超过规定的机械及其他噪声污染停止运转。

9.6 配料时要保持配料区域的清洁卫生，粘有胶液的杂物不可乱丢乱放，以免污染环境。

10. 效 益 分 析

现场喷涂塑胶场地采用机械铺装、机械喷涂，平整度极佳、无脱粒现象，有孔隙，可透水、透气，弹性极好、无起泡现象，可全天候使用，耐磨性强、耐候性佳、耐压缩性强、耐冲击性佳、坚固耐用、维修简便、价格经济，每平方米造价150元左右；是国际上公认的最佳全天候室外运动场地坪材料，符合国家推广的低碳、节能、减排、环保可持续发展要求。

11. 应 用 实 例

1．天柱山庄健身场。

2．泰宸湖畔佳园健身场。

3．沈阳市浑南新区五三中心小学。

粘钉一体化外墙外保温系统施工工法

GJEJGF119—2010

浙江舜杰建筑集团股份有限公司　龙信建设集团有限公司

陈坤校　邵卫平　谢建华　张豪　董新毅　张裕忠

工法内容（略）。

加气混凝土砌块内墙薄抹灰施工工法

GJEJGF120—2010

浙江海天建设集团有限公司　标力建设集团有限公司

胡新锋　王小燕　王凤林　金宝锋　陈宝弟

1. 前　　言

近几年来，国家对黏土砖使用的限制和节能设计的要求，加气混凝土砌块已成为填充墙及自保温墙体的主要墙体材料，以砂加气混凝土砌块为主的采用胶粘剂干法薄层砌筑工艺，其墙面表面平整度较好，若仍采用传统的抹灰做法，抹灰层自重大，粉刷的墙面易开裂、空鼓和脱落，公司经过几年工艺的改进与总结，形成本工法。

加气混凝土砌块内墙薄抹灰施工工法是通过对砌块墙体砌筑时的前期质量控制，并在局部缺陷修整后直接在加气混凝土砌块墙体上进行水泥腻子及装饰腻子批抹施工，从而使墙体达到装饰抹灰效果，防止常规抹灰层易开裂、空鼓、脱落的质量通病，减轻墙体自重，又能有效的提高施工工效及经济效益，节约成本，并在工程实际应用中取得了良好效果。

2. 工 法 特 点

2.1　本工法通过对基层加气混凝土砌块墙体的质量控制，充分利用了加气混凝土砌块表面平整度较好的有利条件，在砌块墙体上直接进行薄抹灰施工，大量减少了现场的湿作业施工，改变了传统的抹灰做法，经济效益明显。

2.2　本工法施工工艺不仅节约大量的人力、物力、提高工效，而且能有效消除了加气混凝土墙面粉刷易开裂、空鼓和脱落的质量通病，提高工程质量。

2.3　本工法施工工艺简单、便于操作、不需要专业培训，对操作人员的技术素质要求不高，整个操作程序简单快捷。

2.4　本工法施工能减轻室内建筑自重，减轻结构负担。

3. 适 用 范 围

加气混凝土砌块薄抹灰施工工法适用于平整度≤4mm的加气混凝土砌块或板材的内墙面施工，不适用于有防潮要求的内墙面施工。

4. 工 艺 原 理

由于加气砌块尺寸误差较小，墙体砌筑表面平整度较好，通过对墙体砌筑时的质量控制，墙体施工完成后对加气混凝土墙面局部缺陷修整预处理后（包括不同材料交接处）直接在墙面上进行水泥腻子及装饰腻子批抹，从而达到使墙体达到抹灰效果。基本构造如图4：

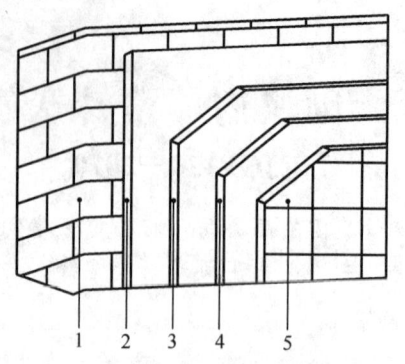

图4　加气混凝土砌块薄抹灰基本构造

1—基层砌体；2—水泥腻子；3—底层腻子；4—面层腻子；5—涂料或墙纸饰面层

5. 施工工艺流程及操作要点

5.1　工艺流程

墙体砌筑质量控制→墙体基层缺陷修正、找平及处理→抹水泥腻子→修正、补缝、护角→抹底层腻子→抹面层腻子→涂料或墙纸饰面层施工。

5.2　操作要点

5.2.1　墙体砌筑质量控制

1. 加气混凝土砌块墙体尽量采用胶粘剂干法薄层砌筑施工工艺。

2. 砌块墙体质量控制要点：砌筑时灰缝要做到横平竖直，上下层十字错缝，转角处应相互咬槎，灰缝要饱满，无溢出砂浆或胶粘剂；构造柱、圈梁、过梁的浇筑混凝土面与砌块面平或低3～4mm，过梁等亦可采用与砌块配套的专用过梁；墙面上凿槽敷管时，应使用专用工具，不得用斧或瓦刀任意砍凿。墙体实测允许偏差见质量控制一节的要求。

5.2.2　墙体基层修正补平、处理

1. 抹灰前应对墙体表面毛刺、松散颗粒认真进行清理，并提前进行浇水润湿，待表干后进入下道工序施工。

2. 对于墙体表面与门窗过梁、柱、梁等局部凹凸不平整的部位进行修正，用细砂浆抹灰找平。

3. 对于砌块墙体局部平整度不满足要求的，用托线板检查后采用加气砌块专用钢齿磨板和磨砂板进行修整，使平整度满足抹灰要求，并及时清理浮尘。

4. 凡钢筋混凝土柱、梁以及窗台、表具箱、电话箱等不同材料与墙体交接处及水电管线暗敷补平后（沿槽长）均粘贴耐碱玻纤网格布进行加强，防止开裂；耐碱玻纤网格布宜采用厚度0.25mm、网眼9目的耐碱玻纤网格布，宽度为界面缝两侧≥100mm。如图5.2.2-1～图5.2.2-3所示。

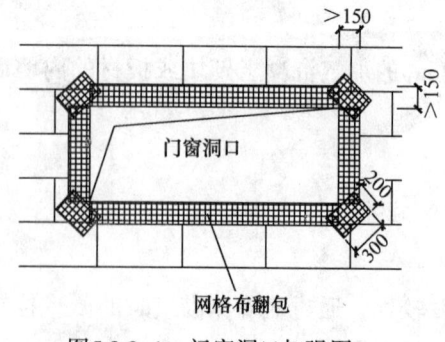

图5.2.2-1　门窗洞口加强图

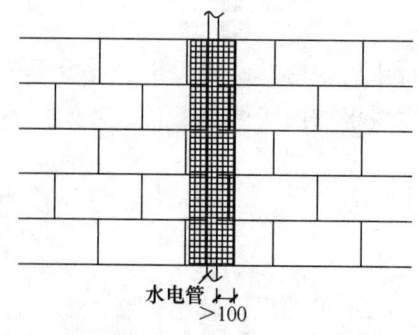

图5.2.2-2　水电预埋管处加强图

5.2.3　抹水泥腻子

用腻子刮板将水泥腻子直接批抹在墙体基层上。该层主要起粘结作用，其厚度应控制在1～3mm；水泥腻子用强度等级为32.5普通硅酸盐水泥与108等环保胶水经充分拌合而成，其体积比一般为1：0.83。腻子采用电动工具搅拌均匀，随搅随用，由专人负责，禁止谁来谁搅，现场应有质检人员监督严格按体积比进行操作施工。腻子用搅拌器充分搅拌均匀，静置5min后，视其和易性，加入适量的胶水再搅拌一次，并应注意以下事项：

1．应根据气候情况掌握腻子的黏稠度，注意严格控制加入的胶水量，并应以缓慢，滴注的方法加入适量的胶水。

2．腻子中不得再掺入砂、骨料、速凝剂、防冻剂、聚合物等其他添加剂，可适量掺入加气砌块墙面专用界面剂进行搅拌。

3．腻子应随用随搅，已搅拌好的腻子必须在2h内用完。

4．必须使用电动搅拌器对材料进行搅拌，严禁使用木棍等手工方法搅拌。

5.2.4　补缝、护角

1．对于采用砂浆砌筑的加气砌块墙体因灰缝较大，在底层水泥腻子批抹后先用底层腻子进行补缝、填平。

2．室内阳角部位结实，宜做不低于2m高的水泥腻子护角，并在护角内贴300宽耐碱玻纤网格布一层来提高抗碰撞性。

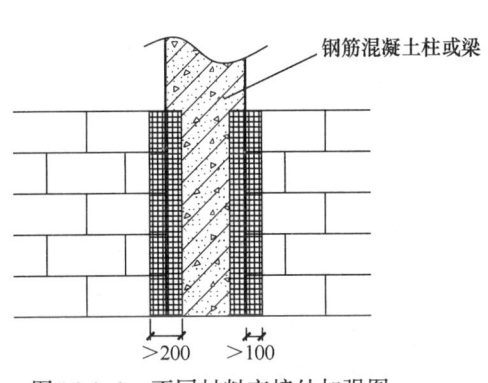

图5.2.2-3　不同材料交接处加强图

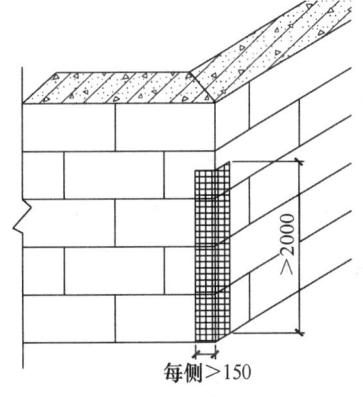

图5.2.4-1　阳角加强图

5.2.5　抹底层腻子

底层腻子待水泥腻子浆面凝结达到一定强度后方可进行。该层主要起找平作用，其厚度应控制在2～3mm；用腻子刮板将双飞粉腻子均匀批抹在水泥腻子上，底层双飞粉腻子用双飞粉与108等环保胶水经充分拌合而成，其体积比一般为1：1.1。施工时，宜分两遍进行批抹，第一遍用刮板横向满批刮，一刮板紧接着一刮板，接头不得留槎，每刮一刮板最后收头时，要注意收的要干净利落。第二遍用刮板竖向满刮，所用材料和方法同第一遍腻子。每遍施工时应做到凸处薄刮，凹处厚刮，进行大面积找平，既要刮严，又不得明显接槎和凸痕。腻子搅拌要点同水泥腻子。

5.2.6　抹面层腻子

面层腻子待底层腻子批抹完毕并干涸后方能进行。该层主要起装饰作用，其厚度应控制在1～2mm左右；面层腻子用腻子刮板将面层双飞粉腻子均匀批抹在底层双飞粉腻子上。面层双飞粉腻子用强度等级为32.5普通硅酸盐水泥和双飞粉与108等环保胶水经充分拌合而成，其体积比一般为1：4：3.3。腻子搅拌要点同水泥腻子。

5.2.7　腻子批抹施工注意事项

1．批抹腻子是采用抹子、刮板或油灰刀进行施工的，批抹的要点是平、实、光，即腻子与基层接触紧密，粘结牢固，表面平整光滑以减少后续打磨的工作量。

2．掌握好批抹时工具的倾斜度，用力均匀，以保证腻子饱满，并应伴随平整要求，做到接槎平、波浪小。

3．为避免腻子收缩过大，出现开裂和脱落，一次批抹不要过厚，根据不同腻子的特点，厚度以1~1.5mm为宜。

4．不要过多地往返批抹，以免出现卷皮、脱落或将腻子中的胶料挤出，封住表面不易干燥。

5.2.8　涂料或墙纸饰面层施工

面层腻子干涸打磨平整后方可进行涂料或墙纸的施工。涂料或墙纸的主要性能指标应符合现行国家相关标准。

6. 材料与设备

6.1　材料

6.1.1　配置的水泥腻子中使用水泥应用普通硅酸盐水泥以32.5号为宜。

6.1.2　双飞粉（滑石粉）细度应95%通过4900孔/cm^2。

6.1.3　现场配置腻料应采用合格的环保型胶水。

6.1.4　耐碱玻纤网格布应采用厚度0.25mm、网眼9目的耐碱玻纤网格布为宜。

6.1.5　表面涂料必须符合设计指定产品的相应标准。

6.2　设备

6.2.1　混凝土表面清理和修整工具：小扁凿、手持电锯、刮刀等。

6.2.2　工具式脚手架或工具凳。

6.2.3　刮涂工具：灰浆、腻料搅拌器、桶、刷滚、泥板、腻子托板、铁抹子、剪刀、灰刀、木蟹、阴阳角抹子、电动打腻工具、手工大磨板、毛刷等。

6.2.4　质量检测工具：直尺（2m）、塞尺、锤球、角尺等。

6.3　劳动力组织

6.3.1　墙体基层处理一般应由技工进行，对混凝土表面质量缺陷应经质量检查后，在技术管理人员指导下进行，表面清理修平应与表面质量检测相结合，确定需修平的部位，作业小组为2~3人。

6.3.2　腻子批抹作业小组为4人小组，其中技工3人、辅助工1人。

7. 质量控制

7.1　质量控制标准

7.1.1　墙体批抹前施工前砌体的表面质量缺陷已经处理，并经过中间验收其质量符合《砌体工程施工质量验收规范》GB 50203-2002的要求。

7.1.2　砌体基层表面应达到表7.1.2的规定。

砌体表面实测允许偏差　　　　　　　　　　　　　　　　　表7.1.2

项次	实测项目内容		允许偏差（mm）	备 注
1	表面平整度	凹陷	4	2m直尺和楔形塞尺检查
		凸起	1	
2	垂直度	≤3m	5	通长，拉线检查
		>3m	8	
3	局部凹陷		8	构造柱、圈梁等混凝土现浇部位

7.2　质量保证措施

7.2.1 施工前砌体内的埋设、穿管已经验收，其安设方法也符合作业的要求。

7.2.2 砌体基层进行实测不符合的要经过特殊处理，或该表面仍按传统做法处理。

7.2.3 符合砌体表面实测允许偏差的表面，于作业前进行修整凿打或磨平，使之达到作业要求。

7.2.4 腻子批抹的材料品种和性能应符合设计及国家规范、标准的要求；配置的腻子料应在规定时间内用完，已凝结的不得使用。

7.2.5 腻子批抹层与砌体体基层之间及各批腻层之间必须粘结牢固，无掉皮、脱层、空鼓，面层应无裂缝。

7.2.6 砌体批抹的表面质量应符合下列规定：

1. 普通抹灰：表面应光滑、洁净、平整、纹路均匀一致，阴阳角线条应顺直、清晰。

2. 高级抹灰：表面应光滑、洁净、颜色均匀、无抹纹，阴阳角线条应平直方正、清晰美观。

3. 孔洞、槽、盒周围的表面应边缘整齐、方正、光滑。

4. 允许偏差和检验方法应符合表7.2.6的规定。

允许偏差和检验方法　　　　　　　　　　　表7.2.6

项次	项　　目	允 许 偏 差 （mm）		检 验 方 法
		普通抹灰	高级抹灰	
1	表面平整度	4	2	用2m靠尺及塞尺检查
2	阴阳角方正	4	2	用直角检测尺检查
3	立面垂直	5	3	用2m靠尺及塞尺检查
4	阴阳角垂直	4	2	用2m靠尺及塞尺检查
5	疙瘩、刷纹、砂眼	允许少量轻微	不允许	观　察

8. 安 全 措 施

8.1 施工中各专业工种应紧密配合，合理安排工序，严禁颠倒工序作业。

8.2 禁止穿硬底鞋、拖鞋、高跟鞋在架子上工作，施工用架子或梯子应稳固可靠。

8.3 应配置符合要求的移动式电箱，漏电保护器有效、可靠。机械设备设置安全防护措施，做到一机一闸一漏。

8.4 施工区域应按施工现场消防规定设置灭火器。

8.5 在两层脚手架上操作时，应尽量避免在同一垂直线上工作。

8.6 施工前应集中工人进行安全教育，并进行书面交底。

9. 环 保 措 施

9.1 在施工过程中应符合《民用建筑工程室内环境污染控制规范》GB 50325-2001；

9.2 每天收工后尽量不剩浆料，不准乱倒，应收集后集中处理；

9.3 落地灰及时清理干净，以防干硬；

9.4 尽量使用低噪声工具和施工工具；

9.5 严禁重物或尖物撞击墙面，以免损伤破坏。

10. 效 益 分 析

10.1 采用本工法施工，减少了一道抹灰工序，既节约了材料和人工费，降低了成本，还避免了加气混凝土砌块面抹灰开裂、空鼓、脱落的质量通病，增加了建筑物的使用面积和净空，而且还缩短了工期。

10.2 本工法施工总的批抹厚度仅为5~7mm左右，相比较是传统水泥砂浆抹灰层厚度的1/3，是粉刷石膏厚度的1/2，节省了材料用量，减轻了墙体总重量，减轻了房屋基础的承载，增加了房间的有效空间，大大提高了综合效益。

10.3 经济效益：一道抹灰工序每平人工费8元，材料费5元，合计抹灰成本综合费用12元/m²，考虑施工偏差及有关不利因素造成部分墙用砂浆进行找补，按照平方面积的90%考虑及一道水泥腻子的成本约为2.5元/m²，每平方可节约8.30元，经济效益比较明显。

10.4 社会效益：首先减少了用工量，减少了外地民工用量，有利于减轻社会负担，促进治安管理，其次减少材料和残渣土的运输，节约社会能源，有利于城市文明管理。

11. 应 用 实 例

11.1 上海应急通信局工程，内墙装饰面积4736m²，采用此工法施工减少了一道抹灰工序，从而节约了大量材料和人工费，降低了成本，缩短了工期，而且还避免了加气混凝土面抹灰面空鼓、开裂等的质量通病，增加了建筑物的使用面积和净空。

11.2 浦东周家渡电信局房改扩建工程内装饰施工采用此工法，共减少抹灰工作量12500m²，减少砂浆用量约250m³，缩短内装饰工期15d，经过现场检查验收，批抹质量达到验收规范要求，取得了良好的经济效益和社会效益。

11.3 浦东银行卡园浦川电信局通信局房工程建筑6395m²，内装饰全部施工采用此工法，共减少抹灰工作量14800m²，减少砂浆用量约300m³，缩短内装饰工期20d，经过现场检查验收，质量达到验收规范要求，并取得了良好的效益，受到建设单位和操作工种的普遍欢迎。

玻璃幕墙横梁立柱新型连接结构施工工法

GJEJGF121—2010

宁波建乐建筑装潢有限公司　宁波建工股份有限公司

许必强　熊昱栋　王仁华　余劲草　徐增建

1. 前　言

玻璃幕墙作为具有独特的建筑装饰效果的建筑外围护结构，为众多建筑师和业主所青睐，在建筑中得到广泛的应用，其中构件式玻璃幕墙又是幕墙安装施工中最常用的类型。构件式玻璃幕墙的框架一般由铝合金立柱和横梁组成，铝合金横梁与立柱的连接一般是在安装工地现场，通过铝角码加不锈钢螺栓或螺钉连接。操作方法是在现场把横梁和立柱确定位置后，用电钻钻加装铝角码的孔，再用螺栓或螺钉连接。这样的现场手动工具加工操作，劳动效率比较低，质量也受人为因素，波动较大。

用角码连接的方法，还有一个问题，就是为了让角码连接有操作空间，横梁用的是匚形的开口型材，等角码安装完成后，为了美观，再用横梁盖板把匚形型材盖上，把连接接头隐藏在里面。这样看上去横梁形成一个矩形梁，但实际上只有匚形型材参与了横梁的抗扭作用，材料利用率低。

为了提高横梁与立柱连接的施工效率，利用在车间里机械化加工，让现场操作工作变得简便，同时也使接头的质量更高、更一致，开发了一种横梁立柱新型连接结构技术。它改变了横梁通过铝角码加不锈钢螺栓或螺钉与立柱连接的传统方式，而是采用不锈钢弹簧钢销及芯管与立柱连接固定的连接技术；该技术省去了繁琐的现场立柱铝角码安装位钻孔、铝角码及不锈钢螺栓安装横梁盖板安装等施工工序，横梁直接用不锈钢弹簧钢销与立柱上已在车间打好的孔位对齐就位连接，连接操作非常方便，既大大提高了安装效率，节约施工成本，又保证了安装的精度和牢固度，以及幕墙结构体系的整体美观性。

在新技术中，选用了闭口型材作为横梁型材，较之开口型材增强了横梁的抗扭承载力，提高了材料的利用率，满足建筑因节能保温，带来玻璃改为更厚、多层的玻璃、重量增大的潮流趋势。

本工法所用的幕墙横梁与立柱之间的连接结构技术已获得国家实用新型专利，专利号：ZL200820082493.8。关键技术经浙江省相关专家评定，认为达到国内领先水平。

2. 工 法 特 点

2.1　立柱、横梁下料、钻孔和装配组件均在幕墙生产车间制作完成，构件加工质量、加工精度有保证，节约人工，减少材料浪费。

2.2　玻璃幕墙横梁是用闭口型横梁通过不锈钢弹簧钢销与立柱连接固定，整个幕墙结构体系牢固、稳定。

2.3　幕墙施工现场减少立柱钻孔、横梁铝角码安装、横梁盖板安装等传统工序，工期缩短，本工序现场不用施工机具，施工噪声减小，工作效率提高。

2.4　横梁与立柱的连接固定一次成型，避免了二次安装程序，安装简单方便，连接牢固。

2.5　施工简便，工艺流程清晰易懂，操作工人易于掌握，对管理者的专业技能和统筹能力要求较高，更适宜应用计算机管理。

3. 适 用 范 围

本工法适用于各种明框玻璃幕墙工程、隐框幕墙工程、半隐框幕墙工程，特别适用于多层、加厚、功能性玻璃（发电玻璃、自动变色玻璃）等玻璃重量大的幕墙玻璃工程。

4. 工 艺 原 理

4.1 开口横梁与闭口横梁在抗扭性能上的差别

通过理论计算，证明把开口型材改为闭口型材后，抗扭性能大大提高，完全满足房屋保温要求提高后玻璃板块增重的需要。

以同样尺寸的矩形截面来计算，见图4.1：

对这两个同尺寸开口与不开口的矩形截面，需从强度和刚度两方面比较，即：相同外力偶矩作用下，所产生的切应力和扭转角均较小的截面形式最好。

根据《材料力学》相关公式，对最大切应力（即抗扭强度）和扭转角（即抗扭变形）进行计划分析，闭口薄壁截面型材在抗扭强度、受扭变形量方面，要远优于同尺寸的开口薄壁截面型材，完全满足幕墙保温要求提高对玻璃重量增加的需要。

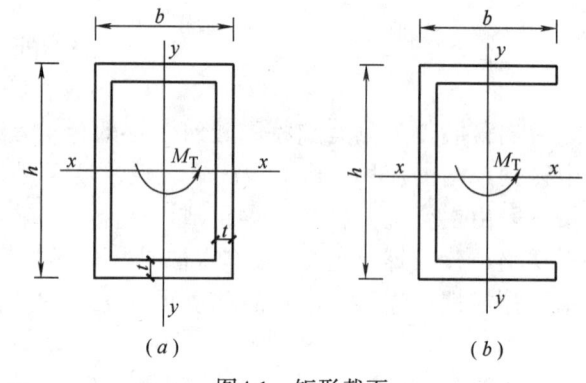

图4.1 矩形截面

4.2 闭口型横梁与配有三个孔的，长度为40mm的横梁芯管固定，横梁芯管孔的一端采用不锈钢螺栓封死，另一端配有不锈钢弹簧和钢销，再和已经按横梁芯管孔位相对应的立柱孔位对齐，使钢销在弹簧的作用力下弹入立柱开孔中，使钢销就位，从而完成横梁与立柱的连接。详见图4.2-1和图4.2-2。

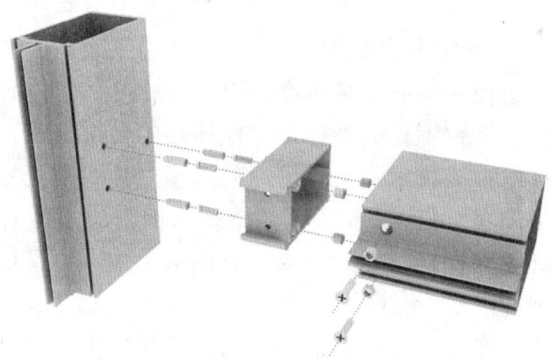

图4.2.1-1

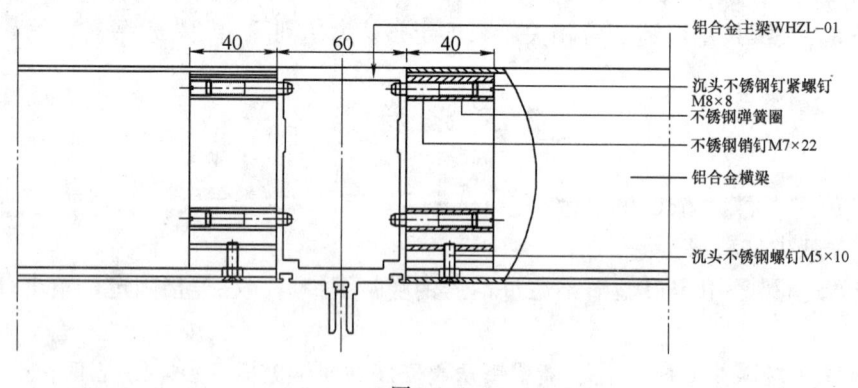

图4.2-2

5. 施工工艺流程及操作要点

5.1 工艺流程

横梁下料→横梁钻孔→芯管下料→芯管钻孔攻丝→芯管安装弹簧限位螺钉→横梁与芯管安装→芯管孔位处放置弹簧、钢销安装→两端同时回缩弹簧钢销→立柱孔位处水平推入横梁→用塞尺检查弹簧钢销是否弹入孔位→横梁安装到位→检查是否吻合、牢固。

5.2 施工操作要点

5.2.1 横梁下料：根据施工图纸、加工图纸和工艺卡要求，采用数控双头切割锯床下料，横梁加工尺寸允许偏差见表5.2.1。

横梁加工尺寸允许偏差表　　　　　　　　　表5.2.1

序号	检 查 项 目	允 许 偏 差	检 查 方 法
1	横梁长度尺寸	±0.5mm	钢卷尺
2	横梁端头斜度	−15′	角度仪
3	横梁孔位孔距	±0.5mm	游标卡尺

5.2.2 横梁钻孔：按照加工图纸和工艺卡要求，采用高速四轴数控加工中心钻孔。详见图5.2.2-1和图5.2.2-2。

5.2.3 安装横梁芯管：闭口型横梁与$L=40mm$的横梁芯管采用M5×20 不锈钢螺钉固定，横梁芯管孔的一端采用不锈钢螺栓封死，另一端配有不锈钢弹簧和钢销。详见图5.2.3-1和图5.2.3-2。

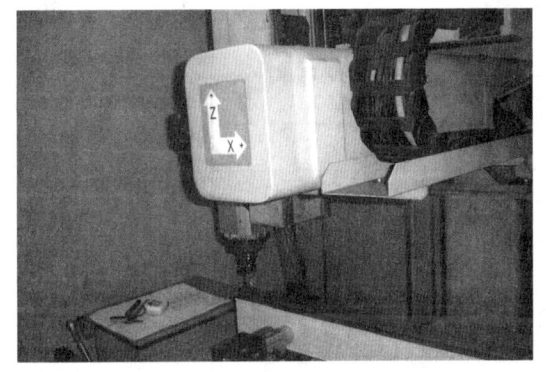

图5.2.2-1　横梁钻孔加工

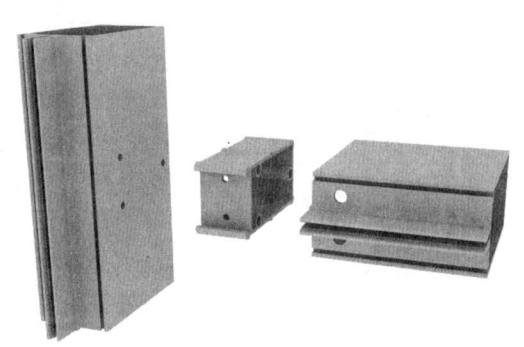

图5.2.2-2　钻孔后效果

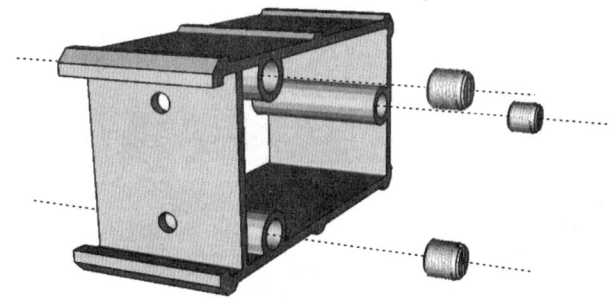

图5.2.3-1　横梁芯管图1

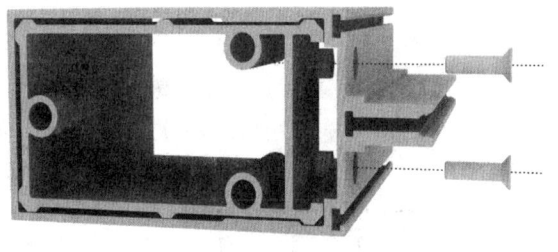

图5.2.3-2　横梁芯管图2

5.2.4 不锈钢弹簧、钢销安装：将弹簧先装入横梁芯管的孔中，再将钢销插入带有弹簧的横梁芯管孔中，反复回缩弹簧钢销几次，检查弹簧钢销是否伸缩自如，是否有卡死现象。详见图5.2.4。

5.2.5 横梁安装就位：先找好要安装的横梁位置，将弹簧钢销缩回使之与横梁芯管的边缘平齐，再水平向两立柱间推进，两端一定要平齐、同步进行，直至横梁的钢销弹入立柱孔位、安装到位。详见图5.2.5。

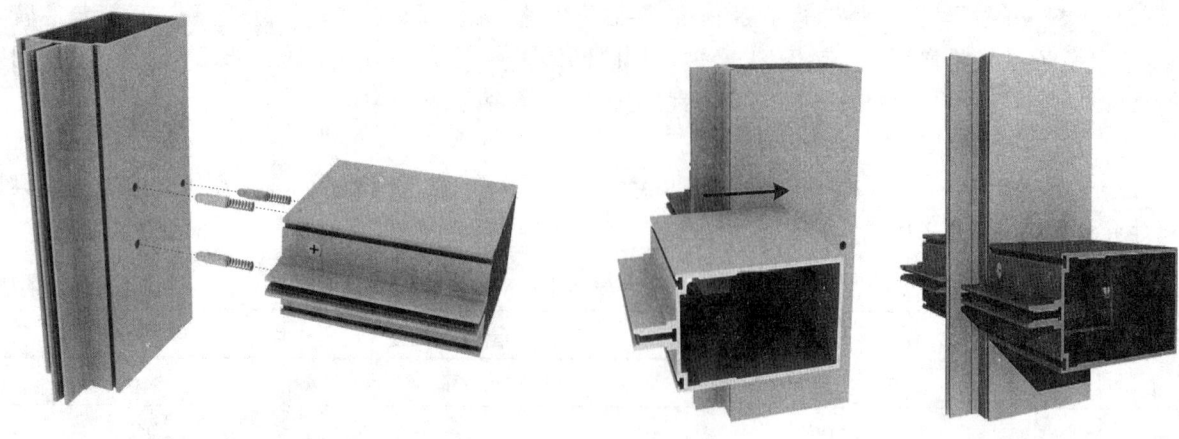

图5.2.4　不锈钢弹簧、钢销安装　　　　　　　　　　图5.2.5　横梁安装

5.2.6　检查是否吻合、牢固：检查各横梁就位情况是否有错，立柱、横梁接口是否吻合，横梁安装是否水平，不锈钢弹簧钢销是否完全弹入立柱孔内。检查方法：用观察、手扳方法检查横梁就位和牢固，用水准仪检查横梁的水平度，用不锈钢塞尺检查不锈钢弹簧钢销是否完全弹入立柱孔位，用钢卷尺检查横梁的尺寸偏差。横梁安装允许偏差见表5.2.6。

横梁安装允许偏差表　　　　　　　　　　　　　　　表5.2.6

序号	检 查 项 目		允 许 偏 差	检 查 方 法
1	相邻两横梁间对角线长度差（mm）	≤2000	≤1.5	经纬仪、水平仪和钢卷尺
		>2000	≤2.0	
2	同一标高平面内横梁高度差（mm）	幅宽≤35000	≤5	
		幅宽>35000	≤7	
		相邻两横梁	≤1	
3	横梁安装的水平度（mm）	层高≤3000	3	
		层高>3000	5	

6. 材料与设备

6.1　材料

6.1.1　铝合金横梁选用国产高精级型材，合金牌号及状态号应符合设计要求（通常为6063-T6、6063-T5），闭口型材采用模具一次制造成型。见表6.1.1。

铝型材的力学性能表　　　　　　　　　　　　　　　表6.1.1

牌号	状态	壁厚（mm）	拉 伸 试 验			硬 度 试 验		
			拉伸强度（MPa）	规定非比例伸长应力（MPa）	伸长率（%）	试样厚度（mm）	维氏硬度 HV	韦氏硬度 HW
6063	T5	不区分	≥160	≥110	≥8	≥0.8	≥58	≥8
6063	T6	不区分	≥205	≥180	≥8	—		

6.1.2　铝合金横梁芯管选用国产高精级型材，合金牌号及状态号应符合设计要求（一般与横梁相同），芯管也采用模具一次制造成型。

6.1.3　不锈钢弹簧采用弹簧用不锈钢钢丝制作而成，防腐和弹压力性能比较好。如图6.1.3。

6.1.4 不锈钢钢销采用牌号为0Cr17Ni12Mo2（316）的不锈钢棒机械加工而成。

6.1.5 不锈钢螺钉采用奥氏体不锈钢加工而成，性能等级为A2-70，螺纹强度很高。

6.2 设备

6.2.1 数控双头切割锯床切削速度高、加工精度高、生产效率高，机床两锯头可单独工作，也可同时工作，一次切割出所需要的长度及端部角度。主要加工精度见表6.2.1。

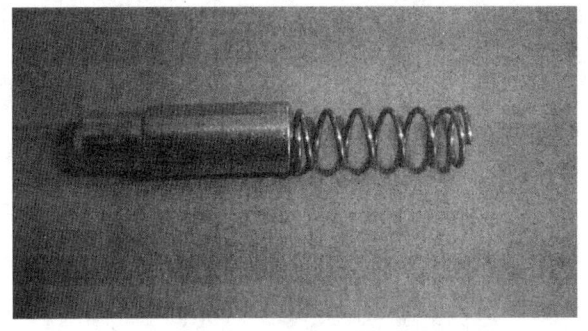

图6.1.3 不锈钢弹簧

6.2.2 高速四轴数控加工中心可用与在−90°～0°～+90°上下各种幕墙型材的安装孔、流水槽、锁孔及攻丝等加工工序，能够进行钻孔、铣加工、切割（铝）及攻螺纹最大M8（铝）的加工操作。主要加工精度见表6.2.2。

加工精度表　　　　　　　　　　　　　　　　　　　　表6.2.1

序　号	项　目	偏　差
1	长度尺寸精度	±0.5mm
2	角度尺寸精度	±10′

加工精度表　　　　　　　　　　　　　　　　　　　　表6.2.2

序　号	项　目	偏　差
1	重复定位精度	±0.02mm
2	定位精度	±0.1mm
3	切削表面粗糙度	Ra12.5μm

6.3 劳动力组织

6.3.1 车间制作劳动力组织安排见表6.3.1。

车间制作劳动力组织安排表　　　　　　　　　　　　　表6.3.1

1	立柱、横梁切割	2人一组	2台设备	4人
2	立柱钻孔	2人一组	1台设备	2人
3	横梁钻孔	1人一组	4台设备	4人
4	普工			4人
5	质检员			1人
6	共计			21人

6.3.2 现场安装劳动力组织安排见表6.3.2。

现场安装劳动力组织安排表　　　　　　　　　　　　　表6.3.2

1	立柱安装	3人一组	10个班组	30人
2	横梁安装	2人一组	8个班组	16人
3	普工			12人
4	质检员			1人
5	共计			59人

7. 质 量 控 制

7.1 质量控制主要规范标准

《建筑装饰装修工程质量验收规范》GB 50210-2001；

《玻璃幕墙工程技术规范》JGJ 102-2003；

《建筑幕墙》JGJ 3035-1996；

《建筑工程施工质量验收统一标准》GB 50300-2001；

《玻璃幕墙工程质量检验标准》JGJ/T 139-2001；

《建筑铝型材 第1部分 基材》GB/T 5237.1-2004；

《建筑铝型材 第2部分 阳极氧化、着色型材》GB/T 5237.2-2004；

《铝合金建筑型材 第5部分 氟碳喷涂型材》GB/T 5237.5-2004；

《铝合金建筑型材 第6部分 隔热型材》GB/T 5237.5-2004；

《铝型材截面几何参数算法及计算机程序要求》YS/T 437-2000；

《不锈钢棒》GB/T 1220-1992；

《不锈钢冷加工钢棒》GB 4226；

《弹簧用不锈钢丝》YB（T）11-83。

7.2 QES 企业标准及质量体系文件

本公司QES三合一管理手册及体系程序文件

本公司体系管理文件汇编

本公司《施工工艺标准》

7.3 质量管理要点

7.3.1 材料控制：所有的铝合金横梁牌号、状态、壁厚及力学性能必须符合设计要求和规范要求，材料采购前必须明确设计及规范标准中对该材料的各项性能及质量要求。横梁在运输过程中必须有可靠的保护措施，车间制作完成及现场安装完后应该做好半成品及成品保护工作。

7.3.2 测量放样：测量放样是幕墙施工中比较重要的一道工序，放线是否准确将直接影响幕墙施工质量，所以测量放线人员在工作中必须反复核对，确保放线精确。安装过程中，坚持做好技术交底工作，使每个操作人员做到心中有数，质量检验员要多测多靠，确保安装精度和牢固性符合要求。

7.3.3 编制工艺加工图：根据加工图和测量放样出来的成果图编制各种加工零件的工艺图，尤其是立柱和横梁上孔位尺寸应严格对照工艺加工图，确保正确性和加工精度。

7.3.4 车间加工：构件车间加工制作是幕墙工程生产过程中的重要环节，主要的工作是从工艺卡、机械设备、操作人员技能及车间的现代管理等方面来抓，立柱孔位的控制、横梁芯管的加工安装都得严把各道工序质量关，每道工序加工完成后经专职质量检验员检验，抽检按10%且不少于5件，当有1件不符合要求则加倍复验，复验合格后方能进入下道工序加工，严禁不合格的产品出厂。

7.3.5 现场安装：首先立柱标高安装的准确与否是横梁安装准确到位的关键因素，直接影响横梁安装质量的好坏，所以必须反复核对立柱的安装标高以保证横梁安装的精确度。其次不锈钢弹簧钢销与立柱孔位是否完全吻合也直接影响横梁安装的精度及牢固性。

7.3.6 质量检验：在生产的全过程当中一直贯穿着质量检验的活动，包括首检、抽检及三检制的执行等。各工种施工人员在做好技术质量交底的基础上坚持"三检制"（自检、互检、专检），坚持"上下工序交接制"，即上道工序达不到要求，不准转入下道工序，严格把好每道工序质量关。

8. 安 全 措 施

8.1 现场所有操作人员上岗前进行职工三级安全教育,保证每个职工受教育时间不小于50学时,考试合格后方能进入现场作业。

8.2 分项工程施工前由项目技术负责人和安全员对班组和操作工进行安全交底,使每个职工树立安全意识,懂得安全的重要性。

8.3 施工操作前对施工机具必须严格检查,作业点的脚手架、防护措施进行全面检查,对不符合要求的及时要求改正,排除安全隐患。

8.4 操作人员配备必要的劳动保护用品,进入施工现场戴好安全帽并扣好帽带,高处作业系好安全带,防止物件和人员的坠落。

8.5 设专职安全员进行监督和巡查,每周二次例行安全检查,日常进行安全巡回检查,发现问题及时改正,做到防范于未然。

8.6 公司工程部每月二次定期检查项目的安全生产情况,对检查中发现的问题提出整改通知,项目部在接到通知后,立即落实整改,坚持"三不放过"的原则。

9. 环 保 措 施

9.1 项目部成立相应的施工环境卫生管理机构,严格遵守国家和地方下发的有关环境保护的法律、法规和规章,加强对施工噪声、粉尘、工程废弃物及生活垃圾的控制和治理。

9.2 根据工程所在地的实际情况,建立切实可行的不扰民措施,在施工过程中认真听取相关方的意见,不断改正工作。

9.3 将施工场地和作业现场合理安排、布置规范,做到标示标牌清楚、齐全、醒目,禁止夜间进行生产噪声污染的施工活动。

9.4 设定生活垃圾专管人员,定期对生活区卫生检查和生活垃圾进行清理,生活垃圾需袋装存放,及时集中清运,并按当地环保部门要求指定的地方排放,不与施工垃圾混放。

9.5 现场作业产生的一般固体废物通过破碎技术使之质地均匀,用于填埋等。如有回收利用价值的,集中堆放,便于回收利用。对现场材料包装盒、保护纸等,集中处理,现场无乱丢乱弃。

9.6 对施工现场内道路进行硬化,并在晴天经常对施工通道进行洒水,防止尘土飞扬,同时定期对职工做健康检查,保护施工人员的身心健康。

10. 效 益 分 析

玻璃幕墙传统的开口型横梁手工现场操作角码与立柱连接方式,存在着现场安装工作量大,工期长、质量难以控制、抗扭转力学性能差等弊端,应用本横梁立柱新型连接结构施工工法,则可巧妙地解决以上诸多难题,既满足设计和施工的各项要求,又提高材料的利用率和室内的美观性,因此产生了比较好的经济效益和社会效益。

10.1 经济效益

10.1.1 幕墙车间立柱、横梁孔采用高速四轴数控加工中心钻孔,大大提高了工作效率。每个班组每天可加工100多支立柱,比原来在现场钻孔减少多道工序和人工。原横梁水平测量放线需3人一组,角铝孔位划样定位需1人一组,四组,横梁钻孔2人一组,四组。原11人完成的钻孔任务在车间只需2人即可完成。

10.1.2 原现场横梁安装需经过测量放样、角铝孔位定位、钻孔、安装角铝、安装横梁、安装横梁盖板等6道工序，共需11人共同完成。现场安装是对工程进度影响较大的一道主要工序。而采用闭口型横梁，现场安装每组只需2人，且每组每天能完成200支横梁的安装任务。

10.1.3 和义路滨江1号地块（万豪大酒店·万豪中心）工程幕墙面积约42000m²，横梁约32000支。车间加工共计80d完成制作，每天20人，共用人工约1600工，每班次生产530支；现场安装共60d完成安装，每天16人，共用人工约960工，按普通开口型横梁的安装约需80d完成，每组11人，每组安装100支，共需4组，每班次安装266支，人工约3520工，缩短了工期20d，节约人工2560工。

10.2 社会效益

10.2.1 由于采用横梁立柱新型连接结构施工工法，玻璃幕墙整体的安全性能增加。

10.2.2 工厂化加工程度高，钻孔的精度和质量能最大程度地得到保证。

10.2.3 现场安装时间减少，手持电动工具和电源线都可以省去，减少了噪声和环境污染，达到既节能又环保的良好效果。

10.2.4 大幅度提高了现场安装效率，为下道工序赢得了时间，使得整栋大楼幕墙安装进度加快，为按计划要求将外架拆除提供了有力保障，工程工期提前。

11. 应用实例

11.1 宁波和义路滨江1号地块（万豪大酒店·万豪中心）工程位于该市最核心的三江口区域，东北面临余姚江，东南至电信大楼，西南以和义路为界，西北接解放桥连接线。本工程由主楼和裙房两部分组成，地上建筑面积约85819m²，主楼平面呈"蝶"形，高度达159.78m，幕墙总面积约42000m²，全部采用横梁立柱新型连接结构施工技术。幕墙满足设计和施工验收规范要求，完成后已3年半，经历了好几次台风天气，经检查无发现一处渗漏。受到了市建委、质监站、建筑协会等主管部门以及业主、设计、监理等相关方的一致好评。工程已获得2008年度中国建设工程 "鲁班奖"（国家优质工程），2009年度全国建筑工程装饰奖（幕墙），2009年度浙江省建筑业新技术应用示范工程。

11.2 宁波宁兴·城市花园商务楼工程位于鄞州中心区天童北路。本幕墙工程地上29层，工程总建筑面积约43500m²，幕墙面积约15828m²，全部采用横梁立柱新型连接结构施工技术。幕墙满足设计和施工验收规范要求，工程已投入使用1年多，得到业主和各方面的好评。

11.3 宁波国际金融服务中心北区项目工程位于东部新城中心商务区之核心商务办公区。工程共有八个单体，幕墙总面积约200000m²，其中应用本工法的玻璃幕墙面积约20000m²。目前，幕墙工程已完工，满足设计和施工验收规范要求，得到业主和各方面的好评。

11.4 其他工程（表11.4）。

其他工程 表11.4

序号	工程名称	幕墙应用情况
1	宁波世纪东方商业广场工程	外立面玻璃幕墙面积28000m²，全部采用新型连接结构施工工艺
2	宁波和义大道滨江休闲2号地块工程	外立面幕墙总面积约42000m²，其中应用本工法的玻璃幕墙面积约20000m²
3	宁波万盛商务大厦工程	外立面幕墙总面积约30800m²，其中应用本工法的玻璃幕墙面积约28000m²
4	宁波港航服务中心工程	外立面幕墙总面积约18000m²，其中应用本工法的玻璃幕墙面积约10000m²
5	宁波国际贸易展览中心一期综合配套区（酒店部分）工程	外立面玻璃幕墙总面积约42000m²，全部采用新型连接结构施工工艺

博物馆场景仿真树施工工法

GJEJGF122—2010

浙江昆仑建设集团股份有限公司　五洋建设集团股份有限公司

左斌　江波　劳震宇　郑立明　罗海

1. 前　言

随着生活水平提高，社会进步，人们对物质和文化要求的进一步提升，近几年各地博物馆兴建日趋繁荣。与酒店、会馆以及办公楼等装修工程有着显著区别，博物馆装修更着重对历史文化、声光影效果、仿真场景制作等方面的把握，采用了多项有别于普通装修工程的施工方法和施工技术，通过对博物馆场景墙、顶、地面进行特殊工艺的基础装修，并根据艺术效果配置相应的仿真元素，使参观学习的游客能更直接深入了解当地历史背景和文化底蕴，博物馆场景仿真树施工工法作为仿真仿生工艺中的一项特殊施工工艺，在所应用的工程中获得了较好的经济效益和社会效益。

××博物馆装修工程继承上述特点，在场景仿真树制作领域运用主体钢架结构支撑、钢丝网包覆、两层泥浆打底刻画等特殊装饰手法。在施工过程中对各个细部节点进行仔细探讨，同时收集大量相关信息资料，在生活中提取各种素材，确定实施方案。在各方积极配合下，经工程实践，各场景的仿真树形象逼真、惟妙惟肖，造型自然、栩栩如生，配以声光影效果，使场景更为意境生动，得到了业主和各方的好评。

2. 工 法 特 点

2.1 仿真树在博物馆场景装修领域现已起到极为关键的作用，运用该工艺制作的仿真树能够更为有效的达到仿真效果。

2.2 该工法工艺流程简洁扼要，从仿真树的基座安装、树干骨架面层、树皮刻画上色、枝叶制作安装等几个方面将博物馆场景仿真树的施工方法详细阐述。

2.3 仿真树树叶采用聚氨酯材料加工而成，树枝采用硅胶翻模硬化上色，材料和工艺较为新颖，生产加工较为简洁。树皮面层泥浆掺入无醛胶水增加肌理效果的强度，无醛胶水具有高粘、高稠、无味、无毒、不怕高低温等各种优点，比各种缩醛型建筑胶批刮更轻松、更省力及省工省料，在施工时无论批刮多少次，也绝对不会发生任何不良情况，如在施工时因干燥太快而拉毛、起皮、脱落、粘结强度不够等不良情况，同时达到环保要求。

2.4 仿真树的工艺流程区别于普通装修手法，不刻于追求对称、成线、平整等规范要求，更为着重把握自然、真实的氛围。在面层细节处理方面，以颜料塑造，采用喷、刷、抹等工艺手法，加上工艺美术师的艺术功底，根据色调的深、浅、明、暗变化构成仿真效果。

3. 适 用 范 围

本工法适用于博物馆工程或舞台及艺术造型场所的仿真树施工。

4. 工 艺 原 理

4.1 场景仿真树施工的最终目的是要求能配合场景主题思想，力求自然逼真的效果。在场景主题确定后，根据设计师对各类场景主题的要求，配以不同类型的树种，收集各类相关图片素材，筛选分类后再由设计师确定最终方案，按比例制作仿真树模型，施工时对照模型控制成型效果，达到过程控制。

4.2 博物馆场景仿真树的种类有很多，有松树、榕树、柳树、梧桐树、棕榈树、海枣树等，一般最为常用的是榕树、松树和柳树。在确定好树种类型后，基座采用膨胀螺栓固定后置方形钢板埋件于原始地坪上，面积、厚度和膨胀螺栓的规格根据树种类型和树干大小确定。膨胀螺栓的规格一般采用M12号，固定后按规范做拉拔试验。完成基座施工后，根据树干的直径大小经计算选择角钢型号，一般3m左右高的仿真树采用5号角钢作为仿真树的树干轴心骨，焊接圆钢支撑起树干的圆柱构架；选用粗细为16号，网格为20mm的钢丝网或镀锌铁丝网作为树干塑形材料，形成树干的大致轮廓。

4.3 树皮深化塑造是仿真树制作的关键步骤。该工序采用水泥砂浆抹面两遍，第一遍在已成型的钢丝网片上均匀涂抹，厚度以盖住钢丝网为准，约3mm左右，使水泥砂浆总厚度约为5±0.5mm，形成树干实体；第二遍掺入无醛胶水加强表皮牢度，与水比例为1:0.6~1稀释，然后根据不同树种的特点将树皮的纹理深入刻画，达到初步成型效果，该道工序需选派具有美术功底的专业人员施工，从生活和艺术角度把握关键工序，为整体成型奠定基础；最外层是树皮上色，该道工序由专业人员来完成，材料采用丙烯颜料稀释，根据现场感观比对实际树种，配合场景的灯光逐步多层深化调整。

4.4 树枝、树叶和部分树干上的苔藓，都是仿真树施工的点睛之笔。确定完树种后，对树枝、树叶的粗细、形态、大小严格把关，做到树叶的大小颜色参差有序、质感肌理逼真，树枝的粗细均匀、形态自然。

5. 施工工艺流程及操作要点

5.1 施工工艺流程
施工工艺流程详见图5.1。

5.2 树干结构节点（1）~（3）详见图 5.2-1~图 5.2-3

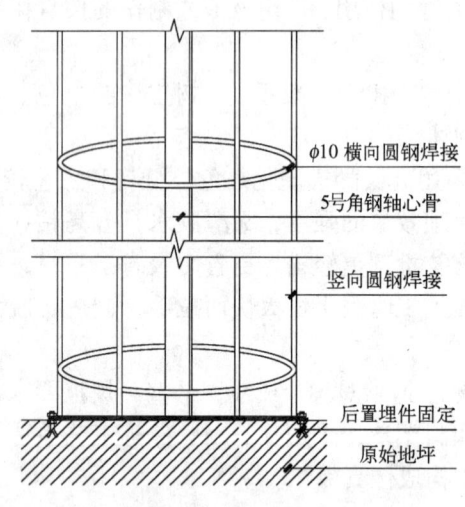

图5.2-1 树干结构节点（1）

5.3 施工工艺说明

5.3.1 设计交底，收集素材，技术准备

该道工序虽然不作为现场施工工序，但仿真树树种类型的选择对整体施工至关重要。树干较大、枝叶茂盛的树种，

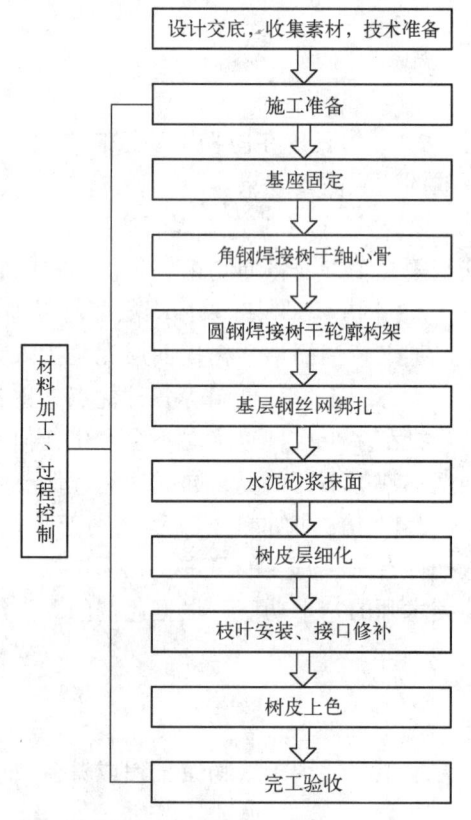

图5.1 施工工艺流程图

在制作树干基层时需要增加钢架、圆钢的型号，焊接面积加大，确保整体牢固性。不同树种的树皮纹路各不相同，施工期间根据收集的素材抓住各类型树种的特点，在树皮纹路刻画时重点把握。技术方

面根据以往仿真树施工的各类技术参数和工艺方法，制定详尽的施工工艺要求，对每位作业人员认真交底。

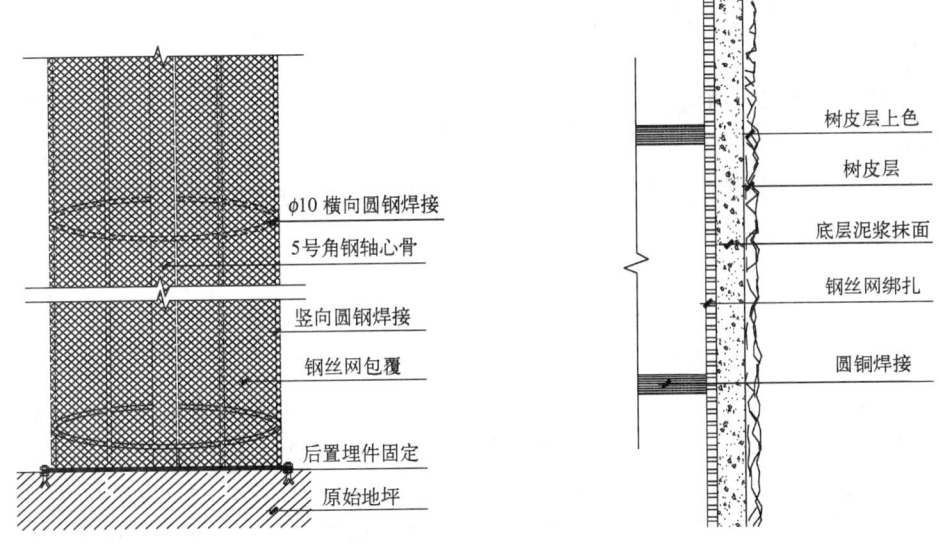

图5.2-2 树干结构节点（2）　　　图5.2-3 树干结构节点（3）

5.3.2 施工准备

施工准备阶段的工作包括人员、材料、机械的准备，仿真树施工更侧向于工艺类制作，对艺术感的要求更高，因此在人员部署阶段，将配备专业人员对色彩和造型方面着重把握。仿真树施工选用的材料和机械较为常规，在进场前，按树种类型的直径大小和高度以及该工程的规模计算材料的用量和施工机械的配备。

5.3.3 基座固定

树干基座是仿真树施工的首道工序，基座采用膨胀螺栓固定后置方形钢板埋件于原始地坪上，面积、厚度和膨胀螺栓的规格根据树种类型和树干大小确定。膨胀螺栓的规格一般采用M12号，固定后按规范做拉拔试验。

5.3.4 角钢焊接树干轴心骨

完成基座施工后，根据树干的直径大小经计算选择角钢型号，一般3m高的仿真树采用5号角钢作为仿真树的树干轴心骨，按规范要求满焊牢固。

5.3.5 圆钢焊接树干轮廓构架

完成上道的轴心骨焊接工序后，采用圆钢焊接树干轮廓构架。该道工序的关键在于树干直径大小控制及焊接牢固度，有些树种的树干在底部比较粗，由下往上渐渐收缩，这类树种在圆钢焊接树干轮廓构架时应根据树干的宽窄均匀调节，确保树干造型曲线流畅，满焊牢固。以3m高，600mm直径的树干为例，圆钢横向间距为300mm，纵向间距为600mm，根据树干实际直径大小，每增减100mm，纵横向圆钢排列间距增减50mm。

5.3.6 基层钢丝网绑扎

在圆钢焊接树干轮廓构架后，基层钢丝网绑扎将起到承上启下的作用。树干轮廓造型主要由该道工序体现，钢丝直径过大将导致局部难调整；钢丝直径过窄会产生强度不够，对后期泥浆抹面和树种施工都有负面影响。钢丝网网径密度过大，会影响后道工序泥浆抹面施工质量，网径密度过小将增加材料成本，影响工程的经济效益。通过多个项目的实践，一般选用粗细为16号，网格为20mm的钢丝网或镀锌铁丝网作为树干塑形材料，用铁丝或铅丝将网片绑扎牢固，绑扎头向树干内部弯曲，避免影响下道工序施工。

5.3.7 水泥砂浆抹面

该道工序为一遍成型，关键在于控制水泥砂浆的比例，配比不当将产生与钢丝网粘贴不牢固或砂浆起沙开裂现象。通过实践，水泥砂浆的比例应控制在1：2，且抹面厚度不能过大，一般以盖住钢丝网约1mm左右为准，使水泥砂浆总厚度约为2.5±0.5mm，达到与钢丝网必须粘贴牢固，不能出现砂浆脱落现象。

5.3.8 树皮层细化

树皮层是施工过程中的难点，不同于以往装修工程施工的惯例，需按规范达到平整度等各方面要求。仿真树施工特点是根据准备阶段收集的素材把握不同树种树皮纹路特点，如柳树的树皮组织厚，纵向开裂；梧桐树的树皮光滑，有不规则片状剥落；需选派具专业人士，用刮刀细心刻画，追求仿真艺术效果，为整体成型奠定基础。

5.3.9 枝叶安装、接口修补

枝叶的材料加工质量对仿真树的整体外观影响很大，仿真树树叶为聚氨酯材料加工而成，采用计算机绘制不同树种的树叶形状，然后利用钢模，在预定的压力及温度条件下，于塑形材料上滚压成相对的纹路，再经过裁切、染色、压制成型等步骤，形成表面具有经脉纹路的人造树叶，安装时只需插入树枝的预留口便可完成安装，树枝预留口与树叶的衔接端头的尺寸控制在10mm以内，预留口小于衔接端头2mm，确保连接紧密。仿真树树枝采用硅胶翻模硬化上色，其内部配以圆钢支撑用于树干连接，树枝切口达到与树干的连接部位衔接自然。硅胶翻模采用刷模方式开模，先把要复制的产品或模型涂刷上一层隔离剂，或隔制剂，然后取一定量的硅胶和固化剂，拌搅均匀，进行抽空，抽空时间不要太长，硅胶涂刷等待30min后，胶体发生胶联反应，再均匀刷第二层硅胶，将表面粘贴一层纱布或玻璃纤纬布来增加强度，然后再涂刷第三层硅胶，等硅胶干燥后，再做外模，外模可以使用石膏或树脂等材料。

仿真枝叶必须达到大小层次均匀、形状逼真，枝干弯曲自然、粗细有致的仿真效果。安装完毕后，在预留口四周用水泥砂浆添加无醛胶水修补，与水比例为1：0.6~1稀释，并将树皮的纹路细致刻画，达到衔接自然。

5.3.10 树皮上色

仿真树的最后道工序是树皮上色，该道工艺的关键在于颜色的调和与明暗搭配。材料采用丙烯颜料上色，色彩及明暗根据树种类型调制，同时还需考虑后期灯光效果对实际色彩的影响，需专业人士反复上色试验最后成型。

5.3.11 完工验收

对仿真树的施工质量和艺术效果进行验收，符合相关要求。

5.4 劳动力配置（表5.4）

劳动力配置　　　　　　　　　　　　　　　　　　　　　　　　　　　表5.4

序号	项目名称	施工人数		管理人员
1	基座固定	3人		施工员、质量员
2	树干轴心骨钢架焊接	3人		施工员、质量员
3	树干轮廓构架圆钢焊接	3人	项目部人员	施工员、质量员
4	基层钢丝网绑扎	2人		施工员、质量员
5	基层泥浆抹面	3人		施工员、质量员
6	面层树皮刻画	2人		工艺美术师
7	枝叶安装、接口修补	3人		施工员、质量员
8	树皮上色	2人		工艺美术师

6. 材料与设备

6.1 水泥、黄沙、钢丝网、槽钢和木料作为仿真树的基础施工材料，塑造整体轮廓造型时起到关键作用。丙烯颜料、无醛胶水以及仿真枝叶不同于普通装修工程所使用的材料，是仿真树整体效果展现的关键材料。

6.2 仿真树施工所使用的都是小型设备和工具。树干结构及树枝安装使用电焊机及切割机，刮刀和刷子是树皮刻画及上色的主要工具，是仿真树施工的关键工具。其他包括活动架、卷尺、钢丝钳子、小木桶等。

6.3 特点
6.3.1 专业性较强，主要运用于博物馆工程。

6.3.2 艺术感强。

6.3.3 对作业人员的专业技能要求高。

6.4 材料、设备（表6.4）

材料、设备 表6.4

序号	材料、设备名称	类型	用于施工阶段
1	10mm 厚钢板	材料	基座安装
2	5 号槽钢	材料	树干轴心骨施工
3	φ10 热轧圆钢	材料	树干轮廓构架
4	钢丝网	材料	树干轮廓构架
5	钢丝钳子	工具	钢丝网绑扎
6	BX－315 电焊机	设备	树干结构焊接
7	普通硅酸盐水泥	材料	水泥砂浆抹面、树皮刻画、接口修补
8	黄沙	材料	水泥砂浆抹面、树皮刻画、接口修补
9	小木桶	工具	水泥砂浆抹面、树皮刻画、接口修补
10	刮刀	工具	树皮刻画
11	丙烯颜料	材料	树皮上色
12	5m 卷尺	检测工具	整个施工段
13	活动架	设备	整个施工段

7. 质 量 控 制

7.1 质量控制体系
建立材料进场质检、生产过程控制、抽样检测三大技术质量体系为重点的保证措施，在监理工程师的监控下，建立内部质检工程师，现场技术员，现场工班人员内部自检、互检、交接检查体系。

7.2 质量控制标准
《建筑装饰装修工程质量验收规范》GB 50210、《钢筋焊接及验收规范》JGJ 18以往场景仿真树施工记录的相关要求。

7.3 仿真树钢架结构焊接牢固
钢架焊接施工是仿真树的第一步，是结构体系的关键，过程控制必须严格按照焊接规范要求施工，基础配件膨胀螺栓固定后需做拉拔试验，检测合格后方可进行下道工序。

7.4 枝叶安装牢固，接口修补美观
枝叶的受力点在树干结构上，树干的承载力点位多而分散，焊接要求更为严格，应加强过程自检程序。枝干接口部位衔接必须自然美观，掺入无醛胶水防止开裂，达到整体效果。

7.5 树干结构质量标准

7.5.1 保证项目

1. 槽钢、钢筋材质、规格及焊条类型应符合钢筋工程的设计施工规范，有材质及产品合格证书和物理性能检验，检验合格后方能使用。

2. 槽钢、钢筋的规格、形状、尺寸、数量、间距、锚固长度、接头位置必须符合设计要求和施工规范的规定。

3. 焊工必须持相应等级焊工证才允许上岗操作。

7.5.2 基本项目

1. 所有焊接接头必须进行外观检验，其要求是：焊缝表面平顺，没有较明显的咬边、凹陷、焊瘤、夹渣及气孔，严禁有裂纹出现。

2. 钢丝网片绑扎的搭接面应不小于50mm，搭接处用钢丝或铅丝绑扎固定，固定间距控制在300mm以内。

7.6 钢丝网片、抹灰层质量控制要求

钢丝网片搭接宽度不得小于50mm，搭接部位钢丝绑扎宽度不得小于400mm，绑扎头向树干内部弯折，避免影响下道工序施工。

抹灰层厚度以盖住钢丝网为准，约3mm左右，使水泥砂浆总厚度约为5±0.5mm，不得出现砂浆开裂现象。

8. 安 全 措 施

8.1 按照国家、省市有关法律法规和工程实际，编制专项安全生产施工方案。

8.2 对相关各人员进行详细的安全技术交底。

8.3 施工人员严禁酒后操作，如发现有违规情况，立即要求其停止施工，并给予教育处罚。

8.4 为防止焊接灼烫，应穿好工作服、工作鞋，戴好工作帽。工作服应选用纯棉且质地较厚，防烫效果好的。注意脚面保护，不穿易溶的化纤袜子。焊区周围要清洁，焊条堆放要集中，冷热焊条要分别摆放。处理焊条渣时，领口要系好，戴好防护眼镜，减少灼烫伤事故。

8.5 焊接现场事先移去易燃易爆物品，高空焊接下方应设置接火盘。房屋闷顶内以及易燃物堆垛附近不宜进行焊接作业；可燃气体的管道和设备与其他设备互相连接时，应将连接管道拆除或阻绝。

9. 环 保 措 施

9.1 夜间施工应注意噪声影响。

9.2 施工中的材料均要使用符合国家要求的环保材料，经相关检测机构试验合格。

9.3 施工过程中应加强室内通风措施，特别是在油漆、颜料作业工程时，使用大功率排风扇对场内空气进行流通，达到环保效果。

10. 效 益 分 析

由于在场景施工方面与普通装修工程区别较大，采用博物馆仿真树施工工法进行施工，能在关键节点和施工重点方面有效控制把握，避免出现多次返工的现象，特别是在艺术感和真实性的拿捏上会更注重关键节点，确保整体施工质量。

10.1 经济效益：仿真树的材料使用较为常规，对比室内植物种植，种类更多，维护成本更低。施工过程中又能在材料供货问题上得以解决，加快了供货周期。仿真树钢架龙骨可以二次利用，节约材料成本。

10.2 社会效益：仿真树施工是一件复杂的工程，需要运用各种艺术表现手段，采用不同的工艺和综合艺术表现力，达到吸引观众眼球，振奋观众神经，留下回味深长的遐想，在展现文物的同时将场景仿真树施工工艺全面展现在参观群众的眼前。

10.3 环保效益：各项材料无毒无害，放射性核素限量符合《建筑材料放射性核素限量》GB 6566中规定的A类装饰材料的标准，属绿色环保材料。而其在工程中所使用的材料均为普通的装饰环保材料，未使用有毒有害和污染环境的材料，做到了环保从基础做起，经室内环境空气检测所有指标全部合格。

11. 应 用 实 例

11.1 实例一：无锡博物馆陈列布展工程，建筑面积1800m²，是江苏省现代化市级博物馆之一，本工程各展厅分布数十个仿真场景，运用了本工法多项工艺，全面凸显了仿真场景在博物馆装饰工程中的重要位置，特别是原生态场景等重点区域或部位大量部署仿真树，在声光影等多媒体运用的衬托下，全面展现了博物馆工程的特有装修风格。

11.2 实例二：永康市博物馆基本陈列布展施工工程位于永康市，展厅建筑面积约2000m²，该工程作为当地重点工程，市政府领导极为重视，展厅内的仿真树树种丰富、形象逼真、各具特色，全面衬托了当地历史文化底蕴。

11.3 实例三：中国刀、剪、剑及伞博物馆布展深化（施工图）设计及施工I标段工程位于杭州市拱墅区，展厅建筑面积约2460m²，展厅建筑面积约2460m²，临时展厅建筑面积约1060m²，该工程相对于规模较大，作为杭州市2009年国庆节竣工的重点工程，市政府领导极为重视，展厅内的仿真树衬托了场景的真实意境，受到了群众的一致好评。

GF-3型防辐射涂料施工工法

GJEJGF123—2010

浙江湖州市建工集团有限公司　温州中城建设集团有限公司

卢伟强　陈有生　张锦方　应汉东　王新华

1. 前　言

在现代医学中，X光机、核磁共振机等医疗检验设备普遍使用，这些器械在使用过程中一个共同的问题就是具有放射性，而且是随着器械功率加大，辐射能力增加，尤其是伽马射线，穿透率强，不仅会影响医护人员和病人的安全，甚至会影响设备周围的环境，为保证医护人员及病人的身体健康，加强对周边环境的辐射污染的控制，以往通常在混凝土墙面采用铅板防护或硫酸钡进行防辐射处理，但采用铅板防护存在韧致辐射和造价偏高问题，而采用钡砂处理则存在易发生龟裂、剥落、耐久性差的弊病，影响防辐射的效果。

为避免上述缺陷的产生，公司选用了GF-3型防辐射涂料，开发成功GF-3型防辐射涂料施工工法，该工法利用在涂料中掺加能吸收电磁波的介质，涂刷在墙体表面，当放射性器械工作时，发出的射线到达墙面后，被介质吸收，不再向外扩散和反射，起到防辐射的作用。本工法具有施工方便、价格低廉、防辐射效果好的特点，在湖州市妇幼保健院、长兴妇幼保健院等多项工程应用，获得较好的经济效益和社会效益。

2. 工 法 特 点

2.1　GF-3型防辐射涂料对放射线具有良好的吸收作用，能有效保护医护人员和病人的安全，防止对环境的污染。

2.2　具有施工方便、粘结牢固、无毒、价格低廉（等优点）。

2.3　墙体材料由常见的水泥标准砖砌筑，替代钢筋混凝土墙，可加快工期及降低工程造价。

3. 适 用 范 围

本工法适用于各医院中X光室，钼钯室等需防辐射处理的房间。

4. 工 艺 原 理

GF-3型防辐射涂料由多种防护材料按一定的科学配比复合而成，由胶粘剂中加入具有特定介质参数的吸收剂制成，材料以吸收电磁波为主，不发生反射而造成二次污染；另墙基体、砂浆、防辐射涂料均为无机材料，保证了防辐射涂料层与墙体基层粘结牢固，提高了防辐射效果。如图4。

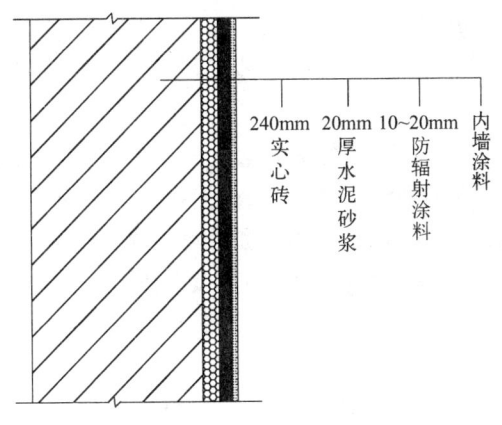

240mm 实心砖　20mm 厚水泥砂浆　10~20mm 防辐射涂料　内墙涂料

图4　防辐射构造系统图

5. 施工工艺流程及操作要点

5.1　施工工艺流程（图 5.1）

5.2　操作要点

5.2.1　施工准备

1. 根据工程设计图纸，制定工期及各阶段施工步骤及各班组人员安排，项目负责人应熟悉图纸和施工工艺。

2. 对操作班组进行技术交底，使操作班组掌握施工工艺和操作规程。

3. GF-3型配合比搅拌由专人负责，搅拌机具和搅拌时间要严格符合规定的要求。

4. 施工作业条件：施工环境温度不低于5℃；墙面上的水、电及预埋件应提前安装完毕，并在粉刷层中应填补密实。

5.2.2　墙体砌筑

1. 墙与柱沿高度方向每500mm设2φ6@500钢筋，每边伸入墙面不少于1m，每天砌筑高度不超过1.8m。

2. 墙体组砌形式采用三顺一丁砌法：三皮顺砖与一皮丁砖相间，上下皮顺砖间竖缝错开1/2砖长。

3. 砌筑方法采用"三一砖砌法"：一铲灰、一块砖、一揉压的砌筑方法，随手将砂浆刮去。

5.2.3　弹控制线、做灰饼（水泥砂浆粉刷层）

1. 对墙面预留线槽及孔洞进行封堵、修补，并在管线外侧补贴细钢丝网，管线修补处要求用水泥砂浆填补密实。

2. 先用托线板检查墙面平整垂直程度，再在墙的上角各做一个标准灰饼（用1∶3水泥砂浆），大小5cm见方，厚度不小于20mm，然后根据这两个灰饼用托线板挂垂直做墙面下角两个标准灰饼，再用钉子钉在左右灰饼附近墙缝里，栓上小线挂好通线，并根据小线位置每隔2m上下加做若干标准灰饼，待灰饼稍干后，在上下灰饼之间抹上宽约10cm砂浆冲筋。用5m小线拉线检查冲筋厚度的一致性，发现偏差应立即纠正。

3. 门窗洞口的采用1∶2水泥砂浆抹出护角，每侧宽度不小于50mm，做法为：根据灰饼厚度抹灰，然后粘好八字靠尺，并找方吊直，用1∶2水泥砂浆分层抹平，待砂浆稍干后，再用捋角器和水泥浆捋出小圆角。

5.2.4　水泥砂浆粉刷（刮毛）

1. 抹灰前先将水泥砖墙表面清扫干净。

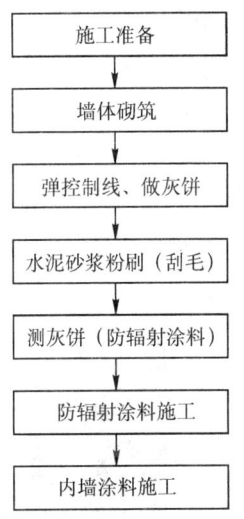

施工准备

↓

墙体砌筑

↓

弹控制线、做灰饼

↓

水泥砂浆粉刷（刮毛）

↓

测灰饼（防辐射涂料）

↓

防辐射涂料施工

↓

内墙涂料施工

图5.1　施工工艺流程图

2．水泥砂浆粉刷要求分三层施工，底层采用6～8mm左右1：3水泥砂浆、中层5～7mm左右1：3水泥砂浆、5mm左右1：2.5水泥砂浆面层。每层水泥砂浆须待前一层抹灰层凝结后，方可涂抹后一层。

5.2.5　测灰饼（防辐射涂料层）

先用托线板检查墙面平整垂直程度，再在墙的上角各做一个标准灰饼（用1：3水泥砂浆），大小5cm见方，厚度不小于20mm，然后根据这两个灰饼用托线板挂垂直做墙面下角两个标准灰饼，再用钉子钉在左右灰饼附近墙缝里，栓上小线挂好通线，并根据小线位置每隔2m上下加做若干标准灰饼，待灰饼稍干后，在上下灰饼之间抹上宽约10cm砂浆冲筋。用5m小线拉线检查冲筋厚度的一致性，发现偏差应立即纠正。

5.2.6　防辐射涂料施工

1．用砂浆搅拌机，严格按规定的配合比（重量比干粉：水泥：水=8：4：1）搅拌5min左右，待浆料呈柔性膏状方可使用。

2．涂料施工前先将墙面基层认真清除尘污，凹凸不平处、孔洞、裂缝、线槽及砖墙顶部未密实处先用1：3水泥砂浆补齐或凿平，并浇水湿润。

3．刮抹防辐射涂料，（应）自上而下、从左到右的顺序，应确保未漏刮。如需两层防辐射涂料，则第一层涂料施工后，不得压光，需用（扫帚）拉毛，以增加两层之间的粘结力；第二层涂料施工后，刮平、用铁板压光，防止龟裂和脱落。每层抹灰要连续施工，不得留施工缝，在施工过程中如发现裂缝，必须铲除重抹。

4．阴阳角要抹成圆弧形，以免棱角开裂。

5．采用局部破坏取孔抽测防辐射涂料层厚度，不足处予以增补。

6．门窗洞口根据护角厚度分层抹平，施工范围为门窗框外侧，应保证防辐射涂料施工厚度同室内，门窗框与墙面交界处修补密实（防辐射涂料施工过程及完成效果，见图5.2.6-1、5.2.6-2）。

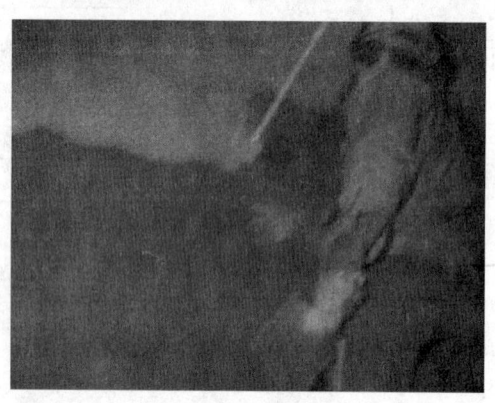

图5.2.6-1　防辐射涂料施工工况图

图5.2.6-2　防辐射涂料完成效果图

7．顶棚及地面因结构层一般均为钢筋混凝土楼板，故防辐射设计时基本不需考虑防辐射涂料施工，如因混凝土楼板厚度低于15cm，则在混凝土面层加设10～20mm防辐射涂料层，其余面层施工按原设计即可。在进户门和传递窗处需设符合防辐射要求的铅板防护门窗。

5.2.7　内墙涂料施工（图5.2.7）

1．待防辐射层干燥后，清理基层面的灰尘及其他附着物。

2．采用专用腻子满刮两遍，第一遍满刮要求横向刮抹平整、均匀、光滑，线角及边棱整齐，尽量挂薄，不得漏挂，接头不得留槎。待第一遍腻子干透后，用粗砂纸打磨平整。第二遍刮抹方向与第一遍相垂直，方

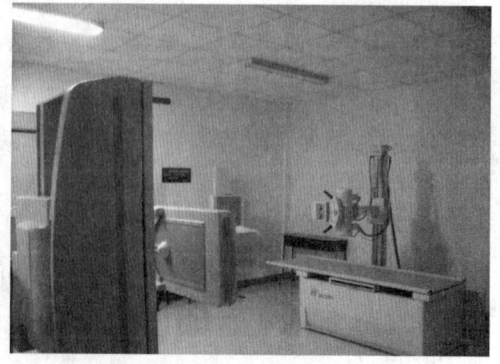

图5.2.7　X光室防护完成效果图

法同第一遍。然后用细砂纸打磨平整、光滑为止。

3. 滚涂两遍施工乳胶漆，待第一遍施工完成后，干燥24h，进行磨光，磨光完成后进行第二遍乳胶漆施工。

6. 材料与设备

6.1 材料

6.1.1 GF-3型防辐射涂料的材料品种、规格、性能、配合比应符合设计要求和相关标准的规定。

6.1.2 水泥可选用≥32.5普通硅酸盐水泥的各项技术指标应符合国家标准，并应附有出厂试验单。水泥在使用前应进行复试，复试合格后方可投入使用。

6.1.3 水应是可饮用的自来水、河水、井水及其他洁净水，水质应符合《混凝土拌和用水标准》JGG 89的规定。

6.2 采用的主要机具设备，见表6.2

主要机具设备表   表6.2

序号	机具设备名称	规格型号	单位	数量	用途
1	砂浆搅拌机	65-L0006	台	1	砂浆、辐射涂料搅拌
2	靠尺	2m	把	1	检查墙面平整度
3	卷尺	5m	把	2	

7. 质量控制

7.1 本工法必须执行的规范标准：《电离辐射防护与辐射源安全基本标准》GB 18871-2002；《医用X射线诊断卫生防护监测规范》GBZ 138-2002；《砌体工程施工质量验收规范》GB 50203-2002；《建筑装饰装修工程施工质量验收规范》GB 50201-2001。

7.2 用于防辐射的材料品种、规格、性能、配比应符合设计要求和相关标准的规定。材料进场后，应作质量检查和验收。质量证明文件应按照其出厂检验批进行核查。

7.3 认真贯彻各项技术管理制度，严格按照施工规范和各种质量验收标准进行各项质量管理工作。

7.4 做好每道工序的检查验收工作，认真办理工序交接手续，上道手续未完不得进入下道工序。施工班组要做好自检记录，要求完整、准确、及时。

7.5 水泥砂浆和防辐射涂料配合比要准确，拌合要均匀。

7.6 经常检查操作是否按工艺流程施工，在施工过程中检查操作质量，如检查表面观感、抽查垂直度、平整度，允许偏差见表7.6。

GF-3型防辐射涂料施工质量允许偏差表   表7.6

项次	项目	允许偏差（mm）	检验方法
1	表面平整度	±2	用2m直尺及塞尺检查
2	阴阳角垂直	±2	用2m托线板及尺检查
3	立面垂直	±3	用2m托线板及尺检查
4	阴阳角方正	±2	用200mm方尺检查

8. 安 全 措 施

8.1 施工前做好对施工班组操作人员进行各道工序施工书面安全技术交底工作。

8.2 施工现场、材料堆放、电线拉设都应符合安全规定，做好可靠的安全保护措施。

8.3 施工操作架体、临边和洞口防护等必须符合规范要求。

8.4 搅拌机操作人员须持证上岗，用电操作由专职电工安排电线走向，做好三级用电保护。

9. 环 保 措 施

9.1 在水泥罐四周做好围护工作，在运输过程中做好轻拿轻放，避免粉尘。

9.2 现场排放的生产污水须经沉淀池沉淀后方可排放至城市污水管网。

9.3 施工现场所用材料保管应根据材料特点采取相应的保护措施。材料的存放场地应平整夯实，有防潮排水措施。

9.4 施工垃圾及废弃材料应按指定位置集中堆放，并及时清运。

10. 效 益 分 析

因钡砂抹灰施工易发生开裂、脱落，难以保证防辐射效果，GF-3防辐射涂料对X射线具有良好的吸收作用，不仅消除了铅板防护造成的韧致辐射，而且具有施工方便、造价低的优点。具体数据见表10所示，每平方米比铅板防护（含龙骨）可节约700元/m^2。

效益分析比较表   表10

序号	施工形式	施工速度（m^2/工日）	造价（元/m^2）	说 明
1	GF-3型防辐射涂料	10	200	面层防辐射材料比较：GF-3型防辐射涂料比铅板防护造价低700元/m^2，工效提高40%
2	铅板防护（含龙骨）	6	900	
3	钢筋混凝土结构层（墙厚150mm）	4	150	结构层比较：砖墙比钢筋混凝土结构层造价低100元/m^2，工效提高60%
4	水泥砖墙（墙厚240mm）	10	50	

11. 应 用 实 例

11.1 长兴县妇幼保健院迁建工程（图11.1），总建筑面积15737m^2，7层，建筑高度35m，开竣工时间为2009年1月10日～2009年12月30日。防辐射要求部位：X光室（215m^2），钼钯室（55m^2）。本工法应用时间为2009年6月至2009年7月，施工效果良好，并通过了专业部门的检测（室外监测值为15.8msv小于规定值20msv）。

11.2 湖州市妇幼保健院手术大楼工程（图11.2），总建筑面积40771m^2，地上19层，地下一层，建筑高度85.8m，开竣工时间为2003年9月1日～2005年8月20日。防辐射要求部位：X光室（312m^2），钼钯室（136m^2）。本工法应用时间为

图11.1　长兴县妇幼保健院迁建工程

2005年7月至2009年9月，施工效果良好，并通过了专业部门的检测（室外监测值为17.2msv小于规定值20msv）。

11.3 湖州市中医院门诊综合楼工程（图11.3）总建筑面积10800 m²，地上8层，地下一层，开竣工时间为2003年4月5日～2004年12月8日。防辐射要求部位：X光室（211 m²），钼靶室（127 m²）。本工法应用时间为2005年7月至2005年9月，施工效果良好，并通过了专业部门的检测（室外监测值为16.3msv小于规定值20msv）。

图11.2 湖州市妇幼保健院手术大楼工程

图11.3 湖州市中医院门诊综合楼工程

GYGD 保温隔热装饰一体板外墙外保温施工工法

GJEJGF124—2010

安徽建工集团有限公司　浙江中南建设集团有限公司

陈刚　周松桂　邱立龙　陈虎顺　汪叶照

1. 前　言

随着我国经济和社会的快速发展，"节能减排"已经成为实现我国可持续发展目标的一项重要产业政策，而外墙外保温又是建筑节能中重要的一环。近几年来，新的外墙外保温材料和系统不断研发出来，但要求其既要满足节能设计的保温性能要求、又要确保施工质量和使用安全，成为各方关注的共识和进行应用技术研究的共同目标。

传统的外墙外保温系统先做保温层再外饰面双道工序的传统施工工艺，存在诸多先天性的缺陷，产生难以克服的一系列问题：保温层开裂致使涂料饰面龟裂、渗水，面砖饰面脱落等造成耐候性降低，粘贴强度减弱，形成安全隐患及外饰面美观破坏和寿命缩短。传统工序手工作业，工序多，施工面交叉，人为因素造成一致性差，工期长，整体施工质量难以控制。为解决外墙外保温传统施工工艺存在的问题，经过大量研究GYGD，保温隔热装饰一体板外墙外保温系统，具有构造新颖、装饰多样化、生产工业化以及机械化程度高、施工快捷简单、保温装饰效果好、综合成本低等诸多优点，很好地解决了传统外墙外保温系统施工存在的各种不足，为推动建筑节能产业发展作出了贡献，取得了良好的经济效益和社会效益。

该系统2009年12月22日通过了安徽省建设厅组织的科技成果鉴定，被认定为国内"领先技术"和"安徽省新技术推广项目"，是目前我国建筑墙体保温技术领域积极发展的一项先进技术，已编制出版了安徽省地方设计标准图集《外墙外保温建筑构造图集（八）— GYGD保温隔热装饰一体板》（皖201J216），已获得"保温装饰板"（专利号ZL200920158887.1）、"外墙保温装饰板的固定件"（专利号ZL200820239308.1）等十多项国家实用新型专利，具有自主知识产权。我们总结合肥市华龙苑小区工程等工程施工经验开发形成的本工法被评为2010年度安徽省省级"企业工法"。

2. 工 法 特 点

2.1　工厂化生产，现场粘贴或干挂施工，减少现场湿作业，受外界条件制约少，施工的大部分工作都在工厂完成，可以将工期缩短至原来的一半，工程质量容易得到保证，也有利节能和环境保护。

2.2　采用特殊技术处理节点及分格缝，所有阴阳角处都经过特殊处理，实现分格缝材料与保温层有机结合，使整个外墙形成一张完整的防水膜，防水性能优异。

2.3　GYGD保温隔热装饰一体板外墙外保温系统与传统"外墙保温＋装饰系统"施工相比，施工工期短，施工简单，对基面平整度要求低，可实现不同质感的装饰效果。

2.4　该系统拥有专用金属连接件，板材生产时一并固定在保温装饰板侧面，施工时将板四周侧面连体的连接件通过专用锚栓与先前埋设的塑料膨胀管或龙骨拧紧固定，牢固可靠。

3. 适 用 范 围

适用于抗震设防烈度≤8度地区、高度不超过100m、新建或扩建的寒冷及夏热冬冷地区工业与民用建筑外墙外保温工程，也可用于各类既有建筑的节能改造工程。

4. 工 艺 原 理

GYGD保温隔热装饰一体板采用无机硅酸钙板、铝板和其他金属板做外覆面板，硬泡聚氨酯（PU）、酚醛保温板（PF）或挤塑聚苯板（XPS）做保温芯材，经工厂化加工而成，集保温、隔热、装饰功能于一体。保温隔热装饰一体板采用粘贴或干挂施工工艺与基层结构可靠连接形成整体，达到建筑保温装饰效果。

粘贴施工工艺采用粘锚结合、以粘为主的方式，利用粘结砂浆和锚固件实现与外墙的可靠连接。

干挂系统施工工艺通过在基层墙体内置入预埋铁件，在其上通过连接件固定龙骨，将板块固定于龙骨之上，并利用专利技术处理节点及分格缝，从而实现外墙保温防水性能佳、装饰美观的目的。

GYGD保温隔热装饰一体板外保温系统基本构造如表4所示。

GYGD保温装饰一体板外保温系统基本构造　　　　表4

基层墙体	西格玛保温装饰板外保温系统基本构造			构造示意图
	界面层①	保温层②	饰面层③	
混凝土墙及各种砌体墙	胶粘剂+锚固件	保温隔热装饰一体板	勾缝	
混凝土墙及各种砌体墙	龙骨+连接件	保温隔热装饰一体板	勾缝	

5. 施工工艺流程及操作要点

5.1 施工工艺流程

GYGD保温隔热装饰一体板外保温系统的粘贴和干挂施工工艺分别见图5.1–1和图5.1–2。

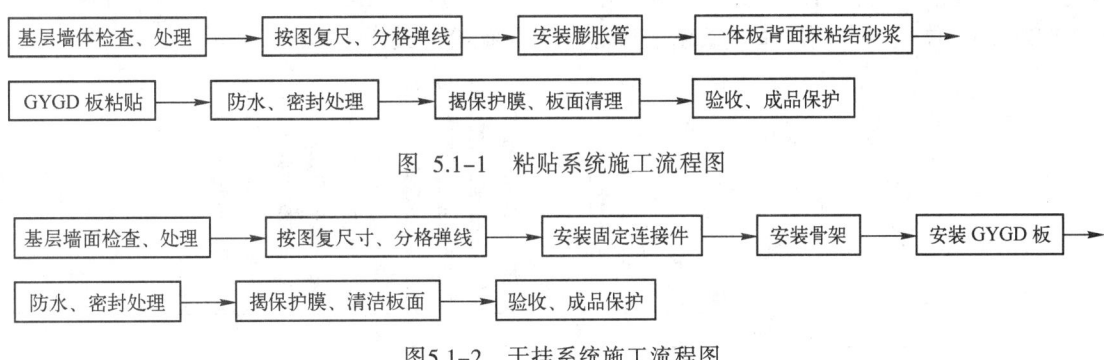

图 5.1–1　粘贴系统施工流程图

图5.1–2　干挂系统施工流程图

5.2 操作要点

5.2.1 施工准备

1. 基层墙体应有的水泥砂浆找平层以及门窗洞口的施工质量应验收合格。对于粘贴系统，墙体的水泥砂浆找平层平整度应达到《建筑装饰装修工程质量验收规范》GB 50210–2001一般抹灰的验收标准。

2. 门窗框或附框应安装完毕，门窗边框与墙体连接应预留出GYGD一体板的安装厚度，缝隙应分层填充严密。

3. 外墙面上的预留铁件、设备穿墙管道等应安装完毕，并事先与GYGD一体板安装协调配合。

4. 施工用吊篮和双排脚手架搭设应牢固可靠，符合相关规范、规程要求。脚手架竖、横杆与墙面、墙角距离应适度，脚手板铺设与安装分格相适应。

5. 必要的施工机具和劳保用品准备齐全。

6. 采用粘贴系统的基层墙面应坚实平整，水泥砂浆找平层与基层墙体粘结牢固，且施工前应检查并验收合格。

5.2.2 基面的检查、处理

1. 基层墙体为混凝土以及灰砂砖、硅酸盐砌体时，水泥砂浆找平层施工前应对基层墙面涂刷混凝土界面剂，基层墙体为加气混凝土制品时，应涂刷专用界面剂，并作水泥砂浆找平层。

2. 已完成的水泥砂浆找平层应坚实、平整，空鼓、酥松部位应剔除，破损处应修补整平。

3. 用于既有建筑外墙的节能装饰改造，应对基层墙体表面作可靠处理。

5.2.3 粘贴系统施工工艺

1. 弹线分隔

1）根据施工图和排版图复合尺寸，发现问题应及时纠正。

2）应在侧墙与顶板处根据GYGD一体板的厚度吊垂直、套方、弹厚度控制线，并在墙面上弹出外门窗口水平、垂直控制线以及GYGD一体板每块板的安装的控制线，板缝间距宜控制在8~15mm。

3）根据实际弹线情况，结合设计排版图，应出具相对应每块板的实际尺寸和详细构造图清单。

2. 安装膨胀管

1）安装一体板前首先应对板材进行试装，并用计号笔对膨胀管位置进行标记，用冲击钻或电锤按标记对基层墙体钻孔，并随即清理钻孔灰尘。

2）用手锤将塑料膨胀管打入锚栓孔内。

3）锚固件在基层墙体中有效锚固深度不小于25mm，基层墙体如是空腔结构的，其锚固件应采用有回拧功能的锚固件。

3. 粘贴GYGD一体板

1）先在GYGD一体板的背面辊涂专用界面剂。

2）将专用粘结砂浆干粉料加水用电动搅拌器充分搅拌均匀，粘结砂浆调至建筑墙面高级抹灰砂浆的黏度为宜，已搅拌好的粘结砂浆必须在4h内用完，严禁将已凝固的粘结砂浆二次搅拌再用。

3）在GYGD一体板的背面按垂直条粘法或点框法的布胶方式（图5.2.3-1）

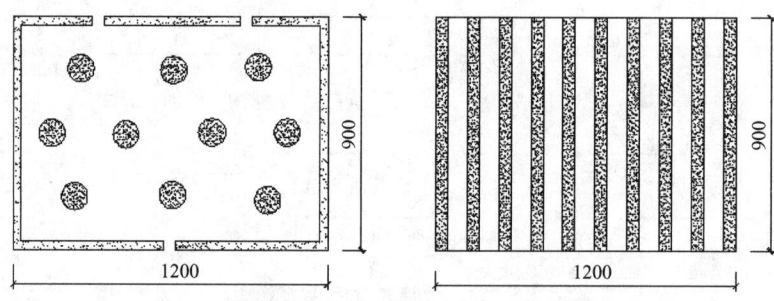

图5.2.3-1 粘结砂浆在GYGD一体板的两种涂布方式

4）根据板面的大小均匀分布粘结点，建筑物高度在40m以下，粘结面积≥40%，建筑物高度在40m以上时，粘结面积≥50%。粘贴面周边一圈批刮的粘结砂浆带应从边缘向中间逐渐加厚，最厚处宜达10~15mm，并在此一圈粘结砂浆上留出透气口，板的侧面不得涂抹粘结砂浆。

5）粘贴GYGD一体板材。把涂抹好粘结点的板材揉贴在墙体表面，将扣件对准膨胀管的位置，调整好板面的平整度和分格缝的宽度，每贴完一块，应及时清除挤出的砂浆。

6）板面的平整度和分格缝调整好后，将板四周侧面连体的金属连接件通过专用锚栓与先前埋设的塑料膨胀管拧紧固定，避免用力过大导致板材移动。连接件的数量，每侧面不少于1个、且板边长超过

600时为至少2个，连接件平面布置见图5.2.3-2。

4. 防水、密封处理

1）先在工厂将GYGD一体板的四周相应位置开出防水槽口。

2）在粘结砂浆强度达到设计要求后，将所有螺栓全部拧紧。

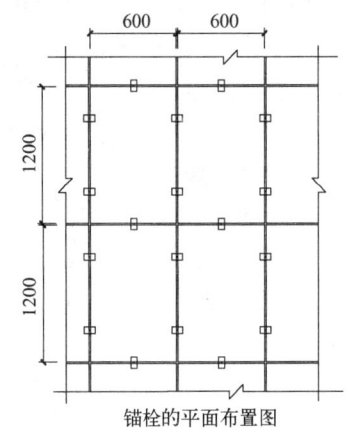

锚栓的平面布置图

3）粘结砂浆干燥后，保温装饰一体板接缝部位应进行密封处理，处理前应清洁板缝及其周边部位，然后选择合适的泡沫嵌缝条填充板缝，预留4~6mm，在板的两侧饰面层上贴美纹纸，打专用硅酮耐候密封胶，施工完毕后将美纹纸撕掉。

4）挤注密封胶后应顺一个方向立即进行胶缝的修刮平整，密封胶最薄处不应小于3mm，填缝应饱满、密实、连续、均匀、无气泡，封口呈凹形。

图5.2.3-2　连接件平面布置示意图

5）等密封胶打完24h后，在板缝中间或十字交叉处钻孔，间距按3~5m，在通气塞四周抹上密封胶后插入孔中即可，排气孔朝下，以防进水。

板缝处理情况见图5.2.3-3。

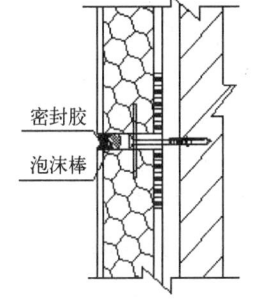

密封胶
泡沫棒

5. 揭保护膜、清洁板面

待密封胶干燥后应揭掉保护膜，并对板面进行清洗。应注意谨防划伤板面，此工作应在贴板结束后1个月内完成，以免揭膜困难。同时要做好成品保护。

图5.2.3-3　板缝处理大样图

5.2.4　干挂系统施工工艺

1. 主体结构连接的预埋件，应在主体结构施工时按设计要求埋设。埋设应牢固、位置应准确，其位置误差应在系统安装前按设计要求进行复查。

2. 测量放线：

1）在安装龙骨前，应首先对建筑物外形尺寸进行偏差测量，根据测量结果，确定干挂板的基准面；借助室内标高线为基准线，按照图纸尺寸将分格线弹到墙面上，并做好标记。

2）分格线放完后，应检查预埋件的位置与图纸是否相符，对超出误差范围的预埋件应进行处理。

3）龙骨、面板安装时用$\phi0.5 \sim \phi1.0$mm的钢丝在单樘墙面和垂直、水平方向各拉2根，作为安装控制线，水平钢丝应每层拉1根（宽度过宽，应每间隔20m设1支点，以防钢丝下垂），垂直钢丝应间隔20m拉1根。

3. 龙骨、固定连接件安装

1）在放线的基础上，连接件与主体结构上的预埋件焊接固定，焊缝处刷防锈漆两道。当主体结构上没有预埋铁件时，可在主体结构上打孔，安设膨胀螺栓与连接铁件固定。

2）龙骨立柱从上往下逐层安装；根据水平控制线将每根立柱的水平标高位置调整好，稍紧螺栓；再调整进出、左右位置，检查合格后，拧紧螺帽。

3）立柱与连接铁件之间要垫橡胶垫，在龙骨调整完成后，要及时将避雷铜导线接好。

4）龙骨安装、调整完毕后，可进行防火材料安装，防火棉铺设要均匀，保证与龙骨处饱满，且不能挤压，以免影响面材。

5）专用连接件必须固定牢稳，专用连接件的中心点必须在GYGD保温隔热一体板扣件相应的精确位置上。连接件的数量，每侧面不少于2个，且板边长超过700mm时为4个、超过1000mm时为4个，连接件平面布置参见图5.2.3-2。

4. 安装GYGD板材

1）专用龙骨和连接铁件安装完成后，在其上用连接螺栓安装GYGD板材。

2）干挂系统一体板扣件的设置应按照当地的气象资料由设计计算后确定。

3）安装一体板前应将铁件、龙骨、避雷、防锈、防腐、防火全面检查一遍，合格后再进行面板安装，面板安装应自上而下进行。

4）安装过程中通过拉线和水平尺控制相邻面板的平整度和板缝的水平、垂直度，先临时固定面板，待整个调整完毕并检查合格后再拧紧固定面板托扣件的螺帽。

5. 分格缝填充及处理

1）应先在工厂将GYGD一体板的四周相应位置开出防水槽口。

2）用聚苯乙烯泡沫条或泡沫填缝剂填补一体板的接缝处，预留4～6mm，为防止密封材料使用时污染装饰面，在板边加贴纸胶带进行防护。

3）向板缝中挤注密封胶，均匀缓慢移动，连续进行。密封胶最薄处不应小于3mm，填缝应饱满、密实、连续、均匀、无气泡，封口呈凹形；注胶时不能漏涂，分格缝条应保证横平、竖直、表面光圆。

4）注胶后，应将胶缝用小铲沿注胶方向用力施压，将多余的胶刮掉，并将缝刮成设计形状，使胶缝光滑、流畅。板缝处理情况参见图5.2.3-3。

6. 设置排气装置

1）待密封胶晾干24h以后，在十字交叉处或板缝中间钻孔，并在孔内和排气塞四周打上密封胶后嵌入孔中；

2）按照纵横向5～8m安装一件通气塞，排气孔朝下安装。

7. 待密封胶干燥后、交接验收前揭除保护膜，并对板面进行清洗。保护膜的撕揭方向应顺着贴膜的方向，注意谨防划伤板面。

5.2.5 细部节点做法

1. 阴、阳角细部节点构造见图5.2.5-1～图5.2.5-3所示。

2. 勒脚、地下墙体细部节点构造见图5.2.5-4。

3. 女儿墙细部节点构造见图5.2.5-5。

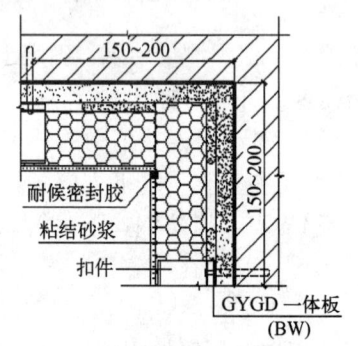
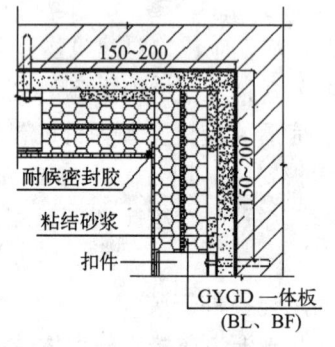

图5.2.5-1 系统在外墙阳角、阴角部位的构造做法（粘贴工艺）

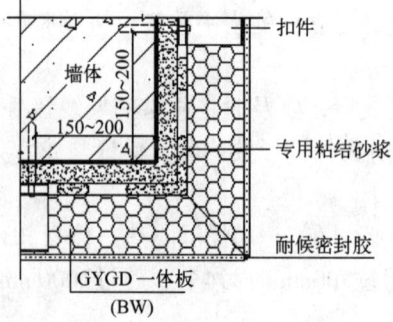
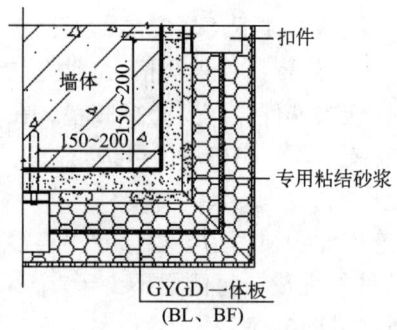

图5.2.5-2 系统在阳角部位的构造做法（粘贴工艺）

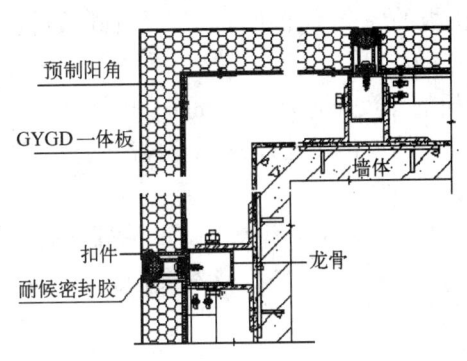 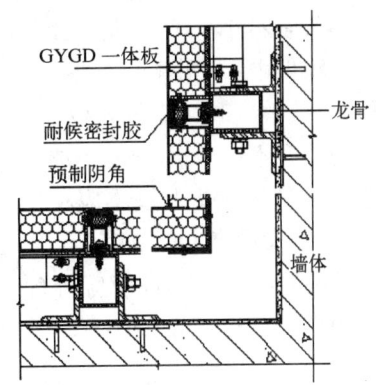

图5.2.5-3　阴阳角部位做法（干挂系统）

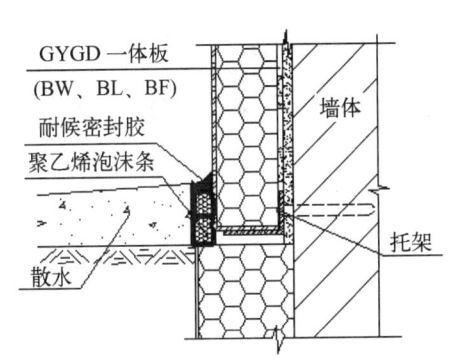 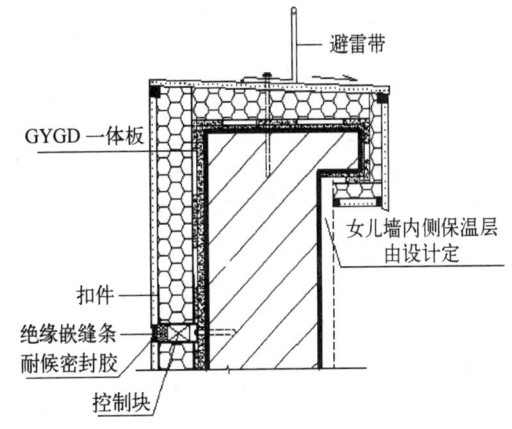

图5.2.5-4　勒脚部位构造做法（粘贴工艺）　　图5.2.5-5　女儿墙保温构造（粘贴系统）

4．门、窗洞口细部节点构造（图5.2.5-6、图5.2.5-7）

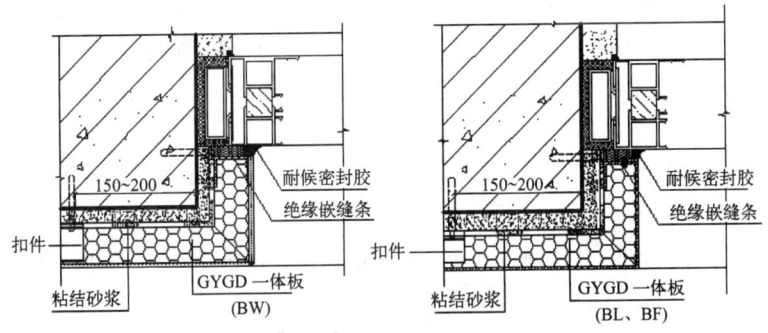 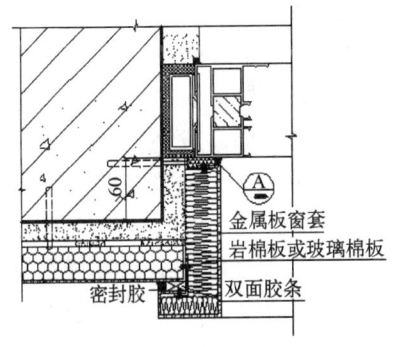

图5.2.5-6　窗侧口和窗台部位做法（粘贴系统）　　图5.2.5-7　防火型窗口做法

5．其他细部节点的构造详见《外墙外保温建筑构造图集（八）——GYGD保温隔热装饰一体板》（皖201J216）建筑构造图集。

6. 材料与设备

6.1　材料

6.1.1　GYGD保温隔热装饰一体外墙外保温系统及其组成材料必须符合《金属与石材幕墙工程技术规范》JGJ 133-2001、《外墙外保温技术规程》JGJ 144-2004、《外墙外保温建筑构造图集（八）——GYGD保温隔热装饰一体板》（皖201J216）等相关的行业技术规范和标准的要求。

1．采用普通型做法时，铝板面板和其他金属面板的厚度不应小于0.8mm，中间采用夹心结构加强层采用金属板的厚度不小于0.15mm，加强层采用无机板的厚度不小于3mm。无机硅酸钙板的厚度不应小于5.0mm；仿面砖用无机硅酸钙板厚度不应小于10.0mm。

2．采用加强型做法时，铝板面板和其他金属面板的厚度不应小于1.0mm；中间采用夹心结构加强层采用金属板的厚度不小于0.15mm，加强层采用无机板的厚度不小于3mm。硅酸钙板的厚度不应小于10.0mm；仿面砖用硅酸钙板厚度不应小于12mm。

3．保温芯材挤塑聚苯板（XPS）、硬泡聚氨酯（PU）、模塑聚苯板（EPS）和酚醛保温板（PF）、无机板采用的硅酸钙板的技术性能应符合《GYGD保温隔热装饰一体板技术规程》的要求。

6.1.2 密封胶和变形缝盖板的技术性能与应用应符合下列要求：密封胶应选用符合国家标准的中性硅酮耐候密封胶（其性能应符合现行国家标准《金属与石材幕墙工程技术规范》JGJ 133-2001中第3.4.3条表3.4.3中金属幕墙用胶的要求。墙身变形缝盖板应采用1.2mm厚有面涂层的铝板或0.7mm的镀锌钢板制作。

6.1.3 粘结砂浆干粉料的保质期为6个月，储存时间超过6个月时，应对材料进行复检，待检验合格后方可使用。严禁已结硬块的干粉料加水搅拌再使用。

6.2 设备

6.2.1 施工机具：脚手架或吊篮、电子称、调刀或批刀、铁桶、切割机、修边机、扳手、冲击钻、手提钻、吊线锤、美工刀、螺丝刀、铁锤。

6.2.2 检测工具：靠尺、塞尺、墨斗、钢尺、空鼓检测锤、水准仪、经纬仪。

6.2.3 拌合设备：手提式搅拌器、铁桶、铲刀、剪刀。

6.2.4 运输设备：手推车、塑料桶、垂直运输设备、铁锹、铲刀。

7. 质 量 控 制

7.1 施工质量验收

7.1.1 GYGD保温隔热装饰一体板外墙外保温工程应按《建筑工程施工质量验收统一标准》GB 50300、《建筑节能工程施工质量验收规范》GB 50411、《建筑装饰装修工程质量验收规范》GB 50210、《金属与石材幕墙工程技术规范》JGJ 133等标准进行质量验收。

7.1.2 检验批划分：

1．采用相同材料、工艺和施工做法的墙面，每500～1000m²面积划分为一个检验批，不足500m²也为一个检验批。每个检验批每100m²应至少抽查1处，每处不得少于1处。

2．检验批的划分也可根据与施工流程相一致且方便施工与验收的原则，由施工单位与监理（建设）单位共同商定，但一个检验批的面积不得大于3000m²。

7.1.3 对下列部位或内容进行隐蔽工程验收：

1．GYGD保温隔热装饰一体板附着的基层墙体及其表面处理。

2．GYGD保温隔热装饰一体板的粘结与固定。

3．锚固件、扣件以及干挂系统预埋件的设置。

4．龙骨的安装。

5．板缝的处理。

6．楼层间的防火封堵隔离层。

7.1.4 检验批质量合格应符合下列规定：

1．主控项目的质量经抽样检验合格；

2．一般项目的质量经抽样检验合格。当采用计数检验时，一般项目的合格率应在90%以上；

3．具有完整的施工操作依据的质量检查记录。

7.1.5 主控项目

1．GYGD保温隔热装饰一体板系统及主要组成材料性能应符合规定。

检验方法：检查型式检验报告和进场复检报告。

2．保温装饰一体板实际厚度应符合设计要求。

检查方法：卡尺检查。

3．粘结和干挂连接强度应符合要求。

检查方法：现场观测。

4．保护层性能应符合要求。

检查方法：现场观测和拉伸粘结强度检验。

7.1.6 一般项目：

GYGD保温隔热装饰一体板外墙外保温系统中的保温层垂直度和尺寸等允许偏差及检验方法按表7.1.6执行。

GYGD保温隔热装饰一体板允许偏差及检验方法 表7.1.6

序号	项 目	允许偏差（mm）	检 验 方 法
1	表面平整度	3	用2m靠尺和塞尺检查
2	立面垂直度	3	用2m垂直检测尺检查
3	阴阳角垂直度	3	用2m垂直检测尺检查
4	阴阳角方正度	3	用200mm方尺和塞尺检查
5	接缝高低差	1	用钢直尺和塞尺检查
6	保温板块接缝宽度	1	用钢直尺检查
7	保温隔热装饰一体板厚度	不允许负误差	卡尺检查

7.2 技术质量管理措施

7.2.1 为了确保工程施工质量，施工前认真编制专项施工方案，并组织专家进行可行性论证（根据工程需要），做好劳动力、材料设备、技术等方面准备工作。

7.2.2 组建精干项目管理班子，项目经理全权负责，配备足够的施工员、技术员、质检员、试验员及安全员等。选择综合实力强、素质高的专业施工班组和专业、熟练的作业工人。建立完善各项技术质量管理制度，并认真贯彻执行。从原材料采购、进场检验到工程质量验收实行全过程监控。

7.2.3 在现场采用相同材料和工艺制作样板墙，经相关各方验收确认后再进行施工。

7.2.4 严禁雨期施工，如施工期间遇到降水应预先做好防雨措施。

7.2.5 供货方对系统及组成材料的质量负责。施工单位不得自行更改供货方的成套技术及组成材料。

7.2.6 认真做好成品保护工作，防止污染或损坏保温层及墙面。

7.2.7 GYGD保温隔热装饰一体板外墙外保温系统工程所用原材料的合格证和出厂检验、形式检验报告，材料进场见证取样的复检报告。

8. 安 全 措 施

8.1 建立健全安全管理体系。以制度明确规定各级施工人员在生产活动中应负的安全、消防责任和义务。

8.2 所有参与施工的人员均应接受安全操作规程、规定等安全知识教育。并在施工过程中进行安全技术和防火要求交底工作，特种作业人员必须持上岗证。

8.3 进入现场必须戴好安全帽，高空作业必须系好安全带。

8.4 电器、强电设备和专业机械装置必须由专业人员接线或操作，不得擅自动用或变更。

8.5 施工现场设立防火责任区，职责明确、落实到人。

8.6 危险地段和施工场区必须与其他相关单位协调沟通，消除隐患。

8.7 加强施工现场的安全设施、安全通道的设置和检查，非施工人员不得无故进入施工现场，避免安全事故的发生。

9. 环 保 措 施

9.1 建立对应的施工环境卫生管理机构，在工程施工过程中严格遵守国家和地方政府下发的有关环境保护的法律、法规和规章制度，加强对施工燃油、工程材料、设备、废料、生产生活垃圾的控制和治理，遵守有关防火及废弃物处理的规章制度，随时接受相关单位的监督检查。

9.2 将施工和加工场地限制在工程建设允许的范围内，合理布置、规范围挡，做到标牌清楚齐全，各种标识醒目，施工场地整洁文明。

9.3 对施工中可能影响到的各种公共设施制定可靠的防止损坏和移位的实施措施，加强实施中的监测、应对和验证。同时将相关方案和要求向全体施工人员详细交底。

9.4 现场冲洗污水，应经沉淀后，方可按当地环保要求的指定地点排放。认真做好无害化处理，从根本上防止施工废浆乱流。

9.5 其他工程废弃物按工程建设指定的地点和方案进行合理堆放和处治。

9.6 最大限度降低施工噪声到允许值以下，尽可能避免夜间施工。

9.7 对施工场地道路进行硬化，并在晴天经常对施工通行道路进行洒水，防止尘土飞扬，污染周围环境。

9.8 优先选用先进的环保机械，采取设立隔声墙、隔声罩等消声措施降低施工噪声到允许值以下，同时尽可能避免夜间施工。

10. 效 益 分 析

10.1 本工法综合了各种外墙外保温系统做法的优点，克服了保温层和外饰面分别施工的缺点，既可粘贴又可干挂施工，采用角码及干挂件进行点式铆固也克服了安装难度，是国内领先的外墙外保温技术，可满足不同气候区的节能标准要求，适用范围广、保温隔热性能优、耐候能力好、耐久性能优异，保证了建筑物的室内热环境和环境质量、减少了建筑能耗。其安全性可以避免常见的外墙外保温裂缝和防火事故。它集保温与高档装饰于一体，把繁复的现场施工改为简单的现场安装。满足国家关于建筑节能工程的有关要求，已在多个工程应用中得到证实，具有较好的社会效益和环境效益。

10.2 该系统的GYGD保温隔热装饰一体板在工厂加工生产成型，现场粘贴或干挂施工，大大减少了现场施工湿作业，工程进度快；有利节能、利废和环境保护；避免了保温与外装两分项工程自身及衔接所带来的管理和质量难题，满足了不同建筑外立面设计要求，性价比优；是目前解决建筑保温与外装饰行业难题最为理想的环保型建筑装饰材料。本工法的推行可推动国内相关产业的整体发展，而且还将带动涂料及建筑装饰行业进行一次深刻变革。经济效益和社会效益显著。

11. 应 用 实 例

我们先后在合肥市信旺·华府骏苑14号楼、华龙苑小区、九华综合楼工程等工程中成功应用了GYGD保温隔热装饰一体板外墙外保温系统，取得了很好的效果，受到建设单位、监理单位、业主和社会各界的一致好评。各工程施工进度快、保温效果佳、综合造价低、工程质量好，各工程均一次性通过了质量验收，至今未出现墙面开裂、渗漏、空鼓、脱落等任何质量问题，有力地证明了该工法的先进性和实用性。

11.1 信旺·华府骏苑14号楼工程位于合肥市望江西路与潜山路交口处，建筑面积14800m²，21层钢筋混凝土框架剪力墙结构，2009年5月完工。该工程采用了7200m²的保温隔热装饰一体板外墙外保温系统，保温板厚度30mm，高级弹涂涂料饰面，采用粘贴与干挂工艺施工。

11.2 华龙苑小区1~5号楼位于合肥市包河区，总建筑面积27840m²，6～11层短肢剪力墙结构，2010年4月竣工。该工程采用了18300m²的保温隔热装饰一体板外墙外保温系统，保温板厚度30mm，仿面砖或花岗岩涂料饰面，采用粘贴工艺施工。

11.3 合肥市九华综合楼工程位于合肥市徽州大道与太湖路交口处，总建筑面积24760m²，26层钢筋混凝土框架结构，2010年9月完成保温隔热装饰一体板外墙外保温系统施工。该工程采用的保温板厚度30mm，仿面砖或花岗岩涂料饰面，采用粘贴与干挂工艺施工。

组合一体式工具顶棚吊筋钻孔施工工法

GJEJGF125—2010

潍坊昌大建设集团有限公司　山东三箭建设工程股份有限公司

朱九洲　付光文　安伟平　姜波　房桂芹

1. 前　言

吊顶是现代建筑装饰的重要组成部分，随着建筑业的发展和施工技术的不断提高，人们日益增长的物质文化活动的需要，超大空间的应用已经成为一种趋势，超大空间吊顶，如何降低施工成本，提高安装速度，一直困扰着施工单位。传统吊顶后植筋钻孔作业，通常是先搭设施工架，由施工人员站在施工架上，手持电钻接触工作面进行钻孔作业，一方面，在施工作业的过程中需要移动施工架，施工人员需要不断地爬上爬下，或者需要其他人员推动施工架，工作效率低，而且安全性较低；另一方面，施工人员采用同样的姿势长时间手持电钻作业，极易产生疲劳，同时，作业过程中产生的噪声、粉尘污染严重，严重影响施工人员的身体健康。

组合一体式工具顶棚吊筋钻孔施工工法是潍坊昌大建设集团有限公司、山东三箭建设工程股份有限公司通过实践经验，并经过多次试验总结而成的。并先后应用于潍坊医学院改造工程、潍坊奥体中心体育场工程、潍坊市阳光大厦、鲁商·泉城中心城市广场A座工程、鲁商·泉城中心城市广场B座工程、三箭如意苑二期商铺工程等工程。2010年9月，经山东省建筑工程管理局、山东省土木建筑学会组织专家对该技术进行鉴定，认为该技术通过使用组合式专利工具，施工中移动方便，高度自由调整，在不需要借用登高工具或搭设操作平台的前提下，工人在地面上轻松完成顶棚吊筋钻孔作业，减少了钻孔的难度，降低了施工成本，提高了施工速度，综合技术水平达到国内领先水平。并被评为山东省省级工法。该技术现已获得国家实用新型专利，专利号：201020201864.7。

2. 工 法 特 点

2.1　使用方便。工具下方一侧安装轮子，移动方便，另一侧安装有支撑，工具停止移动后容易固定位置，使用方便。钻孔时，在不需要借用登高工具或搭设操作平台的前提下，工人在地面上即可完成顶棚吊筋钻孔作业。

2.2　经济效益好。施工人员在放线后只需推动工具即可施工，施工速度快、工效高，费用低经济性高，施工工具可以重复利用，节约了施工成本。

2.3　环保性能好。工具安装有防尘防噪声罩，罩下方安装有伸缩式塑料软管，防尘防噪声罩收集的灰尘通过软管落在地面，使得防护罩不存集灰尘，施工噪声、污染降低，有利于环保。如图2.3。

2.4　安全性高。工具安装有臂杆高度控制把手，可以控制臂杆的升降动作，工具平台上安装有控制开关，使得人员在地面就可以控制冲击钻的开关，完成钻孔工作，施工中不需要登高，安全性提高。

2.5　施工精度高。该钻孔工具使用激光投影仪交叉投影进行定位，施工平面精度控制精确；臂杆上方安装有标尺，通过标尺与钻头的距离来控制钻孔深度，使得钻孔深度可以精确控制，提高了工作

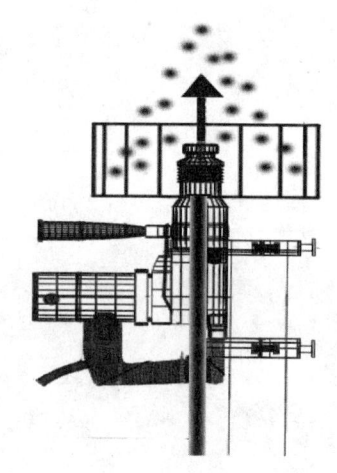

图2.3　防尘防噪声罩
收集灰尘示意图

质量。

2.6 应用范围广。工具的冲击钻臂杆采用铁方管套筒，可以自由调节臂杆的长度，工具适应性好。

3. 适 用 范 围

本施工工法适用于高度为2.2～6m的工程吊顶钻孔施工。

4. 工 艺 原 理

该工法施工中，使用激光投影仪交叉投影进行放线；钻孔工具利用平行四边形变形原理，实现伸缩臂杆上下运动，带动冲击钻完成钻孔动作。

工具如图4-1～图4-3所示：

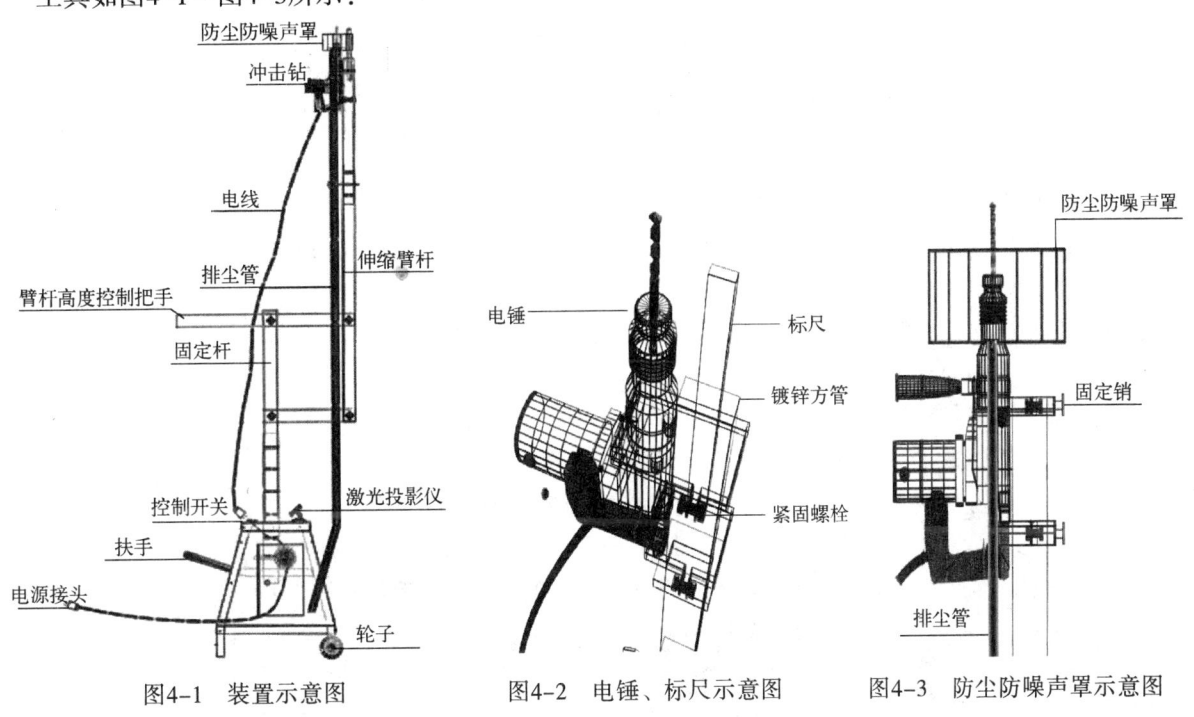

图4-1 装置示意图　　图4-2 电锤、标尺示意图　　图4-3 防尘防噪声罩示意图

5. 施工工艺流程及操作要点

5.1 工艺流程

工具准备→组装工具→测试组装后的工具→放线前的准备→纵向第一排孔的放线→复核→横向第一排孔的放线→复核→第一个孔的施工→纵向第一排第二个孔的放线→复核→纵向第一排第二个孔的施工→纵向第一排其余孔的施工→纵向第二排孔的放线→复核→第二排孔的施工……→施工完毕→拆卸工具。

5.2 操作要点

5.2.1 施工准备

1. 工具准备

1）将冲击钻接通电源，测试冲击钻是否可以正常使用。

2）检查工具的活动部分，是否灵活。

3）检查工具的电路部分，是否安全。

2．组装工具

1）将冲击钻固定于活动杆顶端，确认固定牢固后，安装防尘罩。防尘罩安装完毕后，将排尘软管安装在防尘罩下端。

2）根据深度的要求，在伸缩臂上做出与电钻平行的标尺杆，杆顶与电钻钻头高差为钻孔要求深度。

3）将臂杆安装于活动杆上，根据施工标高需要调整镀锌方管的高度，固定牢固。

4）将冲击钻与激光投影仪的电源接通。

3．测试组装后的工具

1）将冲击钻接通电源，测试冲击钻是否可以正常使用。

2）检查工具的活动部分，是否灵活。

3）检查工具的电路部分，是否安全。

4）检查激光投影仪是否正常投影。

4．进行放线前准备

1）校核平面控制网和高程控制网。

2）校核建筑施工图纸，平面、立面、剖面及节点大样的具体尺寸。

3）组织各专业相关人员进行综合布置，审核设计数据与现场实际数据有无偏差，利用计算机CAD绘制综合布置图。

4）调教激光投影仪至垂直或水平状态。

5）在进行施工前，对一些影响安全及施工的垃圾清扫干净，确保在高效安全的前提下进行施工。

5.2.2　测量放线

1．测量放线遵守先整体后局部的测控程序，根据原结构轴线，依据设计要求的数据，施放出后置吊筋孔位控制点。

2．为保证施工质量，减小施工误差对吊顶的影响，在施工中，钻孔顺序应按照主龙骨走向进行施工。因此在放线时，根据设计图在地面确定好主龙骨分割线。

3．将纵向激光投影仪放在地面上已经确定好的距墙面最近的分割线上，将激光投影反弹到顶棚上及投影仪对面的墙面上，该投影线即为第一排纵向孔施工线（图5.2.2-1）。

4．激光投影器放线完毕后，测量投影线与墙面距离，复核投影线是否准确（图5.2.2-2）。

图5.2.2-1　纵向激光投影线　　　　　　图5.2.2-2　测量纵向投影线位置是否正确

5．由于根据规定，吊筋距离主龙骨端点不得大于300mm，因此在确定据主龙骨端点横向第一排孔的位置时，在纵向激光投影仪的另一端，垂直于该分割线的方向的地面上放置另一台激光投影仪（地面横向激光投影仪），反弹出另一条分割线直顶棚上及投影仪对面的墙面上，该投影线即为第一排横向孔施工投影线（图5.2.2-3）。

6. 激光投影器放线完毕后，测量投影线在对面的墙面上的投影与侧面墙面距离和投影仪端激光投影与侧面墙面距离，复核投影线是否准确。

5.2.3 此时横纵两条投影线在顶棚上形成十字交叉，其交点为第一个孔的位置。移动工具，使冲击钻钻头对准投影交叉点，固定好钻孔器位置（钻孔器有两个滚轮方便移动，两个铝方管后置腿，钻孔器放置到钻孔位置处就能固定不动。）下压杠杆把手，使钻头顶住交叉点处的天棚，接通电源，启动冲击钻，再次下压杠杆把手，使冲击钻上升，当冲击钻旁的标尺端头接触顶棚后，上抬杠杆把手，使冲击钻下降，当冲击钻下降完毕后，关闭冲击钻，完成钻孔（图5.2.3）。

 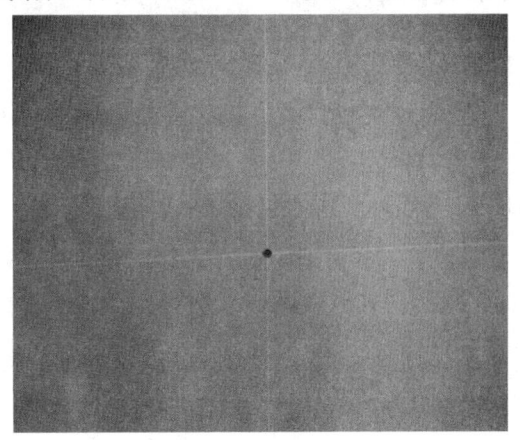

图5.2.2-3　横纵激光投影线　　　　　　　　　图5.2.3　完成第一个钻孔

5.2.4 移动地面上的横向投影仪，使得投影线与纵向投影线从交叉变为平行，距离等于吊筋间距。移动工具，使得工具上冲击钻钻头对准其中一条投影线，此时调整工具上自带的横向投影仪，使得自带的横向投影仪在顶棚上投射出新的横向投影线，新的横向投影线与距离钻头较远的另外一条投影线相重合。此时利用工具上自带的横向投影仪投射的投影线与钻头距离等于吊筋间距。

5.2.5 在地面对工具目前的位置进行标记，然后移动工具，使得工具上横向投影仪投影线与地面上的横向投影仪投影线重合，此时测量工具移动距离，复核投影线与钻头距离是否符合要求。

5.2.6 移动工具，使得工具上横向激光投影仪在天棚投影与纵向激光投影仪的天棚投影交叉于前一个孔的位置处，钻头在纵向激光水准仪在顶面投影线上。此时钻头的位置即为纵向第一排第二个孔的位置（图5.2.6）。

5.2.7 重复5.2.3的钻孔动作，完成纵向第一排第二个孔的钻孔工作（图5.2.7）。

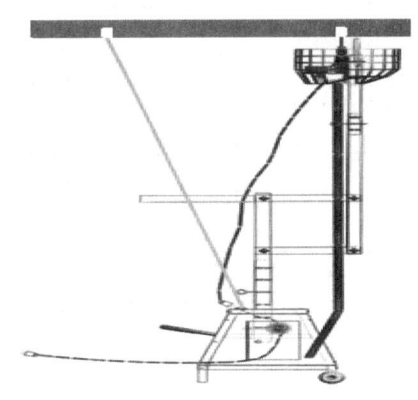 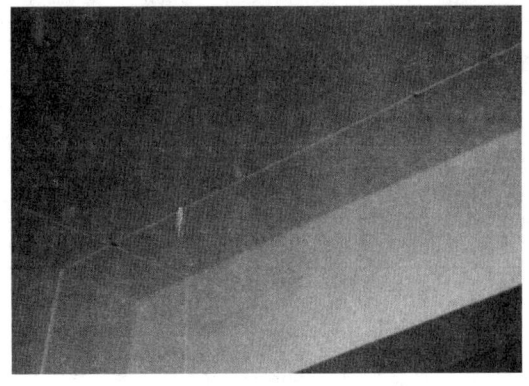

图5.2.6　工具上横向激光投影仪放线示意图　　　　图5.2.7　完成第二个孔施工

5.2.8 重复5.2.6至5.2.7的步骤，完成纵向第一排孔的钻孔施工（图5.2.8）。

5.2.9 移动纵向激光投影仪，放置在纵向第二排孔的分割线上，将激光投影反弹到顶棚上及投影仪对面的墙面上，该投影线即为第二排纵向孔施工线。

5.2.10 激光投影器放线完毕后，测量投影线在对面的墙面上的投影与侧面墙面距离和投影仪端激光投影与侧面墙面距离，复核投影线是否准确。

5.2.11 此时，纵向激光投影仪的投影与第一排横向孔的投影线的交点即为第二排纵向孔第一个孔，重复5.2.3的动作，完成钻孔工作。

5.2.12 重复5.2.6至5.2.8的步骤，完成纵向第二排孔的钻孔施工。

5.2.13 重复以上步骤，直到完成所有的钻孔施工。

5.2.14 施工完毕后，将电源切断，拆下臂杆，卸下防护罩及冲击钻等，以便下次使用。

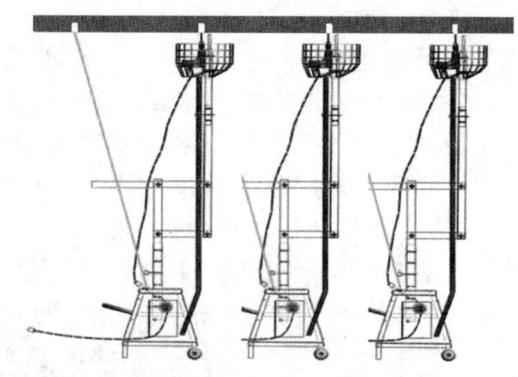

图5.2.8 连续钻孔示意图

6. 材料与设备

材料设备见表6。

材料设备 表6

序 号	机 具 名 称	单 位	数 量
1	电锤	台	1
2	激光水准仪	台	3
3	标尺	把	1
4	钢丝绳	m	5
5	卷尺	把	2
6	透明玻璃钢罩	个	1
7	插头	个	2
8	开关	个	1
9	螺栓 $\phi 8$（戴帽）	个	8
10	铝方管（30×40）	m	15
11	镀锌方管（40×40）	m	20
12	铝角码（20×20）	个	15
13	自攻钉 5×25	个	30
14	塑料伸缩软管	m	5
15	漏电保护器	个	1

7. 质 量 控 制

孔的位置和钻孔深度是质量控制的要点：

7.1 钻孔时水平位置误差不能大于5mm。

7.2 采用膨胀螺栓固定吊筋时，钻孔深度宜比膨胀螺栓长度深1~2mm。

8. 安 全 措 施

8.1 临时用电线路和电源要经常检查，防止破损，操作时应戴绝缘手套，穿胶鞋。严禁任意拉线接电，并采用符合安全的电压，做好接零。

8.2 各种安全设施和劳动保护器具，必须进行定期检查和维护，及时清除隐患，保证其安全有效。

8.3 施工人员应配备安全帽、工具袋，防止物件的坠落，确保施工安全。

8.4 机械设备必须完好，附件齐全，经安装技术试验和安全检查合格后方可使用。

9. 环 保 措 施

9.1 施工垃圾，严禁临空抛撒和随地倾倒，垃圾清运时适量洒水，减少扬尘。

9.2 细粉、散物料，尽量采用车或罐、箱封闭存放并严密遮盖，卸运时采用有效措施，避免扬尘。

9.3 现场设专人及时清扫，泥土及时清运。

9.4 安装防尘防噪声玻璃罩，施工过程中大大降低噪声、粉尘污染，有较好的环境效益。

10. 效 益 分 析

10.1 经济效益

由于传统施工方法需要搭设施工平台或者使用梯子等登高工具，人员上下登高工具频繁，登高工具移动缓慢，本工法与传统施工方法相比，本工法不需要搭设操作平台，人员无需进行登高作业，工具移动迅速，施工速度快，与传统的搭设操作平台相比平均每250个点，节约1工日，同时可以节约材料费（租赁费）10元。工作效率比以往提高2倍多，经济效益良好。

10.2 社会效益

本工法施工快速，工程精度好。得到建设单位、监理单位一致好评。且于施工中大大降低了噪声、粉尘污染，改善了施工环境，施工工艺无需登高，大大提高了施工安全性，因此得到了施工人员的一致好评，社会效益显著。

10.3 技术效益

该技术与传统钻孔施工工艺中相比，施工操作方便，且工作效率、安全性均得到了有效提高，施工精度高、经济环保性能好，推广应用范围广。该技术已获国家实用新型专利，专利号：201020201864.7。

10.4 节能环保效益

本工法与传统施工方法相比，工具上安装了防尘防噪声玻璃罩，施工过程中大大降低了噪声、粉尘污染，极大地改善了施工环境。

11. 应 用 实 例

11.1 潍坊医学院改造工程，坐落于胜利街虞河路交叉口。于2008年11月开工，2009年9月竣工。吊顶面积：15260m²。采用本工法技术进行施工，与传统工艺相比，质量合格率100%，节约工期13d，节省了施工费用，使得工期有了确切保障，得到建设和监理单位的认可，提高了企业的形象和信誉。

11.2 潍坊奥体中心体育场工程，位于北宫西街与安顺路交叉口东北角，2009年9月开工，于2010年4月竣工，总建筑面积达78000m²，吊顶面积：32300m²。用此施工方法工作，提高了工作效率，缩短了工期。比原计划节约工期17d，节约成本5.6万元。

11.3 潍坊市阳光大厦工程，位于东方路与东风东街交叉口，于2008年6月17日开工，2009年12月竣工，吊顶面积达12300m²，用此施工方法进行工作，保证了工程质量，施工现场的环境卫生也得到了很大改善。现该工程已投入使用1年多，吊顶工程没出现任何弊病，依然美观大方。

11.4 鲁商·泉城中心城市广场A座工程，于2008年8月开工，2010年8月竣工，吊顶面积达25000m²，用此施工方法进行工作，提高了工作效率，缩短了工期，工程观感良好。节约工期18d，节约成本7.4万元。

11.5 鲁商·泉城中心城市广场B座工程，于2008年10月开工，2010年8月竣工，吊顶面积达18000m²，用此施工方法进行工作，提高了工作效率，缩短了工期，工程观感良好。节约工期14d，节约成本5.5万元。

11.6 三箭如意苑二期商铺工程，于2008年2月开工，2009年6月竣工，吊顶面积达6000m²，用此施工方法进行工作，提高了工作效率，缩短了工期，工程观感良好。节约工期8d，节约成本3万元。

建筑外立面超长金属花槽与节水
滴灌系统安装施工工法

GJEJGF126—2010

新蒲建设集团有限公司　华仁建设集团有限公司

丁银生　祁敏　姚小伟　任旭东　过露霞

1. 前　言

随着城市建设的高速发展，高楼大厦鳞次栉比，造成平地绿化面积减少，而带来的热效应、噪声、废气等环境问题，越来越得到人们的重视，对城市建筑的结构维护体系要求也越来越高，特别是能够改善生态环境问题的绿色建筑更能得到社会的认知。

新蒲建设集团有限公司和华仁建设集团有限公司联合在华仁·凤凰大厦（凤凰城一期1号房）工程中开展了在建筑外立面安装"超长金属花槽与节水滴灌系统"的技术研究，通过在花槽中种植绿色植物，净化空气、吸收噪声，使建筑获得了绿色生态的结构维护体系，技术水平达到了国内领先水平。该施工技术已于2011年3月26日通过河南省建筑业协会局组织的专家技术鉴定，技术水平达到国内领先水平，其核心技术和工艺方法通过了江南大学教育部科技查新工作站的查新。以此项施工技术编写的QC成果获得了2009年度中国建筑业协会工程建设优秀QC小组和中国质量协会等颁发的全国优秀质量管理小组称号、2009年度江苏省工程建设QC成果一等奖，无锡市工程建设QC成果一等奖，并获得了江苏省建筑业新技术应用示范工程。在多项工程实践的基础上，我们经过总结和完善，编写了本施工工法。

2. 工法特点

2.1 超长金属花槽骨架的连接通过在金属转接件上设置横、竖向腰形孔，用螺栓与转接件及U形铝合金型材连接，实现三维调节，方便、简易、合理，保证了骨架的安装精度和金属外饰面板的平整度以及侧板上沿水平度。如图2.1。

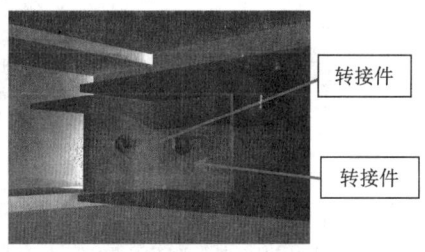

图2.1

2.2 花槽骨架立杆采用150mm×100mm×6mm的钢方管通过连接钢板双支点焊接于后置埋件上（将连接钢板固定立杆的位置统一测量定位好，使同一立面内的所有立杆外侧面在同一平面内，且控制好每根立杆的垂直度），施工一次成型，使立杆受力均匀，提高了立杆的稳定性能。如图2.2。

2.3 将4mm厚钢板表面除锈后折成U形花槽，在槽内侧板中上部位置增设一道横竖向加强钢筋来增强槽体抗挤压变形的能力，槽体内外涂刷两遍防锈漆后放置于立杆的托板上。在U形钢板花槽内设PVC防水层，防水层上增设一道由塑胶板和土工布组成的过滤排水层，保证了防水层不被花草根系生长而造成穿刺破坏和泥土的流失，并通过新型排水板保证了花槽内部排水的畅通。

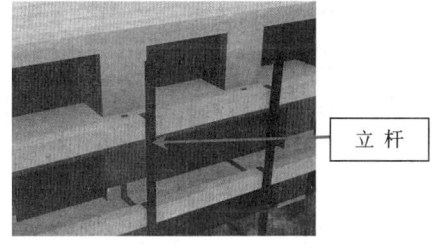

图2.2

2.4 不锈钢外饰面板通过增加加强筋处理，避免了因板材薄而在施工过程中容易变形的问题。整个面板安装连接方便，外形美观；材料运输方便，现场占用场地少，文明施工效果显著。

2.5 花槽内按一定比例填充营养土，为满足花草根系的营养补给，在节水灌溉滴灌系统中通过对施肥器添加营养液，进入给水系统后调节水的压力形成压力差进行营养补给，操作控制方便。

2.6 节水滴灌系统通过滴灌控制系统、排水处理系统和营养补给系统，实现了该系统灌溉自动补给，保证了空中绿色植物的正常生长，自动化程度高，适用性强，科学合理。

3. 适 用 范 围

本工法是在工程实践的基础上总结编制而成，广泛适用于工业和民用建筑工程施工中建筑外立面、阳台、楼梯外侧花台且种植垂直绿化植物和节水景观的超长结构维护及园林灌溉施工。

4. 工 艺 原 理

该系统分金属花槽和节水灌溉滴灌两大系统。

金属花槽由立杆、托板、花槽、三维调节骨架、面板组成（图4-1），将钢方管立杆通过连接钢板与后置埋件焊接后固定于建筑结构上，4mm厚U形钢板花槽的固定通过焊接在立杆上的8号热镀锌槽钢及热镀锌不等边角钢组成的托板上。将热镀锌角钢转接件焊接在槽钢上，角钢中间已制作成竖向腰形孔，将另一块热镀锌角钢转接件与U形铝合金型材连接，其转接件两等边同样已制作成横向腰形孔，用螺栓固定，利用红外线调平骨架，这样就达到了通过转接件之间、转接件与U形铝材之间的三维调节。不锈钢面板的安装，面板先用加强筋固定，以保证面板的平整度，面板下口通过加强筋用螺钉固定，上口的调节通过三维系统调平后用螺栓与加强筋固定，从而保证了花槽超长饰面板的平整度、接缝高低差、侧板水平度和垂直度的控制。

图4-1 不锈钢花架系统图

节水灌溉滴灌系统是根据工程特点和种植垂直绿化植物的配置情况进行设计，由滴灌控制系统、排水处理系统和营养补给系统组成（图4-2）。在U形钢板花槽安装以后，采用PVC卷材进行防水处理，防水层上设一道由塑胶板和土工布组成的过滤排水层，使泥土不因流动带入排水系统内，保证花槽内部排水系统的畅通。种植四季长青的植物以后，在覆土表层上铺设聚乙烯PE管线，每隔300～330mm安装一个压力补偿滴头进行滴灌。滴灌补水通过对季节、气候、温度、时间以及植物的特性等情况进行程序设定，编入到模块控制器当中，通过压力调节器和每层的电磁阀自动控制开启和关闭，进行适时补给，

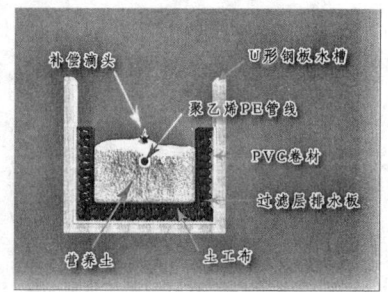

图4-2 节水灌溉滴灌系统图

确保了垂直绿化植物的营养和水分，保证了建筑物外立面各层垂直植物的生长。

5. 施工工艺流程及操作要点

5.1 工艺流程

结构外侧后置埋件安装→钢方管立杆安装→长度为275mm的8号热镀锌槽钢与立杆焊接→100mm×63mm×6mm热镀锌不等边托板安装→4mm厚U形钢板花槽安装→三维调节骨架安装→花槽PVC卷材防水处理→过滤排水层安装→排水系统安装→不锈钢外饰面板的安装→填充种植土→自动滴灌系统安装→花草种植。

5.2 操作要点

5.2.1 结构外侧后置埋件安装

1. 按照建筑外侧立面及设计图纸要求，在结构外侧测量、放线定位好后置钢板的位置，根据施工需要，制作加工热镀锌钢板后置埋件，用膨胀螺栓固定。后置埋件见图5.2.1。

2. 钢板：250mm×300mm×10mm厚（4个腰形孔）。

3. 螺栓规格：M12×110mm。

4. 安装尺寸、间距：上下间距100mm，宽度分格1500mm。

5.2.2 钢方管立杆安装

1. 在后置埋件的表面测量、放线定位两块140mm×180mm×10mm厚热镀锌钢连接板，将连接板与后置钢板焊接，在连接板的表面测量、放线定位立杆的位置后，将长度为2200mm的150mm×100mm×6mm钢方管（断面采用150mm×100mm×6mm钢板焊接封堵）焊接于连接板上（用经纬仪控制好立杆的垂直度和外侧立面平面度），焊缝高度为8mm。钢方管立杆安装见图5.2.2。

2. 焊接要求与防锈处理：焊高为8mm，全部进行黑色氟碳漆处理。

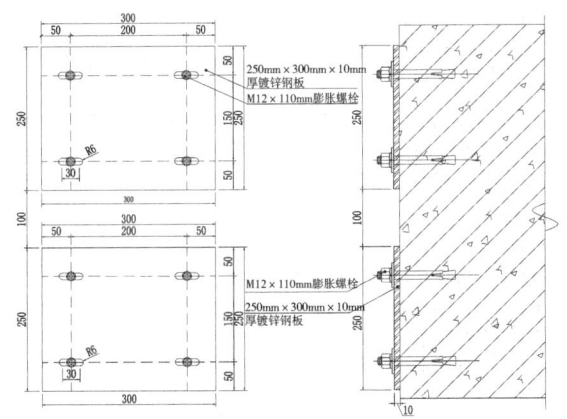

图5.2.1 后置埋件

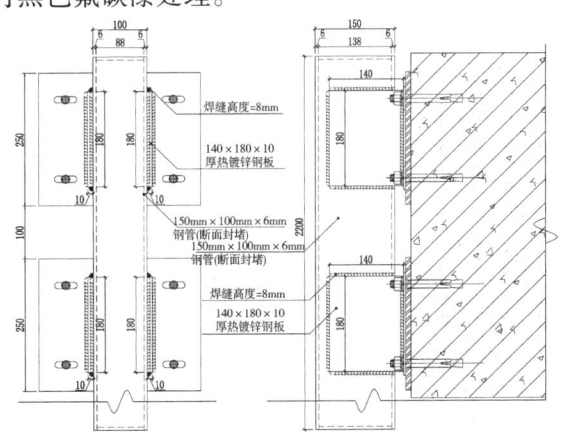

图5.2.2 钢方管立杆安装

5.2.3 长度为275mm的8号热镀锌槽钢与立杆焊接

将275mm长的8号热镀锌槽钢焊接于150mm×100mm×6mm钢方管的两边。一边与立杆平齐。8号槽钢与立杆安装见图5.2.3。

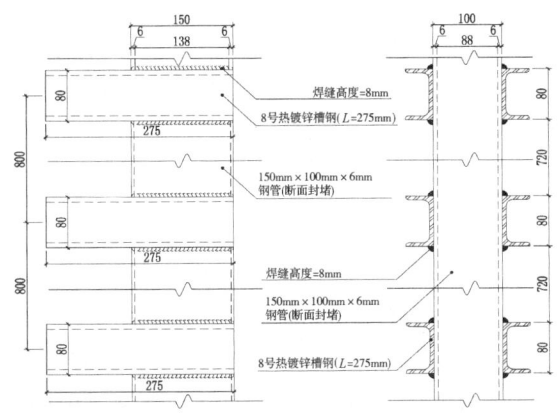

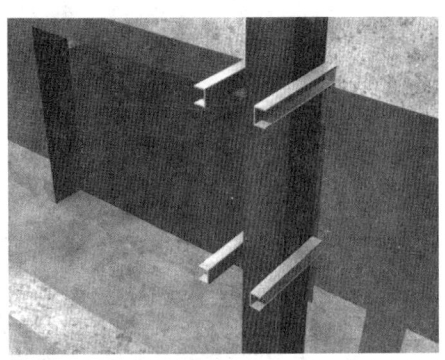

图5.2.3 8号槽钢与立杆安装

5.2.4 100mm×63mm×6mm热镀锌不等边托板安装

1. 不等边托板每组共三块：两块长度为200mm，一块长度为500mm。

2. 将100mm×63mm×6mm热镀锌不等边角钢托板分别焊接在8号热镀锌槽钢的两面，为安装花槽做支托骨架之用。不等边角钢必须与槽钢两端平齐。不等边角钢与立杆安装见图5.2.4。

3. 焊接要求与防锈处理：焊高为8mm，全部进行黑色氟碳漆处理。

5.2.5 4mm厚U形钢板花槽安装

1. 将4mm厚钢板折成U形的钢板花槽，表面进行防锈漆处理后放置于骨架的托板上。

2. 尺寸要求：1498mm×805mm×4mm厚钢板，折成的花槽尺寸为高×宽×长=275mm×255mm×1498mm。4mm钢板加工流程见图5.2.5-1。

3. 16号螺纹钢拉结U形钢板焊接

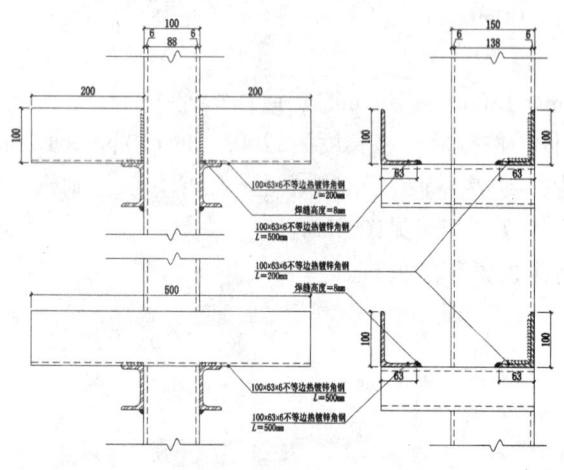

图5.2.4 不等边角钢与立杆安装

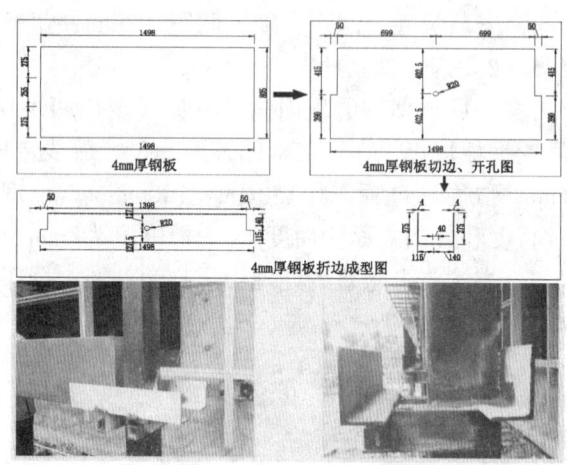

图5.2.5-1 4mm厚钢板加工流程

用16号螺纹钢（先做防锈漆处理）在U形花槽内侧立面上各通常焊接一道，再用16号螺纹钢（长255mm、@750mm，防锈漆处理）与侧面上的螺纹钢进行焊接，以避免在U形花槽内填充营养土后造成U形钢板的变形。U形钢板水槽安装见图5.2.5-2。

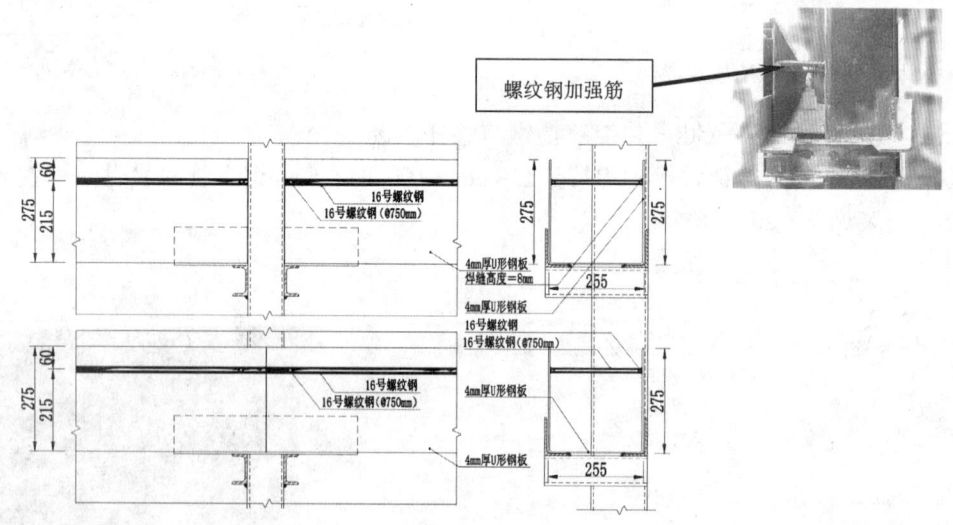

图5.2.5-2 U形钢板水槽安装

5.2.6 三维调节骨架安装

1. 将长度为50mm的∟40×5热镀锌角钢转接件焊接在槽钢上，角钢中间已制作成竖向腰形孔，以便用螺栓固定。∟40角钢转接件安装见图5.2.6-1。

2．将长度为50mm的∟50×5热镀锌角钢转接件与∟40×5热镀锌角钢转接件通过M6×20不锈钢螺栓连接，∟50转接件两边也同样加工成横向腰形孔。∟50角钢转接件安装见图5.2.6-2。

3．将∟50热镀锌角钢转接件与长度为1310mm的U形铝合金型材连接，用螺栓固定，这样就达到了通过转接件之间、转接件与U形铝合金型材之间的三维调节。∟50角钢转接件与U形铝材安装见图5.2.6-3。

图5.2.6-1　∟40角钢转接件安装

图5.2.6-2　∟50角钢转接件安装

图5.2.6-3　∟50角钢转接件与U形铝材安装

1）U形铝材的规格：28mm×60mm×3mm厚U形铝合金型材。

2）螺栓规格：M6×20。

3）安装要求及三维调节：用经纬仪控制骨架的侧面垂直度，水准仪控制骨架的侧面平整度、底面水平度后用螺栓固定，待不锈钢面板安装时再调整。外露骨架全部用黑色氟碳漆处理。

5.2.7　花槽PVC卷材防水处理

1．卷材施工：在钢板拼接位置先用50mm宽PVC卷材采用热焊接的方法粘贴于钢板接缝处，再采用热焊接的方法在U形钢板内侧满铺PVC卷材，上边包裹4mmU形花槽钢板，在U形钢板底部排水孔的位置用PVC卷材做成套筒穿过钢板的孔洞100mm热焊于花槽底部PVC卷材上，再采用M5×20自攻螺钉在距离花槽钢板上口25mm处（@＝500）将PVC卷材固定于U形钢板上，最后对螺钉四周打耐候胶密封。

2．防水试验：经过24h蓄水试验，蓄水前临时堵严排水口部位，蓄水高度200mm，经确认无渗漏后再安放过滤排水层。

5.2.8 过滤排水层安装

过滤排水层由塑胶板和土工布组成。

1. 尺寸：$L \times W \times H = 395\text{mm} \times 10000\text{mm} \times 25\text{mm}$

2. 技术要求：将排水板折成75＋245＋75mm的U形状，土工布朝上安装于U形钢板花槽内。

5.2.9 排水系统安装

本技术应用在建筑外立面的金属花槽可为每层三档花槽，并在每档花槽中种植花草。花槽档与档之间、层与层之间采用了热镀锌无缝钢管进行有组织的排水处理。

1. 档与档之间的排水管，长度为110mm、规格为$\phi50 \times 3\text{mm}$厚热镀锌钢管（外表面涂黑色氟碳漆），将其焊接于4mm花槽钢板底部的排水孔位置，将PVC卷材套筒包裹于钢管内，并对焊接部位作防锈处理。

2. 层与层之间的排水管，长度为1720mm、规格为$\phi50 \times 3\text{mm}$厚热镀锌钢管（外表面涂黑色氟碳漆），将其焊接于最下层4mm花槽钢板底部的排水孔位置，将PVC卷材套筒包裹于钢管内，并对焊接部位作防锈处理。

5.2.10 不锈钢外饰面板的安装

1. 在不锈钢面板的内侧增加加强筋，采用双面胶条和结构胶固定，不锈钢面板加强筋配置见图5.2.10。

2. 加强筋的规格：高×宽×厚=25mm×25mm×1.2mm铝合金方管（L=1400mm、1480mm）用于横向上部，高×宽×厚=15mm×40mm×1.2mm铝合金管（L=1400mm、1480mm、260mm）用于横向下部和竖向。

 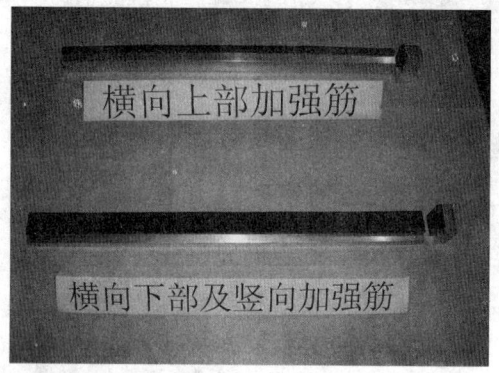

图5.2.10 不锈钢面板加强筋配置

3. 面板的搬运：

采用建筑模板、方木与大力钳组合的专用工具进行不锈钢饰面板的二次搬运，以保证不锈钢饰面板在二次搬运工作中不变形，所设计的搬运工具利用建筑模板可以重复使用，未增加施工成本。

4. 面板安装：

进行不锈钢面板电脑排版，设计合理的分格缝。面板长度为1500mm，缝宽为3～5mm，采用黑色耐候胶填缝处理。面板下口通过加强筋用螺钉固定，上口的调节通过三维系统调平后用螺钉与加强筋及花槽固定，控制好面板的平整度、接缝高低差、侧板水平度和垂直度。

5.2.11 填充种植土

1. 种植土采用田园土，根据种植垂直植物的生长特性，在田园土中按每小时水的流量（每只滴头平均流量1.89L/h）增加25%～30%的营养液，营养液为市场上购买的复合有机肥。种植土的厚度根据每层水槽的高度控制在200～250mm厚。

2. 营养液主要是对根系的营养补给，通过在施肥器（型号AP30）中加营养液，进入到水源给水系统中，调节阀门使阀门前后形成压力差，给水进入支管混合营养液进行补给。营养补给系统见图5.2.11。

5.2.12 自动滴灌系统安装

1. 滴灌系统为全自动控制系统，由主供水管（PVC管）、闸阀、球阀、施肥器、叠片过滤器、自动泄水阀、单向阀、模块控制器、压力调节器、电磁阀、雨量传感器、滴灌管（PE管）、堵头、旁通、压力补偿式滴头、固定卡组成。见图5.2.12-1。

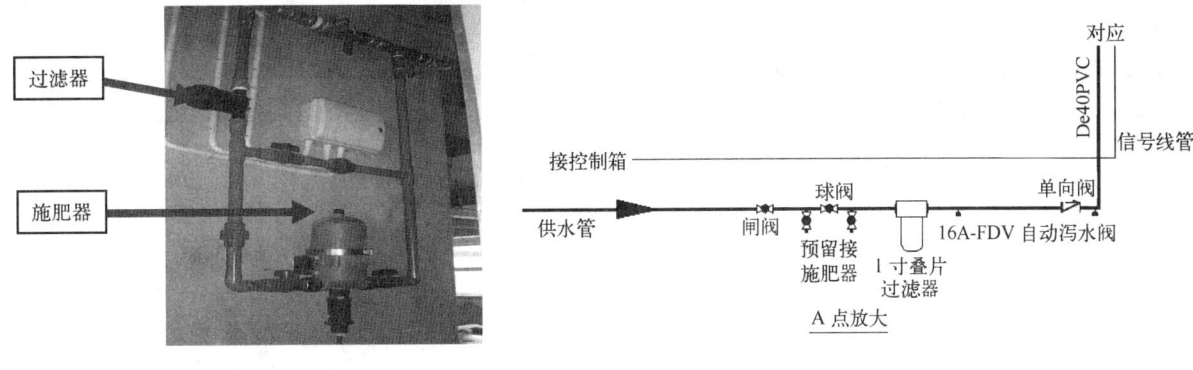

图5.2.11 营养补给系统　　　　　　　　图5.2.12-1 滴灌系统图A

2. 水源使用大楼内自来水，压力不小于0.44MPa，流量最小为3.8t/h。采用轮灌制度，各区域分层灌溉。

3. 滴灌系统滴灌管采用聚烯PE管（DN20），每隔300～330mm安装一个压力补偿滴头（流量=1.89L/h，过滤目数为200，倒刺/蓝色）。水源通过每层的电磁阀（075-DV型）和压力调节器（PSI-L30X-075）控制，出水压力为0.2～0.25MPa。PE管用塑料卡子固定在种植土中，压力补偿滴头用滴头扦入器安装在PE管上。见图5.2.12-2。

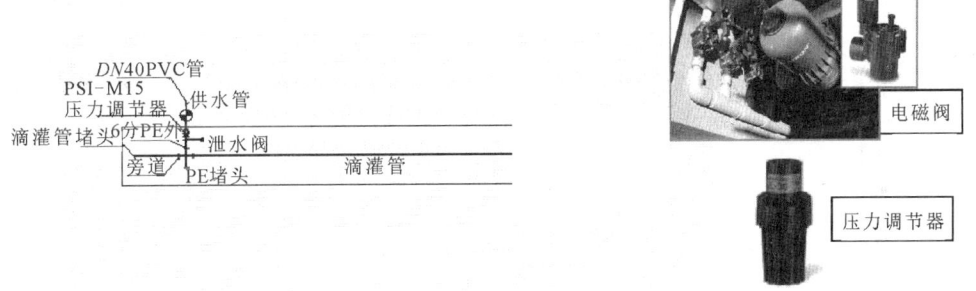

图5.2.12-2 滴灌系统图B

4. 通过对季节、气候、温度、时间以及垂直植物的特性等情况进行程序设定，编入到模块控制器（ESP-4M：4站、室外型）当中，通过控制每层压力调节器和电磁阀进行自动开启和关闭，进行适时补给，确保了垂直绿化植物的营养和水分。本系统夏季选择的是常规单日循环灌溉模式，每天启动灌溉次数8次，每站运行时间2h。另外根据季节可通过按键实现灌水比率的调整，调整幅度0～200%。

5.2.13 花草种植

1. 将拌制好的营养土填充于不锈钢花槽内，种植花草，补充水分。常春藤种植施工见图5.2.13。

2. 清理、投入使用

表面处理清扫完成后，使用滴灌系统对花草进行补水处理，待花草成活后即可投入使用。

图5.2.13 常春藤种植施工

6. 材料与设备

主要材料和机具设备见表6-1、表6-2。

系统主要材料表　　　　　　　　　　　　　表6-1

材料名称	材质	型号（mm）	尺寸（mm）	备　　注
后置钢板	Q235B	10	250×300	热镀锌
连接钢板	Q235B	10	140×180	热镀锌
钢管	Q235B	150×100×6	2200	氟碳漆
槽钢	Q235B	8号	275	热镀锌
不等边角钢	Q235B	L100×63×6	200、500	热镀锌
钢板	Q235B	4	1498×805	防锈漆
螺纹钢	Q235B	16号	1495、1445、220	防锈漆
角钢	Q235B	L40、L50×5	50	防锈漆
钢管	Q235B	$\phi 50 \times 3$	120	热镀锌 氟碳漆
不锈钢板	304	1.5	500×1517、230×1517	镜面
铝合金方管	6063-T5	25×25×1.2	1400、1480	阳极氧化
铝合金管	6063-T5	15×40×1.2	1400、1480、260	阳极氧化
双面胶条		6×12	1400、1480、260	
不锈钢螺栓	304	M6×20		
自攻螺钉		M5×20		
泡沫棒	聚乙烯	$\phi 15$		
电焊条	结422	3.2		
防水卷材	PVC	1.5		
耐候胶	中性			
排水板	土工布 塑胶板	HW-PSS25	395×10000×25	黑色
压力补偿式滴头		XB-05PC	流量：1.89L/h、过滤目数200、倒刺/蓝色	外购
Modular系列模块控制器		ESP-4M：4站，室外型，中文界面	272×195×112	外购
电磁阀		075-DV：3/4″内螺纹接口	111×114×84	外购
施肥器		AP30-2.5		外购
旁通		DN20		连接PE管
堵头		DN20		用于PE管
PE管及外丝		DN20	数量根据现场确定	外购
固定PE管卡子			数量根据现场确定	外购
雨量传感器		RSD-CEx	165×157	外购
自动泄水阀		16A-FDV-075	$\phi 35 \times 25$	外购
过滤器		QKCHK-075（200目滤网）		外购
压力调节器		PSI-L30X-075		外购
PVC管		DN40	数量根据现场确定	外购
闸阀		DN40	数量根据现场确定	外购
单向阀		DN40	数量根据现场确定	外购
球阀		DN40	数量根据现场确定	外购

主要机具设备表
表6-2

序号	机具名称	单位	备注
1	冲击转	把	混凝土梁上打孔
2	电焊机	台	钢材焊接
3	折边机	台	板材加工
4	冲床	台	板材加工
5	打胶机	台	打结构胶
6	水准仪	台	水平度控制
7	经纬仪	台	角度、垂直度控制
8	50cm 水平尺	把	水平度调节
9	30m 钢卷尺	把	测量放线
10	游标卡尺	把	管径壁厚测量
11	墨斗	个	弹线放样
12	铁榔头	把	安装膨胀螺栓
13	扳手	把	安装螺栓
14	滴头扦入器	把	安装滴头
15	PE管切割工具	把	切割 PE 管
16	二次搬运工具	套	搬运不锈钢面板，由模板、方木与大力钳组成

7. 质 量 控 制

7.1 质量验收标准

7.1.1 目前国内无针对建筑外立面超长金属花槽的质量验收标准，本施工工法根据建设部发布的《玻璃幕墙工程技术规范》JGJ 102-2003、《金属与石材幕墙工程技术规范》JGJ 133-2001标准制定了《金属花槽不锈钢面板的装饰施工质量验收标准》。金属花槽不锈钢面板的装饰施工允许偏差和检验方法和金属花槽骨架的施工质量验收标准见表7.1.1-1、表7.1.1-2。

金属花槽不锈钢面板的装饰施工允许偏差和检验方法
表7.1.1-1

序号	检查项目		验收标准 允许偏差（mm）	检验方法
1	花槽外饰面 平整度	幅宽≤30m	4	激光仪或经纬仪
		30m<幅宽≤60m	6	
		60m<幅宽≤90m	8	
		90m<幅宽≤150m	10	
2	花槽侧板上沿水平度		2	水平仪
3	花槽侧板垂直度		2	激光经纬仪
4	相邻板材板角错位		1	钢板尺
5	花槽底板水平度		3	水平仪
6	阳角方正		2	直角检测尺
7	接缝高低差		1	钢板尺
8	接缝直线度		1	2m靠尺，钢板尺

金属花槽骨架的施工质量验收标准   表7.1.1-2

序号	检查项目		验收标准 允许偏差（mm）	检查方法
1	150mm×100mm×6mm 钢方管立 杆平整度	幅宽≤30m	2	激光仪或经纬仪
		30m<幅宽≤60m	4	
		60m<幅宽≤90m	6	
		90m<幅宽≤150m	8	
2	150mm×100mm×6mm 钢方管垂直度		2	激光经纬仪
3	8 号槽钢平整度		1	激光仪
4	8 号槽钢垂直度		2	激光经纬仪
5	不等边角钢平整度		1	水平仪
6	不等边角钢垂直度		2	直角检测尺
7	U 形钢板垂直度		2	钢板尺

7.1.2 节水灌溉滴灌系统的防水处理和花槽种植可按照建设部发布的行业标准《种植屋面工程技术规程》JGJ 155-2007执行。

7.2 有关材料、配件的证明要求

7.2.1 排水板（HW型）必须出具出厂验收单和质量保证书，技术检验检测合格。

7.2.2 PVC防水卷材、耐候胶等所有材料供应商必须提供产品合格证、质量验收和保证书，现场按规定进行抽检，合格后使用。

7.2.3 节水灌溉滴灌系统配置的主要配件可选用美国雨鸟牌相关配件。

7.3 质量保证措施

7.3.1 加强质量意识宣传，建立质量保证体系和质量管理体系，可以本施工工法作为"建筑外立面超长金属花槽和节水滴灌系统的专项施工方案"，对操作人员进行详细的技术交底。

7.3.2 严格执行质量"三检"制度，加强施工过程中各道工序的中间验收，责任到人，特别是骨架安装、调整；面板搬运、安装；接缝打胶；防水施工；花草种植等必须组织好中间验收。

7.3.3 现场架设激光经纬仪，控制骨架的平整度和立杆、侧板的垂直度，架设水准仪，控制侧板上沿水平度、花槽底板水平度和外饰面平整度。

7.3.4 由项目部技术负责人编制检验试验计划，包括钢筋、铝合金型材、排水板等检验内容及要求，经总工和监理审批后实施。

8. 安 全 措 施

8.1 认真贯彻"安全第一，预防为主"的方针，根据国家有关规定、条例，结合现场实际情况和工程特点，组成项目经理为第一责任人，专职安全员和班组兼职安全员以及工地专职电工为主的全员参与的安全生产管理网络，执行安全生产责任制，明确各级人员的职责，抓好安全生产。

8.2 根据工程的实际情况，选择熟练的操作工人，合理配备人员，操作人员上岗前必须进行安全教育，熟悉施工顺序和操作规程。

8.3 班前认真进行安全技术交底，穿戴好安全防护用品，临边洞口加强围护、封闭，做到防护到位。

8.4 由安全员、班组长进行安全防护设施和劳动保护用品的使用检查，电气设备的检查由电工每日巡查，做好记录。专职安全员对现场安全实行监护，每旬安全检查由项目经理组织，按照《建筑施工安全检查标准》JGJ 59-99进行考评打分，检查出的安全隐患建立"一患一档"，消除安全隐患，并进行验证。

8.5 焊接安全必须严格执行焊工"十不烧"制度，焊工持有效证上岗，并办理动火审批手续，现场配备灭火器材，加强监控。

8.6 高处作业吊篮施工必须经验收合格后方能使用，吊篮必须具备设备生产合格证，吊篮安装及操作人员必须持有效证上岗，并加强对设备的日常维护保养。

8.7 施工现场的临时用电严格执行《施工现场临时用电安全技术规范》JGJ 46-2005。

9. 环 保 措 施

9.1 成立施工现场环境卫生管理机构，组长为项目经理，组员为环保管理员、安全员及有关人员组成。

9.2 在工程施工过程中严格遵守国家和地方政府下发的有关环境保护的法律、法规和规章，按照《建筑施工现场环境与卫生标准》JGJ 146-2004执行。加强对工程材料、设备、废水、建筑垃圾、包装垃圾的控制，遵守有防火及废弃物处理的规章制度，充分满足便民要求，随时接受相关单位的监督检查。

9.3 将施工现场和作业限制在工程建设允许的范围内，合理布置，做到标牌清楚、齐全，各种标识规范，施工现场整洁文明。

9.4 按照环保要求在施工现场建立专用的垃圾堆发地点，分可处理和不可处理两种垃圾处理箱，及时运出，同时做好运输过程中的沿途污染和防洒落措施，安排专人跟踪清扫。

10. 效 益 分 析

10.1 通过采用外立面超长金属花槽螺栓式三维调节骨架安装技术和高空花槽自动化节水滴灌技术，提高了外立面金属花槽骨架及外饰面板的安装质量水平，保证了空中绿色植物的正常生长，净化空气，吸收噪声，美化了城市环境，有很好的推广应用价值。

10.2 该技术解决了建筑外立面超长金属花槽骨架安装不平整和花槽中花草自动补给的难题，且节能环保，符合绿色建筑发展方向。

10.3 由于本工程在不锈钢材质的控制方面，通过二次搬运工具的使用减少成品1.5mm镜面不锈钢装饰板的不合格率。经核算，减少不锈钢板材料费用3000m²×13.3%×700元/m²=27.93万元（注：700元/m²为材料费、未采用专用工具的搬运合格率为86.7%）。

10.4 通过三维调节系统的设计提高了施工人员的工作效率。经核算，减少施工人员工资费用30人×5工日（节约）×100元/工日=1.5万元。

11. 应 用 实 例

11.1 华仁·凤凰大厦（凤凰城一期1号房）工程由无锡太阳置业有限公司投资开发，总建筑面积49869m²，地下1层、地上25层，该工程2007年4月开工，2009年7月竣工。该工程1～8层及裙房外侧采用了金属花槽，不锈钢饰面板，利用自动滴灌系统进行花草补水处理。花槽总长度为2800m，东西方向花槽长度达到98m，由于采用金属花槽种植花草，使建筑获得了绿色生态的结构维护体系，满足了大楼成为绿色建筑的需要。该工程获得2011年"国优奖"。

11.2 凤凰城售楼处办公楼，2008年8月施工，2008年10月竣工投入使用。该工程作为投资方对外开发的窗口，建筑外侧采用金属花槽种植花草，总长度为860m，使用至今情况良好。如图11.2。

11.3 凤凰城二期 5 号房工程，于 2008 年 1 月开工，2009 年 12 月竣工。该工程地下 1 层、地上 17 层，为花园式酒店，一至四层及裙房外侧采用金属花槽，不锈钢饰面板，总长度为 1080m。该工程 2012 年申报"扬子杯"。

图11.1　华仁·凤凰大厦

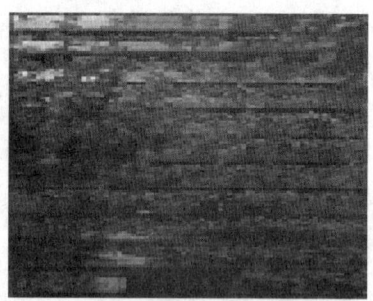

图11.2　凤凰城售楼处办公楼

防氡涂料施工工法

GJEJGF127—2010

泰宏建设发展有限公司　河南国基建设集团有限公司
宋广明　郭强　王喜元　朱国防　张国杰

1. 前　言

近年来，在我国由于大量采用含有较高放射性装饰材料、矿渣、工业废料等作为建筑材料，使室内环境中氡气值严重超标。如何有效防治建筑物室内氡气污染已成为社会关注的焦点。为积极推广开发和应用绿色建筑技术和防治降低室内氡气的含量，泰宏建设发展有限公司在工程施工过程中研究应用了建筑防氡涂料，并对该技术进行了总结，防氡涂料可有效降低室内氡气，阻氡率达到95%以上，并兼具装饰效果。该技术经河南省住房和城乡建设厅鉴定，其技术达到国内领先水平。该工法2011年3月获得河南省省级工法。

2. 工 法 特 点

2.1 与普通涂料相比，防氡涂料与基层结合后能形成漆膜，具有稳定性好、密实性高、耐擦洗、防潮、与基层粘结性好等特点，可有效阻止墙体材料中氡气向室内扩散。

2.2 阻氡效率达95%以上，既防氡又兼有内墙装饰作用。

2.3 施工方便，有完整的施工工艺流程及施工质量控制要点。

3. 适 用 范 围

本工法适用于建筑物室内环境温度低于60℃，含水率低于10%，空气湿度低于85%的室内氡气体超标的民用建筑治理及内墙装饰工程。

4. 工 艺 原 理

防氡涂料是以多种水性高分子聚合物、助剂、特种颜填料等多种原料经制胶、混合、高速分散、碾磨、搅拌、分装等工艺制造而成，在施工时，通过多次交叉聚合成膜后，达到良好的密实性，从而有效阻止墙体材料中氡气向室内扩散。

5. 施工工艺流程及操作要点

5.1 工艺流程（图 5.1）

5.2 操作要点

5.2.1 基层处理

1. 将基层灰尘、油污和灰渣清理干净。

2. 基层有缝隙、孔洞时，应采用弹性腻子或聚合物砂浆进行密封、修补。

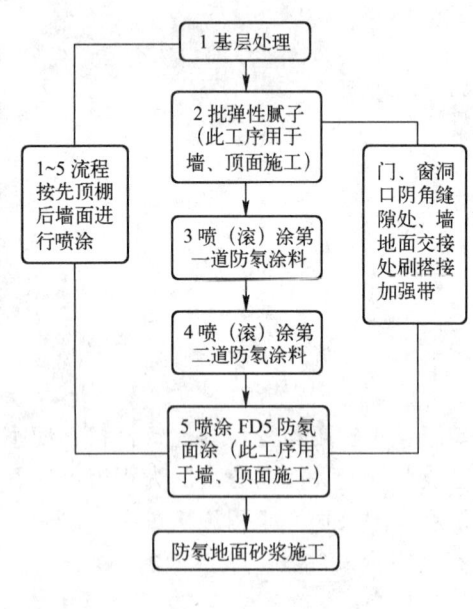

图5.1 工艺流程

3. 新建筑物的墙面或顶面在涂饰涂料前应涂刷抗碱封闭底漆一道。

4. 地面在刷第一道防氡材料前铺摊一层5mm厚水泥砂浆找平层，干燥后（≥48h）再涂刷防氡涂料。

5.2.2 批弹性腻子

待基层处理完毕之后，用弹性腻子补平基层表面的裂缝和凹凸不平处，干透后再用砂纸打磨平整，然后满刮腻子一遍，待干燥后（≥48h）用1号砂纸打磨平整，并清除浮灰，接着刮第二遍腻子，工序、材料同第一遍，干燥后（≥48h）再用1号砂纸打磨平整。

5.2.3 喷（滚）涂第一道防氡涂料

先将墙面仔细清扫干净，用布将墙面粉尘擦净。喷涂顺序应先上后下，自左向右，采用高压无气喷枪喷涂防氡涂料一道（要求在墙、顶棚及地面进行满喷）。

5.2.4 喷（滚）涂第二道防氡涂料

在第一道防氡涂料涂刷干透后（≥48h），喷涂第二道防氡涂料（要求在墙、顶棚及地面进行满喷）。

5.2.5 喷涂FD5面涂

在第二道防氡涂料干透后（≥48h）用高压无气喷涂机喷FD5面涂一道。涂布量宜小于$7m^2/kg$。防氡墙面涂饰剖面图见图5.2.5。

5.2.6 防氡地面砂浆涂料施工

在楼层结构层表面清理干净后，在混凝土地面上铺摊一层5mm厚的水泥砂浆找平层，然后涂覆防氡涂料道，等第一道涂刷完后（≥48h），再进行第二道涂刷，形成的干膜厚度在2～2.5mm，待第二道防氡材料干燥后（≥48h），在其表面施工水泥砂浆地面，水泥砂浆层厚度要达到15～20mm厚，以保护防氡层。防氡楼地面涂饰剖面图见图5.2.6。

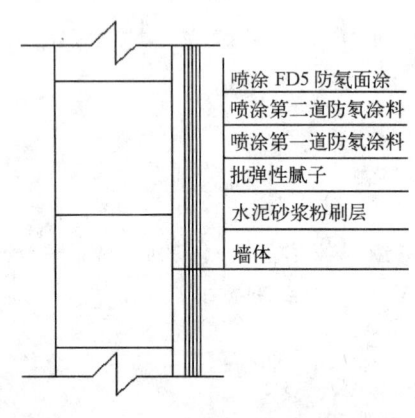

图5.2.5 墙面涂饰剖面图

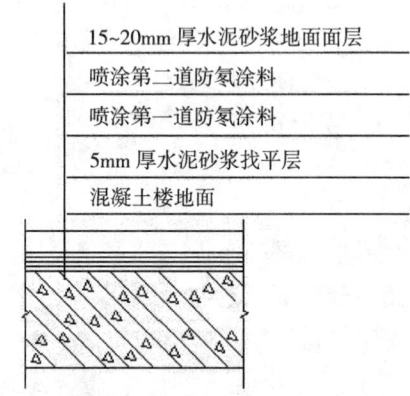

图5.2.6 防氡楼地面涂饰示意图

5.2.7 门、窗洞口阴角缝隙处，顶、墙、地交接处刷搭接加强带。在顶、墙、地交接处以及门窗洞口阴角处应进行二次加强层涂刷，加强带处搭接宽度不少于15～20mm。

5.2.8 涂料使用前，用手提电动搅拌器适度搅拌至稳定均匀状态，不能过度搅拌。

5.2.9 施工机具要保持清洁，施工完毕要随时清洗干净，浸入水中，以免在工具上形成结巴，影响刮涂质量。

5.2.10 喷涂作业时，手握喷枪要稳，涂料出口应与被涂饰面垂直，喷枪移动时应与涂饰面保持平行，喷枪运动速度适当并且应保持一致，距墙面的喷涂距离以35cm左右为佳。

5.2.11 喷涂时应调整好喷涂机的喷涂压力，一般在0.4~0.6N/mm²范围之内，喷嘴与饰面呈90°，喷出的涂料应为浓雾状。

6. 材料与设备

6.1 主要材料（表6.1）

主要材料表 表6.1

序号	材料名称	规格	主要技术指标	数量
1	防氡宝		施工贮藏温度：8℃ < t < 45℃	7m²/kg
2	FD5型防氡涂料		施工贮藏温度：8℃ < t < 45℃	7m²/kg
3	弹性腻子		所含甲醛含量低于0.12mg/m，氨含量应低于0.5mg/m，甲苯含量应低于0.09mg/m	0.5kg/m

6.2 主要设备（表6.2）

主要设备表 表6.2

序号	名称	规格型号	数量	备注
1	铲刀		15把	用于刮腻子
2	砂纸		100张	对腻子进行打磨，清除浮灰
3	料桶		15个	盛装涂料
4	橡皮刮板		15个	用于涂刮腻子
5	刮刀		15把	用于涂刮腻子
6	手提电动搅拌器	R6201	3个	用于搅拌涂料
7	滚筒		15个	用于滚涂涂料
8	电动无气喷涂机	LGPDM-30	5台	用于喷涂涂料

7. 质 量 控 制

7.1 对于穿越防氡涂层的管道及电器管线等节点部位应采取构造密封措施。

7.2 在地面防氡层上铺水泥砂浆时避免用尖锐的工具进行铺摊，以免刺破、划伤防氡涂层。

7.3 使用喷枪喷涂时，运行速度要保持一致，喷涂过程中要一气呵成，不在墙面中间停歇。

7.4 弹性腻子兑水后，需在4h内用完，以免干结。

7.5 防氡涂料主要质量要求见表7.5-1、表7.5-2。

主控项目 表7.5-1

序号	项目	质量要求	检验方法
1	材质要求	所用涂料的品种、型号和性能应符合设计要求	检查产品合格证书、性能检测报告和进场验收记录
2	喷刷要求	应喷涂均匀、粘结牢固，不得漏刷、透底、泛碱、起皮	观察、手摸检查
3	基层处理	在涂饰涂料前应涂刷抗碱封闭底漆	观察；手摸检查；检查施工记录
4	每层涂料用量	每层涂料的涂布量应小于7m²/kg	过程控制、天平称重

一般项目 表7.5-2

序号	项 目	普通涂饰	高级涂饰	检 验 方 法
1	颜色、刷纹	颜色一致、明显处无刷纹	颜色一致、无刷纹	目 测
2	流坠、疙瘩	明显处不允许	不允许出现	目 测
3	砂眼	允许有轻微砂眼	不允许出现	目 测
4	咬 底	明显处不允许	不允许出现	目 测
5	装饰线、分色线偏差	偏差不大于2.5mm	偏差不大于2mm	拉5m线检查，不足5m的拉通线检查
6	门窗、灯具等	洁净	洁净	目 测
7	喷点疏密程度	均匀、不允许连片	均匀、不允许连片	目 测

8. 安 全 措 施

8.1 施工前班组长对所有人员进行有针对性的书面安全交底。

8.2 高度2m以下作业（超过2m按规定搭设脚手架）使用的人字梯应四角落地，摆放平稳，梯脚应设防滑橡皮垫和保险链。

8.3 人字梯上铺设脚手板时，脚手板两端搭设长度不得少于20cm，脚手板中间不得同时两人操作。梯子挪动时，作业人员必须下来，严禁站在梯子上踩高跷式挪动，人字梯顶部铰轴不准站人，不准铺设脚手板。

8.4 人字梯应当经常检查，发现开裂、合页松动、弯曲变形等现象严重时不得使用。

8.5 采用喷涂方法施工时，专业操作人员应佩戴口罩、手套、护目镜，以免危害工人皮肤。

8.6 在喷涂时发现喷出的涂料不均匀，严禁对着人检查，应该在施工前先通水检查是否通畅，再进行喷涂。

8.7 施工中使用的电动工具，应符合国家现行标准《施工现场临时用电安全技术规范》JGJ 46-2005的规定，电动工具的安装接线必须由专业电工来完成，且必须安装漏电保护装置。

8.8 严禁将喷嘴护套卸下后喷涂，除了喷涂或清洗外，任何时候都必须将喷枪保险关上。

9. 环 保 措 施

9.1 在用喷涂机喷涂时把窗户、门等进行包裹，以防污染门窗。

9.2 涂料使用后，应及时封闭存放，废料应及时清出室内，施工时室内应保持良好通风。

9.3 施工过程中要严格遵守相关的法律、法规进行环保管理。

9.4 施工废料设专人清理，不得有扬尘污染，打磨粉尘时用潮布擦净。

9.5 施工现场周边应根据噪声敏感区域的不同，采取相应的措施降低噪声，在居民密集区进行施工时要严格控制作业时间，晚间作业不超过22时，早晨作业不早于6时，如必须昼夜连续施工的，事先做好周围居民的工作，报相关部门备案后方可施工。

10. 效 益 分 析

10.1 工期：本防氡涂料为成品防氡涂料，与类似的防氡涂料相比较，施工时无需按各种原材的比例再次进行搅拌，施工速度快。

10.2 感观效果比类似的防氡环保乳胶漆好，阻氡率达95%以上，可有效得降低室内氡气，提高了社会经济效益的发展。

11. 应 用 实 例

11.1 阳光嘉苑小区二期工程位于国基路与索凌路交叉口，为砖混结构，地下1层，地上6层，经《民用建筑氡防止技术规程》调查组对室内氡气进行调查，测定室内氡含量值为380.6Bq·m^{-3}，为降低室内氡气含量，防氡调查小组采用公司编制的《防氡涂料施工工法》进行氡气防治，使室内氡气降低到21Bq·m^{-3}，阻氡率达到95%以上。

11.2 太原东区矿区综合楼工程，位于太原古交滨河路东，为框剪结构，地下1层，地上11层，总建筑面积22047m^2，工程竣工前对地下室内房间进行室内空气质量抽查，发现室内含氡量为462.3Bq·m^{-3}，采用公司编制的《防氡涂料施工工法》进行对地下室墙面、地面进行防氡治理，治理后氡气测定值为26.7Bq·m^{-3}，可有效降低室内氡气，杜绝了氡气对人体造成的危害。

11.3 御府三号一期工程，位于郑州市花园路与国基路交叉口东北角，为砖混结构。地下1层，地上6层，经室内空气质量调查组对小区房间进行空气质量抽查，发现氡气超标，为420Bq·m^{-3}，按照公司编制的《防氡涂料施工工法》进行治理，通过"封闭墙体，切断进入途径"的手段，降低了室内氡气的含量，有效阻止了室外、墙体材料中的氡气散发到室内，保护居民不再受室内氡气的危害。

框架结构外墙防裂施工工法

GJEJGF128—2010

新八建设集团有限公司

夏华　沈志勇　姚正刚　张万鹏　涂福平

1. 前　言

近年来，在我国随着建筑节能工作的不断推进，在学习和引进国外先进技术的基础上，我国也加强了这方面技术的研究开发工作，当前，建筑外墙采用加气混凝土砌块＋外保温已经成为一项重要的基本的建筑节能技术。然而在目前的建筑结构中，加气混凝土砌块填充墙的抹灰开裂以及外保温开裂的问题是一个非常普遍的现象，从而导致此项技术在使用推广上处于劣势。

导致外墙墙面开裂有多种因素，如果仅考虑某一或某些方面的因素来采取措施，均达不到防治墙面开裂的目的。已有的防治墙面开裂的方法，大多是单方面的措施，因而防裂效果一般都不好。

本公司在长期的施工实践当中，形成了《EPS板薄抹灰外墙外保温系统质量控制关键技术的研究与实施》、《普通公共建筑工程基于高质量控制的施工关键技术》等两项科技成果，并通过湖北省建设厅组织的科技成果鉴定，鉴定委员会认为这两项科技成果"技术含量高，是集成的自主创新成果，整体水平达到国内领先水平"。在此基础上形成本工法。

2. 工 法 特 点

2.1　本工法针对引起框架结构外墙开裂的各种因素，全面考虑墙体砌筑、抹灰及外保温防裂等各个环节，采取综合防治措施，达到防止开裂的目的。

2.2　本工法综合考虑了砌体、抹灰层及保温层各层之间由于强度差异过大所导致的开裂，要求各相邻构造层的性能，弹性模量变化指标应匹配，逐层渐变相容，抹灰层，抗裂砂浆应具有一定的柔韧性，以防止开裂。

2.3　本工法为达到防止开裂的目的，在注重各层材料强度逐层过渡的同时，采取提高材料强度、合理配筋和结构构造处理等措施来提高结构的抗裂能力。

2.4　为防止在夏热冬冷地区，由于保温层内的水汽所造成的保温层开裂，保温板粘贴中采用点粘法，使用"板周边满布胶＋6个贯通出气孔＋板中间梅花布点胶3排"的特殊布点方式，使保温板内的空腔连通成整体，并通过管道连通到伸缩缝，防止出现因水汽冷凝导致的保温层开裂。

2.5　本工法操作简单，覆盖面广，适用性强，操作方便，使用传统的材料和器具，造价低廉，可靠耐久，不会对环境造成污染。具有极大的推广应用前景。

3. 适 用 范 围

本施工工法适用于冬冷夏热地区框架结构的加气混凝土砌块填充墙及外保温工程，建筑的外饰面宜为涂料面层。

4. 工 艺 原 理

4.1　外墙开裂原因分析

外墙开裂有几个方面的原因，一是由于加气混凝土砌块墙体开裂导致开裂，二是抹灰层自身的开裂，三是保温层的开裂，四是由于抹灰层与保温层之间强度差异过大，弹性模量和线膨胀系数不同，在温度应力的作用下变形过大导致的开裂，五是水或水汽在保温层内凝结，在冻胀作用下导致开裂。六是抗裂砂浆及面层涂料柔韧性、耐久性不足，在热胀冷缩，特别是夏季高温条件下，阵雨后表面温度急速降低的情况下产生的开裂。

4.1.1 加气混凝土砌块的特点

1. 生产能耗较低、能有效利用工业废渣、质轻、可锯可刨、热工性能好，保温节能效果好。

2. 加气混凝土砌块吸水性能强，吸水率达到了70%～80%，干缩变形较大，其值为0.5～0.8 mm/m。但是其导湿性和解湿性较差，其体积吸水率和黏土砖相近而吸水速度却缓慢得多。

3. 加气混凝土砌块的线膨胀系数为$0.8 \times 10^{-4}/℃$，而混凝土的线膨胀系数为$（1.0～1.5）\times 10^{-5}/℃$。加气混凝土砌块的弹性模量在$（1.5～2.3）\times 10^{3}MPa$左右，而普通砂浆的弹性模量一般为$（2.3～2.6）\times 10^{4}MPa$。

4.1.2 EPS板的特点

1. EPS板有良好的隔热性、耐候性和耐久性，还具有吸水率很小、温度变形小、重量轻、易加工等优点。是较为理想的保温隔热材料。

2. EPS板的表观密度在每立方米18~22kg，其导热系数应小于0.041瓦/（米·开尔文），压变形2%的压力0.035MPa，抗剪强度0.15MPa，抗拉强度0.3MPa，长期耐热度85℃，线膨胀系数$（5~7）\times 10^{-5}/℃$，吸水率2.3%。

4.1.3 抹灰砂浆的特点：1）线膨胀系数为$1.3 \times 10^{-5}/℃$，较加气混凝土砌块小5倍以上，导热系数约为0.93W/（m·K），较加气混凝土砌块大3倍以上。这就要求抹灰砂浆有一定的柔韧性，逐层渐变相容，防止抹灰层出现开裂。

4.1.4 加气混凝土砌块墙体、抹灰及保温层开裂原因分析

导致砌块填充墙、抹灰及保温层开裂的原因，见图4.1.4。

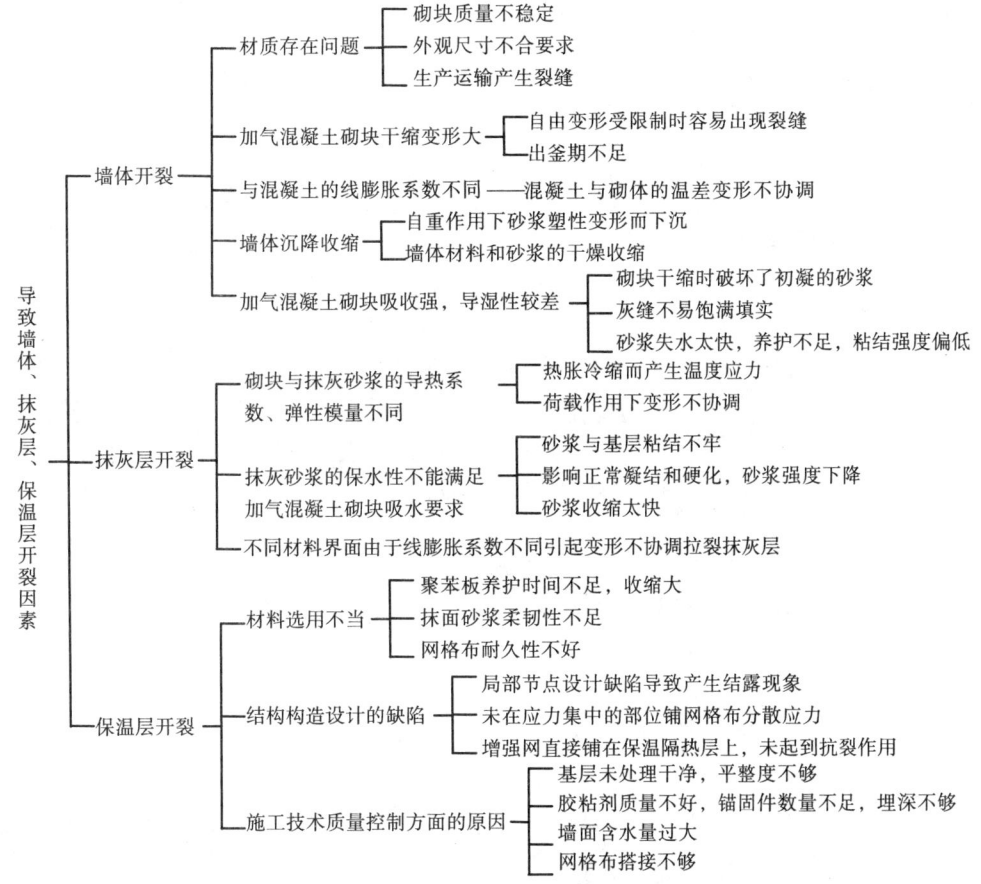

图4.1.4 导致墙体开裂的因素

4.2 墙体开裂综合防治措施

从图4.1.4中可以看出，影响墙体抹灰及保温层开裂的因素很多，仅靠某一或某些方面的措施来进行防治，不能达到防止开裂的目的。

为了解决墙体抹灰和保温层开裂的问题，针对墙体抹灰及保温层开裂的原因，从材料质量、技术、施工工艺和施工管理方面提出对应的解决措施。见图4.2。

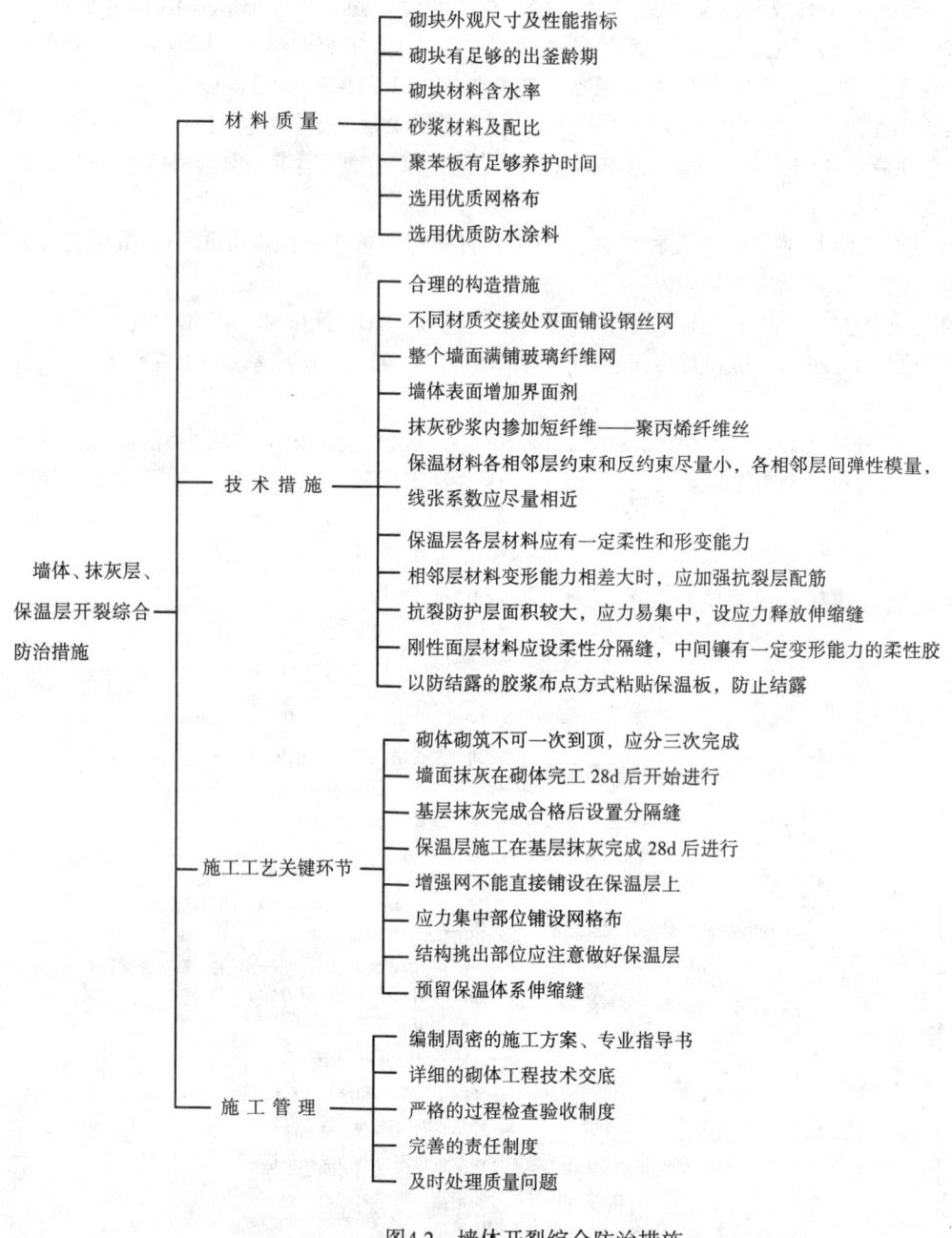

图4.2 墙体开裂综合防治措施

5. 施工工艺流程及操作要点

5.1 砌筑工艺

5.1.1 砌筑工艺流程

填充墙施工按下列工艺流程进行：清理基层→定位放线→立皮数杆→后置拉结钢筋→墙体坎台施

工→选砌块→浇水湿润→满铺砂浆→摆砌块→安装门窗过梁→浇筑混凝土构造柱、连系梁→砌筑顶部配套砌块。

5.1.2 施工操作要点

1．严格墙体砌筑的施工工艺，砌体采取分次砌筑的方式，整墙砌筑分三次完成，过程如下：

1）第一次砌筑高度1m左右（图5.1.2-1），即放置停歇。

2）第二次砌筑至斜砌部分，要求与前次砌筑间隔不少于3d（图5.1.2-2）。接近梁、板底的部位，预留一定空隙。

图5.1.2-1　墙体第一次砌筑

图5.1.2-2　墙体第二次砌筑
——预留梁底补砌部位及构造柱的位置

3）第三次砌筑接近梁、板底的部位，待下部砌体沉缩稳定后再补砌，与前次砌筑完成间隔7d以上，采用定制的"斜砌砖"斜砌并挤紧，其倾斜度为60°左右，砂浆砌筑饱满（图5.1.2-3）。

根据拟定的施工方案、专项的作业指导书及明确的技术交底，精心安排组织整个工程的空间立体流水作业，在满足工程总工期的前提下，保证防裂措施要求的施工时间间隔。整墙砌筑采用分段砌筑方式，砌墙间隔时间保证：第一次停歇3d以上，第二次停歇7d以上，分次实现墙体的沉缩，在施工过程中保证墙体最大限度地完成变形，以实现了高质量墙体的目标。

2．处理门窗洞口（图5.1.2-4）

图5.1.2-3　墙体第三次砌筑——梁底补砌部位细部

图5.1.2-4　门洞处理

1）门窗洞口处应力较集中，易出现裂缝，因此在门洞位置增设边柱，窗台下增设连系梁。门窗洞口处的混凝土柱、梁钢筋与墙体中预留的拉结筋牢固连接。

2）门窗洞两侧应保证洞周平直，按设计要求部位砌入预制混凝土锚固块。门窗框牢固固定在锚固块上，门窗框与砌体间空隙应用密封嵌缝材料或砂浆填实抹平。

3）砌筑门窗洞口时，按设计标高将预制钢筋混凝土过梁牢固砌入。现浇过梁时，砌筑砂浆强度达到设计要求的70%以上后，再拆除过梁底部的支撑和模板。

4） 窗台预留80厚混凝土现浇余量，窗台顶与设计窗台高度要预留3～4cm。

5） 门窗框连接件应采用Q235钢材，固定点数量与位置根据门窗的类型、尺寸、荷载等情况合理布置。

6） 跨度大于0.6m的门窗洞口的顶面或洞口上部砌体高度小于洞口跨度1/2时应设计截面宽度与墙厚相同的过梁。

7） 跨度小于0.6m的过梁可采用30mm厚水泥砂浆配3φ8钢筋的过梁。跨度等于或大于0.6m的过梁应采用预制或现浇钢筋混凝土过梁。

8） 在墙上留置临时施工洞口，其侧边离交接处墙面不应小于500mm，洞口净宽度不应超过1m。应沿墙高每隔500～600mm在水平缝内预埋不少于2φ6的钢筋，钢筋埋入长度从留槎处算起每边均不应小于700mm。洞口顶部设计无规定时，宜设置过梁。临时施工洞口应做好补砌。

3. 砂浆应在规定的保塑时间内使用完毕。在高温条件下砌筑时，可适当增大砂浆的稠度。当日最高气温高于+38℃时，不宜进行施工。

5.2 抹灰工艺

5.2.1 抹灰工艺流程

清除墙面浮灰→修正补平勾缝→洒水湿润基层→涂刷界面剂→做灰饼→1：1水泥砂浆或建筑用胶水泥浆拉毛墙面→门窗洞口处，外墙挂钢板网、内墙挂玻纤网→抹底层灰→满铺敷设耐碱玻璃纤维网格布（外墙）→抹面层灰→清理。

5.2.2 施工操作要点

1. 抹灰的时间应控制在砌筑完成的7d以后进行，如遇到雨期施工时，砌筑完成和抹灰之间的间隔时间要视墙面的干燥程度适当延长。

2. 抹灰砂浆的选用应与加气混凝土砌块材质相适应，保水性要好，宜选用加气混凝土专用抹灰砂浆，也可选用水泥石灰混合砂浆，有条件的工地可在砂浆中添加有机或无机塑化剂，以增加砂浆的保水性和粘结能力。砂浆强度的选择宜由内到外从低到高过渡，以兼顾基层材料和外部饰面的要求。

3. 专用界面剂作基面处理完后，在填充墙与梁柱交界处等不同材质界面处的挂网挂钢丝网层。

1） 挂网抹灰应做到挂网平整、钉网牢固、抹灰密实；

2） 挂网前应清洁基层，除去浮灰油污，修补整平墙面，并保持一定湿度；

3） 挂网应展平，与梁柱或墙体连接可用射钉或预埋的钢筋点焊固定，间距不宜太大，以保证钢网不变形起拱；

4） 网材搭接应平整、连续、牢固、搭接长度不宜小于100mm；

5） 挂网必须置于抹灰层内，不得外露，应防止生锈和腐蚀。

4. 掺加聚丙烯纤维丝避免抹灰面层龟裂。

1） 在抹灰砂浆中添加聚丙烯纤维丝（0.9 kg/m³）。

2） 分三层抹灰，每层抹灰时间间隙为24h，基层厚度控制在3～5mm，第二层、三层厚度控制在7～9mm，严禁一次成活。

3） 当外墙采用普通抹灰砂浆时，在砂浆中敷设耐碱玻璃纤维网格布。第二层抹灰完成后，在砂浆初凝之前满铺耐碱玻纤网格布。见图5.2.2。

图5.2.2 墙面满铺玻璃纤维网格布

5. 底层灰的强度和膨胀系数应与基层相当，可选用强度较低的1：1：6水泥石灰砂浆，同时适当提高砂浆配合比中的中粗砂和砂的比率，以减少砂浆的干燥收缩。底层灰要用抹子刮上墙，厚度在5mm以内，带有一定压力的砂浆被挤进孔或缝内形成犬牙交错的连接，既有利于抹灰层与墙面的共同工作，又能使底灰适应基层的变形。

6. 底层灰稍干后检查无空鼓、裂纹现象后，即进行中层抹灰，厚度宜在7～9mm，砂浆可选用1∶1∶4的水泥混合砂浆，若中层抹灰过厚，则应分层涂抹，每层时间间隔在24h以内。待中层抹灰达7成干后，即可抹面层灰，抹灰时须压实抹光。

7. 抹灰完成后，要做好防雨遮盖，避免雨水直接冲淋墙面，受日照直射墙体，要做好遮阳处理，必要时用喷雾器喷水养护。

5.3 外墙保温层施工工艺

5.3.1 工艺流程

基层处理→弹线→调制专用胶浆→铺设翻包网→铺设保温板→安装固定件→分格凹线条及伸缩缝的处理→打磨找平→涂刷底层抹面砂浆→铺设网格布→抹面层聚合物砂浆→脚手架拉结点部位修补→伸缩缝的修补→刮建筑外墙腻子→封墙底漆施工→涂刷涂料面层。

5.3.2 施工操作要点

1. 铺设翻包网

裁剪翻包网布的宽度应为"200mm +保温板厚度"的总和。先在基层墙体上所有门、窗、洞周边及系统终端处，涂抹专用胶粘剂（如CT83），宽度为100mm，厚度为2mm。将裁剪好的网布一边压入胶浆内，压入胶浆部分宽度不小于80mm，注意控制厚度。不允许有网眼外露，将边缘多余的聚合物胶浆刮净，并保持甩出部分的网布清洁。凡保温板侧边外露处（如伸缩缝、建筑沉降缝等缝线两侧）门窗洞口处，与主墙体接触处，都做网格布翻包处理。

2. 铺设保温板

采用的标准EPS保温板尺寸为1200mm×600mm，采用横向铺设的方式，由下向上铺设，错缝宽度为1/2板长，必要时进行适当的裁剪，尺寸偏差小于±1.5mm，大小面垂直，如图5.3.2-1所示。

为了防止夏热冬冷地区，由于保温层内的水汽所造成的保温层开裂，保温板采用点粘法，使用"板周边满布胶＋6个贯通出气孔＋板中间梅花布点胶3排"的布点方式（图5.3.2-2），使保温板内的空腔连通成整体，防止因水汽冷凝导致的保温层开裂。

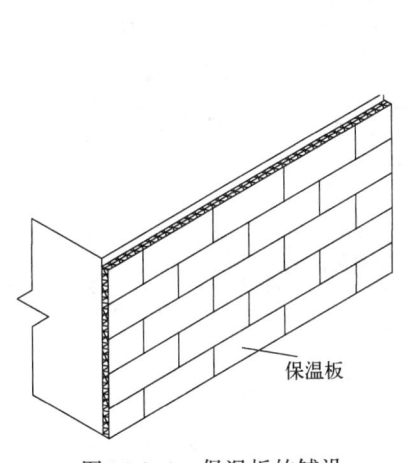

图5.3.2-1　保温板的铺设

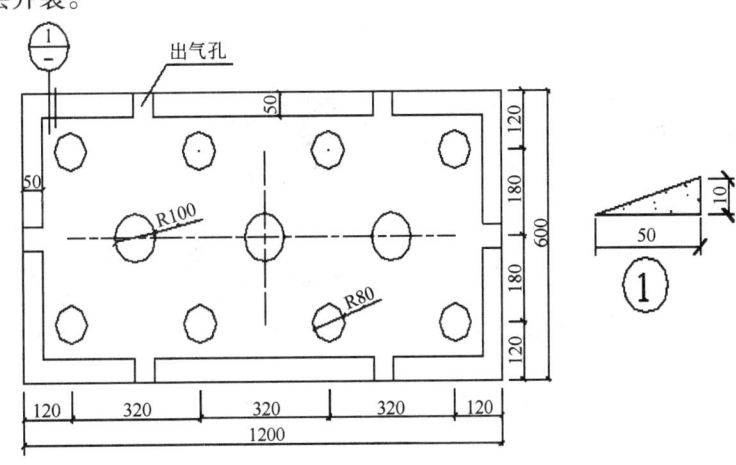

图5.3.2-2　防结露布点方式

保温板周边的满布胶宽度为5cm，板长边两端各1/4处留设5cm宽的出气孔，短边中间1/2处也留设5cm宽的出气孔，一块保温板共有6个出气孔，该5cm宽的出气孔处没有布胶浆。

保温板中间采用梅花状的布点方式，共3排、11个点胶，上下两排各布点4个，点胶为直径8cm的圆；中间排布点3个，点径10cm，确保粘贴面积40%以上，且相邻板之间的出气孔相连、贯通，从而保证系统空腔在一定范围内是连通的，便于水蒸气聚集时的疏导，不易结露。

将涂好胶浆的保温板立即粘贴于墙体上（图5.3.2-3），滑动就位，用2m靠尺压平，保证其平整度和粘贴牢固。

板与板间之间自然靠拢，板间缝隙小于2mm，板间高差小于1.5mm。注意当板间缝隙大于2mm时，应用保温板切成相应宽度填塞，板条不得粘结，更不得用胶粘剂直接填缝，板间高差大于1.5mm的部位应隔天后打磨平整。

施工过程保证保温板4个角布胶饱满，当保温板侧边碰到胶浆时及时清理。

根据窗、门等孔洞调整上下行保温板，错缝宽度不小于300mm。保证保温板切割方正。在所有门、窗、洞的拐角处均不允许有保温板拼接缝，须用整块的保温板进行切割成型，且板缝距拐角不小于200mm。注意在粘贴窗框四周的阳角时，应挂线控制阳角部位的垂直和水平，如图5.3.2-4所示。

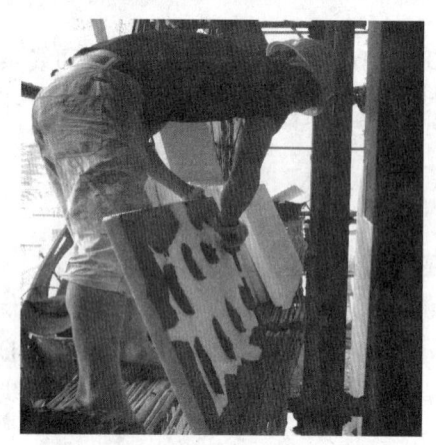

图5.3.2-3　保温板材背面上胶浆

（梅花状布点+板周边抹胶）

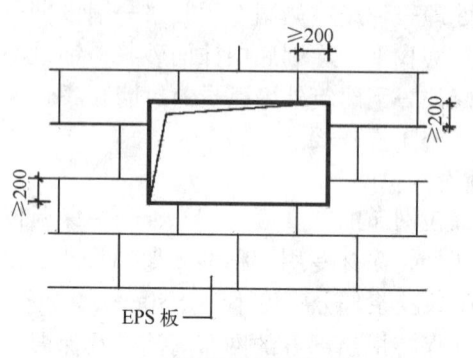

门窗洞口排板示意

图5.3.2-4　门窗洞口处的保温板铺设

在所有阳角拐角处，必须采用错缝粘贴的方法，如图5.3.2-5所示。并按垂线用靠尺控制其偏差，用直角靠尺检查，如图5.3.2-6所示。

图5.3.2-5　粘贴后保温板材

图5.3.2-6　平整度检查

保温板的粘结操作应迅速，安装就位前粘结胶浆不得有结皮现象。注意板与板间不得有粘结胶浆，保持保温板清洁不被粘结胶浆污染（靠保护层的面）。

3. 安装固定件

保温板粘贴完毕，24h后方可进行锚固件的安装。安装时在每块保温板的四周接缝及板中间，用电锤打孔，锚栓采用φ6胀管，钻孔深度为80mm（含保温层厚度），锚固深度为基层内约45mm。

固定件个数：涂料外饰面部分为6~7个/m²。

对于保温板面积大于0.1m²的板块，中间加锚固件固定，面积小于0.1m²的板块（如位于基层边缘时），也加锚固件固定。如图5.3.2-7及图5.3.2-8所示。

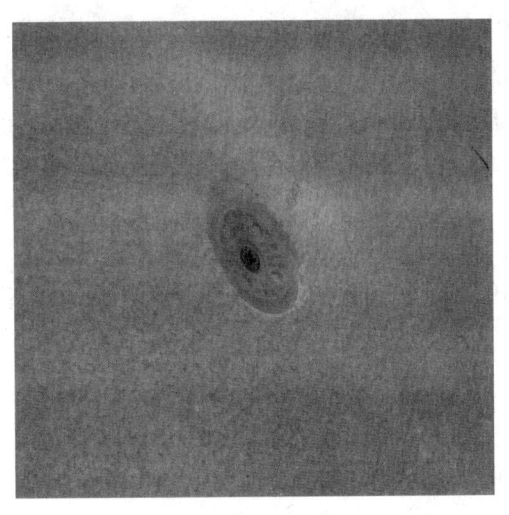
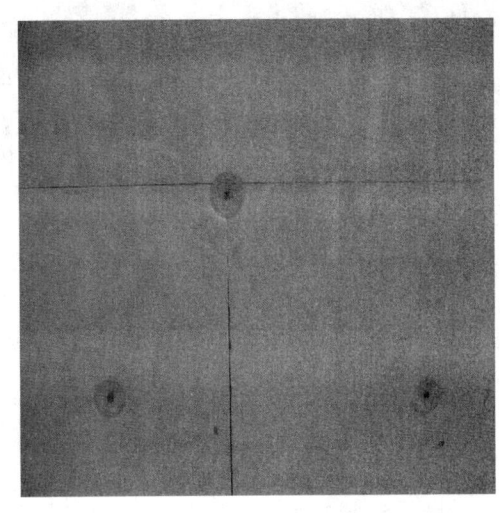

图5.3.2-7 （胶浆凝固后）上中间锚栓　　　　图5.3.2-8 （胶浆凝固后）上接缝锚栓

固定件加密：在阳角、檐口下及门窗洞口周围，锚固件的数量适当增加；锚固件的位置距窗洞口边缘，混凝土基层不小于50mm，砌块基层不小于100mm。

将螺栓拧紧，并将工程塑料膨胀钉的帽子与EPS保温板表面齐平或略低于保温板，确保膨胀钉尾部回拧使之与基层充分锚固，并及时用抹面聚合物胶浆抹平，以防止雨水渗入。

4．分格凹线条及伸缩缝的处理

根据已弹好的水平线和分格尺寸用墨斗弹出分格线的位置，竖向分格线用线锤或经纬仪校正垂直。

按照已弹好的线，在EPS保温板粘贴时预留分格缝的位置，使用专用聚氨酯泡沫圆棒（直径比分格缝宽2mm）挤压进缝的基层，凹口处EPS保温板的厚度不能少于15mm。

按抹面层的处理方式用PVC线条将200mm缝宽大小的网格布压入缝中，分格缝上下加强网的宽度不小于100mm。对不顺直的凹口进行修理。

5．铺设网格布

挂网前应先检查聚苯板是否干燥（雨水、露水、项目用水都有可能接触到安装后的保温板），去除表面的有害物质、杂质等。再用2m靠尺检查平整度。

在完成翻包、加强网格布（洞口四角45°加强等）后方可挂大面网格布。注意抹面胶浆先打底后立即铺设网格布，抹面胶浆打底厚度约2mm，且打底面积略大于铺设网格布面积。严禁颠倒施工顺序空铺网格布的现象。

网格布应按工作面的长度要求按顺经纬向进行剪裁，并应留出搭接长度。注意将大面积网格布沿水平方向崩直崩平，并将弯曲的一面朝里，用抹子由中间向上下两边将网格布抹平，使其紧贴底层聚合物砂浆。网格布左右搭接宽度不小于100mm，上下搭接宽度不小于80mm，在阳角处需从每边双向绕角且相互搭接宽度不小于200mm，阴角处不小于200mm。局部搭接处可用聚合物砂浆补充原聚合物砂浆不足处，不得有网线外露，不得使网布褶皱、空鼓、翘边。

压入网格布后待CT85抹面胶浆干至不粘手时再抹抹面胶浆，抹灰厚度以盖住网格布为准，约1mm；使砂浆保护层总厚度约为2.5mm。

铺设网格布时应防止阳光暴晒，并应避免在风雨气候条件下施工，在干燥前墙面不得沾水，以免导致颜色变化。

6．脚手架拉结点部位修补

当脚手架与墙体的连接拆除后，应立即对连接点的孔洞进行填补，对墙体孔洞用相同的基层墙体材料进行修补，并用水泥砂浆抹平。

根据孔洞尺寸切割聚苯板并打磨其边缘部分，使之能紧密填入孔洞处。

待水泥砂浆表层干燥后，将此聚苯板背面涂上粘结胶浆，注意不要在其四周边沿涂粘结砂浆，将聚苯板塞入，粘在基层上。裁切一块网格布，其大小应能覆盖整个修补区域，与原有网格布至少重叠80mm。将聚苯板表面涂上抹面胶浆，压入网格布待表面干至不粘手时，再涂抹一遍抹面胶浆（如CT85）找平。

7. 伸缩缝的修补

待保护层干燥后清理伸缩缝部位，剔出伸缩缝部位多余的胶浆、浮尘等杂质后压入一根相应宽度的保温板条（不得使用胶浆粘结），厚度约到保温层的一半。然后塞入泡沫填充棒略微压实，最高点离保护层不小于3mm。

打密封胶前应确保节点没有油污、浮尘等杂质。密封胶应完全塞满节点空腔，压紧填实并与两侧抹面胶浆紧密结合。并保护已完工的部分免受雨水的渗透和冲刷。

8. 面层涂料施工

抹面面胶干透后，使用滚筒或喷枪涂布，滚涂时必须用夹板等材料做好保护，防止涂料飞溅，造成污染和浪费。要求均匀一致，无漏涂，无刷纹流挂，符合分色要求。

6. 材料与设备

6.1 施工材料

本工法所有材料名称、规格见表6.1。

施工材料明细　　表6.1

序号	材 料 名 称	规 格
1	加气混凝土砌块	600×300×100，600×300×150，600×300×200，600×300×250
2	普通硅酸盐水泥	32.5R
3	界面剂	JC-101（混凝土），JC-106（加气混凝土）
4	聚丙烯纤维丝	长度12mm，直径0.032mm
5	玻璃纤维网格布	网眼4mm×4mm
6	砂、岩砂晶，其他掺合料	中砂，岩砂晶：QE01-2
7	保温板	1200mm×600mm×25mm
8	特胶粘剂	25 kg/袋
9	抗裂砂浆	25 kg/袋
10	PU发泡胶	600 ml/瓶
11	发泡胶清洗剂	500 ml/瓶
12	保温膨胀锚固钉	8~12cm
13	赛力特玻纤网格布	100 m/卷
14	外墙水性氟碳漆	20kg/桶
15	外墙柔性耐水腻子粉	25 kg/袋
16	抗碱底漆	20L/桶

6.2 机具设备

1. 机械设备：砂浆搅拌机、垂直运输机械等。

2. 手工工具：瓦刀、铁锹、勾缝刀、灰板、筛子、手推车、砖笼、线锤、皮数杆、发泡胶专用枪、折角抹灰刀、不锈钢抹灰刀、搅拌器、小砂纸、砂磨板（小）、铝靠尺、狼牙锯、美工刀、通用工具

（卷尺、线垂、墨斗等）等。

7. 质 量 控 制

7.1 质量控制

7.1.1 严格控制材料质量

1．加气混凝土砌块

1）对进入施工现场的砌块材料按产品标准进行质量验收，砌块块材应有产品合格证、产品性能检测报告、主要性能的进场复验报告，砌块强度等级必须符合规定，各项性能指标、外观质量、块型尺寸允许偏差应符合国家标准《蒸压加气混凝土砌块》GB／T 11968-1997的要求。保证了砌块放置天数满足材质控制的龄期要求，砌体的龄期应超过28d才能上墙砌筑。对质量不合格或产品等级不符合要求的加气混凝土砌块，坚决不用于砌体工程。

2）砌块在运输、装卸过程中，严禁抛掷和倾倒。进场后应按品种、规格分别堆放整齐，堆放高度不得超过2m。砌块严禁暴晒、雨淋以防破损。堆放场地做到防雨、防潮、坚实。

3）切割砌块应使用手提式机具或相应的机械设备。

2．砂浆

1）砂浆的原材料，如水泥、岩砂晶、砂、掺合料、外加剂的性能指标，均应符合相应技术标准的规定。

2）砌筑砂浆、抹面砂浆的干密度、抗压强度，抗折强度、粘结强度、收缩性能等指标必须符合国家建材行业标准《蒸压加气混凝土用砌筑砂浆与抹面砂浆》JC 890-2001的要求。

3．选择封闭性、附着力良好的界面剂。性能满足：压剪强度、原强度≥0.7MPa；耐水≥0.5MPa；耐冻融0.5MPa。

4．聚丙烯纤维的质量符合国家相应规定。

5．EPS板的质量应符合国家相应规定，此外，EPS板在出厂前应在自然条件下陈化42d或在60℃蒸汽中陈化5d。无明显掉粒，不得有油渍和杂质，不得有不正常的气味。

6．抗裂砂浆，抗裂抹面砂浆在整个外保温体系中起着十分重要的作用，在实际工程中最容易出现的问题就是开裂。由于外墙外保温系统是置于主体外侧，所以为了减少外界温度、湿度和雨水等对其的不利影响，要求采用的砂浆应具有憎水、抗渗和抗裂等性能。

7．玻璃纤维网格布，由于面层砂浆柔韧性不够以及温湿度变化会引起收缩导致面层开裂，当在抹面砂浆中压入玻璃网格布时，玻璃纤维在其中起到增强和分散应力作用，它对整个防护层起着关键作用。玻璃纤维网格布必须选择耐碱性的。

8．复合在抹面砂浆之上的腻子和涂料应具备良好的柔韧变形性。

7.1.2 墙体砌筑过程中，严格按三段式砌筑

7.1.3 使用界面剂提高墙体抗裂性能

1．施工前先清扫墙面浮尘、松动砂浆及其他杂物，基层的质量要求符合《建筑涂饰工程施工验收规程》JGJ/T 29-2003，涂刷前确保表面无灰尘、油腻及其他污垢，修补裂缝、孔洞，保证基层平整。

2．分数遍浇水湿润墙面，由于加气混凝土吸水速度先快后慢，吸水量慢且延续时间长，可适当增加浇水遍数。浇水在涂刷界面剂前一天进行，浇水效果以不显浮水为准。

3．先将界面剂充分搅拌均匀，严格按配合比将界面剂与中砂均匀混合，再加入水泥搅拌成均匀浆状，拌好的浆料在2h内用完。

4．涂刷界面剂，控制厚度约3mm，涂刷均匀，不显露墙面。

7.1.4 不同材质界面处的挂网

1．挂网抹灰应做到挂网平整、钉网牢固、抹灰密实；

2．挂网前应清洁基层，除去浮灰油污，修补整平墙面，并保持一定湿度；

3．挂网应展平，与梁柱或墙体连接可用射钉或预埋的钢筋点焊固定，间距不宜太大，以保证钢网不变形起拱；

4．网材搭接应平整、连续、牢固、搭接长度不宜小于100mm；

5．挂网必须置于抹灰层内，不得外露，应防止生锈和腐蚀。

7.1.5　掺加聚丙烯纤维丝避免抹灰面层龟裂

1．在抹灰砂浆中添加聚丙烯纤维丝（0.9kg/m³）。

2．分三层抹灰，每层抹灰时间间隙为24h，基层厚度控制在3～5mm，第二层、三层厚度控制在7～9mm，严禁一次成活。

3．当外墙采用普通抹灰砂浆时，在砂浆中敷设耐碱玻璃纤维网格布。第二层抹灰完成后，在砂浆初凝之前满铺耐碱玻纤网格布。

7.1.6　外墙保温层施工

1．保温板必须包覆门窗框外侧洞口、女儿墙以及封闭阳台等热桥部位。

2．保温板保护层厚度不小于3mm。

3．基层应坚实、平整；表面清洁，无油污、隔离剂等妨碍粘结的附着物；面层不得有脱层、空鼓、裂缝，不得有粉化、起皮、爆灰等现象。

4．伸缩缝应做好防水和保温构造措施。

5．阴阳角加设局部加强网。

6．建筑物高度大于20m时，在受风压作用较大部位宜使用锚栓辅助固定。

7．除采用现浇混凝土外墙外保温系统外，外保温工程施工前，外门窗洞口应通过验收，洞口尺寸、位置应符合设计要求和质量要求，门窗框或辅框应安装完毕。

8．除采用现浇混凝土外墙外保温系统外，伸出墙面的消防梯、水落管、各种进户线和空调器等的预埋件、连接件应安装完毕，并按外保温系统厚度留出间隙。

7.2　验收

7.2.1　该工法应满足的有关标准、规范，见表7.2.1。

该工法应满足的有关标准、规范

表7.2.1

序号	名　称	编号及版本	备　注
1	《建筑工程施工质量验收统一标准》	GB 50300—2001	
2	《砌体工程施工质量验收规范》	GB 50203—2002	
3	《建筑涂饰工程施工验收规程》	JGJ/T 29—2003	
4	《砌体工程现场检测技术标准》	GB/T 50315—2000	
5	《砌体基本力学性能试验方法标准》	GBJ 129—90	
6	《混凝土小型空心砌块建筑技术规程》	JGJ/T 14—2004	
7	《砌筑砂浆配合比设计规程》	JGJ 98—2000	
8	《蒸压加气混凝土用砌筑砂浆与抹面砂浆》	JC 890—2001	
9	《蒸压加气混凝土砌块》	GB/T 11968—1997	
10	《膨胀聚苯板薄抹灰外墙外保温系统》	JG 149—2003	
11	《增强材料机织物试验方法　第5部分:玻璃纤维拉伸断裂强力和断裂伸长的测定》	GB/T 7689.5—2001	
12	《纤维混凝土结构技术规程》	CECS 38：2004	

7.2.2　砌体工程质量验收

一般规定

1）施工执行的技术标准；砌块、水泥产品合格证、性能检测报告，以及砂、石灰、砂浆、外加剂原材料及钢筋等其他材料的出厂合格证或检验报告；砌块、水泥等材料有害物质的检验报告；砂浆及混凝土配合比通知单及抗压强度检验报告；施工记录；施工质量控制资料；各检验批的主控项目、一般项目验收记录等；相关资料完整齐备。

2）砌体隐蔽工程，如基础砌体、砌体中的预埋拉结钢筋、预埋件等全部验收合格。

3）各分项工程的检验批按验收规范执行。

砌体工程质量偏差按表7.2.2进行检查，检查验收合格后才能进行抹灰施工。

砌体结构尺寸和位置对设计的允许偏差检验　　　　　表7.2.2

序号	项目		允许偏差（mm）		实测偏差（mm）	检验方法
			国家标准	项目标准		
1	轴线位置偏移		10	10	8	用经纬仪或拉线和尺检查
2	垂直度	小于或等于3m	5	5	4	用线锤和2m托线板检查
		大于3m	10	8	8	
3	表面平整度		8	6	3	用2m靠尺和塞尺检查
4	水平灰缝平直度		7	7	4	用10m拉线和尺量检查
5	门窗洞口（后塞口）	宽度	±5	±5	+3	用尺量检查
		高度	±5	±5	+3	
6	外墙上下窗口偏移		20	10	8	以底层窗口为准，用经纬仪检查

7.2.3　抹灰工程质量验收

一般规定

1）施工执行的标准；抹灰、钢丝网、耐碱玻纤网格布所用材料的出厂合格证、性能检测报告、进厂验收记录和水泥凝结时间、安定性的复验报告；水泥、预拌砂浆等材料的有害物质的检验报告、施工记录；隐蔽工程验收记录；各检验批的主控项目、一般项目验收记录等；相关资料完整齐备。

2）抹灰工程对应的隐蔽工程，如不同材料基体交接处设计要求的加强措施等全部验收合格。

3）各分项工程的检验批按规程规定划分。

抹灰工程质量偏差按表7.2.3进行检查，检查验收合格后才能进行后续工序的施工。

一般抹灰工程质量的允许偏差检验　　　　　表7.2.3

项次	项目	检查方法	允许偏差（mm）				实测偏差（mm）	
			国家标准		项目标准			
			普通抹灰	高级抹灰	普通抹灰	高级抹灰	普通抹灰	高级抹灰
1	立面垂直度	用2m垂直检测尺检查	4	3	3	2	3	2
2	表面平整度	用2m靠尺和塞尺检查	4	3	3	2	3	2
3	阴阳角方正	用直角检测尺检查	4	3	4	2	3	2
4	分格缝（条）直线度	拉5m线，不足5m拉通线，用钢直尺检查	4	3	3	2	2	2
5	墙裙、勒角上口直线度	拉5m线，不足5m拉通线，用钢直尺检查	4	3	4	2	3	2

7.2.4　EPS板外墙外保温系统质量验收

1. EPS板外墙外保温系统可分别从基层处理、粘贴EPS板、抹面层、变形缝和饰面层等方面进行验收。见表7.2.4-1、表7.2.4-2。

EPS保温板粘贴质量的验收要求　　　　　　　　　　　　　表7.2.4-1

项次	项 目	允许偏差	检 查 方 法
1	表面平整度	3 mm	用2m靠尺和塞尺检查
2	立面垂直度	3 mm	用2m垂直检查尺检查
3	阴、阳角方正	3 mm	用直角检验尺检查
4	接缝高低差	1.5 mm	用钢直尺和塞尺检查
5	接缝宽度	1.5 mm	用钢直尺检查

EPS外墙外保温系统面层质量的验收要求　　　　　　　　　表7.2.4-2

项次	项 目	允许偏差	检 查 方 法
1	表面平整度	4 mm	用2m靠尺和塞尺检查
2	立面垂直度	4 mm	用2m垂直检查尺检查
3	阴、阳角垂直方正	4 mm	用直角检验尺检查
4	变形缝及装饰线直线度	4 mm	拉5m线，不足5m拉通线，用钢直尺检查
5	伸缩缝平直度	3 mm	用2m靠尺检查
6	护面层厚度	0.5 mm	用探针、钢直尺检查

2．外墙外保温系统中的主要组成材料，其品种、规格应符合设计要求和相关标准的规定。保温材料和粘结材料的复验采取见证取样送检。

3．各层构造做法的验收，符合设计要求，按照经过审批的施工方案施工。

4．保温板与基层以及各构造层之间的粘结强度和连接形式符合设计要求，保温板与基层的粘结强度应做现场抗拔强度试验。保温板的板缝处理、构造节点及嵌缝做法符合设计要求，不得渗漏，做好防水处理。

5．锚固件数量、位置、锚固深度和拉拔力符合设计要求，后置锚固件进行锚固件现场拉拔试验。

6．饰面层的基层及面层，符合设计和《建筑装饰装修工程质量验收规范》GB 50210规定外，还应满足以下规定：

1）饰面层施工的基层应无脱层、空鼓和裂缝，基层应平整、洁净，含水率符合饰面层施工要求；

2）外保温层和饰面层与其他部位交接的收口处，需采取密封措施。

7．加强网的施工检查，作为防裂措施的加强网，其铺贴和搭接应符合设计和施工方案的要求，砂浆抹压应密实，不得空鼓，加强网不得褶皱、外露。

8．空调房间外墙的热桥部分应按设计要求采取隔热热桥处理。墙体整体缺陷的热桥检查，施工产生的墙体整体缺陷，如传墙套管、脚手眼、孔洞等，应按照施工方案采取隔断热桥处理。

9．保温板材接缝的检查，外墙外保温板材的接缝方法符合施工方案要求，保温板的接缝必须严密。

10．外墙上容易碰撞的特殊部位，如阳角、门窗洞口及不同材料基体的交接处等，其保温层应有防止开裂和破损的加强措施。

8. 安 全 措 施

8.1 坚决贯彻"安全第一、预防为主"的安全生产方针，按照《建筑工程安全规程》组织施工，执行《建筑机械使用规程》、《施工现场用电安全技术规范》。建立安全生产管理体系，项目负责人对安全生产工作进行全面领导，项目安全员主要负责施工现场的安全工作，对安全生产进行全面的管理。

8.2 建立严格的安全管理制度，认真落实安全生产岗位责任制、交底制和奖罚制。每道工序施工前必须逐级进行安全交底，并落实到书面上。从事施工的各级人员，必须持证上岗，各级机械操作人员，严格遵守操作规程，无证上岗、酒后上岗，违章作业造成事故的追究当事人直接责任。

8.3 严格遵照施工组织设计和施工技术措施规定的有关安全措施组织施工。

8.4 脚手架要可靠、安全，便于操作。砌筑外墙时严禁使用外脚手架，并应设有安全围栏和安全网。

8.5 施工现场用电必须有专人管理，严格遵守各项用电操作规程，严禁违章作业，非电工人员不得擅自操作用电作业。

8.6 建立完善的施工安全保证体系，加强施工作业中的安全检查，确保作业标准化、规范化。

8.7 加强临边临口防护措施。施工中的楼梯口、电梯井口、管道井口、楼梯梯段边、施工电梯等与建筑物相连接的通道两侧，采取临时防护措施，加设防护栏杆。

8.8 严格防火制度。实行现场禁烟制度，提高防火警惕性，加强材料防火、现场防火管理，发现违规者均做严肃处理。

8.9 聚苯板为易燃物品，堆放应远离火源，热源和化学试剂，库房应保持干燥通风，避免日光暴晒和风吹雨淋。

8.10 加强安全防护措施。严格佩戴安全帽，高空作业要佩带安全带、穿防滑鞋并做足安全措施。

9. 环 保 措 施

9.1 环境管理目标：施工现场环境管理，符合施工环保要求。

9.2 环境管理措施：在严把质量关的基础上加大施工现场文明管理与环境防治工作，具体如下：

1. 任务下达前，由项目工程师按国家或地方有关施工环保措施及企业环境管理体系要求，进行必要的培训。

2. 现场加大管理力度，杜绝运输车辆遗洒及施工现场的扬尘，减少环境污染，运输车辆进出大门时必须清理干净。

3. 按国家、地方（行业）对机动车尾气排放的要求，对运输用车进行检修，并通过检测合格。

4. 认真执行国家、地方（行业）对减少施工噪声的要求，合理安排作业时间，在夜间避免进行噪声（<55dB）较大的工作。

5. 施工中防止灰尘飞扬，保护周边空气清洁。

6. 建立有效的排污设施，保证现场和周围环境整洁文明。

10. 效 益 分 析

10.1 社会效益

1. 有效控制了加气混凝土砌块填充墙的墙面抹灰开裂，改善建筑物的使用功能，提高了结构耐久性。

2. 加气混凝土砌块具有生产能耗较低、能有效利用工业废渣、质轻、热工性能好，保温节能效果好。该工法的应用，能够有效促进加气混凝土砌块在工程中的推广应用，可以节约能源、资源，更有利于环境，符合可持续发展战略。

10.2 经济效益

应用综合防治加气混凝土砌块填充墙的墙面抹灰开裂施工工法，工程质量达到预期要求，并且节约了工期，降低了成本。在武汉市第三医院综合病房大楼墙体施工的应用中，经济效益率为0.46%；在丽水康城工程应用中，经济效益率为0.37%；在广州军区武汉总医院门诊综合楼项目应用中，经济效益率为0.42%。

11. 应 用 实 例

11.1 武汉市第三人民医院

武汉市第三人民医院综合病房大楼位于武昌区彭刘杨路，平面呈L形，总建筑面积31299m²，地下1层，地上11层。结构类型为框架剪力墙结构，填充墙材料为灰砂砖和粉煤灰加气混凝土小型砌块，灰砂砖仅用于±0.000m以下（防潮层）；砌筑砂浆为专用砌筑砂浆或M5混和砂浆。砌体抹面厚度为2cm。砌体工程量为4830m³，抹灰工程量为79626m²。EPS板外墙保温板，面积约8500m²，该项目于2006年1月8日开工，2008年3月28日竣工。墙体及外保温工程施工起止时间为2006年11月15日～2007年7月16日。

在施工过程中，从技术措施、施工工艺、施工组织等各方面入手，严格按工法要求进行施工，填充墙、抹灰和外墙保温没有出现开裂现象，质量达到规定要求，取得良好的经济效益。直接节约费用0.86万元，直接工期经济效益0.35万元。经济效益率为0.46%。

11.2 丽水康城

丽水康城住宅小区10号楼工程，位于武汉市桥口区简易路126号。该工程为地下室1层，地上18层。基础结构形式为桩——承台整板基础。结构形式为全现浇剪力墙结构，抗震等级为四级，建筑面积21617m²。该工程外墙采用200厚加气混凝土砌块，外保温为EPS板外墙外保温，在该工程施工中，我公司应用了本工法，共完成砌体工程量3320m³，抹灰工程量62800m²。EPS板外保温面积13420m²，该项目于2005年12月18日开工，2007年12月25日竣工，并顺利通过2007年建设部节能专项检查。

在施工过程中，从技术措施、施工工艺、施工组织等各方面入手，严格按工法要求进行施工，填充墙和抹灰没有出现开裂现象，质量达到规定要求，取得良好的经济效益。直接节约费用0.96万元，直接工期经济效益0.33万元，经济效益率为0.37%。

11.3 广州军区武汉总医院门诊综合楼

广州军区武汉总医院门诊综合楼工程位于武汉市武昌区武珞路627号，总建筑面积75000m²，15层，结构类型为框剪结构，填充墙材料为粉煤灰加气混凝土小型砌块，加气混凝土小型砌块尺寸为600×300×150、600×300×200、600×300×250，强度等级不低于MU10，干密度不大于600kg/m³，砌筑砂浆为M5砌筑砂浆，砌体抹面厚度为2.5cm。砌体工程量为10062m³，抹灰工程量为164163m²。外墙采用EPS板外墙保温板，面积约31302.67m²，在正确使用和正常维护条件下，外墙外保温的设计使用年限为25年。该项目于2007年8月1日开工，2009年7月16日竣工。墙体及外保温工程施工起止时间为2008年5月8日～2009年3月15日。

在施工过程中，从技术措施、施工工艺、施工组织等各方面入手，严格按工法要求进行施工，填充墙、抹灰及外保温没有出现开裂现象，质量达到规定要求，取得良好的经济效益。直接节约费用3.01万元，直接工期经济效益1.59万元，经济效益率为0.42%。

超高大跨度天棚藻井系统分层施工工法

GJEJGF129—2010

湖南建工集团装饰工程有限公司　中南大学

李忠　梁曙曾　赵波　彭琳娜　周玉明

1. 前　言

中国国家博物馆是新中国成立十周年建设中"全国十大标志性建筑之一"。在这次改扩建工程中，整个大厅吊顶为藻井天棚造型，结构形式由纵横包梁及359个锥形铝方筒组合式透空藻井组成。纵横跨度248m×120m，高度30.4m，总面积18372m²，是整个装饰工程中关键项目之一，也是馆内所有装饰中工程量最大，难度系数最高的高空作业项目。其质量要求之高，施工难度之大，均未全国首例。

天棚藻井静空最高高度40多米，且地面结构层次多，采用常规落地式脚手架安装天棚藻井，安装难度大，成本费用高。在施工方案的选择中，公司运用了钢结构及马道顶部组装、藻井、铝板包梁地面分层组装、整体吊装的"超高、大跨度天棚藻井系统的施工"创新技术，大大降低了成本，加快了工程进度，经济效益和社会效益显著，在总结施工经验的基础上，为了使天棚藻井组合分层安装装工艺得到推广，特编制本工法。

2. 工 法 特 点

2.1　利用天棚藻井的分层组合构造设计，工法采用了藻井天棚组合件上下分层组装施工工艺，省去了满堂红脚手架搭设，减少高空作业，保证了作业人员的安全，节约了生产费用；

2.2　采用该工法施工天棚藻井，为地上其他装饰工程作业提供了作业场地，避免了交叉作业，加快了生产周期；

2.3　该工法针对超长铝板包梁进行优化设计，设置柔性伸缩缝，解决了超长铝板包梁温度变形的施工难题，保证了安装质量。

3. 适 用 范 围

本工法适用于室内大跨度、高净空大厅藻井天棚施工。

4. 工 艺 原 理

将单个藻井分为钢骨架结构及马道部分、反射透光张拉膜部分、铝方筒及小梁以外入口组成部分、完整性分格式铝板包梁部分等不同的结构层次，运用钢结构及马道顶部组装、藻井、铝板包梁地面分层组装、整体吊装技术安装天棚藻井，并通过设置在组件间微调机理，实现组件的三维微调，保证大空间天棚藻井平整度和线条的平顺。

5. 施工工艺流程及操作要点

5.1　施工工艺流程（图5.1）

5.2 操作要点

5.2.1 大厅整体分格定位放线

组织一支专业的测量放线队伍，建立施工测量控制网，根据先整体后局部、高精度控制低精度的施工测量工作原则，准确地施测和保护好天棚平面控制网和高程控制网，为整个天棚工程各细部定位和高程确定提供依据，为整个天棚工程施工测量精度与分区、分期施工相互衔接顺利进行工作提供基础。

5.2.2 顶部结构层安装

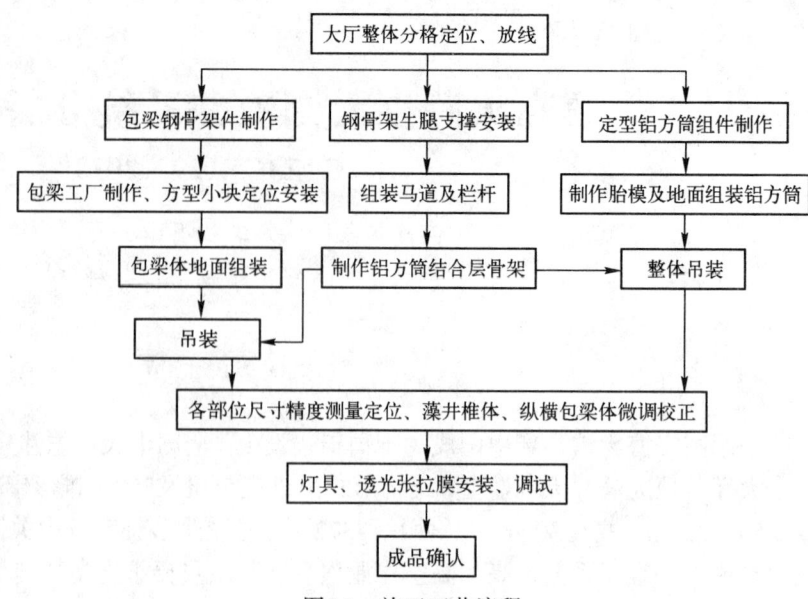

图5.1　施工工艺流程

吊顶钢结构安装分为两个部分进行，首先将马道钢构系统安装完毕后，再安装藻井钢构结合层骨架系统。

1．钢骨架牛腿支撑安装

由于屋架钢结构不允许任何热源影响屋架产生内应力与变形，故采用螺栓固定方式进行牛腿支撑的安装。如图5.2.2-1。

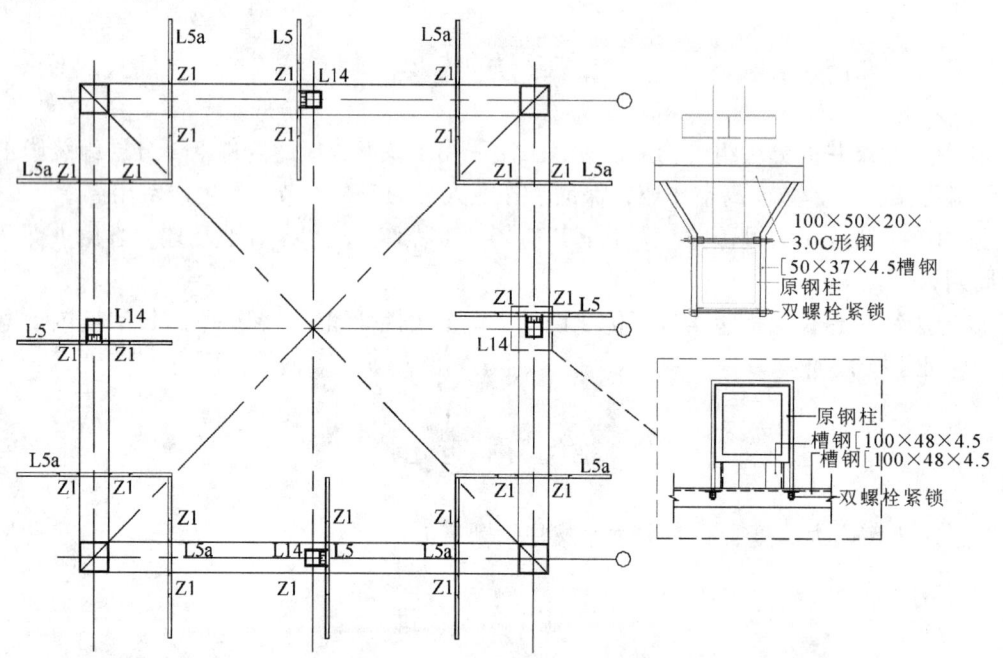

图5.2.2-1　钢骨架牛腿构造及平面布置图

2．组装马道及栏杆

施工人员在操作平台上将马道钢梁安装就位后，根据定位线进行调整，校正后螺栓固定，随后铺设马道踏板，每组踏板中心部位留检修孔，然后将4组栏杆安装就位，与马道龙骨进行焊接，马道系统安装完毕，依次顺延安装。然后将地面线放置到马道部位，核线定位。如图5.2.2-2。

3．制作铝方筒结合层骨架

将藻井钢结构分成4组，减轻了自重，便于人工搬运、调整及高空组装。将每组钢结构安装就位后，临时固定，根据定位线校正无误后螺栓固定，依次顺延安装。

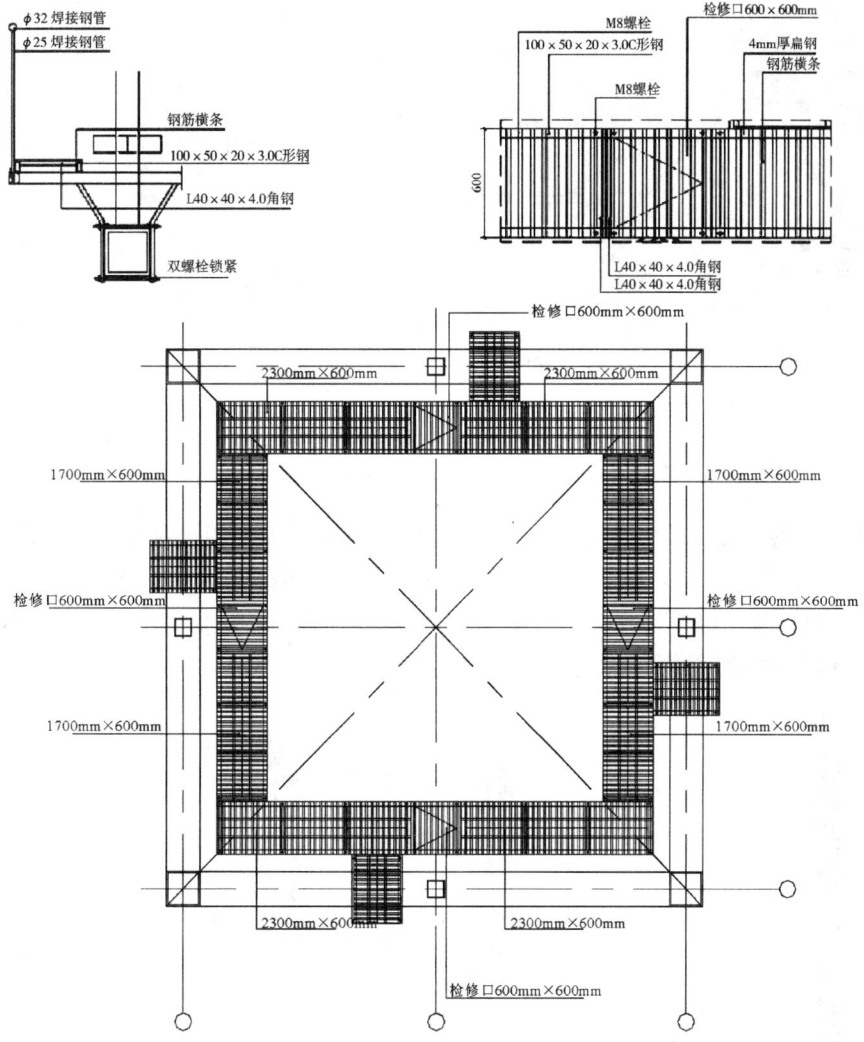

图5.2.2-2 马道及栏杆平面布置图

藻井钢结构安装完毕后，安装吊筋，将吊筋的上端与原预埋杆件搭接焊接，搭接长度大于10d，吊筋的下端与藻井钢构件栓接，便于调整紧固，并在张拉膜标高位置预留耳板，便于安装张拉膜。

5.2.3 铝包梁、藻井铝方筒锥体地面组装

1. 铝方筒组件制作

铝方筒组件是指叠成锥形铝方筒的方形铝框，为工厂化生产，现场拼装组合，在加工过程中，严格按照设计和现场安装的要求控制好成品的精度和生产进度。产品出厂前严格检查其质量，做好保护处理，做到不合格产品不进场。产品出厂时是半成品，在运输过程中应做好产品的保护措施，码放要合理，严禁碰撞或挤压，防止产品掉漆和变形。

2. 制作胎模及地面组装铝方筒

在施工前清理好施工现场，制作产品拼装胎模，如图5.2.3-1所示。调节好胎具，按步骤拼装，严格按规范操作，按照产品的设计要求，控制好产品尺寸的精度，保护好产品的表面，产品成品的质量必须达到优良标准。

1）喇叭口拼接工艺：

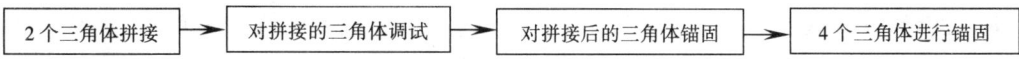

2395

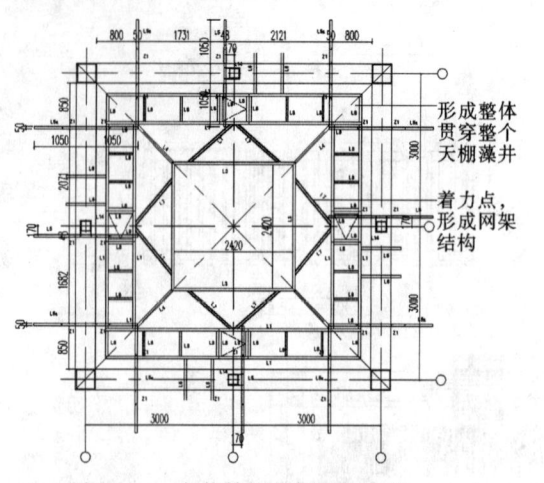

图5.2.2-3 安装结钢骨架平面布置

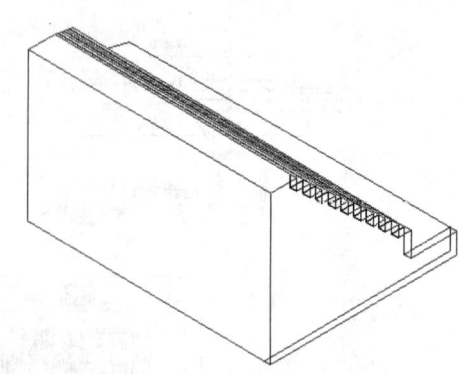

图5.2.3-1 组装模具设计图

喇叭口是由四个相同的三角体铝板组成，如图5.2.3-2所示。为了控制好接缝处的高低差、接缝平整度和直线度，使其符合设计要求，在拼角处采用8个以上的铆钉进行锚固连接，在组装喇叭口时，必须要对齐相邻的2个三角体铝板的接缝处，同时用大力钳进行紧固，然后用铆钉对拼接紧固处进行锚固。

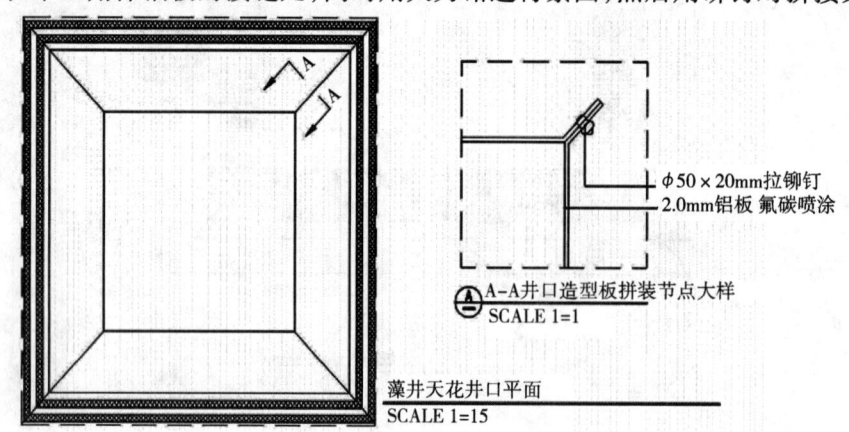

图5.2.3-2 藻井喇叭口拼装节点图

2）椎体铝方筒造型拼装工艺（图5.2.3-3）：

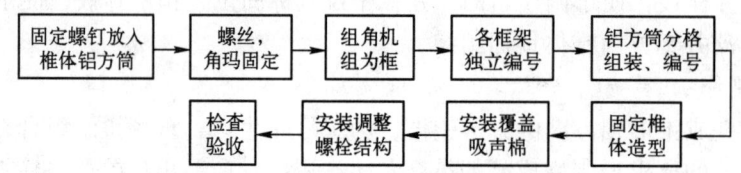

图5.2.3-3 椎体铝方筒造型拼装工艺

型材转角拼装节点（图5.2.3-4）：

椎体角度控制机分格分布控制节点（图5.2.3-5）：

型材的拼接采用现场组角的方式，型材到场后，首先用方头螺丝进行固定，再穿入角玛后用组角机进行挤压，挤压过程中要求角度精确，型材表面平整，对角线一致；其次用型材模具进行组装，组装后分别安装孔板、吸声棉、背筋等，最后进行检查检查验收。

3．包梁钢骨架制作

采用40×40×3镀锌方管以及M12镀锌丝杆制作成可固定、调整的钢结构单体框架，组成与铝板框架的连接体系（图5.2.3-6）。

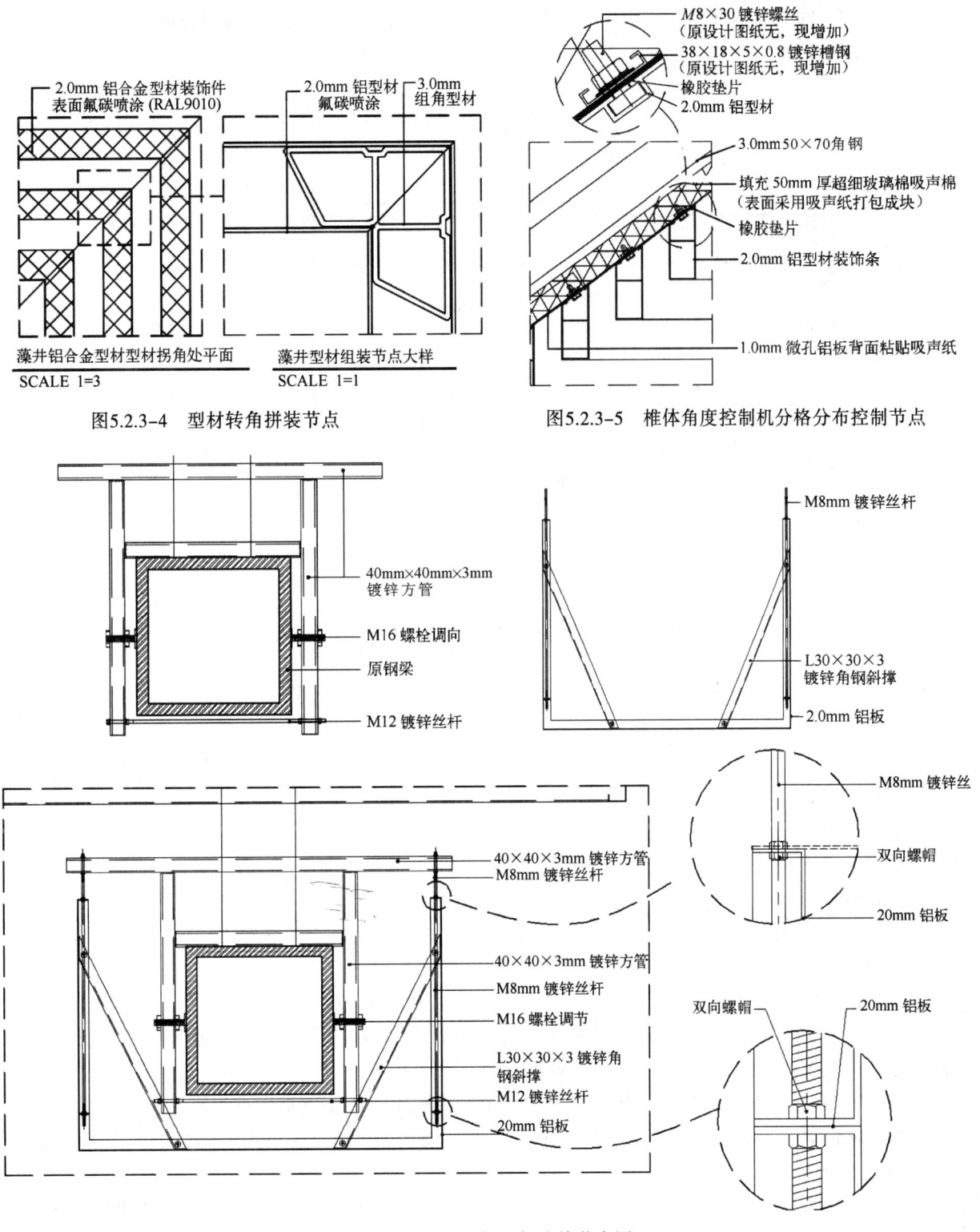

图5.2.3-4　型材转角拼装节点

图5.2.3-5　椎体角度控制机分格分布控制节点

图5.2.3-6　包梁钢骨架连接节点图

4. 包梁工厂制作、独立方块定位安装（图5.2.3-7）

5. 纵横梁体地面组装

纵横梁体在现场进行M8镀锌丝杆的安装，通过对镀锌丝杆的起吊实现包梁以及独立方块点的整体吊装。

6. 拼装灯槽

用16根40×3mm的角钢把灯槽和组装好的型材连接起来，并用M8和M12的镀锌螺栓进行固定连接。然后对安装好的灯槽进行水平、垂直的调试，使其符合设计要求。

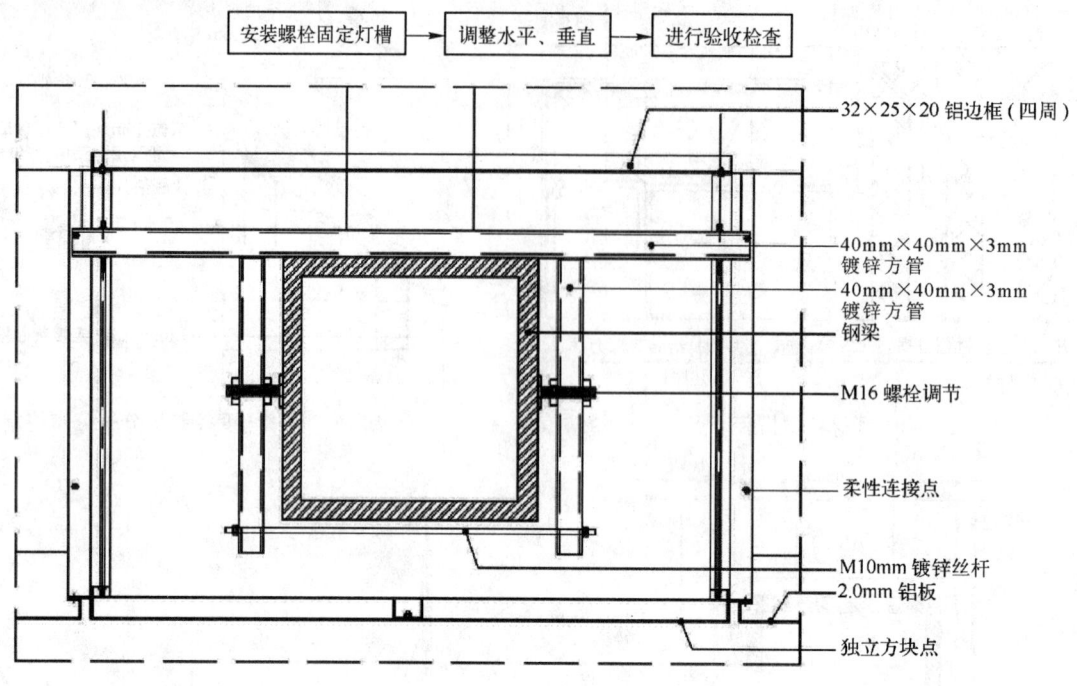

图5.2.3-7　独立方块节点图

组装完成后，本公司施工队质检员和安全员先进行自检，然后请施工方和本单位人员进行互相检查，合格后再上交监理进行检查，检查合格后进行吊装。

5.2.4　成品的吊装

1. 测量放线：

测量工根据图纸所示位置，以下玄梁梁底标高为基点进行标高测量定位，以轴线为水平测量基点，测量完成复检无误后定位。

2. 防护操作搭设：

施工人员先在施工部位的两端上玄钢梁上搭设一道绳索，绳索两端用专用扣件锁紧，安装人员将安全带挂到绳索上，然后人员就位，方便安装操作。

3. 吊装方案：

1）对藻井的重量进行计算，通过计算吊装的总重量约为500kg，采用两个220V的卷扬机同时起吊的方式进行吊装，每个卷扬机的额定荷载为600kg。

2）安装吊装器材时，首先把卷扬机固定在马道的牛腿上，工字钢加固在吊点上方的工字钢梁上，然后把直径50的钢管穿在工字钢上，同时把卷扬机的一端固定在吊点正上方的钢管中央，然后采用两个导向轮，进行双绳起吊。

3）针对国家博物馆高低错落的格局，分别设计了垂吊与斜吊两种施工方案。对于现场无法采用垂直起吊的地方，则采用斜吊的方式进行，斜吊时，采用两个卷扬机固定在藻井吊装的正上方垂直进行吊装，下面工人用绳索进行横向牵移，待藻井型材过了障碍物后，再进行垂直起吊。

4）当藻井用卷扬机吊装到预定位置后，施工人员应快速把藻井的挂件挂到相应的钢结构上，再按图纸和甲方的设计交底要求，进行测试实验，再用挂件螺栓进行紧固，并把藻井用铆钉固定在钢结构上；安装完毕后首先进行自检，然后请主管技术人员和监理进行验收，合格后本次吊装工作完成。

5）纵横包梁吊装程序与藻井吊装方法相同。

5.2.5　微调结构层

1. 对每个部分均可在安装过程中进行对角线较平的微调，确保各部分的安装准确性。

2. 藻井微调校正

每个单体藻井共有16个构造节点可供上下、左右微调，每个节点通过在藻井背面设置L50×70×3.0mm角钢，采用M14螺杆及钢制吊码共同形成（图5.2.5-1、图5.2.5-2）。

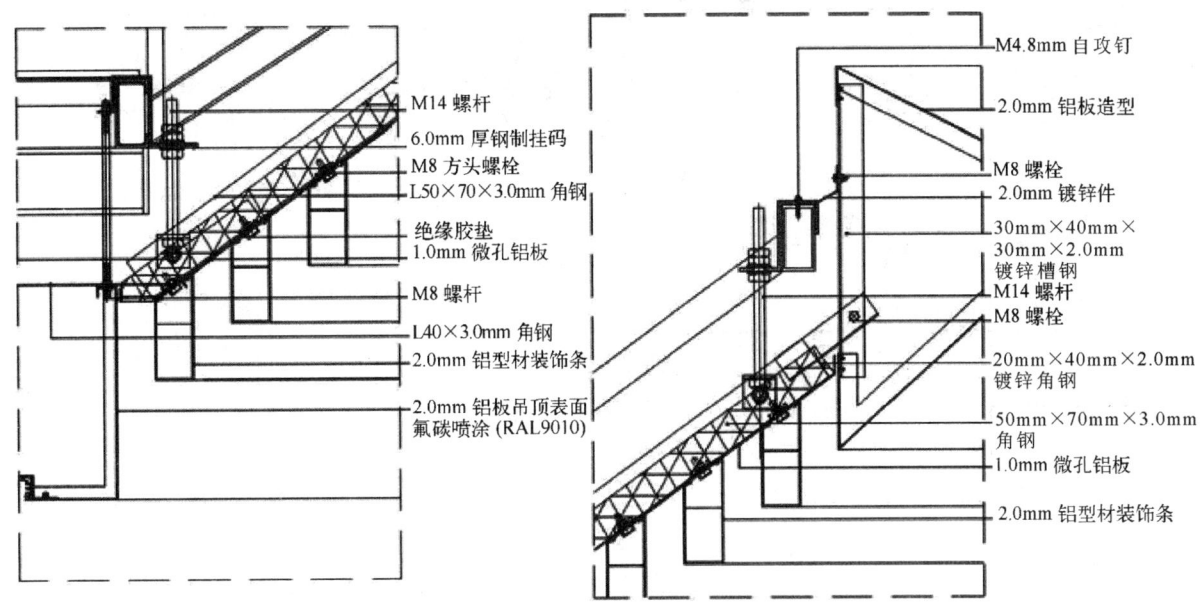

图5.2.5-1　藻井微调固定结构安装节点图

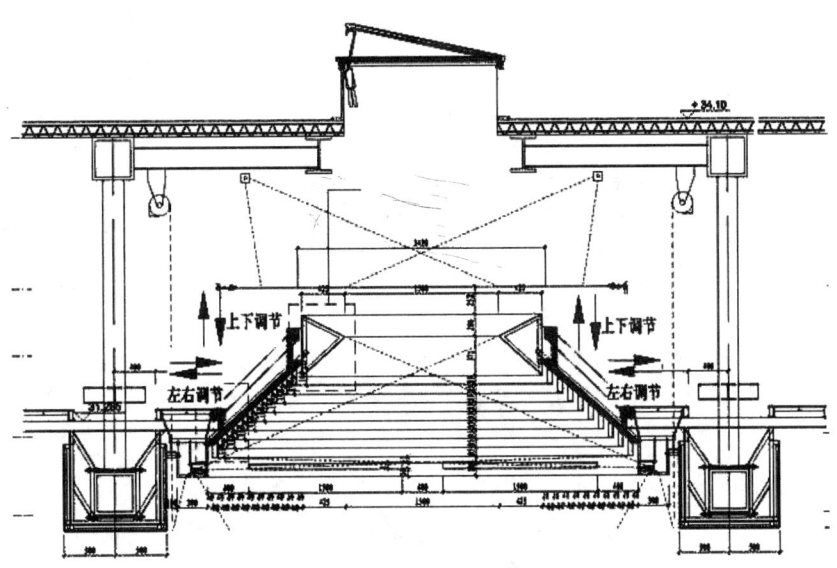

图5.2.5-2　藻井微调固定结构微调示意图

3. 包梁微调结构校正

铝板包梁的微调原理与藻井的微调构造原理一样，每跟包梁通过M8螺杆与钢制吊码建立4个可调节构造节点进行上下调节（图5.2.5-3）。

5.2.6　精度调整标准

1. 水平高度精度校正后达到全长高差控制在2mm以内；

2. 水平左右方向校正后达到全长方向控制在1.5mm以内；

3. 确保纵横梁体与藻井同时达到十字对角线控制在2mm以内。

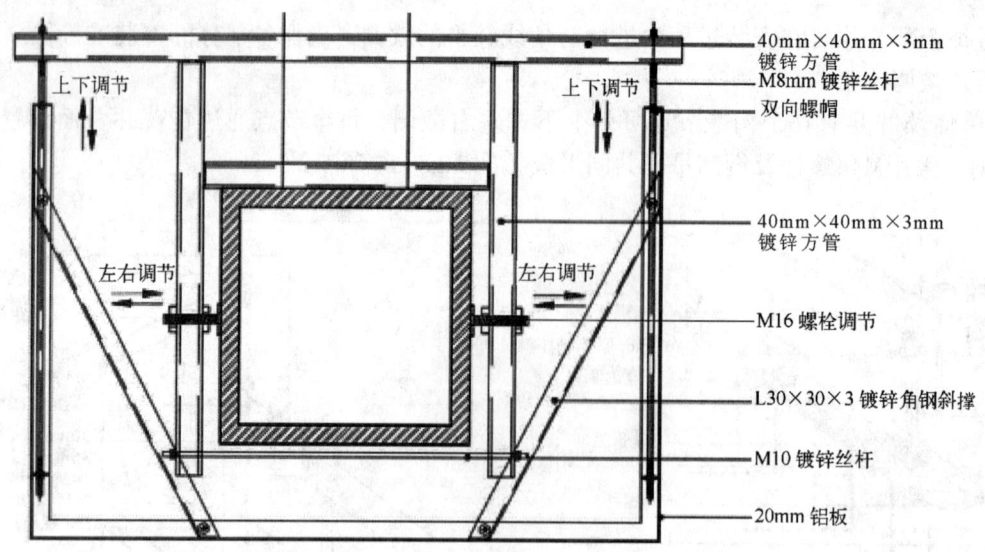

图5.2.5-3　包梁微调固定结构微调示意图

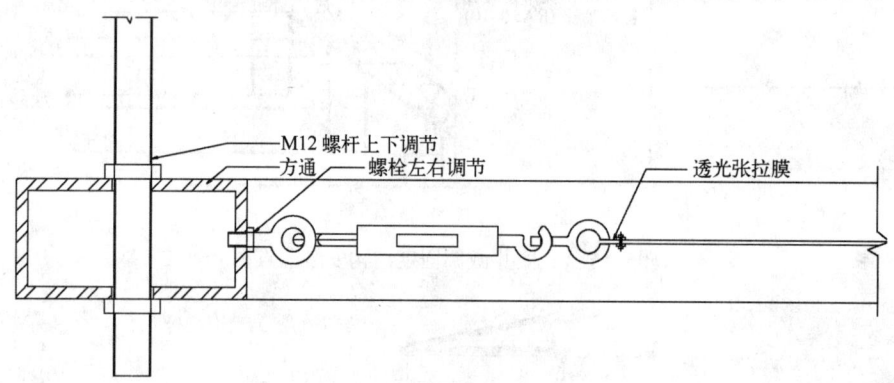

图5.2.6　透光张拉膜安装节点图

5.2.7　灯具、透光张拉膜安装以及成品最终确认

在藻井与包梁吊装调整完成之后，采用灯具安装及调试、透光张拉膜安装交叉作业方法进行现场施工，同时通知机电、消防进行安装配置。安装及调整完成之后，对单个藻井及包梁的精度、质量进行确认。

6. 材料与设备

6.1　设备

主要施工机械设备：扳手、螺丝刀、卷扬机、手动葫芦、拉钉枪、红外线水平仪、电焊机、切割机、台钻、经纬仪、钢丝绳、卡口、电缆线、组角机、手钻枪、空压机等。

6.2　材料

2.0mm厚定型铝型材，50mm厚玻璃吸声棉，38×15×5×0.8镀锌槽钢、50mm×70mm×3.0mm镀锌角钢，2.0mm厚铝板，A级透光张拉膜等。

7. 质 量 控 制

7.1　质量标准依据

1.《建筑装饰装修工程质量验收规范》GB 50210-2001；

2.《工程测量规范》GB 50026-2007；

3.《铝材验收标准》GB/T 5237.1-2004；

4.《建筑工程施工质量验收统一标准》GB 50300-2001；

5.《建筑工程施工质量评价标准》GB／T 50375-2006；

6.《建筑装饰优质工程评审标准》DBJ／T 01-104-2005；

7.《高级建筑装饰工程质量验收标准》DBJ／T 01-27-2003；

8.《建筑钢结构焊接规程》JGJ 81-2002；

9.《钢结构设计规范》GBJ 17-88。

7.2 质量过程控制

7.2.1 深化设计

组织一支专业测量队伍，对现场进行真测量，严格贯彻原设计的思想，并配合各专业完成深化图纸的设计任务，确保深化图纸的可操作性，确保建筑误差消化在图纸之中。

7.2.2 施工管理

1．建立由项目经理为主、以技术总工为首的质量管理部，并配有2名专项质检员，各班组的兼职质检员及各施工人员的自检、互检的管理体系；

2．采用样板制，对每个不同的施工工艺部位均采用样板先行，待确认后进行局部的改进与加强后进行全面推广；

3．确定施工工艺程序，建立施工工艺管理及检验程序，组织好每道工序的自检、互检、抽检与复检，并对每道工序设立专门的质量检验员，对每道工序检查进行现场拍照记录；

4．建立一套完整的安全控制系统，对材料的进场分区、分部位进行堆放，建立一个完整交通安全通道。

7.2.3 物资进场管理

1．物质进场采用分批报验制，对进场的物资进行全面的控制；

2．主要材料进场分批报验，现场检查及抽样检查，见证取样复检的办法；

3．分区、分部位、分类堆放，建立一套完成的材料管理领用制度；

4．建立一套完成的资料档案。

7.2.4 成品保护

加强对半成品、成品的保护工作，保持和国博各个装修公司的联系，防止对已经组装好的铝型材进行划伤，竣工验收前，清除已完工天棚藻井上的所有保护胶纸或覆盖材料。

7.3 质量检查标准

7.3.1 钢结构焊缝质量：

1．表面成型良好，焊缝与母材应圆滑过渡。

2．无裂纹、气孔，夹渣和熔合性飞溅。

3．焊缝余高不宜大于1.5mm，解焊缝焊脚高度应按图纸要求执行或等于较薄者的厚度。

4．焊缝宽度应均匀一致，其偏差不得超过2mm。

7.3.2 天棚饰面质量标准：

主控项目：

1．吊顶标高、尺寸、梁体尺寸大小误差控制保证大小精度在±1mm之间。

检验方法：观察，尺量检查。

2．饰面材料的材质、品种、规格、图案和颜色应符合设计要求。

检查方法：观察；检查产品合格证书、性能检测报告、进场验收记录和复检报告，通过微调后全长控制在±3mm之间，水平高度在±2mm之间。

3．暗装龙骨吊顶工程的吊杆、龙骨和饰面材料的安装必须牢固。

检验方法：观察；承重检查；检查隐蔽工程验收记录和施工记录。

4．吊装后的铝型材和梁的接缝处整体，缝隙一直均匀，应符合设计要求，并成一条直线。

检验方法：观察。

一般项目：

1．饰面材料表面应洁净，色泽一致，不得有翘曲、裂缝及缺损，压条应平直、宽窄一致。

检验方法：观察，尺量检查。

2．与饰面的型材交接应吻合，严密。

检验方法：观察。

3．金属吊杆、龙骨的接缝应均匀一致，角缝应吻合，表面平整，无翘曲、锤印。

检验方法：检查隐蔽工程验收记录和施工记录。

4．吊顶内填充吸声材料的品种厚度应符合设计要求。

检验方法：检查隐蔽工程验收记录和施工记录。

5．暗装龙骨吊顶工程安装的允许偏差和检验方法应符合表7.3.2要求。

暗装龙骨吊顶工程安装的允许偏差和检验方法   表7.3.2

项次	项　目	允许偏差（mm）				检验方法
		纸面石膏板	金属板	矿棉板	木板、塑料板格栅	
1	表面平整度	3	2	2	2	用2m靠尺和塞尺检查
2	接缝直线度	3	2	3	3	拉5m线，不足5m拉通线，用钢直尺检查
3	接缝高低差	1	1	1.5	1	用钢直尺和塞尺检查

8. 安 全 措 施

8.1　安全施工依据条文

1．《建筑施工高处作业安全技术规范》JGJ 80-91；

2．《建筑机械使用安全技术规程》JGJ 33-2001；

3．《施工现场临时用电安全技术规程》JGJ 46-2005；

4．《建筑机械使用安全技术规程》JGJ 33-2001；

5．《建筑施工安全检查标准》JGJ 59-99。

8.2　安全施工措施

1．建立安全管理组织体系

成立由项目经理部安全生产负责人为首，各施工单位安全生产负责人参加的"安全生产管理委员会"，负责现场的安全生产管理工作。

2．防护操作平台搭设

施工人员先在施工部位的两端上玄钢梁上搭设一道钢索，钢索两端用专用扣件锁紧，安装人员将安全带挂到钢索上，然后人员就位，用满足荷载要求的铝合金型材搭设防护操作平台，防护操作平台的规格须满足单个藻井安装需要，防护操作平台的数量根据现场组织进度配置，操作平台的两端必须与原结构钢梁锁死，防止其水平滑动，形成一个有效、安全、便捷的防护体系。

3．安全重点、难点预控

制定详尽的《施工安全管理手册》，以及形成完善的施工安全管理体系，制定安全的用电和防火措施，通过以上的措施大大增加了公司在安全生产方面的系数。

9. 环 保 措 施

超高大跨度天棚包梁、藻井铝方筒锥体分层微调固定施工方法，采用了工厂定型半成品加工、现场地面组装、整体吊装、测量调整校正等施工技术于一体，运用流水作业分区、分部位交错安装，实现无粉尘、无油漆污染、产品工厂化、现场全环保施工，达到《民用建筑工程室内环境污染控制规范》中对材料的要求，达到绿色环保要求。

10. 效 益 分 析

10.1 采用了超高大跨度天棚包梁，藻井铝方筒锥体分层微调固定施工方法，免去全场的满堂红脚手架约160000m³，以及脚手架3个月的费用，直接节约约400万满堂红脚手架的资金，减少了大量劳动力的投入，简化了现场施工组织方案，降低了工程管理成本；

10.2 利用分层微调固定施工方法，采用工厂半成品定型加工及现场地面组装的方式，大大提高了生产效率及组装一次性安装精度，加速了工程的同步进程；

10.3 利用分层微调固定施工方法，改变了原设计结构，节约了冲孔铝板面积1440m²，并提高椎体自身的刚度及结合性能，具有明显的社会效益和经济效益。

11. 应 用 实 例

国家博物馆大厅天棚藻井饰面工程，近20000m²、359个锥形铝方筒组合式透空藻井装饰采用了超高大跨度天棚包梁，藻井铝方筒锥体分层微调固定施工方法，在整个施工过程中，形成了一套完整的工厂加工制做、现场地面组装、整体吊装、校正测量以及管理的施工工艺，整体效果不错，观感良好，并得到德国设计师以及各方的认可。

观赏水体水下景观施工工法

GJEJGF130—2010

中国建筑第七工程局有限公司　河南省路桥建设集团有限公司

周申彬　张中善　田鹏　李海军　王海峰

1. 前　言

近几年随着海洋旅游业不断发展，水下景观的应用被更多的人所瞩目，它能够以二维的形态附着在墙面上，也能够以三维空间的形态附着在地面上。随着观赏水体注水量的增加，同时水体由淡水变成咸水，使得对水下景观的抗水压和防腐性能提出了更为苛刻的要求，尤其更为重要的是景观还必须具有良好的防水性能，否则水体进入景观缝隙内，水体循环不出来就会在景观内滋生各类有毒菌类，危害水体动物。本工法介绍天津极地海洋馆工程通过玻璃钢作为过渡材料翻制模具来完成观赏水体水下景观施工。

2. 工 法 特 点

2.1 水下造景塑型的制作是利用聚苯板和聚氨酯发泡剂制作塑型，可以刮、切、划、割、填、补等技法进行处理，反复修改从而使塑型自然，布置于水体内达到排山倒海的效果。

2.2 为了保证水下造景的防水、防腐及抗压性能，充分利用玻璃钢易成型的特点，用作模具的载体材料。同时玻璃钢具有防渗、防腐及良好强度，可以解决了水下景观施工中遇到的困难。

2.3 水下景观若具有多种相同形状的造型时，利用石膏作为辅助材料，翻制玻璃钢模具，不仅节省了材料，同时也缩短了工序，可以取得良好的经济效益和工期效益。

2.4 水下景观的玻璃钢制作的塑型，保留了玻璃钢造型的原味、肌理、塑痕，通过配置一定比例的着色材质对雕塑进行色彩处理，从而使造景增加深度感，并且可以加强表面的肌理效果，从而使作品达到最佳的效果。

3. 适 用 范 围

本工法适用于所有水族馆、海洋馆观赏水体内耐腐蚀环境的景观制作及需要一定抗水压强度的景观工程。

4. 工 艺 原 理

通过使用聚苯板和发泡剂进行景观塑型的制作与设计，制作完成后涂刷隔离剂，并进行玻璃钢施工，玻璃钢固化后对塑型进行脱模与组装，装置完成后在进行玻璃钢涂布及打磨处理，处理完进行着色处理并进行安装固定。

针对多个玻璃钢塑型，根据原塑型利用石膏制作模具，然后进行玻璃钢的翻胎，此原理可以节省材料和缩短工序。

5. 施工工艺流程及操作要点

5.1 工艺流程（图 5.1）

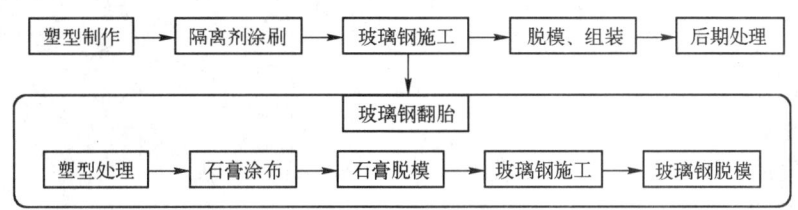

图5.1 工艺流程图

5.2 操作要点

5.2.1 设计与塑模

优秀的雕塑需要有良好的设计基础，本工法的塑型采用聚苯板和发泡剂进行施工。聚苯板具有质量轻、不宜发生变形等特点，同时通过雕塑刀、电锯丝、手锯等工具对塑型进行刮、切、划、割、填、补等技法反复修改从而使塑型自然，在填、补过程中使用发泡剂进行粘结。对需和水体环境位置需匹配的雕塑，需提前在墙体上安装膨胀螺栓，以便于塑型固定于对应的墙体环境，针对其他的塑型可以随地选择进行塑型制作。如图5.2.1-1～图5.2.1-4。

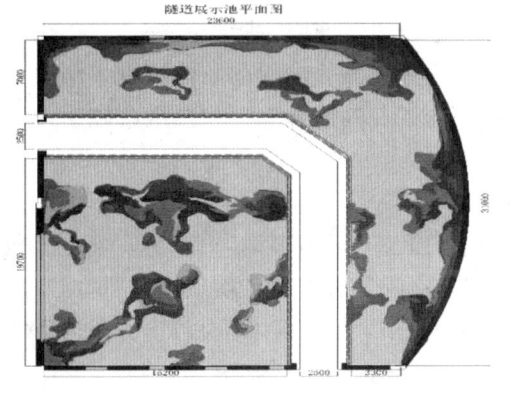

图5.2.1-1 海底世界景观平面设计

图5.2.1-2 海底世界景观立体模型

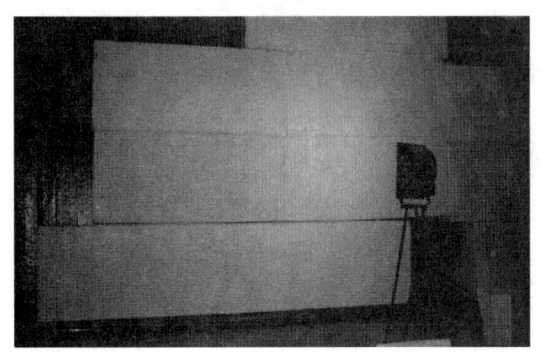

图5.2.1-3 苯板固定

图5.2.1-4 塑型制作

当塑型较小时，可直接根据设计图纸进行雕塑，当塑型较大时，可先制作小塑型，然后按图纸比例进行放大，放大时可搭设等间距的钢管架，此架子一方面作为操作施工使用，另一方面作为按比例放大的辅助线，以确保塑型制作的精确、美观。

苯板塑型制作假石要比真石成本低廉，运输方便，大大提高了施工工效。

5.2.2 隔离剂涂刷（图5.2.2）

在用聚苯板与发泡剂制作而成的塑型上均匀涂刷地板蜡隔离剂。在涂刷时应根据玻璃钢脱模时的分割要求在相应部位的塑型上安装隔离片无需涂刷隔离剂，隔离片安装时应根据塑型的外形进行对称布置。

5.2.3 玻璃钢施工

1. 单个雕塑玻璃钢施工

隔离剂涂刷完后进行玻璃钢的施工，玻璃钢采用手糊法进行施工，制作前应根据塑型的形状设计玻璃钢成型的施工线路。在玻璃纤维毡难以铺放处应先用含有短纤维树脂的腻子填充，然后再铺放玻璃纤维短切毡及方格布。塑

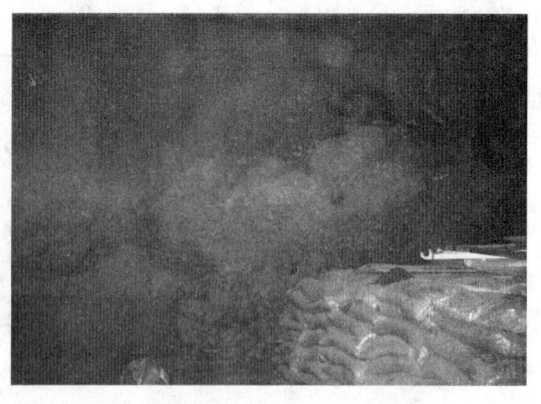

图5.2.2　涂刷隔离剂

型表面层采用的树脂腻子，其玻璃纤维长度以10mm为宜，具体配比见表5.2.3。

塑型表面用树脂腻子配比　　　　　　　　　　表5.2.3

材料	聚酯树脂	玻璃纤维	CaCO₃填料	过氧化甲乙酮
用量	100	20	100	2～4

细部处理完进行大面积的玻璃钢施工，先进行玻璃钢胶体的配置，配置比例为：树脂：固化剂：稀料：$CaCO_3$ =1：0.04：0.04：0.5，按此配比增添适量微细滑石粉（白度大于97），滑石粉可以调节胶体的黏稠度，用电动搅拌器进行搅拌，搅拌成糊状，不得有生粉团，即成树脂胶料。

铺贴施工时将玻璃纤维布按雕像的实际大小剪切成多个小片，先将配置的胶体涂刷于塑型上，然后铺贴玻璃纤维布，为了确保雕塑的硬度，一般采用"两布三涂"，在胶体与玻璃纤维布施工过程中要求压实，防止出现空鼓现象。

2. 相同雕塑玻璃钢的翻胎施工

当具有相同的多个玻璃钢雕塑时可以采用特殊的玻璃钢施工工艺——玻璃钢翻胎。这一工序不仅可以大大提高施工进度，同时还能节约成本。本工法以观赏水体中的圆形雕塑景观说明玻璃钢翻胎工艺。

1）先对已完成的玻璃钢雕塑上用雕塑泥对玻璃钢雕塑进行细部修整，一方面防止后序进行施工的石膏出现砂眼，另一方面可以起到一定的隔离作用。

2）将适量的石膏粉加适量水配置一定量石膏粉，涂布于经细部处理完的玻璃钢雕塑上，制作一个外包型塑型。

3）因石膏硬化快，故石膏施工完成十几分后便可将石膏从玻璃钢模具中拆除，在制作石膏塑型过程中尽量使用细腻的石膏粉，防治出现砂眼；若存在砂眼现象则利用雕塑泥对石膏塑型进行修正。

图5.2.3-1　玻璃钢粘贴

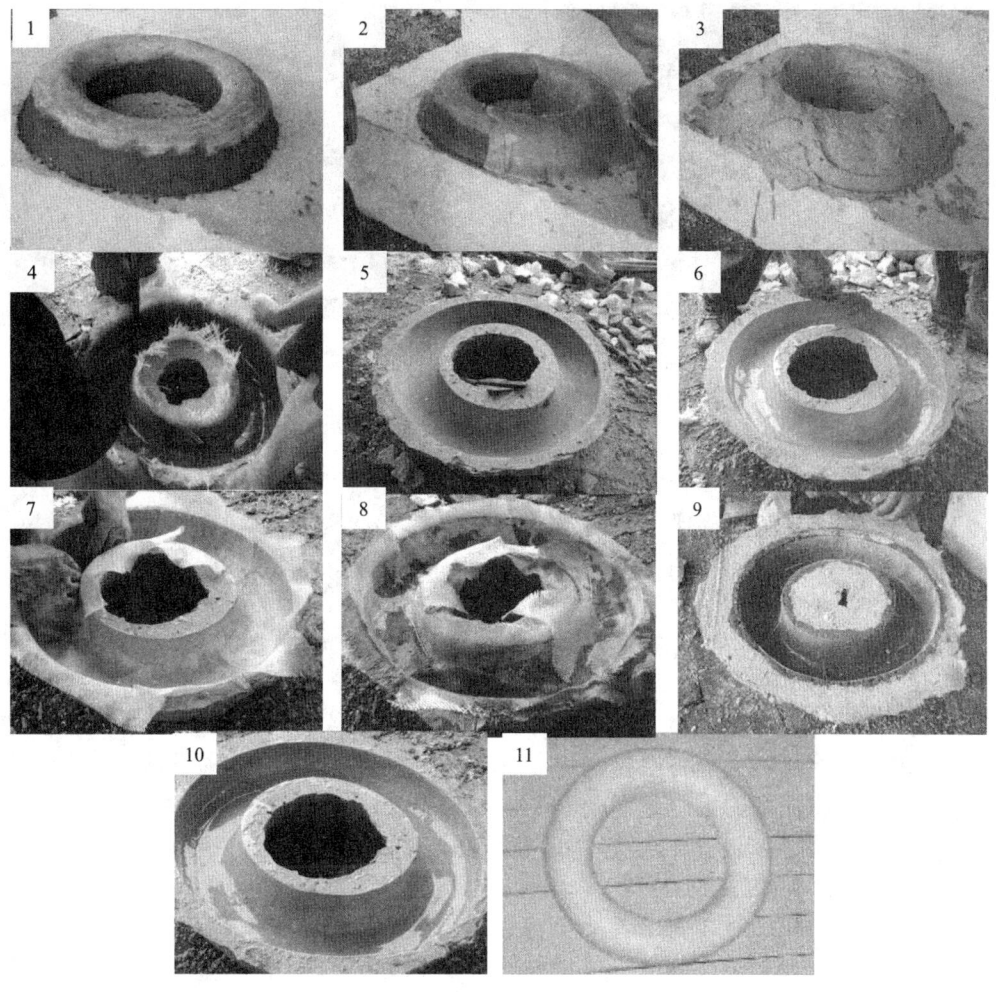

图5.2.3-2

1—玻璃钢雕用雕塑泥进行细部处理；2—将石膏涂布于玻璃钢磨具上；3—石膏涂布完后进行硬化；
4—将玻璃钢模具与石膏模具脱离；5—石膏脱模；6—石膏模上涂刷隔离剂；7—玻璃纤维布贴；8—环氧树脂涂刷；
9—玻璃钢细部处理；10—玻璃钢脱模后进行重复6~9的过程；11—雕塑成型效果

4）石膏脱模后，在石膏模具上涂刷隔离剂后即可进行玻璃钢的施工，玻璃钢采用三布四涂手糊法进行施工。

5）施工完成后，用工具刀将周边玻璃钢修平整，然后将玻璃钢模具从石膏模具中进行脱模处理，此过程就完成了玻璃钢的翻胎过程。

在脱模过程中要确保石膏塑型完好无损，这样进行下一个玻璃钢翻胎过过程就不需要进行石膏塑型的制作，直接进行第二个玻璃钢雕的施工，大幅度减少施工环节，进行下各个玻璃钢模具施工时，只需重复4）、5）的过程便可完成玻璃钢的翻胎（如图5.2.3-1~图5.2.3-3所示）。

图5.2.3-3 玻璃钢翻胎塑型效果

5.2.4 脱模及组装

玻璃钢固化后，沿着划分的单元块将整体塑型模具沿隔离片进行切开，切口时候后将磨具内的聚苯板清除，清除后制作连接肋，连接肋中应设定位槽，以保证通过连接肋使单元块模具组合成整体。如图5.2.4-1~图5.2.4-3。

图5.2.4-1　清除苯板

图5.2.4-2　冲洗清理

5.2.5　后期处理

模具组装完成后，需进行玻璃钢的二次涂布处理，玻璃钢24h固化后进行打磨处理，确保其表面光滑、平整，最后根据雕塑设计要求进行色彩处理。本工法重点介绍关于水下景观的色彩处理工艺。

1. 对塑型用打磨机和砂子处理后，然后用软布将塑型表面的尘粒清除干净。

用熟褐颜料打底，将丙烯颜料加水调均，并将其完全覆盖到玻璃钢表面，涂刷时必须将涂料调均，不能堆积，更不能透出底色，将涂好的第一遍完全晾干，再进行第二遍的涂刷。针对凹下去的地方较暗，可以配置深层颜料，不必加水轻轻扫在雕塑表面提亮。

图5.2.4-3　拼装就位后固定

2. 待颜料完全干燥后用无毒氟碳漆进行喷涂一遍可以达到靓丽的效果。

3. 后期的色彩处理使观赏水体内的水下景观能与环境融为一体，使景观在灯光照明下使水下景观色泽显得更加鲜艳、线条流畅、造型美观。如图5.2.5-1、图5.2.5-2。

图5.2.5-1　色彩处理后观赏水体水下景观效果

图5.2.5-2　注水后观赏水体水下景观效果

6. 材料与设备

6.1 主要材料

玻璃纤维布、玻璃纤维毡、树脂、$CaCO_3$填料、隔离片、过氧化甲乙酮、固化剂、稀料、聚苯板、发泡剂、氟碳漆、水、丙烯颜料、旧报纸、地板蜡、色浆、膨胀螺栓、橡皮手套等。

6.2 主要设备

电锯丝、雕塑刀、剪刀、手锯、配料桶、电钻、抛光机、直柄电磨机、60号砂子、600号砂子、调色板、鬃毛刷、软布等。

7. 质 量 控 制

7.1 胶体与玻璃纤维布施工过程中要求压实，防止出现空鼓现象。

7.2 滑石粉可以调节胶体的黏稠度，用电动搅拌器进行搅拌，搅拌成糊状，不得有生粉团。

7.3 制作石膏塑型过程中尽量使用细腻的石膏粉，防治出现砂眼；若存在砂眼现象则利用雕塑泥对石膏塑型进行修正。

7.4 对已成型的苯板塑型应进行隔离保护，避免受到物理冲击损害。

7.5 观赏水体注水前，应对玻璃钢塑型进行全面检查，避免表面出现毛刺现象，损害海洋动物肌体。

8. 安 全 措 施

8.1 严格安全措施，对挥发性气体施工作好排风、送风措施，防止空气中的易燃气体浓度增加，保证空气畅通。

8.2 注意防火。施工现场周边30m区域内不允许动用明火。施工现场配备足够的灭火器和灭火工具，并设置专职安全员巡察。

8.3 用电的安全。施工现场配有电工，负责对电器设备和工具安装与维修。所用设备均符合安全施工规范要求，不违章操作。

8.4 施工人员进场前，进行各种安全常识培训。

8.5 施工人员配有工作服、安全帽、防毒面罩、手套。

9. 环 保 措 施

9.1 清理后的泡沫不得随意丢弃，应及时清理至现场指定地点，集中外运，防止白色污染。

9.2 未使用完的粘结材料不得在现场倾倒，应用废料桶收集后清运出场。

9.3 膨胀栓施工时，避免在大风或气流太大的地方进行，防止产生扬尘。

9.4 胶粘剂随用随拌，避免拌合过多，15min内使用完毕。

10. 效 益 分 析

10.1 天津极地海洋馆是目前国内最大的综合性极地动物展馆，景观工程施工中所遇到的施工难题很多是国内同类工程中第一次遇到，这些施工难题的克服不仅可以创造一些新的施工工艺和方法，提高处理复杂施工问题的技术水平，同时，也可以为今后类似形式的工程施工提供经验。

10.2 通过玻璃钢翻胎等水下景观施工措施取得综合经济效益31.175万元。

11. 应 用 实 例

　　天津极地海洋馆项目位于天津市塘沽区响锣湾中心商务区，本工程建筑面积为47761m²，共4层，建筑层高6m，建筑总高度69m。主体为框架——剪力墙结构，屋面为钢网架结构，建筑造型为一条浮出水面的鲸鱼，曲线流畅、精美，馆内结构复杂，各功能展馆错落布置，其中海底世界、白鲸展示池等观赏水体均通过苯板塑型制作假石要比真石成本低廉，运输方便，大大提高了施工工效，使用玻璃钢作为过渡材料翻制模具来完成观赏水体水下景观施工，使景观的抗水压和防腐性能得到明显的提高。

半圆攒尖螺旋屋面瓦作施工工法

GJEJGF131—2010

山西省第一建筑工程公司

张金虎　李卫俊　白少华　淮钢　梁国艳

1. 前　言

在中国古代建筑造型中屋面占据重要地位，它那远远伸出的屋檐，富有弹性的屋檐曲线，由举架形成的稍有反曲的屋面，微微起翘的屋角以及庑殿、歇山、悬山、攒尖等众多屋顶形式的变化，使建筑物产生独特而强烈的视觉效果和艺术感染力，从而在现代仿古建筑中得到广泛推广。随着现代设计师的丰富想象及能工巧匠的精湛技艺，使得仿古建筑屋顶的形式有了更大的创新和发展。仿古建筑半圆攒尖螺旋屋面是在传统建筑屋面基础上的创新，由半圆攒尖屋面与螺旋曲面组合而成，屋面瓦件沿瓦垄方向和正脊方向以双向螺旋等差排列布置，并在空间形成复杂的螺旋曲面。

山西省第一建筑工程公司于2010年承建了天津市霍元甲旅游项目，在工程施工中，继承了传统仿古屋面做法，又大胆创新了更适合时代发展的新工艺，形成了半圆攒尖螺旋屋面瓦作施工工法，并取得了明显的经济效益和社会效益。从使用效果看，该项施工技术和工艺具有广泛的推广应用价值，被中国民族建筑研究会专家评审委员会授予中国民族建筑科技进步奖（设计施工创新）；并于2010年12月通过山西省住房和城乡建设厅鉴定，结论为达到国内领先水平。2011年3月获得山西省省级工法（SJGF11-14-01）。

2. 工法特点

2.1　瓦件以双向螺旋等差排列布置，采取等差分块制作方法。利用计算机辅助设计进行二次深化预排列设计，以排瓦理论值对屋面排瓦进行足尺翻样。

2.2　依据屋面形状对屋面进行合理分区分段控制，确保瓦垄的排列有序及瓦件的位置准确。

2.3　檐口、基层连接部位处采取防滑、防水的稳固措施，确保了曲线陡翘坡屋面瓦件铺设的安全性、牢固性，并对坡屋面瓦件下的防水层进行有效保护。

2.4　采取控制屋面曲线囊度的技术措施，确保使用功能和艺术效果的和谐统一。

3. 适用范围

本工法适用于曲面变化较大，坡度陡且瓦件呈放射状排列，屋面瓦件沿瓦垄方向和正脊方向以双向螺旋等差排列布置的仿古建筑筒瓦（琉璃瓦）坡屋面。

4. 工艺原理

根据半圆攒尖螺旋瓦屋面复杂空间造型及瓦件制作、安装工艺的特殊要求，将整体屋面按分区分段划分进行控制。提前对瓦件进行计算机辅助预排列设计、现场1：1足尺放样以及等差分块制作，解决了规则瓦片与不规则屋面之间的矛盾。在屋面曲线囊度走势方面采取了合理的施工方法和技术措施进行控制，保证了异型屋面建筑造型的整体曲线效果。

5. 施工工艺流程及操作要点

5.1 工艺流程

计算机辅助设计材料下料和瓦件预排→1∶1排瓦放样→确定制瓦方案→制瓦、做标识→审瓦→屋面结构层验收与清理→屋面整体测量划分区域→各区域划段定位→（平面定位）对各段进行分中、号垄→排瓦当→防水层→水泥砂浆防滑层（铺设镀锌钢丝网）→（囊式定位）瓮边垄→拴上下齐头线和腰线→瓮檐头勾滴→瓮底瓦→瓮盖瓦→捉节夹垄→调脊→屋面清垄、擦瓦。

5.2 操作要点

5.2.1 计算机辅助设计材料下料和瓦件预排

根据屋面的脊线长度、檐口线周长确定瓦垄间距及瓦件的排列布置是该工艺施工的关键。首先采用计算机放样，再针对每个分区进行排瓦当，檐口瓦当等分均匀，将每个分区的檐口瓦当间距初步定为屋面排瓦的理论参考值。

5.2.2 1∶1排瓦放样

根据半圆攒尖螺旋屋面的曲线特征及仿古建筑瓦作常规做法，在现场施工中参照计算机放样的排瓦理论值对屋面排瓦进行1∶1足尺翻样，有效改善了屋面瓦当的均匀度，且整体瓦垄的排列布置达到了和谐统一。

5.2.3 确定制瓦方案，制瓦、做标识

瓦件制作过程中要严格控制瓦的变形、走样，瓦形的制作必须采用特制胎膜进行分段开模生产，各区段内瓦垄上的瓦件由小到大分块做好标识。比如1区瓦垄的第二块瓦标识为"1-2"，以此类推。

5.2.4 审瓦

1. 安排专人对瓦件进行挑选。采取手敲、听声，尺量、分类分规格大小进行堆放等手段。

2. 安排专人对各类瓦件进行清点，特别对于特殊规格的瓦件进行清点。

5.2.5 屋面结构层验收与清理

瓦面基层的施工应严格控制屋面囊势，采用截面40×40（mm）的木条进行分层找坡，并用水泥焦渣填充减轻自重，在其表面抹水泥砂浆进行找平，水泥砂浆内掺6%防水粉预防渗漏。这样才能保证做到囊势顺畅。水泥砂浆表面不必压光，只须拉毛即可，以便增强与瓦件坐浆层的结合力。

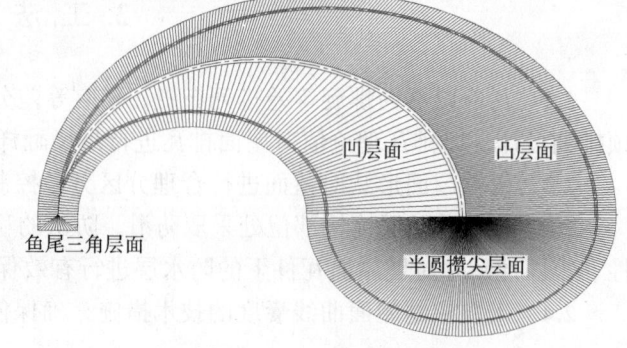

图5.2.6-1 屋面平面位置划分图

5.2.6 屋面整体测量划分区域

根据半圆攒尖螺旋屋面的曲线走势将整体屋面划分区域，见图5.2.6-1～图5.2.6-3。

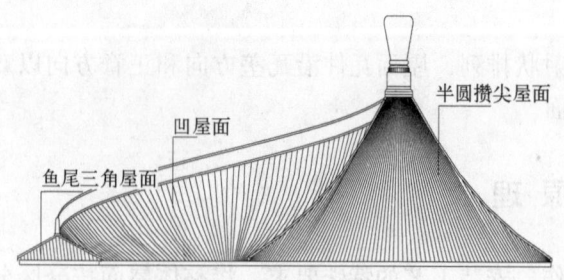

图5.2.6-2 屋面正立面图

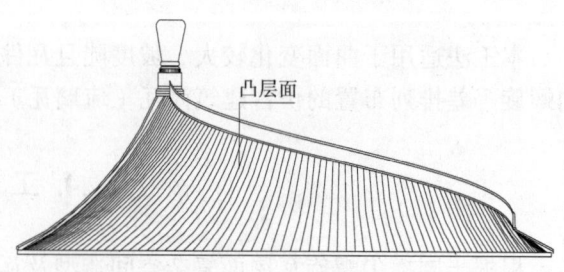

图5.2.6-3 屋面背立面图

5.2.7 各区域划段定位

将屋面的每个区重新进行再次划段定位，以半圆攒尖螺旋屋面为例说明见图5.2.7：将凸屋面划分

为4个段，凹屋面划分为3个段，半圆攒尖屋面划分为2个段，鱼尾三角屋面整体为一段。

5.2.8 （平面定位）对各段进行分中、号垄

根据半圆攒尖螺旋屋面的走势排瓦，将每个区段都进行控制，在屋脊部位找出各个分段部分的正中点，将此点作为各段坐中底瓦的中点。两端从屋面外缘往里返，找出两个瓦口的位置和第二块瓦口的中点就是边垄底瓦中。

5.2.9 排瓦当

对屋面的脊线长度、檐口线周长进行精确测量，根据计算机放样图结合现场1：1放样结果，将各个区段预排列瓦件的位置对号入座进行排瓦当。

5.2.10 聚乙烯丙纶布防水层

在施工聚乙烯丙纶布防水层之前，先抹一层1：2水泥砂浆找平层。为防止施工过程

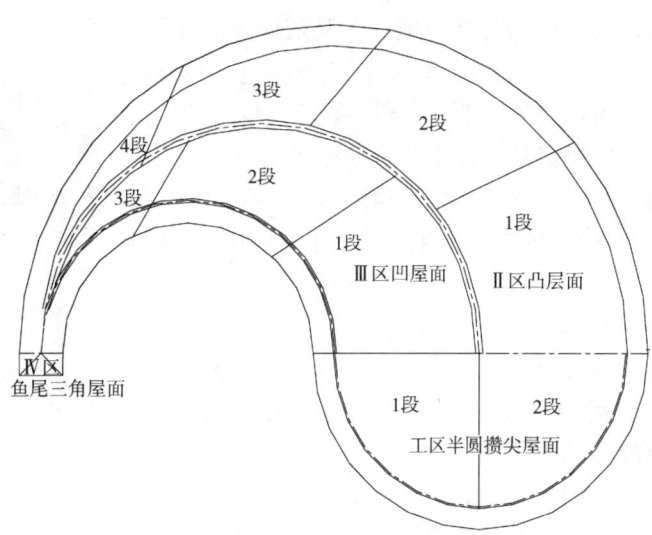

图5.2.7 屋面区、段平面划分图

中防水层被硬物碰破，采取铺设两层聚乙烯丙纶布并在防水层上再抹一层防水砂浆作为保护层的措施。在坡度大的情况下防水层不易与灰层结合，为防止滑坡，可在防水层的表面间隔1m钉防滑条。

5.2.11 水泥砂浆防滑层（铺设镀锌钢丝网）

采用1：3加少许砂浆王的水泥浆，在抹水泥砂浆垫层之前铺设镀锌钢丝网，钢丝网在屋脊背上交叉搭接，且网片与网片之间搭接200mm，采用镀锌钢丝连接固定。

5.2.12 （囊度定位）瓷边垄

在每个区段两端边垄位置栓线、铺灰，各瓷两趟底瓦、一趟盖瓦。边垄囊（瓦垄的曲线）要随屋顶囊。

5.2.13 拴上下齐头线和腰线

为控制瓦垄曲线在确定檐口及屋脊的板瓦位置后要拉绳进行控制,确保囊式的顺畅度见图5.2.13。 檐口要拴上下双线，严格控制顺直度及平整度，底瓦要拴钓鱼线，严格控制囊势的顺畅度，筒瓦的垄背要拴横向三线，以上各线均是控制瓦垄的标准线，是避免出现"跑垄、跳垄、滚垄及过水不坐中、睁眼两侧高低不一致"等通病的有效技术措施。

图5.2.13 拉绳控制囊式曲线

5.2.14 瓷檐头勾滴

1. 瓷檐头勾头和滴水瓦要拴两道线，一道线拴在滴水尖的位置，滴水瓦的高低和出檐均以此为标准。第二道线即冲垄之前拴好的"檐口线"，勾头的高低和出檐均以此为标准。勾头出檐为瓦头（瓦当）的厚度，高低以檐口线为准。

2. 滴水瓦蚰蜒当。在滴水瓦出檐部分的蚰蜒当（瓦与瓦之间的空当处）应放一块遮心瓦（一般用碎瓦片）以挡住勾头里的盖瓦灰。

5.2.15 瓷底瓦

拴好瓦刀线后，首先每垄底瓦先铺40mm厚的砂浆，自下而上，一次性铺摆到脊根部，并要铺摊均匀，经初步调整后，即可摆底瓦。底瓦垄的高低和直顺程度都应以瓦刀线为准。每块底瓦宽头的上楞都要贴近瓦刀线。

5.2.16　瓮盖瓦

按楞线到边垄盖瓦瓦翅的距离调整好"吊鱼"的长短，然后以吊鱼为高低标准"开线"。瓦刀线两端以排好的盖瓦垄为准。盖瓦灰应比底瓦灰稍硬。盖瓦要熊头朝上，从下往上依次安放，上面的筒瓦应压住下面筒瓦的熊头。熊头灰一定要抹足挤严。盖瓦垄的高低、直顺一般都要以瓦刀线为准，每块盖瓦的瓦翅都应贴近瓦刀线。如果屋面瓦的规格不一致，应特别注意不必每块都"跟线"，即应"大瓦跟线，小瓦跟中"，否则会出现一侧齐、一侧不齐的情况。

图5.2.17　捉节夹垄

5.2.17　捉节夹垄

将瓦垄清扫干净后用小麻刀灰（掺颜色）在筒瓦相接的地方勾抹，然后用夹垄灰（掺色）将睁眼抹平（图5.2.17）。

5.2.18　调脊

所有脊瓦安装必须拉线铺设，铺设时砂浆应饱满，瓦头要压实才不会渗漏，并用色浆勾缝，随装随抹干净，保持瓦面整洁，确保施工质量。

5.2.19　屋面清垄、擦瓦

瓮瓦全部完成后要将瓦垄内的灰统一清扫一遍，确保整个屋面瓦件的颜色统一。

6. 材料与设备

6.1　材料

采用的材料见表6.1。

材料　　　　　　　　　　　　　　　　　　　　　　　　　　　　　　表6.1

序号	材料名称	规　　格	主要技术指标
1	镀锌钢丝网		
2	镀锌钢丝		
3	水泥	P.O 32.5	
4	砂	中砂	砂含泥量<3%
5	钢筋（扶脊桩）	直径 20mm	
6	聚乙烯丙纶布	1.2mm 厚	
7	角钢	∟50×50×5	
8	木条	40×40（mm）	
9	水泥焦渣	水泥：焦渣=1：3	

6.2　设备

采用的机具设备见表6.2。

主要施工机具设备表　　　　　　　　　　　　　　　　　　　　　　　表6.2

序号	设备名称	规　格	数　量	用　途
1	塔吊		1台	材料吊运
2	经纬仪	DJ2-1	1台	测量放线
3	水准仪	DS-2	1台	施工放线
4	钢卷尺	50m	1把	施工放线

序号	设备名称	规 格	数 量	用 途
5	手提切割机	Z1E-FG-110	2把	切割瓦片
6	盒尺	5m	5把	施工放线
7	墨斗		3个	施工放线
8	线绳			施工放线
9	φ15mm尼龙绳			控制屋面囊势
10	自制木梯		3个	施工曲面部分
11	安全带			高处作业

7. 质 量 控 制

7.1 质量控制标准

7.1.1 半圆攒尖螺旋屋面施工质量严格按《古建筑修建工程质量检验评定标准（北方地区）》施工验收。

7.1.2 材料审核坚持高标准，严要求。对瓦件的规格尺寸及质量进行逐一审核，不合格产品不得使用。

7.1.3 屋脊高度必须充分保证，不足部分用水泥焦渣加高（高度应考虑底瓦、筒瓦、挡沟瓦的高度及屋面坡势顺畅）。

7.1.4 施工允许偏差应符合表7.1.4的规定。

施工允许偏差 表7.1.4

项　　目		允许偏差（mm）	检 验 方 法
粘背层厚		+10，-20	用尺量检查
板瓦灰厚30mm		±10	用尺量检查
睁眼高度	5样以上高40mm	+10，-5	用尺量检查
	6~7样以上高30mm		
	8~9样以上高20mm		
挡沟灰缝8mm		+7，-4	用尺量检查
瓦垄顺直度		8	拉2m线用尺量检查
走水当均匀度	4样以上	16	用尺量检查相邻三垄瓦及每垄上下部
	5~6样以上	12	
	7~9样以上	10	
瓦面平整度		5	用2m靠尺横搭于瓦垄上面，检查一点
正脊平直度	3m以内	15	3m以内拉通线，3m以外拉5m通线，用尺量检查
	3m以外	20	
滴水瓦出檐直顺度		5	拉3m线用尺量检查

7.2 质量保证措施

7.2.1 瓦件的排列制作一定要提前进行放样，采用特制胎膜进行瓦件制作时，各区段内的瓦由小到大必须做好标识。

7.2.2 屋面瓦瓦基层一定要做好防滑坡和防水控制。

7.2.3 为控制瓦垄曲线在确定檐口及屋脊的板瓦位置后要拉绳进行控制，确保囊式的顺畅度。

8. 安 全 措 施

8.1 严格执行安全生产法律法规、规章及建筑施工安全检查标准、规范。

8.2 材料运输及起吊由专人负责，严禁高空抛掷杜绝违章作业。

8.3 屋面施工要有足够的操作面，防护脚手架，安全设施严格按规范进行搭设、配备。由于屋面坡度大，曲线陡，操作人员必须穿防滑鞋，系好安全带等安全防护措施。

8.4 瓦的裁边等切割作业，作业人员要戴好口罩及防护目镜，防止碎片弹出伤人。

8.5 施工用具、物料应妥善堆放，严禁向下抛落物件。

8.6 施工现场临时用电需符合《施工现场临时用电安全技术规范》JGJ 46—2005要求。

8.7 做好危险源与不利环境因素识别，辨识和评价控制。

9. 环 保 措 施

9.1 筒瓦切割采用带水作业，严禁干割；有利于降低噪声，也可避免粉尘飞扬，污染环境。

9.2 屋脊、檐口勾缝结束，应及时清理沾污在瓦面上和檐口内的砂浆，既确保瓦面美观，又可避免残留砂浆随雨水进入雨水管道内。

9.3 勾缝所用颜料由专人负责，做到随用随调，预防环境污染。

9.4 边角料及废渣及时清理归堆，统一处理。

10. 效 益 分 析

1. 通过对半圆攒尖螺旋屋面瓦作施工技术的应用与研究，有效地确保了工程质量，加快了施工进度。保证了瓦件的制作进度和效率，采用计算机软件辅助瓦件放样、下料、预排等关键技术结合现场1:1放样，有效地节约了材料成本，提高了施工效率。经检验检验批符合设计要求及规范规定，不论从施工质量还是施工进度均得到了监理单位、检测单位、建设单位以及古建专家们的一致好评，取得了良好的社会效益和客观的经济效益。

2. 通过对半圆攒尖螺旋屋面瓦作的施工，我们在仿古建筑施工中取得了良好的效果，积累了古建筑屋面瓦作的施工经验，为今后施工各种新型仿古屋面奠定了良好的基础。

11. 应 用 实 例

天津市霍元甲旅游项目是天津市2010年文化旅游产业的十大重点项目之一，该工程纪念馆建筑面积16000m²，建筑高度为36.73m。整个馆体为三层太极图阴阳鱼造型，阴阳鱼直径60m，外型新颖壮观，馆体外围由八卦形的底座高高托起，底座直径120m。屋顶建筑形制外围由四个庑殿顶组成，中心部分屋顶投影平面为阴阳鱼图案，空间则由半圆攒尖顶与螺旋曲面组合而成，屋脊的鱼尾起点至顶点的起升高度达8m。其造型之优美，曲面之变化，在国内同类型仿古建筑中绝无仅有。

在半圆攒尖与其他屋顶形式组合的仿古建筑屋面以及尚武厅仿古建筑屋面的施工中，其设计中独特的空间艺术风格，使得我们在瓦件的制作排列、基层的防滑防漏、屋面曲线的囊式控制上均有一定难度。通过施工前的方案研究、计算机软件技术与实体放样结合，我们克服一切困难，顺利将半圆攒尖螺旋瓦屋面以及尚武厅屋面施工完毕，满足了设计要求，也充分体现了中国古建筑屋面的艺术风格。

建设单位、监督站及监理单位共同对该工程太极顶屋面瓦以及尚武厅屋面瓦按照《古建筑修建工程质量检验评定标准（北方地区）》进行验收，一致认为此两项工程瓦屋面造型新颖，曲线优美，线条顺畅，搭接紧密，创造了丰富的空间艺术的高度水平，并评定观感效果极好，分项工程达到优良。